粉末冶金手册

（下　册）

主　编　韩凤麟
副主编　张荆门　曹勇家　殷为宏

北　京
冶 金 工 业 出 版 社
2012

内 容 提 要

本手册由冶金工业出版社邀请国内粉末冶金行业80余位知名专家学者和科技人员共同编写。本手册分为上、下两册，共10篇。上册内容包括概论，金属粉末的生产方法与特性，金属粉末与粉末冶金材料性能测试方法标准集要，成形与固结，铁、钢粉末冶金材料；下册内容包括非铁粉末冶金材料，粉末冶金功能材料，难熔金属材料及其制品，硬质合金工具与耐磨零件生产，粉末冶金零件应用。下册附录中列出了法定计量单位、元素物理性能及常用工程数据与资料，粉末冶金术语及超硬磨料制品标准。本手册可供从事粉末冶金材料生产与科研工作的工程技术人员、科研人员使用，也可供大专院校相关专业师生参考。

图书在版编目(CIP)数据

粉末冶金手册．下册/韩凤麟主编．—北京：冶金工业出版社，2012.6

ISBN 978-7-5024-5929-1

Ⅰ.①粉…　Ⅱ.①韩…　Ⅲ.①粉末冶金—技术手册
Ⅳ.①TF12-62

中国版本图书馆CIP数据核字(2012)第093004号

出 版 人　曹胜利
地　　址　北京北河沿大街嵩祝院北巷39号，邮编100009
电　　话　(010) 64027926　电子信箱　yjcbs@cnmip.com.cn
策　　划　曹胜利　责任编辑　李培禄　美术编辑　李　新　版式设计　葛新霞
责任校对　王贺兰　刘　倩　责任印制　牛晓波
ISBN 978-7-5024-5929-1
三河市双峰印刷装订有限公司印刷；冶金工业出版社出版发行；各地新华书店经销
2012年6月第1版，2012年6月第1次印刷
787 mm×1092 mm　1/16；74.25印张；1802千字；1144页
268.00元

冶金工业出版社投稿电话：(010)64027932　投稿信箱：tougao@cnmip.com.cn
冶金工业出版社发行部　电话：(010)64044283　传真：(010)64027893
冶金书店　地址：北京东四西大街46号(100010)　电话：(010)65289081(兼传真)
（本书如有印装质量问题，本社发行部负责退换）

《粉末冶金手册》编写人员

（按姓氏笔画排列）

万明远	株洲硬质合金集团有限公司	高级工程师
万新梁	北京有色金属研究总院	教授级高级工程师
马邵宏	株洲硬质合金集团有限公司	教授级高级工程师
王世平	华东粉末冶金厂	高级工程师
王立明	株洲硬质合金集团有限公司	助理工程师
王尔德	哈尔滨工业大学	教授
亓家钟	中国钢研科技集团公司	教授级高级工程师
毛样武	北京航空航天大学	博士后
孔卫宏	株洲硬质合金集团有限公司	工程师
卢广锋	中国钢研科技集团公司	高级工程师
申小平	南京理工大学	高级工程师
吕大铭	中国钢研科技集团公司	教授级高级工程师
向兴碧	江洲粉末冶金科技有限公司	教授级高级工程师
刘允中	华南理工大学	教授
刘建辉	株洲硬质合金集团有限公司	高级工程师
刘新宇	株洲硬质合金集团有限公司	工程师
许雄亮	株洲硬质合金集团有限公司	高级工程师
孙宗君	山东金珠粉末注射制造有限公司	高级工程师
李小明	中国钢研科技集团公司	高级工程师
李曲波	昆明贵金属研究所	教授级高级工程师
李丽娅	中南大学	教授
李　勇	株洲硬质合金集团有限公司	工程师
李树杰	北京航空航天大学	教授
李祖德	北京市粉末冶金研究所	编审
李振强	山东金珠粉末注射制造有限公司	高级工程师
肖玉麟	株洲硬质合金集团有限公司	教授级高级工程师
余怀民	株洲硬质合金集团有限公司	技师
宋月清	北京有色金属研究总院	教授级高级工程师
张义文	中国钢研科技集团公司	教授级高级工程师

张外平	株洲硬质合金集团有限公司	工程师
张廷杰	西北有色金属研究院	教授级高级工程师
张荆门	株洲硬质合金集团有限公司	教授级高级工程师
张　颢	株洲硬质合金集团有限公司	工程师
陈宏霞	中国钢研科技集团公司	教授级高级工程师
陈响明	株洲硬质合金集团有限公司	高级工程师
陈振华	湖南大学	教授
陈　鼎	湖南大学	教授
林　涛	北京科技大学	教授
林晨光	北京有色金属研究总院	教授级高级工程师
果世驹	北京科技大学	教授
易建宏	中南大学	教授
罗　龙	株洲硬质合金集团有限公司	工程师
金华涛	山东金珠粉末注射制造有限公司	总经理
周书助	湖南工业大学	教授
周增林	北京有色金属研究总院	博士/高级工程师
屈广林	株洲硬质合金集团有限公司	高级工程师
孟小卫	株洲硬质合金集团有限公司	工程师
赵　璇	株洲硬质合金集团有限公司	助理工程师
郝　权	中国钢研科技集团公司	高级工程师
胡茂中	株洲硬质合金集团有限公司	教授级高级工程师
胡治国	山东金珠粉末注射制造有限公司	高级工程师
胡湘辉	株洲硬质合金集团有限公司	工程师
柳学全	中国钢研科技集团公司	教授级高级工程师
钟奇志	株洲硬质合金集团有限公司	工程师
钟海林	中国钢研科技集团公司	高级工程师
侯开太	江洲粉末冶金科技有限公司	教授级高级工程师
侯经鸣	株洲硬质合金集团有限公司	技师
俞守耕	昆明贵金属研究所	教授级高级工程师
祝　捷	中国稀土学会	高级工程师
祝景汉	中国钢研科技集团公司	教授级高级工程师
姚萍屏	中南大学	教授
聂洪波	北京科技大学	博士
贯成厂	北京科技大学	教授
夏志华	北京有色金属研究总院	教授级高级工程师

徐　涛	株洲硬质合金集团有限公司	高级工程师
殷为宏	西北有色金属研究院	教授级高级工程师
卿　林	株洲硬质合金集团有限公司	工程师
曹勇家	中国钢研科技集团公司	教授级高级工程师
崔　舜	北京有色金属研究总院	教授级高级工程师
符泽卫	昆明贵金属研究所	教授级高级工程师
彭　文	株洲硬质合金集团有限公司	高级工程师
蒋飞岳	株洲硬质合金集团有限公司	高级工程师
蒋　龙	中国钢研科技集团公司	教授级高级工程师
韩凤麟	中国机械通用零部件协会粉末冶金分会顾问	教授级高级工程师
程秀兰	株洲硬质合金集团有限公司	高级工程师
曾凡同	山东金珠粉末注射制造有限公司	高级工程师
曾克里	北京矿冶研究总院	研究员
谢　明	昆明贵金属研究所	教授级高级工程师
廖际常	西北有色金属研究院	教授级高级工程师
廖寄乔	中南大学	教授
熊剑飞	株洲硬质合金集团有限公司	高级工程师
滕荣厚	中国钢研科技集团公司	教授级高级工程师
颜练武	株洲硬质合金集团有限公司	工程师

前　言

粉末冶金虽然产业不大，但粉末冶金产品已进入人们日常生活的各个领域；没有粉末冶金制品，现代文明的许多成就与生活设施都将是难以想象的。

粉末冶金技术由于本质上具有“可持续性”，因此，被公认为是一门绿色技术。美国商务部将“可持续性制造”，也就是“绿色技术”定义为“用于制造产品的创新技术，无污染，节能与保护自然资源，经济稳定，对雇员、社区及消费者安全”。

在粉末冶金产业中，粉末冶金机械零件产业是一个快速发展的绿色产业。粉末冶金零件的主要市场是汽车制造业。据统计，2006 年全球粉末冶金汽车零件的潜在市场为 535248 ~ 816480 t。从 1977 年到 2007 年，北美平均每辆汽车的粉末冶金零件用量从 7.7 kg 增长到 19.5 kg。据美国 MPIF（金属粉末工业联合会）统计，截至 2010 年，全世界在常用汽车中使用的粉末冶金零件已达 325 种，1000 多件。粉末冶金零件之所以能在汽车产业中得到广泛应用，主要是由于粉末冶金具有直接成形为最终形状或接近最终形状的能力，材料利用率很高，从而使能源消耗最少，也就是人们常说的节材、省能。在机械零件生产中常用的一些金属成形工艺的材料利用率对比见图 1，能耗对比见图 2。

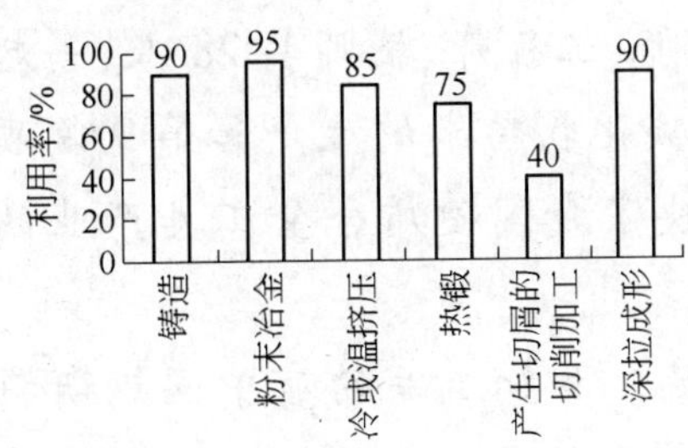

图 1　金属成形工艺的材料利用率对比

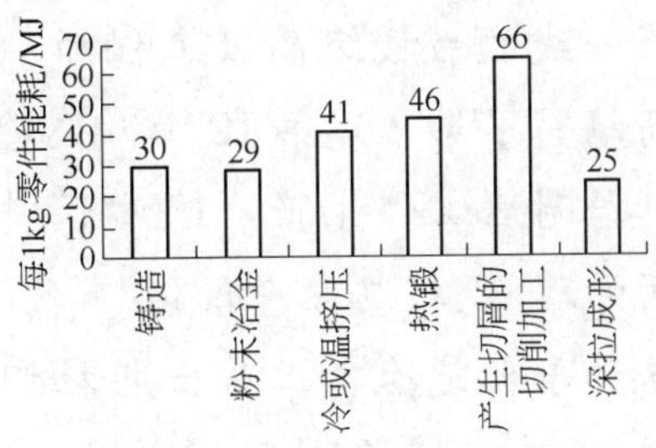

图 2　金属成形工艺的能耗对比

我国汽车产业进入 21 世纪以来，从 2000 年的汽车产量 208 万辆跃升到了 2009 年的 1379 万辆（见图 3），2010 年更高达 1826 万辆，中国已成为世界上最大的粉末冶金汽车零件市场。为促进我国粉末冶金零件产业，特别是粉末冶金汽车零件的发展，在这部手册的第 10 篇中专门评价了粉末冶金零件在汽车、摩托车，以及农机与园艺机械、家用电器、液压件、医疗器械、兵器、核能技术及航空、航天等领域的应用。在第3篇中介绍了金属粉末与粉末冶金材料的ISO测试方法标准和美国MPIF的全部最新粉末冶金零件材料标准。

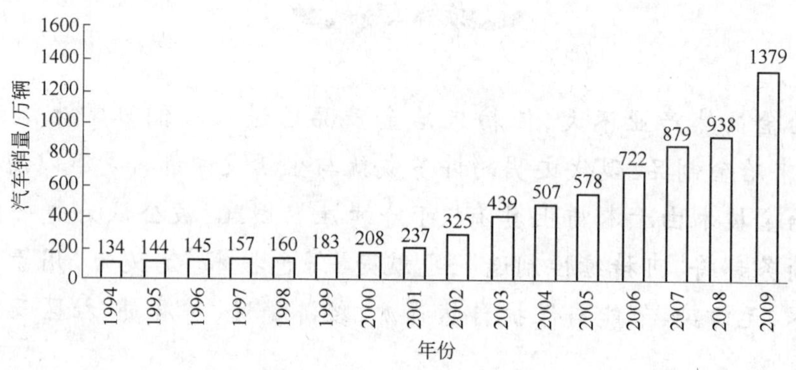

图3　1994～2009年间我国的汽车销量

（数据来源：汽车工业协会）

粉末冶金技术的可持续性优势还在于，粉末冶金零件材料的冶金化学组成几乎是变化无穷的，可为具体应用制造独特的合金，通过调整物理、化学及磁性性能，可使产品的使用性能最大化。

粉末冶金的另外两个重要传统产业是难熔金属材料与制品和硬质合金工具与耐磨零件。这两类产品基本上都只能用粉末冶金技术生产。这部手册第9篇专门评述了钨、钼、钽、铌、铼及其合金的生产、应用及发展。

特别值得指出的是，我国硬质合金产业界资深专家、国务院特殊津贴荣获者张荆门教授级高级工程师和徐涛高级工程师，组织株洲硬质合金集团有限公司生产一线的教授级高级工程师、高级工程师、工程师、技师共28人，一起为这本手册编写了第2篇第10章难熔金属及其碳化物粉末的生产和第9篇硬质合金工具与耐磨零件生产。这些资料全面反映了我国硬质合金工具产业的生产与应用的现状，极具参考价值。

这部手册是冶金工业出版社组织编写的。参加编写的有中国钢研科技集团公司、北京有色金属研究总院、北京矿冶研究总院、北京科技大学、北京航空航天大学、北京粉末冶金研究所、中南大学、哈尔滨工业大学、湖南大学、湖南工业大学、南京理工大学、西北有色金属研究院、昆明贵金属研究所、株洲硬质合金集团有限公司、江洲粉末冶金科技有限公司、山东金珠粉末注射制造有限公司、华东粉末冶金厂、中国机械通用零部件工业协会粉末冶金分会等18个单位的专家、教授、科技人员共83名。最后，全书由韩凤麟教授进行统稿。

这部手册主要供从事粉末冶金零件、硬质合金工具与耐磨零件、难熔金属材料生产与应用的企业的相关人员，以及从事粉末冶金、金属材料、机械制造、汽车制造、摩托车制造、家用电器、农机、医疗器械、军工、核技术、航空航天、3C产业等领域的技术与管理人员使用，也可供相关科研人员、理工院校的有关师生参考。

在这部手册即将出版之际，对组织编写这部手册的冶金工业出版社，对四年多以来一直关心、支持及为编写这部手册付出了辛勤汗水的各位专家、教授、科技人员及编辑致以衷心的感谢。由于编者水平有限，文中不当之处敬请读者指正，并提出宝贵意见。

韩凤麟

2012年1月

总 目 录

上 册

下 册

目　录

第6篇　非铁粉末冶金材料

第8篇　难熔金属材料及其制品

第9篇 硬质合金工具与耐磨零件生产

第 10 篇　粉末冶金零件应用

附　　录

第 6 篇

非铁粉末冶金材料

第 1 章　粉末冶金铜基合金材料

在粉末冶金工业中使用铜，可追溯到 20 世纪 20 年代。当时多孔性青铜含油轴承正逐渐被商品化。这些含油轴承都是最早应用的多孔性粉末冶金零件。它们是由通用汽车公司的研究试验室和 Bound-Brook 含油轴承公司分别独立研制成的。目前，含油轴承占粉末冶金铜和铜合金应用的大部分。铜和铜基粉末冶金材料的其他重要应用汇总在表 6-1-1 中，主要包括摩擦材料、电刷、过滤器、结构零件、电工零件、铁粉的添加剂（合金化及熔渗）、催化剂、油漆和颜料等工业应用。

表 6-1-1　铜基粉末的应用

应　用		粉末类型
汽车和机械设备	轴承和衬套	青铜、铜－铅、铜－铅－锡
	制动闸和衬面	铜、黄铜、铜－铅、铜－铅－锡
	衬套	青铜
	控制板/控制仪器	镍－银
	平衡锤	铜－钨
化学和工业应用	化学催化剂	铜
	过滤器	青铜
	火焰消除器	青铜
	杀菌剂添加剂	铜
	土壤改善	铜
	阀和泵	铜－镍
涂层与颜料	防污颜料	铜
	导电颜料和塑料	铜、黄铜
	装饰性颜料	铜、黄铜、青铜

续表 6–1–1

应用		粉末类型
涂层与颜料	油漆	黄铜、青铜
	机械镀覆	铜、黄铜
	喷涂	铜、黄铜
	真空镀金属	铜
建筑五金构件	导电和无火花地板	铜
	装饰塑料	铜、青铜、黄铜
	家庭用水过滤器	黄铜
	锁和钥匙	黄铜、青铜
	螺母	黄铜
	管子连接元件	铜
电工和电子技术	电刷	铜
	电刷座	锌白铜
	触头	氧化物弥散强化铜
	散热器	铜
	印刷线路	铜
	半导体接线柱座	铜、氧化物弥散强化铜
	电话零件	黄铜、青铜
	开关和接触器零件	铜、黄铜
	白炽灯	氧化物弥散强化铜
	X 射线，微波管零件	氧化物弥散强化铜
润滑剂	管子连接的抗咬合剂	铜
	铜润滑剂	铜
	塑料填充金属	铜、青铜
	自润滑含油零件	青铜
制造和切削加工	砂轮黏结剂	铜
	铜钎焊料	铜、青铜、黄铜
	电火花加工	铜
	电化学加工	铜
	电阻焊电极	铜、氧化物弥散强化铜
军械	穿甲弹心	铜
	引信零件	黄铜
	炮弹弹带	铜、黄铜
其他设备和应用	办公机械	黄铜
	硬币、轨道、纪念章	铜－镍合金
	无线电子装置	铜
	指甲抛光剂	铜
	草场和园艺设备	青铜
	照相设备	青铜、黄铜、锌白铜

本章简述了铜基粉末冶金合金和复合材料以及铜粉的类型、加工工艺和性能,及其主要应用(例如自润滑轴承和过滤器)。

通常,接近理论密度的铜和铜合金粉末冶金结构零件的物理和力学性能与成分相同的铸、锻铜基材料相接近。然而,粉末冶金铜零件密度的变化是从典型的自润滑轴承和过滤器的低密度到电器零件的接近理论密度。物理性能和力学性能很大程度上取决于零件的相对密度(即达到理论密度的百分率)。

1.1　铜粉

工业中大批量生产的铜粉纯度达到99%以上,生产纯铜粉主要有4种方法:

(1) 电解;

(2) 雾化;

(3) 铜氧化物还原;

(4) 湿法冶金。

上述方法中,目前美国大规模生产采用的是雾化和氧化物还原工艺。从20世纪80年代早期,美国就不再使用湿法冶金和电解法生产铜粉,但是欧洲、中国和日本仍在使用电解法。

表6-1-2是用4种制造工艺生产的工业铜粉的特征对照表。每一种工艺生产的铜粉末都有独特的颗粒形状和表面面积。

表6-1-2　铜粉的性能

粉末类型	含量(质量分数)/%			颗粒形状	表面面积
	铜	氧	酸不溶物		
电解	99.1~99.8	0.1~0.8	≤0.03	树枝状	中上等
氧化物还原	99.3~99.6	0.2~0.6	0.03~0.1	不规则多孔状	中等
雾化	99.3~99.7	0.1~0.3	0.01~0.03	不规则到球形	低
湿法冶金	97~99.5	0.2~0.8	0.03~0.8	密实不规则团聚状	最大

现将4种主要方法和相关粉末性能简述如下。

1.1.1　电解

电解铜粉使用的电解液是一种典型的铜离子浓度低而硫酸浓度高的水溶液。这与高阴极电流密度相结合,有利于形成松散粉末沉积物。阳极和阴极都是纯电解铜,阴极的尺寸一般是阳极的十分之一。电解后,要将粉末进行清洗,以除去残存的少量电解液。然后在还原性气氛中进行退火。将还原后的铜粉块研磨、破碎、筛分,及按粒度分布要求合批。

电解法生产的铜粉纯度较高,然而,在电解过程中比铜惰性更大的金属杂质也随铜粉一起沉积下来。电解铜粉的形貌为典型的树枝状。通过调整电解工艺,可以生产出松装密度范围很大的铜粉,并且铜粉的生坯强度高。对于要求铜粉松装密度低和比表面积大的特殊应用,可通过往电解槽中加添加剂,来减小粉末树枝臂的厚度。

1.1.2　雾化

雾化是液态金属从漏包经耐高温的漏嘴流出,用高压气流或液流(如水)将金属液流粉碎成细小的金属液滴,随后液滴凝固成粉状颗粒。雾化的介质、压力和金属液流下速率对粒度和颗粒形状有很大影响。气雾化粉末呈球形;水雾化粉末可通过控制喷射流和金属液流之间的相互作用,使其形状从近球形变化到不规则。较高的压力和较低的金属液流速有利于生产细粉,其平均粒度可小于325目(45 μm)。

生产铜粉雾化工艺中最好的是水雾化。雾化粉通常经过高温还原(其目的是还原雾化时形成的氧化物)和团聚处理提高粉末的压制性能。表6-1-3列出了工业水雾化铜粉的典型性能。

表6-1-3　工业级水雾化铜粉的性能

铜含量/%	化学性能/%		物理性能						
	氢损	酸不溶物	流速 /s·(50g)$^{-1}$	松装密度 /g·cm^{-3}	筛分析/%				
					+100	-100+150	-150+200	-200+325	-325
99.65①	0.28			2.65	微量	0.31	8.1	28.2	63.4
99.61①	0.24			2.45	0.2	27.3	48.5	21.6	2.4
99.43①	0.31			2.70	微量	0.9	3.2	14.2	81.7
>99.15②	<0.35	<0.2	-50	2.4	<8	17~22	18~30	22~26	18~38

① 水雾化加还原。② 含镁。

1.1.3　铜氧化物还原

该工艺是将铜(颗粒状铜屑、电解铜粉、雾化铜粉等)氧化,并将铜氧化物研磨成粉,随后在高温下,用固态或气态还原剂还原铜氧化物粉末,还原的铜粉呈块状,经破碎制成铜粉。控制铜氧化物和还原铜粉块的研磨程度,就能控制铜粉的粒度。成品铜粉颗粒呈不规则多孔状。控制还原条件可制得具有不同多孔性特征的多孔性铜粉。

颗粒大小、形状和多孔性特征决定了铜粉和制品的压制性能。表6-1-4列出了氧化物还原工艺生产的工业铜粉的典型性能。

表6-1-4　氧化物还原工艺生产的工业铜粉的性能

铜含量/%	化学性能/%					物理性能							压制性能		
	锡	石墨	润滑剂	氢损	酸不溶物	松装密度 /g·cm^{-3}	流速 /s·(50g)$^{-1}$	筛分析/%					生坯密度 /g·cm^{-3}	生坯强度/MPa	
								+100	+150	+200	+325	-325		165MPa	6.30g/cm^3
99.53				0.23	0.04	2.99	23	0.3	11.1	26.7	24.1	37.8	6.04	6.15	
99.64				0.24	0.03	2.78	24		0.6	8.7	34.1	56.6	5.95	7.85①	
99.62				0.26	0.03	2.71	27		0.3	5.7	32.2	61.8	5.95	9.3①	
99.36				0.39	0.12	1.56		0.1	1.0	4.9	12.8	81.2	5.79	21.4①	
99.25				0.30	0.02	2.63	30	0.08	7.0	13.3	16.0	63.7			8.3①
90	10		0.75			3.23	30.6	0.0	1.4	9.0	32.6	57.0	6.32		3.8
88.5	10	0.5	0.80			3.25	12②								3.6

① 用模壁润滑测定的;② Carney 流动性。

1.1.4　湿法冶金

该工艺用于由铜精矿或废铜制取铜粉。用硫酸或氨溶液从这些原料中浸出铜,然后用过滤法将浸出溶液中的残渣分离出来。浸出液通过铁屑进行沉淀,得到糊状铜粉,通常称为铜泥。将湿铜泥在还原气氛中干燥,然后研磨、分级及合批以达到要求的粒度分布。

湿法冶金工艺生产的铜粉粒度细,松装密度低,生坯强度高。但粉末纯度低,尤其铁含量高,故限制了湿法冶金在粉末冶金中的应用。然而,湿法冶金法铜粉颗粒呈不规则状且比表面积大,生坯强度高,因此,湿法冶金铜粉适用于摩擦材料领域。

1.2　铜合金粉

市场上有各种成分的铜合金粉末,主要有黄铜粉、锌白铜粉、锡青铜粉、铝青铜粉和铍青铜粉。铜合金粉末的生产方法有两种:一是铜粉和其他元素粉末(如锡、锌或镍粉)的预混合法,另一种是预合金化法。

1.2.1　预混合法

添加润滑剂或不添加润滑剂的预混合粉末,在烧结过程中形成要求的合金。用预混合粉末制成的粉末冶金铜合金中,用量最大的是用于自润滑轴承中的锡青铜。典型的青铜成分是 $w(Cu)=90\%$, $w(Sn)=10\%$,还经常含有 1.5% 的石墨。一些青铜含量低的轴承中加入一定量铁来替代铜和锡。铜-铅和有钢背的 Cu-Pb-Sn 合金材料,也用预混合粉末生产,用来代替铸造青铜轴承。因为铅不溶于铜,所以不能用预合金化法生产。用在制动器和离合器中的摩擦材料由多种组分组成,诸如铜、铅、锡、铁、石墨、二硫化钼、氧化物等,只能用预混合粉末制造。

1.2.2　预合金化法

预合金化法一般先将组分元素熔化形成均匀的合金,然后将熔化的合金雾化成粉末。也可用将预混合粉末进行烧结后再研磨成粉末的方法制取。一些典型的工业预合金粉末如下:

(1) 黄铜和锌白铜。对于用于生产高密度(大于 $7.0\,g/cm^3$)制品的预合金化黄铜和锌白铜粉末,一般都是用空气雾化生产的。这些组成的合金熔体表面张力低,粉末颗粒呈不规则状。

工业生产的黄铜和锌白铜粉末有的含铅,有的不含铅。工业生产的黄铜合金的组成为从 $w(Cu)=90\%$、$w(Zn)=10\%$ 到 $w(Cu)=65\%$、$w(Zn)=35\%$。对于广泛用于生产需要后续切削加工的烧结结构零件的是含铅的 80Cu-20Zn 和 70Cu-30Zn 黄铜。工业上生产的锌白铜粉末的名义成分是 $w(Cu)=65\%$, $w(Ni)=18\%$, $w(Zn)=17\%$,当需要改善切削性时,要添加铅。

(2) 青铜。预合金化青铜粉末因为颗粒形状近球形和松装密度高,致使零件生坯强度较低,因此这种粉末在结构零件生产中没有得到大量应用。然而,由这种粉末和不规则状铜粉和磷铜粉末的混合粉生产的烧结零件却有高的力学性能。

表 6-1-5 所示为典型的工业级预合金化黄铜、青铜及锌白铜粉末的性能。

表 6-1-5　典型的黄铜、青铜、锌白铜合金的物理性能

性　能		黄铜①	青铜②	锌白铜①②
筛分析/%	+100 目	2.0(最大)	2.0(最大)	2.0(最大)
	-100 ~ +200 目	15 ~ 35	15 ~ 35	15 ~ 35
	-200 ~ +325 目	15 ~ 35	15 ~ 35	15 ~ 35
	-325 目	60(最大)	60(最大)	60(最大)

续表 6-1-5

性　能		黄铜①	青铜②	锌白铜①②
物理性能	松装密度/g·cm^{-3}	3.0~3.2	3.3~3.5	3.0~3.2
	流速/s·(50g)$^{-1}$	24~26		
力学性能	于415 MPa下的生坯密度③/g·cm^{-3}	7.6	7.4	7.6
	于415 MPa下的生坯强度③/MPa	10~12	10~12	9.6~11

① 名义目数,黄铜,-60目;青铜,-60目;锌白铜,-100目。

② 不含铅。

③ 添加0.5%硬脂酸锂润滑剂的粉末的压缩性和生坯强度的数据。

1.3 粉末压制

铜和铜合金粉末通常采用冷压成形,在闭合刚性压模内用要求的压力通过上下模冲压进行压制。在冷压阶段,粉末颗粒彼此机械粘结。压坯密度一般是材料理论密度的80%~90%。要求密度较高时,可以采用诸如热压、挤压,热等静压(HIP)及热锻等方法固结。致密化程度取决于一些工艺参数,诸如压制压力,粉末特性、润滑剂的类型和数量等等。下面概述关于铜基粉末的这些基本因素。

压缩性是粉末体在采用的压力下可被压实的程度的一种量度。为达到给定的生坯密度所需的压力取决于粉末的粒度分布、材料固有的硬度、润滑剂及压制方法(如等静压或单轴向压制)。在给定的压制压力下,生坯密度通常是:

(1) 细颗粒的比粗颗粒的低(表6-1-6)。

表 6-1-6 不同粒度铜粉的压制-烧结坯的性能

粒度/μm	压制压力/MPa	压坯密度/g·cm^{-3}	烧结坯	
			密度/g·cm^{-3}	硬度 HRH
铜,2	69	4.95	7.72	29
	138	5.54	7.80	38
	275	6.29	7.95	51
	414	6.94	8.18	61
铜,44~74	69	5.38	6.58	1
	138	6.07	7.04	12
	275	6.88	7.67	31
	414	7.65	7.98	42
铜,2	69	5.06	6.24	26
	138	5.75	6.24	
锡,44~74	275	6.52	6.34	
	414	7.01	6.40	33
铜和锡,44~74	69	5.90	6.12	14
	138	6.45	6.18	
	275	7.25	6.13	
	414	7.65	6.04	17

（2）硬粉末比软粉末的低（图6-1-1）。

（3）加润滑剂的较高，但有一最佳润滑剂加入量（图6-1-2）。

（4）等静压制的比单轴向压制的高（图6-1-1）。

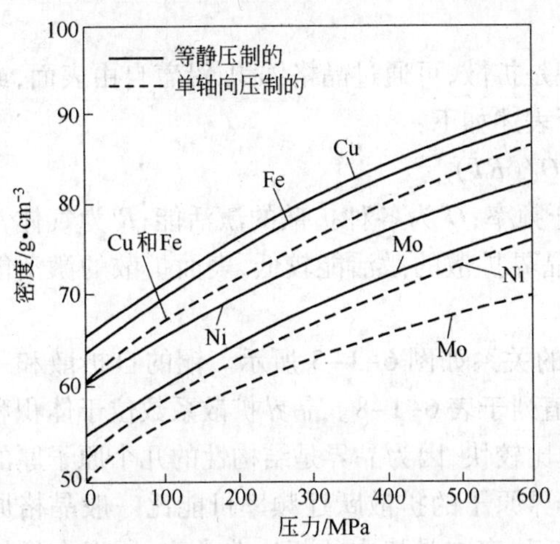

图6-1-1　等静压制和单轴向压制压力与密度的关系

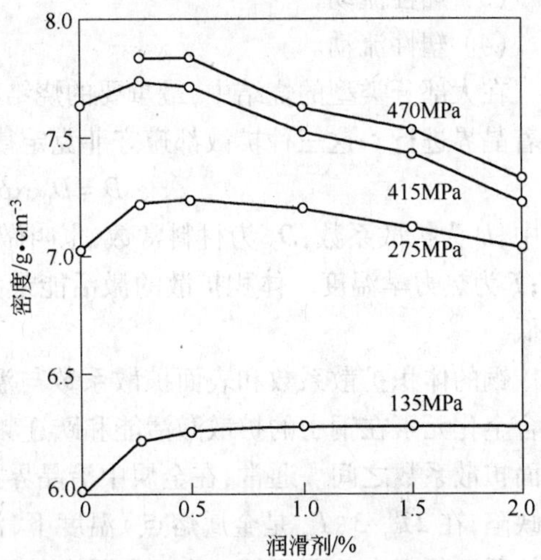

图6-1-2　铜－锡粉混合粉中润滑剂含量与不同压力下压坯密度的关系

（润滑剂为硬脂酸锌；用内径为ϕ12.7 mm的钢模（粗糙度1.7 μm）双向压制高6.35 mm的压坯）

同铁粉、镍粉和钼粉相比，铜粉比较软，因而对于给定的压制压力，铜粉可以达到较高的生坯密度（图6-1-3）。表6-1-7中概括了铜和铜合金粉的典型压制压力与压缩比（压坯的生坯密度/粉末的松装密度）。表6-1-7所示是标准范围，而实际的压制条件决定于上述的工艺参数。

表6-1-7　各种铜粉末冶金零件的标准压制压力和压缩比

粉末冶金零件	压制压力/MPa	压　缩　比
黄铜零件	414～689	2.4～2.6
青铜轴承	193～275	2.5～2.7
铜－石墨碳刷	345～414	2.0～3.0
纯铜零件	206～248	2.6～2.8

1.4　烧结

为了避免氧化，压制的零件需高温下在保护气氛中烧结。在烧结过程中，粉末颗粒彼此冶金结合。烧结通常分为三个阶段：最初，颗粒间的接触开始快速增长，但是粉末颗粒仍保持原貌；在第二阶段，烧结体快速致密化，这时孔隙球化，晶粒长大，随后粉末颗粒失去原貌，颗粒之间相互扩散；在第三阶段，闭合的球形孔隙开始收缩，致密化速度减慢。

烧结过程中发生这些变化的主要驱动力是，自由表面积减小（固－气界面减小），表面能的降低，在表面张力或毛细管力作用下导致晶粒长大和孔隙收缩。在烧结过程中发生的

物质迁移,通常是通过以下一种或几种机理进行:

(1) 扩散流动;

(2) 蒸发/凝聚;

(3) 黏性流动;

(4) 塑性流动。

在大部分类型的烧结中,最重要的烧结机理是扩散,可通过晶格体积,沿着自由表面,或沿着晶界进行。这三种扩散都遵守菲克定律,可表述如下:

$$D = D_0 \exp[-Q/(RT)]$$

式中,D 为扩散系数;D_0 为材料常数,也叫做跃迁频率;Q 为各种扩散的激活能;R 为气体常数;T 为热力学温度。体积扩散的激活能最大,晶界扩散的激活能较低,表面扩散的激活能最低。

铜的体积扩散系数和表面扩散系数与温度的关系如图6-1-3所示。铜的自扩散和一般合金化元素在铜中的扩散激活能和跃迁频率值列于表6-1-8。晶界扩散系数位于体积和表面扩散系数之间。通常,在金属中沿晶界扩散比较快,因为晶界是结构性的几个原子厚的面缺陷,在 $2T_m/3$(T_m 是金属熔点)温度下,沿晶界原子的扩散跃迁频率可能比一般晶格原子的跃迁频率大几百万倍。由于晶界上的原子迁移率与晶格内的相比非常高,所以在像烧结和固态反应之类冶金过程中,晶界扩散在微观组织变化的动力学中起着决定性作用。

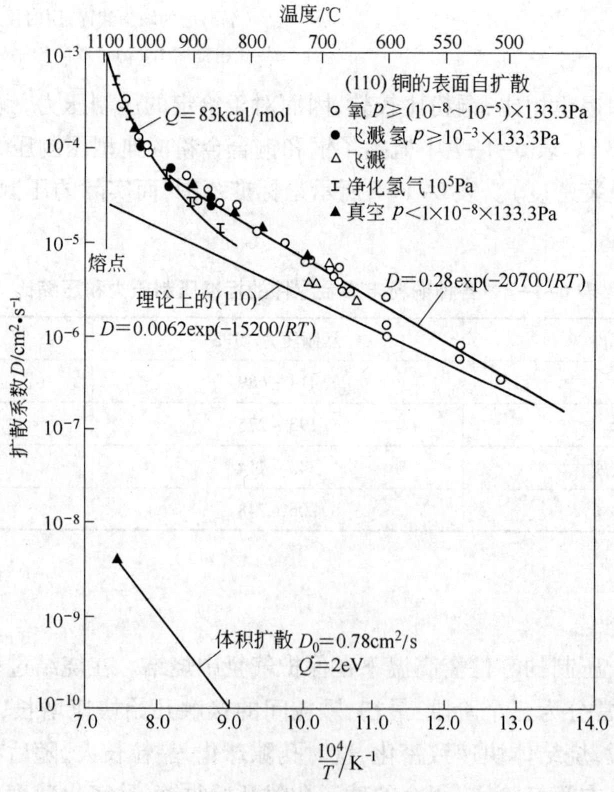

图6-1-3　铜的体积和表面扩散系数

表 6-1-8　铜中的扩散常数

扩散元素	体积扩散		表面扩散	
	$D_{v0}/cm^2 \cdot s^{-1}$	$Q_v/kcal \cdot mol^{-1}$	$D_{s0}/cm^2 \cdot s^{-1}$	$Q_s/kcal \cdot mol^{-1}$
铜(自扩散)	0.6 ~ 0.78	50.5 ~ 50.9	1000	39
铜中的镍	6.5×10^{-5}	30		
铜中的锡	4.1×10^{-3}	31		
铜中的锌	2.4×10^{-3}	30		
青　铜	6×10^{-6}	25	800	49

注：1cal = 4.1868 J。

1.4.1　活化烧结

活化烧结是通过降低扩散激活能，提高烧结速率，从而降低烧结温度，缩短烧结时间，而提高烧结体性能，诸如强度、电导率等的一种方法。通过对粉末或压坯进行物理或化学处理，或通过在烧结气氛中添加活性气体，都可以改变烧结速率。

活化烧结时，铜粉颗粒表面有一薄层氧化铜。这一厚度为 40 ~ 60 nm 的氧化物层可改善烧结压坯的性能，如表 6-1-9 所示。氧化铜部分溶解于铜基体内，氧化物膜中氧向铜内扩散，使高度活化的铜表面能够更有效进行烧结。但是，较厚的氧化物层却抑制铜的烧结，这是因为氧化物之间的无限接触过分抵消了活化效能。在铜粉中添加少量氧化铜有类似的活化烧结作用。

表 6-1-9　铜粉氧化物层厚度对压制 - 烧结体强度的影响

铜　粉	粉末上氧化膜的厚度/nm	烧结体的抗拉强度①/MPa
粗铜粉	0	29
	40	51
	80	38
	120	21.5
	160	15.7
	200	7.8
细铜粉	0	120
	20	130
	60	143
	100	137
	140	129
	180	122
	220	114

① 在 431.2 MPa 下压制；在氢气保护下，于 600℃烧结 0.5 h。

1.4.2　液相烧结

这种方法是，将由两种或多种粉末的混合物压制的压坯，在低于高熔点组分的熔点，但高于低熔点组分的熔点的温度下进行烧结。在元素粉混合物压坯的液相烧结过程中,如像烧结铜-锡或铜-铁预混合粉时,生成液相。熔体渗入固体颗粒之间,可能导致压坯膨胀。随着熔体渗入,颗粒可能进行重排。在液相流动及颗粒重排的共同作用下,压坯的体积迅速发生变化。

在铜-锡系中,锡熔化并与铜合金化,形成青铜合金,同时压坯胀大。在铁-铜系中,铜熔化并被铁饱和。铁-铜合金扩散到铁骨架中,从而引起铁骨架膨胀。铜的原位就变成了孔隙。

在铜-锡和铁-铜两个系统中,可用添加石墨状碳来改变烧结压坯的胀大或收缩,控制这些合金系统的尺寸变化。在铜-锡-碳系中,由于组分之间的机械隔离会阻碍烧结,结果膨胀增大。在铁-铜-碳系中,由于形成铁-铜-碳三元共晶,因此,液相的数量增加,会导致膨胀减小。

1.4.3 均匀化(相互扩散)

当涉及元素粉末混合物的合金化时,烧结工序不仅要增大粉末颗粒间的接触面积和加速致密化,而且还要通过组成的元素粉末颗粒间的相互扩散,使合金组分部分或全部均匀化。和致密化一样,烧结时间、烧结温度和粉末粒度都影响合金的均匀化。较细的颗粒通过减小扩散距离,即能大大的加速均匀化。

扩散系数的差异是决定固相或瞬时液相烧结是否能成功应用的决定性参数。相互扩散(均匀化)对致密化的影响决定于粉末混合物内单个元素的扩散系数之间的差异。例如,在Ni-Co系统内($D_{Co}=D_{Ni}$),相互扩散对致密化的影响非常小。Ni-Co压坯的收缩性状位于Ni压坯和Co压坯的收缩性状之间。收缩和浓度之间几乎呈线性关系。因此,这种混合粉的致密化过程和一元系一样,受同样的缺陷-活化物质迁移机理所控制。

在铜-镍系中($D_{Cu}>D_{Ni}$),相互扩散的影响要强烈得多,并取决于具有较高扩散系数的成分(铜)是主要还是次要成分。扩散较快者会在原位留下大量孔隙(柯肯特尔孔隙度),从而造成压坯体积膨胀。80% Ni-20% Cu的系统表明,具有较高的相互扩散诱发的孔隙度,而在20% Ni-80% Cu系统内扩散产生的孔隙度低。

1.4.4 致密化

烧结单一金属粉末的压坯时,其尺寸发生变化。图6-1-4示出铜粉压坯在烧结过程中的尺寸变化。在初始阶段,随着温度上升,压坯和熔铸铜一样发生膨胀,特别是在高密度压坯中。封闭于孤立孔隙内的气体和气化润滑剂也都会导致压坯膨胀。开始烧结时,压坯开始收缩,在烧结温度峰值,收缩达到最大值。在冷却期间,压坯和熔铸铜一样发生收缩。三个阶段最终的结果通常使烧结坯收缩并达到较高密度。

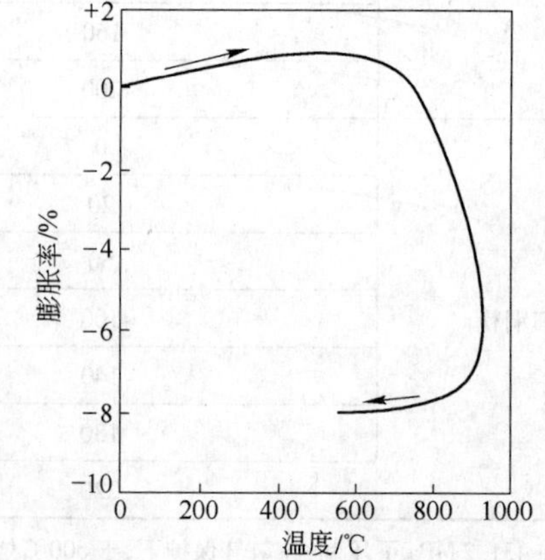

图6-1-4 -74+43 μm铜粉压坯烧结时的尺寸变化
(于138 MPa下压制,以3.9℃/min的速度加热到925℃,然后以相同的速度冷却)

烧结过程中,粉末冶金压坯的致密化主

要取决于以下因素：

（1）烧结温度；

（2）烧结时间；

（3）粉末粒度；

（4）压坯的生坯密度(主要决定于压制压力)。

不同合金的典型烧结温度和烧结时间见表6-1-10。铜合金的烧结温度通常比铁基合金与镍基合金的烧结温度低。在烧结温度和烧结时间不同时,铜压坯的标准烧结收缩率见图6-1-5。收缩速率起初高,但是随着烧结时间延长,收缩速率减小。对于快速收缩而言,提高烧结温度比延长烧结时间更有效。

表6-1-10　铜合金与钢的典型烧结温度和烧结时间

材　料	温度/℃	时间/min
青铜	760～870	10～20
铜	840～900	12～45
黄铜	840～900	10～45
铁、铁-石墨等	1010～1150	30～45
镍	1010～1150	30～45
不锈钢	1095～1285	30～60

影响致密化的另一个因素是粉末的粒度。图6-1-6示出由-105～+75 μm和-44 μm两种粒度的粉末,于276 MPa压力下压制的铜粉压坯,在865℃下烧结后,其烧结体的密度与烧结时间的关系曲线。细粉压坯比粗粉压坯的致密化速度快,烧结大于0.5 h后,细粉压坯的最终密度明显较高。

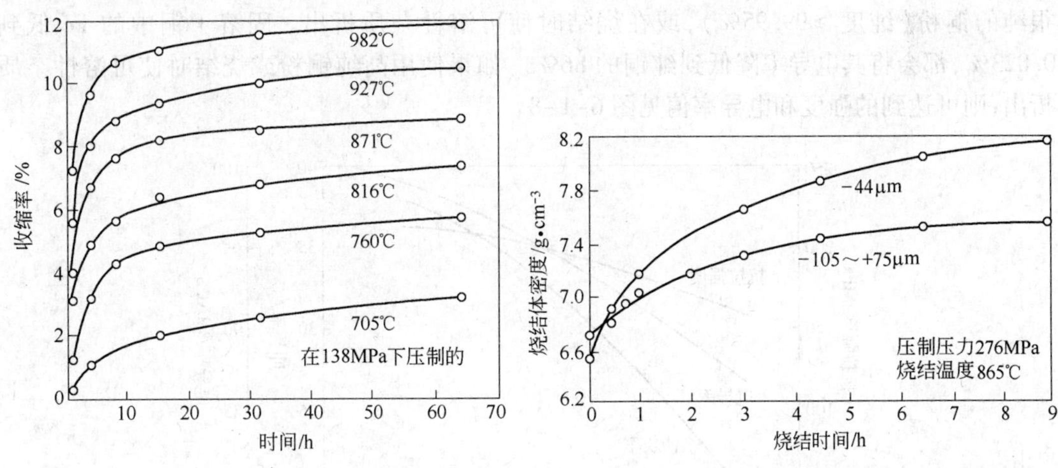

图6-1-5　由-75+44 μm铜粉压制压坯的线性收缩　　图6-1-6　电解铜粉压坯的密度

单一金属粉末压坯的压制压力决定生坯密度。图6-1-7*a*、*b*所示为在不同压制压力下,尺寸变化与烧结温度的关系曲线。较高的压制压力将导致较高的生坯密度和烧结体密度,但是烧结收缩或从生坯密度到烧结体密度的变化都较小。如图6-1-7*b*所示,在550～620 MPa的较高压力下压制软金属粉末时,可能发生膨胀。这同封闭在孤立孔隙内的气体膨胀有关系。

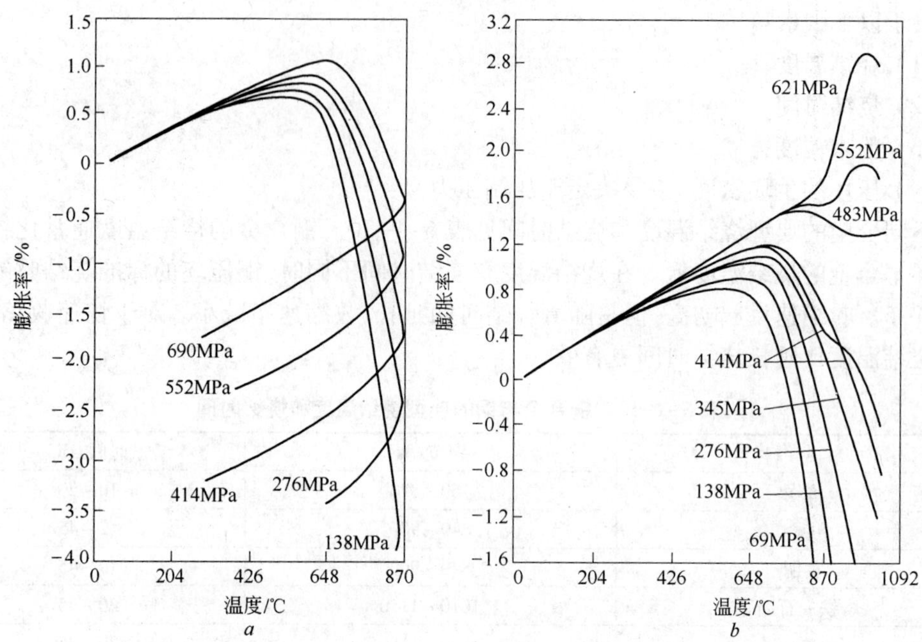

图 6-1-7　在不同压制压力下压制的铜粉压坯的烧结曲线

1.5　铜基合金的性能与应用

1.5.1　纯铜

粉末冶金纯铜零件由于电导率高，主要用于电工和电子技术。此项应用的关键是，使用很纯的铜粉（纯度≥99.95%），或在烧结时使可溶性杂质析出。固溶于铜中的 Fe 低到 0.023%，都会将其电导率降低到纯铜的 86%。如果使用高纯铜粉或烧结时使可溶性杂质析出，则可达到的强度和电导率值见图 6-1-8。

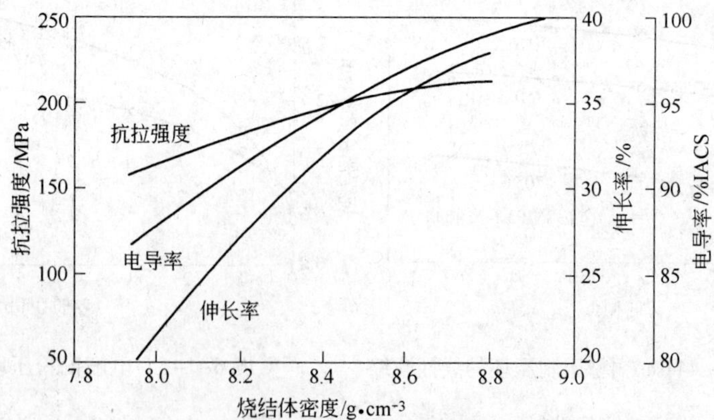

图 6-1-8　粉末冶金铜的密度对电导率和抗拉强度的影响

导电性与孔隙度直接相关。孔隙度越高，传导性越小。在中等压力 205 ~ 250 MPa 下压制的纯铜零件和在温度 800 ~ 900℃ 下烧结的纯铜零件，其电导率为 80% ~ 90% IACS。在较高温度 930 ~ 1030℃ 烧结的压制零件，随后进行复压精整或锻造的粉末冶金铜零件，其电导率可达到或接近熔铸铜的电导率。

对电导率要求高的纯铜零件，其典型应用有整流子环、触头，校正线圈、鼻锥和麻花形电插销。铜粉还用于接触电阻低、载流容量大和热导率高的铜－石墨组合物。典型应用有电动机和发电机用的电刷、变阻器、开关及载流洗涤设备中的可动零件。

1.5.2　青铜

粉末冶金青铜一般是由铜粉和锡粉中加入0.5%～0.75%的干式有机润滑剂（如硬脂酸或硬脂酸锌）组成的预混合粉制造的。然而，一些要求密度大于7.0 g/cm³ 的青铜，则是用预合金化粉末制造的。同预混合粉末相比，预合金化粉末的屈服强度较高，加工硬化速率快。因此，使预合金化粉末达到给定生坯密度所需的压制压力比预混合的元素粉末要高。预混合粉末和预合金化粉末的压制特性的差异对比见图6-1-9。

青铜的标准烧结炉温度范围为815～870℃；在烧结带的总烧结时间是15～30 min。此总烧结时间取决于选择的烧结温度，要求的尺寸变化，而最重要的是，形成最佳的α青铜晶粒组织。烧结气氛应是保护性的和还原性的，以利于烧结。铜粉颗粒表面的氧化物的还原，有利于增高扩散速率。加或不加石墨的90Cu－10Sn青铜的强度－密度数据见图6-1-10。预混合粉系统的烧结尺寸是通过调节烧结时间或温度来控制的。

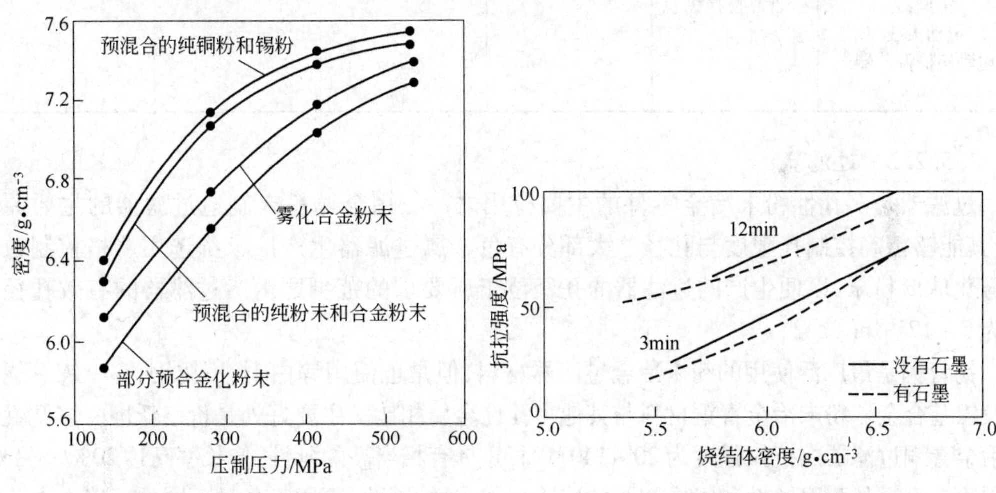

图6-1-9　预混合和预合金化90Cu－10Sn粉末的压制特性

图6-1-10　密度对铜－锡和铜－锡－石墨压坯强度的影响

通常，由粗粉组成的铜－锡混合物比由较细粉组成的烧结时膨胀值大。为达到目标尺寸，对混合粉虽进行过试验与调整，但在生产中烧结时还需要进行最后调整，才能达到产品的尺寸精度。影响最终产品尺寸精度的因素有组分的物理性能和压坯密度。

1.5.2.1　轴承

每年生产的铜粉大部分用于生产多孔性青铜含油轴承。这些含油轴承都是用压制铜与锡的元素粉末混合粉随后烧结制造的。广泛应用的轴承材料是90Cu－10Sn青铜，其中往往加入不大于1.5%的石墨。所谓的低青铜轴承中含有不同数量的铁。加入铁虽使轴承性能有所降低，但可降低轴承的生产成本。

青铜粉末的压制压力为140～415 MPa。在连续网带炉内，烧结一般是于815～870℃范围内，在烧结温度下烧结3～8 min。常用的烧结气氛是分解氨或吸热性煤气。为了获得可重复的烧结结果，重要的是精心控制烧结的温度和时间，因为它们都影响均匀化过程的动力学，后者又决定了烧结过程中发生的尺寸变化。为了提高尺寸精度，大多数轴承都要进行精整，通常精整压力范围为200～500MPa。市售的轴承分为干式的或含浸油的，用真空浸渍法可使轴承材料的孔隙中充满油。大部分普通含油轴承，干式的密度范围是5.8～6.6 g/cm^3，含浸油轴承的密度范围是6.0～6.8 g/cm^3。这个密度范围相当于轴承材料的孔隙度为25%～35%（体积分数）。

大部分轴承的形状是简单的或是带凸缘的套筒状，有一些外部表面为球形的。其尺寸范围是直径约为0.8～75 mm。烧结青铜含油轴承的一般应用见表6-1-11。

表6-1-11 烧结青铜含油轴承的应用

汽车零件	家用电器	农场和草坪设备	电子消费品	商务机械	工业设备
起动机 照明发电机 油泵和水泵 风挡刮水器 防护罩和窗玻璃提升器 加热器 空调器 电动天线 电动座椅调节器	洗碗机 衣服干燥机 洗衣机 缝纫机 真空除尘器 电冰箱 食品搅拌机	拖拉机 联合收割机 拾棉花机 剪草机 绳锯切割机 链锯	电唱机 自动换盘片器 磁带录音机	打印机 计算机 复印机	纺织机 包装机 电扇 手提电动工具 钻床 锯床

1.5.2.2 过滤器

过滤器是多孔性粉末冶金零件的主要应用之一。用金属粉末制造过滤器的主要原因是，其能够精确控制孔隙度与孔径。大部分有色金属过滤器生产厂家都选用严格控制粒度的雾化球形粉末，以便生产的过滤器的孔径位于所要求的范围之内。过滤器的有效孔径一般为5～125 μm。

锡青铜是最广泛使用的粉末冶金过滤器材料，但是也使用锌白铜、不锈钢、铜-镍-锡合金及镍基合金。粉末冶金青铜材料与其他多孔性金属相比。主要好处是价格低廉。多孔性粉末冶金青铜过滤器的抗拉强度为20～140 MPa，并具有相当高的延性，伸长率高达20%。另外，粉末冶金青铜的耐腐蚀性和组成相同的熔铸青铜一样，因此，可用于各种不同的环境。

青铜过滤器通常是用球形青铜粉末的重力烧结法制造的，而球形青铜粉末是雾化法生产的。这些粉末的成分一般为90%～92% Cu和8%～10% Sn。由雾化青铜粉制造的过滤器，其烧结体密度为5.0～5.2 g/cm^3。为了生产具有给定的最大孔径与最高透过性的过滤器，必须采用颗粒大小相同的粉末。

用于制造青铜过滤器的较粗粉，也可通过将铜丝切成一段段之后滚磨来制造，但这种方法应用有限。用切成一段段的镀锡铜丝制造的青铜过滤器，其锡含量为2.5%～8%，其烧结体密度为4.6～5.0 g/cm^3。这种过滤器使用范围有限。

烧结时过滤器略有收缩，约为8%。为避免过量收缩，由细粒度粉末制造过滤器，需要采用较低的烧结温度，一般在815℃附近。由于烧结时收缩，过滤器必须设计成轻微带梢的，以便过滤器脱模。

图6-1-11所示为各种粉末冶金青铜过滤器。这类过滤器用于过滤气体、油、制冷剂和化学溶液。它们已用于宇宙飞船的流体系统除去小到1 μm的颗粒。可用青铜隔膜来分离液体或未乳化的液体混合物中的空气。只有能够润湿孔隙表面的液体才能通过多孔性金属零件。

图6-1-11　各种粉末冶金青铜过滤器

1.5.2.3　青铜结构零件

鉴于青铜的耐腐蚀性和耐磨性,对于结构件,常常选用粉末冶金青铜零件。它们的制造方法一般与含油轴承一样。青铜结构零件的标准组成(CT-1000)见表6-1-12。各种粉末冶金青铜结构零件,通常用于汽车离合器、复印机、外装马达和喷漆设备。

表6-1-12　铜基粉末冶金结构材料(黄铜、青铜、锌白铜)的组成

材料牌号	化学成分(质量分数)/%				
	Cu	Zn	Pb	Sn	Ni
CZ-100	88.0	余量			
	91.0	余量			
CAP-1002	88.0	余量	1.0		
	91.0	余量	2.0		
CAP-2002	77.0	余量	1.0		
	80.0	余量	2.0		
CZ-300	68.5	余量			
	71.5	余量			
CZP-3002	68.5	余量	1.0		
	71.5	余量	2.0		
CNZ-1818	62.5	余量			16.5
	65.5	余量			19.5
CNZP-1816	62.5	余量	1.0		16.5
	65.5	余量	2.0		19.5
CT-1000	87.5	余量		9.5	
	90.5	余量		10.5	

注:用计差法求出的其他元素含量不大于2.0%,其中包括为了特殊目的的加入的其他微量元素。

1.5.3 黄铜和锌白铜

与青铜结构零件不同,黄铜、铅黄铜及锌白铜制作的零件都是由雾化预合金化粉末生产的。一些常用于结构零件的黄铜和锌白铜合金的成分见表 6-1-13。需要进行后续切削加工时,使用含铅的材料。

表 6-1-13 铜基粉末冶金结构材料的性能(黄铜、青铜、锌白铜)

材料牌号①	标准值									
	最小屈服强度/MPa	极限抗拉强度/MPa	0.2%屈服强度/MPa	25 mm内的伸长率/%	杨氏弹性模量/GPa	横向断裂强度/MPa	夏比U形凹口试样冲击强度/J	密度/g·cm^{-3}	压缩屈服强度/MPa	表观硬度HRH
CZ-1000-9	62	124	65	9.0	52	270	②	7.60	②	65
CA-1000-10	70	138	76	10.5	69	315	②	7.90	②	72
CZ-1000-11	75	159	83	12.0	②	360	②	8.10	②	80
CZP-1002②										
CZP-2002-11	75	159	93	12.0	69	345	38	7.60	103	75
CZP-2002-12	83	207	110	14.5	83	480	76	8.00	110	84
CZ-3000-14	97	193	110	14.0	62	425	31	7.60	83	84
CZ-3000-16	110	234	131	17.0	69	590	51.5	8.00	90	92
CZP-3002-13	90	186	103	14.0	62	395	②	7.60	②	80
CZP-3002-14	97	217	115	16.0	69	490	②	8.00	②	88
CNZ-1818-17	117	234	140	11.0	75	500	32.5	7.90	172	90
CNZP-1816②										
CT-1000-139(复压)	90	152	110	4.0	38	310	5.4	7.20	186	82

① 后缀数字表示最小的屈服强度 ksi 值;

② 补充的数据将出现在 MPIF 以后版本的标准 35 中。

通常,合金粉末中要加入 0.5% ~1.0% 润滑剂。硬脂酸锂在烧结时的净化和除垢作用,特别适合于作润滑剂。然而,普遍采用的是双润滑系统,诸如硬脂酸锂与硬脂酸锌,因为这可将过量硬脂酸锂导致的表面锈蚀减小到最小限度。添加润滑剂的粉末在压力为 207 MPa 时可压制到理论密度的 75%,在压力为 415 MPa 时可压制到理论密度的 85%。

黄铜和锌白铜压坯通常在保护气氛中进行烧结。分解氨、吸热性煤气及氮基气氛都是常用的保护气氛。烧结温度范围取决于合金成分,为 815 ~925℃。为了避免压坯的变形或爆皮,烧结温度应该不超过合金的固相线温度。通过多次压制与烧结,合金的屈服强度和硬度可接近相应铸锻合金的水平。为了在烧结过程中将锌的损耗降低到最小,也是为了适当地除去润滑剂,采用了保护性烧结舟装置。表 6-1-13 列出一般黄铜与锌白铜粉末冶金零件的标准性能。

除了青铜轴承以外，黄铜和锌白铜是粉末冶金结构零件应用最广的材料。典型应用有碰销的金属构件、门锁体、照相机的快门零件、定时系统的齿轮、凸轮和促动杆，小型发电机的传动装置，装饰的饰物和圆形浮雕。在这些应用中，材料的耐蚀性、耐磨性和美学外观起着重要作用。

1.5.4　铜镍合金

为了造币和耐腐蚀应用，开发了75Cu－25Ni和90Cu－10Ni粉末冶金铜－镍合金。于压力772 MPa下压制75Cu－25Ni合金粉时，生坯密度可达到其理论密度的89%。在1090℃，于分解氨中烧结后，伸长率为14%，表观硬度为20HRB。在压力772 MPa下复压后，可将密度增高至理论密度的95%。这种合金的颜色与不锈钢一样，并可抛光到十分光亮。在同样的压制和烧结条件下，90Cu－10Ni合金的最终密度为理论密度的99.4%。它具有鲜明的青铜色，并可抛光到十分光亮。

一种生产硬币、徽章和奖章的方法是，将含75% Cu与25% Ni粉的混合粉末和硬脂酸锌润滑剂相混合，然后进行压制、烧结、整形和再烧结，制成适于冲压的坯料。坯料是由高纯度材料制造的，比轧制的坯料软，可在较低的压力下进行精压，浮雕花纹可达到较大的深度，同时模具的磨损较小。

另外一种方法是，将有机黏结剂与铜粉或铜－镍粉末相混合，然后轧制成"生"带坯。将铜带和铜－镍带压制在一起形成叠层带材，然后冲裁成坯料。将坯料在氢气中加热，以除去黏结剂，并将材料进行烧结。"生"坯料的密度很低（理论密度的45%），但精压后可将密度增加到理论密度的97%。压制后，将坯料进行退火，以改善其延性和可精压性。

1.5.5　铜铅合金

铜和铅彼此具有有限固溶度，用一般铸锭冶金法很难形成合金。铜粉与铅粉的混合粉的冷压制性能极好。在压力低至76 MPa下，都可将之压制到高达理论密度80%的密度，烧结后，可在低达152 MPa的压力下进行复压，以制成基本上无孔隙的轴承材料。

有时用带钢背的铜或铜－铅－锡粉末冶金材料取代铸造青铜轴承。它们是用在钢带上将粉末铺到预定厚度，然后烧结、轧制到理论密度，再次进行烧结和退火生产的。最终产品的残余孔隙度约为0.25%。将这种双金属带材切割成适当尺寸的坯料、成形、钻油孔或切削加工出适当形状的油沟槽。这些材料有Cu－25Pb－0.5Sn，Cu－25Pb－3.5Sn，Cu－10Pb－10Sn和Cu－50Pb－1.5Sn合金。

1.5.6　铜基摩擦材料

烧结金属基摩擦材料应用于通过摩擦进行传动（离合器）和减速与停止（制动器）。在这些应用中，机械能转换成了摩擦热，然后被摩擦材料吸收和消散。铜基材料由于热导率高，因此是首选材料。对于中等至重载的干式摩擦用途，开发了成本低的铁基材料。

大部分摩擦材料都是由铜粉和其他金属粉末、固体润滑剂、氧化物及其他组分的混合物生产的。这些组分都互不相溶，只能用粉末冶金法制作。一些常用铜基摩擦材料的组成见表6-1-14。混料时要注意防止组分偏析。必须选用比表面积大的细金属粉末，作为强度高的与热导性好的合金基体。混合粉末的压制压力范围为165～275 MPa。

表 6-1-14　湿式和干式铜基摩擦材料的组成

国家	组成(质量分数)/%							应用
	Cu	Sn	Fe	Pb	石墨	MoS_2	其　他	
前苏联	60 ~ 80	7 ~ 9	4 ~ 7	5 ~ 10	3 ~ 8		2 ~ 4 SiO_2	湿、干
	70	9	4	6	4		3 SiO_2;3 石棉	湿
	60	10	4	5	4		9 石棉;8 电木粉	湿
前民主德国	81.5	4.5		5	4		5 高铝红柱石	湿
	余量			5	12		8MgO;5Ti	湿、干
美国	60 ~ 75	4 ~ 10	5 ~ 10		3 ~ 10	3 ~ 12	2 ~ 7 SiO_2	干
	52.5			7.5			5 SiO_2;15Bi	湿
	72	4.7	3.3	3.5	8.7	1.4	1.9 SiO_2;0.2 Al_2O_3	湿、干
	72	7	3	6	6		3 SiO_2;4 MoO_3	干
	62	7	8	12	7		4 砂子	干
	74	3.5			16		2Sb;4.5 SiO_2	干
英国	余量	3 ~ 10	5 ~ 10	1 ~ 10	0.8	≤4	1.5 ~ 4 SiO_2	湿
前联邦德国	67.7	5.1	8	1.5	6.2	5	2.5 SiO_2;3 Al_2O_3	干
	余量	4 ~ 15	5 ~ 30		20 ~ 30		3 ~ 10 Al_2O_3	湿
瑞典	68.5	5.2	4.5	1.8	6.5	≤4	3.3 SiO_2;3 Al_2O_3	湿、干
	68.5	8	4.5	3	6	6	4 SiO_2	湿、干
意大利	68	5.5	7	9	6		4.5 SiO_2	湿、干
	68	5	8	1.5	6.2	≤3	2.5 SiO_2;3 Al_2O_3	湿
	54.4	0.8	3.7	21.4	19		0.5S;0.04Mn	干

离合片的生产方法是:将未烧结的摩擦片放在镀铜的钢背上,然后摞放在钟罩式烧结炉中进行烧结,烧结的同时在垂直摩擦片方向加压。烧结是在保护气氛中进行的,烧结温度为 550 ~ 950℃,一般烧结时间为 30 ~ 60 min。为了保证零件的尺寸精确和表面平行度,烧结的零件一般需进行切削加工。

通常将摩擦元件钎接、焊接、铆接或机械固定在支撑的钢背上。也可用加压把他们直接与组件结合在一起。

金属基摩擦材料的工作条件可以分成干式和湿式的,轻、中等和重负载的。图 6-1-12 所示为摩擦材料的一些典型应用和相应的工作条件。铜基摩擦材料元件的一些例子见图 6-1-13。

1.5.7　铜基触头材料

电工触头是一种接通和断开电路的金属元件。除了用于低压或小电流场合外,在其他应用中,起弧是触头的一个主要问题,特别是在有电压的线路中的断开触头时。电弧会将金属溶液吹走或使材料蒸发,从而使触头产生烧蚀。在触头闭合时,电弧使触头表面上小面积熔化时,可能会导致将触头焊接在一起。

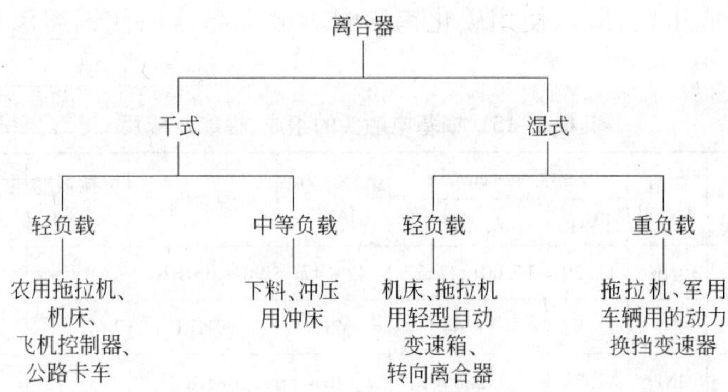

图6-1-12　烧结金属摩擦材料的应用

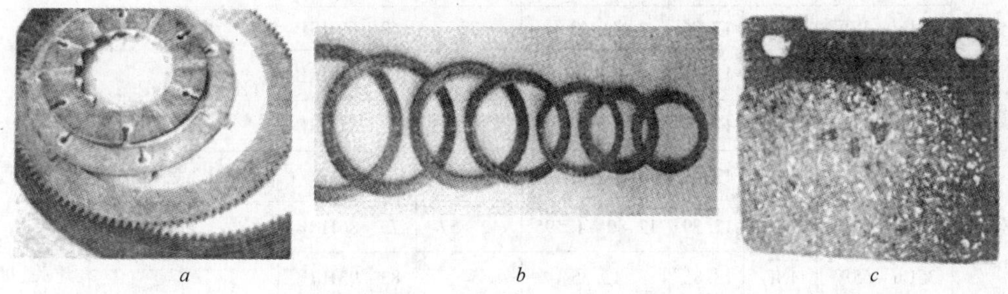

图6-1-13　铜基粉末冶金摩擦元件

a—湿式用带油沟的粉末冶金摩擦元件；*b*—用于拖拉机动力换挡变速器的铜基粉末冶金离合片；*c*—铜基粉末冶金摩擦缓冲垫

在触头起弧和焊接严重的应用中，都采用诸如钨和钼之类难熔金属触头，其熔点和沸点高，耐电弧烧蚀性好。常用氧化物来防止触头熔接。将导电性高的金属诸如银或铜，同难熔金属或氧化物相组合，以提供所需要的载流容量。这些组合物的各个组分之间都互不相溶，不能用传统的熔铸工艺生产，只能用粉末冶金工艺制作。在起弧和熔接不严重的场合，可使用纯金属或合金制作的触头，它们是用熔铸和适当的金属加工生产的。

由于铜基材料的电导率和热导率高，价格低及容易制作，用其来制作电触头。铜基材料的主要缺点是，抗氧化性和耐腐蚀性差。因此，采用铜基触头时，必须考虑到铜的氧化膜引起的电压降，或者能否采取保护触头的措施，诸如浸于油中或将触头封装在保护气体或真空中。

用于触头的一般铜合金有黄色的黄铜（C27000），磷青铜（C51000）和铍铜合金（C17200和C17500）。它们都是用熔铸法生产的，只限用于低电流与燃弧和熔接严重的场合。

铜与难熔金属或难熔金属碳化物组合物触头，用于铜的少许氧化不影响应用，或通过采用上述方法之一防止触头氧化的场合。表6-1-15给出一些粉末冶金组合物触头材料的成分、性能及典型应用。触头的性能决定于所用的生产方法，因此，一般采用的方法也列于表中。使用的特殊方法决定于组合物的成分。通常，钨或碳化钨含量少于或等于40%的材料都是用传统的压制-烧结（通常低于铜的熔点）和复压法生产的。含钨量大于40%的材料用铜熔渗到松散的钨粉内或压制－烧结的钨压坯中制造。因为不能将碳化钨粉压制成压坯,所以使用碳化钨的配对触头都是用使铜熔渗到松散粉末中的方法制造的。

表6-1-15　铜基电触头的组成、性能及应用

名义组成/%		制造方法①	密度/g·cm⁻³		电导率/% IACS	硬　度	抗拉强度/MPa	断裂模数/MPa	应用实例
			计算值	标准值					
碳化钨－铜	50Cu	INF	11.39	11.00～11.27	42～47	90～100HRF		1103	油断路器的辅助消弧触头,电源变压器的摩擦块
	44Cu	INF	11.77	11.64	43	99HRF		1241	
	30Cu	INF	12.78	12.65	30	38HRC			
钨－铜	75Cu－25W	PSR	10.37	9.45～10.00	50～79	35～60HRB		414	载流触头、真空断路器、油断路器、气弧端部、自动开关、断弧触点、抽头切换断弧触头、接触器或断路器辊子、抽头切换断弧触点、真空转换开关
	70Cu－30W		10.70	10.45	76	59～66HRB			
	65Cu－35W		11.06	11.40	72	63～69HRB			
	60Cu－40W		11.45	11.76	68	69～75HRB			
	50Cu－50W	INF	12.30	11.90～11.96	45～63	60～81HRB			
	44Cu－56W	INF	12.87	12.76	55	79HRB	434	827	
	40Cu－60W	INF	13.29	12.80～12.95	42～57	75～86HRB			
	35Cu－65W	INF	13.85	13.35	54	83～93HRB			
	32Cu－68W	INF	14.20	13.95	50	90HRB		896	
	30Cu－70W	INF	14.45	13.85～14.18	36～51	86～96HRB		1000	
	26Cu－74W	INF	14.97	14.70	46	98HRB	621	1034	
	25Cu－75W	INF	15.11	14.50	33～48	90～100HRB			
	20Cu－80W	INF	15.84	15.20	30～40	95～105HRB	758		
	15Cu－85W	PSR	16.45	16.0	20	190HV② 260HV③			
	13.4Cu－86.6W	INF	16.71	16.71	33	20HRC	621	1034	
	10.4Cu－89.6W	INF	17.22	17.22	30	30HRC	765	1138	

① PSR:压制－烧结－复压;INF:压制－烧结－熔渗。
② 退火。
③ 冷加工。

1.5.8　铜基电刷材料

电刷是在电动机与发电机内固定部件和旋转部件之间传输电流的零件,大部分电刷由石墨和导电金属的组合物制成。石墨起润滑作用,金属提供载流能力。由于铜和银电导率高,因此它们是优选金属。

表6-1-16列出了一些常用金属－石墨电刷的组成,金属含量为20%～75%(质量分数),余量为石墨。由于铜和石墨不相溶,因此粉末冶金是生产这种材料的唯一方法。用于生产电刷的铜粉可用氧化物还原、电沉积、雾化或压碎法制造。

表6-1-16 标准石墨-金属电刷牌号及特性

牌号	名义组成	密度/g·cm^{-3}	电阻率/Ω·m	最大电流密度/A·m^{-2}	标准电压/V	肖氏硬度
261C	21Cu-79C	2.2	0.024	125000	<72	28
261D	35Cu-65C	2.5	0.016	125000	<72	28
FQ	50Cu-50C	2.75	0.006	130000	<36	28
179P	65Cu-35C	3.5	0.0016	190000	<18	20
179V	75Cu-25C	4.0	0.0008	235000	<15	18
GHB	94金属-6C	6.0	0.0003	235000	<6	6
GD	97金属-3C	6.5	0.0001	235000	<6	5
22A-S	40Ag-60C	2.7	0.008	150000	<36	30
246	65Ag-35C	3.8	0.001	190000	<18	20
2-S	80Ag-20C	4.6	0.0008	235000	<9	28
1-S	93Ag-7C	7.0	0.0001	270000	<6	10

电刷的生产首先将铜粉和石墨进行混合。将混合粉模压成电刷或大型坯块,通常压力范围为100~200MPa,生坯密度为2~4g/cm^3。将模压的零件在温度500~800℃下,于保护气氛中进行烧结。如要求达到最终尺寸公差,烧结零件必须进行切削加工。

所有金属-石墨电刷的工作电压都比非金属电刷低。典型电压范围为0~30V,并且能从直流电源,诸如电池、整流器,或检测装置(如热电偶)中输出。

铜-石墨电刷广泛用于电池驱动的工具,这种工具需要小而轻的组件输出高能量。一般,输入电压决定所需要的金属含量。高电压需要金属含量低,而低电压需要金属含量高。低于9V时,金属含量通常要大于80%,而高于18V时,金属含量一般低于50%。

铜-石墨电刷也广泛用于汽车,其中有起动机的电动机、吹风机的电动机、门锁及风挡板刮水器马达。起动机电动机通常用铜含量高的材料,以使之能短时间内输送极高的电流密度。吹风机电动机使用铜含量低的材料,这可以将使用寿命延长到几千小时。门锁和风挡刮水器马达所用材料的铜含量介于吹风机和起动机马达所用材料的铜含量之间。

1.5.9 铜熔渗零件

烧结前,将熔渗剂片置于零件上,通过在高于熔渗剂熔点的温度下烧结,可使铜或铜合金熔渗到铁基粉末冶金零件内。熔融的熔渗剂通过毛细作用被全部吸收到孔隙中,从而形成复合材料结构。使用的熔渗剂的数量决定于被熔渗铁基零件的孔隙度,一般为15%~25%。

熔渗用于密度必须大于7.4g/cm^{3}铁基零件,从而提高其力学性能。由于熔渗可将孔隙封闭,故可改善耐腐蚀性、电导性和热导性。同时还可改善切削性和焊接性。用15%~25%铜熔渗的铁基零件,其抗拉强度为483~620MPa。

熔渗的铁基结构零件的典型应用实例有齿轮、自动变速器零件、阀座圈,汽车门框等。

1.6 氧化物弥散强化铜材料

铜由于电导率和热导率高,易于制造,在工业中得到了广泛应用。但是其强度低,特别是加热到高温时。将细小、稳定的氧化物诸如铝、钛、铍、钍或钇的氧化物弥散于基体中可起到强化作用。由于这些氧化物与熔融铜互不相溶,因此,氧化物弥散强化铜不能用传统的铸锭冶金法,只能用粉末冶金法制作。

1.6.1 氧化物弥散强化铜材料的制造

氧化物弥散强化(ODS)铜可用铜粉和氧化物粉机械混合法、盐溶液共沉淀法、机械合金化法、选择性或内氧化法制造。这些方法的氧化物弥散质量和成本有很大差异,内氧化产生的氧化物弥散体最细和最均匀。氧化铝是弥散强化铜生产中通用的弥散体。

内氧化是将铜-铝固溶体合金在高温中进行内部氧化。这个过程使铝转变成了氧化铝。为了有效地进行内氧化,氧在基体中的扩散速率必须比溶质元素(如铝)高几个数量级。因为内氧化取决于氧在基体中的扩散。因此,反应时间与完成反应氧必须扩散的距离的平方成比例。为将反应时间保持在实际生产允许的范围之内,扩散的距离必须小。在铸锻材料中,只有细丝材或薄带材可进行内部氧化,从而大大限制了弥散强化材料的应用。粉末冶金是解决这个问题的一种极好的方法,因为粉末颗粒可以迅速实现内氧化,然后,再将它们固结成几乎任何一种形状。

制造工艺是,首先熔炼稀释的铝熔于铜的固溶体合金,然后,用氮之类的高压气体雾化合金熔体。将制成的粉末与氧化剂相混合。氧化剂主要由细的氧化铜粉组成。将混合料加热到高温,铜氧化物分解,同时产生的氧扩散到铜铝固溶体合金颗粒中。由于铝比铜易生成氧化物,因此,合金中的铝被优先氧化成氧化铝。在全部铝都被氧化后,用在氢或分解氨气氛中加热,将粉末中的过量氧进行还原。

为充分发挥氧化物弥散强化铜的潜在性能,使材料达到理论密度最重要。可用各种工艺将粉末制成完全致密的型材。诸如将粉末装于适当金属(通常是铜)的包套中和将其热剂压成所要求的尺寸,来制作诸如棒材与条材之类压制的型材。用冷拉盘条制成线材。用轧制挤压的矩形截面棒材盘条或用直接轧制粉末(有或无金属包套)制造带材。大型型材用热挤压无法制造,可将粉末装于包套中,用热等静压制造。另外,这类型材也可将粉末装于包套中或先制成部分密实的预成形坯,再用热锻来制造。

固结材料的性能取决于使粉末颗粒产生的变形量。因此,用低变形工艺,诸如热等静压和在较小程度上热锻,制造的材料,其强度和延性都比用挤压制造材料低。

固结的型材可用切削加工,铜焊和软钎焊制成零件成品。不推荐采用熔焊,因为熔焊会使氧化铝与液态铜基体相分离,从而使弥散强化作用失效。闪光焊时,虽会将液态金属从焊缝处挤出,电子束焊时,虽会产生小的热影响区,但它们都已得到成功应用。固态焊接(于封闭模中进行多次冷镦锻)也已成功地用于将拉丝用的较短的盘条连接成长盘条。

1.6.2 氧化物弥散强化铜材料的性能

氧化物弥散强化铜不但强度高,电导率和热导率也高,更重要的是,在高温下和任何其他铜合金相比,上述性能仍较好。

通过改变氧化铝含量或冷加工量,可改变氧化物弥散强化铜的性能,以满足各种设计要求。图6-1-14所示为氧化物弥散强化铜的抗拉强度、伸长率,硬度及电导率、铝和氧化铝含量的关系。这些性能都是热挤压状态棒材的典型性能。可用冷加工来扩大抗拉强度,伸长率及硬度的范围;但冷加工对电导率影响极小。

市场上销售的氧化物弥散强化铜有三个牌号。其代号是C15760、15725和C15715。名义组成见表6-1-17。对于特定的性能要求,可调整成分制成其他牌号的合金。

表6-1-17　氧化物弥散强化铜

牌　号	铜		氧　化　铝	
	质量分数/%	体积分数/%	质量分数/%	体积分数/%
C15715	99.7	99.3	0.3	0.7
C15725	99.5	98.8	0.5	1.2
C15760	98.9	97.3	1.1	2.7

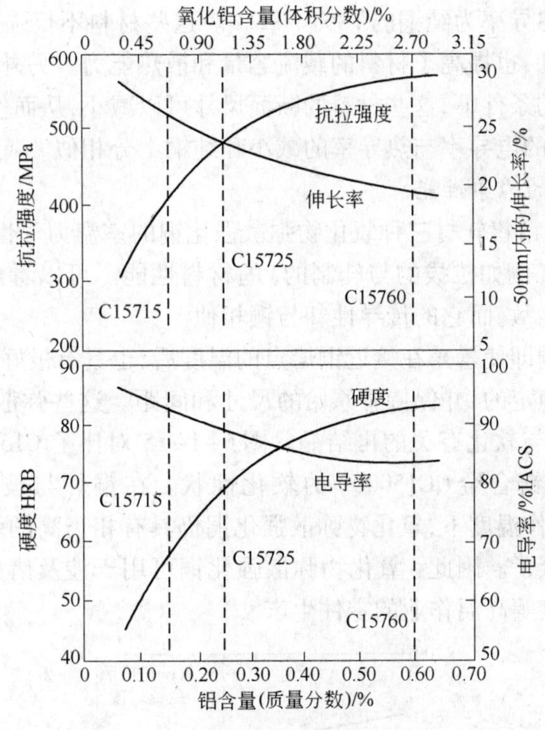

图6-1-14　三种氧化物弥散强化铜的性能

以上三种氧化物弥散强化铜的游离氧或可还原氧含量,通常为0.02% ~0.05%(质量分数),它们分别以溶解氧和氧化亚铜状态存在。处于这种状态的合金,在高温下有氢脆倾向。通过加入不大于$w(B)=0.02\%$作为吸氧剂,可将合金中的还原氧转变成不能还原的氧化物。于是,氢脆对这些合金就没影响了,但是必须规定,零件可能要在还原气氛中进行制造或使用。

1.6.2.1　物理性能

氧化物弥散强化铜皆含有少量氧化铝,同时氧化铝以单个颗粒状弥散于纯铜基体中,因此,其物理性能与纯铜很相似。表6-1-18列出了三种工业生产的氧化物弥散强化铜和无氧铜的物理性能。实际上,氧化物弥散强化铜的熔点和铜相同,因为基体一熔化,氧化铝就与熔体分开了。密度、弹性模量及线膨胀系数都与纯铜相似。

表 6-1-18　三种氧化物弥散强化铜与无氧铜的物理性能

性　能	材　料			
	C15715	C15725	C15760	无氧铜
熔点/℃	1083	1083	1083	1083
密度/$g \cdot cm^{-3}$	8.90	8.86	8.81	8.94
电阻率(20℃)/$\Omega \cdot mm^2 \cdot m^{-1}$	0.0186	0.0198	0.0221	0.017
电导率(20℃)/$M\Omega \cdot m^{-1}$(%IACS)	54	50	45	58
热导率(20℃)/$W \cdot (m \cdot K)^{-1}$	365	344	322	391
线膨胀系数(20~1000℃)/$℃^{-1}$	16.6×10^{-6}	16.6×10^{-6}	16.6×10^{-6}	17.7×10^{-6}
弹性模量(20℃)/GPa	130	130	130	115

电工和电子工业的设计工程师对于电导率和热导率特别感兴趣。在室温下，氧化物弥散强化铜的电导率和热导率为纯铜的78%~92%。这些材料不仅强度高，而且对于一给定的断面尺寸和结构强度，也提高了材料的载流容量和散热能力。另外，在不减小结构强度或载流容量和散热能力的条件下，这些材料的断面尺寸可以减小，从而使零件小型化。在高温下，氧化物弥散强化铜的电导率与热导率的减小和纯铜十分相似。

1.6.2.2　室温下的力学性能

表6-1-19列出了市售轧材三种氧化物弥散强化铜的室温力学性能。表中涵盖了各种尺寸的、不同冷加工量（例如拉拔的与轧制的）的材料性能。可以看出，氧化物弥散强化铜的强度可与多种钢相匹敌，而它的传导性却与铜相似。

氧化物弥散强化铜即使暴露在接近铜熔点的温度后，也具有极好的抗软化能力，因为氧化铝颗粒在高温下是稳定的，并保持着原始的尺寸和间距。这些弥散颗粒阻止位错和晶界移动，从而防止了通常与软化有关的再结晶。图6-1-15对比了C15760和C15715带材与无氧铜（C10200）和铜锆合金（C15000）的软化性状。在铜焊与玻璃－金属密封（高于600℃），一般实际的工作温度下，氧化物弥散强化铜仍具有相当高的强度，而无氧铜和铜锆合金的强度却大大减低了。因此，氧化物弥散强化铜可用于涉及诸如铜焊、玻璃－金属密封及热等静压扩散连接等高温作业的零件生产。

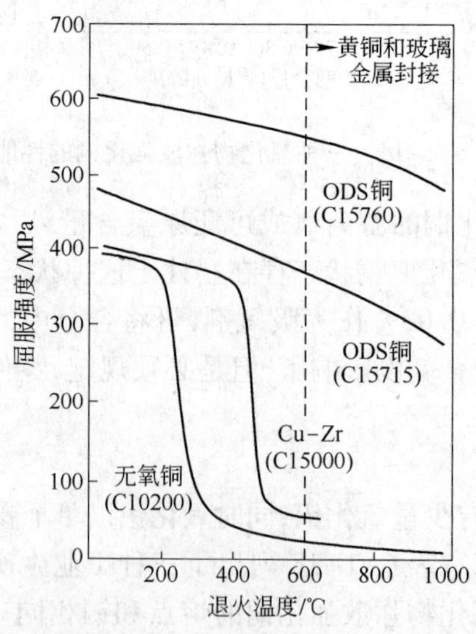

图6-1-15　氧化物弥散强化铜的软化性状同无氧铜和铜锆合金的比较

表 6-1-19　三种氧化物弥散氧化物强化铜的标准室温力学性能

形　状		厚度或直径/mm	回火或状态①	抗拉强度/MPa	屈服强度/MPa	伸长率/%	硬度 HRB
C15715	薄板	10	AC	413	331	20	62
		1.3	CW88%	579	537	7	
		0.6	CW94%	620	579	7	
		0.15	CW98%	661	613	6	
	板材	≤130	AC	365	255	26	62
		25	CW60%	476	427	10	
		16	CW75%	483	455	10	
	棒材	29	AC	393	324	27	62
	线材	19	CW55%	427	407	18	68
		7	CW94%	496	469	9	72
		1.3	CW99%	524	496	2	
		1.3	HT650℃	400	351	10	
		0.4	CW99.9%	606	579	1	
	圆棒料	≤760	AC	365	255	26	
C15725	薄板	10	AC	434	345	21	72
		2.3	CW78%	586	544	8	83
		0.15	CW98%	675	613	6	
	板材	≤130	AC	413	296	19	68
		25	CW60%	496	441	9	
		16	CW75%	524	467	9	
	棒材	38	AC	441	358	24	73
	圆棒料	6.4	As Drawn	551	531	14	76
		≤760	AC	413	296	19	68
C15760	薄板	1.0	AC	517	413	13	81
		2.5	CW75%	627	572	8	85
		0.15	CW98%	737	655	6	
	板材	14	AC	551	517	22	80
		13	CW14%	572	544	16	83
		7	CW74%	620	599	14	86
		7	HT650℃	579	544	18	80
		64	AC	496	475	4	80
	圆棒料	≤760	AC	469	331	4	76

① AC,固结状态;CW,冷加工断面减少;HT,热处理 1 h;As Drawn,冷拔状态。

1.6.2.3　高温力学性能

氧化物弥散强化铜的高温强度优异。图 6-1-16 示出在温度 870℃ 下,C15760 和 C15715 的 100 h 应力断裂强度。为了比较,图 6-1-16 中也给出了其他高传导性铜基材料的强度。从纯铜到沉淀硬化合金,在200~450℃温度范围内,断裂强度急剧下降;在400℃以上,氧化物弥散强化铜优于其他任何一种合金;在600℃以上,氧化物弥散强化铜的断裂强度优于或类似某些不锈钢。氧化物弥散强化铜在高温下热稳定性极好,因为氧化铝颗粒甚至在长时间加热后都能保持其原来的颗粒大小和间距,并且,使基体不产生再结晶。冷加工可大大增高氧化物弥散强化铜的应力断裂性能,温度越高,增高效果越明显。

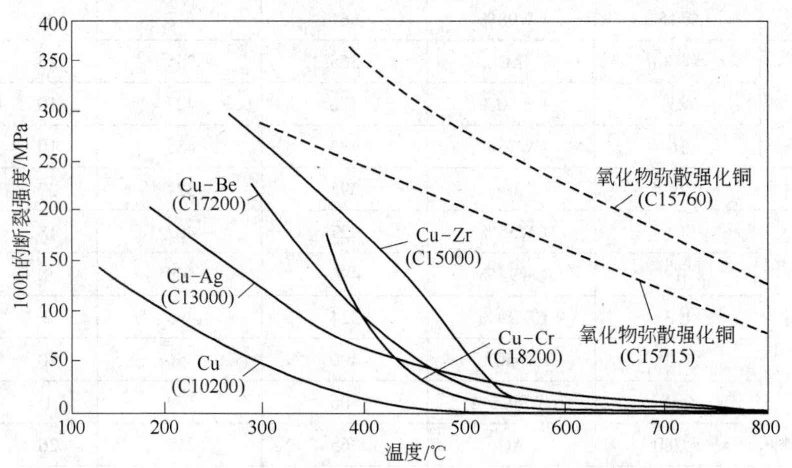

图6-1-16 弥散强化铜同几种高传导率铜合金的高温应力断裂性能

1.6.3 应用

氧化物弥散强化铜的几种应用已为广阔的市场所接受,同时,设计工程师还在不断地开发新用途。主要用途如下:

(1) 电阻焊电极。氧化物弥散强化铜电极广泛用于汽车、器具和锯板材工业。电极粘连在工件上是焊接镀锌钢板和其他涂层钢板的主要问题。这通常会使电极脱离焊把,不得不停止装配流水线以更换电极。这种作业间断造成的损失是极大的。弥散强化铜电极不会与镀锌钢板和其他涂层钢板发生粘连,因此不会发生费用高昂的停工现象。汽车工业应用的涂层钢在增加,这促进了弥散强化铜电极在全世界的广泛应用。在最佳工况下应用时,包括大电流焊接,弥散强化铜电极的寿命始终优于传统的铜-铬电极的焊接寿命。

(2) 金属-惰性气体焊导电焊嘴。氧化物弥散强化铜在用作金属-惰性气体焊导电焊嘴时,由于它耐钢丝的磨料磨损,从而有利于保持焊嘴的孔径,可将电弧的漂移减小到最小。在自动焊接线上,这是非常重要的。氧化物弥散强化铜的非粘连性能可将来自焊接飞溅物质的焊嘴结瘤减小到最小限度。

(3) 引线。氧化物弥散强化铜线在用作白炽灯的引线时,氧化物弥散强化铜线的高温强度保持能力能够使玻璃金属封接时引线不会过分软化。这就不需要昂贵的支承钼丝了,同时,引线的刚度也并未降低。鉴于引线的强度优异,则线径可缩小,从而节约材料。较细的引线还能将灯丝的热损失减小到最小值,从而使灯泡以较小的瓦数产生较高的发光效率。

氧化物弥散强化铜线还可用作诸如二极管之类分立电子元件的引线。氧化物弥散强化铜线的优点有:铜焊与气密封接时具有高温强度保持能力。引线的刚度还使之能多次嵌入线路板中。

(4) X射线和微波管元件。氧化物弥散强化铜棒和管用在X射线和微波管元件中。例如,用作X射线管内的旋转阳极心柱,在这种场合,铜焊和玻璃-金属密封后,具有高强度是非常重要的。氧化物弥散强化铜高热导率可以较有效的排除热量,从而可降低工作温度,延长管子的寿命,使管子工作较稳定。

(5) 继电器铜片和触头支座。它们都是在固定接触点间活动的载流杆,用于“接通”或“断开”电路。在行程开关中,是用机械作用力使触头杆(或触头支座)移动到“接通”位置。在继电器中,是用电磁作用使触头杆(继电器铜片)进行移动的。在大多数场合下,都是利用触头杆本身的弹力使触头回到“断开”位置。

在继电器铜片和触头支座与固定触头接触处,通常,都铜焊或铆有银触头。由于氧化物弥散强化铜暴露于高温中仍保有较高强度,故将触头铜焊于氧化物弥散强化铜片上时,铜片的强度并无明显降低。鉴于氧化物弥散强化铜电导率高,已用它取代了一些继电器中的普通铜合金,诸如磷青铜和铍铜。这些继电器可承载比早先的继电器更大的电流。

(6) 滑动电触头。氧化物弥散强化铜棒在用作高速电气列车中架空的滑动电触头。这种触头对电缆的磨料磨损具有极好的耐磨性,触头的寿命比以前提高10倍,并可大大降低维修费用。列车速度越高,氧化物弥散强化铜超过其他铜基材料的优势越显著。

(7) 粒子加速器零件。粒子加速器用于物理和材料的研究、医学诊断学等。在大的环形中空环内,高能粒子束通过平面镜、透镜和棱镜成形和聚焦。通过特殊的X射线吸收器吸收散逸束。由于氧化物弥散强化铜制成的板和棒热导率高、强度高、抗蠕变和真空保持性好,故用作加速器的平面镜和X射线吸收器。

(8) 混合电路组合件。氧化物弥散强化铜带材用作混合电路组合件的基板。在组合件的制造中,需把基板焊接到不锈钢上或镍基合金零件上。由于氧化物弥散强化铜在焊接操作后,仍具有高强度,因此它被选作高压环境使用的材料,氧化物弥散强化铜也可用于混合电路组合件的引线,因为引线经高温陶瓷密封后,仍具有良好的韧性。

(9) 其他应用。氧化物弥散强化铜其他的应用包括高磁场的电磁线圈、氯电解槽的阳极杆、高速电动机和发电机零件、换向器等。

参考文献

[1] Stevenson R W. Powder Metallurgy, Vol. 7, Metal Handbook, 9th ed., 1984: 733 ~ 740.

[2] Klar E, Berry D F. Properties and Selection: Nonferrous Alloys and Special-Purpose Materials, Vol. 2, ASM Handbook; ASM International, 1990: 392 ~ 402.

[3] Thummler E, Oberacker R. Introduction to Powder Metallurgy The Institute of Materials[J]. 1993: 4447.

[4] Hansner H H. Mater. Meth., 1946.

[5] Everhart J L. Copper and Copper Alloy Powder Metallurgy Properties and Applications[J]. Copper Development Association.

[6] Sauerwald. Plansee Seminar. 1952: 201 ~ 202.

[7] Price A, Oakley J. Powder Metall. Vol. 8, 1965: 201.

[8] Schatt W. Pulvermetallurgie Sinter und Verbundwerkstoffe[J]. VEB Deutscher Vefiag fur Grundstoffindustrie, 1979. 315.

[9] Shen Y S, Lattari P, Gardner J, Wiegard H. Properties and Selection: Nonferrous Alloys and Special-Purpose

Materials[J]. Vol. 2, ASM Handbook. ASM International, 1990: 841 ~ 868.

[10] Ferago C P. Powder Metallurgy[J]. Vol. 7, Metals Handbook, 9th ed., 1985: 635.

[11] Nadkarni A V. Mechanical Properties of Metallic Components[J], 1993: 297.

[12] 美国金属学会．粉末冶金[M]．韩凤麟等译．第九版，北京：机械工业出版社，1994.

[13] ASM Handbook, Vol. 7. Powder Metal Technologies and Applications, ASM International, 1998.

[14] 韩凤麟，马福康，曹勇家．中国材料工程大典：第14卷．粉末冶金材料工程[M]．北京：化学工业出版社，2006.

编写：万新梁（北京有色金属研究总院）

第 2 章　弥散强化铜基复合材料

弥散强化铜基复合材料是在铜基体中引入细小、弥散分布的增强相粒子，在保持高导电性的前提下，使基体强度特别是高温强度大幅度提高的一种复合材料。常用的增强相包括：(1) 氧化物：Al_2O_3、ThO_2、BeO、TiO、CrO_2、ZrO_2 等，其中 Al_2O_3 是最常用的增强相；(2) 碳化物、硼化物、硅化物、氮化物：WC、Mo_2C、TiC、SiC、TaC、TiB_2、BN 等；(3) 金属间化合物：Ni_3Al、Fe_3Al 等。因此，弥散强化铜基复合材料在保留铜基体高导电、导热特性的前提下，同时具有高的强度和优异的高温性能，是一类具有优良综合性能的先进功能材料，广泛应用于航空、航天、电力、电子等高技术领域。

2.1　弥散强化理论

弥散强化材料，最早始于 1916 年德国对二氧化钍强化钨丝的研究，此后相继出现了烧结铝、铜、镍、铁基弥散强化材料。随着粒子强化金属制造技术的飞速发展，弥散强化机理的研究也应运而生。以下简单介绍有关弥散强化合金的屈服强度、加工硬化和蠕变强度。

2.1.1　屈服强度

2.1.1.1　奥罗万(Orowan)机理

奥罗万机理最初是由奥罗万于 1948 年提出的，为绕过机制。按照该机理，位错线不能直接越过第二相粒子，但在外力作用下位错线可以环绕第二相粒子发生弯曲，最后在第二相粒子周围留下一个位错环而让位错通过(图 6-2-1)。位错线的弯曲将会增加位错影响区的晶格畸变能，这就增加了位错线运动的阻力，使滑移抗力增大。

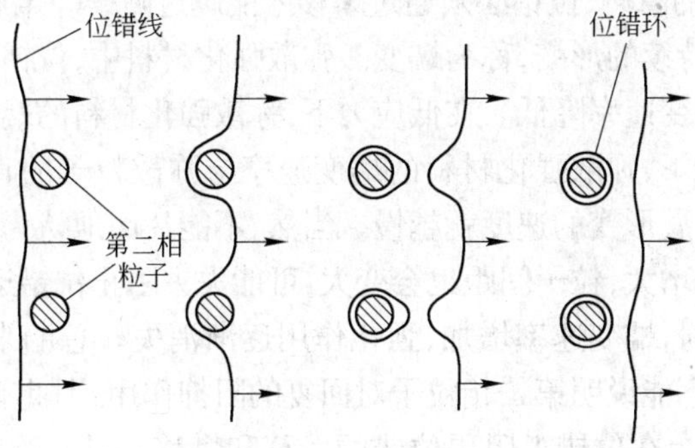

图 6-2-1　位错切过第二相粒子

奥罗万应力可表示为：

$$\tau_{奥} \approx \frac{Gb}{d} \approx \frac{Gbf^{1/2}}{r}\ln\left(\frac{2r}{r_0}\right) \approx af^{1/2}r^{-1} \qquad (6-2-1)$$

式中，G 为切变模量；b 为柏氏矢量；d 为粒子间距；f 为粒子的体积分数；r 为颗粒半径；a 为常数，对刃型位错等于 0.093，对螺型位错等于 0.14。可以看出，粒子半径 r 或粒子间距 d 减小，强化效应增大；反之，强化减弱。而当粒子尺寸一定时，体积分数 f 越大，强化效果越好,并按 $f^{1/2}$ 变化。

2.1.1.2　安塞尔——勒尼尔机理

安塞尔(G. S. Anesell)等关于弥散强化合金的屈服提出了另一个位错模型。他们把由位错塞积引起的弥散第二相粒子断裂作为屈服的判据。当粒子上的切应力等于弥散粒子的断裂应力时,弥散强化合金便屈服。

2.1.2　加工硬化

弥散强化合金的另一个显著特征是加工硬化。费希尔(Fisher)、哈特(Hart)、普赖(Pry)等认为,通过绕过方式堆积在弥散粒子周围的大量位错环,对弗兰克－瑞德(Frank-Read)位错源作用反向应力,使变形应力增加。这时,反向应力的增量可表示为:

$$\tau_h = \frac{6G_m Nbf^{3/2}}{d} \tag{6-2-2}$$

式中,f 为粒子所占的体积百分数;N 为位错环数量。

R 为加工硬化率,其计算式为:

$$R = 6G_m f^{3/2} \tag{6-2-3}$$

按照这一理论,可以很好地解释 Al－Cu 合金和 Cu－Cr 合金在低变形区域的加工硬化现象。但是,该模型却不能很好地说明一旦变成高变形区域,堆积位错数量增多之后,弥散粒子会引起应力松弛或位错环的交叉滑移等现象。这种应力松弛是由变形前弥散粒子周围基体变形产生的。因此,阿什比提出两次滑移加工硬化理论,并导出公式:

$$\tau_h = 0.24G_m \sqrt{\frac{bf\gamma}{d}} + \tau_0 \tag{6-2-4}$$

2.1.3　蠕变强度

(1) 弥散相是位错的障碍,位错必须通过攀移才能越过障碍。金属在恒定应力下,除瞬时形变外还要发生缓慢而持续的形变,称为蠕变。弥散强化材料中,位错扫过一定面积所需的时间比纯金属要长,因而蠕变速率降低。在低应力下,弥散强化材料的蠕变速率与弥散粒子直径的平方成反比;在高应力下,弥散强化材料的蠕变速率与弥散粒子的直径成反比。粒子越大,位错攀移的高度越大,金属形变的速度就越慢。当然,不能片面地认为粒子越大越好。当弥散相含量一定时,粒子直径增大,粒子间距也会变大,可能失去阻止位错运动的能力;当粒子间距增大到位错能绕过粒子时,蠕变速率增加,强化作用逐渐消失。总的来说,弥散强化材料的蠕变强度高。上述情况还不能说明第二相粒子对回复的阻抑作用,因此有第二种可能的机制。

(2) 第二相粒子沉淀在位错上阻碍位错的滑移和攀移。具有弥散相合金的抗蠕变能力与抗回复能力有一定对应关系,普锐斯顿等(O. Preston)研究内氧化法弥散强化铜时,形变烧结铜合金的回复温度几乎接近熔点,而形变纯铜的软化在低于500℃时即可完成。麦克林(D. Mclean)认为滑移可以在几个面和几个方向上进行,在粒子之间的两组位错可以相交而形成结点;而第三种平面上的位错又可与这两组位错形成结点,结果弥散粒子被这些位错乱网所联结。乱网中位错密度很高造成强烈的应变硬化,同时粒子又阻碍这些位错的滑移和攀移,因而得以保持这种硬化状态而不产生回复。这一过程是提高高温强度的关键,因为一般加工硬化状态容易获得,而保持到高温不回复则是不容易的。

2.2　性能特点

（1）再结晶温度高，组织稳定。工业纯金属的再结晶温度一般是金属熔点的 35% ~ 40%；再结晶后金属材料的组织和力学性能都发生变化。弥散强化材料的再结晶温度高，甚至在熔点附近温度下退火也不发生再结晶。

（2）屈服强度和抗拉强度高。一般变形材料的屈服强度是不太高的。屈服强度越接近极限抗拉强度，材料的刚性就越好，就越不容易发生形变。弥散强化材料具有这一优点，其屈服强度有很高的绝对值，且接近抗拉强度，这种关系在高温下更加明显。

（3）硬度随温度的升高下降幅度小，高温蠕变性能好。硬度随温度升高下降幅度小是弥散强化材料的显著特点。再结晶温度高、高温时硬度变化小以及蠕变速率低均可说明弥散强化合金具有优异的热稳定性。

（4）高的传导率。弥散强化铜基复合材料具有高的热导率和电导率，如内氧化法制备的 Al_2O_3 弥散强化铜合金的电导率均在 80% IACS 以上。

2.3　Al_2O_3 弥散强化铜基复合材料

Al_2O_3 弥散强化铜基复合材料（以下称为“Al_2O_3/Cu”）是应用最为广泛的弥散强化铜基复合材料之一，内氧化法是目前商业化生产性能优越的 Al_2O_3/Cu 复合材料的最佳方法。近年来，德国可采用机械合金化和反应球磨工艺工业化生产 Al_2O_3/Cu 复合材料。

2.3.1　制备工艺

2.3.1.1　内氧化法

在合金的氧化过程中，氧溶解到合金相中，并在合金相中扩散，合金中较活泼的组元与氧反应，在合金内部原位生成氧化物颗粒，此过程定义为内氧化。采用内氧化法制备 Al_2O_3/Cu 复合材料的典型生产工艺，如图 6-2-2 所示。

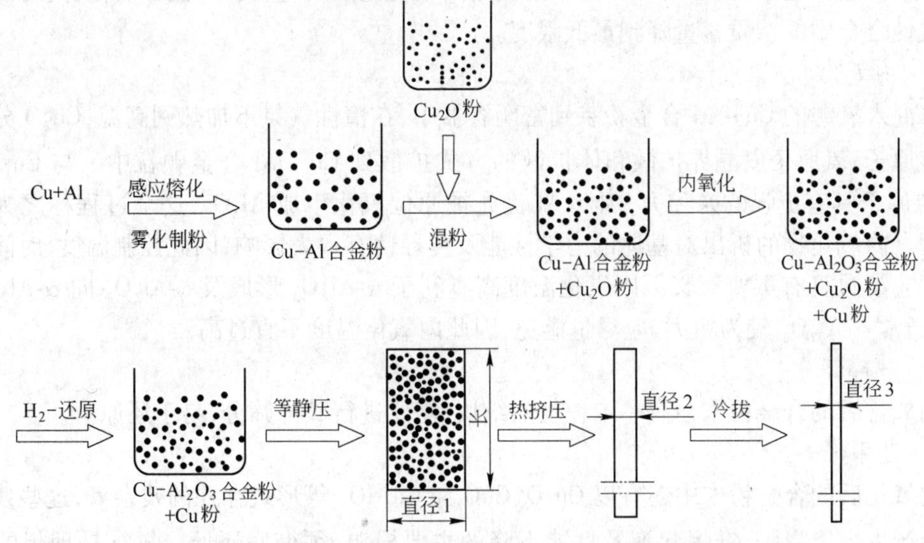

图 6-2-2　内氧化法生产 Al_2O_3/Cu 复合材料的工艺流程

A　Cu－Al合金粉末的制备

采用中频或工频感应熔炼炉熔炼Cu－Al合金，然后采用水雾化或氮气雾化法将熔融的Cu－Al合金雾化成粉末，再进行干燥、筛分。

该工序是Al_2O_3/Cu复合材料制备过程中十分关键的环节。Cu－Al合金粉末的成分均匀性、粒度、纯净度将明显影响到内氧化工序的效果，并最终影响到材料的性能。为获得性能优良的Al_2O_3/Cu复合材料，合金粉末粒度不宜太大（小于150 μm），这样既可增加氧渗透时的比表面积，又缩短氧在铜基体中的扩散路径，缩短内氧化时间，进而减少粒子聚集长大的机会。一般来讲，水雾化法优于氮气雾化法。水雾化法冷却速度更快，所制备的Cu－Al合金粉末晶粒尺寸小，且Al元素偏析少；然而，水雾化法制粉时，会有部分Al过早氧化，导致后续高温处理过程中生成粗大的Al_2O_3颗粒，对合金力学性能有不利影响。

B　氧源制备

合金粉末内氧化的常用方法有单纯混合法、表面氧化法、双室法、混合及分离法等。其中单纯混合法设备简单，操作方便，工艺条件易于控制，但该法需先制备氧化剂即氧源。氧化剂颗粒粉末要细，尽可能增加与球形Cu－Al合金粉的接触面积，形成良好匹配；内氧化后氧化剂的成分必须与合金粉末内氧化后的成分相一致，氧化剂可作为材料的组成部分而不必分离。一般氧源的制备方法是从原始雾化Cu－Al合金粉中筛出约100 μm的细粉末，在空气中加热至200～450℃，使其氧化生成CuO和Cu_2O，作为内氧化反应的氧源；然后在氮气保护下加热至800～900℃分解成氧化剂，其主要成分为：$Cu + Cu_2O + Al_2O_3$。

C　混粉

用机械混合法将氧源与Cu－Al合金粉按一定配比充分混合。氧源的配入量对材料的力学性能起着决定性的作用。如果氧量等于或低于Al氧化的需氧量，而磷等杂质的氧化也会消耗相当一部分氧，那么Al就不能得到充分氧化，材料力学性能就会偏低；同时，未被氧化的Al及其他杂质与Cu形成固溶体，导致材料的电导率降低。相反，如果氧量过多，会导致还原不彻底，残余氧将直接引起复合材料在高温环境下的“氢脆”现象；因此，必须严格控制氧源配入量。通常，实际的氧源配入量应略高于理论配入量，使Al充分氧化，同时以氧化的形式使合金中的杂质含量降到最低限度。

D　内氧化

将混入氧源的Cu－Al合金粉装到密闭容器中，在惰性气氛下加热到高温，Cu_2O分解释放出氧原子，氧原子以晶界扩散和体扩散的方式扩散到Cu－Al合金颗粒中。与Cu相比，Al对氧原子具有更强的亲和力，因此Al优先被原位氧化生成Al_2O_3，这个过程称之为内氧化处理。内氧化物的析出对基体的力学性能及传导性有很大影响，因此控制温度、时间等内氧化工艺参数具有重要意义。内氧化温度高有利于α-Al_2O_3形成及γ-Al_2O_3向α-Al_2O_3转化；而通常α-Al_2O_3较为粗大，应尽量避免，因此内氧化温度不宜过高。

E　破碎筛分

内氧化后的合金粉末会有一定程度的结块，需要进行破碎筛分，易于还原。

F　还原

内氧化后的合金粉末中还有以Cu_2O、CuO和$CuAlO_2$等形式存在的残余氧，这些残余氧是合金产生烧氢膨胀、钎焊起泡及性能下降的主要根源，须彻底还原。氢气是理想的还原剂，对铜的氧化物具有很好的还原作用。为了保证粉末的还原质量，对氢气的露点和氧含量都有严格要求，露点须控制在 -40℃以下，而氧含量须控制在0.0005%以下。

G　压制

将合金粉末采用热静压制、冷等静压或热等静压等手段压制成坯或锭。

H　烧结

冷等静压制的 Al_2O_3 弥散强化铜坯或锭须进行高温烧结处理；而采用热静压制和热等静压则无需烧结处理，可直接进行后续热加工。由于 Al_2O_3 对铜粉烧结有很强的抑制作用，其存在增加了基体铜扩散的起始位能，使体积扩散难以启动，阻碍了粉末颗粒间的空位流动，延缓了烧结颈的长大。因此，采用传统的粉末冶金工艺不能实现锭坯中粉末颗粒间的全致密和全冶金化结合；必须在烧结后输入更大的能量，使扩散进入塑性流动状态。

I　热挤压成形

挤压使烧结锭坯在加工过程中进入最佳受力（三向压应力）和变形（两向收缩，一向延伸）状态，是锭坯进一步致密化和全冶金化结合的理想方式。Al_2O_3 弥散强化铜锭坯在高温、高压挤压变形时将实现粉末焊合、空隙消除；同时，粉末颗粒表面的氧化物薄膜破碎，颗粒间的结合面增多；可实现致密化和全冶金化结合。通过热挤压变形加工，可以获得圆形或方形棒材、板材等；为了进一步获得较小尺寸的合金棒材，通常需要进行二次挤压。

J　冷加工变形

热挤压变形后的 Al_2O_3 弥散强化铜棒材，可以通过拉拔等冷加工变形手段获得不同直径的合金丝材。

2.3.1.2　其他制备工艺

A　传统粉末冶金法

传统粉末冶金法是将 Al_2O_3 粉与纯铜粉均匀混合，然后压制成形，再进行烧结。粉末冶金法工艺成熟，但由于常规方法难以制得纳米级的 Al_2O_3 粉，不能同时实现 Al_2O_3 粒子的细化与均匀分布；而粗大的 Al_2O_3 颗粒会限制 Al_2O_3/Cu 复合材料性能的提高。

B　机械合金化法

机械合金化法是采用高能球磨机使铜粉与细小的 Al_2O_3 粒子混合、变形，使粉末达到原子级的紧密结合状态，直至合金化，同时使 Al_2O_3 粒子分布均匀，然后压制、烧结并加工成形。此方法的缺点是所制备 Al_2O_3/Cu 复合材料的晶粒尺寸较大，且生产上难以控制。

C　共沉淀法

共沉淀法是采用硝酸铜和硫酸铝作为原料，并配制成含有一定体积分数的 Al_2O_3 当量值的水溶液，在20℃时搅拌并添加一定浓度的氨溶液，沉淀、过滤并洗涤沉淀物，再于110℃烘干并热解生成氧化物，最后进行选择性还原处理。另外，还可以通过添加尿素溶液控制共沉淀过程，以得到颗粒更细小、混合更均匀的沉淀物，有利于提高 Al_2O_3/Cu 复合材料的性能，因此又称为均匀沉淀法。

D　复合电沉积法

复合电沉积法是制备金属基复合材料的新方法。它是通过将镀液中的陶瓷、矿物和树脂等颗粒与基体金属或合金共沉积到阴极表面形成复合镀层，从而大大改善材料性能。在 Al_2O_3 颗粒添加到复合镀液之前，应先向其中加入添加剂及适量蒸馏水，充分搅拌以打碎团聚，并脱去表面不溶物与杂质。常用的 Al_2O_3/Cu 复合材料的复合电沉积镀液为硫酸铜与氟硼酸铜溶液。该方法不需高温，制备工艺简单，成本低廉，成分可控性好；但 Al_2O_3 颗粒在镀液中的均匀悬浮不易控制。

E 反应喷射沉积法

反应喷射沉积法是利用含氧的氮气作为雾化气，雾化的同时实现对 Cu－Al 合金雾滴中 Al 的氧化，生成细小的 Al_2O_3 粒子，然后沉积得到一定体积比的 Al_2O_3/Cu 复合材料，随后在 900℃热挤压成形。由于合金熔体被气体分散成为非常细小的液滴，反应迅速，生成的 Al_2O_3 粒子仅为 100～300 nm，另有少量的 CuO 和 Cu_2O。该方法得到的 Al_2O_3/Cu 复合材料软化温度可以达到500℃，电导率可达92% IACS，抗拉强度较纯铜高 100 MPa；该工艺有较好的发展潜力，但实际生产中氧含量控制较难，目前尚未成熟。

F 原位反应法

原位反应法是将 CuO 粉、Al 粉和添加剂按一定比例混合，在球磨机内球磨 10 h，干态下将粉末压制成一定体积的预制块，经 1 h 除气后，压入熔化 Cu 液中，然后铜模中浇铸得到复合材料铸锭。该方法得到的 Al_2O_3/Cu 复合材料中 Al_2O_3 颗粒较大，而且还存在较多的 Cu_2O 颗粒，性能较低。

G 溶胶－凝胶法

溶胶－凝胶法是将氨水逐滴加入剧烈搅拌的硝酸铝溶液中，至 pH 值为 9，得到 $Al(OH)_3$ 溶胶，再将纯铜粉缓慢加入溶胶并搅拌，陈化并过滤得到铜和 $Al(OH)_3$ 湿凝胶的混合物；再将混合物放入球磨机中进行湿法球磨 4～5 h，在室温下干燥 24 h 后装入石墨模中进行热压烧结，最后加工成形。该方法工艺过程容易控制，所得材料的性能较好，目前处于实验阶段。

H 反应球磨法

反应球磨是指在球磨过程中诱发机械力化学作用而发生各相之间化学反应的粉体制备技术。该法将 Cu－Al 合金粉与 CuO 粉，在惰性气氛保护下球磨 20 h，并将球磨粉压坯、挤压制备 Al_2O_3/Cu 复合材料。目前，德国的 ECKA 公司利用该方法可工业化生产 Discup 系列弥散强化铜基复合材料。

2.3.2 Cu－Al 合金内氧化分析

2.3.2.1 内氧化的必要条件

从热力学角度讲，内氧化首先是择优氧化；对于 Cu－Al 合金，择优氧化包含 Cu 不氧化和 Al 氧化两方面内容。低 Al 含量的 Cu－Al 合金发生内氧化，符合以下必要条件。

(1) 溶质 Al 的氧化物 Al_2O_3 的标准生成自由能 $\Delta G_{Al/Al_2O_3}$ 较基体 Cu 的氧化物 Cu_2O 的标准生成自由能 $\Delta G_{Cu/Cu_2O}$ 更低。由热力学计算可知，在 1000℃时，$\Delta G_{Al/Al_2O_3}$ 和 $\Delta G_{Cu/Cu_2O}$ 分别为 －850 kJ/mol O_2 和 －170 kJ/mol O_2。

(2) 氧在基体 Cu 中具有一定的溶解度(N_O)，可表示为：

$$N_O = 26\exp[-30200/(RT)] \tag{6-2-5}$$

在 800℃时，N_O 为 1.7×10^{-4}。

(3) 在氧化开始之初，表面层不妨碍氧溶入合金。

(4) Al 的溶解度 N_{Al} 较低，对于采用内氧化法制备 Al_2O_3/Cu 复合材料的 Cu－Al 合金，其 N_{Al} 一般小于 0.6%（质量分数）。在此条件下，较易控制氧分压(p_{O_2})实现 Cu－Al 合金内氧化而不向外氧化转变。

（5）氧在基体 Cu 中的扩散系数（D_O）远大于溶质 Al 在基体 Cu 中的扩散系数（D_{Al}）。如在 850℃时，D_O 和 D_{Al} 分别为 $1.3\times10^{-5}cm^2/s$ 和 $2.2\times10^{-9}cm^2/s$。

基于上述条件，可实现 Al 的原位氧化。温度（T）和氧分压（p_{O_2}）是控制氧化物分解和形成的关键因素，通过控制温度和氧分压，可保证 Al_2O_3 颗粒在合金内弥散分布，实现 Cu－Al 合金的内氧化。

2.3.2.2　内氧化动力学

Rhines 于 1942 年最早进行内氧化动力学的研究，随后许多研究人员进行了广泛深入的工作，其中 Wagner 的理论是引用最多并被广泛认同的动力学理论。

由于内氧化温度较高，Cu_2O 分解反应及 Al 的氧化反应能够快速进行，除内氧化早期很短的一段时间，Cu－Al 合金的内氧化基本上受扩散过程控制。

A　经典 Wagner 动力学模型

对于平板试样，内氧化过程中氧与合金浓度分布示意图如图 6-2-3 所示，原子态氧从表面 $x=0$ 处沿 x 轴正向扩散到合金内部，在 $x=\xi$ 处与 Al 形成 Al_2O_3。（1）当以氧扩散为主，即近似认为 Al 基本不动，在原位发生反应生成 Al_2O_3 时，氧化层深度与时间平方根成正比，即 $\xi=k\cdot t^{1/2}$；其中速度系数 $k=\left(\frac{4N_O^{(s)}D_O}{3N_{Al}^{(o)}}\right)^{1/2}$，与表面氧浓度 $N_O^{(s)}$、氧在内氧化层中的扩散系数 D_O 以及内氧化反应前沿位置的 Al 含量 $N_{Al}^{(o)}$ 有关。（2）当以 Al 扩散为主时，即认为 Al 反向扩散强烈，这会造成外氧化的发生，应尽量避免。氧化层深度仍与时间平方根成正比，其中速度系数 $k=\frac{2\pi^{1/2}N_O^{(s)}D_O}{3N_{Al}^{(o)}D_{Al}^{1/2}}$，与表面氧浓度 $N_O^{(s)}$、氧在内氧化层中的扩散系数 D_O、Al 在内氧化层中的扩散系数 D_{Al} 以及内氧化反应前沿位置的 Al 含量 $N_{Al}^{(o)}$ 有关。

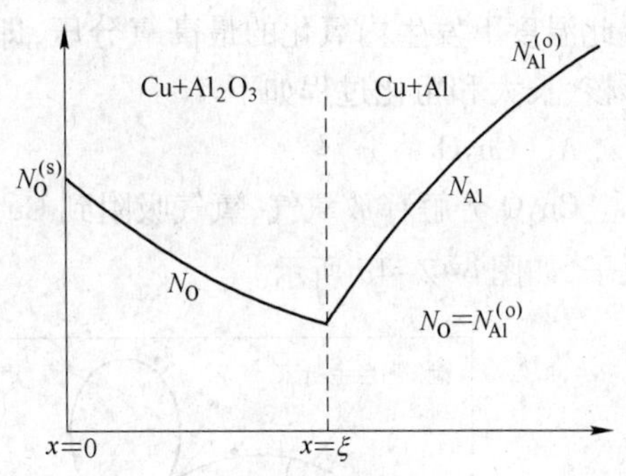

图 6-2-3　内氧化过程中氧与合金浓度分布示意图

B　简化 Wagner 动力学模型

简化模型基于以下假设条件：（1）Al 的反向扩散忽略不计，即 $D_{Al}=0$；（2）表面氧浓度始终等于 $N_O^{(s)}$，为常数；（3）氧在已氧化的合金层中分布为瞬时稳态；（4）内氧化仅发生在反应前沿边界，即边界前面为 Cu－Al 合金，后面所有的 Al 全部被氧化成 Al_2O_3，反应前沿氧的浓度为零。

（1）平板试样的内氧化动力学方程为：

$$\xi=\left(\frac{4N_O^{(s)}D_O}{3N_{Al}^{(o)}}\right)^{1/2}\cdot t^{1/2} \tag{6-2-6}$$

这与以氧扩散为主时，氧化层深度与时间的关系相一致。影响速度系数的主要因素为温度和基体合金的成分。温度主要通过影响氧在内氧化层中的扩散系数和表面含氧量而起作用；在稳定内氧化阶段，金属表面的氧浓度可近似认为与时间无关，而仅取决于环境的氧分压 p_{O_2}。

（2）圆柱状试样的内氧化动力学方程为：

$$\frac{r_1^2}{2}-r_2^2\left[\ln(r_1/r_2)+1/2\right]=\frac{4N_O^{(s)}D_O}{3N_{Al}^{(o)}}\cdot t \tag{6-2-7}$$

式中,r_1 为圆柱试样半径;r_2 为未氧化区半径。

(3) 球状试样的内氧化动力学方程为:

$$\frac{r_1}{3}-r_2^2+\frac{2r_2^3}{3r_1}=\frac{2N_O^{(s)}D_O}{N_{Al}^{(o)}}\cdot\frac{2N_O^{(s)}}{3}\cdot t \tag{6-2-8}$$

式中,r_1 为球试样半径;r_2 为未氧化区半径。

2.3.2.3　内氧化过程中 Al_2O_3 颗粒的形核、长大和粗化

将 Cu - Al 合金粉末与氧源粉末按一定比例混合,在一定温度下控制其初始氧分压,该体系将进行 Cu_2O 的分解和 Cu - Al 合金的内氧化。此时,体系氧分压将保持在 Cu - Al 合金此温度下发生内氧化的最高氧分压,即 Cu_2O 的分解压。在内氧化过程中,Al_2O_3 颗粒的形核、长大和粗化过程如下。

A　Cu_2O 的分解

Cu_2O 分解释放氧气,氧气吸附到 Cu - Al 合金粉末表面,吸附的氧分子再分解成吸附氧原子,如图 6-2-4*a* 所示。

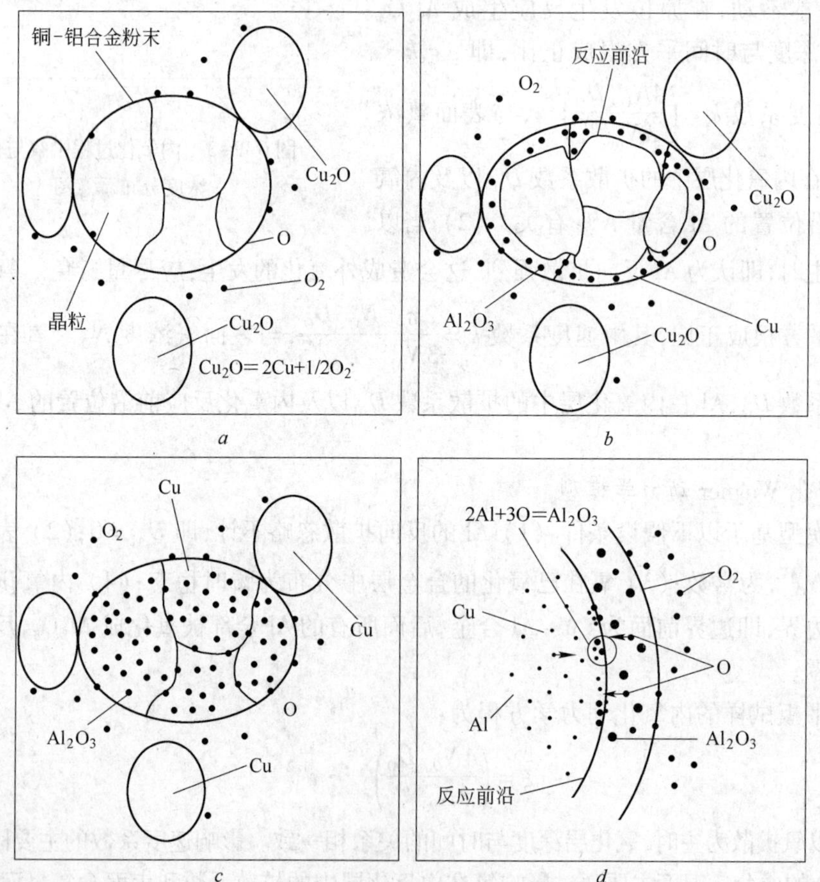

图 6-2-4　Cu - Al 合金粉末内氧化示意图

a—Cu_2O 分解与 O 吸附;*b*—O 扩散与 Al 内氧化;*c*—内氧化完成;*d*—Al_2O_3 颗粒成核与长大

B　形核

氧原子向内扩散，同时 Al 向外扩散（速度远小于氧扩散速度），并在反应前沿建立起脱溶形核的临界浓度积 $N_{Al} \cdot N_O$，发生 Al_2O_3 颗粒的脱溶形核，如图 6-2-4*b*、*d* 所示。

C　晶粒长大

Al_2O_3 颗粒脱溶形核后，Al 原子和 O 原子继续在已形核的 Al_2O_3 颗粒表面聚集，导致 Al_2O_3 颗粒的初次长大，直到反应前沿向前移动并且 Al 供应不足为止，此处颗粒停止长大。氧继续向内扩散，反应前沿继续推进直到 Cu - Al 合金中所有 Al 全部被氧化为止，如图 6-2-4*c*、*d* 所示。

D　晶粒粗化

Al_2O_3 颗粒的粗化分为三个步骤：(1) 较小的 Al_2O_3 颗粒溶入 Cu 基体中，变成 Al 原子和 O 原子；(2) Al 原子和 O 原子在 Cu 基体中扩散；(3) Al 原子和 O 原子在较大的 Al_2O_3 颗粒表面聚集长大。

Al_2O_3 颗粒的粗化实质上是 Ostwald 粗化。若内氧化在较低温度下进行，Ostwald 粗化进程较慢；但在低温下完成内氧化所需时间较长，随着时间的延长，已形成的 Al_2O_3 颗粒数量减少，颗粒尺寸增加，即 Al_2O_3 颗粒二次长大。若内氧化在较高温度下进行，Ostwald 粗化进程较快，尤其是当温度超过 1000℃时，发生 Al_2O_3 颗粒的急剧粗化，即 Al_2O_3 颗粒的异常长大。

由以上分析可知，Al_2O_3 颗粒尺寸是由内氧化前沿通过时 Al_2O_3 颗粒的形核速率和随后的长大和粗化速率，两者哪个占优势所决定的。从 Al 原子和 O 原子到达 Al_2O_3 颗粒表面起，到相邻的形核点使 Al 耗尽为止；形核粒子长大时间越长，Al_2O_3 颗粒越大。因此，有助于提高形核速率的因素会降低 Al_2O_3 颗粒尺寸，而有助于提高长大速率的因素会增加 Al_2O_3 颗粒尺寸。

通常情况下，温度对粒子长大速度的影响要比形核速率的影响更为显著。温度低，氧化容易不彻底，析出的 Al_2O_3 颗粒少；温度高，溶质 Al 和氧原子反应速度快，粒子长大速度快，最终颗粒尺寸大。升温速率小，析出的 Al_2O_3 颗粒少；升温速率大，材料内部容易产生裂纹，组织呈层片状。

2.3.3　Al_2O_3/Cu 复合材料产品性能

采用内氧化工艺不仅可以得到细小弥散分布的 Al_2O_3 粒子，而且生成的 Al_2O_3 粒子还具有较高的热力学稳定性。国内外已有多家企业和科研单位开展了内氧化工艺生产 Al_2O_3/Cu 复合材料的研究，其中美国、日本、德国及俄罗斯等国的技术成熟，并已进入市场化阶段。如美国 SCM 公司的 Glidcop 系列产品，其成分、物理性能和力学性能见表 6-2-1 ~ 表 6-2-4；德国 ECKA 公司的 Discup 系列产品，其化学成分和物理性能见表 6-2-5。我国的天津大学、大连铁道学院、西北工业大学、中南大学、河南科技大学及洛阳铜加工厂、沈阳有色金属加工厂、昆明冶金研究院、北京有色金属研究总院等高校及生产科研单位也进行了相关研究；其中北京有色金属研究总院处于产业化工艺稳定阶段，现具备年产 50 t Al_2O_3/Cu 复合材料的生产能力；其 GM 系列产品成分、物理性能及力学性能如表 6-2-6 ~ 表 6-2-8 所示。

表 6-2-1 Glidcop 产品(Al_2O_3/Cu)的化学成分及物理性能

材料		Al-10	Al-35	Al-60
成分(质量分数)/%	Al(Al_2O_3)	0.1(0.2)	0.35(0.7)	0.6(1.2)
	Cu	99.8	99.3	98.8
熔点/℃		1082	1082	1082
密度/g·cm^{-3}		8.82	8.80	8.78
电导率(20℃)/%IACS		92	85	80
热导率/W·(m·K)$^{-1}$		359.82	338.90	322.17
弹性模量/GPa		108	120	140
线膨胀系数(450℃)/K^{-1}		19.5×10^{-6}	20.0×10^{-6}	20.4×10^{-6}

表 6-2-2 Glidcop 产品(Al_2O_3/Cu)的力学性能

材料	室温性能		退火性能							
			220℃		420℃		650℃		925℃	
	σ_b/MPa	δ/%	σ_b/MPa	δ/%	σ_b/MPa	δ/%	σ_b/MPa	δ/%	σ_b/MPa	δ/%
Al-10	500	10	500	10	440	24	415	26	395	27
Al-35	585	11	570	12	545	12	535	13	510	13
Al-60	620	3	620	3	600	4	600	4	550	5

注:Al-10 数据取自90%冷加工度,Al-35、Al-60 数据取自55%冷加工度。

表 6-2-3 高温暴露 1h 后 Glidcop 产品 Al-35 与 182 铜合金的室温硬度 HRB 对比

暴露温度/℃	36	110	220	320	430	540	650	760	870
Al-35 硬度 HRB	83	83	83	82.5	82	82	82	81	80
182 铜合金硬度 HRB	86	86	81	72	58	40	22	7	

表 6-2-4 Glidcop 产品 Al-35 与 Cu-Be 合金 CA175 的应力断裂性能对比

材料	温度/℃	断裂应力/MPa		
		0.1h	2h	10h
Al-35	430	290	280	203
	650	195	150	140
	870	100	77	55
Cu-Be(CA175)	430	—	215	168

表 6-2-5 Discup 产品(Al_2O_3/Cu)的化学成分及物理性能

材料		C0/70	C3/11	C3/30
化学成分		Cu-Al-C-O	Cu-Al-Ti-C-O	Cu-Al-B-C-O
密度/g·cm^{-3}		8.68	8.68	8.70
电导率(20℃)/%IACS		66	45~48	88~91
硬度 HRB		82~86	93~97	64~69
室温性能	σ_b/MPa	570~620	690~750	360~400
	δ/%	8.5~11	5~8	15~20

表 6-2-6　北京有色金属研究总院 GM 系列 Al_2O_3/Cu 产品的化学成分

材　料	主成分含量（质量分数）/%		杂质含量（质量分数）/%（不大于）		
	Cu	Al_2O_3	Fe	Pb	O
GM-1	99.44～99.75	0.2～0.5	0.01	0.01	0.04
GM-2	99.04～99.10	0.6～0.9	0.01	0.01	0.04
GM-3	98.54～98.75	1.2～1.4	0.01	0.01	0.04

表 6-2-7　北京有色金属研究总院 GM 系列 Al_2O_3/Cu 产品的物理性能

材　料	密度/$g \cdot cm^{-3}$	热导率/$W \cdot (m \cdot K)^{-1}$	线膨胀系数/K^{-1}	弹性模量/GPa	电导率/%IACS
GM-1	8.82	360	19.5×10^{-6}	105	90～95
GM-2	8.81	353	19.6×10^{-6}	113	85～92
GM-3	8.80	339	20×10^{-6}	123	80～88

表 6-2-8　北京有色金属研究总院 GM 系列 Al_2O_3/Cu 产品的力学性能

材料＼性能	抗拉强度 σ_b/MPa		伸长率 δ/%	硬度 HRB	
	室温	650℃		室温	900℃ ×1h 退火
GM-1	350～450	270～360	10～15	55～70	55～65
GM-2	450～550	380～500	7～12	65～80	58～72
GM-3	460～580	420～530	5～10	73～83	63～73

2.3.4　影响 Al_2O_3/Cu 复合材料性能的因素

2.3.4.1　成分的影响

Al_2O_3 含量对挤压态 Al_2O_3/Cu 合金的抗拉强度（σ_b）、屈服强度（$\sigma_{0.2}$）、伸长率及电导率的影响如图 6-2-5 和图 6-2-6 所示。

从图中可以看出，随着 Al_2O_3 体积分数的增加，σ_b 和 $\sigma_{0.2}$ 均逐渐升高，但其增速逐渐

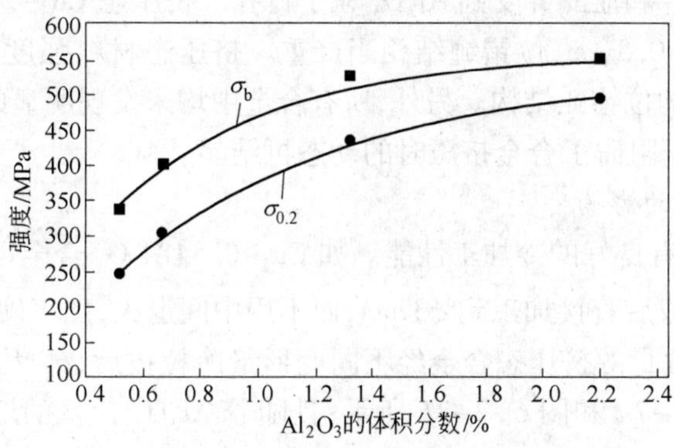

图 6-2-5　Al_2O_3 含量对挤压态合金的抗拉强度（σ_b）和屈服强度（$\sigma_{0.2}$）的影响

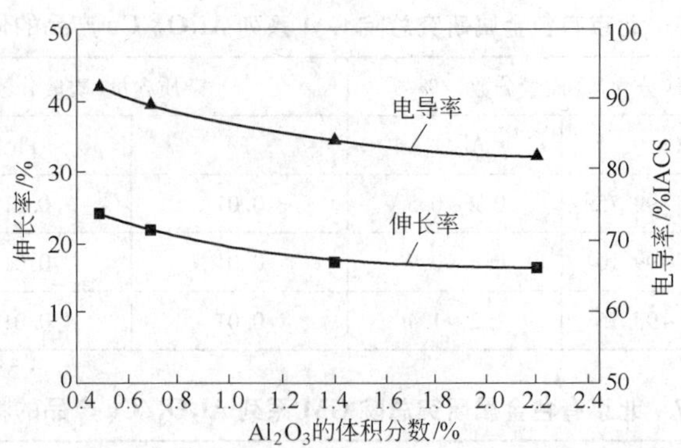

图6-2-6　Al_2O_3 含量对挤压态合金的伸长率和电导率的影响

减缓；而伸长率和电导率基本呈线性降低趋势。强度随 Al_2O_3 含量增加增速减缓的现象与以下因素有关：随着溶质 Al 含量增加，内氧化时 Al 的反向扩散趋势增大，使粉末颗粒内部形成连续的氧化物膜层，或 Al_2O_3 颗粒聚集长大，从而阻碍了内氧化的进一步发生。

不同成分的 Al_2O_3/Cu 合金挤压变形后，晶粒均沿挤压方向拉长，为典型的纤维组织。随着 Al_2O_3 含量的增加，合金挤压时的变形抗力增加，粉末颗粒的塑性变形越来越困难且不均匀，晶粒的长宽比减小。较为粗大的 Al_2O_3 粒子沿挤压方向呈流线状排列，且随着 Al_2O_3 含量的增加越来越密集。

不同成分的 Al_2O_3/Cu 合金，基体晶粒内分布着大量的弥散强化相 Al_2O_3 粒子，形态多为球状、棒状、片状、三角状及不规则状等，其尺寸介于 5 ~ 30 nm 之间，粒子间距为 5 ~ 100 nm；随着合金中的铝含量增加，Al_2O_3 粒子的尺寸有增大趋势，粒子间距则大大减小。当 Al_2O_3 体积分数较小时，如 Cu - 0.54Al_2O_3，粒子与基体共格；而体积分数较大时，如 Cu - 2.25Al_2O_3，粒子较为粗大且部分粗大粒子与基体失去共格。

Al_2O_3/Cu 合金经热挤压后产生了大量的亚结构组织，弥散分布的 Al_2O_3 粒子对形变组织中的这些亚结构起到强烈的稳定化作用。挤压态 Cu - 0.54Al_2O_3 合金中的亚晶尺寸约为 3 μm，Al_2O_3 粒子对晶界和位错起着强烈的钉扎作用。挤压态 Cu - 1.35Al_2O_3 合金中的亚晶尺寸约为 0.75 μm，晶粒拉长形成纤维组织，其中仍保留着较高的位错密度；由回复的位错网络构成的小角度晶界和亚晶界受到 Al_2O_3 粒子钉扎。挤压态 Cu - 2.25Al_2O_3 合金中的亚晶组织更为细小，约为 0.5 μm，位错缠结相当严重。挤压态材料强度的提高部分归因于挤压过程中引入了细小的位错亚结构。另外，所有合金中均未发现明显的再结晶现象，表明细小的 Al_2O_3 弥散相粒子阻碍了合金挤压时的动态再结晶。

2.3.4.2　冷加工的影响

Al_2O_3/Cu 合金具有良好的冷加工性能。如 Cu - 0.54Al_2O_3 合金可以从 ϕ13 mm 的挤压态棒材经多道次冷拉拔后直接加工到 ϕ3 mm，而不用中间退火，加工硬化速率明显低于其他铜合金。不同 Al_2O_3 含量的挤压态合金经不同变形量冷拉拔后，σ_b 和 $\sigma_{0.2}$ 基本呈相对均匀的速度增加，如图 6-2-7*a* 和图 6-2-7*b* 所示；且随着 Al_2O_3 含量的增加，加工硬化速率减小，伸长率则相应降低，如图 6-2-7*c* 所示；电导率降低幅度不大，表明 Al_2O_3/Cu 合金的电导率对冷加工不敏感，如图 6-2-7*d* 所示。

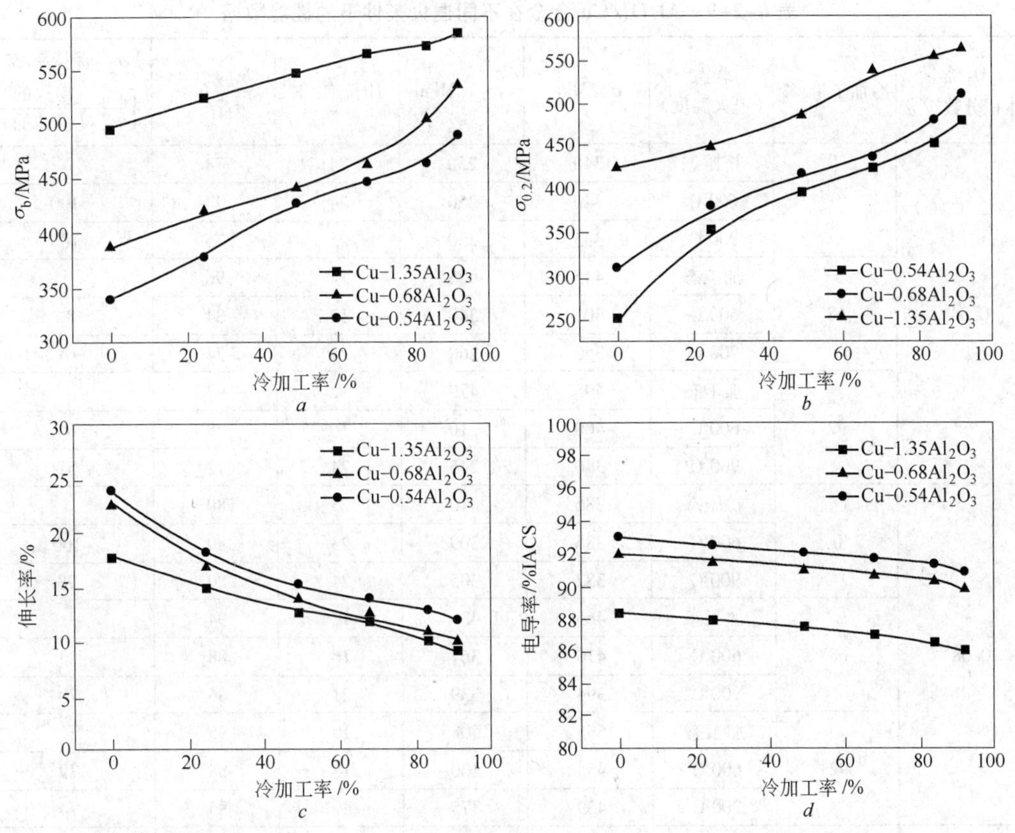

图6-2-7　冷加工率对 Al_2O_3/Cu 合金性能的影响

a—σ_b 与冷加工率的关系；*b*—$\sigma_{0.2}$ 与冷加工率的关系；

c—伸长率与冷加工率的关系；*d*—电导率与冷加工率的关系

冷拉拔使合金中的粉末颗粒沿拉拔方向延伸，组织纤维化；随着变形量增大，纤维组织逐步细化，且越来越挺直；界面上粗大的 Al_2O_3 粒子分布更加均匀。

2.3.4.3　退火的影响

不同成分的 Al_2O_3/Cu 合金经68%和92%变形量的冷加工后，分别于不同温度下进行1h退火处理，其性能变化如表6-2-9所示。从表中可以看出，所有合金在退火前后均有较高的屈强比（$\sigma_{0.2}/\sigma_b$）。高的屈强比对于设计需要在高应力环境下运行的元器件时非常重要。虽然大部分铜合金，如沉淀硬化型的Cu-Cr-Zr、Cu-Ni-Si等在冷加工后也具有较高的屈强比，但高温退火后急剧下降。Al_2O_3/Cu 合金在退火后能保持其大部分强度（≥72%），显示了优越的抗高温软化能力。同一成分合金退火后 σ_b 和 $\sigma_{0.2}$ 的降低幅度随着冷加工量的增大而增大，如Cu-0.54Al_2O_3 合金冷加工68%和92%后，900℃保温1h退火处理使 $\sigma_{0.2}$ 分别降低39%和49%。但对不同成分的合金来说，随着 Al_2O_3 含量的增加，同一变形量冷加工态合金相同温度下退火后，σ_b 和 $\sigma_{0.2}$ 的降低幅度减小；如 Al_2O_3 体积分数为0.54%、0.68%和1.35%的合金，冷加工92%并进行900℃保温1h退火处理后，$\sigma_{0.2}$ 分别保持了其原始强度的51%、74%和77%。

表 6-2-9 Al_2O_3/Cu 合金在不同退火条件下的性能数据

Al_2O_3 含量（体积分数）/%	冷加工量/%	状态（退火温度）	σ_b/MPa	$\sigma_{0.2}$/MPa	伸长率/%	$\frac{\sigma_{0.2}}{\sigma_b}$/%	$\sigma_{0.2}$保持率/% $\left[\frac{\sigma_{0.2}(退火的)}{\sigma_{0.2}(拉伸的)}\right]$
0.54	0	挤压态	340	250	24	74	
		600℃	340	250	24	74	100
		900℃	335	250	25	75	100
	68	加工态	445	425	14	96	
		600℃	405	340	17	84	80
		900℃	350	260	24	74	61
	92	加工态	495	479	12	97	
		600℃	400	310	16	78	65
		900℃	340	245	24	72	51
0.68	0	挤压态	386	310	23	80	
		600℃	386	309	23	80	100
		900℃	382	305	24	80	98
	68	加工态	465	435	12	94	
		600℃	410	361	16	88	83
		900℃	394	339	21	86	78
	92	加工态	535	508	10	95	
		600℃	454	400	18	88	79
		900℃	439	375	21	85	74
1.35	0	挤压态	495	426	18	86	
		600℃	495	425	18	86	100
		900℃	490	420	18	86	99
	68	加工态	564	536	12	95	
		600℃	510	466	14	94	89
		900℃	490	445	16	88	83
	92	加工态	581	565	9	97	
		600℃	530	487	12	92	82
		900℃	510	460	15	90	77

经变形量为68%的冷加工后，低 Al_2O_3 含量合金如 Cu－0.54Al_2O_3，退火后存在部分再结晶现象，且再结晶主要发生在冷拉棒材的外表层部分，这可能是由于冷拉拔时变形的不均匀造成的。拉拔时表层金属除发生压缩延伸变形外，还产生剪切和附加弯曲变形，变形程度高于中心层金属，因而在退火时这些部位容易发生再结晶。而高 Al_2O_3 含量合金如 Cu－1.35Al_2O_3，退火后没有发生再结晶；这表明在相同的冷加工变形量下，合金的抗高温软化能力随 Al_2O_3 含量的增加而增强。

Al_2O_3/Cu 合金优异的抗高温软化能力源于 Al_2O_3 弥散强化相粒子的高温稳定性。Al_2O_3 的熔点高（2054℃）、硬度高，在接近于铜熔点的高温下也不会明显粗化，仍保持其原来的尺寸和分布。这种效应保证了 Al_2O_3/Cu 合金优异的热稳定性，使其暴露于高温后也能保持较高的强度和电导率，这是其与沉淀硬化型铜合金最大的不同之处。

2.3.5　Al_2O_3/Cu 复合材料的应用

Al_2O_3/Cu 复合材料是目前应用最广泛的弥散强化铜基复合材料，其不仅强度高，导电导热性与纯铜接近，还具有良好的抗高温软化、抗电弧侵蚀和抗磨损能力。国内外已将 Al_2O_3/Cu 复合材料应用于以下几个方面：

（1）代替银基触头材料。采用 Al_2O_3/Cu 复合材料作为触头材料，在直流马达开关中代替 $AgCdO_{15}$ 或 $AgCu_{20}$ 材料，寿命高达 20 ~ 30 万次，而 $AgCdO_{15}$ 和 $AgCu_{20}$ 寿命仅为 10 万次和 0.2 万次。

（2）作为导电弹性材料和集成电路引线框架。随着使用温度的升高，Al_2O_3/Cu 复合材料的强度和硬度降低很少，当温度为 250℃ 时，其强度就超过 Cu - Be 合金。在半导体集成电路中作为引线框架材料，其强度与 Fe - 42% Ni 相当。

（3）作为微波管结构、导电及点焊电极材料。用 Al_2O_3/Cu 复合材料制造焊接喷嘴，寿命为 Cu - Zr 喷嘴的 7 ~ 15 倍。作为点焊电极材料，替代 Cu - ETP、Cu - Zr - Nb、Cu - Cr、Cu - Cr - Zr 和 Cu - Ni - Si 等，使发生热塑变镦粗、电磨损及黏结等情况的几率大大降低，提高生产效率，且 Al_2O_3/Cu 电极寿命为普通 Cu - Cr 电极的 3 ~ 4 倍。

（4）作为连续铸钢结晶器换代材料。目前广泛使用的结晶器材料为紫铜或 Cu - Ag、Cu - Cr - Zr 等合金；紫铜导热性好，但其他性能差，加入合金元素使强度提高，但软化温度一般不高；此类材料制作的结晶器高温强度低，且在热负荷下易变形并产生裂纹，因而使用寿命短。而 Al_2O_3/Cu 复合材料具有和铜相近的导电导热性，在 400℃ 以上有极好的高温强度，软化温度可达 800 ~ 900℃，是理想的结晶器材质换代产品。

（5）作为高强度电力线材料。大型电气机车的架空导线、大型高速涡轮发电机的转子需要高强度高导电性的电力线。目前国内电车、地铁及电力火车架空导线，采用铝线时换线很频繁；采用冷拔铜线时，自然时效和大电流会导致强度严重降低；采用铜钢复合线时，电导率低且有电化学腐蚀问题。而 Al_2O_3/Cu 复合材料优良的综合性能可以弥补这些缺点，很好地满足需要。

（6）作为电阻焊电极材料。电阻焊电极是电阻焊过程中的关键材料，其作用是给被焊接件同时提供电流和压力。根据焊接工艺要求，电极材料必须具备良好的导电性、导热性、高的高温强度和强的抗熔黏性。目前广泛使用的电阻焊电极材料是进口的含镉或含铍铜合金，对环境有严重污染且价格昂贵。Al_2O_3/Cu 复合材料性能远优于现用材料，且使用寿命可提高 5 倍左右。

（7）还可应用于直升机启动马达及浸入式燃料泵的整流子、核聚变系统中的等离子体部件、燃烧室衬套、先进飞行器的机翼或叶片前缘、电真空器件前相波放大器、行波管、速调管、磁控管等。

编写：周增林　崔　舜　林晨光（北京有色金属研究总院）

第3章　弥散强化材料

3.1　弥散强化的概念与方法

弥散强化合金是由二次相在基体金属中细而均匀弥散分布构成的。弥散体是不溶解的,在达到某一温度之前,弥散体是稳定的。弥散强化能使合金在基体软化的温度下仍能保持相当的强度与抗蠕变性能。高温强度受弥散体间距影响。弥散体间距越小,蠕变强度越高,蠕变速度越慢。

弥散强化合金的弥散相常常是氧化物,但也可以是稳定的金属间化合物,甚至是纯金属。氧化物弥散强化合金通常采用内氧化法,氧化物与金属粉末的混合法以及机械合金化等方法来制造。对于弥散相是金属间化合物的弥散强化合金,常采用干涉硬化的方法来制造。

3.2　弥散强化铝合金

3.2.1　铝－锂合金

铝中添加锂可降低密度,提高弹性模量,从而降低飞机的重量,提高飞机效率。铝－锂合金现在由铸锭冶金法生产。粉末冶金铝－锂合金正在开发之中。粉末冶金铝－锂合金含锂3%并添加少量合金化元素(如0.2%～0.5% Zr,1%～2% Mg,1%～2% Cu,或0.5% Co等),主要为的是提高其强度。制作方法是,首先由真空雾化制造铝－锂合金粉,然后将粉末等静压到约70%的相对密度,压坯装包套,真空脱气,热压到全密度,最后再挤压。其中脱气工序是需要特别仔细控制的。

3.2.2　高强度耐蚀铝合金

铸锭冶金法大批量生产约Al－Zn－Mg合金(牌号为7×××),例如7075合金(w(Cu)=1.6%,w(Mg)=2.5%,w(Cr)=0.23%,w(Zn)=5.6%)热处理后具有高强度,广泛用于制造飞机结构件。但它们的缺点是,当热处理到最高强度水平时,有产生应力腐蚀裂纹的趋势。为此开发出相同组成的粉末冶金合金,例如7091(w(Zn)=6.36%,w(Mg)=2.43%,w(Cu)=1.52%,w(Co)=0.40%)。当热处理到铸锭冶金7×××合金的强度水平时,粉末冶金合金的耐应力腐蚀力比铸锭合金高得多。或者说,粉末冶金合金通过热处理可达到更高的强度水平,但耐蚀性则相应降低。这是由于粉末冶金合金的显微结构所致。

制造粉末冶金7091铝合金的方法是,首先按所需成分熔炼铝合金,雾化成铝合金粉。将粉末冷等静压成形为相对密度75%以下的柱形坯。然后将柱形坯装包套、密封,进行真空热处理,以便除去粉末颗粒表面的氧化物膜与物理吸附的气体及分解氢氧化物。然后,对柱形坯进行真空热压。最后对热压坯进行锻造、挤压或轧制等热加工,使粉末颗粒的氧化物膜均匀分布。

3.2.3　烧结铝粉

烧结铝粉是20世纪40年代后期最早开发出的弥散强化合金，是由氧化铝在铝基体中细化弥散构成的。其原料是片状铝粉，厚度在1.0~0.1 μm范围内。粉末两侧均包覆一层厚约0.01 μm的氧化铝膜。

将铝粉冷压成坯，包入薄铝片中，在控制气氛中逐渐加热到600℃。在此温度保温，以便分解粉末表面上的水合氧化铝。烧结坯经热压与挤压，加工为板材或带材。

在加工过程中，原始片状铝粉颗粒上的氧化铝膜，破碎为亚微米级颗粒并弥散在铝基体中。氧化物的量反映氧化物弥散体的间距，由此反映制品的强度及抗变形能力。

3.2.4　机械合金化铝合金

首先将机械合金化铝合金所需的金属粉末进行混合。例如IN-9052合金（Al-4.0% Mg，0.8% O，1.1% C），要将铝粉与镁粉进行混合，IN-9021合金（Al-4.0% Cu，1.5% Mg，0.8% O，1.1% C），要将铝粉、铜粉与镁粉进行混合。混合粉经高能球磨进行机械合金化。最后经压制与固结，制取机械合金化铝合金。

机械合金化铝合金的非金属弥散体含量比烧结铝粉合金低，但弥散体较细且分布均匀，因此，机械合金化铝合金具有较高的强度性能。

3.2.5　金属间化合物弥散强化铝合金

它们是由速凝铝-铁-X（X=Co，Mo，Si或V）合金粉末经固结后制作的铝-铁合金。这些合金可提高零件的工作温度，降低飞机重量。铁与其他合金化元素的强化作用是由于在固相线温度以下，它们在固态铝中的固溶度很低所致。

3.3　粉末冶金高温合金

3.3.1　速凝高温合金

速凝高温合金的原材料是雾化粉末。粉末经热等静压制取近终形的涡轮盘。在热等静压之前，粉末经热塑性处理可改善高温合金性能。热等静压后，涡轮盘经热处理，机加工成终形件。有些情形，热等静压后接着进行锻造，以确保达到全密度，并破碎颗粒边界膜。

为进一步提高疲劳性能，开发了由粉末制取喷气发动机零件的热机械法。将高温合金粉装入包套，热压到密度95%，然后将包套以(5~7)/1的挤压比挤压成坯。除去包套后，将坯切成薄板坯。而后在真空或惰性气氛中用TZM钼模等温锻造。在锻造到近终形时，使用材料的超塑性，控制变形率。

3.3.2　氧化物弥散强化高温合金

通常采用工作温度下稳定的氧化钍或氧化钇颗粒，在镍、铁或钴基体中进行弥散。制造氧化物弥散强化高温合金的三种途径，都属于湿化学法。第一种工业生产的氧化物弥散强化高温合金是DT-镍，它是用2%氧化钍弥散强化的镍基合金。用一种镍盐溶液，在氧化钍胶体悬浮物上沉淀氢氧化镍。沉淀物经干燥，用氢气还原为镍包氧化钍的复合细粉。将粉末热等静压成坯,再经烧结、装包套与挤压。最后轧制成板材。此法也可制取镍 - 铬与镍 - 钼基合金。

第二种湿化学法是,让镍氨络合物碳酸铵溶液在大气压下沸腾,生成碱性碳酸镍的细悬浮液。将氧化钍作为一种溶胶添加到这种化合物的粉浆中,它便吸附在碳酸镍颗粒上。悬浮液在蒸压器中用氢还原为镍 - 氧化钍粉末。粉末经压制等工序,最后热轧成带材。

第三种方法是,将镍、钼与钍的盐溶液雾化,经干燥分解为金属氧化物混合物。再将氧化物选择性地还原为镍 - 钼合金粉与氧化钍粉的混合粉。粉末经轧制等工序,最后热轧为带材。

3.3.3　机械合金化高温合金

这些合金的弥散相通常是氧化钇。基体金属为镍,还含有铬,提供抗氧化性,含有钛与铝,在中等温度下提供沉淀强化。机械合金化后的粉末,用高温挤压或热等静压进行固结。然后再轧制成板材或带材。为提高合金的抗蠕变性能,带材要在 1300℃ 发生晶粒长大过程。此过程产生的晶粒很大,最小晶粒长度为 1 mm,最大者超过 10 mm。

三种已工业化生产的机械合金化高温合金的组成列于表 6-3-1。MA754 合金的强度高,熔点高,结构稳定性也高。用于制造燃气涡轮机零件以及其他极端工作条件下的零件。为达到 1095℃ 温度下的断裂强度,MA6000 合金是经过氧化物与沉淀双重弥散增强的,用于制造先进涡轮机的叶片。MA956 合金将氧化物弥散增强的高温稳定性与优良的耐氧化、耐碳化及耐热腐蚀性能结合了起来。用于制造燃气涡轮机的燃烧室及其他复杂零件。

表 6-3-1　机械合金化高温合金的化学组成　(%)

合 金	Cr	Y_2O_3	Al	Ti	C	Fe	Ta	Mo	W	Ni	Zr	B
MA754	20	0.6	0.3	0.5	0.005	—	—	—	—	余	—	—
MA956	20	0.5	4.5	0.5	—	余	—	—	—	—	—	—
MA6000	15	1.1	4.5	2.5	—	—	2.0	2.0	4.0	余	0.1	0.01

3.4　粉末冶金工具钢

粉末冶金工具钢的制造方法是,采用惰性气体雾化的球形粉末,它是一种速凝粉末,具有细而均匀的显微结构。将粉末进行冷等静压,提高压块的密度与热导率。再用热等静压固结。固结的压坯经锻造,轧制成所需形状。其后的热处理类似于铸锭冶金工具钢。用这一方法制造的主要钢种为高速钢。表 6-3-2 列出广泛使用的几种高速钢的组成。

表 6-3-2　高速钢的组成　(%)

合 金	C	Cr	V	W	Mo	Co
T - 1	0.70	4.00	1.00	18.00	—	—
T - 15	1.50	4.00	5.00	12.00	—	—
M - 2	0.85	4.00	1.00	1.50	8.50	—
CPM ReX76	1.50	3.75	3.0	10.0	5.25	9.0

粉末冶金高速钢的显微组织具有细而均匀弥散的难熔金属的碳化物,因而在机加工时具有高硬度与高耐磨性。工具寿命是传统工具钢的2~3倍。

用粉末冶金制造高速工具钢的另一种方法是,采用水雾化速凝不规则形状高速钢粉,将粉末退火,在刚性模中冷压或等静压制。压坯在真空中,在超过固相线温度时烧结到全密度。烧结温度须仔细控制。

编写:亓家钟（中国钢研科技集团公司）

第 4 章　粉末冶金高温合金的现状及发展趋势

用粉末冶金方法生产的高温合金，主要是镍基高温合金。粉末冶金法是 20 世纪 60 年代出现的一项技术。随着航空工业的发展，燃气涡轮发动机正向推力大、油耗低、推重比高和使用寿命长的方向发展，而这一发展需要通过压气机增压比和涡轮进口温度的不断提高，以及采用更新的设计来实现。现代高推重比航空发动机的发展，对用于制造涡轮盘等发动机热端关键部件的高温合金工作温度和性能要求越来越高。为了满足发动机对性能的要求，传统的铸锻高温合金的合金化程度不断提高，使得铸锭偏析严重、热加工性能差、成形困难，难以满足要求。采用粉末冶金工艺，可以得到无宏观偏析、组织均匀、晶粒细小、热加工性能良好的高温合金材料，大幅度提高了材料的屈服强度和抗疲劳性能，在先进航空发动机中得到了广泛应用和迅速发展。目前，粉末高温合金主要用于传统方法难以或无法锻造成形的高强涡轮盘合金，已经成为先进航空发动机压气机盘、涡轮盘、鼓筒轴及涡轮挡板等关键热端部件的必选材料。

4.1　粉末冶金高温合金优点

粉末冶金高温合金优点如下所述：

（1）消除偏析。雾化制粉时每一个细小的粉末颗粒以高达 $10^2 \sim 10^5$ K/s 的速度冷却。每颗粉末相当于一个显微锭坯，消除了宏观偏析，显微偏析被限制在 1.5 μm 的枝晶间。用这样的粉末压制成的涡轮盘毛坯具有均匀的显微组织，避免了常规铸锭中由于偏析造成的低倍缺陷。

（2）细化晶粒。由于粉末颗粒是超细晶粒的多晶体，沉淀强化相以极为细小分散的方式存在，这使得成形后的毛坯具有均匀的细晶组织，从而可以提高盘件的强度和低周疲劳寿命，降低力学性能的分散性。

（3）改善工艺性能。由于粉末高温合金压坯具有比传统的铸锻高温合金更加均匀的细晶组织，大大改善了合金的冷热加工性能。

（4）降低成本。利用超塑性锻造和热等静压近终形成形技术，与传统的铸锻高温合金相比，可以提高材料利用率，降低昂贵的材料消耗，并可简化工序，减少后续机加工量，因而可使盘件生产成本大为降低。

（5）减轻重量。由于粉末高温合金力学性能分散度相对于传统的铸锻高温合金大大减小，提高了材料的最低设计应力，减轻了盘件重量，有助于提高发动机推重比。例如美国 P & WA 公司由于在 F100 发动机上使用粉末高温合金，仅盘件就使每台发动机减轻重量 58.5 kg。

（6）提高燃油效率。先进的高性能涡轮发动机 PW2037 采用了 5 个 MERL76 粉末高温合金盘，减少油耗 30%，相当于每年每架飞机节省 100 万美元。新型粉末高温合金 René104 应用于先进的 GP7200 发动机上，可以在较高燃烧温度下使用，有助于综合提高发动机的燃料利用效率，减少燃料的消耗，还能使排放物减少 5%。

总之,粉末高温合金在技术和工艺上,充分显示了新材料、新工艺和新的零件结构三者融为一体的巨大力量。粉末高温合金已经成为了制造高推重比新型发动机涡轮盘的最佳材料之一。

4.2　粉末冶金高温合金的生产工艺

粉末高温合金的生产工艺步骤主要有:

(1) 粉末制备。主要采用氩气雾化法、真空雾化法、旋转电极雾化法等制备低氧含量的纯净粉末。

(2) 粉末处理。在氩气保护或真空下进行粉末的筛分、混料、去除夹杂,筛分可以得到所需粒度的粉末,还能减小最终零件中所含夹杂的最大尺寸。通常粉末粒度越小,可能含有夹杂的最大尺寸也越小。

(3) 装套和脱气、封焊。真空下将粉末装入碳钢或不锈钢包套中,然后进行热动态脱气、封焊。热动态脱气是为了去除粉末中的气体和水分。

(4) 固结成形和热加工。主要采用热等静压、热压或热挤压固结成形,也可再进行热模锻或超塑性等温锻造。

(5) 热处理和切削加工。

(6) 无损检测。

粉末高温合金的生产工艺特点是采用全惰性工艺,即雾化制粉和粉末处理均在惰性气氛保护下或真空中进行,以免受到污染。粉末高温合金有不同的生产工艺路线,根据零件形状和使用寿命的要求、生产成本、工艺技术水平以及现有条件等综合因素来确定。目前,美国、英国、德国等西方国家主要采用氩气雾化法(AA)制粉 + 热挤压(HEX) + 等温锻造(ITF)工艺生产压气机盘和涡轮盘等,采用 AA 制粉 + As - HIP 工艺生产小型涡轮盘、鼓筒轴、涡轮盘挡板以及封严环等。俄罗斯采用等离子旋转电极法(PREP)制粉 + 直接热等静压(As - HIP)工艺生产压气机盘、涡轮盘、鼓筒轴及封严环等高温承力转动件。

4.2.1　粉末制备工艺

粉末制备是粉末高温合金生产过程中的关键环节,粉末质量直接关系到零件的性能,所以在粉末制备工艺方面开展了大量的研究工作,试验了多种工艺方法。目前,生产中主要采用氩气雾化法(AA)、等离子旋转电极法(PREP)和溶氢雾化法(SHA),三种制粉方法的设备图如图6-4-1所示,特性比较见表6-4-1,粉末形貌见图6-4-2。

表6-4-1　三种制粉工艺特性比较

生产工艺	AA	PREP	SHA
粉末形状及特征	粉末主要为球形,空心粉较多	粉末为球形,表面光洁,空心粉少	粉末形状最不规则,呈球形和片状,表面粗糙,有疏松
粉末粒度	粒度分布范围宽,平均粒度较细	粒度分布范围较窄,平均粒度较粗,一般大于50 μm	粒度分布范围宽,平均粒度较粗
粉末纯度	纯度较差,有坩埚等污染	纯度较高,基本保持母合金棒料的水平,无坩埚污染	纯度较差,有坩埚污染
氧含量	较高	较低,与母合金棒料相当,小于70×10^{-6}	较高

续表 6-4-1

生产工艺	AA	PREP	SHA
粒度控制因素	喷嘴设计,氩气压力,金属流大小	主要是棒料的转速和直径	金属溶液过热温度,导管孔径,真空室压力
生产效率	最高	最低	中等

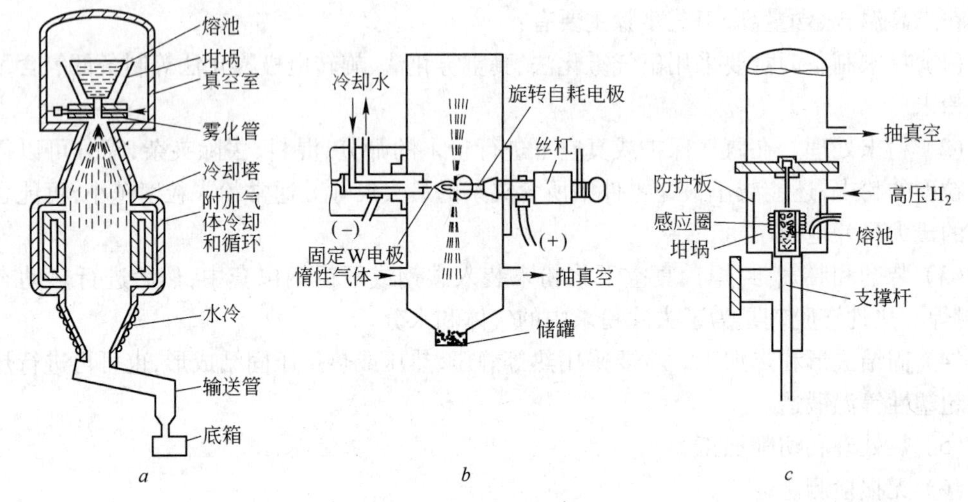

图 6-4-1　制粉设备示意图

a—AA;*b*—PREP;*c*—SHA

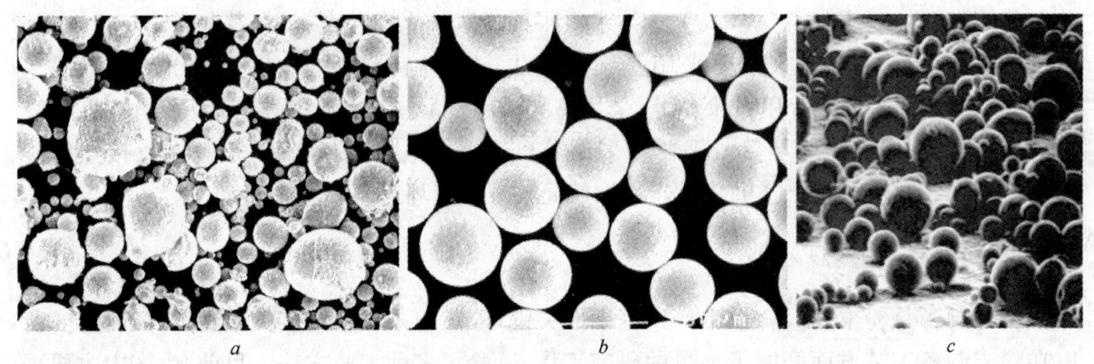

图 6-4-2　粉末形貌

a—AA 粉末;*b*—PREP 粉末;*c*—SHA 粉末

(1) 氩气雾化法。真空熔炼的母合金,在雾化设备的真空室中重熔,熔液经漏嘴流下,用高压氩气将其雾化成粉末,液态粉末的冷却速度约 1.8×10^2 K/s。粉末最大尺寸取决于熔体的表面张力、黏度、密度,以及雾化气体的流速。这种制粉方法美欧使用最多。该方法制粉,因钢液和耐火材料接触,粉末中的陶瓷夹杂含量高,而且在高压气流下会形成片状粉、空心粉,粉末的尺寸差别很大。

(2) 旋转电极法。用固定的钨电极产生的电弧或用等离子弧连续熔化高速旋转的电极,旋转电极端面被熔化的液滴在离心力的作用下飞出,形成粉末,液态粉末的冷却速度约 10^5 K/s。粉末尺寸约为气体雾化法所制粉末的两倍。俄罗斯采用这种方法制粉。美国的 Wittaker Nuclear 公司也采用这种方法。这种制粉方法的优点是,制粉过程中不会产生新的陶瓷夹杂,粉末中的陶瓷夹杂少,且粉末中气体含量与母合金相当,绝大部分粉末为球形,片状粉、空心粉极少,粉末收得率高。

(3) 溶氢雾化法。合金在真空下熔炼并过热,然后在钢液中通入可溶性气体氢,并达到饱和状态,此后将钢液通过导管引入上部的膨胀室中,使溶解的氢突然逸出,将钢液雾化成粉末,液态粉末的冷却速度约 1.8×10^3 K/s。美国 Homogeneous Metals 用此法生产粉末,但批量小,粉末中氢含量高,而且易于引起氢爆炸。

目前,俄罗斯和我国主要采用 PREP 法,美国、英国、德国等主要采用 AA 法生产高温合金粉末。

4.2.2 成形工艺

由于粉末是球形的且在冷态下粉末本身的硬度和强度高,室温下难以压制成形,所以高温合金粉末的固结成形采用热成形工艺。热成形工艺主要有 HIP、热压(hot compacted)、HEX,除此之外,还有真空烧结、压力烧结、金属注射成形(MIM)以及喷射成形(Osprey)。Osprey 不需要进行粉末处理、装套和预压实,成本低,但由于其晶粒粗大和无法控制夹杂尺寸,目前在粉末高温合金制造中还没得到应用。根据不同机种的性能要求,选择合适的制造工艺,如 As - HIP、HIP + 热模锻、HIP + ITF、HEX + ITF、热压 + HEX + ITF、HIP + HEX + ITF 等。生产工艺对合金盘件的室温和高温抗拉强度影响不大,但锻造后合金的持久强度、低周疲劳寿命(LCF)得到了明显改善。表 6-4-2 为粉末高温合金盘件不同生产工艺特性的比较。

表 6-4-2 粉末高温合金盘件不同生产工艺特性的比较

工艺	优点	缺点	组织特点	应用
As - HIP	适应性强、工艺最简单、成本最低	危险性大、不能完全消除缺陷	接近理论密度、各向同性	美国、俄罗斯使用
HIP + 热模锻	工艺较简单、成本较低	变形不均匀、存在部分缺陷	组织细化	美国等国以前使用
HIP + ITF	变形均匀、工艺较简单	存在部分缺陷	组织细化	美国等国使用
HEX + ITF	变形均匀、消除缺陷	工艺较复杂、成本较高	组织细化	美国等国使用
热压 + HEX + ITF	变形均匀、消除缺陷	工艺复杂、成本高	组织均匀细化	美国等国使用
HIP + HEX + ITF	变形均匀、消除缺陷	工艺最复杂、成本最高	组织均匀细化	美国等国使用

4.3 粉末冶金高温合金的发展

美国于20世纪60年代初制定了一项先进涡轮发动机材料研究计划(简称 MATE 计划),美国国家宇航局研究中心根据该项计划与发动机制造厂、金属生产和制造厂签订了合同,共同研制粉末高温合金。

美国 P&WA 公司首先于1972年,采用氩气雾化(AA)制粉 + 热挤压(HEX) + 等温锻造(ITF)工艺(称为 Gaterezing 工艺)研制成功了 IN100 粉末高温合金,并把它用作 F100 发动机的压气机盘和涡轮盘等11个部件,装在 F15 和 F16 飞机上。该公司又于1976年采用直接热等静压(As - HIP)工艺研制出了 LC Astroloy(低碳 Astroloy)粉末涡轮盘,以取代原来的 Waspaloy 合金变形涡轮盘,1977 年用于 JT8D－17R 和 IF－30 发动机上。1979 年该公司又研制成功了 MERL76 粉末涡轮盘,用于 JT9D、JT10D(PW2073)等发动机,其中 JT9D－17R 发动机于 1983 年装配在 B747－300 飞机上。美国 GEAE 公司于 1972 年采用 AA 制粉＋As－HIP 工艺研制成功了 René95 粉末涡轮盘,于 1973 年首先用于军用直升机的 T－700 发动机上,采用 As－HIP 工艺于 1978 年又完成了 F404 发动机的压气机盘、涡轮盘和涡轮轴的研制,装配在 TF/A－18 飞机上,之后将 As－HIP René95 粉末盘应用于 CF6－80C2、CFM56 和 F101 发动机上。美国 Special Metals 公司研制的 U720 粉末盘也已在发动机上使用。

1980 年美国一架装有 F404 发动机的 F－18 战斗机由于低压涡轮盘破裂在英国法恩巴勒航展失事之后,GE 公司对 René95 粉末盘的制造工艺进行了调整,粉末粒度由－75 目(－250 μm)改为－150 目(－100 μm),盘件生产工艺改为挤压(HEX)＋等温锻造(ITF)。调整后的 René95 粉末盘用于 F404、F101 和 F110 发动机上。T700 发动机用粉末部件的生产工艺仍然为 As－HIP,到 1993 年早期也改为 HEX＋ITF。目前民用飞机发动机粉末部件大都使用－270 目(－50 μm)粉末,但 As－HIP René95 挡板仍然使用－150 目(－100 μm)粉末。截至 2007 年 12 月 31 日在役的 CFM56 发动机总数达到了 17532 台,装备飞机 7150 架。在 APU 和某些小型发动机上使用多种 As－HIP 粉末部件。HEX＋ITF 仍然是生产大型涡轮盘的主流工艺,但是用 HIP＋锻造工艺制造大型部件正在引起人们的兴趣。目前美国的 APU 使用了 As－HIP 的 LC Astroloy 和 U720 小型带轴的涡轮盘和调节环,与通常使用的 IN718 合金和 Waspalloy 涡轮盘相比,LC Astroloy 和 U720 粉末涡轮盘性能更高,可以使 APU 的涡轮盘在更高的使用温度和转速下工作。

为了提高发动机的安全可靠性和使用寿命,GEAE 公司根据空军的要求,采用 AA 制粉＋热压成形＋HEX＋ITF 工艺,于 1988 年研制出了 René88DT 粉末盘,用于 GE80E1、CFM56－5C2 和 GE90 发动机上。其中 GE90 发动机首先装配在波音 777 民航机上。美国在军用飞机和民用飞机上都在使用 René88DT 粉末盘。

美国从 20 世纪 70 年代末开始对双性能粉末盘开展了大量的研究工作,于 1997 年将双性能粉末盘用在了第四代战斗机 F22 的发动机 F119 上。

俄罗斯粉末高温合金的研究始于 20 世纪 60 年代末。全俄轻合金研究院(ВИЛС)于 1973 年建立了粉末高温合金研发实验室,开始研制粉末盘。其生产工艺为等离子旋转电极工艺(PREP)制粉＋As－HIP 成形。ВИЛС 于 1974 年研制出了第一个 ϕ560 mm 的 ЖС6У 和 ЭП741П 粉末涡轮盘,并于 1975 年生产出了第一个工业批生产的大尺寸军机用 ЖС6У 和 ЭП741П 合金粉末涡轮盘和压气机盘,并提供给了用户。ВИЛС 从 1981 年开始工业批生产和提供军机用 ЭП741НП 粉末盘和轴,从 1984 年开始批生产民用飞机用粉末盘。80 年代以后又研制出 ЭП962П、ЭП975П、ЭИ698П 和 ЭП962НП 粉末高温合金。在航空、航天上使用最多的是 ЭП741НП 合金,主要用于制造航空发动机的各类盘件、轴和环形件等,包括涡轮盘、压气机盘、鼓筒轴、封严环、旋转导风轮、封严箅齿盘、封严圈、支撑环、导流板以及喷嘴等,盘件尺寸为 ϕ400～600 mm,使用的航空发动机主要有 Д30Ф6、РД－33、ПС90А、АЛ－31Ф、АЛ－31ФП 等。ЭП741НП 合金还用于制造运载液体火箭发动机的氧化剂泵叶轮和涡轮叶轮(带轴)等,叶轮尺寸为 ϕ300～450 mm,使用的发动机有 РД170、РД180、РД190 等。截至目前俄罗斯生产并提供给了约 500 种规格,近 6 万件粉末盘和轴,在二十年间粉末盘没有发生任何事故。ЭП741НП 粉末合金已被列入美国航空材料手册,被推荐为用做各类宇航,包括民用发动机关键部件的材料。从 80 年代初开始,采用 As - HIP 工艺对双性能粉末盘开展了研究工作,但未实际应用。

90 年代初俄罗斯又研制出中等合金化的 ЭИ698П 粉末高温合金,拓宽了粉末高温合金的领域。ЭИ698П 合金主要用于地面燃气传输动力装置 ГТУ - 10、ГТУ - 12、ГТУ - 16、ГТЭ - 25 的盘件,其尺寸为 ϕ500 ~ 700 mm。

ЭП741НП 合金是俄罗斯航空、航天上使用最多的合金,主要用于制造航空发动机的各类盘件、轴和环形件等。

英国 Wiggin Alloys 公司(原为 Henry Wiggin 公司)在 1975 年装备了一条具有年产 1000 t 高温合金粉末的生产线,配备了热等静压机和等温锻造机。Wiggin Alloys 公司与 Rolls Royce 公司合作研制成功了 AP1(原为 APK - 1)粉末高温合金涡轮盘,用在 RB211 发动机上。德国 MTU 公司的 RB199 发动机使用了 AP1 粉末高温合金涡轮盘。法国研制出 N18 粉末高温合金涡轮盘,用在 M88 发动机上。

日本神户制钢公司于 1984 年建立了一条粉末高温合金生产线,具有年产 100 t 粉末的能力,还装备了热等静压机和等温锻造机,对 IN100、MERL76、René95、AF115 等粉末高温合金以及双性能粉末盘开展了研究工作,但未得到实际应用。

美国、俄罗斯、英国、法国、德国、加拿大、瑞典、中国、日本、意大利以及印度等在粉末高温合金方面开展了研究工作,但是只有美国、俄罗斯、英国、法国、德国等掌握了粉末高温合金的工业生产工艺。目前,只有美国、俄罗斯、法国、英国能研发粉末高温合金并建立了自己的合金牌号,将粉末高温合金主要用于制造航空发动机的涡轮盘、压气机盘、鼓筒轴、封严盘、封严环、导风轮及涡轮盘高压挡板等高温承力转动部件。

经过四十多年的发展,按照粉末高温合金问世的年代、成分和性能,可以分为四代:以 René95 为代表的第一代粉末高温合金和以 René88DT 为代表的第二代粉末高温合金,以 René104 和 Alloy10 为代表的第三代粉末高温合金,以及在第三代合金基础上,通过调整合金成分和生产工艺来获得更高使用温度(815℃左右)的第四代粉末高温合金。

目前先进的航空发动机普遍采用了 IN100、René95、LC Astroloy、MERL 76、N18、René88DT、U720Li、ЭП741НП、RR1000、René104 等粉末涡轮盘和压气机盘。英国、法国、德国等已将粉末盘用于先进的飞机发动机上,各国典型的粉末高温合金涡轮盘应用情况见表 6-4-3。美国于 1997 年将双性能粉末盘用于第四代高性能发动机。此外,粉末盘还用于航天火箭发动机以及地面燃气、燃气涡轮动力装置。

表 6-4-3　典型粉末高温合金的应用及生产工艺

发动机公司	发动机	推重比	合　金	部件、数量	生产工艺	使用情况
美国 GEAE	T700	—	René95	涡轮盘等 6 件	As - HIP	军用直升机 AH - 64
	F101	7.7	René95	涡轮盘等 4 件	HIP + ITF	军用飞机 B - 1A、B - 1B
	F110	7.3 ~ 9.5	René95	涡轮盘	HEX + ITF	军用飞机 F - 14、F - 15、F - 16
	F404	7.5	René95	涡轮盘等 7 件	HIP + ITF	军用飞机 F/A - 18、F - 117A
	CF6 - 80C2	—	René95	涡轮盘等	HIP + ITF	民用飞机 A300、B747 等
	CFM56	—	René95	涡轮盘等 9 件	HIP + ITF	民用飞机 B737、A300、A320 等

续表6-4-3

发动机公司	发动机	推重比	合 金	部件、数量	生产工艺	使用情况
美国GEAE	F414	9~10	René88DT	涡轮盘等	HEX+ITF	军用飞机F/A-18E/F
	CF6-80E1	—	René88DT	涡轮盘等	HEX+ITF	民用飞机A330、B767等
	CFM56-5C2	—	René88DT	涡轮盘等	HEX+ITF	民用飞机A340
	CE90	—	René88DT	涡轮盘等6件	HEX+ITF	民用飞机B777、A330
	GEnx	—	René88DT/René104	涡轮盘等	HEX+ITF	民用飞机B787
美国P&WA	F100	7.4~9.5	IN100	涡轮盘等11件	HEX+Catorizing	军用飞机F-15、F-16
	TF-30	5.0	LC Astroloy	涡轮盘1件	As-HIP	军用飞机F-14
	JT8D-17R	—	LC Astroloy	涡轮盘1件	As-HIP	民用飞机B727
	JT9D-7R4G	—	MERL76	涡轮盘等2件	HIP+ITF	民用飞机B747、B767、A300等
	PW2037	—	MERL76	涡轮盘等5件	HIP+ITF	民用飞机B757
	PW4084	—	MERL76	涡轮盘等	HIP+ITF	民用飞机B777
	F119	10	DTP IN100	涡轮盘等2件	HEX+Catorizing	军用飞机F-22
GE和P&WA	GP7200	—	René104	涡轮盘等	HEX+Catorizing	民用飞机A380、B787
英国RR	RB199	8.0	AP-1	涡轮盘等	HIP+ITF	军用飞机"狂风"
	RB211	—	AP-1	涡轮盘等	HIP+ITF	民用飞机B747、B757、B767等
	Trent 882	—	Waspaloy	涡轮盘等	HIP+ITF	民用飞机B777
	Trent 900	—	U720	涡轮盘等	HIP+ITF	民用飞机A380
	Trent 1000	—	RR1000	涡轮盘等	HEX+ITF	民用飞机B787
法国SNECMA	M88-Ⅱ	8.0	N18	涡轮盘等	HEX+ITF	军用飞机"阵风"
	M88-Ⅲ	9.0	N18	涡轮盘等	HEX+ITF	军用飞机"阵风"
欧洲喷气公司	EJ200	10	U720	涡轮盘等	HIP+ITF	军用飞机EF-2000
国际航空IAE	V2500	—	MERL76	涡轮盘等5件	HIP+ITF	民用飞机A320、MD-90
俄罗斯ПДК	D-30F6	6.4	EP741P	涡轮盘等21件	As-HIP	军用飞机MiG-31
	D-30KP	—	EP741NP	涡轮盘等4件	As-HIP	运输机IL-76等
	PS-90A	—	EP741NP	涡轮盘等4件	As-HIP	民用飞机IL-96、IL-76、TU-204等
俄罗斯ВПК"МАПО"	RD-33	7.8	EP741NP	涡轮盘等9件	As-HIP	军用飞机MiG-29
	TV7-117	—	EP741NP	涡轮盘等4件	As-HIP	运输机IL-114
俄罗斯НПО"Сатурн"	AL-31F	7.2	EP741NP	涡轮盘等13件	As-HIP	军用飞机SU-27、SU-30
	AL-31FP	8.2	EP741NP	涡轮盘等13件	As-HIP	军用飞机SU-30、SU-35
中国	某发动机	—	FGH4095	涡轮盘等4件	As-HIP	军用直升机
	某发动机	7.8	FGH4095	涡轮盘挡板2件	As-HIP	军用飞机
	某发动机	7.8	FGH4097	涡轮盘等9件	As-HIP	军用飞机
	某发动机	8.0	FGH4097	涡轮盘等2件	As-HIP	军用飞机
	某发动机	9.8	FGH4096	涡轮盘挡板6件	As-HIP	军用飞机
	某发动机	9.8	FGH4096	涡轮盘等2件	HIP+ITF	军用飞机

注：As-HIP—直接热等静压；HIP—热等静压；ITF—等温锻造；HEX—热挤压；Gatorizing—超塑性等温锻造；ПДК—Пермскнй Двигателестроительный Комплекс；ВПК"МАПО"—Военно-Промышленный Комплекс"МАПО"；НПО"Сатурн"—Научно-Производственное Обьединение"Сатурн"。

4.3.1　第一代粉末冶金高温合金

第一代粉末高温合金出现于20世纪70年代,其抗拉强度高,但抗裂纹扩展能力弱,沉淀强化相γ′(Ni_3[Al,Ti,Nb])含量高(通常大于45%),一般在低于γ′相固溶温度以下固溶处理,最高工作温度约为650℃,典型的合金有René95、IN100、MERL76等。它们都是在变形盘件合金或铸造叶片合金的基础上略加调整发展而来的。适当降低碳含量并添加了MC型强碳化物形成元素Nb、Hf等,以防止形成粉末原始颗粒边界(Prior Particle Boundaries,PPB)。第一代典型粉末高温合金的成分和主要特性分别见表6-4-4和表6-4-5。

表6-4-4　第一代典型粉末高温合金的成分(质量分数,%)

合　金	Co	Cr	Mo	W	Al	Ti	Nb	Hf	C	B	Zr	其他
René95	8.0	13.0	3.5	3.5	3.5	2.5	3.5	—	0.06	0.01	0.05	—
IN100	18.5	12.5	3.2	—	5.0	4.3	—	—	0.07	0.02	0.04	0.75V
MERL76	18.5	12.4	3.2	—	5.0	4.3	1.4	0.4	0.02	0.02	0.06	—
LC Astroloy(AP1)	17.0	15.0	5.0	—	4.0	3.5	—	—	0.04	0.025	0.04	—

表6-4-5　第一代典型粉末高温合金的主要特性

合　金	γ′含量/%	γ′完全固溶温度/℃	固相线温度/℃	密度/g·cm^{-3}
René95	50	1160	1260	8.30
IN100	61	1185	1260	7.88
MERL76	64	1190	1200	7.83
LC Astroloy(AP1)	45	1145	1220	8.02

René95粉末高温合金是GEAE公司在变形René95合金的基础上降低碳含量研制而成的,该合金是目前650℃下抗拉强度最高的粉末高温合金。René95是一种高合金化的γ′相沉淀强化型镍基高温合金,γ′相含量达50%~55%。变形René95合金最初是GE公司在美国空军赞助下进行研究,用以取代IN718材料的盘件合金。1972年GE公司将变形René95用于F101发动机的高压压气机盘和涡轮盘,但存在偏析严重、碳化物聚集以及残留铸锭组织等问题。为了解决这些问题,GE公司适当降低了René95中碳和铬含量后制成粉末,经HIP+热模锻、As-HIP、HIP+ITF这三条工艺路线制成盘坯。从力学性能对比来看,René95合金具有其他盘件合金无法比拟的高屈服强度、高低周疲劳性能。因此,René95粉末盘件在F101、F110、GE37等各类高性能发动机上相继得到了使用。

IN100是P&WA公司研制的粉末高温合金,该合金原为用于叶片的铸造合金,碳含量高达0.18%,热等静压后存在严重的PPB问题,必须进行HEX。HEX可以使原始粉末颗粒发生剪切变形,有利于破碎形成PPB的碳化物和氧化物薄膜,促进原始粉末颗粒之间的扩散和固结,消除PPB,得到高密度(100%)的压实坯料。

MERL76合金是由P&WA公司材料工程和研究实验室(MERL)研制的高强粉末高温合金。它将IN100合金的成分加以调整,添加了Nb和少量的Hf,降低了碳,以避免形成PPB,提高了塑性并进一步强化了合金,去除了V以提高抗腐蚀性能。

AP1合金(原为APK-1)是英国Wiggin Alloy公司研制成功的粉末高温合金,其成分与Astroloy合金基本相同,只是更进一步降低了碳含量(与LC Astroloy相同),以消除PPB。

4.3.2　第二代粉末冶金高温合金

第二代粉末高温合金是 20 世纪 80 年代末期发展起来的新型粉末高温合金，采用了损伤容限设计原则，其特点是晶粒较粗大，抗拉强度比第一代略有降低，但抗裂纹扩展能力、蠕变强度有了较大幅度的提高。它们的 γ′相含量通常在 45% 以下，一般在 γ′相完全溶解温度以上固溶处理，最高使用温度为 700 ~ 750℃，典型的合金有美国的 René88DT、法国的 N18 等。第二代典型粉末高温合金的成分和主要特性分别见表 6-4-6 和表 6-4-7。

表 6-4-6　第二代典型粉末高温合金的成分（质量分数，%）

合　金	Co	Cr	Mo	W	Al	Ti	Nb	Hf	C	B	Zr
René88DT	13.0	16.0	4.0	4.0	2.1	3.7	0.7		0.03	0.015	0.03
N18	15.5	11.5	6.5		4.3	4.3		0.5	0.02	0.015	
U720LI	14.7	16.0	3.0	1.25	2.5	5.0			0.024	0.025	0.03

表 6-4-7　第二代典型粉末高温合金的特性

合　金	γ′含量/%	γ′完全固溶温度/℃	固相线温度/℃	密度/g · cm^{-3}
René88DT	42	1130	1250	8.36
N18	55	1190	1210	8.00
U720LI	37	1140	1245	8.10

根据 1982 年 USAF 提出的 ENSIP 要求，需要提高疲劳抗力和使用温度，降低成本、提高发动机寿命和安全可靠性，美国 GEAE 公司于 1983 年开始研制新型合金。GEAE 公司根据损伤容限设计原则，在 René95 合金的基础上，降低了 Al、Nb 含量，从而减少了 γ′相；提高了 W、Mo、Co 和 Ti 含量，加强了固溶强化效果，弥补了由于 γ′相含量低引起的强度下降；增加了 Cr 含量，提高了抗氧化性，于 1988 年研制成功第二代的粉末高温合金，被命名为 René88DT（DT，Damage Tolerant 损伤容限）。René88DT 合金的化学成分和特性分别见表 6-4-6 和表 6-4-7。René88DT 合金具有良好的蠕变、拉伸和损伤容限性能，与第一代 René95 合金相比，该合金的抗拉强度虽然降低了 10%，但疲劳裂纹扩展速率却降低了 50%，使用温度由 650℃ 提高到 750℃。René88DT 合金用于制造高压涡轮盘和封严环等，主要采用热压实 + HEX + ITF 工艺，其中挤压比为 7∶1。René88DT 粉末盘首先用于 PW4084 和 GE90 发动机上，装配在 B777 民航机上。目前，美国在军用和民用发动机上大量使用 René88DT 粉末盘。

N18 是法国专门为 M88 发动机设计的第二代粉末高温合金。1980 年建立了研究计划。由 SNECMA 联合 ONERA 和 EMP 在 Astroloy 合金的基础上，通过调整成分提高 γ′相含量研制而成。N18 的抗拉强度较 Astroloy 高，裂纹扩展速率低，长时使用温度为 700℃，短时使用温度为 750℃。使用 AA 粉，粒度为 -270 目（-50 μm），采用 HEX + ITF 工艺，用于 M88 发动机的高压涡轮盘和压气机盘。最近 SNECMA、ONERA 和 Ecole des Mines（巴黎矿冶大学）在 N18 合金的基础上研制出了一种新合金 N19。N19 合金在 750℃ 具有长时组织稳定性，700℃ 蠕变和疲劳性能高于 N18 合金，便于热机械处理达到细晶组织。

4.3.3　第三代粉末冶金高温合金

美国于 20 世纪 90 年代开始新一代航空发动机的研制，实施的项目有 HSCT（High Speed Civil Transport)、IHPTET(Integrated High Performance Turbine Engine Technology)等,要求新一代航空发动机具有超音速巡航的能力。新一代先进发动机的工况与现役机相比,有较大改变。表6-4-8显示了 HSCT 发动机与现役发动机在不同工作状况时几个典型部位的温度变化。

表 6-4-8　HSCT 发动机与现役发动机典型部位的工作温度

状　态	巡航 T_{T2}/℃	最高 T_{T3}/℃	巡航 T_{T3}/℃	最高 T_{T4}/℃	巡航 T_{T4}/℃
现役发动机	-26～5	650	466	1650	1170
HSCT 发动机	193	650	650	1650	1630

虽然 HSCT 发动机的压气机出口温度 T_{T3} 和高压涡轮入口处温度 T_{T4} 的最高值与第三代发动机相同,但 HSCT 发动机要进行超音速巡航,此时的 T_{T3}、T_{T4} 值远高于第三代发动机。新一代发动机因为要进行超音速巡航,其压气机、涡轮等部件在高温/高应力状态下工作的时间比第三代发动机长得多,由此提出了盘件热时寿命(Hot Hour Life,即涡轮盘寿命期内在高温/高应力状态下飞行的累积时间)的概念。表 6-4-9 为现役民用、军用发动机及 HSCT 发动机对涡轮盘热时寿命的要求。

表 6-4-9　对涡轮盘热时寿命的要求

项　　目	现役民用发动机	现役军用发动机	HSCT 发动机
累积高温/高应力飞行时间/h	<300	<400	9000
每次飞行的高温/高应力时间/h	0.03	0.15	2～4

可见,HSCT 发动机涡轮盘的热时寿命是现役三代发动机的 20～30 倍。由于第一、二代粉末高温合金都无法满足如此高的要求,美国国家航空航天局(NASA)在其 HSR-EPM (High Speed Research-Enabling Propulsion Materials)、AST(Advanced Subsonic Technology)等项目中资助 NASA Glenn 研究中心以及 GEAE、P&W、Honeywell、Allison、Allied Signal 等公司研制第三代粉末高温合金,以提高发动机涡轮盘的热时寿命。这些公司共开发出了 René104、Alloy10、CH98 和 LSHR 等牌号的第三代粉末高温合金。另外,英国的 Rolls-Royce 公司也开发了自己的第三代粉末高温合金 RR1000。第三代典型粉末高温合金的成分和主要特性分别见表 6-4-10 和表 6-4-11。

表 6-4-10　第三代典型粉末高温合金的成分(质量分数,%)

合金	Co	Cr	Mo	W	Al	Ti	Nb	Ta	C	B	Zr	Hf
René104	20.6	13.0	3.8	2.1	3.4	3.7	0.9	2.4	0.05	0.025	0.05	
Alloy10	15.0	11.0	2.5	5.7	3.8	3.8	1.8	0.9	0.04	0.03	0.10	
LSHR	20.8	12.7	2.74	4.37	3.48	3.47	1.45	1.65	0.024	0.028	0.049	
CH98	18.0	12.0	4.0		4.0	4.0		3.8	0.03	0.03	0.03	
RR1000	15.0	14.5	4.5		3.0	4.0		1.5	0.027	0.015	0.06	0.75

表 6-4-11　第三代典型粉末高温合金的特性

合　金	γ′含量/%	γ′完全固溶温度/℃	使用温度/℃
René104	51	1157	700

续表 6-4-11

合　金	γ′含量/%	γ′完全固溶温度/℃	使用温度/℃
Alloy10	55	1170～1190	700
LSHR		1160	700
CH98	55	1190	700
RR1000	46	1160	725

从表6-4-10可以看出,第三代粉末高温合金均有较高含量的Ta,Ta是第三代粉末高温合金中提高合金裂纹扩展抗力的关键元素;Co含量较高,有助于提高合金的持久性能,Nb含量较低,而W、Mo含量中等,其γ′相质量分数为45%～55%。从性能上看,第三代粉末高温合金的蠕变强度、抗裂纹扩展能力在第二代的基础上又有了较大幅度的提高,强度也达到了第一代的水平。其中René104盘件的热时寿命已达到9000 h,满足了新一代发动机设计的要求,比第二代粉末高温合金提高了20～30倍。

第三代粉末高温合金的许多优异性能只能在双显微组织合金盘件上体现出来,可通过特殊的冶金工艺获得双性能盘,如Pratt & Whitney的DPHT(Dual Property Heat Treatment)专利技术、美国航空航天局(NASA)的DMHT(Dual Microstructure Heat Treatment)专利技术。双性能盘是指经过一系列热处理后,最终在轮缘部位获得较粗大的晶粒组织,而轮毂部位则得到细晶组织,并且从轮毂到轮缘晶粒大小均匀过渡。这样,在较高温度下工作的轮缘具有高的持久、蠕变强度,而在较低温度但较高离心力下工作的轮毂具有高的屈服强度和优异的低周疲劳性能。ME3、Alloy10、LSHR和RR1000盘件DMHT后的轮缘部位与传统过固溶处理后合金的性能相当,轮毂部位也达到了传统亚固溶处理后合金的性能。DMHT已成为第三代粉末高温合金的标准热处理工艺。

4.3.3.1　双性能盘的制造工艺

涡轮盘是发动机热端的关键部件,根据其工作状况,希望在较高温度下工作的轮缘部位具有高的持久、蠕变强度,而在较低温度但较高离心力下工作的轮毂部位具有高的屈服强度和优异的低周疲劳性能,这就是双性能涡轮盘。采用双性能盘还可以充分发挥材料的潜力,有利于涡轮盘的优化设计,减轻盘件重量,提高发动机的推重比。

美国虽然于1977年实施了双性能粉末盘的研究计划,但是直到1997年才将IN100双性能涡轮盘应用到发动机上。英国、俄罗斯、日本以及中国等也开展了双性能粉末盘的研究工作,但尚处于研究阶段,未得到实际应用。

双性能盘包括单合金双重组织和双合金双重组织两大类型,其制造工艺包括以下工艺或组合:(1)热机械处理(TMP);(2)As－HIP成形;(3)HIP或扩散连接;(4)超塑性锻造;(5)锻造增强连接(FEB);(6)DMHT;(7)DPHT。

A　单合金双性能粉末盘

采用一种合金通过特殊的热处理使盘件的轮缘部分获得粗晶组织,轮毂部分获得细晶组织,从而使盘件具有双性能。制造单合金双性能粉末盘的工艺关键就是使盘件在热处理时各部位处于不同的温度范围,轮毂部分温度保持在低于γ′相完全溶解温度附近,而轮缘部分温度则高于γ′相完全溶解温度。这样在轮缘部位得到较粗大的组织,而轮毂部位则是细晶组织,并且轮缘和轮毂间组织均匀过渡。图6-4-3为单合金涡轮盘经双组织热处理后的显微组织示意图。另外，在后续淬火处理时，还需要严格控制盘件各部位的冷却速度，以获取所要求的组织并减小热应力，避免盘件开裂。

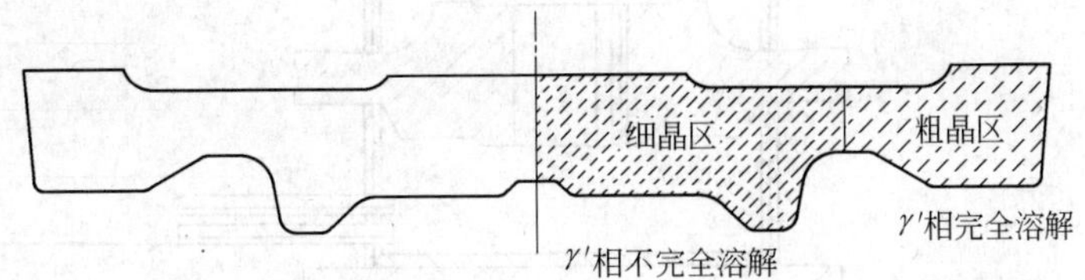

图 6-4-3　单合金涡轮盘经双组织热处理后的组织示意图

美国对 AF115、U720、DTP IN100、Alloy10、ME3 及 LSHR 等单合金双性能粉末盘进行了大量的研究。其中 P & WA 公司用 DTP IN100 合金进行双组织热处理工艺制造出了双性能粉末盘，于 1997 年装配在第四代战斗机 F22 的 F119 发动机上。

目前，制造单合金双性能粉末盘的热处理工艺主要有以下四种：

(1) 直接加热法（又叫 Ladish Method）。处理时盘件沿中心轴连续旋转冷却，通过感应圈直接加热轮缘，从而使轮缘至轮毂部位保持在各自适宜温度范围内，实现双组织处理，如图 6-4-4 所示。这种方法设计和处理简单，具有较强的适应性且切实可行，成本适中，但存在热控制问题。

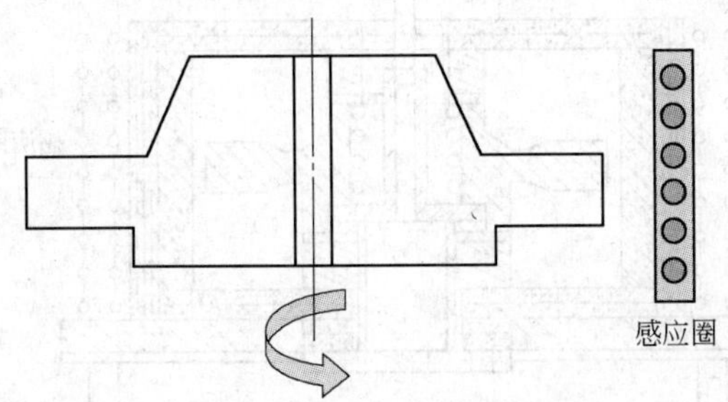

图 6-4-4　直接感应加热法

(2) 控制冷却法。将盘件置于热处理炉内，风吹冷却轮毂，通过控制风的流量和速度使轮缘和轮毂部位处于各自适宜的温度范围内，进行 DMHT 处理。在处理时轮毂、轮缘可维持较大的温度梯度，且可长时间保持，易进行热控制，但装置拆卸时间长，影响盘件的性能，也不易实现批量生产，成本高，设计和处理复杂。图 6-4-5 为控制冷却法及在处理时盘件的热梯度。

(3) 间接感应加热法。由 Pratt & Whitney 公司开发的 DPHT（Dual Properties Heat Treat）工艺，将盘件先置于密封装置中，然后整体放在感应圈加热炉中加热，通过控制轮毂中心附近的冷却线圈使轮缘和轮毂处于各自适宜的温度范围内，实现双性能处理，如图 6-4-6 所示。这种方法热控制性好且产品处理性好，但设计和处理复杂，只能单件生产，成本高。

(4) 蓄热体法。NASA 在工艺(2)的基础上开发出了结构简单，易于实现批量生产的双组织热处理工艺，如图 6-4-7 所示。它通过蓄热体来控制轮毂的温度，成本低，处理性好，但处理时轮毂、轮缘可维持的温度梯度和保持时间都受限制，处理 γ′完全溶解温度高的合金时有困难。

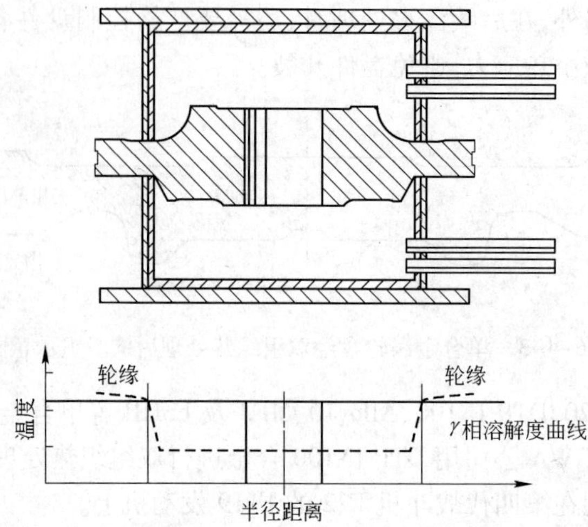

图6-4-5　控制冷却法及处理时盘件的热梯度

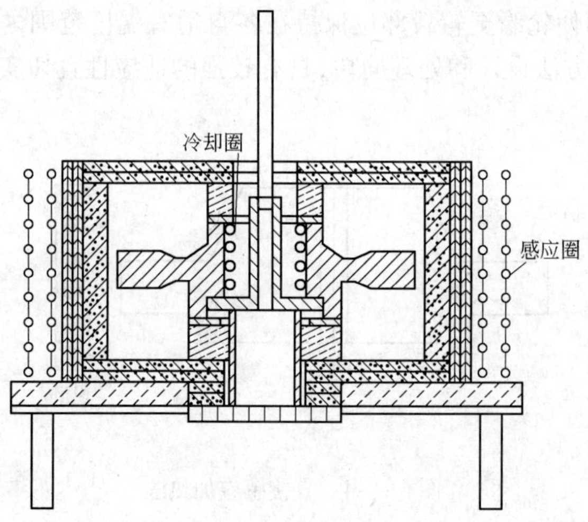

图6-4-6　间接感应加热法——DPHT装置示意图

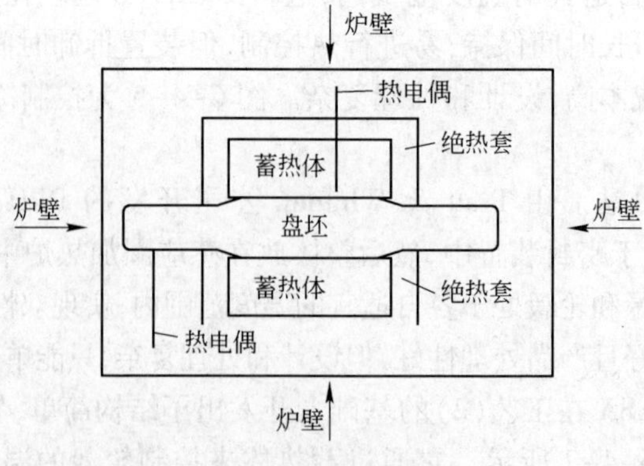

图6-4-7　蓄热体法

B　双合金双性能粉末盘

双合金双性能粉末盘由两种合金制造而成，要求轮缘部分合金具有良好的高温性能,轮毂部分具有高的屈服强度。轮缘和轮毂两部分的连接是双合金双性能粉末盘技术的关键,也是影响应用的主要原因。美国在双合金双性能粉末盘方面开展了大量的研究工作,见表6-4-12。

表6-4-12　双合金双性能粉末盘

部　件	粉末盘						
轮缘	AF115	LC Astroloy	PA101	LC Astroloy	AF115	KM4	René88DT
轮毂	René95	MERL76	MERL76	René95	IN100	SR3	HK44

美国 Honeywell(以前为 AlliedSignal)公司从1979年开始研发用于飞机辅助动力装置(APU)小型涡轮发动机的双合金叶轮。这种双合金叶轮可以提高使用温度和寿命。叶轮的轮毂部位使用具有细晶组织的 As－HIP 的 LC Astroloy 合金,而叶轮的外圆使用具有粗晶组织和优良蠕变性能的 MAR－M－247 铸造叶片环,用 HIP 将两部分连接成整体叶轮。这种双合金的叶轮已经使用了十多年。表6-4-13给出了叶片和盘采用 HIP 扩散连接工艺制造的几种双性能叶轮。

表6-4-13　几种双性能叶轮

叶　片	盘
IN713LC 合金	HIP 成形 LC Astroloy 粉末盘
MAR－M247 合金	HIP 成形 U720 粉末盘
MAR－M246 合金	HIP 成形 U720 粉末盘
MAR－M246 合金	HIP 成形 PA101 粉末盘
DS C－103 合金	HIP 成形 PA101 粉末盘
DS MAR－M247 合金	HIP 成形 PA101 粉末盘
DS MAR－M247 合金	HIP 成形 LC Astroloy 粉末盘
SC MAR－M247 合金	HIP 成形 René95 粉末盘
SC MAR－M247 合金	HIP 成形 LC Astroloy 粉末盘

俄罗斯采用 HIP 扩散连接工艺制造双合金双性能粉末盘。日本采用 HIP＋超塑性锻造工艺制造双合金双性能粉末盘。比如轮毂采用 TMP－3 合金,轮缘采用 AF115 合金,轮毂和轮缘分别 HIP 成形,然后两部分同时进行超塑性等温锻造,得到直径为400mm 的双性能粉末盘。

4.3.3.2　几种典型的第三代粉末高温合金

René104(又叫 ME3)是20世纪90年代,在美国国家航空航天局(NASA)HSR/EPM(High Speed Research/Enabling Propulsion Materials)项目中资助 NASA Glenn 研究中心、GEAE和 P & W 研制的先进大盘件用粉末高温合金,是典型的第三代粉末高温合金,其在600～700℃具有优异的持久性能,可在700℃以上使用。用 René104 制作的发动机盘件的热时寿命是当前正在使用的第二代粉末高温合金的30倍,它的研制成功在2004年10月获得了美国 R&D 杂志评选的“最佳科技产品奖”。René104 可以承受更高的燃烧温度,这不仅能提高发动机效率,延长涡轮盘和压气机盘的寿命,还能提高燃油效率,降低油料消耗和气体排放。René104 可用于长时间飞行或高速巡航的航空器,比如正在设计中的先进大型喷气式客机、高速民航客机、超音速商业喷气机和一些先进的军用航空航天器,它已在 GP7200 发动机上得到了应用。

Alloy10 是 Honeywell 公司通过对早期的 AF115 合金改进而开发出来的小盘件用先进粉末高温合金。它的使用温度为 700℃，有高含量的难熔元素，γ′相含量在 55% 左右，通过亚固溶处理后快速冷却，可使其具有最大的抗拉强度和蠕变强度。

LSHR(low-solvus，high-refractory)合金的 γ′相完全溶解温度比较低与 René104(ME3)类似，含有和 Alloy10 相当的高含量难熔元素，热处理后 LSHR 具有很高的抗拉强度，良好的蠕变和疲劳性能。当 LSHR 进行亚固溶处理时，可得到晶粒尺寸约 10 μm 的细晶组织，使其在 650℃以上不仅具有较高的抗拉强度，而且具有良好的蠕变性能和疲劳性能；当进行过固溶处理时，可得到晶粒尺寸约 50 μm 的粗晶组织，使其在 700℃以上具有较高的抗拉强度，优异的蠕变性能和抗裂纹扩展性。

RR1000 合金是英国 Rolls-Royce 公司于 20 世纪 90 年代所研制的新一代粉末高温合金。与众多粉末高温合金研究思路不同的是，该合金是第一个通过相图热力学计算而设计的粉末高温合金。它的设计使用温度在 725℃以上，具有良好的高温性能(蠕变和合金稳定性)和优异的抗裂纹扩展性能，最高使用温度为 750℃。

4.3.4 第四代粉末高温合金

从 1999 年起，美国国防部在 IHPTET、NASA 在 UEET(Ultra-efficient Engine Technology)等计划中资助开展第四代粉末高温合金的研究，应用目标是推重比达到 20 的第五代航空发动机。第四代粉末高温合金是在第三代合金 René104、Alloy10 的基础上，通过调整合金成分和生产工艺来获得更高的合金使用温度。第四代合金盘轮缘部分的最高使用温度为 815℃，在此温度下的热时寿命要求达到 100 h。从 2005 年起，对第四代粉末高温合金的研究转入 VAATE(Versatile Affordable Advanced Turbine Engine)研制计划。

4.4 我国粉末高温合金的现状

我国从 1977 年开始研制粉末冶金高温合金，但大量的研制工作是在 1994 年以后进行的。1994 年，钢铁研究总院在河北涿州基地建立了 PREP 制粉粉末高温合金生产线，结合新研制和新设计发动机型号的需求，开展了 FGH95(仿美 René95)和 FGH96(仿美 René88DT)的研制工作。由于我国没有大吨位挤压设备和大吨位全封闭等温锻造设备等，热挤压 + 超塑性等温锻造工艺无法实施，美国的方法目前很难实现，根据我们的实际生产条件，开辟出了符合我国国情的粉末高温合金工艺路线。目前已成功研制了两代粉末高温合金，第一代是以 FGH95 合金为代表的使用温度为 650℃的高强型合金，该合金以 γ 奥氏体为基体，γ′强化相含量为 50% ~55%，采用低于 γ′固溶线温度热处理后两级时效，得到各种 γ′尺寸相匹配的细晶组织；第二代是以 FGH96 合金为代表的使用温度为 750℃的损伤容限型粉末高温合金，γ′强化相含量 35% 左右，采用高于 γ′固溶线温度热处理，可以获得具有锯齿形晶界的粗晶组织，该合金具有良好的抗疲劳裂纹扩展性能。

FGH95 合金盘件的制造工艺路线是采用真空感应熔炼制取母合金，然后用 PREP 或 AA 法制取合金粉末，进而通过热等静压、热模锻、热处理等工序制成零件毛坯。与同类铸、锻高温合金相比，它具有组织均匀、晶粒细小、屈服强度高和疲劳性能好等优点，是当前 650℃工作条件下强度水平最高的一种高温合金。该种高温合金主要用于高性能发动机的转动部件，如涡轮盘和承力环件等。经 PREP 制粉 + HIP + 热处理的 FGH95 合金挡板，已在研制的新型航空发动机中通过了台架试车、飞行考核及材料验收,并进行了批量生产。FGH95 合金粉末直接热等静压成形的小型涡轮盘,也通过了新型涡轮发动机的试车考核。

FGH96 是损伤容限型第二代粉末高温合金。与 FGH95 合金相比,FGH96 合金的抗拉强度略有降低,其使用温度、蠕变强度、裂纹扩展抗力等有了较大幅度的提高。FGH96 合金的性能与成形工艺、组织有关。经 PREP 制粉 + HIP + 热处理的 FGH96 合金挡板,已在新型航空发动机核心机装机考核;采用 PREP 制粉 + HIP + ITF + 热处理工艺研制出的先进涡轮航空发动机用高压涡轮盘,已进行了初步的低周试验及超转结构试验考核和核心机装机试验。为了满足新型航空发动机发展对材料的需要,利用梯度热处理工艺对 FGH96 进行双组织热处理,获得了轮缘晶粒度为 5 ~ 6 级、轮毂晶粒度为 10 ~ 11 级的双显微组织盘坯,晶粒度由轮缘到轮毂沿直径方向均匀平衡过渡,不存在界面层,具有典型的双组织双性能。

此外,仿照俄罗斯 ЭП741НП 合金,采用 PREP 粉末 + HIP + 热处理制造的 FGH97 粉末涡轮盘的研制也取得了很大进展,已在新试制的发动机中进行使用考核。FGH97 合金的拉伸塑性、高温持久强度和持久塑性良好,抗氧化性能和热腐蚀性能优异,裂纹扩展速率比 FGH96 合金略低或相当,具有优异的综合性能。

4.5　粉末高温合金的缺陷

粉末高温合金的缺陷与传统的铸锻高温合金有所不同,它主要是由粉末冶金工艺过程造成的,主要有:热诱导孔洞(TIP)、粉末原始颗粒边界(PPB)、夹杂物等。

4.5.1　热诱导孔洞

热诱导孔洞是由不溶于合金的残留氩气或氦气引起的。在热成形加热或热处理过程中,这些残留气体在粉末颗粒间聚集、膨胀,而形成了不连续的孔洞。一般孔洞直径小于 50 μm。如果冷却后没有施加其他变形工艺,孔洞将滞留在合金中。合金中 TIP 来源:首先是雾化制粉过程中,惰性气体被包覆在粉末颗粒内部形成了空心粉;其次是粉末装套前脱气不完全,粉末颗粒表面存在着吸附的氩气或氦气;第三是包套有细微泄漏,在粉末固结成形过程中,高压的氩气压入包套中,而在热处理过程中聚集、膨胀,形成了热诱导孔洞。热诱导孔洞成为合金的裂纹源,导致合金抗拉强度和屈服强度下降,尤其是低周疲劳性能严重降低。

目前,可以通过控制粉末空心度,提高粉末质量;粉末装套封焊前进行热动态除气,使吸附在粉末颗粒表面的惰性气体充分解析;包套在固结成形前,进行高真空检漏来避免产生热诱导孔洞。美国 Crucible 公司进行了孔洞对合金力学性能影响的研究,用合金在 1200℃ 加热 4 h 引起的密度变化来度量 TIP 的量值,并确定了合金密度变化不大于 0.3% 作为 TIP 的容限和检验标准。

4.5.2　原始颗粒边界

高温合金粉末成形时,沿原始颗粒边界会形成脆性的析出物,这种析出物主要是十分稳定的碳化物和氧化物。一般来说碳化物和氧化物的固溶线温度比成形时的温度要高得多,阻碍着金属颗粒间的扩散和连接,且一旦形成很难在随后的热处理中消除,导致沿原始颗粒边界断裂,降低合金的塑性和疲劳寿命。

原始颗粒边界(PPB)来源于制粉、粉末处理等工艺过程。粉末在快速凝固时,MC 型碳化物优先在颗粒表面形核,其成分取决于合金的成分,但通常富集 Ti。在粉末固结成形过程中碳化物的成分、组织发生变化,但位置不变,在粉末颗粒边界形成了连续 MC 型碳化物。这样粉末在固结成形过程中,与粉末内部迁移的 C 一起在粉末颗粒边界产生了(Ti、Nb)$C_{1-x}O_x$和大尺寸的 γ'的聚集,形成了 PPB。

目前,可以通过粉末预处理、调整合金元素、降低碳含量、粉末装套前热动态脱气、改变 HIP 工艺、加入 Nb、Hf 等强碳化物形成元素等在一定程度上改善或消除 PPB 的影响。瑞典的 Ingesten 等人在总结和归纳的基础上,提出了 PPB 的评级方法。PPB 的评级分为四级,第四级最为严重。

4.5.3 夹杂物

夹杂物一直是粉末高温合金材料中的主要缺陷之一。它的存在破坏了基体的连续性,造成应力集中,促进疲劳裂纹的萌生,并在一定条件下加速裂纹的扩展。特别是当夹杂物在材料中以不利的形态、尺寸、位置等出现时,对材料疲劳性能、塑性及抗裂纹扩展性能的影响就更加严重。粉末高温合金材料中以脆性夹杂物为主,它与基体材料的变形率、线膨胀系数、弹性系数等差异最大,在材料变形过程中或使用状态下与基体界面易产生微裂纹或夹杂本身破碎开裂,成为疲劳裂纹源。母合金、粉末及合金盘件中的夹杂可分为三类:陶瓷、熔渣和有机物。夹杂物具有遗传性,盘件、粉末中的夹杂物与母合金中的夹杂物基本一致,主要是陶瓷和熔渣。

为了降低夹杂物对材料疲劳断裂性能的危害,最主要的是控制母合金的纯净度,采用细粉及改善盘件制备工艺过程(如进行大变形量的挤压)来控制夹杂物的尺寸和数量。因为夹杂物的最大尺寸是由粉末粒度决定的,所以要减小夹杂物尺寸,必须降低粉末粒度,这也是目前解决夹杂物问题的最有效的办法。比如,美国和英国使用的 AA 粉,粒度由最初的 -60目(小于250 μm)降到 -150 目(小于 150 μm),现在使用粒度为 -270 目(小于 50 μm)和 -325 目(小于 40 μm)的细粉。俄罗斯使用的 PREP 粉,粒度由 400 μm 降到 315 μm、200 μm,正在使用粒度为 50 ~140 μm 粉末,准备使用粒度为 50 ~100 μm 的粉末。同时还应采用喷丸强化工艺改善材料表面状态,建立可靠的超声无损检测等 NDT 分析技术及手段,严格控制质量。

4.6 粉末高温合金盘件的检验

先进发动机的设计具有高温、高压、高转速、轻重量("三高一轻")的特点,从单纯追求高性能转变为致力于"四高"指标:高性能、高耐久性、高可靠性、高维修性。无损检测是高可靠性的重要保证。粉末高温合金盘件的全面检验包括化学成分、力学性能、显微组织及断口、低倍、荧光以及超声波检验等。

4.7 粉末冶金高温合金的发展趋势

粉末冶金高温合金经历了 20 世纪 70 年代和 80 年代的两个快速发展阶段,生产工艺已经成熟,在航空发动机上得到了大量使用。进入 20 世纪 90 年代以后,在合金的设计、研发以及新工艺应用方面都取得了重大进展,第二代粉末盘和双性能盘得到了应用。为了提高合金盘件的使用温度、安全可靠性、使用寿命以及发动机的推重比,为了使粉末高温合金得到推广使用,今后的发展方向可分为以下几个方面。

(1) 粉末制备。粉末的制备包括制粉和粉末处理。目前,主要制粉工艺如AA法和PREP法都在积极改进,以尽量降低粉末粒度和夹杂含量。沿着制造超纯净细粉方向发展。另外,对粉末进行真空脱气和双韧化处理,提高压实盘坯的致密度,改善材料的强度和塑性,也是重要的研究内容。

(2) 热处理工艺。热处理工艺是制备高性能粉末高温合金的关键技术之一。由于在淬火过程中开裂问题经常发生,因此,如何选择合适的淬火介质或合理的冷却曲线降低淬火开裂几率是热处理过程中的重要技术环节。如可以选择比水、油或盐浴更佳冷却速度的喷射液体或气体快冷,以及采用两种匹配的冷却介质形成高温区冷却速度慢低温区冷却速度快的冷却曲线,还可以采用二级盐浴冷却等,希望从根本上解决淬火开裂问题,得到低变形、无开裂的高性能粉末高温合金。

(3) 计算机模拟技术。计算机模拟技术现在逐渐成为粉末高温合金工艺中非常重要的研究内容。目前,在欧美等国或地区,计算机模拟技术在粉末高温合金盘件生产的全过程中都得到了应用,如相图计算优化设计合金成分、包套设计、锻造用模具的设计及锻造过程中组织与应力场分布、预测淬火过程中的应力及温度场分布情况等。随着粉末高温合金技术的不断发展,计算机模拟技术的应用将越来越广。

(4) 双性能粉末涡轮盘。双性能粉末盘的特点,可以充分发挥材料性能潜力,满足涡轮盘的实际工况需要,优化涡轮盘结构设计,减轻盘件重量,大大提高涡轮盘使用寿命。所以使用双性能粉末盘是研制高推重比航空发动机必备的关键技术之一,比如第三代粉末高温合金Alloy10、ME3和LSHR采用DMHT工艺用于制造双性能粉末盘。今后需要加强研究和完善双性能粉末盘的制造工艺,降低成本,推广应用。

(5) 加强寿命预测方法研究。为了提高发动机的安全可靠性,必须提高粉末盘寿命预测的准确性。由于夹杂物的存在导致了粉末高温合金低周疲劳失效机制的特殊性,需要开发新的寿命预测方法。美国GEAE公司在1997年正式公开了粉末高温合金LCF的预测方法,目前还处于研究之中。夹杂物的尺寸及位置对LCF的影响明显,现在从理论上还无法根据载荷形式、夹杂物特征准确地预测合金的LCF,需要进一步加强LCF与夹杂物特性间关系的理论研究。

(6) 无损检测技术。加强定量关系的研究,比如晶粒尺寸与杂波之间的定量关系。对于粗晶组织虽然有文献报道,可以采用多区探伤的方法,多个水浸聚焦探头可以提高检测精度,但还需要加强应用研究。进一步开发和应用自动跟踪零件外形的超声探伤技术。

(7) 低成本工艺的研究与应用。成本是影响粉末高温合金广泛使用的一大因素,因此有必要开展低成本工艺的研究与应用。采用As - HIP近终成形制造粉末盘,可以简化工艺,降低成本;利用SS - HIP + ITF成形工艺,即在接近合金固相线温度以下HIP(Sub Solidus-HIP)成形后ITF,虽然晶粒有所长大,但是基本消除了PPB,可以提供锻造所需的塑性,省去了HEX,简化了工序,降低了成本,是具有实用价值和前途的粉末盘的制造工艺。大气下准等温锻造代替传统的惰性气体保护下等温锻造,可降低成本。

编写:张义文(中国钢研科技集团公司)

第5章 粉末铝合金及其复合材料

5.1 粉末铝合金及其复合材料的发展概况[1~5]

早在20世纪40年代中期,美国铝业工业公司的研究人员发现粉末冶金(PM)铝制品与常规工艺制造的材料相比,其性能优势十分明显,从而开始对其进行深入研究。于1952年美国Alcoa开发了第一代烧结铝粉末冶金(SAP)材料。该材料是$Al-Al_2O_3$的弥散合金,具有优异的高温强度和热稳定性。直到20世纪60年代后期,Storchheim将液相烧结技术应用于PM铝合金,从而开发出有价值的PM零件。到70年代,快速凝固技术、喷射沉积技术、复合技术等先进技术的出现,促进了高性能PM铝合金的出现,并在80年代得到迅速发展。

快速凝固是使金属或者合金熔体急剧冷却为微晶、准晶和非晶态的过程。通常情况下快速凝固的冷速大于10^5 K/s。快速凝固情况下材料的显微组织特征发生了明显的变化。如增加了溶质原子在基体中的固溶度极限,使晶粒及第二相质点细化,合金中溶质浓度和位错密度大大增加,可形成非平衡相,凝固前沿的高过冷度引起偏析图形发生明显改变,甚至可以获得无扩散的单一晶体结构,可产生非晶态等。快速凝固粉末铝合金是快速凝固取得的最重要成果之一。美国材料咨询局(NMAB)对先进的快速凝固铝合金研究做了全面的评估,得出的结论是:(1)快速凝固粉末铝合金的性能比传统铸锭冶金优越得多;(2)快速凝固粉末冶金铝合金主要用于航空工业;(3)现行的有关相关系、显微组织及结构性能方面的知识不适用于快速凝固铝合金。咨询局的评估是对快速凝固铝合金研究、开发、试验与生产的有力支持,该报告特别指出应进行长期、广泛的基础研究并制定发展规划。快速凝固铝合金主要在粉末高比强合金、粉末耐热铝合金、粉末高强铝合金、粉末耐磨铝合金取得了很大成果,特别是粉末耐热铝合金的成就令人瞩目。

粉末冶金铝基复合材料是近年来发展最快的材料之一。金属基复合材料(Metal Matrix Composites,简称MMCs)以其优良的强度、刚度、抗蠕变、耐磨损、低密度、可控膨胀性等综合性能而受到世界工业发达国家的极大重视,并得到了迅速发展,其应用遍布汽车、电子、高速列车、兵器、运动器材、航天、航空等工业领域。金属基复合材料分为非连续体(陶瓷颗粒、晶须或短纤维)增强型和纤维增强型两大类。纤维增强复合材料的研究历史比较悠久,虽然性能非常高,但生产工艺复杂、生产成本高、价格昂贵,其应用受到了极大限制,仅限于军事、航空、航天等少数领域。陶瓷颗粒增强金属基复合材料(Ceramic Particulates Reinforced Metal Matrix Composites,简称MMCp)则具有原料充足、生产工艺简单、成本低的优点,是金属基复合材料发展的主要方向,成为近年来高技术新材料研究开发的重要领域,具有广阔的应用前景。

粉末冶金固相工艺法是将预制的纯金属或合金粉末与陶瓷颗粒均匀地混合在一起,也可在搅拌球磨机中进行球磨处理,经过真空除气、固结成形后,再进行挤压、锻造、轧制等冷、热塑性加工,制成所需形状、尺寸和性能的复合材料的方法。粉末的固结方法有热压、等静压(冷等静压、热等静压和温等静压)等。也有研究采用高速高能成形、动态压实等技术来提高复合材料的致密度以改善材料的综合性能。

采用粉末冶金法制备 MMCp 的技术已由美国先进复合材料公司(ACMC,Greer SC)、泛美铝公司(Alcoa:Pittsburgh,PA)、Ceracon 公司(Sacramento,CA)、DWA 复合材料专业公司(Chats-Worth,CA)、海军地面武器中心(Naval Surface Weapons Center)和白橡树实验室(White Oak Laboratory:Siver Spring,MD)等机构发展成为不同的工业化生产技术。在 Alcoa 工艺中,混合粉末通过冷压、脱气、热压或真空热压后获得致密材料坯,用于后续塑性加工。一般需要适当控制冷压坯的密度以获得开孔隙和连通孔隙,以便于后续的脱气处理。脱气工艺包括加热、真空脱气、惰性气体排气。在 Ceracon 的工艺中,混合粉末被压制成预成形坯后,放到预热模具中,导入压力传递介质(一般用陶瓷颗粒)后施以高压,在预制坯周围形成等静压力,从而获得致密度很高的坯件,然后再进行塑性加工。在 ACMC 的工艺中,混合粉末被倒入压模中,进行脱气处理,然后在合金固相线以上的温度下进行真空热压。由于存在液态金属,在较低压力下就可以获得全致密材料。

粉末冶金法的优点是:基体合金组织微细,材料性能优异;增强相陶瓷颗粒的体积分数可根据需要随意调整,能达到50%以上。陶瓷颗粒的尺寸可在 5 μm 以下。其不足之处是:金属或合金粉末在制备和储运过程中容易产生表面氧化、脏化,对材料的韧性不利;粉末冶金法的工序比较复杂,生产效率相对较低,使总成本偏高(但产品性能高,性能/价格比优势明显)。据测算,采用粉末冶金法生产颗粒增强铝合金的成本高达100美元/kg。另外,制备大尺寸坯件或零部件时需要大型的成形设备,模具加工成本高。20世纪70年代喷射共沉积技术的产生使得粉末冶金铝基复合材料制备技术有了长足的发展。喷射共沉积法的工艺是用高速惰性气体将金属液流雾化,分散成细小的液滴,并将增强相颗粒强制喷入到金属液体雾化锥中,与雾化颗粒流喷射到基底上共同沉积成金属基复合材料。喷射共沉积法制备金属基复合材料在很大程度上避免了前述几种方法存在的有害界面反应、高价杂物及氧含量、工艺复杂、成本偏高等问题,是制备颗粒增强金属基复合材料的理想方法。该工艺具有很多优点,如冷速高、沉积速率大、基体合金与增强颗粒之间无有害界面反应、增强相分布均匀、适于制备大件等。

5.2　普通粉末铝合金[6~8]

由于铝粉表面存在致密的难以还原的氧化膜,因此纯铝及预合金化的铝合金粉末难以通过普通压制和烧结工艺制成机械零件。在20世纪60年代后期 Storchheim 将液相烧结技术应用在 PM(Powder Metallargy,粉末冶金)铝合金,因而出现了直接烧结而成的铝 PM 零件。粉末冶金铝合金的原料只能是铝与合金元素的机械混合粉,其合金化过程是在混合粉的液相烧结中完成的。

与高性能快速凝固铝合金不同,这类合金的特点是:具有与铸锭冶金铝合金相应的化学成分;利用常规的 PM 工艺(即冷压、烧结)直接得到零件;在性能上主要是利用其比重低、耐腐蚀、高导热导电性等优点;合金主要应用于一般工业,如汽车工业、仪表工业等。国外常用的普通粉末铝合金主要有三类:第一类合金成分相应于2014,即为 Al - Cu - Mg 系合金,如美国 Alcoa 公司的201AB 和 Alcan 公司的 MD24 及德国的 Ecka - Alumix123;第二类合金成分相应于6061,即为 Al - Mg - Cu - Si 系合金;第三类合金成分相应于7075,即为 Al - Zn - Mg 系合金,如 Alcan 的 MD76。

由于铝的特殊性能(如密度小、无磁性,耐腐蚀,优良的导热导电性)及快速凝固的优势，目前，快速凝固铝合金零件在缝纫机、办公设备和汽车工业等领域获得了广泛应用，如缝纫机中的连杆，小型和微型电机的无磁外壳，复印机中的驱动轮、轴承、轴承套，汽车上的后座镜、转向柱衬套等。此外还有医用设备里的小型热交换器，柴油机涡轮增压器的转子、油泵外壳。如能提高其摩擦阻力，还可以用于皮带轮。尽管有关粉末铝合金研究历史不长，但粉末铝合金零件的应用却大幅度增加。

表6-5-1为几种典型的粉末冶金铝合金的成分。表6-5-2为几种典型的粉末冶金铝合金的制备工艺条件及性能。表6-5-3为在氮气气氛下烧结几种粉末铝合金的性能。压制烧结件的密度可以通过复压、复烧来提高，仅经过一次压制和烧结的铝合金部件的密度为理论密度的80%左右，经复压和复烧的部件密度为理论密度的90%以上。粉末铝合金通过锻造来提高性能是一种非常有效的方法。

表6-5-1 典型的粉末铝合金的粉末成分

级 别	成分(质量分数)/%				
	Cu	Mg	Si	Al	润滑剂
601AB	0.25	1.0	0.6	余量	1.5
201AB	4.4	0.5	0.8	余量	1.5
602AB		0.6	0.4	余量	1.5
202AB	4.0			余量	1.5
MD-22	2.0	1.0	0.3	余量	1.5
MD-24	4.4	0.5	0.9	余量	1.5
MD-69	0.25	1.0	0.6	余量	1.5
MD-76	1.6	2.5		余量	1.5

表6-5-2 PM铝合金典型的工艺条件及性能

工艺条件及性能		MD24	MD69	MD76
压坯密度/g·cm^{-3}		2.50	2.42	2.52
压坯相对密度/%		90	90	90
烧结温度/℃		596	621	596
烧结时间/min		30	30	30
烧结气氛(露点)		N_2(-45℃)	N_2(-45℃)	N_2(-45℃)
烧结坯密度/g·cm^{-3}		2.54	2.50	2.51
烧结坯相对密度/%		91.5	92.9	89.6
烧结态	$\sigma_{0.2}$/MPa	96	70	155
	σ_b/MPa	165	125	210
	δ/%	5	10	3
T6态	$\sigma_{0.2}$/MPa	195	195	275
	σ_b/MPa	240	205	310
	δ/%	3	2	2

表 6-5-3　在氮气气氛下烧结几种粉末冶金铝合金的性能

合金	压实压力		湿态密度		湿态强度		烧结后密度		状态	拉伸强度①		屈服强度①		伸长率/%	硬度
	MPa	tsi	%	g · cm^{-3}	MPa	psi	%	g · cm^{-3}		MPa	ksi	MPa	ksi		
601AB	96	7	85	2.29	3.1	450	91.1	2.45	T1	110	16	48	7	6	55 ~ 60HRH
									T4	141	20.5	96	14	5	80 ~ 85HRH
									T6	183	26.5	176	25.5	1	70 ~ 75HRE
	165	12	90	2.42	6.55	950	93.7	2.52	T1	139	20.1	88	12.7	5	60 ~ 65HRH
									T4	172	24.9	114	16.6	5	80 ~ 85HRH
									T6	232	33.6	224	32.5	2	75 ~ 80HRE
	345	25	95	2.55	10.4	1500	96.0	2.58	T1	145	21	94	13.7	6	65 ~ 70HRH
									T4	176	25.6	117	17	6	85 ~ 90HRH
									T6	238	34.5	230	33.4	2	80 ~ 85HRE
602AB	165	12	90	2.42	6.55	950	93.0	2.55	T1	121	17.5	59	8.5	9	55 ~ 60HRH
									T4	121	17.5	62	9	7	65 ~ 70HRH
									T6	179	26	169	24.5	2	55 ~ 60HRE
	345	25	95	2.55	10.4	1500	96.0	2.58	T1	131	19	62	9	9	55 ~ 60HRH
									T4	134	19.5	65	9.5	10	70 ~ 75HRH
									T6	186	27	172	25	3	65 ~ 70HRE
201AB	110	8	85	2.36	4.2	600	91.0	2.53	T1	169	24.5	145	24	2	60 ~ 65HRE
									T4	210	30.5	179	26	3	70 ~ 75HRE
									T6	248	36	248	36	0	80 ~ 85HRE
	180	13	90	2.50	8.3	1200	92.9	2.58	T1	201	29.2	170	24.6	3	70 ~ 75HRE
									T4	245	35.6	205	29.8	3.5	75 ~ 80HRE
									T6	323	46.8	322	46.7	0.5	85 ~ 90HRE
	413	30	95	2.64	13.8	2000	97.0	2.70	T1	209	30.3	181	26.2	3	70 ~ 75HRE
									T4	262	38	214	31	5	80 ~ 85HRE
									T6	332	48.1	327	47.5	2	90 ~ 95HRE
202AB 压实件	180	13	90	2.49	5.4	780	92.4	2.56	T1	160	23.2	75	10.9	10	55 ~ 60HRH
									T4	194	28.2	119	17.2	8	70 ~ 75HRH
									T6	227	33	147	21.3	7.3	45 ~ 50HRE
冷压成形部件（19%应变率）	180	13	90	2.49	5.4	780	92.4	2.56	T2	238	33.9	216	31.4	2.3	80HRE
									T4	236	34.3	148	21.5	8	70HRE
									T6	274	39.8	173	25.1	8.7	85HRE
									T8	280	40.6	250	36.2	3	87HRE

① 拉伸性能系用粉末金属扁平拉力杆（MPIF 标准 10—63）进行测定，在氮气中 620℃（1150℉）温度下烧结 15 min。

5.3　快速凝固铝合金

5.3.1　粉末高比强铝合金

锂是自然界最轻的金属（密度 0.53 g/cm^3），铝中加锂比加其他任何元素更能显著地降低密度和提高弹性模量。铝合金中加 $w(\mathrm{Li}) = 1\%$，其密度降低约 3%，弹性模量增加约 6%，其比强度、比弹性模量有大幅度的提高。由于铸造中偏析使该合金中的 Li 的最高限量为 2.7%（质量分数），即减轻质量的潜力约为 8%，而进一步增大 Li 含量会引起塑性和断裂韧性降低。从20世纪70年代末人们开始研究了快速凝固法制备铝锂合金的新工艺,由于它有更大的降低密度和改善性能的潜力,因此发展迅速并引起了各国广泛的兴趣。

铸造铝-锂合金延性和断裂韧性不佳的原因主要是变形时δ′(Al_3Li)沉淀颗粒的剪切作用,使合金产生明显的平面滑移。改进的方法是设法引入第二相以阻止位错剪切,均匀分布的无剪切作用的S′(Al_2CuMg)相能十分有效地阻碍位错运动。但是,为了获得均匀分布的S′相,必须进行塑性加工,而且往往需要延展形式的加工。例如通过添加Zr明显改善了铝-锂合金的力学性能,其特点是:

(1) Zr与Al能生成亚稳相Al_3Zr,该相与铝-锂合金的主要强化相δ′(Al_3Li)同型。

(2) 亚稳相Al_3Zr能有效阻碍位错切变。

(3) 在时效热处理过程中Al_3Li颗粒环绕共格的Al_3Zr,形成一种特殊的Al_3(Li,Zr)复合沉淀颗粒。

因为Al_3Li与阻碍剪切的Al_3Zr相结合,而不能促进平面滑移,Al_3(Li,Zr)复合沉淀颗粒导致位错的奥罗万(Orowan)绕过运动,从而改善了延性。经过简单的热处理后,这种合金具有良好的强度和延性等综合性能。

对于添加中等含量合金元素的Al-Li合金,例如:Al-4.5Cu-1.2Li-Mn和Al-3Li-1.5Cu-1Mg-0.2Zr,如果与传统熔铸工艺的产品相比,从合金的强度和延性等方面考虑,也许没有必要用粉末合金代替熔铸合金。然而,人们期望快速凝固工艺能在添加高含量Li和Mg等合金元素方面发挥作用。

快速凝固最重要的作用是提高Li含量,降低合金的密度,其次是提高Zr的含量,提高合金的性能。快速凝固的另一进展是在Al-Li合金中加Be。这明显减轻大型结构件的质量,同时提高强度。如果用熔铸工艺,溶解度极低的Be将在合金中形成粗大的颗粒沉淀,使合金的延性降低。快速凝固铝锂合金具有以下的优点:

(1) 制造出w(Li)>3%的Al-Li合金,可能减轻的质量达10%~15%,并进一步提高强度;

(2) 使微观组织均匀细小,包括细化晶粒和减少粗大金属间化合物,从而有助于提高强度和其他性能;

(3) 形成新的混合弥散相,它能更有效地阻碍平面滑移,有助于合金强韧化。但是,塑韧性问题一直是困扰RS-PM(快速凝固-粉末冶金)铝锂合金发展的重要问题。大量研究表明,RS-PM铝锂合金的塑韧性主要受滑移的平面性、晶界无析出带(PFZ)及RS-PM铝锂合金受氧化程度和粉末颗粒边界(PPB)所影响。围绕RS-PM铝锂合金低塑性机理,研究工作者向铝锂二元合金中加入一系列元素,并采取了改进的RS-PM工艺及热处理工艺,但是问题仍然未能得到根本解决。如何进一步改善RS-PM铝锂合金的塑韧性仍然是重要的研究课题。表6-5-4给出了一些RS-PM铝锂合金的成分和性能。

表6-5-4 一些RS-PM铝锂合金的成分和性能[9]

编号	成　分	密度/g·cm^{-3}	力学性能				备注
			$\sigma_{0.2}$/MPa	σ_b/MPa	δ/%	K_q/MN·m$^{-3/2}$	
1	Al-3Li	2.474	313	388	5.7		
2	Al-3Li-0.2Zr	2.485	118	481	8.2		

续表6-5-4

编号	成　　分	密度/g·cm^{-3}	力学性能				备注
			$\sigma_{0.2}$/MPa	σ_b/MPa	δ/%	K_q/MN·m$^{-3/2}$	
3	Al-3Li-0.5Zr	2.482	449	511	9.7		
4	Al-3Li-1Mg-0.2Zr	2.486	453	542	9.0		
5	Al-3Li-1Cu-0.2Zr	2.485	438	502	8.7		
6	Al-3Li-0.9Cu-0.4Mg-0.4Zr	2.50	487	581	6.0	32	-40目粉末
			461	574	5.9	38	-20目粉末
7	Al-3.4Li-0.8Cu-0.4Mg-0.5Zr	2.48	458	581	6.5		
8	Al-4Li-0.2Zr	2.42	449	509	6.0		
9	Al-4Li-1Cu-0.2Zr	2.43	473	510	3.8		PM挤压材
10	Al-4Li-1Cu-0.2Zr	2.43	503	568	4.2		LDC挤压材
11	Al-4Li-1Mg-0.2Zr	2.40	468	514	4.9		
12	Al-4Li-0.5Ce-1Mg-0.2Zr		450	502	4.7		

5.3.2　粉末耐热铝合金

铸造的高强度铝合金主要是亚共晶成分的合金，含有在端际固溶体中固溶度原子分数大于2%的合金元素，并通过时效过程中金属间化合物的析出达到合金强化的效果。但在150℃以上，这些析出相快速粗化，使材料性能急剧下降，从而限制了其使用范围。为了使铝合金在400℃以下能部分取代价格昂贵的钛合金，科研工作者们对快速凝固耐热铝合金进行了深入研究。快速凝固粉末冶金技术的发展研制为Al-TM（过渡族金属）基耐热铝合金提供了必要条件。这类合金有20%~40%（体积分数）的热稳定良好的弥散强化相，使合金具有良好的室温和高温力学性能，成为一种用于400℃以下的工作环境中有希望取代钛合金的新型耐热材料。

在快速凝固高温铝合金系列中，成功的有Al-8Fe-2Mo、Al-8Fe-3.4Ce、Al-12Fe-V-3Si和Al-1.5Zr-1.0Mn。最近又改进了这些合金系列，例如加Si到Al-Fe-V合金和提高Al-Fe-Ce合金中Ce的含量等，在这些合金中最引人注目的是Al-Fe-V-Si合金。

在高温下应用的铝合金，通常选用过渡元素和稀土元素作为添加剂，因为这些元素固态时的溶解度低，而且扩散系数较小，所以能在合金中生成沉淀颗粒，并且颗粒的粗化速度慢且相当稳定，只要添加量足够多就能生成高体积分数的沉淀相，快速凝固工艺能促使生成非常细小的沉淀颗粒。

Jones研究了快速凝固Al-Fe合金，发现当凝固冷速较高时Fe在Al中的固溶度可以从0.025%增加到10%，相应的合金硬度也提高了2倍以上，但是Al-Fe合金快速凝固后的良好性能在退火后由于沉淀相析出过快而有所下降，因此进一步研制了加入第三或第四合金组元的快速凝固合金。在三元Al-Fe-X型合金中，X是稀土金属元素或过渡金属元素，例如Ce、Gd和Ni、Co、Mn等，这些合金元素与Al形成共晶；另一类三元合金是Al-Fe-Y型，其中Y是Mo、V、Zr、Ti等与Al形成包晶的元素。四元快速凝固铝合金也有两种，一种是 Al－Fe－Y1－Y2 型，其中 Y1、Y2 是包晶形成元素，如 Al－Fe－Mo－V 合金和 Al－Fe－V－Zr 合金；另一种四元合金是 Al－Fe－Si－Y 合金，其中 Y 也是 V、Cr、Mo 等包晶形成元素。在这些合金中 Al－Fe－V－Si 合金由于合金元素较高，快速凝固与适应热处理后形成体积分数达 24%～37% 的弥散金属间化合物沉淀相 $Al_2(Fe,V)_3Si$，这种金属间化合物虽然是一种亚稳相，却具有很好的热稳定性，它在高于 500℃ 时仍然保持亚稳状态，所以合金在 425℃ 保温 1000 h 后强度也没有明显下降，同时这种合金还具有很好的耐腐蚀性能与刚度，其耐腐蚀性能比一般铝合金高 10 倍，弹性模量达 83～97GPa。表 6-5-5 给出了部分快速凝固耐热铝合金的力学性能。

表 6-5-5　部分快速凝固耐热铝合金的力学性能

合　金	成分(质量分数)/%	室温性能(25℃)			高温性能(315℃)		
		$\sigma_{0.2}$/MPa	σ_b/MPa	δ/%	$\sigma_{0.2}$/MPa	σ_b/MPa	δ/%
CZ42	Al－7Fe－6Ce	491	565	9.0	168	212	8.0
	Al－8Fe－6Ce	457	564	8.0	225	271	7.3
P&W	Al－8Fe－2Mo－1V	393	512	3.0	208	237	9.7
Alcoa	Al－4.5Cr－1.5Zr－1.2Mn	486	536	7.7	214	235	—
FVS0611	Al－5.5Fe－0.5V－1.0Si	310	352	16.7	172	193	17.3
FVS0812	Al－8.5Fe－1.4V－1.7Si	414	462	12.9	255	276	11.9
FVS1212	Al－11.7Fe－1.15V－2.4Si	531	559	7.2	297	303	6.8

除了 Al－Fe 合金系外，Al－RE－ATM(后过渡族元素)耐热合金具有很高强度并有良好的塑性，其中三元的 Al－Y－Ni 合金具有良好的延展性，并且在该系中加入适量的 Co 可以提高其强度而不降低延展性。在铝合金中加入微量稀土元素 Y，形成的金属间化合物能有效阻碍高温时基体的变形和晶界的移动，提高合金高温强度。Golumbfskie 等通过对 Al－Y－Ni 系合金进行热力学分析，认为 Al－Y－Ni－Co 合金具有良好的潜在高温性能，并用喷射成形法制备了 $Al_{18.5}Y_{8.6}Ni_{3.5}Co$、$Al_{17.6}Y_{8.5}Ni_{3.7}Co$(质量分数)两种合金材料。研究结果表明，这类合金系具有潜在耐热性能，这为耐热铝合金的研究提供了新的发展思路。

另外，Lutjering 等对 Al－Mn 系进行了研究，提出了 Al－Mn－Ti－Si 系(包括 Al－10Mn－2Ti－1.6Si、Al－14Mn－2Ti－1.6Si)，该合金在保持了快速凝固耐热铝合金诸多优点的同时，疲劳强度有较大的提高。以 Al－10Mn－2Ti－1.6Si 为例，室温屈服强度 $\sigma_{0.2}$ 为460 MPa，疲劳强度 σ_{-1} 为 230 MPa，230℃ 的 $\sigma_{0.2}$ 为 220 MPa，σ_{-1} 为 125 MPa。其疲劳强度远远超过其他的快凝耐热铝合金及高强铝合金，并且其疲劳强度与屈服强度之比高达 50%，在铝合金中最高。

增本键采用高压气体雾化法制取了 $Al_{88.5}Ni_8Mm_{3.5}$(原子分数，Mm 为混合稀土)的粉末，粉末粒度小于 26 μm，粉末中 25%(体积分数)为 α－Al，75%(体积分数)呈非晶态。将这种小于 26 μm 的粉末在略高于其晶化温度的温度下挤压，疲劳强度为 330 MPa，其 300℃ 时屈服强度约为 300 MPa，该合金的室温强度在铝合金中最高。

在不断提高新的合金体系的同时，人们也在不断地尝试新的工艺，Ruhr 等用液态动压实(LDC)的方法研制出 Al－2.5Li－5Mn－1Zr 合金材料，该合金在250℃保留了85%～95%的室温强度。

5.3.3　粉末高强度铝合金

由于快速凝固工艺使材料的微观组织结构发生变化，与传统熔铸合金相比，其显微结构由细化的晶粒和极细小的一次沉淀颗粒组成。但是很多研究表明，在传统时效强化合金系中，采用快速凝固工艺经标准化的热处理之后并没有获得最佳的结果，从而减弱了时效的作用。其原因主要是在晶界和亚晶界上发生了优先沉淀，使材料中存在大量的一次沉淀颗粒。即使采用最佳化的热处理，室温屈服强度也只比熔铸材料高10%～15%。因此，加入合金元素，开发新的合金，提高性能是快速凝固高强铝合金的发展方向。2×××系合金属于Al－Cu－Mg系可热处理强化的加工铝合金，铜和镁是主要合金元素，还含有少量的锰、铬、锆等元素。铜含量一般为2%～10%，其中含铜4%～6%时合金的强度最高。铜可以提高合金的强度和硬度，特别是对人工时效后强度性能的提高尤其明显，但是伸长率有较大下降。Kaiser Aluminum & Chemical 公司从20世纪50年代开始与美国空军合作，进行快速凝固铝合金的研究，希望提高航空材料性能。他们采用雾化制粉、过筛、装罐、加热真空除气、热压、挤压、热处理等工序制备了多种系列的合金，并对其性能和微观组织进行了研究。快速凝固工艺可以提高合金的疲劳强度、断裂韧性和强度。1976年，采用粉末冶金方法研制的PM63(一种2×××系合金)，将IM2×××系合金的最小强度值提高了约30%。PM63合金T3510状态的断裂强度、屈服强度和伸长率分别是580 MPa、483 MPa和17%。2219、2024、2618等铸锭冶金Al－Cu和Al－Cu－Mg基合金是飞机结构件上广泛采用的材料，它们的疲劳和断裂抗力以及高温强度是设计中必须考虑的重要方面。采用粉末冶金快速凝固工艺对提高IM系合金的综合性能有重要意义。20世纪80年代，美国Alcoa实验室在NASA的资助下对快速凝固2×××系合金的性能等进行了较为系统的研究。表6-5-6给出了快速凝固2×××系成分改性的粉末铝合金挤压件的力学性能。

表6-5-6　快速凝固2×××系成分改性粉末铝合金挤压件的力学性能[10]

合　金		热处理状态	屈服强度/MPa(ksi)	抗拉强度/MPa(ksi)	伸长率/%	断面收缩率/%
2024类型	513708	NA	420(60.9)	520(75.4)	10	
		PA①	453(65.7)	494(72.7)	10	
	513709	NA	419(60.8)	518(75.1)	16	
		PA①	451(66.1)	497(72.7)	14	
	514041	NA	438(63.5)	536(77.6)	18	20
		PA②	494(71.6)	533(77.3)	13	27
	514042	NA	463(67.2)	571(82.8)	15	19
		PA②	508(73.7)	548(79.4)	13	29
	IM					
	503315	NA	442(64.1)	572(82.8)	14	13
		PA②	525(76.1)	570(82.6)	11	25

续表 6-5-6

合　金		热处理状态	屈服强度 /MPa(ksi)	抗拉强度 /MPa(ksi)	伸长率/%	断面收缩率/%
2618 类型	513707	NA	384(55.7)	484(70.2)	12	
		PA③	407(59.0)	455(66.0)	10	
	513888	NA	360(52.2)	470(68.1)	16	13
		PA④	364(52.8)	420(60.9)	13	42
	513889	NA	388(56.2)	506(73.3)	16	15
		PA⑤	418(60.6)	471(68.3)	13	28
2219 类型	513887	NA	383(55.4)	498(72.3)	15	15
		PA⑥	436(63.2)	514(74.5)	14	33

注：NA 表示自然时效，PA 是指峰值时效，预变形为拉伸伸长率为 1.5%～2%。

① 在 766 K 固溶处理，在 450 K 时效 12 h；

② 在 755 K 固溶处理，在 464 K 时效 4 h；

③ 在 766 K 固溶处理，在 464 K 时效 12 h；

④ 在 772 K 固溶处理，在 464 K 时效 8 h；

⑤ 在 772 K 固溶处理，在 464 K 时效 4 h；

⑥ 在 802 K 固溶处理，在 450 K 时效 4 h。

长期以来，在采用铸造工艺开发和生产 7×××系超高强度合金过程中，人们发现当主合金元素(Zn，Mg，Cu)总含量超过一定界限时，由于传统制坯工艺凝固冷却速度的限制(一般不超过 10 K/s)，合金中会形成大量的粗大一次析出相。这些一次析出相很难通过后续的固溶处理固溶到基体中，不仅不会进一步提高最终合金时效强化相的体积分数，而且还会恶化材料的各项性能。因此，在采用传统铸锭冶金及变形加工工艺生产 7×××系铝合金时，一般控制合金中的主合金元素(Zn，Mg，Cu)总含量不超过 12%～13%(质量分数)。7×××系铝合金峰值时效状态腐蚀抗力差的缺点可以通过 T76、T736 或 T73 过时效工艺进行弥补，但是合金的强度降低。提高 Zn 元素的含量，可有效改善合金的综合性能，但当合金中 Zn 含量过高(>8%)时，由于这类合金的结晶范围宽、析出相与基体之间密度差异大，容易造成合金中的晶粒粗大，且存在明显的宏观偏析、铸锭内部容易产生热裂现象，因此采用铸锭冶金工艺一般不能生产 Zn 含量超过 8% 的 7×××系铝合金，这也使得工艺生产 7×××系铝合金的极限抗拉强度很难突破 700 MPa 这一大关。进入 20 世纪 80 年代以后，随着快速凝固/粉末冶金(RS/PM)成功地在实验室里制备出 σ_b 达 700 MPa 以上的快速凝固超高强 7×××系铝合金，将铝合金的强度性能指标推向了新的水平。

由于快速凝固(RS)合金具有细小晶粒尺寸，析出相细小且分布均匀，而且可以根据需要添加所需的合金元素(合金元素可以超出 IM 合金范围)。与 IM7×××系铝合金相比，快速凝固粉末冶金方法制备的 7×××系铝合金可以在获得更高强度的同时，使合金具有良好的腐蚀抗力。一般情况下，在相同或者更高腐蚀抗力时，RS－PM7×××系铝合金强度比 IM7×××系铝合金高约 20% 以上。在导弹、飞行器等要求高强度的结构件中，若材料强度能够提高 25%，对提高结构件效率具有较大的吸引力。若材料强度能够提高 40%，且疲劳抗力、断裂韧性、腐蚀或应力腐蚀抗力与替代材料相当，则在航空航天领域具有广泛的用途。因此，尽管 RS－PM7×××系铝合金的制造成本可能比 IM7×××系铝合金商业铝合金高 1.5 ~3 倍，但仍具有广泛的应用前景。

在研究快速凝固合金和喷射沉积 7×××系铝合金时发现，加入 Co、Fe、Ni、Zr 等元素还可以提高其耐热性能，并由此发展出了多种新牌号合金，如 X7090、X7091、MA67 和含 Ni、Fe 的 7045Al 合金等。这些快速凝固方法制备的新高强铝合金力学性能均有明显提高。但是快速凝固高强铝合金存在疲劳裂纹长大较快的缺点，虽然合金在快速凝固后晶粒细化和粗大夹杂物的去除可以阻止疲劳裂纹的萌生，但仍然存在不同程度氧化，氧化物在挤压或轧制后形成氧化物条带，因而使疲劳裂纹在形成后在氧化条带中长大进一步加快。采用喷射沉积能够改善这一缺点。表 6-5-7 给出了某些 7×××系铝合金的力学性能。

表 6-5-7　某些 7×××系铝合金的力学性能[11]

合　金	热处理制度	拉伸方向	$\sigma_{0.2}$/MPa	σ_b/MPa	δ/%	K_{IC}/MPa·$m^{1/2}$
7075 + 1.0Ni + 0.8Zr(SD + Ext.)	T6	L	717	751	7	
7075 + 1.0Ni + 0.8Zr(SD + Ext.)	T4 + T6	L	741	817	9	
7075 + 1.0Ni + 0.8Zr(RS/PM + Ext.)	T6	L	672	682	10	
7075 + 1.0Ni + 0.8Zr(IM + Ext.)	T6	L	750	762	2	
7075(IM)	T6	L	583	600	9	
Eura1(LowSD + Ext.)	T6	L	790	810	4.9	
Eura1(HighSD + Ext.)	T6	L	762	798	2.2	
	T7X	L	713	728	5.4	
Eura2(SD + Ext.)	T6	L	807	819	7.1	
Eura1(RS/PM + Ext.)	T6	L	716	735	1.9	
Eura1(RS/PM + Ext.)	T7X	L	660	691	6.7	
N707(SD)	T6	L	760	775	8.0	
	T7	L	690	695	8.0	
Al - 11Zn - 2Mg - 1Cu - 0.3Zr (SD + Ext.)	T6	L	705	719	29.0	
	T6	L - T	620	634	8.2	38.2
	T6	T - L				17.3
	T7	L	503	536	17.9	
	T7	L - T	482	521	11.5	75.5(J_{IC})
	T7	T - L				37.8

注：IM 为铸造合金；RS/PM 为快速凝固/粉末冶金；Ext. 为挤压；Eura1 为含 0.1% ~0.3% Zn 的 7000 合金；Eura2 为在 Eura1 合金中添加 Cr 和 Mn；N707 合金为：w(Zn) = 10.8% ~11.4%，w(Mg) = 2.2% ~2.5%，w(Cu) = 1.0% ~1.2%，w(Zr) = 0.25% ~0.32%，w(Si + Fe) <0.2%。

5.3.4　快速凝固铝硅耐磨合金

利用快速凝固技术制备 Al - Si 合金，在保持高 Si 含量情况下，能够获得微细组织、过饱和固溶体、少偏析或无偏析的独特组织特征。因此这种合金必然具有与常规铸造合金不同的性能特点，如优良的耐磨、耐热性、高强、质轻及低热膨胀性等。快速凝固 Al - Si 合金是一种很有发展前景的高性能结构材料，在汽车、宇航及电子工业中有广泛的应用潜力。

铝硅合金快速凝固技术问世于 20 世纪 60 年代。Dixon 首先利用粉末法制备含 $w(Si)=45\%$ 的铝合金，其初晶 Si 细小均匀。70 年代，Skelly 对含 Si 从 25% ~45% 的二元或三元铝合金进行研究，制取了高耐磨的快速凝固高硅铝合金。进入 80 年代，特别是日本对快速凝固高硅铝合金进行了广泛的研究，并首次将其应用于生产。国外学者对铝硅多元快速凝固合金的组织、性能及固溶热处理工艺进行了系统研究，获得了多种高耐磨、耐热的过共晶铝硅合金。到 90 年代，对快速凝固高硅铝合金的研究进入鼎盛时期，除日本外，荷兰、法国、挪威、美国等国家相继展开了这一领域中的研究工作。近年来国内也在这方面进行了广泛的研究工作，处于基础研究阶段，研究的内容涉及合金成分设计、制备工艺、组织变化及性能等各方面。快速凝固 Al－Si 合金的制备方法最常见的主要有快速凝固粉末冶金法和喷射沉积法两种。快速凝固 Al－Si 合金的粉末制备方法主要有水雾化、气体雾化、超音速雾化、离心雾化以及多级雾化法。热挤压和热锻是常用的粉末固结技术，工艺过程是通过压头对粉坯产生静水压力或冲击力，使粉末发生移动，填充间隙，在热和力的作用下变形，相互间产生滑动，以摩擦力破碎颗粒界面，通过咬合粘接而牢固地结合形成致密坯料。要保证合金中的 Si 相不至于过分长大，非平衡相不发生有害的转变，保持快速凝固的组织特点，一般在较低温度、较大的压力和挤压比下使粉末间产生结合。需要高温固结时，也要尽可能地缩短加热时间。

快速凝固二元 Al－Si 合金的组织主要由 α－Al 相或 α－Al＋Si 相组成，基体 α－Al 一般为细小等轴晶粒或微胞结构，而 Si 相呈微细颗粒（初晶）或纤维状（共晶均匀分布于基体）。采用不同的快速凝固工艺，过共晶 Al－Si 合金析出的初晶硅含量和大小不一样。

Dasgupta 和 Yeung 等人对 Al－Si（$w(Si)=7.1\% \sim 23.7\%$）的水雾化快速凝固粉末及挤压态合金研究发现，粉末中 $w(Si)<16\%$ 时，组织中不形成初晶 Si 相，但此时引起很大的晶格畸变，说明 Si 过饱和固溶于基体；$w(Si)=16\% \sim 19\%$ 时也很难辨认初晶 Si 相，只有 $w(Si)>19\%$ 时，生成尺寸约为 1 μm 的初晶 Si 相。Todeschini 等人对 Al－Si（$w(Si)=12\%$）添加 Cu、Mg、Ni、Co、Sr 等离心雾化合金组织研究发现，添加 Cu、Mg 和 Ni 后组织中除了 α－Al 和 Si 相外，还分别形成 $Al_2Cu(\theta)$、Mg_2Si 和 Al_3Ni 等金属间化合物；添加 Co、Sr 不会形成金属间化合物，组织仍由 α－Al 和 Si 相组成，但添加 Sr 会使 Si 相细化和球化。三元快速凝固 Al－Si－X 合金中，X 主要是 Cu、Mg、Fe、Ni、Mn、Sr 等。其中 Cu 和 Mg 主要提高合金常温强度，而 Fe、Ni、Mn 等主要改善合金的热稳定性。

铜加入量一般为 $w(Cu)=2.0\%$ 左右，镁加入量在 1% ~3%（质量分数）之间。加铜或镁的快速凝固铝硅合金粉末，经挤压和时效处理后，可形成 Al_2Cu 和 Mg_2Si 相，起沉淀强化作用，合金强度显著提高，耐磨也随之得到改善。四元快速凝固 Al－Si 合金研究较多的有 Al－Si－Cu－Mg、Al－Si－Fe－Ni、Al－Si－Fe－Cu、Al－Si－Ni－Mn、Al－Si－Ni－Ce 等。快速凝固 Al－Si－Cu－Mg 系合金，加入一定量的 Fe、Ni、Mn 等合金元素后，可形成大量新型弥散相。例如，加铁后，快速凝固组织中的弥散相，由 $Cu_2Mg_8Si_5Al_4$、Cu_2MgAl_2 及 Mg_2Si 等变为 Cu_2FeAl_7、$CuFeAl_6$ 及 $FeMg_3Si_6Al_8$ 相，合金的再结晶行为也发生了变化，提高了合金的热稳定性。合金挤压态和 T6 热处理态，在不同试验温度下的强度，均比加入铁以前的高。而且，热处理对合金的强度影响较小。

总之，快速凝固能够阻碍 Al－Si 及其多元合金的 Si 相和基体晶粒的长大，所形成的金属间化合物热稳定性提高，在后续的高温加热过程中不发生溶解和粗化，使合金在常温和高温时都保持细小的组织特点。但是,高硅铝合金存在的问题主要有两方面,一是粉末冶金工艺的高硅铝合金韧性差;二是成本高,这两方面问题均与制粉和成型工艺有关。采用喷射沉积成锭,然后采用热挤压的工艺,可在一定程度上缓解此类问题。因此,发展喷射沉积和其他低成本固结工艺的快速凝固高硅铝合金,应是当今的研究方向。此外,进一步提高快速凝固高硅铝合金的耐热性,使其能应用于航空和航天业,将是今后的主要工作。表 6-5-8 给出了添加某些元素的快速凝固高硅铝合金的成分和主要性能。

表 6-5-8　添加某些元素的快速凝固高硅铝合金的成分和主要性能[12,13]

合金及成分(质量分数)/%	状　态	快速凝固工艺	拉伸性能					
			σ_b/MPa		$\sigma_{0.2}$/MPa		δ/%	
			室温(25℃)	200℃	室温(25℃)	200℃	室温(25℃)	200℃
Al-12Si	200~300℃,28:1	离心雾化	244		162		19	
Al-12Si-2Cu	热挤压	离心雾化	386		233		7	
Al-12Si-2Cu	挤压+170℃,6 h 时效	离心雾化	476		363		5	
Al-12Si-3Mg	热挤压+170℃,6 h 时效	离心雾化	296		233		15	
Al-12Si-3Mg	挤压+160℃,8 h 时效	离心雾化	425		380		5	
Al-12Si-1.1Ni	热挤压+160℃,8 h 时效	离心雾化	333		253		13	
Al-12Si-0.5Co	热挤压+160℃,8 h 时效	离心雾化	254		207		20	
Al-12Si-0.07Sr	热挤压+160℃,8 h 时效	离心雾化	283		197		18	
Al-12Si-7.5Fe	热挤压态	气体雾化	325	240	260	200	8.5	7
Al-17.4Si-1.5Cu	热挤压态	水雾化	295		290		4.4	
Al-18Si-5Fe	热挤压态	水雾化	365	175(300℃)				
Al-20Si-7Fe	热挤压态	水雾化	404				2.2	
Al-20Si-7.5Fe	热挤压态	气体雾化	380	290	260	240	2	3

5.4　喷射沉积铝基复合材料

喷射共沉积法制备的颗粒增强复合材料具有较高的力学性能。Cospray 公司对 7075/SiC_p、8090/SiC_p及 2618/SiC_p等复合材料进行了详细研究并应用于商业化生产,获得了高强度、高模量的优质铝基复合材料,材料的力学性能列于表 6-5-9 中。

表 6-5-9　采用 Cospray 工艺制备的颗粒增强铝基复合材料力学性能[14]

制备工艺	合金及增强相	σ_b/MPa	$\sigma_{0.2}$/MPa	δ/%	E/GPa
喷射共沉积	7075/15% SiC_p(T6)	601	556	3	95
	7049/15% SiC_p(T6)	643	598	2	90
	7090/29% SiC_p(T6)	735	665	2	105
	8090/13% SiC_p(T4)	520	455	4	101
	8090/13% SiC_p(T6)	547	499	3	101
	8090/17% SiC_p(T4)	460	316	4.7	103

续表 6-5-9

制备工艺	合金及增强相	σ_b/MPa	$\sigma_{0.2}$/MPa	δ/%	E/GPa
喷射共沉积	8090/17% SiC_p(T6)	540	450	3.4	103
	2618 + (10% ~15%) SiC_p(T6)	481	409	3.3	94.8
铸　造	7075(T6)	570	505	10	72
	8090(T6)	485	415	7	80

喷射共沉积 MMCs 的强化行为与增强相的体积分数、基体强度和热处理条件等因素有关。Lavernia 和 Ibrahim 等人研究了喷射共沉积 6061/SiC_pMMCs 的显微组织和室温力学性能，所制备复合材料中 SiC 的粒度分别为 3 μm 和 15 μm，并用图像分析法确定了 SiC 增强颗粒的面积百分数。材料的力学性能列于表 6-5-10 中，表中结果表明利用喷射共沉积工艺可使 6061 基体中 SiC 颗粒的面积百分数达到 14% ~28%。Ibrahim 等人比较了喷射共沉积(SD)、传统铸造(IM)和粉末冶金(P/M)三种不同工艺制备的均质材料和复合材料的强度性能，得到了三点重要结论：

(1) 喷射共沉积 MMCs 和未增强基体的强度高于传统铸造的相同合金，但是粉末冶金 MMCs 的强度高于喷射共沉积的相同材料。Lavernia 和 Ibrahim 等人将粉末冶金 MMCs 的高强度归因于细小的基体显微组织和氧化物颗粒的弥散分布。

(2) 基体强度低时，加入 SiC 颗粒通常会提高基体强度。如 T4 态喷射共沉积 6061/SiC_pMMCs 的强度高于未强化的基体合金 6061(见表 6-5-10)。

表 6-5-10　喷射共沉积和挤压态 MMCs 的室温力学性能[15]

材　料	状态	体积分数①/%	$\sigma_{0.2}$/MPa	σ_b/MPa	δ/%
IM6061	T6	0	255	290	17
SD6061	T6	0	301	345	10
SD6061/SiC	T6	14	294	330	9
	T6	17	299	337	7
	T6	28	322	362	5
P/M6061/SiC	T6	20	415	498	6
SD6061	T4	0	96	187	29
SD6061/SiC	T4	14	104	196	23
	T4	28	147	252	12

注：SD—喷射共沉积；IM—传统铸造；P/M—粉末冶金。

① 由图像分析法确定。

(3) 当基体强度高时，SiC 颗粒的加入可导致基体的强化或软化，其作用取决于 SiC 颗粒的体积分数。例如，T6 态下，SiC 增强颗粒的体积百分含量低时(如小于 17%)，MMCs 的强度低于未增强基体合金；当 SiC 颗粒的体积分数高时(如大于 17%)，MMCs 的强度高于未增强基体合金。因此，增强颗粒的体积分数存在一临界值，高于临界值时颗粒的加入可使基体强化，低于临界值时会导致基体软化。

Llorca 等人研究了喷射共沉积 2618/15% SiC_p(体积分数)铝基复合材料的强度和增强

颗粒断裂行为，研究结果列于表 6-5-11 中。表中数据说明，T4 和 T651 态的 2618/15% SiC_p（体积分数）喷射共沉积复合材料的强度均有明显提高。例如，未增强 2618 合金的屈服强度为 418 MPa，而 T651 态 2618/15% SiC_p（体积分数）的屈服强度为 484 MPa，提高 16% 左右。但是与未增强的 2618 相比，MMCs 的断裂韧性有所降低。与强度提高的结果相一致，Llorca 等人在材料拉伸变形过程中观察到了大量的颗粒开裂现象。例如，当 2618/SiC MMCs（T651）的塑性变形量达到 2% 时，大约有 24% 的 SiC 颗粒发生了开裂。颗粒开裂说明了增强颗粒与金属基体之间的界面结合强度高。从表 6-5-11 还可看出，与均质合金相比，挤压 + 峰值时效态喷射共沉积 MMCs 具有优异的综合性能。喷射共沉积 MMCs 的强度通常高于未增强合金。但是增强颗粒的存在会使得 MMCs 塑性和韧性有所降低。Kahl 等人主要研究了以高强铝合金为基的喷射共沉积 MMCs，所制备材料的拉伸性能也列于表 6-5-11 中，并与未增强基体合金的相应性能进行了比较。在研究的增强颗粒体积分数范围以内（小于 15%（体积分数）），增强颗粒的存在降低了以高强 N707 合金（用过渡族元素改进的 7000 系合金）为基的 MMCs 的强度值。至于其他性能，Kahl 等人的研究结果表明喷射共沉积 Al - Si - Mg/20% SiC_p（体积分数）MMCs 的线膨胀系数和磨损率比未增强合金的分别减小了 30% 和 80%。增强颗粒加入量小于 15%（体积分数）时，喷射共沉积 MMCs 的弹性模量增加 11% ~35%，表 6-5-11 为喷射共沉积 MMCs 的室温力学性能。

表 6-5-11　喷射共沉积 MMCs 的室温力学性能[16]

材　料	状态	体积分数/%	$\sigma_{0.2}$/MPa	σ_b/MPa	δ/%	E/GPa	$K_{IC}^{①}$/MPa · $m^{1/2}$
2618(ext.)	T4	0	222	470	16.4	70	46.6
	T651	0	418	445	7.2	70	22.7
2618/SiC(ext.)	T4	15	254	482	12.3	94	35.3
	T651	15	484	503	4.1	95	17.8
2618(ext.)	T6	0	320	400	5.0	75	
2618/SiC(ext.)	T6	13	333	450	6.0	89	28.9
2014(ext.)	T6	0	429	476	7.5	73	23.5
2014/SiC(ext.)	T6	10	457	508	1.8	81	17.1
6061(ext.)	T6	0	224	266	18.3	66	29.0
6061/SiC(ext.)	T6	13	317	356	4.7	90	17.9
N202	T6	0	490	560			
N202/SiC	T6	13	509	561		92	
N202/Al_2O_3	T6	14	463	538		84	
N707	T6	0	760	775		74	
N707/SiC	T6	15	700	735		95	

注：ext. —挤压态。

① 按 ASTM E399，试验结果无效。

Lavernia 等人研究了喷射共沉积 8090 合金及其复合材料，材料的室温力学性能列于表 6-5-12 中。Ibrahim 等人及 Wu 等人研究了 6061/SiC_p 复合材料经喷射沉积和热挤压后的室温力学性能，结果列于表 6-5-13。上述对比结果表明喷射共沉积复合材料的弹性模量比基体合金有很大的提高；强度、塑性与喷射沉积基体材料相当；强度比铸造基体材料约高出 15% ~40%，而且仍保持了较好的塑性。在 7075 高强铝合金中，经过复合处理后材料的强度没有明显增加，但其弹性模量 E 显著提高，增幅达 30%。Cospray 公司还发现，与其他一些生产工艺不同，喷射共沉积制备的颗粒增强复合材料性能与锭坯尺寸存在一个对大规模生产有利的关系，他们比较了 10 kg 级和 100 kg 级锭坯性能，发现 100 kg 级锭的屈服强度 $\sigma_{0.2}$、抗拉强度 σ_b 和弹性模量 E 都有提高，同时伸长率 δ 也在可比水平上。

表 6-5-12　喷射共沉积 8090 合金及其复合材料挤压后的室温力学性能[17]

材　料	含量(质量分数)/%	σ_b/MPa	$\sigma_{0.2}$/MPa	δ/%	E/GPa
基　体	—	520	480	5	79.5
SiC_p(13 μm)	12	529	486	2.6	100.1
$B4C_p$(13 μm)	11	445	410	1.6	98.1

表 6-5-13　喷射共沉积 6061/SiC_p 复合材料挤压后的室温力学性能[18,19]

材　料	含量(质量分数)/%	σ_b/MPa	$\sigma_{0.2}$/MPa	δ/%	E/GPa
IM6061		290	255	17.0	69.0
PM6061		352	313	15.2	69.8
SiC_p(3 μm)	5.2	328	288	10.7	76.0
SiC_p(3 μm)	11.5	310	264	11.6	77.4
SiC_p(3 μm)	14	330	294	9.0	
SiC_p(15 μm)	28	362	322	5.0	

喷射沉积(SD)和热挤压 Al - Ti 合金和 Al - Ti/SiC 复合材料的高温力学性能列于表 6-5-14中。粉末冶金(P/M)和机械合金化(MA)制备的 Al - 4.0% Ti(质量分数)复合材料挤压件的力学性能也列于表 6-5-14 中。结果表明，喷射沉积 Al - 4.0% Ti(质量分数)和 Al - 2.3Ti(质量分数)/SiC 的力学性能优于粉末冶金的合金。但是机械合金化材料的强度远高于同成分的喷射沉积和粉末冶金材料。一般认为，机械合金化产生的高强度来源于制备过程中形成的细小的位错 - 沉淀相网络结构。Gupta 等人将机械合金化材料的高强度归因于额外弥散增强相的存在(如氧化物、碳化物等)。在相关工作中，研究人员对比了喷射沉积 N202(Al - Cu - Mn)和 N202/13% SiC(体积分数)的强度，结果表明温度低于 200℃时 MMCs 的强度高于均质成分的 N202，但是300℃时均质 N202 合金的强度高于 N202/13% SiC(体积分数)复合材料。

表 6-5-14　Al - Ti 和 Al - Ti/SiC 的高温力学性能[20]

材　料	工艺	温度/℃	$\sigma_{0.2}$/MPa	σ_b/MPa	δ/%
Al - 2.3% Ti(质量分数)/2% SiC(体积分数)	SD	25	198	200	7
	SD	250	116	130	11
	SD	350	48	51	18
	SD	450	22	24	32

续表 6-5-14

材　料	工艺	温度/℃	$\sigma_{0.2}$/MPa	σ_b/MPa	δ/%
Al-4.0%Ti(质量分数)	SD	25	235	250	7
	SD	250	106	127	24
	SD	350	51	57	23
	SD	450	18	20	40
Al-4.0%Ti(质量分数)	P/M	25	145	180	23
	P/M	250	95	100	22
	P/M	300	35	45	30
	P/M	400	35	42	30
Al-4.0%Ti(质量分数)	MA	25		320	
	MA	160		280	
	MA	240		190	
	MA	290		170	
	MA	350		150	

注:SD—喷射沉积;P/M—粉末冶金;MA—机械合金化。

由于喷射共沉积技术的特点,使得该工艺制备的颗粒增强复合材料在显微组织、力学性能和生产效率方面具有明显优势。因此喷射共沉积技术很快从实验室研究走向商业化生产与应用。世界上最大的铝合金生产企业之一的加拿大铝业公司(Alcan)于20世纪80年代即在英国建立了Cospray公司,专门从事喷射共沉积制备金属基复合材料的研究、开发和销售工作。该公司已具有商业规模的生产能力。Cospray公司的J. White等人系统研究、评价了采用喷射共沉积制备复合材料毛坯的方法。该公司已生产出重达250 kg的SiC颗粒增强铝合金锭坯,还可生产空心管、近形锻坯及板坯等。研究的合金系包括Al-Cu-Mg系、Ag-Mg-Si系、Al-Zn-Mg系、Al-Si系和Al-Li系等,制得的铝基复合材料已应用于导弹尾翼、汽车刹车卡钳、连杆、活塞等零部件。此外,德国的Peak公司,英国的Osprey公司也都具备了工业化生产喷射共沉积复合材料的能力。美国海军研究中心(NSWC)经过数年的研究工作认为喷射沉积工艺是可行的和低成本的新型材料制备方法,材料性能优于同类铸造及锻造合金。美国海军目前正在进行喷射共沉积工艺优化和工业化的工作,制备的喷射共沉积复合材料用于鱼雷管、轴套和轴封等。国内研究喷射共沉积复合材料的单位有沈阳金属所、哈尔滨工业大学、西北工业大学、北京科技大学等,但现在仅从事一些初步的试验工作。湖南大学在大尺寸复合材料的开发应用上做了大量工作。

参考文献

[1]　陈振华,陈鼎. 快速凝固粉末铝合金[M]. 北京:冶金工业出版社,2009.

[2]　陈振华. 多层喷射沉积技术及应用[M]. 长沙:湖南大学出版社,2003.

[3]　王祝堂,田荣璋. 铝合金及其加工手册[M]. 长沙:中南工业大学出版社,2000.

[4]　程天一,章守华. 快速凝固技术与新型合金[M]. 北京:宇航出版社,1990:198.

[5] 索姆普桑 D S. 国外近代变形铝合金专集[M]. 洪仁先译,北京:冶金工业出版社,1987.

[6] 刘静安. 研制超高强铝合金材料的新技术及其发展趋势[J]. 四川有色金属,2004,4:16.

[7] 美国金属学会. 金属手册[M]. 第九版. 第7卷. 粉末冶金. 韩风麟编译. 北京:机械工业出版社,1994.

[8] 朱平,张力宁. 粉末冶金铝合金[J]. 粉末冶金技术,1994,12:1.

[9] Palmer I G, et al. Al-Li Alloys Ⅱ. TMS-AIME, Warrendale. PA, 1984:91 ~ 110.

[10] Henry G P, David J C. An Evaluation of The Benefits of Utilizing Rapid Solidification for Development of 2 × × × (Al – Cu – Mg) Alloys[J]. Rapidly Solidified Powder Metallurgy Aluminum Alloys, 1984, 19103: 524 ~ 527.

[11] Lavernia E J, Yue W. Spray atomization and Deposition, John Wiley Sons Led. Baffons Lane, Chichester, West Sussex p019IUD, England.

[12] Todeschni P, Champier G, Samuel F H. Production of Al – (12 ~ 25) wt% Si Alloys by Rapidly Solidification: Melt Spinning Versus Centrifugal Atomization[J]. J. Mater. Sci., 1992, 27:3539.

[13] 平野忠男,藤田运生. 急冷凝固粉末用 Al – Si – X 系粉末冶金合金的特性[J]. 轻金属. 1987, 37 (10):670.

[14] White J, et al. Aluminum-Lithium Alloys V (Sanders T H, Starke E A. eds.), MCE Publ., Birmingham, 1989:1635.

[15] Lavernia E J. Sample Quality, 1991, 22(2):2.

[16] Tiwari R, Herman H. Scripta Metall. Mater., 1991, 25:1103.

[17] Rohatgi P K, Asthana R, et al. Inter. Met. Rew., 1988, 31:115.

[18] Lavernia E J, Wu Y. Spray Atomization and Deposition. John Wiley & Sons, Inc., 605 Third Avenue, New York, NY 10158 – 0012, USA.

[19] Srivatsan T S, et al. Progress in Mater. Sci., 1995, 39:317.

[20] Li B, Liang X, Earthman J C, et al, Acta Mater., 1996, 44(6):2409.

编写:陈振华 陈 鼎 (湖南大学)

第 6 章　粉末冶金钛合金与复合材料

鉴于钛与钛合金密度低,耐蚀性优异及在室温与中高温度下力学性能好,航空航天、医疗、化工、能源、船舶等工业的许多应用,在设计上都选用了钛与钛合金。钛合金零件的价格比较高。据相关资料,在 20 世纪 90 年代后期,用元素粉混合法和压制 - 烧结工艺生产的形状复杂的航天用合金零件,价格已低于 100 美元/kg,而全密实的预合金化钛合金零件的价格不低于 200 美元/kg。尽管从使用耐久性的观点看来,对于许多系统,钛是最好的设计选择,但由于零件价格高,在最终生产时,钛的使用并不多。表 6-6-1 所示美国军用飞机中钛制品的用量就是一个很好的例子。

表 6-6-1　美国军用飞机中钛制品的用量

机　种	最初设计(质量分数)/%	最终设计(质量分数)/%
C - 5(运输机)	24	3
B - 1(轰炸机)	42	22
F - 15(战斗机)	50	34

就降低钛合金零件价格来看,最终形或近终形工艺是一条重要途径。关于这方面的生产工艺有等温锻造、铸造、超塑性成形及粉末冶金。粉末冶金工艺,一方面能制成制品的最终的精密形状,另一方面制造的钛合金材料的力学性能可等于或超过相应铸、锻合金材料,这是因为粉末冶金钛合金中没有织构与偏聚、晶粒细小且结构均一。所以,粉末冶金钛合金受到广泛关注。

鉴于在最初熔炼钛时遇到的困难,在钛的起始生产阶段,是利用粉末冶金工艺生产钛合金锭。从 20 世纪 70 年代开始,随着粉末冶金结构零件生产技术的快速发展,粉末冶金钛合金结构零件,也就是钛合金的粉末冶金最终形或近终形工艺才发展起来。

6.1　粉末冶金钛合金坯料的制造工艺

钛粉是制造粉末冶金钛合金的基本原料,其制造方法有海绵钛机械破碎法、钠还原法、可溶性阳极电解法、氢化钙还原法及氢化/脱氢法等。关于这一部分参见本书第 2 篇第 6 章。

6.1.1　钛合金粉的制造工艺

钛合金粉的制造工艺有元素粉混合法(BE)、预合金化法(PA)、快速冷凝法(RSP)及机械合金化法(MA)等,当前主要采用的是 BE 法与 PA 法。

(1) 元素混合法(BE)。把钛粉末与其他元素粉末相混合,并固结成钛制品的方法。制品拉伸强度相当于同类合金的铸、锻件。但钛粉中残余氯盐等杂质,在制品中形成孔隙,降低制品的疲劳强度和延性。氯盐还恶化了制品的焊接性能。此法制得的氯制品多用于制造汽车、仪器和一次性飞行器的结构件。尽管如此,BE 法粉末成本低,固结设备简单,能批量生产,所以它仍然是广泛使用的制造钛合金粉末的方法。

(2) 预合金法(PA)。选用电弧、等离子或电子束等热源,把钛和合金组元相互熔融,并用离心或气体雾化制成钛合金粉末的方法。早期,有美国的等离子旋转电极法(PRED)、德国的电子束旋转盘法(EBRD)、法国的真空雾化法(PSV)等。这些方法都要预制合金电极,工序设备复杂,制造成本高,难以实现大批量生产。20 世纪 90 年代美、英两国发明的感应凝壳熔炼－惰性气体雾化工艺,把感应热源用于熔炼钛合金,简化了工艺,降低了成本,使 PA 法迈入批量化和实用化阶段。PA 粉末多为球形或片状致密颗粒,颗粒间成分一致,其制品没有宏观偏析现象,疲劳强度相当于熔炼材。PA 法制取较多的是 Ti－6Al－4V 粉末。

(3) 快速冷凝(RSP)法。是雾化法的进一步发展。主要特点是熔融的钛材料液滴冷凝速度大于 10^8 K/s、凝固成薄带再粉碎或直接凝成粉末。其优点是扩大合金元素在基体中的固溶度,获得过饱和固溶体和微晶甚至非晶体组织,显著提高了钛合金的热强性能。20 世纪 80 年代发展的 TiAl 金属间化合物,很有希望用于高温下工作的飞机发动机部件,针对该化合物常温塑性差和高温变形抗力大的缺点,RSP 法作为最有希望解决上述问题的手段得到重视和研究。

(4) 机械合金化(MA)法。是 BE 法的发展,用高能球磨机将钛粉和其他元素粉末,边粉碎边研磨边混合,粉末颗粒间重复发生叠合、变形、冷焊和扩散的过程,最终达到合金化的目的,并能获得非晶态的钛合金粉末。MA 方法比 RSP 方法工艺简单,但生产效率低。

6.1.2 粉末固结方法

将钛合金粉末固结成钛坯料制品的方法,可分为一般方法、热压方法和注射成形(MIM)方法等。

一般方法:钛坯料粉末成形技术使用了一般粉末冶金技术发展的成果,如钢模压制、冷等静压制(CIP)、粉末轧制、粉末挤压等。其成形压力视钛坯料的密度和力学性能而异,一般在 200～600 MPa 范围内。由于钛的活性大,压坯烧结需在真空或惰性气体保护下进行。烧结温度取决于钛坯料制品的性能,在 1173～1573 K 范围内。多孔制品的烧结密度可达理论密度的 60%～70%,致密件可达理论密度的 95% 以上。

热压方法:为了提高钛坯料制品的密度,除了用一般成形工艺,往往增加热等静压(HIP)或真空热压(VHP)工艺,可将密度提高到接近理论密度。PA 粉末由于是球形或片状的致密颗粒,不能用常规的冷压法成形,而直接用 HIP 或 VHP 方法固结。Ti－6Al－4V 合金典型的 HIP 工艺是把 PRED 粉末装入具有一定尺寸和形状的金属或陶瓷包套中,抽成真空,在 HIP 压机中,于 1470～1620 K 和 70～100 MPa 惰性气体压力下固结 4 h,获得相对密度为 99.8%～100% 的钛合金粉末制品。

注射成形法:是把金属粉末与增塑剂相混合,通过注塑机注入模腔,注射坯脱模后,加热除去增塑剂,再进一步提高烧结温度,可成形壁薄、精细或形状复杂的各种零件,工艺简单,成本低廉。

喷射成形(osprey):是把雾化的金属液滴喷射在模具上,凝聚并沉积形成盘、管、片等各种零件。这些方法对钛材料来说正处于开发阶段,还没有实用化。

6.2 钛合金的特点与分类

钛合金是以钛为基体含有其他合金元素与杂质的合金。现在投入生产的合金牌号已超过100种,进行批量生产的约30～40种,而在航空与民用工业中广泛应用的只有10多种,主要是Ti-6Al-4V和Ti-5Al-2.5Sn合金。20世纪70年代末,耐热钛合金、高强度高韧性钛合金的研制与生产有了明显增长。

钛合金和其他金属材料相比,具有下列特点:

(1)在-253～600℃范围内,比强度(抗拉强度/密度)高,抗拉强度可达1200～1400 MPa,而密度仅为钢的60%;

(2)耐热性好,耐热钛合金最高使用温度已达600℃;

(3)耐蚀性能优异,在适当的氧化性环境中可形成一种薄而坚固的氧化膜,有抵抗多种介质侵蚀的能力;

(4)低温性能良好。

钛合金根据存在于它们组织中的相可分为3类:α型、α+β型和β型钛合金。中国分别用TA、TC、TB作为字头,其后标名合金顺序号。除按组织分类外,也可根据工艺方法分为变形钛合金、铸造钛合金和粉末冶金钛合金。按使用性能可分为结构钛合金、耐热钛合金、耐蚀钛合金、低温钛合金和功能钛合金等。

α型钛合金是含有α稳定剂,在室温稳定状态下基体为α相的钛合金。α型钛合金具有良好的耐热性和组织稳定性,是发展耐热钛合金的基础。其缺点是变形抗力较大,不能热处理强化,强度中等,抗拉强度大多在1000 MPa以下。α型钛合金密度小,焊接性能好,低温性能也优于其他类型的钛合金。典型代表是Ti-5Al-2.5Sn合金。

近α型钛合金是α型钛合金中加入少量β稳定剂、在室温稳定状态β相含量一般低于10%的钛合金。常用合金元素有:钒、钼、铌、硅等,可改善合金的加工塑性,并进一步提高常温和高温性能。根据添加组元的性质,退火组织中将包含少量β相或金属间化合物,可称此类合金为近α型或α加化合物型钛合金。前者如Ti-8Al-1Mo-1V、Ti-6Al-2Sn-4Zr-2Mo、Ti-5.5Al-3.5Sn-3Zr-1Nb-0.3Mo-0.3Si合金;后者如Ti-2Cu、Ti-5Al-2.5Sn-1.5Zr-3Cu合金等。近α型或α加化合物型合金具有一定的热处理强化能力。

α+β型钛合金是含有较多的β稳定剂、在室温稳定状态由α和β相所组成的合金。α+β型合金的优点是,可通过调整成分使合金中的α和β相的比例在很宽的范围内变动。为了提高强度,α+β型钛合金可进行固溶处理和时效处理,热处理的强化效果随β稳定组元浓度的增加而提高,一般为25%～50%,个别合金可达80%。

α+β型钛合金的耐热性一般不如α型钛合金,时效强化效果大多只能保持到450℃,通常在中温范围内使用,但某些高铝的α+β型合金仍有较高的耐热性,如Ti-6.5Al-3.5Mo-2Zr-0.3Si合金可在450～500℃范围内使用。为了满足高温下保持较高强度的特殊要求,发展了Ti-6Al-2Sn-4Zr-6Mo和Ti-6Al-2Sn-2Zr-2Mo-2Cr-0.25Si合金。

α+β型钛合金热加工工艺性良好,变形抗力较小,但合金的组织及性能对工艺参数十分敏感。因此,为获得优质的毛坯或半成品,必须严格控制热工艺规范。这类合金的焊接性不如α型钛合金。α+β型钛合金应用广泛,尤其是Ti-6Al-4V合金应用面更广。

β型钛合金是含有足够的β稳定剂、在适当冷却速度下能使其室温组织全部为β相的钛合金。包括热力学稳定β型合金和亚稳定β型合金。前者在钛中加入足量的β稳定化元素,通过淬火或某些情况下的空冷,可得到室温时的β组织;后者合金元素只需高于临界浓度,通过淬火处理,就可获得单一的亚稳定β相组织。稳定型β合金只作为耐蚀材料使用,如 Ti - 32Mo;而作为结构材料主要应用亚稳定型 β 钛合金,如 Ti - 15V - 3Sn - 3Cr - 3Al、Ti - 3Al - 8Mo - 11Cr、Ti - 3Al - 5Mo - 5V - 5Cr、Ti - 8Mo - 8V - 2Fe - 3Al、Ti - 10V - 2Fe - 3Al、Ti - 11.5Mo - 6Zr - 4.5Sn 合金等。β 型钛合金具有良好的工艺塑性,便于加工成形,时效处理后强度可达 1280 ~ 1380 MPa。

亚稳定 β 型钛合金的缺点是:密度较大,对杂质元素敏感性高,组织不够稳定,耐热性较低,不宜在高温使用,冶金工艺较复杂,成本高,切削加工较困难,焊接性较差。这类合金由于强度高、成形性好和高的淬透性,只要克服由成分带来的不足,就会得到更广泛的应用。

6.3　粉末冶金钛合金制品的力学性能

粉末冶金钛合金制品的力学性能取决于合金的组成和最终产品的密度与显微组织。坯料的密度与显微组织决定于粉末的特性,采用的具体固结工艺及后压制处理,诸如二次压制或热处理。迄今,用各种粉末冶金工艺生产的大部分零件都是由 Ti - 6Al - 4V 合金制造的,因为这是最常用一种航天合金。可是,这些粉末冶金工艺也适用于其他合金,诸如高强度 β 合金与高温近 α 合金。为了说明粉末冶金钛合金的潜在应用范围,书中包括有关于各种钛合金的数据。

6.3.1　元素粉混合法(BE)坯件的力学性能

元素粉混合法(BE)基本上是一种压制 - 烧结工艺,其是将细元素钛粉与烧结过的母合金粉的混合粉进行冷压制或冷等静压。这种工艺中最常用的元素钛粉是海绵钛粉(- 100 目);其是 Hunter 或 Kroll 还原法的副产品。通常将用这些还原法生产的海绵钛用真空电弧熔炼后,浇铸成锭材。在这个生产过程中产生的一种副产品,就是因颗粒太小不能用于熔炼的海绵钛粉。这种海绵钛粉价格较便宜,颗粒呈不规则状(见图 6-6-1*a*)和易于冷压成形。鉴于气体污染会严重减低压坯性能,为防止气体污染,要将粉末于真空中,于 1150 ~ 1315℃ 温度下进行烧结。要使粉末颗粒结合与化学组成均一化,需要进行高温烧结。最好在高于所有常用钛合金的 β 相变温度(即,材料为 100% β 相的最低平衡温度)下烧结,从而使合金坯件的显微组织 α + β 由同样排列的粗大 α 片团组成(图 6-6-1*b*)。α 片宽约 8 μm,片长约 25 μm,α 片团的直径约 50 μm。原 β 晶粒的直径约 80 μm。鉴于粉末冶金坯件具有固有的孔隙度,因此,其显微组织比在同样温度下处理的铸锭材料的显微组织细得多。孔隙度是由用还原法生产的海绵钛中残留的氯化钠造成的。海绵钛粉的氯含量为 0.12% ~ 0.15%,如同由图 6-6-1*a* 中所看到的,甚至在经过诸如热压或 HIP 等后续处理之后,都未能将形成的孔隙完全消除。

在于 415 MPa 下冷压制后,BE 压坯的生坯密度为 85% ~ 90%(理论密度)。真空烧结后,密度为 95% ~ 99%(理论密度)。控制粉末的粒度与粒度分布时,生产的坯件密度可达到 99%(理论密度)。对于钛合金坯件来说,这种水平的残留孔隙度(图 6-6-1*a*),仍然会降低疲劳与断裂性能。为完全消除孔隙度,需进行相当大的努力,从而才可使 BE 粉末冶金零件能用于疲劳强度要求高的航天工业。后烧结 HIP 密实处理可将密度提升到 99.8%(理论密度),并可改进性能。可是,用后烧结热压工艺,并不能消除全部孔隙度。热压时,坯件中存在的氯化物变成挥发物和形成不溶解的气阱。在 HIP 的压力作用下,这些较大的密封孔穴(图 6-6-2*a*)将崩裂成大量的亚微米大小的孔隙(图 6-6-2*b*)和氯化钠都位居孔的中心（图 6-6-2c）。大孔洞与微小孔隙都具有和基面的面相关的近六边形，这个基面的面是密排六边结构中能量方面最稳定的晶面。冷却到室温时，孔洞中的气体就又变成了立方氯化物晶体，这如图 6-6-2a 的透射电镜的图像所示。

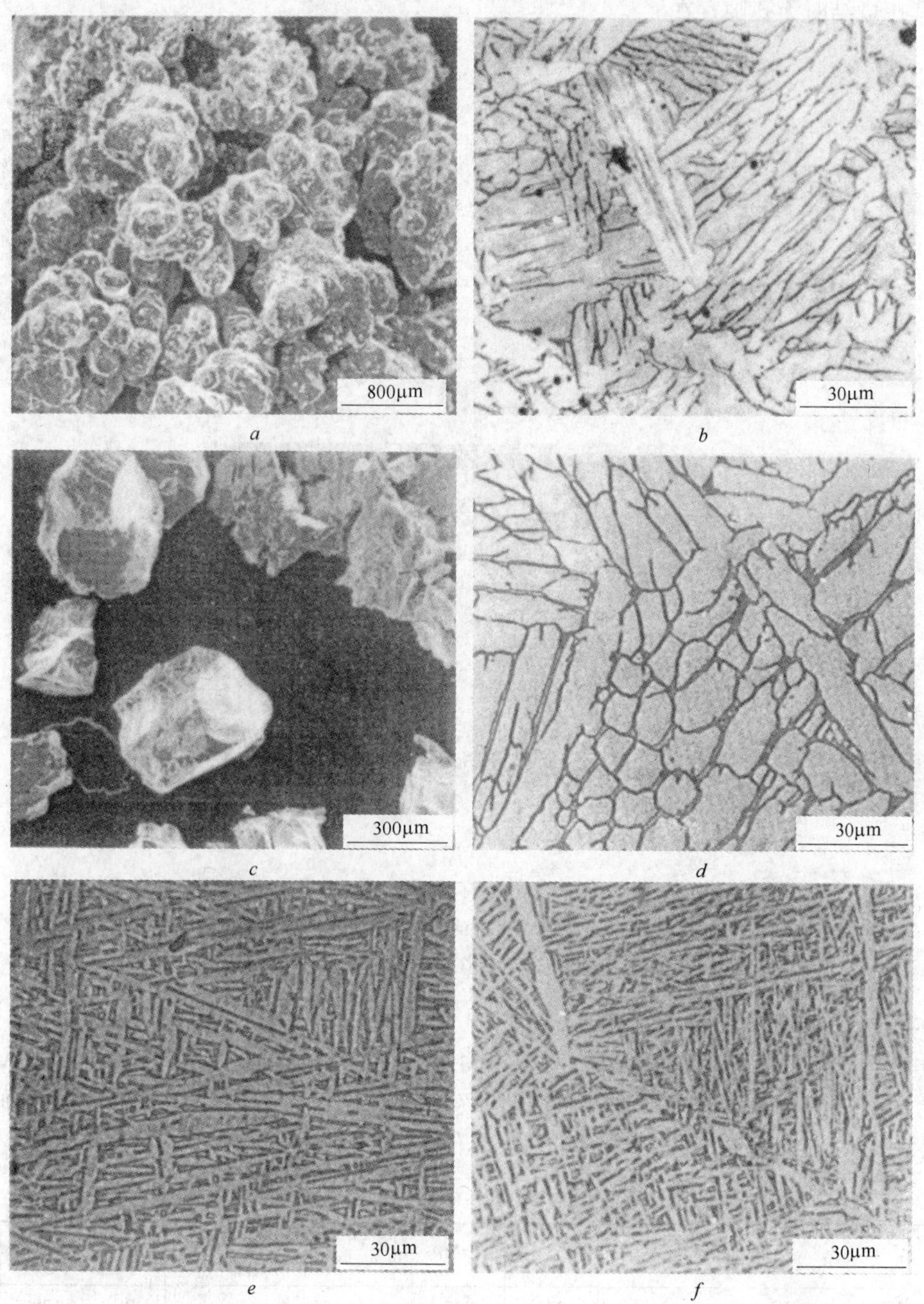

图 6-6-1　BE 法钛粉与钛合金材料的光学显微组织照片

a—-100 目海绵钛粉；b—压制与烧结的，密度 99% 的 Ti-6Al-4V 坯件的显微组织；c—破碎氢化/脱氢的钛锭或车屑制成的钛粉；d—压制-烧结和 HIP 的全密实 Ti-6Al-4V 坯件的显微组织；e—Ti-6Al-4V 坯件经破碎组织处理的显微组织；f—经热化学处理的 Ti-6Al-4V 坯件的显微组织要想制取像用铸锭冶金生产一样的无孔隙100%密实的材料,BE法必须使用不含氯化物的钛粉。这种钛粉的来源之一是大量生产的纯钛锭材料或用氢化/脱氢由切屑制造的钛粉。这种钛粉颗粒呈多角状(图6-6-1*c*),其烧结体的显微组织较粗大(图6-6-1*d*),这是由于其在烧结时无孔隙存在。

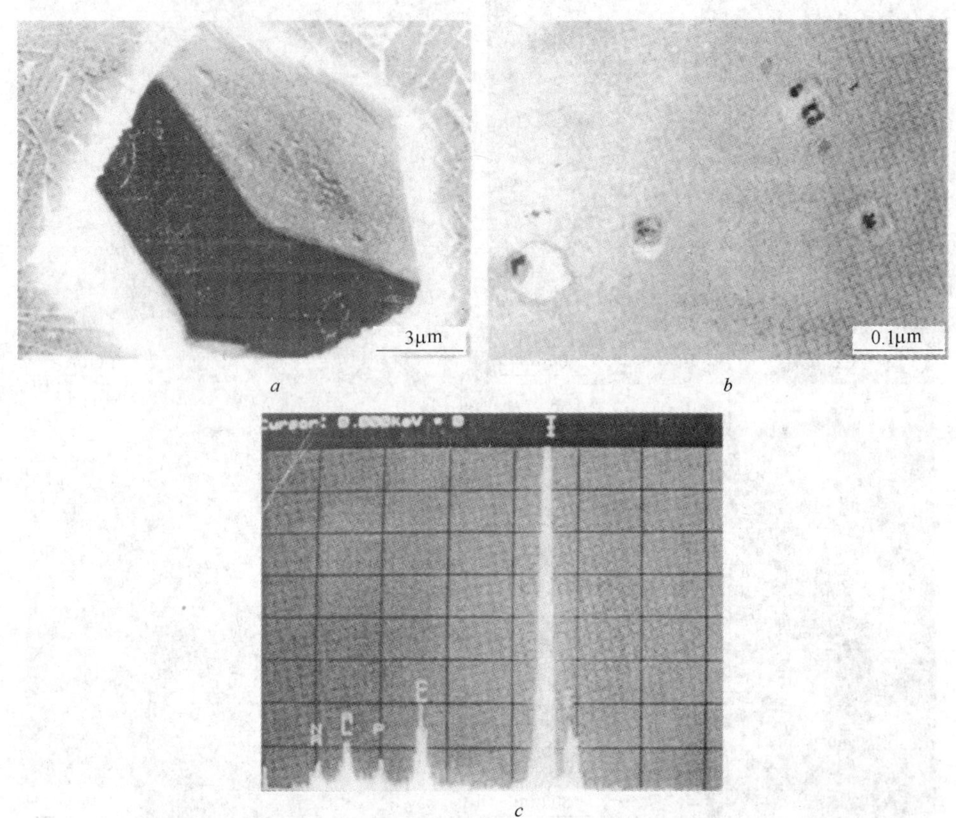

a *b* *c*

图6-6-2 BE钛坯件中氯诱发的孔隙

a—在Ti-6Al-4V BE坯件截面中的大型残留孔隙的扫描电镜照片;*b*—Ti-6Al-4V BE坯件在于925℃下后烧结HIP后的透射电镜照片;*c*—化学分析表明位居微小孔隙中心的氯化钠

6.3.1.1 拉伸性能与断裂韧度

和关于其他钛工艺的数据一样,发表的关于BE钛合金的数据,大部分和Ti-6Al-4V相关。表6-6-2中综合了在各种不同条件下生产的BE Ti-6Al-4V合金坯件的拉伸性能和断裂韧度性能。表6-6-3中给出了关于其他BE钛合金性能的资料。

表6-6-2 在不同条件下生产的BE Ti-6Al-4V合金坯件的拉伸与断裂韧度性能

条件[①]	$\sigma_{0.2}$/MPa	σ_b/MPa	δ/%	ψ/%	K_{IC}或K_Q /MPa·m$^{1/2}$	密度/%	氯含量 /10^{-6}	氧含量 /10^{-6}
压制和烧结(96%密度)	758	827	6	10		96	1200	
压制和烧结(98%密度)	827	896	12	20		98	1200	
压制和烧结(99.2%密度)(MR-9工艺)	847	930	14	29	38	99.2	1200	
压制和烧结+HIP	806	875	9	17	41	≥99	1500	2400

续表 6-6-2

条　件①	$\sigma_{0.2}$/MPa	σ_b/MPa	δ/%	ψ/%	K_{IC}或K_Q /MPa·$m^{1/2}$	密度/%	氯含量 /10^{-6}	氧含量 /10^{-6}
CIP 和烧结 + HIP	690	793	9	15	85	>99		
	793	896	10	20	83	>99		
CIP 和烧结 + HIP②	896	965	12	22		99.8		
压制和烧结 + α/β 锻造	841	923	8	9		≥99.4	1500	2400
压制和烧结 + α/β 锻造	951	1027	9	24	49	99	1200	
压制和烧结(92% 密度)	827	910	10			92	1500	2100
+ α/β30% 等温锻造	841	930	30			99.7	1500	2100
+ α/β70% 等温锻造	896	999	30			99.8	1500	2100
CIP 和烧结 + HIP(低氯)	827	923	16	34		99.8	160	
CIP 和烧结 + HIP(超低氯)	882	985	11	36		100	<10	
+ BUS 处理	951	1034	7	15				
+ TCP 处理	1007	1062	14	20				
轧制板材,CIP 和烧结 + HIP								
轧制退火(纵向)	903	958	10	26	72③	≥99	200	1600
轧制退火(横向)	923	965	14	31	71③	≥99	200	1600
再结晶退火(纵向)	888	916	4	8	75③	≥99	200	1600
再结晶退火(横向)	868	937	5	9	67③	≥99	200	1600
β 退火(纵向)	841	937	10	26	89③	≥99	200	1600
β 退火(横向)	875	958	7	20	92③	≥99	200	1600
性能最小值(MIL - T - 9047)	827	896	10	25				

① HIP:热等静压;CIP:冷等静压;TCP:化学热处理;BUS 处理:破碎组织处理;

② 1010℃锻造,水冷;

③ 预裂纹冲击试验,K_V。

表 6-6-3　在不同条件下生产的 BE 钛合金坯件的拉伸与断裂韧度性能

合金与条件①	$\sigma_{0.2}$/MPa	σ_b/MPa	δ/%	ψ/%	K_{IC} /MPa·$m^{1/2}$	相对密度/%	氯含量 /10^{-6}
Ti - 5Al - 2Cr - 1Fe,压制和烧结 + HIP	980	1041	20	39	—	≥99	310
Ti - 4.5Al - 5Mo - 1.5Cr,压制和烧结 + HIP	951	1000	17	39	64	≥99	310
Ti - 6Al - 2Sn - 4Zr - 6Mo,压制和烧结	1068	1109	2	1	31	99	150
Ti - 10V - 2Fe - 3Al,压制和烧结 + HIP (1650℃)和 STA(775 ~ 540℃)	1233	1268	9		30	99	1900
Ti - 10V - 2Fe - 3Al,压制和烧结 + HIP 和 STA (750 ~ 550℃)	1102	1158	10		32	99	1900
Ti - 10V - 2Fe - 3Al,压制和烧结	854	930	9	12	51	98	
Ti - 6Al - 6V - 2Sn,冷等静压和热等静压	931	1035	15	35	78	100	

① HIP:热等静压;STA:固溶 + 时效。

BE Ti - 6Al - 4V 合金:表 6-6-2 中的数据表明,大部分用 BE 法生产的 Ti - 6Al - 4V 合

金坯件的性能都超过了 MIL－T－9047 技术规范的最小值。利用下列生产工艺可制成坯件的最终形状：(1)压制－烧结；(2)压制－烧结＋HIP；(3)压制－烧结＋轧制；(4)CIP－烧结；(5)CIP－烧结－HIP(总体设计的 CIP－HIP 或 CHIP)；(6)CIP－烧结＋轧制；(7)CIP－烧结＋锻造。

通过控制生产工艺参数，可制造密度位于92%～100%(理论密度)之间的坯件。坯件的屈服强度与抗拉强度(图6-6-3)和断裂韧度(图6-6-4)都因密度增大而增高。密度高于98%的BE坯件，其 K_{IC} 值的水平和轧制－退火的铸锭冶金材料相当。但是，BE坯件由于含氧量较高，并存在残留孔隙，其 K_{IC} 和具有同样粗大鱼型显微组织(图6-6-1*d*)的铸锭冶金材料的 K_{IC}(70～100 MPa · $m^{1/2}$)相比要低得多。

可用BE坯件作为锻造的预成形坯。锻造变形对抗拉强度与伸长率有强烈影响，见图6-6-5。

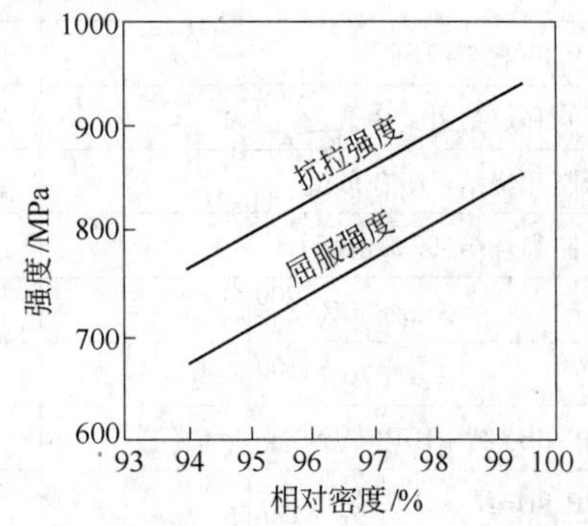

图6-6-3　密度对BE法Ti－6Al－4V压制和烧结坯件的屈服和抗拉强度的影响

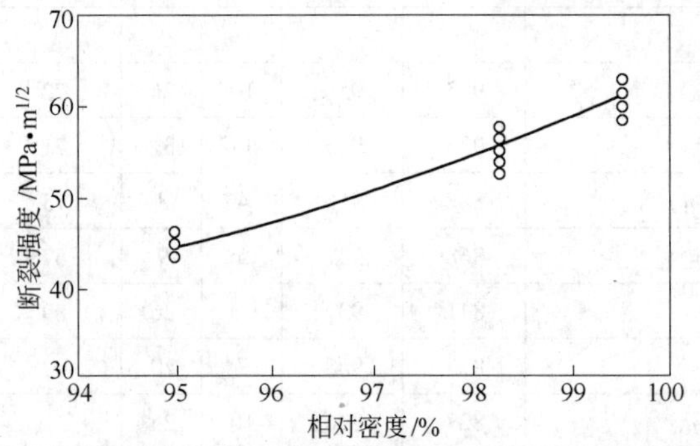

图6-6-4　密度对BE法Ti－6Al－4V压制和烧结坯件的断裂韧度的影响

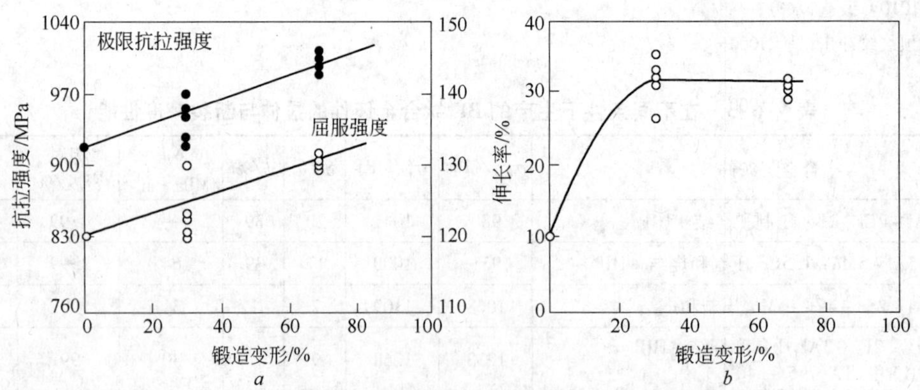

图6-6-5　锻造变形对于925℃下等温锻造的Ti－6Al－4V BE坯件(Hunter还原法生产的海绵钛粉)的影响

a—抗拉强度与屈服强度；*b*—伸长率

其他BE钛合金：表6-6-3中给出了其他BE钛合金，诸如Ti－6Al－2Sn－4Zr－6Mo，Ti－5Al－2Cr－1Fe及Ti－4.5Al－5Mo－1.5Cr的有限的可用力学性能试验数据。其中关于Ti

-10V-2Fe-3Al的研究最详细,报告的一些结果,其水平和铸锭冶金(I/M)材料的性能接近。可是,在规定性能水平和最佳生产工艺之前,关于这些合金还需要更多数据。就BE Ti-10V-2Fe-3Al合金而言,抗拉强度可达到1268 MPa和伸长率为10%。

6.3.1.2　疲劳强度与裂纹扩展

图6-6-6中对含氯化物的BE Ti-6Al-4V合金坯件的疲劳寿命分布范围和轧制-退火的铸锭冶金(I/M)合金进行了对比。图6-6-7所示为低氯化物含量与后烧结处理对疲劳强度的影响。图6-6-8所示为坯件密度对疲劳强度的影响。鉴于BE坯件固有的含有氯化物与相关孔隙度,其疲劳强度比轧制-退火的铸锭冶金(I/M)产品低。由于疲劳强度低,

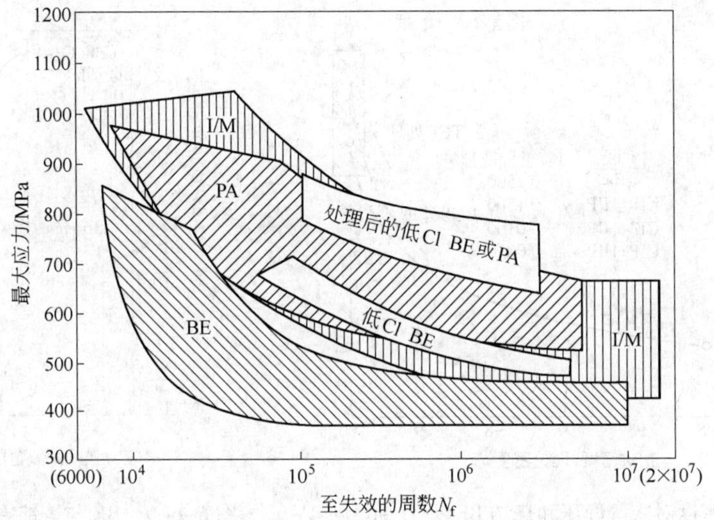

图6-6-6　用BE法与PA法生产的Ti-6Al-4V坯件和轧制-退火态铸锭冶金合金的室温疲劳寿命分散范围的比较

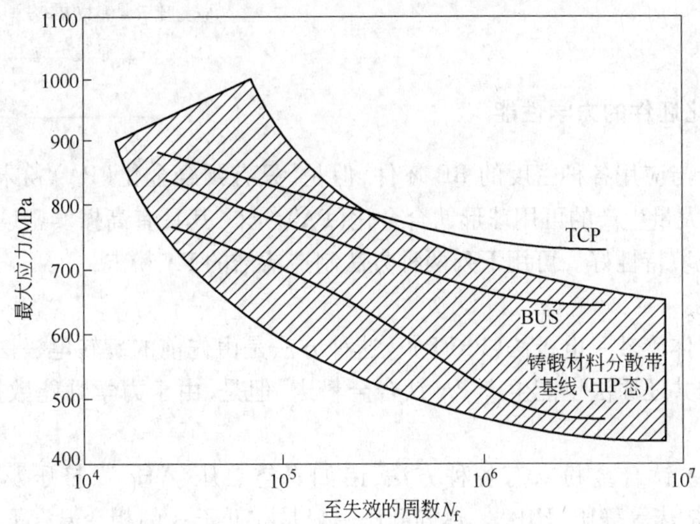

图6-6-7　全密度、超低氯BE Ti-6Al-4V坯件的疲劳强度和铸锭冶金合金分散范围的比较

(BE坯件是以HIP态、破碎组织(BUS)及热化学加工(TCP)的状态下进行试验的。均匀分布的轴向疲劳数据是在室温下获得的。应力比(R)=0.1,频率f=5 Hz,三角波)

因此,将价格较低的压制－烧结或 CIP－烧结工艺的应用限制在疲劳不重要的产品,诸如火箭零件。通过采用后续压制作业和借助使用无氯化物钛粉增高坯件密度,可进一步改进疲劳强度(图 6-6-8)。可是,这种方法会使这些产品的成本增高,而抵消这一主要优势。

关于 BE Ti－6Al－4V 坯件的疲劳裂纹扩展速率的数据有限。这种材料的疲劳裂纹扩散速率位于 β－退火材料与轧制－退火的铸锭冶金材料之间,见图 6-6-9。试验用 BE 材料的孔隙度为 1%～2%(体积分数),这种水平的孔隙度好像对疲劳裂纹扩展速率没有不良影响。

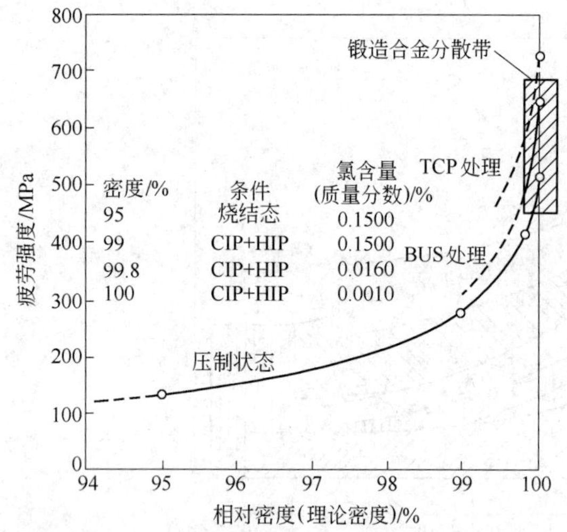

图 6-6-8　坯件密度对冷等静压和烧结 BE 法 Ti－6Al－4V 坯件疲劳强度的影响(较高密度只有低氯材料可能)

BUS—破碎组织;TCP—热化学加工

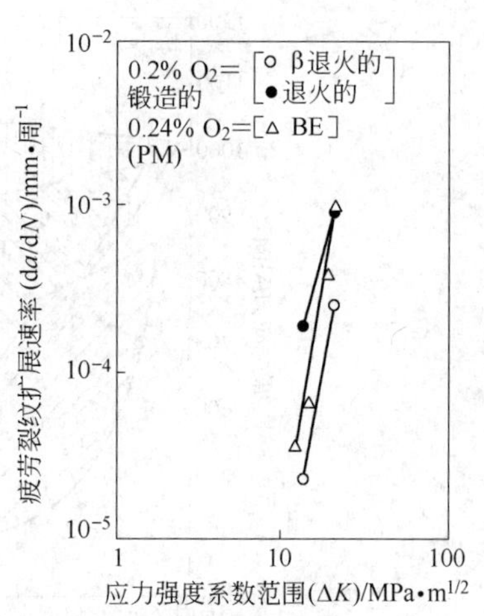

图 6-6-9　BE 与铸锭冶金 Ti－6Al－4V 的疲劳裂纹扩展速率作为于空气中,在室温下的应力强度系数范围的函数的比较(应力比 $R+0.1$($R=\sigma_{min}/\sigma_{max}$,$\sigma_{min}$ 是最小应力,σ_{max} 是最大应力);频率 $f=5$ Hz)

6.3.2　预合金化坯件的力学性能

尽管在生产与应用各种密度的 BE 坯件,但是,只有预合金化(PA)粉末冶金零件可达到 100% 密度。大量生产的可用球形钛合金化(PA)粉末,其具有高振实密度(65%)与流动性好及模具的充填特性好。可用下列两种方法制造清洁的 PA 粉末:

(1) 气雾化。

(2) 等离子体旋转－电极法(PREP)。这种方法是由先前的旋转电极法(REP)改进形成的。用粉碎与共还原法也能生产 PA 钛合金粉末,但是,由于力学性能数据不充分,应用不多。

压制成形 PA 钛合金粉末有各种方法,诸如真空热压(VHP)、挤压及快速全向压制(ROC),但主要是热等静压(HIP)。热等静压一般是在低于 β 的相变温度下进行的,因为在 α＋β 相区进行时,会形成粗大的长宽比小的 α 组织(图 6-6-10*a*)。鉴于这种材料的显微组织与全密度,其和轧制－退火的铸锭冶金材料一般是最相似的。

粉末清洁度是控制 PA 钛合金坯件质量的主要因素之一。鉴于是全密实坯件,即使是少量杂质颗粒污染，都会导致诸如疲劳强度之类固有性能显著降低。因此，在本书中仅考虑了关于清洁粉末的数据。还考虑到在应用上，对全密实的PA坯件比对密度较低的BE坯件的性能要求高，因此，航天工业在研发中对PA粉末冶金钛合金坯件试验的力学性能数据比对BE粉末冶金坯件多。PA粉末冶金钛合金的大部分研究工作都是关于Ti－6Al－4V合金的。

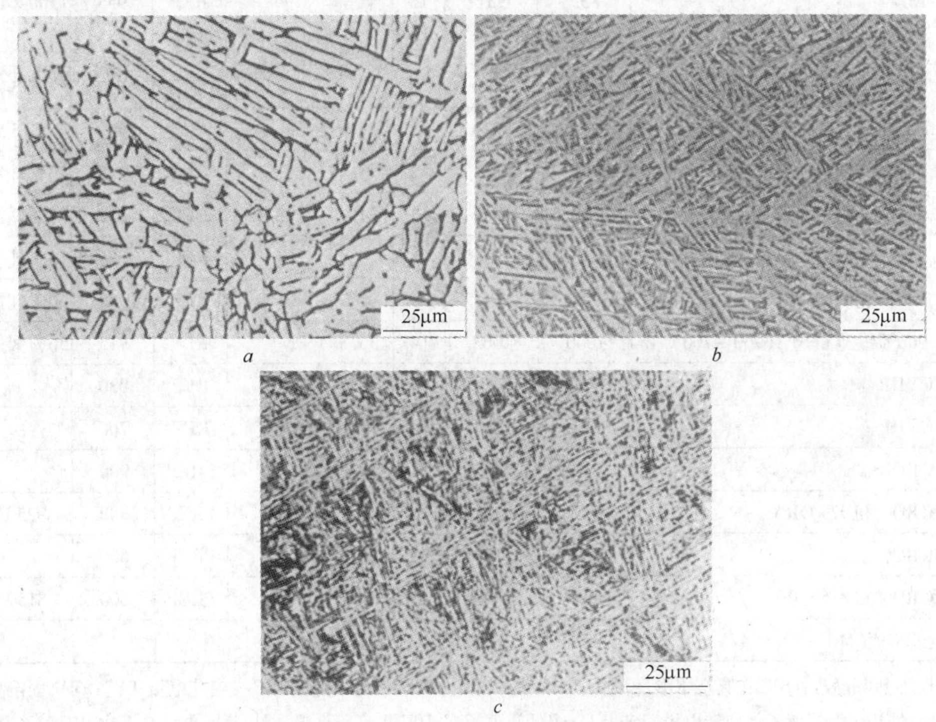

图6-6-10　Ti－6Al－4V坯件的显微组织

a—热等静压态；*b*—破碎组织（BUS）处理态；*c*—热化学加工（TCP）处理态

6.3.2.1　拉伸性能与断裂韧度

表6-6-4中综合了在不同条件下生产的PA粉末冶金Ti－6Al－4V合金坯件的拉伸性能。表6-6-5中给出了其他PA粉末冶金钛合金的有限的可用资料。当用HIP、VHP或ROC于较低温度，但较高压力下制造合金坯件时，由于可使显微组织显著细化，坯件的强度较高，和韧性并没有降低。同样的，后压制的热加工，诸如轧制或锻造，也都会使显微组织细化，从而改进抗拉强度与韧性。

表6-6-4　在不同条件下生产的Ti－6Al－4V坯件的拉伸与断裂韧度性能

生产条件①	$\sigma_{0.2}$/MPa	σ_b/MPa	δ/%	ψ/%	K_{IC}或K_Q /MPa·m$^{1/2}$	粉末工艺	压制温度/℃	其他变数
HIP	861	937	17	42	85	PREP	925	
HIP(PSV)和β退火	1020	1095	9	21	67	PSV	950	975℃退火
HIP和BUS处理	965	1048	8	17			PREP	925
HIP和TCP处理	931	1021	10	16		PREP	925	
HIP和700℃退火(REP)	820	889	14	41	76	REP	955	
HIP,700℃退火和STA(955～480℃)	1034	1130	9	34		REP	955	

续表 6-6-4

生产条件①	$\sigma_{0.2}$/MPa	σ_b/MPa	δ/%	ψ/%	K_{IC}或K_Q /MPa·$m^{1/2}$	粉末工艺	压制温度/℃	其他变数
HIP 和 700℃退火(PREP)	882	944	15	40	73	PREP	955	
ELI:HIP	855	931	15	41	99	REP	955	$1300\times10^{-6}O_2$
ELI:HIP 和 β 退火	896	951	10	24	93	REP	955	1020℃退火
HPLT 和 HIP	1082	1130	8	19		PREP	650	315 MPa
HPLT,HIP 和 815℃再结晶退火	937	1013	22	38		PREP	650	315 MPa
HIP 和 955℃轧制	958	992	12	35		REP	925	75%轧制变形
HIP,955℃轧制和β退火(纵向)	820	896	13	31	73	REP	925	75%轧制变形
HIP,955℃轧制和β退火(横向)	813	896	11	23	61	REP	925	75%轧制变形
HIP,950℃轧制和 STA(960~700℃)	924	1041	15	35		REP	950	60%轧制变形
HIP,960℃锻造和 STA(960~700℃)	1000	1062	14	35		REP	915	56%锻造变形
830℃ VHP	945	993	19	38		REP	830	
760℃ VHP	972	1014	16	38		REP	760	
900℃ ROC	882	904	14	50		PREP	900	
900℃ ROC 和 925℃ RA	827	882	16	46		PREP	900	925℃ RA
650℃ ROC	1131	1179	10	23		PREP	600	
600℃ ROC 和 815℃ RA	965	1020	15	43		PREP	600	815℃ RA
性能最小值(MIL-T-9047)	827	896	10	25				

① HIP:热等静压;PSV:在真空下湿磨成粉;BUS:破碎组组;TCP:热化学加工;REP:旋转电极工艺;STA:固溶处理+时效;PREP:等离子体旋转电极工艺;ELI:超低间隙元素;HPLT:高压低温压坯;RA:再结晶退火;VHP:真空热压;ROC:快速全向压制。

表 6-6-5 在不同条件下生产的 PA 粉末冶金钛合金坯件的拉伸与断裂韧度性能

合金与生产条件①	$\sigma_{0.2}$ /MPa	σ_b /MPa	δ/%	ψ/%	K_{IC}或K_Q /MPa·$m^{1/2}$	粉末工艺	压制温度/℃	其 他
Ti-5.5Al-3.5Sn-3Zr-0.25Mo-1Nb-0.25Si(IMI829),HIP 和 STA(1060~620℃)	951	1089	18	22		PREP	1040	
Ti-5.5Al-3.5Sn-3Zr-0.25Mo-1Nb-0.25Si(IMI829),ROC 和 STA(1060~620℃)	909	1034	18	20		PREP		α+βROC
Ti-6Al-5Zr-0.5Mo-0.25Si(IMI685),HIP 和 STA(1050~550℃)	970	1020	11	19		PREP	950	
Ti-6Al-2Sn-4Zr-2Mo,HIP 和 STA(1050~550℃)	924	1034	17	36		PREP	910	
Ti-6Al-2Sn-4Zr-6Mo,HIP,920℃锻造和 705℃退火	1165	1296	11	37		REP	900	920℃锻造变形 70%
Ti-6Al-6V-2Sn,HIP 和 760℃退火	1008	1055	18	37	59	PREP	900	
Ti-5Al-2Sn-2Zn-4Cr-4Mo(Ti-17),HIP 和 STA(800~635℃)	1123	1192	8	11		REP	915	

续表 6-6-5

合金与生产条件①	$\sigma_{0.2}$ /MPa	σ_b /MPa	δ/%	ψ/%	K_{IC}或K_Q /MPa·m$^{1/2}$	粉末工艺	压制温度/℃	其他
Ti-4.5Al-5Mo-1.5Cr, HIP 和 705℃时效	944	999	13		75	REP	845	焊接研究试样
HIP 和 760℃时效	916	971	14		79	REP	845	焊接研究试样
Ti-10V-2Fe-3Al HIP 和 STA (745~490℃)	1213	1310	9	13		PREP	775	
HIP, 锻造和 STA(750~495℃)	1286	1386	7	20	28	PREP	775	750℃锻造变形 70%
HIP, 锻造和 STA(750~550℃)	1065	1138	14	41	55	PREP	775	750℃锻造变形 70%
ROC	965	1007	16	54		PREP	650	
ROC 和 STA(760~510℃)	1296	1400	6	26		PREP	650	
Ti-11.5Mo-6Zr-4.5Sn, β HIP 和 STA(745~510℃)	1288	1378	8	18		PREP	760	
Ti-1.3Al-8V-5Fe, β 挤压和 STA (705℃)	1392	1482	8	7		PREP	760	
β 挤压和 STA(770℃)	1461	1516	8	20		GA	760	
β HIP 和 STA(675℃)	1315	1414	5	10		GA	725	
Ti-24Al-11Nb, HIP(1065℃) 和 STA(1175℃)	510	606	2	2		PREP	1065	
HIP(925℃) 和 STA(1175℃)	696	765	2	2		PREP	925	
Ti-25Al-10Nb-3Mo-1V, ROC	710	854	5	6		PREP	1050	

① HIP:热等静压;STA:固溶处理+时效;ROC:快速全向压制;PREP:等离子体旋转电极工艺;REP:旋转电极工艺;GA:气体雾化。

表 6-6-5 中列出了研制过的其他 PA 粉末冶金钛合金的性能。几乎用粉末冶金工艺研制过所有主要铸锭冶金(I/M)钛合金,并进行过鉴定,其中包括高强度材料 β 合金,通用的 α+β 合金,高温近 α 合金及有序钛铝化物合金。特别值得注意的是 Ti-1.3Al-8V-5Fe 合金。这种合金的抗拉强度为 1516 MPa 和伸长率为 8%。这种合金的铁含量高,用常规铸锭冶金法生产时会产生偏聚问题,而用粉末冶金生产的产品晶粒细小,均一,无偏聚。这种合金具有扩展钛粉末冶金工艺市场的潜力。

6.3.2.2　*疲劳强度与裂纹扩展*

图 6-6-6 中对 PA 粉末冶金 Ti-6Al-4V 合金平滑杆(坯件)的疲劳寿命分布范围和轧制-退火的铸锭冶金(I/M)合金进行了比较。粉末冶金的数据是用 HIP 由高清洁度 REP 与 PREP 粉末制造的坯件的试验数据。其中一些坯件进行过后压制热处理。PA 粉末冶金钛合金坯件的性能数据和铸锭冶金(I/M)钛合金的最好试验结果的水平相同。要保持这些 PA 粉末冶金钛合金材料的高疲劳强度,粉末必须避免污染。图 6-6-11 所示为直径50 μm、150 μm 及 350 μm 的杂质对 Ti-6Al-4V 坯件的疲劳强度的影响。即使是 50 μm 的杂质颗粒就足以显著减小疲劳强度。图 6-6-12 对一种实际粉末冶金零件和一种铸锭冶金(I/M)材料制造的零件的疲劳特性进行了比较。图 6-6-12*a* 所示为平滑杆件高周疲劳试验的结果。图 6-6-12*b* 所示为有凹口试件高周疲劳试验的结果。图 6-6-12*c* 所示为控制应变的低周疲劳试验的结果。一般而言,高周疲劳的失效范围为 10^6 ~ 10^8 周,低周疲劳的失效范围

小于 10^5 周。所有三种粉末冶金钛合金的使用性能都相当或超过了铸锭冶金合金材料。试验的零件是军用飞机构架中实际使用的粉末冶金 Ti－6Al－4V 零件。

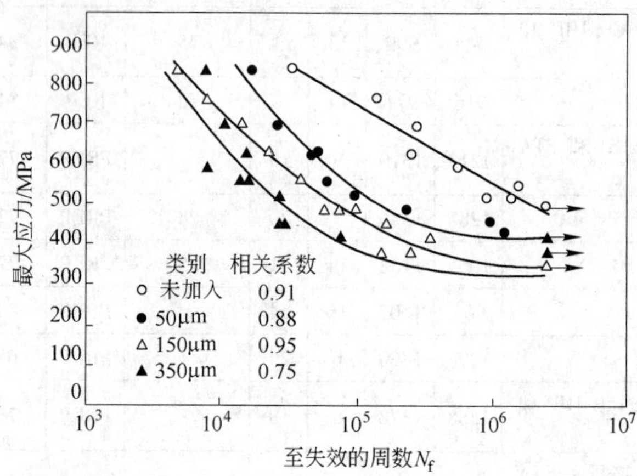

图 6-6-11　杂质颗粒对 PA Ti－6Al－4V 坯件在空气中，于室温下疲劳强度的影响

（疲劳试验的条件是：$K_t=1$，$R=0.1$，$f=5$ Hz，三角波；未加入的坯件是指未加入 SiO_2 的坯件）

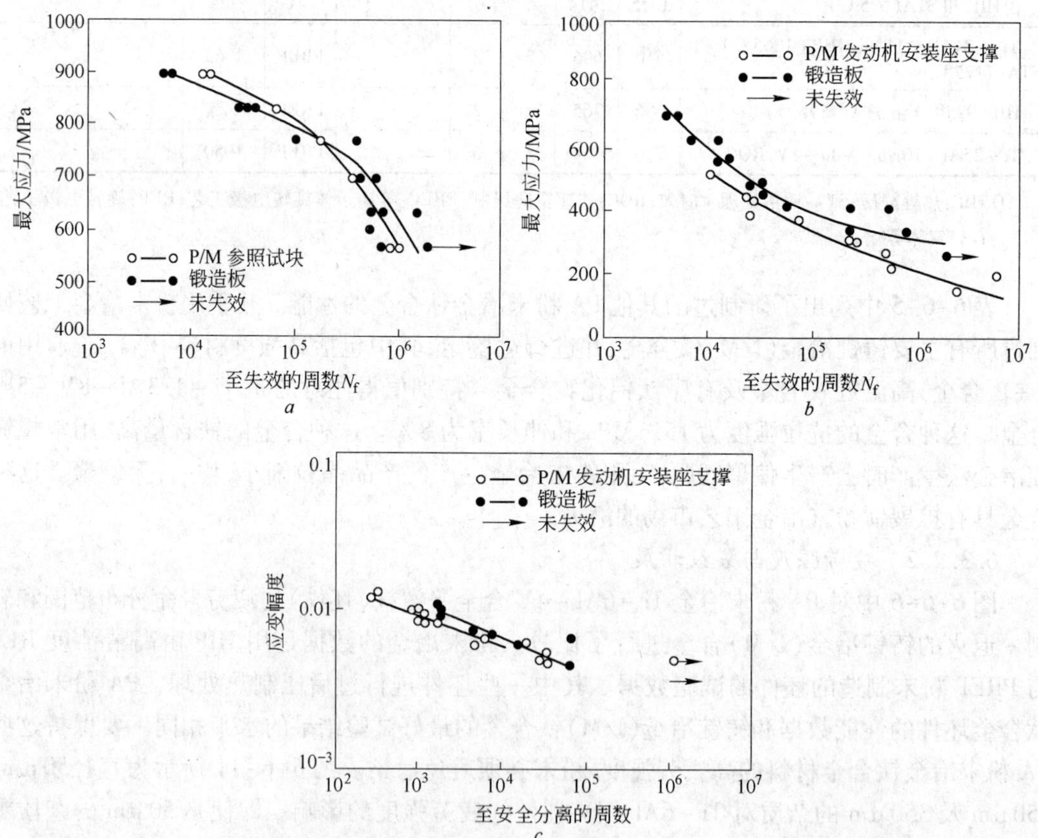

图 6-6-12　PA 法和铸锭冶金的 Ti－6Al－4V 在空气中于室温下疲劳强度的比较

a—平滑高周疲劳试件（ϕ13 mm），$R=0.1$；*b*—有凹口的控制负载的高周疲劳试样（ϕ13 mm），应力集中系数 $K_t=3$，$R=0.1$；*c*—控制应变的低周疲劳小试样（ϕ6.4 mm），$R=-1$

图6-6-13所示为对PA Ti-6Al-4V坯件的疲劳裂纹扩展速率和具有同样组成与显微组织的铸锭冶金合金材料的对比。两种材料的疲劳裂纹扩展速率处于同一水平，即使是PA钛合金材料的杂质含量低。

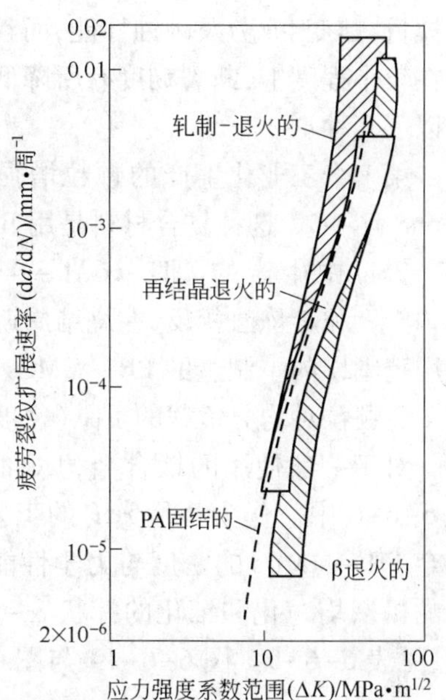

图6-6-13 PA Ti-6Al-4V坯件在空气中，于室温下疲劳裂纹扩散速度和铸锭冶金合金材料的比较（$R=0.1$，$f=5\sim30\text{Hz}$）

6.3.3 改善材料性能的后压制处理

为细化显微组织，改进拉伸与疲劳强度，大部分粉末冶金钛合金都要进行后压制加工或低温固结。可是，真正的最终形工艺是不需要进行后续加工的，因为在大多数场合，后续加工会增高生产成本。因此，在这里仅介绍使显微组织细化的两种方法，热处理和热化学加工（TCP）。

6.3.3.1 热处理

在BE Ti-6Al-4V合金的场合，仅只成功地用热处理进行过破碎组织（BUS）处理，其是在β淬火后进行长时间850℃退火。处理后，合金的显微组织呈现在β基体中出现破碎的α相（图6-6-1*e*）。这种显微组织使合金的拉伸与疲劳强度都有显著改进（图6-6-7）。

破碎组织（BUS）法是对标准热处理的一种改进，这种方法一般可增高拉伸性能，但不能提升疲劳强度性能。

在Ti-10V-2Fe-3Al BE坯件的场合，经β固溶处理与随后时效，可使合金材料兼有良好的拉伸强度与韧性。可是，发现K_{IC}太低（表6-6-2），这可能是由于氯化物含量高与伴生的孔隙度所致。PA Ti-6Al-4V坯件可以很好地进行BUS处理（图6-6-10*b*）和固溶处理与时效。如图6-6-6所示，由于用热处理细化显微组织，BE与PA粉末冶金Ti-6Al-4V合金的疲劳强度有改进。

6.3.3.2 热化学加工

这种方法涉及用氢作为暂时细化钛合金显微组织的合金元素。鉴于这种方法不需要用冷、热加工细化显微组织，因此，很适用于最终形产品。比较图6-6-1*d*与图6-6-1*f*和图6-6-10*a*与图6-6-10*c*，可看出在Ti-6Al-4V粉末冶金产品中热化学加工的细化实例。这种显微组织细化，虽然仅只使强度稍高于一般铸锭冶金（I/M）合金材料或常规粉末冶金合金的强度水平（表6-6-3），但较重要的是，其可显著强化粉末冶金产品的疲劳性状（图6-6-8）。

6.4 钛基复合材料与金属间化合物

6.4.1 复合材料

从20世纪80年代后期，粉末冶金钛合金固相生产工艺的独特优势就被用于开发非连续颗粒增强钛基复合材料；例如，利用BE法将TiC与TiB_2粉末加入到工业纯钛粉与常规钛合金粉中制成的颗粒增强金属基复合材料（PR-MMCs），这些材料都具有良好的耐磨性，弹性模量,蠕变、疲劳及耐蚀性能,而且合金密度的变化不大于 3%,但在比较评定中伸长率,和在较小程度上,断裂韧度有所降低。现在与开发的具有代表性的颗粒增强钛基复合材料有以下几种:

第 1 个工业化生产的颗粒增强钛基复合材料是美国 Dynamet Technology Inc. 生产的 Cerme Ti－C。这种复合材料是用 BE 法将 TiC 加入到钛合金(如 Ti－6Al－4V 与 Ti－6Al－6V－2Si)中生产的。Ti－6Al－4V 的典型烧结温度是 β 相变温度以上 250℃以内或 1230℃。和熔炼法相反,在烧结周期内,可将 TiC 增强颗粒(熔点 3065℃)的热分解限制在实用范围以内。制造的 PR－MMCs 表明强度与弹性模量都有所改进,这反映了紧密－结合的 TiC 颗粒对均分负载的贡献(密度 4.92 g/cm^3,弹性模量 448 GPa 及硬度 3200 HV)。

对于一般使用的钛合金,TiC 的加入量为 5% ~20%(质量分数)。典型性能汇总于表 6-6-6 中。作为替代 HIP 的工艺,热加工(包括锻造、轧制及挤压)都能进一步提升钛合金 PR－MMCs 的密度与力学性能。利用从锻造或挤压温度的空气冷却,可保持颗粒分布的机械均一化和细化的针状 α－β 显微组织,同时使拉伸强度与韧性成适当比例的增高,见表 6-6-5。图 6-6-14 与图 6-6-15 所示为钛合金高温刚性与屈服强度。

表 6-6-6　用 TiC 或 TiB_2 颗粒增强的 BE 粉末冶金钛合金的力学性能的比较

BE 钛合金基	$\sigma_{0.2}$/MPa	σ_b/MPa	δ/%	ψ/%	E/GPa	K_{IC} 或 K_Q /MPa · m$^{1/2}$	氧含量/10^{-6}
Ti－6Al－4V(最小值)①②	828	895	10	25	114	—	2000(最大)
Ti－6Al－4V ELI(最小值)③	759	828	10	25	114	—	1300(最大)
Ti－6Al－4V BE CHIP④	690	793	9	15	114	85	1500
Ti－6Al－4V BE CHIP④	793	896	10	20	114	83	2500
Ti－6Al－6V－2Sn(最小值)	965	1034	14	23	112	75	2000
Ti－6Al－6V－2Sn CHIP④	931	1034	15	35	112	78	2800
Cerme Ti－C－10/64 CHIP④	945	1000	2	2	134	38	3000
Cerme Ti－C－10/64 CHIP⑤⑥	1069	1138	2	2	134	45	3000
Cerme Ti－C－10/662 CHIP⑤⑥	1034	1055	1	1	134	40	3000

① AMS－4930RevD;
② ASTM B 348 5 级;
③ ASTM B 348 23 级;
④ 冷和热等静压,CHIP,
⑤ 960℃挤压 + 空冷;
⑥ 1030℃锻造 + 空冷。

用 BE 法也加入过 TiB_2 颗粒。在常规的 1200℃下烧结时,和元素钛粉接触的 TiB_2 颗粒反应彻底或全部形成 TiB_2。冷却时,形成的 TiB 相片晶伸长到原钛粉颗粒边界之外,并桥接起许多 α－β 晶团。图 6-6-14 示出高温对 TiB_2－Ti－6Al－4V 复合材料的弹性模量的影响。

在致力于增高高周疲劳性能,使之超过 BE 基合金中,对以 5% TiB_2(质量分数)颗粒增强的两种 BE 钛合金基材料 Ti－6Al－2Sn－4Zr－2Mo 与 Ti－6Al－1.7Fe－0.1Si 进行过评价。开始使用的是残留氯化物含量低的,氢化/脱氢的 Ti 粉和母合金粉,将 $w(TiB_2)$ =5% 混合于混合粉中,然后于 400 MPa 下冷等静压成形→于 1200℃下烧结 3 h→于 900℃与 200 MPa 下 HIP。

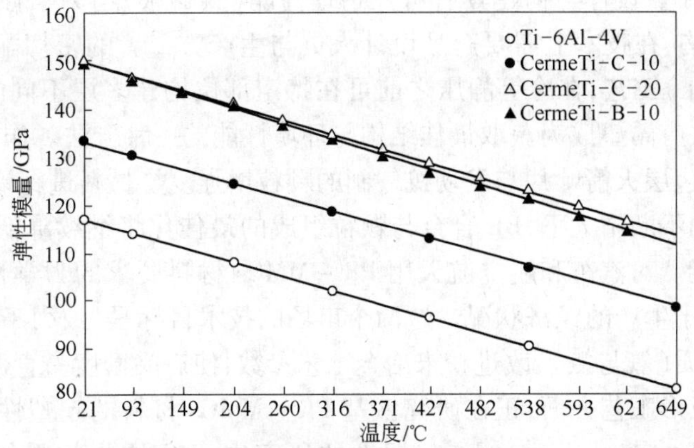

图 6-6-14　Ti-6Al-4V 和颗粒强化的 Ti-6Al-4V 复合材料的弹性模量

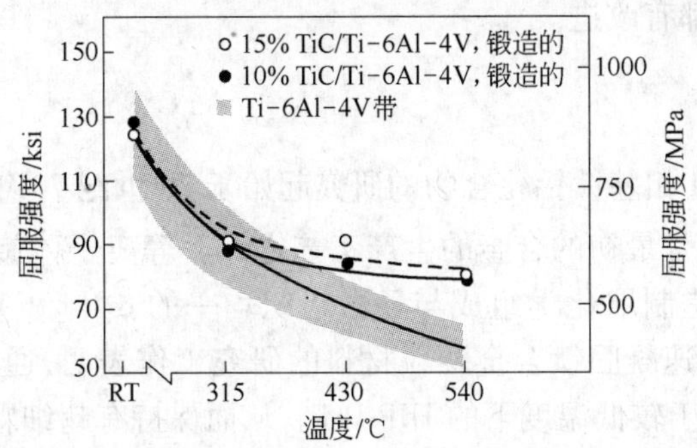

图 6-6-15　TiC 增强的 Ti-6Al-4V 锻造后的屈服强度

(RT—室温,1ksi = 6.9 MPa)

不论哪一种基体,对原位形成的 TiB 片晶进行测量的平均结果是,长度为 30 μm 和宽度为 2 μm,同样 α 片晶的长径比也减小了。用 $w(TiB_2)=10\%$ 增强的 Ti-6Al-2Sn-4Zr-2Mo 基复合材料,从 1050℃水淬火与 930℃退火之后,其高周(10^7)疲劳强度为 590 MPa,抗拉强度增高 35% 和弹性模量为 140 GPa(表 6-6-4)。

日本丰田汽车公司中央研究所一直致力于研究减低 BE 钛合金的 TiB_2基颗粒强化复合材料(PR-MMCs)的生产成本。当将 $w(TiB_2)=5\%$ 加入到 BE 衍生的介稳 β 基体(其是由 Timetal LCB 的派生物 Ti-4.3Fe-7.0Mo-1.4Al-1.4V 组成的)中时,合成的 10% TiB_2增强剂将形成稳定有结晶取向的,相连接的面间界,从而增高基体的强度、疲劳性能及耐热性(表 6-6-4)。这种材料在 700℃的变形流动应力接近于中碳钢,这有助提高生产率。该研究所的论文作者声称,估计由这种 PR-MMCs 材料生产的汽车发动机零件(诸如连杆或齿轮)的价格可与钢相竞争,但是,价格低廉的钛粉来源必须稳定。

为典型应用选择钛 PR-MMCs 材料时,主要考虑的是耐磨性、比刚度(密度-归一化)及比强度。将近终形尺寸加工,在 CHIP 条件下没有 α 外壳及切削加工性和基体合金相似综合起来,可增高 BE 钛 PR-MMCs 的生产率。依据对这些 BE 钛 PR-MMCs 材料的预期使用性能,其可用于汽车的连杆、气阀、体育用品、航空、航天和国防火箭的结构,以及工业工具。

钛 PR－MMCs 材料的实际应用在沿着 3 个前沿伸展。这 3 个前沿是，设计、基体与颗粒组成，以及生产率。设计与构建具有可控物理性能（热膨胀）与力学性能（耐磨，韧性，疲劳）梯度的 BE 结构，在技术上需要产品设计人员与生产方二者的密切配合。鉴于利用 BE CHIP（冷、热等静压）工艺，在冷等静压之前可在特定部位构建多层不同的钛合金与复合材料，因此，这个想法有希望成为获取最佳结构与环境性能的一种方法。作为增强设计意识的一个例子，正在对包层火箭叶片与发动机气阀的颗粒增强复合材料进行评价。

在市场压力的不断增大下，BE 合金与颗粒组成的最佳化将继续降低生产成本，而不减少具体的力学性能。对汽车和航空航天用 PR－MMCs 材料要求的力学性能将继续区分与调整，但比较着重于生产的经济状况。这两个市场的技术目标是，致力于降低 BE 钛基体组元的价格，限制杂质（氧与氯），改进粉末冶金工艺参数，使产品密度一直保持大于99%。

在生产率与成形工艺方面，正在研究钛基 PR－MMCs 材料的超塑性成形和熔模铸造。在相变失配（transformation mismatch）超塑性的研究中，TiC 增强材料的伸长率已超过了200%。近年来，Ti－6Al－4V 的 TiC 复合材料的熔模试验表明，Ti－6Al－4V 薄壁零件的流动性、可铸性及可焊性都有改进。

6.4.2 钛铝化合物

对 $\alpha_2 Ti_3Al$ 与 $\gamma TiAl$ 相基钛铝化合物的研究起始于 20 世纪 70 年代，由于合金的铸锭难以加工，因此，粉末冶金是最初的合金的生产工艺之一。等离子体旋转电极法（PREP）粉末和气雾化（GA）粉末都是制取化学组成与显微组织均一的 α_2 与 β 基合金两种材料的好办法。一项较早的关于快速凝固钛合金颗粒材料的研究工作表明，通过将压力从 100 MPa 增高到 300 MPa 就可实现于较低温度下的 HIP 压制，从而保持有超细颗粒组织，具有较高的强度与韧性。用同样方法制取的 α_2（Ti－25Al－10Nb－3V－1Mo）与 γ（Ti－48Al－2Cr－2Nb）粉末冶金坯件，由于保持有细的等轴晶粒组织，其拉伸性能比铸锻材料好。具有细的等轴组织的粉末冶金坯件也适合于用作锻造和片材轧制的预成形件。轧制的 γ 合金粉末冶金片材，其质量很高。目前奥地利 Plansee 公司在销售这种 γ 合金粉末冶金片材。

6.5 粉末冶金钛合金的发展趋势

对于使用预合金化的（PA）与元素粉混合的（BE）粉末冶金 Ti－6Al－4V 合金坯件，有充分的数据证明是可行的，但价格却是个主要问题。用 PA 粉末冶金法生产的零件，虽然力学性能接近甚至稍高于铸锭冶金合金的零件，但只有当前者的价格远低于后者时，才有替代后者的可能。或者将气体雾化法按比例扩大或者用直接化学法进行生产廉价粉末，才能实现重大突破。对于非关键的零件，用 BE 粉末冶金工艺生产价格是可行的，而且这方面的应用正在扩大。可是，和 PA 粉末冶金工艺一样，对于生产全密实、无氯化物的 BE 粉末冶金产品因价格高而陷入困境。

其他常规钛粉末冶金合金除一例外，均如上述的 Ti－6Al－4V 合金的趋向发展。这个例外是高强度 Ti－1.3Al－8V－5Fe（Ti－185）合金，由于铁偏聚，其用铸锭冶金法（I/M）生产得不到令人满意的结果。鉴于这种合金需要快速地从液体转变为固体，因此，严格地讲，应将之划归快速凝固合金一类。

有序金属间钛铝化合物比常规钛合金的生产与切削加工要难得多。实际上，钛铝化合物的生产特性接近于高温合金。因此,用最终形粉末冶金法获得的生产成本利益是巨大的(特别是,对于等原子的钛铝化合物,TiAl),特别是由于廉价粉末的开发,这些利益可能会加速人们对钛粉末冶金工艺的认同。

在致力于评价使用先进工艺增强钛基材料的性状的可能性,其中有快速凝固、机械合金化及纳米结构。

关于快速凝固的工作,集中于研究用弥散强化提升最终合金与金属间合成物二者的温度承受能力。虽取得了一些改进,但并不认为改进大到了足以保证额外费用,和超过了和粉末冶金法相关的产品质量保证。快速凝固工艺有两大缺点,首先是形成的第二相颗粒不能大于6%(体积分数)左右;其次是快速凝固生成的β晶粒比要求的晶粒小,和在β退火后,冷却到α－β相区时没有形成细长的α相。遗憾的是,纠正第二个缺失的β退火,却导致了不可容忍的弥散体粗大化。

钛合金的机械合金化研究正处于初始阶段,但其具有为高温应用增大弥散体体积百分率的可能性。另外,有迹象表明,用机械合金化可使难以互溶的钛与镁相混合,形成低密度钛合金。

关于钛－镁和钛－共析体形成剂(诸如镍与铜)的机械合金化的初步的研究结果显示,可得到很细小的纳米级显微组织(约 10^{-9}级):这种显微组织意味着这两种机械合金化合金可能具有新奇的物理与力学性能。

6.6　粉末冶金钛合金的应用

粉末冶金钛合金制品的两种生产工艺 BE 法与 PA 法,不但生产的制品性能有差异,生产成本也不一样。BE 法多采用价格较便宜的海绵钛粉,同时压制－烧结工艺适于批量生产,因此,用 BE 法生产的形状复杂的航空航天钛合金零件的价格不高于 100 美元/kg。可是,PA 法需要昂贵的熔炼的原料、超纯净处理及压制成形设备,因此,用这种方法生产的全密实,使用性能较高的钛合金零件的价格不低于 200 美元/kg。这两种工艺制造的钛合金零件密度、性能及价格不同,因此应用的领域与市场也不同。由于 BE 法生产的零件价格较低,应用领域也较多。下面以实例予以说明。

图 6-6-16 所示为电化学产业,用压制－烧结,由工业纯钛粉与 Ti－6Al－4V 合金制造的标准螺母与紧固件。为电化学产业生产的其他零件,还有阀、阀球及配件。

从 20 世纪 50 年代以来,在用 HIP 钛合金制造外科手术植入物方面进行了大量研究工作,最早是用钛制造假体。鉴于 Ti－6Al－4V 合金与生物的相容性和纯钛一样,而且力学性能较高,现在 Ti－6Al－4V 合金是用于制造外科手术植入物的唯一的α－β合金。ASTM F 136 中有相关合金的牌号。工业上,在用纯钛与 Ti－6Al－4V 合金生产臀部、膝部、肘、颚部、手指、肩部的部分,以及整个关节的替代物。图 6-6-17 所示为由粉末冶金 Ti－6Al－4V 制造的臀部假体与膝部关节植入物;图 6-6-18 所示为由 Ti－6Al－4V 制造的固定假体用的紧固件。

BE 粉末冶金钛合金零件,在航空航天中主要用于非疲劳零件,诸如导弹外壳或陀螺仪平衡环。这些零件通常都是由 Ti－6Al－4V 或 Ti－6Al－6V－2Sn 制造的。图 6-6-19 所示为用冷等静压－烧结制造的 Ti－6Al－4V 陀螺仪底座。图 6-6-20 所示为用压制－烧结+锻造制造的陀螺仪平衡环。图 6-6-21 所示为组装好的陀螺仪,其中有 5 个用 BE 法生产的粉末冶金 Ti－6Al－4V 合金的零件。用 CIP 成形形状复杂的零件时，即使是需要后续切削加工，生产成本也可降低达 70%。

图 6-6-16　用 BE 法生产的，电化学产业用钛与 Ti－6Al－4V 合金的螺母与零件

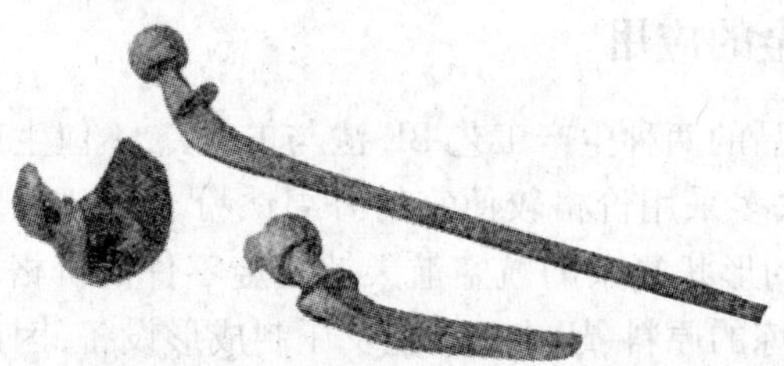

图 6-6-17　由粉末冶金 Ti－6Al－4V 制造的臀部假体与膝部关节植入物

图 6-6-18　用压制－烧结，由 Ti－6Al－4V 制造的外部固定用紧固件

图 6-6-19　用 CIP－烧结制造的粉末冶金 Ti－6Al－4V 陀螺仪底座

图6-6-20　用压制－烧结＋锻造制造的陀螺仪平衡环

图6-6-21　组装好的陀螺仪，其中有5个用BE法生产的粉末冶金Ti－6Al－4V合金零件

用PA法制造的粉末冶金Ti－6Al－4V合金零件，可达到全密度，力学性能水平较高，而且能制成复杂形状的最终形状，因此较适用于制造航空航天零件。

在20世纪80年代初，大多数航空航天用的PA粉末冶金Ti－6Al－4V合金零件都是用Colt－Crucible陶瓷模－热等静法生产的。这种工艺的流程图见图6-6-22。图6-6-23所示为用Colt－Crucible陶瓷模法制造的粉末冶金Ti－6Al－4V合金的F－14机身撑臂。图6-6-24所示为用Colt－Crucible陶瓷模法制造的粉末冶金Ti－6Al－4V合金的发动机机座支架。图6-6-25所示为用Colt－Crucible陶瓷模法制造的粉末冶金Ti－6Al－4V合金的F－107飞航式导弹发动机径向式压缩机转子。图6-6-26所示为用Colt－Crucible陶瓷模法制造的最大粉末冶金零件——F－14A短舱框架，其尺寸为1015 mm×1220 mm。

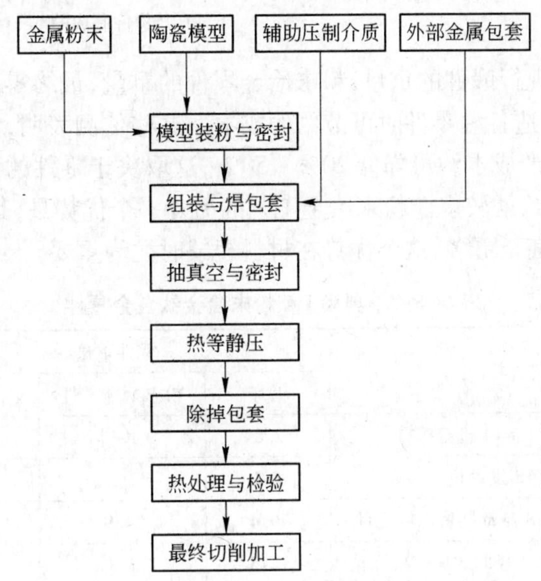

图6-6-22　Colt－Crucible陶瓷模－HIP流程图

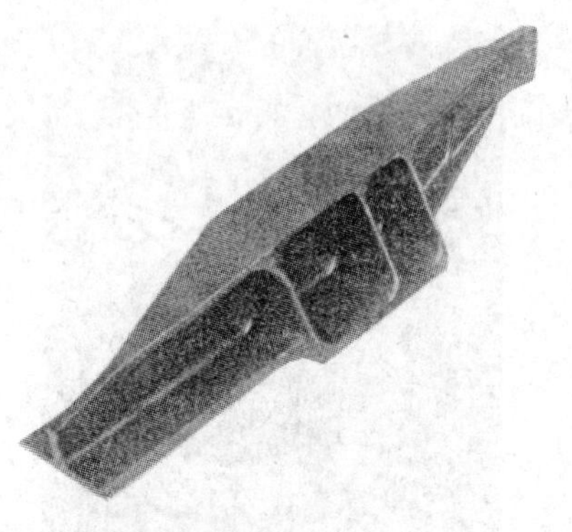

图 6-6-23　用陶瓷模法制造的粉末冶金 Ti－6Al－4V 合金的 F－14 机身撑臂

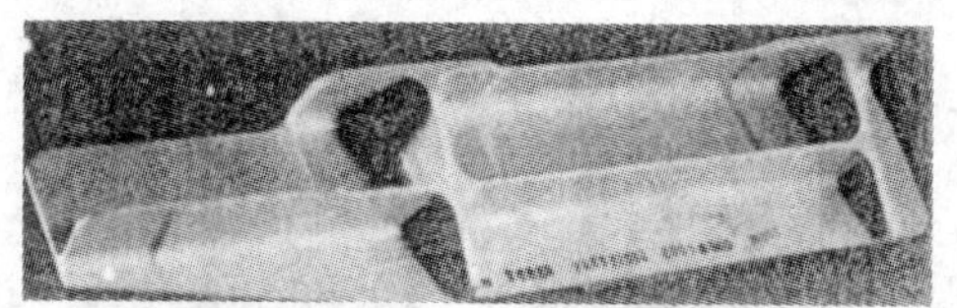

图 6-6-24　用陶瓷模法制造的粉末冶金 Ti－6Al－4V 合金的发动机机座支架

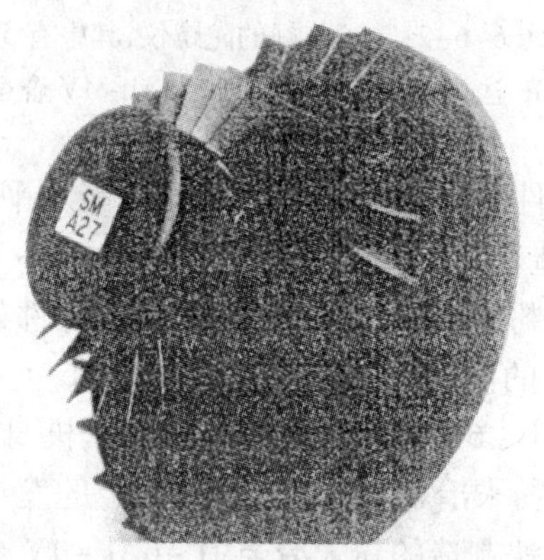

图 6-6-25　用陶瓷模法制造的粉末冶金 Ti－6Al－4V 合金的 F－107 飞航式导弹发动机径向式压缩机转子

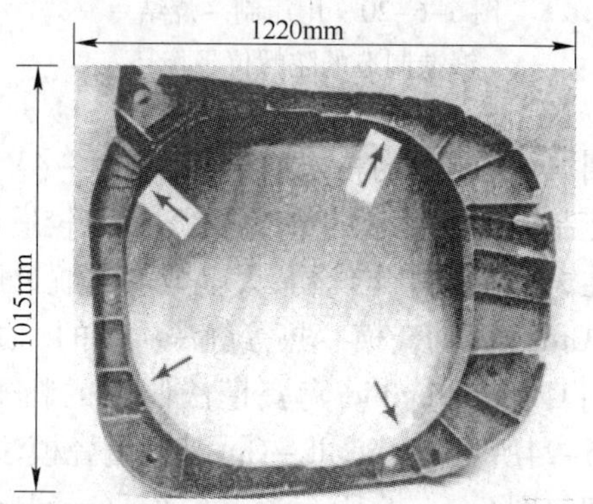

图 6-6-26　用陶瓷模法制造的最大的钛粉末冶金零件
（在所示部位用电子束焊接，由 4 个 HIP 构件制成的 F－14A 短舱框架）

表 6-6-7 所示为现行锻件的重量，粉末冶金零件的重量，最终零件的重量，并且预测了用 PA 粉末冶金工艺制造各种零件时可节约的成本。这些估测表明，和锻造的零件相比，用粉末冶金法生产时，生产成本约可降低 20%～50%，这取决于零件的大小、形状复杂程度及产量。产量较高时，节约就较多。粉末冶金工艺的另外一个优势是，其研制的周期可能比同样的锻造零件短 50% 甚至更多，这个优势在材料短缺时尤为重要。

表 6-6-7　典型 PA 粉末冶金钛合金零件

零　件		零件重量/kg			可能节约成本/%
		锻坯	粉末冶金零件	最终零件	
Colt－Crucible 陶瓷模法	F－14 机身撑臂	2.8	1.1	0.77	50
	F－18 发动机机座支架	7.7	2.5	0.5	20
	F－18 制动装置爪座配件	79.4	24.9	12.8	25
	F－107 径向式压缩机叶轮	14.5	2.8	1.6	40
	F－14 短舱框架	142.8	82.1	24.1	50
流体模法	AH64 径向式压缩机叶轮	9.5	2.2	1.06	35

参 考 文 献

[1] 中国冶金百科全书总编辑委员会．中国冶金百科全书，金属材料卷[M]．北京：冶金工业出版社，2001：742～758.

[2] Metals Handbook, Vol. 7, Powder Metallurgy[M]. ASM, 1984: 748～755.

[3] ASM Handbook. Vol. 7, Powder Metal Technologies and Applications[M]. ASM, 1998: 874～883.

编写：韩凤麟（中国机协粉末冶金分会）

第 7 篇

粉末冶金功能材料

第1章 贮氢合金

贮氢合金是由易生成稳定氢化物、原子半径较大的金属元素 A(如 La、Ce、Ti、Zr、Ca、Mg、V、Nb 等,为放热型金属和氢稳定元素)和与氢亲和力小、原子半径较小的过渡族金属元素 B(如 Fe、Co、Ni、Cu、Mn、Al、Cr 等,为吸热型金属和氢不稳定元素),按一定比例组合而成的金属间化合物或固溶体。前者控制着贮氢量,是组成贮氢合金的关键元素;后者控制着吸放氢的可逆性,起调节生成热和分解压力的作用。在一定温度和压力条件下,其能够可逆地吸收和释放氢气,同时应具有活化容易、吸氢量大、吸放氢速度快、平衡氢压适中、吸放氢滞后小、不易中毒、不易微粉化及价格低廉等特点。20 世纪 60 年代末和 70 年代初,荷兰的 Philips 实验室和美国的 Brookhaven 实验室等先后发现 $LaNi_5$、$ZrMn_2$、TiFe 和 Mg_2Ni 等金属间化合物的贮氢特性,在吸放氢过程中还伴有热效应、机械效应、电化学效应、磁性变化和催化作用等。

1.1 贮氢合金的理论基础

1.1.1 化学和热力学原理

在一定温度和压力条件下,许多金属或合金能与氢气可逆反应生成含氢固溶体 MH_x 和氢化物 MH_y。反应分步进行,开始吸收少量氢,形成含氢固溶体(α 相),合金结构保持不变;固溶体进一步与氢反应,产生相变,生成氢化物相(β 相),如式 7-1-1 所示;再提高氢压,氢含量略有增加。

$$\frac{2}{y-x}MH_x + H_2 \rightleftharpoons \frac{2}{y-x}MH_y + Q \tag{7-1-1}$$

这是一个可逆反应过程,吸氢时放热,吸热时放氢。不论是吸氢反应,还是放氢反应,都与系统温度、压力及合金成分有关。根据 Gibbs 相律,当温度一定时,反应有一定的平衡压力。贮氢合金－氢气的相平衡图可由压力－成分等温线，即 $p-c-T$ 曲线表示(见图 7-1-1)。

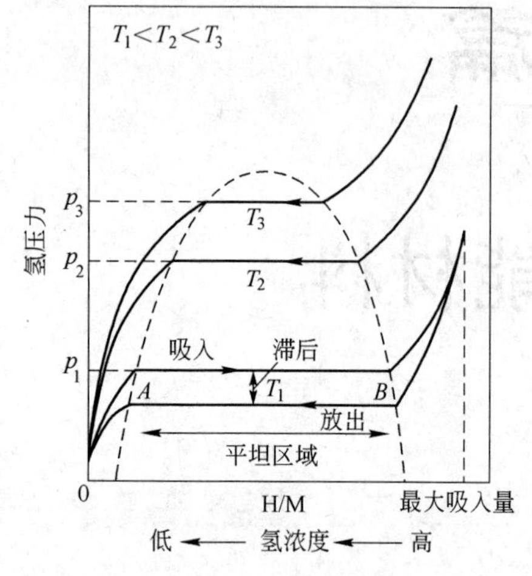

图 7-1-1　$p-c-T$ 曲线图

在同一温度下，贮氢合金在吸收和释放氢时压力不同，此现象称为滞后；表现为 $p-c-T$ 曲线中吸收和释放氢的曲线不重合。实际的 $p-c-T$ 曲线偏离理想状态，吸、放氢平台呈现不同程度的倾斜。作为贮氢合金，平台越平坦、滞后越小越好；滞后小，作为电极活性材料，可降低内压，提高电化学容量；作为能量转换材料，可减小能量损失。

贮氢合金的分解压力 p_{H_2} 和温度的关系可近似地表示为：

$$\Delta \ln p_{H_2} = \frac{\Delta H^{\ominus}}{RT} - \frac{\Delta S^{\ominus}}{R} \qquad (7-1-2)$$

式中，$\Delta H^{\ominus}$、$\Delta S^{\ominus}$ 分别表示氢化反应的标准焓变和标准熵变；R 为气体常数；T 为热力学温度。根据不同温度下贮氢合金吸氢的 $p-c-T$ 曲线，可做出 $\ln p_{H_2}$ 与 $1/T$ 的关系图(见图 7-1-2)。

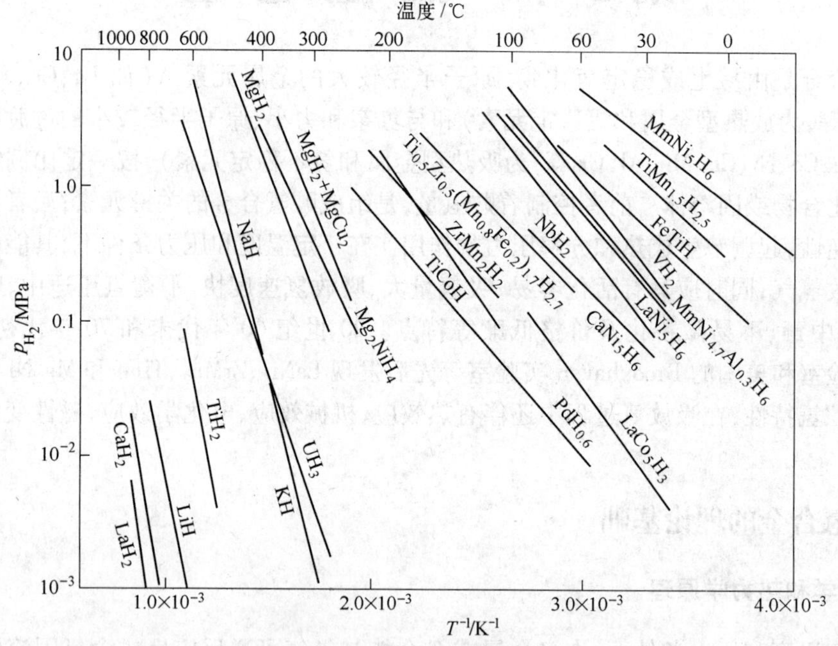

图 7-1-2　各种金属氢化物的分解压力与温度的关系

贮氢合金形成氢化物，其生成焓就是形成氢化物的生成热，负值越大，氢化物越稳定。做贮氢用，考虑到能源的利用效率，焓值应该小；做贮热用，焓值应该大。生成熵表示形成氢化物的趋势，在同类合金中，数值越大，平衡分解压力越低，氢化物越稳定。

1.1.2　吸氢反应机理

合金的吸氢反应机理可用图 7-1-3 的模型来说明。氢分子与合金表面接触时，吸附于合金表面,氢分子的 H—H 键断裂,氢原子从合金表面向内部扩散进入晶格间隙,首先形成固溶体直至饱和,然后氢原子再与固溶体反应生成氢化物。

合金的吸氢反应是一个多相反应,包括以下基础反应:(1)氢分子传质;(2)化学吸附氢分子的解离;(3)表面迁移;(4)吸附氢原子转化为吸收氢原子;(5)氢原子在固溶体(α 相)中扩散;(6)固溶体转化为氢化物(β 相);(7)氢原子在氢化物中扩散。

1.1.3　电化学原理

贮氢合金的电化学应用是其重要的应用领域,作为镍氢二次电池的负极活性材料。贮氢合金在碱性电解液中的电极反应机理可用图 7-1-4 的模型来说明。充电时,水分子在合金表面电化学还原生成氢原子,氢原子被合金吸收形成氢化物。

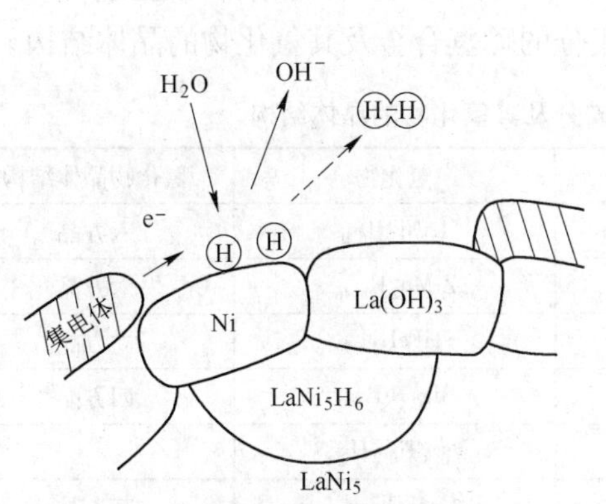

图 7-1-3　合金的吸氢反应机理

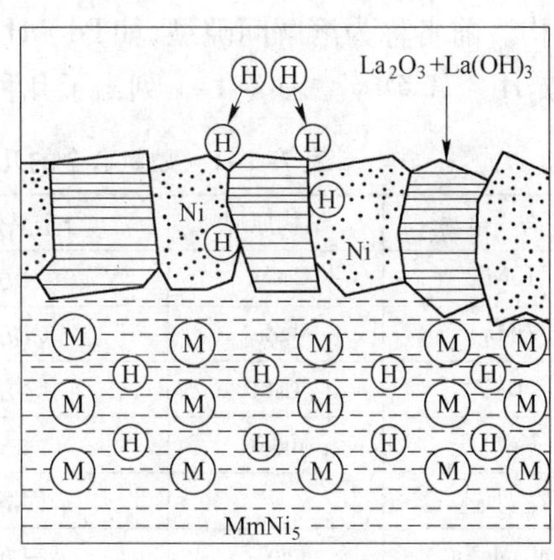

图 7-1-4　合金的电极反应机理

合金的电极反应可归纳为以下步骤:(1)水液相传质(对流或扩散)到电极的固液界面;(2)电极表面电子转移,水分子电化学还原生成氢原子;后续步骤同合金的吸氢反应机理。电极表面可能存在副反应,即氢原子不被合金吸收,而是直接复合为氢气逸出;副反应会造成电极充电效率降低及自放电现象。

1.1.4　氢原子的位置

可将金属或合金中的晶格间隙看作是容纳氢原子的容器。在面心立方(FCC)和体心立方(BCC)晶格中,六配位的八面体间隙和四配位的四面体间隙是氢原子能够稳定存在的两个位置。一般这些位置只有部分被占据。进入晶格间隙位置的氢,虽然称为氢原子,但其电子云状态与原子不同,不是存在于一个点上,而是存在于晶格间隙位置周围的一定范围内。

图 7-1-5 表示出氢原子在 $LaNi_5$ 合金中占有的位置。在 $Z=0$ 和 $Z=1$ 面上,是由 4 个 La 原子和 2 个 Ni 原子组成的一层;在 $Z=1/2$ 面上,是由 5 个 Ni 原子组成的一层。氢原子位于由 2 个 La 原子和 2 个 Ni 原子形成的四面体晶格间隙位置,和由 2 个 La 原

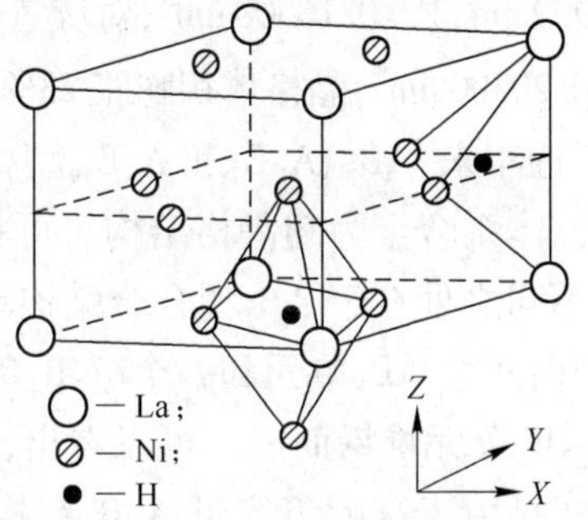

图 7-1-5　$LaNi_5$ 合金中的氢原子的位置

子和4个Ni原子形成的八面体晶格间隙位置。氢原子可进入的位置，在$Z=0$面上有3个，在$Z=1/2$面上有3个。由于氢原子的进入，金属或合金的晶格被扩宽，$LaNi_5$合金吸氢后晶格体积膨胀率为23%。金属或合金中原子排列紧密，同时有大量的晶格间隙位置，氢原子进入到间隙位置后也处于最致密的填充状态，这就是贮氢合金能够安全、大量地吸收氢的原因。贮氢合金中能够贮存的氢原子数为金属原子的1～2倍，其贮氢密度甚至大于液态氢。

1.1.5　晶体结构

贮氢合金主要按照晶体结构进行分类，主要有AB_5型稀土镍系合金、AB_2型Laves相锆钛系合金、AB型钛铁系合金、A_2B型镁基合金、固溶体型钒基合金、AB_3和A_2B_7型稀土轻金属镍系合金。合金形成氢化物后，其晶体结构有的与合金一样，有的则形成完全不同的另一种结构。前者称为溶解间隙型，如Pd－H和$LaNi_5$－H系等；后者称为结构变态型，如Ti－H和Mg_2Hi－H系等。表7-1-1列出了几种典型成分的贮氢合金及其氢化物的晶体结构。

表7-1-1　贮氢合金的几种典型成分及其氢化物的晶体结构

合　金	结构原型	合金晶体结构	氢化物	氢化物晶体结构
$LaNi_5$	$CaCu_5$	六方晶	$LaNi_5H_{6.0}$	六方晶
$ZrMn_2$	$MgZn_2$	六方晶	$ZrMn_2H_{3.46}$	六方晶
TiFe	CsCl	立方晶	$TiFeH_{1.95}$	立方晶
Mg_2Ni	Mg_2Ni	六方晶	$Mg_2NiH_{4.0}$	四方晶
$V_{0.8}Ti_{0.2}$		固溶体	$V_{0.8}Ti_{0.2}H_{0.8}$	
$LaCaMgNi_9$	$PuNi_3$	三方晶	$LaCaMgNi_9H_{13.2}$	三方晶

AB_5型稀土镍系贮氢合金为$CaCu_5$型六方结构，空间群为P6/mmm(191)，典型代表为$LaNi_5$合金；其晶格常数$a=0.5017$ nm，$c=0.3977$ nm，$V=0.08680$ nm^3。$LaNi_5$合金在室温下能与6个氢原子结合，生成同样具有六方晶结构的$LaNi_5H_6$；其晶格常数$a=0.5388$ nm，$c=0.4250$ nm，$V=0.10683$ nm^3；$LaNi_5$合金吸氢后晶格体积膨胀23%。

AB_2型锆钛系合金为最致密充填的Laves相结构，A和B原子半径比近似为1.255；Laves相合金组成范围宽，允许AB_2组成的波动。贮氢合金中能充分显现的是$MgZn_2$型(C14)六方结构，空间群$P6_3$/mmc(194)，以及$MgCu_2$型(C15)立方结构，空间群Fd－3m(227)；其中显示优良贮氢特性的是前者，如$TiMn_{1.47}$合金，其晶格常数$a=0.4880$nm，$c=0.7999$ nm，$V=0.16500$ nm^3，对应氢化物$TiMn_{1.47}H_{2.5}$的晶格常数$a=0.5230$ nm，$c=0.8550$ nm，$V=0.20300$ nm^3，晶格体积膨胀23%。

近年来，AB_3、A_2B_7和A_5B_{19}型稀土轻金属镍系合金作为新一代高容量合金成为研究热点，该体系合金为超晶格结构。可将其结构单元看作是由AB_5单元和A_2B_4单元交替堆垛而成，不同之处在于AB_3型合金结构单元由一个AB_5单元和一个A_2B_4单元堆垛而成，A_2B_7型合金由两个AB_5单元和一个A_2B_4单元堆垛而成，而A_5B_{19}型合金则是由三个AB_5单元和一个A_2B_4单元堆垛而成。可以看出，AB_3、A_2B_7和A_5B_{19}型合金较AB_5型合金具有更好的贮氢能力，是由于高贮氢容量A_2B_4结构单元的引入。$LaCaMgNi_9$合金为$PuNi_3$型斜六面体结构，属于三方晶系，空间群为R－3m(166)；其晶格常数$a=0.5009$nm，$c=2.3874$nm，$V=$

0.51870nm^3,对应氢化物 $LaCaMgNi_9H_{13.2}$ 的晶格常数 $a=0.5428$nm,$c=2.5674$nm,$V=0.65501$nm^3,晶格体积膨胀26%。

1.2 贮氢合金的评价

1.2.1 基本性质

贮氢合金的基本性质包括:吸氢量,平衡氢压,滞后性,平台特性,反应热,活化特性,吸、放氢速度特性,寿命,粉碎性,热导性,抗毒化性能,成本等。贮氢合金作为电极材料应用时,主要关注其电化学性能。

1.2.1.1 $p-c-T$ 曲线

$p-c-T$ 曲线是贮氢合金的重要热力学特性曲线。从 $p-c-T$ 曲线可以得到合金的吸氢量、可逆吸放氢量以及在不同温度下吸收和释放氢的平衡压。$p-c-T$ 曲线测试结果包括吸氢量、平衡氢压、磁滞及平台特性。合金的吸氢量一般给出0.3 MPa(3atm)和1 MPa(10atm)氢压下的吸氢量。平衡氢压是指H/M为0.4时的放氢压力。磁滞 H_f 表征的是合金吸氢压力 p_a 和放氢压力 p_d 的差异即滞后现象,用H/M为0.4时的 $\log(p_a/p_d)$ 来表示,该值越接近于0,滞后越小。平台特性用平台的倾斜度即斜率 $\frac{\log(p_{0.5}/p_{0.25})}{(H/M)_{0.5}-(H/M)_{0.25}}$ 来表征,平台越平坦,即斜率值越接近0,平台特性越好。

根据式7-1-2,测定不同温度下的 $p-c-T$ 曲线,以 $\ln p_{H_2}$ 对 $1/T$ 作图,通过直线的斜率和截距可分别求得合金氢化反应的焓变和熵变;其中氢化反应的焓变即合金氢化物的生成热。

$p-c-T$ 曲线的测试方法有高压热天平法、电化学法、Sievelts 装置定组成法及 Sievelts 装置定温法,其中 Sievelts 装置定温法是最普遍的方法。

1.2.1.2 活化特性

贮氢合金表面暴露在大气或某种气氛中,很容易生成氧化物和氮化物层、或吸附水分和有害气体,这均能阻碍合金的氢化。因此,为使合金充分进行氢化反应,必须在加热条件下减压排气或在加压条件下导入氢气等,即对合金进行活化处理。活化特性直接影响着贮氢合金的工业化应用。易活化的合金仅需吸、放氢1~2次即可活化,如 $LaNi_5$ 合金;而难活化的合金即使在高温、高压下,也要经过数十次吸、放氢才能活化,如TiFe、Mg_2Ni 合金。活化后的贮氢合金表面具有较大的活性,极易吸氢,1~2 min内便可达到95%以上。

1.2.1.3 吸、放氢速度特性

在贮存与输送氢气和设计利用热泵等金属氢化物的装置时,合金的动力学特性即吸、放氢速度尤为重要。不同合金的吸、放氢速度差异很大。$LaNi_5$、TiFe 合金能以极快速度吸收和释放氢;镁基合金活化困难,且吸、放氢速度慢。测定合金吸、放氢速度的方法有两种:定容法和重量法。定容法是根据一定容积的容器中的压力变化,求出氢的反应量,并计算出反应速度;重量法即高压热天平法,是用高压热天平测定高压下合金的质量变化,求出合金与氢的反应量,并得出反应速度。

1.2.1.4 合金的寿命

贮氢合金的寿命是衡量其吸、放氢能力的重要指标。一般用反复吸、放氢的次数来表

征,即吸、放氢循环至吸氢量小于最大吸氢量的 10% 时的次数。试验中往往以循环至第 n 次时的吸氢量与最大吸氢量之比的百分数来衡量。

1.2.1.5　合金的粉碎性

氢化时合金晶格体积膨胀,脱氢时体积收缩,一般体积变化率为 10% ~25%。由于贮氢合金本身很脆,吸氢后晶格体积急剧膨胀使合金颗粒产生微细裂纹;反复吸、放氢后合金颗粒就会变成粉末。其粒度变化,可以通过激光衍射粒度仪或筛分法测定,也可通过扫描电镜进行观察。实际应用时,要尽量提高合金的抗粉化能力,以延长使用寿命。

1.2.1.6　合金氢化物的导热性

合金吸氢时要放出热量,放氢时又必须由外界供给热量,因而贮氢装置既是一个反应器,又是一个热交换器。为保证氢化反应和热交换的顺利进行,氢化物的导热性至关重要。尤其是合金反复吸、放氢后粒度变细,其导热性变差,使吸收和释放氢所用时间增加。实际应用中须尽量改善氢化物层的热导率。

1.2.1.7　抗毒化性能

当氢气纯度不高时,氢气中的 O_2、H_2O、CO、CO_2、H_2S 等杂质会在合金或氢化物表面发生反应,降低吸氢量和吸、放氢速度,这种现象称为“表面中毒”。被活化的合金表面也会中毒。氢气中的杂质允许量是选择合金的重要基准之一。不同体系合金的抗毒化能力有差异,如 $LaNi_5$ 合金的抗毒化性能较 TiFe 合金强。实际应用时,即使用纯氢,合金中毒也不能完全避免;但是合金中毒后,使用高纯度氢清洗或进行适当加热处理,就可使合金再生。

1.2.1.8　电化学性能

电化学性能测试是在夹片式开口电池或三电极测试系统中进行的,辅助电极为电化学容量远高于待测合金电极的烧结式氢氧化镍电极,后者还需汞 - 氧化汞作为参比电极,电解液一般为 6 mol/L 氢氧化钾水溶液。电化学性能一般包括活化次数、最大放电容量和循环寿命,其他还包括高倍率放电性能和高低温性能等。

合金电极采用 60 mA/g 恒流充电 450 min,静置 10 min,然后 60 mA/g 恒流放电,截止电位为 1.0 V(夹片式)或 0.6V(三电极),静置 10 min,依次循环;所得到的最大放电容量为合金的最大放电容量,所需相应循环次数为活化次数。合金电极充分活化后,采用 300 mA/g 恒流充电 80 min,静置 10 min,然后用 300 mA/g 恒流放电,截止电位为 1.0 V 或 0.6 V,静置 10 min,依次循环;用放电容量衰减到 80% 时的循环次数来表征合金的循环寿命。

1.2.2　应具备的条件

理论上,能够在一定温度和压力条件下与氢形成氢化物,且为可逆反应的金属或合金都可以作为贮氢应用。然而要具有实用价值,必须满足以下要求:(1)贮氢量大,能量密度高;一般可逆吸、放氢量应不少于 150 mL/g。(2)吸、放氢速度快。(3)氢化物生成热一般在 -29 ~ -46 kJ/mol H_2 为宜。(4)氢分解压力适中(0.1 ~1.0 MPa,298 K),同时平台压区宽且平坦,平台滞后小。(5)容易活化,活化的难易直接影响贮氢合金的实用价值。(6)化学稳定性好,对氢气中所含杂质敏感性小,抗中毒能力强。(7)吸氢体积膨胀小,反复吸、放氢过程中合金颗粒不易粉化。(8)在贮存和运输中安全、无害。(9)原材料资源丰富,价格低廉。

若贮氢合金作为镍氢二次电池的负极活性材料即电化学应用,除上述条件外,还应满足如下条件:(1)电化学贮氢容量高,在较宽的温度范围内(-20 ~60℃)不发生太大变化。

(2)平台压力适中(0.1~0.01 MPa,298 K)。(3)具有较高的电催化活性和较好的电极动力学性能,易活化且氢扩散速度快。(4)对氢的阳极极化具有良好的催化作用,且在氢的阳极氧化电位范围内具有较强的抗氧化能力。(5)在强碱性电解液中,合金组分的化学性质相对稳定。(6)良好的导电和导热性能。

1.3 AB_5型稀土镍系贮氢电极合金

AB_5型稀土镍系贮氢电极合金具有良好的性价比,是目前国内外镍氢电池生产中应用最为广泛的负极活性材料。随着镍氢电池产业的迅速发展,对电池能量密度和充、放电性能的要求不断提高,进一步提高负极活性材料的性能已成为推动镍氢电池产业持续发展的技术关键。对合金的化学成分、表面特性及组织结构进行综合优化,是提高 AB_5型合金性能的重要途径。

AB_5型贮氢合金是在 $LaNi_5$二元合金的基础上发展而来的,具体方法包括:(1)合金 A 侧及 B 侧成分优化;(2)采用非化学计量比;(3)改进制备工艺;(4)对合金表面进行改性处理。

1.3.1 $LaNi_5$合金

$LaNi_5$合金是 AB_5型贮氢合金的典型代表。20 世纪 60 年代,荷兰的 Philips 实验室首先发现其具有可逆吸、放氢性能,同时还具有活化容易,平台压力适中且平坦,滞后小,吸、放氢速度快及抗毒化性能好等优点。在 25℃及 0.2 MPa 条件下,$LaNi_5$合金吸氢生成 $LaNi_5H_6$,贮氢量约为 1.4%(质量分数),分解热为 -30 kJ/mol H_2,适合在室温下操作。

$LaNi_5$合金很早就被认为是电池、热泵、空调器等的候选材料,然而合金吸氢后晶格体积膨胀高达 23%,导致其抗粉化、抗氧化能力较差;尤其是作为电极材料,随着充、放电循环的进行,容量迅速衰减,且价格昂贵,很长时间未能得到发展。直到 1984 年,Willems 采用 Co 部分取代 Ni、Nd 少量取代 La 的多元合金化方法,解决了 $LaNi_5$合金在充、放电过程容量衰减迅速的问题,从而实现了利用贮氢合金作为负极材料制造镍氢电池的可能。随后,我国及美国、日本均竞相研究开发,提高了合金的综合性能并降低成本,推动 AB_5型稀土镍系贮氢电极合金向产业化方向发展。

1.3.2 成分优化

1.3.2.1 合金 A 侧混合稀土组成的优化

在 AB_5型稀土镍系贮氢电极合金中,A 侧是稀土或混合稀土元素,主要包括 La、Ce、Pr、Nd 等。与 $LaNi_5$合金相比,相当于 A 侧稀土元素 La 被 Ce、Pr、Nd 部分替代。由于四种稀土元素在物理化学性质和吸、放氢性能方面的差异,混合稀土的组成必然对贮氢电极合金的性能产生重要影响。从目前所使用的混合稀土金属原材料来看,主要分为富镧混合稀土和富铈混合稀土金属两种类型,选择标准可根据具体要求而定,主要区别在于富镧混合稀土贮氢电极合金放电容量高但循环寿命差,富铈混合稀土合金循环寿命好但活化性能较差、放电容量较低。自 2010 年以来,稀土金属尤其是 Pr、Nd 价格的急剧攀高,导致稀土金属在合金成本中的比例大幅增加,相应合金成本也明显提高。因此,较低成本无 Pr 无 Nd 贮氢电极合金的研究和产业化转型迅速完成,目前已占据较大的市场份额。

在 $RE(NiCoMnTi)_5$ 合金中，当 RE 分别为 La、Ce、Pr、Nd 单一稀土时，合金的晶胞体积顺序为 Ce < Nd < Pr < La，这与稀土元素的离子半径变化顺序 $Ce^{4+} < Nd^{3+} < Pr^{3+} < La^{3+}$ 是一致的。合金的平衡氢压随合金晶胞体积的增大而降低。通过比较四种合金的电化学性能，$La(NiCoMnTi)_5$ 的活化性能最好，放电容量最高为 307 mA · h/g，但循环寿命差；$Pr(NiCoMnTi)_5$ 和 $Nd(NiCoMnTi)_5$ 的活化性能和放电容量（299 mA · h/g 和 289 mA · h/g）不如 $La(NiCoMnTi)_5$，但具有较好的循环寿命；而 $Ce(NiCoMnTi)_5$ 的活化性能最差，放电容量最低为 59 mA · h/g，但循环寿命最好。

La 和 Ce 是市售混合稀土金属中的主要元素，并对合金的电极性能有较大的影响，对混合稀土组成的优化研究通常集中在调整两者的相对含量上。在 La - Ce 二元混合稀土 $La_{1-x}Ce_xNi_{3.55}Co_{0.75}Mn_{0.4}Al_{0.3}$ 合金中，随着 Ce 含量的增加，合金晶胞体积线性降低，平衡氢压升高，导致放电容量降低，而合金的循环寿命则随着 Ce 含量的增加而明显改善，这是由于含 Ce 合金表面生成一层 CeO_2 保护膜，提高了合金在碱液中的抗腐蚀能力。当 $x = 0.2$ 时，合金具有较好的综合性能。

另外，合金 A 侧采用微量 Ti、Zr、Mg、Ca 等对稀土元素进行替代，或合金中直接添加此类元素，可明显改善合金电极的循环寿命、提高放电容量、实现合金的低成本化等，进一步提高 AB_5 型合金的性价比。

1.3.2.2 合金 B 侧元素的优化

B 侧元素为氢不稳定元素，控制着合金吸、放氢的可逆性，由于 B 侧元素的存在，往往使得合金的贮氢量不是很高。目前已商品化的 AB_5 型稀土镍系贮氢电极合金中，B 侧元素一般为 Ni、Co、Mn、Al；此外，比较常见的用以部分替代 Ni 的元素还有 Cu、Fe、Sn、Si 等。

A 元素钴的作用

钴是改善 AB_5 型贮氢电极合金循环寿命最有效的元素。钴能够减小合金吸、放氢过程中的晶胞体积膨胀率，提高合金的塑性和韧性，进而提高合金的抗粉化能力；同时，在充、放电过程中，钴还能抑制合金组分中锰和铝元素在碱液中的溶出，减小合金的腐蚀速率；从而提高合金的循环寿命。但钴含量过高会降低合金的放电容量，同时由于钴价格昂贵，会增加合金成本，即使钴含量仅为 10%（质量分数），其仍占原材料成本的 30% ~50%。目前商品化贮氢合金中的钴含量一般为 6% ~10%（质量分数），放电容量可达 300 ~350 mA · h/g，循环寿命可达 200 ~500 次。近年来，在不降低或少降低合金电化学性能的前提下，为进一步降低合金成本，开发低钴甚至无钴合金已成为当今的研究热点；目前国内外贮氢合金生产厂家已经陆续有无钴甚至无钴低镍合金产品推出，主要用于制作超低成本镍氢电池，以替代对环境有严重污染的镍镉电池。用以替代钴的廉价元素主要有 Cu、Fe、Mn、Al、Sn、Si 等。

B 元素锰的作用

锰对镍的部分替代可降低贮氢合金的平衡氢压，降低合金性能的温度敏感性，减小吸、放氢过程中的滞后程度，减小密封镍氢电池的内压。在成分为 $MmNi_{3.95-x}Mn_xCo_{0.75}Al_{0.3}$ 的合金中，当锰替代量从 0.2 增加到 0.4 时，合金 45℃ 时的平衡氢压从 0.24 MPa 降低到 0.083 MPa；同时合金的活化性能、放电容量及高倍率放电性能得到改善；但进一步增加锰替代量会降低合金的循环寿命，这是由于含锰合金在充放电过程中较易吸氢粉化，且合金表面的锰易氧化成为 $Mn(OH)_2$ 并溶解在碱液中，加快合金的腐蚀。商品化贮氢合金中的锰含量一般为 4% ~6%（质量分数）。

C 元素铝的作用

铝对镍的部分替代可以降低贮氢合金的平衡氢压,使氢化物稳定性提高,吸氢动力学性能得到改善,但随着替代量的增加,合金的贮氢容量有所降低。铝原子在合金中占据 $CaCu_5$ 型结构的 3 g 位置,能够减小合金氢化过程中的体积膨胀和粉化速率;此外,在充、放电过程中,铝会在合金表面形成一层致密的氧化膜,可阻止合金的进一步氧化腐蚀;因而,铝对镍的部分替代可提高合金的循环寿命。适当的铝含量可使电极放电容量在 0 ~ 60℃ 范围内对温度不敏感,但随着铝替代量的增加,放电容量减小,高倍率放电性能降低。为兼顾放电容量和循环寿命,合金的铝含量一般为 1% ~ 3%(质量分数)。

D 元素铜的作用

在 AB_5 型贮氢合金中,铜对镍进行部分替代,50% 的铜原子会占据镍原子的 2c 位置,作用类似于钴;铜部分替代镍可降低合金的显微硬度,减小合金在充、放电循环过程中的粉化倾向,提高循环寿命。然而,铜替代降低合金的平衡氢压,使贮氢容量和放电容量下降;同时,由于铜的催化作用不如镍,使合金的活化性能显著降低,高倍率放电性能降低。

相对于钴和镍的价格来讲,金属铜价格低廉;电解铜在市场上易于购得且杂质含量少(纯度高于 99.9%),国内外贮氢合金生产厂商已经成功开发出一系列含铜低钴的低成本贮氢合金产品。

E 元素铁的作用

铁与镍、钴同属 3d 过渡族元素,具有相似的物理化学性质。铁与钴、铜在降低合金吸氢体积膨胀方面具有相似作用,甚至比铜更为有效,这是含铁低钴合金具有较好循环寿命的主要原因;同时含铁合金的贮氢容量和放电容量有所降低,但由于铁资源丰富、价格低廉,用铁部分替代钴元素并联合其他元素进行合金化是进一步开发低钴、无钴贮氢合金的有效途径。

F 元素锡的作用

在 AB_5 型合金中,锡元素部分替代镍后,占据 $CaCu_5$ 型结构的 3g 位置。添加锡元素可降低合金的吸、放氢平台滞后和平衡氢压,提高吸、放氢速率,抑制合金中镧的表面分凝并减小合金吸、放氢过程中的体积膨胀,从而提高循环寿命,但合金的放电容量随着锡替代量的增加而降低。

G 元素硅的作用

在 AB_5 型合金中,硅部分替代镍对合金电化学性能的影响与铝的作用相似,即可减小合金的吸氢膨胀及粉化速率,可在合金表面形成硅的致密氧化膜,明显改善循环寿命;同时降低平衡氢压。但含硅合金的放电容量不高,对氢阳极氧化的极化程度较大,使镍氢电池的输出功率有所降低。

从目前国内外 AB_5 型贮氢电极合金的研究状况来看,虽然已发现某些元素替代可使合金电极的某些性能得到不同程度的改善,但考虑到综合性能及价格等因素,商品化合金的 B 侧元素仍主要是 Ni、Co、Mn、Al 等。由于多元合金化是提高贮氢电极合金性能的重要途径,而不同元素对合金性能的影响也比较复杂,在进一步优化合金 B 侧元素的过程中,应加强不同元素之间协同作用的研究,使合金的综合性能和性价比不断得到提高。

1.3.3 非化学计量比

AB_5 型稀土镍系贮氢电极合金的抗氧化性能可以通过采用非化学计量比来改善,即 x

偏离整数 5。AB_5型非化学计量比合金分为二元、三元及多元体系。非化学计量比又可分为欠化学计量比($x<5$)和过化学计量比($x>5$)。二元、三元体系合金具有 $CaCu_5$型六方结构,其金属间化合物存在着大片均相区域,而多元体系合金具有组成为本体相和覆盖在本体相表面第二相的复相结构,因而在一些特殊性能方面具有优势,如在循环寿命、吸氢反应动力学性能、电催化反应活性等方面都优于相应的化学计量比合金。

二元、三元体系非化学计量比合金可以通过快速凝固,或常规铸造结合高温固溶热处理来制备,合金具有过饱和亚稳单相组织。在 La - Ni 二元合金相图中,$LaNi_{5+x}$合金在温度 1543 K 和 $-0.15\leqslant x\leqslant 0.45$ 范围内存在一个非化学计量比单相过饱和固溶区,该单相区内 $LaNi_{5+x}$合金仍保持 $CaCu_5$型结构,且随着 x 的增加,晶胞 a 轴变短、c 轴变长,晶胞体积减小。对于 $La(Ni,M)_x$($x=5.0\sim6.0$,M = Cu、Sn、Mn、Al 等)过化学计量比三元合金,随着 x 的增大,合金的放电容量降低,但循环寿命显著提高。在 $La(Ni,Cu)_{5.4}$合金的 $CaCu_5$型结构中,La 欠缺而 Ni 过量,占据 1a 位置的部分 La 原子会被由过量 Ni 原子形成的"哑铃"状 Ni - Ni 原子对(dumbbell pairs)所替代,这种"Ni - Ni 哑铃对"沿 c 轴方向排列,"Ni - Ni 原子对"相对于 La 原子在 a 轴方向缩短、在 c 轴方向伸长,使得 a 轴变短、c 轴变长;该结构模型中,若 La 原子被 Ni - Ni 原子对替代的分数为 y,则 AB_x合金的结构式可写作 $A_{1-y}B_{5+2y}$,据此可得 $y=(x-5)/(x+2)$,而当已知合金的过化学计量比时,即可由该式计算出合金中的"Ni - Ni 哑铃对"的分数。为了解释过化学计量比合金循环寿命的改善,提出了 AB_{5+x}合金氢化物相转变模型,如图 7-1-6 所示,认为在化学计量比 AB_5合金中,固溶体 α 相和氢化物 β 相之间的转变区域很窄,即存在相间突变,相界处晶格失配造成较大的内应力及晶体缺陷,使 AB_5合金易于粉化,循环寿命差;而 AB_{5+x}合金中,B 端双原子取代部分 La 原子后,相界处存在较大的缓冲区,吸氢后产生的应变和变形很小,合金具有良好的抗粉化能力,循环寿命改善。AB_{5+x}合金循环寿命的改善不仅与双原子结构的几何因素有关,而且与组成双原子结构的化学因素关系密切。

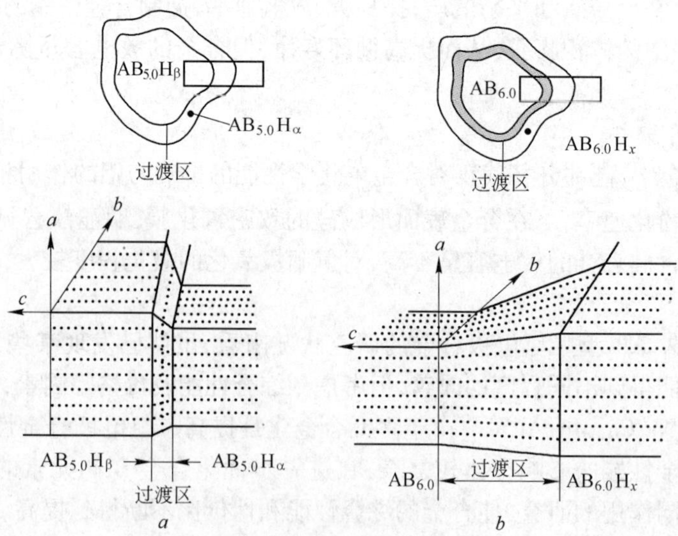

图 7-1-6　合金及其氢化物的相转变模型

a—AB_5合金;b—AB_6合金

$La_{0.8}Nd_{0.2}Ni_{2.9}Co_{2.4}Mo_{0.1}Si_{0.1}$（$AB_{5.5}$）合金具有双相结构，其本体相合金组成为 $La_{0.77}Nd_{0.23}Ni_{2.75}Co_{2.06}Si_{0.11}$（$AB_5$），第二相合金为具有 β－W 型结构的 $MoCo_3$ 合金，其具有高的电催化活性；少量具有高电催化活性的第二相均匀修饰在本体相合金表面，合金电极具有高的交换电流密度，从而改善高倍率放电性能。同样，$MoNi_3$ 和 WNi_3 合金也被证明具有高的电催化活性。在 $MmNi_{3.0}Co_{0.95}Mn_{0.57}Al_{0.19}B_{0.09}$（$AB_{4.85}$）非化学计量比含硼合金中，硼存在于第二相合金 $MmCo_4B$ 中；该合金电极具有较好的高倍率放电性能，也是由于高电催化活性第二相的存在。高催化活性相不仅可以促进合金表面的电荷转移过程，含硼合金中丰富的相界面还有利于氢的扩散，可改善高倍率和低温放电性能。

1.3.4 制备方法

贮氢合金的组织结构（凝固组织、晶粒大小及晶界偏析等）因合金成分、凝固速度及热处理工艺不同而异。凝固组织和晶粒大小主要影响合金的吸氢、粉化及腐蚀速率，与合金电极的循环寿命密切相关。而在晶界处有合金元素或第二相析出时，则可促进或抑制吸氢、粉化及腐蚀过程，降低或提高合金电极的循环寿命；也可能因晶界析出的第二相具有良好的电催化活性，改善合金电极的高倍率放电性能。因此，在优化贮氢合金成分的同时，还应改进合金制备技术，优化控制组织结构，进而提高贮氢合金的综合性能。

贮氢合金的制备方法主要包括感应熔炼法、电弧熔炼法、熔体淬冷法、气体雾化法、机械合金化法、还原扩散法、共沉淀还原法等。

1.3.4.1 感应熔炼法

高频或中频电磁感应熔炼法是目前工业上最常用的贮氢合金制备方法，其熔炼规模从几千克到几吨不等，具有可成批生产、成本低等优点；但耗电量大，合金组织结构难以控制。

坩埚是感应熔炼的重要组成部分，用于装料、熔炼，并起绝热、绝缘和传递能量的作用。坩埚可分为碱性坩埚、中性坩埚和酸性坩埚；按制作方式也可分为炉外成形预制坩埚、炉内成形坩埚和砌筑式坩埚。熔炼 AB_5 型稀土镍系贮氢合金时，坩埚耐火度要求在1600℃以上，一般采用氧化镁、氧化铝和氧化锆坩埚；熔炼过程中有少量坩埚材料会溶入合金中，上述材质的坩埚分别有0.2%（质量分数）的 Mg、0.06%～0.18%的 Al、0.05%的 Zr 溶入贮氢合金。

感应熔炼法制备贮氢合金皆采用纯度较高的金属或中间合金作为原料，一般纯度都大于99.9%，主要是为了减少杂质对合金性能的影响。合金熔炼过程在真空或惰性气氛中进行。工作原理是当电流流经水冷铜线圈时，由于电磁感应使金属炉料内产生感应电流，感应电流在金属炉料中流动时产生热量，使炉料加热并熔化；同时电磁感应还具有搅拌作用，溶液顺磁力线方向不断翻滚并充分混合，易于得到均质合金。合金经熔炼后浇铸在一定形状的水冷锭模中凝固。一般采用水冷铜模或钢模，为进一步提高凝固速度还采用单面冷却薄层圆盘式水冷模和双面冷却框式模，统称为锭模铸造法。感应熔炼法制备贮氢合金一般与热处理工艺相结合。

1.3.4.2 电弧熔炼法

电弧熔炼法适用于实验室及小规模生产。其工作原理是：当电源的对电极相互接触后拉开，电极间将会发生伴有强烈弧光和持续高温的放电，电弧中发射出的强烈光焰部分成为电弧柱，呈等离子状态；等离子体加热中高速移动的电子和粒子碰撞频率很高，粒子得到大量能量，电弧柱温度变得极高，在其内的合金就会熔化。实际的电弧形状会因周围磁场、炉内物质等因素而改变,电弧等离子体中心部位的最高温度可达20000℃左右。一般采用直流电弧熔炼法来制备贮氢合金,同时需要3次以上翻转熔炼来减少合金成分的不均匀性。由于电弧熔炼温度很高,低熔点、易挥发的金属或合金不能采用此方法熔炼。

1.3.4.3　熔体淬冷法

由于提高合金的凝固速度可显著改善合金电极的循环寿命,因而采用快速凝固技术制备贮氢合金的研究受到广泛关注。熔体淬冷法是最常用的贮氢合金快速凝固技术。其工作原理是将熔融合金喷射到高速旋转的水冷铜辊上,冷却速度可达 $10^4 \sim 10^6$ K/s,快速凝固得到厚度为 20 ~ 50 μm 的合金薄带或薄片。水冷铜辊有单辊和双辊之分,单辊法是目前最常用的。用此方法制备贮氢合金薄带或薄片,与铜辊的旋转速度、喷嘴直径、喷射压力、喷嘴前端与铜辊之间的距离有很大关系。熔体淬冷法所制备合金的显微组织为胞状晶,晶粒细小且成分均匀,晶粒细小有利于晶格应力的释放,成分均匀可降低合金在碱液中的腐蚀速率,因而合金电极循环寿命好;同时合金的氢压平台平坦,但放电容量稍有降低,活化性能和高倍率放电性能稍差。将上述快速凝固合金再进行低温热处理,可进一步提高综合性能。熔体淬冷法尤其是单辊快淬法通常与非化学计量比相结合,用以改善低钴或无钴贮氢合金的循环寿命。

1.3.4.4　气体雾化法

气体雾化法也属于贮氢合金的快速凝固技术。其工作原理是熔融合金从漏嘴流出后用高压氩气流将其雾化分散为细小液滴,液滴在下落过程中凝固成平均粒径为 30 ~ 40 μm 的球形粉末,雾化合金粉末的凝固速度为 $10^2 \sim 10^4$ K/s。雾化合金的凝固组织为细小的等轴晶或枝状晶,同时基本消除了稀土及锰等元素的偏析,因而循环寿命好;但初期活化比较困难,高倍率放电性能降低,氢压平台平坦性差。为改善合金的综合性能,必须对雾化合金进行热碱浸渍等表面改性处理或真空热处理。气体雾化法也常用于改善低钴或无钴贮氢合金的循环寿命。

1.3.4.5　机械合金化法

机械合金化法也称为高能球磨法,一般在高能球磨机中进行,其能够引入大量应变、缺陷及纳米级微结构,从而使合金化过程的热力学和动力学过程不同于普通固态反应过程。其工作原理是:通过磨球与磨球、磨球与料罐之间的碰撞使金属或合金粉末产生强烈的塑性变形,粉末表面扩大并露出洁净的原子化表面,被破碎的粉末在随后的球磨过程中又发生冷焊,再次被破碎,如此反复破碎、混合,形成细化的复合颗粒,不同组元原子互相渗入,从而达到合金化的目的。同时,罐内不断产生的热量也加速反应的进行。在合金化过程中,为防止新生原子面发生氧化,须在保护性气氛下进行,一般为氩气和氮气;为防止粉末之间、粉末与磨球及罐壁之间的粘连,一般还需加入庚烷等;罐壁有时还采用循环水进行冷却。机械合金化法一般用来制备复合体系的贮氢合金,例如将镁与 AB_5 型合金进行机械合金化制备纳米相复合贮氢合金,所制备合金具有低的活化能、优异的吸放氢动力学性能和较高的吸氢容量。

1.3.4.6　还原扩散法

还原扩散法是将元素的还原过程和元素间的反应扩散过程相结合直接制取合金粉末的方法。一般认为原料组成、还原剂用量、过程温度和保温时间等影响还原扩散法的产物。由于该方法是将氧化物还原为金属后再相互扩散形成合金的,其具有原料成本低、无需高温反应及破碎设备等优点;但缺点是产物受原料和还原剂杂质影响,还原剂一般过量 1.5 ~ 2 倍,反应后过量的还原剂及副产物清除较为麻烦。还原扩散法制备稀土镍系 AB_5 型合金,一般采用稀土氧化物和镍粉作为原料，钙屑或氢化钙粉作为还原剂，按比例混合后压制成坯块，于保护性气氛下在钙熔点以上温度加热并保温一定时间使成分还原并进行扩散。该方法所制备的AB_5型合金，活化容易并具有良好的吸氢动力学性能。

1.3.4.7 共沉淀还原法

共沉淀还原法是在还原扩散法的基础上发展而来的，属于化学合成方法。工作原理是采用各组分的盐溶液加入沉淀剂进行共沉淀，得到合金化合物，然后灼烧成氧化物，再用金属钙或氢化钙还原得到贮氢合金。用共沉淀还原法制取$LaNi_5$合金时，将试剂级氯化镧和氯化镍按金属原子比La∶Ni＝1∶5溶于水中，选定合适浓度，并加入适量的沉淀剂如碳酸氨，形成碱式碳酸盐沉淀，将沉淀物烘干，煅烧成混合氧化物，然后在氢气气氛中用金属钙还原成$LaNi_5$合金。沉淀剂除了碳酸盐外，还可用草酸盐、柠檬酸盐等。用类似方法还可成功制取$LaNi_5M$（其中M为Mn、Al、Fe、Co等）。该方法仅需工业级的金属盐作为原料，因而也可用于贮氢合金的再生利用。共沉淀还原法所制备的贮氢合金粉末成分均匀，具有高的催化活性且容易活化。

1.3.5 制粉技术

不同制备方法所得到的贮氢合金有不同的形态。气体雾化法、机械合金化法、还原扩散法及共沉淀还原法等可直接得到贮氢合金粉末，无需制粉工序。其余制备方法所得合金有铸锭状、厚板状、薄片状、薄带状等，这些产物均不能直接应用，必须粉碎至一定粒度。贮氢合金作为二次电池的负极活性材料，一般要求粉碎至0.076mm（200目）以下。工业上采取的制粉技术主要包括球磨制粉和氢化制粉。

1.3.5.1 球磨制粉

球磨制粉可分为干式球磨和湿式球磨。干式球磨是在保护性气氛中使物料受到磨球（或棒）的滚压、冲击和研磨而粉碎的一种方法；一般受到转速、球料比、球磨时间、磨球直径配比等因素的影响。操作时应先将大块合金（一般小于30～40mm）用颚式破碎机粗碎至3～6mm，然后用对滚机中碎至1mm左右，再用球磨机细碎。间歇式球磨时，一次球磨时间不宜太长，否则容易粘结于筒壁，难以取出过筛。目前工业上均采用边磨边筛的磨筛机，磨筛机分内外两层筒壁，内筒壁为多孔板，内装磨球和物料，其外装有一层一定网目的筛网，粉碎的合金在离心力作用下过筛，收集于盛料筒内，筛上物则返回内筒继续球磨，从而达到连续制粉的目的。这种磨筛机制粉技术具有操作简单、可实现连续加料和连续出料、不易污染、产量高等特点。

湿式球磨和干式球磨的不同之处在于球磨筒内充入的不是保护性气体而是液体介质，如水、乙醇或汽油等。球磨机采用立式搅拌的方式，由搅拌桨带动磨球和物料（1mm左右）在筒内转动，通过球料间碰撞、研磨而使物料粉碎。球磨强度受搅拌速度、球料比、球磨时间、磨球直径配比等因素控制。经一定时间磨碎后，以浆料的形式放出、澄清或过滤，直接用于负极调浆或真空烘干待用。采用液体介质不会引起贮氢合金的氧化，制得的粉末氧含量与干式球磨基本相同。湿式球磨制粉技术工艺简单，不会出现粘壁现象，无粉尘污染，并能除去超细粉和铸锭表面氧化皮，从而改善合金电极性能。

1.3.5.2 氢化制粉

氢化制粉是较早应用的贮氢合金制粉方法，目前仍有一定应用。其是利用合金吸氢时体积膨胀，放氢时体积收缩，使合金本身产生无数裂纹和新生面，促进氢的进一步吸收、膨胀、碎裂，直至氢饱和为止。根据粒度要求，仅需1~2次循环，便可将30~40 mm的大块合金粉碎至0.076 mm(200目)以下。

氢化时将合金块分盘装入铝盒再放入高压釜中，密封抽真空至1~5 Pa，通入1~2 MPa高纯(99.99%)氢气，合金快速吸氢直至氢压为0，再通入1~2 MPa氢气，如此反复直至饱和为止；然后升温至150℃，同时抽真空15 min以排除合金中的氢气。如此反复1~2次后，抽真空并充氩气，冷却至室温出炉。

氢化制粉技术操作简单，且氢化粉末活化容易、电化学容量也较球磨粉末高10~20 mA·h/g；但需要耐高压设备，氢气排除不干净时容易发热，不利于大规模应用。

1.3.6 表面改性处理

虽然合金的贮氢容量、$p-c-T$特性、氢扩散、贮氢过程中的相变和体积膨胀等主要与合金的种类、成分及组织结构等体相性质有关，但电极的活化性能、过程动力学、自放电特性、抗碱液腐蚀能力等则主要与合金的表面特性有关。合金的电化学吸、放氢过程更多涉及电极表面的电化学反应过程和电极－电解液－气体三相界面，因此合金表面的成分、微观结构及电催化活性等对电极性能有重要影响。通过对贮氢合金进行适当的表面改性处理，可以显著改变合金表面特性，使电极性能得到提高。目前常用的表面改性处理方法有表面包裹、表面修饰、热碱处理、氟化物处理、酸处理和化学还原处理等。

1.3.6.1 表面包裹

表面包裹是采用化学镀、电镀和机械合金化等方法在贮氢合金表面包裹一层Cu、Ni、Co等金属或合金。该网状包裹可作为表面保护层以防止合金氧化和钝化，提高电极循环寿命；可作为集流体，改善电极导电性和导热性，提高活性物质利用率；有助于氢原子向体相扩散，提高电极的充电效率，降低电池内压。但由于表面包裹处理增加了合金的生产成本，还存在废弃镀液的排放处理问题等，目前在生产过程中已很少采用。

1.3.6.2 表面修饰

表面修饰是在合金表面涂上一层疏水性或亲水性的有机物以改变合金的表面状态。在合金表面涂上一层疏水性有机物，可使合金电极表面形成微空间，有利于提高充电后期及快速充电时氢、氧化合为水的反应速度，从而降低电池内压，提高电池的工作安全性和循环寿命。对贮氢合金表面进行特殊憎水处理，对氢氧复合也有良好的催化作用，并能减小电极极化，提高电极的高倍率充放电能力。在合金表面修饰一层连续亲水性有机物膜(如羧甲基纤维素钠)，并在亲水性有机物膜上修饰不连续的孤立岛状憎水性有机物(如聚四氟乙烯)，能显著提高合金的抗氧化能力，进而提高电极循环寿命。用贵金属和非金属材料修饰合金表面也能有效提高电极性能。

1.3.6.3 热碱处理

热碱处理是将合金在热的浓氢氧化钾溶液中进行处理，合金表面层的锰、铝等元素溶解后形成具有高催化活性的富镍层，提高了合金粉之间的导电性，显著改善了电极的活化性能和高倍率放电性能；锰、铝等元素溶解处，氢氧化镧以须晶形式生长，抑制合金表面层进一步腐蚀，改善循环寿命。除了单一热碱处理外，还可将超声波技术应用于碱处理过程，以及在碱处理中添加EDTA等螯合剂或饱和氢氧化锂等，另外还可以直接对合金电极进行碱处理。

日本松下公司采用80℃的6 mol/L 氢氧化钾溶液对 $MmNi_{4.3-x}Co_xMn_{0.4}Al_{0.3}$合金进行处理，当Co含量为0.5～0.75时，热碱处理提高循环寿命的效果最显著。然而必须严格控制碱处理的工艺条件，否则合金过度腐蚀不仅会损失有效容量，还会造成表面腐蚀凹痕和空洞加速合金腐蚀，降低循环寿命。

1.3.6.4 氟化物处理

氟化物处理是将合金在氢氟酸等氟化物溶液中进行处理，处理后合金外表面被厚度为1～2 μm 的氟化物层覆盖，亚表面层则是电催化活性良好的富镍层。同时，在处理过程中，氟化物溶液中的氢离子使合金表面氢化并生成大量微裂纹，反应比表面积显著增加。经氟化物处理，合金的活化性能、高倍率放电性能和循环寿命均得到一定程度改善。

1.3.6.5 酸处理

酸处理是将合金在酸溶液中进行浸渍处理，以除去合金表面的稀土氧化物层，并形成电催化活性良好的富镍层和富钴层；同时合金表面层氢化并产生大量微裂纹，合金比表面积增大，从而使活化性能和高倍率放电性能得到改善。常用的酸有盐酸、HAc－NaAc缓冲溶液、甲酸、乙酸及胺基乙酸等。日本三洋公司采用pH值为1的盐酸溶液对 $Mm(NiCoMnAl)_{4.76}$合金进行表面处理，在改善合金的活化性能方面，快速凝固和热处理合金的酸处理效果优于铸态合金。

1.3.6.6 化学还原处理

化学还原处理是将合金在含有 KBH_4、$NaBH_4$及次磷酸盐等还原剂的热碱溶液中进行浸渍处理。该方法除了具备碱处理的优点外，还原过程中生成的氢原子吸附在合金表面，使合金表面氢吸附能力增强；并有部分氢扩散到合金中形成氢化物，处理后的合金容易达到饱和容量；同时氢化使合金表面形成大量微裂纹，增大合金比表面积。合金经化学还原处理后，相应电极的初始放电容量、活化性能、高倍率放电性能、循环寿命得到显著提高。

1.4 贮氢合金的应用

贮氢合金是一种金属功能材料，除了有贮氢特性外，还具有能量转换功能，因此其应用很广泛。(1)利用贮氢合金在碱液中与氢反应的可逆性，可用于小型民用或汽车用镍氢二次电池的负极活性材料。(2)利用其贮氢密度大的特性，可用于氢气的贮存、运输和氢燃料汽车用燃料箱等。(3)利用其选择性吸氢的特点，可用于氢气的回收、精制和氘氚的浓缩与分离。(4)利用其温度－压力变换特性，实现热能与机械能的转换，可制成热泵、热管、氢气压缩机、氢气发动机等。(5)利用其加氢催化性能，可制成催化剂，用于甲烷合成、氨合成的加氢反应中。(6)利用贮氢合金－氢气系统，可制成燃气发动机，用于氢能汽车、飞机和船舶等。(7)可作为热能、太阳能、地热能、核能和风能的贮存介质。(8)利用氢化物吸热放氢的特点，可用于贮存各种废热。

目前贮氢合金最主要的应用还是作为镍氢二次电池的负极活性材料，镍氢电池除作小型民用外，也作为便携式电动工具、电动自行车、混合动力汽车和电动汽车的电源。近年来，镍氢二次电池不断向高容量化、高功率化、长寿命化以及低成本化方向发展，其应用前景越来越广泛。

编写：周增林（北京有色金属研究总院）

第 2 章　粉末冶金磁性材料

2.1　概述

2.1.1　物质的磁性

磁性是物质的基本属性之一。物质的磁性来源于原子的磁矩。原子由原子核和核外电子组成,电子和原子核均有磁矩。但原子核的磁矩是电子磁矩的 1/2000,所以原子磁矩主要来源于电子磁矩,其中包括电子的轨道磁矩和电子的自旋磁矩。在所有材料中,原子磁矩并不都是排齐的。按照局部原子磁矩彼此耦合的方式如平行、反平行或不平行,物质的磁性大体分为抗磁性、顺磁性、铁磁性、反铁磁性和亚铁磁性等。表 7-2-1 列出各种磁性的异同点。其中铁磁性和亚铁磁性为强磁性,通常将它们广义地称为铁磁性;其余属于弱磁性。

表 7-2-1　物质磁性的异同点

项　目	抗磁性	顺磁性	铁磁性	反铁磁性	亚铁磁性
原子磁矩	=0	≠0	≠0	≠0	≠0
磁化率	$-(10^{-5}\sim10^{-6})$	$-(10^{-4}\sim10^{-5})$	$-(10^{2}\sim10^{6})$	$-(10^{-2}\sim10^{-4})$	$-(10^{2}\sim10^{6})$
磁化曲线	线性	线性	非线性	线性	非线性
饱和磁化场/$A\cdot m^{-1}$	无限大	$>10^{10}$	$10^{2}\sim10^{5}$	$>10^{10}$	$10^{2}\sim10^{5}$
磁性强弱	弱	弱	强	弱	强
物质实例	Cu、Ag、Au、C、Si、S、P、As、Sb、Bi、Te、Se、Br、F、Cl、I、He、Ar、Kr 等	Pt、Rh、Pd 等;I_A 族(Li、Na、K 等);$Ⅱ_A$ 族(Be、Mg、Ca 等)	Fe、Co、Ni、Gd、Tb、Dy 等元素及其合金、金属间化合物等;FeSi、SmCo、NdFeB 等	Cr、Mn、Nd、Sm、Eu 等 3d 过渡元素或稀土元素,还有 MnO、MnF_2 等化合物	铁氧体系材料(Fe、Co、Ni 氧化物);Fe、Co 等与重稀土形成的金属间化合物

2.1.2　铁磁物质的特性

铁磁物质的特性主要分为两类,一是与内部原子结构和晶格结构有关的特性,也称为内禀特性;二是与磁化过程有关的特性,称为磁化特性。

2.1.2.1　内禀特性

铁磁物质的内禀特性包括以下几种。

(1) 自发磁化强度 M_s。铁磁性物质的原子都具有原子磁矩,同时又具有特定晶格结构,原子磁矩按一定规律排列在晶格点阵中。因此,每一个原子受到周围邻近原子的强烈作用,使邻近原子的磁矩方向趋于平行某一晶轴方向,因而自发地产生磁化强度 M_s。它决定于铁磁性物质的原子结构和邻近原子间相互作用,并随温度而变化。

(2) 居里温度 T_c。铁磁性物质之所以具有自发磁化是由于邻近原子间的相互作用。但物质的原子或分子在一定温度下总是不停地运动着,原子或分子的动能与形成物质所表现的温度有关。显然这种热运动是要破坏各原子磁矩趋于一致方向。当在某温度以下,迫使邻近原子取向一致的相互作用超过原子热运动的破坏作用，则在该温度以下，可以形成一定程度的自发磁化，该温度叫居里温度（或居里点）。在居里温度以上时，原子热运动超过了原子磁矩取向一致的作用，而变为混乱状态，呈顺磁性。每一种铁磁物质均有其居里点，单位为℃。

（3）磁各向异性场 H_k。铁磁性物质按具体结构讲可分晶体和非晶体两类。对晶体来说，其磁性在各个晶格方向是不一样的，这个性质叫磁晶各向异性。易于磁化的晶轴方向称易磁化方向，难于磁化的晶轴方向称难磁化方向。表示材料各向异性大小的系数称为各向异性常数 K。使晶体沿难磁化方向磁化到饱和所需的磁场称为各向异性场 H_k。

（4）饱和磁致伸缩系数 λ_s。当铁磁物质在外磁场作用下磁化时，可观察到尺寸及形状的变化。这种现象称磁致伸缩现象。饱和磁致伸缩系数 λ_s 表示某一铁磁物质在外磁场作用下，沿磁场方向上测量到的最大长度或形状的变化。

2.1.2.2　磁化特性

这类特性是用与物质的磁化曲线和磁滞回线直接联系的几个参数来表示的。铁磁物质在外磁场作用下的磁化过程是不可逆的，这就是磁滞现象。图 7-2-1 为铁磁物质典型的磁化曲线和磁滞回线。磁化曲线表征的是铁磁物质在外磁场作用下所具有的磁化规律，又称为技术磁化曲线。oc 为磁化曲线，到 c 点时，铁磁物质磁化到饱和状态。磁滞回线是当磁场在正负两个相同数值之间变化时，磁感应强度的变化回线。这个回线的大小随磁场的正负最大值而不同。从饱和磁化状态开始的磁滞回线叫基本磁滞回线。磁化曲线和磁滞回线有两种表示法：一种是磁感应强度 B 对磁场 H 的曲线，这是工程技术中常用的表示方法；另一种是磁化程度 M 对磁场 H 的曲线，这是磁学中常用的表示方法。

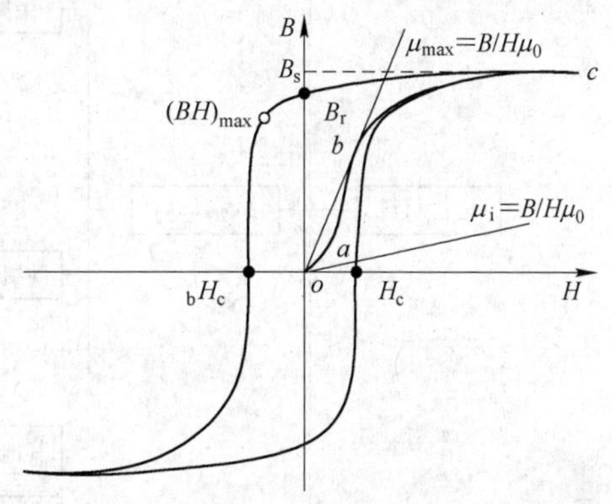

图 7-2-1　铁磁物质典型磁化曲线与磁滞回线

铁磁物质在磁化过程中的特性参数主要有：

B_s——饱和磁感应强度，是指用足够大的磁场来磁化磁性物质时，其磁化曲线接近水平不再随外磁场的加大而增加时的相应 B 值，单位为 T 或 Gs；

H_c——矫顽力，是指当磁性物质磁化到饱和后，由于有磁滞现象，故要使 B 减为零需有一定的负磁场，单位为 A/m 或 Oe；

B_r——剩余磁感应强度，是指当以足够大的磁场使磁性物质达到饱和后，又将磁场减小到零时的相应的磁感应强度，单位为 T 或 Gs；

μ——磁导率，是 $B-H$ 曲线上任意一点的 B 和 H 的比值，$\mu=B/H$，单位是 Hm 或 Gs/Oe；

μ_i——初始磁导率，是指当 $H\to 0$ 时的磁导率；

μ_{max}——最大磁导率，是指以原点作直线与 $B-H$ 曲线相切，切线的斜率即为 μ_{max}。

2.1.3　磁性材料的分类

磁性材料品种繁多，也有多种分类方法。从材质角度，可分为“金属及合金磁性材料”

和"铁氧体磁性材料"两大类,铁氧体磁性材料又分为多晶结构和单晶结构材料。从应用角度,可分为硬磁材料、软磁材料、矩磁材料、旋磁材料、压磁材料及其他磁功能材料,如图7-2-2所示。软磁材料、永磁材料、磁记录、矩磁材料中既有金属材料又有铁氧体材料;而旋磁材料和高频软磁材料主要为铁氧体,因为金属在高频和微波频率下将产生巨大的涡流效应,导致金属磁性材料无法使用,而铁氧体的电阻率非常高,将有效地克服这一问题,因而得到广泛应用。另外,从形态上分,磁性材料又可分为粉体材料、液体材料、块体材料、薄膜材料等。

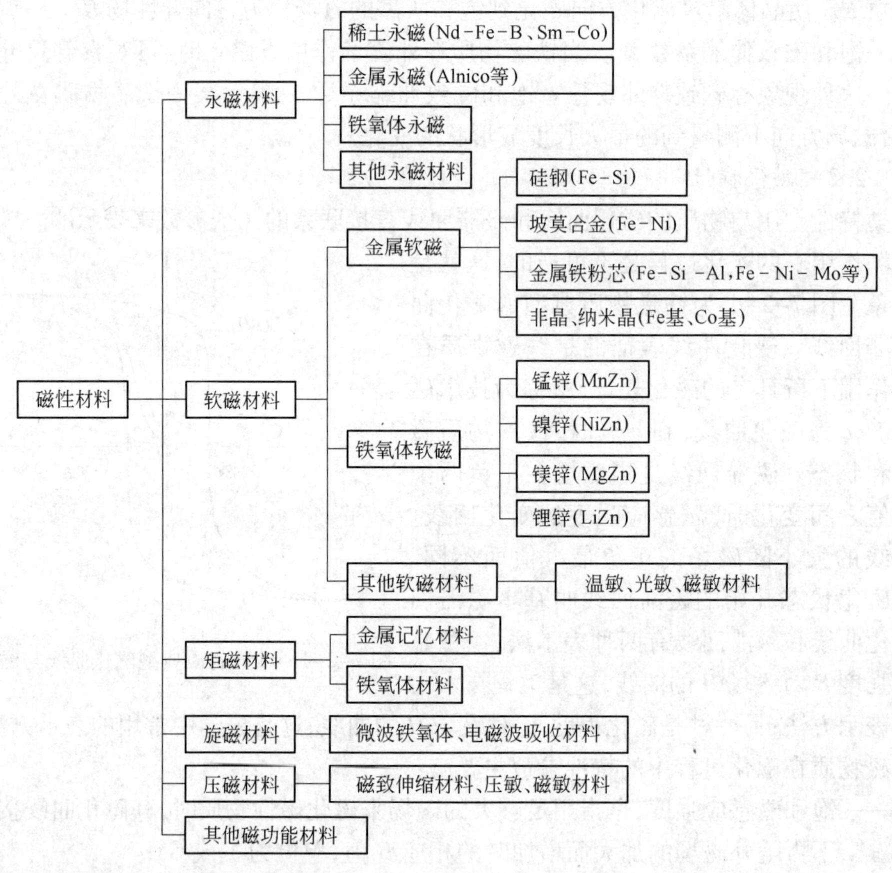

图7-2-2 磁性材料的分类

粉末冶金方法被广泛用来制备各种磁性材料。目前市场上出售的粉末冶金磁性材料或产品中有铁氧体磁性材料、烧结铝镍钴永磁体、稀土系烧结永磁体、稀土系黏结永磁体、烧结型软磁材料或零部件等。粉末冶金工艺生产磁性材料有下列优点。

(1) 能制造各种磁性材料的单晶或单畴尺寸的微粒(几个微米到数百埃),通过在磁场下成形等工艺制成高磁性的磁体。如硬磁铁氧体、稀土钴硬磁和ESD硬磁(elongated single domain)等。

(2) 能把磁性粉末与其他物质复合而制成具有某些特定性能的材料。如能把绝缘物质覆在软磁合金粉末表面,压成颗粒间互相绝缘的磁粉芯,这种磁粉芯在中频或高频电磁场下产生的涡流很小,因而大大减少能源的损耗。又如能把磁性粉末与橡胶(或塑料)复合制成磁性橡胶、磁性塑料,或与有机液体混合制成磁性液体或涂层。以满足一些专门的使用要求等。

(3) 能减少加工工序,节省原料,提高材料的利用率,节省工时。如常规粉末冶金技术生产铁氧体、金属磁性材料的成品率均可达到90%以上;能直接制出接近最终形状的小型磁体,尤其是对于难加工的硬脆磁性材料。例如磁性能要求不高的 Alnico 异形小磁体,用粉末冶金方法生产,可以降低成本。

2.2　粉末冶金软磁材料

2.2.1　粉末冶金软磁材料的基础

软磁材料为矫顽力低于几百安每米的强磁性的铁磁性或亚铁磁性物质,特指容易磁化和退磁的材料。软磁材料在反磁化过程中显示出窄的磁滞回线,如图7-2-3所示。现代工业与科学技术广泛应用的粉末冶金软磁材料有烧结软磁材料和软磁复合材料两大类。粉末冶金软磁材料性能评价指标主要有:高的磁导率、低的矫顽力、高的饱和磁感应强度、低的铁损等。

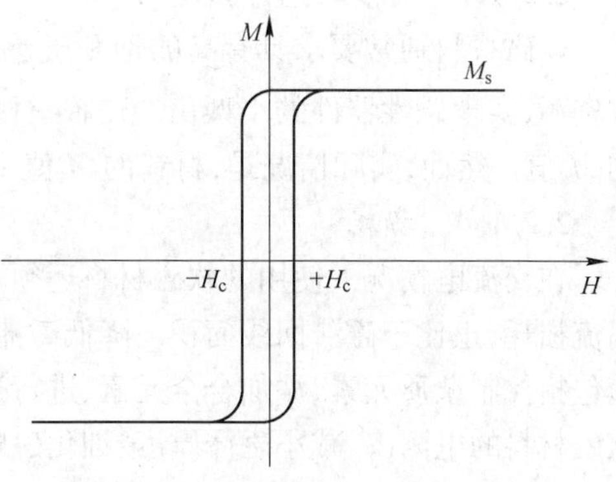

图7-2-3　软磁材料的磁滞回线

2.2.1.1　起始磁导率 μ_i

磁导率是软磁材料的重要参数,从使用要求看,主要是起始磁导率 μ_i,其他磁导率,如最大磁导率 μ_{max}、微分磁导率 μ_d、振幅磁导率 μ_a、有效磁导率 μ_e、脉冲磁导率 μ_p 等与 μ_i 存在着内在的联系,因此下面着重讨论起始磁导率 μ_i。

在磁化过程中,起始磁导率是磁畴转动磁化和磁畴位移磁化这两个过程的叠加,有:

$$\mu_i = \mu_{i转} + \mu_{i位}$$

其中 $\mu_{i转} \propto \dfrac{M_s^2}{K_1\beta^{1/3}}$,$\mu_{i位} \propto \dfrac{\mu_0 M_s^2}{3\lambda_s\sigma}$。不论是畴壁位移磁化机制还是畴转磁化机制,起始磁导率 μ_i 都有一个共同的特点,即与材料的饱和磁化强度的平方成正比,与材料的 K_1 和 λ_s 成反比,与材料中的内应力 σ 和杂质浓度 β 成反比。在以上几方面影响因素中,M_s、K_1 和 λ_s 是材料的基本磁特性参数,是决定磁导率的主要因素,基本不随加工条件和应用情况变化。而 σ 和 β 是决定磁导率的次要因素,σ 和 β 的大小及其对磁导率的影响会随加工条件和实际情况而变化。

2.2.1.2　矫顽力 H_c

软磁材料的基本性能要求是,能快速地响应外磁场变化,这就要求材料具有低矫顽力值。图7-2-3为软磁材料典型的磁滞回线示意图。图中所示材料的矫顽力 H_c 很低,在低磁场时就表现出灵敏的响应。软磁材料的磁化过程一般通过畴壁的移动来实现。材料中的多种缺陷与畴壁存在交互作用,因此对畴壁移动形成阻力。如空位、杂质原子、位错等都会造成局部晶格畸变、形成小范围的应力场,通过磁弹性能影响畴壁能的大小。各种晶面(晶界、相界、孪晶界等)对于畴壁的移动都会形成阻力。非磁性夹杂物处于畴壁中间时,可减小畴壁的面积,从而降低总的畴壁能量。理论分析计算表明,当杂质颗粒的尺寸与软磁材料中畴壁厚度相当时,对磁性能的不利影响最严重。另外它还会改变材料中局部的磁畴结构,影响磁畴壁的面积等。在畴壁移动过程中,相对于这些缺陷位置的变化,使相应的交互作用能量发生变化,从而构成畴壁移动和材料磁化的阻力。材料的壁移矫顽力,是磁化时驱动畴壁移动、克服最大阻力所需的磁场。

为了降低软磁材料的矫顽力,从材料的微观组织方面着手,应当尽量减少各种缺陷密度,以降低畴壁钉扎点的密度。具有良好磁性能的软磁材料,其微观组织特征为单相、纯净、均匀、缺陷少。

2.2.1.3　饱和磁感应强度 M_s

软磁材料通常要求具有高的饱和磁感应强度,这样不仅可以获得高的 μ_i 值,还可以节省资源,实现磁性器件的小型化。在软磁材料中可以通过选择适当的配方成分,来提高材料的 M_s 值。然而,实际情况是,材料的 M_s 值一般不可能有很大的变化。

2.2.1.4　损耗

在交流电情况下使用的软磁材料还须具有低的反磁化损耗(总损耗),包括磁滞损耗和涡流损耗,正比于磁滞回线面积。降低磁滞损耗的方法是减小软磁材料的矫顽力。具体措施包括控制杂质元素、添加合金元素、进行适当的热处理等。减少涡流损耗的方法包括提高软磁材料的电阻率、减小磁体厚度、细化磁畴等。

2.2.2　粉末冶金烧结软磁材料

2.2.2.1　粉末冶金烧结软磁的分类及特点

目前工业上生产的粉末冶金烧结软磁材料主要有:纯铁、Fe－P、Fe－Si、Fe－Ni、Fe－Co以及不锈钢等。表7-2-2示出一些软磁合金的室温磁特性。

表7-2-2　粉末冶金烧结软磁的室温磁特性

材料类型	密度 d /g · cm^{-3}	矫顽力 H_c /kA · m^{-1}	饱和磁化强度 M_s/T	最大磁导率 μ_{max}	电阻率 $\rho/\mu\Omega \cdot cm$	估计相对使用成本
纯 Fe	6.8/7.2	0.12～0.2	1.0/1.3	1800/3500	10	1
Fe－0.45%P	6.7/7.4	0.10～0.16	1.0/1.4	2500/6000	30	1.2
Fe－3%Si	6.8	0.02～0.08	0.8/1.1	2000/5000	60	1.4
400SS	5.9/6.5	0.12～0.24	0.6/0.8	500/1000	50	3.5
Fe－50%Ni	7.2/7.6	0.01～0.04	0.9/1.4	5000/15000	45	10

烧结金属或合金软磁材料或零部件性能评价的指标主要有:高的磁导率、高的饱和磁化强度、低的矫顽力。一般认为,这类材料适用于直流电使用,或在很低的频率下使用。目前,粉末冶金软磁材料在汽车工业中已经获得了广泛应用。表7-2-3是粉末冶金软磁材料的选材规则。铁磷合金适用于要求磁响应性强并有良好力学性能的零部件;铁硅和铁磷硅合金可使在磁路中达到低的铁损最为有效;铁镍合金能提供高的磁导率;410L不锈钢具有适度的软磁性和良好的耐蚀性;430L和434L不锈钢具有较好的耐蚀性,不过软磁性不如410L。在最通用的汽车零部件之中,可采用粉冶软磁材料制造的有:磁极片,各种形式阀门中的衔铁,磁外壳,燃料喷射系统用的垫圈、传感器垫圈等。

表 7-2-3　粉末冶金烧结软磁的选材规则

等级	饱和磁感	最大磁导率	矫顽力	电阻	耐蚀性	成本
最高 ↕ 最低	铁钴 纯铁 铁硅 铁磷 铁素体不锈钢 铁镍	铁镍 铁磷 铁硅 纯铁 铁钴 铁素体不锈钢	铁钴 铁素体不锈钢 纯铁 铁磷 铁硅 铁镍	铁硅 铁素体不锈钢 铁镍 铁磷 纯铁 铁钴	铁素体不锈钢 铁硅 铁磷 铁镍 铁钴 纯铁	铁钴 铁镍 铁素体不锈钢 铁硅 铁磷 纯铁

2.2.2.2　粉末冶金烧结软磁的制备工艺、性能及应用

利用粉末冶金技术可以制作复杂形状的磁性零部件，可免去大量的机加工，从而节省大量成本；同时制备的软磁合金具有良好的磁性能和力学性能。相对于轧制或锻造法制备的软磁材料而言，粉末冶金材料或零部件的密度直接影响材料的磁特性，因此应尽可能提高它的密度。

该类材料的制造工艺为：金属粉末→添加润滑剂或黏结剂→压制→低温脱除润滑剂或黏结剂→高温烧结。获得常规密度软磁合金的工艺条件（normal density technology，简写为 NDT）为：压制压力约为 600 ~ 800 MPa，烧结温度约为 1120 ~ 1250℃，获得材料的密度约为理论密度的 92% ~94%。由于饱和磁化强度与密度成正比，而且材料内存在的孔隙可能通过钉扎畴壁增加材料的矫顽力，从而使回线面积增大，进而导致损耗增加。所以在工业上采用高密度技术（high-density technology，简写为 HDT）来制备性能更好的软磁材料：压制压力高于 800 MPa，烧结温度约为 1250 ~1300℃，获得材料的密度约为理论密度的 95% ~98%。其次，材料中的碳、氮、氧和硫等杂质对磁导率、矫顽力和磁滞损耗等结构敏感特性是不利的。对于经过烧结工艺制造的粉末冶金软磁材料或零件，在烧结前应设法将其压制坯件中含有的润滑剂或聚合物去掉或降低到最低程度。另外，烧结炉的条件和保护气氛的选择也很重要，通常采用的是氢气或真空气氛。在采用水雾化的粉末时，由于含有表面氧化物，在烧结前必须将氧化物还原。粉末冶金软磁材料选用的合金大都为单相合金，第二相的析出一般会损害结构敏感磁特性。

A　烧结纯铁软磁材料

该材料以水雾化铁粉、还原铁粉和电解铁粉为原料，通过常规烧结（1120℃，30 min）或高温烧结（>1250℃）获得。表 7-2-4 是纯铁粉在不同温度和压力下烧结后的磁性能及密度。提高烧结温度和增大压制压力有利于磁性能和密度的提高。

表 7-2-4　铁粉在不同温度和压力下烧结后的磁性能

材料	烧结温度/℃	压制压力/MPa	密度/g · cm^{-3}	最大磁导率	矫顽力/kA · m^{-1}	最大磁感应强度/T
纯铁粉	1120	410	6.82	2530	0.23	0.73
		550	7.14	3070	0.23	0.85
		690	7.30	3340	0.23	0.92
	1260	410	6.86	2730	0.21	0.75
		550	7.14	3190	0.21	0.86
		690	7.32	3570	0.21	0.93

注：测试磁场为 119 A/m。

表 7-2-5 是采用还原铁粉和电解铁粉作原材料时，烧结纯铁软磁材料的成分及磁性

能。该材料主要适用于制造仪器仪表、电器中的磁导体。

表 7-2-5　烧结纯铁软磁材料的成分及磁性能

牌　号	原　料	化学成分/%		密度 /g·cm^{-3}	磁感应强度 B_{40}/T	最大磁导率 μ_{max}	矫顽力 H_c/A·m^{-1}
		Fe	C				
FTC-H-64	还原铁粉	≥98.5	≤0.1	6.4	≥0.95	≥992	≤318
FTC-H-66				6.6	≥1.05	≥1304	≤278
FTC-H-68				6.8	≥1.15	≥1496	≤278
FTC-H-70				7.0	≥1.25	≥1696	≤238
FTC-D-70	电解铁粉	≥99	≤0.05	7.0	≥1.30	≥2000	≤160
FTC-D-72				7.2	≥1.35	≥2496	≤160

注:表中数据根据 JB/T4114—1999。

B　烧结 Fe-0.45%P 软磁材料

该材料以还原铁粉或雾化铁粉和磷铁合金粉(Fe_2B 或 Fe_3B)为原料,经混合、压制和烧结的粉末冶金工艺过程完成。在压制过程中,Fe_2B 或 Fe_3B 粉分布在较大的铁颗粒之间,在烧结时,铁磷金属间化合物于1050℃熔化并扩散到铁中,在铁中形成磷的固溶体。在铁中添加磷铁合金可以降低矫顽力并增大磁体密度,提高材料的力学性能。同时烧结气氛对铁磷合金的磁性能也有较大影响,如图 7-2-4 所示。

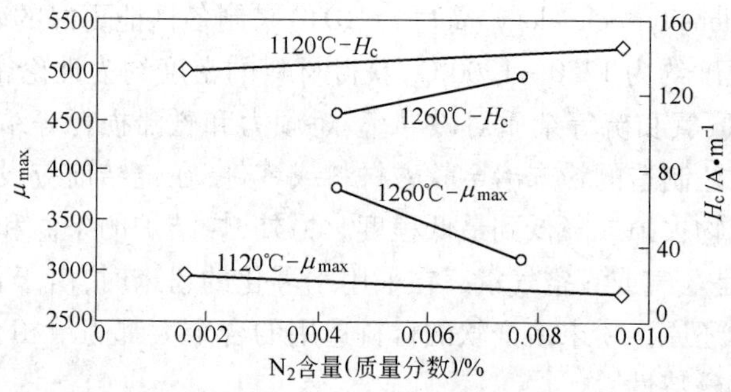

图 7-2-4　N_2-H_2烧结气氛中 N_2含量和烧结温度对 Fe-0.45%P 磁性能的影响

表 7-2-6 是烧结铁磷的成分及磁性能。该类材料适用于制造电器、电机和仪表中的磁极元件。

表 7-2-6　烧结铁磷的成分及磁性能

牌　号	密度 /g·cm^{-3}	化学成分/%			磁感应强度 B_{40}/T	最大磁导率 μ_{max}	矫顽力 H_c/A·m^{-1}
		Fe	P	其他			
F7402-U	7.0	余量	≤0.6	≤1.0	≥1.3	≥2000	≤200
F7402-V	7.2				≥1.5	≥2480	≤160
F7402-W	7.4				≥1.5	≥2960	≤120

注:表中数据根据 JB/T9132—1999。

C　Fe-50%Ni 合金

含有 50%Ni 的 Ni-Fe 合金具有高磁导率、高饱和磁感应强度和低的矫顽力。该合金又被称为坡莫合金，通常在压制成形后须在真空或氢气中于1260℃处理1h，烧结态的磁导率可达10000、H_c可降低至15A/m。对合金热处理后，最大磁导率可增至21000，而H_c不变。另外，若在Fe－Ni合金的基础上适当添加少量Si可提高合金密度，并有利于磁性能的改善，如表7-2-7所示。

表7-2-7　Si的添加量对Fe－50%Ni磁性能及密度的影响

Si含量/%	压制压力/MPa	烧结温度/℃	密度/g·cm^{-3}	磁导率	矫顽力/A·m^{-1}	最大磁感应强度/T
0.4	415	1120	6.60	5000	49.35	0.81
		1180	6.65	7900	45.37	0.84
		1260	6074	11000	41.39	0.95
	690	1120	7.15	8000	54.9	1.01
		1180	7.22	9500	51.74	1.09
		1260	7.27	12000	43.78	1.14
0.3	415	1180	6.72	8500	50.15	0.85
	690	1180	7.24	13900	50.94	1.07

D　金属注射成形(MIM)软磁材料

金属注射成形工艺可制备形状复杂的软磁合金，现已用来生产Fe、Fe－Ni、Fe－Si等粉末冶金软磁材料。MIM材料区别于烧结材料之处在于，烧结前合金粉末与聚合物等黏结剂混合，形成混合物的原料在一定温度和压力下注射到所需零件形状的模腔中，然后加热成形，在烧结前去除聚合物等黏结剂。表7-2-8是一些MIM合金的磁性能。

表7-2-8　MIM合金的磁性能

合　金	密度/g·cm^{-3}	相对密度/%	B_m/T	B_r/T	H_c/A·m^{-1}
Fe－2%Ni，1316℃	7.670	97	1.51	1.29	82
Fe－50%Ni，1316℃	7.660	94	1.27	0.42	16
Fe－3%Si，1316℃	7.550	98	1.50	1.21	45
Fe－3%Si，1316℃，H_2退火	7.550	98	1.47	1.14	47
Fe－3%Si，1232℃	7.540	98	1.44	0.62	60
Fe－6%Si，1316℃	7.540	99	1.32	1.12	46
Fe－6%Si，1316℃，H_2退火	7.410	98	1.37	1.22	46
Fe，1371℃，分解氨	7.600	97	1.53	1.37	294
Fe，1371℃，分解氨	7.550	96	1.55	1.34	183
Fe－3%Si，1371℃，分解氨	7.550	98	1.45	1.07	57
Fe－3%Si，1371℃，分解氨	7.550	98	1.50	1.21	51
Fe－6%Si，1371℃，分解氨	7.420	99	1.37	1.21	40
Fe－50%Ni，1371℃，分解氨	7.660	93	1.27	0.42	16
430L不锈钢，1371℃，真空	7.400	95	1.15	0.54	202

2.2.3 磁粉芯

磁粉芯亦称磁介质，是由铁磁性粉粒与绝缘介质混合压制而成的一种软磁材料，又称为软磁复合材料或压粉磁芯。常用的磁粉芯有铁粉芯、坡莫合金粉芯及铁硅铝粉芯三种。由于铁磁性颗粒很小（高频下使用的为0.5～5μm），又被非磁性电绝缘膜物质隔开，因此，一方面可以隔绝涡流，材料适用于较高频率；另一方面由于颗粒之间的间隙效应，导致材料具有低磁导率及恒导磁特性；又由于颗粒尺寸小，基本上不发生集肤现象，磁导率随频率的变化较为稳定。基于以上特征，磁粉芯主要应用于高频电感。磁粉芯的磁电性能主要取决于粉粒材料的磁导率、粉粒的大小和形状、它们的填充系数、绝缘介质的含量、成形压力及热处理工艺等。

与硅钢片相比，磁粉芯材料具有以下优点：(1)磁性能的各向同性，有利于三维磁路设计；(2)可制备复杂形状的零部件；(3)涡流损耗小；(4)成本低。但是，磁粉芯材料也有明显的缺点；(1)磁导率低，一般相对磁导率的最大值约为500；(2)磁滞损耗大；(3)机械强度低。所以，磁粉芯材料主要有两大类应用：一类是具有复杂形状和磁路的电机，如横向磁场电机、电枢式爪极电机、轴向磁场电机等。另一类是用于kHz～MHz范围的高频交流器件，如电源变压器、音频变压器、交流和射频滤波电感元件等。

2.2.3.1　磁粉芯的结构

由于磁介质本身是由胶合剂黏合而成的，所以可以使用模具压制成不同形状的磁芯，其工艺过程比较简单，便于生产，成本也比较低。我国羰基铁粉芯的结构已标准化生产，图7-2-5表示几种主要的磁介质粉芯的结构，它大致可以分成以下几类。

(1) 图7-2-5*a*～*c*表示环形磁芯，羰基铁粉芯TB型磁芯属于此类型，这是在超音频到射频范围内使用得最多的磁芯结构。它具有大的有效磁导率，并且可以使用一个圆柱形的中心来调节电感量。此外，这种结构的磁芯将绕线钮放在里面，可以对绕线组起保护作用及磁屏蔽作用。

(2) 图7-2-5*d*～*f*是螺纹型和线轴型磁芯，羰基铁粉芯TL型属于这类型，这种结构对材料的磁性能利用率大，但损耗增加使线圈的Q值降低，这种磁芯可用来调节线圈的电感量。

(3) 环形磁芯能最有效地利用磁介质材料的磁性能，有效磁导率大。主要用于测试磁粉芯材料的磁性能的样品和具有大电感量的线圈。但是，在这种形式的磁芯上绕线很困难。图7-2-5*g*表示环形磁芯，这种结构磁芯的绕组具有较大的分布电容。所以在高频工作中损耗很大，很少用于射频或更高的频率。

(4) 图7-2-5*i*表示圆柱形磁芯，羰基铁粉芯TK型属于该类型。这主要用作调节线圈的电感值，结构简单，用于螺管型线圈中，这种结构对磁介质材料的磁性能利用率低，但调节方便，性能稳定。

(5) 图7-2-5*j*和*k* E形磁芯，对度介质材料的磁性能利用率较大，并且有一定的磁屏蔽作用，这与金属片状材料所制的磁芯很相似，一般用作低频及较大功率的线圈磁芯。

2.2.3.2　磁粉芯的制备工艺

磁粉芯的制备过程为：

(1) 混合。将金属粉末、合金元素、润滑剂、胶合剂等混合在一起。其中要求磁性粉末颗粒间有良好的绝缘，而且在颗粒被绝缘胶合剂包覆完整和保持良好胶合的情况下，绝缘层越薄越好。绝缘层太厚,会减少磁性颗粒的相对密度,从而降低了材料的磁性能。

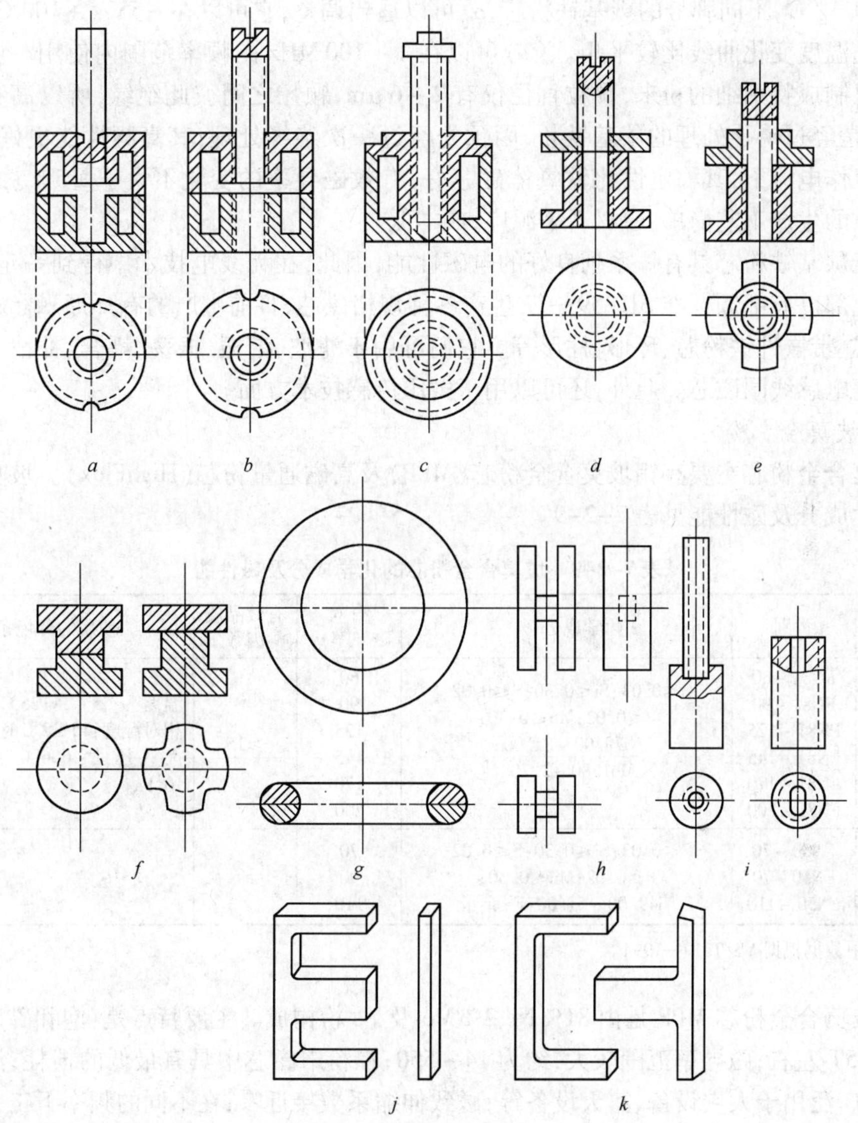

图7-2-5　磁粉芯的结构

(2) 压制。将混合后的金属粉末倒入按形状要求做好的模子中,在轴向施加300～800 MPa的压力。

(3) 热处理。压制好的部件通过热处理来加强强度和优化磁性能,具体的热处理过程要根据工程要求及润滑剂、黏合剂的成分来决定。

2.2.3.3　磁粉芯的性能及应用

A　铁粉芯

常用铁粉芯是由羰基铁磁粉及树脂羰基铁磁粉构成。在粉芯中价格最低。饱和磁感应强度值在1.4T左右;磁导率范围为22～100;初始磁导率μ_i随频率的变化稳定性好;直流电流叠加性能好;但高频下损耗高。

与其他磁介质材料比较,羰基铁具有以下特点:(1)温度稳定性好,温度系数 $\alpha_\mu = (20 \sim 250) \times 10^{-6}/℃$,不同牌号的羰基铁粉芯,$\alpha_\mu$ 可以适当调整,它可以在 -55 ~ +100℃下使用,磁导率随温度变化曲线比较平坦。(2)可以在 1 ~ 100 MHz 的频率范围内使用。由于羰基铁粉可以制成特别细的粉末,颗粒直径仅有 2 ~ 6 μm,颗粒之间彼此绝缘,所以高频损耗很低,尤其是经过磷化处理的羰基铁粉,因预先经过一次绝缘处理,其高频性能更好。(3)在较大的工作电流下,其稳定性比铁氧体磁芯好,有效磁导率的变化不大于 ±5%。(4)羰基铁磁介质的生产工艺简单,原材料来源广,成本低。

由于羰基铁粉芯具有一系列良好的电磁性能,因此,在无线电技术中得到一定的应用。电子工业部已有部颁标准 SJ1259—77 生产各种规格磁芯,日前生产的有环形、螺纹芯、带引线铁粉芯、带嵌件铁粉芯、环形、柱形等。它们可用于滤波、谐振、振荡、耦合、补偿、陷波、延时电路等电感线圈磁芯。此外,还可以用于微压传感技术方面。

B　坡莫合金粉芯

坡莫合金粉芯主要有钼坡莫合金粉芯(MPP)及高磁通量粉芯(HighFlux)。坡莫合金粉芯的化学成分及磁性能见表 7-2-9。

表 7-2-9　坡莫合金粉芯的化学成分及磁性能

牌号	类别	化学成分/%	有效磁导率 μ_e	有效品质因数	使用的环境条件
Ni81Mo2	FN81 - 60 FN81 - 90 FN81 - 125 FN81 - 145 FN81 - 170 FN81 - 200	C≤0.03;Si≤0.30;S≤0.02; P≤0.02;Mn≤0.30; Ni79.00 ~ 81.00; Mo1.80 ~ 2.20; Fe 余量	60 90 125 145 170 200	≥15	温度:-55 ~ +125℃ 相对湿度:40 ±2℃时达 98% 大气压力:666.6 ~ 213.3 × 10^3 Pa
Ni50	FN50 - 70 FN50 - 79 FN50 - 110	C≤0.03;Si≤0.30;S≤0.02; P≤0.02;Mn≤0.30; Ni49.00 ~ 51.00;Fe 余量	70 90 110	≥5	

注:表中数据根据 YS/T219—1994。

钼坡莫合金粉芯 MPP 是由 81% Ni、2% Mo 及 Fe 粉构成。主要特点是:饱和磁感应强度值在 0.75T 左右;磁导率范围较大,约为 14 ~ 550;在粉末磁芯中具有最低的损耗;温度稳定性极佳,广泛用于太空设备、露天设备等;磁致伸缩系数接近零,在不同的频率下工作时无噪声产生。主要应用于 300kHz 以下的高品质因素滤波器、感应负载线圈、谐振电路。在对温度稳定性要求高的 LC 电路上常用作输出电感、功率因素补偿电路等。但坡莫合金粉芯在各类粉芯中价格最贵。

高磁通粉芯 HF 由 50% Ni、50% Fe 粉构成。主要特点是:饱和磁感应强度值在 1.5T 左右;磁导率范围 14 ~ 160;在粉末磁芯中具有最高的磁感应强度,最高的直流偏压能力;磁芯体积较小;主要应用于线路滤波器、交流电感、输出电感、功率因素校正电路、谐振电路等。HF 价格低于 MPP。

C　铁硅铝粉芯

铁硅铝粉芯由 9% A15% Si - 余 Fe 构成。主要是替代铁粉芯,损耗比铁粉芯低 80%,可在 8 kHz 以上频率下使用;饱和磁感在 1.05T 左右;磁导率 26 ~ 125;磁致伸缩系数接近 0,在不同的频率下工作时无噪声产生;比 MPP 有更高的 DC 偏压能力;具有最佳的性能价格比。

主要应用于交流电感、输出电感、线路滤波器、功率因素校正电路等,有时也替代有气隙铁氧体作变压器铁芯使用。

2.3　粉末冶金永磁材料

2.3.1　粉末冶金永磁材料的基础

永磁材料又称硬磁材料或恒磁材料,是指具有高的矫顽力,经技术磁化到饱和并去掉外磁场后,仍能保持很强磁性的磁性材料。永磁体一般在开路状态下应用,在磁路的气隙内提供可利用的气隙磁场。现代工业与科学技术广泛应用的粉末冶金永磁材料有铝镍钴永磁材料、铁氧体永磁材料、稀土永磁材料和其他永磁材料四大类。

对永磁材料的基本要求有:(1)剩余磁感应强度 B_r 要高;(2)矫顽力(H_{ci}、H_{cb})要高;(3)最大磁能积 $(BH)_{max}$ 要大;(4)材料稳定性要好。

2.3.1.1　*饱和磁化强度 M_s*

永磁材料均要求 M_s 越高越好,饱和磁化强度取决于组成材料的磁性原子数、原子磁矩和温度。在室温时,M_s 和 J_s 可表示为:

$$M_s = n_{eff} \cdot N \cdot \mu_B = n_{eff} \frac{N_A d}{M} \cdot \mu_B \tag{7-2-1}$$

$$J_s = \mu_0 M_s \tag{7-2-2}$$

式中,N_A 为阿伏伽德罗常数($N_A = 6.023 \times 10^{23}$);$d$ 为材料的密度;M 为相对分子质量;n_{eff} 为有效玻尔磁子。

2.3.1.2　*剩磁 B_r*

剩磁是组织敏感参量,它对晶体取向和畴结构十分敏感,即主要取决于 M_s 和 θ_i 角。为获得高剩磁,首先应选择高 M_s 的材料。θ_i 角主要取决于晶粒的取向与磁畴结构,通常用获得晶体织构和磁织构的办法来提高剩磁。

铁磁性粉末冶金制品的剩磁与正向畴的体积分数 A、粉末颗粒的取向因子 $\overline{\cos\theta}$、粉末制品的相对密度 d/d_0、非铁磁性的第二相的体积分数 β 以及致密样品的磁化强度 M_s 有关,即:

$$M_r = A(1-\beta)\overline{\cos\theta}\frac{d}{d_0}M_s \tag{7-2-3}$$

可见,提高粉末制品的取向度,提高相对密度,尽量减少非铁磁性第二相的体积分数和提高正向畴的体积分数等,是提高材料剩磁的主要途径。

2.3.1.3　*矫顽力*

永磁体在磁化过程中,经历可逆的畴壁移动、不可逆的畴壁移动,经磁化转动最后达到饱和。材料的矫顽力主要由畴壁的不可逆移动和不可逆磁畴转动形成的。永磁材料矫顽力的大小主要由各种因素(如磁各向异性、掺杂、晶界等)对畴壁不可逆位移和磁畴不可逆转动的阻滞作用的大小来决定的。提高材料的矫顽力主要从畴壁不可逆位移和磁畴不可逆转动两方面来考虑。

(1)磁畴壁的不可逆转动。有一些永磁材料是由许多铁磁性的微细颗粒和将这些颗粒彼此分隔开的非磁性或弱磁性基体组成的,这些铁磁性颗粒尺寸细小,以至于每一颗粒内部只包含一个磁畴,这种可以称为单畴颗粒。在这类材料中的磁化机制为畴壁的不可逆转动,其矫顽力可表达为：

$$H_c \approx a\frac{K_1}{\mu_0 M_s} + b(N_\perp - N_\parallel)M_s + c\frac{\lambda_s \sigma}{\mu_0 M_s} \tag{7-2-4}$$

式中，右边的三项依次分别为磁晶各向异性、形状各向异性和应力各向异性的贡献，$N_\perp$和$N_\parallel$是具有形状各向异性的颗粒沿短轴和长轴所对应的退磁因子，a、b、c是和晶体结构颗粒取向分布有关的系数。从该式可以看出，对于高M_s的单畴材料，最好是通过形状各向异性来提高矫顽力，这时希望离子的细长比越大越好，以增大$(N_\perp - N_\parallel)$值。对于具有高K_1和λ_s的材料，应该利用磁晶各向异性和应力各向异性来提高矫顽力。在单畴材料中，各单畴颗粒取向是否一致直接影响着H_c的大小。

在由单磁畴微粒子的磁各向异性产生高矫顽力的重要永磁材料中，属于形状磁各向异性机制的有：AlNiCo合金、FeCrCo合金（析出型）；属于晶体磁晶各向异性机制的有Nd－Fe－B、钡铁氧体等。

（2）畴壁的不可逆位移。永磁材料的反磁化过程如果由畴壁的不可逆位移所控制，则会有两种情况：一种是反磁化时材料内部存在着磁化在反方向的磁畴，一种是不存在这种反向畴。在永磁材料中，不可避免地会有各种晶体缺陷、杂质、晶界等存在，在这些区域内由于内应力或内退磁场的作用，磁化矢量很难改变取向，以至于当晶体中其他部分在外磁场饱和磁化以后，这部分的磁化方向仍沿着相反方向取向，因此，在反磁化时，它们就构成反磁化核。这些反磁化核在反磁场作用下将长大成反磁化畴，为畴壁位移准备了条件。在此情况下，要想得到高矫顽力，关键在于反向磁场必须大于大多数畴壁出现不可逆位移的临界磁场，而临界磁场的大小则依赖于各种因素对畴壁移动的阻滞。如果永磁体在反磁化开始时，根本不存在反磁化核，那么阻止反磁化核的出现也是提高矫顽力的重要途径。

在早期发展起来的传统永磁材料中，对畴壁的不可逆位移产生阻滞的因素，主要有内应力起伏、颗粒状或片状掺杂，以及晶界等。为了提高矫顽力，最好是适当增大非磁性掺杂含量并控制其形状（最好是片状掺杂）和弥散度（使掺杂颗粒尺寸和畴壁宽度相近），同时选择高磁晶各向异性的材料；或是增加材料的内应力起伏，选择高磁致伸缩材料。

在新近发展起来的一些高矫顽力永磁合金如Nd－Fe－B、Sm_2Co_{17}合金中，强烈的畴壁钉扎效应是造成高矫顽力的重要原因之一。所谓畴壁钉扎，是指在材料反磁化过程中，当反向磁场低于某一钉扎场时，畴壁基本固定不动，只有当反向磁场超过钉扎场时，畴壁才能挣脱束缚，开始发生不可逆位移。因此，钉扎场就是畴壁突然离开钉扎位置而发生不可逆位移的反向磁场。晶体中各种点缺陷、位错、晶界、堆垛层错、相界等相关的局域性交换作用和局域各向异性起伏都可以是畴壁钉扎点的重要来源。因此，如何设法使材料中出现有效的钉扎中心，即形成合适的晶体缺陷，是在由畴壁钉扎控制矫顽力的材料中提高矫顽力的重要方向。

2.3.1.4　磁能积

永磁体用作磁场源或磁力源，主要是利用它在空气隙中产生的磁场。图7-2-6为有气隙的环状磁体，该磁体在两极空间产生的磁场强度H_g为：

$$H_g = \left(\frac{B_m \cdot H_m}{\mu_0} \times \frac{V_m}{V_g}\right)^{\frac{1}{2}} \tag{7-2-5}$$

式中，V_m为磁体的体积；V_g为两极间空隙的体积；H_m和B_m为永磁体工作状态的退磁场和磁感应强度。当H_g一定时，乘积B_mH_m越大，磁体体积V_m就越小，这对于电器的小型化至关重要。永磁材料研究者们总是力图使退磁曲线上各点处的 BH 乘积尽可能地高。磁能积 BH 随退磁场 H 变化的曲线称为磁能曲线，见图 7-2-7，其中与 D 点对应的 B_D 和 H_D 的乘积为最大值，称为最大磁能积 $(BH)_{max}$。从量纲上来看，BH 乘积的单位是 kJ/m³，因此可以认为 (BH) 表示了永磁体在气隙空间建立的磁能量密度。$(BH)_{max}$ 的理论上限为：

$$(BH)_{max} \leqslant \frac{\mu_0^2 M_s^2}{4} \tag{7-2-6}$$

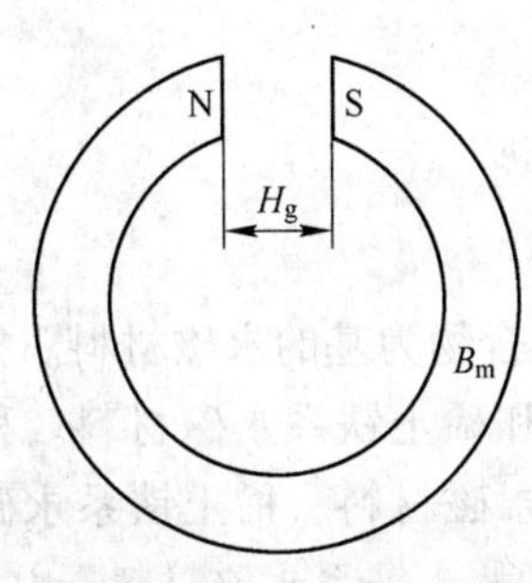

图 7-2-6　有气隙的永磁体

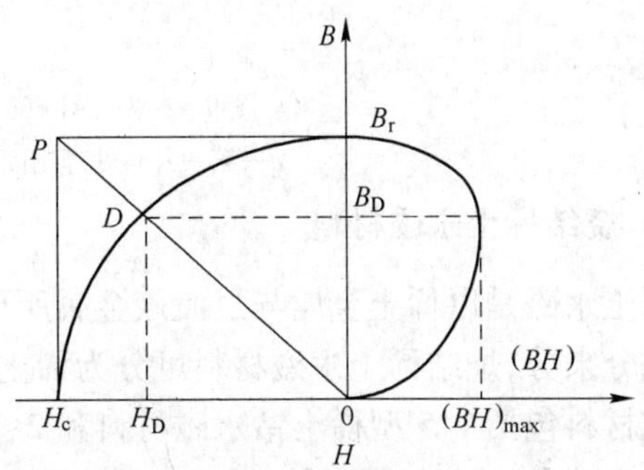

图 7-2-7　磁能积随退磁场 H 变化的磁能曲线

2.3.2　烧结铝镍钴永磁材料

铝镍钴系永磁合金以 Fe、Ni、Al 为主要成分，通过加入 Cu、Co、Ti 等合金元素进一步提高合金性能。粉末冶金法主要用来生产小件的、形状复杂的、均匀性一致性好的制品，用这种方法制备的 Alnico 又称为“烧结铝镍钴”。表 7-2-10 是烧结铝镍钴系列化学成分及磁性能。烧结铝镍钴主要用于稳定性要求高的某些特殊领域，如与精密测量、精密仪器温度变化相对应的应用等。

表 7-2-10　烧结铝镍钴系列化学成分及磁性能

牌　号	成分(体积分数)/%					磁性能			备注
	Al	Ni	Co	Cu	Ti	B_r/T	H_c/kA·m^{-1}	$(BH)_{max}$/kJ·m^{-3}	
Alnico95	11～13	22～24	—	2.5～3.5	—	0.56	27.9	7.2	各向同性
Alnico120	12～14	26～28	—	3～4	—	0.50	35.8	8.0	各向同性
Alnico100	11～13	19～21	5～7	5～6	—	0.62	34.2	10.0	各向同性
Alnico200	8～10	19～21	14～16	3.5～4.5	—	0.65	43.8	10.7	各向同性
Alnico400	8.5～9.5	13～24	24～26	2.5～3.5	—	1.0	43.8	27.9	各向异性
Alnico500	8.5～9.5	13～14	24～26	2.5～3.5	—	1.06	47.8	29.5	各向异性

粉末冶金法制备烧结铝镍钴的工艺流程为：配料→制粉→压制→烧结→热处理→性能检测→机械加工→检验。原料一般采用 Co 粉、Fe 粉、Ni 粉和 AlFeCu 中间合金粉，Ti 粉以 TiFe 合金粉或 TiH_2 粉的形式加入。原料粉的混合常采用翼翅型混料机，而不用球磨机，以避免改变粉末的粒度和形状，对磁性带来不利影响。然后将混合粉在模具中加压成形为坯件，坯件经过烧结就成为致密的永磁体。通过控制烧结工艺制度下使烧结体中的晶粒长得比较大而完整，从而获得较高的磁性能。图 7-2-8 是铝镍钴的热处理制度。对于钴含量足够高的合金，通过在热处理时加磁场，从而产生磁各向异性，其磁性能可在择优方向增加。

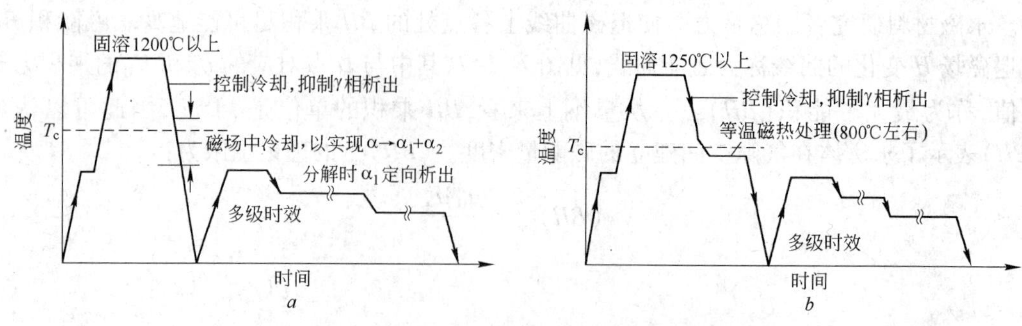

图7-2-8　Alnico的两种热处理制度

a—第一种热处理制度；*b*—第二种热处理制度

2.3.3　烧结稀土永磁材料

稀土永磁是以稀土金属与过渡族金属所形成的金属间化合物为基的永磁材料。按主要化学成分来分，烧结稀土永磁材料可分为稀土钴系永磁材料和稀土铁系永磁材料。稀土钴系永磁材料包括1∶5型稀土钴永磁材料和2∶17型稀土钴系永磁材料。稀土铁系永磁材料主要是指Nd－Fe－B永磁体，除此之外，还包括了一些新型的稀土铁系永磁材料。

2.3.3.1　稀土永磁合金的晶体结构和内禀磁性能

在稀土钴、稀土铁等合金中形成了一系列的金属间化合物，其中RCo_5化合物、R_2Co_{17}化合物及$R_2Fe_{14}B$化合物对永磁材料来说具有重要价值。

RCo_5化合物具有$CaCu_5$型结构，属六方晶系，如图7-2-9所示。这种结构可以看作是两个原子层沿［0001］轴（*c*轴）交替堆垛而成。其中，一个原子层由一个Ca(R)和两个Cu(Co)组成，称为A层；另一个原子层由Cu(Co)组成，称为B层。这种$CaCu_5$结构就是由A层和B层的堆垛，即ABABAB…组成的。每个晶胞含一个分子式单位，有6个原子。1∶5型稀土钴永磁材料具有$CaCu_5$型晶体结构。

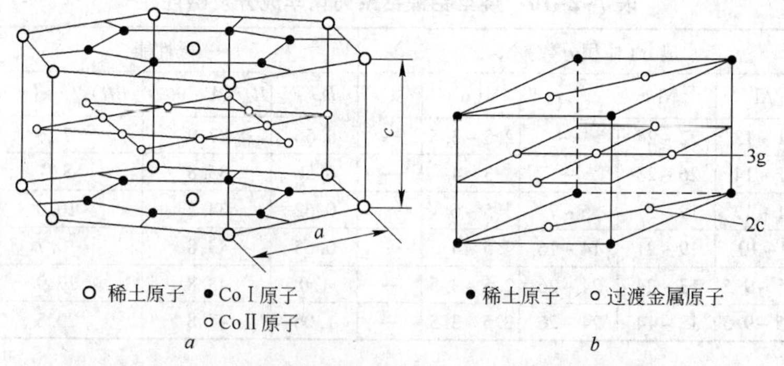

图7-2-9　$CaCu_5$型晶体结构空间图(*a*)和晶胞图(*b*)

所有的稀土金属与钴或铁都可形成2∶17型化合物R_2Co_{17}或R_2Fe_{17}。一般说来2∶17型化合物在高温下具有Th_2Ni_{17}型晶体结构，在低温下转变为Th_2Zn_{17}型晶体结构。图7-2-10给出了Th_2Ni_{17}型晶体结构。Th_2Ni_{17}型结构属于六方晶系，其中Th(R)占据b和d晶位，Ni(Co，Fe)占据g、k、f和j晶位。一个单胞内含两个Th_2Ni_{17}分子式单位，共有38个原子。Th_2Zn_{17}型晶体结构与Th_2Ni_{17}型晶体结构相似，它们是同素异构晶体。Th_2Zn_{17}型结构属于菱方晶系，如图7-2-11所示。其中Th(R)占据c晶位，Zn(Co，Fe)占据d、f、h和c晶位。一个单胞内含有3个Th_2Zn_{17}分子式单位，共有57个原子。

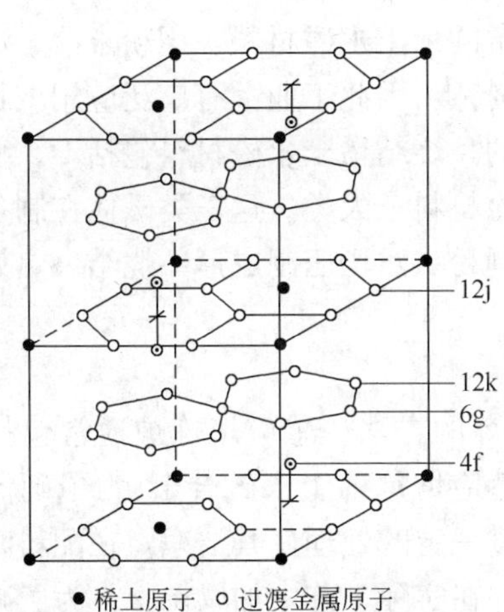

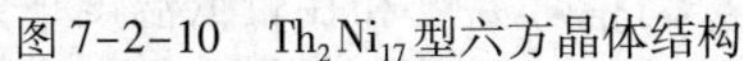

图 7-2-10　Th_2Ni_{17} 型六方晶体结构

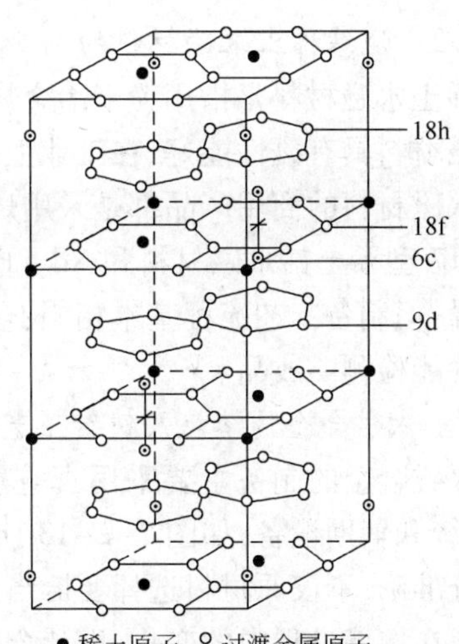

图 7-2-11　Th_2Zn_{17} 型菱方晶体结构

稀土铁硼合金系中的 $R_2Fe_{14}B$ 化合物的晶体结构如图 7-2-12 所示。所有的稀土元素均可形成 $R_2Fe_{14}B$ 化合物。其晶体结构属于四方晶系。其中，R 占据 f 和 g 晶位，B 占据 g 晶位，Fe 占据 c、e、j_1、j_2、k_1、k_2 六种晶位。每个单胞含 4 个 $R_2Fe_{14}B$ 分子式单位，有 68 个原子。

在稀土钴和稀土铁化合物中，某些 RCo_5 化合物（特别是 $SmCo_5$、$PrCo_5$）、R_2Co_{17} 化合物（Sm_2Co_{17}）以及 $R_2Fe_{14}B$ 化合物（$Nd_2Fe_{17}B$，$Pr_2Fe_{14}B$）具有良好的内禀磁性能，是发展稀土永磁材料的重要稀土金属间化合物。

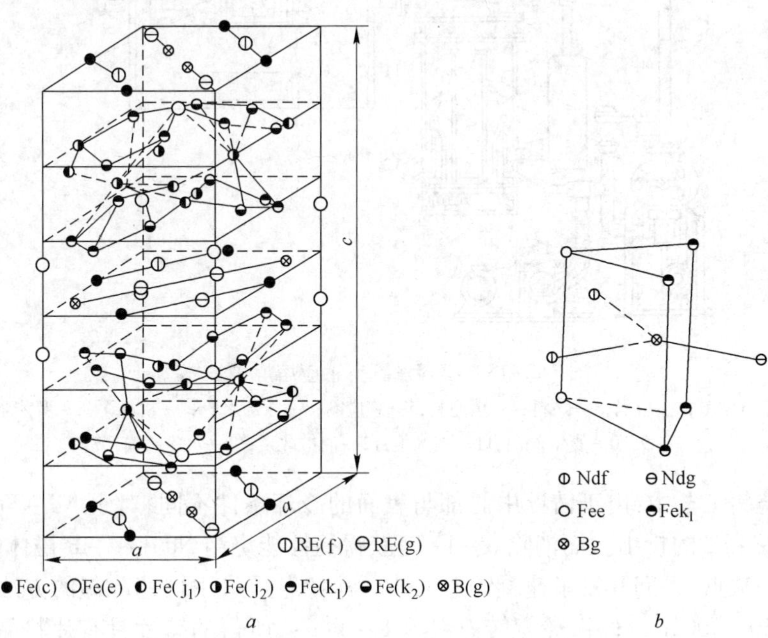

图 7-2-12　$R_2Fe_{14}B$ 化合物的晶体结构

a—单胞结构；*b*—单胞中含有 B 原子的三角棱柱

2.3.3.2　烧结稀土永磁材料的制备技术

烧结稀土永磁材料是指用粉末冶金烧结工艺制备的稀土永磁材料。用粉末冶金法制备的稀土永磁材料具有磁性能好、在工业上易于实施等特点，因此工业上有广泛应用。目前大部分稀土永磁材料的商用产品都是采用烧结法生产的。烧结稀土永磁材料包括1:5型稀土钴永磁、2:17型稀土钴永磁材料和Nd－Fe－B系永磁材料三大类。这三类磁体在制备工艺上虽有差异，但制备工艺流程基本相同：合金熔炼→制粉→磁场压制成形→烧结→热处理→机加工→性能检测→成品。

A　稀土永磁合金的熔炼及铸锭工艺

稀土永磁合金的制备主要采用真空感应电炉熔炼的方法。感应熔炼炉通常包括熔炼室、装料系统和辅助设备，如图7-2-13所示。真空感应熔炼稀土永磁合金，为了确保熔炼合金的成分准确，不仅原材料选择要恰当，而且要通过一定的处理使其洁净。在配料时要考虑合金元素在熔炼过程中的变化，设计合理的配方，并在实际工艺中加以调整。为了减少合金成分的偏析，在熔炼时要有充分的电磁搅拌，并应提高精炼温度和在较低温度下急冷浇铸，以获得成分均匀且有良好的柱状结晶的铸锭。

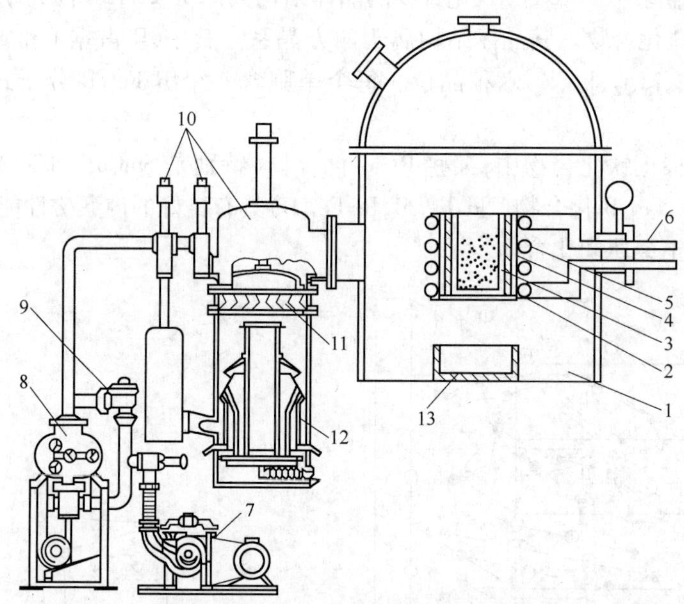

图7-2-13　小容量真空感应熔炼炉炉体

1—真空室；2—坩埚；3—炉料；4—填充料；5—感应圈；6—冷却水管；7—机械泵；8—罗茨泵；9，10—真空阀门；11—挡油板；12—油扩散泵；13—水冷铸模

在熔炼浇铸工艺中，由于铸锭中心部与表面的冷却条件不同，对于Nd－Fe－B合金而言难以消除α－Fe的析出。而消除α－Fe是获得高性能烧结Nd－Fe－B磁体的重要手段。为了克服这一缺点，人们开发了速凝铸造工艺。其特点是采用快速冷却的方法将铸块厚度降低，成为250～500 μm铸片，轮辊转速大约1～3 m/s，所得的铸片具有片状晶结构。这种铸片用于制作烧结磁体有以下一些优点：(1)铸片凝固速率比铸块的快，阻止了α－Fe枝晶在铸片中生成，因此，铸片不需像传统的工艺那样做等温热处理；(2)硬磁主相晶粒中有许多富Nd相薄层，在氢爆后会形成许多微裂纹，因此铸片的粉碎性很好。这确保了在氢爆和

气流磨制粉后，可形成单晶粉末且有富 Nd 相均匀附着，使粉粒定向排列最佳，从而提高磁体的剩磁；(3) 铸片中富 Nd 相分散得很好，使烧结时液相分布最佳，有利于在较低烧结温度下得到高密度、高矫顽力磁体；(4) 总稀土含量得以降低，又不会形成缺稀土区域（它会使磁体矫顽力及退磁曲线方形度下降），这对于生产高 B_r 和高 $(BH)_{max}$ 磁体是至关重要的。

B　稀土永磁合金的粉末制备

稀土永磁合金的粉末制备过程包括粗破碎和磨粉两个过程。

粗破碎是指将合金锭破碎至 246 ~ 175 μm（60 ~ 80 目）中等粉末。有两种粗破碎方法：机械破碎和氢破碎（HD 法）。机械破碎需使用不同的破碎机对铸锭进行逐级破碎。首先用中型颚式破碎机将铸锭破碎至 5 mm 以下，然后用小型颚式破碎机破碎至 2 mm 以下，最后用锤击式粉碎机、球磨机等破碎至 246 ~ 175 μm（60 ~ 80 目）。HD 法是将 Nd – Fe – B 合金吸氢后形成氢化物而使合金破碎的方法。HD 处理可将 Nd – Fe – B 合金锭破碎成 45 ~ 355 μm 范围的颗粒，大部分是 125 μm 左右的颗粒。若经过多次吸氢—抽氢处理，可使其粉末颗粒尺寸进一步降低至 10 μm 以下。

磨粉是将 246 ~ 175 μm（60 ~ 80 目）的粉末研磨至 3 ~ 4 μm 的最终粉碎作业。一般采用球磨或气流磨制粉两种方法。目前生产规模较小的厂家用滚动球磨，多数 Nd – Fe – B 生产厂家采用气流磨磨粉。

图 7–2–14 是气流磨制粉过程原理图。气流具有如下特点：(1) 产品细度通常为 2 ~ 5 μm，粒度分布窄且无过大颗粒，颗粒形状规整，表面光滑，纯度高，活性大，这对于制备高性能烧结 Nd – Fe – B 磁体是很重要的。(2) 物料与气流磨室内壁碰撞力很少，内壁无磨损，无异物进入物料，无污染，可制备高纯超细粉末。(3) 粉磨效率高、能耗低，比其他类型气流磨节能 50%。(4) 在粉碎室内，压缩气体膨胀吸收大量的热量，物料不致产生温升，特别适用于制备低熔点和热敏性粉末。(5) 可连续自动化制粉，操作简单，安全可靠，结构紧凑，易于清洗与维修。

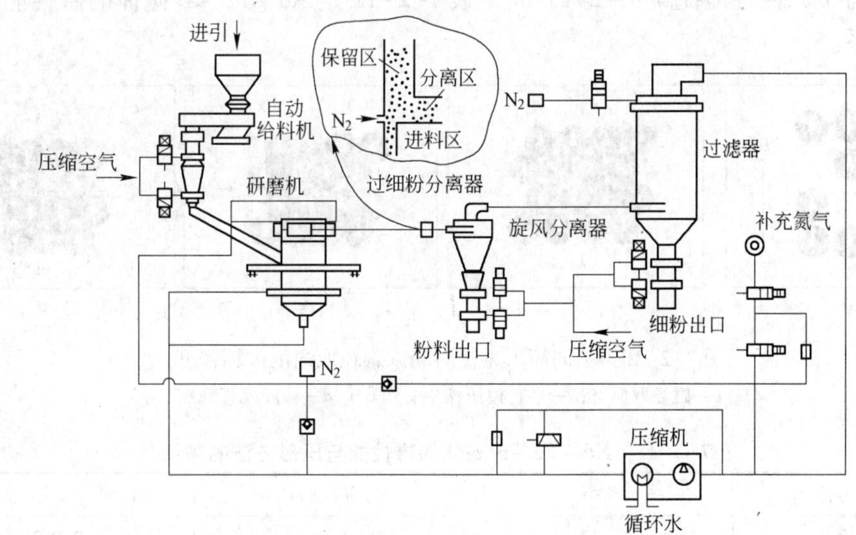

图 7–2–14　气流磨制粉过程原理图

C　稀土永磁粉末磁场取向与成形

粉末的磁场取向是指永磁粉末在取向场（外磁场）作用下被磁化，使其易磁化轴与取向场的方向保持一致的过程。粉末磁场取向一般包括畴壁位移和颗粒转动两个过程，如图 7-2-15 所示。

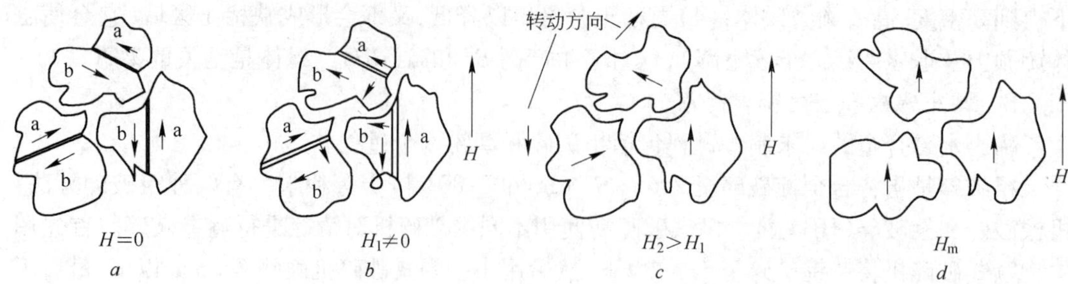

图 7-2-15　磁性粉末磁场取向过程

a—非取向；*b*—畴壁位移；*c*—颗粒转动；*d*—颗粒取向

粉末中颗粒的转向程度即取向度，由作用在颗粒上的磁力 f_c 和与磁力反向的所有机械合力 $\sum f_i$ 的比值决定。$f_c=\mu_0 M_s\cdot\Delta V\cdot H\cdot dH/dL$。式中，$\mu_0 M_s$ 是磁性颗粒的磁极化强度，ΔV 是颗粒的体积，$H\cdot dH/dL$ 是磁场力，dH/dL 是磁场梯度。为了提高取向度应提高磁力 f_c、减小机械阻力 $\sum f_i$。主要表现在以下几方面：

（1）提高取向磁场强度 H，提高磁场梯度 dH/dL，尽量减小磁极漏磁引起的 dH/dL 下降。图 7-2-15 是取向磁场强度对 Nd－Fe－B 烧结磁体磁性能的影响。

（2）提高粉末颗粒的球形度和表面光滑度，以降低内摩擦力和颗粒间的机械阻力。同时，为获得良好取向度，粉末的初始密度应为其松装密度。

（3）压坯中粉末颗粒的取向度还受磁场取向方向与压制方式的显著影响，如图 7-2-16 所示。传统的成形方式是模压成形，且磁场为恒磁场，这种工艺极易造成成形时粉末的取向被破坏，影响磁体的性能。而橡胶模脉冲磁场成形工艺有效地解决了磁粉取向度问题，可使取向度提高 3%，磁性能提高 8～24 kJ/m^3。表 7-2-11 是 Nd－Fe－B 磁体的磁性能与压形方法的关系。

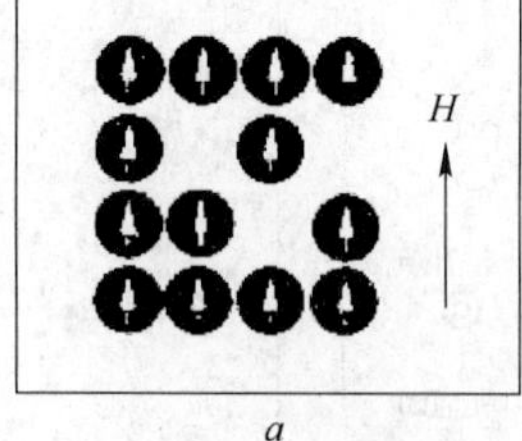

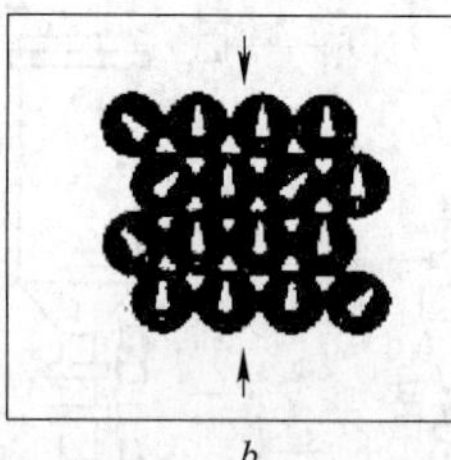

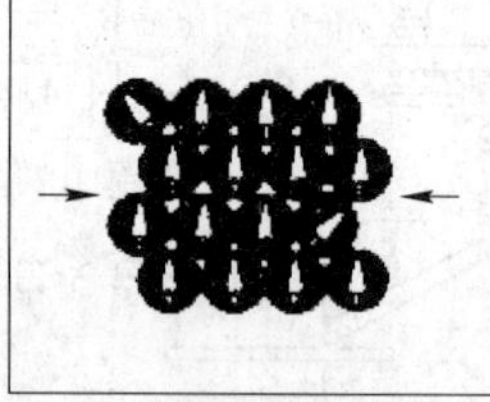

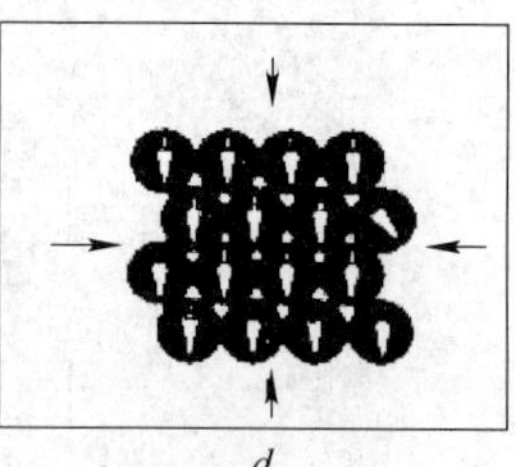

图 7-2-16　不同压形方法对粉末颗粒取向的破坏程度

a—磁场取向态；*b*—平行模压；*c*—垂直模压；*d*—橡胶模等静压

表 7-2-11　Nd－Fe－B 磁体的磁性能与压形方法的关系

压形方法	B_r/T	H_{ci}/MA · m^{-1}	$(BH)_{max}$/kJ · m^{-3}
平行模压	1.13	1.66	239.2
垂直模压	1.21	1.65	280.8
橡胶模等静压	1.27	1.63	309.0

D 稀土永磁材料的真空烧结、热处理

烧结与热处理都属于高温处理过程，即把压坯加热到粉末基体相熔点以下某一温度进行处理的过程。通过烧结使压坯收缩前致密化，使磁体形成具有高永磁性能的显微组织特征。烧结后的热处理则是通过改变烧结体的结晶组织或晶界状态，有目的地改善磁体的某些磁性能。

$SmCo_5$ 磁体的烧结为液相烧结，其烧结与热处理工艺制度如图7-2-17所示。一般认为，由 $T_{烧}$ 到 $T_{后}$ 的冷却速度应小于3℃/min。从 $T_{后}$ 到室温的冷却速度应大于50℃/min。

Sm_2Co_{17} 型磁体是一种析出硬化型永磁合金，它的矫顽力产生于时效过程中析出的 $Sm(Co,Cu)_5$ 相对畴壁的钉扎。Sm_2Co_{17} 型合金可通过改变热处理条件获得不同类型矫顽力的合金，其退磁曲线如图7-2-18所示。它们各自对应的热处理制度如图7-2-19所示。

Nd-Fe-B的烧结与热处理工艺如图7-2-20所示。

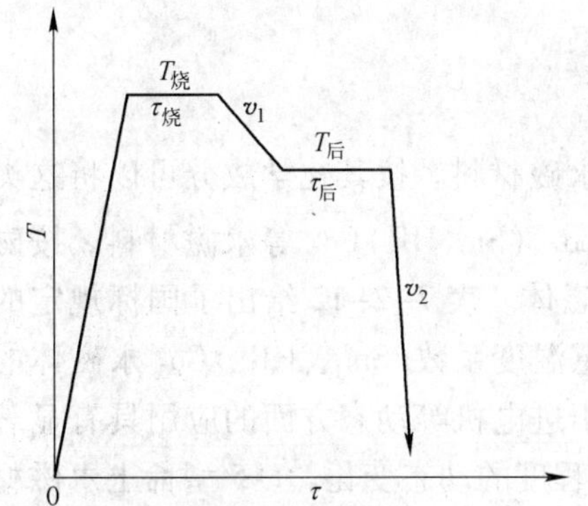

图7-2-17 $SmCo_5$ 永磁体烧结与处理工艺

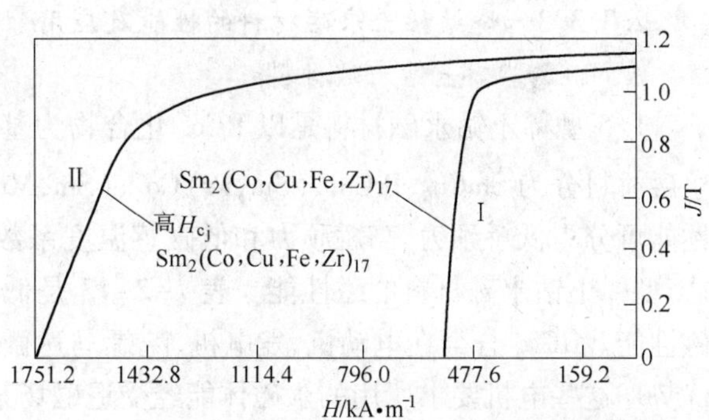

图7-2-18 两种不同热处理制度下的退磁曲线

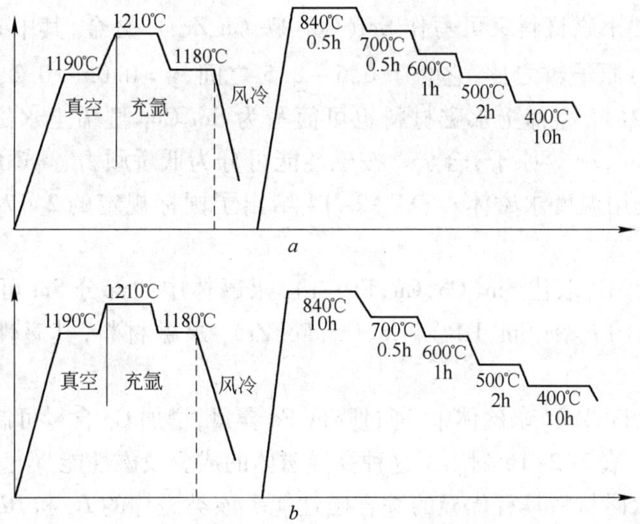

图7-2-19 退磁曲线Ⅰ对应的时效工艺(a)和退磁曲线Ⅱ对应的时效工艺(b)

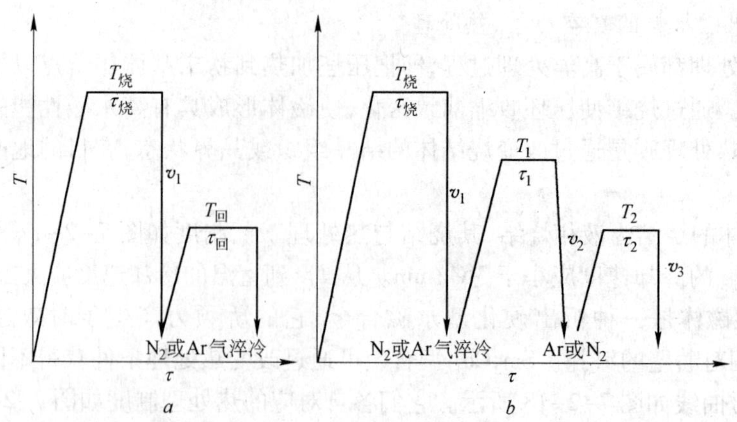

图 7-2-20 Nd-Fe-B 永磁体烧结与处理工艺示意图

2.3.3.3 烧结稀土永磁材料的性能及应用

A 1:5 型稀土钴永磁材料

1:5 型稀土钴永磁材料是以 RCo_5 化合物为基的永磁材料。按其化学成分可以将这类永磁材料分为 $SmCo_5$、$PrCo_5$、(Sm,Pr)Co_5、(Sm,Mm)Co_5、(Sm,HR)Co_5 等永磁材料。按磁性能可分为低矫顽力、高矫顽力和低磁感温度系数永磁体。表 7-2-12 给出了国标规定的 1:5型稀土钴永磁材料的磁性能。表 7-2-13 是低磁感温度系数($Sm_{1-x}HR_x$)Co_5 永磁体的磁性能。RCo_5 合金在电动机、发电机、陀螺马达微型步进电机等动态方面的应用具有显著优势。这些电机要求所用的永磁体能经受退磁场某种程度的动态变化。1:5 型稀土永磁材料的矫顽力高、回复磁导率接近 1,磁感应强度在变动中可恢复到原有的水平,因此能满足新型高效能电机的应用需求。另外,1:5 型稀土钴永磁材料还广泛应用于微波设备用行波管中的聚焦永磁体、磁性轴承等器件中。

B 2:17 型稀土钴永磁材料

2:17 型稀土钴永磁材料又可写作 $Sm(Co_{bal}Fe_xCu_yZr_w)_z$ 合金,其中 z 代表 Sm 原子与(Co + Cu + Fe + Zr)原子数之比,它介于 6.5 ~ 8.5 之间,y = 0.05 ~ 0.2,x = 0.07 ~ 0.30,w = 0.01 ~ 0.04。2:17 型稀土永磁材料也可简写为 Sm_2Co_{17}型稀土永磁材料或 Sm_2TM_{17}(TM 代表 Co,Cu,Fe,Zr 等原子)合金。按磁性能可分为低矫顽力、高矫顽力、低磁感温度系数永磁体和高使用温度永磁体。表 7-2-14 给出了国标规定的 2:17 型稀土钴永磁材料的磁性能。

用重稀土元素 HR 取代 $Sm(Co,Cu,Fe,Zr)_z$ 永磁体中的部分 Sm 可以制备出具有低磁感温度系数的 2:17 型(Sm,HR)$(Co,Cu,Fe,Zr)_z$ 永磁材料,其磁性能如表 7-2-15 所示。

在 $Sm(Co,Cu,Fe,Zr)_z$ 永磁体中,通过降低 Fe 含量,增加 Co 含量可制备出使用温度达 550℃的高温磁体。表 7-2-16 列出了这种高温磁体的成分及磁性能。

2:17 型稀土永磁材料具有优异的综合磁性能。该类磁体的 B_r 和 BH_{max} 均优于 1:5 稀土钴永磁材料,H_{ci}与 $SmCo_5$ 相近,μ_{rec} 接近于 1,同时具有更高的居里温度和更低的磁感温度系数,在稀土永磁材料中,其温度稳定性最好,可以在较高的温度下使用,尤其是近年来开发的2∶17型高温磁体,最高使用温度可达550℃。因此,在不少领域逐渐取代了 $SmCo_5$ 永磁体和其他一些传统永磁体,在工业上获得了较为广泛的应用。主要应用于微波通讯、电机工程、仪器仪表、磁力机械、磁化和磁疗等领域,特别适用于微波器件,伺服电机、测量仪表等静态或动态磁路。

采用粉末冶金的烧结工艺制备的钐钴基稀土永磁材料具有很强的织构,力学性能较差,表7-2-17和表7-2-18是Sm-Co基稀土永磁材料的力学性能和热学性能。由表可见,钐钴基稀土永磁材料具有极低的抗弯强度和断裂韧性。这一极低的强韧性使钐钴磁体很难加工,直接导致制造成本增加,加工精度降低;使材料在生产、加工、运输、装配等过程中容易掉边掉角,甚至断裂;同时降低了材料的抗冲击振动能力,影响了应用的稳定性和安全性。事实上,随着稀土永磁材料磁性能的不断提高,其产品越来越多地应用于小型化和高精度仪器仪表,材料的可加工性和加工精度变得越来越重要。某些应用场合对材料的抗震、抗冲击能力提出较高的要求,比如航空仪表和高速电机等。中南大学在优化合金成分和制备工艺的基础上制备了断裂韧性为4~5MPa·$m^{1/2}$的高磁能积Sm-Co基稀土永磁材料,其抗弯强度为180MPa。图7-2-21、图7-2-22是其磁学和力学性能

表7-2-12　RCo_5 系列烧结稀土钴永磁材料的主要磁性能(GB4180—2000)

种类	牌　号	最大磁能积 $(BH)_{max}$ /kJ·m^{-3} (范围)	剩磁 B_r /T (最小值)	矫顽力		温度系数		回复磁导率 μ_{rec}	典型化合物
				H_{ci} /kA·m^{-1} (最小值)	H_{cb} /kA·m^{-1} (最小值)	α/K^{-1}	β/K^{-1}		
低内禀矫顽力	XGS 80/36	65~90	600	360	320	-0.09×10^{-2}	—	1.10	Ce(Co,Cu,Fe)$_5$
	XGS 100/80	80~120	650	800	500	—	—	—	$MmCo_5$
	XGS 135/96	120~150	770	960	590	-0.05×10^{-2}	-0.3×10^{-2}	1.05	$SmCo_5$
	XGS 165/80	150~180	900	800	640	-0.05×10^{-2}	-0.3×10^{-2}	1.05	(Sm,Pr)Co_5
高内禀矫顽力	XGS 135/120	120~150	770	1200	590	-0.05×10^{-2}	-0.3×10^{-2}	1.05	$SmCo_5$ 或 (Sm,Pr)Co_5
	XGS 135/160	120~150	770	1600	590				
	XGS 165/120	150~180	880	1200	640				
	XGS 165/145	150~180	880	1450	640				
	XGS 180/120	175~190	960	1200	730				

表7-2-13　低磁感温度系数 $(Sm_{1-x}HR_x)Co_5$ 永磁体的磁性能

重稀土含量 x	温度范围/℃	磁性能				
		α/K^{-1}	B_r/T	H_{cb}/kA·m^{-1}	H_{ci}/kA·m^{-1}	$(BH)_{max}$/kJ·m^{-3}
0.24Gd	-40~100	-0.018×10^{-2}	0.73	567.2	>1990	102.7
0.40Gd	-40~100	-0.004×10^{-2}	0.63	501.5	>1990	78.8
0.40Dy	22~47	-0.0003×10^{-2}	0.79	334.3	—	72.4
0.40Er	2~500	0	0.71	469.6	—	87.6
0.10Ho	-80~100	-0.026×10^{-2}	0.77	594.6	>1990	117.0
0.20Ho	-90~100	0	0.71	546.9	>1990	98.7
0.20Gd+0.20Dy	77~127	0.0003×10^{-2}	0.81	477.6	—	104.3
0.20Gd+0.20Er	20~100	0	0.64	445.7	—	85.1

表 7-2-14 Sm_2Co_{17}系列烧结稀土钴永磁材料的主要磁性能

种类	牌号	最大磁能积 $(BH)_{max}$ /kJ · m^{-3} (范围)	剩磁 B_r /T (最小值)	矫顽力		温度系数		回复磁导率 μ_{rec}	典型化合物
				H_{ci} /kA · m^{-1} (最小值)	H_{cb} /kA · m^{-1} (最小值)	α/K^{-1}	β/K^{-1}		
低内禀矫顽力	XGS 180/50	165 ~ 195	950	500	440	-0.03×10^{-2}	-0.3×10^{-2}	1.10	$Sm_2(Co,Cu,Fe,Zr)_{17}$
	XGS 185/70	170 ~ 200	970	700	630				
	XGS 195/40	180 ~ 210	980	400	380				
	XGS 195/90	180 ~ 210	1000	900	680				
	XGS 205/45	190 ~ 220	1000	450	420				
	XGS 235/45	220 ~ 250	1070	450	440				
高内禀矫顽力	XGS 205/120	190 ~ 220	1000	1200	650	-0.03×10^{-2}	-0.3×10^{-2}	1.10	$Sm_2(Co,Cu,Fe,Zr)_{17}$
	XGS 205/160	190 ~ 220	1000	1600	650				
	XGS 235/160	220 ~ 250	1150	1600	840				

注:α、β 的测量范围从 273 ~ 373K,但不妨碍这些材料在此温度范围以外使用。

表 7-2-15 $(Sm,HR)(Co,Cu,Fe,Zr)_z$ 永磁体的成分及磁性能

成分	磁感温度系数	磁性能			
		$(BH)_{max}$ /kJ · m^{-3}	B_r/T	H_{ci} /kA · m^{-1}	H_{cb} /kA · m^{-1}
$Sm_{0.8}Er_{0.2}(Co_{0.671}Cu_{0.10}Fe_{0.215}Zr_{0.014})_{7.45}$	−0.006(50 ~ 100℃) −0.018(−50 ~ 100℃)	179.8	0.99	461.6	—
$Sm_{0.6}Er_{0.4}(Co_{0.671}Cu_{0.10}Fe_{0.215}Zr_{0.014})_{7.45}$	0.000(50 ~ 100℃) −0.002(20 ~ 80℃)	143.2	0.94	413.9	—
$Sm_{0.8}Er_{0.2}(Co_{0.68}Cu_{0.08}Fe_{0.22}Zr_{0.02})_{7.22}$	−0.012(25 ~ 100℃) −0.002(20 ~ 80℃)	119.4 ~ 183.0	0.96 ~ 1.03	955.2 ~ 1671.6	573.1 ~ 700.4
$Sm_{0.6}Er_{0.4}(Co_{0.668}Cu_{0.08}Fe_{0.22}Zr_{0.02})_{7.22}$	+0.0009(25 ~ 100℃)	143.2 ~ 159.2	0.88 ~ 0.93	1273 ~ 1353.2	605 ~ 636.8
$Sm_{0.75}Gd_{0.25}(Co_{0.65}Cu_{0.078}Fe_{0.25}Zr_{0.022})_{7.4}$	−0.008(25 ~ 100℃) −0.019(25 ~ 200℃)	161 ~ 175	0.92 ~ 0.98	1200 ~ 1360	680 ~ 720
$Sm_{0.6}Gd_{0.04}(Co_{0.65}Cu_{0.078}Fe_{0.25}Zr_{0.022})_{7.4}$	−0.005(25 ~ 100℃) −0.013(25 ~ 200℃)	135 ~ 143	0.85 ~ 0.87	1580	600 ~ 635

表 7-2-16 $Sm(Co,Cu,Fe,Zr)_z$ 永磁体的最高使用温度 T_m 及磁性能

合金号	T_m /℃	有效 z 值	Co 含量 /%	磁性能									
				25℃		300℃		400℃		500℃		550℃	
				H_{ci} /kA · m^{-1}	$(BH)_{max}$ /kJ · m^{-3}	H_{ci} /kA · m^{-1}	$(BH)_{max}$ /kJ · m^{-3}	H_{ci} /kA · m^{-1}	$(BH)_{max}$ /kJ · m^{-3}	H_{ci} /kA · m^{-1}	$(BH)_{max}$ /kJ · m^{-3}	H_{ci} /kA · m^{-1}	$(BH)_{max}$ /kJ · m^{-3}
A	250	7.9	0.64	1990.0	250.7	644.7	188.7	270.6	109.8	119.4	47.0	55.7	18.3
B	330	7.8	0.68	2626.8	218.9	923.4	167.2	429.8	132.9	230.8	69.3	95.5	27.4
C	400	7.7	0.73	2706.4	195.8	1162.2	149.6	700.5	131.3	374.1	99.5	167.2	44.6
D	500	7.6	0.78	2308.4	165.6	1329.3	124.2	987.0	105.1	581.1	82.8	286.6	54.1
E	550	7.6	0.81	1990.0	130.5	1353.2	95.5	1050.7	78.8	700.5	60.5	374.1	41.4

表 7-2-17 Sm − Co 稀土永磁材料的力学性能

磁体类型	密度/g · cm^{-3}	硬度 HV	抗弯强度 /MPa	拉伸强度 /MPa	断裂韧性 /MPa · $m^{1/2}$	杨氏模量/GPa
$SmCo_5$	8.4 ~ 8.5	610 ~ 670	100	90	1 ~ 2	120
Sm_2Co_{17}	8.3 ~ 8.5	500 ~ 600	80 ~ 140	120	1.5 ~ 2.5	190

表 7-2-18　Sm－Co 稀土永磁材料的热学性能

磁体类型	居里温度/℃	线膨胀系数/℃$^{-1}$		电阻率/Ω·cm	热导率/kJ·(m^2·h·℃)$^{-1}$
		垂直于磁场方向	平行于磁场方向		
$SmCo_5$	8.4～8.5	690×10^{-6}	410×10^{-6}	90×10^{-6}	41.8
Sm_2Co_{17}	8.3～8.5	830×10^{-6}	690×10^{-6}	120×10^{-6}	45.89

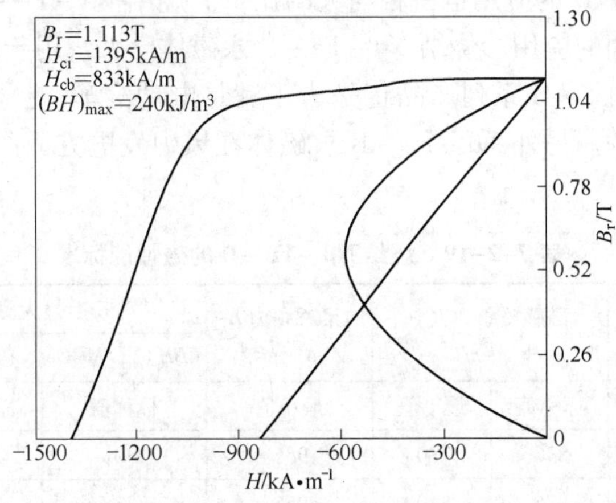

图 7-2-21　Sm－Co 烧结磁体的磁性能

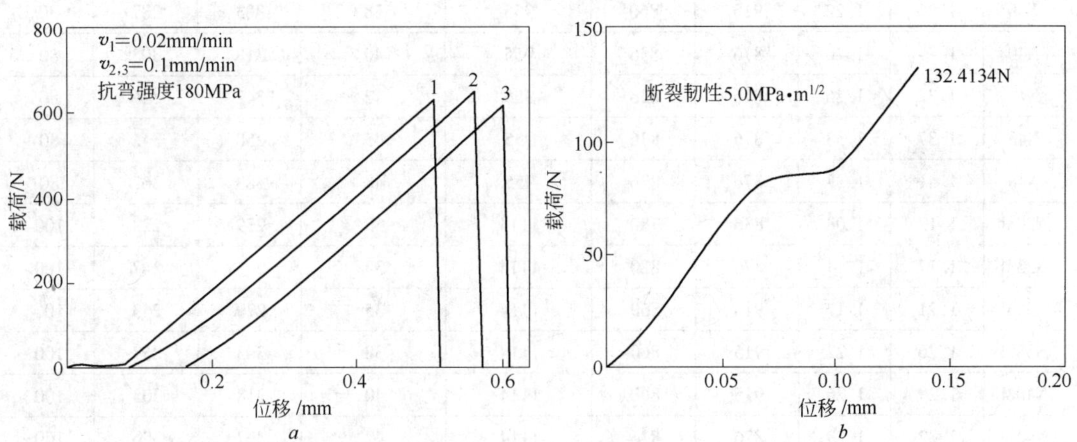

图 7-2-22　Sm－Co 烧结磁体的抗弯强度和断裂韧性

C　Nd－Fe－B 系烧结永磁材料

烧结 Nd－Fe－B 系永磁材料按成分可以分为三元 Nd－Fe－B 永磁材料和以 Pr、Dy、Tb 取代部分 Nd,以 Co、Al、Cu、Nb、Gd 等取代部分 Fe 而形成的三元以上的永磁体。按磁性能可以分为矫顽力 H_{ci} 不同的 N 型、M 型、H 型、SH 型、UH 型、EH 型和 AH 型永磁体。表 7-2-19列出了企业生产的不同牌号 Nd－Fe－B 永磁体的磁性能。

与 1∶5 和 2∶17 型烧结 Sm－Co 永磁相比,烧结 Nd－Fe－B 磁体的优点为:具有更为优异的磁性能,有利于磁性器件的小型化、轻量化;不含战略金属钴,原材料成本大幅降低;力学性能优于 Sm－Co 磁体,可进行切削及钻孔等机加工。但这种磁体的缺点是居里温度低、温度系数大、温度稳定性较差；化学稳定性差，易氧化和锈蚀，需进行表面防护处理。表 7-2-20 是 Nd - Fe - B 的物理及力学性能。

根据以上特点，Nd - Fe - B 磁体主要应用于计算机硬盘驱动器间圈电机（VCM）、核磁共振成像仪（MRI）。近年来烧结 Nd - Fe - B 永磁体材料在通信领域的应用增长较为迅速，这主要得益于手机用量的不断扩大。在手机中话筒、扬声器和振动马达均使用 Nd - Fe - B 永磁体。另外在 CD、DVD 的应用也占相当大的比重。烧结 Nd - Fe - B 永磁体用量增长速度最快的是在电机方面的应用。烧结 Nd - Fe - B 永磁体已大量用于伺服电机、空调器压缩电机及汽车用各种电机。AH 系列产品正是为了满足电动汽车、混合动力汽车发动机和驱动电机的要求而开发的。另外 Nd - Fe - B 永磁体在风力发电方面的应用需求正在进一步扩大。

表 7-2-19　烧结 Nd - Fe - B 的磁性能标准

牌号	剩磁 B_r/T		磁感矫顽力 H_{cb} /kA · m^{-1}		内禀矫顽力 H_{ci} /kA · m^{-1}	最大磁能积			最高使用温度/℃
						$(BH)_{max}$/MGOe	$(BH)_{max}$/kJ · m^{-3}		
	标称值	最小值	标称值	最小值	最小值	标称值	标称值	最小值	
N30	1.12	1.08	836	780	955	30	239	223	80
N33	1.17	1.14	876	820	955	33	263	247	80
N35	1.21	1.17	915	860	955	35	279	263	80
N38	1.26	1.22	915	860	955	38	303	287	80
N40	1.29	1.26	876	836	955	40	318	303	80
N42	1.32	1.26	876	836	955	42	342	326	80
N45	1.37	1.33	876	836	955	45	358	342	80
N48	1.41	1.37	876	836	955	48	383	367	80
N30M	1.12	1.08	836	780	1114	30	239	223	100
N33M	1.17	1.14	876	820	1114	33	263	247	100
N35M	1.21	1.17	915	860	1114	35	279	263	100
N38M	1.26	1.22	915	860	1114	38	303	257	100
N40M	1.29	1.26	915	860	1114	40	318	303	100
N42M	1.32	1.29	876	836	1114	42	342	326	100
N45M	1.37	1.33	976	836	1114	45	358	342	100
N48M	1.41	1.37	876	836	1114	48	383	367	100
N30H	1.12	1.08	836	780	1353	30	239	223	120
N33H	1.17	1.14	876	820	1353	33	263	247	120
N35H	1.21	1.17	915	860	1353	35	279	263	120
N40H	1.29	1.26	955	915	1353	40	318	303	120
N42H	1.32	1.29	876	836	1353	42	342	326	120
N45H	1.37	1.33	876	836	1353	45	358	342	120
N34AH	1.16	1.10	900	836	2547	34	271	247	240
N30SH	1.12	1.08	836	780	1595	30	239	223	150

续表 7-2-19

牌号	剩磁 B_r/T		磁感矫顽力 H_{cb} /kA·m^{-1}		内禀矫顽力 H_{ci} /kA·m^{-1}	最大磁能积			最高使用温度/℃
						$(BH)_{max}$/MGOe	$(BH)_{max}$/kJ·m^{-3}		
	标称值	最小值	标称值	最小值	最小值	标称值	标称值	最小值	
N33SH	1.17	1.14	876	820	1595	33	263	247	150
N35SH	1.21	1.17	915	860	1595	35	279	263	150
N38SH	1.26	1.22	979	939	1595	38	303	287	150
N40SH	1.29	1.26	1003	955	1595	40	318	303	150
N42SH	1.32	1.29	876	836	1595	42	342	326	150
N28UH	1.08	1.04	812	780	1990	28	223	207	180
N30UH	1.12	1.08	844	804	1990	30	239	223	180
N33UH	1.17	1.14	875	820	1990	33	263	247	180
N35UH	1.21	1.17	915	860	1990	35	279	263	180
N38UH	1.26	1.22	955	908	1990	38	303	279	180
N40UH	1.29	1.26	987	940	1990	40	319	303	180
N26EH	1.04	1.00	812	764	2388	26	207	191	200
N28EH	1.08	1.04	811	780	2388	28	223	207	200
N30EH	1.12	1.08	844	804	2388	30	239	223	200
N33EH	1.16	1.12	876	828	2388	33	263	239	200
N35EH	1.21	1.17	915	860	2388	36	287	263	200

表 7-2-20　Nd-Fe-B 的物理及力学性能

B_r 温度系数(20~100℃)/%·℃$^{-1}$	-0.11	抗弯强度/MPa	200~350
H_{ci} 温度系数/%·℃$^{-1}$	-0.60	断裂韧性 K_{IC}/MPa·m$^{1/2}$	2.5~5.5
居里温度/℃	310~340	抗拉强度/MPa	70~140
密度/g·cm^{-3}	7.4	抗压强度/MPa	800~1000
比热容/kJ·(kg·℃)$^{-1}$	0.50	弹性模量/MPa	1.5×10^5
电阻率/μΩ·cm	144	横向变形系数	0.24
线膨胀系数/℃$^{-1}$	4×10^{-6}	压缩率/m^2·N^{-1}	9.8×10^{-12}
热导率/kJ·(m·h·℃)$^{-1}$	32.186	韦氏硬度 HV	400~600

2.4　黏结永磁材料

将具有一定永磁性能的永磁材料与黏结剂和其他添加剂按一定比例均匀混合，然后用压制、挤出或注射成形等方法制成的复合永磁材料，称为黏结永磁材料。黏结永磁的磁性能主要由永磁粉末赋予，强度、形状、尺寸等则通过黏结剂固化后得到。采用黏结法，能制备出高磁性能、形状复杂和高尺寸精度的磁体，这是其他永磁产品无法比拟和替代的。所以黏结稀土永磁材料的应用迅速扩展，产品用量急剧增长，已成为某些高新技术产业和一些重要工业部门的关键材料。

2.4.1　黏结永磁的分类及特点

黏结永磁按粉末特点可分为：黏结铁氧体磁体、黏结铝镍钴磁体、黏结稀土永磁体等。按加工方法可分为：压制、注射、挤出、碾压四种黏结磁体。

黏结永磁与烧结永磁相比具有如下优点：(1)形状自由度大，可制成复杂形状薄型和微型产品；(2)尺寸精度高，由于制备过程温度低，因此塑性黏结磁体的收缩率低，一般在0.2%～0.5%，一般不需二次加工；(3)易于生产复合元件，可将永磁和其他器件进行嵌件成形和复合一体成形；(4)机械强度好，不易破碎、掉边、掉角；可进行机加工；(5)密度小；(6)适于批量生产，采用连续自动压制成形和注射成形方法批量生产；(7)磁粉利用率高；(8)不同类型的磁粉混合性能具有可调性以及温度特性补偿。缺点是由于混入了非磁性黏结剂，磁性能比烧结永磁体要低；另外，其温度稳定性也较差，使用温度不高。

2.4.2　黏结永磁体的制备工艺

黏结稀土永磁大多采用注射成形和压制成形的方法来制备。它们的工艺流程如图7-2-23所示。黏结永磁材料制备的关键技术是：磁粉的制备，偶联剂与黏结剂的选择，

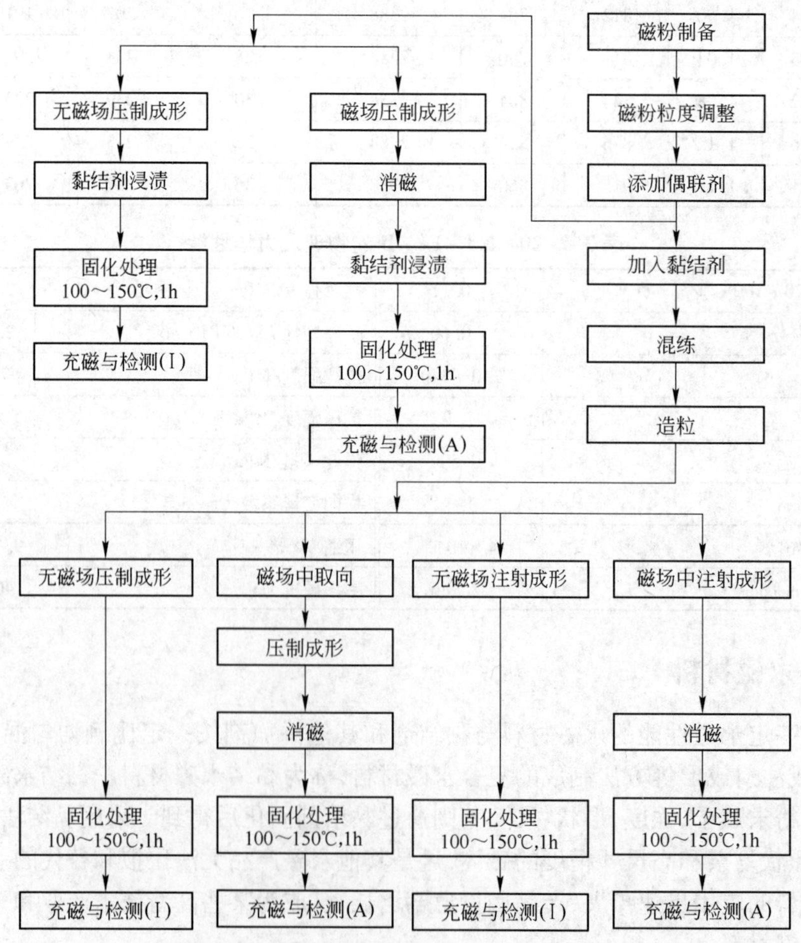

图7-2-23　黏结永磁制备方法与工艺流程

黏结剂的添加量,成形的压力和取向磁场强度等。

2.4.2.1　黏结永磁用磁性粉末的制备

下面分类介绍几种黏结永磁用磁性粉末的制备。

(1) 铁氧体永磁粉末。铁氧体永磁粉末包括钡铁氧体和锶铁氧体。按常规陶瓷工艺制备成的煅烧料粉碎,粒度在 1 ~ 2μm 后直接用于黏结磁体成形。在制造各向异性黏结磁体时,成形前需将煅烧料进行 950 ~ 1050℃退火,在磁场中成形,使磁粉得到高的取向度,提高黏结磁体的磁性能。

(2) 稀土钴永磁粉。Sm - Co 磁性粉末的制备可以用 Sm - Co 烧结体制粉,也可以用铸锭制粉。Sm - Co 烧结磁体的制备方法可参照本篇 2.3.3.2 小节。铸锭制粉是将真空感应炉冶炼的合金浇入水冷铜模中铸成合金锭,再将其适当热处理后进行破碎来制备磁粉的方法。稀土钴合金一般采用这种方法。对于 1∶5 型 Sm - Co 合金,其铸锭应在 1100 ~ 1200℃固溶处理数小时并于 900℃处理数小时。对于 2∶17 型 Sm - Co 合金而言,其铸锭则需在 1150 ~ 1250℃固溶处理数小时后,在 850 ~ 400℃进行多级时效处理。然后将铸锭破碎,并研磨成平均粒度约为 10 ~ 30 μm 的磁粉。

(3) Nd - Fe - B 永磁粉。黏结用 Nd - Fe - B 磁性粉末的制备方法包括熔体快淬法和 HDDR 法。熔体快淬法(也叫急冷法)是将熔体急冷制造薄带的技术。用该技术以冷却速度高达 10^6℃/s 以下的快速冷凝,能获得在平衡或近平衡凝固条件下不可能得到的亚稳态材料——非晶材料、纳米晶材料。目前使用的熔体快淬法主要为单辊法,如图 7-2-24 所示。将预先熔炼好的 Nd - Fe - B 母合金放入坩埚中,用感应加热装置将其熔化,再用高压 Ar 气将熔体从坩埚下端的喷嘴喷射到高速旋转的辊表面急冷凝固。制成的 Nd - Fe - B 薄带厚度一般为 30 ~ 80 μm。薄带的宽度取决于喷嘴形状。而薄带的厚度则依辊的周速、材质、Ar 气压力、辊和喷嘴之间的间隙大小、喷射时熔体温度等变化。表 7-2-21 是麦格昆磁公司采用熔体快淬法制备的 Nd - Fe - B 磁粉的牌号及磁性能。

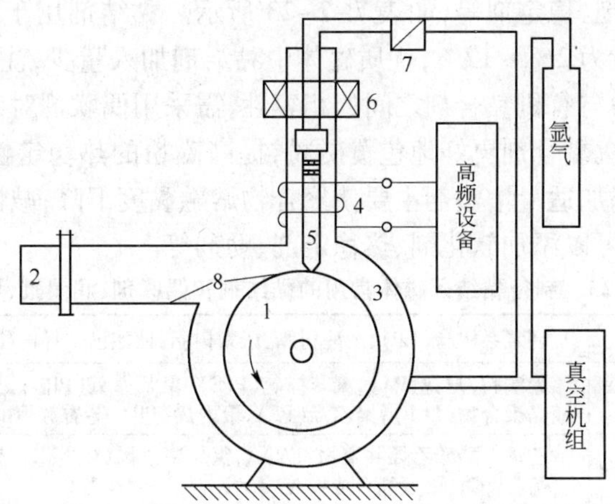

图 7-2-24　单辊真空熔体快淬设备示意图

1—紫铜辊;2—接料筒;3—真空室;4—感应圈;5—坩埚;6—升降机构;7—氩气阀;8—快淬薄带

表 7-2-21　麦格昆磁公司制备的 Nd－Fe－B 磁粉的牌号及磁性能

磁 性 能	磁 粉 牌 号										
	MQP－A	MQP－BO	MQP－B	MQP－C	MQP－D	MQP－O	MQP15－7	MQP13－9	MQP16－7	MQP14－12	MQP－S11－9 球状雾化制粉
B_r/mT	780/820	860/895	895/915	780/820	855/885	785/820	900/930	790/820	860/1000	825/850	730/760
$(BH)_{max}$/kJ · m^{-3}	97/111	111/120	126/134	99/111	115/127	100/111	115/123	97/105	124/140	107/120	80/82
H_{cj}/kA · m^{-1}	1030/1350	640/800	716/836	1190/1430	710/920	875/1100	510/640	640/800	520/600	940/1050	670/750
H_{cb}/kA · m^{-1}	485/550	495/565	500/575	495/550	475/575	495/555	400/480	430/510	430/490	520/580	440/500
T_c/℃	305	360	360	470	470	305	325	305	345	306	305
T_{OM}/℃	130～160	120～160	120～160	125～160	130～160	150～170	110～150	120～160	110～150	150～180	150～180
T_{PM}(空气 1h)/℃	200	200	200	200	250	300	200	300	200	300	320
ρ/g · cm^{-3}	7.6	7.64	7.64	7.72	7.72	7.61	7.63	7.56	7.61	7.62	7.41
ρ_a/g · cm^{-3}	2.7	2.7	2.7	2.7	2.7	2.7	2.7	2.7	2.7～2.8	2.7～2.8	3.6～4.2

注：T_{OM}为最高工作温度；T_{PM}为最高工艺温度；ρ为密度；ρ_a为松装密度。

HDDR 法是一种氢处理法，即氢化—歧化—脱氢—再复合（HDDR）法。其过程为 Nd－Fe－B 在 650～1000℃，一个标准大气压的氢气中形成氢化物 NdFeBH，并发生歧化，歧化为 NdH_2、Fe 和 Fe_2B。在随后 1.33Pa 真空脱氢过程中，NdH_2 分解为 Nd、H_2，然后 Nd、Fe 和 Fe_2B 重新复合成 Nd－Fe－B。通过 HDDR 过程，Nd－Fe－B 合金原始粗大的晶粒转变为 0.3 μm 的细晶粒。表 7-2-22 是三菱公司 HDDR 法制备各向同性 NdFeB 磁粉的磁性能。

表 7-2-22　三菱公司 HDDR 法制备各向同性 NdFeB 磁粉的磁性能

产品名称	B_r/T	H_{ci}/kA · m^{-1}	$(BH)_{max}$/kJ · m^{-3}	温度系数/K^{-1}	
				α_{Br}	β_{Hci}
HMP－1	0.73	1000	84	-0.13×10^{-2}	-0.57×10^{-2}
HMP－2	0.70	1080	78	-0.17×10^{-2}	-0.65×10^{-2}

2.4.2.2　黏结剂与添加剂

黏结剂主要有热固性树脂、热塑性树脂、橡胶、低熔点金属。添加剂主要有偶联剂、润滑剂、增塑剂、助剂、软化剂、稳定剂等，如表 7-2-23 所示。黏结剂用于磁性粒子的流动和黏结。黏结剂加入量一般为 2%～12%，优质磁体中黏结剂加入量少，注射成形磁体中加入相对较多。为了改善磁粉与有机黏合剂之间的相容性，需采用偶联剂对磁粉表面进行处理，提高磁粉的润滑性，使有机黏合剂更好地包覆磁粉，提高磁粉的热稳定性、抗氧化性、流动性、分散性和黏结强度。添加适量增塑剂主要使聚合物熔融黏度下降，减慢冷却固化速度，提高磁粉的取向度，此外还可以添加软化剂、热稳定剂、助剂等。

表 7-2-23　制备黏结永磁体常用的黏结剂和偶联剂、润滑剂、增塑剂

黏结剂	热固性树脂		环氧系树脂（EP），酚醛树脂，尿素树脂、钛酸己二烯丙酯
	热塑性树脂	1	聚酰胺（尼龙，PA），聚苯撑硫（PPS），聚苯撑氧（PPO），聚对二苯二甲醇酯（PBT），液晶聚合物（LCP），聚乙烯（PF），聚丙烯（PP），芳香族聚酯等
		2	乙烯－醋酸乙烯共聚物（EVA），氯化聚乙烯（C－PE），聚酰胺合成橡胶，软质聚氯乙烯（PVC），聚氨酯合成橡胶
偶联剂			硅烷系数，钛酸盐系，铝系
增塑剂			钛酸乙二酯，钛酸二丁酯，脂肪酸酯
润滑剂			硬脂酸锌，硬脂酸铝，硬脂酸镁，矿物油

2.4.2.3　成形

成形方法分为压制、注射、挤出、碾压四种。压制成形和注射成形是工业生产常用的两种生产方式。

压制成形是将永磁粉末与热固性树脂均匀混合装入模具中，在一定压力下致密化并成形，制备脱模后为使环氧树脂交联反应定形需经热固化，根据树脂的不同一般固化温度在110～150℃。压制成形制备的黏结磁体磁性能较高，但孔隙率较大，机械强度较低。

注射成形是采用注射成形机将造粒料连续输入到注射成形机料筒中，料筒中的螺杆，使其一边混溶，一边沿着螺旋槽向前输送。在料筒的加热和旋转螺杆的摩擦剪切作用下逐步熔融呈黏性流动态，然后注射液压缸使螺杆头部产生的压力将流态料推至料筒端部。通过料筒端部的喷嘴、模具、主流道、分流道最后从浇口处注入到闭合的模具型腔中，充满后经压实保压和冷却，使制品固化定形，然后开启模具取出制品。注射成形适于大批量生产，成形性好，制备的黏结永磁体密度均匀，一致性好，机械强度高，耐热性能好，但磁性能低。

2.4.3　黏结永磁体的性能及应用

黏结永磁体的性能见表7-2-24。稀土钴黏结永磁材料主要用于要求可靠性高、永磁体形状较为复杂的一些应用领域，包括各种小型精密电机（如步进电机、无刷电机）、小型发电机、钟表转子、定时器转子、传感器、精密仪表、行波管等。Nd－Fe－B黏结永磁材料的主要用途是各种类型的微电机转子、汽车的传感器、仪表、制动器以及音响、影像等领域。与Sm－Co黏结永磁不同的是，各种同性Nd－Fe－B黏结磁体多应用于较为廉价及通用性强的应用领域，如计算机及外围设备，办公室自动化的步进电机及汽车配套与电机方面。

表7-2-24　黏结永磁性能

类型	成形方法	B_r /T	H_{cb} /kA·m^{-1}	H_{ci} /kA·m^{-1}	$(BH)_{max}$ /kJ·m^{-3}	α_{Br} /%·℃$^{-1}$	β_{Hci} /%·℃$^{-1}$	ρ /g·cm^{-3}	生产企业
铁氧体系	注射	0.25～0.29	159～199	199～279	11.9～15.9			3.5～3.7	—
	压缩	0.64～0.70	421.9～453.7	—	64～80	－0.04	－0.28	7.0	Epson
$SmCo_5$	注射	0.55～0.66	318.4～437.8	—	64～80	－0.04	－0.28	5.8	—
	挤出	—	—	—	64.0	－0.04	－0.28	—	Performation
	压缩	0.73～0.88	477.6～541.3	—	96～136	－0.04	－0.22	7.0	Epson
Sm_2Co_{17}	注射	0.57～0.69	350.2～437.8	—	56～96	0.04	－0.22	5.8	Epson
	压缩	0.94	652.7	—	159.2	0.04	－0.22	7.0	Epson
	压缩（同性）	0.66～0.71	421.9～445.8	—	64～80	－0.10	－0.36	6.5	Epson
	注射（同性）	0.43～0.54	278.6～366.2	—	32～48	－0.10	0.36	5.0	Epson

续表 7-2-24

类型	成形方法	B_r /T	H_{cb} /kA · m^{-1}	H_{ci} /kA · m^{-1}	$(BH)_{max}$ /kJ · m^{-3}	α_{Br} /% · ℃$^{-1}$	β_{Hci} /% · ℃$^{-1}$	ρ /g · cm^{-3}	生产企业
Nd－Fe－B	注射(同性)	0.643	412	719	69	－0.10	0.36	5.7	RNI80
	挤出(同性)	0.64	390	—	64.0	－0.09	－0.55	—	Epson
	压缩	0.81～0.85	517.4～597.0	915.4～1154.2	111.4～135.3	—	—	—	MF20
		0.98	—	1034.8	159.2	—	—	—	MF15
	注射	0.83	—	1034.8	119.4	—	—	—	MF15
Sm－Fe－N	压缩	0.71	—	2340.2	87.2	－0.04	－0.30	—	Seiemens
		1.03	—	445.8	168.0	－0.06	－0.43	—	旭化成

2.5　铁氧体磁性材料

铁氧体是一种非金属磁性材料，它是铁族和其他一种或多种适当的金属元素的复合氧化物。具有亚铁磁性的铁氧体是一种强磁性材料，通称为铁氧体磁性材料。铁氧体磁性材料可分为软磁、永磁、矩磁、旋磁和压磁等几种，它们的组成、晶体结构、特征与应用领域列于表7-2-25。它们的主要特征是：软磁材料的磁导率高、矫顽力低、损耗低。硬磁材料的矫顽力高、磁能积高。旋磁材料主要用于微波通讯器件。旋磁材料具有旋磁特性，所谓旋磁特性是指电磁波沿着恒定磁场方向传播时，其振动面不断地沿传播方向旋转的现象。矩磁材料具有矩形的 $B-H$ 磁滞回线，主要用于计算机存储磁芯。压磁材料具有较大的线性磁致伸缩系数。本节重点介绍硬磁和软磁铁氧体材料。

表7-2-25　各种铁氧体的主要特性和应用范围比较

类型	代表性铁氧体	晶系	结构	主要特征	频率范围/MHz	应用举例
软磁	锰锌铁氧体系列 ($MnO-ZnO-Fe_2O_3$)	立方	尖晶石型	高 μ_i、Q、B，低 α、DA	0.001～5	多路通讯及电视用的各种磁芯和录音、录像等各种记录磁头
	镍锌铁氧体系列 ($NiO-ZnO-Fe_2O_3$)			高 Q、f_r、ρ，低 $\tan\delta$、	0.001～300	多路通讯电感接收器、滤波器、磁性天线和记录磁头等
	镍锌铁氧体系列 ($NiO-ZnO-Fe_2O_3$)	六角		高 Q、f_r，低 $\tan\delta$、	300～1000	多路通讯及电视用的各种磁芯
永磁	钡铁氧体系列 ($BaO \cdot Fe_2O_3$) 锶铁氧体系列 ($SrO \cdot Fe_2O_3$)	六角	磁铅石型	高 H_{ci}、$(BH)_{max}$	0.001～20	录音器、微音器、拾音器和电话机等各种电声器件以及各种仪表和控制器件的磁芯
旋磁	镁锰铝铁氧体系列 ($MgO\text{-}MnO\text{-}Al_2O_3 \cdot Fe_2O_3$)	立方	尖晶石型	ΔH 较宽	500～1000000	雷达、通讯、导航、遥测、遥控等电子设备中的各种微波器件
	钇石榴石铁氧体系列 ($3Me_2O_4 \cdot Fe_2O_3$)		石榴石型	ΔH 较窄	100～10000	
矩磁	镁锰铁氧体系列 ($MgO-MnO-Fe_2O_3$) 锂锰铁氧体系列 ($LiO-MnO-Fe_2O_3$)	立方	尖晶石型	高 α、R_s，低 S_w	0.3～1	各种电子计算机的磁性存储器磁芯
压磁	镍锌铁氧体系列 ($NiO-ZnO-Fe_2O_3$) 镍铜铁氧体系列 ($NiO-CuO-Fe_2O_3$)			高 α、K_r、Q 耐蚀性强	～100	超声和水声器件以及电讯、自控、磁声和计量器件

2.5.1　铁氧体的晶体结构和内禀磁特性

铁氧体的磁性能与其晶体结构有密切关系。铁氧体的晶体结构主要有尖晶石型、磁铅石型、石榴石型三种。下面主要介绍与软磁铁氧体和永磁铁氧体有关的尖晶石型和磁铅石型晶体结构。

软磁铁氧体的晶体结构与镁铝尖晶石（$MgAl_2O_4$）的晶体结构相同，化学组成可用 $MeO \cdot Fe_2O_3$ 或 $MeFe_2O_4$ 表示，Me 相当于 2 价的金属 Mn、Fe、Ni、Co、Cu、Mg、Zn、Cd 等离子。图 7-2-25 是镁铝尖晶石（$MgAl_2O_4$）晶体的一个晶胞，它属于面心立方晶系。直径大的氧离子（0.265 nm）占据了晶格的大部分空间，直径比较小的金属离子 Mg^{2+}（0.156 nm）和 Al^{3+}（0.265 nm）镶嵌在氧离子之间的空隙里，而且有一定的规律。在 Mg^{2+} 的四周有 4 个最近邻的 O^{2-}，如果把这 4 个 O^{2-} 的中心连接起来，就构成了一个正四方体。Mg^{2+} 处在这四面体的中心位置，而 Al^{3+} 最近邻有 6 个 O^{2-}，这 6 个 O^{2-} 的中心连线构成正八面体。Al^{3+} 处于正八面体的中心位置，如图 7-2-26 所示。分析晶胞中所有离子的相对位置，就会发现 O^{2-} 之间的间隙只有两种。我们称四面体中心位置为 A 位置，八面体中心为 B 位置；占据 A 位置的金属离子所构成的晶格为 A 次晶格，占据 B 位置的金属离子所构成的晶格为 B 次晶格。

A 位置或 B 位置的金属离子间都要通过 O^{2-} 发生间接交换作用。A 和 B 位置上离子的磁矩是反铁磁耦合，在铁氧体中往往是 A、B 两个位置上的磁矩不等，因而出现了亚铁磁性。

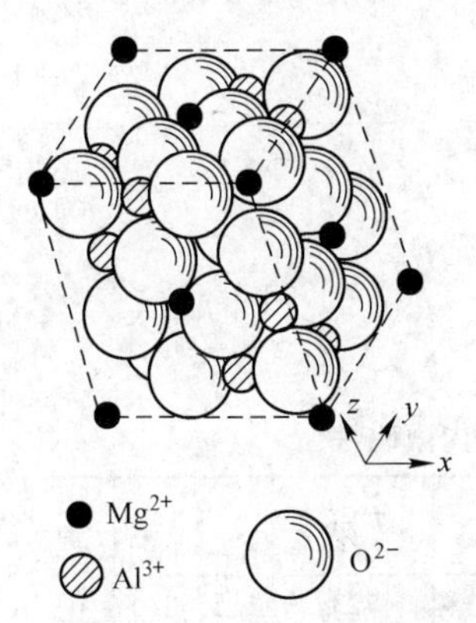

图7-2-25　尖晶石晶体结构

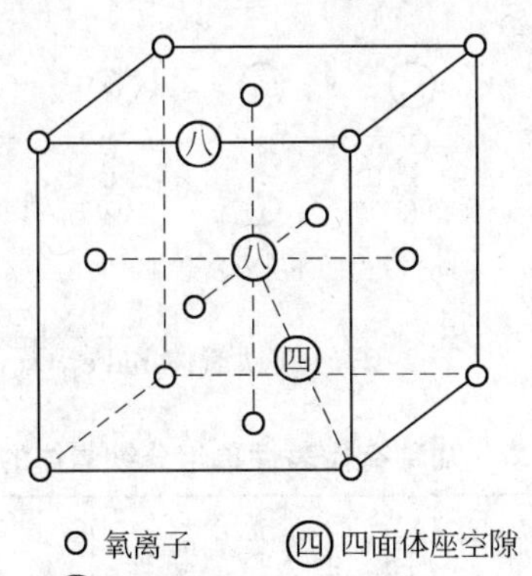

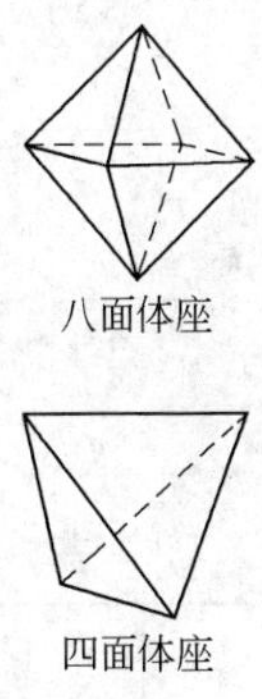

图 7-2-26　氧离子的面心立方密堆积、四面体座空隙与八面体座空隙

永磁铁氧体与天然磁铅石 $Pb(Fe_{7.5}Mn_{3.5}Al_{0.5}Ti_{0.5})O_{19}$ 有类似的晶体结构，属六方晶系，其化学分子式为 $MeO \cdot 6Fe_2O_3$，其中 Me 为二价金属离子，如 Ba^{2+}、Sr^{2+}、Pb^{2+} 等。钡铁氧体 $BaFe_{12}O_{19}$ 的晶体结构如图 7-2-27 所示。一个单胞包含两个钡铁氧体分子［$2(BaO \cdot 6Fe_2O_3)$］，Fe^{3+} 离子分别处于 6 个 O^{2-} 离子组成的八面体和 4 个 O^{2-} 离子组成的四面体的中心位置，分别称为 B 位与 A 位。此外部分 Fe^{3+} 离子处于 5 个 O^{2-} 离子组成的特殊位置上，它是钡铁氧体具有高磁晶各向异性的原因。当 Ba^{2+} 离子被 Sr^{2+} 离子全部取代时，便组成锶铁氧体；当 Ba^{2+} 离子部分被 Sr^{2+} 离子取代时，便组成钡－锶复合铁氧体。

不同的晶体结构有不同的磁特性。尖晶石型面心立方晶系铁氧体（如 $NiFe_3O_4$、$MnFe_2O_4$、$ZnFe_2O_4$）是软磁和旋磁铁氧体，磁铅石型六角晶系铁氧体（如 $BaFe_{12}O_{19}$）是永磁铁氧体和甚高频软磁铁氧体，石榴石型立方晶系铁氧体（如 $Y_3Fe_5O_{12}$）是旋磁铁氧体。表 7-2-26列出了几种有代表性单组分铁氧体的晶格常数和内禀磁性。

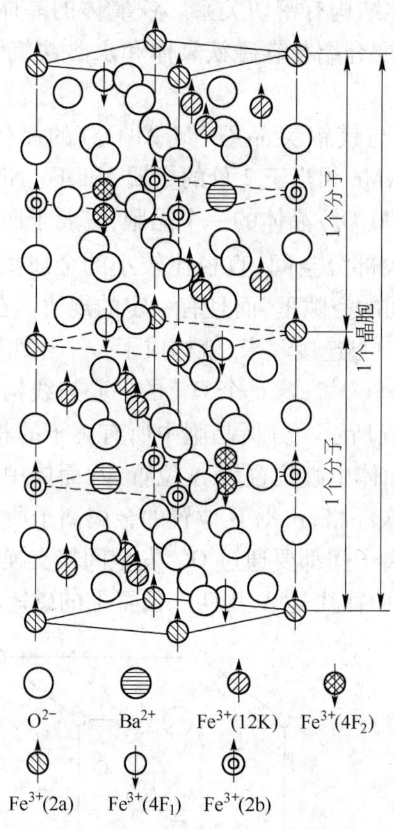

图 7-2-27　钡铁氧体 $BaFe_{12}O_{19}$ 的晶体结构

表 7-2-26　几种有代表性单组分铁氧体的晶格常数和内禀磁性

铁氧体	晶体结构	点阵常数/nm	M_s /A · m^{-1}	K_1 /J · m^{-3}	T_c/K	H_A /kA · m^{-1}	μ
$BaFe_{12}O_{19}$	磁铅石型六角晶系	$a=0.5876, c=2.317$	380×10^3	3.2×10^5	723	1360	—
$SrFe_{12}O_{19}$	磁铅石型六角晶系	$a=0.5820, c=2.301$	380×10^3	3.5×10^5	753	1600	—
$PbFe_{12}O_{19}$	磁铅石型六角晶系	$a=0.5877, c=2.300$	320×10^3	2.2×10^5	593	1048	—
$NiFe_2O_4$	尖晶石型立方晶系	$a=0.8344$	270×10^3	-6.2×10^3	—	—	270
$MnFe_2O_4$	尖晶石型立方晶系	$a=0.85$	400×10^3	-2.8×10^3	573	—	16000
$ZnFe_2O_4$	尖晶石型立方晶系	$a=0.844$	—	-7×10^2	9	—	—
$CuFe_2O_4$	—	$a=0.822, c=0.870$	135×10^3	-60×10^2	728	—	—
$Ni_{0.5}Zn_{0.5}Fe_2O_4$	尖晶石型立方晶系	—	680×10^3	-17×10^2	—	—	5000
$Mn_{0.48}Zn_{0.5}Fe_{2.02}O_4$	尖晶石型立方晶系	—	750×10^3	-3.8×10^2	—	—	24000

2.5.2　永磁铁氧体

永磁铁氧体是以 SrO 或 BaO 及 Fe_2O_3 为原料，通过陶瓷工艺方法制造而成，主要包括钡铁氧体和锶铁氧体。和金属永磁材料一样，永磁铁氧体材料也要求具有高矫顽力、高剩磁和高磁能积。永磁铁氧体的磁性能与配方(成分)、工艺、显微组织结构有关。

2.5.2.1　永磁铁氧体的制备工艺

铁氧体永磁材料是由铁的氧化物和钡(或锶等)化合物按一定比例混合,经预烧、破碎、制粉、压制成形、烧结和磨加工而成,如图7-2-28所示。在有或无磁场的条件下,进行粉末压制,就得到各向异性或各向同性的磁体。高性能烧结永磁铁氧体在制备和工业化大生产工艺过程中最关键的工序主要有:(1)预烧料的制备工艺:(2)成形工艺;(3)烧结工艺三个方面。

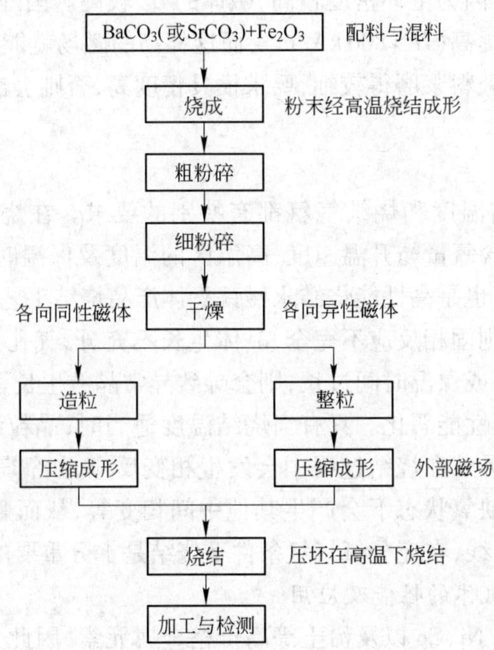

图7-2-28　铁氧体永磁材料的制备工艺

A　预烧料的制备工艺

预烧料主要有三种制备方法:湿混法(图7-2-29)、干混法(图7-2-30)。

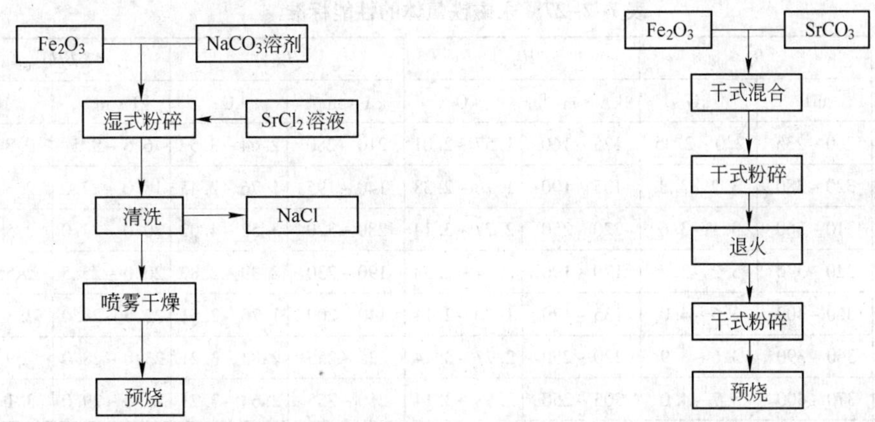

图7-2-29　湿混法制备铁氧体预烧料的工艺流程　　图7-2-30　干混法制备铁氧体预烧料的工艺流程

高性能烧结永磁铁氧体预烧料的大部分配方中只有SrO、Fe_2O_3或BaO · Fe_2O_3，一次料基本不添加成分，二次微粉碎工艺中则要加入添加成分：$CaCO_3$、CaO、SiO_2、$SrSO_4$、$SrCO_3$、H_3BO_3、Cr_2O_3、Al_2O_3、Bi_2O_3等。它们对永磁铁氧体性能有很大的影响。

B　成形工艺

成形工艺是保证永磁铁氧体获得高性能的关键工艺之一。湿混成形时料浆必须保持一定的含水量，料浆的pH值在7～9范围内，料浆的相对黏度值应控制在12左右。坯件压制时的磁场强度应达到700～800 kA/m。依据产品的形状，应尽可能地提高毛坯的压实密度和密度分布的一致性。因为毛坯密度较高，磁体的H_c较高。国外则多采用水冷或油冷线圈的办法，能把定向磁场提高（$H>800$ kA/m），而这样高的磁场就能满足生产高性能的产品的要求。对于高性能产品，料浆磨得较细，要求模具精度高，否则会出现跑料、压出的生坯容易出现细裂纹等缺陷。

C　烧结工艺

高性能产品对烧结温度和烧结气氛都有特别的要求。在烧结过程中，特别是在高温1000℃以上，窑炉中的含氧量与升温速度、高温区的温度及保温时间、降温速率对产品磁性能有着直接的影响。这也是高性能烧结永磁铁氧体产品烧结工艺控制的难点。若烧结温度太低或保温时间过短，则固相反应不完全，晶体生长不充分，气孔多，产品的密度低，磁性能不好。若烧结温度过高或保温时间过长，则会导致异常晶粒生长，晶体中因而显著地产生畴壁，矫顽力下降，产品磁性能恶化。只有当烧结温度适当时，晶粒细而均匀，气孔呈球形，产品密度高，性能才高。另外在烧结过程中会发生相变反应，如氧气充足会形成纯M相铁氧体、在还原性气氛中或缺氧状态下会产生其他中间相变等，从而影响产品的H_c。因此选择一个最佳的烧结温度曲线，在充分氧气氛条件下烧结是十分重要的。

2.5.2.2　永磁铁氧体的性能及应用

永磁铁氧体不含有Ni、Co以及稀土等高价格金属元素，因此价格较低。而且由于晶体对称性低造成的磁晶各向异性大，矫顽力要大于铝镍钴磁钢，且剩磁适中，化学稳定性好，相对质量较低，性价比高于其他永磁材料，因而在市场上其生产和应用占有很大优势。永磁铁氧体主要应用于工艺品、吸附件、玩具、电机、传感器、医疗器械、扬声器等。

表7-2-27是永磁铁氧体的性能标准。表7-2-28是永磁铁氧体的物理性能。

表7-2-27　永磁铁氧体的性能标准

牌　号	B_r		H_{cb}		H_{ci}		$(BH)_{max}$	
	mT	kG	kA · m^{-1}	kOe	kA · m^{-1}	kOe	kJ · m^{-3}	MGOe
Y10T	200～235	2.0～2.35	125～160	1.57～2.01	210～280	2.64～3.52	6.5～9.5	0.8～1.2
Y20	320～380	3.2～3.8	135～190	1.70～2.38	140～195	1.76～2.45	18.0～22.0	2.3～2.8
Y22H	310～360	3.1～3.6	220～250	2.77～3.14	280～320	3.52～4.02	20.0～24.0	2.5～3.0
Y23	320～370	3.2～3.7	170～190	2.14～2.38	190～230	2.39～2.89	20.0～25.5	2.5～3.2
Y25	360～400	3.6～4.0	135～170	1.70～2.14	140～200	1.76～2.51	22.5～28.0	2.8～3.5
Y26H	360～390	3.6～3.9	220～250	2.77～3.14	225～255	2.83～3.21	23.0～28.0	2.9～3.5
Y27H	370～400	3.7～4.0	205～250	2.58～3.14	210～255	2.64～3.21	25.0～29.0	3.1～3.7
Y30	370～400	3.7～4.0	175～210	2.20～2.64	180～220	2.26～2.77	26.0～30.0	3.3～3.8

续表 7-2-27

牌号	B_r		H_{cb}		H_{ci}		$(BH)_{max}$	
	mT	kG	$kA \cdot m^{-1}$	kOe	$kA \cdot m^{-1}$	kOe	$kJ \cdot m^{-3}$	MGOe
Y30BH	380 ~ 390	3.8 ~ 3.90	223 ~ 235	2.80 ~ 2.95	231 ~ 245	2.90 ~ 3.08	27.0 ~ 30.0	3.4 ~ 3.7
Y30 - 1	380 ~ 400	3.8 ~ 4.0	230 ~ 275	2.89 ~ 3.46	235 ~ 290	2.95 ~ 3.65	27.0 ~ 32.0	3.4 ~ 4.0
Y30 - 2	395 ~ 415	3.95 ~ 4.15	275 ~ 300	3.46 ~ 3.77	310 ~ 335	3.90 ~ 4.21	28.5 ~ 32.5	3.5 ~ 4.0
Y32	400 ~ 420	4.0 ~ 4.2	160 ~ 190	2.01 ~ 2.38	165 ~ 195	2.07 ~ 2.45	30.0 ~ 33.5	3.8 ~ 4.2
Y33	410 ~ 430	4.1 ~ 4.3	220 ~ 250	2.77 ~ 3.14	225 ~ 255	2.83 ~ 3.21	31.5 ~ 35.0	4.0 ~ 4.4
Y35	400 ~ 410	4.00 ~ 4.10	175 ~ 195	2.20 ~ 2.45	180 ~ 200	2.26 ~ 2.51	30.0 ~ 32.0	3.8 ~ 4.0

表 7-2-28　永磁铁氧体的物理性能

居里温度/℃	450	拉伸强度/MPa	<100
最高使用温度/℃	250	抗弯强度/MPa	300
剩磁温度系数/% · ℃$^{-1}$	-0.2	硬度 HV	480 ~ 580
矫顽力温度系数/% · ℃$^{-1}$	0.3	密度/g · cm^{-3}	4.8 ~ 4.9

2.5.3　软磁铁氧体

目前工业上广泛应用的软磁铁氧体是两种或两种以上单一铁氧体（如锰铁氧体 $MnFe_2O_4$、锌铁氧体 $ZnFe_2O_4$）组成的复合铁氧体，如 Mn - Zn 系、Ni - Zn 系、Mg - Zn 系、Li - Zn 系和 Cu - Zn 系等。软磁铁氧体材料一般要求有高磁导率 μ_1、高 M_s、低 H_c、低损耗、高电阻率和高温度稳定性等。在使用时由于用途不同，对性能的要求有所侧重。复合铁氧体的软磁性能与其成分（配方）、制造工艺和显微组织结构有密切关系。

2.5.3.1　软磁铁氧体的制备工艺

通常软磁铁氧体是多晶陶瓷材料，俗称"黑瓷"，其制备工艺过程如图 7-2-31 所示。铁氧体产品性能的优劣取决于两个方面的影响：(1) 内因方面，包括原料的纯度（含杂量）、组成、形貌（颗粒尺寸及分布、外形）等，影响化学反应的进度，晶体的生长情况及显微结构的均匀性；(2) 外因方面，主要指制备工艺，它影响化学反应和显微结构，并进而影响到最终产品的电磁性能。

A　粉料的制备

粉料的制备方法包括混合物的固态反应和混合盐溶液的分解。后者称为湿法工艺，包括共沉淀、混合硫酸盐喷雾干燥、混合氯化物喷雾焙烧、溶胶凝胶料自蔓延燃烧及冶金萃取法等。目前我国主要以混合氧化物固态反应法为生产主流。

混合氧化物固态反应法中，原材料的纯度越高、杂质越少，相应的电磁性能越好。对于原料粒度而言，并不是越细越好，平均粒度的大小有一个相对范围，原料太细，将会产生一系列不利影响：(1) 团聚现象；(2) 高温自烧结；(3) 长时间研磨将导致粉料粒度分布过宽，引入有害杂质，甚至使粉体进入超顺磁状态，磁性能下降，故一般要求平均粒度在 0.1 ~ 5 μm。颗粒外形应首选球形或接近球形（立方形），其次依次为板形、片形、针形。

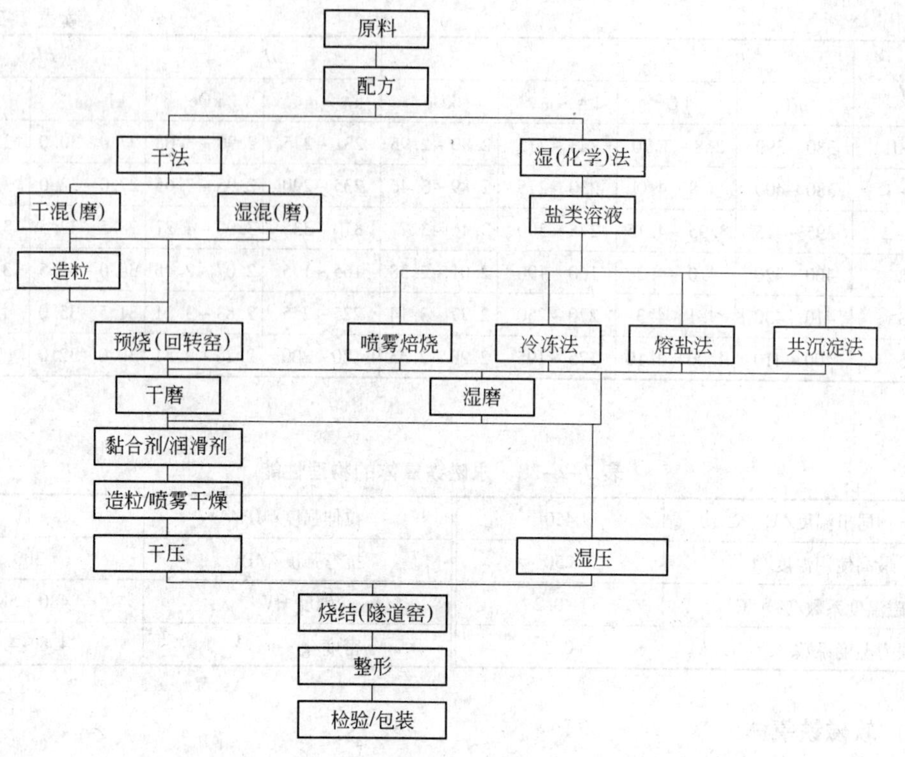

图7-2-31　软磁铁氧体的制备工艺过程

B　混合与粉碎

作为混合粉碎的机械有:球磨机、砂磨机、强混机、气流机、粉碎机等,目前使用最多的是球磨机和砂磨机。

混合又分干混和湿混。干混一般用于各种原材料的粒度大小相似,而且很细,只要充分搅拌均匀,达到能满足固相反应要求即可。湿混是把各种金属氧化物或金属盐类,倒入分散剂中,利用机械办法进行混合。分散剂通常用水,有时也可采用其他分散剂。

C　预烧

为了使混合料达到一个好的可塑性,往往将其预烧结,即将混合好的料放在600～1200℃之间,保温1～2h,然后冷却。在预烧过程中,混合料发生一系列的固相反应。其过程为:随着温度的升高,首先是颗粒表面的活性质点互相接触、扩散形成表面分子膜;温度继续升高,内部分子的活性也随之增强,整个体系内的质点扩散加强,起初形成固溶体,继而出现铁氧体相;温度再升高,铁氧体相晶化完全。下面以$ZnFe_2O$的生长成为例进行说明:$T<300$℃为表面接触期,无离子扩散,晶格结构无变化。在300～400℃形成表面孪晶期,颗粒表面质点相互作用形成表面分子膜(假分子或孪晶),随着温度的升高,孪晶数增加。400～500℃为晶发展与巩固期,假分子结合强度进一步加强,少数金属离子发生扩散至表面,表面离子接触构成新的表面分子,但该阶段尚无明显的新相生成。500～600℃为面扩散期,表面与内部的Zn^{2+}、Fe^{3+}充分扩散形成固溶体,产生晶格畸变,但尚在固溶度范围内,无新相($ZnFe_2O_4$)出现。600～750℃为结晶产物形成期,新相出现,形成晶粒,密度提高。$T>750$℃为化合物的晶格校正期,修正结构缺陷,晶粒长大,密度大大上升。

D　破碎

把预烧好的粉末状、球状或块状料，用机械力使物料减少粒度，即铁氧体的破碎工序。粉碎物料可以提高坯料的均匀性、致密坯体以及促进物化反应并降低烧结温度等。软磁铁氧体预烧料一般颗粒较小，除压坯块状物大于10mm外，一般小于10mm，属于中碎、细碎和超细碎。用滚动球磨机、振动球磨机和立式球磨机，采用间隙式、周期式或连续式粉碎机械破碎，是软磁铁氧体的主流。

E　成形

将二次球磨后的粉料或颗粒按产品要求压成一定的坯件形状，称为成形。同时为了提高粉料成形时的流动性、可塑性、增加颗粒间的结合力，提高坯件的机械强度，需加入一定量的黏合剂。常用的黏合剂有水、羧甲基纤维素、聚乙烯醇、石蜡等，其中以聚乙烯醇、石蜡较为常用。为了提高成形效率与产品质量，需将二次球磨后的粉料与稀释的黏合剂混合，过筛成一定尺寸的颗粒，当颗粒表面水分稍稍烘去，而内部仍旧保持潮湿时，具有良好的分散性与流动性。工业生产中常采用喷雾干燥造粒法，以有利于进行自动化的大量生产，净化环境。

常用的成形方法有：(1)干压成形；(2)磁场成形；(3)热压铸成形；(4)应力取向成形；(5)注浆成形；(6)流延法成形等。目前我国软磁铁氧体的成形方法以干压成形为主，下面主要讲解干压成形。

干压成形方法的特点是：生产效率高，易于自动化、制成品烧后收缩小，不易变形等。但该法只适用于横向尺寸较大、纵向尺寸较小且侧面形状简单的中小型产品，同时对模具质量要求较高。

干压过程中，当颗粒受到的外压力大于颗粒间的摩擦力时，颗粒相互靠近并发生变形，孔隙减小，当外压力与颗粒间摩擦力平衡时，就不再移动和变形。颗粒间的连接靠黏合剂薄层间的分子或颗粒间的相互作用。颗粒变形有两种：(1)弹性变形，粉料中的空气、水分及本身受压而产生弹性变形，如在短期内，内压力突增较显著时，开裂由弹性变形引起；(2)塑性变形，颗粒表面的接触面尺寸跟着压力上升而上升，在一定范围内，压力加大，坯件成形密度增加，坯件成形密度可用下式表示：

$$d_p \propto {d_0}^{t/\eta}$$

式中，d_p 为加压后坯件的成形密度；d_0 为加压前模具内粉料的填充密度，与预烧等有关；t 为加压时间；η 为颗粒的内摩擦系数，与形状、黏合剂、造粒方法等有关。

成形压力 p 的大小直接影响烧后产品的密度和收缩率。p 小，烧成后产品收缩大，变形大；加大 p，可显著提高成形密度的效果不显著，实践证明，还易出现脆性断裂、裂纹、分层、脱模困难等现象。常用的成形压力范围为30～200MPa。

F　烧结

烧结是成形体（按所需形状将粉末原料成形）在常压或加压下高温（$T < T_{熔点}$）加热，使颗粒之间互相结合（黏结），从而提高成形体的强度，排除颗粒之间的气孔，提高材料的强度。软磁铁氧体的烧结方法主要有：低温烧结、压力烧结、气氛烧结等。

烧结体中存在晶粒、晶界和气孔，其性质取决于构成晶粒的结晶物质的特性，而且还受微观结构（晶界、气孔）影响很大。微观结构既与粉末原料特性有关，又与烧结过程相关。降低气孔率是制备高密度铁氧体烧结体的关键，其方法有：(1)降低原料的平均粒径，如采用共沉淀法生产的原料；(2)采用高纯原料并缓慢加热；(3) 加大成形压力，如采用等静压法等；(4)通过掺杂抑制异常晶粒长大；(5)加压烧结；(6)控制烧结气氛并缓慢升温。

2.5.3.2　软磁铁氧体的性能及应用

软磁铁氧体的电阻率比金属磁性材料高，介电性能高，在高频时具有较高的磁导率，特别适宜高频使用，尤其在微波频率下使用，所以在电子信息、通讯、广播电视、航空航天等领域应用广泛。

目前，软磁铁氧体材料通常有以下分类方法：(1)按材料的主要成分划分，如 MnZn 系、NiZn 系、NiCuZn 系、MgZn 系、LiZn 系、六角晶系等；(2)按材料用途和特征可分为高 μ 材料、高频低功耗材料、高 B_s 低功耗材料、偏转磁芯用材料等；(3)按使用频段可分为低频用磁材、高频用磁材、超高频用磁材等。但据 ST/T－1766—1997 软磁铁氧体材料分类标准，是目前更为科学的分类方法。该标准将软磁铁氧体分为三类：(1)在开路磁路中，低磁通密度下使用的 OP 类材料；(2)在闭磁路中，低磁通密度下使用的 CL 类材料；(3)在高磁通密度(功率应用)下使用的 PW 类材料。(“OP”为 OPEN 缩写；“CL”为 CLOSE 缩写；“PW”为 POWER 缩写。)这几大类材料的性能见表 7-2-29 ~ 表 7-2-31。

表 7-2-29　OP 类铁氧体材料的性能

类型	起始磁导率 μ_i (25℃)	温度因数 α/℃$^{-1}$ (25 ~ 55℃)	相对损耗系数 $\tan\delta/\mu_i$	频率 f/Hz	居里温度 T_c/℃
OP1	<20	$(0\sim250)\times10^{-6}$	$(400\sim800)\times10^{-6}$	10	>300
OP2	20 ~ 50	$(0\sim50)\times10^{-6}$	$(150\sim250)\times10^{-6}$	10	200 ~ 450
OP3	50 ~ 100	$(5\sim40)\times10^{-6}$	$(100\sim130)\times10^{-6}$	10	200 ~ 300
OP4	100 ~ 300	$(5\sim30)\times10^{-6}$	$(30\sim100)\times10^{-6}$	1	200 ~ 300
OP5	300 ~ 400	$(35\sim40)\times10^{-6}$	$(25\sim70)\times10^{-6}$	0.1	100 ~ 150
OP6	300 ~ 500	$(0\sim15)\times10^{-6}$	$(15\sim30)\times10^{-6}$	0.1	150 ~ 300
OP7	500 ~ 800	$(10\sim20)\times10^{-6}$	$(10\sim30)\times10^{-6}$	0.1	120 ~ 200
OP8	800 ~ 1000	$(1\sim6)\times10^{-6}$	$(10\sim30)\times10^{-6}$	0.1	100 ~ 150
OP9	1000 ~ 1500	$(2\sim10)\times10^{-6}$	$(5\sim20)\times10^{-6}$	0.1	100 ~ 200

注：f 系测量 $\tan\delta/\mu_i$ 的频率。

表 7-2-30　CL 类铁氧体材料的性能

类型	起始磁导率 μ_i (25℃)	温度因数 α/℃$^{-1}$ (25 ~ 55℃)	相对损耗系数 $\tan\delta/\mu_i$	频率 f/Hz	居里温度 T_c/℃
CL1	<100	$(0\sim2)\times10^{-6}$	$(50\sim150)\times10^{-6}$	10	400 ~ 600
CL2	100 ~ 400	$(0\sim10)\times10^{-6}$	$(20\sim30)\times10^{-6}$	1	250 ~ 450
CL3	400 ~ 800	$(0\sim10)\times10^{-6}$	$(15\sim50)\times10^{-6}$	0.1	150 ~ 250
CL4	800 ~ 1200	$(0\sim10)\times10^{-6}$	$(1\sim10)\times10^{-6}$	0.1	120 ~ 200
CL5	1200 ~ 2000	$(0\sim15)\times10^{-6}$	$(1\sim10)\times10^{-6}$	0.1	100 ~ 120
CL6	1200 ~ 2500	$(0\sim10)\times10^{-6}$	$(2\sim7)\times10^{-6}$	0.1	150 ~ 250
CL7	1500 ~ 2500	$(-1\sim2)\times10^{-6}$	$(3\sim5)\times10^{-6}$	0.1	>150
CL8	2500 ~ 3500	$(0\sim6)\times10^{-6}$	$(2\sim10)\times10^{-6}$	0.1	140 ~ 220

续表 7-2-30

类型	起始磁导率 μ_i（25℃）	温度因数 α/℃$^{-1}$（25～55℃）	相对损耗系数 $\tan\delta/\mu_i$	频率 f/Hz	居里温度 T_c/℃
CL9	3500～6000	$(0～3)\times10^{-6}$	$(2～25)\times10^{-6}$	0.01	120～180
CL10	6000～8000	$(0～3)\times10^{-6}$	$(2～20)\times10^{-6}$	0.01	120～150
CL11	8000～12000	$(0～3)\times10^{-6}$	$(2～20)\times10^{-6}$	0.01	100～130
CL12	12000～16000	$(0～4)\times10^{-6}$	$(2～40)\times10^{-6}$	0.01	90～120

注：f 系测量 $\tan\delta/\mu_i$ 的频率。

表 7-2-31　PW 类铁氧体材料的性能

类型	最高工作频率 f_{max}/kHz	工作频率 f /kHz	磁通密度 B /mT	振幅磁导率 μ_a	性能因数 $B\times f$ /mT×kHz	功率损耗 /kW·m^{-3}	起始磁导率 μ_i（25℃）
PW1a PW1b	100	15	300	>2500	4500 (300×15)	≤300 ≤200	2000
PW2a PW2b	200	25	200	>2500	5000 (200×25)	≤300 ≤150	200
PW3a PW3b	300	100	100	>3000	1000 (100×100)	≤300 ≤150	2000
PW4a PW4b	1000	300	50	>2000	15000 (50×300)	≤300 ≤150	1500
PW5a PW5b	3000	1000	25	>1000	25000 (25×1000)	≤300 ≤150	800

注：1. f_{max} 是相对一个给定材料小类的可应用最大频率；

2. B 是相对一个给定材料小类的可应用的磁通密度；

3. μ_a 是 100℃下，表中的 B 和 f 情况下的振幅磁导率；

4. 功率损耗是在 100℃下和表中的 B 和 f 情况下测量的。

参考文献

[1] 殷景华．功能材料概论[M]．哈尔滨：哈尔滨工业大学出版社，2002.

[2] 龙毅，张正义．新功能磁性材料及其应用[M]．北京：机械工业出版社．1997.

[3] 严密．磁学基础与磁性材料[M]．杭州：浙江大学出版社，2006.

[4] 田民波．磁性材料[M]．北京：清华大学出版社，2001.

[5] 张世远，路权，薛荣华．磁性材料基础[M]．北京：科学出版社，1988.

[6] 上海市仪表电讯工业局技术情报所编．粉末冶金磁电材料与零件[M]．上海：上海市科学技术编译馆，1964.

[7] 李国栋．铁氧体物理学[M]．北京：科学出版社，1962.

[8] 马如璋，蒋民华，徐祖雄．功能材料学概论[M]．北京：冶金工业出版社，2006.

[9] 朱中平，薛剑峰．中外磁性材料实用手册[M]．北京：中国物资出版社．2004.

[10] 石富．稀土永磁材料制备技术[M]．北京：冶金工业出版社，2007.

[11] 王会宗，张正义，周文运，李炎午，黄征．磁性材料制备技术[R]．北京：中国电子学会应用磁学分会，2004.

[12] 孙光飞，强文江．磁功能材料[M]．北京：化学工业出版社，2007.

[13] 周寿增．稀土永磁材料及其应用[M]．北京:冶金工业出版社,1998.

[14] Francis G Hanejko, Howard G Rutz, Christopher G Oliver. Effects of Processing and Materials on Soft Magnetic Performance of Powder Metallurgy Part[C]. 1992 Powder Metallurgy World Congress, San Francisco, CA, June 21 ~ 26, 1999.

[15] Rutz H G, Hanejko F G. High Density Processing of High Performances[C]. 1994 International Conference and Exhibition on Powder Metallurgy and Particulate Materials, Toronto, Canada, May 8 ~ 11, 1994.

编写:易建宏　李丽娅(中南大学)

第3章　铁基软磁材料的发展与应用

3.1　铁基软磁材料的概述

在软磁材料中,硅钢与铁氧体占主导地位。可是,和叠层硅钢与低碳钢相比,粉末冶金工艺具有可成形最终形状的优势,而且,在很大程度上,可省掉后续作业,诸如冲压、磨加工、珩磨、钻孔等。近几年,用铁矿粉还原与水雾化法生产的铁粉,在磁性材料生产中都得到了广泛应用。特别值得注意的领域是铁粉芯、烧结铁与铁合金及绝缘铁粉压制件。图7-3-1为粉末冶金软磁材料的构成。

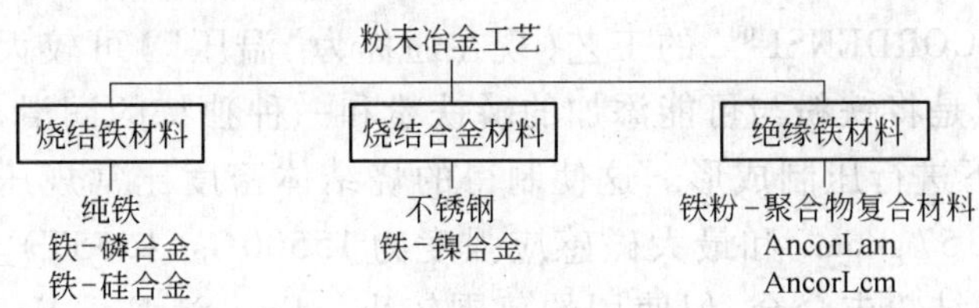

图7-3-1　粉末冶金软磁材料构成

铁粉芯是将铁粉弥散于塑料或聚合物中压制成各种形状制成的。这些铁粉芯在很宽的频率范围内磁导率恒定。铁粉芯是铁氧体的成本最低的替代品,而且其磁感应强度比软磁铁氧体高。铁粉芯的应用包括电源波型转换开关、电感线圈及其他的高频宽带应用。

烧结铁粉与铁-磷合金粉材料在和用于各种应用的低碳钢进行有力的竞争。表7-3-1中列出了粉末金属磁性材料的典型性能[1]。

表7-3-1　在不同温度下烧结的铁粉材料的典型磁性能[1]

合金系	典型密度/$g \cdot cm^{-3}$	大体的相对价格	μ_{max}	$H_c/kA \cdot m^{-1}$	B_{max}/T	电阻率/$\mu\Omega \cdot cm$
Fe	6.8/7.2	1	1800/3500	0.12~0.2	1.0/1.3	10
Fe-P	6.7/7.4	1.2	2500/6000	0.10~0.16	1.0/1.4	30
Fe-Si	6.8	1.4	2000/5000	0.02~0.08	0.8/1.1	60
SS400	5.9/6.5	3.5	500/1000	0.12~0.24	0.6/0.8	50
50Ni/50Fe	7.2/7.6	10	5000/15000	0.01~0.04	0.9/1.4	45

注:所有数据都是在外加磁场15Oe(119A/m)下测定的。

水雾化铁粉用于制作在磁通回路、传感器、磁性螺线管及可动铁芯中用的磁性零件。这些传统的DC应用都需要在氢或分解氨气氛中烧结压制成形的零件。表7-3-2中列出了这些材料能达到的典型磁性能。

表 7-3-2　在不同温度下烧结的铁粉材料的典型磁性能

材料	烧结温度 /℃	压制压力 /MPa	烧结体密度 /g · cm^{-3}	H_c /kA · m^{-1}	B(119A/m)/T	B_{max}/T	μ_{max}
纯铁粉	1120	410	6. 82	0. 23	0. 73	1. 06	2530
		550	7. 14	0. 23	0. 85	1. 21	3070
		690	7. 30	0. 23	0. 92	1. 29	3340
	1260	410	6. 86	0. 21	0. 75	1. 10	2730
		550	7. 14	0. 21	0. 86	1. 24	3190
		690	7. 32	0. 21	0. 93	1. 32	3570

注:所有数据都是在外加磁场 15Oe(119A/m)下测定的。

在应用需要较高的电阻率与磁感应强度时,广泛采用铁 - 磷合金[2]。通常使用的磷含量为 0. 45% ,而在某些场合,磷含量为 0. 8% 。磷有助于减小矫顽力和增高烧结体密度。添加磷还可改进材料的力学性能,诸如屈服强度、抗拉强度以及拉伸伸长率。

一种名为"ANCORDENSE®"的工艺(现在通称为"温压")可较大地改进烧结软磁材料的性能。温压是将铁粉与可能添加的磷铁粉和一种独特的润滑剂系统混合后,于温度 135 ~145℃下进行压制成形。这使制得的烧结体密度比常规压制高得多[2]。烧结体密度可高达 7. 57 g/cm^3 和最大磁感应强度为 15500Gs(1. 55T)。虽然,也在使用其他各种各样的烧结粉末合金,但使用的范围较小。Fe - Si、Ni - Mo、Fe - Si - Al 就是几个例子。

本节将这几种材料的应用说明如下。

3. 1. 1　烧结铁 - 磷产品

铁 - 磷预混合粉材料通常是在 1120℃下,于氢或氮 - 氢气氛中烧结的。由于碳会使材料的磁性能恶化,故在烧结时应避免吸收碳。其磷含量一般为 0. 45% 。可采用较高的磷含量,但不得超过 0. 8% 。在生产加工磷含量较高的材料时,必须当心,以免产生脆化问题。这种材料的应用如下:

(1) 磁感应强度较高,但电阻率一般;

(2) 用作低速步进式电动机的定子与转子;

(3) 电启动机;

(4) 磁极罩;

(5) 阀控制的制动器,防抱死制动系统(ABS)传感器;

(6) 强度与硬度良好;

(7) 韧性良好,使其可以进行铆接。

3. 1. 2　铁 - 硅合金

铁 - 硅合金的硅含量通常为 1. 5% ~3. 0% 。为避免降低压缩性,不采用预合金化铁 - 硅合金粉,而是先将高达 33% 的硅与铁经熔炼制成母合金。然后,将母合金粉与铁粉相混合。于 1260℃下,在 100% H_2 的气氛下,烧结预混合粉材料,以使硅扩散到铁中,这个合金系可用于下列场合:

(1) 对于中长频率,Fe - Si 比 Fe - P 烧结零件更适应;

（2）Fe–Si 合金可用于涉及冲击的致动器；

（3）Fe–Si 合金可用于冲击式打印机头。

3.1.3　铁–镍合金

铁–镍合金的镍含量通常为 50%，而且是预合金化的。这种预合金化 Fe–Ni 合金粉的压缩性低，可于氢或真空气氛中，在 1260℃下烧结。这个合金系可用于下列场合：

（1）磁感应强度较低；

（2）磁导率较高；

（3）在很小的外加磁场下可以致动；

（4）Permendure（铁钴磁性合金：钴 50%，钒 1.8%～2.1%，其余为 Fe）可产生最高磁饱和感应强度；

（5）昂贵；

（6）难以生产加工；

（7）在腐蚀重要的场合，409 与 434L 都是广泛用于磁性传感器的不锈钢牌号；

（8）一般而言，其磁感应强度比 Fe 或 Fe–P 系材料低。

在磁性应用中使用这些材料时，若烧结后需要进行诸如切削加工或精整之类作业时，应注意使零件释放应力。使零件在 815℃下退火 15 min，可以释放应力。

3.2　AC 磁性的应用

当将铁磁性材料用于因时间变化的磁场中时，诸如在交流磁场中应用，必须考虑到频率对磁性材料性状的影响。频率的变化影响测量的磁导率。另外，还必须考虑到和暴露于变化磁场中的材料相关的“损耗”。

3.2.1　铁芯损耗

在评价用于 AC 应用的磁性材料时，需要考虑的一个重要因素是铁芯损耗。铁芯损耗的定义是：暴露于交变磁场时耗散的功率。一般而言，能量效率最大时，铁芯损耗最小。铁芯损耗可用磁滞损耗与涡流损耗之和来表示。

可将磁滞损耗说成是清除磁畴壁所需的能量。当材料暴露于交变磁场中时，磁滞回线每一圈都需要一定的能量，而所需能量与磁滞回线扫过的面积直接相关。

磁滞损耗取决于应用的频率和材料磁滞回线的面积，其可表示如下：

$$\text{磁滞损耗} = K_H \times \text{磁滞回线面积} \times f$$ [5]

式中，K_H 为常数，f 为交变磁场的频率。

一般而言，矫顽力减小时，磁滞回线的面积减小。

影响铁芯损耗的另外一个因素是涡流损耗。当铁磁性材料暴露于交变磁场中时，在材料中产生感生电流。往往将这些电流称为涡流电流。涡流电流的大小取决于外加磁场的频率、铁磁性材料的电阻率、磁感应强度水平，以及这些电流通过材料流通的容易程度。涡流电流流通的结果是在铁芯材料内产生的热量增大。一般将涡流对铁芯总损耗的贡献称为涡流损耗。其表示式如下：

$$\text{涡流损耗} = K_E \times (d^2 \times B^2 \times f^2)/\rho$$ [5]

式中，K_E 为常数；d 为材料厚度；B 为磁感应强度水平；f 为频率；ρ 为铁磁性材料的电阻率。

在宽频率范围内测定铁芯总损耗时，损耗的每一组分对铁芯总损耗的贡献是不同的。鉴于磁滞损耗与涡流损耗分别是频率的一次方与二次方的函数，因此，在低频率的损耗中，磁滞损耗是主要的，而在高频率损耗中涡流损耗是主要的。

3.2.2　磁导率

涡流也影响暴露于交变磁场中的磁性材料的磁导率。涡流在形成磁场时流动的方向和外加磁场的方向相反。涡流电流愈大，反磁场就愈强。实际结果是，作用于铁芯材料的有效磁场较弱。较弱的有效磁场产生的测定磁感应强度水平就较低。因此，磁导率可定义如下：

$$\mu = \frac{B}{H}$$ [5]

为减小涡流电流，将层叠钢皆轧制成薄片材，以增大电阻和改进磁场的穿透深度。烧结粉末材料在 AC 中应用时使用性能欠佳。

3.3　绝缘铁粉

粉末冶金学家一直希望用粉末金属零件替代层叠钢片材。层叠钢片材需冲压成形后，叠层及焊接，而粉末金属零件可一步直接成形。替代层叠钢的粉末金属工艺的开发，是受到可将铁芯的涡流损耗限定在涂敷以电绝缘层的单个颗粒之内的启发。这种材料主要用于诸如电动机、电感线圈铁芯、致动器等装置中。

关于这种工艺，Hoeganaes 公司开发出了涂敷以聚合物的铁粉[3,4]。这些粉末需要将粉末与模具加热到高温。

为涂敷一个个铁粉颗粒，开发了一种涂敷工艺。在制作零件时，这种新粉末不需要将粉末进行加热，而且使用的是中常模具温度。这种粉末称为 AncorLam®。新开发的这种绝缘铁粉是用于93℃下加热的模具进行压制成形。于压制压力 800 MPa 下，压坯密度可高达 7.5 g/cm^3，电阻率超过了 15000 mΩ · cm。这些压坏的生坯强度取决于压制压力，于 800 MPa 下压制的压坯，生坯强度约为 100 MPa。

3.3.1　试验

为生产圆环生坯，在绝缘铁粉中混入了润滑剂，然后压制到密度 7.5 g/cm^3。圆环内径对外径之比为 0.67。将圆环坯在氮气氛中，于450℃下固化 1 h。用工业用磁滞曲线绘制仪测定铁芯的性能。DC 部分曲线是依据 ASTM A 773/773 – M1 和 AC 部分曲线是依据 ASTM A 927/M99 绘制的。

3.3.2　结果与讨论

图 7–3–2 是用 DC 外加磁场测定的磁滞曲线。图 7–3–3 为在不同的 AC 磁场中测定的磁滞回线的比较。回线接近于完全重合，这暗示一个个颗粒绝缘良好，涡流损耗的贡献很小。

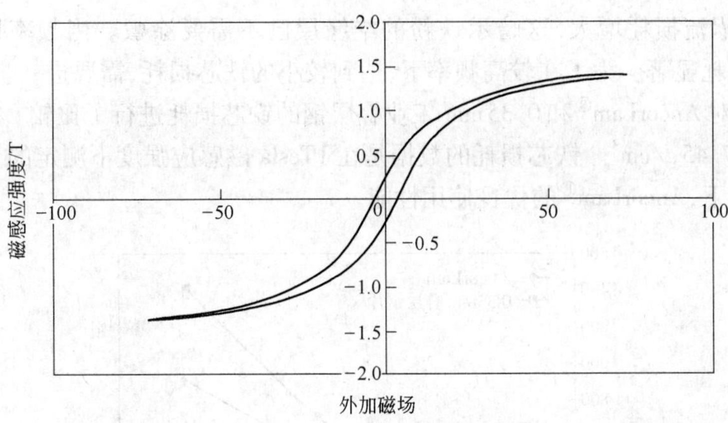

图 7-3-2　压制到密度为 7.5 g/cm³ 的绝缘铁粉的 DC 磁滞回线(外加磁场为 Oe)

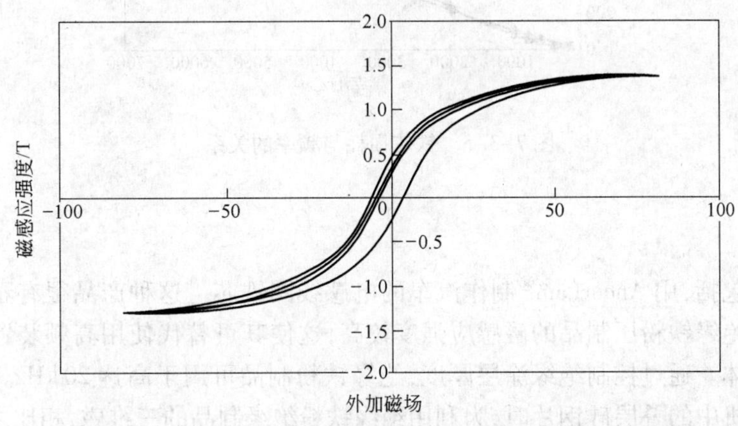

图 7-3-3　叠加在 DC 磁滞回线上的,在不同 AC 频率下(DC、60 Hz、100 Hz、400 Hz)测定的磁滞回线(外加磁场为 Oe)

新开发的绝缘铁粉的饱和磁感应强度高达 1.9 T。

图 7-3-4 是在不同频率与磁感应强度水平下的铁芯损耗。由图 7-3-4 可看出,频率高

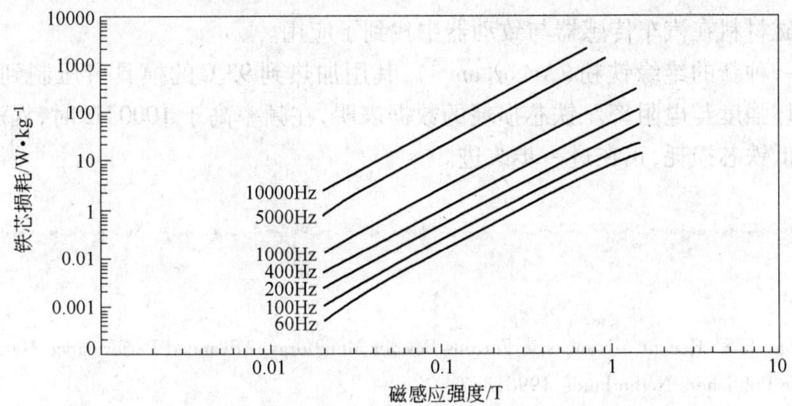

图 7-3-4　铁芯总损耗和磁感应强度与频率的关系

于1000 Hz时,涡流损耗增大,这暗示铁粉的绝缘层已不需要涂敷。当频率接近10000 Hz时,铁芯的总损耗显著。为了在较高频率下,达到较小的铁芯损耗,需要进一步进行开发。

图7-3-5对AncorLam®和0.35 mm工业叠层钢的铁芯损耗进行了比较。将AncorLam®压制到了密度7.45 g/cm^3。铁芯损耗的数据是在1Tesla磁感应强度下测定的。值得注意的是,在较高频率下,AncorLam®的优良使用性能。

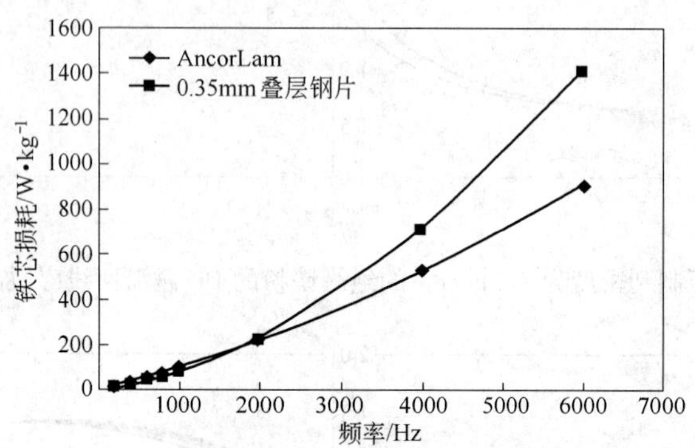

图7-3-5 铁芯损耗与频率的关系

3.3.3 应用

主要应用包括,用AncorLam®制作汽车的电感线圈铁芯。这种产品很有希望用于柴油机的喷油嘴。绝缘铁粉压制品的磁感应强度较高,这使其可替代使用高频装置的电子应用中的软磁铁氧体。通过控制绝缘涂层厚度,绝缘铁粉制品可用于高达20 kHz。用绝缘铁粉制品取代电动机中的叠层硅钢片时,为利用绝缘铁粉绝缘制品的三维磁,相比之下叠层钢片利用的是钢片轧制方向的择优磁通,电动机需要重新设计。绝缘铁粉材料的其他可能应用有:无刷DC电动机、有刷DC电动机、步进式电动机、爪极式电动机、开关磁阻电动机等的定子。对于在高于400 Hz的频率下工作的装置,绝缘铁粉制品特别有用[7~15]。

3.3.4 结论

烧结软磁材料在汽车传感器与致动器中找到了应用。

开发了一种新的绝缘铁粉(AncorLam®),其用加热到93℃的模具可压制到高密度,具有优良的生坯强度与电阻率。铁芯损耗的数据表明,在频率高于1000 Hz时,涡流损耗是主要的。为减低铁芯损耗,正在进一步改进。

参考文献

[1] Narasimhan K S. Recent Advances in Ferrous Powder Metallurgy. Advanced Performance Materials, Kluwer Academic Publishers Netherlands, 1996, 3:7~27.

[2] Rutz H G, Hanejko F G. US Patent No. 5,063,011(Nov 5,1991).

[3] Rutz H G, Oliver C, Hanejko F G, Quin B. US Patent No. 5,268,140(Dec. 7,1993).

[4] Oliver C G, Rutz H G. Powder Metallurgy in Electronic Applications. Advances in Powder Metallurgy and

Particulate Materials Vol. 3, part 11:87 ~ 102.

[5] Huang H, Debruzzi M, Riso T. A Novel Stator Construction for Higher Power Density and High Efficiency Permanent Magnet Brushless DC Motors. SAE Technical Paper No. 931008.

编写: Kalathar Narasimhan, Francis Hanejko, Michael Marucci
翻译:韩凤麟（中国机协粉末冶金分会）

第 4 章　稀土永磁材料与应用

磁性材料包括永磁材料(又称硬磁材料)、软磁材料、半硬磁材料、磁致伸缩材料、磁性薄膜、磁性液体(磁流体)和磁致冷材料等,是当今应用最广泛的功能材料。稀土永磁是永磁材料当中磁性能最强、发展最快、应用最广的材料之一,特别是其中的 NdFeB 永磁材料自 20 世纪 90 年代初工业化生产以来,其生产量每年以 15% ~20% 的速度在增长。有关稀土永磁材料的研究、生产等已经有多方面的报道,更有许多专著,但大部分都是一些学术性的论述和机理的探讨,缺少提纲挈领的总结归类。因此,有必要将相关的知识加以总结、归纳,供从事该领域工作的人员去粗存精,并学习、参考。

本章着重介绍了与稀土有关的发展历史、生产工艺、生产设备、测试方法、加工方法、表面防护方法、专利情况、原材料供应和常用的参数和公式,并介绍了稀土永磁材料的特点和主要应用领域。

4.1　引言

磁性材料作为一种功能性材料在当今现代化的信息时代起着越来越重要的作用,是当今应用最广泛的功能材料,是人类社会文明和技术进步的标志之一。

磁性材料包括永磁材料(又称硬磁材料)、软磁材料、半硬磁材料、磁致伸缩材料、磁性薄膜、磁性液体(磁流体)和磁致冷材料等。永磁材料又包括铁氧体永磁、铸造永磁、稀土永磁和其他永磁,其化学成分及磁特性见表 7-4-1。永磁材料的人均消耗数量已成为衡量一个国家富裕水平的尺度之一。

表 7-4-1　永磁材料分类及特性

名　称	种　类	典型成分或分子式	密度 /g · cm^{-3}	磁　性　能			
				B_r/T	H_c/kA · m^{-1}	$(BH)_{max}$/kJ · m^{-3}	T_c/℃
铁氧体永磁	Ba 铁氧体 Sr 铁氧体	$BaO6Fe_2O_3$ $SrO6Fe_2O_3$	5.33 5.15	0.3 ~ 0.44	250 ~ 350	25 ~ 36	450
铸造永磁	AlNiCo5 系 AlNiCo8 系	8% ~12% Al,15% ~22% Ni,5% ~24% Co, 3% ~6% Cu,余 Fe(质量分数) 7% ~8% Al,14% ~15% Ni,34% ~36% Co 3% ~4% Cu,5% ~8% Ti,余 Fe(质量分数)	7.3	0.7 ~ 1.32 0.8 ~ 1.05	40 ~ 60 110 ~ 160	9 ~ 56 40 ~ 60	890 860
稀土永磁	第一代 1:5 型 SmCo	62% Co,38% Sm	8.6	0.9 ~ 1.0	1100 ~ 1540	117 ~ 179	720
	第二代 2:17 型 SmCo	$Sm(Co_{0.69}Fe_{0.2}Cu_{0.1}Zr_{0.01})_{7.1}$	8.7	1.0 ~ 1.3	500 ~ 600	230 ~ 240	850
	第三代 NdFeB	$Nd_{14\sim16}(Fe,M)_{余}B_{6\sim8}$	7.6	1.1 ~ 1.5	800 ~ 2400	240 ~ 450	310 ~ 500
其他永磁	Fe - Cr - Co	33% Cr,16% Co,2% Si,余 Fe	—	1.29	70.4	64.2	500 ~ 600
	Fe - Ni - Cu	16% Ni,15% Cu,余 Fe	—	1.3	4.8	50 ~ 60	—

一般地,永磁材料是指矫顽力大于 40 kA/m 的磁性材料,软磁材料是指矫顽力小于 80 A/m的磁性材料,半硬磁材料是指矫顽力处于 80 A/m ~40 kA/m 的磁性材料。

成为优异永磁材料所必需的三个条件是:(1)具有高的剩磁;(2)具有高的各向异性;(3)具有高的居里温度。

现代永磁材料的发展历史,可以追溯到20世纪40年代。铁氧体永磁和铝镍钴永磁的出现,奠定了其基础。而20世纪60年代后稀土永磁材料的问世,以其优异的磁性能使永磁材料家族增光生辉。

铁氧体永磁是由日本东京技术研究所的加藤与五郎博士(Yogoro Kato)和武井武博士(Takeshi Takei)在1931年发现,而后由荷兰菲利普公司于1952年完善并产业化。使用的原料主要来自于钢铁厂的轧钢铁鳞(Fe_3O_4),采用传统的粉末冶金法生产工艺,分干、湿两种方法。其最大特点是原材料丰富、成本低廉,生产工艺和设备简单,但磁性能也最低,可工业化生产的磁体最大磁能积$(BH)_{max}$最好水平只有36 kJ/m³(约4.5 MGOe),温度稳定性差,属于陶瓷类氧化物磁体,具有很高的电阻率,可在高频场合下使用,表面不用保护,所需的磁化场较低(即易充磁)。其产品主要应用于低档音响、通讯、家用电器、大电机、玩具和箱包扣等,是目前最廉价的一种永磁材料,市场占有量也是第一,约占市场总量的50% ~60%。所谓的铁氧体永磁包括Ba铁氧体(各向同性)和Sr铁氧体(各向异性)。

铁氧体永磁的理论最大磁能积$(BH)_{max}$ = 43 kJ/m³(约5.4MGOe),理论矫顽力$_jH_c$ = 549 kA/m(约6.8 kOe)。烧结温度为1125 ~1200℃,磁感温度系数$\alpha_B = -0.19\%$/℃,特别要说明的是其内禀矫顽力温度系数为正,$\alpha_H = 0.28\%$/℃。

铝镍钴(AlNiCo)永磁几乎与铁氧体永磁同时出现,实现工业化生产也是在1955年左右。由于其主要成分是Ni、Co,原材料成本较高;采用铸造工艺,所需设备比较简单;其最大特点是剩磁(B_r)高、居里温度高、矫顽力(H_c)低、易充磁,温度稳定性好,磁感温度系数$\alpha_B = -0.02\%$/℃,是目前永磁材料里温度系数最小的磁体,磁体耐蚀性好,表面不需涂层保护,适合于组装后充磁。其产品主要应用于精密仪表、传感器控制元件等,约占市场总量的10% ~15%。

稀土永磁材料是永磁材料家族中重要的一员,是永磁材料当中磁性能量强、发展最快、应用领域扩展最快的材料之一。特别是其中的NdFeB永磁,自20世纪90年代初工业化生产以来,其生产量每年以15% ~20%的速度增长,被称为现代“磁王”。

稀土永磁分为三代。1960年发明的1∶5型SmCo称作第一代;1970年出现的2∶17型SmCo称为第二代;由于这两种磁体中都是以钴为基,又被统称为稀土钴永磁;1983年问世的NdFeB永磁称为第三代。

NdFeB永磁的出现具有划时代的意义,实现了磁学工作者梦寐以求的愿望——以廉价的铁完全取代稀土钴永磁中的战略物资钴,同时用储量为Sm12 ~15倍的Nd取代了Sm,磁性能也创了新高,其$(BH)_{max}$高达285 kJ/m³(约36 MGOe)。截至2010年已见正式报道的实验室水平为$(BH)_{max}$ =456 kJ/m³(约57 MGOe),大批量规模生产水平为$(BH)_{max}$ =400 kJ/m³(约50 MGOe)。

稀土永磁的生产工艺也采用传统的粉末冶金法,但对于烧结磁体采用真空或惰性气体保护烧结,详细的工艺过程在本篇4.3节里描述。

中国是稀土资源大国,已经查明的稀土资源工业储量以氧化物(REO)计达3600万吨,是世界储量(1亿吨)的36%。尤其是70年代初我国发现了世界独有的离子吸附型稀土矿,富含世界其他现有矿物所短缺的中重稀土元素,经济价值极高。2011年国际稀土年会的数据显示,中国2010年各类稀土冶炼分离产品为11.89万吨,超过了当年全球产量的 96%。

自 2000 年起中国的稀土消费量超过美国，成为世界最大稀土消费国，2002 年消费量达 25780 t。中国每年应用稀土产生的经济效益达 430 亿元以上。2000 年稀土永磁体（NdFeB + SmCo）的产值首次超过了铁氧体，此趋势将与日俱增，换言之，稀土永磁体是 21 世纪的主角。2001 年中国 NdFeB 永磁体的生产总量超过了日本，成为全球第一，由稀土资源大国变成了磁体生产大国。2010 年中国的 NdFeB 永磁体的生产总量约 80000 t，占全球的 80%，因此，一些有识之士断言："21 世纪全球磁体产业的中心是中国，其持续时间将远较日本和欧美作为磁体产业中心的时日更长！"

稀土永磁产业仍是朝阳产业，随着科学研究和生产技术的不断进步，其产量和应用领域将进一步增加，在永磁材料行业中独领风骚。

4.2　稀土永磁材料

4.2.1　稀土永磁简介

至今为止，稀土永磁材料的发展经历了三个阶段，即 1∶5 型 SmCo、2∶17 型 SmCo 和 NdFeB 永磁。前两种磁体中都是以钴为基，又被统称为稀土钴永磁。稀土钴永磁材料具有很高的矫顽力和较大的磁能积以及好的温度稳定性，但由于其主要成分是钐（Sm）和钴（Co），生产成本高，加工性能也很差，其生产量和应用领域受到限制。

NdFeB 永磁材料的出现具有划时代的意义，实现了以廉价的铁完全取代稀土钴永磁中的战略物资钴，同时用储量为 Sm12 ~ 15 倍的 Nd 取代了 Sm，不仅磁性能创了新高，而且生产成本上也远远低于稀土钴永磁，加工性能也有很大改善，因此，NdFeB 永磁材料从问世到产业化所用的时间很短，迅速成为一种广泛应用的永磁材料。但其也有弱点，即温度稳定性和耐腐蚀性较差。通过添加其他元素，可以改善这些弱点。

4.2.1.1　RCo_5 系永磁材料——第一代稀土永磁

1966 年，K. Strnat 等首先提出结构为 $CaCu_5$ 型的 RCo_5（R 代表稀土元素）六方化合物具有优异的永磁特性。RCo_5 系列合金的结晶学数据和磁性数据分别见表 7-4-2 和表 7-4-3。其中 $SmCo_5$ 的各向异性场最大，可以做成永磁体。1967 年，J. J. Becker 采用聚合物黏结的办法制成了 $SmCo_5$ 永磁体，$(BH)_{max}$ = 40 kJ/m^3（约 5.1 MGOe）；次年，荷兰菲利普公司的 K. H. J. Buschow 利用压制的方法使得 $(BH)_{max}$ 提高到 146 kJ/m^3（约 18.5 MGOe）；1969 年 D. K. Das 首先将烧结工艺应用于制备 $SmCo_5$ 永磁体，在惰性气体的保护下于 1000℃ 烧结 1 h，获得了 $(BH)_{max}$ = 158 kJ/m^3（约 20 MGOe），$_jH_c$ = 3165 kA/m（约 25 kOe）的磁体。1970 年 M. G. Benz 和 D. L. Martin 首次公布用液相烧结的方法制备 $SmCo_5$ 永磁体，即在正常成分条件下加入适量的液相合金（60% Sm，40% Co），以降低烧结温度，提高磁体的矫顽力，称作液相烧结或双合金工艺。得到的磁体磁性能为：B_r = 1 T（10 kG），$_jH_c$ = 3040 kA/m（约 38 kOe），$(BH)_{max}$ = 194 kJ/m^3（约 24.6 MGOe）。

$SmCo_5$ 永磁体的开发成功，不仅开辟了稀土永磁新领域，而且为此后制备稀土永磁体总结出了一套较完善的烧结工艺过程——真空熔炼 + 粉末冶金法。详细工艺见本篇 4.3 节相关内容。

$SmCo_5$ 永磁体的理论最大磁能积 $(BH)_{max}$ = 254 kJ/m^3（约 32 MGOe），理论矫顽力 $_jH_c$ =

31840 kA/m（约 400 kOe）。

表 7-4-2　RCo_5 系化合物的结晶学数据

金属间化合物	晶体对称性	结构类型	点阵常数/nm		密度/g·cm^{-3}
			a	*c*	
YCo_5	六方	$CaCu_5$	0.4928	0.3992	7.58
$LaCo_5$	六方	$CaCu_5$	0.4108	0.3976	8.05
$CeCo_5$	六方	$CaCu_5$	0.4922	0.4026	8.54
$PrCo_5$	六方	$CaCu_5$	0.5032	0.3992	8.34
$NdCo_5$	六方	$CaCu_5$	0.5026	0.3975	8.38
$SmCo_5$	六方	$CaCu_5$	0.5004	0.3971	8.58
$GdCo_5$	六方	$CaCu_5$	0.4974	0.3973	8.80
$TbCo_5$	六方	$CaCu_5$	0.4947	0.3982	8.93
$DyCo_5$	六方	$CaCu_5$	0.4926	0.3988	9.05
$DyCo_{5.2}$	六方	$CaCu_5$	0.4897	0.4007	9.05
$HoCo_5$	六方	$CaCu_5$	0.4910	0.3996	9.15
$HoCo_{5.5}$	六方	$CaCu_5$	0.4881	0.4006	9.15
$ErCo_5$	六方	$CaCu_5$	0.4885	0.4002	9.27
$ErCo_6$	六方	$CaCu_5$	0.4870	0.4002	9.27

表 7-4-3　RCo_5 系化合物的磁性能数据

金属间化合物	饱和磁化强度/T	居里温度/℃	磁晶各向异性常数 K /kJ·m^{-3}	各向异性场 H_A /kA·m^{-1}
YCo_5	1.094	648	5.5×10^3	10400
$LaCo_5$	0.909	567	6.5×10^3	14000
$CeCo_5$	0.770	374	$(5.2\sim6.4)\times10^3$	13600～16800
$PrCo_5$	1.203	612	$(6.9\sim10)\times10^3$	11600～16800
$NdCo_5$	1.250	630	—	2400
$SmCo_5$	1.130	724	$(15\sim19)\times10^3$	31840
$GdCo_5$	0.363	740	—	21600
$TbCo_{5.1}$	0.236	714	—	480
$DyCo_{5.2}$	0.437	725	—	2000
$HoCo_{5.5}$	0.606	763	—	10800
$ErCo_6$	0.727	793	—	8000

4.2.1.2　R_2Co_{17} 系永磁材料——第二代稀土永磁

R_2Co_{17} 系永磁材料出现在 1970 年以后，以 Sm_2Co_{17} 为代表。R_2Co_{17} 相具有 Th_2Ni_{17} 型六方结构或 Th_2Zn_{17} 型菱方结构。一般来说，轻稀土元素优先形成 Th_2Zn_{17} 型结构，重稀土元素优先形成 Th_2Ni_{17} 型结构。R_2Co_{17} 系列合金的结晶学数据和磁性数据分别见表 7-4-4 和表 7-4-5。对于 R_2Co_{17} 相结构，除 Sm、Er 和 Tm 外，其他稀土元素与 Co 组成的化合物均是易面（Yb 是易锥面），只有再加入其他元素以后才表现出易轴，因此，能做出实用磁体的

Sm_2Co_{17}合金中，都含有 Fe、Cu 和 Zr。通过适当的工艺，可以获得的最好磁性能是：B_r = 1.08T(10.8kG)，$_jH_c$ = 2400 kA/m(约 30 kOe)，$(BH)_{max}$ = 264 kJ/m^3(约 33 MGOe)。Sm_2Co_{17}型合金中所含的稀土元素百分比低于 $SmCo_5$ 型。

Sm_2Co_{17}永磁体的理论量大磁能积$(BH)_{max}$ = 525 kJ/m^3(约 66 MGOe)。

表 7-4-4　R_2Co_{17}系化合物的结晶学数据

金属间化合物	晶体对称性	结构类型	点阵常数/nm		密度/g·cm^{-3}
			a	*c*	
Y_2Co_{17}	六方	Th_2Ni_{17}	0.8341	0.8125	8.03
	菱方	Th_2Zn_{17}	0.8344	1.2192	
Ce_2Co_{17}	六方	Th_2Ni_{17}	0.8382	0.8130	8.73
	菱方	Th_2Zn_{17}	0.8381	1.2207	
Pr_2Co_{17}	菱方	Th_2Zn_{17}	0.8436	1.2276	8.56
Nd_2Co_{17}	菱方	Th_2Zn_{17}	0.8426	1.2425	8.55
Sm_2Co_{17}	六方	Th_2Ni_{17}	0.8360	0.8515	8.72
	六方	$TbCu_7$	0.4856	0.4081	
	菱方	Th_2Zn_{17}	0.8395	1.2216	
Gd_2Co_{17}	六方	Th_2Ni_{17}	0.8364	0.8141	8.91
	六方	$TbCu_7$	0.4837	0.4066	
	菱方	Th_2Zn_{17}	0.8367	1.2186	
Tb_2Co_{17}	菱方	Th_2Zn_{17}	0.8341	1.2152	8.98
Dy_2Co_{17}	六方	$CaCu_5$	0.8328	0.8125	9.04
	菱方	Th_2Zn_{17}	0.8310	1.2070	
Ho_2Co_{17}	六方	Th_2Ni_{17}	0.8320	0.8113	9.09
	菱方	Th_2Zn_{17}	0.8332	1.2201	
Er_2Co_{17}	六方	Th_2Ni_{17}	0.8310	0.8113	9.18
Tm_2Co_{17}	六方	Th_2Ni_{17}	0.8285	0.8095	9.24
Lu_2Co_{17}	六方	Th_2Ni_{17}	0.8247	0.8093	9.41

表 7-4-5　R_2Co_{17}系化合物的磁性能数据

金属间化合物	饱和磁化强度/T	居里温度/℃	磁晶各向异性常数 *K* /kJ·m^{-3}	各向异性场 H_A /kA·m^{-1}
Y_2Co_{17}	1.25	940	0.385×10^3	
Ce_2Co_{17}	1.15	800		1200
Pr_2Co_{17}	1.38	890		1600
Nd_2Co_{17}	1.39	900		
Sm_2Co_{17}	1.20	850	330×10^3	8000

续表 7-4-5

金属间化合物	饱和磁化强度/T	居里温度/℃	磁晶各向异性常数 K /kJ · m^{-3}	各向异性场 H_A /kA · m^{-1}
Gd_2Co_{17}	0.73	930		
Tb_2Co_{17}	0.68	920		
Dy_2Co_{17}	0.70	910	2.10×10^3	
Ho_2Co_{17}	0.82	920		
Er_2Co_{17}	0.90	930		1440
Tm_2Co_{17}	1.13	920		1440
Lu_2Co_{17}	1.27	940		

4.2.1.3　$R_2Fe_{14}B$ 系永磁材料——第三代稀土永磁

1983 年日本的 Sagawa(佐川真人)和美国的 J. J. Croat 几乎同时用不同的工艺发明了第三代稀土永磁——$R_2Fe_{14}B$ 系永磁材料。

$R_2Fe_{14}B$ 相结构是四方形,其结晶学数据和磁性数据见表 7-4-6。在 $R_2Fe_{14}B$ 型合金中,以 $Nd_2Fe_{14}B$ 的磁性能最优,通常称为 NdFeB 永磁材料。刚发现时其 $(BH)_{max}$ 就高达 285 kJ/m^3(约 36 MGOe),截至 2010 年已见正式报道的实验室水平为 $(BH)_{max}=456$ kJ/m^3(约 57 MGOe),大批量规模生产水平为 $(BH)_{max}=400$ kJ/m^3(约 50 MGOe)。

在稀土永磁中,发展最快的是 NdFeB 永磁材料。由于 NdFeB 磁体具有优异的磁性能和低廉的性能价格比,其生产量和应用市场不断扩大,每年的市场容量以不低于 15% 的速度在递增。特别是 2003 年有关 NdFeB 的基本专利失效以后,中国的稀土永磁行业开始了突飞猛进的发展,2010 年中国的 NdFeB 磁体生产量达到了 8 万多吨,资源优势逐渐显现出来,在未来几年内,中国将是唯一的 NdFeB 永磁生产的超级大国。

NdFeB 永磁材料的出现,开辟了稀土铁基永磁的新纪元,使人们的研究由二元合金转向了三元或多元合金,由六方结构转向了四方结构。

表 7-4-6　$R_2Fe_{14}B$ 相结晶学数据和磁性数据

金属间化合物	点阵常数/nm		饱和磁化强度/T	磁晶各向异性常数 /kJ · m^{-3}	居里温度/℃	密度/g · cm^{-3}
	a	*c*				
$Y_2Fe_{14}B$	0.8757	1.2026	1.37	1×10^6	290	6.98
$Ce_2Fe_{14}B$	0.8750	1.2090	1.23	1.7×10^6	149	7.76
$Pr_2Fe_{14}B$	0.8797	1.2227	1.56	5.6×10^6	289	7.43
$Nd_2Fe_{14}B$	0.8792	1.2177	1.61	4.4×10^6	310	7.62
$Sm_2Fe_{14}B$	0.8787	1.2105	1.49	-1.2×10^7	337	7.78
$Gd_2Fe_{14}B$	0.8780	1.2075	0.86	6×10^5	386	7.90
$Tb_2Fe_{14}B$	0.8775	1.2070	0.674	5.9×10^6	364	7.90
$Dy_2Fe_{14}B$	0.8757	1.1990	0.678	4.5×10^6	327	8.07
$Ho_2Fe_{14}B$	0.8753	1.1988	0.799	2.5×10^6	301	8.12
$Er_2Fe_{14}B$	0.8734	1.1942	0.912	-3×10^4	279	8.21
$Tm_2Fe_{14}B$	0.8728	1.1928	1.23	-3×10^4	266	8.26

NdFeB永磁材料的出现,不仅推动了稀土永磁材料磁特性的飞速提高,同时也带动了相应的生产工艺和技术的不断完善和进步,以及生产设备和后续加工设备的更新换代。如NdFeB永磁所用合金的制备,最初采用真空冶炼,每炉熔炼重量逐渐增加:10 kg→50 kg→100 kg→200 kg,现在逐渐被较先进的快淬鳞片(SC)法取代,以获得高的磁性能,开炉一次的鳞片产量最高达600 kg;合金的粗破碎方式:颚式破碎→连续带筛破碎→机械破碎→氢化破碎(HD);制粉设备:振动球磨(湿磨)→搅动球磨(湿磨)→气流磨(干磨),实现了高效率和自动化;烧结设备经历了真空管式炉→真空快淬炉;后续加工方法由最初的简单内外圆磨、平磨、线切割、内圆切片,增加了立磨、打孔、掏孔、异型磨、切方滚圆等,加工精度也有了质的飞跃。

4.2.1.4　中国烧结NdFeB永磁材料行业状况分析

"中东有石油,中国有稀土"。稀土产业,特别是稀土永磁产业在我国仍处于快速发展阶段,属于朝阳产业,有着广阔的发展前景。中国NdFeB永磁产业的发展历程可以粗略划分为以下三个阶段。

第一阶段是1986~1996年,其特点是起点低、投资规模小、设备简陋、经营管理经验落后。在这一阶段投资规模一般都低于1000万元;生产设备全部是国产或替代品;生产能力过百吨的很少,特别是困扰其发展的专利问题没有解决,只有中科三环一家购买了专利许可。表现为生产工艺不先进,产品性能不稳定,价格低廉,没有进入主体市场,绝大部分利润都被国外或中间商赚走。

第二阶段是1997~2002年。随着NdFeB永磁应用领域的急速扩大,吸引了大量的资金投入该行业,投资规模超过千万,有的甚至上亿元,起点远高于第一阶段。不仅引进了国外的先进设备,国内的设备制造商也有了很大的改进和提高,生产工艺也逐渐完善,开始探索国外先进的SC鳞片和HD氢脆技术。生产经营者把其他行业行之有效的经营管理经验和质量管理体系应用于磁体生产,产品质量有了大幅度的提高,可以生产中档,甚至高档产品,生产能力上升到三五百吨,有的甚至达到一两千吨,产品开始进入主体市场。在这期间,又有三家购买了专利许可,增强了竞争实力。

第三阶段是在2003年以后。在此阶段,烧结NdFeB永磁已走过了获得高利润时期,进入了超大规模生产、获得规模效益时期。随着全球经济一体化的不断推进,中国政府对于知识产权越来越重视,NdFeB永磁产业将会再次重新洗牌,生产能力低于1000吨/年的生产厂将逐步被兼并或淘汰,市场将逐步被拥有专利许可的几家企业瓜分,人才和技术进步的优势将会起决定性的作用。不断投入新资金,引进吸收国外的先进设备和技术,提升自身的竞争力已成为必然的趋势。

可以说中国迎来了稀土永磁发展的有利时机,同时也面临着巨大的挑战。

4.2.2　永磁材料常用名词解释

与永磁材料有关的名词、术语很多,称呼也很不规范。这里列出的是在生产和研究工作中经常遇到的名词,解释也尽量用通俗的语言,力求简练易懂,对于每个名词所代表的意义和作用也进行了适当的描述。至于其所用单位和其间的关系见本篇的4.3节相关内容。要说明的是,这里的解释只针对永磁体。

(1) 地磁场。地球本身就是一个大磁体,对外显示由南到北的磁场,称为地磁场。地球的北极定义为N极，南极定义为S极。地球磁场强度约为24 A/m(0.3Oe)。

(2) 外磁场。由一根导线绕成的线圈通以直流电流时，对外就会产生一定的磁场，称为外磁场。其大小与线圈的匝数和电流强度有关，用H表示。

(3) 充磁。所有的永磁材料在经过生产和加工过程以后都处于热退磁状态，只是具备了储存能量的能力，即对外不显示任何磁性，只有给之施加一定的外界能量后，才具有了磁性，这个施加外界能量的过程就是充磁，或称着磁。

一般地，施加外界能量的方式是给磁体施加一个外磁场，使之磁化。为使磁体稳定，要采用脉冲磁场进行饱和充磁。

充磁后的永磁体也可以产生一个外磁场，大小是恒定的。磁场有方向性，在线圈(或磁体)外部，磁场是由N极到S极，在线圈(或磁体)内部刚好相反，磁场是由S极到N极。

(4) 磁体极性。磁性被磁化后，对外一定会显示出两个极性。将磁体悬挂起来，由于地磁场的作用，磁体自由转动，指向地球北极的标志为北极(N极)，指向地球南极的标志为南极(S极)。磁体的两个磁极是不可分开的。

(5) 退磁。当给已经磁化(充磁)后的磁体施加一个方向相反的外磁场时，其对外显示的磁场会降低，称为退磁。

(6) 热退磁。给已经磁化后的磁体从室温进行加热，其对外显示的磁场也会降低，称为热退磁。一般地，当温度超过磁体的居里温度时，磁体对外显示的磁性会全部消失，又称为完全热退磁。

(7) 磁(极)化强度。当给磁体施加一个外磁场时，其内部原子磁矩对外显示的磁性称为磁化强度，用M表示。$\mu_0 M$称作磁极化强度，用J表示。$\mu_0=4\pi\times10^{-7}$亨利/米(H/m)，是真空磁导率。

(8) 磁感应强度。在外磁场的作用下，除了外磁场H外，磁体本身还要产生一个附加磁场。外磁场与磁体本身所产生的附加磁场之和，称作磁感应强度，又称作磁通密度，一般用B表示。

(9) 饱和磁化。磁体被磁化时，随着外磁场的增加，磁体的磁(极)化强度也会逐渐增加。一旦外磁场继续增加，磁体的磁(极)化强度不再改变时，我们就说磁体达到了饱和磁化状态。

(10) 磁化曲线。在闭合状态下，给磁体逐渐施加一个由0到使之达到饱和磁化的外磁场，所记录下来的H与M(或B)关系曲线，称作磁化曲线。从磁化曲线，我们可以判断磁体是否容易被磁化以及其矫顽力形成机理。一般地讲，磁化曲线的斜率越陡，越易被磁化。

(11) 退磁曲线。在闭合状态下，当磁体达到饱和磁化后，逐步给磁体施加一个反向的外磁场，直至使磁体的B值或J值为零，所记录下来的$B-H$或$J-H$关系曲线(也称作$4\pi M-H$曲线)，称作退磁曲线。稀土永磁体的退磁曲线一般为近似方形($J-H$曲线)或直线($B-H$曲线)，如图7-4-1所示。

(12) 剩余磁感应强度。在退磁曲线中，当外磁场$H=0$时所对应的磁体B值(此时$B=J$)称作剩余磁感应强度，简称剩磁，用B_r表示。

(13) 磁感矫顽力。在退磁曲线中，使得磁体的$B=0$时所对应的外磁场值，就称作磁感矫顽力，用${}_bH_c$表示。

(14) 内禀矫顽力。在退磁曲线中，使得磁体的$J=0$时所对应的外磁场值，就称作内禀矫顽力，用${}_jH_c$表示。一般地讲，${}_jH_c$的大小决定磁体的使用(工作)温度，${}_jH_c$越大，工作温度越高。

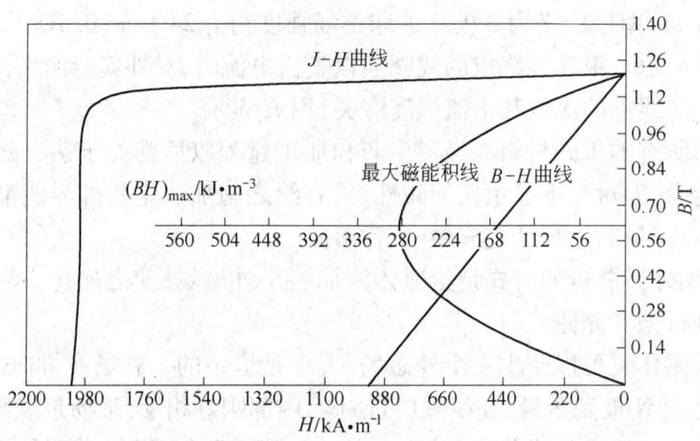

图 7-4-1　NdFeB 永磁退磁曲线

(15) 磁能积。在 $B-H$ 退磁曲线中,每一点对应的 B 值和 H 值的乘积就称作磁能积。其中的最大值称作最大磁能积,用 $(BH)_{max}$ 表示。

B_r、H_c 和 $(BH)_{max}$ 是衡量永磁体的三个最基本参数,用磁滞回线仪测量。$(BH)_{max}$ 越大,磁性能越优异。这三个参数与磁体的形状和尺寸无关,只与成分和生产工艺有关。

(16) H_k。在 $M-H$ 退磁曲线中,对应曲线拐点的外磁场值称作 H_k。这是一个考量磁体工作点取值的参数。

(17) 磁化率。在 $M-H$ 磁化曲线上,M 与 H 的比值称作磁化率,用 χ 表示。χ/μ_0 称作相对磁化率。

(18) 磁导率。在 $B-H$ 磁化曲线上,B 与 H 的比值称作磁导率,用 μ 表示。

一般地,χ(或 μ)是衡量永磁体是否容易被磁化(或充磁)的参数。χ(或 μ)越大,越易被磁化(或充磁),达到饱和状态所需的外磁场越小。

(19) 抗磁性。当物质的磁化率为负值时,称作抗磁性。

(20) 顺磁性。当物质的相对磁化率为正值,而又小于 1 时,称作顺磁性。此时,物质内部的原子磁矩混乱排列。

(21) 铁磁性。当物质的相对磁化率远大于 1 时,称作铁磁性。此时,物质内部的原子磁矩有序排列。

(22) 亚铁磁性。当物质在弱磁场范围内显示顺磁性,而当外磁场超过一定值时又显示铁磁性时,称作亚铁磁性,或准铁磁性。此时,物质内部的原子磁矩有序排列。

(23) 居里温度。物质从铁磁性或亚铁磁性转化为顺磁性时对应的温度就称作居里温度,用 T_c 表示。

(24) 表面场。永磁体被着磁后,对外会显示磁性。用高斯计或特斯拉计测得的磁极表面的磁场强度就称作表面场,简称表磁,用 B_d 表示。B_d 是磁体的 B_r、H_c 和 $(BH)_{max}$ 的集中体现,也与磁体的形状和测试位置有关。

(25) 磁通。把一个着磁后的磁体放入一个线圈里,当快速拿出磁体时,所测量到的数值称作磁通,用 Φ 表示。磁体的 Φ 值是一个相对值,除与磁体的 B_r、H_c 和 $(BH)_{max}$ 有关外,也与线圈的匝数有关。

（26）磁畴。在铁磁性物质中，存在着很多自旋排列整齐的小区域，称作磁畴。

（27）各向同性。对于一个磁体，如果三个相互垂直方向对外显示的磁性都一样，称作各向同性。

（28）各向异性。对于一个磁体，如果只有一个方向对外显示很强的磁性，就称作各向异性。

对于稀土永磁体，采用烧结工艺生产的，都是各向异性的；采用黏结工艺生产的，一般是各向同性的。因此，对于烧结稀土永磁体，一定要区分方向，只有一个方向可以着磁，其他两个方向是不能着磁的。对于各向同性的黏结磁体，可以任意方向着磁。

（29）开路。对于永磁体，如果没有任何磁路，处于单独状态，称作开路状态。

（30）闭路。对于永磁体，如果处于一个完全闭合的磁路里，称作闭路状态。

4.2.3　永磁材料常用参数和测量方法

4.2.3.1　常用参数和换算关系

在永磁材料中经常遇到的参数有：剩余磁感应强度（B_r）、矫顽力（$_bH_c$ 和 $_jH_c$）、最大磁能积（$(BH)_{max}$）、剩磁温度系数（α_B）、矫顽力温度系数（α_H）、居里温度（T_c）、表磁（B_d）和开路不可逆损失（L）等。使用的单位制有两种，即国际单位制（SI）和高斯单位制（CGS）。目前，正式使用的是 SI 制，但人们在日常习惯使用的是 CGS 制。这两种单位制的换算关系如表 7-4-7 所示。

表 7-4-7　永磁材料常用参数和单位换算

常用参数	国际单位制（SI）单位名称（符号）	高斯单位制（CGS）单位名称（符号）	换算关系
磁场（H）	安/米（A/m）	奥斯特（Oe）	$1\ A/m = 4\pi \times 10^{-3}\ Oe$
剩磁（B_r）	特斯拉（T）	高斯（G）	$1\ T = 10^4\ G$
矫顽力（H_c）	安/米（A/m）	奥斯特（Oe）	$1\ A/m = 4\pi \times 10^{-3}\ Oe$
最大磁能积（$(BH)_{max}$）	焦耳/米^3（J/m^3）	兆高奥（MGOe）	$1\ kJ/m^3 = 4\pi \times 10^{-2}\ MGOe$
磁通（Φ）	韦伯（Wb）	麦克斯韦（Mx）	$1\ Wb = 10^8\ Mx$
表磁（B_d）	特斯拉（T）	高斯（G）	$1T = 10^4 G$

对于剩磁（B_r）、矫顽力（H_c）和最大磁能积（$(BH)_{max}$），两种单位制换算关系可以简化为：

$$1\ T = 10\ kG,\ 1\ kA/m \approx 1/80\ kOe,\ 1\ kJ/m^3 \approx 1/8\ MGOe$$

反之为：

$$1\ kG = 0.1\ T,\ 1\ kOe \approx 80\ kA/m,\ 1MGOe \approx 8\ kJ/m^3$$

4.2.3.2　测量方法

A　剩磁、矫顽力和最大磁能积

永磁体的剩磁、矫顽力和最大磁能积，一般使用磁滞回线测量仪（磁测量仪）测量第二象限的退磁曲线获得，是在闭路状态下测得的。方法是：取 ϕ10 mm × 10 mm 或 10 mm × 10 mm × 10 mm 的标准样品，算出磁极面的面积后，在大脉冲磁场中饱和充磁（一般需要的脉冲磁场要大于 20 kOe），然后在室温下放到磁滞回线测量仪的测试线圈中，根据算出的磁极面的面积，调整测量参数。首先略加正向磁场，使得磁体充分饱和后，逐步加反向磁场，直至测出完整的退磁曲线。退磁曲线有两种，即 $J-H$ 和 $B-H$ 曲线，如图7-4-1所示。

一般测量 $J-H$ 曲线，$B-H$ 曲线可以从 $J-H$ 曲线转换出来，其关系为：

$$B=M+H \tag{7-4-1}$$

或：

$$B=J+\mu_0 H \tag{7-4-2}$$

式中，$\mu_0=4\pi\times10^{-7}$H/m，是真空磁导率。

注：式(7-4-1)和式(7-4-2)的区别在于所使用的单位制，H 值有正负区别（在退磁曲线中，H 值都是负的）。

磁体的内禀矫顽力（${}_jH_c$）只能在 $J-H$ 曲线中获得。永磁体的剩磁、矫顽力和最大磁能积是其本征特性，与磁体的形状和尺寸无关，只与成分和生产工艺有关。因此，测试时不一定要用标准样品，也可以其他尺寸的柱状或块状，但所使用的测试线圈要尽量靠近被测磁体的尺寸，以保证测试结果的准确性。

B　表磁和磁通

永磁体的表磁和磁通的测量比较简单，用专用的特斯拉计（高斯计）和磁通计测量。如图7-4-2所示，从特斯拉计（高斯计）上引出一个探头，在探头顶部有一霍尔元件，将其与磁极表面紧密接触，即可测得磁体的表磁。同样，从磁通计引出的是一个线圈，将充磁后的磁体放入该线圈中，使磁极顺着线圈方向，将表头读数归零后，迅速把磁体从线圈中拿出，即可测得磁体的磁通。

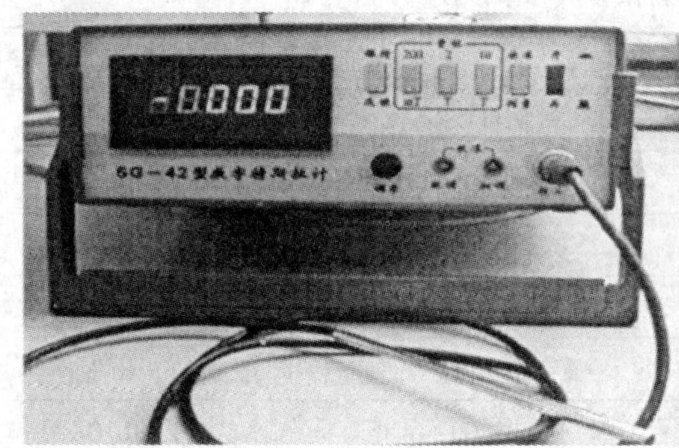

图7-4-2　特斯拉计（高斯计）和磁通计

磁体的表磁是 B_r、H_c 和 $(BH)_{max}$ 的集中体现，也与磁体的形状和测试位置有关。磁体的磁通是一个相对值，除与磁体的 B_r、H_c 和 $(BH)_{max}$ 有关外，也与线圈的匝数有关。

C　温度系数和不可逆损失

在室温（T_0）下，将磁体饱和充磁，测量其退磁曲线，获得剩磁（B_{r0}）和矫顽力（H_{c0}）；然后将磁体加热到一定温度（T）并保温一定时间（一般为10min左右），再测量其退磁曲线，获得剩磁（B_{rT}）和矫顽力（H_{cT}）；则在闭路状态下剩磁和矫顽力的可逆温度系数分别为：

$$\alpha_B=[(B_{rT}-B_{r0})/B_{r0}(T-T_0)]\times100\% \tag{7-4-3}$$

$$\alpha_H=[(H_{cT}-H_{c0})/H_{c0}(T-T_0)]\times100\% \tag{7-4-4}$$

注：矫顽力温度系数只能在闭路状态下测量。

在室温（T_0）下，将磁体饱和充磁，测量其磁通（Φ_0），然后加热磁体到一定温度（T）并保温一定时间(一般为30min),测量其磁通(Φ_T);将磁体降温回到室温(T_0)后,再次测量其磁通(Φ_{00}),则在开路状态下剩磁的可逆温度系数和总损失分别为:

$$\alpha_B = [(\Phi_T - \Phi_{00})/\Phi_{00}(T - T_0)] \times 100\% \quad (7-4-5)$$

$$\eta = [(\Phi_T - \Phi_0)/\Phi_0] \times 100\% \quad (7-4-6)$$

开路不可逆损失(L)为:

$$L = [(\Phi_{00} - \Phi_0)/\Phi_0] \times 100\% \quad (7-4-7)$$

永磁体的温度系数是其本征特性,与磁体的形状和尺寸无关,只与成分有关。η 和 L 不仅与成分有关,也与磁体的形状有关,特别是与磁体的内禀矫顽力有很大的相关性。

D 居里温度

居里温度是物质从铁磁性或亚铁磁性转化为顺磁性时对应的温度。永磁体居里温度的测量一般使用磁秤。取少量的合金或磁体(未充磁)放入专用的铜制样品盒里,置于磁秤的恒定磁场中从室温加热,测量其磁矩随温度的变化(热磁曲线),直至其磁矩为零时对应的温度就是居里温度(T_c)。

居里温度高的材料,其工作温度也高,温度稳定性好。永磁体的居里温度是其本征特性,与磁体的形状和尺寸无关,只与成分有关。

E 各向异性场

沿磁体难磁化轴使其达到饱和磁化所需要的磁场称为各向异性场(H_A)。测试各向异性场较常用的方法是磁化曲线交点法。

一般取方形磁体,沿其易磁化方向和难磁化方向各测出饱和磁化曲线,二者交点对应的磁化场就是 H_A。

H_A 的本质是磁晶各向异性,是磁体的本征特性,与磁体的形状和尺寸无关,只与成分有关,是矫顽力的极限值。

4.2.4 稀土永磁典型成分和磁特性

4.2.4.1 $SmCo_5$ 永磁体

正比成分为:Sm33.78%,Co66.22%(质量分数)。

实用磁体成分为:Sm36.5%~37%,Co63.5%~62%(质量分数)。

一般地,在实际生产中在正常成分条件下加入1%~2%的液相合金(60% Sm,40% Co),以降低烧结温度,提高磁体的矫顽力,称作液相烧结或双合金工艺。

所获得的烧结磁体磁性能为:B_r = 0.87~0.92T(8.7~9.2kG),${}_jH_c$ = 1081~1096kA/m(13.6~13.7kOe),$(BH)_{max}$ = 129.3~159.1kJ/m^3(16.2~20MGOe)。

4.2.4.2 Sm_2Co_{17} 永磁体

正比成分为:Sm23.1%,Co76.9%(质量分数)。

实用磁体组成为:$Sm(Co,Cu,Fe,Zr)_{7.5}$ 成分为:Sm24%~26%,Co58%~62%,Fe15%~20%,Cu1.5%~2%,Zr1%~2%(质量分数)。

也可以采用液相烧结工艺,即在正常成分条件下加入1%~2%的液相合金(60% Sm,40% Co),以降低烧结温度,提高磁体的矫顽力。

所获得的烧结磁体磁性能为:B_r = 1.00~1.20T(10~12kG),${}_jH_c$ = 1248~2800kA/m

(15.6 ~ 35kOe)，$(BH)_{max}$ = 200 ~ 240 kJ/m^3 (25 ~ 30 MGOe)。

4.2.4.3　$Nd_2Fe_{14}B$ 永磁体

正比成分为：Nd26.68%，Fe72.32%，B1%（质量分数）。

实用磁体组成为：$Nd_{15.5\sim16.2}Fe_{76\sim78}B_{6\sim8}$，成分为：Nd30% ~ 34%，Fe58% ~ 60%，B1.0% ~ 1.05%（质量分数）。

所获得的烧结磁体磁性能为：B_r = 1.20 ~ 1.45 T(12 ~ 14.5 kG)，$_jH_c$ = 800 ~ 960 kA/m (10 ~ 12kOe)，$(BH)_{max}$ = 280 ~ 400 kJ/m^3 (35 ~ 50 MGOe)。

注：在实际应用的 NdFeB 永磁体中，根据具体的用途，一般还要添加其他元素，详见第 4.5.3 节相关内容。

[成分计算实例] 以 $Nd_{16.5}Fe_{76}B_{7.5}$ 为例：

合金相对分子质量 = 144.24 × 16.5 + 55.85 × 76 + 10.81 × 7.5 = 6705.64

钕的质量分数 = 144.24 × 16.5/6705.64 × 100% = 35.49%

铁的质量分数 = 55.85 × 76/6705.64 × 100% = 63.3%

硼的质量分数 = 10.81 × 7.5/6705.64 × 100% = 1.21%

如果使用 99.9% 含量的金属 Nd，并考虑冶炼时 2% 的烧损，B 是以含 B 量为 20% 的 B – Fe形式加入，Fe 的杂质忽略不计，那么实际配入成分为：

Nd：35.49%/0.999 = 35.53% → 35.53% × 1.02 = 36.24%

B – Fe：1.21%/0.2 = 6.05%

Fe：63.3% – 6.05% × 0.8 = 58.46%

如果要配 100 kg 的合金，则需要的原材料为：金属 Nd 36.24 kg，工业纯 Fe 58.46 kg，B – Fe 合金 6.05 kg，合计 100.75 kg。其中多出的 0.75 kg 是金属 Nd 的纯度和烧损量。

4.3　稀土永磁生产工艺

生产稀土永磁材料的方法有许多种，如烧结工艺（又可分为粉末冶金和还原扩散工艺）、黏结工艺和热压工艺等。其中烧结工艺中的还原扩散法曾用于 SmCo 磁体的生产（如上海跃龙化工厂一直应用该方法生产 SmCo 磁粉和磁体），但对于 NdFeB 磁体，用于工业化生产的只有粉末冶金法。

4.3.1　烧结工艺

烧结工艺生产的全部是各向异性磁体。这里主要介绍粉末冶金法，其工艺流程为：原材料→冶炼→制粉→成形→烧结及热处理→后续加工→涂层（SmCo 类磁体可以不涂层）→充磁→产品。

从原材料到烧结及热处理，是生产稀土烧结永磁体毛坯的主要工序，而且每道工序之间的关系是相乘的关系，即一旦后一道工序出错，前面工序的工作全部白费，不能或不好返工或重工。因此，生产工序的过程管理特别重要。这里先介绍磁体的生产工序和充磁工序，后续加工和涂层工序详见第 4.7 节的有关内容。

4.3.1.1　原材料

生产稀土永磁体所用原材料均为金属或合金。主要有稀土金属 Sm、Nd、Pr、Dy、Tb、Pr – Nd 合金、Dy – Fe 合金，Fe 采用工业纯铁，Co、Cu、Al 采用电解钴、铜、铝，Zr 采用海绵态锆，B

是以 B - Fe 合金的形式加入，B 含量一般以 20% 以内为好。图 7-4-3 是金属钕和硼铁的照片。

图 7-4-3　原材料金属钕和硼铁

此道工序的关键控制点是材料的纯度，所有原材料的纯度一般都在 99.9% 以上，以保证最终产品的品质。

4.3.1.2　冶炼工序

稀土永磁合金的制备方法主要包括真空感应熔炼、真空电弧熔炼和速凝快淬（SC）鳞片。其中，真空电弧熔炼用于实验室研究，只有真空感应熔炼和速凝快淬（SC）鳞片是广泛用于工业化生产，特别是 SC 鳞片是目前最先进的生产工艺。

将准备好的原材料按成分要求配比后，装入真空冶炼炉里抽真空至 10^{-2} Pa（机械泵极限真空度），开始预加热，将原材料中吸附的气体逐渐排出；继续抽真空至 10^{-2} ~ 10^{-3} Pa（扩散泵极限真空度）后，停止抽真空并充入高纯氩气；升温到 1200℃ 左右进行熔化、精炼。精炼一定时间后，把钢水倒入水冷模中，浇注成厚 20 mm 左右的铸锭，或倾倒在低速转动的铜辊上，制成厚度约 1 mm 的鳞片，如图 7-4-4 所示。

a

b

图 7-4-4　真空熔炼后的 SC 鳞片和铸锭

a—SC 鳞片；*b*—铸锭

此道工序的关键控制点是真空度、精炼温度和时间以及浇铸后的冷却速度，防止氧化和 α - Fe 的析出。

4.3.1.3　制粉工序

制粉一般分成两部分，即粗破碎（或称中破）和细粉制备。

粗破碎是将铸锭在氮气保护下,用机械的方式或氢脆的方式(HD)破碎成 60 ~ 80 目的颗粒;其中,氢脆的方式是目前较为先进的技术,效率也比较高,对于 SC 鳞片只能用此方法进行粗破。

氢脆(HD)工艺:将具有新鲜表面的合金铸锭(5 mm 左右的颗粒)或 SC 鳞片装入不锈钢容器中,抽真空至 10^{-2} Pa 后,充入高纯氢气(99.99% 以上),使得氢气压力达到 10^5 Pa 左右(约 2 个大气压),以保证合金铸锭或 SC 鳞片充分吸氢;吸氢达到饱和后关闭氢气阀门,开动机械泵抽真空,并逐步加热到 500℃ 左右进行脱氢、冷却。

细粉制备是将粗破碎后的粗粉放入气流磨中进行破碎。气流磨(jetmilling)的基本工作原理是将粉体置于一个密闭的容器里并向其中通入高纯氮气,使之向不同方向高速运动,互相碰撞后碎裂,通过分级轮筛选出需要的粒度粉末。一般地,高纯氮气的纯度大于 99.99%,气体喷入压力为 0.6 ~ 0.7 MPa,气体喷嘴至少 3 个(底喷嘴 1 个、侧喷嘴两个),分级轮转速 3000 ~ 4000 r/min,粉末最终粒度 3 ~ 5 μm。

此道工序的关键控制点是:吸氢压力、脱氢温度的控制、气流磨中喷嘴尺寸、分级轮转速、氮气的纯度和压力控制、分级轮转速的控制、最终粉末氧含量和粒度的控制。

4.3.1.4　成形工序

成形工序是将粒度为 3 ~ 5 μm 的粉末放入磁场成形压机的模具中压制成所需尺寸的毛坯。中国生产工厂一般采用二次成形技术,即模压和油等静压二次致密化,国外一般采用一次成形技术,不经过油等静压。

稀土永磁体的成形过程有一项特别要求,即在成形过程中要施加一个磁场,使得粉末按特定的方向取向,达到各向异性的目的,以提高磁性能。根据施加磁场的方向不同又分为垂直压和平行压。平行压是指压力方向与取向磁场方向一致,如图 7-4-5*a* 所示。其优点是操作简便、效率高,适合压制轴向取向的圆环、饼状磁体等,缺点是粉末取向度低,磁性能比垂直压低约 3%,取向方向尺寸有限。垂直压是指压力方向与取向磁场方向垂直,如图 7-4-5*b* 所示。适合压制块状、圆柱状磁体,其优点是取向度高,磁性能高,缺点是不能压制圆环状的磁体。取向磁场一般要大于 1 T。平行压方式只降低磁体的剩磁,不改变磁体的矫顽力。

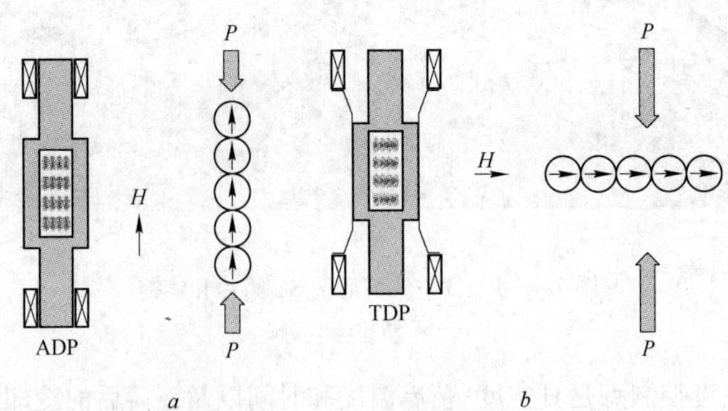

图 7-4-5　稀土永磁成形方式示意图

a—平行压;*b*—垂直压

为了提高磁体粉末的抗氧化性和流动性，一般要在压制之前在磁粉中混入一定量的添加剂，如抗氧化剂和润滑剂。通常使用的润滑剂是硬脂酸锌，抗氧化剂是硅油或矿物油。国内生产工艺的取向度在96%左右，日本为96%以上。

SmCo类磁粉的松装密度是2.5 g/cm^3，成形比为1∶2～1∶3，压坯（模压＋等静压后）的密度是4.5～4.6 g/cm^3，烧结后的密度是8.2～8.6 g/cm^3。

NdFeB磁粉的松装密度是2 g/cm^3，成形比为1∶2～1∶3，压坯（模压＋等静压后）的密度是3.8～4.5 g/cm^3，烧结后的密度是7.5～7.6 g/cm^3。

成形所使用的压机一般是油压机，但近年来逐渐在开发使用机械式压机进行一次成形，或称为近终成形技术，并应用于汽车电机用磁体的生产。

粉末的粒度影响最终磁体的烧结温度和矫顽力，一般地，粉末越细，所需的烧结温度低，磁体的矫顽力越高；粉末越粗，所需的烧结温度高，磁体的矫顽力越低或差。

此道工序的关键控制点是模具的设计、防止粉末的氧化、取向场的强度和添加剂的控制。

4.3.1.5 烧结及热处理工序

烧结及热处理工序是生产稀土永磁毛坯体的最后一道工序，该工序完成以后，磁体的固有磁特性就完全确定，后面的工序只是改变其形状和状态，不改变其内禀磁性，如 B_r、H_c、$(BH)_{max}$、温度系数、T_C。

A 烧结工序

将压制好的压坯码入装料盒中，装入真空烧结炉中进行抽真空，当炉内的真空度达到 10^{-1} Pa即可开始升温烧结。烧结过程可划分为4个阶段：低温预烧结阶段、中温升温烧结阶段、高温保温烧结阶段和后烧结固溶阶段。

（1）低温预烧结阶段（温度一般在240～480℃）。该阶段主要是为了排除压坯吸附的气体和水分、压制成形时混入的添加剂挥发与蒸发、颗粒应力的释放和消除等，密度基本不变。真空度要求在 10^{-1} Pa以上。

（2）中温升温烧结阶段（温度一般在480～900℃）。在此阶段，变形颗粒的晶粒开始恢复，出现再结晶；颗粒表面的氧化物被还原，颗粒间由机械连接转变为金属键连接；颗粒间接触面扩大，出现烧结颈并长大，强度迅速提高，密度相对增加。真空度要求在 10^{-1} Pa以上。

（3）高温保温烧结阶段（温度一般在1000～1200℃）。在此阶段，颗粒间的烧结颈迅速长大，由点接触扩大成面接触，颗粒间的孔隙球状化，孔隙尺寸和数量大量减少，压坯显著收缩，密度明显提高。真空度要求在 10^{-3} Pa以上。

（4）后烧结固溶阶段（温度一般在1000～1100℃）。在此阶段，进一步释放高温烧结后由于收缩形成的内部应力，抑制 α－Fe 的析出，密度更加均匀化。真空度要求在 10^{-3} Pa以上。

经过后烧结固溶阶段以后，关闭所有抽真空设备，充入高纯氩气，开启鼓风机进行快速循环冷却，直至炉温降到200℃左右关闭鼓风机，待自然降温到室温时，打开炉门取出毛坯。图7-4-6是烧结炉和烧结后毛坯的图片。

SmCo类和NdFeB类磁体的烧结工艺示意图分别见图7-4-7和图7-4-8。

图 7-4-6　烧结炉和烧结后毛坯

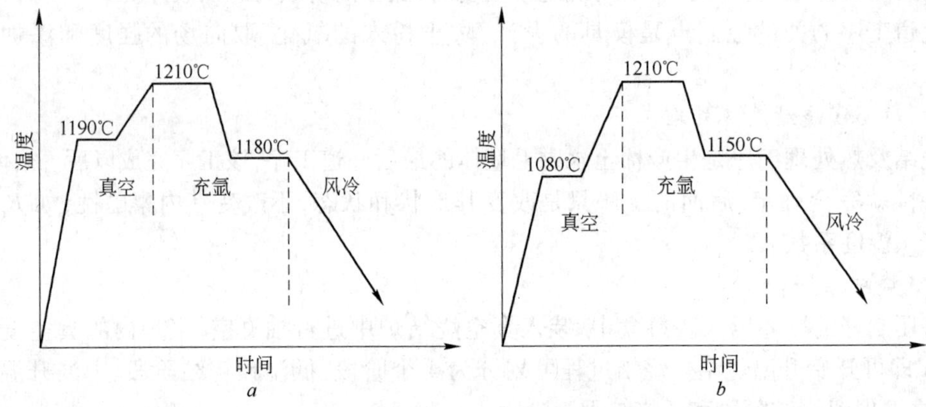

图 7-4-7　$SmCo_5$(*a*)和 Sm_2Co_{17}(*b*)烧结工艺示意图

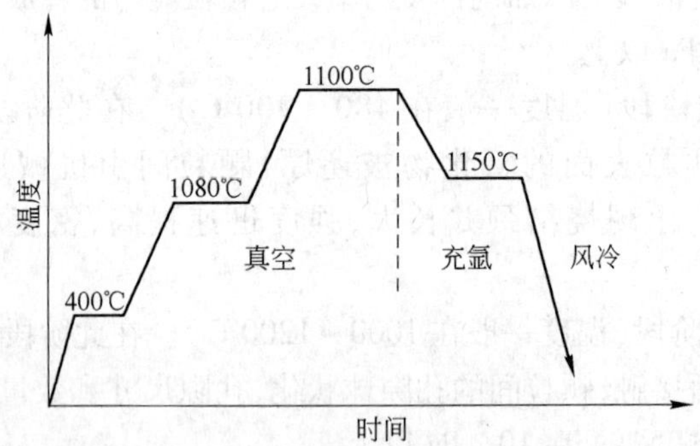

图 7-4-8　NdFeB 烧结工艺示意图

B　热处理工序

为了获得优异的磁性能，磁体在烧结后都要进行热处理。对于 $SmCo_5$ 和 NdFeB 磁体，在热处理过程中不会发生相变，只改变磁体内部的晶界状态和进一步消除烧结淬火时形成的应力，或消除残余的 α－Fe，因此又把 $SmCo_5$ 和 NdFeB 磁体的热处理称作回火。对于 Sm_2Co_{17}磁体，在热处理过程中，除了发生上述的现象以外，也发生相变，出现第二相起钉扎作用，因此把 Sm_2Co_{17}磁体的热处理又称作时效处理。

热处理过程也是一个升降温、保温和冷却阶梯状处理工艺，一般都是在高纯氩气的保护下进行。

$SmCo_5$、Sm_2Co_{17}和NdFeB磁体的热处理工艺示意图分别见图7-4-9～图7-4-11。

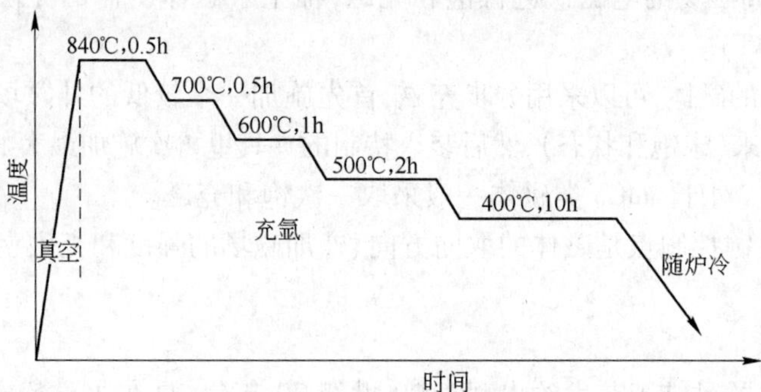

图7-4-9　$SmCo_5$热处理工艺示意图

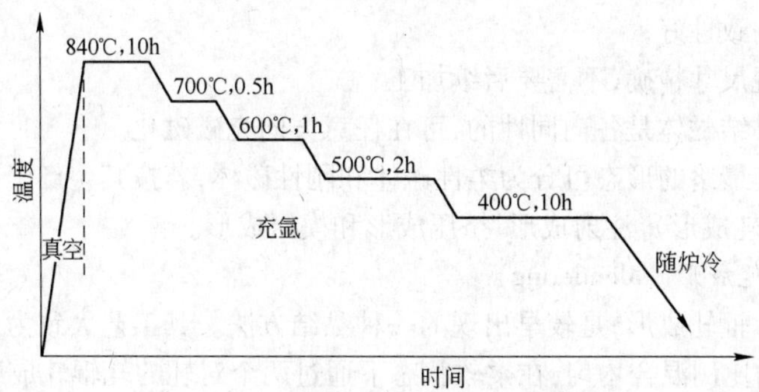

图7-4-10　Sm_2Co_{17}热处理工艺示意图

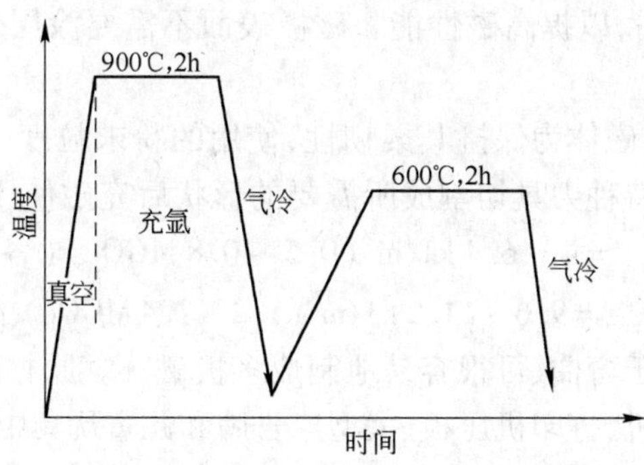

图7-4-11　NdFeB热处理工艺示意图

此道工序的关键控制点是真空度、升温速度、温度以及冷却时的淬火速度的控制。另外，烧结炉内的温度均匀区大小决定装入压坯的重量和体积，也就是说，一定要把料筐放到温度均匀区内进行烧结和热处理，以保证烧结后磁体密度的均匀、一致。

4.3.1.6　*充磁工序*

经烧结后，所有永磁材料都处于热退磁状态，只是具备了储存能量的能力，即对外不显示任何磁性，只有对之施加一定的外界能量后，才具有了磁性，这个施加外界能量的过程就是充磁。

施加外界能量的方式是给磁体施加一个外磁场，使之磁化。为使磁体稳定，要采用脉冲磁场、超导磁场或高磁场的电磁铁进行饱和充磁，稀土永磁体所需的充磁场一般是2000～3200 kA/m(2.5～4T)。

对于形状较小的磁体，可以采用分步充磁，首先施加一个较低的外磁场，使得磁体具有一定的磁性并排列起来（未饱和状态），然后装入特制的夹具里再次施加最大的磁场使之饱和。

需要说明的是，对于SmCo类磁体一般采取一次饱和充磁。

此道工序的关键控制点是磁体的取向方向、外加磁场的强度和充磁夹具。

4.3.2 黏结工艺

生产永磁材料的黏结工艺大约出现于20世纪70年代，是在永磁粉末中混入一定比例的黏结剂，按一定的工艺制成黏结磁体。黏结磁体具有以下特点：

(1) 可制成较复杂形状，可与其他元件直接合成一体；

(2) 磁性能一致性好；

(3) 磁体外观尺寸精确，不需要后续加工；

(4) 大部分黏结磁体是各向同性的，可在任意方向充磁磁化。

黏结磁体按其最终的形态可分为柔性磁体和刚性磁体，若按其生产工艺可分为四种，即压延成形（又称辊轧成形）、注射成形、挤压成形和模压成形。

4.3.2.1 压延成形(calendering)

压延成形又称辊轧成形，是较早出现的一种黏结方法。其工艺大致为：将磁粉和黏结剂按7:3（体积比）的比例混合均匀，在柔软状态下通过两个对轧的轧辊轧成所需的厚度，然后经过固化处理制成产品。所使用的黏结剂为丁腈橡胶和乙烯类树脂，制成的产品是柔性的磁板，厚度一般为0.3～6 mm，宽度约1 m，长度几十米。一般使用铁氧体磁粉做原料，也可以加入少量的NdFeB磁粉，以提高磁性能。磁极表面不需要涂层保护，只进行表面贴膜作为装饰。

压延工艺制成的黏结磁体为保持其柔韧性，使用的粉末粒度一般为1～2 μm。产品全部是各种厚度的板状，用特种刀具切割成所需要的形状后充磁使用。这种工艺制成的黏结磁体的最大磁能积$(BH)_{max}$=4～6.4 kJ/m^3(0.5～0.8 MGOe)（各向同性），若加入少量的NdFeB磁粉，可获得$(BH)_{max}$=9.6～11.2 kJ/m^3(1.2～1.4 MGOe)的磁性能。

由于是柔性磁体，易于弯曲，可很容易地制成多极磁环。原材料和制造成本较低，其用途很广泛，可用于微型电机、打印机压板、大型广告牌和儿童玩具中等。

4.3.2.2 注射成形(injection molding)

注射成形是从制造注射塑料制品演变过来的工艺。首先将磁粉和黏结剂混合均匀，经过混练和造粒，制成干燥的粒料，然后把粒料用螺旋式导料杆送到加热室加温，注射到模具中成形，冷却后即得产品。所用黏结剂一般为尼龙、聚酰胺、聚酯和PVC等热塑性黏结剂，加入量为20%～30%（体积分数）。所用原材料一般为铁氧体、NdFeB和SmCo磁粉。制成的磁体表面已有一层黏结剂薄膜，不需要进行表面涂层保护。

对于注射成形工艺，为保证磁粉的流动性和磁体的强度，需加入较多的黏结剂，因此其制成的黏结磁体的磁性能与压延成形工艺的基本一样。

这种工艺的特点是可生产复杂形状的磁体以及可以与其他元件（如芯轴）合成一体，且磁体是刚性的。另外，较容易生产各向异性磁体，即在将粒料注入模具时加一定的磁场，以提高黏结磁体的磁性能。

注射成形磁体主要应用于仪器、仪表中，如汽车、轮船、飞机的速度表、燃油表和电流电压表等。

4.3.2.3　挤压成形（extrusion）

挤压成形工艺过程和注射成形基本相同，唯一区别是这种工艺将加热后的粒料通过一个小孔挤入模具中成形，所得的产品也是刚性的，所用黏结剂与注射成形一样，加入量为20%（体积分数）左右，比压延和注射成形工艺的少，磁性能一般为$(BH)_{max}=3.2\sim8\ kJ/m^3$（0.4～1.0 MGOe）。

挤压工艺适合于制造很薄的片状或高度较高的薄壁环状磁体。产品主要应用于磁性垫圈、小型广告牌以及微特电机中。

4.3.2.4　模压成形（compression）

模压成形是目前生产黏结磁体最广泛的一种工艺，特别是快淬 NdFeB 磁粉出现以后，得到了飞速发展。这里做较详细的介绍。其工艺流程为：原材料（磁粉）→破碎→混胶→造粒→成形→固化→倒角→涂层→（充磁）→产品。

A　原材料（磁粉）

模压成形使用的原材料主要是快淬 NdFeB 磁粉。目前只有麦格昆磁（天津）有限公司（MQI）一家拥有制造专利。所生产的磁粉牌号有：MQP－A、MQP－B、MOP－B$^+$、MQP－C、MQP－D、MQP－O、MQP－15－7、MQP－13－9、MQP－16－7、MQP－14－12 等，可应对不同的需要。其中，MQP－C、MQP－D 牌号的磁粉中 Co 含量最高，温度稳定性最好；MQP－B、MQP－B$^+$、MQP－D 具有高磁能积，适用于主轴电机等领域；MQP－15－7、MQP－16－7 具有易充磁特性，适用于步进式电机等领域；MQP－A、MQP－C 具有高矫顽力，适用于传感器等领域；MQP－O、MQP－14－12 具有高工作温度，适用于汽车电机；MQP－13－9 具有低价格优势，适用于空调电机等领域。

MQI 提供的磁粉平均粒度为 220 μm（80 目），其中：

大于 420 μm（40 目）：<0.1%（质量分数）

大于 250 μm（60 目）：<25%（质量分数）

小于 53 μm（270 目）：<12%（质量分数）

粒度中值：150 μm

B　破碎

将 220 μm（80 目）的原料粗磁粉利用机械破碎的方法，破碎成约 124 μm（120 目）的细粉。一般先过 124 μm（120 目）筛后再破碎余留下的粗粉。在破碎过程中要通普通氮气保护，防止细粉氧化。

C　混胶

模压成形使用的黏结剂一般是热固型环氧树脂，加入量根据粉末的粒度大小而定，粉末越细加入量越多，一般为 2%～3%（质量分数）。为增加黏结剂与磁粉之间的浸润性，一般先加入 0.1%～0.2% 的偶联剂（通常使用硅烷系或酞酸酯系）。

首先将环氧树脂用溶剂(丙酮)溶解后,放入磁粉在专用的混胶机中搅拌混合,使得磁粉颗粒表面均匀涂覆上黏结剂。为使混合均匀,有的环氧树脂需要加入 0.1% 左右的偶联剂。

D 造粒

磁粉混完黏结剂后,由于粘连的原因粒度有所变化,需要再次破碎,即造粒。造粒过程需要在专用的造粒设备中进行,既要保证粉末颗粒分散开,又不能破坏原来的粉末状态。造粒后的粉末一般要过 120 ~ 150 目筛。

E 成形

将造粒后的磁粉再混入约 0.1% 的润滑剂(通常使用硬脂酸锌、硬脂酸铝、硬脂酸镁和矿物油)以提高磁粉的流动性。成形所用压机一般是机械式全自动压机,吨位大小根据所压磁体大小而定,成形压力要求在 5 ~ 10 MPa(5 ~ 10 t/cm^2)。快淬 NdFeB 磁粉的松装密度是3 g/cm^3,成形比为 1∶1.5 ~ 1∶2.5,压制后的最终密度是 5.8 ~ 6.2 g/cm^3。

脱模后一般采用自动机械抓取,码放在玻璃板上等待固化处理。严禁直接用手拿取磁环,以防变形。

此道工序的关键控制点是模具设计的精度、预留膨胀量和压机精度的控制。压制圆环时,脱模后内孔是胀大,而不是缩小。

F 固化

黏结磁体固化处理的目的是使黏结剂在一定温度下固化,得到高的黏结强度。一般使用烘箱进行固化,固化温度取决于所用黏结剂的要求,一般在 120 ~ 180℃,时间 2 h 左右。

G 倒角

经过固化后,所有磁体均需进行倒角处理,即去掉磁体的边角和毛刺,以便进入下一道涂层工序。

倒角一般使用专用的倒角设备,包括滚筒式和蜗牛式。所用倒角石(倒料)大部分是氧化铝材料,有球状、柱状和多边形等,将磁体放入后采用干倒方式,时间一般为 2 h 左右。

模压成形的黏结磁体均需涂层保护(铁氧体和 SmCo 类除外)。一般采用电泳、喷涂、滚喷和防锈油等方式。涂层工序工艺详见本篇第 4.7 节的有关内容。各种黏结工艺制成的工业化黏结磁体的典型磁性能见表 7-4-8。

表 7-4-8 各种黏结工艺制成的工业化黏结磁体的典型磁性能

磁粉	制造方法	各向同性 $(BH)_{max}$/kJ · m^{-3}	各向异性 $(BH)_{max}$/kJ · m^{-3}	备注
铁氧体	压延成形	4.0 ~ 6.4	11.2 ~ 12.8	不需涂层保护
	注射成形	4.0 ~ 6.4	12.0 ~ 13.6	
	挤压成形	3.2 ~ 4.8	9.6 ~ 12.0	
	模压成形	4.0 ~ 8.0	9.6 ~ 11.2	
SmCo	注射成形		68.0 ~ 76.0	不需涂层保护
	模压成形		104.0 ~ 136.0	
NdFeB	压延成形	39.2 ~ 40.8		不需涂层保护
	注射成形	40.0 ~ 41.6	76.0 ~ 88.0	
	模压成形	64.0 ~ 96.0	112.0 ~ 128.0	需要涂层保护

4.3.3　热压工艺

热压工艺是首先将 MQI 生产的快淬磁粉进行冷压成形，然后再进行致密化热压，最后进行取向挤压成形，得到各向异性的磁体。

其工艺流程为：原材料（磁粉）→冷压成形→热压→挤压成形→机械加工→清洗→涂层→（充磁）→产品。

其中所使用的磁粉是 MQ3 特殊牌号，热压温度为 750～800℃，变形量在 60%～70%。

热压工艺生产的是各向异性磁体，适合生产各种辐向取向的环状磁体，特别是高度较高的磁环，磁性能可达到 $(BH)_{max}=240\sim370\,kJ/m^3$（30～46 MGOe），与烧结磁体相当。可进行辐向、内外径多极充磁或非对称充磁。目前，只有大同电子公司可批量生产这种磁体。

4.4　生产稀土永磁生产厂家和常用设备

4.4.1　烧结磁体生产厂家

4.4.1.1　国内生产厂

我国的生产厂家生产的大多是中低档烧结 NdFeB 永磁材料。最多时有大约 200 家不同规模的生产厂家和公司。1997 年亚洲金融危机之后，该行业进行了一次洗牌，一些生产规模小的厂家逐渐倒闭被淘汰，并形成我国 NdFeB 永磁材料三大生产基地——浙江、山西和京津。目前国内有一定实力并在今后有一定影响的生产厂有以下几家。

（1）北京中科三环高技术股份有限公司。该公司成立于 1988 年，并于 2000 年 4 月在深交所上市。该公司在国内最早取得专利许可，是专门从事 NdFeB 永磁（烧结和黏结）研究、开发和生产的企业，生产厂分布在北京、天津、上海、山西、广东和宁波，总生产能力和水平处于国内前列，产能达到了 7500 吨/年。下属的烧结 NdFeB 磁体生产厂主要有：1）宁波科宁达工业有限公司，持有 75% 的股份，其主要设备均从国外引进，技术水平先进，产品销欧洲、美国、东南亚、港澳台等国家和地区。2）天津三环乐喜新材料有限公司，持有 66% 的股份。95% 以上产品销往韩国、中国台湾及欧洲等国家和地区。3）肇庆三环京粤磁材有限责任公司，持有 65% 的股份，产品 80% 出口。4）三环瓦克华（北京）磁性器件有限公司，持有 51% 的股份。是以三环公司原研究部为基础发展起来的磁性材料工程研究中心，2004 年与德国 VAC 合资而成立的公司，主要从事高档钕铁硼的研究、开发和生产。5）中科三环盂县京秀磁材有限公司，持有 98% 的股份，是整合山西 NdFeB 磁体生产厂而组建的公司，全部是国产设备，专门生产低档产品。

中科三环还参股两家上游原料企业，赣州科力稀土新材料有限公司，27% 股份；江西南方稀土高技术股份有限公司，8% 股份。在下游产业控股南京大陆鸽高科技股份有限公司（86% 股份），生产由 NdFeB 稀土永磁电机驱动的绿色环保电动自行车。另外，在上海控股了专门生产黏结 NdFeB 磁体的上海爱普生磁性器件有限公司（70% 股份）。

（2）宁波韵升（集团）股份有限公司。该公司是一家以生产八音盒起家的民营企业，成立于 1994 年。烧结 NdFeB 磁体的生产能力和产量与三环公司不相上下，其产品 80% 出口。2000 年 10 月该公司在上交所上市，募集资金 1 亿元人民币；2001 年 3 月取得专利许可；目前的生产能力为 3000 吨/年。

（3）安泰科技股份有限公司（钢铁研究总院）。安泰科技股份有限公司成立于 1998 年，是以原钢铁研究总院为主要发起人，联合清华紫光（集团）总公司等 5 家单位共同发起设立的股份有限公司。公司注册地为北京中关村科技园区。2000 年 5 月在深圳证交所完成了 6000 万 A 股股票的发行上市工作。经过送股和转增，截至 2007 年 4 月，公司注册资本为 40114.88 万元。

安泰科技股份有限公司的最大股东——中国钢研科技集团公司（原钢铁研究总院）创建于 1952 年，是原冶金工业部直属的综合性钢铁冶金研究开发机构，是一个学科齐全、人才荟萃、装备配套的钢铁工业和金属材料科学研究及开发基地。科技人员 1576 人，中国科学院院士、工程院院士 6 人，享受政府特殊津贴的有 204 人，国家级有突出贡献中青年专家 18 人。有 3 个专业博士学位和 7 个专业硕士学位授予权，并设有国家在产业部门研究院的首批博士后流动站。共取得 3000 余项科研成果，其中包括 73 项国家发明奖，67 项国家级科技进步奖，746 项省部级科技进步奖，获准国家专利 331 项。

中国钢研科技集团公司也是国内最早的稀土永磁材料开发和生产单位之一，于 1988 年研制成功最大磁能积为 50MGOe 钕铁硼永磁体，居当时国际领先水平。曾先后承担国家“六五”、“七五”、“八五”、“九五”稀土永磁材料的科技攻关任务。获国家科技进步一、二等奖各一次，发明奖两项。承担国家下达冶金系统 90% 以上的稀土永磁材料军工科研和生产任务。

2003 年安泰科技股份有限公司通过收购位于深圳的海美格磁石技术（深圳）有限公司（占 60% 股份），获得了住友特殊金属公司（现为 Neomax 公司）的专利许可。在北京空港建有烧结 NdFeB 永磁的基地，年生产能力为 2000 t。

（4）烟台首钢磁性材料股份有限公司。烟台首钢磁性材料股份有限公司是中国国家计划发展委员会批准的“年产 300 t 高性能钕铁硼永磁材料高新技术产业化示范工程项目”的实施单位。由首钢烟台东星（集团）公司、北京首钢股份有限公司、中国高新投资集团公司、烟台磁王集团有限公司、包头稀土研究院及烟台福山国有资产经营公司六方共同出资，于 2000 年组建而成，公司注册资本金 7041 万元。厂址设在山东省烟台福山高新技术产业区，占地面积为 40000 m^2。以国产设备为主，部分引进进口设备，年生产能力约 600 t，由于没有取得专利许可，业务发展受到很大的限制。

（5）烟台正海磁性材料有限公司。烟台正海磁性材料有限公司是正海集团旗下中外合资高新技术企业，专业生产、经营高性能烧结 NdFeB 磁体。正海磁材引进了世界一流的全套生产、检测设备，开发出了独特的、具有自主知识产权的正海无氧（ZHOFP）技术，公司注册资本人民币 11000 万元，年生产能力 800 t。

（6）宁波合力北奥磁材有限公司。宁波合力北奥磁材有限公司是中外合资的企业，公司现有员工 380 多人，工程技术人员 66 人。以生产各种电声元器件、民用磁体为优势的产品，年产量可达 3000 t，企业产品加工能力较强，可生产瓦形、环形及各种异形产品，并具备先进电镀加工能力。

（7）浙江英洛华磁业有限公司。浙江英洛华磁业有限公司属于民营企业，原名为横店集团稀土永磁材料总厂，成立于 1986 年 3 月；2003 年改组后改为现名。公司现有固定资产 1.4 亿元，占地面积 140000 m^2，建筑面积 50000 余平方米，员工 1000 余人，年生产“东行”牌烧结、黏结钕铁硼 4200 t。

(8) 其他公司。国内已经获得专利许可的厂家除中科三环公司、宁波韵升公司和安泰科技股份有限公司外,还有北京清华银纳公司和北京京磁公司。

4.4.1.2　国外生产厂

日本和欧洲都有高档 NdFeB 永磁的主要生产商。

日本原有烧结 NdFeB 磁体生产厂家 6 家:住友特殊金属、信越化工、日立金属、TDK 公司、同和矿业和东金公司。

总部在仙台的东金公司因始终未能取得住友专利,产量一直不大,并于 20 世纪 90 年代初退出 NdFeB 烧结磁体的生产。

同和矿业则在正式取得住友专利的 2000 年正式宣布退出 NdFeB 生产。

信越化工由于从稀土原料加工开始,其抗资源风险的能力优于其他公司,是日本公司中日子最好过的,其电镀工艺和质量最好。

住友特殊金属是唯一既拥有 NdFeB 专利又进行生产的公司。其生产能力和品质在本行业内最优。在 2003 年 6 月,由于财政原因,将约 32% 的部分股份转让给了日立金属。2004 年 4 月 1 日日立与其成立新公司——Neomax Co., Ltd. ,将两公司相关资源进一步整合,充分发挥各自的优势,扩大经营领域,增强国际竞争力,提高产业的利润率。2006 年,日立金属再次注资,拥有 100% Neomax Co., Ltd. 股份,全面控制了 Neomax Co., Ltd. 。

因此,目前在日本只剩 Neomax Co., Ltd. 、信越化工和 TDK 公司 3 家生产 NdFeB 烧结磁体的生产厂。

1995 年前,美国的烧结 NdFeB 磁体厂家有 3 家:日立磁体公司(美国)、Crumax 公司、Ugimag 公司。

日立磁体公司(美国)是日立金属在美国的全资子公司,是 20 世纪 70 年代初收购 GE 的磁体工厂而成立的,主要生产铁氧体,只生产少量烧结 NdFeB 磁体。2004 年 4 月日立金属与住友特殊金属进行业务整合时,把有关 NdFeB 磁体部分合并到了 Neomax 公司内。

Crumax 公司位于肯特基州,是当地一家较老的磁体生产厂家,生产 Alnico、铁氧体、SmCo、NdFeB。1996 年 Crumax 由 YBM 公司掌管,1999 年转归英国的 Morgan Crucible,交由 VAC 经营,2003 年宣布破产。

Ugimag 公司(美国)是由法国的 Ugimag 在 1992 年收购了原来美国的 IT 公司——Indiana Technology Inc. 后建立的烧结 NdFeB 磁体生产厂。2000 年被转手卖给了 MQI,2004 年 5 月,又由 Kane Magnetics 收购,同时由于成本问题,停止了生产。

因此,目前在美国已经没有 NdFeB 烧结磁体的生产厂了。

欧洲烧结 NdFeB 磁体厂家原有 4 家:德国 VACUUMSCHMELZE GMBH & CO. KG(德国真空熔炼有限公司,简称 VAC)、Philipes Compounents(英国)、Magntfabrik Schramberg (德国)、Neorem Magnets(芬兰)、N. V. Philips' Glocilampenfabrieken(荷兰)。

Philipes Compounents 专门生产用于消费电子器件中的微小 NdFeB 磁体,早在 20 世纪 90 年代中即已停产。

VAC 公司是欧洲产量最大的 NdFeB 磁体生产厂,目前归属英国的 Morgan Crucible。2003 年底关闭了美国的子公司 Crumax,2004 年与中科三环进行了合作,共同开展 VCM 磁体的生产以及欧洲市场的开发。2007 年 VAC 公司又全面收购了芬兰的 Neorem Magnets。

因此,目前在欧洲只剩 3 家 NdFeB 烧结磁体的生产厂。

纵观烧结 NdFeB 磁体行业,日本的 Neomax 公司无论生产设备、技术和管理,属于“一枝独秀”,将在一定时期内引领行业的发展,霸主地位不可动摇。中科三环、宁波韵升属于国内的第一梯队,在近几年内的地位也不可撼动。

4.4.2 黏结磁体生产厂家

4.4.2.1 国内生产厂

我国生产黏结磁体(主要是黏结 NdFeB 磁体)的生产厂不像烧结磁体那样多,规模较大、有一定影响力的只有四五家,其中,只有成都银河磁体股份有限公司是全中资,其余均是合资公司。

(1) 成都银河磁体股份有限公司。成都银河磁体股份有限公司原名“成都银河新型复合材料厂”,成立于 1993 年。2001 年进行整体改制,改名为“成都银河磁体股份有限公司”,是全球黏结钕铁硼行业的前三强。公司资产 2.7 亿元,占地面积 250 余亩,员工人数达 1200 余人。专业生产各种模压黏结磁体,年生产能力达 500 多吨(约 3 亿件磁体)。

产品应用于硬盘驱动器、光盘驱动器、DVD 主轴电机、步进电机、直流电机、无刷电机、启动电机等。主要客户有日本电产、JVC、Sony、Mitsumi、韩国 LG、韩国 Moatech、台达电子、德国 SAIA-Burgess 等公司。

(2) 上海爱普生磁性器件有限公司。上海爱普生磁性器件有限公司成立于 1995 年 12 月,位于上海市嘉定区。该公司原属于日资企业,是专业的黏结钕铁硼磁体生产厂家。2004 年北京中科三环高技术股份有限公司控股该公司,拥有 70% 的股份。公司拥有多条国际先进的生产流水线,有模压、注射、挤压等多种成形方法,生产自动化程度高。公司员工 1000 人左右,销售额为 1 亿元/年以上。

(3) 乔智电子股份有限公司。乔智电子股份有限公司是一家台湾企业,1987 年设立于台湾省桃园县,注册资本金新台币 219800000 元。主要由本公司和中盈投资开发股份有限公司(中国钢铁股份有限公司转投资)、尚扬创投股份有限公司(中国钢铁股份有限公司转投资)、宽达投资股份有限公司和个人共同合作投资。

2000 年初在东莞谢岗设立东莞乔智电子有限公司,2006 年在浙江平湖设立平湖乔智电子有限公司。是模压黏结钕铁硼磁体专业生产商家之一,生产设备全部是台湾制造。生产能力 200 吨/年,销售额为人民币 5000 万元/年 ~ 1 亿元/年。产品主要应用在步进电机、直流电机、主轴电机、振动电机和风扇电机等。

(4) 海美格磁石技术(深圳)有限公司。2001 年台湾海恩科技股份有限公司在深圳投资建立海美格磁石技术(深圳)有限公司,是专门生产模压黏结钕铁硼磁体的商家之一。2003 年安泰科技股份有限公司重组该公司,占有 60% 股份,注册资本金 100 万美元,生产设备全部是台湾制造,生产能力 200 吨/年,销售额为人民币 5000 万元/年 ~ 1 亿元/年。产品主要应用在步进电机、直流电机、主轴电机、振动电机和风扇电机等。

(5) 大有电子(宁波)有限公司。大有电子(宁波)有限公司成立于 1999 年,是挪威独资公司,注册资本金为 680 万美元。可生产模压黏结磁体,年生产能力为 100 吨/年。产品主要应用在步进电机、直流电机、主轴电机和风扇电机等。

4.4.2.2 国外生产厂

随着 NdFeB 材料的快速发展,磁体的价格竞争越来越激烈,因此,无论是烧结还是黏结磁体的生产，逐步向中国和东南亚转移。目前国外只有日本还有两家公司生产黏结 NdFeB 磁体，且生产工厂全部在泰国，即大同电子股份有限公司和 TDK（泰国）有限公司。

（1）大同电子股份有限公司（Daido Electronics Co.，Ltd.）。大同电子股份有限公司是大同特殊钢股份有限公司于1990年设立的子公司，专门生产黏结（模压成形和注射成形）和热压 NdFeB 磁体。1994年大同电子股份有限公司在泰国设立泰国大同电子股份有限公司，生产模压成形的黏结 NdFeB 磁体，产品主要应用于硬盘驱动器主轴马达（HDD）和 CD-ROOM（ODD）等，生产能力为1000吨/年。2003年大同电子股份有限公司又在中国苏州设立大同电工（苏州）有限公司，总投资额2000万美元，专门生产热压和注射 NdFeB 磁体，一期工程的年生产能力达到60万只，产品主要出口日本，应用于汽车、仪器设备及各种电子产品中。其磁特性见表7-4-9。

表7-4-9 大同电工（苏州）有限公司热压 NdFeB 磁体磁特性

牌　号	B_r/T	$_bH_c$/kA · m^{-1}	$_jH_c$/kA · m^{-1}	$(BH)_{max}$/kJ · m^{-3}
ND-31HR	1.14~1.22	830~890	1110~1430	240~270
ND-31SHR	1.08~1.18	810~880	1590~1990	230~260
ND-35HR	1.22~1.28	870~940	1110~1430	270~300
ND-39R	1.28~1.32	880~960	1040~1280	300~330
ND-43R	1.34~1.38	850~960	920~1120	330~370

注：磁体密度7.6 g/cm^3。

（2）TDK（泰国）有限公司（TDK（Thailand）Co.，Ltd.）。TDK公司是全球铁氧体磁体的最大生产商。1991年在泰国设立分公司，开始生产黏结 NdFeB 磁体（模压），主要有5个牌号，其磁特性见表7-4-10。

表7-4-10 TDK公司黏结 NdFeB 磁体磁特性

牌　号	B_r/mT	$_bH_c$/kA · m^{-1}	$_jH_c$/kA · m^{-1}	$(BH)_{max}$/kJ · m^{-3}
CM8B	665±30	398±40	717±80	71.7±8.0
CM8BL	620±30	398±40	717±80	63.7±8.0
CM8BLH	650±30	414±40	717±80	69.3±8.0
CM11SH	740±30	478±40	717±80	87.6±8.0
CM11UH	750±30	438±40	597±80	87.6±8.0

4.4.3 常用生产设备

生产稀土永磁体的设备最初都是代用设备或非标设备，随着其应用领域的不断扩大和生产量的不断增加，逐渐开发出了专用设备，特别是 NdFeB 永磁材料的出现，不仅推动了稀土永磁材料磁特性的飞速发展，同时也带动了生产设备的更新换代。本节介绍一些主要设备。

4.4.3.1 烧结磁体生产设备

A 原材料检验设备

ICP分析仪：对稀土金属进行含量、杂质分析；同时也可以分析钢锭（或鳞片）和磁体的成分。

碳分析仪:检测稀土金属中的碳含量。

氧分析仪:检测稀土金属、钢锭(或鳞片)和磁体中的氧含量。

B　备料设备

剪断机:用于切断纯铁和稀土金属等,使所用原材料能方便地放入冶炼炉里。

去锈机:是非标设备,一般是滚桶式,用于去掉纯铁表面的铁锈,也有用喷砂机完成此项工作的。

C　冶炼设备

真空冶炼炉:用于将配好的原材料合金化。SmCo 类一般用 10 kg、25 kg 或 50 kg 级的冶炼炉,NdFeB 一般用 50 kg 级以上的冶炼炉。

速凝鳞片炉:作用同真空冶炼炉。主要用于 NdFeB 类合金的生产,是目前较先进的合金化设备,用于生产高档 NdFeB 磁体。

D　中破设备

颚式破碎机:用于破碎钢锭,破碎粒度为 5 ~ 10 mm 的颗粒,使用时通氮气保护。

中破机:用于破碎经过颚式破碎机破碎后的钢锭,破碎粒度为 60 ~ 80 目,使用时通氮气保护,属于非标设备。

氢化炉:用于破碎经过颚式破碎机破碎后的钢锭,破碎粒度为 60 ~ 80 目,即功能同中破机,属于非标设备。

E　制粉设备

气流磨:用于破碎经过中破后的粗粉,每小时出粉量 30 ~ 100 kg,最终粒度为 3 ~ 5 μm 的细粉。使用时通氮气保护。

F　成形设备

磁场成形压机:用于将细粉压制成形 - 压坯。一般使用油压机,吨位有 25 t、50 t、100 t等。

等静压机:用于毛坯二次致密化(中国工艺特有)。

G　烧结和热处理设备

真空烧结炉:用于烧结压坯,得到毛坯磁体。装炉量一般为 100 kg、300 kg 或 500 kg。

真空回火炉:用于对烧结的毛坯磁体进行热处理。也有用真空烧结炉做回火炉的。装炉量一般为 200 kg 或 500 kg。

H　磁性测量设备

磁性测量仪:用于检测测试样品,获得磁体的磁性能。一般分为圆柱测量和方块测量两种。

4.4.3.2　黏结磁体生产设备

A　磁粉破碎设备

连续带筛机:用于将粗粉破碎成所需要的粒度。分段加料,定时出粉,工作时通氮气保护。

B　混胶、造粒设备

混胶机:用于将破碎后的磁粉与黏结剂混合在一起。混合时加入溶剂溶解黏结剂。属于非标设备。

造粒机:用于将混合后的块状磁粉破碎造粒。属于非标设备。

C　成形设备

全自动机械压机:用于黏结磁体的成形。工作时配以所需要的精密模具。一般使用10 t、20 t、50 t、100 t 等。

D　固化设备

烘箱:用于将成形后的磁体固化,最高温度300℃。

连续固化炉:履带式非真空炉,体积较大,用于将成形后的磁体固化,最高温度300℃。属于非标设备。

E　涂层设备

倒角机:用于将固化后的磁体去毛刺和边角。分为蜗牛式和滚桶式两种。

自动电泳线:用于将磁体电泳涂层。

自动喷涂线:用于将磁体喷涂涂层。

F　充磁设备

充磁机:用于给磁体充磁。充磁时根据要求使用不同的充磁线圈。一般分为4、6、12、24、48 极充磁。

G　磁性测量设备

磁性测量仪:用于检测测试样品,获得磁体的磁性能。

4.4.4　设备生产厂家

4.4.4.1　烧结磁体设备生产厂家

A　冶炼设备生产厂家

真空冶炼炉:锦州市三特真空冶金技术工业有限公司;锦州变压器电炉厂;锦州市冶金技术研究所。

速凝鳞片炉:爱发科中北真空(沈阳)有限公司;安泰科技股份有限公司;锦州市三特真空冶金技术工业有限公司。

B　中破设备生产厂家

颚式破碎机和中破机:武汉市三镇机械厂;山西运城恒信设备厂;太原恒山磁械有限公司。

氢化炉:太原盛开源永磁设备有限公司。

C　制粉设备生产厂家

气流磨:吉林市新大科机电技术有限公司;太原恒山磁械有限公司;绵阳高新区巨子超微科技有限公司;青岛迈科隆粉体技术有限公司;德国阿尔派(ALPINE)公司。

D　成形设备生产厂家

磁场成形压机:太原仙良永磁专用设备有限公司;太原盛开源永磁设备有限公司;山西金开源实业有限公司;太原正好磁性设备有限公司;浙江省奉华市百达机床厂;无锡红星液压机械厂。

等静压机:太原仙良永磁专用设备有限公司;山西金开源实业有限公司。

E　烧结和热处理设备生产厂家

真空烧结炉和回火炉:沈阳恒进真空科技有限公司;爱发科中北真空(沈阳)有限公司;

长沙凌起机电工程有限公司;北京易西姆工业炉科技发展有限公司;北京真维嘉真空设备有限公司;美国威福斯真空公司(Vacuum Furnace Systems Corporation)。

F. 磁性测量设备和充磁设备生产厂家

磁性测量设备:中国计量科学研究院磁性测量室;湖南省联众科技有限公司(娄底);日本理研电子株式会社(东京);东英工业株式会社(日本东京)。

充磁设备:哈尔滨先达电子有限公司;上海先达电子磁气有限公司;上海平野磁气有限公司(笠原电装);东莞市山地电子有限公司;佛山市城区惠通电子电器厂。

4.4.4.2 黏结磁体设备生产厂家

A 破碎设备

连续带筛机:武汉市三镇机械厂;武汉市探矿机械厂。

B 成形设备

全自动机械压机:上海江南机械厂;海宁三强精密机械有限公司(浙江);南京东宁粉末压机有限公司;南京东部精密机械有限公司;月村科技股份有限公司(中国台湾);Pentronix, Inc.(美国);上海电器股份有限公司。

C 磁性测量设备和充磁设备生产厂家

磁性测量设备:中国计量科学研究院磁性测量室;湖南省联众科技有限公司(娄底);日本理研电子株式会社(东京);东英工业株式会社(日本东京)。

充磁设备:哈尔滨先达电子有限公司;上海先达电子磁气有限公司;上海平野磁气有限公司(笠原电装)。

4.4.5 稀土永磁材料专利情况

稀土钴(SmCo 类)永磁材料没有任何专利问题。NdFeB 永磁材料问世于 1983 年,其制造方法分为烧结和黏结两种,专利所有者分别为日本住友特殊金属株式会社(现为日立金属株式会社所有)和麦格昆磁(MQI)公司(美国)。

中国已取得日本住友特殊金属专利特许的公司有 5 家,分别为:北京中科三环高技术股份有限公司(1993 年 5 月)、北京京磁高技术有限公司(2000 年 3 月)、北京银纳金科科技有限公司(2000 年 9 月)、宁波韵升强磁材料有限公司(2001 年 3 月)和安泰科技股份公司(2003 年 3 月)。

国外获得日本住友特殊金属专利特许并在继续使用的公司有 6 家,分别为:信越化学工业株式会社(日本)、TDK 公司(日本)、德国真空熔炼有限公司(德国 VAC)、Magnetfabrik Schramberg GmbH(德国)、Neorem Magnets Oy(芬兰)和 N. V. Philips' Glocilampenfabrieken(荷兰)。

从 2003 年开始有关烧结 NdFeB 永磁的专利逐步在失效,但一些实用磁体的成分和生产专利(主要是加钴、镝磁体)要延续到 2014 年才完全失效。

同样 MQI 公司拥有的专利从 2003 年也开始逐步失效。MQI 公司是全球唯一的黏结 NdFeB 原材料(磁粉)供应商,从未向任何公司授权专利许可,只要购买其生产的磁粉,视同获得专利许可。但其专利覆盖的范围正在逐步减少,其专利的状况如下:

(1) 成分专利。

专利代号:4,496,395(主要包括含 Nd/Pr - Fe 的磁体和材料)

失效期:美国——2002 年 1 月;日本——2002 年 6 月;欧洲——2002 年 5 月。

专利代号:4,851,058

失效期:美国——2006 年 7 月;日本——2003 年 9 月;欧洲——2003 年 8 月。

专利代号:4,836,868

失效期:美国——2006 年 6 月;日本——2007 年 4 月;欧洲——2007 年 4 月。

专利代号:5,049,208

失效期:美国——2008 年 9 月;欧洲——2008 年 7 月。

专利代号:5,022,939

失效期:美国——2008 年 6 月。

专利代号:4,802,931(主要包括 NdFeB 磁体和具有 2 - 14 - 1 相晶体结构的材料)

失效期:美国——2006 年 2 月;欧洲——2004 年 2 月。

专利代号:5,411,608(主要包括含有少量 Co 的 NdFeB 磁体和合金)

失效期:美国——2012 年 5 月;日本——2004 年 10 月。

专利代号:5,209,789(主要包括快速凝固和生产技术改进的方法)

失效期:美国——2010 年 5 月;欧洲——2011 年 10 月。

专利代号:5,993,939

失效期:美国——2012 年 11 月。

(2) 黏结磁体专利。

专利代号:4,902,361(主要包括 NdFeB 黏结磁体)

失效期:美国——2007 年 2 月;日本—2004 年 5 月;欧洲——2004 年 3 月。

(3) 工艺专利。

专利代号:5,056,585(主要包括 NdFeB 磁体和材料的磁性能控制工艺)

失效期:美国——2008 年 10 月。

专利代号:5,172,751(主要包括用快淬法制造 NdFeB 合金的方法)

失效期:美国——2009 年 12 月。

专利代号:5,174,362(主要包括用控制冷却速度获得理想性能的制造磁性合金的方法)

失效期:美国——2009 年 12 月。

图 7-4-12 是 MQI 公司拥有专利及其失效时间的示意图。从图中可以看出,对于黏结磁体,到 2004 年,在日本、欧洲的专利均已失效,只有在美国的专利延续到 2012 年。

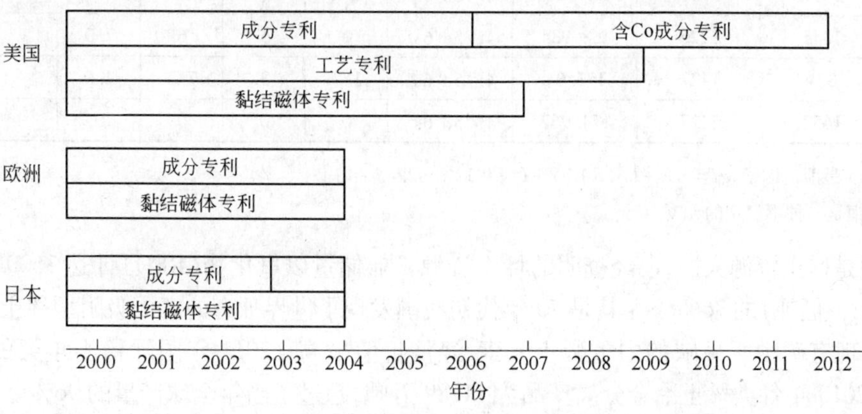

图 7-4-12　MQI 公司拥有专利及其失效时间的示意图

4.5　生产稀土永磁常用原材料

4.5.1　稀土元素

所谓的稀土元素是指元素周期表中原子序数为 57 ~ 71 的镧系族元素，即镧(La)、铈(Ce)、镨(Pr)、钕(Nd)、钷(Pm)、钐(Sm)、铕(Eu)、钆(Gd)、铽(Tb)、镝(Dy)、钬(Ho)、铒(Er)、铥(Tm)、镱(Yb)、镥(Lu)。其中，镧(La) ~ 铕(Eu)称作轻稀土元素，晶胞结构以双六方为主，钆(Gd) ~ 镥(Lu)称作重稀土元素，晶胞结构以密排六方为主。元素钪(Sc)和钇(Y)的化学特性和电子结构与稀土元素相近，有时用作比较。稀土元素的 4 s 以内壳层均已被电子填满，即 S、L、J 均为零，因此不显示磁性，其原子磁矩是由未满壳层的 4 f 电子产生的，4 f 壳层是原子的内层，受到外层的屏蔽，因此稀土元素即使处于金属或化合物状态，其磁性也不会发生变化，保持原来孤立原子的状况。稀土元素组成化合物时，将失去 5 d、6 s 电子，形成三价正离子。稀土元素的电子结构和原子磁矩见表 7-4-11。

表 7-4-11　稀土元素的电子结构和原子磁矩

名称	熔点/℃	沸点/℃	相对原子质量	电子结构	三价离子的量子数				
					S	L	J	gJ	$gJ[J(J+1)]^{1/2}$
镧	920	3469	138.905	$4f^0 5d^1 6s^2$	0	0	0	0	0
铈	795	3469	140.116	$4f^1 5d^1 6s^2$	1/2	3	5/2	2.14	2.54
镨	935	3127	140.908	$4f^3 5d^0 6s^2$	1	5	4	3.20	3.58
钕	1024	3027	144.27	$4f^4 5d^0 6s^2$	3/2	6	9/2	3.27	3.62
钷	—	—	—	$4f^5 5d^0 6s^2$	2	6	4	2.40	2.68
钐	1072	1900	150.36	$4f^6 5d^0 6s^2$	5/2	5	5/2	0.72	0.85
铕	828	1439	151.964	$4f^7 5d^0 6s^2$	3	3	0	0	0
钆	1312	3000	157.25	$4f^7 5d^1 6s^2$	7/2	0	7/2	7.0	7.94
铽	1356	2800	158.925	$4f^8 5d^1 6s^2$	3	3	6	9.0	9.72
镝	1407	2600	162.50	$4f^9 5d^1 6s^2$	5/2	5	15/2	10.0	10.64
钬	1461	2600	164.930	$4f^{10} 5d^1 6s^2$	2	6	8	10.0	10.60
铒	1497	2900	167.26	$4f^{11} 5d^1 6s^2$	3/2	6	15/2	9.0	9.58
铥	1545	1726	168.934	$4f^{13} 5d^0 6s^2$	1	5	6	7.0	7.56
镱	824	1427	173.04	$4f^{14} 5d^0 6s^2$	1/2	3	7/2	4.0	4.53
镥	1652	3327	174.967	$4f^{14} 5d^1 6s^2$	0	0	0	0	0

注：1. gJ 是朗道因子，$gJ = 3/2 + [S(S+1) - L(L+1)]/[2J(J+1)]$；

2. 钷是一种不稳定的元素。

中国是稀土资源大国，已经查明的稀土资源工业储量以氧化物(REO)计达 3600 万吨，是世界储量(1 亿吨)的 36%。尤其是 70 年代初我国发现了世界独有的离子吸附型稀土矿，富含世界其他现有矿物所短缺的中重稀土元素，经济价值极高。2011 年国际稀土年会的数据显示，中国 2010 年各类稀土冶金分离产品为 11.89 万吨，超过了当年全球产量的 96%。

中国的稀土矿主要分布在内蒙古的包头、江西、四川、广东和湖南等地。包头白云鄂博矿是混合稀土矿，是开采铁矿石的副产品，以轻稀土元素为主，储量最大；江西赣州等地的矿是世界上独一无二的离子吸附型精矿，品位比较高，也容易提炼，以重稀土元素为主；四川的稀土矿主要集中在攀西地区的冕宁牦牛坪，以轻稀土元素为主；广东和湖南的矿是属于独居石矿，以轻稀土元素为主，提炼稀土后产生的酸性熔渣，放射性活度比较高，对环境的影响最大。

4.5.2　常用的稀土金属和混合稀土

无论是烧结还是黏结磁体，所用的稀土金属都是一样的。经常使用的稀土金属有钐(Sm)、钕(Nd)、镨(Pr)、镝(Dy)、铽(Tb)、钬(Ho)、钆(Gd)等，混合稀土有钐－镨合金(Sm－Pr)、镨－钕合金(Pr－Nd)等。单金属的纯度在99.95%以上，混合稀土中稀土总量在99.9%以上。

4.5.3　稀土永磁常用的添加元素和作用

对于$SmCo_5$材料，一般很少有添加元素；Sm_2Co_{17}材料一般添加铁、铜、锆等以便获得实用的磁体。为降低成本，有时加入少量的镨(Pr)取代钐(Sm)。

NdFeB材料是以单纯的三元状态问世的，并具有很优异的磁性能。但其温度稳定性和抗氧化性比较差，为此可添加不同的元素，改善其弱点。添加时一般混合加入，以达到不同的效果。

4.5.3.1　添加其他稀土元素

A　添加镨(Pr)、钬(Ho)和钆(Gd)

为降低成本，可以添加少量的镨(Pr)或钬(Ho)或钆(Gd)取代钕(Nd)，一般在10%(质量分数)以内，基本不影响磁性能。

B　添加镝(Dy)或铽(Tb)

镝(Dy)或铽(Tb)的加入可有效提高NdFeB永磁的内禀矫顽力，特别是加入铽(Tb)显著提高内禀矫顽力，同时剩磁降低，最大磁能积也降低。由于铽(Tb)价格很高，成本也增加许多。内禀矫顽力提高，预示着磁体工作温度的提高。

4.5.3.2　添加其他元素

A　添加钴(Co)

加入钴(Co)取代部分铁(Fe)，可极大地提高NdFeB磁体的居里温度，改善剩磁温度系数和耐蚀性，剩磁也有所提高，同时内禀矫顽力降低。因此，在加入钴(Co)的同时，一般要加入镝(Dy)、铝(Al)，以达到最佳效果。

B　添加铝(Al)、镓(Ga)、铌(Nb)

在NdFeB永磁材料中加入铝(Al)或镓(Ga)或铌(Nb)取代部分铁(Fe)可提高内禀矫顽力，但剩磁降低，温度稳定性不改善。

C　添加铜(Cu)

在NdFeB永磁材料中加入微量的铜(Cu)取代部分铁(Fe)，可提高磁体的内禀矫顽力，改善快淬鳞片的浸润性、磁体的失重和电镀特性。为不影响磁性能，铜(Cu)的加入量一般不超过1%(质量分数)。

表7-4-12列出了各种添加元素对NdFeB磁体特性的影响。

表 7-4-12　各种添加元素对 NdFeB 磁体特性的影响

添加元素	剩磁	矫顽力	磁能积	居里温度	密度	工作温度	温度系数	失重	电镀特性	成本	机加工特性
Pr	—	—	↘	↘	↘	↘	↘	↘	↘	↘	—
Ho	—	—	—	—	↗	—	—	—	↘	↘	↘
Gd	—	—	—	↗	↗	—	↗	—	↘	↘	↘
Dy	↘	↗	↘	↗	↗	↗	↗	↗	—	↗	↘
Tb	↘	↗	↘	↗	↗	↗		↗	—	↗	↘
Co	↗	↘	↗	↗	↗	↗	↗	↗		↗	↘
Al	↘	↗	↘	↘	↘	↗	↘	↘	↗	↗	↗
Ga	↘	↗	↘	—	↘	↗		↘	↘	↗	—
Nb	↘	↗	↘	—	↗	↗		↗	↘	↗	↘
V	↘		↘	—	↗	↗		↗	↘	↗	↘
Cu	↘	↗	↘	—	↘	—		↗	↗	—	↗

注：各添加元素的影响随添加量发生变化。

↗表示变好或增加；↘表示变坏或降低。

4.5.4　稀土金属主要生产厂家

中国是稀土资源大国，也是稀土氧化物、金属和稀土永磁体的生产大国。我国三大稀土资源和生产基地是内蒙古的包头、江西和四川，因此，稀土氧化物和金属的生产厂主要分布在包头、江西、四川和湖南等地。包头、四川主要生产轻稀土，江西、湖南主要生产重稀土。2006 年，江西拥有年产 9000 t 金属钕（镨钕）的生产能力，四川省拥有 1500 t 金属钕的生产能力。

(1) 包钢稀土高科技股份有限公司。拥有从稀土选矿到稀土冶炼、分离、电解金属和稀土深加工等稀土生产工艺，具备年产 8 万吨稀土精矿的生产能力，可以生产稀土精矿、各种混合及单一稀土化合物、电池级混合稀土金属和各种单一稀土金属以及其他稀土应用产品 64 个品种 130 多个规格。

(2) 包头瑞鑫稀土金属材料股份有限公司。目前拥有生产能力 1500 吨/年金属钕的规模。

(3) 赣州虔东稀土集团股份有限公司。主要产品有金属钕、金属镨、金属镧、金属钐、金属镝、镨钕合金、镧钕合金、镝铁合金、钇铁合金、钇铝合金、氧化镧、高纯氧化钆等新型荧光材料、稀土精细化工产品及稀土磁性材料等 30 多种产品，生产能力 3000 吨/年。

(4) 江西南方稀土高技术股份有限公司。生产金属钕、金属镨、金属镧、金属钐、金属镝、镝铁合金、镨钕合金，生产能力 2500 吨/年。

(5) 赣县红金稀土有限公司。主要产品有氧化铕、氧化钇、氧化镝、氧化钕、氧化镧、等离子体彩电粉、液晶显示粉等。

(6) 湖南稀土金属材料研究院。是专门从事稀土冶金，稀土材料制备和稀土应用开发的研究机构。从 1958 年开始稀土的选矿、冶金和材料试制工作。产品主要有稀土金属粉末、六硼化镧粉、钪系列产品、钛锆铪粉、镁钕（锆）合金、稀土分析试剂等产品。

（7）四川省冕宁县方兴稀土有限公司。公司总部设在西昌市，下属各生产厂位于冕宁县境内，是一家集采矿、选矿、冶炼分离为一体的民营企业。

4.6　稀土永磁市场和应用

4.6.1　市场发展情况

4.6.1.1　烧结 SmCo 类磁体市场情况

SmCo 类磁体由于其优异的磁性能，在刚出现时发展很快，20 世纪 60～80 年代是其发展和应用的黄金时代，市场需求和生产量逐年提高。但由于价格很高以及机加工特性差，应用范围受到限制，特别是 1983 年 NdFeB 永磁问世以后，应用市场和生产量开始萎缩，1994 年以来全球的生产总量基本维持在 700 t 左右。

4.6.1.2　烧结 NdFeB 永磁的市场情况

表 7-4-13 是 1985～2003 年全球烧结 NdFeB 生产量（成品）统计。由于统计方式的不同，表中的数据不是很精确，但反映出总的发展趋势。

表 7-4-13　全球烧结 NdFeB 生产量一览表（成品）

年份	生产量/t						增长率/%
	日本	中国	美国	欧洲	合计	中国占的比例/%	
1985	45	4	10	7	66	6	
1986	97	20	22	16	155	12.9	135
1987	147	40	45	23	255	15.7	64.5
1988	320	75	130	50	575	13	125
1989	470	120	220	70	880	13.6	53
1990	880	180	320	130	1510	11.9	71.6
1991	1160	340	360	170	2030	16.7	34.4
1992	1200	490	380	210	2280	21.5	12.3
1993	1435	742	400	260	2837	26.2	24.4
1994	1555	1230	450	330	3565	34.5	25.7
1995	2200	1820	520	410	4950	36.8	38.8
1996	2600	2100	700	510	5910	35.5	19.4
1997	3800	3340	750	580	8470	39.4	43.3
1998	4500	4000	710	630	9840	40.6	16.2
1999	5300	4600	810	680	11390	40.4	15.8
2000	6400	5250	940	710	13300	39.5	16.8
2001	5100	6500	680	600	12880	50.5	-7.7
2002	5600	8800	340	540	15280	57.6	18.6
2003	6200	18460	170	460	25290	73	65.5

从表 7-4-13 我们可以了解到，NdFeB 永磁体的市场扩张很快。2001 年中国的烧结 NdFeB 磁体生产量超过了全球的一半；进入规模生产（全球超 1000 t）以后，有 3 个突飞点：

1990年、1997年和2003年,其增长率分别为72%、45%和65%,这3个突飞点是进行投入NdFeB行业的最佳时机。

据全国稀土永磁协作网最近统计,2004年、2005年、2006年和2007年中国的烧结NdFeB磁体的产量(毛坯)分别为35660t、42360t、49781t和56980t。2007年的销售额约60亿元人民币,年生产量超500t的有20家,年生产量超1000t的有11家,超3000t的有3家,分别为中科三环(7500t)、宁波韵升(3500t)和宁波合力(4800t)。

据日本Neomax公司的有关人士介绍,日本企业生产的NdFeB磁体(成品)2004年为7000t,2005年约8300t,2006年9700t,2007年约10000t。

4.6.1.3 黏结NdFeB永磁的市场情况

黏结NdFeB的制造方法分为4种:压制成形、注射成形、挤压成形和压延成形,其中只有前两种可以规模化生产(产业化)。

日本不仅拥有这方面的专利,生产技术也一直处于领先。在产业化的前几年,日本的年生产总量一直处于领先地位,表7-4-14是日本黏结协会统计的有关资料,从中可以看到这种优势。与烧结NdFeB一样,从2001年开始,中国的优势逐渐显露出来,2002年中国远远超过了日本,处于了第一位。

表7-4-14 黏结稀土永磁的产量 (t)

国家或地区	年度							
	1999	2000	2001	2002	2003	2004	2005	2006
日本	1270	700	591	500	540	600	530	560
中国	270	620	620	1200	1550	1700	1900	2100
美国	200	400	460	460	280	200	200	200
欧洲	300	350	399	350	330	300	300	300
东南亚	345	1230	1230	950	950	800	750	700
其他	146	200	200	200	350	600	600	600
总计	2531	3500	3500	3660	4000	4200	4280	4460

注:数据来自日本黏结协会。

全球对于黏结稀土永磁(主要是黏结NdFeB)需求的增长幅度不是很大,其主要原因是由于黏结NdFeB永磁的主体市场是与IT行业密切相关的各种微型马达,IT行业的不景气直接影响对黏结NdFeB永磁的需求。另外,由于专利所有者——MQI垄断着原材料的供应,原材料价格居高不下,也严重阻碍了其广泛的应用。

目前有一定生产规模和生产技术的中国企业只有4~5家,生产能力很大,但达产率都不是很高,由于不断有新的生产厂介入,黏结NdFeB的市场价格在中国国内出现恶性竞争。

美国和欧洲的生产企业在激烈的市场竞争中基本退出了该行业,到2003年美国只剩一家生产烧结NdFeB的制造厂,目前黏结NdFeB的制造厂也只剩1~2家了。2004年美国和西欧的永磁材料产量只占全球的10%以内。因此在该行业中,近年内中国和日本将有很激烈的竞争对撞。

尽管中国已经是生产NdFeB永磁的第一大国,但只是占原材料和人工成本的优势,由于设备、生产技术以及管理能力所限,只能生产一些中低档的产品,高档和高利润产品仍由日本企业掌控，所以在中国出现生产量增加很快，产值特别是利润的增长却不成比例。原材料和人工这种优势在逐渐减退，特别是日本的NdFeB企业已经转移到了中国内地及东南亚一带，它们的设备和技术优势，尤其是有效的管理将会显露出越来越强大的竞争力。

4.6.2　主要应用领域

4.6.2.1　*烧结SmCo类磁体应用领域*

SmCo类磁体具有磁性能稳定、工作温度高和耐腐蚀性好的特点，因此，可广泛应用于各种精密仪表、精密电机等，特别是航天、航空领域，出于安全和可靠性考虑，一般均使用SmCo类磁体作为提供磁能元件。

4.6.2.2　*烧结NdFeB永磁的应用领域*

烧结NdFeB永磁磁性能最优，是目前的“磁王”，应用领域十分广泛。可应用在计算机磁盘驱动器、光盘驱动器和打印机驱动器等（VCM），每年用于计算机驱动器的NdFeB磁体约20000 t，占NdFeB磁体销售总量的30%。在医疗器械方面，核磁共振成像仪已成为各大医院必须配备的医疗器械，每台核磁共振成像仪（MRI）需要NdFeB磁体1~2 t，若以今后全世界每年需要核磁共振成像仪1万台计算，年需NdFeB磁体1万~2万吨。在信息产业方面，移动电话、传呼机中的振动电机和蜂鸣器也大量使用烧结NdFeB磁体。随着全球能源和环保的急剧恶化，风力发电、汽车电机对于NdFeB永磁的需求越来越大，将成为除VCM以外的第二大应用市场。

4.6.2.3　*黏结NdFeB永磁的应用领域*

黏结NdFeB永磁具有的特点是：可制成较复杂形状，可与其他元件直接合成一体、磁性能一致性好、磁体外观尺寸精确，不需要后续加工、大部分黏结磁体是各向同性的，可在任意方向充磁磁化等，磁性能介于烧结NdFeB永磁和铁氧体之间，因此，应用领域也有其特点，产品主要应用于硬盘驱动器、光盘驱动器、DVD的主轴电机、步进电机、直流电机、无刷电机、启动电机、振动电机和风扇电机等。

4.7　稀土永磁的后加工

对于黏结磁体，一般均不需要进行后加工，只有烧结磁体需要进行后加工以满足使用要求。

4.7.1　后加工种类

稀土永磁体经过烧结后，由于变形较大，其尺寸、几何形状和表面粗糙度都不符合使用要求，表面还有一层氧化皮，因此需要经过后加工才能满足使用精度要求。后加工一般包括：磨加工（平面磨、无芯磨、内外圆磨和双端面磨）、电火花线切割、打孔、掏孔、切方滚圆、切片等，不能进行车、铣、刨加工。

对于SmCo类磁体，只能进行磨加工（平面磨、无芯磨、内外圆磨）、电火花线切割和切片加工。

4.7.1.1　*磨加工*

磨加工方式包括平面磨、无芯磨、内外圆磨和双端面磨。平面磨、无芯磨、内外圆磨主要使用砂轮，对于SmCo类磁体，在进行平面磨、无芯磨、内外圆磨时所使用的砂轮只能是金刚石材料制成的,而 NdFeB 磁体不受限制。双端面磨使用微细的金刚石砂和导轮,主要针对薄片磁体的大端面进行两面同时研磨加工。进行磨加工的目的是去掉磁体表面的氧化皮,达到要求的外形尺寸和表面粗糙度。

4.7.1.2 电火花线切割

电火花线切割是采用钼丝放电腐蚀原理进行加工。可用于其他加工方法实现不了的复杂形状(如瓦形、扇形、椭圆形等)或脆性很大的磁体(如 SmCo 类磁体)。

4.7.1.3 打孔与掏孔

打孔、掏孔是采用特殊的钻头或刀具进行加工,钻头和刀具一般要镀一层金刚石。加工方法是先打出或掏出接近要求尺寸的孔,然后再用绞刀进行精加工,加工量一般在 0.2 mm 左右。打孔主要针对 ϕ5 mm 以下的尺寸孔,ϕ5 mm 以上的则采用掏孔的方法,这样掏出的柱芯可以再利用。

4.7.1.4 切方滚圆

切方滚圆是先用切片机将大块磁体切成方柱,然后用类似于无芯磨的设备磨成圆柱。对于 ϕ6 mm 以下的圆柱磁体均采用该方法实现。

4.7.1.5 切片

切片一般采用内圆切片机,即在圆环形钢片的内圆孔镶上金刚石刀片,当圆环形钢片高速转动时进行切割。国外也有使用多刀切片机,其刀片是长条形并排成多列进行切割。

切片加工主要是将大的方块或圆柱形磁体切成片状。为保证平整度、精度和光洁度,一般每切一次要将刀口进行双端面磨。目前,有关设备生产厂已经开发出高精度的切片机,一次切成不用进行双端面磨。

后加工工序的关键控制点是:设备精度、磁体的取向方向和加工过程中的生锈防护。

4.7.2 稀土永磁的表面防护

经过后加工的 SmCo 类磁体可以不进行涂层,但 NdFeB 永磁体(烧结和黏结)均需进行表面涂层保护,以提高其耐腐蚀性。

常用的涂层方法有:电镀锌(Zn)、电镀镍(Ni)、电镀镍铜镍(Ni - Cu - Ni)、电泳(环氧树脂)、喷涂等。涂层厚度一般在 10 ~ 25 μm。

进行涂层处理前,首先需要去除磁体表面吸附的油污和锈蚀,以保证涂层与基体具有良好的结合力,这个步骤称作前处理。前处理一般分为两个步骤:

(1) 去除油污。使用 Na_3PO_4(20 g/L)、Na_2CO_3(15 g/L)组成的溶液,在 65℃ 的温度下清洗 5 ~ 10 min。

(2) 去除氧化层。在室温下,使用 1% 的 HNO_3 或 H_2SO_4 溶液进行清洗 15 ~ 20 s。

进行完上述工序后,还需要进行倒角处理。磁体经机械加工后,存在锋利的边角,对电镀层的沉积是非常不利的。首先是锋利的边角容易崩裂和脱落;其次由于边角锋利,电镀时边角电流密度很大,容易造成镀层烧焦及镀层应力加大;最后,镀层在锋利的边角处容易开裂起皮。所以磁体在电镀前,必须将边角倒圆成有一定的弧度。同时,倒角还可以通过磨料的磨削作用,去除部分表面在机械加工时因高温产生的氧化层。

倒角设备种类繁多,目前钕铁硼磁体使用较多的是三类:(1)螺旋振动式;(2)离心式;(3)滚筒式。不同规格的磁体需要选择合适的磨料和设备与之匹配,这样才能达到最好的效果。

4.7.2.1　电镀镍(Ni)

电镀液组成: $NiSO_4 \cdot 7H_2O$(270 ~ 300 g/L)、$NiCl_2 \cdot 6H_2O$(45 ~ 50 g/L)、H_3BO_3(40 ~ 45 g/L);

光亮添加剂:NH-91A(0.12% ~0.15%)、NH-91B(0.012% ~0.015%);

pH 值:4 ~4.5;

镀液温度:50 ~60℃;

电流密度:0.5 ~6 A/dm^2;

时间:视镀层厚度确定。

4.7.2.2　电镀锌(Zn)

目前 NdFeB 磁体电镀锌的类型几乎都采用氯化物镀锌,也称钾盐镀锌。其优点是镀液成分简单、稳定,镀层外观好,电流效率高,操作简便,污染小。

电镀锌的工艺过程是:前处理→水洗(纯水)→电镀→水洗(纯水)→钝化(蓝白、彩色)→水洗(纯水)→吹干→烘烤。

电镀液组成:氯化钾(300 g/L)、氯化锌(80 g/L)、硼酸(50 g/L);

光亮添加剂:适量(按商品使用说明添加);

pH 值:4.8 ~5.5;

镀液温度:15 ~30℃;

电流密度:0.5 ~2.0 A/dm^2;

时间:80 ~100 min(6 ~12 μm);

滚筒转速:6 ~18 r/min。

电镀锌后要进行钝化,镀锌层经钝化后,在表面形成一层极薄(约 0.05 μm)的钝化膜,分子组成为 $Cr_2O_3 \cdot Zn(CrO_2)_2 \cdot nH_2O$。钝化处理有蓝白钝化和彩色钝化两类,彩色钝化膜的厚度和抗蚀性都要高于蓝白钝化膜。

4.7.2.3　电镀镍铜镍(Ni-Cu-Ni)

电镀镍铜镍因其镀层抗腐蚀效果好,故用在环境较为恶劣的条件下。其工艺流程是:前处理→活化→水洗(纯水)→镀暗镍→水洗(纯水)→镀铜→水洗(纯水)→镀亮镍→水洗(纯水)→吹干→烘烤。

A　活化

活化的作用是用弱酸在电镀之前对磁体表面进行弱浸蚀,使表面状态呈现活性。一般使用稀盐酸或硫酸溶液。

B　镀暗镍

电镀液组成:硫酸镍(450 g/L)、硫酸钠(60 g/L)、氯化钠(20 g/L)、硼酸(55 g/L);

电流密度:0.5 ~2.0 A/dm^2;

镀液温度:50 ~60℃;

pH 值:4.0 ~5.5;

时间:50 ~80 min(3 ~5 μm);

滚筒转速:6 ~18 r/min。

镀镍溶液的主盐为硫酸镍、氯化镍、硼酸,此外还要加入各种添加剂,主要原因是镍的电位比较负，在电镀时阴极容易析氢，造成孔隙率较高，同时镍镀层存在内应力，当其内应力大于镀层与基底的结合力时，镀层会起皮与基底剥离脱落，故镀镍的溶液要加入多种添加剂，且在使用上要求工艺的控制非常严格。添加剂的种类繁多，市场上多以成套商品出售，可通过筛选试用而确定。

C　镀铜

铜镀层质地柔软，延展性好，故镀层应力很小，可以镀得较厚。另外，铜的电位较正，析氢现象不如镀镍严重，所以镀层孔隙率也较低；铜的价格相对镍便宜很多，经济上成本较低，因此铜作为中间镀层是非常合适的。NdFeB 的镀铜液现以焦磷酸盐为主（简称焦铜）。

电镀液组成：焦磷酸钾（450 g/L）、焦磷酸铜（70 g/L）、氨水（15%，5 mL/L）；

电流密度：0.5 ~ 1.2 A/dm^2；

镀液温度：30 ~ 40℃；

pH 值：8.5 ~ 9.0；

时间：90 ~ 150 min（6 ~ 10 μm）；

滚筒转速：6 ~ 18 r/min。

焦磷酸盐镀铜的优点是镀层分散能力和均镀能力都很好，结晶细致，镀层韧性好，故得到了广泛的应用。除了焦磷酸盐镀铜外，还有采用柠檬酸盐镀铜的工艺，简称柠铜。

电镀液组成：柠檬酸（350 g/L）、酒石酸钾钠（45 g/L）、碱式碳酸铜（70 g/L）、碳酸氢钠（20 g/L）；

电流密度：0.5 ~ 2.0 A/dm^2；

镀液温度：30 ~ 40℃；

pH 值：8.5 ~ 9.5；

时间：80 ~ 120 min（6 ~ 10 μm）；

滚筒转速：6 ~ 18 r/min。

柠檬酸盐镀铜的优点是电流效率高（沉积速度快）、镀层光亮、结合力好和孔隙率低等。另外其镀液无毒，废水处理简单，所以是清洁生产的发展方向。

D　镀亮镍

电镀液组成：硫酸镍（400 g/L）、氯化镍（60 g/L）、硼酸（50 g/L）；

光亮剂：适量（按商品使用说明添加）；

润湿剂：适量（按商品使用说明添加）；

柔软剂：适量（按商品使用说明添加）；

电流密度：0.5 ~ 2.5 A/dm^2；

镀液温度：50 ~ 60℃；

pH 值：4.0 ~ 5.5；

时间：80 ~ 120 min（5 ~ 10 μm）；

滚筒转速：6 ~ 18 r/min。

4.7.2.4　电镀双层镍（Ni – Ni）

电镀双层镍主要是应用在 VCM 磁体上，镀层由半光亮镍和亮镍两层组成。半光亮镍镀液中不含硫（或控制镀层中含硫量小于 0.005%），而随后镀的亮镍层含有 0.02% ~ 0.03% 的硫。当亮镍层中含有硫时，亮镍层的电极电位将会比不含硫的半光亮镍层低（电位更负)，利用两层镍含硫量的不同所形成的电位差(约 120 mV)，使腐蚀破坏首先在亮镍层中进行，腐蚀扩展方向是横向的，不会迅速地沿镀层孔隙向内层发展，大大延缓了镀层被腐蚀贯穿的时间。为确保抗腐蚀效果，半光亮镍的厚度应占镀层总厚度的 70% 左右，亮镍层的厚度应占镀层总厚度的 30% 左右。

其工艺为：前处理→水洗(纯水)→镀半光亮镍→水洗(纯水)→镀亮镍→水洗(纯水)→吹干→烘烤。

电镀半光亮镍镀液组成：硫酸镍(350 g/L)、氯化镍(40 g/L)、硼酸(50 g/L)；

各种添加剂：适量(与普通镀镍选用的添加剂类似，但不含硫元素)；

镀液温度：50 ~ 60℃；

pH 值：4.0 ~ 5.5；

时间：180 ~ 240 min(12 ~ 18 μm)；

滚筒转速：6 ~ 18 r/min。

电镀亮镍镀液组成：氨基磺酸镍(400 g/L)、氯化镍(40 g/L)、硼酸(50 g/L)；

电位调整剂：适量(含硫元素)；

镀液温度：50 ~ 60℃；

pH 值：4.0 ~ 5.0；

时间：90 ~ 120 min(6 ~ 10 μm)；

滚筒转速：6 ~ 18 r/min。

4.7.2.5　化学镀镍

化学镀是依靠溶液中的还原剂和催化剂，在不通电的情况下，使欲镀物体自发沉积在零件表面形成镀层。由此可以看出，由于没有电场效应，化学镀方式可以在复杂零件的任何表面得到厚度均匀的镀层。目前 NdFeB 化学镀层均为镍磷合金镀层。

化学镀镍的工艺：前处理→水洗(纯水)化学镀镍→水洗(纯水)→吹干→烘烤。

化学镀镍的镀液组成：硫酸镍(40 g/L)、次亚磷酸钠(50 g/L)；

添加剂：适量(按商品使用说明添加)；

镀液温度：90℃；

pH 值：4.8 ~ 5.5；

时间：60 ~ 90 min(10 ~ 15 μm)。

4.7.2.6　电泳

电泳原理类似于电镀，是通过电化学反应，在磁体表面沉积一层有机树脂。由于树脂具有绝缘特性，所以可在任何复杂形状磁体表面得到非常均匀的膜层。用于电泳漆的树脂有环氧树脂、丙烯酸树脂、聚氨酯树脂等。目前 NdFeB 磁体电泳所用的电泳漆一般多为阳离子环氧树脂，沉积方式为阴极电泳。环氧树脂的优点是与金属底材的结合力好，固化后对水的吸收率小，价格适中，电气绝缘性好。涂层颜色种类丰富，用在防腐蚀方面的以黑色和灰色为主。

电泳涂装工艺过程为：除油→倒角→清洗→干燥→酸洗(或喷砂)→水洗→超声波水洗→磷化→水洗→(钝化)→吹干→上挂具→纯水洗→电泳→水洗→纯水洗→沥干→烘烤固化→下挂具→补挂点漆。注：如用喷砂处理，可不用水洗直接磷化。

电泳工艺参数：

槽液固体成分:12% ~ 18%;

槽液温度:28 ~ 32℃;

pH 值:5.8 ~ 6.2;

电压:60 ~ 150 V;

时间:2 ~ 3 min;

固化温度:160 ~ 180℃;

膜厚:20 ~ 30 μm;

铅笔硬度:2H。

电泳涂装对黏结 NdFeB 和烧结 NdFeB 均适用。缺点是涂层硬度低,不如电镀层耐磨,另外上、下挂具及补挂点耗费工时,效率较低。因此电泳只适用于尺寸较大或形状复杂的磁体;某些电机磁体由于绝缘的要求,也采用电泳涂层。

4.7.2.7 喷涂(平面喷、滚喷)

喷涂是利用压缩空气将油漆雾化,喷射到磁体表面,喷涂适用于黏结和烧结 NdFeB 材料,尤其对小磁体效率高,不存在电泳涂层的导电卡点。缺点是对复杂形状的磁体涂装,其表面涂层厚度一致性差;另外对大尺寸磁体的涂装效率反而比电泳涂装低。

喷涂所用树脂以环氧树脂和聚氨酯树脂为主,有单组分和双组分两种类型,单组分通过高温烘烤使涂层高分子发生交联反应而固化成膜;双组分是通过树脂与固化剂直接反应固化,不需高温,但加热可加快固化速度。喷涂时按油漆使用说明,调配树脂、固化剂和稀释剂的比例,涂料黏度用稀释剂调整至 13 ~ 6 s(涂 -4 号杯),调节喷枪的气压和出漆量,使之达到最佳的雾化状态,即可开始喷涂。

喷涂工艺流程是:除油→倒角→清洗→干燥→酸洗(或喷砂)→水洗→超声波水洗→磷化→水洗→(钝化)→吹干→码件→喷涂→烘烤固化→翻面→喷涂→烘烤固化。

除平面喷涂外,还有一种滚动喷涂方式,其原理是利用快干涂料,在滚筒内喷涂磁体,滚筒边旋转边加热,使喷到磁体上的涂料迅速固化。滚喷的温度视所选涂料的要求而定,通常为 80 ~ 130℃,时间为 40 ~ 90 min。

4.7.3 耐蚀性测量方法

NdFeB 磁体进行完表面涂层后,要进行耐磨蚀性检验。一般有三种方法:盐雾实验(SST)、湿热实验(HHT)和高温高压实验(PCT)。

4.7.3.1 盐雾实验(SST)

将样品放入盐雾实验箱里进行封闭实验。实验条件是:NaCl 溶液浓度 5%,连续喷雾或间断喷雾,实验箱内温度 35℃。实验时间一般为 12 h、24 h、36 h、72 h 或更长。

实验后在 40 倍显微镜下检测样品,没有腐蚀点(黄色锈斑)即为合格。

4.7.3.2 湿热实验(HHT)

将样品放入湿热实验箱里进行封闭实验。实验条件是:温度 75 ~ 90℃,湿度 90%。实验时间一般为 12 h、24 h、36 h、72 h 或更长。

实验后在 40 倍显微镜下检测样品,没有腐蚀点(黄色锈斑)、没有起皮即为合格。

4.7.3.3 高温高压实验(PCT)

将样品放入 PCT 实验箱里进行封闭实验。实验条件是:温度 100 ~ 120℃,湿度 100%,

压力20kPa。实验时间一般为12h、24h、36h、72h或更长。

实验后在40倍显微镜下检测样品,没有腐蚀点(黄色锈斑)、没有起皮即为合格。

参考文献

[1] 戴道生,钱昆明. 铁磁学[M]. 北京:科学出版社,1992.

[2] 钟文定. 铁磁学[M]. 北京:科学出版社,1986.

[3] 周寿增. 超强永磁体—稀土铁系永磁材料[M]. 北京:冶金工业出版社,2004.

[4] 金山器材厂《永磁合金工艺》编写组. 永磁合金工艺[M]. 金属材料研究丛书,1975.

[5] Bushow K H J,et al. J. Appl. Phys. 1968,39:1717.

[6] Das D K. IEEE. Trans. Magn. Magn-5,1969,3:214.

[7] Benz M G,Martin D L. Appl. Phys. Letters,1970,17:176.

[8] Martin D L,et al. Proc. 10th Rare Earth Res. Conf. ,1973,1.

[9] 金子秀夫,等. 应用磁气第137委员会第44回研究会资料. 1977,11:21.

[10] 米山哲人,等. 日本应用磁学会志. 1982,16:25.

[11] Sagawa M,et al. J. Appl. Phys. ,1984,55(6):2083.

[12] Croat J J,et al. J. Appl. Phys. ,1984,55(6):2078.

[13] 蒋龙. 金属功能材料. 1999,6(5):202.

[14] Ormerod John,Steve Constantinides. J. Appl Phys,1997,81(8):4816.

[15] 潘树明. 稀土永磁合金高温相变及其应用[M]. 北京:冶金工业出版社,2005.

[16] 孙光飞. 磁功能材料[M]. 北京:化学工业出版社,2006.

[17] 石富. 稀土永磁材料制备技术[M]. 北京:冶金工业出版社,2007.

[18] 何开元. 精密合金材料学[M]. 北京:冶金工业出版社,1991.

[19] 内山晋,等. 应用磁学[M]. 姜恩永,译. 天津:天津科学技术出版社,1983.

[20] 任伯胜,等. 稀土永磁材料开发和应用[M]. 南京:东南大学出版社,1989.

编写:蒋　龙(中国钢研科技集团公司)

祝　捷(中国稀土学会)

祝景汉(中国钢研科技集团公司)

第 5 章　粉末冶金电触头材料

5.1　电触头及电触头材料的基本概念

5.1.1　电触头和电触头材料

电触头是各种电力设备、自动化仪表和控制装置中一种重要的金属元件。通过电触头之间的接通和开断,达到保护电器、传递和控制电流的目的。尺寸小的电触头,也称电接点。

电触头由单体金属、合金或金属复合材料制成。在实际应用中,由于合金和金属复合材料,特别是金属复合材料,可以为不同工作条件提供更为优异的适合使用的性能。因此,发展了一系列合金的和金属复合材料用作电触头的专门材料。其中,合金类材料,大多是通过熔炼加工方法制取的;一些特殊的金属合金和大量的金属复合材料则多是用粉末冶金方法制取的。而且粉末冶金还具有可以直接制得最终形状电触头和能耗较低、生产率高等优点。因此,粉末冶金对于电触头和电触头材料的制取来说具有非常重要的意义。

5.1.2　电触头材料的基本性能

电触头材料一般需要考虑以下的一些性能。

(1) 导电导热性。电触头材料希望有好的导电导热性。好的导电性可以降低通过电流时的电损耗和发热;而好的导热性则能将产生的热量迅速传导出而降低电触头的温升。

(2) 抗电弧烧蚀性。每一次电触头之间的接通或分断,都会在触头间发生电弧,引起电触头的烧损。所以要求电触头材料有较强的抗电弧烧蚀性能。

(3) 耐电压强度。这是指一定间距的两个电触头产生电击穿时的电压值,也叫电绝缘强度。根据使用的工作电压,应选用相应耐电压强度的电触头材料。

(4) 抗熔焊性。两个电触头在接通电路时,由于接触和发热会产生焊接现象,当它们断开时,就需加一个克服熔焊的力。这个力愈小说明电触头材料的抗熔焊性愈好。

(5) 抗拉强度和硬度。电触头材料的抗拉强度和硬度不仅影响电触头的抗机械磨损和机械使用寿命,而且也会影响抗电弧烧损、耐电压强度和抗熔焊等性能。因此,电触头材料也要求有一定强度和硬度。

(6) 抗氧化和耐化学介质腐蚀性。电触头在使用时,会在表面生成氧化膜或与环境介质发生化学反应而产生表面腐蚀。这将引起电触头接触电阻的增大或表面破坏。因此,电触头材料都要求良好的抗氧化性和化学稳定性。

(7) 可加工性。这是电触头材料的重要工艺性能。虽然有些电触头可用粉末冶金直接制成最终成品,但是,仍有很多电触头是要通过加工制成的。所以,还是希望电触头材料具有可加工性。

当然,由于电触头使用的场合和条件不同,有时会主要关注上述性能的其中几项,而对其他性能则要求不高,甚至可以忽略,即根据实际需要选用合适的材料。如弱电用的电触头,使用电压低、电流小,因此对耐电压强度、抗电弧烧损等可以忽略,导电导热要求也不高;但是,它们要求频繁操作而又要十分可靠,所以要求材料具有极好的抗氧化性和化学稳定性,以保证电触头接触电阻保持稳定,因此要选用贵金属及其合金的电触头。而高电压、大电流条件下使用的电触头,最突出的要求是高的抗电压强度和抗电弧烧损性,也希望具有较好的导电、导热性,而对抗氧化、抗熔焊等要求可降低或设法解决,因而多选用钨铜类复合材料作电触头。

5.1.3　电触头材料的分类

电触头材料可以多种方式进行分类。

5.1.3.1　按电触头材料的类型分类

(1) 单体金属。常用的有纯银、纯铜、纯钨等。

(2) 合金。常用作电触头的合金有银合金、铜合金、贵金属合金等。

(3) 金属复合材料。这是电触头应用最多、品种最广的一类材料,也是绝大部分采用粉末冶金方法制取的电触头材料。比较著名的有银-氧化物、银-镍、钨-铜、钨-银、铜-石墨等。

5.1.3.2　按电触头材料的主要基体分类

(1) 贵金属系电触头材料。以铂族元素(锇、铱、铂、钌、铑、钯)以及金、银等金属所组成的合金。它们抗氧化及化学稳定性好,但资源少、价格贵,只用于十分必需的场合。它们大都用熔炼方法制取,所以本章不予介绍。

(2) 银系电触头材料。银具有高导电导热性及一定的抗氧化性,因此,银基材料是极为重要的电触头材料。它品种多,用量大,广泛用于量大面广的低压电器中。

(3) 铜系电触头材料。铜导电导热性良好,而且价格低廉。但铜易氧化。因此作为常规的电触头,铜基材料远不如银基材料。但在不考虑氧化的情况下,如真空触头或还原性气氛中使用时可选用铜基材料。

(4) 钨系电触头材料。金属钨熔点高,硬度高,强度大,导电导热性中等。作为电触头材料,其优点是耐电压强度高,抗电弧烧损性好,是高电压、大电流容量电器适用的电触头材料。为提高其导电导热性和实际使用性能,常配以银或铜组成复合材料使用。

(5) 钼系电触头材料。钼的性能与钨相近。其熔点稍低,密度约为钨的一半。作为钨基材料的替代物可以大大减轻重量,但只能用于使用要求较低的电器。因此,实际应用要少得多。

(6) 石墨系电触头材料。石墨材料突出的特点是好的润滑性和抗熔焊性。因此,它不仅是滑动型电触头材料的重要组成,而且也用来添加到其他系列中以降低和防止熔焊的发生。

5.1.3.3　按电触头材料的使用情况和条件分类

(1) 弱电用电触头材料。电触头使用在电流为毫安级,电压也很低的情况,主要是一些仪器仪表及控制装置。电触头的特点是尺寸小、操作频繁、要求可靠。这类电触头大都采用贵金属及其合金。少数情况,如某些振动器、信号继电器等,亦采用纯钨或钨铼电接点。

(2) 低压电触头材料。这是使用在几伏到几百伏电压的电器中的电触头。这类低压电器量大面广、品种繁多,使用的工作电流范围大,而且要求频繁操作和长的使用寿命,因此,必须有多种系列和组成的电触头材料来满足要求。它们主要是银镍、银氧化物、银钨等银基系列材料。

(3) 中压电触头材料。这是指使用在几千伏到几万伏电压的电触头材料。这些电器主要用于城乡电网、电气铁路及大型企业的电源控制等。由于它使用的电压高、电流亦大,因此,对耐电压强度和抗电弧烧损等性能要求高。目前,它们主要采用由高熔点金属或高熔点金属化合物与银、铜所组成的复合材料,如钨铜、钨银、碳化钨铜等。

(4) 高压电触头材料。这是使用在电压超过 10 万伏的电触头材料,目前最高使用电压已达 100 万伏。这时,电触头操作在很高电压下,电流也很大,这就要求材料具有很高的耐电压强度和抗电弧烧蚀能力。好在这种电器开断次数不会很多。它们目前主要使用钨铜类复合材料。

(5) 真空电触头材料。这是使用在特殊条件下,即在真空介质中使用的电触头材料。真空电器是在 20 世纪 80 年代崛起的,目前在中、低压电器,特别是中压电器中占有重要地位。由于使用条件的特殊性,它第一要求低的含气量和放气量,第二可不考虑氧化问题。因此,它们较多使用铜合金或含铜的复合材料。

(6) 滑动型电触头材料。这是另一种在特殊条件下使用的电触头。它们是在运动情况下保持接触而传递电流的。滑动电触头也叫电刷。使用条件的特点要求材料具有很好的润滑性和耐磨性。目前,绝大多数滑动电触头都是由石墨或含有石墨的金属石墨复合材料组成的。

5.2 常用电触头材料组成元素的基本性能数据

表 7-5-1 列出了除贵金属外其他常用电触头材料组成元素的基本性能数据。当然,这些物理性能数值会受其所处的状态、结构、晶粒大小、温度以及制取方法的影响而有所变化。

表 7-5-1 常用电触头材料组成元素的基本性能数据

项 目	Ag	Cu	W	Mo	Ni	Cr	Fe	C(石墨)
原子序数	47	29	74	42	28	24	26	6
原子量	107.9	63.55	183.8	95.95	58.7	52.0	55.85	12.0
密度/$g \cdot cm^{-3}$	10.5	8.96	19.3	10.2	8.90	7.19	7.86	2.27
熔点/℃	960	1083	3415	2625	1455	1860	1530	—
沸点/℃	2177	2582	5555	4610	2840	2640	3070	3850 升华
熔化热 /$kJ \cdot mol^{-1}$	11.30	13.04	35.20	27.59	17.60	14.63	15.34	—
汽化热 /$kJ \cdot mol^{-1}$	255.0	304.3	798.4	593.6	371.6	348.6	350.7	—
比热容 (15~100℃) /$J \cdot (kg \cdot K)^{-1}$	234.46	389.37	142.35	301.44	456.36	460.55	473.11	—
热导率 /$W \cdot (m \cdot K)^{-1}$	418.26	414.07	167.47	146.54	58.61	66.98	75.36	23.86
电阻率 /$\mu\Omega \cdot cm$	1.63	1.69	5.5	5.2	6.9	13.2	8.6	10~41
线胀系数 /K^{-1}	19.2×10^{-6}	16.8×10^{-6}	4.5×10^{-6}	5.0×10^{-6}	12.7×10^{-6}	8.4×10^{-6}	11.7×10^{-6}	$1.1 \times 10^{-6} \sim 2.4 \times 10^{-6}$ (平行挤压方向) $2.7 \times 10^{-6} \sim 3.8 \times 10^{-6}$ (垂直挤压方向)

5.3　粉末冶金银基电触头材料

5.3.1　银基电触头材料的发展和分类

银是导电、导热性能最好的金属,因此最早用作电触头。但是它熔点低、硬度低,用作电触头时,电烧损严重、易变形,也易互相熔焊。因此,逐步发展以银为基体的电触头材料。虽然,纯银目前也还在一些小型电器中使用。

银基材料的发展,开始是银合金,如钱币合金(银90,铜10),它在保持高导电性的同时提高了硬度,改善了使用性能。但是,在进一步发展银基电触头材料时发现,银基复合材料不但提高了材料的硬度和强度,而且可获得比银合金更高的导电性能,因为固溶的合金会更大地降低银的电导率。例如,Ag-15CdO复合材料与Ag-15Cd合金相比,前者银的体积分数小于后者,但其电导率(65% IACS)却几乎是后者(35% IACS)的一倍。因此,用粉末冶金方法制取的银基复合材料成为银基电触头材料的主体。

银基复合材料是以第二相弥散质点分布于银的基体中,从而从两方面改善材料的性能:(1)它以弥散强化的方式提高强度和硬度,改善电触头的抗电弧烧损性和抗变形性;(2)弥散质点的存在降低电触头间银与银的接触面积,从而大大降低了熔焊倾向和降低熔焊结合强度。

作为电触头的银基复合材料主要有三类:

(1) 以其他金属作为弥散相的银基复合材料。这里有银镍、银铁、银钨、银钼等。其中,银镍是银基电触头的重要品种。这里的银钨、银钼是指其所含的钨、钼质量分数较少,钨、钼是以弥散质点存在于银的基体中的品种。

(2) 以氧化物作为第二相弥散质点的银基复合材料。这些氧化物有CdO、ZnO、SnO_2等,它们是脆性和中等熔点温度的物质。将它们加入银中,既可以明显提高强度和硬度,改善其抗电弧烧损性和抗变形性,还可明显提高抗熔焊性。其中,Ag-CdO系更是银基电触头材料中综合性能最好、应用最广的品种。

(3) 以石墨为第二相弥散质点的银基复合材料。这里,添加石墨的作用是:1) 添加石墨后具有极好的抗熔焊性,可用来与其他银基电触头配对以防止熔焊;2) 添加石墨作为润滑剂以降低材料摩擦系数而用作滑动型电触头材料。

5.3.2　银镍、银铁电触头材料

表7-5-2给出了银镍-银铁电触头材料的牌号、组成及其主要性能。

表7-5-2　银镍、银铁电触头材料的牌号和性能

牌号及组成(质量分数)/%	制取方法①	密度/g·cm^{-3}		电导率/% IACS	硬　度	抗拉强度/MPa
		计算	实例			
银-镍材料 95Ag-5Ni	压-烧-复	10.41	9.80~10.41	80~95	32HRF② 84HRF③	165
90Ag-10Ni	压-烧-复	10.31	9.70~10.31	75~90	35HRF② 89HRF③	172
85Ag-15Ni	压-烧-复	10.22	9.50~10.02	66~80	40HRF② 93HRF③	186

续表 7-5-2

牌号及组成（质量分数）/%	制取方法①	密度/g·cm^{-3}		电导率/%IACS	硬　度	抗拉强度/MPa
		计算	实例			
80Ag-20Ni	压-烧-复	10.13	9.30~9.50	63~75	52~59HRF② 80HRF③	
75Ag-25Ni	压-烧-复	10.05	9.20	59	61HRF②	—
70Ag-30Ni	压-烧-复	9.96	9.40~9.53	53~56	42HRF② 87HRF③	—
65Ag-35Ni	压-烧-复	9.88	9.00	49	26HR30T②	
60Ag-40Ni	压-烧-复	9.80	8.90~9.60	44~47	40HR30T②	241
	压-烧-挤	9.80	9.60	60	46HR30T②	
55Ag-45Ni	压-烧-复	9.71	8.80	41	25HR30T②	
60Ag-50Ni	压-烧-复	9.63	9.00	38	50HR30T②	
40Ag-60Ni	压-烧-复	9.48	8.80	32	35HR30T②	
	压-烧-挤	9.48	9.30	40	68HR30T②	
30Ag-70Ni	压-烧-复	9.32	8.50	27	40HR30T②	
银-铁材料 93Ag-7Fe	压-烧-复	10.26	10.00~10.20	85~93	60~75HRB	—
90Ag-10Fe	压-烧-复	10.16	9.60~10.15	87~92	48HRF②	214

① 压-烧-复即压制-烧结-复压；压-烧-挤即压制-烧结-挤压。

② 退火态。

③ 冷加工态。

镍和铁都为中等熔点的金属，其熔点高于银。它们都不与银形成固熔体，而以第二相存在。银镍具有很好的抗氧化性，因此是用途很广的电触头材料。银镍主要应用的是含镍不高于40%的品种，又以 Ag-(10-15)Ni 及 Ag-40Ni 最为重要。银镍材料含镍量不高于15%时，其电导率仅稍低于纯银、而抗机械变形及抗熔焊却比纯银提高很多。此外，Ag-15Ni 电触头在多次操作后仍能基本保持接触电阻不变，甚至还好于纯银。再者，Ag-15Ni 材料具有极好的变形加工性，因而容易加工成各种形状的电触头，甚至很薄的带材。Ag-15Ni 材料被广泛用作电动机起动器、各种形式的继电器和开关的电触头。

作为电触头，Ag-15Ni 与其他电触头材料相比，它所需的起弧电弧能最低，产生的电弧最小，能以最小的电弧切断电流。这使 Ag-15Ni 电触头特别适用于飞机及航天器中的继电器和开关中。

Ag-40Ni 也是银镍系中使用较多的电触头材料。它硬度较高，适用于操作压力较大的电器中，也用于重载的滑动接触而磨损较小。虽然它硬度较高，但仍有足够的塑性可采用常规的压力加工制成各种形状的电触头。

银铁材料是为了替代镍而发展的，但铁的不抗氧化而限制了使用。因此，它只使用在一些要求不高的电器，如小容量的接触器、恒温控制器和墙用开关等。

银镍、银铁均采用常规的混粉-压制-烧结-复压的粉末冶金工艺制取。为了提高最终产品的密度和性能，可用挤压来替代复压方法。

5.3.3　银钨、银钼电触头材料

表7-5-3为银钨、银钼电触头材料的牌号、组成、性能和应用。

表7-5-3　银钨、银钼电触头材料的牌号、组成、性能和应用

牌号及组成(质量分数)/%	密度/g·cm^{-3}		电导率/%IACS	硬度	应用举例
	计算	实例			
银-钨材料 90Ag-10W	11.00	10.30~11.00	90~95	20~33HRB	控制器、自动电流保护器、墙上开关
85Ag-15W	11.27	10.60~11.30	85~90	25~38HRB	断路器的载流触头低负荷接触器
80Ag-20W	11.55	10.90~11.50	80~85	30~43HRB	
70Ag-30W	12.16	12.00	72~80	40~47HRB	
65Ag-35W	12.48	12.10	68	80HV	
60Ag-40W	12.84	12.10~12.64	60~65	50~60HRB	
银-钼材料 90Ag-10Mo	10.47	10.38	65~68	35~40HRB	空调控制器
80Ag-20Mo	10.44	10.36	59~62	38~42HRB	低及中等负荷应用自动电流断路器
75Ag-25Mo	10.42	10.33	58~61	44~47HRB	
70Ag-30Mo	10.41	10.31	56~60	46~48HRB	
65Ag-35Mo	10.39	10.30	55~64	49~55HRB	自动电流保护器起动开关
60Ag-40Mo	10.38	10.28	55~62	55~62HRB	

银钨、银钼材料也都是采用混粉-压制-烧结-复压工艺制取的。它们的银含量较高，从而具有较高的导电导热性；由于加入了钨或钼，因而提高了材料的抗电弧烧损、抗机械磨损、抗熔焊等性能。根据这些材料的性能，它们多用于低压的、具有轻的或中等载荷的电器中，如轻载的接触器、自动电流保护器、自动电流断路器、空调控制器以及启动开关等。

5.3.4　银氧化物电触头材料

表7-5-4列出了银氧化物电触头材料的牌号、组成及性能。

表7-5-4　银氧化物电触头材料的牌号、组成及性能

牌号及组成(质量分数)/%	制取方法①	密度/g·cm^{-3}		电导率/%IACS	硬度②	抗拉强度②/MPa
		计算	实例			
银-氧化镉 97.5Ag-2.5CdO	压-烧-复	10.42	10.21	85	22HRF	110
	压-烧-挤	10.42	10.42	95	37HRF	131
95Ag-5CdO	压-烧-复	10.35	9.50~10.14	80~90	32HRF	110
	压-烧-挤	10.35	10.35	92	40HRF	131
	内氧化	10.35	10.35	80	40HRF	186
	预氧-压-烧-挤	10.35	10.35	85	70HRF	207

续表 7-5-4

牌号及组成（质量分数）/%	制取方法①	密度/g · cm^{-3}		电导率 /% IACS	硬度②	抗拉强度② /MPa
		计算	实例			
90Ag - 10CdO	压 - 烧 - 复	10.21	9.30 ~ 9.80	72 ~ 85	42HRF	103
	压 - 烧 - 挤	10.21	10.21	84 ~ 87	46HRF	172
	内氧化	10.21	10.21	75	45HRF	186
	预氧 - 压 - 烧 - 挤	10.21	10.21	82	71HRF	269
88Ag - 12CdO	压 - 烧 - 挤	10.2	10.2	81	90HRF	—
86.7Ag - 13.3CdO	内氧化	10.11	10.11	68	48HRF	200
86.5Ag - 13.5CdO	预氧 - 压 - 烧 - 挤	10.11	10.11	75	70HRF	276
85Ag - 15CdO	压 - 烧 - 复	10.06	8.6 ~ 9.58	55 ~ 75	35HRF	83
	压 - 烧 - 挤	10.06	9.90 ~ 10.06	65 ~ 75	57HRF	193
	内氧化	10.06	10.06	65	50HRF	207
	预氧 - 压 - 烧 - 挤	10.06	10.06	72	70HRF	276
83Ag - 17CdO	内氧化	10.01	10.01	62	52HRF	214
	预氧 - 压 - 烧 - 挤	10.01	10.01	70	70HRF	276
80Ag - 20CdO	预氧 - 压 - 烧 - 挤	9.93	9.93	68	70HRF	276
银 - 氧化锡 92Ag - 8SnO_2	压 - 烧 - 挤	10.08	10.00	88	58HV	205 ~ 230
90Ag - 10SnO_2	压 - 烧 - 挤	9.98	9.97	82	64HV	215
88Ag - 12SnO_2	压 - 烧 - 挤	9.70	9.68	72	72HV	—
银 - 氧化锌 92Ag - 8ZnO	压 - 烧 - 挤	9.81	9.80	77	60 ~ 65HV	

① 压 - 烧 - 复即压制 - 烧结 - 复压；压 - 烧 - 挤即压制 - 烧结 - 挤压；预氧 - 压 - 烧 - 挤即预氧化 - 压制 - 烧结 - 挤压。

② 均为退火态材料。

5.3.4.1 Ag - CdO 材料

Ag - CdO 是银基电触头材料中极为重要的品种，因为，它们具有最优的综合性能：好的强度、硬度和塑性的匹配；好的抗熔焊性和灭弧性、好的抗电弧烧损性，低且保持稳定的接触电阻；良好的加工性和容易制成各种形状的电触头。因此，Ag - CdO 材料几乎适用于所有的低压电器，如断路器、继电器、接触器、起动器、温度和压力的控制器、各种自动开关等。

Ag - CdO 具有上述优异综合性能的机理是：它在电弧作用时，触头表面所含的 CdO 在 800 ~ 1000℃ 挥发分解，吸收大量电弧热从而降低电触头的烧损，有利于灭弧和防熔焊；当反复作用使表面 CdO 含量明显降低后，留下的富银层由于不抗烧损而被烧去，这样，触头又露出新的高含 CdO 的表面，重新获得良好的电触头性能。因此，Ag - CdO 材料的 CdO 含量不能过低，否则不能产生上述的机制和性能；但是，也不能过高，过高则引起材料的脆性和电导率的过多降低。常用的 Ag - CdO 材料中 CdO 的含量为 10% ~ 15%。

Ag - CdO 材料的制取可以采取多种方法，而制取方法的不同将影响到材料的性能。

(1) 混合 - 压制 - 烧结 - 复压法。这是最基本的粉末冶金工艺。但是，这样制得的 Ag - CdO 材料密度低。而且，如果采用机械混粉时，更难获得均匀的 CdO 质点的弥散，从而影响其性能。采用化学共沉淀或包覆粉时，可以改进 CdO 的弥散状态和材料性能。

(2) 压制－烧结－挤压法。采用挤压可以获得高密度而且高性能的 Ag－CdO 材料。它是将混合好的 Ag 和 CdO 压制、烧结成大的锭坯,然后用大压缩比挤压或轧制成材,最后加工成所需的电触头。

(3) 内氧化法。这是为生产银—氧化物类材料而开发的专门方法。首先,按所需材料组成熔炼相应的 Ag－Cd 合金锭,将合金锭挤压、轧制等加工成板、条或相应产品。将此产品在空气、富氧等含氧气氛中加热到 800～900℃。这时,氧扩散进入合金并与其中的镉氧化形成弥散的氧化镉质点。由于生成高均匀性和细的弥散质点,内氧化法制得的 Ag－CdO 材料具有良好的性能。

由于内氧化是在固体内的扩散过程,所以操作十分费时。为了加速内氧化过程,可采取富氧或加压氧。即便如此,对于较厚或大尺寸的电触头,完成内氧化仍是很困难的。

(4) 预氧化－压制－烧结－挤压法。为克服内氧化法费时的缺点,又保持内氧化的优点。同时发挥挤压时高密度的好处,本法将内氧化和粉末冶金进行最佳组合。首先熔融的银镉合金通过水雾化制成细的合金粉。将合金粉内氧化转变为 Ag－CdO 粉,即为预氧化。将预氧化的粉末压制、烧结、挤压,即制成性能最好的 Ag－CdO 材料。

表 7-5-5 为不同方法制得的 Ag－CdO 材料性能的比较,可见预氧化－压制－烧结－挤压方法所获得的 Ag－CdO 材料的性能最为优异。

表 7-5-5　不同方法制取的 Ag－CdO 材料性能比较

性　能	压－烧－复	压－烧－挤	内氧化	预－压－烧－挤
力学强度	3	2	2	1
材料塑性	2	2	2	1
抗退火软化性	3	2	2	1
导电导热性	2	1	1	1
抗电弧烧损性	3	2	1	1
抗熔焊性	1	1	2	2
低接触电阻	1	1	1	1
灭弧性能	3	2	1	1
抗化学腐蚀	1	1	1	1

注:1 为优;2 为良;3 为可用。

5.3.4.2　$Ag-SnO_2$ 材料

Ag－CdO 材料虽然由于优异的综合性能而被广泛应用,但是,镉的毒性促使人们开发其他无毒的银氧化物电触头材料。$Ag-SnO_2$ 即为一种。但是,内氧化的 $Ag-SnO_2$ 脆性大,所以,它通常只采用压制－烧结－复压(或挤压)的方法制造。$Ag-SnO_2$ 材料挤压时,可允许有小于 30% 的压缩变形。此外,如要内氧化且含 Sn 量大于 4% 时,必须添加少量的铟(In),而铟是稀缺的稀散金属。

$Ag-SnO_2$ 材料除了脆性外,它在电弧作用时温升比 Ag－CdO 高。因此,目前 $Ag-SnO_2$ 仅部分取代 Ag－CdO 用于光电开关、电动机起动器、10 A 以下的低压继电器和 100 A 以下的低压断路器中。

5.3.4.3　Ag－ZnO 材料

它也是作为 Ag－CdO 替代材料而开发的。但是,采用内氧化制取的 Ag－ZnO 材料由于明显的脆性不能进一步加工而无法使用。所以,Ag－ZnO 材料都是采用压制－烧结－复压或挤压方法制取的。为了使 Ag－ZnO 具有较好的性能,采用化学共沉淀法制取混合粉,它比机械混粉法制得的产品具有更高的密度、硬度和电导率。如果再添加少量的氧化镍,则可以进一步细化晶粒和提高抗电弧烧损和耐磨性。

Ag - ZnO 电触头主要用于电流小于 200 A 的低压断路器中,如壳式断路器、框架式断路器和漏电断路器等。

银 - 氧化物电触头在使用时,由于其良好的抗熔焊性,它们很难与作为触头座的金属直接焊接或钎焊。为此,必须在电触头焊接前将焊接面先覆上薄的银层,然后,再用相应的钎焊合金的膏、丝或箔将电触头钎焊在触头座上。

5.3.5　银石墨材料

表 7-5-6 为含石墨的二元及三元系银基电触头材料的牌号、组成及主要性能。

表 7-5-6　银石墨电触头材料的牌号、组成和性能

牌号及组成(质量分数)/%	制取方法	密度/g · cm^{-3}		电导率 /% IACS	硬　度
		计算	实例		
银 - 石墨二元系 99. 5Ag - 0. 5C	压制 - 烧结 - 复压	10. 31	9. 60 ~ 10. 30	92 ~ 102	26 ~ 44HRF① 70 ~ 73HRF②
99Ag - 1. 0C	压制 - 烧结 - 复压	10. 13	9. 40 ~ 10. 12	87 ~ 99	24 ~ 36HRF① 68 ~ 69HRF②
98. 5Ag - 1. 5C	压制 - 烧结 - 复压	9. 96	10. 04	97	33HRF① 66HRF②
98Ag - 2. 0C	压制 - 烧结 - 复压	9. 79	9. 15 ~ 9. 57	82 ~ 90	22HRF① 65HRF②
97Ag - 3. 0C	压制 - 烧结 - 复压	9. 46	8. 80	55 ~ 62	20HRF① 69HRF②
	压制 - 烧结 - 挤压	9. 46	8. 90	86	42HV
96Ag - 4. 0C	压制 - 烧结 - 挤压	9. 15	8. 80	79	41HV
95Ag - 5. 0C	压制 - 烧结 - 复压	8. 88	8. 30 ~ 8. 68	55 ~ 62	25HRF②
	压制 - 烧结 - 挤压	8. 88	8. 84	75	40HRF②
93Ag - 7. 0C	压制 - 烧结 - 复压	8. 37	7. 80	50 ~ 57	15HRF① 45HRF②
90Ag - 10. 0C	压制 - 烧结 - 复压	7. 69	6. 30 ~ 7. 20	43 ~ 53	13HRF① 30HRF②
银 - 石墨三元系 85Ag - 12WC - 3C	压制 - 烧结 - 复压	9. 76	9. 3	57	60HB
48Ag - 51. 75W - 0. 25C	压制 - 烧结 - 复压	13. 58	13. 38	65	55HRB
46Ag - 53W - 1C	压制 - 烧结 - 复压	13. 20	12. 58	55	85HRB
45Ag - 50W - 5C	压制 - 烧结 - 复压	11. 00	10. 60	37 ~ 43	45 ~ 55HRB
88Ag - 10Ni - 2C	压制 - 烧结 - 复压	9. 63	9. 37	70	26HRF① 64HRF②
87Ag - 10Ni - 3C	压制 - 烧结 - 复压	9. 31	9. 18	57 ~ 62	—

① 退火态;② 加工态。

石墨在银基材料中的作用:作为通常的对接的电触头,是由于其极好的抗熔焊性而与其他电触头配对使用,如与Ag-Ni或Ag-W配对。当它在电触头断开时,所含有的石墨将在电弧作用下与氧生成还原性的一氧化碳,这不仅抗熔焊,也保护了所配对的触头不被氧化而保持稳定的接触电阻。

作为改善抗熔焊作用的银石墨均为低石墨含量材料。其中使用最为广泛的95Ag-5.0C材料。它可以用压制—烧结—复压直接制成所需形状的电触头,也可以轧制成板材或挤压成棒材、丝材然后加工成电触头。挤压的银石墨材料密度高,所含的石墨呈垂直纤维状结构,所以使用性能更好、电寿命长。

银石墨材料虽然导电、导热性好,接触电阻低,抗熔焊好,但是,二元系的银石墨材料硬度低,强度小,机械磨损和电弧烧损性差。为了克服这些缺点,开发研制了含石墨的三元银石墨材料。它们既有好的抗熔焊性,又有较高的强度和硬度,明显改善了抗机械磨损和抗电弧烧损性。

银石墨材料的高抗熔焊性,也使它们无法直接与触头座焊接。二元系的银石墨电触头可以将其表面层所含的石墨烧去后再行焊接,而最好的办法还是先在焊接面上覆上一层银再与触头座焊接。

5.4　粉末冶金钨(钼)基电触头材料

5.4.1　钨(钼)基电触头材料的特性

钨(钼)基电触头材料包括纯钨、钨(钼)或碳化钨为基体与银或铜组成的两相复合材料以及少数钨基高密度合金。它们都是用粉末冶金方法制取的。这里,钨(钼)或碳化钨与银或铜组成两相复合材料时,按其质量分数,一般钨(钼)含量≥50%,碳化钨含量≥40%。因为,这认为是形成钨、钼、碳化钨骨架的下限。这也区别于低含量钨、钼的银基电触头材料。

钨是熔点最高的金属,具有很高的硬度和强度。用作电触头材料,有很好的抗机械磨损和抗电弧烧损性。钼的理化性质与钨相似,熔点、硬度较钨稍低,其优点是密度几乎仅为钨的一半,这就能大大降低电触头的重量。钨、钼的共同缺点是抗氧化差,钼更甚。碳化钨是钨的重要化合物,也有很高的熔点和硬度,而且由于含碳而抗氧化性和抗熔焊性比钨(钼)好。它的缺点是电导率比钨(钼)低。这样,由它们各自的特性再与高导电和良好塑性的银或铜组合在一起所形成的复合材料,就可以获得适应不同使用条件、性能有所差异的一系列电触头材料,满足不同的电器的电触头的需要。

5.4.2　钨(钼)基电触头材料的牌号、性能和应用

表7-5-7为钨(钼)基电触头材料的牌号、成分和主要性能。

表7-5-7　钨(钼)基电触头材料的牌号、成分和性能

牌　号	成分/%		密度/g·cm^{-3}		电导率/%IACS	硬度	抗拉强度/MPa
			计算值	实例			
纯钨	≥99.9W		19.3	19.1~19.3	33	70HRA	900~1100
钨-银	W	Ag					
65W-35Ag	65	35	14.92	14.2~14.7	45~53	80~93HRB	—

续表 7-5-7

牌　号	成分/%		密度/g · cm^{-3}		电导率 /% IACS	硬度	抗拉强度 /MPa
			计算值	实例			
70W-30Ag	70	30	15.42	15.0~15.2	40~50	85~93HRB	—
75W-25Ag	75	25	15.96	15.25~15.40	40~50	85~95HRB	—
80W-20Ag	80	20	16.53	16.18	35~40	91~100HRB	—
85W-15Ag	85	15	17.14	16.60~17.05	32~41	90~100HRB	448
90W-10Ag	90	10	17.81	17.25	25~35	90~105HRB	379
72.5W-27.5Ag	72.5	27.5	15.69	15.56	49	90HRB	483
钨-铜	W	Cu					
50W-50Cu	50	50	12.30	11.90~11.96	45~53	60~81HRB	—
56W-44Cu	56	44	12.87	12.76	55	79HRB	434
60W-40Cu	60	40	13.29	12.80~12.95	42~57	75~86HRB	—
65W-35Cu	65	35	13.85	13.35	54	83~93HRB	—
70W-30Cu	70	30	14.45	13.85~14.18	36~51	86~96HRB	—
75W-25Cu	75	25	15.11	14.50	33~48	90~100HRB	—
80W-20Cu	80	20	15.84	15.20	30~40	95~105HRB	758
85W-15Cu	85	15	16.45	16.00	20	190HV（退火态）	—
90W-10Cu	90	10	17.31	16.8~17.2	20~24	30HRC	765
钼-银	Mo	Ag					
50Mo-50Ag	50	50	10.35	10.10~10.24	45~52	70~80HRB	—
55Mo-45Ag	55	45	10.33	10.10~10.32	44~58	75~82HRB	—
60Mo-40Ag	60	40	10.32	10.10~10.22	42~49	80~90HRB	—
65Mo-35Ag	65	35	10.30	10.00~10.08	40~45	82~92HRB	—
70Mo-30Ag	70	30	10.29	10.00~10.31	35~45	85~95HRB	414
75Mo-25Ag	75	25	10.27	10.27	31~34	93~97HRB	414
80Mo-20Ag	80	20	10.26	10.23~10.26	28~32	96~98HRB	407
85Mo-15Ag	85	15	10.24	10.18	28~31	97~102HRB	—
90Mo-10Ag	90	10	10.23	10.13	27~30	97~102HRB	—
钼-铜	Mo	Cu					
50Mo-50Cu	50	50	9.52	9.20~9.43	28~32	130~170HV	—
60Mo-40Cu	60	40	9.65	9.31~9.56	26~30	140~180HV	—
70Mo-30Cu	70	30	9.78	9.40~9.66	26	150~190HV	—
75Mo-25Cu	75	25	9.85	9.53~9.75	18	180HV	—
碳化钨-银	WC	Ag					
40WC-60Ag	40	60	12.09	11.40~11.92	46~55	60~70HRB	—
50WC-50Ag	50	50	12.56	12.12~12.50	43~52	75~85HRB	276

续表 7-5-7

牌　号	成分/%		密度/g·cm^{-3}		电导率 /%IACS	硬度	抗拉强度 /MPa
			计算值	实例			
60WC-40Ag	60	40	13.07	12.70~12.92	40~47	90~100HRB	379
65WC-35Ag	65	35	13.35	12.90~13.18	30~37	95~105HRB	—
80WC-20Ag	80	20	14.25	13.2	19	400HV	—
碳化钨-铜	WC	Cu					
50WC-44Cu	50	50	11.39	11.00~11.27	42~47	90~100HRF	—
56WC-44Cu	56	44	11.77	11.64	43	99HRF	—
70WC-30Cu	70	30	12.78	12.65	30	38HRC	—
钨基高密度合金 W-Ni-Cu	W86Ni10 Cu4		16.66	16.25~16.40	12.6	2750~2950N/m^2	—
W-Ni-Fe-Mo	W85Ni5 Fe2Mo8		16.65	16.60	10.7	3700HV	—

纯钨主要用作小型、低压电器中的电触头或接点，如点火器、扬声器、报警器及电话继电器等。近年来，钨铼合金和钨镍铁类高密度合金逐渐在这些电器中得到推广应用。

纯钼作为电触头主要用于水银开关中，因它不为水银所腐蚀。

钨银材料主要用于低压大电流的电器中。它导电性好、抗电蚀、抗氧化比钨铜好。广泛用于低压接触器、断路器、各种自动开关、空气开关、负荷开关、发动机起动器等。为防氧化和抗熔焊，采用与 Ag-C 组成非对称配对使用。

钼银也主要用于低压电器中，适用于低、中负荷情况下，如家用断路器，交通信号继电器、电梯、自动跳闸机构和空气断路器等。

碳化钨银、碳化钨铜可用于中、低压接触器和中压断路器。它们有比钨银好得多的抗氧化和抗熔焊性，因此可用于操作频繁的大电流空气断路器、接触器和自动开关中。如在 900 V 分断 2380 A 的直流接触器，电寿命达 5 万次。

钨铜材料则主要用于中、高压的电器中，特别是高压电器的重要触头材料。它耐电压强度最高、电弧烧损最小，力学性能和机械强度优良，所以，它广泛用于高压的断路器、保护开关和中压的接触器、断路器和负荷开关中。

钨镍铜合金的主要优点是高力学性能、较好的抗氧化性和良好的切削加工性，曾用于 110~220 kV 的保护断路器中。钨钼铁镍合金则用于发动机的起动器等小型电器中。

5.4.3　钨(钼)基电触头材料的制取

钨(钼)基电触头材料的制取，根据其不同的材料，可分为三类。

(1) 纯钨和钨铼合金类。纯钨是将钨粉压型、烧结后经锻造成棒切割加工制成触头。纯钼也同样。钨铼或钨钼合金则采用混合粉为原料，同样经压型、烧结、锻造，最后加工制得电触头。

(2) 钨(钼)—银(铜)类复合材料。这里也包括碳化钨—银(铜)材料。这是钨(钼)基电触头材料最大也是最重要的一族。其制取方法目前采用两种。以钨铜为例：

1) 混粉—压制—烧结—复压法。这是传统的粉末冶金方法。将钨粉和铜粉按所需成分混合，混合粉压制成形，在保护气氛中烧结成半成品。在铜熔点温度以下烧结时，为固相烧结；在铜熔点温度以上烧结则为液相烧结。但是，两种烧结方法得到的半成品相对密度较低，约 85% ~92% 理论密度，需通过复压提高产品密度制成成品。而且，这还仅适用于含铜量较高（40% ~50% Cu）的钨铜材料。

2）熔渗法。这是为制取钨－铜类材料而专门开发的方法。它是将钨粉或掺入少量铜粉混合后压制成形预烧结成多孔的钨骨架，其孔隙则按所要求钨铜成分的铜含量控制，然后将熔化的铜通过毛细作用渗入充填孔隙。当然也可按所需孔隙直接压成压坯，将铜渗入充填孔隙。这样即可制成相对密度较高的钨铜电触头。目前，大多数钨（钼）—银（铜）类电触头材料都是采用这种方法制取的。

在制取钨铜材料时，无论上述的哪一种方法，在实际工作中，有时要加入微量镍粉（小于 0.5%）。这是为了在烧结或熔渗时作为活化剂以提高烧结密度或熔渗效果。但这将降低材料的电导率。

（3）钨镍铜类高密度合金。无论是钨镍铜，或是钨镍铁类高密度合金，都是采用液相烧结法将按所要求的合金成分的粉末充分混合后，压制成形，在保护气氛下烧结制成电触头制品。它工艺虽然简单，并能直接得到接近全密度的产品，但是，工艺的控制则相当严格，如压坯的尺寸要充分考虑烧结时较大的收缩量，而烧结温度更要严格控制，既不能欠烧，也不能过烧以避免造成废品。

5.4.4　关于整体电触头

电触头在使用时，需要与导电体相连接以导入或引出电流。导电体一般为纯铜或铜合金。为了保证这种连接的可靠性和可以直接使用已连接好的电触头，提出了整体电触头的概念。这对于一些形状比较特殊和大型的电触头已经非常普遍。整体电触头主要考虑的是高电压用的钨铜电触头与铜或铜合金的连接。

目前，制取整体电触头的方法有：

（1）熔铸法。对于用熔渗法生产的钨铜电触头，可以在熔渗同时以过量的铜在相应的模型中进行熔渗和熔铸。使过量的铜按模型熔铸成相应形状并与熔渗的电触头连成一体。

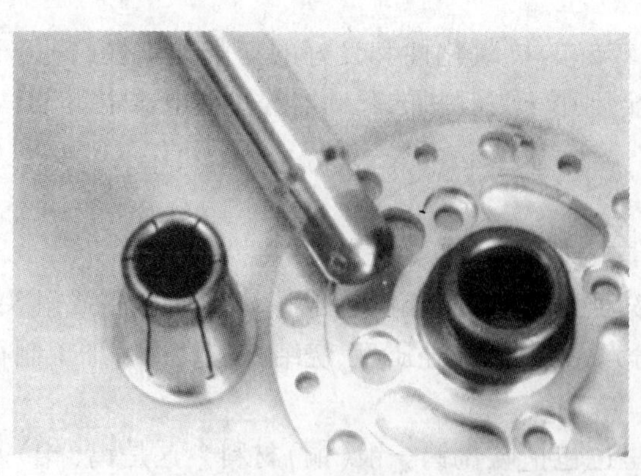

图 7-5-1　钨铜与铜合金组成的整体触头
（图中亮色部分为铜合金、暗色部分为钨铜电触头）

（2）钎焊法。将已制成的电触头和铜导体，在连接界面通过钎焊料焊接成一体。为了保证连接的质量和不严重增大界面的电阻，开发了一系列钎焊合金。

（3）特殊连接法。目前应用的有摩擦焊、电子束焊、扩散焊等。它们的优点是结合质量好，也因不加钎焊料而电阻不会增大。但它们均需采用专用的设备。因此，一般用于生产特殊的或大型的整体电触头。

图 7-5-1 为一些典型的钨铜与铜合金组成的整体电触头的照片。

5.5 粉末冶金真空电触头材料

5.5.1 真空电触头材料的特性

21 世纪 80 年代前后,真空电器和真空开关开发成功。它们具有体积小、性能好、寿命长、无污染、无使用环境限制等优点,因此,很快在输配电、电气化铁路以及矿山、冶金、石油等工业部门迅速推广和普遍应用,成为中、低压开关电器的新宠。同时,真空电触头材料也得到了相应的发展。

真空电触头材料除了要满足常规电触头材料的各项性能要求外,还需满足材料的电真空性能,即为保证真空电器的高真空度,必须是低气体含量和操作时低的放气量的。因此,材料的选择,要么是容易脱气的,如银、铜、钨、钼等,要么是与气体成分具有极高亲和力而不会产生明显放气的,铬是典型的代表。

必须考虑真空电触头的截流现象。截流是指真空电器断开的瞬时,电流未回到零值而存在的截断电流。截流现象可使电器装置产生瞬时过电压,截流值越大产生过电压越高。为防止过电压而造成真空电器装置损坏,除采取一定保护措施外,希望真空电触头材料的截流值越小越好。表 7-5-8 列出了一些金属和复合材料的截流值。值得注意的是所有低熔点金属的截流值均很低;从截流值考虑,银比铜好,钼比钨好;另外,金属复合材料比单个金属的低。

表 7-5-8 金属和复合材料的截流值

材料	Pb	Sb	Bi	Sn	Mo	W	Ag	Cu	Al	WCu20	WSn25	WPb18
截流值/A	0.3 ~ 0.5	0.5 ~ 0.6	1.0 ~ 1.2	1.0 ~ 1.3	5.7 ~ 6.7	18 ~ 21	7.0 ~ 7.5	16 ~ 18	12 ~ 13	5 ~ 6	2.5	1.6

由于真空电触头是使用在高真空环境的,因此不存在抗氧化和抗介质腐蚀的问题。因此,真空电触头材料中的高导电的组分,除十分必要外,大多数采用价格低的铜,而不用银。

5.5.2 真空电触头材料的分类

目前,国内外应用的真空电触头材料主要有三类。

(1) 铜合金系真空电触头材料。它们主要成分是铜,加入少量其他金属(多为低熔点金属或半金属)的合金,如铜铋、铜铋锡、铜硒碲等。加入这些元素的作用是降低截流值,提高强度,并通过晶间脆性而改善抗熔焊性。其特点是导电性好,可通过大容量电流。缺点是耐电压强度低,抗电弧烧损差,使用寿命短。它们均采用真空熔炼制取,因此这里不作进一步介绍。

(2) 钨(钼)系真空电触头材料。它们包括钨铜、钼铜、碳化钨铜等。其主要优点是耐电压强度高,抗电弧烧损好,使用寿命长。但是钨、钼金属在真空中有较强的热电子发射能力,当电触头开断时,电弧产生的高温可能引发其热电子发射,重复接通电路使开断失败。一般认为:它们只能用于峰值电流不大于 10 kA 的真空电器中。它们的牌号、组成与性能与常规使用的钨(钼)系电触头材料相仿,唯一不同的是增加一个含气(氧)量的指标,并且常常在牌号后面标上“V”(代表真空)或特别说明。

(3) 铬铜系真空电触头材料。这是 20 世纪 80 年代前后为真空电器专门开发的新电触头材料。到目前为止,它们被公认为综合性能最好的真空电触头材料。铬的熔点和硬度适中,有利于电触头的耐电压强度、抗机械磨损和抗电弧烧损。而铬又不似钨、钼具有较强的热电子发射作用,因此可以使用在大电流通过的真空电器和真空开关中。

5.5.3 钨(钼)铜系真空电触头材料

表 7-5-9 列出包括钨(钼)铜系和铬铜系采用粉末冶金方法制取的真空电触头材料。

表 7-5-9　粉末冶金真空电触头材料牌号、组成及性能

材料牌号	组成(质量分数)/%	气体氧含量	电导率 /MS·m^{-1}	硬　度
钨(钼)铜系	W(Mo)Cu			
W-5CuV	W95Cu5	$(30\sim50)\times10^{-6}$	18	(330±15)HV
W-10CuV	W90Cu10	$(30\sim70)\times10^{-6}$	22	(315±15)HV
W-15CuV	W85Cu15	$(30\sim70)\times10^{-6}$	24	(300±15)HV
W-20CuV	W80Cu20	$<75\times10^{-6}$	16~25	220~260HV
W-35CuV	W65Cu35	$<75\times10^{-6}$	23~28	150~180HV
W-35CuSbV	W65Cu35(Sb)	$<120\times10^{-6}$	10~16	200~240HV
W-Cu-Al-TeV	W74 Cu25 Al0.5 Te0.5	$<120\times10^{-6}$	24	—
Mo-25CuV	Mo75Cu25	$<75\times10^{-6}$	18	180HV
Mo-30CuV	Mo70Cu30	—	27	150~190HV
Mo-40CuV	Mo60Cu40	$<75\times10^{-6}$	30	140~180HV
Mo-50CuV	Mo50Cu50	—	26~32	130~170HV
碳化钨系	WC Cu(Ag)			
WC-Cu	WC60Cu40	$<100\times10^{-6}$	22~24	200~260HB
WC-Ag	WC60Ag40	$<100\times10^{-6}$	23~26	180~220HV
铬铜系	Cu、Cr、Fe			
Cu-Cr25	Cu75Cr25	$<500\times10^{-6}$	25	110HV
Cu-Cr30	Cu70Cr30	$<500\times10^{-6}$	23	110HV
Cu-Cr40	Cu60Cr40	$<500\times10^{-6}$	20	110~130HV
Cu-Cr50	Cu50Cr50	$<500\times10^{-6}$	18	100HB
CuCrFe3	Cu50Cr47Fe3	$<800\times10^{-6}$	12	100HB
CuCrFe5	Cu50Cr45Fe5	$<800\times10^{-6}$	10	120HB
CuCrFe10	Cu50Cr40Fe10	$<800\times10^{-6}$	10	150HB

钨铜系真空电触头主要用于中、低压的真空开关的真空灭弧室(管),也用作真空触发管、真空闸流管等真空器件的电极。其中,低铜含量的钨铜材料主要用于中压的真空负荷开关,主要是 W-10Cu 材料。铜含量高的钨铜材料及 WC-W 是主要用于低压真空断路器和

大电流真空接触器。为了降低材料的截流值，可添加Sb、Te等低熔点元素，但这将造成材料导电性的降低和氧含量的升高。对于要求特殊低截流值的电器则只能选用含银的材料。如WC－Ag材料的截流值可小于1A。钼铜材料的应用基本与钨铜材料相似，但应用远不及钨铜材料。

为了制取钨铜真空电触头材料，也推动了钨铜材料制取工艺的新发展。这里包括：

(1) 钨铜材料的真空熔渗与真空脱气。为了制得低气体含量的钨铜材料，可以将常规的熔渗工艺（保护气氛中）改为真空熔渗；也可将常规方法制成的钨铜材料增加一道高温真空脱气工艺，这样，就可获得真空用钨铜电触头材料。

(2) 高温烧结钨骨架法。将一定粒度的钨粉经压形后在高于1800℃温度下氢气中烧结，得到气体含量很低、相对密度较高的钨骨架。然后熔渗铜，即可制得含气量很低、应用相对最多的W－10Cu、W－15Cu等真空电触头制品。

(3) 超细钨铜混合粉直接烧结法。随着超细粉制取技术的发展，可以通过机械合金化、混合粉共还原及喷雾干燥等方法制得超细的钨铜混合粉，混合粉经压制成形后直接烧结即可制成钨铜电触头材料和制品。其典型的材料和性能见表7-5-10。

表7-5-10　用超细混合粉直接烧结制取的钨铜材料及性能

材料牌号	成分（质量分数）/%	电导率/%IACS	热导率/W·(m·K)$^{-1}$	硬度HV
W－5Cu	95W5Cu	32	171	375
W－10Cu	90W10Cu	38	188	352
W－15Cu	85W15Cu	41	197	333
W－20Cu	80W20Cu	46	210	281
W－25Cu	75W25Cu	50	225	275

5.5.4　铬铜系真空电触头材料

5.5.4.1　铬铜系真空电触头材料的性能

铬铜系材料由于具有优异的综合性能，是目前中压真空电器中用量最大的电触头材料。它的优异性能源于铬及铬与铜的结合。铬具有较高的熔点和硬度，为材料提供了高温相和硬质相的组分，铜则是高导相组分。而且，当温度在1000℃以上时，铬有与铜相近的蒸气压。因此，在电弧作用时，它们将以触头组成相似的成分挥发，使触头表面保持平滑并和原始组成相近，保证了电触头的反复继续操作使用。

铬与铜在高温液相可以完全互溶，但冷却至凝固点时，铬在铜中的固溶度已降为0.6%，降温至600℃以下时，更降至0.05%。而铜在铬中的固溶度更低。这种部分固溶的两相组织既能基本保持铬和铜各自的特性，又增强了两者的结合，加上铬低的截流值、低的热电子发射能力以及铬对氧的高亲和力等特性，使铬铜系材料成为综合性能最为优异的真空电触头材料。

在研究铬铜系组成与其电性能的关系（见图7-5-2）时发现，在相当宽的组成范围内，其耐电压强度和截流值都是变化不大的。为了进一步改进铬铜系真空电触头材料的性能，进行了添加第三元素的多项研究试验。其中，添加Fe的Cr－Cu－Fe材料已开发成功，它具有较铬铜更高的耐电压强度和较低的截流值，有望用于更高电压级别的真空电器中。但其电导、热导性能有所降低。铬铜与铬铜铁材料性能比较见表 7-5-11。

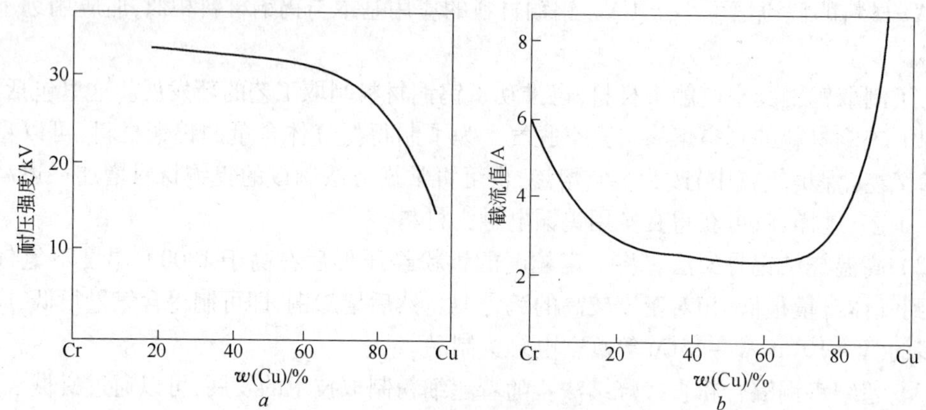

图 7-5-2　Cr－Cu 材料组成与电性能的关系

a—耐电压强度；b—截流值

表 7-5-11　铬铜与铬铜铁材料性能比较

材料成分（质量分数）/%	抗拉强度 /MPa	硬度 HB	电阻率 /Ω · cm	热导率 /W · (m · K)$^{-1}$	0.75 mm 间距击穿电压/kV	平均截流值 /A
Cr50Cu50	303	105	6.54	106	38.1	4.92
Cr48Cu49Fe3	317	146	8.45	76.3	45.5	4.74
Cr47Cu48Fe5	340	156	9.17	66.5	53.9	4.58
Cr46Cu47Fe7	365	167	9.87	63.8	63.5	3.84

5.5.4.2　铬铜电触头材料的制取工艺

铬铜电触头材料的制取方法大体上有三种。

（1）烧结熔渗法。这是目前应用较多的方法。它是将松装的铬粉或压好的铬坯经真空烧结后用熔融铜熔渗。这种方法比较简单，成本较低。当然，这种方法本身也还有许多不同处理方式的变种。

（2）混粉—烧结—再加工法。它是将铬粉和铜粉按需要成分混合、压形、烧结，但是无论是低于铜熔点温度的固相烧结，还是高于铜熔点的液相烧结，所得烧结产物密度都非常低，必须通过进一步加工处理致密化。常用的加工方法有复压、热压、挤压或热等静压等。

（3）熔炼法。这是后期开发的制取方法。它是将金属铬和铜在足够高的温度下熔炼形成组分均匀的液态合金，然后冷凝冷却至室温分解为铬和铜（固溶少量铬）的两相组织的铬铜电触头材料。

5.5.4.3　铬铜系电触头材料的热处理

Cr－Cu 系材料与 W－Cu 系材料在金属学上的区别是：W－Cu 是完全互不溶系；而 Cr－Cu 则是部分固溶的。虽然，在室温 Cu 中固溶的 Cr 是很少的，但随温度的升高，Cr 在铜中的固溶度也慢慢增大。因此，经过高温烧结或熔渗的 Cr－Cu 材料冷却至室温时，溶解在铜相中的 Cr 虽有部分析出,但仍处于过饱和状态,这将降低 Cr－Cu 系材料的导电、导热性能。如果加以适当的热处理,将过饱和溶解的 Cr 析出,使之接近平衡状态,即可大大提高材料的导电导热性,电导率一般可提高 20%～40%。表 7-5-12 为热处理前后不同组成的 Cr－Cu 材料 Cu 相中 Cr 含量的变化。图 7-5-3 为不同组成 Cr－Cu 材料在不同热处理温度和时间下电导率变化的曲线。

表 7-5-12　热处理前后 Cr－Cu 合金中 Cu 相含 Cr 量的变化

合金编号		1	2	3	4
合金组成/%	Cr	75	70	60	50
	Cu	25	30	40	50
Cu 相中 Cr 含量/%	处理前	0.18	0.24	0.36	0.42
	处理后	0.11	0.15	0.24	0.30

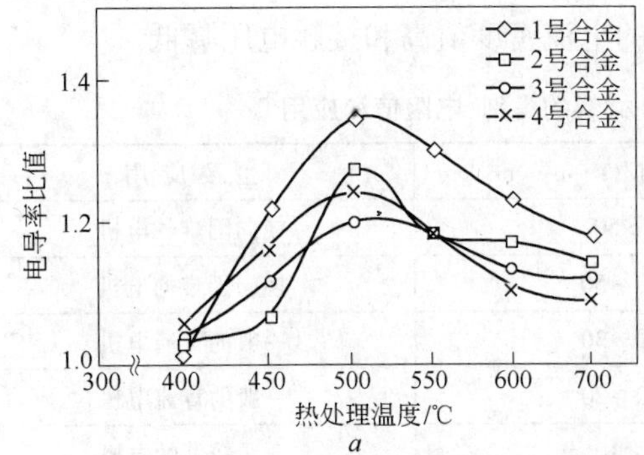

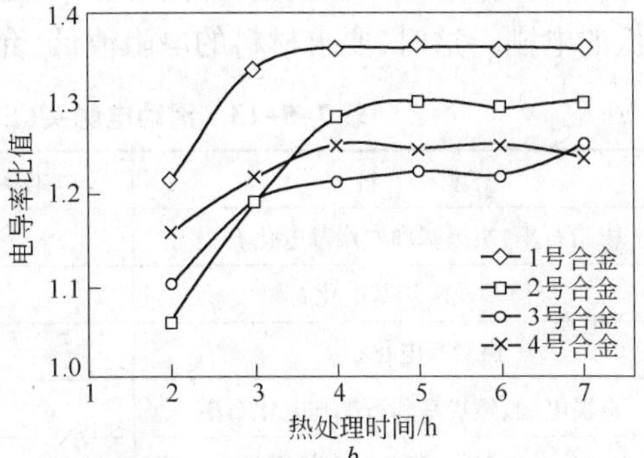

图 7-5-3　热处理制度对 Cr－Cu 合金电导率变化的影响

a—热处理温度;*b*—热处理时间

5.6　粉末冶金滑动电触头材料

5.6.1　滑动电触头材料的特性

滑动电触头是指通过滑动接触来接通和传递电流,通过脱离接触而分断电流的电接触元件。即它可以在运动状态下实现电流的接通、传递和分断,实现将电流从静止的物体到运动的物体或从运动的物体到静止的物体间的相向传递。滑动电触头通常也称之为电刷。它们主要用于各种电机,如发电机的集电环、换向器,电动机的励磁机等的电刷,以及电力机车、轨道交通等导电的滑块和滑板等。

滑动电触头材料除了需要具有一般电触头材料同样的性能外,还需要具有良好的润滑性、低的摩擦系数和一定的耐磨性,以保证电刷与导电体滑动时的紧密接触、低的消耗和较长的使用寿命。根据这些要求,在常用的基本材料中,石墨类材料能够比较好地满足需要,它们有较好的导电性、润滑性、摩擦系数小而有一定的耐磨性,对各种化学介质稳定,而且它们容易获得,价格较低,可以加工。但是,纯石墨材料也具有局限性,只能应用在某些场合。它们存在导电性仍较差、强度低、易磨损、不抗氧化等缺点。因此,通过将石墨与金属(主要是银和铜)组成金属石墨复合材料,可以使这些缺点得到一定的改善。

在实际应用中,滑动电触头主要考虑两个比较重要的电性能指标。

(1) 电流密度,这是指单位面积电触头允许通过最大的电流值。它主要取决于材料的导电性,但也与材料的强度、抗电蚀性、抗氧化性等有关。

(2) 接触电压降,即滑动电触头与导电体接触时的电压降。它除了与材料的本质有关外,也受使用条件较大的影响。因此,对于滑动电触头,要根据实际使用条件选用符合电流密度和接触电压降要求的材料。

5.6.2　滑动电触头材料的分类、性能和应用

滑动电触头(电刷)材料主要根据其电阻系数值进行分类,并应用于不同场合。表7-5-13给出了各种石墨类材料的电阻值及使用范围。一般来说,对于较高电压、较小电流、高速运动和换向困难的电刷应采用各种石墨的和电化石墨材料。它们电阻值较大,允许的电流密度值较低而接触电压降较高。而金属石墨材料则适用于低电压、大电流、运动速度较低的电刷。这时,要求材料的电阻值低,允许的电流密度值高和接触电压降低。

表7-5-13　滑动电触头(电刷)材料的类别、电阻值和应用

材　料	电阻系数值/Ω·m·cm^{-1}	主要应用
树脂石墨、炭黑基和木炭基电化石墨	>50	换向困难的电机
炭黑基及木炭基电化石墨	30~50	换向困难的电机
焦炭基电化石墨	20~30	一般的直流电机
石墨电刷、焦炭基和石墨基电化石墨	10~20	一般的直流电机
含Cu 25%~50%的金属石墨	<10	电压较低的电机
含Cu 60%~75%的金属石墨	0.5~1	低压电机
含Cu高的金属石墨	0.1~0.5	低压大电流电机

表7-5-14给出了常用的金属石墨材料的牌号、成分和性能。作为滑动电触头,银石墨材料主要用于高技术设备和低压电源装置中,如计算机的外围设备、航空航天用设备和伺服电机、转速表的传感器等。在银石墨材料中,还可以加入一定数量的MoS_2,以改进其润滑性及其他使用性能,如Ag85-C3-$MoS_2$12、Ag75-C20-$MoS_2$5等。铜石墨材料则按其铜含量的多少分别用于大电流直流发电机,汽车、拖拉机用的电机,以及小型直流电机和异步电动机的励磁器等。

表7-5-14　常用金属-石墨电刷材料的牌号、成分和性能

牌号成分		密度/g·cm^{-3}	比电阻/Ω·m	最大电流密度/kA·m^{-2}	使用电压/V	肖氏硬度
铜-石墨	21Cu-79C	2.2	0.024	125	<72	28
	35Cu-65C	2.5	0.016	125	<72	28
	50Cu-50C	2.75	0.006	130	<36	28
	65Cu-35C	3.5	0.0016	190	<18	20
	75Cu-25C	4.0	0.0008	235	<15	18
	94Cu-6C	6.0	0.0003	235	<6	6
	97Cu-3C	6.5	0.0001	235	<6	5

续表7-5-14

牌号成分		密度 /g·cm^{-3}	比电阻 /Ω·m	最大电流密度 /kA·m^{-2}	使用电压 /V	肖氏硬度
银-石墨	40Ag-60C	2.7	0.008	150	<36	30
	65Ag-35C	3.8	0.001	190	<18	20
	80Ag-20C	4.6	0.0008	235	<9	23
	93Ag-7C	7.0	0.0001	270	<6	10

5.6.3　滑动电触头材料的制取

5.6.3.1　石墨材料

碳-石墨材料在各个工业部门,包括许多高技术领域都有广泛的大量的应用,而不同的应用又要求性状各异的碳-石墨材料。目前,碳-石墨材料的生产已形成相当规模的独立工业体系。因此,这里只就与电刷有关的常规石墨材料的生产方法加以简单介绍。

石墨材料的生产技术有些近似于粉末冶金工艺。它是将粉粒状的木炭、焦炭、炭黑或天然石墨等碳质原料加入焦油、沥青、树脂、糖蜜等黏结剂,混合均匀后压制成形,然后在惰性气氛中高温焙烧,得到的坯料进行高温石墨化处理。得到的材料还可以浸渍树脂、沥青等以封闭其残存的孔隙。为了制取具有不同电阻率和摩擦系数值作为滑动电触头应用的石墨材料,可以调整制取过程中的以下因素。

(1) 采用不同的原始炭质材料和不同黏结剂。

(2) 控制石墨化处理的条件以得到不同石墨化程度的材料。

(3) 通过控制最终材料的致密化程度、是否进行浸渍处理和采用什么浸渍剂。

5.6.3.2　金属石墨材料

金属石墨材料的制取更接近和类似于粉末冶金工艺。

(1) 当制取金属含量大于80%的金属石墨材料时,采用的完全是粉末冶金方法。它是将相应组成的金属粉末和石墨粉混合均匀、压制、烧结,最后通过复压、精整获得所需形状的电刷。也可以用冷等静压成大型坯料,经烧结后挤压加工成各种形状的电刷。

(2) 金属含量为60%~80%的金属石墨材料。这时,通常不是混入石墨粉,而是将金属粉末和通过加热能热解成石墨的煤或石油产品或其他有机物质相混合,然后压制、焙烧而得到金属石墨材料。这些材料的机械强度通常主要来自这些有机的黏结剂。

(3) 金属含量更小的,如20%~50%的金属石墨材料,则可以采用熔渗工艺。即先制成具有相当金属含量的孔隙度的石墨烧结体,然后将熔融的金属液体熔渗到带有孔隙的石墨基体中,从而制得低金属含量的金属石墨材料。但是,由于石墨的密度远低于金属,而且石墨与金属之间的润湿性很差,熔渗比较困难,必须采取特殊的措施,如加压熔渗、加入改善润湿性的物质等,才能使熔渗顺利进行。

参考文献

[1]　美国金属学会．金属手册．9版:第7卷．粉末冶金[M]．韩凤麟主译．北京:机械工业出版

社,1994.

[2] 中国机械工程学会,中国材料研究学会,中国材料工程大典编委会．韩凤麟,马福康,曹勇家主编．中国材料工程大典．第14卷．粉末冶金材料工程[M]．北京:化学工业出版社,2006.

[3] 林景兴,刘崇琳．我国粉末冶金电工材料的现状及展望[J]．粉末冶金技术,1992,10(增刊):36~43.

[4] Kippenberg H. Use of Tungsten for Contacts in Electrical Devices[C]. Proceedings of the 7th International Tungste Symposium, Goslar, 1996:312~316.

[5] Dr. Lukas Zehnder. Tungsten Based Materials in High-Voltage Switchgoar[C]. Proceedings of the 7th International Tungsten symposium, Gostar, 1996:317~335.

[6] 吕大铭.我国的钨铜、钨银材料的应用与发展[J].中国钨业,1999,14(5~6):182~185.

[7] 吕大铭.真空断路器和Cr-Cu系真空触头合金[J].国外金属材料,1985(9):41~53.

[8] 周武平,吕大铭,张桂芬．CuCr,CuCrFe真空触头材料[J]．高压电器,1992,28(5):55~59.

[9] 吕大铭．真空开关和电子器件用钨铜材料[J]．粉末冶金工业,1998,8(6):32~35.

[10] 周文元,吕大铭,周武平．热处理对CuCr,CuCrFe真空触头材料组织及性能的影响[J]．高压电器,1998,34(2):14~17.

编写:吕大铭(中国钢研科技集团公司)

第6章　粉末冶金多孔性金属材料

6.1　粉末冶金多孔性金属材料的孔结构及特性

6.1.1　定义与分类

6.1.1.1　定义

多孔性材料是指带孔的固体,更确切地说:多孔性材料是连续固相(多孔骨架)与气相或液相的复合体。这里的气相与液相是指多孔材料应用的环境,通常也都具有连续性。在多孔性材料的实际应用中存在着环境与固体之间的交互作用,因而导致多孔性材料一系列的功能特性。粉末冶金多孔性材料是由金属粉末、金属纤维或金属丝网经烧结而成的具有贯通网络孔道的一类金属材料[1]。

6.1.1.2　分类

按照孔隙的大小可分为以下几类:

(1) 宏观孔径多孔性材料。孔径大于50nm,孔道的传质服从流体力学的规律。

(2) 介孔材料。孔径为2~50nm,该尺寸远远小于分子平均自由程,孔道的传质服从分子扩散的规律。

(3) 微孔材料。孔径小于2nm。相当于原子直径级,传质服从原子运动规律。烧结金属丝网多孔材料和复合型金属多孔材料。

由于泡沫金属的飞速发展,并且其制备方法多种多样,粉末冶金只是其中的一种,因此,可将泡沫金属划出来,单独分为一类。

按照孔结构特点又可分为有序孔结构(藕状结构、筏排结构等)和无序孔结构,其中包括均匀孔结构(对称结构)和梯度孔结构(非对称结构)两种。

6.1.2　孔结构及其特性

6.1.2.1　孔隙度

多孔材料中的孔有三类:贯通孔、盲孔(半开孔)和闭孔,如图7-6-1所示。由于贯通孔与半开孔均与外界环境相连通,因此可统称为开孔。

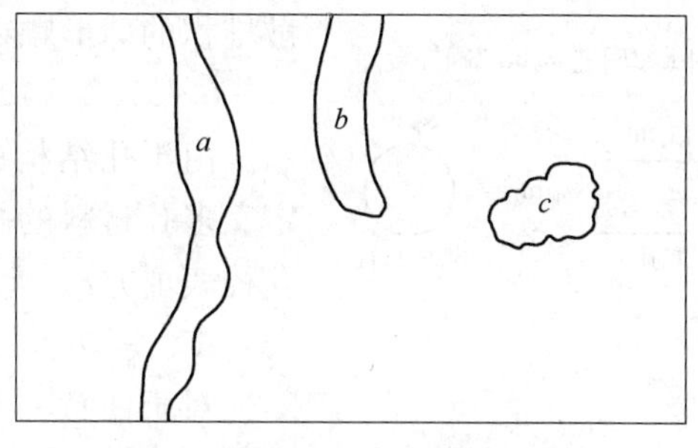

图7-6-1　多孔体截面示意图

a—贯通孔;*b*—盲孔(半通孔);*c*—闭孔

贯通孔允许流体通过。盲孔则终止于材料的一面,流体不能通过,但由于它开放于材料的另一面,因此能吸附气体、捕集小颗粒和反应中产生的颗粒。闭孔则只起降低材料密度的作用,它影响多孔体的宏观性能,如密度、强度、导热与导电等,与流体透过和气体吸附功能无关。与整体材料外表相通的开孔在多孔材料的功能应用中起主要作用。

A 体积孔隙度

体积孔隙度是多孔材料中孔体积所占百分数(ε),即:

$$\varepsilon = V_p/V \tag{7-6-1}$$

式中,V_p 为材料中所有孔的总体积;V 为多孔体体积(即孔体积与固体骨架体积之和)。

B 有效孔隙度

不同类型的孔有着不同含意的孔隙度,对渗透材料而言,起作用的是贯通孔道,贯通孔道体积所占材料总体积的百分数称为有效孔隙度(ε_e)。

$$\varepsilon_e = V_e/V \tag{7-6-2}$$

式中,V_e 为贯通孔体积。

但在实际应用中采用开孔孔隙度更为普通。开孔孔隙度用液体浸渍法测得[2]。

$$\varepsilon_k = (m_H - m)/\rho_L V \tag{7-6-3}$$

式中,m_H 为浸渍液体以后多孔体的质量;m 为浸渍液体前多孔体的质量;ρ_L 为液体密度。

如果已知致密体的真密度,则:

$$\varepsilon = 1 - \rho_a/\rho_0 \tag{7-6-4}$$

式中,ρ_a 为包括所有孔隙在内的真实多孔体的密度;ρ_0 为致密材料(无孔)的密度(真密度)。

闭孔孔隙度: $\varepsilon_o = \varepsilon - \varepsilon_k$

盲孔孔隙度: $\varepsilon_b = \varepsilon - \varepsilon_e - \varepsilon_o$

C 面孔隙度

多孔材料中孔截面与材料总截面的百分比称面孔隙度(ϕ)。烧结金属粉末多孔材料的孔隙度与组成材料的粉末颗粒直径无关,只与粉末颗粒的堆积方式有关。对于由不同直径的球形颗粒所组成的多孔材料,ε 与 ϕ 均小于由相同直径球形颗粒所组成的多孔材料。ε 与 ϕ 的关系可由经验公式确定[2]:

$$\varepsilon = K_1\phi^{1.4} \tag{7-6-5}$$

式中,K_1 为常数。可由 ε 与 ϕ 的计算数据得出,对于密排堆积的球形颗粒体,$K_1 = 0.166$,对于松散堆积的球形颗粒体,$K_1 = 0.261$。

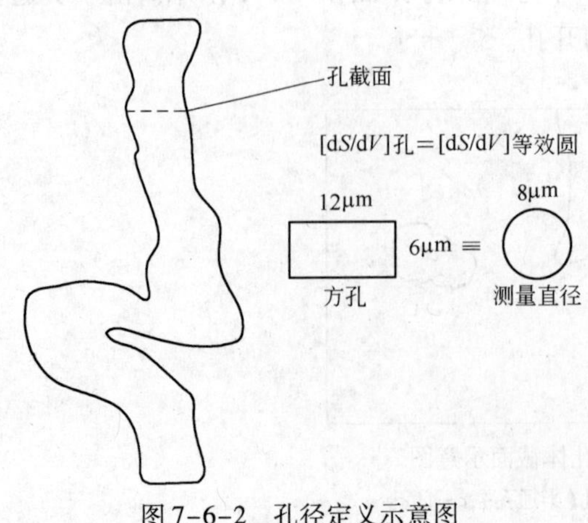

图 7-6-2 孔径定义示意图

6.1.2.2 孔径与孔径分布

由于孔结构的复杂性,很难十分准确定义多孔材料的孔径。以下为几种常用的孔径表征方法。

A 等效孔径

对于任意一个孔截面(如图 7-6-2 所示)孔径定义为:实际孔截面周长 = 直径为 d 的等效圆周长,即:实际孔周长/实际孔截

面积 = 等效圆周长/等效圆面积 = 4/d。因此,等效孔径 = 4 倍实际孔截面积/实际孔周长。如果实际孔截面周长以 P_p 表示,实际孔截面以 A_p 表示[3],则:

$$P_p/A_p = \pi d/\frac{1}{4}\pi d^2 = 4/d$$

$$d = 4A_p/P_p \tag{7-6-6}$$

B　最大孔径

最大孔径是指气泡法所测得的第一气泡点孔径。气泡法是孔径测量的最为普遍的方法,也称为气体置换法。用浸润性良好的液体浸润试样,使试样中的开孔隙完全饱和,然后用气体将试样孔隙中浸入的液体缓慢推出。当气体压力由小逐渐增大,达到某一定值时,气体即可将浸渍液体从孔隙中推开而冒出气泡(见图7-6-3),依据压力差可计算出多孔试样的等效毛细管直径。等效圆柱形毛细管的直径和形成气泡的压力之间的关系如下:

$$d = \frac{4\gamma\cos\theta}{\Delta p} = \frac{4\gamma\cos\theta}{p_g - p_1} = \frac{4\gamma\cos\theta}{p_g - 9.81\rho h} \tag{7-6-7}$$

式中,d 为相当于气泡试验孔径的毛细管的等效直径,m;γ 为试验液体的表面张力,N/m;θ 为浸润液体对多孔试样的浸润角,(°);Δp 为在静态下,试样上的压力差,Pa;p_g 为试验气体压力,Pa;p_1 为在气泡形成的水平面上试验液体的压力,Pa;ρ 为试验液体密度,kg/m^3;h 为试验液体表面到试样表面的高度,m。

第一个气泡将在具有最大孔道的孔里形成。根据测定第一个气泡点的压力按式(7-6-7)计算出的等效值孔径即为试样的最大孔径。由此得到的孔径值是孔道的喉道部位,即孔的最窄部位,图7-6-4是孔径测试部位示意图。

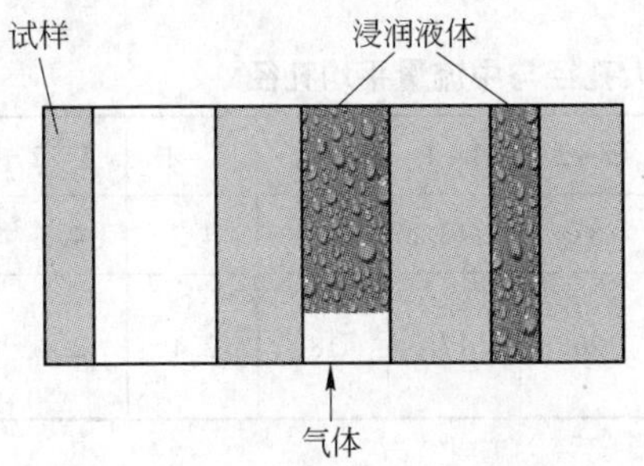

图7-6-3　测试过程示意图

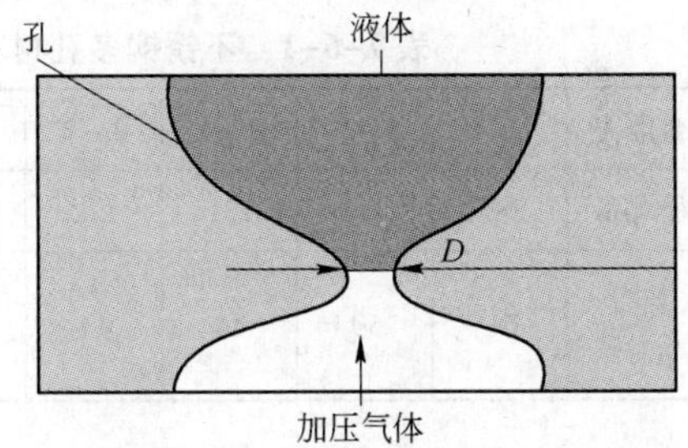

图7-6-4　气泡法孔径部位示意图

C　中流量平均孔径

中流量平均孔径是气泡试验孔径及气体渗透性测试方法的延伸与结合。气泡试验时由于试样孔道被浸润液体完全浸透,我们把试样称为湿试样,将进行气体渗透性测试的试样称为干试样。在气泡法测定孔径时,当第一个气泡出现后,继续增加气体压力,随着浸入孔道中液体的逐渐推出,气体的流量将逐渐增大。当通过试样的压力差达到某个数值时,通过湿试样的气体流量正好等于干试样流量的一半,此时的压差值称为中流量压差值,根据此压差值计算的等效毛细管直径称为中流量平均孔径[4~6]。继续增加气体压力直至孔道中浸入的液体完全吹出,此时的湿式试样可视为干式试样,其流量 - 压差曲线与干式试样的曲线重合。实际上,由于孔道壁上会残留极少量的液体,孔道中浸入的液体不可能完全被吹出,与完全的干试样相比得到的是孔径略小的流量压差值,所以与干式曲线是不会重合的，只能接近。

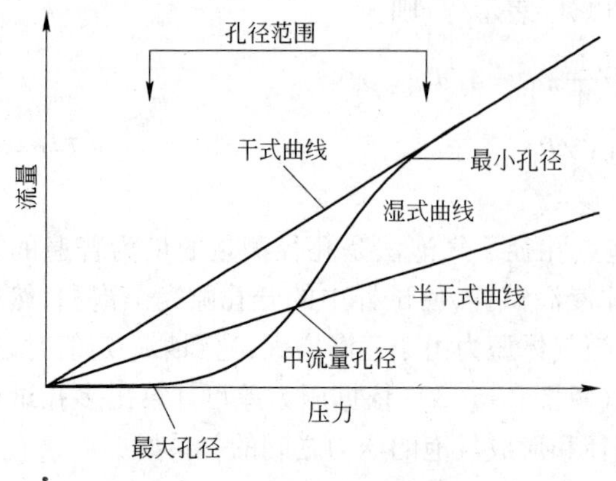

图 7-6-5　多孔材料的中流量平均孔径

中流量平均孔径的测试实质上是中流量压差值的确定，中流量压差值确定后，按式 7-6-7 即可计算出材料的中流量平均孔径。中流量压差值有两种确定方法：第一，直接对干式试样流量 - 压差曲线和湿式试样流量 - 压差曲线进行对比，找到中流量压差点；第二，作出斜率为干式曲线一半的半干式曲线，半干式曲线与湿式曲线的交点即为中流量压差点。湿式曲线的流速起始点对应为最大孔径，与干式曲线重合或平行的曲线拐点对应为材料的最小孔径（见图 7-6-5）。

如果只需要得到中流量孔径，那么测得湿式曲线位于最大孔径与最小孔径之间的一小段曲线即可，这样测试仪器结构及测试过程会简化许多。

也可以先进行湿式试样流量 - 压差曲线的测试，当孔道中的液体完全被气体吹出后，再进行干式曲线的测试。这种先后顺序的调整考虑了孔道壁残留液体对测试结果的影响，从测试原理上讲更加合理一些。

表 7-6-1 中 1 ~4 号试样为不同粒级不锈钢粉末制备的不同试样，5 号样为一个试样的三次测量结果。

表 7-6-1　不锈钢多孔材料的最大孔径与中流量平均孔径

试样编号	1 - 1	1 - 2	2 - 1	2 - 2	3 - 1	3 - 2	4 - 1	4 - 2	5 - 1	5 - 2	5 - 3
最大孔径/μm	285	243	131	122	69	67	40	43	4.3	4.3	4.3
中流量平均孔径/μm	61	59	44	44	27	26	17	18	2.4	2.4	2.2

图 7-6-6 为该试样的孔径分布曲线，图 7-6-7 为孔径分布直方图。

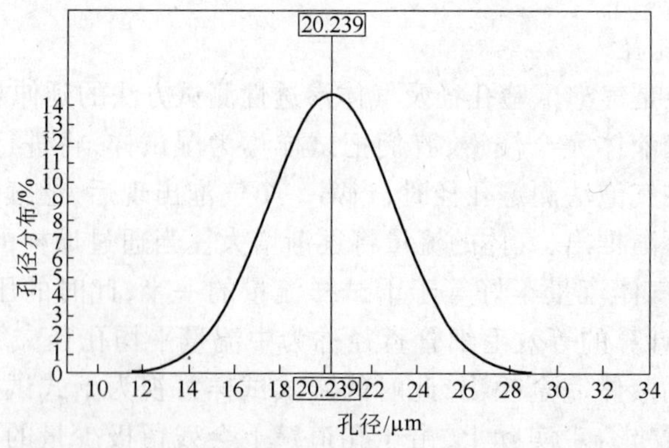

图 7-6-6　不锈钢多孔材料的孔径分布曲线

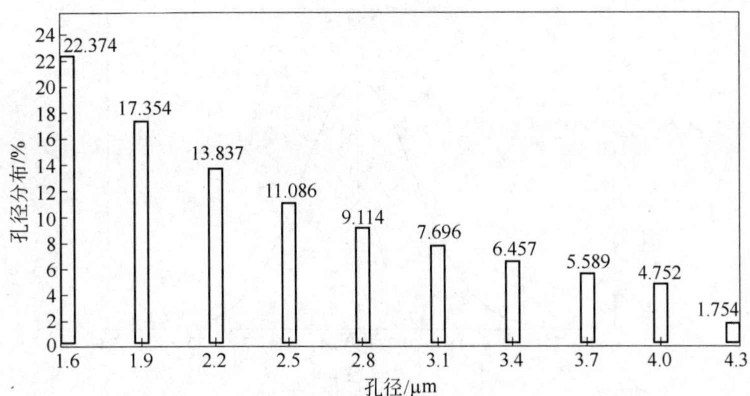

图7-6-7 不锈钢多孔材料的孔径分布直方图

D 孔径分布

如果将孔径定义为孔空间某一指定点的直径是包含该点的最大球的直径,则孔径分布可定义为某一直径在 δ 和 $\delta+\mathrm{d}\delta$ 之间的孔空间占总孔空间的比率为 α,引入密度函数 $\alpha(\delta)$ 则有[7]:

$$\int_0^\infty \alpha(\delta)\mathrm{d}\delta = 1 \tag{7-6-8}$$

也可定义为累计孔径分布函数 $\theta(\delta)$,代表孔径大于 δ 的球形孔空间的孔个数百分数:

$$\theta(\delta) = \int_0^\infty \alpha(\delta), \theta(0) = 1 \tag{7-6-9}$$

在金属多孔材料中常见的孔径分布形式有:

(1) 正态分布;

(2) 对数正态分布;

(3) 其他分布形式,如 γ 分布、β 分布、指数分布等。

表7-6-2是最大孔径为4.3 μm的不锈钢多孔材料孔径分布测试结果[1]。

表7-6-2 不锈钢多孔材料的孔径分布

孔径/μm	1.45	1.75	2.05	2.35	2.65	2.95	3.25	3.55	3.85	4.15	4.3
孔径分布/%	22.4	17.4	13.8	11.1	9.1	7.7	6.4	6.6	5.6	4.7	1.7

表7-6-3是最大孔径为38 μm的钛多孔材料的孔径分布测试结果。

表7-6-3 钛多孔材料的孔径分布

孔径/μm	11	14	16	19	22	25	28	30	33	36	38
孔径分布/%	8.9	14.9	14.7	14.7	13.5	11.6	10.0	8.9	7.5	6.8	2.8

图7-6-8为该试样的孔径分布曲线,图7-6-9为孔径分布直方图。

6.1.2.3 孔形貌与孔弯曲及孔道粗糙度

A 孔形貌

烧结金属多孔材料中孔的形状十分复杂,它取决于原材料的起始状态(粉末粒度分布、颗粒形状、表面粗糙度、纤维直径和长径比等)和制取工艺(成形方法、成形压力、烧结制度等),图7-6-10为几种典型的孔截面。

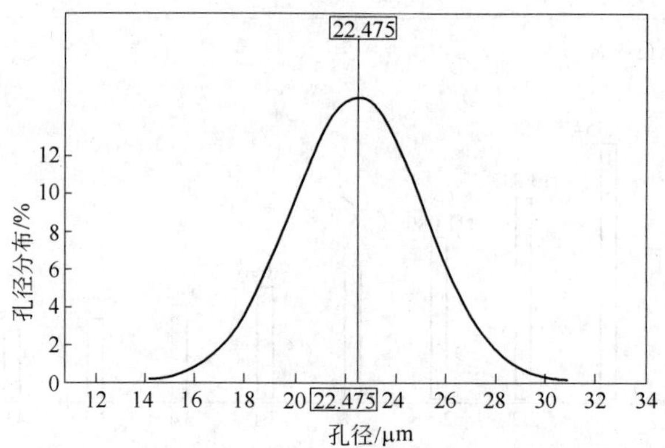

图 7-6-8　钛多孔材料的孔径分布曲线

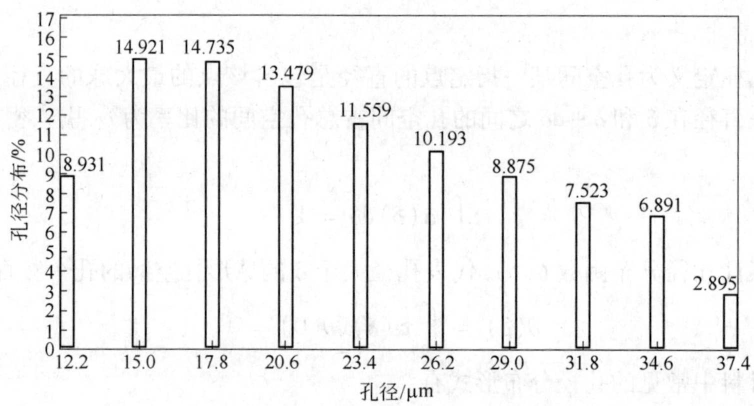

图 7-6-9　钛多孔材料的孔径分布直方图

图 7-6-10　孔截面示意图

孔的形状用形状因子(F)由下式来定量描述[3]：

$$F=\frac{4\pi A}{P_{p}^{2}} \tag{7-6-10}$$

式中，A 为孔的截面积；P_p 为孔周长。

圆形孔和正方形孔的形状因子为 1，而狭长缝隙式孔的 F 值趋近于零。孔截面大于 75 μm^2 时，F 可用图像分析来测量，孔截面小于 75 μm^2 时，F 用扫描电镜来测量。表 7-6-4 列出了几种典型孔的孔形因子。

其实，多孔材料中孔的形状远比表 7-6-4 中列出的复杂。

由非球形粉末颗粒组成的多孔材料，孔形状更加复杂，而且粉末颗粒形状越复杂，孔的形状也越复杂，孔道越弯曲，大小越不均匀，即沿孔道方向孔截面会时而收缩，时而扩大(如瓶

表 7-6-4　不同孔形的形状因子

材料类型	孔截面形状	孔的长径比 n	形状因子 F
烧结金属粉末	圆　形	1	1
	椭圆形	5	0.72
	切口形	—	0.71
烧结金属纤维材料	正方形	1	1.0
	三角形	1	1.0
	长方形	2	0.75

颈式孔道)。加之孔道表面凹凸不平,液体在孔道中的流动方向不可能与宏观液体方向平行,各孔道的液流也不可能同时到达。因此复杂的孔形将会给流体的透过性带来不利的影响。

B　孔弯曲与孔道粗糙度

多孔材料中的孔往往形成相互连通的复杂的网络结构。孔网络由无数孔通道所组成,而每一个孔道都有着不同的形状和长度。孔道中最狭窄部分称孔缩颈,它是流体透过、颗粒拦截的重要孔特征。为表征孔道的弯曲程度,引用一个无量纲参数——孔弯曲系数 τ[2,7]。

$$\tau = L_p/h \tag{7-6-11}$$

式中,L_p 为孔道长度;h 为材料厚度。

显然,多孔材料中总是 $\tau \geqslant 1$。试验表明,对于由非松装烧结制取的相同直径的球形颗粒组成的多孔材料,孔隙度通常为 25.9% ~47.6% ,τ 值一般为 1.0 ~1.065。但对于松装烧结制取的材料,当孔隙度为 42.5% 时,$\tau = 1.13$。对于由不同直径球形颗粒(混合粉)松装烧结制成的多孔材料,当球形颗粒的最大直径与最小直径之比为 1.8 ~ 3.0,而孔隙度为 29% ~35.5% 时,$\tau = 1.15 \sim 1.49$。实际上,在真实的多孔材料中,τ 总是大于假定的多孔材料。而且孔隙度越小,孔形状越复杂,构成多孔体的粉末粒度越分散,τ 值越大。通常,孔隙度为 26% ~84% 时,$\tau = 1.0 \sim 1.5$,而孔隙度为 30% ~40% 时,$\tau = 1.2 \sim 1.3$。计算中往往采用 1.3,也可采用 $\sqrt{2}$ 或 $\pi/2$。

当通过孔道的流体为分子流时,流体的传输要通过分子扩散来进行,这时孔道的弯曲系数用下式表示[8]:

$$\tau = \varepsilon \overline{D}/D_e \tag{7-6-12}$$

式中,ε 为孔隙度;D_e 为分子在多孔体中的有效扩散系数;$\overline{D}$ 为等效扩散系数,它包含了体扩散与 Knudsen 扩散。

孔道粗糙度表示孔道壁凹凸不平的程度。对于烧结金属粉末多孔材料,孔道的粗糙度主要取决于粉末颗粒表面的粗糙程度。粉末颗粒表面的粗糙度可用颗粒表面不平的高度 δ_h 来表示,由这种粉末颗粒组成的多孔材料,其孔道的表面相对粗糙度可用颗粒表面粗糙度与材料的平均孔径的比值来表示:

$$\zeta_R = \delta_n/d_a \tag{7-6-13}$$

式中,ζ_R 为材料孔道的相对粗糙度;d_a 为材料的平均孔径。

当粉末颗粒表面凹凸厉害、成形时颗粒变形或小颗粒偶然进入比平均孔径大的孔空间时,都会出现高的 ζ_R 值,而且 ζ_R 有可能大于 1。显然,粉末颗粒形状越不规则,材料孔道的相对粗糙度越大,减小材料的孔隙度也会导致孔道相对粗糙度的增加。孔道相对粗糙度的增加会导致孔结构更加复杂化。在烧结过程中由于扩散和聚集再结晶的产生会使粉末颗粒表面发生变化，因而孔道表面粗糙度也会随之发生变化，这种变化可用粉末压坯在烧结前后的比表面积的变化来判断。大量试验表明，由细粉末（$d_s < 10 \sim 12\ \mu m$）制成的多孔材料，烧结后孔的比表面积变化较大，其余的变化不大，一般不超过 10% ~20%[2]。

由集束拉拔方法生产的金属纤维和金属丝，表面粗糙度很小，由它们制成的金属纤维多孔材和金属丝网，孔道表面粗糙度都很小。由车削、切削和齿刮等方法制成的纤维，表面粗糙度较大，所制成的材料，其孔道粗糙度会在很宽的范围内发生变化。

6.1.2.4 孔的比表面积

孔的比表面积是指单位体积（m^2/m^3）或单位质量（m^2/kg）多孔体的孔内表面积，分别以 S_v 和 S_m 表示。二者的关系为：

$$S_v = S_m \rho_s (1 - \varepsilon) \cdot 10^6 \quad (7\text{-}6\text{-}14)$$

式中，ρ_s 为固体材料的真密度，kg/m^3；ε 为多孔体的孔隙度。

当多孔体由相同直径的球形颗粒组成时，在忽略颗粒间接触面的情况下，孔表面积应等于颗粒的表面积，则：

$$S_v = 6(1 - \varepsilon)/d_s \quad (7\text{-}6\text{-}15)$$

式中，d_s 为粉末颗粒直径。

然而大量试验表明，对于球形金属粉末颗粒组成的多孔材料，颗粒间的接触面积不能忽略，这时烧结体的孔比表面积为[9]：

$$S_v = S_e/V = S_e(1 - \varepsilon)/V_s \approx 5(1 - \varepsilon)/d_s \quad (7\text{-}6\text{-}16)$$

式中，S_e 为粉末颗粒比表面积；V_s 为粉末颗粒的体积；V 为多孔体的体积。

对于纤维多孔材料，由于纤维之间的接触面极小，可以忽略，则纤维多孔料的孔比表面积 S_v 等于纤维的比表面积 S_f：

$$S_v = S_f = 4(1 - \varepsilon)/d_f \quad (7\text{-}6\text{-}17)$$

式中，d_f 为纤维直径。

然而真实的多孔材料都不是由同一直径的球体组成，孔道也不是圆的直毛细管。因此，真实多孔材料的比表面积可以这样来求得，即沿多孔体厚度方向作任意截面，对该截面上孔的周长 P_{pi} 与孔个数 n_{pi} 的乘积作积分：

$$S_v = \left[\int_0^h \left(\sum_1^{n_p} P_{pi} n_{pi}\right) dh\right] / V \quad (7\text{-}6\text{-}18)$$

式中，h 为多孔材料厚度。

测定孔比表面积的方法有很多，如金相试片分析法、气体吸附法、汞压入法等。

6.1.3 流体力学性能

6.1.3.1 透过性能

流体通过多孔体时，多孔体由流体相与固相两相组成。流体的流动状态由一个无量纲参数——雷诺数来判定：

$$Re = \frac{\rho_f q}{\mu} d_a \quad (7\text{-}6\text{-}19)$$

式中，Re 为雷诺数；ρ_f 为流体密度，kg/m^3；μ 为流体的动力黏度，Pa·s；q 为流体的流速，m/s；d_a 为多孔体的特征孔径（水力学直径），可视为平均孔径，m。

流体流过多孔材料时所产生的压力降与流体流经单位面积上的流速关系可用图7-6-11来表示，当流速很低时，Δp 与 q 成正比关系，图7-6-11中相应于该直线段的雷诺数以 Re_o 表示，则当 $Re \leqslant Re_o$ 时，流动状态为纯粹的层流；当 $Re > Re_o$ 时，流动逐渐向紊流过渡，当 Re 达到某一临界值 Re_m 时，流动成为完全的紊流状态；$Re_o \leqslant Re \leqslant Re_m$ 的区域称为流动的过渡区，流体在该区域的流动状态称为过渡流；$Re \geqslant Re_m$ 时为纯粹的紊流。影响临界雷诺数的因素有很多，通常需由实验确定。许多文献认为，在光滑孔道的情况下，$Re_m = 600$，在粗糙孔道情况下，$Re_m = 2300$[7]。但是，对于多孔材料文献[7]给出 $3 \leqslant Re \leqslant 7$ 的区域为流动的过渡区，流体一旦进入紊流状态，流速与压差的关系不再是直线关系，而是0.55次方关系。

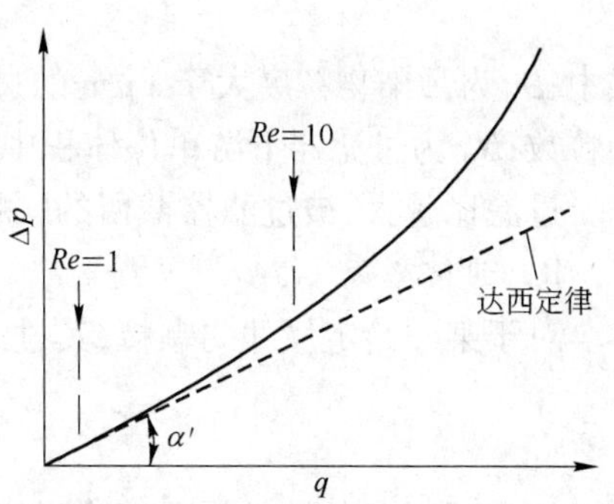

图7-6-11　流体流速与压差的关系

根据图7-6-11中直线段的斜率可导出透过系数，即：$\tan\alpha' = 1/K$，K 即为透过系数。

透过性能是烧结金属多孔材料的本征特性，在过滤、流体分布等的应用中起着重要的作用。在大多数情况下，流体通过多孔金属的流动，通常涉及三种主要机理。它们是黏性流动、惯性流动和滑移流动（国家标准）[10,11]。流体透过烧结金属多孔材料的基本公式可参阅文献[1]。

关于透过系数与孔结构参数的关系可用以下公式[12]。

对于烧结金属粉末多孔材料：

$$K = \frac{d_s^2 \varepsilon^3}{150(1-\varepsilon)^2} \tag{7-6-20}$$

式中，d_s 为粉末颗粒直径；ε 为材料的孔隙度。

对于烧结金属纤维多孔材料：

$$K = B\frac{\left[1 + \dfrac{Cd_f^2\varepsilon^3}{(1-\varepsilon)^2}\right]^2 - 1}{1 + \dfrac{Cd_f^2\varepsilon^3}{(1-\varepsilon)^2} + 1} \tag{7-6-21}$$

式中，$B = 6 \times 10^{-10}\ m^2$，$C = 3.3 \times 10^7\ m^{-2}$；$d_f$ 为纤维直径。

对于烧结金属丝网多孔材料：

$$K = \frac{d_w^2 \varepsilon^3}{122(1-\varepsilon)^2} \tag{7-6-22}$$

式中，d_w 为丝网丝径。

以上各式的不足之处在于未覆盖全部孔隙度，特别是高孔隙度材料，如泡沫金属，且不适用于梯度孔结构材料。

6.1.3.2　过滤性能

A　过滤比

过滤比是指过滤器上游大于某一尺寸粒子数与过滤器下游大于某一尺寸粒子数之比

值,即:

$$\beta_x = \frac{N_u}{N_d} \tag{7-6-23}$$

式中,β_x 为污染物粒度大于 x μm 的过滤比;N_u 为过滤器上游单位体积中粒度大于 x μm 的颗粒数;N_d 为过滤器下游单位体积中粒度大于 x μm 的颗粒数。

过滤比越大,被过滤器截留的颗粒数就越多,由此可以引出过滤效率。

B　过滤效率

对于某一给定尺寸的颗粒,其过滤效率可表示为:

$$\eta_x = \frac{\beta_x - 1}{\beta_x} \tag{7-6-24}$$

过滤效率可用多通道或单通道检测仪测定。如果以质量分数表示,则过滤效率可表示为:

$$\eta = (1 - C_2/C_1) \times 100\% \tag{7-6-25}$$

式中,C_1 为过滤器上游流体中固体粒子的浓度;C_2 为过滤器下游流体中固体粒子的浓度。

如果 C_1 和 C_2 为某一尺寸固体粒子的浓度,则 η 应为 η_x,即某一尺寸固体粒子的过滤效率。

η_x 和 β_x 的换算关系列于表 7-6-5。

表 7-6-5　β_x 和 η_x 的换算关系[13]

β_x	η_x	x μm 颗粒在上游为 1000000 时下游颗粒数
1.0	0	1000000
1.5	33	670000
2.0	50	500000
10	90	100000
20	95	50000
50	98.0	20000
75	98.7	13000
100	99.0	10000
200	99.5	5000
1000	99.90	1000
10000	99.99	100

C　过滤精度

过滤精度又称净化精度,是评价过滤器除去流体中某一尺寸颗粒的能力,有三种表示方法:绝对过滤精度、名义过滤精度和中位过滤精度。

(1) 绝对过滤精度。过滤器允许通过的最大颗粒尺寸,或拦截的最小颗粒尺寸,可用玻璃球法测定。然而,通常的污染物颗粒都不是球形,这时可用颗粒的最大线性尺寸表示。绝对过滤精度为 a_0 的滤材在过滤时不允许任何一个粒径大于或等于 a_0 的固体粒子通过过滤材料。

(2) 名义过滤精度。相应于某一过滤效率时的固体粒子直径,以 a_n 表示。如直径为 10 μm 的粒子过滤效率为 98%,则名义过滤精度表示为 $a_{98} = 10$,如果这种粒子的过滤效率只有 95%,则 $a_{95} = 10$。多数情况下规定过滤效率为 98% 时的过滤精度作为名义过滤精度。

(3) 中位过滤精度。相应于过滤效率为 50% 时的固体粒子直径,以 a_m 表示。同一过滤材料过滤时总是 $a_0 > a_n > a_m$。

有时也会用到平均过滤精度，通常为过滤器中流量平均孔径测量值，由气泡点试验得到。应当注意，同一种材料在液体中过滤和在气体中过滤的过滤精度相差很大，如名义过滤精度为 5 μm、绝对过滤精度为 15 μm 的过滤材料过滤蒸气时可除去 1 ~ 2 μm 的粒子。表 7-6-6 为 Mott 公司部分烧结金属过滤材料在液体和气体中过滤时的名义过滤精度。

表 7-6-6　Mott 过滤材料过滤气体和液体的精度对比[14]

液体中的名义过滤精度/μm	气体中的名义过滤精度/μm
0.2	0.05
0.5	0.1
2	0.4
5	0.6
10	1.3
20	4
40	8
100	20

D　粉尘泄漏率

过滤过程中，固体粒子的泄漏程度也是很重要的一项指标，特别是回收固体粒子的过滤。

$$K_L = 1 - \eta \tag{7-6-26}$$

式中，K_L 为固体粒子泄漏率，%；η 为过滤效率。

在气体过滤中，粉尘泄漏率随过滤材料的厚度增加而减小[15]：

$$K_L = \exp(-\gamma)h \tag{7-6-27}$$

式中，K_L 为粉尘泄漏率；γ 为常数，是粉尘粒度、过滤速度以及过滤材料孔隙度的函数；h 为过滤材料的厚度。

粉尘的捕集方式对粉尘的泄漏率也有一定影响，但不显著，一般均可忽略。然而在 2000 年 Kim 等人发现静电电场对粉尘的穿透有很大影响。若假定静电场下过滤的有效深度也与过滤器孔径、过滤速度和粉尘粒度有关，则在静电场下过滤时粉尘泄漏率 K_{eL} 可用下式表示[13]：

$$\ln\left(\frac{1}{K_{eL}}\right) = \gamma h^{\alpha} \tag{7-6-28}$$

式中，α 为描述过滤器厚度对粉尘泄漏率影响的可变参数。当 $\alpha = 0$ 时，K_L 与厚度无关，属纯粹的表面过滤。对于多数常规过滤器，$\alpha = 1$，α 值在 0 与 1 之间时可作为过滤深度的一种判据，它将取决于过滤器的孔径、孔隙度、粉尘粒度与过滤速度。

曾用 Mott 公司的烧结 316 L 不锈钢纤维毡和粉末多孔材料进行气溶胶粉尘过滤实验，并对加电场和不加电场时的粉尘泄漏率进行了对比，结果列于表 7-6-7[4]。

表 7-6-7　有电场和无电场下粉尘泄漏率对比

过滤器类型		孔径/μm	过滤速度 /m · s⁻¹	粉尘平均泄漏率(±SD①)		K_L/K_{eL}
				K_L(无电场)	K_{eL}(有电场)	
纤维毡	MA2	7	0.15	0.20(±0.07)	0.015(±0.01)	13.3
			0.75	0.39(±0.07)	0.07(±0.01)	5.6
	MA4	16	0.15	0.32(±0.07)	0.01(±0.003)	31.7
			0.75	0.46(±0.05)	0.03(±0.01)	15.3
	MA5	20	0.15	0.36(±0.09)	0.02(±0.07)	18.2
			0.75	0.58(±0.11)	0.08(±0.01)	7.4
	MA10	6	0.15	0.25(±0.04)	0.02(±0.005)	12.5
			0.75	0.28(±0.05)	0.05(±0.01)	5.6
粉末材料		20	0.15	0.73(±0.12)	0.02(±0.003)	36.5
			0.75	0.43(±0.02)	0.04(±0.006)	11.3
		40	0.15	0.75(±0.09)	0.014(±0.003)	53.7
			0.75	0.51(±0.08)	0.07(±0.01)	7.3
		100	0.15	0.72(±0.09)	0.014(±0.003)	51.5
			0.75	0.68(±0.07)	0.08(±0.007)	8.5

注:气溶胶粉尘粒度范围为0.027～1.0 μm。

① SD为标准偏差。

当超细粉尘粒度小于0.05 μm时,α值都很高,达0.5～0.9,粉尘均会透入过滤材料层,这些颗粒在静电力的作用下被捕集在过滤材料的深层。当粉尘粒度大于0.05 μm时,对于不锈钢纤维毡,α值降至0.1～0.3,且随孔径与孔隙度的减小而减小。对于不锈钢粉末过滤材料,当过滤速度为0.75 m/s时,粉尘被捕集于材料表面几层。

粉末泄漏率和过滤材料压差是判断过滤材料质量的关键因素,泄漏率越低,压差越小,过滤材料质量越好。任何过滤材料,压差与材料厚度成正比:

$$\Delta p = \beta h \tag{7-6-29}$$

式中,β为常数,其值取决于过滤材料孔径、孔隙度与过滤速度;h为过滤材料厚度。

E　容尘量

容尘量是在给定的压力下单位面积过滤材料中所捕集的粉尘量(g/m²)。由于孔道被粉尘填充,过滤材料压差增加,根据过滤材料压差的增加就可计算出过滤材料的容尘量。

若厚为h,孔隙度为ε_1的多孔材料体积为V_0,孔体积为V_1,当孔体积被粒径为D_x的粉尘填满,则粉尘的比表面积$S_z = 6(1-\varepsilon_2)V_1/D_x$,材料中孔的总比表面积$S_{1z} = (S_1 + S_2)/V_0 = S + [6\varepsilon_1(1-\varepsilon_2)/D_x]$。根据Kozeng Carman公式:

$$K_{12} = 0.2\varepsilon_{12}^3/S_{12}^2 \tag{7-6-30}$$

式中,K_{12}为填满粉尘的多孔体的渗透系数;ε_{12}为填充粉尘后的多孔体总孔隙度,$\varepsilon_{12} = \varepsilon_1\varepsilon_2$;$\varepsilon_2$为所填充粉末的孔隙度。

过滤材料的容尘量由下式计算:

$$D_{HC} = 1000\varepsilon_1(1-\varepsilon_2)\rho h \tag{7-6-31}$$

式中，D_{HC}为过滤材料容尘量，g/m²；ρ 为粉尘的理论密度，g/m³；h 为过滤材料厚度，m。

如果粉尘分层填充多孔体，填充层厚度为 x（mm），孔隙度为 ε_2，则过滤材料相应的容尘量为[5,9]：

$$D_{HC}=1000\varepsilon_1(1-\varepsilon_2)\rho x \tag{7-6-32}$$

它与过滤材料的服务周期成正比，其值越高，过滤材料的服务周期越长，当污染物的量达到材料的容尘量时，必须对过滤元件进行清洗或更换。容尘量通常用多通道检测仪测定。

F　流体通过滤材时的压差

（1）洁净流体通过烧结金属多孔材料时，在厚度方向上的总压差。

对于烧结金属粉末多孔材料，可按下式计算[6]：

$$\frac{\Delta p}{h}=A\frac{(1-\varepsilon)^2}{\varepsilon^3 d_s^2}\mu q+B\frac{1-\varepsilon}{\varepsilon^3 d_s}\rho q^2 \tag{7-6-33}$$

式中，Δp 为材料厚度方向上的流体压差；h 为材料厚度；μ 为流体动力黏度；d_s 为粉末颗粒平均粒度；q 为流体流速。

A 和 B 为常数，$A=150$，$B=1.75$。

对于烧结金属纤维多孔材料，可按下式计算[16]：

$$\Delta p=Kh\left(\frac{1-\varepsilon}{\varepsilon}\right)q\mu\frac{1}{d_f^2} \tag{7-6-34}$$

式中，K 为材料的渗透系数；h 为材料的厚度；ε 为材料的孔隙度；q 为流体的流速；μ 为流体的动力黏度；d_f 为纤维直径。

（2）含尘状态下过滤材料的压力损失。在实际的过滤过程中，压力损失随过滤材料上积累的粉尘量的增加而增大，且在常速过滤时压差的增加与粉尘量的增大呈线性关系。过滤材料表面形成滤饼时，高渗透系数的材料表面形成疏松的滤饼，而低渗透系数的材料表面会形成较致密的滤饼。如果所捕集的粉尘形成均匀的薄层，可得[1]：

$$\Delta p=5\frac{(1-\varepsilon)S_v^2\mu q\Delta m}{\varepsilon^3\rho_s} \tag{7-6-35}$$

上式更适用于气体过滤，对于液体过滤，日本学者藤田贤二导出以下公式：

$$\Delta p=K(\Delta hq\mu/\rho_s gF_s^2 d_s^2)(1-\varepsilon)^2/\varepsilon^3 \tag{7-6-36}$$

式中，K 为滤料层渗透系数；Δh 为滤料层厚度；q 为过滤速度；μ 为液体动力黏度；ρ_s 为滤料的真密度；g 为重力加速度；F_s 为滤料颗粒的形状系数；d_s 为滤料的粒度；ε 为滤料层孔隙度。

在孔径相同的情况下，由于烧结金属纤维多孔材料的渗透系数和容尘量均高于烧结金属粉末多孔材料，因此随粉尘沉积量的增加后者的压力升高速度远远大于前者。图 7-6-12 为 $\Delta p/\Delta p_0$ 与沉积的固体颗粒重量的关系图[17]。Δp 为形成滤饼后过滤材料的压差，Δp_0 为没有滤饼时过滤材料的压差。图中的 P. F 为烧结金属粉末过滤材料，绝对过滤精度为 33 μm，孔隙度为 30%；F. F 为 Bekaert 公司的烧结不锈钢纤维过滤材料，纤维直径为 25 μm，孔隙度为 73%，绝对过滤精度为 34 μm。

G　流量－压差曲线

在多孔材料的应用中，为提高过滤效率，实际的流量值都很大，不可能控制在层流范围内。流体渗透性能只能提供一种透过能力的参考。为了直观反映出多孔材料的流体透过能

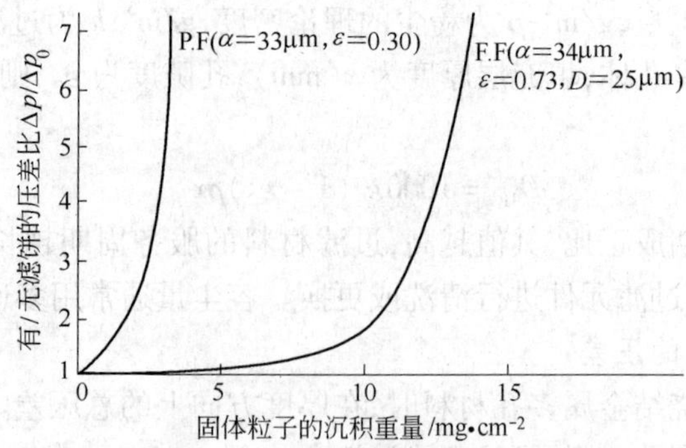

图 7-6-12　烧结金属粉末过滤材料和不锈钢纤维过滤材料的 $\Delta p/\Delta p_0$ 与过滤材料中沉积的固体颗粒重量的关系

力，人们普遍采用了流量－压差曲线的方法，它抛开了流动状态的条件限制，能够真实反映多孔材料使用中的透过能力。流量－压差曲线是多孔材料不同流量流体与对应压差的关系曲线，曲线应能反映层流、紊流条件下的流体流量与压差的对应值。对于每一种过滤材料都有固定的流量－压差曲线，但取决于材料的孔径、流体的温度以及过滤时间和污染度。图 7-6-13～图7-6-15 显示了这些关系[13]。

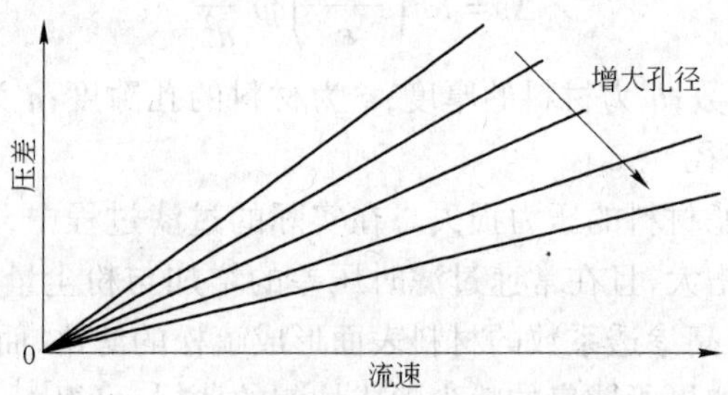

图 7-6-13　流量－压差曲线随材料孔径(过滤精度)的变化关系

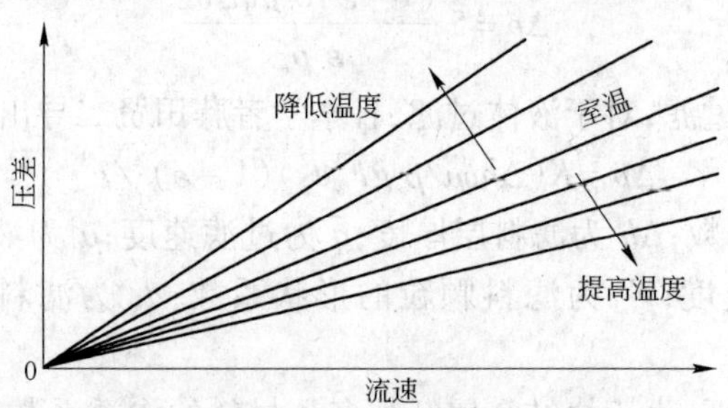

图 7-6-14　流量－压差曲线随流体温度的变化关系

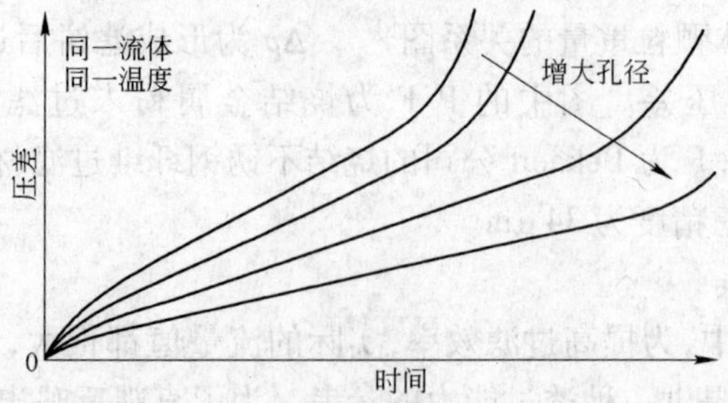

图 7-6-15　在相同流体和相同温度下过滤器的压差随时间变化的关系

6.1.3.3　液体对多孔材料的毛细浸透

A　毛细压力与液体渗透高度

用液体浸渍多孔材料时，在毛细压力作用下液体会沿材料的孔道产生移动。毛细压力是浸润相与非浸润相之间的压差，是浸润相饱和的函数。当毛细管为圆的直管时，毛细压力为：

$$p_c = \frac{4\sigma\cos\theta}{d_p} \tag{7-6-37}$$

式中，σ 为液/固的界面张力；θ 为液－固接触角；d_p 为毛细管直径。

这时液体的渗透高度可用下式表示：

$$h_p^2 = \gamma d_p t \frac{\cos\theta}{2\mu} \tag{7-6-38}$$

式中，h_p 为液体的渗透高度；γ 为液体的表面张力；t 为渗透时间；μ 为液体的黏度。

但是多孔材料中的真实孔道多数都不是均匀的圆的直管，而是非均匀的异形管，多数为多角形管。而且公式也没有考虑吸附力对液体渗透的影响，因此实测的真实多孔体中液体的渗透高度往往为计算值的 10～20 倍。

B　孔形状的影响

由于烧结金属多孔材料是由金属粉末颗粒或纤维制成的，绝大多数都不构成圆的直管，而是呈多角状和缝隙状孔截面。这种材被浸润液体浸渍时孔角和缝隙优先被填充，对于任意一个多角状管有 n 个角，如果只考虑毛细作用而忽略液膜的吸附作用，在液体的浸渍过程中，当液/气界面连接分开而形成圆时，会产生液体自发填充全部孔截面的快速转变点，这一圆的半径就是孔截面的内接圆[18]。

$$r_{im} = \frac{2A}{P_p} = \frac{P_p}{4[F(\gamma)+\pi]} \tag{7-6-39}$$

式中，r_{im} 为孔截面内接圆半径；P_p 为孔截面周长；A 为孔截面的总面积；$F(\gamma)$ 为孔的形状因子或曲率因子，仅与孔截面的曲率有关。

对于从多孔体中排除液体的情况，在一定的毛细压力下，液/气的新月形面浸入毛细管，排液时，液体从中心到尖角逐渐排出。这一从圆到角的转变点曲率半径 r_d 可以根据 P_p 和 $F(\gamma)$ 来计算：

$$r_d = \frac{P_p}{2[F(\gamma)+\pi] + \sqrt{\pi[F(\gamma)+\pi]}} \tag{7-6-40}$$

对于圆形管 $F(\gamma)=0$，$r_{im}/r_d=2$，随着形状因子与曲率的增加比值接近于 1。多角形孔截面的曲率因子列于表 7-6-8。

表 7-6-8　部分多角状孔的曲率因子

棱边数	角度/(°)	$F(\gamma)$	孔形状
3	60	$3\sqrt{3}-\pi$	
4	90	$4-\pi$	
12	150	$\frac{12}{2+\sqrt{3}}-\pi$	

C　液体对真实多孔体的浸渍速度与高度[19]

液体对真实多孔体的浸渍速度与高度的关系用下式表示：

$$h_p^2 = kt \tag{7-6-41}$$

式中，h_p 为液体在多孔体中的浸渍高度；k 为浸渍速度常数，通常由实验确定；t 为浸渍时间。

在等温和恒速浸渍时，浸渍过程仅与孔道尺寸有关，孔径越小，液体上升高度越大。在实际的多孔材料中，孔径变化范围很宽，当毛细液体上升高度大于或等于试样高度时，即在 $h_{pmax} \geqslant h$ 时，$h_{pmax} = \psi_c/g$，ψ_c 为毛细管位能，g 为重力加速度。$\psi_c = 4\sigma\cos\theta/\rho_L d_p$。如果液体上升高度小于试样高度，即 $h_{pmax} < h$，表明浸渍时有逐渐断开的孔，这时断开的孔依靠溢出一些垂直于浸渍方向上的液体而继续被填充，所有这些，最终将导致浸渍速度的降低。

6.1.4　力学性能

烧结金属多孔材料的力学性能与致密金属材料相比，在粉末颗粒之间以及金属纤维之间的接触面完全为金属接触的情况下，主要差别在于孔的影响，包括孔隙度、孔形、孔径及孔径分布等。孔隙度对多孔铁力学性能的影响见表 7-6-9。

表 7-6-9　孔隙度对多孔铁力学性能的影响

孔隙度/%	平均孔径/μm	$\sigma_{0.2}$/MPa	σ_b/MPa	δ/%	δ_c①/%
2.7	1.2	215	328	41	18
3.5	1.0	170	301	30	12
6.0	1.4	162	293	29	12
7.5	1.7	130	240	26	10
12.7	—	125	235	25	9.2
20.0	1.8	71	151	12	4.5

① 极限应变。

6.1.4.1　强度

对于烧结金属多孔材料，已有许多经验公式来计算材料的强度，但多数都只考虑孔隙度，然而在烧结金属多孔材料中多数孔都是不规则的，在角形孔中，在负荷作用下，尖角处会形成应力集中并成为裂纹萌生处，因而会显著降低材料的力学性能。考虑孔的形状以后，烧结多孔材料的强度、密度和孔形因子之间的关系经统计分析可用下式表示[20]：

$$\sigma_b = \alpha\rho^n F^m \tag{7-6-42}$$

式中，σ_b 为弯曲强度，MPa；ρ 为材料密度，g/cm³；F 为孔形状因子（$F = 4\pi A/\rho_p^2$）；α, n, m 为常数。

烧结多孔铁和钢的 α、n 和 m 值分别为：

	α	n	m
烧结铁	13.2	1.671	0.684
烧结钢	15.28	1.740	0.572

对于泡沫金属，常用下式[21]计算：

$$\sigma_{pl} = 0.4\sigma_y(\rho/\rho_s)^{3/2} \tag{7-6-43}$$

式中，σ_{pl}为泡沫金属的塑性破坏极限强度；ρ_s 为泡沫金属的固相密度；ρ 为泡沫金属的密度。

A　弹性模量

对于烧结金属粉末多孔材料常用下式[22,23]：

$$E = E_0\left[\frac{(1-\varepsilon)^2}{1+\varepsilon(2-3\gamma_0)}\right] \tag{7-6-44}$$

式中，E 为金属多孔材料的弹性模量；E_0 为相应的致密金属的弹性模量；ε 为材料的孔隙度；γ_0 为致密金属的泊松比，对于致密的钢材 γ_0 约为0.3。

对于金属纤维多孔材料可用以下两式[24]：

$$E = \frac{11.2764K_0\mu_0(1-\varepsilon)^{2.2186}}{K_0(4-3\varepsilon)+1.2528\mu_0(1-\varepsilon)^{1.2186}} \tag{7-6-45}$$

式中，E 为多孔材料的弹性模量；K_0 为金属纤维的压缩模量；μ_0 为金属纤维的剪切模量。

$$E = \frac{\sigma_b}{\sigma_{b0}}E_0 \tag{7-6-46}$$

式中，E 为金属纤维多孔材料的弹性模量；σ_b 为多孔材料的抗拉强度；σ_{b0}为金属纤维材料的抗拉强度；E_0 为金属纤维的弹性模量。

对于泡沫金属多用下式计算：

$$E = E_s(\rho/\rho_s)^2 \tag{7-6-47}$$

式中，E_s 为固相金属的弹性模量；ρ_s 为固相金属的密度；ρ 为泡沫金属的密度。

B　烧结金属复合丝网的强度[2]

复合金属丝网的强度取决于原始丝网的编织类型、丝网配置、丝材的性能、丝网孔隙度及制造工艺参数等。通常的复合网由平织网和席形网组成。对于轧制复合网，在编织方向上：

$$\sigma_b = 2\sigma_{b0}(1-\varepsilon)B/L_c \tag{7-6-48}$$

在主线方向上：

$$\sigma_b = \sigma_{b0}(1-\varepsilon)A/L_c \tag{7-6-49}$$

在垂直于网平面的方向上：

$$\sigma_b = \left(2\frac{N_{c1}}{N_c}\cdot\frac{B}{L_c}+\frac{N_{c2}}{N_c}\cdot\frac{A}{L_c}\right)(1-\varepsilon) \tag{7-6-50}$$

以上三式中：σ_b 为复合丝网的极限抗拉强度；σ_{b0}为丝材的致密体的极限抗拉强度；L_c 为网扣的长度（席形网为网宽的两倍）；ε 为复合丝网孔隙度；A、B 为强度计算系数；N_{c1}为席形网层数；N_{c2}为平编网层数；N_c 为网总层数。

在20%～70%孔隙度范围内复合网的强度偏差计算值与实测值不超过10%。

有关复合纺织网和复合平织方形网的计算，可参考文献[1]。

6.1.4.2　能量吸收性能

高孔隙度材料在较低的传递载荷下可吸收大量的变形能，用作缓冲器可对机构部件起保护作用。多孔材料受到压缩时，变形强化曲线如图7-6-16所示[25]，可分为三个阶段：第一阶段为弹性变形阶段（A_0 区）；第二阶段为弱变形强化阶段（A 区），该区在压缩时试样高度减小，多孔体内部固相连接线弯曲而没有相互间的作用，压缩方向上的弹性模量以及试样的横截面积均不发生变化,应力增加很少。这阶段吸收最大的变形能以防止最大负荷从负荷源向保护件转移;第三阶段为强变形强化阶段(A_s 区),在这阶段变形应力急剧增加。变形强化曲线确定了材料的饱和变形度,曲线所围的面积(影线部分)即是多孔材料吸收的能量,用公式表示为:

$$A_a = A_o + A + A_s \tag{7-6-51}$$

式中,A_a 为多孔材料所吸收的总变形能;A_o 为弹性变形阶段所消耗的能量;A 为弱变形强化阶段所吸收的能量;A_s 为强变形强化阶段所吸收的能量。

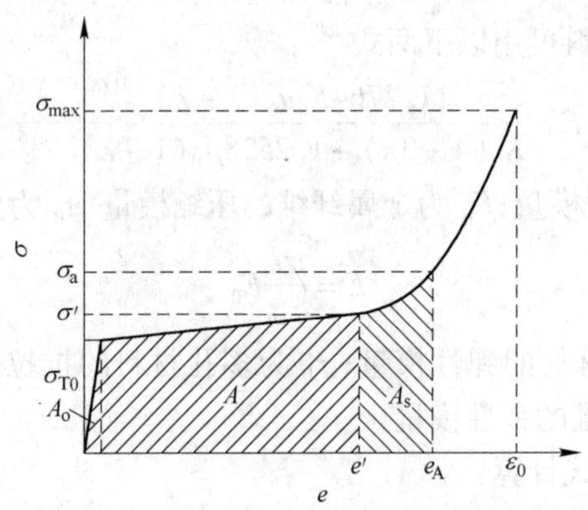

图 7-6-16 多孔材料压缩变形强化曲线

由于 $A_o \ll A_a$,因此在式(7-6-51)中 A_o 可以忽略,式(7-6-51)可写为:$A_a \approx A + A_s$。在弱变形强化阶段吸收的功率密度可由下式计算:

$$A = [\sigma_y + (N/2)e'] \left(1 - \frac{\varepsilon_0}{\varepsilon_c}\right)^{\beta} e' \tag{7-6-52}$$

式中,σ_y 为固相屈服极限;N 为固相变形强化系数;ε_c 为临界孔隙度,具有一定孔空间结构的材料在该孔隙度下弹性模量变为零;β 为取决于孔空间形貌的指数;e' 为材料的相对变形量;ε_0 为材料原始孔隙度。

在强变形强化阶段吸收的功率密度为:

$$A_s = \int_{e'}^{e_a} \sigma_s \mathrm{d}e \tag{7-6-53}$$

式中,σ_s 为固相变形应力。

6.1.5 物理性能

6.1.5.1 热电性能

A 热导率

多数情况下烧结金属多孔材料的传热是由金属粉末颗粒(或纤维)间的接点传导热、孔中的对流传热和材料的辐射传热所组成。高温下辐射传热起主导作用,常温常压下,当孔尺寸大于分子平均自由程时($d_p > 10\lambda$)时,气体产生自然对流,但在封闭的孔中,只有当 $d_p >$ ~10 mm 时才会有显著的自然对流。因此,如果多孔体孔径不是很大,而孔隙中仅仅为空气所填充,在常温常压下,对流传热与辐射传热均可忽略。对这种情况下的烧结金属多孔材料的热传导已进行大量研究，建立了许多方程，在这里推荐下列方程。

（1）对于金属粉末多孔材料，有 Montes 方程[27]：

$$\frac{\lambda_E}{\lambda_S}=\left(1-\frac{\varepsilon}{\varepsilon_m}\right)^2 \tag{7-6-54}$$

式中，ε_m 为粉末体振实孔隙度；λ_S 为致密金属的热导率。

（2）对于烧结金属纤维多孔材料，Alexander 等人导出纤维毡用空气和水饱和后的有效热导率[28]：

$$\lambda_E=\lambda_f\left(\frac{\lambda_S}{\lambda_f}\right)^{(1-\varepsilon)a} \tag{7-6-55}$$

式中，a 为经验常数，被空气饱和时，$a=0\sim1$，被水饱和时，$a=0.34$。

（3）对于烧结复合金属丝网材料[29]，由于金属丝网纺织精确，它的孔隙度、比表面积均可严格控制，因而热传导性能也易于控制。如果金属丝网多孔材料的热传导以有效热传导表示（λ_E），对于单层网：

$$\lambda_E=\frac{\lambda_f[\lambda_f+\lambda_S-(1-\varepsilon)(\lambda_f-\lambda_S)]}{\lambda_f+\lambda_S+(1-\varepsilon)(\lambda_f-\lambda_S)} \tag{7-6-56}$$

式中，λ_f 为网孔中流体相的热导率；λ_S 为构成丝网的固体材料的热导率；ε 为孔隙度。

（4）对于烧结多层复合网丝，当填充流体为空气或水时，则在垂直于热流方向上有：

$$\lambda_E=\lambda_f(\lambda_S/\lambda_f)^{(1-\varepsilon)} \tag{7-6-57}$$

忽略饱和流体的热导率后（常温常压下空气和水的热导率均很低）可得到：

$$\lambda_E=\frac{1-\varepsilon}{1+11\varepsilon}\lambda_S$$

（5）对于金属多孔材料中的强制对流传热，可参阅文献[1]。

B 金属多孔材料的电导率

电导率与热导率十分相似。对于粉末冶金多孔材料，当孔中的流体为绝缘体时，多孔材料的电导率可用下式表示[30]：

$$\gamma=\gamma_0\frac{2K(1-\varepsilon)}{2K+\varepsilon} \tag{7-6-58}$$

式中，γ_0 为固体材料的电导率；K 为常数，取决于孔结构。

对于具有孔族群的泡沫材料，电导率可表示为：

$$\gamma=K\gamma_0(1-\varepsilon)^{\tau} \tag{7-6-59}$$

式中，τ 为临界指数，由实验确定。

上两式中的 K 应小于1，因为当 $\varepsilon=0$ 时，$K=1$。

6.1.5.2 吸声性能

多孔材料的吸声原理是声波进入材料孔隙后，引起孔隙中空气和材料的细小颤微振动，通过摩擦和黏滞阻力将声能转变成热能而被吸收。当声音入射波的频率与材料结构的固有频率相吻合时，结构产生共振，此时引起的能量损耗使构件的吸声性能最大。

A 声速

声音通过多孔材料时的速度可由下式确定：

$$V_a = V_0(1+\varepsilon)(1-\varepsilon)^{1/2}\exp(-B\varepsilon/2) \tag{7-6-60}$$

式中，V_a 为声音通过多孔材料的传播速度；V_0 为声音在致密材料中的传播速度；ε 为孔隙度；B 为与流体黏度有关的实验常数。

其中 $V_0=(E_s/\rho_s)^{1/2}$，E_s 为致密材料的弹性模量，ρ_s 为致密材料的密度。

B　吸声系数

声能在多孔材料中的损失主要是由多孔体中空气的黏性摩擦所引起，可用流阻来表征。在较大压差的情况下，声波进入多孔体先产生空气的压缩后释放，空气压缩时发热，也会因热传导而引起能量的损失，对于柔软的纤维多孔材料还会以骨架的变形产生能量损失，但对烧结金属多孔材料一般不会产生骨架的变形。

在低压低速的情况下，流阻由下式确定[2]：

$$R_f = \Delta p A/Q_0 \tag{7-6-61}$$

式中，Δp 为气体通过材料的压差；A 为材料的截面积；Q_0 为气体的体积流速，m^3/s。

流阻的单位（Pa · s/m）与特性声阻抗（$\rho_0 C_0$）的单位相同，特性声阻抗 $Z_s=\rho_0 C_0$，ρ_0 为流体密度，C_0 为声速。0℃下的空气，$Z_s=428$ Pa · s/m；20℃下的空气，$Z_s=415$ Pa · s/m；20℃下的水，$Z_s=1.48\times10^6$ Pa · s/m，因此，有时用 ρC 单位数来描述无量纲流阻也是很方便的。材料单位厚度上的流阻称为比流阻，单位为 $Pa \cdot s/m^2$。

$$R_f = R_i h \tag{7-6-62}$$

式中，R_i 为比流阻；h 为材料的厚度。

一般情况下吸声系数可用下式表示：

$$\alpha_a = 1-[(Z-\rho_0 C_0)/(Z+\rho_0 C_0)]^2 \tag{7-6-63}$$

式中，Z 为声阻抗比，$Z=\gamma+jX$，其中 γ 为声阻比，X 为声抗比。

吸声系数取决于多孔材料的组织结构、水力学性能、材料厚度等，而比流阻又取决于多孔材料的孔空间特性，如孔径、孔隙度、孔弯曲、孔长度和孔的表面粗糙度等，由下式表示：

$$R_i = 32\mu/\varepsilon d_p^2 \tag{7-6-64}$$

式中，μ 为流体动力黏度；ε 为材料的孔隙度；d_p 为材料的平均孔径。

6.1.6　化学性能

6.1.6.1　耐腐蚀稳定性

腐蚀性液体、气体乃至固体粒子对多孔材料的腐蚀通常发生在孔的表面和颗粒或纤维间的节点处。与致密材料不同，对多孔材料的腐蚀不仅是沿多孔体的表面进行，而且在整个多孔材料的孔内发生，因此，多孔材料的耐蚀性要远远低于同种致密材料的耐蚀性。由于腐蚀反应发生在材料内部，参与反应及反应产物的物质迁移与致密材料不同，很难用称重方法来准确估算腐蚀速度，比较有效的是采用模拟实验方法。采用测定多孔材料的比电阻变化或强度变化来间接表征耐腐蚀性能是可行的。影响多孔材料耐蚀性能的因素有很多，如孔隙度、孔形貌、粉末粒度、颗粒间的接触面积等。两种不同粉末粒级制成的 0Cr18Ni10 不锈钢多孔管在 10% 硝酸水溶液中腐蚀后的破断压力如下[2]（试样尺寸：ϕ40 mm × 34 mm，高 100 mm，孔隙度 38% ~41%）：

腐蚀时间/h	0	5	10	30	120	360	720
粉末粒级/μm	破断压力/MPa						
-200+100	2.2	2.0	2.0	1.9	1.8	1.8	1.7
-800+600	1.0	0.8	0.7	0.7	0.6	0.5	0.5

可见，在孔隙度相同的情况下，粉末粒度越粗，材料的耐蚀性能越差。

采用测比电阻的变化来判断多孔材料的耐蚀性能时，对于烧结金属粉末多孔材料，腐蚀后比电阻的变化可以认为是颗粒间接触面积的变化。颗粒间接触相对值可表示为：$\xi = d_k/d_s = \rho_k/\rho_0$，其中 d_k 为颗粒间接触面的直径，d_s 为粉末颗粒直径，ρ_k 为致密材料比电阻，ρ_0 为多孔材料比电阻。前苏联科学家 P. A. Анлриевский[31] 建议将0.4～0.5的颗粒间相对接触值作为非球形粉末多孔材料在腐蚀条件下的工作寿命，即当这一数值小于0.4时，多孔材料的强度将不能支持其继续工作。图7-6-17为4种不锈钢多孔材料（孔隙度为38%±1%，原始粉末粒级为100～150 μm）在10% HNO_3，50% HNO_3，浓 HNO_3，10% H_2SO_4，10% NaOH和自来水中的腐蚀曲线[32]。

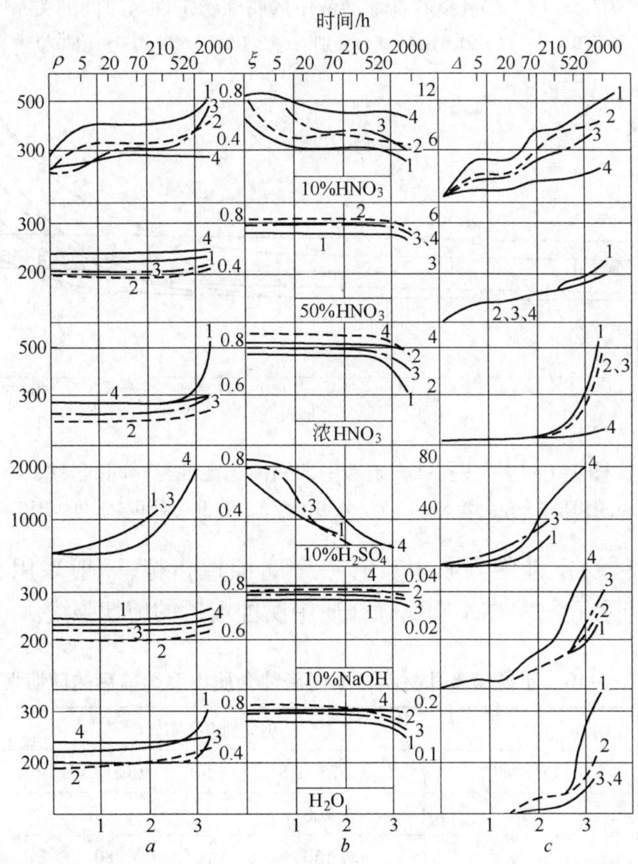

图7-6-17　多孔不锈钢在不同介质中的比电阻(*a*)、颗粒间接触相对值(*b*)、溶于介质中的铁含量(*c*)的变化曲线

1—1Cr18Ni9Ti；2—Cr17Ni2；3—0Cr18Ni9；4—Cr23Ni18

粒级为250～1000 μm的电解钛粉制成的孔隙度为30%的多孔钛、于850℃氮化30 min后的多孔钛及添加钯的多孔钛，分别在20%盐酸和40%硫酸溶液中的腐蚀稳定性示于

图7-6-18和图7-6-19。

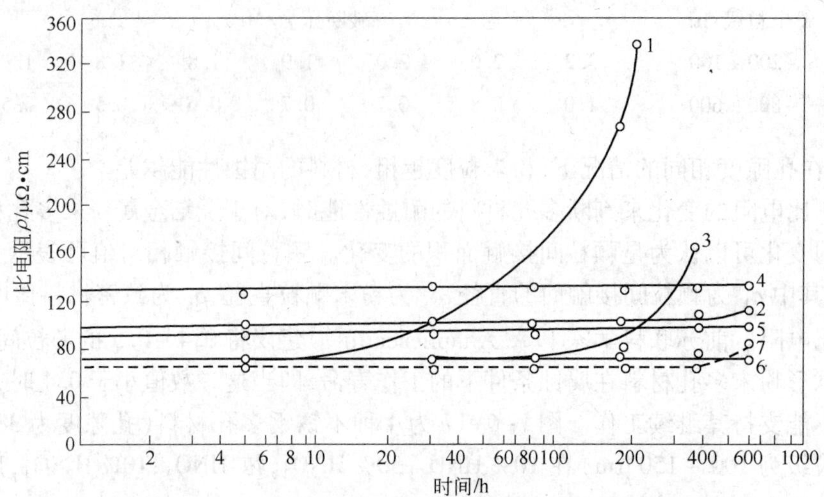

图7-6-18 多孔钛在盐酸溶液中的腐蚀稳定性与时间的关系

1—纯钛;2—氮化8 h;3—氮化0.5 h;4～7—分别为含2.0%、0.2%、0.1%和0.05%钯的钛合金

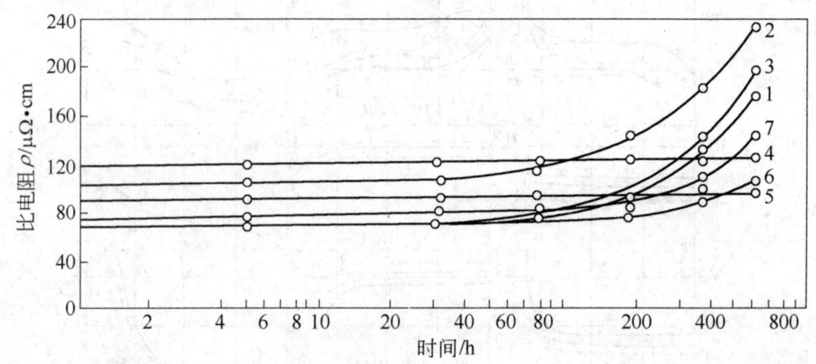

图7-6-19 多孔钛在硫酸中的腐蚀稳定性与时间的关系

1—纯钛;2—氮化8 h;3—氮化0.5 h;4～7—分别为含2.0%、0.2%、0.1%和0.05%钯的钛合金

对多孔材料腐蚀稳定性的判断很难有一个腐蚀性指标,一般采用相对比较的方法,表7-6-10是不锈钢多孔材料在不同腐蚀介质中腐蚀前后的剪切强度。

表7-6-10 不锈钢多孔材料在不同腐蚀介质中腐蚀前后的剪切强度

腐蚀介质	剪切强度/MPa			
	1Cr18Ni9	Cr23Ni18	0Cr18Ni9	1Cr18Ni9Ti
腐蚀前	220	200	230	180
10% HNO_3	80	150	80	55
50% HNO_3	140	160	190	170
浓 HNO_3	150	125	130	45
10% NaOH	2100	180	225	115
H_2O	195	160	210	105

6.1.6.2　抗氧化稳定性

多孔材料的抗氧化稳定性除材料本身以外，主要取决于孔隙度和颗粒间的接触。图7-6-20是温度和孔隙度对多孔镍氧化的影响，氧化时间为10h。

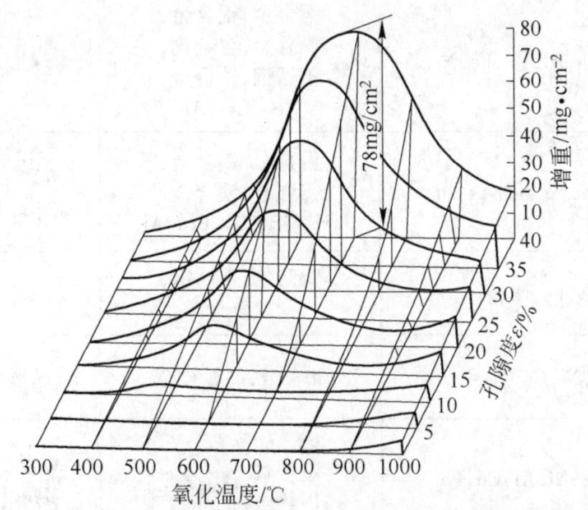

图7-6-20　多孔镍的氧化增重与温度和孔隙度的关系

多孔铁的氧化动力学具有抛物线形规律，图7-6-21为在500℃下多孔不锈钢的氧化动力学，其中1Cr18Ni9Si2由雾化粉末制取，孔隙度为30%，其余由还原粉末制取，孔隙度为35%～40%。

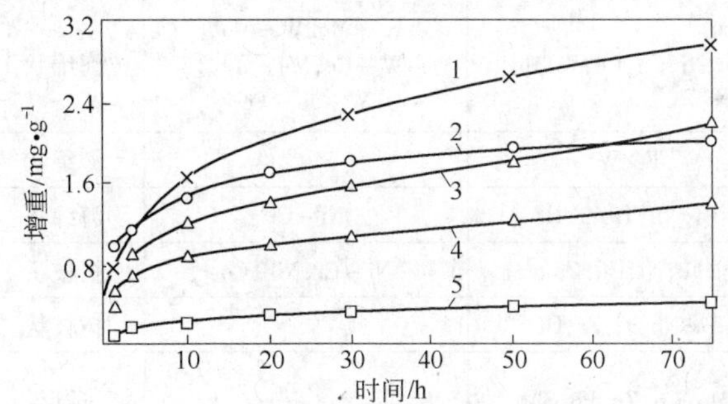

图7-6-21　在空气中500℃下多孔不锈钢氧化重量变化曲线

1—Cr23Ni18；2—Cr30；3—1Cr18Ni9Ti；4—Cr17Ni2；5—雾化的1Cr18Ni9Si2

6.2　烧结金属粉末多孔材料

6.2.1　金属粉末

6.2.1.1　制取方法与粉末性能

金属粉末的制取方法有两大类：机械粉碎和物理化学方法。表7-6-11是多孔材料用粉末的常用制取方法和特点[2]。

粉末的性能包括化学成分、粒度与粒度分布、比表面积、松装密度、振实密度、粉末颗粒形状以及流动性等，主要取决于生产工艺和原始材料的性能。表7-6-12为俄罗斯的牌号为Бpoφ10－1的气雾化青铜粉末的性能。

表 7-6-11 多孔材料常用粉末制造方法比较

粉末制取方法			粉末种类		粉末特性	
			金属	合金	形状	粒度范围/μm
机械方法	雾化	气雾化	Sn,Pb,Al,Cu,Fe,Ni,Ti	铜合金,铝合金,镍合金,合金钢,不锈钢,钛合金,Fe - Cr - Al	球形	1 ~ 400
		水雾化	Cu,Fe,Au,Ag,Ni	铜合金,铝合金,镍合金,铁合金,不锈钢,Fe - Cr - Al	近球形或非球形	1 ~ 400
		电弧喷枪雾化	Fe,Ni,Ti	蒙乃尔,不锈钢,钛合金	球形	1 ~ 400
		旋转电极雾化	Fe,Ni,Co,Ti,Re,Ir	钛合金,高温合金	球形	30 ~ 500
	机械粉碎	气流磨	Fe,Ni,Al,Cu,Pb	Fe - Ni,Fe - Al,Ni - Al,合金钢,蒙乃尔	碟状,多角状	8 ~ 60
		破碎	高硅铁,海绵钛	Ni - Al,Ti - Ni,TiH_2	不规则	粗粉,最粗可至2000 ~ 2500
		球磨	Fe,Ni,Cu,Ti	Fe 合金,Ni 合金,Ti 合金,TiH_2	多角状,不规则	100 ~ 200
物理化学方法	还原法	气体还原	Fe,Ni,Cu,Co,W,Mo	Fe - Mo,W - Mo,W - Re,Mo - Re,W - Ni - Fe	海绵状	1 ~ 50
		碳还原	Fe,W		海绵状	1 ~ 50
		金属热还原	Ta,Nb,Ti,Zr,Hf	Ni - Cr	海绵状	1 ~ 50
	电解法	水溶液电解	Fe,Ni,Cu,Co	Ni - Cr,Ni - Co	树枝状	1 ~ 100
		熔盐电解	Ta,Nb,Ti,Zr,Hf		树枝状	1 ~ 100
	气相沉积	气相冷凝沉降	Mn,Cd,Zn,Pb,Sb		球形	0.1 ~ 10
		羟基法	Fe,Co,Ni		球形	0.1 ~ 10
		电弧蒸发	Zn,Pb,Sb		球形	0.1 ~ 5

表 7-6-12 雾化青铜粉末的性能[2]

粉末粒级 /μm	形状系数	比表面积 /$m^2 \cdot g^{-1}$	比重瓶密度 /$g \cdot cm^{-3}$	松装密度 /$g \cdot cm^{-3}$	振实密度 /$g \cdot cm^{-3}$	流动性 /$g \cdot s^{-1}$
-63	0.93	—	8.80	5.20	5.70	13.8
-100 +63	0.93	0.070	8.79	5.05	5.67	15.0
-160 +100	0.92	0.048	8.78	5.03	5.57	16.2
-200 +160	0.90	0.040	8.80	4.95	5.50	18.8
-315 +200	0.96	0.030	8.80	5.32	5.75	17.6
-400 +315	0.95	0.026	8.79	5.23	5.68	22.2
-630 +400	0.95	0.015	8.79	5.20	5.66	26.2
-1000 +630	0.94	—	8.78	5.16	5.57	—
-1600 +1000	0.93	—	8.76	5.12	5.51	—

用单一球体堆积成多孔体时，多孔体的孔隙度仅与球体的堆积方式有关，与球体直径无关，表 7-6-13 列出了单一理想球体堆积形式与孔隙度关系。

表 7-6-13　理想球体堆积形式与孔隙度

堆积形式	配位数	孔隙度/%
立方	4	47.64
斜方	6	39.54
体心立方	8	32.00
正方	10	30.19
致密六方	12	25.96

球形颗粒不同，堆积形式构成不同的孔空间，由紧密堆积方式（如致密六方）所组成的孔空间平面内接圆直径为颗粒直径的 15.6%，而松散堆积（如立方）所组成的孔空间平面内接圆直径为颗粒直径的 41.4%。然而多孔材料所选用的粉末不可能为同一直径的颗粒，而是选用一定的粒级范围的粉末，这时小尺寸粉末颗粒就会占据由粗粉末所组成的孔空间，因此，即使是球形粉末自由堆积成多孔体，也很难计算其孔径大小。

原始粉末的性能在很大程度上决定着烧结金属粉末多孔材料的孔结构特性，除了粉末粒度以外，粉末颗粒的形貌也是影响孔结构的重要因素，为此引入粉末的形状因子 F_s[33]。

$$F_s = \frac{4\pi A_s}{P_t^2} \tag{7-6-65}$$

式中，A_s 为粉末颗粒的投影面积；P_t 为颗粒投影面周长。

众所周知，粉末颗粒形状对粉末的松装密度和振实密度有关键性影响，在粉末粒度确定的情况下起着决定作用。研究表明：对烧结金属粉末多孔材料最具影响的是振实密度，在这种状态下粉末已构成了一种骨架特性。如果把相对于振实密度的孔隙度称为装填孔隙度，以 ε_a 表示，则：

$$\varepsilon_a = 1 - \frac{\rho_v}{\rho_s} \tag{7-6-66}$$

式中，ρ_v 为粉末的振实密度，kg/m^3；ρ_s 为粉末金属致密体密度，kg/m^3。

表 7-6-14 为部分原始粉末的形状因子与装填孔隙度。对于球形粉末，F_s 趋于 1，ε_a 为最小值，非球形状，特别是树枝状粉末，$F_s = 0.2 \sim 0.4$，具有最大的 ε_a 值。根据统计分析，粉末的装填孔隙度与颗粒的形状因子成指数关系：

$$\varepsilon_a = 0.75\exp(-1.011F_s^{2.694}) \tag{7-6-67}$$

表 7-6-14　部分原始金属粉末的形状因子与装填孔隙度[33]

材　料	制取方法	粉末粒级/μm	形状因子 F_s	装填孔隙度/%
钛合金 BT9	旋转电极氩气雾化	-100 +63	1.0	37.3
		-160 +100	1.0	36.5
		-200 +160	1.0	38.0
		-315 +200	1.0	37.5
		-400 +315	1.0	38.2
		-630 +400	1.0	38.4

续表 7-6-14

材　料	制取方法	粉末粒级/μm	形状因子 F_s	装填孔隙度/%
锡(10%)磷(1%)青铜	空气雾化	-100 +63	0.93	35.0
		-160 +100	0.92	36.5
		-200 +160	0.90	37.5
		-315 +200	0.96	35.0
		-400 +315	0.95	35.0
		-630 +400	0.94	36.5
锡磷青铜 10% Sn -1% P	水雾化	-100 +63	0.65	58.3
		-160 +100	0.65	61.9
		-200 +160	0.65	62.1
不锈钢 1Cr18Ni10	气雾化	-100 +63	0.82	44.6
		-160 +100	0.83	43.8
		-200 +160	0.82	44.5
		-315 +200	0.77	44.4
		-400 +315	0.79	46.8
		-630 +400	0.76	51.9
不锈钢 1Cr18Ni10	CaH_2 还原	-100 +63	0.62	66.3
		-160 +100	0.62	67.0
		-200 +160	0.63	67.9
		-315 +200	0.65	71.2
纯钛	电解	-100 +63	0.31	64.6
		-160 +100	0.33	67.0
		-200 +160	0.40	67.3
		-315 +200	0.35	65.1
		-400 +315	0.36	69.2
		-630 +400	0.32	69.5
纯铜	电解	-100 +63	0.27	65.5
		-160 +100	0.26	70.0
		-200 +160	0.26	73.0
		-315 +200	0.26	67.5
		-400 +315	0.24	71.0

该经验式具有一定的实用价值，只需测出粉末颗粒的 F_s 值便可算出 ε_a 值。而 F_s 的测量无需复杂的仪器，仅需金相显微镜即可。

粉末的装填孔隙度与材料的孔隙度之间为线性关系。对于球形粉末，$\varepsilon \approx \varepsilon_a$，对于非球形粉末，$\varepsilon \approx 0.872\varepsilon_a$。由于非球形粉末在烧结过程中接触面积逐渐增大，颗粒间距也逐渐减小，因而使材料收缩增加，孔隙度减小。

6.2.1.2　粉末分级

A　筛分分级

采用标准筛对粉末进行分级适用于 30 μm 以上粒度的粉末。国外用每英寸长度筛网上的网孔数(网目数)来表征筛网的网孔规格。表 7-6-15 列出了我国部分标准方孔筛的网孔尺寸和国外部分筛网网孔尺寸。

表 7-6-15　部分筛网网孔规格对照

中国(GB 6003—85)	
筛孔尺寸/μm	相当英制网目数
20	637
22	577
25	508
28	480
32	423
36	385
40	353
45	330
50	295
63	242
71	210
80	187
90	166
100	149
125	118
140	106
150	100
160	93
180	83
200	74
250	62
280	55
355	44
400	39
500	31
600	25
710	22
800	20
900	18
1700	10
英　国	
筛孔尺寸/μm	网目数
20	625
25	500
37	400
45	350
53	300
63	240
76	200
89	170
104	150
124	120
152	100
180	85
250	60
300	52
500	30
710	22
美国(标准筛)	
筛孔尺寸/μm	网目数
20	625
25	500
37	400
45	325
53	270
61	250
74	200
89	170
104	150
124	115
147	100
180	80
250	60
300	50
500	35
710	25
俄罗斯	
筛孔尺寸/μm	网目数
28	325
40	275
45	225
56	180
70	140
90	120
125	100
160	80
315	50
450	40
500	30
800	20

B 气体分级

通常用于气体分级的粉末是 50 μm 以下的粉末。根据斯托克斯定律，粉末颗粒的沉降速度与粉末颗粒直径平方成正比。当忽略气体密度时，常温下球形粉末在静止空气中的沉降速度为：$v=2.991\times10^{-4}\rho_1 d_s^2$。式中，$\rho_1$ 为金属粉末颗粒的密度；d_s 为球形粉末颗粒直径。当采用不同直径的分级筒分级时，要平衡具有一定沉降速度的球形粉末所需要的气体流量为：$q=47.1VD^2$，D 为分级筒的直径。在分级时，如果固定气体的流量，可以得出粉末粒度与分级筒直径成反比的关系[34]。因此在气体流量一定时，同一种金属粉末，大颗粒沉降在小直径的分级筒中，而小颗粒沉降在大直径的分级筒中。

其他分级方法以及球形粉末与非球形粉末的分离参阅文献[34]。

6.2.2 成形

用于金属粉末多孔材料成形的方法主要有模压、冷等静压、粉末轧制、增塑挤压、粉浆浇注、注射成形、振动成形和松装烧结等。表 7-6-16 为各种成形方法的比较。

表 7-6-16 多孔材料各种成形方法比较[1,2,34,35]

成形方法	优 点	缺 点	应用范围
模压	尺寸精度高；生产效率高	孔隙分布不均匀；制品尺寸和形状受限制	尺寸不大的筒状、片状等制品
等静压	孔隙分布均匀；适于大尺寸制品	尺寸公差大；生产效率低	大尺寸管材及异形制品
增塑挤压	能制取细而长的管材；孔隙度沿长度方向均匀；生产率高	制品形状受限制，需加入较多的增塑剂，因而使烧结工艺复杂	细而长的管、棒材及某些异形截面管材
粉末轧制	能制取长而孔隙度高的带材及孔隙度小、精度高、性能均匀的箔材；生产效率高，可连续生产	制品形状简单，带材宽度受限制；粗粉末或球形粉末加工困难	各种厚度的带材；多层过滤器
粉浆浇注	能制取各种复杂形状的粉末或纤维制品	生产效率低	复杂形状制品；多层过滤器
松装烧结	生产简单，可生产复杂形状零件	生产效率低	用球形粉末生产复杂形状零件
注射成形	密度均匀；生产效率高；可成形复杂形状及最终形产品	尺寸受限制；混炼与脱脂工艺复杂，成本高，要求球形细粉	复杂形状的小尺寸零件
振动成形	密度分布比较均匀；孔径区间狭窄；工艺简单，成本低	形状与高度受限	大尺寸板材和锥形管材

其中模压与等静压成形是最常用的方法，压制压力和添加剂的选用是影响压坯性能的关键因素。有关压制理论已有大量研究，出现了许多压制方程，但对于多孔材料的成形，一般所选用的压制压力都不很高，以避免产生颗粒变形，这里推荐选用川北经验公式、黄培云压制方程以及巴尔申公式[36,37]。

等静压成形压坯密度均匀，适于大型制品的生产、等静压成形的压力一般不超过 150 ~ 200 MPa。

粉末轧制是生产多孔带材、板材以及焊接管材的常用方法。轧制带材的密度可由下式计算[34]：

$$\rho = \frac{\rho_a}{\tau}\left[1 + \frac{D(1-\cos\alpha)}{h}\right] \tag{7-6-68}$$

式中，ρ_a 为粉末的松装密度，g/cm^3；α 为咬入角，rad；D 为轧辊直径，mm；h 为带坯厚度，mm；τ 为延伸系数，等于带坯轧出速度与粉末在与 α 角相应截面上的速度之比。

粉末轧制多孔带材的最大厚度主要取决于辊径，一般最大带坯厚度与轧辊直径之比约为1/100。粉末轧制多孔带材与其他成形方法所制作的多孔材料相比，性能上有较大的差异[38]。

增塑挤压是在粉末中加入适量增塑剂使其成为具有良好塑性的坯料，然后在压力作用下通过挤压模孔成形。增塑挤压时，挤出压力可通过下式计算[39]：

$$p = a + b\ln\frac{1}{1-\gamma} \tag{7-6-69}$$

式中，γ 为面积减缩比，$\gamma = \frac{S_0 - S}{S_0}$，$S_0$ 为挤压筒中物料截面积，S 为挤出坯料截面积；a、b 为常数，与物料的屈服强度、模具形状及表面状况有关。对于 $-44\ \mu m$ 的HDH钛粉，$a=-27.8$，$b=220$；对于 $100\sim120\ \mu m$ 的球形不锈钢粉，$a=-34$，$b=117$。

此外，挤压比对多孔材料的性能也有很大影响，随着挤压比增加，孔隙度、孔径均减小。表7-6-17为由不同挤压比的气雾化316 L不锈钢球形粉末制取的多孔管的性能。

表7-6-17　挤压比对多孔制品性能的影响[40]

粉末粒度/μm	挤压比	多孔管材性能		
		孔隙度/%	平均孔径/μm	相对透气度/$m^3\cdot(h\cdot kPa\cdot m^2)^{-1}$
-80 +50 球形316 L	5	37.4	15.8	804
	9	36.3	14.3	572
	28.9	32.8	14.6	319

振动成形是最简单、成本最低的成形方法，成形时将粉末装入模腔，粉末的密实是基于振动时粉末颗粒之间以及粉末与模壁之间的摩擦急剧降低。根据金属粉末的类别不同在振动的同时还需加0.5～5 MPa的静压，该静压的存在并不会导致粉末的致密，而是导致粉末的松动有利于振动密实。振动成形的频率通常为50～300 Hz，振幅为50～300 μm。随着粉末粒度的减小还需要提高频率。表7-6-18为振动参数与成形件孔隙度的关系。

表7-6-18　孔隙度与振动参数的关系[2]

粉末粒度/μm	振动加速度/$m\cdot s^{-2}$	振动频率/Hz	孔隙度/%
63	1.67	20	49.5
	1.89	50	47.9
	2.73	100	46.9
	2.61	200	47.1
300	1.67	20	53.8
	1.89	50	51.3
	2.73	100	50.8
	2.61	200	51.4
600	1.67	20	55.3
	1.89	50	53.0
	2.73	100	52.1
	2.61	200	52.7

注射成形用于多孔材料的生产可用气雾化和水雾化细粉。通常粒度小于 38 μm,水雾化细粉要求黏结剂含量超过 50%(体积分数)。一般黏结剂体积含量为 40% ~60%。由于用这种方法生产的多孔材料孔结构均匀,材料的平均孔径可用下式计算[41]:

$$d_a = \frac{2}{3}\left(\frac{\varepsilon}{1-\varepsilon}\right)d_s \tag{7-6-70}$$

式中,d_a 为平均孔径;ε 为孔隙度;d_s 为粉末粒度。

水雾化 316 L 不锈钢(<20 μm)的注射成形实验表明,该式的计算结果与实验相符。

三维打印成形是将黏结剂喷射在粉末层上使部分粉末黏结形成截面轮廓,其过程是在计算机控制下完成的,因此可生产任意形状的制品,烧结后制品具有三维孔结构。

6.2.3 烧结

烧结是在低于金属或合金主要组分熔点的温度下使粉末颗粒之间由机械连接变为冶金结合,从而保证材料具有一定的物理、化学和力学等综合性能。

烧结是一个十分复杂的过程,在烧结过程中可能连续或同时发生多种类型的物质迁移,但对于多孔材料而言,最为关注的是在烧结颈形成的同时,孔道的形成与变化。俄罗斯学者对多孔材料的烧结进行了大量研究,建立了四球接触模型,认为当温度加热到 $0.4T_{熔}$(0.4 倍金属熔点温度)时,接触处由于原子热振动振幅的增加而离开自己的点阵接点产生扩散,首先形成颗粒间的初始金属连接,从而使粉末体烧结成为一个牢固的结合整体,但它并不导致烧结体整体尺寸的变化。随着温度升高至 $0.5T_{熔}$ 时,金属粉末颗粒表面上的原子开始向邻近粉末颗粒接触区迁移,从而形成烧结颈,使粉末颗粒间接触部分结合强化,但这时并未发生孔隙的减少,烧结颈的生长只是导致孔道光滑。随着烧结时间的延长,烧结颈长大,孔道趋于稳定,成为圆柱状,但这时并不影响孔道的贯通,烧结体也不产生收缩。根据这一理想模型,球形粉末体在约 $0.5T_{熔}$ 的温度下进行长时烧结,可以获得理想的圆形孔道结构。然而这种理想模型与实际相差甚远,生产实际中所用粉末并非都是球形,而是多数为非球形;粉末粒度更不可能为同一直径,而是使用一定的粉末粒级;烧结前不都是松装振实状态,多数需要加压成形;还有烧结气氛和各种添加剂的影响等。一般烧结工艺并不采用低温长时加热,而是选用高温短时加热。一般选用(2/3 ~3/4)$T_{熔}$。随加热温度的升高,除表面扩散以外还会产生体积扩散、黏、塑性流动等物质迁移现象,使烧结过程变得更加复杂。粉末粒度对烧结有着重要影响,金属的熔点是致密金属固相与熔融液相共存的平衡温度,当固体颗粒变小时,其化学位会发生变化,因而熔点也会发生变化,粒度越小熔点越低,因此粉末粒度不同,烧结温度应当不同。

除粉末粒度外,成形压力在一定程度上决定压坯的孔结构性能,也在一定程度上决定着烧结件的孔结构性能。在一定的烧结温度范围内,只要成形压力固定,不论松装烧结(压力为 0)、等静压成形、粉末轧制还是增塑挤压成形,烧结温度的变化对孔结构性能的影响并不显著,烧结温度的提高只是显著提高了产品的强度,而随成形压力的增加、材料的孔径、孔隙度、透气性能均显著下降。松装烧结产品的孔径、孔隙度和透过性能最大。

为了生产高孔隙度的材料,通常在粉末中加入造孔剂,常用低温下易于挥发的尿素和碳酸氢氨作造孔剂,造孔剂的粒度应与材料最终平均孔径相一致,加入量为 20% ~60%(体积分数),量太少不起造孔作用,量太多则材料强度太低。在压制过程中,造孔剂的加入可明显降低压制压力，有利于成形。在相同的压制压力下，加入造孔剂的粉末压坯孔隙度明显低于未加造孔剂的粉末压坯。图 7-6-22 为不同粉末加入不同体积含量造孔剂后压坯孔隙度与压制压力的关系，其中 B 为 A 的双对数曲线[42]。

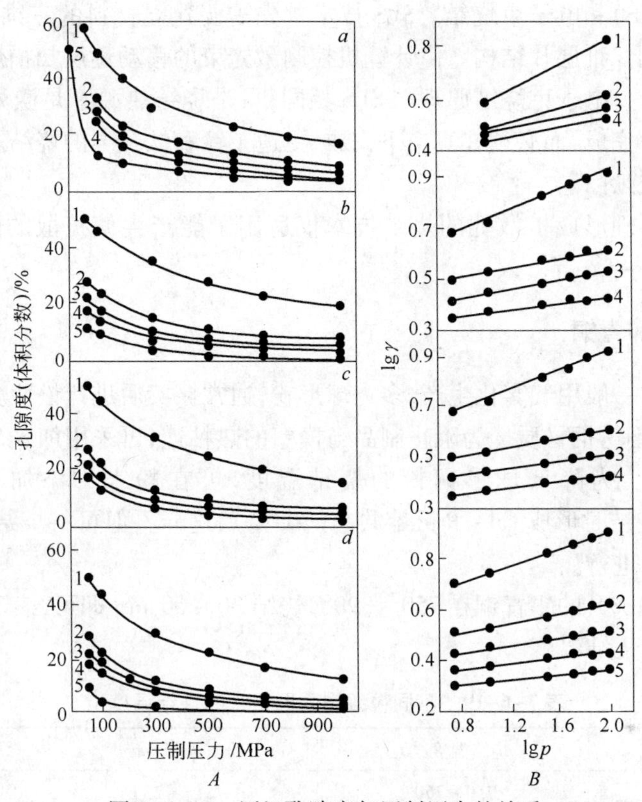

图 7-6-22　压坯孔隙度与压制压力的关系

a—不锈钢，造孔剂：0(1)，20(2)，25(3)，30(4)，100(5) NH_4HCO_3；b—钼，造孔剂：0(1)，20(2)，30(3)，40(4)，50(5)尿素；c—Mo-30Cu，造孔剂：0(1)，20(2)，30(3)，40(4)尿素；d—Mo-40Cu，造孔剂：0(1)，20(2)，30(3)，40(4)，100(5)尿素

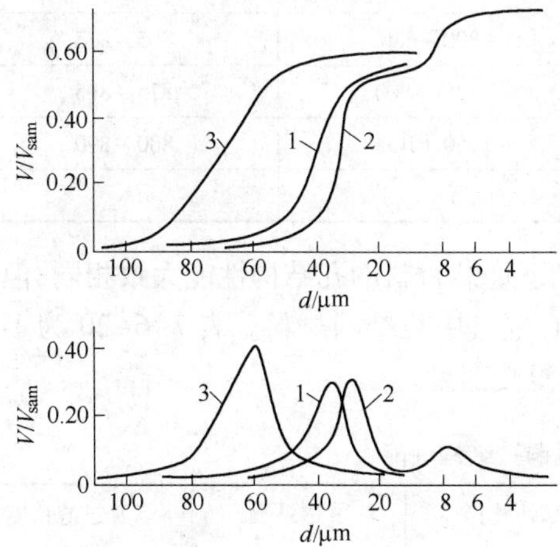

图 7-6-23　三种材料的孔体积分布曲线（上图为积分曲线）

烧结后造孔剂挥发留下孔洞，选用粗颗粒造孔剂时则留下大的孔洞，利用细的金属粉末与粗颗粒造孔剂相搭配可制成双孔材料，细孔位于原始细粉颗粒之间，粗孔则是大颗粒造孔剂挥发后留下的孔洞。图 7-6-23 为加入造孔剂和不加造孔剂的三种材料的孔径分布[43]。图中曲线 1 为松装烧结电解铜粉材料；曲线 2 为 10～30 μm 电解铜粉加入 100～160 μm 的造孔剂经压制烧结后所制得的试样；曲线 3 为直径 50 μm、长 3 mm 铜纤维烧结样。可见加入造孔剂后的试样形成了双峰孔径分布曲线。

在加入造孔剂的金属粉末组分中，如有低熔点金属存在，可大大提高烧结效率。为了提高非球形粉末所制作的多孔元件的透过性能，还可加入氯化物和磷酸盐进行活化烧结。如在还原铁粉中以氯化铜形式加入 10% 铜以后，可使透气性和渗油性能增加 1 ~ 2 倍。球形粉末材料也可通过添加氯化物来提高透过性能。

随着现代技术的发展，快速成形技术已开始用于多孔材料的制造。快速成形包括选区激光烧结（简称 SLS）和电子束烧结。SLS 技术首先需要建立材料的三维数值模型，然后将模型分解为一系列二维层片结构。由计算机控制激光束的移动逐层扫描烧结粉末层以建立三维孔结构的实体。电子束烧结原理与 SLS 相同，只是烧结热源不是激光，而是电子束，且过程不是在气氛下完成，而必须在真空下完成，更适于钛和钛合金的烧结。二者的适用范围及优缺点可参考文献[1]。

利用偏扩散原理形成扩散孔的烧结技术仅适用于能产生偏扩散的两种金属组分，如 Ti - Al、Ti - Mo、Fe - Cu 等。

6.2.4　多孔性铜和青铜

铜和青铜粉末一般用气雾化生产，多为球形粉，通常振实后进行松装烧结。模具多采用石墨、陶瓷或耐热不锈钢材质。为阻止制品与模壁的热粘连，可采用加入 5% Na_2SO_4 的氧化铝浆料涂于模壁。为降低球形铜粉的烧结温度，可在粉末中添加 0.3% ~ 0.5% 的 $(NH_4)_2HPO_4$，在烧结时形成 Cu - P 低熔共晶（705℃），这样不但可将烧结温度降至 900℃，而且能加速烧结的进行。

含 10% Sn 和 1% P 的锡青铜在 750 ~ 890℃烧结 30 ~ 60 min 即可，表 7-6-19 为各种粒级的锡青铜粉末的烧结温度。

表 7-6-19　不同粒级锡青铜粉末的烧结温度[2]

粉末粒级/μm	烧结温度/℃	粉末粒级/μm	烧结温度/℃
-50 +40	750 ~ 760	-315 +250	825 ~ 835
-60 +50	760 ~ 770	-400 +315	835 ~ 845
-80 +63	770 ~ 780	-500 +400	845 ~ 855
-100 +80	775 ~ 785	-680 +500	855 ~ 865
-125 +100	785 ~ 795	-800 +680	865 ~ 875
-160 +125	795 ~ 805	-1000 +800	875 ~ 885
-200 +160	805 ~ 815	-1250 +1000	880 ~ 890
-250 +200	815 ~ 825		

烧结可在氢气或分解氨气氛中进行，两种气氛下烧结材料的孔结构性能大致相同，但在分解氨气氛中烧结的多孔青铜的力学性能稍高于在氢气中烧结的材料。表 7-6-20 为多孔青铜的孔结构性能，表 7-6-21 为部分材料的毛细浸渍高度。

表 7-6-20　部分多孔锡青铜孔结构性能[2]

粉末粒级 /μm	孔隙度 /%	最大孔径 /μm	平均孔径 /μm	渗透系数 /m^2	名义过滤精度 /μm
-80 +600	41	240	195	254.0×10^{-12}	100 ~ 110
-630 +500	40	200	161	154.1×10^{-12}	75 ~ 85

续表 7-6-20

粉末粒级/μm	孔隙度/%	最大孔径/μm	平均孔径/μm	渗透系数/m^2	名义过滤精度/μm
-500 +400	39	185	117	96.2×10^{-12}	50~65
-400 +315	38	140	92	62.1×10^{-12}	35~45
-315 +250	37	95	59	33.0×10^{-12}	25~35
-250 +200	35	75	43	17.6×10^{-12}	20~25
-200 +160	33	65	33	14.8×10^{-12}	15~18
-200 +125	32	52	30	6.6×10^{-12}	10~14
-125 +80	30	31	16	4.0×10^{-12}	7~9

表 7-6-21　部分多孔青铜的毛细性能[2]

粉末粒级/μm	毛细浸渍高度/mm		粉末粒级/μm	毛细浸渍高度/mm	
	丙酮	酒精		丙酮	酒精
-800 +630	23	20	-160 +125	92	77
-630 +500	26	23	-125 +100	130	90
-500 +400	32	27	-100 +80	190	138
-400 +315	38	32	-80 +63	250	186
-315 +250	55	43	-63 +50	380	220
-250 +200	76	62	-50 +40	480	370
-200 +160	85	71			

表 7-6-22 为国内多孔青铜元件的性能。

表 7-6-22　国内多孔青铜元件的性能[44]

牌　号	密度/$g\cdot cm^{-3}$	开孔孔隙度/%	过滤精度 d/μm	渗透系数/m^2	剪切强度/$N\cdot mm^{-2}$
XFQG200	5.0~6.5	15~30	≤200	$\geqslant250\times10^{-12}$	≥30
XFQG150	5.0~6.5	15~30	≤150	$\geqslant200\times10^{-12}$	≥40
XFQG100	5.0~6.5	15~30	≤100	$\geqslant140\times10^{-12}$	≥60
XFQG80	5.0~6.5	15~30	≤80	$\geqslant90\times10^{-12}$	≥80
XFQG60	5.0~6.5	15~50	≤60	$\geqslant60\times10^{-12}$	≥90
XFQG45	5.0~6.5	15~30	≤45	$\geqslant40\times10^{-12}$	≥90
XFQG20	5.0~6.5	15~30	≤20	$\geqslant10\times10^{-12}$	≥110
XFQG8	5.0~6.5	15~30	≤8	$\geqslant2\times10^{-12}$	≥130

6-6-3 青铜粉末的烧结温度推荐为 760~880℃，烧结时间 30~60 min。

为提高青铜多孔制品的透过性能可在粉末中添加 $CuCl_2\cdot2H_2O$ 等易挥发性添加剂。

非球形铜粉多孔制品烧结温度一般低于球形铜粉。粒级为 40~100 μm 的电解铜粉在分解氨中于 930℃下保温 1 h 所制得的多孔材料，其孔隙度可达 50%，随成形压力的增大而减小。

6.2.5 多孔铁与碳钢

海绵状的还原铁粉通过压制和烧结制取多孔铁。为了提高材料的孔隙度,铁粉中可加入10%(质量分数)铜(以$CuCl_2 \cdot 2H_2O$的形式加入),再加入3%(质量分数)的石蜡作黏结剂。成形以后放入装有氧化铝填料的箱内,再送入炉内在还原气氛下烧结。为了充分排除黏结剂,在400~450℃之前,以100℃/h的速度升温,然后再逐渐升至1100~1150℃,保温1.5~2h,随炉冷却至800~900℃出炉,但不要拆开保护箱,在空气中冷却至80~100℃。由于Fe与Cu的扩散速度相差很大,铜迅速扩散进入铁粉颗粒之中而形成大量偏扩散孔,因此可获得高孔隙度,大透过量的多孔铁。用于过滤的多孔铁通常厚度为2mm,孔隙度40%~55%,Fe-Cu多孔材料名义过滤精度最高可达2μm。

多孔铁经氧化处理可提高其耐腐蚀稳定性;烧结时的渗铬处理可提高其透过性能。当烧结与渗铬同时进行时,渗铬烧结3h与不渗铬烧结3h的材料相比,孔隙度变化不大(略有降低),但空气透过性能提高70%以上,这是由于铬的扩散结果使材料的孔径分布向粗孔径方向偏移。

球形碳钢粉末烧结温度应在1200℃以上,表7-6-23和表7-6-24为碳钢粉末添加5%~7% $FeCl_3 \cdot 6H_2O$在1250~1300℃下烧结后材料的过滤性能。

表7-6-23 球形碳钢粉烧结体的过滤性能(一)[2]

粉末粒级/μm	孔隙度/%	空气过滤流量① /$m^3 \cdot (m^2 \cdot s)^{-1}$	液体过滤流量② /$m^3 \cdot (m^2 \cdot s)^{-1}$
-200+100	38	0.8	0.038
	33	0.535	0.032
-300+200	36	1.335	0.067
	32	0.535	0.048
-400+300	36	1.735	0.075
	32	1.107	0.05
-600+400	33	1.87	0.095
	29	1.107	0.067
-800+600	31	2.13	0.117
	26	1.6	0.083
-1000+800	29	2.66	0.125
	26	2.13	0.088

① $\Delta p = 5.9\,kPa$。

② 液体动力黏度为$2.5 \times 10^{-2}\ m^2/s$,$\Delta p = 0.1\,MPa$。

表7-6-24 球形碳钢粉烧结体的过滤性能(二)

粉末粒级/μm	最大孔径/μm	平均孔径/μm	名义过滤精度/μm
-100+63	39	20	15
-200+100	77	40	24

续表 7-6-24

粉末粒级/μm	最大孔径/μm	平均孔径/μm	名义过滤精度/μm
-300 +200	110	62	54
-400 +300	—	83	—
-600 +400	180	123	130
-800 +600	310	180	—
-1000 +800	370	220	—

注：压制压力为 196 ~ 294 MPa，烧结温度为 1200 ~ 1250℃。

在 1300 ~ 1350℃下松装烧结的球形碳钢粉末多孔材料的性能列于表 7-6-25。

表 7-6-25 球形碳钢粉末松装烧结材料的过滤性能[2]

粉末粒级/μm	孔隙度/%	过滤柴油时的流量(Δp = 20 kPa)/$m^3 \cdot (m^2 \cdot s)^{-1}$
-300 +200	38 ~40	0.124 ~0.128
-400 +300	40 ~41	0.147 ~0.155
-500 +400	41	0.152 ~0.165
-600 +500	43 ~44	0.165 ~0.174
-700 +600	42 ~43	0.175 ~0.183

注：烧结温度为 1300 ~ 1350℃。

用 60 ~ 100 μm 的球形铁粉添加 3%（体积分数）和 5%（体积分数）的 $FeCl_3 \cdot 6H_2O$，经 200 MPa 压制成形，在不同烧结温度下制得的制品性能列于表 7-6-26。

表 7-6-26 烧结温度对球形铁粉多孔制件物理和力学性能的影响[2]

烧结温度/℃	密度/$g \cdot cm^{-3}$	孔隙度/%	剪切强度/MPa	抗拉强度/MPa
1250	4.07	47	18.9	—
1275	4.13	47	25.5	33.4
1300	4.27	45	64.1	73.8
1325	4.35	44	78.3	208
1350	4.46	42	87.5	280

注：$FeCl_3$ 添加量为 5%（体积分数）。

6.2.6 多孔不锈钢

多孔不锈钢通常用雾化粉末来生产。成形工艺多用模压、等静压、粉末轧制和增塑挤压。制取细孔性膜材料或具有梯度孔结构材料时，常用流体动力沉积方法。等静压的成形压力一般为 150 ~ 200 MPa。为改善材料的孔结构和提高材料的性能，可在粉末中或烧结填料中加入添加剂：烧结填料（Al_2O_3）中掺入卤素化合物（如 NH_4Cl）和 TiH_2 可强化烧结过程，NH_4Cl 掺入量按每公斤填料 1 g 计算；在粉末中混入在烧结过程可形成液相的添加剂，如磷、硼、银和铜以改善材料的透过性能，提高材料的强度。除磷以外，都以盐的形式加入，如 1Cr18Ni9 合金粉中加入 1%（质量分数）的磷和以盐形式加入 0.3%（质量分数）的硼使透过性能提高 50% 以上[34]。

气雾化球形粉末的烧结材性能随压制压力的变化而变化,表7-6-27为1Cr18Ni10多孔不锈钢性能与压制压力的关系。

表7-6-27　气雾化球形1Cr18Ni10不锈钢粉末的烧结多孔材料的性能[2]

粉末粒级/μm	压制压力/MPa	过滤精度/μm	最大孔径/μm	平均孔径/μm	比电阻/Ω·cm
-200 +100	200	30	100	70	3.4×10^4
	300	19	60	50	2.5×10^4
	400	15	47	40	2.2×10^4
-400 +300	200	60	180	140	3.6×10^4
	300	45	130	120	2.8×10^4
	400	40	110	95	2.6×10^4
-800 +600	200	150	330	200	4.0×10^4
	300	120	220	175	3.4×10^4
	400	110	180	160	3.1×10^4

注:1250℃下烧结3h。

不锈钢的烧结可在保护气氛或真空中进行。采用氢气烧结时,要求氢气露点在-60℃以下。表7-6-28为1Cr18Ni9和1Cr18Ni9Ti不锈钢雾化粉末的烧结工艺。表7-6-29为部分等静压成形的烧结雾化不锈钢粉末多孔元件的性能;表7-6-30为增塑剂压成形的烧结雾化不锈钢粉末多孔件的性能;表7-6-31为国标GB/T 6886—2009不锈钢过滤元件的透过性能;表7-6-32为原国标中(GB/T 6886—2001)各种型号不锈钢过滤元件的性能,图7-6-24为部分牌号多孔不锈钢流量压差曲线。

表7-6-28　1Cr18Ni9、1Cr18Ni9Ti不锈钢雾化粉末的烧结工艺[34]

粉末粒级/μm	烧结温度/℃	保温时间/h	氢气露点/℃
6~12	1170	3	-60以下
12~18	1190	3	-60以下
18~25	1210	3	-60以下
25~50	1230	3	-60以下
50~100	1250	3	-60以下
100~150	1270	3	-60以下
150~200	1290	3	-60以下
200~250	1310	3	-60以下
250~300	1330	3	-60以下

表7-6-29　1Cr18Ni9、1Cr18Ni9Ti不锈钢雾化粉制造的多孔元件的性能[34]

粉末粒级/μm	元件厚度/mm	孔隙度/%	最大孔径/μm	相对透气系数 $/m^3\cdot(h\cdot kPa\cdot m^2)^{-1}$
12~18	1.5	35.6	8.8	16.8
25~50	1.5	36.5	18.4	108
50~100	2.5	37.3	32.1	258
100~150	2.5	—	62.4	492

表7-6-30　增塑挤压1Cr18Ni9Ti和316L不锈钢雾化粉制造的多孔元件的性能[40]

粉末粒级 /μm	烧结温度 /℃	保温时间 /h	孔隙度 /%	最大孔径 /μm	相对透气系数 /$m^3\cdot(h\cdot kPa\cdot m^2)^{-1}$
-50	1200	1.5	34	16.8	168
-80+50	1240	3	38.6	40.5	840
-100+80	1240	3	34.6	63.8	1860
-120+100	1260	3	—	71.8	2340
-125+90	1240	2	36	33.1	792
-180+125	1240	1.5	36	—	2340

表7-6-31　依据国标GB/T 6886—2009不锈钢多孔材料的相对透过性能

试　样	孔径/μm	相对透气系数 K_g /$m^3\cdot(h\cdot kPa\cdot m^2)^{-1}$	相对渗透系数 K_L /$m^3\cdot(h\cdot kPa\cdot m^2)^{-1}$	K_g/K_L
SG003-1	11	27.5	0.33	83
SG003-2	11	25.3	0.31	82
SG003-3	10	26.4	0.33	80
SG003-4	11	27.5	0.34	81
SG025-1	24	138	0.96	144
SG025-2	25	141	0.96	147
SG025-3	23	135	0.93	145
SG025-4	24	141	0.95	148

表7-6-32　依据原国标GB/T 6886—2001不锈钢粉末多孔材料的过滤性能

试样编号	孔径 /μm	测试面积 /cm^2	流量 /$m^3\cdot h^{-1}$	压差 /kPa	相对透气系数 /$m^3\cdot(h\cdot kPa\cdot m^2)^{-1}$
FG301	285	40.72	2.0	0.157	3128
			2.5	0.220	2791
			3.0	0.289	2549
FG302	131	40.72	2.0	0.284	1729
			2.5	0.372	1650
			3.0	0.471	1564
FG303	68	40.72	1.0	0.362	678
			1.5	0.544	677
			2.0	0.731	672
			2.5	0.947	648
			3.0	1.167	631
FG304	40	40.72	0.25	0.194	321
			0.50	0.397	319
			1.0	0.760	323
			1.5	1.148	321
			2.0	1.579	311

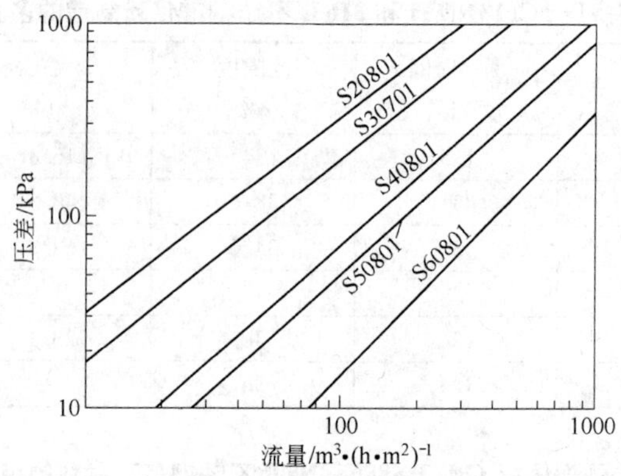

图 7-6-24　部分牌号多孔不锈钢流量 - 压差曲线

表 7-6-33 为非球形 316L 不锈钢粉末烧结多孔材料的性能(标记为 316L - F 粉),添加 10%(质量分数)的球形颗粒以后可大大改善材料的透过性能,这类粉末标记为 316L - B,其烧结材料的性能列于表 7-6-34。土豆状(近似球形)粉末具有很好的流动性和高的松装密度,与一定量造孔剂混合后(标记为 316L - P)烧结材料可获得极佳性能。

表 7-6-33　316L - F 粉末烧结多孔材料性能[45]

过滤等级 /μm	粉末粒级 /μm	孔隙度/%	渗透系数		气泡点压力/Pa	剪切强度/MPa	
			α/m²	β/m		分解氨气氛烧结	真空烧结
3	-100 +75	23 ~ 27	0.4×10^{-12}	0.06×10^{-7}	5800 ~ 5900	345	370
5	-100 +75	29 ~ 33	0.7×10^{-12}	0.7×10^{-7}	4700 ~ 4800	315	245
8	-200 +100	29 ~ 33	0.7×10^{-12}	2×10^{-7}	4000 ~ 4100	270	250
10	-200 +100	35 ~ 39	1.5×10^{-12}	11×10^{-7}	3000 ~ 3100	180	185
	-300 +200	29 ~ 33	1.5×10^{-12}	3×10^{-7}	2700 ~ 2800	270	225
15	-300 +200	35 ~ 39	2×10^{-12}	14×10^{-7}	2050 ~ 2100	190	160
20	-500 +300	35 ~ 39	5×10^{-12}	7×10^{-7}	1500 ~ 1550	185	170
25	-300 +200	41 ~ 45	7×10^{-12}	20×10^{-7}	1500 ~ 1600	105	100
30	-500 +300	41 ~ 45	8×10^{-12}	25×10^{-7}	1150	120	90

表 7-6-34　316L - B 粉末烧结多孔材料性能[45]

过滤等级 /μm	粉末粒级 /μm	孔隙度/%	渗透系数		气泡点压力/Pa	剪切强度/MPa	
			α/m²	β/m		分解氨气氛烧结	真空烧结
3	-100 +75	23 ~ 27	0.2×10^{-12}	0.3×10^{-7}	6050	380	360
5	-100 +75	29 ~ 33	0.5×10^{-12}	2×10^{-7}	5100	300	270
8	-200 +100	23 ~ 27	1×10^{-12}	1×10^{-7}	2800	390	350
10	-200 +100	29 ~ 33	2×10^{-12}	6×10^{-7}	2400	325	250
15	-200 +100	35 ~ 39	4×10^{-12}	30×10^{-7}	2050 ~ 2100	210	170
20	-300 +200	35 ~ 39	6×10^{-12}	22×10^{-7}	1500 ~ 1600	210	140
30	-300 +200	41 ~ 45	14×10^{-12}	70×10^{-7}	1050	130	90
40	-500 +300	41 ~ 45	16×10^{-12}	93×10^{-7}	800	150	130
50	-500 +300	46 ~ 50	20×10^{-12}	100×10^{-7}	750	—	100
60	-500 +300	48 ~ 52	26×10^{-12}	110×10^{-7}	600 ~ 650	—	50

图 7-6-25、图 7-6-26 分别为 315L－P 型粉末料中造孔剂含量对材料渗透系数和过滤精度的影响（粉末粒级为 －300＋200 μm）。图 7-6-27 为加入不同粒度造孔剂后材料孔隙度与渗透系数的关系。

粉末轧制不锈钢多孔带材不同于其他成形方法所制作的多孔材料。轧制前应对分级粉末有一定的松装密度和形状要求。

对于雾化球形粉末的轧制通常加入 12% 的聚乙烯醇水溶液作黏结剂。生坯带材在 1350℃下真空烧结 3 h 或在 1300℃持续烧结 9 h。烧结带平均孔径按 $d_a = C\varepsilon^n$ 计算，最大孔径按 $d_{max} = C_1\varepsilon^{n_1}$ 计算，C、C_1、n 与 n_1 为常数。对于 Cr18Ni15 不锈钢粉和 Cr20Ni80 合金粉末轧制带材的这些常数列于表 7-6-35。

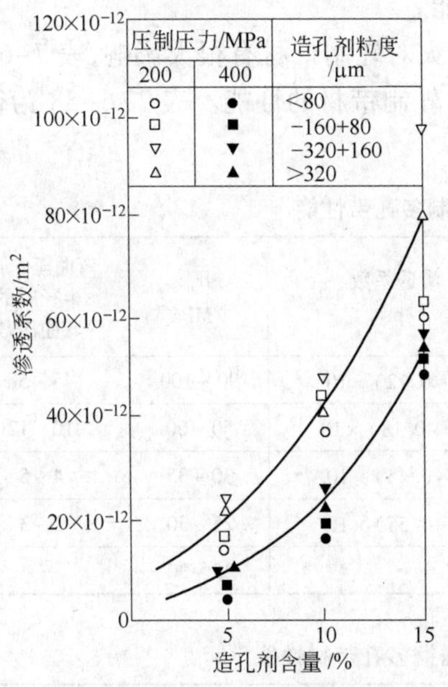

图 7-6-25　造孔剂含量对材料渗透系数的影响

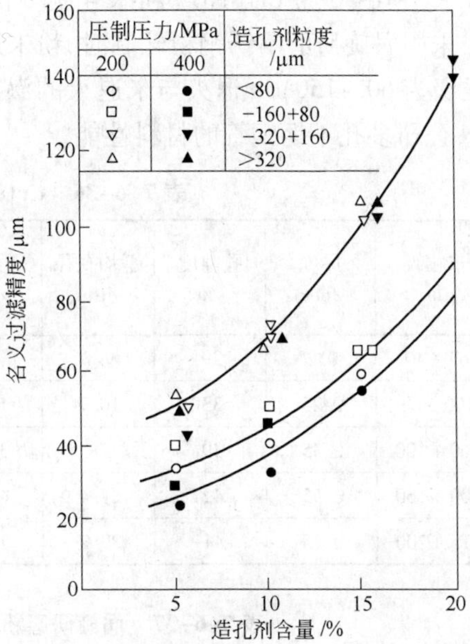

图 7-6-26　造孔剂含量对材料名义过滤精度的影响

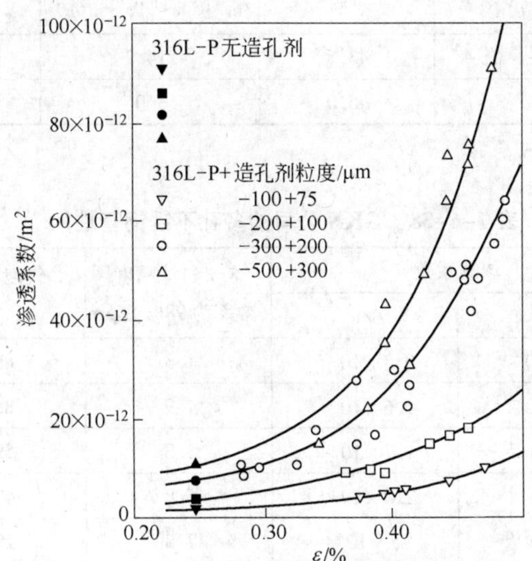

图 7-6-27　加入不同粒度造孔剂后材料渗透系数与孔隙度的关系

表 7-6-35　粉末轧制带材的 C、C_1、n、n_1 常数[2]

材料类型	粉末粒级/μm	C	C_1	n	n_1
Cr18Ni15	-20	15.8	27.1	1.02	1.05
	-40 +20	20.9	33.8	1.00	1.07
	-66 +40	50.2	80.9	1.32	1.38
	-100 +63	53.8	163.4	1.57	2.05
	-160 +100	91.5	226.4	1.83	2.10
	-200 +160	105.0	258.0	2.06	2.15
Cr20Ni80	-63 +40	40.0	93.3	1.22	1.37

表 7-6-36 为 Cr18Ni15 粉末轧制多孔带材的性能。

采用涡旋研磨不锈钢粉轧制时，粉末退火与不退火对轧制带材有很大影响，表 7-6-37 为粒级为 60～150 μm 退火与未退火的涡旋研磨粉末轧制带材的性能。表 7-6-38 为德国 GKN 公司多孔不锈钢管的材料性能。

表 7-6-36　Cr18Ni15 粉末轧制多孔带性能

粉末粒级 /μm	厚度 /mm	孔隙度 /%	平均孔径 /μm	最大孔径 /μm	渗透系数 /m^2	σ_b /MPa	弯曲至 5 mm 半径时的弯曲次数
-63 +40	0.2	29	9.7	13	$(0.1 \sim 0.12) \times 10^{-12}$	90～100	45～50
-100 +63	0.25	33	10.7	18.2	$(0.16 \sim 0.18) \times 10^{-12}$	50～60	10～12
-160 +100	0.35	39	18	31.3	$(0.4 \sim 0.45) \times 10^{-12}$	30～35	4～5
-200 +160	0.55	42	27.4	48.6	$(0.5 \sim 0.55) \times 10^{-12}$	25～30	2～3
-315 +200	0.75	41	29.2	48.6	—	25～30	—

表 7-6-37　涡旋研磨粉末轧制的不锈钢多孔带材性能[46]

粉末类别 涡旋研磨①	碳酸氢氨加入量 (质量分数)/%	孔隙度 /%	相对透气系数 /$m^3 \cdot (h \cdot kPa \cdot m^2)^{-1}$	平均孔径 /μm	最大孔径 /μm
未退火	10	43.5	214.2	19.1	28.6
900℃退火	10	45.0	360	12.1	18.1

① 粉末粒级为 -150 +60 μm。

表 7-6-38　GKN 公司的多孔不锈钢管性能[47]

过滤材料等级 /μm	渗透系数		名义过滤精度 (效率为 98%)/μm	气泡点压力 /Pa	剪切强度/MPa
	α/m^2	β/m			
SIKA-R 0.5AX	0.08×10^{-12}	0.3×10^{-7}	1.3	8900	350
SIKA-R 1AX	0.13×10^{-12}	0.6×10^{-7}	1.9	8500	355
3	0.4×10^{-12}	1.7×10^{-7}	3.3	5900	311
5	0.8×10^{-12}	2.0×10^{-7}	6.8	4000	278
7	2.5×10^{-12}	15×10^{-7}	7.8	2500	200
10	3.9×10^{-12}	24×10^{-7}	9.0	2300	160

续表 7-6-38

过滤材料等级/μm	渗透系数		名义过滤精度（效率为98%）/μm	气泡点压力/Pa	剪切强度/MPa
	α/m²	β/m			
15	5.6×10^{-12}	13×10^{-7}	20	1600	200
20	8.3×10^{-12}	22×10^{-7}	26	1500	138
30	13×10^{-12}	18×10^{-7}	32	1100	144
40	27×10^{-12}	37×10^{-7}	40	900	135
50	36×10^{-12}	36×10^{-7}	44	600	121
80	52×10^{-12}	48×10^{-7}	52	500	98
100	65×10^{-12}	58×10^{-7}	65	450	85
150	117×10^{-12}	53×10^{-7}	110	350	110
200	150×10^{-12}	69×10^{-7}	130	300	95

图7-6-28为Mott公司生产的部分粉末轧制带材用不同流体介质过滤时的流量－压差曲线[48]，过滤液体时，不同的液体黏度有不同的曲线（见图7-6-28*b*）。

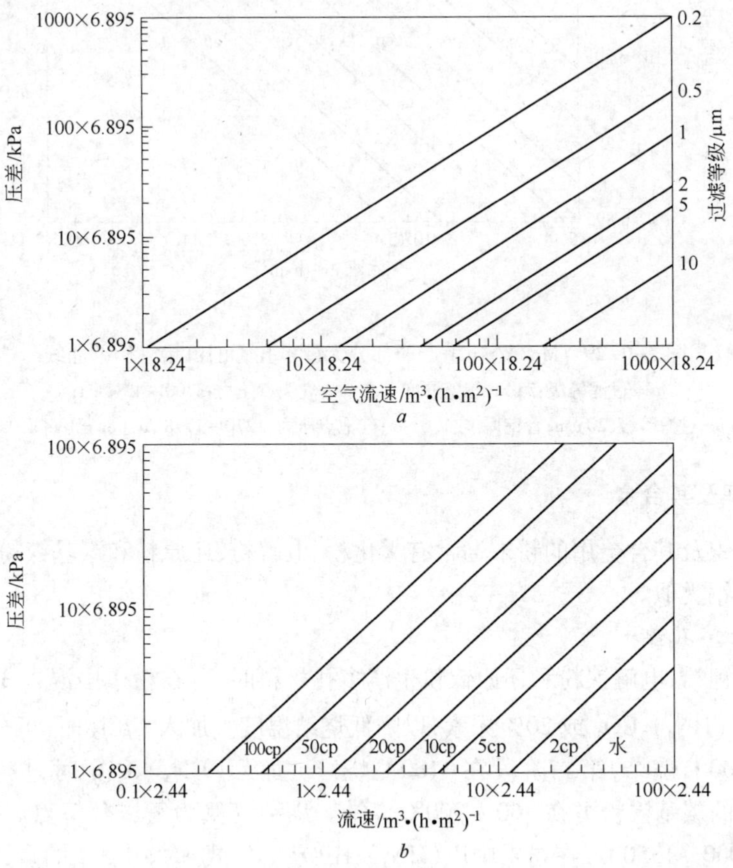

图7-6-28　Mott公司生产的粉末轧制不锈钢多孔带材流量－压差曲线

a—过滤空气时的流量－压差曲线；*b*—过滤不同流体介质时的流量－压差曲线

（过滤等级：10 μm；板材厚度：1.6 mm；气泡点压力：1905～2768 Pa；抗拉强度：72.4 MPa；屈服强度：51.7 MPa；1 cp = 1 mPa·s）

图 7-6-29 为 Mott 公司生产的部分无缝多孔管的流量 - 压差曲线(液体过滤)[48]。

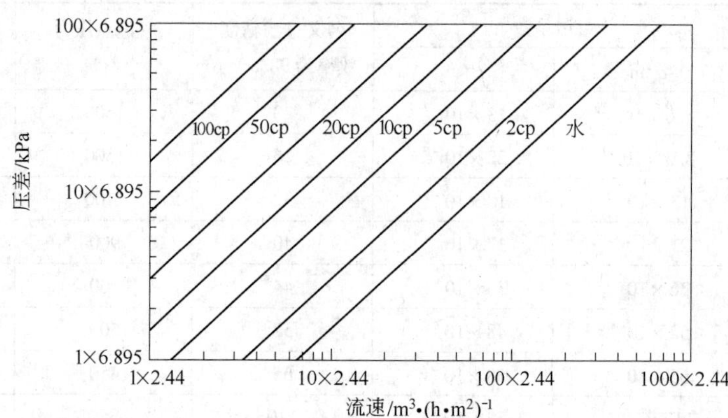

a

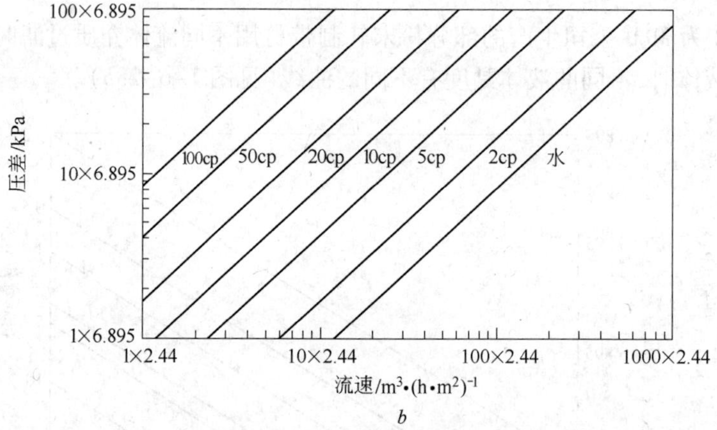

b

图 7-6-29　Mott 公司生产的部分无缝多孔管的流量 - 压差曲线

a—过滤等级:5 μm;管壁厚度:1.6 mm;气泡点压力:3300 ~ 4292 Pa;

b—过滤等级:20 μm;管壁厚度:1.6 mm;气泡点压力:1270 ~ 1778 Pa;1 cp = 1 mPa · s

6.2.7　多孔镍及其合金

制取多孔镍及其合金用的粉末通常有雾化粉、电解粉、还原粉和羰基镍粉。材料制取方法与多孔不锈钢类似。

6.2.7.1　多孔镍

采用羰基镍粉、电解镍粉和还原镍粉生产多孔材料时,可在粉末中混入 3% ~5% $NiCl_2$ 和 35% ~40% $(HN_4)_2CO_3$ 或 20% 尿素,以降低烧结温度。加入 $NiCl_2$ 时,可分两阶段烧结:第一阶段在 900℃ 烧结,第二阶段在 1100℃ 烧结。加入 $(HN_4)_2CO_3$ 时,烧结温度可降至 800℃,加尿素的羰基镍粉可在 860 ~ 900℃ 烧结。烧结气氛为氢或分解氨。雾化球形镍粉烧结温度为 1000 ~ 1350℃,在粉末中以 $(HN_4)_2HPO_4$ 的形式加入 0.3% 的磷,可将烧结温度降至 1000℃。

成形压力与烧结温度对由球形镍粉制造的多孔材料的性能都有一定影响。表 7-6-39 为成形压力对由球形镍粉生产的多孔材料性能的影响。表 7-6-40 为烧结温度对球形镍粉末(气雾化)烧结材料性能的影响。

表7-6-39　成形压力对球形镍粉生产的多孔材料性能的影响[2]

粉末粒级/μm	材料性能	成形压力/MPa		
		100	150	200
-100+63	空气透过量①/$m^3 \cdot min^{-1}$	0.328	0.263	0.173
	最大孔径/μm	41	36	31
	平均孔径/μm	32	26	31
	破坏压力/MPa	3.8	3.9	4.3
-200+100	空气透过量①/$m^3 \cdot min^{-1}$	0.52	0.466	0.383
	最大孔径/μm	60	44	43
	平均孔径/μm	44	34	31
	破坏压力/MPa	2.8	2.9	4.5

注:等静压成形后,1270℃烧结3h。

① ϕ40mm×34mm管材在6kPa压差下测得的空气透过量。

表7-6-40　烧结温度对球形镍粉烧结多孔材料性能的影响[34]

粉末粒级/μm	烧结温度/℃	相对透气度/$m^3 \cdot (h \cdot kPa \cdot m^2)^{-1}$	汞压入法孔径分布区间/%		最大孔径/μm	孔隙度/%	耐压破坏压力/MPa
6~12			2~3μm				—
	1030	2.88	71.1		3.8	19.9	
	1100	1.88	88.8		3.4	13.4	
	1150	0.66	70.3		2.6	14.0	
12~18			2~5μm				—
	1050	10.8	86.0		6.8	39.0	
	1130	5.94	89.0		4.9	20.6	
	1160	5.16	86.5		4.7	20.7	
25~50			5~10μm				
	1120	37.8	79.0		11.9	28.9	3.5
	1200	35.4	84.1		10.8	27.1	5.5
	1240	33.6	83.6		12.2	25.9	5.0
50~100			10~20μm				
	1200	186	75.3		27.9	28.5	3.7
	1280	144	65.0		26.2	27.8	4.5
	1310	180	78.5		26.5	21.1	5.0
100~150			20~40μm	40~50μm			
	1280	426	61.1	22.0	53.3	29.2	2.0
	1300	432	50.6	30.4	53.0	29.4	1.6
	1330	720	50.0	32.8	55.2	28.3	2.4
150~200			30~50μm	50~60μm			
	1330	600	68.2	12.3	62.8	30.5	2.0
	1350	660	66.3	12.7	66.6	25.6	1.5

推荐的烧结多孔镍管的工艺列于表 7-6-41。

表 7-6-41　雾化球形镍粉多孔管材烧结工艺[34]

粉末粒级 /μm	6~12	12~18	18~25	25~50	50~100	100~150	150~200	200~250	250~300
烧结温度/℃	1100	1130	1160	1200	1280	1300	1330	1350	1350
保温时间/h	3	3	3	3	3	3	5	5	5

注:烧结气氛为工业纯氢。

在还原镍粉中加入 $NiCl_2 \cdot H_2O$ 作为造孔剂,在提高材料孔隙度的同时还能增加孔道的连通性。表 7-6-42 为不同造孔剂含量和不同压制压力下制得的还原镍粉烧结多孔材料的部分性能。

表 7-6-42　不同造孔剂含量和成形压力下还原镍粉烧结多孔材料的性能[2]

粉末粒级/μm	性　能	造孔剂含量/%	成形压力/MPa		
			100	150	200
-60	孔隙度/%	3	45	44	40
		5	48	47	42
		7.5	51	49	46
		10	55	51	47
	透水速率①/m·s^{-1}	3	0.062	0.037	0.022
		5	0.086	0.054	0.031
		7.5	0.11	0.07	0.047
		10	0.167	0.09	0.062
-100+60	孔隙度/%	3	47	43	39
		5	50	46	42
		7.5	53	49	46
		10	57	54	50
	透水速率①/m·s^{-1}	3	0.100	0.063	0.032
		5	0.107	0.067	0.034
		7.5	0.121	0.088	0.048
		10	0.129	0.101	0.059

① 透水性是在 0.4MPa 压力下测得的。

还原与电解镍粉,由于粉末粒度细、形状不规则,可以先制粒分级后再成形烧结或松装烧结制成多孔材料。

在 73% 粒度为 25~45 μm 的雾化镍粉中加 27% 的羰基镍粉混合均匀,成形后,于 950~1050℃ 下在氢气中烧结 30 min,可得到孔隙度为 50% 的热管用毛细灯芯,孔径分布如图 7-6-30 所示,90% 的孔集中在 16 μm 以下[49,50]。

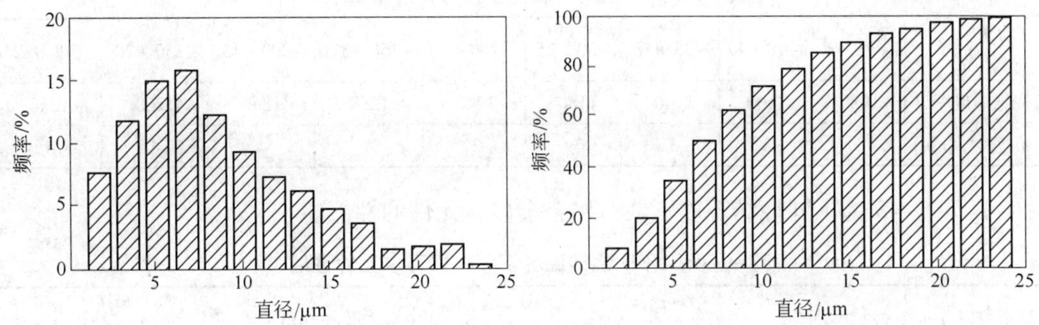

图7-6-30　热管用毛细灯芯孔径分布

表7-6-43示出了用四辊轧机由羰基粉末和电解粉末轧制的多孔带材的性能，轧机辊径为20～60mm，轧制速度为0.03～0.12m/s，带坯在工业纯氢气氛下于1200～1400℃烧结。

表7-6-43　粉末轧制的多孔镍带的材料性能

粉末种类	粉末粒度/μm	带材厚度/mm	孔隙度/%	平均孔径/μm	渗透系数/m^2
羰基镍粉	3.1	0.06	24	0.9	—
		0.15	25	0.95	0.012×10^{-12}
电解镍粉	3	0.06	32	0.98	0.033×10^{-12}
		0.10	35	1.1	0.04×10^{-12}
	8	0.15	36	1.7	0.08×10^{-12}
		0.15	40	1.9	0.105×10^{-12}
羰基铁镍粉(10% Fe)	2.5	0.09	26	0.8	—
电解铜镍粉(6% Cu)	2.9	0.06	34	0.95	—
		0.1	35	0.98	—
电解铜镍混合粉(6%电解铜+8%羰基铜)	2.9	—	43	—	0.3×10^{-12}
		—	47	—	0.41×10^{-12}
		—	55	—	0.72×10^{-12}
电解镍+15%电解铜粉	2.9	0.05	42	1.4	0.25×10^{-12}
		0.08	36	1.3	0.09×10^{-12}
		0.08	45	1.46	0.3×10^{-12}
		0.08	50	1.8	0.4×10^{-12}
		0.10	42	1.4	—
		0.15	43	1.45	—

6.2.7.2　多孔镍合金

A　蒙乃尔合金

蒙乃尔合金粉通常采用雾化方法制取。由于这一合金粉末在1327℃开始熔化，于1375℃完全熔化，因此推荐以下烧结工艺(见表7-6-44)。

表 7-6-44　蒙乃尔合金多孔材料烧结工艺[34]

粉末粒级/μm	-12 +6	-18 +12	-25 +18	-50 +25	-100 +50	-150 +100	-200 +150	-250 +200	-300 +250
烧结温度/℃	1080	1100	1140	1180	1240	1260	1260	1260	1260
保温时间/h	3	3	3	3	3	3	4	4	5

表 7-6-45 为不同烧结温度下蒙乃尔合金多孔元件的性能。

表 7-6-45　不同烧结温度下多孔蒙乃尔元件性能[34]

粉末粒级/μm	烧结温度/℃	相对透气度/$m^3\cdot(h\cdot kPa\cdot m^2)^{-1}$	汞压入法孔径分布区间/%	最大孔径/μm	孔隙度/%	耐压破坏压力/MPa
-100 +50			10 ~ 20μm			
	1180	168	67.8	27.2	33.9	3.5
	1220	210	75.0	27.2	33.1	—
	1240	288	72.2	27.2	31.6	4.5
-150 +100			20 ~ 40μm			
	1180	570	78.5	48.7	28.9	—
	1240	570	74.5	48.1	28.5	3.2
	1260	510	73.2	45.7	—	3.5
-200 +150			30 ~ 50 μm			
	1220	840	66.7	68.8	20.6	—
	1240	780	67.3	72.0	28.1	—
	1260	720	70.9	68.5	28.9	—
-250 +200			30 ~ 70 μm			
	1220	960	70.2	90.8	24.7	2.0
	1240	900	76.3	82.0	24.8	3.0
	1260	960	78.9	—	—	3.5

B　Ni30Mo 合金

这类合金多孔材料的制取通常采用制粒预合金粉末，先将元素粉末（羰基粉、电解粉或还原镍粉与钼粉）充分混合，再松装预烧、破碎成团粒，分级后再预烧（较前次预烧温度高）再破碎分级，成形后，在氢气氛下高温烧结制成。表 7-6-46 为制粒的 Ni-30Mo 合金粉所制得的多孔材料性能。

表 7-6-46　制粒 Ni-30Mo 合金粉末烧结多孔材料性能

粉末粒级与生产工艺	孔隙度/%	剪切强度/MPa	最大孔径/μm	空气透过速率①/$m\cdot s^{-1}$
-300 +250 μm 加造孔剂烧结	60	—	—	0.33
	65	55	80	0.67
	70	35	90	1.0
	75	20	110	1.42
	80	10	130	2.0
-600 +300 μm 无造孔剂烧结	35	53	150	2.0

① 压差为 10 kPa。

C　Cr－30Ni 合金及其他镍合金

这类合金多孔元件主要用于高温氧化环境和碱腐蚀环境，采用制粒预合金粉末制取。表7-6-47 为这种多孔合金的性能。

Ni－15Cr－15Mo 合金在盐酸和硝酸中具有很强的抗腐蚀稳定性。多孔材料制造工艺与 Ni－30Mo 合金类似。

NiCr21Fe18Mo 合金也是一种耐蚀合金。合金粉末经压制成形，于1150～1300℃真空烧结3h，可获得35%～47%孔隙度的制品。

表7-6-47　Cr－30Ni 预合金粉末烧结多孔材料性能[2]

粉末粒级/μm	孔隙度/%	空气透过速率①/m·s^{-1}	在下列温度下的抗弯强度/MPa					
			500℃	600℃	700℃	800℃	900℃	1000℃
－500＋1000	30 40 50	0.92 1.08 2.50	210	180	140	110	90	65
－300＋500	30 40 50	0.42 0.67 1.83						

① 压差为10kPa。

6.2.8　多孔钛及钛合金

6.2.8.1　多孔钛

制取多孔钛的原料主要有镁还原钛粉、CaH_2 还原钛粉、氢化脱氢钛粉、电解钛粉和雾化钛粉，除雾化钛粉为球形外，其余均为非球形。制取工艺大多采用传统的粉末冶金工艺，如松装烧结（球形钛粉）、模压烧结、等静压成形烧结、增塑挤压烧结、粉末轧制烧结和快速成形技术。材料的性能随粉末的制取方法不同（形状系数不同）和成形技术的不同而不同。烧结通常在真空中或氩气氛中进行。

A　松装烧结多孔钛

表7-6-48 为球形钛粉松装烧结板材的性能

表7-6-48　松装烧结多孔钛板性能[51,52]

粉末粒级/μm	孔隙度/%	最大孔径/μm	相对透气度/m^3·(h·kPa·m^2)$^{-1}$
－180＋150	53	83	3009
－125＋90	53	49	490
－74＋53	53	32	407
－53	43	14	53

注：在1050℃下真空烧结1h。

B　模压－烧结多孔钛

模压烧结多孔钛常用还原钛粉、电解钛粉和氢化脱氢钛粉。采用金属热还原粉末时，烧结温度在1300~1400℃之间,电解钛粉的烧结温度在900~1250℃之间,氢化脱氢钛粉在950~1100℃之间。为了强化烧结过程,可加入活性添加剂,如氯化铵或草酸铵等。不同粒级的镁热还原钛粉,模压-烧结材的平均孔径见表7-6-49。

表7-6-49 不同粒级的镁热还原钛粉模压-烧结材的平均孔径

粉末粒级/μm	-100+63	-200+100	-300+200	-400+300	-600+400	-800+600
平均孔径/μm	20	25	30	55	70	83

粉末的性能直接影响多孔钛材的性能,表7-6-50为不同性能粉末制取的多孔钛板性能。

表7-6-50 原料粉末与多孔钛板性能[53]

粉末粒级/μm	形状因子 F_s	粉末比表面积/$m^2\cdot m^{-3}$	孔隙度/%	最大孔径/μm	平均孔径/μm	透气系数 K/m^2	抗拉强度/MPa
-100+63	0.40	1785400	35~38	22~30	13~20	$(9\sim26)\times10^{-13}$	70~90
-160+100	0.36	1215000	36~39	36~45	22~27	$(14\sim33)\times10^{-13}$	
-200+160	0.35	832650	36~39	49~60	32~41	$(57\sim80)\times10^{-13}$	
-315+200	0.33	589350	37~40	63~80	47~60	$(85\sim150)\times10^{-13}$	
-400+315	0.32	334325	38~41	86~105	64~75	$(160\sim205)\times10^{-13}$	
-630+400	0.31	288190	38~41	86~105	64~75	$(160\sim205)\times10^{-13}$	

表7-6-51为多孔钛板的水力学性能。

表7-6-51 多孔钛板水力学性能[54]

孔隙度/%	板厚/mm	毛细上升高度/mm		有效平均孔径/μm	水力学等效孔径/μm
		酒精	水		
粉末粒级为40~63μm时					
54.4	0.3	315	170	41.4	37.0
53.4	0.5	362	—	35.7	34.0
54.7	0.9	295	270	43.9	37.0
53.3	1.4	360	305	35.9	34.0
64.5	0.4	193	—	67.0	62.0
64.8	0.6	200	—	64.7	61.0
64.0	1.0	208	140	62.2	69.0
61.0	1.5	206	145	62.8	63.0
粉末粒级为63~100μm时					
61.0	0.3	197	150	65.7	63.5
61.1	0.5	203	—	63.7	63.5
60.9	0.8	215	137	60.2	63.5

C 等静压烧结多孔钛

等静压成形是生产大型多孔管和板材的常用方法,常用的原料有电解钛粉、金属热还原海绵钛筛下粉和氢化脱氢钛粉。粉末粒级和成形压力对多孔钛有显著的影响,而烧结温度和保温时间的变化只对材料孔隙度有影响(电解钛粉材料除外),材料的水力学性能变化不大。烧结温度一般为900～1200℃，保温时间通常为2～5h。图7-6-31为粉末粒级为-500+315μm的海绵钛筛下粉和电解粉制得的多孔钛材孔隙度与成形压力的关系。图7-6-32为多孔钛渗透性能与成形压力的关系（1000℃真空烧结，保温3h），图7-6-33为粉末粒级为-1000+63μm钛粉制取的多孔钛管耐内压破坏压力与成形压力的关系（1000℃真空烧结，保温3h）。图7-6-34为多孔钛最大孔径与成形压力的关系（钠还原钛粉，1000℃真空烧结1.5h）。图7-6-35为多孔钛的相对透水度与成形压力的关系（钠还原钛粉，1000℃下真空烧结1.5h）。

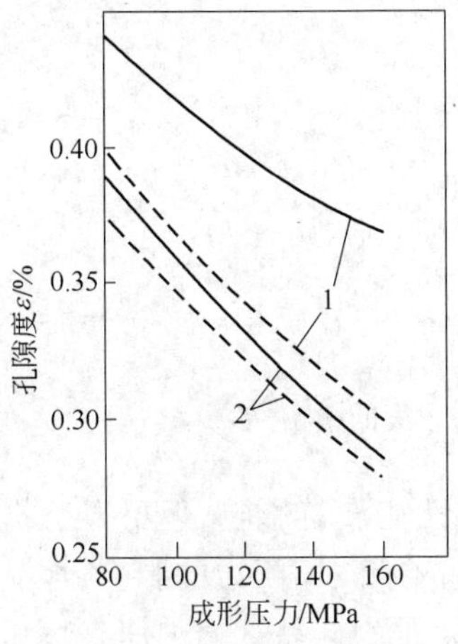

图7-6-31　烧结多孔钛孔隙度与成形压力的关系

实线—海绵钛；虚线—电解钛粉

1—氩气烧结；2—真空烧结

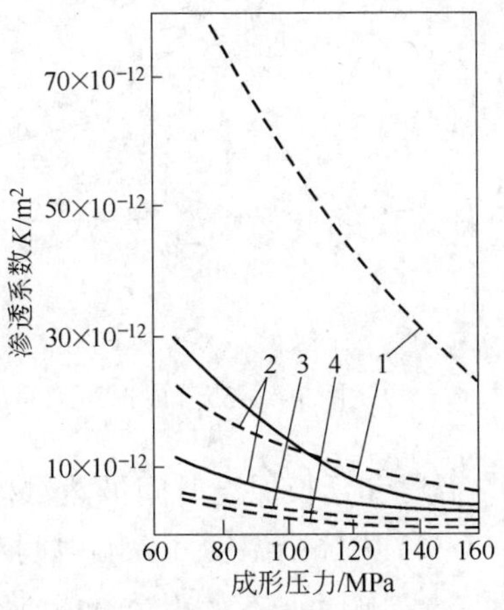

图7-6-32　多孔钛渗透系数与成形压力的关系[2]

实线—海绵钛粉；虚线—电解钛粉

1—-100+630μm；2—-500+315μm；

3—-250+180μm；4—-250μm

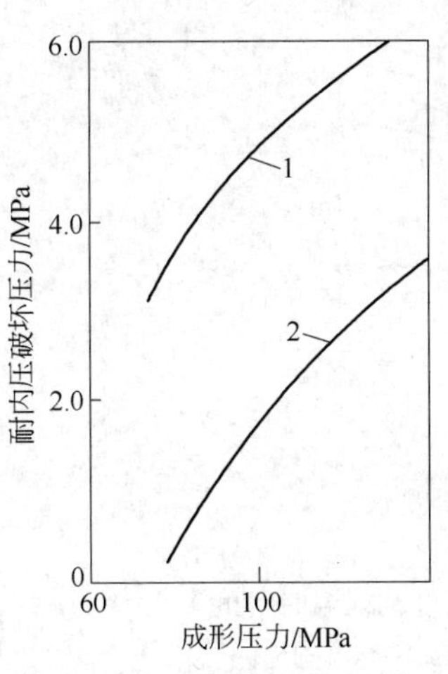

图7-6-33　多孔钛管耐内压破坏压力与成形压力的关系[2]

1—海绵钛粉制品；2—电解钛粉制品

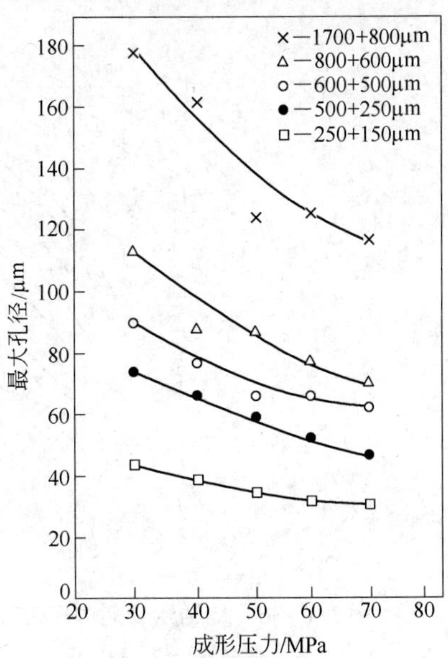

图7-6-34　成形压力对制品最大孔径的影响[55]

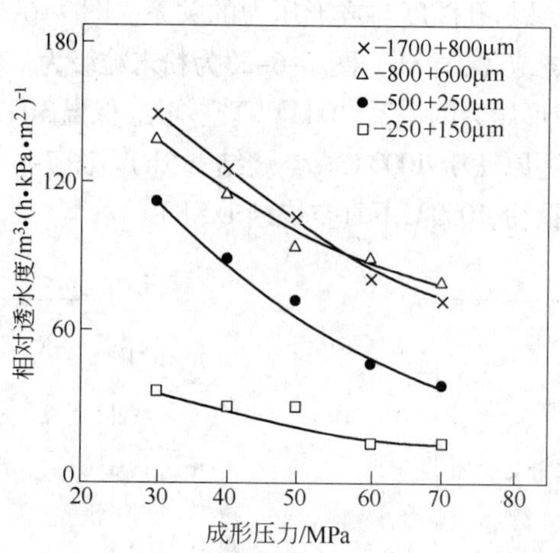

图 7-6-35　成形压力对多孔钛管相对透水度的影响[55]

提高烧结温度和延长保温时间虽然对材料的水力学性能没有影响，但可显著提高材料的强度，图 7-6-36 为烧结温度和保温时间对多孔钛管耐内压破坏压力的影响，样品管尺寸为：直径 90 mm，高 100 mm，壁厚 0.5 mm。图中曲线Ⅰ、Ⅱ、Ⅲ为样品管耐内压破坏压力与烧结温度的关系。曲线上的数字为保温时间，曲线Ⅰ和Ⅱ为电解钛粉烧结样，粉末粒度分别为 −1000 +630 μm 和 −500 +315 μm，曲线Ⅲ为海绵钛筛下粉烧结样，粉末粒度为 −500 +315 μm，曲线Ⅳ为耐内压破坏压力与保温时间的函数曲线，所用粉末原料为 −500 +315 μm 的海绵钛筛下粉，样品在 1000℃下烧结。

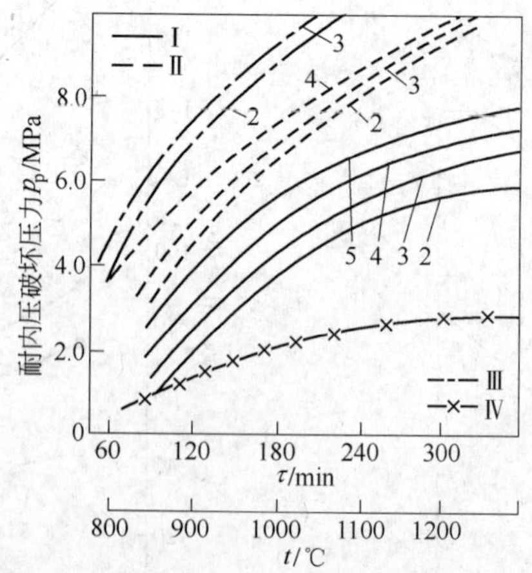

图 7-6-36　烧结钛管耐内压破坏压力与烧结温度和保温时间的关系[2]

Ⅰ—电解钛粉，−1000 +630 μm；Ⅱ—电解钛粉，−500 +315 μm；

Ⅲ—海绵钛筛下粉，−500 +315 μm；Ⅳ—$p_p = f(\tau)$，海绵钛筛下粉，−500 +315 μm

表7-6-52为钠还原海绵钛筛下粉经等静压成形、1050℃真空烧结1.5h的产品性能。

表7-6-52　多孔钛管性能[55]

粉末粒级/μm	孔隙度/%	最大孔径/μm	渗透系数 K/m^2
-900 +630	32.5	114	17.20×10^{-12}
-900 +630	35.0	88	10.44×10^{-12}
-500 +280	33.3	68	9.45×10^{-12}
-500 +280	34.5	58	6.93×10^{-12}
-500 +280	31.6	47	4.50×10^{-12}
-280 +154	34.6	31	1.89×10^{-12}

D　增塑挤压多孔钛

增塑挤压是制取细长多孔钛管的常用工艺,适用于各类粉末。增塑剂可用甲基纤维素水溶液加入少量硬脂酸,在950～1100℃下真空烧结2～3h,管材外径为5～20mm,壁厚0.5～1.5mm,性能列于表7-6-53。

表7-6-53　增塑挤压多孔钛管性能[39]

粉末类型与粒级	最大孔径/μm	相对透气度/$m^3\cdot(h\cdot kPa\cdot m^2)^{-1}$
-44μm氢化脱氢钛粉	5～15	3～6
-90μm海绵钛粉	15～25	120～240
-250 +90海绵钛粉	30～50	240～360

E　粉末轧制多孔钛

粉末轧制钛带的原料通常为CaH_2还原钛粉、电解钛粉、金属热还原海绵钛筛下粉和研磨钛粉(多为气流磨)。除粉末的特性以外,轧制压力对产品性能有着显著影响。表7-6-54为-450 +150μm海绵钛粉在不同轧制压力下得到的多孔钛带性能,轧制带坯在1100℃下真空烧结2～3h。

表7-6-54　用不同轧制压力制造的烧结多孔钛带的性能[56]

平均轧制压力/MPa	孔隙度/%	相对透气度/$m^3\cdot(h\cdot kPa\cdot m^2)^{-1}$	抗拉强度/MPa
21	45	540	30
42	35.5	120	75
84	23.5	24	60

注:带材厚度为1.0～1.5mm。

不同粉末粒级的海绵钛筛下粉制得的多孔钛带的性能列于表7-6-55。轧制设备为ϕ200mm×240mm卧式粉末轧机,轧制带材厚为1.0～1.5mm,真空烧结,真空度不低于1×10^{-3}Pa,烧结温度为1000～1200℃。表中渗透系数按公式:$K=0.1698\eta\delta C$计算,式中η为空气黏性系数,δ为多孔带材厚度,C为带材相对透气度。

电解钛粉有着很好的轧制性能,-630 +180μm的电解钛粉,在辊径为350mm的轧机上,以2～8m/min的轧制速度轧制,可制得厚0.8～2.5mm、宽650mm的多孔带,孔隙度可达30%～45%。生坯带分二段烧结,第一段烧结温度为900～950℃,第二段为1000～1100℃。

表 7-6-55　粉末轧制烧结多孔带的性能[57]

粉末粒级/μm	孔隙度/%	最大孔径/μm	抗拉强度/MPa	相对透气度 /$m^3\cdot(h\cdot kPa\cdot m^2)^{-1}$	渗透系数 K/m^2
-800 +450	32	142	30	944	6.36×10^{-12}
-450 +280	33	85	40	708	4.04×10^{-12}
-280 +150	35	63	40	590	2.75×10^{-12}
-150 +90	34	32	70	307	1.10×10^{-12}

6.2.8.2　多孔钛合金

A　Ti-Ni 合金

Ti-Ni(等原子比)由于具有超弹性和记忆效应而获得多功能应用。多孔性 Ti-Ni 更兼有低密度、高比表面积和高的渗透性能而可广泛用于骨植入、能量吸收、超轻结构和同位素分离。Ti-Ni 的熔点为1310℃,密度为6.45 g/cm^3,多孔体采用粉末冶金方法制取,制取方法有两类,一是采用元素粉末混合粉成形烧结;二是采用预合金粉成形烧结。元素粉末混合法制取多孔 Ti-Ni 时,孔的形成由三部分组成:

(1) 烧结时低熔点杂质和吸附气体的挥发;

(2) 粉末颗粒组成的原始孔,这部分孔的孔隙度可达45% ±3%;

(3) 偏扩散效应形成的扩散孔。在1173 K 时,Ni 原子向 Ti 原子的扩散速率为 Ti 向 Ni 扩散的4000倍,Ni 原子的位置便留下孔洞(空位)[58]。

元素粉末混合法最常用的成形工艺有高温自蔓燃合成,等离子火花烧结和热等静压(Ar 气膨胀或无包套)。采用预合金粉时,常在粉中加入造孔剂,如 NaF 用于热等静压成形;NaCl 用于注射成形烧结,NH_4HCO_3 用于无包套热等静压。

B　高温自蔓燃合成(SHS)多孔 Ti-Ni

SHS 有节能省时的优点,是制取金属间化合物的常用方法,SHS 合成前需选用合适的粉末和工艺参数以获取高质量产品。图7-6-37 和图7-6-38 分别为镍粉平均粒度为18μm时,预热温度和钛粉粒度对 Ti-Ni 反应燃烧温度的影响。

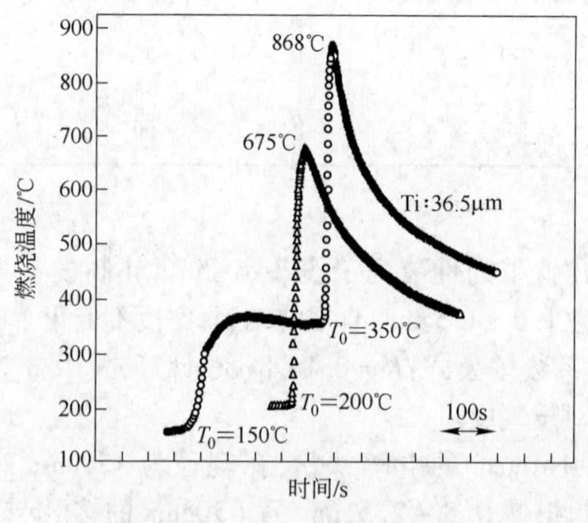

图 7-6-37　Ti-Ni SHS 合成时,预热温度对燃烧温度的影响[58]

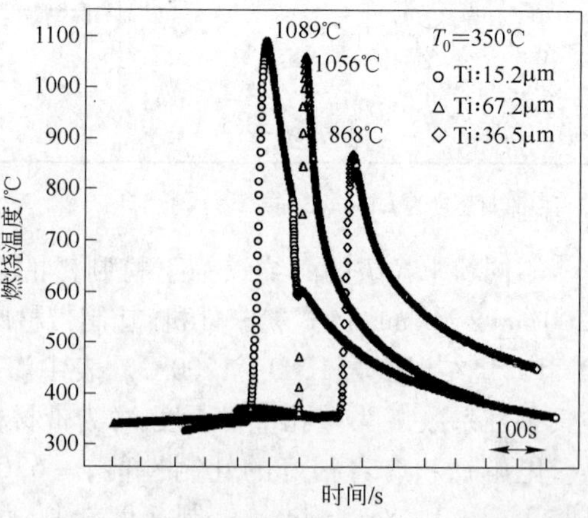

图 7-6-38　Ti-Ni SHS 合成时,钛粉粒度对燃烧温度的影响

表7-6-56为由镍粉(平均粒度18.0 μm)和钛粉(平均粒度15.2 μm)在不同预热温度下,SHS合成材料的孔隙度与平均孔径。

表7-6-56　不同预热温度下,合成的多孔Ti-Ni的孔隙度与孔径[58]

性能	预热温度/℃				
	200	300	400	450	640
总孔隙度/%	60.3	60.0	63.9	63.3	63.1
开孔孔隙度/%	55.8	54.2	54.7	—	—
开孔孔隙度比值	0.925	0.904	0.856	—	—
平均孔径/μm	390	410	510	—	—

表7-6-57为不同孔径的多孔Ti-Ni对不同流体的渗透性能的影响。

表7-6-57　SHS合成多孔Ti-Ni的渗透性能[59]

样品类型	平均孔径/μm	渗透系数 K/m^2			孔隙度/%
		水	乙醇	甘油	
细孔	275	0.27×10^{-9}	0.66×10^{-9}	1.5×10^{-9}	69
中孔	420	2.1×10^{-9}	3.5×10^{-9}	12×10^{-9}	69
股骨	500	2.7×10^{-9}	2.9×10^{-9}	18×10^{-9}	80
粗孔	615	4.9×10^{-9}	7.9×10^{-9}	62×10^{-9}	69

C　热等静压(HIP)多孔Ti-Ni

HIP的优点是减少了固态扩散时间,孔径及其分布可控,能生产各种形状的制品,可减少切削加工量,比SHS更稳定,更易于控制Ti和Ni之间的反应。有两种制作方法:一是充Ar膨胀HIP,二是无包套热等静压(CF-HIP)。采用充Ar膨胀HIP时,选用粒度小于20 μm的钛粉与镍粉,纯度大于99%。在HIP的过程中通过调整温度与时间来控制孔径大小。制作小孔径多孔Ti-Ni时起始升温至940℃,在1MPa压力下维持40 min后,将压力升至200 MPa保压6h,然后降温卸压取出压件,在900℃下Ar气中退火6h,制品的平均孔径可达20 μm,且全为开孔,孔隙度可达50%[60,61]。

为生产大孔径的多孔Ti-Ni,先将起始温度升至940℃并维持1 MPa压力,以促使颗粒间的初始扩散,接着同时升温升压至1000℃和200 MPa,这时温度已超过Ti-Ni的共晶点和Ti_2Ni的珠光体温度,但低于Ni_3Ti的熔点(1180℃),在1000℃和200 MPa下维持3h,以促使材料成分均匀化,然后降温卸压,压件在900℃下,于Ar气中退火6h。所得产品孔隙度可达42%,孔径可达500~1000 μm。

D　多孔TiNi组织结构与性能

采用元素粉末混合法制取多孔Ti-Ni时,无论是SHS还是HIP方法,产品中除TiNi主相以外,都残存少是Ti、Ni、Ti_2Ni、Ni_3Ti和Ni_4Ti_3(仅存于SHS产品中),其中TiNi、Ti_2Ni和Ni_3Ti都很稳定,因此仅仅改变烧结或退火条件很难除去Ti_2Ni和Ni_3Ti,改进的办法是在混合料中加入TiH_2可显著除去非平衡相。TiH_2的添加也会使产品孔径分布更加均匀[62]。

HIP产品Ti-Ni主要相为马氏体,加热至42℃时,大孔产品发生马氏体向奥氏体转变,而加热小孔样时这一转变温度为44℃。冷却时,大孔样品会在20℃时发生奥氏体向马氏体的转变，小孔样则在 -12℃时发生这种转变，室温（22℃）下奥氏体与马氏体共同存在。压缩变形时，会由于应力诱导而产生马氏体相变，因此在压缩变形后，多孔 Ti - Ni 中会由马氏体取代奥氏体而成产品的主相。

与成分相同的致密 Ti - Ni 相比，多孔 Ti - Ni 的显著特性是有一个很宽的相变温度区间。图 7-6-39 为 Ti - Ni 合金随温度变化的各种特性，图中曲线 1 为多孔 Ti - Ni，曲线 2 为铸造 Ti - Ni，图 7-6-39 中 *a* 为电阻率变化曲线，图 7-6-39*b* 为马氏体体积含量的变化曲线，图 7-6-39*c* 为记忆效应可逆变化曲线，图 7-6-39*d* 为应力变化曲线。M_d 箭头所指为在 M_d 温度下马氏体转变的最大应力（屈服点）；M_s 箭头所指为在 M_s 温度下马氏体转变的最小应力。*A*—*B* 段为超弹性温度区间。图中表明，所有性能变化曲线都有一个共同特点：多孔钛 - 镍合金的温度变化区间都大于致密钛 - 镍合金（Ti - Ni）的温度变化区间。

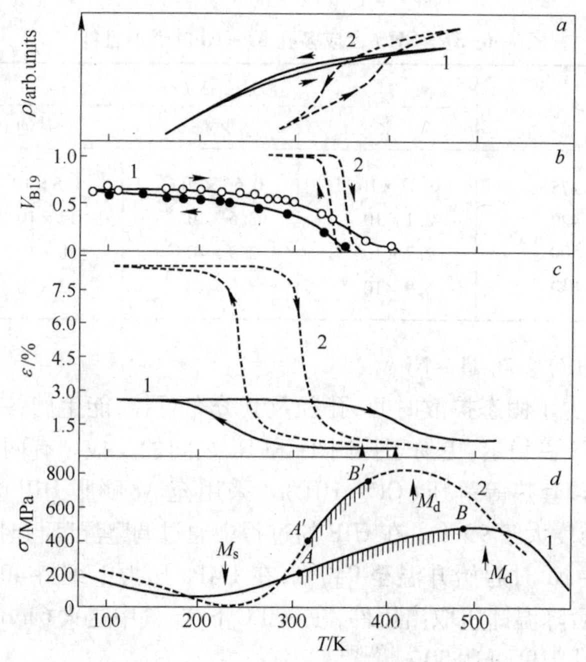

图 7-6-39　Ti - Ni 合金性能与温度的变化关系[43]

a—电阻率变化；*b*—马氏体体积含量的变化；*c*—记忆效应可逆变化；*d*—应力变化

1—多孔 Ti - Ni；2—铸造 Ti - Ni

E　多孔 Ti - Ni 表面改性处理

多孔 Ti - Ni 的最大应用是生物医学领域。通过 SHS、CF - HIP 和 MIM（注射成形）三种工艺所制造的多孔 Ti - Ni 可完全满足人工植入体的要求：贯通和开孔孔隙度为 30% ~ 80%；孔径范围为 100 ~ 600 μm；高强度，2% 应变时至少可达 100 MPa；高回复应变，8% 加载应变后，回复应变超过 2%；低的弹性模量，如接近于皮下骨的弹性模量 10 ~ 20 GPa，也可达到内骨的弹性模量小于 3 GPa。但由于 Ni 离子对人体的毒性，必须对材料进行表面处理，以减少 Ni 离子的释放与溶解，处理方法有：

（1）在 350 ~ 450℃下，空气中氧化退火；

（2）在多孔 Ti - Ni 的孔表面进行氧气等离子注入；

(3) 采用物理气相沉积(PVD)方法在多孔 Ti-Ni 表面镀上 TiN 和 Ti_2 涂层;

(4) 用化学处理方法,在多孔 Ti-Ni 上形成晶体羟基磷灰石层(HA),其方法是将 Ti-Ni 在 32.5% 的 HNO_3 溶液中进行处理,接着用 1.2 mol/L 的 NaOH 溶液煮沸,最后在模拟的人体体液(SBF)中浸泡。

表 7-6-58 为经表面改性处理的多孔 Ti-Ni 在模拟的人体体液中 Ni 的释放水平。

表 7-6-58 多孔 Ti-Ni 在 SBF 中 Ni 的释放量[64]

多孔 Ti-Ni 制取方法	孔隙度/%	孔径/μm	表面处理方法	Ni 释放量/ppm③	浸泡时间/天
CF-HIP	40	—	氧气等离子注入	0.06~0.18① 0.01~0.05	7~28
Ar 气膨胀 CF-HIP	42	50~400	氧气等离子注入	0.2~0.3① 0.05~0.08	70
加造孔剂的 CF-HIP+均匀化处理	48	50~500	450℃下氧化	0.45① 0.20	6
SHS+均匀化处理	65	100~320	TiN 和 TiO_2-PVD 涂层;SBF 处理	0.66~0.85② 0.17~0.30① 0.04~0.09(TiN) 0.06~0.07(TiO_2) 0.05~0.07(SBF) 0.03~0.04(SBF+TiN) 0.06~0.07(TiO_2+SBF)	1~6
SHS	61	200~600	HA 涂层	6.7① 0.48	50

① 未表面处理;
②未均匀化处理;
③1 ppm = 10^{-6}。

6.2.8.3 其他多孔钛合金

表 7-6-59 为松装烧结 BT9(Ti-6.5Al-3Mo-0.3Si)多孔材料的性能。

表 7-6-59 松装烧结多孔 BT9 性能[65]

粉末粒级/μm	形状系数 F_s	孔隙度/%	水力学直径/μm	渗透系数 K/m^2	毛细上升高度①/mm
100~160	1.0	38	41	14.5×10^{-12}	215/235
160~200	1.0	38	62	30.0×10^{-12}	143/159
200~315	1.0	38	81	45.0×10^{-12}	103/118
315~400	1.0	37	116	90.0×10^{-12}	74/84

① 分母为计算高度。

γ-Ti-Al 基合金多孔材料的制取方法与多孔 Ti-Ni 类似,多采用元素粉末烧结、SHS、HIP 以及粉末热挤压等方法,所不同的是需加入一些合金元素以改善其延性。常加入的合金元素有 Cr、Cu、W、Mo、Ta、Nb、Zr、Mn 等。合金元素的加入不仅会影响合金的显微组织,还会影响其孔结构、物理、力学和化学性能[66~68]。

Ti-6Al-4V 和 Ti-32Mo 多孔材料常用元素粉末混合后进行预合金化处理,然后破碎制粒,经成形烧结制成。Ti-32Mo 元素混合粉末的预合金化制粒分两阶段进行:先将 Ti 与 Mo 的元素粉末按化学成分比例混合,将粉末轧制成带坯,在 500~550℃下真空烧结 1h 后,破碎分级;然后将分级粉成形后,在 1000~1100℃下真空烧结 3h,形成具有 β 相结构的 Ti-32Mo 预合金坯料。将这种合金坯料破碎分级后,在 50~120 MPa 下压制成形,在 1200~1400℃下真空烧结 2 h,即得到组织结构均匀的 Ti-32Mo 多孔材料。采用这种工艺,用 180~250 μm的制粒粉制成的多孔 Ti-32Mo,孔隙度达 46%,最大孔径为 101 μm,相对透气度达 1439.6 $m^3/(h \cdot kPa \cdot m^2)$[69~71]。

6.2.9 多孔钨和钼

有两种制取工艺:一是传统的常规工艺;二是活化烧结工艺。对于多孔钨的制取,采用常规工艺,需在 2000℃以上温度下烧结,如果在 1500~1600℃下烧结,则需 20h 以上的长期保温。多孔钼的烧结温度可以低一些,但也必须在 1500℃以上。采用活化烧结工艺不仅可将烧结温度降低至 1500℃以下,甚至可降低到 1150℃以下,还可提高材料的性能[2]。

为改善材料的孔结构性能,通常采用球形钨粉(一般为等离子球化)来制作多孔钨。表 7-6-60 为用该工艺制度制得的孔隙度为 20% ~22% 的多孔钨的平均孔径与透过系数。

表 7-6-60 由细颗粒球形钨粉制得的多孔钨的孔径与透过系数[34]

粉末平均粒度/μm	制品平均孔径/μm	孔隙度/%	制品透气系数 K/m^2
3.6	1.9	21	4.6×10^{-15}
5.1	2.4	20~22	5.7×10^{-15}
6.9	3.0	20~22	—

对于中等粒度或粗颗粒球形钨粉可分两段烧结,先在氢气氛下,于 1350~1400℃烧结 3 h,以使颗粒表面氧化物还原,然后在 1900~2300℃下真空烧结 3 h,所得多孔钨性能列于表 7-6-61。

表 7-6-61 由中、粗颗粒球形钨粉制取的多孔钨的性能[34]

粉末粒级/μm	烧结温度/℃	烧结时间/h	孔隙度/%	汞压入法孔径分布区间/μm	相对透气系数 $/m^3 \cdot (h \cdot kPa \cdot m^2)^{-1}$
<37	1900	3	33	3.5~9.2	27.1
37~85	2100	3	36	10.1~19.7	141.6
85~150	2300	3	39	14.2~22.3	177.0

对于非球形钨粉,通常采用活化烧结方法,常用的活化剂有 Ni、Cu、Co、Fe、Al、Pd 等,除 Cu 和 Al 以外,多数以盐的水溶液形式加入。此外,在烧结气氛中加入 HCl(即 H_2 + HCl 混合气氛)、水蒸气(即湿 H_2)或溴等均可起活化烧结作用,以降低烧结温度。表 7-6-62 为经过不同网目过筛后的非球形粉末加入 0.3% Ni,在 2000℃下烧结后得到的多孔钨的性能(试样厚度为 2.5 mm),为了比较,同时列出了不加 Ni 的在相同条件下制得的多孔钨的性能。

表 7-6-62　非球形钨粉制取的多孔钨的性能[72]

粉末过筛网目数	加 Ni 或无 Ni	最大孔径/μm	相对透气系数/$m^3 \cdot (h \cdot kPa \cdot m^2)^{-1}$
-350	无	10 ~ 11	147 ~ 177
	0.3% Ni	15	360
-150 +350	无	21	510
	0.3% Ni	30	810 ~ 820
+150	无	58 ~ 59	3245
	0.3% Ni	72 ~ 73	5457

同时加入 Ni 和 Cu 的混合物可强化钨和钼的烧结,在这种情况下,钨与钼的烧结温度可降至 1100℃,材料的强度显著提高。图 7-6-40 为加 1% Ni 的多孔 W - Cu 材料的剪切强度与铜含量的关系,其中图 7-6-40*a* 为添加 100 μm 的球形铜粉,图 7-6-40*b* 为添加电解铜粉。

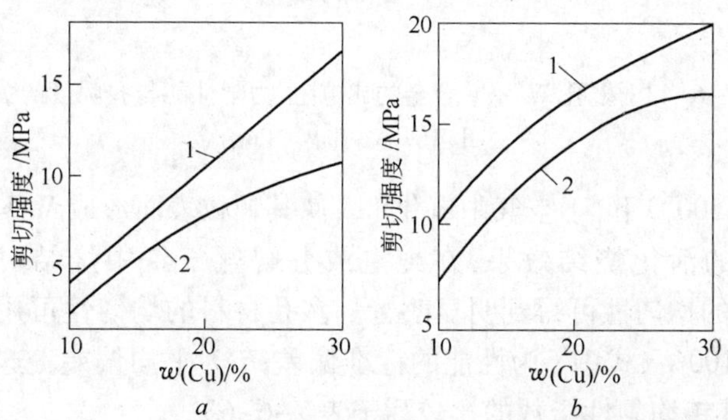

图 7-6-40　多孔 W - Cu 合金的剪切强度与铜含量的关系[2]

a—添加 100μm 的球形铜粉;*b*—添加电解铜粉

1—加 1% Ni 的 W - Cu 合金;2—未加镍的 W - Cu 合金

图 7-6-41 为多孔 W - Cu 合金的孔隙度对最大孔径和流体渗透性能的影响。图 7-6-42 为多孔 W - Cu 合金的比电阻、力学性能与孔隙度的关系。

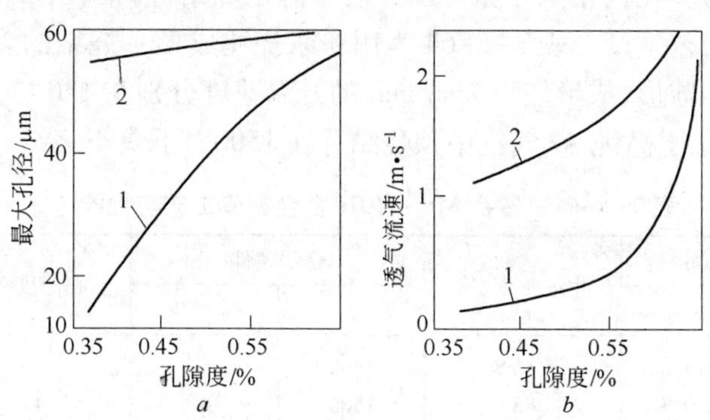

图 7-6-41　多孔 W - Cu 合金的最大孔径(*a*)和透气流速(*b*)与孔隙度的关系[2]

1—多孔 W;2—多孔 W - Cu 合金

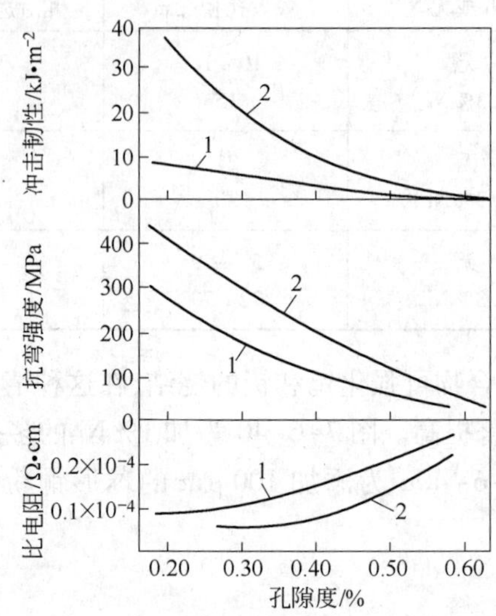

图 7-6-42　多孔 W - Cu 合金的比电阻、力学性能与孔隙度的关系

1—多孔 W;2—多孔 W - Cu 合金

将钨粉在 200 ~ 500℃下,于空气中氧化 1 h,使其颗粒表面形成 WO_3,然后添加小于 1% 的铝粉可得到很好的活化烧结效果,在纯氢或分解氨气氛中烧结时,烧结温度可降至 1150℃,而且多孔钨的均匀性可得到明显改善。多孔材料的均匀性可用一均匀性指数来表示,即 $H_1 = (s/a) \times 100\%$,式中 s 为性能的标准偏差;a 为平均偏差。这种多孔钨的均匀性指数与常规烧结多孔钨均匀性指数的比较列于表 7-6-63。

表 7-6-63　多孔钨的均匀性指数 H_1[73]

烧结方法	模压成形	等静压成形
活化烧结	11.58	5.80
常规烧结	14.15	12.20

多孔钼的制取与多孔钨相似。除常规工艺与活化烧结外,细颗粒球形钼粉还可采用粉浆浇注或注射成形工艺生产。表 7-6-64 为用粉浆浇注成形 - 烧结的多孔 Mo - 49Re 的部分性能。所用粉末为球形,成形坯以 2℃/min 的升温速度分别在 120℃、250℃和 450℃保温 1 h,然后在 1200℃下,于高纯 Ar 气氛中预烧结并在 1500℃下真空烧结。

表 7-6-64　多孔 Mo - 49Re 合金制取工艺与性能[74]

粒度分布区间粒径/μm			生坯密度/%	烧结条件		孔隙度/%	平均孔径/μm
D_{10}	D_{50}	D_{90}		温度/℃	时间/h		
5.3	9.8	15.6	45	1500	4	39	3.4
7.2	13.7	20.3	48	1500	4	44	5.8

6.2.10　多孔铝

采用铝粉制作多孔铝时，由于颗粒表面连续而致密的 Al_2O_3 膜会阻碍烧结的进行，因此，必须在成形和烧结过程中破坏这层氧化膜。在粉末中添加草酸铵、氯化铵及其他金属卤素化合物，在烧结过程中可以腐蚀这种氧化膜。用这种方法所得到的多孔铝性能如下：

粉末粒级/μm	-250 +95	-250 +95	-590 +250
孔隙度/%	41	47	50
最大孔径/μm	98.4	112.4	165.5

前苏联牌号为 ПА-4 的铝粉，模压成形后，在630℃下真空烧结1h，所得制品性能列于表7-6-65。

表7-6-65　ПА-4 铝粉经压制-烧结制成的多孔铝性能[2]

粉末粒级/μm	孔隙度/%	透气系数 K/m²	最大孔径/μm	平均孔径/μm
-120+63	33	14.32×10^{-13}	20	12.5
-63+50	35	10.41×10^{-13}	14	9
-50+40	38	7.21×10^{-13}	10	7.6
-40+10	33	1.56×10^{-13}	5	3

在粉末中添加不同粒度的 NaCl 作造孔剂，烧结后将其洗掉，可得到不同孔隙度的多孔铝，材料的剪切强度和冲击韧性如下：

孔隙度/%	30	50	70
剪切强度/MPa	150	50	33
冲击韧性/kJ·m⁻²	900	200	60

采用电脉冲烧结所得多孔铝的性能列于表7-6-66[2]。

表7-6-66　电脉冲烧结的多孔铝的性能

粉末粒级/μm	孔隙度/%	剪切强度/MPa	粉末粒级/μm	孔隙度/%	剪切强度/MPa
-40	20 30 40	76 69 63	-315+250	20 30 40 50	67 55 45 39

多孔铝具有极好的吸声性能，图7-6-43为3mm厚多孔铝，在50mm空腔下的吸声系数与声音频率的关系，图7-6-44为在不同声音频率下，吸声系数与孔隙度的关系。

6.2.11　难熔金属化合物多孔材料

难熔金属化合物是指过渡族金属的碳化物、氮化物、硼化物和硅化物。由它们所制得的多孔材料具有高的耐热性和耐蚀性，同时也有较高的导热与导电性。

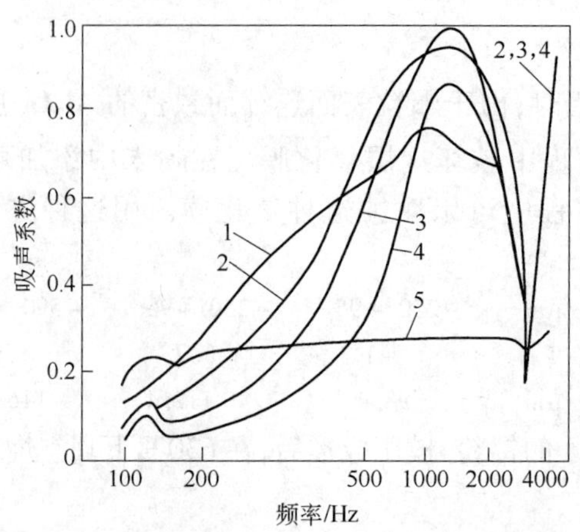

图 7-6-43　不同粒级粉末(μm)所制得的多孔铝的吸声系数与声音频率的关系[2]

1— -150+100;2— -100+80;3— -80+60;4— -60+40;5— -200+150

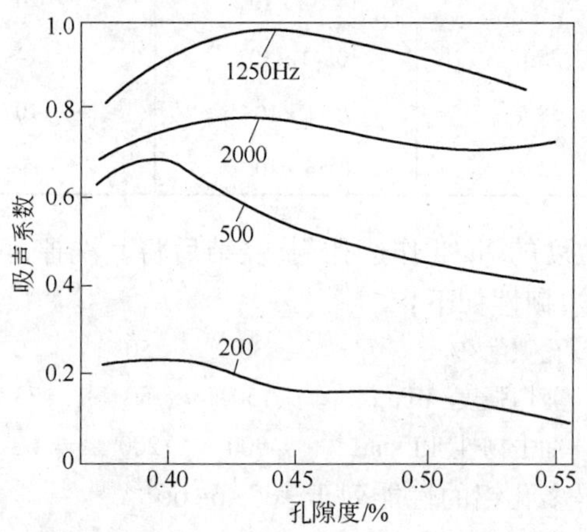

图 7-6-44　多孔铝在不同频率下的吸声系数与孔隙度的关系[2]

表 7-6-67 列出了部分难熔金属化合物的熔点。

表 7-6-67　部分难熔金属化合物的熔点[75]

碳化物	TiC	ZrC	HfC	VC	NbC	TaC	WC	Mo_2C
熔点/℃	3150	3530	3890	2830	3760	3880	2870	2570
氮化物	TiN	ZrN	HfN	VN	NbN	TaN		
熔点/℃	3205	2980	3300	2360	2300	3090		
硼化物	TiB_2	ZrB_2	HfB_2	VB_2	NbB_2	TaB_2	CrB_2	W_2B_2
熔点/℃	2980	3040	3250	2400	3000	3100	2200	2300

由于它们的熔点高,因此烧结温度也高,为了降低烧结温度,往往加入 Fe、Co 或 Ni 的卤素化合物,如在球形粉末中加入 3% $CoCl_2$ 作为活化剂可活化烧结过程。

图 7-6-45 为 WC、TiC、ZrB_2 和 TiB_2 烧结时孔隙度变化与烧结温度和时间的关系。

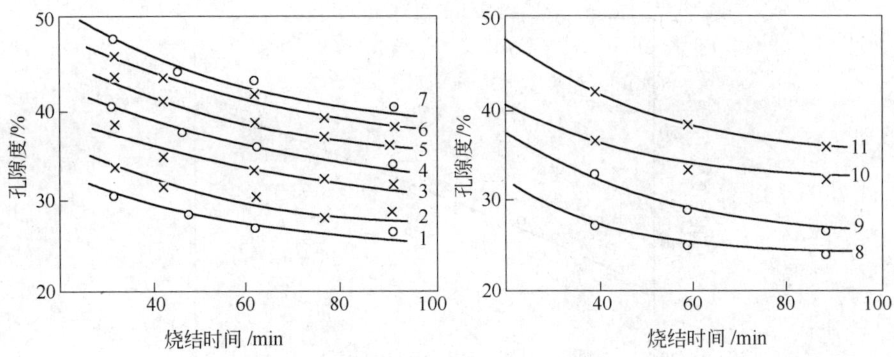

图7-6-45 在不同温度下孔隙度与烧结时间的关系[34]

1—WC,粒级:44 ~ 74 μm,烧结温度:2300℃,添加3% $CoCl_2$;2—TiC,粒级:177 ~ 420 μm,烧结温度:2450℃,添加3$CoCl_2$;3—TiC,粒级:177 ~ 420 μm,烧结温度:2300℃,添加3% $CoCl_2$;4—WC,粒级:44 ~ 74 μm,烧结温度:2300℃;5—TiC,粒级:177 ~ 420 μm,烧结温度:2450℃;6—TiC,粒级:177 ~ 420 μm,烧结温度:2300℃;7—WC,粒级:44 ~ 74 μm,烧结温度:2100℃;8—TiB_2,粒级:149 ~ 177 μm,烧结温度:2250℃;9—TiB_2,粒级:149 ~ 177 μm,烧结温度:2100℃;10—ZrB_2,粒级:149 ~ 177 μm,烧结温度:2150℃;11—ZrB_2,粒级:149 ~ 177 μm,烧结温度:2000℃

在TiC粉末中添加1%的镍,在真空中,于1300℃烧结所获得的多孔体,其相对密度和线性收缩相当于纯碳化钛在2200℃烧结的结果。

采用添加2%氯化钴或钴作为活化剂的碳化物、氮化钛、硼化锆球形粉末制取过滤元件时,其最佳烧结工艺列于表7-6-68。

表7-6-68 添加2% $CoCl_2$ 或Co的难熔化合物的烧结工艺与孔隙度[34]

材 料	烧结温度/℃	烧结时间/h	孔隙度/%	
			松 装	压 制
TiC	2300	1.0	45	30
NbC	2500	1.5	47	32
Cr_2C_3	1450	1.0	50	32
TiN	1950	2.0	—	35
ZrB	2100	2.0	46	33

松装烧结时,粉末装在石墨模中,于氢气保护下烧结。用碳化物和硼化锆压制的过滤元件,则埋在煅烧过的石墨填料中烧结。烧结氮化钛粉时,填料为氮化硼和氮化钛的混合物或者氮化硼和石墨颗粒的混合物。

用1500℃退火的方法使碳化钨粉晶粒长大,然后磨碎,在1300℃烧结的多孔制品,其孔隙度在55%左右。

为了使难熔金属化合物多孔制品在温度下烧结时细孔不闭合,以便获得高的贯通孔隙和渗透性,可在粉末中加入烧结时完全挥发的造孔剂,加入量为难熔化合物体积的5% ~ 30%。图7-6-46为造孔剂 NH_4Cl 的添加量与碳化钛制品孔隙度之间的关系[34]。

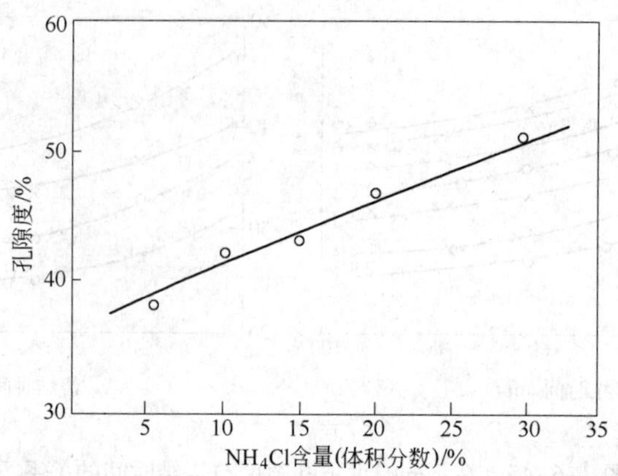

图7-6-46 粒级为44~74 μm 的 TiC 多孔制品孔隙度与添加剂含量的关系

难熔金属化合物多孔材料制取的有效方法是高温自蔓燃,自蔓燃的波深入到加热区、狭窄的反应区和宽阔的完全燃烧区,在这一过程中完成组织结构的形成和最终产品的烧结。图7-6-47为用高温自蔓燃制取多孔 Ti-N 装置示意图[76]。

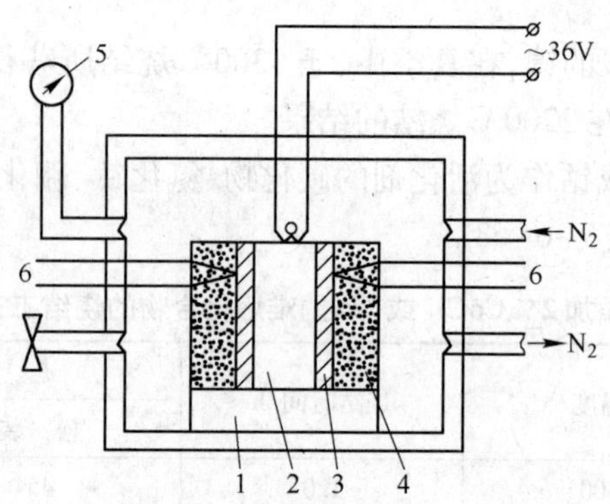

图7-6-47 用高温自蔓燃制取多孔 Ti-N 装置示意图

1—耐火底板;2—反应室;3—试样;4—保温隔热填料;5—压力表;6—热电偶

由一定粒度钛粉制成一定孔径和孔隙度的压坯或烧结坯作试样,通入 N_2 气后,点火进行SHS反应。为了控制反应温度,N_2 气压力控制在0.01~0.05 MPa之内。保温填料为1 μm的TiN粉末,它起扩大SHS完全燃烧区的作用,同时还降低了合成后产品的冷却速度。从而提高产品中 N_2 的含量、增加 TiN_x 层厚度。用这种方法制取的多孔 Ti-N,孔隙度可达45%,耐内压破坏压力超过0.6 MPa,完全满足管状过滤元件的要求,达到了用传统方法制取的多孔钛管的水平,广泛用于热腐蚀性气体和金属液体的过滤,但应当注意,用这种方法形成的 Ti-N 仅仅是钛颗粒表面的一厚壳层,实际上是 Ti-N 壳体包覆的 Ti 颗粒。这是由于在自蔓燃温度下N在 Ti-N 中的扩散系数比N在 α-Ti 和 β-Ti 中扩散系数低2~3个数量级。

6.2.12 膜及其他梯度孔结构材料

金属多孔膜是为满足高过滤精度和大透过量的需要而出现的一种小厚度的多孔材料。

有两种孔结构：一是均匀孔结构，二是梯度孔结构。多孔膜的制取方法有：粉末轧制、粉浆喷涂、悬浮板沉降或离心沉积、溶胶－凝胶（Sol－gel）工艺、溶胶喷射沉积。介孔膜可用模板法和脱合金法制取。由于膜较薄，难以承载较高负荷，因此通常将膜附着于粗孔径的多孔支撑体上形成非对称性结构。这时支撑体孔径和膜层的粉末粒度应有一个最佳的配合，通常膜层粉末的平均粒度 d_s 为基体平均孔径（d_a）的 2 倍为宜，即 $d_s \approx 2d_a$。对于膜层的厚度也应与膜层粉末的平均粒度之间有一个最佳配合，称膜层最佳厚度，可用一经验公式表示[77]：

$$H = 6.06d_s + C \tag{7-6-71}$$

式中，H 为膜层最佳厚度，μm；d_s 为膜层粉末平均粒度，μm；C 为常数，一般为基体的中流量平均孔径。这种具有最佳厚度的非对称多孔膜具有高过滤精度和大的透过性能。

表 7-6-69 为非对称金属多孔材料与传统金属多孔材料性能的比较。表 7-6-70 为梯度孔结构金属多孔材料的性能与传统多孔材料的对比。

表 7-6-69　非对称金属多孔材料与传统金属多孔材料性能比较[78]

型　号	液体中阻挡的固体粒子尺寸/μm		相对透气度/$m^3\cdot(h\cdot kPa\cdot m^2)^{-1}$
	98%	99.5%	
SG006	3	5	18
SG010	10	15	90
GPM	1	5	77

表 7-6-70　梯度孔结构金属多孔材料的性能与传统多孔材料的对比

类　别	最大气泡孔径/μm	相对透气度/$m^3\cdot(h\cdot kPa\cdot m^2)^{-1}$	厚度/mm
梯度 1	21	417	3.2
SG010	25	90	1.5～2.5
梯度 2	48	580	4.0
SG022	55	380	1.5～2.5

注：对比材料的厚度相近（梯度结构略厚于传统材料），材质相同。

表 7-6-71 为美国 Mott 公司的粉末轧制 316L 不锈钢多孔膜材料的性能；表 7-6-72 为德国 GKN 公司的非对称多孔金属膜的性能；表 7-6-73 为国内粉末轧制的多孔金属膜材料的性能。

除了非对称膜以外，具有连续梯度孔结构的多孔材料也可同时兼顾高过滤精度和大透过量。

表 7-6-71　美国 Mott 公司的粉末轧制的 316L 多孔膜的性能

过滤等级	厚度/mm	气泡点压力/kPa	在以下效率下的液体过滤精度①/mm			在以下效率下的气体过滤精度②/μm			抗拉强度/MPa	屈服强度/MPa
			90%	99%	99.9%	90%	99%	99.9%		
0.2	1.0	667～920	0.5	0.9	1.4	全部	全部	0.2	207	179
0.5	1.2	400～520	1	1.7	2.2	全部	0.25	0.3	162	145
1	1.2	267～333	1.5	2.2	3.3	全部	0.35	0.7	141	117

① 测试液体（水）流量为 $2.44\,m^3/(h\cdot m^2)$；
② 测试气体（空气）流量为 $110\,m^3/(h\cdot m^2)$。

表 7-6-72　德国 GKN 的非对称金属膜的性能

过滤等级	渗透系数		效率为 98% 时的过滤精度	气泡点压力/kPa	抗拉强度/MPa	孔隙度/%
	α/m^2	β/m				
0.1AS	—	—	0.2	320	60	—
0.3AS	—	—	0.4	240	60	—
0.5AS	0.2×10^{-12}	0.18×10^{-7}	0.7	140	60	36
1AS	0.6×10^{-12}	0.42×10^{-7}	1.5	110	60	36
3AS	1.1×10^{-12}	1.12×10^{-7}	3.1	60	60	36

表 7-6-73　粉末轧制的金属膜的性能[46]

型　号	平均孔径/μm	相对透气度/$m^3\cdot(h\cdot kPa\cdot m^2)^{-1}$	孔隙度/%	抗拉强度/MPa
SWM-1	0.1~0.3	0.06~0.3	28~30	≥80
SWM-2	0.5~1.0	0.6~3.0	30~35	≥80
SWM-2.0	2.0~3.0	12~30	30~40	≥80

6.3　烧结金属纤维多孔材料

6.3.1　材料的制取方法

6.3.1.1　金属纤维的制取与性能

现代工业上制取金属纤维的主要方法有以下几种。

A　拉拔法

单丝拉拔产品表面光滑,尺寸精确、长度可任意控制,但成本太高,很少用于多孔材料的原料。目前多采用集束拉拔方法,其工艺为:将一定直径的金属丝材镀上隔离层后,以数股装入塑性较好的金属包套,如图 7-6-48 所示,经多次加工变形后,再次多股装套加工,直至所需要的直径为止。用这种方法目前最细可拉至 1~2 μm 直径。纤维的抗拉强度和断面加工率的关系如图 7-6-49 所示[80]。

用这种工艺已在工业上大规模生产出不锈钢、铁、镍、铜、钛、FeCrAl、INCo 镍、哈氏合金等纤维。加工过程中,除正确选取隔离层与包套材料外,还必须控制合适的断面加工率和中间热处理工艺。

B　切削法

切削法是以固态金属作原料,用刀具切削成纤维屑,工艺简单,生产周期短,成本低,但所得到的是多角状表面粗糙的粗纤维。有三种切削工艺[81]:

(1) 振动切削法。它是用粗的金属锭作原料,切削过程中,刀具发生自激振动,振动频率为 500~5000 Hz,每振动一个周期切出一根纤维,纤维多为扁平状,纤维直径随振动频率而改变,最小可达 20 μm。凡是切削性能良好的金属都可实现振动切削,如碳钢、不锈钢、铜铝合金等。

(2) 纵切法。是以直径为 3 mm 的钢丝作为原料,用螺纹刀沿轴线方向刮削,螺纹刀的螺距决定了纤维的有效直径。纤维多为片条状,最小片宽可达 20 μm,长可达数百毫米。适于切削碳钢、马氏体不锈钢等硬质金属。

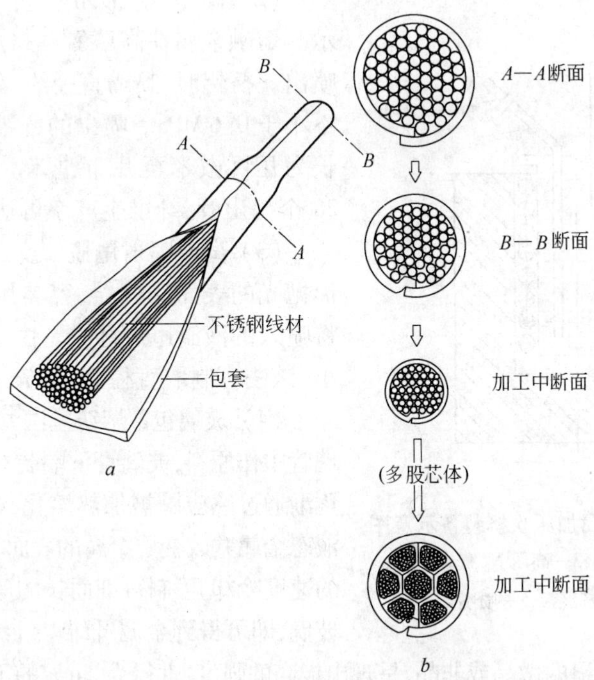

图7-6-48　多股拉拔示意图

a—封装包套；b—各工序加工断面示意图

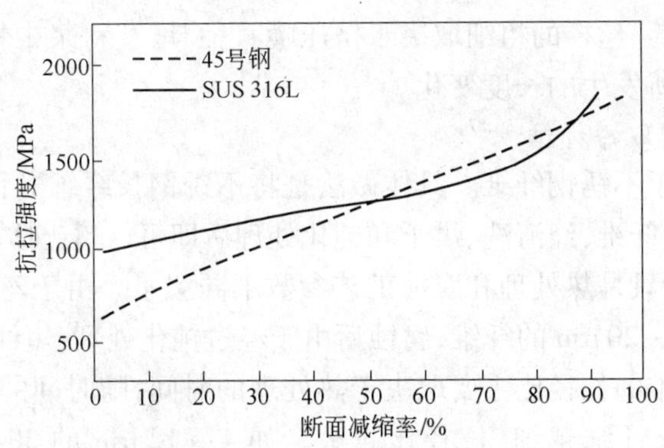

图7-6-49　金属纤维抗拉强度与断面加工率的关系

（3）剥削法。所用原料为直径约12 mm的铁合金、低碳钢和马氏体不锈钢，刀具为锯齿状，纤维截面通常为三角形，最小宽度为15～25 μm。也可用箔材卷沿端面剥削。

C　熔抽法

熔抽法是从液态金属直接生产金属纤维的方法，通常借助专门的设备。已实现批量生产的有：

（1）坩埚熔融抽取[82,83]。用一个水冷转筒抽取装置，转筒上刻有无数小凹槽，转筒快速旋转从熔池中提取液态金属，经快速冷凝甩出。所得纤维成镰刀形或扁豆形，长约3～25 μm，等效直径约50～150 μm。由于快速冷凝，合金纤维晶粒细，无偏析。已用于Ni3Al、FeCrAl等合金纤维的生产。

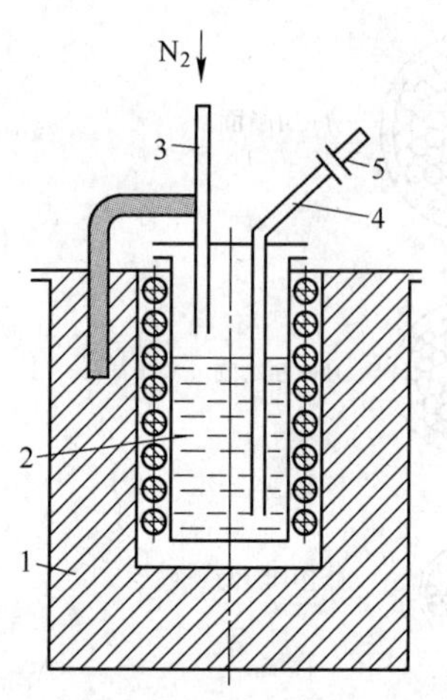

图 7-6-50　熔融金属加压吹挤装备示意图
1—炉壳;2—液态金属;3—高压 N_2 气输送管;
4—液体金属挤出管;5—喷嘴

(2) 高压氮气吹挤[2]。方法如图 7-6-50 所示。熔融金属在高压氮气挤压下挤出再从喷嘴 5 喷出。挤铝时,喷嘴直径约 60 ~ 80 μm, N_2 气压力不小于 0.6 MPa。喷出的纤维直径约 50 ~ 90 μm,长为几百微米至几十毫米。由于熔池四周可装 28 个挤出管,纤维生产率可达 1 t/h。

(3) 离心喷射甩脱[2]。将液态金属喷入一球形抛光的表面皿容器,容器用水冷却并高速旋转将喷入的液滴甩成纤维。由于喷出的金属液滴细小,该法可制取直径为 4 ~ 75 μm 的纤维。

(4) 玻璃包覆熔纺丝法[2,81]。将金属棒插入玻璃管中作原料,玻璃管下端装有高频感应线圈,原料逐渐通过感应圈被加热熔化,熔化了的玻璃包覆着液态金属并改变了金属的表面状态,以 10^5 ~ 10^6℃/s 的速度冷却,可制得细而长的丝,再用化学方法除去玻璃,即可得到金属纤维。纤维直径为 1 ~ 100 μm,表面有 500 ~ 2000 nm 厚的微晶或非晶,呈现出极高的强度,直径为 2 μm 的不锈钢纤维,拉伸强度最高可达 14500 MPa。该法已制得金、银、铜、铝、铁、钴、镍、钒、钛、铂、铱等纤维。

D　增塑挤压烧结法[84,85]

采用羰基镍粉末经增塑挤压成棒并拉成线材,除去增塑剂后经高温烧结即可得到直径为 8 ~ 40 μm 的镍纤维。丝径的粗细取决于挤压嘴直径、增塑料浆中粉末的含量、粉末粒度以及工艺过程中纤维所发生的长度变化。

E　晶间腐蚀法制取短纤维[86,87]

这种方法仅适用于不锈钢纤维。具体做法是将不锈钢长纤维进行热处理,使其晶粒长大,然后用酸腐蚀成短纤维,经清洗、烘干和钝化处理后即可。奥氏体、马氏体和铁素体三种类型不锈钢均可适用,只是热处理和腐蚀工艺参数不同罢了。由于丝径大于 20 μm 的纤维难以腐蚀,通常只用 2 ~ 20 μm 的纤维,腐蚀后由于经过钝化处理,短纤维直径可维持原始纤维的直径不变化。纤维的长径比主要取决于热处理的时间,随时间的延长,其长径比增大;在相同的处理条件下,纤维越细,长径比越大。如 4 ~ 12 μm 的 304 牌号不锈钢纤维在 1100℃下于保护气氛中热处理 1 h,然后浸入 4% HF 和 20% NHO_3(混合酸体积比为 1∶1)中在 40℃下腐蚀 10 min,取出用热水冲洗干净后再用 30% 的硝酸进行钝化处理,水洗并干燥后所得到的纤维长径比列于表 7-6-74。当热处理时间延长至 2 h 和 3 h 后,直径为 12 μm 的纤维长径比由 3 增加到 8 和 14。

表 7-6-74　304 不锈钢晶间腐蚀纤维长径比

纤维直径/μm	4	6	8	12
平均长径比	9.5	10	7	3

F　物理化学法制取晶须[2]

制取高强度晶须的基本方法是还原各种金属卤素化合物。在最佳条件下(根据还原温度与气氛压力的关系曲线确定)可得到直径为1~20 μm的晶须。表7-6-75为部分卤素化合物的最佳还原温度和晶须的最大长度。

表7-6-75 部分卤素化合物的最佳还原温度和所得晶须长度

金 属	卤素化合物	最佳还原温度/℃	晶须最大长度/mm
Cu	$CuCl_2$、$CuBr_2$、CuI_2	650	50
Ag	AgCl、AgI	800	10
Fe	$FeCl_2$、$FeBr_2$	730 760	20 20
Ni	$NiBr_2$	740	2
Co	$CoBr_2$	730	3
Mn	$MnCl_2$	940	0.25

6.3.1.2 成形

金属纤维多孔材料的成形多借助于无纺布技术和粉末冶金成形技术。先将金属纤维按一定的长径比剪切,开松后再铺毡,铺毡方法有三种:液体铺毡、气流铺毡、机械铺毡,包括在电或磁场作用下铺毡和振动铺毡。铺好的毡按孔结构要求叠配,然后进行压制或轧制,或热压、热挤、加压烧结等。

液体铺毡是将一定长径比的金属纤维置于黏性液体(如甘油酒精、甲基纤维素水溶液等)中搅拌成悬浊浆料浇注入一吸液的多孔模中或依靠自重自然沉降成毡。这种方法所用原料长径比不能太大,液体的黏度应控制在1.5~4.0 Pa·s之间,在沉积过程中,毡的密度可自动调整。这种方法铺制的毡孔结构比较均匀,但生产效率较低[88]。

气流铺毡通常采用Rando铺毡机,通过对参数的调整可用于金属纤维的铺制,适于铺制8 μm以上直径的较粗纤维和长径比大的纤维。采用这种方法生产效率高,适于大规模工业生产,但结构均匀性不易控制。

对于多角状的切削纤维可采用针刺机铺制成针刺毡,这种针刺毡在针刺方向上纤维纵横交错,强度较高,面密度可控制在280~900 g/m^2之间,厚度1~2.5 mm[89]。

振动铺毡可得到纤维定向分布的毡,毡的密度取决于振动频率与振幅,最佳参数为频率50~100 Hz,振幅40~50 μm,同时还取决于纤维的长度,如5~7 mm长的纤维铺毡喂料为10~12 mm长的纤维的1倍。

在金属纤维毛坯毡的加压致密化过程中会发生纤维的接触、弹性变形和塑性弯曲变形。压制压力不是根据纤维接触截面积的大小来计算,而是根据金属纤维的屈服点来计算[2]:

$$p = K(\sigma_y)_c(1-\varepsilon)^3 \tag{7-6-72}$$

式中,p为压制总压力;K为常数,在1~15之间;$(\sigma_y)_c$为金属纤维的屈服点;ε为压坯孔隙度。

从公式(7-6-72)看,达到某一密度所需压制的压力与纤维直径无关。然而事实上,在达到相同密度的情况下,细纤维所需压制压力总是小于粗纤维,无论是对于气流铺的毡还是液体所铺的毡均是如此,其值相差15%~25%。

6. 3. 1. 3　烧结

烧结是为了使纤维的接触处形成冶金结合点。与金属粉末的烧结不同,在烧结过程中沿试样的高度与宽度方向上不是产生收缩,而往往会产生膨胀,这种膨胀现象的产生会影响烧结节点的形成,因此烧结时通常要施行重力加压。烧结节点的形成主要依靠扩散和黏、塑性流动来完成,烧结温度起着关键的作用。随着烧结温度的提高,节点数和节点面积增加,烧结材的强度提高,但不会改变材料的基本孔结构,只是烧结温度过低时,由于烧结节点没有完全形成,使用时会产生纤维的迁移,从而影响孔结的稳定性。表 7-6-76 为 8 μm 直径 316 L 不锈钢纤维铺制的毡在不同烧结温度下的性能偏差。

表 7-6-76　8μm 直径不锈钢纤维铺制的毡不同烧结温度下的性能偏差

烧结温度/℃	烧结时间/h	最大孔径标准偏差值	偏差百分数/%	渗透系数标准偏差值	偏差百分数/%
1050	2	8. 65	8. 18	—	—
1100	2	5. 43	11. 90	0. 37	21. 00
1150	2	0. 56	1. 35	0. 47	13. 13

在足够的烧结温度下,节点的连接强度将高于纤维自身的强度。表 7-6-77 为推荐的不同丝径的不锈钢纤维毡的烧结温度(保温 2 h)。

表 7-6-77　316L 不锈钢纤维毡的烧结温度

纤维直径/μm	4	6	8	12	20	25
推荐烧结温度/℃	1180	1200	1250	1280	1300	1350

为降低烧结温度和烧结时间,可在纤维中添加低熔点金属形成液相烧结,或加入活性添加剂。如在铁、钢和钨等纤维中可加入青铜或铜,在铜纤维中加入锡等。也可在难熔金属纤维中加入铁族金属添加剂。

金属纤维在烧结过程中还会产生变形再结晶,使晶粒长大,造成纤维自身的强度下降,因此还应控制再结晶晶粒长大。

6. 3. 1. 4　波折加工

烧结金属纤维毡加工与烧结金属粉末材的主要区别是可以波折加工,波折时的变形加工会破坏局部节点,从而引起孔径的变化。表 7-6-78 为不同牌号 316L 不锈钢纤维毡经过不同角度波折以后引起的材料孔径变化。由表可见,波折角度越小,孔径差值越大,对折时孔径变化最大。因此,纤维毡在波折和焊接成多孔元件后应进行复烧或退火处理。

表 7-6-78　不锈钢纤维毡波折后的孔径差值[90]

纤维毡牌号	在以下波折角下的孔径差值/μm					
	0°(对折)	30°	60°	90°	120°	150°
BZ10D	2. 6	1. 7	0. 6	0. 5	0. 4	0. 4
BZ20D	7. 0	6. 7	5. 2	3. 9	3. 4	0. 6
BZ30D	3. 6	3. 0	1. 1	2. 1	2. 4	0. 2

续表 7-6-78

纤维毡牌号	在以下波折角下的孔径差值/μm					
	0°(对折)	30°	60°	90°	120°	150°
BZ40D	9.7	8.8	5.7	6.7	6.2	0.2
BZ60D	5.2	2.2	1.9	2.0	0.4	0.4

6.3.2　孔结构特性与流体力学性能

烧结金属纤维多孔材料的宏观结构由金属纤维骨架、纤维间的烧结节点以及由它们所围成的孔空间组成。孔空间则是由无数形状各异、长短不同、尺寸不一的互相贯通的孔道所组成,这种孔结构决定了材料的流体力学性能,也影响着材料的物理、化学与力学性能。

6.3.2.1　孔形貌与孔道弯曲系数

烧结金属纤维多孔材料除特制的桁架结构、蜂窝结构以及磁场成形制取的材料以外,纤维通常都呈杂乱分布,表面形貌如图 7-6-51 所示。

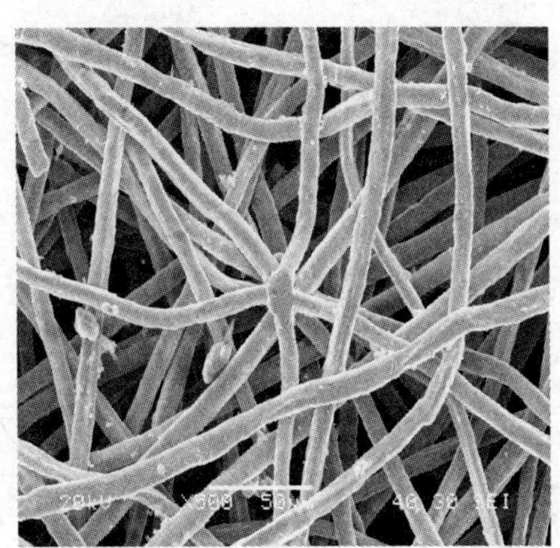

图 7-6-51　烧结不锈钢纤维毡表面形貌

所有孔均为不规则形状,如三角形、多边形等。任意孔形状的形状系数可表示为[91]:

$$F = 6/D\alpha_v \qquad (7\text{-}6\text{-}73)$$

式中,F 为任意孔形状系数;D 为任意孔的等效直径;α_v 为纤维表面积与体积的比值,m^2/m^3。

孔道的弯曲程度用弯曲系数 τ 表示,它与丝径、材料的孔隙度和厚度有关。表 7-6-79 为纤维多孔材料的孔道弯曲系数。

表 7-6-79　纤维多孔材料的孔道弯曲系数[2]

孔隙度/%	在以下纤维直径(μm)时的弯曲系数				
	20	50	70	100	200
30	1.08	1.14	1.20	1.80	2.70
40	1.12	1.16	1.22	1.83	2.50
50	1.14	1.19	1.30	1.89	2.56
60	1.17	1.21	1.33	2.02	2.61
70	1.23	1.28	1.37		
80	1.34	1.31			
90	1.52				

表 7-6-80 为材料厚度对孔道弯曲系数的影响。

表 7-6-80　材料厚度对孔道弯曲系数的影响[2]

孔隙度/%	在以下丝径(μm)时材料的孔道弯曲系数										
	20				40				70		
	材料厚度/mm										
	2	5	10	150	2	5	10	150	2	5	10
30	1.10				1.12				1.19		
40	1.13				1.14				1.21		
50	1.16				1.17				1.29		
60	1.25	1.10	1.03		1.28	1.13	1.04		1.43	1.16	1.05
70	1.47	1.21	1.11		1.54	1.25	1.11	1.08	1.61	1.28	1.13
80	1.80	1.38	1.28	1.17	2.05	1.42	1.30	1.22			
90	2.45	1.76	1.27	1.26							

6.3.2.2　孔径、孔隙度和纤维直径的关系

烧结金属纤维多孔材料的平均孔径、孔隙度和纤维直径的关系可以用一个立方图来表示，如图 7-6-52 所示[92]。

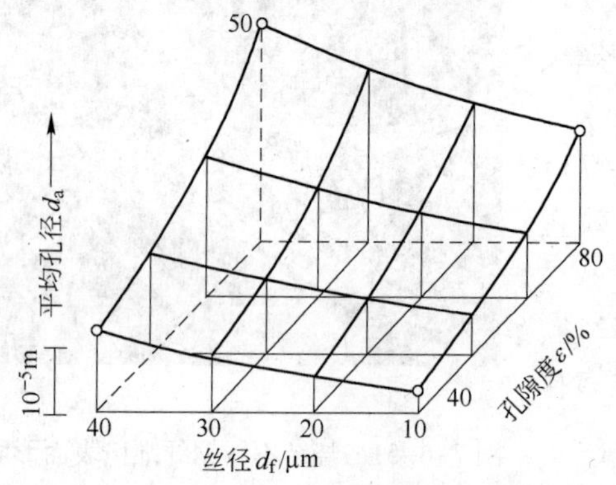

图 7-6-52　材料的平均孔径、孔隙度和纤维直径的关系图

如果把纤维毡孔道看成单直毛细管，则对于同一丝径的单层毡，平均孔径可按下式计算：

$$d_a = \frac{d_f \varepsilon}{1-\varepsilon} \tag{7-6-74}$$

式中，d_a 为纤维毡平均孔径；d_f 为纤维直径；ε 为孔隙度。

然而纤维呈杂乱堆积的毡，其孔道并非单直管，而是形状各异、弯弯曲曲的连通孔，如果以中流量平均孔径来表征，则[93]：

$$d_a = 6.15 d_f \varepsilon^{3.35} \tag{7-6-75}$$

对于多种丝径组成的叠层毡，若各层毡为等间隔分布，则平均孔径可用下式计算[94]：

$$d_a = d_f\left[\sqrt{\frac{\pi}{2(100-\varepsilon)/100}} - 1.0\right] \tag{7-6-76}$$

式中，d_f 为纤维层纤维的平均直径。

6.3.2.3　材料厚度对孔结构的影响

具有一定长径比的杂乱堆积的纤维多孔材料孔结构与球形粉末堆积的多孔材料不同，其特征是在孔隙度一定时，孔径可变，最大孔径取决于材料的厚度，当材料厚度大到某一定值时，最大孔径才为恒定值。这时的厚度就称为临界厚度。材料厚度大于临界厚度时为规则孔结构区，小于临界厚度的区域为非规则孔结构区，如图 7-6-53 所示，纤维直径越小、材料孔隙度越低，临界厚度越小。因此高孔隙度材料总是非规则孔结构材料，因为它的临界厚度已超过了它的应用范围[95]。

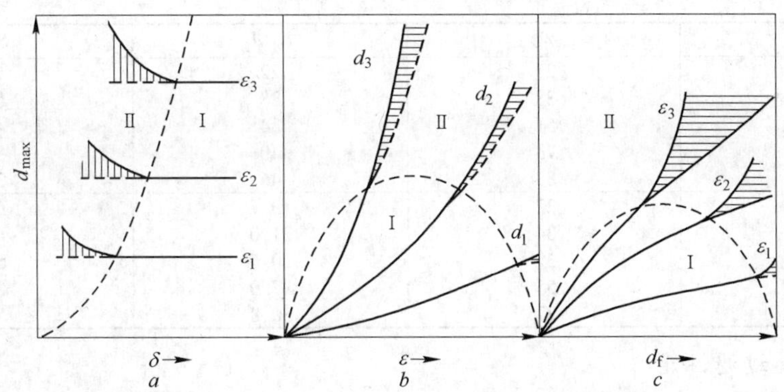

图7-6-53　材料孔结构规则与非规则区域划分图

a—丝径 d 为常数，$\varepsilon_1<\varepsilon_2<\varepsilon_3$；$b$—厚度为常数，$d_1<d_2<d_3$；$c$—厚为常数，$\varepsilon_1<\varepsilon_2<\varepsilon_3$

Ⅰ—孔结构规则区；Ⅱ—孔结构非规则区；d—纤维直径；ε—材料孔隙度；δ—材料厚度

6.3.2.4　孔比表面积与孔隙度

金属纤维多孔材料的孔比表面积包括总比表面积、纤维自由比表面积和纤维之间的节点比表面积，它们对材料的制备和应用起着十分重要的作用。由于它比烧结金属粉末多孔材料的孔比表面积要小得多，因此借助传统的测量比表面积方法会造成较大的误差。采用氧化动力学曲线进行计算，其误差较小。

孔体积比表面积与材料孔隙度的关系如图7-6-54所示，该图是由20 μm 直径纤维所组成的多孔材料所得到的。随纤维直径的增加，曲线的变化会逐渐平缓[96]。

纤维间接触点的表面积和多孔体孔的总表面积之比值称节点相对比表面(S_c)，用百分数表示。它与孔隙度的关系为：

对细纤维材料 $S_c=1-\varepsilon$；

对中等丝径纤维材料，$S_c=(1-\varepsilon)^m$，$1<m<2$；

对于粗纤维材料，$S_c=[1-\varepsilon(1-\ln\varepsilon)]/(1-\varepsilon)$。

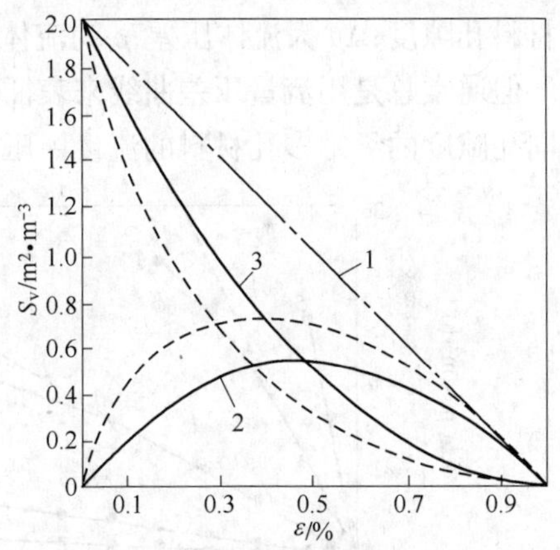

图7-6-54　孔隙度对孔比表面积的影响

1—多孔体总比表面积；2—纤维自由比表面积；3—纤维之间接触比表面积；虚线为理论计算值

纤维节点的另一个特征参数是两节点间的平均长度(L_c)与纤维直径(d_f)之比值。表7-6-81为不同丝径纤维材料的节点特征参数。

表7-6-81　不同丝径纤维材料中的节点参数

d_f/μm	ε/%	L_c/d_f	S_c/%
20	17	26	82.5
	43	69	53.8
	51	78	48.0
	73	111	25.7
	94	119	21.0

续表 7-6-81

d_f/μm	ε/%	L_c/d_f	S_c/%
40	27	22	66.3
	38	28	56.6
	53	34	44.2
	73	40	33.6
	88	46	26.5
70	22	13.7	66.1
	34	21.0	49.2
	35	20.6	52.2
	55	37.0	21.5
	77	30.8	4.6

6.3.2.5　过滤性能

A　流体透过性

流体通过多孔体的过滤，人们最为关注的是过滤精度、过滤速度和容尘量。对于金属纤维多孔材料，俄罗斯学者 А. Г. Косторнов 用一个公式来表示平均孔径、过滤速度、孔结构特征参数和流体性能等参量之间的关系：

$$d_a = \left\{ \frac{64q\tau^2\delta\eta\varepsilon}{2\Delta p\varepsilon^2 - \rho q^2\tau^2[1.16 - 1.84\tau + (1 - \tau\varepsilon^2)]} \right\}^{1/2} \qquad (7\text{-}6\text{-}77)$$

式中，d_a 为平均孔径；q 为流体流速；τ 为孔道弯曲系数；δ 为材料厚度；η 为流体动力黏度；ε 为材料孔隙度；Δp 为流体压差；ρ 为流体密度。

但通常总是用流量压差曲线来表征过滤速度。图 7-6-55、图 7-6-56 为不同流体通过不同孔隙度的纤维多孔材料的流量－压差曲线图[97]。

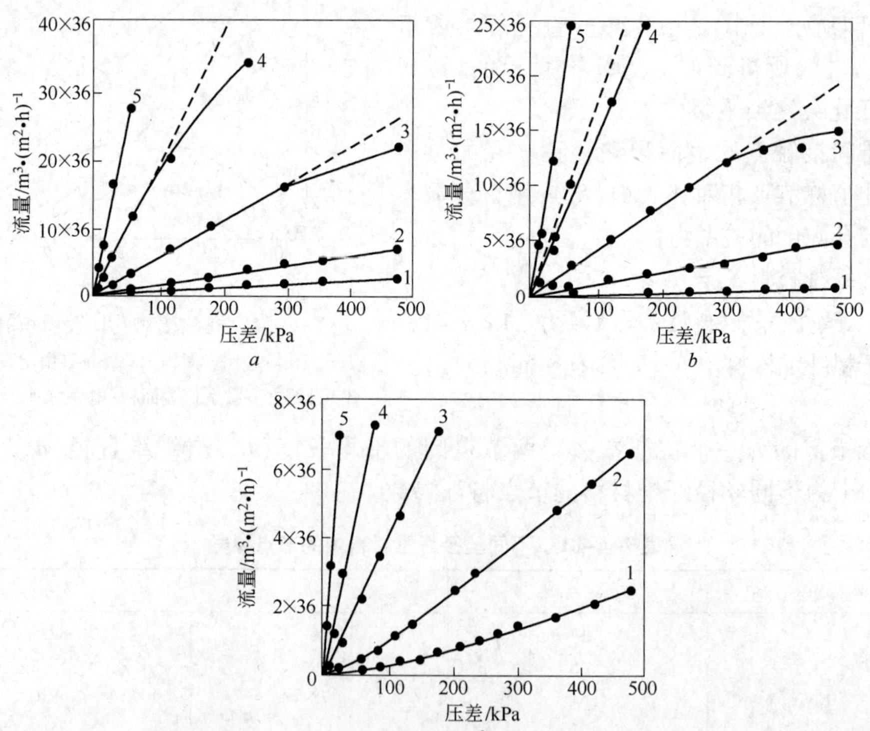

图 7-6-55　酒精（a）、蒸馏水（b）和 Ar 气（c）通过不同孔隙度纤维多孔材料的流量－压差曲线（试样厚 9.2 mm）
孔隙度：1—29%；2—36%；3—49%；4—59%；5—69%

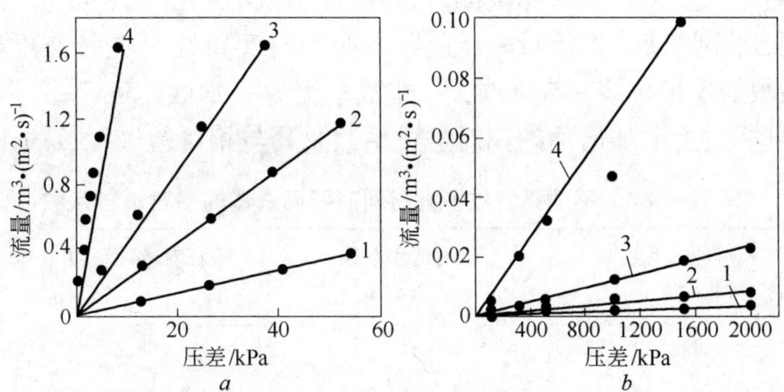

图 7-6-56　空气(a)和甘油(b)通过不同孔隙度纤维多孔材料时的流量－压差曲线(试样厚度为 3 mm)

孔隙度为:1—23%;2—31%;3—37%;4—52%

图 7-6-57 为西安菲尔特公司不同系列不锈钢纤维多孔材料透过空气时的流量－压差双对数曲线[98]。

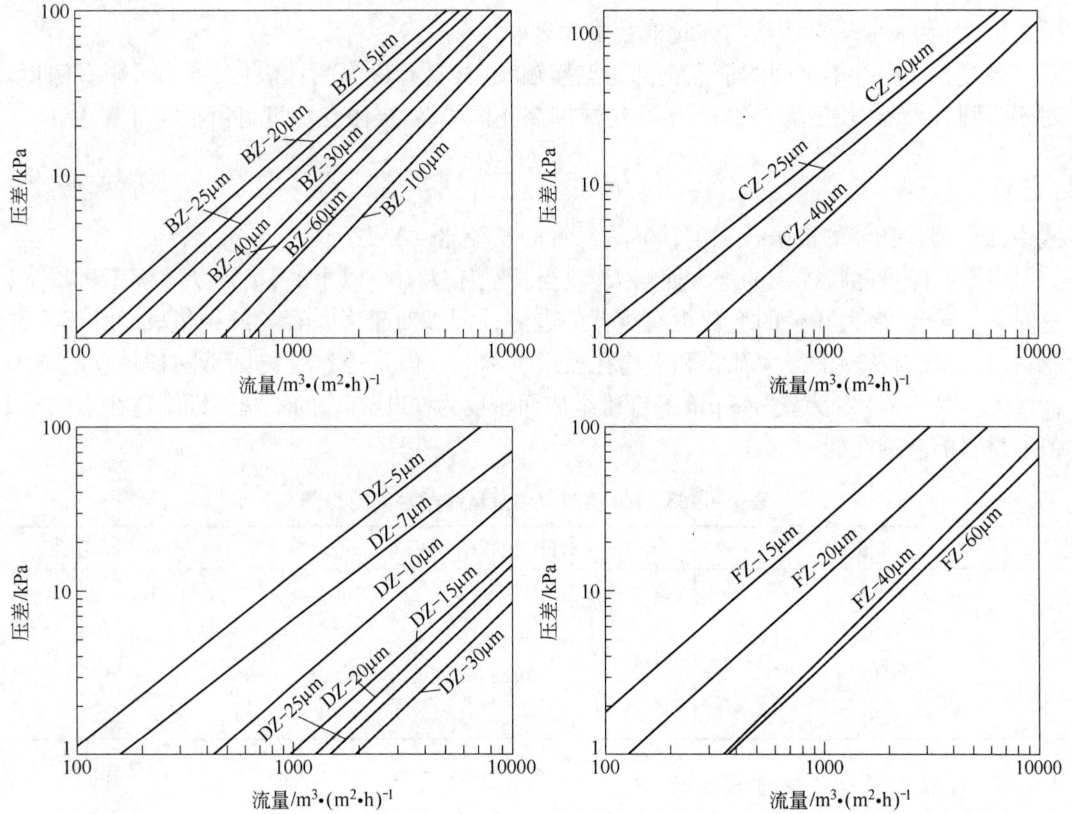

图 7-6-57　西安菲尔特公司不同系列不锈钢纤维多孔材料透过空气时的流量－压差双对数曲线

研究发现,当纤维多孔材料过滤液体时,其渗透系数不能简单地以空气透过系数乘以液体的黏度而得到,对不同液体的流量-压差曲线必须经实验确定。但是相对透气系数和不同液体的相对系数的比值仍有一定的规律,即基本上为一常数。表 7-6-82 为不锈钢纤维多孔材料系列的透气、透水和透油的相对透过系数及其与相对透气系数的比值。

表 7-6-82　不锈钢纤维多孔材料对不同液体的相对透过系数

过滤等级/μm	相对透气系数 $K_g/m^3\cdot(h\cdot kPa\cdot m^2)^{-1}$	相对透水系数 $K_w/m^3\cdot(h\cdot kPa\cdot m^2)^{-1}$	相对透油系数① $K_o/m^3\cdot(h\cdot kPa\cdot m^2)^{-1}$	K_g/K_w	K_g/K_o
15	6488	51	4.6	128	1423
20	8448	66	6.2	128	1423
25	10520	82	7.4	128	1423
30	13062	102	9.2	128	1423
40	16266	127	12.0	128	1361
60	25225	188	20.2	134	1249
100	40778	291	32.6	140	1248

① 为 10 号航空液压油。

B　纤维长径比对孔结构和过滤性能的影响

当多孔体中纤维之间的节点全部为点接触时,材料有最大的孔隙度,称为极限孔隙度。对于由圆直纤维(长度为 l,直径为 d)组成的多孔体模型,极限孔隙度可由下式计算[96]:

$$\varepsilon_{max}=\frac{(l/d)^2}{(l/d+1)^2} \tag{7-6-78}$$

式中,ε_{max}为多孔体的极限孔隙度;l/d 为纤维的长径比。

极限孔隙度随长径比的增大而增大,但当长径比达 100 以上时,极限孔隙度不再增加,这时 $\varepsilon_{max}=\varepsilon$。最大孔径的变化也有类似的趋势,因此,对于大长径比纤维组成的纤维多孔材料,长径比对材料的最大孔径和平均孔径影响不大。但是透过性能则是随长径比的增加而增大。表 7-6-83 为丝径 8 μm 的纤维组成面密度为 900 g/m² 的不锈钢纤维毡在不同 l/d 值下材料的渗透性能。

表 7-6-83　l/d 值对烧结滤毡渗透性能的影响

l/d 值	材料厚度/mm	渗透系数 K/m^2
750	0.83	5.11×10^{-12}
3750	0.85	$(5.5\sim7.5)\times10^{-12}$
6250	0.85	$(7.5\sim9.2)\times10^{-12}$
8750	0	$(9.0\sim15.9)\times10^{-12}$

C　不锈钢纤维毡的过滤性能

表 7-6-84 ~ 表 7-6-87 为世界几家大型生产公司生产的 316L 不锈钢纤维毡的过滤性能。

表 7-6-84　西安菲尔特公司不锈钢纤维多孔材料的过滤性能

型号		过滤性能					
		过滤精度 /μm	气泡点压力 (±8%) /Pa	渗透系数 /m^2	透气度 /L·(dm^2·min)$^{-1}$	孔隙度 (±5%)/%	纳污容量 (±10%)/mg·cm^{-2}
常压系列	BZ5D	2.5～7.4	5000	≥0.105×10^{-12}	≥35	75	5.0
	BZ10D	7.5～12.5	3700	≥0.50×10^{-12}	≥100	77	7.6
	BZ15D	12.5～17.5	2600	≥0.80×10^{-12}	≥130	80	8.0
	BZ20D	17.5～22.5	1950	≥2.10×10^{-12}	≥230	81	15.5
	BZ25D	22.5～27.5	1560	≥3.00×10^{-12}	≥330	80	18.4
	BZ30D	27.5～35.0	1300	≥4.60×10^{-12}	≥450	80	25.0
	BZ40D	35.0～45.0	975	≥6.10×10^{-12}	≥580	78	25.9
	BZ60D	45.0～70.0	650	≥11.50×10^{-12}	≥1200	87	35.7
	BZ100D	85.0～115.0	630	≥11.00×10^{-12}	≥1220	88	60.0
高纳污量系列	CZ15D	12.5～17.5	2600	≥1.50×10^{-12}	≥150	82	15.0
	CZ20D	17.5～22.5	1950	≥2.50×10^{-12}	≥320	84	20.0
	CZ25D	22.5～27.5	1540	≥3.50×10^{-12}	≥400	83	25.0
	CZ40D	35.0～45.0	1020	≥5.00×10^{-12}	≥550	82	35.0
高压系列	DZ5D	2.5～7.5	5000	≥0.20×10^{-12}	≥35	62	1.0
	DZ10D	7.5～12.5	3700	≥0.40×10^{-12}	≥70	70	5.0
	DZ15D	12.5～17.5	2700	≥1.08×10^{-12}	≥110	72	5.6
	DZ20D	17.5～22.5	1950	≥1.80×10^{-12}	≥230	74	10.0
	DZ25D	22.5～27.5	1600	≥2.30×10^{-12}	≥300	76	14.0
	DZ30D	27.5～35.0	1300	≥4.40×10^{-12}	≥500	80	20.0
经济系列	FZ15D	12.5～17.5	2400	≥0.60×10^{-12}	≥230	80	7.6
	FZ20D	17.5～22.5	1800	≥1.00×10^{-12}	≥330	80	14.0

注：渗透系数和透气度是在 200Pa 压差下测定的值。

表 7-6-85　Bekaert 公司不锈钢纤维毡性能[99]

型号	过滤精度 /μm	气泡点压力①/Pa	透气度② /L·(dm^2·min)$^{-1}$	渗透系数 K/m^2	H/K	厚度 H /mm	面密度 /g·m^{-2}	孔隙度/%	容尘量③ /mg·cm^{-2}
3AL3	3	12300	9	0.48×10^{-12}	72.9×10^7	0.35	975	65	6.40
5AL3	5	7600	34	1.76×10^{-12}	19.3×10^7	0.34	600	78	5.47
7AL3	7	5054	57	2.35×10^{-12}	11.5×10^7	0.27	600	72	6.47
10AL3	10	3700	100	4.88×10^{-12}	6.56×10^7	0.32	600	77	7.56
15AL3	15	2470	175	9.87×10^{-12}	3.75×10^7	0.37	600	80	7.92
20AL3	20	1850	255	19.1×10^{-12}	2.57×10^7	0.49	750	81	12.44
25AL3	25	1480	320	29.8×10^{-12}	2.04×10^7	0.61	1050	79	19.38
30AL3	30	1235	455	43.7×10^{-12}	1.44×10^7	0.63	1050	79	23.07

续表 7-6-85

型号	过滤精度 /μm	气泡点压力①/Pa	透气度② /L·(dm² ·min)⁻¹	渗透系数 K/m²	H/K	厚度 H /mm	面密度 /g·m⁻²	孔隙度/%	容尘量③ /mg·cm⁻²
40AL3	40	925	580	58.4×10^{-12}	1.13×10^{7}	0.66	1200	77	25.96
60AL3	59	630	1000	107×10^{-12}	6.66×10^{7}	0.70	750	87	33.97
5BL3	5	7000	45	1.17×10^{-12}	14.6×10^{7}	0.17	300	78	4.00
5BL3	10	3700	100	2.59×10^{-12}	6.56×10^{7}	0.17	300	78	4.63
10BL3	15	2470	175	4.54×10^{-12}	3.75×10^{7}	0.17	300	78	4.70
15BL3	20	1850	255	6.61×10^{-12}	2.57×10^{7}	0.17	300	78	6.10
40BL3	40	925	580	15.0×10^{-12}	1.13×10^{7}	0.17	300	78	14.60
60BL3	59	650	1100	24.3×10^{-12}	0.6×10^{7}	0.15	300	74	21.50
5CL3	6	6100	35	4.38×10^{-12}	18.7×10^{7}	0.82	975	85	11.67
10CL3	11	3500	95	10.7×10^{-12}	6.90×10^{7}	0.74	900	85	17.13
15CL3	15	2400	200	22.9×10^{-12}	3.28×10^{7}	0.75	900	85	18.95
20CL3	22	1700	325	36.7×10^{-12}	2.02×10^{7}	0.74	900	85	29.10
5CL4	5	7400	27	1.65×10^{-12}	24.3×10^{7}	0.40	900	72	6.80
7CL4	7	5289	45	2.74×10^{-12}	14.6×10^{7}	0.40	900	72	9.50
10CL4	10	3700	71	4.33×10^{-12}	9.24×10^{7}	0.40	900	72	9.50
15CL4	15	2400	150	9.15×10^{-12}	4.37×10^{7}	0.40	900	72	11.90
20CL4	20	1850	200	12.2×10^{-12}	3.28×10^{7}	0.40	900	72	12.00
2DL4	2.2	16800	3	0.16×10^{-12}	243×10^{7}	0.38	1500	51	2.20
3DL4	3.3	11300	12	1.23×10^{-12}	54.6×10^{7}	0.67	1500	72	6.80
5DL4	4.9	7700	24	2.45×10^{-12}	27.3×10^{7}	0.67	1500	72	7.74
7DL4	7.4	5000	43	4.39×10^{-12}	15.2×10^{7}	0.67	1500	72	10.50
10DL4	9.7	3800	53	5.42×10^{-12}	12.4×10^{7}	0.67	1500	72	10.50
12DL4	11.6	3200	85	8.68×10^{-12}	7.71×10^{7}	0.67	1500	72	12.80
15DL4	15.4	2400	135	13.8×10^{-12}	4.86×10^{7}	0.67	1500	72	13.50
20DL4	20.0	1850	165	16.9×10^{-12}	3.97×10^{7}	0.67	1500	72	17.80
10FP3	11	3500	90	3.71×10^{-12}	7.28×10^{7}	0.27	600	72	3.50
15FP3	15	2450	135	6.18×10^{-12}	4.86×10^{7}	0.30	600	75	7.50
20FP3	21	1800	200	8.54×10^{-12}	3.28×10^{7}	0.28	675	70	6.00
40FP3	40	925	540	23.9×10^{-12}	1.21×10^{7}	0.29	675	71	9.00
60FP3	65	570	1250	37.29×10^{-12}	0.53×10^{7}	0.29	675	71	12.00

① 按 ISO4003 标准检测；
② 按 ISO4022 标准检测；
③ 按 ISO4572 标准检测，压差 =8 倍起始压差。

表 7-6-86　Fluid Dynamics(MEMTEC)公司不锈钢纤维毡性能[100]

型号	过滤精度/μm	气泡点压力/Pa	中流量孔径/μm	以下过滤效率时的颗粒尺寸/μm		容尘量/mg·cm^{-2}	厚度/mm	透气度①/L·(dm^2·min)$^{-1}$	渗透系数 K/m^2	面密度/g·m^{-2}	孔隙度/%
60A0	60	623	63.8	69.0	59.0	84.1	0.66	1928	223.0×10^{-12}	890	83.2
40A0	40	847	37.9	42.0	37.2	49.5	0.69	8.3	91.2×10^{-12}	1187	78.4
30A0	30	1270	28.0	30.8	26.0	44.6	0.86	462	62.8×10^{-12}	1036	85.0
24A0	25	1419	24.3	29.1	26.2	38.7	0.79	344	40.9×10^{-12}	1187	81.2
20A0	20	1768	18.0	21.0	18.2	23.8	0.57	268	26.9×10^{-12}	742	84.2
15A0	15	2266	17.1	14.8	12.8	7.9	0.38	182	10.6×10^{-12}	593	80.6
10A0	10	3262	11.0	8.9	8.8	7.3	0.36	100	6.3×10^{-12}	593	79.2
7A0	7	3925	7.8	7.0	6.3	6.1	0.33	60	3.4×10^{-12}	593	77.6
5A0	5	5229	5.5	4.0	3.5	4.6	0.38	37	2.1×10^{-12}	631	79.4
3A0	3	8964	3.0	1.8	1.4	1.9	0.38	10	0.6×10^{-12}	966	68.4
60B0	60	598	42.8	95.0	77.0	67.5	0.14	2789	55.5×10^{-12}	297	73.1
40B0	40	1046	26.5	34.0	29.0	21.4	0.19	913	25.2×10^{-12}	297	80.6
20B0	20	1618	19.0	19.5	16.0	15.8	0.19	402	11.0×10^{-12}	297	80.6
15B0	15	2640	11.7	11.0	9.5	8.3	0.19	149	4.1×10^{-12}	297	80.6

注:其他所有过滤性能均是按 ISO4003(泡点压力)、4022(渗透系数)、ASTM - F662 - 86(过滤效率)、ASTM - F796 - 88(容尘量)标准检测的。

① 透气度为在 200Pa 压差下空气中测量结果。

表 7-6-87　日本精线公司不锈钢纤维毡性能[101]

型　号	过滤精度①/μm	流体流速			渗透系数 K/m^2
		空气②/L·(cm^2·min)$^{-1}$	水③/L·(cm^2·min)$^{-1}$	高黏度液体④/L·(cm^2·min)$^{-1}$	
NF-03	3	—			
NF-05	5	—			
NF-06	10	1.1	140	1.2	4.07×10^{-12}
NF-07	15	1.8	200	1.7	7.92×10^{-12}
NF-08	20	2.4	300	2.3	14.88×10^{-12}
NF-09	25	3.2	400	3.0	25.60×10^{-12}
NF-10	30	5.0	600	4.5	45.00×10^{-12}
NF-12	40	6.4	750	6.0	46.10×10^{-12}
NF-13	60	9.2	1000	8.7	67.16×10^{-12}
NF-14	80	15.0	1500	12.0	—

① 按 JIS - 88356 标准,用玻璃珠测量;

② 在 300 Pa 压差,25℃温度下测量;

③ 用25℃的水在 2kPa 压差下测得;

④ 黏度为 200 Pa·s 的流体在 5 MPa 压差下测得。

6.3.3　物理与力学性能

金属纤维多孔材料的物理和力学性能除了和孔隙度以及原始材料的本征特性有关外，还与纤维间烧结节点的数量、节点面积、孔形貌、纤维直径、两节点间距离等因素有关，因此这些性能的实测性能参数往往会偏离按理论模型所计算的数值。图 7-6-58 为铜、镍、不锈钢和镍铬合金纤维多孔材料导热率与孔隙度的关系。虚线为按不同资料所计算得到的数据，实线为实测数据。图中 20、30、40、50 和 70 等数字为纤维直径。显然随纤维直径的增大，材料热导率下降。例如当铜纤维直径由 20 μm 增大到 40 μm 和 70 μm 时，多孔材料的热导率分别下降 17% ~44% 和 23% ~70%。

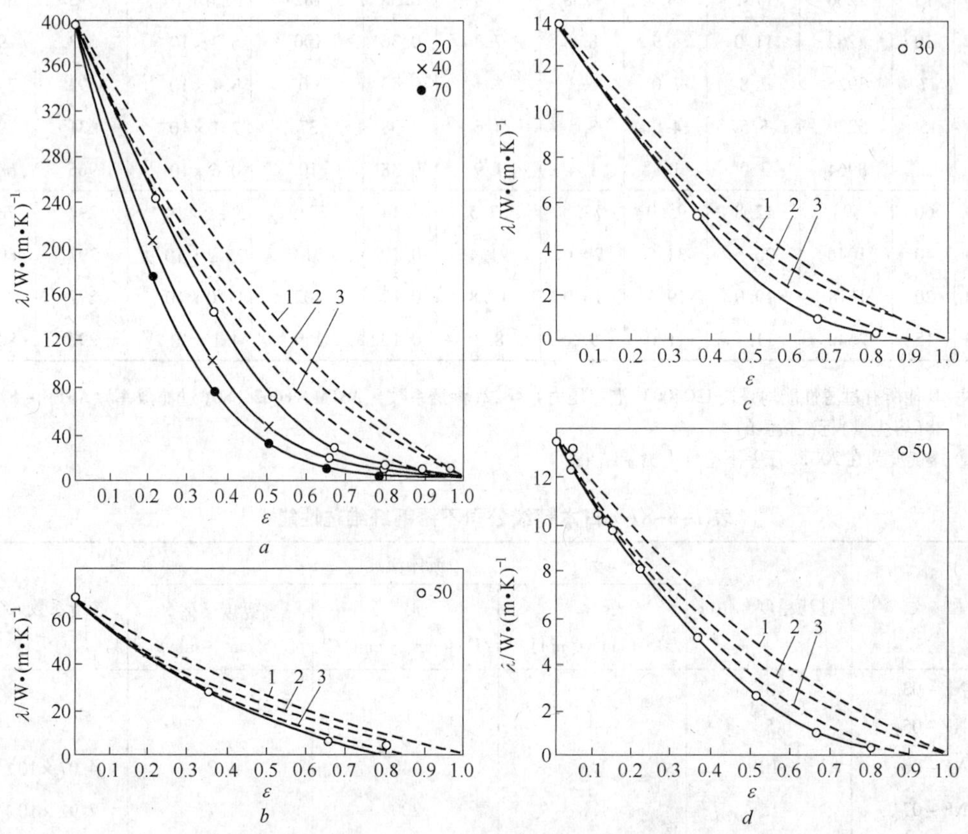

图 7-6-58　铜(*a*)和镍(*b*)、1Cr18Ni9Ti 不锈钢(*c*)和 NiCr 合金(*d*)纤维多孔材料热导率与孔隙度的关系[2]
a—铜；*b*—镍；*c*—1Cr18Ni9Ti 不锈钢；*d*—NiCr 合金

纤维多孔材料的线膨胀系数在加热时都与孔隙度无关。表 7-6-88 为 NiCr 合金纤维多孔材料的线膨胀系数（纤维直径为 50 μm）。

在 100℃ 范围内原始 NiCr 合金的线膨胀系数为 17×10^{-6}/℃。当孔隙度增加至 80% 时，由于节点间距增大，节点间连线的弯曲程度增加，因此出现在高温下线膨胀系数恢复到 100℃ 以下的原始状态的现象。

金属纤维多孔材料具有很高的吸声系数，图 7-6-59 和图 7-6-60 分别为单层和多层不锈钢纤维多孔材料的吸声系数[1]。

表 7-6-88　直径为 50μm 的 NiCr 纤维多孔材料的线膨胀系数（$\times10^{-6}℃^{-1}$）

温度范围/℃	孔隙度/%				
	10	30	50	70	80
50 ~ 10	14.0	14.0	14.1	14.6	14.6
100 ~ 150	14.6	14.6	14.6	15.0	15.0
150 ~ 200	14.9	15.2	15.0	15.3	15.5
200 ~ 250	15.4	15.6	15.4	15.6	15.9
250 ~ 300	15.9	16.1	15.8	15.9	16.3
300 ~ 350	16.4	16.6	16.2	16.2	16.7
350 ~ 400	16.8	17.0	16.5	16.6	17.0
400 ~ 450	17.2	17.3	16.8	16.9	17.2
450 ~ 500	17.6	17.7	17.1	17.2	17.4
500 ~ 550	18.0	18.0	17.3	17.4	17.5
550 ~ 600	18.4	18.3	17.6	17.6	17.5
600 ~ 650	18.8	18.6	17.8	17.9	17.4
650 ~ 700	19.1	18.8	18.0	18.1	17.3
700 ~ 750	19.4	19.0	18.2	18.3	17.0
750 ~ 800	19.8	19.1	18.3	18.4	16.5
800 ~ 850	20.1	19.2	18.4	18.5	15.0
850 ~ 900	20.4	19.3	18.5	18.5	15.0

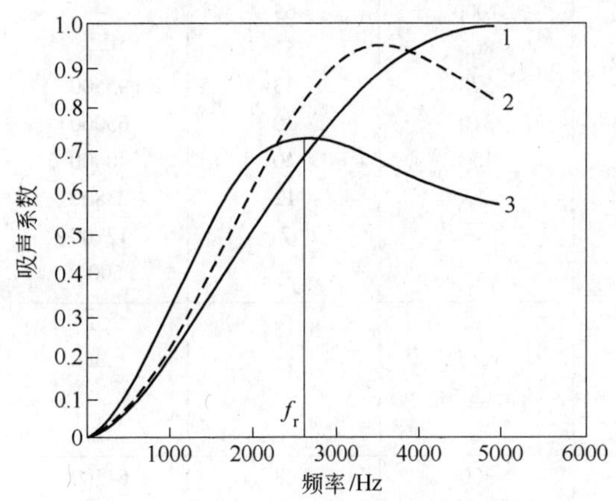

图 7-6-59　不同孔隙度烧结不锈钢纤维多孔材料的吸声系数
1—88%；2—77%；3—72%

图 7-6-60　多层不锈钢纤维多孔材料的吸声系数
1—单层毡，孔隙度 91%；
2—三层毡，孔隙度按 91%—85%—80% 顺序排列（丝径 50 μm）；
3—三层毡，孔隙度按 91%—85%—80% 顺序排列（丝径 100 μm）

当烧结节点充分形成时，用节点网络模型来评价烧结金属纤维多孔材料的力学性能是比较合适的[102,103]。但也应注意到纤维多孔材料的烧结过程同时也是纤维本身的退火过程,纤维本身会伴随着再结晶与晶粒长大,因而会降低纤维本身的强度。根据不同资料的试验结果,各种纤维多孔材料的强度性能列于表 7-6-89。

表 7-6-89　各种金属纤维多孔材料的强度性能[104]

材料	纤维直径/μm	孔隙度/%	屈服强度/MPa	抗拉强度/MPa	冲击韧性/J·cm⁻²	弹性模量/MPa
铜	20~70	30	84~76	200~145	20	—
		40	64~50	155~120	15	—
		50	50~31	125~95	9	48000
		60	25~8	70~40	5	23000
		70	11~5	35~27	2	9600
		80	6~3	13~6	0.6	5700
		90	2	4	0.2	—
镍	50	30	150	320	24	—
		40	95	220	20	—
		50	74	130	13	66000
		60	40	55	10	36000
		70	19	22	5	17000
		80	6	7	2	5300
Cr28Ni80	30	10	500	—	100	—
		20	350	—	80	—
		30	200	—	60	—
		40	150	—	30	—
		50	100	—	18	—
		60	50	—	12	—
		70	20	—	7	—
	50	10	500	1000	65	—
		20	350	800	57	—
		30	220	520	43	95500
		40	145	310	30	65000
		50	92	150	20	40000
		60	50	40	12	23800
		70	20	—	7	12700
		80	6	—	3	5000
1Cr18Ni9Ti	30	50	90	—	18	—
		60	50	—	12	—
		70	25	—	7	—
		80	5	—	3	—
	50	40	150	300	28	64500
		50	90	180	15	40000
		60	50	60	11	24000
		70	25	—	9	12700
		80	5	—	3	5000

材料的压缩性能有着与泡沫金属相似的规律,应力-应变曲线呈现三个阶段:弹性变形阶段、屈服平台阶段和致密化阶段,如图 7-6-61 所示[105]。

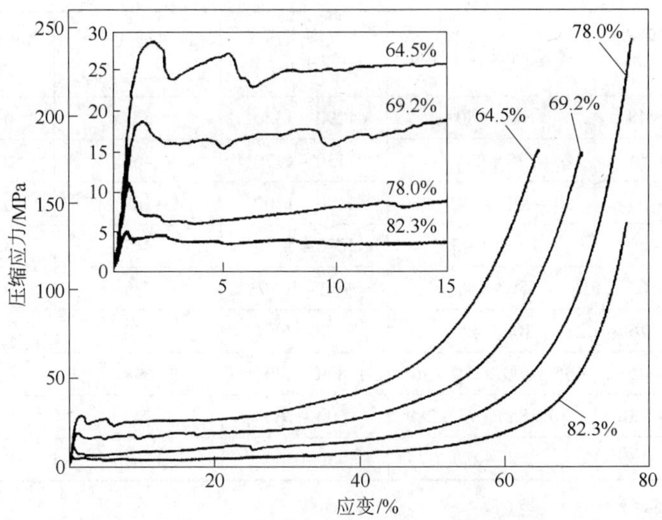

图7-6-61　烧结不锈钢纤维多孔材料应力-应变曲线(小框为低应变下的放大图)

6.3.4　烧结金属复合丝网材料

烧结金属丝网复合的目的在于迫使孔结构稳定而避免使用时相邻丝线的移动并控制和调整孔结构,同时也为提高材料的强度和容尘量。网的层数可由2层到20层。最基本的为3层或5层,即第一层为孔径控制层(细孔),第二层为保护层(孔径大于控制层),第三层为支撑层(通常为粗席形网,或者保护层和支撑层各为两层分别置于控制层的两边)。

丝网复合以后,材料孔径和孔径分布会向小孔径方向偏移,分布会变宽。如由0.076mm(200目)、0.152mm(100目)和粗席形网组成的五层复合网可拦截40μm的颗粒。使孔径变小的方法有二:一是通过轧制使网眼减小;二是合理配置控制网与保护网。表7-6-90为Pall公司多层烧结网的性能。

表7-6-90　Pall公司多层烧结网性能[17]

序号	网层数	截留颗粒尺寸①/μm	各层网眼尺寸/μm	气泡点压力②/Pa	相对透气率③ /$m^3\cdot(h\cdot dm^2)^{-1}$	总厚度 /mm	单重 /$kg\cdot m^{-2}$
1	3	22~23	25+250+118	2800~3100	506	0.15	0.88
2	2	21~23	25+118	2600~2850	445	0.13	0.60
3	2	24~25	25+250	2400~2500	556	0.11	0.42
4	3	23~32	280+43+280	1900~2600	218	0.43	2.30
5	2	35~37	43+19	1630~1700	528	0.16	0.72
6	2	37~38	36+121	1600~1650	797	0.11	0.48
7	2	36~39	43+250	1550~1650	664	0.13	0.47
8	3	39~45	43+250+280	1350~1550	396	0.35	1.55
9	2	44~46	53+265	1320~1380	555	0.24	0.84

续表 7-6-90

序号	网层数	截留颗粒尺寸①/μm	各层网眼尺寸/μm	气泡点压力②/Pa	相对透气率③ /m³·(h·dm²)⁻¹	总厚度 /mm	单重 /kg·m⁻²
10	2	45~48	60+180	1290~1350	575	0.20	0.84
11	2	51~54	75+236	1130~1170	465	0.25	1.15
12	4	47~55	280+132+132+280	1100~1300	168	0.61	2.80
13	3	45~60	43+212+300	1000~1350	443	0.25	0.93
14	2	58~63	80+250	970~1050	735	0.15	0.59
15	2	72~76	100+425	840~790	750	0.25	1.00
16	4	69~75	265+190+190+265	800~870	698	0.45	2.40
17	4	80~100	280+850+75+280	600~760	347	0.85	3.70
18	2	120~135	250+250	450~500	760	0.13	0.56

① 用玻璃珠方法测定；
② 为第一气泡点压力；
③ 10 kPa 压差下空气透过量。

国内两家单位生产的烧结不锈钢丝网复合材料的过滤性能分别列于表 7-6-91 和表 7-6-92。

表 7-6-91 北京钢铁研究总院刚性烧结金属丝网过滤性能[1]

型号	等效孔径 /μm	冒泡压力 /Pa	渗透性		孔隙度 /%	纳污容量 /mg·cm⁻²
			相对渗透系数 /L·(min·Pa·cm²)⁻¹	渗透系数 /m²		
SW-5	5	≥8800	$\geq 1.0\times10^{-4}$	$\geq 2.2\times10^{-12}$	≥18	≥1.5
SW-10	10	≥3860	$\geq 5.0\times10^{-4}$	$\geq 4.8\times10^{-12}$	≥19	≥2.2
SW-20	20	≥1970	$\geq 1.0\times10^{-3}$	$\geq 1.5\times10^{-11}$	≥19	≥3.9
SW-30	30	≥1350	$\geq 3.0\times10^{-3}$	$\geq 2.2\times10^{-11}$	≥20	≥5.6
SW-50	50	≥1030	$\geq 5.0\times10^{-3}$	$\geq 4.0\times10^{-11}$	≥20	≥6.4
SW-80	80	≥520	$\geq 7.0\times10^{-3}$	$\geq 1.1\times10^{-10}$	≥20	≥12.5
SW-100	100	≥410	$\geq 8.0\times10^{-3}$	$\geq 1.9\times10^{-10}$	≥20	≥15.6
SW-150	150	≥280	$\geq 1.0\times10^{-2}$	$\geq 3.6\times10^{-10}$	≥20	≥20.8
SW-300	300	≥130	$\geq 5.0\times10^{-2}$	$\geq 5.8\times10^{-10}$	≥20	≥35.5

表 7-6-92 西北有色金属研究院烧结金属五层网过滤性能[1]

型号	过滤性能		
	相对透气系数/L·(min·kPa·dm²)⁻¹	过滤精度/μm	气泡点压力/Pa
5	200	2.5~7.5	5000
10	250	7.5~12.5	3700
15	350	12.5~17.5	2600
20	450	17.5~22.5	1950

续表 7-6-92

型 号	过滤性能		
	相对透气系数/L·(min·kPa·dm^2)$^{-1}$	过滤精度/μm	气泡点压力/Pa
30	550	27.5~35.0	1230
40	650	35.0~45.0	1020
50	750	45.0~60.0	860
70	900	60.0~80.0	690
100	950	80.0~120.0	630

6.3.5 应用

6.3.5.1 过滤与分离

金属纤维过滤材料的主要优点是孔结构均匀且易于调整和控制;孔隙度高,可达98%;容尘量大,适于深层过滤;流体透过能力强,压力损失小,可用于高黏度流体的过滤;可再生,寿命长;重量轻、强度大、耐高温,可用于高温高压环境;可折叠,大大节省过滤空间。因此已广泛应用于高分子聚合物过滤、航空燃油过滤、液压系统过滤、石油过滤、高温气体过滤、化工与医药过滤、啤酒饮料过滤等。采用不同丝径纤维层配制成梯度孔结构可提高过滤效率与精度,增加容尘量和提高渗透性能;采用表面积发达的粗糙纤维制作过滤材料可提高过滤精度。表7-6-93是由直径30 μm的表面积发达的粗糙纤维所制成的过滤材料性能,为了比较同时列出了同一丝径的表面光滑纤维多孔材料的性能。

表7-6-93 丝径为30μm的纤维滤材性能比较[2]

纤维表面状况	孔隙度/%	厚度/mm	名义过滤精度/μm	绝对过滤精度/μm
光滑	40	1.13	—	16
粗糙	30	0.75	2	4
	40	0.62	4	8
	40	0.37	12	16

为提高滤材寿命,可使用超声清洗再生,但清洗时必须借助于循环的流体,如$NaCO_3$溶液,被堵塞的过滤器经20 min清洗并烘干后,透过能力可恢复到98%。

为了获得最佳的过滤效果,往往配置成多层纤维毡使用,其中的辅助层(或第二层)对过滤流量和过滤器的寿命起着十分重要的作用。图7-6-62为同一丝径多层化的效果[108]。所用滤液为蒸馏水加入1g/L的AC粉尘作污染物,过滤压差为4000Pa。可见在同一丝径情况下,只要提高第二层的孔隙度即可起到提高过滤量的效果。当用不同直径纤维作辅助层时,采用同样污染度的蒸馏水进行试验时,多层化效果示于图7-6-63[106],过滤精度控制层为8 μm纤维,单重800 g/m^2,孔隙度为70%。第二层(辅助层)分别为12 μm、15 μm、20 μm、25 μm纤维,孔隙度为50%~80%。纵坐标中V_2为双层毡的过滤流量,V_1为控制层为单层时的过滤流量。从图可见,当辅助层孔隙度与控制层相同时(70%),以25 μm纤维作辅助层效果最好,但当辅助层孔隙度超过控制层时,以15 μm和12 μm纤维层效果为最好。因此,作为辅助层应有一个最佳匹配。

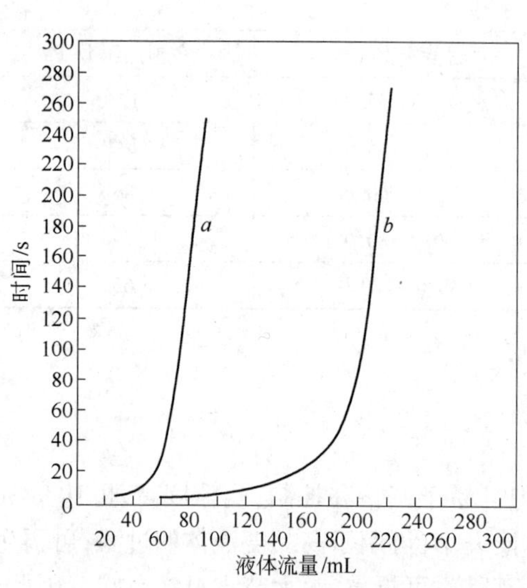

图 7-6-62　同一直径纤维毡多层化效果

a—12μm－1000g/m²(=76%);b—a＋12μm－800g/m²(=86%)

图 7-6-63　不同直径纤维层的多层化效果

6.3.5.2　热管与热交换器

热管是一种利用工质气液相变传输热量的装置,它能快速将热能从一点传至另一点,几乎没有热损耗,被称为传热超导体,已获得广泛应用。热管的核心部件是毛细灯芯。金属纤维及丝网多孔体是常用的热管灯芯材料,不仅价格低,易于加工制造,而且热流量大,效率高。表 7-6-94 为不同孔结构的金属纤维热管灯芯的最大传输热流量值。

表 7-6-94　不同孔结构纤维灯芯的最大热流量

孔结构特征				热流量/W
孔隙度/%	厚度/mm	弯曲系数	平均孔径/μm	
82	0.5	1.22	105	335
68	1.7	1.07	57	350
77	0.45	1.13	54	12.0
80	0.8	1.20	77	21.0
84	2.0	1.21	93	8.5
94	0.7	1.30	155	3.5
79	1.1	1.16	115	2275

金属纤维多孔材料及丝网复合材料由于独特的孔结构特征,无论用于对流传热还是沸腾传热都有着极好的传热效果,如用纤维或丝网制成多孔表面用于沸腾传热时,可有效降低沸腾温差,只需很低的过热度就可得到很高的临界热流密度,其换热系数与光管相比可提高 10 倍以上。孔隙度为 75% 的铜纤维毡用于空气和水中的对流传热时,热效率为泡沫铜的 3 倍。加上纤维多孔材料和丝网复合材料易于加工,成本低,是各种热交换器的优选材料[107～109]。

6.3.5.3　催化剂载体与表面燃烧器

在各种化学反应器中，在汽车尾气净化、高温烟气净化以及表面燃烧器中都广泛采用金属纤维毡或复合丝网作催化剂载体。InCo 镍、FeCrAl 合金纤维多孔材料在纤维直径小(2 ~ 20 μm)时，材料孔隙度可高达 80% ~90%，具有相当大的比表面，加上载体材料的高导热性，因而保证了在放热反应时仍能维持等温的条件和金属催化剂的有效利用，是液相催化反应技术中的理想催化剂载体。图 7-6-64 是用于三相氢化技术中的 FeCrAl 纤维毡催化剂载体示意图。纤维直径为 20 μm，每层板厚 0.29 mm，孔隙度为 71%，氢化率最高可达 94.5%[110,111]。

图 7-6-64　三相氢化技术中应用的 FeCrAl 纤维毡催化剂载体

烧结铜纤维毡用于 H_2 生产的甲烷蒸气再生器中作催化剂载体，H_2 的选择率可达 98%[112]。

表面燃烧技术是近十年发展起来的具有高效节能、低污染的新型燃烧技术，其核心是金属纤维多孔材料燃烧器，包括燃烧层和阻火层(又称预热层)。燃烧层，多用 FeCrAl、NiAl、InCoNel 601 等纤维制作。为了除去燃烧中产生的有害气体，必须在纤维多孔材料中装载催化剂，而催化剂的催化效应又取决于材料的比表面积，为此需对纤维多孔体进行表面改性处理使纤维表面形成一层高比表面积的纳米孔支撑膜(孔径 2 ~ 20 nm)。这样既可最大程度发挥催化剂的催化效果，又不至于增加多孔体的流体阻力，有利于燃烧的进行和燃烧产物的排放。催化剂再加上稳定燃烧技术，可使 NO_x 和 CO 的排放量低于 3×10^{-6}，总燃烧热效率可达 90%。图 7-6-65 是一组用于锅炉燃烧的 FeCrAl 纤维毡燃烧器示意图[113]。

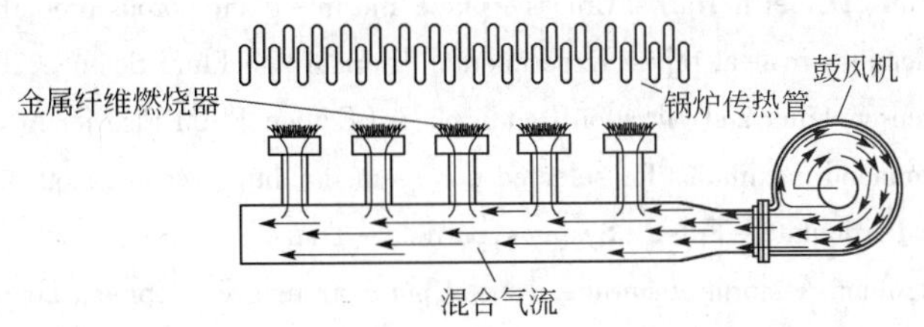

图 7-6-65　多排管式组合燃烧器

汽车尾气净化器及高温烟气净化装置常用 FeCrAl、FeAl 化合物及 310S 不锈钢纤维多孔材料，既是催化器载体，又是过滤器。应当注意，对于高硫含量的烟尘净化不能用 FeCrAl，只能用耐硫腐蚀的 FeAl、NiAl、310S 等材料。

6.3.5.4 消声器及其他

由于金属纤维多孔材料在宽频范围的高吸声系数，已广泛用作各种消声器，许多公司已有系列的声衬产品。FeCrAl、InCoNel 601 及奥氏体不锈钢纤维多孔材料已用于航空发动机作高温声衬而可省除冷却装置。铝质纤维吸声材料在国外已普遍使用，如音乐厅、展览馆、教室、高架公路底面、高速公路隔声屏障、地铁、隧道等潮湿环境等。国外汽车上已逐渐开始使用金属纤维作消声材料，国内奥迪、桑塔纳汽车也开始使用这种材料作消声器芯[114,115]。

金属纤维多孔材料有着很高的能吸收性能，不锈钢纤维毡的能量吸收为泡沫铝的 9 倍，是抗振阻尼的好材料，有望在超轻结构材料上获得应用。

参 考 文 献

[1] 奚正平，汤慧萍，等．烧结金属多孔材料[M]．北京：冶金工业出版社，2009.

[2] Белова С В. Пористые проницаемые матерналы, справочник, излателbство. Металлургия, 1987.

[3] Akshaya Jena, Krishna Gupta. Advanced technology for evaluation of porestructure characteristics of filtration media to optimize their design and performance. Porous Materials, Inc. , Ithaca, Ny, 2003.

[4] Joshua Mermalstein, et al. Electrostatically enhanced stainless steel filters: effect of filter structure and pore size on particle removal. Aerosol Science and Technology, 2002, 36: 62 ~ 75.

[5] Tao Li. Dependence of filtration properties on stainless steel medium structure. Filtration and Separation, 1997, 34(3): 265 ~ 273.

[6] Donald R, et al. Design rational and performance benefits of polishing filter adsorbents using sintered microfibrous metallic networks as carriers for high effectiveness sorbent particulates. presented to: AlChE Annual Meeting, November 16 ~ 21, 2003, San Francisco, California.

[7] [奥]薛定谔 A E. 多孔介质中的渗流物理[M]．王鸿勋，张朝琛，孙书琛，译．北京：石油工业出版社，1982.

[8] Jeffey M Zalc, Sebastian C, et al. The effects of diffusion mechanism and void structure on thansport rates and tortuosity factors in complex porous structures. Chemical Engineering Science, 2004, 59(14): 2947 ~ 2960.

[9] Wilson G F. Effect of internal structure on separation performance of microporous metals. Powder Metallurgy, 1989, 32(3): 177 ~ 186.

[10] GB/T 5250—93. 可渗透烧结金属材料流体渗透性的测定[S].

[11] 胡荣泽，等．粉末颗粒和粉末的测量[M]．北京：冶金工业出版社，1982.

[12] Richard R Williams, Daniel K Harris. Crooss - plane and in - plane porous properties measurements of thin metal felts: applications in heat pipes. Experimental Thermal and Fluid Science, 2003, 27: 227 ~ 235.

[13] Christopher Dickenson. Filter and Filtration Handbook, 3rd Edition. FBIM Elsevier Advanced Technology, 1992.

[14] Mott Corp. Recommend maximums for selected porous media. http://www. mottcorp. com.

[15] A. Mayer's TTM. Particulate - Filter - Systems, particle - Traps.

[16] Chikao Kanaoka, Mana A mornkitbamrung. Tensile bond strengh development between liquid bound pellets during compression. Powder Technology, 2001, 118(1,2), 113 ~ 120.

[17] Derek B. Purchas, solid/liquid separation technology, Uplands press Ltd. , 1982.

[18]　Markus Tuller, et al. Adsorption and Capillary condensation in porous media: liquid retention and interfacial configurations in angular pores. Water Resources Reshearch, 1999, 35(7): 1949 ~ 1964.

[19]　Шелег В К. Повыщение эффективности применения капиллярмо – пористих поросиковых материалов. Пороцковая Металлургия, 1991, 5: 64 ~ 69.

[20]　Beiss P, Dalgic M. Structure property relationships in porous sintered steels. Materials Chemistry and physics, 2001, 67(1 ~ 3): 37 ~ 42.

[21]　Salimon A, Brechet Y, et al. Potential applications for steel and titanium metal foams. Journal of Materials Science, 2005, 40: 5793 ~ 5795.

[22]　Simone A E, Gibson. L J. The tensile strength of porous copper made by the gasar process. Acra mater, 1996, 44(4): 1437 ~ 1447.

[23]　Ashby M F, Brechet Y J M. Designing hybrid metals. Acta Material, 2003, 51: 5801 ~ 5821.

[24]　Kostornov A G, Shevchuck M S, Gorb M L. Strength properties of high – porosity metal fiber materials. Translated from Poroshkobaya Metallurgia, 1972, 112(4): 88 ~ 92.

[25]　Фирстов С А идр. Влияние структуры порового пространства на поглощение энергии деф ормации присжатии высокопористых композитов. Порошковая металлургия, 2000, (9/10): 89 ~ 95.

[26]　Markáki A E, et al. Production of a highly porous material by liquid phase sintering of short ferritic stainless steel fibers and a preliminary study of its mechanical behaviour Composites Science and Technology, 2003, 63(16): 2345 ~ 2351.

[27]　Montes J M, et al. Thermal and electrical conductivities of sintered powder compacts. Powder Metallurgy, 2003, 46(3): 251 ~ 256.

[28]　Alexander Jr. E G. Structure property relationship in heat pipe wicking materals. Ph. D. Thesis, North Carolina State University, Releigh, Noth Carolina, 1972.

[29]　Chen Li, et al. The effective thermal conductivity of wire screen. International Journal of Heat and Mass Transfer, 2006, 49(21, 22): 4095 ~ 4105.

[30]　Cheng X, et al. Transport in stochastic fibrous networks. Journal of Engineering Materials and Technology, 2001, 123(1): 12 ~ 19.

[31]　Андриевский. Р А Пористые металлокерамические материалы. Издатедъство Металлургия. Москва, 1964

[32]　宝鸡有色金属研究所．粉末冶金多孔材料(下册)[M]．北京:冶金工业出版社,1979.

[33]　Щедег В К, идр. Влияние свойств исходных пороцков на структурные характеристики матерцалов. Порошковая Металлургия, 1992, (2): 47 ~ 51.

[34]　宝鸡有色金属研究所．粉末冶金多孔材料(上册)[M]．北京:冶金工业出版社,1978.

[35]　German R M. Cost reductions prime Ti PIM for growth. MPR, 2006(6): 12 ~ 20.

[36]　黄培云．粉末冶金原理[M]．北京:冶金工业出版社,1997.

[37]　廖际常．粉末冶金成型理论的发展现状[J]．稀有金属材料与工程,1986(2),30 ~ 34.

[38]　Белов С В. Пористые проницаемые материалы типа пнс. Порошковая Металлургия, 1991(3).

[39]　杨文龙,郭福和．粉末增塑挤压多孔材料[J]．稀有金属材料与工程,1982(2),:26 ~ 34.

[40]　李宝喜．多孔管材的连续挤压成形新工艺[J]．粉末冶金,1983(2):43 ~ 46.

[41]　Donald F Heaney, et al. Isotropic forming of porous structures Via metal injection molding, Journal of Materials Science, 2003(9): 1 ~ 27.

[42]　Chenyshev L I, Rostunov O N, et al. Densification behavior of mixtures of metal powders and a pore – forming agent. Poroshkovaya Metallurgia, 1985(9): 11 ~ 14.

[43]　Granovskii M S, Zhigulina O N, et al. Structure and physicomechenical properties of high porosity copper of

different origin. Poroshkovaya Metallurgia, 1989(12):57 ~ 61.

[44] 厦门粉末冶金制品厂. 烧结青铜多孔元件产品说明书. 1989.

[45] Holfman J, Kapoor D. The characters of PM stainless steel filter. Chemie - Ingenieur - Technik, 1976(5): 410 ~ 416.

[46] 郭栋, 李德泉, 等. 粉末轧制不锈钢多孔薄壁焊接管材的研究[J]. 粉末冶金技术, 1988, 6(1):32 ~ 36.

[47] GKN 公司样本, 2008.

[48] Mott 公司样本, 2008.

[49] Eduaro G R, et al. Manufacturing and microstructural characterization of sintered Nickel Wicks for capillary pumps. Material Research, 1999, 2(3):1439 ~ 1516.

[50] Reimbrecht E G, Edson Bazzo, et al. Mauafacturing of metallic porous strutures to be used in capillary pumping systems. Mat. Res., 2003, 6(4).

[51] 曾剑波, 吴诚萍, 等. 松装烧结多孔钛板[J]. 粉末冶金技术, 1992, 10(4):282 ~ 286.

[52] 廖际常, 张正德. 粉末冶金多孔材料的过滤性能与粉末粒度和烧结温度的关系[J]. 稀有金属材料与工程, 1987(6):24 ~ 29.

[53] Анашенко М П, Ъеденко С А, идр. Пористые порошковые диспергаторы озона и воздуха в воде. Порошковая Металлургия, 1999(5/6):117 ~ 125.

[54] Kostornov A G. Porous permeable materials: seientific principles of structure and property. formation, manufacturing, practice and effective use. Powder Metallurgy and Metal Ceramics, 1995, 34(11/12):607 ~ 624.

[55] 李元喜. 粉末冶金钛过滤管工艺研究[J]. 稀有金属合金加工, 1981(3):6 ~ 10.

[56] 宋春福. 粉末工艺对多孔钛板性能的影响[J]. 稀有金属合金加工, 1980(5):7 ~ 12.

[57] 宋春福, 王永年. 粉末轧制多孔钛板的性能[J]. 稀有金属合金加工, 1981(1):19 ~ 21.

[58] Li B Y, Long L J, et al. Synthesis of porous NiTi shape - memory alloys by self - propagation high - temperature synthesis: Reaction mechanism and anisotropy in pore structure. Acta mater. 2000(48):3895 ~ 3904.

[59] Gyunter V E, et al. The phisicomechanical properties and structure of superelastic porous titanium nickelide - based alloys. Technical Physics Letters, 2000, 26(4):320 ~ 322.

[60] Lagoudas D C, Vandygriff E L. Processing and characterazation of NiTi porous SMA by elevated pressure sintering, J. of Intelligent Material Systems and Structures, 2002, 13(12):837 ~ 850.

[61] Lagoudas D C, Entchev, P B, et al. The effect of transformation Induced plasticity on the mechanical behavior of porous SMAs. Center for Mechnics of Composites, Aerospace Engineering Depatment, Texas A&M University, College Station TX 77843 - 3141.

[62] Li B Y, Long L J, Li Y Y. Stress - strain behavior of porous Ni - Ti Shape memory intermetallics synthesized from powder sintering, Intermetallics, 2000(8):643 ~ 646.

[63] Gyunter V E, Yasenchuk Y E, et al. The Physicomechanical properties and structure of superelastic porous titanium nickelide - based alloys. Technical Physics Letters, 2000, 26(1):35 ~ 37.

[64] Bansiddhi A, Sargeant T D, et al. Porous NiTi for bone implants: A review, Acta Biomaterialia, 2008(4): 773 ~ 782.

[65] Косторнов А Г. Капиллярный транспорт маковязких жидкостей в пористых металлиуеских материалах в условиях действия сил гравитации, Порошковая Металлургия, 2003(9/10):13 ~ 21.

[66] Vol' pe B M, Evstigneev V V. Structure of porous permeable materials in a titanium - aluminum - carbon - alloy - component system obtained by self - propagating high - temptrature synthesis. Izvestiya Vysshikh Uchebnykh Zavedenii Fizika, 1992(1):9 ~ 13.

[67] Yang S H, Kim W Y, Kim M S. Fabrication of unidirectional porous TiAl - Mn intermetallic compounds by reactive sintering extruded powder mixtures. Intemetallics, 2003(11):849 ~ 855.

[68] 武冶峰,贺跃飞,等.多孔 TiAl 金属间化合物的抗热盐酸腐蚀性能[J].粉末冶金材料与科学工程,2007,12(5):310~315.

[69] Dasilva M G,Rmesh K T. The rate - dependent deformation and localization of fully dense and porous Ti - 6Al - 4V. Materials Science and Engineering,A232,1997:11~12.

[70] 李元喜,董泽玉.Ti - Mo 合金多孔材料的研究[J].稀有金属材料与工程,1985(6):5~9.

[71] 李元喜.Ti - 32Mo 合金多孔过滤材料的粉末制粒问题[J].粉末冶金技术,1989,7(1):10~12.

[72] 刘康美.净化高温燃气用多孔钨研究[J].稀有金属材料与工程,1986(4):32~36.

[73] Cem Selcuk,Wood J V. Porous tungsten via reactive sintering. International Journal of Powder Metallurgy,2006,42(2):21~32.

[74] Myers N,Meuler T,German R. Production of Porous Refractory Metals with Controlled. Pore Size,1 - 5. 2004 International conferance proceedings - MPIF,MPR,2004,59(8):20~57.

[75] Самсонов Г В,Портной К И. Сплавы на основе Тугоплавких соединений государственное научно - техническое издателвство оъоронгиз. Москвая,1961.

[76] Хинаъ Б,Бедяев А В,идр. Применение свс для получения пористих порощковых проницеиых коипозицонных материалов титан - нитрид титана. Порошковая Металлургия,1997(5/6):75~80.

[77] 杨保军.离心沉积技术制备梯度金属多孔材料的研究[D].西安建筑科技大学学位论文.2008.

[78] 孙涛.渐变孔径金属多孔材料的成形和烧结特性[D].东北大学学位论文,2009.

[79] 方玉诚,王浩,等.粉末冶金多孔材料新型制备与应用技术的探讨[J].稀有金属,2005,29(5):791~795.

[80] 平井,修身.烧结ステンレス鋼纖維の製造と応用途[J].金属,1980,5(5):19~22.

[81] 刘古田.金属纤维综述[J].稀有金属材料与工程,1994,23(1):7~15.

[82] Elservir Science Ltd. Melt extracted fibres boost porous parts,1999,MPR,July/August:30~33.

[83] 特许公报.昭 63~137549.

[84] Fedorchenko I M,Kostornov A G,et al. Some characteristic features of the production of extructed nichel fibers. Traslated from Poroshkovaya Metallurgiya,1980,206(2):1~4.

[85] Kostornov A G,Kirichenko O V,Guzhva N S. Production of thin fibers from powders. Traslated from Poroshkovaya Metallurgiya,1983,245(5):1~6.

[86] 公开特许公报.昭 63 - 218225.

[87] US - Patent 0043094.

[88] US - Patent 6558810.

[89] 公开特许公报.平 1~207461.

[90] 左彩霞,等.波折对烧结不锈钢纤维毡过滤性能的影响[J].粉末冶金工业,2008,18(3):22~25.

[91] Donald R C,Bruce J T. Permeability of sintered microfibrous for heterogeneous catalysis and other chemical processing opportunities. Catalysis Today 2001,69:33~39.

[92] Белоус Ю Ю,Косторнов А Г,Ефименко Ю М,идр. Струструра фильтруюшего волокнового материала и её математическая молелb. Порошковая Металлургия,1989,(6):47~50.

[93] 王志,廖际常,韩学义.不锈钢纤维毡的过滤性能研究[D].硕士学位论文.沈阳:东北大学,1994.

[94] 水 木,正 光,浮 田,昌 秀.ス テ ン レ ス鋼纖維烧结体[J].工業材料,1982,30(10):89~98.

[95] Kostornov A G. Quantitative characteristics of the porous structure of permeable fiber materials. Traslated from Poroshkovaya Metallurgiya,1977,172(4):80~87.

[96] Kostornov A G,et al. Free and contact surface in porous fiber materials. Traslated from Poroshkovaya Metallurgiya,1983,245(5):61~67.

[97] Kostornov A G,Shevchuk M S. Hydraulic Charateristics and Structure Fiber Materials. Ⅲ. Laws of Liquid Permeability of Materials,Traslated from Poroshkovaya Metallurgiya,1977,177(9):50~56.

[98]　西安菲尔特公司样本.

[99]　Bekaert 公司样本.

[100]　Fluid Dynamic 公司样本.

[101]　日本精线公司样本.

[102]　Berhan L, Sastuy A M. On modeling bonds in fused porous networks: 3D simulations of fibrous – particulate joints. Journal of Composite Materials, 2003, 37(8): 715 ~ 740.

[103]　Markaki A E, Gergely V, et al. Production of a highly porous material by liquid phase sintering of short ferritic stainless steel fibers and a Preliminary Study of its mechanical behaviour. Composites Science and Technology, 2003, 63: 2345 ~ 2351.

[104]　Kostornov A G. Porous permeable materials: scientific principles of structure and property formation, manufacturing practice and effective use. Traslated from Poroshkovaya Metallurgiya, 1995, 382(11/12): 24 ~ 42.

[105]　Jichao Qiao, Zhengping Xi, et al. Influence of porosity on quasi – static compressive properies of porous metal media fabricated by stainless steel fibers. Materials and Design, 2009, 30: 2737 – 2740.

[106]　平井修身,石部英臣. フイル. ターの材料学的検討[J]. 金属, 1984, 54(12): 19 ~ 25.

[107]　Tdrist L, Miscevic M, et al. About the use of fibrous materials in compact heat exchangers, Experimental Thermal and Fluid Science, 2004, 28: 193 ~ 199.

[108]　Tian J, Lu T J, et al. Cross flow heat exchange of textile cellular metal core sandwich panels. International Journal of Heat and Mass Transfer, 2007, 50, 2521 ~ 2536.

[109]　谭华玉,高春阳,刘立新. 复合金属丝网表面强化沸腾传热的研究进展[J]. 石油化工设备技术, 2005, 26(5): 38 ~ 46.

[110]　Natalia Semagina, Martin Grasemann, Albert Renken, Lioubov Kiwi – Minsker. Bubble column reactor staged with sintered metal fiber catalyst for 3 – phase hydrogenation, EPFL, Switzerland, 2007.

[111]　Marina Ruta, Igor Yuranov, Paul J D, et al. Structure fiber supports for ionicliquid – phase catalysis used in gas – phase continuous hydrogenation, Journal of Catalysis, 2007, 247: 269 ~ 276.

[112]　Yong Tang, Wei zhou, et al. Porous copper fiber sintered felts: An innovative catalyst support of methanol steam reformer for hydrogen production. International Journal of hydrogen energy, 2008, 33: 2950 ~ 2956.

[113]　http://www z. fs. cvut. cz/web/fileadmin/12241 – BOZEK/pubricace/2001/DT – pap – o – pdf.

[114]　朱纪磊,汤慧萍,等. 多孔吸声材料发展现状与展望[J]. 功能材料, 2007, 38(增刊): 3723 ~ 3726.

[115]　Beaton M S. Fiber metal acoustic materials for gas turbine exhaust environments. Journal of Engineering for Gas Turbines and Power, 1989, 111(1): 181 ~ 185.

编写:廖际常（西北有色金属研究院）

第 8 篇

难熔金属材料及其制品

第 1 章　钨及钨合金

钨(Tungsten),元素符号 W,银白色,熔点最高的金属,在元素周期中属ⅥB 族。

钨于 1781 年由瑞典化学家舍勒(C. W. Sheele)发现。1783 年西班牙人德卢亚尔兄弟(J. J. de Elujar 和 F. de Elujar)从黑钨矿中制得钨氧化物并用碳还原成钨。1909 年,美国人库里奇(Coolidge)采用粉末冶金法首次制成了延性钨丝,用作白炽灯灯丝,从此,金属钨才得到应用。1923 年,德国人施洛德(Schroter)成功地制造出钨基硬质合金,为硬质合金工业奠定了基础。20 世纪 20 年代末发现了掺杂钨,成为现代掺杂钨丝的基础,30 年代,创制出钨 - 铜、钨 - 银、钨 - 镍 - 铁等材料,大大扩大了钨的应用范围,形成了钨工业。到 20 世纪末,世界钨的供应量每年为 41000 ~ 55000 t,到 21 世纪初,世界对钨的需求量进一步扩大,2007 年全球钨消费量超过 6 万吨(金属量)。中国现已成为世界钨制品的生产大国,到 20 世纪 90 年代后期,已形成年产 9000 ~ 10000 t 的硬质合金生产能力,1998 年产量达 7440 t,占世界总产量的 21% 左右;已形成年产 2500 t 的钨制品(烧结制品和加工材)生产能力,1998 年实际产量达 2000 t 左右,约占世界总产量的 30%。到 2007 年,中国硬质合金生产能力达 3.39 万吨,实际产量为 1.55 万吨,占世界总量的 25% 左右,钨制品实际产量达到 5000t,其中钨丝达 212 亿米(约 830t),约占全世界总产量的 35%。全球 80% 左右的钨消耗由中国供应。

1.1　钨的基本性质

1.1.1　钨的物理性质

钨的主要物理性质列于表 8-1-1。

表 8-1-1　钨的一些物理常数

名　称		数　值
原子序数		74
原子量		183.85
密度/$g \cdot cm^{-3}$		19.30
晶格常数及类型/nm	630℃以上稳定	a = 0.31585 α - W 呈体心立方晶格
	630℃以下稳定	a = 0.5037 β - W 呈立方晶格
原子半径/nm		0.1368
离子半径/nm		0.068 (W^{4+}) 0.065 (W^{6+})
熔点/℃		3410 ± 20
熔化热/$kJ \cdot g^{-1}$		255
升华热/$kJ \cdot g^{-1}$		4.396
比热容/$J \cdot (kg \cdot K)^{-1}$	293K	1.34×10^{2}
	773K	1.42×10^{2}
	1273K	1.51×10^{2}
	2273K	1.72×10^{2}
热导率/$W \cdot (m \cdot K)^{-1}$	293K	1.67×10^{2}
	1100K	1.17×10^{2}
	2000K	1.0×10^{2}
固体钨的蒸气压/Pa	2273K	1.59×10^{-7}
	2503K	8.81×10^{-6}
	3003K	9.44×10^{-3}
	3573K	2.27
沸点/℃		5900 ~ 6000
蒸发热(沸点下)/$kJ \cdot g^{-1}$		4.957
固体钨的蒸发速度/$kg \cdot (m^{2} \cdot s)^{-1}$	2600K	4.28×10^{-8}
	2800K	8.28×10^{-7}
	3000K	1.06×10^{-5}
	3100K	9.85×10^{-5}
	3273K	2.06×10^{-4}
液体钨的蒸气压/Pa	4263K	133.32
	4780K	1333.22
	5159K	5332.88
	6200K	101324.72
线膨胀系数/$℃^{-1}$	300K	4.4×10^{-6}
	773K	4.6×10^{-6}
	1273K	5.2×10^{-6}
	2273K	6.2×10^{-6}
电阻率/$\Omega \cdot m$	-196℃	0.61×10^{-8}
	20℃	5.5×10^{-8}
	1000℃	34×10^{-8}
	2000℃	66×10^{-8}
电子发射电流(2730℃)/$A \cdot m^{-2}$		141500
热中子吸收截面/m^{2}		$(19.2 \pm 1) \times 10^{-28}$

1.1.2　钨的力学性能

钨的室温力学性能见表 8-1-2。

表 8-1-2　纯钨的室温力学性能

性　能	数　值	状　态
弹性模量/MPa	396000	20℃
硬度 HV	3000 ~ 5000	轻微变形 >1.0mm 板、丝
	5000 ~ 7000	大变形 <1.0mm 板、丝
	3600	再结晶(细晶粒)

续表 8-1-2

性 能	数 值	状 态
抗拉强度/MPa	980~1750	轻微变形 >1.0mm 板、丝
	1470~1960	大变形 <1.0mm 板、丝
	980~1190	再结晶
延-脆转变温度/℃	200~500	弯曲检验

1.1.3 钨的化学性质

钨的化学性能见表 8-1-3。

表 8-1-3 钨的化学性能

介 质	试验条件	反应情况	介 质	试验条件	反应情况
空气或氧气	20℃	不反应	锌		不腐蚀
	400℃	开始反应	铝镁氧化物	在1900℃以上	氧 化
氢 气	在所在温度下	不反应	氧化钍	在2200℃以上	氧 化
氮 气	在1500℃以上	形成氮化物	钠	约600℃	不作用
氨 气	在所有温度下	不作用	钾、钠混合	约600℃	不作用
水蒸气	700℃以上	氧 化	镓	约600℃	不作用
二氧化碳	1200℃以上	氧 化	氢氧化钠	20℃	不作用
一氧化碳	800℃以上	形成碳化物	熔融苛性碱	在空气中	轻微腐蚀
二氧化硫	高 温	氧 化	氨溶液	在氧化剂存在时如 H_2O_2	轻微腐蚀
氟	任何温度	强烈腐蚀	碳酸钠、碳酸钾	热	不腐蚀
氯	250℃以上	腐 蚀	氢氟酸	冷,热	不腐蚀
溴碘	赤 热	腐 蚀	硝 酸	冷,浓或稀	不腐蚀
硫化氢	赤 热	表面起作用	硝酸或硫酸	热,浓或稀	轻微腐蚀
硫	约880℃	形成硫化物	氢氟酸和硝酸	冷或热	迅速溶解
硅	约1000℃	形成硅化物	王 水	热	迅速腐蚀
硼	高 温	生成硼化物	磷	800℃	磷化物

1.2 钨的矿物资源

钨在地壳中的丰度较低,地壳平均含量只有 1.1 g/t 左右。根据《Mineral Commodity Summary 2008》资料,中国的钨矿储量占世界总储量约 62.06%,工业储量为 180 万吨(金属)。世界其余钨矿主要分布在前苏联、加拿大、美国、澳大利亚和韩国等国。

自然界已发现的钨矿物虽然约有 20 种,但具有工业价值的作钨冶金原料的只有黑钨矿和白钨矿。钨锰铁矿通常称为黑钨矿,其族矿物为 $MnWO_4-FeWO_4$类质同象系列,$MnWO_4$含量少于 20% 的一般称钨铁矿(呈黑色),高于 80% 的一般称钨锰矿(呈红褐色),在二者之间的统称钨锰铁矿,具有半金属光泽。钨酸钙(钙钨矿)通称为白钨矿,含 CaO 19.4%,WO_3 80.6%,呈灰白色,有时略带浅黄、浅紫或褐色。

1.3　钨的冶金

钨的提取冶金过程包括精矿分解、钨化合物提纯、钨粉制取和致密钨制取等步骤。钨提取冶金工艺流程见图 8-1-1。

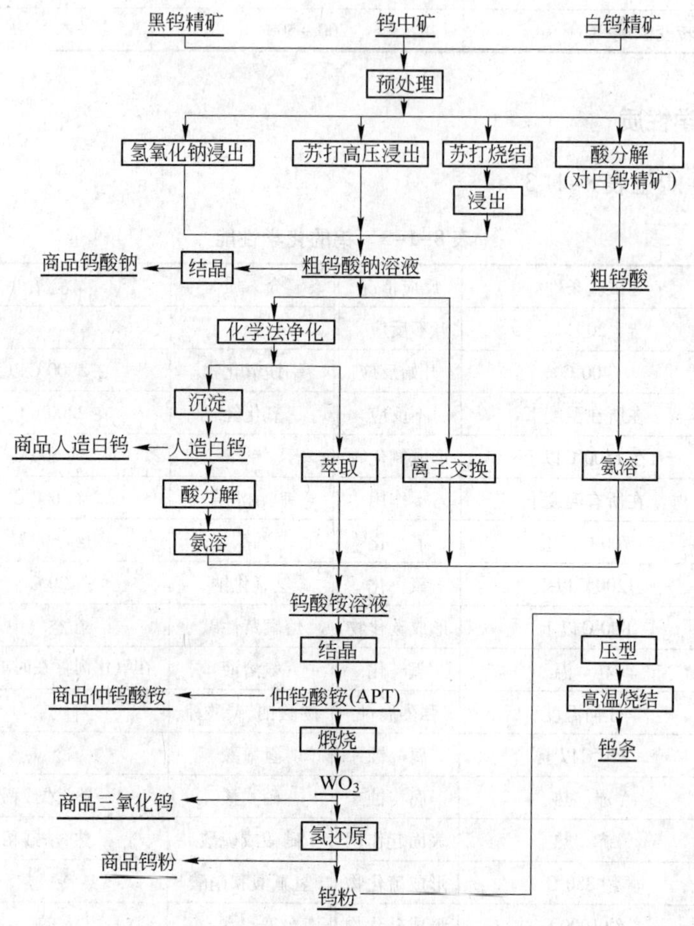

图 8-1-1　钨提取冶金的工艺流程

1.3.1　钨精矿分解

钨精矿分解的方法有火法和湿法。

(1) 火法分解常用碳酸钠烧结法。此法是把黑钨精矿和碳酸钠一起放入回转窑内于 800 ~ 900℃下烧结，获得钨酸钠。处理白钨精矿时还需加入石英砂，以得到溶解度小的原硅酸钙，烧结温度约为 1000℃。经 2h 左右的烧结，精矿分解率达 98% ~ 99.5%。烧结料在 80 ~ 90℃下用水浸出，过滤后得钨酸钠溶液。

(2) 湿法分为碱分解法和酸分解法。前者为工业上分解黑钨精的主要方法，此法是用氢氧化钠溶液在 110 ~ 130℃浸出钨酸钠。后者为目前工业上处理白钨矿的主要方法，此法用碳酸钠溶液在高压釜内于 200 ~ 230℃浸出钨酸钠，或用盐酸于 90℃分解白钨精矿，获得固态粗钨酸。湿法处理钨精矿的分解率可达 98% ~ 99%。

1.3.2　钨化合物提纯

钨酸钠溶液需经化学法净化，除去硅、磷、砷等杂质。在净化后的溶液中加入氯化钙溶液，沉淀得到人造白钨($CaWO_4$)。用盐酸分解$CaWO_4$沉淀得工业钨酸。将工业钨酸溶于氨水中，得到钨酸铵溶液，再经蒸发结晶处理，得到仲钨酸铵 APT [$5(NH_4)_2O \cdot 12WO_3 \cdot 5H_2O$]。APT 干燥后，于500~800℃下煅烧，得到粉末状、呈淡黄色的三氧化钨，或通氢或不通氢将其还原成蓝钨。20世纪70年代用叔胺(R_3N)溶剂萃取法或离子交换法使钨酸钠溶液转换成钨酸铵溶液，简化了工艺流程。

1.3.3　钨粉制取

1.3.3.1　纯钨粉制取

工业上都采用氢还原WO_3或蓝钨，或APT方法制取纯钨粉。还原工艺取决于对产品钨粉的粒度、粒度组成等要求，分一步还原法(还原温度800~900℃)和二步还原法(还原温度分别为550~800℃和800~900℃)。还原在管式电炉或回转电炉内进行。工业氢还原钨粉粒度范围是1~10 μm，其典型的平均粒度和典型的粒度分布曲线分别如表8-1-4和图8-1-2所示。细粉(例如C-5)用于生产切削刀具，而粗钨粉则用于生产矿山钻头。3~8 μm的C-8和C-10型钨粉用来生产轻型的轧制品，例如丝材、条材、板材等。C-20型更粗精的钨粉用于生产重型的轧制品或熔渗钨基合金。

表8-1-4　各类氢还原粉末典型的费歇尔粒度值①

粉的类别	平均粒度 *FSSS*/μm
C-3	0.70~0.80
C-5	1.05~1.20
C-6	1.80
C-8	2.60~3.50
C-10	4.50~5.50
C-20	6.50~7.02
C-40	8.00~8.50

① 由美国亚拉巴马州特立戴恩·华昌·亨茨维公司提供。

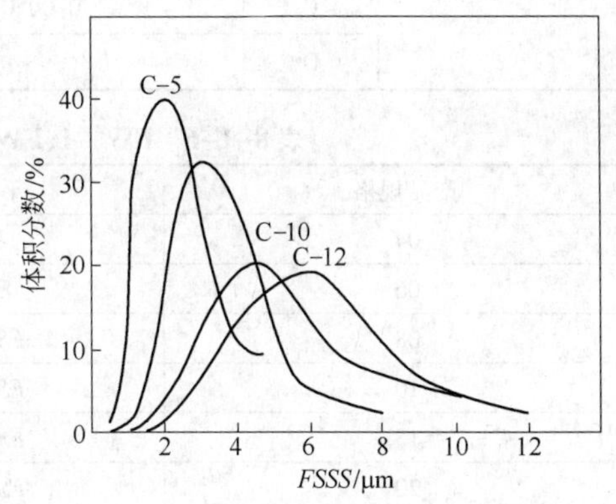

图8-1-2　各种类型钨粉的典型粒度分布曲线

中国钨粉的牌号和化学成分见表8-1-5。其中，FW-1主要用作碳化钨用原料、大型板坯、加工用材和钨铼热电偶丝等原料；FW-2主要用作触头合金和高密度合金原料；FWP-1用作等离子喷镀材料。

FW-1、FW-2的松装密度、粒度分布等物理性能由供需双方协商确定，其平均粒度及氧含量见表8-1-6。

FWP-1粒度在0.075 mm(-200目)~0.045 mm(+325目)之间的粉末重量不少于80%，松装密度为4.0~8.0g/cm^3。

表 8-1-5　钨粉牌号及化学成分(GB/T 3458—2006)

产品牌号		FW - 1	FW - 2	FWP - 1
杂质含量(质量分数)不大于/%	Fe	粒度小于 10 μm: 0.005 粒度大于等于 10 μm: 0.010	0.030	0.030
	Al	0.0010	0.0040	0.0050
	Si	0.0020	0.0050	0.0100
	Mg	0.0010	0.0040	0.0040
	Mn	0.0010	0.0020	0.0040
	Ni	0.0030	0.0040	0.0050
	As	0.0015	0.0020	0.0020
	Pb	0.0001	0.0005	0.0007
	Bi	0.0001	0.0005	0.0007
	Sn	0.0003	0.0005	0.0007
	Sb	0.0010	0.0010	0.0010
	Cu	0.0007	0.0010	0.0020
	Ca	0.0020	0.0040	0.0040
	Mo	0.0050	0.0100	0.0100
	K + Na	0.0030	0.0030	0.0030
	P	0.0010	0.0040	0.0040
	C	0.0050	0.0100	0.0100
	O	见表 8-1-6		0.20

表 8-1-6　FW - 1、FW - 2 的平均粒度范围及氧含量

产品规格	平均粒度范围/μm	氧含量(质量分数)不大于/%
04	*BET*: <0.10	0.80
06	*BET*: 0.10 ~ 0.20	0.50
08	*FSSS*: ≥0.8 ~ 1.0	0.40
10	*FSSS*: >1.0 ~ 1.5	0.30
15	*FSSS*: >1.5 ~ 2.0	0.30
20	*FSSS*: >2.0 ~ 3.0	0.25
30	*FSSS*: >3.0 ~ 4.0	0.25
40	*FSSS*: >4.0 ~ 5.0	0.25
50	*FSSS*: >5.0 ~ 7.0	0.25
70	*FSSS*: >7.0 ~ 10.0	0.20
100	*FSSS*: >10.0 ~ 15.0	0.20
150	*FSSS*: >15.0 ~ 20.0	0.10
200	*FSSS*: >20.0 ~ 30.0	0.10
300	*FSSS*: >30.0	0.10

注:1. *BET* 是按 GB/T 2596 比表面积(平均粒度)测定(简化氮吸附法)的;

2. *FSSS* 是按 GB/T 3249 难熔金属及碳化物粉末粒度测定方法——费氏法测定的。

1.3.3.2　掺杂钨粉及掺杂钨铼粉

掺杂钨粉是指添加掺杂剂（Al_2O_3、KCl、SiO_2）的钨粉，是生产抗下垂钨丝的原料。掺杂钨粉生产要经过掺杂、还原和酸洗三个主要阶段。

氧化钨的掺杂。掺杂用氧化钨为三氧化钨或由仲钨酸铵直接还原得到的蓝色氧化钨，采用湿润法或喷雾法掺杂。掺杂剂 K_2SiO_3、KCl、$Al(NO_3)_3$，按 0.45% SiO_2、0.45% KCl 和 0.03% Al_2O_3 加入。对钨铝丝而言，掺杂氧化钨半成品的技术要求，其杂质为：0.35% ~ 0.45% SiO_2、0.025% ~ 0.035% Al_2O_3、0.4% ~ 0.5% KCl、< 0.005% Fe_2O_3、< 0.002% CaO、0.3% ~ 0.9% NH_3、< 0.02% Mo，松装密度为 1.5 ~ 2.5 g/cm^3。

掺杂氧化钨的还原。采用二阶段氢还原方法，即先由三氧化钨或蓝色氧化钨还原成 WO_2，再由 WO_2 还原至金属钨粉。

掺杂钨粉的酸洗。一般采用约 5% 氢氟酸，也可在氢氟酸洗前采用盐酸预洗涤。

掺杂钨铼粉是指用掺杂钨粉添加高铼酸铵或高铼酸铵溶液，经混拌、还原而成的粉末。

1.4　钨及钨合金的加工

各种钨及钨合金的板、带、箔、丝、棒、管等加工材工业上都采用粉末烧结锭坯经热塑性加工制取而成，其加工过程一般包括致密锭坯的制取、加工和深度加工等步骤。加工流程见图 8-1-3。

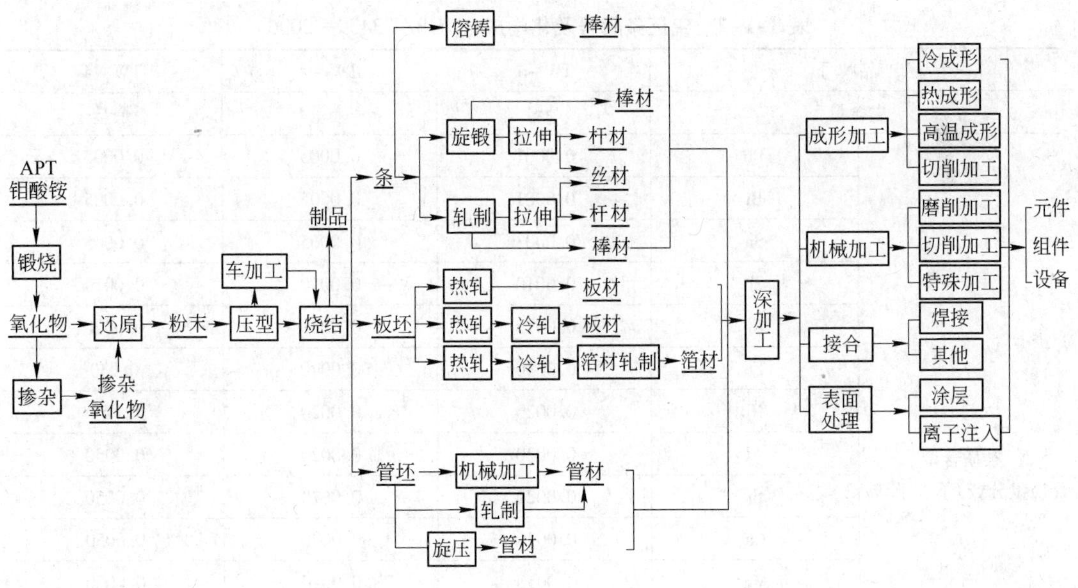

图 8-1-3　钨、钼加工流程

1.4.1　钨锭坯的制取

致密钨锭坯的制取方法有粉末冶金法和熔铸法（电弧熔铸或电子束熔炼）。由于粉末冶金法制备的钨锭坯具有细晶粒组织，可以直接锻造或轧制开坯，因此，至今钨锭坯的工业生产方法仍没有超出粉末冶金技术范围。

粉末经压制和成形之后得到的压坯先在氢气中预烧结，然后在高温下烧结成致密钨锭坯。高温烧结后的锭坯密度可达到 17. 8 ~ 18. 9 g/cm³。不同烧结温度下钨粉平均粒度对烧结密度的影响如图 8-1-4 所示。

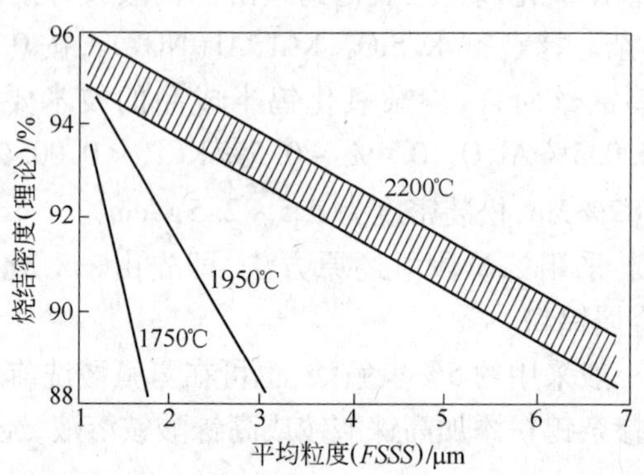

图 8-1-4　平均粒度和烧结温度对烧结密度的影响

1. 4. 1. 1　钨坯条

中国的钨坯条牌号及化学成分见表 8-1-7。其中，TW -1 主要用作钨基合金原料；TW -2 主要用作加工原材料；TW -4 主要用作合金添加剂。

表 8-1-7　钨坯条牌号及化学成分（GB/T 3459—2006）

产品牌号		TW -1	TW -2	TW -4
主含量		余量	余量	余量
杂质含量（质量分数）不大于/%	Pb	0. 0001	0. 0005	0. 0005
	Bi	0. 0001	0. 0005	0. 0005
	Sn	0. 0003	0. 0005	0. 0005
	Sb	0. 0010	0. 0010	0. 0010
	As	0. 0015	0. 0020	0. 0020
	Fe	0. 0030	0. 0040	0. 030
	Ni	0. 0020	0. 0020	0. 050
	Al	0. 0020	0. 0020	0. 0050
	Si	0. 0020	0. 0020	0. 0050
	Ca	0. 0020	0. 0020	0. 0050
	Mg	0. 0010	0. 0010	0. 0050
	Mo	0. 0040	0. 0040	0. 050
	P	0. 0010	0. 0010	0. 0030
	C	0. 0030	0. 0050	0. 010
	O	0. 0020	0. 0020	0. 0070
	N	0. 0020	0. 0020	0. 0050

钨坯条物理性能如下所述：

密度≥17.5g/cm^3。

TW-2产品断面晶粒度≥1000个/mm^2,并用GB/T 6394中的对应级别表示。

钨坯条尺寸分为钨方条尺寸和钨圆条尺寸。

(1) 钨方条尺寸:

TW-2:(10~16)mm×(10~16)mm×(≥300)mm;

TW-1、TW-4:(10~16)mm×(10~16)mm×(≥30)mm。

(2) 钨圆条尺寸:

TW-2:ϕ(16~30)mm×(≥300)mm;

TW-1、TW-4:ϕ(16~30)mm×(≥30)mm。

TW-2产品的弯曲度不大于4mm。

1.4.1.2　掺杂钨条及掺杂钨铼条

用掺杂钨粉生产的钨条称为掺杂钨条。中国掺杂钨条的牌号及化学成分见表8-1-8。其中,WAL1供制造高温和耐冲击灯泡的螺旋灯丝、双螺旋灯丝、发射管阴极、有较高要求的电子管折叠式热丝栅丝等其他部件;WAL2供制造电子管、白炽灯泡的螺旋式灯丝和电子管折叠式热丝、栅丝、阴极及其他部件;WAL3供制造普通照明灯泡灯丝、半导体弹簧丝等。

用掺杂钨铼粉生产的钨条称为掺杂钨铼条,其中典型的铼含量(质量分数,%)为3、5、10、20、25和26。

表8-1-8　掺杂钨条牌号及化学成分(GB/T 4189—84)

牌　号	化学成分(质量分数)/%		
	W不小于	单个杂质,不大于	杂质总和,不大于
WAL1	99.92	0.01	0.08
WAL2			
WAL3			

注:1. WAL1钼含量不大于0.005%;

2. 密度范围为16.7~18.2g/cm^3,同批钨条密度波动范围不大于0.7g/cm^3;

3. 钨条规格(10~14)mm×(10~14)mm×(300~450)mm。

1.4.2　钨烧结制品的制取

钨的烧结制品是指钨粉或合金粉经压制、烧结和机械加工之后即可应用的制品,主要有如钨铜、钨银复合材料、钨-镍-铁、钨-镍-铜高密度合金、钨钍合金、钨稀土合金等电极材料以及各种钨坩埚、多孔钨制品、钨流口等。

1.4.2.1　钨铜、钨银复合材料的制取

钨铜、钨银复合材料是由金属钨和金属铜或金属银组成的材料。钨铜材料的铜含量为7%~50%(质量分数),钨银材料的银含量为10%~50%。

钨熔点(3410℃)与铜熔点(1083℃)、银熔点(961℃)相差很大,且钨和铜(银)互不反应,无法用熔炼法制取,通常采用粉末冶金法制取。粉末冶金法主要有压制烧结法和熔渗法两种工艺。压制烧结法是将钨粉和铜粉(银粉)按所需比例混合、压制,在高于铜(银)熔点的温度下进行液相烧结,再复压提高致密度而制得产品,一般用于制造钨含量较低(低于

60%)的产品。熔渗法是将钨粉或加入少量铜(银)粉的金属粉压型、烧结,再将形成多孔骨架的钨烧结坯放入铜(银)液中浸渗,借助毛细力作用,熔融铜(银)渗透到钨骨架孔隙中而制得产品,可用于所有组成的钨铜(银)材料,产品致密度高。

1.4.2.2　高密度钨合金的制取

高密度钨合金又称钨重合金,俗称高密度合金,是以金属钨为基加入合金元素镍、铁或镍、铜液相烧结成的合金;或在这些合金基础上再加入其他合金元素如钴、锰、铬等制成的合金。

制取合金时,通常采用固-固混合粉,也可采用固-液法混料制备包覆合金粉,后者的优点是合金元素混合均匀,可在较低温度下烧结。压制采用压模压制和等静压压制。烧结是合金制取的关键环节,在氢气中 1400~1600℃温度下实现液相烧结。在烧结温度下,主要由添加物形成的黏结相呈液态熔化并溶解部分钨,使粉末颗粒间发生物质迁移、溶解、析出、再结晶而达到充分的致密。

1.4.2.3　钨钍合金的制取

钨钍合金又称钍钨。由基体金属钨与在基体中以弥散质点存在的二氧化钍组成的合金。二氧化钍含量一般为 0.7%~2.0%(质量分数)。

钨钍合金采用粉末冶金法制取。将钨粉或氧化钨粉加入到 ThO_2 或 $Th(NO_3)_4$ 溶液中,经热分解、氢还原即可制取 $W-ThO_2$ 合金粉,再经压制(压模压制或等静压压制)、烧结(直接通电垂熔烧结或间接加热烧结)、旋锻和拉拔加工成棒材和丝材。

1.4.2.4　钨稀土合金的制取

钨稀土合金又称稀土钨。以金属钨为基加入稀土元素的氧化物如 CeO_2、La_2O_3、Y_2O_3 等组成的合金,可分单元稀土型合金和多元稀土型合金。

单元系(均为质量分数,%):$W-(1\sim3)CeO_2$、$W-(1\sim3)La_2O_3$、$W-(1\sim3)Y_2O_3$。多元系:$W-(0.5\sim1.5)CeO_2-(0.5\sim1.5)Y_2O_3$、$W-(0.5\sim1.5)CeO_2-(0.5\sim1.5)La_2O_3$、$W-(0.5\sim1.5)Y_2O_3-(0.5\sim1.5)La_2O_3$。

用粉末冶金法制取,其工艺为:将稀土元素氧化物或盐类水溶液加入钨粉或氧化钨粉末中,经热分解、氢还原制得 W-REO 合金粉(以 W_4O_{11} 为基所制得的 W-REO 合金加工性能比 WO_3 为基的好);用压模压制或等静压压制;通氢垂熔或间接加热烧结;合金烧结坯条可通过旋转模锻或孔型轧制开坯,再拉拔成各种规格的棒材和丝材。

1.4.2.5　多孔钨的制取

多孔钨是内部结构含有很多孔隙(一般在 15%以上),且其用途又与这些孔隙密切相关的粉末冶金钨制品。

制备多孔钨所用的粉末形状有球形的和非球形的。模压、等静压是主要成形方法。烧结参数是控制多孔钨孔隙度的关键性的参数,图 8-1-5 给出了钨粉粒度-孔隙度-烧结温度之间的关系曲线。

1.4.3　钨加工

钨的延-脆转变温度(DBTT)在 200~500℃之间,常采用热加工、温加工和冷塑性加工。

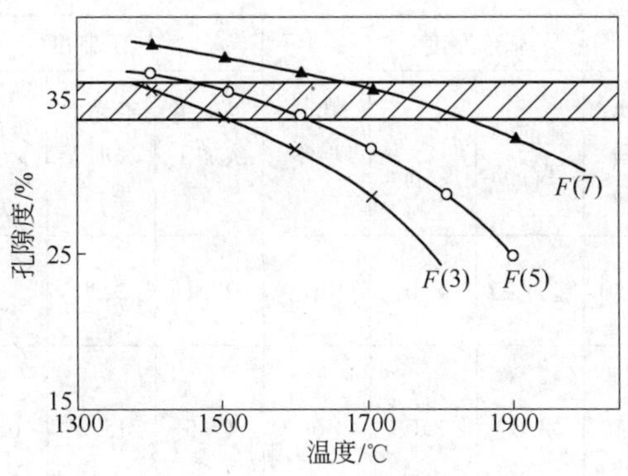

图8-1-5　颗粒尺寸-孔隙度-烧结温度之间的关系曲线

（粉粒度 F(3)：3.58 μm，F(5)：5.70 μm，F(7)：7.9 μm，保温：2～4 h）

1.4.3.1　钨的丝、棒材加工

旋锻法是钨棒材的传统加工方法。先将烧结条置于氢气气氛中加热到1400～1600℃，然后在不同型号的旋锻机上进行旋锻。棒材的最终尺寸为 ϕ3 mm 左右。用连续轧制法代替传统的旋锻法对钨烧结坯条进行开坯和轧制的技术是钨的丝、棒材加工的新技术，它不但具有生产效率高的优点，而且还克服了旋锻法本身固有的内部组织不均的缺点。Y 型轧机是连续轧制的主要设备，由6组三辊 Y 型轧机机组组成，按原坯直径大小，经过2～3次加热后，即可直接轧制成可供拉丝用的线坯。

拉丝采用温加工法。典型的拉伸温度规范列于表8-1-9。一般情况下，拉伸直径大于0.24 mm 的钨丝，采用煤气加热，拉伸直径小于0.24 mm 的，采用电炉加热。

表8-1-9　钨及钨合金拉伸温度规范

拉伸机型号	直径范围/mm	加热温度/℃				备注
		W1、WA1	WTh7、WTh10、WTh15	WRe	WCe	
链式	3.00～1.30	1200～750	1250～800	1280～	1000～800	料温
MB-2500B	1.20～0.70	950～700	1000～750	1200～1100		料温
MB-1000B	0.65～0.43	850～500	850～700	1000～900		料温
MB-500B	0.40～0.28	750～550	800～600	850～650		炉温
MB-300B	0.26～0.10	700～500	750～550	800～600		炉温
MB-100B	0.10～0.04	600～450		700～550		炉温
MB-30B	0.038～0.010	500～400				炉温

1.4.3.2　板、箔材轧制

钨板轧制可分热轧、温轧和冷轧，典型的钨及其合金板、箔材轧制工艺实例如表8-1-10所列。

表 8-1-10　钨及其合金板材轧制工艺实例

工序名称	加热火次	加热制度		轧件厚度		轧制道次	压下制度			累积总加工率/%	备　注
		加热温度/℃	加热时间/min	轧前厚度/mm	轧后厚度/mm		最大道次加工率/%	平均道次加工率/%	两次退火间总加工率/%		
热　轧	4	1400 ~ 1550	10 ~ 50	锭坯 22	8.0	4	27.1	22.0		64	二辊可逆轧机，钼丝加热炉
温　轧	6	1200 ~ 1000	20 ~ 10	8.0	3.0	6	17.5	15.2	62.5	97	ϕ420 mm × 380 mm 二辊轧机，钼丝炉加热
消除应力退火										97	氢气中 1000℃，60min
温　轧	6	900 ~ 800	10	3.0	1.0	6	20	18.7	66.8	97	ϕ150mm/ϕ420 mm × 380 mm 四辊轧机，钼丝炉加热
消除应力退火										97	氢气中 1000℃，60 min
温　轧	6	700 ~ 600	10 ~ 15	1.0	0.5	6	12	10.7	50	97	ϕ110mm /ϕ420 mm × 380 mm 四辊轧机，钼丝炉加热
消除应力退火										97	氢气中 900℃，60min
温　轧	8 ~ 10	< 600		0.5	0.25	多道次	< 10		50	97	ϕ110mm /ϕ420 mm × 380mm 四辊轧机，钼丝炉加热
冷　轧		100 ~ 200		0.25	0.16	多道次		< 10	50 ~ 60	< 60	ϕ110mm /ϕ420 mm × 380 mm 四辊轧机
冷　轧				0.16	0.02	17	25	11		87.5	20 辊轧机 ϕ8.5 mm × 105 mm 总凸度 0.1 mm

1.4.3.3　管材加工

钨的管材可采用烧结坯直接挤压而成，也可采用挤压管坯或粉浆挤压烧结管坯旋压加工而成。挤压润滑剂一般为玻璃粉，如 G7301。管坯通常被加热到 1700 ~ 1850℃，挤压速度选取设备的最高速度（比如 120 ~ 300 mm/s），挤压比 6.5/1 左右。

1.4.4　钨深度加工

为了生产钨的零件和部件，需对钨材作深加工处理，见图 8-1-3。主要方法有以下几种。

1.4.4.1　接合法

接合法包括机械接合（如铆接合等）、熔焊、电阻焊、纤焊、扩散焊、气相沉积以及这些方法的组合。

1.4.4.2　机加工

无论是纯钨还是钨合金，机加工时最好的方法是把加工工件加热到 343～371℃。预烧结钨，重合金以及渗铜或渗银钨均可以在常温下机加工。相对密度在 93% 以上的钨是最难磨削的，一般采用 SiC 或 Al_2O_3 砂轮进行低速磨削；相对密度小于 90% 的低密度钨比较容易处理，可采用较高硬度等级的砂轮（如 K 级或 L 级）和红宝石砂轮磨削。当常规的机加工遇到困难时，可采用电火花加工法。

1.4.4.3　保护涂层

钨的最严重缺点之一是在空气中高温（高于 1121℃）抗氧化性差。由于钨或钨合金只有在 1649℃ 以上的高温下使用才有意义，所以其防护涂层的抗氧化性能温度下限不得低于此温度。常用的涂层有金属涂层（表 8-1-11）和难熔氧化物涂层（表 8-1-12），还有碳化物、氮化物、硼化物、硅化物以及金属间化合物涂层等。

表 8-1-11　钨的金属涂层

涂覆合金	涂敷方法	在最高使用温度下的寿命	
		温度/℃	寿命/h
Pt（127 μm 厚）	从氰化物中电镀	1650	5
Pt-30Rh	从氰化物中电镀	1650	5～10
Rh-Cr-Si-Cr 层	电镀 Rh，蒸气沉积 Cr、Si	1640	1
Hf-27Ta	电镀，等离子喷镀等	2095	
Hf-20Ta	电镀，等离子喷镀等	2095	
Hf-20Ta-2Mo	电镀，等离子喷镀等	2095	
Sn-25Al，Sn-50Al	电镀，浸渍	1895	1

表 8-1-12　用于钨的难熔氧化物涂层

氧化物	熔点/℃	在 1250℃ 下的导热系数 /cal[①]·(cm·s·℃)$^{-1}$	在 1730℃（3150 ℉）的蒸气压/Pa	最高温度 (0～100 h)/℃	热膨胀率 (25～1500℃)/%
Al_2O_3	2045	0.013	5.7×10^{-1}	1980	1.37
BeO	2570	0.041	约 1.2×10^{-2}	2100	1.52
CeO_3	2645				
Cr_2O_3	2340	约 0.030	1.2	1800	
HfO_2	2805			2100	0.93
MgO	2800	0.013	约 5×10^{-1}	1980	2.23

续表 8-1-12

氧化物	熔点/℃	在 1250℃下的导热系数 /cal①·(cm·s·℃)$^{-1}$	在 1730℃(3150 ℉)的蒸气压/Pa	最高温度 (0~100h)/℃	热膨胀率 (25~1500℃)/%
SiO_2	1730			1600	
ThO_2	3200	0.005	1.3×10^{-5}	2280	1.5
Y_2O_3	2410		1.3×10^{-5}	1980	
ZrO_2	2685	0.005	约 1×10^{-1}	1900	0.79
TiO_2	1838	0.008		1800	
$MgAl_2O_4$				1980	
W					0.75

① 1cal = 4.1868J。

1.4.4.4　钨材成形加工

钨的延-脆转变温度(*DBTT*)随着变形量增加而下降,图 8-1-6 展示了以板材为例的钨的 *DBTT* 变化情况。低于 *DBTT* 时,钨呈脆性,对其不能进行成形加工,只有在高于 *DBTT* 时,才能进行加工。所以 *DBTT* 是钨成形加工的下限温度。钨的再结晶温度是其成形加工的上限温度。钨的深度加工中所采用的弯曲、冲、锻打和切割等过程均需在高于 *DBTT* 和低于再结晶温度的温区内进行。

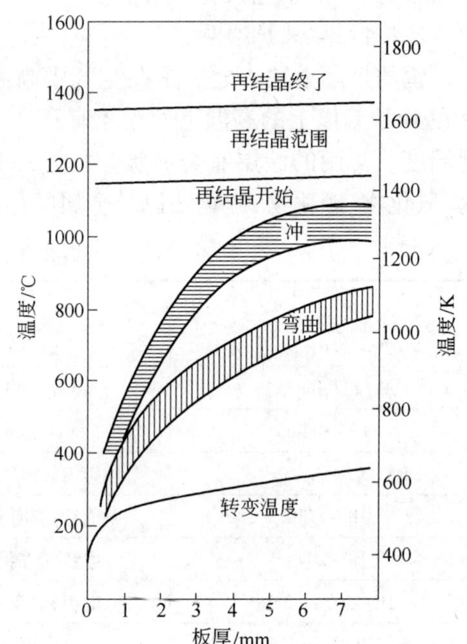

图 8-1-6　钨的延性-脆性转变温度、再结晶温度以及推荐的变形加工温度范围

1.5　钨的金属学

1.5.1　钨合金相图

钨同周期表中各元素组成的二元、三元体系合金相图索引分别归列于表 8-1-13 和表 8-1-14。这些索引展示出各相图的基本特征。

相图索引说明:

(1) 体系按元素字母排列。

(2) 体系中存在的化合物成分为原子比,比如:A-B 二元素中化合物 1/5 表示 A_1B_5,A-B-C 三元系中化合物 1/2/3 表示 $A_1B_2C_3$。

(3) 所标二元化合物可能为高温相,三元化合物可能为高温相或高压相。

(4) 二元系中,N,S. s.,E,P 分别表示体系中无中间化合物,为互不相溶体系(N),连续固溶体(S. s.),共晶体系(E)和包晶体系(P)。

(5) 三元系中 L 表示报道了液相面投影图,PR 表示报道的等温截面相关系中无三元化合物存在。

(6) 三元体系只对报道了相图或相关系的体系做了索引。

（7）所列参考文献如下：

a　Massalski T B, Okamoto H, Subramanian P R, Kacprzak L. Binary Alloy Phase Diagrams. 2nd ed. ASM International USA, 1990.

b　Hanse M., Anderko. Constitution of Binary Alloys. 2nd ed. New York: McGraw – Hill, 1958.

c　Elliott RP. Constitution of Binary Alloys (First Supplement), New York: Mc – Graw – Hill, 1965.

d　何纯孝,马光辰,王文娜,王永立,赵怀志．贵金属合金相图．北京:冶金工业出版社,1983.

e　何纯孝,周月华,王文娜．贵金属合金相图第一补编(1976～1985)．北京:冶金工业出版社,1993.

f　虞觉奇,易文质,陈邦迪,陈宏鉴编译．二元合金状态图集．上海:上海科学技术出版社,1987.

g　Villars P, Prince A, Okamoto H. Ternary Phase Diagrams. ASM International USA, 1995.

h　Вол А Е. Строение и свойства двойных металлических систем. Фзиатгиз Москва. Ⅰ(1958); Ⅱ(1962); Ⅲ(1976); Ⅳ(1979).

表8-1-13　钨的二元合金相图索引

体系	相图特征	参考文献	体系	相图特征	参考文献
Ag – W	N	a,b,h	In – W	N	a
Al – W	23/2,41/9,4/1	a,b,c,f,h	Ir – W	3/1,1/1,1/3	a, c,d
As – W	2/1,3/2,5/4	a,b,h	K – W	N	a
Au – W	N	a,c,e,h	La – W	N	a
B – W	4/1,5/2,1/1,1/2	a,b,c,f,h	Li – W	N	a
Ba – W	N	a	Lu – W	N	a
Be – W	22/1,12/1,2/1	a,b,c,f,h	Mg – W	N	a
Bi – W	N	a	Mn – W	N	a,b,h
Br – W	4/1	a	Mo – W	S. s.	a,b,c,f,h
C – W	1/1,2/3,3/7	a,b,c,f,h	N – W	2/1,1.67/1,3/2,4/3,1/1,0.91/1,1/2	a,b,c, h
Ca – W	N	a,b,h	Na – W	N	a
Cd – W	N	a	Nb – W	S. s.	a,b,c,f,h
Ce – W	N	a,c	Nd – W	N	a
Cl – W	6/1,4/1	a	Ni – W	4/1,1/1,1/2	a,b,c,f,h
Co – W	3/1,7/6	a,b,c,f,h	Np – W	N	a
Cr – W	S. s.	a,b,c,f,h	O – W	3/1,118/40,74/25,73/25,70/24,58/20,68/24,49/28,2/1	a,b,c, h
Cs – W	N	a	Os – W	1/2	a, c,d, f,h
Cu – W	E	a,b,h	P/W	2/1,1/1,1/3	a,b,c, h

续表 8-1-13

体系	相图特征	参考文献	体系	相图特征	参考文献
Dy－W	N	a,c	Pa－W	N	a
Er－W	N	a	Pb－W	N	a,b,c,f,h
Eu－W	N	a	Pd－W	P	a, c,d, f,h
Fe－W	7/6,2/1,1/1	a,b,c,f,h	Pm－W	N	a
Ga－W	N	a,b, h	Po－W	N	a, c
Gd－W	N	a,c	Pr－W	N	a
Ge－W	3/2	a,b,c	Pt－W	P	a,b,c,d,e,f,h
H－W	N	a,b, h	Pu－W	N	a,c
Hf－W	1/2	a,b,c,f,h	Ra－W	N	a
Hg－W	N	a	Rb－W	N	a
Ho－W	N	a	Re－W	18/7,1/2	a,b,c,f,h
I－W	N	a	Rh－W	3/2	a,b,d, f,h
Ru－W	1/2	a, c,d, f	Te－W	3/1	a,b,c,h
S－W	3/1,2/1	a,b,c, h	Th－W	E	a,b,c,h
Sb－W	N	a,h	Ti－W	N	a,b,c,f,h
Sc－W	E	a	Tl－W	N	a,h
Se－W	2/1	a,b,h	Tm－W	N	a
Si－W	2/1,3/5	a,b,c,f,h	U－W	N	a,b,c,f,h
Sm－W	N	a	V－W	S. s.	a,b,c,f
Sn－W	N	a,b,h	W－Y	N	a,c,f
Sr－W	N	a	W－Yb	N	a
Ta－W	S. s.	a,b,f,h	W－Zn	N	a,b,h
Tb－W	N	a	W－Zr	2/1	a,b,c,f,h
Tc－W	37/13	a,c			

表 8-1-14　钨的三元合金相图索引

体系	相图特征	参考文献	体系	相图特征	参考文献
Al－As－W	PR	g	B－Mo－W	L	g
Al－C－W	PR	g	B－N－W	PR	g
Al－Cu－W	5/1/2,7/2/1	g	B－Ni－W	2/1/2,17/20/1,3/1/3	g
Al－Ge－W	3/1/2,11/2/3	g	B－Pr－W	PR	g
Al－N－W	PR	g	B－Re－W	PR	g
As－Ca－W	PR	g	B－Si－W	1/1/2	g
As－In－W	PR	g	B－Ta－W	PR	g
B－C－W	L	g	B－Ti－W	5/2/3,2/1/1	g

续表 8-1-14

体系	相图特征	参考文献	体系	相图特征	参考文献
B-Ce-W	PR	g	B-U-W	PR	g
B-Co-W	1/1/1,2/1/2,6/21/2,10/1/9,6/1/3	g	B-V-W	PR	g
B-Cr-W	3/2/3	g	B-W-V	4/1/1	g
B-Er-W	4/1/1,7/3/1	g	B-W-Zr	1/4/9,1/1/1	g
B-Fe-W	1/1/1,2/1/2,20/3/14	g	C-Co-W	L,1/6/6,3/7/10,1/3/3,1/1/3,2/3/6,1/2/4	g
B-Gd-W	4/1/1,7/3/1	g	C-Cr-W	L, 3/5/1	g
B-Ge-W	PR	g	C-Fe-W	L,1/1/3,1/3/3,1/6/6	g
B-Hf-W	5/4/1,2/9/3	g	C-Hf-W	L	g
B-Ir-W	5/3/2,7/1/2	g	C-Zr-W	PR	g
B-La-W	PR	g	C-Mn-W	1/3/3,3/4/9	g
B-Mn-W	2/1/2,5/1/4,1/1/1	g	C-Mo-W	L	g
C-Nb-W	L	g	Fe-P-W	L	g
C-Ni-W	L,2/1/1,3/2/1	g	Fe-S-W	L	g
C-Os-W	PR	e,g	Fe-Si-W	L,1/1/2,1/1/1	g
C-Pt-W	1/5/5	e,g	Fe-Ta-W	PR	g
C-Pu-W	1/2/2	g	Fe-Ti-W	L	g
C-Re-W	PR	g	Fe-W-Y	10/2/1	g
C-Rh-W	1/2/2	e,g	Ge-Si-W	PR	g
Co-Cr-W	PR	g	Hf-Mo-W	PR	g
Co-Fe-W	L	g	Ir-Re-W	L	d
Co-Mo-W	PR	g	Mo-N-W	PR	g
Co-Nb-W	PR	g	Mo-Nb-W	L	g
Co-Ni-W	L	g	Mo-Ni-W	PR	g
Co-P-W	1/2/1,3/1/2	g	Mo-Os-W	PR	g
Co-Si-W	3/1/2	g	Mo-Re-W	PR	g
Co-Ta-W	PR	g	Mo-Ru-W	PR	g
Cr-Fe-W	L,7/10/3,6/8/8,9/10/1,11/5/4,5/11/4	g	Mo-S-W	PR	g
Cr-Mo-W	L	g	Mo-Si-W	PR	g
Cr-N-W	PR	g	Mo-Ti-W	L	g
Cr-Nb-W	PR	g	Mo-W-Zr	PR	g
Cr-Ni-W	L,8/5/1	g	N-Nb-W	PR	g
Cr-Os-W	PR	g	N-Si-W	PR	g
Cr-Re-W	PR	g	N-U-W	PR	g

续表 8-1-14

体系	相图特征	参考文献	体系	相图特征	参考文献
Cr-Si-W	PR	g	Nb-Ni-W	PR	g
Cr-Ta-W	PR	g	Nb-Os-W	PR	g
Cr-Ti-W	PR	g	Nb-Re-W	PR	g
Cr-V-W	PR	g	Nb-Ta-W	PR	g
Cu-Nb-W	PR	g	Nb-Ti-W	PR	g
Cu-Ni-W	L	g	Nb-W-Zr	PR	g
Cu-S-W	PR	g	Nb-P-W	1/2/1	g
Cu-Si-W	7/6/7	g	Nb-Re-W	PR	g
Fe-Mo-W	PR	g	Ni-Si-W	3/1/2	g
Fe-N-W	PR	g	Ni-Ti-W	PR	g
Fe-Nb-W	PR	g	Ni-W-Zr	PR	g
Fe-Ni-W	L	g	Os-Re-W	PR	g
Os-Ta-W	PR	g	Si-Ta-W	PR	g
P-Si-W	3/2/15	g	Si-Ti-W	L,10/3/2	g
Pd-Re-W	PR	g	Si-V-W	PR	g
Re-Ta-W	PR	g	Ta-Ti-W	PR	g
Re-Ru-W	PR	g	Ta-V-W	PR	g
Re-V-W	PR	g	Ta-W-Zr	PR	g
Re-Si-W	1/5/4	g	Ti-V-W	PR	g
S-Sn-W	PR	g	Ti-W-Zr	PR	g
Sc-Si-W	2/4/3	g	V-W-Zr	PR	g

1.5.2　钨的合金化

钨的合金化途径主要有固溶强化、固溶软化、弥散强化和气泡强化以及由两种或两种以上合金化途径组合成的复合强化。

1.5.2.1　钨的固溶强化

钨合金的固溶强化主要是应用添加置换元素的固溶强化。固溶强化元素应具备如下性质；在所有温度下能同钨形成连续固溶体，以达到最大限度的固溶强化；合金元素应是高熔点金属，以便在相应合金系统的固相线温度高时，保证合金系统在高成分下仍可在极高温度下使用；合金元素的原子尺寸和弹性与钨差异大。满足这些条件的合金元素有钽、铌、钼、铬、钒等，这些元素的性能见表8-1-15。

W-V,W-Cr系合金在低温下都存在两相区，加工性能极差。对于W-Mo合金，只有钼加入量大于2.5%时才开始显著强化，但在温度高于1650℃时，固溶强化效果显著降低，其中W-15Mo合金具有最好的高温强度和抗蚀性能，它的强度一直到2200℃仍比纯钨好。在W-Nb系合金中加入微量铌便显著强化，其中W-3.22Nb合金在1650℃抗拉强度达344 MPa。对W-Ta合金，最大强化效果的钽含量为25%～50%。这些合金的高温拉伸性能示于表8-1-16。

表 8-1-15　在钨合金中固溶元素的一些性质

元素	熔点/℃	原子尺寸差异		弹性差异	
		原子半径/nm	同钨差异	切变模量/MPa	与钨差异
W	3410	0.1400		15100	
Mo	2620	0.1390	-0.0011	12000	-31400
Ta	2996	0.1450	0.0049	7000	-81400
Nb	2460	0.1459	0.0058	37300	-114100
Cr	1890	0.1280	-0.0121		
V	1860	0.1350	-0.0051		

表 8-1-16　一些固溶强化钨合金[①]的高温拉伸性能

合金		在 1650℃下				在 1930℃下				在 2200℃下			
		σ_b	$\sigma_{0.2}$	ψ	δ	σ_b	$\sigma_{0.2}$	ψ	δ	σ_b	$\sigma_{0.2}$	ψ	δ
		MPa		%		MPa		%		MPa		%	
纯 W		105	59	99	55	65	31	99	68	34	12	99	62
钨钼合金	W-2.5Mo	127	76	7	9	63	20	34	40	35	14	75	41
	W-5Mo	211	207	83	28.7	73	39	97.9	89.8	38	25	95	116
	W-15Mo	253	243	78	27.8	95	57	95	85	49	29	97	125
	W-25Mo	222	145	25	10	56	44	72	48	35			
	W-50Mo	143		42	15	46		16	11	30		27	10
	Mo	42											
钨铌合金	W-0.57Nb	269	250	80	32.6	94	54	64.7	55.6	51	32	90	81.7
	W-3.22Nb	344				105							
	W-12Nb	351		<1	4	189		<1	<1				
钨钽合金	W-1.6Ta	142	139	62	28	97	34	68	47				
	W-3.6Ta	351	98	8	15	119	63	39	34				
	W-5.3Ta	394				140				77			
	W-25Ta	450			<1								
	W-50Ta	450		8	4								
	W-75Ta	260		1	3								
	Ta	28		99	118								

① 电弧熔炼挤压钨合金。

从表 8-1-13 和表 8-1-14 看出：固溶元素的原子尺寸差异和弹性差异越大，固溶合金的强度也越大，如 W-Ta、W-Nb 的强度比 W-Mo 大；固溶元素熔点越高，固溶合金强度也越大。W-Nb、W-Ta 合金不但具有比纯钨高的强度，并且具有比纯钨高的抗氧化性能和低的延-脆性转变温度。在此二元合金基础上发展起来的一些多元合金具有更好的综合性能，如图 8-1-7 所示。

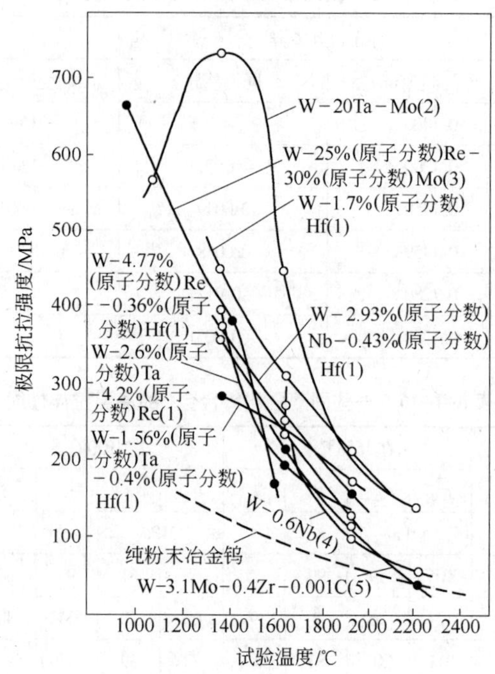

图8-1-7　固溶钨合金极限抗拉强度与试验温度的关系(W-Re除外)

1—在1982℃退火1h；2—在1815℃退火1h；3—在试验温度下退火；4—在1954℃下挤压；5—在1704℃退火15min

1.5.2.2　钨的固溶软化

往钨中添加铼会加速合金在变形过程中孪晶的形成,因而减少堆垛层错能量,降低对位错移动的晶格阻抗,从而导致位错迁移率增加,促使钨固溶软化。此现象也被称为“铼的塑化效应”。在W-Re系合金中,铼的浓度低时,铼的软化效应明显,浓度过高,软化效应反而降低。表8-1-17展示出钨与一些元素组成二元合金的硬度变化情况,由表可见,铼对钨具有最显著的软化效果。在W-Re系合金中,当铼含量为5%时,该合金硬度值最低,而且其蠕变强度仍是该合金系中最高的。当铼的添加量接近于溶解度极限值时,合金在室温下虽然呈现出最大的延性,但是其高温蠕变强度却与钨的差别不大了。铼含量在18%～32%时,合金有良好的加工性能,推荐最低锻造温度为1500℃和退火温度为1600～1800℃。

表8-1-17　钨二元合金硬度的变化

材　料	电弧熔炼和退火固溶合金硬度的变化(HV)										合金元素在钨中最大溶解度(原子分数)/%	原子半径/nm
	金属元素添加量(原子分数)/%											
	0.1	0.3	0.5	1.0	1.5	2.0	3.0	4.0	5.0	10.0		
W-Mn	343①	354	349	352			359					0.131
W-Fe	336	340	349	343			358		375		2.6	0.128
W-Co	343	337①	347	350			348		366		0.9	0.125
W-Ni	344	345	335	358			361		360		0.9	0.124
W-Ru	341	363	350	339		304①	323		404		33	0.124

续表 8-1-17

材 料	电弧熔炼和退火固溶合金硬度的变化(HV)										合金元素在钨中最大溶解度(原子分数)/%	原子半径/nm
	金属元素添加量(原子分数)/%											
	0.1	0.3	0.5	1.0	1.5	2.0	3.0	4.0	5.0	10.0		
W-Rh	352	352	353	343①		359	347		381		6	0.134
W-Pd	343①	357	356	351			366				2.7	0.134
W-Re	351	351	345	345			330	314	293①	330	37	0.137
W-Os	342	331	330	304①	330	360	322				18	0.137
W-Ir	342	316①	318	376			345				10	0.135
W-Pt	357	351	350	356		315①	344		374		4.7	0.138
W	343~346											0.141

注:W-Mn、W-Fe、W-Co、W-Ni 在 1400℃退火 8h,其余合金则在 2000℃退火 8h。
① 表示相应合金硬度最小成分。

W-Re 合金是一种高延性合金,为了确保延性,铁的加入量一般控制在 26%(质量分数)以下。该合金具有高的抗拉强度和蠕变强度及再结晶温度。W-Re 合金的一些性能及铼含量对合金性能的影响示于图 8-1-8 和图 8-1-9。

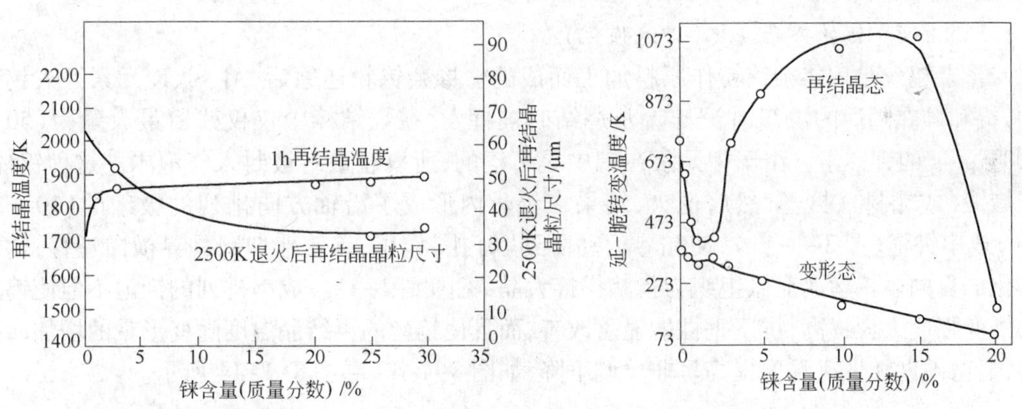

图 8-1-8 铼含量对 W-Re 合金再结晶温度的影响

图 8-1-9 铼含量对 W-Re 合金延-脆转变温度的影响

1.5.2.3 钨的弥散强化

用人工弥散粒子强化钨的方法之一是用粉末冶金方法加入一些细的非共格弥散粒子,这些粒子起着推迟合金的再结晶和晶粒生长的作用,从而提高钨合金的高温强度和蠕变性能,改善钨的低温延性和降低合金延-脆转变温度。钨中的弥散第二相有金属氧化物,常用的有 ThO_2、MgO、HfO_2、ZrO_2、CeO_2等;碳化物,常用的有 HfC、TaC、ZrC、NbC、TiC、4TaC-HfC、4TaC-ZrC 等;硼化物,常用的有 HfB_2、TaB_2、ZrB_2、NbB_2、TiB_2等。一些钨的弥散强化合金的力学性能如图 8-1-10 所示。

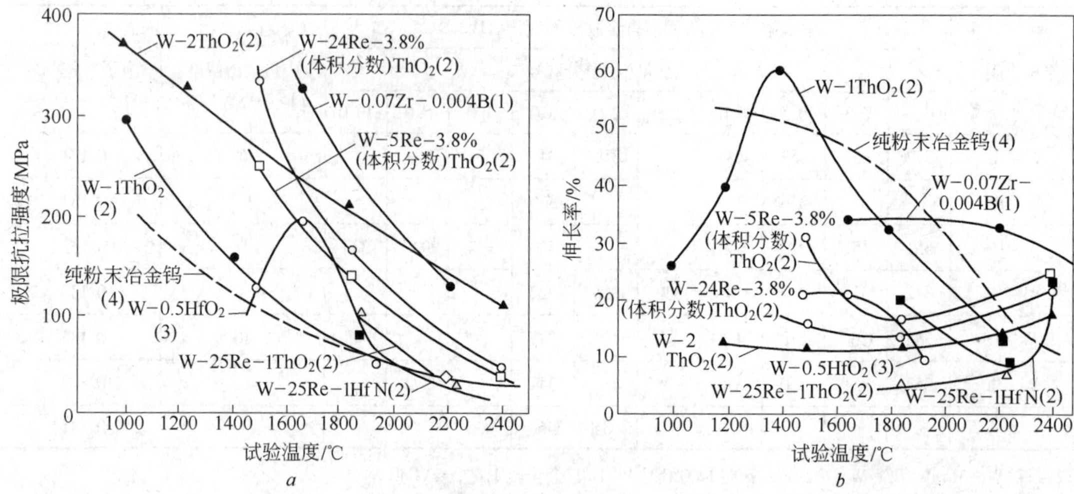

图 8-1-10 弥散强化钨合金的极限抗拉强度(*a*)和伸长率(*b*)与试验温度的关系

1—在 1871℃退火 1 h;2—在 2400℃退火 0.5 h;3—1700℃热加工;4—PM 钨

钨-稀土合金是典型的金属氧化物弥散型合金,20 世纪 70 年代以后相继出现了单元稀土钨合金,如 $W-La_2O_3$、$W-Y_2O_3$、$W-CeO_2$ 等,90 年代以后又出现二元复合稀土钨合金,如 $W-La_2O_3-Y_2O_3$、$W-CeO_3-La_2O_3$等。

1.5.2.4 钨的掺杂强化(钾泡强化)

掺杂钨丝是用掺杂钨粉作原料加工而成的。掺杂钨粉还原后,Al、Si、K 元素混入钨粉中,铝和硅在随后的洗涤时被排除及烧结时被挥发,在烧结棒中仅仅残留最大量为(50 ~ 100)μg/g 的钾元素。由于钾元素在钨中是不溶的,所以它最终被封入气泡中。这种钨棒,经旋锻(或轧制)、拉丝,然后退火,结果在钨丝内形成了沿轴方向排列的极细的(10 ~ 20 nm)成串钾泡(图 8-1-11),使晶界运动受到“钉扎”作用,有效地抑制晶界横向迁移,达到强化的目的。钨丝的显微组织为指状搭接大晶,见图 8-1-12。成串排列的钾泡不但使钨丝的蠕变强度大大提高,抗下垂性能显著改善,而且使钨丝的再结晶温度随变形量的增加而提高,显微硬度随退火温度提高呈非单调下降,如图 8-1-13 和图 8-1-14 所示。

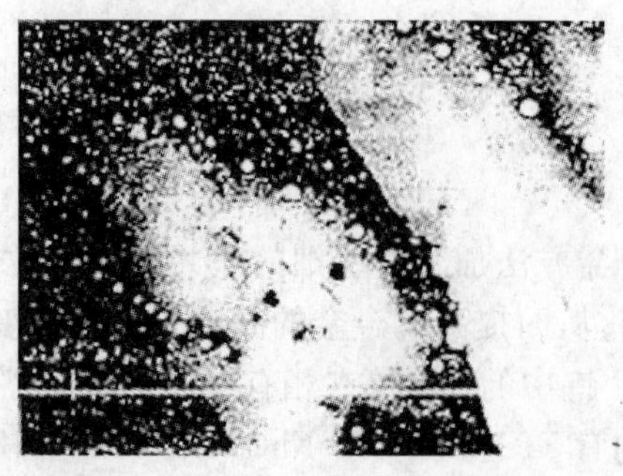

图 8-1-11 ϕ0.40 mm 退火钨丝的内成串气泡 TEM(×12000)

图 8-1-12 ϕ0.28 mm 退火钨丝的显微组织 SEM(×380)

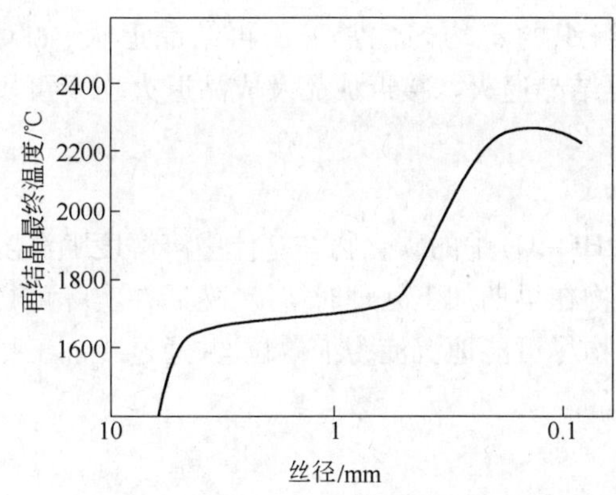

图 8-1-13　再结晶温度与变形量的关系

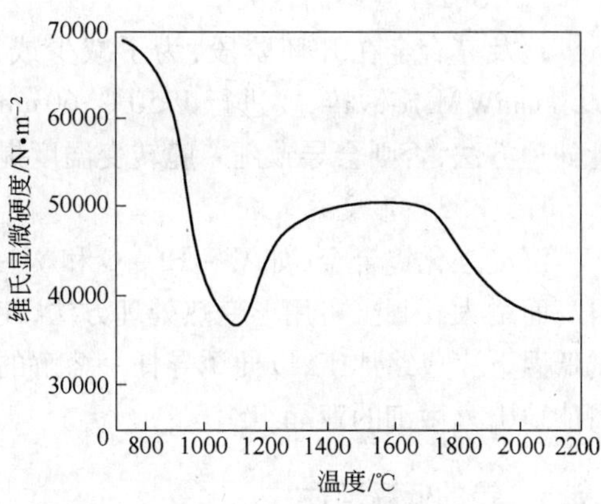

图 8-1-14　显微硬度与退火温度的关系

1.5.3　钨及其合金的热处理

钨及其合金硬度高，加工硬化速度极快，见图 8-1-15，附加应力极大，所以必须进行热处理。热处理主要采用消除应力退火、再结晶退火及形变热处理。

1.5.3.1　消除应力退火

钨的室温硬度高，但随温度升高硬度降低很快，见图 8-1-15。为了能在较高温度下加工，但又不发生再结晶，可采用消除应力退火方法。消除应力退火温度一般在开始再结晶温度以下 200℃左右。

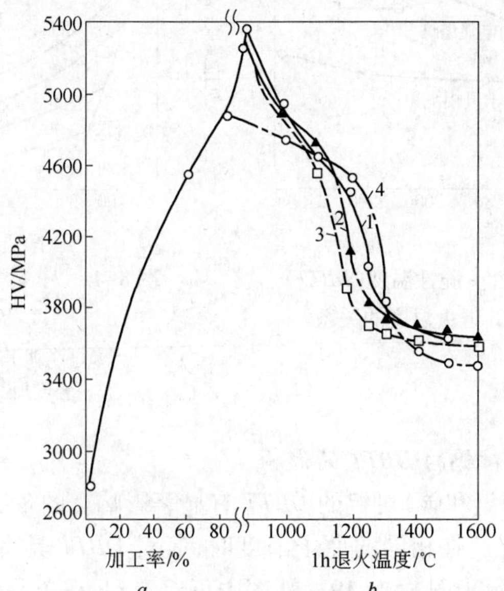

图 8-1-15　粉末冶金钨板加工硬化和退火软化曲线

a—加工硬化；*b*—退火软化

1—板厚 0.5 mm，加工率 98%；2—板厚 1.0 mm，加工率 95%；

3—板厚 1.0 mm，加工率 95%；4—板厚 3.0 mm，加工率 82%

1.5.3.2　再结晶退火

钨及其合金在开坯阶段，为了减少或消除组织的不均匀性常采用再结晶退火，如对 ϕ9.4 mmWAl_5旋锻棒，要进行 1750℃、60 min 的再结晶退火。接近成品及成品退火均不可用此处理方法，否则会导致延－脆转变温度提高。

1.5.3.3　形变热处理

沉淀强化钨合金（如 W－Hf－C 和 W－Re－Hf－C）中的碳化物在基体中溶解度随温度升高而增大，因此，可用形变热处理方法，使碳化物在早期加工处理时溶解，然后在实际可行的低温下完成终加工，以便诱导任一溶解的碳化物尽可能地沉淀为细微粒，并通过冷加工尽可能地引入微细的亚晶组织。

1.5.4　钨的低温延性

钨像所有的体心立方晶型的金属一样，在低于延性－脆性转变温度（*DBTT*）下发生脆性断裂。影响钨的 *DBTT* 的因素主要有加工方法、应变速率、晶粒度、材料的表面状态、杂质等。

1.5.4.1　加工方法对 *DBTT* 的影响

各类材料中粉末冶金材料的 *DBTT* 最高，化学气相沉积材料的最低。图 8-1-16 绘出了粉末冶金、电弧熔炼、电子束熔炼和化学气相沉积材料的代表性数据。图 8-1-17 表示了冷加工对钨带强度和 *DBTT* 的影响。

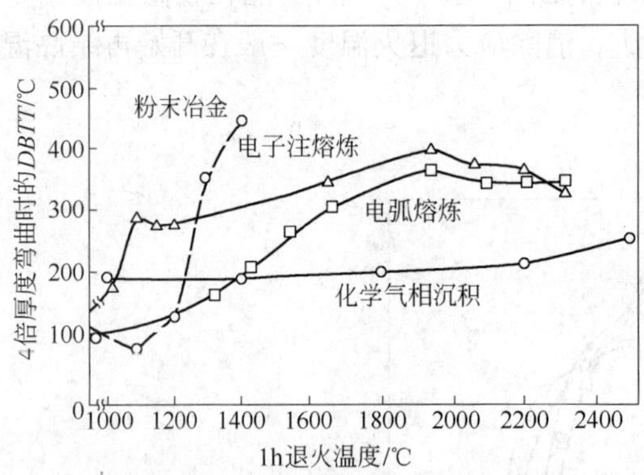

图 8-1-16　钨板的延性－脆性温度（*DBTT*）（4 倍厚度弯曲）与 1h 退火温度的关系

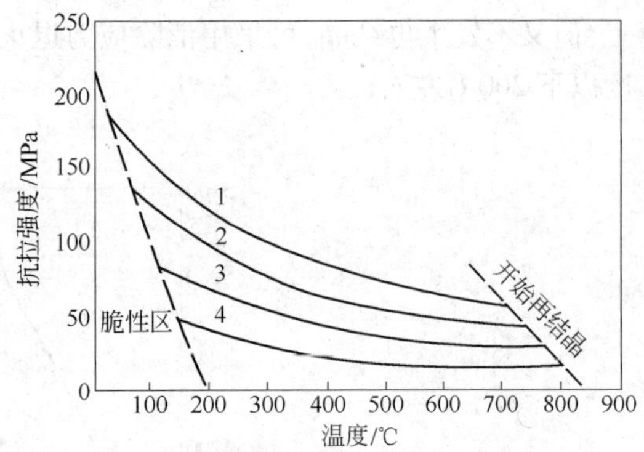

图 8-1-17　冷加工对钨带抗拉强度和 *DBTT* 的影响

1—高度冷加工钨箔；2—中度冷加工钨箔；3—轻度加工钨箔；4—再结晶钨箔

1.5.4.2　杂质元素对钨的 *DBTT* 的影响

间隙型杂质（主要是氧和碳）对钨的 *DBTT* 有显著影响。图 8-1-18 表示不同含量的氧和碳使 *DBTT* 增高的情况。在相同的原子浓度时，氧对 *DBTT* 具有更有害的影响。屈服应力 σ_y 随杂质含量的变化示于图 8-1-19。从图中可以看到，在单晶的或多晶的钨中，氧含量的变化不大，而碳则提高 σ_y。由氧所引起的脆化作用是由于氧在晶界上的偏析，这种偏析降低了表面能，从而促使晶间破裂。碳的脆性作用主要是由于位错与碳化物颗粒之间的相互作用，并导致屈服应力提高。

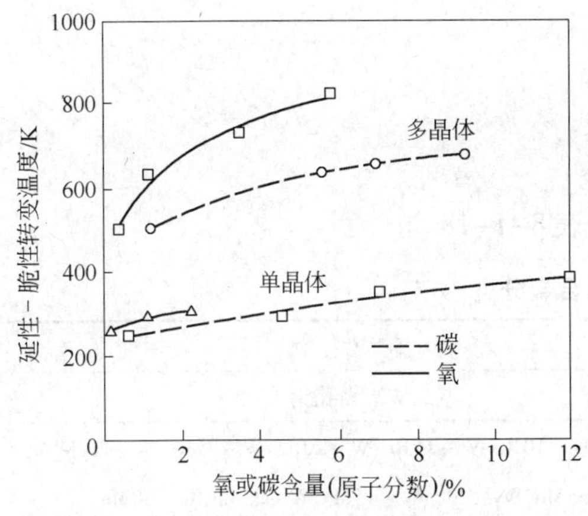

图 8-1-18　氧和碳对单晶和多晶钨的 *DBTT* 的影响

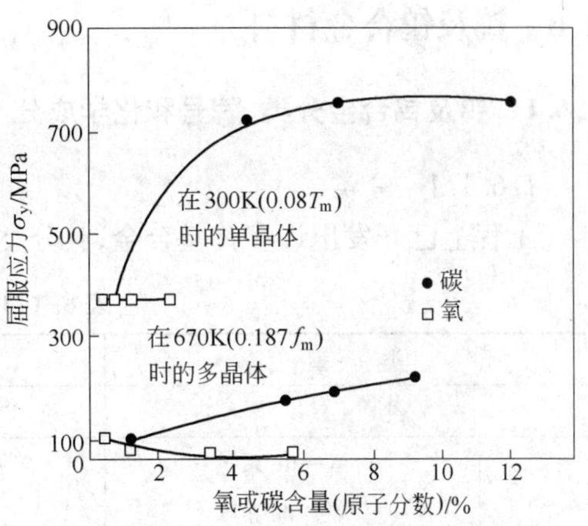

图 8-1-19　屈服应力与单晶和多晶钨杂质含量的关系

1.5.4.3　晶粒度的影响

图 8-1-20 展示了晶粒度对 *DBTT* 的影响。该图表明在中等晶粒度时，*DBTT* 达最高值。不同试验所得数据分散度较大，这是由于用于研究的各批材料的杂质含量和分布不同所致。在高于再结晶温度以上的不同温度下，退火一般都引起晶粒度的差别。依起始杂质含量、加工工艺、加热和冷却速度等不同，会导致杂质分布的巨大差异。

1.5.4.4　表面状态的影响

图 8-1-21 展示了表面粗糙度对钨的低温延性的影响。电解抛光的好处在于去除了加工过程中产生的表面刮痕和裂纹。钨的加工产品在空气中氧化会去掉含碳层或消除表面划痕。在这两种情况下，材料的延性都因此得到改善。带有由喷射加工硬化、研磨、侵蚀等工艺造成的划痕或裂纹的试样会提高钨的 *DBTT*。

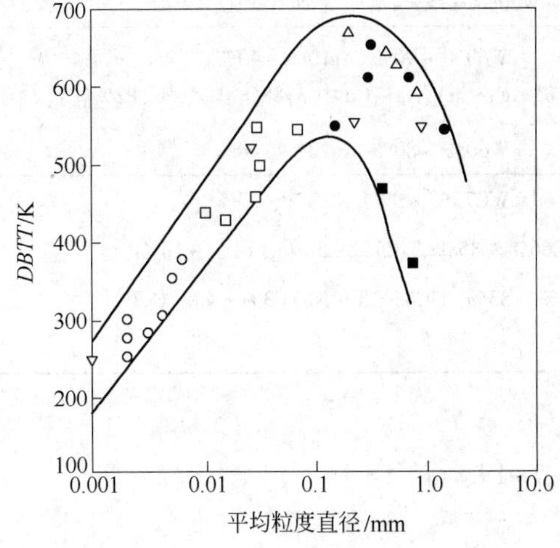

图 8-1-20　晶粒度对钨的 *DBTT* 的影响

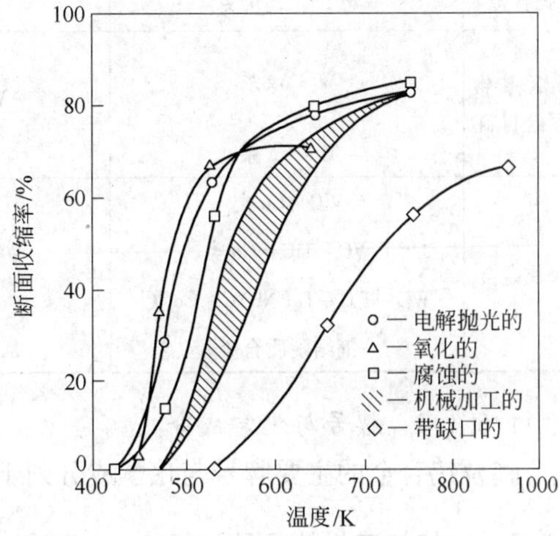

图 8-1-21　钨的表面状况对其 *DBTT* 的影响

1.6　钨及钨合金材料

1.6.1　钨及钨合金分类、牌号和化学成分

1.6.1.1　分类

工程上已开发出许多钨基合金,其分类列于表 8-1-18。

表 8-1-18　钨合金分类

类型		合金实例
纯钨		W1、W2、多孔钨
固溶合金	W—Re 系	W-5Re、W-10Re、W-15Re、W-20Re、W-25Re、W-26Re
	W—Mo 系	W-2.5Mo、W-5Mo、W-15Mo、W-25Mo、W-50Mo
	W—Nb 系	W-0.57Nb、W-3.22Nb、W-12Nb
	W—Ta 系	W-1.6Ta、W-3.6Ta、W-5.3Ta、W-25Ta、W-50Ta
	W—Hf 系	W-1Hf、W-2Hf、W-5Hf
	多元系	W-Re-Hf、W-Re-Mo、W-Re-Ta、W-Ta-Hf、W-Ta-Mo
弥散强化合金	氧化物弥散强化(稀土氧化物)	W-0.7ThO_2、W-1ThO_2、W-1.5ThO_2、W-2ThO_2、W-0.7CeO_2、W-1CeO_2、W-1.5CeO_2、W-(1~2)La_2O_3、W-2,2(Y_2O_3+CeO_2)
	碳化物弥散强化	W-1Hf-0.03C、W-1.18HfC-0.086C、W-0.48Zr-0.048C
	Si、Al、K 掺杂钨	WAl_1、WAl_2、WAl_3、WAl_5
综合强化型合金	W-Re-ThO_2	W-25Re-1ThO_2、W-24Re-3.8%(体积分数)ThO_2
	W-Re-HfC	W-23.4%Re-0.27%Hf-1.14%(原子分数)C
	W-Mo-ZrC	W-3.1Mo-0.04Zr-0.001C
	W-Re-Si、Al、K	WAl_1-1Re、WAl_1-3Re、WAl_1-5Re、W-1Re-(1.7~2.0)ThO_2
高密度钨合金	W-Ni-Fe 系	W90%~95%,其余为 Ni/Fe 比 7:3
	W-Ni-Cu 系	W90%~95%,其余为 Ni/Cu 比 3:2
钨铜、钨银复合材料	W-Ag 系	W60%~90%,Ag10%~40% W-35%(Ag-Cu),Ag-Cu 中 Ag88%,Cu10%,P2%
	W-Cu 系	W60%~80%,Cu20%~40%
硬质合金	WC-Co 类	WC75%~97%,Co3%~25%
	WC-TiC-Co 类	WC66%~85%,TiC5%~30%,Co4%~10%
	WC-TiC-Ta(Nb)C-Co 类	WC82%~83%,TiC6%,Ta(Nb)C3%~4%,Co8%
	钢结硬质合金	

1.6.1.2　牌号与化学成分

钨及钨合金的主要牌号与化学成分列于表 8-1-19。

1.6.2　纯钨加工材的品种和规格

目前所生产的钨加工材产品的品种和规格列于表 8-1-20。我国钨板牌号、状态、规格和尺寸偏差以相应要求列于表 8-1-21 ~ 表 8-1-24。

表8-1-19　钨及其合金的主要牌号与化学成分

牌号	主要成分(质量分数)/%					
	W	Al_2O_3	SiO_2	ThO_2	CeO_2	Re
W1	基					
W2	基					
WAl_3	基	0.025～0.035	0.35～0.45			
WAl_5	基	0.045～0.055	0.35～0.45			
WTh7	基			0.70～0.99		
WTh10	基			1.00～1.49		
WTh15	基			1.5～2.0		
WCe7	基				0.60～0.80	
WCe10	基				0.81～1.30	
WCe15	基				1.31～1.80	
WRe5	基					5.0±0.1
WRe10	基					10.0±0.1
WRe15	基					15.1±0.1
WRe20	基					20.0±0.1
WRe25	基					25.0±0.1
WRe26	基					26.0±0.1

表8-1-20　纯钨加工材的品种和规格

品　种	规格/mm×mm×mm	备　注
棒材	ϕ(0.8～110)×300以上	包括:锻棒、旋锻棒、精锻棒、挤压棒、矫直棒
丝材	ϕ(0.01～1.80)×L	包括:纯钨丝、掺杂钨丝、W-Re丝、W-ThO_2丝
板材	(0.1～4.0)×(100～200)×L (>0.4～8.0)×(150～500)×(750～1500)	奥地利普兰西金属公司
箔材	(0.014～0.250)×(30～102)×L (0.025～0.400)×(150～500)×(600～1000)	奥地利普兰西金属公司

表8-1-21　钨板牌号、状态、规格(GB/T 3875—2006)

牌号	状　态	规格/mm		
		厚度	宽度	长度
W1	消除应力状态(m)	0.10～0.20	30～300	50～1000
		>0.20～1.0	50～400	50～1000
	热轧状态(R) 消除应力状态(m)	>1.0～4.0	50～400	50～1000
		>4.0～6.0	50～400	50～800
		>6.0	50～300	50～800

注:经供需双方协商,可供应其他规格的钨板。

用W1制造、消除应力状态、厚度为0.20mm、宽度为200mm、长度为400mm的钨板,标记为:板 W1 - m - 0.20 ×200 ×400。

表 8-1-22 钨板厚度、宽度及其允许偏差(GB/T 3875—2006) (mm)

名义厚度	厚度允许偏差		宽度	宽度允许偏差	长度	长度允许偏差
	Ⅰ级	Ⅱ级				
0.10 ~0.20	±0.02	±0.03	30 ~300	±3	50 ~1000	±3
>0.20 ~0.30	±0.025	±0.035	50 ~400	±3	50 ~1000	±3
>0.30 ~0.40	±0.03	±0.04	50 ~400	±3	50 ~1000	±3
>0.40 ~0.60	±0.04	±0.05	50 ~400	±4	50 ~1000	±4
>0.60 ~1.0	±0.06	±0.10	50 ~400	±4	50 ~1000	±4
>1.0 ~2.0	±0.10	±0.20	50 ~400	±5	50 ~1000	±5
>2.0 ~4.0	±0.20	±0.30	50 ~400	±5	50 ~1000	±5
>4.0 ~6.0	±0.30	±0.40	50 ~400	±5	50 ~800	±5
>6.0	±6%	±8%	50 ~300		50 ~800	

注:厚度大于 6mm 的产品,其宽度和长度允许偏差由供需双方协商。

钨板应平整,不平度应符合表 8-1-23 的规定。

表 8-1-23 钨板不平度规范(GB/T 3875—2006)

板材厚度/mm	不平度(不大于)/%
≤2.0	8
>2.0 ~6.0	5

注:厚度大于 6.0mm 的产品,不平度由供需双方协商确定。

钨板的密度应符合表 8-1-24 的规定。

表 8-1-24 钨板密度规范(GB/T 3875—2006)

板材厚度/mm	密度/$g \cdot cm^{-3}$
≤3.0	≥19.20
>3.0 ~6.0	≥19.15

注:厚度大于 6.0mm 的产品,密度由供需双方协商确定。

1.6.3 掺杂钨丝

掺杂钨丝是用掺杂钨粉作原料,用粉末冶金和塑性变形方法制成的钨丝。根据钨丝高温抗下垂能力将掺杂钨丝分为以下几个牌号:WAl_1、WAl_2、WAl_3、WAl_4,又按不同延性要求分为 T、L 和 W 三类,其用途如表 8-1-25 所列。与纯丝相比,掺杂钨丝具有优异的性能,特别是极好的抗下垂性能,表 8-1-26 列出了 ϕ0.35mm 和 ϕ0.39mm 掺杂钨丝与纯钨丝的性能比较。

表 8-1-25 掺杂钨丝及掺杂钨铼丝的牌号及用途

材质	牌号		用途
硅、铝、钾掺杂钨	WAl_1	T	制造高色温灯灯丝、耐振灯灯丝、双螺旋灯丝等
		L	制造白炽灯灯丝、发射管阴极、高温电极、钨绞丝等
		W	制造电子管折叠热丝等
	WAl_2	T	制造荧光灯灯丝等
		L	制造电子管热丝、白炽灯灯丝、钨绞丝等
		W	制造电子管折叠热丝、栅丝、阴极等
	WAl_3	L	制造普通照明灯灯丝、半导体弹簧丝等
掺硅、铝、钾、铼、钨	T		彩色显像管灯丝等
	L		收讯管灯丝和栅极、黑白显像管灯丝、耐振灯灯丝、气相色谱仪热导等
	W		超高频电子管灯丝等
铼钨	WRe3、WRe5、WRe20、WRe25		制作高温热电偶
钍钨	WTh7、WTh10、WTh15		制造发射管的挂钩、弹簧及高温电极等 制造充气放电管阴极和高温电极等

注："T"类丝采用推拉法检验绕丝性能；"L"类丝采用绕螺旋检验绕丝性能；"W"类丝采用弯折试验检验绕丝性能。

表 8-1-26 掺杂钨丝的性能比较

内容		掺杂钨丝的性能比较				
		W	W31	W36	W71	W100
掺杂剂名称和加入量/%	Al_2O_3	0	0.03	0.10	0.10	0.10
	SiO_2	0	0.40	0.40	0.40	0.40
	K_2O	0	0.55	0.55	0.55	0.55
	Co	0	0	0	0.01~0.03	0.01~0.03
	Sn	0	0	0	0	0.01~0.03
	Fe_2O_3	0	0	0.01~0.03	0	0
下垂值/mm		35	8.35	7.75	7.50	8.00
晶粒长宽比(L/W)		1	18	24	4~18	20.5
再结晶丝材弯曲角/(°)		5	22.0	85	94	65.9
抗拉强度/MPa	1200℃退火	185~190	175	195	190	170
	1400℃退火	170~175	173	181	185	165
	1600℃退火	165~170	170	172	180	160
伸长率/%	1200℃退火	1.5	2.0	4.0	6.0	14.5
	1400℃退火	1.5	2.0	5.5	10.0	21.0
	1600℃退火	1.5	1.8	8.0	13.5	13.0
	1800℃退火	1.5	1.5	1.0	2.0	3.5

1.6.4　高密度钨合金

高密度钨合金有两大系列,即 W－Ni－Fe 系和 W－Ni－Cu 系。W－Ni－Fe 等合金钨含量为 90%～98%(质量分数),镍铁含量比一般为 7∶3 或 1∶1,可通过热处理和变形加工进一步提高强度、塑性和其他性能。W－Ni－Cu 系合金钨含量为 90%～95%,镍铜含量比通常为 3∶2,是无磁性合金。

高密度钨合金的主要牌号和性能如表 8-1-27 所示。

表 8-1-27　高密度钨合金的主要性能

合金牌号	成分(质量分数)/%					状态	抗拉强度/MPa	伸长率/%	硬度 HRE	密度/g·cm^{-3}
	W	Ni	Fe	Cu	Co					
W273	89～91	6.5～7.5	2.5～3.5			烧结态	600～750	2～5	25～32	17±0.2
						热处理态	800～1000	20～30	25～32	
						加工态	1200～1350	3～6	35～45	
W243	92～94	3.5～4.2	2.5～3.5			烧结态	750～900	5～10	26～34	17.6±0.2
						热处理态	800～1000	10～20	26～34	
						加工态	1100～1250	2～5	35～45	
W232	94～96	3.0～4.0	1.0～2.0			烧结态	700～850	3～10	26～34	18.0±0.2
						热处理态	800～1000	10～20	26～34	
S222	94～96	1.5～2.5	1.5～2.5	0.2～0.5	0.2～0.5	烧结态	700～850	3～10	26～34	18.0±0.2
W173	89～91	6.5～7.5		2.5～3.5		烧结态	600～750	3～10	25～32	17±0.2
W152	92～94	4.5～5.5		1.5～2.5		烧结态	600～800	3～10	25～32	17.6±0.2

1.6.5　钨铜、钨银复合材料

钨和铜或银既不互相溶解,也不形成金属间化合物,它们的熔点、密度、晶格结构相差很大,合金组织由钨颗粒和铜或银形成两相结构,故称为钨铜假合金或钨银假合金。钨铜复合材料的铜含量为 7%～50%(质量分数,下同),钨银复合材料的银含量为 10%～50%,它们的主要性能见表 8-1-28 和表 8-1-29。

表 8-1-28　钨铜材料的主要性能

通用牌号	密度/g·cm^{-3}	抗拉强度/MPa		硬度 HB	电导率/MS·m^{-1}
		室温	1600℃		
W－7Cu	17.3～17.8	400～750	80～120		16
W－10Cu	16.8～17.3	400～700	60～100		18
W－15Cu	16.0～16.5	300～600			
WCu20(CuW80)	15.1～15.5			180～220	20
WCu30(CuW70)	13.7～14.2			170～200	25
WCu40(CuW60)	12.7～13.2			140～160	29
WCu50(CuW50)	11.7～12.2			110～130	33

表 8-1-29　钨银材料的主要性能

通用牌号	密度/g·cm^{-3}	抗拉强度/MPa		硬度 HB	电导率/MS·m^{-1}
		室温	1600℃		
W-10Ag	17.1~17.5	400~700	60~100		
WAg20(AgW80)	16.0~16.5	300~600		160~180	21
WAg30(AgW70)	14.8~15.2			150~170	26
WAg35(AgW65)	14.2~14.6			120~140	28
WAg50(AgW50)	13.1~13.5			100~120	35

1.6.6　钨铼合金

铼合金中铼含量一般不超过26%(质量分数)。当超过此含量时,钨铼合金将析出脆性σ相。

钨铼合金具有一系列优良性能,诸如高熔点、高强度、高硬度、高塑性、高再结晶温度、高电阻率、高热电势值、低蒸气压、低电子逸出功和低的塑脆转变温度。典型钨铼合金的性能见表 8-1-30。从表中可以看出,掺杂铼的再结晶温度远高于纯钨铼的再结晶度。

表 8-1-30　钨铼合金的性能

性能		合金种类		
		掺杂 W-3Re	纯 W-3Re	W-25Re
熔点/℃		约3360	约3360	约3100
密度/g·cm^{-3}		19.40	19.40	19.65
电阻率/μΩ·cm	20℃	9.7	9.8	27.9
	1000℃	37.8	37.9	54.7
	1500℃	53.5	53.6	68.5
	2000℃	69.0	69.2	82.0
硬度 HV/MPa	加工态	3920~6370	3920~5800	5300~7800
	1600℃退火	3000~4600	3000~4400	3600~3800
抗拉强度/MPa	加工态	2300~2500	2300~2500	3000~3500
	1600℃退火	约930	约880	约1900
伸长率/%	加工态	1~2	1~2	2~3
	1400℃退火	20~30	2~3	20~33
	1600℃退火	20~25	10~15	20~25
	2000℃退火	35~40	4~6	18~20
再结晶温度/℃		约2500	约1500	约1800
延-脆性转变温度/℃		130~250	170~350	-100~100

我国钨铼丝各牌号按不同性能进行分类,如表 8-1-31 所示;钨铼丝化学成分见表 8-1-32。

表 8-1-31 钨铼丝各牌号按不同性能的分类（GB/T 4184—2002）

牌 号	类 型	性 能
W－1Re、W－3Re	L	螺旋型
	W	弯折型

表 8-1-32 钨铼丝化学成分（GB/T 4184—2002）（质量分数，%）

牌 号	钨	铼	钾	每种杂质元素含量	杂质元素总量
W－1Re	余量	1.00±0.10	0.004～0.009	≤0.01	≤0.05
W－3Re		3.00±0.15			

1.6.7 钨钍合金

合金中常用 ThO_2 含量为 0.7%～2.0%（质量分数），ThO_2 以弥散质点的形式存在于钨合金中，属弥散强化型合金。

在 W－ThO_2 系合金中，弥散的 ThO_2 热稳定性好，可抑制钨晶粒长大，使合金具有很高的再结晶温度（1500～1700℃）和优异的高温强度及抗蠕变性能，钍还进一步降低钨的电子逸出功（纯钨为 4.52eV，W－ThO_2 为 2.63eV），增强合金的热电子发射性能（钨钍阴极的发射效率约为钨阴极的 10 倍）。钨钍合金的一个重要缺点是 ThO_2 含有一定的放射性物质，在合金的生产、储存和使用过程中容易产生放射性污染，危害人体健康。

我国钨钍合金的牌号和化学成分见表 8-1-33。

表 8-1-33 钨钍合金的牌号和化学成分（YS/T 659—2007）

牌号	主成分（质量分数）/%				杂质元素（质量分数）不大于/%									
	W	Ce	Th	Re	Al	Ca	Fe	Mg	Mo	Ni	Si	C	N	O
WTh0.7	余量		0.60～0.84			0.005	0.005		0.010	0.003		0.010	0.003	
WTh1.1	余量		0.85～1.27			0.005	0.005		0.010	0.003		0.010	0.003	
WTh1.5	余量		1.28～1.70			0.005	0.005		0.010	0.003		0.010	0.003	
WTh1.9	余量		1.71～2.13			0.005	0.005		0.010	0.003		0.010	0.003	
WRe1.0	余量			0.90～1.10		0.005	0.005		0.010	0.003		0.010	0.003	
WRe3.0	余量			2.85～3.15		0.005	0.005		0.010	0.003		0.010	0.003	

1.6.8 钨－稀土氧化物合金

钨－稀土氧化物合金（W－REO）中稀土元素氧化物以弥散质点形式存在，既提高了合金的高温强度、再结晶温度和抗蠕变性能，也提高了合金的电子发射性能、抗电弧烧蚀性能、电弧的稳定性和可控性。作为电极材料，电子逸出功的大小是衡量材料电子发射性能的一个重要指标，只有具有低的电子逸出功，才能满足电弧稳定、集中，承载电流密度大的工艺性能要求。W－REO 合金的电子逸出功比 W－ThO_2 低（W－2% CeO_2 为 2.4eV、W－2% ThO_2 为 2.7eV），W－ERO 电极的电子发射能力强，容易得到细长的电弧，使热量更为集中。其许用电流密度比 W－ThO_2 电极提高 5%～8%，而且 W－REO 电极的烧损率低、寿命长、电弧稳定，引弧和稳弧都易保证。$W-Y_2O_3$阴极发射电子密度为 $1A/cm^2$，可以 1500℃下连续工作 2000 h 而无衰减。$W-La_2O_3$阴极工作温度比 $W-ThO_2$阴极降低了 120～250℃，在 1477℃其发射电流密度是 $W-ThO_2$ 的 4 倍。我们知道，电弧特性也就是电弧静特性。在相同电流下，某种电极阴阳极之间的电压低，则表明该电极的伏－安（V－A）特性稳定，说明热电子发射能力强。图 8-1-22 是不同稀土钨材的电弧特性同 $W-ThO_2$材的比较。图中示出的曲线充分说明复合稀土钨电极均具有比 Th－W 电极有更好的热电子发射性能和电弧稳定性，其中在大、中、小电流范围内各有特点。

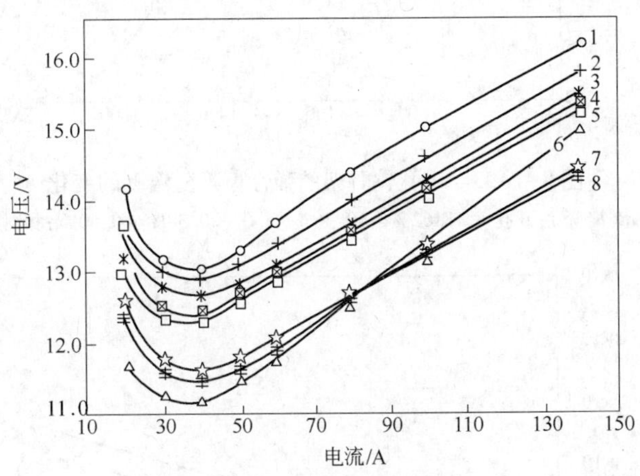

图 8-1-22　电弧静特性曲线

1—Th－W；2—Ce－W；3—La－W；4—Y－W；5—La－Y；6—La－Ce；7—Y－Ce；8—La－Y－Ce

W－REO 合金属于非放射性材料。根据上述比较，W－REO 合金是含放射性 $W-ThO_2$ 合金的理想代用品。

我国钨铈合金牌号和化学成分见表 8-1-34。

表 8-1-34　钨铈合金牌号和化学成分（YS/T 659—2007）

牌　号	主成分（质量分数）/%				杂质元素（质量分数）不大于/%									
	W	Ce	Th	Re	Al	Ca	Fe	Mg	Mo	Ni	Si	C	N	O
WCe0. 8	余量	0. 65～0. 98				0. 005	0. 005	0. 005	0. 010	0. 003	0. 005	0. 010	0. 003	
WCe1. 1	余量	1. 06～1. 38				0. 005	0. 005	0. 005	0. 010	0. 003	0. 005	0. 010	0. 003	
WCe1. 6	余量	1. 47～1. 79				0. 005	0. 005	0. 005	0. 010	0. 003	0. 005	0. 010	0. 003	
WCe2. 4	余量	2. 28～2. 60				0. 005	0. 005	0. 005	0. 010	0. 003	0. 005	0. 010	0. 003	
WCe3. 2	余量	3. 09～3. 24				0. 005	0. 005	0. 005	0. 010	0. 003	0. 005	0. 010	0. 003	

1.6.9　多孔钨

多孔钨主要用途除作高温过滤材料用外，如气－固分离、液－固分离等，另一个重要用途是作熔渗法中的骨架材料用，如钨铜、钨银复合材料中的骨架。图 8-1-23、图 8-1-24 和图 8-1-25 分别为溶渗法用的多孔钨骨架和渗铜钨材料的高温性能。

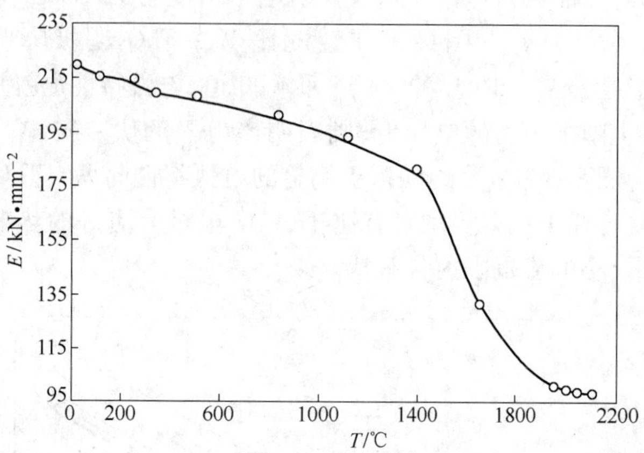

图 8-1-23　多孔钨骨架的弹性模量随温度的变化

（所用的钨粉粒度 7 ~ 8μm(*FSSS*)；开孔率 18.62% ~19.76%，闭孔率 0.38% ~0.60%；相对密度 79.60% ~82.20%）

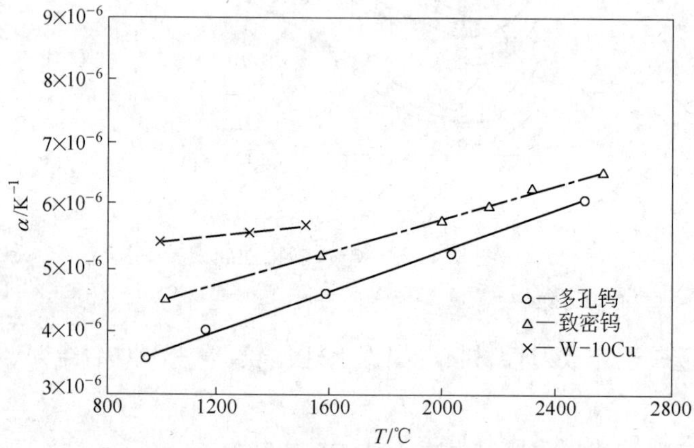

图 8-1-24　多孔钨的线膨胀系数随温度的变化

（使用图 8-1-23 所示性能的钨骨架制取的 W - 10Cu）

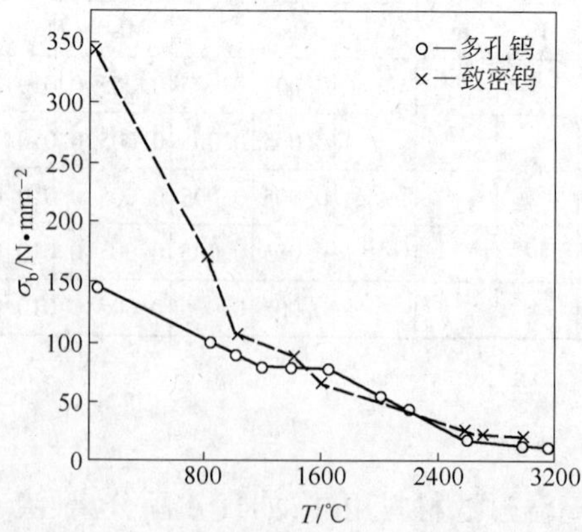

图 8-1-25　多孔钨的拉伸强度随温度变化

（条件同图 8-1-23）

具有钨骨架(骨架密度一般为70% ~86%理论密度)的钨铜(银)材料,在高温下由于铜(银)熔化、蒸发,大量吸收热量,降低钨基体表面温度,犹如人体毛孔出汗降温一样,因而也被称为金属发汗材料,这种材料在固体火箭、宇航技术(作舵片)中有特殊用途。

1.6.10　钨钼合金

钨钼合金钼含量为2.5% ~50%(质量分数)。钨和钼为同族元素,所组成的合金为连续固溶体,属固溶强化型合金。

电弧熔炼挤压钨钼合金的高温力学性能见表8-1-35。钼加入量大于2.5%时才开始显著强化,当温度高于1650℃时,固溶强化效果明显降低,其中W-15Mo合金具有最好的高温强度,一直到2200℃其强度仍比纯钨高。经锻造和退火后的W-15Mo合金塑脆性转变温度为175℃,比纯钨低80 ~90℃。

表8-1-35　钨钼合金的高温力学性能

合金	1650℃				1930℃				2200℃			
	抗拉强度/MPa	屈服强度/MPa	面收率/%	伸长率/%	抗拉强度/MPa	屈服强度/MPa	面收率/%	伸长率/%	抗拉强度/MPa	屈服强度/MPa	面收率/%	伸长率/%
纯W	103	57.9	99	55	63.7	30.4	99	68	33.3	11.8	99	62
W-2.5Mo	124.5	74.5	7	9	61.8	19.6	34	40	34.3	13.7	75	41
W-5Mo	206.9	203	83	28.7	71.6	38.2	97.9	89.8	37.3	24.5	95	
W-15Mo	248.1	238.3	78	27.8	93.2	55.9	95	85	48.1	28.4	97	
W-25Mo	217.7	142.2	25	10	54.9	43.1	72	48	34.3			
W-50Mo	140.2		42	15	45.1		16	11	29.4		27	10

1.6.11　碳化钨硬质合金

硬质合金是由难熔金属硬质化合物(主要是WC)和黏结金属(主要是Co)烧结而成的合金。世界上用于硬质合金的钨的用量占钨总消耗量的50% ~60%。

含钨的硬质合金按其碳化物成分可分成WC-Co类、WC-TiC-Co类、WC-TiC-Ta(Nb)C-Co类三大类合金。中国的分类代号分别标为YG、YT和TW。

1.7　钨、钼材料发展的若干新动向

1.7.1　钨、钼纳米技术与纳米粉末

纳米技术正在不断地向钨、钼领域里渗透,逐渐形成钨、钼纳米技术。从材料的角度看,钨、钼纳米技术包括纳米材料的制备技术,纳米颗粒(表面)的控制、改性和修饰技术,材料行为的评定技术以及把纳米材料应用到各个领域和各种产品上的关键技术,其中最引人关注的热点是:

(1) 纳米粉体的制备。纳米微粒的制备是获得纳米块材的前提,因此已成为纳米化领域里最活跃的部分。纳米粉体的制备方法很多,可分三大类,即物理法、化学法和物理-化学法,其中适用于制备钨、钼纳米粉体的方法如表8-1-36所示。在许多方法中,高能球磨

法目前用途最广,研究得最多,因为它具有工艺简单、效率高等优点,至今,已成功地制备出多种钨、钼及其合金纳米粉体,例如 9nm 的纯钨粉、8 ~ 10nm 的 W - Ni - Fe 合金粉体等,但该制备法存在易引入某些外界杂质等严重问题,工艺亟待改进和完善。

表 8-1-36 钨、钼纳米粉体的制备方法

类型	方法	应用实例
物理法	高能球磨	W、W - Cu、W - Ni - Fe
化学法	溶胶 - 凝胶法(Sol - Gel)	W - Mo、W - Cu、W
	喷雾干燥法(Spray drying)	W - Ni - Fe、W - Ni - Cu、WC - Co
	反应喷射法(Reaction spray process)	W - Ni - Fe
	化学气相沉积法 CVD	W 单晶、W - Ni - Fe
	冷冻 - 干燥法(Freeze drying)	W - Ni - Fe、WC - Co
	真空等离子体喷射沉积(Vacuum plasma spray cunsolidation)	钨粉及钨合金粉末或涂层,W - Hf、Mo、Ta、Ti 等合金粉的显微涂层
物理 - 化学法	机械 - 热化学合成法	W - Cu
	机械 - 化学合成法	WC、WC_{1-x}

(2) 纳米材料的制备。在用纳米粉制备的纳米块体材料或纳米复合材料的最终显微结构中,晶粒仍要保持在纳米尺度是十分困难的。球磨使颗粒产生了很多位错和缺陷,产生大量晶格畸变,粉体活性极强,在成形和烧结过程中,纳米粒子迅速团聚或晶界扩散非常快,一方面有利于高致密化;但另一方面极易发生晶粒快速长大,丧失纳米效应。例如,对由纳米 W - Cu 合金粉末成形的压块采用常规烧结时可以在较低的温度下得到近致密(相对密度 98% ~99%)的 W - Cu 合金,然而晶粒却长到 1 μm。因此阻止纳米晶长大并将晶粒控制在纳米量级内始终是研究的主要内容。纳米 W - Cu 压坯的无压力烧结(静态烧结)和应力烧结(加压烧结)是这种材料的主要制备工艺,至今人们对工艺优化、粉体处理和成分配制合理性等诸问题研究还不多。纳米粉体能否发挥其优点,关键取决于固结工艺。

1.7.2 梯度化技术与钨 - 铜梯度功能材料

自从 20 世纪 80 年代国际上出现梯度功能材料(FGM)的概念以来,在钨、钼材料领域里,热应力缓和型 FGM、高耐磨型 FGM 以及隔热耐热型 FGM 为满足特殊使用条件(比如一端为超高温,另一端为冷却低温;一侧为高耐磨,另一侧为高韧性等)得到了较迅速发展。目前,FGM 制备方法有颗粒排列法、叠层法、粉末离心成形法、化学气相沉积法(CVD)、物理气相沉积法(PVD)、自蔓延高温合成法(SHS)、电解析出法和离子熔射复合法等。

热应力缓和型 W - Cu FGM 的设计构思如图 8-1-26 所示。根据 W、Cu 性能以及它们的化学成分、颗粒尺寸、形状的情况选取不同制造工艺。图 8-1-27 是叠层法制作 W - Cu FGM 示意图。在合金的高铜侧,铜的体积分数可由 10% 变到 80%,甚至 100%,这种热应力缓和型结构设计所追求的是获得最适宜的应力分布,即一方面要考虑制备过程的残余应力;另一方面还要考虑使用条件下(温度梯度、热振性)的响应热应力。W - Cu FGM 旨在用作新一代热沉材料、特种触头、微电子封装材料和激光束靶材,特别寄希望用于核聚变反应堆中第一内壁的元件材料。据最近有关研究,梯度层的成分分布指数 $p = 1.0 \sim 1.2$,梯度层数

$n \geq 4$，钨层厚度 $t_w = 1$ mm 的 W－Cu FGM 有较好的热应力缓和效果。在 30MW/m^2 的热流作用下，与非梯度 W－Cu 相比，其等效热应力缓和效果达到 62.3%，表面工作温度降低了 50℃；与单一金属钨相比，其表面工作温度可大幅度下降，达 445℃。

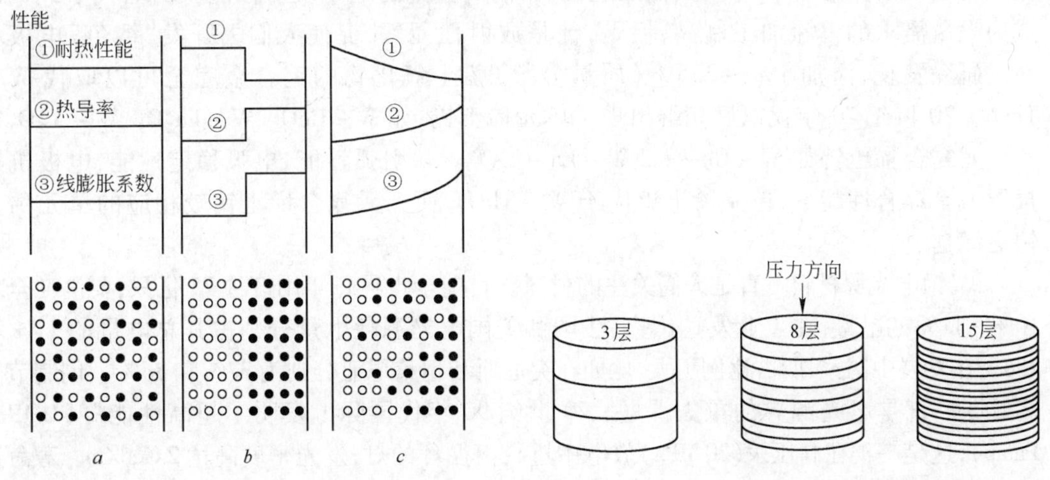

图 8-1-26　W－Cu 复合材料的结构模型

a—均质复合材料；b—复层材料；c—梯度功能材料(FGM)

○—钨；●—铜

图 8-1-27　叠层法制取 W－Cu FGM 示意图

(层数取决于梯度化程度要求)

研制外部耐磨内部强韧的 FGM 也是研究的热点。现已用电解析出法成功地制造出 WC－Co 系和 WC－Co－TiC 系的 FGM。在 WC－Co 系中，从外表到里边，钴的含量可从 6% 变化到 17%，硬度(HV)则从 19 GPa 变到 8.5 GPa。在 WC－Co－TiC 系中，TiC 含量梯度从 0 变到 0.25%，硬度(HV)则从 16.3 GPa 提高到 19.8 GPa，这类 FGM 的切割性能得到显著改善。

1.7.3　稀土钨和稀土钼合金

稀土元素的特殊电子层结构使其在光、电、磁、化学上表现出许多奇异的性能，成为创制新材料的"宝库"。在钨、钼领域里已出现稀土钨、稀土钼、稀土掺杂钼、稀土掺杂钨等高性能材料。稀土钨、钼的发展现状如图 8-1-28 所示。

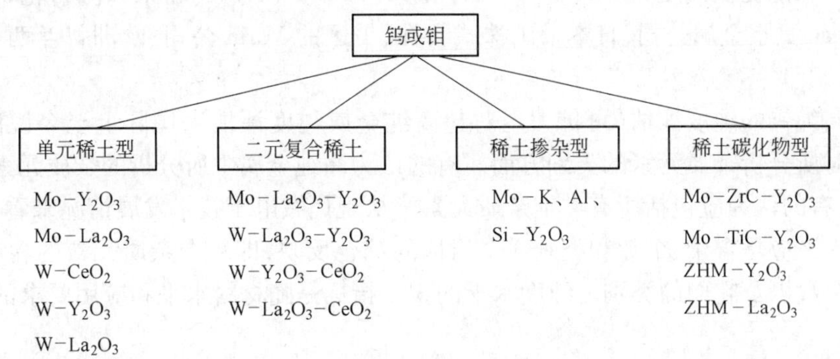

图 8-1-28　钨、钼稀土化系列现状

稀土元素对改善钨、钼材料的耐热性能、电性能和提高再结晶温度等起着显著作用，其中最令人感兴趣的是使性能和环保条件得到“双改善”，稀土钨电极取代钨－钍电极就是一个典型例子。钨电极材料发展至今经历了纯钨→$W-ThO_2$→W－RE 三个时期。20 世纪初出现的 $W-ThO_2$曾以其低的逸出功，高而稳定的电子发射性能全面取代了纯钨而成为大量需求的钨深加工制品，但是，钍是放射性元素，促使人们去开发“绿色”电极材料。研究发现，添加 1% ～2.5%（质量分数）稀土氧化物的钨合金完全可以取代 $W-ThO_2$。20 世纪 70 年代以后相继出现了单元稀土钨，如 $W-CeO_2$、$W-La_2O_3$、$W-Y_2\Theta_3$等和二元复合稀土钨如 W－Ce－La、W－La－Y 等。从引弧性能、电弧稳定性能、电极抗烧损能力等综合性能看，单元稀土钨优于 $W-ThO_2$，而二元复合稀土钨较相应的单元稀土钨更优越。

钨、钼电光源材料一直是人们关注的材料。目前全世界每年用灯约 75 亿只，要消耗全球 10% ～11% 的电量，在工业发达国家，法国和美国电光源耗电量分别占其总电量的 11% 和 25%，在发展中国家，所占比例更大，比如在突尼斯和坦桑尼亚分别为 37% 和 86%。创制节能高效灯一直是电光源界的重大课题。20 世纪 90 年代国际上发明了超高性能灯（UHP－Lamp），这是一类在高压汞（20 MPa）放电中进行卤循环的灯，发光密度高达 2 Gcd/m^2，寿命达 10000 h，最高达 20000 h。UHP 灯对所用的材料要求非常严格，钼箔、钨电极等是灯的主要材料。为了满足高性能灯的密封要求，国际上采用掺杂 $Y_2O_3-Ce_2O_3-TiO_2$钼箔带不但取代取传统的钼箔带和而且还取代了后发展起来的掺杂的钼箔带，以便进一步提高钼同玻璃之间的封接质量。其理由是掺杂形成的 1～3 μm 的 $Y_2O_3-Ce_2O_3$粒子虽然能改善钼带的力学和化学性能，但是这种改善只是局部的，加掺 TiO_2可以全面改善钼同石英之间的黏结质量，使二者之间结合趋于离子－共价键的结合，因为掺杂 TiO_2会在钼基体上形成纳米级薄层，十分有利于黏结质量的全面改善。

1.7.4 超高纯钨

现代微电子技术的迅速发展大大促进了高纯和超高纯钨的发展。超高纯（99.999% 和 99.9999%）钨已成为超大规模集成电路（VLSI）中不可缺少的材料。对材料提出的特殊要求是杂质含量很低或极低，特别是对放射性元素铀和钍的含量要求非常严格，表 8-1-37 列出的对超高纯钨靶材中微量杂质元素含量的要求情况就是一个例子。在西方国家市场上，只有几个厂家能提供纯度为 99.999%（5N）和 99.9999%（6N）的粉末和溅射靶材产品。如日本的 Ulvac 真空金属公司、日本采矿株式会社、美国的 Varin 公司、欧洲普兰西金属公司、海拉斯等。

对超高纯钨的纯度评估（可扩大至对超高纯金属纯度评估），国际上至今说法不一，主要表现于对所分析杂质元素的类别方面。有的认为高纯金属中所分析的杂质元素不包括气体类元素，有的认为应包括所有类别杂质元素。从现代微电子技术发展情况来看，超高纯金属的纯度水平应是含量、个数和类别 3 个指标的综合反映，即每个杂质元素的含量、所分析元素的总个数以及它们的类别。纯度水平的 3 个指标是随材料水平和应用要求的发展而不断提高的。

表 8-1-37 钨溅射靶中有害于 VLSI 微电子器件应用的微量杂质元素

元素类别	要求含量/$ng \cdot g^{-1}$	技术理由
放射性元素 U、Th	<1	元素的放射衰变引起数据存储能力变坏,影响 VLSI 基片中存储密度的提高
易迁移离子 Li^{+}、Na^{+}、K^{+}、Ca^{2+}、Mg^{2+}	<1	元素在较高工作温度下,通过很薄的介电氧化物层扩散到硅基体上去,导致杂质增加;使 MOS 器材失效
重金属 Cr、Mn、Fe、Co、Ni、Cu、Zn	<10	引起结的电漏泄或导致有害的界面反应
气体和碳 O、N、H、C	<100	氧化物挥发导致缺陷产生;氮化物、碳化物和氢化物生成可能成为高集成度组件失效的“源泉”
伴随的难熔金属元素 Mo、Ta、Nb、Ti、Zr、Hf、Re、V……	?	有待研究

1.7.5 用复合强化机制创制性能更佳的合金

为了获得更佳的高强耐热钨、钼合金,复合强化机制已被广泛运用。固溶强化、弥散强化、沉淀强化、掺杂强化(钾泡强化)之间的复合已创制出不少性能很好的钨、钼合金,如 TZM 钼合金、ZHM 钼合金、掺杂钨铼合金、M25WH 合金、M25WZH 合金等。运用更多种强化机制的复合方式已成为发展难熔金属材料的一个重要动向。以钼为例,对钼合金来说,固溶强化作用的温度范围在 1100～1300℃,温度再高时则会失效。碳化物的沉淀强化作用在 1400～1500℃时最明显;在 1500～1800℃范围内,碳化物的稳定性变差,而高熔点的稀土氧化弥散强化效果显著。高于 1800℃,特别是到达 2000℃时,稀土氧化物开始软化,导致强化效果减弱,而掺杂钾、硅的钾泡强化作用远比其他强化作用有效。开发复合强化型合金,实现在不同温区接力强化的作用,是发展高强耐热钼合金的方向之一。

1.8 钨的成分分析

1.8.1 钨粉、钨条、三氧化钨、仲钨酸铵的分析方法

钨粉、钨条、三氧化钨、仲钨酸铵的分析方法见表 8-1-38。

表 8-1-38 钨粉、钨条、三氧化钨、仲钨酸铵的分析方法

标准号	钨化学分析方法标准名称	标准号	钨化学分析方法标准名称
GB/T 4324.1—1984	方波极谱法连续测定铅、镉量	GB/T 4324.2—1984	碘化钾-马钱子碱光度法测定铋量
GB/T 4324.3—1984	聚乙二醇辛基苯基醚-苯荧光酮光度法测定锡量	GB/T 4324.4—1984	孔雀绿光度法测定锑量
GB/T 4324.5—1984	钼蓝光度法测定砷量	GB/T 4324.6—1984	邻二氮杂菲光度法测定铁量
GB/T 4324.7—1984	钴试剂光度法测定钴量	GB/T 4324.8—1984	丁二酮肟光度法测定镍量

续表 8-1-38

标准号	钨化学分析方法标准名称	标准号	钨化学分析方法标准名称
GB/T 4324.9—1984	丁二酮肟重量法测定镍量	GB/T 4324.10—1984	新铜试剂光度法测定铜量
GB/T 4324.11—1984	铬天青 S 光度法测定铝量	GB/T 4324.12—1984	氯化 - 钼蓝光度法测定硅量
GB/T 4324.13—1984	乙二醛双(2 - 羟基苯胺)光度法测定钙量	GB/T 4324.14—1984	原子吸收分光光度法测定钙量
GB/T 4324.15—1984	偶氮氯膦Ⅰ光度法测定镁量	GB/T 4324.16—1984	原子吸收分光光度法测定镁量
GB/T 4324.17—1984	原子吸收分光光度法测定钠量	GB/T 4324.18—1984	原子吸收分光光度法测定钾量
GB/T 4324.19—1984	二安替吡啉甲烷光度法测定钛量	GB/T 4324.20—1984	钽试剂光度法测定钒量
GB/T 4324.21—1984	二苯基碳酰二肼光度法测定铬量	GB/T 4324.22—1984	甲醛肟光度法测定锰量
GB/T 4324.23—1984	燃烧 - 电导法测定硫量	GB/T 4324.24—1984	钼蓝光度法测定磷量
GB/T 4324.25—1984	惰气熔融库仑滴定法测定氧量	GB/T 4324.26—1984	奈氏试剂光度法测定氮量
GB/T 4324.27—1984	燃烧 - 库仑滴定法测定碳量	GB/T 4324.28—1984	硫氰酸盐光度法测定钼量
GB/T 4324.29—1984	重量法测定氯化挥发后残渣量	GB/T 4324.30—1984	重量法测定灼烧失量

1.8.2　金属钨、钨丝、钨条的分析方法

金属钨、钨丝、钨条的分析方法列于表 8-1-39。

表 8-1-39　金属钨、钨丝、钨条的分析方法

样品名称	测定元素	分析方法	测定范围
高纯钨	钠、铍、镁、钙、钡、铝、铜、锌、铁、锰、镍、钴、钒、铬、钼、钪、硅、铋、锡、锑、镉、砷、镱等杂质元素	试样与缓冲剂(0.4% 氟化锂,1.6% 三氧化二镓的碳粉)之比为 2/1,光谱测定	测定下限 0.004 ~ 4 μg/g
纯　钨	磷、砷	717 强碱性阴离子交换柱分离主体,丁基罗丹明 B 测砷、磷含量,再测磷量,二者之差为砷量	
金属钨	磷	乙酸乙酯萃取磷钼杂多酸,二氯化锡反萃取	下限 0.0005%

1.8.3　钨材、钨产品及硬质合金的分析方法

钨材、钨产品及硬质合金的分析方法列于表 8-1-40。

表 8-1-40 钨产品及硬质合金的分析方法

样品名称	测定元素	分析方法	测定范围
硬质合金	总碳量	在高温氧气流中,碳氧化为二氧化碳,烧碱石棉吸收	4.00% 以上
硬质合金	游离(不溶)碳量	氢氟酸、硝酸分解碳化物,重量法测定	0.02% ~0.50%
硬质合金	钴量	铁氰化钾将钴氧化成三价,以电位滴定法反滴定过量的铁氰化钾	1.00% 以上
硬质合金	钛量	在酸性介质中,测定钛与过氧化氢形成的黄色过钛酸络合物	0.20% 以上
钨基材料	磷、砷	用戊醇-1,pH1.4 萃取钨磷酸,用丁醇-1,pH0.8 萃取钨磷酸+钨砷酸,二者之差为砷量	测定下限:磷 20ng/mL 砷 70ng/mL
钨钼产品	钛	二安替比林甲烷光度法测定	0.00*x*% ~0.0*x*%
钨铝产品	钾	过氧化氢溶解样品,原子吸收测定	0.002% ~0.02%
钨钼合金	钼	EDTA 容量法	20% ~80%
钨钼产品	镁	活性炭吸收富集氢氧化镁,偶氮氯膦-I 显色测定	0~15 μg/50 mL
钨材	磷	醋酸丁酯萃取磷钨酸盐的缔合化合物	40~320 ng/mL
钨合金	钍	用间磺酸基偶氮氯膦直接光度法测钍	0.07% ~4.0%

1.9 钨的应用

钨加工成各种各样的产品广泛地应用于照明、电子、电力、冶金、矿山、宇航、化学、机械、玻璃陶瓷、兵器和医疗器械等部门。钨产品可分四大类:第一类,钨的金属加工材;第二类,钨的烧结和熔渗制品;第三类,硬质合金;第四类,合金添加元素。第一至第三类产品的应用如表 8-1-41 ~表 8-1-43 所示。

钨用作合金添加元素包括:用作钢的合金元素,如合金钢和高速工具钢、合金结构钢和弹簧钢、耐热钢、不锈钢和磁钢等;用作难熔金属的合金元素,如含钨的铌合金和钽合金等;用作其他金属的合金元素,如耐热合金即超级合金,表面硬化耐磨合金(Stellites)即 Co-Cr-W 合金。

世界硬质合金产量要消耗钨总量的 50% ~60%。金属钨加工材,烧结和熔渗制品要消耗钨总量的 14% ~20%。

表 8-1-41 金属钨加工材的主要用途

应用部门	用途	加工材
照明	白炽灯、荧光灯的灯丝、吊线、放电管电极等	钨丝棒、掺钍钨丝和棒
电子管	接收电子管灯丝、栅极	掺铼钨丝,镀金钨钼合金
	发射电子管丝阳极、栅极	掺钍钨丝
	磁控管阴极	钨薄板、钨丝
	微波管阳极	钨、掺钍钨等
	X 射线管旋转阳极靶	钨板、钨-铼-石墨

续表 8-1-41

应用部门	用　途	加工材
电子工业(半导体)	高质量大功率的半导体装置超级支承材料	钨圆板 $\phi(1\sim100)$ mm
	彩色电视快速旋动装置热源	W－Re 合金丝
表面技术	薄膜制造装置:真空电镀、溅射靶等薄膜材料、容器、舟皿、加热器等	钨丝材、板材
	表面处理:堆焊、喷涂材料	钨丝
高温电炉	高温电炉发热体、隔热屏	钨板、丝、棒
汽车	钨触点	钨杆
测温装置	热电偶	钨丝、W－Re 丝
连接,切割	电弧焊条、等离子焊条、等离子切割电极	钨棒、$W-ThO_2$、$W-CeO_2$棒
其　他	涂硼丝(供输出)	钨细丝
	PPC(普通纸复印机用)	镀金钨丝
	点式打印机	钨丝

表 8-1-42　钨的烧结和熔渗制品的主要用途

制　品	用　途	应用部门
重合金	飞机的静态与动态平衡重块,直升机机桨	航空
	陀螺仪转子,飞轮的轮箍部件	导弹,航海设备
	放射性物质的能源盒,γ 射线和硬 X 射线的防护材料	核防护
	穿甲弹弹头	兵器
	自动手表摆钟、工具刀杆、手柄、把手、钻杆	日常用品
熔渗钨(W－Cu、W－Ag)	高压触头、电触点	电力
	火箭喷嘴	火箭技术
	防辐射屏蔽	防护
	支承件	半导体
烧结制品	坩埚	稀土冶炼
	钨筒	高温炉
	钨流口(W－Ir 管、W－Re 管复合)	陶瓷纤维工业
	钨弹芯片	兵器

表 8-1-43　碳化钨基硬质合金的主要用途

用　途		成　分	应用部门
钢切削	粗切削	WC－TaC－Co 和 WC－TiC－TaC－Co	切削加工
	中等精度切削	WC－TiC－TaC－Co	
	精切削	WC－TiC－TaC－Co	
	特种切削	WC－TaC－Co	

续表 8-1-43

用　途		成　分	应用部门
铸铁和有色金属切削	粗切削	WC - TaC - Co, WC - Co	切削加工
	中等精度切削	WC - Co	
	精切削	WC - Co	
	特种切削	WC - TaC - Co	
非切削应用	成形模具耐磨零件	WC - Co	模具
	采掘	WC - Co	矿山钻具、打磨工具
	高冲击	WC - Co	

参考文献

[1]　《稀有金属手册》编委会. 稀有金属手册(上、下册)[M]. 北京:冶金工业出版社,1992,1995.

[2]　叶帷洪,王崇敬. 钨 - 资源、冶金、性质和应用[M]. 北京:冶金工业出版社,1983.

[3]　《中国大百科全书(矿冶)》编辑委员会. 中国大百科全书(矿冶)[M]. 北京:中国大百科全书出版社,1984.

[4]　《有色金属提取冶金手册》编委会. 有色金属提取冶金手册——稀有高熔点金属(上)[M]. 北京:冶金工业出版社,1999.

[5]　师昌绪. 材料大辞典[M]. 北京:化学工业出版社,1994.

[6]　师昌绪. 材料科学技术百科全书[M]. 北京:中国大百科全书出版社,1995.

[7]　美国金属学会. 金属手册(第九版,第二卷)[M]. 北京:机械工业出版社,1994.

[8]　《稀有金属材料加工手册》编写组. 稀有金属材料加工手册[M]. 北京:冶金工业出版社,1984.

[9]　有色金属材料咨询研究组. 中国工程院、中国科学院《中国材料发展现状及迈入新世纪对策》咨询项目有色金属材料咨询报告[M]. 西安:陕西科学技术出版社,2000.

[10]　吴人洁. 复合材料. 天津:天津大学出版社,2000:263.

[11]　张立德,牟季美. 纳米材料科学[M]. 沈阳:辽宁科学技术出版社,1994.

[12]　Moon I H, Ryu S S, Kim J C. Sintering Behaviour of Mechanical Alloyed W - Cu Composite Powder[J]. Proc. of 14th Inter. Plansee Seminar'97, 1997, Vol. 1:16 ~ 26.

[13]　卡恩 R W. 金属与合金工艺. 材料科学与技术丛书,第15卷[M]. 北京:科学出版社,1999.

[14]　新野正之,平井敏雄,渡边龙三. 倾斜机能材料[J]. 日本复合材料学会志,1987,13:257.

[15]　Joensson M, Kieback B. W - Cu Gradient Material - Processing, Properties and Application Possibilities [J]. Proc. of 15th Inter. Plansee Seminar 2001,2001,Vol. 1:1 ~ 15.

[16]　Knüwer M, Meinhardt H, Wichmann K H. Injection Moulded Tugsten and Molybdenum Copper Alloys for Microelectronic Housings[J]. Proc. Of 15th Inter. Plansee Seminar 2001,2001, Vol. 1:44 ~ 59.

[17]　Dreyer K, et al. Functionally Graded Hardmetals and Cermets: Preparation, Performance and Production Scale Up[J]. Proc. of 15th Inter. Plansee Seminar 2001,2001,Vol. 2:817 ~ 832.

[18]　Shimojima K,et al. Optimization Method for Functionally Gradient Materials Design[J]. Proc. of 14th Inter. Plansee Seminar'97, 1997,Vol. 1:413 ~ 426.

[19]　Put S, Vleugels J, der Biset O. Functionally Graded WC - Co Hardmetals[J]. Proc. of 15th Inter. Plansee Seminar 2001,2001,Vol. 2:364 ~ 374.

[20] Ryuzo Watanabe, et al. Fabrication of SiC – AlN/Mo Functionally Gradient Materials for High Temperature Use[J]. Proc. of 13th Inter. Plansee Seminar'93, 1993, Vol. 1:960 ~ 971.

[21] 周美玲,张久兴,聂祚仁,等. 稀土钨、钼电极电子发射性能研究与应用开发[J]. 中国钨业,2001,16(5~6):52~56.

[22] 聂祚仁,周美玲,陈颖,等. 稀土钨电极研究与应用[J]. 稀有金属材料与工程,1998,27(增刊):37~40.

[23] 陈颖,聂祚仁,张久兴,等. Y_2O_3和CeO_2对稀土钨电极使用性能的影响[J]. 稀有金属材料与工程,1998,27(增刊):51~52.

[24] Zissis G. Electrical Discharge Light Sources: a Challenge for the Future[J]. Proc. of 15th Inter. Plansee Seminar 2001, 2001, Vol. 1:521 ~ 537.

[25] 凌云汉,白新德,李江涛,等. W/Cu 功能梯度材料的热应力优化设计[J]. 稀有金属材料与工程,2003,32(12):976~980.

[26] 殷为宏. 高纯和超高纯难熔金属的新发展[C]//难熔金属科学与工程——第七届全国难熔金属学术交流会文集[M]. 西安:陕西科学技术出版社,1991:5~13.

[27] 殷为宏,郑汉,张德尧. 钨和钨合金的新发展(Ⅱ)[J]. 稀有金属材料与工程,1990(3):2~11.

[28] 师昌绪,李恒德,周廉. 材料科学与工程手册(上册)[M]. 北京:化学工业出版社,2004.

[29] 孔昭庆,刘良光,田雪芹. 2007 年中国钨工业发展报告[J]. 中国钨业,2008,23(2):1~7.

[30] Weihong Yin, Xiureng Teng, Pengli Song. Relationship between Tungsten Powder Characteristic and Technology Parameters in Preparation of Tungsten – Copper Electric Contact Material[J]. Proc. of the Inter. Plansee Seminar'89, 1989, Vol. 1:901 ~ 912.

[31] Weihong Yin, Hongwan Peng, Xiureng Teng. Some Properties of Porous Tungsten at High Temperature[J]. High Temperature – High Pressures, 1994, 23:109 ~ 113.

[32] 黄伯云,等. 有色金属材料工程(下)[M]. 中国机械工程学会,中国材料工程大典编委会. 中国材料工程大典,第 5 卷. 北京:化学工业出版社,2006.

编写:殷为宏（西北有色金属研究院）

第2章　钼及钼合金

钼(molybdenum),元素符号Mo,银灰色难熔金属,在元素周期表中属ⅥB族。

钼于1778年由瑞典化学家舍勒(C. W. Schcele)用硝酸分解法从辉钼矿中发现,被命名为molybdos(希腊文“似铅”)。1782年瑞典化学家那尔姆(P. J. Hjelm)首次制得金属钼。19世纪末发现钼能显著提高钢的强度和硬度,1910年出现含钼的钢,1909年钼开始用于电子工业,随后扩大到照明等领域,从此逐步形成了现代钼的工业。到20世纪末,世界钼的供应量每年达到118000~127000t(金属量,下同),主要消费在钢铁工业。进入21世纪以来,钼工业继续发展,2007年世界钼供应量增至201400t,总需求达204300t,美国、智利、中国是主要供应国,欧盟、中国、美国、日本为钼的主要消费国。中国已成当今世界钼制品的主要生产国之一,到20世纪90年代后期,中国钼产量已达相当水平,比如1998年钼产量达36800t,其中形成年产约2200t钼制品的产能,1996~1998年实际产量1500t/a。进入21世纪之后,中国在快速增长的钢铁工业刺激下,2007年钼产量增至63000t(其中钼粉及其制品为8098t),占世界总产量的33%左右,已成为全球最大钼生产国(美国第二、智利第三),钼的消费量达40000t(其中钼制品占9%),占全球总消费量的19.6%左右,仅次于西欧地区的61000t,超过美国,居世界第二位。

2.1　钼的性质

2.1.1　钼的物理性质

钼的物理性质列于表8-2-1。

表8-2-1　钼的物理性质

名　称	数　值	名　称		数　值
原子序数	42	线膨胀系数(25~700℃)/K^{-1}		$(5.8\sim6.2)\times10^{-6}$
原子量	95.95	电阻率/Ω·m	工业纯多晶钼(25℃)	5.7×10^{-4}
密度/g·cm^{-3}	10.2			
晶格类型	体心立方		99.99%单晶钼(4.2K)	$(4.5\sim10.2)\times10^{-7}$
晶格参数/nm	0.314	辐射能/W·m^{-2}	730℃	5500.0
原子半径/nm	0.1363			
离子半径/nm	0.068(Mo^{4+})		1330℃	6300.0
	0.062(Mo^{6+})			
熔点/℃	2620±10		1730℃	192000.0
沸点/℃	约4800			
转化为超导状态的温度/K	0.9~0.98		2330℃	700000.0
熔化热/kJ·kg^{-1}	209.5	热中子俘获截面/m^2		2.6×10^{-28}
升华热/kJ·kg^{-1}	6787.8	磁化率(99.95%钼,25℃)		0.93×10^{-6}
比热容(20~100℃)/J·$(kg\cdot K)^{-1}$	272.35	霍尔常数/$m^3\cdot(A\cdot s)^{-1}$		1.8×10^{-10}
热导率(20℃)/J·$(cm\cdot s\cdot K)^{-1}$	1.47	电子逸出功(工业丝材)/eV		4.37

2.1.2 钼的力学性能

钼的室温力学性能及延－脆性转变温度见表8-2-2。

表8-2-2 钼的室温力学性能及延－脆转变温度

性　能	状　态	数　值
泊松比	粉冶，静态	0.324
弹性模量/MPa		315882
刚性模量/MPa		119486
维氏硬度/MPa	变形态（<1.0mm板）	2453～3139
	变形态（>1.0mm板）	2207～2453
	再结晶（细晶粒）	1766～1962
延－脆性转变温度/℃	大变形，90%以上	-40～+40
抗拉强度/MPa	变形态（>1.0mm板）	589～1079
	变形态（>1.0板）	706～2433
	再结晶（细晶粒）	589～883

2.1.3 钼的化学性质

钼的化学性质见表8-2-3。

表8-2-3 钼的化学性质

介　质	试验条件	反应情况	介　质	试验条件	反应情况
水		不腐蚀	溴	840℃以下	不腐蚀
HF	冷，热	不腐蚀	氯	230℃以上	强烈腐蚀
HF加H_2SO_4	冷	不腐蚀	氟	室温	强烈腐蚀
	热	轻微腐蚀	空气和氧	400℃以上	开始氧化
HF加王水	冷	轻微腐蚀		600℃以上	强烈氧化
	热	迅速腐蚀		700℃以上	MoO_3升华
HF或HNO_3	冷或热	迅速溶解	H_2和惰性气体	直到最高温度	不反应
氨水		不腐蚀	CO	1400℃以上	生成碳化物
熔融碱	大气下	稍微腐蚀	CO_2	1200℃以上	氧化
熔融碱	在氧化剂如KNO_3、KNO_2、$KClO_3$、PbO_2中	迅速溶解	碳氢化合物	1100℃	生成碳化物
			Al、Fe、Co、Ni、Sn	熔融	强烈腐蚀
硼	高温下	生成硼化物	Zn	熔融	轻微腐蚀
碳	1100℃以上	生成碳化物	Bi	熔融	高度耐蚀
硅	1000℃以上	生成硅化物	玻璃	熔融	高度耐蚀
磷	直到最高温度	不腐蚀	ZrO_2、BeO	熔融	高度耐蚀
硫	440℃以上	生成硫化物	MgO、ThO_2、Al_2O_3等	1700℃以下	不腐蚀
碘	790℃以下	不腐蚀	N_2	1100℃以下	氮化

2.2 钼的矿物资源

钼在地壳中的丰度为1.3 g/t。根据《Mineral Commodity Summary 2008》资料,全世界钼的储量为860万吨,中国为330万吨,占世界总储量的38.37%,位居第一。中国、美国、智利、加拿大和俄罗斯居前五位。

具有工业价值的钼矿物为辉钼矿(MoS_2),其开采量占钼矿总开采量的98%左右。钼的次生矿有钼钨钙矿[$Ca(Mo,W)O_4$]、铁钼华[$Fe_2(MoO_4)_3 \cdot nH_2O$]、钼铅矿($PbMoO_4$)、硫钼铜矿($CuS_2 \cdot MoS_2$)和钼铜矿[$2CuMoO_4 \cdot Cu(OH)_2$]等,它们也有一定的开采价值。

2.3 钼冶金

辉钼精矿是钼冶金的基本原料。从钼精矿制取各种产品或中间产品,目前工业上普遍用如图8-2-1所示的流程,包括以下四个主要工序:辉钼精矿的氧化(主要采用氧化焙烧);纯钼化合物的制取(有升华法、经典的湿法、萃取或离子交换法等);金属粉末的制取;高纯钼及致密钼的制取。

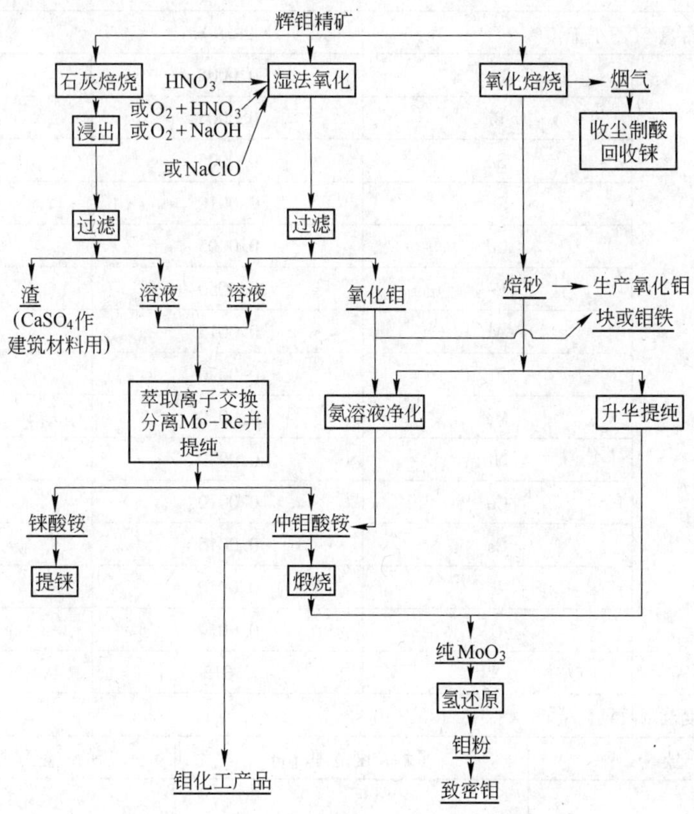

图8-2-1 钼冶金的原则流程

(1)辉钼精矿的氧化焙烧。焙烧通常在600℃下进行,主要化学反应为$2MoS_2 + 7O_2 = 2MoO_3 + 4SO_2\uparrow$,焙烧温度不能超过650℃,否则造成$MoO_3$的大量挥发和炉料黏结。所用设备为连续操作的多膛炉或间歇作业的反射炉,也可采用流态化炉。

（2）纯钼化合物的制取。将焙砂用氢氧化铵溶液浸出，生成钼酸铵溶液：$MoO_3 + 2NH_4OH = (NH_4)_2MoO_4 + H_2O$，用硫化铵或硫化钠除去溶液中的铜、铁等杂质，然后加入硝酸铅除去过剩的硫离子。将溶液加热到55～65℃，用盐酸调节pH为2～2.5，在激烈的搅拌下析出多钼酸铵。为了进一步去除钙、镁、钠等杂质，可将多钼酸铵重新溶于氢氧化铵溶液中形成钼酸铵，过滤后将溶液蒸发，使氨挥发，生成仲钼酸铵结晶 $3(NH_4)_2O \cdot 7MoO_3 \cdot 4H_2O$。

（3）金属钼粉的制取。方法原则上与钨粉的制取方法相同。钼氧化物的氢还原法目前仍然是生产钼粉的唯一工业方法。生产钼粉的起始原料一般为仲钼酸铵 $3(NH_4)_2O \cdot 7MoO_3 \cdot 4H_2O$。仲钼酸铵可以通过煅烧或氢还原转变为 MoO_3 或 MoO_2。用 MoO_3 作原料时，可采用一阶段、二阶段和三阶段方法生产钼粉，多数工厂采用二阶段方法，第一阶段还原温度在450～650℃下进行，第二阶段在900～950℃下进行。中国钼粉的国家标准见表8-2-4。

表8-2-4　中国钼粉国家标准（GB/T 3461—2006）

（1）钼粉牌号和化学成分

产品牌号		FMo-1	FMo-2
主含量[①]（不小于）/%		99.90	99.50
杂质含量（质量分数，不大于）/%	Pb	0.0005	0.0005
	Bi	0.0005	0.0005
	Sn	0.0005	0.0005
	Sb	0.0010	0.0010
	Cd	0.0005	0.0005
	Fe	0.0050	0.020
	Al	0.0015	0.0050
	Si	0.0020	0.0050
	Mg	0.0020	0.0040
	Ni	0.0030	0.0050
	Cu	0.0010	0.0010
	Ca	0.0015	0.0030
	P	0.0010	0.0030
	C	0.0050	0.010
	N	0.015	0.020

（2）钼粉的平均粒度范围及氧含量

型　号	平均粒度范围/μm	氧的质量分数（不大于）/%
05	0.5～1	0.30
10	>1～2	0.25
20	>2～4	0.20
40	>4～6	0.10
60	>6～10	0.10

① 主含量按表中所列分析元素差减，气体元素除外。

钼粉按化学成分不同，分为 FMo－1、FMo－2 两个牌号。FMo－1 主要用作大型板坯、硅化钼电热元件原料；FMo－2 主要用作可控硅圆片、钼顶头等原料。钼粉按不同粒度划分为 05 型、10 型、20 型、40 型、60 型 5 个规格。

掺杂钼粉：将 K_2SiO_3、$Al(NO_3)_3$ 和 KCl 的水溶液加入到 MoO_2 粉中，经热分解、氢还原制得掺杂钼粉，其生产方法原则上同掺杂钨粉的生产方法。

2.4　钼及钼合金加工

钼及钼合金的棒、丝、板、箔、带、管等加工材的加工流程与钨及钨合金的相似，见本篇第 1 章图 8－1－3。

2.4.1　钼坯锭的制取

2.4.1.1　*粉末冶金法制取钼坯锭*

钼坯锭的生产方法有真空熔炼法和粉末冶金法。后者是工业生产的主要方法。以粉末作为原料，经过压制成形为一定尺寸和形状的毛坯，经预烧结（1000～1200℃，1～2 h，氢中）再经烧结（1750～1900℃，3～5 h，氢中或真空中）而获得的锭坯成品，主要供加工各种棒、丝、板、箔用。钼及其合金坯条制作工艺实例及其品种、规格和应用列于表 8-2-5。

表 8-2-5　钼及其合金坯条的品种、规格和应用范围

名称和牌号	烧结方法	型坯尺寸/mm × mm × mm	应用范围
钼坯条 Mo1 Mo2	氢中垂熔	(14～18) × (14～18) ×600 16 ×25 ×400	加工棒、丝材 加工板、箔材
	氢中烧结	(14～25) × (14～25) × (400～600) 20 ×50 × (200～400)	加工棒、丝、板、箔材、合金添加剂 加工板、箔材
	真空烧结	(20～26) × (50～60) × (150～250)	加工板、箔材
钼钨合金条 MoW20 MoW50	氢中垂熔	12 ×12 ×400	加工棒丝材

我国钼和钼合金烧结条牌号、化学成分见表 8-2-6，钼含量用杂质减量法确定。

钼条牌号按化学成分和用途不同分为 Mo－1、Mo－2、Mo－3、Mo－4 四个牌号。Mo－1 主要用于合金添加剂和钼基合金原料，Mo－2 和 Mo－3 主要用于加工材原料，Mo－4 主要用于合金添加剂和电极材料。

掺杂钼条的牌号用途、规格见表 8-2-7，化学成分见表 8-2-8。钼条规格：(11～17) mm × (11～17) mm × (400～600) mm。

垂熔钼条的密度为 9.4～10.0 g/cm^3，不允许有分层、鼓泡、劈头、过熔和沾污等缺陷，不吸水，收缩率大于 9%，Mo－1 坯条的断面晶粒数为 1000～5000 个/mm^2，Mo－2 坯条的断面晶粒数为 2500～10000 个/mm^2。

制取大尺寸的钼坯条常需要采取间接烧结法（电阻炉烧结、感应炉烧结等）。间接烧结法也可用于普通尺寸钼坯条的生产，烧结在 1600～1800℃、3～5 h 氢中或真空中进行，用这种方法可制取密度达 10 g/cm^3、重 30～100 kg 的钼坯锭，由于烧结温度低，钼锭为细晶粒结构，晶粒度为 13000～28000 个/mm^2，而采用直接烧结法（垂熔烧结法）得到的钼锭为粗晶粒结构，晶粒度一般为 3000～5000 个/mm^2。

表 8-2-6　钼条的牌号和化学成分（GB/T 3462—2007）

产品牌号		Mo-1	Mo-2	Mo-3	Mo-4
杂质含量（质量分数，不大于）/%	Pb	0.0001	0.0001	0.0001	0.0005
	Bi	0.0001	0.0001	0.0001	0.0005
	Sn	0.0001	0.0001	0.0001	0.0005
	Sb	0.0005	0.0005	0.0005	0.0005
	Cd	0.0001	0.0001	0.0001	0.0005
	Fe	0.0050	0.0050	0.0060	0.0500
	Ni	0.0030	0.0030	0.0030	0.0500
	Al	0.0020	0.0020	0.0030	0.0050
	Si	0.0020	0.0020	0.0030	0.0050
	Ca	0.0020	0.0020	0.0020	0.0040
	Mg	0.0020	0.0020	0.0020	0.0040
	P	0.0010	0.0010	0.0010	0.0050
	C	0.0100	0.0050	0.0050	0.0500
	O	0.0030	0.0030	0.0030	0.0070
	N	0.0030	0.0030	—	—

表 8-2-7　掺杂钼条的牌号、用途（GB 4190—84）

牌　　号	用　　途
Moδ	供制造电子管栅丝及其他要求有较高伸长率的电真空零件的坯条

表 8-2-8　掺杂钼条牌号及化学成分（GB 4190—84）（质量分数/%）

牌　　号	钼含量（不低于）	其他元素总和（不大于）	每种元素含量（不大于）	添加元素（Ca、Mg 等）含量
Moδ	99.73	0.07	0.01	0.01～0.20

2.4.1.2　熔化法生产致密坯锭

熔化法生产致密坯锭常采用三种方法：电弧熔炼法、电子束熔炼法、区域熔炼法。

采用水冷铜结晶器自耗电极真空中电弧熔炼法可以制取更大的金属钼锭，钼的电子束熔炼在 2900～3000℃温度和 1.33×10^{-3} MPa 真空下进行，采用电子束熔炼钼具有高度的净化作用，区域熔炼制钼具有较好的除杂效果。

2.4.2　钼烧结制品的制取

钼的烧结制品是指钼粉或钼合金粉经压制、烧结和机加工之后即可应用的制品，主要有电触头材料、钼稀土合金电极材料、钼坩埚、钼顶头、钼流口等。

2.4.2.1　钼铜电触头材料的制取

用作电加工电极和真空开关电触头的钼铜复合材料一般只能用粉末冶金法制取。粉末冶金法主要有压制烧结法和熔渗法两种工艺。前者是将钼粉和铜粉按所需比例混合、压制，在高于铜熔点的温度下进行液相烧结，这种方法制得的复合材料密度低、性能差；后者是将钼粉或加入少量铜粉的钼粉压形、烧结，再将形成多孔骨架的钼烧结坯放入铜液中浸渗，借助毛细力作用，熔融铜渗透到钼骨架孔隙中而制得产品，熔渗法可用于制备所有组成的钼铜材料，产品致密度高，性能好。此外，还可用机械合金化法和活化烧结法（添加活化剂镍）以及注射成形法制取性能优良的钼铜材料。

2.4.2.2　钼稀土合金电极材料的制取

用粉末冶金法制取时，稀土元素加入形式有纯稀土元素、稀土元素氧化物和稀土元素氢化物三种，常用稀土元素氧化物形式。

（1）Mo－REO合金粉配制。将Mo粉（或MoO_2粉）和稀土氧化物粉机械混合或者将Mo粉（或MoO_2粉）加入稀土元素盐溶液中，经热分解、氢还原制得的Mo－REO合金粉，后者是包覆粉，性能更好。对于复合强化的Mo－REO合金，可将TZM（或TZC、ZHM）合金粉和稀土氧化物粉机械混合或将TZM（或TZC、ZHM）合金粉加入稀土元素盐溶液中，经热分解、氢还原制得Mo－REO合金粉。

（2）压制。用压模压制或等静压压制。

（3）烧结。通氢垂熔或间接加热烧结。

（4）塑性变形。烧结合金棒坯可经旋锻或孔型孔制开坯，然后锻、轧和拉拔成棒材和丝材。烧结合金板坯可轧制成带材。

2.4.2.3　粉冶法钼顶头和工模具的制取

挤压、等温锻造、压铸、穿管等高温加工工模具和顶头大量使用着TZC和TZM合金。该合金的制取分为坯锭制取和塑性变形成材。

坯锭制取：分粉末冶金法和熔炼法两种。粉末冶金法是将高纯钼粉、氢化钛粉、氢化锆粉和石墨粉按成分要求经混合后，用压模压制成或等静压压制成坯，再经氢气保护下的垂熔或间接加热烧结成坯锭。熔炼法是将高纯钼条、含碳钼条和合金元素钛和锆按成分要求用真空自耗电弧熔炼或电子束熔炼成铸锭。

塑性变形：粉末冶金坯锭需经锻造、轧制或直接轧制成材。熔炼铸锭需经挤压、锻造和轧制成材。TZM合金的屈服强度较高，增加了塑性变形的难度，故需要提高塑性变形的温度。但在1300～1650℃之间，TZM合金的晶界有沉淀物生成，若在该温度范围内塑性变形易出现热脆性，因此在对TZM合金开坯时，变形温度以低于1300℃或高于1650℃为宜。TZC合金的开坯温度应超过1650℃，最终变形温度也应控制在1300～1430℃之间。

2.4.2.4　粉末冶金法钼坩埚、流口的制取

冶金中使用的钼坩埚，陶瓷纤维生产中使用的钼流口，一般用粉冶法制作。粉末经压制成形后得到坩埚压坯或流口压坯，压坯经车加工，最后在高温下烧结成制品，制品的密度越高越好。

2.4.3 钼及钼合金的加工材规格及生产工艺

2.4.3.1 产品规格

我国钼的板、带、箔材品种及规格(国家标准 GB 3876—83)见表 8-2-9。

表 8-2-9 钼及钼合金板材的规格

牌号	生产方法	供应状态	规格/mm		
			厚度	宽度	长度
Mo-1	粉末冶金	硬状态(Y)	0.1~0.7	50~200	100~1000
		消应力状态(m)	0.1~0.7	50~200	100~700
JMo-1		热轧状态(R)	>0.7~5.0	50~200	100~500
		硬状态(Y),消应力状态(m)	0.1~0.7	50~200	50~200
Mo-2		硬状态(Y)	0.4~0.7	50~200	100~1000
		消应力状态(m)	0.4~0.7	50~200	100~500
		热轧状态(R)	>0.7~5.0	50~200	100~500
Mo-1、Mo-2、MoTi0.5	真空电弧熔炼	硬状态(Y)	0.1~0.2	100~200	100~1200
		消应力状态(m)	>0.2~1.5	100~420	100~1200
		热轧状态(R)	>1.5~5.0	100~400	100~1200

2.4.3.2 钼的板、带、箔材生产工艺

钼板轧制可分为热轧、温轧和冷轧,所推荐的钼加工温度范围如图 8-2-2 所示,加工实例见表 8-2-10。

表 8-2-10 烧结坯钼板、箔生产工艺过程实例

工序号	工序名称	轧前、轧后规格(厚×宽)/mm×mm	工艺条件
1	热轧	22×180 8.5×180	一火三道次,ε_Σ61.5%,ε_n27%,辊温 100~150℃
2	温轧	8.5×180 4.5×180	一火三道次,ε_Σ47%,ε_n24%~10%,辊温 100~150℃
3	碱洗	4.5×180	95% NaOH+5% KNO_3,400℃碱洗后热水清洗
4	表面打磨		消除表面残留氧化皮、压入物及局部裂纹
5	剪切		400~500℃热剪
6	温轧	4.5×220 2.8×220	一火三道次,ε_Σ38%,ε_n7%~22%
7	消应力退火	2.8×220	900~950℃,60 min
8	碱洗		同工序 3
9	表面打磨		同工序 4

续表 8-2-10

工序号	工序名称	轧前、轧后规格 (厚×宽)/mm×mm	工艺条件
10	温轧	2.8×220 0.8×220	一火三道次,ε_{Σ}71.5%,ε_{n}11%~25%
11	消应力退火	0.8×220	900℃,60 min
12	碱洗		同工序3
13	剪切	0.8×210	切定尺
14	冷轧	0.8×210 0.3×210	ε_{Σ}62%
15	除油清理	0.3×210	除油剂用四氯化碳、汽油、酒精
16	消应力退火		666.5×10^{-4}Pa,900℃,60 min,炉冷
17	成品冷轧	0.3×210 0.1×210	ε_{Σ}67%
18	成口剪切	0.1×200×1	切定尺,板材
19	清洗	0.1×80~100	清洗剂用汽油及酒精
20	焊接引带		引带为不锈钢或普碳钢带
21	冷轧	0.1×80~100 0.1×80~100	ε_{Σ}90%,ε_{n}25%~40%,前张力0.78~1.96 kN,后张力1.08~1.96 kN
22	成品剪切	0.1×80~100	
23	成品退火	0.01×80~100	0.6665 Pa,850℃,20 min
24	成品检查		按GB 3876—83要求
25	包装入库		

注:ε_{Σ}—总变形率;ε_{n}—道次变形率。

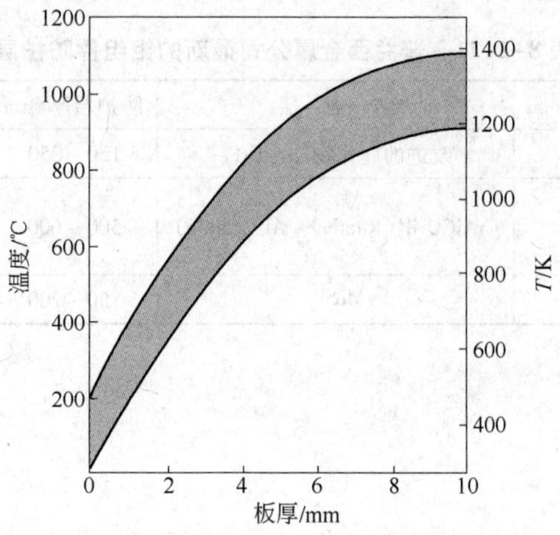

图8-2-2 钼加工的温度范围

2.4.3.3　钼的丝、棒材生产

钼的丝材、棒材加工与钨的相似，加工流程参见本篇第 1 章图 8-1-3。加工方法有旋压法、连轧法、拉制法等，参见第 1 章 1.4.3.1 节。

2.4.3.4　钼的管材生产

钼的管材加工可采用烧结坯直接挤压而成，也可采用挤压管坯或粉浆挤压烧结管坯旋压加工而成，与钨管材加工相似，参见本篇第 1 章 1.4.3.3 节。

2.4.3.5　热处理

一般应用再结晶退火和消除应力退火。再结晶退火用于挤压、锻造、轧制等热加工过程中的中间退火，退火温度取决于加工条件和变形量。消除应力退火用于消除温加工和冷加工过程中产生的加工硬化。

2.4.4　深度加工

钼的深度加工与钨的深度加工相类似。为了生产钼的零件和部件，需要对钼材料进行深度加工，其主要方法有接合法（如全铆接、烙焊、钎焊等），机械加工，保护涂层和成形加工（如冲、弯曲等）等，详细情况见本篇第 1 章 1.4.4 节。

2.4.5　钼及钼合金用的防护涂层

钼及钼合金作为结构材料一般要在 1000℃ 以上使用，妨碍其应用的关键问题是氧化问题，在材料表面涂上抗氧化的防护层是解决问题的重要途径。用于钼及钼合金的防护涂层有中温长周期使用的防护层（1050 ~ 1250℃，100 ~ 500 h）和高温短期使用的防护层（1400 ~ 1700℃，几分钟 ~ 几小时）。

近年来，奥地利普兰西金属公司已能生产在大气中使用温度达 1450℃ 的抗氧化涂层（用于钼组件）和使用温度高达 1600℃ 的适于钼和钼合金紧固件用的防护涂层，如表 8-2-11 所列。国际上还研究出多层扩散 - 料浆涂层（MgB_2 - $MeSi_2$ - 料浆 ZrO_2 + HfO_2 + Y_2O_3）用于 W、Mo、Ta 和 Nb 防护，在空气中 1300 ~ 1700℃ 下使用时间超过 600 h。

表 8-2-11　普兰西金属公司最新的钼组件防护层

钼组件尺寸（最大）/mm × mm × mm	防　护　层	防护层厚/μm	防护层抗氧化性能
1050 × 650 × 650	改进的硅化物即 SiCrFe	150 ~ 250	大气中，1200℃，1000 h（等温）
2000 × 800 × 150	CrAlCO 钢（Kanthal - Al Coating）	500 ~ 600	大气中，1450℃，100 h（等温） 大气中，1200℃，200 h（等温）
700 × 700 × 1000	$MoSi_2$	150 ~ 200	大气中，1600℃，200 h（等温）

2.5　钼的金属学

2.5.1　钼合金相图

钼同周期表中各元素组成的二元、三元体系合金相图索引列于表 8-2-12 和表 8-2-13，这些索引展示出相图的基本特征。

相图索引说明同本篇第 1 章 1.5.1 节。

表 8-2-12 钼的二元合金相图索引

体系	相图特征	参考文献	体系	相图特征	参考文献
Ag - Mo	P	a,b,c,h	Mo - Nb	S. s.	a,b,c,f
Al - Mo	12/1,5/1,4/1,8/3,63/37,1/1,1/3	a,b,c,f,h	Mo - Nd	E	a
As - Mo	5/1,3/2,1/1,4/5	a,b	Mo - Ni	4/1,3/1,1/1	a,b,c,f
Au - Mo	P	a,b,c,h	Mo - No	N	a
B - Mo	4/1,5/2,2/1,1/1,1/2	a,b,c,f,h	Mo - Np	E	a
Ba - Mo	P	a	Mo - O	1/2,4/11,8/23,1/3,9/24	a,c
Be - Mo	22/1,12/1,2/1,1/3	a,b,c,f,h	Mo - Os	3/1,2/1	a,b,c,d,f
Bi - Mo	N	a,b,c,h	Mo - P	3/1,8/5,4/3,1/1,1/2	a,b,c
Br - Mo	4/1,3/1,2/1	a	Mo - Pa	E	a
C - Mo	1/1,2/3,1/2,3/7	a,b,c,f	Mo - Pb	N	a,b,c
Ca - Mo	P	a	Mo - Pd	1/1,1/2	a,b,c,d,e,f
Cd - Mo	N	a,h	Mo - Pm	E	a
Ce - Mo	E	a,c	Mo - Po	N	a,c
Cl - Mo	6/1,5/1,4/1,3/1,2/1	a	Mo - Pr	E	a
Cm - Mo	N	a	Mo - Pt	6/1,2/1,3/2,1/1,1/2	a,b,c,d,e,f
Co - Mo	4/1,3/1,11/9,2/3	a,b,c,f	Mo - Pu	N	a,c
Cr - Mo	S. s.	a,b,c,f	Mo - Ra	N	a
Cs - Mo	N	a	Mo - Rb	N	a
Cu - Mo	N	a,b,c	Mo - Re	1/2,4/19	a,b,c,f
Dy - Mo	N	a,c	Mo - Rh	1/1,1/2,1/3	a,b,c,d,f
Er - Mo	E	a	Mo - Ru	31/19	a,b,c,d,f
Es - Mo	N	a	Mo - S	2/3,1/2	a,b,c
Eu - Mo	P	a	Mo - Sb	3/7	a
F - Mo	6/1,5/1,4/1,3/1	a	Mo - Sc	E	a
Fe - Mo	2/1,13/7,3/2,1/1	a,b,c,f,h	Mo - Se	3/4,1/2	a,b,c
Fm - Mo	N	a	Mo - Si	3/1,5/3,1/2	a,b,c,f
Ga - Mo	41/8,31/6,2/1,1/1,1/3	a,b,c,h	Mo - Sm	N	a
Gd - Mo	E	a,c	Mo - Sn	3/1,2/3,1/2	a,b
Ge - Mo	2/1,23/13,3/5,1/3	a,b,c,f,h	Mo - Sr	N	a
H - Mo	N	a,b,c,f,h	Mo - Ta	S. s.	a. ,b,c,f
Hf - Mo	1/2	a,b,c,f,h	Mo - Tb	E	a
Hg - Mo	N	a,b	Mo - Tc	2/3,3/7	a,c,f
Ho - Mo	E	a	Mo - Te	3/4,1/2	a,b,c
I - Mo	4/1,3/1,2/1	a	Mo - Th	E	a,b,c,f
In - Mo	N	a,h	Mo - Ti	S. s.	a,b,c,f
Ir - Mo	3/1,1/1,7/18,1/3	a,b,c,d,f,h	Mo - Tl	N	a
K - Mo	N	a,h	Mo - Tm	N	a
La - Mo	E	a,c	Mo - U	1/2	a,b,c,f
Li - Mo	N	a,c	Mo - V	S. s.	a,b,c,f,h
Lu - Mo	E	a	Mo - W	S. s.	a,b,c,f,h
Mg - Mo	N	a,b	Mo - Y	E	a,c,f,h
Mn - Mo	16/9,5/4	a,b,c	Mo - Yb	N	a,h
Mo - N	2/1,3/2,1/1,4/5	a,b,c,f	Mo - Zn	1/7,1/22	a,b,c
Mo - Na	N	a	Mo - Zr	2/1	a,b,c,f

表 8-2-13　钼的三元合金相图索引

体系	相图特征	参考文献	体系	相图特征	参考文献
Al – As – Mo	PR	g	B – Mo – W	L	g
Al – B – Mo	1/1/1,1/10/9	g	B – Mo – Y	4/1/1	g
Al – C – Mo	2/1/3	g	B – Mo – Zr	1/4/9	g
Al – Co – Mo	11/1/4	g	Bi – Mo – S	PR	g
Al – Cr – Mo	PR	g	C – Ce – Mo	PR	g
Al – Cu – Mo	5/1/2,7/2/1	g	C – Co – Mo	1/2/4,1/6/6	g
Al – Fe – Mo	12/7/1,8/1/3	g	C – Cr – Mo	L	g
Al – Ge – Mo	1/1/1,17/3/10,31/2/7	g	C – Fe – Mo	1/2/1,1/3/3,5/11/6,1/6/6,6/21/2	g
Al – Mo – N	PR	g	C – Hf – Mo	L	g
Al – Mo – Ni	PR	g	C – Ir – Mo	PR	g
Al – Mo – Si	1/1/1,2/3/4,13/10/7	g	C – Mn – Mo	1/3/3	g
Al – Mo – Ti	PR	g	C – Mo – N	PR	g
Al – Mo – Zn	PR	g	C – Mo – Nb	L	g
Al – Mo – U	L	g	C – Mo – Ni	PR	g
Al – Mo – Zr	6/1/1	g	C – Mo – Os	PR	e,g
Al – Mo – Nb	2/1/1	g	C – Mo – Pt	PR	e,g
As – In – Mo	PR	g	C – Mo – Pu	PR	g
B – C – Mo	1/1/2	g	C – Mo – Re	PR	g
B – Ce – Mo	3/1/1	g	C – Mo – Rh	1/2/2	e,g
B – Co – Mo	L,1/1/1,2/1/2,6/21/2,6/1/3,10/1/9	g	C – Mo – Ru	2/3/3	e,g
B – Cr – Mo	1/1/1,4/3/3,4/7/1	g	C – Mo – Si	L,3/24/15	g
B – Dy – Mo	3/1/1,4/1/1,7/3/1,6/1/3,8/1/4	g	C – Mo – Ta	L	g
B – Er – Mo	4/1/1,6/2/1,8/3/2	g	C – Mo – Ti	L	g
B – Fe – Mo	2/1/2,4/1/2,10/1/7,5/13/2	g	C – Mo – U	L,2/1/1,5/3/3	g
B – Gd – Mo	4/1/1,7/3/1	g	C – Mo – V	PR	g
B – Ge – Mo	10/3/17	g	C – Mo – W	L	g
B – Hf – Mo	L,1/9/4	g	C – Mo – Zr	PR	g
B – Ho – Mo	3/1/1,4/1/1,7/3/1,8/1/4,13/1/6	g	Ce – Fe – Mo	1/8/1	g
B – Mn – Mo	5/1/4,7/2/1	g	Ce – Mo – S	PR	g
B – Mo – Nb	PR	g	Co – Cr – Mo	L,5/2/3	g
B – Mo – Nd	PR	g	Co – Fe – Mo	L	g
B – Mo – Ni	L,2/2/1,11/3/10,17/1/20,29/4/23	g	Co – Mn – Mo	1/2/1,3/3/4	g
B – Mo – P	2/5/1	g	Co – Mo – Nb	PR	g
B – Mo – Pr	PR	g	Co – Mo – Ni	L	g
B – Mo – Re	PR	g	Co – Mo – P	1/1/2,3/2/1,3/5/2	g
B – Mo – Si	2/5/1	g	Co – Mo – Si	1/1/1,1/3/1,3/5/2	g
B – Mo – Sm	PR	g	Co – Mo – Ta	PR	g
B – Mo – Ta	PR	g	Co – Mo – W	PR	g
B – Mo – Tb	4/1/1,7/1/3,8/4/1	g	Co – Mo – Zr	1/1/4,1/3/2	g
B – Mo – Ti	2/1/1	g	Cr – Cu – Mo	L	g
B – Mo – U	4/1/1,6/1/2,4/4/1,5/2/1	g	Cr – Fe – Mo	L,6/18/5,3/14/3,8/9/3	g
B – Mo – V	PR	g	Cr – Mo – N	PR	g

续表 8-2-13

体系	相图特征	参考文献	体系	相图特征	参考文献
Cr－Mo－Nb	L	g	Mo－N－U	PR	g
Cr－Mo－Ni	L,9/21/20,3/10/7,4/3/3,1/2/2,2/1/1,9/5/6,5/7/8	g	Mo－N－V	PR	g
			Mo－N－W	PR	g
Cr－Mo－Si	9/2/9	g	Mo－N－Zr	PR	g
Cr－Mo－Ti	PR	g	Mo－Nb－Ni	PR	g
Cr－Mo－Ti	L	g	Mo－Nb－Re	PR	g
Cr－Mo－U	L	g	Mo－Nb－Si	PR	g
Cr－Mo－V	L	g	Mo－Nb－Ta	L	g
Cr－Mo－W	L	g	Mo－Nb－Ti	L	g
Cr－Mo－Zr	L	g	Mo－Nb－U	L	g
Cu－Fe－Mo	L	g	Mo－Nb－V	L	g
Cu－Mo－Nb	PR	g	Mo－Nb－W	L	g
Cu－Mo－Ni	L	g	Mo－Nb－Zr	PR	g
Cu－Mo－P	PR	g	Mo－Ni－P	1/1/2,2/6/3,2/1/1,3/5/2,4/11/5	g
Cu－Mo－S	1/2/3,1/6/8	g	Mo－Ni－Pd	8/7/5	e,g
Cu－Mo－Si	PR	g	Mo－Ni－Re	L	g
Er－Mo－S	1/6/8	g	Mo－Ni－Si	L,3/3/4,8/9/3	g
Eu－Mo－S	1/6/8	g	Mo－Ni－Sn	2/3/1,3/1/1,5/4/1,3/4/3,11/7/2	g
Fe－Mo－Nb	PR	g	Mo－Ni－Ta	PR	g
Fe－Mo－Nd	10/2/1,15/3/3	g	Mo－Ni－Ti	PR	g
Fe－Mo－Ni	L,1/5/4	g	Mo－Ni－V	1/6/1,3/5/2L	g
Fe－Mo－P	L,3/1/2	g	Mo－Ni－W	L	g
Fe－Mo－S	1/2/4,1/3/4,4/1/15	g	Mo－Ni－Zr	PR	g
Fe－Mo－Si	L,2/1/2,1/3/1,3/5/2,5/1/4,1/1/1,11/2/7	g	Mo－Os－Ta	1/13/6,3/3/14,4/1/9	g
			Mo－Os－W	PR	d,g
Fe－Mo－Ta	PR	g	Mo－P－S	PR	g
Fe－Mo－V	PR	g	Mo－P－Si	PR	g
Fe－Mo－W	PR	g	Mo－Pb－S	PR	g
Fe－Mo－Y	10/2/1	g	Mo－Pb－Se	6/1/8	g
Ga－Mo－S	1/6/8	g	Mo－Pd－Rh	6/1/8	e,g
Ge－Mo－Se	4/3/2	g	Mo－Pd－Ru	PR	e,g
Hf－Mo－N	PR	g	Mo－Pd－Si	PR	g
Hf－Mo－P	9/4/1	g	Mo－Pd－Tc	PR	e,g
Hf－Mo－Ru	1/14/10	e. g	Mo－Pt－Re	PR	d,g
Hf－Mo－S	9/4/1	g	Ml－Pu－U	7/2/1,7/1/2	g
Hf－Mo－Si	1/1/1,2/3/1	g	Mo－Re－Ru	L,1/1/3	e,g
Hf－Mo－W	PR	g	Mo－Re－Ta	PR	g
Ho－Mo－S	1/1/1	g	Mo－Re－V	PR	g
Mo－N－Nb	1/1/1	g	Mo－Re－W	PR	g
Mo－N－Si	PR	g	Mo－Re－Zr	PR	g
Mo－N－Ta	1/1/1,2/9/9	g	Mo－Rh－Ru	PR	e,g
Mo－N－Ti	PR	g	Mo－Rh－Tc	PR	e,g

续表 8-2-13

体系	相图特征	参考文献	体系	相图特征	参考文献
Mo-Ru-Ta	2/2/1	e,g	Mo-Si-Y	5/9/6	g
Mo-Ru-U	PR	d,g	Mo-Si-Zr	1/1/1,1/7/12,5/9/6,6/9/5	g
Mo-Ru-V	PR	e,g	Mo-Sn-Zr	L	g
Mo-Ru-W	PR	e,g	Mo-Ta-Ti	L	g
Mo-S-Sb	PR	g	Mo-Ta-V	PR	g
Mo-S-Sn	5/6/1	g	Mo-Th-Zr	PR	g
Mo-S-Ti	7/18/5	g	Mo-Ti-V	L	g
Mo-S-V	PR	g	Mo-Ti-W	PR	g
Mo-S-W	PR	g	Mo-Ti-Zr	L	g
Mo-S-Yb	6/8/1	g	Mo-U-V	L	g
Mo-Sc-Si	3/2/4	g	Mo-U-Zr	1/6/3,1/5/4	g
Mo-Si-Ti	L,4/9/7,1/6/2	g	Mo-V-Zr	L	g
Mo-Si-V	PR	g	Mo-W-Zr	PR	g
Mo-Si-W	PR	g			

2.5.2　钼的合金化

钼的合金化原理与钨的相似,用来提高钨耐热性能的所有强化方式对钼来说基本上都适应,主要有以下几种:固溶强化、沉淀强化、弥散强化和复合强化,见表 8-2-14。

表 8-2-14　钼合金强化方式

强化方式	合金元素	典型合金	再结晶温度/℃
		纯钼	1000~1100
固溶强化	Ti	Mo-0.5Ti	1100~1300
	W	Mo-30W	1200
	Re	Mo-41Re	1200~1300
沉淀强化	Ti、Zr、Hf、C	TZM(Mo-0.5Ti-0.1Zr-0.02C)、TZC(Mo-1Ti-0.3Zr-0.1C)、MHC(Mo-1.2Hf-0.05C)、ZHM(Mo-0.5Zr-1.5Hf-0.2C)	1300~1550
弥散强化	La_2O_3、Y_2O_3	MLa[Mo-(1~2)% La_2O_3]、MY[Mo-(0.5~1.5)% Y_2O_3]	1400~1600
	K、Si、Al	MH(Mo-0.0015K-0.002Si)、KW(Mo-0.002K-0.003Si-0.001Al)	1800
复合强化	W、Hf、C	M25WH(Mo-25W-1.0Hf-0.07C)	1650

2.5.2.1　钼的固溶强化

A　微量元素固溶强化

主要是加入微量的钛、锆、铪、铁、硼、镧等合金元素(总量 0.1% ~1.2% 质量分数)进行固溶强化,提高钼的性能,见图 8-2-3 和图 8-2-4。在加入微量固溶元素的同时合金中往往还加入一定量的碳,使合金元素和碳形成碳化物弥散质点以加强强化效果。

在评价合金元素对热强度性能影响时，应侧重于提高高温硬度的元素，Hf 和 Zr 是首先考虑的。Hf、Zr、Ti 是大幅度提高再结晶温度的元素。

B　高含量元素固溶强化

提高钼合金原子间结合力并形成连续固溶体的元素有钨、钽和铼等。钽、铼是稀缺金属，所以添加高含量元素的固溶强化的主要合金是 Mo－W 系合金。合金的强度随钨含量提高而提高，但其热变形性能随钨含量增加而变坏，因此钨含量不宜超过 30%（见图 8-2-5、图 8-2-6）。钼中加入铼由于“铼塑化效应”导致合金有很低的塑脆性转变温度。常用的合金有 Mo－5% Re、Mo－41% Re 和 Mo－50% Re。

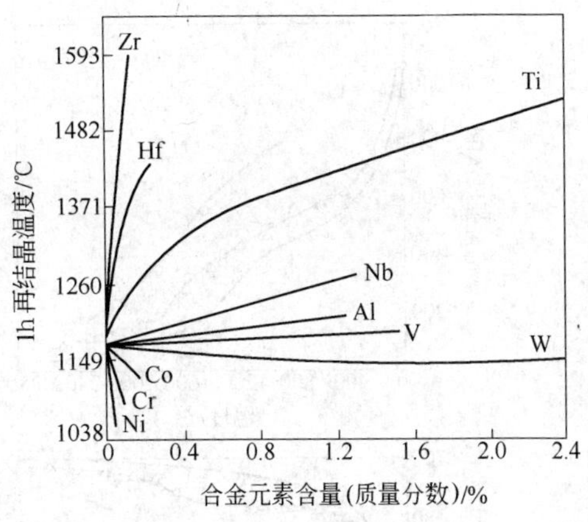

图 8-2-3　合金元素对变形钼再结晶温度的影响

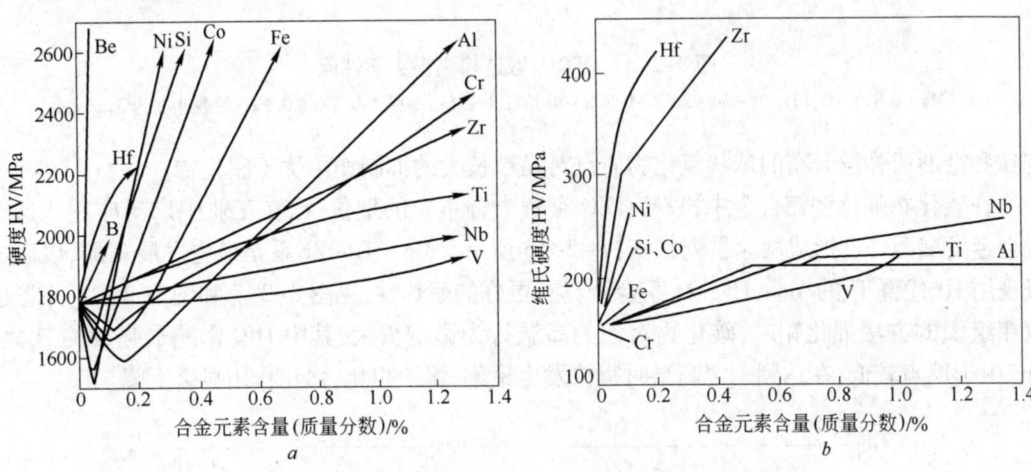

图 8-2-4　合金元素对铸造钼在 20℃（*a*）及 1650℃（*b*）时硬度的影响

2.5.2.2　钼的沉淀强化

钼中加入钛、锆、铪等活性元素和碳反应生成的碳化物在合金高温淬火过程中形成过饱和固溶化，该固溶体在随后的退火时效时析出细而弥散的碳化钛、碳化锆和碳化铪质点。以 TZM 合金为例，该合金中钛含量为 0.40% ~0.55%（质量分数，下同），锆含量为 0.06% ~0.12%，碳含量为 0.01% ~0.04%，钛和锆既溶于钼中，起固溶强化作用，又和间隙元素碳相互反应形成复式钛锆碳化物。在钼合金高温淬火过程中，形成的过饱和固溶体在随后的退火时效时，这一复式碳化物以弥散质点形成析出，起到沉淀强化作用。在粉冶法制作的合金中存在的氧（0.03%）

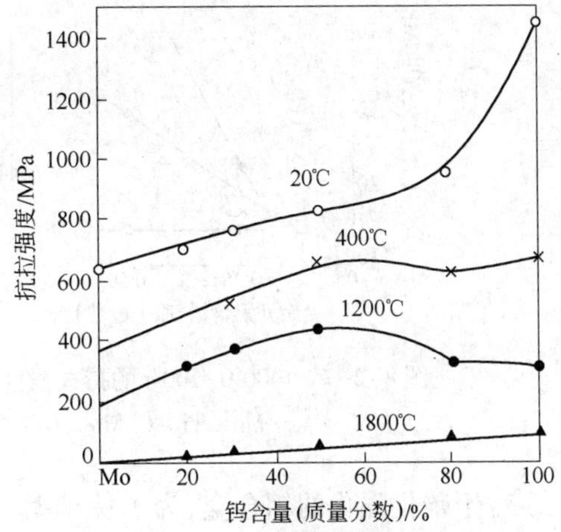

图 8-2-5　Mo－W 合金（添加 0.1% Zr 和 0.1% Ti）的抗拉强度

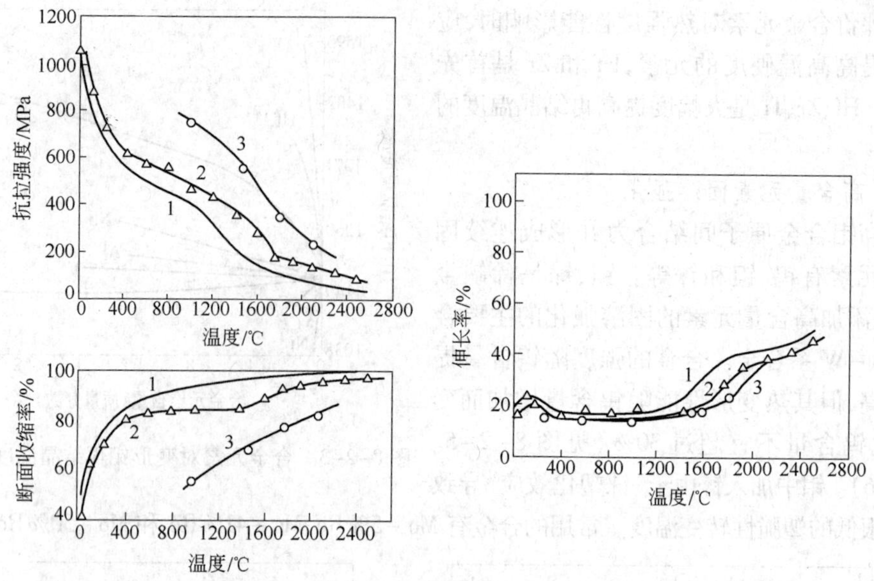

图 8-2-6　钼合金锻造棒高温力学性能

1—Mo - 0.1Zr - 0.1Ti；2—Mo - 20W - 0.1Zr - 0.1Ti；3—Mo - 50W - 0.1Zr - 0.1Ti；加载速度为 3 m/min

与钛和锆形成弥散分布的球状氧化物质点对晶粒长大的抑制作用优于碳化物。

在碳化物强化型钼合金中，TZM、TZC 有着十分重要的地位，已在工业中广泛应用。这类钼合金发展至今已形成两大系列，如表 8-2-15 所示。Mo - Ti - Zr 系是最先发展来的，以后又发现用 Hf 代替 Ti 的 Mo - Hf - Zr 系合金具有更好的耐热性，见图 8-2-7 和图 8-2-8。用形成双相组织的方法强化钼时，碳化物对钼的高温行为影响很大，其中 HfC 影响最强，ZrC 次之。TiC 由于熔点较低，在达到一定高温时很快发生聚集，组织粗化，强化作用显著下降。

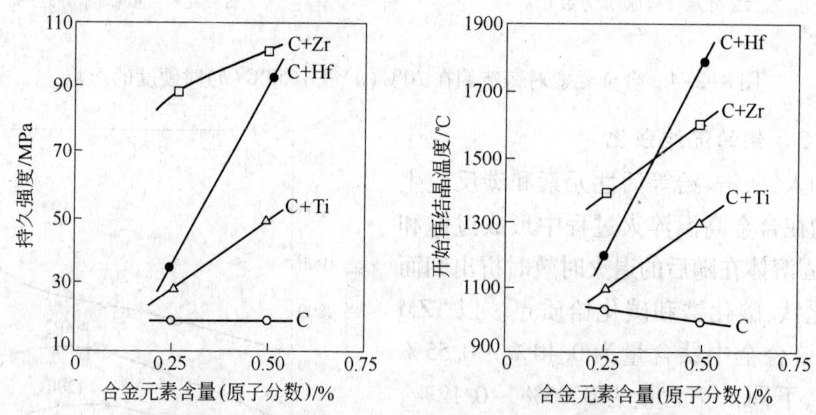

图 8-2-7　1400℃/100 h 的持久强度（再结晶态）与再结晶温度以及 Mo - Zr - C、Mo - Ti - C、Mo - Hf - C 合金中合金元素含量的关系

对于碳化强化的钼合金，为了保证其塑性和热强性能的稳定性，应当避免生成 Mo_2C。最常用的 Mo - Zr - Ti - C 系合金（比如 TZM、TZC）的性能取决于图 8-2-9 所示的组织变化，根据此图，为了在任何条件下不生成 Mo_2C，Zr + Ti/C 之比应为 2∶1 ~ 6∶1。成分符合这

个条件的合金有很高的热强性能。例如，Mo－1.6Ti－0.6Zr－0.13C 合金（Ti＋Zr/C＝3.7），在1650℃时的 $\sigma_b=220$ MPa、$\delta=29\%$，再结晶温度是1650～1790℃。

表 8-2-15　碳化物强化型钼合金

合金系列	代表性合金	合金系列	代表性合金
Mo－Ti－Zr系	Mo－0.5Ti	Mo－Hf－Zr系	ZHM4　Mo－1.2Hf－0.4Zr－0.15C
	TZC		ZHM6　Mo－1.5Hf－0.5Zr－0.19C
	TZM		ZHM7　Mo－1.8Hf－0.6Zr－0.23C
	MHC　Mo－1Hf－0.5C		ZHM8　Mo－2.1Hf－0.7Zr－0.27C
	MHM		

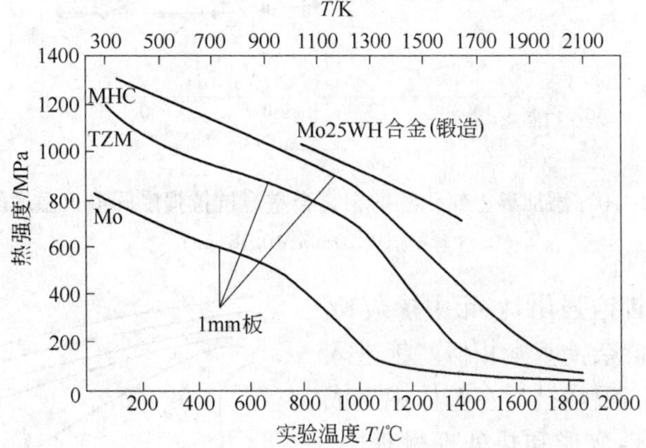

图 8-2-8　几种钼合金耐热性能的比较

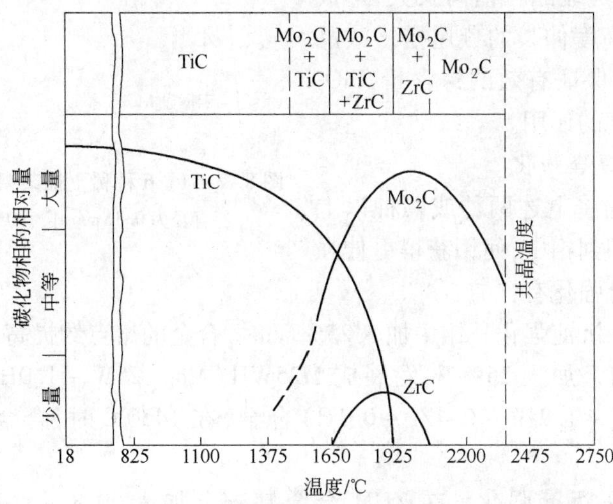

图 8-2-9　Mo－Ti－Zr－C 系合金中碳化物保持稳定时的大致温度区域

2.5.2.3　弥散强化

（1）氧化物强化。Al_2O_3、MgO、ZrO_2等是常用的强化钼的强化剂。2000 年以来，用稀土元素加入钼中形成氧化物弥散相达到更好地强化钼合金的目的。所用的稀土元素有

Y、La、Ce、Nd、Sm 和 Gd 等，其中 Y、Ce、La 最常用，它们在钼中形成氧化物的量一般控制在 6%（体积分数）以下，通常质量分数在 1% 左右，其强化效果实例如图 8-2-10 和图 8-2-11 所示。

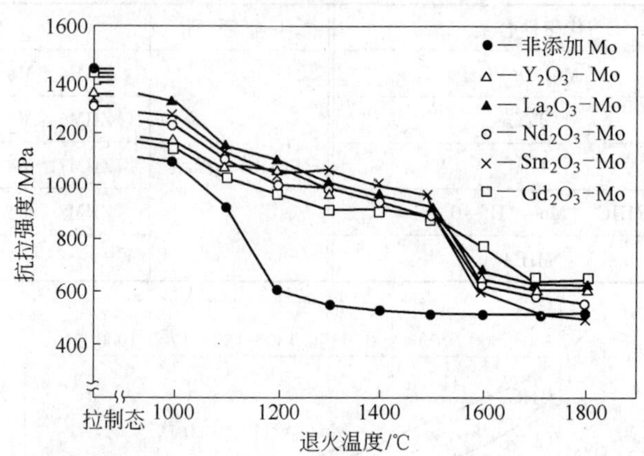

图 8-2-10 添加稀土氧化物的钼合金室温抗拉强度同退火温度的关系

（丝材退火 20 min，ϕ0.36 mm）

（2）掺杂强化（钾泡强化）。钼中掺杂 K、Si、Al 的强化机理与掺杂钨基本相似。钾进入钼基体的微观组织，高温烧结后在基体中形成细小的钾泡，在大塑性变形和热处理过程中，钾泡交替地被拉长和分裂成细而弥散且平行变形方向的泡列，它延缓晶粒横向长大，形成平行于变形方向且高度伸长的燕尾搭接式晶粒。Al_2O_3 的作用是保证有效的钾含量，SiO_2 主要起调节晶粒粒度的作用。

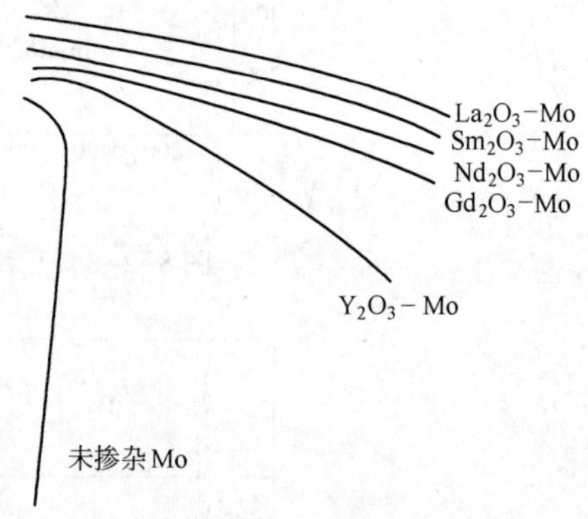

图 8-2-11 6 种稀土掺杂钼丝下垂试验的结果

（丝直径为 0.36 mm，长 130 mm，1800℃，10 h）

2.5.2.4 钼的复合强化

钼的复合强化是将上述两种或两种以上的强化机制同时运用到钼中，使钼获得更佳强化效果。常见的复合强化有：

（1）固溶强化 + 沉淀强化。钼中加入 25% W 时，合金的熔点约提高 200℃。在 MHC 合金和 ZHM 合金基础上加入 25% W 发展成 M25WH（Mo－25W－1.0Hf－0.07C）合金和 M25WZH（Mo－25W－1.2Hf－0.4Zr－0.1C）合金，在 1450℃ 时，合金的抗拉强度达到 750 MPa。

（2）弥散强化 + 沉淀强化。在 ZHM 合金基础上加入（0.8～1.0）% Y_2O_3，合金在 1450℃ 时的抗拉强度比 ZHM 高出 40%，实现了中温和高温应用性能的最佳组合。

2.5.3 钼的脆性

同钨一样，钼也存在着延－塑性转变问题。钼的延－脆性转变温度（*DBTT*）主要受以下因素影响：

(1) 间隙杂质元素和合金元素对钼的 *DBTT* 的影响。间隙杂质元素 C、O、N 和一些合金元素对钼的 *DBTT* 影响分别如图 8-2-12 和图 8-2-13 所示。C、O、N 对钼合金有明显的有害作用,因为它们在较高温度下沿晶界形成氧化物、碳化物或氮化物质点,使晶界脆性化。稀土元素,如 La\Ce 系可以降低钼的 *DBTT*。

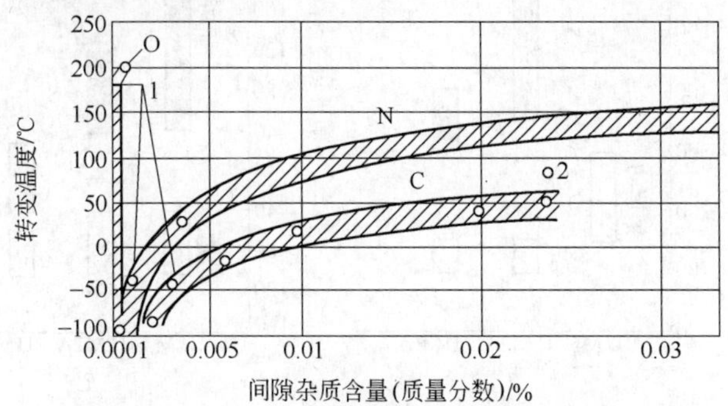

图 8-2-12　C、O、N 含量对钼弯曲试验 *DBTT* 的影响

1—显微结构中第一次出现剩余相;2—工业铸钼

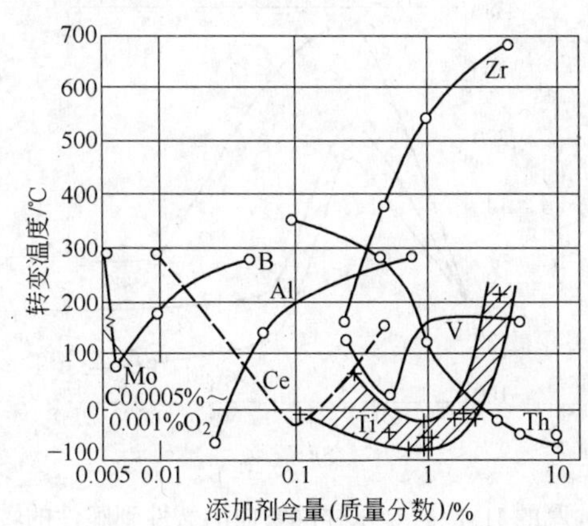

图 8-2-13　各种添加合金元素对铸造钼的 *DBTT* 的影响(静弯曲实验)

(2) 铼对钼的 *DBTT* 的影响。铼含量对钼的 *DBTT* 影响如表 8-2-16 所示。

表 8-2-16　铼含量对钼的 *DBTT* 的影响

钼 合 金	*DBTT*/℃	钼 合 金	*DBTT*/℃
100Mo	50	Mo-25Re	-160
Mo-10Re	-35	Mo-30Re	-175
Mo-20Re	-90	Mo-35Fe	-254

(3) 再结晶温度对钼的 *DBTT* 的影响。再结晶退火强烈地影响着所有钼合金的 *DBTT*,见图 8-2-14。图中 ЦМ5 为 Mo-0.5Zr-0.055C,ЦМ2А 为 Mo-0.1Zr-0.1Ti-≤0.004C,ЦМ6 为 Mo-0.012Zr-0.002B-≤0.004C。图 8-2-15 为 1 mm 厚的 ЦМ6 合金试样静弯曲的塑性到脆性的转变温度上限与变形量的关系。

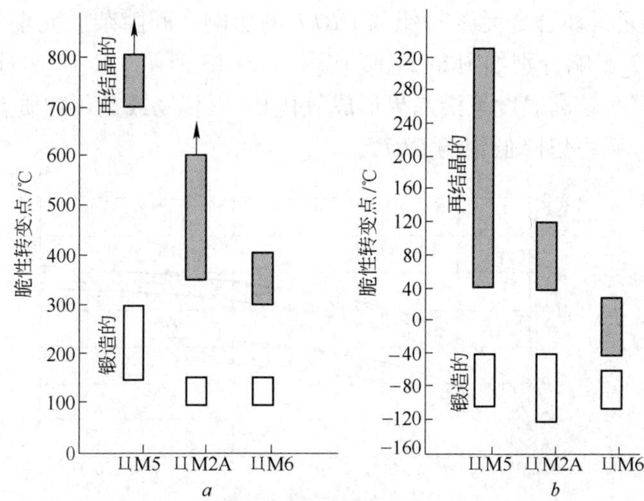

图 8-2-14　几个变形钼合金在 2100℃再结晶退火的钼合金由延性到脆性的转变温度范围

a—冲击韧性试验；*b*—静弯曲试验

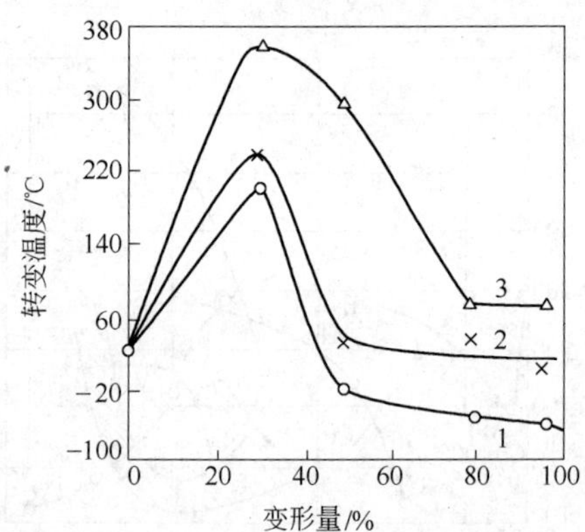

图 8-2-15　1 mm 厚的 ЦМ6 合金试样静弯曲的塑性到脆性的转变温度上限与变形量的关系（金属的原始状态是 1500℃再结晶的板坯）

1—纵向试样；2—45°方向切取的试样；3— 横向试样

2.6　钼及钼合金材料

2.6.1　钼及其合金的牌号和成分

我国工业上已经应用的钼及钼合金牌号和成分列于表 8-2-17（中华人民共和国有色金属行业标准 YS/T 660—2007）。钼合金按其强化机制类型可分为固溶强化型钼合金、沉淀强化型钼合金、弥散强化型钼合金和复合强化型钼合金，详见表 8-2-14。

表 8-2-17　钼及其合金的牌号和化学成分（YS/T 660—2007）

牌号	名义成分	主要成分（质量分数）/%						杂质元素（质量分数，不大于）/%								
		Mo	W	Ti	Zr	C	La	Al	Ca	Fe	Mg	Ni	Si	C	N	O
Mo1		余量						0.002	0.002	0.010	0.002	0.005	0.010	0.010	0.003	0.008
RMo1[①]		余量						0.002	0.002	0.010	0.002	0.005	0.010	0.020	0.002	0.005
Mo2		余量						0.005	0.004	0.015	0.005	0.005	0.010	0.020	0.003	0.010

续表 8-2-17

牌号	名义成分	主要成分(质量分数)/%						杂质元素(质量分数,不大于)/%								
		Mo	W	Ti	Zr	C	La	Al	Ca	Fe	Mg	Ni	Si	C	N	O
MoW20	Mo-20W	余量	20±1					0.002	0.002	0.010	0.002	0.005	0.010	0.010	0.003	0.008
MoW30	Mo-30W	余量	30±1					0.002	0.002	0.010	0.002	0.005	0.010	0.010	0.003	0.008
MoW50	Mo-50W	余量	50±1					0.002	0.002	0.010	0.002	0.005	0.010	0.010	0.003	0.008
MoTi0.5	Mo-0.5Ti	余量		0.40~0.55		0.01~0.04		0.002		0.005	0.002	0.005	0.010		0.001	0.003
MoTi0.5Zr0.1(TZM)[②]	Mo-0.5Ti-0.1Zr	余量		0.40~0.55	0.06~0.12	0.01~0.04				0.010		0.005	0.010		0.003	0.080
MoTi2.5Zr0.3C0.3(TZC)	Mo-2.5Ti-0.3Zr-0.3C	余量		1.00~3.50	0.10~0.50	0.10~0.50				0.025		0.02	0.02			0.30
MoLa	Mo-(1.0~2.0)La	余量					0.10~2.00	0.005	0.004	0.015	0.005	0.005	0.010	0.010	0.003	

① RMo1 为熔炼的钼牌号；

② 对熔炼 MoTi0.5Zr0.1(TZM)钼合金,其氧含量不大于0.005%,且允许加入0.02%硼(B)。

2.6.2　掺杂钼

掺杂钼是在钼中添加微量氧化钾、氧化硅和氧化铝所形成的钼材,属于弥散强化型合金。掺杂钼合金中掺杂剂的含量(质量分数/%)为0.3K_2O、0.02SiO_2、0.02Al_2O_3。掺杂钼还被称为高温钼(HT Moly)。常见的掺杂钼合金有 MH(Mo-0.0015K-0.002Si)和 KW(Mo-0.002K-0.003Si-0.001Al)。

掺杂钼合金有良好的高温强度和低温塑性,有极好的抗蠕变性能和极高的再结晶温度。掺杂钼合金的室温和高温性能列于表8-2-18~表8-2-20。掺杂钼的二次再结晶温度可达1700~1800℃。在1400℃以上,掺杂钼的强度高于 TZM 合金。

表 8-2-18　掺杂钼的室温性能

产品形式	产品状态	抗拉强度/MPa	屈服强度/MPa	伸长率/%	弯曲性能/次(反复弯曲90°)
板	退火	650	550	10	>8
丝	退火	950		8	>20

表 8-2-19　退火温度对0.5mm掺杂钼板和纯钼板性能的影响

退火温度/℃	抗拉强度/MPa		伸长率/%		延-脆性转变温度/℃		断裂角/(°)	
	掺杂钼	纯钼	掺杂钼	纯钼	掺杂钼	纯钼	掺杂钼	纯钼
冷轧态	1155	990	9.25	9.5	<-78	<-78	弯到90°未断裂	弯到90°未断裂
1100	690		21.85					
1300	585	600	31.55	0	<-78	>+9	弯到90°未断裂	弯到50°出现裂纹
1800	495		48.05		-40~-38		-38℃时弯到90°未断裂；-40℃时弯到85°未断裂	

表 8-2-20 掺杂钼板和纯钼板的高温力学性能

试验温度/℃	抗拉强度/MPa		伸长度/%	
	掺杂钼	纯 钼	掺杂钼	纯 钼
1200	212.5	108	14.7	13.0
1300	153.5	82.3	11.27	17.3
1400	112.5		11.6	

2.6.3 钼钛合金

钼钛合金是以钼为基加入少量钛元素组成的合金,通用合金的名义成分为 Mo-0.5Ti,又称 MT 合金,属于固溶强化型合金。合金含钛 0.4% ~0.55%(质量分数)、碳 0.01% ~0.04%(质量分数)。钛固溶于钼中,起固溶强化作用,钛与合金中的碳形成弥散碳化物质点,可起到沉淀强化作用,钛还改善钼的低温延性,提高钼的再结晶温度。Mo-0.5Ti 的二次再结晶温度为 1100 ~1300℃。

钼钛合金的物理和化学性能与纯钼相似,合金的力学性能见表 8-2-21。

表 8-2-21 Mo-0.5Ti 合金的力学性能

20℃			1315℃			1650℃		
抗拉强度/MPa	屈服强度/MPa	伸长率/%	抗拉强度/MPa	屈服强度/MPa	伸长率/%	抗拉强度/MPa	屈服强度/MPa	伸长率/%
895	825	10	415	345		76	48	

2.6.4 钼钛锆系合金

钼钛锆系合金是以钼为基加入少量钛、锆和微量碳元素组成的合金。

钼钛锆合金根据其合金元素钛、锆、碳含量的不同可分为 TZM 合金和 TZC 合金,属于沉淀强化型合金。TZM 合金,含钛 0.40% ~0.55%、锆 0.06% ~0.12% 和碳 0.01% ~0.04%(质量分数)。

合金具有优异的综合性能,是应用最广泛的钼合金。TZC 合金含钛 1.25%、锆 0.3%、碳0.15%(质量分数)。该合金的沉淀强化作用更大,比 TZC 合金具有更高的高温强度和再结晶温度,但其塑性变形较困难,应用受到限制。

钼钛锆系合金的物理和化学性能与纯钼相似,但力学性能大为提高。TZM 合金具有优异的综合性能,见表 8-2-22。TZM 合金的再结晶温度比 Mo-0.5Ti 合金的约高 160℃。厚为 1.0 mm 的 TZM 板材(消除应力)弯曲延-脆性转变温度为 -73℃,ϕ16 mmTZM 棒材(消除应力)拉伸延脆性转变温度为 -25 ~ -19℃。焊接时 TZM 合金中弥散的钛锆复式碳化物质点对焊接熔融区和热影响区的晶粒长大起抑制作用,故其焊接性能优于纯钼。TZC 合金的室温和高温力学性能见表 8-2-23。厚为 1.3 mm 的 TZC 板材(消除应力)弯曲延脆性转变温度为 -1.1℃。

表 8-2-22　TZM 合金的力学性能

合金状态	室温			1095℃			1315℃			1650℃		
	抗拉强度/MPa	屈服强度/MPa	伸长率/%	抗拉强度/MPa	屈服强度/MPa	伸长率/%	抗拉强度/MPa	屈服强度/MPa	伸长率/%	抗拉强度/MPa	屈服强度/MPa	伸长率/%
消除应力	965	860	10	490	435					83	62	
再结晶	550	380	20	505			369					

表 8-2-23　TZC 合金的力学性能

合金状态	室温			1095℃	1315℃
	抗拉强度/MPa	屈服强度/MPa	伸长率/%	抗拉强度/MPa	抗拉强度/MPa
消除应力	995	725	22	640	415

2.6.5　钼铼合金

钼铼合金是以钼为基加入铼元素组成的合金。铼在钼中的固溶度比在钨中的高，钼铼合金中铼的含量一般不超过 50%（质量分数）。与钨一样，钼中加入铼也会出现“铼效应”，属固溶强化型合金。

已研究开发的合金有两类：固溶强化钼铼合金，有 Mo－2Re、Mo－5Re、Mo－7Re、Mo－10Re、Mo－13Re、Mo－15Re、Mo－20Re、Mo－22Re、Mo－25Re、Mo－30Re、Mo－35Re、Mo－41Re、Mo－43Re、Mo－47Re 和 Mo－50Re；固溶强化＋弥散强化钼铼合金如 Mo－5Re－0.5HfC 合金。目前应用较多的合金有 Mo－5Re、Mo－10Re、Mo－20Re、Mo－41Re、Mo－47Re、Mo－50Re、Mo－5Re－0.5HfC。

与钨铼合金的制取相似，有粉末冶金法和熔炼法，实际生产几乎都采用粉末冶金法。钼中加铼不仅提高合金的室温和高温强度，同时还提高合金的塑性，加工性能和焊接性能明显改善，延－脆性转变温度也大大降低，减少了再结晶退火后材料的脆化程度。表 8-2-24 列出钼铼合金的室温力学性能，表 8-2-25 表示合金的延－脆性转变温度，合金在不同温度下的电阻率见表 8-2-26。

表 8-2-24　TZC 合金的力学性能

合金	状态	抗拉强度/MPa	屈服强度/MPa	伸长率/%	面收缩率/%	再结晶温度/℃
纯钼	退火	705	600	35	55	1100～1200
	再结晶	440	280	3	1	
Mo－5Re	退火	740	630	23		1200～1300
	再结晶	510	200	25	20	
Mo－41Re	退火	1230	1150	17	40	1300～1350
	再结晶	920	740	30	45	

表 8-2-25　钼铼合金的延 - 脆性转变温度

铼含量(原子分数)/%	0	10	20	25	30	35
延 - 脆性转变温度/℃	+50	-35	-90	-140	-175	-254

表 8-2-26　900 ~ 1500℃范围内钼铼合金的电阻率

温度/℃	下列铼含量(质量分数/%)时的电阻率/μΩ · cm				
	10	20	30	40	50
20	8.7	12.2	15.2	17.5	21.1
900	41.9	45.0	48.5	55.0	58.8
1000	46.0	48.7	52.5	59.5	63.0
1100	49.5	52.5	56.2	63.6	67.2
1200	53.3	56.2	60.1	68.0	71.5
1300	57.0	60.0	64.0	72.5	80.0
1400	60.7	63.7	67.9	76.7	84.0
1500	64.2	67.5	71.5	81.0	

2.6.6　钼钨合金

钼钨合金是以钼为基加入钨元素组成的合金。所组成的合金为连续固溶体,属固溶强化型合金。该合金室温力学性能如表 8-2-27 所示。

表 8-2-27　Mo - W 合金室温力学性能

合　金	抗拉强度/MPa	屈服强度/MPa	伸长率/%
Mo - 10W	700	590	22.5
Mo - 20W	780	645	21
Mo - 30W	850	700	17.5
Mo - 40W	880	715	16.5

2.6.7　钼 - 稀土氧化物合金

钼 - 稀土氧化物合金又称稀土钼,是以稀土元素氧化物质点(亚微米级)弥散分布在钼基体中的合金,属弥散强化型合金。常用稀土元素氧化物有 Y_2O_3、La_2O_3、CeO_2 以及 Nd_2O_3、Sm_2O_3、Gd_2O_3、Sc_2O_3 等。

钼 - 稀土氧化物合金分类如下:

钼 - 稀土氧化物合金
- 弥散强化型合金
  - 单元系:Mo - La_2O_3、Mo - Y_2O_3 等
  - 多元素:Mo - La_2O_3 - Y_2O_3、Mo - La_2O_3 - Y_2O_3 - Sc_2O_3 等
- 沉淀强化 + 弥散强化型合金
  - TZM - La_2O_3、TZM - CeO_2、TZM - Y_2O_3
  - TZC - CeO_2、TZC - La_2O_3、TZC - Y_2O_3、TZC - CeO_2 - Y_2O_3
  - ZHM - Y_2O_3、ZHM - CeO_2、ZHM - La_2O

往钼中加入稀土元素氧化物，不仅显著提高钼的强度，改善钼的高温抗蠕变性能（见表 8-2-28），而且明显提高钼的再结晶温度（为 1400 ~ 1600℃），降低钼的再结晶脆性，降低延脆性转变温度，其综合性能优于掺杂钼和 TZM 合金。Mo - REO 合金还是一种新型热电子发射阴极材料，其发射能力达到或超过现行的 W - TiO_2合金，克服了 W - ThO_2合金的放射性污染和脆断问题，可使电真空器件的工作温度降低 150 ~ 200℃。

表 8-2-28　Mo - REO 合金的高温抗蠕变性能

材　料	状　态	试验温度/℃	蠕变载荷/MPa	蠕变速率/h^{-1}
Mo	ϕ0.5 mm 丝材，2300℃、1 h 退火	1750	14	4×10^{-2}
Mo - K - Si 掺杂		1750	14	8×10^{-5}
Mo - 1% La_2O_3		1800	30	2×10^{-5}
Mo - K - Si 掺杂	2 mm 板材，2300℃、1 h 退火	1800	10	5×10^{-5}
Mo - 2% La_2O_3		1800	10	8.1×10^{-5}
Mo - 1% Y_2O_3		1800	10	$<5.2\times10^{-6}$
ZHM	锻造 + 退火	1100	450	10^{-4}
ZHM - 1% La_2O_3		1100	450	10^{-5}
ZHM - 1% Y_2O_3		1100	450	10^{-5}

2.6.8　钼铜复合材料

钼铜复合材料是由钼和铜两种元素组成的材料，钼和铜既不互相固溶，也不形成金属间化合物，而以钼骨架和铜两者机械混合物形式存在，也是一种"假合金"，属于复合材料之列。钼铜材料的铜含量为 10% ~ 50%（质量分数）。

钼铜材料兼有钼和铜两者的特性，且可以取长补短，获得良好的综合性能。钼铜材料的力学性能见表 8-2-29。钼铜材料的线膨胀系数和热导率见表 8-2-30。

表 8-2-29　钼铜材料的力学性能

成　分	抗拉强度/MPa				硬度 HV/MPa
	室温	800℃	1000℃	1200℃	
Mo - (12 ~ 15) Cu	400 ~ 540	245 ~ 255	130 ~ 150	100 ~ 120	
Mo - (18 ~ 22) Cu	400 ~ 500				1700 ~ 1800

表 8-2-30　钼铜材料的线膨胀系数和热导率

成　分	线膨胀系数/$℃^{-1}$			热导率/W·(m·K)$^{-1}$
	20 ~ 100℃	20 ~ 300℃	20 ~ 500℃	
Mo - 15Cu		7.5×10^{-6}		
Mo - 18Cu	7.49×10^{-6}	7.68×10^{-6}	7.76×10^{-6}	162
Mo - 20Cu		8.0×10^{-6}		
Mo - 22Cu	8.0×10^{-6}	8.2×10^{-6}		167
Mo - 30Cu		10.0×10^{-6}		

2.7　钼的成分分析

2.7.1　钼粉、钼条、三氧化钼、钼酸铵的分析

钼粉、钼条、三氧化钼、钼酸铵的分析方法如表8-2-31所示。

表8-2-31　钼粉、钼条、三氧化钼、钼酸铵的分析

标准号	钼化学分析方法标准名称	标准号	钼化学分析方法标准名称
GB/T 4325.1—1984	方波极谱法连续测定铅、镉量	GB/T 4325.2—1984	碘化钾－马钱子碱光度法测定铋量
GB/T 4325.3—1984	聚乙二醇辛基苯基醚－苯荧光酮光度法测定锡量	GB/T 4325.4—1984	孔雀绿光度法测定锑量
GB/T 4325.5—1984	钼蓝光度法测定砷量	GB/T 4325.6—1984	邻二氮杂菲光度法测定铁量
GB/T 4325.7—1984	钴试剂光度法测定钴量	GB/T 4325.8—1984	丁二酮肟光度法测定镍量
GB/T 4325.9—1984	丁二酮肟重量法测定镍量	GB/T 4325.10—1984	新酮试剂光度法测定铜量
GB/T 4325.11—1984	铬天青S光度法测定铝量	GB/T 4325.12—1984	氯化－钼蓝光度法测定硅量
GB/T 4325.13—1984	乙二醛双(2－羟基苯胺)光度法测定钙量	GB/T 4325.14—1984	原子吸收分光光度法测定钙量
GB/T 4325.15—1984	偶氮氯膦Ⅰ光度法测定镁量	GB/T 4325.16—1984	原子吸收分光光度法测定镁量
GB/T 4325.17—1984	原子吸收分光光度法测定钠量	GB/T 4325.18—1984	原子吸收分光光度法测定钾量
GB/T 4325.19—1984	二安替吡啉甲烷光度法测定钛量	GB/T 4325.20—1984	钽试剂光度法测定钒量
GB/T 4325.21—1984	二苯基碳酰二肼光度法测定铬量	GB/T 4325.22—1984	甲醛肟光度法测定锰量
GB/T 4325.23—1984	燃烧－电导法测定硫量	GB/T 4325.24—1984	钼蓝光度法测定磷量
GB/T 4325.25—1984	惰气熔融库仑滴定法测定氧量	GB/T 4325.26—1984	奈氏试剂光度法测定氮量
GB/T 4325.27—1984	燃烧－库仑滴定法测定碳量	GB/T 4325.28—1984	四苯砷氯盐酸盐－硫氰酸盐光度法测定钨量

2.7.2　钼合金的分析方法

钼合金主要分析方法列于表8-2-32。

表8-2-32　钼合金的分析

编号	试样名称	测定元素	分析方法	测定范围/%
1	钨钼合金	钼	盐酸羟胺还原钼、硝酸铋标准液回滴过量为EDTA	20～18
2	钼、钼合金	钛	1,10－邻菲啰啉光度测定	0.0050～0.075
3	钼、钼合金	硅	硅钼蓝萃取光度法	0.0010～0.0125
4	钼合金	镍	过硫酸盐－丁二酮肟光度法	0.00010～0.040
5	钼合金	钛、锆、镧、铈	X荧光谱测定，锆用铑靶散射线作内标，其他元素用外标法	检定下限：钛0.0096；锆0.003；镧0.036；铈0.037
6	钨钼产品	镁	活性碳吸附富集氢氧化镁，偶氮氯膦－Ⅰ比色测定	0～15 μg/mL
7	钨钼产品	钛	铁为载体，使微量钛与主体分离，二安替吡啉甲烷比色测定	0.00x左右

2.7.3 高纯钼的分析方法

高纯钼的分析见表8-2-33。

表8-2-33 高纯钼的分析

编号	试样名称	测定元素	分析方法	测定范围
1	高纯钼	镉、硅、钠、钴、铝、锰、锑、铁、镁、锡、铬、镍、钛、铅、铋、钒、铜 17个元素	直接发射光谱法测定（与钼酸铵、钼粉、钼条分析相同）	测定下限总量为 21.11×10^{-6}，测定下限为 $(0.4\sim4.0)\times10^{-6}$
2	高纯钼	钠、镁、铝、铁、钴、镍、锰、铜、钛、钒、铬、硅、铅、铋、锡、锑、镉 17个元素	用W－PG100型国产平面光栅摄谱仪，直接光谱法测定	测定下限为 $(0.1\sim3)\times10^{-6}$，测定下限总量 17.3×10^{-6}

2.8 钼及其制品的应用

在难熔金属中，钼及其合金的发展受到了广泛的关注，并已进入较为成熟的应用阶段。钼的应用领域主要是冶金、电子和电工材料、航空和宇航工业及化学工业等。

2.8.1 在冶金工业中的应用

钼在钢铁中的主要用途是作为添加元素加入到钢中，以生产各种类型的钢种及合金，如表8-2-34所示。

表8-2-34 钼在几种钢材中的应用

名 称	钼添加量（质量分数）/%	用 途
结构钢	0.1～1	钼能提高这类钢的淬透性，减轻碳化物在晶界上形成连续网状物的倾向，提高表面层的耐磨性
工具钢	1～10	增强锻模钢的淬透性，改善冷作模具和刀具钢的韧性
不锈钢和耐热钢	1～47	改善不锈钢在各种使用条件下的耐蚀性，阻止耐热钢珠光体中碳化物球化，提高其耐热性和抗氢腐蚀能力
铁合金和铸铁	0.25～1.25	使铸件结构均匀，提高铸件硬度，改善力学性能和疲劳强度，消除其内应力，减少铸件的破损

在有色金属合金中，钼与镍、钴、铌、铝和钛等金属组成各种合金。这些合金在电子、电气工业和机械工业中用来制造灯泡的灯丝和电子管零件；也可用来制造电磁电接点、燃气发动机叶片、阀门保护装置以及电炉的电阻等零件。

镍基合金一般均含有金属钼，其所含的钼量比其他合金的多。添加15%～30%钼可显著提高镍基合金的耐腐蚀性能。含3%～10%钼能明显地改善镍基高温合金的热强性，含18%钼的镍基合金在1093℃下仍具有很好的强度，这种合金对氧化和非氧化介质的耐腐蚀性也很好。

用含50%钼和50%铼的钼铼合金制造的无缝合金管具有良好的高温性能，这种合金管可在接近其熔点的温度下使用，可用作热电偶的外套，电子管中的阴极支架、环和栅极等零件。

2.8.2 在电子和电工材料中的应用

钼在电子工业和电工材料方面的主要用途列于表 8-2-35。

表 8-2-35 钼加工品的用途

项 目	用 途	加 工 材
照明用	白炽电灯的灯丝支架	钼丝
	卤素灯,放电管密封材料,导线	钼丝、钼带
	钨灯丝用芯轴	钼丝
	增大光量的反射镜(汽车卤素灯用)	钼薄板
电子管用	发射电子管灯丝阳极、栅极	钼平板、钼圆筒
	振荡管和真空整流器的阳极、隧道等部件	钼薄板
	磁控管阴极及包覆零件	钼薄板、钼丝
	放电管阳极	钼片
	阴极和灯丝的支柱	无缝钼管
	X 射线管旋阳极(对阴极)	钼板
	超高频管、高功率四极管、电视发射管、整流管、辅助电极、吸气架、阴极架、垫圈、铆钉等结构部件	钼丝、棒及抛光或电镀的钼丝等
	晶体管和整流器中硅板的垫盘	钼圆盘
薄膜制造装置	真空电镀、溅射等薄膜材料、容器、舟皿、加热器等	钼丝、钼板
电炉	高温炉发热体	钼丝、棒和板
	熔炼玻璃电炉电极	钼棒
	高温电炉隔热板	钼板
测定装置	热电偶	钼铼合金丝
	热电偶保护管	钼管
表面处理	堆焊、喷涂材料	钼丝
其他	临界等离子试验装置的固定限位器材料	钼板
	核聚变试验材料	钼细管
	氧化铀烧结用舟皿	钼板
	难熔金属熔炼坩埚	钼板
	半导体器件如薄膜集成电路和自调选通材料等	高纯钼、钼薄膜

2.8.3 在航天工业中的应用

钼是航天工业中不可缺少的重要材料。钼及钼基合金在高温下具有优异的力学性能和其他良好的物理性能,可用来制作飞机发动机的燃气涡轮叶片、导向叶片、喷嘴、鼻锥、冲击发动机喷管、火焰挡板和翼面等耐高温部件。

2.8.4 在化学工业中的应用

钼的显著特征是其化学性能的多变性。钼在化学工业领域内主要用作催化剂、润滑剂、涂料及化工设备等。

钼作为催化剂的最广泛应用是在石油工业中用来提高汽油的辛烷值以及除硫,其次是应用在石油裂化和重整中。钼化合物催化剂可应用在氧化－还原反应、有机合成反应和有机裂化反应中,还可用于丙烯腈、氧化丙烯、甲醛、丙烯酸等化工产品的生产工艺中。

钼的化合物可作为机件的润滑剂,如二硫化钼固体润滑剂所达到的摩擦系数可低于滑冰的系数(0.023),二硫化钼的这些特殊性能可使其应用于拉伸、压制、冷成形以及拉丝和拉管过程中,延长模具寿命,降低加工硬化程度。

钼具有良好的耐蚀性和抗磨损性,是某些化工设备部件的适宜涂层材料。也可制成原料,用在某些处理温度不太高的塑料和橡胶中。

在化工设备方面,金属钼及其合金可制造接触熔融玻璃和熔融盐类,高温化学试剂和液态金属的有关零件和设备以及阀门、蒸气喷嘴、热交换器、重沸器及衬里等。

参 考 文 献

[1] 《稀有金属手册》编委员.稀有金属手册(上、下册)[M].北京:冶金工业出版社,1992,1995.

[2] 《有色金属提取冶金手册》编委会.有色金属提取冶金手册——稀有高熔点金属(上册)[M].北京:冶金工业出版社,1999.

[3] 师昌绪.材料大辞典[M].北京:化学工业出版社,1994.

[4] 莫尔古诺娃 H H,等.钼合金[M].北京:冶金工业出版社,1984.

[5] 《稀有金属材料加工手册》编写组.稀有金属材料加工手册[M].北京:冶金工业出版社,1984.

[6] 有色金属材料咨询研究组,中国工程院,中国科学院.《中国材料发展现状及迈入新世纪对策》咨询项目有色金属材料咨询报告[M].西安:陕西科学技术出版社,2000.

[7] Siegfried Schider. Refractory Metals, Powder Metallurgical Materials for High Tech Usage, Verlag Moderne Industrie[M]. Germany, 1990:50.

[8] 殷为宏.世纪之交的我国难熔金属加工业.稀有金属材料与工程[J].北京:科学出版社,1998(增刊):3～4.

[9] Borisova A. Multilayer Diffusion－slurry Coatings for Oxidation Protection of Refractory Metals[J]. Proc. of 14th Int. Plansee Seminar'97, 1997,1:710～719.

[10] Mueller A J, Shields J A, Buckman R W. The Effect of Thermo－mechanical Processing on the Mechanical Properties of Molybdenum－2 Volume % Lanthana[J]. Proc. of 15th Int. Plansee Seminar'2001, 2001,1:485～497.

[11] 师昌绪,李恒德,周廉.材料科学与工程手册(上册)[M].北京:化学工业出版社,2004.

[12] 黄伯云,等.有色金属材料工程(下)(中国机械工程学会、中国材料工程大典编委会.中国材料工程大典.第5卷)[M].北京:化学工业出版社,2006.

[13] 许洁瑜.中国钼工业发展现状[J].中国钼业,2008,32(5):1～6.

[14] 徐爱华.国内钼市场消费现状及展望[J].中国钼业,2008,32(5):52～53.

编写:殷为宏(西北有色金属研究院)

第 3 章 钽及钽合金

钽是元素周期表第Ⅴ族副族(ⅤB)元素,符号 Ta,原子序数 73,高熔点金属之一,银白色金属或粉末,有延展性,有特殊的吸气能力,如可吸 H_2、OH、O_2 等,化学性质稳定,耐腐蚀性强。

钽,源自希腊神话人物之名“Tantalus”,1802 年由瑞典艾克贝格发现。在自然界钽和铌共存于铌钽铁矿中,也存在于某些稀土矿中。1865 年瑞士化学家根据钽和铌的氟铬盐溶解度不同找到钽和铌的分离方法,1903 年德国化学家博尔顿首次得到可用于加工的延性金属钽。

金属钽在电子工业中主要用作电容器、通信设备中的超短波发射器、高功率电子管、薄膜晶体管电极材料;在医疗卫生上,由于钽耐腐蚀,可用作人体植入材料,牙科手术中的修补具;在化学工业上,钽制热交换器、冷凝器、反应器等已广泛应用于硫酸、盐酸、硝酸、双氧水、溴、氯、过氧化氢、石油等生产设备中;碳化钽极坚硬,高熔点,可用于制造切削工具,也可用作锻模和抗氧化涂层原料。

由于钽及钽合金具有估计的综合性能,其用量必定随着科学技术的发展而大幅度增加。然而,由于钽的资源较少、成本较高限制了应用。从目前来看,系统研究钽合金的强化理论和强化技术,建立材料合成与加工工艺、结构、性能、使用效能之间的关系,提高材料的高温强度和高温抗氧化能力,改进高温抗氧化体系,完善工业生产工艺,增加品种,提高产品质量,降低成本是钽合金材料今后主要研究和发展方向。

3.1 纯钽

3.1.1 钽的物理、化学性能

3.1.1.1 钽的物理性能

钽的物理性能列于表 8-3-1。

表 8-3-1 钽的物理性能

项 目	数 值	项 目	数 值
原子序数	73	配位数	8
原子半径(配位数 12)/nm	0.142	价电子结构	$5d^36s^2$
摩尔体积/$cm^3 \cdot mol^{-1}$	10.90	热中子截面(中子速度为 2200 m/s)	
密度/$g \cdot cm^{-3}$	16.6	吸收/m^2	$(21.3 \pm 0.1) \times 10^{-28}$
原子量	180.95	散射/m^2	$(5 \pm 1) \times 10^{-28}$
天然的同位素原子量	181(100%)	电子逸出功/eV	4.35 ± 0.01(单晶) 4.12(多晶)
人造的同位素原子量	176,177,178,179,180,182,183,184,185,186	阳离子发射/W	10.0
		电化学当量/$mg \cdot C^{-1}$	0.3749
晶体结构	体心立方	熔点/℃	2996
晶格常数/nm	0.32959	沸点/℃	5400

续表 8-3-1

项　目		数　值	项　目		数　值
比热容/J·(g·℃)$^{-1}$		0.139(0℃)	蒸气压/Pa		5.3×10^{-4}(2327℃)
		0.141(100℃)			2.7×10^{-2}(2727℃)
		0.151(500℃)	热导率/kJ·(m·K)$^{-1}$		54.4(0~100℃)
		0.162(1200℃)			68.0(568℃)
		0.171(1600℃)			72.9(1400℃)
		0.184(2000℃)			82.9(1830℃)
超导转变温度/K		4.28	电离能/eV		7.3±0.3
线膨胀系数/℃$^{-1}$		6.5×10^{-6}(0~100℃)	理查逊常数/A·cm^{-2}		60
		6.6×10^{-6}(20~500℃)	次级发射系数		1.35
		8.0×10^{-6}(20~1500℃)	辐射功率/W·cm^{-2}		7.2(1330℃)
电阻温度系数/℃$^{-1}$		3.17×10^{-3}(0~100℃)			21.4(1730℃)
		3.00×10^{-3}(0~1000℃)			33.0(1930℃)
电阻率/μΩ·cm		12.5(在20℃)			51.3(2130℃)
		3.5(在-183℃)			105.6(2530℃)
		43.6(在700℃)	波长/μm	温度/℃	光谱发射率
电子发射/mA·cm^{-2}	在2000K	6.21×10^{-3}	9.0	25	0.06
	在2400K	0.500	5.0	25	0.07
	在2800K	12.53	3.0	25	0.08
燃烧热/J·g^{-1}		5774(在30℃)	1.0	25	0.22
熔化热/J·g^{-1}		155	0.6	25	0.55
蒸发热/kJ·mol^{-1}		753.3	0.5	25	0.62
蒸发速度/g·(cm^3·h)$^{-1}$		5.8×10^{-4}(2407℃)	0.66	900	0.459
热容/J·℃$^{-1}$		25.22(在24℃)	0.66	1100	0.442
		28.88(在1227℃)	0.66	1800	0.416
熵/J·(mol·K)$^{-1}$		41.5(在25℃)	0.66	2500	0.392
蒸气压/Pa		1.3×10^{-8}(1727℃)	磁化率/cm^3·g^{-1}		0.809×10^{-6}(在25℃)
		8×10^{-7}(1927℃)			

3.1.1.2 钽的化学性能

A 钽在化学介质中的耐腐蚀性能

钽在化学介质中的耐腐蚀性能列于表8-3-2。

B 钽在液态金属中的抗腐蚀性能

金属钽抗某些液态金属的腐蚀能力较好，故可用于制作以液态金属作传热介质的原子能动力设备的结构材料。钽对液态金属的抗腐蚀性能列于表8-3-3。

表 8-3-2　钽在各种溶剂中的抗腐蚀能力

溶　剂	浓度/%	温度/℃	腐蚀速率/mm · a^{-1}	溶　剂	浓度/%	温度/℃	腐蚀速率/mm · a^{-1}
亚硝酸	浓	150	0.0000	硫酸 + CrO_3(铬化溶液)		100	0.0000
硝酸	35	200	0.0000	硫酸与硝酸混合酸		0 ~ 150	0.0000
	50	220	0.0000	盐酸	20	19 ~ 26	0.0000
	70	200	0.0000		浓	19 ~ 26	0.0000
	浓	25	0.0000		浓	100	0.0000
硝酸(含有有机酸杂质)	浓	150	0.0000	盐酸与硝酸的混合酸(2:1)		19 ~ 26	0.0000
硝酸与氢氟酸的混合酸		20 ~ 100	迅速溶解			50 ~ 60	0.0000
氢溴酸	浓	0 ~ 150	0.0000	磷酸	85	150	0.0000
氢硅酸	浓	0 ~ 150	溶解		85	210	0.0008
砷(原)酸	浓	0 ~ 150	0.0000		85	250	20
正磷酸	85	25	0.0000		浓	20	0.00012
过氧化氢	30	21	0.0000		浓	15	0.10 ~ 0.15
氢氟酸	40	20 ~ 100	溶解	氯酸	浓	150	0.0000
硫酸	20	21	0.0000	次氯酸	浓	0 ~ 150	0.0000
	25	21	0.0000	铬酸		0 ~ 150	0.0000
	98	21	0.0000	氢氰酸	浓	0 ~ 150	0.0000
	浓	50	0.0000	氨(水溶液)	25	150	0.0000
	浓	100	0.0000	苛性钾	5	20	
	浓	150	0.0000		5	100	稳定
	浓	175	0.0004		40	100	迅速溶解
	浓	200	0.006	苛性钠	5	20	
	浓	250	0.116		5	100	一般
	浓	300	1.368		40	110	迅速溶解
发烟硫酸(含 15% SO_3)		23	0.0012	硝酸钠	饱和水溶液	0 ~ 150	0.0000
		70	0.368	硝酸镍	饱和水溶液	0 ~ 150	0.0000
		100	15.6	硝酸银	饱和水溶液	0 ~ 150	0.0000
碳酸钾	20	0 ~ 150	0.0000	硫酸铵(铁镍锌)	饱和水溶液	0 ~ 150	0.0000
硝酸铵	饱和水溶液	0 ~ 150	0.0000	氯化铝	饱和水溶液	0 ~ 150	0.0000
氯化钾、氯化钠	饱和水溶液	0 ~ 150	0.0000	氯化锡、氯化锌	饱和水溶液	0 ~ 150	0.0000
氯化铵、氯化镁			0.0000	苯胺		19 ~ 26	0.0000
丙酮		19 ~ 26	0.0000	冰醋酸		19 ~ 26	0.0000
酒石酸	20	22	0.0000	酚	饱和水溶液	19 ~ 26	0.0000
柠檬酸		19 ~ 26	0.0000	氯甲烷		19 ~ 26	0.0000
甲醇		19 ~ 26	0.0000	氯苯		19 ~ 26	0.0000
氢澳酸	浓	0 ~ 150	0.0000	草酸	饱和水溶液	19 ~ 26	0.0000
氟硅酸	浓	0 ~ 150	溶解				

表 8-3-3 钽在液态金属中的抗腐蚀性能

金 属	温度/℃	抗腐蚀性	金 属	温度/℃	抗腐蚀性
Al		差	Pb	600	好
Bi	300	好		1000	好
	600	好	Sn	1740	差
	900	好	Zn	500	好
Bi - Pb	300	好	Na - K	1000	好
	600	好	Ni		好
	1000	差	Co		好
Ca	300	好	Cu		好
	600	有一定腐蚀	Fe		好
Cd		好	Ga	450	好
Mg	1150	好	Hg	300	
Na	300	好		600	好
	600	好	K	300	
	1000	好		600	
Li	1000	好		1000	好

C 钽在各种气体中的化学反应

金属钽在各种气体中的化学行为列于表 8-3-4。

表 8-3-4 常压下钽同各种气体相容性温度

气 体	化学行为	温度容限/℃
氧和空气	氧化,变脆	>300
氮	吸氢,变脆	>340
氮	吸氮,变脆	>700
碳水化合物	渗碳	>800 ~ 1000
氨	溶解氨,变脆	>700

D 钽同难熔氧化物和石墨的相容性

钽同难熔氧化物和石墨的相容温度如表 8-3-5 所示。

表 8-3-5 钽同难熔氧化物和石墨反应的温度容限

物 质	温度容限/℃	物 质	温度容限/℃	物 质	温度容限/℃
Al_2O_3	1900	MgO	1800	ZrO_2	1600
BeO	1600	ThO_2	1900	石墨	1000

3.1.2 钽的力学性能

3.1.2.1 钽的弹性性能

钽的弹性模量示于表 8-3-6。

3.1.2.2 钽的硬度

粉末冶金钽材烧结态的室温硬度及其随轧制变形量的变化示于表 8-3-7。硬度随退火温度的变化示于表 8-3-8。

表 8-3-6　钽的弹性模量

温度/℃	-180	-50	-23	25	200	350	500
E/GPa	189	186	195	186	179	176	171

表 8-3-7　冷轧对粉末冶金烧结钽硬度的影响

变形量/%	0	50	75	87.5	94
HV	950	1500	1700	1750	1830

表 8-3-8　退火钽板硬度随温度的变化

试验温度/℃	200	400	600	800	1000	1200
HV	872	804	715	363	284	206

3.1.2.3　室温拉伸性能

粉末冶金法和电子束熔炼法制得钽板的室温拉伸性能列于表 8-3-9。

表 8-3-9　1 mm 厚钽板室温拉伸性能

制锭方法	状　态	σ_b/ MPa	$\sigma_{0.2}$/MPa	δ/%	弯曲角/(°)
粉末冶金	轧态	853		7.5	>140
	1200℃,1 h 退火	395	309	42.5	>140
粉末冶金	轧态	742		7.1	>140
	1200℃,1 h 退火	392	362	46.5	>140
电子束熔炼	轧态	475	456	9.5	>140
	1200℃,1 h 退火	483	468		>140

3.1.2.4　钽的拉伸性能随温度的变化

钽在低温、中温和高温下的拉伸性能示于表 8-3-10。

表 8-3-10　钽在各种温度下的拉伸性能

试验温度/℃	抗拉强度 σ_b /MPa	屈服强度 $\sigma_{0.2}$ /MPa	伸长率 δ/%	形变硬化指数 n	应变率敏感指数 m
-195	1040	1040	3.7	-0.018	0.0075
-75	515	510	23.1	0.099	0.0307
25	472	403	25.3	0.164	0.0285
100	417	299	24.6	0.243	0.0175
320	520	266	18.0	0.298	0.006
540	421	183	16.2	0.356	0.0176
760	213	119	23.1	0.205	0.0321
980	152	87	33.1	0.181	0.0461
1095	118	57	43.2	0.217	0.0506
1205	103	53	47.5	0.130	0.0581

3.1.2.5 钽的蠕变性能

钽的蠕变性能示于表8-3-11。

表8-3-11 钽的蠕变性能

温度/℃	时间/h	达到指定蠕变所需应力/MPa				温度/℃	时间/h	达到指定蠕变所需应力/MPa			
		0.5%	1%	2%	5%			0.5%	1%	2%	5%
750	0.1	98	108	111	118	1200	0.1	23	26	37	42
750	1	86	98	103	108	1200	1	14	20	26	31
750	10		88	93	100	1200	10		14	15	21
750	100	78	77	80	91	1200	100				12
1000	0.1	66	73	77	88	1400	0.1	11	15	19	27
1000	1	42	57	66	76	1400	1	7.6	11	13	18
1000	10		44	49	61	1400	10			8	12
1000	100				38						

3.1.3 加工性能

3.1.3.1 可加工性

钽的塑性好、变形抗力小、加工硬化小，在室温下即可加工成板、带、箔材、管材、棒材和丝材。

可使用旋压、深拉、鼓凸加工、弯曲、冲切、冲压和拉伸等传统的工艺、设备和工具操作，将钽成形为各种器件。

3.1.3.2 可机加工性

完全再结晶纯钽的机械加工性能和软铜相近，可进行车、铣、刨、磨及铰孔、镗孔、攻螺纹等各种机加工，可达到要求公差和表面粗糙度。

3.1.3.3 焊接性能

钽在难熔金属中具有最好的焊接性能，可与碳钢、不锈钢、镍合金、钛合金等焊接在一起。采用电子束焊接和惰性气体保护钨极电弧焊，可焊接延－脆性转变温度低于室温的钽制化工设备构件，可满足化工部门的使用要求。用爆炸焊接法可制取钽－钢复合材料，是制造大型耐蚀设备钽内衬的有效方法。可以用银钎焊料、铜钎焊料以及几种特制的高熔点金属钎焊合金对钽钎焊连接。

熔焊和钎焊必须在真空或高纯度惰性气体保护下进行。电阻点焊或缝焊可以在空气中或水下进行。

3.1.3.4 热处理

为得到最佳的加工性能，钽经常需在消除应力状态或在再结晶状态下使用。再结晶温度决定于纯度、冷加工量及历史状况。特定厚度的纯钽板的再结晶温度为1000～1250℃。

3.2 钽合金

钽合金以钽为基加入其他元素组成的合金，钽是一种高熔点、高塑性、耐腐蚀、易加工的金属，钽合金化的主要目的是提高钽的耐高温性能和耐腐蚀性能。

钽合金可按合金成分分为钽钨系合金、钽钨铪系合金以及钽铌系合金；按用途分为高温结构钽合金和耐蚀钽合金；按强化方式分为固溶强化和固溶强化 + 沉淀强化。表 8-3-12 是常用钽合金的分类及化学成分。

表 8-3-12　常用钽合金的分类及化学成分

合金		国外牌号	强化类型	名义化学成分/%						
合金系	合金牌号			W	Mo	Nb	Hf	Re	C	Ta
Ta-W 系	Ta-2.5W	FS-63	固溶强化	2.5		0.15				基
	Ta-7.5W	FS-61	固溶强化	7.5						基
	Ta-10W	FS-60	固溶强化	10						基
	Ta-12W		固溶强化	12						基
	Ta-10W-2.5Mo		固溶强化	10	2.5					基
	Ta-7W-3Re	GE-473	固溶强化	7				3		基
Ta-W-Hf 系	Ta-8W-2Hf	T-111	固溶强化	8			2			基
	Ta-10W-2.5Hf-0.01C	T-222	固溶强化 + 沉淀强化	10			2.5		0.01	基
	Ta-8W-1Re-1Hf-C	Astar-811C		8			1	1	0.025	基
Ta-Nb 系	Ta-40Nb	KBI40				40				基
	Ta-37.5Nb-2.5W-20Mo	KBI41		2.5	2	37.5				基

3.2.1　钽的强化

在难熔金属中，钽的延脆性转变温度低于 -196℃，具有最佳的低温塑性，应在保持这一特性的同时，通过合金化提高其高温强度。钽合金可采用固溶强化、沉淀强化及两者结合进行强化。最好的固溶强化元素是铼、钨、钼、锆和铪。铼的强化效果最高，添加 1% Re 可明显提高合金的抗蠕变性能，但提高铼含量对低温塑性有较大损害。钼的强化效果优于钨。钨是钽合金中重要的固溶强化元素，但钨的添加量超过 12% ~ 14%（原子分数）后，合金塑性急剧下降。铪和锆均有固溶强化效果，钽锆含量提高合金的延 - 脆性转变温度。为保持合金良好的塑性，合金固溶元素的总含量不应超过 10%（质量分数）。为获得更高的高温强度和抗蠕变性能，需在固溶强化的基础上进行沉淀强化，沉淀强化相主要是铪的碳化物。加工硬化对钽合金的高温强度贡献不大，但对低温下使用的部件有较高的强化作用，如 Ta-7.5W 合金依靠加工硬化可制成弹簧，其丝材在再结晶态和不同冷变形率（分别为 40% 和 83%）状态下的抗拉强度分别为 571 MPa、854 MPa 和 1137 MPa。合金元素对钽的硬化作用示于表 8-3-13。

表 8-3-13　合金元素对钽的固溶硬化作用

元　素	Re	Mo	W	Hf	Zr	Nb	Ti	V
维氏硬度增量 ΔHV/%	39.7	16.6	14.5	14.3	8.5	0.1	2.1	12.2

多元钽合金维氏硬度 HV 与溶质浓度 c 的关系可写为：

$$HV = 76.0 + 0.166c_{Mo} + 0.144w(W) + 0.143w(Hf) + 0.394c_{Re} - 0.006w(Nb)$$

纯钽具有优异的耐腐蚀性、优良的塑性（可以极薄的板材、管材形式使用）和可焊性（大型容器和管式热交换器等必须焊接)，但由于价格昂贵、强度较低、有氢脆倾向，限制了钽在化工、核能等场合的应用。为此，开发出一些强度比纯钽高、耐蚀性和工艺性能与纯钽相当的耐蚀钽合金。微量钼和铼可明显改善钽的耐蚀性、提高抗氢脆能力，铼价贵而不宜添加，加钼具有最佳的综合效果。钨主要提高钽的强度，对钽的耐蚀性能影响不大。铪对钽的耐蚀性最为有害，在化工应用的钽合金中不应添加。在 Ta－Nb 合金系中，KBI40(Ta－40Nb)合金价格便宜，主要用于化学工业，但其耐蚀性，特别是抗氢脆能力不如纯钽。在 Ta－40Nb 合金基础上发展起来的 KBI41(Ta－37.5Nb－2.5W－2Mo)屈服强度虽稍低于 Ta－10W 合金，但高于其他合金。在抗蚀能力上，KBI41 与纯钽和 KBI40 合金相仿，如在 110℃、含有 50 mg/kg $FeCl_3$ 的 20% HCl 溶液中，KBI41 和 KBI40 合金腐蚀速率均为 2.5μm/a，但 KBI41 合金吸氢仅为 5mg/kg，与纯钽相同，低于 KBI40 合金(吸氢 40 mg/kg)，在 55℃、30% HCl 溶液中存放 96 h，KBI41 合金的腐蚀速率为 0.1 mm/a，与 KBI40 相同，然而前者吸氢为 5 mg/kg，而 KBI40 则为 80 mg/kg，这表明 KBI41 合金抗氢脆能力优于 KBI40 合金，KBI41 合金是一种成本较钽低且综合性能优良的耐蚀钽合金。

3.2.2　钽钨合金

钽钨合金以钽为基加入钨元素组成的合金。钽和钨组成的二元系合金为连续固溶体，属固溶强化型合金。随钨含量的增加，合金的强度随之增高，而塑性却有所下降。常用的钽钨合金有 Ta－2.5W、Ta－7.5W、Ta－10W 和 Ta－12W。

3.2.2.1　Ti－2.5W(FS－63)合金

A　化学成分(质量分数)

成分范围：2.0%～3.0% W，0.5% Nb(最大)。

B　物理性质

密度：16.7 g/cm^3；

熔点：3005℃；

延－脆性转变温度小于－250℃。

C　化学性质

Ta－2.5W 合金耐化学试剂腐蚀能力与纯钽相当，在某些情况下甚至对钽的耐蚀性还有改善。Ta－2.5W 合金与钽在一些介质中的腐蚀行为示于表 8-3-14。

表 8-3-14　Ta－2.5W 与 Ta 的腐蚀速率

介质	浓度/%	温度/℃	腐蚀速率/g·(m^2·d)$^{-1}$		介质	浓度/%	温度/℃	腐蚀速率/g·(m^2·d)$^{-1}$	
			Ta	Ta－2.5W				Ta	Ta－2.5W
HCl	10	100	0	0	H_2CrO_4	10	20	9×10^{-5}	9×10^{-5}
	32	20	0	0	H_2O_2	30	20	1×10^{-3}	2.5×10^{-3}
		100	3×10^{-4}	2×10^{-4}	NaOH	10	20	3×10^{-2}	2.2×10^{-2}
H_2SO_4	10	20	0	0	H_3PO_4	10	100	0	0
	96	20	0	0		60	100	0	0
		100	4×10^{-3}	8×10^{-3}		86	20	0	0
HNO_3	65	100	2×10^{-4}	2×10^{-4}			100	1×10^{-4}	1×10^{-4}

D　力学性质

(1) 拉伸性能：Ta－2.5W－0.15Nb 合金比纯钽抗拉强度提高约 40%，但延性稍有减小，如 1 mm 厚的钽板退火态抗拉强度为 300 MPa，伸长率为 30%，而 1 mm 厚的 Ta－2.5W－0.25Nb 合金板的抗拉强度可达到 420 MPa，伸长率略低于 30%。Ta－2.5W－0.15Nb 合金的强度增量可以延续到 1600℃。Ta－2.5W－0.15Nb 合金再结晶态的室温和高温拉伸性能列于表 8-3-15。

表 8-3-15　Ta－2.5W－0.15Nb 合金再结晶板的拉伸性能

合　金	试验温度/℃	抗拉强度/MPa	屈服强度/MPa	伸长率/%	弹性模量/GPa
Ta	21	207	165	40	185
	750	138	41	45	
	1000	90	34	33	
Ta－2.5W－0.15Nb	21	345	228	40	195
	750	179	83	22	
	1000	124	69	20	

(2) 硬度：再结晶态硬度为 HV130。

E　加工特性

Ta－2.5W－0.15Nb 是一种电子束熔炼的固溶合金，其加工特性、焊接性能与商业纯钽相近。但其强度较商业纯钽高。Ta－2.5W－0.15Nb 的消除应力温度为 1000℃，再结晶温度为 1200～1300℃。

F　典型用途

用于制造加热器、冷却盘管、热交换器和反应器以及各种塔器、阀门、管道的内衬等。

3.2.2.2　Ta－7.5W(FS－61)合金

商业上 Ta－7.5W(FS－61)合金是用粉末冶金工艺制备的，由于含有较高的间隙元素，因而在室温下具有较高的强度，如合金的冷拉线材(压缩率 83%)具有约 1100 MPa 的屈服强度。其应用包括弹簧和在气体氯化器中的其他弹性零件。

A　物理性质

密度：16.7 g/cm^3；

熔点：约 3025℃。

B　化学性质

合金在硫酸、盐酸、硝酸、王水等强酸中具有良好的耐腐蚀性。表 8-3-16 示出 Ta－7.5W 合金在硫酸中的腐蚀速率。

表 8-3-16　Ta－7.5W 合金在硫酸中的腐蚀速率

硫酸浓度/%	试验温度/℃	腐蚀速率/mm · a^{-1}
98	180	0.076
98	209	0.0330

C　力学性能

Ta－7.5W 合金的力学性能列于表 8-3-17。

表 8-3-17　Ta－7.5W 合金的力学性能

材　料	σ_b/MPa	$\sigma_{0.2}$/ MPa	δ/%	硬度 HV	E/GPa
P/M,线材	1030	1010	6	326	200
P/M,薄板	1170	875	7	404	200

D　典型用途

用于作氯化器和强酸介质中的弹簧和其他弹性元件。

3.2.2.3　Ta－10W(FS－60)合金

Ta－10W 合金是最早研发出来的一种钽合金，广泛用于航天零件，在低温下与纯钽相比，具有较高的强度，而延性和一般加工特性基本与纯钽相当。

A　化学成分

常规 Ta－10W 合金的化学成分(质量分数)为:9% ~11% W、<0.005% C、<0.01% O、<0.0005% H、<0.002% N、0.005% Mo、0.098% Nb，余量 Ta。

B　物理性质

Ta－10W 合金的一些物理性质示于表 8-3-18。

表 8-3-18　Ta－10W 合金的物理性质

名称	单位	试验温度/℃	数值
密度	g/cm³	25	16.8
熔点	℃		3035
热膨胀性	mm/m	0	0
		200	1.1
		400	2.3
		600	3.6
		800	4.9
		1000	6.3
		1400	9.3
		1600	10.9
		2000	14.4
		2400	18.3
		2800	22.6
线膨胀系数	1/K	20 ~ 1650	6.7×10^{-6}

名称	单位	试验温度/℃	数值
热导率	W/(m·K)	1400	57
		1600	54
		1800	51
		2000	48
		2400	42
		2800	36
电阻率	nΩ·m	0	170
		200	230
		400	300
		600	350
		1000	470
		1400	570
		1800	670
		2000	710
		2200	750
		2400	790

C　化学性质

Ta－10W 合金在高温下、空气中易氧化，对几乎所有酸试剂都是惰性的。在空气中1200℃温度下合金增重 46 mg/(cm²·h)，在 1200℃时表面有白色、疏松的氧化皮。

D　力学性质

(1) Ta－10W 合金的拉伸性能:Ta－10W 合金的拉伸性能示于表 8-3-19。

(2) 冲击性能:Ta－10W 合金的冲击强度见图 8-3-1。

(3) Ta－10W 合金的疲劳性质:Ta－10W 合金的疲劳强度示于图 8-3-2。

表 8-3-19 Ta-10W 合金的拉伸性能

状 态	温度/℃	σ_b/MPa	$\sigma_{0.2}$/MPa	δ/%	E/GPa
薄板退火态	21	552	462	25	205
	750	379	276		150
	1000	303	207		
	1600	112	74	87	
	1927	69	62		

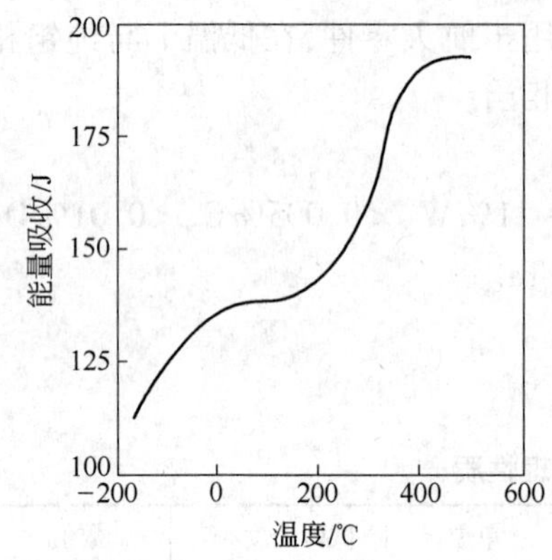

图 8-3-1 电子束熔炼 Ta-10W 的夏氏(Charpy)钥孔形凹口冲击试验曲线

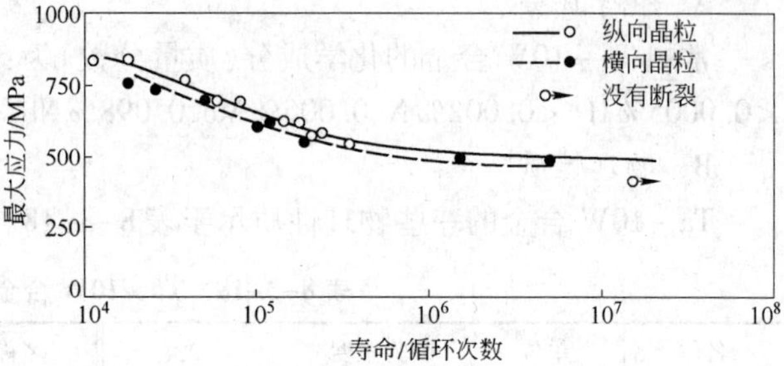

图 8-3-2 冷轧 Ta-10W 薄板(0.63 mm)在室温下的完全交变弯板疲劳性能

(4) 蠕变性能:Ta-10W 合金的蠕变性能示于图 8-3-3。

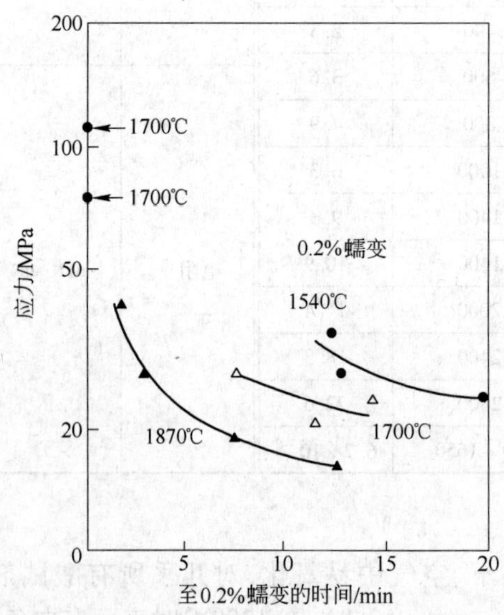

图 8-3-3 在不同温度下蠕变 0.2% 所需时间

(5) 应力断裂特性:Ta-10W 合金的应力断裂特性示于图 8-3-4。

E 加工性能

(1) 可焊性:Ta-10W 合金具有良好的焊接性能。焊接接头性能接近于再结晶基体性能，电子束焊接后拉伸性能见表8-3-20。

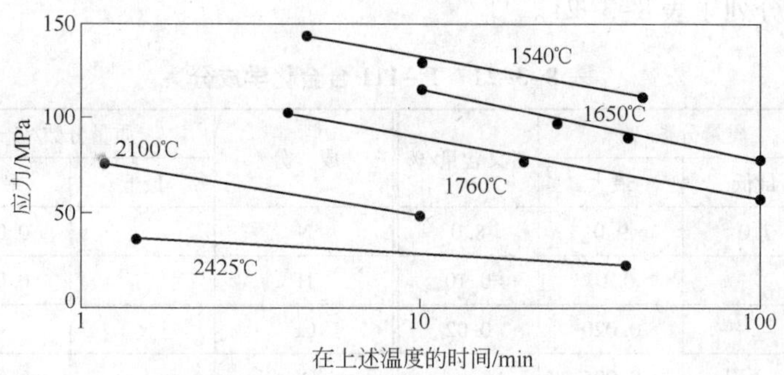

图8-3-4　Ta-10W薄板（在真空中试验）的典型应力断裂数据

表8-3-20　Ta-10W合金板材电子束焊接性能

焊后处理条件	试验温度/℃	拉伸性能			备　注
		σ_b/MPa	$\sigma_{0.2}$/MPa	δ/%	
焊后未处理	室温	643	424	5.5	断在热影响区或焊缝
	1200	284		9.0	断在热影响区
	1400	240		11.5	断在热影响区
	1600	162	127	9	断在热影响区或焊缝
	1800	123	110	12.3	断在热影响区或焊缝
1100℃/1h退火	室温	613	361	6.5	断在热影响区或焊缝
1300℃/1h退火	室温	666	568	11	断基体

（2）可加工性：铸锭经常规高温开坯后，可通过锻造、热轧、冷轧、旋压和爆炸成形等加工成板、棒及型材。

（3）消除应力温度：1090～1230℃；再结晶温度：1300～1650℃。

F　典型用途

Ta-10W合金在宇航工业中用作工作温度高达2480℃的液体火箭发动机推力燃烧室、火箭发动机延伸段裙部、燃气调节阀、紧固件等场合；在兵器工业中用作火箭喷管燃气扰流片；在冶金工业中用作高温真空炉发热体等高温部件；在化工工业中用作整体阀门、大阀门的阀座和柱塞，要求耐磨耐蚀的设备内衬；在核能工业中用作耐液体金属腐蚀的管道。

3.2.3　钽钨铪合金

钽钨铪合金是以钽为基加入钨和铪元素组成的合金，是在钽钨合金的基础上发展起来的。常用的钽钨铪合金有Ta-8W-2Hf和Ta-10W-2.5Hf-0.01C。活性元素铪与间隙元素氧和碳生成弥散的HfO_2和HfC质点，提高合金的抗蠕变性能和抗液体碱金属腐蚀的能力，属固溶强化+沉淀强化型合金。

3.2.3.1　Ta-8W-2Hf（T-111）合金

T-111合金最初设计用作航空材料，要求高温下具有高强度，后来发现该合金可广泛用作高温结构材料，合金的加工性能良好，在-160～1370℃温度区间，合金均保持延性和强度。

A　化学成分

合金化学成分列于表 8-3-21。

表 8-3-21　T-111 合金化学成分

成　分	质量分数/%		名义含量/%	成　分	质量分数/%		名义含量/%
	最低	最大			最低	最大	
W	7.0	9.0	8.0	N		0.005	0.0075
Nb		0.10	0.10	H		0.001	0.001
Mo		0.020	0.02	Cr			0.02
Ni		0.005		Co		0.005	0.005
Fe		0.005	0.005	Hf	1.8	2.4	2.0
O		0.010	0.015	V		0.002	0.002
C		0.005	0.005	Ta	余量	余量	余量

B　T-111 合金的物理性质

T-111 合金的物理性质见表 8-3-22。

表 8-3-22　T-111 合金的主要物理性质

项目名称	单　位	试验温度/℃	数　值
密度	g/cm^3	25	16.7
熔点	℃		2982
比热容	J/(kg·K)	20	150
线膨胀系数	1/℃	20	5.9×10^{-6}
		1650	7.6×10^{-6}
热导率	W/(m·K)	20	42
		200	45
		500	49
		1000	55
		1350	56
电阻率	nΩ·m	室温	217
		1180	665
热中子吸收截面	m^2		21.3×10^{-28}

C　T-111 合金的化学性质

T-111 合金的化学性质如下所述：

（1）由于添加 Hf，合金对一些液态金属如钾、钠、NaK、锂、铯、汞的耐腐蚀性能有所改善，超过纯钽和 Ta-10W。

在高真空、液态碱金属氧含量低于 20×10^{-4}% 条件下：

在液态 K 中，于 1315℃，4000 h，合金具有良好耐腐蚀性；

在液态 Ce 中，于 1370℃腐蚀 500 h，合金耐蚀性能良好；

在液态 Na 中，于 1000℃放置 1000h，合金仍有良好的耐蚀性。

(2) 对大多数酸性介质是惰性的。

(3) 在高温和在氧气氛环境中应用时需加硅化物或 Sn－Al 涂层。

D　力学性能

(1) T－111 合金的拉伸性能：合金的拉伸性能列于表 8-3-23。

表 8-3-23　T－111 合金的拉伸性能

试验温度 /℃	抗拉强度 σ_b /MPa	屈服强度 $\sigma_{0.2}$ /MPa	伸长率 δ/%	延－脆性转变温度 /℃	弹性模量 E /GPa
21	690	586	29		
1316	255	165	30	< －250	200
1980	90	87	36		

(2) 硬度：T－111 合金的硬度与退火温度的关系示于图 8-3-5。

(3) 应力断裂特性：T－111 合金的应力断裂特性示于图 8-3-6。

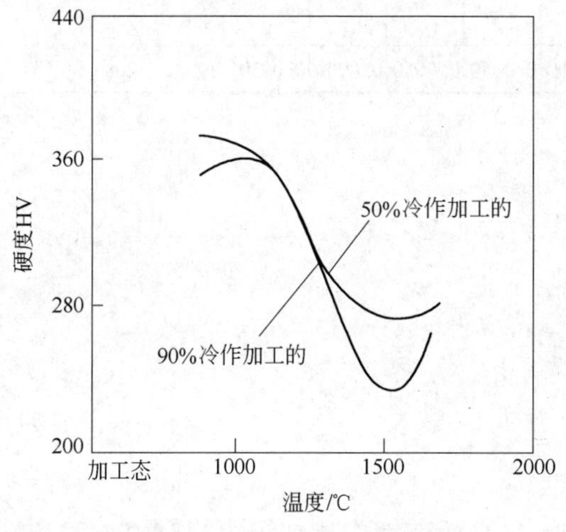

图 8-3-5　T－111 合金硬度和退火温度的关系

○ 缩减65%，然后在1100℃消除应力1h

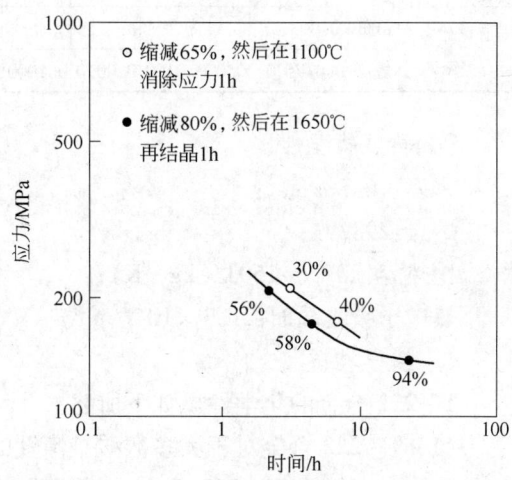

● 缩减80%，然后在1650℃再结晶1h

图 8-3-6　T－111 合金在 1200℃、真空中的应力断裂性能

(4) T－111 合金的抗蠕变性能：T－111 合金的抗蠕变性能列于表 8-3-24。

表 8-3-24　T－111 合金的抗蠕变性能(1%蠕变变形)

试验温度/℃	试验应力/MPa	试验时间/h
1204	82.3	2600
1316	54.9	320
1316	103.0	20
1426	27.4	135

E　加工特性

(1) 可加工性：可用电子束熔炼和自耗电极真空电弧熔炼成锭坯。合金具有良好的延展性。可以在高温挤压、锻造后,在低温轧制、拉拔等深加工成板、管、棒和丝材。可在室温下进行冲压、剪切、弯曲、旋压、深拉等成形加工。

(2) 再结晶温度:1400 ~ 1650℃;

消除应力温度:1090 ~ 1320℃。

F　典型用途

T - 111 用作容器材料,包括输送液态金属、高温原子反应堆冷却剂和作为与小型原子反应堆相连的发电设备所用传热和工作液体。

3.2.3.2　Ta - 10W - 2.5Hf - 0.01C 合金(T - 222)

T - 222 合金是一种中强钽合金。与 T - 111 相比,它有较高的瞬时高温强度和更好的蠕变性能,但其焊接性能和加工性比 T - 111 稍差。

A　化学成分

T - 222 合金的化学成分见表 8-3-25。

表 8-3-25　工业 T - 222 合金的化学成分

元素		C	N	O	H	Nb	Mo	Ni	Co	Fe	V	W	Hf	Ta
质量分数/%	最低	0.008										9.6	2.2	余量
	最高	0.0175	0.0050	0.0100	0.0010	0.1000	0.0200	0.0050	0.0050	0.0050	0.0050	11.2	2.8	

B　典型物理性质

密度:16.7g/cm^3;

熔点:2982℃;

比热容(20℃):150J/(kg · K);

热中子吸收截面:21.3 × 10^{-28} m^2。

C　化学性质

T - 222 合金的化学性质如下所述:

(1) T - 222 合金对于大多数酸是惰性的。

(2) 由于加铪,T - 222 合金是一个吸气合金,它在液态钾中比纯钽更稳定,T - 222 在纯钾中的腐蚀状况列于表 8-3-26。

表 8-3-26　T - 222 合金在钾中的耐腐蚀性能

合金状态	腐蚀条件	试验温度/℃	时间/h	腐蚀产物	材料氧含量/%
管材,再结晶态	10^{-5}Pa 高真空,钾中氧含量小于 20 × 10^{-4}%	980	4000	未腐蚀	
		1200	4000	未腐蚀,有膜	
		1315	4000	未腐蚀,有膜	48

(3) T - 222 用作高温结构材料时,需进行抗氧化涂层。

D　力学性能

(1) 拉伸性能:T - 222 合金在不同温度下的拉伸性能列于表 8-3-27。

(2) 弹性模量:T - 222 合金的弹性模量见表 8-3-28。

(3) 蠕变性能:T - 222 合金抗蠕变性能示于表 8-3-29 和表 8-3-30。

表 8-3-27　T-222 合金的拉伸性能

试验温度/℃	抗拉强度 σ_b/ MPa	屈服强度 $\sigma_{0.2}$/ MPa	伸长率 δ/%
-196	1276	1207	28
21	807	800	28
200	621	517	25
750	565	331	21
1000	552	276	18
1649	167	165	20
1980	97	97	13

表 8-3-28　T-222 合金的弹性模量

温度/℃	20	260	1371	1649	1900	2040
弹性模量/GPa	200	175	152	145	138	131

表 8-3-29　T-222 合金板在不同温度下达到 1% 蠕变所需时间和蠕变速率

材　料	实验条件	温度/℃	应力 σ/MPa	蠕变速率 e/s^{-1}	时间/h
0.8 mm 厚板再结晶退火	10^{-6} Pa 真空	1093	110	4.8×10^{-11}	1000(0.22% 蠕变)
		1093	138	1.0×10^{-10}	5100(0.45% 蠕变)
		1204	55	3.6×10^{-10}	7500
		1204	83	1.2×10^{-9}	2600
		1204	110	2.8×10^{-9}	880
		1316	17.2	4.0×10^{-10}	5100
		1316	27.6	1.6×10^{-9}	1500
		1316	41.4	3.8×10^{-9}	880
		1316	55.2	8.1×10^{-9}	320
		1426	17.2	7.7×10^{-9}	330
		1426	27.6	1.8×10^{-8}	135

表 8-3-30　T-222 合金应力断裂强度

材　料	试验条件	应力 σ/MPa	第二阶段到第三阶段蠕变时间/h	最小蠕变速率 /%·h^{-1}	断裂时间 /h
0.8 mm 厚板再结晶退火(1650℃/1 h)	真空度 <10^{-6} Pa 温度 1316℃	228	3.0	0.320	12.8
		172	8.0	0.016	57.6
		228	2.2	0.488	8.4
		172	7.5	0.090	59.7

E　加工特性

(1) 加工成形特性:合金具有良好的加工成形特性。合金锭坯在高温锻造或挤压开坯后,可在低温下进行轧制、拉拔等深加工成板材、管材、棒材和丝材,在室温下可对合金进行冲压、剪切、弯曲、旋压、深拉等成形加工。

(2) 可焊性:具有良好的焊接性能,GTA(钨极氩弧焊接)、电子束焊接和电阻焊都可用于T-222合金及其与其他钽合金的连接,在焊接时需避免污染。

(3) 延-脆性转变温度:-196℃;

热处理温度:消除应力温度1090~1320℃,再结晶温度1425~1650℃。

F　典型用途

T-222合金主要用于制造空间核电系统的熔融钠及钠钾合金压力管、高温核反应堆中燃料包套、超声速飞行器前缘和端头、火箭喷管及其燃气扰流片、蜂窝结构等高温构件。

3.2.3.3　Ta-8W-1Re-0.7Hf-0.025C合金(Astar 811C合金)

Astar 811C合金是用双重真空自耗电极电弧熔炼,可视为一种半商业性的试验合金,其高温性能、抗蠕变性能及可加工性能均超过T-111和T-222合金。Astar 811C合金与T-111及T-222合金的蠕变性能比较示于表8-3-31。

表8-3-31　T-111、T-222和Astar 811C合金蠕变性能比较

合　金	试验温度/℃	应力/MPa	产生蠕变量/%	试验时间/h
T-111	1316	103	1	20
T-222	1316	103	1	80
Astar-811C	1316	103	1	260

3.2.4　钽铌合金

钽铌合金是以钽为基加入铌组成的合金,在Ta-Nb合金系中,先有Ta-3Nb(TN3)、Ta-20Nb(TN20)合金,现在已很少使用。后来出现了Ta-40Nb(KBI40)合金,价格便宜,主要用于化学工业,但其耐蚀性,特别是抗氢脆能力不如纯钽。在Ta-40Nb基础上发展出的Ta-37.5Nb-2.5W-2Mo(KBI41)合金,强度比Ta-10W略低,但高于其他一些合金。耐蚀性与纯钽相近。KBI41合金是一种成本较低,综合性能优良的耐腐蚀钽合金。

3.2.4.1　Ta-40Nb(KBI40)和Ta-37.5Nb-2.5W-2Mo(KBI41)合金的典型性能

KBI40和KBI41钽铌合金的典型性能见表8-3-32。

表8-3-32　钽铌合金的典型性能

合　金	状　态	密度/g·cm^{-3}	熔点/℃	温度/℃	抗拉强度/MPa	伸长率/%
Ta-40Nb	电子束熔炼	12.1	2705	21	420	20
Ta-37.5Nb-2.5W-2Mo	电子束熔炼			21	450	20

3.2.4.2　化学性质

钽铌合金在硫酸和混合溶液中的腐蚀速率及其与纯钽的比较分别示于表8-3-33和表8-3-34。

表 8-3-33　钽和钽铌合金在硫酸中的腐蚀速率

合　金	酸浓度/%	腐蚀温度/℃	腐蚀速率/mm·a^{-1}
Ta	95.2	170	0.0101
		200	0.0428
Ta-40Nb	85	200	0.5558
		230	2.8553
Ta-37Nb-2.5W-2Mo	85	200	0.0684
		230	2.6632

表 8-3-34　钽及 Ta-40Nb 合金在混合溶液中的腐蚀速率

酸浓度/%	盐浓度/%	腐蚀速率/mm·a^{-1}	
		Ta	Ta-40Nb
60 H_2SO_4	5 $AlCl_3$	0.005	0.0275
60 H_2SO_4	0.01 $FeCl_3$	0.0025	0.025
70 H_2SO_4	10 NaCl	0.010	0.200
20 HCl	5 $AlCl_3$	0.000	0.000
15 HCl	10 NaCl	0.000	0.000
36 HCl	0.005 $FeCl_3$	0.000	0.000

3.3　钽及钽合金材料的制取

钽及钽合金制取包括锭坯制备、塑性变形、焊接和热处理。

3.3.1　锭坯制备

常用粉末冶金法和熔炼法制取锭坯。

3.3.1.1　*粉末冶金法*

粉末冶金法常用于小型钽制品和后续加工用坯锭的制备。选用金属钽粉和合金元素粉末混合，压制成形后进行真空烧结。烧结工艺取决于对产品的使用要求，一次烧结用于熔炼用电极和多孔钽阳极，二次烧结用于制备锻造、轧制和拉拔等塑性变形用的坯锭。钽合金粉末成形坯多以棒、方条、矩形、环形等形式提供。成形工艺条件实例见表 8-3-35，烧结工艺实例见表 8-3-36。

表 8-3-35　钽粉末压制成形实例

压制方法	装模尺寸 /mm×mm×mm	恒压时间 /min	压力/MPa	压坯尺寸 /mm×mm×mm	坯重/kg	相对密度 /%
钢模，500t 油压机	20×40×500	2	3000	20×16×500	1.6	74
等静压	ϕ80×900	10	250	ϕ65×765	30.0	72
等静压	44×100×980	15	260	30.5×82.5×800	21.1	
等静压	ϕ65×780	3	350		8.0	80
等静压	ϕ80×900	10	250	ϕ62×778	14.0	70

表 8-3-36　真空垂熔烧结工艺

坯料尺寸/mm × mm × mm	烧结温度/℃	升温时间/min	保温时间/min	真空度/Pa	备　注
(28 ~ 30) × (71 ~ 73) × (690 ~ 730)	室温 ~ 1700	80		$(5\times10^{-2})\sim(5\times10^{-3})$	一次烧结
	1700 ~ 1790		90		
	1790 ~ 2200	60			
	2200		240		
	室温 ~ 2400	60			二次烧结
	2400		120		

3.3.1.2　熔炼法

钽及其合金的真空熔炼主要有电子束熔炼和电子束加真空自耗电弧熔炼双联工艺。电子束熔炼用于钽及其合金的提纯和制备铸锭。真空自耗电弧熔炼用于制备大直径和合金成分更均匀的铸锭,其电极可用烧结棒或电子束熔炼制成。使用电子束区域熔炼法可制备高纯钽和钽单晶。

钽及其合金的电子束熔炼工艺实例见表 8-3-37。自耗电弧熔炼工艺参数见表 8-3-38。

表 8-3-37　钽电子束熔炼工艺参数实例

设备功率/kW	坩埚直径/mm	原 料 状 态	熔次	真空度/Pa		熔化功率/kW	熔速/$kg\cdot h^{-1}$	比电能/$kW\cdot h\cdot kg^{-1}$	冷却时间/min	成锭率/%
				熔前	熔炼					
200	ϕ60	ϕ45 mm 烧结棒	1		7×10^{-2}	130 ~ 140	20 ~ 25	5.5 ~ 6.5	60	89
200	ϕ80	ϕ60 mm 一次锭	2		1×10^{-2}	180 ~ 190	20 ~ 25	7.5 ~ 9.0	90	94
120	ϕ75	ϕ60 mm 一次锭	2		1×10^{-2}	100 ~ 110	12 ~ 14	8.0 ~ 8.3	90	94
500	ϕ160	100 mm × 100 mm 烧结条	1		2×10^{-2}	400		3.3		
500	ϕ180	ϕ160 mm 一次锭	2		2.5×10^{-2}	480	101 ~ 120	4.1		

表 8-3-38　钽自耗电弧熔炼工艺实例

坩埚直径/mm	电 极 状 态	真空度/Pa		熔化电流/kA	电弧电压/V	稳弧磁场/安匝	冷却时间/h
		熔前	熔化				
ϕ150	ϕ78 mm 一次电子束锭	3×10^{-2}	7×10^{-2}	6 ~ 6.8	46 ~ 48	2450	3

3.3.2　塑性变形

纯钽的塑性好、变形抗力小、加工硬化率小,在室温下可加工成板材、带材、箔材、管材和棒材、丝材。钽合金由于强度高、变形抗力大,需在高温进行挤压或铸造开坯,为避免加热时钽的氧化和污染,应采用包套或表面涂层。开坯后需清理表面和再结晶处理,使破碎了的粗大的原始晶粒再结晶成细小的新晶粒,有利于后续塑性变形,然后在低温下进行轧制、拉拔等加工制成合金板材、带材、棒材、管材等产品。钽及钽合金板材通过冲压或旋压可制成杯、帽、管、锥体、喷管等不同形状的零件。

3.3.2.1　钽及钽合金的加工特性

钽合金具有良好的加工特性,商业上钽合金由于具有较高的强度,必须在十分高的温度下才能用锻造和挤压方法将铸锭开坯。钽合金的轧制加工温度、再结晶温度以及延性 - 脆性转变温度列于表 8-3-39。

表 8-3-39 钽合金的加工特性

项目			非合金钽	"63"金属	Ta-10W	T-111	T-222
锻造	温度/℃	始锻	<500	<500	1000~1200	1100~1200	1150~1250
		终锻	20	20	800	800	800
	典型缩减率/%		75	75	75	75	75
挤压	温度/℃		1100	1100	1425~1625	1425~1625	1650
	典型缩减率		4:1	4:1	4:1	4:1	3:1
轧制	温度/℃	开坯	20	20	500	500	500
		终轧	20	20	20	20	20
	典型的两次退火之间的总缩减率/%		80	80	75	75	75
应力消除温度/℃			900	1000	1000	1100	1100
再结晶温度/℃			980~1200	1200~1300	1300~1650	1400~1650	1400~1650
延-脆性转变温度/℃	锻压		<-250	<-250	<-250	<-250	<-196
	再结晶		<-250	<-250	<-250	<-250	<-196

3.3.2.2 铸锭开坯

A 自由锻造开坯

钽及其合金的自由锻造主要是为挤压管、棒或轧制板、带、箔材等开坯。

(1) 锭坯要求。铸锭成分符合有关标准,经扒皮去掉氧化皮、皮下气孔、冷隔等缺陷,表面无直径急剧过渡区。

(2) 涂层保护。高温下,钽容易被氧、氮污染,锻造加热时需采用包套法或涂层法保护,以涂层法为好。常用涂料为:65% M-1 玻璃粉 +28% A-5 玻璃粉 +2% Na_2Co_3 +8% 苏州黏土水调和而成。

(3) 锻造。高纯钽可进行冷锻,杂质含量高或合金均需温锻或高温锻造,冷锻(室温)和温锻(350~400℃)不需涂层保护。温锻和高温锻时,应将砧子预热到350~400℃。先用摔子逐级减径,获得一定变形后加大压下变形量。

B 挤压开坯

挤压开坯是钽的管、棒、丝、板、带坯料生产的常用开坯方法。钽及其合金的挤压要求是挤压温度高、挤压速度快,采用耐热模具材料,锭坯应采用包套或涂层保护,挤压时应选择合适的润滑剂。钽挤压工艺参数列于表 8-3-40。

表 8-3-40 钽挤压开坯工艺实例

挤压机吨位/t	挤压筒直径/mm	挤压比 λ	棒直径/mm	管坯尺寸 外径/mm	管坯尺寸 内径/mm	加热温度/℃	加热设备	润滑
600	65	7.0~20.0	20~25	25~30	16~20	1000~1150	电炉或中频感应炉	铸锭包套或表面涂层普通润滑剂润滑模具
600	85	7~18	26~30	28~40	18~32			
600	100	4~13	31~50	41~50	18~40			
600	120	3~7	51~68	51~68	20~55			
3150	220	5~18	60~100	70~100	45~55			

3.3.2.3　棒材、丝材生产

钽棒材、丝材生产工艺流程见图 8-3-7。

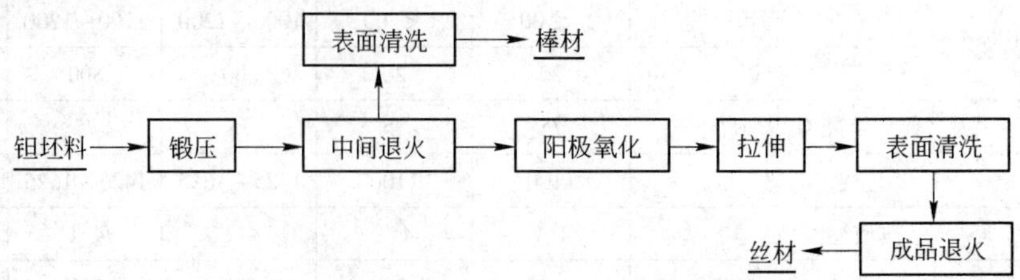

图 8-3-7　钽棒材和丝材生产工艺流程

A　锻压

钽棒、丝锻压分旋锻和辊锻两种方法。

旋锻是模锻的一种特殊形式，两块锻模环绕锻坯轴高速旋转，并进行高速锻打使坯料变形。挤压、退火后钽棒坯塑性较高，可用冷锻和实心锻件。加工规范见表 8-3-41。

表 8-3-41　钽旋锻加工规范

棒直径/mm	20 ~ 15	15 ~ 10	9 ~ 6	6 ~ 4.5	4 ~ 3
道次加工率/%	10 ~ 12	12 ~ 17	10 ~ 14	14 ~ 19	12 ~ 10
进料速度/m · min^{-1}	1 ~ 2	1 ~ 2	1 ~ 2	1 ~ 2	1 ~ 2

B　阳极氧化

以 Mo(或 Ta)作阳极在 1% H_2SO_4 水溶液中，使钽、铌丝坯表面生成无定形氧化膜，作为润滑剂载体，降低拉伸时摩擦系数，可提高丝材表面质量。

C　拉伸

工业生产中拉伸模多采用硬质合金模和金刚石模，前者多用于拉粗丝，拉细丝时多用自然(或人造)金刚石模，以聚晶拉丝模最为理想。钽丝拉伸工艺参数见表 8-3-42 和表 8-3-43。

表 8-3-42　钽丝拉伸道次加工率

丝直径/mm	3.00 ~ 0.80	0.75 ~ 0.55	0.50 ~ 0.20	0.20 以下
道次加工率/%	15 ~ 8	10 ~ 4	10 ~ 4	10 ~ 4

表 8-3-43　拉丝速度和润滑条件

拉丝种类	拉丝速度/m · min^{-1}	润　滑　剂
粗拉	1 ~ 2	固体润滑(70% 蜂蜡 + 30% 石蜡)
中拉	2 ~ 4	固体润滑(70% 蜂蜡 + 30% 石蜡)
细拉	1.5 ~ 2.5	1% ~ 3% 肥皂 + 10% 油脂 + 水

3.3.2.4　板、带、箔材的生产

钽板材冷加工工艺参数、退火制度见表 8-3-39，箔材冷轧工艺参数见表 8-3-44。

3.3.2.5　管材生产

钽管材品种有挤压管、轧制管、拉伸管、旋压管及焊接管等数种。

钽管坯制备方法主要有挤压、板片旋压和板(带)材焊接等；成品管材的生产方法主要有轧制、拉伸和旋压。

表 8-3-44 钽箔材冷轧工艺参数

轧制道次	轧前片坯规格（厚×宽）/mm×mm	轧后箔材规格（厚×宽）/mm×mm	道次加工率/%	总加工率/%	备注
0	0.3×100			96.3	用二十辊轧机轧制，钽轧制 0.1 mm 后，1050~1150℃保温30~60 min 真空退火
1		0.25×100	16.7		
2		0.21×100	16.0		
3		0.19×100	9.55		
4		0.16×100	15.80		
5		0.14×100	12.50		
6		0.12×100	14.30		
7		0.10×100	18.7		
8		0.06×100	40.0		
9		0.04×100	33.4		
10		0.03×100	25.0		
11		0.02×100	33.3		
12		0.018×100	10.0		
13		0.016×100	11.0		
14		0.012×100	25.0		
15		0.011×100	8.34		

（1）挤压锭坯。钽坯锭挤压工艺参数见表 8-3-39。

（2）轧制管材。钽管材轧制一般是冷轧，设备采用二辊冷轧管机（国产 LG 型）和多辊冷轧管机（国产 LD 型）。

二辊冷轧管的主要特点是：道次变形量大，可达 90%；应力状态较好，不仅用于轧制高塑性金属管材，也适于轧制低塑性的金属管材；可生产直径与壁厚比（D/S）为 60~100 的薄壁管；生产的产品力学性能高，表面质量好，几何尺寸精确。其缺点是：设备结构复杂，投资大，生产率较低。

多辊式冷轧管的主要特点是：由于采用了 3 个以上的小直径轧辊，金属对轧辊的压力相对降低，轧辊与芯棒的弹性变形小，故可生产高精度大直径的薄壁管材（D/S 比可达 150~250）；由于变形均匀，所以生产出的管材表面光洁，质量好。

供轧制用的管坯，可用挤压、旋压、焊接等方法生产，经过矫直、切头尾、修理、酸洗等工序后可作为冷轧的管坯。

冷轧管材的主要工艺参数有变形程度、轧制速度和送进量等。冷轧管材所允许的变形程度为：道次变形程度的加工率为 20%~70%，延伸系数 1.25~3.33，两次退火间变形程度的加工率为 50%~97%，延伸系数 2.0~33.3。

（3）拉伸管。拉伸也是生产钽成品管材的主要方法之一。管材的拉伸有以下几种基本方法：

1）空拉。拉伸时管坯内部不放置芯头，通过模子后外径减缩，管壁一般会略有变化。空拉适用于小直径管材、异型管材、盘管和热处理或热加工后的管材。

2）长芯杆拉伸。管坯中套入长芯杆，拉伸时芯杆随同管坯通过模子，实现减径或减壁。此法由于管内部与芯杆间的摩擦力方向与拉伸方向相同，道次加工率较大。但每次拉伸后，为了更换小直径芯杆或进行退火，必须有专用设备将管子从芯杆上脱下，增加了辅助工序。

长芯杆拉伸用于薄壁的小直径管材，在一般的生产中已很少采用。

3）固定芯头拉伸。拉伸时，将带有芯头的芯杆固定，管坯通过模孔实现减径和减壁。

4）流动芯头拉伸。拉伸时，借助于芯头特有的外形建立起来的力平衡使它稳定在变形区中。此法是管材拉伸中较为先进的一种方法，非常适用于长管和盘管生产。

5）顶管法。将芯杆套入带底的管坯中，操作时管坯连同芯杆一同由模孔中顶出，从而对管坯外径和内径的尺寸进行加工，在生产大直径管材时，常采用此法。

6）扩径法。管坯通过扩径后，直径增大，壁厚和长度减小。这种方法主要是由于受生产管坯设备能力的限制不能生产出所需的大直径管坯时才被采用的。

拉伸用管坯基础与轧制用管坯相同。在拉伸过程中，为了避免被拉金属同模具相互黏结，拉伸前要使管坯表面覆盖一层特殊的氧化膜，然后再在其上面施用普通的润滑剂。钽、铌管坯用阳极氧化的方法覆盖一层氧化物，长芯杆拉伸时，内表面用石蜡，外表面用蜂蜡作润滑剂；空拉时用锭子油、机油作润滑剂。

3.3.2.6　钽及钽合金材料的热处理

钽合金材料成品需退火处理。退火处理有消应力退火、再结晶退火热处理。钽合金消除应力退火温度在1150℃以内，再结晶温度与冷变形量和合金元素有关（见表8-3-45）。

表8-3-45　钽及钽合金的再结晶温度

合金	状态	再结晶温度/℃	合金	状态	再结晶温度/℃
Ta	a	1200	Ta-10W	c_{11}	1400
Ta-5Nb	a	1300	Ta-10W-0.079C	c_7	1400
Ta-10Nb	a	1300	Ta-45W	c_8	1500
Ta-20Nb	a	1300	Ta-20W	c_{11}	1600
Ta-30Nb	a	1400	Ta-5V	c_4	1300
Ta-40Nb	a	1400	Ta-10W	c_{10}	1200
Ta-50Nb	a	1300	Ta-20V	c_{10}	1300
Ta-1Hf	a	1300	Ta-5Re	b	1400
Ta-1Hf-0.07C	b	1300	Ta-1Zr	a	1300
Ta-1Hf-0.17C	b	1300	Ta-1Zr-0.14C	c_3	1300
Ta-5Hf	a	1300	Ta-1Zr-0.04O	b	1300
Ta-10Hf	c_4	1300	Ta-10Zr	c_4	1300
Ta-10Hf-0.067C	c_7	1500	Ta-20Zr	c_3	1300
Ta-20Hf	c_{10}	1400	Ta 40Zr	c_{11}	1300
Ta-30Hf	c_2	1400	Ta-5Nb-10Ti	d	1200
Ta-35Hf	c_6	1300	Ta-5Nb-20Ti	b	1200
Ta-1Ti	a	1300	Ta-20Nb-10Ti	a	1300
Ta-1Ti-0.23C	c_1	1300	Ta-30Nb-10Ti	a	1300
Ta-1Ti-0.028C	b	1300	Ta-30Nb-5V	c_{11}	1200
Ta-5~10Ti	a	1200	Ta-30Nb-1Zr	b	1400
Ta-30Ti	a	1100	Ta-30Nb-5Zr	c_{11}	1400
Ta-10Ti	a	1000	Ta-30Nb-10Cr	c_{11}	1300
Ta-5Mo	c_5	1400	Ta-30Nb-10Hf	c_{11}	1300
Ta-7.5Mo	c_7	1400	Ta-30Nb-10Mo	c_{11}	1400

续表 8-3-45

合金	状态	再结晶温度/℃	合金	状态	再结晶温度/℃
Ta-30Nb-10W	c_{11}	1500	Ta-10Hf-10Ti	c_7	1500
Ta-10Ti-10Zr	c_9	1300	Ta-10Hf-10Zr	b	1200
Ta-20Ti-10Nb	a	1200	Ta-20Hf-5Al	c_9	1300
Ta-20Ti-5Al	b	1100	Ta-20Hf-5Cr	c_{10}	1300
Ta-20Ti-5Cr	b	1100	Ta-20Hf-30Nb	c_{10}	1300
Ta-20Ti-5V	b	1000	Ta-5Mo-5V	c_7	1400
Ta-20Ti-5Mo	c_9	1200	Ta-5V-1Zr	c_3	1300
Ta-20Ti-5W	c_9	1300	Ta-5V-10Ti	c_3	1300
Ta-20Ti-10W	c_9	1300	Ta-5W-10Ti	b	1300
Ta-10Hf-5W	c_7	1400	Ta-5W-10V	c	1400
Ta-10Hf-5W	c_4	1500	Ta-10W-1Zr	c_7	1400
Ta-10Hf-5W-0.054C	c_7	1400			

注：a—冷加工50%；b—冷加工65%；c—980℃包套轧制，冷加工5%；c_1—980℃包套轧制，冷加工10%；c_2—980℃包套轧制，冷加工15%；c_3—980℃包套轧制，冷加工20%；c_4—980℃包套轧制，冷加工30%；c_5—980℃包套轧制，冷加工35%；c_6—980℃包套轧制，冷加工50%；c_7—980℃包套轧制，冷加工60%；c_8—980℃包套轧制，冷加工65%；c_9—980℃包套轧制，冷加工70%；c_{10}—980℃包套轧制，冷加工75%；c_{11}—980℃包套轧制，冷加工从7.6mm至1.1~2.5mm；d—冷加工75%。

3.4 钽的化合物

钽是过渡元素，具有多价性，其氧化数有+5、+4、+3和+2等，在工业上最有用的是钽的高价化合物。

3.4.1 钽的氧化物

钽的最主要的氧化物是五氧化二钽（Ta_2O_5），它是工业中生产钽的主要原料，也是生产高折射率光学玻璃的主要组分，也用于电子工业。

Ta_2O_5可由钽铁矿除去其他金属而制得，也可以将氢氧化钽煅烧脱水制得，还可将纯钽在氧气中加热生成Ta_2O_5。

3.4.1.1 Ta_2O_5的化学性质

Ta_2O_5具有明显酸性，不溶于水，也不溶于除氢氟酸之外的一切酸中；在空气中或在氯、硫化氢或硫蒸气中灼烧，无变化；不被氯化氢或溴化氢所浸蚀；在真空中加热可分解成钽和氧；与碱共熔时，可得到钽酸盐。

3.4.1.2 Ta_2O_5的物理性质

Ta_2O_5的主要物理性质列于表8-3-46。

表8-3-46 Ta_2O_5的主要物理性质

性质	单位	数值	性质	单位	数值
密度	g/cm^3	8.2	介电常数		26
熔点	℃	1872±10	生成热	MJ/mol	2.027~2.092
变体		α、β	自由能	MJ/mol	1.898~1.909
相变温度	℃	1320	熵298	J/(mol·K)	143

3.4.2　钽的卤化物

钽的高价卤化物包括 TaF_5、$TaCl_5$、TaB_4 和 TaI_5 几种，钽及钽的氧化物溶于氢氟酸可生成 TaF_5。TaF_5 是白色结晶体，其熔点和沸点均很低，能溶于水但不分解。TaF_5 的吸湿性很强，在空气中能潮解产生 HF 气体。

氯及含氯试剂及钽反应可生成 $TaCl_5$，其吸湿性很强，极易水解析出白色氢氧化物沉淀。$TaCl_5$ 易挥发，在真空中于 600℃ 即可分解成金属 Ta。在 CCl_4 中的溶解度为 1%，在 CS_2 中溶解度为 3%。

$TaBr_5$ 为橙黄色晶体，溶于水分解，但在真空中蒸发时性质稳定，不分解。

TaI_5 为黑色晶体，升华而不分解，在空气中分解。

钽卤化物的物理性质示于表 8-3-47。

表 8-3-47　钽卤化物物理性质

性　质	TaF_5	$TaCl_5$	$TaBr_5$	TaI_5	性　质	TaF_5	$TaCl_5$	$TaBr_5$	TaI_5
密度/g · cm^{-3}	4.74	3.68			介电常数		2.633		
熔点/℃	95.1	220	280	496	熔化热/kJ · mol^{-1}				36.01
沸点/℃	229.3 ~ 233.3	233 ~ 239	348.8	543	蒸发热/kJ · mol^{-1}	54.4	56.9	62.4	82.5
熔点下的比电阻 /Ω · cm	15.6×10^6	0.3×10^6			活化能/kJ · mol^{-1}			28.05	33.91
磁化率		0.39×10^6							

3.4.3　钽的碳化物

TaC 具有高熔点、质坚硬特性，广泛用于硬质合金。

3.4.3.1　TaC 的化学性质

除氢氟酸与硝酸混合酸之外，TaC 不溶于其他各种酸性溶液；在空气中低于 1100℃ 时，TaC 很稳定不被氧化。在氨或氮的作用下易生成氮化物。

3.4.3.2　TaC 的物理性质

TaC 的物理性质示于表 8-3-48。

表 8-3-48　TaC 的物理性质

性　质	单　位	数　值	性　质	单　位	数　值
状态		棕色粉末	线膨胀系数	1/℃	8.2×10^{-6}
密度	g/cm³	14.5	电阻率	μΩ · cm	30(20℃)
莫氏硬度	GPa	9			0.2×10^{-4}(3500℃)
显微硬度		20	生成热 ΔH_{298}	kJ/mol	−267
熔点	℃	3990	弹性模量	GPa	290
沸点	℃	5500	超导性	K	<10
比热容	kJ/(kg · K)	0.79	晶粒结构		fcc
热导率	W/(m · K)	22.19	点阵常数	nm	0.4455

3.4.4　钽的氮化物

钽在氮气或在氨气流中加热至 1100 ~ 1300℃ 可获得氮化钽，钽的氮化物有 3 种：TaN、

Ta_2N 和 Ta_5N_3，最重要的是 TaN。

3.4.4.1　TaN 的化学性质

TaN 不溶于硝酸、氢氟酸和硫酸，但溶于热的碱性溶液并释放出氨气或氮气。在空气中加热可生成氧化物并放出氮气。

3.4.4.2　TaN 的物理性质

TaN 的物理性质见表 8-3-49。

表 8-3-49　TaN 的物理性质

性　质	单　位	数　值	性　质	单　位	数　值
状态		蓝灰色粉末	显微硬度	GPa	32.4
晶体结构		hcp	熔点	℃	2890～3090
点阵常数	nm	$a=0.5181$	比电阻	μΩ·cm	135(20℃)
		$c=0.2902$			103(1200℃)
密度	g/cm^3	14.4			116(2567℃)
莫氏硬度		8	生成热(ΔH_{298})	kJ/mol	−243.3

3.4.5　钽的硼化物

钽的硼化物中 Ta_3B 只在高温下才稳定。室温稳定的有 TaB_2 和 TaB 两种。它们不被盐酸和王水浸蚀，但能被热的硫酸和氢氟酸缓慢分解。其物理性质列于表 8-3-50。

表 8-3-50　钽的硼化物的物理性质

性　质	单　位	TaB	TaB_2
晶体结构		斜方	hcp
点阵常数	nm	$a=0.3276$ $b=0.8699$ $c=0.3157$	$a=0.3078$ $c=0.3265$
密度	g/cm^3	14	11.7
熔点	℃		3200
硬度	GPa		24.5
弹性模量	GPa		250
比电阻	μΩ·cm	100	

3.4.6　钽的氢化物

在氢气中加热钽可获得钽的氢化物。钽的氢化物分子式为 TaH，性质极脆，在常温下的空气中 TaH 稳定，对化学试剂的作用与纯钽一样稳定。在高真空下加热至 1000～1200℃，TaH 分解放出 H_2。

3.4.7　钽的金属间化合物

常用的钽的金属间化合物见表 8-3-51。

表 8-3-51　常用的钽的金属间化合物

分子式(相)	晶型	晶格常数				熔点/℃
		a/nm	*b*/nm	*c*/nm	*c*/*a*	
Ta_2B	正方	0.5778		0.4864	0.841	
TaB	斜方	0.3276	0.8669	0.3157		
Ta_3B_4	斜方	0.3190	1.46	0.313		
TaB_2	六方	0.3078		0.3265	1.06	
$TaAl_3$	正方	0.5422		0.8536	1.574	
$TaFe_3$	六方	0.481		0.785	1.63	
$TaNi_3$	斜方	0.5114　0.425		0.4542	0.81	3000
$Ta_{4.5}Si$	六方	0.610		0.492	0.816	
Ta_2Si	正方	0.6157		0.5039	1.82	1775
Ta_5Si_3(低温)	正方	0.6516		1.1873	0.512	
Ta_5Si_3(高温)	正方	0.988		0.506	1.373	2510 ± 100
$TaSi_2$	六方	0.4783		0.6565	2.291	2460
TaV_2	六方	0.5065		1.703		2500 ± 100
$\alpha-Co_3Ta$	面心立方	0.3647 ± 0.04			1.647	
$\beta-Co_3Ta$	六方	0.9411 ± 0.033		1.55 ± 0.057	3.26	2200 ± 100
$\gamma-Co_2Ta$	六方	0.472 ± 0.01		1.539 ± 0.01		
$\beta-Co_2Ta$	立方	0.6733 ~ 0.6714			1.632	
$\alpha-Co_2Ta$	六方	0.4797 ± 0.006		0.4827 ± 0.01	1.637	
$CrTa_2$	六方	0.4925		0.8062	1.639	
	立方	0.4932		0.8082		

3.4.8　钽酸盐及其晶体材料

钽的氧化物与不同金属氧化物熔融，或者用碱溶液处理钽的氧化物时，可生成钽酸盐。在钽酸盐中最重要的是钽酸钾、氟钽酸钾、钽酸钠和钽酸锂。

钽酸钾中 K_2O 与 Ta_2O_5 之比可从 3∶7 变到 10∶3。易溶于水，较常见的有 $K_2O \cdot Ta_2O_5$ 偏钽酸钾和 $5K_2O \cdot 3Ta_2O_5$ 钽酸钾。钽酸钠中 Na_2O_5 与 Ta_2O_5 之比有 4∶3.7、7∶5、1∶1、1∶3 和 2∶7 等几种，均难溶于水。

氟钽酸钾 K_2TaF_7 是最重要的钽的化合物之一。是制取钽粉的重要原料。其形态呈针状，密度 5.24 g/cm^3，熔点 720℃。在沸水中可分解成不溶化合物 $K_4Ta_4F_{14}O_5$，但与溶液中 HF 浓度增大时又重新溶解，在含 HF 溶液中不发生水解，溶解度随 HF 浓度增高而增加，与氟化钾的过量浓度成反比。

钽酸锂 $LiTaO_3$ 晶体是采用高纯 Li_2CO_3 和 Ta_2O_5 为原料用提粒生长而成，具有优良的压电、电光、非线性光学和热释电性等特性，并具有低的损耗角正切、良好的机加工性能。在 -25 ~ 100℃ 之间其响应与温度无关。晶体进行退火极化处理，消除了内应力并使晶体单畴化，可获得更佳的光学均匀性和消光比。

$LiTaO_3$ 晶体的物理性能列于表 8-3-52。

表 8-3-52　钽酸锂晶体的物理性能

性质	单位	数值	性质	单位	数值
晶体结构		三方	一次电光系数	m/V	$\gamma_{12}=\gamma_{23}=7.0\times10^{-12}$
点阵常数	nm	$a=0.5154$			$\gamma_{33}=30\times10^{-12}$
		$c=1.3783$	介电常数		$\varepsilon_{13}^{s}=41$
密度	g/cm³	7.45			$\varepsilon_{33}^{s}=42$
熔点	℃	1650			$\varepsilon_{13}^{T}=53$；$\varepsilon_{33}^{T}=44$
莫氏硬度		5.5～6.0	机电耦合系数		$R15\geqslant0.3$
折射率		$n_o=6.176$	透光范围	μm	0.4～5
		$n_e=2.186$	居里温度	℃	665±5

3.5　钽、钽合金及化合物的分析

3.5.1　钽及氧化钽的分析方法

金属钽及其氧化物的分析方法见表 8-3-53。

表 8-3-53　金属钽及其氧化物的分析方法

样品	分析元素	分析方法	样品	分析元素	分析方法
金属钽 氧化钽	铌	氯化磺酚碳光度法	金属钽	氢	真空热提取气相色谱法
金属钽	铌	4(2-吡啶偶氮)间苯二酚(PAP)光度法	金属钽 氧化钽	铝、钙、铬、铁、镍硅、钒、铜、镁、钛、钼、铌、钨	直流电弧发射光谱法
金属钽	铌	阴离子交换分离硫氰酸盐光度法 阴离子交换分离氯化磺酚硫光度法	钽粉(屑) 氧化钽	铌、铁、镍、硅、钛、锡、铬、钴、钼、硼	直流电弧发射光谱法
金属钽	铝	阴离子交换分离-铬天青SCTYMAB光度法	金属钽	镍、铬、钛、锰、铝、铜、铌	载体分馏发射光谱法
金属钽	铝	阴离子交换分离-8羟基喹啉光度法	钽 氧化钽	锆、铜、铌、钙、钼、铝、钛、铁、铬、锡、镍、锰、镁、铅、硅	直流电弧发射光谱法
金属钽	铁	阴离子交换分离-邻菲啰啉光度法	金属钽 氧化钽	铌、钨、钒、钛、锆、钼	控制气氛直流电弧光谱
金属钽	铁	邻菲啰啉光度法	金属钽	钒、钴、铊、铁、锰、镁、铅、铬、铟、镍、铋、钙、钒、镉、铜、锌、锶	离子交换分离-化学光谱法
金属钽	钛	二安替吡啉甲烷光度法 阴离子交换分离-二安替吡啉甲烷光度法	高纯钽粉	杂质	火花源质谱法

续表 8-3-53

样品	分析元素	分析方法	样品	分析元素	分析方法
金属钽	硅	硅钼蓝萃取光度法	金属钽	氧	惰性气氛脉冲－气相色谱法
		阴离子交换分离－硅钼蓝光度法		氢	真空加热定容测压法
金属钽	钼、钨	二硫酚光度法	金属钽	氧	真空熔融－气相色谱法
	钨	硫氰酸盐萃取光度法		氧	惰性气氛脉冲法
	钼	二硫酚锌萃取光度法	钽混合金	铬、铜、铁	直流电弧发射光谱法
金属钽	氮	凯氏蒸馏－容量法（或光度法）	金属钽	锰、铜、铌	火花压片光谱法
			氧化钽	镍、硅、钛、锆	直流电弧发射光谱法
金属钽	碳	管式炉或高频炉燃烧法或库仑法测量	钽、氧化钽	铅、锡、铋、锑、镉	直流电弧发射光谱法
金属钽	氟	热水解分离镧－茉素羧络合光度法	金属钽	铜、铍、镁、硼、铝、钛、锆、锡、	交流电弧发射光谱法
			氧化钽	铅、钒、铌、铬、铜、锰、铁、钴、镍	直流电弧发射光谱法

3.5.2　钽合金、碳化钽、钽酸锂晶体分析

钽合金、碳化钽及钽酸锂晶体分析方法示于表 8-3-54。

表 8-3-54　钽合金、碳化钽及钽酸锂晶体的分析方法

样品	分析元素	分析方法	样品	分析元素	分析方法
碳化钽	总碳	燃烧－红外吸收法	钽钨合金	钨	EDTA 间接容量法
	游离碳	燃烧法	钽钨、钽锆、钽钨锆合金	钽	$Ta-H_2O-H_3PO_4$三元配合物，以$Ce(SO_4)_2$滴H_2O_2测定钽
	氧	惰性气氛中加热－色谱法	钽酸锂晶体	钽	以六氟钽酸根离子选择的电极为指示器的电位滴定法
	氮	碱熔－容量法或比色法			

3.6　钽及其合金的应用

钽及其合金的应用如下所述：

（1）电子工业。用钽制作的电解电容器具有体积小、质量轻、可靠性好、工作温度范围大、抗振及使用寿命长等优点。钽电解电容器按电解质可分为两种：固体电解质电容器和液体电解质电容器。钽电解电容器按其阳极形式区分，主要有钽箔和烧结阳极两种。钽粉用于烧结型电容器，钽箔则用于箔型电容器，钽丝用作这两种电容器的阳极引线。

目前，电子工业的发展对钽电容器小型化及高可靠性的要求越来越严格，在钽电容器小型化和片型化方面，致力于提高钽粉的比容。国外钽粉的比容已达到 40000 μF·V/g 以上的生产水平，研究已达到 70000～80000 μF·V/g；中国钽粉的比容已达到 30000 μF·V/g 的

生产水平,研究已达到50000 μF·V/g。在可靠性方面,致力于研制高可靠性的电容器级钽粉。目前国外固体钽电解电容器的可靠性已达 10^{-10}/h 的水平。

钽也用作电子管的材料。由于钽的熔点高,蒸气压低,加工性能好,线膨胀系数小,吸气性优良,因此钽是制作发射管、高功率电子管零件的良好材料。

(2) 硬质合金工业。在 WC-Co 合金中加入碳化钽、碳化铌或其混合物的作用是作为晶体生成的抑制剂,可以改善合金的高温硬度、高温强度和抗氧化性能,大大提高了切削速度和延长了刀具的寿命。在硬质合金中,因用途不同,其 TaC 含量也有所不同,一般在4%~12%范围内变化。在这种复合碳化物中较高的 TaC 含量能显著提高抗热冲击、热硬度和抗氧化的性能。

(3) 化学工业。在抗蚀方面使用的有色金属钽和钽合金,如 Ta-2.5W、Ta-10W(Ta-10W alloy)、Ta-40Nb 等,这些材料比任何别的材料更能经受高温和矿物酸(盐酸、硫酸、硝酸)的腐蚀。钽的抗蚀性能最好,Ta-2.5W、Ta-10W 类似于钽,Ta-40Nb 合金接近于金属钽。钽及其合金主要用于化学过程的反应容器和热交换器。

钽容器已成功地用于通过吸附氯化氢来制造盐酸;用于制造农药、药品、精细化工制品、炸药、染料和光气衍生物的冷凝中;也用于铬酸电镀设备中,如热交换器、管道、热偶管、蒸馏和冷凝塔以及阳极框等,电镀液中即使有少量氟化物也不会对钽造成侵蚀。

钽及其合金是热交换器中的最理想材料,它们的热导率为钛的2倍多,为铬不锈钢的3倍多,为镍基合金的4倍。热传输元件包括热交换器、冷凝器、卡中加热器、螺旋线圈、U形管、喷雾器和再沸器等。

金属钽还可以代替黄金、铂制造合成纤维喷丝头,要求坚固、耐磨损、抗腐蚀,要求喷管上直径为数十微米的小孔在使用过程中尺寸严格不变。

(4) 航空和宇航工业。金属钽特别是钽合金,如钽钨合金、钽钨锆合金、钽铪合金可用作超声速飞机、火箭、导弹的耐热高温高强度结构材料以及控制、调节装置的零件等。如美国阿吉纳宇宙飞船的燃烧室用 Ta-10W 合金制成;导弹发动机鼻锥也已使用 Ta-10W 合金,这种合金可在2500℃下使用。反坦克导弹的发动机舵片和导弹尾部的红外光源分别使用了钽合金和金属钽。

钽在宇航工业中的应用主要有三个方面:固体推进剂火箭;重返大气层的飞行器;核动力系统中容纳液态金属的装置。

(5) 原子能工业。钽对液态金属汞、钠、钾合金具有很高的化学稳定性,在原子能工业中用作液态金属容器和高温释热元件的扩散壁。用在这方面的钽合金有:Ta-2.5Re-3W、Ta-10W、T-111、T-222 等合金。

T-111 合金具有极好的焊接性能,直径1316 mm 还具有很高的强度,至少在1260℃时能耐碱金属的腐蚀,因此 T-111 合金是宇航能源系统的一种主要候选材料。

金属钽不溶于盥,故可作熔融盥实验反应堆的燃料容器材料。

钽酸镉和钽酸铟的中子俘截面高,稳定性好,在高温反应堆(>700℃)中,它们是有实用价值的高温控制材料。

(6) 高温技术。在高温真空炉中,钽用作支撑附件、热屏蔽、加热器和散热片等。一般采用0.1~0.5 mm 厚的钽板做成加热器,也可使用钽丝,有时采用有沟槽或波纹的热屏蔽。因此,钽是制作1600℃以上真空炉的主要材料。

(7) 医疗方面。钽可作接骨板、螺丝、铗杆、钉、缝合针等外科手术材料。钽板、钽片可以修补头骨。钽箔、钽丝可以缝合神经。细钽丝可以缝合内径1.5mm以上的各种血管。钽丝可修补肌肉组织,可代替腱甚至神经纤维。钽丝还用于矫形骨外科换骨用的缝线。钽还用于牙科器械的制造。

参考文献

[1] 辛良佐. 钽铌合金[M]. 北京:冶金工业出版社,1982.

[2] 《稀有金属材料加工手册》编写组. 稀有金属材料加工手册[M]. 北京:冶金工业出版社,1984.

[3] 《稀有金属手册》编委会. 稀有金属手册(下)[M]. 北京:冶金工业出版社,1995.

[4] 王肇信,辛良佐,曾芳屏. 钽铌冶金学[M]. 稀有金属冶金学会钽铌冶金专业委员会,1998.

[5] Gypen L A, Derugttere A J. Less - Common Metals[J]. 1982, 86:219.

[6] Mortimer Schussler Tantalum(ASM Handbook), Vol. 2[M]. Printed in USA, October 1995:1160.

[7] 有色金属材料咨询研究组. 有色金属材料咨询报告[M]. 西安:陕西科学技术出版社,2000:91~121.

[8] 李洪桂. 稀有金属冶金学[M]. 北京:冶金工业出版社,1990.

[9] 吕义生,冷时铭,刘子方. 中国钽电容器工业的进展.

[10] Foutain R W, Mckeinsey C R. Physical and mechanical properties of columbium and tantalum and their alloys[C]//Frank T Sisco, Edward Epirimain. Columbium and Tantalum. John Wiley and Soms Inc., 1963.

[11] Bernard N. Tantalum carbide and iobium carbide in hard metal[C]// Proceedings of a symposium at the 36th TIC meeting. Sept. 1995: 485~492.

[12] 周菊秋,等. 中国钽、铌碳化物的生产和应用[J]. 稀有金属材料与工程,1998,27(1):26~31.

[13] 材料科学技术百科全书[M]. 北京:中国大百科全书出版社,1995.

[14] Briant C L. New Applications for Refractory Metals[J]. JOM, March, 2000:36.

[15] 美国金属学会. 金属手册[M]. 北京:机械工业出版社,1991:351~388.

[16] ASM Inter. Refractory alloys[J]. Advanced Materials and Processes, December 2001, 159(12):141~144.

[17] Buckman Jr R W. The creep behavior of refractory metal alloys[J]. International J. Refractory Metals and Hard Materials, 2000, 18:253~257.

编写:张廷杰(西北有色金属研究院)

校对:殷为宏(西北有色金属研究院)

第4章　铌及铌合金

铌是元素周期表第Ⅴ族副族元素。符号Nb(旧称“钶”,符号Cb)。原子序数41。高熔点金属之一。呈钢灰色,质硬且有延展性。室温下相当稳定,在高温时能吸收氧、氢、氮等气体。耐腐蚀性较钽稍差。

铌是1801年由英国化学家哈特契特发现的,根据发现地命名为钶。1844年德国化学家罗斯又发现一种性质与钽相似的元素,命名为铌。1866年发现钶和铌是同一元素,1950年国际理论化学和应用化学协会决定统一称为铌。

铌主要用于制造特种不锈钢、高温合金和超导合金及电子管;碳化铌可用于制作硬质合金;铌的热中子俘获截面较小,故可用作快中子反应堆和空间堆燃料包套;铌还用作液体金属容器和管道、发动机推力室喷注器、高压钠灯发光管中导通管。

铌与钽共存于铌钽铁矿中,也存在于钨矿及某些稀土矿中。可以用七氟铬铌酸钾(K_2NbF_7)熔融电解或用活泼金属或碳来还原氧化物而制得。

铌在地壳中的含量虽然比较丰富,但铌和钽常与一些氧化物和盐类伴生,致使有效分离和回收都很困难,工艺复杂,成本昂贵,对广泛使用不利。

世界铌工业始于20世纪50年代,1955年美国开始工业生产金属铌,随后其他各国也先后发展铌工业。由于铌及其合金具有优良的综合性能,可以预见,科学技术的发展,不仅会使铌的用量大幅度增加,而且会大力促进铌及铌合金材料研究的发展。目前看来,铌及铌合金的高温强度偏低和高温抗氧化性能较差,严重制约了铌及铌合金的应用。亟待研究的问题包括:如何添加合金元素,改善铌及铌合金性能,使氧化性能和力学性能取得平衡,建立合金化与基本性能之间的定量关系;研究和发展复合涂层体系,以获得理想的综合性能;大力发展合金材料和复合涂层的制备技术,完善工艺,增加品种,提高质量,降低成本,使材料能满足多种服役环境的需求。

4.1　纯铌

4.1.1　铌的物理性质

4.1.1.1　基础物理性质

铌的基础物理性质列于表8-4-1。

表8-4-1　铌的基础物理性质

名　称	单　位	试验温度/℃	数　值	名　称	单　位	试验温度/℃	数　值
原子量			92.91	晶体结构			体心立方
天然同位素			93	结构类型			A2
外围电子排布			$4d^45s^{-1}$	晶格常数	nm	25	0.3307
化合价			+3,+4,+5	配位数			8
电离能	eV		6.88	密度	g/cm^3		8.66

续表 8-4-1

名　称	单　位	试验温度/℃	数　值	名　称	单　位	试验温度/℃	数　值
最密原子间距离	nm		0.2864	辐射功率	W · cm^{-2}	1930	30.0
空间群			Im3m			2330	70.0
电子逸出功	W		4.01	阳极发射	eV		5.5
光谱发射率（λ=650 nm）			0.37	中子吸收截面	m^2		(1.1±0.1)×10^{-28}
				中子俘获截面	m^2		(1.0±0.5)×10^{-28}
辐射功率	W · cm^{-2}	1330	6.3				
		1730	19.3				

4.1.1.2　铌的热学性质

铌的热学性质列于表 8-4-2。

表 8-4-2　铌的热学性质

名　称	单　位	试验温度/℃	数值	名　称	单　位	试验温度/℃	数值
熔点	℃		2469±10	比热容	J/(g · ℃)	0	0.269
沸点	℃		4840			100	0.272
燃烧热	J/g		9960			500	0.288
蒸发潜热	kJ/mol		697.1			900	0.306
升华热	kJ/mol		25.166			1500	0.340
熔化热	kJ/mol		26.8			1600	0.346
热导率	J/(cm · s · ℃)	0	0.523	线膨胀系数	1/℃	18	
		100	0.544			100	7.05×10^{-6}
		200	0.565			200	7.10×10^{-6}
		300	0.586			400	7.53×10^{-6}
		400	0.607			600	7.64×10^{-6}
		500	0.632			800	7.85×10^{-6}
		600	0.653			1000	9.00×10^{-6}
		1000	0.711			1200	9.17×10^{-6}
		1200	0.754			1400	9.37×10^{-6}
		1400	0.795			1600	9.55×10^{-6}
		1600	0.837			1800	9.68×10^{-6}
		1700	0.858			2000	9.80×10^{-6}
熵	J/mol	25	24.9				

4.1.1.3　铌的电磁性质

铌的电磁性质列于表 8-4-3。

表 8-4-3　铌的电磁性质

名　称	单　位	试验温度/℃	数　值	名　称	单　位	试验温度/℃	数　值
电阻率	μΩ · cm	20	17.1	电阻率	μΩ · cm	1000	49.1
		100	24.8			1100	50.0
		200	27.6	电阻温度系数		0 ~ 100	3.95×10^3
		400	34.3	超导转变温度	K		9.22
		600	40.5	磁化率	CGS		2.28×10^{-6}
		800	45.2				

4.1.2　铌的化学性质

4.1.2.1　铌的抗氧化性能

在较低温度下，铌与氧反应使表层氧化膜厚度增加，形成保护性氧化膜，氧化速度减慢，其反应呈抛物线规律。表 8-4-4 列出了温度低于 390℃ 下铌在空气中的氧化状态，在 400℃附近，保护性氧化膜向非保护性氧化膜转变，形成显微气泡；高于 500℃ 氧化速度迅速提高，氧化呈直线关系，如图 8-4-1 所示。

表 8-4-4　大气中铌的氧化状态

温度/℃	增重/mg · $(cm^2 \cdot d)^{-1}$	表面颜色
180	0.0000	很弱的淡黄色
215	0.0000	浅黄色
230	0.00002	明显的黄色
260	0.00005	明亮的黄铜的黄色，有些紫红色斑点
280	0.00012	紫红色，明亮的蓝色和黄色的区域
300	0.00018	明亮的蓝色
325	0.00044	蓝绿色
350	0.00067	暗蓝绿色
390	0.00760	非常暗，形成白色氧化物

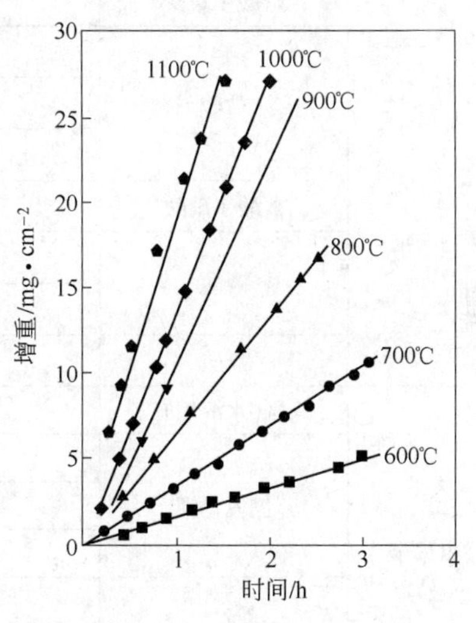

图 8-4-1　铌在空气中不同温度下的氧化速度

4.1.2.2　铌与其他气体反应行为

铌在其他气体中的化学行为列于表 8-4-5。

表 8-4-5　铌在其他气体中的化学行为

气　体	温度/℃	化学行为	气　体	温度/℃	化学行为
氢	>300	吸氢变脆	氨	>700	溶解变脆
氮	>700	吸氮变脆	碳水化合物	800 ~ 1000	渗碳

4.1.2.3　在化学介质中的耐蚀性能

在常温下铌在许多无机盐、有机酸、矿物酸及其水溶液中十分稳定，但抗碱性差，氢氟酸、氢氟酸加硝酸的混合酸能浸蚀铌。在 100℃ 以上温度下铌的抗酸能力下降，表 8-4-6 列出铌在各种化学介质中的抗蚀性能。

表 8-4-6　纯铌在各种化学介质中的抗腐蚀性能

介质分类	介　质	浓度/%	温度/℃	腐蚀率/mm · a^{-1}
无机酸	硝酸	浓	25	0.0000
	硝酸和氢氟酸混合液		20 ~ 100	很快溶解
	双氧水	30	21	0.0008
	氢氟酸	40	20 ~ 100	溶解
	硫酸	20	21	0.0000
		25	21	0.0000
		98	21	0.0004
		浓	21	0.00051
		浓	50	0.0032（铌变脆）
		浓	100	0.076（铌变脆）
		浓	150	0.852（铌变脆）
		浓	175	5.68（很快溶液）
		浓	200	很快溶液
	硫酸 + 铬酐		100	0.032
	盐酸	20	19 ~ 26	0.0000
		浓	19 ~ 26	0.0000
		浓	100	0.0224
	盐酸 + 硝酸		50 ~ 60	0.0254
	磷酸	85	150	0.0000
		85	210	0.0132
	氯酸	浓	150	0.0000
碱溶液	氨（水溶液）	25	150	0.0000
	氢氧化钾	5	20	0.1885
		5	100	使铌变脆
		40	100	很快溶解
	氢氧化钠	5	20	0.02815
		5	100	变脆
		40	110	很快溶解
盐	二铬酸钾	饱和水溶液	0 ~ 150	腐蚀
	氯化铝	饱和水溶液	0 ~ 150	0.0000
	氯化氨	饱和水溶液	0 ~ 150	0.0000
	氯化钠		0 ~ 150	0.0000
	氯化锌		0 ~ 150	0.0000
有机试剂	奶酸	85	19 ~ 26	0.0000
	醋酸		19 ~ 26	0.0000
	草酸	饱和水溶液	19 ~ 26	0.01405（变脆）
	石炭酸	饱和水溶液	19 ~ 26	0.0000

4.1.2.4　铌抗液态金属的腐蚀能力

铌对一些液态金属有较好的抗腐蚀性能，如表8-4-7所示。

表8-4-7　纯铌在熔融金属中的抗腐蚀能力

介　质	温度/℃	抗腐蚀性
铋	300	好
	600	有一定抗腐蚀性
55.5%Bi+44.5%Pb	1000	溶解
钾	300	好
	600	好
钙	600	有一定抗腐蚀性
钠	300	好
	600	好
铅	300	好
	600	好
汞	300	好

4.1.2.5　铌同难熔氧化物和石墨的相容性

铌同难熔氧化物和石墨的相容温度列于表8-4-8。

表8-4-8　铌同难熔氧化物和石墨反应的温度容限

物　质	温度容限/℃	物　质	温度容限/℃	物　质	温度容限/℃
Al_2O_3	1900	MgO	1800	ZrO_2	1600
BeO	1600	ThO_2	1900	石墨	1000

4.1.3　铌的力学性能

4.1.3.1　铌的弹性性质

（1）铌的弹性模量：铌在不同温度下的弹性模量列于表8-4-9。

表8-4-9　铌再结晶板材的弹性模量

温度/℃	E/GPa	温度/℃	E/GPa	温度/℃	E/GPa
25	122	310	119	800	111
93	123	430	118	900	110
200	121	600	115		

（2）铌的泊松比：铌的泊松比为0.38（室温）。

4.1.3.2　铌的硬度HV

铌的硬度随温度的变化列于表8-4-10。

表8-4-10　不同温度下铌的硬度

温度/℃	20	400	600	800	1000	1200
HV	175	130	78	65	36	16

4.1.3.3 铌的拉伸性能

（1）铌板材及挤压管材室温拉伸性能：铌板材及挤压管材室温拉伸性能列于表8-4-11。

表8-4-11 铌板材和管材的室温拉伸性能

项 目	板材,3.18 mm 厚		管 材
	退火态	冷加工态	427℃挤压
抗拉强度/MPa	310～379	550～689	444
屈服强度/MPa			428
伸长率/%	15～40	5～15	9

（2）再结晶铌棒室温拉伸性能：再结晶铌棒室温拉伸性能列于表8-4-12。

表8-4-12 再结晶铌棒室温拉伸性能

熔炼方式	直径/mm	比例极限/MPa	抗拉强度/MPa	屈服强度/MPa	伸长率/%	断面收缩率/%	切口强度/MPa
电子束		16.7	272		49		
	6.35		217	164	60	93	
	6.35,切口0.127,切角60°		334		18	90	1.47
电弧炉	6.35	23.5	343	253	52	90	
	6.35		363	276	42	78	
	6.35,切口0.127,切角60°		507	456	10	69	1.40
	6.35	23.2	344	247	49	82	
	6.35,切口0.127,切角60°		486	386	12	68	1.39

（3）不同制坯方式所制铌板的室温拉伸性能：不同制坯方式制得铌板的室温拉伸性能列于表8-4-13。

表8-4-13 不同制坯锭工艺制得铌板拉伸性能

制坯锭方法	材料状态	抗拉强度/MPa	伸长率/%
粉末冶金	退火前	520	9
	1100℃,1 h	295	49.5
电子束熔炼	退火前	563	9
	1100℃,1 h	303	51.3

（4）铌在各种温度下的拉伸性能：铌在各种温度下的拉伸性能列于表8-4-14。

表8-4-14 铌在各种温度下的拉伸性能

试验温度/℃	抗拉强度/MPa	屈服强度/MPa	伸长率/%	总伸长率/%	断面收缩率/%
-195	741	707		17	67
-78	337	263		41	81
25	333	248	18.1	48	63.5
315	371	184	17.5	35.4	78.9

续表 8-4-14

试验温度/℃	抗拉强度/MPa	屈服强度/MPa	伸长率/%	总伸长率/%	断面收缩率/%
480	291	129	15.3	24.8	82.2
650	152	69	15.5	43.0	72
870	105	65	13.8	47.0	96.0
1095	69	56	8.8	34.0	约100.0
1205	65	52	5.2	21.0	73.2
1370	26	18	12.6	97.4	约100.0

（5）电弧熔炼铌的高温拉伸和持久性能：电弧熔炼铌的高温拉伸和持久性能列于表8-4-15。

表8-4-15　电弧熔炼铌的高温性能

状　态	试验温度/℃	持久强度		瞬时拉伸	
		应力/MPa	断裂时间/h	抗拉强度/MPa	伸长率/%
铸态	1050	147	84		
	1100	147	14	17	20
热锻板（变形70%）锻态	1000	147	49	274	26.2
	1000	137	100		
	1050	147	19	260	36.5
	1100	147	6		
	1100	83	100	235	32.0
	1500			39	65.0
热锻板（变形70%）再结晶态	1000			260	32.0
	1050			225	35.0
	1100	147	5.5	181	37.0
冷轧板（厚1mm，变形：9%）	700			637	
	1000			490	15.0
	1100			294	20.0
	1500			59	

不同试验条件下铌的断裂性能示于图8-4-2。

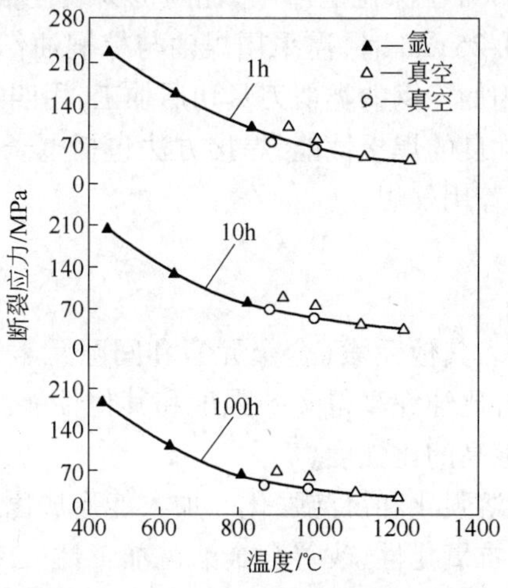

图8-4-2　铌的断裂性能

（6）铌的蠕变性能：铌的蠕变性能列于表 8-4-16。

表 8-4-16　铌的蠕变性能

纯度/%	条　件	温度/℃	应力/kPa	达到指定蠕变所需的时间/h						最小蠕变速度/mm·(mm·h)$^{-1}$	试验时间/h	总蠕变率/%
				0.05	0.1	0.2	0.3	0.5	1.0			
99.92	在 1100℃退火	400	6.3	160	800	—				0.44	1819	0.145
99.92	在 1100℃退火	400	9.2	115	445	2020				0.58	2700	0.224
99.92	在 1100℃退火	400	12.3	20	120	645				0.86	1603	0.286
99.92	在 1150℃退火	400	12.3	22	152	608				0.87	1536	0.289
99.92	在 1100℃退火	500	6.3							0.52	362	0.037
99.92	在 1150℃退火	500	12.3	90	195					0.53	725	0.171
99.92	在 1150℃退火	500	12.3	85	140	390				0.24	1870	0.270
99.92	在 1150℃退火	500	15.4	22	59	123				5.3	338	0.345
99.95	轧制	500	15.4		10	18	35	400	1295			
99.92	在 1100℃退火	600	6.3	27	110	470				1.6	1325	0.34
99.95	旋锻棒	600	6.3	50	160	860	2130				5519	0.306
99.95	在 1300℃退火	600	7.7	5	15	35		165	980	2.3	1359	0.08
99.95	轧制	600	9.2	40	130	345	1160					
99.92	在 1100℃退火	600	12.3	15	60					0.2	2117	0.198
99.95	旋锻棒	700	1.7	40	290	1560					2314	0.22
99.95	旋锻棒	700	3.1	80	205	550	1495				5008	0.36
99.95	旋锻棒	700	4.6	120	220	540	1115				3335	0.40

4.1.4　铌的加工性能

（1）塑性加工性能：铌具有良好的低温塑性。可以采用挤压、锻造、轧制、拉拔和冲压等方法制取棒材、丝材、板材、带材、箔材、管材及复杂形状的异型件；由于加工硬化率很低，一次冷变形量可达到 60%；在深拉工序中，铌的抗撕裂性很强，不生成裂纹；铌带可轧至 0.005 mm 厚度，冷轧至 0.25 mm 时，需采用煤油与棕榈油作润滑剂。

（2）机械加工性能：采用加工钢的类似刀具切屑加工，用四氯化碳作润滑剂。

（3）焊接性能：铌具有优良的焊接性能，焊接方法包括电子束焊、惰性气体保护钨极电弧焊及电阻焊、钎焊等，不推荐用气焊。

4.2　铌合金

铌合金是指以铌为基加入其他元素（合金元素和间隙元素）组成的合金。铌合金既保持了纯铌的低温塑性，还具有比纯铌高得多的强度和其他性能。在钨、钼、钽和铌四大类难熔金属合金中，铌合金具有最高的比强度。

铌的主要强化方法是固溶强化和沉淀强化。加入能形成固溶体的合金元素，一般有三个目的：强化合金，提交合金抗氧化性，改善合金的可加工性。能同铌形成固溶体的合金元素及其固溶度列于表 8-4-17。

表8-4-17　各种元素在铌中固溶度

元素	晶体结构	相对原子半径 K_x	族	最大固溶度(原子分数)/%
H		0.37	ⅠA	>50
B		0.78	ⅢA	4.0
C		0.78	ⅣA	6.4
N		0.55	ⅤA	16
O		0.60	ⅥA	4.0
Ni	六方	1.24	Ⅷ	<7.0
Fe	体心立方,面心立方	1.28	Ⅷ	6.5
Cr	体心立方	1.28	ⅥB	24
Si	金刚石型	1.34	ⅣA	12
Ru	六方	1.34	Ⅷ	>28
V	体心立方	1.35	ⅤB	100
Zn	六方	1.37	ⅡB	约0
Re	六方	1.37	ⅦB	45
Os	六方	1.37	Ⅷ	约10
Pd	面心立方	1.37	Ⅷ	30
Pt	面心立方	1.38	Ⅷ	>1.0
Mo	体心立方	1.40	ⅥB	100
W	体心立方	1.41	ⅥB	100
Al	面心立方	1.43	ⅢA	18
Ti	六方、体心立方	1.46	ⅣB	100
Ta	体心立方	1.07	ⅤB	100
U	体心立方	1.54	Ac	100
Sn	金刚石-四角	1.58	ⅣA	11
Hf	六方、体心立方	1.58	ⅣB	>40
Zr	六方、体心立方	1.60	ⅣB	100
Th	面心立方	1.80	Ac系	<0.4
Y	六方、体心立方	1.31	ⅢB	>1.0
Ce	面心立方、体心立方	1.83	镧系	>1.0
La	六方、面心立方	1.87	镧系	0.06

4.2.1　间隙元素在铌中的作用

间隙元素(C、N、H、O)在铌中的溶解度要比在钨、钼中大得多,因此,延-脆性转变温度很低。在铌合金中,间隙元素与ⅣB族元素钛、锆和铪生成碳化物、氧化物和氮化物,以提高合金的强度或在一定温度范围内的热强性。例如在1200℃时,碳化铪(HfC)的强化效果是钨的20倍。

4.2.1.1　氧的作用

氧对铌力学性能的影响见图8-4-3。

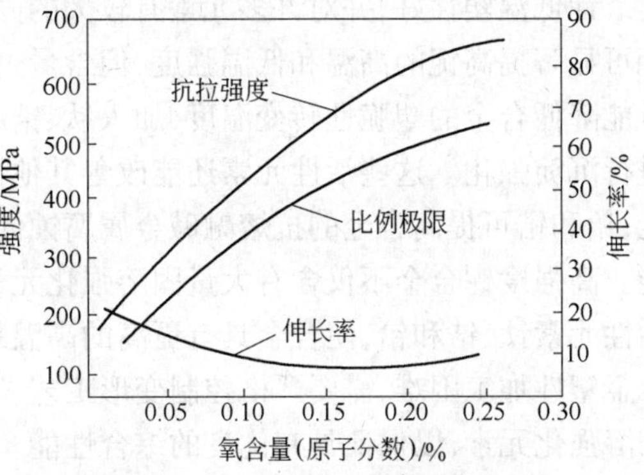

图8-4-3　氧对铌力学性能的影响

4.2.1.2　氢的作用

铌溶解氢后塑性降低(见表8-4-18)。铌在室温下名义上不溶解氢,但在氢气中连续加热至高温时，则在室温能连续溶解氢生成 NbH。铌对氢的溶解度随温度的升高而降低。

表 8-4-18　氢对铌的影响

温度/℃	时间/h	增重/%	伸长率/%		
			实验前	实验后	差额
200	5	0.000	16.1	16.7	0.6
250	3	0.000	16.1	17.0	0.9
300	5	0.000	16.1	15.6	-0.5
350	5	0.025	16.1	14.9	-1.2
400	1	0.045	16.1	14.4	-1.7
400	3	0.098	16.1	4.5	-11.6

4.2.1.3　氮的作用

氮进入铌中形成固溶体和 NbN、Nb_2N 两种氮化物。氮对铌塑性的影响见表 8-4-19。

表 8-4-19　氮对铌塑性的影响

温度/℃	时间/h	增重/%	伸长率/%		
			实验前	实验后	差　额
300	5	0.000	16.1	14.2	-1.9
400	1	0.048	16.1	7.8	-8.3

4.2.1.4　碳的作用

铌与碳反应生成两种碳化物：NbC（γ 相）和 Nb_2C（β 相）。NbC 为 fcc 结构，晶格常数 $a=0.4461$ nm，密度 7.82 g/cm^3，熔点为 3800℃；Nb_2C 为 hcp 结构，晶格常数 $a=0.3116\sim0.3119$ nm，$c=0.4946\sim0.4953$ nm。碳在铌中的固溶度很低，原子分数约为 0.02%，并随温度降低而下降，如在 2339℃碳在铌中最大固溶度为 0.8%，在 1200℃时为 0.016%，在 310℃时降到低于 0.0077%，碳的加入可以提高铌的硬度。

4.2.2　不同合金元素的强化作用

铌低温塑性好，并对许多元素有较大的固溶度，允许有较多元素加入改善其性能。钨和钼可显著提高铌的高温和低温强度，但含量过高会降低合金工艺性能。钽是中等强化元素，且能降低合金的塑脆性转变温度，加入钛、锆、铪以及一定比例的碳，形成弥散的碳化物相，进行沉淀强化。这些活性元素还能改善其他性能，如钛可明显改善合金的抗氧化和工艺性能；铪和锆可提高合金的抗熔融碱金属腐蚀性能；铪能显著改善合金的抗氧化性能和焊接性能。高强度铌合金不仅含有大量固溶强化元素钨、钼和碳，还含有与碳可形成沉淀强化相的活性元素钛、锆和铪，使合金具有更高的高温蠕变强度，以满足涡轮叶片的使用要求。这类合金塑性加工困难，需要严格控制变形工艺参数。中强度延性合金主要是加入中等含量的固溶强化元素，以保证具有优良的综合性能。在低强度高延性合金中，只加入适量的钛、锆和铪，就可使合金具有优异的工艺性能。不同合金元素对铌的室温强度和延性及对 1100℃

下高温强度的影响示于图8-4-4和图8-4-5。

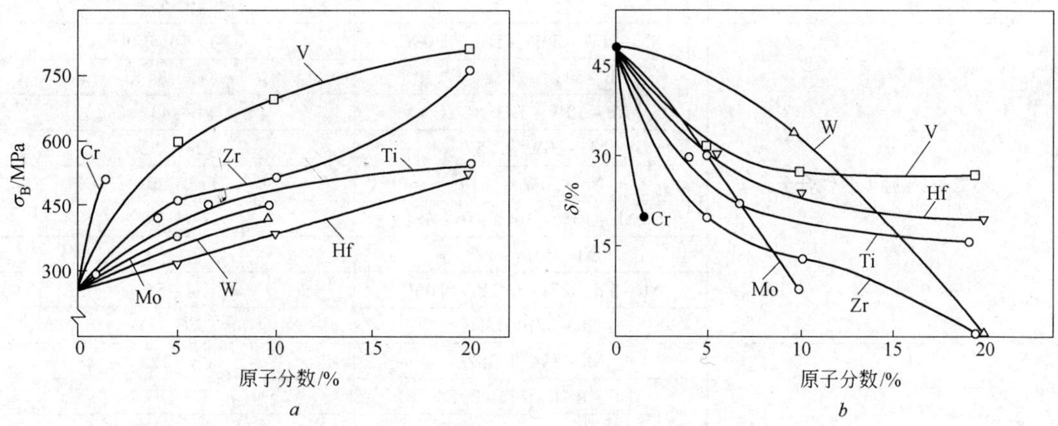

图8-4-4　20℃下合金元素对铌的短时强度(*a*)和塑性(*b*)的影响

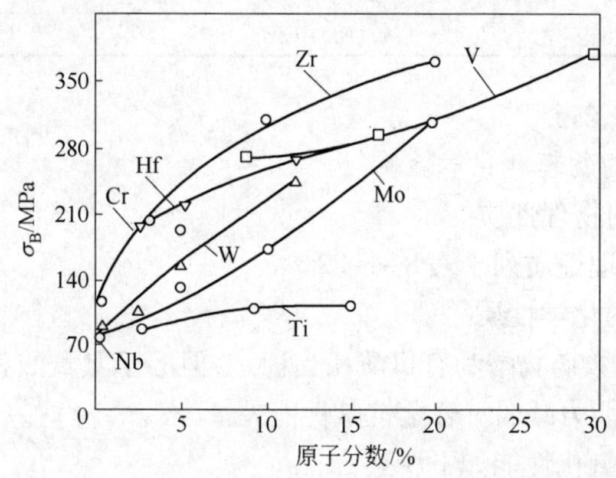

图8-4-5　1100℃下合金元素对铌短时强度的影响

4.2.3　典型的工业铌合金成分和性能

目前发展的铌合金按用途可分为结构合金、超导合金和弹性合金。结构合金又分为:高强度合金、中强度延性合金和低强度高延性合金。典型的结构铌合金示于表8-4-20,合金成分列于表8-4-21。

表8-4-20　结构铌合金分类

分　类	合　金	相当国外牌号
第一类:高强度合金	Nb-30W-1Zr-0.06C	Cb-1
	Nb-28W-2Hf-0.067C	B-88
	Nb-22W-2Hf-0.067C	VAM-79
	Nb-15W-5Mo-20Ta-2.5Zr-0.13C	Cb-132M
	Nb-20W-1Zr-0.1C	As-30
	Nb-15W-5Mo-1Zr-0.1C	F-48
	Nb-17W-3.5Hf-0.1C	Su-31(英)

续表 8-4-20

分 类	合 金	相当国外牌号
第二类:中强度延性合金	Nb-11W-3Mo-2Hf-0.08C	Su-16(英)
	Nb-10W-28Ta-1Zr	Fs-85
	Nb-10W-1Zr-0.1C	D-43
	Nb-10W-2.5Zr	Cb-752
	Nb-10W-10Ta	Scb-291
	Nb-10W-10Hf-0.2Y	C-129
	Nb-5Mo-1Zr	B-66
	Nb-5W-1Zr-0.2Y-0.06C	As-55
	Nb-1Zr-0.1C	PWC-11
第三类:低强度高延性合金	Nb-5V-1.25Zr	Cb-753
	Nb-10Hf-1Ti-0.7Zr	C-103
	Nb-5V	B-33
	Nb-5Zr	D-14
	Nb-5Zr-10Ti	D-36
	Nb-1Zr	Cb-1Zr

4.2.3.1 Nb-1Zr 合金

A Nb-1Zr 合金的物理和化学性质

a Nb-1Zr 合金的物理性质

Nb-1Zr 合金的物理性质列于表 8-4-22。

b Nb-1Zr 合金的化学性质

在室温下合金对多数矿物酸和有机酸相当稳定,但溶于氢氟酸和氢氟酸与硝酸混合液。高于100℃合金抗酸蚀能力减弱。合金抗碱性能差。

Nb-1Zr 合金的抗氧化性能如下所述:

(1) 氧化速度。Nb-1Zr 合金铸锭氧化速度列于表 8-4-23。

(2) 合金中的间隙元素量随热暴露温度的变化。Nb-1Zr 合金中在不同温度下热暴露后间隙元素的变化见图 8-4-6。

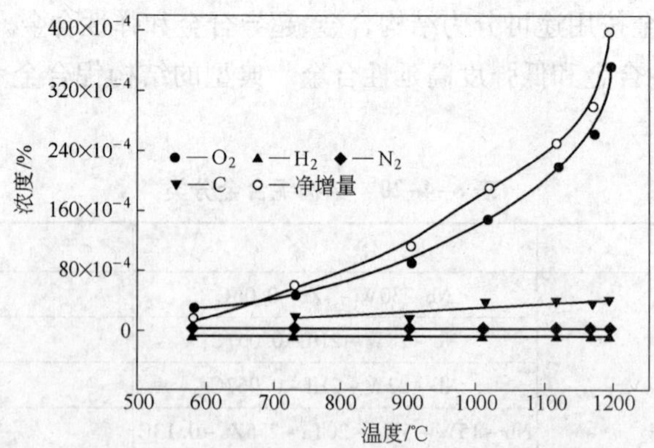

图 8-4-6 间隙元素浓度随温度的变化

(暴露时间:1000 h,真空度:2.7×10^{-5} Pa)

表 8-4-21　结构铌合金成分

合　金	相当国外牌号	化学成分(质量分数)/%										
		C	N	O	H	Zr	Ta	Ti	W	Mo	V	Hf
Nb-1Zr	Nb-1Zr	0.01	0.03	0.03	0.002	0.8~1.2	0.1	0.05	0.05	0.1	0.02	0.02
Nb-5Zr	D-14	0.01	0.01	0.04	0.002	4.0~5.6						
Nb-5V	B-33	0.01	0.02	0.02							4.5~5.5	
Nb-10Hf-1Ti	C-103	<0.01	<0.03	<0.03	<0.002	<0.7		0.7~1.3				9~11
Nb-10W-10Ta	Scb-291	0.001	0.001	0.09			9~11		9~11			
Nb-28Ta-10W-1Zr	Fs-85	0.01	0.015	0.03	0.001	0.6~1.1	26~29		10~12			
Nb-10Ti-5Zr	D-36	0.01	0.01	0.04	0.002	4~6	9~11	9~11				
Nb-32Ta-1Zr	Fs-82	<0.01	<0.02	<0.05	<0.005	0.8~1.2	30~35					
Nb-10Mo-10Ti-0.1C	D-31	0.08~0.2	0.007	0.025	0.002			9~11		9~11		
Nb-10W-1Zr-0.1C	D-43	0.08~0.12	<0.01	<0.04	0.002	0.75~1.28			9~11			
Nb-10W-2.5Zr	Cb-752	<0.1	<0.02	<0.02		2~3			9~11			
Nb-10W-10Hf	C-129	<0.01	<0.015	<0.03	<0.002				9~11			9~11
Nb-15W-5Mo-1Zr-0.1C	F-48	0.04~0.08		0.03~0.06		1			15	5		
Nb-10W-10Ti-6Mo	D-41	0.8	0.02	0.01	0.002			10	20	6		
Nb-5V-5Mo-1Zr	B-66	0.02		0.03		0.85~1.3				5	4.5~5.5	
Nb-10W-3Mo-2Hf-0.1C	Su-31	0.08							11	3		2
Nb-17W-3.5Hf-0.1C	P353M	0.1							17			3.5
Nb-10W-2V-3.5Zr-0.6Ti	PH5					3.5		0.6	10		2	
Nb-10W-1.2Zr	PH5	0.034		0.025		1~1.5			9~11			
Nb-5W-5Mo-1.2Zr	PH6C	0.026		0.028		1~1.5			4.5~6	4.5~6		
Nb-5W-5Mo-1.2Zr	WC3015	0				1~12.5			4.5~6	4.5~6		
Nb-15W-28Hf-4Ta-23Zr-0.1C		0.1	<0.03	<0.03		2	4		15			28

表 8-4-22　Nb－1Zr 合金的一些物理性质

名　称	单位	试验温度/℃	数值	名　称	单位	试验温度/℃	数值
晶体结构			体心立方	线膨胀系数	1/℃	20	6.8×10^{-6}
密度	g/cm^3		8.57	热扩散率	m^2/s	1100	20.6×10^{-6}
熔点	℃		2413	总辐射率		800	0.14
比热容	J/(kg·℃)	25	272			1200	0.18
		1100	352	辐照脆化	K		约 808
热导率	W/(m·℃)	25	41.8	*DBTT*	℃		－198
		800	59.0	热中子捕获截面	m^2		1.14×10^{-28}
		1100	62.3				
		1200	63.1				

表 8-4-23　Nb－1Zr 合金铸锭的氧化速度

试验温度/℃	600	689	1000
氧化速度/mg·$(cm^2\cdot h)^{-1}$	7.1	64.8	71

B　Nb－1Zr 合金的力学性能

a　室温力学性能

Nb－1Zr 合金典型的室温拉伸性能列于表 8-4-24。

表 8-4-24　Nb－1Zr 合金室温拉伸性能

成　分	Nb－0.7Zr		Nb－0.75Zr	Nb－1Zr					
形态	薄　板					管			
状态				1204℃退火 1 h	再结晶	去应力 982℃/1 h	再结晶,1204℃/1 h		
尺寸/mm×mm	厚度　0.76			厚度　1		φ28×1.27	φ26.7×1.68	φ6.4×1.68	φ17.2×3
σ_b/MPa	381(L)	370(T)	323	343	331	384	263	264	273
$\sigma_{0.2}$/MPa	239	221		274	244	286	172	161	150
δ/%	18.1	2.08	14	12	15	24	37	42	60

Nb－1Zr 合金的弹性模量:室温时为 110.3 GPa,300℃时为 108.3 GPa。

b　高温力学性能

Nb－1Zr 合金典型的高温拉伸性能列于表 8-4-25。

表 8-4-25　Nb－1Zr 合金高温拉伸性能

试验温度/℃	σ_b/GPa	$\sigma_{0.2}$/ MPa	δ/%	再结晶温度/℃
21	345	255	15	982～1204
1093	186	165		
1649	83	69	30	

不同状态的 Nb－1Zr 合金棒材的室温和982℃的拉伸性能列于表 8-4-26。

表 8-4-26　不同状态合金棒材室温和高温性能

状　态	1371℃/h 加室温旋锻88%		1788℃/h 加室温旋锻88%		旋锻加热处理					
					1371℃/h		1788℃/h		1788℃/h + 1371℃/h	
试验温度/℃	25	982	25	982	25	982	25	982	25	982
σ_b/MPa	443	308	435	314	299	235	299	201	277	201
$\sigma_{0.2}$/ MPa	425	302	404	302	222	108	222	78.4	217	73.5
δ/ %	12	15	8	12	39	22	23	13	23	17
ψ/ %	88	94	80	88	98	86				

c　Nb－1Zr 合金的硬度

试验温度对合金板材硬度的影响见图 8-4-7。

冷加工对 Nb－1Zr 合金板硬度的影响见图 8-4-8。

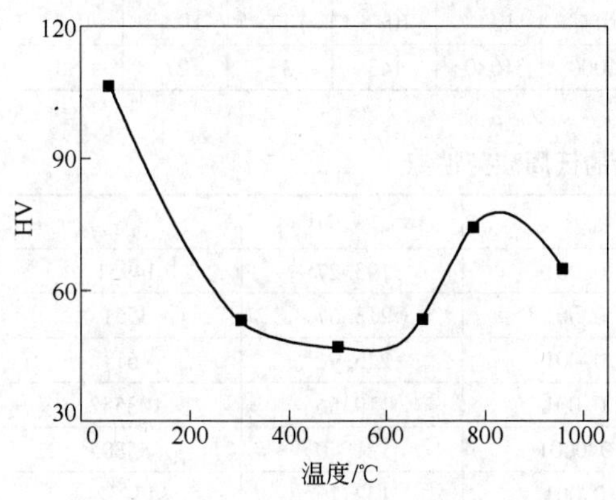

图 8-4-7　板材硬度随温度的变化

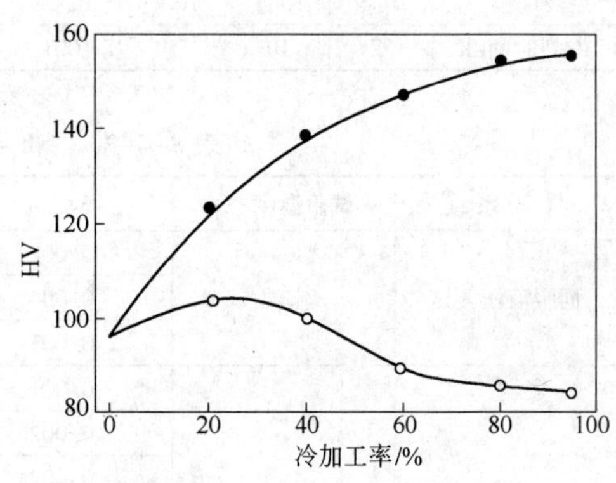

图 8-4-8　冷加工对硬度的影响

●—加工态；○—1204℃；1 h 退火态

d　Nb－1Zr 合金的蠕变性能

Nb－1Zr 合金在规定试验条件下的残余总蠕变量列于表 8-4-27。

表 8-4-27　Nb－1Zr 合金的蠕变性能

试 验 条 件	试验温度/℃			
	1093		1204	
	周期/h	总蠕变/%	周期/h	总蠕变/%
真空，28 MPa	300	1.10	235	15.11

不同试验条件下 Nb－1Zr 合金退火板材的蠕变断裂时间和最小蠕变速度列于表 8-4-28。

不同试验条件下 Nb－1Zr 合金加工态板材的蠕变性能列于表 8-4-29。

e　Nb－1Zr 合金的低周疲劳性能

Nb－1Zr 合金的低周疲劳性能示于表 8-4-30。

表 8-4-28　退火态合金板的蠕变性能

试样状态	1200℃,1 h 退火															
试验条件	应力断裂在充满氢气的金属锂中进行															
试验温度/℃	871			982									1093			
应力/MPa	172			103					86				69			
冷加工量/%	20	40	95	20	40	60	80	95	20	40	60	80	20	40	60	95
最小蠕变速度/h^{-1}	25×10^{-5}	80×10^{-5}	100×10^{-5}	80×10^{-5}	150×10^{-5}	27×10^{-5}	1100×10^{-5}	220×10^{-5}	0.35×10^{-5}	0.53×10^{-5}	2.1×10^{-5}	1.1×10^{-5}	130×10^{-5}	29×10^{-5}	160×10^{-5}	13×10^{-5}
断裂时间/h	57	28	49	216	70	185	14	20	1104	1115	1196	1104	130	37	63	74

表 8-4-29　合金冷加工板材的蠕变性能

试样状态	冷　加　工										
试验条件	应力断裂在氩气氛的金属锂中进行										
试验温度/℃	982							1093			
应力/MPa	120			87				69			
冷加工量/%	20	40	60	20	40	60	80	20	40	60	80
最小蠕变速度/h^{-1}	200×10^{-5}	1200×10^{-5}	480×10^{-5}	0.30×10^{-5}	0.40×10^{-5}	1.7×10^{-5}	2.4×10^{-5}	140×10^{-5}	580×10^{-5}	860×10^{-5}	700×10^{-5}
断裂时间/h	52	10	24	1001	1018	1000	1030	143	33	27	30

表 8-4-30　Nb-1Zr 合金的低周疲劳性能

测 试 系 统	试验温度/℃	$\Delta\varepsilon_{pl/2}$	$\varepsilon_{pl,S-1}$	$\sigma_{(1/2)}$/MPa	N_f
伺服液压测试	室温	0.002	0.001	193.27	14951
		0.004	0.001	213.67	3561
		0.007	0.001	245.91	61
伺服机械测试	300	0.001	0.001	119.56	103552
		0.002	0.0001	121.40	8580
		0.002	0.001	132.16	13432
		0.002	0.002	123.71	7106
		0.003	0.001	138.44	7036
		0.004	0.0001	143.84	1471
		0.004	0.001	138.91	823
		0.005	0.001	147.77	2043
		0.006	0.001	147.26	228

C　Nb-1Zr 合金的焊接性能

Nb-1Zr 合金的焊接性能同纯铌相近,可用电子束焊、氩弧焊、钎焊、外场焊等常用方法焊接,但需保护,避免氧化、污染。

(1) 钨极惰性气体保护氩弧焊板的拉伸性能如下所述:

板厚度:0.76 mm;

抗拉强度 σ_b: 356 MPa;

屈服强度 σ_s:230 MPa;

伸长率 δ:13.2%。

(2) 电子束焊、氩弧焊和外场焊接合金的弯曲性能列于表 8-4-31。

表 8-4-31　Nb-1Zr 合金焊接样的弯曲性能

焊接方法		电子束焊		氩弧焊		外场焊
状态		焊接态	时效态①	焊接态	时效态①	焊接态①
弯曲角/(°)	负荷	112	114	122	119	112
	卸荷	102	101	110	98	103

① 982℃时效 10 h。

(3) 钎焊料和钎焊温度列于表 8-4-32。

表 8-4-32　Nb-1Zr 合金的钎焊料和钎焊温度

钎焊料	焊体使用温度/℃	焊接温度/℃
AS-537(Zr-28V-16Ti)	982	1232
AS-536(Ti-6Fe-4Cr)	1204	1566

4.2.3.2　C-103(Nb-10Hf-1Ti-0.7Zr)合金

C-103 铌合金是以铌为基加入铪和其他元素组成的合金。铪是活性元素，与铌中的碳和氧化合生成 HfC 和 HfO_2，起弥散强化作用，铪还能改善合金的焊接性能。

Nb-10Hf-1Ti-0.7Zr 合金是一种低强度、高延性合金，合金冷塑性变形和成形性能良好，焊接性能和涂层性能优良。在 1371～1482℃之间，C-103 合金的抗拉强度仅比 Mo-0.5Ti 合金低 10%，但比强度相当。

A　C-103 合金的物理性质

C-103 合金的主要物理性质列于表 8-4-33。

表 8-4-33　C-103 合金的主要物理性能

名称	单位	试验温度/℃	数值	名称	单位	试验温度/℃	数值
晶体结构			体心立方	线膨胀系数	1/℃	28～1107	6.89×10^{-6}
密度	g/cm^3		8.86			22～2182	7.17×10^{-6}
熔点	℃		2350	*DBTT*	℃		-196
比热容	J/(kg·℃)	877	272	辐射系数 ($\lambda=0.65\ \mu m$)		900	0.33
		1310	326			1100	0.31
热导率	W/(m·℃)	871	3～6.8			1300	0.28
		1304	43.1			1500	0.26
电阻温度系数	Ω·cm	900	5.44×10^{-5}			1700	0.27
		1000	5.8×10^{-5}			1900	0.27
		1200	6.4×10^{-5}				
		1600	7.4×10^{-5}				
		2000	8.5×10^{-5}				

B　C-103 合金的化学性质

C-103 合金抗氧化性能较差，高于 1300℃温度下慢速空气流经半小时，合金氧化十分严重，生成大量的白色氧化物并易剥落。

C　C-103 合金的力学性能

C-103 合金板材的拉伸性能列于表 8-4-34。

表 8-4-34　C-103 合金板材拉伸性能

状　态		温度/℃	σ_b/MPa	$\sigma_{0.2}$/MPa	δ/%
冷加工态	纵	室温	724	665	4.5
	横		742	645	4.0
	纵	1093	235	163	39
	横		214	185	34
	纵	1371	89	77	87
	横		89	78	80
消除应力态(871℃,1 h)		室温	645	607	9.0
		1093	165	125	63.0
		1371	80	73	>75.0
		1482	56	50	>73.0
再结晶态(1316℃,1 h)		室温	420	289	25.0
		1093	188	138	45
		1371	89	73	>70
		1482	66	59	>70
		1649	34	29	>70

C-103 合金的弹性模量：室温时为 90 GPa，1093℃时为 85 GPa，1371℃时为 25 GPa。

C-103 合金的蠕变性能列于表 8-4-35。

表 8-4-35　C-103 合金的蠕变性能

温度/℃	应力/MPa	在 60 min 时的蠕变/%	蠕变/%	时间/min
1093	104		0.2	>60
	137	2.0	0.2	<1
			0.5	<1
			2.0	60
	172	a①	0.2	<1
			0.5	<1
			1.0	<1
			2.0	3
1371	34	5.0	0.2	5
			0.5	11
			1.0	18
			2.0	31
	48	9.0	0.2	3
			0.5	6
			1.0	10
			2.0	17
1482	36	b②	0.2	<1
			0.5	1
			2.0	6

续表 8-4-35

温度/℃	应力/MPa	在60 min时的蠕变/%	蠕变/%	时间/min
1649	14	c③	0.2	<1
			0.5	2
			2.0	8

① 试验在31 min时断裂,伸长41%;

② 试验在50 min时产生蠕变65%,未继续试验;

③ 试验在30 min时蠕变17%,未继续试验。

D C-103 合金的焊接性能

C-103 合金很容易氩弧焊接,焊体拉伸性能列于表 8-4-36。

表 8-4-36 氩弧焊接合金板的拉伸性能

焊体状态	板厚度/mm	σ_b/MPa	$\sigma_{0.2}$/MPa	δ/%
消除应力(871℃,1 h)	0.5	430	357	5
再结晶(1204℃,1 h)	0.76	395	300	15
	0.30	342	261	7

E 用途

C-103 合金可在宇宙飞船、原子能反应堆、喷管推力室中使用。

4.2.3.3 Nb-10W-2.5Zr(Cb-752)合金

Nb-10W-2.5Zr(Cb-752)合金的化学成分(质量分数)为9%~10%W,2%~3%Zr,<0.1%C,<0.02%O,<0.02%N。

A Cb-752 合金的物理性能

Cb-752 合金的物理性能列于表 8-4-37。

表 8-4-37 Cb-752 合金的物理性能

名称	单位	试验温度/℃	数值	名称	单位	试验温度/℃	数值
密度	g/cm³		9.03	热导率	W/(m·K)	260	38.1
熔点	℃		2510			538	44.8
线膨胀系数	1/℃	20~93	6.85×10^{-6}			816	48.6
		20~538	7.20×10^{-6}			1093	49.8
		20~871	7.56×10^{-6}			1204	50.2
		20~1093	7.93×10^{-6}			1316	80.7
		20~1204	8.11×10^{-6}				
辐射系数		1039	0.32	*DBTT*	℃		-196
		1214	0.35				
		1357	0.36				
		1612	0.35				
		1740	0.36				
		1795	0.37				
		1963	0.33				

B　Cb－752 合金的力学性能

（1）Cb－752 合金的室温弹性模量为 103.4 GPa，弹性模量随温度的变化关系示于图 8-4-9。

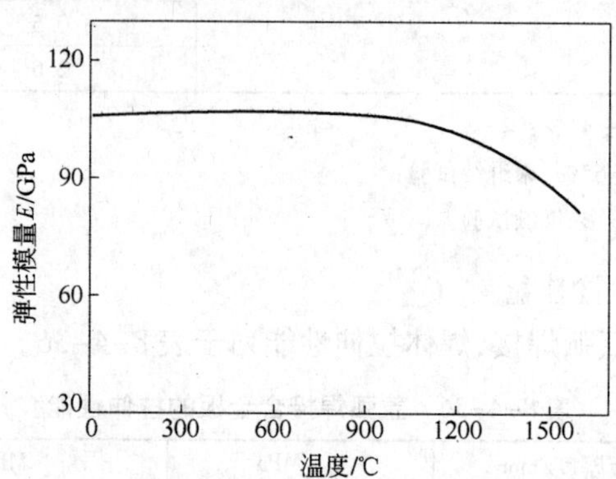

图 8-4-9　不同温度下 Cb－752 合金的弹性模量

（2）不同厚度板材的室温拉伸性能列于表 8-4-38。

表 8-4-38　不同厚度 Cb－752 合金板的室温拉伸性能

板厚度/mm	σ_b/MPa	$\sigma_{0.2}$/MPa	δ/%
0.34	541	412	23
0.46	561	435	27
0.76	561	437	26

（3）Cb－752 合金板的室温缺口拉伸性能列于表 8-4-39。

表 8-4-39　Cb－752 合金板缺口拉伸性能

0.34 mm 板		0.46 mm 板	
σ_b/MPa	$\sigma_{0.2}$/MPa	σ_b/MPa	$\sigma_{0.2}$/MPa
510	468	608	529
515	484	592	522
523	477	595	511
539	510	598	527
532	475	614	547

（4）Cb－752 合金板材高温拉伸性能列于表 8-4-40。

表 8-4-40　Cb－752 合金板材高温拉伸性能

试验温度/℃	σ_b/MPa	$\sigma_{0.2}$/MPa	δ/%
800	445	276	15
1093	296	219	20
1204	231	180	28
1316	159	125	49
1427	120	85	51

（5）Cb－752合金的持久性能见表8-4-41。

表8-4-41　Cb－752合金的持久性能

试样及状态	环境温度/℃	试验应力/MPa	持续时间/h
0.8mm厚板材，1200℃，1h退火	1200 真空	98	28.0
		98	>28.0
		69	52.3
0.8mm厚板材，1200℃，1h退火，加Zr－V－Si涂层	大气 1200	78	14.3
		74	23.0
		67	23.0
1.0mm厚板材，1200℃，1h退火，加Ti－Cr－Si涂层	大气 1200	98	16.0
		78	6.8
		74	79.0
		69	110.0
		69	>111.4

（6）Cb－752合金的焊接性能列于表8-4-42。

表8-4-42　Cb－752合金的焊接性能

焊接方法	基　材	电子束焊				脉冲氩弧焊
试验温度/℃	室温	室温	1200	1400	1600	室温
σ_b/MPa	559	559	201	93	78	490
$\sigma_{0.2}$/MPa		441				
δ/%	30	19	8.0	<6.5	24.5	9～16

4.2.3.4　Nb－10W－1Zr－0.1C（D－43）合金

合金的成分（质量分数）为9.0%～11.0%W、0.75%～1.25%Zr、0.08%～0.12%C。

A　合金的主要物理性能

合金的主要物理性能列于表8-4-43。

表8-4-43　D－43合金的物理性能

名　称	单　位	试验温度/℃	数　值	名　称	单　位	试验温度/℃	数　值
密度	g/cm^3		9.05	热导率	W/(m·K)	260	728
熔点	℃		2590	*DBTT*	℃		－73
线膨胀系数	1/℃		7.75×10^{-6}	再结晶温度	℃		1300～1350

B　合金的力学性能

（1）板材室温拉伸性能见表8-4-44。

表8-4-44　D－43合金板材室温拉伸性能（1200℃/1h退火）

板材厚度/mm	纵　向			横　向		
	σ_b/MPa	$\sigma_{0.2}$/MPa	δ/%	σ_b/MPa	$\sigma_{0.2}$/MPa	δ/%
0.34	574	444	18.6	601	437	16.1
0.46	578	455	19.9	611	445	18.1
0.76	579	457	22.4	611	445	19.5

(2) 不同温度退火后合金室温拉伸性能列于表8-4-45。

表8-4-45 不同温度退火后合金室温拉伸性能

退火温度/℃	1200	1300	1400	1500	1600
σ_b/MPa	637	608	559	529	543
$\sigma_{0.2}$/MPa	490	490	382	333	353
δ/%	17	23	28	33	28

(3) D-43合金高温拉伸性能列于表8-4-46。

表8-4-46 合金板材高温拉伸性能

试样状态	试验温度/℃	σ_b/MPa	$\sigma_{0.2}$/MPa	δ/%
板厚度1mm,1204℃,退火1h	室温	676	538	16
	1093	324	269	16
	1204	245	172	18
	1316	176	152	28
	1427	100	90	31

(4) D-43合金的弹性模量列于表8-4-47。

表8-4-47 D-43合金的弹性模量

温度/℃	室 温	1200	1650
弹性模量/GPa	114	113	41

4.2.3.5 Nb-15W-5Mo-1Zr-0.1C(F-48)合金

A 合金的物理性质

F-48合金的主要物理性质列于表8-4-48。

表8-4-48 F-48合金主要物理性质

名 称	单 位	试验温度/℃	数 值	名 称	单 位	试验温度/℃	数 值
密度	g/cm³		9.4	热导率	W/(m·K)	室温	33.6
熔点	℃		2480			400	46.1
线膨胀系数	1/℃	室温	6.8×10^{-6}			800	52.3
		400	7.7×10^{-6}			1200	60.3
		800	8.4×10^{-6}	*DBTT*	℃		-170
		1200	9.4×10^{-6}	再结晶温度	℃		1540~1760

B 合金的力学性能

(1) 合金的弹性模量列于表8-4-49。

表8-4-49 F-48合金的弹性模量

温度/℃	E/GPa	温度/℃	E/GPa
室温	152	1330	49
500	142	1399	32
800	73	1471	30
1127	54	1535	9.7
1232	50		

（2）合金的拉伸性能列于表8-4-50。

表8-4-50　F-48合金的拉伸性能

试样状态	试验温度/℃	σ_b/MPa	$\sigma_{0.2}$/MPa	δ/%
冷加工板（变形量80%~90%）	24	880	600	5.0
	1095	450	295	18.0
	1208	350	210	22.0
	1315	218	105	
退火板	21	725	706	8.8
	1093	375	255	41.3
	1427	184	169	47.5

（3）合金持久性能列于表8-4-51。

表8-4-51　F-48合金的持久性能

温度/℃	σ_1/MPa	σ_{10}/MPa	σ_{100}/MPa
871	448	434	407
1093	310	262	203
1149	241	214	170
1204	234	176	135
1371	124	91	61

4.2.3.6　Nb-28Ta-10W-1Zr(Fs-85)合金

A　合金的物理性能

Fs-85合金的物理性能：密度11.6 g/cm^3；熔点2591℃；热导率37.7 W/(m·℃)(150~200℃)，41.7 W/(m·℃)(260~320℃)；延-脆性转变温度-196℃；再结晶温度1093~1370℃。

B　合金的力学性能

（1）弹性模量：室温时为137GPa，1093℃时为125 GPa。

（2）板材拉伸性能列于表8-4-52。

表8-4-52　Fs-85合金的拉伸性能

状　态	温度/℃	σ_b/MPa	$\sigma_{0.2}$/MPa	δ/%
消应力	21	823	760	10.5
1260℃/1h退火	21	588	477	21.5
再结晶+Cr-Ti-Si涂层	21	554	454	16.0
再结晶	21	520	480	25
	1093	240	200	29
	1204	170	160	40
	1316	120	110	58
	1427	80	79	78
	1649	73	71	78
	1927	43	42	80

(3) Fs－85 合金板材的弯曲性能见表 8-4-53。

表 8-4-53　Fs－85 合金板材的弯曲性能

状　态	温度/℃	弯曲半径	弯曲角/(°)
冷轧(50%)	室温	1T	113～125
	－196	4T	127～131
消应力	室温	1T	127～128
	－196	4T	135
再结晶	室温	1T	130～131
	－196	4T	140

(4) Fs－85 合金的蠕变持久性能列于表 8-4-54。

表 8-4-54　Fs－85 合金的蠕变持久性能

状　态	温度/℃	应力/MPa	蠕变第二阶段速率 /mm·(mm·h)$^{-1}$	断裂时间/h
板厚 1.0 mm，变形 50%	1093	118	3.21×10^{-4}	>158
		136	1.71×10^{-3}	
		137	3.36×10^{-4}	
		186	6.06×10^{-3}	
	1204	69	3.45×10^{-4}	
		82	1.19×10^{-3}	
		97	2.46×10^{-3}	
		111	5.25×10^{-3}	
		124	1.06×10^{-2}	
		131	1.32×10^{-2}	10.42
		138	2.20×10^{-2}	
	1316	90	1.85×10^{-2}	9.98
	1427	69	1.88×10^{-2}	9.29
板厚 1.6 mm，变形 94%	982	241	9.30×10^{-3}	6.51
	1093	137	4.62×10^{-3}	23.78
		193		2.33
	1024	131	5.13×10^{-2}	2.72
	1316	89	3.62×10^{-2}	6.10
		82		11.21
	1429	69	4.14×10^{-2}	4.7
		69	3.45×10^{-2}	5.01

(5) Fs－85 合金的缺口抗拉性能列于表 8-4-55。

表 8-4-55　Fs－85 合金的缺口抗拉性能

状　态	温度/℃	K_t	抗拉强度/MPa	缺口/非缺口强度比
板，1370℃，1h，再结晶	24	7.5	629	9.08
	1300	7.5	168	1.02

4.2.3.7　其他典型铌合金

其他典型铌合金的性能列于表 8-4-56。

表8-4-56　其他几种典型铌合金的性能

合　金	国外牌号	熔点 /℃	密度 /g·cm^{-3}	实验温度 /℃	抗拉强度 /MPa	屈服强度 /MPa	伸长率 /%	再结晶温度 /℃	延－脆性转变温度/℃
Nb－1Zr－0.1C（再结晶）	PWC－11	2407	8.60	21	320	175	26		－196
				300	152	135	50		
Nb－5Zr	D－14	2177	8.58	21	378	309	10	982～1316	
				1210	103	69	10		
Nb－5Zr－10Ti	D－36	1927	7.92	21	549	487	20	871～1149	<－196
				1316	69	62	90		
Nb－10W－10Hf	C－129	2400	9.49	21	609	498	26	982～1204	－170
				1093	314	210	25		
				1371	168	152	>53		
				1649	72	72	>62		
Nb－10W－10Hf－0.1Y	C－129Y	2400	9.49	21	621	517	25	1038～1316	－184
				1093	275	206	45		
				1371	151	139	75		
				1649	77	72	78		
Nb－15W－28Hf－4Ta－2Zr－0.1C	Wc－3015	2500	10.5	21	889	841	33		
				1800	649	529			
Nb－10W－1Zr－0.1C	D－43	2590	9.05	21	676	538	16	1300～1350	－73
				1093	324	269	16		
				1427	100	90	31		
Nb－15W－5Mo－1Zr－0.1C	F－48	2480	9.4	21	775	706	8	1540～1760	－170
				1204	375	255	41		
				1371	184	169	48		
Nb－10Ta－10W	Scb－291	2599	9.6	21	517	414	25	1316～1400	－196
				1093	221	165	24		
				1204	186	138	22		
				1316	145	103	25		
				1427	110	76	24		
				1649	69	48	23		
				1871	45	33	25		
Nb－20Ta－15W－5Mo－1.5Zr－0.12C	Cb－132M		10.7	21	615		0.5	1649～1760	
				1316	402	343	20		
Nb－10Mo－10Ti－0.1C	D－31	2260	8.08	24	700	647	28		
				1095	246	232	22		
				1205	190	183	12		
				1315	140		22		
				1410	77		8		

4.2.3.8 弹性铌合金

弹性铌合金是以铌为基加入钛、铝、钼、锆及其他元素组成的具有恒弹特性的合金。钛和铝能显著提高合金的弹性极限,还能提高其热稳定性,钼和锆可进一步强化合金,并可改善其恒弹性能。铬、钇可提高合金的热稳定性。弹性铌合金有铌锆系和铌钛铝系两类,铌钛铝系合金品种和用途更多。

A 铌钛铝系合金的化学成分

该类合金的化学成分见表8-4-57。

表8-4-57 铌钛铝系弹性合金化学成分

合金	化学成分(质量分数)/%									
	Nb	Ti	Al	Mo	V	Zr	Cr	Y	Hf	W
Nb-40Ti-5.5Al	基	37~42	5~6							
Nb-15Ti-4.5Al	基	14~16	4~5							
Nb-Ti-Al-Mo-Zr-Hf	基	34~42	4~7	2~6		≤3			≤4	
Nb-25Ti-5Al	基	25~27	5~6							
Nb-Ti-Cr-Y	基	20~30	5~8				0.3~3	0.01~0.05		
Nb-Ti-Al-Mo-V-Hf-W-Y	基	10~20	2~5	6.5~15	2~15			0.01~0.1	2~5	2~4

B 铌钛铝系弹性合金的性能

与其他弹性合金相比,弹性铌合金具有最佳的综合性能:

(1) 无磁性,其磁化率为10^{-6}数量级;

(2) 恒弹性,具有低的弹性模量温度系数,用其制作弹性敏感元件可显著提高仪表精度;

(3) 耐高温,Nb-40Ti-5.5Al合金在400℃长期使用仍保持其弹性,直到500℃仍有足够的抗应力松弛稳定性;

(4) 弹性模量低,Nb-40Ti-5.5Al合金室温弹性模量E为108 GPa,比一般弹性合金低40%~50%,在相同的应力状态下,铌合金弹性元件可以得到更大的弹性应变,相应提高了仪表的灵敏度;

(5) 储能比(σ_{e^2}/E)大;

(6) 在强腐蚀性介质(如沸腾的强酸、氯气、海水、次氯酸盐等)中有优良的耐蚀性;

(7) 弹性滞后和弹性后效低。

铌钛铝系弹性合金的典型性能见表8-4-58。

表8-4-58 铌钛铝系弹性合金的典型性能

合金	状态	抗拉强度/MPa	屈服强度/MPa	伸长率/%	比例极限/MPa	室温弹性模量/GPa	弹性模量温度系数/℃$^{-1}$
Nb-40Ti-5.5Al	1000℃水淬+650℃/10 h时效	1059	1030	2.5	$\sigma_{0.005}$ 932	98~113	$(70\sim90)\times10^{-6}$ (20~600℃)
	35%冷变形+700~725℃时效1 h	1039~1049	863~1020	1.0~2.5	$\sigma_{0.005}$ 819~976		
Nb-25Ti-5Al	变形+700℃时效1 h			8.3	$\sigma_{0.003}$ 1128		

续表 8-4-58

合　金	状　态	抗拉强度/MPa	屈服强度/MPa	伸长率/%	比例极限/MPa	室温弹性模量/GPa	弹性模量温度系数/℃$^{-1}$
Nb-15Ti-4.5Al	冷变形+650℃/2h时效	1540	1461	1.0			
Nb-Ti-Al-Mo-Zr-Hf	35%冷变形+725℃/1h时效	1157	1118	1.0	$\sigma_{0.001}$ 932		
Nb-Ti-Al-Cr-Y		1491	1079	11.2			
Nb-Ti-Al-Mo-Hf-Y-V-W			932~1030				$(24\sim54)\times10^{-6}$

4.3　铌及铌合金材料的制备

铌及铌合金材料制取包括锭坯制备、塑性加工、焊接和热处理。

4.3.1　锭坯制备

制锭坯可用粉末冶金和真空熔炼两种方法。采用氢化脱氢工艺、离心雾化工艺和快速凝固等工艺制粉，然后用常规粉末冶金方法制取锭坯。

4.3.1.1　粉末冶金坯锭

A　粉末成形

成形是为了获得具有一定形状、尺寸和强度的粉末坯件。在成形过程中粉末会发生一系列复杂现象。

铌粉末成形坯多以棒、方条、矩形坯形式提供，成形工艺条件实例见表8-4-59。

表8-4-59　铌粉末成形工艺实例

压制方法	模尺寸/mm×mm	恒压时间/min	压力/MPa	压坯尺寸/mm×mm	坯重/kg	相对密度/%
等静压	$\phi65\times780$	3	350		8.0	80
等静压	$\phi80\times900$	10	250	$\phi62\times778$	14.0	70

B　烧结

铌真空垂熔烧结工艺见表8-4-60。

表8-4-60　铌真空垂熔烧结工艺

坯料尺寸/mm×mm×mm	烧结温度/℃	升温时间/min	保温时间/min	真空度/Pa	备　注
(28~30)×(71~73)×(690~730)	室温~1550	80		$(5\times10^{-2})\sim(5\times10^{-3})$	一次烧结
	1550~1650		90		
	1650~2000	80			
	2000~2050		480		
	室温~2000	60			二次烧结
	2000		120		

4.3.1.2　真空熔炼铸锭

A　电子束熔炼

纯金属铌的电子束熔炼工艺参数实例列于表8-4-61。

表 8-4-61　纯金属铌的电子束熔炼工艺参数实例

设备功率/kW	坩埚直径/mm	原料状态	熔次	真空度/Pa		熔炼功率/kW	熔速/$kg \cdot h^{-1}$	比电能/$kW \cdot h \cdot kg^{-1}$	冷却时间/min	成锭率/%
				熔前	熔炼					
120	φ55	TNb-1 条	1	7×10^{-2}	7×10^{-2}	65~70	8~10	7~8.1	90	96
	φ70	φ55 mm 一次锭	2		1×10^{-2}	75~80	10~12	6.7~7.5	90	96
	φ70	TNb-1 条	1		7×10^{-2}	75~80	10~12	6.7~7.5	105	96
	φ92	φ70 mm 一次锭	2		1×10^{-2}	95~100	12~14	7.2~8.0	150	98
200	φ60	TNb-1 条	1	7×10^{-2}	7×10^{-2}	110~120	10~12	10~11	90	95
	φ80	TNb-1 条	1		7×10^{-2}	120~130	12~15	9~10	120	95
	φ130	φ80 mm 一次锭	2		1×10^{-2}	180~190	22~25	7.6~8.2	180	98

几种铌合金的电子束炉熔炼工艺实例列于表 8-4-62。

表 8-4-62　铌合金电子束熔炼工艺实例

合金牌号	坩埚直径/mm	原料状态	熔炼次数	预真空/Pa	熔炼真空/Pa	熔化功率/kW	熔化速度/$kg \cdot h^{-1}$	比电能/$kW \cdot h \cdot kg^{-1}$	化学成分(熔前/熔后)/%					熔炼损失/%
									W	Zr	C	N_2	O_2	
Nb-10W-2.5Zr	80	预合金条	1	5×10^{-3}	$1\sim3\times10^{-2}$	120	15	8	9.24/9.85	5.27/4.12			0.20/0.032	2.7
	130	φ80mm 一次锭	2	5×10^{-3}	$0.4\sim1\times10^{-2}$	200	15.4	13	10.10/10.41	3.60/2.50	—/0.009	—/0.005	—/0.0029	2.1
	80	预合金条	1	5×10^{-3}	$0.5\sim5\times10^{-2}$	130	11.8	11	8.97/9.62	6.81/3.46	0.05/0.01	0.07/0.018	0.40/0.045	5~6
	130	φ80mm 一次锭	2	5×10^{-3}	$0.5\sim5\times10^{-2}$	200	12.5~15.4	13~16	9.62/9.82	3.46/2.91	0.01/0.075	0.018/0.010	0.045/0.005	
	70	预合金条	1	5×10^{-3}		111	13.9	8	9.48/9.49	6.3/4.8	0.022/—	0.06/0.025	0.022/—	4.45
	150	φ70mm 一次锭	2	5×10^{-3}		193	16.1	12	9.49/9.72	4.8/2.67	—/0.0033	0.025/0.0079		6.75
	70	φ45mm 烧结条	1	5×10^{-3}	$10\sim0.45\times10^{-2}$	130	15	8.7	9.20/9.40	3.82/2.77	0.057/0.018	0.018/0.023	0.118/0.059	6
	92	φ70mm 一次锭	2	5×10^{-3}	$0.2\sim1\times10^{-2}$	90~95	20	4~5	—/9.80	—/2.92	—/0.0064	—/0.014	—/0.013	6
Nb-10W-1Z-0.1C	80	预合金条	1	5×10^{-3}	3.5×10^{-2}	120	11.4	10.5	9.20/9.75	1.60/1.13	0.058/0.011	0.047/0.021	0.16/0.015	
	130	φ80mm 一次锭	2	5×10^{-3}	3.5×10^{-2}	190	19	10	9.75/9.96	1.13/0.72	0.011/0.002	0.021/0.0079	0.015/0.0073	
	110	φ80mm 一次锭	2	5×10^{-3}	2×10^{-2}	159	15.9	10	10.20/10.90	1.22/0.90	0.147/0.134	0.012/0.0067	0.019/0.0057	
	110	φ60mm 一次锭	2	5×10^{-3}	0.7×10^{-2}	156	15.45	10.1	10.20/10.30	1.01/0.90	0.147/0.130	0.012/0.0071	0.019/0.0013	
	110	φ60mm 一次锭	2	5×10^{-3}	0.7×10^{-2}	137	19.6	7	9.95/10.35	1.23/0.91	0.087/0.07	0.022/—	0.047/0.0091	
Nb-10W-10Ta	85	预合金条	1	5×10^{-3}	$0.5\sim5\times10^{-2}$	130	14.45	9						
	125	φ80mm 一次锭	2	5×10^{-3}	$0.5\sim5\times10^{-2}$	200	16.67	12						

B　真空电弧熔炼

铌及铌合金经电子束熔炼后，分析合金元素含量，并进行成分调整，再经真空自耗电弧熔炼,可以获得纯度高、化学成分均匀的铸锭。易挥发的合金元素,宜在自耗电弧熔炼时添加,纯铌及部分铌合金的自耗电弧熔炼工艺参数实例列于表8-4-63。

表8-4-63　铌及铌合金自耗熔炼工艺参数实例

品种及牌号	坩埚直径/mm	电极状态	熔前真空/Pa	熔炼真空/Pa	熔炼电流/kA	电弧电压/V	稳弧磁场/A·匝	熔速/kg·min^{-1}	冷却时间/h
纯铌	150	ϕ88 mm 一次电子束熔炼锭	3×10^{-2}	$2\sim5\times10^{-2}$	6.0~6.5	38~42	1750		3
	160	ϕ88 mm 一次电子束熔炼锭	5×10^{-2}	2×10^{-2}	6.0~6.5	40~45	1800		2
	220	ϕ160 mm 自耗熔炼锭	5×10^{-2}	2×10^{-2}	9.0~9.5	40~45	1800		4
Nb-10W-2.5Zr	160	ϕ88 mm 二次电子束熔炼锭	5×10^{-2}	10×10^{-2}	6.5~7.5	40~45	1800		2
Nb-10Hf-1Ti	160	电子束铌锭、铪片、钛片	5×10^{-2}	10×10^{-2}	6.0~6.5	38~44	1800		2
	220	ϕ160 mm 一次自耗熔炼锭	5×10^{-2}	10×10^{-2}	9.0~9.5	35~40	1800		3
Nb-10W-1Zr-0.1C	100	ϕ55 mm 一次电子束熔炼锭	3×10^{-2}	10×10^{-2}	4.0~4.3	36~45			2
	120	ϕ73 mm 一次电子束熔炼锭	3×10^{-2}	6×10^{-2}	5.0	40~48	1440	1.7~1.8	2.5
Nb-50Ti	100	ϕ50 mm 海绵钛、铌条压制棒	3×10^{-2}	$3\sim8\times10^{-2}$	2.8	31	1050	1.43	1
	150	ϕ100 mm 一次自耗熔炼锭	3×10^{-2}	1.5×10^{-2}	3.8	32.5	1750	2.13	3

4.3.2　塑性加工

采用挤压、锻造、轧制、拉拔和冲压、旋压等方法制取棒材、丝材、板材、带材、箔材、管材和异型件。高温下间隙元素氧极易和铌合金发生反应,因此,铌合金在挤压开坯以及其他热加工过程中必须采取金属包套、涂层或惰性气体保护加热等措施。

4.3.2.1　铸锭开坯

A　自由锻造开坯

铌及其合金的自由锻造主要是为挤压管、棒或轧制板、带、箔材等开坯。

(1) 锭坯要求。铸锭成分符合有关标准,经扒皮去掉氧化皮、皮下气孔、冷隔等缺陷,表面无直径急剧过渡区。

(2) 涂层保护。高温下,铌容易被氧、氮污染,锻造加热时需采用包套法或涂层法保护,以涂层法为好。常用涂料为:65% M-1 玻璃粉 +28% A-5 玻璃粉 +2% Na_2CO_3 +8% 黏土水调和而成。

(3) 锻造。高纯铌可进行冷锻,杂质含量高或合金均需温锻或高温锻造,冷锻(室温)

和温锻(350～400℃)不需涂层保护。温锻和高温锻时,应将砧子预热到350～400℃。先用摔子逐级减径,获得一定变形后再加大压下变形量。

B 挤压开坯

挤压开坯是铌的管、棒、丝、板、带坯料生产的常用开坯方法。铌及其合金的挤压要求是挤压温度高,挤压速度快,采用耐热模具材料,锭坯应采用包套或涂层保护,挤压时应选择合适的润滑剂。纯铌挤压工艺参数列于表8-4-64,铌合金的锻造、挤压、工艺参数列于表8-4-65。

表8-4-64 铌挤压开坯工艺

挤压机吨位/t	挤压筒直径/mm	挤压比λ	棒直径/mm	管坯尺寸		加热温度/℃	加热设备	润滑
				外径/mm	内径/mm			
600	65	7.0～20.0	20～25	25～30	16～20	1000～1150	电炉或中频感应炉	铸锭包套或表面涂层,采用普通润滑剂,润滑模具
600	85	7～18	26～30	28～40	18～32			
600	100	4～13	31～50	41～50	18～40			
600	120	3～7	51～68	51～68	20～55			
3150	220	5～18	60～100	70～100	45～55			

表8-4-65 铌及铌合金的压力加工温度

金属或合金	锻造		挤压	
	温度/℃	典型的总缩减率/%	温度/℃	典型缩减比
Nb	980～650	50～80	1090～650	10:1
Nb-1Zr	1200～980	50～80	1200～980	10:1
FS-85	1320～980	50	1320～980	4:1
SCb-291	1200～980	30	1320～980	4:1
Cb-752	1200～980	30	1320～980	4:1
B-66	1290～980	50	1320～980	4:1
C-103	1320～980	50	1320～980	8:1
C-129Y	1320～980	50	1320～980	4:1

4.3.2.2 棒材、丝材生产

铌棒材、丝材生产工艺流程图见图8-4-10。

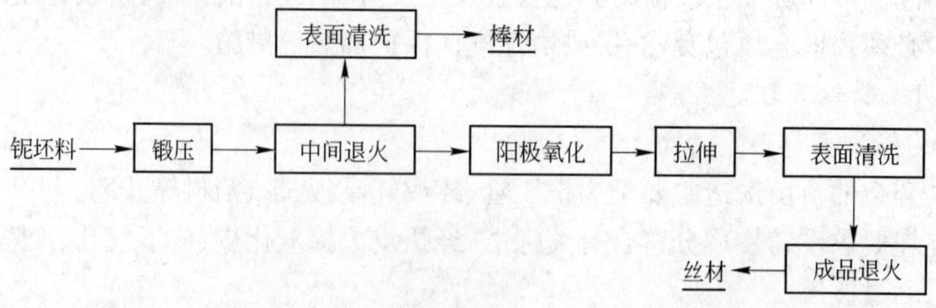

图8-4-10 铌棒材和丝材生产工艺流程图

A 锻压

铌棒、丝锻压分旋锻和辊锻两种方法。

旋锻是模锻的一种特殊形式，两块锻模环绕锻坯轴高速旋转，并进行高速锻打使坯料变形。挤压、退火后铌棒塑性较高，可用冷锻和实心锻件。加工规范见表 8-4-66。

表 8-4-66　铌旋锻加工规范

棒直径/mm	20～15	15～10	9～6	6～4.5	4～3
道次加工率/%	10～12	12～17	10～14	14～19	12～10
进料速度/m · min^{-1}	1～2	1～2	1～2	1～2	1～2

B　阳极氧化

以 Mo(或 Ta)作阳极在 1% H_2SO_4 水溶液中，使铌丝坯表面生成无定形氧化膜，作为润滑剂载体，降低拉伸时摩擦系数，可提高丝材表面质量。

C　拉伸

工业生产中拉伸模多采用硬质合金模和金刚石模，前者多用于拉粗丝，拉细丝时多用自然(或人造)金刚石模，以聚晶拉丝模最为理想。铌丝拉伸工艺参数见表 8-4-67、表 8-4-68。

表 8-4-67　铌丝拉伸道次加工率

丝直径/mm	3.00～0.80	0.75～0.55	0.50～0.20	0.20 以下
道次加工率/%	15～8	10～4	10～4	10～4

表 8-4-68　拉丝速度和润滑条件

拉丝种类	拉丝速度/m · min^{-1}	润滑剂
粗拉	1～2	固体润滑(70% 蜂蜡 +30% 石蜡)
中拉	2～4	固体润滑(70% 蜂蜡 +30% 石蜡)
细拉	1.5～2.5	1%～3% 肥皂 +10% 油脂 + 水

4.3.2.3　铌管材生产

铌管材品种有挤压管、轧制管、拉伸管、旋压管及焊接管等数种。

铌管坯制备方法主要有挤压、板片旋压和板(带)材焊接等；成品管材的生产方法主要有轧制、拉伸和旋压。

A　挤压锭坯

坯管挤压工艺见表 8-4-64。

B　轧制管材

铌管材轧制一般是冷轧，如二辊冷轧管机(国产 LG 型)和多辊冷轧管机(国产 LD 型)。

二辊冷轧机的主要特点是：道次变形量大，可达 90%；应力状态较好，不仅用于轧制高塑性金属管材，也适于轧制低塑性的金属管材；可生产直径与壁厚比(D/S)为 60～100 的薄壁管；生产的产品力学性能高，表面质量好，几何尺寸精确。其缺点是：设备结构复杂、投资大、生产率较低。

多辊式冷轧机的主要特点是：由于采用了 3 个以上的小直径轧辊，金属对轧辊的压力相对降低，轧辊与芯棒的弹性变形小，故可生产高精度大直径的薄壁管材(D/S 比可达 150～250)；由于变形均匀，所以生产出的管材表面光洁，质量好。

供轧制用的铌管坯，可用挤压、旋压、焊接等方法生产，经过矫直、切头尾、修理、酸洗等工序后可作为冷轧的管坯。

冷轧管材的主要工艺参数有变形程度、轧制速度和送进量等。冷轧铌管材所允许的变形程度为：道次变形程度的加工率为 20% ~70%，延伸系数 1.25 ~3.33，两次退火间变形程度的加工率为 50% ~97%，延伸系数 2.0 ~33.3。

C　拉伸管

拉伸也是生产铌成品管材的主要方法之一。管材的拉伸有以下几种基本方法。

(1) 空拉。拉伸时管坯内部不放置芯头，通过模子后外径减缩，管壁一般会略有变化。空拉适用小直径管材、异型管材、盘管和热处理或热加工后的管材。

(2) 长芯杆拉伸。管坯中套入长芯杆，拉伸时芯杆随同管坯通过模子，实现减径或减壁。此法管内壁与芯杆间的摩擦力方向与拉伸方向相同，道次加工率较大。但每次拉伸后，为了更换小直径芯杆或进行退火，必须有专用设备将管子从芯杆上脱下，增加了辅助工序。长芯杆拉伸用于薄壁的小直径管材，在一般的生产中已很少采用。

(3) 固定芯头拉伸。拉伸时，将带有芯头的芯杆固定，管坯通过模孔实现减径和减壁。

(4) 流动芯头拉伸。拉伸时，借助于芯头特有的外形建立起来的力平衡使它稳定在变形区中。此法是管材拉伸中较为先进的一种方法，非常适用于长管和盘管生产。

(5) 顶管法。将芯杆套入带底的管坯中，操作时管坯连同芯杆一同由模孔中顶出，从而对管坯外径和内径的尺寸进行加工，在生产大直径管材时，常采用此法。

(6) 扩径法。管坯通过扩径后，直径增大，壁厚和长度减小。这种方法主要是由于受生产管坯设备能力的限制不能生产出所需的大直径管坯时才被采用的。

拉伸用管坯基本与轧制用管坯相同。在拉伸过程中，为了避免被拉金属同模具相黏结，拉伸前要使管坯表面覆盖一层特殊的氧化膜，然后再在其上面施用普通的润滑剂。铌管坯用阳极氧化的方法覆盖一层氧化物，长芯杆拉伸时，内表面用石蜡，外表面用蜂蜡作润滑剂；空拉时用锭子油、机油作润滑剂。

4.3.2.4　板、带、箔材的生产

铌板材冷加工工艺参数、退火制度和箔材冷轧工艺参数见表 8-4-69 ~ 表 8-4-71。

表 8-4-69　铌板材冷轧工艺参数

板坯规格		中间冷轧			成品冷轧		
厚度/mm	宽度/mm	轧制厚度/mm	道次加工率/%	总加工率/%	轧制厚度/mm	道次加工率/%	总加工率/%
<25		0.4 ~ 0.5	5 ~ 20	80 ~ 85	0.1 ~ 0.2	<5	50 ~ 60

表 8-4-70　铌板材中间热处理工艺

轧制板材厚度/mm	热处理种类	中间热处理		处理方式
		温度/℃	时间/min	
6.0	再结晶退火	1150 ~ 1200	40 ~ 60	真空退火
0.8	再结晶退火	1150	40	真空退火

表 8-4-71　铌箔材冷轧工艺参数

轧制道次	轧前片坯规格(厚×宽)/mm×mm	轧后箔材规格(厚×宽)/mm×mm	道次加工率/%	总加工率/%	备注
0	0.3×100			96.3	二十辊轧机轧制，轧到0.1 mm后950～1000℃保温30～60 min真空退火
1		0.25×100	16.7		
2		0.21×100	16.0		
3		0.19×100	9.55		
4		0.16×100	15.80		
5		0.14×100	12.50		
6		0.12×100	14.30		
7		0.10×100	18.7		
8		0.06×100	40.0		
9		0.04×100	33.4		
10		0.03×100	25.0		
11		0.02×100	33.3		
12		0.018×100	10.0		
13		0.016×100	11.0		
14		0.012×100	25.0		
15		0.011×100	8.34		

一些铌合金的轧制工艺参数见表 8-4-72。

表 8-4-72　一些铌合金的轧制工艺参数

合金	轧制温度/℃	两次退火之间典型的总缩减率/%
Nb	315～205	50 开坯
	20	90 精轧
Nb-1Zr	315～205	50 开坯
	20	80 精轧
FS-85	370～205	40 开坯
	20	50～65 精轧
SCb-291	370～260	50 开坯
	20	60～75 精轧
Cb-752	370～260	50 开坯
	20	60～75 精轧
B66	1200～1090	50 开坯
	20	25～50 精轧
C103	205	50 开坯
	20	60～70 精轧
C129Y	425	50 开坯
	20	60～70 精轧

4.3.3　铌及铌合金材料的热处理

铌及铌合金材料成品及其在加工制备过程中均需进行退火热处理，热处理方式有均匀化热处理、消除应力热处理、再结晶热处理和机械热处理。

4.3.3.1　均匀化热处理

均匀化热处理是通过原子扩散消除锭坯中存在的亚稳相及成分偏析等缺陷，使组织均匀稳定。

铌锭均匀化处理温度 1800～2000℃，真空度 10^{-2}～10^{-3} Pa，保温时间 5～10 h。

4.3.3.2　消除应力热处理

消除应力退火处理目的在于消除或减少材料内应力，改善材料力学与工艺性能，因此在给定的温度下，很快就能消除应力减小应变能。几种铌合金的消除应力退火温度示于表 8-4-73。

表 8-4-73　部分铌合金的消除应力退火工艺

合　金	Nb	D－43	F－48	Cb－752	FS－85	C－103
消应力退火工艺	1000℃，1 h	1200℃，1 h	1200℃，1 h	1000℃，1 h	1000℃，1 h	1000℃，1 h

4.3.3.3　再结晶热处理

通过再结晶热处理可以消除加工组织，使材料的性能恢复到变形前的状态。通过变形和再结晶退火的交互进行，可以消除成分偏析，使晶粒破碎、组织均匀，防止板材分层、粗晶和脆裂，从而提高材料成品率和性能。铌及部分铌合金的再结晶温度范围列于表 8-4-74。

表 8-4-74　铌合金再结晶温度范围

合　金	再结晶温度范围/℃	合　金	再结晶温度范围/℃
Nb－5Zr	980～1300	Nb－4V Nb－5Mo－5V－1Zr	930～1200
Nb－10Ti－5Zr	970～1150	Nb－1Zr	1100～1370
Nb－10W－1Zr－0.1C	1150～1430	Nb－15W－5Mo－1Zr－0.1C	1000～1280
Nb－27Ta－10W－0.1Zr	1150～1430	Nb－10W－10Hf	1540～1760
Nb－10W－2.5Zr	1150～1430	Nb－28W－10Ta－1Zr	980～1200
Nb－10Hf－1Ti	870～1200	纯 Nb	1310～1370
Nb－10W－1Hf	980～1200		

4.3.3.4　机械热处理

铌合金的机械热处理是通过固溶→冷变形→时效处理得到沉淀强化，提高合金的综合性能。Nb－10W－1Zr－0.1C 合金的机械热处理工艺是 1650℃，10 min→20%～30% 冷变形→1420℃，1 h。

在进行机械热处理时，固溶与时效温度和时间及冷变形量的大小对材料性能影响很大。必须合理选择和严格控制这些参数，才能使合金组织均匀，特别是沉淀相弥散均匀分布，合金既有良好的高温强度，又有适当的室温塑性、可成形性和高温热稳定性。

4.4　铌的化合物

4.4.1　铌的氧化物

氧进入铌中随温度和浓度的变化可以形成几种氧化物相，见表 8-4-75。

在铌的氧化物中最稳定、在工业上最有价值的是铌的五价氧化物（Nb_2O_5），Nb_2O_5 的物理性质见表 8-4-76。

表 8-4-75 氧在铌中形成的几种氧化物

分子式	晶体结构	晶格常数/nm	熔点/℃	氧的质量分数/%	密度/$g \cdot cm^{-3}$	备注
NbO	fcc	$a=0.4203$	1945	14.69	7.26	
NbO_2	金红石	$a=0.484$ $b=0.299$	1915	25.62	5.90	黑色粉末
Nb_2O_5	单斜	$a=2.116$ $b=0.3822$ $c=1.935$ $\beta=119°50'$	1512		4.60	白色粉末

表 8-4-76 Nb_2O_5的物理性质

性质	介电常数	生成热/$MJ \cdot mol^{-1}$	生成自由能/$MJ \cdot mol^{-1}$	熵298/$J \cdot (mol \cdot K)^{-1}$	熔化潜热/$J \cdot mol^{-1}$	熔化熵/$J \cdot (mol \cdot K)^{-1}$	熔体热容/$J \cdot mol^{-1}$	密度/$g \cdot cm^{-3}$
数值	41	1.095~1.938	1.769	137.2	102.88	57.61	242.25	4.6

工业上制取Nb_2O_5是将氢氧化铌煅烧获得,煅烧温度低于900℃生成低温型Nb_2O_5,在900~1100℃生成中温型Nb_2O_5,高于1100℃则生成高温型Nb_2O_5;将Nb_2O_5在1000~1200℃下在氢气流中还原生成NbO_2;NbO_2粉与Nb粉混合,在真空或氩气保护下加热可生成NbO;或将NbO_2在1300~1750℃下于氢气中还原15h,也可制成NbO。

4.4.2 铌的氢化物

铌的氢化物NbH在常温下稳定,其化学性质与纯铌相当,极脆。在真空下随着温度升高至380~560℃氢化物稳定性变差,可以部分分解,温度升至560~900℃氢化物又稳定,在1000~1200℃时,氢化物分解放出氢。

4.4.3 铌的氮化物

铌的氮化物有两种,NbN和Nb_2N,其性质列于表8-4-77。

表 8-4-77 铌氮化物的性质

性质	NbN	Nb_2N	性质	NbN	Nb_2N
晶体结构	fcc	hcp	电阻温度系数/$\Omega \cdot cm^{-1}$	2.0×10^4(室温) 4.5×10^4(熔点)	4×10^4
晶格常数/nm	$a=0.437$	$a=0.3058$ $c=0.4960$ $c/a=1.623$	比电阻/$\mu\Omega \cdot cm$	200~450	
			生成自由能ΔG_{298}/$kJ \cdot mol^{-1}$	-221.7	
			生成热ΔH_{298}/$kJ \cdot mol^{-1}$	246.8	
密度/$g \cdot cm^{-3}$	8.4	8.08	超导性/℃	-258	
熔点/℃	2050~2320		莫氏硬度	8	

4.4.4 铌的碳化物

铌与碳反应可生成两种碳化物NbC(γ相)和Nb_2C(β相)。碳化物对化学试剂有较好的稳定性，仅溶于 HNO_3 和 HF 混合酸中，在1000℃以下在空气中不易氧化。在氮或氨作用下，易生成氮化物。碳化物的物理性质列于表8-4-78。

表8-4-78　铌的碳化物的物理性质

性　质	NbC	Nb_2C	性　质	NbC	Nb_2C
晶体结构	fcc	hcp	电阻率/MΩ · cm	74 ~ 150	
晶格常数/nm	$a=0.4461$	$a=0.3116\sim0.3119$ $c=0.4946\sim0.4953$	生成热 ΔH_{298}/kJ · mol^{-1}	-247	
			线膨胀系数/$℃^{-1}$	6.6×10^{-6}	
密度/g · cm^{-3}	7.82		显微硬度/GPa	25	
熔点/℃	3800		弹性模量/GPa	338.3	
热导率/W · $(cm \cdot K)^{-1}$	59.4				

4.4.5　铌的硼化物

铌的硼化物主要包括 NbB 和 NbB_2，耐盐酸和王水浸蚀，但在热的硫酸和氢氟酸中能被缓慢分解。主要物理性质列于表8-4-79。

表8-4-79　铌的硼化物的物理性质

性　质	NbB	Nb_2B	性　质	NbB	Nb_2B
晶体结构	斜方	hcp	显微硬度/GPa		25.49
晶格常数/nm	$a=0.3298$ $b=0.8724$ $c=0.3166$	$a=0.3089$ $c=0.3303$	熔点/℃	2000	3050
			热导率/W · $(m \cdot K)^{-1}$		16.75
			比电阻/μΩ · cm	64.5	65.5
密度/g · cm^{-3}	6.9	6.4	超导性/K	6 ~ 8	无

4.4.6　铌的硅化物

铌的硅化物主要是 $NbSi_2$，也存在 Nb_4Si 和 Nb_5Si_3。$NbSi_2$ 在矿物酸中稳定，但不耐氢氟酸，在 Na_2CO_4 和 NaOH 中能被完全分解，抗氧化，在高温下能同氯反应。硅化物的物理性质见表8-4-80。

表8-4-80　铌硅化物的物理性质

性　质	$NbSi_2$	Nb_5Si_3	性　质	$NbSi_2$	Nb_5Si_3
熔点/℃	1930 ~ 1950	2480	晶格常数/nm	$a=0.4797$ $c=0.6592$	$a=0.6570$ $c=1.1881$
密度/g · cm^{-3}	5.29	7.16			
晶体结构	hcp	正方	比电阻/μΩ · cm	6.3	

4.4.7　铌的卤化物

铌的氯化物包括高价的 $NbCl_5$ 和低价的 $NbCl_4$、$NbCl_3$ 等，氯化物都易挥发、易吸湿、易水解，水解析出氢氧化物沉淀。低价氯化物比高价氯化物稳定一些。铌的氟化物 NbF_5 为白色晶体，吸湿性强，溶于水而不分解，加入 HF 酸后则会水解生成 $NbOF_3$。铌主要卤化物的性质列于表 8-4-81。

表 8-4-81　铌卤化物的物理性质

性　质	$NbCl_5$	NbCl	$NbOCl_3$	NbF_5	NbBr
颜色	黄	黄绿	白黄	白	红
熔点/℃	209.5			78.9~80.0	265.5
沸点/℃	254.0		400(升华)	234.9	261.6
密度/$g \cdot cm^{-3}$	2.77			3.29	
比电阻(熔点)/$\Omega \cdot cm$	0.22×10^6			16.3×10^6	
蒸发热/$kJ \cdot mol^{-1}$	54.85		100.9	54	
熔化热/$kJ \cdot mol^{-1}$	28.9			36	
活化能/$kJ \cdot mol^{-1}$	797.5		6880.1	33.9	

4.4.8　铌酸盐

铌的氧化物与不同金属氧化物熔融，或用碱溶液处理铌的氧化物可以生成复杂组成的盐。在铌酸盐中最主要的是铌酸盐晶体，是重要的功能材料，广泛用作激光倍频、光参量振荡、电光调制、光折变、光波导、压电、换能器、全息存储介质、热电探测、热释电材料等各个领域。铌酸盐的主要性质列于表 8-4-82。

表 8-4-82　主要铌酸盐的性质

性　质		$LiNbO_3$(单晶)	Ba_2NaNbO_5	$Sr_{0.15}Ba_{0.25}Nb_2O_6$	$PbNb_2O_6$	$KNbO_5$
熔点/℃		124±5	1450	1500		1045
密度/$g \cdot cm^{-3}$		4.70	5.4016	5.4	6.0	4.62
晶体结构		三方晶系	正交晶系	四方钨青铜		正交 $a = 0.5698$ $b = 0.5720$ $c = 0.3971$
莫氏硬度		6.0		5.5		4.5
相对电解常数	$\varepsilon_{33}^T/\varepsilon_0$	28.5	51(30℃)	3400	225	
	$\varepsilon_{11}^T/\varepsilon_0$	84.6	246			
透光范围/μm		0.3~0.6				
铁电居里温度/℃		1210	560	40	570	4.35
电压系数 C/N		$7.4(d_{15}) \times 10^{-11}$ $2.08(d_{22})$			$85(d_{33})$	
有效光电系数 $\gamma_c/m \cdot V^{-1}$		19×10^{-12}	36×10^{-12}	1380×10^{-12}		
半波电压/kV		2.8	1.57	0.037		
热释电系数/$C \cdot (cm^2 \cdot K)^{-1}$		0.004×10^{-6}		0.31×10^{-6}		
基频使用波长/μm		1.06	1.06			
非线性光学系数		$d_{22} = 6.3 \pm 0.6$ $d_{15} = d_{31} = 12.3 \pm 2$	$d_{31} = 35 \pm 7$ $d_{32} = 41.3 \pm 4$ $d_{33} = 42 \pm 3$			$d_{31} = 17.2$

4.4.9 铌的金属间化合物

铌的金属间化合物大都为超导化合物，常用气相沉积法和热扩散法制取。某些铌的金属间化合物的超性性质列于表8-4-83。

表8-4-83 铌金属间化合物的超导性质

化合物	晶体结构	超导转变温度/K	在4.2K下临界磁场强度/T	在4.2K时临界电流密度/A·cm^{-2}
Nb_3Sn	β-W型	18.3	22×10^{-3}	3×10^{3}
Nb_3Al	β-W型	18.9	32×10^{-3}	
Nb_3Ga	β-W型	20.3	34×10^{-3}	
Nb_3Ge	β-W型	23.2		
$Nb_3(Al,Ge)$	β-W型	20.5	41×10^{-3}	1×10^{4}

4.5 铌、铌合金及化合物成分分析

4.5.1 铌及氧化铌的分析方法

金属铌及其氧化物的分析方法见表8-4-84。

表8-4-84 金属铌及其氧化物的分析方法

样品	分析元素	分析方法
金属铌	铁	邻菲啰啉光度法
金属铌	钛	二安替吡啉甲烷光度法 阴离子交换分离-二安替吡啉甲烷光度法
金属铌	硅	硅钼蓝萃取光度法 阴离子交换分离-硅钼蓝光度法
金属铌	钼、钨 钨 钼	二硫酚光度法 硫氰酸盐萃取光度法 二硫酚锌萃取光度法
金属铌	氢	真空热提取气相色谱法
金属铌	镍、铬、钛、锰、铝、铜、铌	载体分馏发射光谱法
金属铌	氮、氧	惰性气氛脉冲法
金属铌 氧化铌	钽、钼、钙、锶、硅、锆、铁、钛、钴、镍、镁、铝、铜、锰	直流电弧发射光谱法
金属铌 氧化铌	钽、锰、镁、钙、铬、钴、硅、铁、镍、钛、铝、钼、锆	直流电弧发射光谱法
金属铌	铋、锡、铅、锑、砷	载体分馏直流电弧光谱法
金属铌 氧化铌	硅、铝、镁、锰、钼、钙、钴、铬、铁、镍、钛、锆	直流电弧发射光谱法
高纯铌	钾	化学(氯化法)光谱法

续表 8-4-84

样品	分析元素	分析方法
金属铌	砷、钴、铁、锰、铝、镍、铋、铜、碘、银	化学(萃取法)光度法
金属铌 氧化铌	钨、钼	直流电弧发射光谱法(旋流气室加石墨套嘴)
金属铌	钡、钴、铊、铁、锰、镁、铅、铬、铟、镍、铋、钙、钒、镉、铜、锌、锶	离子交换分离-化学光谱法
金属铌 氧化铌	钽	丁基罗丹明B萃取光度法
金属铌	氧	真空熔融-气相色谱法 惰性气氛脉冲法
氧化铌 钽混合物	钽、铌 铬、铜、铁 锰、铜、铌 镍、硅、钛、锆	直流电弧发射光谱法 火花压片光谱法 直流电弧发射光谱法
金属铌 氧化铌	铜、铍、镁、硼、铝、钛、锆、锡、铅、钒、铌、铬、铜、锰、铁、钴、镍	交流电弧发射光谱法 直流电弧发射光谱法
金属铌 氧化铌	钽	孔雀绿光度法
金属铌	钽	纸色层分离-焦性没食子酸吸光光度法
金属铌	钽	钽离子选择电极法
金属铌	磷	乙酸乙酯萃取磷钼蓝光度法
金属铌	碳	管式炉或高频炉燃烧法、容量法或库仑法测量高频红外法
金属铌	氧	中子活化法

4.5.2 铌合金、碳化物分析方法

铌合金、碳化物分析方法见表8-4-85。

表8-4-85 铌合金、碳化物的分析方法

样品	分析元素	分析方法
碳化铌	总碳	燃烧-红外吸收法
碳化铌	游离碳	燃烧法
碳化铌	氧	惰性气氛冲加热-色谱法
碳化铌	氮	碱熔-容量法或比色法
铌合金	铌	氧化磺酚C示差分光光度法
铌合金	钛	硫酸高铁铵容量法
铌合金	钼	高锰酸钾容量法
铌合金	锆	氟锆酸钡-EDTA容量法

续表 8-4-85

样　品	分 析 元 素	分 析 方 法
铌合金	铬	硫酸亚铁铵容量法
铌合金	钨	硫氰酸盐比色法
铌合金	硅	氟硅酸钾容量法
铌合金	硼	次甲基蓝比色法
铌合金	锡	四溴化锡蒸馏 - EDTA 容量法
铌铜合金	铌	X 射线荧光光度法
铌钛合金	锑	锑磷钼蓝光度法
铌钛合金	铜、铝、硅、铁、钽、钨、镁、铬、镍、锡	直流电弧光谱法
铌钛钽合金	铁、硅、锰、镁、锑、铅、铬、锡、铝	直流电弧光谱法
超导材料	铌	四苯膦盐离子选择电极电位滴定

4.6　铌及铌合金材料的应用

4.6.1　铌及铌合金材料在钢铁工业中的应用

铌钢种类繁多，根据钢中合金元素的含量，一般可将铌钢分为三类。

（1）高强度低合金钢（HSLA）。一般含 Nb 0.02% ~0.05%。这种铌钢的产量最大，约占世界铌钢产量的 10%，因此用铌量也最大，约占钢铁工业用铌的 80% 以上。

（2）低合金钢。这种钢含合金元素的总量低于 7%，一般含 Nb 0.02% ~1.0%。

（3）高合金钢。一般含 Nb 0.4% ~3.0%。这类钢包括不锈钢、高速工业钢、耐热钢、超高强度钢、低温钢、磁钢等，都是特殊用途的钢种。

超级合金（耐热合金）是为高温应用而发展起来的，要求它有相当高的强度、抗氧化和其他高温抗腐蚀性能。超级合金主要用于航空喷气发动机的部件。

超级合金有镍基、铁基和钴基合金。铌是以铌铁或铌镍的形式作为这些超级合金的元素之一。镍基合金含 Nb 1% ~6.5%；铁基合金含 Nb 0.5% ~3.0%；钴基合金含 Nb 1% ~4%。所有的超级合金约有半数含有铌，但应用范围最广的有两种，IN718 和 IN625 合金。IN718 为含 Nb 5.3% 的超级合金，它的使用范围最广；IN625 为含 Nb 3.5% 的超级合金，主要用于耐腐蚀方面。

此外，铸铁中加入少量铌（如 0.3% 左右）能促进石墨化，减少铸件裂纹和提高铸件的耐磨性，且对铁的韧性和强度有明显提高。

4.6.2　铌及铌合金材料在电子陶瓷和玻璃工业中的应用

氧化铌在电子陶瓷中的应用主要是用作压电材料和陶瓷电容器。

铌酸锂、钽酸锂是主要的压电材料之一，其单晶体主要用作声表面波（SAW）器件，目前大量用于电视机、录像机走带装置、音响设备、手提式电话机等的频率滤波器，近年来在闭路电视和特殊电话方面的应用也在增加。

含氧化铌的钛酸铅电陶瓷和锆酸铅，广泛用于超声振子、核能器、引燃引爆器、电器机、拾音器、话筒、函电变压器、滤波器、延迟线、蜂鸣器和声表面波器件等。

含氧化铌的镧硼酸盐玻璃主要用于照相机、摄像机的透镜。

4.6.3　铌及铌合金材料在航空和宇航工业中的应用

铌基高温合金在航天工业中得到广泛的应用。Fs－85 合金（Fs－85 niobium alloy）是航天飞机上轨道操作系统发动机的结构材料；C－103 合金（C－103 niobium alloy）曾作阿波罗号登月舱和指挥舱的火箭喷嘴材料。美国航空航天局在产生 100kW 电能的空间核动力系统 SP－100 联合计算中，就采用了 Nb－1Zr 合金和 PWC－11 合金（Nb－1Zr－0.1C），其中 Nb－1Zr 合金主要作为金属锂冷却剂的屏障结构材料、反应堆内部元件和包套材料等。

中国在研制和应用铌基合金方面也卓有成效。如火箭发动机辐射冷却喷管延伸段采用了 C－103 合金，Scb－291 合金（Scb－291 niobium alloy）已用于远程导弹和其他飞行器的姿态控制喷管；D_{43} 合金（Nb－10W－1Zr－0.1C）已用于飞行器的蒙皮。卫星天线也使用了铌合金，这种天线要经受 2700℃ 的热流冲刷，故要求天线具有高温强度以保持正常外表，从而具有高效率的发射或接收电讯号的能力。

4.6.4　铌及铌合金材料在超导技术中的应用

铌的实用超导材料主要有铌合金和铌金属化合物两大类，如 Nb－Zr、Nb－Ti、Nb－Ti－Ta、Nb－Ti－Hf 等合金材料，一般用于 9T 以下低、中磁场的超导磁体；Nb_3Sn、Nb_3Al、Nb_3Ge 等化合物具有较高的临界参数，常用于 10 T 以上的超导磁体。

超导磁体具有体积小、质量轻、场强高而恒定、稳定性好、能耗小等优点，在核磁共振医用人体图像仪、高能加速器、受控核聚变装置、超导储能器、超导发电机、磁流体发电、磁分离装置和磁悬浮列车等方面已有广泛的应用。

4.6.5　铌及铌合金材料在其他方面的应用

高压钠灯是 20 世纪 60 年代初期出现的新型光源，它比白炽灯节电 80%，比高压汞灯节电 60%，光效高，使用寿命长（3000～5000 h）。高压钠灯运用于大、中城市街道照明，国内外都已大量使用。制造高压钠灯的关键材料之一是纯铌帽和铌锆合金排气管。

弹性铌合金是一种新型的弹性材料，在 250℃ 以下它兼有弹性好、耐高温、耐腐蚀、无磁性等特点，在仪表中有重要用途。如 Nb－40Ti－5Al、Nb－28Ti－5Al－1Zr、Nb－28Ti－5Al－3Mo－1Zr、Nb－10Mo－10Ti 等铌合金都是我国仪表用的精密合金。

在高速运算元件方面，Nb－SiO－Nb、NbN－SiO－NbN、Nb－AlO_x－Nb 等材料用于制作约瑟夫逊元件，它的机械特性比铅系高。

参 考 文 献

[1]　辛良佐．钽铌冶金[M]．北京：冶金工业出版社，1982.

[2]　《稀有金属材料加工手册》编写组．稀有金属材料加工手册[M]．北京：冶金工业出版社，1984.

[3]　《稀有金属手册》编委会．稀有金属手册（下）[M]．北京：冶金工业出版社，1995.

[4]　王肇信，辛良佐，曾芳屏．钽铌冶金学[M]．稀有金属冶金学会钽铌冶金专业委员会，1998.

[5] Craig Wojicik C. High Temperature Niobium Alloy[J]. 1991,12.

[6] 有色金属材料咨询研究组．有色金属材料咨询报告[M]．西安:陕西科学技术出版社,2000. 91 ~121.

[7] 李洪桂．稀有金属冶金学[M]．北京:冶金工业出版社,1990.

[8] Foutain R W, Mckeinsey C R. Physical and Mechanical properties of columbium and tantalum and their alloys[C]//Frank T Sisco, Edward Epirimian. Columbium and Tantalum. John Wiley and Sons Inc. , 1963.

[9] 殷为宏．中国的铌加工和铌制品[J]．稀有金属材料与工程,1998,27(1):1 ~8.

[10] Bernard N. Tantalum carbide and Niobium carbide in hard metal[C]//Proceedings of a symposium at the 36th TIC meeting. Sept. 1995, 485 ~492.

[11] 周菊秋,等．中国钽、铌炭化物的生产和应用[J]．稀有金属材料与工程,1998,27(1):26 ~31.

[12] 材料科学技术百科全书[M]．北京:中国大百科全书出版社,1995.

[13] Eckert. New developments of Niobium compounds and alloys[J]. TIC bulletin No. 72, Dec. 1992:6 ~7.

[14] Briant C L. New Applications for Refractory Metals[J]. JOM. , March, 2000:36.

[15] 美国金属学会．金属手册[M]．北京:机械工业出版社,1991:351 ~388.

[16] ASM Inter. Refractory alloys[J]. Advanced Materials and Processes, December 2001, 159 (12): 141 ~144.

[17] 宁兴龙．稀有金属快报,2002,7:22.

[18] 宁兴龙．稀有金属快报,2002,8:21.

[19] Buckman Jr R W. The creep behasior refractory metal alloys[J]. International Jornal of Refractory Metal and Hard Materials, 2000, 18: 253 ~257.

[20] 王镐．高温铌合金[J]．稀有金属快报,1999,6:9 ~12.

[21] Bukhanousky V V, Mamuzic I. The eggect of Temperature on mechanical Characteristics of Niobium Alloys of the system Nb - W - Mo - Zr[J]. Metalurgiza, 2003, 42(3): 85 ~90.

[22] Dickerson S L, Gibeling J C. Low cycle qatigue of niobium - Zirconium and niobium - Zirconium Carbon alloys[J]. Mat. Sci. Eng. 2000, A278: 121 ~134.

[23] EL - Genk M K, Tournier J M. Journal of Nuclear Materials, 2005, 340: 93 ~112.

编写:张廷杰(西北有色金属研究院)

校对:殷为宏(西北有色金属研究院)

第 5 章　铼及铼合金

铼(rhenium),元素符号 Re,银白色难熔金属,在元素周期表中属于ⅦB 族。

1925 年德国化学家诺达柯(W. Noddack)用光谱法在铌锰铁矿中发现铼,以莱茵河名称(Rhein)命名为 Rhenium。以后又发现铼主要存在于辉钼矿,并从中提取了金属铼。1930 年,费·菲特开始从德国曼斯菲尔德铜冶炼厂的烟尘中用水浸—高铼酸钾沉淀—重结晶净化法回收铼。1947 年美国肯尼柯特铜公司开始研究用离子交换法从钼精矿焙烧烟气的水淋洗液中吸附回收铼,到 1966 年铼产量达 1. 8t。与此同时,随着铼的应用的发展,前苏联及智利学者亦着手研究从钼冶金系统中回收铼。中国在 20 世纪 60 年代开始从钼精矿焙烧烟尘中提取铼。

5. 1　铼的基本性质

5. 1. 1　铼的物理性质

铼的主要物理性质示于表 8–5–1。

表 8–5–1　铼的主要物理性质

性质	数值
原子序数	75
原子量	186. 207
结晶结构	六方密集
晶格参数/nm	a = 0. 27553 ~ 0. 27650 c = 0. 44493 ~ 0. 44600
原子体积/$cm^3 \cdot mol^{-1}$	8. 8 ~ 8. 9
原子半径/nm	0. 1370 ~ 0. 1373
密度/$g \cdot cm^{-3}$	21. 0
熔点/℃	3180
沸点/℃	5690
熔化潜热/$kJ \cdot kg^{-1}$	178

性质		数值
汽化潜热/$kJ \cdot kg^{-1}$		3417
蒸气压/MPa	2000℃	0. 004
	2600℃	16
	3000℃	1100
蒸发速度/$g \cdot (cm^2 \cdot s)^{-1}$		8.41×10^{-6}
电子逸出功/eV		4. 8
电阻温度系数/$℃^{-1}$	0 ~ 100℃	$(3.11 \sim 3.95) \times 10^{-3}$
	0 ~ 2712℃	$(1.98 \sim 3.11) \times 10^{-3}$
电阻率 (20℃)/$\mu\Omega \cdot cm$		19. 8 ~ 21. 2
线膨胀系数(0 ~ 100℃)/$℃^{-1}$		6.7×10^{-6}
热导率/$J \cdot (cm \cdot s \cdot ℃)^{-1}$		0. 71

5. 1. 2　铼的力学性能

铼的力学性能见表 8–5–2。

5. 1. 3　铼的化学性质

铼的一些化学性质见表 8–5–3。

表 8-5-2　铼的力学性能

项目		数值
硬度 HB/ MPa		1700 ~ 2000（软态），5000 ~ 7000（变形态）
抗拉强度/MPa	20℃	1800 ~ 2400（变形态） 700 ~ 1300（退火态）
	1500℃	360
	1800℃	200
	2700℃	约 48
伸长率(20℃)/%		1 ~ 3（变形态） 10 ~ 25（退火态）
冲击强度/MPa		2.45
弹性模量(20℃)/GPa		431
剪切模量(20℃)/GPa		179
泊松比		0.296
延－脆性转变温度/℃		无
再结晶温度/℃		1200（开始），1600（完全再结晶）
应力消除温度/℃		900 ~ 1200

表 8-5-3　铼的化学性质

项目		数值
原子的电子导合能/eV		0.15
电离势/eV	第一电离势	7.88 ~ 7.89
	第二电离势	13.6 ~ 16.6
	第三电离势	26.0
	第四电离势	37.7 ~ 38.0
离子半径/nm		0.063 ~ 0.071（Re^{4+}）
		0.058 ~ 0.060（Re^{5+}）
		0.050 ~ 0.060（Re^{6+}）
		0.053 ~ 0.065（Re^{7+}）
腐蚀速率(27℃)/$mg \cdot min^{-1}$	浓盐酸	0.008
	浓硝酸	1.507
	浓磷酸	0.003
	48% H_2SO_4	0.0015
	20% NaCl/$mg \cdot d^{-1}$	0.015
	20% NaOH/$mg \cdot d^{-1}$	0.02
	大气中，潮湿	轻度氧化
	氢（湿或干）	无浸蚀
	氧气	浸蚀
	溴气	浸蚀
	氟气	浸蚀

5.2　铼的矿物资源

铼是稀有分散元素，其在地壳中丰度小于 0.001g/t。已查明的主要矿物有辉铼矿（ReS_2）和铜铼硫化矿物（$CuReS_4$），大多以微量伴生于钼、铜、铅、锌、铂、铌等矿物中，其中硫化铜矿和辉钼矿中的铼含量较高，一般辉钼精矿中铼含量为0.001%～0.031%，从斑岩铜矿选出的钼精矿铼含量可达0.16%。

5.3　铼冶金

生产铼的主要原料是钼冶炼过程的副产品，因为铼和钼共生于辉钼矿。铼的提取方法有石灰烧结法、萃取法或离子交换法等，后者的典型流程示于图8-5-1。

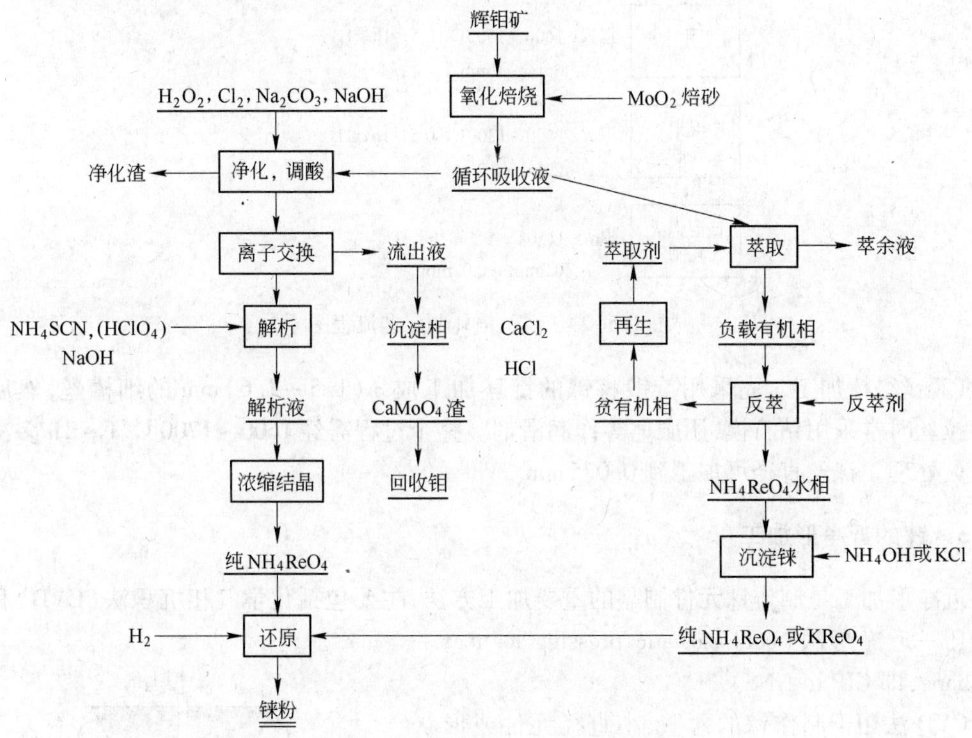

图8-5-1　萃取法或离子交换法提铼流程

铼粉的制取普遍采用高铼酸铵氢还原法。将磨细后的高铼酸铵装入钼舟或石英舟在密闭管状炉中于800℃下用氢还原成铼粉。

5.4　铼的加工

5.4.1　锭坯制取

有两种方法：粉末冶金法和电子束熔炼法，后一种方法不经济。采用粉末冶金法时，先把铼粉压制成相对密度为45%～50%的压坯，然后在氢气或真空中预烧结，使坯料具有一定强度，之后在2400～2800℃下氢气中烧结，得到相对密度为85%～93%的烧结坯条。

5.4.2　铼的冷加工

铼的高温塑性差，不适合热加工，因为在热加工中在其晶界上很快形成熔点仅为297℃、沸点仅为363℃的Re_2O_7，产生热脆性，使加工产生困难。但铼具有良好的室温延性，这为其冷加工提供了良好的条件,所以一般采用冷加工。铼的加工硬化速率非常高,需及时退火,二次退火之间最大的板材能接受的加工率为 20% 左右,线材不超过 10%。

(1) 板、箔加工。高温烧结后的坯料先进行锻造开坯或轧制开坯,然后轧制,典型的工艺流程实例如图 8-5-2 所示。

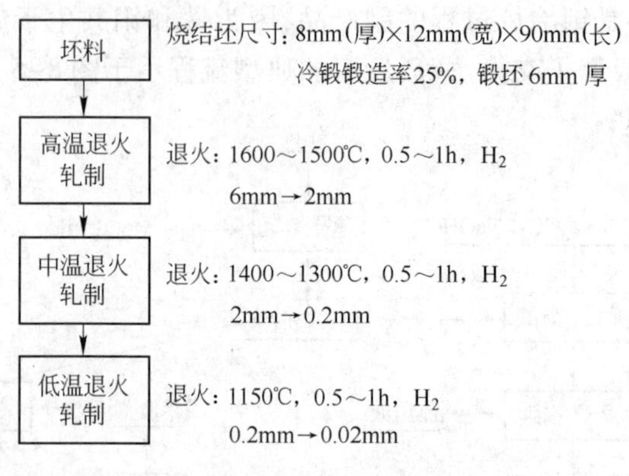

图 8-5-2　铼板、箔轧制工艺流程图

(2) 丝、棒加工。先采用旋锻将铼的锭坯加工成 ϕ(1.5 ~ 1.6) mm 的细棒丝,然后拉伸。拉丝时常采用钻石模,用肥皂等作润滑剂。整个过程需经 1600 ~ 1700℃、1 ~ 2 h 多次中间退火处理。铼丝直径可加工到 0.075 mm。

5.4.3　铼的近净形加工

近净形加工是制作铼元件制品的重要加工方法,主要包括化学气相沉积法(CVD)和冷等静压—近净形法(cold isostatic pressing to near - net shape,即 CIP to NNS)。

CVD 法用于制作铼的薄壁、小直径元件或形状复杂的元件。图 8-5-3 是铼的 CVD 法原理图。首先,氯气进入氯化室,在 500℃ 与室内的铼屑或颗粒反应生成 $ReCl_5$ 蒸气。反应室内充氢,$ReCl_5$ 蒸气下沉,遇到被加热到 1200℃ 钼芯棒或基板,在 1200℃ 下被吸附的 $ReCl_5$ 发生分解,在芯棒上沉积出铼。制品形状取决于芯棒形状。CVD 法还可用于制作碳、陶瓷材料或金属材料表面的铼涂层。

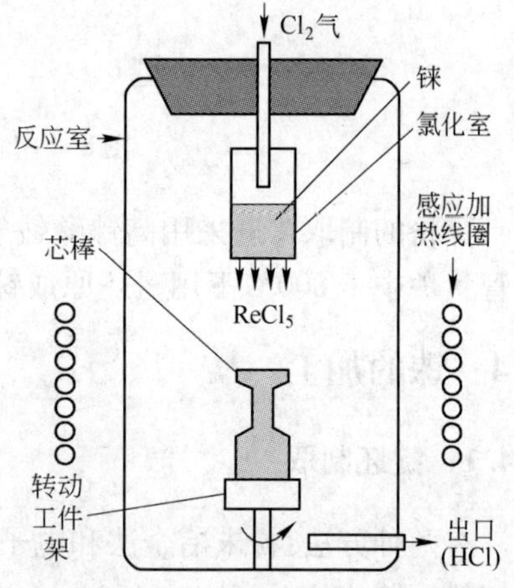

图 8-5-3　铼的 CVD 法原理示意图

CIP to NNS 法是典型的粉末冶金法。先将铼粉按所需的形状压制成近净形坯件,经高温烧结,获得相对密度为 95% ~98% 的烧结件,最后采用热等静压获得相对密度达 98.5% ~99.9% 的致密件。

5.4.4　铼的再生

昂贵的金属铼必须回收。由加工或由用过的零件或部件收集的废料可采用类似于从矿石至粉末生产的化学方法进行转化。比如用氧化 - 升华法从废 W - Re、Mo - Re 合金中回收铼，用萃取法从废催化剂中回收铼等。

5.5　铼的金属学及铼合金

5.5.1　铼合金相图

铼同周期表中各元素组成的二元、三元体系合金相图索引分别归列于表8-5-4和表8-5-5，这些索引展示出各相图的基本特征。

这部分相图索引说明参见本篇第1章钨及钨合金中1.5.1节钨合金相图部分的说明。

表8-5-4　铼二元合金相图索引

体系	相图特征	参考文献	体系	相图特征	参考文献
Ag-Re	P	a,b	Ir-Re	N	a,b,d,f,h
Al-Re	12/1,6/1,4/1,3/1,11/4,1/1,1/2,5/24	a,c,f	K-Re	N	h
As-Re	7/3	a,b,	La-Re	N	a
Au-Re	N	a,c,f	Li-Re	N	a,b
B-Re	2/1,3/7,1/3	a,c,f	Lu-Re	1/2	a,c
Be-Re	22/1,16/1,16/0.92,6/1,2/1	a,b,c,h	Mg-Re	N	a
Bi-Re	N	a	Mn-Re	7/3	a,c
C-Re	E	a,b,c,f	Mo-Re	1/2,4/19	a,b,c,f
Cd-Re	N	h	N-Re	N	a,b,c,h
Ce-Re	N	a	Nb-Re	23/27,1/2	a,b,c,f
Co-Re	S.s.	a,b,c,f	Nd-Re	1/2	a
Cr-Re	2/3	a,b,c,f	Ni-Re	P	a,b,c,f
Cu-Re	E	a,b	Np-Re	1/2	a
Dy-Re	1/2	a	O-Re	7/2,3/1,2/1	a,c
Er-Re	1/2	a	Os-Re	S.s.	a,b,d,e,f
Eu-Re	1/2	a	P-Re	4/1,3/1,5/2,13/6,2/1,4/3,1/1,1/2	a,b,c
Fe-Re	3/2,2/3,1/2	a,b,c,f,h	Pd-Re	P	a,b,d,f
Ga-Re	N	a,b	Pr-Re	N	a
Gd-Re	1/2	a	Pt-Re	P	a,b,d,e,f
Ge-Re	7/3	a,b,h	Pu-Re	1/2	a,c
H-Re	N	h	Re-Rh	P	a,b,d,f
Hf-Re	1/1,2/1	a,c,f	Re-Ru	S.s.	a,d,f
Hg-Re	N	a,b	Re-S	1/2	a,b,c
Ho-Re	1/2	a	Re-Sb	N	a
In-Re	N	a,h	Re-Sc	1/2,5/24	a,c

续表 8-5-4

体系	相图特征	参考文献	体系	相图特征	参考文献
Re - Se	1/2,2/7	a,b,c	Re - Ti	24/5	a,b,c
Re - Si	1/2,1/2,1/1.8	a,b,c,f	Re - Tm	2/1	a
Re - Sm	2/1	a	Re - U	2/1,1/2	a,c,h
Re - Sn	N	a,b	Re - V	3/1,7/3	a,b,c,h
Re - Ta	2/1,59/41	a,b,c,f	Re - W	18/7,1/2	a,b,c,f,h
Re - Tb	2/1	a,f	Re - Y	2/1	a,c,h
Te - Tc	S. s.	a	Re - Yb	2/1	a
Re - Te	2/1,1/1,1/3	a	Re - Zn	N	a
Re - Th	2/1	a,c	Re - Zr	24/5,2/1,1/2	a,b,c

表 8-5-5　铼三元合金相图索引

体　系	相图特征	参考文献	体　系	相图特征	参考文献
Al - As - Re	PR	g	C - Re - Si	PR	g
Al - B - Re	2/1/3	g	C - Re - Ta	PR	g
Al - Cu - Re	1/2/2,8/1/1,5/2/3,7/2/1	g	C - Re - V	PR	g
Al - Fe - Re	5/2/1,3/11/6	g	C - Re - U	PR	g
B - Cr - Re	1/1/1,2/1/1,4/1/4,10/4/1	g	C - Re - W	PR	g
B - Co - Re	4/2/5,12/23/23,1/1/1,2/3/3	g	C - Re - Zr	PR	g
B - Cr - Re	5/3/2	g	C - Fe - Re	1/3/1	g
B - Dy - Re	4/1/1,6/2/1,7/3/2,1/1/11,4/1/4	g	C - Re - Si	6/6/1	g
B - Hf - Re	PR	g	Co - Re - Y	PR	g
B - Nb - Re	4/3/3	g	Dy - Fe - Re	2/13/5	g
B - Ni - Re	6/11/12	g	Dy - Ni - Re	PR	g
B - Re - Si	PR	g	Fe - P - Re	1/1/1	g
B - Re - Sm	2/1/1,2/5/3,4/1/1,4/4/1	g	Ir - Re - W	L	g
B - Re - Ta	4/3/3,3/1/1	g	Mn - Re - Si	5/3/2,13/1/6	g
B - Re - Ti	2/1/2	g	Mo - Ni - Re	PR	g
B - Re - U	3/1/1,4/1/1,6/1/2	g	Mo - Pt - Re	7/2/1,7/1/2	d,g
B - Re - V	1/1/1,5/3/2,5/8/2	g	Mo - Re - Ru	PR	e,g
B - Re - W	PR	g	Mo - Re - Ta	PR	g
B - Re - Y	1/11/1,4/1/1,4/4/1,6/1/2,7/1/3	g	Mo - Re - V	PR	g
B - Re - Zr	PR	g	Mo - Re - W	PR	g
C - Cr - Re	PR	g	Mo - Re - Zr	PR	g
C - Mo - Re	PR	g	Mo - Nb - Re	PR	g
C - Nb - Re	PR	g	Nb - Re - Ta	L	g

续表 8-5-5

体 系	相图特征	参考文献	体 系	相图特征	参考文献
Nb - Re - V	PR	g	Re - Ru - Ti	1/1/1	d,g
Nb - Re - W	PR	g	Re - Ru - V	1/1/1	d,g
Nb - Re - Zr	PR	g	Re - Ru - W	PR	d,g
Nd - Re - Si	1/4/2,2/3/5,4/1/5	g	Re - S - Si	2/1/3,2/3/3,3/2/4,10/28/32,1/1/2	g
Ni - P - Re	2/5/3,1/4/1,2/6/1,3/5/2	g	Re - Si - W	1/5/4	g
Ni - Re - Si	PR	g	Re - Si - Y	3/5/2,4/2/1	g
Ni - Re - W	PR	e,g	Re - Ta - V	PR	g
Os - Re - Ru	PR	g	Re - Ta - W	PR	g
Os - Re - Ta	PR	g	Re - Ta - Zr	PR	g
Os - Re - W	PR	g	Re - V - W	PR	g
Pd - Re - W	PR	d,g	Re - V - Zr	PR	g

5.5.2 铼效应

向难熔金属中加铼可以提高材料的强度、塑性、焊接性能,并能降低塑-脆转变温度,降低再结晶脆性,铼的这些作用称为铼效应。铼对钨、钼具有显著的“固溶软化”效应。

5.5.3 铼的加工硬化

铼最突出的性能是在加工过程中产生异常高的加工硬化作用,表 8-5-6 和图 8-5-4 分别表示了冷加工率对铼力学性能的影响和硬度的影响。由表 8-5-6 和图 8-5-4 可以看出,随着冷加工率增加,铼的伸长率急剧下降,硬度急剧增大,表现出极高的加工硬化性能,这是其他任何金属所不及的,镍是金属中加工硬化较高的一种,但远不及铼。

铼具有这样高的加工硬化率原因是由在两个$(\bar{1}010)$系的平面上交叉部位的位错所致。在这些系的平面上形成了坚固的阻隔,如果堆积缺陷低时,这些阻隔很坚硬,不易产生超越及横向滑移。

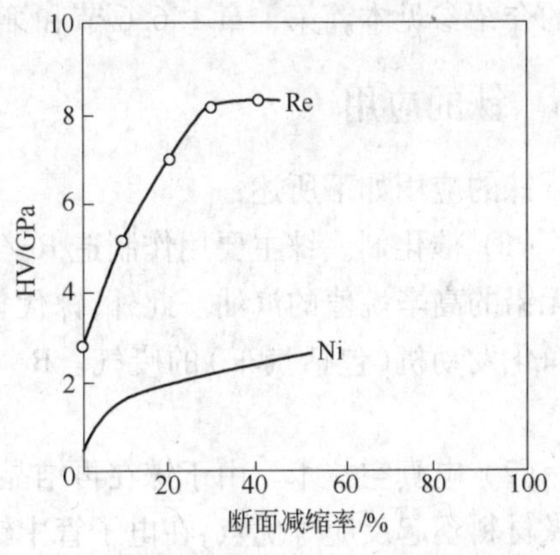

图 8-5-4 冷加工率对铼硬度的影响

表 8-5-6 冷加工率对铼的力学性能的影响

性 能	退火后	12.9%冷加工率	24.7%冷加工率	30.7%冷加工率
轧制板厚/mm	0.257	0.224	0.156	0.144
抗拉强度 σ_b/MPa	1180	1757	2158	2264
屈服强度 $\sigma_{0.2}$/MPa	949	1727	2095	2186
伸长率/%	28	8	2	2

5.5.4 氧含量对铼力学性能的影响

铼中的气体含量,特别是氧含量对铼的力学性能有很大影响,见表 8-5-7。当氧含量由 0.002% 增到 0.022% 时,变形退火铼的强度由 532 MPa 上升到 862 MPa;硬度(HB)由 1310 MPa增到 2720 MPa,而伸长率由 21.1% 下降到 5.0%。

表 8-5-7 氧含量对铸造铼①力学性能的影响

气体含量(质量分数)/%			HB/MPa		抗拉强度/MPa	伸长率/%
O	H	N	铸 造	镦粗并退火		
0.0021	0.0005	0.0006	1480	1310	532	21.1
0.0081	0.0004	0.0005	1870	1820		
0.0120	0.0003	0.0005	1910	1870	658	16.1
0.0180	0.0006	0.0008	2490	2350	735	11.0
0.0200	0.0006	0.0025	2600	2550	830	9.2
0.0220	0.0005	0.0080	2720	2720	862	5.0

① 变形退火。

5.5.5 铼合金

钨铼合金、钼铼合金是已投入工业生产的铼合金中用途最广泛的合金。钨铼合金中铼含量一般不超过 26%(质量分数)。钼铼合金中铼含量通常不超过 50%(质量分数)。此外还有其他成分合金,如 W-33.3%、Mo-33.3% Re 等。这些合金可加工成板、丝、棒,各合金的介绍参见本篇第 1 章 1.6.6 节和第 2 章 2.6.5 节。

5.6 铼的应用

铼的应用如下所述:

(1) 催化剂。铼主要用作制造 Re/Pr 催化剂,用于石油工业的催化重整过程,以生产低或无铅的高辛烷值的汽油。此外,铼代替价格昂贵的铂、铑用于发动机的催化或排气转换中以净化发动机(包括汽车)的废气。Re-Pt/Al_2O_3催化剂用于高辛烷值汽油、芳烃、丙烯腈生产。

(2) 电真空技术。由于铼在再结晶后仍有较高的塑性,高温下晶粒长大很慢及对某些绝缘材料不起反应等优点,在电子管中铼丝或铼带用作加热灯丝、结构材料、阳极、栅极和管子封皮等,例如质谱仪中的加热灯丝,铼的离子规、闪光灯和 X 射线靶等。

(3) 高温热电偶。由钨铼合金(W3Re、W5Re、W10Re、W26Re 等)制成的热电偶可以测量 2500℃以上的高温,其中以 W/W26Re 热偶的使用性能为最佳。

(4) 合金添加剂。用于航空发动机的镍基超合金中添加铼能大大提高材料的高温持久强度,不降低其变形性能,因而可以增大发动机的推力,节省燃料消耗和改善发动机的性能。铂中加入铼可提高材料的耐磨性,用作制作钢笔尖。

(5) 焊接填料。用钼-铼(Mo35Re)合金作焊接钼制件的填料时,焊接制件在室温下具有非常好的塑性(弯曲角可达 82°)。如果不采用此种填料,仅弯曲 4°后便发生破裂。

（6）宇航。前苏联曾用铼作火箭圆锥部件的涂料以及发动机或引擎部件的涂料。在美国铼曾用于制作液体氟/肼化学火箭、太阳能火箭和非冷却化学火箭的材料。

（7）其他。铼用作电接触器,例如海船久磁发电机接触器;潮湿环境中的耐腐蚀性接触器等。

参考文献

[1] 美国金属学会．金属手册(第九版,第二卷)[M]．北京:机械工业出版社,1994:1003~1004.

[2] 《有色金属提取冶金手册》编委会．有色金属提取冶金手册．稀有高熔点金属(上、下)[M]．北京:冶金工业出版社,1999:378~438.

[3] 《稀有金属手册》编委会．稀有金属手册(下册)[M]．北京:冶金工业出版社,1995.

[4] 师昌绪．材料大辞典[M]．北京:化学工业出版社,1994:595,988.

[5] 中国大百科全书《矿冶》编辑委员会．中国大百科全书(矿冶)[M]．北京:中国大百科全书出版社,1984:409~410.

[6] Leonhardt T, Downs J. Near Net Shape of Powder Metallurgy Rhenium Parts[C]//Proc. of 15th International Plansee Seminar 2001, 2001, Vol. 1:647~657.

[7] 师昌绪,李恒德,周廉．材料科学与工程手册(上册)[M]．北京:化学工业出版社,2004.

编写:般为宏（西北有色金属研究院）

第 9 篇

硬质合金工具与耐磨零件生产

第1章 概 述

1.1 定义

硬质合金是由难熔金属硬质化合物和胶结金属组成的合金。它是一种金属陶瓷。

难熔金属硬质化合物通常是指元素周期表第Ⅳ、Ⅴ、Ⅵ族中过渡元素（钛、锆、铪；钒、铌、钽；铬、钼、钨）的碳化物、氮化物、硼化物和硅化物。硬质合金中广泛使用的是碳化钨、碳化钛和碳化钽（碳化铌）。这些碳化物的共同特点是：熔点高、硬度高、化学稳定性好，热稳定性好，常温下与胶结金属的相互溶解作用很小等。

目前，有些研究者试图将硅和硼的碳、氮化物及氧化铝引入硬质合金或目前所说的“金属陶瓷”。虽然铝不是难熔金属，硅只是半金属，也不难熔，硼则完全不是金属，但它们的上述化合物都具有与上述难熔金属硬质化合物相近的特点。只是，除了 TiN 以外，现用胶结金属对它们的润湿性太差，因而显著降低合金的强度。这是它们在硬质合金基体方面至今未得到商业应用的原因。目前只有 Al_2O_3、AlN 等用作涂层材料。

胶结金属应当符合下列要求：在硬质合金的工作温度（如 1000℃）下不会出现液相；能较好地湿润硬质化合物表面；在烧结温度下不与硬质化合物发生化学反应；其他物理－力学性能较好等。铁族金属及其合金能不同程度地满足上述要求。其中最好的是钴，其次是镍，铁很少单独使用。

1.2 起源[1]

硬质合金的起源是与钨引入灯泡制造紧密联系着的。一百多年以前，科学家们就已经知道钨丝是灯泡的最好的发热体。但是将这种高熔点金属做成丝的努力最初全都失败了。到 1907 ~ 1908 年美国人库里基（Coolidge）做成了可锻钨才为生产钨丝解决了第一个，也是最基本的难题。随后的问题就是拉丝模。最初是使用金刚石模芯。由于金刚石价格昂贵，迫使人们积极地寻找代用品。钨再一次引起了人们的注意，不过这一次是以碳化钨的形式。

硬质合金的发源地是德国柏林的奥斯勒姆(Osram)研究公司的研究所。奥斯勒姆属于德国气体照明公司(Deutschen Gasglühlicht Aktiengesellschaft,DGA)。

鉴于碳化钨的硬度可与金刚石比拟，他们试图用熔铸碳化钨来制造模芯以代替金刚石。20 世纪初，在弗兰茨·斯考皮(Franz Skaupy)的指挥下，由 DGA 的弗兰克曼·亨利·莫依桑(Frenchman Henri Moisson)进行了这项研究，直到 1914 年以后。正如现在人们普遍了解的，他们所得到的是碳化二钨(W_2C)，因其韧性太差而没有成功。

1919 年 7 月 1 日，DGA、西门子灯泡厂(Siemens Lampworks)与 AEG 奥斯勒姆合并了。1920 年由于工业金刚石的价格陡然上涨，他们做了第二次尝试。1922 年三个集团的研究部门组合成了电气照明的研究公司。这个联合机构由原德国气体照明公司的斯考皮领导。他的副手是前西门子公司的皮拉里(M. Pirani)。

这个新的研究集团可以借助于三个灯泡厂的所有经验。卡尔·施律太尔(Karl Schröter)那时是一名在冶金部门努力工作的职员。除了其他事情以外，硬质合金课题是必须研究的。主要从事研究硬质材料结构的古厄特勒(Guertler)被聘为顾问。这个集团的硬质合金部门的工作由朗格(Lang)博士提供的资料所补充。朗格博士从 1970 ~ 1990 年是奥斯勒姆科研工作的领导人，并为奥斯勒姆公司有效服务了 40 年。1914 年以后，虽然真空电弧炉熔铸碳化钨的研究一直没有进展，但走向粉末冶金硬质合金的步伐却明显地加快了。

人们当时仍然停留在使用纯碳化钨上。对碳化钨的实验主要有：

(1) 细碳化钨粉烧结试验。用一氧化碳作为碳源，碳化细到能自燃的钨粉。将这种碳化钨粉压成圆柱形试样，在 1500 ~ 1600℃ 的温度下烧结到高密度，没有成功。

(2) 将纯钨烧结坯在气体中碳化。压制纯钨拉伸模毛坯，并在高温下烧结到高密度，然后在相对低的温度下碳化。结果碳化钨表层有 1 ~ 2 mm 厚，并且严重龟裂，仍然无法使用。然后有一个美国专利说明书(美国专利:1,551,333)。

(3) 以铁浸渍碳化钨骨架。这是报道的第一个关于碳化钨与一种铁族金属结合的例子。这个工作是由柏林的西门子灯泡厂进行的。其工艺是，首先生产碳化钨多孔体，然后以熔化的铁渗入其中以填充孔隙。第一次以这样的方法生产了高质量的拉伸模。按照斯考皮的意见，这是一个突破。1922 年 3 月 18 日，包姆豪尔(Baumhauer)以德国专利 DRP443,911 报道了这一发现。他后来成为在西门子灯泡厂长期服务的技术负责人。这个专利比授权给施律太尔的专利早一天提出，但是后者被认作基本的硬质合金专利。

(4) 单碳化钨作原料。施律太尔在一种以煤气和苯蒸气富化的水蒸气气氛中碳化很细的钨粉来改进碳化钨的生产。第二步是将碳化钨粉与低熔点的辅助金属，如铁、镍或钴的粉末混合，然后压制、烧结。

施律太尔在 1922 年 7 月 22 日的内部通报中报道这个工作时还称“试验正在进行中”。可是这已经比包姆豪尔的专利说明书晚了四个月。

施律太尔根据 1922 年 9 月 18 日和 12 月 1 日在奥斯勒姆工厂试用的结果起草了一份专利说明书在内部传阅。因为专利费即将于 1923 年 4 月 1 日提高，所以奥斯勒姆研究部指定施律太尔为唯一的发明人，非常仓促地完成了那个专利说明书，并于 1923 年 3 月 30 日递交专利局获得专利 DRP420,689。但是，事后由施律太尔的上级斯考皮澄清，并且也被证实，是斯考皮提出了使用铁族金属镍和钴的建议。

值得提到的是，施律太尔是奥斯勒姆研究集团具有总工程师头衔的化学家，并且从1936年10月1日直到第二次世界大战结束是这个集团的领导人。他1885年4月10日出生于爱尔兰的阔克(Cork)，1950年10月29日于柏林逝世。

斯考皮于1929年离开了研究集团并在柏林大学谋到一个职位而成为教授，于1969年逝世，享年87岁。

硬质合金发明专利的基本特点是，碳化钨加质量分数少于10%的铁、钴或镍的细粉于1500～1600℃下烧结得到几乎无孔隙的产品。碳化钨的碳含量为3%～10%(最好是7%)。这种材料可以用于制造各种工具，特别是拉丝模，致使很难制造的昂贵的金刚石工具被这种材料永远代替了。

申请基本专利两年以后，施律太尔补充了新的技术条件：黏结剂含量改为10%～20%(质量分数)。后来施律太尔的专利还分别包括碳含量的修改和硬质合金压坯在700～1100℃预烧之后的切削加工。

由德国专利局授予生产电灯的信托公司(Trust Company)的以施律太尔为发明人的专利，在1925年底卖给了埃森(Essen)的弗力德里克·克鲁伯公司(Friedrich Krupp A. G.)。硬质合金工业便由此诞生。

第一批烧结硬质合金于1926年出现在市场上，就是现在以WIDIA N为商标的德国生产的硬质合金。

就像所有的新生事物不可能一出现就完善一样，施律太尔所做出的第一批硬质合金，只是硬质合金的一个"雏形"。在硬质合金投放市场的前几十年里，它的进一步发展是在经验的基础上进行的。而近几十年来，这些发展已为科学研究互相补充。

八十多年来，由于粉末原料纯度的提高、硬质合金生产工艺和设备的改进和创新，新产品不断出现，例如：非焊接刀头(切削刀片、凿岩齿)、涂层合金、梯度组织合金及超细晶合金等。特别是由于科学技术的整体进步，使得金属切削和拉丝速度成倍，甚至十几倍地提高，硬质合金的应用领域不断地扩大。硬质合金已经并将继续成为工业现代化所不可缺少的材料。

1.3　特性

1.3.1　力学及物理化学特性

(1) 高硬度、高耐磨性及较高的高温硬度。硬质合金的室温硬度可以达到HRA93，因而得名。高温硬度：600℃时超过高速钢的常温硬度，1000℃时超过碳钢的常温硬度。

(2) 高弹性模量：通常为390～690GPa。

(3) 高抗压强度：可达6GPa。

遗憾的是，上述三种力学特性常常不能和较高的抗弯强度以及较高的冲击韧性兼而有之。

(4) 某些硬质合金有很好的化学稳定性：耐酸、耐碱，甚至在600～800℃下也不发生明显氧化。

(5) 较小的线膨胀系数。其导电系数、导热系数和铁及其合金接近。

1.3.2　使用性能

硬质合金的上述特性，使得它在现代工具材料、耐磨材料、耐高温和耐腐蚀材料方面占据重要地位。特别是由于它曾经引起金属切削加工工业的技术革命,而被看做工具材料发展第三阶段的标志。硬质合金的技术经济价值已日益广泛地为人们所了解。与合金钢工具比较,它的主要优点是:

(1) 成倍、几十倍,甚至上百倍地提高工具寿命。例如:金属切削加工刀具的寿命可提高5~80倍;量具寿命提高20~150倍;模具寿命提高50~100倍。因此采用硬质合金工具可以显著提高稀有金属的使用效果(表9-1-1)。

表9-1-1　不同工具材料切削钢时稀有金属的消耗[2]

稀有金属种类	每吨切屑所消耗的工具材料		硬质合金与高速钢中的稀有金属消耗比/%
	高速钢(18-4-2型) 100kg	硬质合金 2.5kg	
w(W)/%	18	1.9	10.6
w(Cr)/%	4	0	
w(V)/%	2	0	
w(Co)/%	5	0.15	3
合　计	29	2.3	8

表9-1-1说明,以1kg钨而言,制成的硬质合金其加工的切屑量等于制成的高速钢的9.5倍;而1kg钴制成的硬质合金其加工的切屑量则等于制成的高速钢的33倍。据统计,使用硬质合金时的工具费用大约只有使用高速钢时的十分之一。

(2) 成倍、几十倍地提高金属切削速度和凿岩速度,大大地提高劳动生产率。

(3) 提高被加工零件的尺寸精度并降低表面粗糙度,可以适应机械化和自动化的要求。

(4) 可以加工高速钢难以加工的耐热合金、钛合金、特硬铸铁等材料,促进了现代技术的发展。

(5) 可以制作某些耐腐蚀或耐高温的耐磨零件,从而提高了某些机械和仪器的精度和寿命。

1.4　类别

商业上通常按产品的用途分为:切削刀片、凿岩钎片、模具、普通耐磨零件和特殊耐磨零件(耐高温、高压、腐蚀及无磁性合金)。

按照合金的成分及组织,硬质合金可以分为如下8类。

1.4.1　WC-Co类合金

这类合金主要由碳化钨和钴组成。有时在切削刀片或拉伸模中加入2%以下的其他(钽、铌、铬、钒)碳化物作为添加剂,以提高工具的使用寿命。但这并不会改变合金的基本使用性能,仍属于WC-Co类合金。这类合金与含钴量相同的其他硬质合金比较,具有最高的抗弯强度、抗压强度、冲击韧性和弹性模数,以及较小的线膨胀系数。

按照含钴量,这类合金可以分为低钴合金、中钴合金和高钴合金三种。低钴合金通常含钴3%~8%,主要用于制造切削刀片以加工铸铁、有色金属、非金属和部分耐热合金、钛合金、不锈钢等难加工材料。还用于制造各种拉伸模、压模、普通和特殊耐磨件(如顶锤),以及地质钻探中旋转钻进的钻头和截煤齿。其中含钴较高的粗晶合金也可用于软岩层冲击回转钻进的钻头。中钴合金(含钴10% ~15%)主要用于中硬及硬岩层冲击回转钻进的钻头和某些冲击负荷不高的冲压模具以及特殊耐磨零件。高钴合金(钴含量大于15%)则主要用作冲击负荷较大的冷镦模、冷锻模、冲压模和轧辊等。

按照碳化钨晶粒,这类合金通常分为粗晶、中晶和细晶三类。即,中晶:1.2μm < WC 晶粒≤2μm;超出此范围者则分别为粗晶或细晶合金。随着被加工材料和硬质合金生产工艺的进展,WC - Co 合金的 WC 晶粒在粗、细两方面有了很大的发展。原有的笼统分类法已远不能反映硬质合金的性能特点。为此,建议采用下列分类法:

纳米合金:WC 平均晶粒 < 0.2μm;

极细晶合金:0.2 μm ≤ WC 平均晶粒 ≤ 0.5 μm;

超细晶合金:0.5 μm < WC 平均晶粒 ≤ 0.9 μm;

细晶合金:0.9 μm < WC 平均晶粒 ≤ 1.2 μm;

中晶合金:1.2 μm < WC 平均晶粒 ≤ 2.0 μm;

中粗晶合金:2.0 μm < WC 平均晶粒 ≤ 3.5 μm;

粗晶合金:3.5 μm < WC 平均晶粒 ≤ 5.0 μm;

超粗晶合金:5.0 μm < WC 平均晶粒 ≤ 8.0μm;

极粗晶合金:8.0 μm < WC 平均晶粒 ≤ 15 μm。

中晶合金的用途非常广泛。粗晶合金主要用于冲击负荷大的凿岩工具和金属冷加工模具,如冷镦模、冷锻模等,以及热加工工具,如钢的热轧轧辊等。超细晶及更细的合金,目前主要用于切削加工,例如,加工印刷线路板、塑料、聚四氟乙烯、碳纤维、石墨材料、纸张、木材、树脂叠片材料、强化玻璃纤维、树脂填充的陶瓷、铸铁、碳钢、不锈钢、耐热钢、镍基合金、宇航用钛合金等。

1.4.2　WC - TiC - Co 类合金

与 WC - Co 类合金比较,WC - TiC - Co 类合金具有较高的抗氧化性,在切削过程中形成"月牙洼"的倾向较小,因而在长切屑材料的加工中采用高速切削时,有较高的刀具寿命。其缺点是强度较 WC - Co 类合金低。

这类合金主要用作切削刀片。它通常按照碳化钛的含量分为低钛、中钛和高钛合金三种。低钛合金一般含碳化钛4% ~6%,含钴9% ~15%,强度最高,用于冲击负荷较大的碳钢和合金钢的粗切削加工(钢锭剥皮,有冲击负荷的切削、刨削等)。中钛合金一般含碳化钛10% ~20%,含钴6% ~8%,用于冲击负荷很小的碳钢和合金钢的切削加工。高钛合金一般含碳化钛25% ~40%,含钴4% ~6%。由于强度太低,用途有限,这类合金已被其他牌号所替代。

1.4.3　WC - TiC - TaC(NbC) - Co 类合金

这类合金与 WC - TiC - Co 合金一样,主要用于钢材的切削加工,但它比后者有更好的高温抗氧化性,同时也有较好的抗热震性,因而常常具有较高的刀具寿命。当两类合金中固溶体的体积相等时,WC - TiC - TaC(NbC) - Co 合金较 WC - TiC - Co 合金具有较高的抗弯强度,而硬度一样。因此,在工业发达国家里,后者早已被前者所替代。并且,碳化钛含量不高[TiC + TaC(NbC)通常小于 10%(质量分数)]的这类合金既可加工钢材,也可加工铸铁,因而有"通用"合金之称。所谓"通用",是指这类合金加工钢材时耐磨性比 WC - Co 合金高得多,加工铸铁时效率却又比 WC - Co 合金降低不多;并非指它在这两种情况的效率都分别与专用的 WC - TiC - Co 合金或 WC - Co 合金完全相同。

这类合金通常含碳化钛 5% ~15%,碳化钽(碳化铌)2% ~10%,钴 5% ~15%,其余为碳化钨。

1.4.4　碳氮化钛基类合金

碳氮化钛基类合金是在碳化钛基硬质合金的基础上于 20 世纪 70 年代发展起来的。目前只用作切削刀片。TiN 的引入可显著细化硬质相的晶粒。和 TiC 基合金相比,Ti(CN)基合金有着更高的室温和高温硬度和抗弯强度,更好的抗氧化性能和抗月牙洼磨损性能。而今在金属切削加工中应用范围已从精车到半精车,以至铣削。在日本,它已达到切削刀片的 30%,欧洲达 20%,而且还在不断地发展。

为了区别于碳化钨基硬质合金,人们习惯于把它叫做金属陶瓷。

1.4.5　钢结硬质合金

钢结硬质合金主要由碳化钨或碳化钛与碳素钢或合金钢组成。它的突出特点是:在退火状态下可以经受各种切削加工和某些无削加工以及焊接。淬火后它具有与高钴的 WC - Co 合金相近(甚至稍高)的硬度,却有较低的抗弯强度。由于资源丰富,原料价廉,合金的加工成本较低,因而有着显著的经济意义。目前主要用作模具和耐磨零件。

1.4.6　涂层硬质合金

普通硬质合金表面涂有耐磨性更高的难熔金属硬质化合物或铝的氧、氮化物,以及硼和硅的碳、氮化物的称为涂层硬质合金。在硬质合金基体上涂上更硬的表面层,既提高了它的表面硬度,因而提高其抗磨料磨损性能;又提高了它的抗粘刀和抗氧化性能,因而提高其抗月牙洼磨损性能。从而可以成倍地提高切削速度和切削刀片的使用寿命。涂层硬质合金目前主要用于金属切削加工的可转位刀片。

1.4.7　功能梯度合金

为了改善合金的性能,可以采用特殊工艺,使合金由表及里形成有规律的不同组织或/和成分。这种合金称为功能梯度合金。对一块 WC - Co 合金而言,它可以由表及里形成碳含量和钴含量各不相同的三个区域:表层、过渡区和中心区。对一块 WC - TiC(TiN) - TaC - Co 合金而言,它可以由表及里形成钛(β 相)含量和钴含量各不相同的三个区域:表层、过渡区和中心区。目前 WC - Co 合金主要用于凿岩钻齿,其表层钴含量相对较低,过渡区钴含量相对较高,中心区含 η 相而钴含量接近名义值。WC - TiC(TiN) - TaC - Co 合金主要用于涂层可转位刀片的基体,其特点是表层无 β 相,中心区的成分和组织符合配制的标准。

1.4.8　特殊硬质合金

目前它包括如下三种:

(1) 无黏结剂硬质合金。它通常含有0.2%(质量分数)左右的钴。其金相组织中很难显现黏结相,所以叫做“无黏结剂”的硬质合金。无黏结剂硬质合金目前主要用于切割钢材的“水刀”喷嘴。这种合金虽然耐磨性很高,但强度很低。这就限制了它的应用范围。

(2) 无磁性合金。无磁性合金为WC－Ni合金。镍是顺磁性金属,在脱离磁场以后的剩磁(矫顽力)比钴显著的小。如果能适当地控制合金的碳含量,可以做到几乎无剩磁。因此,无磁性合金适合于用作压制磁性粉末的压模,也可以用作腐蚀性不强的耐磨零件,如圆珠笔尖。但是它的强度低于相应的WC－Co合金。

(3) 耐腐蚀合金。为了进一步提高合金的耐腐蚀性,可以用铬替代黏结剂中的部分镍。这样,还可以提高合金的拉伸强度,特别是抗弯强度。铬存在于黏结相中,而且也存在于这种合金的WC相中。这使得它可以抵御大多数有机酸和无机酸的腐蚀。所以WC－Cr_3C_2－Ni硬质合金适用于要求耐腐蚀的场合。但由于抗弯强度仍低于WC－Co合金,它的应用范围也是有限的。

1.5　生产工艺流程

硬质合金的生产过程通常包括混合料制备、成形和烧结三个主要阶段。经过这三个阶段,不同组成的粉末就变成了具有一定的形状和尺寸、适宜的金相组织和物理－力学性能的被称之为硬质合金的块状产品。在很多情况下,例如,作金属切削加工用的可转位刀片,作微钻头的棒材等的产品烧结后必须进行加工,例如,研磨,或者研磨后还要涂层,之后方可使用。

图9-1-1(见下页)所示的工艺流程是目前使用较为普遍的。如果采用某些特殊工艺,流程会有些小的变化。例如,热压无需成形剂,无需制粒,也没有单独的烧结工序;采用喷雾干燥无需擦筛和单独的制粒工序;采用氢气烧结则需要一道装舟工序等。

参考文献

[1]　Kolaska H, Grewe H. Historical Development and Technical Siglificance[M]. In: European Powder Metallurgy Association(EPMA). Powder Metallurgy of Hardmetals, Part One, Lecture Series. Shrewsbury, England: EPMA, 1995: 1～6.

[2]　株洲硬质合金厂. 硬质合金的生产[M]. 北京:冶金工业出版社,1974.

编写:张荆门　徐　涛(株洲硬质合金集团有限公司)

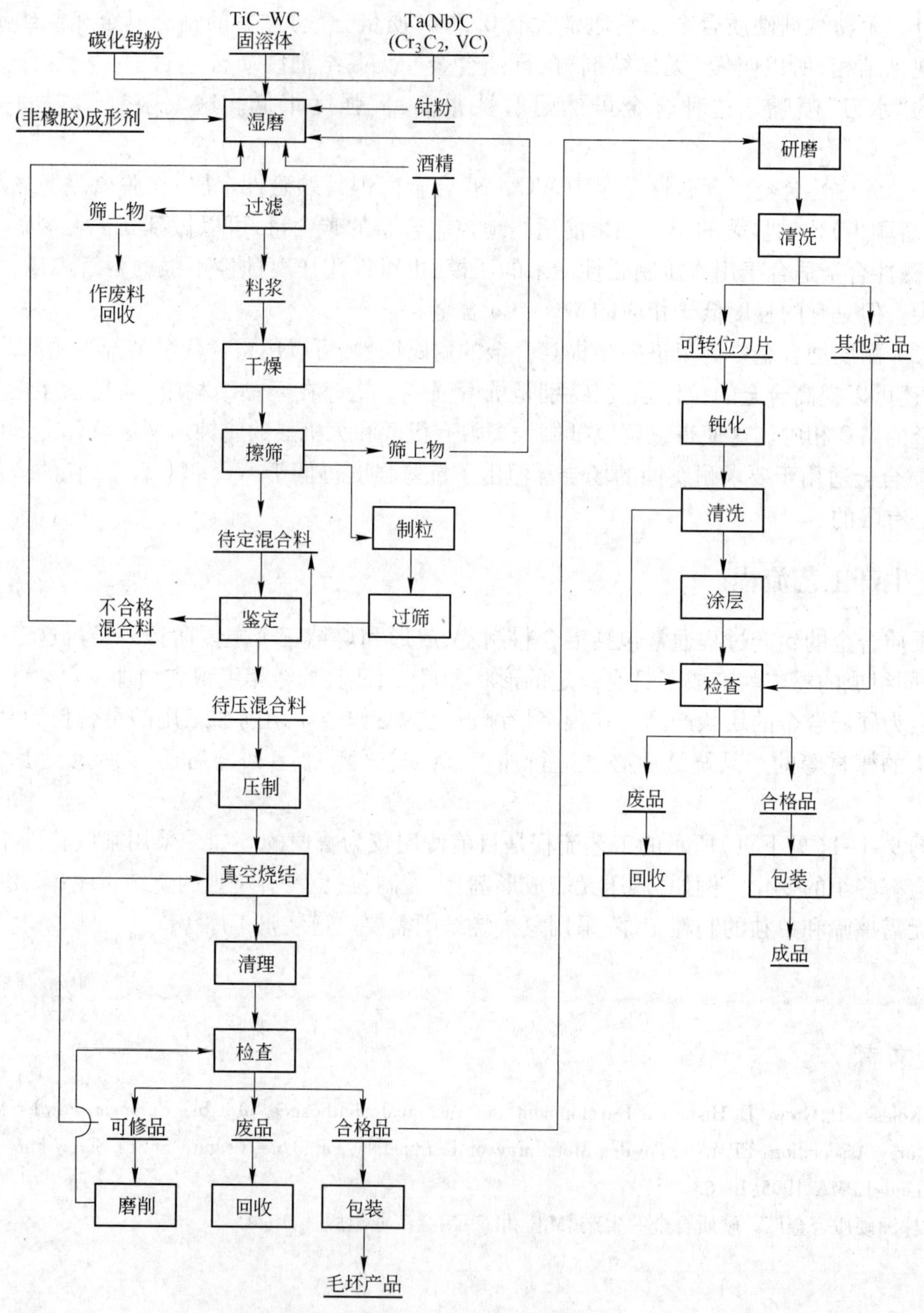
碳化钨粉
TiC-WC
固溶体
Ta(Nb)C
(Cr_3C_2, VC)
(非橡胶)成形剂
湿磨
钴粉
酒精
过滤
筛上物
作废料
回收
料浆
干燥
擦筛
筛上物
制粒
待定混合料
过筛
不合格
混合料
鉴定
待压混合料
压制
真空烧结
清理
检查
可修品
废品
合格品
磨削
回收
包装
毛坯产品
研磨
清洗
可转位刀片
其他产品
钝化
清洗
涂层
检查
废品
合格品
回收
包装
成品

图9-1-1　生产工艺流程

第2章　混合料制备

2.1　原料的技术条件

2.1.1　碳(氮)化物技术条件

2.1.1.1　TiC 的技术条件

TiC 的技术条件见表 9-2-1。

表 9-2-1　TiC 的技术要求

项　目	w(Ti)/%	$w(C)_{总}$/%	$w(C)_{游}$/%	w(N)/%	w(O)/%	FSSS/μm
指　标	≥78	≥19.3	≤0.3	≤0.54	≤0.4	1.5~3.5

2.1.1.2　TiN 的技术条件

TiN 的技术条件见表 9-2-2。

表 9-2-2　TiN 的技术条件

项　目	w(Ti)/%	w(N)/%	w(Fe)/%	w(O)/%	FSSS/μm
指　标	≥78	≥21	≤0.1	≤1.0	1.0~6.0

2.1.1.3　VC 的技术条件

VC 的技术条件见表 9-2-3。

表 9-2-3　VC 的技术要求

序　号	测量项目	要　求
1	w(VC)/%	≥99.4
2	$w(C)_{总}$/%	≥17.5
3	$w(C)_{游}$/%	≤1.3
4	w(Fe)/%	≤0.10
5	w(Ca)/%	≤0.05
6	w(Al)/%	≤0.020
7	w(Si)/%	≤0.15
8	w(Na)/%	≤0.01
9	$w(O)_{总}$/%	≤1.0
10	w(N)/%	≤0.20
11	FSSS/μm	≤1.5

2.1.1.4　WC 的技术条件[1]

WC 粉的化学成分应符合表 9-2-4 的要求,其他技术条件见表 9-2-5。

表 9-2-4　WC 粉的化学成分

主含量 $w(WC)/\%$	杂质含量/%（不大于）								
	$w(Al)$	$w(Ca)$	$w(Fe)$①	$w(K)$	$w(Mg)$	$w(Mo)$	$w(Na)$	$w(S)$	$w(Si)$
≥99.8	0.002	0.002	0.02	0.0015	0.002	0.01	0.0015	0.002	0.003

① 对于平均粒度不小于 14 μm 的粗颗粒碳化钨粉，要求 $w(Fe)$ ≤0.05%。

表 9-2-5　WC 的其他技术条件

牌　号	比表面积 $/m^2 \cdot g^{-1}$	平均粒度范围 /μm	氧含量/%（不大于）	总碳/%	游离碳/%（不大于）	化合碳/%（不小于）
FWC02 - 04	>2.5		0.35	6.20 ~ 6.30	0.20	6.07
FWC04 - 06	1.5 ~ 2.5		0.30	6.15 ~ 6.25	0.15	6.07
FWC06 - 08		≥0.60 ~ 0.80	0.20	6.13 ~ 6.23	0.12	6.07
FWC08 - 10		>0.80 ~ 1.00	0.18	6.08 ~ 6.18	0.08	6.07
FWC10 - 14		>1.00 ~ 1.40	0.15	6.08 ~ 6.18	0.06	6.07
FWC14 - 18		>1.40 ~ 1.80	0.15	6.08 ~ 6.18	0.06	6.07
FWC18 - 24		>1.80 ~ 2.40	0.12	6.08 ~ 6.18	0.06	6.07
FWC24 - 30		>2.40 ~ 3.00	0.10	6.08 ~ 6.18	0.06	6.07
FWC30 - 40		>3.00 ~ 4.00	0.08	6.08 ~ 6.18	0.06	6.07
FWC40 - 50		>4.00 ~ 5.00	0.08	6.08 ~ 6.18	0.06	6.07
FWC50 - 70		>5.00 ~ 7.00	0.08	6.08 ~ 6.18	0.06	6.07
FWC70 - 100		>7.00 ~ 10.00	0.05	6.08 ~ 6.18	0.06	6.07
FWC100 - 140		>10.00 ~ 14.00	0.05	6.08 ~ 6.18	0.06	6.07
FWC140 - 200		>14.00 ~ 20.00	0.06	6.08 ~ 6.18	0.06	6.07
FWC200 - 260		>20.00 ~ 26.00	0.05	6.08 ~ 6.18	0.06	6.07
FWC260 - 350		>26.00 ~ 35.00	0.08	6.08 ~ 6.18	0.06	6.07

2.1.1.5　TiC - WC 的技术条件

(Ti,W)C 固溶体技术条件见表 9-2-6。

表 9-2-6　(Ti,W)C 固溶体技术条件

序　号	测 量 项 目	要　求	
		$w(TiC):w(WC)$ = 30:70	$w(TiC):w(WC)$ = 40:60
1	$w(Ti)/\%$	24.0 ±0.5	32 ±0.5
2	$w(W)/\%$	65.0 ±1.5	56 ±0.5
3	$w(Ta)/\%$		
4	$w(Mo)/\%$	≤0.1	≤0.1
5	$w(Si)/\%$	≤0.005	≤0.005
6	$w(Fe)/\%$	≤0.1	≤0.1
7	$w(Co)/\%$		≤0.05
8	$w(Na)/\%$	≤0.005	≤0.005
9	$w(K)/\%$	≤0.005	≤0.005

续表 9-2-6

序　号	测量项目	要　求	
		$w(\mathrm{TiC}):w(\mathrm{WC})=30:70$	$w(\mathrm{TiC}):w(\mathrm{WC})=40:60$
10	$w(\mathrm{Ca})$/%	≤0.007	≤0.007
11	$w(\mathrm{S})$/%	≤0.03	≤0.03
12	$w(\mathrm{O})_{总}$/%	≤0.25	≤0.25
13	$w(\mathrm{N})$/%	≤0.8	≤0.8
14	$w(\mathrm{Nb})$/%		
15	$w(\mathrm{C})_{总}$/%	10.2 ±0.5	10.95 ±0.15
			11.25 ±0.15
16	$w(\mathrm{C})_{游}$/%	≤0.4	≤0.2
17	*FSSS*/μm	2.0 ~4.0	2.0 ~4.0
18	相成分	游离碳化钨≤1.0	单相

2.1.1.6　TaC、NbC 的技术条件

TaC、NbC 的技术条件见表 9-2-7。

表 9-2-7　TaC、NbC 的技术条件

序　号	测量项目	要　求	
		TaC	NbC
1	(Ta,Nb)C 计算值/%	≥99.6	
	(Nb,Ta)C 计算值/%		≥99.6
2	$w(\mathrm{Ta})$/%		≤0.5
3	$w(\mathrm{Nb})$/%	≤1.0	
4	$w(\mathrm{Ti})$/%	≤0.10	≤0.02
5	$w(\mathrm{W})$/%	≤0.10	≤0.025
6	$w(\mathrm{Mo})$/%	≤0.10	≤0.01
7	$w(\mathrm{Si})$/%	≤0.010	≤0.010
8	$w(\mathrm{Al})$/%	≤0.010	
9	$w(\mathrm{Fe})$/%	≤0.10	≤0.10
10	$w(\mathrm{Co})$/%	≤0.10	≤0.05
11	$w(\mathrm{Cr})$/%	≤0.10	≤0.05
12	$w(\mathrm{Mn})$/%	≤0.05	≤0.03
13	$w(\mathrm{Sn})$/%	≤0.010	≤0.010
14	$w(\mathrm{Na})$/%	≤0.008	≤0.008
15	$w(\mathrm{K})$/%	≤0.008	≤0.008
16	$w(\mathrm{Ca})$/%	≤0.010	≤0.010
17	$w(\mathrm{S})$/%	≤0.03	≤0.03
18	$w(\mathrm{O})_{总}$/%	≤0.30	≤0.30
19	$w(\mathrm{N})$/%	≤0.10	≤0.15
20	$W(\mathrm{C})_{总}$/%	6.1 ~6.4	11.0 ±0.4
21	$W(\mathrm{C})_{游}$/%	≤0.15	≤0.15
22	*FSSS*/μm	≤3	1.0 ~3.0

2.1.1.7 Cr_3C_2的技术条件

Cr_3C_2的技术条件见表9-2-8。

表9-2-8 Cr_3C_2的技术条件

序号	测量项目	要求
1	$w(C)_{总}/\%$	≥13.0
2	$w(C)_{游}/\%$	≤0.40
3	$w(Fe)/\%$	≤0.15
4	$w(Ca)/\%$	≤0.02
5	$w(Mo)/\%$	≤0.01
6	$w(Si)/\%$	≤0.05
7	$w(Al)/\%$	≤0.020
8	$w(Na)/\%$	≤0.01
9	$w(O)_{总}/\%$	≤0.50
10	$w(N)/\%$	≤0.10
11	$w(Cr_3C_2)/\%$	≥98.0
12	$FSSS/\mu m$	≤3.5

2.1.2 黏结金属技术条件

硬质合金的黏结金属主要是Co、Ni。

2.1.2.1 还原钴粉[2]

还原钴粉的化学成分见表9-2-9，物理性能见表9-2-10。

表9-2-9 还原钴粉的化学成分

牌号	化学成分(质量分数)/%							
	Co(不小于)	杂质含量(不大于)						
		Ni	Cu	Fe	Pb	Zn	Cd	Ca
FCoH-1a FCoH-1b FCoH-1c	99.90	0.010	0.002	0.005	0.005	0.008	0.001	0.008
FCoH-2a FCoH-2b FCoH-2c	99.80	0.020	0.008	0.010	0.005	0.010	0.005	0.010
FCoH-3a FCoH-3b FCoH-3c	99.80	0.030	0.010	0.020	0.005	0.010	0.010	0.015

续表 9-2-9

牌　号	化学成分(质量分数)/%							
	杂质含量(不大于)							
	Mg	Mn	Na	Si	Al	S	C	O
FCoH-1a	0.005	0.002	0.005	0.008	0.005	0.005	0.75	0.05
FCoH-1b							0.55	0.03
FCoH-1c							0.50	0.025
FCoH-2a	0.008	0.008	0.008	0.010	0.008	0.010	0.75	0.05
FCoH-2b							0.55	0.03
FCoH-2c							0.50	0.025
FCoH-3a	0.010	0.008	0.020	0.015	0.020	0.020	0.75	0.05
FCoH-3b							0.55	0.03
FCoH-3c							0.50	0.025

注:钴含量由差减法计算得到,为100%减去表中所列杂质元素(除氧外)实测值总和的余量;

FCoH-1 除氧外其余所有杂质含量总和不大于 0.10%,FCoH-2、FCoH-3 除氧外其余所有杂质含量总和不大于 0.20%。

表 9-2-10　还原钴粉的费氏粒度、松装密度、粒度分布

牌　号	费氏粒度/μm	松装密度/$g \cdot cm^{-3}$	粒度分布 D_s/μm
FCoH-1a FCoH-2a FCoH-3a	≤1.00	0.40~1.00	≤10
FCoH-1b FCoH-2b FCoH-3b	1.00~2.00	0.40~1.50	≤15
FCoH-1c FCoH-2c FCoH-3c	≥2.00	0.40~1.50	—

注:如用户对费氏粒度、松装密度、粒度分布等其他项目有特殊要求,由供需双方协商确定。

2.1.2.2　镍粉的技术条件[3]

A　电解镍粉

化学成分应符合表 9-2-11 规定,粒度组成应符合表 9-2-12 规定,松装密度应符合表 9-2-13 规定。

表 9-2-11　电解镍粉的化学成分

产品牌号			FND-1	FND-2	FND-3
化学成分/%	Ni+Co(不小于)		99.8	99.5	99.5
	其中:Co(不大于)		0.005	0.1	0.1
	杂质含量(不大于)/%	Zn	0.002	0.002	0.002
		Mg	0.002	0.015	0.015
		Pb	0.002	0.002	0.002
		Mn	0.002	0.03	0.03

续表 9-2-11

产品牌号			FND-1	FND-2	FND-3
化学成分/%	杂质含量（不大于）/%	Si	0.005	0.01	0.01
		Al	0.005		
		Bi	0.001		
		As	0.001		
		Cd	0.001		
		Sn	0.001		
		Sb	0.001		
		Ca	0.015	0.03	0.03
		Fe	0.006	0.03	0.03
		S	0.003	0.003	0.003
		C	0.080	0.05	0.05
		Cu	0.05	0.03	0.03
		P	0.001		
		氢损		0.30	0.35

注：镍粉主品位应为 100% 与表 9-2-1 中所列各种杂质含量总和之差。

表 9-2-12　电解镍粉的粒度组成

牌　号	粒度组成	备　注
FND-1	<5 μm≤30%，5～15 μm≥55%，>15～25 μm 不限，>25 μm≤3%	颗粒百分数
FND-2	+300 目，≤3%	重量百分数
FND-3	+250 目，≤3%	

表 9-2-13　电解镍粉的松装密度

牌　号	松装密度
FND-1	0.85～1.05
FND-2	1.20～1.40
FND-3	1.40～1.70

B　微米级羰基镍粉[4]

化学成分应符合表 9-2-14 规定，物理性能应符合表 9-2-15 规定。

表 9-2-14　羰基镍粉的化学成分

牌　号	化学成分					
	杂质含量/%（不大于）					Ni
	Fe	C	O	S	其他杂质总量	
FTN-1	0.03	0.15	0.25	0.005	0.05	余量
FTN-2	0.03	0.15	0.25	0.005	0.05	余量
FTN-3	0.01	0.20	0.15	0.001	0.01	余量
FTN-4	0.01	0.15	0.15	0.001	0.01	余量

续表 9-2-14

牌　号	化学成分					
	杂质含量/%（不大于）					Ni
	Fe	C	O	S	其他杂质总量	
FTN-5	0.01	0.15	0.15	0.001	0.01	余量
FTN-6	0.01	0.10	0.15	0.001	0.01	余量

表 9-2-15　羰基镍粉的物理性能

牌　号	平均粒度/μm	松装密度/g·cm^{-3}
FTN-1	2.0～3.2	0.50～0.74
FTN-2	2.2～3.6	0.75～1.00
FTN-3	2.6～3.6	0.75～0.95
FTN-4	2.2～2.8	0.50～0.65
FTN-5	2.9～3.6	0.75～1.00
FTN-6	4.0～7.0	1.80～2.50

2.1.3　钨粉的技术条件[5]

钨粉的化学成分见表 9-2-16，FW-1、FW-2 的平均粒度范围及氧含量应符合表 9-2-17 的规定。

表 9-2-16　钨粉的化学成分

产品牌号		FW-1	FW-2	FWP-1
杂质质量分数（不大于）/%	Fe	粒度小于 10 μm：0.0050 粒度大于等于 10 μm：0.010	0.030	0.030
	Al	0.0010	0.0040	0.0050
	Si	0.0020	0.0050	0.010
	Mg	0.0010	0.0040	0.0040
	Mn	0.0010	0.0020	0.0040
	Ni	0.0030	0.0040	0.0050
	As	0.0015	0.0020	0.0020
	Pb	0.0001	0.0005	0.0007
	Bi	0.0001	0.0005	0.0007
	Sn	0.0003	0.0005	0.0007
	Sb	0.0010	0.0010	0.0010
	Cu	0.0007	0.0010	0.0020
	Ca	0.0020	0.0040	0.0040
	Mo	0.0050	0.010	0.010
	K+Na	0.0030	0.0030	0.0030
	P	0.0010	0.0040	0.0040
	C	0.0050	0.010	0.010
	O	见表 9-2-17		0.20

表 9-2-17　钨粉的平均粒度和氧含量

产品规格	平均粒度范围/μm	氧质量分数/%（不大于）
04	*BET*：<0.10	0.80
06	*BET*:0.10～0.20	0.50
08	*FSSS*：≥0.8～1.0	0.40
10	*FSSS*：>1.0～1.5	0.30
15	*FSSS*：>1.5～2.0	0.30
20	*FSSS*：>2.0～3.0	0.25
30	*FSSS*：>3.0～4.0	0.25
40	*FSSS*：>4.0～5.0	0.25
50	*FSSS*：>5.0～7.0	0.25
70	*FSSS*：>7.0～10.0	0.20
100	*FSSS*：>10.0～15.0	0.20
150	*FSSS*：>15.0～20.0	0.10
200	*FSSS*：>20.0～30.0	0.10
300	*FSSS*：>30.0	0.10

注：1. *BET* 是按 GB/T 2596 比表面积（平均粒度）测定（简化氮吸附法）。

2. *FSSS* 是按 GB/T 3249 难熔金属及碳化物粉末粒度测定方法——费氏法测定。

2.1.4　炭黑的技术条件[6]

冶金用炭黑的技术条件应符合表 9-2-18。

表 9-2-18　炭黑的技术条件

指　标	牌　号	
	TYJ－P1	TYJ－P2
硫含量/%（不大于）	0.005	
灰分含量/%（不大于）	0.060	
加热减量/%（不大于）	0.50	
挥发分含量/%（不大于）	1.0	
丙酮抽出物/%（不大于）	0.30	
吸碘值/$g \cdot kg^{-1}$	8.0～13.0	
100 筛余物/%（不大于）	0.005	
松装密度/$g \cdot cm^{-3}$	0.15～0.30	提供分析实测值
其他杂质/%（不大于）	无	

2.2　成形剂

2.2.1　作用

一是将微细的粉末颗粒粘结为稍粗的团粒，以提高粉末的流动性，改善压坯密度分布的均匀性。二是赋予压块必要的强度。硬质材料几乎不产生塑性变形，压块的强度主要是由成形剂赋予的。有些特殊成形工艺，如挤压和注射成形等，还需要由成形剂将粉团变为塑性体方可成形。三是不吸水的成形剂可以保护粉末,大大减缓或防止其氧化。

2.2.2　基本条件

用作硬质合金的成形剂应符合下述基本要求：

(1) 具有较好的黏性,但又有较低的黏滞性；

(2) 能溶解于适当的溶剂中；

(3) 不与合金成分发生化学反应；

(4) 烧结后无有害残留物。

2.2.3　常用成形剂的性能比较

成形剂是硬质合金生产过程中最重要、研究最多的工艺材料。不同的成形工艺,如挤压成形、注射成形、粉浆浇注成形等,对成形剂的要求不同。模压成形剂相对简单一些。目前常用的模压成形剂有:合成橡胶、石蜡和聚乙二醇(PEG)。

合成橡胶的优点是成形压力低,压坯强度高,可以用于形状复杂制品的成形。缺点是杂质含量高,由于会老化,物料不能久存,不适合喷雾干燥,通常残留碳量高达 0.2% ~0.3%。目前只有中国、俄罗斯等用于生产中低档产品和形状复杂产品。丁钠橡胶、顺丁橡胶是目前橡胶成形剂中应用比较多的。

顺丁橡胶的技术条件应符合表 9-2-19 的规定。

表 9-2-19　顺丁橡胶的技术条件

项　目	挥发分/%	总灰分/%	生胶门尼值	混练胶门尼值	拉伸强度/MPa (35 min)	伸长率/% (35 min)	凝胶
指标	≤0.75	≤0.30	40 ~50	≤68	≥14.2	≥450	不允许

石蜡的优点是既适于喷雾干燥,也适于一般混合器掺蜡制粒,纯度高,无灰分残留,粒料不易老化。缺点是压坯强度较低,复杂形状的产品难成形。

56 号石蜡的技术条件应符合表 9-2-20 的规定。

表 9-2-20　56 号石蜡的技术条件

项　目	熔点/℃	含油量/%	色度(号)	针入度(25℃100 g) (110 mm)	光安定性 (号)	嗅味(号)	机械杂质及水分
指标	56 ~58	≤1.5	≥17	≤20	≤6	≤2	无

聚乙二醇的优点是溶于水,适合于喷雾干燥,纯度高,无灰分残留,压坯强度较高。其缺点是复杂形状产品难成形,有吸水性,对环境的温度和湿度要求较高。

聚乙二醇的技术条件应符合表 9-2-21 的规定。

表 9-2-21　聚乙二醇的技术条件

项　目	熔点/℃	灰分/%	焦化残渣/%	固体杂质①	平均分子量
PEG500 型	35 ~45	≤0.2	≤1.5	无	500 ~600
PEG4000 型	50 ~60	≤0.2	≤1.5	无	3000 ~7000

① 指透光中肉眼估计熔化的试样。

2.3　湿磨介质

作为湿磨介质，必须具备如下条件：与混合料不发生化学反应；不含有害杂质；沸点低，在 100℃左右能挥发除去；表面张力小，不使粉末结团；无毒性，操作安全；当成形剂与粉末原料一道加入球磨机时，湿磨介质最好与成形剂相溶，以避免成形剂偏析[1]。

可作为湿磨介质的有酒精、丙酮、汽油、四氯化碳、苯、已环、水等。

目前使用较为普遍使用的是酒精（乙醇水溶液）。使用乙醇含量（体积分数）为 92% 以上的普通酒精，所得混合料比较松散，氧含量能满足要求：中颗粒粉末低于 0.3%，一般细颗粒粉末低于 0.5%。而且它属于中闪点易燃液体[2]，基本无毒，相对安全环保，回收方便。若使用 PEG 作为成形剂，则更宜于使用酒精，因为它们可以互溶。丙酮、已烷是在“石蜡工艺”中应用最多的研磨介质。它们最大的优点是对石蜡的溶解性好，成形剂分布均匀。但它们属于低闪点易燃液体，毒性大，不利于安全环保。常用湿磨介质的某些性能列于表 9-2-22。

表 9-2-22　常用湿磨介质的某些性能

名称	熔点/℃	沸点/℃	闪点/℃	自燃点/℃	张力/$N \cdot m^{-1}$	黏度/mPa · s
乙醇	-114	78	16	404	22.75×10^{-3}	1.20
丙酮	-95	56	-18	465	23.70×10^{-3}	0.295
环己烷	6.5	80.7	-20	245	24.38×10^{-3}	0.888
四氯化碳	-23	77	-19		26.15×10^{-3}	0.969

2.4　球磨过程概述

球磨是混合料制备的主要过程。在硬质合金生产过程中，通常使用湿式的滚动球磨和高能球磨来制备粉末混合料。球磨的目的是使粉末混合物中各组元混合均匀，同时，也会使硬质化合物粉末磨细。因此，球磨也被当做调整硬质化合物粉末粒度的辅助手段。此外，由于球磨使粉末的结晶能及表面能升高而使烧结过程活化。当然，氧化是难以避免的。

2.5　配料计算[7]

2.5.1　正常配料计算

传统的配料是无需每批计算的，每一牌号各组元的重量是固定的。唯一强调的是所选择的原料应符合技术条件的规定。

正常配料计算即由原料配料时的计算：

（1）WC - Co 混合料。钴的百分比含量乘以配料总重为混合料中钴含量的重量，将混合料总重减去钴重为碳化钨重。

（2）WC - TiC - Co 混合料。WC - TiC - Co 混合料成分比较复杂，配料时除碳化钨和钴粉外，碳化钛是以 TiC - WC 固溶体的形式加入的，而且根据不同牌号的需要，固溶体的成分也是可变的。

正常配料有以下计算公式：

$$K = CQ \tag{9-2-1}$$

$$M = QS/T \quad (9-2-2)$$

$$N = Q - K - M \quad (9-2-3)$$

式中,Q 为配料重量,kg;C 为混合料的钴含量,%;S 为混合料的钛含量,%;T 为固溶体的含钛量,%;K 为混合料钴粉的重量,kg;M 为混合料固溶体的重量,kg;N 为混合料中加入碳化钨的重量(不包括固溶体中 WC 的重量),kg。

这种做法的缺点是粉末混合料的总碳含量波动太大,所得合金的性能也会波动较大。因此,现代硬质合金生产工艺要求根据牌号指令计算每一批碳化物的总碳,并根据计算结果加以调整。就是说,即使是同一牌号,每批配料都要单独计算,而且根据计算结果,不同批次所用的原料通常是不完全一样的。这样,所得合金的性能就会相对稳定。

2.5.2　改配计算

2.5.2.1　WC – Co 混合粉

(1) 重量一定的混合料改配成重量不限的另一成分的混合料。

提高钴含量时:

$$B = Y[(100 - b) \div (100 - c) - 1] \quad (9-2-4)$$

式中,B 为应加的钴量,kg;Y 为改配前混合料重,kg;b 为改配前钴含量,%;c 为改配后钴含量,%。

降低钴含量时:

$$A = Y(b \div c - 1) \quad (9-2-5)$$

式中,A 为改配后加 WC 量,kg。

(2) 将一定重量的混合料改配成指定重量的另一种成分的混合料,通常需要同时加入碳化钨粉和钴粉。

$$钴粉\ B = CZ - bY \quad (9-2-6)$$

$$碳化钨粉\ A = Z - Y - B \quad (9-2-7)$$

式中,Z 为改配后混合料重,kg。

(3) 重量不限的混合料改配成指定重量的另一种成分的混合料。

如使改配后混合料钴含量提高,则:

$$Y = Z[(100 - C) \div (100 - b)] \quad (9-2-8)$$

$$B = Z - Y \quad (9-2-9)$$

如使改配后混合料钴含量降低,则:

$$Y = Zc \div b \quad (9-2-10)$$

(4) 往指定重量的混合料中掺入另一种混合料,改配成重量不限的第三种混合料。

$$X = (c - b) \div (a - c)Y \quad (9-2-11)$$

式中,X 为往指定重量的混合料中掺入的另一种混合料的重量,kg;Y 为指定重量的混合料重量,kg;a 为混合料 X 的钴含量,%;b 为混合料 Y 的钴含量,%;c 为改配后混合料的钴含量,%。

(5) 重量不限的两种混合料掺和成指定重量的第三种混合料。

$$X = (c - b) \div (a - b)Z \quad (9-2-12)$$

$$Y = Z - X \quad (9-2-13)$$

式中,Z 为改配后钴含量为 $c\%$ 的第三种混合料的重量,kg;X,Y 为未知数。

2.5.2.2 WC - TiC - Co 混合料

(1) 将重量一定的混合料改配成指定重量的另一种混合料,需同时加入钴粉、固溶体和碳化钨粉,其配入重量分别为:

$$K_1 = CQ - C_1Q_1 \quad (9\text{-}2\text{-}14)$$

$$M_1 = (QS - Q_1S_1)/T \quad (9\text{-}2\text{-}15)$$

$$N_1 = Q - (Q_1 + K_1 + M_1) \quad (9\text{-}2\text{-}16)$$

式中,K_1为改配时钴粉的配量,kg;M_1为改配时固溶体的配量,kg;N_1为改配时碳化钨的配量,kg;Q_1为改配前的混合料重量,kg;C_1为改配前混合料的钴含量,%;S_1为改配前混合料的钛含量,%。

(2) 将重量不限的混合料改配成指定重量的另一种混合料。

当钛含量高的混合料改配成钛含量低的混合料时,必须添加钴和碳化钨:

$$Q_1 = QS/S_1 \quad (9\text{-}2\text{-}17)$$

$$K_1 = CQ - C_1Q_1 \quad (9\text{-}2\text{-}18)$$

$$N_1 = Q - (Q_1 + K_1) \quad (9\text{-}2\text{-}19)$$

当钴含量高的改配成钴含量低的混合料时,钴的重量不变,应加入固溶体和碳化钨:

$$Q_1 = CQ/C_1 \quad (9\text{-}2\text{-}20)$$

$$M_1 = (QS - Q_1S_1)/T \quad (9\text{-}2\text{-}21)$$

$$N_1 = Q - (Q_1 + M_1) \quad (9\text{-}2\text{-}22)$$

2.6 影响湿磨过程的因素[8]

影响湿磨过程的主要因素是:球磨机的转速、填充系数、研磨体尺寸、球料比、液固比、磨筒直径和研磨时间。

2.6.1 磨筒的转速[8]

当筒体转动时,筒内的研磨体(球)和被磨物料在离心力和摩擦力的作用下随筒体旋转至一定高度,然后靠其自身的重力作用而落下。磨筒转速越高,离心力就越大,球便被带到越高的位置往下落,研磨作用就越强。当转速达到某一数值以后,离心力便会超过球的重力,使一部分球处于与磨筒相对静止的状态,不再脱离筒壁往下落。开始出现这种现象的转速叫做临界转速。

球磨机的临界转速用下式表示:

$$n_{临} = \frac{42.4}{\sqrt{D}} \quad (9\text{-}2\text{-}23)$$

式中,D 为磨筒内径,m;$n_{临}$ 为磨筒的临界转速,r/min。

硬质合金生产中混合料湿磨磨桶转速通常采用临界转速的60%。

2.6.2 填充系数

研磨体的体积和磨筒容积之比称填充系数。一定的填充系数是实现滚动研磨的必要条件。填充系数过小,研磨效率低,设备生产能力也低,甚至不能实现滚动研磨。但是填充系数超过0.5以后,研磨效率也降低。所以合理的充填系数为0.4~0.5[8]。如300L的球磨机磨 WC - Co 混合料时装球量为 1150 ~ 1250 kg。磨 WC - TiC - Co 时为 900 ~ 1100 kg。

2.6.3 研磨体尺寸

研磨作用是通过研磨体的表面与粉末接触时发生的。因此,在滚动研磨中,其效率随研磨体尺寸的减小而提高。但是,以球体而言,过小的直径由于转动惯量太小,难于实现滚动研磨,效率反而降低。有人发现,直径为 5 mm 的球的研磨效率最高。考虑到球的磨损,故采用直径为 10mm 的新球,小于 5 mm 者弃之。所以实际使用的是 5 ~ 10 mm 之间各种尺寸搭配的球,这样效率更高。

2.6.4 球料比

球料比是球与料的质量比。在有实际意义的范围内,球料比越大,研磨效率越高。但过大的球料比,不仅降低设备生产能力,还会由于球相互磨的几率提高而明显改变所生产的混合料的成分,因而通常会使所得合金的性能变坏。特别是球与所磨的混合料的组成相差较大的情况,影响更坏。工业生产中一般采用 3:1 ~ 5:1。研磨碳化钛基合金混合料时球料比可采用 6:1。

2.6.5 液固比

液固比是所加液体介质的体积与混合料的重量比,通常以 1 kg 料所加液体的体积(mL)表示。液固比过大,使粉末过于分散,减少它们经受研磨的机会,效率降低。液固比过小,料浆太稠,球不易滚动,且与筒壁发生黏滞作用,因而效率更加降低。实践证明,当球料比为 3 时,研磨钨钴混合料以每公斤料 200 mL(液体)为宜。研磨细颗粒或钨钴钛混合料时,则应根据经验,适当地多加。

2.6.6 磨筒直径

其他条件相同时,磨筒直径的改变会对湿磨过程产生两种相反的影响:随着磨筒直径的增大,实际转速会由于临界转速的变小(见 2.6.1 节)而降低,因而研磨效率降低;另外,装球量随磨筒直径的增加而增加,因而球下部的料所受的压力(研磨力)增加,加之磨筒每转动一圈,球滚动的路程加大,因而研磨效率提高。由于降低研磨效率的因素与磨筒直径的平方根成反比,而提高研磨效率的因素与磨筒直径成正比,所以,正如实践所证明的,研磨效率随磨筒直径的增加而提高。

2.6.7 研磨时间

在其他条件不变时,湿磨时间应当根据试验,由所得合金的金相组织和性能确定。也就是各组元分布均匀,碳化物晶粒无明显的不均匀长大;主要性能处于较好的水平,矫顽磁力相对稳定。商业生产中的实际湿磨时间在 24 ~ 120 h 之间变化。湿磨时间过短,各组元混合不均匀,所得合金的金相组织(主要是孔隙度)和性能都不好。时间过长,则碳化钨不均匀长大严重,所得合金的性能也不好。

为了保证合金的性能相对地稳定,湿磨时间应当根据原料的变化而适当地改变。配制同一牌号的混合料,不同批的原料应当根据试验单独确定湿磨时间。

2.7　混合料制备的设备及工艺

2.7.1　橡胶工艺混合料制备的设备及工艺

合成橡胶(包括锂系橡胶)对混合料制备工艺的主要影响是:它溶于汽油,却在遇到酒精时偏析。因此,用酒精作湿磨介质时,它不能与粉末原料一道加进湿磨机。这就使得混合料制备工艺过程复杂化。我们将其称为橡胶工艺,其混合料制备工艺流程如图 9-2-1 所示。

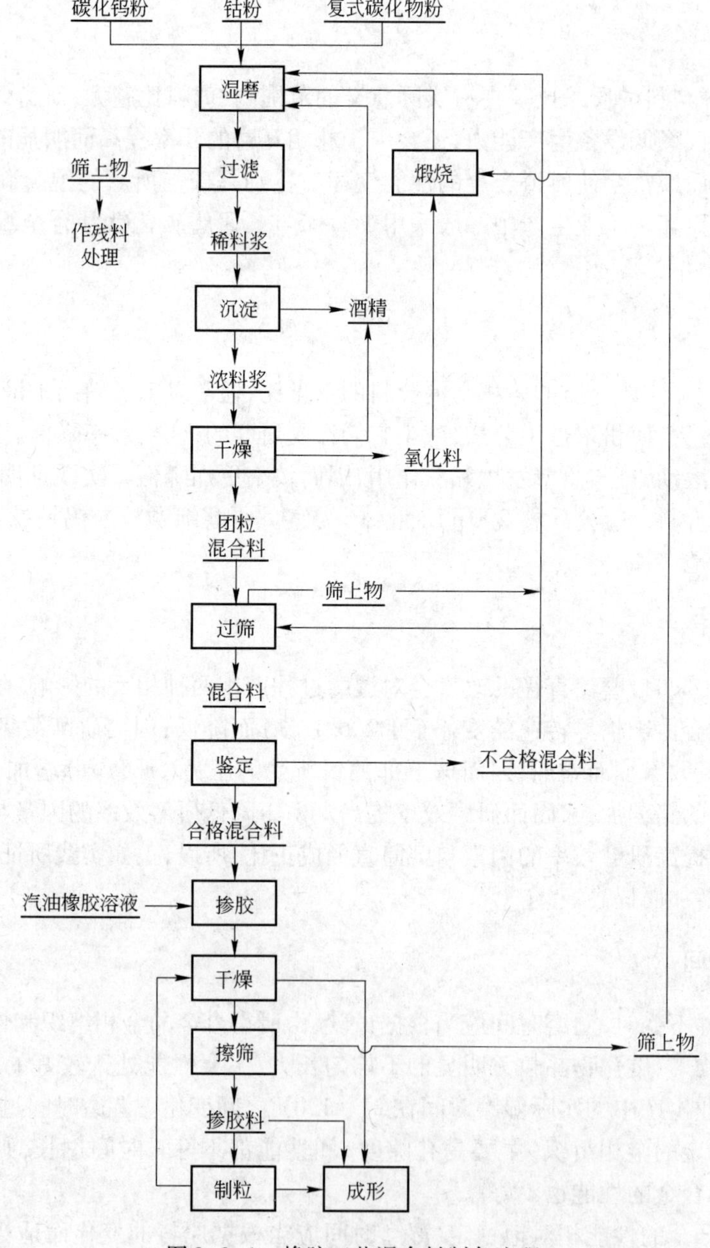

图 9-2-1　橡胶工艺混合料制备流程

2.7.1.1　湿磨(过滤、沉淀)

某些牌号混合料的湿磨工艺见表 9-2-23。

表 9-2-23　某些牌号混合料的湿磨工艺[7]

牌　号	WC 质量/kg	Co 质量/kg	(TiW)含量 C/%	其他含量/%	球料比	酒精量/L	湿磨时间/h
YG3X	145	4.5		TaC－0.45	5:1	40～50	96
YG6X	140.5	9		TaC－0.45	5:1	40～50	96
YG6A	138	9		TaC－2	5:1	40～50	96
YG3	194	6			3.75:1	40	48
YG6	188	12			3.75:1	40	36
YG8	202.8	17.2			3.4:1	45	24
YG8N	200.6	17.2		NbC－2.2	3.4:1	45	24
YG15	187.5	32.5			3.4:1	45	24
YG20	119.5	30.5			3.4:1	45～55	24
YG4C	211	9			3.4:1	40	24
YG8C	201.3	18.7			3.4:1	40	24
YG11C	194.3	25.7			3.4:1	40	24
YG105	196.9	22		TaC－1.1	3.4:1	45	24
YT05	119.7	9.9	25.6	Cr_3C_2－0.81	4:1	55～60	120
YT5	165.4	20.3	34.3	NbC－1.6	3:1	60	48
YT14	113	16.4	70.6		3:1	60	72
YT15	118.8	13.4	87.8		3:1	60	72
YT30		6.6	143.3		4:1	45	120
YW1	116.3	9.2	18.5～18.6	TaC－5.9～6.0	4:1	60	120
YW2	135.8	14.8	21.6～21.9	TaC－7.1～7.4	3.5:1	45	96
YW3	140	11.2	16～16.2	TaC－12.6～12.8	3:1	55～60	120
YW4	119.3	11.7	35.7～37.2	TaC－11.6～13.3	3:1	55～60	120

注:1. 除 YT30 采用 TiC: WC＝30: 70 固溶体外,其余均使用 40: 60 固溶体。

2. 酒精含水量应不大于 10%。

常用球磨机的结构,如图 9-2-2、图 9-2-3 所示。工业生产所用球磨筒的容积一般是 30～300 L,磨筒内壁衬有硬质合金板,并使用硬质合金球或棒,也可使用无硬质合金内衬的不锈钢质的球磨筒。

(1) 180 L 滚动球磨机。

设备主要参数:

球磨筒规格	ϕ500 mm × 950 mm
球磨筒容积	180 L
球磨机转速	34～36 r/min
设备功率	4.5 kW

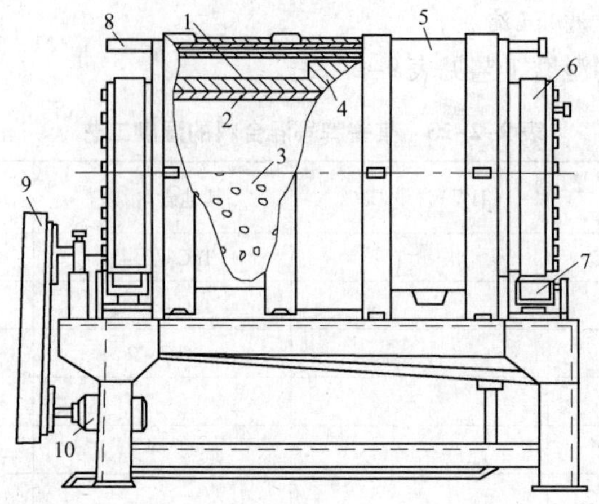

图 9-2-2　180 L 滚动球磨机简图[8]

1—球磨筒；2—硬质合金内衬；3—硬质合金球；4—传动齿轮；5—圆筒；6—滚轮；7—托轮；8—冷却水管；9—皮带轮保护罩；10—马达

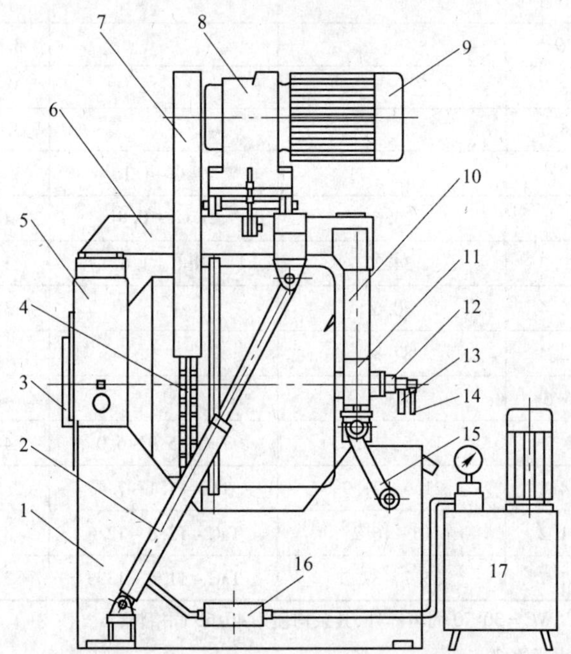

图 9-2-3　300 L 可倾斜式球磨机

1—机座；2—油缸；3—防护罩；4—双排滚子链；5—前轴承座；6—可倾翻支承体；7—链辊罩；8—减速箱；9—防爆电机；10—球磨筒体；11—后轴承座；12—旋转接头；13—出水管；14—进水管；15—托架；16—截止阀；17—液压站

设备结构特点：球磨筒体硬质合金衬板；皮带传动。

(2) 300 L 可倾式球磨机。

主要参数：

球磨筒体体积	300 L
球磨机转速	36 r/min
设备功率	12.5 kW

结构特点为：配备自动定时装置，球磨时间可自由设定、记录与存档；球磨筒体由 $\delta = 8\,mm$ 的不锈钢制成，外设冷却水套；筒体内有八根轴向均布的不锈钢筋；球磨筒体可以处于与水平面呈45°的位置旋转；链条传动。

球磨机的操作要点为：

（1）保证混合料化学成分准确，防止球磨筒和料桶因卸料和清洗不干净而混料。

（2）防止混合料被污染。如料浆须经320目筛网过滤，新球须洗磨后使用等。

（3）保持球磨效率相对稳定。如磨筒内要及时补球并定期卸出、过筛、称重、补足等。

2.7.1.2　干燥

干燥是为了使湿磨介质从料浆中蒸发出来并回收。工业生产中通常采用振动干燥器。振动干燥器如图9-2-4所示。干燥器的振动由马达带动偏心轴而产生。振动频率为1400次/min，振幅5～10 mm。

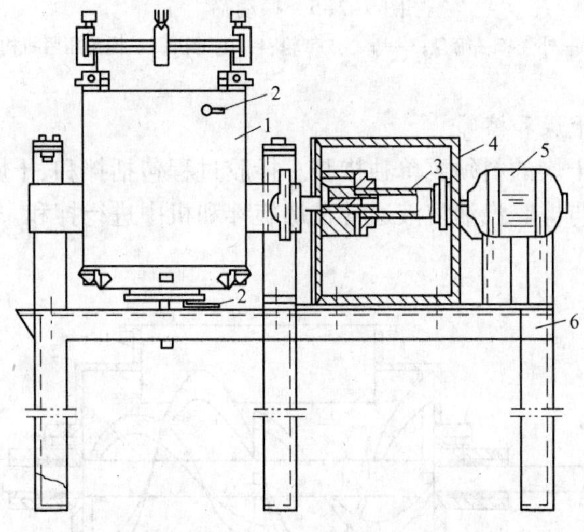

图9-2-4　振动干燥器[7]

1—盛料圆筒；2—蒸气或冷却水进出口；3—软轴；4—保护罩；5—马达；6—机架

由于圆筒内充满了正压的酒精蒸气，就防止了加热过程中物料被空气氧化，干燥温度可提高到120～140℃，这是一般烘箱干燥所没有的优点。

在操作振动干燥器时，应注意以下几点：

（1）加热时温度应逐步升高，并应根据圆筒的装料量掌握好开始振动的时间。一般以酒精蒸气不带出料浆为准。

（2）防止混合料增氧，甚至燃烧。首先干燥应尽量彻底；其次是冷却应充分，特别是细颗粒物料，卸料温度太高会严重增氧；卸料后应及时过筛。

（3）黏附于圆筒壁上的氧化料结块——俗称圆筒料，应单独存放，另行处理。

2.7.1.3　过筛

过筛的目的是除去料浆干燥时可能带入的氧化料结块，并使混合料松散，易于散热。一般WC－Co混合料用50～80目筛网过筛，而WC－TiC－Co混合料则应过100～120目筛。

过筛通常采用水平方向振动的振动筛。常用于生产的振动筛见图9-2-5。

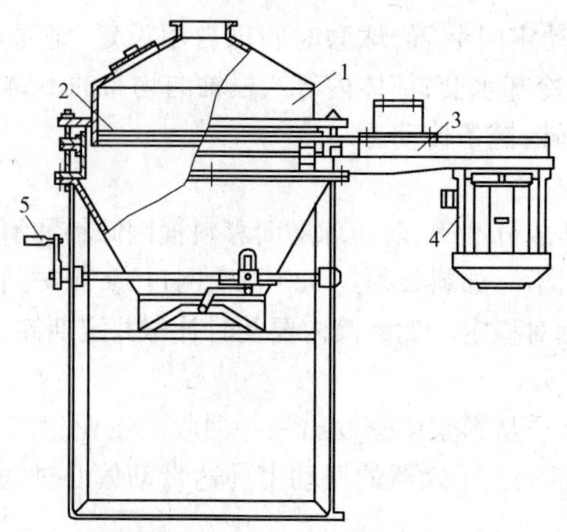

图 9-2-5　振动筛[7]

1—外壳;2—筛盘;3—偏心皮带轮;4—电动机;5—桶盖压紧机构

2.7.1.4　掺胶、干燥和擦筛

采用振动干燥器干燥的料须要单独掺胶。掺胶过程包括拌和、干燥和擦筛三道工序。

过筛后的混合料与橡胶汽油溶液通常在螺旋拌和机中进行拌和。螺旋拌和机的结构如图 9-2-6 所示。

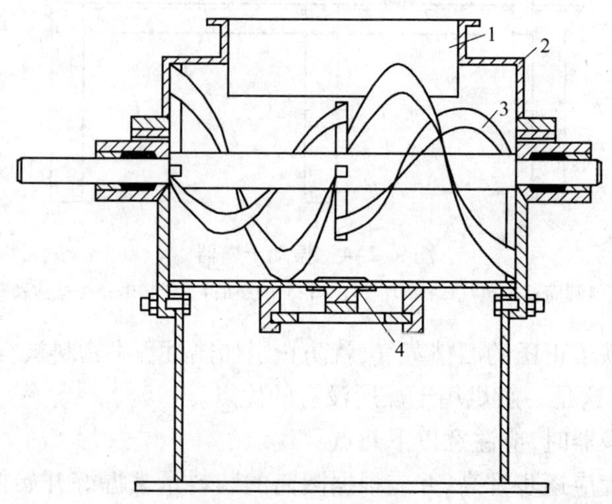

图 9-2-6　螺旋拌和机[8]

1—装料口;2—盛料槽;3—螺旋叶;4—卸料口

通常将拌和机置于通风柜中。这是防止汽油蒸气自由扩散,保证安全和改善劳动条件所必需的。

容积为 10 ~ 30 L 的拌和机每次装料量一般为 15 ~ 50 kg。成形剂加入量随混合料松装密度的减小而增加,橡胶加入量一般是 0.6% ~ 1.0%(质量分数)。橡胶汽油溶液的浓度应当根据橡胶用量及混合料的松装密度来调整,一般为 8% ~ 13%。

加入成形剂后的料块通常应置于有排风装置的蒸气干燥柜中,在 100℃ 左右干燥。干燥时间视料层厚度和温度而定。一般来说,加橡胶的物料不宜过分干燥,否则,料粒会变硬,使擦碎时的筛上物过多,甚至成形困难。此外,要求钨钴混合料比钨钴钛的要干;粗颗粒混合料比细颗粒混合料的要干;高钴混合料比低钴混合料的要干。操作者可凭经验控制干燥程度,必要时可以返回干燥。

干燥后的混合料团块,须经擦筛才能进行压制。生产上多用机械擦筛。

擦筛机的结构如图9-2-7所示。

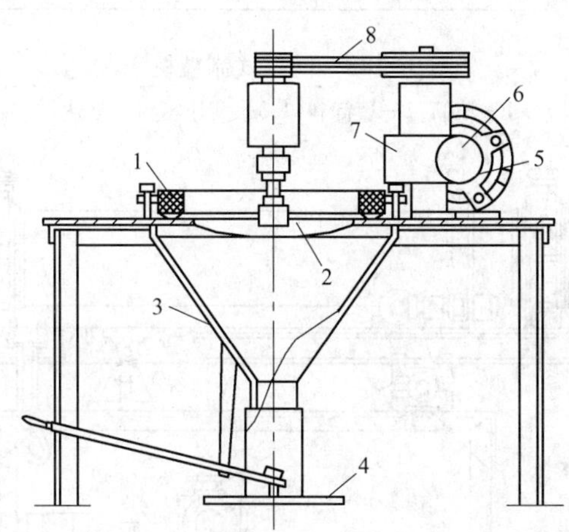

图9-2-7　擦筛机[8]

1—筛框;2—擦板;3—漏斗;4—密封盖;5—马达;6—蜗杆;7—蜗轮;8—皮带

筛网的网目取决于成形工序的要求:擦筛后需要进行制粒,并在自动压力机压制的料,用30~40目的筛网;擦筛后不需进行制粒,并在液压机上压制的料,则用50~100目的筛网。所得料粒的粗细,不仅与网目有关,还与干湿程度、擦板与筛网的距离以及擦筛时的加料速度等因素有关。

2.7.1.5　制粒

制粒是使料粒成为粗细比较均匀的近似球状的团粒,以提高料粒的流动性,并具有较稳定的松装密度,从而使用容量法称料的压坯单重相对稳定。

采用橡胶成形剂只能用滚动法制粒。其原理是将料粒置于滚筒中,采用较慢的转速,料粒沿筒壁不断滚动,使粒子不断趋于球形,另外,细粒子黏附在大粒子上,使后者长大。这样使混合料粒的流动性提高,松装密度增加。

滚动法可在间歇制粒机(图9-2-8)或连续制粒机(图9-2-9)中进行。间歇制粒机的滚筒直径为150~300 mm,容积为15~25 L,转速一般为30 r/min左右;装料量为15~40 kg;制粒时间约5~20 min。连续制粒机的生产能力大,滚筒直径小,多用于钨钴类混合料制粒。

滚动制粒的原理与滚动球磨相似。为了避免料粒落下时被其自身重力砸碎,对于密度较大(如钨钴混合料)、粉末颗粒较粗的混合料,要求采用较小的滚筒直径,或较低的转速;反之亦然。

料粒太干或过细,通常会给制粒造成困难。在这种情况下,只好加入汽油重新拌和、擦碎再制粒。

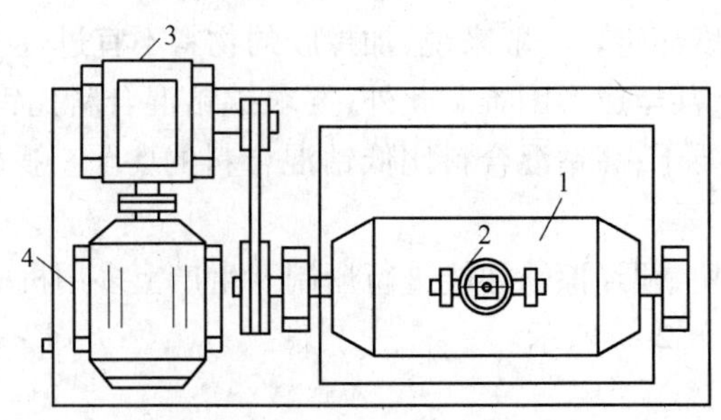

图 9-2-8　间歇式制粒机[8]

1—滚筒;2—装卸料口;3—变速箱;4—马达

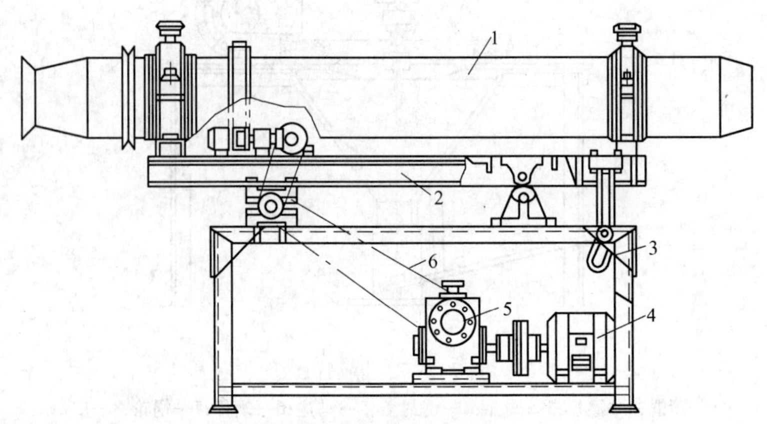

图 9-2-9　连续式制粒机[8]

1—滚筒;2—活动支架;3—机架;4—马达;5—变速箱;6—皮带

2.7.2　石蜡工艺的混合料制备工艺

采用石蜡或其他成形剂时也可用 2.7.1 节所述橡胶工艺的混合料制备工艺(流程)。但那是不必要的,因为石蜡等成形剂可直接加入球磨机中。这样就省去了四道工序(与图 9-2-1 相比),球磨之后无需沉淀,只有干燥、擦筛和制粒三道工序。球磨和擦筛的工艺和设备与 2.7.1.1 和 2.7.1.4 完全相同,不再复述。这里只说明干燥和制粒的不同之处。

2.7.2.1　干燥

干燥可采用真空搅拌干燥工艺和设备,也可以采用蒸锅干燥工艺和设备来进行。

A　真空搅拌干燥

真空搅拌干燥工艺,所使用的设备主要有如下几种:行星式真空干燥混合器、Z 型搅拌干燥器、EV 型干燥器等。其特点是:在同一干燥器中可以分别先后完成料浆干燥、掺蜡及掺蜡后干燥等工序。由于料浆在搅拌状态下干燥,不会结块,不必卸出过筛,省了一道过筛工序。

这种工艺和振动干燥、螺旋混合器混合、干燥制粒工艺相比,具有工艺流程短、混合料氧含量低、料粒压制性能好、物料出料率高,以及劳动强度较低、工作环境较好等优点,又可适用于任意规模的硬质合金车间使用。

a　行星式真空干燥混合器

行星式真空干燥混合器由主机、液压传动和研磨介质回收系统组成,其结构示意图见图9-2-10。

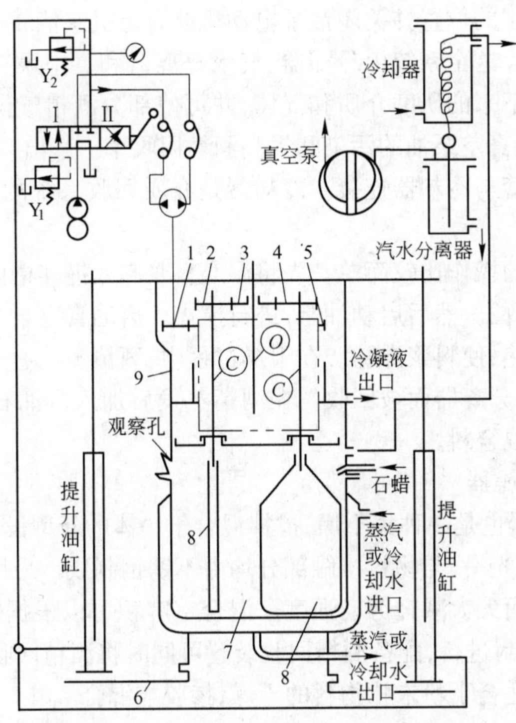

图9-2-10　行星式真空干燥混合器示意图[7]

1—主动齿轮；2,4—行星齿轮；3—固定齿轮（太阳轮）；5—公转大齿轮；6—下机座；7—搅拌槽；8—搅拌叶片；9—上机座

（1）主机系统。主机系统包括下机座、搅拌槽、上机座三部分。下机座6带有一个支承搅拌槽的子扣。在其后部装有两个提升上机座和搅拌叶片的单向油缸。搅拌槽7带有夹套，以便通入蒸汽或冷却水进行加热或冷却。搅拌槽容积为150L，可直接移到湿磨机处装料或擦碎筛处进行擦筛。上机座9是一个厚壁圆筒，并带有一个中间接头，当与搅拌槽7连接时，靠其自重压紧密封，上机座的中部固定有一根作为公转中心的主轴和一个固定齿轮3，在主轴的中下部通过两个轴承悬挂着一个行星轴承座（图中假想线部分）。行星轴承座的上部固定着两个行星齿轮2、4，分别与固定齿轮3啮合。两轴的下端分别垂直固定着一个框架式不锈搅拌叶片3。由于两个叶片在水平方向呈垂直分布，因此运行时两个叶片的边缘都有机会超越搅拌槽的中心。当液压马达带动主动齿轮转动时，公转大齿轮5连同行星轴承座一起转动，两个行星轴可同时转动，由于装在两根行星轴上端的行星齿轮是与固定齿轮相啮合，因此就围绕着该齿轮转动起来，而装在行星轴下端的搅拌叶片则在搅拌槽内做行星式运动。

由于采用了这种运动形式，搅拌槽内没有搅拌不到的死角，从而达到均匀搅拌的目的；同时，搅拌叶片边缘可较长距离地挤压搅拌槽内壁，从而可破坏物料团块，使其松散。

（2）液压传动系统。行星式运动是通过马达带动的，液压系统由叶片式变量泵供油。因此，当搅拌叶片的阻力增加到一定程度时，叶片变量泵便会自动停止供油或减少供油量，搅拌叶片的转速变慢，直至停止，从而可保证机件不受损伤。通过手动滑阀及溢流阀Y可以控制上机座的升降。当手动滑阀处于Ⅱ的位置时，上机座上升、处于中间位置时，液压马达无动作、而当手动阀处于 I 的位置时,油泵电动机启动,上机座开始下降,行星机构同时运行。如果当手动阀处于 I 的位置并关闭油泵电动机此时上机座依靠自重而向下运动。

(3) 介质回收系统。这个系统由冷却器、气水分离器和真空泵三个部分组成。气水分离器用来分离冷却器流下来的研磨介质和气体,并可使部分酒精气体在通过其底部冷酒精层时被冷凝,从而可防止真空泵油的污染和提高酒精回收率。其出口与真空泵连接,入口通过一根带有玻璃管的胶管与冷却器连接。冷却器是介质回收系统的主要设备,原理和普通蛇形管冷却器相同。

真空干燥混合过程的操作比较简单。先将湿磨料浆卸入搅拌槽内,沉清,抽出酒精。将搅拌槽吊装到机座上,定位。然后启动油泵,进行搅拌。启动真空泵,当槽内形成负压后,向搅拌槽夹套通入蒸汽加热,使料浆沸腾。在干燥过程中,酒精蒸汽通过真空泵的作用从搅拌槽内抽出,通过冷凝器和分离器而被回收。在酒精蒸发后加入汽油石蜡溶液,再混合干燥、擦筛、制粒,得到所需的混合料。

b　Z 型螺旋混合干燥器

Z 型螺旋混合干燥器也是一种集干燥、搅拌混合于一体的新型设备(图 9-2-11)。搅拌轴结构特殊,混合室内壁光滑,与物料接触部分均由不锈钢制成。采用气动系统推动混合室翻转,进行自动倾斜,从而大大减轻劳动强度。混合室容积可以根据需要设计,目前最大可达 300 L。干燥过程全密封进行,配备酒精回收装置可同时将酒精回收利用。经实践证明,Z 型螺旋混合干燥器特别适合于粉末状物料的干燥,掺胶与混合。

图 9-2-11　Z 型螺旋混合干燥器

c　EV 型立式真空干燥器

EV 型(二挡双叶搅拌)立式真空干燥器的主要特点是,由于持续的混合和大的热交换表面使得干燥过程加快。

干燥器是一个带内凸弧面底的立式圆筒。采用夹套或单筒外焊上半圆盘管加热。载热体为热水、蒸汽或热油。在中心轴的不同的高度上分别固定两个水平叶片。中心轴转动时叶片便产生良好的混合作用。内凸弧面底的外边缘装有一个卸料口。圆筒的上部有一弧面盖,用法兰连接并密闭。盖上装有袋式过滤器用的接管以及仪表用的各种接管。

干燥时载热体进入袋式过滤器,过滤袋由一个振动机构带动,使滤袋连续振动而不致阻塞。蒸汽进入冷凝器内,可液化的组分被冷凝并加以回收,不可冷凝的组分由真空泵排出。干燥结束后,夹套或盘管内通冷水冷却,冷却完成后加成形剂继续干燥。

设备主体结构见图 9-2-12。

B　蒸锅干燥工艺

蒸锅干燥工艺实质上也是一种真空干燥工艺(见图 9-2-13)。

真空干燥过程的优点是避免了混合料干燥过程中与空气接触而增氧。

由于抽真空,料浆容易沸溅,特别是加有石蜡的料浆,更为突出。因此,当料浆稀时,干燥温度应低于 80℃,随后再升至 140℃,采用较高的干燥温度也可以防止石蜡偏析。如湿磨料浆中未加石蜡,则当酒精开始蒸发时,可加入预先熔好的石蜡。干燥过程中,酒精蒸气通过真空泵从搅拌槽内抽出,通过冷凝器和分离器而被回收。当酒精全部排除后,卸料,送擦筛。

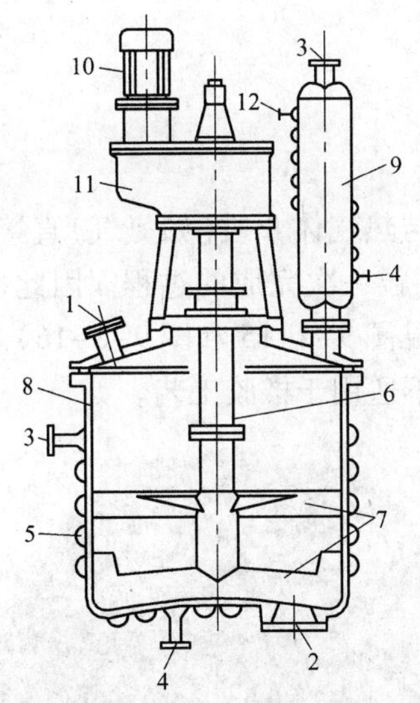

图 9-2-12　EV 型立式真空干燥器主体结构示意图

1—进料口;2—出料口;3—蒸汽进口;4—冷凝水出口;5—半管加热;6—搅拌轴;7—桨叶;8—干燥器壳体;9—袋式过滤器;10—电机;11—变速箱;12—真空吸入管

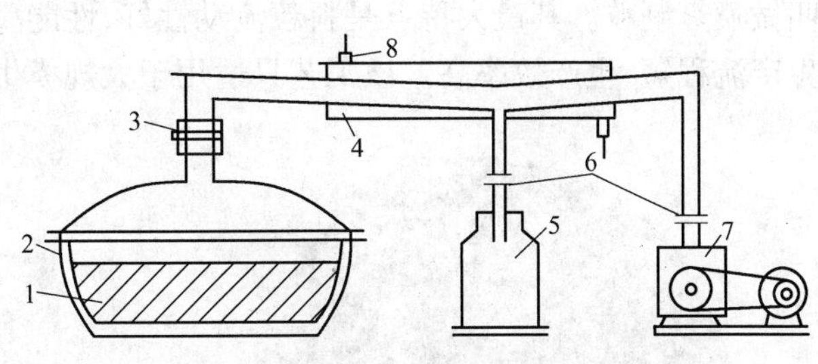

图 9-2-13　热锅干燥示意图[7]

1—料浆;2—夹套;3—管接头;4—冷却器;5—酒精桶;6—真空阀门;7—真空泵;8—冷却水管

WC - TiC - Co 混合料的装料量通常约 150 ~ 220 kg,加蜡量 2.0% ~2.3%,加蜡时间(送汽后)约 10 ~15 min,干燥时间 2 ~2.5 h,加热蒸汽压力约 2 kPa(2 kg/cm^2),卸料时真空度为 8×10^4 Pa。擦筛用 56 ~70 目筛网。

2.7.2.2　制粒

制粒可采用 2.7.1.5 节中所述的卧式滚筒制粒机,但目前最好采用一种改进的倾斜式滚筒制粒机,其结构如图 9-2-14 所示。

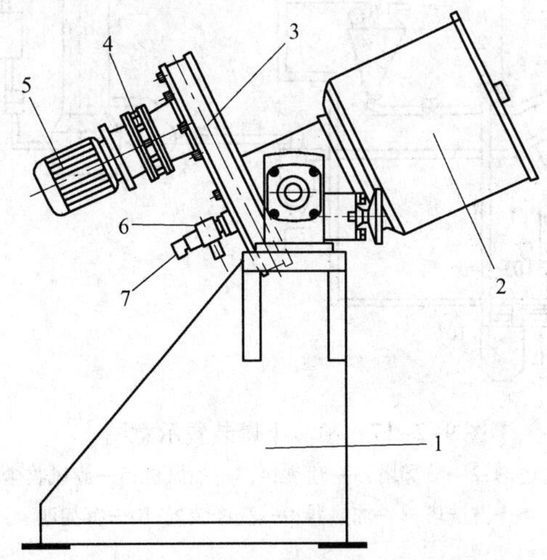

图 9-2-14　倾斜式滚筒制粒机

1—机架;2—带热水夹套制粒圆筒;3—链传动箱;4—减速机;5—调频电机;6—旋转接头;7—热水进出口

2.8　喷雾干燥

2.8.1　概述

所谓喷雾干燥，就是将料浆雾化成细小的料浆滴，并与热气体介质(如氮气)直接接触，使料浆滴内的液体迅速蒸发而得到球状料粒，即干燥和制粒一次完成的过程。因此也可以叫做喷雾制粒。其最大特点是料粒流动性好，性能稳定(见图 9-2-15 和图 9-2-16)。而且生产流程短，生产效率高。该工艺只适用于大规模生产，不适用于橡胶工艺。

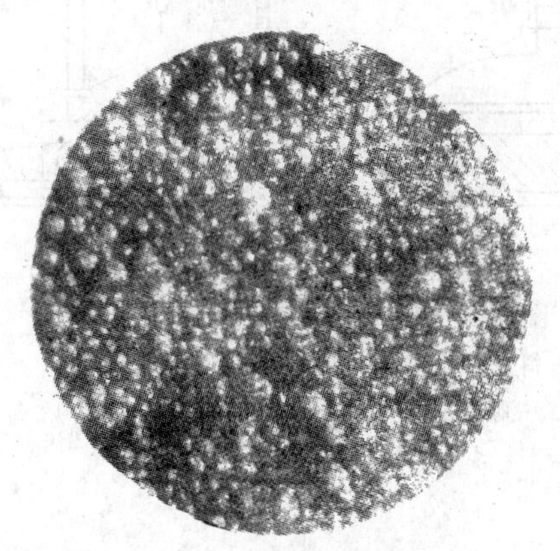

图 9-2-15　喷雾制粒的颗粒形貌

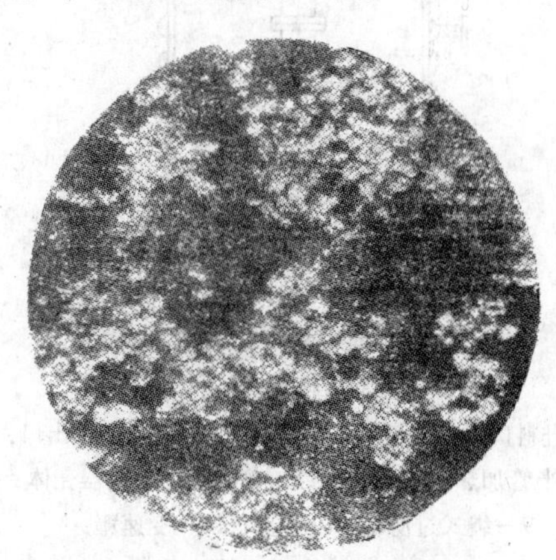

图 9-2-16　滚筒制粒的颗粒形貌

硬质合金行业通常采用的喷雾干燥器有 Hc－300 型与 Hc－600 型两种规格，多为丹麦尼罗公司生产。国内目前只生产 Hc－300 型喷雾干燥器。其结构如图 9-2-17 所示。

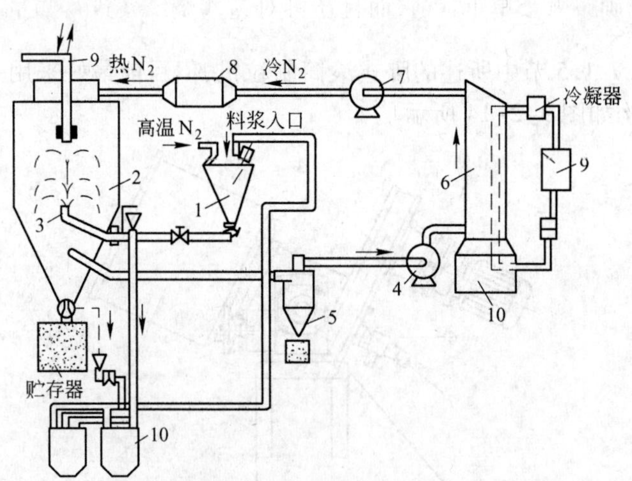

图 9-2-17　喷雾干燥装置示意图[7]

1—输送槽；2—喷雾塔；3—喷嘴；4，7—抽风机；5—旋风收尘器；
6—淋洗塔；8—加热器；9—洗涤装置；10—沉淀池

湿磨后的料浆注入带搅拌器的输送槽 1 中进行搅拌，然后将具有一定压力的氮气通入输送槽，料浆便从(也可以由隔膜泵将料浆压入)喷雾塔 2 内的喷嘴 3 中喷出。由于表面张力的作用,料浆喷出后便形成了球状的细小料浆滴。它们与塔顶不断送入的热氮气流相接触,使料浆滴中的液体迅速蒸发而变成细小的混合料球状团粒。使用过的氮气和蒸发出来的液体蒸汽以及细粉末,由抽风机4抽出。细粉末落入旋风收尘器5内;蒸发的酒精蒸汽则经过淋洗塔6冷凝回收后,进入沉淀池10;冷氮气则由抽风机7将其送入加热器8加热后,再返回干燥塔循环使用。

2.8.2　工艺要点

喷雾干燥工艺包括如下六个方面:料浆的雾化;液滴群与加热介质的流动方式;液滴群的干燥;料粒与加热气体分离;料粒的冷却和喷雾塔清洗。

2.8.2.1　料浆的雾化

料浆的雾化效果取决于雾化压力(或流速),喷嘴结构和料浆的表面张力。表面张力主要受料浆黏度(浓度)的影响。因此,在雾化前要调整料浆浓度。料浆太浓,喷嘴易被堵塞,且料粒粒度增粗;料浆浓度太低,则蒸发量太大,会降低干燥塔的热利用率和生产能力,同时料粒变细。通常:料浆中湿磨介质的含量应调整在料浆总重量的25%~30%。为了防止料浆沉淀,在喷雾过程中应不断搅拌。

硬质合金混合料浆喷雾干燥采用压力喷嘴作雾化器。它的结构决定着料浆在其中的运动状态。目前使用的Hc-300型与Hc-600型喷雾干燥设备均分别采用两个类型和规格相同的喷嘴。喷嘴零部件示于图9-2-18。

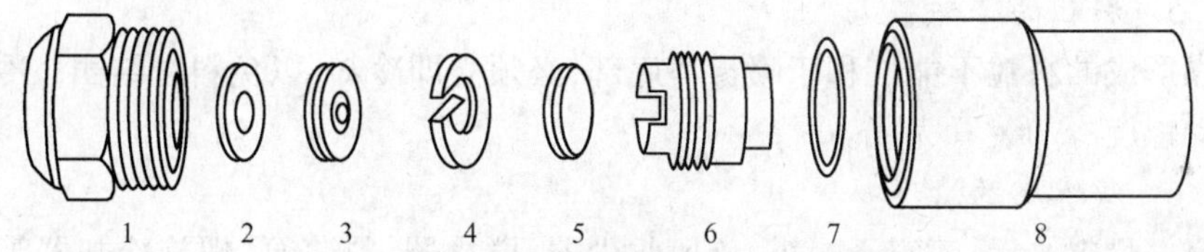

图9-2-18　喷嘴零部件示意图

1—嘴体;2—密封垫;3—孔板;4—旋转轮;5—前挡板;6—螺栓销;7—密封环;8—连接体

料浆在压力1.0~1.1 MPa的作用下进入喷嘴,在喷嘴内形成高速旋转的料浆膜从喷孔中喷出。料浆从喷孔喷出时,压力将料浆膜打碎并由于表面张力的作用而形成细小的球状料浆滴。此时压力大部分转化成了料浆滴的表面能,剩余的压力将料浆滴向上推到一定的高度。喷雾所需的压力通常由空压机(由氮气作传递介质)或高压泵直接提供的。

2.8.2.2　料浆滴群与热介质的流动路线

由压力喷嘴喷出的料浆滴与热介质的接触有三种方式:顺流、逆流和混流。

(1) 顺流:料浆滴与热气流同时从塔顶进入塔内往下流动。这种方式使温度最高的热气流与含湿量最多的料浆滴接触,蒸发迅速,料浆滴含湿量与气流温度同时下降,料粒不会过热。

(2) 逆流:料浆滴从塔顶落下,热气流由下而上。这种方式的热利用率最高。但已干燥的料粒再与最热的气流接触,容易使料粒过热。

(3) 混流:料浆向上喷出,热气流往下流动,料粒升至一定高度后随热气流一道往下落。

混流是顺流和逆流两种接触方式的结合。这种方式使料粒在塔内有较长的干燥时间,因而颗粒干燥得比较充分。

采用混流方式，即使干燥塔较小，也能制得较粗的流动性较好的料粒。

硬质合金混合料喷雾干燥一般都采用混流方式。

2.8.2.3 料浆滴群的干燥

料浆滴中的液体蒸发过程分为两个基本阶段：恒速阶段和减速阶段。料浆滴开始蒸发时，其内部有充分的液体来补充其表面的蒸发损失，使其表面温度保持在液体的沸点，蒸发便以稳定速度进行。随着干燥的继续进行，料浆滴内的液体量迅速减少。当液体量降低到不能维持表面温度时，液滴表面温度升高，进而形成干燥的外壳。此时蒸发速度就取决于内部的液体通过干燥外壳的扩散速度。由于干燥外壳的厚度随时间的延长而加厚，从而使蒸发进入减速阶段。这时颗粒温度升高并接近于干燥气体的温度。因为液滴很细，这两个阶段所经历的时间极短。通常液滴在塔内的停留时间只有十几秒钟。

进入干燥塔的氮气大多采用间接加热法，其温度通常控制在 150 ~ 200℃。气体进入干燥塔时的温度与离开干燥塔时的温度之差，是控制喷雾干燥过程的一个重要参数。若进入干燥塔的气体流量不变，则温度的差值就是干燥过程中液体蒸发量的量度，因而也是料浆进给量的量度。通常，保持恒定的气体入口温度，通过测定气体的出口温度来调整料浆的进给速度，以保证塔内温度稳定，物料获得充分的干燥。

2.8.2.4 料粒与气体介质的分离

经过干燥的料粒有 95% 自由落进干燥塔底部；少量的细粉被风机抽入回收装置回收；酒精蒸汽经冷凝回收；氮气经加热后重新送入干燥塔内循环使用。

2.8.2.5 料粒的冷却

经干燥形成的料粒不能堆积于喷雾塔底部，必须立即冷却，以免料粒结团。冷却过程通常由一振动螺旋冷却装置完成。

2.8.2.6 喷雾塔的清洗

干燥完一批料之后，喷雾干燥塔、旋风收尘器、搅拌器、料浆泵、螺旋冷却器等都必须进行认真清洗，以免含有成形剂的料块落入下一批料中。采用石蜡成形剂时要用高压热水冲洗。

2.8.2.7 干燥系统工艺参数

常规的干燥系统工艺控制参数如下：

(1) 塔顶入口温度：160 ~ 230℃。

(2) 塔底出口温度：90 ~ 100℃。

(3) 淋洗塔出口温度：19 ~ 23℃。

(4) 干燥塔内部压力：1.6 ~ 2.4 kPa。

(5) 酒精回收系统参数控制：

1) 酒精冷却器冷却酒精出口温度：16 ~ 20℃。

2) 酒精冷却器冷却酒精进口温度：13 ~ 15℃。

(6) 油 – 电加热器参数：油温：180 ~ 235℃。

(7) 塔内含氧量≤3%。

2.8.3 操作

喷雾干燥设备操作必须确保各相关系统安全、稳定运行，生产优质混合料。操作分为操作前准备、干燥前设备操作、料浆干燥三个步骤,分别按相应的规程要求进行。已干燥好的物料抽样送检后,用塑料袋包装、扎口,置于不锈钢桶中存储,一般是50 kg或100 kg一桶,存储于与压制场地相同的温度/湿度库房内。最后应对所有与物料直接接触的部件/器件进行系统清理。

2.9 高能球磨[9~14]

2.9.1 搅动球磨

2.9.1.1 概述

搅动球磨机实际上就是一个搅拌槽(图9-2-19)。滚动球磨是依靠磨筒的转动带动球产生研磨作用,而搅动球磨则是由于搅拌棒的转动驱使球产生研磨作用,因而没有临界转速的限制,研磨效率远高于滚动球磨。

它与普通搅拌槽的区别在于:普通搅拌槽的搅拌叶只有装在搅拌轴底部的一层,而搅动球磨的搅拌轴上则从下到上装有多层搅拌棒;槽内除了料浆之外还有作为研磨体的球。为了减少由磨损造成的物料污染,搅拌棒要外加硬质合金套。搅拌槽也应镶上硬质合金内衬。

与滚动球磨不同,搅动球磨(球)的填充系数可以大于0.5,但不超过0.7。搅拌槽的上部必须保留一定的自由容积(空间)。如果完全装满(只有求间空隙),不但搅拌棒转动的阻力非常大,而且很难形成料随球上下翻动所产生的混合作用。有了这个自由空间,则搅拌棒所产生的离心力就会将球和料沿筒壁推向上部,因为上部没有阻力,筒壁上的离心力最大。结果,就像搅拌液体一样,研磨体的表面是一个以搅拌轴为顶点的圆锥形旋涡。这样,就可以使物料随研磨体上下翻动,混合均匀。

虽然物料会随研磨体上下翻动,但筒底周围仍是一个死角,研磨作用相对较弱,因而物料混合的均匀性及粉末粒度的均匀性都较差。为了解决这个问题,通常在筒底开一个孔(见图9-2-19),用泵将筒底的物料抽到上部,使死角部位的物料也得到较均匀的研磨。

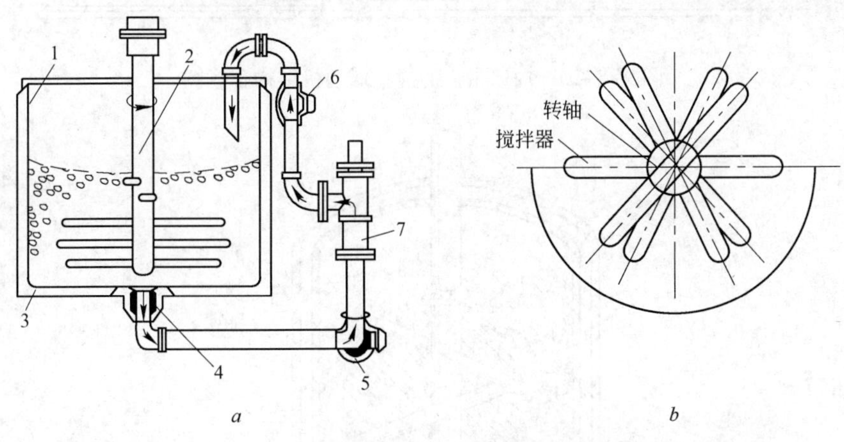

图9-2-19 带循环泵的搅拌球磨机示意图
a—主视图;*b*—俯视图
1—筒身;2—搅拌器;3—冷却套;4—底阀;5,6—三通阀;7—循环泵

搅动球磨的主要优越性是研磨效率高,装250 kg料的磨筒球磨时间一般为1.5~4 h。

它的最大缺点是:搅拌棒的磨损率太高,可对所磨物料形成污染。其次,它的磨损效率很高,但混合效率不能完全令人满意。

搅动球磨出现在硬质合金工业生产中已经40年了。但是到目前为止,只是生产凿岩球齿的工厂应用较多,如美国休斯公司、史密斯公司等,再就是用于生产耐磨零件,如日本东芝坦噶洛公司等。但是,世界顶尖的硬质合金公司,如瑞典山特维克公司、美国肯纳金属公司等都未使用。这应该说明,它的缺点是比较明显的。

2.9.1.2　设备和工艺

搅动球磨机的两种不同的结构见图9-2-20和图9-2-21。内壁不带齿的搅动球磨机结构稍为简单,故其应用也广泛。目前研磨硬质合金混合料一般是采用这种球磨机。

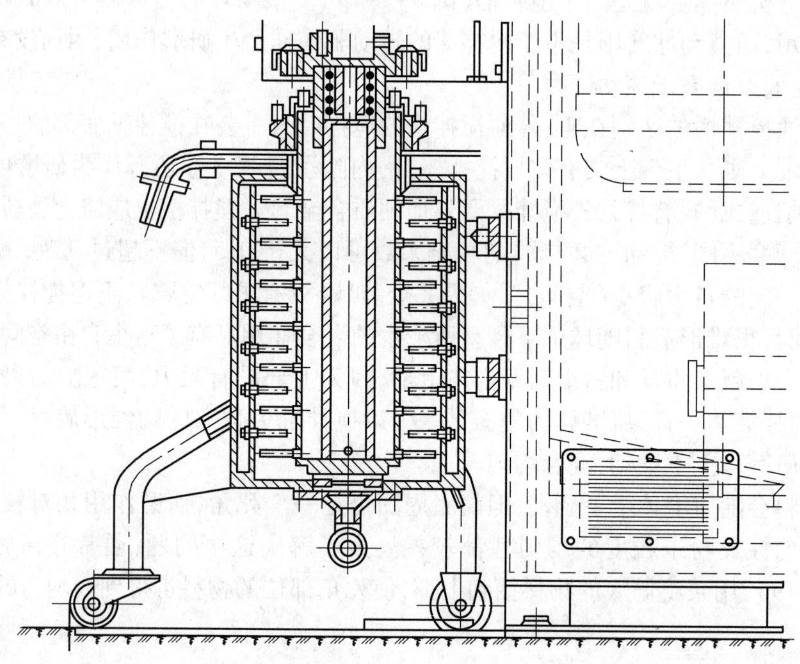

图9-2-20　内壁带齿的搅拌球磨机结构示意图

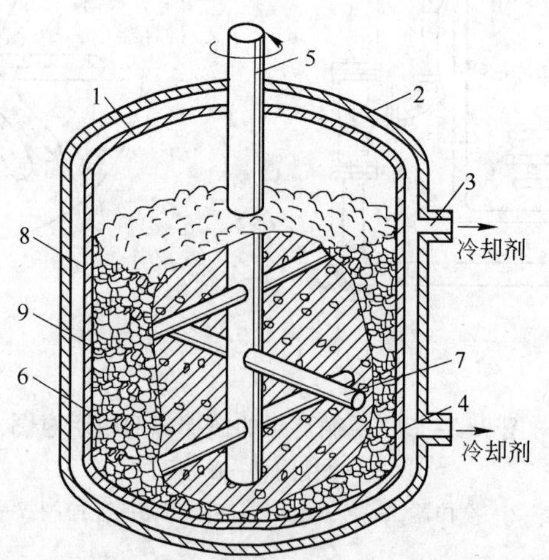

图9-2-21　搅拌球磨机结构示意图

1—圆筒;2—冷却水套;3—冷却水入口;4—冷却水出口;5—搅拌轴;6~8—搅拌臂;9—研磨体

日本东芝公司所采用的搅动球磨机一次可装料350kg,搅动棒表面镶有硬质合金,正考虑磨机内壁也镶硬质合金。其工艺制度是:球料比1:1,研磨体为直径5～10mm的硬质合金球,研磨介质为丙酮,球磨时间为1.5～4h。

奥地利普兰西金属工厂所采用的搅动球磨机主轴转速为120r/min,搅动棒由耐磨性高的钢材做成;研磨体亦为硬质合金球,球料比较大,约为7:3。

图9-2-19结构的搅动球磨机的生产厂家有:日本三井制作公司(表9-2-24)、德国聂茨(NETZSCH)公司、美国联合工程公司、青岛联瑞精密机械有限公司等。这种搅动球磨机通常配备循环泵。

表9-2-24　日本三井制作公司搅动球磨机标准规格

型　号	筒容积/L	最大处理量/L	电　动　机		搅拌器转速/$r \cdot min^{-1}$	安装面积/mm^2	安装高度/mm
			功率/W	极数			
01	0.75	0.4	0.1	4	200～300	335×335	600
1S	4.9	2.4	0.4	4	120～300	450×880	980
15SC	93	50	5.5/1.5	2/8	120/30	1180×1170	2000
30SC	200	100	7.5/2.2	2/8	100/25	1185×1300	2250
60SC	300	180	7.5/2.2	2/8	80/20	1780×1300	2300
100SC	467	280	11/3	2/8	68/17	2000×1500	2350

表9-2-25　德国聂茨搅动球磨机(内壁不带齿)规格

型　号	01	03	1S	10S	15S	30S	60S	100S
磨筒容积/L	0.75	1.0	5.0	80	150	250	400	600
研磨料体积/L	0.2～0.4	0.3～0.4	2.2～2.4	35～40	60～70	100～120 70	150～180 70	250～300 70
搅拌器转速/$r \cdot min^{-1}$	59～530	45～405	80～400	50～150	50～150	90 110	90 110	90 110
搅拌马达功率/W	0.12	0.18	1	10	10	13.5	17.5	24
装钢球时搅拌马达转速/$r \cdot min^{-1}$	1500	1500	1500	1500	1500	1500	1500	1500
泵马达功率/W						1.1	1.1	1.1
泵马达转速/$r \cdot min^{-1}$						1500	1500	1500

表9-2-25中01、03、1S型限于实验室研究用,10S型以上的球磨机则适于生产使用。德国赫尔特硬质合金股份公司已采用聂茨15S和30S型搅动球磨机生产硬质合金混合料。

图9-2-20为聂茨公司生产的内壁带齿搅动球磨机,其技术数据如下:

磨机容积	29L
生产能力	50～750L/h
P33型保护搅拌器马达启动功率	$(18.5\times37)\times10^3$W
保护型马达d2－G4功率	$(17.5\times36)\times10^3$W
搅拌速度	(287)368r/min

保护型(Ex)d2 - G4 泵马达启动功率 1×10^3 W

泵速(在两方向无级调速) $n=600-0-600$ r/min

这种内壁带齿的搅动球磨机在德国聂茨公司已有标准系列,其型号为 RM2、RM7、RM15、RM26、RM50 等,型号中的数标与磨机的磨筒容积相接近。这种搅动球磨机特别适于研磨 Fe、Ni 之类的金属粉末,它可把 Fe 粉磨成 0.1 μm 以下的超细 Fe 粉。德国的特殊钢厂已采用这种球磨机生产钢结硬质合金混合料。

美国联合工程公司和国内厂家联合成立的青岛联瑞精密机械有限公司,生产不同规格和用途的搅动球磨机,其中用于硬质合金混合料制备的设备性能如表 9-2-26 所示。

表 9-2-26 青岛联瑞生产的用于硬质合金行业的搅动球磨机技术规格

型 号	1 - SC	5 - SC	10 - SC	15 - SC	30 - SC	50 - SC	100 - SC	200 - SC
功率/hp	2 ~ 3	7.5	10	15	20	30	50	125
轴转速/r · min^{-1}	可调	可调	160	135	105	93	80	60
研磨缸容积/gal	1.5 ~ 2.5	7	12	20	42	62	117	245
粉浆容积/gal	0.75 ~ 1.1	2.5 ~ 3.5	4 ~ 6	7 ~ 9	18 ~ 20	25 ~ 28	45 ~ 50	100 ~ 110
研磨球加入/lb	80 ~ 120	300 ~ 400	380 ~ 510	610 ~ 835	1365	1975	3575	7150
WC 粉处理量/lb	10 ~ 13		110	180	425	610	1100	2200
溶剂添加量/gal	0.7 ~ 0.9		4	6.5	15	22	40	80
研磨时间/h	1 ~ 1.5	1.5 ~ 2	1.5 ~ 2.5	1.5 ~ 2.5	2.5 ~ 3	2.5 ~ 3	3	3 ~ 3.5
设备高度/in	44	62	86	86	92	98	104	126
占地/in × in	22 × 46	36 × 63	59 × 41	59 × 41	65 × 46	72 × 54	83 × 56	94 × 72
空机重量/lb	670 ~ 720	1700	2400	2700	3700	4600	6500	11000

注:1 gal 约为 3.785 L;lb 约为 0.45 kg;1 hp 约为 735.499 W;1 in 约为 0.0254 m。

搅拌棒镶有硬质合金套筒。国内已有硬质合金生产厂家在试用这种设备。

2.9.2 行星球磨机

行星球磨机的结构示于图 9-2-22。

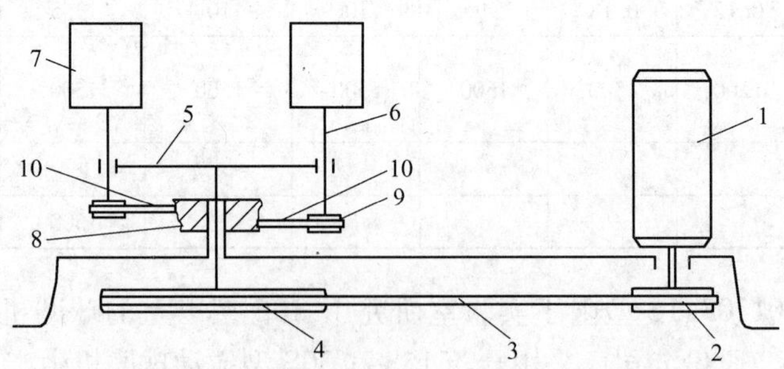

图 9-2-22 行星球磨机的结构示意图

1—调速电机;2—小皮带轮;3,10—皮带;4—大皮带轮;5—转盘;6—球磨筒的中心转轴;7—球磨筒;8—中心带轮;9—行星带轮

与调速电机 1 固联的小皮带轮 2 通过皮带 3 带动大皮带轮 4,与大皮带轮 4 固联并同轴运转的转盘 5 上对称配置若干球磨筒 7,每个球磨筒的中心转轴 6 都与转盘 5 构成回转副,并且转轴 6 的下部固联有行星带轮 9,行星带轮 9 通过皮带 10 由同机座固联的中心带轮 8

带动。调速电机启动后，转盘5便会转动起来，同时球磨筒7也会自转并围着转盘5的圆(轴)心公转，是谓行星球磨。

当转盘5高速旋转而磨筒不转时，则由于离心力大大超过球和料本身的重力，所有的球和料都被推向转盘5的圆周方向，使其处于图9-2-24所示的位置，不能产生研磨作用。如果磨筒同时以足够的速度旋转，则其中的球和料就会出现如图9-2-23所示的运动状况(图中箭头表示圆盘和磨筒的旋转方向，斜线表示球和料的位置)。这时，一方面圆盘转动所产生的离心力使球和料向圆盘圆周方向流动；另一方面，磨筒转动所产生的离心力又使其向圆盘轴心方向流动，研磨作用便由此产生。磨筒转速越高(圆盘转速不变时)，球和料按箭头方向流动的速度越快，研磨效率就越高。

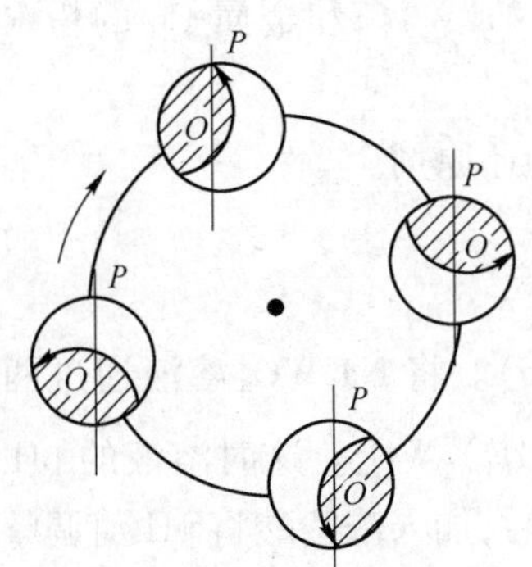

图9-2-23　行星球磨示意图

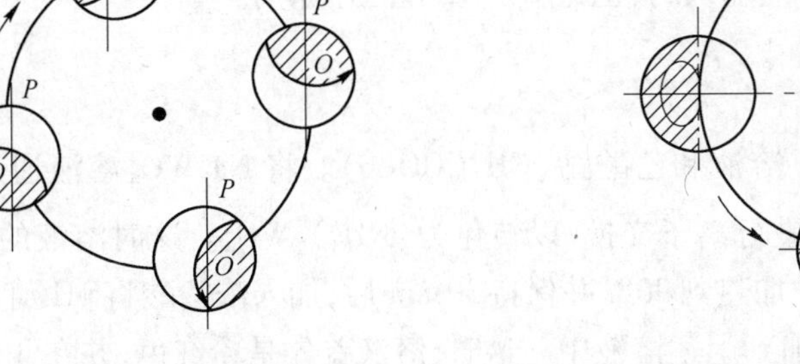

图9-2-24　圆盘高速旋转、磨筒不转时球和料的位置

但是，如同滚动球磨时磨筒转动所产生的离心力必须小于球的重力一样，行星球磨磨筒转动所产生的离心力必须小于圆盘转动所产生的离心力而大于球的重力。这是行星球磨的研磨作用能够发生的一个基本条件。

与搅动球磨一样，由于研磨强度很高，球和磨筒的磨损率很大。若球和磨筒都采用与所磨料的成分相同的合金，则投资很大，操作繁杂；否则料可能被污染。第二，由于磨筒做行星式的运动，又有多个磨筒，那必不可少的磨筒冷却措施较难实现。第三，难以实现工业规模的生产。四个磨筒带球和料共5～6t重，靠一个主轴支撑着转动，材料强度要求高，结构也相对复杂，安全、投资和能耗都是问题。

由于上述原因，目前在硬质合金生产中还没有商业应用。

2.10　共沉淀法制备混合料[15]

采用共沉淀法可以制得钴包WC复合粉，也就是均匀的WC－Co混合料。生产钴包WC复合粉的方式可以有固－液体系、固－固体系、液－液体系三种形式。

2.10.1　固－液体系

仲钨酸铵(APT)在水中的悬浮液在强烈搅拌下与钴盐溶液混合，然后用NH_4OH中和到溶液的pH值为8，再加热到80～84℃，便得到钨钴复合物沉淀。过滤、干燥后经氢还原，得到完全均匀混合的细W－Co金属粉末。经碳化得到亚微细WC－Co复合粉。控制粉末化学成分和钴包WC粉反应收率的关键是在整个反应过程维持溶液的pH值处于8的恒定水平。

2.10.2 固－固体系

所用原料为WC或(Ti,W)C和氢氧化钴。液体为乙二醇。将WC或(Ti,W)C粉末加到适量的乙二醇中不断地搅拌使其成为悬浮液。悬浮液中粉末的重量占43%～46%。在不断搅拌的条件下按预定的合金成分加入适量的氢氧化钴,然后加热直到悬浮液沸腾。此时按钴含量加入不同比例的过量乙二醇。乙二醇的过量数是按它的摩尔数与钴的摩尔数的比值确定的。钴含量越高,这个比值越小。然后将此反应混合物在强烈搅拌下沸腾5h,以除去反应混合物中的挥发性副产品。反应完成时混合物中的乙二醇也被除去。所得粉末用酒精洗涤,经离心分离后在40℃下干燥24h即得纯WC或(Ti,W)C和金属Co的粉末混合物。

可以看出,乙二醇既是作为溶剂加入的,也是$Co(OH)_2$的还原剂。

2.10.3 液－液体系

所用原料为钨酸钠(Na_2WO_4)溶液和乙酸钴(CH_3COOCo)。将Na_2WO_4溶液通过两个串联的负铵阳离子交换树脂(柱)进行离子交换,以转化为$(NH_4)_2WO_4$。这时溶液的pH值为9～10。将钨酸铵溶液在搅拌中加热到90℃并保持30min后,加入浓乙酸将pH值调整到6～7。然后将热乙酸钴溶液缓慢加到上述溶液中。这时,溶液首先是粉红色,并在几分钟后变成深绿灰色。将溶液过滤使粉红色沉淀与溶液分离。将粉红色沉淀干燥。溶液再次升温到90℃后,往其中再加入热乙酸铵水溶液。冷却到15℃后过滤,得绿色沉淀,同样进行干燥。将粉红色粉末与绿色粉末混合均匀,按通常工艺还原、碳化,即得WC－Co复合粉末。

2.11 热化学转化法制备混合料[15]

热化学转化法是目前能够生产纳米相的WC－Co复合粉末的成功方法。其工艺流程为溶液混合－喷雾干燥－流态化床反应－WC－Co复合粉。

该工艺所用的原料是固体结晶粉末(也可以分别用它们的溶液)。将这些固体原料分别溶于水中,然后按照WC－Co复合粉末的钴含量要求将两种溶液混合,再经喷雾干燥得到要求成分的钨钴复盐或络合物,最后经流态床反应器进行热化学转化成WC－Co复合粉末。

该工艺的优越性主要表现在:

(1) 省去了分别由钨盐和钴盐水溶液生产WC和Co这一传统工艺的将近一半的工序,因而投资、能源及劳动力消耗大量降低,生产周期相应缩短,收率提高,成本降低。

(2) 可以生产纳米级的粉末。

(3) 生产的WC－Co混合粉的质量非常好。虽然也要球磨,但这种工艺可以得到几乎每一粒WC粉都被钴所包覆的混合粉。这是传统工艺所难办到的。

(4) 该工艺在硬质合金生产中具有普遍意义。从理论上说,实践也初步显示,可以生产任何粒度级别的粉末。

国内以株洲硬质合金集团有限公司为首的生产厂已开始了纳米相的WC－Co复合粉末工业化生产。

2.12 混合料的质量控制

混合料的质量控制包括:料粒的物理性能检验和混合料工艺性能的试验性检验。工艺性能包括:烧结的收缩特性、烧结损失和检验试样的物理－力学性能。

2.12.1 粉末料粒物理性能检测

检查项目包括流动性、松装密度、粒度分布以及物料外观形貌检查。

2.12.1.1 流动性

霍尔流量:25 cm^3松装状态下的粉末流过规定孔径的标准漏斗所需要的时间,一般为25～45 s。

2.12.1.2 松装密度

定义:自由装填的混合料每立方厘米的重量。将测定霍尔流量的25 cm^3混合料称重即可得松装密度。其技术要求见表9-2-27。

表9-2-27 常用牌号料粒松装密度

牌　号	松装密度/$g \cdot cm^{-3}$	牌　号	松装密度/$g \cdot cm^{-3}$
YG3	3.1～3.8	YT5	2.9～3.5
YG3X	3.1～3.8	YT14	2.5～3.0
YG6	3.0～3.8	YT15	2.6～3.1
YG6A	3.0～3.6	YW1	2.8～3.4
YG6X	3.0～3.6	YW2	2.5～3.3
YG8	2.8～3.8	YG11	3.0～3.5
YG8C	3.0～3.8	YG15	2.6～3.3
YG8N	2.9～3.6	YG20	2.3～3.3

2.12.1.3 粒度分布测定

粒度定义:以微米表示的粉末颗粒线尺寸的平均值称为粒度。同一粉末的粒度测定值与测定方法有关。

粒度组成:将粉末粒度按一定的尺寸范围分成尺寸连续的级别,各级粉末的百分含量称粉末的粒度组成。粉末粒度组成的测定值也与测定方法有关。

硬质合金混合料粒的粒度组成采用标准筛网进行测定,要求ϕ0.06～0.25 mm(相当于250～60目之间)粒度的粉末占85%以上;而粒度小于250目的习惯称之为粉末的物料百分量小于15%。

2.12.1.4 外观形貌

检查:用体视显微镜(放大20～40倍)检查混合料料粒形貌(主要指粒子圆度;“半边”及“实心”粒子等),暂无技术条件。

2.12.2 合金试样检测

这是混合料工艺性能的试验性检验。将混合料做成一定型号的合金试样,测定他们与压制工艺有关的某些数据和合金的物理力学性能,以确定压制工艺并判断混合料是否可按正常工艺投入生产。

合金试样的检查项目包括：物理－力学性能：抗弯强度、硬度、密度、钴磁与矫顽磁力等；金相组织：A孔、B孔以及C孔和η相等项目；测量和计算与压制工艺有关的数据。

2.12.2.1　合金试样

目前国际通用的检测试样规格为：

(5.25±0.25)mm×(6.5±0.25)mm×(20±1)mm 或(5±0.25)mm×(5±0.25)mm×(35±1)mm 的合金长条。

2.12.2.2　物理－力学性能及金相组织

各牌号合金试样的物理－力学性能及金相组织应符合表9-2-28的规定。

表9-2-28　合金试样的技术要求

牌　号	密度 /g·cm^{-3}	硬度 HRA	抗弯强度 /MPa	矫顽磁力 /kA·m^{-1}	钴磁/%	孔隙度（不大于）	渗脱碳
YT5	12.90～13.10	≥89.50	≥1560	8.5～13.5	8.0～9.2	A04 B02	C00E00
YT14	11.35～11.55	≥90.50	≥1400	10.5～15.4	7.3～8.1	A04 B02	C00E00
YT15	11.15～11.35	≥91.00	≥1300	11.0～15.5	5.0～6.2	A04 B02	C00E00
YW1	13.15～13.35	≥91.50	≥1290	16.0～22.5	5.5～6.2	A04 B02	C00E00
YW2	13.05～13.25	≥90.50	≥1460	13.0～20.0	7.4～8.2	A04 B02	C00E00
YW3	12.90～13.10	≥92.00	≥1390	16.5～21.8	5.5～6.1	A04 B02	C00E00
YG3	15.20～15.40	≥91.00	≥1400	17.0～20.0	2.5～2.9	A04 B02	C00E00
YG3X	15.15～15.35	≥91.50	≥1300	22.8～29.2	2.5～2.9	A04 B02	C00E00
YG6	14.85～15.05	≥89.50	≥1670	12.0～15.9	4.9～5.9	A04 B02	C00E00
YG6X	14.85～15.05	≥91.00	≥1560	19.2～25.7	4.9～5.9	A04 B02	C00E00
YG6A	14.85～15.05	≥91.50	≥1600	22.4～27.8	4.9～5.9	A04 B02	C00E00
YG8	14.65～14.85	≥89.00	≥1840	10.2～15.0	6.5～7.7	A04 B02	C00E00
YG8C	14.55～14.75	≥87.50	≥2000	7.6～9.6	7.1～8.2	A04 B02	C00E00
YG11C	14.20～14.40	≥86.50	≥2260	6.0～8.0	9.5～11.4	A04 B02	C00E00
YG15	13.95～14.15	≥86.50	≥2220	7.6～10.8	12.5～14.6	A02 B02	C00E00
YG20	13.45～13.65	≥83.50	≥2480	7.0～8.9	18.0～19.8	A02 B02	C00E00
YG20C	13.40～13.60	≥82.00	≥2480	3.2～4.8	16.7～19.8	A02 B02	C00E00

2.12.2.3　金相组织的其他要求

合金试样金相组织的其他缺陷应符合表9-2-29的规定。

表9-2-29　其他缺陷标准

项　目	缺陷最大尺寸允许个数/个·cm^{-2}					
	≥25 μm	≥75 μm	≥125 μm	≥175 μm	≥225 μm	≥275 μm
大孔洞	3.0	1.5	0.5	0.5	0	
裂纹	5.0	2.5	1.5	1.0	0.5	0
混料	5.0	2.5	1.5	1.0	0.5	0

2.12.3　质量控制

2.12.3.1　结果分析（参考）

D（密度）、HC（矫顽磁力）、COM（钴磁）、HV（硬度）的关系如表9-2-30所示。

表 9-2-30　性能关系表

性能检测	可能原因	相应出现情况
HC 高	晶粒细或碳低	COM 低,D 高,HV 高
HC 低	晶粒粗或碳高	COM 高,D 低,HV 低
COM 高	碳高	HC 低,粗晶,D 低
COM 低	碳低	HC 高,细晶,D 高
D 高	碳低	HC 高,COM 低
D 低	碳高	HC 低,COM 高
HV 高	晶粒细	HC 高,COM 低
HV 低	晶粒粗	HC 低,COM 高

2.12.3.2　鉴定结果的处理

根据各项检测数据,按产品技术标准综合分析,判断该批混合料是否可按正常工艺生产(合格)。掺有成形剂的可直接压制的合格料称为可压料,供给用户。第一次鉴定不合格的料需要重新鉴定。如果仅一项性能不合格,重鉴定时要把有联系的项目一起重测。最终不合格的料(掺有成形剂的称为掺胶(蜡)料)则需要根据原因另行加工。无法整批加工成为合格料的,就分散掺到新配的料中。

参考文献

[1]　G542 - GBT4295—2008. 碳化钨粉[S].

[2]　G573 - YST673—2008. 还原钴粉[S].

[3]　GB5247—85. 电解镍粉[S].

[4]　GB/T 7160—1987. 微米级羰基镍粉技术条件[S].

[5]　G487 - GBT3458—2006. 钨粉[S].

[6]　Q/SY XN0048—2002. 冶金用炭黑技术条件[S].

[7]　王国栋. 硬质合金生产原理[M]. 北京: 冶金工业出版社,1988.

[8]　株洲硬质合金厂. 硬质合金的生产[M]. 北京: 冶金工业出版社,1974.

[9]　孙笠. 金属学报,1995.

[10]　滕荣原. 功能材料,1994.

[11]　沙维. 材料导报,1996,(增刊).

[12]　饶振纲. 行星传动机构设计[M]. 北京:国防工业出版社,1989.

[13]　吴一善. 粉碎学概论[M]. 武汉:武汉工业大学出版社,1993.

[14]　陈世柱. 工程机械,1981.

[15]　韩凤麟,马福康,曹勇家. 中国材料工程大典 第 14 卷 粉末冶金材料工程[M]. 北京:化学工业出版社,2006.

编写: 彭　文　孟小卫　张荆门　卿　林　钟奇志（株洲硬质合金集团有限公司）

第3章　普通模压成形

3.1　概述

将粉末混合料加工成具有一定形状和尺寸以及一定密度和强度的压坯的过程称为成形。

硬质合金所用的成形工艺可分为普通模压成形、等静压成形、挤压成形、压注成形等。不同的成形方法有不同结构的压机和压模。形状复杂而无法由压制直接成形的,或批量太小、另做一套压模不经济的制品,则辅之以压坯机械加工来成形。图9-3-1是最简单的单向加压模压示意图。

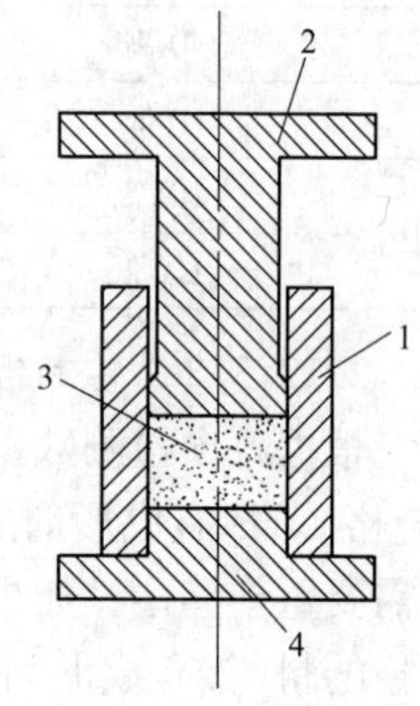

图9-3-1　单向加压模压成形示意图

1—阴模;2—上模冲;3—粉末;4—下模冲

粉末体不具备流体的所有特性,因此它可以成形。也因此造成了成形过程的主要麻烦——压坯密度不均匀。在以碳化钨为主要成分的粉末混合料的成形过程中,如何保证压坯不同部位的密度的相对均匀性,常常是成形过程的主要工艺问题。

从粉末混合料在压力下发生的变化来看,普通模压成形是一切加压成形过程的基础。同时,由于它的产品尺寸精度高、生产效率高、成本低、易于实现过程自动化,所以它是粉末冶金制品成形的主要手段。

3.2　压制过程的基本概念[1]

3.2.1　压制压力

粉末压制时所消耗的压力,可以分为三部分:

(1) 净压力:它不包括粉末与模壁的摩擦力,并假定压坯中没有密度分布不均的状态,仅仅为了克服粉末本身的阻力所需要的压力,以 P_1 表示。它与粉末粒度、成形剂的种类及用量、团粒状态(流动性)、要求的压坯密度及粉末颗粒的力学性能有关。

(2) 外摩擦力:是克服粉末与模壁的摩擦所消耗的压力,以 P_2 表示。用不可拆压模压制粉末混合料时,约等于脱模压力的1.7~2倍。除与影响 P_1 的因素有关以外,还与压模的硬度、抗塑性变形能力及表面粗糙度有关。

(3) 附加压力:克服由于压坯的密度沿横断面分布不均所需要的压力,以 P_3 表示。当压坯的密度,也就是压力,沿横断面不均匀时,由于粉末体的特性,密度较高的部位保持着较高的接触压力,或者说消耗了更多的压力,而不能均匀地向周围传递。为了使其他部位也达到较高的密度,就需要多加一部分压力。多加的这部分压力就叫做附加压力。它与粉末装模的均匀程度、压坯的尺寸与形状、粉末体的压缩程度及侧压系数有关。

由此可见,压制的总压力 P 应为:

$$P = P_1 + P_2 + P_3 \cdots \tag{9-3-1}$$

实际的总压力一般为100~200 MPa。亚微细粉末的压制压力更高。

3.2.2 压坯的密度分布

由普通模压所得到的压坯,其密度都是不均匀的。图9-3-2b表示单向加压时圆柱体压坯各部位的压缩程度。

造成图9-3-2所示压坯密度分布不均的主要原因,是模壁对粉末的摩擦阻力。粉末颗粒沿加压方向运动时,这种阻力使得压力不断地损失。距加压模冲越远,这种损失就越大,传给粉末的压力就越小,所以压坯的密度也越小。由于这种摩擦压力损失对压坯中心的影响较小,所以压坯中心沿加压方向的密度差较小。结果,加压面的密度四周大,中心小;而底部的密度则四周小,中间大。双向加压时压坯的密度分布相当于两个单向加压的状态,即:两加压端面的密度四周大,中间小;压坯(沿加压方向)中部的密度则四周小,中间大。而(沿加压方向)中部与两端面的密度差则减小了一半。

图9-3-3表示矩形压坯在压模中的受力状态。粉末沿加压方向运动的同时,也向与压力垂直的各方向移动,将一部分压力传递给模壁。模壁则给压坯一个大小相等的反作用力。这个反作用力叫做侧压力。

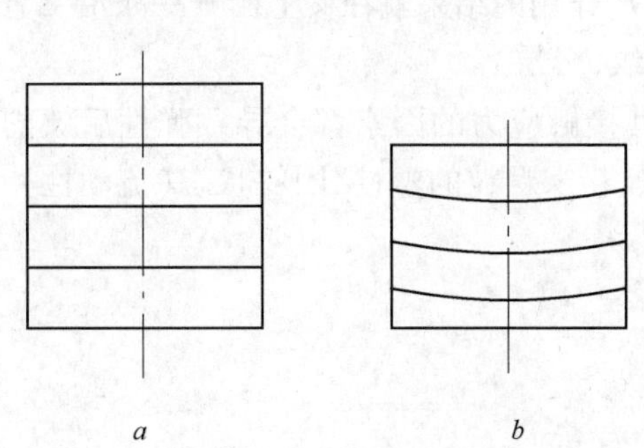

图9-3-2 单向加压时压坯不同部位的压缩程度图
a—压制前;b—压制后

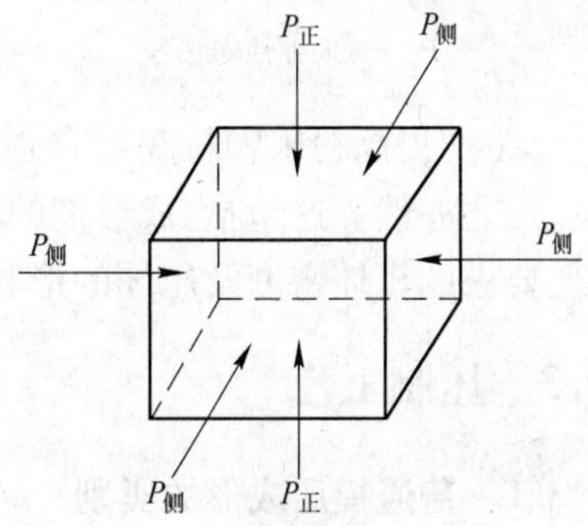

图9-3-3 压制时压坯的受力状态

侧压力 $P_{侧}$ 与正压力 $P_{正}$ 之比称为侧压系数。粉末体是由一些不可随意变形的质点(相互紧密联系的分子团)组成,而不是分子间联系不够紧密的流体。它不适用巴斯噶原理,不能将正压力完全传递到底部,也不能将侧压力完全传递到中心。即使模壁完全没有摩擦阻力,加压面的密度也会比底部稍大,边缘的密度也会比中心稍大,只是差别没有那么大而已。所以侧压系数小于1。

粉末与模壁的摩擦所引起的压坯密度的不均匀程度,与粉末的粒度、成形剂的种类及用量、团粒状态(流动性)、要求的压坯密度及粉末颗粒的力学性能、压模材料的力学性能及压模表面粗糙度有关;对于形状比较简单的压坯来说,它与压坯的高径比值成正比。

3.2.3 弹性后效

在成形压力下,粉末颗粒往往会产生不同程度的(主要是压缩)弹性变形。压力取消后粉末颗粒的弹性变形便会消除,从而使整个压坯的体积膨胀。这种现象叫做弹性后效。它通常发生在压坯脱模的过程中,也有时发生在脱模以后。

层裂是加压成形过程难以完全避免的问题。层裂是否形成取决于两个作用相反的力相互作用的结果:一个是力图使粉末颗粒之间的接触减弱或/和完全脱离的弹性后效作用力,另一个是力图保持粉末颗粒之间接触的成形剂的黏结力或/和粉末颗粒塑性变形可能形成的黏结力。如果前者超过后者,就会出现层裂。没有弹性后效,压坯就不会有层裂。

弹性变形不可能在粉末颗粒之间的每一个接触区域均衡地发生。受力越大,弹性变形越严重的区域,弹性后效越强烈,甚至出现层裂。受力较小的接触区域,弹性后效所产生的膨胀力不足以克服成形剂的黏结力,大体保持着加压后的接触状态,完好无损。

压坯可能出现的裂纹有两种:一种叫分层,另一种叫裂纹,通称为层裂。它们之间的区别在于:裂纹是由于粉末颗粒之间的黏结力相对较弱,承受不了正常的弹性后效。这就是它经常出现在压坯密度较低的部位,例如,带后角的切削刃口,或压坯(以加压方向而言的)中部。分层则是由于粉末之间的正常黏结力承受不了过于严重的弹性后效。这就是分层经常出现在压坯受压面的棱上或其附近的原因。形成分层的作用力示于图9-3-4。

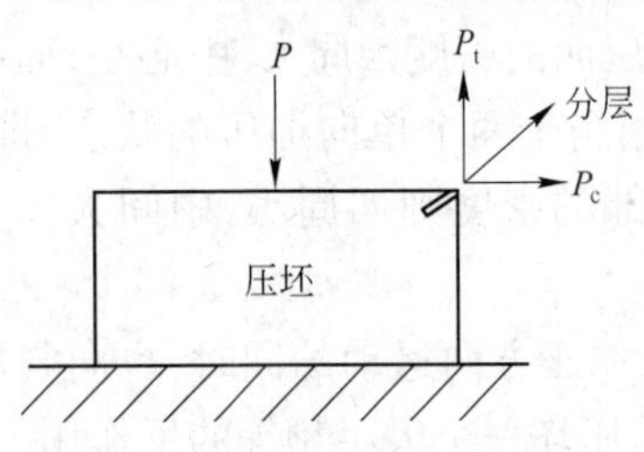

图9-3-4　分层成因示意图

P—压制压力;P_t—正向弹性膨胀力;P_c—侧向弹性膨胀力

P_t和P_c作用的结果就在棱上撕开一条沿二者的合力方向的裂纹(分层)。

一切提高粉末颗粒间结合强度和降低其接触应力的因素都会导致弹性后效的作用降低,反之亦然。这包括:成形剂的种类及用量、粉末颗粒的塑性、团粒状态(流动性)、粉末粒度、要求的压坯密度及压坯的形状。

3.3　压制工艺

3.3.1　普通模压成形的类别

3.3.1.1　手工压制

手工压制时除压力由液压机产生外,所有从粉末计量装模到压坯卸模、装盘的操作全由人工完成。其劳动生产率和制品质量与操作技巧有很大的关系。粉末无须制粒。常用于生产批量较小的制品。

3.3.1.2　自动(半自动)压制

自动压制是指粉末装模计量、加压、压坯脱模、单重抽检及清理、装盘的全过程完全由机械自动完成的过程。单重由模腔体积决定。人只负责处理异常情况,往料桶加料及更换压制品盘(板),这种压力机称为全自动压机。压力机只具有前三项功能,而后三项功能仍由人工实现的则应称为半自动压机,习惯上也叫自动压机。

全自动压机一般是双向加压的。半自动压机则既有单向加压,也有双向加压的,见图9-3-5。

单向加压的压机结构相对简单。其主要缺点是:压坯(以加压方向而言)上下的密度差较大,合金的锐角顶部孔隙度较高,上下锥度较大。因而通常只用于生产一些厚度较小或质量和精度要求不高的产品。

双向加压就是从两个相反的方向加压。这在很大的程度上克服了单向加压的缺点。根据双向加压的时间顺序,它又可以分为同步双向、分步双向和差动(浮动)式双向(见图9-3-6)三种。

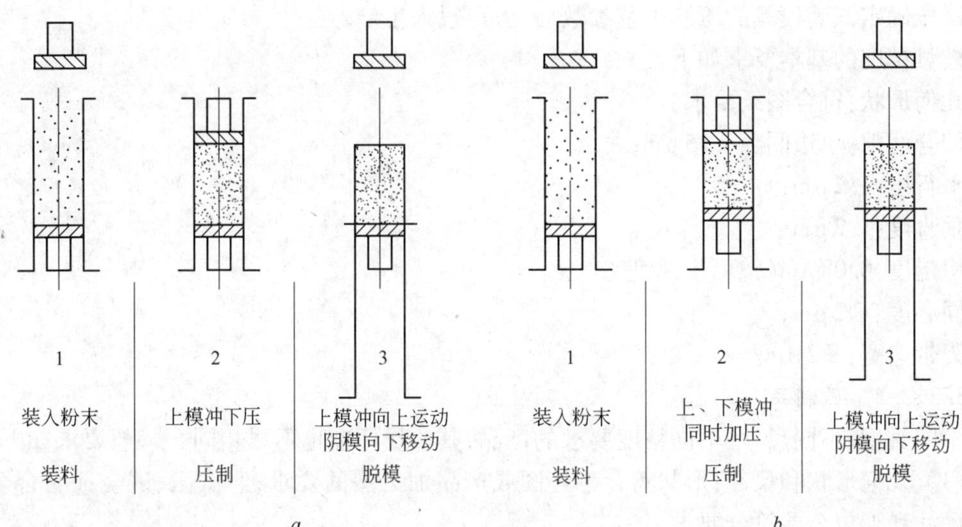

图9-3-5　单向压制和双向压制示意图

a—单向压制;*b*—双向压制

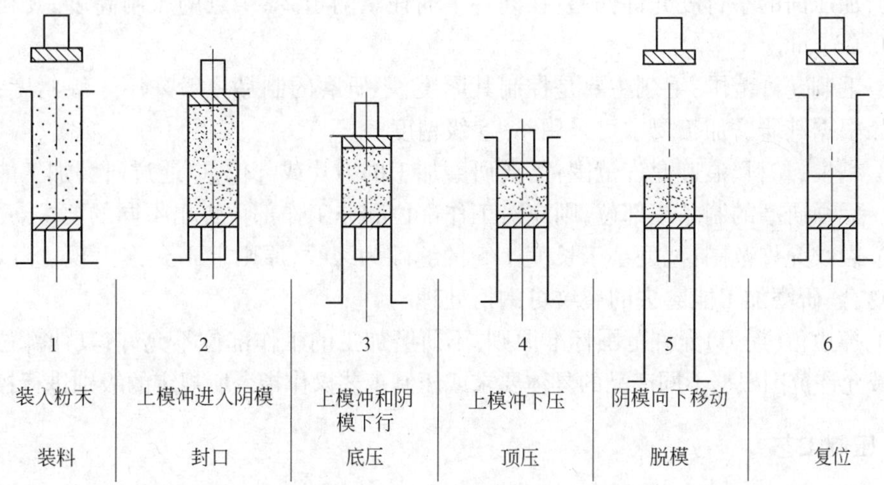

图9-3-6　双向浮动压制示意图

另外,根据压坯脱模方式可分为顶出脱模、下拉脱模和预载脱模。

杠杆式自动压机、凸轮式自动压机等旧式压机采用顶出脱模方式,常用的TPA自动压机和一些自动液压机等一般采用下拉脱模方式。TPA自动压机和一些自动液压机等可以实现预载脱模。预载脱模方式能较好地克服压坯的弹性后效作用,有效地防止脱出裂纹。

3.3.2　质量要求

3.3.2.1　压模

自动压制所用的压模要求具有高精度,而且模体、模冲和芯棒均用硬质合金制作。一般模体采用含钴11%左右的钨钴牌号合金,模冲采用钴含量15%左右的钨钴牌号合金。模具的收缩率根据产品的类型制定,一般为17%～19%。精密压制新型号模具和新制作的模具须经试压确定该套模具的压制工艺参数后,方可投入生产。

模具精度的基本要求如下:

几何形状:符合图纸要求;

配合间隙:单边间隙<15 μm;

平行度://2 μm;

垂直度:⊥2 μm;

粗糙度:0.08 μm(镜面粗糙度);

同心度:⊙2 μm;

刃带边宽:±2 μm。

3.3.2.2　压制品

不同类型、不同尺寸、不同精度要求的产品,其质量标准也不尽相同。一般要求如下:

(1) 几何形状和尺寸:形状符合毛坯图或产品加工图的要求,经试压、试烧证明合金毛坯的尺寸和形位公差符合要求。

(2) 压制单重允许公差:原则上不大于公称单重的±0.7%,一般取±0.5%。

(3) 压制高度允许公差:0.01～0.02 mm,随单重大小而定。

(4) 加压面的平行度允许偏差:在同一平面任意测定2～4点的压制高度,其相互之差不超过0.03 mm。

(5) 毛刺允许范围:毛刺主要是控制其厚度,不研磨的制品一般采用3级精度;需要研磨的制品根据其研磨加工要求可采用4～5级精度。

(6) 黏模、黏料、痕迹允许范围:需要研磨加工的刀片或部位,以通过研磨加工能消除缺陷为准。无须研磨的制品或部位,则应对工作部位和非工作部位提出不同的要求。

(7) 裂纹允许范围:宽度小于长度1/5的缝隙为裂纹,原则上不允许出现;经试烧证明烧结能吻合、研磨加工能磨去的裂纹可酌情处理。

(8) 掉边角(崩刃)允许范围标准原则:不研磨加工的工作部位不允许;其他部位和研磨加工区域允许范围根据不同产品的具体要求或压制工艺操作指令所规定的级别进行控制。

3.3.3　压制工艺

3.3.3.1　收缩系数

收缩系数是指压坯在烧结前后的尺寸变化率,一般用线收缩率 K 表示,即:

$$K=\frac{h_p-h_s}{h_p} \tag{9-3-2}$$

式中,K 为加压方向线收缩系数;h_p 为压坯高度;h_s 为烧结品高度。

确定收缩系数的原则是:在压坯不出现层裂的条件下达到尽可能高的密度,也就是尽可能小的收缩系数。线收缩系数 K 通常在17%～20%范围内变化。它取决于下列因素:

(1) 压坯尺寸:大压坯的收缩系数要大些。

(2) 成形剂的种类。

(3) 被压粉料的流动性:流动性差的收缩系数大些。

(4) 压坯的形状:形状复杂的压坯由于附加应力增加,因而层裂倾向增大;或者,由于压力传递不均造成个别部位密度过小。为避免出现这类问题,只好采用较大的收缩系数。

(5) 粉末的粒度:粉末粒度越细,收缩系数越大。

(6) 混合料的成分:在工业硬质合金范围内,混合料的成分影响很小。

粉末的物理、化学性能、压坯尺寸变化较大,或形状复杂而烧结坯的尺寸精度要求较高的产品,其收缩系数必须经试验确定。

3.3.3.2　压坯单重

对于形状简单,可以准确地计算出其烧结坯体积的制品,可由式(9-3-3)算出其烧结坯单重,然后由式(9-3-4)算出其压坯单重。

$$M_s = V_s \gamma \tag{9-3-3}$$

$$M_p = \frac{M_s}{1 - C_1} \tag{9-3-4}$$

式中,M_s为烧结坯单重,g;V_s为烧结坯体积,cm^3;γ 为合金密度,g/cm^3;M_p为压坯单重,g;C_1为压坯的烧结重量损失率,%。

由于成形剂和氧的排除,以及碳量的细微变化,使得烧结坯的单重 M_s通常小于压坯单重 M_p。这个差值与压坯单重的比值由 C_1表示,即:

$$C_1 = (M_p - M_s)/M_p \tag{9-3-5}$$

如果形状复杂,体积难以算准,而烧结坯的尺寸精度要求又较高的话,往往需要反复试压、试烧才能确定其压制单重。得到符合质量标准及几何精度要求的烧结坯后,就可以得到烧结坯较准确的真实体积 V_s 和单重 M_s,就可以求出压坯单重了。

对精密压制而言,每一套新压模(即使是老产品)的压制单重都要经试压确定。试压压坯烧结后,不但可以确定哪个单重合适,而且还可对这些烧结坯进行测量,得到计算其他压制参数的数据。

3.3.3.3　压制尺寸(高度)

压坯的公称高度 H'_p以下式表示:

$$H'_p = \frac{H_s}{1 - K} \tag{9-3-6}$$

式中,H_s为烧结坯高度;K 为线收缩系数。

要注意的是,纵(加压方)向与横向收缩系数的差别,往往造成烧结毛坯的尺寸超过了允许公差范围。因此,对每套新压模试压时都必须精确测量这种差别,并借以算出精确的压制高度,保证烧结坯的各向尺寸控制在允许的误差范围之内。

此外,如果采用的是这种精密压力机的话,对每一套压模还必须根据试压结果,计算它的顶压行程、压制行程和下拉行程。

3.4　压力机

3.4.1　压力机的选型依据

(1) 压机的吨位。压力机的额定压力必须大于压坯所需要的总压制压力。

(2) 脱模压力。下拉力或下缸的顶出力必须大于压坯的脱模压力。

(3) 压力机行程。压力机的压制行程、脱模行程和压制滑块(或上缸)的上极限位置到工作台面的距离必须满足所压制品型号的要求。

若要全面衡量压力机的技术先进性和实用性,则还要考虑下列因素:

(1) 压制方式。如单向压制、双向压制、下拉式压制、浮动压制和摩擦芯棒压制等。

(2) 脱模方式。脱模方式可分为顶出式和下拉式,下拉式又可分为预载式和自由式。

(3) 装粉方式。装粉方式可分为落入法、吸入法、过量装粉法等。

(4) 工作台面尺寸。

(5) 生产效率和安全装置。

3.4.2　手工压制压力机

通常采用液压机。其加压速度和保压时间都可由人工随意调节。结构简单,不易损坏,便于维修。硬质合金混合粉成形所用的液压机多为立式结构,又有带侧压和不带侧压的两种,主要有 Y41C 系列单柱液压机(图 9-3-7)和 Y32 系列四柱液压机(图 9-3-8)。它们的主要规格型号和技术参数见表 9-3-1 和表 9-3-2。

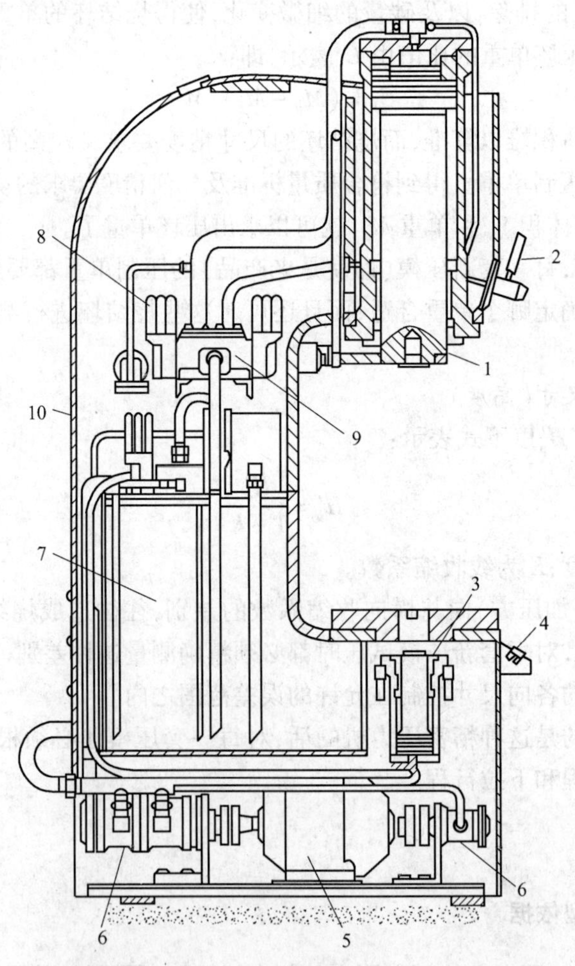

图 9-3-7　单柱液压机

1—上活塞;2—压力表;3—下活塞;4—按钮;5—马达;6—油泵;7—油箱;8—电磁阀;9—三段分配阀;10—外壳

表 9-3-1　Y41C 系列单柱校正正装液压机主要规格型号和技术参数

规格型号		Y41C-10	Y41C-16	Y41C-25	Y41C-40	YA41C-63	YA41C-100	YA41C-160	YA41C-200	YA41C-250	YA41C-315	YA41C-400	YA41C-500
公称力/kN		100	160	250	400	630	1000	1600	2000	2500	3150	4000	5000
液体最大工作压力/MPa		13	13	12.5	20	20	26	26	26	25	25	25	25
滑块至工作台面最大距离/mm	压装	630	630	630	710	800	800	1000	1000	1000	1100	1300	1400
	校正	450	450	430	510	550	500	650	650	650	700	850	900
滑块最大行程/mm		400	400	500	500	500	500	500	500	500	600	700	700
滑块最大下行速度/mm·s^{-1}		60	60	35	50	35	38	20	27	20	20	15	18
滑块最大回程速度/mm·s^{-1}		170	160	85	150	100	118	80	70	70	80	80	80
工作速度/mm·s^{-1}		11	11	7	10	8	6	4	4	3.5	5	4.5	4.5
喉深/mm		210	250	320	320	320	320	360	360	325	400	400	400
工作台尺寸($W\times L$)/mm×mm	压装	410×420	450×500	510×580	560×560	630×600	710×600	800×630	850×650	850×670	900×750	950×750	950×750
	校正	1000×420	1000×440	1250×420	1250×420	1600×520	2000×550	2000×600	2000×620	2000×620	2500×650	2500×650	2500×650
落料孔径/mm		ϕ140	ϕ160	ϕ180	ϕ200	ϕ200	ϕ200	ϕ200	ϕ200	ϕ200	ϕ200	ϕ200	ϕ200
工作台面距离地面高度/mm		700	700	705	650	600	700	700	700	750	700	750	800
轮廓尺寸/mm	左右(W)	655	735	775	850	1100	1200	1300	1350	1400	1450	1500	1600
	前后(L)	1160	1355	1480	1660	1750	2000	2000	2000	2000	2100	2300	2500
	高度(H)	2100	2160	2330	2377	2500	2650	2950	3350	3350	3500	3800	4000
功率/kW		2.2	3	3	7.5	7.5	11	11	11	15	22	30	45
总重/kg		1150	1750	2000	2400	2650	3800	6000	7500	11600	13000	15000	20000

表 9-3-2　Y32 系列四柱液压机主要规格型号和技术参数

规格型号		Y32 -10	Y32 -16	Y32 -25	Y32 -40	Y32 -63	YB32 -100C	YT32 -100A	Y32 -120	Y32 -160	YA32 -200A	YT32 -200A	YA32 -315A	YT32 -315A	Y32 -400	YT32 -500B	YT32 -500D	YT32 -630B
公称力/kN		100	160	250	400	630	1000	1000	1200	1600	2000	2000	3150	3150	4000	5000	5000	6300
液体最大工作压力/MPa		13	13	16	26	20	25	25	24.5	26	25	25	25	25	25	25	25	25
滑块最大行程/mm		400	400	500	500	500	600	600	500	560	710	710	800	800	800	900	900	1000
滑块至工作台面最大距离/mm		630	630	630	630	700	900	900	800	900	1120	1120	1250	1250	1100	1500	1500	1800
滑块最大下行速度/$mm \cdot s^{-1}$		75	45	38	38	48	22	150	60	150	60	100	80	100	100	100	100	100
滑块最大回程速度/$mm \cdot s^{-1}$		150	1250	100	100	130	47	85	75	120	52	80	42	60	40	80	80	80
工作速度/$mm \cdot s^{-1}$		≤15	≤13	≤10	≤10	≤5	≤14	6－10	≤5	≤25	≤10	6－15	≤8	≤10	≤3	≤10	≤10	≤10
工作台有效尺寸（左右×前后）/mm		560×560	560×560	560×560	560×560	560×560	720×580	630×630	720×580	800×800	900×900	900×900	1260×1120	1260×1120	1220×900	1400×1400	2200×1400	1600×1600
工作台面距离地面高度/mm		900	900	800	800	700	760	800	700	500	500	500	600	600	560	500	500	500
落料孔径/mm		φ100	φ100	φ120	φ120	φ100												
顶出缸	顶出力/kN						190	250	190	250	400	400	400	630	400	1000	1000	1000
	顶出行程/mm						200	200	200	250	250	250	250	300	250	355	355	355
轮廓尺寸/mm	前后（$F-B$）	1000	1000	1000	1000	1000	1000	1000	1000	1500	2060	2500	2060	2560	1500	3500	3570	3700
	左右（$L-R$）	1480	1600	1900	1900	1900	2160	2160	2160	2640	2915	2440	3235	2760	1740	4100	4770	4400
	高度（H）	2385	2400	2410	2410	2720	3020	3643	3020	3300	3960	3960	4220	4420	4350	5100	5740	5740
功率/kW		4	4	5.5	5.5	7.5	11	11	11.5	15	19.25	22	19.25	22	15	45	45	45
总重/kg		1500	1700	1950	2000	2500	3400	4200	5000	8000	10000	10000	17000	17000	17000	40000	50000	50000

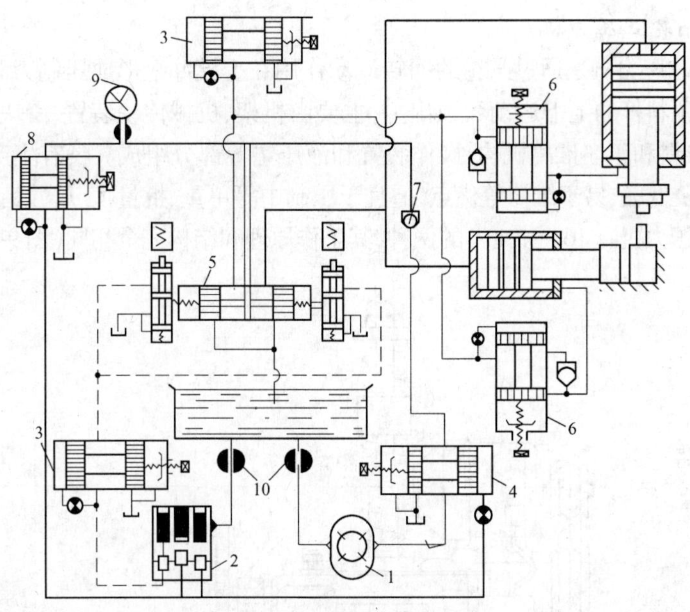

图9-3-8　四柱式液压机

1—离心泵;2—活塞泵;3,4—压力阀;5—分配阀;6—可止逆的压力阀;7—逆止阀;8—加压保护阀;9—电控压力表;10—圆形栓

3.4.3　半自动压力机

3.4.3.1　杠杆式压力机

杠杆式半自动压力机是通过曲柄的回转运动带动杠杆摆动,产生上模冲和顶料杆的上下运动以及压制力和顶出力,主要由机架、机械传动装置、成形压模、压坯顶出机构、装料和压坯推离机构等部分组成。具有生产效率高、结构简单、操作方便、造价低廉、易于维修等优点,适宜于压制单重小、批量大、尺寸精度要求不高的产品。常用的杠杆压力机有3T和10T的两种,其工作原理和结构完全相同(图9-3-9)。

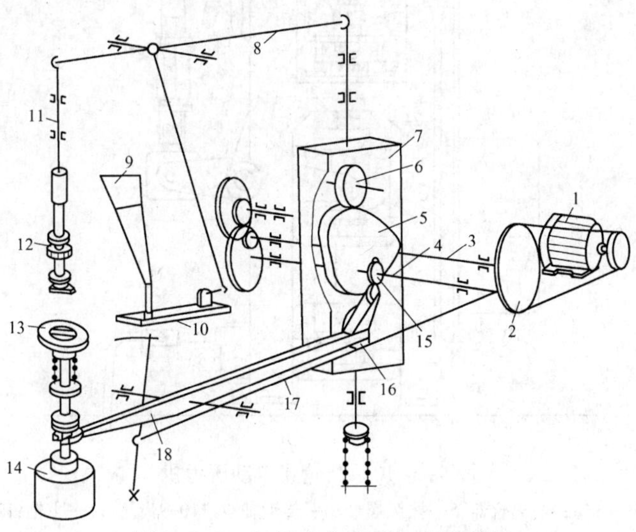

图9-3-9　杠杆式自动压力机原理图

1—马达;2—皮带轮-离合器;3—传动轮;4—主轴;5—凸轮;6—托轮;7—滑枕;8—杠杆;9—料斗;10—给料器;11—压杆;12—上模冲;13—阴模套;14—底座;15—顶料杆小凸轮;16—小滚轮;17—离合器拉杆;18—顶料杆

3.4.3.2　凸轮式压力机

凸轮式半自动压力机是通过凸轮的回转运动作用在上模冲上形成压制力和动作，再利用一个连杆机构形成顶料杆的上下运动和顶出力，主要由机架、机械传动装置、滑块机构、成形压模、压坯顶出机构、装料和压坯推离机构、操作装置和液压垫等部分组成。具有生产效率高、结构简单、操作方便、造价低廉、易于维修等优点，适宜于压制中等单重、批量大、尺寸精度要求不高的产品。常用的凸轮压力机有 16T 和 40T 的两种，其工作原理和结构完全相同(图 9-3-10)。

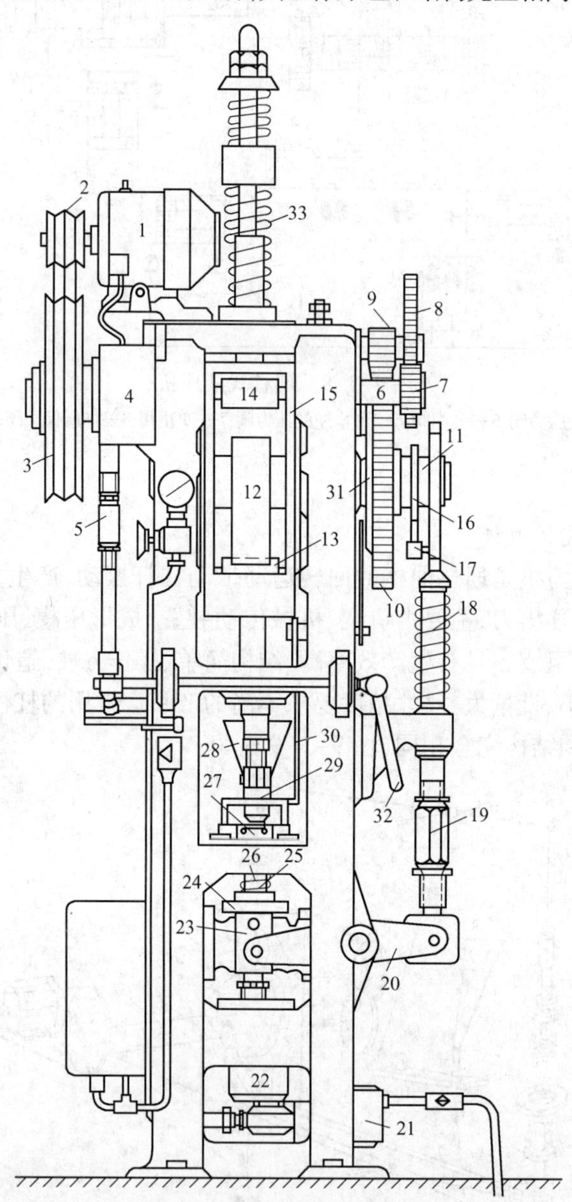

图 9-3-10　凸轮式自动压力机

1—马达；2—皮带轮；3—飞轮；4—离合器；5—操纵螺杆；6—传动轴；7～10—齿轮；11—主轴；12—凸轮；13—下滚轮；14—上滚轮；15—滑枕；16—小凸轮；17—滚轮；18—顶出器弹簧；19—调整螺杆；20—顶出器杠杆；21—压缩空气缸；22—油压垫；23—下滑块；24—接料盘；25—弹簧；26—压模；27—推料板；28—料斗；29—上模冲；30—拉杆；31—凹轮；32—操纵手柄；33—大弹簧

3.4.4 全自动机械压力机

全自动机械式压力机属于刚性压制,定位精度高,是精密压制的首选设备。德国DORST公司生产的TPA压力机获得了较广泛的应用。日本玉川型压力机的应用也越来越多。通过引进、消化、吸收,我国自行设计、制造的TPA型压力机也已相当成熟,不仅在国内市场有很高的占有率,出口也在逐年增加。

3.4.4.1 TPA压力机

TPA系列压力机的主要特点:(1) 结构紧凑、密封性好;(2) 模具为刚性定位,精度高;(3) 采用可装卸模架结构,且高精度模架保证压制精度;(4) 具有顶压功能可实现分步双向压制,调整压坯中性区位置;(5) 可施加预载,有效控制压坯脱出裂纹。另外,还可通过附属装置实现机械手称单重、刷毛刺和装盘等其他辅助功能(图9-3-11)。

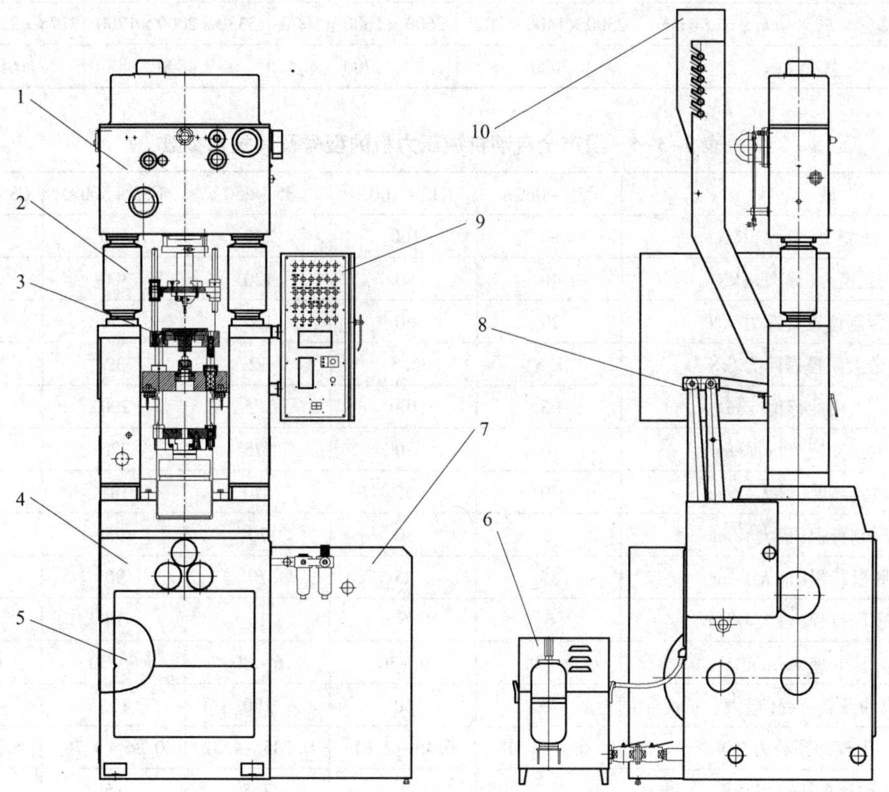

图9-3-11 TPA压力机结构示意图

1—上横梁;2—立柱;3—模架;4—主床身;5—主传动装置;6—液压站;
7—电机和离合器;8—送料机构;9—电控箱;10—料斗
(不同型号或不同厂家的压机,其液压系统有的为外置,有的为内置)

TPA压力机的主要型号和技术参数见表9-3-3。

国产全自动机械压力机的标准型号及其技术参数见表9-3-4。

表 9-3-3　TPA 压力机的主要型号和技术参数

型　　号	TPA6/2	TPA15/4	TPA50/4	TPA70
压制力(最大)/kN	60	150	500	700
脱模力(最大)/kN	40	100	400	400
压制位置支撑力/kN	40	100	400	400
填料高度(最大)/mm	55	65	185	90
脱模行程(最大)/mm	30	35	90	50
压制行程/mm	25	30	95	40
顶压行程(最大)/mm	5	6	18	18
驱动电机/kW	3	6	15	15
压制速率/min^{-1}	15 ~ 70	12 ~ 50	6 ~ 30	6 ~ 30
上模冲预载行程(最大)/mm	25	40	115	90
上模冲预载力(最大)/kN	1. 17	4. 4	8. 2	11. 3
总高 × 总宽 × 总深/mm × mm × mm	2300 × 1400 × 800	2600 × 1600 × 1000	3330 × 2000 × 1700	3275 × 2000 × 1700
总重/kg	2000	2700	4800	6180

表 9-3-4　国产全自动机械压力机的型号及其技术参数

型　　号	C35 - 060A	C35 - 160A	C35 - 250A	C35 - 500A	C35 - 1000A
压制力(最大)/kN	60	160	250	500	1000
脱模力(最大)/kN	40	80	120	300	800
压制位置支撑力/kN	20	50	100	250	600
最大阴模返回力/kN	1. 5	5. 5	12	32	80
上模冲行程/mm	95	100	175	200	220
上模冲调节行程/mm	70	70	175	220	230
填料高度(最大)/mm	70	65	140	185	180
压制行程(最大)/mm	35	30	70	95	85
脱模行程(最大)/mm	35	35	70	90	95
顶压行程(最大)/mm	6	6	16	18	18
压制速率/min^{-1}	9 ~ 30	9 ~ 30	6 ~ 30	6 ~ 30	6 ~ 24
上模冲预载行程(最大)/mm	25	30	100	115	125
上模冲预载力/kN	0. 7 ~ 1. 0	0. 45 ~ 2. 81	0. 785 ~ 4. 32	0. 86 ~ 4. 76	5. 3 ~ 9. 72
驱动电机功率/kW	2. 2	4	7. 5	15	22
总功率/kW	3	4. 55	9	16. 9	23. 1
总高 × 总宽 × 总深/mm × mm × mm	2200 × 960 × 1060	2380 × 1125 × 1120	2900 × 1630 × 1425	3300 × 1450 × 1450	3850 × 2000 × 2200
总重/kg	1000	1900	3280	4500	9900

3.4.4.2　日本玉川型压力机

日本玉川型压力机的基本功能和设备精度与 TPA 压力机相当,相对具有以下特点:

(1) 机身为整体式钢板焊接机架,具有良好的刚性和刚性保持性;(2) 上台面的驱动机构为曲柄机构,其产生的加压曲线有加压时间长,粉末压缩时排气性好的特点;(3) 主机为纯机械式,不带液压系统,故障率更低,润滑系统采用定时定点集中式供油,使维修、保养、故障排除非常方便(图9-3-12)。

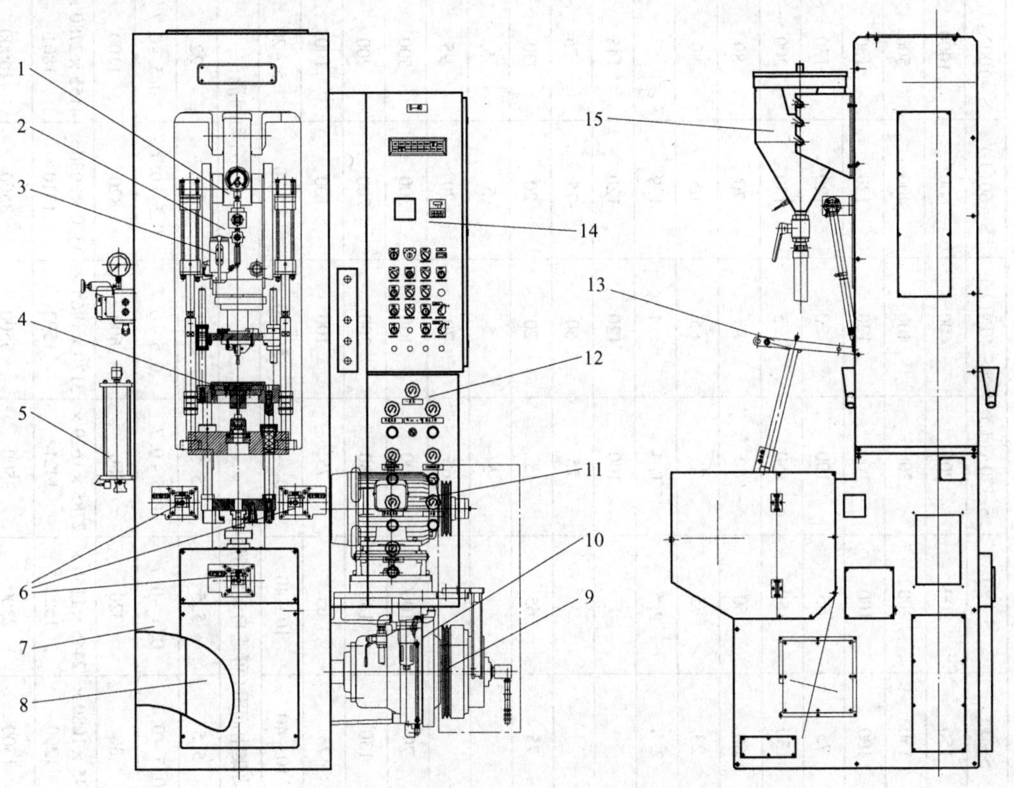

图9-3-12 日本玉川型压力机结构示意图

1—双臂曲柄轴机构;2—上滑块;3—油泵;4—模架;5—气动润滑泵;6—调节手柄;7—整体框架式机身;8—主传动装置;9—离合器;10—减速机;11—电机;12—气控箱;13—送料机构;14—电控箱;15—料斗

日本玉川型压力机用于硬质合金粉末成形压制,其主要型号和技术参数见表9-3-5。

3.4.4.3 模架

模架由模具、模具支座及连接件组成。其作用是使阴模、模冲与芯棒分别保持在更精确的相关位置,提高压坯各部位密度的均匀性,从而得到形位公差更小和尺寸精度更高的合金产品。根据所压制品形状的复杂程度,模架可以分为A型、B型、C型。A型模架(图9-3-13)简称上一下一模架,可连接一个上模冲和一个下模冲,可以压制不带台阶的产品(小的台阶可以做在阴模或芯棒上);B型模架简称上一下二的模架,可连接一个上模冲和两个下模冲,在模架的下连接板与阴模座之间添加了一块浮动板用于安装第二下模冲(浮动模冲),可压制带一个台阶的产品;C型模架简称上二下三模架,在其上连接板上可安装两个上模冲,即一个固定上模冲,一个浮动上模冲,在模架的下连接板与阴模座之间添加了两块浮动板用于安装第二和第三下模冲,可压制带多个台阶的产品。硬质合金粉末压制常用的是A型模架,B型和C型模架近年来也得到了越来越多的应用。

表9-3-5　玉川型压力机的型号及其技术参数

规格型号	S-6	S-10A(L)	S-15	S-20	S-20A(L)	S-40N(L)	S-60(L)	S-100N(L)	S-200(L)
压制力(最大)/kN	60	100	150	200	200	400	600	1000	2000
脱模力(最大)/kN	60	100	150	200	200	400	400	500	1000
装料高度(最大)/mm	60	80	100	100	100	120	120	130	130
脱模行程(最大)/mm	45	80	75	65	100	120	120	130	130
上模冲行程/mm	110	125	130	150	150	175	180	200	210
上模冲调整量/mm	25	50	60	60	60	85	70	80	70
上模冲预载行程(最大)/mm		65	23	75	75	65	65	80	70
上模冲预载力/kN		2.2	2.8	2.5	1.4	1.4	1.9	5	2.5
阴模控制调整量/mm		80			100	120	120	145	40
最大阴模控制力/kN		12.5			25	50	75	125	250
脱模面调整量/mm	35	5	75	65	5	20	20	30	5
过料/欠料/mm		5			5	5	5	5	5
阴模止挡调整量/mm		60			65	70	70	95	100
阴模止挡力/kN	30	100	70	100	100	150	300	500	700
料靴冲程/mm	115	125	130	130	130	200	200	200	230
成品尺寸(最大)ϕ/mm	45	75	75	65	75	100	100	100	150
压制速率/min^{-1}	10~40	10~40	10~40	10~40	10~40	5~20	5~20	5~20	5~20
润滑方式	手动集中润滑(可选自动润滑)					自动润滑			
驱动电机功率/kW	2.2	3.7	5.5	5.5	5.5	11	15	22	30
压缩空气/MPa	0.5~0.7	0.5~0.7	0.5~0.7	0.5~0.7	0.5~0.7	0.5~0.7	0.5~0.7	0.5~0.7	0.5~0.7
空气消耗量/L·min^{-1}	20	570	30	320	580	600	820	1100	1880
总高×总宽×总深/mm×mm×mm	1970×1140×1290	2530×1490×1200	2345×1080×1290	2445×1150×1522	2785×1629×1421	3170×1865×1592	3350×2080×1710	4155×2780×1801	4560×2632×2140
总重/kg	900	2300	1300	2300	3500	5500	8500	16000	23000

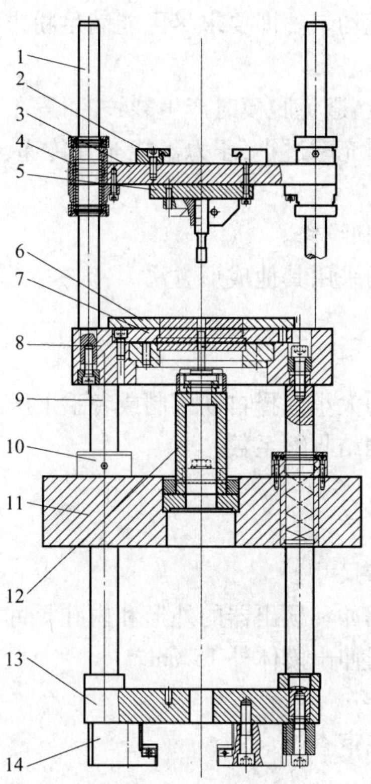

图9-3-13　模架示意图

1—上导柱;2—上联结块;3—上模冲板;4—上导套;5—上模冲安装座;6—工作面板;7—阴模压圈;8—阴模板;9—下导柱;10—下导套;11—下模冲板;12—下模冲安装座;13—下联结板;14—下联结块

硬质合金粉末压制常用模架的精度见表9-3-6。

表9-3-6　常用模架的精度

序　　号	检 测 项 目	允差/mm
1	上导柱对阴模安装平面的垂直度	0.015
2	下导柱对模架安装平面的垂直度	0.015
3	上模冲安装面对模架安装平面的平行度	0.02
4	下模冲安装面对模架安装平面的平行度	0.02
5	阴模安装平面对模架安装平面的平行度	0.02
6	上模冲安装面的平面度	0.01

3.5　压模设计[2]

3.5.1　基本要素

设计压模时必须考虑如下要素：

（1）确定加压方向：通常选择产品的最大截面作为加压方向，还要易于脱模。

（2）确定烧结收缩系数：原则是：在保证不出现分层裂纹的条件下，采用尽可能小的烧结收缩系数。

（3）要求压坯密度尽可能均匀。即要求尽可能满足粉末填装系数相同、压制时压缩比相同和压制速率相同的原则[2]。

（4）考虑压坯的弹性后效，避免脱模时产生裂纹，一般在阴模中带脱模销。

（5）避免锐角部位粉末填充率过小，压力不能充分传递，压坯密度过小或出现裂纹，尖角处以圆弧 R 过渡。

（6）便于模具加工、装配和维修。

（7）无法模压直接成形的采用其他成形方法。

3.5.2　设计步骤

（1）根据产品图和产量的大小选择自动压制或者手工压制，以及所用压机的吨位。

（2）根据产品牌号确定烧结收缩系数。

（3）确定加压方向。

（4）选择标准模具结构。

（5）计算阴模尺寸和芯棒尺寸。

（6）根据模具间隙确定模冲和顶出器的外形和内孔尺寸，根据脱模要求确定顶出器高度。TPA 模具一般要求顶出器伸出模体外 15 mm。

（7）绘制模具图纸。

（8）模具图纸校对和工艺审查。

3.5.3　阴模及芯棒尺寸的计算

（1）阴模型腔尺寸计算按照产品的公称尺寸乘以收缩系数。

（2）对于自动压机的压模还要确定阴模的压制位置。有两种方法：

一种是比值法。按公式计算：

$$L=((F+1)\times H_p)/2$$

式中，F 表示压缩比；H_p 表示产品的压制高度。

对于不带后角的产品和大多数后角不大的产品都适用，例如球齿、拉丝模、冷墩模、刀片、游动芯头等。

另一种是经验法或者类比法。用于像挖路齿、截煤齿等复杂形状产品的压制位置计算。

（3）阴模高度的计算，对于 TPA 压模一般按公式：$L=F\times H_p+10$ 计算，对于手动压模一般按公式计算：

$$H=F\times H_p+底垫高度+5$$

式中，F 为压制料的松装比；H_p 为产品的压制高度。

（4）芯棒尺寸的计算按照产品孔径的公称尺寸乘以收缩系数。

3.5.4　典型制品的压模实例

3.5.4.1　自动双向加压压模

A　标准模具结构

a　模体

模体有整体合金和镶套合金两种结构，合金牌号为 YG11、YG15，钢套材料 T10，淬火后硬度 HRC40 ~45，如图 9-3-14 和表 9-3-7 所示。

表 9-3-7　标准模体尺寸　(mm)

项　目	TPA15T ϕ65 模体	TPA15T ϕ80 模体	TPA50T ϕ125 模体	TPA100T ϕ260 模体
外径 d	ϕ65	ϕ80	ϕ125	ϕ260
外径 D	ϕ75	ϕ89	ϕ140	ϕ275
高度 h	30	15	40	25
高度 H	40	40	70	57
内径 D_1	ϕ55	ϕ60	ϕ110	ϕ200
外径 D_2	ϕ58	ϕ68	ϕ100	ϕ200
总高 L	模体高度根据粉末装料量确定：$L = F \times H_p + 10$			

b　模冲

模冲有 3R 柄和压盖式两种夹持方式，其结构分别如图 9-3-15 和图 9-3-16 所示。其尺寸分别列于表 9-3-8 和表 9-3-9。合金牌号为 YG20C、YG25C，钢柄材料 9Mn2V，淬火硬度 HRC54 ~58。

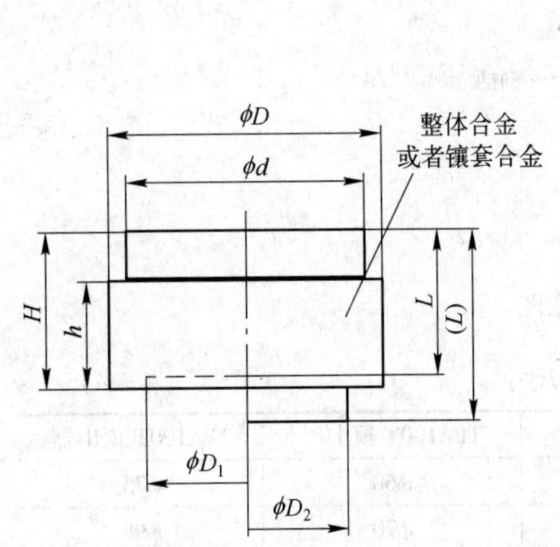

图 9-3-14　模体示意图

图中当 $L < H$ 时取 D_1，当 $L > H$ 时取 D_2。

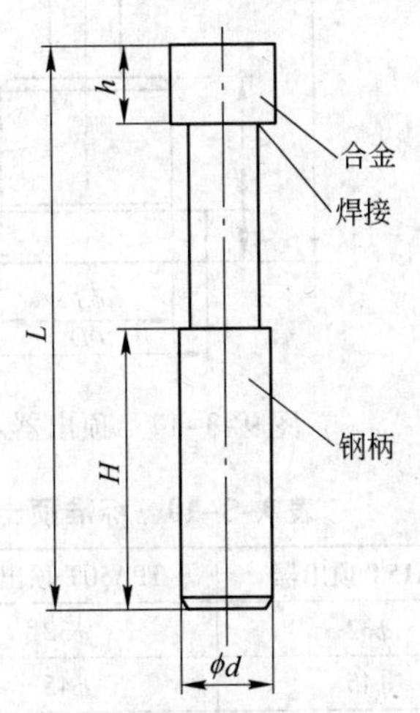

图 9-3-15　模冲示意图

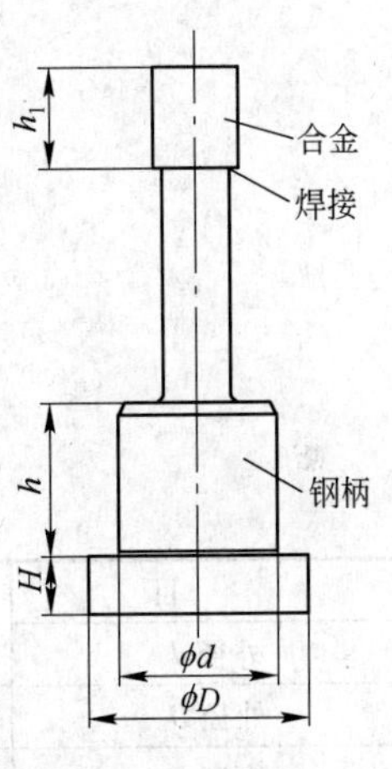

图 9-3-16　压盖式模冲示意图

表 9-3-8　标准模冲尺寸　(mm)

项　目	TPA15T 3R 模冲	TPA50T 3R 模冲	TPA100T 3R 模冲
外径 d	ϕ20	ϕ20	ϕ28
高度 H	50	50	50
高度 h	20	20	20
总长 L	90	110	120

表 9-3-9　标准压盖式模冲尺寸　(mm)

项　目	TPA50T 压盖式模冲	TPA100T 压盖式模冲
外径 d	ϕ70	ϕ110
外径 D	ϕ80	ϕ90

续表 9-3-9

项　目	TPA50T 压盖式模冲	TPA100T 压盖式模冲
高度 h	10	15
高度 H	10	30
高度 h_1	15	20
总长 L	80	80

c　顶出器

顶出器结构如图 9-3-17 所示。其尺寸列于表 9-3-10。合金牌号为 YG20C、YG25C，钢柄材料 9Mn2V，淬火硬度 HRC54～58。

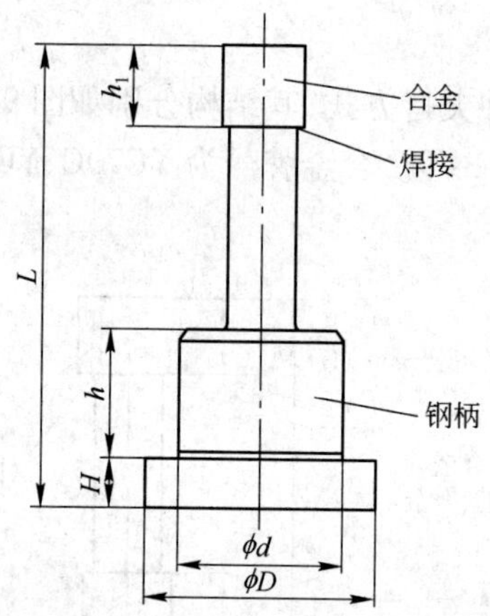

图 9-3-17　顶出器示意图

表 9-3-10　标准顶出器尺寸　(mm)

项　目	TPA15T 顶出器	TPA50T 顶出器	TPA100T 顶出器	TPA100T 顶出器
外径 d	ϕ32	ϕ32	ϕ60	ϕ75
外径 D	ϕ45	ϕ45	ϕ70	ϕ98
高度 h	25	25	10	20
高度 H	9	9	10	8
高度 h_1	20	20	20	20
总长 L	90	120	140	140

d　芯棒

芯棒结构如图 9-3-18 所示，其尺寸列于表 9-3-11。合金牌号为 YL10.2，钢柄材料 9Mn2V，淬火后硬度 HRC54～58。

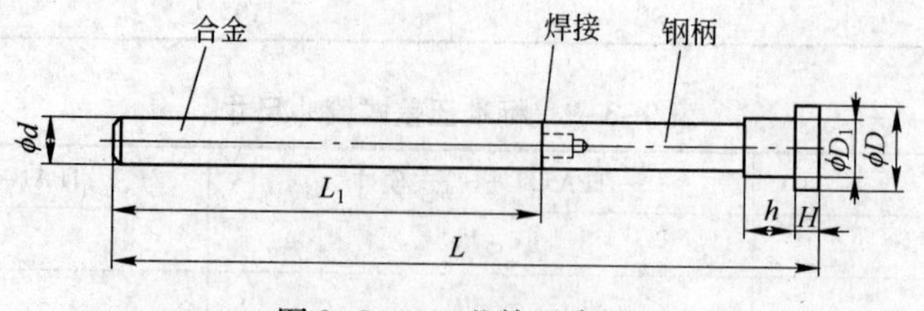

图 9-3-18　芯棒示意图

表 9-3-11　标准芯棒尺寸　(mm)

项　目	TPA15T 芯棒	TPA50T 芯棒	TPA100T 芯棒
外径 d	$\phi 11$	$\phi 12$	$\phi 26$
外径 D	$\phi 18$	$\phi 19$	$\phi 36$
高度 h	20	45	20
高度 H	5	7	10
长度 L_1	50	160	250
总长 L	200	315	450

B　球齿压模

球齿压模有三种，如图 9-3-19、图 9-3-20 和图 9-3-21 所示。

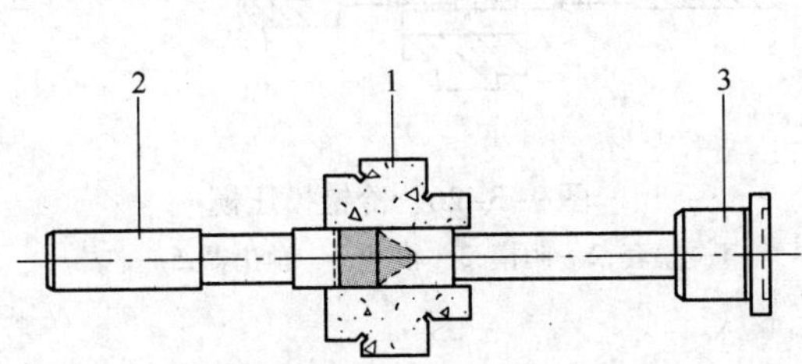

图 9-3-19　球齿直孔压模

1—模体；2—模冲；3—顶出器

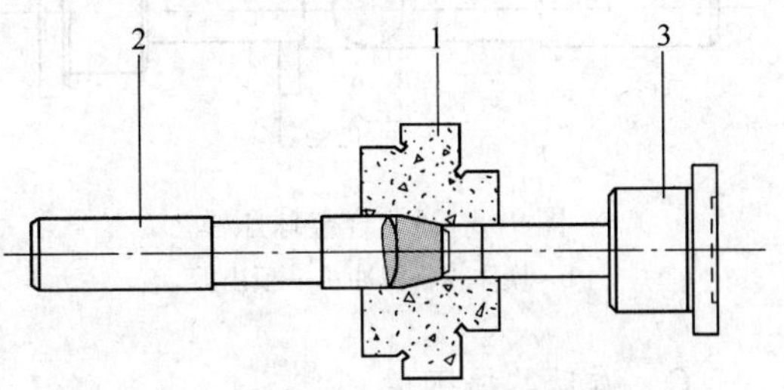

图 9-3-20　球齿沉孔压模

1—模体；2—模冲；3—顶出器

C　拉丝模压模

拉丝模压模有两种，如图 9-3-22 和图 9-3-23 所示。

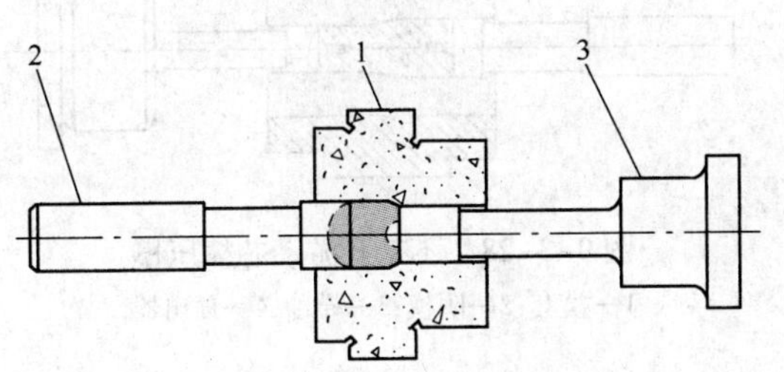

图 9-3-21　球齿沉孔压模

1—模体；2—模冲；3—顶出器

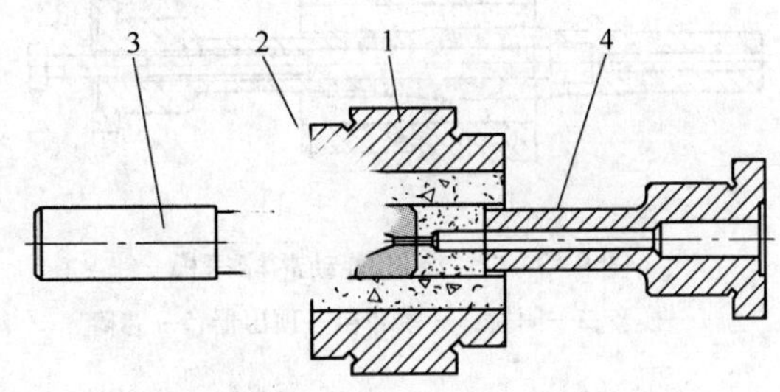

图 9-3-22　小孔拉丝模压模

1—模套；2—阴模；3—模冲；4—顶出器

D　棒材压模

棒材压模如图 9-3-24 所示。

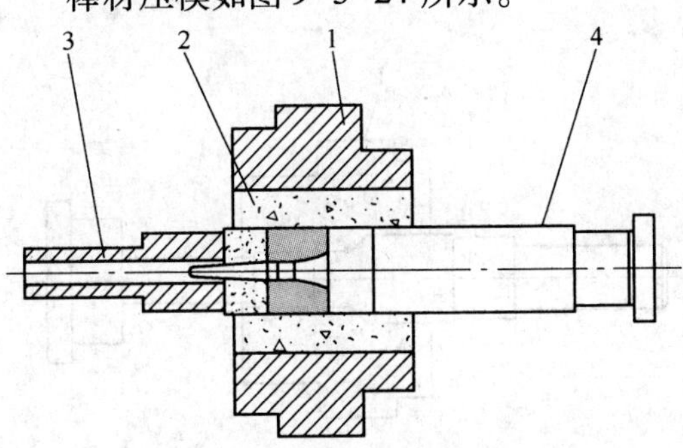

图 9-3-23　普通拉丝模压模

1—模套；2—阴模；3—模冲；4—顶出器

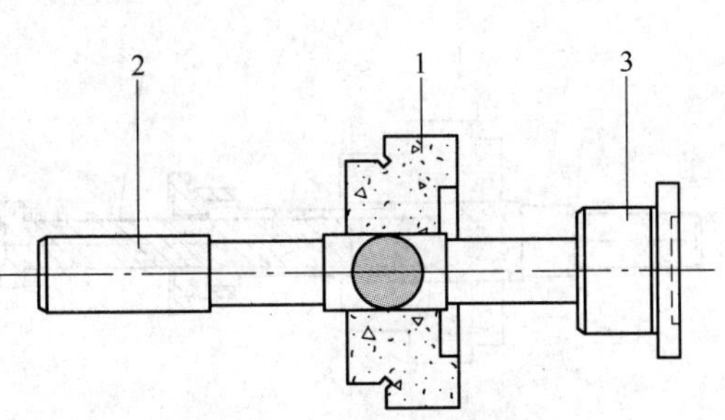

图 9-3-24　棒材压模

1—模体；2—模冲；3—顶出器

E　合金球压模

合金球压模如图 9-3-25 所示。

F　冷镦模压模(死芯杆)

冷镦模压模如图 9-3-26 所示。

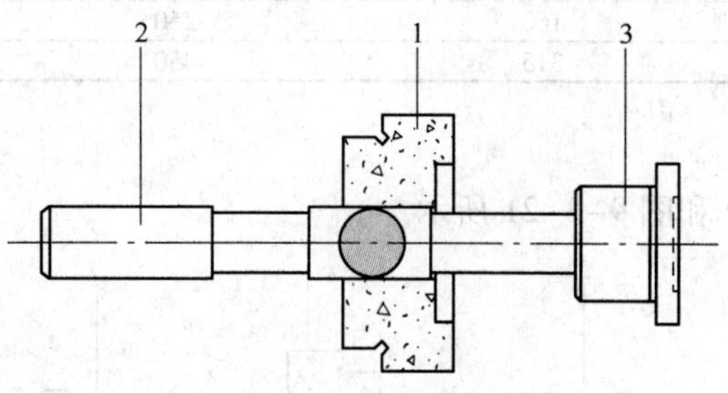

图 9-3-25　合金球压模

1—模体;2—模冲;3—顶出器

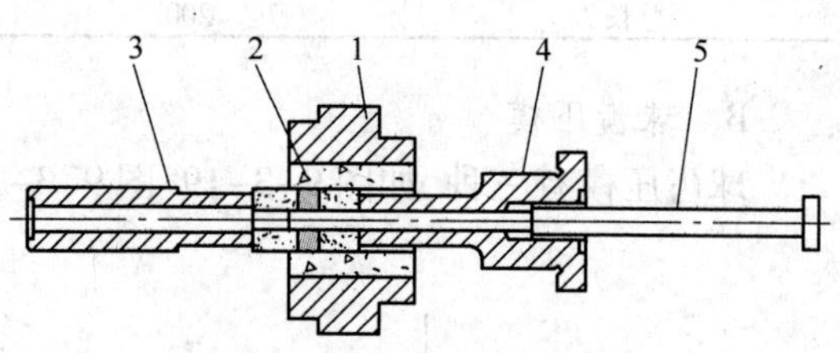

图 9-3-26　冷镦模压模

1—模套;2—阴模;3—模冲;4—顶出器;5—芯棒

G　游动芯棒压模

游动芯棒压模有两种,如图 9-3-27 和图 9-3-28 所示。

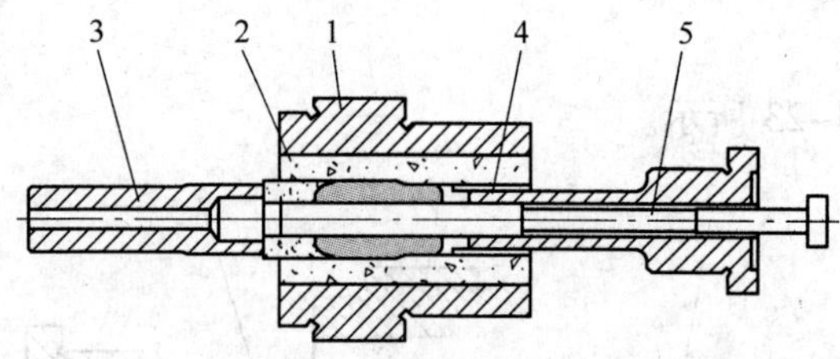

图 9-3-27　带孔游动芯棒压模

1—模套;2—阴模;3—模冲;4—顶出器;5—芯棒

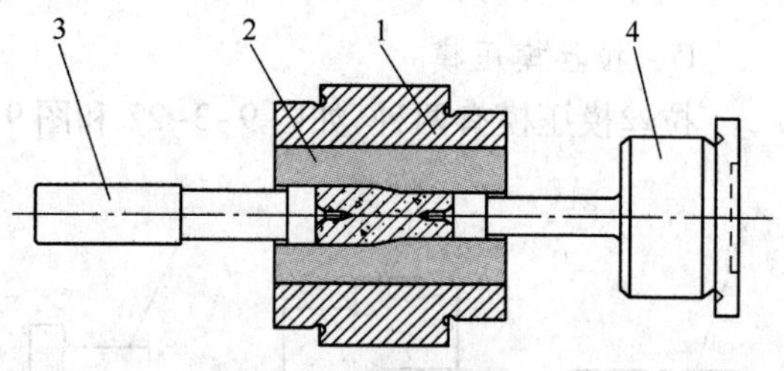

图 9-3-28　不带孔游动芯棒压模

1—模套;2—阴模;3—模冲;4—顶出器

H　截煤齿压模

截煤齿压模如图 9-3-29 所示。

I　挖路齿压模

挖路齿压模如图 9-3-30 所示。

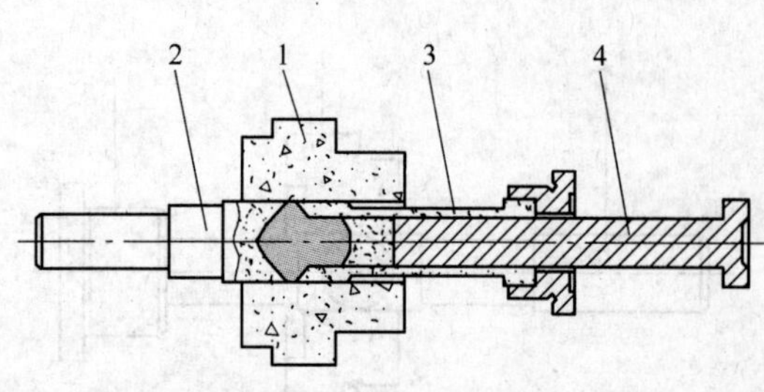

图 9-3-29　截煤齿压模

1—模体;2—上模冲;3—下一模冲;4—下二模冲

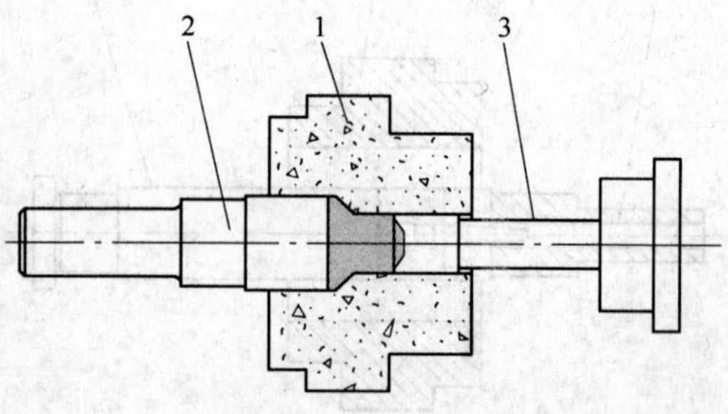

图 9-3-30　挖路齿压模

1—模体;2—模冲;3—顶出器

J　刀片类沉孔模

刀片类沉孔模有两种：一种是产品的后角面上有0.2～0.4 mm的直边，直边以下是后角面，如图9-3-31所示；另一种是产品只有后角面，无直边，如图9-3-32所示。

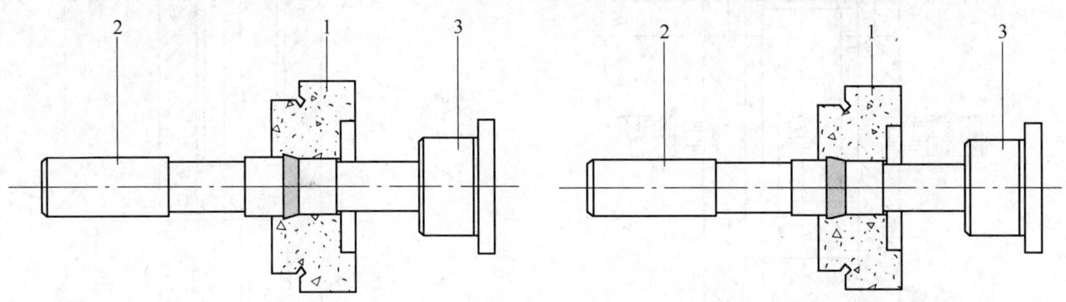

图9-3-31　带直台的刀片沉孔模
1—模体；2—模冲；3——顶出器

图9-3-32　不带直台的刀片沉孔模
1—模体；2—模冲；3—顶出器

K　双孔压模

双孔压模有两种：一种模冲和顶出器是整体式的，如图9-3-33所示；另一种模冲和顶出器是组合式的，如图9-3-34所示。

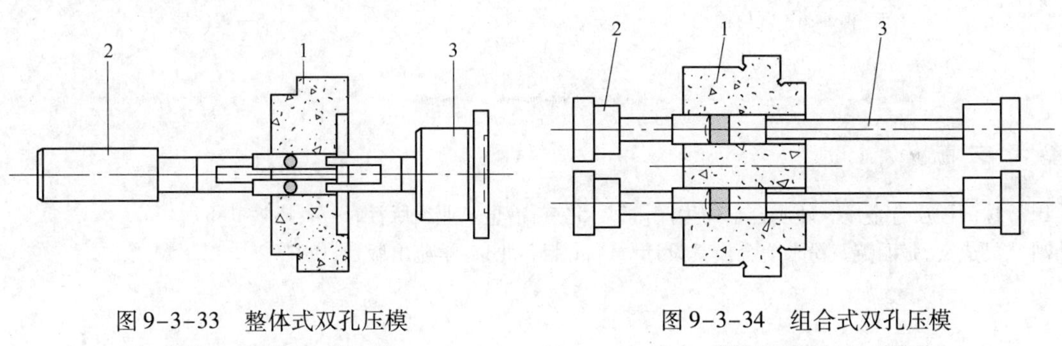

图9-3-33　整体式双孔压模
1—模体；2—模冲；3—顶出器

图9-3-34　组合式双孔压模
1—模体；2—模冲；3—顶出器

3.5.4.2　手动加压压模

A　模具材料

限位器材料T10，淬火硬度HRC45～50；套筒材料9Mn2V，淬火硬度HRC54～60；底垫材料9Mn2V，淬火硬度HRC54～60或YG11硬质合金；模冲材料9Mn2V，淬火硬度HRC54～60；下模冲材料9Mn2V，淬火硬度HRC54～60或者YG25C硬质合金；四方块材料9Mn2V，淬火硬度HRC54～60；手柄材料45号钢，调质硬度HRC28～32。

B　六面顶压模

六面顶压模如图9-3-35所示。

C　车床顶尖压模

车床顶尖压模如图9-3-36所示。

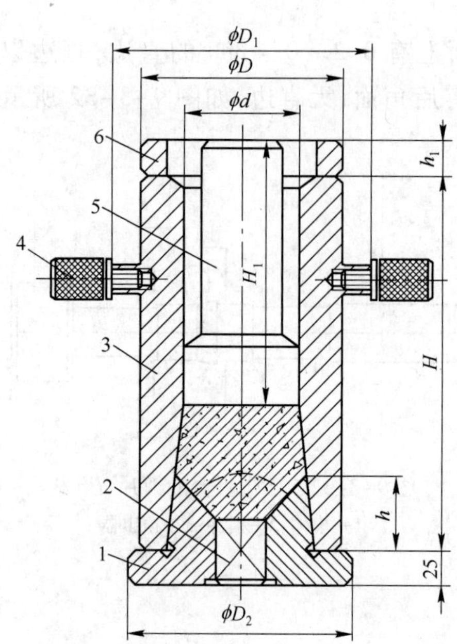

图 9-3-35　六面顶压模示意图

1—底垫;2—四方块;3—套筒;4—手柄;
5—模冲;6—限位器

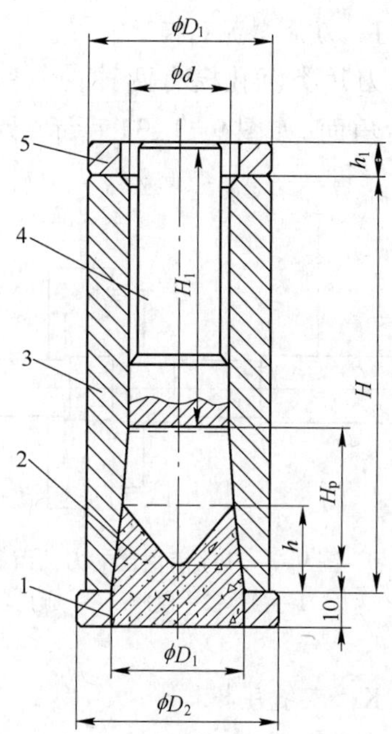

图 9-3-36　车床顶尖压模示意图

1—底垫;2—下模冲;3—套筒;4—模冲;
5—限位器

参考文献

[1]　株洲硬质合金厂. 硬质合金的生产[M]. 北京:冶金工业出版社,1974:184 ~ 188.

[2]　吴成义,张丽英. 粉末冶金模具设计[M]. 1 版. 北京:学苑出版社,1997.

编写:张荆门　李　勇　马邵宏　蒋飞岳(株洲硬质合金集团有限公司)

第4章　其他成形方法

4.1　挤压

4.1.1　概述

硬质合金挤压成形是将硬质合金原料粉末与一定量的挤压成形剂组成的混合物,经挤压模孔(挤压嘴)挤成所需形状和尺寸的坯件的生产过程。

硬质合金挤压成形主要适用于生产断面形状和尺寸不变而长度远大于横截面尺寸的产品,目前主要用于圆棒、管材、扁材、方棒以及其他型材的成形。

挤压成形的特点:

长度原则上不受限制,纵向密度比较均匀,生产过程连续性强,效率高,设备比较简单。一台挤压机只要更换模具,便可生产多种型材。

目前挤压产品主要应用于各类整体硬质合金工具:钻头、立铣刀、丝锥、铰刀、刮刀、旋转锉刀以及木工刀具、切断刀、量具、螺旋铣刀、模具等。随着微钻棒材钻径的减小和降低成本的需要,用于PCB工具的挤压棒材也在迅速增加。

硬质合金挤压工艺流程如图9-4-1所示。

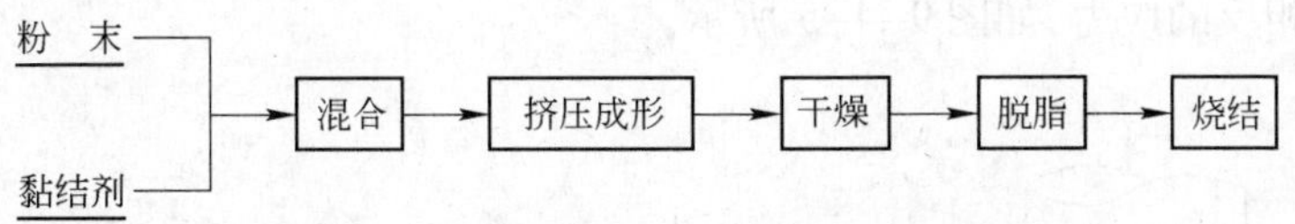

图9-4-1　硬质合金挤压生产工艺流程

4.1.2　基本原理[2]

挤压时混合料在外力作用下的应力状态如图9-4-2所示。作用的外力是冲头对混合料的正压力,以及模壁对混合料的侧压力,同时还有混合料与模壁、模冲与模壁间因相对移动而产生的摩擦力。因此,在挤压过程中混合料的变形是两向压缩和一向向外挤出的拉伸变形。

摩擦力阻止混合料的流动。混合料在挤压料筒内的流动情况如图9-4-3所示。在挤压过程中,V1区内的混合料向挤压嘴内流动,而V2区内的混合料则按图示流向流入V1区内;V3区内的混合料由于冲头的摩擦力作用,在挤压初期和中期不产生流动,只是在挤压后期流入V1区内。V1、V2、V3三个区的大小和形状均取决于混合料的塑性和模具的结构。

与普通模压时的情况一样,挤压过程中,靠近冲头的混合料受力最大,随着远离模冲而逐渐减小。在挤压料筒的径向上,愈靠近模壁混合料受向后的摩擦力愈大,愈接近中心受力愈小,所以挤压时中心部位的混合料要比外层的流动得快(称为超前现象),压坯中心的密度要比外层的小。

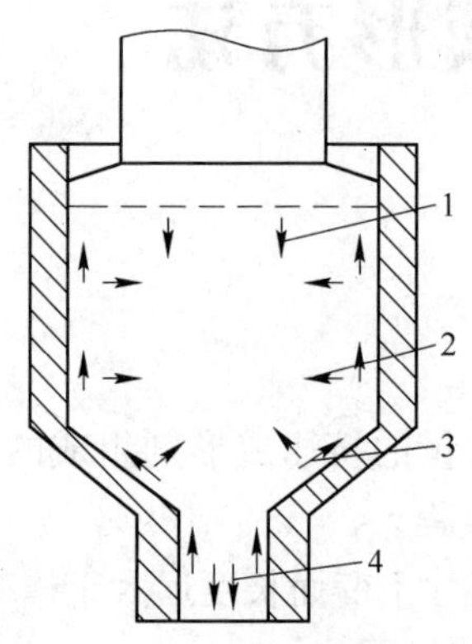

图 9-4-2　挤压时混合料的应力状态

1—轴向压应力;2—径向压应力;3—模壁摩擦力;4—拉应力

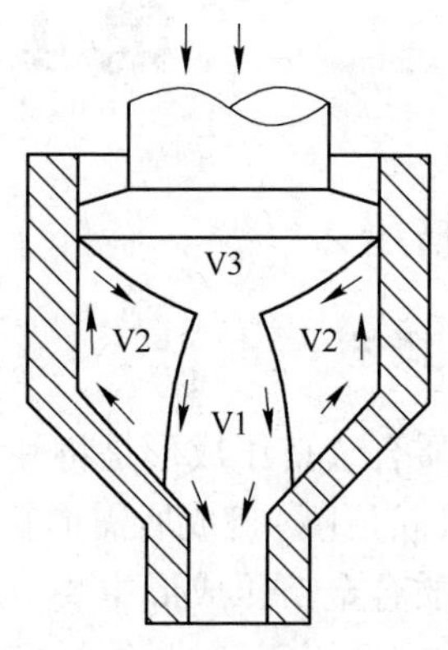

图 9-4-3　挤压时混合料的流动状态

在挤出速度较快时,由于挤压嘴壁的摩擦作用,超前现象更为严重,如图 9-4-4 所示。此时,流动快的中心部位的混合料便对流动慢的外层混合料产生一个作用力,力图加快外层混合料的流动速度;反过来,外层混合料也给中心部位的混合料以相反的力,力图减缓中心部位混合料的流动。这就使其中产生两个方向相反的作用力,这种力称附加内应力(若这种附加内应力仍存在于挤压好的毛坯中便形成了残留应力)。所以在毛坯的轴向上也就存在着两个方向相反的应力,如图 9-4-5 所示。

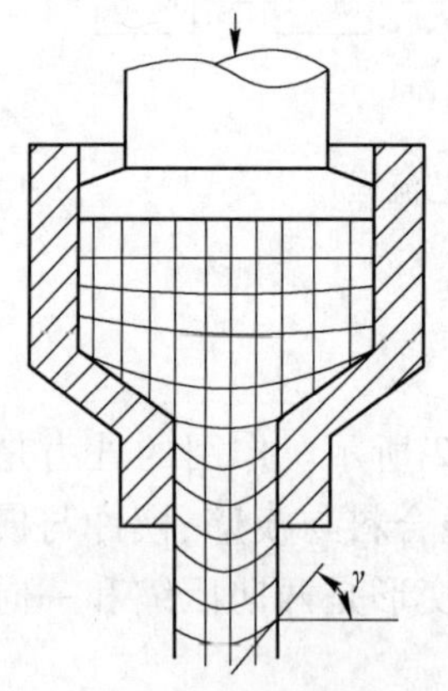

图 9-4-4　混合料在挤压嘴内的流动状态

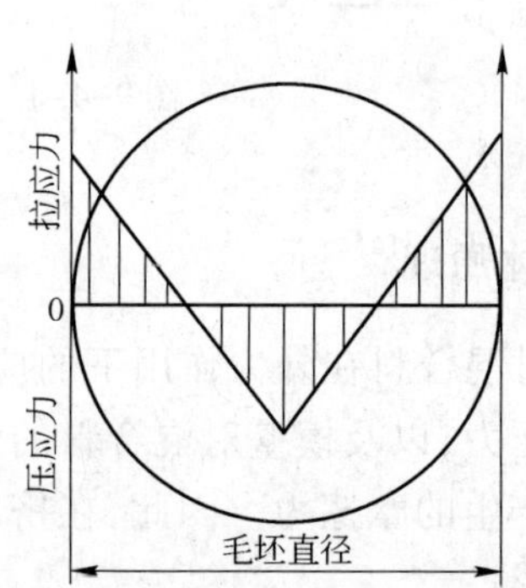

图 9-4-5　毛坯中的轴向附加应力

图 9-4-4 中的 γ 称做剪切角。超前现象愈严重,剪切角愈大,剪切应力愈大。

由于挤压毛坯中横向密度是不均匀的,所以在毛坯的轴向方向上,存在着两个互相平衡的作用力,外层受拉应力,中心部位则受压应力。当毛坯的强度不足时,外层的轴向拉应力往往导致毛坯的纵向裂纹。

附加内应力中的拉应力最有害处,它会助长裂纹的形成。因此,挤压后的毛坯通常要放置几天,以消除内应力。

4.1.3　挤压成形剂

成形剂赋予挤压料团所需的塑性和适当的坯料强度。

挤压成形剂是挤压工艺的关键要素。成形剂性能的好坏，对挤压生产的顺利进行和产品质量关系极大。

对成形剂的要求有：

(1) 能润湿粉末使粉末间具有一定的黏结力。采用分子量低的成分，或加入表面活性剂，均可显著降低成形剂对粉末的接触角，提高黏附性。但料团要达到一定的硬度和强度，则需要加入一定量的高分子物质。

(2) 它本身及其分解产物无腐蚀性，无毒或低毒。

(3) 成形剂各组分可溶于同一种溶剂。

(4) 可在低温(<600℃)下脱除，无残留物。

常用成形剂的种类。综合国内外文献，挤压成形剂目前主要有下列四类：

(1) 热塑性高分子化合物，如聚乙酸乙烯酯、聚乙烯醇、聚乙烯醇缩丁醛(PVB)、聚乙烯(PE)、聚丙烯(PP)、聚苯乙烯(PS)、聚甲醛(POM)等；

(2) 石蜡及其改性物等；

(3) 凝胶体系，如琼脂、黄原胶等；

(4) 水基体系，主要有甲基纤维素(MC)、羟丙基甲基纤维素(HPMC)、羧甲基纤维素(CMC)等。

4.1.4　挤压嘴

设计挤压嘴时要考虑三个要素，即定径带长度、锥角大小和表面粗糙度。挤压嘴一般采用硬质合金或高硬度工具钢制造。

4.1.4.1　定径带长度 L

定径带长短根据挤压嘴孔径 d 大小而定(图9-4-6)，一般取 $L=(4\sim6)d$。

4.1.4.2　锥角 α

当柱塞的轴向压应力 P 作用于挤压嘴的锥面上时可分解为两个应力，即垂直于锥面的应力 P_n 和平行于锥面的应力 P_t(图9-4-7)。应力 P_n 将混合料压缩，而应力 P_t 则克服锥面的摩擦力而将混合料推入定径带内。P_n 与 P_t 的分配取决于 α 角。在实际工作中，锥角 α 通常在45°~75°之间选取，一般认为60°比较适宜。但现在也有些公司在采用大吨位挤压机时，采用高达120°的锥角。

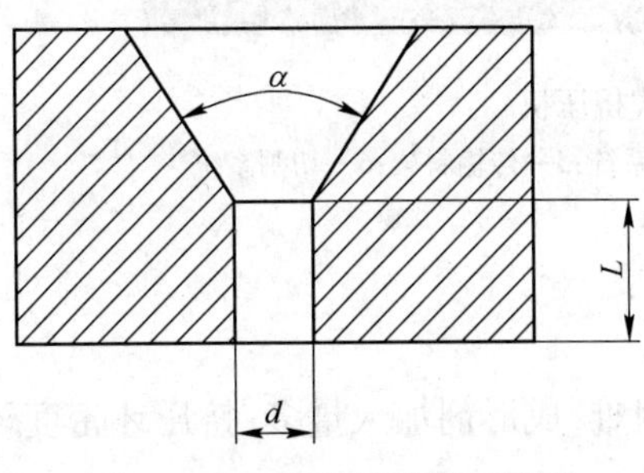

图9-4-6　定径带长度示意图

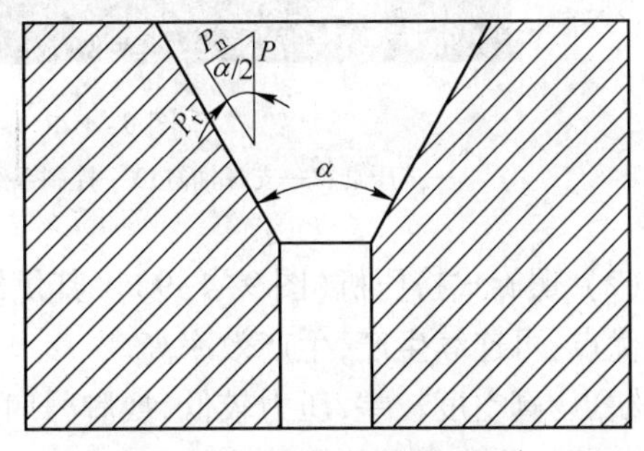

图9-4-7　锥角示意图

4.1.4.3　挤压嘴的表面粗糙度

挤压嘴的表面粗糙度主要影响挤压时的摩擦力，其值要求小于0.2μm。对于形状复杂的毛坯，表面粗糙度值更低。

4.1.5　挤压坯的干燥

挤压后的棒材需进行自然干燥和加热干燥。自然干燥的主要目的是部分去除溶剂及松弛内应力。加热干燥一般在电热干燥柜中进行，也有在真空条件下干燥的。加热干燥的目的是除去溶剂或使某些种类的成形剂固化。干燥时间长短与棒材直径有关。棒材直径越大，干燥时间越长。干燥过程注意升温不能过快，时间不能太短，抽风阀不能开得太大。对大棒材尤其如此，否则由于溶剂挥发过快易产生裂纹。

在成形剂的溶剂为有机溶剂的情况下，干燥过程中要注意防爆，尤其在加热干燥过程中，干燥柜应有防爆设施。

4.1.6　挤压机

按挤压方式分类有：

(1) 柱塞式挤压机。其优缺点如下：

优点：真空好，压力高，易清理，挤压坯密度高，成形剂加量少。

缺点：不能连续生产。

目前，绝大多数棒材生产厂家均采用柱塞式挤压，如图9-4-8所示。

图9-4-8　一种柱塞式挤压机

1—挤压缸；2—支撑油缸；3—控制系统；4—液压系统；5—传输料架；6—切割系统

(2) 螺旋式挤压机(图9-4-9)。其优缺点如下：

优点：可连续生产，生产效率高。

缺点：真空度较差，压力较低，换牌号时清理较困难，成形剂加入量多，挤压坯密度较低。

欧洲一些公司采用螺旋式挤压机。

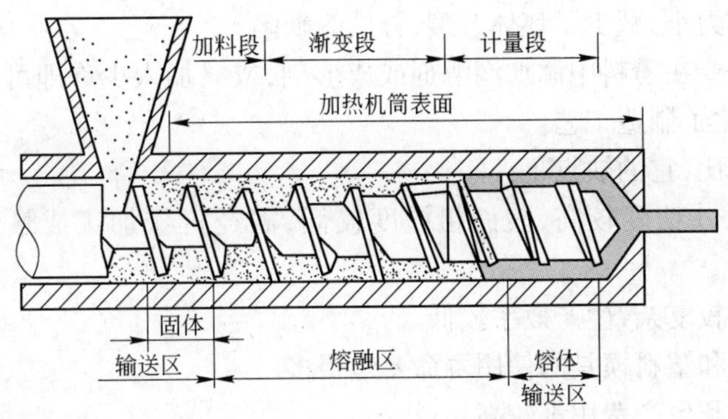

图 9-4-9　螺旋式挤压机示意图

按挤压时料筒及挤压嘴是否加热分类有：

（1）冷挤。挤压时料筒及挤压嘴不加热。主要适用于挤压时不需加热的成形剂体系，如水基成形剂类。

（2）热挤。挤压时料筒及挤压嘴需加热。主要适用于挤压时需加热提高塑性的成形剂体系，如蜡基成形剂类。

随着光电控制技术、微处理机技术等先进技术在挤压机上的广泛应用，挤压机的自动化程度和生产效率日益提高。如采用多孔模技术，德国一家公司在挤压小棒材时，一次可挤压 9 根。采用空气垫技术，使小直径高精度螺旋孔棒的挤压成为可能。采用双倾斜技术（料筒和柱塞可分别倾斜），使加料操作更加方便。

挤压机的国外制造厂家主要有：瑞士莫尔机械公司、美国 Mohrtek 公司、日本株式会社石川时铁工所、德国瓦格纳公司等。

国内厂家主要有：湘潭新大粉末冶金设备公司、厦门奇杰公司等。

4.2　冷等静压

4.2.1　特点[3~6]

冷等静压是利用高压液体的静压力使粉末料各个方向同时均衡受压的一种方法。为此，弹性模具是必需的。通常传递压力的介质是油或水溶液，因而也称水静压或液静压。冷等静压技术广泛用来制作尺寸大、形状复杂、性能要求高的硬质合金轧辊，人造金刚石用顶锤，硬质合金刀具等。还广泛用来成形高径比大的其他粉体材料。

根据所采用的成形模具的不同，冷等静压可分为湿袋式（或称“自由模”式）和干袋式（或称“固定模”式）两种。湿袋式是将粉料装入成形模具内，密封后置于高压容器的液体介质中进行压制。而干袋式是将成形模具固定在高压容器内，将粉料装入模具中进行压制。

与普通模压成形相比，冷等静压成形工艺的基本优点是坯体密度分布较均匀。由此派生出一系列的其他优点，如：

（1）坯体密度较高，一般要比单向和双向模压成形高 5% ~15%。

（2）能够制作长径比很大，或尺寸较大，或形状复杂的坯体。

（3）坯体强度高，可以直接进行搬运和机械加工。

(4) 坯体内应力小,减少了坯体开裂、分层等缺陷。

(5) 一般不需要在粉料中添加润滑剂或成形剂,或只加入少许即可。这样既减少了对制品的污染,又简化了制造工艺。

与普通模压相比,它的缺点是:

(1) 压坯的尺寸精度较高,表面粗糙度较低,需经机械加工成最终形状,粉末收得率低。

(2) 工艺过程较复杂,生产效率较低。

(3) 所用橡胶和塑料模具的使用寿命要短得多。

(4) 设备投资和生产费用都较高。

4.2.2 软模制备

所谓软模,通常是指由弹性材料(如橡胶、塑料)制成的塑性包套、塑性端塞和模垫。这种软模在冷等静压成形过程中,既起模具作用,又是将液静压力传递给粉体的介质[3]。

软模的制作一般分以下三个步骤:

(1) 首先确定待压物料冷等静压成形的基本数据。利用现成的或易得的小型包套模具进行冷等静压成形的小型试验,以确定待压物料在拟定的装料方式下所达到的充填密度、成形时的压缩比、压力与压坯的密度及强度等性能的关系,以及压坯烧结后所达到的收缩比和性能。

(2) 确定软模的基本尺寸。根据第一步所得的试验数据,再加上成形后各工序所留的加工余量及尺寸公差等,就可以进行软模的形位尺寸为 1∶1 的试验性设计。通过实测结果,再进行校核设计。通过一次或多次的反复校核设计,直到成形的压坯在形状、尺寸、压坯性能等方面均达到要求为止。

(3) 进行生产用模具的设计和制作。这一步是在第二步的基础上进行的,内容包括:

1) 选择合适的软模材料;

根据冷等静压成形工艺的特点,塑性包套材料应该具备以下特点:

① 与压力介质和被压物料具有稳定的化学相容性;

② 耐磨性能好;

③ 抗撕裂强度高;

④ 弹性好,具有适宜的泊松系数;

⑤ 容易制备。

选择包套材料时,包套制作的难度、制作成本及使用寿命也应该作为重要的因素来考虑。有关包套的制作、成本和使用寿命的对比见表 9-4-1 ~ 表 9-4-3。

表 9-4-1　包套制作难易程度的比较

工艺方法名称	所需设备的复杂性增加趋势
浸渍法	
浇注法	↓
模压法	

表 9-4-2　包套制作成本的比较

成本分类	所用材料或工艺方法	成本增加趋势
材料成本	聚氯乙烯	↓
	天然橡胶	
	氯丁橡胶	
	聚氨酯	
模具成本	浸渍法	↓
	浇注法	
	模压法	
辅助设备成本	浸渍法	↓
	浇注法	
	模压法	

表 9-4-3　包套使用寿命的比较

包套所用材料	寿命下降趋势
聚氨酯	↓
氯丁橡胶	
天然橡胶	
天然橡胶(乳胶)	
聚氯乙烯	

目前常用的弹性材料主要有天然橡胶(乳胶)、合成橡胶(氯丁橡胶、硅橡胶)、聚氯乙烯(PVC)和聚氨酯。其中,天然橡胶(乳胶)和氯丁橡胶材料一般多用于制作湿袋法等静压工艺用的包套模具,而聚氨酯和聚氯乙烯则主要用于制备干袋法等静压工艺的包套模具[3]。

2）根据第二步确定的尺寸进行金属阳模或阴模芯的设计、制作。

3）软模制作。热塑性软性树脂是目前制作模具的主要材料。对软模软硬程度的要求可通过调节增塑剂的成分及含量来确定。国内目前通用的配方见表 9-4-4。

表 9-4-4　塑料包套原料配方

原料名称	份数(质量)	作　用
聚氯乙烯树脂	100	基体
苯二甲酸二辛酯	100	增塑剂
三盐基硫酸铅	3～5	稳定剂
硬脂酸	0.3	润滑剂

软模制作的工艺程序如下:先将三盐基硫酸铅、硬脂酸、聚氯乙烯树脂等粉末混合均匀,然后将混合料倒入苯二甲酸二辛酯(苯二甲酸二丁酯)的溶液中搅拌成料浆,再将金属阳模或阴模置于电烘箱中预热至 140～170℃。根据阳模或阴模的尺寸来确定预热时间,一般小型模具的预热时间为 3～5 min,大件的预热恒温时间可扩大到 20～30 min。然后,把料浆倒入阴模芯中或阳模浸入料浆中进行搪塑或浸渍至所需要的厚度。若塑料层太薄,可把金属模再放入电烘箱中加热至 160℃,进行第二次浸渍。随后,将黏附了料浆的金属模芯放入电烘箱中在 160～180℃温度下保温 1～1.5h 进行塑化处理,塑化完成后取出放入冷水中冷却或自然冷却,最后将塑料模从金属模上剥下来供使用[4]。

4.2.3　模芯

采用冷等静压技术成形压坯内孔时，必须借助于刚性模件——模芯。等静压用模芯一般由金属材料制成，并应满足如下要求：

(1) 材料应有足够的强度，硬度和刚性。

(2) 长径比大的模芯，其上下要有一定的锥度，一般为 1°～2°。

(3) 模芯表面要有较好的粗糙度。

(4) 应尽量采用实心模芯（见图 9-4-10）。压制大型中空压坯时，为了操作（模具的搬运、装卸和脱模等）简便，一般采用带中心孔的模芯。设计时要注意到保证压制过程中液体介质能进入模芯的中心孔。

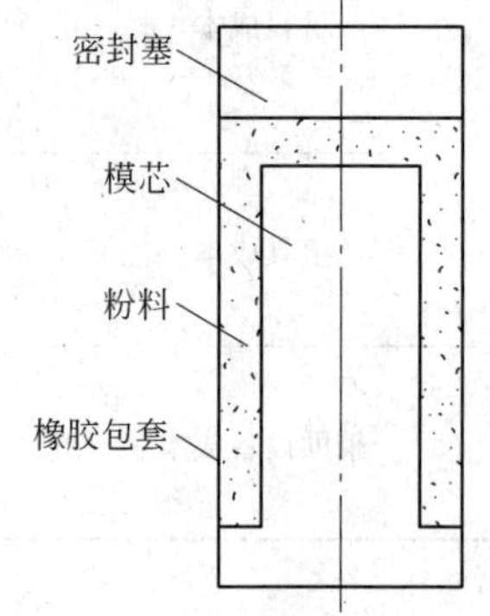

图 9-4-10　模芯示意图

4.2.4　成形剂

硬质合金使用有机成形剂。其基本要求见本篇 2.2.2 节。常用的有：聚乙烯醇（PVA）、羧甲基纤维素（CMC）、聚乙烯二醇（PEG）、聚乙烯醇缩丁醛（PVB）等。

4.2.5　压坯形状和尺寸的控制

通过正确的模具设计，选择合适的工艺条件和正确的操作方法，可以使冷等静压压坯的尺寸公差达到最小的范围。

湿袋式工艺所得压坯的形状，尺寸一般不易控制。多数压坯都留有一定的加工余量，经机加工才能达到所要求的形状和尺寸。

以成形小型压坯而著称的干袋式工艺，由于只有径向压缩作用，所以其尺寸比较容易控制在较小的公差范围内。

冷等静压压坯的表面粗糙度，主要受粉末团粒的粗细、硬度以及模具表面粗糙度和硬度的控制。压坯表面粗糙度与成形压力的大小并无明显关系。

4.2.6　冷等静压机

冷等静压机主要由高压缸、高压发生装置和辅助设备组成（见图 9-4-11）[3]。

湿袋法冷等静压的应用更为广泛。模具在压机外进行组装和填充粉末，抽真空并密封后放入高压缸中，直接与液体介质接触。成形后，将模具从高压缸内取出，进行脱模等工艺操作。由于这种成形模具直接与压力介质接触，而又不是被固定在高压缸内，故又称湿袋模或自由模。

干袋法冷等静压机是将高压工作缸体分成上下两个部分，在两个缸口上分别装上半个厚壁弹性模具。工作时，上、下两个高压缸闭合，上下模合拢，粉料从加料口加入，封闭加料口后，即可升压。经保压、泄压、开启高压缸，压坯会自动滑到料槽中。它是利用厚壁弹性材料作压力传递介质，施力于压坯。干袋式冷等静压机省略了装模、脱模等工序，因而提高了生产效率。它在成形纺锤形、柱形、环形、浅盘形等小型压坯方面，有独到之处，一次可压出 5～10 个坯体。

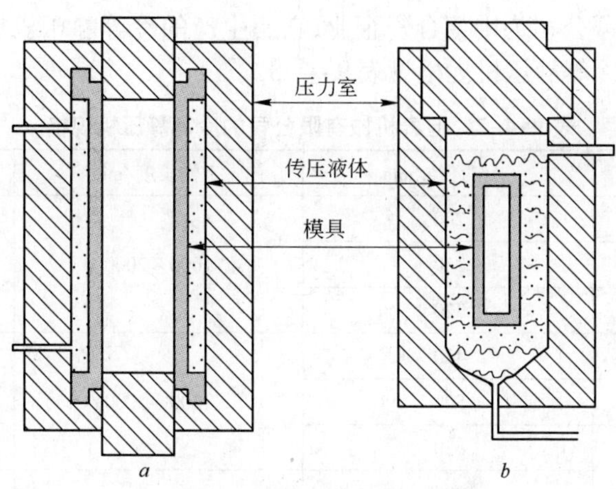

图9-4-11　冷等静压机示意图

a—干袋压制；*b*—湿袋压制

山西金开源实业有限公司生产的等静压机有 KJYs 和 KJYc 两个系列，其技术性能见表9-4-5 和表9-4-6。

表9-4-5　KJYs 系列冷等静压机的技术性能

项　目	KJYs 系列					
	100－300	150－300	200－300	250－350	300－400	400－500
高压腔直径/mm	100	150	200	250	300	400
高压腔深度/mm	300	300	300	350	400	500
空载增压时间/s	30	40	50	55	60	300
装机功率/kW	7.5	7.5	12.5	12.5	15	25
增压方式	一次加压	一次加压	一次加压	一次加压	一次加压	多次加压或连续加压
其他参数	最大工作静压：200 MPa 或 300 MPa 增压：增压速度可按用户要求订制 保压：保压时间任意设定，自动压力修正 卸荷：可分段卸荷，卸荷速度连续可调 控制系统：液晶图形界面，实时工况显示，多组工艺参数，自动循环					

表9-4-6　KJYc 系列冷等静压机的技术性能

项　目	KJYc 系列					
	200－1000	300－1000	400－1000	450－1000	500－1500	550－1500
高压腔直径/mm	200	300	400	450	500	550
高压腔深度/mm	1000	1000	1000	1000	1500	1500
空载增压时间/s	200	200	300	360	480	600
装机功率/kW	15	25	30	40	40	40
增压方式	一次加压	多次加压或连续加压	多次加压或连续加压	多次加压或连续加压	多次加压或连续加压	多次加压或连续加压
其他参数	最大工作静压：200 MPa，250 MPa，300 MPa 增压：增压速度可按用户要求订制 保压：保压时间任意设定，自动压力修正 卸荷：可分段卸荷，卸荷速度连续可调 控制系统：液晶图形界面，实时工况显示，多组工艺参数，自动循环					

德阳迪泰机械有限公司为中德合资企业，它所生产的冷等静压机规格见表 9-4-7。瑞典 ASEA 公司生产的冷等静压机规格见表 9-4-8。

表 9-4-7　迪泰机械有限公司的冷等静压机规格

<table>
<tr><th>型　号</th><th>工作缸径/mm</th><th>工作长度/mm</th><th>工作压力/MPa</th></tr>
<tr><td>CIP 200</td><td>200</td><td rowspan="3">1000～2000</td><td rowspan="3">200～500</td></tr>
<tr><td>CIP 250</td><td>250</td></tr>
<tr><td>CIP 320</td><td>320</td></tr>
<tr><td>CIP 420</td><td>420</td><td rowspan="3">1500～5000</td><td rowspan="3">160～400</td></tr>
<tr><td>CIP 500</td><td>500</td></tr>
<tr><td>CIP 630</td><td>630</td></tr>
<tr><td>CIP 800</td><td>800</td><td rowspan="3">2000～5000</td><td rowspan="6">160～300</td></tr>
<tr><td>CIP 830</td><td>830</td></tr>
<tr><td>CIP 1000</td><td>1000</td></tr>
<tr><td>CIP 1250</td><td>1250</td><td rowspan="2">2500～5000</td></tr>
<tr><td>CIP 1600</td><td>1600</td></tr>
<tr><td>CIP 2000</td><td>2000</td><td>3000～5000</td></tr>
</table>

表 9-4-8　瑞典 ASEA 公司生产的冷等静压机规格

缸体内径/mm	冷等静压机最高工作压力/MPa						
	160	200	250	315	400	500	630
355						QIC50	QIC63
400					QIC50	QIC63	QIC80
450				QIC50	QIC63	QIC80	QIC100
500			QIC50	QIC63	QIC80	QIC100	
560		QIC50	QIC63	QIC80	QIC100	QIC125	
630	QIC50	QIC63	QIC80	QIC100	QIC125	QIC160	
710	QIC63	QIC80	QIC100	QIC125	QIC160		
800	QIC80	QIC100	QIC125	QIC160	QIC200		
900	QIC100	QIC125	QIC160	QIC200			
1000	QIC125	QIC160	QIC200	QIC250			
1120	QIC160	QIC200	QIC250				
1250	QIC200	QIC250					
1400	QIC250						

注：表中 QIC100 等为冷等静压机型号，其中 QIC 代表冷等静压机，100 代表框架承受的总轴向力为 100 MN。

4.3　注射成形

4.3.1　概述

将注射料加热后注入，而不是倒入模腔，使其成为具有最终产品形状的压坯的过程，谓之注射成形。

注射成形是从塑料注射成形工艺引入并发展起来的一种成形技术[7]。其特点是可直接制成用其他成形方法不能或难以生产的各种复杂形状的压坯,材料利用率较高,生产成本较低。其工艺流程如图 9-4-12 所示。

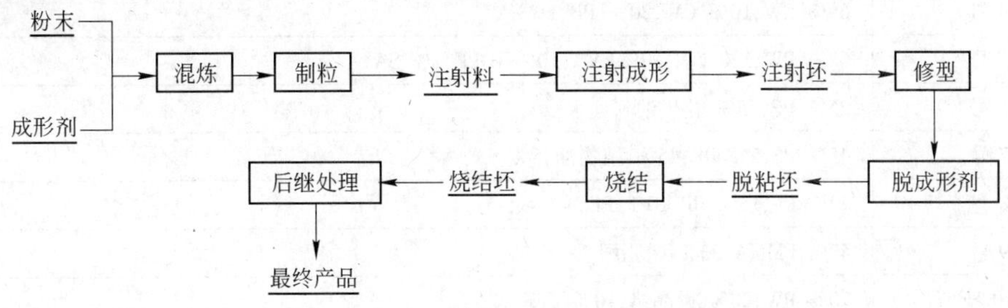

图 9-4-12　粉末注射成形工艺流程

4.3.2　成形剂

成形剂是注射成形的核心技术。根据主要组元的性质可以把成形剂分成热塑性体系、热固性体系、凝胶体系和水溶性体系。热塑性体系几乎可以用于任何种类的粉末。其优点是:流动性好,固体填充量高;混合时间短;工艺成熟而易于控制;其注射料可重复使用[7]。

成形剂的两个基本功能是增强粉末流动性和赋予压坯适当的强度。对成形剂的基本要求如下[7,8]:

(1) 注射成形时黏度低,一般小于 10 Pa · s。

(2) 与粉末润湿性好,且不发生化学反应。

(3) 易于脱除,无有害残留物。

(4) 安全,无污染。

某些成形剂的基本物理性能见表 9-4-9[8]。

表 9-4-9　某些成形剂的基本物理性能

材　　料	η_0/Pa · s	E/kJ · mol^{-1}	T_0/K	熔点/℃
石蜡	0.009	4.4	373	60
巴西棕榈蜡	0.021	12.3	383	84
聚乙烯蜡	0.81	19.0	383	>100
聚乙烯	420	33.0	503	140 ~ 200
硬脂酸	0.007	—	383	74

粉末注射成形常用的蜡基成形剂与硬质合金粉末之间的润湿性差,因此,有必要向体系中添加适量的表面活性剂,以降低黏结剂 - 粉末界面间的表面张力[7]。注射成形可用的表面活性剂如下[8]:聚丙烯酸铵,邻苯二甲酸二丁酯,鱼油,亚麻油,硬脂酸锂,甘油酸酯,烯烃磺酸盐,硬脂酸,硬脂酸锌。在硬质合金混合料注射成形中,常选用硬脂酸作为表面活性剂。粉末注射成形常用的成形剂配方见表 9-4-10[8]。

表 9-4-10　常用的成形剂配方

1号	69% PW,20% PP,10% CW,1% SA
2号	69% PW,10% CW,20% EVA,1% SA
3号	69% PW,20% PE,10% CW,1% SA
4号	69% PW,10% CW,20% PB,1% SA
5号	68% PW,1% CW,10% EVA,10% HDPE,1% SA
6号	25% PP,75% 花生油
7号	45% PS,5% PE,45% 植物油,5% SA
8号	72% PS,15% PP,10% PE,3% SA
9号	47% PMMA,53% 磷脂酸
10号	70% PW,20% 微晶蜡,10% 丁酮

注:PS:聚苯乙烯;PW:石蜡;PP:聚丙烯;CW:巴西棕榈蜡;SA:硬脂酸;PE:聚乙烯;EVA:乙烯－乙酸乙烯共聚物;HDPE:高密度聚乙烯;PMMA:聚甲基丙烯酸甲酯;PB:聚丁烯。

4.3.3　注射料的混炼

掺有成形剂并经鉴定合格的混合料称为注射料。

混炼是将金属粉末与成形剂混合以得到注射料的过程。

注射料混炼常用的两种方法是:将粉末和成形剂预先干混后放入混料机中加热;或是将成形剂在混料机中加热,然后将粉末加入到熔化的成形剂中。后一种混炼方法更常用。首先将高熔点的成形剂组元加入到混炼设备中,加热使其熔化,然后加入低熔点组元,最后分批加入粉末[8,9]。先加低熔点组元,再加高熔点组元效果会更好。还有一种方法是在高熔点组元加入后,先加粉末再加低熔点组元。

混炼的目的是使粉末颗粒被成形剂均匀包裹,以提高注射料的流动性,从而获得各向同性的坯块密度和强度[8,9]。

关于注射料混炼效果的评估可以参考文献[9]。

4.3.4　注射成形模具

4.3.4.1　注射成形模具的结构[8]

注射成形模具的结构与所成形的制品及所用注射机的形式密切相关。就是成形同一制品,由于制品在模具内的相对位置不同,也会使模具结构有较大的差异,但注射成形模具的基本组成是类似的(图 9-4-13)。

根据它们的功能,可以分为如下七部分:

(1) 型腔、型芯部分。注射成形模具均设有型腔(又称凹模)和型芯(又称凸模)部分。而且,一般将型腔部件设置在定模一方,型芯部件设置在动模一方。

(2) 浇注系统。浇注系统是注射机射出的熔体流往模腔的通道。其主要作用为:其一,在注射、保压过程中输送熔体和传递压力。其二,贮存熔体前锋冷料。浇注系统一般由主流道、分流道、浇口和冷料四部分组成。

(3) 顶出系统(又称脱模机构)。有的在开模过程中顶出制品,有的在开模后顶出制品,这与所用的注射机和模具上设置的顶出系统类型有关。

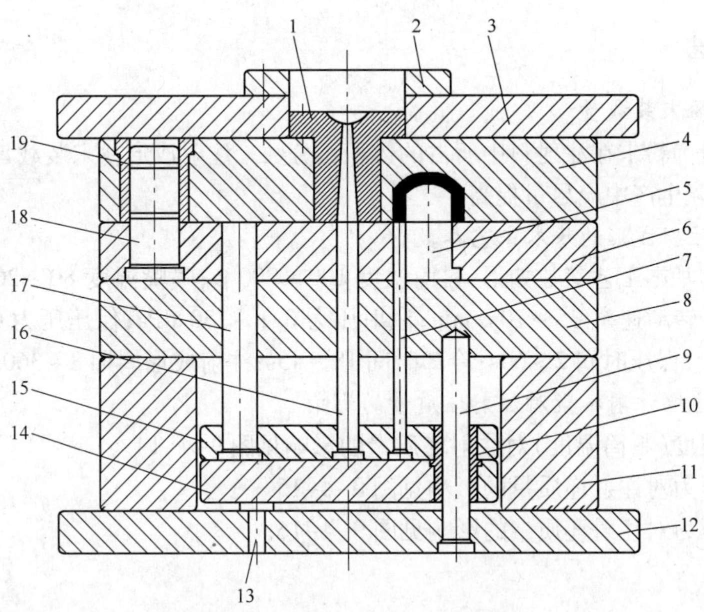

图 9-4-13　典型注射成形模具图

1—定位圈；2—导柱；3—定位模板；4—导套；5—动模型板；6—垫板；7—支承块；8—复位杆；9—动模固定板；10—顶杆固定板；11—顶杆垫板；12—顶杆导柱；13—顶板导套；14—支承钉；15—螺钉；16—定位销；17—顶杆；18—浇口拉料杆；19—凸模（模芯）

（4）动、定模导向定位系统。为确保每次运动的准确性，模具上均设有导向和定位机构。有的模具导向和定位共用一个机构，有的模具采用导柱、导套导向，斜面定位机构等。

（5）侧抽芯系统。对于具有侧孔、侧凹制品的注射成形，模具上设置侧抽芯系统。常用的侧抽芯有人工抽芯、机械抽芯、液压抽芯和气动抽芯等。

（6）模具温度调节系统。模具加热常采用电热元件实现。模具冷却是在模具上合适地方开设冷却孔，冷却介质一般为普通水。需强力冷却时，则用冷冻水。

（7）模具安装系统。模具安装部件有两个作用，一是可靠地将模具安装在注射机的固定模板和移动模板上；二是利用安装部件调节模具厚度，使模具能适合所用注射机要求的厚度范围。

4.3.4.2　注射成形模具类型[9]

按照注射成形模具结构特征将模具分为如下六个类型：

（1）标准模具（二板式模具）：两半模，一个分型面，一个开模方向，靠重力脱模，顶出靠推杆和推管。

（2）推板模具：结构类似于标准模具，但有推板顶出。

（3）滑块模具：结构类似于标准模具，增设了斜导柱和滑块，以增加侧向运动。

（4）瓣合模具：结构类似于标准模具，但这种结构带有成形外侧凸凹或者外螺纹的块。

（5）脱螺纹模具：螺纹成形芯靠机械启动，旋转退出。

（6）三板式模具：两个分型面中间板由锁链或定距拉杆启动两级分型。

4.3.5　注射工艺

4.3.5.1　粉末装载量

粉末装载量为粉末在注射料中所占的体积百分数。注射成形粉末装载量一般在45% ~ 60%之间,在实际生产中应尽量提高。

4.3.5.2　注射成形的基本工艺参数[8]

注射成形的基本工艺参数如下:料筒温度 100 ~ 200℃;喷嘴温度 80 ~ 200℃;模具温度 20 ~ 100℃;螺杆转动速率 35 ~ 70 r/min;注射压力 0.1 ~ 130 MPa;保压压力 0 ~ 130 MPa;充模时间 0.2 ~ 35s;保压时间 2 ~ 60s;冷却时间 18 ~ 45s;注射成形周期 8 ~ 360s。

4.3.5.3　主要注射参数对注射坯质量的影响

(1) 注射温度(料筒温度)对注射坯质量的影响见图 9-4-14。

(2) 注射压力对注射坯质量的影响见图 9-4-15。

(3) 保压压力对注射坯质量的影响见图 9-4-16。

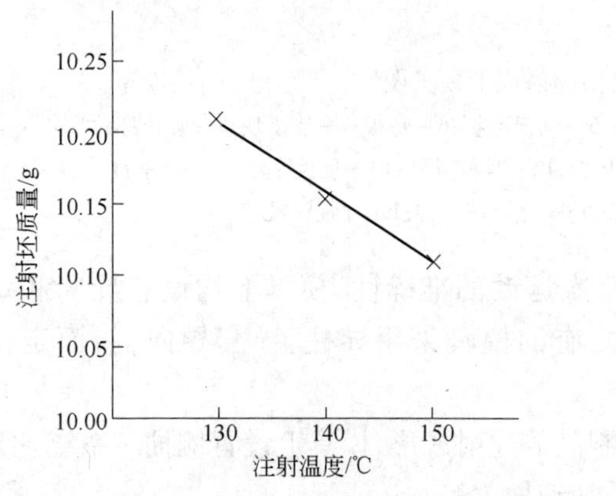

图 9-4-14　注射温度对注射坯质量的影响

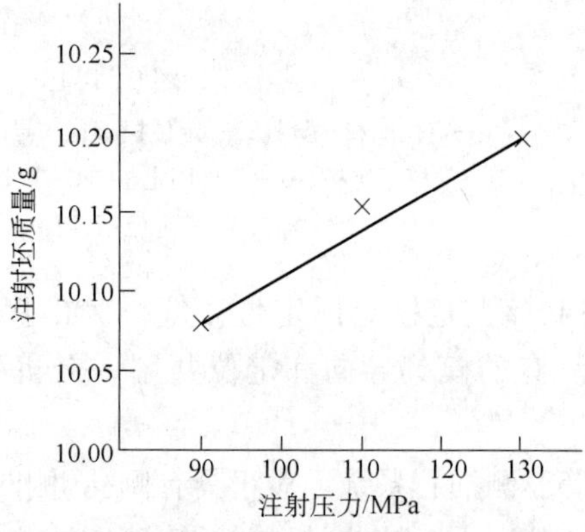

图 9-4-15　注射压力对注射坯质量的影响

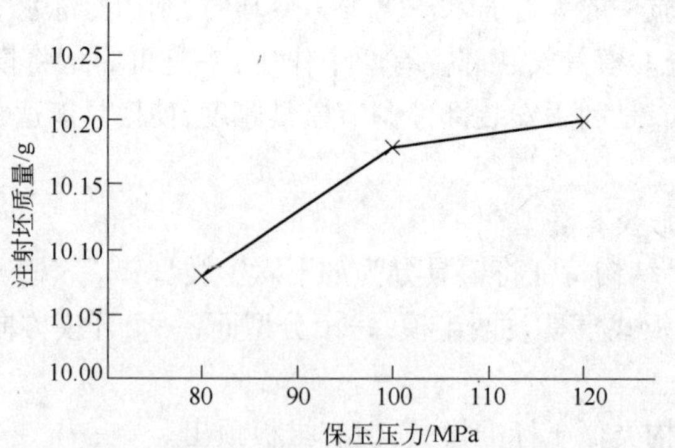

图 9-4-16　保压压力对注射坯质量的影响

4.3.6　注射设备

注射成形机的结构见图 9-4-17。

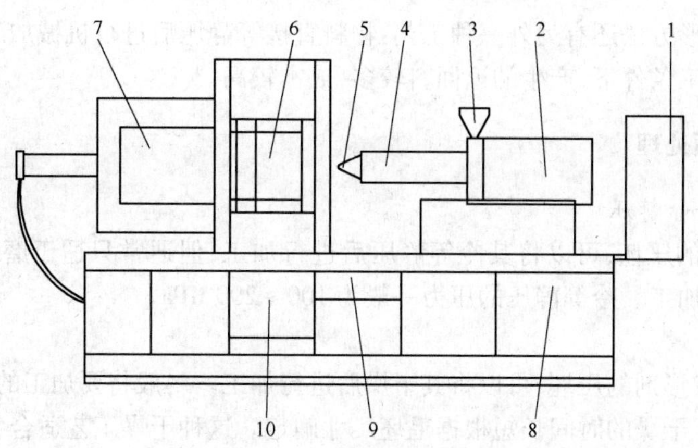

图9-4-17　卧式注射机结构图[9]

1—计算机控制系统;2—马达;3—储料筒;4—料筒;5—喷嘴;6—模具;
7—合模与脱模控制系统;8—液压系统;9—控制台;10—收集柜

4.3.6.1　注射成形机种类[9]

典型的注射成形机有柱塞式和螺杆式两种主要形式。柱塞式成形机由被称为鱼雷型的分流梭加内腔中加热的料筒和注射用的柱塞组成。螺杆式注射成形机最大的特点是用一个螺杆同时进行预塑化和注射。它具有计量性好,预塑化均一,成形速度快,注射压力损失小,制品品质稳定等优点。正是由于这些优点,螺杆式注射成形机在生产中获得了广泛应用。

4.3.6.2　注射成形机的基本构造[9]

注射成形机一般由注射元件、合模元件、液压元件和电子电气元件四大单元组成。除此之外,有储存供给注射料的料斗;有决定注射压力和注射速度的液压螺杆;还有位于加热螺杆的前端,将混合的原料注入模具的喷嘴。

4.4　机械加工成形

4.4.1　概述

由于形状复杂,普通模压法不能成形的制品,如各种直齿和螺纹齿铣刀、麻花钻、螺纹工具、成形车刀、复杂型腔的模体等异型制品,可以用机械加工成形。有时候,产品形状虽不复杂,但批量太小,或交货期太短,为降低生产成本,或缩短生产周期,往往也采用机械加工成形法。

机械加工成形的生产流程如图9-4-18所示。

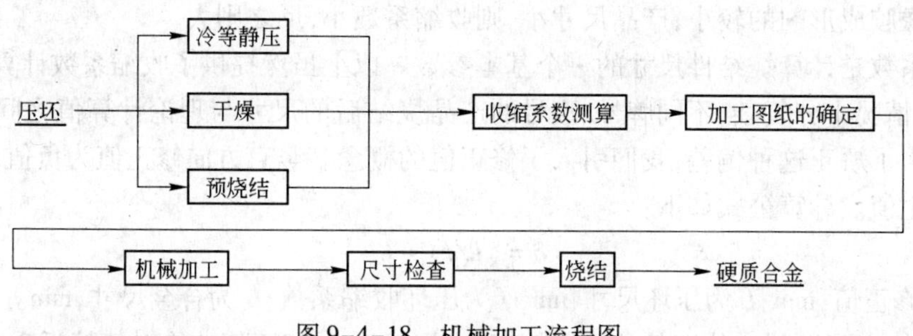

图9-4-18　机械加工流程图

机械加工成形方法还有另外一种工艺:物料直接等静压后进行机械加工,这种生产工艺在现有的设备加工条件下,产生的返回料较多,成本较高。

4.4.2　压坯的预处理

4.4.2.1　冷等静压

PEG 成形剂的压坯,可以将其冷等静压后进行加工,但通常只适于磨削、外圆车削、切片切削等简单的加工。冷等静压的压力一般为 100 ~ 200 MPa。

4.4.2.2　干燥

橡胶、石蜡成形剂的压坯,可以将其干燥后进行加工。一般将要加工的压坯放入干燥柜中干燥 2 ~ 7 天。干燥的时间长短根据毛坯尺寸确定。这种干燥工艺适合各种加工,但干燥时间长,导致生产周期长。

4.4.2.3　预烧结

预烧结是目前使用最多的一种。先将压坯脱胶,然后进行预烧结。冷等静压的橡胶毛坯脱胶后无需预烧结,可以直接进行加工。预烧结的温度一般为 600 ~ 800℃,一般高钴合金预烧结温度比低钴合金低。预烧结工艺适合各种成形剂压制的压坯,同时适合加工形状复杂的产品,但是该种方式对预烧结工艺控制提出了较高的要求。

压坯经过以上几种方式处理以后,强度有较大的提高,但加工时仍然要小心,轻夹轻放,防止夹裂和掉边掉角。

总之,加工用的压坯首先必须保证各部位收缩基本一致,也就是压坯的密度相对均匀,最后是压坯的实际尺寸和图纸要求的压坯尺寸基本接近,这样有利于节约物料,降低成本。

4.4.3　收缩系数的控制

收缩系数一般在 1.18 ~ 1.3 之间。过小的收缩系数,毛坯容易出现分层;过大的收缩系数说明压坯密度相对较差,不利于搬运,甚至在烧结过程不能完全致密化,使合金的孔隙度提高,降低合金的性能。

收缩系数的计算公式如下:

$$f^3 = v\rho/(m - m_c) \tag{9-4-1}$$

式中,f 为收缩系数;v 为压坯的体积,cm^3;ρ 为该牌号硬质合金的密度,g/cm^3;m 为压坯的重量,g;m_c为压坯成形剂重量,g。

收缩系数因粉末颗粒的大小、成形剂、产品尺寸而不同。同样压力压制同一尺寸的压坯时,压制细颗粒料收缩系数最大,中颗粒次之,粗颗粒最小;采用 PEG 成形剂的收缩较大,采用石蜡和橡胶成形剂的较小;产品尺寸小,则收缩系数小,反之则大。

收缩系数是计算烧结件尺寸的一个基本参数。以上虽然提供了收缩系数计算的理论公式,但实际情况十分复杂,不同牌号、型号的产品烧结后的尺寸与理论计算值之间存在不同的偏差。为了矫正这种偏差,我们引入了修正值的概念。竖直方向修正值为负值,水平方向修正值为正值。计算公式如下:

$$\delta = (L/f) - L_s \tag{9-4-2}$$

式中,δ 为修正值,mm;L 为压坯尺寸,mm;f 为压坯收缩系数;L_s为合金尺寸,mm。

随着钴含量的增加,修正值的绝对值变大,如 YG6 的修正值的绝对值接近零,而 YG20、

YG20C 的修正值则较大(烧结件尺寸为 200 mm 的产品,修正值可达 3 ~ 4 mm)。同样,随着产品尺寸的增大,修正值的绝对值将增大。

另外一种不以修正值来计算理论值与实际值之间的偏差的方法是水平方向与竖直方向分别计算收缩系数,如:压制 YG20(123 mm × 123 mm × 62.5 mm)压坯时,如果水平方向收缩系数为 1.23,那么竖直方向收缩系数为 1.25 左右,其烧结后的成品尺寸为 100 mm × 100 mm × 50 mm。

在收缩系数没有摸的太准的时候,通常要经过试烧产品来确定实际收缩系数,经过试烧,数据统计和分析,才可以用计算收缩系数的方法确定产品尺寸,特别是大尺寸和高钴产品。

4.4.4　工艺

硬质合金压坯机械加工方法是在模压成形的基础上发展起来的,其工艺为:

(1) 毛坯的压制。根据要求产品的尺寸,选择合适的模具。依据是:模具尺寸等于或略大于成品尺寸与收缩系数的乘积。模具选择好以后,确定毛坯的压制单重和压制高度,计算公式如式(9-4-3)、式(9-4-4):

$$m = v\rho/f^3 + m_c \tag{9-4-3}$$

式中,m 为毛坯的压制单重,g;m_c 为成形剂重量,g;v 为压坯的体积,cm^3;ρ 为合金的密度,g/cm^3;f 为压坯收缩系数。

$$H = hf + \delta \tag{9-4-4}$$

式中,H 为压坯高度,mm;h 为合金高度,mm;f 为收缩系数;δ 为修正值,mm。

根据单重和高度尺寸,选择合适的限位器,在合适的压力机上进行压制。

(2) 压坯预处理。根据所要求的产品尺寸、形状以及成形剂类型,选择合适的后续处理工艺(冷等静压、干燥或预烧结)。

(3) 加工前的准备。测算处理后的毛坯收缩系数,考虑修正值,确定压坯的加工尺寸,绘制加工图纸。

(4) 加工。根据绘制的加工图纸,对压坯进行各种机械加工,达到加工图纸的精度要求。

压坯机械加工用的机床可以分为通用的金属加工机床和硬质合金压坯机械加工专用机床,而后者随着制造业的飞速发展,机床种类越来越多,加工效率越来越高,加工精度也越来越高,操作越来越方便。

硬质合金压坯加工过程中粉尘较大,必须配备收尘系统,加工前必须开启收尘装置。

(5) 产品的半检。加工后的产品可能还存在毛刺等缺陷,要去毛刺;然后对加工的产品进行尺寸测量,看是否符合图纸要求。

如果某一型号为批量生产,应该加工一到两件产品进行试烧结后,再进行大批量生产。

4.4.5　刀具及磨轮

4.4.5.1　车刀

车刀为金刚石或立方氮化硼车刀,刀杆为 45 号钢,刀具前角一般可以设计为 0°,后角为 15° ~ 30°;因为半成品毛坯脆性大,外圆车刀刀尖一般带有 R2 ~ R5 的圆弧,以防车削过程中产生掉边掉角。一般情况下,金刚石和立方氮化硼车刀不要刃磨。如果刀具出现崩刃,只能报废。

4.4.5.2　钻头

加工硬质合金压坯用的钻头一般有电镀金刚石钻头、硬质合金钻头、焊接金刚石钻头。电镀金刚石钻头的优点是可以钻各种硬质合金压坯,缺点是钻削效率不高,钻头钻穿产品容易崩边。合金钻头可以对其进行刃磨,所以这种钻头比较锋利,钻削效率比较高,成本相对较低,但这种钻头容易磨损,经常要对其进行刃磨,所以加工精度不高,而且刃磨还需要很高的技术。焊接金刚石钻头加工精度高,效率高,适合批量钻削,但是这种钻头制造成本高。

4.4.5.3　砂轮

硬质合金压坯加工用的砂轮可以分为切片和平磨砂轮两种。

切片一般用作下料,如将一块大产品分割成几块小产品。切片又可以分成两种,金刚石树脂切片和电镀金刚石切片。金刚石树脂切片的优点是耐磨,但金刚石树脂切片在加工产品时,如果用力太大,切片容易产生裂纹。电镀金刚石切片的优点是安全可靠,但是切片不耐磨。

平磨砂轮绝大多数为金刚石树脂砂轮,用来修磨压坯平面尺寸。

不管是切片还是平磨砂轮,其粒度一般在 60 ~ 120 目之间,具体要根据硬质合金半成品压坯的黏刀性选择。

参考文献

[1]　王晓瑾. 影响硬质合金棒材质量的因素分析[J]. 江西冶金,2006,26(6):13 ~ 15.

[2]　株洲硬质合金厂. 硬质合金的生产[M]. 北京:冶金工业出版社,1974.

[3]　马福康. 等静压技术[M]. 北京:冶金工业出版社,1992.

[4]　黄培云. 粉末冶金原理[M]. 北京:冶金工业出版社,1997.

[5]　范尚武. 反应烧结氮化硅冷等静压成型工艺优化[D]. 西安:西北工业大学,2005.

[6]　江崇经. 冷等静压技术的应用[J]. 电瓷避雷针,1994,4:13 ~ 16.

[7]　祝宝军. 硬质合金注射成形工艺研究[D]. 长沙:中南大学,2002.

[8]　李益民,李云平. 金属注射成形原理与应用[M]. 长沙:中南大学出版社,2004.

[9]　陈振华. 现代粉末冶金技术[M]. 北京:化学工业出版社,2007.

编写:熊剑飞　张外平　刘新宇　胡湘辉(株洲硬质合金集团有限公司)

第 5 章　烧结理论基础

5.1　概述

烧结是一种特殊的热处理工艺。其目的是使多孔性的粉末压坯变为具有一定结构和性能的合金。烧结是硬质合金生产过程中的最后一道主要工序。合金的结构和性能固然取决于烧结之前的许多工艺因素,但在某些条件下,烧结工艺对其有着重大的,甚至是决定性的影响。

硬质合金的烧结属于多元系的液相烧结,其过程比较复杂,既有物理变化,也有化学反应,但主要是物理过程,包括烧结体致密化、碳化物晶粒长大、黏结相成分及结构的变化以及合金组织的形成等[1]。

经过几十年的发展,硬质合金的烧结方式越来越多样化。传统的氢气保护烧结、真空烧结工艺和设备日趋完善。近年来又发展了气压烧结、电火花烧结、微波烧结等,烧结技术愈来愈先进。目前应用最多最广的主要是真空烧结和气压烧结。氢气保护烧结正在被逐渐淘汰。电火花烧结、微波烧结等先进技术正在工业化应用研究过程中。

5.2　烧结体的基本变化

硬质合金烧结过程通常可分为四个基本阶段,现以 WC - Co 合金为例分述如下。

5.2.1　脱蜡预烧阶段(<800℃)

在此阶段中烧结体发生如下变化:

(1) 成形剂的脱除。烧结初期随着温度的升高,成形剂逐渐热裂(如橡胶)或气化(如石蜡),并被排出烧结体,与此同时,成形剂或多或少会使烧结体增碳。

(2) 粉末表面氧化物还原。当在 800℃以下的氢气中烧结时,氢气可以还原钴和钨的氧化物。真空烧结时,碳在这个温度下的还原作用还很微弱。

(3) 粉末颗粒相互之间的状态发生变化。在这个温度下,粉末颗粒间的接触应力逐渐消除,黏结金属粉末开始产生回复和再结晶,颗粒开始表面扩散,压坯强度有所提高,能满足机械加工的需要。烧结体在此阶段的线收缩小于 0.8%。

5.2.2　固相烧结阶段(800℃ ~共晶温度)

共晶温度是指缓慢升温时,烧结体中开始出现共晶液相的温度。WC - Co 合金的共晶温度约为 1340℃。

通常认为,在室温下钴不溶于碳化钨中,而碳化钨在钴中的溶解度小于 1%。图 9-5-1 表明,在出现液相以前,碳化钨在钴中的溶解度随温度的升高而增大:1000℃时至少为 4%,而达到共晶温度(不超过 1340℃)时则为 20% 左右。在出现液相之前的温度下,除了继续上一阶段所发生的过程外,最显著的特点是,随着温度的升高,扩散过程越来越活跃,塑性流动加强。随着碳化钨向固相钴中扩散,以及钴相颗粒间焊接作用的加强,烧结体在此阶段发

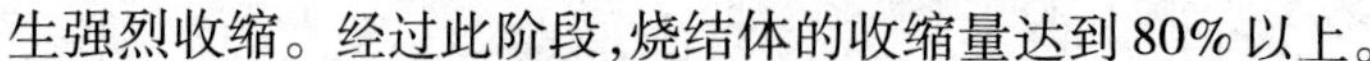
生强烈收缩。经过此阶段,烧结体的收缩量达到 80% 以上。

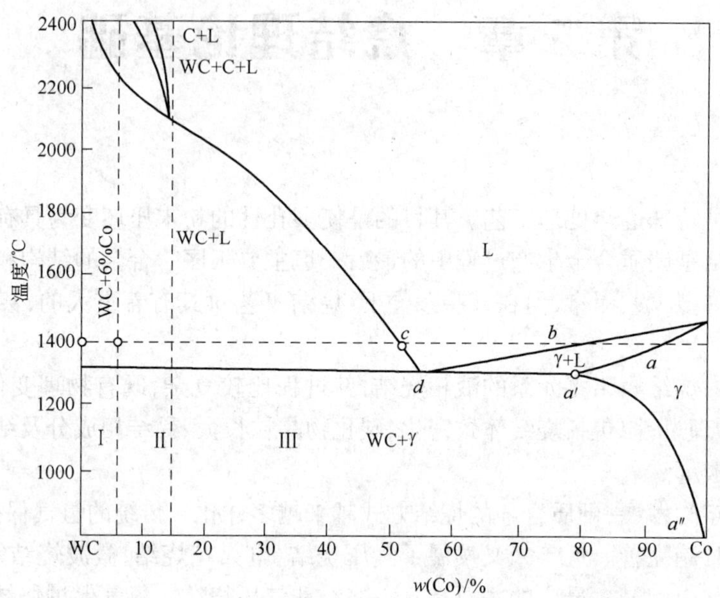

图 9-5-1　W – C – Co 相图中的 WC – Co 伪二元切面图

5.2.3　液相烧结阶段(共晶温度 ~ 烧结温度)

当烧结体出现液相后,由于黏性流动的加强,烧结体收缩过程迅速完成,碳化物晶粒长大并形成骨架,从而奠定了合金的基本组织结构。

图 9-5-1 表明,达到共晶温度以后,成分符合于 d 点的烧结体开始出现共晶成分的液相。达到烧结温度(如 1400℃)并在该温度下保温时,烧结体由液相和剩余的碳化钨固相组成。

如果烧结在惰性介质中进行,则在烧结温度下烧结体的含碳量不会发生变化,其平衡相组成仅仅决定于烧结体的原始组成。但是烧结介质往往不是惰性的,因此烧结体的含碳量将随保温时间的延长而或多或少地发生变化:增加或减少,从而导致液相成分的变化,甚至形成新相(η 相或石墨),或者改变新相的数量。烧结体凝固之前的相组成,决定于其最终含碳量:碳量不足,则为 WC + η + 液相;碳量过剩,则为 WC + C + 液相;碳适量,则为 WC + 液相。

5.2.4　冷却阶段(烧结温度 ~ 室温)

在这一阶段,合金的组织和黏结相成分随冷却条件的不同而产生某些变化。冷却后,得到最终组织结构的合金。

如果整个冷却过程处于平衡状态的话,首先从液相中析出碳化钨,并在降到共晶温度后形成 WC + γ 二元共晶。当碳量过剩时,有石墨从液相中析出,并由于形成三元共晶 WC + γ + 石墨而凝固;碳量不足时,则同时有 η 相析出,并在形成三元共晶 WC + γ + η 时完全凝固[2]。

5.3　烧结体的致密化

TiC - WC - Co 合金的烧结过程，一般认为与 WC - Co 合金的类似。其主要区别表现在液相的成分、出现液相的温度和所得合金的组织不同。其次，由于 TiC 的存在，合金组织对碳的敏感性较低，而性能对氧的敏感性较强。TiC 也是 WC 的晶粒长大抑制剂。

5.3.1　致密化机理

烧结体的致密化，是烧结过程最突出的变化。关于粉末烧结体致密化的机理，说法不一：有人认为，烧结体的致密化完全是扩散过程，有人认为是流动过程（蠕变、塑性流动、黏性流动）；有人则认为是物理 - 化学反应过程。

实际的致密化机理决定于过程的具体条件。硬质合金的烧结，属于液相烧结。虽然扩散过程和物理 - 化学反应过程对硬质合金烧结体的致密化都具有一定的实际意义，但起决定作用的是流动过程。

烧结体的致密化机理可以分为固相烧结和液相烧结两个过程来讨论。

5.3.1.1　固相烧结时的扩散与塑性流动

烧结体出现液相之前，由于 WC 在 Co 中的最大溶解度约为 10%，所以随着温度的升高，扩散过程显然是相当活跃的。扩散的动力是粉末颗粒表面能的降低，以及烧结体内各组元的浓度差。

由于温度升高，粉末颗粒表面的原子更加活化或激化。当温度达到大约 400 ~ 500℃以后，黏结金属便开始表面自扩散，并随着温度的升高进行体积自扩散，在碳化钨颗粒周围逐步形成黏结金属的空间网。此外，当温度达到大约 800 ~ 900℃时，碳化钨颗粒的接触处便开始表面自扩散，使其本身接触逐渐加强。同时，它与黏结金属之间进行表面扩散，因而使其互相靠拢，于是烧结体发生收缩。这就是压坯在 700℃以上烧结后强度就有一定的提高，而在 1000℃左右烧结后就有 0.8% 左右的线收缩（见图 9-5-2）的原因。

但是，烧结体在 1000℃左右的收缩只占总收缩量的 4% 左右。只有继续升高温度时，一方面由于扩散系数随温度的升高而增大，因而扩散过程加速；同时，更由于塑性流动越来越显著，所以烧结体在固相烧结时的收缩速度随温度的升高而迅速提高。

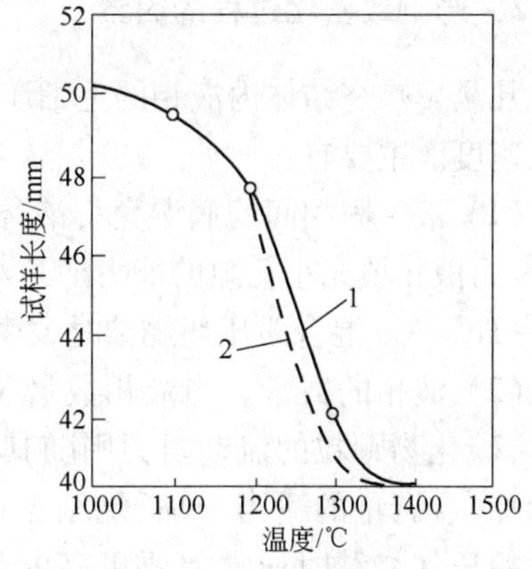

图 9-5-2　YG15 合金试样（长 50.6 mm）烧结时的收缩过程

1—舟皿上层试样；2—舟皿下层试样

众所周知，粉末颗粒表面的原子的排列并不是严格有序的，因此，即使在常温下它们也具有相当明显的流体性质。粉末颗粒愈细，温度愈高，它们的这种流体性质越明显。当温度接近其熔点时，屈服点很低，因而在很小的外力下便产生塑性流动。黏结相的熔点比碳化物低得多，所以最先产生塑性流动。黏结金属的流动（变形）会改变粉末颗粒之间的接触状况，使碳化物颗粒产生移动而靠拢，所以烧结体在 1200℃以上固相烧结时便发生相当大的收缩。

5.3.1.2　液相烧结时的重排、溶解、析出与骨架的形成

烧结体出现液相以后的致密化过程，可分为三个阶段：重排、溶解析出与骨架的形成。在实际烧结过程中，这三个阶段是互相重叠的。

(1) 重排

由于液体力图降低气 - 液表面的自由能，即表面张力的作用，使孔隙的大小和数量逐渐减少，从而引起碳化物颗粒向更加紧密的方向移动，即重排。

由高度分散的碳化物颗粒和液相所组成的系统，液相的分布和烧结的动力在很大的程度上取决于相间的界面能或表面能(σ)。因此，引起碳化物颗粒重排的必要前提是：

$$\sigma_{固液} < \frac{1}{2}\sigma_{固固}$$

即碳化物颗粒的接触不会产生聚合，而向与液相的接触转变，使碳化物颗粒的接触点出现液相层；后者像润滑剂一样，剧烈降低碳化物颗粒间的摩擦，减少它们之间的阻塞，加速碳化物颗粒的移动。

(2) 溶解 - 析出

碳化物颗粒之间的接触点由于有液体表面张力所引起的压力存在，化学位较高，因而在液相中的溶解度比同一颗粒的其他部位要高；结果，接触点优先溶解，并在其他部位析出。接触点溶解之后，两个碳化物颗粒中心的距离便缩短，于是烧结体发生收缩。当然，这个过程只有在液体能够通向接触点时才能发生。

(3) 骨架的形成

这一阶段烧结的动力是烧结体力图降低碳化物的晶界能及相界能。在形成骨架时，碳化物的晶界能($\sigma_{固固}$)小于固液之间的相界能($\sigma_{固液}$)，即：$1/2\sigma_{固固} < \sigma_{固液}$。

合金的 WC 与 γ 相骨架可能由于不同的原因而形成：少数碳化物晶粒在溶解 - 析出过程中长大时，由于其生成方向必须符合结晶学的取向，因而使相邻的碳化物聚合，或者形成或增加晶间接触；重排过程中形成的晶间接触点在继续烧结时也会互相黏着。可见，这三个阶段是不能截然分开的。

5.3.2　影响致密化过程的因素

凡是影响烧结体内液相的毛细压力和碳化物颗粒流动阻力的因素，都影响烧结体的致密化速度。主要有：

(1) 液 - 固相间的润湿角。液体的毛细压力随其对碳化物颗粒的润湿角之降低而提高，因而液相填充小孔隙的能力随其对固相的润湿性的改善而提高。所以，当钴量相同时，WC - TiC - Co 混合粉压坯烧结时致密化较 WC - Co 困难。

(2) 液相的数量。当液相数量不超过 50% 时，毛细压力随液相数量的增加而提高，同时，碳化物颗粒的流动阻力则随其增加而降低。凡是增加液相数量的因素，如：含钴量的增加、含碳量的适当增加、烧结温度的提高等，都提高烧结体的收缩速度。因此，低钴混合粉压坯烧结时通常需要更高的烧结温度，或于烧结温度下保温更长的时间，收缩才能完成。

(3) 烧结体的含碳量。烧结体的含碳量，不仅影响液相的数量，而主要是影响出现液相的温度，如图 9-5-3 所示。含碳量较高的烧结体钴相熔点较低，在出现液相之前的同一温

度下塑性较好，从而具有较大的流动速度。氢气烧结时，舟皿下层试样的含碳量比上层的高，因此超过1100℃后（见图9-5-2）下层试样的收缩速度比上层的大。

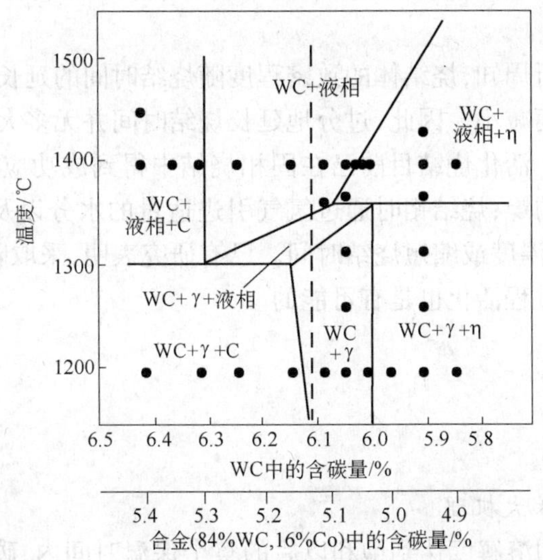

图9-5-3 WC－C－Co系状态图（含钴16%时）（通过碳角的垂直截面的一部分）

从图9-5-3中可以看出，对含钴量为16%的WC－Co合金而言，当烧结体内的含碳量相当于WC含碳6.3%时，钴完全转变为液相的温度为1300℃；而当含碳量降低到相当于WC的理论含量（6.12%）时，则钴完全转变为液相的温度升高到1340℃；当含碳量降到6.0%时，则开始出现液相的温度升高近50℃（由1310℃升到1357℃），且由于包晶熔化形成η相，此时使η相中的钴（随η相一道）完全转变为液相的温度升高到1400℃；如果含碳量继续降到5.9%时，即合金的稳定结构为WC ＋γ＋η时，虽然游离钴转变为液相的温度不变，但η相中的钴完全转变为液相则要到1500℃；而且这个转变温度将随烧结体含碳量的降低而继续升高。可见，在一定的范围内，烧结体出现液相的温度随其含碳量的提高而降低，因而含碳量较高的可以在较低的温度下收缩好。或者，对一定的烧结温度而言，收缩速度将随含碳量的降低而减小。

当烧结体内有游离碳存在时，会产生不利影响，即：使液相对碳化物的润湿性变差；但如果数量不大，则上述有利影响会超过其不利影响。

(4) 原始碳化物颗粒的大小。碳化物颗粒愈细，烧结体内单个孔隙的尺寸愈小，而液体的毛细压力与孔隙的半径成反比，同时，两个碳化物颗粒的中心距随其颗粒的减小而缩短，因而细颗粒粉末烧结时彼此易于靠拢；此外，比表面越大的粉末，其固相扩散速度和液相出现以后的溶解－析出速度也越大；因此，含钴量不超过6%的细晶粒WC－Co合金的烧结温度允许比同一牌号的中晶粒合金的烧结温度低50℃左右。但是，当烧结体的含钴量显著提高（到25%～30%）以后，由于这时本来就具有较高的收缩速度，而通常的烧结温度也不能低于1350℃，所以细晶粒和中晶粒合金烧结温度的差别就不大了。

(5) 黏结金属与碳化物混合的均匀程度。黏结金属与碳化物混合不均匀时，烧结体内的某些局部区域可能无黏结金属,流动阻力较大,而且,只有在高得多的毛细压力下才有液相填充这种区域,因而收缩速度降低。如果这种不均匀性比较严重,毛细压力不够高,则烧结体在通常的条件下便不能完全致密,如同干磨的混合粉压坯烧结后那样。

(6) 烧结时间。众所周知,烧结体的致密程度随烧结时间的延长而提高,但其致密化速度却随烧结时间的延长而减小。因此,过分地延长烧结时间并无多大的实际意义。

(7) 烧结过程活化。活化烧结目前已在固相烧结中得到成功应用。例如,往钨粉中加入万分之几到千分之几的镍;烧结钼时通过氢气引进适量的水分以及烧结预先氧化的铁粉等,均可大大地降低烧结温度或缩短烧结时间。已有研究表明,采取除热压以外的方法使硬质合金烧结时的致密化过程活化也是有可能的。

5.4 碳化物晶粒长大

5.4.1 WC-Co 合金

5.4.1.1 WC 晶粒长大机理

在碳化钨于液相中的溶解度达到饱和以后的整个保温时间内,碳化钨总是等速地溶解和析出。这个过程就叫碳化钨通过液相的重结晶。在通过液相重结晶过程中,那些尺寸较小(表面能较高)或点阵不平衡(晶格能较高)的晶粒优先溶解,直到消失,并在那些尺寸较大或具有平衡点阵的晶粒上析出(结晶)。这是一个不可逆过程。因此,重结晶的结果总是使碳化钨晶粒长大。不同碳化钨晶粒的表面能和晶格能的这种差异,便是烧结过程中的碳化钨晶粒长大的动力。碳化钨晶粒间的能量差愈大,具有高能量的碳化钨晶粒愈多,则能量低的碳化钨晶粒长大愈严重,而少数有着平衡点阵的粗大晶粒则突出地长大。如果具备充分的条件,则尺寸较小和点阵不平衡的晶粒可以完全消失,从而得到尺寸比较均一的粗晶粒合金。

5.4.1.2 影响碳化钨晶粒长大的因素

A 重结晶速度

碳化钨通过液相重结晶的速度与液相的数量有关。烧结体内液相所占的比例愈大,碳化钨在液相中溶解的绝对量愈多,其晶粒长大的速度便愈高。

影响液相数量的主要因素有:

(1) 烧结温度。其他条件相同时,烧结体的液相数量随烧结温度的提高而增加,因此,烧结时碳化钨晶粒长大的倾向随烧结温度的提高而增大。而且,碳化钨分子的扩散速度也随温度的升高而增大,于是又加快重结晶速度。烧结温度对碳化钨晶粒长大的影响如图 9-5-4 所示。

(2) 含钴量。液相的数量随烧结体含钴量的提高而增加。含钴量不同的烧结体在1400℃下液相的大致数量如下:

烧结体的含钴量(质量分数)/%	6	15	20
液相数量(质量分数)/%	9.7	24.1	31.9

图 9-5-5 表明,碳化钨晶粒尺寸分布的分散性随合金含钴量的提高而增大,而以纯碳化钨者最小。

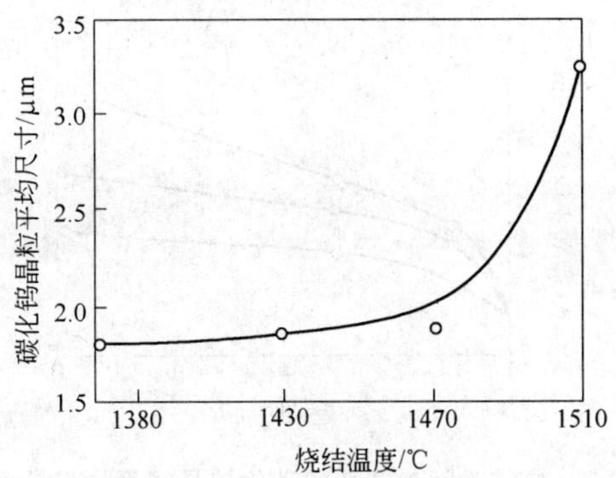

图9-5-4　烧结温度对碳化钨晶粒平均尺寸的影响

合金成分为WC+8%Co;WC总碳含量为5.90%

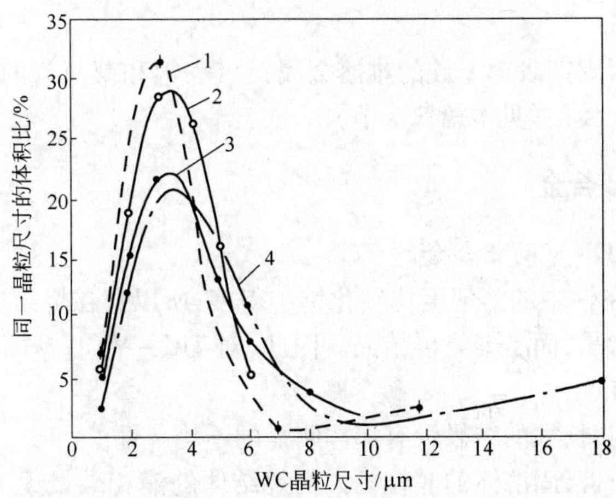

图9-5-5　合金中碳化钨晶粒的尺寸分布与其含钴量的关系(烧结温度1450℃,保温1h)

1—99%WC+1%Co;2—WC;3—94%WC+6%Co;4—80%WC+20%Co

(3) 含碳量。合金中碳化钨晶粒的平均尺寸随原始碳化钨总碳含量的提高而增大(图9-5-6)。这主要是由于:烧结体的液相数量随含碳量的提高而增加,烧结体内保持液相的时间随含碳量的提高而延长的缘故。

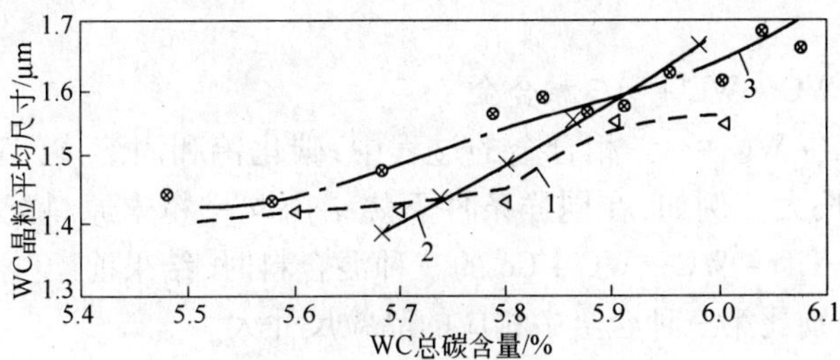

图9-5-6　合金含碳量对碳化钨晶粒平均尺寸的影响

1—YG25;2—YG6X;3—YG8

B　重结晶时间

保温(重结晶)时间愈长,碳化钨晶粒长大愈严重,如图9-5-7所示。

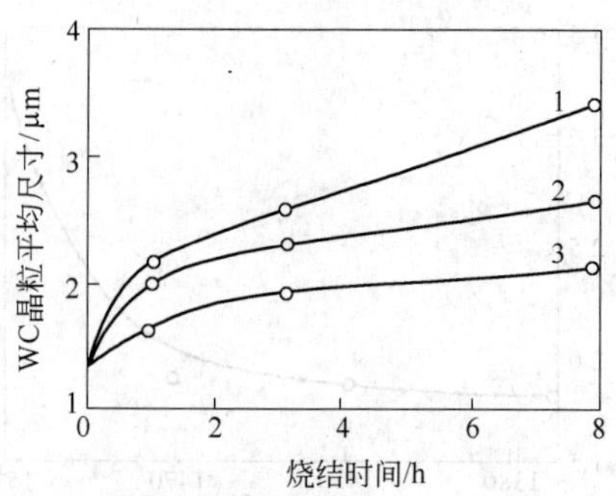

图 9-5-7 烧结时间对合金的碳化钨晶粒平均尺寸的影响

合金含钴量为16%;原始碳化钨颗粒平均尺寸为1.33 μm;

原始碳化钨总碳含量为:1—6.14%;2—6.04%;3—5.84%

C 重结晶阻力

往合金中加入元素周期表第Ⅴ族的难熔金属钒、铌、钽和第Ⅵ族的铬的碳化物,可以阻碍碳化钨晶粒不均匀长大(详见本篇5.7节)。

5.4.2 TiC－WC－Co 合金

5.4.2.1 TiC－WC＋γ 两相合金

TiC－WC 固溶体在钴中的溶解度比碳化钨小得多,所以它在烧结过程中的晶粒长大主要不是通过液相的重结晶,而是聚集再结晶。因此,对 TiC－WC＋γ 两相合金而言,固溶体的晶粒长大具有如下特点:

(1) 与碳化钨不同,长大的结果没有那样明显的不均一性。

(2) 对工业合金而言,固溶体的晶粒长大与烧结体的液相数量无关。液相数量的增加固然可以加速固溶体通过液相重结晶的过程,却又妨碍它们彼此聚集,所以固溶体烧结时,液相数量由0.7%增加到7%也并不影响其晶粒的长大。

(3) 这种合金的固溶体晶粒长大主要决定于烧结温度和烧结时间。

(4) 合金的晶粒大小与碳化钛在混合料中存在的形式有关:如果以 TiC ＋WC 的形式存在,则由于在两种碳化物形成单相固溶体之前碳化钨将妨碍固溶体晶粒长大,因而所得合金的晶粒较细;如果以预制的 TiC－WC 固溶体形式存在,则所得合金的晶粒较粗。

5.4.2.2 TiC－WC＋WC＋γ 三相合金

在烧结 TiC－WC＋WC＋γ 三相合金的过程中,碳化钨和固溶体(TiC－WC)可以互相制约,彼此阻碍晶粒长大。例如,在同样条件下烧结由同一粉末原料配成的组成为 TiC－WC＋Co、WC＋Co 和 TiC－WC＋WC＋Co 的三种混合料时,结果前两种合金中固溶体和碳化钨晶粒的尺寸都分别比第三种合金中相应的晶粒尺寸大。

可以预料,对这种合金而言,影响固溶体晶粒长大的因素除了与上述两相合金一样以外,还应考虑到两种碳化物的相对数量和原始粉末的粒度。碳化钨晶粒阻止固溶体晶粒长大主要是由于机械隔离作用。因此,在其他条件相同时,原始碳化钨粉或合金的碳化钨晶粒愈细,所得合金的固溶体晶粒也越细。同时,合金中固溶体的相对含量越少,它本身的长大也越困难。

如果固溶体与其他组元混合不匀，使其本身存在着较多的接触，则烧结时其晶粒会特别显著地长大。如果适当地延长湿磨时间，则主要使固溶体的晶粒细化，而对碳化钨晶粒的影响很小。

影响钨钴合金的碳化钨晶粒长大的各种因素都会影响钨钛钴合金中碳化钨晶粒的长大。但是在钨钛钴合金中由于固溶体（TiC－WC）的存在，各种因素所起的作用都要小得多。

对钨钛钴合金的碳化钨晶粒影响最大的，是TiC－WC固溶体的成分。对烧结温度而言，如果原始固溶体是过饱和的，则由于碳化钨从固溶体内析出而促使它本身长大；如果原始固溶体是未饱和的，则由于碳化钨继续向其中溶解而妨碍它本身长大；而以TiC＋WC＋Co作为烧结组元时，则所得合金的两种碳化物相的晶粒都较细。当然，固溶体的晶粒还与碳化钛的原始晶粒有关。

往WC－TiC－Co合金中加入碳化钽（碳化铌）添加剂时，后者也进入固溶体。因此，碳化钽（碳化铌）添加剂对碳化钨晶粒长大的阻止作用比在WC－Co合金中小得多。在这种情况下，碳化钽（碳化铌）的加入量通常不应小于4%，否则难以产生显著的效果[1]。

5.5　合金的相组成

5.5.1　WC－Co合金

WC－Co合金有三种可能的相组成：WC＋γ＋η、WC＋γ、WC＋γ＋C。

图9-5-8为W－C－Co状态图在凝固温度下的等温截面。整个三元状态图被狭窄的两相区γ＋WC分为两个基本区域：在它的富碳方面是三相区γ＋WC＋C和（沿Co＋C线的）狭窄的两相区γ＋C，在它的贫碳方面是三相区γ＋WC＋η。

系统内以η_1、η_2和K相表示的三种（Co－C－W）化合物决定着γ＋WC两相区下面各相区的位置和特性。其中η_1相和η_2相具有面心立方晶格，而K相则为六方晶格。

η_1相包括分子式为Co_3W_3C、Co_2W_4C和Co_3W_6C的三元化合物，相区较宽，并与WC及γ相平衡（浓度三角形中的γ＋WC＋η_1三相区）。η_2相含碳量更低，其成分大约相当于分子式Co_6W_6C，相区较小。K相则与η_1及η_2相不同，其分子式为$Co_3W_9C_4$、$Co_3W_{10}C_4$、$Co_2W_8C_3$（其中钨原子占多数）。

上述三个二元碳化物中，只有η_1相具有实际意义，因为通常的工业合金缺碳时都是出现η_1相。如果按Co_3W_3C计算，其成分为：74.8% W、23.6% Co、1.6% C，晶格常数为1.1026～1.1241 nm，维氏硬度为1050 MPa，无磁性、脆性大，能为$K_3Fe(CN)_6$所浸蚀，并在金相磨片上呈橙黄色或黑色。

平衡结晶时在Co－WC－C－Co区域的Co－C线附近有一个三元共晶γ＋WC＋C（22%～24% W、73%～75% Co、2.3%～2.4% C），共晶温度为1300℃。

在这个三元系状态图中，γ＋WC两相区相对于通过Co－WC线截面的位置，特别是它的宽度，对于确定WC－Co合金的原料碳化钨的技术条件具有重要的实际意义。因为合金的含碳量只有在这个两相区的范围内波动时才不会出现其他的相，如果超出了这个范围，即含碳量过高或过低时，则会相应地出现石墨或η相。

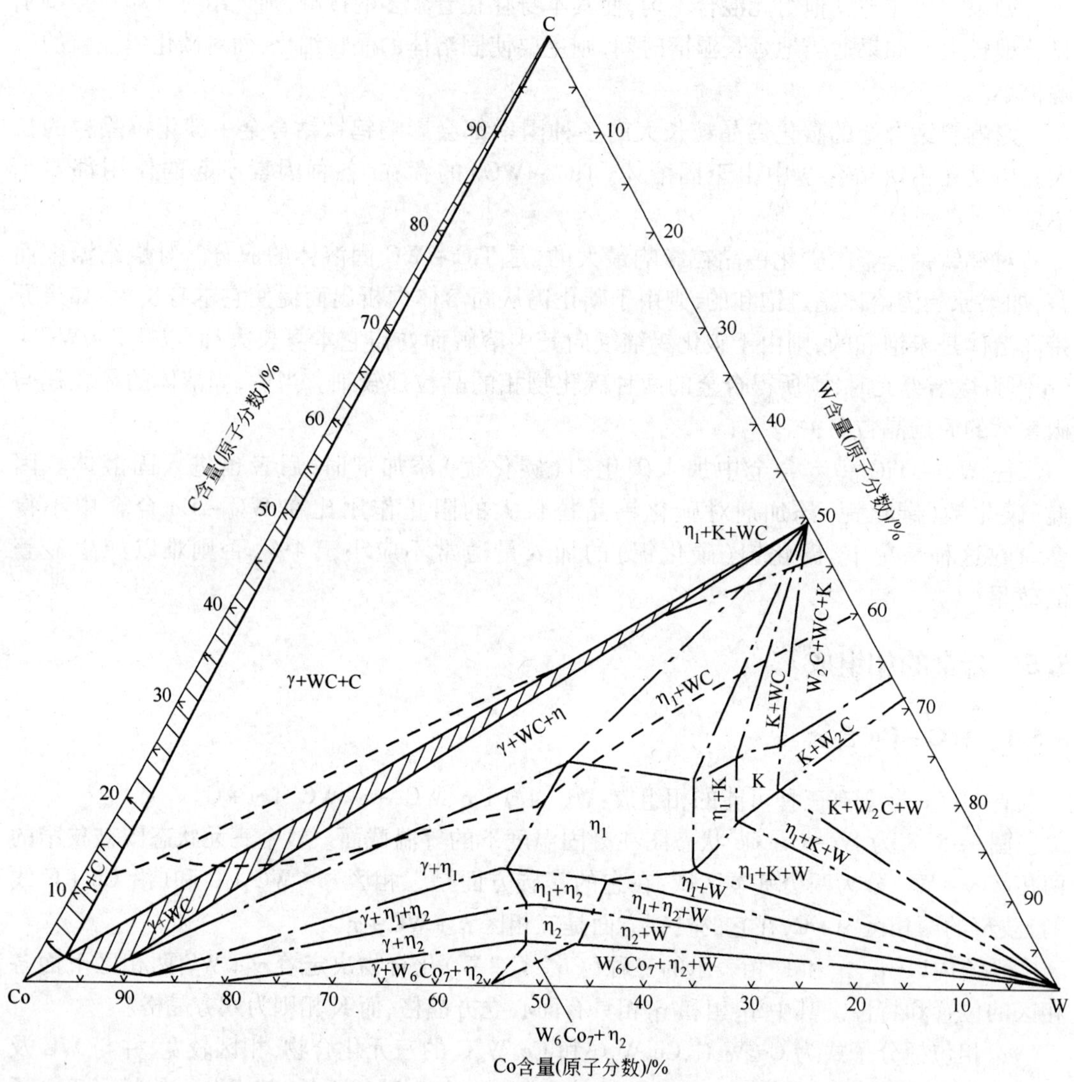

图 9-5-8　W - C - Co 系状态图在凝固温度下的等温截面图

我们知道,要获得两相组织,含碳量变化的允许范围是很窄的(对大多数常用合金来说,此值<0.1%)。由图 9-5-3 可见,三相区 WC + 液相 + η 仅部分地伸展到 WC + γ 的两相区上面,使得本来就很窄的两相区在此温度下变得更窄,其含碳量(以碳化钨计)不超过 6.06%。这表明,相当于碳化钨含碳量为 6.06% ~6.12% 的合金冷却时只能得到两相组织(γ + WC);含碳量为 6.00% ~6.06% 的合金,在 1350 ~1300℃之间的平衡状态同样可得到 γ + WC 两相组织,而从 1357℃以上迅速冷却时可能出现 η 相。就是说,只有在碳化钨含碳量为 6.00% ~6.06% 这样狭窄的范围内,η 相的出现才与冷却速度有关。然而这未被其他人所证实。事实上 η 相是稳定的。

在实际生产过程中,含碳量控制的目标是使 WC - Co 合金达到最佳使用性能,通常认为 WC - Co 合金的最佳含碳量控制区为 ±0.03%[1,2]。

5.5.2　TiC－WC－Co 合金

由于目前缺乏关于 WC－TiC－Co 伪三元系的较为详细资料，所以关于 WC－TiC－Co 合金相组成的特点尚需进一步研究。一般认为 TiC－WC－Co 合金有四种可能的相组成：$\beta+\gamma$、$WC+\beta+\gamma$、$WC+\beta+\gamma+\eta$、$WC+\beta+\gamma+C$。

图 9-5-9 为 Ti－W－C 三元相图。其中，有实际意义的是中间那条横线（TiC－WC 连线）及其周边区域。三个二相区（TiW）C＋WC，（TiW）C＋C，（TiW）C＋W_2C；一个单相区（TiW）C，两个三相区，（TiW）C＋WC＋ W_2C，及（TiW）C＋WC ＋C。与 W－C－Co 三元系相比，这类合金的相组成对碳含量的敏感性较小，并且这种敏感性随合金中 Ti 含量的提高而降低（表 9-5-1）。实践证明，对 YT15 合金而言，即使 TiC－WC 复式碳化物的总碳含量比理论值低 20% 左右，当用合成橡胶成形剂并在氢气中烧结时，也不会出现 η 相。而在 YT30 合金中，则更低的总碳含量未见出现 η 相。只有 YT5 合金在比较严重缺碳时才有 η 相出现。这主要是由于(Ti，W)C 固溶体在（Ti ，W）$C_{0.90}$－（Ti ，W）$C_{0.99}$范围内为单相成分，也就是说其有一个含碳量范围相当宽的均相区（图 9-5-9）的缘故。

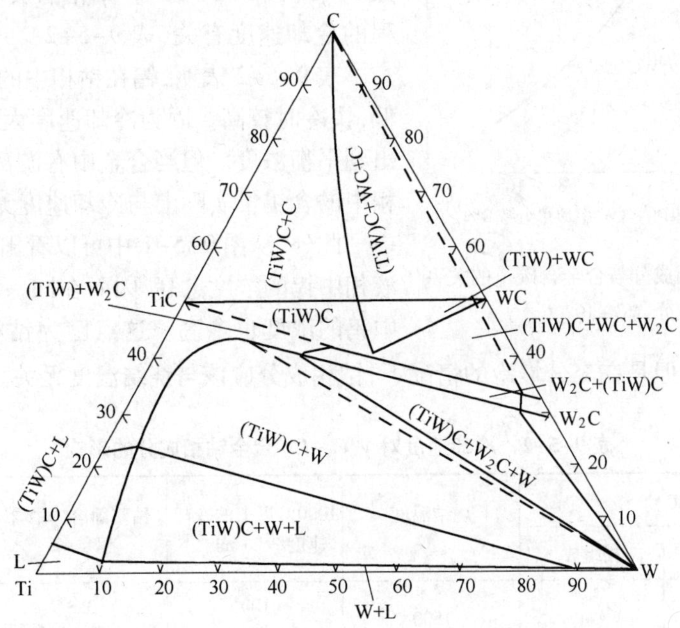

图 9-5-9　Ti－W－C 三元系 1900℃下等温截面上各相区的位置

表 9-5-1　WC－TiC－10%Co 合金三相区宽度与 WC－10%Co 合金二相区宽度的比较

合金类别	二相区宽度/%C	三相区宽度/%C			
含 TiC 量/%	0	6	11	17	25
WC－10%Co	0.17 ±0.01				
WC－TiC－10%Co		0.41 ±0.05	0.53 ±0.05	0.68 ±0.08	0.8 ±0.08

TiC－WC－Co 合金的含碳量变化不太大时，虽然相组成不变，但合金性能会变。所以商业 TiC－WC－Co 合金控制的含碳量变化范围仍然是很窄的[1]。

5.6 黏结相的成分

5.6.1 WC - Co 合金

在 W - C - Co 三元系状态图的钴角有一个单相区——γ 相区(图 9-5-8)。γ 相是钨和碳与钴的固溶体,也是实际的 WC - Co 合金的黏结相,因而具有重要的意义。

图 9-5-8 表明,γ 相固溶体的成分决定于合金的含碳量,且其中的含钨量随合金含碳量的降低而提高:当合金的含碳量处于 γ + WC 两相区与 γ + WC + η 三相区的边界上时,γ 相中含钨量最高;当合金中出现石墨痕迹而含碳量正好处于 Co - WC 截面上,即正好符合碳化钨的理论含碳量(6.12%)时,γ 相中含钨量最低,且与其中的含碳量保持同样的原子比。有人认为,此时 γ 相中的含钨量降低 50% ~ 60%。但是,有人根据对 WC + 10% Co 的合金进行的研究,认为此时钨在钴(γ)相中的溶解度降低 80%(图 9-5-10)。γ 相的成分与合金烧结过程的冷却速度有关(表 9-5-2)。

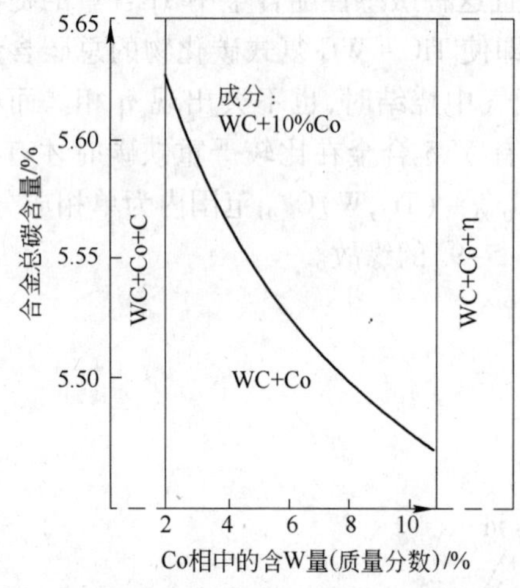

图 9-5-10　钴相成分与合金含碳量的关系
(合金成分:WC + 10% Co)

表 9-5-2 表明,钨在钴相中的浓度在慢冷时较低,快冷时较高。因为冷却速度太快时钨来不及析出到平衡浓度。但当合金中有游离石墨存在时,钴相中的含钨量实际上与冷却速度无关。

此外,从图 9-5-1 中可以看出,烧结温度愈高,液相中钨的浓度愈高,因而在同一冷却速度下钴相中钨的浓度也愈高。这点已为钴相晶格常数测定的结果所证实。但是在充分慢冷的情况下,钴相成分应该与烧结温度无关。

表 9-5-2　冷却速度对 WC - Co 合金钴相成分的影响

合金成分		烧结温度/℃	1000℃以上的冷却速度/℃ · min^{-1}	钴基固溶体中含钨量/%	钴基固溶体的晶格常数/nm
化学成分	相组成				
97% WC + 3% Co	WC + γ	1500	100 10	3.3 2.19	
94% WC + 6% Co	WC + γ	1470	100 10	1.92 0.7 ~ 1.0	0.3578 0.3561
92% WC + 8% Co	WC + γ	1470	100 10	1.23 ~ 1.13 1.08	0.3558 0.3556
85% WC + 15% Co	WC + γ	1460	100 10	1.41 ~ 1.50 0.89	0.3565 0.3554

5.6.2 WC - TiC - Co 合金

TiC - WC 固溶体在钴中的溶解度的某些资料列于表 9-5-3。

表 9-5-3 TiC-WC 固溶体在钴中的溶解度

TiC-WC 固溶体的成分		在不同温度下的溶解度/%		合金的 TiC-WC 含量及其结构特征
TiC: WC(重量比)	含碳量	共晶温度	1250℃	
1:3	$(TiW)C_{0.93}$	5	约3	含 TiC-WC5%,有 C+(TiC-WC)二元共晶痕迹
	(TiW)C+游离碳	0.2	—	含 TiC-WC0.2%,有 Co+(TiC-WC)+C 三元共晶痕迹
1:1	$(TiW)C_{0.93}$	约2.0	—	含 TiC-WC3%,有 Co+(TiC-WC)二元共晶
	(TiW)C+游离碳	<1.0	—	含 TiC-WC1%,有 Co+(TiC-WC)和 Co+C 二元共晶
3:1	$(TiW)C_{0.93}$	约<1.0	—	含 TiC-WC1%,有少量的 Co+(TiC-WC)二元共晶
	(TiW)C+游离碳	<1.0	—	含 TiC-WC1%,有 Co+(TiC-WC)和 Co+C 二元共晶

从表 9-5-3 中可以看出:固溶体(TiC-WC)在钴中的溶解度随温度及固溶体中碳化钨含量的增高而增大,但随固溶体含碳量的增高而降低,而且,固溶体中的碳化钨含量愈高,其含碳量的影响就愈大。在 TiC: WC=3:1 的固溶体中,含碳量的影响不明显。

当碳含量较低时,固溶体在钴中的溶解度也与冷却速度及烧结温度有关。

有人认为常温下 TiC-WC 固溶体于钴中的溶解度小于1%,当 TiC: WC=1:1 时为0.2%,TiC: WC=1:3 时为0.6%。

关于 TiC-WC+WC+Co 三相合金的黏结相成分,资料很少。有人认为,此时钨于钴中的溶解度和 WC-Co 合金一样,与碳含量成反比;而钛于钴中的溶解度很小,且与其含碳量无关(表 9-5-4)[1]。

表 9-5-4 TiC-WC+WC+Co 三相合金① 中钨和钛在钴中的溶解度 (%)

低碳合金		高碳合金	
W	Ti	W	Ti
6.4	0.05	0.7	0.05

①合金成分:15% TiC,10% Co,其余为 WC。

5.7 WC 晶粒长大抑制剂[3]

5.7.1 抑制机理

一般认为,在烧结初期,晶粒长大抑制剂通过优先在液态钴中溶解,使 WC 在 Co 中的溶解度减小,从而阻碍 WC 的重结晶,达到抑制晶粒长大的目的。

例如,YG6,含钴6%,加入0.2%的 TaC,就能阻碍晶粒长大,继续增加 TaC 加入量时,这种阻碍作用增强并不明显。在烧结温度下,TaC 在钴中的饱和溶解度约为3%。在6%的钴中加入0.2%的 TaC,后者在钴中的溶解度刚好达到饱和。加更多的 TaC 时,TaC 在 Co 中的溶解量并不能继续增加,其抑制晶粒长大的作用也就不会加强了。

5.7.2 各种抑制剂的抑制效果

用作晶粒长大抑制剂的物质通常有:碳化钒(VC)、碳化铪(HfC)、碳化锆(ZrC)、碳化钛

(TiC)、碳化钽(TaC)、碳化铌(NbC)、碳化铬(Cr_3C_2)、碳化钼(Mo_2C)等。

合金中 WC 的平均晶粒度与抑制剂加入量的关系如图 9-5-11 所示。

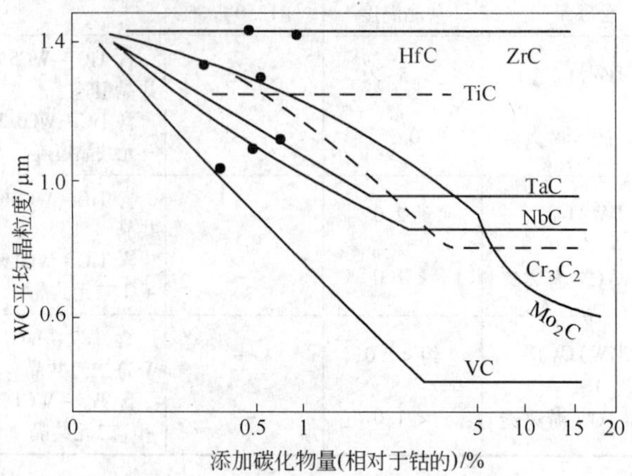

图 9-5-11 添加碳化物含量(相对于 Co 含量)对在 1400℃下烧结 1 h 的 YG20 合金中 WC 平均晶粒度的影响

● —相对于钴来说为 1.5%(摩尔分数)添加碳化物的合金(Mo_2C 为 0.75%,Cr_3C_2 为 0.5%)

从图 9-5-11 可知,抑制晶粒长大的效果,大体上按 VC > Mo_2C > Cr_3C_2 > NbC > TaC > TiC > ZrC ≈ HfC 排列。添加碳化物在液相中的溶解度愈大,其抑制晶粒长大的效果就愈好。

当抑制剂加入量低于其在液相中的饱和量时,如添加量约为 Co 的 1.5%(摩尔分数)(Mo_2C 为 0.75%)时(图中黑点),抑制 WC 晶粒长大的效果,大体上按 VC > NbC > TaC > TiC > Mo_2C > Cr_3C_2 > ZrC ≈ HfC 排列。

可见 VC 的抑制效果最好。

通常用来作抑制剂的主要有 TaC、NbC、VC、Cr_3C_2 等,而不是 Mo_2C。因为 Mo_2C 要加到 8%(质量分数)才有明显效果,但此时析出的 Mo_2C 相(与 WC 的固溶体)显著变粗,合金强度显著下降。

碳化钽含量对合金的碳化钨晶粒平均尺寸的影响如图 9-5-12 所示。碳化钽含量不变时碳化钒含量对合金中碳化钨晶粒平均尺寸的影响如图 9-5-13 所示。

从图可以看出,往 WC - Co 合金中加 1% 的 TaC 或 0.5% 的 VC,就可以明显地阻碍 WC 晶粒长大。如果同时加入少量的 TaC 和 VC,则对 WC 晶粒长大的阻碍作用更显著(图 9-5-13)。

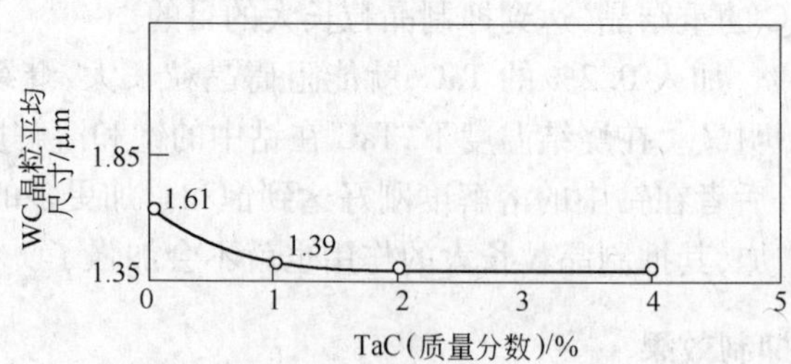

图 9-5-12 碳化钽含量对 YG6X 合金碳化钨晶粒平均尺寸的影响

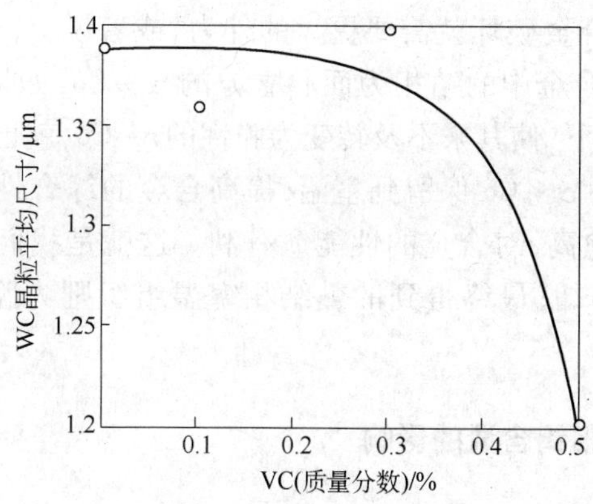

图 9-5-13　碳化钒含量对 YA6 合金碳化钨晶粒平均尺寸的影响

实践证明，最有效的晶粒长大抑制剂是 VC 与 Cr_3C_2 的适量配合。

这些碳化物添加剂对合金组织的良好影响，还突出地表现在它可以降低后者对某些工艺条件(如球磨时间)及含碳量的敏感性。

5.7.3　影响抑制效果的因素

影响抑制效果的因素主要有合金总碳含量、相分布均匀程度、抑制剂的粒度。

WC 晶粒长大对合金总碳含量非常敏感：高碳量会增加 WC 的长大趋势(即使有 VC 也不行)。故严格控制碳含量十分必要，在保证合金相成分处于两相区的前提下，碳含量不宜过高，否则会显著影响抑制剂的抑制效果。

粉末压坯中，相的分布(WC、Co、抑制剂)越均匀，烧结时物料迁移后的分布就越均匀，因而 WC 晶粒长大(抑制生长)也越均匀。抑制剂分布不均，会造成局部 WC 晶粒长大。

抑制剂的粒度越小，其抑制作用越大，一般控制在 0.5 ~ 2μm。

此外，对 TiC - WC - Co 合金而言，影响 WC 晶粒长大的主要因素是 TiC - WC 固溶体的成分。抑制剂对 WC 晶粒长大的阻碍作用比在 WC - Co 合金中小得多，而且往 TiC - WC - Co 合金中添加抑制剂时，抑制剂也会进入固溶体，因此，抑制剂的加入量通常不应小于 4%，否则难以产生显著效果。

5.8　冷却速度的影响

硬质合金烧结时的冷却速度主要影响黏结相的结构与成分。

5.8.1　冷却速度对黏结相结构的影响

金属钴属于多晶型金属。现已确定，它有两种结晶形态：α - Co，面心立方结构，在高温下处于稳定状态；ε - Co，密排六方结构，在室温下处于稳定状态。其转变温度一般认为在 360 ~ 490℃。纯 Co 的转变温度为 417℃。在硬质合金中，由于 Co 相中溶解有 W 原子和 C 原子，会使 Co 相的转变温度升高。

面心立方的 α - Co 有 12 个滑移面，密排六方结构的 ε - Co 只有 3 个滑移面。当合金受外力作用时，滑移面多的晶体会在较低的应力状态下产生塑性变形，从而避免晶体内积蓄更高的能量。要使合金破坏就需要更大的外力，或者说，合金具有更高的强度极限。

在烧结温度下，硬质合金中的钴相为面心立方的 α－Co，如果能将其从1000℃左右的高温快速冷却到300℃以下，使其来不及转变为脆性的ε－Co，就已降到了转变温度以下，就能将高温相－面心立方的 α－Co 保留到室温，提高合金的综合性能。冷却速度愈快，室温组织中 α－Co 的含量就愈高，对合金的性能愈有利。这就是我们通常所说的热处理工艺。相反，如果让合金缓慢冷却，最终得到的黏结相室温组织则为脆性的ε－Co，对合金性能不利。

5.8.2 冷却速度对黏结相钨含量的影响

由 WC－Co 伪二元相图（图9-5-1）可知，在烧结温度下，WC 在 Co 相中有较高的溶解度。在合金冷却过程中，WC 随温度的降低而析出。若冷却速度太快时，WC 来不及充分析出，因而使黏结相有较高的 W 含量。但当合金中有游离碳存在时，黏结相中含 W 量很低，在这种情况下，冷却速度对黏结相成分几乎没有影响。

钴相中 W 含量的增加，能提高钴相的强度，从而提高合金的抗弯强度。

但是，过高的冷却速度会使合金处于较高的应力状态，增加了加工过程中产生裂纹的倾向，有的甚至在冷却过程中就会产生裂纹，因此，制定合适的热处理工艺非常关键，不但要使合金得到所要求的组织和成分，还要尽量降低由于快冷所产生的应力。

5.9 WC－Ni、WC－Fe 合金烧结过程的特点[1]

WC－Ni、WC－Fe 合金的烧结过程与 WC－Co 合金类似。但由于不同的黏结金属与碳化物基体之间相互作用的物理特性不同，使其烧结过程具有某些特点，主要体现在：烧结体出现液相的温度、黏结金属对碳化物的润湿能力，以及黏结金属与碳化物之间的相互溶解度等。

5.9.1 WC－Ni 合金

W－C－Ni 三元系（图9-5-14）与 W－C－Co 三元系相类似，只是两者的二元共晶线和三元共晶点有所不同，通常前者比后者高50～100℃。因此，WC－Ni 合金的烧结温度要比 WC－Co 合金稍高。

碳化钨在镍中的溶解度比在钴中高，前者为12%～20%，而后者则为10%～15%。当黏结金属及碳的含量相同时，在同一温度下 WC－Ni 合金的液相数量比 WC－Co 合金的大，重结晶速度相应提高，故在保证合金孔隙度最低的烧结温度下所得到的 WC－Ni 合金，其碳化钨晶粒比相应的 WC－Co 合金的要粗。如果采用与 WC－Co 合金正常烧结相同的烧结规范，则 WC－Ni 合金具有较高的孔隙度。

在 W－C－Ni 三元系中，WC＋γ′（钨、碳、镍的固溶体）两相区的宽度（含碳量范围）比 W－C－Co 中 WC＋γ 的两相区大，更易得到 WC＋γ′两相合金。这一点已为实践所证明。

镍对碳化钨的润湿性，在真空中与钴一样，润湿角等于零。

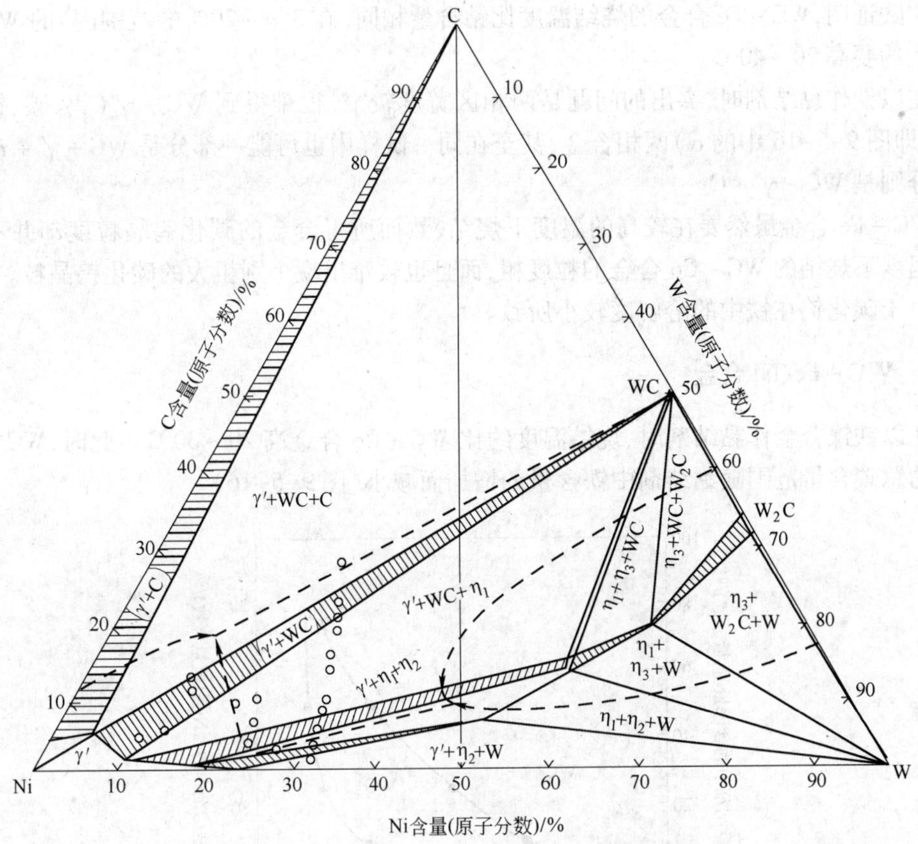

图 9-5-14　W - C - Ni 系状态图的等温截面图

5.9.2　WC - Fe 合金

从 W - C - Fe 三元系状态图在 1000℃下的等温截面(图 9-5-15)来看,它与 W - C - Co 系相似。

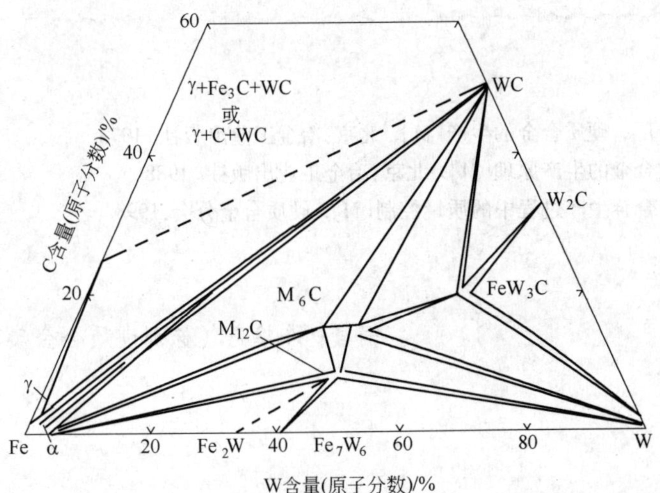

图 9-5-15　W - C - Fe 三元系状态图在 1000℃下的等温截面图

实践证明,WC - Fe 合金的烧结温度比钴含量相同(在3% ~20%的范围内)的 WC - Co 合金大约要高20 ~40℃。

在以铁作黏结剂时,突出的问题是两相区宽度较窄,很难得到 WC + γ″(钨、碳、铁的固溶体,即图9-5-16 中的α)两相合金,甚至在同一试样中也可能一部分是 WC + γ″ + η,而另一部分则是 WC + γ″ + C。

WC - Fe 合金虽然要在较高的温度下烧结,然而所得合金的碳化钨晶粒度却并不比在较低温度下烧结的 WC - Co 合金的粒度粗,而且也较难出现个别粗大的碳化钨晶粒。显然,这是由于碳化钨在铁中的溶解度较小所致。

5.9.3 WC - Fe/Ni 合金

在以铁镍合金作黏结剂时,烧结温度约比 WC - Co 合金高20 ~30℃。此时,WC + γ 两相区的总碳含量范围随黏结剂中铁含量的增加而减小(图9-5-16)。

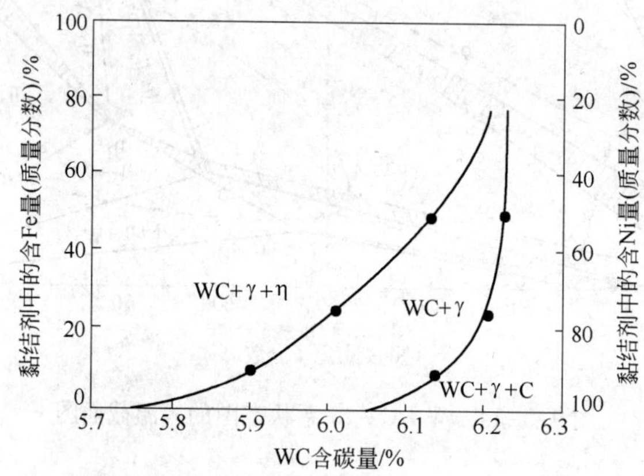

图9-5-16 WC +10% Fe - Ni 合金的相组成与铁和镍的比例及碳化钨含碳量的关系

参 考 文 献

[1] 株洲硬质合金厂. 硬质合金的生产[M]. 北京:冶金工业出版社. 1974.
[2] 王国栋. 硬质合金的生产原理[M]. 北京:冶金工业出版社. 1988.
[3] 陈楚轩. 硬质合金生产过程中的质量控制[M]. 硬质合金分会,1998.

编写:许雄亮(株洲硬质合金集团有限公司)

第 6 章　硬质合金烧结工艺

6.1　氢气烧结

6.1.1　烧结介质

烧结介质包括气体介质和固体介质(填料)两类。气体介质通常采用氢气和氮气,或二者的混合气体(由液氨分解而得)。常用的固体介质有石墨粒、金属氧化物——通常是氧化铝(Al_2O_3)或氧化镁(MgO),以及金属氧化物和碳的混合物。在氢气烧结过程中,介质会导致合金含碳量的变化,从而严重地影响合金的组织和性能。

6.1.1.1　主要的化学反应及其向右进行的可能性

A　增碳反应

导致烧结体增碳的第一个反应是成形剂产生的碳氢化合物气体的分解。碳氢化合物的分解过程是相当复杂的,仅以最稳定而具有实际意义的甲烷为代表来讨论,其反应式为:

$$CH_4 \longrightarrow C + 2H_2 \qquad (9-6-1)$$

在 400 ~ 500℃ 的温度下,各种烃类碳氢化合物在氢气中具有相当高的平衡浓度,因此是相当稳定的。然而实践表明,由于钴和某些填料的接触作用,它们在该温度下也会分解。

导致烧结体增碳的第二个反应是一氧化碳分解,即:

$$2CO \longrightarrow CO_2 + C \qquad (9-6-2)$$

根据热力学的数据,在低于 1000℃ 的温度下,特别是在低于 700℃ 时,这个反应应该向右进行。由于在 1000℃ 以下烧结体处于多孔状态,所以一部分一氧化碳便随着氢气流进入烧结体内,并在其中分解,从而使其增碳。

B　脱碳反应

一氧化碳可由下列反应产生,即:

$$C + H_2O \longrightarrow CO + H_2 \qquad (9-6-3)$$

$$WC + H_2O \longrightarrow W + CO + H_2 \qquad (9-6-4)$$

连续烧结时,氢气与烧结体总是逆向而流,所以填料、舟皿和烧结体中的水早已在低温区被排除。在正常条件下参与反应式(9-6-3)和式(9-6-4)的水主要是由氢气带来的(包括卸舟端氢气按反应式(9-6-15)燃烧得的水)。而参与反应的碳则来源于石墨舟皿本身和填料,以及由于成形剂按反应式(9-6-1)分解和一氧化碳按反应式(9-6-2)分解的碳。

反应式(9-6-4)显然是导致烧结体脱碳的反应。由于 CO 通常会被部分带出炉外,所以反应式(9-6-3)向右进行的结果是使烧结介质失碳,从而间接影响烧结体的含碳量。

导致烧结体脱碳的反应还有氢气与碳化钨的作用,即:

$$WC + 2H_2 \longrightarrow W + CH_4 \qquad (9-6-5)$$

对于 WC - TiC - Co 烧结体而言,除了上述脱碳反应以外,还有水蒸气与碳化钛的作用，即：

$$TiC + H_2O \Longrightarrow TiO + C + H_2 \qquad (9\text{-}6\text{-}6)$$

在上述反应中，碳化钛所失掉的碳虽然可能保持在烧结体中，但由于反应产物一氧化钛与碳化钛形成固溶体，所以仍会导致碳化钛脱碳。不过，由于 WC - TiC - Co 烧结体中的碳化钛通常以 TiC - WC 固溶体的形式存在，便会减少这种反应的可能性。

现在来讨论反应式(9-6-3)、式(9-6-4)、式(9-6-5)、式(9-6-6)向右进行的可能性及其实际意义。

从图 9-6-1[1] 可以看出，在烧结温度的范围内，反应式(9-6-6)的反应自由能的变化 $\Delta Z<0$，在任何温度下反应都可向右进行。因此，烧结含碳化钛的合金最好在真空条件下进行。

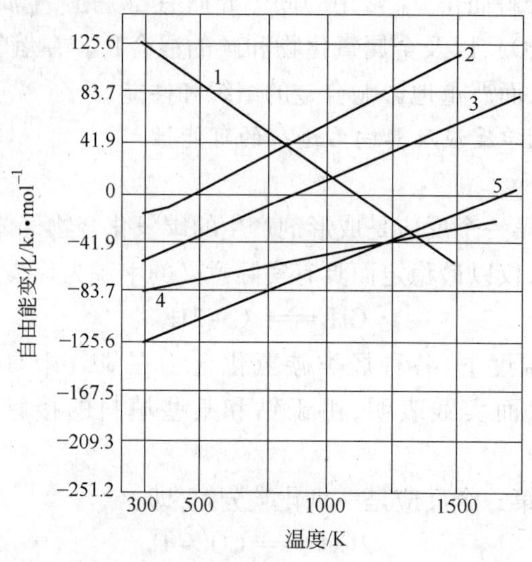

图 9-6-1　常用碳化物与氢、水、氮气相互发生反应的温度

1— $WC + H_2O = W + CO + H_2$；2— $WC + 2H_2 = W + CH_4$；3— $2TaC + N_2 = 2TaN + 2C$；
4— $TiC + H_2O = TiO + C + H_2$；5— $2TiC + N_2 = 2TiN + 2C$

如果氢气含水量相当高，反应式(9-6-3)在 700℃以上即可向右进行，并在 1000℃以上激烈地向右进行。如果所用氢气的含水量为 1 g/m³ 左右(即相当于体积比的 0.1% 左右)，则该浓度正好相当于反应式(9-6-3)中水蒸气在 1127℃下的平衡浓度，因此，在该温度下反应式(9-6-3)不会发生。但当温度达到 1227℃时，水蒸气在上述系统中的平衡浓度却降为 0.04%(体积)，因而反应即可向右进行；而且，由于水蒸气的平衡浓度随温度的升高而降低，所以反应速度将随温度的升高而加快。可以预料，在烧结温度下氢气中的水基本上都可按反应式(9-6-3)生成一氧化碳。

试验证明，反应式(9-6-4)在 800℃以上即开始向右进行，并在 950℃以上激烈地进行。将碳化钨在含水量为 3.2 ~ 62 g/m³ 的氢气中于 1000℃下加热 4 h，可使其变为金属钨。有人证实，碳化钨在碳化之后直接在含水量小于 0.1 g/m³ 的氢气中加热时，在 800 ~ 900℃的温度下是稳定的。但是，这种碳化钨经过 50 h 干磨之后，即使在含水量为 0.05 g/m³ 的氢气中加热，也显著地脱碳；只有当氢气含水量小于 0.007 g/m³ 时才不脱碳。尤其值得注意的是，加热碳化钨与钴的粉末混合料时，碳化钨脱碳的倾向显著地增加。例如，80% WC + 20% Co 的混合料在含水量为 0.007 g/m³ 的氢气中于 900℃

下加热2h，即发现某些脱碳（同时形成η相）。甚至碳化钨与钴的混合料在干氢中加热也会脱碳。这是因为钴有加速碳与氢之间反应的触媒作用的缘故。同时，通过碳化钨与钴的固溶体，碳更易扩散。

在生产实践中，碳化钨与钴的混合料都经过不同程度的研磨，尤其是，所用氢气的湿度最小也是-40℃的露点（含水量为0.16g/m^3），因此，在这样的具体条件下，反应式(9-6-4)将激烈地向右进行。

根据热力学的数据，反应式(9-6-5)在250℃以上不会向右进行。试验证明，碳化钨于纯氢中加热到800～1000℃时未发现脱碳。只有当温度升高到2000℃以上时，才由于原子氢的作用而发生少量脱碳。然而，在生产条件下，氢气通常没有那样纯，所以碳化钨于其中加热到一定的温度以后仍然脱碳。例如，将含碳量为5.95%的碳化钨于干氢及湿氢中在不同的温度下加热的试验结果表明，即使在干氢中加热，当温度达到1000℃时也会发生显著脱碳。

C　脱氧反应

氢气烧结时，脱氧的主要反应式如下：

$$MeO + H_2 = Me + H_2O \quad (9\text{-}6\text{-}7)$$

$$MeO + C = Me + CO \quad (9\text{-}6\text{-}8)$$

$$MeO + MeC = 2Me + CO \quad (9\text{-}6\text{-}9)$$

$$MeO + 2C = CO + MeC \quad (9\text{-}6\text{-}10)$$

按照还原反应的热力学的数据，在烧结温度下，钴、钨、钼、铁、镍等元素的氧化物是能够被氢还原的，但铬、钛、钽、铌等元素的氧化物却不能被氢还原，只能在较高的温度下被碳还原。

D　增氮反应

如果采用液氨分解产物（N_2 + H_2混合气体）作保护气体，则有如下反应发生：

$$2TaC + N_2 = 2TaN + 2C \quad (9\text{-}6\text{-}11)$$

$$2TiC + N_2 = 2TiN + 2C \quad (9\text{-}6\text{-}12)$$

由图9-6-1可以看出，只有在650℃以下，反应式(9-6-11)才可能进行。反应式(9-6-12)则在任何温度下都能进行。它们都能使烧结体化合碳量下降，游离碳量增加，这对产品性能是有害的。

E　其他（气-固或气-气）反应

除上述反应外，下列反应也可以改变炉内气体平衡浓度，影响前面所述各项反应的进行。

$$2C + O_2 = 2CO \quad (9\text{-}6\text{-}13)$$

$$C + O_2 = CO_2 \quad (9\text{-}6\text{-}14)$$

$$2H_2 + O_2 = 2H_2O \quad (9\text{-}6\text{-}15)$$

反应式(9-6-13)在700℃以上才可向右进行。CO随炉气进入低温区后又可发生反应式(9-6-2)。反应式(9-6-14)与式(9-6-15)在300℃以上即可向右进行。开炉门时进入炉内的空气所含的氧已在炉口按反应式(9-6-15)燃烧，填料空隙中的氧和压坯中的氧也在低温区按反应式(9-6-15)燃烧。因此，反应式(9-6-13)和式(9-6-14)是很难发生的。也因此几乎没有氧会被带到高温带。

可见,在氢气连续烧结过程中烧结体总是同时存在增碳反应和脱碳反应。其他条件相同时,合金的含碳量取决于这两种反应的总和。

6.1.1.2　影响上述反应的因素

A　成形剂的种类及用量

不同的成形剂在加热时的行为是不一样的。石蜡的沸点通常超过 370℃,加热时完全变为碳氢化合物气体。合成橡胶没有沸点,加热时发生裂化。如,由丁二烯聚合的橡胶,在有接触剂存在时,在 250 ~ 500℃范围内裂解成氢、甲烷等碳氢化合物气体和碳。因此,合成橡胶与石蜡不同,裂解时必然在烧结体内残留一部分碳。成形剂形成的各种碳氢化合物气体进入炉内,其中一部分被氢气带走,而另一部分则随炉气进入烧结体。

进入烧结体的碳氢化合物气体是否分解,并给烧结体增碳,取决于它们在气相中的实际浓度是否超过其在该温度下的平衡浓度。若超过其在该温度下的平衡浓度,则会分解出碳。碳氢化合物气体在其分解反应中的平衡浓度仅仅决定于温度,并通常随着温度的升高而降低(表 9-6-1)[2]。碳氢化合物在炉气中的实际浓度则首先取决于成形剂变为气体(沸腾或裂化)的温度。如果它们变为气体的温度较低,则在分解反应中的平衡浓度较高,因而合金增碳的可能性较小。反之,在一定的限度内它们变为气体的温度愈高,则导致合金增碳的可能性愈大。

表 9-6-1　不同温度下甲烷转化反应的平衡转化率(X)和气体组成(体积分数,%)

温度/℃	X	CH_4	H_2
127	0	100	0
227	0.01	98.09	1.91
327	0.05	90.50	9.50
427	0.165	71.70	28.30
524	0.389	44.00	56.00
627	0.660	20.41	79.59
727	0.848	8.03	91.97
827	0.937	3.41	96.59
927	0.970	2.05	97.95
1027	0.985	0.72	99.28
1127	0.991	0.43	99.57
1227	0.995	0.25	99.75

在实际用量的范围内,烧结体的增碳量随成形剂加入量的增加而增大。但是,炉气中碳氢化合物的浓度愈高,便愈来不及分解到平衡浓度即被氢气带走,所以对成形剂用量而言,其相对增碳率随其加入量的增加而减小(图 9-6-2)[2]。而且,不难理解,影响炉内气氛的各种因素都会影响成形剂的增碳率。例如,若烧结体经过预烧结,则由于炉气中碳氢化合物的浓度大大降低,而使得合金的含碳量降低。

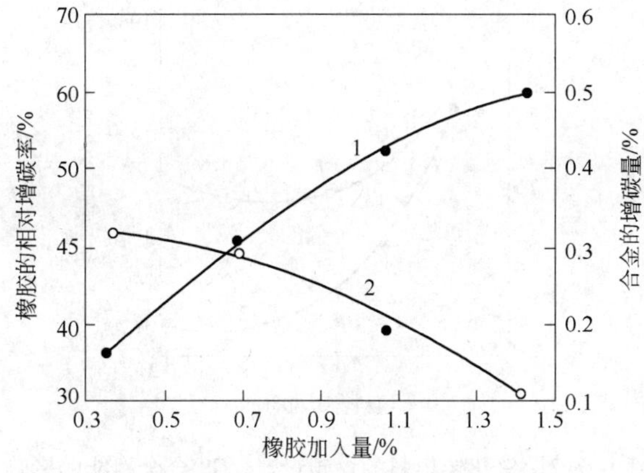

图 9-6-2　橡胶的加入量与其烧结后增碳量的关系
1—合金的增碳量;2—橡胶的相对增碳率

B　烧结体的升温速度

实践证明,丁钠合成橡胶在 300℃左右的温度下开始裂解。氢气连续烧结时,在 600℃保温大约半小时即可完全裂解。而真空烧结时则只要在 500℃保温大约一小时就可完全裂解。但是,由于烧结体的温度滞后于炉温,所以橡胶实际上大约要到 700℃以上的温度才能完全裂解;石蜡要到 400℃以上的温度才能完全汽化。升温速度愈快,成形剂在可能裂解(或汽化)的较低温度下实际裂解(或汽化)的相对数量愈小,因而要到更高的温度才能排尽。这样,碳氢化合物气体的实际浓度便越易超过(甚至大大超过)它在同一温度下的平衡浓度,因而分解愈多,使烧结体增碳也愈多。反之,升温速度愈慢,碳氢化合物气体便分解愈少(表 9-6-2)[2],甚至可能不分解。因此,升温速度是关键因素。在适当的工艺条件(主要是升温速度)下,可以使橡胶给烧结体少增碳,也可以使石蜡不给烧结体增碳。

表 9-6-2　升温速度对橡胶的增碳量的影响

舟皿的推速/mm·min^{-1}	6.4	12.8
试验舟数	5	5
断口	全部正常	全部渗碳(石墨大于 1%)

C　填料及其含碳量与颗粒大小

在氢气中烧结时,金属氧化物填料起着碳的载体的作用。它在低温下作为碳氢化合物气体分解的接触剂而吸收碳,从而保护烧结体不致过分增碳;到高温下,其中的碳又与氢气及其中的水蒸气作用,从而保护烧结体不致过分脱碳。因而填料可以在某种程度上调节合金的含碳量。其他条件相同时,调节的能力与其本身及烧结体的物理化学性质有关。

填料含碳量对合金性能的影响,归结为引起合金含碳量的变化。但是,它的影响较之烧结体本身含碳量的影响小得多(图 9-6-3)[2]。当填料的含碳量变化不大时,对合金的密度、硬度等仅有微弱的影响,故图中未予表示。

当填料的含碳量较高时,则其含碳量的少许改变(如 0.1% ~0.2%)对合金性能几乎没有影响(表 9-6-3)[2]。

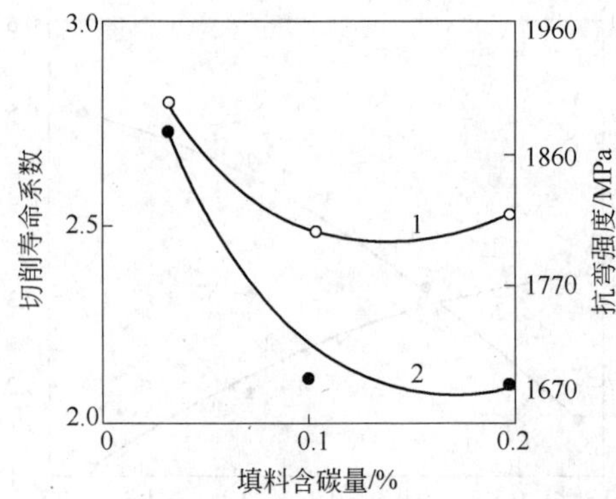

图 9-6-3　氧化铝填料的含碳量对 YG8 合金性能的影响

1—抗弯强度;2—切削寿命系数

表 9-6-3　填料含碳量对 YG8 合金性能的影响

填料含碳量/%	抗弯强度/MPa	切削寿命系数
0.37	1670	1.80
0.55	1700	1.88

填料本身的颗粒大小有着重要意义。填料的颗粒愈细,碳氢化合物气体便愈易在其中分解,因而在高温下它的实际含碳量愈高;同时,透气性愈差,氢气及其中的水气在高温下便愈难与烧结体接触,使脱碳反应式(9-6-4)、式(9-6-5)和式(9-6-6)发生的几率减少,合金的含碳量增高。填料含碳量相同时,碳本身的颗粒大小也会产生同样的效果,金属氧化物填料中所加的碳通常是 120 ~ 180 目的石墨粉。

工业生产中应用最广泛的金属氧化物填料是 100 ~ 150 目的氧化铝。氧化铝的主要优点是:化学性质较稳定,在烧结温度下不与烧结体、石墨舟皿及氢气作用,熔点较高,较难黏结。

氧化镁也可作填料。与氧化铝比较,其主要特点在于:颗粒较细,透气性较差;它在烧结体完成收缩之前就已结块,因而不仅可以减少炉内气氛对烧结体的影响,而且由于烧结体收缩之后只有底部与其接触,还可以减少填料中的固体炭对烧结体的影响。同时,氧化镁在 1800℃以上可以被碳还原。由于颗粒很细,实际上在烧结温度下亦有少量被碳还原(使用过的氧化镁填料中有 MgC_2 存在便是证明),产生的金属镁可以有限地夺取烧结体中的碳,因此,它可以作为脱碳用的填料。

但是,由于氧化镁使刚玉炉管熔点降低,寿命大大缩短,同时飞扬比较严重,卸舟比较麻烦,所以大规模生产中很少采用。

填料的选择,主要是根据对合金的性能(特别是使用性能)和组织的要求,以及影响炉内气氛的各种因素,由试验确定。

钨钴合金的性能对其含碳量的敏感性较强,所以通常采用含碳量较低的氧化铝填料烧结。填料含碳量对合金性能影响的程度随其含钴量的提高而降低。

此外,舟皿口上的石墨盖显著地增加炉气进出舟皿的阻力,从而也起着保护烧结体的作用。在不加舟皿盖时,舟皿表层的烧结体常常缺碳。如果将舟皿口严密封盖,则烧结体受炉内气氛的影响更小,含碳量就更稳定。

D 氢气流量及其含水量

如上所述,氢气流量越大,或氢气含水量越高,反应式(9-6-4)、式(9-6-5)和式(9-6-6)愈易向右进行,即对烧结体的脱碳作用愈强烈。同时,氢气流量增大,必然降低碳氢化合物气体在炉气中的实际浓度,降低它们的分解率,使烧结体通过气相增碳的量降低。因此,太大的氢气流量显然是有害的。在同一设备中,氢气流量应随烧结体的装舟量、成形剂用量及舟皿推速的提高而增大。当舟皿的石墨质量较差时,氢气流量也应适当地提高。总之,以避免出现"起皮"废品和合金的碳量过高为原则。当炉管的横截面积约为130~300 cm^2,舟皿的横截面积约为90~170 cm^2,氢气流量通常为2~3 m^3/h。氢气含水量通常不超过1 g/cm^3。

E 舟皿的石墨质量及其与烧结体的隔离状况

石墨舟皿本身是炉内气氛中碳的来源之一。石墨愈疏松,粒度愈细,它与炉气的作用便愈强烈,因而愈能防止烧结体脱碳。

舟皿与炉气之间的反应,只能在舟皿壁上发生,因此靠近舟皿壁的气氛中碳的浓度较高,以致舟皿壁附近的烧结体含碳量往往较高。如果将舟皿壁(底)与填料之间用某种物质(如硬质合金板)隔开,这种反应对烧结体的影响便会显著减小;如果用于隔离的物质吸碳能力很强(如石棉板、氧化镁板或陶瓷板等),则最终合金的含碳量可以大大降低。

最后,还应指出,刚玉炉管本身也是含碳气体分解的接触剂,特别是当低温带也采用刚玉管时,其作用更为显著。随着使用时间的延长,吸附于刚玉炉管孔隙中的碳量逐渐增加,因而接触作用(吸碳能力)逐渐降低,在其他条件相同时,含碳气体于舟皿内分解的相对量则增加,所以在旧炉管中烧结的合金比在新炉管中烧结的合金含碳量要高。

6.1.2 高温烧结规范

指定烧结工艺时应考虑已经讨论过的各种因素,如,烧结体的化学成分、成形剂的种类、烧结介质和原始粉末的粒度等,根据对合金的金相组织,物理-力学性能,特别是使用特性的要求,由试验确定。

氢气连续烧结时通常只改变两个参数,即烧结温度和推舟速度。

6.1.2.1 烧结温度的选择

硬质合金的烧结温度通常应高于其主要碳化物与黏结金属的共晶温度40~100℃,才能得到好的烧结效果。以WC-Co合金为例,其共晶点为1340℃,因而WC-Co合金的一般烧结温度为1380~1460℃。然而对于某些高钴或低钴合金,粗晶粒或细晶粒合金,其烧结温度会偏离上述范围。

生产实践表明,烧结温度在相当宽的范围内变化,都能使合金有足够的密度,但是合金晶粒度和性能波动较大。因此,应当以合金的使用性能为主要依据来确定其最佳烧结温度。例如,对引伸模具、耐磨零件及精加工用的切削工具,要求合金有较高的耐磨性,则应选取矫顽磁力出现极大值的烧结温度。对于地质钻探和采掘工具、冲击负荷较大的切削工具以及高钴合金,要求合金具有较高的强度,则可适当地采用较高的烧结温度。

烧结温度对低钴合金的WC-Co合金的影响如图9-6-4所示,烧结温度对低钴WC-TiC-Co合金(YT30)的影响如图9-6-5所示,而烧结温度对高钴合金YG20抗弯强度的影响则如图9-6-6所示[2]。

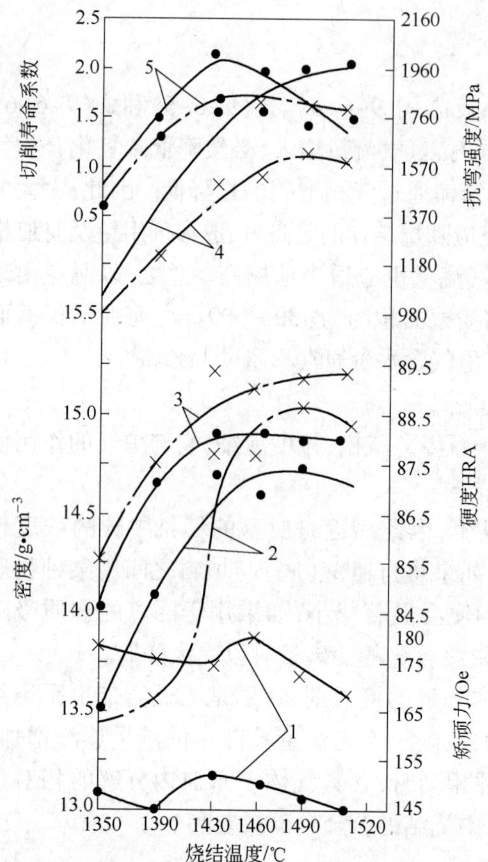

图 9-6-4　烧结温度对低钴的 WC－Co 合金性能的影响

合金成分：● —WC－8% Co；× —WC－5% Co

1—矫顽力；2—密度；3—硬度；4—抗弯强度；5—切削寿命系数

（1Oe≈79.578 A/m）

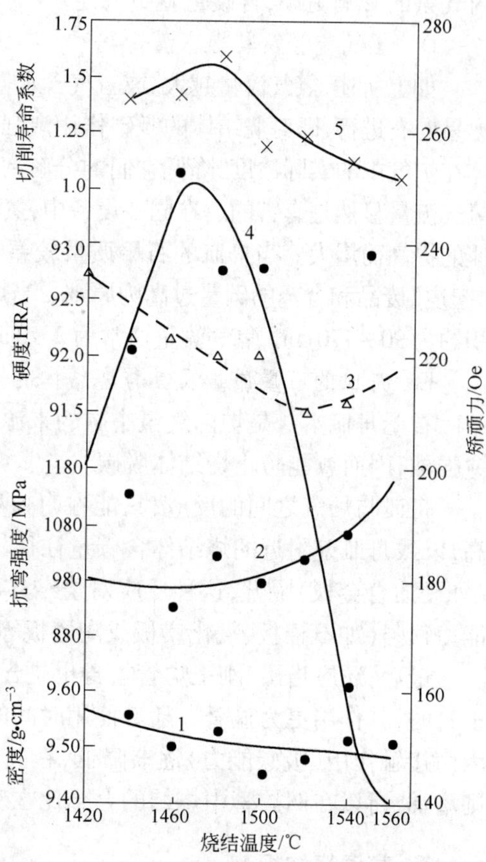

图 9-6-5　烧结温度对 YT30 合金性能的影响

1—密度；2—抗弯强度；3—硬度；

4—矫顽力；5—切削寿命系数

（1Oe≈79.578 A/m）

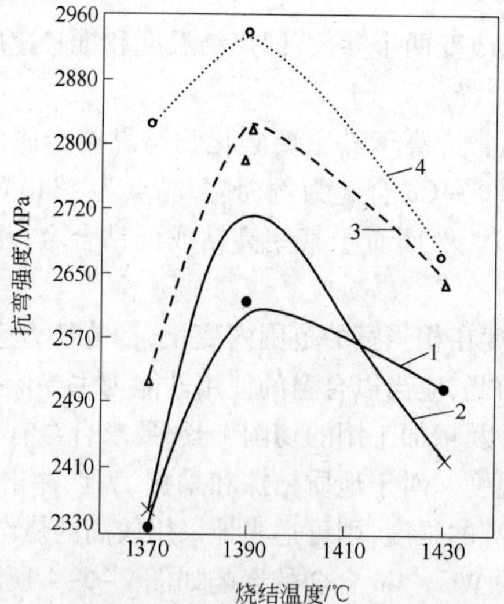

图 9-6-6　烧结温度对 YG20 合金抗弯强度的影响

碳化钨总碳含量为：1—5.7%；2—5.8%；3—5.9%；4—6.0%

6.1.2.2　烧结温度和时间的合理配合

必须保证足够的时间，才能完成烧结过程的组织转变。尽管在一定范围内，烧结温度和时间可以互相补充，但是，这个范围是有限的。过低的烧结温度，如图9-6-7[2]所示的曲线2、3，即使有足够的烧结时间使合金达到应有的密度，对工业生产而言，也是没有实际意义的。而且，合金的性能也未必好。

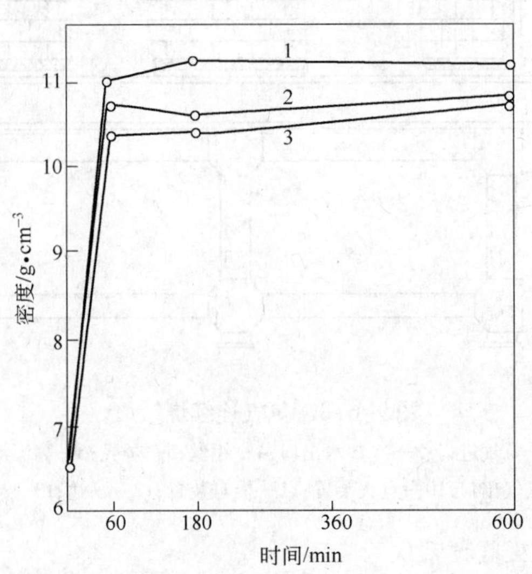

图9-6-7　烧结温度和时间对YT15合金密度的影响

1—1530℃；2—1450℃；3—1370℃

为了在烧结温度下能达到平衡状态，并有充分的组织转变时间，通常需保温1～2h。

但是，烧结时间还受其他因素的影响，如制品大小。有人推荐用下式计算不同厚度制品所需的烧结时间[1]。

$$\tau = A\frac{G\delta}{F} \tag{9-6-16}$$

式中，τ为烧结时间，h；A为由合金牌号和炉子构造试验所确定的系数；G为制品单重，g；δ为制品厚度，cm；F为制品全表面积，cm^2。

由此可见，将尺寸相差很大的制品置于同一舟皿中，采用同一烧结制度是不合适的。

6.1.3　氢气连续烧结炉

6.1.3.1　主体结构

氢气连续烧结炉的主体结构示于图9-6-8。

6.1.3.2　舟皿推进机构

舟皿推进机构由电机、减速机、链轮、链条及炉头推进机构组成。

6.1.3.3　供电系统

供电系统由电气控制柜、变压器、温控器及各种仪表组成。

氢气烧结炉根据几带温度区域、升温速度、极限温度以及炉膛的大小设计变压器的功率。通常有二带和三带供电区两种炉子。

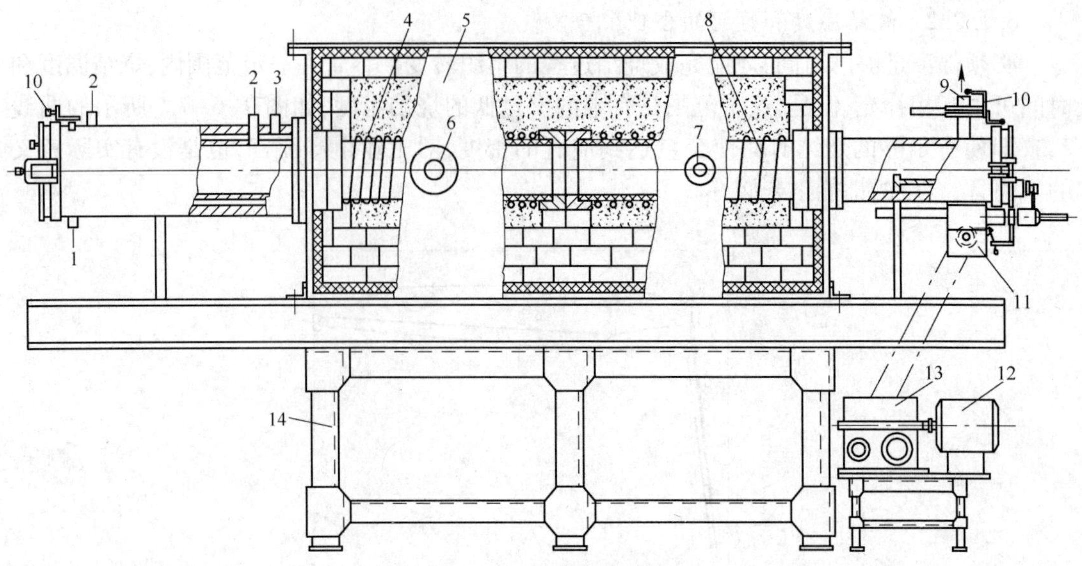

图9-6-8 氢气连续烧结炉

1—冷却水进口;2—氢气进口;3—冷却水出口;4—钼丝;5—炉壳;6—高温测温计;7—热电偶;8—镍铬片;9—氢气出口;10—点火装置;11—推舟装置;12—马达;13—减速器;14—炉架

6.1.3.4 炉温测量及监控系统

在炉管外靠近炉管的位置,安装有测温热电偶,测量出来的温度即时反馈到控制柜,可以对炉内温度进行检测和控制。

6.1.3.5 炉管及电阻丝

氢气烧结炉加热丝通常低温区用镍铬丝,高温区用钼丝。镍铬丝或钼丝均匀地缠绕在炉管外。炉管材料:通常低温区采用耐热钢管,高温区为刚玉管。

6.1.4 操作

6.1.4.1 开炉、停炉

开炉、停炉有几点要注意:

(1) 开炉前一定要进行全面、细致的检查。例如,检查舟皿是否能顺利通过炉管,炉门、氢气出口的密封塞、水管、氢气管、炉头点火装置、测温装置及仪表等等是否完好。

(2) 一定要先开炉头的抽风机(如果有的话)才能送氢气。一定要等炉壳内的空气排尽以后才能送电升温。炉壳一定要完全密封。

(3) 要使炉内的温度平衡初步建立以后才能推舟入炉烧结。但炉内的温度平衡完全建立,则大约还要三昼夜。因此,烧结三天后要检查测温装置的位置是否正确,并在调整好以后记下仪表指示的位置。以后如发现仪表指示的数字变动,也不能轻易调整,一定要查明原因后作相应的处置。这对于保证炉温的稳定性是很重要的。

(4) 非破坏性停炉主要是防止钼丝氧化,等炉温降到300℃以下才能停氢。

6.1.4.2 正常操作

正常操作中主要是经常进行全面检查,并在打开炉门时注意安全。同时,还要注意高温区炉管四周温度的均一性,其温差不应超过30℃,否则最好停炉检修。如果机械推舟装置因故障暂时不能使用,需用手推时,则每次不应推进过多,一般应5 min 推一个相应的距离。此外,还要注意炉内的舟皿是否成一直线并在炉管中间。

要定期用专门的热电偶插入炉管内校正一带炉温。光学高温计要定期用专门的设备校正。

6.1.4.3　故障处理

堵炉:如果是由于炉管连接不良,或者是由于炉管变形而引起的,则应停炉检修。如果是由于陶瓷管塌陷,或舟皿破坏,或被掉下的石墨盖卡住,则一般应将部分舟皿拖出后清理。如果是由于舟皿别住,则拨正即可。

处理时应注意安全和劳动保护,如两端的炉门不要同时打开,注意手及面部的防护等。如果处理时间较长,则应事先停电。

突然停氢、停水、停电:突然停氢时应将炉管的所有出口密封。如果停氢时间较长,则应将炉内降温并停止推舟。

如果停水超过10 min,则将炉内降温并停止推进。

停电后应特别注意氢气出口不要熄火。重新送电时,应首先开动炉头的抽风机(如果有的话)。

6.1.4.4　装舟

装舟时主要注意如下几点:

(1) 为了保证炉内气氛和炉温稳定,同一炉内的每舟装量不应相差太大,一般不应超过3 kg。

(2) 要注意同一舟皿内不同部位的烧结体及同一烧结体的不同部位的含碳量的均一性,以保证合金的相组成符合要求。因此,一般烧结体的工作部位应朝向舟皿中心,并与舟皿壁保持一定的距离。这在烧结 WC - Co 合金时尤为重要。

烧结 WC - Co 合金时,舟皿的石墨质量愈差,填料颗粒愈粗,烧结体含钴量愈低,与舟皿壁的距离应该愈大;用氧化铝填料比用氧化镁填料时的距离要大。不同牌号的烧结体与舟皿壁的距离应由实践确定,通常为5 ~ 30 mm。如果需要超过15 mm,则用废合金将烧结体与舟皿壁隔开。在舟皿加盖的情况下,一般有5 ~ 10 mm 即可。

(3) 保证合金具有正常的外形,尽量避免缺口、掉角、麻孔、黏结、弯曲或变形等。某些很易变形的制品(如长条、薄片等),则应增加它们彼此之间的距离(通常为5 ~ 20 mm,视截面尺寸而定),以利于每一烧结体周围的气氛均一。外形很长或很薄的制品,一舟可以只装几个或一个,甚至要用特殊的辅助器皿。

返烧制品装舟时,要特别注意防止黏结。

6.1.4.5　制品的表面清理

从炉内卸出的制品,表面常粘有一些填料,也常有一层氧化膜,因此需要清理。

清理一般由喷砂实现。

喷砂实际上是用60 ~ 80 目的刚玉,而不是用砂子。喷砂所用压缩空气的压力为0.3 ~ 0.4 MPa。压力太大会打坏制品,压力太小则效率太低。喷嘴用硬质合金的[1]。

6.2　真空烧结

在炉内压力为负压的条件下进行的烧结谓之真空烧结。通常的真空烧结是脱蜡(成形剂）和真空烧结在同一炉内一次完成。若采用合成橡胶做成形剂，则需在专门的脱胶炉内单独脱胶。

6.2.1 相对于氢气烧结的优越性

相对于氢气烧结的优越性主要有以下几点：

（1）易于控制合金的含碳量。在烧结温度下，炉内压力只有 4000 多帕（Pa），O_2，N_2，H_2 和 H_2O 分子极少，6.1.1.1 节中的许多反应均可忽略，介质的影响很小。只要严格控制脱蜡过程，合金的碳含量在烧结过程中的变化极小，性能及组织相当稳定。

（2）可提高硬质合金的纯度。真空烧结有利于化学平衡向反应产物中气体摩尔数增加的方向移动，金属氧化物易于还原，因此有利于减少烧结体中硅、镁、铝等微量氧化物杂质和 TiO。

（3）改善钴对 TiC 的润湿性，提高含 TiC 合金的强度。

（4）工艺操作简便。由于真空烧结时可以不用填料，这不仅简化了操作，还可避免填料对烧结体表面的不利作用。

6.2.2 间歇式真空烧结

长期的实践证明，图 9-6-10 所示的烧结曲线，也就是在烧结的不同温度区间采用不同的炉内气氛和压力的工艺，是最合理的烧结工艺。要实现这种烧结工艺，采用连续真空烧结是非常困难的。目前所说的真空烧结都是间歇式烧结。因此，这里只介绍间歇式真空烧结。因为高温烧结阶段是在负压状态下实现的，所以仍然称真空烧结。

6.2.2.1 间歇式烧结的优越性

间歇式烧结的优越性主要有以下两点：

（1）可以分温度段分别控制温度、气氛和炉内压力。可实现任何温度下的等温烧结（保温）。

（2）整个烧结周期不用开炉门，无空气进入，几乎不会发生 N_2、O_2参加的反应。

6.2.2.2 通用真空炉

通用真空炉的结构示于图 9-6-9。

真空炉由炉体、真空系统、供电系统、监测控制系统、冷却系统、工艺气体系统及成形剂处理系统等部分构成。

A 炉体

炉体由炉壳、炉胆、炉门和支架组成。普通脱蜡真空烧结一体炉炉壳有卧式圆筒形和矩形结构两种。炉壳通常采用普通碳钢，内壁也有使用不锈钢的。炉壳和炉门均设计成双层夹壁水冷结构。夹层厚度为 20～30mm 之间。夹层中可通流动的冷却水，保证炉子的安全。炉门采用机械锁紧方式，采用“O”形密封条密封。

在炉壳上根据不同的用途开孔：进电柱孔、热电偶孔、主真空孔、快冷热交换器孔、工艺气体孔、脱蜡孔、观测孔等。其中进电柱的开孔处法兰面必须采用不锈钢材料，以免涡流产生，使此处局部温度过高。根据用户对炉内有效装料空间的需求来设计炉壳的尺寸。

炉胆由隔热层、加热元件、石墨均温箱等部分组成。炉胆为方形，隔热层通常由软碳毡或复合硬毡组成。其中复合硬毡内外表面层均为柔性石墨纸，以免成形剂对保温层污染而影响隔热性能和使用寿命；石墨纸表面光亮，对辐射热的反射能力强，能大大提高炉温的均匀性和产品在升温过程中的温度跟随性。

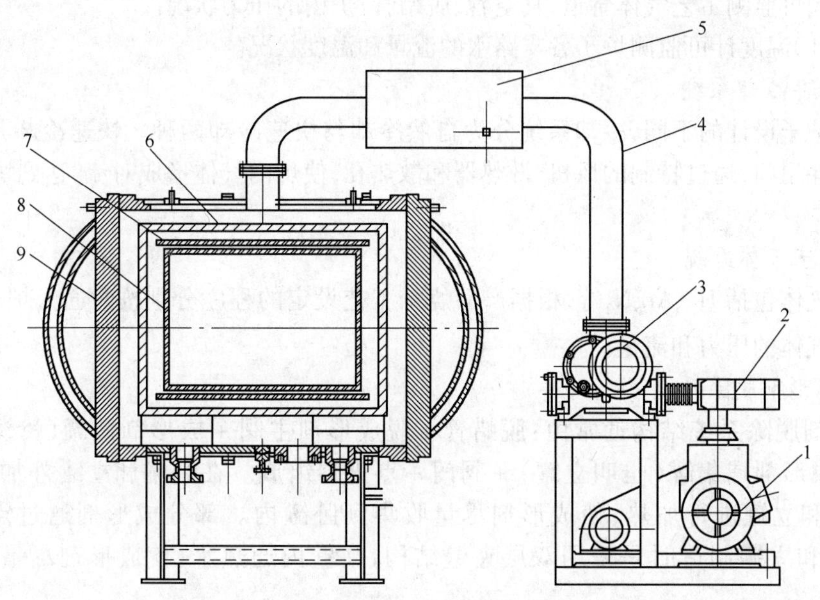

图 9-6-9　真空烧结炉示意图

1—机械泵；2—电磁阀；3—罗茨泵；4—真空主管；5—热交换器；6—保温筒；7—发热体；8—马夫筒；9—炉壳

B　真空系统

真空系统通常由机械泵、罗茨泵、真空管道、主真空阀、旁通阀、真空探头和炉壳构成。

采用旋片式机械泵或滑阀式机械泵均可。旁通阀可采用开闭式电磁阀或可控制流量大小的调节阀。

极限真空度一般要求达到 1 Pa。泄漏率以停泵后 12 h 真空度变化表示，单位为 100 Pa/(L·s)。

C　供电系统

供电系统由变压器、电缆、进电柱、炉内石墨发热体及电器控制柜组成。

通常变压器的使用功率为额定功率的 60% ~70%。如：装料区域为 640 mm×450 mm×1200 mm 的卧式圆筒炉型，变压器的功率 360kW。通常分三带加热，每带的功率均为 120 kW。

电缆可采用普通硬铜芯电缆或铜芯水冷软电缆。

炉内石墨发热体可设计成方形或圆形鼠笼式。石墨发热体可以根据发热功率的大小设计成不同的直径或尺寸。

D　监测控制系统

监测控制系统是由真空计、热电偶、压力探头、安全阀、流量计、温度计组成，产生的信号反馈至 PLC，通过初始编制的程序进行工作。

真空计分别监测炉内和真空管道的真空度。

WRe 热电偶可监测炉内的温度分布情况,K 型热电偶可监测脱蜡管的温度情况和冷却水的温度情况。

安全阀可监测工艺气体管道、真空管、脱蜡管、炉内的压力状况。

流量计、温度计可监测炉子各支路水的流量和温度状况。

E　产品冷却系统

根据炉子设计的不同,冷却系统分为自然冷却与快速冷却两种。快速冷却是在 900℃以下打开保温门,通过特制的风机、散热器和散热孔,使炉内气体形成对流,达到快速冷却的的目的。

F　工艺气体系统

工艺气体包括 H_2、Ar、N_2 等,根据产品烧结工艺设定的程序分别按时通入炉内,并自动控制各种气体的压力和流量。

G　成形剂脱除系统

成形剂脱除系统结构通常由:脱蜡管 + 脱成形剂主阀 + 成形剂储罐(冷凝罐,也叫卧罐) + 成形剂捕集罐(也叫立罐) + 阀门 + 点火器组成。在卧罐和立罐外加装电加热丝对卧罐和立罐进行加热,使成形剂尽量收集到卧罐内。部分成形剂通过点火烧掉。也有卧罐和立罐制造时是采用双层夹壁结构,夹壁内通热水,使成形剂尽量收集到卧罐内。

若烧结过程是由程序控制的,则最好兼有氢气微正压脱蜡和惰性气体 Ar 或 N_2 保护的负压脱蜡。

6.2.3　烧结曲线及过程控制

按工艺指令将烧结全过程的温度、时间、炉内气氛及压力等工艺参数编成计算机程序,输入电脑进行自动控制,并将全过程的参数在直角坐标的记录纸上形象地表现出来的曲线,叫做烧结曲线(图 9-6-10)。它包括开炉、脱除成形剂、脱氧、烧结、冷却全过程。

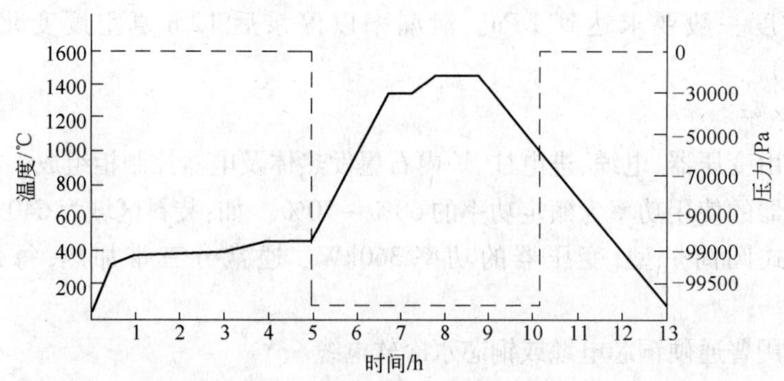

图 9-6-10　切削刀片真空烧结工艺曲线

6.2.3.1　开炉操作

开炉前要按工艺要求进行必要的准备。如检查炉子冷却水是否畅通,水温是否正常。检查生产指令卡上所标明的生产工艺路线和烧结类型,校对牌号、型号与实物是否一致等。

入炉操作。将待烧结炉料平稳入炉,检查并擦净炉门密封圈并在“O”形圈上涂上一层薄薄的真空脂。关上炉门,拧紧夹具,关闭空气进气阀,按要求调定工艺参数。

开炉操作。首先要进行抽真空检漏过程。将炉子按要求抽到一定的真空度后,关闭有关阀门,停开真空泵,开始真空检漏。检漏合格后才能开始按程序正常运行。如果是氢气脱蜡,在通入氢气前要先通入氮气。

6.2.3.2　脱除成形剂

这里所说的成形剂是指石蜡和 PEG,不包括合成橡胶类成形剂。

脱蜡过程的基本要求是,既要使成形剂排除干净,又不能使合金增碳,甚至起皮。要做到这些,关键是要控制正确的升温速度和气体流量。详见 6.1.1.2 节中 A、B、D。这里强调两点:

(1) 制品尺寸。从制品中心到表面的距离越大,温差越大,要使制品中心的蜡完全脱除所需要的时间就越长;同时,由于比表面积随制品体积的增大而减小,在同样温度下,接近制品表面处的碳氢化合物的浓度就越高,因而越容易使制品增碳或起皮。因此,制品尺寸越大,应该升温速度越慢,在脱蜡温度下的保温时间越长。

(2) 炉内石墨部件的质量及其清洁状态。石墨部件应采用高质量的石墨,以减少与氢气的反应界面。成形剂在脱除过程中会有少量吸附在炉膛内壁及碳毡上。这会使炉气中的碳含量增高导致烧结体增碳。因此要定期清除炉膛及碳毡上残留的成形剂。

6.2.3.3　固相烧结

在固相烧结阶段,烧结体内尚未被还原的金属氧化物可按反应式(9-6-8)与碳发生还原反应,甚至按反应式(9-6-10)发生碳化反应。还可以按反应式(9-6-9)发生还原反应。

烧结体的成分分析表明,上述反应在 1100℃以上激烈地向右进行,因此在 1000℃左右保温 30 ~ 60 min(依制品大小而定)能让氧化物充分还原。

6.2.3.4　液相烧结

其最高烧结温度与保温时间的确定原则与氢气烧结基本一致,但需要注意的是在此阶段真空度不宜太高,以防止钴蒸发损失过多,最好是通入少量氩气使炉内气氛保持在一定的负压范围。

6.2.3.5　冷却

为了获得良好的合金性能,冷却速度应尽量快。因此我们将冷却过程大体分为两个阶段,从烧结温度到 1000℃左右为第一阶段,自然冷却。从 1000℃开始通入氩气或高纯氮气,打开冷却阀与冷却风机,对炉料进行强制循环冷却,一直冷却到低于 100℃出炉为止,为第二阶段。强制冷却能使 β 相的高温平衡组织尽可能多地保存下来。

6.2.4　烧结控制块

工业生产所用的烧结炉容积较大,在烧结全过程中不同部位的温度和气氛组成不可能在任一时间都完全一样。这就会造成产品质量的差异。这些差异在金相组织上和合金结构上分别表现为碳化物的晶粒度和黏结相成分的变化,在物理性能上则表现为矫顽磁力和相对磁饱和的变化。为了保证同一炉不同部位的和不同炉的产品质量的相对均一性,往每一炉有代表性的特定部位分别放上若干特制的样品与生产料同炉烧结。出炉后测定每一块检验样品的钴磁和矫顽磁力。这些检验样品习惯上叫做控制块。很显然,这些控制块的性能代表了每一炉内不同部位的产品的性能。各控制块的被测性能波动在合格范围内,就说明这一炉产品的性能是均一的。因此,这一炉产品才算合格。

对控制块的要求是:确定一个与所烧产品的化学成分和金相组织相差不太大的牌号作为控制块牌号,选择一批合格料压制成固定型号。合格的标准是:样品经过多次烧结合格。烧结合格的钴磁和矫顽磁力就是标准值。每炉放几片控制块即可。

6.3　热压

6.3.1　概述

热压是压制和烧结同时进行的过程。在加压下烧结,使烧结过程迅速完成,也就是活化,因而碳化物晶粒的长大程度比普通烧结的要小得多,同时也更加致密。在烧结温度下加压,所需压力比室温时的小得多,只有几个兆帕。

由于在烧结温度下加压,通常不存在压力传递困难的问题;同时,压模只用一次,不存在脱模难的问题,所以可以生产形状相当复杂的制品。而且,不会产生变形。

其缺点是,通常一次只能生产一件,压模只能使用一次,因而劳动生产率低,成本高,不宜用于生产批量大的产品。同时,由于手工操作,质量难以稳定;表面粗糙,加工量太大,更加提高成本。如今,冷压成形及烧结工艺已相当完善,所以热压已极少使用。

6.3.2　工艺

6.3.2.1　加热方式

在硬质合金生产中有电阻加热和感应加热两种。

电阻加热是利用石墨压模和粉末作为发热体,在压模的上、下模冲上加压,同时经过上下模冲通以低压大电流,使物料达到所需的温度。

感应加热则是利用中频感应线圈使其中的压模和物料产生涡流而发热,达到所需的热压温度。

6.3.2.2　压模材料及其设计原则

A　压模材料的选择

热压温度都在 1400℃以上,因此要求压模材料应该有较高的热强度,良好的导电性,不污染制品,气孔少,而且要有好的加工性能。目前,只有石墨比较符合要求(见表 9-6-4)[2]。应根据压模各部位的工作特点,选用质量不同的石墨。经定向处理的石墨压模部件(如芯轴,内套、压环等),使用寿命较长。石墨模表面渗硅,可提高抗氧化性能,从而可减少石墨的氧化损失,也可提高模具的使用寿命。使用氮化硼涂料,可以使制品从石墨模中顺利地脱出。

表 9-6-4　石墨材料的性能

石墨的种类	抗压强度 /MPa	比电阻 /$\Omega \cdot mm^2 \cdot m^{-1}$	孔隙度 /%	密度 /$g \cdot cm^{-3}$
人造电极石墨	15.3～30.6	8～14	23～27	1.5～1.7
人造细粒电极石墨	20.4	16～25	20～25	1.5
人造致密石墨	35.7	10～28	16～20	1.7
ϕ300 高纯石墨	46.3	—	—	1.81
方块高纯石墨	73.1	—	—	1.86

B 热压模的设计原则

a 压模的强度

石墨模的强度计算与冷压时钢压模计算方法类似。热压时的压制压力只有7 ~ 12 MPa，从表9-6-4的数值来看，石墨压模的尺寸无须太大就能满足这一要求。此外，由于在2500℃温度以下石墨的强度随着温度的升高而增大，在烧结温度下石墨压模的强度会更好。

通常取模套外径 D_0 约等于内径 D 的2倍，无须计算。模套厚度不宜过大。在特殊情况下，可用外部加固的办法增大模套的强度。

b 压模的温度分布

在模冲直接导电的情况下，两端模冲温度较高，模套中间温度较低，由于压模各部位温度与截面积成反比，因此，为了提高模套中间的温度，在设计时应考虑在保证模套强度的情况下，尽量减少其中间部分的截面积。

c 尺寸的确定

热压时，制品表面不可避免地产生渗碳层。渗碳层的厚度与热压温度、制品的含钴量有关。含钴量高，渗碳层就厚，如YG15渗碳层可达2 mm，而YG8合金只有0.5 ~ 1.0 mm厚；热压温度增高，渗碳层厚度也会增加。但如采用优质石墨或定向石墨，渗碳层则较薄。为了保证产品质量，渗碳层将被磨掉。设计压模时应根据产品的质量及公差要求，考虑一定的加工余量。

与常规模压不同，与加压方向垂直的阴模型腔截面尺寸就是合金（而不是压坯）的尺寸。

d 压模结构

根据制品的形状特点确定适当的加压方向。一次难以成形的制品，则应采用分成几部分分别压制，然后焊接在一起的方法生产，以利于压力和温度均衡传递。对于需要焊接才能成形的制品，则应选择好焊接部位，以保证制品质量。此外，设计时还应该考虑到模具便于加工。

6.3.2.3 工艺

A 物料

a 物料的技术条件

热压所用的混合料不需添加成形剂。为保证热压制品获得良好的组织，必须保证混合料的碳含量接近于理论值，一般为6.12% ±0.03%，才能保证合金内部不出现 η 相或石墨。

b 单重的计算

制品单重与冷压一样，按公式计算。当用公式计算制品体积有困难时，可用测量法测定，即用量杯量出与所压制品等体积的细金属粒子或塑料粒子的体积即可。在这里，损耗系数主要是考虑钴损耗，对于钴含量低于11%的合金，其损耗系数为1.02，而对于钴含量大于15%的合金，其损耗系数为1.03。

B 压制

a 装模

压制前将物料装入模腔内，应注意装料均匀，以保证制品密度均匀一致。为了减少压制时的热损失,在石墨模套上应包上 2 ~ 5 mm 厚的石棉袋或石棉布。

b　压制工艺条件

单位压制压力随钴含量的提高而降低,热压温度也随钴含量的提高而稍有下降。热压的升温、保温时间则随着制品尺寸的增大而增加,冷却时间也一样。

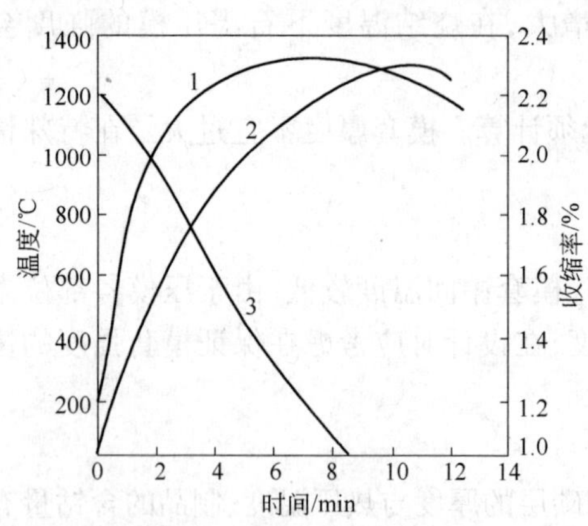

图 9-6-11　感应加热时温度、收缩率与时间的关系

1—模壁温度;2—制品温度;3—收缩率

c　温度的控制

热压温度的控制是比较复杂的。对于直热式电阻加热过程来说,压坯的实际温度高于压模外壁温度,一般模壁温度要低 150℃ 左右(见表 9-6-5)[1]。对于中频感应加热的热压过程来说,制品温度与模壁温度的关系如图 9-6-11[1] 所示。

d　热压操作

要获得优质的制品,必须使压制压力与温度密切配合,否则会产生裂纹、变形或其他缺陷。表 9-6-5[4] 可以作为直热式热压操作时的参考。对于感应加热过程,除模壁温度一项有所不同外,其余差别不大。

表 9-6-5　直热式热压各阶段的工艺参数及其特征

压制阶段	模壁温度/℃	制品温度/℃	压力占总压力/%	特　征	对材料质量的影响和易发生的问题	操作中应注意的事项
1	室温	室温	30 ~ 50	压紧混合料	超过初压力,气体难以逸出,会导致制品出现气孔,分层	保持初步压紧压力
2	700 ~ 800	850 ~ 950	保压前略有增加	略有收缩,塑性流动开始	加压过急易把压模压裂	缓慢加压
3	800 ~ 1100	950 ~ 650	约 70	收缩较激烈	应及时加大压力,否则会因自由收缩而造成废品	温度与压力应配合好
4	1100 ~ 680	650 ~ 1430	约 90	收缩最激烈	易产生环状或纵向裂纹及其他缺陷	当压力滞后时,应降低加热功率
5	680 ~ 1340	1430 ~ 1450	100	制品较致密,收缩减慢	模套易压裂	保持压力不超过规定范围
6	1340 ~ 1150	1450 ~ 1300	保压	制品高度与密度达到要求	如不保压就断电,或降温太快,制品易变形和产生内部裂纹	保压后断电,分阶段降温
7	1150 ~ 800	1300 ~ 700	撤压			撤压,卸模,并放入保温箱内冷却

6.3.2.4　焊接

由于制品形状复杂,或由于热压设备及工艺等原因的限制,不能一次成形,必须采用两次或多次压制后焊接的方法,才能获得所需的制品。

焊接必须注意以下几点：

(1) 焊接面必须清理干净,磨去渗碳层和钴流失层,以减少焊接面的组织缺陷;

(2) 焊接次数应尽量少,以防止多次加热部分制品晶粒长大,增大组织的不均匀性;

(3) 采用感应加热方式,利用感应加热线圈能上下移动的特点,可降低非焊接部分的温度,防止晶粒长大;

(4) 合理设计焊接面的形状,以保证焊接面的强度不致过分下降。如在热压带台阶的轧辊时,可以先将两端分别成形(如图9-6-12所示),然后再在中间充填混合料,进行热压(如图9-6-13所示)[1]。将轧辊中间部分的热压与其两端的焊接过程合并为一次热压成形工艺。这样既保证了轧辊中间部分避免因两次热压而造成的晶粒长大,而且这种插入式的焊接结构还可以改善焊接面的强度,使轧辊在使用过程中不易断裂。

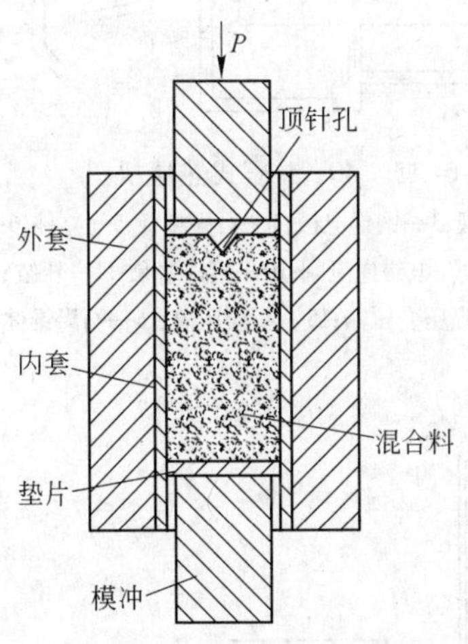

图9-6-12　轧辊端部的热压成形图

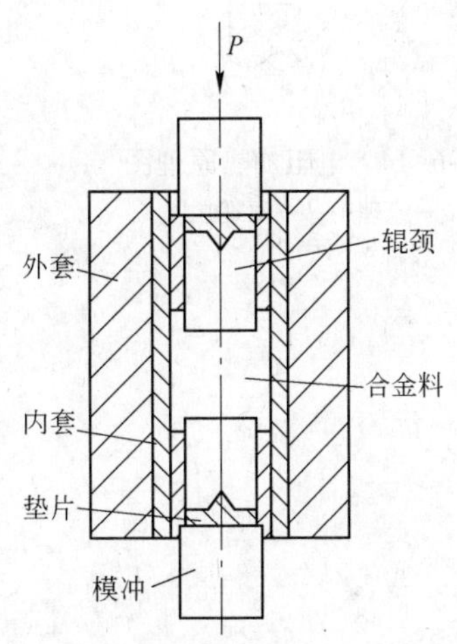

图9-6-13　轧辊中部的热压与两端的焊接

6.3.3　电阻加热热压机

电阻加热的热压机与一般压力机的不同点在于:它担负加热任务;其加热速度较慢,且压力易于保持。电阻加热的热压原理如图9-6-14所示[2]。利用压模及制品作电阻元件,将电流直接通往石墨压模及制品两端,在变压器前端设调压变压器,以控制加热温度。

一般说来各种类型的液压机均可改装成电阻加热的热压机,其中主要是需要增加一些加热设备。

图9-6-15[2]为电阻加热的40t油压式热压机。这种热压机用于生产外径ϕ100mm以内的制品。机体总高为2680mm,上、下横梁(其直径600mm)1与8固定在三根立柱5上,其间距是800mm。中间横梁7连接在下部活塞13上,活塞最大行程为450mm,其空载(即快速)行程速度为10mm/s,制品加压时行程速度为0.3mm/s。

该热压机的油压传动系统如图9-6-16[2]所示。空载时使用低压齿轮泵9(压力1.27MPa,流量18L/min),因此中横梁的上升速度快。压制时用高压柱塞泵(压力16.6MPa)自动加压,速度慢。当泵工作时,便把油箱里的3号锭子油通过油管压至热压机底部之压缸,使热压机中横梁向上移动加压。

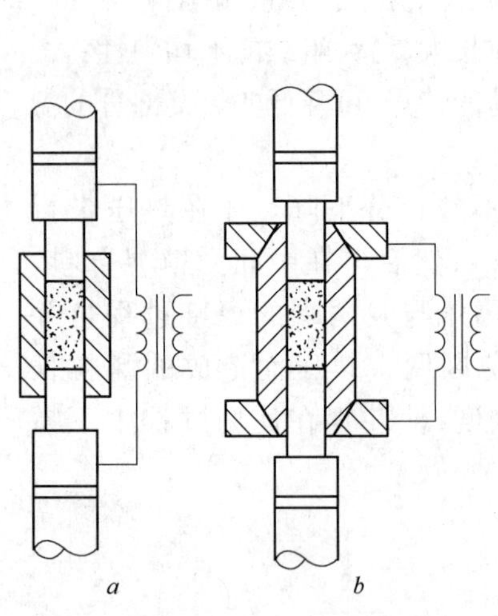

图 9-6-14　电阻加热原理图

a—原理一；*b*—原理二

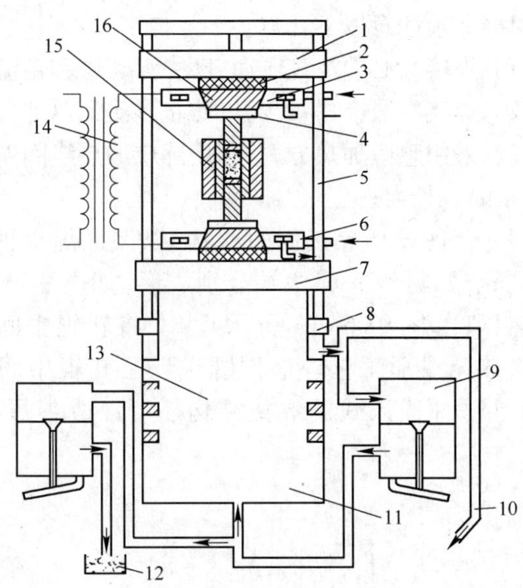

图 9-6-15　40 t 油压式热压机

1—上横梁；2—石棉水泥板；3—铜导电板；4—石墨垫板；5—立柱；6—冷却水；7—中间横梁；8—下横梁；9—电磁逆流阀；10—接柱塞泵；11—压缸；12—油箱；13—活塞；14—降压变压器；15—石墨压模；16—石墨锥体

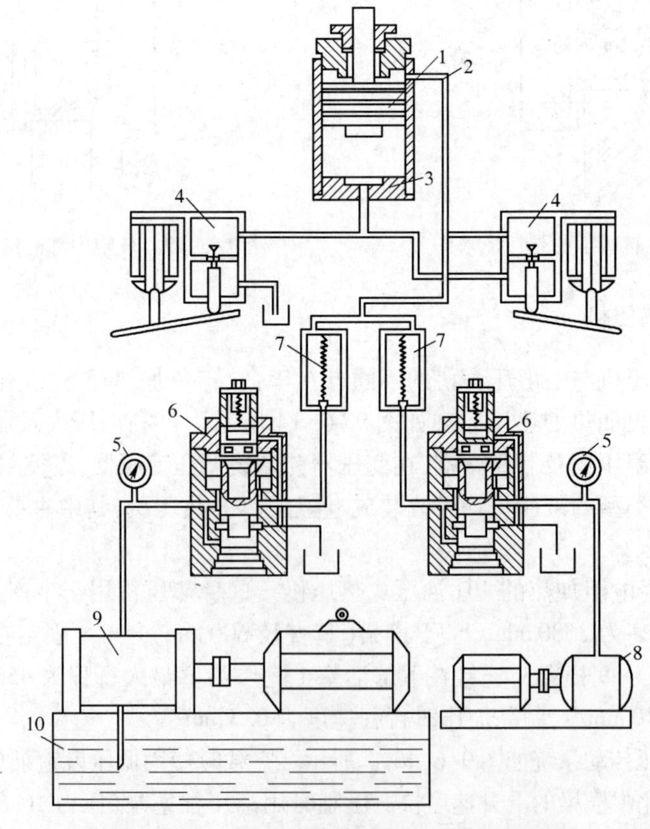

图 9-6-16　40 t 油压式热压机油压传动系统图

1—活塞；2—高压油管；3—压缸；4—电磁逆流阀；5—压力表；6—安全阀；7—逆止阀；8—柱塞泵；9—齿轮泵；10—油箱

热压机的主要电器设备有 100 kW 调压变压器及 80 kW 变压器,其输出电压为 0 ~ 12 V。

6.4　气压烧结

在致密化过程完成以后增加一个在烧结温度下加压保温的过程,称为气压烧结。之所以叫气压烧结是因为压力是靠气体,通常是氩气传递的。压力一般为 5 ~ 10 MPa。

美国超高温公司曾证明[3],如果在硬质合金的烧结温度下直接施加压力,则可在比烧结制品热等静压时低得多的压力下闭合硬质合金的内部孔隙,从而不仅能消除残留孔隙,而且可使“钴池”降到最低程度甚至完全消失。在这种情况下,只有 1.7 ~ 7.0 MPa 的压力就能满意地闭合孔隙。

美国罗杰斯工具厂用细晶粒 WC – 6% Co 和粗晶粒 WC – 11% Co 硬质合金在不同压力下进行气压烧结的试验证明,对于细晶粒 WC – 6% Co 合金而言,在烧结温度下施加 2 ~ 21 MPa 的压力就能使其抗弯强度达到原来热等静压时的水平。而对于粗晶粒合金 WC – 11% Co 合金来说,在烧结温度下施加 1 MPa 的压力就足以使其抗弯强度优于在 1380℃ 和 103 MPa 下热等静压得到的材料,如表 9–6–6 所示[3]。

表 9–6–6　两种牌号 WC – Co 硬质合金气压烧结的试验结果

合金成分(粒度)	工艺方案与条件	抗弯强度/MPa
WC – 6% Co(3.1 μm)	真空烧结	3395
	气压烧结(1 MPa,1420℃)	3539
	气压烧结(6.9 MPa,1420℃)	3886
	气压烧结(21 MPa,1420℃)	3868
	真空烧结 + 热等静压(103 MPa,1320℃)	3915
WC – 11% Co(粗晶粒)	真空烧结	3082
	气压烧结(1 MPa)	3496
	气压烧结(6.9 MPa)	3482
	真空烧结 + 热等静压(103 MPa,1380℃)	3221

气压烧结对提高 WC – Co 硬质合金物理 – 力学性能有着极其有利的影响,图 9–6–17 为气压烧结对不同钴含量的 WC – Co 硬质合金密度的影响,图 9–6–18 为气压烧结对不同钴含量的 WC – Co 硬质合金抗弯强度的影响。从图中可以看出,气压烧结不仅可以提高低钴合金的密度,而且能更为显著地提高低钴合金的抗弯强度[4]。

6.4.1　气压烧结炉

气压烧结炉的基本结构与普通真空烧结炉相同。它们之间的差别主要是由于它是受压容器(压力小于 10 MPa)引起的。现将其与普通真空炉的主要区别简述如下:

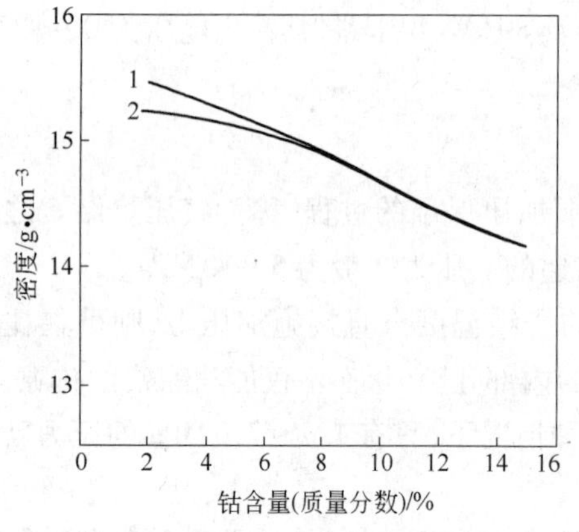

图 9-6-17　气压烧结的硬质合金密度与钴含量的关系

1—气压烧结;2—真空烧结

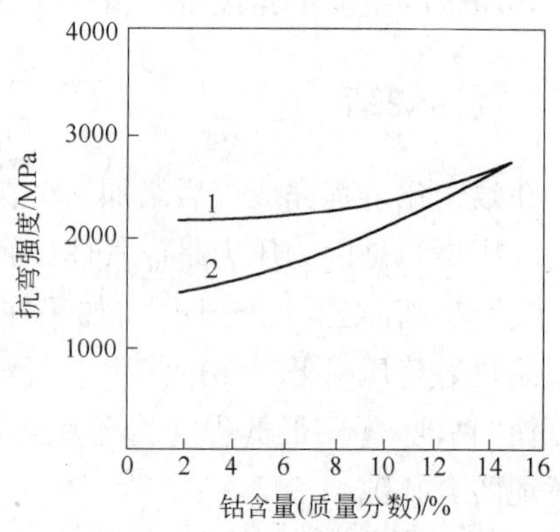

图 9-6-18　气压烧结的硬质合金抗弯强度与钴含量的关系

1—气压烧结;2—真空烧结

在总体结构上增加了加压系统和泄压装置及整个高压系统,包括炉体及相关的管道和阀门的多重安全保护装置,包括多重机械安全保护和多重自动控制保护。炉壳结构上有着重大的差别。首先,炉门为平板炉门、液压侧旋(人工干预自动快开)方式开关。炉壳两端焊有带方齿的大法兰,便于锁紧连接环和炉门紧固。炉壳上部装有安全插销,即在锁紧装置将炉壳和炉门两个大法兰锁住后,安全插销自动插入卡环和炉门法兰方齿之间,防止锁紧装置往回滑动,并可自动退出。其次,炉壳材料的抗张强度十分重要,一般不用不锈钢而用碳钢制作。

气压烧结炉的结构如图 9-6-19 ~ 图 9-6-21 所示。

图 9-6-19　气压烧结炉全图

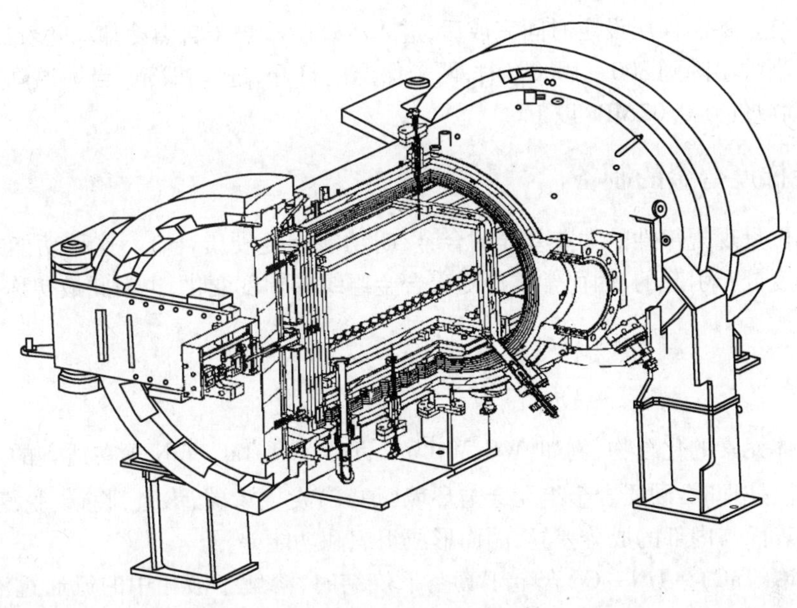

图9-6-20 气压烧结炉内部结构剖面图

图9-6-21 气压烧结炉内胆结构
a—结构一;b—结构二

6.4.2 操作

开炉前要按工艺要求进行必要的准备。如检查冷却水的压力、流量、温度、各种气体的压力是否符合要求。检查生产指令卡上所标明生产工艺路线和烧结类型,校对牌号、型号与实物是否一致,清除石蜡储罐中的成形剂等。

入炉操作。将待烧结炉料平稳入炉。用无水酒精将炉门密封环、炉门、炉壁擦干净。用吸尘器将炉内灰尘吸干净,在炉门密封环上涂一层薄薄的真空脂。检查炉门卡环是否需涂润滑脂。关上炉门,检查所有的机械装置是否到位。

开炉操作。首先要进行低压检漏及抽真空检漏过程。检漏合格后才能开始下一步操作。如果是氢气正压脱蜡,在通入氢气前要先通入氮气。在真空烧结完成后通入高压氩气进行压力烧结。保温保压设定时间完成后，进入冷却阶段炉子自然冷却。随着炉温下降，压力也下降。当炉温降到800～1000℃时，两个保温门打开，进入快冷。当炉温降到出炉温度时，炉子自动放气到0.02 MPa以下。

6.5　功能梯度合金的制备

不同部位呈现规律性的功能差异的合金，叫功能梯度硬质合金。这种功能差异是由合金组元的梯度分布引起的，因而常常伴随着合金组织的梯度变化，也因此最初称为梯度组织合金。

6.5.1　原理

含有气体元素的化合物，例如，WC、W_3Co_3C、TiC、TiN、TaC、TaN等在适宜的炉内气氛中于适当的高温处理时，硬质合金组元会与环境（炉气）发生渗碳、渗氮、脱碳、脱氮反应，并由此造成合金表面与内部的成分差异，因而形成组织和功能差异。

WC－TiC（TaC）－TiN－Co合金于真空下烧结时，溶解于液相中的氮通过液相扩散从试样表面逸出，为了保持液相中氮的平衡浓度，TiN就要继续溶入液相。这一过程的继续进行便使试样表面液相中的W、Ti、C浓度升高，因而发生这些元素的分子向试样内层的质量迁移。结果便形成了表面脱β层。不含氮的WC－TiC－Co合金在含氮或含碳（如CH_4）气氛中加热时则发生相反的化学反应和物质迁移，结果形成了表面富β层。如果这类合金配制的含碳量高于化学计算量，然后在微脱碳气氛中处理，也可得到表面为脱β层的合金。后面这两种不含氮的合金的处理温度都是约1250℃，也就是烧结后的冷却阶段。

配制含碳量低于化学计算量的WC－Co合金在渗碳气氛（如CH_4）中烧结，可以生产出表面贫钴富碳（WC＋γ）而内部贫碳富钴（WC＋γ＋η）的合金。配制含碳量高于化学计算量的WC－Co合金在微脱碳气氛（如CO_2）中烧结，则得到表面富钴少碳（WC＋γ）而内部少钴余碳（WC＋γ＋C）的合金。

上述机理可以说明形成功能梯度合金的主要事实，但是，仍然面临着一些事实的挑战。首先，有人发现，一个可转位刀片两个切削刃相交的夹角处的脱β层厚度比刀口的其他部位要小，刀口处的厚度又比中间部位的小。这对氮在液相中扩散并从合金表面逸出是这一过程的动力的论点提出了质疑。其次，将脱β层去除后，在低于液相出现的温度下于真空中再加热时，即使长时间（例如1250℃，9 h）加热也未观察到脱β层。还有，为什么脱β层的厚度随β固溶体含量的增加而减少，并且当其含量达到80%时，厚度为零？最后，为什么脱β层的厚度与合金中TiN含量呈曲线关系，并在TiN含量为1%时出现极大值？这些问题的存在说明对脱β层的形成机理尚未完全掌握。

6.5.2　两种主要梯度组织合金的组织特征及用途

6.5.2.1　通过受控碳扩散制取功能梯度硬质合金

这主要用于WC－Co合金凿岩钻齿。为此，首先生产缺碳的η相均匀分布的WC－Co合金球齿，也就是均匀分布的WC＋γ＋η三相合金球齿，然后将这种合金进行渗碳处理。这时合金表面的η相（例如W_3Co_3C）便会与炉气中的碳发生下述反应：

$$W_3Co_3C + 2C \longequal 3WC + 3Co$$

这就造成了合金表面的γ相含量高于内层和中心；同时γ相中含碳量也随之增加。如是，γ相含量的提高及其中含碳量的增加使得它们都向合金内层扩散。结果，合金的含钴量及含碳量便由表及心形成了三种不同的成分。如果合金的钴含量为6%，球齿的直径为10 mm，经过适当的渗碳处理后，可以得到厚度为2 mm的无η相的表面层和直径为6 mm的含有弥散分布η相的中心区这样的梯度组织合金球齿。其表面层的含钴量约为4.8%，中心区的外围（紧接表层）的钴含量达10.1%，而含η相中心区中心的钴含量则接近合金名义含钴量6%。这种球齿内钨和钴沿直径的分布示于图9-6-22*a*[5]。

调整渗碳处理的温度和时间可以制取所需钴分布梯度的硬质合金。而渗碳时间则取决于温度和制品尺寸。如果有充分的渗碳时间，则可以得到η相完全消除，而钴仍然是梯度分布的合金（图9-6-22*b*）[5]。可以看到，球齿中心的钨、钴相对含量正好与图9-6-22*a*所示者相反。而且，钴从表面到中心的分布虽然也分成三个阶梯，但却是一直增加的。从金相组织来看，这种合金不是梯度组织。但是，与通常的合金相比，这种球齿同样具有较好的耐磨性和较高的使用寿命。

上述两种结构的球齿有一点是相同的，那就是表层的钴含量低于公称值。因此，它们表层的耐磨性会高于具有均一化学成分的传统合金。但是实践证明，这种球齿使用性能提高的效果是不能单纯地用硬度即耐磨性提高来解释的，因为表层硬度相同的传统合金使用性能都较差。

这类梯度组织合金不仅用于凿岩钻齿，也可用作耐磨零件，如拉伸模等。

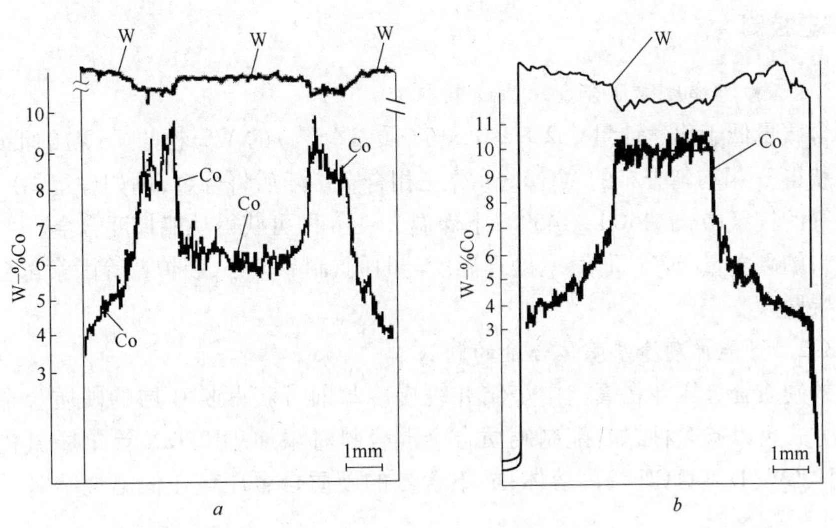

图9-6-22　缺碳合金球齿渗碳处理后钨、钴沿直径的分布示意图

6.5.2.2　通过受控氮扩散制取功能梯度硬质合金

作为涂层硬质合金可转位刀片的基体，通常都含有TiC。要想制得具有不含β（TiC－WC）相的表面层（脱β层）的合金，通常要加入百分之几的TiN。将这种组分的压坯在真空下烧结，便可以得到表面是WC＋γ两相组织（脱β层），内部是α（WC）＋β＋γ三相组织的合金（图9-6-23）[5]。图9-6-23显示，α＋β＋γ三相区按其化学成分又分为两层：化学成分符合配制要求的标准（或名义）成分的中心层；处于脱β层和中心层之间的钛含量高于而

钴含量低于名义成分的中间层。

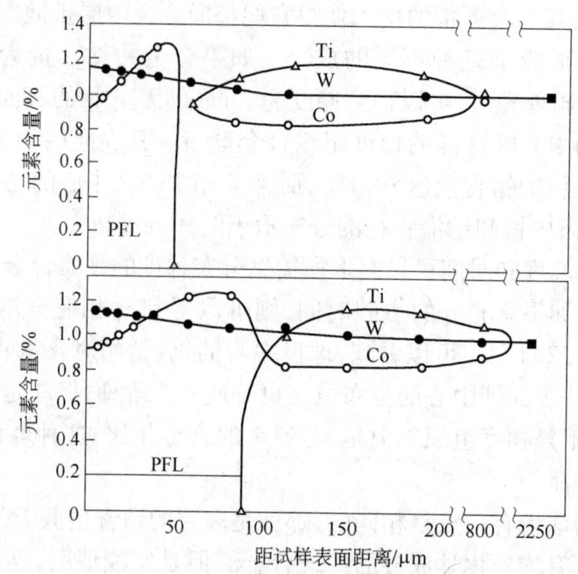

图 9-6-23　WC-5.0%β-5.0%TiN-Co 合金中 W、Ti、Co 含量与距试样表面距离的关系

（含量以试样中心含量为基准）

6.5.3　工艺控制

6.5.3.1　功能梯度硬质合金球齿的制取

配制含碳量低于化学计量 0.2%～0.3%（质量分数）的 WC 粉与 Co 粉的混合料，压制并烧结以获得 η 相均匀分布的 WC+γ+η 三相合金。随后将合金，例如球齿，在含有甲烷、一氧化碳等的气氛中，于 1400～1450℃ 下保温 2～4 h 即可获得功能梯度合金。

混合料的碳含量、碳气氛浓度、处理温度与时间、制品大小、装炉量等因素都会影响梯度结构的表层厚度。

6.5.3.2　功能梯度涂层基体合金的制取

含氮的硬质合金压坯在真空中烧结并缓慢冷却即可获得脱 β 层的硬质合金。硬质合金含氮的方式可以有多种，如：配制硬质合金混合料时添加 TiN、TaN 等单质氮化物或采用（W，Ti）CN、（W，Ti，Ta）CN 等固溶体；或不含氮的硬质合金压坯在低温烧结时导入少量的氮气。

表面脱 β 层的硬质合金一般采用标准工艺进行生产。其烧结工艺条件为，温度 1350～1400℃，时间为 15～540 min，真空度 4 Pa。

这种工艺研究得比较深入，已为一般生产厂家所应用。作为工艺的应用，研究的注意力主要集中在脱 β 层的厚度 x 上，并且已经发现其具有如下规律[6]：

（1）脱 β 层的厚度 x 与烧结（脱氮）时间的平方根成正比；

（2）脱 β 层的厚度 x 随烧结温度的提高而加大；

（3）脱 β 层的厚度 x 随真空度的提高而加大；

(4) 脱 β 层的厚度 x 与 γ 相所占体积比的平方根成正比；

(5) 脱 β 层的厚度 x 随合金含碳量的提高而增大；

(6) 脱 β 层的厚度 x 随 β 固溶体含量的增加而减少，当固溶体含量达到80%时，x 等于零；

(7) 脱 β 层的厚度 x 与合金中 TiN 含量呈曲线关系：首先 x 随 TiN 含量的增加而加大，但在 TiN 含量为 1% 时出现拐点。

6.6 烧结废品

凡是不能返回生产的中间工序处理的不合格产品就是废品。它们只能作为原料回收。硬质合金废品的种类较多。这里只说比较常见而成因比较清楚的工艺废品。

6.6.1 起皮

硬质合金表面出现通过棱的裂纹（不通过棱的称“裂纹”），或者龟裂或翘起一层壳，严重时则呈鱼鳞式的小薄皮或爆裂（如同鞭炮爆炸后的爆花），都是废品。这类废品叫做“起皮”。

起皮是由于活性的钴粉末的接触作用使含碳气体按反应(9-6-1)或反应(9-6-2)在烧结体内，通常是特定的部位分解出游离碳，使该部位被游离碳阻隔为各自收缩的两部分，于是形成裂纹，严重时爆裂。

实验证明，形成起皮需要两个基本条件：首先是活性钴的存在。出现起皮的倾向性与烧结体的含钴量成正比。纯碳化钨制品不起皮。压坯的密度越小越容易起皮。在800℃煅烧以后的制品再烧结不会起皮。因为这时的钴经过了再结晶，活性（结晶能，甚至表面能）降低，而且表面密度有所增加。其次是含碳气体的存在。含碳气体通常是由成形剂产生的碳氢化合物，也可以是由水蒸气或空气与石墨制品按反应(9-6-3)、(9-6-4)或反应(9-6-13)产生的一氧化碳。这后一种情况通常是不存在的，它只有理论上的意义。

在通常工艺条件下，要避免产生起皮，关键是控制炉气中碳氢化合物的气体实际浓度在任何温度下都低于其平衡浓度，因而不在烧结体内分解并残留碳（见 6.1.1.2 A）。要做到这一点，间歇烧结时主要是控制400℃（石蜡成形剂）或500℃（合成橡胶类成形剂）以下的升温速度及在该温度下的保温时间；氢气连续烧结时主要是控制800℃以下的升温速度（见 6.1.1.2 B）。升温速度主要与下列因素有关：

(1) 成形剂的种类及用量（见 6.1.1.2 A）。

(2) 连续烧结时的装舟量或间歇烧结时的装炉量。

(3) 烧结体的尺寸（见 6.2.3.2 A）。

(4) 氢气流量（见 6.1.1.2 D）。

6.6.2 变形与翘曲

变形和翘曲都是指所得到的合金（形位公差）与压坯的形状不一样。例如，合金刃口带后角的焊接切削刀片，其刃口的长度通常小于底部的长度；一字形焊接凿岩钎片及长条、薄片等制品在长尺寸方向出现的所谓“弯曲”等。产生变形的原因有二：

(1) 压坯的相对密度不一。密度小的部位，例如焊接切削刀片带后角的刃口，收缩系数较大,因而所得合金在该方向的线尺寸较小。

(2) 不同部位的含碳量不均一。含碳量较高的部位出现液相的温度较低(图 9-5-3),冷却时后于其他含碳量较低的部位凝固。先冷却的部位冷却收缩时所产生的空位可以由尚未凝固的部位的物质通过黏性流动来填充,依此类推,碳量最高的部位最后冷却,收缩时所产生的空位无以填充,只有凹进,像铸件的缩孔一样被保留下来。

把上述第二种变形叫做“弯曲”是不正确的。因为:

第一,“弯曲”的实际状态与两端支撑的承载梁不同。两端支撑的梁的弯曲总是上面的中点凹下,下面的中点下凸。一根直径 15 mm、长 700 mm 的圆棒的变形却大部分不是这样,而是沿轴向多点凹进又多点凸出,并且在任一径向上都有可能,并非总是上、下方向。一字形焊接凿岩钎片的底部弯曲大部分是中间内凹,而不是下凸。

第二,实践证明,凡是使同一烧结体不同部位的含碳量差异增大的因素都增大弯曲的倾向。常见的有如下几种:

(1) 烧结体于舟皿内的相对位置。靠近舟皿壁的烧结体,其与舟皿壁平行的两个面接触炉气的机会和成分不同,其间就会产生含碳量差异,因而容易出现弯曲。

(2) 烧结体的尺寸。烧结体的尺寸越大,不同部位的这种碳量差异就可能越大,变形就可能越大。

如能将烧结体与炉气接触的机会降到最小,也就是烧结体不同部位的碳量差降到最小,如:严密封盖舟皿,增大烧结体与舟皿壁的距离或增加舟皿最上层填料的厚度,都有利于减少弯曲的倾向性。将圆棒烧结体置于内径稍大于成品尺寸的两个半圆石墨槽之间烧结,则 D20 mm × 500 mm 的硬质合金轧辊的弯曲度也可达到千分之一左右。

(3) 氢气流量。氢气流量越大,上述差异就越大。

(4) 压坯含氧量的均一性。压坯局部氧化不太严重时会造成局部失碳。

6.6.3　孔洞

硬质合金内的孔隙或孔洞是难以完全避免的。金相检验标准将孔隙分为 A 类孔、B 类孔和 25 μm 以上的大孔。由于很难区分它们各自的成因,这里通称为孔洞。其成因可大致归纳为以下四方面:

(1) 有生成气体的化学反应。烧结体出现液相以后有生成气体的化学反应,例如,氧化物的还原反应。如果这种反应在烧结体出现液相以后发生,且生成的气体的压力不足以克服液相的阻力而从烧结体内逸出,便在合金内形成孔洞。因为有些氧化物,例如钛的氧化物,只有到高温下才能被碳还原。还有的氧化物,例如碳化钨和钴的混合料的氧化结块,虽然在较低温度下可以被氢还原,但由于它们相当致密,在出现液相时未完全被还原。

(2) 有不为液相湿润的杂质存在。某些固相杂质,例如,三氧化二铝,氧化钙等,由于不(或不完全)为液相所湿润,在金相试片研磨的过程中脱落,金相检验就是孔洞。这种孔内有时保留着原先的杂质。

(3) 烧结体内的大孔不能被完全填充。由于料粒太干(密实),高温时有些料粒成为一个更小的单元自行收缩,便留下不能被完全填充的孔洞(习称“未压好”);或者,小段(片)的铜丝、铁屑等熔化并分散以后留下的大孔。

（4）黏结金属与碳化物混合不匀。这样，有的微小区域没有黏结金属，其临近区域的黏结金属的毛细力不及或液相数量不够，便在合金内留下孔洞。

参考文献

[1] 王国栋．硬质合金生产原理[M]．北京：冶金工业出版社，1988.

[2] 株洲硬质合金厂．硬质合金的生产[M]．北京：冶金工业出版社，1974.

[3] Symposium Focuses on Sinter - HIP Technology[J]. Metal Powder Report，1988，43(4)：204～207.

[4] Hofmann G et al. Production Plants for Dewaxing, Vacuum Sintering, and Pressure Sintering in a Combined Process[J]. Powder Metallurgy International，1987，19(6)：35～37.

[5] 张荆门．硬质合金工业的进展[J]．粉末冶金技术，2002，20(3)：144～145.

编写：程秀兰　张荆门　刘建辉（株洲硬质合金集团有限公司）

第7章　烧结后处理

7.1　概述

烧结后处理是指粉末经压制、烧结以后的所有加工过程。它包括：

(1) 以改善合金的组织或/和黏结相的结构或表面成分为目的所进行的加工，例如，热处理、涂层、渗碳及脱碳处理以及深冷或其他处理等，以改善合金的性能。

(2) 由于现行生产工艺在形状、尺寸精度或表面粗糙度方面达不到要求而进行的加工，如热整形、研磨及钝化。

(3) 为矫正制品缺陷所进行的加工。如：尺寸或形位公差或表面不合格，需要进行研磨加工；金相组织不合格，如：有石墨相或缺碳相，需要进行脱碳或渗碳返烧；长条(棒、板)形位公差(弯曲度)不合格，需要进行矫正返烧；孔隙度不合格可以进行热等静压等。

涂层将作为单独一章叙述。热处理已在本篇第5章烧结理论基础中提到。渗碳处理已无实际应用，深冷处理尚不成熟，所以这后两方面不予叙述。

7.2　研磨

7.2.1　概述

硬质合金的研磨加工主要在以下三种情况下是需要的，即：提高尺寸精度；缩小形位公差，例如：降低弯曲度，提高平面度，修正角度等；改善表面粗糙度。

外形简单的制品，如焊接刀(钎)片、长条薄片及棒材等，通常采用平面磨、无心磨即可达到要求。在这些情况下可采用立方氮化硼砂轮或金刚石砂轮。表面粗糙度要求不高时采用粒度较粗(例如，60目)的磨轮，否则应采用粒度更细的磨轮。

要求比较严格、加工又比较复杂的，是可转位刀片的研磨。它通常需要专用磨床。本节以叙述可转位刀片的研磨为主。

7.2.2　磨削砂轮

常用的为金刚石砂轮和立方氮化硼砂轮。

7.2.2.1　金刚石砂轮

金刚石是世界上最硬的物质，天然金刚石资源少，价格高，所以广泛使用人造金刚石。

人造金刚石砂轮使用寿命长，成本低，成形砂轮容易修整，加工的工件尺寸精度高，表面粗糙度低。

7.2.2.2　立方氮化硼砂轮

立方氮化硼(PCBN)的硬度仅次于金刚石，在切削和磨削加工中得到广泛应用。它具有很好的化学稳定性，磨削性能好，磨削力小，较低的磨削温度，加工精度高，很好的耐用度，较高的生产效率，加工成本低。

立方氮化硼(PCBN)广泛用于制造树脂结合剂砂轮、陶瓷结合剂砂轮、金属结合剂砂轮、研磨膏等磨具。

7.2.2.3　结合剂

结合剂分为:树脂结合剂(代号:B)、陶瓷结合剂(代号:V)和金属结合剂(代号:M)。结合剂要根据加工的材质和精度来选择。加工硬质合金材质时,选择树脂结合剂。对超硬材料 CBN 和 PCD 加工时,一定要选择陶瓷结合剂。

7.2.2.4　金刚石砂轮浓度

金刚石砂轮浓度是每单位立方厘米体积所含金刚石的克拉数。25% 为 1.1 克拉;50% 为2.2 克拉;75% 为3.3 克拉;100% 为4.4 克拉;125% 为5.5 克拉;150% 为6.6 克拉;200% 为8.8 克拉。

7.2.2.5　金刚石砂轮的选用

选择砂轮时要考虑磨料种类、粒度、浓度及结合剂等因素。粗加工时,砂轮的粒度为 100～150 目,浓度为100%。半精加工时,砂轮的粒度为180～240 目,浓度为75%。精加工时,砂轮的粒度为280～320 目,浓度为100%。精加工如果还要提高粗糙度就要降低浓度,如:75%、50%、25%等。

7.2.2.6　金刚石砂轮磨削加工特点

(1) 在硬质合金可转位刀片加工中,金刚石砂轮、冷却水是目前最广泛使用的磨削加工方法。选择好砂轮粒度、砂轮线速度、磨削进给速度、调整好冷却水流量可加工出极好的表面粗糙度,如 $R_a = 0.12\ \mu m$。

(2) 磨削加工数控刀片端面,可以根据刀片的材质来调节线速度,生产效率高,加工成本低,加工品种转换快。

(3) 金刚石砂轮磨损、堵塞时修整快,在一台机床上要加工不同的材质,可以快速更换合适的粒度、浓度的砂轮。

使用时注意:每个砂轮应配专用法兰盘并进行校正,使径向跳动不超过 0.03mm;使用前要进行静平衡;树脂结合剂磨具存放不要超过一年,否则树脂会老化;搬运和存放时不要碰撞。

7.2.2.7　砂轮修整

各种形状的成形砂轮的修整可用如下方法:

(1) 滚压成形:滚压成形是利用硬度很高的钢轮与砂轮之间的强大压力使磨粒疲劳破碎与脱落而成形。钢轮的形状就是硬质合金可转位刀片的形状。但是钢轮的精度比刀片精度要高一倍以上。两者的转速很低(50 r/min)。同时砂轮挤压点离开钢轮后马上要与油石(粒度 320 目碳化硅油石)相磨。这里油石起着刷子作用,刷掉破碎与脱落的颗粒。保持挤压点干净是很重要的,不然砂轮会被挤裂。由于挤压力很大,机床的刚性要好。采用数控机床可以滚压出精度很高的成形砂轮(如图 9-7-1*a*)。

(2) 磨削成形:采用平砂轮、碗形砂轮、杯形砂轮,材质为碳化硅、氧化铝,砂轮直径为 $\phi 80 \sim 100$ mm。相互摆动进给磨削砂轮。砂轮要装上法兰一起修整。这主要修整被重堵塞的砂轮和形状不复杂的成形砂轮。这类砂轮的磨削时间不要过长,进给深度不要过大,不然修整质量不好,也不经济(如图 9-7-1*b*、*c*)。

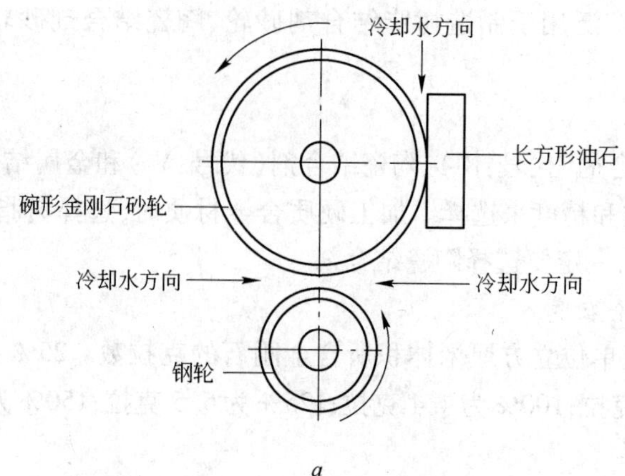

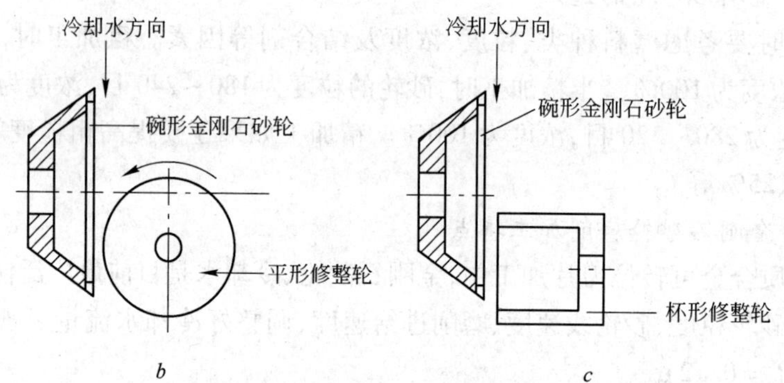

图 9-7-1　砂轮修整示意图

a—滚压法；*b*，*c*—磨削法

7.2.3　磨削液

7.2.3.1　对磨削液的基本要求

（1）润滑性好：磨削时磨削液渗入到磨粒和被加工件之间形成润滑膜，降低磨粒切屑刃和工件之间的黏附摩擦，提高砂轮的使用寿命和加工件的粗糙度。

（2）冷却性好：冷却液能迅速吸收并带走磨削热，防止加工件表面恶化和变形，保证加工件尺寸精度。

（3）防锈性好：磨削液在工件表面形成润滑膜，隔绝空气中的氧。

（4）湿润性好：所谓湿润性是指磨削液浸透到砂轮表面（气孔）与工件之间，冲刷掉留在气孔中的磨削料和脱下的磨粒，防止砂轮堵塞。

7.2.3.2　磨削液的种类

油基磨削液：常用煤油、矿物油、活性剂按一定比例调和成弱碱性磨削液，润滑性效果好，加工表面粗糙度好。适合磨削量小的磨削加工。

水基磨削液：分为乳化磨削液、化学合成磨削液，湿润性好，它们比油基磨削液冷却效果好，适合磨削量大的强力磨削。

7.2.4　可转位刀片磨削加工流程

毛坯→端面加工→超声波清洗→检查→周边加工→超声波清洗→检查→倒棱、开

槽加工 → 超声波清洗 → 检查 → 刃口处理 → 超声波清洗 → 成品检查。

7.2.5　端面磨削加工

端面加工可分为研磨和砂轮磨削两种。

7.2.5.1　研磨加工

研磨可加工出极好的表面粗糙度 $R_a=0.12$ ，刀片表面的物理损伤很小，刀片的使用寿命提高。将立方氮化硼粉40%、煤油40%、20号机油配制成研磨液。用粒度为180目的立方氮化硼粉配制的磨削液，选择好机床的磨削参数，可以一步加工成合格产品，无须经粗磨再精磨。其原理如图9-7-2所示。

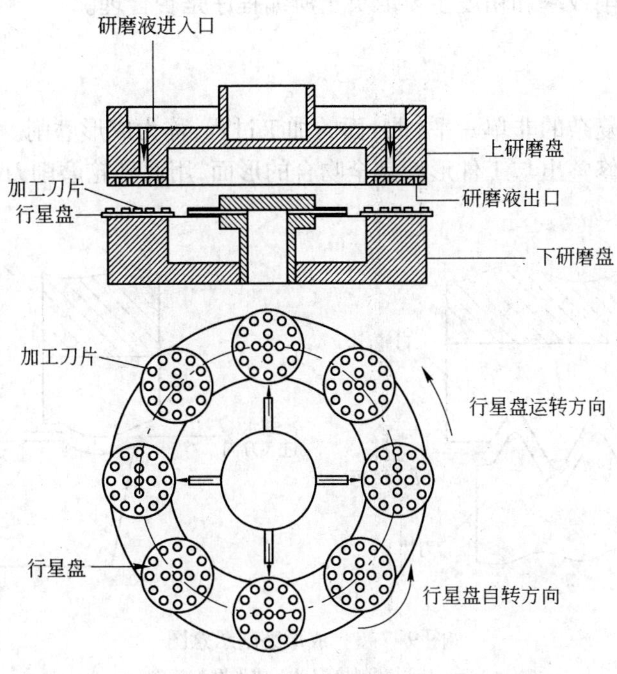

图9-7-2　研磨原理

7.2.5.2　砂轮磨削

A　金刚石砂轮磨削端面特点

磨削效率高，加工尺寸精度高，表面质量好，金刚石砂轮的使用寿命长、劳动条件好、劳动强度低。可选用的机床种类较多，常用的如：平面磨床、工具磨床、各种专用磨床等，用不同种类机床加工端面只是采用不同夹具而已。

B　操作要点

端面磨削加工时，砂轮工作面宽则与工件接触面大。尽可能采用杯形砂轮和碗形砂轮，特别是粗加工时可以提高加工效率，精加工时（选择好粒度）还能提高粗糙度。

如果毛坯的加工余量能控制在0.25～0.3mm以内，砂轮环工作面的宽度是工件面宽的5～6倍、粒度180～240目、浓度100%、毛坯变形小，一次加工能完全达到合格尺寸要求。

砂轮磨削时，砂轮线速度、磨削深度、工件速度、纵向进给速度都要适当的控制，以保证加工质量和加工效率。

金刚石砂轮磨削端面一定要用冷却液。选择水基型或油基型的冷却液要根据自己的生产工艺来决定。

7.2.6　周边磨削

用于周边磨削的机床,有手动操作的、半自动的和全自动的。加工精度取决于机床精度和工装夹具的精度。现在用的最多的机床有平面磨床、工具磨床、各种专用磨床等。主要根据刀片的精度要求和机床的刚性和精度来选择机床。夹具是否合理,对磨削效率和加工精度也有重要影响。

数控机床的磨削效率和精度主要取决于所编程序是否合理。

7.2.7　成形磨削

磨成外形较为复杂的非单一平(曲)面的加工过程,称为成形磨削。

将砂轮工作面修整出与工件形面完全吻合的形面,用此砂轮磨削刀片,得到所需形状的刀片(见图 9-7-3*a*、*b*)。

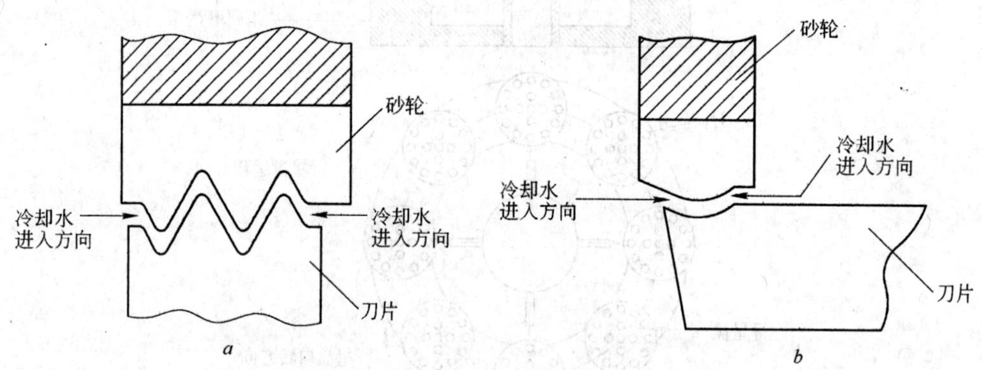

图 9-7-3　成形磨削示意图

a—成形磨削梳刀;*b*—成形磨削槽型

成形磨削加工是磨削加工中难度大的磨削。

7.2.8　刃口钝化

切削加工中具有决定意义的是刀具——在工件接触区内进行切削的过程。除了后角、前角和断屑槽形状等设计时已确定的刀具结构参数外,对刀具的寿命和切削效果起重大作用的是刀具切削刃与工件接触的横断面约为 30 ~ 100 μm 大小的接触区。磨得锋利的切削刃,实际(放大)是锯齿形(见图 9-7-4)。这对硬质合金可转位刀片涂层的结合强度和耐磨性有很大的影响。因此,刃口钝化是十分必要的。图 9-7-5 所示为钝化后可转位刀片的切削刃。

钝圆刃口的形状和尺寸,视刀具使用时的要求而定。图 9-7-6 所示为要达到的钝圆切削刃形状。钝圆半径从刀片后面上较小的数值过渡到刀片前面上较大的数值。由于钝圆半径的差异和切削刃楔角的关系,便形成了两个不同的钝化区,即 S1 和 S2。

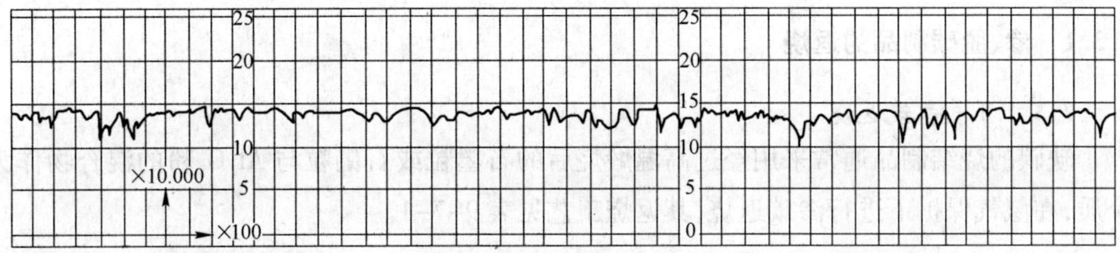

图 9-7-4　钝化前切削刃

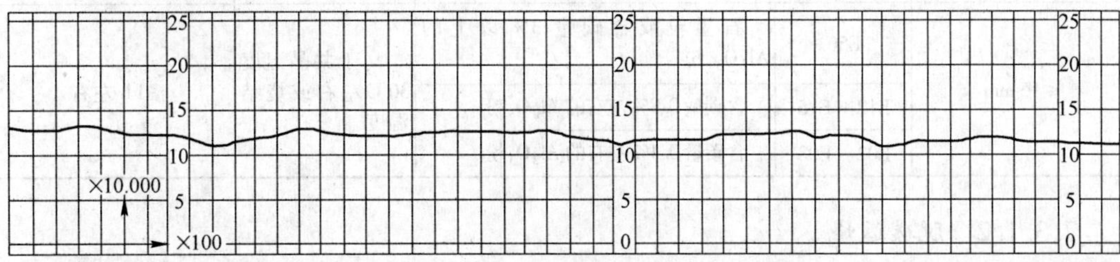

图 9-7-5　钝化后切削刃

在所有通用的刃口钝化工艺中含磨料的尼龙刷钝化法得到广泛应用。它成本低，自动化程度高。调整机床的工艺参数可以改变钝化的过程和效果。从图 9-7-7 的 a、b、c 曲线可以看出各主要工艺参数对所达到的钝圆半径的影响。钝圆半径的数值随着切削时间的增加而先快后慢地增长（图 9-7-7a）；随着毛刷的压入深度的增加，钝圆半径以稍高的速率增长（图 9-7-7b）；只有切削速度的影响最为显著（图 9-7-7c）。单位时间内所达到的钝圆半径随着切削速度的提高而迅速增长。但是，如不对毛刷进行适当的强制冷却，则毛刷与工件接触区内的尼龙丝会因切削热高而局部熔化在硬质合金刀片上。因此要求钝化时必须采用冷却润滑剂进行有效冷却。

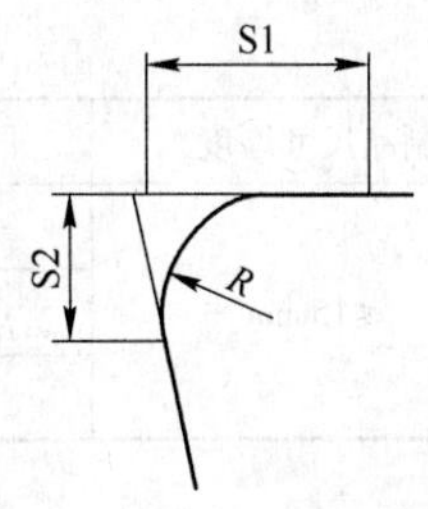

图 9-7-6　钝圆刃口示意图

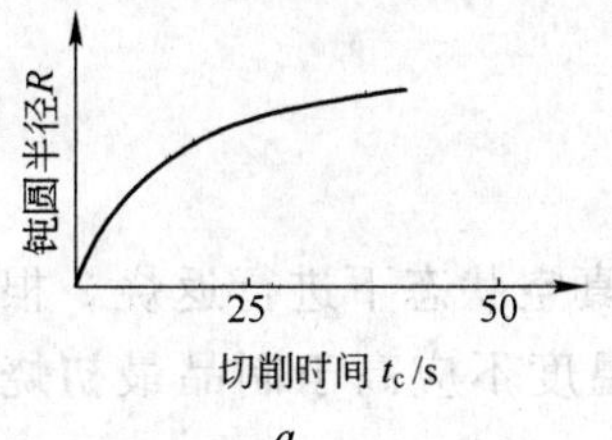

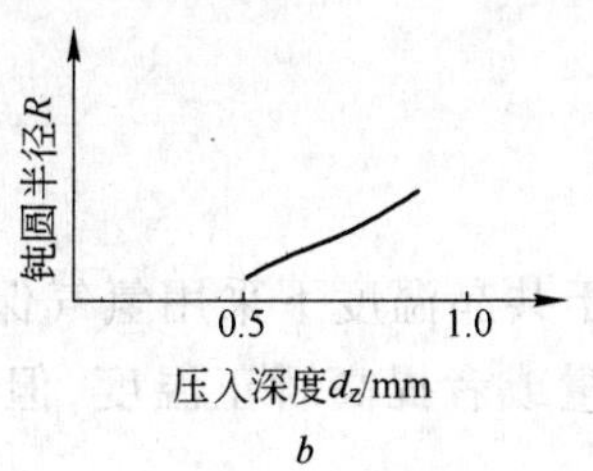

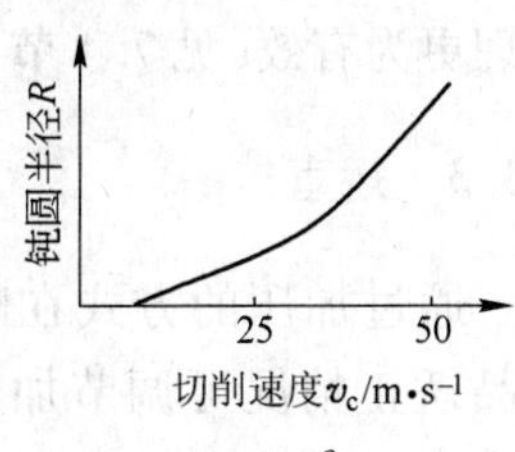

图 9-7-7　钝化工艺对钝圆半径的影响

a—钝圆半径随着切削时间的增大曲线；b—钝圆半径随着压入深度的增大曲线；

c—钝圆半径随着切削速度的增大曲线

7.3　返烧

返烧是指对弯曲变形制品以及渗、脱碳制品和孔隙度超标制品进行再烧结的处理方式。

7.3.1 渗、脱碳制品的返烧

7.3.1.1 渗碳返烧

缺碳的烧结制品通常采用经过高温煅烧后的石墨粒或石墨粒与 Al_2O_3 粉的混合物作为介质,在氢气保护下进行渗碳返烧,其返烧工艺见表9-7-1。

表9-7-1　渗碳返烧烧结工艺

制品尺寸厚度	η相	填　料	返烧温度	返烧时间
≤15 mm	E50	石墨粒或含碳量3%以上的 Al_2O_3 粉	高于共晶温度30℃左右或烧结温度	1h左右
	E12 ~ E16	含碳量0.8%左右的 Al_2O_3 粉		
	E02 ~ E08	含碳量0.4%左右的 Al_2O_3 粉		

7.3.1.2 脱碳返烧

有游离碳的烧结制品通常采用经过高温煅烧后的 Al_2O_3 粉,或 Al_2O_3 粉与细W粉的混合物作为介质,在氢气保护下进行脱碳返烧,其返烧工艺见表9-7-2。

表9-7-2　脱碳返烧烧结工艺

制品尺寸厚度	非化合碳	填　料	返烧温度	返烧时间
≤15 mm	C08	含W量5%左右的 Al_2O_3 粉	低于烧结温度30℃左右	1h左右
	C04 ~ C06	含W量1%左右的 Al_2O_3 粉		
	C02	纯 Al_2O_3 粉		

7.3.2 孔隙度超标返烧

烧结制品孔隙度(≤25 μm的孔)超标,可采用气压烧结炉在10MPa左右的压力下进行加压烧结。烧结温度应低于制品最初烧结温度20℃左右。采用热等静压在更高的压力下处理更为有效(见7.4节)。

7.3.3 矫直

通过加压的方式在略高于共晶温度下采用氢气保护或真空状态下进行返烧。根据制品矫正情况可调节加压重量或者提高矫正温度,但矫正温度不应高于制品最初烧结温度。

7.4 热等静压

热等静压1955年起源于美国巴蒂尔研究所。当时是为了解决核燃料的包套问题。热等静压用于工业生产是从硬质合金开始的。那就是1967年美国肯纳金属公司所安装的第一台年产50t的热等静压机。据报道,1983年全世界171台热等静压机中有55台是用于硬质合金工业的。硬质合金工业曾经是热等静压机的最大应用领域。

除了化学成分和碳化物晶粒以外,孔隙度和钴相分布状态是影响硬质合金性能的重要因素。在烧结体出现液相以后,可能某些金属氧化物的还原反应仍在进行。这些反应所产生的气体难以逸出,便在合金中形成孔隙。另外,含钴量较低时压坯内的较大孔隙可能不能完全被钴填充而保留于合金中。

与热压不同,热等静压在硬质合金生产中并无成形功能,只是硬质合金的一个烧结后处理过程。其作用是降低合金的孔隙度。如果工艺条件适当,经热等静压处理后的硬质合金,其金相组织中很难发现孔隙。因此,抗弯强度一般提高10% ~30%。含钴较低的硬质合金强度提高较多,含钴量较高的提高较少。最大的好处是抗弯强度的波动范围大大地缩小(见表9-7-3)。

以市购的YG15C混合料为原料,冷等静压成形,氢气烧结后试样分为三组:一组不再加工(Hs);第二组:1200℃,100 MPa保温1 h(HIP(L));第三组:1350℃,100 MPa保温1 h(HIP(H))。试样检测后,将所得数据经数学处理后列于表9-7-3[1]。

表9-7-3 抗弯强度值的数学处理结果 (MPa)

组 别	实验均值	实验均方差	置信区间	置信边值强度
Hs	2220	313	2000 ~ 2448	2000
HIP(L)	2330	451	2004 ~ 2650	2004
HIP(H)	2380	189	2244 ~ 2514	2244

表9-7-3表明,在WC - Co伪二元共晶温度以下(1200℃)热等静压处理的合金虽然抗弯强度平均值提高了,但它的置信边值强度没有提高,而且强度分布的均方差反而增大。这可能是由于没有液相,黏结相在压力下只能产生塑性流动,小孔隙不能完全消除;或者黏结相被挤入大孔隙,形成钴池,并由于它们的位置不同而对强度产生不同的影响造成的。有液相存在(1350℃)时的热等静压处理会使小孔隙及钴池都消失。虽然抗弯强度均值比无液相存在时提高甚微,但其均方差明显缩小,置信边值强度提高。这就使得不同产品使用寿命的相对稳定性明显提高。而且,含钴量越低,这方面的表现越突出。

热等静压处理硬质合金一般采用100 MPa的压力,温度略高于硬质合金的WC - Co伪二元共晶温度,也就是1350℃左右。处理高钴合金可适当地低一点,低钴合金可适当地高一些,但不超过1400℃。要注意的是,烧结温度要比正常烧结的低一些。一般将炉内压力升到28 ~30 MPa后升温,然后炉内的压力随温度的升高而升高。当炉内达到要求的温度时正好升到要求的压力。为此,炉内升温前的压力必须根据工艺要求的最高温度按理想气体状态方程式计算来确定。升到适当的压力后开始升温,可以节省动力消耗,也易于控制在指定压力下的保温时间。

热等静压设备价格昂贵,投资相对太大。而且,由于很难找到一种在烧结温度下不熔化又能产生塑性变形,且不与硬质合金的组成物发生物理、化学反应的包套材料,所以只能将硬质合金混合粉按通常工艺压制、烧结后进行热等静压。在原有生产工艺之外增加一个烧结后处理过程和一套昂贵的装置,不但投资成本提高,劳动生产率降低,而且生产成本也提高。结果是,产品价格显著提高。这就严重限制了它的应用范围。对普通产品而言,只有当孔隙度不合格时才用它处理。

研究发现,对于液相烧结的产品,在高温下只要施加10 MPa以下的压力即可明显地提高产品质量,改善产品使用性能。对低钴合金而言,尽管在这种较低压力下烧结的产品的质量仍然比高压热等静压处理过的要差,但比普通真空烧结的产品的质量明显地提高。另外,压力降到热等静压的百分之几以后,对炉膛的结构强度的要求就低得多。这不但降低了设备造价,而且可以和真空烧结炉合并,因而劳动生产率不受影响,生产成本也提高很少。如是 20 世纪 80 年代中期出现了气压烧结。

编写:张荆门　侯经鸣　余怀民(株洲硬质合金集团有限公司)

第 8 章　硬质合金的物理－力学性能

硬质合金的物理性能密度、矫顽磁力和磁饱和以及力学性能硬度、抗弯强度几乎对各类产品都很重要。而其他的物理性能、力学性能以及化学性能，如冲击韧性、断裂韧性、抗压强度、抗拉强度、疲劳强度、弹性模量、刚性模量、泊松比、线膨胀系数、导热系数、热容、磁导率、电阻系数、耐腐蚀性，抗氧化性等，则只有当其中的一项或几项与某种特殊使用条件有关时才是重要的。在工业生产中，通常只检验对各类产品都是重要的性能。

8.1　密度

密度是反应硬质合金的成分和致密化程度的一项基本性能。当合金孔隙度相同时，WC－Co 合金的密度随 Co 含量的增加而降低，反之亦然(图 9-8-1[1])。

在工业检测中密度不能精确地反映黏结相成分的变化。但是，相组成的变化会造成密度的明显变化。例如，三相合金 WC＋γ＋C 的密度(比 WC＋γ 两相合金)减小，而三相合金 WC ＋γ＋η 的密度则升高。后者也是合金密度有时会超过理论密度最经常的原因。

加入密度较低的其他难熔金属化合物，例如，TiC、VC 等，都会显著降低合金密度(图 9-8-2)。因为 TiC 的密度只有 4.9 g/cm^3。密度与 WC 的晶粒大小及其分布无关。

某些牌号硬质合金的密度示于表 9-8-1、表 9-8-2[2]。硬质合金的理论密度可根据加和法则计算，如式(9-8-1)所示。

$$\rho = \frac{100}{\frac{a_{WC}}{15.9} + \frac{a_{Co}}{8.9} + \frac{a_{TiC}}{4.9} + \frac{a_{VC}}{5.36} + \frac{a_{TaC}}{14.2} + \cdots} \tag{9-8-1}$$

式中，ρ 为合金理论密度；a 为合金中硬质相或者黏结相的质量分数。

表 9-8-1　WC－Co 类合金的密度

牌　号	YG3X	YG6X	YG4C	YG6	YG8	YG11C	YG15	YG20
密度/g·cm^{-3}	15.2	14.85	15.15	14.90	14.75	14.35	14.05	13.50

注：表中所列数据为平均值，下同。

表 9-8-2　WC－TiC－Co 类合金与 WC－TiC－TaC－Co 类合金的密度

牌　号	YT5	YT14	YT15	YT30	YW1	YW2	YW3	YW4
密度/g·cm^{-3}	12.90	11.40	11.20	9.45	12.8	12.7	12.9	12.3

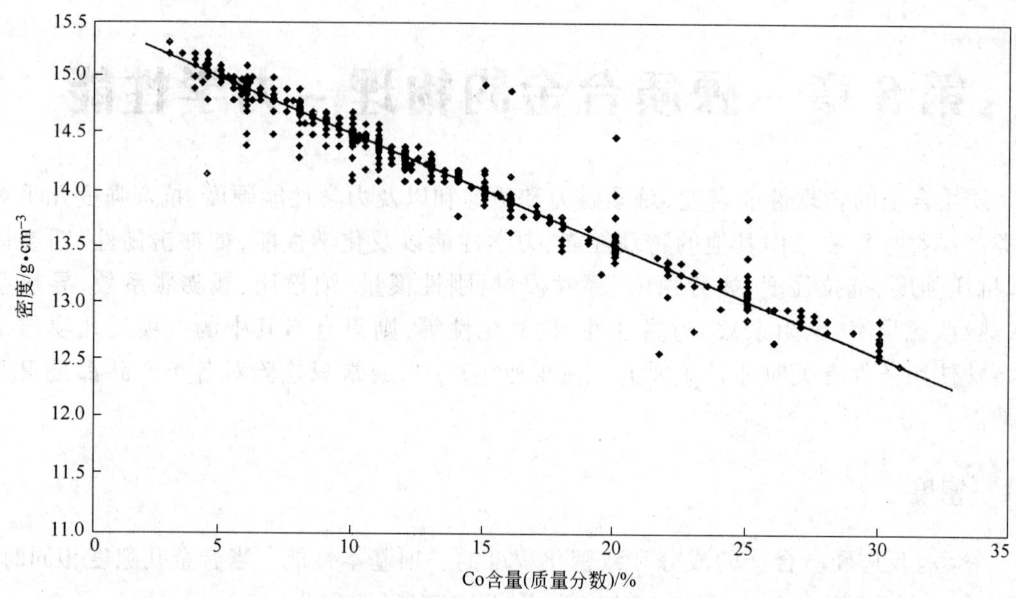

图 9-8-1　WC－Co 硬质合金的密度

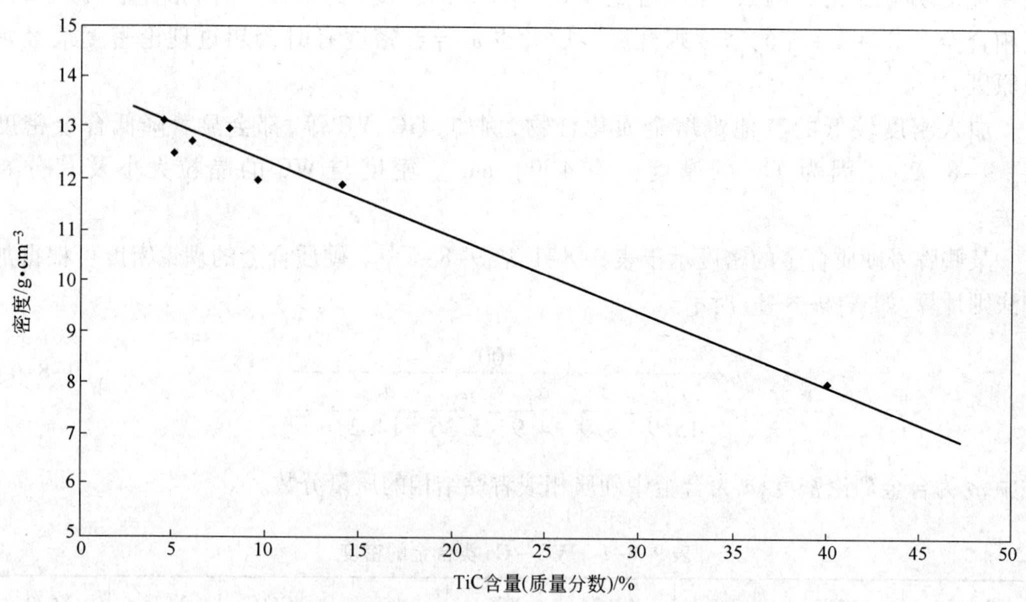

图 9-8-2　WC－TiC－10% Co 硬质合金的密度

8.2　硬度

硬度是物质抵抗挤压塑性变形的能力。硬质合金的这种能力主要取决于黏结相，特别是黏结相的相对数量和分布状态，也就是黏结相的平均厚度，以及它的成分。

表 9-8-3、表 9-8-4 所示为硬质合金部分常用牌号的硬度[2]。

表 9-8-3　WC－Co 类合金的硬度

牌　号	YG3X	YG6X	YG4C	YG6	YG8	YG11C	YG15	YG20
硬度 HRA	92.9	92.1	90.5	90.5	89.5	86.5	87	86.5

表 9-8-4　WC－TiC－Co 类合金与 WC－TiC－TaC－Co 类合金的硬度

牌　号	YT5	YT14	YT15	YT30	YW1	YW2	YW3	YW4
硬度 HRA	90.5	91.5	92	93	92.1	91.5	92.2	92.2

硬质合金的硬度随钴含量的增加和 WC 平均晶粒度的增大而减小，反之亦然。如图 9-8-3 所示[1]。

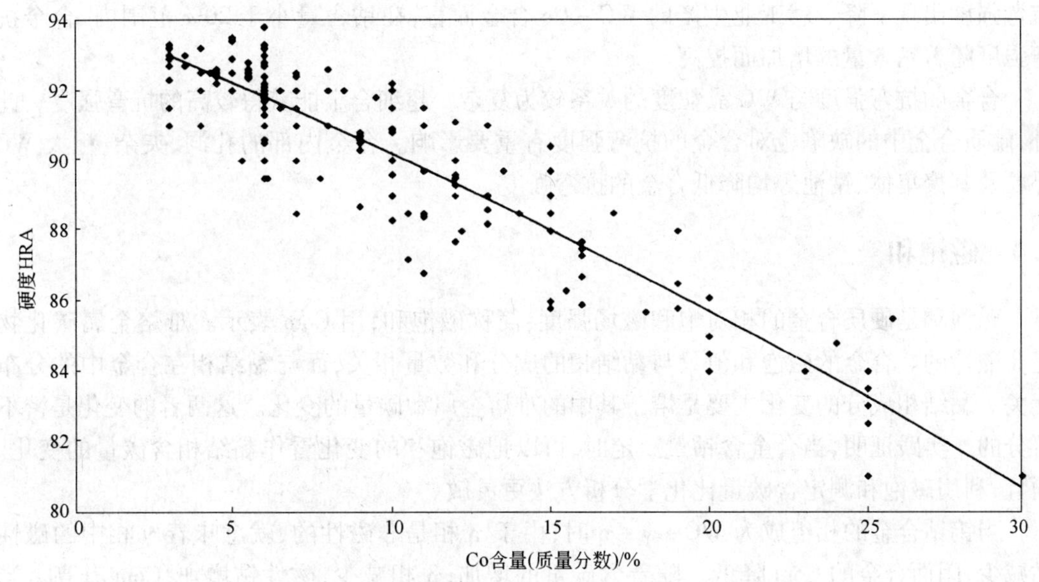

图 9-8-3　常规细晶 WC－Co 硬质合金的硬度（HRA）与钴含量的关系

在 WC－Co 合金中添加少量其他碳化物，如 NbC、TaC、VC、Cr_3C_2，都可抑制碳化钨晶粒长大。同时，难熔金属碳化物的密度以碳化钨最高，任何等重量的其他碳化物替代碳化钨都会提高碳化物在合金中的体积比，使所谓的黏结相平均自由程降低，因而提高合金的硬度。

碳含量对合金硬度的影响是由两种因素造成的。缺碳时，合金的 WC 晶粒变细，同时黏结相的含钨量增高，黏结相硬度增高，从而使合金的硬度提高。富碳时，合金硬度显著下降。

随着使用温度的提高，合金的硬度急剧下降，800℃时的硬度只有室温时的一半[2]。

8.3　抗弯强度

抗弯强度是硬质合金的一项重要性能指标。

表 9-8-5、表 9-8-6 所示为硬质合金部分常用牌号的抗弯强度[2]。

表 9-8-5 WC-Co 类合金的抗弯强度

牌 号	YG3X	YG6X	YG4C	YG6	YG8	YG11C	YG15	YG20
抗弯强度/MPa	146	176	180	200	220	260	285	300

表 9-8-6 WC-TiC-Co 类合金与 WC-TiC-TaC-Co 类合金的抗弯强度

牌 号	YT5	YT14	YT15	YT30	YW1	YW2	YW3	YW4
抗弯强度/MPa	185	155	145	110	174	201	170	160

一般来说,合金抗弯强度随着钴含量的增加而提高。但钴含量超过20%以后,合金的抗弯强度出现下降。就工业生产的 WC-Co 合金而言,在钴含量小于20%范围内,合金抗弯强度随着钴含量的增加而提高。

合金的抗弯强度与 WC 晶粒度的关系较为复杂。超细合金能获得较高的抗弯强度。此外,硬质合金中的缺陷也对合金的抗弯强度有重要影响。合金内部的孔洞、夹杂、粗大 WC 晶粒及其聚集体、钴池等均降低合金的抗弯强度。

8.4 磁饱和

磁饱和是硬质合金的相对饱和磁场强度,简称磁饱和,用 Com 表示。难熔金属碳化物是非磁性的。合金的磁饱和值只与黏结相的成分和数量相关,而与黏结相在合金中的分布无关。黏结相成分的变化主要是熔于其中的难熔金属和碳量的变化。这两者的变化是密不可分的。实践证明,当合金含钴量一定时,可以把磁饱和的变化看作黏结相含碳量的变化。而且,利用磁饱和测定含碳量比化学分析方法更灵敏。

当钨钴合金的相组成为 $WC+\gamma+\eta$ 时,由于 η 相是非磁性的,就意味着 γ 相中的磁性钴减少,因而合金的 Com 降低。随着含碳量的增加,η 相减少,磁性钴增加,Com 升高。当含碳量增加至 C-Co-W 三元状态图的 Co-WC 线时,合金中的磁性钴不再变化,Com 值达到该含钴量合金的最大值。这一最大值便是相对饱和磁场强度的1。这就是说,在 $WC+\gamma$ 两相合金中,随着碳含量的增加,其 Com 值也是增加的。这就为人们检验和控制合金的黏结相成分提供了一简便而灵敏的方法。

每一种牌号合金的相对饱和磁场强度由实验确定。

8.5 矫顽磁力

随着硬质合金生产技术的不断进步,矫顽磁力已成为产品质量的一项重要控制指标,在衡量产品质量方面有着重要的意义。

某些常用牌号的矫顽磁力示于表 9-8-7、表 9-8-8[2]。

表 9-8-7 WC-Co 类合金的矫顽磁力

牌 号	YG3X	YG6X	YG4C	YG6	YG8	YG11C	YG15	YG20
矫顽磁力/$kA \cdot m^{-1}$	28.6	20.7	11.5	12.7	11.1	8.0	7.6	6.3

表 9-8-8　WC – TiC – Co 类合金的矫顽磁力

牌　号	YT5	YT14	YT15	YT30
矫顽磁力/kA · m^{-1}	11. 1	12. 7	14. 3	19. 1

WC – Co 合金的矫顽磁力主要与钴含量及其分散程度相关。随着合金钴含量的增加，合金的矫顽磁力降低，如图 9-8-4 所示[1]。

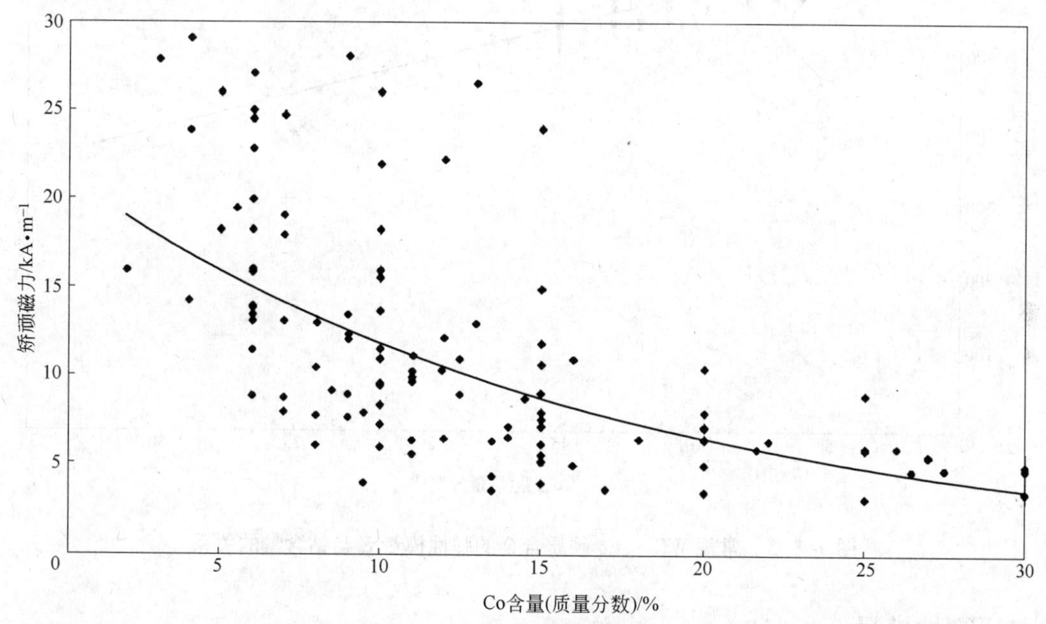

图 9-8-4　常规 WC – Co 硬质合金的矫顽磁力与含钴量的关系

当合金钴含量相同时，合金的矫顽磁力与 WC 晶粒度成反比。晶粒度越小，矫顽磁力越高。因此，在其他条件相同的情况下，矫顽磁力可作为间接衡量合金中碳化钨晶粒度大小的参数。

当合金中出现非磁性的 η 相时，由于合金中钴相数量的相应减少，以及碳化钨晶粒细化，合金的矫顽磁力升高。在 WC + γ 两相合金中，随着碳含量的降低，钴相中钨含量增大，使钴相受到较大的强化，合金矫顽磁力增加。由于同样的原因，加快冷却速度可使合金的矫顽磁力升高。

由于密度差的缘故以及它们起着晶粒长大抑制剂的作用，以等重量的其他难熔金属碳化物代替碳化钨，都会使合金的矫顽磁力升高。

当采用 TiC – WC 固溶体作为原料之一时，固溶体的成分也影响到矫顽磁力。对 TiC – WC – Co 三相合金而言，在烧结温度下过饱和的固溶体由于析出粗大的 WC 晶粒而使矫顽磁力降低。反之，随未饱和程度的提高，矫顽磁力升高。与 WC – Co 合金不同，矫顽磁力在这里不能单独作为判断合金的碳化钨或固溶体晶粒大小的依据。

以下性能属于特殊性能，也就是只在某一种或几种特定使用条件下才有意义的性能。了解硬质合金的这些性能对于进一步研究硬质合金的本质以及在使用过程中的性状大有裨益。

8. 6　弹性模量

弹性模量 E 表示材料对弹性变形的抗力。由于碳化钨具有极高的弹性模量值，因此，

WC－Co 合金也具有高的弹性模量,如图 9-8-5 所示[1]。随着合金中钴含量的增加,弹性模量降低,合金中碳化钨晶粒度对弹性模量无明显影响。WC－TiC－Co 合金的弹性模量随着碳化钛和钴含量的升高而下降。压缸、精密轧辊、精密样板等硬质合金都要求较高的弹性模量。

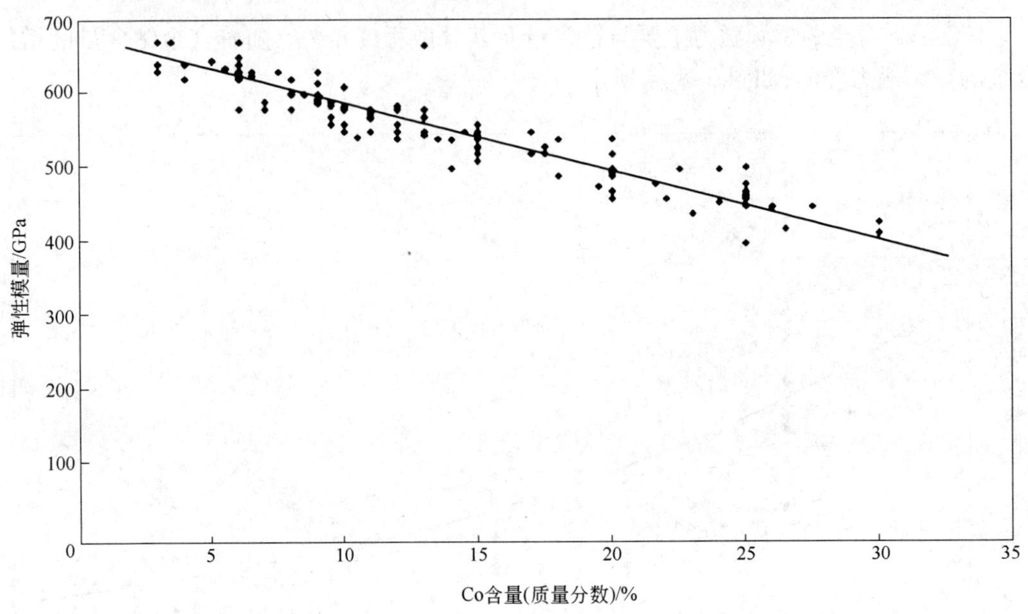

图 9-8-5　常规 WC－ Co 硬质合金的弹性模量 E 与钴含量的关系

8.7　刚性模量

如图 9-8-6 所示[1],合金的刚性模量 G 随着钴含量增加而降低。

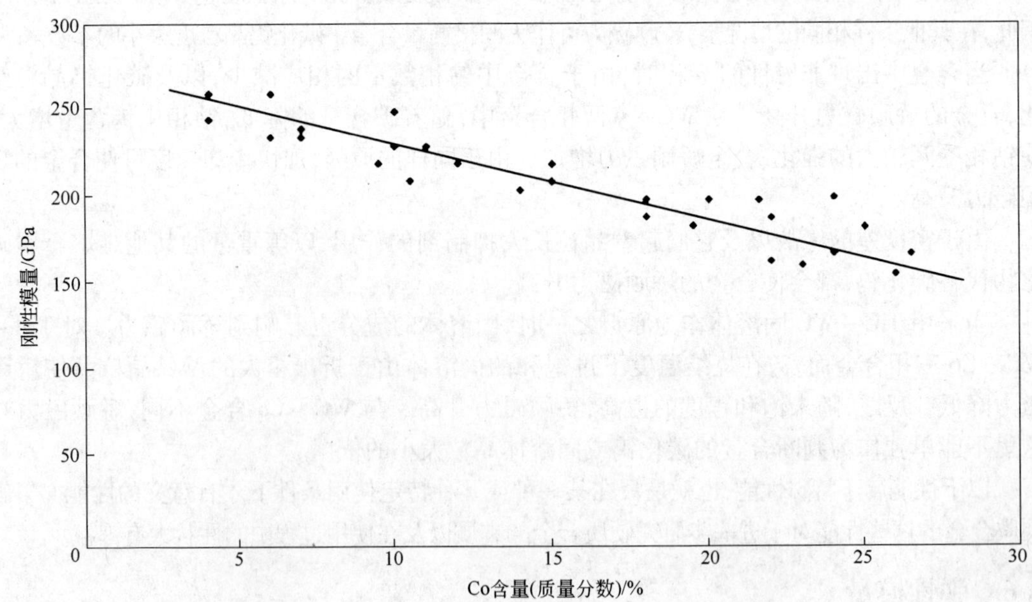

图 9-8-6　常规 WC－ Co 硬质合金的刚性模量 G 与钴含量的关系

8.8　泊松比

单位:无。

确定方法:根据弹性模量 E 和刚性模量 G 用下式计算:

$$\mu = E/(2G) - 1$$

典型数值:0.2 ~0.3,如图 9-8-7 所示[1]。

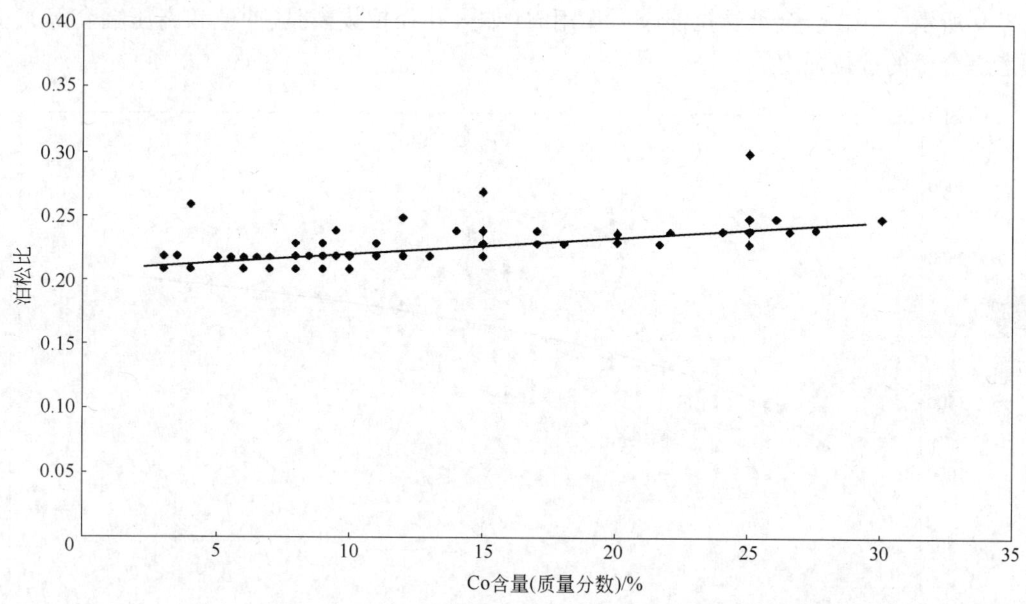

图 9-8-7　常规 WC－ Co 硬质合金的泊松比与钴含量的关系

8.9　抗压强度

抗压强度表示硬质合金在压缩载荷下的极限强度,如图 9-8-8 所示[1]。硬质合金的抗

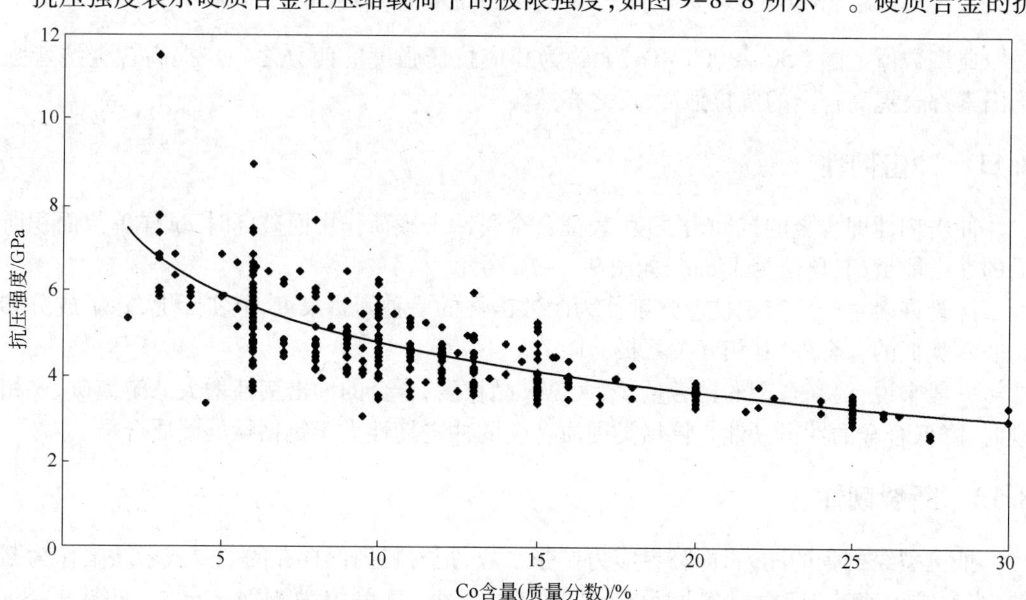

图 9-8-8　常规 WC－ Co 硬质合金的抗压强度与钴含量的关系

压强度几乎比任何其他金属都高。WC 晶粒度越小，抗压强度越高。钨钴类硬质合金的抗压强度大于钨钴钛类硬质合金。钴含量相同时，钨钴钛类硬质合金的抗压强度随 TiC 增加而降低。顶锤产品要求高的抗压强度。

8.10　抗拉强度

抗拉强度表征材料承受拉伸应力的能力，单位是 MPa。抗拉强度与钴含量的关系如图 9-8-9 所示[1]。在合金承受拉伸应力作用时（如大孔径拉拔模具、冲模和高压缸套等），必须考虑合金的抗拉强度。

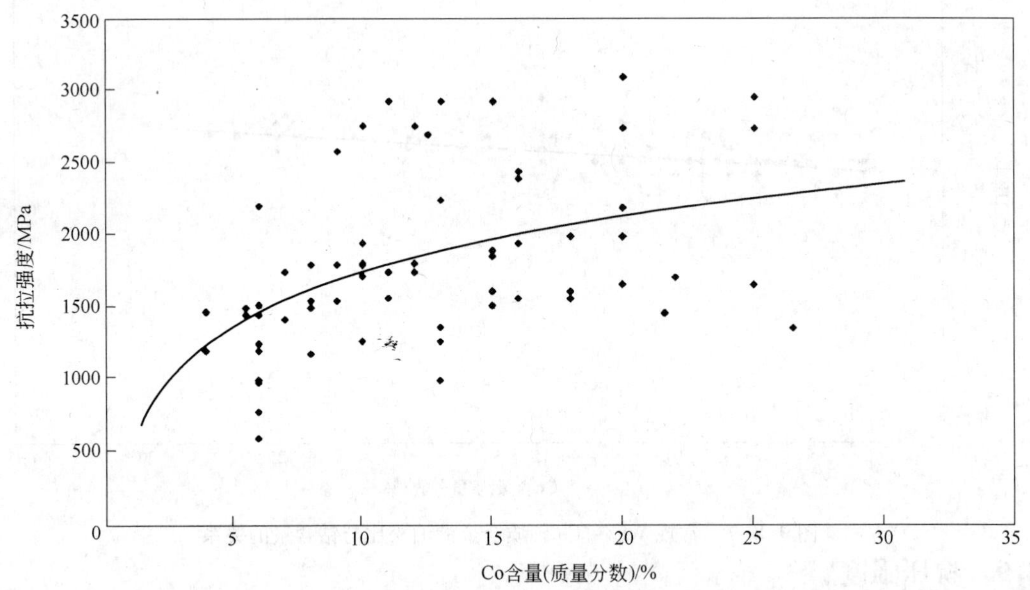

图 9-8-9　常规 WC－Co 硬质合金的抗拉强度与钴含量的关系

典型数值范围：750～3000 MPa，大约为相应抗压强度的四分之一。提高合金抗弯强度的因素都会提高合金的抗拉强度，反之亦然。

8.11　冲击韧性

冲击韧性即合金的抗冲击强度，表征合金受冲击载荷作用而破坏时，试样单位面积所承受的冲击能量，其单位为 J/cm^2，如图 9-8-10 所示[1]。

尽管许多生产厂家把抗弯强度作为耐冲击性的一种衡量尺度，但实际上，除了成分和结构非常类似的合金外，其相互关系极有限。

一般来说，提高合金的钴含量、增大 WC 晶粒度，合金的冲击韧性增大。游离碳、η 相出现时，降低合金的冲击韧性。钨钴类硬质合金的冲击韧性大于钨钴钛类硬质合金。

8.12　断裂韧性

抵抗裂纹扩张的能力，即临界应力扩张系数，指材料内部存在的裂纹或者缺陷作为断裂源，当裂纹迅速扩展时，材料所反映出的阻力大小，其单位为 $MPa \cdot m^{1/2}$，如图 9-8-11 所示[1]。

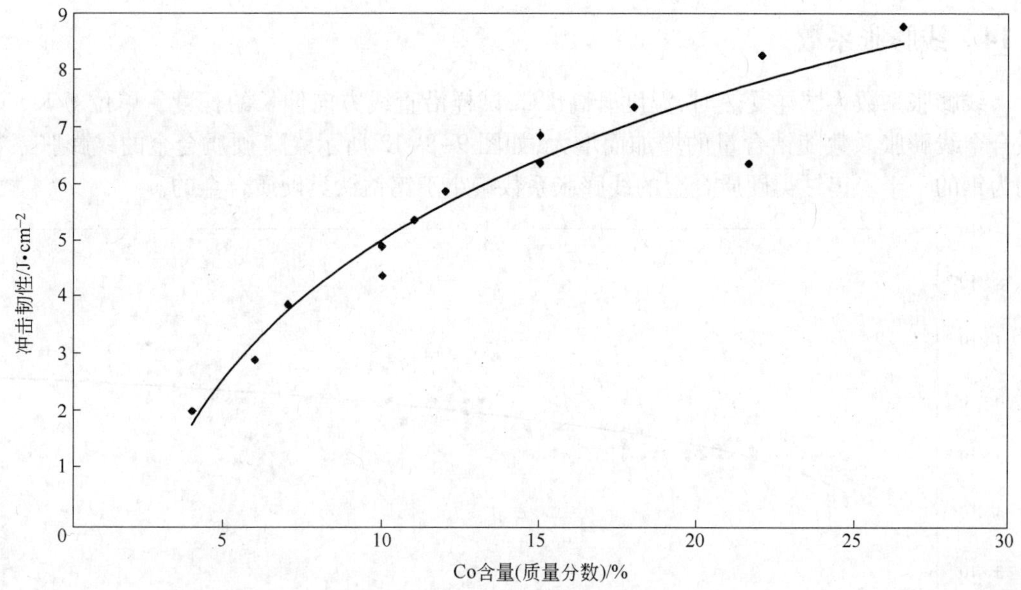

图 9-8-10　常规 WC－Co 硬质合金的冲击韧性与钴含量的关系

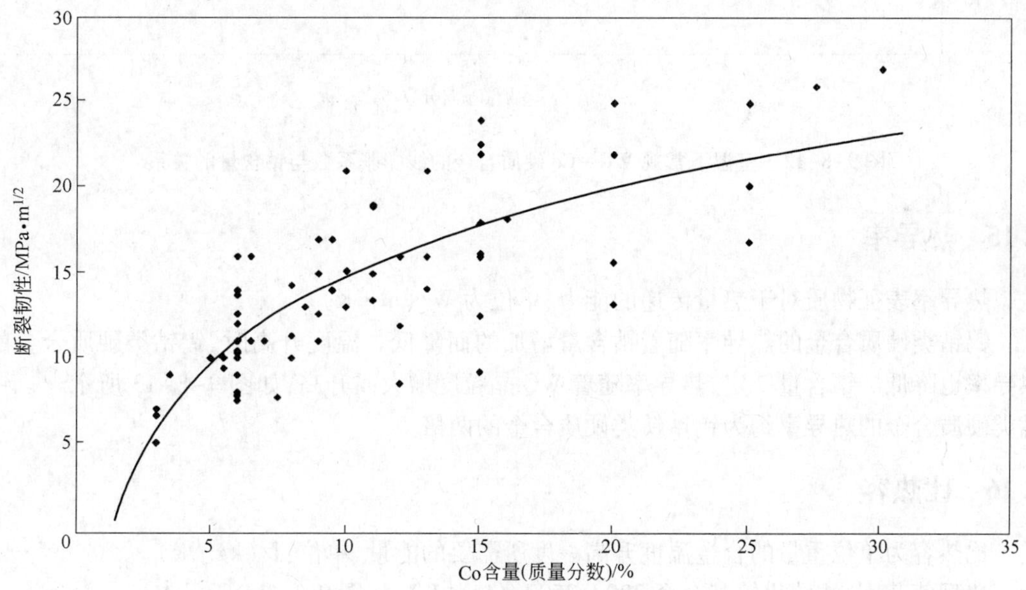

图 9-8-11　常规 WC－ Co 硬质合金的断裂韧性与钴含量的关系

一般来说，提高合金的钴含量、增大 WC 晶粒度，合金的断裂韧性增加。η 相出现时，降低合金的断裂韧性。随着合金组织缺陷的增加，断裂韧性降低。

8.13　疲劳强度

疲劳强度是抵抗反复循环应力的能力，在给定应力值下断裂的循环次数。

典型数值：在 108 循环次数下疲劳强度极限为 600～800 MPa。

8.14　线膨胀系数

线膨胀系数为试样受热时,温度升高 1℃,试样沿直线方向伸长的长度。单位 1/K。硬质合金线膨胀系数随钴含量的增加而增大,如图 9-8-12 所示[1]。硬质合金的线膨胀系数约为钢的一半。钨钴类硬质合金的线膨胀系数略小于钨钴钛类硬质合金的。

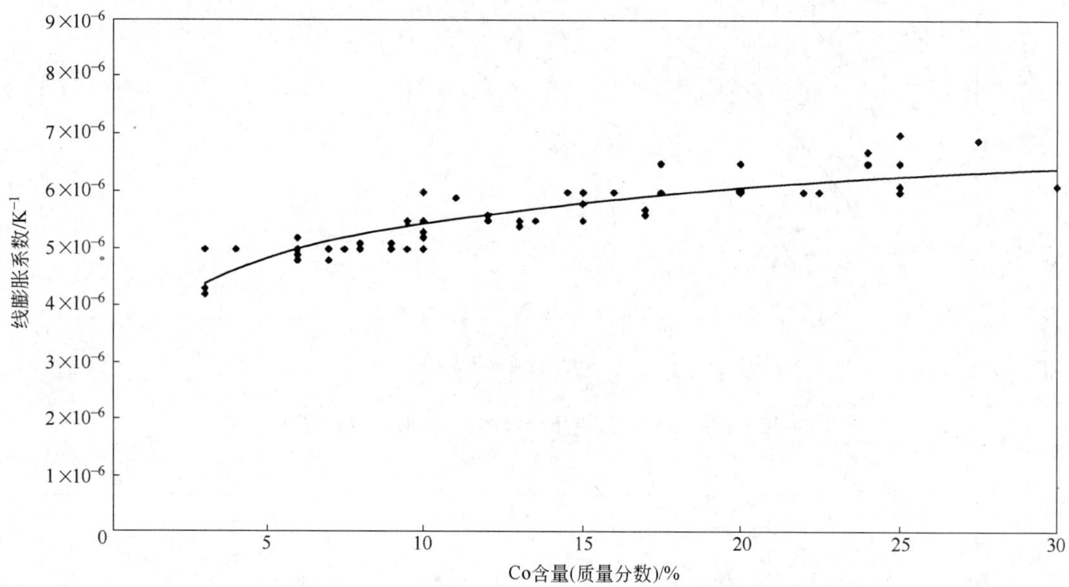

图 9-8-12　室温下常规 WC - Co 硬质合金的线膨胀系数与钴含量的关系

8.15　热导率

热导率表征物质对于热量传递的能力,单位为 W/(m · K)。

钨钴类硬质合金的热导率随着钴含量增加的而降低。温度升高时,钨钴类硬质合金的热导率也降低。钴含量一定,热导率随着 WC 晶粒度增大而升高,如图 9-8-13 所示[1]。钨钴类硬质合金的热导率约为钨钴钛类硬质合金的两倍。

8.16　比热容

比热容为单位重量的合金温度升高一度所需要的能量,单位:J/(kg · K)。

典型值范围:纯碳化钨基合金 200 ~ 250 J/(kg · K),如图 9-8-14 所示[1]。

8.17　磁导率

磁导率根据磁滞回线来计算,典型值范围:1.1 ~ 10。黏结相含量非常低的合金具有最低值。硬质合金制品由于其磁导率低,因而不能牢固地夹在磁夹头内。

8.18　电阻系数

电阻系数为已知电流通过已知长度和截面积的试样所产生的电压降,如图 9-8-15 所示[1]。

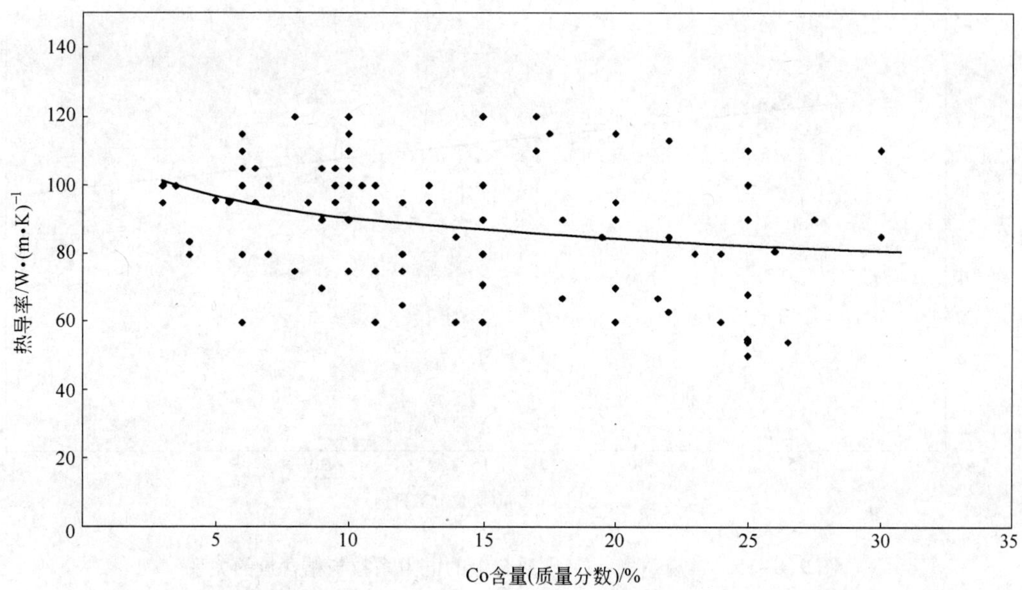

图 9-8-13　室温下常规 WC－Co 硬质合金的热导率与钴含量的关系

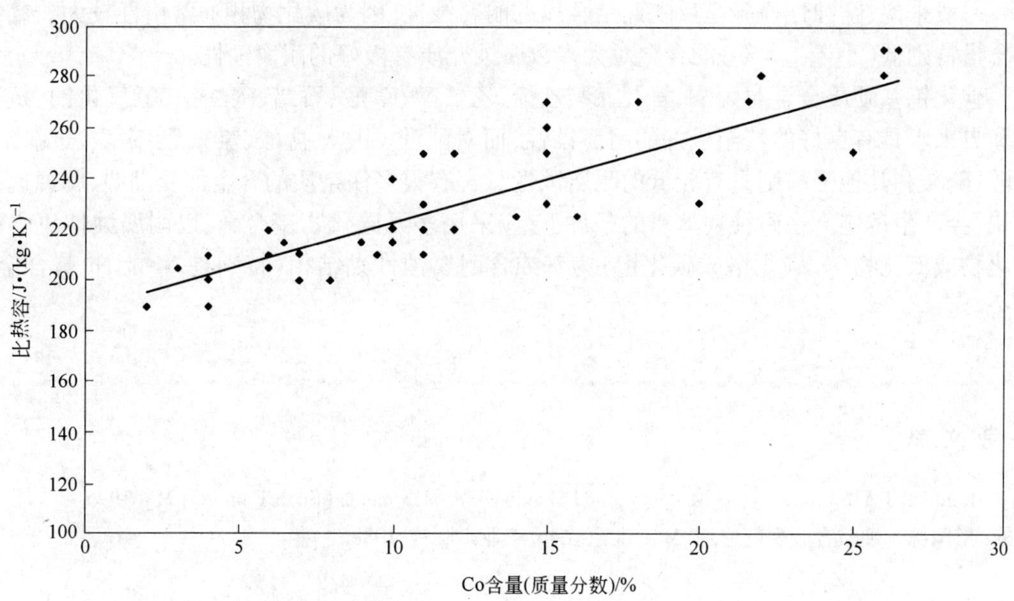

图 9-8-14　室温下常规 WC－Co 硬质合金的比热容与钴含量的关系

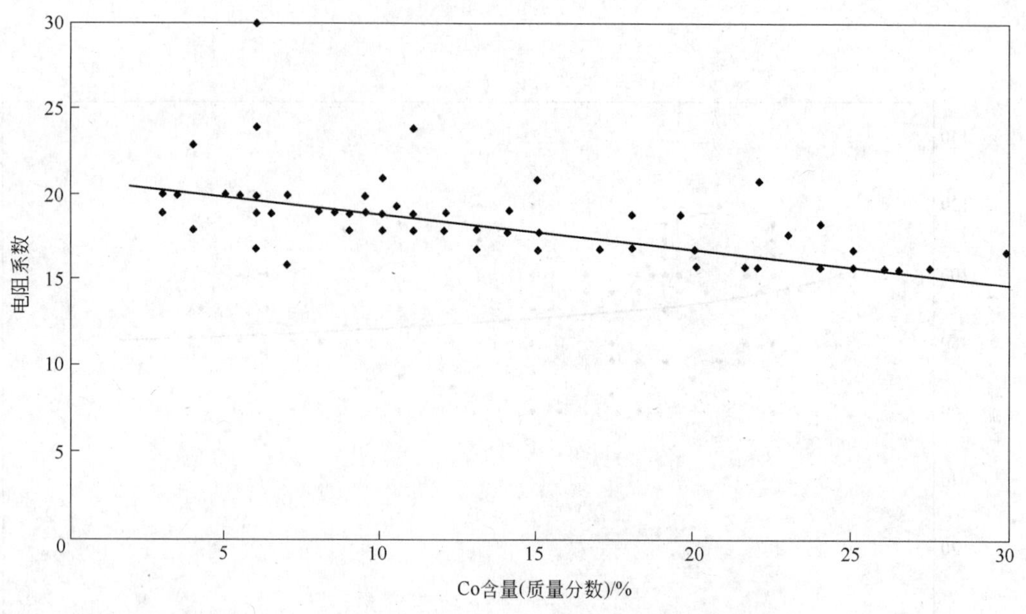

图 9-8-15　常规 WC - Co 硬质合金的电阻系数与钴含量的关系

典型数值范围:钨钴类硬质合金 15 ~ 20,多元碳化物合金为 20 ~ 100,碳化钛基合金的数值最大。

8.19　耐腐蚀性

一般来说,腐蚀性检验是反映黏结金属的耐腐蚀性,因为碳化物相通常惰性较大。黏结剂含量特别低(小于 1.5%)的合金对大多数腐蚀介质有极好的耐腐蚀性。

碳化钨基硬质合金对丙酮、氨、乙醇、乙烯、乙二醇、草酸、石蜡、碳酸钠、氢氧化钠、氯化钠和自来水具有良好的甚至极好的耐腐蚀性,而对醋酸、甲酸、盐酸、氢氟酸、硝酸、过氯酸、磷酸、硫酸和其他强酸则具有较低的耐腐蚀性。含有很多铁杂质的合金如受潮湿,腐蚀速度加快,会产生锈迹。在腐蚀性严重的条件下,应采用多元碳化物基合金、以耐腐蚀性更强的碳化物或氮化物(如碳化铬或碳化钽)为基或含耐腐蚀性黏结相(特别是 Ni 及 Ni 基合金)的合金。

参 考 文 献

[1]　Kenneth J A Brookes. World Directory and Handbook of Hardmetals(Sixth Edition)[M]. 1996.

[2]　王国栋. 硬质合金生产原理[M]. 北京:冶金工业出版社,1988.

编写:张　颢(株洲硬质合金集团有限公司)

第 9 章　硬质合金的成分、显微组织及用途

这里只介绍碳化钨基硬质合金。碳化钨基硬质合金按其成分可分为 WC－Co 合金、WC－TiC－Co 合金、WC－TiC－(Ta,Nb)C －Co 合金。在 WC－Co 合金中又可按晶粒度大小分为粗晶合金、中晶合金、细晶合金、亚微和超细合金[1]。下面分别介绍各种合金的显微组织。

9.1　碳化钨－钴合金

WC－Co 合金的正常组织为由多角形 WC 相和黏结相组成的两相合金。

9.1.1　中晶合金

按照德国粉末冶金协会和 ISO/TC190 技术委员会正在研究的硬质合金晶粒度分类标准，中晶合金的 WC 晶粒度为 1.3～2.5 μm[2]。典型牌号的主要成分、用途及金相组织分别示于表 9-9-1 和图 9-9-1。

表 9-9-1　中晶合金典型牌号的成分及用途

成　分	用　　途
WC－3% Co	具有良好的耐磨性，适合制作小规格拉丝模、喷嘴，铸铁、有色金属的精加工和半精加工的工具
WC－6% Co	适合铸铁、有色金属及合金与非金属材料连续性切削时的精车、半精车、小断面精车、粗车螺纹，并能作钢、有色金属的钻孔等
WC－8% Co	具有较好的韧性和适当的耐磨性，主要用于线材、棒材加工用的拉制模。同时也适合铸铁、有色金属及其合金与非金属材料不平整表面和间断切削时的粗车、精刨、精铣，一般孔和深孔的钻孔、扩孔及制作刀具等
WC－10% Co	常用于拉伸模具，及用作耐磨易损件
WC－12% Co	常用于拉伸模具，及用作耐磨易损件
WC－15% Co	具有优良的强度和韧性，适合制作拉制模具，耐磨零件及冲压配件和硬质合金自动压力机用模具模芯等

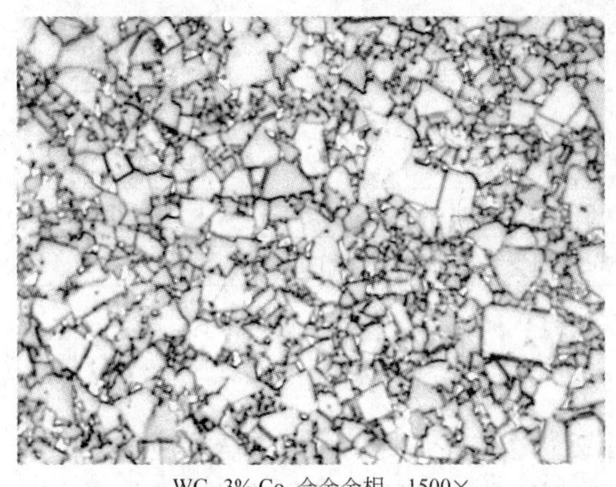

WC－3% Co　合金金相，1500×

WC－6% Co　合金金相，1500×

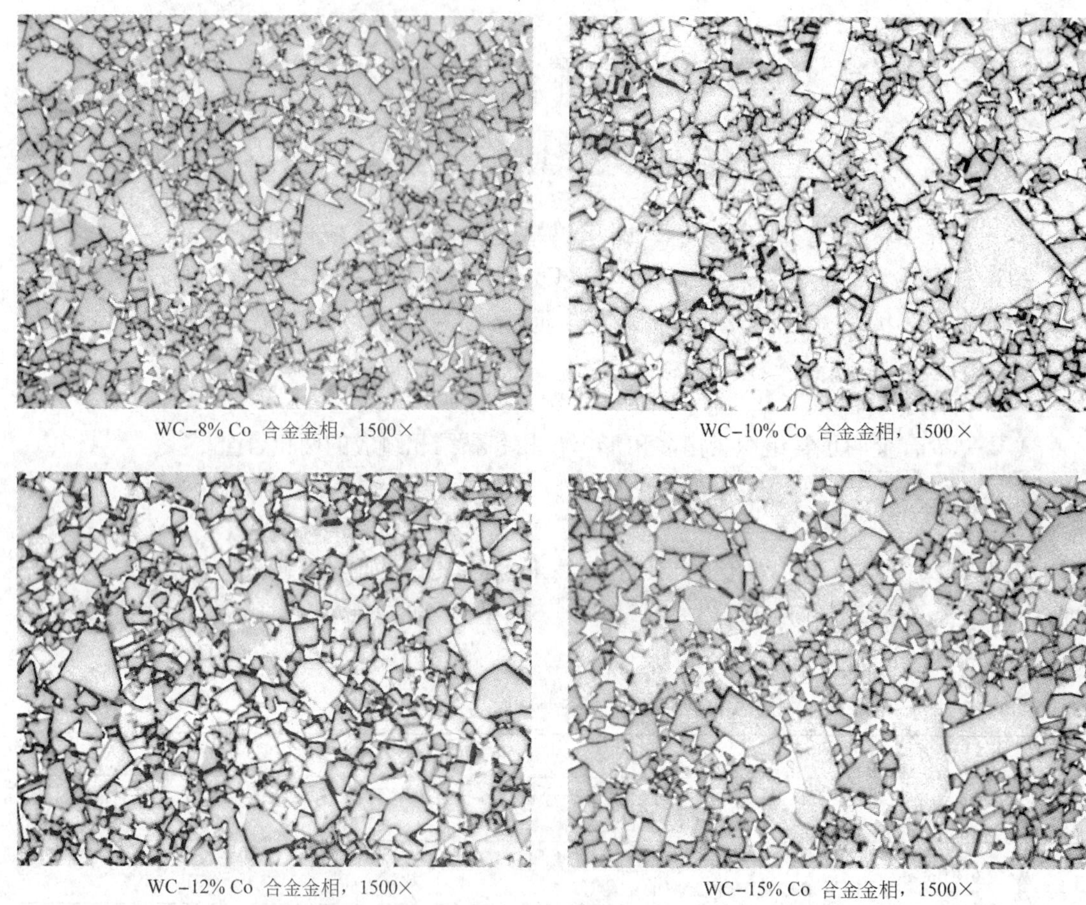

WC-8% Co 合金金相，1500×　　WC-10% Co 合金金相，1500×

WC-12% Co 合金金相，1500×　　WC-15% Co 合金金相，1500×

图9-9-1 中晶合金典型牌号金相照片

9.1.2 细晶合金

按照德国粉末冶金协会和ISO/TC190技术委员会正在研究的硬质合金晶粒度分类标准，细晶合金的WC晶粒度为0.8～1.3 μm[2]。典型牌号的主要成分、用途及金相组织分别示于表9-9-2和图9-9-2。

表9-9-2 细晶合金典型牌号的成分及用途

成 分	用 途
WC-3% Co	具有良好的耐磨性，适合制作小型拉丝模、喷嘴，铸铁、有色金属及其合金的精车，精镗工具等
WC-6% Co	适合冷硬铸铁、合金铸铁、耐热钢、合金钢的加工，也适合普通铸铁的精加工及制作耐磨零件
WC-8% Co	适用于铸铁及有色金属的粗加工，也适于不锈钢的粗加工和半精加工的工具

9.1.3 粗晶合金

按照德国粉末冶金协会和ISO/TC190技术委员会正在研究的硬质合金晶粒度分类标准，粗晶合金的WC晶粒度为2.5～6.0 μm[2]。典型牌号的主要成分、用途及金相组织分别

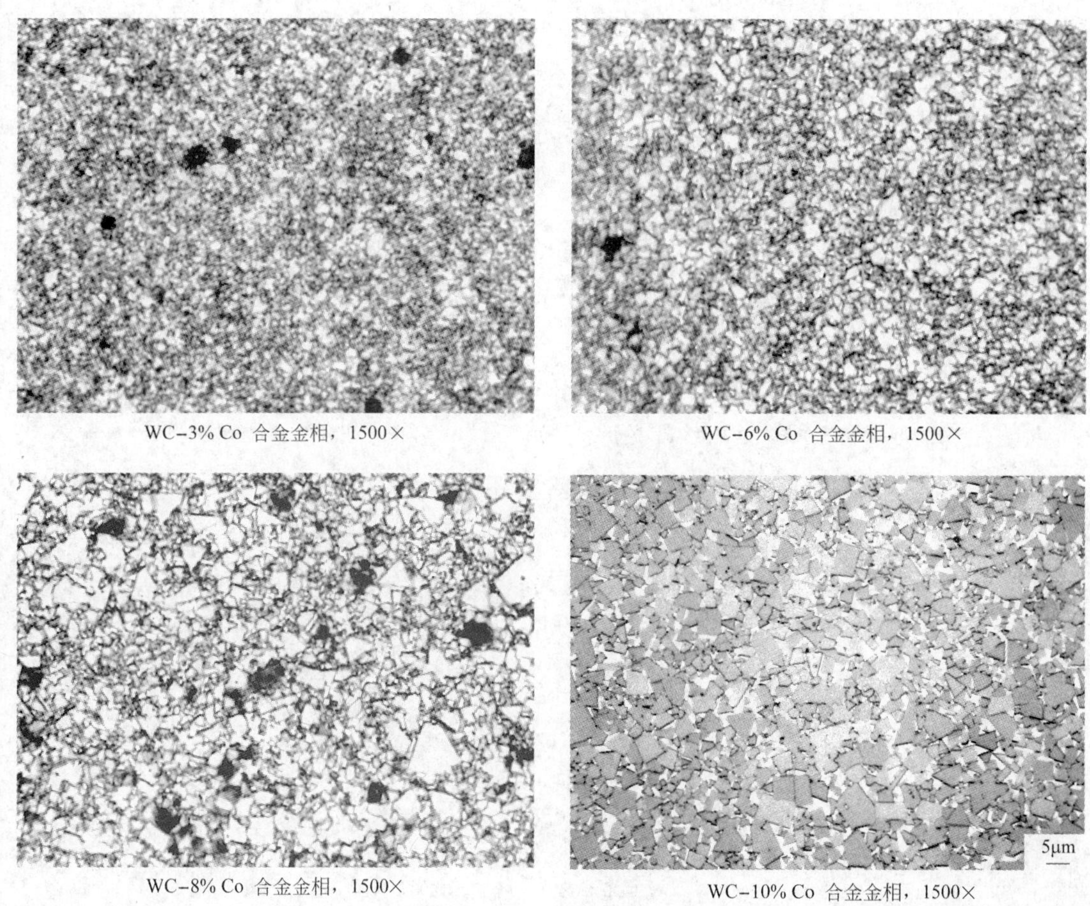

WC−3% Co 合金金相，1500×

WC−6% Co 合金金相，1500×

WC−8% Co 合金金相，1500×

WC−10% Co 合金金相，1500×

图 9−9−2　细晶合金典型牌号金相照片

示于表 9−9−3 和图 9−9−3。

表 9−9−3　粗晶合金典型牌号的成分及用途

成　分	用　途
WC −8% Co	适合地质勘探钻具、煤田采掘用轻型电钻镐齿，中、小型规格冲击钻的球齿，旋转勘探钻具合金片
WC −10% Co	适用于冲击回转钻具的球齿、钎片，凿进中硬岩层和硬岩层的工具
WC −20% Co	适于制作标准件、轴承、工具等行业用的冷镦、冷冲、冷压模具；弹头和弹壳的冲压模具

9.1.4　亚微及超细硬质合金

目前投入商业生产的亚微及超细硬质合金主要由亚微及超细 WC、Co 粉及适量晶粒长大抑制剂（主要是 Cr_3C_2、VC）制备而成，其晶粒度为 0.2 ~ 0.8 μm。

由于亚微及超细硬质合金具有的独特性能，被广泛用于印刷电路板的微钻头和微铣刀，高性能硬质合金整体刀具，现正向高性能模具板材、拉丝模等领域扩展，并有望进入更多传统硬质合金的应用领域。

其金相组织见图 9−9−4。

WC-8% Co 合金金相，1500×

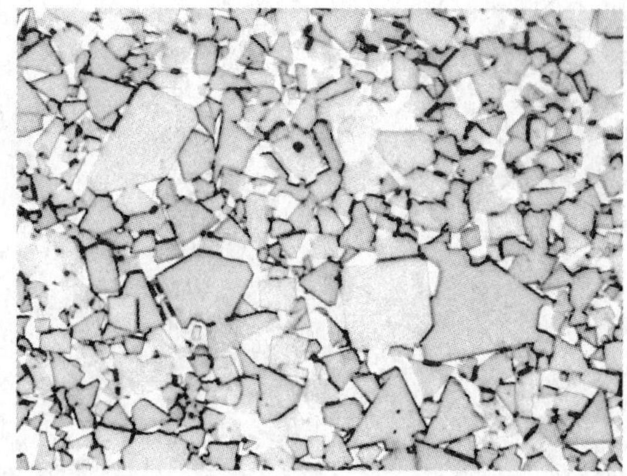
WC-10% Co 合金金相，1500×

WC-20% Co 合金金相，1500×

图 9-9-3 粗晶合金典型牌号金相照片

亚微及超细硬质合金典型牌号的用途如表 9-9-4 所示。

表 9-9-4 亚微及超细硬质合金典型牌号的用途

牌 号	用 途
YU06	适用于玻璃纤维、木材、塑料、铝镁合金等材料的加工。推荐用于制作各种硬质合金整体工具和 PCB 微钻头、微铣刀，是制作加工 PCB 微铣刀的首选
YU08	适用于加工玻璃纤维制品、木材、塑料、纸、黄铜等材料。推荐用于制作 ϕ0. 3 ~ 0. 8mmPCB 用微钻头及硬质合金冲模、模冲等
YU12	适用于钛合金，耐热合金，不锈钢，淬硬钢，灰口铸铁，玻璃纤维增强塑料等材料的加工。推荐用于制作各种规格的立铣刀、球头铣刀等硬质合金工具，具有比 YL10. 2 更高的硬度和强度
YF06	适用于加工铝镁合金、塑料、塑料王以及碳纤维、铁基合金等复合材料。推荐用于制作 ϕ3. 2 ~ 6. 3mmPCB 大直径钻头、ϕ0. 8 ~ 3. 2mmPCB 微钻头、微铣刀和铰刀等 PCB 硬质合金工具及加工铝镁合金的整体刀具
YL10A	适用于制作铸铁、铝合金、非金属材料的钻削、铣削和铰削及钢件的钻削用硬质合金整体刀具
YL10. 2	适用于普钢、铸铁、不锈钢、耐热钢、镍基及钛合金等材料的加工。推荐用于麻花钻头、立铣刀、丝锥、枪钻等通用整体工具材料

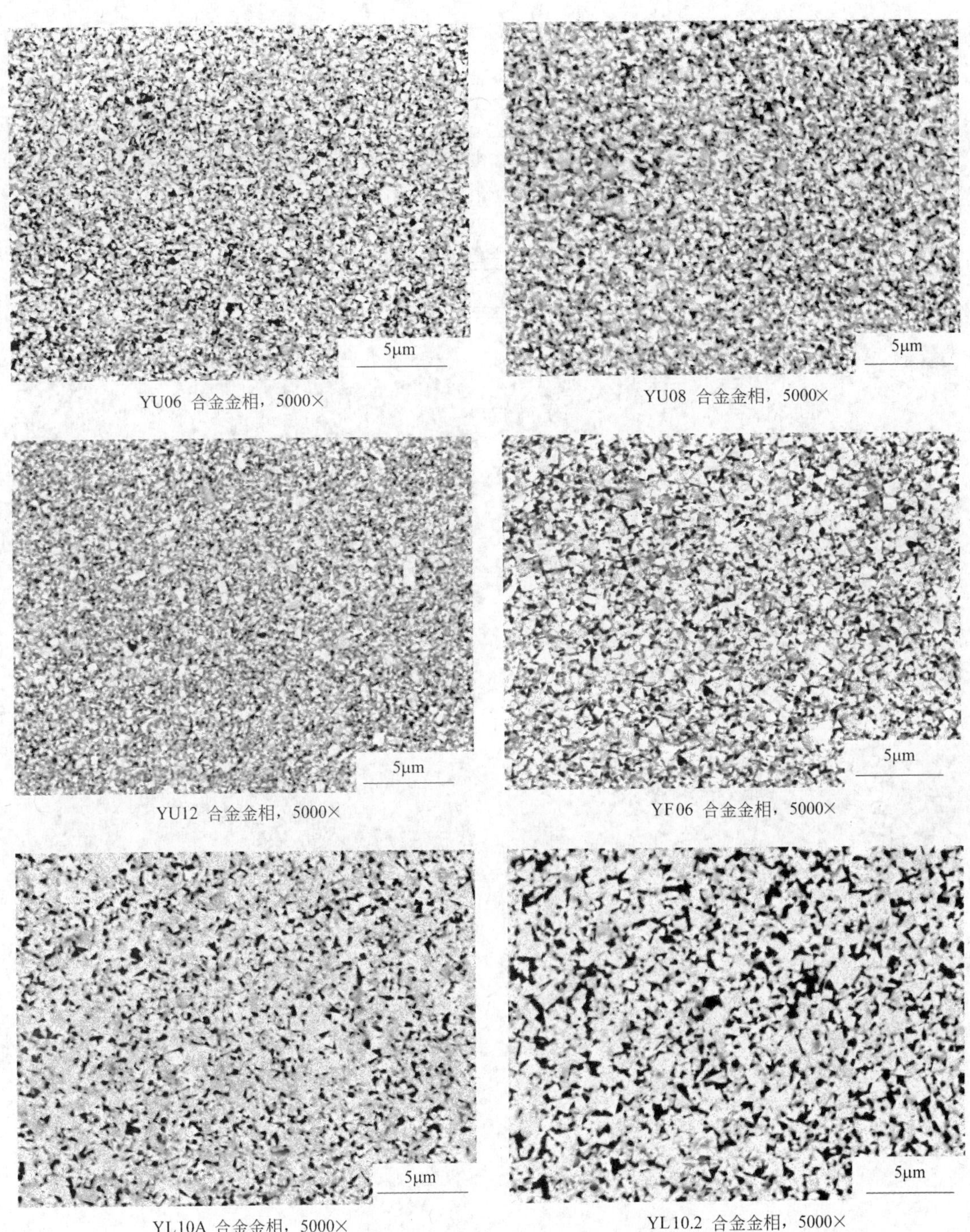

YU06 合金金相，5000×　　YU08 合金金相，5000×

YU12 合金金相，5000×　　YF06 合金金相，5000×

YL10A 合金金相，5000×　　YL10.2 合金金相，5000×

图 9-9-4　亚微及超细硬质合金典型牌号金相照片

9.2　碳化钨－碳化钛－钴合金

WC－TiC－Co 合金正常组织为由多角形 WC 相、近圆形或卵形(Ti,W)C 相和黏结相组成的三相合金[1]。

典型 WC－TiC－Co 合金的成分、用途及金相组织分别见表 9-9-5 和图 9-9-5。

表 9-9-5　WC－TiC－Co 合金典型牌号的成分及用途

成　分	ISO 分类号	用　　途
WC－5%TiC－10%Co	P30	适于制造钢、铸钢在不利条件下的中低速粗加工的工具
WC－14%TiC－8%Co	P20	适于制造钢、铸钢在中速条件下的半精加工或粗加工的工具
WC－15%TiC－6%Co	P10	适于制造碳素钢与合金钢，连续切削时的半精车及精车，间断切削时精车，旋风车丝，连续面的半精铣与精铣，孔的粗扩与精扩的工具
WC－30%TiC－4%Co	P05	适于制造碳素钢与合金钢工件的精加工，如精车、精镗、精扩等的工具

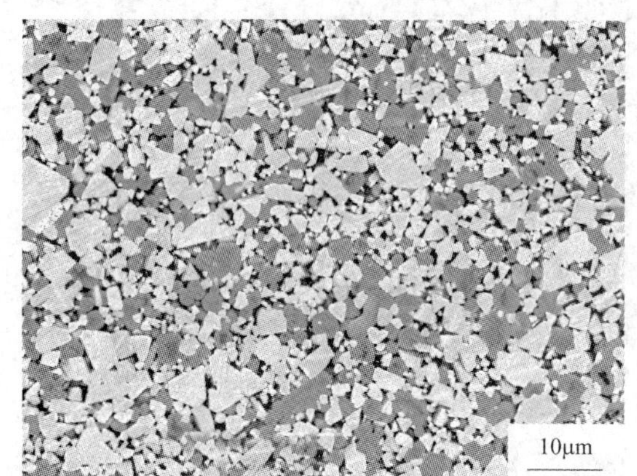

WC-5%TiC-10%Co 合金金相，1600×

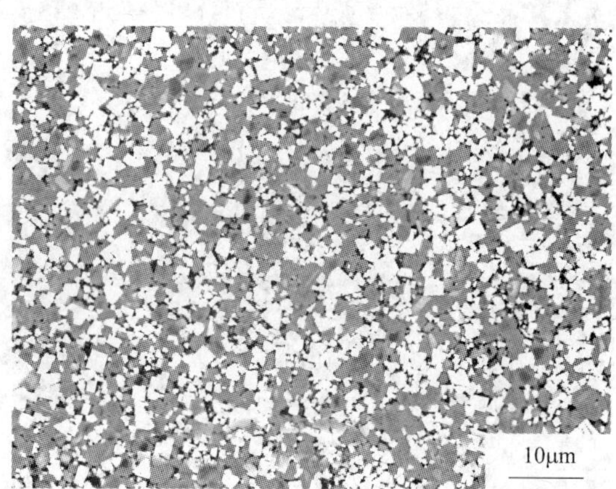

WC-14%TiC-8%Co 合金金相，1600×

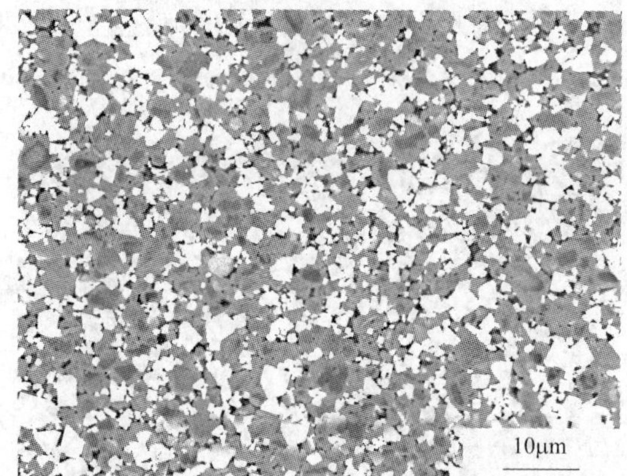

WC-15%TiC-6%Co 合金金相，1600×

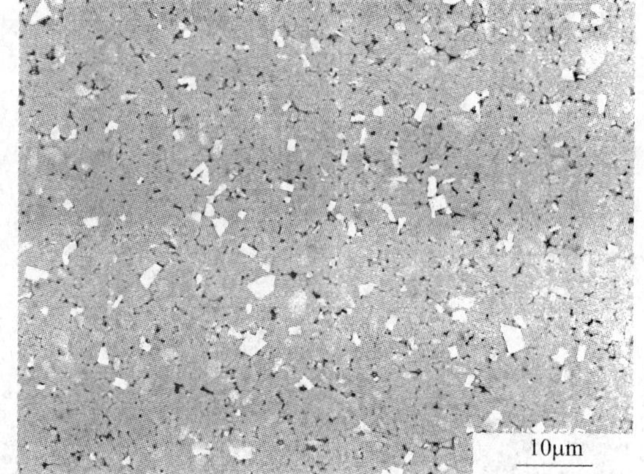

WC-30%TiC-4%Co 合金金相，1600×

图 9-9-5　WC－TiC－Co 合金典型牌号的金相照片

9.3　碳化钨－碳化钛－碳化钽(铌)－钴合金

WC－TiC－Co 合金通常只能加工普通钢材，而加入(Ta,Nb)C 的 WC－TiC－(Ta,Nb)C －Co 合金不但可以切削普通钢材，而且可以加工高合金钢、不锈钢、合金铸铁等难加工材料，是一种通用性较好的合金，与 WC－TiC－Co 合金相比，WC－TiC－(Ta,Nb)C －Co 合金具有更高的高温硬度[1]。

其金相组织与 WC－TiC－Co 合金相似(见图 9-9-6)。典型的 WC－TiC－(Ta,Nb)C

–Co 合金的成分及主要用途见表 9–9–6，金相组织见图 9–9–6。

表 9–9–6　WC–TiC–(Ta,Nb)C–Co 合金典型牌号的成分及用途

成　分	ISO 分类号	用　途
WC–6%TiC–4%(Ta,Nb)C–6%Co	M10	适于制造中速条件下半精加工不锈钢、高强度镍铬钼钢、铸钢、铸铁和普通钢材工具
WC–6%TiC–4%(Ta,Nb)C–8%Co	M20	适用于制造连续粗加工锰钢、铸钢、不锈钢、耐热合金钢、普通钢、普通铸铁在中低速下中等切屑断面的工具
WC–6%TiC–9%(Ta,Nb)C–8.5%Co	P25	适用于碳素钢、铸钢、高锰钢、高强度钢及合金钢的铣削、刨削和车削的工具

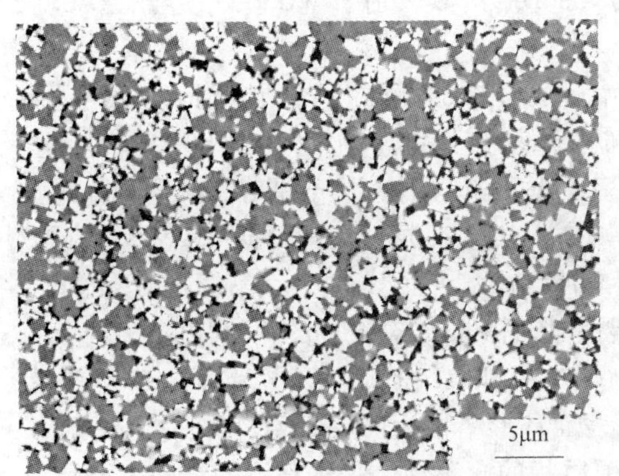

WC–6%TiC–4%(Ta,Nb)C–6%Co 合金金相，3000×

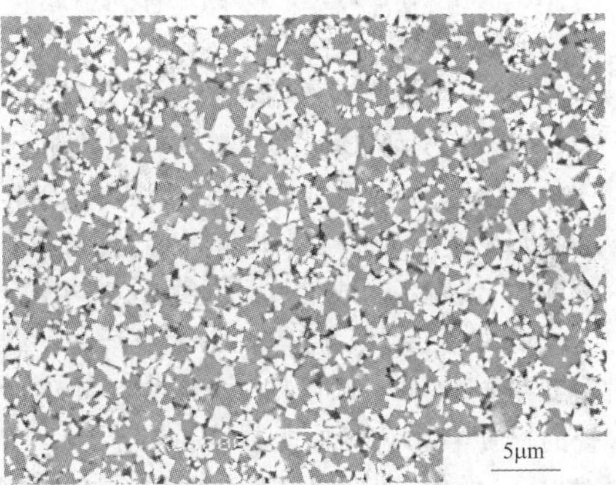

WC–6%TiC–4%(Ta,Nb)C–8%Co 合金金相，3000×

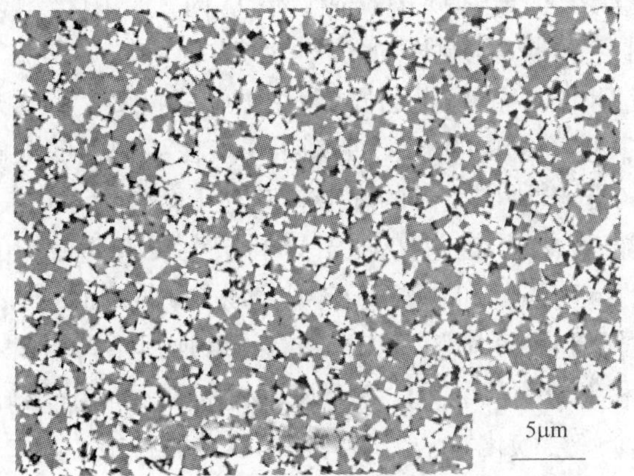

WC–6%TiC–9%(Ta,Nb)C–8.5%Co 合金金相，3000×

图 9–9–6　WC–TiC–(Ta,Nb)C–Co 合金典型牌号金相照片

参 考 文 献

[1]　株洲硬质合金厂. 硬质合金的生产[M]. 北京：冶金工业出版社，1974.

[2]　李沐山. 20 世纪 90 年代世界硬质合金材料技术进展[D]. 株洲硬质合金集团有限公司，2004.

编写：屈广林（株洲硬质合金集团有限公司）

第 10 章　金属陶瓷

10.1　概述

金属陶瓷是指由一个或几个陶瓷相与金属或合金组成的复合材料，包括氧化物 - 金属、碳化物 - 金属、氮化物 - 金属等。WC 基硬质合金也属于金属陶瓷。但在工具材料中，人们将 TiC 基和 Ti(CN)基硬质合金称为金属陶瓷(Cermets)，以区别于 WC 基硬质合金。这一术语已被国际学术界普遍接受。

TiC 基金属陶瓷的研究始于 20 世纪 30 年代。由于它的高温力学性能优良，密度小，而被作为喷气发动机叶片的候选材料。但由于韧性太低，直到 20 世纪 50 年代也未能实用化。1956 年，Humenik 等发表了在 TiC - Ni 金属陶瓷中添加 Mo 的论文，于是对 TiC 基金属陶瓷的研究又盛行起来。到 60 年代，这种材料取得了进一步的发展。美国福特汽车公司率先把 TiC 基金属陶瓷制成刀片，用于加工某些钢材和可锻铸铁[1]。

Mo 的加入大大提高了 Ni 对硬质相的润湿性，从而降低了合金中的孔隙，提高了合金的密度和强度。Mo 的加入方式可以是 Mo 粉，也可以是 Mo_2C 粉末。TiC - Mo_2C - Ni 金属陶瓷的硬质相为环形结构，其核心部分为纯 TiC，表面环形结构为(Ti，Mo)C 固溶体。由于 Ni 对 Mo_2C 的优良润湿性，因而改善了它对整个硬质相的润湿性。这种环形的结构主要是由于在固相烧结阶段的原子扩散和固溶反应，Mo_2C 向 TiC 中扩散溶解；在液相烧结阶段，Mo_2C 和 TiC 向液相中溶解并在粗颗粒上析出的结果。

为了进一步提高 TiC 基金属陶瓷的性能，在 TiC - Mo_2C - Ni 金属陶瓷中加入 WC、NbC、TaC 等其他碳化物。其他碳化物的加入，抑制了 TiC 在液相中的溶解和 TiC 晶粒的长大，也可生成环形相。在 TiC 晶粒周围生成的环形相有利于合金中 TiC 晶粒细化，改善 Ni 对硬质相的润湿性。环形相很脆，必须控制其生长，以利于金属陶瓷性能的发挥。当合金中 Ni 含量保持一定时，合金的抗弯强度和硬度随着 Mo 含量的增加而提高。但当 Mo 含量增至一定范围后，合金的抗弯强度和硬度则随着 Mo 含量的增加而下降。株洲硬质合金集团有限公司早期开发的 YN05 和 YN10 两个 TiC 基金属陶瓷牌号就具有较好的性能并得到了应用。表 9-10-1 是该厂两个牌号碳化钛基金属陶瓷的成分和性能[2]。

表 9-10-1　碳化钛基金属陶瓷的成分和性能

牌　号	成分/%					性　能		
	TiC	WC	Mo	Ni	NbC	密度/$g \cdot cm^{-3}$	硬度 HRA	抗弯强度/MPa
YN10	62	15	10	12	1	6.34	92.5	1200
YN05	71	8	14	7	—	5.95	93.3	1000

虽然 TiC 基金属陶瓷有很高的抗积屑瘤和抗月牙洼形成能力，可提高切削速度和被加工材料的表面光洁度，但其抗塑性变形能力、抗崩刃性、强度和韧性差，其应用受到了一定的限制。

Ti(CN)基金属陶瓷于 1931 年问世，但直到 1968 ~ 1970 年间才由奥地利维也纳工业大学 Kieffer 等人开展系统研究。Kieffer 等人发现,在 TiC – Mo – Ni 系金属陶瓷中添加 TiN,不仅可显著细化硬质相晶粒,而且与 TiC 基金属陶瓷相比,Ti(CN)基金属陶瓷在高温下的硬度和抗弯强度更高,抗氧化性能和高温抗蠕变能力更好[3]。从那时起,先后进行了 Ti(CN) – Mo(Mo_2C) – Ni(Co) 型、(Ti,W)(CN) – Ni – Co 型、(Ti,W,Ta)(CN) – Mo(Mo_2C) – Ni – Co 型、(Ti,Ta,W,Nb,V)(CN) – Mo(Mo_2C) – Ni – Co 型以及添加各种合金元素和碳化物的基础研究。

目前,硬质合金主体材料仍然是稀有金属 W 和 Co。由于中国钨资源的过度开发,钨精矿价格成倍增长。Co 在国际上是重要的战略物资,其价格和供应极不稳定。有人预测,20 年后这两种资源都可能会枯竭。可见,用"无 Co 或少 Co、无 W 或少 W"的材料代替部分传统硬质合金是一个迫在眉睫的任务。金属陶瓷正是在这一背景下得到迅速的发展。Ti(CN) 基金属陶瓷原料成本只有钨钴硬质合金原料的 30% ~40%,若按片计算只有钨钴硬质合金原料的 15% ~20%,性价比优势非常显著。随着我国制造业大国地位的崛起,特别是少切屑的精密加工工艺的发展,金属陶瓷刀具的市场前景非常广阔[4]。

同时,Ti(CN)基金属陶瓷因其具有稳定的高温强度、良好的摩擦性能和耐酸碱腐蚀性能,还应用于发动机的高温部件、石化和化纤等多种行业和领域。

本章主要介绍的金属陶瓷都是 Ti(C,N)基金属陶瓷。

10.2 制备工艺

10.2.1 N 的添加方式

混合料制备时,TiN 可以以 Ti(C,N)、(Ti,Mo)(C,N)、(Ti,W)(C,N)、(Ti,Ta,W)(C,N)等固溶体的形式引入。由于 TiC 和 TiN 属于同一(立方)晶形的化合物,而且均可以明显低于其碳和氮化学计量值的成分存在,因此即使以 TiC 和 TiN 混合物的形式加入,在高温烧结过程中也会生成连续的 Ti(C,N)固溶体。在低共晶点 1353℃,Ni 固溶体中能溶解约 4.84% Ti(质量分数)和 0.09% N(质量分数),由于 Ti 的溶解度远大于 N 的溶解度,TiC 和 TiN 在烧结过程中的固溶反应会产生脱氮,甚至引起合金膨胀。多数学者认为以 Ti(CN)固溶体加入比以 TiC 和 TiN 混合物的形式加入更好[4]。

10.2.2 烧结工艺

金属陶瓷的成形剂有石蜡、橡胶和水溶性聚合物。水溶性聚合物 PEG 加热到 450℃,全部分解成为气态物质,残留很小。目前,PEG 有真空脱除和氢气脱除两种工艺。压坯脱除 PEG 后残留的碳量与其脱除工艺有关。与设计成分比较,金属陶瓷压坯经真空脱除 PEG 后总碳增加 0.2% ~0.3%,然而,经氢气脱除后总碳下降 0.2%。因此,氢气脱除 PEG 比真空脱除的压坯中总碳要低 0.4% ~0.5%。压坯中大约有 1.5% 的化合氧存在。由于 H_2 中微量水分的存在,经真空脱除 PEG 后压坯中的氧含量比氢气脱除的要低[5]。

在 900 ~1100℃之间,由于还原反应,压坯中的氧含量逐渐下降。在 1100 ~1300℃之间试条中氧含量迅速下降,发生较为彻底的还原反应。在 1300℃以上合金中的氧含量仍然逐步下降。混合料压坯在烧结过程中总碳含量的下降和氧含量的下降是对应的[5]。

压坯中的氮含量在1100℃以下,基本没有什么变化。在1100℃以上,碳氮化钛和其他碳化物开始反应形成固溶体释放 N_2,开始发生脱 N 反应,试条中的氮含量开始下降。应该说随着温度的升高,脱 N 反应加剧,形成 N_2 释放峰。由于在1300℃时,液相的出现,试条迅速致密,开孔隙变成闭孔隙,从而阻止了脱 N 反应的进行。黏结相对 N 分解的影响,在液相出现之前加速 N 的分解,液相出现后抑制 N 的分解;同时黏结相也加速了 CO 的生成和释放。在1500℃以后烧结体中氮的分解可能再次加速[5]。

在900℃以下,Mo_2C 开始固溶反应。在1000℃时,单质 Mo_2C 已明显地减少;此时 TaC 才开始固溶反应,在1100℃以上,单质 TaC 明显地减少。随着温度的升高,固溶反应加快,在1200℃时,Mo_2C 和 TaC 的固溶反应基本结束,而它们的单质相接近消失。WC 在1200℃以下,几乎没有什么变化;在1200℃以上,开始由于扩散而发生固溶反应。随着温度的升高,单质 WC 相迅速减少并在1300℃以下消失。在1300℃以上,合金中只有 Ti(C,N) 和 Ni(Ni + Co) 两相存在[5~8]。

在800 ~1350℃之间发生复杂的冶金和物理化学变化。为了获取致密而优良的组织结构,在这段烧结温度区间内,必须控制好升温速度,最好分段保温。烧结温度不能超过1500℃。

在 TiC 基金属陶瓷中引入 TiN 所带来的主要工艺问题是烧结过程中的吸氮和脱氮。如果在烧结过程中发生吸氮,则会改变金属陶瓷的组成,产生不均匀的结构,从而使金属陶瓷的强度和硬度受到严重的影响;如果在烧结过程中发生脱氮,则会严重影响合金的烧结过程,脱出的 N 会封闭在金属陶瓷的内部,产生大量孔隙,同样严重影响金属陶瓷的性能。由于 Ti(C,N) 基金属陶瓷的上述特征,其烧结过程通常是在真空条件下进行。真空烧结具有炉气纯度高,黏结相对硬质相润湿性能好等优点,从而改善黏结相分布的均匀性;可大大地减少气相和固相之间的反应,从而易于进行工艺控制。

多气氛烧结、气压烧结和热等静压处理可以抑制 N 的分解和降低合金的孔隙,提高合金的强度。对于不同 C/N 比的金属陶瓷,必须在不同的气氛和压力下烧结。但是,由于金属陶瓷烧结时 N_2 气的平衡压力不仅受金属陶瓷中 N 含量,而且还受烧结温度、C 含量、Mo_2C 含量等的影响,所以要准确求得这个平衡压力是很难的。因此,制取给定含 N 量的金属陶瓷不容易,合金的结构和性能很难控制[5]。

10.3 组织结构特征

典型的 Ti(CN) 基金属陶瓷均形成芯 - 环结构,有的环形结构有内环和外环。

认为环形结构形成的三个主要机理有:(1) 溶解和析出,在烧结过程中 TiC、Ti(C,N) 与 Mo_2C 在 Ni 中溶解,然后在残存未溶解的 TiC、Ti(C,N) 颗粒上析出,形成 (Ti,Mo)C 或 (Ti,Mo)(C,N);(2) 亚稳相的分解,通过选择适当的温度和成分,形成的 (Ti,Mo)C 或 (Ti,Mo)(C,N) 单相,在冷却过程中进入亚稳两相区,形成富 Ti 的 (Ti,Mo)C 或 (Ti,Mo)(C,N)(如芯部相)和富 Mo 的 (Ti,Mo)C 或 (Ti,Mo)(C,N)(环形相);(3) 扩散,在烧结过程中 Mo 通过 Ni 扩散到 TiC、Ti(C,N),形成 (Ti,Mo)C 或 (Ti,Mo)(C,N)[9~11]。

一些金属陶瓷的组织中亮芯黑环和亮环黑芯同时出现。M(M 代表 Ti 以外的重金属陶瓷元素 W、Mo 等)、Ti 在黏结相中的浓度由硬质相中 $(Ti,M)(C,N)_z$(z 间隙固溶体饱和度因子,$z = 1$ 时为理论饱和)的 N 含量和化学计量因子 z 来控制。降低化学计量因子 z 会增加

Ti 和 M 的溶解度。提高硬质相中的 N 含量将降低黏结相中 Ti 的浓度,而大大增加 M 的浓度。在液相中的扩散速度比在碳化物中的扩散速度大几个数量级,固相烧结阶段形成的小颗粒(Ti,M)C 优先溶解,贫 M 的(Ti,M)C 相首先在未溶解的(Ti,M)C 颗粒表面析出,随着(Ti,M)C 颗粒不断溶解和贫 M 的(Ti,M)C 相析出,包围了未溶解的(Ti,M)C 颗粒,使之与液相隔开,亮芯黑环结构出现。另外,如果富 M 的(Ti,M)C 相在未溶解的 Ti(C,N)颗粒周围析出,(Ti,M)C 不断溶解,在冷却过程中,富 M 的液相形成富 M 的(Ti,M)C 亮环,亮环黑芯形成。因此,在背散射扫描电镜下观察,金属陶瓷的芯部主要是富 N 的 Ti(C,N)黑芯,以及富 M 和 C 的(Ti,M)(C,N)亮芯;内环相的成分和亮芯基本相同,外环相是灰色富 Ti 和 N 的(Ti,M)(C,N)。液相 Ni 对碳化物组元的溶解是有选择性的,也造成 N 的偏析[12~14]。

Ti-W-C-N 体系热力学计算表明在固相烧结阶段,开孔隙,低的 N 活度,形成富 W 的内环相;外环相一般是贫 W 的多元固溶体。内环相中 W 的含量随混合料中 WC 的含量增加变化很小,但外环相(Ti,W)(C,N)中 W 的含量增加,直到内、外环相的成分相近。进一步增加 WC 的含量,外环相中 W 的含量最大约为 30%,这时合金烧结后会有 WC 存在。环形相,特别是在固相烧结阶段形成的内环相,由于颗粒接触情况不同,环形相可以是连续的,也可能是不连续的。液相和环形相的出现,可以抑制 N 的分解。在液相烧结过程中,过渡金属碳氮化物和黏结金属之间的反应,碳氮化物固溶体中的碳化物组元被液相金属优先溶解,直到反应区的碳氮化钛比初始碳氮化钛颗粒包含明显多的氮。C 含量越高,由于 TiC 的优先溶解,Ti(C,N)与 Ni 反应越剧烈[4]。

N 含量对环形结构和其成分有强烈的影响,随着 N/(C+N)比的增大,环形结构(Ti,M)(C,N)变薄,环形结构的体积分数减小,在 N/(C+N)比接近 0.5 时,环形结构的体积分数最小。因此,随着 N 含量的增加,硬质相晶粒尺寸和环形相的厚度下降。由于细化和均匀的硬质相和比较薄的环形相,Ti($C_{0.5}N_{0.5}$)基金属陶瓷表现出高的硬度和强度,其次是 Ti($C_{0.3}N_{0.7}$)。随着金属陶瓷中 N 含量的增大,Mo_2N 的生成能在 900℃以上是正值,N 阻碍 Mo 向 Ti(C,N)中扩散,抑制环形相的形成,碳氮化物晶粒会产生细化,且环形相尺寸也减小。而低 N 或高 C 含量会造成 Ti(C,N)基金属陶瓷的晶粒粗化,环形结构变厚[10,13]。

正常的 Ti(C,N)基金属陶瓷随着 N 含量的增大,两相区的位置向低碳侧移动,且宽度增大。γ 相的晶格常数随着 N 含量的增加而增大。这是由于随着 N 含量的增加 Mo 在 γ 相中的固溶度增大所引起的。脱、渗碳的出现或两相区的位置取决于碳含量和氮含量。越是高 N 金属陶瓷,其两相区的宽度越大。但氮含量太高,真空烧结时脱氮严重。因此,为了控制脱氮最好是在 N_2 气中烧结。但是,如果在高于平衡压力的 N_2 气中烧结,又产生增氮,导致在结构上出现游离碳[15]。

图 9-10-1 为典型 Ti(C,N)基金属陶瓷的显微组织。

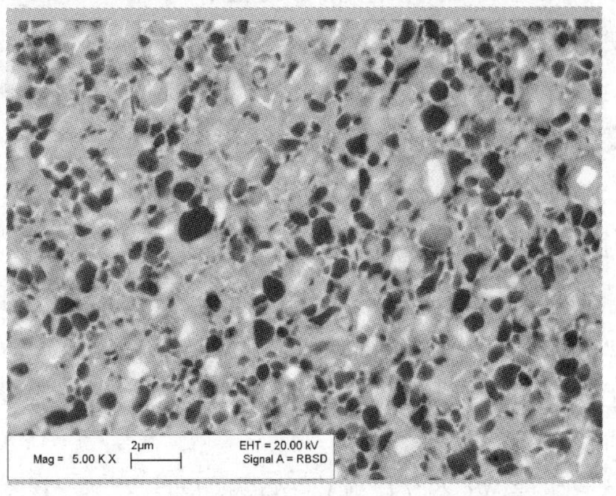

图 9-10-1 典型的 Ti(C,N)基金属陶瓷组织

10.4　性能

在高速切削条件下,Ti(C,N)基金属陶瓷合金显示出很好的红硬性和优异的抗月牙洼磨损能力,是钢材高速精加工和半精加工较为理想的刀具材料。其高温强度比 WC - Co 硬质合金高,而韧性又比 Al_2O_3、Si_3N_4 陶瓷刀具好,填补了 WC 基硬质合金与 Al_2O_3、Si_3N_4 陶瓷在高速精加工和半精加工领域之间的空当,与硬质合金涂层材料接近(图 9-10-2)。

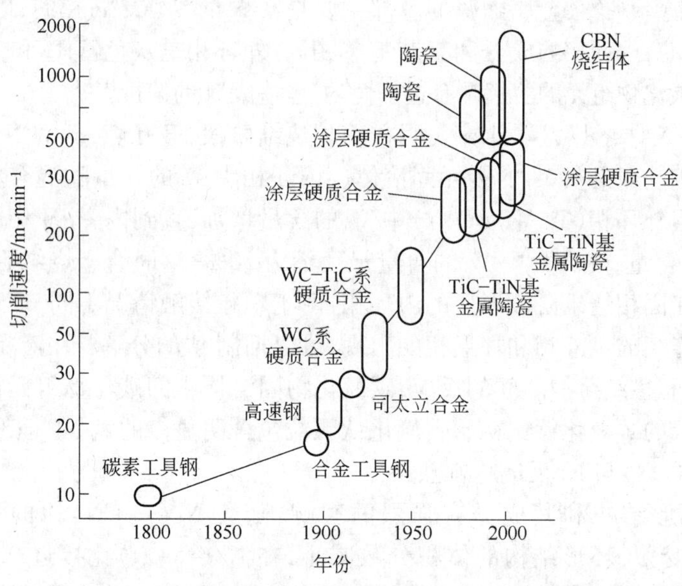

图 9-10-2　刀具材料的发展与切削加工高速化的关系

Ti(C,N)基金属陶瓷的硬度随 TiN 含量的增加而降低,这是由于 TiN 硬度低于 TiC 所致。研究结果表明,真空烧结条件下,Ti(C,N)基金属陶瓷的理论强度值在 TiN 含量为 15% 时最大,因为在这一添加量下碳氮化物晶粒最细。当 TiN 含量超过 15% 时,其结构中生成游离 TiN 晶粒。

无论是采用真空烧结还是采用 N_2 气烧结,为了使 Ti(C,N)基金属陶瓷具有良好强度和硬度的匹配,必须选择最佳的 N/C 比,在 $Ti(C_{1-x}N_x)$ 基金属陶瓷中 x 值应控制在 0.41 ~ 0.55 的范围内。如果 N/C 含量比超过上述范围,那么金属陶瓷或者只提高硬度而损失强度,或者只提高强度而损失硬度。

随着混合料中 Mo_2C 含量增加,内、外环相中 Mo 的含量增加。随着 Mo 的添加,组织结构细化,环形相变厚,造成抗弯强度和断裂韧性下降,对硬度的影响不大[16]。

芯部与环形相具有相同的晶格常数,但由于芯 - 环之间的位向差和原子错配造成界面处位错,芯 - 环之间的应力增加。通过加入一定量的 WC、TaC 等其他碳化物,可以形成不连续分布的内环相,以使芯部部分地暴露于金属黏结相,这样有利于芯 - 环之间的应力分布的改变和降低[13,14]。

随着 WC/Ti(C,N)比的增加,Ti(C,N)基金属陶瓷的硬度增加,当 WC/Ti(C,N)比超过 0.30 时,由于环形相厚度的增加,金属陶瓷的抗弯强度明显下降。在烧结过程中形成重的

(Ti,W,Ta)(C,N)芯,由于复式碳化物的硬度比纯碳化物的硬度要高,因此,含有高体积比(Ti,W,Ta)(C,N)芯的金属陶瓷具有高的耐磨性。

Ti(C,N) - Mo_2C - Ni 金属陶瓷的抗弯强度和硬度与黏结剂 Ni 含量的关系为:当黏结剂含量(质量分数)为20% ~25%时,金属陶瓷的抗弯强度显示出最大值,而硬度则随着黏结剂含量的增大呈直线下降。目前,在 Ti(C,N)基金属陶瓷生产中出现了以 Co 部分或全部取代 Ni 的趋势。这是由于 Co 具有比 Ni 更高的韧性,而且在相同烧结规范下制取以 Co 作黏结剂的金属陶瓷,孔隙度比以 Ni 作黏结剂的金属陶瓷要小。以 Co 代 Ni 作黏结剂制取 Ti(C,N)基金属陶瓷可使金属陶瓷有高硬度和高强度良好的匹配,其综合性能优于含 Ni 的材料。当 $w(Co)/w(Ni)$ 等于2.0时,表现出高的抗弯强度和硬度[4,13]。

随着 C 含量的增加,在黏结相中的 W 和 Ti 含量减少,在烧结过程中 (Ti,W,Ta)(C,N)芯的形成,要求消耗更多的富 Ti 和 Ta 相,促进 Ti(C,N)颗粒的溶解,形成高体积比的(Ti,W,Ta)(C,N)芯和低体积比的未溶解 Ti(C,N)芯。由于复式碳化物的硬度比纯碳化物的硬度要高,因此,含有高体积比(Ti,W,Ta)(C,N)芯的金属陶瓷具有高的耐磨性。随着 C 含量的降低,颗粒细化,未溶解 Ti(C,N)芯的体积比升高,黏结相固溶强化增强,金属陶瓷强度增加。随着 C 含量的增加,颗粒粗化,金属陶瓷的强度下降,硬度升高,对耐磨性影响不大。好几种显微结构的特点都影响着金属陶瓷最终的性能[17]。

为了减小烧结态 Ti(C,N)基金属陶瓷的缺陷尺寸和提高强度,烧结后金属陶瓷通常需进行热等静压处理。经热等静压处理后,合金的结构缺陷由镍池变成孔隙,而且孔隙的尺寸及其分布的密度明显下降。碳氮化物的粒度约为0.5 μm,抗弯强度值最高可达到3200 ~3400 MPa。并且,经热等静压处理后,Ti(C,N)基金属陶瓷的抗弯强度随着 N 含量的增大而明显提高,平均缺陷尺寸随之减小[18]。

Ti(C,N) - Mo_2C - Ni 金属陶瓷的导热性能随着 TiN 含量的增大而得到改善,这是由于 TiN 比 TiC 具有更高的热导率。

Ti(C,N)基金属陶瓷工具的切削性能优异,与被加工材料反应时具有较高的化学稳定性,从而导致切削过程的摩擦减弱,切削刃的温度降低,刀具切屑接触长度减小,磨损程度大大降低。在连续切削钢材时,随着 N 含量的增大,工具的月牙洼磨损(KT)降低,而后刀面磨损(VB)则相反,抗崩刃能力增强。

金属陶瓷的磁性能(比饱和磁化强度和矫顽磁力)决定于黏结相的含量和成分,特别是 Co/Ni 比。矫顽磁力和黏结相的平均自由程(黏结相平均厚度)的相互依赖关系不像 WC - Co 硬质合金那么明显。钴磁能够比较准确地反映 Ti(C,N)基金属陶瓷中碳、氮和氧成分的变化,也可以反映黏结相固溶强化(晶格常数)的变化,钴磁为合金成分的敏感参数。矫顽磁力可以定性地反映 Ti(C,N)基金属陶瓷组织结构的分布状态,矫顽磁力是一个合金组织敏感参数[4]。

目前,在 Ti(C,N)基金属陶瓷的研发和商业化应用方面,日本处于世界领先水平;在日本的金属切削领域中,金属陶瓷刀片已占可转位刀片总数的30%以上。Ti(C,N)基金属陶瓷最新的发展是制备梯度和超细金属陶瓷。我国近年来也开始了研究,开发出的 Ti(C,N)基金属陶瓷的性能也已达到国外先进产品的水平[5]。

10.5 添加剂的影响

为了提高金属陶瓷的性能,在 Ti(C,N) - Mo(Mo_2C) - Ni - Co 系金属陶瓷的基础上,做了大量添加各种碳化物和金属元素的研究工作[18~20]，一般认为适当添加 WC 和 TaC 可以生产出最优异的 Ti(C,N) 基金属陶瓷。WC 和 TaC 添加剂对 Ti(C,N) 基金属陶瓷性能的改善，主要是由于 W、Ta 等难熔金属大量地溶解于黏结相而产生固溶强化的缘故。铃木寿等人所作的研究表明，在 $Ti(C_{0.5}N_{0.5})-(19\%\sim21\%)Mo_2C-(0\sim33\%)WC-(18\%\sim23\%)Ni$ 金属陶瓷中，当 WC 含量在 10% ~30% 之间时，材料的强度提高，在测定维氏硬度时压痕开裂现象消失，当 WC 含量超过 30% 时，材料结构中析出针状游离 Mo_2C，从而导致其强度降低。Won Tae Kwona 等人[19]认为，车削和铣削性能的最佳 WC 的添加量（质量分数）分别是 15% 和 20%。通过在 Ti(C,N) -14WC -(13% ~20%)Ni 中添加 1% ZrC、ZrN 或 HfC，可降低芯环界面的应变能，改善了组织结构和切削性能。

Ulf Rolander 等人[20]在 $TiC-20\%TiN-10\%Mo_2C-10\%Ni$（体积分数）中用 TaC 代替其中的 TiC 进行了研究，发现其性能得到了改善。TaC <22.5%（体积分数）时，随 TaC 含量的增加，合金的晶粒变小，硬度、抗弯强度、抗侧面磨损性能和高温力学性能都随之提高。Ta 的添加，影响体系的界面能，强化硬质相骨架，限制晶粒边界的滑移，从而提高材料的抗塑性变形能力。立方相碳化物添加剂与六方相添加剂比较，会产生粗化的组织结构，降低材料硬度，提高韧性。另外，Ta 的添加可提高抗弯强度，因为 Ta 的添加提高了 W 在黏结相中的溶解度，从而强化了黏结相。间隙原子 C 和 N 在冷却过程中，有足够的时间从黏结相扩散到不足化学计量的硬质相中。NbC 的添加作用与 TaC 类似，并且总的看来比 TaC 的效果更好。

TiC 的加入使 Ti(C,N) - WC - Co - Ni 金属陶瓷的晶粒度和环形相尺寸增大，断裂韧性（K_{IC}）得到了较大改善，但是维氏硬度（HV），尤其是洛氏硬度下降很大，抗弯强度也有所下降。

在 $Ti(C_{0.7}N_{0.3})-15\%Ni-8\%Mo$ 金属陶瓷中添加 0.7% Al，可赋予材料在连续切削钢材时最佳的耐磨性以及断续切削钢材时良好的抗崩刃能力。其中 Al 是以 AlN 的形式加入，约 1%（质量分数）。添加 Al 使金属陶瓷性能改善的原因，主要是因其在黏结相中形成了 $Ni_3(Al,Ti)$ 相，使黏结相得到了强化的缘故。如果在黏结相中含有 Co，能增加 $Ni_3(Al,Ti)$ 相的稳定性和析出数量。

添加 1%（质量分数）ZrC、ZrN 或 HfC，可降低芯环界面的应变能，改善组织结构和切削性能。在 Ti(C,N) 基硬质合金中添加晶粒生长抑制剂 VC 可显著提高切削刀片的抗变形能力。

10.6　金属陶瓷梯度组织和涂层的研究现状

10.6.1　表面梯度结构的研究

在一定的 N_2 分压、温度和化学成分下，(Ti,W)(C,N) 可分解成两个面心立方相 δ_1、δ_2 和 WC。$\delta_1-(Ti_x,W_{1-x})(C_{x'},N_{1-x})$，富 Ti 和 N；$\delta_2-(Ti_y,W_{1-y})(C_{y'},N_{1-y})$，富 W 和 C。可通过设计刀具材料的化学成分和烧结气氛 N_2 分压大小来控制相应的冶金反应过程、碳氮化钛固溶体的分解行为和碳化物在黏结相中的析出，在合金内形成所需的梯度结构，可以获得不同性能的材料：(1) 表层无立方相的涂层基体材料；(2) 不同的内韧外硬的材料；(3) 有不同成分的表层多层材料；(4) TiN 自润滑材料。因为，WC 在 Ti(C,N) 中的固溶度决定于 N 含量，N 含量越高，WC 在 Ti(C,N) 中固溶度越低。由于 Ti 与 N 的亲和力远大于 W 和 N

的亲和力，金属陶瓷在真空中烧结，氮原子通过空隙向表面迁移，(Ti，W)(C，N)脱N，在表面形成贫N层。通过气氛反应烧结，在烧结后合金(压坯的成分可以是含N的，也可以是不含N的)的表层原位形成一层相或成分变化的多层区域，改变其应力分布而提高耐磨性[21]。

原子在黏结相中比在碳氮化物中扩散快得多，黏结相相当于原子扩散媒介。由于氮在黏结相中很低的溶解度，它的迁移速度受到限制；而其他金属元素的迁移速度受其扩散系数的限制。在烧结过程中，通入一定压力的氮气后，由于表面和内部N的活度不同(内部，1950 $Pa^{1/2}$)，表面区域高N的活性是Ti在钴镍黏结相中往外迁移和W往内迁移的驱动力。N活度的增加(烧结氮气压力增大)导致碳氮化物相在黏结相中溶解和析出新相，促进环形结构中富W相的溶解。Ti往表面扩散的驱动力明显大于W往内扩散的驱动力。如果氮的活度超过一定的压力，在超饱和的黏结相中，WC析出而颗粒长大，生长被环形碳氮化物颗粒所限制。在N气氛烧结过程中，不规则形状富N的碳氮化钛从黏结相中析出，在材料表层形成富Ti和N的区域，在已经存在的碳氮化物颗粒上形成包裹层，阻碍颗粒边界的滑移，从而改善切削过程中抗塑性变形能力[5]。

碳氮化物的成分受N_2分压和温度的影响，N_2分压高，碳氮化物中N的含量高；温度高，N含量就低。N_2还影响WC在(Ti，W)C中的溶解度。因此，形成金属陶瓷表面梯度结构的烧结工艺要根据成分、温度、N_2分压进行调整[22]。

由于扩散和迁移、溶解和析出，硬质相和黏结相的分布发生变化，由于表面层下富黏结相层的存在，阻止表面硬化层中裂纹向内扩展，使得梯度金属陶瓷的抗弯强度和断裂韧性没有下降。原位形成梯度金属陶瓷刀片，切削过程中形成应力，在三维刀片中的耗散，不像普通刀片应力在两维界面尖端集中；从而提高了金属陶瓷的刀尖的抗崩性能和刀具的耐用性。

在Ti(C，N)基金属陶瓷的烧结后阶段，通入一定压力氮气和适当的工艺控制，可以得到原位生成表层梯度结构的Ti(C，N)基金属陶瓷，在表层形成了4～6μm厚的Ti(C，N)硬质相富集的梯度结构，其厚度与物理气相沉积的厚度相当(图9-10-3)。

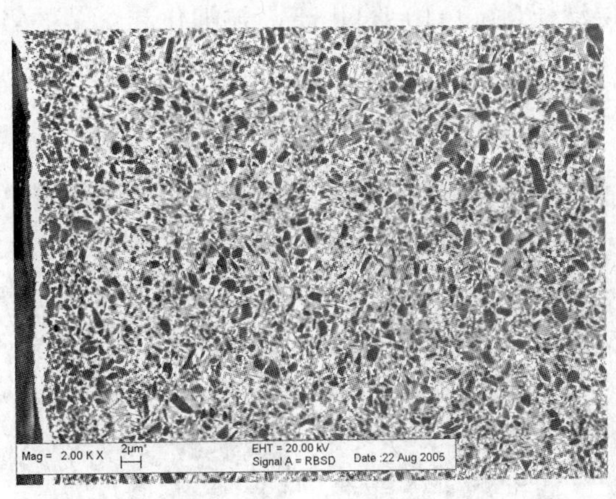

图9-10-3 金属陶瓷表面梯度结构的SEM照片

10.6.2 表面涂层的研究

高速切削和干式切削等加工技术的发展有力地推动了制造业的技术进步。刀具硬质涂层材料性能的提高是其关键技术之一。高硬度和优良的抗氧化能力是刀具涂层的重要性能指标。硬质合金涂层技术自20世纪60年代出现以来,在硬质合金可转位刀具上得到了极为广泛的应用。涂层技术主要有化学气相沉积(CVD)和物理气相沉积(PVD)两种。涂层技术是沿两个方向发展的。一是涂层材料,从最初的TiC、TiN到Al_2O_3、TiCN再到现在的金刚石、立方氮化硼(CBN)和TiAlN;二是涂层工艺,涂层从最初的单层到两层、多层,现在已可在10μm的厚度内涂上千层,每层的厚度仅为10nm左右,目的是利用各种涂层物质的优点,减少涂层物质的晶粒度。涂层技术也从CVD、PVD发展到了PCVD、MT-CVD等。

在CVD工艺中,化学气相沉积所需金属源的制备相对容易,可实现TiN、TiC、TiCN、TiBN、TiB_2、Al_2O_3等单层及多元多层复合涂层,其涂层与基体结合强度高,薄膜厚度可达10μm以上,相对而言,CVD涂层具有更好的耐磨性。

(Ti,Al)N物理气相沉积涂层最大的优势在于其高温抗氧化性能,TiAlN涂层在切削加工中,通过表面连续致密Al_2O_3层的形成起到了良好的隔热和抗氧化效果。(Ti,Al)N涂层的高温抗氧化性能随(Ti,Al)N涂层中的Al含量提高而提高。但过高的Al含量会导致涂层的结构发生转变,致使涂层的力学性能急剧下降。为了适应高速切削的发展,寻求新的涂层材料势在必行。(Cr,Al)N涂层是最近出现的一种新型的无钛涂层材料,它具有优异的高温硬度、高的抗氧化性和化学稳定性,在较高的机械载荷作用下都显示出良好的耐磨性。由于面心立方晶型的CrN晶胞与TiN相比能固溶更多的Al元素,因此涂层显示出比(Ti,Al)N涂层更加优异的高温性能。且Cr是提高涂层抗热腐蚀性能的主要元素,Al能促进稳定的Al_2O_3膜的形成,所以(Cr,Al)N涂层在保证良好的防腐性能的前提下拥有好的抗氧化性[5]。

金属陶瓷基体经过物理涂层后,基体的力学性能下降很少,抗弯强度的下降为5%~10%,冲击韧性基本不下降。金属陶瓷经过化学气相沉积涂层(图9-10-4)后,基体的力学性能下降,抗弯强度下降30%~40%,冲击韧性下降10%~20%。涂层应该选用强度比较高的基体。

TiN/(Ti,Al)N多层涂层(图9-10-5)由于晶粒细化和众多的界面层的作用,Ti(C,N)基金属陶瓷纳米TiN/(Ti,Al)N多层涂层与基体合金切削性能的比较,铣削40CrMo,刀片寿命提高30%[5]。

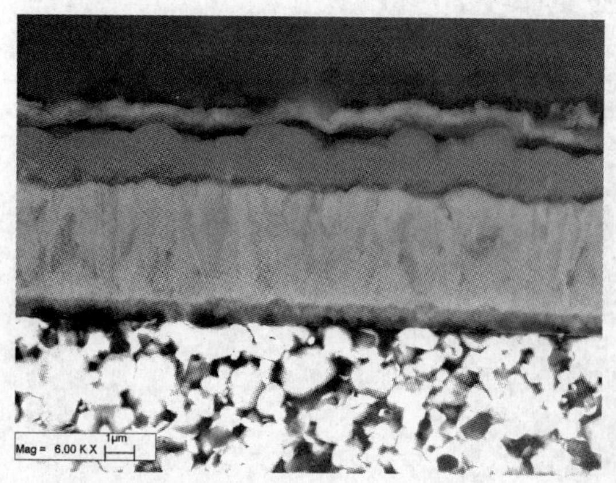

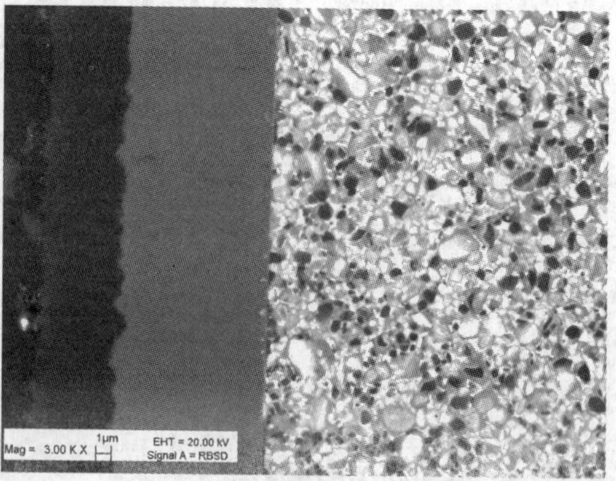

图9-10-4　金属陶瓷化学气相沉积(CVD)涂层组织结构

图9-10-5 TiN/(Ti, Al)N多层涂层截面组织的SEM照片

10.7 超细金属陶瓷的研究现状

超细Ti(C,N)基金属陶瓷的研究近年来引起了很大的关注。白万杰专利[23]是一种利用等离子体化学气相合成法制备纳米及亚微米级陶瓷材料的工艺。以可控的直流电弧等离子体为热源,以N_2或Ar为载体,携带金属卤化物为原料,以NH_3或液化气为氮或碳源,进入反应器,瞬时被加热至高温,发生反应,急速冷却获得超细陶瓷粉体材料。通过控制反应时间、可以调整粉体的粒度,通过控制NH_3和液化气的流量,调整C/N比;通过调整原料配方可生产多种碳化物、氮化物和碳氮化物粉体材料。

将纳米TiN+10%C在流动的Ar中,1430℃,保温3h,固态合成超细Ti(C,N)粉末,粉末形状规则,团聚少,C/(C+N)比在0.4~0.6[24]。

用机械合金化,使各种氧化物的混合物原料粉末原子热扩散达到原子级的混合,1200~1300℃低温碳热还原和氮化方法,制备了低氧含量、晶粒度为30nm左右的纳米晶(Ti,M)(C,N)-Ni和$(Ti,M_1,M_2)(C,N)$-Ni粉末[25]。

用0.7~0.95μmTi(C,N)+0.4μmWC进行试验,由于超细Ti(C,N)和WC大的比表面积,在黏结相中的溶解速度很高,而WC的溶解速度比Ti(C,N)高,抑制了Ti(C,N)的溶解。在超细原料粉末体系中可以固溶更多的WC,形成细的晶粒结构和高体积比的环形相。WC比Ti(C,N)在黏结相中的溶解速度快,随着WC含量的增加,黏结相的数量增加,环形相的内环厚度增加,外环相变薄,直至消失,这一点与微米Ti(C,N)基金属陶瓷不同。内环形相中的最大W含量(饱和点)可达45%,是微米Ti(C,N)基金属陶瓷内环形相中的最大W含量的两倍,这样既强化了环形相也强化了黏结相。细颗粒Ti(C,N)基金属陶瓷随着WC含量的增加,耐磨性增大;粗颗粒Ti(C,N)基金属陶瓷随着WC颗粒的增加,耐磨性降低。对耐磨性起主要作用的是硬质相晶粒尺寸和分布,而不是相的比例。与较粗Ti(C,N)基金属陶瓷相比,超细Ti(C,N)基金属陶瓷表现出更加均匀的结构[4]。

超细Ti(C,N)、WC的位错密度比传统尺寸原料粉末颗粒低,没有夹杂。在黏结相中可以溶解更多的W和C,增加了黏结相的体积比。超细Ti(C,N)、WC颗粒不论在固相烧结,还是在液相烧结,在冷却过程中稳定了fcc(面心立方)钴,钴中具有更高的fcc/hcp比例,强化了黏结相。与传统晶粒金属陶瓷合金相比,超细结构金属陶瓷韧化的机理不同[5]。

以氧化物为原料，合成晶粒度为30～100nm的(Ti,W)(C,N)－Ni预合金纳米晶粒粉末；1510℃保温1h，获得均匀、晶粒度为0.5～1.0μm的超细金属陶瓷。在结构中很多小颗粒的环形结构为“白芯黑环”或者没有明显的环形结构；一些小的晶粒镶嵌在大晶粒的环形结构中，保持部分共格而牢固结合，强化和韧化了金属陶瓷，其断裂韧性为11～14 MPa·$m^{1/2}$。用小于0.2μm的超细$TiC_{0.7}N_{0.3}$粉末制备了晶粒度小于0.5μm的Ti(C,N)基金属陶瓷，由于结构均匀和细化，它的强度和硬度均高于传统粉末的金属陶瓷。其硬质相的相成分为(Ti, Mo, Ta, W)(C,N)固溶体，在硬质相固溶体中存在位错和孪晶；在黏结相中出现非常细的沉淀析出相。目前，超细粉末原料的纯度比较低，其合金的孔隙度比较高，制备工艺有待改进[26,27]。

随着Ti(C,N)颗粒的减小，含有Ti(C,N)芯的晶粒数量减少。当Ti(C,N)晶粒的尺寸达到0.3μm时，很多晶粒没有芯部，获得的显微结构更加均匀。但是粉末颗粒越细，氧含量越高，合金致密化越困难，一般需要经过热等静压处理以后，强度和硬度才会有所上升[28]。图9-10-6为纳米Ti(C,N)基金属陶瓷显微组织[4]。

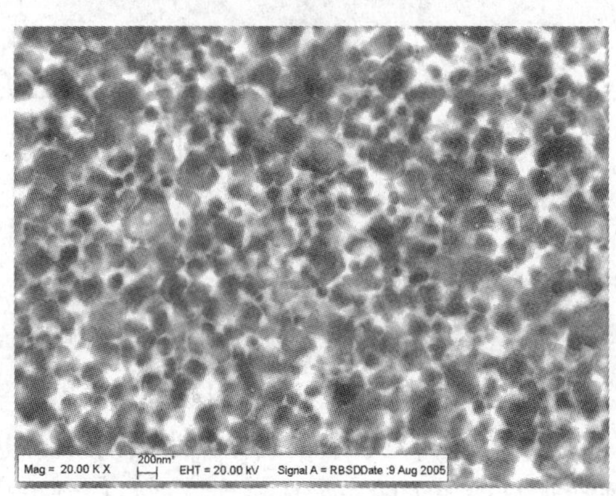

图9-10-6 压力烧结纳米Ti(C,N)基金属陶瓷显微组织

10.8 金属陶瓷产业化现状及发展方向

目前，Ti(C,N)基金属陶瓷已发展到了一个新的阶段，性能上，一方面向高韧性方向发展，即与涂层合金竞争；另一方面向高耐磨性方向发展，即与陶瓷材料相竞争。正是在这种要求的推动下，进入20世纪90年代后，超细金属陶瓷、超韧金属陶瓷和涂层金属陶瓷相继问世，其应用范围日益扩大。如前所述，在Ti(C,N)基金属陶瓷的研发和商业化应用方面，日本处于世界领先水平，其用量达到金属切削刀片的30%以上。欧洲也达到了20%以上，并且处在快速增长中。表9-10-2～表9-10-5列出了日本东芝钨公司、日本住友公司、日本黛杰公司和瑞典Sandvik等国外公司生产的Ti(C,N)基金属陶瓷商用牌号。我国Ti(C,N)基金属陶瓷的研究和产业化也处于快速发展过程中，株洲硬质合金集团有限公司及自贡硬质合金有限公司相继有TN和NT系列金属陶瓷的试生产，表9-10-6为国内厂家生产的TiC、Ti(C,N)基金属陶瓷牌号及性能。表9-10-7为国外主要厂商生产的最新产品及性能[1,4,5]；图9-10-7～图9-10-10为国外最新几个代表性金属陶瓷牌号的显微结构。

表9-10-2 日本东芝钨公司金属陶瓷牌号及性能

牌 号	组 成	密度/g·cm^{-3}	硬度HRA	抗弯强度/MPa
N302	TiC(C,N)－WC－TaC系	6.4	93.0～94.0	1300～1500①
X407	TiC－TaC系	6.5	91.0～92.0	1500～1700①
N308	TiC(C,N)－WC－TaC系	7.0	91.0～92.0	1600～1800①

续表 9-10-2

牌 号	组 成	密度/$g \cdot cm^{-3}$	硬度 HRA	抗弯强度/MPa
N310	TiC(C,N) - WC - TaC 系	7.0	91.0 ~ 92.0	1700 ~ 1900①
N350	(Ti,W,Ta)(C,N) 系	7.0	91.5 ~ 92.5	1700 ~ 1900①

① 表示厂方提供。

表 9-10-3 日本住友公司金属陶瓷牌号及性能

牌 号	组 成	密度/$g \cdot cm^{-3}$	硬度 HRA	抗弯强度/MPa
T110A	TiC - TiN 系	6.86	92.3	1600①
T250A	TiC - TiN 系	7.03	90.0	2100①
CN8000(梯度)	TiC - TiN 系	8.48	91.0	2500①

① 表示厂方提供。

表 9-10-4 日本黛杰公司金属陶瓷牌号及性能

牌 号	组 成	密度/$g \cdot cm^{-3}$	硬度 HRA	抗弯强度/MPa
CX10	TiC - TiN 系	6.7	93.4	1500①
NIT	TiC - TiN 系	7.0	92.5	1800①
NAT	TiC - TiN 系	7.4	92.0	1900①
CX	TiC - TiN 系	6.9	91.6	2500①

① 表示厂方提供。

表 9-10-5 瑞典 Sandvik 公司金属陶瓷牌号及性能

牌 号	组 成	密度/$g \cdot cm^{-3}$	硬度 HRA	抗弯强度/MPa
CT525	TiC - TiN 系	6.98	92.5	no
CT5015	TiC - TiN 系	6.56	92.1	no
CT530	TiC - TiN 系	7.25	91.5	no

注:"no"表示未检测。

表 9-10-6 国内 Ti(C,N)基金属陶瓷牌号及性能

生产单位	牌 号	组 成	硬度 HRA	抗弯强度/MPa	密度/$g \cdot cm^{-3}$
株洲硬质合金集团有限公司	TN30	TiC - TiN 系	≥91.0	≥1600	6.50 ~ 7.50
	TN20	TiC - TiN 系	≥91.5	≥1400	6.50 ~ 7.00
	TN10	TiC - TiN 系	≥92.0	≥1300	6.20 ~ 6.70
	TN05	TiC - TiN 系	≥93.0	≥1100	6.00 ~ 6.50
自贡硬质合金有限公司	NT2	TiC - TiN 系	≥92.5	≥1350	6.05 ~ 6.15
	NT3	TiC - TiN 系	≥91.5	≥1550	6.40 ~ 6.45
	NT4	TiC - TiN 系	≥91.0	≥1650	6.30 ~ 6.40
	NT5	TiC - TiN 系	≥93.0	≥1350	6.40 ~ 6.50
	NT6	TiC - TiN 系	≥92.0	≥1350	6.20 ~ 6.60

表 9–10–7　国外最新 Ti(C,N) 基金属陶瓷牌号及性能

生 产 商	牌　号	密度 /g · cm^{-3}	矫顽磁力 /kA · m^{-1}	钴磁 /%	硬度 HV	抗弯强度/MPa
Sandvik	525	6. 97	9. 3	5. 5	1570	
东芝	GT530	7. 29	6. 7	3. 6	1480	2500①
	NS520	6. 72	12. 6	4. 2	1600	
	NS530	7. 3	7. 6	4. 0	1500	
	NS740	6. 98	6. 9	4. 0	1490	
黛杰	LN10	7. 21	10. 6	5. 9	1660	1700①
京瓷	PV60	6. 56	8. 9	5. 2	1510	2200①
	PV90	6. 51	12. 6	9. 7	1410	
	TN60	6. 53	5. 0	3. 5	1550	
	TN6020	6. 37	24. 6	12. 6	1550	
三菱	NX55	7. 16	8. 4	7. 1	1550	
	NX2525	6. 63	9. 7	4. 1	1710	
住友	T1200A	8. 08	12. 9	5. 5	1550	2100①
	T2000Z	6. 6	13. 1	6. 9	1540	

注:钴磁为合金的饱和磁化强度折合成合金钴含量的重量百分比。

① 表示厂方提供。

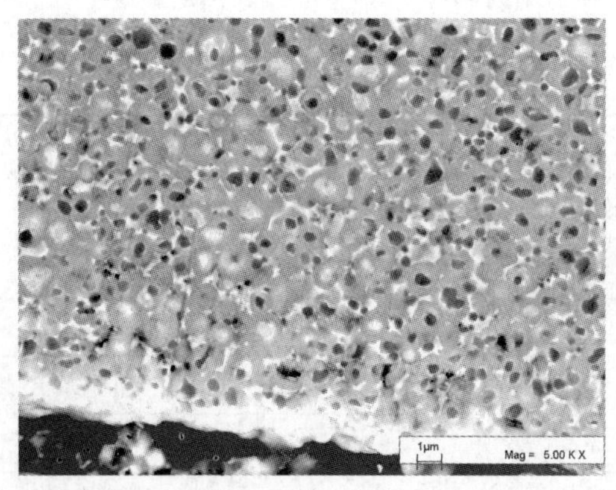

图 9–10–7　京瓷 TN6020 显微结构

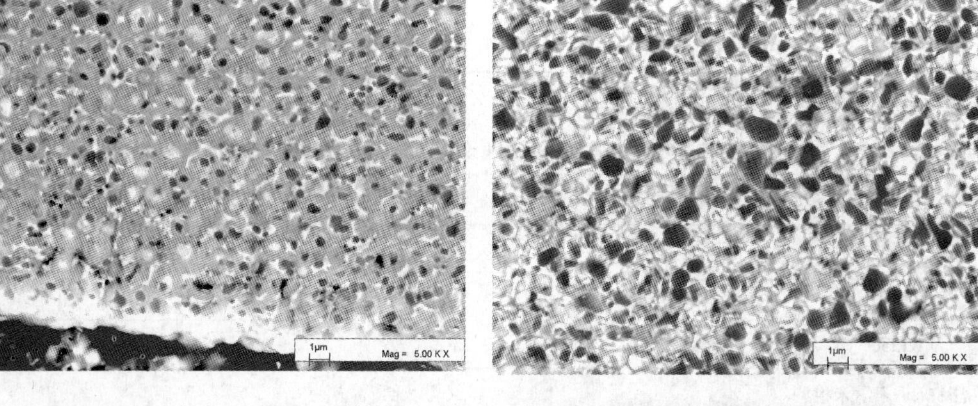

图 9–10–8　山特维克 525 显微结构

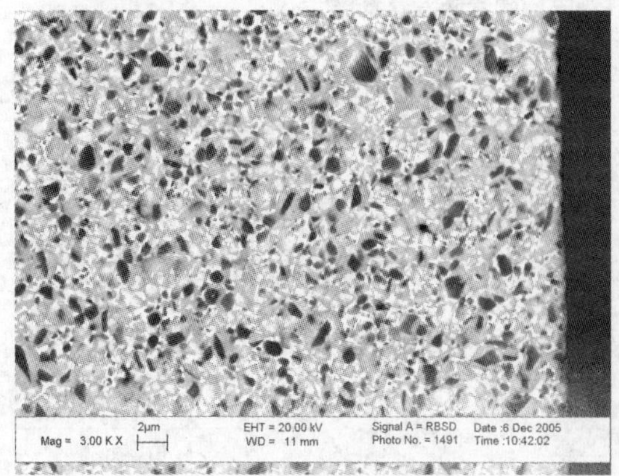

图 9–10–9　东芝 NS740 显微结构

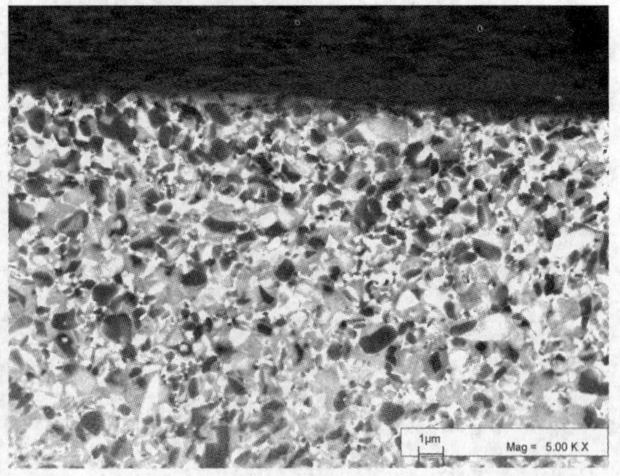

图 9–10–10　三菱 NX2525 显微结构

从分析解剖结果看来，我国 Ti(C,N)基金属陶瓷产品的性能与国外存在不小的差距，并且生产中质量波动较大；国外金属陶瓷刀片牌号的成分是 N 含量比较高，在 5% ~7%，我国为 3% ~4%。国外原料粉末细，合金组织结构组织细化；对金属陶瓷合金表面质量的控制水平和产品质量的稳定性比较高。

株洲钻石切削刀具股份有限公司对 Ti(C,N)基金属陶瓷成分、工艺参数、组织结构和性能进行了较深入研究；通过原料和工艺参数的控制，实现 Ti(C,N)基金属陶瓷组织结构的设计和合金性能的控制。表 9-10-8、图 9-10-11 分别为株洲钻石切削刀具股份有限公司生产的新牌号 YNG151 刀片的物理、力学性能和组织结构。

表 9-10-8 超细 Ti(C,N)基金属陶瓷的物理和力学性能

密度 /g·cm^{-3}	磁力 /kA·m^{-1}	钴磁 /%	硬度 HV_{30}	抗弯强度 /MPa	断裂韧性 /MPa·m$^{1/2}$	金 相
6.98	8.0	4.1	1610	2150	9.6	A02B02E00

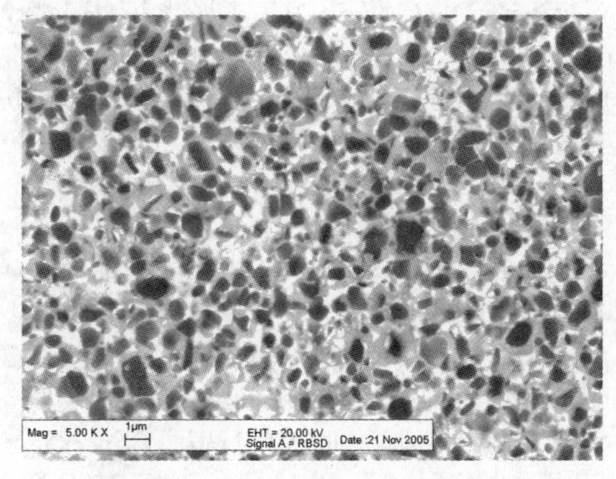

图 9-10-11 YNG151 金属陶瓷牌号的组织结构

YNG151 的组织均匀，物理和力学性能指标皆优于国内生产的 Ti(C,N)基金属陶瓷，其中抗弯强度提高约 50%，与国外各著名大公司对应的牌号产品的性能相当。如果对抗弯试条表面进行研磨抛光喷砂处理，测试的 TRS 值会在现在的数值上提高 20%。目前该牌号已产业化，产品已出口欧美。

YNG151 金属陶瓷刀片与国外先进的同类牌号 NX2525、NS530 对比，加工了较软 P20、中硬 42CrMo 和硬度较高的 NAK80 三种典型材料，其性能已达到世界同类产品的先进水平。株洲钻石切削刀具股份有限公司生产的 YNG151 金属陶瓷刀片耐磨性能都很好，刀片最终崩缺，主要失效是前刀面的月牙洼磨损及热裂纹崩刃（图 9-10-12）[4,5]。

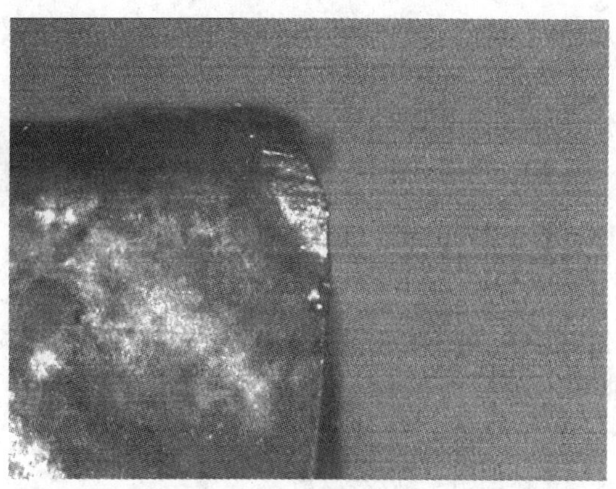
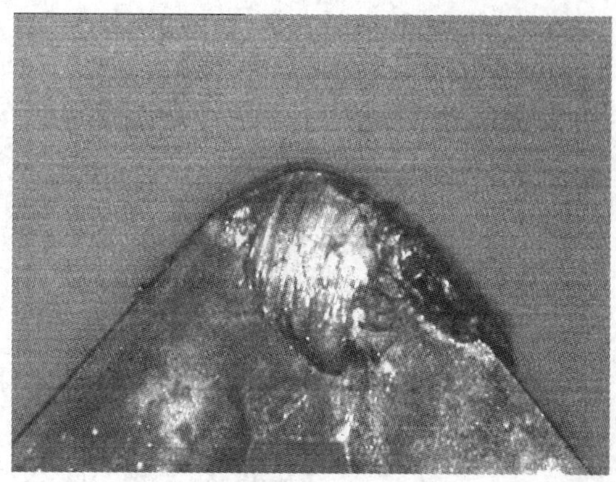

图 9-10-12　车削加工 42CrMo 的刀片表面磨损状态

参 考 文 献

[1]　徐智谋,TiC - Ti(C,N)基复合金属陶瓷的研究[D]. 武汉:华中科技大学,2004.

[2]　王国栋,硬质合金生产原理[M]. 北京:冶金工业出版社,1988.

[3]　Kieffer R. Uber Neuartige Nitrid-und Karbonitrid-Hardmetal[J]. Metall, 1971, 25(12): 1335 ~ 1342.

[4]　周书助 . 超细 Ti(C,N)基金属陶瓷粉末成形性能及刀具材料的研究[D]. 长沙:中南大学,2006.

[5]　周书助,高性能 Ti(C,N)基金属陶瓷刀具材料及表面物理涂层的研究[D]. 北京:清华大学博士后研究报告,2009.

[6]　Wally P, Ettmayer P, Llengauer W. The Ti - Mo - C - N system: stability of the (Ti, Mo)(C, N)$_{1-x}$ phase[J]. Journal of Alloys and Compounds, 1995, 228(1): 96 ~ 101.

[7]　Delanoë A, Bacia M, Pauty E, et al. Cr-rich layer at the WC/Co interface in Cr-doped WC - Co cermets: segregation or metastable carbide[J]. Journal of Crystal Growth, 2004, 270(3): 219 ~ 227.

[8]　Park S, Kang Y J, Kwon H J, et al. Synthesis of (Ti, M1, M2)(C,N) - Ni nanocrystal line powders[J], International Journal of Refractory Metals & Hard Materials, 2006, 24(1 - 2): 115 ~ 121.

[9]　Frederic Monteverde, Valentina Medri, Alida Bellosi. Microstructure of hot-pressed Ti(C,N) - based cermets[J]. Journal of the European Ceramic Society, 2002, 22: 2587 ~ 2593.

[10]　Yong Zheng, Wenjun Liu, Shengxiang Wang, et al. Effect of carbon content on the microstructure and mechanical properties of Ti(C, N) - based cermets[J]. Ceramics International, 2004, 30, 2111 ~ 2115.

[11]　Zackrisson J, Thuvandder M, Lndahl P, et al. Atom probe analysis of carbonitride grains in (Ti, W, Ta, Mo)(C, N)(Co, Ni) cermets with different carbon content. Applied Surface Science, 1996, 94/95, 351 ~ 355.

[12]　Limin Chen, Walter Lengauer, Peter Ettmayer, et al. Fundamentals of Liquid Phase Sintering for Modern Cermets and Functionally Graded Cemented Carbonitrides(FGCC)[J]. International Journal of Refractory Metals and Hard Materials, 2000, 18: 307 ~ 322.

[13]　Jinkwan Jung, Shinhoo Kang. Effect of ultra - fine powders on the microstructure of Ti(C,N) - x - WC - Ni cermets[J]. Acta Materialia, 2004, 52: 1379 ~ 1386.

[14]　Zhang S, Khor K A, Lü L, Preparation of Ti(C,N) - WC - TaC Solid Solution by Mechanical Alloying Technique[J]. Journal of Materials Processing Technology, 1995, 48: 779 ~ 784.

[15] O. N. Kaidash. Activated Sintering and Interaction in the Titanium Nitride-Nickel System. Ceramics International, 1998, 24: 157 ~ 162.

[16] Ning Liu, Chengliang Han, Yudong Xu, et al. Microstructures and mechanical properties of nano TiN modified TiC-based cermets for the milling tools. Materials Science and Engineering A, 2004, 382: 122 ~ 131.

[17] Zackrisson J, Andrén H O. Effect of Carbon Content on the Microstucture and Mechanical properties of (Ti, W, Ta, Mo) (C, N) Cermets[J], International Journal of Refractory Metals and Hard Materials, 1999, 17: 265 ~ 273.

[18] 铃木寿. $TiC_{0.5}N_{0.5}-Mo_2C-Ni$ 烧结的强度与结构缺隙[J]. 日本金属学会志, 1984, 48(10): 1011 ~ 1016.

[19] Won Tae Kwona, June Seuk Park, Seong-Won Kim. Shinhoo Kang Effect of WC and group IV carbides on the cutting performance of Ti(C, N) cermet tools[J]. International Journal of Machine Tools & Manufacture, 2004, 44: 341 ~ 346.

[20] Ulf Rolander, Gerold Weinl, Marcus Zwinkels. Effect of Ta on structure and mechanical properties of (Ti, Ta, W)(C, N) - Co cermets[J]. International Journal of Refractory Metals & Hard Materials, 2001, 19: 325 ~ 328.

[21] Zhang S, Lu G Q. Effect of the Green State on the Sintering of Ti(C, N) - based Cermets[J]. Journal of Materials Processing Technology; 1995, 54(1 - 4): 29 ~ 33.

[22] Yoshimura H. Effect of N/C Ratio on Mechanical Properties and Milling Performance of $TiC_xN_y-15\%$ Ni Cermets[J]. 11th International Plansee Seminar'85, Proceedings, 2: 785 ~ 815.

[23] 白万杰. 化学气相合成法制备纳米及亚微米级超细陶瓷材料的工艺, 中国, ZL02153392. X[P].

[24] Frederic Monteverde, Valentina Medri, Alida Bellosi. Microstructure of hot-pressed Ti(C, N)-based cermets[J]. Journal of the European Ceramic Society, 2002, 22: 2587 ~ 2593.

[25] Park S, Kang Y J, Kwon H J, et al. Synthesis of (Ti, M1, M2)(C, N) - Ni nanocrystalline powders[J]. International Journal of Refractory Metals & Hard Materials, 2006, 24(1 - 2): 115 ~ 121.

[26] Ji Xiong, Zhixing Guo, Bin Wen, et al. Microstructure and properties of ultra - fine $TiC_{0.7}N_{0.3}$ cermet. Materials Science and Engineering A, 2006, 416(1 - 2): 51 ~ 58.

[27] Sheng Chao, Ning Liu, Yupeng Yuan, et al. Microstructure and mechanical properties of ultrafine Ti(C, N) - based cermets fabricated from nano/submicron starting powders[J]. Ceramics International, 2005, 31(6): 851 ~ 862.

[28] Ehira M, Egami A. Mechanical Properties and Microstructure of Submicron Cermets[J]. International Journal of Refractory Metals and Hard Materials, 1995, 13: 313 ~ 319.

编写: 周书助 (湖南工业大学)

第11章　钢结硬质合金

11.1　概述

钢结硬质合金是一种以钢做黏结相,以碳化物做硬质相的硬质合金材料。它是20世纪60年代初由美国研制成功并投入市场的。随后在德国、荷兰、前苏联、波兰、捷克等欧洲国家,乃至中国得到发展[1]。

钢结硬质合金的基本特点是:可以在退火态进行机械加工,然后在淬火态使用。这样,就可以用它生产形状相当复杂的零件,而零件的使用寿命又接近普通硬质合金。另外,它的价格不及普通硬质合金的一半。如果对零件的使用性能要求不是特别高的话,使用钢结硬质合金在经济上更划算。

在我国,与国外相似。沿袭与转移并存,关闭与新建共生。而最值得称道的是:在许多大学里,有关钢结硬质合金的学科性研究终年不断,论文层出不穷;我国是唯一立有钢结硬质合金国家标准的国家(见附录1);“可加工钢结硬质合金自由锻造”课题获国家发明奖;同时,20世纪80年代由冶金工业出版社出版的《钢结硬质合金》一书,是世界上独一无二的有关钢结硬质合金全面而系统论述的专著。

纵观半个世纪以来钢结硬质合金的发展,从生产应用实际讲仍有以下几个特点:

(1) 尽管国内外有一些不可加工的钢结硬质合金牌号,但可机械加工,可热处理特性仍是其发展主流。

(2) 纵然硬质相出现诸如TiN,Ti(C,N)等多元化倾向,但生产实际仍是以TiC居多,我国则是TiC与WC并存。

(3) 黏结相仍具有钢种多样化的倾向:碳素钢、合金工具钢、轴承钢、耐热钢、不锈钢、高锰钢、特殊合金等。

(4) 硬质相与黏结相配比虽然比较宽广,为保证可加工性,其硬质相的体积百分比仍以30% ~50%见长。

(5) 生产工艺仍以常规粉末冶金法为主。近些年来出现的原位反应合成钢结硬质合金新工艺处于萌芽状态。渐趋成熟的“电冶法”生产钢结硬质合金,将大大地突破粉末冶金法生产产品尺寸的限制,并使应用扩大。

(6) 实际应用与时俱进。钢结硬质合金在新兴产业中仍有用武之地。值得一提的是经锻造的GT35钢结硬质合金装置制成的陀螺仪,在核潜艇、火箭、导弹、卫星、飞船乃至“神五”、“神六”、“嫦娥奔月工程”与“神七”中都得到成功的应用。

11.2　生产工艺

11.2.1　工艺流程

钢结硬质合金毛坯的生产工艺与普通硬质合金的相同,此处不予复述。其详细工艺条件(包括原材料制取)见《钢结硬质合金》专著第二、三章[1]。其生产工艺流程如图9-11-1所示。

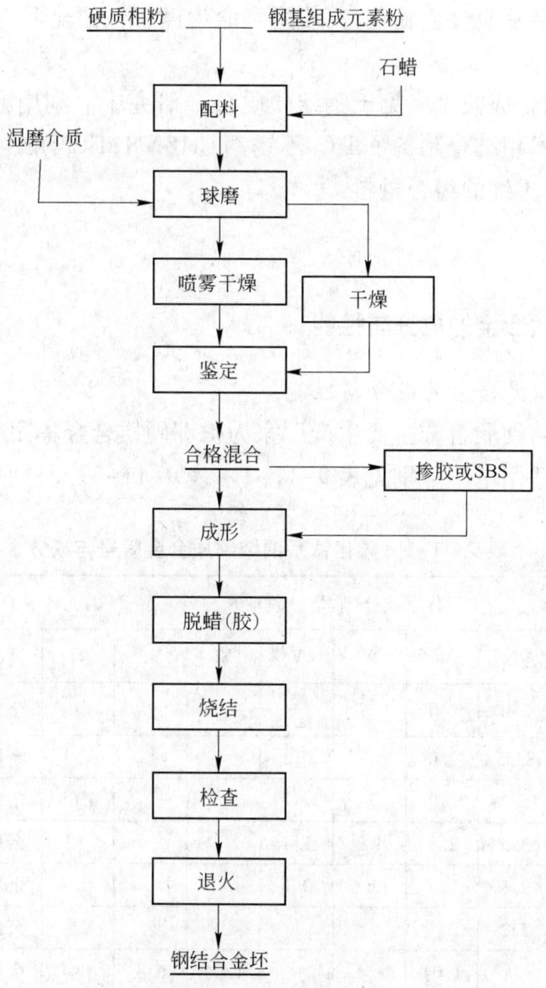

图9-11-1　钢结硬质合金的生产工艺流程

大批量采用喷雾干燥。此时成形剂必须加入球磨机中，因此只能采用石蜡。

批量较小时，可以不采用喷雾干燥，成形剂可以在干燥后单独加入，因而可以不用石蜡，而用合成橡胶或SBS。

11.2.2　电渣熔铸法和原位反应法制取钢结硬质合金简介

一些年来，电渣熔铸法也称“电冶法”生产钢结硬质合金的工艺日趋成熟。将粉末冶金、冶金熔铸、金属粉末喷焊、喷射冶金、电磁搅拌铸造等工艺进行结合和改进，研制成功电渣熔铸颗粒增强钢基复合材料新工艺。此工艺可生产几公斤至几吨重的大型工件，并可生产双金属材料，且增强颗粒(WC)含量可任意调节[2,3]。其生产工艺流程如下：

复合电渣熔铸工艺：

原料选择与准备 → 废钢、铁合金配料 → 熔炼 → 自耗电极浇注 → 自耗电极与WC颗粒混合电渣熔铸 → 电磁搅拌结晶 → 抽锭 → 产品退火处理 → 产品检验 → 机械加工 → 淬火处理 → 产品检验入库用此法生产的钢结硬质合金轧辊，其使用寿命为镍、铬、钼轧辊的 8～10 倍，为高速钢轧辊寿命的 2 倍以上。

近年来，原位反应合成技术多见于钢结硬质合金研究中。利用廉价的原材料将原位合成技术与液相烧结技术相结合制备了 TiC/不锈钢 Cr18Ni8，TiC/耐热钢 Cr19Al3 等钢结硬质合金，以期获得性价比更优的组合材料[4,5]。

11.3　成分与性能

11.3.1　国产钢结硬质合金的成分与性能

11.3.1.1　碳化钛系合金的成分与性能

国产碳化钛系钢结硬质合金主要生产厂家为株洲硬质合金集团有限公司。产品已经系列化，其成分、性能与适用范围分别见表 9-11-1～表 9-11-3。

表 9-11-1　碳化钛系钢结硬质合金牌号与成分

牌号	化学成分（质量分数）/%										备注
	TiC	C	Cr	Mo	W	V	Ni	Mn	Ti	Fe	
GT35	35	0.45	2.0	2.0						余量	
R5	35	0.7	8.55	2.0		0.2				余量	
R8	35	<0.15	16.25	2.0					0.65	余量	外加 0.05% B
T1	30	0.70	3.5	2.8	4.2	1.4				余量	
D1	30	0.56	2.8		12.6	0.7				余量	
ST60	60		7.2				4.8			余量	外加 0.2% La_2O_3
TM52	48	0.68		1.04			1.04	6.8		余量	
TM60	40	0.72		1.2			1.2	7.8		余量	

表 9-11-2　碳化钛系钢结硬质合金的物理和力学性能①

牌号	密度 /g·cm^{-3}	硬度 HRC		抗弯强度 /MPa	冲击功 /J	弹性模量/GPa		比电阻/μΩ·m		温度/℃	线膨胀系数 α/℃$^{-1}$
		退火	淬火			退火	淬火	退火	淬火		
GT35	6.5	39～46	68～72	1600	6	306	298	0.812	0.637	20～200	8.43×10^{-6}
R5	6.4	45	70～73	1300	3	321	313	0.784	0.269	20～200	9.16×10^{-6}
R8	6.25	44	62～66	1100	1.5					20～200	7.58×10^{-6}
T1	6.7	48	72	1400	3～5			0.587	0.529	20～200	8.54×10^{-6}
D1	7.0	44	70	1500							
ST60	5.8	不可热处理		1500	3.0					20～200	10.10×10^{-6}
TM52	6.1	水韧处理 58～62		1900	8.1						
TM60	6.2			2100	10						

① 抗弯强度及冲击韧性均为淬火态性能。密度值波动范围为 ±0.1，硬度也有一定的波动。

表9-11-3 碳化钛系钢结硬质合金的适用范围

牌 号	钢基类型	特点与适用范围
GT35	中合金工具钢	有较高的硬度及耐磨性，但不耐高温与腐蚀。用于冷作工模具、量卡具及耐磨零件
R5	高碳高铬钢	有较高的硬度及耐磨性，具有明显的回火二次硬化现象。抗回火、抗氧化、具有一定抗蚀性。适用于中温热作模具与抗氧化、抗蚀、耐磨同时要求的工具，如刮片、密封环等
R8	半铁素体不锈钢	具有优异的抗硫酸、硝酸及弱酸(有机酸)与碱、尿素等腐蚀介质的能力。适用于腐蚀环境中的耐磨零件，如泵的密封环、阀门、阀座、轴承套等
T1 D1	高速钢	有较高的硬度与耐磨性。具有一定的耐热性与回火二次硬化效应。适于制作加工有色金属及其合金等的多刃刀具，如麻花钻头、铣刀、滚刀、丝锥、扩孔钻等
ST60	奥氏体不锈钢	为不可热处理、不可加工、无磁性的钢结硬质合金。耐热、耐蚀、抗氧化。可用于热挤压模及要求在磁场中工作的工模具
TM52 TM60	高锰钢	为不可加工、具有工作硬化的钢结硬质合金，有较高的韧性。可用于地质、矿山方面的冲击工具，如凿岩钻头、锤碎机、挖土机等的工作元件

11.3.1.2 碳化钨系合金成分与性能

表9-11-4和表9-11-5是国产碳化钨系钢结硬质合金的化学成分、性能与适用范围。

表9-11-4 碳化钨系钢结硬质合金牌号与成分

牌号或代号	化学成分(质量分数)/%							备 注
	WC	C	Cr	Mo	Ni	Mn	Fe	
TLMW50	50	0.8	1.25	1.25			余量	
DT	40	0.6	0.8	1.7	1.7	0.5	余量	
WC50CrMo	50	0.45	0.625	0.625			余量	
GW50	50	0.15	0.5	0.5			余量	
	50	0.4	0.55	0.15	0.15		余量	
GJW50	50	0.25	0.5	0.25			余量	
GW40R	40	0.3	3.0	4.0	1.0		余量	
GW30	30	0.4	1.0	0.8	1.8		余量	
BR20	20	0.25	2.2	2.2	0.8	Co 3.0	余量	
V2	87	0.03				1.7	余量	外加0.01%~0.06%B

表9-11-5 碳化钨系钢结硬质合金的物理力学性能与适用范围①

牌 号	密度/$g\cdot cm^{-3}$	硬度HRC		抗弯强度/MPa	冲击功/J	弹性模量/GPa		适用范围
		退火态	淬火态			退火态	淬火态	
TLMW50	10.3	38~45	66~69	2000	6.4		305	冷作工具模，耐磨零件
GW50	10.3	38~43	69~70	1700~2300	9.6			冷作工具模，耐磨零件
GJW50	10.2	35~38	65~66	1500~2200	5.6~6.4			冷作工具模，耐磨零件
WC50CrMo	10.3	33~41	67	2150	14.4			冷作工具模，耐磨零件
DT	9.70	32~36	68	2500~3600	12~16		270~280	工模具、滚、横剪刀
GW30	9.0	32~36	62~64	2500	12.0		250	大冲击负载的工模具
GW40R	9.6	37~41	58~63	1800~2200	6.4~9.6			热作工模具
BR20	8.75~8.79	—	61~62	2050~2450	2.4			热作工模具
V2	13.5~14.0	—	88~90(HRA)	1800~2400	24~40		433	矿山工具及耐磨零件

① 抗弯强度及冲击韧性均为淬火态性能。

11.3.2 国外钢结硬质合金的牌号与性能

美国、荷兰、原西德三国钢结硬质合金牌号虽见于20世纪中后期，但仍具有一定的参考价值。

11.3.2.1 美国钢结硬质合金的成分与性能

美国钢结硬质合金的成分与性能见表9-11-6～表9-11-8。

表9-11-6 美国钢结硬质合金的牌号与成分[6]

牌号	化学成分(质量分数)/%												
Ferro－TiC	TiC	WC	C	Cr	Ni	Mo	W	Co	Cu	Ti	Al	V	Fe
C	33		0.40	2.0		2.0							余量
S－45	39			11.0	7.3								余量
S－55	52			8.6	5.7								余量
J	16.5	38.5	0.47	2.75			6.6					1.1	余量
CM	34		0.56	6.6		2.0							余量
CS－40	34		0.43	11.55		0.33							余量
M6	33				12	3.2		5.7		0.7			余量
M6－A	37.5				11.2	2.9		5.3		0.6			余量
M6－B	42.5				10.5	2.5		5.0		0.5			余量
MS－5	33.6			9.4	4.0	2.7		3.4		1.0			余量
HT－6	33			12	47.6					1.34	0.67		5.4
DN－1	33				余量						3.0		
CN－5		60			12				余量				
SK	25		0.3	3.75	0.375	3.0							余量

表9-11-7 美国钢结硬质合金的力学性能[7]

牌号 Ferro－TiC	碳化物含量(体积分数)/%	基体合金类型	硬度HRC		可加工性评价①	最高工作温度/℃	密度/g·cm⁻³	弹性模量/GPa	抗压强度/MPa	抗弯强度/MPa	冲击功/J
			退火态	淬火态							
CM	45	高铬工具钢	46	69	2	535	6.45	310	3400	1750	330
C	45	中合金工具钢	43	70	2	200	6.60	310	2900	2100	480
SK	40	热作工具钢	38	65	1	535	6.80	275	2500	2160	660
LT	40	时效硬化钴铁合金	45	55	4	650	6.66	275		1800	630
CRHS	15	高速钢	37	66	1	650	8.25	246		1500	720
CS－40	45	马氏体不锈钢	50	68	3	425	6.45	310	3200	1750	270
M－6	45	时效硬化马氏体钢	49	63	3	450	6.68	302	1550	2250	720
MS－5	45	时效硬化马氏体不锈钢	49	62	4	450	6.55	295	2550	1950	660
HT－2	45	时效硬化铁镍合金	44	54	5	760	6.37	295	2100	1750	650
HT－6	45	时效硬化镍基合金	46	54	6	1090	6.67	316	1890	2150	670
HT－6A	35	时效硬化镍基合金	46	50	3	1090	7.00	281		1400	800
CN－5	45	时效硬化铜镍合金	44	52	5	450	11.80	232		1950	
J	40	高速钢	50	70	4	650	8.80	310	2950	1600	270
S－45	45	奥氏体不锈钢	45	—	5	650	6.40	310		1950	

①1表示能很容易地进行车、铣、攻丝、刨或其他机加工；6表示加工困难，或仅能车、锯或磨削；2、3、4、5表示加工难易程度界于1和6之间。

表 9-11-8　美国钢结硬质合金的物理性能及特点[7]

牌号 Ferro－TiC	温度/℃	线膨胀系数/$℃^{-1}$	热震循环数①	电阻率/μΩ·m		热处理时尺寸变化/%	特点
				退火态	淬火态		
CM	20～90 20～535	6.23×10^{-6} 8.35×10^{-6}	1	0.57	0.61	±0.025	良好的抗回火性，用于耐磨零件、重成形或中温（≤600℃）工作的工模具
C	20～90 20～200	6.39×10^{-6} 7.83×10^{-6}	2	0.34	0.53	±0.04	用于工具、模具和耐磨零件；在退火态下具有优异的阻尼震荡值
SK	20～90 20～535	8.82×10^{-6} 9.45×10^{-6}	15	0.36	0.57	±0.03	有良好的抗热震与冲击性能，适用于热加工用途，冷镦模和锤头
LT	20～90 20～650	7.56×10^{-6} 8.64×10^{-6}	33			－0.02	比SK还好的抗热震和高温硬度，适用于中温热作用途
CRHS	20～90 20～650	9.09×10^{-6} 11.34×10^{-6}	35			＋0.15	最好的抗热震性，适用于苛刻的热作用途
CS－40	20～90 20～315	5.55×10^{-6} 6.80×10^{-6}	1	0.74	0.80	＋0.043	具有400不锈钢的高硬度和抗腐蚀性
M－6	20～90 20～425	6.05×10^{-6} 7.81×10^{-6}	12	0.89	0.78	－0.03	热处理简单，无变形，抗强卤化物腐蚀
MS－5	20～90 20～480	7.74×10^{-6} 8.64×10^{-6}	8	1.14	1.03	±0.02	良好的抗腐蚀性与尺寸稳定性，比M－6更抗弱酸
HT－2	20～90 20～535	9.54×10^{-6} 10.71×10^{-6}	12			±0.01	良好的抗腐蚀性、抗氧化性、具有优异的尺寸稳定性，抗应力腐蚀与抗热震性
HT－6	20～90 20～535	7.61×10^{-6} 11.03×10^{-6}	1	1.23	1.20	－0.042	优异的抗氧化性、抗腐蚀性、良好的红硬性与高温硬度
HT－6A	20～90 20～535	8.10×10^{-6} 11.61×10^{-6}	3			－0.045	类似于HT－6，但更易加工，韧性更好
CN－5	20～315	9.50×10^{-6}				＋0.026	有优异的抗海水腐蚀能力
J	20～90 20～650	6.32×10^{-6} 8.06×10^{-6}	1	0.59	0.77	＋0.15	良好的耐热性，用于≤730℃的高温工具
S－45	20～875	12.42×10^{-6}					具有300不锈钢的抗腐蚀性

① 加热到1000℃，在油中激冷，反复进行直到出现裂纹的次数。

11.3.2.2　前联邦德国钢结硬质合金的成分与性能

前联邦德国蒂森特殊钢厂（Thyssen Deutsche Edelstahlwerk）的产品商标为“Ferro－Titanit”，其牌号、成分及性能见表9-11-9和表9-11-10。

11.3.2.3　荷兰钢结硬质合金的成分与性能

荷兰菲利浦灯泡有限公司的工具与机械制造厂研制并生产了13种钢结硬质合金。这些牌号大多是仿制前联邦德国早期的产品。其牌号、成分与性能特点见表9-11-11～表9-11-13。

表 9-11-9　前联邦德国钢结硬质合金牌号与成分[8]

牌号 Ferro-Titanit	化学成分（质量分数）/%												
	TiC	C	Cr	Mo	Mn	Cu	Co	Ni	Si	Nb	W	Al	Fe
$C_{特}$	33.0	0.45	2.0	2.0		0.80							余量
MA	33.0	0.60		0.40	1.90	0.50			0.70				余量
Gu30	33.0	2.50	0.20	1.40		0.70		0.40	1.30				余量

续表 9-11-9

牌号 Ferro-Titanit	化学成分(质量分数)/%												
	TiC	C	Cr	Mo	Mn	Cu	Co	Ni	Si	Nb	W	Al	Fe
WF	33.0	0.55	9.50	2.0		0.60							余量
WF－KKM	30.0	0.50	9.80	2.0	0.60	0.60							余量
S	32.0	0.40	14.0	1.50		0.70							余量
NIKRO128	33.0	0.5Ti	8.40	4.0		0.35	6.7	4.7				0.5	余量
U	34.0		12.0	1.30		0.60		8.0		0.5			余量
UNI	33.0	1.4Ti	12.0	1.40		0.50		余量		0.3			
GuNi30	33.0	2.50	0.20	1.40		0.80		14.0	1.30				余量
T	16.5		16.8	16.8		0.80		余量			4.7		
NIKRO292	20.0	0.16Ti		12.0		0.28	12.0	12.0					余量
WFN	33.0	0.44	9.4	2.0		0.54		0.27		0.34V			余量
CROMONI	22.0		15.6	12.1									余量

表 9-11-10　前联邦德国钢结硬质合金热处理及性能[8]

牌号 Ferro-Titanit	密度 /g·cm^{-3}	硬化温度 /℃	回火温度(时效) /℃	硬度 HRC	退火温度(固溶) /℃	退火硬度 HRC	抗压强度 /MPa	冲击功 /J	抗弯强度 /MPa	弹性模量 /GPa	抗拉强度 /MPa
$C_{特}$	6.6	980	150	66～73	840 炉冷	40～44	3800～4000	3.2	2000	约 300	2000
MA	6.5	840	150	69～73	840 炉冷	42～46	4000～4200		1700	300	1700
Gu30	6.3	820	150	68～70	900 炉冷	40～44	3000	2.0	1300	约 240	
WF	6.5	1090	150～500	68～70	1000 炉冷	44～46	4000		2000	约 290	2000
WF－KKM	6.5	1090	150～510	68～70	1000 炉冷	46～50			1800	282	
S	6.4	1080	200	66～68	1000 炉冷	40～44	3800	2.4	1800	300	2000
NIKRO128	6.6		480(8h)	59～61	850 油/空气	45～50	4000	6.4	2500	280	2400
U	6.4		800	46～48	1200 空气	42～44	2400	6.4	1800		1800
UNI	6.7		540(24h)	55～57	1200 空气	44～46					
GuNi30	6.2		710(16h)		820 油/空气	35～40					
T	7.2		800	50	1200 空气	40～43	2500		1800	273	
NIKRO292	6.8		480(8h)	66～69							
WFN	6.5	1090 气体或真空	镍马氏体钢 520	69～71							
CROMONI	7.35		800(2～6h)	52～54							

表 9-11-11　荷兰钢结硬质合金的牌号与成分[9]

牌　号 Ferro－TiC	化学成分(质量分数)/%															
	TiC	WC	C	Cr	Ni	Mo	Cu	Co	Mn	Ti	V	W	Al	VC	Nb	Si	Fe
C①	33.0		0.4	2.0		2.0											余量
$C_{特}$	33.0		0.4	2.0		2.0	1.0										余量
EM②	33.0		0.4	2.0	0.3	2.0	0.8						0.8				余量

续表 9-11-11

牌号 Ferro - TiC	化学成分(质量分数)/%																
	TiC	WC	C	Cr	Ni	Mo	Cu	Co	Mn	Ti	V	W	Al	VC	Nb	Si	Fe
MA	33.0		0.6				0.6		2.0		0.1					0.7	余量
S	33.0		0.4	14.0	10.0		0.7										余量
P143	33.0					4.0	0.6	6.0		0.5			0.5				余量
WF①	34.5		0.6	6.5		2.0	0.6				0.2						余量
P128①	33.0②		0.5	3.0		3.0	0.3	2.0			0.5						余量
W①	11.5	34.0	0.3	3.0		0.3								1.0			余量
U	34.0		0.1	13.0	9.0		0.7								0.4		余量
U70	70.0		0.1	5.0	3.5		0.8								0.3		余量
T	16.5			14.0	52.0	14.0	0.5					3.0					
T70	70.0			5.0	18.3	5.0	0.2					1.5					

① 已不供应；② 含 Cr_3C_2。

表 9-11-12　荷兰钢结硬质合金的力学性能[9]

牌　号	供货状态					淬回火后或沉淀硬化后状态			
	抗拉强度 /MPa	抗压强度 /MPa	抗弯强度 /MPa	维氏硬度 HV30	洛氏硬度 HRC	抗压强度 /MPa	抗弯强度 /MPa	维氏硬度 HV30	洛氏硬度 HRC
C	800~900	1300~1500	1800~1900	370~420	38~42	3900~4000	1850~1900	1070~1160	70~71
$C_特$	900~1100			370~420	38~42	3800~4000	2250~2300	1000~1070	69~70
EM	800~900			370~420	38~42	3800~4000	1850~1900	1070~1160	70~71
MA				405~430	41~43		1650~1700	1000~1070	69~70
S	600~700			390~420	40~42	3500~4000	1700~1800	1000~1070	69~70
P143				450~500	45~49	>4000	2450~2500	810~840	64~65①
WF				430~460	43~46	2000		1070~1160	70~71
P128				390~430	40~43			1000~1070	69~70
W				390~440	40~44		1800~2000	1160~1240	71~72
U	700~800	1900~2000		390~420	40~42		1400~1700	480~510	47~49
U70				940~1070	68~70	不可热处理			
T				390~430	40~43		1700~1800	510~520	49~50
T70				1240~1320	72~73	不可热处理			

① 硬化后再经氮化可达 HRC70~72。

表 9-11-13　荷兰钢结硬质合金的物理性能与特点[9]

牌号	物理性能					特　点
	密度 /g·cm^{-3}	弹性模量 /GPa	线膨胀系数 /℃$^{-1}$	热导率 /kW·(m·K)$^{-1}$	电阻率 /μΩ·m	
C	6.6	380	10.8×10^{-6}	2.60	0.34(退火) 0.51(淬火)	一般用途

续表 9-11-13

牌号	物理性能					特　点
	密度 /g·cm^{-3}	弹性模量 /GPa	线膨胀系数 /℃$^{-1}$	热导率 /kW·(m·K)$^{-1}$	电阻率 /μΩ·m	
$C_{特}$	6.6	380	10.8×10^{-6}	3.50(退火) 3.94(淬火)	0.35(退火) 0.175(淬火)	韧性更好,黏结现象少些
EM	6.6	385	10.8×10^{-6}	2.6	0.51(淬火)	价格较低的耐磨零件,因其孔隙太大,不宜做工具
MA	6.5					用于易磨或耐腐蚀方面
S	6.4	300			0.65(退火) 0.775(淬火)	抗腐蚀性特别好
P143	6.8				0.806(硬化)	韧性高的品种,500℃回火。与P143相似,耐磨性更高,550℃抗回火韧性较差
WF P128	6.5 6.8	310	(6.2~8.3)×10^{-6}			用于压铸模具,600℃抗回火
W	8.5					高速钢基类型,650℃抗回火
U	6.8		12.5×10^{-6}	1.80		非磁性,800℃抗氧化不起皮,抗回火
U70	5.1					特别耐磨,非磁性,至800℃不起皮,抗回火,密度很低
T	7.6					非磁性,不起皮抗氧化,900℃抗回火,高温硬度高
T70	5.7					特别耐磨,非磁性,至900℃不起皮,抗回火,抗氧化,高温硬度高

11.4　加工

11.4.1　机械加工

钢结硬质合金的可加工性要具备两个条件:(1)硬质相含量一般来说要小于50%(体积分数);(2)钢基体应具有软化态的组织。

钢结硬质合金的机械加工规范见表9-11-14。

表 9-11-14　钢结硬质合金的机械加工规范

工序内容	切削速度 /m·min^{-1}	进给量 /mm·r^{-1}	切削深度 /mm	刀具材料及几何形状	冷却方式	备　注
粗车	7~10	0.3~0.5	2~4	YG、YT合金均可,YW最佳	干态	注意硬壳层
精车	9~13	0.2~0.4	0.08~0.25	0或负1°~2°前角		
立铣	7~15	粗:0.15~0.25 精:0.07~0.13	0.5~1.5	大螺旋角的高速钢铣刀	干态	尽可能采用逆铣法
卧铣	30r·min^{-1}		6~10	高速钢铣刀	干态	
刨削	7~14	0.2~0.4 mm/往返行程	粗:1~3 精:0.4~1.0	硬质合金刀具负前角1°~2°,后角6°~7°,主偏角15°	干态	注意出刀时崩块
钻削	120~250 r·min^{-1}	中等至大压力	手进	高速钢钻头,钻尖角118°~120°	干态	钻ϕ1小孔,注意排屑

续表 9-11-14

工序内容	切削速度 /m·min⁻¹	进给量 /mm·r⁻¹	切削深度 /mm	刀具材料及几何形状	冷却方式	备　注
镗孔	4~6	0.1~0.2	0.1~0.5	硬质合金或高速钢	干态	
锪孔	60r·min⁻¹	手动		高速钢锪钻	干态	锪60°孔
插削	8~12	纵向走刀量： 粗加工0.18mm/次 精加工0.08mm/次 横向走刀量： 0.6~1.2mm/次		硬质合金刀具	干态	

钢结硬质合金还可以用三刃高速钢丝锥进行攻丝，为了便于攻入，与钢件攻丝相比，底孔要适当加大，其放大情况见表 9-11-15。

表 9-11-15　钢结硬质合金攻丝的底孔放大情况[1]

攻丝名义尺寸	钢结合金底孔/mm	钢的底孔/mm
M3	ϕ2.5	ϕ2.5
M4	ϕ3.3~3.4	ϕ3.3
M5	ϕ4.3~4.4	ϕ4.2
M6	ϕ5.2	ϕ5.0
M8	ϕ6.9	ϕ6.7
M10	ϕ8.8	ϕ8.5
M12	ϕ10.8	ϕ10.5

钢结硬质合金本身是一种耐磨材料，这就造成了磨削钢结硬质合金的困难。但如果磨削砂轮、冷却方式、冷却液等选择得当，及磨削工艺规范合理，也是可以顺利磨削的。

砂轮：可用氧化铝、碳化硅、金刚石、立方氮化硼、聚晶立方碳化硅等材质砂轮。

冷却方式：不同于机械加工，以湿态为好。

冷却液：实践证明，以硼砂＋三乙醇胺＋亚硝酸钠水溶液为好。

磨削工艺规程见表 9-11-16。

表 9-11-16　钢结硬质合金（退火态）的磨削工艺规范[1]

工序内容		工件转速 /r·min⁻¹	工作台速度 /m·min⁻¹	磨削深度 /mm	横向进给量 /mm·行程⁻¹	砂轮牌号	备　注
平磨	粗		15~20	0.05~0.07	手动1.5~2	GB36ZR1 AP	注意修整砂轮
	精		15~20	0.01	0.25~0.5	TL60ZR2 AP	
外圆磨		175~300		0.005~0.01		GB36－60	最好采用金刚石砂轮
内圆磨		280	8~15	0.001~0.004		GB36－60	

11.4.2　电加工

钢结硬质合金的电加工包括电火花加工与电化学加工，较成熟的是电火花加工，下面仅介绍电火花加工。电火花加工又包括电火花打孔、线切割及成形磨削。

11.4.2.1　电火花打孔

电火花打孔的关键是电极材料的选择。通常可采用如下电极材料:石墨、铸铁、黄铜、紫铜、合金钢、铜钨合金以及钢结合金本身。其工艺规范见表9-11-17。

表9-11-17　几种典型制品的电火花打孔工艺规范[1]

<table>
<tr><td colspan="2">制品名称</td><td>JR 11-6.8 转子冲片凹模、JSQ10 转子冲片复式凹模</td><td>JR2-1、JZR2-1 定子凹模</td><td colspan="3">JR127-8 转子冲片单槽冲模</td></tr>
<tr><td colspan="2">合金牌号或代号</td><td>GT35</td><td>Cr1Mo2W50</td><td colspan="3">GT35</td></tr>
<tr><td colspan="2">机床型号</td><td>DZ2-36
双闸流管机床</td><td>KD-110 四管并联</td><td colspan="3">D6125</td></tr>
<tr><td colspan="2">电极材料</td><td>HT12-28</td><td>Cr12</td><td colspan="3">HT21~40</td></tr>
<tr><td colspan="2">电极长度/mm</td><td>105</td><td>105</td><td colspan="3">120</td></tr>
<tr><td colspan="2">电极有效长度/mm</td><td>85</td><td>80</td><td colspan="3"></td></tr>
<tr><td colspan="2">电极消耗量/mm</td><td>粗:40
精:30</td><td>31</td><td colspan="3"></td></tr>
<tr><td colspan="2">凹模高度/mm</td><td>25</td><td>19.4(控制台阶8)</td><td colspan="3">20</td></tr>
<tr><td colspan="2">刃口高度/mm</td><td>15(有效8)</td><td>12</td><td colspan="3"></td></tr>
<tr><td colspan="2">双面间隙/mm</td><td>0.05~0.07</td><td>0.03~0.04</td><td colspan="3">0.05~0.07</td></tr>
<tr><td colspan="2">总加工时间/h</td><td>粗:17
精:4</td><td>15</td><td colspan="3"></td></tr>
<tr><td rowspan="8">电参数</td><td rowspan="2">级别</td><td rowspan="2">粗加工 精加工</td><td rowspan="2">粗加工 精加工</td><td colspan="3">档　别</td></tr>
<tr><td>2</td><td>3</td><td>4</td></tr>
<tr><td>电压/V</td><td>2800　1500</td><td></td><td>300
(直流)</td><td>300
(直流)</td><td>200
(直流)</td></tr>
<tr><td>电容/μF</td><td>3600　1200</td><td></td><td>副电容
(1~1.6)万</td><td>副电容
(0.6~1.2)万</td><td>副电容
(0.2~0.4)万</td></tr>
<tr><td>限电流/mA</td><td></td><td></td><td>55</td><td>70</td><td>115</td></tr>
<tr><td>电阻/Ω</td><td></td><td></td><td>约90</td><td>约115</td><td>约185</td></tr>
<tr><td>标准电容/μF</td><td></td><td></td><td>0.75</td><td>0.35</td><td>0.1</td></tr>
<tr><td>加工表面粗糙度/μm</td><td>0.8</td><td>0.8</td><td colspan="3">1.6~0.8</td></tr>
</table>

11.4.2.2　电火花线切割

电火花线切割目前有两种方法,即数字程序控制电火花线切割和靠模仿形电火花线切割。

电火花线切割时,如果钼丝选配适当,还可以“套割”,即在一块坯料上将凹凸模一次切割下来,这不仅可充分利用昂贵的合金材料,节约工时,而且还可保证模具间隙。

11.4.2.3　电火花成形磨削

电火花成形磨削可进行大面积一次成形磨削,其工具电极是旋转的石墨磨轮。电火花成形磨削工艺规范见表9-11-18。

表 9-11-18　钢结硬质合金电火花成形磨削工艺规范[1]

工序内容	磨轮类型	磨轮速度 /m·s^{-1}	电参数				工作介质
			电压/V	电流/A	脉宽/μs	停歇时间/μs	
粗磨	石墨	2.7～3.0	80	1.5～1.7	7	18	5 号锭子油
精磨	石墨	2.7～3.0	45	0.6	7	18	5 号锭子油
微精磨	石墨	2.7～3.0	45	0.6	7	18	5 号锭子油

电火花成形磨削是借助于修整刀具(样板刀)对石墨砂轮精修出各种形面进行的。精加工成形样板刀的尺寸精度根据零件尺寸要求加上一个火花放电间隙值,不同工作电压,其火花间隙值也不一样(见表 9-11-19)。

表 9-11-19　不同电参数磨削钢结合金的火花间隙值[10]

零件材料	工作压力/V	峰值电流/A	脉宽/μs	停歇时间/μs	火花间隙/mm
GW50	50	4.8	0.5	1.2	0.005
GW50	60	14.4	12	30	0.020
GW50	80	19.2	30	30	0.035
GW50	100	36	120	120	0.065

11.5　热处理

所有钢及合金的热处理都适用于相应的钢结合金。

11.5.1　相变临界点

对可淬火硬化的钢结硬质合金进行热处理,应首先了解该合金的相变点。

我国几种实用的钢结硬质合金牌号的临界点见表 9-11-20。

表 9-11-20　我国各类钢结硬质合金的临界点[1]

牌号	临界点/℃						备注
	Ac_1	Ac_3	Ac_{cm}	Ar_{cm}	Ar_3	Ar_1	
GT35	740	770					
R5	780		820		700		
T1	780		800	不明显	730		
TLMW50	761	788			730	690	过共析钢基体
GW50	745	790			770	710	过共析钢基体
GJW50	760	810			763	710	
DT	720	750					

11.5.2　热处理

11.5.2.1　退火

一般来说,退火加热温度按下式确定

$$t_{退} = Ac_3 + (50 \sim 100℃)$$

式中，Ac_3为亚共析钢的钢结合金临界点，或

$$t_{退} = Ac_1 + (50 \sim 100℃)$$

式中，Ac_1为过共析钢的钢结合金临界点。

有关钢结硬质合金的退火工艺如表 9-11-21 所示。

表 9-11-21 几种钢结硬质合金的退火工艺[11]

牌 号	加热温度/℃	等温温度/℃
GT35	860～880	720
TLMW50	860～880	720～740
GW50	860	700
GJW50	840～850	720～730
WC50CrMo	830～850	730
DT	860～880	700～720
R5	820～840	720～740
T1	820～840	720～740

11.5.2.2 淬火

钢结合金淬火可有一次淬火、分级淬火和等温淬火。

我国几种典型钢结合金的淬火工艺制度见表 9-11-22。

表 9-11-22 几种典型的钢结合金的淬火工艺[1,11]

牌 号	淬火炉	预热温度/℃	预热时间/min	加热温度/℃	加热时间/min · mm^{-1}	冷却方式	淬火硬度 HRC
GT35	盐浴炉	800～850	30	960～980	0.5	油	69～72
TLMW50	盐浴炉	820～850	30	1050	0.5～0.7	油	68
GW50	箱式炉	800～850	30	1050～1100	2～3	油	68～72
GJW50	盐浴炉	800～820	30	1020	0.5～1.0	油	70
DT	盐浴炉	850	2 min/mm	1000～1020	1	油	68.5
WC50CrMo	盐浴炉	850	1 min/mm	1050	0.5～0.7	油或硝酸盐	≥68
BR20	盐浴炉	850		1100～1150	1～1.5	油	560℃回火后 61～62
R5	盐浴炉	800	30	1000～1050	0.6	油或空气	70～73
R8	盐浴炉	800	30	1150～1200	0.5	油或空气	62～66
T1	盐浴炉	800	30	1240	0.3～0.4	600℃盐浴	73
D1	盐浴炉	800	30	1220～1240	0.6～0.7	560℃盐浴	72～74

11.5.2.3 回火

GT35、GW50、WC50CrMo、TLMW50、DT 等牌号合金通常在 180～200℃ 回火 2h 以上。

对有回火二次硬化的牌号,如R5、BR20等合金可在500℃回火。对高速钢结硬质合金D1、T1等必须在560℃回火(1次或2次)。

11.5.3 时效硬化热处理

我国尚未研制出具有生产价值的时效硬化型的钢结合金。表9-11-23为国外时效硬化型钢结合金的热处理工艺制度。

表9-11-23 时效硬化型钢结硬质合金的热处理工艺制度[1]

牌号 Ferro-TiC	基体类型	热处理工艺		硬度	
		固溶退火	时效硬化	退火态	硬化态
M-6 M-6A M-6B	超低碳高镍马氏体时效钢	在816℃下保温1~1.5h后空冷	在482℃下保温3~6h后空冷	49 54 58	63 67 68
MS-5	镍铬马氏体不锈钢	在980℃下保温30min后空冷	在482℃下保温10h后空冷	46~50	60~62
HT-2	铁铬镍奥氏体不锈钢	在1093℃下保温15h后空冷	在788℃下保温8h后空冷	43~45	51~54
HT-6	镍基合金	在1024℃下保温90min后空冷	一级实效:781℃,8h; 二级实效:760℃,4h空冷	44~46	一级:50~52 二级:52~54
DN-1	镍铝合金	在982℃下保温90min后空冷	在588℃下保温16h,在538℃下保温5h,在480℃下保温5h后空冷	40~43	51~53
CN-5	铜镍合金		在500℃下保温16h后空冷	44	52

11.6 锻造

钢结硬质合金具有一定的可锻性。实践表明,硬质相与黏结相配比得当的中低合金工具钢钢结硬质合金具有良好的可锻性。

11.6.1 锻造工艺

我国钢结硬质合金锻造实践多以TiC系GT35与WC系TLMW50为代表,其工艺见表9-11-24。

表9-11-24 钢结硬质合金代表性牌号锻造工艺

牌 号	始锻温度/℃	终锻温度/℃	加热速率/min·mm^{-1}	加热时间系数K/h·cm^{-1}
GT35	1200~1220	920~950	0.3	0.15
TLMW50	1150~1200	900~920	0.2	0.10

有以下经验公式:

$$Z = KD$$

式中,Z为加热到始锻温度所需时间,h;D为锻坯最小有效尺寸,cm;K为加热时间系数,h/cm。

锻造加热规范如图 9-11-2 和图 9-11-3 所示。

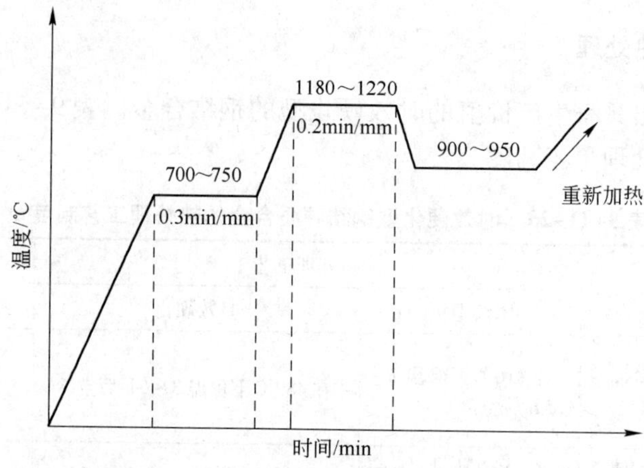

图 9-11-2　GT35 合金锻造加热规范

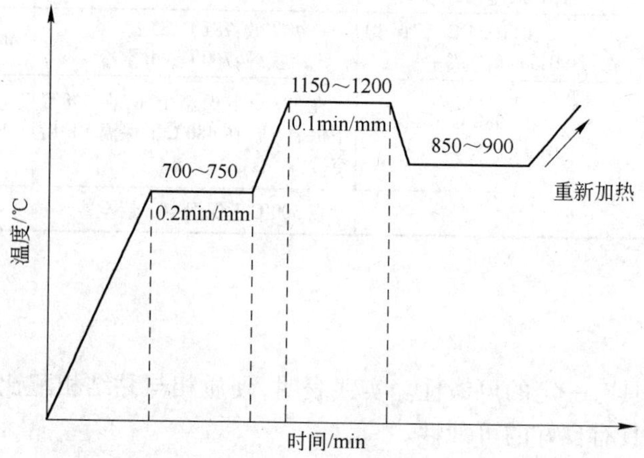

图 9-11-3　TLMW50 合金锻造加热规范

11.6.2　锻造方式

众所周知，钢的锻造过程取决于其所受的应力状态、变形程度、变形速度等因素，而这些因素与锻造方式有直接关系。钢结硬质合金亦然。

多年锻造实践证明，采用“二轻一重”的锻造方法行之有效。“二轻一重”有两重含义：(1) 开锻时变形量宜小，轻击快打，当达到一定变形量后，逐渐加重，待接近终锻温度时再轻击慢打；(2) 开坯时与终锻结束时锤击宜轻，中间各环节锤击可重。

11.6.3　典型锻造实例

掌握了钢结硬质合金锻造的规律性，采用恰当的锻造方式，可成功地锻出圆饼、棒材、扇形片、孔型、圆环等锻坯。其锻造操作过程示意图分别见表 9-11-25 ~ 表 9-11-29。

表 9-11-25　圆饼锻造操作过程

火　次	工序内容	操作过程示意图
1～5	反复镦滚,逐渐增大变形量	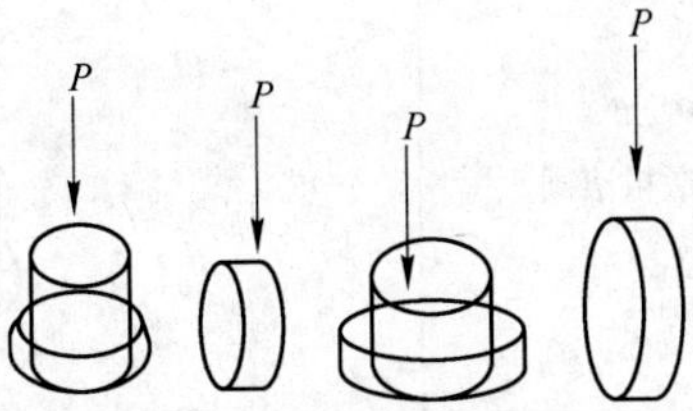 P　P　P　P 镦粗　轻滚　反复重镦粗　轻滚
6～7	反复镦滚修整	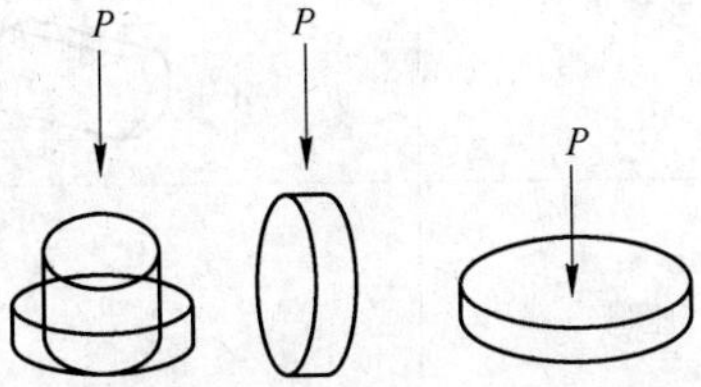 P　P　P 镦粗　轻滚　整形

表 9-11-26　棒材锻造过程

火　次	工序内容	操作过程示意图
1～3	反复镦粗滚圆	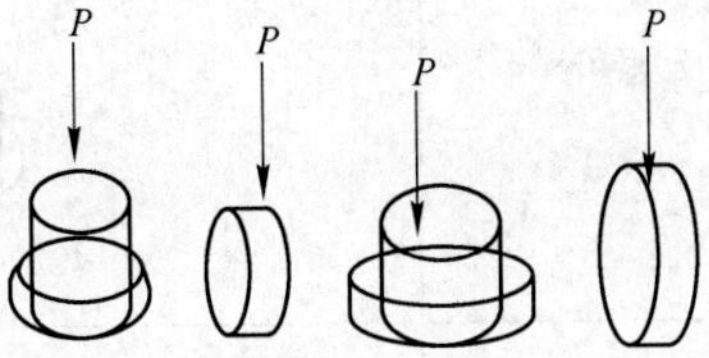 P　P　P　P 镦粗　滚圆　再镦粗　滚圆
4～6	反复镦拔,拔长按径向一字拔长	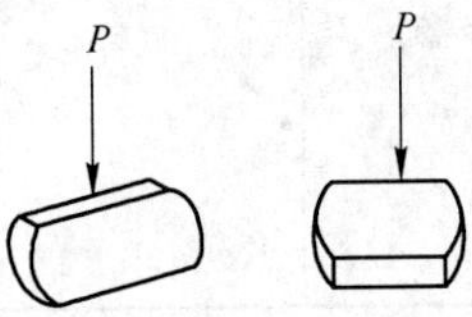 P　P 镦拔　打平
7～9	反复倒边,倒小角,拔长	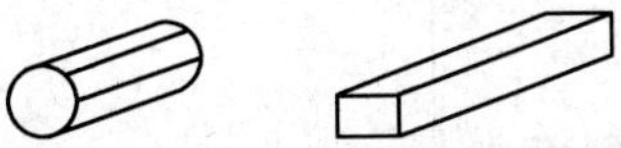 反复倒角　拔方(拔圆可多次倒小角)

表 9-11-27　弧形锻造操作过程

火　次	工序内容	操作过程示意图
1 ~ 3	反复镦粗滚圆	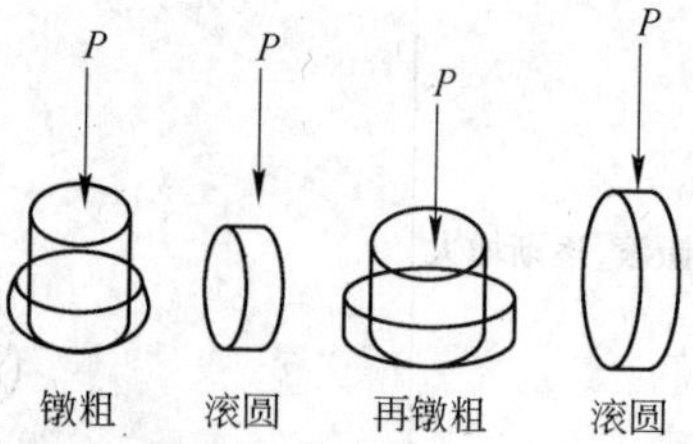 P　P　P　P 镦粗　滚圆　再镦粗　滚圆
4 ~ 6	反复镦拔成方	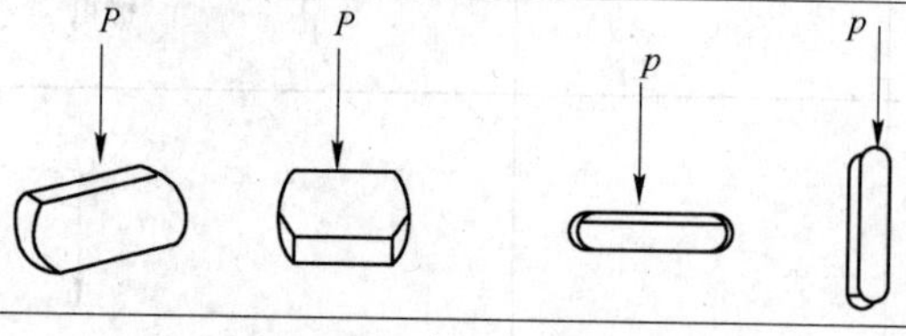 P　P　P　P
7 ~ 9	修整,压弯	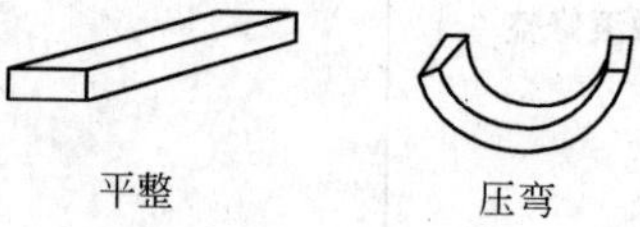 平整　压弯

表 9-11-28　冲孔锻造操作过程

火　次	工序内容	操作过程示意图
1 ~ 5	反复镦滚	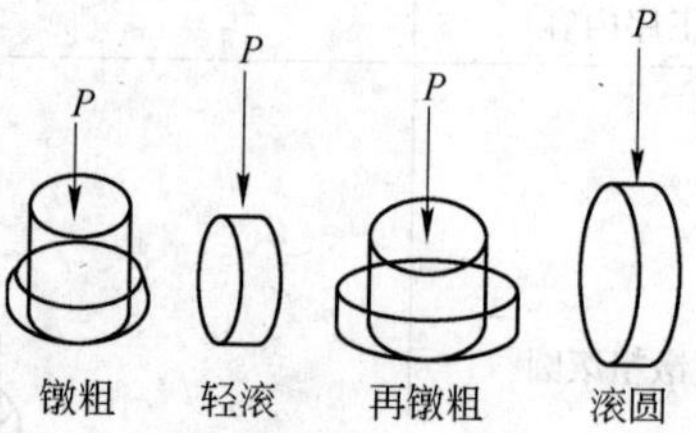 P　P　P　P 镦粗　轻滚　再镦粗　滚圆
6 ~ 8	冲孔,修整	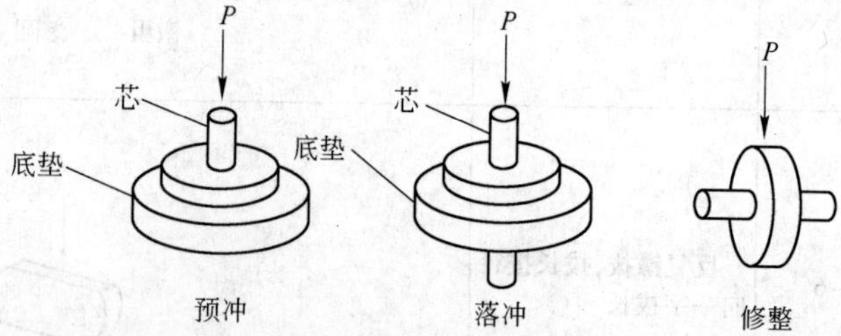 P　芯　底垫　P　芯　底垫　P 预冲　落冲　修整

表 9-11-29　带孔圆柱锻成圆环锻造操作过程

火　次	工序内容	操作示意图
1	置入等高等径钢芯	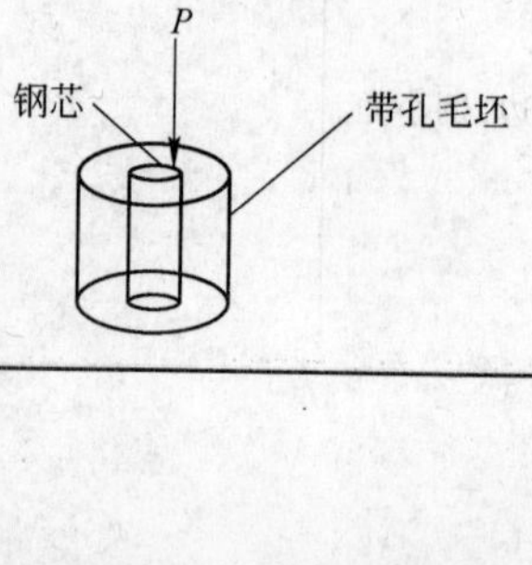 P　钢芯　带孔毛坯

续表 9-11-29

火　次	工序内容	操作示意图
2~5	反复镦扁	P P P P 滚圆　镦扁　再滚圆　再镦扁,平整
6	退火加工去钢芯	环坯

11.6.4　锻后钢的物理-力学性能变化

钢结硬质合金的锻造,不仅达到改形的目的,同时合金的组织结构大为改善:孔隙度降低;少数桥接相被打碎;碳化物细化并分布趋于均匀,从而使得物理-力学性能得到进一步改善。其锻造前后性能的变化对比见表9-11-30、表9-11-31。

表 9-11-30　GT35 钢结合金锻造前后物理-力学性能的变化

合金状态	物理-力学性能									
	密度/g·cm^{-3}		抗弯强度/MPa		抗压强度/MPa		冲击韧性/MPa·cm^{-2}		硬度 HRC	
	锻前	锻后	锻前	锻后	锻前	锻后	锻前	锻后	锻前	锻后
退火态	6.43	6.56	1340	1590	1770	1700	7.1	9.3	47	38.5
淬火态			1760	2370	3130	2290	6.2	7.4	70.5	68.5
200℃回火态			1790	1920			6.1	8.1	65.5	64.5

表 9-11-31　TLMW50 钢结合金锻造前后的物理-力学性能变化

合金状态	物理-力学性能							
	密度/g·cm^{-3}		抗弯强度/MPa		冲击韧性/MPa·cm^{-2}		硬度 HRC	
	锻前	锻后	锻前	锻后	锻前	锻后	锻前	锻后
退火态	10.6	10.7	1550	1870	6.6	9.1	44~46	43~44
淬火态			1780	2110	10	11	68.5	64.7

11.7　应用

11.7.1　应用效果

11.7.1.1　碳化钛钢结合金的使用效果

钢结合金模具的使用寿命比工具钢模具可有几倍、十几倍、几十倍乃至上百倍的提高,见表9-11-32。

11.7.1.2　碳化钨系钢结合金的使用效果见表9-11-33。

11.7.1.3　与工具钢模具的经济效果对比

使用钢结合金代替工具钢模具可得到如下效果：

(1) 可提高使用寿命，大大提高劳动生产率；

(2) 可减少生产辅助时间；

(3) 可提高产品质量(尺寸精度与表面粗糙度)；

(4) 可改善劳动条件，减轻劳动强度；

(5) 可降低产品成本，获得较大的经济效果(见表9-11-34)。

表9-11-32　碳化钛系钢结硬质合金的各种模具与工具钢模具寿命的对比

模具名称		被加工材料	模具材料及使用寿命				提高倍数	备注
			工具钢	使用寿命	钢结合金	使用寿命		
冷镦模	7mm钢球凸模	GCr15	GCr15	3.5万件	GT35	35万件	10	端面崩块
	M5六角螺栓顶模	低碳钢	T10	2.5万件	GT35	36万件	>15	
	M8六角螺帽冷镦模	LM15	T10A	0.8~1.0万件	GT35	140万件	>140	
	M20方螺帽冷镦模	LM15	9CrSi	0.7万件	GT35	10万件	>14	仍可继续使用
冷冲模	JR127-8转子片冲槽模	硅钢片0.5mm	Cr12	5万/刃磨一次	GT35	55万/磨次	11	总寿命提高20倍
	落料模	硅钢片0.5mm	Cr12	5万/磨次	GT35	100~120万/磨次	20~24	
	J25发电机磁极片复式模	钢板1mm	Cr12	1.5万/磨次	GT35	>20万/磨次	>14	
	QS30-1阴极："7"号2位级进模	不锈钢0.2mm	CrWMn	26万/磨次	GT35	390万/磨次	15	
引伸模	手表柄帽拉伸模	不锈钢0.2mm	Cr12	1万/磨次	GT35	10万/磨次	估计15	仍在使用
	引伸模	50钢	T10A	0.4万/只	GT35	2.0万/只	5	
	六角型钢拉拔模	45钢	YG8	7吨/只	GT35	14吨/只	2	比普通硬质合金高
	无缝钢管拉拔模	30CrMnSi	45钢镀铬	38米/只	GT35	1148米/只	33	撞坏
冷挤成形模	215型柴油机联结销冷挤模	30钢	Cr12MoV	800~1000件/只	GT35	6000件/只	估计10倍	仍在使用
	成形模	钢材	T10A	0.1万件/只	GT35	2.0万件/只	>20	仍在使用
	U形弯曲模	50钢带1.3~1.8mm	T10A	1万件/只	GT35	60万件/只	60	修复后可再用
	压筋模	50钢带1.3~1.8mm	T10A	2万件/只	GT35	50万件/只	25	修复后可再用
	整形模	钢板	CrWMn	0.1万件/只	GT35	3万件/只	30	

表9-11-33　碳化钨系钢结硬质合金的使用效果

模具名称		被加工材料	模具材料及使用寿命				提高倍数	备注
			工具钢	使用寿命	钢结合金	使用寿命		
冷镦模	M20多工位冷镦模	35钢	Cr12	6万/只	TLMW50	>100万/只	>15	
	接骨螺丝冷镦模	不锈钢	W18Cr4V	1.0万/只	TLMW50	30万/只	30	
	M12六角螺帽冷镦模	Q235	T10	1.0万/只	GW50	135万/只	135	
	冷镦M20六角螺母		9CrSi	1.5万/只	DT	31.0万/只	20.7	
	冷镦阴模		T10A	0.5万/只	WC50CrMo	15~20万/只	30~40	

续表 9-11-33

模具名称		被加工材料	模具材料及使用寿命				提高倍数	备注
			工具钢	使用寿命	钢结合金	使用寿命		
冷冲模	“E”形硅钢片冲模	硅钢片 0.5 mm	Cr12	2 万/磨次	TLMW50	40 万/磨次	20	
	06 电机转子分片模	硅钢片 0.5 mm	Cr12	0.9 万/磨次	TLMW50	9 万/磨次	10	
	LS40B 转定子复合落料模	硅钢片	Cr12	0.8 ~ 1.0 万/磨次	DT	5 ~ 5.6 万/磨次	5 ~ 7	
	定子单槽冲模	硅钢片 0.5 mm	Cr12	6.0 万/磨次	TLMW50	65 万/磨次	11	总寿命提高 19 倍
引伸拉拔模	晶体管管帽拉伸模	可伐合金	CrWMn	1.2 万/磨次	TLMW50	12 万/磨次	10	
	异形钢管冷拔模		Cr12	100 ~ 200 件/只	TLMW50	0.1 ~ 0.2 万/只	10 ~ 20	
	拉伸凹模		W18Cr4V	100 ~ 160h	WC50CrMo	2000 ~ 3000 h	20	
	二引冲		T10A	10 万/只	WC50CrMo	200 万/只	20	
冷挤成形模	管接头冷挤模	20 钢	W18Cr4V	0.1 万/只	TLMW50	1.0 万/只	10	仍在使用
	梭芯套冷挤模	08 钢	CrWMn	1.5 万/只	TLMW50	150 万/只	100	
	防尘盖成形模	A2	GCr15	0.5 万/只	GW50	60 万/只	>132	仍在使用
	挤型凹模		Cr12MoV	0.3 ~ 0.4 万/只	WC50CrMo	3 ~ 4 万/只	10	
	花盘成形模		T10A	0.1 ~ 0.3 万/只	WC50CrMo	3 ~ 4 万/只	10	
	轴挡冷挤凹模		9CrSi	1.5 万/只	GJW50	135 万/只	90	
	汽车螺栓正挤压模	10 钢	W18Cr4V	0.15 万/只	DT	10 万/只	67	

表 9-11-34　钢结合金与工具钢制冷镦模的经济效果对比[1]

模具名称	模具材料	产品数量/万件	所需模具/套数	模具费用/元	经济效果/件·元$^{-1}$
螺钉凹模	GT35	40	1	11.00	36000
	T10	40	16	88.00	4500
螺栓凹模	GT35	7.8	1	10.00	7800
	T10	7.8	3	15.00	5000
螺栓缩杆凹模	GT35	9.0	1	10.00	9000
	T10	9.0	12	60.00	1500
六角螺帽冷镦模	GT35	20	1	9.00	22222
	T10	20	5	40.00	5000
冲光六角螺帽冷镦模	GT35	5.0	1	25.00	2000
	T10	5.0	10	280.00	178
勒光模	GT35	8.6	1.0	36.20	2375
	T10	8.6	6.5	65.48	1313
8 mm 钢球冷镦模	GW50	250	12	348	7184
	GCr15	250	172	1207	2071
M12 螺钉冷镦模	TLMW50	100	1	87.60	11416
	Cr12	100	16.7	654.64	1528

11.7.2　应用实物照片

钢结硬质合金应用实物照片见图 9-11-4。

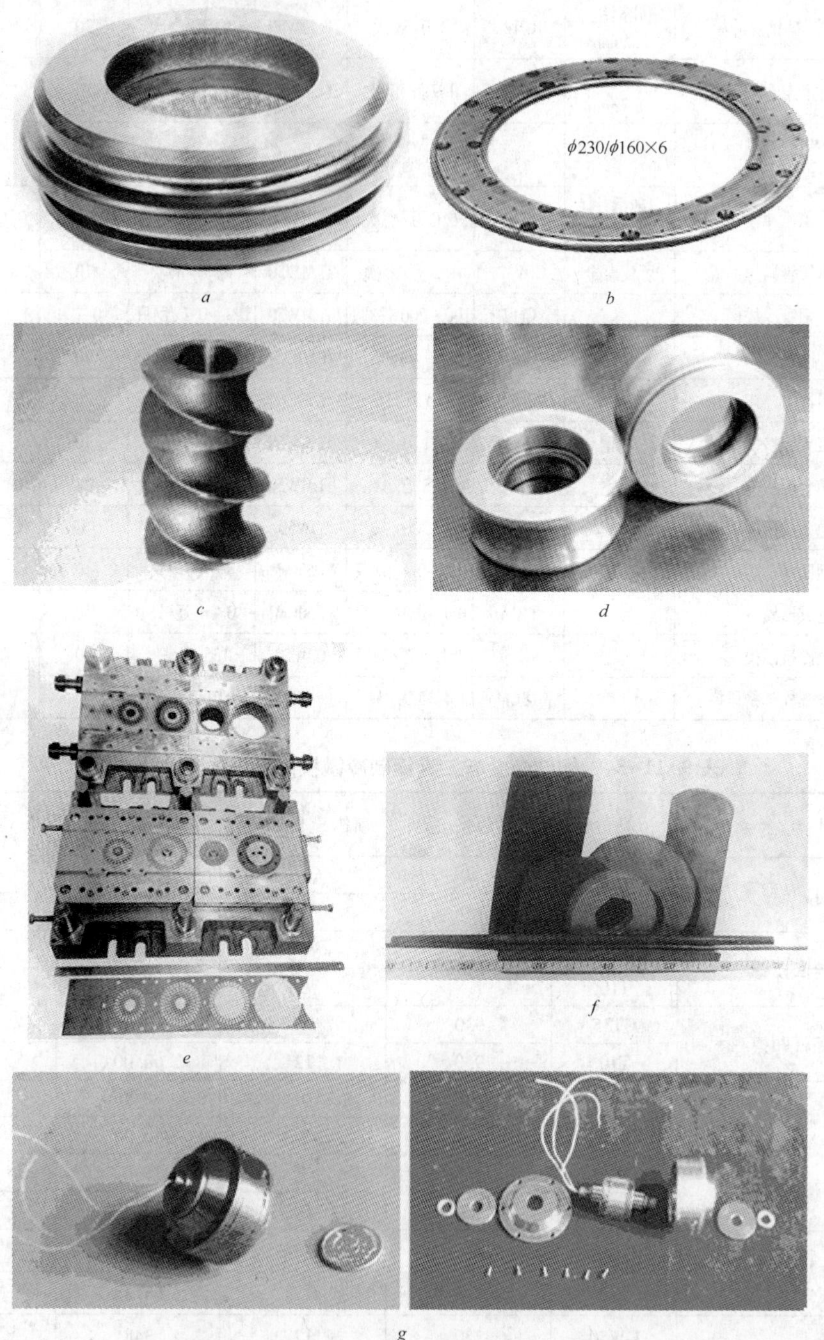

a　*b*　*c*　*d*　*e*　*f*　*g*

图 9-11-4　钢结硬质合金应用实物照片

a—卷边滚轮 ϕ200 mm × 60 mm；*b*—塑料真空挤出机摩擦环，72 个 ϕ2.1 mm 小孔即为挤出塑料工作孔；*c*—螺纹套组合件；*d*—导位轮；*e*—电机定、转子冲片四工位级进模；*f*—GT35 钢结硬质合金各种锻坯，其中六角孔锻坯为冲出孔；*g*—用于惯性导航系统中的陀螺马达，左：组合件，右：拆分件

附录　钢结硬质合金系列标准说明

国外尚无钢结硬质合金标准。我国于 1985 年出版了《钢结硬质合金毛坯材料》国家标准,即 GB 3879—83。按标准规定,系列代号及表示规则如下:

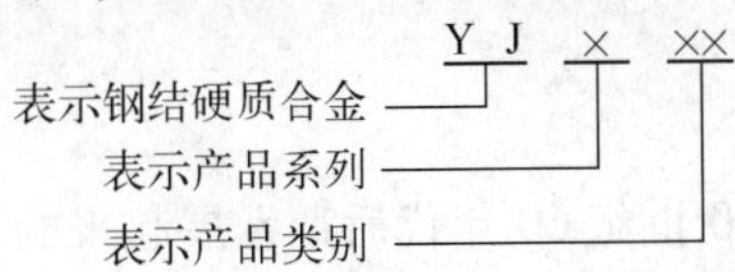

其中产品系类用如下字母表示:T 表示碳化钛系列产品;W 表示碳化钨系列产品。

其中产品类别用如下数字表示:10 表示刀具;20 表示量卡尺;30 表示耐磨零部件;40 表示模具;50 表示冲击工具。

由于我国钢结硬质合金发展特点是两大系列同时发展,且生产、研制厂家众多,牌号叫法不一,也难以一时统一,故国家标准(GB 3897—83)中规定的是系列代号而不是牌号。牌号在相应企业的专业标准中规定。如株洲硬质合金集团有限公司生产的钢结硬质合金就有湖南省企业标准湘 Q/YB 400—81。

参 考 文 献

[1]　萧玉麟. 钢结硬质合金[M]. 北京:冶金工业出版社. 1982.

[2]　本书编辑委员会. 轧钢新技术 3000 问[M]. 北京:科学技术出版社,2005,177.

[3]　丁刚,强颖怀. 复合电渣冶金法制造钢结硬质合金复合轧辊新工艺[J]. 全国轧辊技术研讨会,中国金属学会,无锡:2005,46 ~ 50.

[4]　刘均海,等. TiC/耐热钢钢结硬质合金原位反应合成研究[J]. 粉末冶金技术,2005,23(3):199 ~ 203.

[5]　刘均波,等. 粘结相对原位合成 TiC 钢结硬质合金组织结构和性能的影响[J]. 粉末冶金技术,2007,25(4):267 ~ 270.

[6]　陆远明,等. 国外硬质合金[M]. 北京:冶金工业出版社,1976,406.

[7]　Concepts Ferro - TiC, Bulletin 54, Chromalloy Metal Tectonics Company, Sintereast Division.

[8]　Frehn F. Aufbereitungs - Technik. 1979,(2):5567 ~ 5572.

[9]　Door J, Van Rooij. Metal Bewerking. 1970,36(8):223 ~ 227.

[10]　许经甫. 硬质合金. 1985,(1):29.

[11]　周振华,等. 吉林冶金. 1986,(3):40 ~ 47.

[12]　Nick Williams. International Powder Metallurgy Directory (13th Edition) 2008 ~ 2009. Inovar Communications Ltd. UK.

编写:萧玉麟　赵　璇　王立明(株洲硬质合金集团有限公司)

第12章　硬质合金涂层

12.1　概述

硬质合金的涂层技术是20世纪60年代后期发展起来的一项先进技术。在硬质合金基体表面上沉积一层或多层诸如碳化物、氮化物、氧化物等难熔硬质化合物,可大幅度地提高硬质合金工具的使用寿命。它的出现为解决硬质合金耐磨性和韧性相互矛盾的问题提供了一条有效的途径,是硬质合金领域中的一项重要技术突破。

涂层硬质合金具有一系列独特的优点,因而自从这项技术问世以来发展极为迅速,涂层硬质合金产量不断增加、质量不断提高、应用范围不断扩大。其优点概括起来主要有:(1)具有较高的室温和高温硬度,可提高工具的耐磨性,减少硬质合金消耗,降低加工成本;(2)具有很好的抗氧化、抗月牙洼磨损性能,可用于高速切削加工,提高加工效率;(3)具有较小的摩擦系数,可降低切削力,减小功率消耗,节约能源;(4)具有较好的加工表面粗糙度,可提高工件的质量;(5)具有良好的通用性,可精简硬质合金的牌号。

硬质合金行业中涂层基本上应用于两个领域:一个是无屑成形模的涂层,如:拉伸模、整形模、冲模、压模、冲头、滑动件以及与滑动和成形工艺相关且要求承受很高表面压力的工具。这些工具通常应用于专门化程度高、批量大的机械加工业,如管材、凸轮、阻尼套筒和类似产品的加工。另一个应用领域与加工技术有关,硬质合金涂层产品已由车削刀片扩大到铣削、钻削等刀具以及成形工具等。

硬质合金涂层技术有很多种,但其中应用最成功、最广泛的是化学气相沉积(CVD)涂层和物理气相沉积(PVD)涂层。硬质合金CVD涂层物质包括TiC、TiN、Ti(C,N)、Al_2O_3、HfC、HfN等硬质化合物以及超硬材料金刚石涂层;PVD涂层物质有TiN、Ti(C,N)、TiAlN、TiAlCN、CrAlN、TiAlCrN、TiAlSiN、CrN、TiB_2、Al_2O_3等。

12.2　化学气相沉积

在一定温度条件下,混合气体与基体表面相互作用,使混合气体中某些成分分解,并在基体表面生成金属或化合物膜层的过程,称之为化学气相沉积(CVD)。

采用CVD技术可以在硬质合金基体上沉积具有一定黏结力的金属、氧化物、氮化物、碳化物和硼化物的涂层,表9-12-1所示的是一些典型的氧化物、氮化物、碳化物等硬质涂层及硬质合金基底材料的性能数据[1]。

表9-12-1　典型硬质涂层及基底材料的性能数据

材料		熔点/℃	显微硬度/GPa	密度/g·cm^{-3}	杨氏模量/GPa	线膨胀系数/K^{-1}	热导率/W·(m·K)$^{-1}$
共价键和离子键化合物	Al_2O_3	2047	21	3.98	400	6.5×10^{-6}	约25
	TiO_2	1867	11	4.25	200	9.0×10^{-6}	9
	ZrO_2	2710	12	5.76	200	8.0×10^{-6}	1.5

续表 9-12-1

材　料		熔点/℃	显微硬度/GPa	密度/g·cm^{-3}	杨氏模量/GPa	线膨胀系数/K^{-1}	热导率/W·(m·K)$^{-1}$
共价键和离子键化合物	SiO_2	1700	11	2.27	151	0.55×10^{-6}	2
	B_4C	2450	约40	2.52	660	5×10^{-6}	
	BN	2730	约50	3.48	440		
	SiC	2760	26	3.22	480	5.3×10^{-6}	84
	Si_3N_4	1900	17	3.19	310	2.5×10^{-6}	17
	AlN	2250	12	3.26	350	5.7×10^{-6}	
金属间化合物	TiB_2	3225	30	4.50	560	7.8×10^{-6}	30
	TiC	3067	28	4.93	460	8.3×10^{-6}	34
	TiN	2950	21	5.40	590	9.3×10^{-6}	30
	HfN					6.9×10^{-6}	13
	HfC	3928	27	12.3	460	6.6×10^{-6}	
	TaC	3985	16	14.5	560	7.1×10^{-6}	23
	WC	2776	23	15.7	720	4.0×10^{-6}	35
	ZrC	3445	25.09	6.63	400	$(7.0\sim7.4)\times10^{-6}$	
	ZrN	2982	15.68	7.32	510	7.2×10^{-6}	
	ZrB_2	3245	22.54	6.11	540	5.9×10^{-6}	
	VC	2648	28.42	5.41	430	7.3×10^{-6}	
	VN	2177	15.23	6.11	460	9.2×10^{-6}	
	VB_2	2747	21.07	5.05	510	7.6×10^{-6}	
	NbC	3613	17.64	7.78	580	7.2×10^{-6}	
	NbN	2204	13.72	8.43	480	10.1×10^{-6}	
	NbB_2	3036	25.48	6.98	630	8.0×10^{-6}	
	Cr_2C_3	1810	21.07	6.68	400	11.7×10^{-6}	
	CrN	1700	19.78	6.12	400	约23×10^{-6}	
	CrB_2	2188	22.05	5.58	540	10.5×10^{-6}	
	TaB_2	3037	20.58	12.58	680	8.2×10^{-6}	
	W_2B_5	2365	26.46	13.03	770	7.8×10^{-6}	
	Mo_2C	2517	16.27	9.18	540	$(7.8\sim9.3)\times10^{-6}$	
	M_2B_5	2140	2.30	7.45	670	8.6×10^{-6}	
基材	高速钢	1400	9	7.8	250	14×10^{-6}	30
	硬质合金		15		640	5.4×10^{-6}	80
	Ti	1667	2.5	4.5	120	11×10^{-6}	13
	高温合金	1280		7.9	214	12×10^{-6}	62

12.2.1　基本化学反应

TiC 涂层是用四氯化钛（$TiCl_4$）、甲烷（CH_4）、氢气（H_2）混合沉积得到，如反应式

(9-12-1) 所示,沉积温度范围为 950 ~ 1050℃。

$$TiCl_4 + CH_4 \longrightarrow TiC + 4HCl \qquad (9-12-1)$$

TiN 涂层是用四氯化钛($TiCl_4$)和氮气(N_2)、氢气(H_2)反应得到,如反应式(9-12-2)所示,沉积温度范围是 900 ~ 1200℃,最佳沉积温度是 1000℃。

$$TiCl_4 + \frac{1}{2}N_2 + 2H_2 \longrightarrow TiN + 4HCl \qquad (9-12-2)$$

Ti(C,N)是在单一的 TiC 晶格中,氮原子(N)占据原来碳原子(C)在点阵中的位置而形成的复合化合物。TiC_xN_{1-x} 中碳氮原子的比例有两种比较理想的模式 $TiC_{0.5}N_{0.5}$ 和 $TiC_{0.3}N_{0.7}$,TiC_xN_{1-x} 沉积反应如式(9-12-3)所示,反应是在 1000℃下于氢气气氛中进行的。

$$TiCl_4 + xCH_4 + \frac{1}{2}(1-x)N_2 + 2(1-x)H_2 \longrightarrow TiC_xN_{1-x} + 4HCl \qquad (9-12-3)$$

如果用乙腈(CH_3CN)作为碳、氮源,切削刀具可在 700 ~ 900℃下进行涂层,即中温化学气相沉积(MT - CVD),如反应式(9-12-4)所示。

$$TiCl_4 + CH_3CN + \frac{5}{2}H_2 \longrightarrow Ti(C,N) + CH_4 + 4HCl \qquad (9-12-4)$$

在硬质合金 CVD 涂层中,Al_2O_3 涂层是按反应式(9-12-5)进行沉积的:

$$2AlCl_3 + 3CO_2 + 3H_2 \longrightarrow Al_2O_3 + 3CO + 6HCl \qquad (9-12-5)$$

这个反应是基于经典的水气反应,在过量的氢气气氛中发生的,反应的最佳温度为 1050℃,是刀具涂层优选的沉积反应 。在 850℃时,Al_2O_3 是非晶态的;在 1000℃以上会转化为等质量的细小晶体。

12.2.2　反应动力学

CVD 反应动力学包括气相化学反应,基体表面上的化学反应、化学吸附、解吸附。影响因素有温度,总压力,气体组成(分压),基体(包括反应室)的活性,气体流量(气流速度),吸附,解吸常数和界面能等。理论上,CVD 过程的化学动力学关系可以从所有可能的化学反应,包括连续反应和并行反应推导出来。表面反应和气相化学反应理论上可以用它们的反应式来描述,进一步用反应速率方程式描述。整个 CVD 的反应速度受反应速率最慢的反应过程限制。

在 CVD 过程中,反应发生的几个阶段如图 9-12-1 所示[2]。可以描述为以下几个过程:(1)反应气体在强制气流作用下进入反应室;(2)气体通过边界层扩散;(3)进入的气体与基体表面接触;(4)沉积反应在基体表面发生;(5)气态反应副产物通过边界层扩散离开表面,其中最慢的一个反应过程决定了 CVD 反应沉积速率。

气体进入管道的行为是由流体力学决定的,一般说来气流呈层流态。在某些情况下,层流可能会受到气体的对流运动干扰而变成紊流。可以用雷诺数 *Re* 来表征流体的流动,*Re* 定义了层流状态和紊流状态($Re > 2100$)的界限,由于反应先驱物的流速较低,大部分 CVD 反应在层流状态($Re < 100$)运行。

对于层流气流,在沉积表面(管道内壁)的气体速度为零。边界层是从基体表面气流速度为零增加到气流中心的流速值之间的距离。该边界层从管道入口开始,厚度逐渐增大,直到气流变为稳态,边界层条件如图 9-12-2 所示。在边界层上方流通的反应气体通过该边界层进行扩散到达沉积表面。

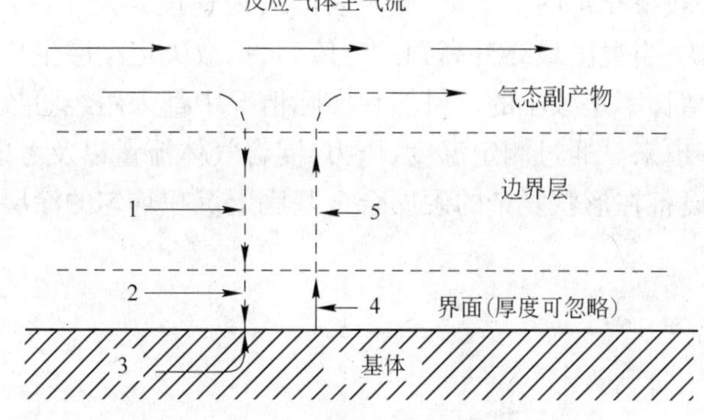

图 9-12-1　沉积反应发生的几个阶段

1—反应气体通过边界层扩散进入;2—基体上的反应物吸附;
3—化学反应发生;4—吸附物的脱吸附;5—副产物的扩散流出

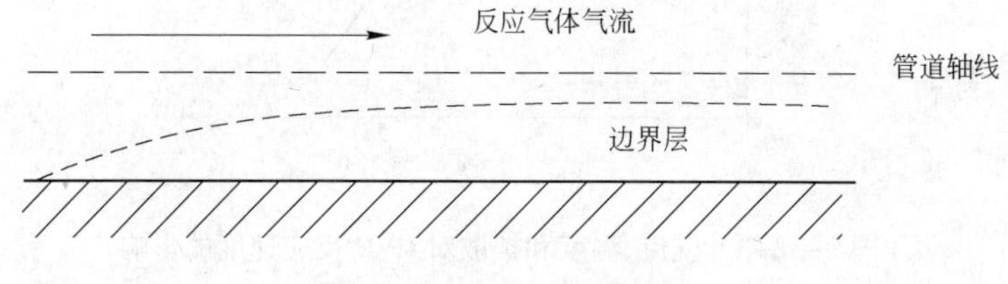

图 9-12-2　边界层条件

边界层厚度 Δ,如式(9-12-6)所示,反比例于雷诺数的平方根。气流速度减低,则边界层厚度增大,也随着管道入口距离的增大而增大。

$$\Delta = \sqrt{\frac{x}{Re}} \tag{9-12-6}$$

式中,Re 为雷诺数,$Re = \frac{\rho ux}{\mu}$;ρ 为气流密度,g/cm^3;u 为气流速度,m/s;x 为气体流经管道内的距离,mm;μ 为动力黏度,Pa · s。

CVD 反应中的速率限制(即沉积生长速率的控制)的影响,其重要性体现在能够优化沉积反应,获得最快生长速率,在某种程度上还能控制沉积物的性质,速率限制的描述一般用表面反应动力学或物质传输来定义。

当工艺过程是由表面反应动力学控制时,反应速率取决于实际的反应气体总量。例如在一个低温低压的 CVD 体系中,由于温度低,反应发生较慢,并且在表面有剩余的反应物;压力低,边界层较薄,扩散系数大,反应物易到达沉积表面,保证反应物得到充足地供给。

当工艺过程是由物质传输形式控制时,控制因素为反应物通过边界层以及副产物气体通过边界层扩散出去的扩散速率,这种情况一般发生在高压高温条件下。在此条件下,气体速度慢,边界层较厚从而导致反应物较难到达沉积表面;而且高温下分解反应的发生较快,到达沉积表面的一些分子立即发生反应。

当 CVD 反应气体以层流方式流动时,随着温度的变化,反应速度被明显地分成两个区域,如图 9-12-3 所示,由关系式 $\log R = f(1/T)$ 得出不同斜率的折线。为了解释这一现象,就必须研究温度 T 下基体上面混合反应气流的情况。反应速度与指数 $\exp(-E_a/kT)$ 成正比,其中 E_a 是反应的活化能,k 是玻耳兹曼(Boltzmann)常数。在低温和低反应速度条件下,较易通过相互扩散来获得充足的反应物,此时表面反应速度决定了涂层生长速度。随着温度升高,反应速度加快;当温度最终升高到一定值后,扩散决定涂层生长速度。可以发现,随着温度的升高,速度增长率是减小的。虽然在实际情况中都采用经验数据,但在一定的条件下可以将该过程计算出来。通过测定温度、压力、混合气体流量以及考虑涂层装置结构的特殊作用,可以用大型设备在形状复杂的硬质合金基底上沉积均匀的涂层。

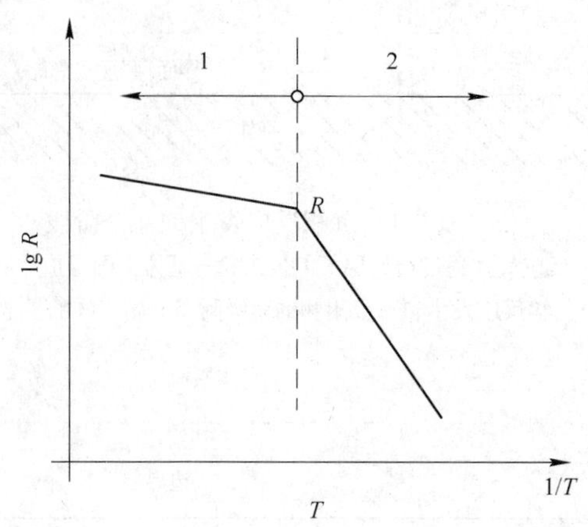

图 9-12-3　气流、温度和扩散对 CVD 反应速度的影响

1—扩散限制;2—反应速率控制

12.2.3　涂层物质的性能及作用

硬质合金 CVD 涂层物质从单一的 TiC 扩大到 TiN、Ti(C,N)、Al_2O_3、HfC、HfN 等各种碳化物、氮化物、氧化物和硼化物的硬质化合物涂层,也包括超硬材料金刚石涂层。

12.2.3.1　*TiC 涂层*

TiC 是最早出现的一种高硬度耐磨化合物,具有良好的抗摩擦磨损性能,其特征性质如表 9-12-2 所示[2]。TiC 涂层硬度高,易扩散到基体内,因而涂层与基体结合强度较高。但是在涂层与基体之间会产生脱碳层(脆性相),并且该脱碳层会随着涂层厚度的增大而增厚,最终导致涂层硬质合金的抗弯强度降低,脆性增加。

表 9-12-2　TiC 特征及性质

结　　构	密排立方 (fcc,B1,NaCl) (25)
晶格参数	0.4328 nm
空间族	Fm3m
皮尔逊符号	cF8
组成	$TiC_{0.47}$ ~ $TiC_{0.99}$
分子量	59.91 g/mol
颜色	银灰色
X - ray 密度	4.91 g/cm^3
熔点	3067℃ (无分解)
德拜温度	614 K

续表 9-12-2

比热容 c_p	33.8 J/(mol · K)
生成热 $-\Delta H$	184.6 kJ/g - atom metal
热导率 K	21 W/(m · K)
线膨胀系数	7.4×10^{-6}℃$^{-1}$
电阻率	(50 ± 10) μΩ · cm
超导转变温度	1.15 K
霍尔常数	-15.0×10^{-4} cm · A · s
磁化系数	$+6.7\times10^{-6}$ eum/mol
维氏硬度	28 ~ 35 GPa
弹性模量	410 ~ 510 GPa
剪切模量	186 GPa
体积模量	240 ~ 390 GPa
泊松比	0.191
横向断裂强度 TRS	240 ~ 390 MPa
摩擦系数	0.25（对工具钢,50% 湿度）

注:除了特别标注外,测试温度均为 20℃。

12.2.3.2　TiN 涂层

TiN 特征性质如表 9-12-3 所示[2],涂层导热性好,与铁基材料的摩擦系数比 TiC 涂层小,所以抗月牙洼磨损性能较好。此外,TiN 涂层与基体间不易产生脆性相,因此在硬质合金基体上允许的涂层厚度比 TiC 涂层大。TiN 涂层硬度稍低,但却有较高的化学稳定性,并可大大减少刀具与被加工工件之间的摩擦系数。从涂层工艺性考虑,TiC 和 TiN 均为理想的涂层材料,但是单一的涂层均很难满足高速切削对刀具涂层的综合要求。

表 9-12-3　TiN 特征及性质

相	TiN（主要）
结构	fcc, B1 (NaCl)
晶格参数	$a = 0.424$ nm
空间族	Fm3m
皮尔逊符号	cF8
组成	$TiN_{0.6} \sim TiN_{1.1}$
分子量	61.91 g/mol
颜色	金黄
X - ray 密度	5.4 g/cm^3
熔点	2950℃（无分解）
德拜温度	636 K
比热(c_p)	33.74 J/(mol · K)
生成热($-\Delta H_f$)	338 kJ/g - atom metal

续表 9-12-3

热导率 K	19.2 W/(m · ℃)
线膨胀系数	9.35×10^{-6} ℃$^{-1}$
电阻率	(20 ± 10) μΩ · cm
超导转变温度	5.6 K
霍尔常数	$(-0.7 \pm 0.2) \times 10^{-4}$ cm · A · s
磁化系数	$+38 \times 10^{-6}$ eum/mol
维氏硬度	18 ~ 21 GPa
弹性模量	251 GPa

注：除了特别标注外，测试温度均为 20℃。

12.2.3.3　Ti(C,N)涂层

Ti(C,N)涂层结合了 TiC 涂层的耐磨性、低摩擦性和 TiN 涂层的抗氧化性与化学稳定性，具有 TiC 和 TiN 的综合性能，是一种较理想的刀具涂层材料。在 Ti(C,N)涂层中，碳、氮原子比不同，涂层性质有差异。C/N 在 0.56/0.44 左右，Ti(C,N)硬度最高，耐磨性最好。

12.2.3.4　Al_2O_3涂层

Al_2O_3涂层在高温下具有良好的热稳定性，广泛应用于硬质合金刀片中，其优点是能降低月牙洼磨损和热破裂，Al_2O_3特征及性质如表 9-12-4 所示[2]。由于 Al_2O_3与基体材料的物理、化学性能相差太大，单一的氧化铝涂层无法制成理想的涂层刀具。多层涂层及相关技术的出现，使涂层既可提高与基体材料的结合强度，同时又能具有多种材料的综合性能；表 9-12-5 和图 9-12-4 所示的是以上几种常用涂层在硬质合金应用中的特性比较。

表 9-12-4　Al_2O_3特征及性质

组　成	Al_2O_3
分子量	101.96 g/mol
颜色	白色
X - ray 密度	3.965 g/cm^3
晶体结构	菱形六面体，$a = 0.513$ nm
熔点	2015℃
热导率	25 ~ 29 W/(m · K)
线膨胀系数	$(7 \sim 8.3) \times 10^{-6}$ ℃$^{-1}$
电阻率	10^{22} Ω · cm
介电常数	4.5 ~ 8.4（1000cps 下）
耗散系数	0.05(1000cps 下)
漏电(损耗)系数	0.5（1000cps 下）
介电强度	15 kV/mm
折射率	1.75
维氏硬度	18.73 GPa

续表 9-12-4

杨氏(弹性)模量	378 GPa
抗弯强度	421 MPa
抗压强度	3455 MPa

注:除了特别标注外,测试温度均为 20℃。

表 9-12-5　几种常用涂层特性相对比较

涂层材料	抗磨料磨损性能	化学惰性	耐热性	抗摩擦性能
TiC	1	4	4	3
TiN	3	2	2	1
Ti(C,N)	4	3	3	2
Al_2O_3	2	1	1	4

注:1—最好;2,3—介于最好与最差之间;4—最差。

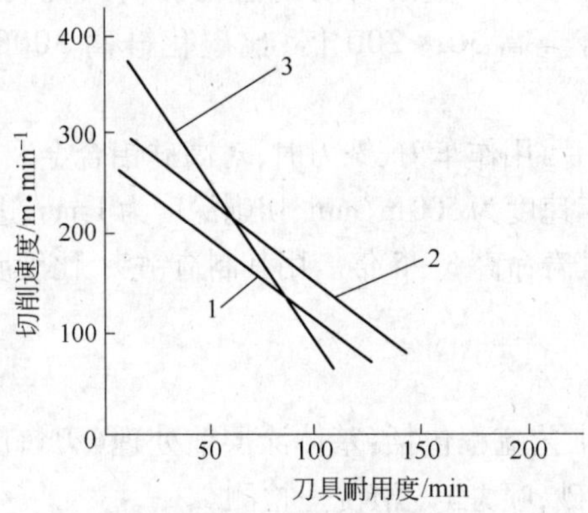

图 9-12-4　几种常用涂层在硬质合金应用中的性能比较

1—TiN;2—TiC;3—Al_2O_3

12.2.3.5　金刚石涂层

金刚石是典型的原子晶体,属等轴晶系,是碳的一种同素异构体。金刚石的结构决定了其具有一系列优异的物理 - 化学性能,表 9-12-6 所示的是金刚石的主要力学性能。

表 9-12-6　金刚石的主要力学性能

力学性能	天然金刚石	CVD 金刚石薄膜
硬度/GPa	100	70 ~ 100
密度/$g \cdot cm^{-3}$	3.515	2.8 ~ 3.5
熔点/℃	4000	接近 4000
杨氏模量/GPa	1200	1050
泊松比	0.2	
热冲击系数/$W \cdot m^{-1}$	10^7	
摩擦系数	0.08 ~ 0.1	

续表 9-12-6

力学性能		天然金刚石	CVD 金刚石薄膜
断裂韧性/$MPa \cdot m^{1/2}$		约3.4	1~8
抗拉强度 σ_b/MPa		约3000	200~400
线膨胀系数/K^{-1}	300K 500K 1000K	1.0×10^{-6} 2.7×10^{-6} 4.4×10^{-6}	1.0×10^{-6} 2.7×10^{-6} 4.4×10^{-6}

从表 9-12-6 列出的主要力学性能中可知，金刚石是目前已知材料中硬度最高的材料。它的绝对硬度值是碳化硅的 3~4 倍，是硬质合金的 6 倍。金刚石的弹性模量为 1.04×10^6MPa，这一指标高于一切天然固体，为碳化钨的 1.5 倍，碳化钛的 1.8 倍，碳化硅的 2.7 倍，碳化钛的 3.4 倍。金刚石的摩擦系数极小，在空气中为 0.1，在真空中为 0.05。金刚石的抗压强度是硬质合金的 2.4~4.5 倍，碳化硅的 5.8~11 倍。金刚石的抗拉强度是碳钢的 6~8 倍。金刚石的耐磨性和研磨能力超过已知的所有磨削材料，它的耐磨性能比硬质合金高 50~200 倍，比碳化硅高 3000~3500 倍，比淬火工具钢高 2000~5000 倍。

金刚石涂层硬质合金刀片，用作车刀、铣刀时，对高硅铝合金及烧结陶瓷等高硬度类元件的加工，性能非常好。当加工速度为 500m/min、切削深度为 1mm、进料为 0.1mm/r 时，相比于无金刚石薄膜涂层的刀具，其寿命高 3~5 倍。用其制造钻头，比硬质合金钻头寿命长 10 倍。

12.2.4 涂层工艺

硬质合金 CVD 涂层的工艺流程包括：基体涂层前处理（刃口圆化，表面喷砂）—清洗—CVD 涂层—涂层后处理（喷砂，喷丸）—清洗—检测。

12.2.4.1 *涂层反应物的技术要求*

硬质合金涂层用反应物有固体、液体及多种气体。各种反应物气体需要净化，在进入反应器之前的输送过程中进一步除去所含的氧、水气及其他杂质。表 9-12-7 ~ 表 9-12-14 所示的是相关涂层反应物的纯度、杂质含量限制等技术要求。

表 9-12-7 四氯化钛（$TiCl_4$）技术要求（%）

项　目	要　求
Ti（以 $TiCl_4$ 计）	≥99.5
Si	≤0.05
Fe	≤0.02
C+S	≤0.03
蒸馏残渣	≤0.10
颜色	无色

表 9-12-8 涂层用氢气

H_2O	N	CH_4	$CO+CO_2+O_2$
≤20VPM①	≤500VPM	≤500VPM	≤15VPM

①：20VPM 相当于 0.1MPa（绝对压力）时露点 -55℃（以下同）。

单位：VPM=体积百分比（以下同）。

表 9-12-9 涂层用氮气

N	H_2O	$CO+CO_2+O_2$	CH_4	露　点
≥99.8%（体积）	≤20VPM	≤15VPM	≤10VPM	-55℃

表 9-12-10　涂层用氩气

Ar	H_2O	H_2	$CO+CO_2+O_2$	露　点
≥99.99%(体积)	≤20VPM	≤5VPM	≤5VPM	-55℃

表 9-12-11　涂层用甲烷

CH_4	H_2O	O_2	N_2	高碳氢化合物	露　点
≥99.5%(体积)	≤20VPM	≤100VPM	≤300VPM	≤1500VPM	-55℃

表 9-12-12　涂层用氯化氢

HCl	H_2O	$CO+CO_2+O_2$	CH_4	N_2
≥99.7%(体积)	≤50VPM①	≤100VPM	≤1000VPM	≤100VPM

① 50VPM 相当于 0.1MPa(绝对压力)时露点 -48℃。

表 9-12-13　涂层用二氧化碳

CO_2	H_2O	O_2	CO	露　点
≥99.98%(体积)	≤100VPM①	≤50VPM	≤100VPM	-55℃

① 100VPM 相当于 0.1MPa(绝对压力)时露点 -43℃。

表 9-12-14　涂层用一氧化碳

N_2	H_2O	O_2	H_2	CH_2	其他碳氢化物
$\leqslant 10\times10^{-6}$	$\leqslant 5\times10^{-6}$	$\leqslant 10\times10^{-6}$	$\leqslant 1\times10^{-6}$	$\leqslant 1\times10^{-6}$	$\leqslant 1\times10^{-6}$

注：纯度:99.997%,杂质含量($\times10^{-6}$)。

12.2.4.2　工艺控制及过程监测[3]

在涂层工艺中,主要的工艺参数如温度、压力、反应气体浓度以及气体总流量都需要精确的控制和监测。对于工业规模的 CVD 涂层炉,工艺过程监测方法被用来控制气体纯度和浓度、出口气体组分、沉积气氛的温度等,监测方式一般分为物理探测和光学仪表分析。

涂层的沉积温度是工艺过程决定性的因素,它控制着涂层工艺的热力学和动力学。沉积温度必须保证反应是在硬质合金基体表面上而不会在气相中发生,同时还能获得一个适当的显微结构。

CVD 涂层工艺进程包括了从大气压到高真空的过程,在大气压阶段,工艺过程为传输控制,各工艺参数如基体温度,气体流速,反应器几何形状,气体黏度都影响着边界层的传输形式,也影响了沉积涂层的结构和成分。

A　涂层厚度均匀性

反应物的损耗导致涂层厚度不均匀,其解决方法为(1)旋转变换基体;(2)通过搅拌改进反应前驱物的混合均匀性且(或)周期性地转换气体流向;(3)倾斜基体(约45°)以增强气流下流的基体对边界层的投射,同时(或)沿基体横向产生一个温度梯度。

B　涂层成分均匀性

从考虑反应物方面来说,涂层的横向成分变化可以通过脉冲式调节气态反应物来解决。

C　涂层与基体结合强度

通过改变工艺条件,可以增强涂层在基体上的黏附力,措施包括:(1)避免基体污染(如由于氧化作用而形成氧化层);(2)避免具有腐蚀性的反应前驱物的化学侵蚀及(或)在膜/基界面形成稳定的弱键和化合副产物;(3)均匀气相形核会导致弱黏附粉末状沉积物的形成;(4)气态前驱物的损耗会导致由于气体分压不均匀而形成不同的气体组成和涂层厚度。

D　工艺过程

将待涂层的硬质合金工件放入反应室内,加热至沉积反应所要求的工艺温度,并保温一定时间。根据工艺要求的不同,以一定流量分别供给 N_2、CH_4、$TiCl_4$、H_2 和 Ar 等各种反应气体。

TiC 涂层在气态的 $TiCl_4$、甲烷(CH_4)和氢气(H_2)的混合气体中进行反应而生成。沉积 TiN 涂层时,关闭碳氢化合物的供气通道,通入 N_2 气以提供反应所需要的氮源。

Ti(C,N)涂层主要采用中温 CVD 工艺进行,涂层的碳、氮源为乙腈,涂层温度在 700~900℃ 之间。反应与普通 CVD 涂层工艺一样在热壁式反应器中进行。金属氯化物、氢气和乙腈由独立的管道进入混合器,经混合后直接进入反应器。涂层沉积速率取决于反应器内的压力、温度及 $TiCl_4$ 与 H_2 之比,随着沉积压力的增大,沉积速度则提高,但当压力达到 15 kPa 时,涂层开始出现多孔的趋势,而且黏结性能开始变差。沉积速度与沉积温度有着极为密切的关系,随着沉积温度的提高,沉积速度加快,涂层厚度增大。沉积速度在一定沉积温度和压力下也取决于混合气体中 $TiCl_4$ 与 H_2 的比例,增加 HCl 可导致反应式(9-12-4)向左移动,从而降低沉积速度。用中温 CVD 涂层制取的碳氮化钛涂层的成分一般为 $TiC_{0.6\sim0.7}N_{0.4\sim0.3}$,随着温度的提高,涂层中的碳含量有增大的趋势。

Al_2O_3 涂层的沉积通常要对基体的表面进行预处理,或是沉积氧化铝之前在硬质合金表面先涂一层碳化物或碳氮化合物。由于氧化铝沉积反应(反应式(9-12-5))的热焓较高,反应以很高的速度进行而难于控制。为了使涂层能够均匀地生长,通常使用过量的氢气和在较低的压力(约 10 kPa)条件下进行。氧化铝的形成取决于速率限制因子 H_2O 的生成速率。由于 H_2O 和 $AlCl_3$ 反应快速,因此 H_2O 的生成控制起着决定性作用。如果 H_2O 的浓度太高,将导致粉状沉积物形成。

E　涂层工艺举例

目前,CVD 普遍采用多层涂层的方式,单一的涂层已几乎完全退出市场。多层涂层一般包括如 TiC、TiN、TiCN、Al_2O_3 和 TiCO 的一定组合,一个典型的多层涂层组合为:TiN(0.15~1 μm)+(MT-CVD)Ti(C,N)(5~8 μm)+Al_2O_3(3~5 μm)+TiN(1~2 μm)。

第一层 TiN 涂层,由于 TiN 沉积温度低(900℃左右),沉积过程中不会导致基体脱碳,所以基体和涂层之间基本上不会形成 η 相(W_3Co_3C 脱碳相)。因而提高了涂层和基体之间的结合强度,减小了涂层刀片抗弯强度的下降幅度,从而增大了涂层刀片的抗冲击韧性,提高涂层刀片的使用性能。

第二层超厚 Ti(C,N)层,采用 MT-CVD 沉积工艺,沉积温度为 900℃左右。与 HT-CVD 相比,采用 MT-CVD 沉积的 Ti(C,N)显微组织更细密,并呈柱状结晶。尽管涂层很厚,但涂层结构致密,无孔隙和枝状结晶存在,所以涂层韧性高,耐磨性和抗热震性能好。在使用中即使刀具刃口区域的温度达到很高,也不容易产生热裂纹,从而有效地延长了刀具的使用寿命,表9-12-15所示的是MT-Ti(C,N)、Ti(C,N)和TiN涂层的典型工艺参数。

表9-12-15　MT-Ti(C,N)、Ti(C,N)、TiN涂层的典型工艺参数

项　目	MTCVD Ti(C,N)	CVD Ti(C,N)	CVD TiN
温度/℃	850	980	980
H_2的体积分数/%	平衡	平衡	平衡
N_2的体积分数/%	30	15	50
$TiCl_4$的体积分数/%	2	4	9
CH_4的体积分数/%		6	
CH_3CN的体积分数/%	1		
压力/kPa	5	5	50

第三层α-Al_2O_3涂层,是目前涂层材料应用中具有最好抗高温氧化性能的材料,在多层涂层中它能有效地阻止其他涂层材料的高温氧化扩散过程,所以能大幅度地提高刀具在干式、高速、重切削条件下的抗高温氧化性能,显著延长刀具的使用寿命,表9-12-16所示的是Al_2O_3涂层的典型工艺参数。

表9-12-16　Al_2O_3涂层的典型工艺参数

沉积物相	γ-Al_2O_3	κ-Al_2O_3	α-Al_2O_3
温度/℃	800	800~1000	1000
压力/kPa	20	20	5
H_2的体积分数/%	平衡	平衡	平衡
CO_2的体积分数/%	7	5	4
$AlCl_3$的体积分数/%	4	4	4
H_2S的体积分数/%	1.8	0.3	0.2

第四层TiN,虽然TiN涂层的硬度仅为HV1800~2200,但它具有良好的自润滑性能,不易与被加工材料产生黏附现象,所以在沉积多层复合涂层时,大多采用TiN作为最外层。此外,TiN涂层呈现亮丽的金黄色,易于识别切削过程中的磨损。

为了提高Ti(C,N)和Al_2O_3涂层之间的结合强度,防止在使用时过早出现涂层剥离的现象,在复合涂层之间沉积过渡层也是非常重要的。Ti(C,N)和α-Al_2O_3之间的过渡层是在1000℃左右温度下,采用$TiCl_4$-CH_4-H_2-CO_2体系反应沉积得到。分析表明,过渡层是由晶格常数为0.431 nm的面心立方晶体的Ti(C,N,O)或Ti(C,O)组成,其下表面是从Ti(C,N)层外延生长而成,而α-Al_2O_3涂层是从过渡层上表面的无晶格畸变表面外延生长的,这样的复合生长能够消除涂层间的应力和应变,提高了涂层之间的结合强度。

多层涂层中各层的厚度也必须仔细考虑,如果涂层过薄,达不到足够的耐磨性能。相反,若涂层过厚,由于刃口的应力集中,会发生涂层的剥落,尤其是在加工硬化钢或断续切削过程中较易发生，例如工件表面有轴向槽的车削过程。

12.2.5　涂层装置

CVD 可以在封闭系统和开放系统中进行，在封闭系统中，反应物和产物能够反复利用，这种封闭系统通常用于可逆的化学反应。但由于这种系统的重要性不是很高，现在只有少量的 CVD 方法采用封闭式系统。

大多数 CVD 都采用开放系统方式，在沉积作用后，随着反应物得到补充，反应产物从反应器中被清除。一般 CVD 设备由三大部分组成：(1)反应气体先驱物供给系统；(2)CVD 反应器；(3)尾气处理系统。

不管是用于研发还是商业化生产，没有通用的 CVD 设备，任何一种 CVD 设备都是为特定的涂层材料、基体形状等条件设计的。切削刀具用硬质合金涂层采用开放式的热壁反应器装置，设备装置如图 9-12-5 所示[3]。

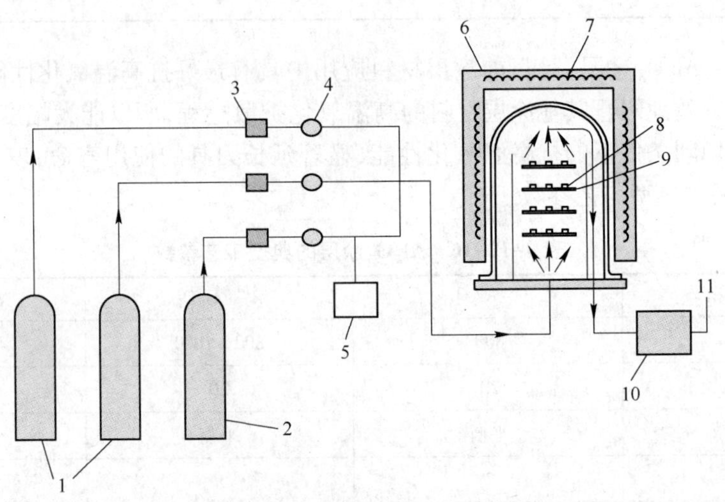

图 9-12-5　硬质合金切削刀具涂层用 CVD 设备示意图

1—反应气体；2—氢气；3—气体净化装置；4—流量计；5—$TiCl_4$ 蒸发器；6—移动式炉子；7—热丝；8—刀具；9—装载台；10—真空泵；11—尾气处理

反应气体供给系统的任务是产生气态先驱物，并把它送到反应器，液体原料通常被加热或喷雾气化，用载气（活性气体 H_2 或惰性气体 Ar）将气化反应物输送到反应器。产生的气态先驱物一般按计量进入反应器。对于沉积两种或三种组分薄膜，气态先驱物在引入反应器之前一般被测量并流经混气室混合均匀。如果气态反应物的产生需要将气源加热至室温以上，那么为了防止凝华现象的发生，气体输送线路需要加热处理。

CVD 反应器包含反应室、装卸车、样品台和带有温度控制的加热系统。反应器的结构有很多种，如图 9-12-6 所示，有水平式、垂直式、半圆式、桶式、多层式[3]。

尾气处理系统包含有尾气压缩系统和真空系统。尾气处理系统主要用来安全地排除危险的反应副产物和有毒的未反应前驱物。真空系统为需要在低压或高真空下进行沉积的 CVD 过程提供所需要的低压。CVD 的反应物和产物一般有腐蚀性、有毒、吸湿、易燃、易氧化、具有高的蒸气压。因此，在尾气排放之前，反应器系统的最后部分必须能有效地将这些化学物转换为无害的物质,并必须特别重视安装有毒气体监控器。

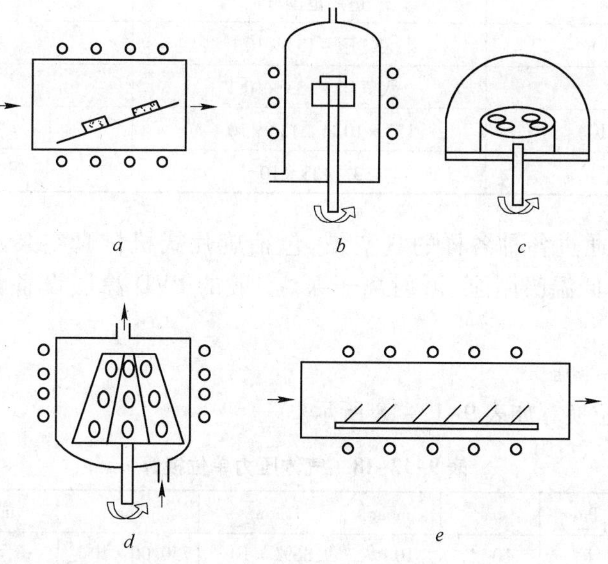

图9-12-6　CVD涂层反应器结构示意图

a—水平式;*b*—垂直式;*c*—半圆式;*d*—桶式;*e*—多层式

12.3　物理气相沉积

12.3.1　原理

物理气相沉积(Physical Vapor Deposition)是一种原子沉积工艺,是在真空或负压(等离子)条件下,涂层物质的原子从液相或固相的材料源中逸出并气化,以原子或分子的形态传输并沉积在基体表面的一种涂层工艺。与前面介绍的化学气相沉积方法相比,物理气相沉积有以下几个特点:(1)需要使用固态或熔融态的物质作为沉积过程的源物质;(2)源物质经过物理过程而进入气相;(3)需要相对低的气体压力环境;(4)在气相中以及基体表面不会发生化学反应。但往气相中通入反应气体时,可以与源物质反应获得化合物涂层,实际上是存在化学反应的。这就是目前在工具硬质镀膜中广泛应用的反应沉积法。

12.3.1.1　真空和负压气体环境

PVD涂层是一个在真空或负压系统中进行的工艺过程。体系中气体分子含量很低,气体分子碰撞的平均自由程很大。对体系中工艺气体总量及其他污染气体的控制要求比较严格。因此,对真空泵系统,交换系统,进气系统及相关的管道连接设计的要求都很高。

A　真空划分与测量

按照真空度的大小范围,真空可分为以下几种:(1)大气压:9.806×10^4Pa;(2)低真空:$133\sim133\times10^{-3}$Pa;(3)中真空:$133\times10^{-3}\sim133\times10^{-5}$Pa;(4)高真空(HV):$133\times10^{-6}\sim133\times10^{-8}$Pa;(5)超高真空(UHV):$<133\times10^{-9}$Pa。

真空度的测量采用特定的真空压力计,不同类型的真空压力计具有不同的量程范围,表9-12-17列举了几种常见的原理不同的真空压力计的适用范围和准确度[4]。

表 9-12-17 几种常见的真空压力计

压力计类型	适用范围/Pa	准确度/%
电容膜片(CDG)	大气压 ~ 133×10^{-6}	±0.02 ~ 0.2
导热(Piriani)	大气压 ~ 133×10^{-4}	±5
热阴极电离(HCIG)	133×10^{-1} ~ 133×10^{-9}	±1
黏度(自旋转子)	133 ~ 133×10^{-8}	±1 ~ 10

真空的获得是通过各种各样的真空泵，包括旋片式机械真空泵、罗茨真空泵、油扩散泵、涡轮分子泵、低温吸附泵、溅射离子泵，一般的 PVD 涂层设备都采用多级真空泵系统。

B 气体压力与分压

气体压力的单位换算如表 9-12-18 所示。

表 9-12-18 气体压力单位换算

项 目	Pa	bar	mbar	atm	Torr	mTorr	psi
1Pa = 1N/m²	1	10^{-5}	10^{-2}	9.8692×10^{-6}	750.06×10^{-5}	7.5	1.4504×10^{-4}
1bar = 0.1MPa	10^5	1	10^3	0.98692	750.06	7.5×10^5	14.5032
1mbar = 10^2Pa	10^2	10^{-3}	1	9.8692×10^{-4}	0.75006	750	14.5032×10^{-3}
1atm = 760Torr	101325	1.013	1013.25	1	760	7.6×10^5	14.6972
1Torr = 1mm Hg	133.322	0.00133	1.333	1.3158×10^{-3}	1	103	0.01934
1mTorr = 0.001mm Hg	0.133	1.3×10^{-6}	0.00133	1.3×10^{-6}	10^{-3}	1	1.9×10^{-5}
1psi	6894.8	0.06895	68.95	0.06804	51.715	5.1×10^4	1

C 分子运动

分子速率与温度 T 密切相关，气体分子的平均速率与 $(T/M)^{1/2}$ 成正比，如式(9-12-7)所示：

$$v_a=\sqrt{\frac{8RT}{\pi M}} \tag{9-12-7}$$

式中，T 为温度，K；M 为相对分子质量；R 为气体常数，8.314J/(mol · K)。

室温条件下空气分子的平均速率大约为 4.6×10^4cm/s，而电子的速率大约为 10^7cm/s。

平均自由程(λ)是气体分子在发生相邻两次碰撞之间运动的平均距离，其与 T/P 成正比，如式(9-12-8)所示：

$$\lambda=\frac{RT}{\pi d^2 P} \tag{9-12-8}$$

式中，T 为温度，K；P 为压力，Pa；d 为气体分子有效截面直径，mm；R 为气体常数，8.314J/(mol · K)。

例如，氮气在 20℃和 1m Torr 压力条件下，分子的平均自由程大约为 5cm。

碰撞几率与分子速率和平均自由程相关，它等于 v_a/λ；气体原子的碰撞几率与 $P/(MT)^{1/2}$ 成正比。例如 Ar 在 20℃和 1m Torr 压力条件下的碰撞几率大约为 6.7×10^3次/s。

12.3.1.2 负压等离子工艺环境

等离子是含有足够离子和电子的一种气体环境，具有良好的导电性。一般来说 PVD 工艺过程的等离子环境,离化率并不是很高,还含有许多的中性气体。

A 电子碰撞

在电子能量低于2eV时,电子与其他粒子的碰撞多为弹性碰撞。但当电子能量较高时,则发生非弹性碰撞的几率迅速增加。在非弹性碰撞时可能发生许多不同的过程,其中比较有代表性的几种如下:

(1) 电离过程,如 $e^- + Ar \longrightarrow Ar^+ + 2e^-$,它导致电子数目增加,从而使得电离过程得以继续;

(2) 激发过程,如 $e^- + N_2 \longrightarrow N_2^* + e^-$,其中 * 号表示相应的粒子处于能量较高的激发状态;

(3) 分解反应,如 $e^- + CH_4 \longrightarrow C^* + 2H_2^* + e^-$(* 号意义同前),导致分子被分解成两个反应基团,其化学活性明显高于原来的分子。

除了有电子参加的碰撞过程之外,中性原子、离子之间的碰撞也同时发生,就其重要性而言,电子参与的碰撞过程在放电过程中起着最为重要的作用。

B 等离子的产生

由外加的电场能量来促使气体内的电子获得能量,并加速撞击不带电中性粒子。由于不带电中性粒子受加速电子的撞击后,会产生离子与另一带能量的加速电子。这些被释放出的电子,再经由电场加速与其他中性粒子碰撞。如此反复不断,从而使气体产生击穿效应(gas breakdown),形成等离子状态。

在持续的等离子体中,电子在电场中被加速。电子的产生可以来源于几个方面:(1)离子或电子轰击表面产生的二次电子;(2)离子碰撞使得原子失去电子;(3)热电子发射源(热阴极)发出的电子。

C 等离子的性质

等离子的性质包括:总粒子密度、离子和电子密度、离子和电子温度、各种激发态物质的密度、气体温度等。典型弱电离等离子体的性质范围(压力:133×10^{-3}Pa)如下:

中性粒子与离子的比例:$(10^7 \sim 10^4):1$;

电子密度:$10^8 \sim 10^9 cm^{-3}$;

平均电子能量:1 ~ 10 eV;

平均中性粒子或离子的能量:0.025 ~ 0.035 eV(压力越低,能量越高)。

12.3.2 常见的PVD涂层方法

目前常用的几种PVD涂层工艺方式包括:(1)真空蒸发;(2)溅射;(3)离子镀。其中在硬质合金刀具涂层中应用最为广泛的方式是溅射法和离子镀。

12.3.2.1 蒸发

在一定的温度下,每种液体或固体物质都具有特定的平衡蒸气压。只有当环境中被蒸发物质的分压降低到了它的平衡蒸气压以下时,才可能有物质的净蒸发。单位源物质表面的物质净蒸发速率(Φ)如式(9-12-9)所示:

$$\Phi = \frac{\alpha N_A (p_e - p_h)}{\sqrt{2\pi MRT}} \tag{9-12-9}$$

式中,α 为 0 ~ 1 之间的系数;p_e为物质平衡蒸气压,Pa;p_h为物质的实际分压,Pa;N_A为阿伏伽德罗常数；M 为相对原子质量；R 为气体常数，8.314 J/(mol · K)；T 为绝对温度，K。

由于物质的平衡蒸气压随温度的上升增加很快（呈指数关系），因而对物质蒸发速度影响最大的因素是蒸发源的温度。三种常用热蒸发方法是：(1) 电阻式热蒸发；(2) 电子束热蒸发；(3) 激光蒸发。

12.3.2.2　溅射

当高能粒子（通常是由电场加速的正离子）冲击固体表面时，固体表面的原子、分子与这些高能离子交换动能，从而由固体表面飞溅出来，这种现象称为溅射；图 9-12-7 所示的是直流溅射原理模型示意图。

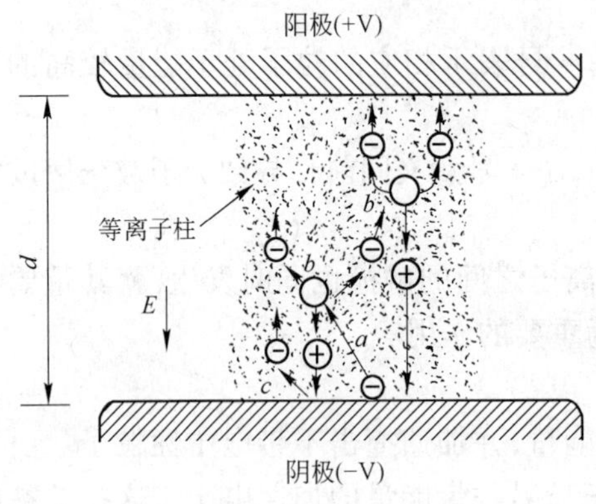

图 9-12-7　直流溅射原理模型

溅射只是离子对物体表面轰击时所可能发生的物理过程之一，不同能量的离子与固体表面相互作用的过程不同，不仅可以实现原子的溅射，还可以观察到诸如离子注入（离子能量 1000 keV）、离子的卢瑟福背散射（1 MeV）等，图 9-12-8 所示的是溅射过程中离子轰击固体表面时发生的一系列物理过程。

溅射镀膜具有许多优点，如可以实现大面积沉积，几乎所有金属、化合物、介质均可以做成靶，在不同基体上得到相应的涂层材料；可以大规模连续生产。缺点是离化率低，沉积速度较慢，现在发展的等离子辅助沉积技术可以在一定程度上提高离化率。

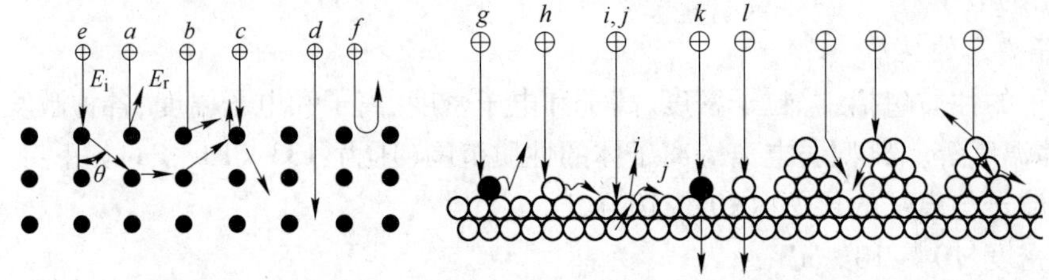

图 9-12-8　离子轰击固体表面时发生的物理过程

a，b—正向和大角度直接碰撞散射；c，d—碰撞和通道效应引起的离子注入；e—多极碰撞散射；
f—表面多原子散射；g—表面吸附杂质的去除和表面活化；h—表面原子溅射位移；
i，j—溅射和原子位移诱发的空位；k—吸附杂质的注入；l—薄膜物质原子的自注入

12.3.2.3　离子镀

离子镀是在真空条件下，利用气体放电使气体或蒸发物质离子化，在气体离子或被蒸发物质离子轰击作用的同时，把蒸发物质或其反应物蒸镀在基体上的一种涂层方法。

离子镀是把辉光放电、等离子体技术与蒸发镀膜技术结合在一起，明显地提高了涂层的性能，除兼有溅射的优点外，还具有涂层的附着力强、绕射性好、涂层速度快等优点。不足之处是无法避免液滴现象的产生，因而涂层表面粗糙度相对较差。现在发展的磁过滤离子镀技术能够有效地过滤掉部分沉积过程中形成的粗大液滴，改善表面质量，但会一定程度上降低沉积速率；表 9-12-19 所示的是以上三种 PVD 涂层方法的特点比较[5]。

表 9-12-19　常见 PVD 涂层方法特点对比

项　目		蒸镀法	溅射法	离子镀
粒子能量/eV	原　子	0.1～1	1～10	0.1～1
	离　子			数百至数千
沉积速率/μm · min⁻¹		0.1～70	0.01～0.5	0.1～50
薄膜特点	密　度	低温时密度小，但表面光滑	密度较高	密度高
	气孔率	低温时多	气孔少，但气孔杂质多	无气孔，但缺陷多
	附着力	不好	较好	很好
	内应力	多为拉应力	多为压应力	依工艺条件而定
	绕射性	差	较好	较好

从表 9-12-19 中数据可以看出，从参与沉积的粒子的能量范围来看，离子镀技术结合了蒸镀法、溅射法两种方法的特点。从沉积速率来看，离子镀的沉积速率与蒸镀法的沉积速率相当。从薄膜质量方面来看，离子镀方法制备的薄膜接近或优于溅射法制备的薄膜。

12.3.3　工艺控制

12.3.3.1　涂层与衬底的界面结合[1]

涂层与衬底的界面可能存在不同的化学键合、元素的相互扩散、涂层的内应力、界面杂质和界面缺陷等情况，因而实际涂层附着力的规律极为复杂。它不仅取决于涂层与衬底之间的界面能量，还取决于具体的沉积方法和界面状态。

涂层与衬底间的界面可以分为下面四种类型：(1)平界面；(2)形成化合物界面；(3)元素扩散界面；(4)机械啮合界面，如图 9-12-9 所示。

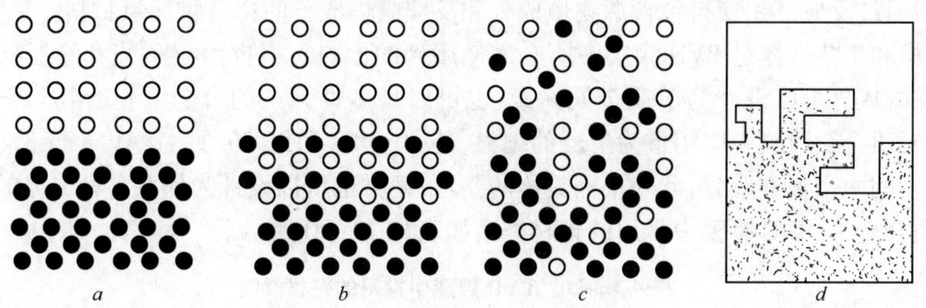

图 9-12-9　四种类型界面形态示意图

a—平界面；*b*—形成化合物的界面；*c*—元素的扩散界面；*d*—机械啮合界面

根据界面形态，涂层与衬底的附着涉及三种机理，即机械结合、物理结合和化学键合。

A　机械结合

机械结合是机械啮合与界面产生的附着过程，涂层与衬底表面凹凸不平提高了相互接触的界面面积，并可促进界面两侧物质间形成微观尺度的相互结合。在纯机械结合的情况下，涂层的附着力很低。

B　物理结合

不同物质分子或原子之间最普遍的相互作用就是范德华力,这种力随着界面两侧物质间距的增加而迅速降低。虽然引力的数值较小,每对分子或原子的作用能只有 0.1 eV 量级,但它仍然会造成很强的涂层附着力。如果界面两侧的材料都是导体,且二者的费米能级不同,涂层的形成会发生从一方到另一方的电荷转移,在界面附近出现双电子层,进而引发相互静电吸引作用,也对涂层与衬底间产生附着力。

C　化学键合

界面两侧原子间可能形成相互的化学键,包括金属键、离子键和共价键等。化学键的形成对于提高涂层附着力具有重要的贡献。如果界面两侧原子形成化学键合,则涂层的附着能可能达到每对原子 1 ~ 10 eV 能级。

PVD 涂层沉积过程中的温度一般较低,为 500℃左右,涂层与衬底发生化学键合的程度较低,因此 PVD 涂层与衬底的结合主要基于机械结合与物理结合的原理,而 CVD 涂层的温度相对较高,一般达到了 800 ~ 1000℃,因此化学键合是涂层与基体结合的主要模式。由于 PVD 涂层与衬底结合模式的区别,相对于 CVD 涂层,PVD 涂层与衬底的结合力较低。

因此,在实际的 PVD 涂层生产中为了保证涂层与基体的良好结合,对衬底的表面状况和清洁度要求较高,产品在涂层前一般都要求进行超声波清洗和喷砂处理。另外,在硬质合金工具 PVD 工艺过程中需增加一个特殊离子刻蚀阶段,可以采用惰性气体离子,也可以采用金属离子对工件表面进行轰击,进一步改善产品表面状况,以提高涂层与基体的结合力。此外,在特殊条件下,首先在衬底表面沉积一层薄的特殊黏结层,然后再沉积功能层,也会获得更好的涂层与衬底的结合。

12.3.3.2　常用的涂层原料和气体

基本上所有的金属及非金属材料都可以采用 PVD 的方式进行涂层,它可以通过靶材或蒸发源等材料源直接沉积而获得源物质的涂层材料,也可以在此基础上通入其他的反应性气体,并通过反应沉积获得包含源物质成分和反应气体成分的化合物涂层材料。

靶材和工艺气体是 PVD 涂层中所必需使用到的原料。根据涂层工艺和涂层材料的要求,靶材的成分可以设计为单质金属元素,也可以是多种元素的合金或化合物。目前 TiAl 靶材是硬质合金镀膜中应用最为广泛的靶材,其中 50:50 和 33:67 的 Ti/Al 原子比例是目前广泛使用的两个标准成分,此外根据具体的要求,靶材也可以设计为任意多种成分的配比情况,硬质合金工、磨具镀膜中常用的靶材类型如表 9-12-20 所示。

表 9-12-20　PVD 镀膜中常用的靶材类型

单　质		化　合　物	
靶　材	成　分	靶　材	成　分
Ti	纯	TiAl	50:50(原子分数,%)
Al	纯	$TiAl_2$	33:67(原子分数,%)
Cr	纯	TiAl	按要求
Zr	纯	CrAl	按要求
C	纯	TiSi	按要求
		CrSi	按要求

续表 9-12-20

单　质		化　合　物	
靶　材	成　分	靶　材	成　分
		TiAlCr	按要求
		TiAlSi	按要求
		TiB_2	33:67(原子分数,%)

工艺气体也是PVD涂层中必不可少的原料,按照气体的种类和作用,PVD涂层中应用到的主要气体包括惰性气体、反应气体和辅助冷却气体,主要的各类气体如表9-12-21所示。

表9-12-21　PVD工艺中常用的几类气体

惰性气体	反应气体	辅助气体
Ar	N_2	H_2
Kr	CH_4	He
Xe	C_2H_2	

12.3.3.3　涂层物质

TiN是第一代PVD硬质涂层材料,目前已基本被性能更加优异的TiAlN涂层所代替,TiAlN涂层是目前切削刀具领域商业化涂层中应用最为广泛的涂层。常用的PVD涂层包括TiN、TiCN、TiAlN、TiAlCN、CrAlN、TiAlCrN、TiAlSiN、CrN、TiB_2、Al_2O_3、DLC等。目前涂层材料体系也由原来的TiN、TiCN、TiAlN向TiAlCN、TiAlCrN、TiZrN、TiAlSiN、TiBN、TiHfN、CrVN、AlTiN、AlCrN等多元化涂层发展,最近研究的热点也从过去的高钛低铝涂层逐步向低钛高铝涂层和无钛涂层转移。以往的研究结论认为,当TiAlN涂层中Ti与Al的原子比为1∶1时,涂层的硬度最高。现在的研究表明,Ti-Al-N涂层体系中,随着铝含量的提升,涂层的抗氧化性能以及高温硬度提高,当Al含量的增加不至于引起涂层发生晶型转变时,涂层将同时获得较好的力学性能和抗氧化性能。图9-12-10所示的是TiAlN涂层的显微硬度和

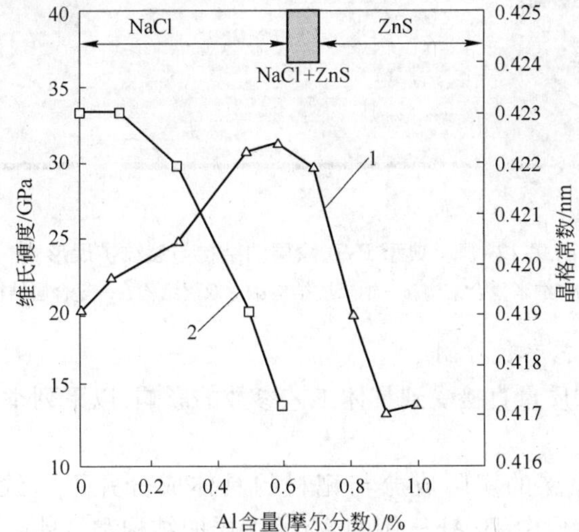

图9-12-10　TiAlN涂层显微硬度和晶体结构随Al含量变化的规律

1—维氏硬度;2—晶格常数

晶体结构随 Al 含量变化的规律[6]。随着 Al 原子的增加,涂层晶格常数减小;当 Al 含量增加到一定程度,TiAlN 涂层结构将由面心立方结构向六方结构转变,其显微硬度明显下降。

AlCrN 涂层是最近出现的一种新型无钛涂层材料,它具有优异的高温硬度、高的抗氧化性和化学稳定性,在普通条件下以及较高的机械载荷作用下都显示出良好的耐磨性。Cr 是提高涂层抗热腐蚀性能的主要元素,促进稳定的 Al_2O_3 膜的形成,并且由于在 fcc 结构中,CrN 晶胞比 TiN 能固溶更多的 Al 元素(CrN:77.2%,TiN:65.3%),因而涂层显示出比 TiAlN 涂层更加优异的高温性能。

12.3.3.4　涂层结构

通过不同的工艺控制手段,可以获得不同结构的 PVD 涂层,图 9-12-11 显示的是几种常见的 PVD 涂层的结构与裂纹扩展形式。纳米结构和多层结构的涂层由于晶粒细化硬度值会有所提高,另外裂纹沿晶界扩展的路径变长,裂纹扩散消耗的能量增加,因此涂层显示出的韧性和抗裂性能有较大的提高。由于纳米晶粒的尺寸效应和量子效应,涂层在硬度和韧性方面都得到了极大的提高,而梯度涂层结构实现了涂层/基体界面到涂层表面的成分过渡,缓解了界面处的应力集中,增加了涂层与基体的结合强度。多层涂层、纳米涂层及梯度涂层是 PVD 硬质涂层的发展方向。

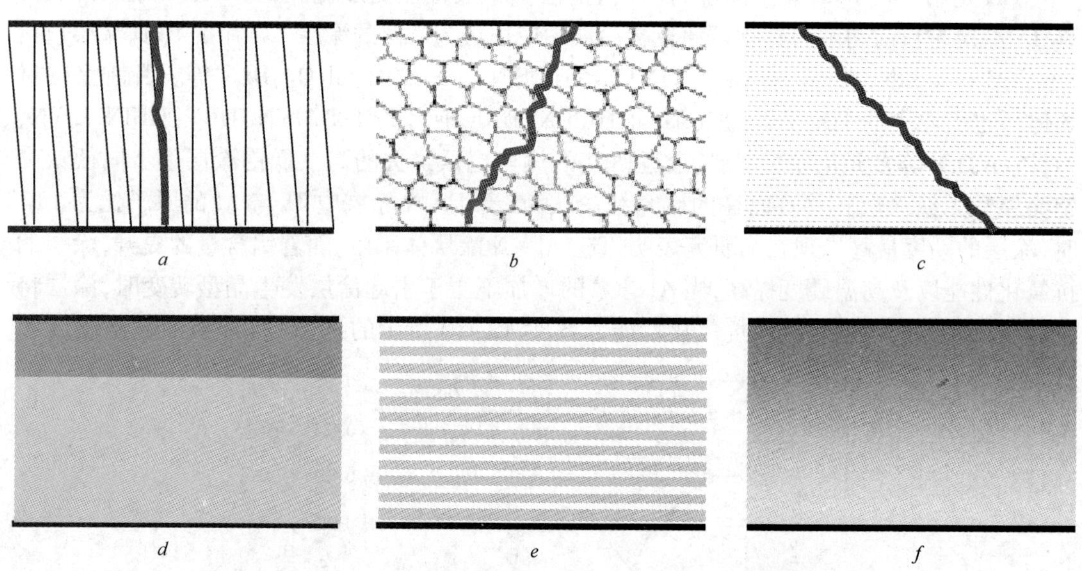

图 9-12-11　典型 PVD 涂层的结构与裂纹扩展形式

a—柱状晶结构;*b*—纳米复合结构;*c*—纳米层结构;*d*—双层结构;*e*—复合层结构;*f*—梯度结构

12.3.3.5　涂层工艺参数控制

PVD 涂层的性能和质量直接受到具体工艺参数的影响,以下列举了一些基本的工艺控制参数。

(1) 靶材成分。涂层的实际成分与靶材的具体成分并不一致,但有密切联系。以 TiAlN 涂层为例,随着涂层中 Ti/Al 比例的变化,涂层的结构和性能会发生明显变化。一般认为 50%/50%(Ti/Al)靶制备的涂层具有较高的硬度和抗磨损性能。随着靶材中 Al 含量的进一步提高,涂层的抗高温氧化性能会进一步提高,但是 Al 含量的增加不宜使涂层中形成 hcp 相,否则会造成涂层性能的恶化。33%/67%(Ti/Al)靶材是另一个广泛应用的靶材成分,一般来说,TiAl 靶材中 Al 含量的提高不宜超出该含量范围,否则在涂层过程中容易形成 hcp 相。

(2) 气体分压与温度。N_2/Ar 分压比对磁控溅射方法制备的 TiAlN 涂层形貌的影响可以用 Thornton 模型来定性地预测和分析,如图 9-12-12 所示[6]。区域 1,衬底温度较低,形成多孔的锥顶式晶体形貌涂层,而且涂层表面比较粗糙;随着温度升高,原子的迁移增大,进入区域 T 的形核增加,涂层生长为致密的柱状晶结构;区域 2,温度进一步升高,导致表面扩散和体积扩散增加,涂层形成粗大的柱状晶结构;区域 3,在更高的温度条件下涂层形成了等轴晶结构,并且表面变得更加平滑。

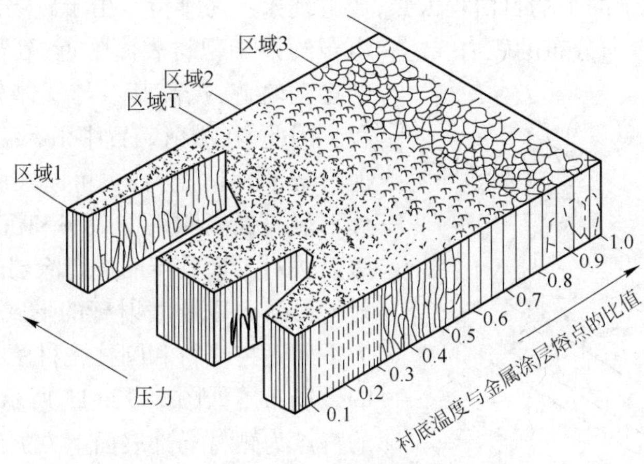

图 9-12-12　衬底温度和氩气压力对圆柱形磁控溅射源沉积金属涂层的组织结构的影响示意图

(3) 基体偏电压。在阴极弧沉积过程中,基体的偏电压会影响涂层的成分和结构。由于沉积过程中 Ti 蒸气和 Al 蒸气具有不同的离化率,离化率更高的 Ti 离子优先受到基体负偏压的吸引;另外,随着基体偏电压的提高,基体表面沉积的靶材原子的散射程度增加,相对于较重的 Ti 原子,Al 原子的散射程度更高,这些都导致涂层中 Ti/Al 比例的变化。此外,随着偏电压的提高,涂层的表面变得更加平滑,涂层断面的晶粒更加细小,孔隙度减小,细小的涂层晶粒和致密的涂层结构都有益于涂层磨损性能的改善。

(4) 阴极功率密度。阴极的功率密度对涂层沉积速率有重要影响,功率密度越大,涂层的沉积速率越高。

此外,产品的装夹方式和旋转形式,以及产品与靶材的间距等因素都对涂层的组织结构和性能产生影响。

12.3.4　涂层装置

12.3.4.1　溅射沉积设备

溅射方法根据其特征可以分为以下几种:

(1) 直流溅射。这种装置由阴极、阳极组成,涂层材料制成的靶为阴极(必须是导体),阳极放置衬底并接地。直流溅射要求溅射靶材必须是导体,因为溅射速率需要一定的工作电流，而导电性较差的非金属靶材会消耗大部分电压降，造成作用在两极间气体的电压降变得很小。

(2) 射频溅射。导电性很差的非金属材料的溅射需要一种新的方法，如果阳极和阴极电位不断变化调整，则阴极溅射可以交替地在两极上发生。当频率 50 kHz 以后，放电过程出现新的特征。第一，在两极之间的等离子体中不断振荡运动的电子可以从高频电场中获得足够的能量，并更有效地与气体分子发生碰撞，使气体分子离化；第二，高频电场可以经由其他阻抗形式耦合进入沉积室，而不必再要求电极一定是导体。因此，采用高频电源可以使溅射过程摆脱靶材导电性能的限制。

(3) 磁控溅射。一般的溅射沉积涂层有两个缺点：其一是涂层沉积速率较低；其二是工作气压较高，否则电子的平均自由程太长，放电现象不易维持。由于磁场对运动的电子也有作用力，因此，垂直方向分布的磁力线能将电子约束于靶材表面附近，延长其在等离子体中的运动轨迹，提高其参与气体分子碰撞和电离过程。因此，在溅射装置中引入磁场，既可以降低溅射过程的气体压力，也可以在同样电流和气体条件下显著提高溅射的效率和沉积速率。目前，用溅射法对工模具产品进行涂层时普遍采用磁控溅射的设备。磁控溅射靶的形式有很多种，常见的为平面磁控靶材和圆柱靶材两种。平面磁控溅射的磁场布置如图 9-12-13 所示[5]，这种磁场设置的特点为靶材局部表面上方的磁力线与电场方向垂直，从而使电子的轨迹限制于靶面附近，提高了电子碰撞和电离的效率，并可以减少电子轰击阳极衬底，抑制衬底表面温度升高。实际应用中磁场的配置可以采用永磁体也可以采用电磁线圈。磁控溅射可以是直流磁控溅射，也可以是射频磁控溅射。

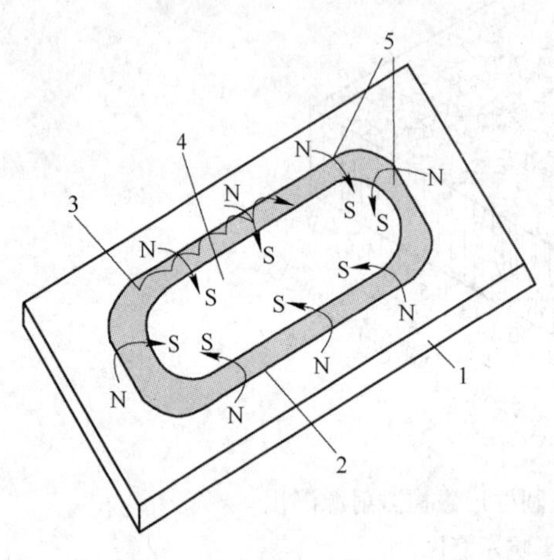

图 9-12-13 平面磁控溅射靶材表面示意图
1—阴极；2—溅射轨迹；3—电子运动轨迹；4—电场；5—磁力线

(4) 反应溅射。采用金属或合金作为溅射靶材，在工作中混入适量的活性反应气体如 N_2、O_2、C_2H_2 等，使金属原子与活性反应气体分解的原子(离子)在沉积的同时可以生成所需的化合物。一般认为化合物是在沉积过程中因在衬底表面发生的化学反应而形成的，这种在沉积的同时形成化合物的溅射技术称为反应溅射。利用反应溅射方法可以制备氧化物、碳化物、氮化物以及复合化合物如 Ti(C,N)、TiAlN 等。

(5) 中频溅射与脉冲溅射。在利用直流反应溅射技术制备电导率较低的化合物涂层如 Al_2O_3、Si_3N_4 等涂层时，容易出现靶中毒、阳极消失、靶面和电极间打火等现象，放电过程不稳定，造成涂层成分、组织结构和性能的波动。如果对溅射靶材施加交变电压，不断提供释放靶电荷的机会，就可以避免靶面打火等现象的出现，这种使用交变电压进行涂层溅射的方法称为交流溅射。根据所采用的交变电源的不同，又可以分为两类，即采用正弦波电源的中频溅射法和采用矩形脉冲电源的脉冲溅射法。

12.3.4.2 离子镀沉积设备

工业上常见的离子镀有空心阴极离子镀和电弧离子镀形式，国内所说的多弧离子镀国际上公认的名称为电弧离子镀(Arc Ion Plating, AIP)。

电弧离子镀装置示意图如图 9-12-14 所示[1],这是一种冷阴极弧光型蒸发源,而且它既是蒸发源也是离化源,特点是工作的真空度高,涂层的沉积速率高,蒸发粒子的离化率高,离子的能量高。在工作时,在引弧电极与阴极之间加上一个触发电脉冲或使用两者相接触的引弧方法,在蒸镀材料制成的阴极与真空室形成的阳极之间引发弧光放电,并产生高密度的金属蒸发等离子体。在阴极表面形成无数的阴极斑点,其无规则运动将导致大面积的阴极物质被均匀蒸发。蒸发出来的物质又迅速高温离化。利用磁场将电子以及等离子体约束在阴极表面附近,且起着推动阴极斑点不断移动的作用。

利用真空阴极离子镀和电弧离子镀方法制备涂层,容易在弧光放电过程中产生显微喷溅的大颗粒(液滴),并沉积在涂层中。在使用铝或含铝的合金以及石墨靶材时,极易产生上述现象。调整工艺参数,例如增加腔体压强或降低靶电流可以略微减少大颗粒尺寸和数量,但效果不明显。

为了减少涂层中的喷溅颗粒,改善涂层的表面质量,可以采用如图 9-12-15 所示的磁过滤真空阴极电弧沉积技术,即在真空阴极电弧蒸发源的后面装有一个曲线形的磁过滤通道[1]。在沿轴线分布的磁场作用下,电弧等离子体中的电子将呈螺旋线状的轨迹绕磁力线而通过磁过滤通道。电子的这一运动将对离子形成静电引力,引导其通过过滤通道,喷射产生的颗粒则被过滤器所阻挡,因此在此过滤通道的出口处可以获得纯度极高、基本不含喷溅颗粒的 100% 离子化的高纯离子束用以涂层的沉积,但是磁过滤技术代价也是明显的,即涂层的沉积速率会大大地降低,而且设备的成本也明显上升。

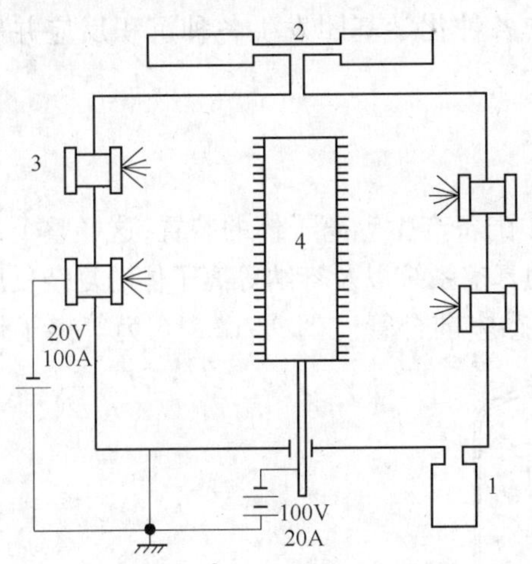

图 9-12-14　真空阴极电弧离子镀装置示意图

1—真空系统;2—气体输入装置;
3—电弧蒸发源;4—工作架

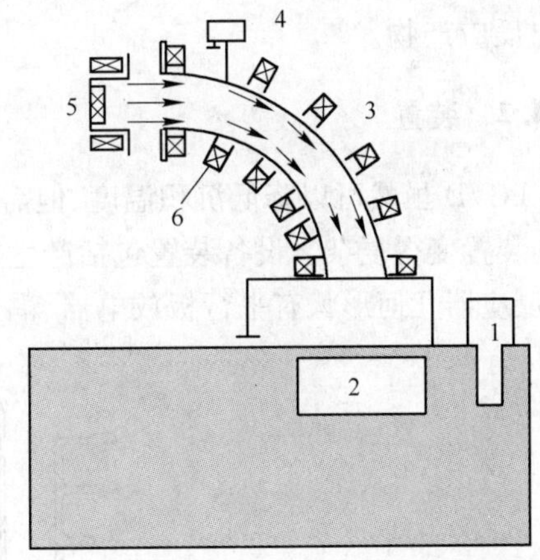

图 9-12-15　磁过滤真空电弧沉积装置示意图

1—真空泵;2—衬底;3—磁过滤管;4—偏压源;
5—真空电压源;6—磁场线圈

12.4　等离子活化 CVD(PCVD)

等离子体是含有足够数量的导电离子和电子而在宏观上又是中性的气体介质。等离子体气氛沉积工艺通常包括 PVD 中的溅射沉积、离子镀和等离子活化 CVD(PCVD)。PCVD 结合了一个化学过程和一个物理过程,也可以说是 CVD 和 PVD 工艺的结合。对于大多数重要的涂层材料，普通 CVD 沉积都只能在 1000℃的高温下进行，而 PCVD 可在相对低的温度下进行大面积沉积，也能够保证涂层微观结构的韧性以及对沉积参数的分别控制。

PCVD 可以沉积 TiC、TiN 和 Ti(C,N)涂层，既可单独涂层，也可按要求的程序进行复合涂层，沉积的温度为 400～600℃。在硬质合金涂层应用中，PCVD 工艺主要还是应用于对韧性和刃口粗糙度有特殊要求的可转位刀片的涂层，其中铣削、切断和螺纹车削的可转位刀片都属于这一范畴。

12.4.1　PCVD 涂层原理[3,7]

在等离子体气氛中，涂层薄膜的原子沉积过程是通过有控制地将原子附加到基体表面上来实现的。PCVD 采用电子能量(等离子体)作为激活方式，使用的电能在负压下(小于 1.3kPa)有足够高的电压来分解气体并产生包含有电子、离子和带电物质的等离子体。等离子体被用来帮助化学气相物质的分解。气态的反应物被电离和激活，并在被加热的基体表面上或附近进行多相反应，沉积得到薄膜。

等离子体中的高能电子在低温下足以打断气体分子间键合，使化学反应能够在较低的温度下进行并沉积成涂层，其微观过程为：(1)气体分子与等离子体中的高能电子发生碰撞，产生出活性基团和离子。其中，形成离子的概率要低得多，因为分子离化过程所需要的能量较高；(2)活性基团可以直接扩散到衬底；(3)活性基团也可以与其他气体分子或活性基团发生相互作用，进而形成沉积所需的化学基团；(4)沉积所需的化学基团扩散到衬底表面；(5)气体分子也可能没有经过上述活化过程而直接扩散到衬底附近；(6)气体分子被直接排除系统之外；(7)到达衬底表面的各种化学基团发生各种沉积反应并释放出反应产物。

12.4.2　装置

PCVD 虽然可以降低沉积温度，但需要在设备中配备产生等离子体的装置，这样整个系统的装置变得复杂。设备装置包括产生等离子体的真空系统以及容纳等离子体的复杂反应器，反应器几何形状有平行板放电器、耦合电容管、感应耦合管。图 9-12-16 为等离子体

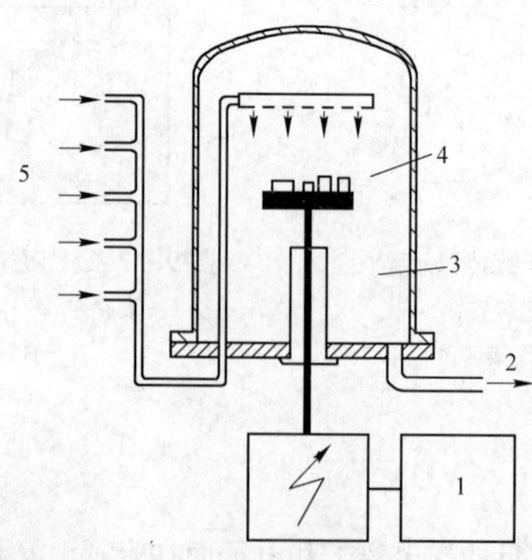

图 9-12-16　PCVD 装置示意图

1—微处理器；2—泵；3—压力；4—气体放电；5—反应气体入口

CVD 装置简图[7]，工艺过程要求辉光放电的电流强度高，然而这又会有干扰弧光放电的危险(击穿)。因此，必须借助快速反应的稳压器来对高电压源进行控制，否则 CVD 工艺的所有缺点都会被保留下来。

参考文献

[1] 宋贵宏，杜昊，贺春林．硬质与超硬涂层——结构、性能、制备与表征[M]．北京：化学工业出版社，2007.

[2] Pierson H O. Handbook of chemical vapor deposition (CVD) Ⅱ[M]. New York: Noyes, 1999.

[3] Choy K L. Chemical vapor deposition of coatings[J]. Progress in Materials Science, 2003, 48: 57 ~ 170.

[4] Donald M M. Handbook of physical vapor deposition (PVD) processing-Film formation, adhesion, surface preparation and contamination control[M]. Park Ridge, New Jersey, USA: Noyes publications, 1998.

[5] 唐伟忠．薄膜材料制备原理、技术及应用(第 2 版)[M]．北京：冶金工业出版社，2005.

[6] PalDey S, Deevi S C. Single layer and multilayer wear resistant coatings of (Ti, Al)N: a review[J]. Materials Science and Engineering. 2003, A342: 58 ~ 79.

[7] 胡传炘，宋幼慧．涂层技术原理及应用[M]．北京：化学工业出版社，2000.

编写：陈响明（株洲硬质合金集团有限公司）

第13章　硬质合金成分分析

13.1　碳化物成分分析

13.1.1　总碳测定

碳化物中的总碳含量可采用燃烧－重量法[1,2]或燃烧－气体容量法[3]测定。重量法测定总碳含量速度较慢，但该法是一种绝对方法，无需标样，准确可靠。下面详细介绍重量法。

13.1.1.1　方法原理

在高温、纯氧气流中，将碳氧化为二氧化碳，如有必要，可添加助熔剂。生成的二氧化碳由氧气带到已恒量的吸收瓶中被烧碱石棉吸收，测定烧碱石棉的增量，其值即为生成的二氧化碳量。

$$C + O_2 \longrightarrow CO_2$$

$$2NaOH + CO_2 \longrightarrow Na_2CO_3 + H_2O$$

13.1.1.2　试剂

一律使用分析纯试剂：氧气（每立方米的氧中含碳杂质的极限量≤0.6mL），无水高氯酸镁，助熔剂（如金属锡、金属铜或氧化铜、金属铁），烧碱石棉，蒸馏水或同等纯度的水。

13.1.1.3　仪器

一般实验室仪器及由一个带有燃烧管的电炉、一个净化系统以及一个二氧化碳吸收系统组成的仪器。如果需要得到适当纯度的氧，也可以使用一个氧气净化系统。

仪器要用密封的连接管连接在一起。仪器示意图见图9-13-1。

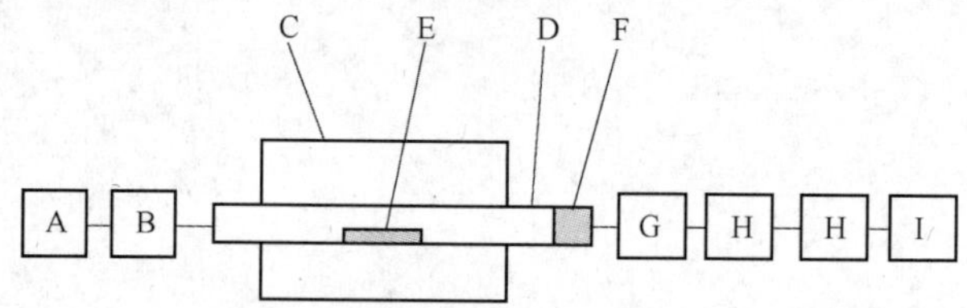

图9-13-1　重量法测定总碳含量的仪器示意图

图9-13-1中各部件说明如下：

A——氧气源：带有压力调节阀；

B——流量计；

C——电炉：带合适的温度控制装置，炉温可达1350℃；

D——燃烧管：由无细孔的耐火材料制成，管子内径为18～30mm，长度至少为650mm，操作过程中燃烧管末端温度应不超过60℃；

E——舟皿：由耐火材料制成，应预先在试验温度下，于氧气流中处理10min或在800～1000℃灼烧1h，舟皿尺寸：长80～100mm，宽12～14mm，深8～9mm，经过预处理的舟皿要保存在干燥器中，干燥器的磨口表面和盖子不应涂润滑脂；

F——二氧化硅棉的塞子；

G——干燥瓶：内装无水高氯酸镁；

H——吸收瓶：内装烧碱石棉和少量无水高氯酸镁，吸收瓶式样见图9-13-2；

I——吸收瓶：反向与H连接，以防止二氧化碳和空气中潮气的引入。

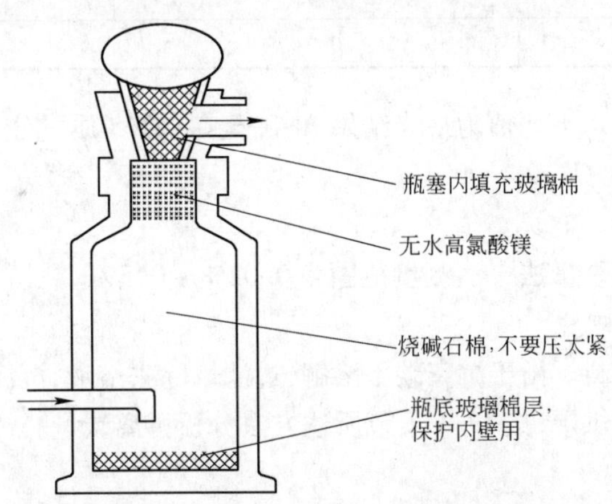

图9-13-2　重量法测定总碳含量的吸收瓶

13.1.1.4　取样

试样必须是具有代表性的均匀样品。对于块状试样，在不影响试样化学成分的材料制成的研钵中，将试样研碎成粉末，并通过180 μm的筛子。取两份或3份试样进行分析。

13.1.1.5　分析步骤

检查燃烧区的温度（1200～1350℃，若有碳化铬存在时，则不低于1300℃）和仪器的气密性，以及氧气净化效果。根据所用燃烧管的直径，以300～500 mL/min的流速通氧10～15 min，然后取下吸收瓶（H），冷却至室温后称量，并接回原处。

（1）试料：试料质量应含约0.03 g的碳，精确至0.0001 g。必要时在试料中加0.2～1 g助熔剂。

（2）空白试验：在与分析过程中所用等量助熔剂的情况下，用燃烧法进行空白试验，并仔细测定吸收瓶的增重。

（3）燃烧：打开氧气入口端的燃烧管口，用钩子将装有试料的舟皿推至燃烧管高温区中心，迅速关闭管子，并且根据所用管子直径的不同，立即以300～500 mL/min的流速通入氧气，持续通氧10～20 min，以便完全赶出燃烧管和净化瓶中的二氧化碳。

（4）测定：关闭吸收瓶的塞子，立即从仪器上取下。5 min后称量瓶子的质量，称量精确至0.0001 g。建议目视检查舟皿中熔融物以验证燃烧是否完全。吸收瓶的增量就是所吸收的二氧化碳量。

13.1.1.6　结果

总碳量的质量分数以w计，数值以%表示，按式（9-13-1）计算：

$$w=\frac{27.29\times(m_2-m_1)}{m_0} \tag{9-13-1}$$

式中，m_1为空白试验测得二氧化碳量，g；m_2为试样测得的二氧化碳量，g；m_0为试样量，g；27.29为二氧化碳换算为碳的系数乘以100。

二次或三次独立测定值之间的偏差,应不大于表 9-13-1 的规定。

表 9-13-1　重量法测定总碳含量允许差

总碳量/%	二次测定值的允许差/%	三次测定值的允许差/%
3 ~ 10	0.05	0.06
>10	0.07	0.08

以合格测定值的算术平均值为最终结果,精确至 0.01%(质量分数)。

13.1.2　游离碳测定

游离碳量测定采用重量法[4]。测量范围为 0.02% ~0.5%。

13.1.2.1　方法原理

用适当试剂溶解试料。由于游离碳不溶解,过滤以除去溶液,沉淀就是游离碳。然后将沉淀完全转入瓷舟中并烘干,按 13.1.1 节所述方法分析游离碳量。

13.1.2.2　试剂

硝酸(ρ=1.20 g/mL),氢氟酸(ρ=1.15 g/mL),蒸馏水或同等纯度的水。

13.1.2.3　仪器

一般实验室仪器及 13.1.1.3 节中介绍的仪器,容量为 200 mL 的铂皿,过滤装置(陶瓷过滤装置或装有难熔纤维垫或难熔粉末的古氏坩埚),真空过滤装置。

13.1.2.4　取样

同 13.1.1.4。

13.1.2.5　分析步骤

(1) 试料:称取试料约 2.5 g,精确至 0.01 g。

(2) 溶样:把称取的试料置于铂皿中,加入 75 mL 硝酸,并将铂皿置于蒸汽浴上加热 5 min,然后逐滴加入 10 mL 氢氟酸并继续于蒸汽浴上加热约 1 h,直到完全溶解为止,溶液冷却至室温。

(3) 古氏坩埚的准备:把陶瓷过滤器装入坩埚中。如果使用难熔材料,把它装入坩埚深度约为 8 ~10 mm,并把它向下压紧,以使残渣能够留在难熔材料上面,同时过滤又不会太慢为宜。

(4) 过滤:过滤之前,加入一定的水以防止钨酸沉淀。使用过滤装置过滤铂皿中的物质。用少量的水清洗铂皿二次。确信所有的碳粒都被转入过滤装置。再用水冲洗铂皿二次以上,然后用热水清洗过滤装置,使之无酸(通常需要约 500 mL 热水)。

从古氏坩埚取出湿的过滤装置,并把它装入舟皿中,在 110℃ 下烘干。

(5) 空白试验:每一组的测定进行二次空白试验。按照 13.1.2.5(3) 准备坩埚。按照 13.1.2.5(4) 所述方法通过过滤装置过滤 75 mL 硝酸和 10 mL 氢氟酸的混合液。

(6) 测定:按照 GB/T 5124.1,在氧气流中燃烧过滤装置。燃烧管内温度约 1200℃。

13.1.2.6　结果

不溶(游离)碳量的质量分数以 w 计,数值以% 表示,按式(9-13-1)计算。

二次或三次独立测定值之间的偏差,应不大于表 9-13-2 所列的数值。

表 9-13-2　重量法测定游离碳含量的允许差

不溶碳量/%	二次测定值的允许差/%	三次测定值的允许差/%
0.02～0.1	0.02	0.03
>0.1～0.5	0.04	0.05

以合格测定值的算术平均值为最终报告，精确至0.01%（质量分数）。

13.1.3　金属元素分析

13.1.3.1　原子吸收光谱法

原子吸收光谱法又称原子吸收分光光度法，是基于被测物质所产生的基态原子对特定谱线（通常是待测元素的特征谱线）的吸收作用来进行定量分析的一种方法（见图 9-13-3）。

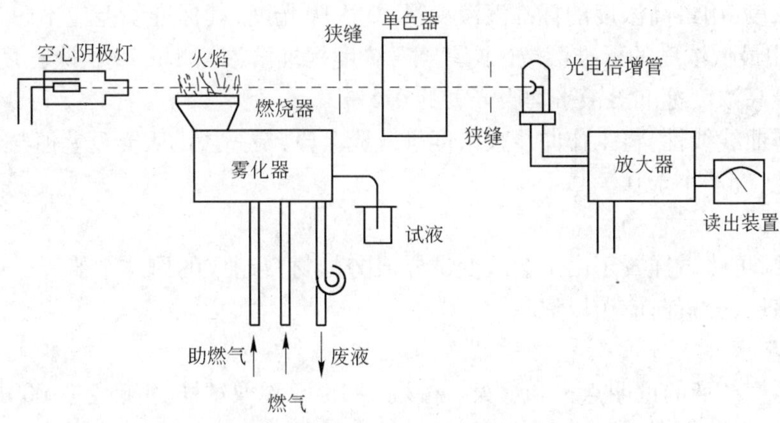

图 9-13-3　火焰原子吸收法原理图

测定方法通常是将一定重量的试样在硝酸、氢氟酸、过氧化氢或混合酸中溶化，将其稀释到一定体积。分析方法有校准曲线法、标准加入法等。

校准曲线法：配制一组含有不同浓度被测元素的标准溶液，在与试样测定完全相同的条件下，按浓度由低到高的顺序测定吸光度值。绘制吸光度对浓度的校准曲线。测定试样的吸光度，在校准曲线上用内插法求出被测元素的含量。

标准加入法：分取几份相同量的被测试液，分别加入不同量的被测元素的标准溶液，其中一份不加被测元素的标准溶液，最后稀释至相同体积。使加入的标准溶液浓度为0、C_s、$2C_s$、$3C_s$…，然后分别测定它们的吸光度，绘制吸光度对浓度的校准曲线，再将该曲线外推至与浓度轴相交。交点至坐标原点的距离 C_x 即是被测元素经稀释后的浓度。

A　范围为0.01%～0.5%的钴、铁、锰、镍、钼、钛和钒量的测定

参照《GB/T 20255.2—2006》[6]、《GB/T 20255.3—2006》[7]和《ISO 7624/4—1983》[8]，可测定硬质合金中0.01%～0.5%的钴、铁、锰、镍、钼、钛和钒量。

a　方法原理

试料用氢氟酸、硝酸溶解，以氯化铯为消电离剂，于原子吸收光谱仪上测定各元素量。

b　试剂

采用以下试剂配制标准溶液：氢氟酸；硝酸；氯化铯溶液；氟化铵溶液；氨水；盐酸；硫酸；

氢氧化钠溶液；硫酸铵。

铁标准溶液（ρ = 100 μg/mL）；锰标准溶液（ρ = 100 μg/mL）；镍标准溶液（ρ = 100 μg/mL）；钼标准溶液（ρ = 100 μg/mL）；钛标准溶液（ρ = 100 μg/mL）；钒标准溶液（ρ = 100 μg/mL）。

c　仪器

原子吸收光谱仪：带有一氧化二氮 – 乙炔火焰燃烧器，附钴、铁、锰、镍、钼、钛和钒单元素空心阴极灯。

在仪器最佳工作条件下，凡能达到下列指标者均可使用：

（1）特征浓度：在与测量溶液的基体相一致的溶液中，钴的特征质量浓度应不大于 0.7 μg/mL；铁的特征质量浓度应不大于 0.3 μg /mL；锰的特征质量浓度应不大于 0.1 μg /mL；镍的特征质量浓度应不大于 0.3 μg /mL；钼的特征质量浓度应不大于 1.0 μg/mL；钛的特征质量浓度应不大于 1.0 μg/mL；钒的特征质量浓度应不大于 0.8 μg/mL。

（2）精密度：用最高浓度的标准溶液测量 10 次吸光度，其标准偏差应不超过平均吸光度的 1.5%；用最低浓度的标准溶液（不是"零"浓度标准溶液）测量 10 次吸光度，其标准偏差应不超过最高浓度标准溶液平均吸光度的 0.5%。

（3）工作曲线线性：将工作曲线按浓度等分成 5 段，最高段的吸光度差值与最低段的吸光度差值之比，应不小于 0.7。

d　试样

如果需要，可将试样置于由不会改变试样成分的材料制成的研钵中研碎。如果试样含有成形剂或涂层，分析前应予以清除。

e　分析步骤

按照仪器生产商的说明点火和熄火。按表 9-13-3 称取试样，精确至 0.0001 g。

表 9-13-3　原子吸收光谱法测定较低含量金属元素的称样量

钴、铁、锰、镍、钼、钛、钒的质量分数/%	试样质量/g
0.01 ~ 0.1	1
>0.1 ~ 0.5	0.5

独立地进行 3 次测定，测定值间的极差应在允许差之内，取其平均值。随同试料做空白试验。空白试验应加入与试料等量的基体。

f　测定

（1）将试料置入 100 mL 聚四氟乙烯烧杯中，加入 10 mL 水，5 mL 氢氟酸，然后逐滴加入 5 mL 硝酸，盖好烧杯，缓慢加热至试料完全溶解，冷却。

（2）加入 10 mL 氯化铯溶液，10 mL 氟化铵溶液，将溶液移入 100 mL 聚丙烯容量瓶中，用水稀释至刻度，混匀。

（3）对于灵敏度较高的仪器，移取 10.00 mL 试液于 10 mL 聚丙烯容量瓶中，加入 10 mL 氯化铯溶液，10 mL 氟化铵溶液，用水稀释至刻度，混匀。

（4）使用一氧化二氮 – 乙炔火焰，于原子吸收光谱仪上，钴在 240.7 nm，铁在 248.3 nm，锰在 279.8 nm，镍在 232.0 nm 波长处，钼在 313.3 nm 波长处，钛在 364.3 nm 波长处和钒在 318.4 nm 波长处，与标准系列溶液同时，以水调零，测量试液的吸光度。

（5）从相应工作曲线上分别查出经空白校正的各元素的质量浓度。

g　工作曲线的绘制

称取6份与试料等量的基体置于一组100 mL聚四氟乙烯烧杯中，加入10 mL水，5 mL氢氟酸，然后逐滴加入5 mL硝酸，盖好烧杯，缓慢加热至基体完全溶解，冷却。根据钴的质量分数，按表9-13-4移取钴标准溶液，加入10 mL氯化铯溶液，10 mL氟化铵溶液，将溶液移入100 mL聚丙烯容量瓶中，用水稀释至刻度，混匀。

表9-13-4　原子吸收光谱法测定较低含量金属元素中绘制工作曲线所需移取的标准溶液体积

钴、铁、锰、镍、钼、钛、钒的质量分数/%	标准溶液名称	移取标准溶液体积/mL					
0.01～0.1	钴标准溶液	0	1.00	2.00	3.00	4.00	5.00
	铁标准溶液	0	1.00	2.00	3.00	4.00	5.00
	锰标准溶液	0	1.00	2.00	3.00	4.00	5.00
	镍标准溶液	0	1.00	2.00	3.00	4.00	5.00
	钼标准溶液	0	1.00	2.00	3.00	4.00	5.00
	钛标准溶液	0	1.00	2.00	3.00	4.00	5.00
	钒标准溶液	0	1.00	2.00	3.00	4.00	5.00
>0.1～0.5	钴标准溶液	0	5.00	10.00	15.00	20.00	25.00
	铁标准溶液	0	5.00	10.00	15.00	20.00	25.00
	锰标准溶液	0	5.00	10.00	15.00	20.00	25.00
	镍标准溶液	0	5.00	10.00	15.00	20.00	25.00
	钼标准溶液	0	5.00	10.00	15.00	20.00	25.00
	钛标准溶液	0	5.00	10.00	15.00	20.00	25.00
	钒标准溶液	0	5.00	10.00	15.00	20.00	25.00

使用一氧化二氮－乙炔火焰，于原子吸收光谱仪波长240.7 nm处，以水调零，测量系列标准溶液的吸光度，减去系列标准溶液中“零”浓度溶液的吸光度，以钴的质量浓度为横坐标，吸光度为纵坐标，绘制钴的工作曲线。

在选定的仪器工作条件下，按上述步骤分别绘制铁、锰、镍、钼、钛和钒的工作曲线。

h　分析结果的表述

按式(9-13-2)分别计算钴、铁、锰、镍、钼、钛、钒的质量分数(%)：

$$w(\mathrm{X})=\frac{\rho V\times10^{-6}}{m}\times100\% \tag{9-13-2}$$

式中，X为被测元素钴、铁、锰、镍、钼、钛、钒；ρ为自工作曲线上查得的试液中被测元素的质量浓度，μg/mL；V为试液体积，mL；m为试料质量，g。

i　允许差

实验室之间分析结果的差值应不大于表9-13-5所列允许差。

表9-13-5　测定较低含量金属元素的允许差

钴、铁、锰、镍、钼、钛、钒的质量分数/%	允许差/%
0.01～0.5	0.2×(质量分数)

B　范围为 0.5% ~2% 的钴、铁、锰、镍、钼、钛和钒量的测定

参照《GB/T 20255.4—2006》[9] 和《ISO 7624/4—1983》，采用与 13.1.3.1A 相近的方法，可测定硬质合金中 0.5% ~2% 的钴、铁、锰、镍、钼、钛和钒量。

C　范围为 0.01% ~2% 的铬量的测定

参照《GB/T 20255.5—2006》[10] 和《ISO 7624/6—1985》[11]，可测定硬质合金中 0.01% ~ 2% 的含铬量。

a　方法原理

试料用焦硫酸钾、高氯酸溶解，在选定的仪器工作条件下，于原子吸收光谱仪上测定含铬量。

b　试剂

焦硫酸钾；高氯酸（ρ = 1.67 g/mL）；氨水（ρ = 0.91 g/mL）；柠檬酸铵溶液（溶解 100 g 柠檬酸于 1500 mL 水中，加入 400 mL 氨水）；过氧化氢（30%）；盐酸。

铬标准溶液：ρ = 0.1000 mg/mL。

c　仪器

原子吸收光谱仪：带有一氧化二氮 - 乙炔火焰燃烧器，附铬空心阴极灯。

在仪器最佳工作条件下，凡能达到下列指标者均可使用：

（1）特征质量浓度：在与测量溶液的基体相一致的溶液中，铬的特征质量浓度应不大于 0.04 μg/mL；（2）精密度：用最高浓度的标准溶液测量 10 次吸光度，其标准偏差应不超过平均吸光度的 1.5%；用最低浓度的标准溶液（不是“零”浓度标准溶液）测量 10 次吸光度，其标准偏差应不超过最高浓度标准溶液平均吸光度的 0.5%。（3）工作曲线线性：将工作曲线按浓度等分成 5 段，最高段的吸光度差值与最低段的吸光度差值之比，应不小于 0.7。

d　试样

将试样置于由不会改变试样成分的材料制成的研钵中研碎，并过 0.18 mm 的筛。如果试样含有成形剂或涂层，分析前应予以清除。

e　分析步骤

按表 9-13-6 称取试样，精确至 0.0001 g。

表 9-13-6　测定铬含量的称样量

质量分数范围/%	试料量/g	试液的稀释体积/mL
0.01 ~ 0.1	0.500	100
>0.1 ~ 0.5	0.100	100
>0.5 ~ 2	0.100	500

独立地进行 3 次测定，测定值间极差应在允许差之内，取其平均值。

随同试料做空白试验。

测定步骤：

（1）将试料置入 100 mL 石英烧杯中，加入 5g 焦硫酸钾及几滴高氯酸，缓慢加热至试料完全溶解，冷却。

（2）加入 40 mL 柠檬酸铵和约 0.5 mL 过氧化氢，按表 9-13-6 将溶液移入聚丙烯容量瓶中，用水稀释至刻度，混匀。

(3) 使用一氧化二氮－乙炔火焰，于原子吸收光谱仪 357.9 nm 波长处，以水调零，测量试液的吸光度。

(4) 减去试料空白溶液吸光度，从工作曲线上查出相应的铬质量浓度。

工作曲线的绘制：

当铬质量分数为 0.01% ~0.5% 时，称取 7 份与试料等量的基体置于 100 mL 锥形烧杯中，加入 5 g 焦硫酸钠及几滴高氯酸，缓缓加热至试料完全溶解，冷却。加入 40 mL 柠檬酸铵和约 0.5 mL 过氧化氢。移入 100 mL 聚丙烯容量瓶中。移取铬标准溶液 0 mL、1.00 mL、2.00 mL、3.00 mL、4.00 mL、5.00 mL、6.00 mL，用水稀释至刻度，混匀。

当铬质量分数为大于 0.5% ~2% 时，称取 7 份与试料等量的基体置于 100 mL 锥形烧杯中，加入 5 g 焦硫酸钠及几滴高氯酸，缓缓加热至试料完全溶解，冷却。加入 40 mL 柠檬酸铵和约 0.5 mL 过氧化氢。移入 500 mL 聚丙烯容量瓶中。移取铬标准溶液 0 mL、5.00 mL、10.00 mL、15.00 mL、20.00 mL、25.00 mL、30.00 mL，用水稀释至刻度，混匀。

使用一氧化二氮－乙炔火焰，于原子吸收光谱仪 357.9 nm 波长处，以水调零，测量系列标准溶液的吸光度，以钴的质量浓度为横坐标，吸光度（减去系列标准溶液中“零”浓度溶液的吸光度）为纵坐标，绘制工作曲线。

f　分析结果的表述

按式(9-13-3)计算铬的质量分数(%)：

$$w(\mathrm{Cr}) = \frac{\rho V \times 10^{-6}}{m} \times 100\% \qquad (9\text{-}13\text{-}3)$$

式中，ρ 为自工作曲线上查得的试液中铬的质量浓度，μg/mL；V 为试液体积，mL；m 为试料质量，g。

13.1.3.2　化学分析方法

A　范围为 1.00% ~30.00% 的钴、镍量的测定

a　方法提要

试料用酸浸出，分离钨后在 pH =5 ~6 时，加入过量的 EDTA 标准溶液，二甲酚橙为指示剂，用锌标准溶液返滴定过量的 EDTA，据此计算出镍和钴的合量。在氨性溶液中，用过硫酸铵氧化钴为高价，形成高价钴氨络离子（此络离子不被 EDTA 络合），据此单独测得镍的含量。用钴和镍的合量减去其含镍量，即可得出钴含量。

b　试剂和材料

过硫酸铵；盐酸（1 +1）；氨水（ρ =0.9 g/mL）；氯化铵（200 g/L）；混合酸（硝酸 + 盐酸 + 水 =3 +1 +1）；对硝基酚（2 g/L）；六次甲基四胺（200 g/L）；二甲酚橙（2 g/L）。

锌标准溶液：取 0.6538 g 锌片（99.99%），加入 30 mL 盐酸（1 +5），于低温溶解，用水移入 1000 mL 容量瓶中，并稀释至刻度，混匀。此溶液浓度为 0.010 mol/L。

乙二胺四乙酸二钠（EDTA）标准溶液。

c　试样制备和要求

将试样研磨成粉末，并全部通过 200 目筛。

d　分析步骤

称取 0.1000 ~0.1500 g 试料，分析时取 4 份试料进行测定，平行测定值的极差不超过表 9-13-7 中允许差 Ⅰ，取其平均值。随同试样做空白试验，镍空白试验加入 5 mg 钴。将试料

置于100 mL烧杯中,加10 mL混合酸,于高温电炉上煮沸约2 min,稍冷,吹洗少量水。用快速滤纸过滤,用水洗烧杯3次、洗滤纸4次,滤液用水稀至110 mL左右,加2滴对硝基酚。

表9-13-7　测定钴、镍含量的允许差　(%)

含量范围	允许差		含量范围	允许差	
	Ⅰ	Ⅱ		Ⅰ	Ⅱ
1.00 ~ 4.00	0.06	0.07	12.01 ~ 16.00	0.12	0.14
4.01 ~ 8.00	0.08	0.10	16.01 ~ 22.00	0.13	0.15
8.01 ~ 12.00	0.10	0.13	22.01 ~ 30.00	0.15	0.20

注:钴的允许差,参照合量的含量范围计算。

测镍量:其中两份用氨水调至黄色,并过量25 mL,加5 mL氯化铵、2 g过硫酸铵,于中温电炉上煮沸4 ~5 min,取下,流水冷却至室温,用水吹洗表面皿及杯壁,用水稀至150 mL,加入过量的EDTA标准溶液,此体积为V_2,加3滴对硝基酚,用盐酸调至钴的红色,并过量6滴,加15 mL六次甲基四胺,加4滴二甲酚橙,用锌标准溶液滴至红色不变为终点,此消耗体积为V_3。

测合量:另两份用氨水调至黄色,用盐酸调至无色,并过量6滴,加15 mL六次甲基四胺,准确加入过量的EDTA标准溶液,此体积为V_4。加4滴二甲酚橙,用锌标准溶液滴至红色不变为终点,此消耗体积为V_5。

按公式(9-13-4)计算镍的百分含量:

$$镍含量 = \frac{(cV_2 - c_1V_3) \times 0.05869}{m} \times 100\% \tag{9-13-4}$$

按公式(9-13-5)计算钴、镍的合量。

钴含量的计算:钴的含量从钴、镍合量中减去镍量(镍的换算因素:1%的镍 = 1.0041%的钴)而得出。

$$钴含量 = \frac{(cV_4 - c_1V_5) \times 0.05893}{m} \times 100\% \tag{9-13-5}$$

公式(9-13-4)和公式(9-13-5)中,c为EDTA标准溶液的实际浓度,mol/L;c_1为锌标准溶液浓度,mol/L;V_2为测镍时加入的EDTA标准溶液体积,mL;V_3为测镍时消耗锌标准溶液体积,mL;V_4为测合量时加入EDTA标准溶液体积,mL;V_5为测合量时消耗锌标准溶液体积,mL;0.05869为与1.00 mL EDTA标准溶液[c(EDTA) = 1.000 mol/L]相当于镍的质量,g/mol;0.05893为与1.00 mL EDTA标准溶液[c(EDTA) = 1.000 mol/L]相当于钴的质量,g/mol;m为试料质量,g。

B　重量法测定钽铌含量

该方法用于试样中的钽铌合量、钽分量、铌分量的测定。测定范围:≥1.00%。

a　方法提要

试料以氢氟酸、硝酸溶解,生成钽铌氟络合物进行纸上色层分离。色层分离是根据钽、铌与杂质元素在适当的展开剂中于色层纸上具有不同的Rf值,使钽铌与杂质元素分离。调整展开剂中试剂的比例,可使钽Rf值和铌Rf值相近和不同,则可根据分析要求测定钽铌合量或钽、铌分量。剪下钽铌合量色带或钽、铌分量色带,灰化灼烧至恒重。

b 试剂和材料

氢氟酸(ρ = 1.13 g/mL),氢氟酸(1 + 1),硝酸(ρ = 1.42 g/mL),丁酮,硝酸铵溶液(100 g/L),单宁溶液(50 g/L),1 ~ 2 mL 塑料吸管。

展开剂溶液:合量展开剂,甲基异丁基酮、丁酮、氢氟酸、硝酸混合液(60 + 20 + 15 + 5);分量展开剂,甲基异丁基酮、丁酮、氢氟酸、硝酸混合液(44 + 44 + 8 + 4)。

色层纸:合量用色层纸,杭州产新华 3 号色层纸,切成 22 × 26 cm^2;分量用色层纸,杭州产新华 3 号色层纸,切成 22 × 28 cm^2,以硝酸铵溶液(100 g/L)浸湿整个长度的三分之二部分,稍烘干备用。

色层筒:按色层纸规格、用聚乙烯塑料皿盖,须密封。

氨水中和器:用一大干燥器,筛板下面贮有氨水。

喷雾器:软质塑料瓶。

c 分析步骤

分析时应称取两份试料进行测定,测定值极差应在允许差之内,取其平均值。碳化钽铌应称取 0.1 g 试料,精确至 0.0001 g。

将试料置于铂金坩埚中,吹少量水,加 2 mL 氢氟酸,滴加硝酸,缓缓溶解试样,并于低温电炉上缓缓溶解至完全。浓缩试液至体积 1 mL 以下。用塑料吸管将试液成条状涂于色层纸的一端,如是测定分量则涂于色层纸未浸硝酸铵端。用氢氟酸(1 + 1)洗坩埚 2 次,再用丁酮洗 4 次,每次用 0.6 mL 左右,均涂于色层纸,涂带距离色层纸下端 2 cm 左右,涂带宽 2 cm 左右,低温烘干,卷成圆筒状,用大头针固定之。分量色层纸在水蒸气上润湿,使其保持一定湿度。圆筒状色层纸直立于盛有合量展开剂和分量展开剂的液面高度为 1 cm 的色层筒中,加盖密封展开。待溶剂前沿上移到离顶端 2 cm 时,取出烘干,置于氨水中和器中,中和 10 ~ 15 min,取出烘干,喷以单宁溶液显色、低温烘干,黄色钽带在上部,橙红色铌带居中间,杂质留在原点或附近,呈黄或灰黑色,谱带分离应清晰。对于碳化钽铌或钽铌粉混合料试样,如含钽量高,钽铌色带分离不清晰,则可将未分清部分和铌带剪下,在电炉上炭化后,在 650℃ 马弗炉中灰化至白,然后按上述步骤进行。按测定要求剪下钽、铌色带或剪下合量色带,量取长度,分别置于已恒重的铂金坩埚中,在电炉上炭化,然后在 850℃ 马弗炉中灰化、灼烧,取出,在干燥器中冷却至室温,称重,并反复灼烧至恒重。

d 分析结果的计算

按式(9-13-6)、式(9-13-7)分别计算五氧化二钽铌合量、五氧化二钽和五氧化二铌分量的百分含量,其允许差见表 9-13-8。

表 9-13-8 重量法测定钽、铌含量的允许差 (%)

钽、铌分量	允许差 Ⅰ	允许差 Ⅱ
≥1.00 ~ 10.00	0.20	0.25
>10.00 ~ 20.00	0.30	0.35
>20.00 ~ 40.00	0.35	0.40
>40.00 ~ 60.00	0.40	0.50

$$(TaNb)_2O_5\ 含量 = \frac{m_1 - L_1 K}{m} \times 100\% \qquad (9\text{-}13\text{-}6)$$

$$X_2O_5\text{ 含量}=\frac{m_2-L_2K}{m}\times100\%\qquad(9\text{-}13\text{-}7)$$

式中，m_1 为五氧化二钽铌合量的沉淀质量，g；L_1 为合量色带的色层纸长度，cm；m_2 为五氧化二钽或五氧化二铌的沉淀质量，g；L_2 为钽带或铌带色层纸长度，cm；K 为色层纸空白值，g/cm；m 为试料的质量，g。

13.1.4　痕量杂质分析

采用载体分馏法，以火花直读光谱仪进行测定。将试样转化成氧化物，用一定量的碳粉和氧化镓、碳酸锂混合磨匀作为载体，直流电弧阳极激发，直读光谱测定。各杂质元素的分析线及测定范围见表 9-13-9，允许差见表 9-13-10。

表 9-13-9　各杂质元素的分析线及测定范围

测定元素	分析线/nm	测定范围/%
Mo	313.26	0.01～0.63
Si	251.43	0.003～0.050
Co	345.35	0.001～0.050
Ca	393.37	0.006～0.050
Al	308.22	0.001～0.050
Cr	425.43	0.001～0.050
Fe	305.91	0.04～0.090
Mg	278.14	0.002～0.050
Mn	293.31	0.001～0.050
Na	330.23	0.004～0.080
Ni	305.08	0.001～0.050
Pb	283.31	0.0001～0.0050
Bi	306.77	0.0001～0.0050
Sn	317.50	0.0001～0.0050

表 9-13-10　允许差

含量范围/%	允许差/%
0.0010～0.0015	0.0005
>0.0015	35①

① 为原结果的百分数。

13.1.5　气体杂质分析

13.1.5.1　氧、氮分析仪测定氧、氮量

用于 WC、(W,Ti)C、TaC、NbC、(Ta,Nb)C 等粉末试样中氧、氮量的测定，可选用 EMGA-620W 氧、氮分析仪，测定范围为 O：0.0001%～1.00%，N：0.0001%～0.50%。

分析时称取两份试料进行独立测定，并精确至 0.0001 g。试样置于氦气流并经高温脱

气的石墨坩埚中，加热熔融，其中的氧和碳作用生成一氧化碳，氮和氢热分解生成氮气和氢气释出。载气中的一氧化碳由红外检测器（NDIR）测量后，经氧化铜转化炉，一氧化碳变成二氧化碳，氢气变成水蒸气，流经碱石棉和高氯酸镁而被除去，氮气由热导检测器（TCD）测量。电脑的操作界面显示氧、氮分析结果，并储存在数据文件中。可由打印机打印出分析结果。

13.1.5.2　脉冲加热－库仑滴定法测定含氧量

用于硬质合金、碳化物、混合料等氧含量的测定。测定范围为0.0010%～3.00%。

仪器可选用国产KLS－405型脉冲库仑定氧仪。在纯净的氩气流中，以低电压大电流加热置于石墨坩埚中的试料，试料在熔融和渗碳过程中氧和碳作用，生成的一氧化碳被氩气载入600℃的氧化铜炉，转化为二氧化碳，然后由氩气流载入电解杯中，被已知pH值（pH＝9.5）的高氯酸钡溶液吸收，导致吸收液的pH值降低。然后对吸收液通以恒定的脉冲电流进行电解，即进行库仑滴定，使溶液的pH值恢复至原来的数值（pH＝9.5）。由电解时消耗的脉冲电量数，按式（9-13-8）计算试样中氧的含量。

$$\text{含氧量}=\frac{0.5\times10^{-6}\times(A-B)}{m}\times100\% \qquad (9\text{-}13\text{-}8)$$

式中，A为测定试样时的脉冲计数；B为空白脉冲计数；m为试料量，g；0.5×10^{-6}为每个脉冲计数相当于氧的质量，g。

13.1.5.3　卡尔·菲休法测定氢还原氧含量

参照GB/T 4164—2008《金属粉末中可被氢还原氧含量的测定》[12]，用于金属粉末、硬质合金混合料中可被氢还原氧含量的测定。测定范围为0.05%～2.0%。

将试料于纯净、干燥的氢气流中加热，其中氧化物被氢还原，生成的水与卡尔·菲休试剂定量反应，根据该试剂的消耗量计算试样中可被氢还原的氧量。在滴定过程中，当溶液颜色由柠檬黄色变至橘红色，并保持不变时则达到反应终点（目视终点）。

碳的干扰和排除：在测定含碳的金属粉末试样时，碳可与金属氧化物中的氧反应生成一氧化碳和二氧化碳。此两种气体不被卡尔·菲休试剂吸收，导致结果偏低。因此需要一个转化装置将生成的一氧化碳和二氧化碳转化成甲烷和水。上述反应所生成的水可被卡尔·菲休试剂吸收，从而消除了碳对氧含量测定结果的影响和干扰。

对不同氧含量的试样按表9-13-11称取试料，并准确到0.0001 g。每个试样称取两份试料进行独立测定。将试料平铺于预烧过的瓷舟内，拔下石英管的橡胶塞，迅速将瓷舟推入石英管的高温区，立即塞上橡胶塞。稍后可观察到吸收液开始褪色，将滴定管内的滴定液对好零点后滴入吸收瓶，边吸收边滴定，直至溶液的橘红色保持1 min不褪色并与比较瓶内溶液的颜色一致即为终点，读取滴定时所消耗的滴定液的体积。拔下石英管口的橡胶塞，钩出瓷舟，继续下一试料的测定。

表9-13-11　卡尔·菲休法测定可被氢还原氧含量的称样量

氧含量/%	试料量/g
<0.1	2～3
0.1～1.0	2～1
>1.0	0.5～1.0

表 9-13-12　卡尔·菲休法测定可被氢还原氧含量的试验结果应符合的要求　(%)

可被氢还原氧含量	试验结果计算精确至以下数值	两次测定之间的最大允许差	结果表示精确至以下数值
$O_{还原} \leq 0.2$	0.01	0.01(绝对值)	0.01
$0.2 < O_{还原} \leq 0.5$	0.01	平均值的 5	0.02
$0.5 < O_{还原} \leq 1.0$	0.01	平均值的 5	0.05
$O_{还原} > 1.0$	0.01	平均值的 5	0.1

按式(9-13-9)计算可被氢还原的氧的含量。

$$O_{还原}(\%) = n\frac{V_1 - V_2}{M} \times 100\% \qquad (9\text{-}13\text{-}9)$$

式中，n 为卡尔·菲休试剂对氧的滴定度，g/mL；V_1 为用于滴定试料的卡尔·菲休试剂的体积，mL；V_2 为用于空白试验的卡尔·菲休试剂的体积，mL；M 为试料量，g。

试验结果应符合表 9-13-12 要求。

13.2　炭黑分析

13.2.1　硫含量

炭黑中的硫含量采用氧弹式量热器法或燃烧法进行测定[13]。

13.2.1.1　氧弹式量热器法

A　原理

将称量好的干燥炭黑试样放入氧弹式量热器中灼烧，打开氧弹后，用水冲洗其内表面，用烧杯收集洗涤物，收集和称量在洗涤物中以硫酸钡形式沉淀的硫，计算硫的百分率。

B　试剂

使用分析纯试剂，使用蒸馏水或同等纯度的水，应符合 GB 6682 的规定。

氯化钡溶液(100 g/L)；盐酸($\rho = 1.19\,g/cm^3$)；2,4,6－三硝基苯酚(苦味酸)饱和溶液；氧气，由工业用钢瓶贮存的足够纯度的(不含硫化物)氧气。

C　仪器

常规实验仪器；氧弹式量热器：带有点火变压器、点火电线、带燃料容器的坩埚，椭圆式筒，量热器套、氧弹周围水循环用的电动搅拌器以及量程为 19～35℃、分度 0.02℃的量热器温度计；氧气钢瓶：带有与氧弹式量热器相连接的连接器和调节器；坩埚：瓷质，容积 30 mL；恒温干燥箱：温度可控制在 105 ± 2℃；马弗炉：温度可控制在 925 ± 25℃；过滤漏斗：本生(BunSen)式长颈过滤漏斗，有 60°角的槽；干燥器。

D　采样

袋装炭黑按 GB 3778 中的规定执行，散装炭黑按 HG/T 2725 中的规定执行。

E　测定步骤

(1) 按 GB/T 3780.8 规定的方法干燥适量的试样 1 h，置于干燥器中备用。

(2) 称取约 0.5 g 的干燥试样，称准至 0.1 mg，放进燃烧容器中，将坩埚放入环状电极中，按照氧弹式量热器说明书加上所要求的保险丝，使之延伸到正好在炭黑表面的下面。

(3) 量取 5 mL 水放入氧弹筒体中。安装氧弹瓶并用氧气将其充满(压力为 3 MPa)。

(4) 在室温下，往量热筒里加入 2000 mL 水，将筒放入量热器中，在筒中调整好氧弹使其与止推端相连，在装好温度计后，封闭量热器，启动电动搅拌器。使电动搅拌器搅动 2 min，然后记录水温，立即闭合点火电路，以点燃装料。若点火系统无指示灯时，在断路前要按住点火按钮 5 s。观测水温上升，约 5 min 内，水温应上升 2℃（如果温度未上升，则试验应作废并重新开始测定），在点火后，让电动搅拌器搅拌总计 10 min。取出氧弹，至少需用 1 min 的时间，逐步地解除压力。

(5) 打开氧弹，用水冲洗内表面，用 250 mL 烧杯收集全部洗涤物，将洗涤物过滤到 400 mL 烧杯里，用 3 份 5 mL 水冲洗滤纸。加入 5 mL 盐酸、5 mL 苦味酸饱和溶液、10 mL 氯化钡溶液于滤出液中，将此混合物放在电热板上低温加热约 15 min。然后用无灰滤纸过滤，每次用 10 mL 的沸水冲洗滤纸上的沉淀物。继续冲洗直至用硝酸银检验滤出液，不出现氯化钡时为止。

(6) 将带有沉淀物的滤纸移入经灼烧恒重的瓷质坩埚中，称量准确至 0.1 mg，用高温煤气灯，明火低火焰，点燃灼烧。然后移入温度控制在 925 ±25℃ 的马弗炉中，经 30 min 后，将坩埚及内容物移入干燥器中，使其冷却至室温，并称量，称准至 0.1 mg。再次灼烧直至恒重。

F　结果计算

炭黑的总硫含量以质量百分率表示，按式(9-13-10)计算：

$$S_{总} = \frac{0.1373(m_2 - m_1)}{m_0} \times 100\% \qquad (9\text{-}13\text{-}10)$$

式中，$S_{总}$ 为炭黑的总硫含量，%；m_0 为干燥试样的质量，g；m_1 为坩埚的质量，g；m_2 为灼烧后坩埚加内容物的质量，g；0.1373 为硫酸钡中硫含量。

允许差：两次测定结果之差不超过平均值的 16%。

13.2.1.2　燃烧法

A　原理

称量干燥后的炭黑试样，将其在 1425 ±25℃ 的燃烧炉中，在连续不断的氧气流中燃烧，将试样中放出的硫化物收集在一个装有盐酸溶液的滴定瓶中，用碘酸钾－碘化钾标准溶液滴定瓶内的吸收液，并计算出其含硫百分率。

B　试剂

在测定时，仅使用分析纯试剂，使用蒸馏水或同等纯度的水，应符合 GB 6682 的规定。盐酸溶液：将 2 容积份的浓盐酸（$\rho = 1.19\ g/cm^3$）与 13 容积份的水相混合。碘酸钾－碘化钾标准溶液：将 1.1125 g 碘酸钾（KIO_3），100 g 碘化钾（KI）及 5 g 氢氧化钾（KOH）溶于约 500 mL 蒸馏水中，在容量瓶中稀释至 1000 mL。溶液应当贮存在棕色或绿色玻璃瓶中，每 30 天最好配制一次新鲜溶液。淀粉指示剂溶液：溶解 2.5 g 淀粉于 1 000 mL 蒸馏水中备用。加 5 mg 碘化汞（HgI_2）。氧气：由工业用钢瓶贮装的足够纯度的（不含硫化物）氧气。

C　仪器

常规试验室仪器；燃烧炉：适合于 1425 ±25℃ 温度下应用；燃烧管：长约 75 cm，一端为圆锥形的；燃烧舟：用熔结的氧化铝（刚玉）或瓷制成，新的燃烧舟使用之前，须在 1425 ±25℃ 下灼烧 1 h；压力调节器和流量计；氧气净化系统：由一个装有浓硫酸（$\rho = 1.84\ g/cm^3$）的气体洗涤瓶和一个装满烧碱石棉及由二氧化碳饱和的无水硫酸钙的混合物的水吸收瓶所组成；气体分散管：由粗糙的熔结多孔玻璃制成；滴定用三角烧瓶：容量为 500 mL；橡皮塞：配有一个金属或耐火材料制成的高温热反射器或挡板;恒温干燥箱:温度可控制在105±2℃。

D 采样

袋装炭黑按GB 3778中的规定执行,散装炭黑按HG/T 2725中的规定执行。

E 测定步骤

(1) 按GB/T 3780.8规定的方法干燥适量炭黑试样1 h。称取约1 g干燥试样,称准至0.1 mg,移入燃烧舟中。

(2) 往滴定瓶中注入约为其容积三分之一的盐酸溶液,加入2 mL淀粉指示剂,在搅拌下加入碘酸钾-碘化钾溶液至显现蓝色为止。将气体分散管插入滴定瓶中。

(3) 当燃烧炉升温到1425℃,并以每分钟通1000 cm^3氧气流时,将装有炭黑试样的燃烧舟,放入燃烧管的加热区域,立即用橡皮塞塞紧燃烧管,使燃烧放出的气体通过气体分散管,用碘酸钾-碘化钾溶液滴定瓶中的溶液,使其在滴定瓶中保持蓝色。经过鼓泡3 min后,不再加入碘酸钾-碘化钾溶液,还能保持滴定瓶中的蓝色时,即达到了终点。

注:在每批炭黑试样连续测定前,燃烧系统应在炉温1425±25℃下用氧气流吹扫30 min。

F 结果表示

炭黑的总硫含量以质量百分率表示,按式(9-13-11)计算:

$$S_{总} = \frac{V}{20m} \times 100\% \quad (9-13-11)$$

式中,$S_{总}$为炭黑的总硫含量,%;V为滴定所消耗的碘酸钾-碘化钾标准溶液的体积,mL;m为试样的质量,g。

G 允许差

两次测定结果之差不超过平均值的16%。

13.2.2 灰分

炭黑中的灰分按照《GB/T 3780.10—2002:炭黑灰分的测定》[14]进行测定。

13.2.2.1 方法提要

将一份准确称量的干燥样品灼烧,直至所有含碳物质被氧化。

13.2.2.2 仪器、设备

高温炉:可保持温度825±25℃;瓷坩埚:高型,30 mL;分析天平:精度为0.1 mg;干燥器:装有干燥剂;烘箱:重力对流型,可控制在125±1℃。

13.2.2.3 采样

依炭黑类型不同,分别按GB 3778、GB/T 3782、GB/T 7044规定进行采样。

13.2.2.4 测定步骤

用双份试样进行测定。

(1) 在825±25℃的高温炉中灼烧坩埚1 h,取出,将坩埚移入干燥器中,冷却至室温后称量,称准至0.1 mg。

(2) 将一份略多于2 g的炭黑在125±1℃下干燥1 h,在干燥器中冷却至室温。

(3) 称约2 g干燥过的炭黑装入已称量并恒重的坩埚中,称准至0.1 mg。乙炔炭黑称约1 g样品,热裂炭黑称约5 g样品。

(4) 将(1)中的坩埚放入 825 ±25℃的高温炉中灼烧,直到质量恒定(即两次称量之差不超过 0.3 mg)。将坩埚移入干燥器,让其冷却至室温后称量,称准至 0.1 mg,记录较小的称量值。打开炉门约 5 mm,让空气进入,帮助含碳物质燃烧。试样在干燥器中冷却后,让空气缓慢进入干燥器,以避免气流使坩埚中的灰分损失。

13.2.2.5　结果表示

灰分含量以质量分数表示,按式(9-13-12)计算:

$$灰分含量 = \frac{m_2 - m_0}{m_1 - m_0} \times 100\% \qquad (9\text{-}13\text{-}12)$$

式中,m_0为坩埚的质量,g;m_1为坩埚加上试样的质量,g;m_2为坩埚加上灰分的质量,g。

试验结果比 GB 3778、GB/T 3782、GB/T 7044 规定的有效位数增加一位,取平均值,然后按 GB/T 8170—2008 进行数值修约。

13.2.2.6　精密度

重复性:两次测定结果之差不超过 0.06%。

再现性:两次测定结果之差不超过 0.09%。

13.3　成形剂灰分的分析

参照 GB/T 7531—2008《有机化工产品灼烧残渣的测定》[15],测定成形剂灰分。测定范围:0.01% ~0.10%。

13.3.1　方法提要

试料经低温加热,挥发有机溶剂后,再在 800℃下灼烧成灰分,称量。

13.3.2　仪器和设备

分析天平(分度值为 0.0001 g),马弗炉(温控精度 ±25℃),电热干燥箱,干燥器。

13.3.3　试样的制备和要求

试样应置于密闭容器中。

13.3.4　分析步骤

13.3.4.1　试料

分析时应称取两份试料进行测定。对于灰分≥0.01%的试样,称取 2 g 试料,精确至 0.0001 g。对于灰分 <0.01%的试样,称取 20 g 试料,精确至 0.0001 g。

13.3.4.2　测定

将试料置于已在 800℃的马弗炉灼烧至恒重的瓷坩埚内。将瓷坩埚放在电热干燥箱中烘干(或自然挥发)有机溶剂,取下。移至低温电炉上加热炭化后,放入 800℃马弗炉中灼烧 30 ~60 min,取出,稍冷后,放入干燥器中冷至室温,称量。

13.3.5　分析结果的计算

按公式(9-13-13)计算灰分的百分含量:

$$灰分含量 = \frac{m_1 - m_2}{m} \times 100\% \qquad (9-13-13)$$

式中，m_1 为灰分及坩埚的质量，g；m_2 为坩埚的质量，g；m 为试料的质量，g。

13.3.6 允许差

当灰分≥0.01%时，两次平行测定结果的绝对差值不大于这两个测定值的算术平均值的 10%。

当灰分<0.01%时，两次平行测定结果的允许差值在产品标准中根据灼烧残渣的指标规定。

13.4 球磨液体介质——无水酒精的分析

13.4.1 外观

用 50 mL 比色管直接取试样 50.0 mL，在亮光下观察，应透明、无肉眼可见杂质。

13.4.2 乙醇的质量分数

按 GB/T 9722—2006《化学试剂气相色谱法通则》[16] 的规定进行分析。测定条件如下：

检测器：火焰离子化检测器；

载气及流速：氮气，9 cm/s；

柱长（不锈钢柱）：3 m；

柱内径：3 mm；

固定相：用丙酮洗涤过的 401 有机载体[0.18～0.25 mm（60～80 目）]，于 180℃ 老化 4 h 以上；

柱温度：120℃；

汽化室温度：150℃；

检测室温度：150℃；

进样量：不少于 0.4 μL；

色谱柱有效板高：$H_{eff} \leqslant 3$ mm；

不对称因子：$f \leqslant 3.4$；

组分相对主体的相对保留值：$r_{甲醇,乙醇} = 0.47$；$r_{异丙醇,乙醇} = 2.37$。

13.4.3 密度

按 GB/T 611—2006《化学试剂 密度测定通用方法》[17] 进行分析。

13.4.3.1 密度瓶法

方法原理：在 20℃ 时，分别测定充满同一密度瓶的水及样品的质量，由水的质量可确定密度瓶的容积即样品的体积，根据样品的质量及体积即可计算其密度。

仪器：

（1）分析天平的感量为 0.1 mg；（2）密度瓶（见图 9-13-4）的容量为 25～50 mL；（3）温

度计应符合 JJG 130 的规定,并选用分度值为0.2℃的全浸式水银温度计;(4) 恒温水浴的温度可控制在20.0 ±0.1℃。

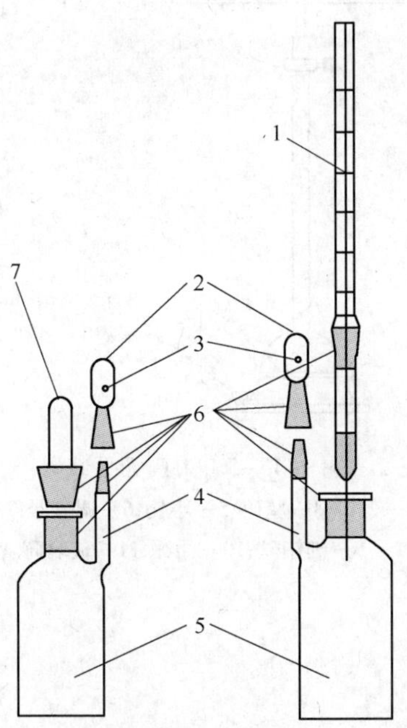

图9-13-4　密度瓶

1—温度计;2—侧孔罩;3—侧孔;4—侧管;5—密度瓶主体;6—玻璃磨口;7—瓶塞

样品的密度,按式(9-13-14)计算:

$$\rho = \frac{m_1 + A}{m_2 - A} \times \rho_0 \tag{9-13-14}$$

式中,m_1为充满密度瓶所需样品的表观质量,g;m_2为充满密度瓶所需水的表观质量,g;ρ_0为20℃时水的密度,0.99820 g/mL;A为空气浮力校正值。

空气浮力校正值A,按式(9-13-15)计算:

$$A = \rho_a \times \frac{m_2}{\rho_0 - \rho_a} \tag{9-13-15}$$

式中,ρ_a为干燥空气在20℃、101325 Pa时的密度,约为0.0012 g/mL;m_2、ρ_0同式(9-13-14)。

13.4.3.2　韦氏天平法

方法原理:在20℃时,分别测定浮锤在水及样品中的浮力。由于浮锤所排开的水的体积与所排开的样品的体积相同,所以根据水的密度及浮锤在水与样品中的浮力即可计算出样品的密度。

仪器:

(1) 韦氏分析天平(见图9-13-5)应符合 JJG 171的规定;(2) 量筒内温度计应符合 JJG 130 的规定,并选用分度值为0.1℃的全浸式水银温度计;(3) 恒温水浴同密度瓶法。

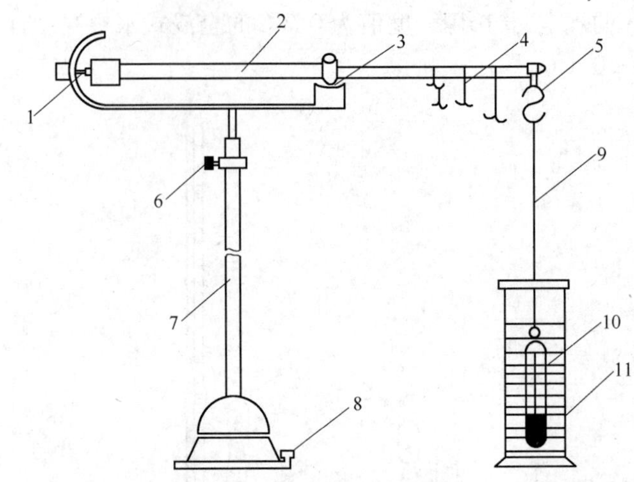

图 9-13-5　韦氏天平装置

1—指针;2—横梁;3—刀口;4—骑码;5—小钩;6—调节器;7—支架;8—调整螺丝;
9—细铂丝;10—浮锤;11—玻璃筒

13.4.4　不挥发物

按 GB/T 394.2—2008《酒精通用分析方法》[18] 的规定进行分析。

原理:试样于水浴上蒸干,将不挥发物的残留物烘至恒重,称量,以百分数表示。

分析步骤:取试样 100 mL,注入恒重的蒸发皿(材质为铂、石英或瓷)中,置沸水浴上蒸干,然后放入电热干燥箱(控温精度 ±2℃)中,于 110 ±2℃下烘至恒重,用分析天平(感量 0.1 mg)称重。

结果计算:试样中的不挥发物含量按式(9-13-16)计算:

$$X = \frac{m_1 - m_2}{100} \times 10^6 \qquad (9\text{-}13\text{-}16)$$

式中,X 为试样中不挥发物的含量,mg/L;m_1 为蒸发皿加残渣的质量,g;m_2 为恒重之蒸发皿的质量,g;100 为吸取试样的体积,mL。

所得结果表示至整数。

精密度:在重复性条件下获得的两次独立测定值之差,不得超过平均值的 10%。

13.5　钴粉分析

13.5.1　微量金属杂质元素

采用原子发射光谱法分析钴粉中的微量金属杂质元素锌、钠、锰、钙、钛、镍、铋、铁、锡、铅、镁、锑、铝、硅、铜、砷。采用载体分馏法,将各种试样转化成氧化物,用一定量的碳粉和氯化银混合磨匀作为载体,直流电弧阳极激发,感光板记录光谱,谱线黑度用测微光度计测量。以 $\Delta P \sim \lg C$ 为坐标绘制标准曲线,查出相应元素的百分含量。分析线及测定范围见表 9-13-13。

表 9-13-13　分析线及测定范围

测定元素	分析线/nm	内标线/nm	测定范围/%
Zn	330.26	Co 305.25	0.002~0.027
Na	330.23		0.005~0.081
Mn	325.61		0.005~0.081
Ti	319.99		0.001~0.027
Ca	317.93		0.005~0.081
Ni	309.91		0.05~1.35
Bi	306.77		0.0001~0.0027
Fe	305.91		0.005~0.081
Sn	284.00	Co 281.15	0.0001~0.0027
Pb	283.30		0.001~0.0135
Mg	278.14		0.002~0.027
Sb	259.81	Co 256.97	0.001~0.027
Al	257.51		0.005~0.081
Si	251.43		0.005~0.081
Cu	249.21		0.003~0.081
As	234.98		0.005~0.135

13.5.2　硫、碳含量

钴粉中硫、碳含量，参考 ISO 11873—2005《硬质合金—钴粉中硫和碳含量的测定—红外检测法》[19]进行。

13.5.2.1　测定范围

0.001%~0.2%（质量分数）。

13.5.2.2　测定步骤

A　称样

用坩埚称取0.5~1.5 g试样，精确到0.001 g。根据碳和硫含量确定称样量。若样品保存在塑料容器中，有可能会被污染。

B　测量

加入助熔剂（钨粒，或其他形状的含钨助燃剂，粒度不小于0.2 mm；铁屑），并根据仪器操作规程进行测定。

C　校正

坩埚和助熔剂的空白试验至少测定三次。三次空白值符合设备操作规程要求，则进行标准样品的测定。

13.5.2.3　分析结果的计算

硫含量以硫的质量分数 $w(S)$ 计，碳含量以碳的质量分数 $w(C)$ 计，数值以%表示，由仪器直接给出或按下列公式计算：

$$w(\mathrm{S})=\frac{(m_{\mathrm{S}}-B)\times P\times 100}{m}\times 100\% \qquad (9\text{-}13\text{-}17)$$

$$w(\mathrm{C})=\frac{(m_{\mathrm{C}}-B)\times P\times 100}{m}\times 100\% \qquad (9\text{-}13\text{-}18)$$

式中,m_S为试料中硫的含量,g;m_C为试料中碳的含量,g;P 为校正系数;m 为试料量,g;B 为平均空白值。

允许差:三次独立分析结果的重复性标准差不应大于表 9-13-14 的规定。

表 9-13-14 钴粉中硫、碳含量测定的允许差

元 素	低含量(质量分数)/%	高含量(质量分数)/%
C	0.0050 ±0.0025	0.2000 ±0.020
S	0.0050 ±0.0025	0.2000 ±0.020

最终结果按算术平均值报出结果,精确到 0.001%。

13.5.3 氧含量

试样置于氦气流并经高温脱气的石墨坩埚中,加热熔融,其中的氧和碳作用生成一氧化碳,载气中的一氧化碳由红外氧分析仪的红外检测器(NDIR)测量[20]测定范围:0.0001% ~1.00%。

用预先处理好的镍箔包样时,应用镊子进行操作,不能用手接触。样品取用量应尽可能大一些,以减小镍箔产生的误差。包样时应尽可能包紧。样品质量为 0.5 ~1.0 g。标准校正选择标准试样进行测试,计算出标准校正系数。精密称取钴粉试样,用镍箔包裹后,按自动分析程序分析,得出试样含氧量。

13.6 钨粉分析

13.6.1 钠、钾含量测定

钠、钾含量测定分别参照国家标准 GB/T 4324.17—1984[21] 和 GB/T 4324.18—1984[22] 进行。测定范围:钠为 0.0010% ~0.080%,钾为 0.00050% ~0.080%。

13.6.1.1 方法提要

钨粉试样用过氧化氢分解,以柠檬酸络合钨,用氯化铯作消电离剂。在选定的条件下测量吸光度。

13.6.1.2 试剂

(1) 过氧化氢(ρ =1.10 g/mL);

(2) 氢氧化铵(超纯);

(3) 氯化铯溶液(ρ =20 g/L);

(4) 柠檬酸溶液(50%);

(5) 二次蒸馏水;

(6) 钨基体:应与试样性质基本相同,并且不含被测元素钠、钾或钠、钾含量甚微;

(7) 钠标准溶液:

称取 0.2542 g 预先经 550℃煅烧过的氯化钠（99.90% 以上），置于石英烧杯中，用水溶解，移入 1000 mL 容量瓶中，用水稀释至刻度，混匀。此溶液 1 mL 含 100 μg 钠。

移取 10.00 mL 上述 100 μg/mL 的钠标准溶液，置于 100 mL 容量瓶中，用水稀释至刻度，混匀。此溶液 1 mL 含 10 μg 钠。

（8）钾标准溶液：

称取 0.1907 g 预先经 550℃煅烧过的氯化钾（99.90% 以上），置于石英烧杯中，用水溶解，移入 1000 mL 容量瓶中，用水稀释至刻度，混匀。此溶液 1 mL 含 100 μg 钾。

移取 10.00 mL 上述 100 μg/mL 的钾标准溶液，置于 100 mL 容量瓶中，用水稀释至刻度，混匀。此溶液 1 mL 含 10 μg 钾。

13.6.1.3　仪器

原子吸收分光光度计，配备有空气－乙炔型燃烧器，钠、钾空心阴极灯。

13.6.1.4　分析步骤

（1）测定数量：分析时应称取三份试样进行测定，平行测定值的极差不超过允许差，取其平均值。

（2）试样量：称取试样 0.2～1.0 g，准确至 0.0001 g。

（3）空白试验：随同试样做空白试验。

（4）测定：将试样置于石英烧杯中，用水润湿，加入 5～12 mL 过氧化氢，微热，使试样完全溶解（如有白色混浊，则加入 1～2 mL 氢氧化铵，使溶液清亮），取下，用水吹洗杯壁，加入 20 mL 水，煮沸，以驱除过量的过氧化氢。

冷却后，加入 1 mL 氯化铯溶液、2 mL 柠檬酸溶液，用水移入 100 mL 容量瓶中并稀释至刻度，混匀。

将溶液在原子吸收分光光度计上，分别于波长 589.0 nm 和 766.5 nm 处，用空气－乙炔火焰，以二次蒸馏水调零，测量钠、钾的吸光度。

从工作曲线上查出相应的钠、钾量（或以内插法计算结果）。

13.6.1.5　工作曲线的绘制

按试样量称取钨基体各六份，置于石英烧杯中，分别加入 0.00 mL、1.00 mL、2.00 mL、3.00 mL、4.00 mL、5.00 mL 钠标准溶液，以钠量为横坐标，相应的吸光度（减去补偿溶液的吸光度）为纵坐标，绘制工作曲线。

按试样量称取钨基体各六份，置于石英烧杯中，分别加入 0.00 mL、0.50 mL、1.00 mL、1.50 mL、2.00 mL、2.50 mL 钾标准溶液，以钾量为横坐标，相应的吸光度（减去补偿溶液的吸光度）为纵坐标，绘制工作曲线。

13.6.1.6　分析结果计算

按式(9-13-19)计算钠或钾的百分含量：

$$w(\mathrm{Na})[\text{或 } w(\mathrm{K})] = \frac{(m_1 - m_2)V}{m \times 10^6} \times 100\% \qquad (9\text{-}13\text{-}19)$$

式中，m_1 为从工作曲线上查得试样溶液的钠或钾浓度，μg/mL；m_2 为从工作曲线上查得随同试样所做空白的钠浓度，μg/mL；V 为溶液总体积，mL；m 为试样量，g。

13.6.1.7　允许差

允许差见表 9-13-15。

表 9-13-15　钠量和钾量测定的允许差

钠量/%	允许差	钾量/%	允许差
≤0.0010	0.0003	≤0.0020	0.0005
>0.0010～0.0020	0.0005	>0.0020～0.010	0.0010
>0.0020～0.0035	0.0008	>0.010～0.020	0.0020
>0.0035～0.0050	0.0010	>0.020～0.050	0.0030
		>0.050～0.100	0.0060

13.6.2　铁含量测定

铁含量测定参照国家标准 GB/T 4324.6—1984[23] 进行。测定范围为 0.0005%～0.10%。

13.6.2.1　*方法提要*

试样经硫酸－硫酸铵分解，以柠檬酸络合钨。在 pH＝7 时，用盐酸羟胺还原铁。铁(Ⅱ)与邻二氮杂菲生成橙红色络合物，测量其吸光度。

13.6.2.2　*分析步骤*

(1) 测定数量：分析时应称取三份试样进行测定，测定值应在允许差之内，取其平均值。

(2) 称样量：称取 0.1000～0.5000 g 试样。

(3) 空白试验：随同试样做空白试验。

(4) 测定：

1) 将试样置于 150 mL 锥形瓶中，加入 8 mL 50% 的硫酸铵溶液和 4 mL 硫酸(ρ＝1.84 g/mL)，加热溶解，取下冷却。

2) 加入 8 mL 50% 柠檬酸溶液，混匀，再加入 10 mL 氢氧化铵(ρ＝0.90 g/L)，10 mL 水，煮沸 1～2 min，取下冷却。

3) 加 2 mL 10% EDTA 溶液，用氢氧化铵(ρ＝0.90 g/L)调至 pH 为 7(用 pH 试纸检查)，加 3 mL 20% 盐酸羟胺溶液、2 mL 0.3% 邻二氮杂菲溶液，混匀，在 60～70℃ 水浴中保温 15 min，取出，冷却至室温，用水移入 50 mL 容量瓶中并稀释至刻度，混匀。

4) 将部分溶液移入 2 cm 比色皿中，以水为参比，于分光光度计波长 510 nm 处测量其吸光度。

5) 减去随同试样所做空白的吸光度，从工作曲线上查出相应的铁量。

(5) 工作曲线绘制：移取 0.00 mL、1.00 mL、2.00 mL、3.00 mL、4.00 mL、5.00 mL、6.00 mL 铁标准溶液(ρ＝10 μg/mL)，分别置于一组 50 mL 容量瓶中，加入 2 mL 50% 柠檬酸溶液，溶液体积保持在 30 mL 左右，以下按上述的 3)、4) 进行，测量吸光度，减去试剂空白的吸光度。以铁量为横坐标，吸光度为纵坐标，绘制工作曲线。

13.6.2.3　*分析结果的计算*

按式(9-13-20)计算铁的百分含量：

$$w(\mathrm{Fe})=\frac{m_1}{m}\times 100\% \qquad (9\text{-}13\text{-}20)$$

式中，m_1 为从工作曲线上查得的铁量，g；m 为试样量，g。

13.6.2.4　允许差

实验室之间分析结果的差值应不大于表 9-13-16 所列的允许差。

表 9-13-16　铁量测定允许差

铁量/%	允许差/%
0.0005	0.0004
>0.0020~0.0040	0.0008
>0.0040~0.0080	0.0015
>0.0080~0.0200	0.0025
>0.020~0.040	0.006
>0.040~0.100	0.012

13.6.3　钙含量测定

钙含量测定参照国家标准 GB/T 4324.13—2008[24] 进行。测定范围 0.0003%~0.050%。

13.6.3.1　方法提要

试样用过氧化氢分解，用过氧化氢、柠檬酸络合钨，在电感耦合等离子体原子发射光谱仪上测定钙量。

13.6.3.2　分析步骤

（1）试料：称取 0.5~1 g 试样，精确至 0.0001 g。

（2）测定次数：独立地进行两次测定，取其平均值。

（3）空白试验：称取与试料等量的钨粉，随同试样做空白试验。

（4）测定：

1）将钨粉试料置于 200 mL 石英烧杯中，用水润湿，分次加入 10 mL 过氧化氢（ρ = 1.10 g/mL），待激烈反应停止后，盖上表面皿，低温加热至试料完全溶解，取下。

2）加入 2 mL 柠檬酸溶液（500 g/L），加热煮沸至无小气泡，冷却。

3）将试液移入 100 mL 容量瓶中，用水稀释至刻度，混匀。

4）在电感耦合等离子体原子发射光谱仪上，于波长 393.366 nm 处，测定试液及随同试料空白的发射强度。从相应的工作曲线计算经空白校正的钙的质量浓度。

（5）工作曲线的绘制：

1）称取六份与试料等量的钨粉置于一组 200 mL 石英烧杯中，按上面 1）、2）进行，将试液移入 100 mL 容量瓶中，分别加入 0 mL、1.00 mL、2.00 mL、3.00 mL、4.00 mL、5.00 mL 钙标准溶液（100 μg/mL 或 10 μg/mL），用水稀释至刻度，混匀。

2）将标准系列溶液在电感耦合等离子体原子发射光谱仪上，于波长 393.366 nm 处，测定钙的发射强度。以钙的质量浓度为横坐标，发射强度为纵坐标，绘制工作曲线。

13.6.3.3　分析结果的计算

按式(9-13-21)计算钙的质量分数：

$$w(\mathrm{Ca}) = \frac{\rho \times V \times 10^{-6}}{m} \times 100\% \qquad (9\text{-}13\text{-}21)$$

式中，ρ 为从工作曲线上计算得到试液中经空白校正过的钙的质量浓度，μg/mL；V 为试液的体积，mL；m 为试料的质量，g。

13.6.3.4　精密度

A　重复性

在重复性条件下获得的两次独立测试结果的测定值，在以下给出的平均值范围内，这两个测试结果的绝对差值不超过重复性限(r)的情况不超过5%。重复性限(r)按以下数据采用线性内插法求得：

钙的质量分数/%	0.00047	0.00396	0.0388
重复性限 r/%	0.00017	0.00042	0.0044

B　允许差

实验室之间分析结果的差值不应大于表9-13-17所列的允许差。

表9-13-17　钙含量测定的允许差

钙的质量分数/%	允许差/%
0.0003～0.0009	0.00025
>0.0009～0.0020	0.0005
>0.0020～0.0040	0.0008
>0.0040～0.010	0.0010
>0.010～0.020	0.003
>0.020～0.030	0.005
>0.030～0.050	0.006

参考文献

[1]　GB/T 5124.1—2008　硬质合金化学分析方法　总碳量的测定　重量法[S].
[2]　ISO 3907—1985　硬质合金　总碳含量的测定　重量法[S].
[3]　JB/T 6647—1993　碳化物中总碳含量的测定　气体容量法[S].
[4]　GB/T 5124.2—2008　硬质合金化学分析方法　不溶(游离)碳量的测定　重量法[S].
[5]　ISO 3908—1985　硬质合金　不溶(游离)碳量的测定　重量法[S].
[6]　GB/T 20255.2—2006　硬质合金化学分析方法　铁、锰和镍量的测定 火焰原子吸收光谱法[S].
[7]　GB/T 20255.3—2006　硬质合金化学分析方法　钼、钛和钒量的测定 火焰原子吸收光谱法[S].
[8]　ISO 7624/4—1983　硬质合金——火焰原子吸收光谱法[S].
[9]　GB/T 20255.4—2006　硬质合金化学分析方法　铁、锰、镍、钼、钛和钒量的测定　火焰原子吸收光谱法[S].
[10]　GB/T 20255.5—2006　硬质合金化学分析方法　铬量的测定　火焰原子吸收光谱法[S].
[11]　ISO 7624/6—1985　硬质合金——火焰原子吸收光谱法化学分析——第六部分　质量分数为0.01%～2%的铬量的测定[S].
[12]　GB/T 4164—2008　金属粉末中可被氢还原氧含量的测定[S].
[13]　GB/T 3780.14—1995　炭黑硫含量的测定[S].

[14]　GB/T 3780.10—2002　炭黑灰分的测定[S].
[15]　GB/T 7531—2008　有机化工产品灼烧残渣的测定[S].
[16]　GB/T 9722—2006　化学试剂气相色谱法通则[S].
[17]　GB/T 611—2006　化学试剂　密度测定通用方法[S].
[18]　GB/T 394.2—2008　酒精通用分析方法[S].
[19]　ISO 11873—2005　硬质合金——钴粉中硫和碳含量的测定——红外检测法[S].
[20]　刘慧明．红外吸收光谱法测定钨粉、钴粉中的氧．化学分析计量[J]. 2001,10(3):27 ~ 28.
[21]　GB/T 4324.17—1984　钨化学分析方法　原子吸收分光光度法测定钠量[S].
[22]　GB/T 4324.18—1984　钨化学分析方法　原子吸收分光光度法测定钾量[S].
[23]　GB/T 4324.6—1984　钨化学分析方法　邻二氮杂菲光度法测定铁量[S].
[24]　GB/T 4324.13—2008　钨化学分析方法　钙量的测定　电感耦合等离子体原子发射光谱法[S].

编写：孔卫宏（株洲硬质合金集团有限公司）

第14章　硬质合金的性能与金相检验

14.1　粉末粒度

14.1.1　费氏粒度

费氏法属于空气透过法。其基本原理是:假定粉末为粒度均一,表面光滑无孔隙的球状颗粒,在恒定气体压力下,气体透过粉末的阻力(压力降)与粉末粒度的大小呈某种指数关系。粉末粒度越粗,这种阻力越小。建立此法的三个条件(假设),对于实际粉末是不存在的。实际粉末的形状和粒度分布与假设的条件相差越大就越不准确。显然,它不适用于树枝状粉末。但是,实践证明,对于同一工艺生产的形状不太复杂的粉末,它具有相对的准确性。因此得到广泛而有效的应用。

根据上述原理,经过了一系列的实验,建立了粉末费氏粒度公式(9-14-1)。

$$d_{vs}=\frac{60000}{14}\sqrt{\frac{\eta CL^2\rho M^2F}{(AL\rho-M)^3(P-F)}}=c\sqrt{\frac{L^2\rho M^2F}{(AL\rho-M)^3(P-F)}}\tag{9-14-1}$$

式中,d_{vs}为粉末费氏粒度,μm;η为空气黏度,g/(cm · s);C为针阀的通导率,$cm^3/(s\cdot cmH_2O)$;c为仪器常数$\left(c\text{ 定义为}\frac{60000}{14}\sqrt{\eta C}\right)$,$cm^{3/2}$;$L$为粉末试样层的高度,cm;$\rho$为粉末试样的真密度,$g/cm^3$;$M$为粉末试样的质量,g;$A$为粉末试样层的横断面积,$cm^2$;$P$为空气进入粉末试样前的压力,$cmH_2O$;$F$为空气通过粉末试样后的压力,$cmH_2O$。

取粉末试样的质量与其真密度的值相等,即$M=\rho$,见公式(9-14-2)。

$$L=\frac{1}{A(1-\varepsilon)}\tag{9-14-2}$$

式中,ε为粉末试样层的孔隙度。

式(9-14-2)代入式(9-14-1)得公式(9-14-3)。

$$d_{vs}=\frac{cL}{(AL-1)^{3/2}}\sqrt{\frac{F}{P-F}}\tag{9-14-3}$$

取$A=1.267\ cm^2$,代入式(9-14-2)得公式(9-14-4)。

$$L=\frac{0.7893}{1-\varepsilon}\tag{9-14-4}$$

取$P=50\ cmH_2O$,$c=c_1=3.8\ cm^{3/2}$(即为校准好一挡后的结果),由式(9-14-3)、式(9-14-4)变换得公式(9-14-5)。

$$\frac{F}{2}=\frac{1}{\frac{0.3598(1-\varepsilon)}{d_{vs}^2\cdot\varepsilon^3}+0.04}\tag{9-14-5}$$

取 $c = c_2 = 7.6\,\text{cm}^{3/2}$（即为校准好二挡后的结果），由式(9-14-5)算出的 d_{vs} 应乘以 2 才是粒度值。

根据式(9-14-4)、式(9-14-5)使计算图表化。为此，绘制出粒度读数板。以孔隙度为横坐标（其范围为 0.4 至 0.8，分度间隔为 0.005），以试样高度为纵坐标，按式(9-14-4)作出一根试样高度线，供压制试样之用。另以 $F/2$ 为纵坐标，按式(9-14-5)作出一组粒度曲线。对于与试样高度相应的试样孔隙度，根据压力计前臂的水位高度 $F/2$，在读数板上读数（当用一挡时，为直接读数；当用二挡时，读数应乘以 2 才是粒度值）。

费氏仪是由空气泵、调压阀、试样管、针阀、粒度读数板等部分组成，还包括如多孔塞、粉末漏斗、试样管橡皮支承座等附件设备。费氏仪装置简图见图 9-14-1。

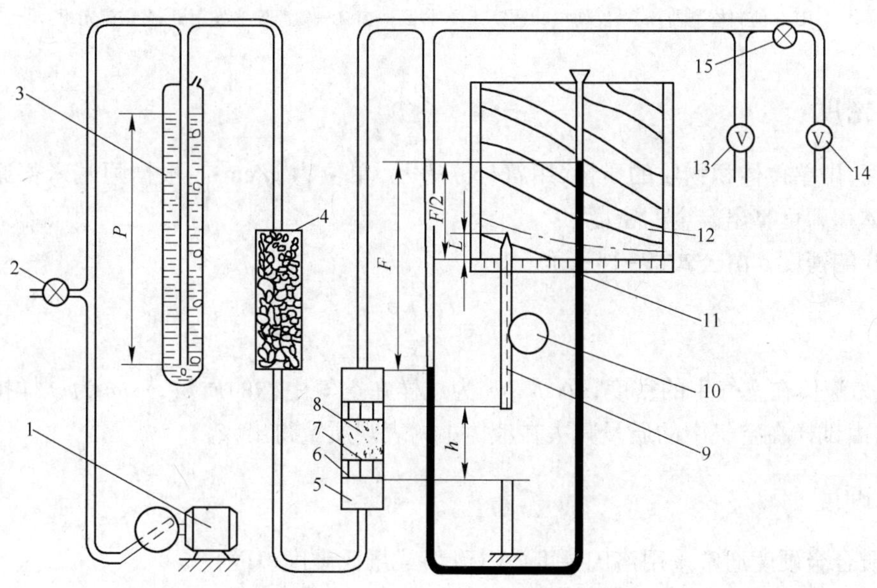

图 9-14-1　费氏仪装置简图

1—空气泵；2—调压阀；3—稳压管；4—干燥剂管；5—试样管；6—多孔塞；7—滤纸垫；8—试样；9—齿条；10—手轮；11—压力计；12—粒度读数板；13，14—针阀；15—换挡阀

14.1.2　粒度分布

依据米氏（Mie）理论，颗粒在激光光束照射下，会产生散射，其散射光的角度与颗粒的粒径相关；颗粒越大，其散射光的角度越小，颗粒越小，其散射的角度越大。通过适当的光路配置（傅里叶透镜），同样大的粒子所散射的光落在同样的位置，所以散射光的强度反映出同样大的粒子所占总体积的相对比例。散射光在探测器测量出它的位置信息及强度信息，通过仪器内置的数学程序转化记录下散射光数据，同时计算出某一粒度颗粒相对于总体积的百分比，从而得出粒度体积分布。

激光粒度分布测定装置原理图见图 9-14-2。

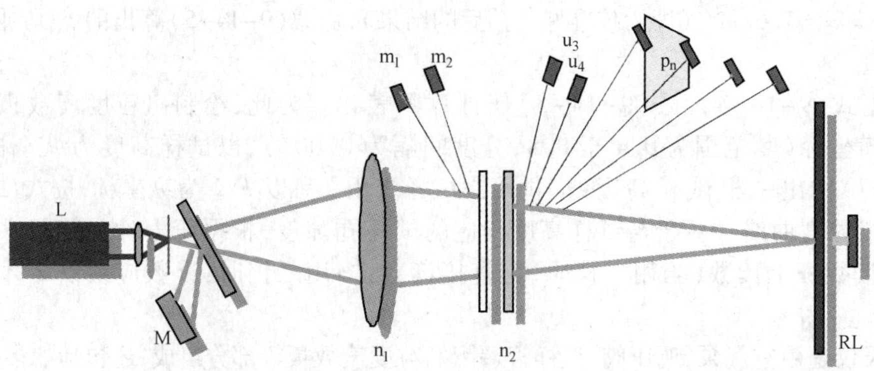

图 9-14-2 激光粒度分布测定装置原理图

m_1，m_2—背向辅助检测器；u_3，u_4—前向辅助检测器；p_n—非均匀交叉排列主检测器；RL—前向检测器；n_1—反傅里叶透镜；n_2—样品池窗；L—氦氖激光发射器；M—蓝光源

14.2 密度

密度，即单位体积物质的质量，用符号 ρ 表示，单位为 g/cm^3。根据阿基米德原理求出试样的体积即可算出合金的密度。

试样的密度 ρ 由公式(9-14-6)算出。

$$\rho = \frac{m_1 \times \rho_1}{m_2} \tag{9-14-6}$$

式中，ρ_1 为液体在空气中的密度，g/cm^3；m_1 为试样在空气中称的质量，g；m_2 为试样排开液体的质量，由试样在空气中的质量减去在液体中的表观质量得出，g。

14.3 硬度

硬质合金硬度通常采用洛氏硬度（A 标尺）或维氏硬度（HV）。

14.3.1 洛氏硬度（A 标尺）试验原理

将圆锥形的金刚石压头分两次压入试样，并在规定的条件下，用深度测量装置测出残余压痕深度 e，由公式(9-14-7)得出洛氏硬度（A 标尺）的值。

$$\text{洛氏硬度(A 标尺)} = 100 - e \tag{9-14-7}$$

硬质合金洛氏硬度测量原理图见图 9-14-3。

14.3.2 维氏硬度试验原理

将顶部两相对面具有规定角度的正四棱锥体金刚石压头用试验力压入试样表面，保持规定时间后，卸除试验力，测量试样表面压痕对角线长（见图 9-14-4）。维氏硬度值（HV）是试验力（F）除以压痕表面积所得的商，由式(9-14-8)求得。

$$\text{HV} = 0.102 \times \frac{2F\sin\frac{136°}{2}}{d^2} \approx 0.1891\frac{F}{d^2} \tag{9-14-8}$$

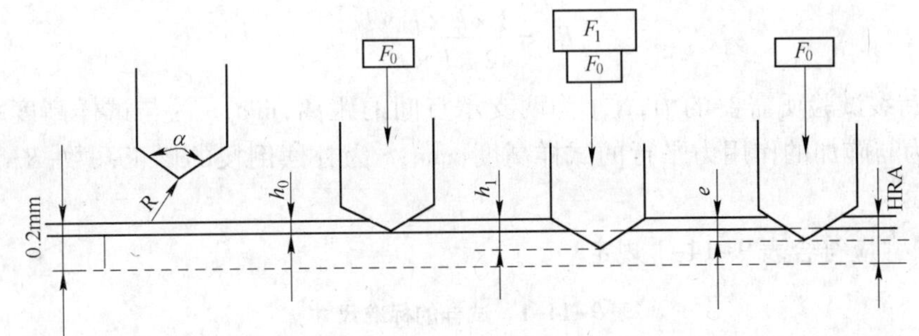

图9-14-3　硬质合金洛氏硬度测量原理图

α—金刚石锥体的角度（120°±0.5°）；R—锥体顶端的曲率半径（0.2 mm±0.002 mm）；F_0—初试验力（98.07 N±1.96 N）；F_1—主试验力（490.3 N±1.96 N）；h_0—施加主试验力前，初试验力作用下的压痕深度；h_1—主试验力作用下，压痕深度的增量；e—卸除主试验力后，在初试验力下压痕深度的残余增量，用0.002 mm为单位表示；HRA—洛氏硬度（A标尺）

式中，F 为试验力，N；d 为两压痕对角线长度 d_1 和 d_2 的算术平均值，mm。

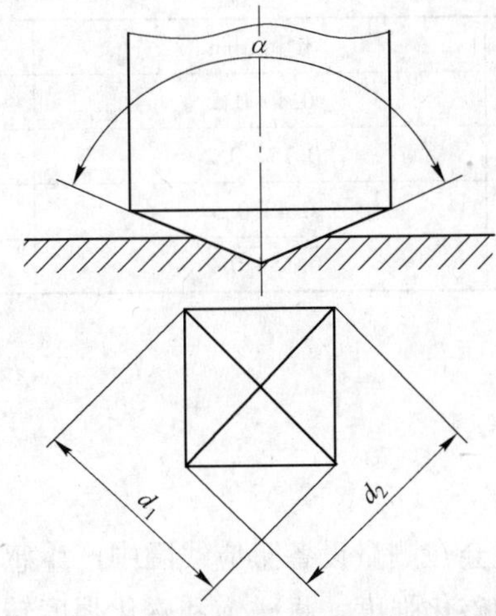

图9-14-4　压痕及压痕对角线测量示意图

α—金刚石压头顶部两相对面夹角（136°±30′）；d_1，d_2—两压痕对角线长度

14.4　抗弯强度

硬质合金抗弯强度采用三点弯曲法测定。是将试样自由地平放在两支点上，在跨距中点施加的短时静态作用力下，使试样断裂。

硬质合金抗弯强度试验用的夹具应有两个自由平放的支承圆棒（辊），两圆棒之间有固定的跨距：A型试样为30 mm±0.5 mm；B型试样为14.5 mm±0.5 mm。测量跨度时，对于B型试样应准确到0.1 mm。而对A型试样准确到0.2 mm。还有一个自由平放的加力圆棒（辊），三个圆棒的直径相等，其值可在3.2～6 mm之间。

抗弯强度（R_{tr}）的计算见公式（9-14-9）。

$$R_{tr} = \frac{3 \times k \times F \times l}{2 \times b \times h^2} \tag{9-14-9}$$

式中，F 为断裂试验所需要的力，N；l 为两支承点间的距离，mm；b 为与试样高度垂直的宽度，mm；h 为与施加的作用力平行的试样高度，mm；k 为补偿倒棱的修正系数；R_{tr} 为抗弯强度，N/mm^2。

试样尺寸应符合表 9-14-1 规定。

表 9-14-1　试样的标准尺寸　（mm）

类　型	长　度	宽　度	高　度
A	35 ±1	5 ±0.25	5 ±0.25
B	20 ±1	6.5 ±0.25	5.25 ±0.25

注：一般来说，如果两种类型试样的表面状态相同，B 型试样的强度比 A 型试样约高 10%。这两种类型的试样具有类似的重现性。

倒棱修正系数 k 值按表 9-14-2 规定。

表 9-14-2　倒棱修正系数 k 值

试样类型	倒棱/mm	修正系数 k
A	0.4 ~0.5	1.03
A	0.15 ~0.2	1.00
B	0.4 ~0.5	1.02
B	0.15 ~0.2	1.00

14.5　磁性能

14.5.1　磁饱和

试样在稳定磁场中磁化就会在测量设备感应线圈中产生感应电流。测量磁饱和状态的感应电流就可计算试样的饱和磁化强度。将磁饱和磁化强度转换成试样中的黏结相总量就可算出被测试样中可磁化的黏结相总量的百分率。

通常采用比饱和磁化强度的概念。比饱和磁化强度就是用样品的饱和磁矩除以样品的质量。单位为：$\mu Tm^3/kg$ 或 Gcm^3/g。

硬质合金的钴磁（Com）与比饱和磁化强度（σ_S）存在关系式(9-14-10)。

$$Com = k \times \sigma_S \tag{9-14-10}$$

式中，Com 为硬质合金的钴磁，%；σ_S 为比饱和磁化强度，$\mu Tm^3/kg$ 或 Gcm^3/g；k 为换算系数。

14.5.2　矫顽磁力

试样在直流磁场中磁化到技术磁饱和状态，然后撤去外加磁场。此时试样仍保留着相当高的剩余磁场强度。使试样完全去磁（$M=0$）所需的反向磁场强度的大小，称为矫顽（磁）力 H_{CM}。矫顽磁力测试原理图如图 9-14-5 所示。

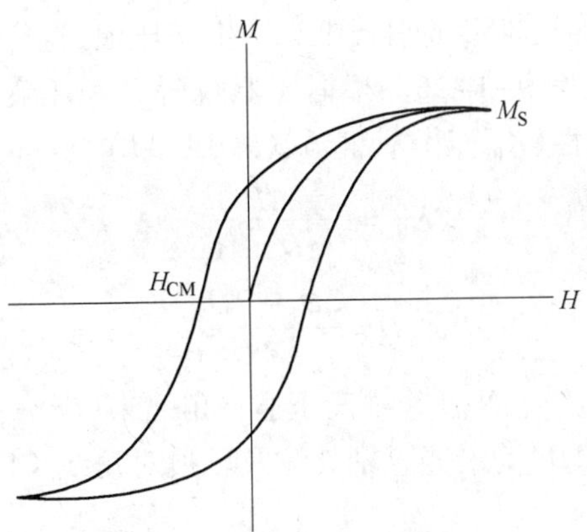

图9-14-5 矫顽磁力测试原理图

H—磁场强度,kA/m;M—磁化强度,kA/m;
M_S—饱和磁化强度,kA/m;H_{CM}—矫顽(磁)力,kA/m

14.6 其他力学性能测定

14.6.1 断裂韧性

断裂韧性是材料阻止宏观裂纹扩展的能力,也是材料抵抗脆性破坏的韧性参数。它和裂纹本身的大小、形状及外加应力大小无关。是材料固有的特性,只与材料本身、热处理及加工工艺有关。是应力强度因子的临界值。常用断裂前物体吸收的能量或外界对物体所作的功表示。韧性材料因具有大的断裂伸长值,所以有较大的断裂韧性,而脆性材料一般断裂韧性较小。

实际工程材料,在制备、加工及使用过程中,都会产生各种宏观缺陷乃至宏观裂纹。低应力脆断总是和材料内部含有一定尺寸的裂纹相联系,当裂纹在给定的作用应力下扩展到一临界尺寸时,就会突然破坏。

由于在脆性材料断裂韧性试样中预制裂纹的严重困难,造成到目前为止,出现了众多硬质合金脆性材料断裂韧性 K_{IC} 测试方法:

(1) 单边切口梁法(Single Edge Notched Beam),简称SENB法。

(2) 双悬臂梁法(Double Cantilever Beam),简称DCB法。

(3) 双扭法(Double Torsion), 简称DT法。

(4) 短棒法(Short Bar 和 Short Rod, 简称SR法),该法开了V形内切口,故又称CN法(Chevron Notch)。

(5) 压痕法(Indentation Method), 简称IM法。

测试方法大概有七、八种,但各种方法各有利弊,尚未形成一种公认的测试标准。目前应用最多的是单边切口梁法(SENB法)和压痕法(IM法)。

14.6.1.1 压痕法(IM法)

压痕法(IM法)测量材料的韧性及其他的一些应用首先都必须在材料中引入一定尺寸和形状的压痕裂纹。压痕裂纹的形成、扩展、几何形态都与受压材料的组织性能、受载荷过程等因素有关。压痕法(IM法)测试试样表面先抛光成镜面,在维氏硬度仪上,以一定的载荷在抛光表面用硬度计的四棱锥形金刚石压头产生一压痕，这样在压痕的四个顶点就产生了预制裂纹，压痕法实例见图 9-14-6。根据压痕载荷 P 和压痕裂纹扩展长度 D 计算出断裂韧性数值（K_{IC}）。断裂韧性（K_{IC}）计算见公式（9-14-11）。

$$K_{IC}=\frac{P}{(\pi D)^{3/2}\tan\beta} \tag{9-14-11}$$

$$D=\frac{2D_1+2D_2}{4} \tag{9-14-12}$$

式中，P 为维氏硬度计加载负荷，N；β 为维氏压痕夹角之半（68°）；$2D_1$ 为沿水平轴裂纹及压痕对角线长度的总和，mm；$2D_2$ 为沿竖直轴裂纹及压痕对角线长度的总和，mm；K_{IC} 为断裂韧性，MPa · $m^{1/2}$。

14.6.1.2　*单边切口梁法（SENB 法）*

在试样中间开一裂纹，通过三点或四点抗弯断裂测试，计算材料的断裂韧性。SENB 试样见示意图 9-14-7，三点抗弯断裂测试计算断裂韧性 K_{IC} 见公式（9-14-13），四点抗弯断裂测试计算断裂韧性 K_{IC} 见公式（9-14-14）。

$$K_{IC}=Y\frac{3PL}{2bW^2}\sqrt{a} \tag{9-14-13}$$

$$K_{IC}=Y\frac{3P(L_1-L_2)}{2bW^2}\sqrt{a} \tag{9-14-14}$$

式中，P 为试样断裂时载荷，N；L 为三点弯曲时，下部两支点的距离，mm；L_1、L_2 为四点弯曲时，L_1、L_2 分别为下部两支点与上部两支点的距离，mm；b 为试样宽度，mm；W 为试样高度，mm；a 为试样上预制裂纹长度，mm；Y 为裂纹开状和位置的函数；K_{IC} 为断裂韧性，MPa · $m^{1/2}$。

图 9-14-6　压痕法实例图

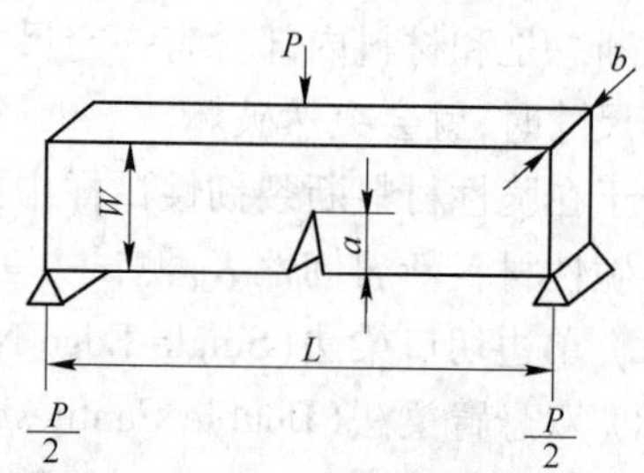

图 9-14-7　SENB 试样示意图

14.6.2　抗压强度

硬质合金抗压强度的测试原理是试样在轴向压缩载荷下，以符合静载试验的加载速度施加试验力，直至试样破裂。然后根据试样的横截面积按公式（9-14-15）计算出样品的抗压强度值。

$$R_{cw}=\frac{F_{cw}}{A} \tag{9-14-15}$$

式中，F_{cw} 为试样破裂最大负荷，N；A 为试样最小横截面积，mm^2；R_{cw} 为试样抗压强度，

N/mm^2。

14.6.3　弹性模量

弹性模量表示材料在外加载荷下抵抗弹性变形的能力。其测量方法分为静态法和动态法两大类。

静态法是材料在承受静载荷条件下，在弹性变形范围内，根据应力与应变遵循虎克定律的关系而求得弹性模量值。静态法包括通过测定应力在弹性范围内应力－应变曲线斜率来完成弹性模量测量的拉伸法或扭转法，通过检测悬臂试样挠度来完成弹性模量测量的悬臂法以及通过检测简支试样挠度来完成弹性模量测量的简支法。

共振法和声速法是常用的两种弹性模量动态测量方法。动态法因为应力小、频率高、加载速度快，因此不会含有弛豫过程，因而动态法测得的结果比较接近于理论值。

共振法测量弹性模量是在试样上进行振动激发，然后测定其固有振动的共振频率。共振法测量弹性模量（E）的计算见公式（9－14－16）。

$$E = 4 \times 10^9 \times L^2 \times \rho \times f^2 \tag{9-14-16}$$

式中，L 为试样长度，mm；ρ 为密度，g/cm^3；f 为固有振动频率，Hz；E 为弹性模量，MPa。

14.6.4　抗拉强度

抗拉强度是试样破坏时所经受的最大拉应力。试样在静态轴向拉伸力不断作用下，以规定的拉伸速度对试样施加轴向拉力，直至试样断裂，然后计算试样横截面积的最大应力，即抗拉强度。抗拉强度计算见公式（9－14－17）。

$$R_m = \frac{F_m}{S_0} \tag{9-14-17}$$

式中，R_m为抗拉强度，MPa；F_m为试样断裂前的最大拉力，N；S_0为试样平行长度部分的原始横截面积，mm^2。

14.6.5　泊松比

泊松比测量方法分为静态法和动态法两种。泊松比是在均匀分布的轴向应力作用下横向应变与轴向应变之比的绝对值，以 μ 表示，属于静态法。动态法是分别测量试样动态杨氏模量（E）和切变模量（G），然后依公式（9－14－18）计算泊松比（μ）。

$$\mu = \frac{E}{2G} - 1 \tag{9-14-18}$$

式中，μ 为泊松比；E 为杨氏模量，MPa；G 为切变模量，MPa。

14.6.6　冲击韧性

把规定的标准试样放在试验的钳口上，然后将扬起到规定角度的摆锤释放，试样被摆锤打击断裂，用试样一次破断所吸收的功除以试样的横截面积，即为冲击韧性值，冲击韧性计算见公式（9－14－19）。冲击韧性试验原理示意图见图 9－14－8。

$$a_K = \frac{A_K}{S} \tag{9-14-19}$$

式中，a_K为冲击韧性，J/cm^2；A_K为冲击吸收功，J；S 为试样横截面积，cm^2。

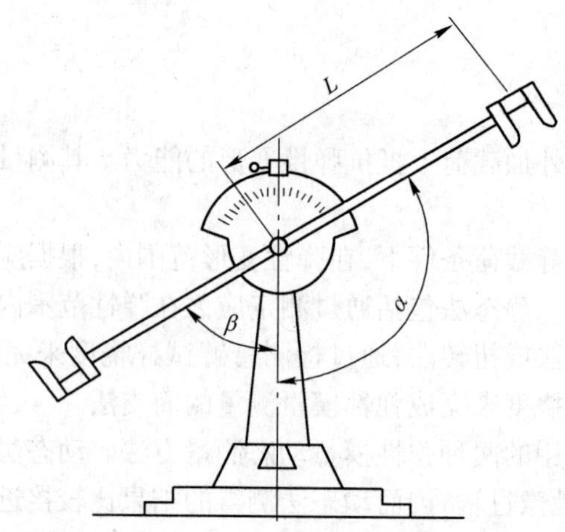

图 9-14-8　冲击韧性试验原理示意图

α—试样冲断前摆锤扬起角,(°);β—试样冲断后摆锤扬起角,(°);

L—摆锤旋转轴线到摆锤重心的距离,m

14.7　其他物理性能测定

14.7.1　电导率

按照欧姆定律:通过试样的电流(I)正比于试样两端的电压(V)。欧姆定律是金属及其合金电阻测量的基本定律。电阻率(ρ)是试样单位长度和单位截面积的电阻。电阻率的计算见公式(9-14-20)。电导率(σ)为电阻率的倒数,电导率的计算见公式(9-14-21)。

$$\rho = \frac{S}{L}R \tag{9-14-20}$$

式中,L 为试样长度,m;S 为均匀试样截面积,m^2;R 为试样的电阻,Ω;ρ 为电阻率,Ω · m。

$$\sigma = \frac{1}{\rho} = \frac{L}{S \times R} = \frac{L \times I}{S \times V} \tag{9-14-21}$$

式中,L 为试样长度,m;S 为均匀试样截面积,m^2;I 为通过试样的电流,A;V 为试样两端的电压,V;R 为试样的电阻,Ω;ρ 为电阻率,Ω · m;σ 为电导率,S/m。

14.7.2　热导率

热导率的测试方法很多,如果按热流的状态,一般可分为稳态法和非稳态法两种;也有人把它分为稳态法、准稳态法和非稳态法三种。

在稳态法测试中,待测试样处在一个不随时间而变化的温度场里,当达到热平衡后,根据测定通过试样单位面积上的热流速率,试样热流方向上的温度梯度,以及试样的几何尺寸等,根据傅里叶定律直接测定热导率(λ),其计算见公式(9-14-22)。

$$\lambda = \frac{Q}{A\tau\Delta T/\Delta L} \tag{9-14-22}$$

式中,Q 为热量,J;A 为热流通过的面积,m^2;τ 为热流通过的时间,s;$\Delta T/\Delta L$ 为温度梯度,K/m;λ 为热导率,W/(m · K)。

在非稳态法测试中，试样的温度分布随时间而变化。测试时，通常是使试样的某一部分温度作突然的或周期的变化，而在试样的另一部分测量温度随时间的变化速率，进而直接测出试样的热导率或热扩散率 α，再通过公式(9-14-23)求出热导率 λ。

$$\lambda = \alpha \cdot c_p \cdot \rho \tag{9-14-23}$$

式中，c_p为比热容，J/(kg·K)；ρ 为密度，g/cm^3；α 为热扩散率，m^2/s；λ 为热导率，W/(m·K)。

14.7.3　比热容

比热容是单位质量的物质温度升高 1℃所吸收的热量。可用公式(9-14-24)表示。

$$c = \frac{\Delta Q}{\Delta T} \tag{9-14-24}$$

式中，c 为比热容，J/(kg·K)；ΔQ 为物体温度升高 ΔT 所吸收的热量，J；ΔT 为物体温度的升高，℃。

比热容分为平均比热容和微分比热容(也称真实比热容)。平均比热容是指单位物质在 T_1到 T_2温度范围内温度升高 1℃所需的热量。微分比热容是指单位物质在给定的温度 T 时升高 1℃所需的热量，采用不同的测试方法可测得平均比热容和微分比热容。

14.7.4　线膨胀系数

线膨胀系数是表征物体热膨胀特性的物理参数。物体的体积或长度随温度的升高而增大的现象称为热膨胀。通常用线膨胀系数来表征材料的热膨胀性能。

单位长度的物体温度升高 1℃时的伸长量称为线膨胀系数，以 α_L 表示，见公式(9-14-25)。类似地，单位体积的固体温度升高 1℃时的体积变化量称为体膨胀系数，以 α_V 表示，见公式(9-14-26)。

$$\alpha_L = \frac{1}{L}\frac{dL}{dT} \tag{9-14-25}$$

式中，L 为物体原来的长度，m；dL 为物体长度增加量，m；dT 为物体温度升高量，℃；α_L为线膨胀系数，℃$^{-1}$。

$$\alpha_V = \frac{1}{V}\frac{dV}{dT} \tag{9-14-26}$$

式中，V 为物体原来的体积，m^3；dV 为物体体积变化量，m^3；dT 为物体温度升高量，℃；α_V为体膨胀系数，℃$^{-1}$。

测试线膨胀系数的实验技术可归纳为接触测量法和非接触测量法两种。测量热膨胀所用的仪器称为热膨胀仪。热膨胀仪种类繁多，按其测量原理可以分为光学式、电测式和机械式三种类型。近年来，计算机的应用使热膨胀仪的自动化程度和测量精度有很大提高，热膨胀仪在快速冷却、加热的热循环中，对研究材料组织结构转变具有独特的贡献。

14.8　金相检验

14.8.1　试样制备

14.8.1.1　*硬质合金材料金相检验流程*

金相检验流程见图 9-14-9。

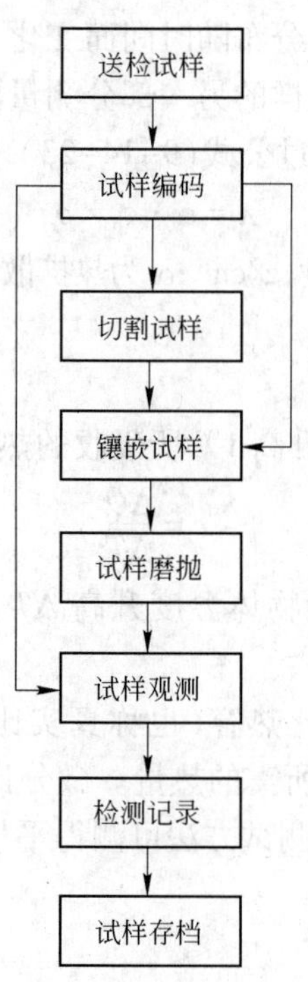

图9-14-9　显微组织检验流程图

14.8.1.2　主要设备工作原理[1]

A　试样切割

主要设备:精密切割机。

轨道式切割:砂轮片旋转送进工件的同时,其心轴还沿切割方向做小椭圆状运动,每秒一次,接触面积取决于进料速率,不受试样尺寸限制,如图9-14-10所示。

B　镶嵌试样

主要设备:自动热镶嵌机,国产XQ-2B镶嵌机。热镶嵌模具构造见图9-14-11。

镶嵌常用材料见表9-14-3。

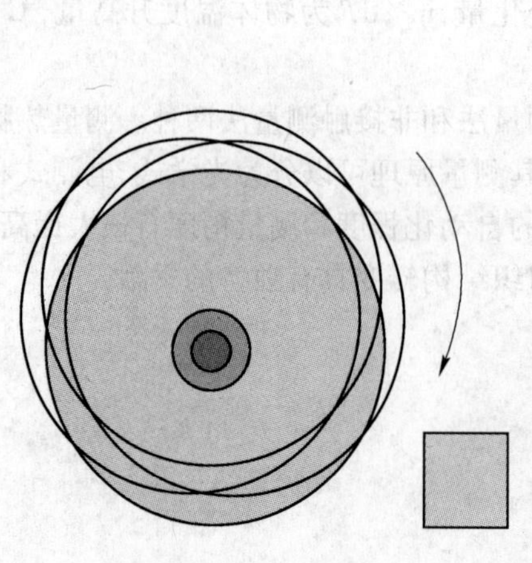

图9-14-10　切割原理

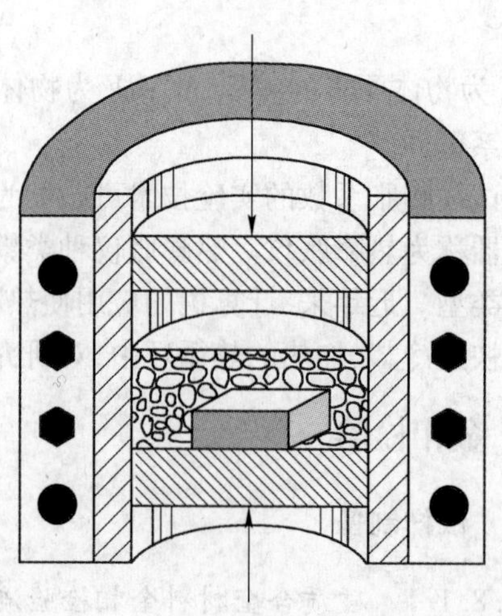

图9-14-11　热镶嵌模具构造示意图

表 9-14-3　镶嵌材料

一般名称	主要用途	价　格
酚醛树脂(胶木粉)	通用	低
乙二烯类	边缘保持好	中等
环氧树脂	边缘保持好能填充间隙	中等至高
导电树脂	与铜或石墨混合可导电	中等至高

C　试样磨抛

主要设备:研磨机、抛光机、金相磨抛机。

分为磨平、无损伤(磨光)、抛光三个阶段。

使用半自动磨光机和抛光机,可缩短制备时间,提高试样制备质量的重现性。

14.8.2　金相显微镜

主要设备:金相显微镜及高清晰图像分析仪。

显微镜原理示于图 9-14-12。

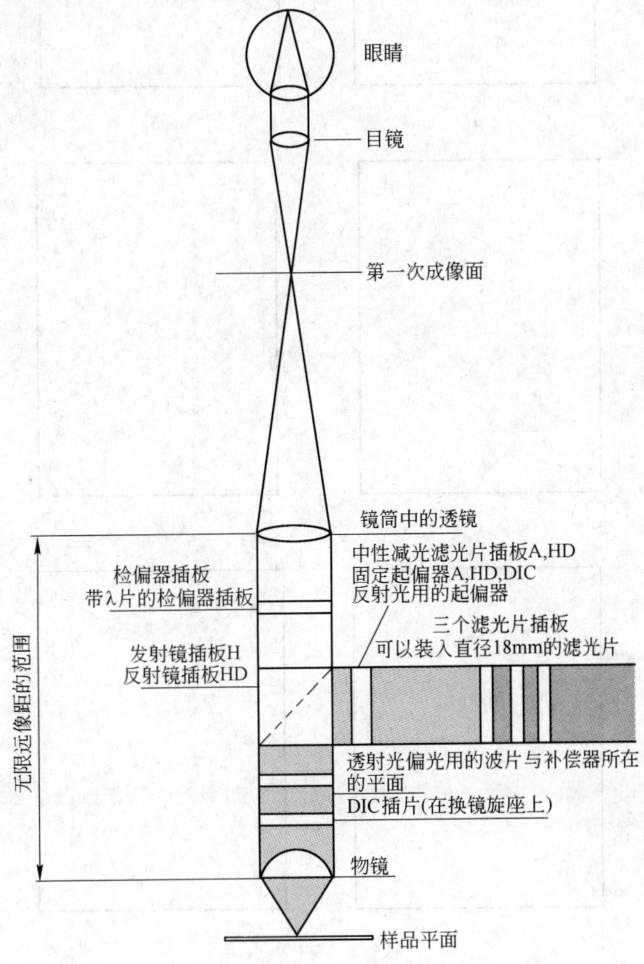

图 9-14-12　显微镜原理图[2]

14.8.3　低倍(100×)检验

孔隙度即是孔隙的体积百分数。根据孔隙的尺寸大小将孔隙分为A类孔隙和B类孔隙。0～10 μm的孔隙被定义为A类孔隙;10～25 μm的孔隙被定义为B类孔隙。当硬质合金中的碳量过多时,就会有非化合碳出现,被称之为C类孔隙。

在显微镜放大倍率为100倍下,可以观测评判硬质合金孔隙度和非化合碳量。

A类及B类孔隙度、非化合碳使用ISO4505标准进行评级(图9-14-13)。

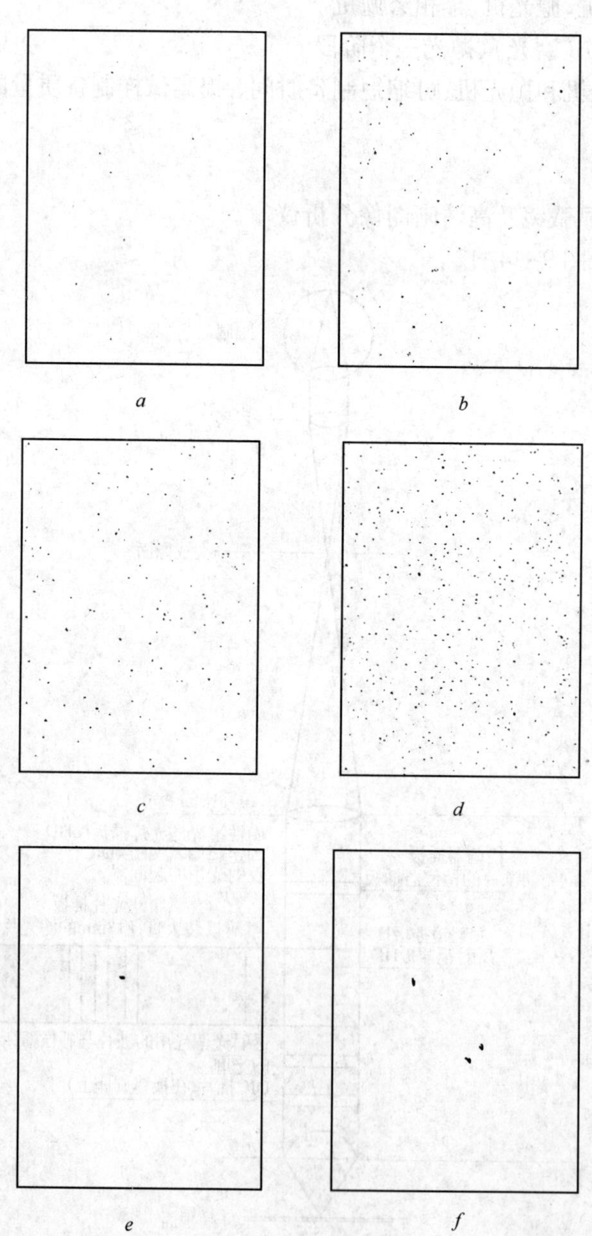

a　　b

c　　d

e　　f

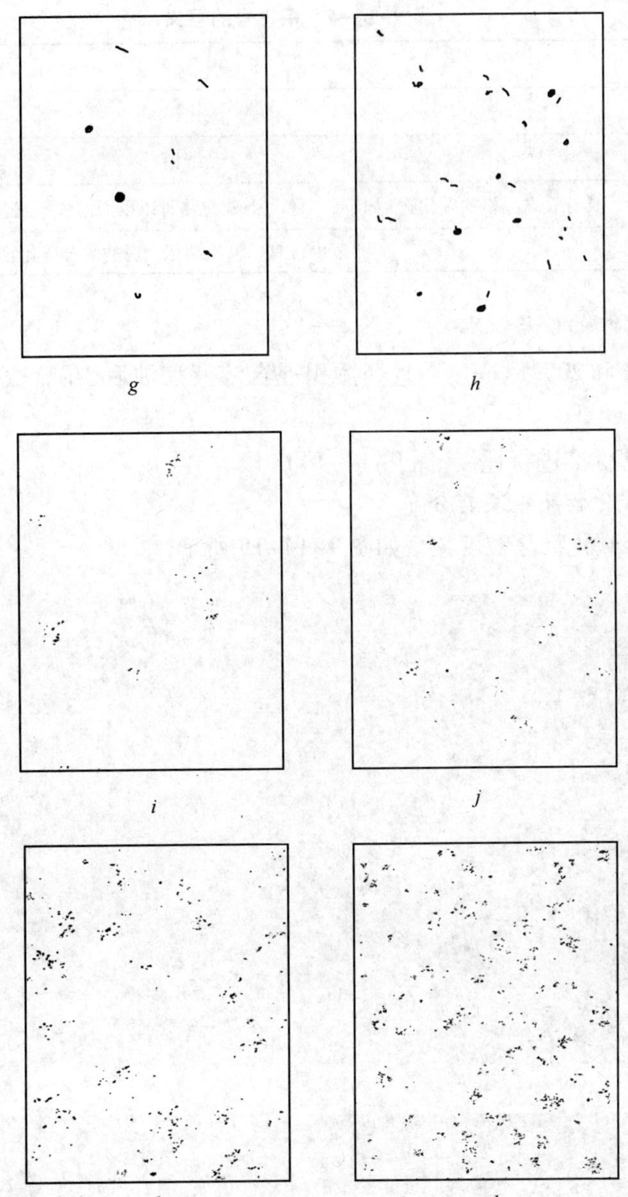

图 9-14-13　ISO4505 标准示例

a—A02 0.02%（体积分数）；*b*—A04 0.06%（体积分数）；*c*—A06 0.2%（体积分数）；*d*—A08 0.6%（体积分数）；*e*—B02 0.02%（体积分数）（140 个孔/cm^2）；*f*—B04 0.06%（体积分数）（430 个孔/cm^2）；*g*—B06 0.2%（体积分数）（1300 个孔/cm^2）；*h*—B08 0.6%（体积分数）（4000 个孔/cm^2）；*i*—C02；*j*—C04；*k*—C06；*l*—C08

14.8.4　高倍检验（1500×）

14.8.4.1　相符号的意义

各种相符号的意义见表 9-14-4。

表 9-14-4　相符号的意义

符　号	意　义
α 相	碳化钨
β 相	黏结相
γ 相	具有立方晶格的碳化物(如 TiC、TaC),此碳化物可以以固溶体形式包含其他碳化物(如 WC)
η 相	钨和至少含有一种黏结相金属的复合碳化物

14.8.4.2　η 相的检验

用20% NaOH 和20% $K_3Fe(CN)_6$ 等体积混合溶液浸蚀后,在显微镜放大1500×或者1600×下观察。

使用ISO4499标准进行评级(图9-14-14)。

14.8.4.3　碳化物晶粒及其分布

WC-Co合金碳化物晶粒度类型如图9-14-15所示。

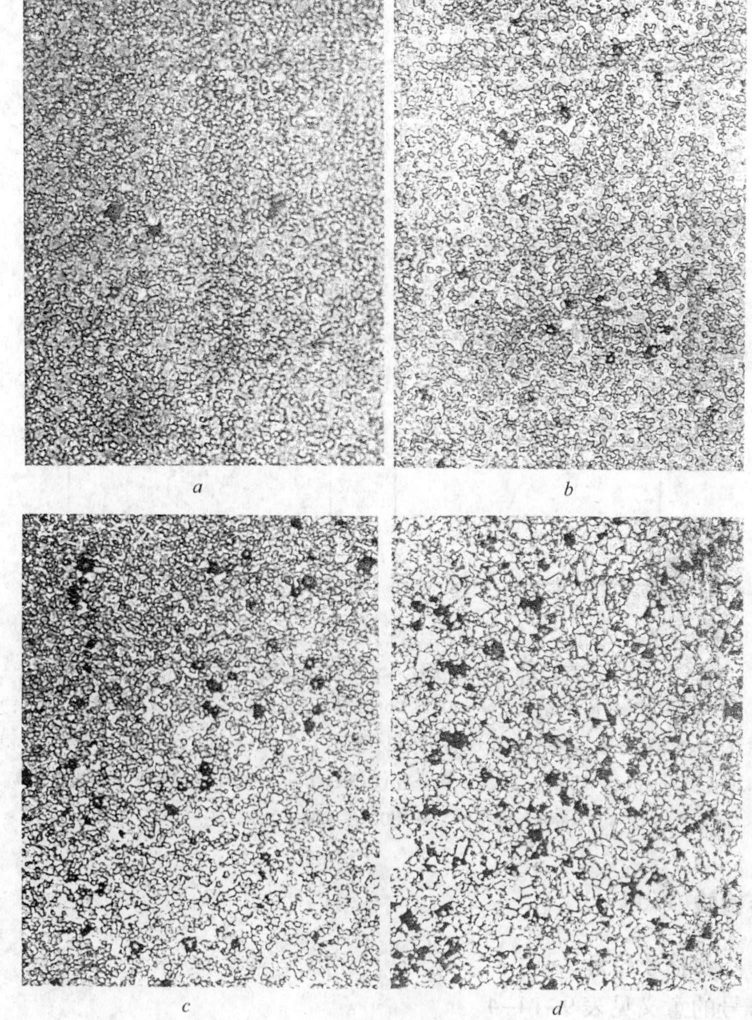

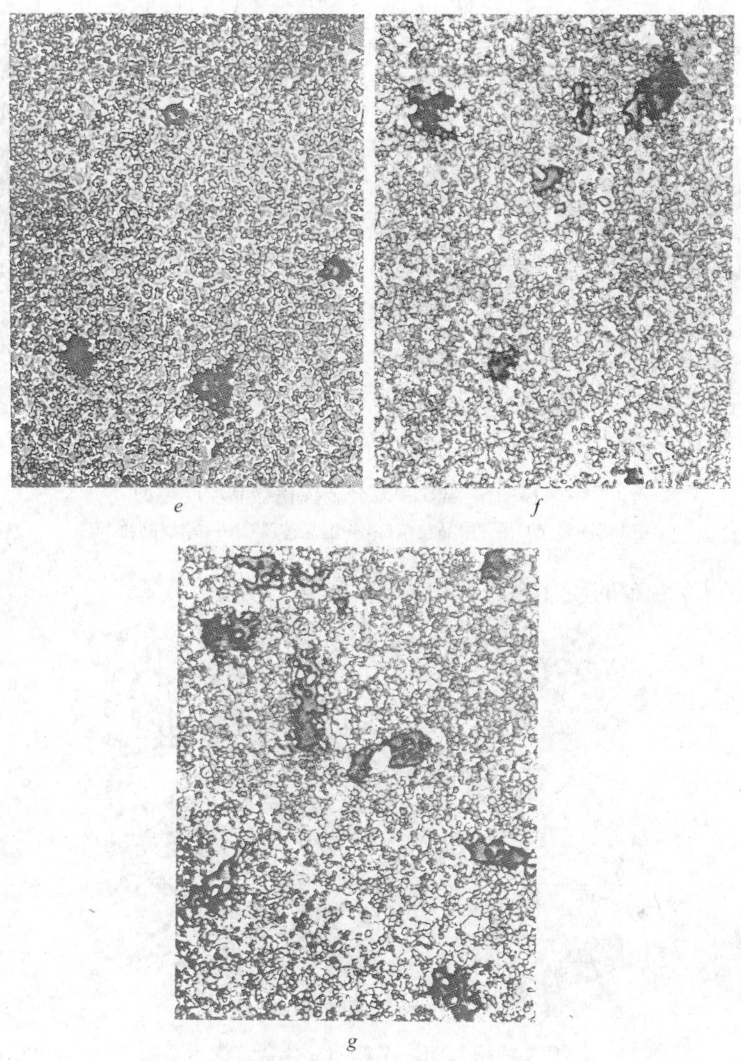

图 9-14-14　ISO4499 标准示例

a—E02；*b*—E04；*c*—E06；*d*—E08；*e*—E12；*f*—E14；*g*—E16

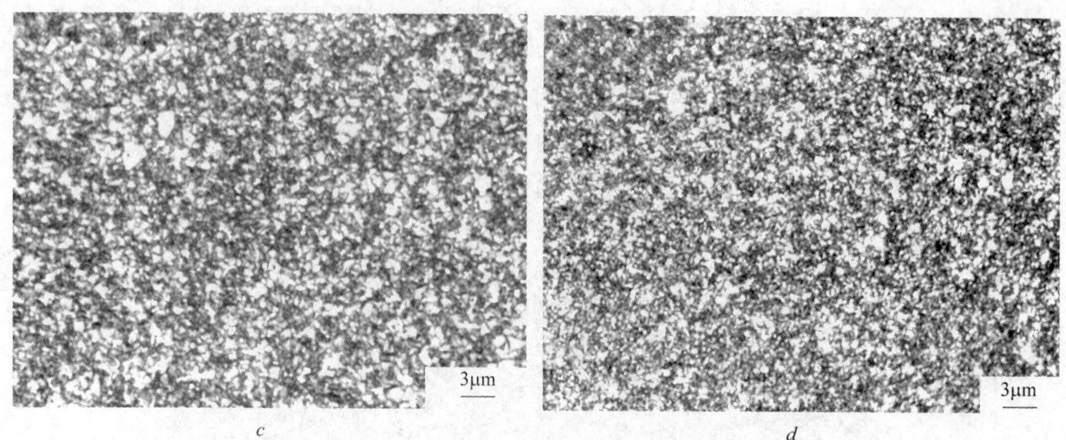

图 9-14-15　WC－Co 合金碳化物晶粒度类型

a—粗晶粒 WC；*b*—中晶粒 WC；*c*—细晶粒 WC；*d*—超细晶粒 WC

TiC－WC－Co 合金的碳化物晶粒如图 9-14-16 所示。

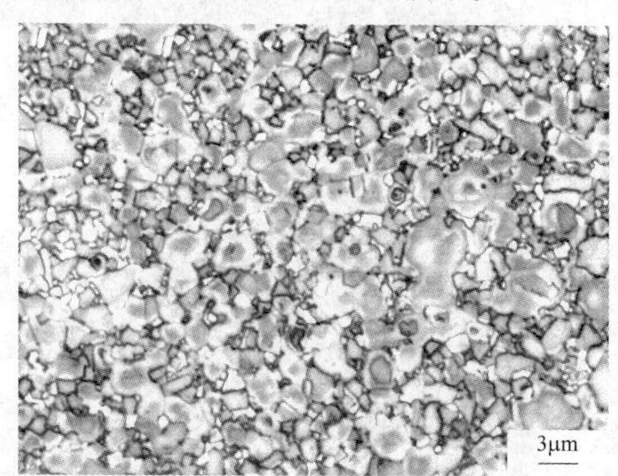

图 9-14-16　TiC－WC－Co 合金结构示意图

14.8.4.4　钴相不均匀分布

钴相的不均匀分布如图 9-14-17 所示。

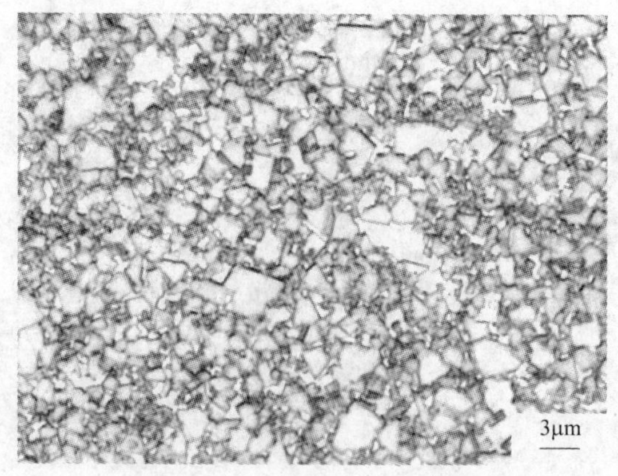

图 9-14-17　钴相的不均匀分布

参考文献

[1]　标乐公司．用于显微组织分析的材料试样制备．
[2]　谢希文．光学显微镜进展[J]．热处理,2005,(2)．

编写：罗　龙　钟奇志（株洲硬质合金集团有限公司）

第15章　金刚石工具

15.1　概述

15.1.1　金刚石工具

金刚石是目前发现的自然界中硬度最高的物质，广泛应用于地质钻探以及硬脆材料的切割、磨削及钻孔等加工，如珠宝、石材、陶瓷、硬质合金、半导体晶体、磁性材料等。由于金刚石都是细小颗粒状，一般需要使用胎体材料将其制成一定形状且具有一定力学性能的工具后才能使用。

金刚石工具是以金刚石为钻切磨材料，借助于结合剂或其他辅助材料制成的具有一定形状、性能和用途的制成品，因此，粉末冶金方法成为金刚石工具的主要制造方法。随着加工技术的飞速发展，金刚石工具作为一种特殊的复合材料，在地质勘探、工程勘察、煤炭石油钻进、石材加工以及机械加工的切割、磨削、抛光等领域获得了越来越广泛的应用，并且大大地提高了加工的速度、效率和质量，减小了劳动强度、原材料消耗和对加工物的损害，成为现代工业中必不可少的特种工具。近年来，随着全世界环境保护意识的增强、循环经济工作的开展，为了减少各类维修和改扩工程对原有结构的损害、减少垃圾、降低噪声等，大大拓展了金刚石工具的应用领域和用量，同时，对金刚石工具的制造精度、应用范围和使用性能等提出了更高的要求。

典型的金刚石工具规格及标准见附录2-5、附录2-6。

15.1.2　金刚石工具发展简史

金刚石工具的发展离不开人造金刚石的发展，以及工具制造工艺的进步。18世纪随着近代工业的发展，需要大量的金刚石工具，人们开始使用机械卡固、铆镶加钎焊等工艺，辅以初始的磨削金刚石技术，制造了金刚石刀具，如玻璃刀、陶瓷刻刀等。1862年铸造铍青铜制造的大颗粒金刚石地质钻头在巴黎盆地千米深孔钻进硬岩层成功；1883年，出现了以天然金刚石为磨料，用金属粉末作为结合剂制成的磨具；1885年，法国人制造了世界上的第一片金刚石镶嵌圆锯片，其直径2 m。它是用粗颗粒金刚石制成锯齿，然后手工将齿装在带燕尾槽的基片周边上，再用铆钉固定。这种方法制造金刚石工具一直持续到了1930年。由于制造工艺技术的不足，金刚石工具的发展有一定局限性，金刚石年用量约为40万克拉。

进入20世纪30年代后，粉末冶金技术开始进入金刚石工具制造业，引起了金刚石工具制造工艺的技术性革命。由于粉末冶金的工艺特点：(1)可以大量使用天然金刚石中质量差、颗粒细小的金刚石颗粒；(2)可以方便调节金属胎体成分使工具具有不同的性能；(3)可以制造形状比较复杂的工具。天然金刚石工具得到了跨越式发展，20世纪30年代末，金刚石用量猛增到350万克拉，40年代又剧增到2000万克拉。但由于金刚石工具中使用的都是天然金刚石，天然金刚石的稀缺限制了金刚石工具行业的发展。

1954年，美国通用电气公司成功地在高温、超高压条件下合成出人造金刚石，并于1957

年实现工业化生产。由于弥补了天然金刚石的不足,人造金刚石在许多工业部门中获得了越来越广泛的应用。据统计,进入 21 世纪,世界金刚石的年用量已经超过 50 亿克拉。

中国在 1963 年 12 月成功地第一次用静压法合成出人造金刚石,并于 1965 年投入工业化生产;20 世纪 70 年代中期由郑州三磨所和第六砂轮厂等单位合作研制成功金刚石圆锯片,使得我国的金刚石工业从无到有。2002 年,我国人造金刚石产量达到 20 亿克拉,2007 年达到 44 亿克拉,并保持持续发展势头。进入 21 世纪,随着我国石材行业的迅猛发展,我国的人造金刚石及金刚石工具进入了快速发展期,已发展成一个新兴产业。

15.1.3　金刚石工具的分类

金刚石工具分类方法很多,常用的分类方法有:按照结合剂的不同分为金属结合剂、电镀金属结合剂、树脂结合剂、陶瓷结合剂四类;按照用途不同分为金刚石钻探工具、金刚石切割工具和金刚石磨具;按照加工对象不同可以分为金刚石碎岩工具、金刚石机加工工具和加工特殊材料(如半导体、玉器)的金刚石工具;还可以按照使用金刚石类型可以分为天然金刚石工具和人造金刚石工具等。目前使用最多的是按结合剂分类以及按照用途进行分类,下面分别介绍。

15.1.3.1　按照结合剂分类

按照结合剂的不同,金刚石工具可以分为以下几大类:金属结合剂金刚石工具、树脂结合剂金刚石工具、陶瓷结合剂金刚石工具和电镀金属结合剂金刚石工具等。

(1) 金属结合剂金刚石工具。以金刚石为切磨材料,以金属粉末为结合剂,利用粉末冶金方法,经过压制成形、烧结以及必要的后续处理制成的一类工具。金属结合剂金刚石工具是金刚石工具中生产最早,当前品种最多、用途最广的一类。

(2) 树脂结合剂金刚石工具。树脂结合剂金刚石工具是以树脂粉为黏结材料,并加入填充材料,用热压、硬化及机加工等工艺制成的金刚石磨削加工工具。这一类金刚石磨具具有弹性好、耐冲击、自锐性好、磨削效率高等特点,因此,在机械加工行业中得到了广泛应用。

(3) 陶瓷结合剂金刚石工具。陶瓷结合剂金刚石工具是利用磨料(金刚石、碳化硅等)、玻璃料(硼酸、氧化锌、石英、云母等)、非玻璃料(黏土、Al_2O_3等)、着色剂、临时黏结剂混合物,经过成形、烧结、修整、修锐等制造工序制成金刚石磨削加工工具。其特点是化学稳定性好,弹性变形小,脆性大,允许硬度变化范围宽。

上述三种结合剂工具都适合采用粉末冶金方法制造。

(4) 电镀金属结合剂金刚石工具。它是用电镀的方法,将一层至数层金刚石牢固地镶嵌在金属机体上的一类工具。该类工具具有效率高、寿命长、磨削精度高的特点。主要产品有电镀金刚石什锦锉、电镀锯片、电镀牙科钻头等。

15.1.3.2　按照用途分类

金刚石钻探工具:主要包括地质勘探及钻进钻头、工程薄壁钻头及其他专用钻头。

金刚石切割工具:是指其工作内容为利用金刚石将材料切断、切槽或切开等的金刚石工具。主要包括圆锯片、排锯、绳锯等。

金刚石磨具:金刚石磨具指利用不同的黏结剂和金刚石磨料制造的以磨削加工、抛光、研磨硬质合金、石材等材料为主的金刚石工具。主要包括砂轮、磨辊、磨轮及各种柔性磨具。

其他工具:主要包括修整工具、拉丝模、牙医钻头、手术刀、玻璃刀等。

15.1.4 金刚石工具的应用范围

15.1.4.1 地质勘探和工程勘察

在我国地质、煤炭、石油、矿山、建工、化工、水利、电力、铁道、交通和国防等部门的地质勘探及工程勘察中广泛采用金刚石钻进，各种不同类型的金刚石钻头及扩孔器是金刚石钻进的主要消耗材料。由于金刚石硬度极高，能钻透钢质钻头难以钻进的最硬的岩层，而且非常耐用，平均进尺比硬质合金钻头提高一倍甚至数倍，因此起钻次数可大为减少。钻进速度快，在钻进坚硬致密的岩石时更为明显。例如钻进特别坚硬的10级岩石，小口径金刚石钻进可达1～2m/h，而钢粒钻只有0.2～0.3m/h。小口径金刚石钻进可以节约钢材，可以减轻劳动强度，减少事故率并且井斜小，井孔弯曲小，减小到每米一度左右；岩心采集率高，一般可达90%。钻井总成本比使用硬质合金钻头明显降低，一般降低30%～40%。

15.1.4.2 建筑工程与石材加工业

石材加工业是我国近几年来发展迅速的行业。在该行业中从石材毛坯开采、板材锯切和精加工，广泛使用金刚石锯片、金刚石磨头。此外，在天然大理石、花岗石和人造铸石、水磨石、玻化砖、混凝土等建筑材料加工方面，普遍使用金刚石工具。

天然石材的矿山开采，使用烧结法和电镀法制造的金刚石绳锯是最先进最经济合理的方法，石材成材率大大提高，有效防止自然资源严重浪费。

已经普遍使用的金刚石大圆锯片（ϕ1600～5000mm）和金刚石排锯（大理石排锯每组40～100条）。把开采下来的块状石材荒料锯切为厚度1.5cm左右的板材。大块板材要分割为符合要求的形状和尺寸规格的商品材，普遍使用的理想工具是中等规格的金刚石圆锯片（ϕ350～500mm）。现场施工过程中边角料的切割则需要用ϕ100mm左右的小直径金刚石切割锯片，包括干切片和湿切片。

天然板材以及人造地板砖的表面磨光和边棱倒角加工，则需要使用金刚石磨块、磨辊、磨边轮等多种金刚石磨具。异形石材加工以及板材表面抛光还要使用金刚石电镀制品、金刚石树脂砂轮以及柔性抛光磨料。

在建筑工程中，金刚石锯片已经成功应用于切割飞机跑道和高速公路防滑槽，切割混凝土路面和沥青路面的伸缩缝，以及混凝土墙板的切割。金刚石薄壁工程套钻在旧建筑的拆除和新建筑施工过程中也得到日益广泛的应用。例如用金刚石空心钻替代钢质冲击钻，在墙壁和楼板上打孔，取得很好效果。

15.1.4.3 机加工行业

根据国外统计资料，工业金刚石用于机械加工方面的占工业金刚石总量的40%。金刚石磨具是磨削硬质合金的特效工具。它的最大成功是金刚石树脂砂轮和青铜砂轮磨削硬质合金刀具，推动了刀具硬质合金化的进程；同时，还是用于磨削硬质合金量具、模具、夹具及其他硬质合金工件。金刚石对硬质合金的研磨能力比碳化硅高数千倍。刃磨硬质合金车刀时，每磨除1g金属要消耗碳化硅磨料4～15g，而金刚石仅消耗2～4mg。金刚石砂轮磨削硬质合金比普通砂轮高上千倍，成本降低10%以上。金刚石砂轮磨削硬质合金刀具可以避免使用碳化硅砂轮加工时容易出现的裂纹、崩口等缺陷，加工出的刀具粗糙度和精度提高，刀具寿命可延长50%～100%，而且可以省掉刃磨后的抛光工序，生产效率可提高数倍。

在汽车制造工业中，用金刚石油石镗磨汽车发动机气缸时，一块金刚石油石相当于300

块碳化硅油石，加工粗糙度由 0.8 ~ 0.4 μm 降低到 0.2 ~ 0.1 μm，气缸椭圆度和锥度偏差从 0.03 mm 减小到 0.15 ~ 0.02 mm。

金刚石磨具磨削合金工具钢时，比普通砂轮磨削提高 10 倍以上，成本降低 10%，还避免了用普通砂轮加工容易引起的烧伤现象。但需要指出，对于磨削合金工具钢而言，立方氮化硼磨具应是首选工具，它比金刚石磨具更为优越。

由于在汽车曲轴和凸轮轴磨削加工中也广泛应用超硬材料，曲轮和凸轮轴可以利用金刚石砂轮和立方氮化硼砂轮直接进行磨削。如果用普通的砂轮来磨削曲轴，则需要用金刚石滚轮对普通砂轮进行在线随时修整。

在加工汽车发动机气缸时，利用金刚石车刀进行精车，可达到很高的尺寸精度和表面粗糙度，可以达到以车代磨的显著效果。

15.1.4.4　电子电气工业

金刚石拉丝模可以拉制电子电气工业用的直径从毫米级到微米级的各种金属丝导线。拉丝产品粗糙度好，精度高，精度可达 1 ~ 2 μm。尤其是对于高硬度金属丝，例如拉制微米级的铂丝、钨丝，以及超细的铜丝，金刚石拉丝模是理想的工具。金刚石拉丝模能承受很高的压力、摩擦力和数百度高温，不容易磨损变形，使用寿命是硬质合金拉丝模的几倍甚至几百倍。

聚晶金刚石拉丝模与天然金刚石拉丝模相比，不存在天然金刚石的各向异性，不容易劈裂，也不会因为在某个特定方向磨损快而造成变形，拉丝孔可以始终保持正圆形。

聚晶金刚石拉丝模的另一个特点是金刚石颗粒之间有硬度相对较低的黏结层存在，其厚度从数微米至几十微米。这样，在使用中孔壁上就会形成细微沟槽，可以容纳润滑油，正是因为如此，虽然聚晶金刚石硬度低于天然金刚石，但其寿命却比后者长。好的聚晶金刚石拉丝模寿命是天然金刚石拉丝模的数倍，而价格只有天然金刚石拉丝模的 1/3 ~1/5。

在电气工业中使用的铁氧体磁性材料和一些绝缘材料，例如夹布胶木、环氧树脂纤维板等绝缘材料，用金刚石薄片砂轮加工，废品少、效率高，解决了用其他工具切割时存在的烧伤、粗糙度差、尺寸不准、废品多等各种困难问题。加工高铝陶瓷绝缘体也有独到之处，例如可加工含刚玉 35% 的高压电瓷，而这使用碳化硅也很难加工。

15.1.4.5　其他工业部门

光学玻璃加工中，采用金刚石工具进行下料、切割、铣磨、磨边以及凹凸曲面的精磨等，综合生产效率提高数倍甚至数十倍。随着金刚石成本的降低，除了光学玻璃和精密玻璃器件外，许多本来用普通磨料加工的一般性玻璃制品，如汽车窗玻璃等，也在用金刚石加工。在加工宝石、玉器、玛瑙等方面，也广泛采用金刚石切割片、什锦锉、磨头和拉丝模等。

15.2　金刚石钻进工具

15.2.1　概述

采用金刚石作为钻进工具的切磨材料真正有文字记载的是 1751 年，那是在一根管子的端部镶上金刚石，钻进了大约 610 mm 深的孔。在 1860 年，世界上出现了第一台人力转动的金刚石钻机。之后,金刚石钻进逐渐得到采用,但当时都是采用人工将天然的大颗粒金刚石镶嵌,对镶嵌技术要求也非常高,金刚石钻进的发展非常缓慢。20 世纪 40 年代,随着粉末冶金工业的发展,可以使用较为便宜的细颗粒金刚石,推动了金刚石钻头的制造工艺的进步。而随着人造金刚石的工业化生产,1962 年,人造金刚石作为钻探工具的切磨材料正式用于工业性钻探工作。

我国在 1960 年开始进行天然金刚石钻头的研制工作,1967 年通过了国产天然金刚石钻头制造工艺的鉴定。1963 年,我国成功合成金刚石后,相继开展了人造金刚石应用于地质钻探的研究。1974 年,热压法和真空冷浸法制造人造金刚石孕镶钻头宣告成功。1975 年,成功研制了无压浸渍法制造金刚石油井钻头等。20 世纪 70 年代末,又研制成功了低温电铸法制造金刚石钻头工艺。至此,工业规模化的四种金刚石钻头制造工艺在我国全部研制成功。

采用金刚石钻头钻探,具有优质、高效、经济、减轻劳动强度、节约钢材等一系列的优点,因此逐步被广泛地采用。

15.2.2　金刚石钻进工具分类

金刚石钻进工具用途很广,种类繁多。常用的分类方法如下:

(1) 根据钻进工具的不同用途(或钻进对象)可分为:地质钻进、油(气)井钻进、建筑及施工等,如表 9-15-1 所示。

表 9-15-1　不同用途的钻进工具分类表

	用　途	明　细
钻进工具	地质钻进	按对象:地质勘探用钻头、煤田勘探用地质钻头、水文及工程钻头、坑道钻头 按形式:单管钻进钻头;双管钻进钻头;绳索取芯和泥浆钻进钻头;空气吹孔钻进钻头;全面钻进钻头;工程用大直径钻头;特种专用钻头等
	油(气)井钻进	按钻头的结构形式:全面钻进钻头、取芯钻头、专用钻头等
	建筑及施工	用于砖混或混凝土建筑的楼板、墙体以及花岗岩、大理石等工程施工打孔用的各种类型的薄壁钻头
	其他用途	包括了除上述三种用途以外的所有金刚石钻进工具,诸如用于半导体行业和玻璃行业的套钻;石墨电极加工,耐火材料打孔、岩样取芯、陶瓷打孔用的钻头都属于这一范畴

或者按照简单的用途可将金刚石工程钻头归纳划分如表 9-15-2 所示。

表 9-15-2　按用途划分金刚石工程钻头

工 程 钻	以工程建筑施工为主要用途的,主要钻进管线孔
工 业 钻	以钻孔、取芯为主要用途,主要用于地质勘探等
样 品 钻	主要用于特种材料的取样分析

(2) 按照使用的金刚石类别分为:天然金刚石钻头;合成金刚石钻头;合成金刚石聚晶钻头;金刚石复合聚晶钻头;单晶和聚晶金刚石复合钻头;烧结碳化钨和合成金刚石复合钻头;镶块式金刚石钻头等。

(3) 按镶嵌方式分类:根据金刚石位于钻头胎体内的部位和分布方式分为如表 9-15-3

所示 3 类。

表 9-15-3　按镶嵌方式分类

孕镶钻头	金刚石随机或均匀地分布于钻头的钻进胎体内
表镶钻头	金刚石位于胎体的外表和底唇部
镶块式钻头	金刚石预先和胎体粉末烧结形成一定形状的块状物,然后镶焊于钻头钢体上而制得

(4) 按制造的工艺方法分类:金刚石钻进工具的制造方法很多,目前通用的制造方法为:手工镶焊法、热压法、冷压浸渍法、无压浸渍法和低温电铸法等。

手工镶焊法是一种最原始的制造金刚石钻头的方法,是在钻头钢体上先钻上孔,将金刚石放入孔内,再将其铆牢。手工镶焊钻头比较费工费时,而且要求非常熟练的技术,否则镶焊不牢,会造成金刚石脱落,不但影响钻头寿命,而且还给钻进工作带来很多困难。所以镶焊法钻头已不多用。

热压法。该工艺特点是在加热状态下(一般在胎体粉末的烧结温度下)进行压制。热压法因其加热方法及压制过程不同又分中(高)频热压法、工频电阻热压法、炉内加热炉外加压法等。

冷压浸渍法。先将配好的骨架粉末碳化钨装入摆好金刚石的钢制压模中(金刚石用临时黏结剂粘于钢模壁上)经加压制成一定形状和尺寸的胎体,并与钻头钢体联结成一体,然后装舟,送入二带钼丝炉或真空炉中烧结,使黏结金属(如铜镍合金),熔渗到骨架金属孔隙中去,形成具有一定耐磨性的假合金胎体。

无压浸渍法。先将定量的骨架粉末(一般为碳化钨粉)装入黏好金刚石的石墨模具内,放入钻头钢体,经适当敲振后使骨架粉末达到所需密度,然后装入适量的黏结金属,在箱式电炉中烧结,当达到一定温度后,黏结金属熔化,靠毛细作用渗入骨架粉末中,使之形成一种假合金,能牢固的包镶金刚石并与钻头钢体黏牢。这种方法多用于油井钻头的制作。

低温电铸法是采用金属电沉积的工艺过程。将金刚石沉积于钻头钢体上,金属的不断沉积使金刚石被包镶牢,从而制得所需形状的钻头。这种方法的特点是制造温度低(一般不高于 50℃),也不承受压力,保证了金刚石强度不受损伤,从而提高了金刚石的钻进性能,适用于制造各种类别的钻头。

15.2.3　钻探工具用原材料

钻探用人造金刚石应具有晶形完整和抗压强度高的特点,一般采用高品级金刚石。在制造孕镶钻头时采用高品级和聚晶烧结体金刚石两种。磨料级粗粒度主要用于制造孕镶钻头和孕镶扩孔器。聚晶烧结体金刚石目前国内品种、规格较多。特别是金刚石和 CBN 硬质复合片的研制成功和工业生产,对钻头的发展起到了很大的促进作用。聚晶烧结体是采用细粒度的金刚石,加入适量的金属粉末在高温高压条件下制成的。

金刚石具有很高的静压强度,晶形和抗压强度值有关。表 9-15-4 中给出了有关国家的钻头用人造金刚石的单粒压溃压力。金刚石虽有很高的静压强度,但其脆性较大,因此作为钻头的切磨材料,必须在使用中严禁磕碰。

表 9-15-4　不同牌号人造金刚石的单粒压溃压力

生产厂	牌　号	粒度/目	完整晶形/%	单粒压溃压力/N
美国 G. E.	MBS	35/40	35.5	280
南非 D. B.	SDA 100	40/50		>221
	MDA	60/80		87.2
瑞典 L. Hagelgvist	SDA	40/50	42.6	134.5
	MDA	70/80	33.8	70
芬兰 Fin Diamont	SDA	50/60	34.2	100.8
	MDA	80/100	25.0	57.5

15.2.4　钻探用人造金刚石的质量要求

（1）人造金刚石单晶。用于钻探的人造金刚石单晶必须抗压强度高、粒度粗、完整晶形含量高，因而具有高的抗冲击韧性和良好的钻进效果。

（2）人造金刚石聚晶。用于钻探的人造金刚石聚晶，必须具备磨耗比高、尺寸精度好、形状规则、热稳定性好，具有良好的抗冲击韧性等。

钻探用天然金刚石的品级与具体用途，如表 9-15-5 所示。

表 9-15-5　天然金刚石品级分类及用途

级　别	代号	特　　征	用　　途
特级（AAA）	TT	具有天然晶体或浑圆状，光亮、质纯、无斑点及包裹体，无裂纹，颜色不一，十二面体含量达 35% ~90%，八面体含量达 65% ~10%	钻进特硬地层，或制造绳索取芯钻头
优良级（AA）	TY	晶粒规则完整，较浑圆，十二面体达 20%，八面体含量达 80% ~85%，每个晶粒应不少于 4 ~6 个良好尖刃，颜色不一，无裂纹，无包裹体	钻进坚硬和硬地层或制造绳索取芯钻头
标准级（A）	TB	晶粒较规则完整，八面体完整晶粒达 90% ~95%，每个晶粒应不少于 4 个良好尖刃，由光亮透明到暗淡无光泽，可略有斑点及包裹体	钻进硬和中硬地层
低级（C）	YD	八面体完整晶粒达 30% ~40%，允许有部分斑点包裹体，颜色为淡黄至暗灰色，或经过浑圆化处理的金刚石	钻进中硬地层
等外级	TX	细小完整晶型，或称圆块状的颗粒	择优以后用于制造孕镶钻头，TX 可钻进坚硬地层，TS 可钻进中硬地层
	TS	碎片，连晶砸碎使用，无晶形	

根据钻头的不同用途，分别对钻进工具用金刚石原料进行阐述。

地质钻探用人造金刚石应具有晶形完整和抗压强度高的特点，一般采用高品级金刚石。在制造孕镶钻头时应采用高品级和聚晶金刚石烧结体两种。磨料级粗粒度主要用于制造孕镶钻头和孕镶扩孔器。

工程钻头用人造金刚石，其对象大部分为非均质材料，可钻性差别很大。例如钻进钢筋混凝土楼板时，材料内有粗细不等的钢筋，疏密相间，有浑圆的卵石、砂子和水泥，还有胶结不牢的混凝土等，加之胎体薄，所以金刚石层必须有极锋利的切削刃，抗冲击破碎性能好且胎体必须具有良好的镶嵌作用等。因此需选用高品级（如 MBD3、MBD12、SMD25）和粗颗粒

(如 60/70)以粗的金刚石为佳。为了提高金刚石的抗冲击韧性,金刚石最好经过磁选和浑圆处理。表面涂钛的金刚石与胎体润湿良好,是制造工程钻头的理想金刚石。

15.3　金刚石切割工具

15.3.1　概述

金刚石切割工具的工作内容是利用金刚石将材料切割、切槽等,包括圆锯片、排锯、绳锯等,主要用于切割大理石、花岗岩和混凝土等非金属材料。如石材矿山大块岩石的采掘,以前在没有金刚石工具的情况下大都采用打眼放炮将岩石崩离,再手工凿成长方块运往石材加工厂。而如今可用先进的金刚石绳锯取代爆破开采,可以直接将大块岩石从矿山母岩上锯割下来,再分割成需要的大小,然后运往石材加工厂,用金刚石锯片切割成各种厚度的板材。又如半导体硅的切断和切片用的电镀金刚石切割片;光学玻璃、陶瓷等硬脆非金属材料的切割也都离不开各种各样的金刚石锯切刀具。建筑业的蓬勃发展更为金刚石锯切工具带来了用武之地。旧建筑物的改造往往要用到墙锯或绳锯将墙面切缝或将楼板切开;道路、机场等现代化建筑设施也离不开金刚石锯。1979 年,世界上有将近 1/5 的工业金刚石用于制造金刚石锯切工具,是近几十年来金刚石工具中发展最快的品种之一。据 1994 年美国 GE 公司统计资料显示,1993 年世界超硬磨料制品的消耗总计 33 亿美元,其中石材加工就超过了 9.8 亿美元,约占总消耗量的 1/4。而据我国超硬材料协会调查资料显示,我国石材加工类金刚石制品约占制品总量的 55.8%,而在石材加工用制品中金刚石锯片占 85%,也就是说石材加工用金刚石锯片占整个金刚石制品的比例高达 47.4%。可见金刚石切割工具无论是在国内还是国际上都占金刚石制品中的首位。

金刚石锯片的应用历史相当悠久。从最开始的使用手工镶嵌,到 20 世纪 30 年代,采用粉末冶金方法制造扇形锯齿,再用焊接的方法将锯齿镶焊于钢质基体上。20 世纪 60 年代,圆锯片的制造技术发展迅速。适用于各种切割对象、各种不同结合剂种类、各种不同切割方法的圆锯片相继问世,各种制造锯片的工艺方法也日趋完善。

我国的金刚石切割工具按其不同种类而有不同开始时间。如 20 世纪 60 年代研制成功了电镀内圆切割片(硅、锗、水晶等的切割)和滚压锯片(用于钟表宝石切割);60 年代末 70 年代初研制成功镶齿锯片(用于光学玻璃、地质岩芯切割);70 年代研制成功焊接圆锯片,最初主要用于绝缘材料、电瓷等的切割,随后又扩展到石材切割圆锯片。1978 年以后我国石材工业获得了全面发展,从而使石材切割金刚石锯片形成系列化、标准化,同时还开发出用于建筑行业的金刚石锯以及排锯、带锯和绳锯等。80 年代初,切割磁头用的各种超薄金刚石锯片试制成功,最薄的厚仅 0.04 mm,它的结合剂已不仅仅限于烧结金属和电镀金属结合剂,而且有了树脂结合剂锯片。

从近几年的发展来看,金刚石切割工具的使用对象和领域在不断地扩大,除传统的石材、玻璃、半导体等各种硬脆非金属材料的切割外,还广泛用于钢筋混凝土切割(包括水泥预制件、楼板、墙板)、机场跑道防滑缝、公路及广场伸缩缝(防热胀冷缩)的切割,有机物料如胶木板、塑料板的切割,甚至木材、铝板、钢缆、石膏水泥板的切割也有了一定进展。

15.3.2　金刚石切割工具的分类

金刚石切割工具的种类很多,采用不同的分类方法介绍如下。

(1) 按形状分类:

1) 圆锯片。金刚石切削刃位于圆周上。如常用的石材切割圆锯片,切削刃位于外圆周上;切割半导体薄片的内圆切割锯片,切削刃位于内圆处。

2) 排锯片。是由一条长钢板制成,金刚石齿位于钢板的一侧。钢板两端有铆钉铆牢的连接板,供装配时楔紧之用。它的切割对象主要是石材,包括各种天然大理石、易切的花岗岩等。

3) 带锯。类似于解木板用的木工带锯,不同的是金刚石带锯是在钢带一侧焊有金刚石锯齿。与排锯片区别在于,带锯的钢带两个端头是焊到一起的,形成闭合环带。它的主要加工对象主要是石墨电极,也可用作异型石材切割。

4) 绳锯。是由很多个金刚石节块(串珠)处串装在一根钢绳上而制得。绳锯最初主要用于石材矿山的开采,通过近年来的开发应用,在建筑物的拆除、大块石材或水泥的分割、异型石材切割等领域已成为另一个主要应用领域。

(2) 按制造方法分类:

金刚石切割锯片常用的制造方法如下:

1) 电镀锯片。它是制造内圆切割片的唯一方法,也用于薄的外圆锯片、绳锯串珠等的制造。特点是金刚石粘结牢固,出刃好,切削锋利,耐磨性强。

2) 滚压锯片。这种锯片的基体是一种较软的低碳钢,在外圆周边处开很窄的缝,将金刚石涂布于外圆处,然后用钢挤轮将金刚石挤入缝中。用于钟表宝石的切割。

3) 镶齿法。镶齿法是以青铜为结合剂,采用冷压烧结的工艺方法制造。主要用于玻璃、水晶等的切片,也有用于大理石等的切边。

4) 焊接法。这是目前使用最广泛的锯片制造方法,也是大部分石材加工用锯片的形式。先采用热压或冷压方法制备锯齿,然后用高频焊接或激光焊接将锯齿焊接在钢基体上。

这种方法适于大批量、半自动化生产。方便通过调节锯齿结合剂配方,制得各种不同性能的锯齿,适应于不用对象的切割。

此外,金刚石切割工具还可以按用途分为石材切割锯片、光学玻璃切割锯片、宝石等工艺品切割锯片、半导体切割锯片、工程切割锯片等。

15.3.3　切割工具用原材料

15.3.3.1　金刚石

A　粒度

人造金刚石晶体有各种大小不同的粒度。用于锯切混凝土、石材和其他脆性材料典型的粒度范围是 18/20 ~ 70/80 目(150 ~ 1000 μm)。

在锯切工具切割面上出露的情况或凸出高度影响每个颗粒的切割深度,从而也就影响切割工具的材料切除率。使用粒度较大的金刚石出露程度将有较高的材料切除率。一般粗颗粒用于切割软质材料,而较小粒度则用作坚韧材料的切割。

金刚石的粒度决定了每克拉的颗粒数,表 9-15-6 是美国 G. E. 公司目数与每克拉颗粒数的对应关系。除金刚石粒度外,金刚石的浓度也决定了切割表面颗粒的数目,从而对工具寿命和功率消耗有影响。

表 9-15-6　不同数目的每克拉晶粒数

美国目数	网孔尺寸/μm	每克拉粒数(立方-八面体)
20	840	150
25	710	250
30	590	440
35	500	720
40	420	1380
45	350	2650
50	297	5000
60	250	9300
70	210	14000
80	177	23000

B　形状

金刚石的晶形变化很大,从完整的立方八面体结构到部分完整、不规则形状直至晶体碎块。

金刚石的晶形与性能之间存在着一定的关系。不规则形状的和有棱角的晶粒占比例大的则适合于较轻负荷的应用。晶形完整、饱满结实的金刚石晶粒更适用于较重负荷情况。

根据经验,当晶粒承受重负荷时,最适合选用非常结实的完整的立方-八面体晶形的金刚石。这种晶形的金刚石在工作过程中接触面最小,而抗破碎能力最强,因此降低了设备的功率消耗,延长了工具寿命。

C　冲击强度

金刚石的冲击强度是指晶体的承受冲击载荷能力的度量,受晶形、粒度、杂质以及这些晶体特性分布的影响。在选用金刚石时,还应综合考虑其他相关因素,如工具的设计、结合剂的性能、工件材料性能、机器的许用功率、所要求的切割效率和整个系统的经济性等。

通常切割较坚韧材料时,应选取能承受冲击强度大的金刚石。在一定场合下使用时,存在一个最小冲击强度值。当使用的金刚石冲击强度高于该最小值时,对于改进工具性能没有太大效果。随着使用情况趋于恶化,所需金刚石的最小冲击强度值也应相应增加。De Beers 锯用天然金刚石如表 9-15-7 所示。

表 9-15-7　De Beers 锯用天然金刚石

DEBDUST Ⅰ DEBDUST Ⅱ	经处理过的高质量天然金刚石,呈浑圆状,具有高的强度和热稳定性,前者质量更好	用作锯、钻头、对象为钢筋混凝土、水泥制品、石头
EMB	团块状,颗粒具有规则的晶面,耐磨损,结合强度好。有较好的强度和热稳定性	锯和钻头等,对象为石材、耐火材料、混凝土、砖石
EMBS	类似于 EMB,但采取了一些表面处理的工艺过程,包括强化处理,椭圆化处理等;金刚石表面有很多凹坑,具有良好的结合性能和热稳定性	锯和钻头,对象为石材、混凝土、耐火材料、砖石;用粗骨料和钢筋加强的混凝土

D　色泽

金刚石颜色与合成时所用的触媒材料、晶体内存在的不同杂质(品种和数量)以及晶体表面的光学反射相关。通常质量好的金刚石色泽呈浅黄至黄绿色。如果色泽变绿变黑，说明金刚石的质量存在一定问题。

用于锯切工具制造的国产合成金刚石牌号、特征及对应的作用见表 9-15-8。

表 9-15-8　锯用国产合成金刚石

品种代号	粒度范围/目	堆积密度/$g \cdot cm^{-3}$	杂质含量	用　途
RBD	60/70～325/400	1.35～1.70	粒度大于 140/170 的不多于 0.5%（颗粒分数），粒度细于 140/170 的不多于 1.0%	树脂薄片
MBD	50/60～325/400	≥1.85		青铜基结合剂锯片电镀绳锯、丝锯
MBD_4				
MBD_6				
MBD_8				
MBD_{10}				
MBD_{12}				
SMD	16/18～60/70	≥1.95		焊接锯片、包括圆锯、排锯、带锯、绳锯
SMD_{25}				
SMD_{30}				
SMD_{35}				
SMD_{40}				
DMD	16/18～40/45	≥2.0		特殊用途焊接锯片

De Beers 系统石材建筑制品切割用锯片级金刚石有三大系列，计 20 个品种。第一系列为钴基触媒形成的 SDA^+ 系列，计有 SDA100S、$SDA100^+$、$SDA85^+$、$SDA55^+$、$SDA45^+$、$SDA25^+$ 八个品种。同时采用镍基触媒开发出 SDB1000 和 DSN1000 两个系列。SDB1000 包括 SDB1125、SDB1100、SDB1085、SDB1075、SDB1065、SDB1055、SDB1045、SDB1025 八个品种，DSN 系列仅有 DSN47、DSN45～DSN43、DSN40 四个品种。

图 9-15-1、图 9-15-2 列出了 Element 6 公司应用于石材业锯片和建筑业的金刚石类型。

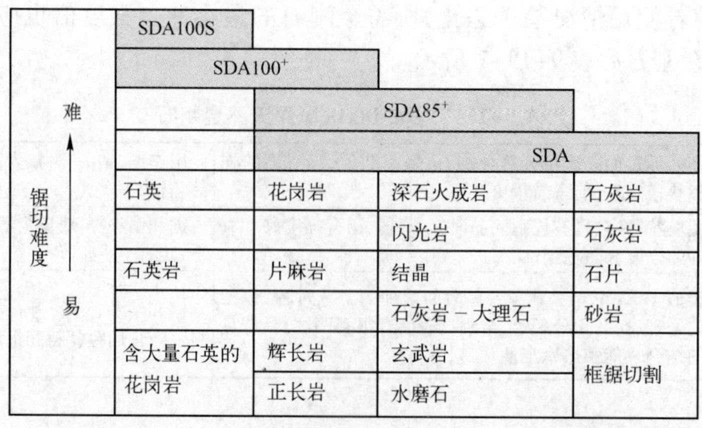

图 9-15-1　Element 6 推荐用于石材业的锯片用金刚石类型

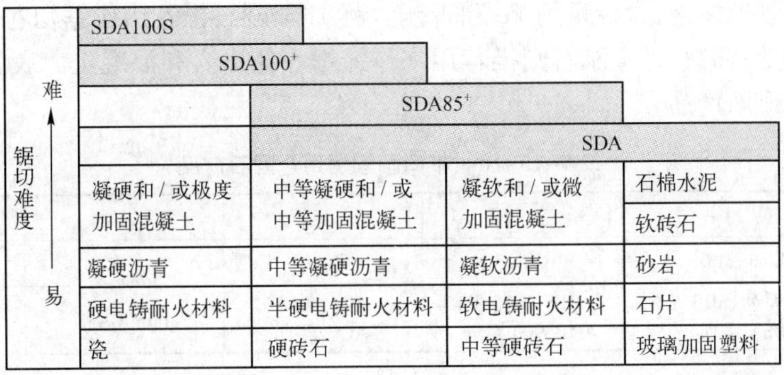

SDA100S

SDA100$^+$

SDA85$^+$

SDA

难 ↑ 锯切难度 易

凝硬和/或极度加固混凝土	中等凝硬和/或中等加固混凝土	凝软和/或微加固混凝土	石棉水泥 软砖石
凝硬沥青	中等凝硬沥青	凝软沥青	砂岩
硬电铸耐火材料	半硬电铸耐火材料	软电铸耐火材料	石片
瓷	硬砖石	中等硬砖石	玻璃加固塑料

图9-15-2　Element 6推荐用于建筑业的锯片用金刚石类型

SDA85$^+$具有介于SDA100$^+$和SDA$^+$之间的中等强度,对于锯切极硬的花岗岩或加固混凝土,以及较易锯切的大理石或耐火材料,SDA85$^+$是最适用的品种。SDA85$^+$是由坚韧、块状和主要是由非常明确的立方-八面体晶粒构成,可进行高速切削而且耐用的SDA$^+$磨粒,对于锯切石材、混凝土、砖石和耐火材料相当理想。

美国GE公司为锯切用金刚石提供MBS900系列共十个品种,其中MBS960、MBS950、MBS940、MBS930、MBS920夹杂少,热稳定性好,晶形完整,用于难加工的坚硬石材的切削和钻探;MBS945与MBS955则次之,用于一般材料的锯切;MBS915N晶体中夹杂极少,故在温度升高时仍然保持高的冲击强度;MBS910则用于负载较轻的锯切条件,可降低成本。后推出的MBS970耐磨性比MBS960提高20%~50%,平均提高23%,锯切功率下降10%,其晶形控制严格、强度高、热稳定性更好。GE公司的另一锯用金刚石为MBS700系列,它包括MSD、MBS760属浅黄色晶体,完整晶形高,用于锯切难加工石材;MBS250、MBS70和MBS720用于一般的锯切和钻探;MBS、MBS70晶体中包裹体较多,色泽黄绿,晶形和强度都略差,故用作负载较轻的锯切工具。GE公司锯用金刚石一般选用原则列于表9-15-9中。

表9-15-9　GE公司锯用金刚石一般选用原则

重负载应用	MBS960
锯切、钻探、绳锯	
用于下列材料:硬花岗岩、钢筋混凝土、硬填料混凝土、多排花岗岩异型锯切	MBS950
中等负载应用	MBS950
不难的切割情况:低硬花岗岩、一般用途混凝土、硬石板	MBS940

此外,GE公司为了开发中国及东南亚地区的锯片金刚石市场,专门生产适应该地区的牌号为HCS-5及VSD-30/VSD-30X的金刚石。这两种金刚石晶形一般,杂质含量较多,强度差异较大,虽说质量属中等水平,但应用效果并不太好,只是价格比较便宜。

各国为提高金刚石的市场竞争能力,都致力于在锯用金刚石品种和质量上展开研究,世界两大合成金刚石制造商De Beers和GE都相应推出了新的品种锯用金刚石。国内也开展了一些工作,主要是致力于提高质量。

MBS-960Ti2和MBS-960Cr2是GE公司最新开发的锯切用金刚石产品。MBS-960Ti2金刚石通常适用于含铁、钢和青铜的钴基结合剂胎体。MBS-960Cr2金刚石则适用于钴基或 WC 基胎体内,含少量的 Fe 和青铜。镀 Ti 金刚石推荐用作锯切花岗岩的大锯片和混凝土深切等;而镀 Cr 金刚石则推荐用来作绳锯切花岗岩和混凝土。表 9-15-10 为不同国家锯用金刚石产品。

表 9-15-10 不同国家锯用金刚石产品

国家	英 国	美 国	乌克兰	日 本	捷 克
公司	Element 6	GE	超硬所	东名	
牌号	SDA + 系列、SDB 系列 DSN 系列	MBS700 系列 MBS900 系列	ACK 系列 ACC 系列	IMS、CAM	DSK-S

15.3.3.2 锯切工具胎体材料

根据黏结剂的不同,制备锯切用金刚石工具的胎体材料主要有以下八种:

(1) 青铜基黏结剂。青铜基黏结剂胎体在金刚石工具中应用比较普遍,大多数是预合金粉末,如 6 - 6 - 3 青铜粉、Cu - Sn - Ti 合金粉及其他以 Cu - Sn 为基的合金粉。青铜粉一般需采用雾化法生产,粉末颗粒呈近似球状。

青铜粉的可烧结性与成形性很好,熔点低,烧结温度也低,常添加适量的 Ni、Mn、Co、Fe、Ti、Cr、W 等进行合金化,以期获得尽可能好的综合性能。

Cu - Sn - Ti 合金是较理想的黏结剂,常温下其液相合金对金刚石完全润湿。青铜合金力学强度偏低,抗弯强度在 700 MPa 左右,已完全满足金刚石工具的要求。

(2) 白铜基黏结剂。白铜基黏结剂用得较多的是锰白铜和锌白铜。白铜是 Cu - Ni 系合金,其力学性能和熔点都高于青铜。白铜合金常用于制造石油钻头和地质钻头,使用时可加入少量 Co、Cr、Sn、Ni、W、WC 等进行改性处理。

(3) 黄铜基黏结剂。黄铜基黏结剂主要是 Cu - Zn 基合金,根据用途需要有时加入 Pb、Sn、Al、Fe、Mn、S 等。在黄铜中加入 Fe、Ni、Si、Sn 等对改善黄铜对金刚石润湿性起一定作用。

黄铜基黏结剂烧结温度不高,热压成形性好。

(4) 铜基黏结剂。前面的 3 种黏结剂都是铜基合金黏结剂,因此在这里需要指出,铜基合金黏结剂主要以电解铜粉为主要原料用热压或冷压烧结制造金刚石工具。用冷压成形烧结制造金刚石工具时所用原料必须是电解铜粉,因为其冷压成形性好。

在铜基黏结剂中加入 Cu、Co、Ni、Mn、Ti、Cr、Al、W 等可改善其对金刚石的润湿性。

(5) 钴基黏结剂。国外一些先进国家应用钴基黏结剂比较普遍,其钴含量可高达 100%,纯钴基金刚石工具胎体性能优异。钴基综合性能最好,如较好的成形性与可烧结性、对金刚石黏结力大、润湿性好等。但是,在我国,由于钴的价格因素,应用不是非常广泛。

(6) Fe 基黏结剂。Fe 基黏结剂具有较高的力学性能,如抗弯强度、硬度等,对金刚石润湿良好,可成形性、可烧结性好;成本低,对骨架材料润湿性能好等。

(7) Ni 基黏结剂。Ni 基黏结剂耐磨性好,具有出色的强韧性,耐冲击,适用于制作研磨性强的金刚石工具。由于 Cu、Ni 能够很好地互溶,在 Ni 基黏结剂中 Cu 是首选的合金元素,此外,Fe、Sn、Zn、Cr、W、Ti、Si、Al 也是适用的可添加合金元素。

(8) Al 基黏结剂。Al 基黏结剂在国内并不多见,前苏联对 Al 基黏结剂的开发研究较早。Al 基抗弯强度不是很高,但对金刚石有很好的润湿性,尤其是含 TiAl 基合金黏结剂,比含 SnAl 基合金对金刚石的润湿性还好,同时 Al 基黏结剂熔点低,成本不高,因而应用进一步扩大。

15.4　金刚石磨具

15.4.1　概述

金刚石磨具是以金刚石为磨料,利用不同的结合剂制造的以磨削、抛光、研磨加工为主的工具,主要包括砂轮、磨辊、磨轮、磨头以及各种柔性磨具。

由于金刚石磨具具有磨削效率高,磨削力小,磨削质量好,精度高等优异特性,获得了极为广泛应用。20 世纪 70 年代以前,金刚石磨具是各种金刚石制品中用量最大的一类,20 世纪 70 年代初约占工业金刚石总量的 50% 左右。后来随着金刚石切割工具的迅速发展,金刚石磨具所占比重下降至第二位,目前约占 20% ~30% ,但其用量一直在增加。

随着现代加工技术朝着高速、高效、高精密、高自动化和低成本方向发展,以及一些新型难加工材料的不断出现,金刚石磨具将适应这些需求,适应不同加工对象和场合,开发应用新领域将是金刚石磨具行业发展的主要任务。

15.4.2　磨具的分类

根据结合剂种类不同,金刚石磨具可分为树脂结合剂、陶瓷结合剂、烧结金属结合剂、电镀金属结合剂和单层高温金属钎焊金刚石磨具,后三者统称为金属结合剂金刚石磨具。结合剂种类不同的金刚石磨具由于加工对象不同,对金刚石以及结合剂都有不同要求。下面主要介绍金属结合剂金刚石磨具。

15.4.3　磨具原材料

15.4.3.1　金刚石

金刚石磨具使用的金刚石磨料,一般采用中等强度系列的人造金刚石。常用的金刚石磨料牌号如下:国内旧牌号 JR2 和 JR3,新牌号 MBD 系列的 MBD4、MBD6、MBD8、MBD10。国外金属结合剂磨具常用的金刚石牌号有 GE 公司的 MBG 系列的 MBG -600、MBG -660 以及 De Beers 公司的 MDA 系列的 MDA -S、MDA -SE、MDA -100 等品种。

具体的,对金刚石磨具用金刚石磨料的性能要求如下:

(1) 粒度范围:根据加工工序和粗糙度的不同要求,依照粗磨 - 半精磨 - 精磨的顺序,金属结合剂磨具所用的金刚石,其粒度一般可在 50/60 ~230/270 的范围内选择。根据粒度相对应的加工粗糙度可达到 $R_a = 1.6 \sim 0.2$。

(2) 颗粒形状:金属结合剂磨具所用的金刚石,其颗粒形状的特点应是:结晶形状较好,一般为块状,表面较光滑,棱角规则。这样的颗粒,具有中等强度和中等脆性。其中更有一些品种,其晶粒呈现规则的六面体 - 八面体,具有较高的强度和较低的脆性。

颗粒形状不仅是决定强度的重要因素,还是影响堆积密度的因素之一,而且颗粒形状及表面状态如何,还关系到金刚石与结合剂之间的结合强度,从而影响磨具使用寿命。

(3) 磁性:人造金刚石产品一般都含有铁磁性杂质。这些杂质是在合成过程中带入的触媒金属及其合金。含磁性包裹体的金刚石颗粒也或多或少地带有磁性。磁性较强的金刚石颗粒,其强度和耐热性都较低。为了保证产品性能满足使用要求,金属结合剂使用的金刚石,尤其是对强度要求较高的品种,应当经过磁选工序,剔除含磁性包裹体较多的金刚石颗粒。

15.4.3.2　胎体材料

(1) 金属结合剂:金刚石磨具中使用的结合剂,基本上都是锡青铜。这是因为锡青铜不仅能满足磨具对性能的要求,如强度高、硬度高、脆性也高。而且锡青铜收缩率小,易生成分散性缩孔,适合于制造形状复杂且有一定孔隙度的烧结制品。此外,铜的导热性在所有金属中仅次于昂贵的银而高于其他金属,有利于降低磨削温度和防止划伤,这也是铜基合金之所以常用作磨具结合剂的原因之一。

(2) 树脂结合剂:树脂结合剂金刚石磨具是以树脂粉为胶黏剂,加入适当的填充材料,通过配制、混合、热压成形、固化、切削加工等工序制成的具有一定形状、能适用不同磨削要求的一种加工工具。树脂结合剂由黏结剂和各种填料组成。填料的种类和用量对结合剂的物理-力学性能影响很大,因此对填料的用量和种类必须进行合理选用,使各种配比的结合剂都发挥优良的性能。常用的树脂结合剂主要有酚醛树脂和聚酰亚胺树脂。作为树脂磨具所使用的结合剂,要求具有黏结性好、力学强度高、耐热性好、合适的硬度并且要有一定的经济性。

(3) 陶瓷结合剂:陶瓷结合剂金刚石磨具用结合剂一般有两种类型,一类是由非玻璃料和玻璃料两部分组成,另一类是由纯玻璃料组成。非玻璃料一般为黏土,玻璃料则是低熔点、低膨胀、高强度玻璃,近年来还开发出了微晶玻璃结合剂。结合剂应符合以下几点主要要求:1)结合剂耐火度及烧成温度要低;2)满足制备磨具的强度要求;3)结合剂的线膨胀系数要与磨料的线膨胀系数相匹配;4)高温下对磨料润湿性要好;5)结合剂与磨料之间应无明显的化学反应。

15.5　其他种类金刚石工具

15.5.1　金刚石刀具

刀具是一种切削金属或非金属材料的工具,刀具应具有足够的硬度、强度、韧性和耐磨性。由于金刚石能在很长时间内保持锐利,当使用得很仔细而又很恰当时,刃口不易损坏,另外金刚石的线膨胀系数很小,比硬质合金低几倍,因此它不会产生很大的热变形,即由切削热引起的刀具尺寸变化甚微,这对尺寸精度要求很高的精车刀来说是非常重要的。

用金刚石车刀加工时,一次加工就能达到低粗糙度、高精度,避免了以前为达到这些要求而进行很多复杂费时的工序,从而大大提高了生产率,降低了成本。

金刚石刀具可用来对有色金属及其合金以及非金属材料进行高速精细车削及镗孔。例如精密切削无氧铜、超硬铝、镁及镁合金等有色金属以及塑料、硬橡胶、石墨等,加工尺寸精度可达到一级几何形状精度 3 ~ 5 μm,加工表面粗糙度可达 0.01 ~ 0.08 μm。金刚石刀具也用来加工预烧后的硬质合金毛坯。

金刚石刀具也存在一些缺点:(1)耐热性较低,一般切削温度不能超过 700 ~ 800℃;(2)金刚石强度低,对振动很敏感,只适合于精加工;(3)一般不适合于加工钢铁材料,因为金刚石和铁有很强的化学亲和力。近年来,金刚石刀具在加工钢铁材料方面开始取得较好的进展。

金刚石刀具种类大致可分为三类:(1)一般车刀,它和普通车刀一样,有外圆、断面、内圆用车刀,做成铣刀还可以进行平面切削;(2)雕刻用车刀,在切入式切削中可以加工钟表等装饰品;(3)特殊用车刀,包括完全镜面加工用车刀,辊光用工具等。

15.5.2　金刚石拉丝模

拉丝模是拉丝工业中使用的一种重要工具,拉丝质量的好坏不仅与拉丝模的结构有关,而且与其材质的关系也是不可忽视的。在现代金属拉丝工业中有合金钢模、硬质合金模和金刚石模。随着工业和科学技术的发展,金刚石拉丝模的需求量与日俱增,特别是人造金刚石的问世,聚晶拉丝模的出现,弥补了其他拉丝模的不足,为拉丝工业开拓了新的境界。

15.6　金刚石工具现状及行业动态

15.6.1　发展现状

由金刚石制造的机械加工用磨具、地质钻头及石材锯切工具的制造工艺水平已有很大提高。我国生产的产品已形成系列化、标准化,产品质量稳定,部分产品在国际市场上具有一定的竞争力。

金刚石单晶绝大多数用于制作各种金刚石工具。据统计,近几年来我国金刚石钻探工具的市场需求量约为12～15万支,基本上可满足市场需求;随着建筑业的发展和家用空调的普及,用于管线安装和空调整机安装及旧楼改造,施工用金刚石薄壁工程钻头需求量也在日益增加,用于石油、煤田勘探的PDC钻头的需求量也相应增加,我国所生产的金刚石复合片在质量上还不过关,有待于进一步研究改进。在机械加工中,金刚石砂轮、PCD工具刀具、珩磨油石、修整滚轮、拉丝模等都得到广泛应用。树脂结合剂金刚石砂轮年产量约为100万片以上;金刚石聚晶拉丝模的性能优于天然金刚石模和硬质合金模,因此在拉丝行业中应用很多,尤其是CVD金刚石拉丝模的出现,为控制15 mm以下的线材提供了可靠的拉丝工具。PCD刀具是主要用于非铁金属与非金属材料的加工,据报道,PCD刀具在汽车、摩托车、家用电器、木材加工及通用机械等行业中的需求量逐年增加。据统计,至1997年需求量已达26000把,尤其是在木材加工,PCD刀具的潜在市场很大,有待我们进一步开发。金刚石修整滚轮是一种技术含量很高的高科技产品,1997年我国金刚石滚轮的用量为3000支,预计今年的需求量可望达到4500支。

15.6.2　金刚石工具的新进展

近年来,金刚石工具制造的新技术新产品层出不穷,如金刚石工具专用超细预合金粉末、单层钎焊、金刚石有序排列、新型锯片基体结构等。对于提高金刚石工具的使用性能、提高产品的品质发挥了重要作用。

15.6.2.1　金刚石工具采用超细预合金粉末

超细预合金粉末具有以下特点:各金属元素分布均匀,避免了粉末冶金热压时间短、粉末的扩散来不及,使得胎体的组织均匀和充分合金化。超细化的预合金粉末,更具有烧结温度显著降低、烧结温度工艺范围宽和特殊的耐磨性能等,可同时提高工具对金刚石的把持力、工具的切割效率和寿命。特别是某些铁基和铜基合金,不易氧化,可减少金刚石用量15%~20%,用金刚石工具的生产工艺可以得到与钴基胎体性能相近的性能,达到了取代或部分取代钴的效果。这类特殊的超细预合金粉末从20世纪中后期在国际上出现后,显著提升了工具的性能并迅速得到了广泛应用,目前已形成了NEXT系列和EURO-TUNGSTEN系列等。近年来,随着国内金刚石单晶质量提高和国际市场对高品质金刚石工具的需求,相关单位密切跟踪这种制造技术的新变化。进入21世纪即取得成果,目前采用高压雾化法、共化学沉淀法制备的超细预合金粉末在金刚石工具制造中获得了广泛应用,提高了国内金刚石工具的制造水平。实验表明,用雾化法制备的铜基预合金粉末制造ϕ350 mm切割锯片切割中硬花岗岩,锋利度、耐磨性和切割寿命比相同成分的金属混合粉末制作的锯片提高25%。用水雾化铁基预合金粉末制作的ϕ1600 mm切割中硬花岗岩荒料,锋利度、耐磨性和切割寿命比相同成分的金属混合粉末制作的锯片体提高60%。用共沉淀法制备的铁-铜基预合金粉末制造的ϕ400 mm切割西班牙米黄软质大理石时,锋利比相同成分的金属混合粉末制作的锯片提高45%耐磨性和切割寿命略有提高。

15.6.2.2 金刚石单层焊接锯片

金刚石单层钎焊是为了提高金刚石的整体切削作用,将单体的微切削刃集合成连续切削刃,金刚石出刃高度高、容屑空间大、金刚石利用率高、使用寿命长、工作面不宜堵塞等优点。已经逐步取代传统的电镀金刚石工具。我国20世纪80年代后期研究这种工具,1989年研制成功钎焊ϕ40 mm金刚石磨轮,随后逐步研制出金刚石磨头、什锦锉等,试验产品的金刚石出刃高度可达其直径的2/3、磨削效率和寿命提高50%,但一直没有形成系列产品,主要问题是没有解决钎焊技术和金刚石优化排布等关键技术。近年来,关于低温焊料的研制不断取得进步,钎焊温度已从1000℃降低到780℃,焊料对金刚石的润湿角也降低到10°左右。结合激光钎焊、高频感应钎焊技术,解决了焊接温度高对金刚石性能的损坏、焊料对金刚石焊接强度低以及焊接工艺难以掌握和控制等问题。通过对金刚石单晶体的取向性研究,结合专用工艺、设备的开发成功,解决了金刚石的均匀分布和定向排列问题。逐步形成了单层金刚石工具系列产品,拓展了金刚石工具在新型复合难加工材料领域的独特作用,现已形成多种锯切磨钻产品大量供应国内外市场。该类新产品首先使用了金刚石磨粒的有序排列技术,推动了金刚石工具的制造和应用技术的进步,也引发了行业专家在普通工具如金刚石锯片和钻头等粉末冶金烧结产品中应用金刚石多层有序排列技术的研究。

15.6.2.3 金刚石多层有序排列的锯片

在金刚石有序排列单层钎焊工具出现后,金刚石在三维空间内有序排列的金刚石烧结块随之问世。国外某公司2004年研制成功的金刚石自动排布系统是金刚石颗粒间距实现等距分布,并使锯片切割寿命提高一倍,锯切速度提高30%。国内某公司2006年研制的金刚石在三维空间内有序排列锯片的性能得到显著提高。在7.5 kV·A桥式自动切割机上,在转速1700 rpm、切割线速度35 m/s、进给速度6 m/min、切割深度为2 cm的条件下,切割莫氏硬度7.3的花岗岩厚板材,ϕ400 mm有序排列金刚石的锯片与无序排列锯片相比,切割效率提高了30%,切机电耗降低了30%,噪声下降10 db,寿命提高2.5倍,比普通锯片的性能明显改善。但这类新产品生产技术难度大,只有几个厂家能够掌握,尽管市场需求强烈,也只能提供少量的产品。随着研究的不断深入和自动布料设备的不断改进和普及,再加上超细预合金粉末的成功应用,将有力地推动这类具有特殊性能的有序排列锯片制造技术的进步和产品升级换代,大幅提高我国的金刚石工具制造水平和竞争能力。

15.6.2.4　锯片基体的改进

通常的锯片基体结构如前面所示,为中间带有安装孔,周边为带水槽的锯齿,大量研究表明,合理的开槽设计,主要是能够改善冷却效果、调整锯片基体的应力状态,稳定锯片切割稳定性和切割质量,同时可以起到降低噪声、电力消耗的作用。这方面的专利很多,应用很广。

15.6.2.5　稀土元素的应用

稀土元素对材料的性能有许多特殊作用。已证明,稀土元素具有细化晶粒、净化材料表面和界面、吸附有害杂质氧、硫、磷等并与之反应生成其相应的化合物等,能够显著提高材料的综合性能,因而稀土元素在材料的科学研究和制备过程中获得了广泛应用。金刚石工具作为一种特殊的复合工具材料,在应用稀土元素改善工具胎体材料性能及胎体与金刚石的浸润性和粘结方面得到大量研究。例如,稀土 6% Ce - Cu 合金在金刚石地质钻头和锯片中的应用提高了工具的切割效率和寿命。研究结果表明:稀土元素 La 和 Ce 均可以通过细化晶粒提高铜基胎体的抗弯强度和硬度,同时使得胎体的耐磨损性能降低。稀土元素 La 和 Ce 的添加,改善能够胎体对金刚石的黏结作用,其中 La 可以促使铜基胎体与金刚石产生作用。当 La 的含量为 0.75% 时,可在金刚石表面形成胎体的薄覆着层,因而显著提高了胎体对金刚石的黏结强度。由于稀土元素 La 和 Ce 的添加,降低了胎体材料的耐磨损性能,使得工具切割石材时的切割指数 Z 值和金刚石的出刃高度增大,因此,适量 La 和 Ce 的添加可以提高铜基胎体工具的切割性能。

15.6.2.6　胎体材料的性能弱化应用

根据孕镶金刚石切割工具的特点,为了解决金刚石工具的使用性能:切割速度与切割寿命两个相互制约的关键因素之间的优化匹配问题,研究工作者提出了“弱化”胎体性能的设计思想。胎体性能“弱化”的概念就是为了提高工具的锐性能而降低包镶材料的强度和耐磨性能的设计思想,也有学者称为弱包镶方法。对金刚石工具这种特殊材料,采用工艺控制或材料设计,在保证胎体材料强度满足使用要求的前提下,通过适当降低胎体的耐磨损性能,可以达到提高工具的性能,尤其是切割速度的目的。称为“弱化”是因为采取的方法有时既降低耐磨损性能又降低了胎体的强度,事实上,以提高工具的切割性能为目的,“弱化”的实际意义是“优化”。由此可知,胎体材料性能的弱化意味着,作为金刚石工具中包镶及支撑金刚石工作的胎体材料的性能不是越高越好,为了满足金刚石工具的更有效工作反而要有目的的降低工具胎体的某些性能,如耐磨性,黏滞性等。工具工作过程中需要胎体材料的不断磨损使金刚石不断出露,要求的切割速度越高,胎体材料的磨损速度就要越快,即所需要的工具胎体材料的耐磨损性能要越差。应该说追求金刚石工具的高效率、长寿命及低成本是一项长期工作,只要不断提出创新的思想和设计方法就能不断提高工具的制造水平。

参考文献

[1]　杜挺. 金属学报, 1997,(1): 69.

[2]　林晨光. 难熔金属和硬质材料, 1992,(5): 295.

[3]　邬荫芳，袁逸，等．粉末冶金材料科学与工程，1997,12(1)：1.

[4]　孙毓超，等．地质与勘探，1985,(10)：63.

[5]　宋月清．切割石材用金刚石工具胎体材料优化研究．北京：北京有色金属研究总院，1998.

编写：宋月清（北京有色金属研究总院）

第 10 篇

粉末冶金零件应用

第 1 章　粉末冶金结构零件在汽车产业中的应用

1.1　引言

粉末冶金是以金属粉末为基本原料，通过成形－烧结制造金属零件的一种新型金属成形技术。

最早用粉末冶金工艺批量生产的机械零件是烧结青铜含油轴承（也叫粉末冶金自润滑轴承），这种轴承是通用电气公司研究实验室研发与制造的，1922 年开始用于汽车的 Delco-Buick 发电机中，这标志着烧结金属含油轴承产业的开始。一直到 20 世纪 60 年代初期，烧结青铜含油轴承都是主要的粉末冶金零件。

1937 年与 1938 年，通用汽车公司的 Maraine Products Division 研制成功铁基粉末冶金油泵齿轮[1,2]（见图 10-1-1），鉴于粉末冶金油泵齿轮比原来用铸铁－滚齿制造的齿轮（材料利用率为 36%）省工、省料、成本低廉，1940 年美国一家大型汽车公司就将使用的全部油泵齿轮改为粉末冶金齿轮了。这是粉末冶金结构零件发展史上一次重大进展。从此，粉末冶金结构零件在汽车产业中扎下了根。

因此，粉末冶金零件的起源与发展都和汽车产业密切相关。鉴于粉末冶金零件发展潜力巨大，美国三大汽车公司从 20 世纪 40 年代就都建立了自己的粉末冶金事业部，研发与生产自己用的粉末冶金零件。而随着粉末冶金零件应用的发展与扩大，建立了越来越多的独立的粉末冶金零件生产企业，这些企业也都是围绕着汽车产业的需要与发展服务的。据统计资料，粉末冶金零件的主要市场一直是汽车产业，在北美为 70% ~75%，在西欧为 80%，在日本为 90% 左右。这表明粉末冶金零件产业和汽车产业一直是共存共荣，利益攸关的。

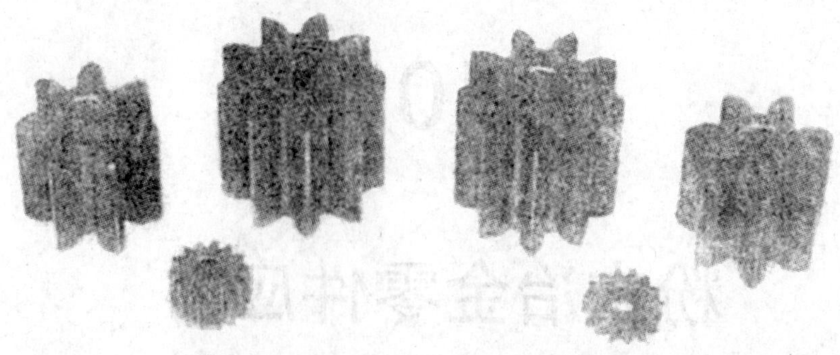

图 10-1-1　20 世纪 30 年代末，GM 公司研发与生产的粉末冶金油泵齿轮

从 20 世纪 40 年代开始，到 90 年代初，经过 50 年的发展，粉末冶金零件已成为汽车制造中不可缺少的基础零件。图 10-1-2 为 90 年代初美国轿车中使用的典型粉末冶金零件。

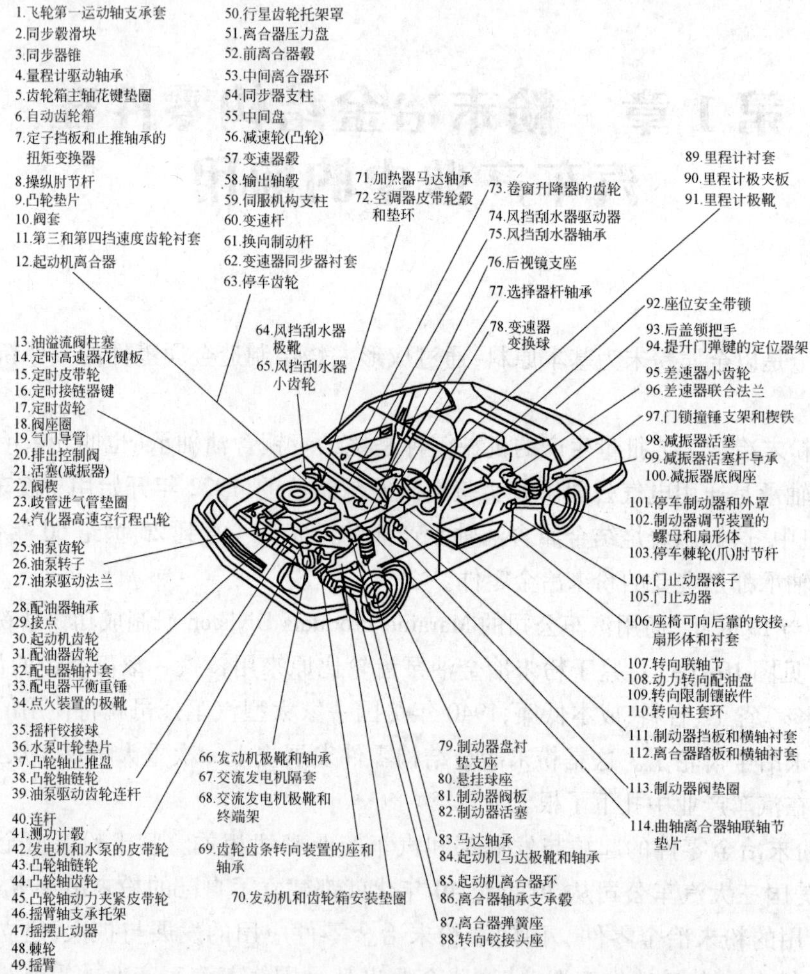

图 10-1-2　20 世纪 90 年代初美国轿车中使用的典型粉末冶金零件

汽车制造中使用的粉末冶金零件主要是烧结金属含油轴承和粉末冶金结构零件，前者主要是由 90Cu－10Sn 青铜生产的，后者基本上是由铁粉为基本原料制造的。从 20 世纪 60

年代开始，由于铁粉生产技术与质量的快速发展与提升，粉末冶金结构零件的市场迅速扩大，产量快速增高；但是，烧结金属含油轴承一直到 2008 年在汽车（包括摩托车）产业仍占日本市场构成的 58.3%（质量分数）。2008 年日本粉末冶金结构零件的产量为 103942 t，用于汽车（包括摩托车）的为 94168 t，占全部产量的 90.6%。由此不难看出，粉末冶金零件和汽车（包括摩托车）产业的相互依存关系是何等密切！

进入 20 世纪 80 年代后，水雾化铁基粉末的生产与改进为用粉末冶金工艺生产高密度、高强度、复杂形状零件创造了条件。20 世纪 70 年代初受到广泛重视的粉末锻造技术，经过近 15 年发展，粉末锻造的汽车发动机连杆终于在 80 年代中期开始进入了北美汽车市场，将粉末冶金零件生产工艺提升到了一个新高度，大大扩大了粉末冶金零件在汽车市场的占有率。

20 世纪 70 年初出现的一种金属成形工艺——金属粉末注射成形（MIM），经过 30 多年的发展在 21 世纪初开始用于生产形状复杂的高密度、高强度小型粉末冶金零件，为开发汽车零件开辟了一条新途径。

因此，在这一章中包括以下 4 部分内容：

(1) 常规粉末冶金结构件；

(2) 粉末锻造连杆；

(3) 金属注射成形（MIM）零件在汽车中的应用；

(4) 摩托车工业与粉末冶金零件。

1.2　常规粉末冶金结构零件在汽车中应用的进展

在 20 世纪 70 年代以前，生产铁基结构零件用的铁粉主要是用还原法由铁氧化物，诸如精铁矿粉或轧钢铁鳞生产的。因此，为生产密度较高的零件，研究出了多种生产工艺，如一次压制 - 一次烧结、二次压制 - 二次烧结、铜熔渗、温压等，通常都将用这些工艺生产的粉末冶金零件叫做常规粉末冶金结构零件。但是，应注意用不同的原料铁粉和生产工艺生产的粉末冶金结构零件（以下简称粉末冶金零件），其生产成本是不同的，如图 10-1-3 所示，其中以用一次压制 - 一次烧结工艺生产者成本最低，用粉末锻造生产者最高。

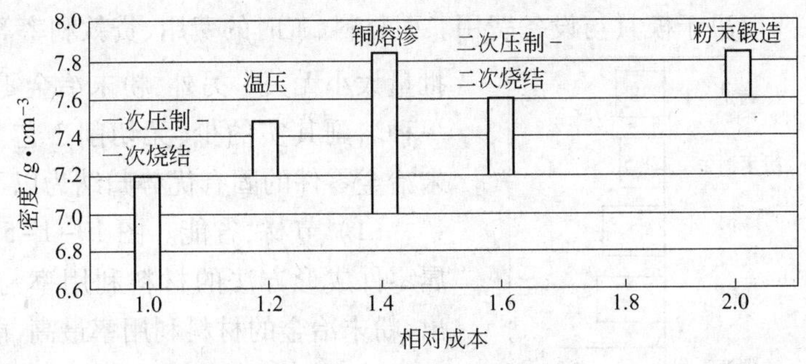

图 10-1-3　用不同粉末冶金工艺生产的产品、密度与相对成本的关系

据文献报道，2005 年美国 GM 公司生产的汽车中，平均每辆车的粉末冶金零件用量为 20.5 kg，Ford 公司为 21 kg，Daimler Chrysler 为 18.6 kg，丰田为 14.5 kg，本田为 16.8 kg，日产为 14.1 kg。2007 年韩国现代汽车公司生产的汽车中，平均每辆车的粉末冶金零件用量为

8.0kg。图10-1-4为北美、日本、中国大陆20世纪80年代以来平均每辆轻型车(包括轿车)中使用的粉末冶金零件重量的进展。

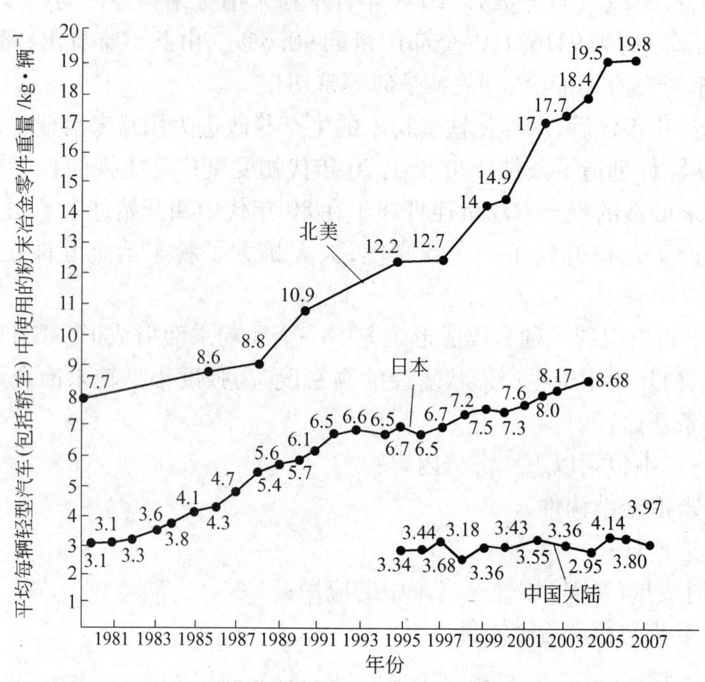

图10-1-4 北美、日本、中国大陆平均每辆轻型车(包括轿车)中使用的粉末冶金零件质量的进展

粉末冶金零件近半个世纪之所以在汽车产业中得到了较广泛的应用,是由于其具有的一些固有优势逐渐为人们所认识与利用。

1.2.1 粉末冶金零件的固有优势

粉末冶金零件作为一种新兴的金属零件成形工艺,特别适合于像汽车这样的大批量生产的产业。粉末冶金零件的生产批量越大,零件的生产成本就越低。这是因为粉末冶金零件的生产成本主要取决于模具与设备费用。而材料、工时的费用、贷款利率等实际上和生产批量大小无关。另外,粉末冶金零件成形技术是一种名副其实的少、无切削工艺。因此,可将粉末冶金零件的固有优势归纳为以下5点:

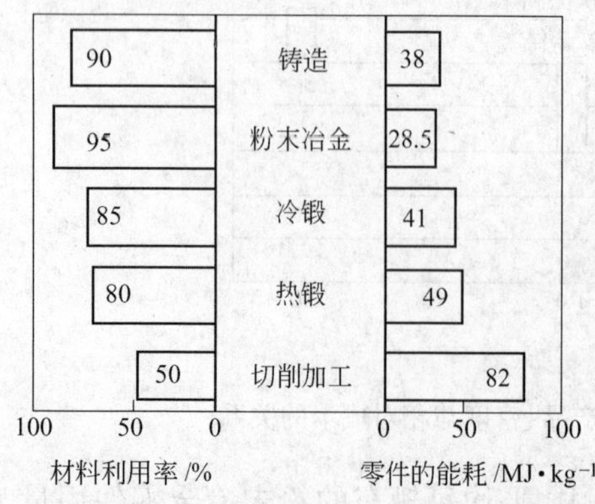

图10-1-5 各种金属成形方法的材料利用率与能耗

(1) 节材、省能。图10-1-5所示为各种金属零件成形方法的材料利用率与能耗。可以看出,粉末冶金的材料利用率最高,能耗最低。

(2) 粉末冶金零件的生产成本主要取决于模具与设备费用,见图10-1-6。

(3) 粉末冶金零件的材料密度是可控的。一般而言,粉末冶金零件的材料密度因用途而异。例如,烧结金属含油轴承的材料密度比组成相同的熔铸材料低 20% ~25%，而粉末冶金结构零件低 10% ~15%，即使像粉锻连杆，其材料密度虽已达到不小于 7.79 g/cm^3，但由于结构的某些改变，重量仍比锤锻钢连杆减低了 10%。因此，粉末冶金零件的大量采用有利于汽车整车的轻量化。

(4) 可根据零件的使用功能，用粉末冶金工艺，由特种材料制造具有特殊性能的零件。例如，汽油机改用无铅汽油后，汽油发动机用的耐热、耐磨阀座圈就是一个典型事例。

(5) 用粉末冶金工艺可生产形状十分复杂的组合汽车零件，如图 10-1-7 所示的复合行星齿轮架，这个零件是由三部分烧结 - 钎焊而成。中心部分材料密度为 7.08 g/cm^3，端面板的密度为 6.8 g/cm^3。和竞争材料相比，既可减轻零件重量，又可显著降低生产成本。

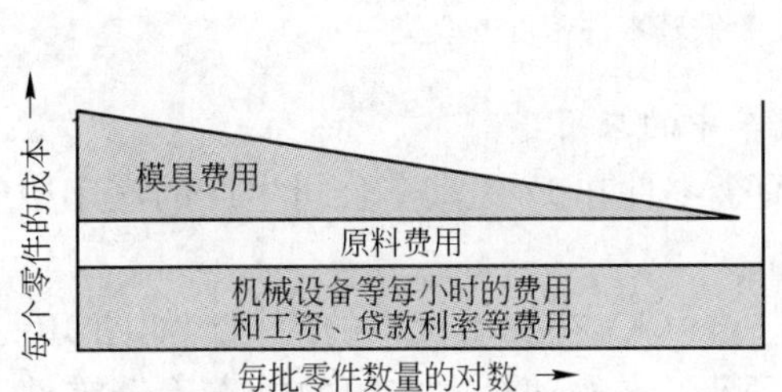

图 10-1-6　粉末冶金零件产量与生产成本的关系

图 10-1-7　复合行星齿轮架

1.2.2　常规粉末冶金汽车零件应用进展

粉末冶金技术作为制造汽车零件的一项少、无切削金属零件成形工艺，一直受到全球汽车产业的重视。2007 年美国生产的汽车中，平均每辆汽车的粉末冶金零件用量已达到 20 kg。鉴于汽车的平均重量为 1000 kg，这就意味着，铁基粉末冶金零件在美国生产的汽车中，按照重量，已达到 1.75% 的水平。这个比率，1977 年为 0.42%，1987 年为 0.61%，1997 年增高到了 0.95%，近 10 年来几乎增长了一倍。据报道，现在一辆汽车共约有 2 万件零件，而在轿车中使用的粉末冶金零件，据初步统计[1]为 230 多种，合计约 750 件。这就是说，按照汽车生产中使用的零件数量，粉末冶金零件已占到 3.75% 左右。这表明，在汽车中使用的粉末冶金零件，基本上为小型零件。小型汽车零件大多是铸、锻、焊及切削加工生产的，而用粉末冶金零件可替代部分铸造 - 切削加工件、锻造 - 切削加工件以及钢料切削加工件，可大量地节材、省能，减低生产成本，甚至减轻零件重量，有利于汽车轻量化，以及减少环境污染。

粉末冶金零件的物理 - 力学性能与其材料的密度相关，而材料密度在一定的压制压力下取决于原料铁粉的性能。图 10-1-8 为 1965 ~1995 年铁基零件材料密度的改进，图中所示为瑞典 Höganäs 公司铁粉的牌号，其中 NC100.24、SC100.26、MH100.24 为还原铁粉，AHC100.24、ASC100.29、ABC100.30 为水雾化铁粉，Kenolube 为润滑剂。由图 10-1-8 可以看出，在 20 世纪 70 年代中期以前，粉末冶金汽车零件生产用的原料铁粉，基本上是还原铁粉，粉末冶金零件的材料密度一般不大于6.8 g/cm³。进入80年代后，由于水雾化铁基粉末的大量开发与生产，高密度、高强度、复杂形状零件才得以大量开发与发展。下面分别介绍70年代以前、80～90年代中期及进入21世纪后粉末冶金汽车零件的生产状况与进展。

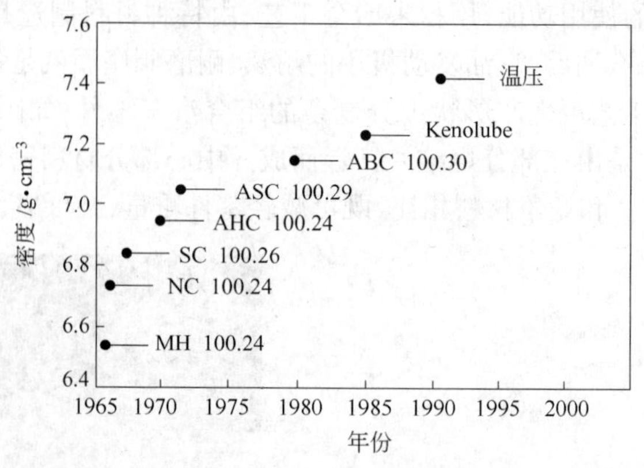

图10-1-8　1965～1995年铁基零件密度的改进

1.2.2.1　70年代以前粉末冶金零件在汽车中的应用

据L. A. Winquist介绍，1973年左右粉末冶金零件在Ford汽车公司生产的汽车中应用的情况如下：

图10-1-9　在发动机中应用的粉末冶金零件

（1）在发动机中的应用。如图10-1-9所示，在发动机中应用的粉末冶金零件主要是油泵转子与齿轮、曲轴链轮及摇臂关节轴。其中许多零件都经过长达15年的多次设计与生产改进。

（2）在自动变速器中的应用。在70年代Ford汽车公司生产的3种自动变速器C6、FMX及C4中都使用了粉末冶金零件，其中以C6自动变速器（图10-1-10）最多，图10-1-11为C6自动变速器中使用的粉末冶金零件。下面对如图10-1-11所示零件予以简要说明：

1）离合器片。共使用4片，3种不同构型。密度6.8 g/cm³。材料为铁－铜－碳合金。零件直径15～18 cm。用粉末冶金零件替代了铸件－切削加工件。

2）输出轴毂。这个零件原来是锻件－切削加工件，后来改成了密度为6.8 g/cm³的铁－铜－碳合金粉末冶金零件。曾使用过铜熔渗铁基零件。鉴于用户要在外径上加工螺旋花键，零件材料必须具有好的力学强度和好的可切削性。

3）冠状齿轮毂。这个零件形状较复杂，有7个台面，和输出轴毂一样，也要在外径面上加工螺旋花键，材料的可切削加工性必须好。材料为密度6.8 g/cm³的铁－铜－碳合金。

4）变矩器涡轮毂。这个零件原来是用锻件－切削加工制造的，最后改为了密度为6.8 g/cm³的铁－铜－碳合金粉末冶金零件。曾用过铜熔渗的铁基粉末冶金零件。

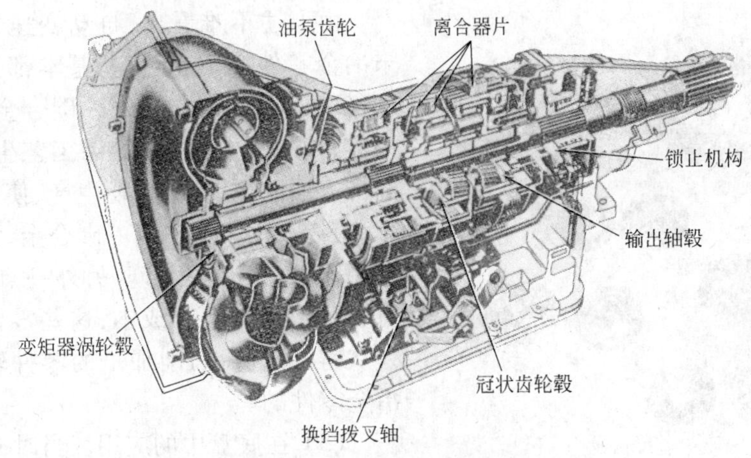

图 10-1-10　C6 自动变速器剖面图

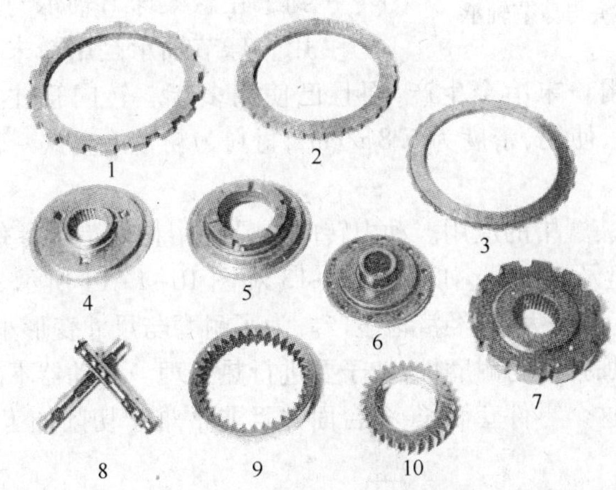

图 10-1-11　C6 自动变速器中应用的粉末冶金零件

1～3—离合器片;4—输出轴毂;5—冠状齿轮毂;6—变矩器涡轮毂;
7—锁止机构;8—换挡拨叉轴;9,10—油泵齿轮(内、外)

5）锁止机构。这个零件是密度为 6.8 g/cm^3、经热处理的铁－铜－碳合金粉末冶金零件。必须能承受不低于 55kN 的静轮齿负载。

6）换挡拨叉轴。零件外径公差很精密。为防止在运转中卡死,热处理后金相组织要稳定。

7）油泵齿轮。渐开线与厚度公差很精密。为了耐磨与耐擦伤,轮齿要进行水蒸气氧化处理。

8）伺服－滑柱。这个粉末冶金零件在图 10-1-10 与图 10-1-11 中都没有给出。这个零件是离合器制动带的换能器,密度为 6.2 g/cm^3,材料为铁－铜合金,为达到高压缩屈服强度,零件必须进行热处理。

在其他型号的自动变速器中使用的粉末冶金零件基本相似,但也有个别的例外,如在 FMX 自动变速器中的前离合器毂当时就是用铜熔渗铁基合金生产的,伺服－杆在 20 世纪 70 年代初从铸件－切削加工件改换成了粉末冶金零件。

图 10-1-12　用粉末冶金工艺生产的转向管柱接头与球节轴承

由上述不难看出，自动变速器中这些粉末冶金零件在 70 年代初基本都是由中等密度（6.8 g/cm³）的铁-铜-碳合金制造的，有些零件虽曾采用过铜熔渗工艺生产，但由于经济方面的原因，经长期生产、使用经验的积累，最终改用了铁-铜-碳合金，而有的仍在采用铜熔渗工艺生产。另外一点是，为了节材、省能、降低生产成本，这些零件基本上都是从铸、锻件-切削加工的零件转换成粉末冶金零件的。

（3）在底盘中的应用。当时 Ford 汽车公司在底盘中采用的粉末冶金零件有限，只提到了在悬架球节轴承与转向管柱接头中的应用。球节轴承是用粉末冶金生产的球面含油轴承，这种轴承只能用粉末冶金生产，而且已使用多年。转向管柱接头经大量的重新设计与试验才投入生产、使用，密度为 6.8 g/cm³，材料为粉末冶金铁-碳合金，这两种零件示于图 10-1-12。

（4）在动力转向装置中的应用。动力转向泵是应用粉末冶金零件的一个好例子，使用的零件有转子、上下盘及制动器，如图 10-1-13 和图 10-1-14 所示。上、下盘的设计很独特，用其他任何方法都无法大量、经济地生产。为了耐磨与尺寸变形小，上、下盘要进行水蒸气氧化处理。为了增加强度与耐磨性，转子要进行热处理。制动器不是泵的零件，是总体功能的一个集成零件。这个零件套筒长、多台面并且非常难于切削加工，需要熔渗铜，是一个很难生产的零件。

图 10-1-13　动力转向泵中的粉末冶金零件

图 10-1-14　用粉末冶金工艺生产的动力转向泵用上、下盘

（5）在前窗玻璃刮水器电动机中的应用。在这个电动机中使用的粉末冶金零件示于图 10-1-15，其中有齿轮、小齿轮、凸轮及许多含油轴承，它们当中有的从 1958 年就开始应用了。在物理-力学性能要求与尺寸公差方面，设计的变更一代比一代严格。应用的位置见图 10-1-16。所有零件都是密度 6.2 g/cm³ 左右的铁-铜-碳合金，起着通过蜗杆、斜齿轮与正齿轮传动系组合传递能量的作用。

图 10-1-15 刮水器电动机中用的粉末冶金零件

图 10-1-16 前窗玻璃刮水器电动机

除上述应用外，在 Ford 汽车公司生产的汽车中使用的粉末冶金零件还有下列产品：

(1) 减振器零件：活塞、导向器及阀座，这些零件大概在 50 年代末期就开始生产与应用了。

(2) 后视镜支架：胶黏合在前窗玻璃上，还将后视镜装于其上。为耐蚀，使用的是不锈钢。

(3) 铰链门开度限位器：用于以凸轮控制将车门打开到其半锁止位置。

(4) 转向锁零件：见图 10-1-17。图中所示零件为门锁门闩、一个油泵齿轮及一个由两件组合成的车门门闩。这个零件是将两个零件生坯组合起来，用铜熔渗将两个零件结合在一起。

(5) 小电动机极片：用于替代挤压或冲压的铁极片，以产生磁场。

(6) 起动机、发电机、暖风装置及空调器电动机中使用的各种含油轴承与轴套等。它们都是用粉末冶金工艺，由 90-10 青铜、低青铜(60 铁-40 青铜)、铁-青铜双金属(内部是青铜，外部是铁)及铁生产的。

图 10-1-17 用粉末冶金生产的转向锁零件

1.2.2.2 1980 年以来粉末冶金零件在汽车中应用的进展

进入 1980 年以后的 25 年是粉末冶金汽车零件快速发展期，由图 10-1-4 可以看出，20 世纪 70 年代末，北美平均每辆轻型车(包括乘用车)粉末冶金零件使用量为 7.7 kg，2007 年达到了 19.8 kg/辆，增加了 1.57 倍。1980 年以来，在北美生产的汽车发动机和变速器中使用的一些粉末冶金零件分别示于表 10-1-1 与表 10-1-2。

在 20 世纪末，美国汽车发动机中使用的粉末冶金零件为 29 种，见表 10-1-1。当然，表中所列零件是由各种型号的发动机中所用的粉末冶金零件汇总而成的。实际上，不同型号的发动机中使用的粉末冶金零件多少是不同的，可是有些是共同的。

表 10-1-1　1980 年以来美国汽车发动机中使用的粉末冶金零件

序号	应用部位	粉末冶金零件名称	序号	应用部位	粉末冶金零件名称
1	发动机	平衡轴的链轮、齿轮	16	发动机	曲轴的正时链轮、皮带轮、齿轮
2		凸轮轴凸角	17		气门导管
3		凸轮轴轴承盖	18		阀座圈:进气、排气
4		凸轮轴固定支架	19		水泵叶轮
5		凸轮轴护圈	20		水泵带轮
6		连杆	21		水泵皮带轮毂或法兰
7		曲轴轴承盖	22	发动机燃料系统	燃料注射链轮
8		EFI 正时传感器环	23		燃料喷射器零件
9		油泵齿轮与转子	24		燃料泵偏心环
10		摇臂球	25		燃料泵齿轮/转子
11		摇臂支架	26	发动机、起动机马达	起动机马达构架
12		张紧轮支撑板	27		起动机马达小齿轮
13		张紧轮皮带轮	28		起动机马达插棒铁芯挡块
14		中间轴的正时链轴、齿轮	29		起动机马达板片
15		凸轮轴的正时链轮、皮带轮、齿轮			

表 10-1-2　1980 年以来美国汽车变速器中使用的粉末冶金零件

自动变速器				手动变速器
直接离合器毂 驱动链轮 从动链轮 正向离合器毂 调速器配重与套筒 停车棘爪 停车齿轮 行星齿轮托架	行星托架外壳 行星托架垫片/管 齿环毂 支撑毂 TCC 套筒 TCC 定子 离合器凸轮 中间离合器毂 单向离合器内凸轮	单向离合器内环 单向离合器外环 单向离合器外凸轮 输出轴毂 压力反作用板 泵凸轮环 泵的齿轮/转子 泵转子	泵定子 泵叶片 TCC 定子 离合器环 TCC 涡轮毂	制动轮与导板 变速叉 同步器隔环 同步器外毂 同步器毂 同步器键 变速杆

注:TCC—变矩器离合器。

表 10-1-3 与表 10-1-4 分别列出了 2002 年 GM Vortec 4. 2L 和 Daimler-Chrysler 2. 7L 发动机中使用的粉末冶金零件。由表 10-1-1 与表 10-1-3 和表 10-1-4 可以看出,共有的零件基本上是连杆、主轴承盖、阀座圈、链轮及气门导管。下面对这 5 种零件分别予以说明。

表 10-1-3　GM Vortec 4. 2L 发动机中的粉末冶金零件

名　称	数　量
连杆	6
主轴承盖	7
阀座圈	24
气门导管	24
铝基凸轮轴轴承盖	14
油泵齿轮副	1
曲轴链轮	1
凸轮轴链轮	1
铝基空调盖板	1
合　计	质量约 13. 6 kg,79 个 P/M 零件

表 10-1-4　Daimler-Chrysler 2. 7L 发动机中的粉末冶金零件

名　称	数　量
连杆	6
主轴承盖	4
曲轴链轮	1
凸轮轴链轮	4
阀座圈	24
气门导管	24
铝基凸轮轴轴承盖	24
水泵带轮	1
合　计	粉末冶金零件 8 种 88 件

A　连杆

发动机中的连杆是汽车中承受应力最大的一种零件，既承受拉力又受到压力。现在，美国三大汽车公司共有 13 种发动机采用了粉末锻造连杆。关于粉末锻造连杆将在本篇第 2 章中专门介绍。

B　气门导管

从表 10-1-3 与表 10-1-4 中可以看出，在发动机中用量最多的三个零件之一是气门导管。这个零件如图 10-1-18 所示，是一个细长管件，长径比达 6 倍以上，而且内径细小，切削加工困难，材料利用率低，过去一般用灰口铸铁或含硼或其他元素的特种铸铁，利用切削加工生产，材料利用率只有 25% 左右。用粉末冶金生产气门导管时，其材料组成与性能如下：

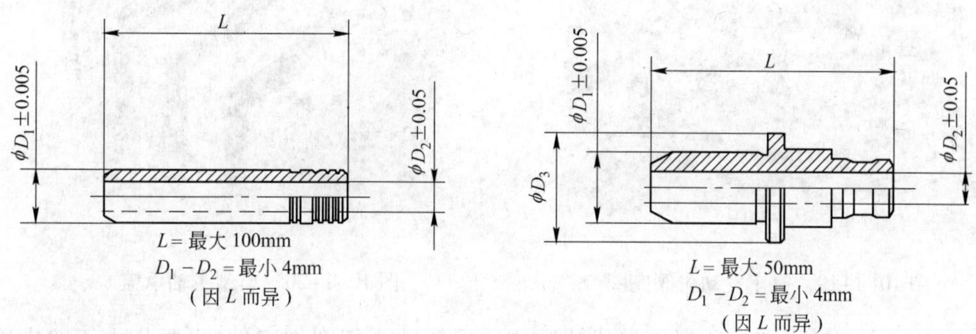

图 10-1-18　气门导管成品图

材料的化学组成：Fe-4.5% Cu-5.25% P-0.5% Sn-2.0% C；

硬度：HRB75；

抗拉强度：400 MPa。

按照上述条件制造的气门导管，其切削性、耐磨性、力学性能都优于相应的铸铁件，从而得到了广泛应用。

C　凸轮轴与曲轴正时链轮

为了节材、省能、降低生产成本，许多汽车发动机中的凸轮轴与曲轴的正时链轮、齿型皮带轮都已改用粉末冶金工艺生产。例如，491Q 发动机中的凸轮轴与曲轴链轮原来是由钢材，用切削加工生产的。重庆江洲粉末冶金公司历经 3 年的研究试验，制造出了符合用户技术条件的产品，已于 2001 年正式投产使用。该公司生产的凸轮轴与曲轴正时链轮的材料性能如下。

材料的化学组成：Fe-(1.2% ~ 1.7%) Cu-(1.5% ~ 1.7%) Ni-(0.4% ~ 0.5%) Mo-(0.6% ~ 0.7%) C；

材料密度：7.02 ~ 7.21 g/cm^3；

硬度：HRA65 ~ 71；

齿弯断载荷：18.1 ~ 19.1 kN；

后续处理：齿部淬火，回火。

D　阀座圈

汽车发动机中的阀座圈（见图 10-1-19），特别是排气阀阀座圈是在高温、高冲击负载、热腐蚀性气体冲刷下工作的一个零件。无铅汽油、柴油、LPG、CNG 等发动机中使用阀座圈，都是用粉末冶金工艺，由含多种合金元素的高合金材料生产的。

E 主轴承盖

主轴承盖（见图10-1-20）是发动机中的一个重要结构零件。对于功率较大的发动机，这个零件迄今都是用球墨铸铁生产的。但是，球墨铸铁硬度高，可切削性差，生产成本高。为此，开发了粉末冶金主轴承盖。粉末冶金主轴承盖的材料为Fe-(1.5~3.9)%Cu-(0.3~0.6)%C。烧结件密度6.6 g/cm^3，极限抗拉强度450 MPa，伸长率3%，疲劳极限160 MPa。

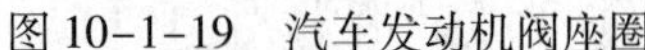

图10-1-19 汽车发动机阀座圈

图10-1-20 典型主轴承盖

粉末冶金主轴承盖之所以能替代铸铁或球墨铸铁-切削加工件，主要是由于粉末冶金件切削加工量小，节材，省能，并可大量减少切削加工机床与劳务费用，生产成本低。

1.2.2.3 1980年以来粉末冶金零件在汽车变速器中的应用进展

在美国生产的汽车变速器中，自动变速器中应用的粉末冶金零件为28种，手动变速器中应用的粉末冶金零件有6种。下面介绍几种新近开发的变速器中的粉末冶金零件。

A 单向离合器环

单向离合器环（见图10-1-21）是用粉末锻造生产的。预成形坯环内层用的原料粉为P/F-4665，外层为P/F-4615。这是为了热处理后，内外层之间产生的内应力符合力学性能规范。这两种原料粉都是预合金化粉，其中都添加了适量的石墨。这个环要进行淬火硬化与回火。采用双层材料的结果是，锻造零件热处理后，外层与内层具有不同的硬度。显微组织为回火马氏体。环的质量为450 g，锻件密度为7.82 g/cm^3。

B 行星齿轮托架

这个零件是20世纪末开发的重要粉末冶金零件，见图10-1-22。

图10-1-21 粉末锻造的单向离合器环

图10-1-22 粉末冶金行星齿轮托架

(1) GM PT 4L60E－重型变速器用行星齿轮托架。GM PT 4L60E－重型变速器用于800系列车辆。行星齿轮托架原来由铸铁经切削加工制造。开发成功的粉末冶金零件,是由低合金钢行星轮与铜钢离合器毂经烧结铜钎焊制成的组合件。内花键毂密度为7.4 g/cm^3,行星轮毂密度最低为7.2 g/cm^3,离合器毂密度为6.7 g/cm^3;行星轮的极限抗拉强度为760 MPa,离合器毂的抗拉强度为450 MPa;行星轮硬度为HRC25,离合器毂硬度为HRB85。

改用粉末冶金零件的好处是,可降低成本,减轻重量,增加功能,改进质量。

(2) 福特4R100变速器用超速托架。福特4R100变速器装在福特汽车公司的F系列载货车(诸如F－150、F－150超重型及SUV旅行车)中。

这个零件原来是用铸铁经切削加工生产的。改为粉末冶金件后,由凸缘毂与行星轮两部分组合而成,用烧结铜钎焊连接为一体。一般密度为7.0 g/cm^3。

改用粉末冶金零件后,生产费用大幅度降低。

(3) 四轮驱动的分动器中的粉末冶金行星轮托架(图10-1-22)。托架是由Cu含量为2%的预混合粉(FC－0208)制作的。托架的烧结件密度约为6.7 g/cm^3。它是由两个粉末冶金件在烧结时钎焊在一起制成的。烧结时还进行了选择性渗铜,以提高花键的强度、表观硬度及耐磨性。制造粉末冶金托架的材料,其极限抗拉强度约为40 MPa,表观硬度为HRB70。粉末冶金托架还用于传动齿轮,同时和它们装有的螺旋小齿轮一起,是铁基粉末冶金零件的一个重大增长点。

C　形状复杂的涡轮毂

涡轮毂(图10-1-23)是汽车自动变速器中变扭器的一个零件。涡轮毂形状复杂且具有多台面,通常都是用铸铁件切削加工制作的。

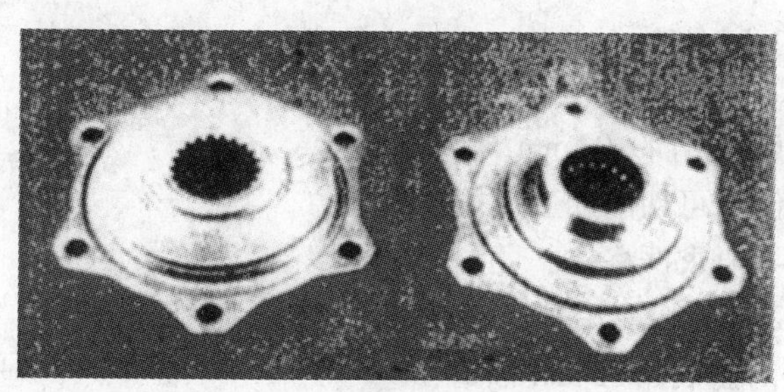

图10-1-23　粉末冶金涡轮毂

用粉末冶金工艺制作这个零件时,由于取消了对于其功能不需要的部分,从而使开发的涡轮毂的重量与总费用分别减少了20%与19%。

这个粉末冶金零件是用CNC(计算机数控)压机压制成形的。由于上、下两端台面的位置不一致,因此密度不均一。为了使密度均匀,每个模冲的动作都是根据对粉末移送分析的结果来进行控制的。

此外,通过改进精整方法与模具改进了径向跳动。尺寸公差是用户通过切削加工达到的。

1.2.2.4　1980年以来粉末冶金零件在汽车其他部位应用的进展

1980年以来粉末冶金零件在汽车其他部位应用的进展情况见表10-1-5。图10-1-24为汽车减振器示意图。一般减振器中使用的粉末冶金零件有8种,它们是活塞、活塞座、杆导向器、活塞环、压缩阀、导套、衬套及活塞座。零件图分别示于图 10-1-25 ~ 图 10-1-32。

表 10-1-5　1980 年以来粉末冶金零件在汽车其他部位应用的进展

应用部位	粉末冶金零件	应用部位	粉末冶金零件	应用部位	粉末冶金零件
分动器	离合器外毂 从动链轮 驱动链轮 内型毂 主轴毂 行星齿轮导架 行星齿轮导架外毂	平台货箱	车门铰链 电遥控镜齿轮装置 提高头灯灵敏度装置的齿轮 仪表零件 风挡刮水器驱动装置 风挡刮水器马达磁通量环	转向	动力转向泵凸轮环 动力转向泵转子 转向管柱垫圈 锁紧支撑楔形体 被动约束锁紧棘爪 倾角调整杠杆 管柱锁紧螺栓 动力转向泵侧板 动力转向泵叶片/滑块 转向管柱齿轮装置 转向端盖 转向齿条导承 转向变速杆
内部装饰件	锁零件(撞块/锁闩) 后视镜座 小齿轮装置(门窗) 座椅安全带锁 速度表齿轮 气囊的金属零件 座椅调节杆 座椅调节齿条 座椅倾斜机构零件 信号灯杆 转速表传感环	制动系统	ABS 传感器环 制动器调节螺母 制动器制动锁止主缸 制动器活塞	悬挂	球节轴承 减振器活塞 减振器滑柱杆导承 支架 减振器缸盖 减振器压缩阀 摆臂滑柱(McPherson)杆导承
		排气系统	排气法兰 EGR 底板 HEGOS(加热型氧传感器)毂		
		取暖通风、空调	空调器压缩机离合器毂 空调器压缩机旋转斜盘		

活塞的参数如下：

(1) 密度:6.4 ~ 6.8 g/cm³；

(2) 硬度:HRB60 ~ 90(水蒸气处理后)；

(3) 加工后真圆度:小于 0.02 mm；

(4) 两端外径的倒角可切削加工或压制成形。

对活塞倒角高度差要求严格：

(1) 如图 10-1-25 所示,*A*、*B*、*C* 及 *D*、*E* 要位于同一平面上；

(2) *A* 面比 *B*、*C* 两面低 0.02 mm 以下；

(3) *D* 面比 *E* 面低 0.02 mm 以下；

(4) 内径对 *A*、*D* 端面振摆要求小于 0.05 mm。

活塞座的参数如下：

(1) 密度:6.2 ~ 6.6 g/cm³；

(2) 硬度:≥HRB50(水蒸气处理后)；

(3) 水蒸气处理根据客户需要决定。

压缩阀的参数如下：

(1) 密度:6.4 ~ 6.8 g/cm³；

(2) 硬度:HRB≥20；

(3) 如图 10-1-27 所示,*A* 面比 *B* 面低 0.015 mm 以下；

(4) 严禁碰伤,不得有毛刺。

杆导向器的参数如下：

（1）密度：6.2～6.4 g/cm³；
（2）硬度：HRB≥15；
（3）内径真圆度：0.015 mm。

导套的参数如下：
（1）密度：6.4～6.8 g/cm³；
（2）烧结件硬度：HRB≥55；
（3）内径真圆度：0.015mm。

活塞环的参数如下：
（1）密度：≥6.7 g/cm³；
（2）硬度：≥HV(200 g)120；
（3）各处倒角要研磨成圆角 *R*。

衬套的参数如下：
（1）密度：6.7 g/cm³；
（2）平行度：小于 0.03 mm；
（3）*A*、*B* 面的抗压强度根据客户需要决定。

活塞座的参数如下：
（1）密度：6.7 g/cm³；
（2）硬度：HV(1.96 N)≥350；
（3）两端面平行度：小于 0.05 mm；
（4）不得有毛刺。

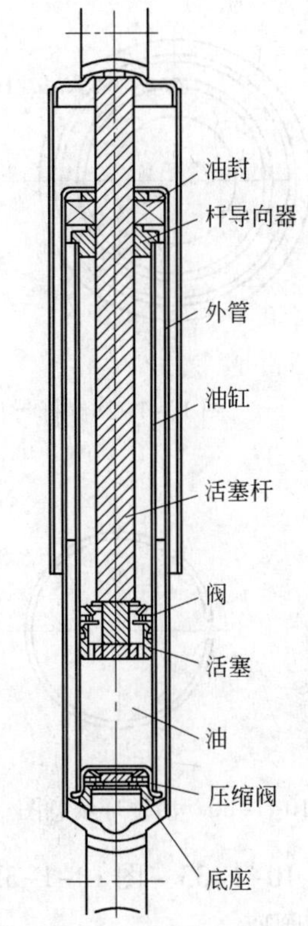

图 10-1-24　汽车减振器示意图

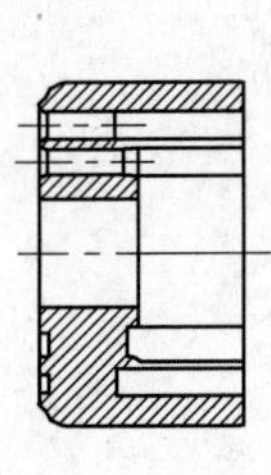
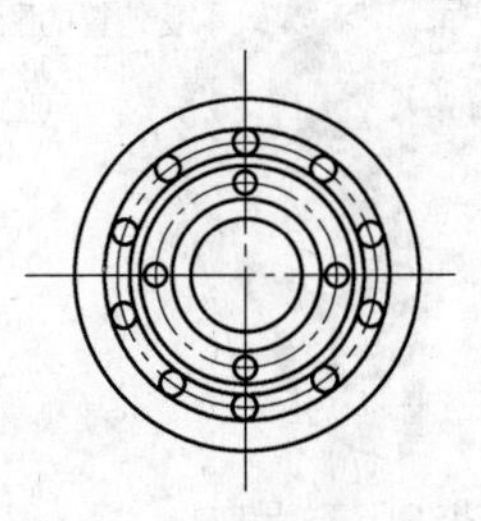
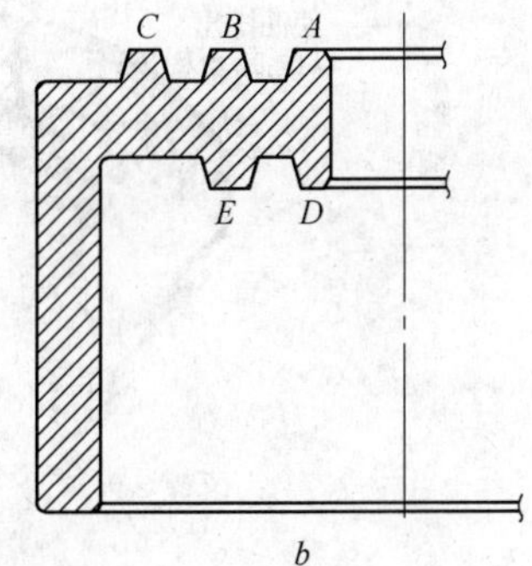

图 10-1-25　活塞示意图
a—活塞；*b*—活塞倒角示意图

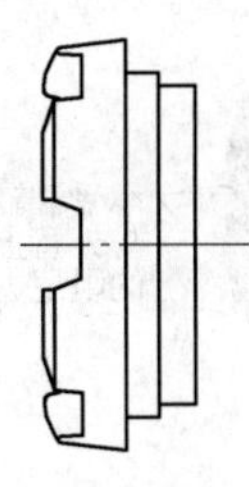
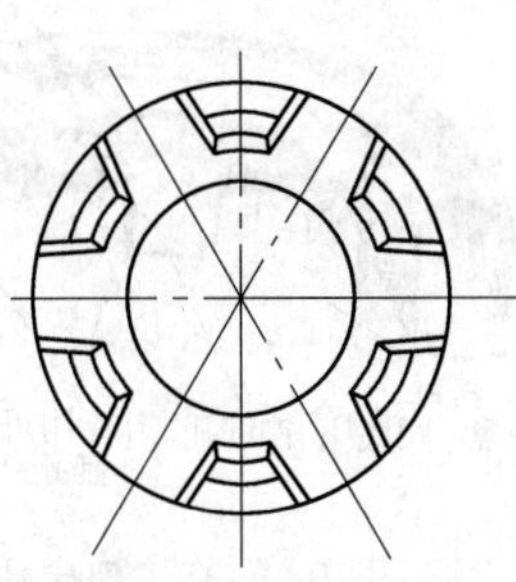

图 10-1-26　活塞座示意图

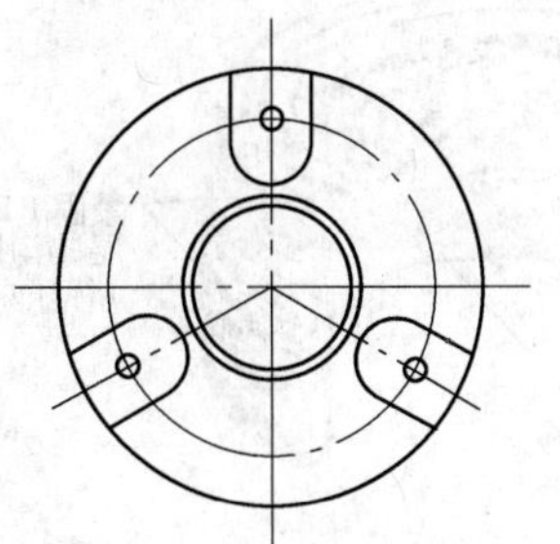
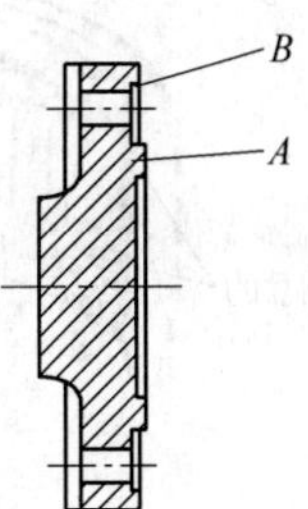

图 10-1-27　压缩阀示意图

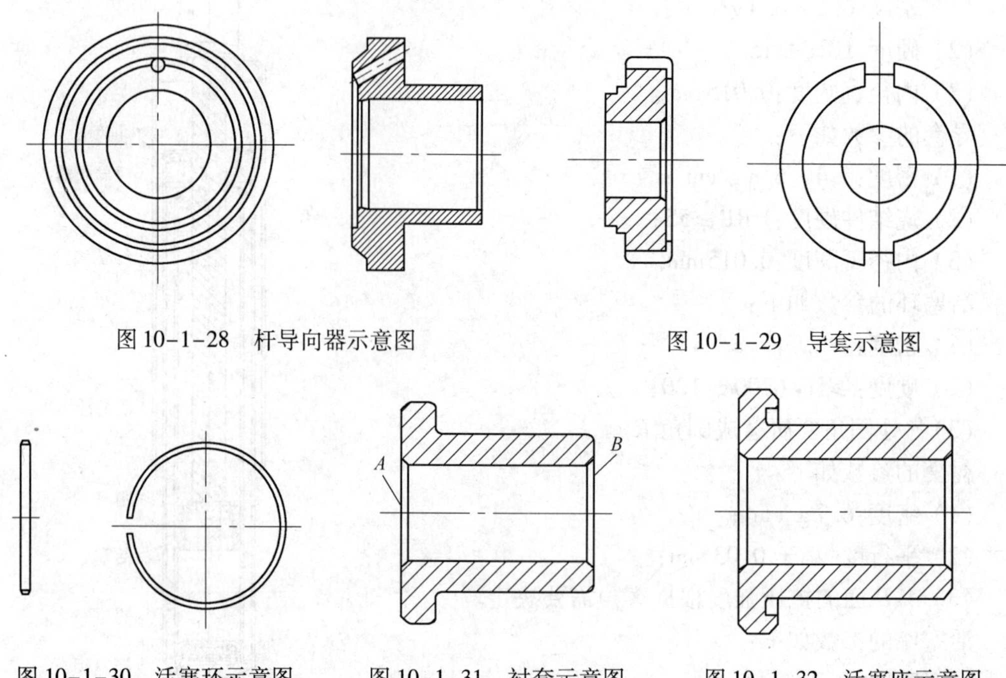

图 10-1-28 杆导向器示意图

图 10-1-29 导套示意图

图 10-1-30 活塞环示意图

图 10-1-31 衬套示意图

图 10-1-32 活塞座示意图

图 10-1-33 ~ 图 10-1-35 分别为轿车用现代双联套管减振器中用的活塞杆导向器、活塞及底阀座。

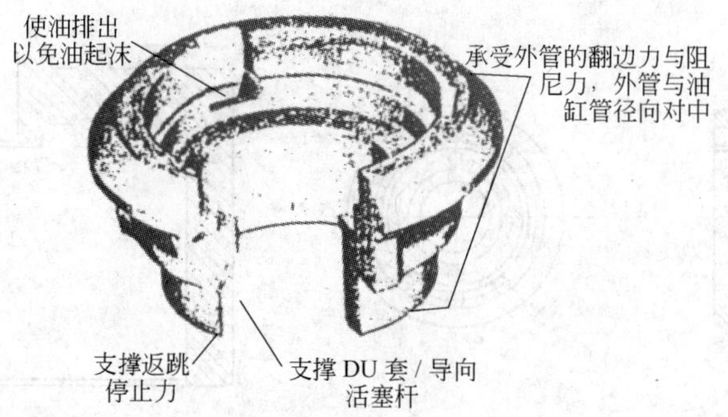

图 10-1-33 现代减振器用粉末冶金导向器的功能

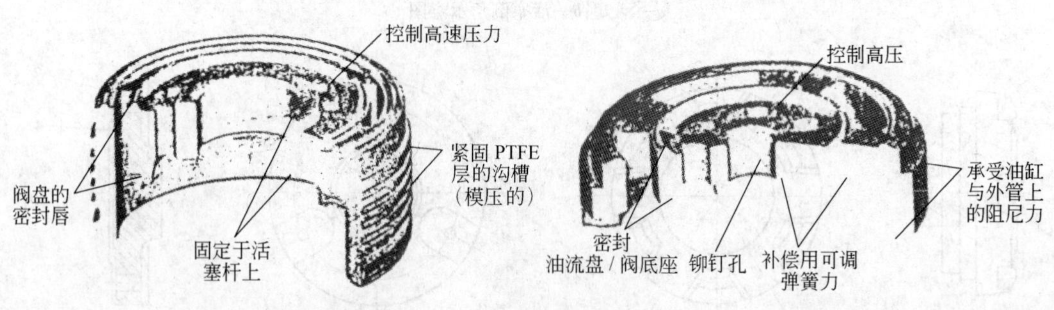

图 10-1-34 对现代减振器用粉末冶金活塞的要求

图 10-1-35 现代减振器用粉末冶金底阀座

1.2.2.5　进入 21 世纪以来粉末冶金汽车零件的发展

美国 MPIF(金属粉末工业联合会)从 1995 年开始,每年都进行一次粉末冶金设计竞赛,竞赛设大奖与优秀奖两个奖项。据统计,从 1998 ~2009 年获奖零件 156 个,其中粉末冶金汽车零件 50 个。下面简要介绍 1998 ~2009 年荣获竞赛大奖的 22 个粉末冶金汽车零件,从这些获奖零件中可明显看出粉末冶金汽车零件正在向高密度、高强度、形状复杂的零件和组合零件与成组零件的方向发展。

A　凸轮轴链轮

凸轮轴链轮照片见图 10-1-36,获奖情况见表 10-1-6。

凸轮轴链轮是由组成为铁 - 碳 - 钼 - 铬的材料制造的,密度为 7.0 g/cm^3,抗拉强度为 820 MPa,屈服强度为 682 MPa,横向断裂强度为 1419 MPa。据报道这是铬基烧结硬化材料首次用于凸轮轴驱动装置。这个链轮是用改进的有三个下模冲与两个上模冲的模具压制成形的。零件用于 4.0L V - 6 发动机。采用这个粉末冶金链轮,可节约成本 10% 以上。

表 10-1-6　凸轮轴链轮获奖情况

零件名称	用　途	生产厂商	最终用户
凸轮轴链轮	4.0L V - 6 发动机	Sinterstahl Fussen GmbH	Borg Warner Engine Group Morese TEC Europe s. r. l.
获奖年份	2005	奖项	大奖

图 10-1-36　凸轮轴链轮

B　粉末冶金铝凸轮轴轴承盖

粉末冶金铝凸轮轴轴承盖照片见图 10-1-37,获奖情况见表 10-1-7。

生产的粉末冶金铝凸轮轴轴承盖是一多台面最终形零件,抗拉强度为 117 MPa,硬度为 85 ~90HRH,安装时,只需要同轴心镗孔一道工序。可是,被粉末冶金工艺替代的制造工艺,诸如压铸都在装配前需要进行切削加工,因此,采用粉末冶金工艺生产时,估计可减少成本 50% 。

这种铝凸轮轴轴承盖用于 GM 的新的高性能 V - 6 发动机。原来设计的是一台发动机用两个轴承盖,用于 GM 的各种品牌,其中有 Cadillac CTS,SRX 及 CTX,Buick La Crosse 及 Rendezvous,以及 Saab 9 - 3。这是第一台双顶置凸轮发动机使用一个轴承盖横跨两个凸轮轴。轴承盖可保持凸轮轴在径向与轴向的位置,同时可为凸轮润滑和为可变凸轮正时(VCT)系统的液压控制提供整体油沟。

表 10-1-7　粉末冶金铝凸轮轴轴承盖获奖情况

零件名称	用　途	生产厂商	最终用户
铝凸轮轴轴承盖	GM 的新的高性能 V-6 发动机	Metal Powder Products Co., Washington st. Div.	GM Powertrain
获奖年份	2006	奖项	大奖

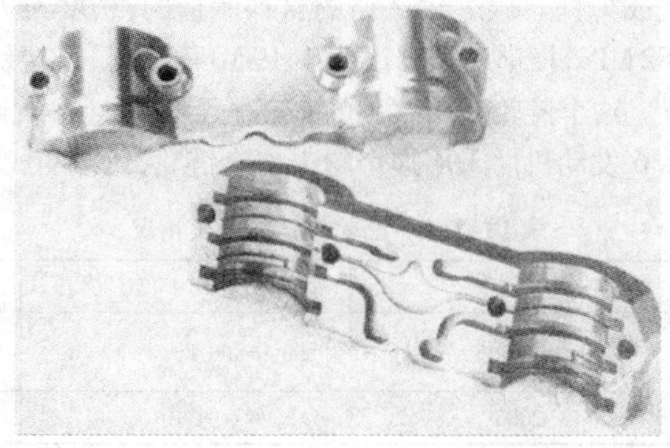

图 10-1-37　粉末冶金铝凸轮轴轴承盖

C　飞轮齿轮

图 10-1-38　飞轮齿轮

飞轮齿轮照片和获奖情况见图 10-1-38 和表 10-1-8。它包括两个零件,即形状复杂的、螺旋角为 36.25°的粉末冶金钢飞轮驱动齿轮和从动齿轮,用于 Chrysler 2.4L 发动机,其在最高转速 13000 r/min 下,曲轴速度增高一倍。齿轮(AGMA 8/9 级水平)齿根面局部密实到 7.8 g/cm^3。未承受应力的心部齿表面附近的密度仍为 7.0 g/cm^3。为精确控制关键的齿根面表面的渗碳层,零件进行了真空渗碳淬火。零件淬硬到 70HRA,并在渗碳层深度 0.200 mm 处将渗碳层硬度控制在不低于 500HV。齿轮是用多轴、闭环液压式 CNC 成形压机压制成形的。零件是在 1280℃ 下烧结的。零件的力学性能为,极限抗拉强度不低于 862 MPa,屈服强度不低于827 MPa。这两个齿轮原来是用可锻铸铁生产的,改用粉末冶金生产后,大大降低了生产成本。已生产粉末冶金齿轮 200 多万件。

表 10-1-8　飞轮齿轮获奖情况

零件名称	用　途	生产厂商	最终用户
飞轮齿轮	Chrysler 2.4L 发动机	Stackpole Ltd.	Daimler Chrysler
获奖年份	1999	奖项	大奖

D 输出齿轮

输出齿轮照片及获奖情况见图 10-1-39 和表 10-1-9。这个齿轮为 AGMA 7 级,用作汽车发动机歧管的制动器。这是一个由 MPIF 材料标准的 SS304 N1 - 30 不锈钢粉生产的,形状复杂的最终形零件,符合精密公差要求;内径 4.80 ~ 4.85 mm 是在线 15.44 ~ 15.31 mm 下测量的。这个齿轮有 60 个齿,密度不小于 6.4 g/cm³,是用多台面成形压机压制成形的,以得到适当的密度分布。其极限抗拉强度为 296 MPa,屈服强度不小于 207 MPa,一般横向断裂强度 772 MPa,表观硬度 61HRB。零件可与 304 不锈钢齿轮配对。已生产这种齿轮 100 多万件。这个零件原来用滚齿制造的钢齿轮,改用粉末冶金工艺生产后,大量节约了成本。

表 10-1-9 输出齿轮获奖情况

零件名称	用 途	生产厂商	最终用户
输出齿轮	汽车发动机歧管中的制动器	Keystone Powdered Metal Company	Eaton Corp. , Lectron Products
获奖年份	1999	奖项	大奖

E 粉末冶金钢歧管

粉末冶金钢歧管照片及获奖情况见图 10-1-40 和表 10-1-10。这个粉末冶金钢歧管与电磁线圈组装于 1 - 6 重型载货车柴油发动机的配气机构中,在排气循环时,帮助启动发动机缸盖内的"Jake 制动器"装置,减小功率与进行制动,从而使车辆减速。生产的歧管密度不得小于 6.7 g/cm³,屈服强度不得低于 34.5 MPa,极限抗拉强度为 413 MPa。其复杂形状的设计特点在于圆柱体半径,并且厚度是变化的。后续作业有,切削加工电磁线圈的孔和两个气口孔。用粉末冶金工艺替代铸造工艺,可节约成本 20% 以上。

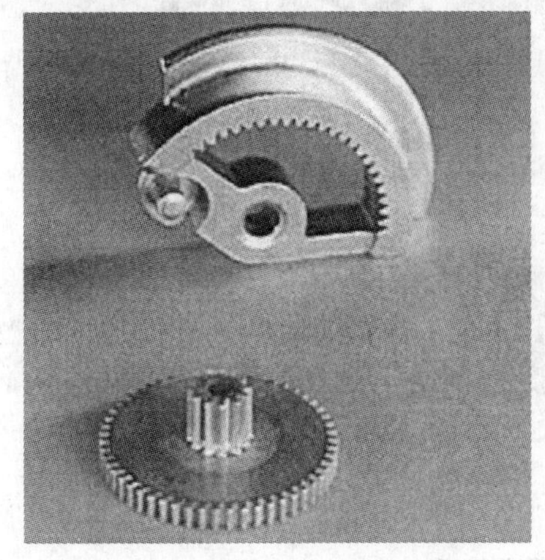

图 10-1-39 输出齿轮

图 10-1-40 粉末冶金钢歧管

表 10-1-10 粉末冶金钢歧管获奖情况

零件名称	用 途	生产厂商	最终用户
粉末冶金钢歧管	重型 1 - 6 货车柴油机	Capstan, Inc.	Jacobs Vehicle Systems, a division of Danaher
获奖年份	2009	奖项	大奖

F　电动机转子铁芯

电动机转子铁芯照片及获奖情况见图 10-1-41 和表 10-1-11。这个转子是由两个零件通过烧结时扩散连接形成的一个组合件,重 3.3 kg。外部的零件由铁粉制成,密度为 7.0 g/cm^3;内部的零件由铁 - 镍 - 铜材料制成,密度为 6.5 g/cm^3。最终形状是切削加工的。这个转子用于 2003 年本田城市混合动力电动汽车集成发动机辅助(IMA)动力系统。混合动力电动汽车有两套驱动装置——无刷 DC 电动机与 1.3L 4 缸发动机。IMA 动力系统有一在制动与减速时进行再充电的镍金属混合动力电池组件。汽油 - 电动混合动力系统有一 5 挡手动变速器。EPA(环保署)的城市/公路燃料经济发动机额定耗油情况为 19.3/21.4 km/L。

表 10-1-11　电动机转子铁芯获奖情况

零件名称	用　途	生产厂商	最终用户
电动机转子铁芯	混合动力电动汽车	Hitachi Powdered Metals Co. ,Ltd.	Honda R&D Co. Ltd.
获奖年份	2002	奖项	大奖

G　VVT 定子

VVT 定子照片及获奖情况见图 10-1-42 和表 10-1-12。VVT 定子用于 1.4L 发动机中使用的 VVT(可变配气相位)装置排气中。这个零件由改性的 Fe - Cu 粉末冶金材料制造,将形状复杂的零件压制成形到密度 7.0 g/cm^3。VVT 定子的特点在于有 5 个形状复杂的中心孔,并将皮带轮和 VVT 外壳实行了一体化设计。公差很窄,有助于使邻接加压室间的任何油渗漏最小化。粉末冶金定子有助于减少燃油消耗与形成废气,以及改进发动机的运转性能,特别是低转速下的扭矩。

图 10-1-41　电动机转子铁芯

图 10-1-42　VVT 定子

表 10-1-12　VVT 定子获奖情况

零件名称	用　途	生产厂商	最终用户
VVT 定子	汽车发动机	PMG Füssen GmbH	Schaeffler Group Automotive
获奖年份	2008	奖项	大奖

H　变速器油泵

变速器油泵照片及获奖情况见图 10-1-43 和表 10-1-13。这种油泵是由 GM Powertrain 设计与生产的，Stackpole 是合作者。这种油泵仅由泵体与铝底座组成，使用了 4 个粉末冶金零件——滑板、转子、泵体及盖，总重量 1.46 kg。粉末冶金盖和铝底座都要磨加工到平直度 0.01 mm。为符合泵的使用性能规范和配合变速器阀体，将底座设计成了铝铸件。除了产品设计，Stackpole 进行了使用性能试验——热试验、冷试验、声学试验及 1000 h 耐久试验。使用粉末冶金可节约成本不低于 20%。这种泵的排量可变，具有根据需要可改变流量与压力的特点。和流量固定的泵相比，这种泵可显著改进机械效率。粉末冶金零件的后续作业有蒸汽处理、高频淬火及双面磨削加工。

这种油泵用于 GM 4T40E/45E 4 挡自动变速器中。

表 10-1-13　变速器油泵获奖情况

零件名称	用　途	生产厂商	最终用户
变速器油泵	GM 4T40E/45E 4 挡自动变速器	Stackpole Ltd.	GM Powertrain
获奖年份	2003	奖项	大奖

I　凹口/底环与槽环

凹口/底环与槽环照片及获奖情况见图 10-1-44 和表 10-1-14。它是由烧结硬化的粉末冶金钢生产的，凹口/底环重 0.84 kg，槽环重 1.15 kg；用于 6 挡自动变速器的机械二极管单向离合器。粉末冶金环由钢支撑、螺旋弹簧及卡环组装而成，从而形成了单向离合器。生产的两种环的密度为 6.7 g/cm^3。凹口/底环的抗拉强度为 525 MPa，槽环的抗拉强度为 630 MPa。粉末冶金环的精度高，和锻造的零件相比，可节约成本 70%。估计环的年产量不少于 250 万件，合计约需用铁粉 3630 t。

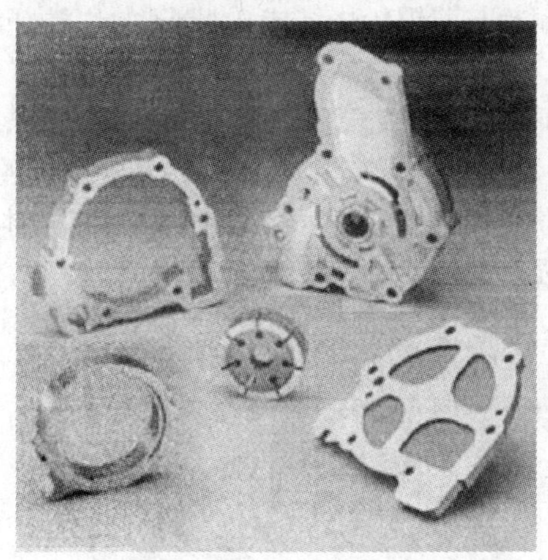

图 10-1-43　变速器油泵

图 10-1-44　凹口/底环与槽环

表 10-1-14　凹口/底环与槽环获奖情况

零件名称	用　途	生产厂商	最终用户
凹口/底环与槽环	6 挡自动变速器	Burgess-Norton Manufacturing Company	Means Industries
获奖年份	2008	奖项	大奖

J　链轮

链轮照片及获奖情况见图 10-1-45 和表 10-1-15。汽车发动机的能量是由这两个链轮用两条无声链条传递到变速器的。除了埋头孔与止推垫圈处的孔外，分段齿的齿形是用多台面拼合－阴模模具成形的，齿形质量为 AGMA 9 级。为了提高淬透性与疲劳性能，链轮是用专用钢合金生产的，并对齿根面与轴颈表面进行了局部密实。零件的烧结温度为 1280℃。一般表面密度为 7.8 g/cm^3，逐步减小到较低密度，心部密度为 7.0 g/cm^3。力学性能为：极限抗拉强度不低于 862 MPa，屈服强度为 827 MPa，轴颈的滚动－接触疲劳强度为 3996.2 MPa，齿/轴颈表面硬度不低于 60HRC。粉末冶金链轮的耐久性超过了感应淬火的可锻铸铁链轮。后续作业有：为精密控制渗碳层采用真空渗碳，为提高表面耐久性对轴颈进行精磨加工与抛光。

表 10-1-15　链轮获奖情况

零件名称	用　途	生产厂商	最终用户
链轮	变速器的驱动与从动链轮	Stackpole Ltd.	Borg Warner Automotive and GM Powertrain
获奖年份	1998	奖项	大奖

K　同步器环

同步器环照片及获奖情况见图 10-1-46 和表 10-1-16。它是由扩散合金化的烧结硬化钢，用温压压制成形的，齿部密度大于 7.3 g/cm^3，环体密度大于 7.1 g/cm^3。抗拉强度最小为 850 MPa。

摩擦衬面是先由混入有 SiO_2 与石墨粉的青铜粉与黄铜粉烧结成 0.4 mm 的片材，再用电容放电焊接在环的锥面上。

这个环实际上是一个摩擦离合器，其在变速前和手动变速器的齿轮的旋转速度同步，以保证平稳啮合与避免相碰。环的主要功能有三：(1)同步产生摩擦/扭矩；(2)提高隔环的耐磨性；(3)减轻重量，提高强度与韧性。和常规生产的同步器环相比，粉末冶金环的成本低 38%。粉末冶金环可替代黄铜锻件，可提供较高强度，而且可改善齿的耐磨性。

图 10-1-45　链轮

图 10-1-46　同步器环

表 10-1-16 同步器环获奖情况

零件名称	用途	生产厂商	最终用户
同步器环	手动变速器	德国 Sinterstahl GmbH	德国 Ford-Werke AG
获奖年份	2001	奖项	大奖

L 行星齿轮架

行星齿轮架照片及获奖情况见图 10-1-47 和表 10-1-17。它是 Stackpole Ltd.(加拿大)的 Carrier System Division 为 GM Powertrain 制造的,替代 GM PT 4L60E 重型变速器中的铸铁架,形状复杂,在 MPIF 举办的 2001 年国际粉末冶金设计竞赛中荣获铁基大奖。

这种行星齿轮架由低合金钢的行星齿轮架和铜钢离合器毂烧结 - 钎接在一起制成。依据 Stackpole,这是第一个兼具行星齿轮架与离合器毂功能的多功能组件。

图 10-1-47 行星齿轮架

零件是用改进的复合模具分别压制成形的。对于补偿顶部与底部的毂和芯棒成形的小齿轮的孔的密度分布,模冲的动作是关键。铜钎焊与熔渗铜都是在烧结时进行的;烧结时要将内花键毂的密度增高到 7.4 g/cm^3。星形轮毂的密度不得小于 7.2 g/cm^3,而离合器毂的密度为6.7 g/cm^3。星形轮的极限抗拉强度为 758 MPa。离合器毂的极限抗拉强度为 488 MPa。星形轮与离合器毂的硬度分别为 25HRC 与 85HRB。

这个粉末冶金行星齿轮架替代的是重型变速器中的铸铁架。粉末冶金架除了可以减少大量的切削加工外,还可以减轻重量,增加功能特性,增高刚度及减小短轴的挠曲,提供精密控制的花键,增强耐久性,花键不需要热处理,从而显著降低生产成本。

这个粉末冶金架能满足严格的测试要求,包括扭转疲劳、旋转试验、测功器与车辆试验。

虽然,粉末冶金行星齿轮架的形状已接近成品,但还是需要进行一些后续加工,诸如精整、CNC 车削、拉削、钻横向孔及去毛刺。

表 10-1-17 行星齿轮架获奖情况

零件名称	用途	生产厂商	最终用户
行星齿轮架	GM PT 4L60E 重型变速器	Stackpole Ltd. Carrier System Division	GM Powertrain
获奖年份	2001	奖项	大奖

M 行星齿轮输出支架

行星齿轮输出支架照片及获奖情况见图 10-1-48 和表 10-1-18。在这种支架中有 3 个粉末冶金钢零件(2 个毂盘和 1 个单向离合器片),重 4 kg。这 3 个零件烧结钎焊在 Le Pelletier 行星齿轮输出支架中,同时支架中有 2 个独立的行星齿轮台面。这是第一次制作了 3 件组装的 Le Pelletier 支架。这种支架用于 GM 的新的 Hydra - Matic 6L80 6 挡后轮 - 驱动自动变速器,确认其可使用 322000 km 或更长。这种自动变速器在 2006 Corvette、Cadillac STS – V 与 XLR – V,以及 GM 的装备有 Vortec 6.2L V8 发动机的,2007 新的顶级 SUV 的几个型号中初次登场。零件是用 CNC 726 – 1498 t 的液压式成形压机压制成形的,成形压坯的密度不小于 $6.8 g/cm^3$,粉末冶金零件的极限抗拉强度为 448 MPa,硬度为 85HRB。为了满足对尺寸精度、强度及组装完整性的严格要求,为这种产品设计了烧结炉。后续作业有:对烧结组件的单向离合器毂要进行精整,而对小齿轮的销孔、片的厚度、毂直径、轴承座及花键要进行 CNC 切削加工。

表 10–1–18　行星齿轮输出支架获奖情况

零件名称	用　途	生产厂商	最终用户
行星齿轮输出支架	汽车变速器	Stackpole Ltd. Carrier System Div.	GM Powertrain
获奖年份	2006	奖项	大奖

N　变速器外环

变速器外环照片及获奖情况见图 10–1–49 和表 10–1–19。在一个方向和在其他方向在活轮位置产生旋转时,外环都承受扭矩。零件都是用改进的模具系统成形的,而且为了消除在活轮工况下组件遭受高的磨损,对成形的凹入表面要进行选择性密实。环用定制的工艺进行了热处理,以满足严格的强度与疲劳寿命的技术要求,同时还要使零件的扭曲变形最小化。两个零件内径都有 6 个凹入处,它们在运行时可容纳锁紧棘爪与弹簧元件。两个环的 6 个凹入处的关键性特征是,在约 62.5 mm 的内径范围内,形状公差要保持在 0.1 mm。在外环的输入位置,其外径上有一独特波形,从而增大了复杂程度。将外环第 3 位置的裙部沿裙部圆弧的整个长度分裂成了 4 等份。这些零件热处理后,极限抗拉强度为 903 MPa,冲击功为 16J,表观硬度最小为 32HRC。这个环是解除替代挡圈离合器(spmg clutch)的特许棘爪 – 离合器设计后第一次生产。粉末冶金外环比锻造的可节约成本 20%。每一种环在以每天 5000 套或一年 137.5 万套的速度生产。

图 10–1–48　行星齿轮输出支架

图 10–1–49　变速器外环

表 10-1-19　变速器外环获奖情况

零件名称	用　途	生产厂商	最终用户
变速器外环	GM 4T65 - E 变速器	Borg Warner Powdered Metals, Inc.	Borg Warner Transmission System
获奖年份	2005	奖项	大奖

O　高扭矩钢驱动链轮

高扭矩钢驱动链轮照片及获奖情况见图 10-1-50 和表 10-1-20。它是 Stackpole Limited(加拿大)的 Automotive Gear Division 为 BorgWarner 800 HD 分动器制造的。零件重量 2.8 kg。这个链轮是由专有的 MoMnCr 钢粉,在闭环控制的 12 轴 CNC 液压成形压机上,用复合模冲与同步的阴模动作压制成形的。经改进的模具可控制 6 个独立的零件台面与 3 个齿轮表面。烧结温度 1280℃。随后进行了真空渗碳淬火,从而使齿表面硬度不低于 60HRC。整体密度 7.0 g/cm^3,而外部的齿用专有工艺密实到了密度 7.75 g/cm^3。零件材料的抗拉强度不小于 862 MPa,屈服强度最小为 828 MPa。唯一的后续加工是对孔进行珩磨精加工,以便压装轴套。

将链轮设计成宽齿形是为了支撑高的赫兹应力与齿的弯曲应力。在任选 4 轮驱动时,这个链轮可将扭矩 2110 N · m 分配给后轮的两个从动齿轮。和替代的成形工艺,诸如锻造与切削加工相比,用粉末冶金可显著降低生产成本。

表 10-1-20　高扭矩钢驱动链轮获奖情况

零件名称	用　途	生产厂商	最终用户
高扭矩钢驱动链轮	Borg Warner 800HD 分动器	Stackpole Ltd. Automotive Gear Div.	Borg Warner Torg - Transfer System
获奖年份	2002	奖项	大奖

P　复合行星齿轮架

复合行星齿轮架照片及获奖情况见图 10-1-51 和表 10-1-21。它是由 3 部分烧结 - 钎接而成,用于 5 种不同的 GM 分动器中。每个部分都有油沟和压制在其表面的推力环,否则是要切削加工的。为大量减少切削加工,将 3 个零件同时进行烧结 - 钎接,形成两个不同

图 10-1-50　高扭矩钢驱动链轮

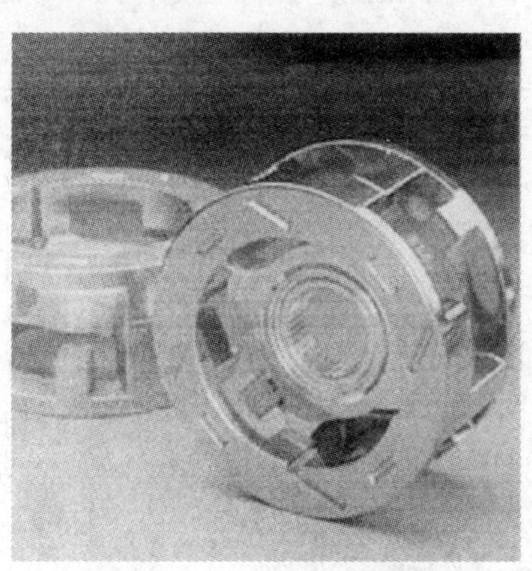

图 10-1-51　复合行星齿轮架

的小齿轮窗口。38个细花键齿要达到AGMA 7级质量标准。不需要精整。行星齿轮架经受得住异常的扭矩负载,而且比竞争的材料可显著降低成本。台架试验表明,粉末冶金行星齿轮架的极限强度比铸铁-切削加工件高40%,而成本降低35%以上。热处理后,行星齿轮架的极限抗拉强度中心部分为950 MPa、端面板为455 MPa。中心部分密度为7.0 g/cm^3,端面板密度为6.8 g/cm^3。

表10-1-21　复合行星齿轮架获奖情况

零件名称	用　途	生产厂商	最终用户
复合行星齿轮架	GM分动器	Borg Warner Powdered Metal, Inc.	Borg Warner Inc. Torg - Transfer Systems
获奖年份	2003	奖项	大奖

Q　离合器毂

离合器毂照片及获奖情况见图10-1-52和表10-1-22。为满足使用环境要求严格控制尺寸、压缩性及耐久性的需要,这种高精度粉末冶金钢离合器毂是用价格特别低廉的低合金化材料生产的。这个复杂的6台面零件用于轻型载货车与SUV的主动式4轮驱动分动器的离合系统。这个离合系统可替代手动同步器系统,可全时有效控制扭矩转换。其便于在运行中改变对车辆前轮的扭矩分布。通过高温烧结,可得到的性能为密度不低于7.0g/cm^3,抗拉强度1137 MPa,屈服强度1034 MPa,表观硬度为35HRC。复杂的城堡型几何形状需要改进的模具来精确控制长度、直径、密度、重量及偏摆,以及整个零件的密度均匀分布。年产量超过60万件。

图10-1-52　离合器毂

表10-1-22　离合器毂获奖情况

零件名称	用　途	生产厂商	最终用户
离合器毂	轻型货车与SUV中的分动器	Stackpole Automotive Gear Division	Magna Powertrain, New Process Gear Division
获奖年份	2007	奖项	大奖

R　惯性阀

惯性阀照片及获奖情况见图10-1-53和表10-1-23。这是一个用于惯性主动式减振器的青铜阀,最终密度为7.3 g/cm^3。阀的公差很严密,而且必须具有好的滑动摩擦特性。鉴于惯性阀打开时会产生金属对金属的接触,因此冲击韧性是关键性的。阀必须通过1000万次循环耐久性试验,槽顶不破裂或变形。这是一种新颖的粉末冶金设计,可为实际需要的应用提供高强度、复杂形状及精密公差。唯一可替代这种零件的是用青铜棒料切削加工的零件,但价格很昂贵。

图10-1-53　惯性阀

表 10-1-23　惯性阀获奖情况

零件名称	用　途	生产厂商	最终用户
惯性阀	惯性主动式减振器	Ceromet	Edelbrock Corp.
获奖年份	2000	奖项	大奖

为 SUV 与货车的配件市场中的较重型车辆设计了 46 mm 振动阀，而 36 mm 的振动阀用于摩托车、高性能轿车及有轨电车，如 Mustangs 与 Camaros。

S　喷油泵链轮

喷油泵链轮照片及获奖情况见图 10-1-54 和表 10-1-24。它有 4 个台面，是由粉末冶金铜 - 镍钢制造的，密度为 $6.9\,g/cm^3$，用于柴油机喷油泵。链轮的抗拉强度为 544 MPa，屈服强度为 379 MPa，疲劳耐久极限为 234 MPa。这个链轮具有双齿直径，形状很复杂。后续作业有，对齿轮进行切削加工与热处理。

图 10-1-54　喷油泵链轮

表 10-1-24　喷油泵链轮获奖情况

零件名称	用　途	生产厂商	最终用户
喷油泵链轮	柴油机喷油泵	AMES, S. A.	Nissan Motor Iberica, S. A.
获奖年份	2000	奖项	大奖

T　齿轮组件

齿轮组件照片及获奖情况见图 10-1-55 和表 10-1-25。它由电枢、转子坯料、轴承及小齿轮 4 个零件组成，用于微型厢式车的自动滑动车门与开、关背门的电动机驱动。零件都是由粉末冶金磷铁材料制造的，密度为 $7.0\,g/cm^3$，极限抗拉强度为 310 MPa，屈服强度为220 MPa。除转子毂需切削加工外，其他 3 个零件都具有最终形状。用改进的模具生产的零件密度能满足转子对磁性能与强度性能的要求。

图 10-1-55　齿轮组件

表 10-1-25　齿轮组件获奖情况

零件名称	用　途	生产厂商	最终用户
齿轮组件	电动机驱动	ASCO Sintering Company	Deltran Inc.
获奖年份	2004	奖项	大奖

U　行星齿轮组件

行星齿轮组件照片及获奖情况见图 10-1-56 和表 10-1-26。它由 1 个托架底盘、4 个行星小齿轮、1 个齿环及 1 个中心直齿圆柱齿轮 7 个粉末冶金零件组成，由生产厂将这 7 个零件组装成最终成品，用于微型厢式车后舱门的自动门锁装置。为生产高精度渐开线齿轮，对模具进行了改进；为了零件耐磨与强度高采用了烧结硬化工艺。还采用了不需要用含浸树脂进行密封孔隙的专有镀覆工艺，从而零件能经受 200 多小时的盐雾试验。生产的行星齿轮与齿环密度为 6.95 g/cm^3，抗拉强度为 689 MPa，屈服强度为 620 MPa。圆柱直齿齿轮的抗拉强度为 827 MPa，屈服强度为 724 MPa，疲劳极限为 241 MPa。

图 10-1-56　行星齿轮组件

表 10-1-26　行星齿轮组件获奖情况

零件名称	用　途	生产厂商	最终用户
行星齿轮组件	自动门锁装置	Capstan Atlantic	Delphi Automotive
获奖年份	2004	奖项	大奖

V　调节装置

调节装置照片及获奖情况见图 10-1-57 和表 10-1-27。这种高强度调节装置(gear set)用于新的倾角可调、伸缩式转向管柱。这种调节装置由一个带齿锁和两个凸轮组成。这些零件都是用扩散－合金化烧结钢制造的，密度不小于 7.05 g/cm^3，抗拉强度大于 1100 MPa，表观硬度为 57HRA，无凹口夏比冲击功大于 14 J。这些零件都可压制成形为最终形，用来替代一般用锻—切削加工的零件。由于不需要切削加工，从而大大降低了成本。

图 10-1-57　调节装置

表 10-1-27　调节装置获奖情况

零件名称	用　途	生产厂商	最终用户
调节装置(gear set)	汽车底盘	Mitsubishi PMG Corp.	Fuji kiko Co. , Ltd.
获奖年份	2008	奖项	大奖

1.3　结束语

粉末冶金结构零件是汽车产业不可缺少的一类基础件。从粉末冶金汽车零件 70 年的发展历程可看出,粉末冶金零件是从替代铸铁件、锻件和切削加工的零件,从替代低强度、形状简单的零件,一步一步发展起来的。2009 年我国汽车产量高达 1376 万辆,在我国生产的汽车中使用我国自主生产的粉末冶金零件数量还有待提高。

参 考 文 献

[1]　Winquist L A. Automotive Applications of Standard P/M Parts. Modern Developments in Powder Metallurgy, Vol. 6, MPIF 1974 : 87 ~ 100.

[2]　Lenel F V. Oil Pump Gears. An Example of Powder Metallurgy, Powder Metallurgy, Edited by John Wulff, ASM, 1942 : 502 ~ 511.

[3]　Goetzel C. Treatise on Powder Metallurgy, Vol. Ⅱ. Interscience Publisher Inc. New York, 1950 : 376.

[4]　ASM Handbook, Vol. 7. Powder Metal Technologies and applications, ASM International, 1998 : 766.

[5]　三菱金属鉱业株式会社．粉末冶金と自动車工业．鉱株式会社百画堂印刷部, 1967 : 134 ~ 137.

[6]　李辉隆, 朱秋龙．从台湾看粉末冶金发展．粉末冶金会刊, 2007, 32(1) : 5 ~ 11.

[7]　JPMA. Japan Powder Metallurgy Association 2006 Report, April 27, 2007.

[8]　David L. Schaefer and James Trombino, CAE. State of The North American P/M Industry – 2005, The International Journal of Powder Metallurgy, 4114(2005) : 27 ~ 32.

[9]　www. mpif. org.

编写:韩凤麟（中国机协粉末冶金分会）

第 2 章 粉末锻造连杆

粉末锻造(简称粉锻或 P/F)是粉末冶金中的一种成形工艺,其研发起始于 20 世纪 60 年代后期,70 年代中期第一次进入市场,主要产品是环形件,诸如汽车变速器小齿轮、锥形轴承的锥形环等。70 年代后期,发现汽车变速器零件是粉末锻造的一个重要潜在市场,从此,粉末锻造工艺较快地进入了北美的汽车市场。

连杆是汽车发动机中承受交变载荷、形状复杂、要求材料具有高疲劳强度与刚度的一个重要零件。不但要求质量稳定、可靠,而且生产成本必须具有竞争性。因此,粉锻连杆的研发,为粉锻工艺的深入开发与扩大应用,开创了新前景。

早在 20 世纪 70 年代,GKN 就研制成功了 Porshe 28 发动机用的粉锻连杆。随后,GKN 与当时西德最大的粉末冶金零件生产商 Krebsöge 公司(现在是 GKN 的一部分)共同承担了这份最早的粉锻连杆订单。当时,GKN 公司使用的原料粉是完全预合金化的合金钢粉,模具是由高阻尼钢制造的,因此高昂的生产成本阻碍了粉锻连杆的扩大应用。

1981 年日本丰田汽车公司宣布[1],该公司已在用粉锻工艺大量生产 S 形发动机连杆。丰田公司采用的粉末原料是 Fe - Cu - C 混合粉,从而解决了原料粉末的价格问题。

在美国,福特汽车公司于 1987 年率先在其生产的 Escort 发动机上大量采用了由 Mascotech 公司(现在是 Metaldyne 公司的一部分)生产的粉锻连杆。5 年后,即 1992 年前后,通用汽车公司与 Chrysler 公司也都相继采用了粉锻连杆。Metaldyne 公司采用粉锻的工艺和日本丰田公司一样,原料粉使用的也是 Fe - Cu - C 混合粉,其组成为 Fe - 2% Cu - 0. 55% C - 0. 1% S[2]。据文献报道,2000 年在北美的汽车市场中粉锻连杆占有的份额已高达 50%。Metaldyne 公司声称[3],从 1986 年开始,粉锻连杆生产量连续 15 年快速增长,到 2001 年共生产 2. 3 亿根。估计北美的汽车市场一年使用的粉锻连杆不少于 41000 t[4]。迄今,全世界已生产粉锻连杆 5 亿根以上[5],在北美主要用于轻型车汽油发动机,而柴油发动机仍在使用锤锻钢连杆。

2.1 粉锻连杆 Fe - Cu - C 合金的力学性能

粉末冶金 Fe - Cu - C 合金,一般称为烧结铜钢,广泛用于生产中等载荷的粉末冶金结构零件,诸如齿轮、链轮、凸轮等。

在日本丰田汽车公司制造的粉锻连杆中采用的原料粉配比为 Fe - 2Cu - 0. 55C - 0. 1S,而在 Metaldyne 为 Fe - 2Cu - (0. 5 ~ 0. 8) C - 0. 32MnS。加入 S 或 MnS 都是为了改进合金材料的切削性。

2000 年,美国 MPIF 标准 35《P/F 钢零件材料标准》(2000 年版)中第一次公布了粉末锻造连杆的材料性能标准。用于粉锻连杆的材料牌号为 P/F - 11C50 与 P/F - 11C60,其化学组成见表 10-2-1,力学性能见表 10-2-2。

表 10-2-1　P/F-11C50 与 P/F-11C60 的化学组成[6]（质量分数,%）

牌号	Ni（最大）	Mo（最大）	Mn	Cu	Cr（最大）	S（最大）	Si（最大）	P（最大）	C	O	Fe（总量）
P/F-11C50	0.10	0.05	0.30~0.60	1.8~2.2	0.10	0.23	0.3	0.3	0.5	（未测定）	余
P/F-11C60	0.10	0.05	0.30~0.60	1.8~2.2	0.10	0.23	0.3	0.3	0.6	（未测定）	余

表 10-2-2　P/F-11C50 与 P/F-11C60 材料的力学性能[6]

材料牌号	热处理状态	标准值							
		拉伸性能				硬度 HRC	冲击功 /J	压缩屈服强度/MPa	平均疲劳极限/MPa
		极限抗拉强度/MPa	屈服强度/MPa	伸长率 /%	面缩率 /%				
P/F-11C50	正火	860	590	15	30	24	5	620	340
P/F-11C60		900	620	11	23	28	4	620	340

注：P/F-11C50 与 P/F-11C60 的无孔隙密度不小于 7.79 g/cm³。

2.2 粉锻连杆 Fe-Cu-C 合金的开发[7]

对于铜含量为 2% ~4%（质量分数）的 Fe-Cu-C 合金，当锻造到无孔隙密度为 8.0% 时，对其力学性能和合金的铜含量的关系，Mefaldyne 公司进行了长期研究。

2.2.1 关于静力学性能的试验结果

该公司发现，在生产条件下，在铜含量为 2% ~4%（质量分数）的 Fe-Cu-C 合金中，铜含量为 3% 时力学性能最高。为此，他们以分别含 2.0%（质量分数）与 3.0%（质量分数）Cu 及含 0.32% MnS 的雾化铁合金粉为原料粉，在其中预先分别混入 0.58%、0.68% 及 0.78% 石墨粉制成混合粉，通过热锻制成完全密实的盘件与连杆，再将之用切削加工制成试件进行了静态与动态力学性能试验。表 10-2-3 为试验用混合粉的化学组成与名称。

表 10-2-3　试验用混合粉的化学组成与名称[7]（质量分数,%）

合金元素	2Cu5C	2Cu6C	3Cu5C	3Cu6C	3Cu7C
Cu	2	2	3	3	3
石墨	0.58	0.68	0.58	0.68	0.78
MnS	0.32	0.32	0.32	0.32	0.32

将表 10-2-3 所示的由两种不同铜含量（2% 与 3%）与三种不同石墨添加量及 0.32% MnS 组成的混合粉，在同一条生线上制造成了直径 100 mm 和厚 50 mm 的圆盘。将盘件压制到生坯密度为 6.90 g/cm³，然后在 $90N_2-10H_2$ 气氛中，于 1150℃ 下烧结 30 min。随即，将盘件热锻（热压）到完全密实状态，在静止空气中进行冷却。锻造的盘件密度约为 7.80 g/cm³。同时，在同样条件下，用 5 种混合粉制造了设计相同的连杆。

表 10-2-4 示出由 5 种混合粉制造的锻件的化学组成分析结果。由之可看出碳含量与目标含量很接近，而其余的预混合元素各组几乎一样。

表 10-2-4　5 种锻件材质的化学组成分析结果[7]（质量分数，%）

锻件材质	Cu	C	Mn	S
2Cu5C	1.98	0.49	0.33	0.12
2Cu6C	2.02	0.56	0.34	0.12
3Cu5C	3.06	0.50	0.31	0.12
3Cu6C	3.03	0.57	0.32	0.13
3Cu7C	3.01	0.64	0.33	0.13

冶金评价表明，由几种混合粉制造的试样，其显微组织都是典型的珠光体－铁素体组织。图 10-2-1*a* 与图 10-2-1*b* 分别为 2Cu5C 与 3Cu5C 材料的显微组织。由图 10-2-1*b* 可看出，3Cu5C 材料的晶粒较细。依据 ASTM 标准 E 112—96，用比较法，由 Climax Research Services 对珠光体晶粒度进行了测定，测定结果示于表 10-2-5。由表 10-2-5 可看出，随着铜含量从 2% 增高到 3%，珠光体的晶粒度减小。

a

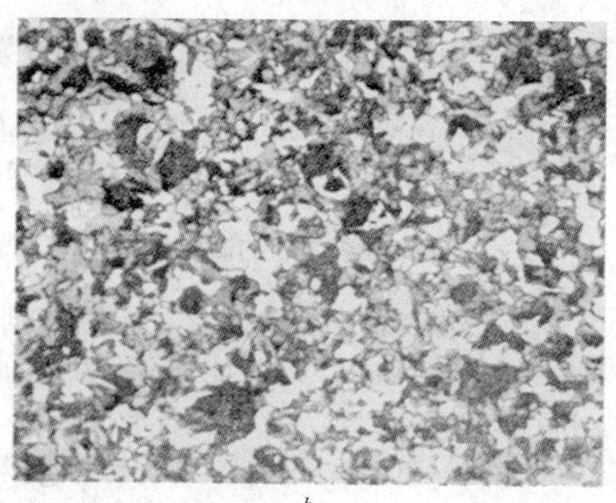

b

图 10-2-1　典型显微组织（原来为 200 ×，4% 苦味醇液浸蚀）

a—2Cu5C；*b*—3Cu5C

表 10-2-5　晶粒度的测定结果[7]

试　样	2Cu5C	3Cu5C
晶粒度	6 级	7 级

表 10-2-6 列出了锻造盘件芯部的硬度值。由表 10-2-6 可看出，锻造的盘件芯部的硬度值，随着铜与碳的含量增高而增高。根据文献[8]，在锻件碳含量约为 0.5% 的混合粉中，当铜含量从 2% 增高到 3% 时，硬度值最高可达到 31HRC，此后，即使将铜含量增高到 4%，硬度值都是稳定的。

表 10-2-6　锻造盘件芯部硬度的测定结果[7]

试 样	2Cu5C	3Cu5C	2Cu6C	3Cu6C	3Cu7C
硬度 HRC	24	31	26.5	32	34.7

由粉锻连杆螺栓凸台处切削加工的微型圆柱形拉伸试棒（直径 3 mm，长度 45 mm）（见图 10-2-2），在 Laboratory Testing Inc. 进行了拉伸试验。

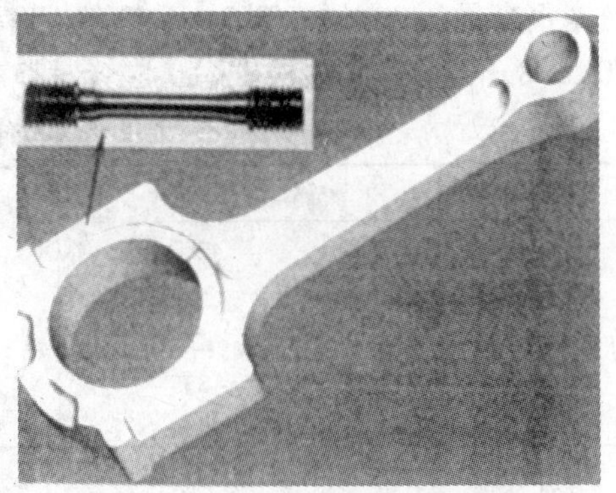

图 10-2-2　从粉锻连杆螺栓凸台处切削加工的微型圆柱形拉伸试棒（直径 3 mm，长度 45 mm）

对于每种材料都用 15 根试样进行了拉伸试验，试验结果的平均值汇总于表 10-2-7 中。从表 10-2-7 中可看出，在混合粉的石墨添加量为 0.58%（锻件碳含量约为 0.5%）的条件下，将铜含量从 2%增高到 3%时，极限抗拉强度与屈服强度同时增高，可是，铜对屈服强度比对抗拉强度增高的作用大。但是，由于铜的硬化作用，铜含量较高时，伸长率略有减小。图 10-2-3 与图 10-2-4 图解地表明了静态力学性能的试验结果。

表 10-2-7　粉末锻造合金材料的拉伸试验结果[7]

试　样	2Cu5C	2Cu6C	3Cu5C	3Cu6C	3Cu7C
抗拉强度/MPa	860	945	1000	1060	1120
屈服强度/MPa	560	605	710	724	770
伸长率/%	15	12	13	11	9
压缩屈服强度/MPa	540	635	695	705	775
抗剪强度/MPa	540	625	680	725	785

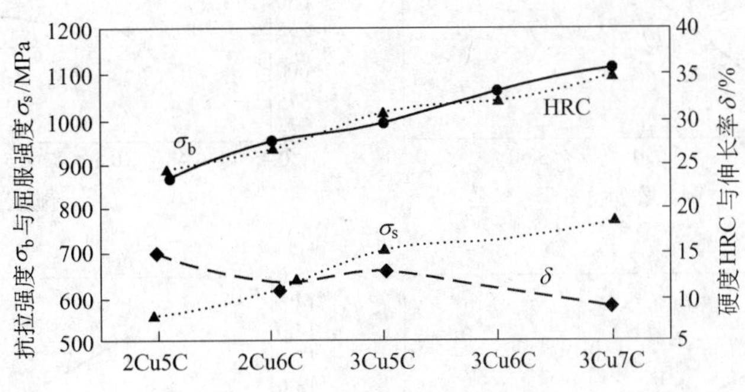

图 10-2-3　拉伸性能的比较

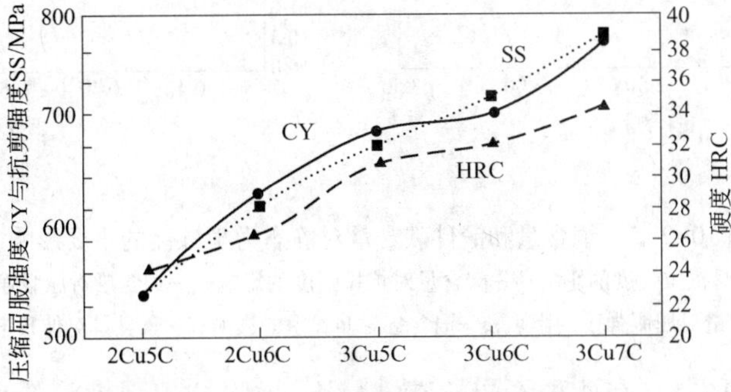

图 10-2-4　其他静态力学性能的比较

铜含量从 2% 增高到 3% 和锻件碳含量从 0.49% 增高到 0.57% 时的相关系数汇总于表 10-2-8。铜含量和锻件碳含量二者对静态力学性能的主要影响示于图 10-2-5。

表 10-2-8　拉伸性能(试棒)的相关系数[7]

项　目	常　数	系数 Cu		系数 Cu×C
极限抗拉强度/MPa	425	345	2045.22	-415.469
屈服强度/MPa	-272	258.5	1116.15	-236.644
压缩屈服强度/MPa	-1215	545	2988.59	-815.723
抗剪强度/MPa	-835	390	-2240.49	-513.102
伸长率/%	56	-10	-75.317	16.2299

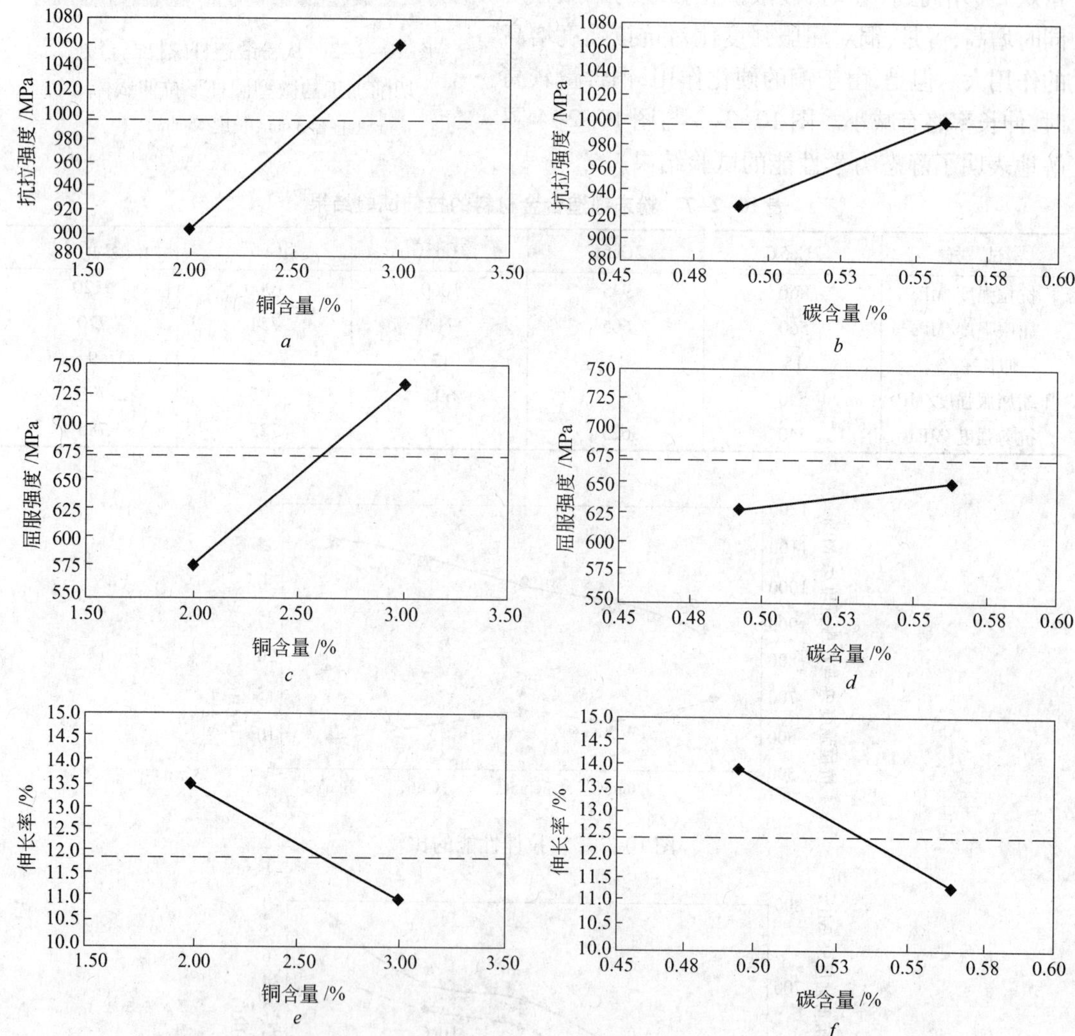

图 10-2-5　铜含量和锻件碳含量对静态力学性能的主要影响[7]

a—铜含量对抗拉强度的影响;*b*—碳含量对抗拉强度的影响;*c*—铜含量对屈服强度的影响;*d*—碳含量对屈服强度的影响;*e*—铜含量对伸长率的影响;*f*—碳含量对伸长率的影响

由图 10-2-6 可看出,在两种不同的碳含量下,极限抗拉强度值的直线近乎平行,这表明铜与碳之间并不存在明显的交互影响。实际上,考察锻件的两种碳含量(0.50% 与

0.57%)时,可看出铜含量增高 1%,抗拉强度分别增高 140 MPa 与 115 MPa(铜含量增高时,碳含量越低,抗拉强度的变化就越大)。对于屈服强度,情况就有所不同。如图 10-2-6 所示,在两种不同的碳含量下,屈服强度值的直线并不平行,这表明铜与碳之间存在交互作用。定量地讲,在锻件的碳含量约为 0.5% 下,铜含量增高 1%(从 2% 增高到 3%)时,抗拉强度约增高 16%(140 MPa),而屈服强度增高 27% 左右(150 MPa)。

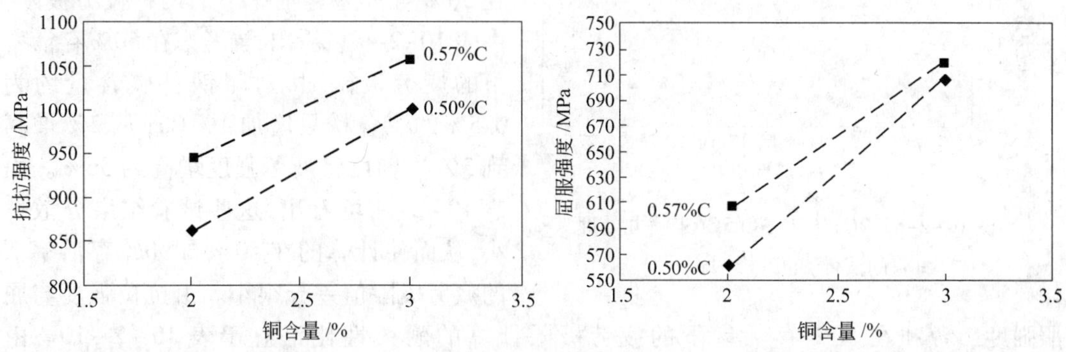

图 10-2-6　铜 - 碳对抗拉强度与屈服强度的交互作用[7]

图 10-2-7 示出混合粉的铜含量为 3% 时,碳含量(锻件)和抗拉强度与屈服强度的关系。由图 10-2-7 可看出,混合粉的铜含量为 3% 时,锻件的碳含量和抗拉强度与屈服强度之间具有良好的直线性关系(抗拉强度的 $R^2=0.996$,屈服强度的 $R^2=0.934$)。在混合粉的铜含量为 3% 的条件下,锻件碳含量增高 0.07% 时,抗拉强度约增高 6%(60 MPa)。因此,锻件碳含量增高 0.14% 时,抗拉强度共增高 12%(120 MPa),与之同时,屈服强度约增高 8.5%(60 MPa)。

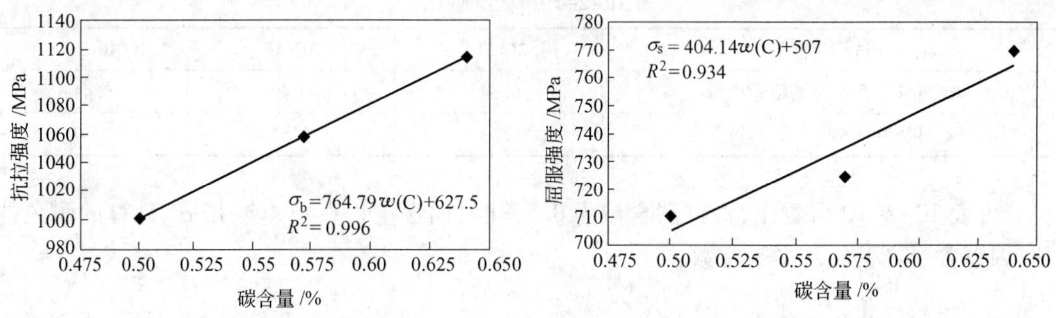

图 10-2-7　锻件碳含量(3% Cu)和抗拉强度的相互关系[7]

2.2.2　关于动态力学性能的试验结果

为测定粉锻 Fe - Cu - C 合金的动态力学性能,由锻造的盘件切削加工了砂漏形轴向疲劳试验试件。用细金刚砂纸在荷载方向将试件检验部分进行了抛光。在加拿大 Waterloo 大学,用伺服液压式闭环可控试验机,在室温下进行了轴向、等幅、全交变(应力比 $r=-1$)疲劳试验。

仅对 2Cu5C 与 3Cu5C 两种材料未经喷丸硬化的试件进行了疲劳试验。用阶梯法[9]评估了材料的疲劳极限。试件试验能存活 10^7 周就认为合格。图 10-2-8 比较了由 2Cu5C 与 3Cu5C 材料制作的试件的阶梯疲劳试验结果。

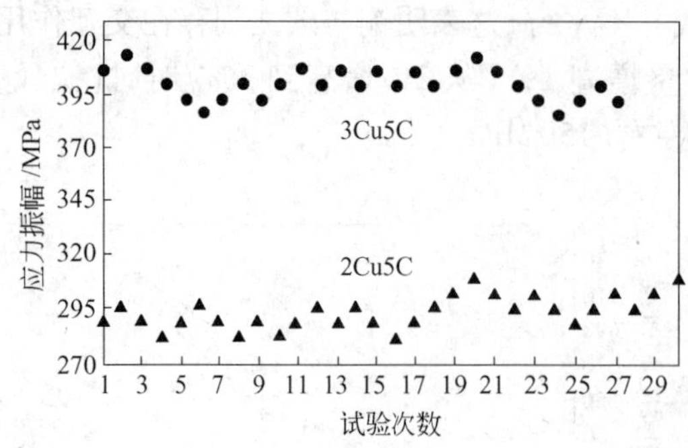

图 10-2-8 2Cu5C 与 3Cu5C(未喷丸处理的试件)的阶梯图[7]

对于 2Cu5C 与 3Cu5C 材料,分别用 30 个与 27 个试件进行了试验。关于疲劳极限的计算结果汇总于表 10-2-9 中。报告了在 50% 与 90% 存活率下的两种疲劳极限。由表 10-2-9 可看出,当考虑在 50% 存活率下的疲劳极限时,对于锻件碳含量约为 0.5% 的混合粉只增加 1% Cu(从 2% 增高到 3%),即可将疲劳强度增高约 36%。由表 10-2-9 可看出,这些试验结果分散性小,从而使计算的在 50% 与 90% 存活率下的疲劳极限值差异很小。由抗拉强度与屈服强度二者和在 50% 存活率下的疲劳极限计算的耐久性比汇总于表 10-2-10。由表 10-2-10 可看出,用 σ_b 计算的耐久性比不是常数,其随着铜含量从 2% 增高到 3% 而增大,而且随后即使是将铜含量增高到 4% 都是趋于稳定的。这可用疲劳极限与抗拉强度的增高不成比例,可是,或许和疲劳强度的增高成比例来说明。

表 10-2-9 疲劳试验结果(试件未经喷丸处理)[7]

试 件	2Cu5C	3Cu5C
50% 存活率下的疲劳极限/MPa	294.3	400.2
90% 存活率下的疲劳极限/MPa	279.3	386.8

表 10-2-10 耐久性比[8]

试 件	2Cu5C	3Cu5C	4Cu5C
σ_b50% 存活率下的疲劳极限	0.34	0.40	0.41
σ_s50% 存活率下的疲劳极限	0.53	0.56	0.57

由表 10-2-10 可看出,锻件碳含量为 0.5% 时,铜含量一直到 4%,用 σ_s 计算的耐久性比,因铜含量之变化几乎是常数。

2.2.3 切削性试验结果

粉末冶金结构零件材料的切削性差是众所周知的,通常将其归因于由于材料内部有一定量微小孔隙存在,导致断续切削所致。那么,粉末锻造材料的切削性如何呢?

为了改进粉锻 Fe - Cu - C 合金材料的切削性,也在其原料混合粉中添加了 0.32% MnS。在位于墨西哥的 Metaldyne 工厂的连杆切削加工生产线上进行了试验。关于由 2Cu5C、2Cu6C、3Cu5C 及 3Cu6C 制造的连杆的一些切削试验结果汇总于图 10-2-9。图 10-2-9 中表明了钻削螺栓孔时的推力与硬度值。从图中可看出,2Cu5C 材料的钻削推力最小,3Cu6C 材料最高。但是,二者的推力相差不大于 4%。

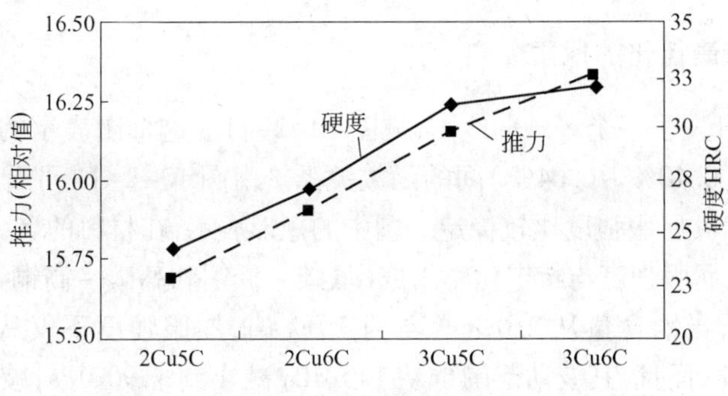

图10-2-9　切削性试验(钻削、旋孔)结果[7]

依据上述研究结果,Metaldyne公司于2000年前后,将3Cu5C与3Cu6C材料用于了粉锻连杆生产,并称之为高强度材料,商标为HS150™与HS160™。

2.3　高强度材料研究的新进展

为了弄清楚碳对粉锻Fe－Cu－C(2%～4%Cu)合金材料疲劳强度的影响,确定粉锻Fe－Cu－C(2%～4%Cu)合金材料的力学性能达到峰值时的铜含量,Metaldyne公司的研究人员进行了进一步的研究[10]。由图10-2-10可看出,通常用的密度为7.0g/cm³的铜含量为2%～4%的烧结Fe－Cu－C合金材料,其抗拉强度因铜含量增高(从2%增高到4%)而增高。那么,对于铜含量为2%～4%(质量分数)的粉锻Fe－Cu－C合金,情况又如何呢?依据文献[10],对于完全密实的Fe－Cu－C合金材料,其力学性能在铜含量为3.0%～3.5%之间具有最大值。因此,对铜含量为3.25%,而碳含量(锻件)分别为0.50%与0.57%的两种原料混合粉进行了试验研究。

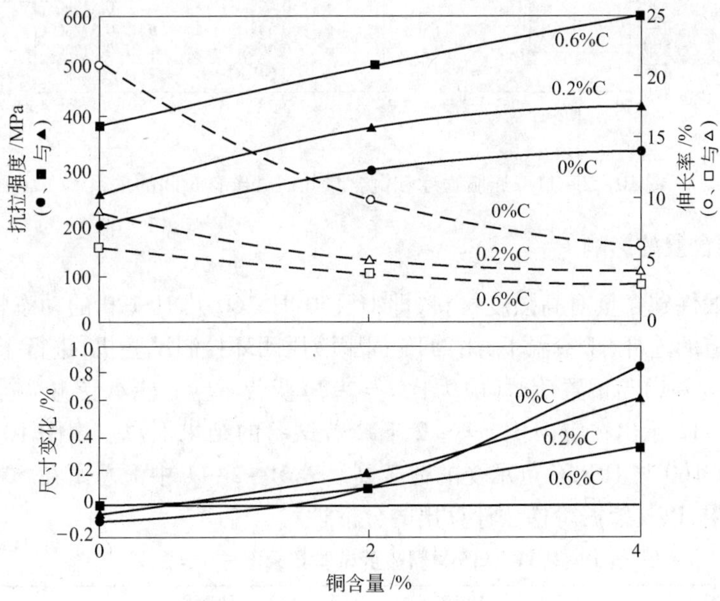

图10-2-10　碳含量对Fe－Cu系材料性能的影响[4]
(于1120℃下烧结30min,密度7.0g/cm³)

2. 3. 1　关于铜含量最佳化的探索

借助统计软件开发了一个等碳曲线图,见图 10–2–11。这个图表示的是屈服强度和铜含量与锻件碳含量(从 0. 40% ~0. 64%)间的函数关系。由图 10–2–11 可看出,铜含量大于 3% 的 Fe – Cu – C 合金,其屈服强度比较稳定。图中的矩形表示,在材料的名义铜含量为 2%、3% 及 3. 25% 的条件下,屈服强度与特定化学组成(低碳 – 低铜和高碳 – 高铜)间的函数关系。由图 10–2–11 可看出,当铜含量从 2. 0% 增高到 3. 0% 时,屈服强度不仅从 560 MPa 增高到了 695 MPa,约增高 24%,而且,其波动范围也从 140 MPa 减小到了 90 MPa,减小约 36%。通过将铜含量进一步增高到 3. 25%,可将屈服强度的波动范围减小到只有 60 MPa。依据 MPIF 标准 35 中规定的 P/F – 11C50(见表 10–2–2),其屈服强度的范围对名义屈服强度值之比计算的相对波动范围为 25%。而铜含量为 3% 的高强度材料(即 HS150™),其屈服强度的波动范围为 13%。将铜含量进一步增高到 3. 25% 时,由于材料组成的进一步优化,屈服强度的波动范围减小到了 8. 5% 左右,而且屈服强度值也比 HS150™ 增高了 2. 2%。由此可看出,和铜含量为 2% ~3% 的材料相比,铜含量为 3. 0% ~3. 25% 的新型高强度材料较耐化学组成的变动,因此,将这种材料称之为改性高强度材料,其材料牌号为 HS150M、HS170M。

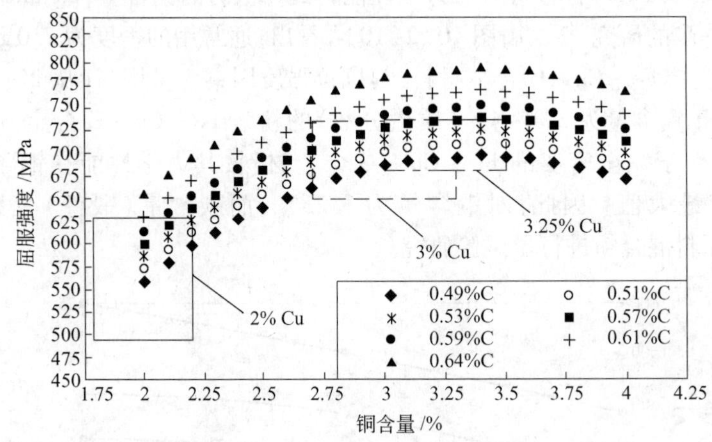

图 10 – 2 – 11　屈服强度和铜含量与锻件碳含量间的关系[10]

2. 3. 2　锻件碳含量的影响

为了评价锻件碳含量对高强度材料,即 HS150、HS160 及 HS170 的动态性能的影响,将由这些材料锻造的连杆,于室温下,用 MTS 伺服液压闭环控制试验机,进行了轴向、等幅、全交变(应力比 $r = -1$)与偏置荷载(应力比 $r = -2$)疲劳试验。能承受 10^7 周试验的连杆为合格。图 10–2–12 示出在应力比 $r = -2$ 下疲劳试验的结果汇总。由图 10–2–12 可以看出,HS170 比 HS160 与 HS150 可承受的荷载高。表 10–2–11 中汇总了在 50% 与 90% 存活率下的疲劳极限,以及依据阶梯法计算出的分散性。

表 10–2–11　HS 材料疲劳试验结果汇总($r = -2$)[11]

HS 材料	HS150	HS160	HS170
50% 存活率下的疲劳极限/MPa	362	379	407
90% 存活率下的疲劳极限/MPa	352	363	400
用阶梯法计算的分散性/MPa	8	13	5

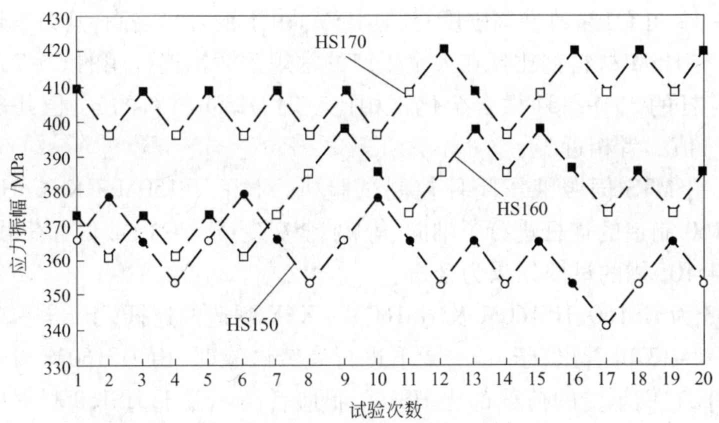

图 10-2-12　$r=-2$ 时 HS 材料的疲劳试验结果汇总[11]

由表 10-2-11 可看出，就 50% 存活率下的疲劳极限而言，HS160 比 HS150 约高 5%，而 HS170 比 HS160 约高 7%，因此，HS170 比 HS150 高 12% 左右。

这就是说，锻件碳含量平均增高约 0.07% 时，可使 HS 材料在应力比 $r=-2$ 下的疲劳极限增高约 6%。由此可看出，对于改进材料的疲劳极限，增加锻件的碳含量，不如增高材料的铜含量效果大。

2.3.3　新型切削性增强剂 KSX 的作用

商业上新近出现了一种名为 KSX 的新型切削增强剂，这是一种颗粒细小、呈圆形的复杂钙氧化物，平均粒度小于 3.5 μm。对于改进粉锻材料的切削性，KSX 比 MnS 有效。发现在粉锻材料中添加极少量 KSX，在切削加工时就能很有效地保护切削工具表面，而且对锻造材料的力学性能没有影响。试验表明[7]，对于替代添加于粉锻 Fe－Cu－C 合金中的 0.32% MnS，只需要添加 0.10% KSX。

作为 HS 材料的潜在替代品，开发了用 0.10% KSX 替代 0.32% MnS 的三种新材料，即 HS150M＋KSX、HS160M＋KSX 及 HS170M＋KSX。

表 10-2-12 中汇总了由改性高强度材料制造的连杆螺栓凸台处切削加工的微型圆柱形试件测定的抗拉强度（σ_b）与屈服强度（σ_s）值；为了比较，其中还包括有 HS 材料、C－70 钢及微合金化钢 36MnVS4。表中数据都是由对每种材料制造的 15 个试件试验结果的平均值。

表 10-2-12　粉锻连杆用材料的力学性能汇总[12]

力学性能	σ_b/MPa	σ_s/MPa	伸长率/%
P/F11C50	852	564	15.1
HS150	994	698	12.2
HS150M	1027	706	13.2
HS150M＋KSX	987	701	11.8
HS160	1071	725	11.1
HS160M	1082	744	9.5
HS160M＋KSX	1071	744	11.6
HS170	1113	757	10.9
HS170M	1129	810	8.7
HS170M＋KSX	1101	788	10.0
C－70①	957	568	14.8
36MnVS4①	1054	802	14.9

① 常规锻钢材料。

由表 10-2-12 可看出,改性高强度材料(HSM)由于铜含量略高,其力学性能稍高于 HS 材料,可是,HS 与 HSM 材料都比现在大量生产的常规锤锻钢连杆用的 C－70 锻钢高。当与新近用于锤锻连杆的 36MnVS4 微合金化钢相比较时,HSM 材料的 σ_b 值几乎都比之略高,而屈服强度(σ_s)值二者相近。

于室温下,用 MTS 伺服液压闭环控制试验机,对由 HS150M + KSX、HS160M + KSX、HS160M 及 HS160 制造的连杆进行了轴向、等幅、全交变($r=-1$)或偏置荷载($r=-2$)疲劳试验。连杆存活 10^7 周的试验结果为合格。

图 10-2-13 为 HS160、HS160M 及 HS160M + KSX 制造的连杆,于 $r=-2$ 下疲劳试验的结果。由图 10-2-13 可看出,于 $r=-2$ 下进行疲劳试验时,由 HS160M 与 HS160M + KSX 制造的两组连杆,它们承受的荷载都比 HS160 制造者高。关于 HS160 材料,在 $r=-2$ 下,于 50% 与 90% 存活率下的疲劳极限,以及用阶梯法计算出的分散性皆汇总于表 10-2-13 中。由表 10-2-13 可看出,将铜含量从 3%(HS160)增高到 3.25%(HS160M)时,于 90% 存活率下的疲劳极限增高近 7.7%,而通过用 KSX 替代 MnS,另外增高 3%。因此,于 $r=-2$ 和 90% 存活率下,HS160M + KSX 的疲劳极限和 HS160 材料相比,总共增高了约 11%。同时还应注意到,由于将铜含量从 3% 略微增高到 3.25%,和通过用添加 0.10% KSX 替代 0.32% MnS,疲劳极限的分散性从 13 MPa 减小到了 9 MPa,这也是很重要的。

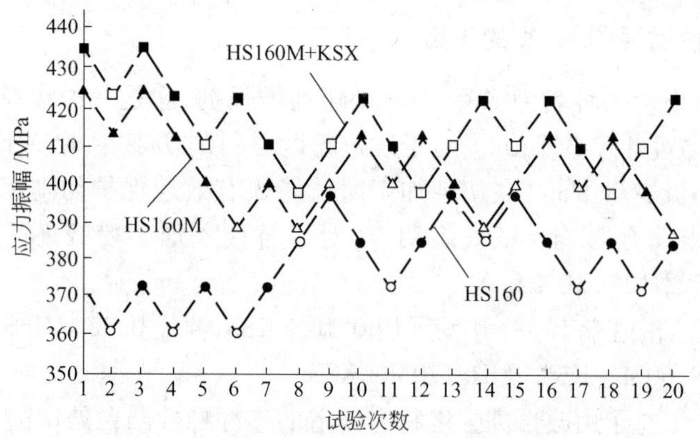

图 10-2-13　HS 材料于 $r=-2$ 下疲劳试验结果汇总[11]

表 10-2-13　HS160 材料于 $r=-2$ 下疲劳试验结果汇总[11]

疲劳试验结果	HS160	HS160M	HS160M + KSX
50% 存活率下的疲劳极限/MPa	379	403	414
90% 存活率下的疲劳极限/MPa	363	391	403
用阶梯法计算的分散性/MPa	13	9	9

2.4　粉锻连杆与传统锤锻钢连杆材料比较

粉锻连杆自 1987 年进入北美汽车市场以来,一直在和传统的锤锻钢连杆争夺市场。2005 年 4 月,在美国 SAE 100 周年大会上,关于粉锻连杆与 C－70 钢锤锻连杆进行过一次大论战[12]。C－70 钢是欧洲锤锻钢连杆生产厂家和相关炼钢产业,为和粉锻连杆竞争,专门开发的一种锻造连杆用钢。传统锤锻钢连杆新近采用的另外一种钢材是微合金化钢

36MnVS4。

为了和传统的锤锻钢连杆相竞争，粉锻连杆的材料一直处于改进与创新之中。为了比较，将由 HS150M + KSX 制造的粉锻连杆和由 C－70 钢与 36MnVS4 钢用锤锻制造的连杆，于 $r=-1$ 下同时进行了疲劳试验。以连杆能于 10^7 周下存活，未失效为合格。另外，还将 20 根连杆依据阶梯法进行了试验。试验结果都汇总于图 10-2-14 中（其中，用 36MnVS4 钢制连杆，只进行了 16 次试验）。

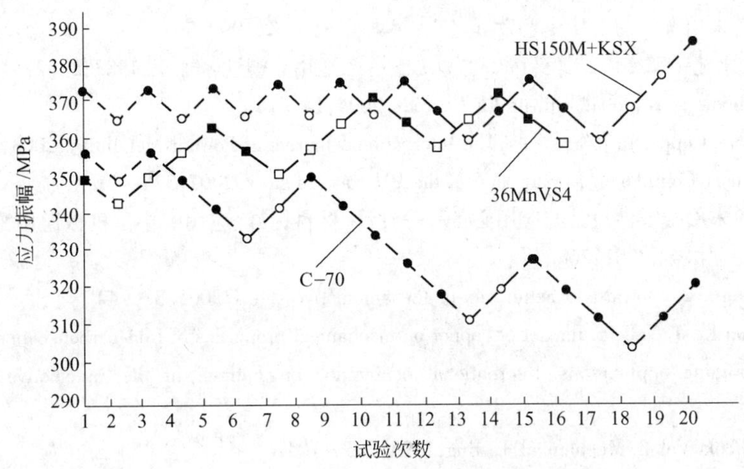

图 10-2-14　于 $r=-2$ 下疲劳试验结果汇总[11]

由图 10-2-14 可看出，疲劳试验时，由 HS150M + KSX 制造的连杆比由 C－70 钢与 36MnVS4 钢制造者承受的荷载高。

表 10-2-14 中列出了由 HS150M + KSX 制造的粉锻连杆和由 C－70 钢与 36MnVS4 钢制造的传统锤锻制造的连杆，在 $r=-2$ 下疲劳试验的结果，以及依据阶梯法计算出的分散性。

表 10-2-14　于 $r=-2$ 下疲劳试验结果汇总[11]

疲劳试验结果	HS150M + KSX	C－70	36MnVS4
50% 存活率下的疲劳极限/MPa	368	326	358
90% 存活率下的疲劳极限/MPa	362	252	344
用阶梯法计算的分散性/MPa	4	58	11

由表 10-2-14 可看出，用 HS150M + KSX 制造的粉锻连杆，于 90% 存活率下，其疲劳极限比由 C－70 钢锤锻的连杆约高 44%，比由 36MnVS4 钢锤锻的连杆高约 5.2%。

粉末锻造连杆除材料的使用性能较高外，和传统的锤锻钢连杆相比，还有另外一些优势，诸如材料利用率较高、重量变动较小、切削性较好及切削加工工序较少等。因此，正如韩国现代汽车公司所报道，粉末锻造连杆和传统锤锻钢连杆相比，重量可减轻 10%，生产成本可降低 22%。[13]

2.5　结束语

粉末锻造连杆是粉末冶金零件产业的一个划时代产品，标志着粉末冶金结构零件的使用性能达到了可与常规锻钢制品相比拟的水平，而且生产成本较低，重量较轻。从粉末锻造 Fe－Cu－C 合金材料的发展历程可以看出，粉末锻造连杆当今之所以能抢占北美汽车市场汽油发动机 50% 以上的份额，其奥秘就在于对产品的深入开发与不断创新。

参考文献

[1] 木村尚．粉末冶金—をの历史と发展．アダネ技术センタ，1999:56.

[2] 積木千明，永礼一郎．烧结锻造のコンロミドへの适用．塑性と加工，1983，24(27):809～815.

[3] MPR. Metaldyne goes global with its PF Conrods. 2004:14～16.

[4] UIF Engström. Copper in P/M steels, The International Journal of Powder Metallurgy, 2003, 39(4):29～39.

[5] MPR. End-user Confidence Key to confirm the PM success story. 2007:32～40.

[6] 韩凤麟．粉末冶金零件设计与应用必备——设计、材料标准、应用．中国机械通用零部件工业协会粉末冶金专业协会，2001:268.

[7] MPR. Forging a way towards a better mix or PM automotive steels. 2005:38～44.

[8] Ilia E, Tutton K, O'Nell M. Impact of copper on mechanical properties of iron-carbon-copper alloys for powder metal forging applications. International conference on Fatigue in the Automotive Industry, Novi, MI, 2003.

[9] ASM Handbook. Vol. 8. Mechanical Testing, 1995:703～704.

[10] Ilia E, O'Nell M, Tutton K. Impact of copper and carbon on Mechanical Properties. PM^{2}TEC2004, Chicago, IL, 2004.

[11] MPR. Fuel economy the driver for new materials. 2007:24～30.

[12] 韩凤麟．粉末锻造与 C－70 钢锻造汽车发动机连杆//2005 年 4 月美国 SAE 100 周年世界大会论战纪要．现代零部件，2006(12):18～24.

[13] MPR. Nov, 2006(10):7～10.

编写：韩凤麟（中国机协粉末冶金分会）

第 3 章　金属注射成形(MIM)零件在汽车中的应用

金属注射成形(MIM,metal injection moulding)是以金属粉末为原料,借助塑料注射成形工艺制造金属零件的一门技术。最早是用氧化物粉末(诸如 Al_2O_3 粉)制造陶瓷零件,所以也叫做 CIM(ceramic injection moulding),鉴于 MIM 与 CIM 皆以粉末为原料,所以也统称为粉末注射成形(PIM,powder injection moulding)。

3.1　金属注射成形工艺过程

金属注射成形是粉末冶金与现代塑料注射成形工艺相结合形成的一门新型金属零件成形工艺,出现于 20 世纪 70 年代末期,最初主要用于制造轻武器零件。从 90 年代初开始,MIM 零件才进入汽车零件市场。据粗略统计,现在全球 MIM 汽车零件的销售额约为 2 亿美元,其中欧洲占 55%,亚洲占 25%,北美占 20%。按照 MIM 零件的质量计算,在欧洲用于汽车产业的 MIM 零件已占 MIM 零件总产量的 50% 强,在亚洲不大于 20%,2005 年日本为 17.6%(2004 年为 15%),北美为 14%。

据估计,现在全球生产 PIM 产品的厂商约有 450 家,其中 250 家生产 CIM 产品,200 家生产 MIM 零件与硬质合金制品。可是,大多数企业的历史都不到 10 年。虽然,这些企业大都是小型企业,但生命力却极强。据资料分析,2003 ~ 2006 年期间,MIM 汽车零件的产量增长了 33%。

金属注射成形工艺和传统粉末冶金技术主要差异在于前者是采用注射成形,而后者是利用单轴向刚性模具压制成形,前者比后者使用的原料粉末细,通常粉末的粉度不大于 20 μm。

金属注射成形(MIM)零件的生产工艺流程如图 10-3-1 所示。首先,将金属粉末与黏结剂相混合,制成注射成形用的丸粒,即所谓的注射料。黏结剂一般采用热塑性聚合物,其在混合料中占的比率为 15% ~ 50%(体积分数)。这种注射丸粒可像塑料一样,利用塑料注射成形机,注射成形为各种各样的零件生坯。用加热与化学作用等方法,使零件生坯中所含的黏结剂分解 - 脱除后,经高温烧结,即获得接近铸造状态的金属材料性能。经过或不经过后续加工,就制成了零件成品。

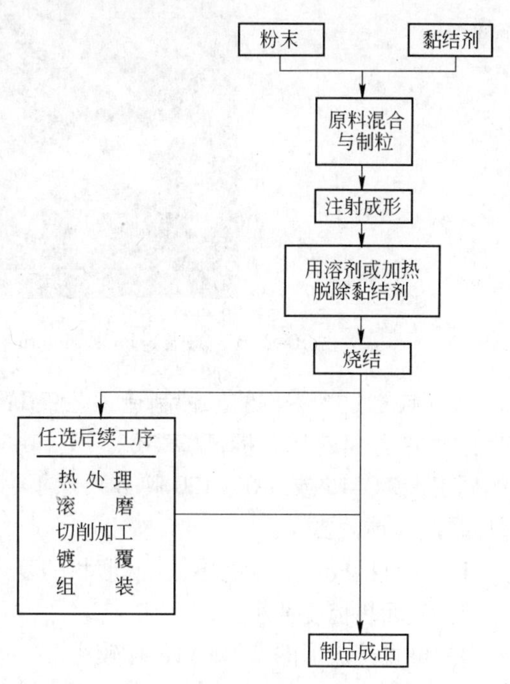

图 10-3-1　金属注射成形的工艺流程

金属注射成形工艺和常规粉末冶金零件制造工艺相比,最突出的特点是可制造三维形状零件,对零件的构型设计没有任何限制;由于使用的金属粉末原料粒度不大于 20 μm,烧结后的零件材料密度一般不低于理论密度 96%，甚至接近理论密度，因此，力学性能水平较高。另外，用金属注射成形工艺可制造复合金属（例如双金属）制品和成组微小型形状复杂的零件。

3.2　MIM 汽车零件实例

汽车产业已经在大量采用 MIM 工艺生产的一些形状复杂、材料力学性能较高的零件、双金属零件以及成组的微小型零件。

3.2.1　形状复杂的 MIM 汽车零件

形状复杂的 MIM 汽车零件如下所述：

（1）VVT 系统用摇臂零件。如图 10-3-2、图 10-3-3 所示，汽车发动机的可变配气相位（VVT）系统中使用的摇臂零件形状十分复杂，它就是用 MIM 工艺制造的一个标志性零件。

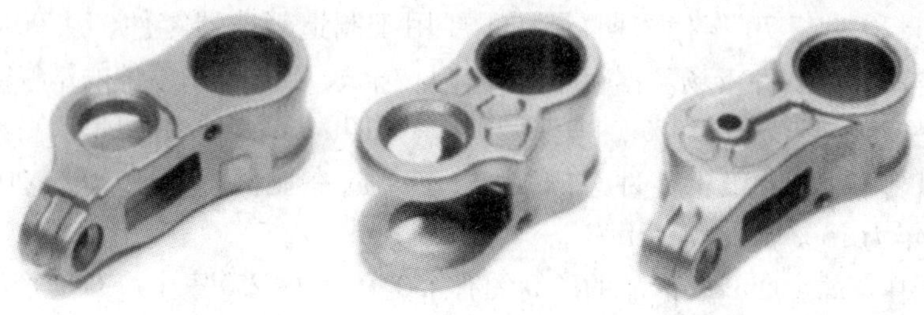

图 10-3-2　日本活塞环公司生产的摇臂零件

图 10-3-3　德国 Schunk Sintermetall-technik GmbH 生产的摇臂零件

关于制造这个零件的三种制造工艺：MIM、锻造及精密铸造，日本活塞环公司进行过详细的技术－经济对比分析，见表 10-3-1。由表 10-3-1 中数据不难看出，选用的 MIM 材料（等同于 SCM 415 或 SAE 4120 牌号），除了力学性能较低，但能满足用途要求外，其余各项都比锻造与精铸要强：

1）在直接成形的产品中，几何形状的复杂程度高。

2）表面粗糙度值小。

3）可直接成形的壁厚较薄，孔较小。

4）和精铸的尺寸精度 ±0.2mm 与锻造的 ±1.0mm 相比，MIM 为 ±0.05mm，有很大改进。

表 10-3-1　摇臂零件的 MIM 工艺和锻造、精铸的技术 - 经济对比分析

项　目		锻　造	精　铸	MIM
材料性能（锻件 = 100）	密度	100	100	96
	抗拉强度	100	90	83
	伸长率	100	75	60
	硬度	100	98	86
形状自由度		低	—	高
表面粗糙度值 R_a/μm		粗糙约 50	5 ~ 20	3 ~ 10
最小壁厚/mm		3.0	2.0	0.5
最小孔径/mm		1.0	2.0	0.5
尺寸精度/mm		±1.0	±0.2	±0.05
滚子槽面的成形		切削加工	切削加工	成形
摇臂成本比较		100	52	42

5）一些几何形状特征可直接成形，可大大减少切削加工作业，从而节能、省材。

6）和锻造与精铸相比，每个零件的生产成本至少可相应节省约 50% 与 20%。

(2) U 形夹。如图 10-3-4 所示，这是用于汽车转向系组件中的一个形状异常复杂的零件，一向用精密铸造生产。现已改用 MIM 工艺由镍钢 4600 制造，每个零件重 65 g，密度不小于 7.5 g/cm³。典型极限抗拉强度为 1660 MPa，屈服强度 1450 MPa。设计的特点是：为配合的零件设计了两个不同的凹坑、两个通孔、三个多轴向臂以及衬垫间隙；D 形孔要进行整形；零件要进行渗碳 - 淬火。采用 MIM 工艺制造时，可减少组件的零件数；和精铸相比，可节约生产成本 25%。

图 10-3-4　U 形夹

(3) 涡轮增压器转子。如图 10-3-5 所示，这种由 MIM 工艺制造的转子，最初用于航空发动机与固定式涡轮机，现在已推广应用于汽车发动机。该转子是由镍基高温合金，如 GMR235 与 Hastelloy X 制造的。在涡轮增压器中除转子外，调节环(图 10-3-6)也是用 MIM 工艺制造的。

图 10-3-5　涡轮增压器转子

图 10-3-6　涡轮增压调节环

（4）冷却活塞用喷油嘴。如图 10-3-7 所示，这个零件装在 V8 发动机缸体中，用于将油喷射到活塞底面冷却活塞，零件重 9g。虽可用常规粉末冶金工艺制造，但和管件连接的横向孔无法成形。改用 MIM 工艺生产后，这个问题就迎刃而解了。烧结后，将管件钎焊在横向孔中。

（5）独立加热系统的燃烧器室。如图 10-3-8 所示，这个零件用于轿车和载货车的任一加热系统。零件重 40g，由 316 不锈钢用 MIM 工艺生产，材料密度 7.3g/cm³，抗拉强度约 400MPa。需要气密，可钎焊及耐腐蚀。

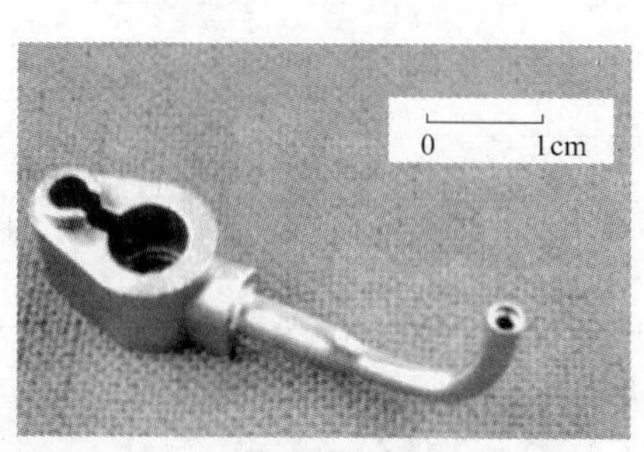

图 10-3-7　冷却活塞用喷油嘴

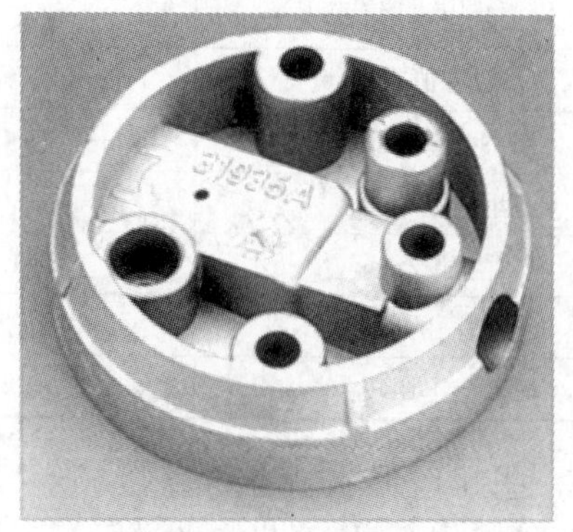

图 10-3-8　燃烧器室

（6）同步器执行器盘。如图 10-3-9 所示，这是汽车自动变速器专用机构中的一个零件，重 15g，由 Fe-2Ni 钢用 MIM 工艺生产。烧结后，需进行表面渗碳 - 淬火。另外，图 10-3-9 中的杆（重 2.4g）与销子（重 2g）也都是用 MIM 工艺由 Fe - Ni 钢生产的。

（7）车顶支架。如图 10-3-10 所示，这个零件是活顶轿车的车顶支架。小支架重 14g，较大者重 36g。用 MIM 工艺由 Fe - 2Ni 钢生产，材料密度大于 7.5g/cm³。

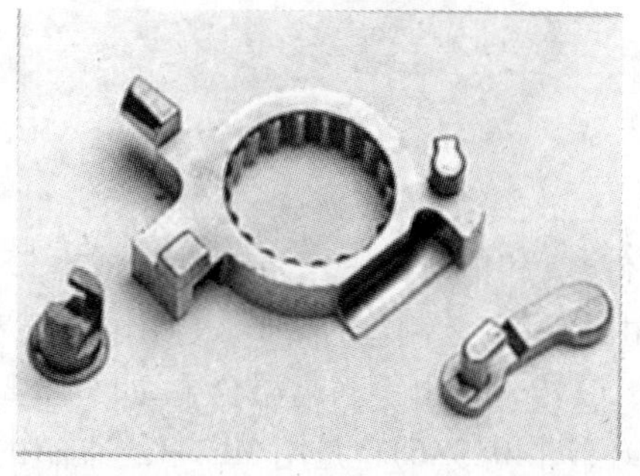

图 10-3-9　同步器执行器盘、杆及销子

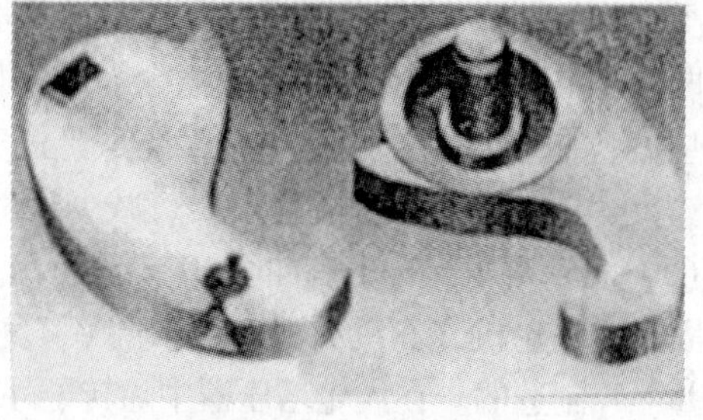

图 10-3-10　车顶支架

3.2.2　MIM 双金属零件在汽车中的应用

用 MIM 工艺能够快捷、大量、质量优异地生产复合材料零件，比如由两种金属材料制造的软磁零件，耐磨、耐蚀零件及散热零件。汽车中有许多由两种材料制造的零件，制造这些零件常用的生产方法是将由不同材料制造的零件，通过焊接或压配结合在一起。可是，焊接不仅生产成本高，会产生内应力，而且可能发生冶金变化，从而使零件产生变形与耐蚀性恶化。生产实践已证明，汽车中的一些小型双金属零件改用 MIM 工艺生产时，不但可减低生产成本、节能、省材，而且可改进零件质量。

3.2.2.1　柴油机的柴油喷嘴

一个用 MIM 工艺由双金属制造的高 26 mm 的喷油嘴，其实是一个柱塞，在喷油之前需要增压，因此，使用的材料需要具有很高的疲劳寿命、强度及硬度(如沉淀硬化不锈钢)。这个零件如图 10-3-11 所示，现在已用 MIM 工艺生产。

另外一个可选择的方案是改用双金属制造，外表面采用耐磨合金，内部使用高刚度不锈钢，而喷嘴由和燃油可相容的材料 FeAl(铁铝化物)制造。FeAl 耐硫化，耐环境腐蚀，但难以切削加工。因此，最好采用 MIM 工艺制造。

当选择的外表面与内部材料的线膨胀系数略有差异时，还可使外表面在选择的部位产生残余压缩应力，以增长疲劳寿命。

一个用 MIM 工艺制造的、直径 6.5 mm 的喷油嘴(如图 10-3-12 所示)，其外部的垫圈需要一定强度，而关键的中心锥形部必须抗黏附。在这里，也可用 MIM 双金属来调整从心部到垫圈的性能。

图 10-3-11　用 MIM 工艺生产的高 26 mm 的双金属喷油嘴

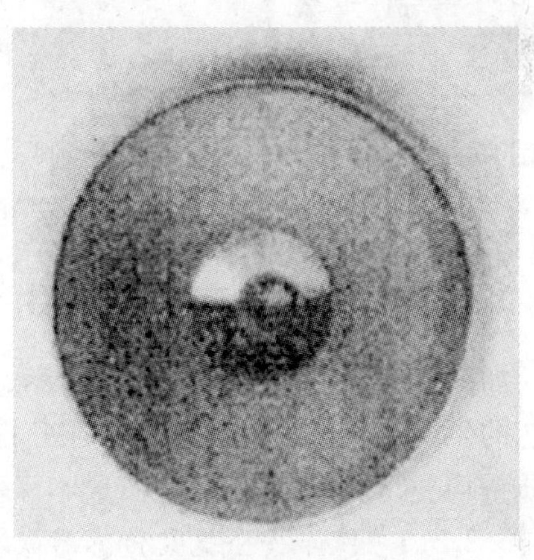

图 10-3-12　用 MIM 工艺生产的直径 6.5 mm 的喷油嘴

3.2.2.2　汽车用磁性传感器

如图 10-3-13 所示，这是一种用 MIM 工艺制造的、直径 17 mm 的双金属传感器。这个零件是由非磁性(铁素体)不锈钢与磁性(奥氏体)不锈钢复合制成的。

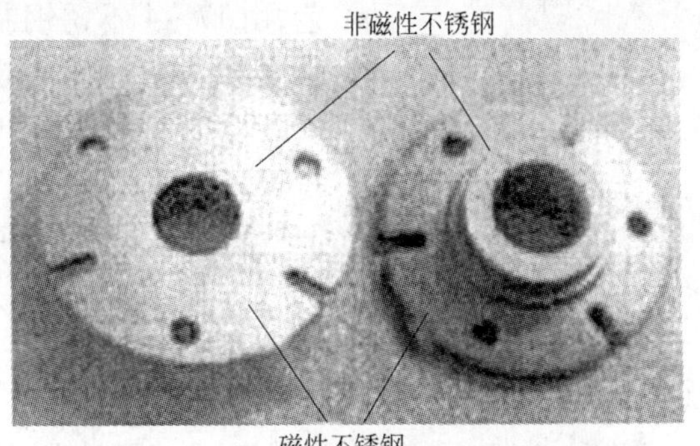

图 10-3-13　直径 17 mm 的双金属磁性传感器

用 MIM 工艺不仅能制造双金属传感器，而且还可生产用于汽车排气系统、测定排出气体中氧含量的氧传感器零件。这个零件是由氧化锆用 CIM 工艺生产的，见图 10-3-14。对排出气体中的氧含量，用氧传感器测定后反馈给发动机的自动控制系统，调整燃油与空气的比率，以使燃油的燃烧最佳化。

另外，传感器外壳的盖（图 10-3-15）也是用 MIM 工艺生产的。除上述零件外，适于用 MIM 工艺制造的双金属零件还有齿轮、电子零件等。

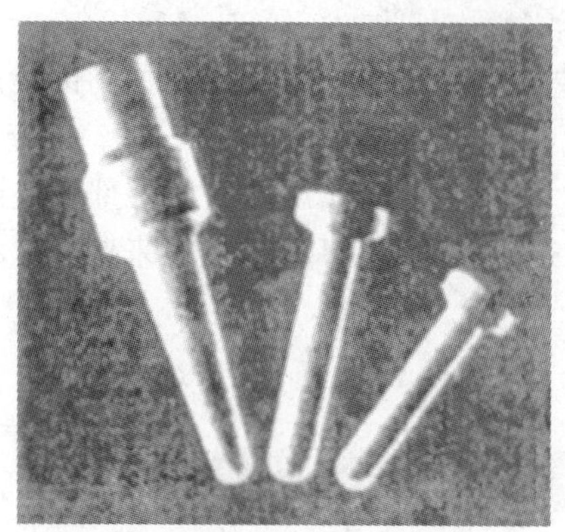

图 10-3-14　用于汽车发动机自动控制系统的 CIM 氧传感器

图 10-3-15　德国 Schunk Sintermetall-technik GmbH 生产的 MIN 传感器外壳的盖

3.2.3　用 MIM 工艺制造的成组零件

如图 10-3-16 ~ 图 10-3-18 所示，汽车中使用的许多小型组合件或成组零件都是 MIM 工艺的生产对象，这些零件采用 MIM 工艺生产时，不但节材、省能，大大提高生产率，而且产品质量均一，并可大大降低生产成本。

3.2.3.1　汽车安全气囊传感器嵌入组件

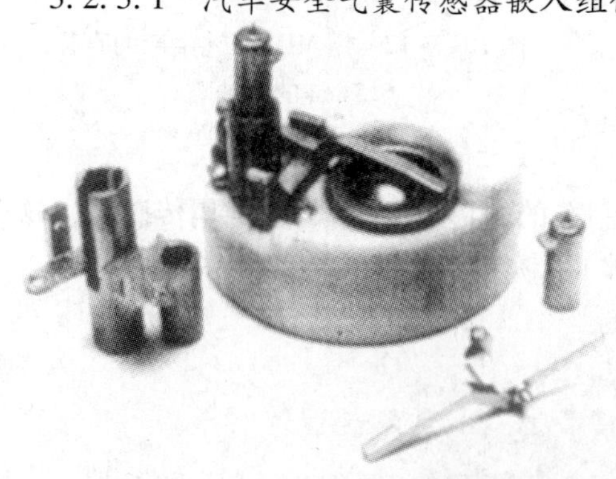

图 10-3-16　安全气囊传感器嵌入件

这个组件（图 10-3-16）由三个 MIM 零件组成：D 形轴、嵌入接片及点火销。选择的材料与生产工艺要能达到尺寸精度、刚度、强度、耐磨及耐腐蚀的使用要求。这三个零件原来都是用精铸生产的，现已改用 MIM 工艺，由 17-4 不锈钢制造，经热处理后，抗拉强度为 1170 MPa，屈服强度为 1100 MPa，硬度为 38 ~ 41HRC，伸长率为 7.0%，密度为 7.60 ~ 7.68 g/cm^3。

MIM 比精铸的零件表面粗糙度好，抗拉强度高，还能将零件进行组合，从而减少零件数量，去掉紧固件，减少组装作业，降低生产成本。

3.2.3.2　汽车电动门锁组件

汽车底盘中使用的一种新式电动门锁组件（图 10-3-17）由用 MIM 工艺制造的三个核心元件组成，分别是图中所示的螺线管框架、锁紧凸轮及门栓。门用门栓拴住，门栓的传动与开启都决定于锁紧凸轮的位置。通过装在螺线管框架中螺线管的动作,锁紧凸轮移动到阻止或允许门栓活动的位置。整个组件装在一个由锌压铸的壳体内。

这三个元件都是用MIM工艺由MIM 4605 Fe－Ni－C合金钢(类似AISI4650)制造的,密度不低于7.5 g/cm^3,淬火与回火后,抗拉强度为1655 MPa,屈服强度为1482 MPa,伸长率2%,硬度48HRC。这三个MIM元件都达到了组件要求的尺寸精度(零件的配合、滑动配合)、形位公差(垂直度、平直度及平行度)、表面粗糙度(为了美观与减摩)及复杂形状。为了耐腐蚀与美观,最后将三个元件一起进行了电镀(Ni-teflon聚四氟乙烯),电镀teflon的附带好处是可以大大减小锁紧凸轮与螺线管框架间的摩擦。

另外,德国Schunk Sintermetall-technik GmbH在用MIM工艺制造汽车的锁与锁帽(图10-3-18)。GKN Sinter Metals在用MIM工艺生产轿车门锁的防尘罩。这个零件重11 g,材料为Fe(0.4%)－C(1%)－Cr(0.75%)－Mn(0.2%)－Mo合金钢,烧结后,需要进行淬火－回火处理。

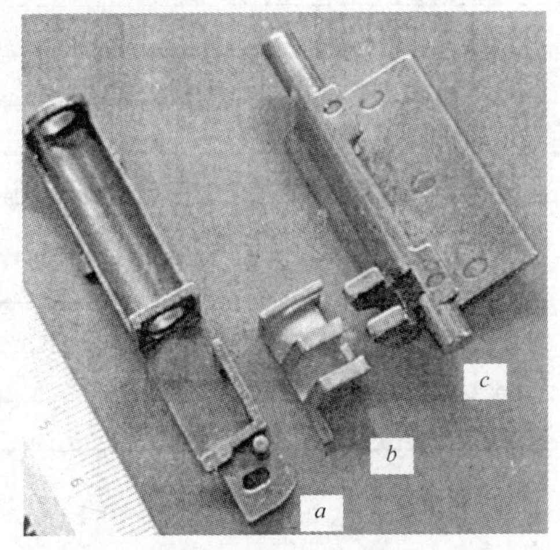

图10-3-17　螺线管框架(a)、锁紧凸轮(b)及门栓(c)
(当将它们装在锌压铸件壳体内时,装在框架中的螺线管可使凸轮滑动到阻止门栓移动或自由活动的位置)

图10-3-18　汽车的锁与锁帽

3.2.4　汽车中使用的其他MIM零件

除上述零件实例外,在汽车中使用的MIM零件还有:避免碰撞传感器的不锈钢支架、换挡的钛按钮、座椅螺杆与齿条－齿轮传动装置、电动机的磁性转子、转向管柱式变速与控制杆、发动机与制动器固定零件、阀与发动机的正时零件、减振器缸套、巡行控制传感器支架、自动变速器的安全换挡杆接头。

由上述MIM零件可以看出,MIM工艺的明显优势在于制造小型的、形状复杂的零件。这些零件烧结态密度高、力学性能优异而且精度高。另外,将多个零件组合成一个组件,MIM工艺也是可行的方法之一。

3.3　MIM零件的材料、性能及公差

在汽车中应用的MIM零件,除个别零件,如上述的涡轮增压器转子(由镍基高温合金制

造)外,一般都是由铁基材料生产的。材料范围涉及元素混合粉的 Fe - Ni 合金钢,预合金化粉的 Cr - Mo - C 钢、Ni - Mo - C 钢或 Ni - Cr - Mo - C 钢,以及各种牌号的不锈钢,如常用的 316 L、17 - 4PH 及 400 系列。

MIM 软磁零件使用的材料有 400 系列不锈钢(如 430 L)、Fe - Si 合金、Fe - Ni 合金(镍含量高达 50%)及 Fe - Co 合金。

表 10-3-2 所示为欧洲 MIM 产业发布的关于烧结态 MIM 零件的尺寸公差标准。通常 MIM 零件的尺寸公差皆为 ±0.5%。可是,关于尺寸公差的这些资料都是象征性的,实际采用的尺寸公差需要供需双方具体协商。另外,供给汽车产业用的 MIM 零件,其尺寸公差的控制必须符合统计学原理,并要求提供相关统计资料。

表 10-3-2　MIM 零件(烧结态)一般可达到的尺寸公差

名义尺寸/mm	公差/mm
<3	±0.05
3 ~ 6	±0.06
6 ~ 15	±0.075
15 ~ 30	±0.15
30 ~ 60	±0.25
>60	尺寸的 ±0.5%
平直度、平面度	最大尺寸的 0.5%
平行度	最大尺寸的 0.5%
角度公差	±0°30′
表面粗糙度值 R_a/μm	±(4 ~ 20)

注:来源:MPIF 标准 35《MIM 零件材料标准》(2007 年版)。

3.4　前景

MIM 零件由于原料粉末价格较贵和受生产工艺特点如热脱黏时间的限制,通常都是小型的薄壁零件。表 10-3-3 列出了用常规热脱黏工艺生产的 MIM 零件的最大与最小尺寸示例。

表 10-3-3　用常规热脱黏工艺生产的 MIM 零件的最大与最小尺寸示例

特　征	MIM 零件的尺寸		
	一般	最大	最小
壁厚/mm	3 ~ 9	25	0.3
横截面尺寸/mm	1.5	5	—
最大尺寸/mm	—	150	—
最小尺寸/mm	—	—	0.2
重量/g	5 ~ 20	120	0.05
孔的尺寸/mm	5 ~ 10	—	0.2

据美国金属注射成形协会(MIMA)的资料分析,在北美大部分 MIM 零件的重量小于 20 g,仅有 1% 的零件重量大于 120 g。

3.5　结束语

金属粉末注射成形工艺作为制造形状复杂、力学性能较高的小型汽车零件的一项新技术，不但节材、省能、可减低生产成本，而且可制造用一般成形工艺难以制造的复合材料与组合件，是一项值得广泛推广的金属零件成形工艺。

参考文献

[1] Mark Paullin. State of The PM Industry in North American-2008, Inter. Journal of Powder Metallurgy, Vol. 44. Issue 4. 2008:49 ~ 52.

[2] David Whittaker. Powder injection moulding looks to automotive applications for growth and stability, Powder injection moulding, Vol. No. 2. June 2007:14 ~ 22.

[3] 曹勇家. 粉末注射成形零部件在汽车上的应用. 2004年粉末冶金与汽车工业国际研讨会，报告论文集:38 ~ 46.

[4] Detlef Gonia. MIM Parts for Automotive Applications Production and Economic Aspects. [日]粉体および粉末冶金, Vol. 46, No. 8. Aug. 1999:849 ~ 852.

[5] German R M, Heaney D F, etc. Fuel Injectors, Sensors and Actuators Manufactured by Bi-Metal Powder Injection Moulding, SAE SP – 1681, 2002 – 01 – 0343:29 ~ 34.

[6] Brasel G M, Alan Sago J. High Density, Complex Shaped P/M Assemblies Via MIM for Chassis Applications, SAE SP – 1847, 2004 – 01 – 0496:47 ~ 59.

编写：韩凤麟（中国机协粉末冶金分会）

第4章 粉末冶金零件在摩托车产业中的应用

进入20世纪90年代以来,我国摩托车产业发展十分迅猛。1981年我国摩托车产量仅有5万辆,1994年上升到522万辆,2007年达到了25467793辆。图10-4-1为1981~1994年我国摩托车生产发展状况。1993年,我国摩托车产量为337万辆,首次超过了日本,跃居全球产量第一。日本1993年摩托车产量为319.7万辆。

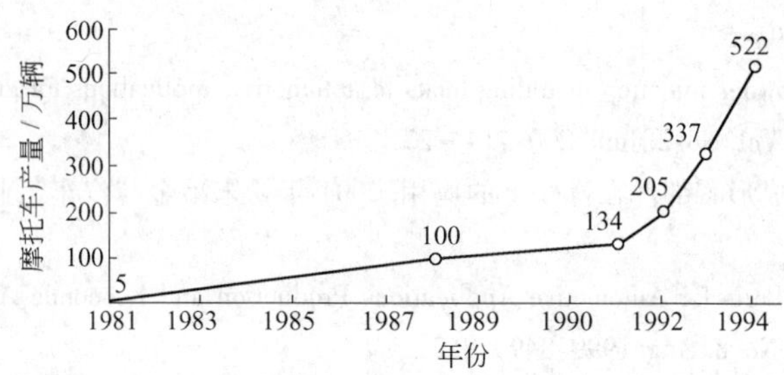

图10-4-1 1981~1994年我国摩托车产量发展情况

摩托车生产的迅猛发展为粉末冶金零件的生产发展开辟了一个巨大、广阔的市场。鉴于粉末冶金零件具有的适合大批量生产、节材、省能、质量均一、可制造形状复杂的零件、生产成本较低、生产效率高等特点,大力开发摩托车用的粉末冶金零件,强化粉末冶金零件在摩托车制造中的应用,对于多、快、好、省地发展我国摩托车产业具有重要意义。

4.1 我国摩托车用粉末冶金零件现状

粉末冶金零件作为一类基础件在摩托车生产中具有举足轻重的地位。现在我国生产的"南方"、"幸福"、"嘉陵"、"济南"、"洪都"等摩托车上,使用的粉末冶金零件已多达几十种,遍及发动机、车架各部分。这些粉末冶金零件都经过了长期的生产、使用,其性能、工艺稳定,对节材、省能、降低摩托车的生产成本,做出了重要贡献。表10-4-1为20世纪90年代中期国产摩托车用粉末冶金零件实例。

表10-4-1 国产摩托车用粉末冶金零件[1]

零件名称	零件图号	技术规格			应用机种	日本同一零件的材质
		材质	密度/g·cm^{-3}	技术标准		
发动机:						
1. 机油泵轴套	12501214	Fe-<1.0C$_{总}$	5.7~6.2	GB2688—FZ1260	NF125	粉末冶金
2. 轴套	12501234	Fe-<1.0C$_{总}$	5.7~6.2	GB2688—FZ1260	NF125	粉末冶金
3. 隔套	12501409	Fe-(0.7~1.0)C$_{化合}$	>6.5	JB2797,FTG90-25	NF125	粉末冶金
4. 控制凸轮	12502120	Fe-<1.0C$_{总}$	5.7~6.2	GB2688—81,FZ1260	NF125	粉末冶金
5. 柱塞凸轮	12502126	Fe-<1.0C$_{总}$	5.7~6.2	GB2688—81,FZ1260	NF125	粉末冶金
6. 水泵轴套	1250SS10104	Fe-<1.0C$_{总}$	5.7~6.2	GB2688—81,FZ1260	水冷NF125	—
7. 齿轮	12502108	Fe-(0.7~1.0)C$_{化合}$	>6.8	JB2797,FTG90-30	NF125	粉末冶金

续表 10-4-1

零件名称	零件图号	技术规格			应用机种	日本同一零件的材质
		材　质	密度/$g\cdot cm^{-3}$	技术标准		
8. 齿轮	IKL02108	Fe-(0.7～1.0)$C_{化合}$	>6.8	JB2797,FTG90-30	1KL125	粉末冶金
9. 上油泵外转子	25009006	Fe-(0.7～1.0)$C_{化合}$	>6.8	JB2797,FTG90-30	NF250	粉末冶金
10. 输入油管安装座	25009033	Fe-(0.7～1.0)$C_{化合}$	>6.5	JB2797,FTG90-25	NF250	—
11. 输出油管安装座	25009034	Fe-(0.7～1.0)$C_{化合}$	>6.5	JB2797,FTG90-25	NF250	—
12. 进气门座圈	25001222	Fe-Cu-Mo-C			NF250	粉末冶金
13. 排气门座圈	25001223	Fe-Cu-Mo-Co-Ni-C			NF250	粉末冶金
14. 进气门导管	25001224	EB-4(日本牌号)			NF250	青铜
15. 排气门导管	25001225	EB-4(日本牌号)			NF250	青铜
16. 定位板	25004306	Fe-(0.7～1.0)$C_{化合}$	>6.8	JB2797,FTG90-30	NF250	粉末冶金
17. 下油泵内转子	25009003	Fe-(0.7～1.0)$C_{化合}$	>6.8	JB2797,FTG90-30	NF250	粉末冶金
18. 下油泵外转子	25009004	Fe-(0.7～1.0)$C_{化合}$	>6.8	JB2797,FTG90-30	NF250	粉末冶金
19. 上油泵内转子	25009005	Fe-(0.7～1.0)$C_{化合}$	>6.8	JB2797,FTG90-30	NF250	粉末冶金
20. 电启动衬套	75D01191B	Fe-(0.7～1.0)$C_{化合}$	>6.5	JB2797,FTG90-25	750	钢
21. 电启动压块	75D01610B	Fe-(0.7～1.0)$C_{化合}$	>6.5	JB2797,FTG90-25	750	—
22. 摇臂支架柱	75E0267	Fe-(0.7～1.0)$C_{化合}$	>6.8	JB2797,FTG90-30	750E	—
23. 摇臂支架柱	75F10267	Fe-(0.7～1.0)$C_{化合}$	>6.8	JB2797,FTG90-30	750、650	—
24. 进气门导管	75E0263	Fe-Cu-C			750、650	—
25. 排气门导管	75E0263	Fe-Cu-C			750、650	—
26. 油泵从动齿轮	5009138	Fe-(0.7～1.0)$C_{化合}$	>6.8	JB2797,FTG90-30	NF50	粉末冶金
27. 脚启动小齿轮	5007124	Fe-Cu-Ni-C			NF50	粉末冶金
28. 中间齿轮套	5007222	Cu-C 复合			NF50	粉末冶金
29. 电启动中间齿轮	5007223	Fe-Cu-Ni-C			NF50	粉末冶金
30. 登杆轴套	5007114	Fe-Cu-C			NF50	粉末冶金
31. 主动轮右部铜套	5004112	Cu-Sn-S-C			NF50	粉末冶金
32. 进气门座圈	75E0269A	Fe-Cu-Ni-Co-Mo			长江 750	粉末冶金
33. 排气门座圈	75E0270A	Fe-Cu-Ni-Co-Mo			长江 750	粉末冶金
车架:						
34. 杆座	C12502029	Fe-(0.7～1.0)$C_{化合}$	>6.5	JB2797,FTG90-25	NF125	粉末冶金
35. 环	C12502032	Fe-(0.7～1.0)$C_{化合}$	>6.5	JB2797,FTG90-25	NF125	粉末冶金
36. 衬套	C12502033	Fe-(0.7～1.0)$C_{化合}$	>6.8	JB2797,FTG90-30	NF125	粉末冶金
37. 齿环	C12502034	Fe-(0.7～1.0)$C_{化合}$	>6.5	JB2797,FTG90-25	NF125	粉末冶金
38. 活塞	C12502039	Fe-(0.7～1.0)$C_{化合}$	>6.8	JB2797,FTG90-30	NF125	粉末冶金
39. 活塞	C12511008	Fe-(0.7～1.0)$C_{化合}$	>6.8	JB2797,FTG90-30	NF125	粉末冶金
40. 导向套	C12511011	Fe-(0.7～1.0)$C_{化合}$	>6.8	JB2797,FTG90-30	NF125	粉末冶金
41. 阻尼阀座	12511020	Fe-(0.7～1.0)$C_{化合}$	>6.8	JB2797,FTG90-30	NF125	粉末冶金
42. 衬套	2C-C12502033	Fe-(0.7～1.0)$C_{化合}$	>6.8	JB2797,FTG90-30	2C-NF125	—
43. 齿环	2C-C12502034	Fe-(0.7～1.0)$C_{化合}$	>6.5	JB2797,FTG90-25	2C-NF125	粉末冶金
44. 座	2C-C12502031	Fe-(0.7～1.0)$C_{化合}$	>6.8	JB2797,FTG90-30	2C-NF125	粉末冶金

除表 10-4-1 列举的粉末冶金零件外，重庆华孚粉末冶金厂已用粉末冶金法大量生产摩托车发动机用的初级从动齿轮的坯件(70 型、125 型)、拨板(90 型、100 型、125 型)、正时链轮(70 型)、电启动主动链轮(100 型)等。江洲粉末冶金厂已开始用粉末冶金法批量生产初级从动齿轮成品件(建设 50、60，嘉陵 70、90)、建设 80 变速箱低速挡双联齿轮，彻底改变了我国采用齿轮坯进行切削加工制造初级从动齿轮的局面。

在我国的摩托车生产企业中，有 18 家和日本的摩托车生产厂家有技术合作或合资关系。因此,表10-4-1中列举的粉末冶金零件也同时反映了日本摩托车生产中使用的部分粉末冶金零件,而且是低、中密度的,形状不复杂的一些粉末冶金零件。

中国台湾摩托车生产企业现有9家,1993年产量为150万辆,岛内销售110多万辆,出口40多万辆。中国台湾摩托车保有量为1000万辆,基本上两人一辆。其产品技术水平与质量水平几乎等同于日本现产产品水平。由于摩托车产量大、保有量大,粉末冶金零件在摩托车中的应用备受重视。表10-4-2列出了中国台湾现在生产的一些摩托车用粉末冶金零件示例。

表10-4-2 中国台湾生产的摩托车用粉末冶金零件

零件名称	单件重量/g	技术规格			备注
		材质	密度/g·cm^{-3}	硬度	
1. 离合器升起器凸轮	11	Fe-2.0Cu-0.7C	6.7~7.0	HRC35~51	SMF4040
2. 离合器中枢衬套	11	铁基オ-ロンAQ		HRA60以上	压溃强度637 MPa
3. 反冲式起动机弹簧承座	8	Fe-2.0Cu-0.7C	6.7~7.0	HRB60以上	SMF4040
4. 驱动齿轮B	620	Fe-Ni-Cu合金	7.0±0.1	HRA68~80	齿部高频淬火
5. 离心器中枢	125	Fe-2.0Cu-0.7C	6.7~7.0	HRA70~80	渗碳淬火及防锈处理
6. 初级从动齿轮	600	Fe-2.0Cu-0.7C	6.7~7.0	HRB102	渗碳淬火及防锈处理
7. 油泵内转子	15	スミロン-F①	6.3以上	HRB40以上	}一套
8. 油泵外转子	30	スミロン-F①	6.3以上	HRB40以上	
9. 离合器升起器凸轮	11	铁基		HRC25~35	CB100
10. 离合器升起器臂	20	铁基		HRC25~35	CS90
11. 衬套(17.5mm)	16	Fe-(1~3)Cu-(0.2~0.6)C	5.9		压溃强度294 MPa以上,PC50
12. 正时链轮(15T)	20	Fe-(1~2)Cu-(0.7~1.0)C	6.6以上	HRB45~50	PC50
13. 起动机驱动链轮(29T)	160	Fe-(2~4)Ni-(0.5~1.0)Mn-(0.2~0.4)C	6.9~7.2	HRA63以上	渗碳淬火,PC50
14. 摇臂支枢	5	铁基,含油			PC50,每台2件
15. 曲轴垫圈	48.5	铁基		HRV90~200	
16. 曲轴垫圈	48.5	铁基			奇力103
17. 副轴衬套	10	铁基,含油			奇力103
18. 隔套	15	铁基			每台3件
19. 隔套	30	铁基			}一组
20. 导环	25	铁基			
21. 气门导管	15	铁基,含油			}一组
22. 离合器分离杆	10	铁基			
23. 衬套	13	青铜			50c.c. 不含油
24. 制动块	5	青铜			90c.c.,150c.c.

续表 10-4-2

零件名称	单件重量/g	技术规格			备 注
		材 质	密度/g·cm^{-3}	硬 度	
25. 杆	18	铁基			150c. c.
26. 后旋臂衬套	33	铁基,含油200号			每台2个,供铃木、羽田
27. 油阀	15	铁基			每台2个,供三洋、铃木、功学社
28. 前叉油塞	45	铁基			
29. 前叉导管	25	铁基			
30. 前叉活塞	25	铁基			
31. 后缓冲垫弹簧导承	20	铁基			

① 日本企业牌号。

4.2 日本生产的摩托车用粉末冶金零件

日本早在20世纪60年代后期就开始研制与批量生产摩托车中用的粉末冶金零件。日本生产摩托车用粉末冶金零件的主要厂家之一是日立粉末冶金(株)。日本住友电工(株)也生产一些摩托车用的粉末冶金零件。图10-4-2为日本摩托车发动机(四冲程)中使用的粉末冶金零件示例。图10-4-3为日本摩托车发动机(二冲程)中使用的粉末冶金零件示例。图10-4-4为日本摩托车(二冲程发动机自动润滑方式)用泵中的粉末冶金零件示例。图10-4-5为日本摩托车离合器中的粉末冶金零件示例。图10-4-6为日本小型摩托车变速箱中的粉末冶金零件示例。表10-4-3中列出了图10-4-2~图10-4-6中一些粉末冶金零件的技术条件。图10-4-7为表10-4-3中所列粉末冶金零件的示意图。

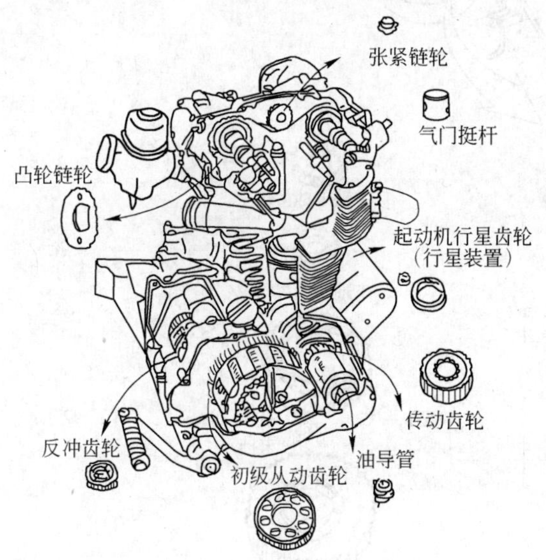

图10-4-2 日本摩托车发动机(四冲程)中的粉末冶金零件示例[2]

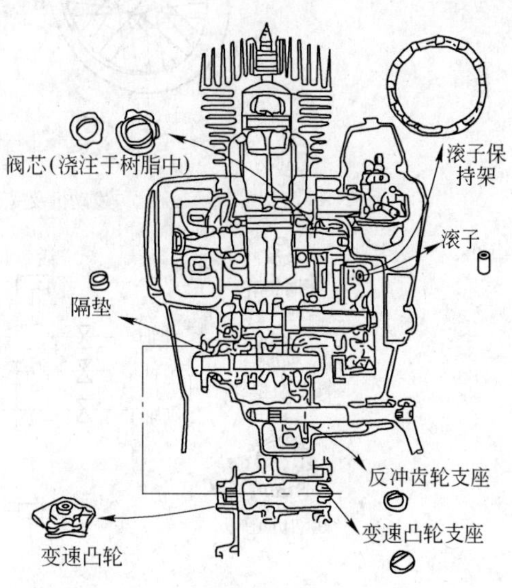

图10-4-3 日本摩托车发动机(二冲程)中的粉末冶金零件示例[2]

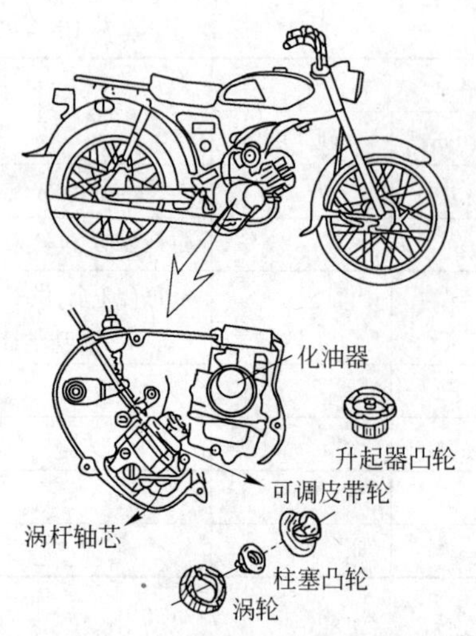

图 10-4-4　日本摩托车(二冲程发动机自润滑方式)泵中的粉末冶金零件示例[2]

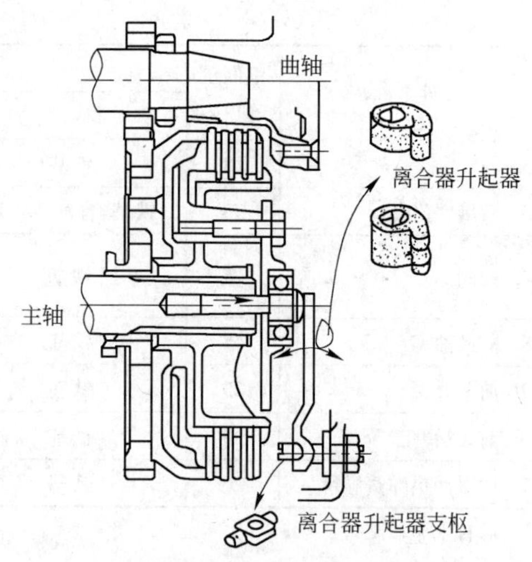

图 10-4-5　日本摩托车离合器中的粉末冶金零件示例[2]

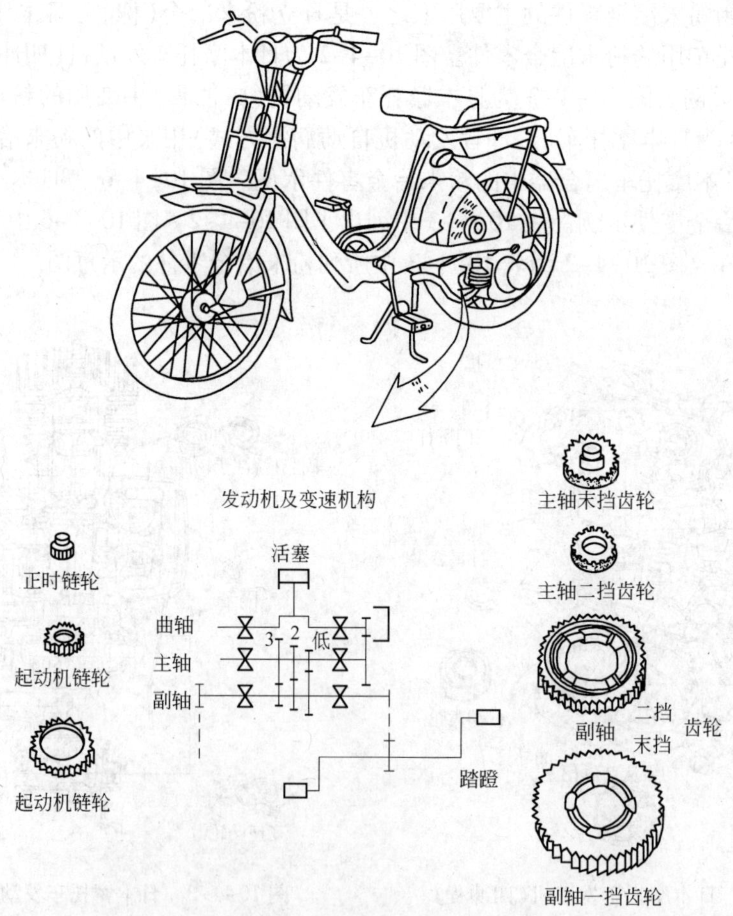

图 10-4-6　日本小型摩托车变速箱中使用的粉末冶金零件示例[4]

表 10-4-3　日本日立粉末冶金(株)生产的摩托车用粉末冶金零件[4]

零件名称	材　质	密度/g·cm^{-3}	后续处理	日立材料牌号	备注
四冲程发动机：					
1. 凸轮链轮	Fe-(1~2)Cu-(0.7~1.0)C	6.9~7.2	—	18EPC	耐磨性
2. 反冲齿轮	Fe-(1~3)Ni-(0.3~0.6)Mo-(0.05~0.25)Mn-(0.15~0.3)C	7.6~7.8	渗碳淬火	HN-15	粉末锻造　冲击强度、耐磨性
3. 张紧装置链轮	Fe-(1~2)Cu-(0.7~1.0)C	6.6~6.8	—	18EPC	耐磨性
4. 起动机减速齿轮(内)	Fe-(1~2)Cu-(0.4~0.7)C	6.9~7.2	渗碳淬火	14EPC	耐磨性
5. 起动机减速齿轮(外)	Fe-(1~2)Cu-(0.4~0.7)C	6.6~6.9	—	14EPC	—
6. 初级传动齿轮	Fe-(1~3)Ni-(0.3~0.6)Mo-(0.05~0.25)Mn-(0.15~0.3)C	7.6~7.8	渗碳淬火	HN-15	粉末锻造　耐点蚀、冲击强度、耐磨性
7. 油导管	Fe-(1~2)Cu-(0.4~0.7)C	6.6~6.9	渗碳淬火	14EPC	滑动性能
8. 初级从动齿轮	Fe-(1~3)Cu-(2~4)Ni-(0.3~0.6)C	6.9~7.2	高频淬火	ENK	耐点蚀、冲击强度、耐磨性
50c.c. 摩托车发动机：					
9. 正时链轮	Fe-(1~2)Cu-(0.7~1.0)C	6.6~6.9	—	18EPC	耐磨性
10. 起动机链轮(1)	Fe-(1~2)Cu-(0.7~1.0)C	6.6~6.9	—	18EPC	耐磨性
11. 起动机链轮(2)	Fe-(2~4)Ni-(0.5~1.0)Mn-(0.2~0.4)C	6.9~7.2	渗碳淬火	EN	冲击强度、耐磨性、内表面的强度
12. 主轴末挡齿轮	Fe-(2~4)Ni-(0.5~1.0)Mn-(0.2~0.4)C	6.9~7.2	渗碳淬火	EN	耐磨性、耐点蚀、弯曲强度
13. 主轴二挡齿轮	Fe-(2~4)Ni-(0.5~1.0)Mn-(0.2~0.4)C	6.9~7.2	渗碳淬火	EN	耐磨性、耐点蚀、弯曲强度
14. 副轴二挡、末挡齿轮	Fe-(2~4)Ni-(0.5~1.0)Mn-(0.2~0.4)C	6.9~7.2	渗碳淬火	EN	耐磨性、耐点蚀、弯曲强度
15. 副轴一挡齿轮	Fe-(2~4)Ni-(0.5~1.0)Mn-(0.2~0.4)C	6.9~7.2	渗碳淬火	EN	耐磨性、耐点蚀、弯曲强度
二冲程发动机：					
16. 阀芯	Fe-(1~2)Cu-(0.4~0.7)C	6.3~6.6	热处理	14EPC	耐磨性
17. 阀芯	Fe-(1~2)Cu-(0.4~0.7)C	6.3~6.6	热处理	14EPC	耐磨性
18. 隔垫	Fe-(1~2)Cu-(0.7~1.0)C	6.6~6.9	—	18EPC	耐磨性
19. 滚子保持架	Fe-(1~2)Cu-(0.4~0.7)C	6.3~6.6	水蒸气处理	14EPC	耐磨性
20. 滚子	Fe-(1~2)Cu-(0.7~1.0)C	6.6~6.9	水蒸气处理	18EPC	—
21. 反冲齿轮支座	Fe-(1~2)Cu-(0.4~0.7)C	6.6~6.9	—	14EPC	—
22. 变速凸轮支座	Fe-(1~2)Cu-(0.4~0.7)C	6.6~6.9	—	14EPC	—
23. 变速凸轮	Fe-(2~4)Ni-(0.5~1.0)Mn-(0.2~0.4)C	6.6~7.1	渗碳淬火	EN	耐磨性
离合器：					
24. 离合器升起器凸轮	Fe-(1~2)Cu-(0.4~0.7)C	6.9~7.2	渗碳淬火	14EPC	耐磨性
25. 离合器升起器凸轮	Fe-(1~2)Cu-(0.4~0.7)C	6.9~7.2	高频淬火	14EPC	—
26. 离合器升起器支枢	Fe-(1~2)Cu-(0.4~0.7)C	6.6~6.9	渗碳淬火	14EPC	—
泵：					
27. 可调皮带轮	Fe-(1~2)Cu-(0.4~0.7)C	6.3~6.6	水蒸气处理	14EPC	耐磨性
28. 柱塞凸轮	Fe-(1~2)Cu-(0.4~0.7)C	6.3~6.6	全部化学镀金属，Ni-P	14EPC	耐磨性
29. 涡轮	Fe-(1~2)Cu-(0.4~0.7)C	6.3~6.6	水蒸气处理	14EPC	—

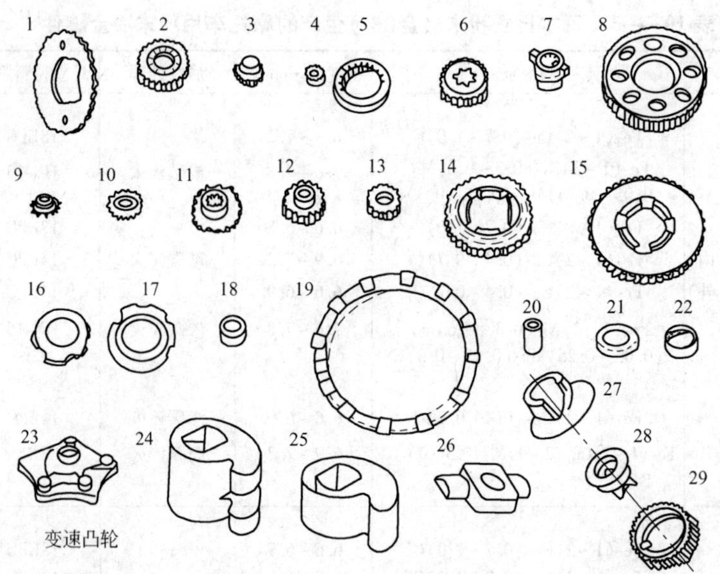

图 10-4-7　表 10-4-3 中所列粉末冶金零件示意图

图 10-4-8 为日本住友电工(株)生产的一些摩托车用粉末冶金零件示例。表 10-4-4 列出了图 10-4-8 中粉末冶金零件的技术条件。

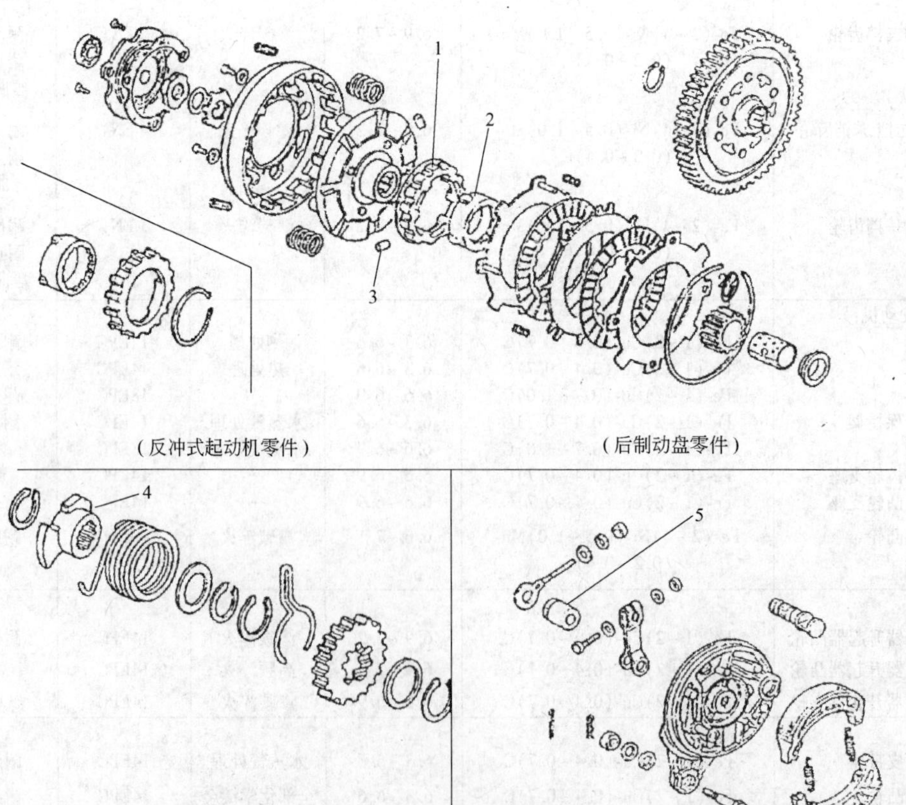

图 10-4-8　日本住友电工(株)生产的一些摩托车用粉末冶金零件示例[5]

表 10-4-4　图 10-4-8 中所示摩托车用粉末冶金零件的技术条件[5]

零件名称	材　质	密度/g · cm^{-3}	后续处理	要求特性
1. 离合器中枢	Fe-2.0Cu-0.7C	6.7~7.0	渗碳淬火	耐磨性
2. 外传动齿轮	Fe-2.0Cu-0.7C	6.7~7.0	渗碳淬火	耐磨性
3. 滚子	Fe-2.0Cu	7.0~7.4	渗碳淬火	耐磨性
4. 反作用弹簧承座	Fe-2.0Cu-0.7C	6.7~7.0	—	冲击强度
5. 盘的衬套	GD-2	6.5~7.0	—	耐压缩性、耐磨性

4.3　用粉末冶金法制造摩托车零件的技术经济效果

粉末冶金零件所以能在摩托车中获得广泛应用,同它的经济性是分不开的。下面将通过实例予以说明。

(1) 粉末冶金工艺的最大特点之一是生产工序少和生产效率高,因此,和其他制造工艺相比,所需工时少。形状愈复杂,切削加工工时愈多的零件,用粉末冶金工艺制造经济效益就愈显著。表 10-4-5 示出用传统的切削加工法和粉末冶金工艺制造摩托车发动机离合器主动齿轮时所需工时的比较。由表中数据可以看出,用传统的锻造－切削加工法生产 50000 件齿轮需用工时 8259 h,而用粉末冶金工艺生产同样数量的齿轮,仅需工时 917 h,即可节省工时约 89%。

表 10-4-5　用锻造－切削加工法和粉末冶金工艺生产摩托车离合器主动齿轮的工时比较[3]

锻造－切削加工工艺	单件所需工时/min	50000 件所需工时/h	粉末冶金工艺	单件所需工时/min	50000 件所需工时/h
原材料	材料利用率	25%	原材料	材料利用率	100%
锻造	0.2	167	压制成形(500 t 压机)	0.35	292
粗车	3.3	2750	烧结(120 t 炉)		208
精车	2.7	2250	精整(500 t 压机)	0.35	292
精镗孔	1	833	高频淬火	0.15	125
切齿	2	1667	↓		
剃齿	0.5	417	(局部装配)		
软氮化处理		175			
↓					
(局部装配)					
合　计		8259	合　计		917

(2) 图 10-4-9 与图 10-4-10 分别为摩托车的惰齿轮和离合器齿轮加工示例。图 10-4-9 所示的摩托车惰齿轮为一双联齿轮,其传统制造工艺是先由 Cr-Mo 合金结构钢 (SCM415) 通过冲裁或锻造制成毛坯后,经切削加工制成大、小齿轮,再将二者组装与焊接成一体,最后进行渗碳淬火与磨内孔而制成,共需经过 13 道加工工序。制造这个零件的毛坯重量为 540 g,而齿轮成品重量为 176 g,材料利用率为 33%。可是,用粉末冶金制造这个齿轮时,仅有 6 道工序,材料利用率为 100%,生产率为传统制造工艺的 4 倍。因此,用粉

末冶金法制造这个双联齿轮时，与传统制造工艺相比，生产成本可减少约 30%。

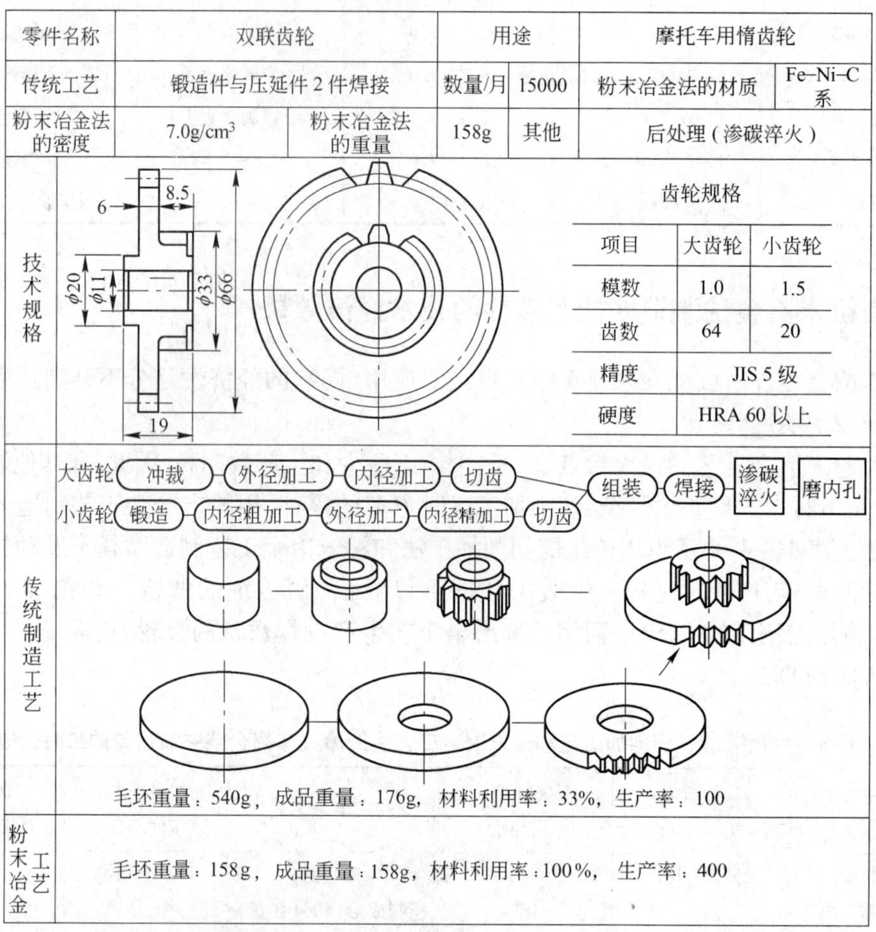

零件名称
双联齿轮
用途
摩托车用惰齿轮
传统工艺
锻造件与压延件 2 件焊接
数量/月
15000
粉末冶金法的材质
Fe–Ni–C 系
粉末冶金法的密度
7.0g/cm3
粉末冶金法的重量
158g
其他
后处理（渗碳淬火）
技术规格
8.5
6
ϕ20
ϕ11
ϕ33
ϕ66
19
齿轮规格
项目
大齿轮
小齿轮
模数
1.0
1.5
齿数
64
20
精度
JIS 5 级
硬度
HRA 60 以上
传统制造工艺
大齿轮
冲裁
外径加工
内径加工
切齿
小齿轮
锻造
内径粗加工
外径加工
内径精加工
切齿
组装
焊接
渗碳淬火
磨内孔
毛坯重量：540g，成品重量：176g，材料利用率：33%，生产率：100
粉末冶金工艺
毛坯重量：158g，成品重量：158g，材料利用率：100%，生产率：400

图 10–4–9　摩托车用惰齿轮的加工示例[6]

图 10–4–10 为摩托车离合器齿轮的传统制造工艺，其步骤是：将 50 号钢锻造成齿轮坯件后，用切削加工成形，经高频淬火制成。毛坯重量为 1450 g，齿轮成品重量为 565 g，材料利用率为 39%。特别是，一向认为：要降低齿轮噪声，必须提高齿轮精度。因此，在传统的制造工艺中，滚齿后，齿轮必须进行剃齿加工。当用粉末冶金法制造时，由于可用精整来达到齿轮精度，所以就不需要剃齿加工了。用粉末冶金工艺制造这个齿轮时，材料利用率为 100%，可省掉剃齿加工，生产率为传统工艺的 6.25 倍，故生产成本比传统工艺可降低约 30%。

（3）摩托车发动机的初级从动齿轮是将发动机曲轴的动力传递给变速箱主轴的一个齿轮，齿面需承受高的面压与弯曲疲劳强度，同时，因为是乘人用的，所以在材料强度方面必须有充分的保险系数。这个齿轮一向是由低碳钢锻坯，经滚齿、剃齿及软氮化处理制成的。1970 年，经过研制，用粉末冶金工艺制成了这个齿轮，并投入大量生产与使用。材料因发动机的排气量而异，典型材料为烧结 Fe-Cu-C 合金（EPC 材料），密度为 7.0 ~ 7.2 g/cm^3，齿部须进行高频淬火处理。现在用于 50 ~ 450c. c. 的各种摩托车中。用粉末冶金工艺制造这个

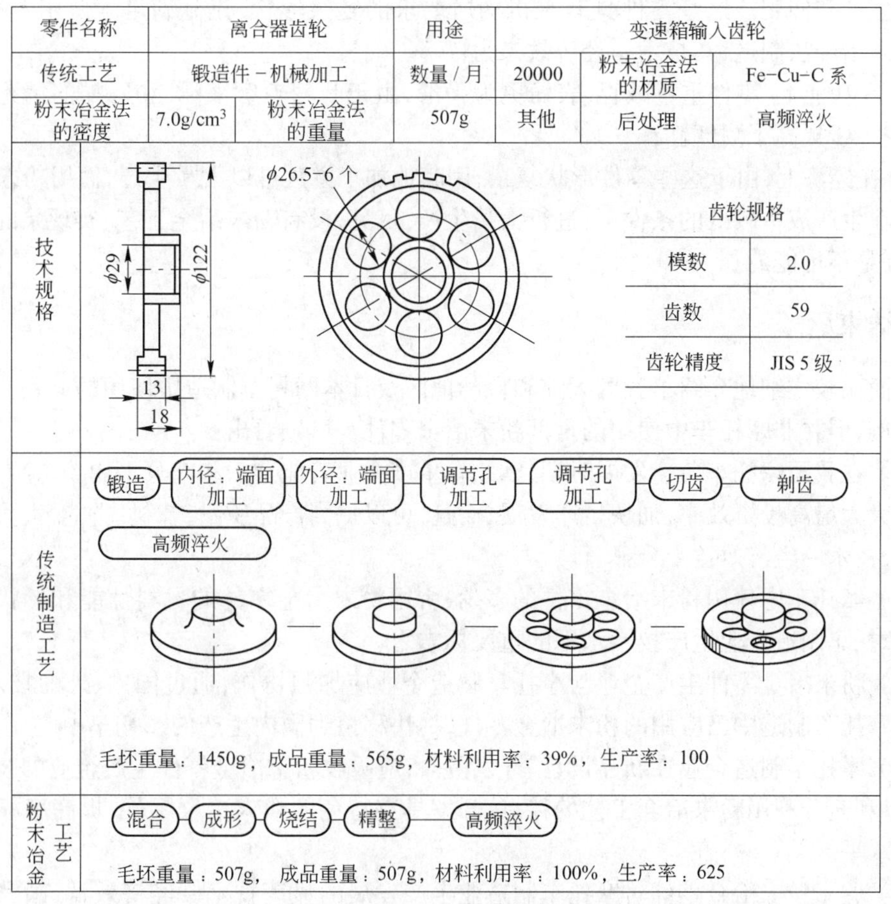

零件名称	离合器齿轮		用途	变速箱输入齿轮		
传统工艺	锻造件 - 机械加工		数量 / 月	20000	粉末冶金法的材质	Fe-Cu-C 系
粉末冶金法的密度	7.0g/cm³	粉末冶金法的重量	507g	其他	后处理	高频淬火
技术规格	ϕ26.5-6 个；ϕ29；ϕ122；13；18					
传统制造工艺	锻造—内径：端面加工—外径：端面加工—调节孔加工—调节孔加工—切齿—剃齿—高频淬火 毛坯重量：1450g，成品重量：565g，材料利用率：39%，生产率：100					
粉末冶金工艺	混合—成形—烧结—精整—高频淬火 毛坯重量：507g，成品重量：507g，材料利用率：100%，生产率：625					

齿轮规格

模数	2.0
齿数	59
齿轮精度	JIS 5 级

图 10-4-10　摩托车用离合器齿轮的加工示例[6]

齿轮，具有以下两个优点：

1）在功能上，在确保平衡性的条件下，可进一步精简齿形，减轻重量，不但力学强度比锻钢件毫不逊色，噪声还有所降低；

2）在经济上，过去为降低噪声，是将两片齿轮重叠起来使用，而粉末冶金件是单件结构（见图 10-4-11），由于工序减少，生产成本约可降低 30%。

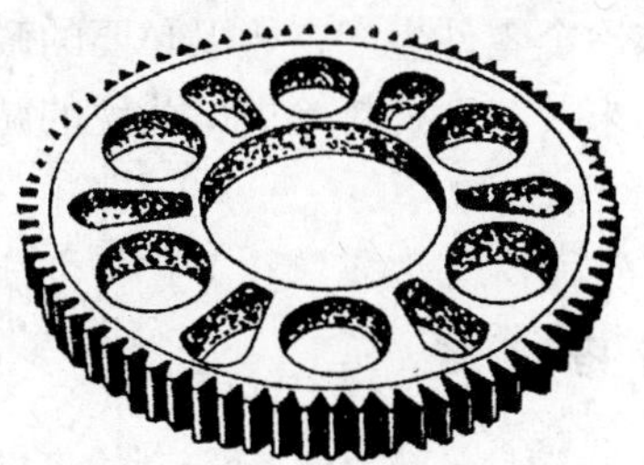

图 10-4-11　摩托车发动机的初级从动齿轮[3]
（直径 155 mm，高度 16 mm，重量 753 g）

（4）如图 10-4-6 所示的小型摩托车变速箱中有 4 个齿轮和 3 个链轮是用粉末冶金法生产的。这些粉末冶金零件都是当年日本在规划小型摩托车的阶段，由日立粉末冶金（株）和有关厂家协作，共同研制成功的。采用粉末冶金工艺后，获得的技术经济效果为：

1）在功能上，可大幅度减小零件重量，噪声也有所降低；

2）在经济上，和锻造 - 切削加工相比，生产成本可降低 20%，另外，进行大量生产时不需要购买新的机械加工设备，从而可提高投资效率。

（5）如图 10-4-4 所示的柱塞泵中的凸轮和可调带轮，都是在泵机构的设计阶段日立粉末冶金（株）就参与了研制工作，和有关厂家协作共同研制成功了粉末冶金零件，并得到了大量生产和使用。这些零件具有泵机构所要求的复杂形状,充分满足了使用条件要求。使用粉末冶金法制造,其技术 - 经济效果为:

1) 在功能上,零件重量减轻,表面更为平滑,由于凸轮轮廓平滑,和匹配的销跑合性能良好,进一步提高了耐磨性;

2) 在经济上,由于这些零件形状复杂,用其他加工方法难以大量生产,而用粉末冶金法却可以在生产成本较低的条件下,进行大量生产,可见,没有粉末冶金工艺,实现泵的这种机构,或许是不可能的。

4.4 结束语

上面比较详细地介绍了我国大陆和台湾地区及日本摩托车制造中使用的一些粉末冶金零件实例,但并非摩托车中使用的全部粉末冶金零件。可以看出:

(1) 在我国摩托车急速发展时期,摩托车生产企业若能善于和充分采用粉末冶金零件,不但可大大增高投资效率,加快生产发展,而且,可以提高产品质量,节材、省能,大大降低生产成本,技术 - 经济效益十分显著。

(2) 摩托车中使用粉末冶金零件的多少,所用粉末冶金零件的材料性能和形状复杂程度,是摩托车制造产业生产技术水平的重要标志之一。

(3) 粉末冶金零件生产企业与摩托车制造企业应加强协作,通过国内、外的技术合作,将国外摩托车制造中已应用的粉末冶金零件,尽快移植到国内生产的摩托车中。

(4) 摩托车制造企业在新品设计、开发阶段,应吸收粉末冶金零件生产企业的技术人员参加,以利充分利用粉末冶金工艺的特点,开发具有特色的粉末冶金零件,提高摩托车的生产技术水平。

(5) 鉴于粉末冶金零件对摩托车制造业生产发展的显著技术 - 经济效益,国家或各地区应像对待“汽车工业产业政策”中规定的产品发展重点一样,给予为摩托车配套的重点粉末冶金零件生产企业以必要的政策支持,诸如对于关键设备压机、烧结炉、基本原材料钢铁粉末及辅助材料等进口关税的减免等。

参考文献

[1] 彭世超,曾九三. 粉末冶金零件在摩托车上的应用与开发. 粉末冶金工业,1993(3):18 ~ 20.

[2] 日本粉末冶金工业会. 烧结部品概要. PM GUIDEBOOK89,54.

[3] 日立粉末冶金(株). 日立的粉末冶金技术. 1978 年北京日本金属加工、建筑材料工业技术展览会技术资料.

[4] HITACHI. Powder Metallurgy Parts for MotorVehicle.

[5] 住友电工(株)粉末合金事业部. 烧结合金材の自动车部品への应用.

[6] 望月　宏. メタルコストタワンをるさした粉末冶金への加工法辫换.

编写:韩凤麟(中国机协粉末冶金分会)

第 5 章　烧结金属含油轴承

5.1　引言

在机械制造中轴承是一类比较重要、用量比较大的基础件。依据轴承工作时的摩擦性状，又分为滚动轴承与滑动轴承。含油轴承属于滑动轴承的范畴，其最主要的特点是具有自润滑性能。含油轴承、普通滑动轴承和滚动轴承的性能比较见表 10-5-1。

表 10-5-1　含油轴承、滑动轴承和滚动轴承性能比较

各种条件	性能特性	含油轴承	滑动轴承	滚动轴承
使用条件	价格	一般比滚动轴承便宜	一般比滚动轴承便宜	
	大量生产性	有利	一般不利	标准产品有利
	互换性	稍微不利	不利	有利
给油条件	给油	即使在不给油条件下也可使用	必须给油	根据条件不给油也可能
载荷条件	耐载荷性	对于高载荷有利	有利	有利
	速度特征	一般为低速	一般为中速、高速	中速、高速
	振动载荷	有利	多少产生摩擦腐蚀	不利（易产生摩擦腐蚀）
	冲击载荷	有利	有利	不利
	摩擦系数	较大	仅启动时大	比滑动轴承小
环境条件	耐热性	依据需要选择，高	至 ±150℃左右	在高温下不能使用
	耐蚀性	依据种类一般不利	依据种类一般有利	不利
	耐水性	一般有利	除特殊制品外不可	没有密封时不能使用
	异物埋没性	有利	较有利	不利
	噪声	有利	有利	不利
	摇动	非常有利	有利	不利
	往复运动	有利	不利	除球形轴套外不可用
	间歇运转	有利	不利	有利
对偶件条件	对偶件材质	普通钢材	一般为淬火钢材	普通钢材
	表面粗糙度	3～12 s	3 s 以下	6～12 s
尺寸形状条件	尺寸限制	特制的	特制的	除特殊情况外，通常不像滑动轴承那样紧凑
	形状限制	特制的	特制的	形状一定
	间隙	较大	较小	极小或无
	精度	依据种类较差	较好	良好

含油轴承是指在运转时不经常或不补加润滑油的一类滑动轴承，其中既有多孔性含油轴承，也有非多孔性的固体润滑剂轴承。图 10-5-1 为含油轴承的分类。通常讲的含油轴

承大多是指用粉末冶金方法制造的多孔性含油轴承,也称之为烧结金属含油轴承。

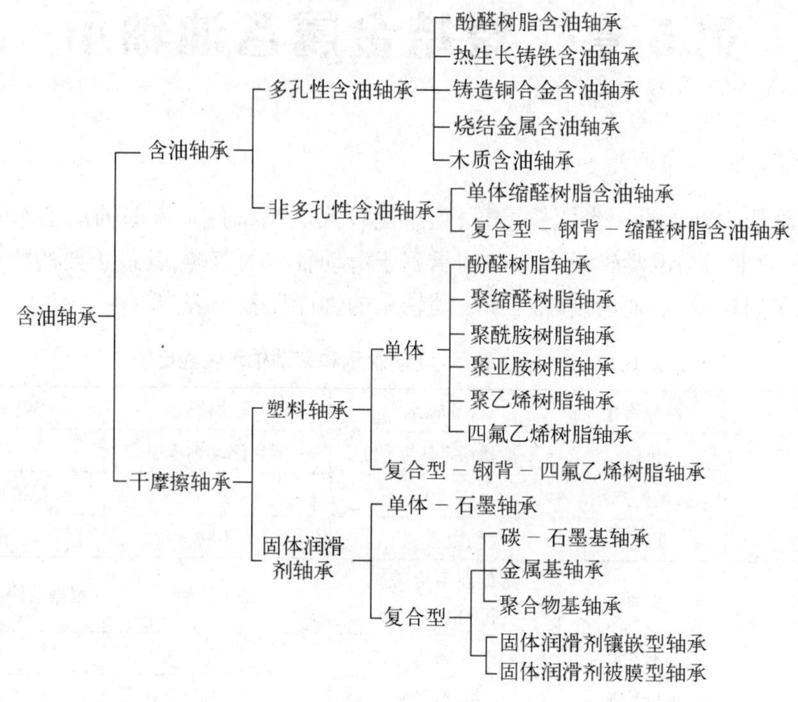

图10-5-1　含油轴承分类

含油轴承的主要特征有三点:

(1) 耐磨性与耐烧结性好,可靠性高;

(2) 可在减少供油的次数与数量或不供油的状态下工作;

(3) 若同时用其他方法补充润滑时,则含油轴承可在负载比一般滑动轴承高的工况下工作。

5.2　烧结金属含油轴承的润滑原理、生产过程及性能

烧结金属含油轴承有时也叫做烧结含油轴承,这是一类利用粉末冶金烧结体的多孔性,含浸以10% ~30%(体积分数)的油,可于自给油状态下使用的轴承。在美国称之为"oilless bearing",这个词的字面意义是不需要油的轴承。严格地讲,称之为不需要经常补加润滑油或只需少量补充润滑油的轴承,可能更恰当些。在欧洲将这种轴承称为自润滑轴承(selflubricating bearing)。

我国从一开始就将这种轴承命名为含油轴承,因为是用粉末冶金制造的,所以也称为烧结金属含油轴承,以示和用其他材料制造的含油轴承的区别。

烧结金属含油轴承是1916年E. D. Gilson开发的,于1930年左右就已用于美国汽车产业。在我国,烧结金属含油轴承的研制与生产,起始于20世纪50年代;1955年上海中国纺织机械厂的铜基含油轴承生产线投产,其是以雾化6-6-3青铜粉为原料,产品主要用于纺织机械。1957年,作者在当时的华北无线电器材联合厂,首先试制成功铁基含油轴承,当时使用的原料粉是用Hametig粉碎的铁粉,后来改为了由轧钢铁鳞生产的还原铁粉。1958年

春，当时的第一机械工业部在北京召开了"全国铁基含油轴承推广应用大会"，意在替代部分小型滚动轴承，是为我国铁基粉末冶金零件产业的肇端。在日本，烧结含油轴承的正式生产也起始于 20 世纪 50 年代。经过 60 年的发展，中国的烧结金属含油轴承产业已经具有相当规模，产量已大体上和日本相当，见图 10-5-2 与图 10-5-3。可是，在产品质量与技术开发上，落后于日本。例如，日本 2008 年烧结含油轴承的产量，据 JPMA 报告为 7718 t，销售额

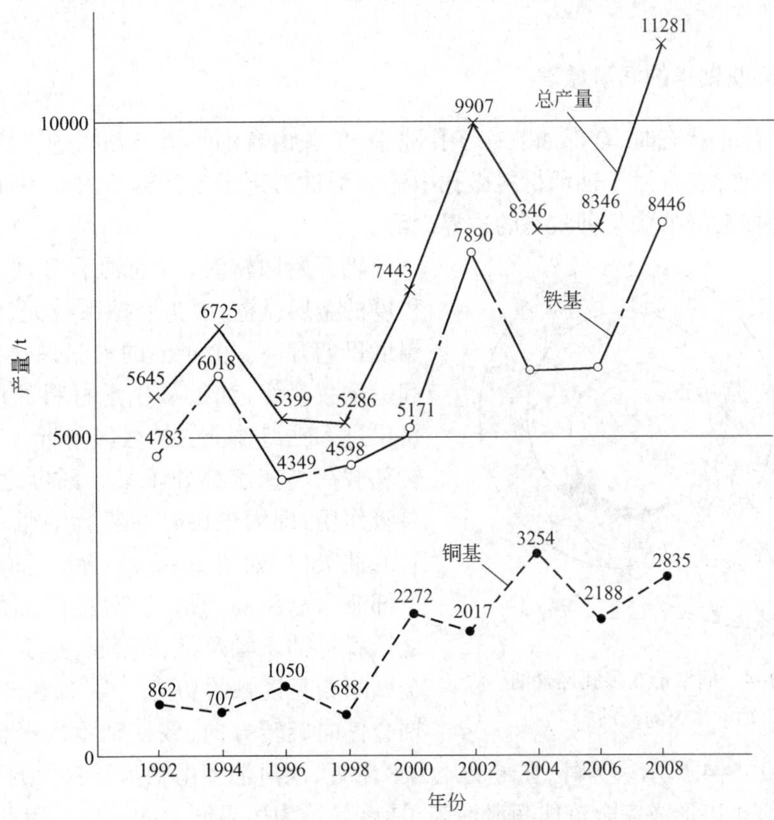

图 10-5-2　中国 1992～2008 年烧结金属含油轴承的生产进展（据 CMPMA 34 个企业统计）

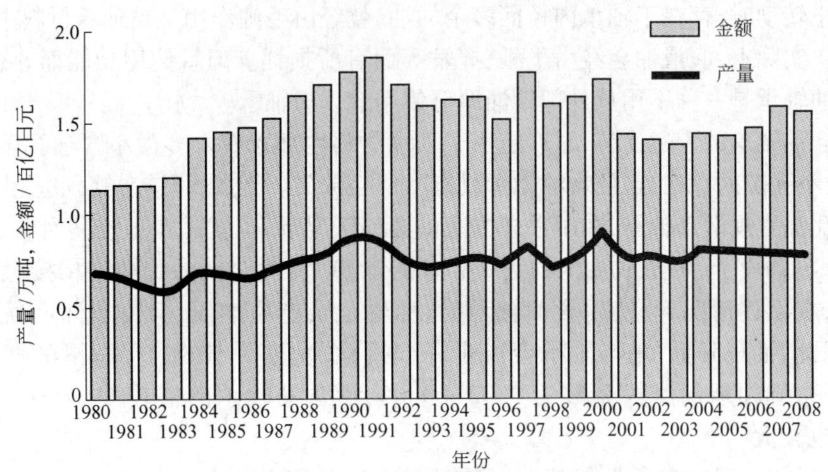

图 10-5-3　日本烧结金属含油轴承的生产进展（据 JPMA 资料）

为156亿日元,这相当于2.02日元/g。据中国机协粉末冶金分会的资料,中国2008年烧结含油轴承的平均销售价格为5.594分/g,其中铜基为9.3分/g,铁基为4.36分/g。按汇率为0.07元人民币/1日元计算,中国烧结含油轴承的销售价格仅为日本的40%。这实际上是产品质量或产品技术附加值的差异。这表明,中国烧结含油轴承的产量虽已和日本相差不多,但在生产技术上还落后于日本。因此,有必要对烧结含油轴承的运转特性等予以扼要说明。

5.2.1 烧结含油轴承的润滑原理

当轴处于静止状态时,全部油贮存于孔隙中,负载由含油轴承与轴间的直接接触支撑。可是,由于毛细作用,含浸于轴承材料微孔中的润滑油渗出于含油轴承内径表面,在轴与含油轴承内表面接触处形成某种状态的边界润滑。

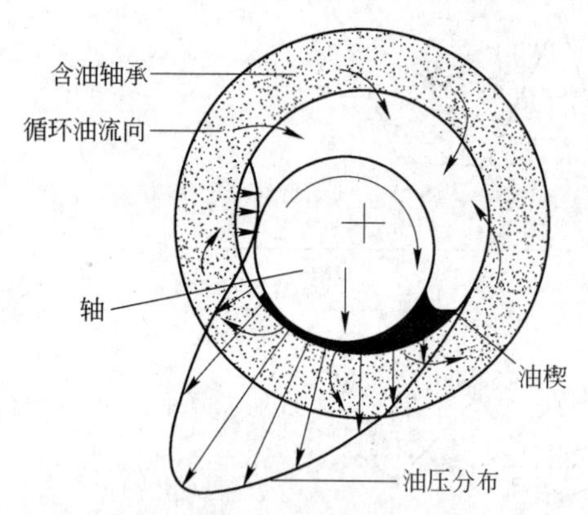

图10-5-4 润滑油在多孔性含油轴承体内的流动

轴开始回转时,含油轴承与轴颈间的某种程度的金属摩擦,因为摩擦系数大,而使轴承的温度迅速升高。由于油的膨胀系数比轴承合金高一个数量级,油被从轴承材料的微小孔隙中挤出进入轴与轴承的接触区附近。当轴继续旋转和载荷与速度都处于某一限度之内时,由于泵吸作用,即因轴旋转而将含油轴承材料内含有的油吸出,如图10-5-4所示,油从油压低的上部流向油压高的滑动部,经由油的流动形成之油膜将轴从轴承底部抬起,从而发挥了防止金属间相互接触的功能。再者,由于油的流动,轴会偏向旋转方向,致使轴承内径面之油压分布状况如图10-5-4所示。另外,在最高压力区附近,润滑油经由轴承材料中的微孔被强制压入轴承壁内,难以形成完全流体润滑油膜,具有易转为边界润滑的倾向。因此,与一般致密金属滑动轴承相比,多孔性烧结金属含油轴承的负载容量较小。

轴停止转动时,存在于轴承内径面多余的油,就经由毛细作用又被轴承材料中的微小孔隙所吸纳。实际上,润滑油会经由飞溅、挥发等而有所损耗。但就使用功能而言,可以说烧结金属含油轴承是一种不用从外部给油即可使用的理想轴承。

烧结含油轴承的上述优势,显然是由于轴承材料内部含有众多微小含油孔隙所致。可是,这些微小孔隙的存在,也使含油轴承具有本质性缺欠。例如,用铸造等方法,由熔铸金属制造的无孔隙常规滑动轴承,在用常规方法供油的工况下,也就是在理想润滑状态,在运转中,在轴承滑动面上,可形成油压约为2 MPa的油膜,实现使轴承和轴不相接触的流体润滑。可是,在上述情况下,使用含油轴承时,尽管也会产生油压,但由于油会通过微小孔隙外泄,因此,油压降低,轴与轴承会产生局部接触,发生所谓的边界润滑的概率是很高的。因此,常规轴承的摩擦系数为0.02~0.05,而含油轴承的值较大,为0.07~0.15。温升的值也较大。

可是,说常规滑动轴承性能好,是说在外部供油理想的场合,可能一旦供油中断,油立即枯竭,就会发生令人担心的烧轴现象。而关于含油轴承,鉴于上述润滑机理,实际上,在不从外部供油的十分严酷的工况下,即使是在油发生油烟的状态下,也没有发生烧轴现象,仍在运转的例子有很多。作为一例,图 10-5-5 对成分与尺寸都完全相同的烧结青铜含油轴承与常规的铸造青铜轴承的运转性能进行了对比。含油轴承和常规滑动轴承相比,本质上,在轻负载条件下,运转性能并不会是多么好,可是,在不适合的条件下,例如在负载、速度都比较高,和在供油中断的状态下,也不大会发生最恶劣的所谓烧轴现象。

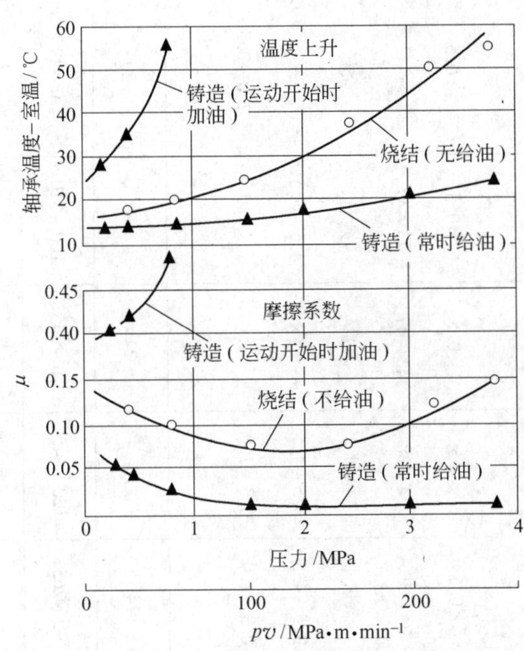

图 10-5-5　烧结含油轴承和铸造轴承的性能比较
(材质:Cu-10% Sn 合金;试验速度:68 m/min;润滑油:发动机油 SAE30)

5.2.2　烧结含油轴承的种类与材质

烧结含油轴承大体上可分为铜基与铁基两类。铜基的历史久远,大体上都是以 Cu-10% Sn(质量分数)的 α - 青铜为基体,在其中添加以适量的石墨、Pb、Zn 等。铁基有以纯 Fe 与 Fe-Cu 合金(铜含量为 2% ~25%)为基体的两种,在其中添加以石墨、Pb 等。现在,为了保护环境,已禁止在烧结含油轴承中添加 Pb。一般说来,铁基比铜基的硬度高,对轴的磨合性较差,另外耐蚀性也较差,但是具有力学强度高、可承受高负载、线膨胀系数和轴相近,而且原料粉便宜等优势。因此,铁基含油轴承发展较快,在中国现在铁基轴承约占含油轴承总产量的 75% 左右,在日本约为 65% 。现在,铜基含油轴承一般用于低负载高速工况,铁基轴承多用于高负载低速条件下。详细情况见从 ISO 5755:2001(E)烧结金属材料规范(GB/T 19076—2003)中摘录的表 10-5-2 与表 10-5-3。

除铜基与铁基含油轴承外,铝基含油轴承也有少量生产和应用。铝基烧结含油轴承,由于密度小、价格便宜、耐腐蚀性好等优点,人们对这类材料的兴趣有所增长。美国 1966 年曾生产过铝基含油轴承,在日本渡辺侊尚教授等也研究过这种含油轴承。但由于其力学强度不及铜基轴承,耐磨性还有待改进,在使用上还存在一定的局限性。

表 10-5-2 轴承用材料:铁、铁-铜、铁-青铜、铁-碳-石墨(ISO 5755:2001(E))

参数	符号	单位	铁		铁-铜		铁-青铜①				铁-碳-石墨①	铁-碳-石墨①	备注
			牌号②		牌号②		牌号②				牌号②	牌号②	
			-F-00-K170	-F-00-K220	-F-00C2-K200	-F-00C2-K250	-F-03C36T-K90	-F-03C36T-K120	-F-03C45T-K70	-F-03C45T-K100	-F-03G3-K70	-F-03G3-K80	
化学成分(质量分数)													标准值
$C_{化合}$③		%	<0.3	<0.3	<0.3	<0.3	<0.5	<0.5	<0.5	<0.5	<0.5	<0.5	
Cu		%	—	—	1~4	1~4	34~38	34~38	43~47	43~47	—	—	
Fe		%	余量	余量	余量	余量	余量	余量	余量	余量	余量	余量	
Sn		%	—	—	—	—	3.5~4.5	3.5~4.5	4.5~5.5	4.5~5.5	—	—	
石墨		%	—	—	—	—	0.3~1.0	0.3~1.0	<1.0	<1.0	2.0~3.5	2.0~3.5	
其他元素总和(最大)		%	2	2	2	2	2	2	2	2	2	2	
开孔孔隙度	P	%	22	17	22	17	24	19	24	19	20	13	
径向压溃强度(最小)	K	MPa	170	220	200	250	90~265	120~345	70~245	100~310	70~175	80~210	
密度(干态)	ρ	g/cm^3	5.8	6.2	5.8	6.2	5.6	6.0	5.6	6.0			参考值
线膨胀系数		K^{-1}	12×10^{-6}	12×10^{-6}	12×10^{-6}	12×10^{-6}	14×10^{-6}	14×10^{-6}	14×10^{-6}	14×10^{-6}	12×10^{-6}	12×10^{-6}	

① 所给出径向压溃强度值的范围表明化合碳和游离石墨之间须保持平衡。

② 所有材料可浸渍润滑剂。

③ 仅铁相中的。

表 10-5-3 轴承用青铜、青铜-石墨材料(ISO 5755:2001(E))

参 数	符号	单位	青铜			青铜-石墨			备注
			牌号①			牌号①			
			-C-T10-K110	-C-T10-K140	-C-T10-K180	-C-T10G-K90	-C-T10G-K120	-C-T10G-K160	
化学成分(质量分数)									标准值
Cu		%	余量	余量	余量	余量	余量	余量	
Sn		%	8.5~11.0	8.5~11.0	8.5~11.0	8.5~11.0	8.5~11.0	8.5~11.0	
石墨		%	—	—	—	0.5~2.0	0.5~2.0	0.5~2.0	
其他元素总和(最大)		%	2	2	2	2	2	2	
开孔孔隙度	P		27	22	15	27	22	17	
径向压溃强度(最小)	K	MPa	110	140	180	90	120	160	
密度(干态)	ρ	g/cm^3	6.1	6.6	7.0	5.9	6.4	6.8	参考值
线膨胀系数		K^{-1}	18×10^{-6}	18×10^{-6}	18×10^{-6}	18×10^{-6}	18×10^{-6}	18×10^{-6}	

① 所有材料都能含浸润滑剂。

5.2.3 烧结含油轴承的生产过程

铜基与铁基含油轴承的生产过程如图10-5-6所示。关于铜基含油轴承,我国50年来一直在用雾化6-6-3青铜粉进行生产,近年来,鉴于国际上为保护环境,禁止使用Pb,因此6-6-3青铜含油轴承正在被铁基含油轴承,例如Fe-0.87Sn-1.63Cu或Fe-0.75Sn-3.25Cu含油轴承所取代。

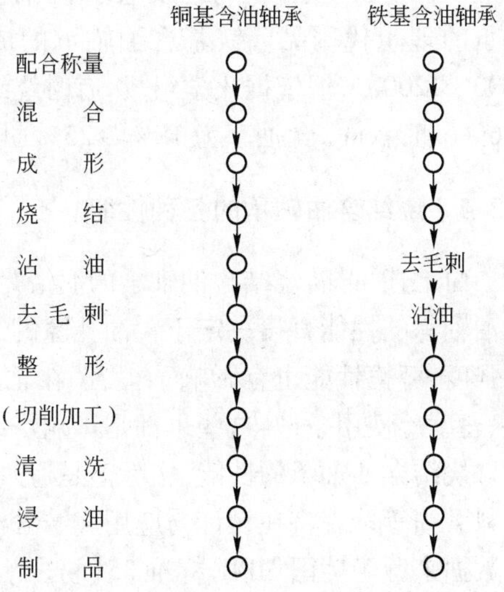

铜基含油轴承 铁基含油轴承

配合称量
混 合
成 形
烧 结
沾 油 去毛刺
去 毛 刺 沾油
整 形
(切削加工)
清 洗
浸 油
制 品

图 10-5-6 烧结金属含油轴承的生产过程

可是,日本、欧美等国家生产的铜基含油轴承,绝大部分是以电解铜粉为原料粉,在其中加入10%左右锡粉,根据需要有时还加入Zn、Ni、P、Pb、石墨、MoS_2等,此外,再加入0.5%左右硬脂酸锌作为成形润滑剂,于混料机中混合30 min。成形压力为100~300 MPa,压坯密度通常不高于6.4 g/cm^3。烧结是在氨分解气体、C_xH_y转化气(放热性或吸热性煤气)中,于750~800℃下进行的。烧结保温时间为20~60 min。压坯烧结后尺寸多少都会有一些偏差,同时,烧结件表面变得较粗糙。因此,烧结件必须整形,以使之具有适当的尺寸精度或所要求的形状。烧结件出炉后,为了防锈(对于铁基含油轴承)或整形时润滑,须进行沾油处理。在整形过程中,不得将表面的孔隙堵死,但可适当地调整内径表面的孔隙;此外,还可进行精加工作业,使之达到可与研磨面匹敌的粗糙度。件数少的场合与形状不适于整形的含油轴承,可用车床等进行切削加工。之后,要将含油轴承在生产过程中为防锈或整形而吸附的油清洗干净,随即进行真空浸油。含浸的润滑油要适合于含油轴承的使用性能与用途。按种类,除机油、透平油、液压工作油等矿物油外,还可使用各种合成油。铜基含油轴承制成品的密度一般为6.2~7.4 g/cm^3,含油率为12%~30%(体积分数)。近年来的新动向是,有的场合,生产过程要进行到将含油轴承压装到轴承座中为止。盒式磁带录音机与磁带录像机等中使用的含油轴承，几乎都要制成含油轴承与轴承座的组合件(图 10-5-7)。由于要求这些含油轴承必须具有高的轴承性能，所以压装后精度与内径表面状态都不得发生变化。因此，为了保持组合件制品的精度与性能，在制造过程中增加了一道压装工序。所以，最终尺寸和表面孔隙的调整都是在压装工序进行的。鉴于这类含油轴承忌避粉尘，它们都是在有空调的防尘室中制造的。含油轴承的制造方法也在将成形、烧结、整形，一直到浸油一体化，即所谓的自动化生产线正在变为主流。

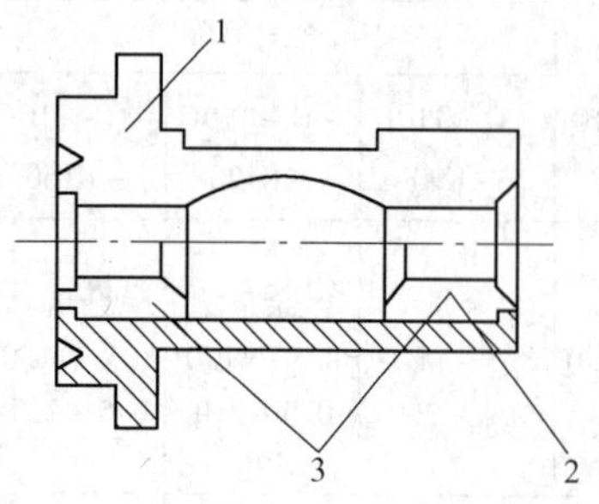

图 10-5-7　录音机输带辊用含油轴承组件
1—双联轴承；2—轴承座；3—含油轴承(使用 2 个)

铁基含油轴承的生产过程与铜基的完全相同。关于铁基含油轴承的化学组成，是在铁粉中加入 Cu、Sn、Pb、石墨、Zn 等。目前，国内铁基含油轴承的主要化学组成是，Fe-石墨与 Fe-Cu-石墨及 Fe-Pb-Cu；日本主要是 Fe-Pb-Cu 系与 Fe-Cu 系。Fe-Pb-Cu 系含油轴承已大量用于洗衣机电机、复印机马达及电风扇马达等，这种含油轴承的噪声低，耐磨性好，是铜基含油轴承的理想代用品。铁基含油轴承的成形压力为 20 ~ 50 MPa，烧结温度比铜基的高，为 1000 ~ 1200℃，但依据化学组成，有时烧结温度低于上述温度。铁基含油轴承的密度一般为 5.6 ~ 6.5 g/cm^3，含油率为 18% ~ 25%(体积分数)。

5.2.4　烧结含油轴承的各种性能

由上述可知，烧结含油轴承的润滑是依靠含油孔隙的自给油作用来进行的。因此，烧结含油轴承的性能直接决定于含油孔隙的组织、含油率及润滑油的种类，另外含油孔隙对材料的强度、摩擦性能也有影响。再者，在轴承设计方面的轴承间隙、尺寸精度等条件，以及压力、速度等使用条件，这些也都是影响烧结含油轴承性能的重要因素。

烧结含油轴承的性能，实际上是通过运转试验测定的摩擦系数、温度升高或油的损耗、材料磨损等。现将在设计与应用烧结含油轴承时的标准负载值列于表 10-5-4。这个表中的数据来源于美国 MPIF 标准 35《粉末冶金自润滑轴承材料标准》(1998 年版)。已证明表 10-5-4 中所列的值是有效的，但具体应用时可能也有例外。关于 CT-1000、CTG-1001 等牌号的材质请参考 MPIF 标准 35《粉末冶金自润滑轴承材料标准》(1998 年版)。

表 10-5-4　标准负载(MPIF 标准 35(1998 年版))

轴的速度 /m · min⁻¹	负载/MPa										
	CT-1000	CTG-1001	CTG-1004	F-0000	F-0005	FC-0200	FC-1000	FC-2000	FCTG-3604	FCTG-0303	FG-0308
静止	60	60	60	69	105	84	105	105	60	77	105
慢与间歇	28	28	28	25	25	25	35	35	28	25	25
7	14	14	14	12	12	12	18	18	14	12	12
15 ~ 30	3.5	3.5	3.5	2.8	3.1	3.1	4.8	4.8	2.8	3.1	3.1
30 ~ 45	2.5	2.5	2.5	1.6	2.1	2.1	2.8	2.8	2.1	2.1	2.1
45 ~ 60	1.9	1.9	1.9	1.2	1.6	1.6	2.1	2.1	1.4	1.6	1.6

续表 10-5-4

轴的速度 /m·min^{-1}	负载/MPa										
	CT-1000	CTG-1001	CTG-1004	F-0000	F-0005	FC-0200	FC-1000	FC-2000	FCTG-3604	FCTG-0303	FG-0308
60~150	$p=\frac{105}{v}$	$p=\frac{105}{v}$	$p=\frac{105}{v}$	—	—	—	—	—	$p=\frac{85}{v}$	—	—
>60	—	—	—	$p=\frac{75}{v}$	$p=\frac{105}{v}$	$p=\frac{105}{v}$	$p=\frac{105}{v}$	$p=\frac{105}{v}$	—	$p=\frac{105}{v}$	$p=\frac{105}{v}$
150~300	$p=\frac{127}{v}$	$p=\frac{127}{v}$	$p=\frac{127}{v}$	—	—	—	—	—	—	—	—

注：p 为轴承投影面积（轴承长度×内径）的负载，MPa；v 为轴的旋转速度，m/min；CT 为青铜（低石墨）；CTG 为青铜（中、高石墨）；F 为铁、铁－碳；FC 为铁－铜、铁－铜－碳；FCTG 为铁－青铜；FG 为铁－石墨。

虽然，对提升轴承性能、扩大轴承的使用范围进行了种种研究，但是在这里，最基本的问题依然是，含油孔隙和性能间的关系。

首先，介绍含油孔隙组织，特别是含油孔隙大小的调节和轴承性能间的关系。含油孔隙的大小与数量不同时，将影响到轴承的油保持性和给油性等，从而大大影响轴承的运转性能。

利用单一金属粉作原料粉时，例如由纯铁粉制造的纯铁轴承，由雾化 6－6－3 青铜粉制造的 6－6－3 青铜含油轴承，其含油孔隙就是由粉末颗粒间的孔隙原封不动变成的，只能通过改变粉末的种类、颗粒形状、粒度或成形压力等条件来调节含油孔隙的大小，但是这只能进行小范围调节。

可是，将 10%（质量分数）左右的锡粉混合于铜粉中作为原料粉制造的青铜含油轴承，或将 2% ~5%（质量分数）的铜粉混合于铁粉中制造的铁－铜合金轴承，在烧结过程中，前者一到锡的熔点（232℃），后者一到铜的熔点（1083℃），锡粉与铜粉就熔化了并流入主要成分为铜粉或铁粉颗粒间的孔隙中，进行合金化，在锡粉与铜粉存在处就原封不动地变成了孔隙，即产生所谓的流出孔发生现象。图 10-5-8 与图 10-5-9 分别表示在青铜轴承与铁铜系轴承中观察到的流出孔形成的状况。因此，这个结果表明，用粉末混合法制造青铜与铁－铜合金烧结体时，具有通过改变低熔点金属侧金属粉末的粒度，非常容易调节含油孔隙的大小、数量和分布状态的优势。

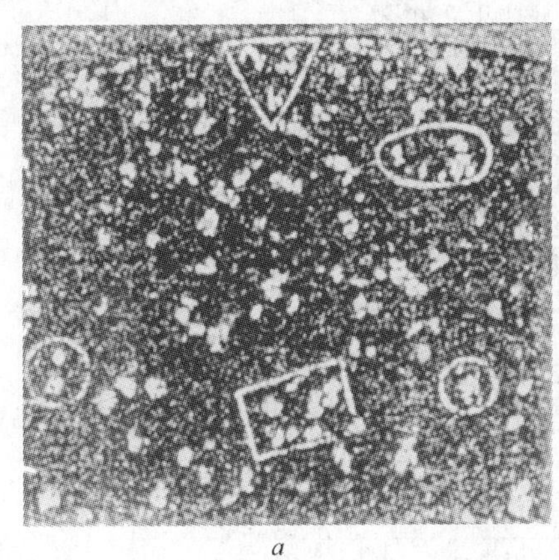
a

b

图 10-5-8　铜－10%锡烧结轴承合金孔隙的生成状态[2-4]

a—生坯（×15）（白色部分是锡粉，黑色基体为铜粉）；*b*—烧结体（×15）（黑色部分是孔隙，灰色基体为青铜）

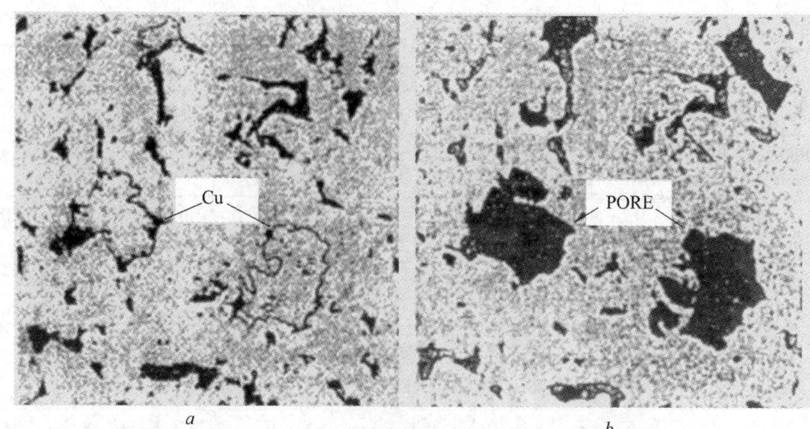

图 10-5-9　铁 - 13% 铜烧结轴承合金孔隙的生成状态[2~4]

a—加热到 800℃的场合（×75）（白色基体为铁，黑色部分为粉末间孔隙）；
b—将试样 *a* 进一步加热到 1150℃的场合（×75）（白色基体为 Fe-Cu 合金，附着在孔隙上的灰色物质是 Fe-Cu 合金）

表 10-5-5 为利用锡粉粒度调节含油孔径的 Cu-10% Sn 烧结含油轴承的各种性能的测定值。图 10-5-10 为含油孔的大小和运转性能的关系。这表明，对于某一种运转条件，都有一种合适的含油孔组织，另外，这也是表明青铜与铁 - 铜合金轴承可依据需要，容易调节含油孔功能的有利性的一例。

表 10-5-5　孔隙大小因锡粉粒度而异的烧结 Cu-10%Sn 轴承的各种性能

材料代号	锡粉平均粒径/mm	含油率/%	透气性/darcy	油保持性/h · mg^{-1}	孔隙直径/mm	孔隙平均个数/个 · mm^{-2}	备　注
A	0.22	25	3000×10^{-3}	1	0.35	5	测定方法是渡辺自定的
C	0.12	22	1020×10^{-3}	6	0.20	16	
E	0.07	21	65×10^{-3}	10	0.11	24	
F	<0.03	20	3×10^{-3}	48	<0.05	>90	

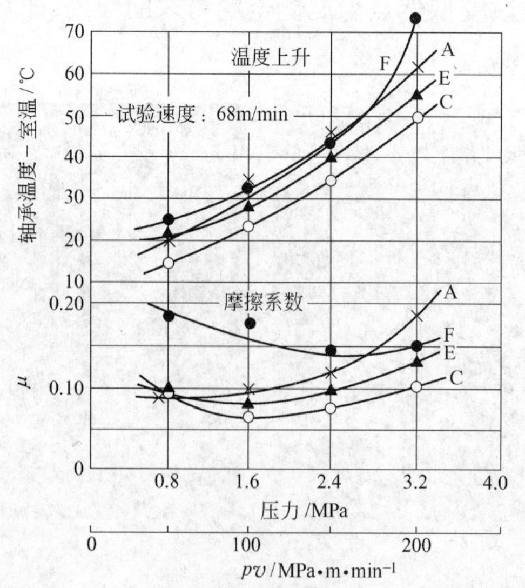

图 10-5-10　含油孔的大小和运转性能的关系[2~4]

（试件：Cu-10% Sn 烧结含油轴承（材料性能见表 10-5-5）；润滑油：发动机油 SAE 30）

其次,关于含油率和运转性能的关系,图10-5-11示出通过预先改变烧结条件,将由表10-5-5中材料C制造的青铜轴承的连通孔隙度(即含油率)进行调节,使各自的含油率都在图中所示的实用范围内变化,然后,测定了含油率和运转性能的关系。从图10-5-11中可看出含油率的高低对运转性能几乎没有影响。

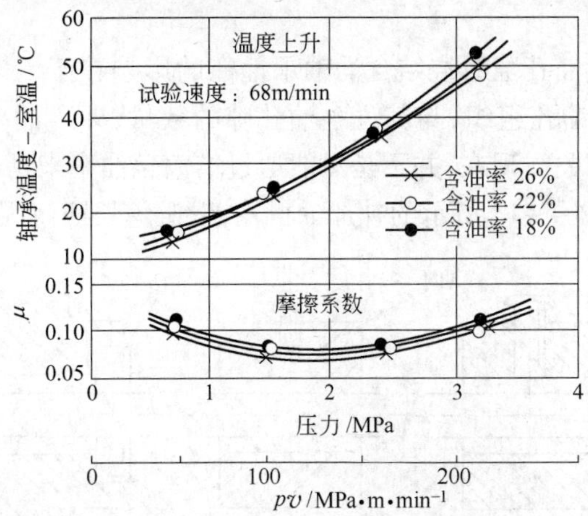

图10-5-11 含油率与运转性能的关系[2~4]
(试件:Cu-10% Sn烧结含油轴承;润滑油:发动机油SAE 30)

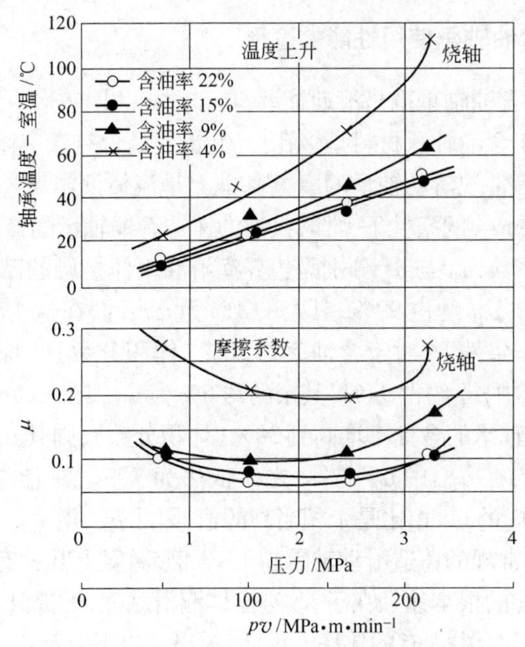

图10-5-12 油保有量和运转性能的关系[2~4]
(试件:Cu-10% Sn烧结含油轴承;润滑油:发动机油SAE 30)

上面所讲的运转试验结果,都是在运转时间2~10h条件下得到的值,在试验过程中,并没有出现因油消耗,性能降低的状况。为此,将由表10-5-5中材料C制造的青铜轴承,预先改变了油的保有量,然后测定了其运转性能。试验结果示于图10-5-12。由图10-5-12

可看出，含油率为 22%（体积分数）的轴承，由于长时间运转油产生损耗，当含油率减小到 15%（体积分数）以下时，运转性能就开始降低。根据用材料 C 制造的青铜轴承长期试验的结果，例如，在速度为 68 m/min、压力为 1.6 MPa 的使用界限附近的条件下，油的消耗率约为每 100 h1.25%。因此，对于由材料 C 制造的含油率为 22% 的青铜轴承，其正常运转时间，也就是使用寿命为 550 h。

从上述试验可知，含油孔隙对烧结含油轴承性能的影响在于，其直接控制着和给油性、油保持性密切相关的含油孔组织，与其说含油孔隙的数量，即含油率和运转性能的持续相关，不如说和使用寿命相关。现在，并不是只能通过增大含油率来延长烧结含油轴承的使用寿命，也可考虑采用图 10-5-13 所示的补加油机构，以避免长期使用时性能降低。

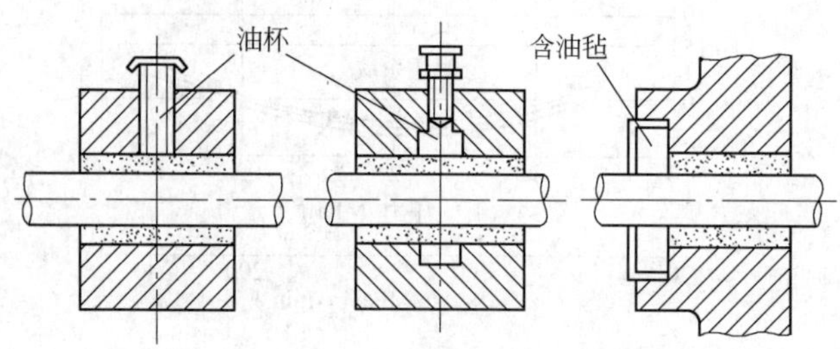

图 10-5-13　油补给的设计示例

5.2.5　改进烧结金属含油轴承使用性能的途径

如上所述，烧结金属含油轴承也是滑动轴承，其和常规的用铸造 - 切削加工等方法生产的滑动轴承的本质差异在于含油轴承材料是多孔性的，也就是含有众多微小孔隙的。因此，二者的润滑机理就有所不同。常规滑动轴承的摩擦基本上是流体润滑摩擦，例如在负载压力约为 1.6 MPa 与速度约为 200 cm/s 的条件下，常时供油的铸造青铜轴承的摩擦系数 $\mu_{H\text{-}B\text{-}S}$ 约为 0.033（μ_H 为流体润滑的摩擦系数，μ_B 与 μ_S 分别是边界润滑和固体接触的摩擦系数，$\mu_{H\text{-}B\text{-}S}$ 是三种润滑状态的摩擦系数），其中 μ_H 约占 99%，其余的 1% 为 $\mu_{B\text{-}S}$，而在这 1% 中 μ_B 与 μ_S 之比约为 7∶3。可是，在相同的工作条件下，对于含油率为 20%（体积分数）的烧结青铜含油轴承，摩擦系数 $\mu_{H\text{-}B\text{-}S}$ 约为 0.038，其中 μ_H 约占 94%，其余的约 6% 为 $\mu_{B\text{-}S}$，在 $\mu_{B\text{-}S}$ 中，μ_B 与 μ_S 之比也约为 7∶3。若将烧结青铜含油轴承的含油率增高到 30%（体积分数），则其 $\mu_{H\text{-}B\text{-}S}$ 约为 0.108，其中 μ_H 约占 26%，$\mu_{B\text{-}S}$ 约占 74%，在 $\mu_{B\text{-}S}$ 中 μ_B 与 μ_S 之比依然为 7∶3。并且，在这种工况下，μ_S 约为 0.33。由于这和约为 0.02 的 μ_B 相比是个相当高的值，因此 $\mu_{B\text{-}S}$ 增大。所以 $\mu_{B\text{-}S}$ 易于增大的烧结含油轴承的 $\mu_{H\text{-}B\text{-}S}$ 就比常规的铸造滑动轴承高 1 ~ 3 倍，温度上升也有相应的升高。因此，改进烧结含油轴承使用性能的根本途径在于，改进流体润滑摩擦，即提升 μ_H 在 $\mu_{H\text{-}B\text{-}S}$ 中占有的比率，换言之，减小 $\mu_{B\text{-}S}$ 在 $\mu_{H\text{-}B\text{-}S}$ 中占有的比率。据此，提出了以下对策：

（1）通过控制轴承中的孔隙组织，增高 μ_H 在 $\mu_{H\text{-}B\text{-}S}$ 中占有的比率。若希望在流体润滑之外不再增加 $\mu_{B\text{-}S}$，可采用细原料粉，使含油轴承的孔隙组织细化，以减小油膜压力泄漏。可是，实际上，原料粉细化是有限度的，因此，为减少油膜压力泄漏，就不得不降低含油率，但又不得比一般采用的含油率 20%（体积分数）降低太多。结果，就使这种含油轴承不再具有充分的含油与给油能力，难以适用于高负载 - 高速度的苛酷条件。这种方法可能较适用于音响机器之类的轻负载条件。

(2) 通过控制含油轴承材料的合金组织,减小μ_{B-S}。就含油轴承而言,避免边界润滑－固体接触的摩擦是不可能的,但可以减小μ_{B-S}的值。

边界润滑的摩擦系数μ_B可用$\mu_B = \tau_B / P_m$来表示(式中,τ_B为润滑油薄膜的剪断强度,MPa;P_m为轴承材料基体的硬度,MPa),因此,若能将轴承材料的硬度增高到不损伤对偶钢轴的某种程度,就能有效地减小μ_B的值。例如,在质硬的铁基合金基体中弥散以质软的铜基合金,形成适当的混合合金组织,这既可使轴承材料易与钢轴磨合,又增高其P_m值,从而减小边界润滑的摩擦系数值。

(3) 利用固体润滑剂减小固体接触的摩擦系数μ_S。如上所述,在含油轴承的运转过程中,边界润滑－固体接触的摩擦是无法避免的,而在μ_{B-S}中μ_S的值一般为0.25～0.35,这是一个很高的值。为减小μ_S值,积极利用粉末状润滑剂,诸如石墨、MoS_2及Pb等,将它们分散于烧结轴承材料中,即使是在轴承滑动面的油膜破坏的苛刻条件下,以薄层广布在滑动面间的固体润滑剂膜,对于减小μ_S也是非常有效的。可是,固体润滑剂的添加量过多时,会使轴承材料变脆,压溃强度降低,这是必须注意的。

(4) 关于润滑油的选择。对于在常时供油下,处于流体润滑摩擦的常规铸造金属滑动轴承,其摩擦系数μ_H决定于润滑油的黏性,因此,使用的润滑油是根据润滑油的黏度与温度的关系曲线来选择的。对烧结金属含油轴承,其是在流体润滑摩擦之外,还有相当大程度的边界润滑与固体接触的摩擦参与下运转的。所以,如何减小μ_{H-B-S}中的μ_{B-S}所占的比率和增大μ_{B-S}中μ_B的占有比率就很重要了。因此,必须改进润滑油的油性。润滑油的油性和润滑油对金属表面吸附的难易与吸附油膜的剪断强度相关。所以,要选择能在金属表面上形成强固吸附膜的油品,使之在滑动面上形成剪断强度高的油膜,从而保持边界润滑摩擦状态是很重要的。为改进润滑油的油性,一般可在润滑油中添加具有极性的硬脂酸、油酸等油性改进剂。另外,将固体润滑剂以微细粉末状态添加于润滑油中,使润滑油混浊化,也是有效的。但是,这时必须注意润滑油黏性增高等产生的副作用。

除上述者外,对于烧结金属含油轴承还必须考虑到,轴承的尺寸大小、精度及精加工面状态等,与钢轴的尺寸大小、精度及精加工状态和硬度等,以及与其他种种外部使用条件间的关系。

5.3 烧结金属含油轴承的创新发展

日本的烧结青铜含油轴承的正式工业生产起始于1950年左右。1952年日本烧结青铜含油轴承的产量只有90t。当时,曾将日本生产的青铜含油轴承的质量与美国的一流产品进行过对比,见表10-5-6。其中青铜含油轴承A、B为日本产品,C为美国产品。从列表数据比较来看,化学组成、密度大体上相同,从含油率与压溃强度来看,日本产品总有一项指标和美国产品有较大差距,如A的压溃强度与C相近,但含油率低于C,B的含油率与C相近,但压溃强度远低于C。可是A与B的运转性能,即pv值都只有美国产品C的2/3～1/2。

表10-5-6 日本与美国销售的青铜含油轴承的性能检测结果

轴承来源	化学组成/%			密度 /g·cm^{-3}	含油率 /%	压溃强度 /MPa	pv值 /MPa·m·min^{-1}
	Cu	Sn	其他				
日本市售品A	88.9	10.0	Pb等	6.5	19	30	70～80
日本市售品B	88.6	9.5	Pb、Zn等	6.3	24	20	55～65
美国市售品C	88.9	9.7	Pb、Zn等	6.4	23	32	100～110

即使是按照现行的美国 MPIF 标准 35，当时日本的市售产品除 *pv* 值外也都是合格的，而一般在产品出厂检验时，并不测试 *pv* 值。

为研究当时日本烧结青铜含油轴承生产中存在的产品质量与性能提高问题，渡辺优尚教授经 6 年（1952～1958 年）研究，终于掌握了控制烧结青铜含油轴承制造技术的核心技术——含油孔隙形成机理，为日本烧结金属含油轴承生产技术与产品开发奠定了坚实基础，为日本青铜含油轴承的品质达到当时美国产品的一流水平找到了方向，并为其后铁基含油轴承等的创新开发找到了一条途径。

渡辺优尚教授的研究表明，Cu-10Sn 青铜含油轴承和 Fe-25Cu 含油轴承的运转性能如图 10-5-14 和图 10-5-15 所示。由图 10-5-14 可以看出，Cu-10Sn 青铜含油轴承的最高 *pv* 值为 100 MPa · m/min，这完全达到了美国产品的水平，而且符合美国 MPIF 的标准（表 10-5-4）要求；可是，由图 10-5-15 可看出，Fe-25Cu 含油轴承的最高 *pv* 值为 200 MPa · m/min，这个值远大于 MPIF 标准中 FC-2000（Fe-（18 －22）Cu）的 126 MPa · m/min。另外，Fe-5Cu 合金的 *pv* 值也大于 126 MPa · m/min。

从 20 世纪 80 年代后期，在汽车用小电动机中烧结含油轴承得到了广泛应用，在 90 年

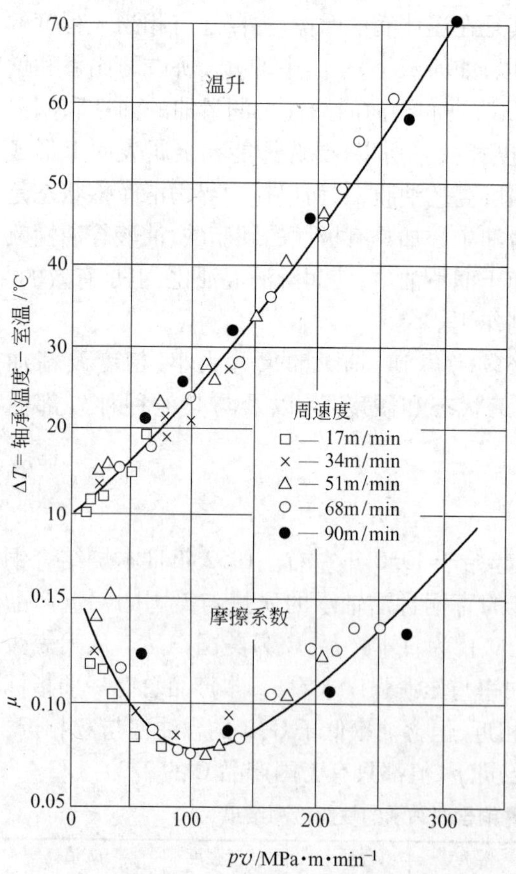

图 10-5-14 烧结青铜（Cu-10Sn）含油轴承自润滑时的 *pv*-μ、*pv*-ΔT 曲线

（试件：材料 C；润滑油：SAE30）

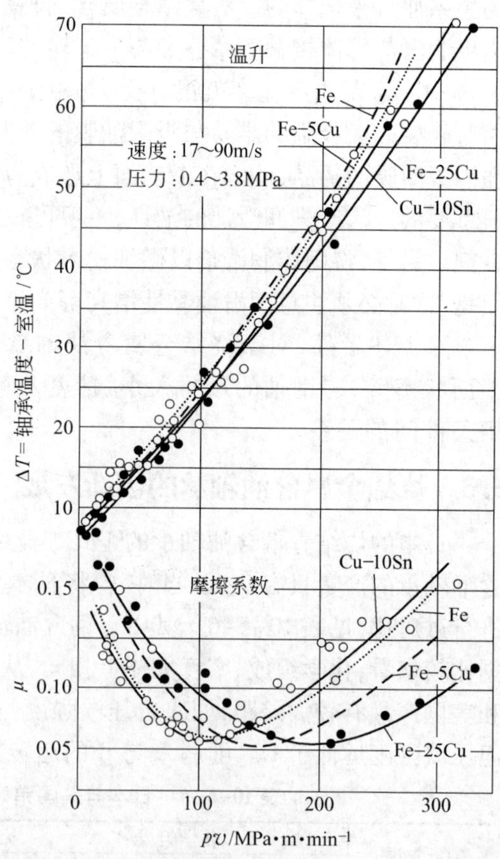

图 10-5-15 烧结 Fe-Cu 合金含油轴承与烧结青铜含油轴承运转性能的比较

（润滑油：SAE30）

代后期,烧结含油轴承开始用于 IT 产业。市场的需求,促进了烧结含油轴承生产技术的创新,现在全世界微小型烧结含油轴承的月产量已达到数以 10 亿件计的生产水平,仅日本保来得集团每个月微小型烧结含油轴承的产量就已超过 7 亿件,其中最小的烧结含油轴承重量为 0.004 g。表 10-5-7 为 2002 年日本烧结金属含油轴承产业的一些标志性数据。由此可大致看出日本烧结金属含油轴承的生产技术水平。从表 10-5-7 中可看出,*pv* 值最高者为 552 MPa · m/min,这表明现在烧结金属含油轴承的生产技术在快速发展,应用范围在迅速扩大。

表 10-5-7　2002 年日本烧结金属含油轴承产业的一些标志性数据

项　目	数　值	零件名称(内径 × 外径 × 全长/mm × mm × mm)
内径最小尺寸	0.4 mm	合型销壳体(0.4 × 2.8 × 0.5)
内径最大尺寸	118 mm	TL－10 扭矩限制器衬套(118 × 139 × 20)
外径最小尺寸	1.4 mm	—
外径最大尺寸	139 mm	TL－10 扭矩限制器衬套(118 × 139 × 20)
全长最小尺寸	0.5 mm	合型销壳体(0.4 × 2.8 × 0.5)
全长最大尺寸	90 mm	铁道车辆用轴承(20 × 27.5 × 90)
最小质量	0.0053 g	轴承(1.0 × 1.6 × 0.6)
最大质量	1210 g	建筑机械用轴承(61 × 86 × 61)
最大含油率	31%(体积分数)	轴流风扇马达用轴承
最高转速	30000 r/min	照相机马达用轴承
最大产量	300 万个/月	球面轴承(3.18 × *k* × 6.5 × 4),*k*—球径
最小摩擦系数	0.003	音响轴承
最大面压	50 MPa	铲土机臂用轴套
最大 *pv* 值	9.2 MPa · m/s	含油轴承(6 × 10 × 7.5)
最多成形个数	80 个/min	轴承(12.29 × 19 × 2)
内径孔隙分布控制(同一制品内)	5%、2%(用图像解析法测定)	含油轴承(8 × 12 × 8)

5.3.1　从 *pv* 值看烧结金属含油轴承的应用范围扩大

使用于各种机器设备中的烧结金属含油轴承,其使用条件当然也是不同的,但基本上是根据负荷 *p* 与滑动速度 *v* 的乘积,即 *pv* 值来选择烧结含油轴承的材质的。

如图 10-5-16 所示为烧结金属含油轴承应用中的负荷 *p* 与滑动速度 *v* 的关系。图 10-5-16 的框内表示 20 世纪 90 年代以前铁基与铜基烧结含油轴承的应用范围。图 10-5-16 中的空白标记代表铜基的,涂黑的标记代表铁基的,标记的数值表示主要用途。

从图 10-5-16 中可看出,铜基烧结含油轴承的使用范围是,负荷 *p* 不高于 1 MPa 和滑动速度 *v* 为 2 ~ 300 m/min。铁基烧结含油轴承由于力学强度比铜基烧结含油轴承高,因此,多使用在负荷较高的场合。为了扩大烧结金属含油轴承的应用领域,在 20 世纪 80 年代开发了应用于一直是滚动轴承应用范畴的高速、低速及高负荷领域应用的烧结金属含油轴承,从而大大扩展了烧结金属含油轴承的应用范围。现举几个实例如下:

(1) 外有青铜涂层的铁基粉末冶金材料(日本日立公司)。事务机械、办公自动化设备

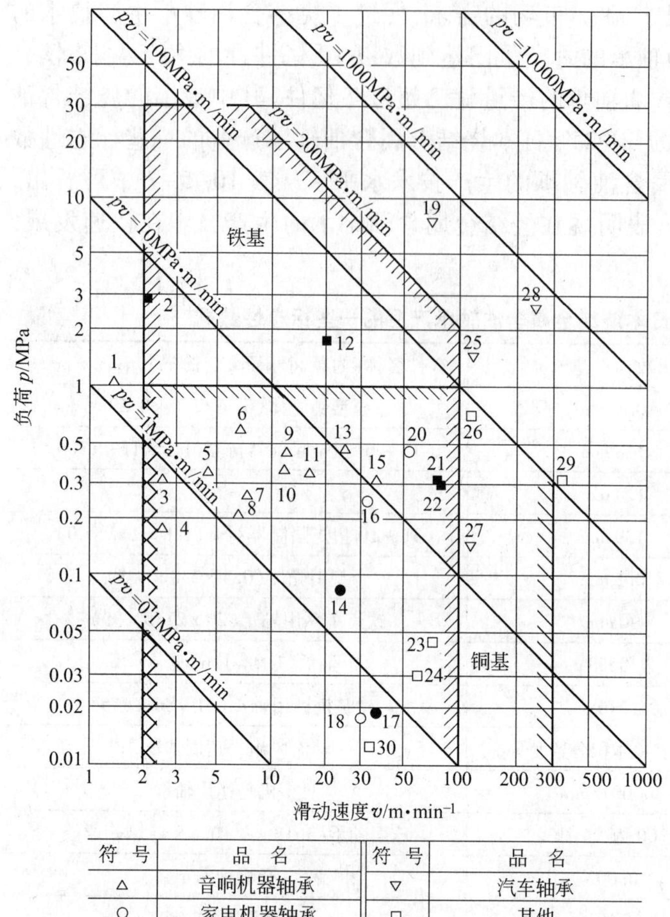

符 号	品 名	符 号	品 名
△	音响机器轴承	▽	汽车轴承
○	家电机器轴承	□	其他

注：□，△— 铜基的；●，■— 铁基的。

序号	用　途
1	VTR(磁带录像机)
2	复印机齿轮传动电动机
3	汽车录音机输带辊
4	磁带录音机输带辊
5	磁带录音机托辊
6	VTR
7	VTR
8	磁带录音机飞轮
9	VTR
10	VTR
11	VTR 电动机
12	电钻
13	磁带录音机微型电动机
14	电动吸尘器
15	VTR 电动机
16	空调器风扇电动机
17	电风扇
18	换气扇
19	起动机
20	洗衣机
21	电锯
22	缝纫机绕线用
23	汽车鼓风机电动机
24	汽车鼓风机电动机
25	起动机
26	按摩器
27	起动机
28	起动机
29	电钻
30	冷却扇

图 10-5-16　烧结金属含油轴承的应用范围

中使用的冷却风扇(箱式风扇)通常都是球轴承。为降低生产成本改为了烧结含油轴承。这种轴承材料虽然采用的是传统的 Fe-Cu-Sn 材料,但混合铁粉与铜粉的方法却不同。这种材料是将铁粉与片状铜粉混合后,经压制与烧结制成的。生产的轴承表面在铁基体上覆盖有一层青铜层。

由开发的材料制造的轴承具有一般铜基材料的特性,如摩擦系数低、滑动噪声低及耐锈蚀性好,并兼具常规铁基材料的特性,如耐磨性与耐久性,从而,延长了轴承寿命。用这种烧结含油轴承替代箱式风扇中的球轴承,可使生产成本降低约 80%。

(2) 适用于轴高速旋转的含油轴承材料(日本保来得公司)。对于轴高速旋转用的含油轴承存在两个问题。首先是润滑油从滑动表面的泄漏增大,其次是滑动表面温度升高。因此,需要轴承具有低的透过性与高含油率。

用具有适当粒度分布的镀铜铁粉,通过将添加的材料和既能保持强度又不会破坏镀铜层的特殊烧结措施相结合的方法,成功开发了由镀铜铁粉制造的烧结 Fe-Cu 轴承材料。由这种材料制造的烧结含油轴承适于用作 15000 r/min 的高速旋转轴承。镀铜铁粉是保来得公司和原料粉末生产厂家共同开发的。

一般烧结青铜含油轴承不适合用于15000 r/min 高速旋转工况。开发的这种烧结含油轴承不但能用于15000 r/min 高速旋转的工况，而且，也能够用于需要小型球轴承，但又必须价格低廉的各种用途。

(3) 防止油泄漏的带烧结密封罩的轴承组件(日本保来得公司)。这是一种带烧结密封罩的烧结含油轴承组件，它是将密封罩固定在CD、DVD 及 LBP(激光打印机)的主轴电动机上以防止油泄漏。

在IT 与 OA 设备快速普及的背景下，一直在用烧结含油轴承替代球轴承。可是，烧结含油轴承具有诸如使用寿命短或由于泄漏而污染环境之类的问题。

经过对主轴电动机含油轴承产生油泄漏的机理进行分析，利用烧结材料的孔隙度，开发了一种烧结密封罩，在其孔隙中含浸了一种专门开发的防油剂。将烧结密封罩固定在轴承组件上，从而实现了防止油泄漏。

这种带烧结密封罩的轴承组件，在60℃氛围下标准寿命可以达到3000 h，并有利于改善主轴电动机特性。

(4) R/RW、RAM 随机存取存储器、LBP 主轴电动机用长寿命烧结含油轴承材料(日本保来得公司)。项目通过增高含油率，开发了一种制造高性能 CD、DVD 及 LBP 扫描器主轴电动机轴承的新型 Fe-Cu-Sn-Zn 基烧结材料。

使用频率增高时，轴承的耐久性与长寿命也就变得很重要。虽然经常采用球轴承与流体润滑轴承，但高速装置的价格与噪声问题依然没有得到解决。

这项开发通过使材料中的精细微小孔隙均匀分布，使材料的高含油率与低透过性相协调，保证了材料必须具备的力学强度。另外还通过对常规润滑油的改进，开发出了一种黏度低、润滑性好及蒸发极少的新润滑剂。项目为高速旋转应用开发出了一种在价格、耐久性及长寿命方面优异的新型烧结含油轴承材料。

(5) 美国 Keystone Powdered Metal Co. 报告，该公司开发了一种名为 HiPV 系列的新粉末冶金轴承材料。这是一种铁－石墨材料，HiPV 材料和 MPIF 标准 35 中 FG-0303 牌号的性能比较见表10-5-8。HiPV 材料可用于运转条件比传统的青铜含油轴承与铁－石墨含油轴承严酷得多的情况。HiPV 材料的 pv 值高达 315 MPa · m/min，而传统的青铜含油轴承与铁－石墨含油轴承的 pv 值的极限值为 105 MPa · m/min(见表10-5-4)。依据 HiPV 材料的特点，该公司认为可替代许多应用中使用的巴氏合金和球轴承。HiPV 材料也可用于使用未淬火硬化钢轴的场合，这对于电动机生产厂商将是一项重大效益，因为这可使之省掉昂贵的硬化作业。

表10-5-8　HiPV 材料和传统铁－石墨轴承材料的典型性能比较

材料牌号	干密度/$g \cdot cm^{-3}$	K 值/MPa	硬度 HRH	化合碳/%	含油量(体积分数)/%
FG-0303	5.6	124.1	64	<0.3	>18
HiPV1	5.4	131	77	<0.15	>18
HiPV2	5.8	165.5	77	<0.1	>18

pv 值除和速度与负载直接相关外，在下列场合，应对 pv 值增大或减小：

(1) 增大 pv 值的场合：

1) 在强制油循环、供油充分的场合，可将 pv 值增高 5～6 倍。

2) 在借强制通风或油循环使含油轴承充分冷却的场合，pv 值可增高 2 倍左右。

（2）必须减小 pv 值的场合：

1）在低速下，断续转动、摇动及往复运动的场合。

2）轴的硬度低[HV(0.05)300 以下]或轴表面粗糙度差（大于 1 s）的场合。

3）承受冲击荷载的场合。

4）在环境温度高（60℃以上）或低（室温以下）的场合，pv 值虽必须减小，但其值的大小取决于运转间隙与含浸用润滑油的种类。

5）在精密机械的场合，为防止轴振动，运转间隙必须取极小值的场合。

6）在轴振动、弯曲、同轴度精度差的场合，因含油轴承内径面承受的荷载不均一，pv 值必须减小。在这些场合，增大运转间隙或改用自动调心型含油轴承，都可略微抵消一些上述因素的不良影响。

7）尘埃、粉末等杂质、水蒸气、腐蚀性气体对含油轴承表面有不良影响的场合。

8）轴固定不动，含油轴承自身旋转的场合，离心力的作用不利于油膜形成，故 pv 值必须减小。

5.3.2　替代铜基与含铅含油轴承材料的发展

近年来，金属材料（如铜、铝等）与能源（如石油、电力）的价格时涨时落，鉴于这些都涉及资源开发问题，价格上涨应该是不会改变的总趋势。另外，自欧盟发布《关于在电子、电器设备中禁止使用某些有害物质指令》ROHS 标准以来，这又涉及烧结金属含油轴承中含铅的问题。因此，当前就提出了一个如何制造既不用或少用铜，不含铅，又节能和使用性能也符合现有质量标准的烧结金属含油轴承的课题。

为了弄清楚烧结金属含油轴承材料的现状，下面分别给出了日本的烧结金属含油轴承的材料标准（JIS B 1581）（表 10-5-9），烧结金属含油轴承的化学成分和物理－力学性能及特点（表 10-5-10）及一些较新开发的烧结金属含油轴承的化学成分、物理－力学性能及特

表 10-5-9　日本的烧结金属含油轴承的材质标准（JIS B 1581）

种类		种类符号	含油量（体积分数）/%	化学成分/%							压溃强度/MPa	表面多孔性
				Fe	C①	Cu	Sn	Pb	Zn	其他		
SBF1 种	1 号	SBF1118	18 以上	余	—	—	—	—	—	3 以下	170 以上	加热时油要均匀地从滑动面渗出
SBF2 种	1 号	SBF2118	18 以上	余	—	5 以下	—	—	—	3 以下	200 以下	
	2 号	SBF2218				18 ~ 25					280 以上	
SBF3 种	1 号	SBF3118	18 以上	余	0.2 ~ 0.5	—	—	—	—	3 以下	200 以上	
SBF4 种	1 号	SBF4118	18 以上	余	0.2 ~ 0.9	5 以下	—	—	—	3 以下	280 以上	
SBF5 种	1 号	SBF5110	10 以上	余		5 以下	—	3 以上 10 未满	—	3 以下	150 以上	
SBK1 种	1 号	SBK1112	12 以上 18 未满	1 以下	2 以下	余	8 ~ 11	—	—	0.5 以下	200 以上	
	2 号	SBK1218	18 以上								150 以下	
SBK2 种	1 号	SBK2118	18 以上	1 以下	2 以下	余	6 ~ 10	5 以下	1 以下	0.5 以下	150 以上	

① 化合碳。

表 10–5–10　烧结金属含油轴承的化学成分和物理–力学性能及特点

合金系（主要成分）	化学成分（质量分数）/%						相应的 JIS 标准	性　能				适用例
	Cu	Fe	Sn	Pb	C	其他		密度 /g · cm^{-3}	含油量（体积分数）/%	压溃强度 /MPa	极限 pv 值 /MPa · m · min^{-1}	
Cu-Sn	余	—	8 ~ 11	—	—	<1	SBK1218	6.4 ~ 7.2	>18	>150	100	微电动机、步进电动机
Cu-Sn-Pb-C	余	—	8 ~ 11	<3	<3	<1	SBK2118	6.4 ~ 7.2	>18	>150	100	换气扇、办公机械、运输机械
Cu-Sn-C	余	—	8 ~ 11	—	<3	<1	SBK1218	6.4 ~ 7.2	>18	>150	100	音响电动机、办公机械
Cu-Sn-Pb	余	—	3 ~ 5	4 ~ 7	—	<1	SBK2118	6.4 ~ 7.2	>18	>150	20	磁带录音机输带辊轴承
Cu-Sn-Pb-C	余	MoS_2 1.5 ~ 5.5, Ni <3	7 ~ 11	<1.5	<1.5	<1	—	6.4 ~ 7.2	>12	>150	300	起动机、电动工具、VTR 用的各种轴承
Cu-Sn-Pb	余	MoS_2 1.5 ~ 2.5	7 ~ 11	<1.5	—	<1	—	6.4 ~ 7.2	>12	>150	100	D、D 输带辊电动机和 FDD 主轴电动机用的轴承
Fe-Cu-C	<5	余	—	—	0.2 ~ 1.8	<1	SBF4118	5.6 ~ 6.4	>18	>150	200	垫圈、隔片、齿轮传动电动机
Fe-Cu-Pb	<3	余	—	<2	—	<1	SBF2118	5.6 ~ 6.4	>18	>200	150	小型通用电动机、缝纫机轴承
Fe-Cu-Pb-C①	<5	余	—	3 ~ 10	0.2 ~ 1.8	<3	SBF5110	5.7 ~ 7.2	>15	>200	200	家用电器电动机轴承
Fe-Cu-Sn	48 ~ 52	余	1 ~ 3	—	—	<3	—	6.2 ~ 7.0	>18	>200	150	办公机械、家用电器用轴承
Fe-Cu-C	14 ~ 20	余	—	—	1 ~ 4	<1	—	5.6 ~ 6.4	>18	>160	150	运输机械轴承
Fe-Cu-Zn①	18 ~ 22	余	1 ~ 3	Zn 2 ~ 7	—	<1	—	5.6 ~ 6.4	>18	>150	100	各种微型电动机、输带辊轴承

注：化学成分与密度各生产厂略有不同。

① 可替代铜基轴承。

点(表10-5-11)。由表10-5-10中可看出,在所列的12种含油轴承材料中有6种,即50%是含铅的。但是,在表10-5-11所列的5种含油轴承材料中都不含铅,其中有两种材料可替代铜基材料,有一种材料制造的含油轴承在某些应用中可替代滚动轴承。

表10-5-11　一些较新的烧结金属含油轴承的化学成分、物理-力学性能及特点

合金系(主要成分)	化学成分(质量分数)/%							密度/g·cm⁻³	含油量(体积分数)/%	压溃强度/MPa	pv值/MPa·m·min⁻¹	特点
	Cu	Fe	Sn	Zn	P	C	其他					
Cu-Sn	余	—	2~7				<2	6.7~7.8	>12	>100	50(最大)	用于便携式录音机等,摩擦系数小,省电
Cu-Sn-P-C	余	—	8~11	—	<0.3	<3	<1	7.0~7.6	>6	>180	150(最大)	适用于低速、高荷载,在摇动条件下仍可使用。可用于替代电动机中的滚动轴承
Cu-Fe-Sn-Zn-C	余	24~68	0.2~7	3~28	—	<2	<1	5.8~6.6	>18	>160	100(最大)	耐蚀性优良,耐磨性好,在低pv值下,性能与青铜材质同。可替代青铜轴承,价格便宜。广泛用于家电、音响机器等
Fe-Cu-Sn-C	余	40~48	3~6	—	—	0~3	<1	5.8~6.6	>18	>200	120(最大)	耐磨性近于Fe基材料,在高pv值下,耐磨性比青铜轴承好。广泛用于汽车、音响机器
Fe-Cu-Sn-C	余	50~65	2~7	—	—	0~3	<2	根据使用条件	根据使用条件	>150	120(最大)	适用于高转速的含油轴承

渡辺优尚教授从1979开始研究Fe-Sn-Cu系含油轴承,历时9年,研究结果表明,Fe-Sn-Cu系合金是一种省铜、节能、价格低廉、pv值约为200 MPa·m/min的烧结含油轴承材料,不但性能稳定,可替代表10-5-10中的Fe-Cu-Pb材料,而且可替代在我国大量应用的6-6-3烧结含油轴承,这已为我国一工厂的生产实践所证实。

5.3.2.1　Fe-Sn-Cu系烧结含油轴承

制造Fe-Sn-Cu系烧结含油轴承采用的原料粉是:还原铁粉(-149 μm)、雾化锡粉及电解铜粉,将这3种粉末按表10-5-12中规定的质量分数配好,外加0.7%左右润滑剂,混合均匀后,压制成形到连通孔隙度不低于18%(体积分数)。在保护气氛中,于890℃的温度下烧结5~30min,就能达到对含油轴承要求的含油孔性能和力学性能。表10-5-12中列出了Fe-Sn-Cu含油轴承的原料粉配比和轴承材料的性能。图10-5-17示出Fe-Sn系、Fe-Sn-Cu系、纯Fe及Fe-Cu系含油轴承运转特性的比较。由图10-5-17可看出,烧结Fe-Sn-Cu含油轴承的pv值最大,约为200 MPa·m/min,且性能稳定,另外,这种轴承还具有能在890℃的较低温度下烧结和生产成本低等优点。因此,应该是值得大力推广应用的一类烧结含油轴承。

表 10-5-12　Fe-Sn-Cu 系含油轴承的原料粉组成与材料性能

材　料	原料粉组成(质量分数)/%			连通孔隙度(体积分数)/%	透气性/m^2	压溃强度/MPa	硬度 HRH
	还原铁粉	锡粉	铜粉				
Fe-0.87Sn-1.63Cu	97.5	0.87	1.63	18.3	10.1×10^{-15}	372	84
Fe-1.75Sn-3.25Cu	95	1.75	3.25	18.6	13.7×10^{-15}	402	85

注:锡粉与铜粉的混合粉也可采用雾化的(35Sn-65Cu)合金粉。

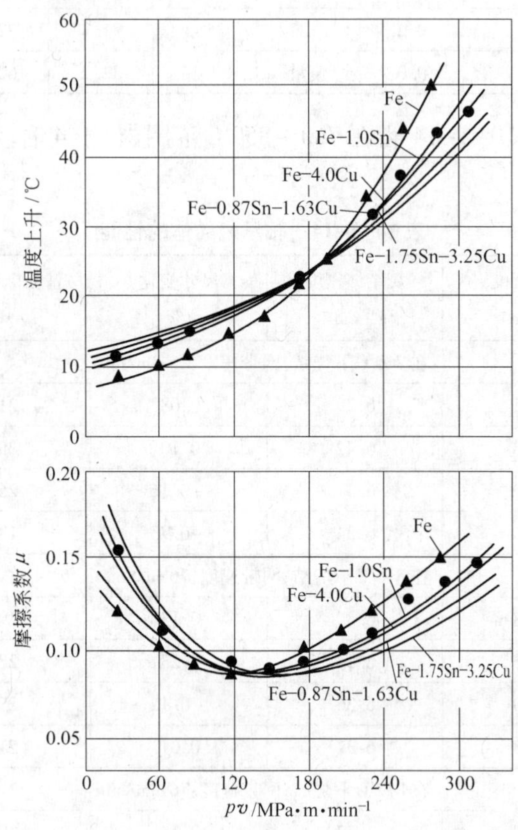

图 10-5-17　烧结 Fe-Sn 系、Fe-Sn-Cu 系、铁系及 Fe-Cu 系含油轴承运转性能的比较

5.3.2.2　S2G 牌号青铜粉

S2G 牌号青铜粉是美国 SCM 公司 2007 年推出的一种新产品,是生产含油轴承与烧结青铜结构零件用的价廉、高性能青铜粉。用这种青铜粉制造的具有可控孔隙度与油有效率高的微小型含油轴承,可在较低负载与较高旋转速度下产生较好的流体润滑。

S2G 是 $Sure^2$ Glide™牌号的简称,共有 3 个牌号,都是用专有技术生产的。将这 3 种牌号的青铜粉 S2G—100、S2G—110 及 S2G—120 和由 90%(质量分数)用还原铜氧化物生产的铜粉(-100μm)与 10%(质量分数)雾化锡粉组成的标准预混合青铜粉进行了平行试验。试验是用压制成名义密度为 6.3 g/cm^3 的标准横向断裂强度(*TRS*)试棒进行的。现将试验结果,扼要介绍如下:

(1) 粉末性能。在试验中使用的 S2G 牌号粉末和标准的预混合青铜粉末的物理性能汇总于表 10-5-13。可见,和传统预混合青铜粉相比较,S2G 粉末的细粉(<45 μm)较少,松

装密度稍低，而它们的生坯强度都较高。

表 10-5-13　S2G 牌号粉末与标准预混合青铜粉的特性

SCM 牌号	松装密度 /g · cm^{-3}	流速 /s · (50g)$^{-1}$	>280 μm /%	>154 μm /%	>74 μm /%	>45 μm /%	<45 μm /%	生坯强度（于 6.3 g/cm^3 下）/MPa
S2G—100	2.49	34	0.0	8.0	52.5	22.3	17.2	8.3
S2G—110	2.62	33	0.0	13.0	39.3	24.4	23.3	7.4
S2G—120	3.11	27	0.2	21.2	35.2	21.3	22.1	8.0
预混合粉	3.14	34	0.0	痕量	7.1	32.2	60.7	5.3

（2）轴承性能。表 10-5-14 为在 760～850℃ 范围内，于 4 种不同温度下烧结轴承的性能。

表 10-5-14　轴承烧结体的性能

参考牌号	生坯密度 /g · cm^{-3}	烧结体密度 /g · cm^{-3}	尺寸变化 /%	精面断裂强度 /MPa	烧结体变形 /MPa
在 760℃ 下烧结，网带速度：25 mm/min					
S2G—100	6.25	6.29	0.08	213	3.6
S2G—110	6.38	6.42	0.10	254	3.7
S2G—120	6.29	6.37	-0.16	260	3.7
预混合粉	6.15	6.34	-0.73	186	1.2
在 816℃ 下烧结，网带速度：76 mm/min					
S2G—100	6.28	6.30	0.13	294	6.5
S2G—110	6.35	6.34	0.23	289	5.7
S2G—120	6.29	6.36	-0.12	283	3.9
预混合粉	6.33	6.31	0.01	217	5.0
在 832℃ 下烧结，网带速度：76 mm/min					
S2G—100	6.29	6.33	0.14	305	6.9
S2G—110	6.27	6.28	0.16	297	5.7
S2G—120	6.30	6.40	-0.16	292	4.9
预混合粉	6.32	6.25	0.40	212	7.1
在 850℃ 下烧结，网带速度：76 mm/min					
S2G—100	6.26	6.27	0.14	331	6.8
S2G—110	6.33	6.36	0.15	352	6.9
S2G—120	6.29	6.39	0.26	324	5.8
预混合粉	6.32	6.19	0.64	215	11.3

在相同密度 6.3 g/cm^3 的条件下，透气性的测定结果见表 10-5-15，表明在 832℃ 下烧结的 S2G 轴承与在 760℃ 下烧结的轴承具有相似的透气性（达西数）。

表 10-5-16 和表 10-5-17 分别为于 760℃ 与 816℃ 下烧结的轴承的含油量和油的有效率。

表 10-5-15　烧结轴承的空气透气性数据

SCM 牌号	烧结温度/℃	透气性/darcy	
		Δp = 6.9 kPa	Δp = 138 kPa
S2G—100	760	0.02	0.01
S2G—110	760	0.03	0.02
S2G—120	760	0.03	0.02
预混合粉	816	0.19	0.18

表 10-5-16　于760℃下烧结的轴承含油量与油的有效率

SCM 牌号	干密度/g · cm^{-3}	湿密度/g · cm^{-3}	含油量/mL	油的有效率/%
S2G—100	6.33	6.51	21.0	96
S2G—110	6.40	6.57	20.3	94
S2G—120	6.33	6.55	22.6	94
预混合粉	6.45	6.68	24.9	91

表 10-5-17　于816℃下烧结的轴承含油量与油的有效率

SCM 牌号	干密度/g · cm^{-3}	湿密度/g · cm^{-3}	含油量/mL	油的有效率/%
S2G—100	6.33	6.51	20.5	96
S2G—110	6.35	6.54	20.6	94
S2G—120	6.35	6.55	22.6	94
预混合粉	6.36	6.59	25.6	93

选择于760℃下烧结的S2G轴承进行了轴承的使用性能试验。选择于816℃下烧结的预混合粉轴承作比较,这是因为烧结温度较低时,收缩太大,使得精整与轴承试验困难。轴承精整后按前面叙述的方法进行了真空含浸油。表10-5-18为精整的轴承的干、湿密度,含油量及油的有效率。

表 10-5-18　精整后轴承的含油量与油的有效率

SCM 牌号	干密度/g · cm^{-3}	湿密度/g · cm^{-3}	含油量/mL	油的有效率/%
S2G—100	6.55	6.71	18	95
S2G—110	6.53	6.72	19	96
S2G—120	6.45	6.65	19	98
预混合粉	6.52	6.75	24	95

(3) 轴承的使用性能试验。轴承的使用性能试验是用 Falex Journal Bearing Tester (F1505)进行的,使用的轴是由440不锈钢制造的,其表面粗糙度为8 ~ 12RMS,硬度为HRC60。每次试验都是在轴上一个新的部位进行。用一个芯轴和一个导向装置将轴承装在轴承座中。选择的芯轴,其尺寸不得影响精整轴承的表面粗糙度。在将轴承装于轴承座中后及试验完了时,分别测量轴承,使轴承与轴之间的间隙保持在0.063 ~0.076 mm之间。对轴承座施加的载荷为386 N,轴的转速为1750 r/min。从冷起动开始就施加最大的转速与载荷。测量了轴承与封闭室内的温度、总的周期数、转速及扭矩。使用性能试验进行5 ~6 h。

图 10-5-18 为摩擦系数与轴承温度和时间的关系曲线。表 10-5-19 为 S2G 轴承与预混合粉轴承的使用性能数据比较。

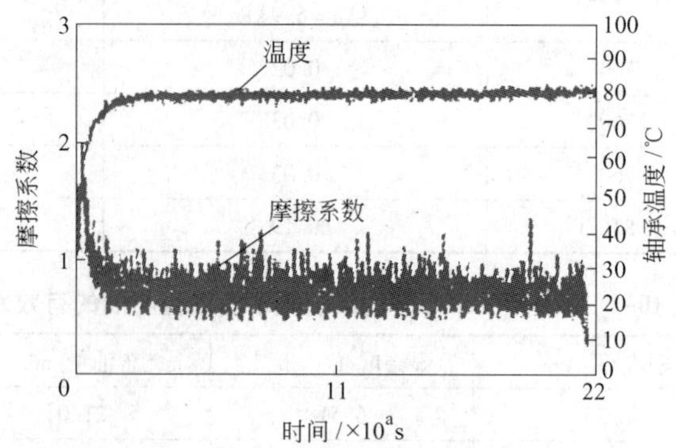

图 10-5-18　典型的摩擦系数与轴承温度和时间的关系曲线

表 10-5-19　轴承的使用性能数据

SCM 牌号	pv/MPa · m · min^{-1}	峰值温度 /℃	到峰值温度的时间/min	稳态温度 /℃	到稳态温度的时间/min	pv_{max} /MPa · m · min^{-1}	摩擦系数 μ	油的损耗 /%
S2G—100	111.93	70	67	70	67	388	0.007	1.3
S2G—110	112.14	92	124	91	130	607	0.011	9.8
S2G—120	113.82	88	135	87	110	815	0.015	8.4
预混合粉	109.83	111	55	93	142	999	0.019	14.2

上述数据表明,S2G 轴承的峰值和稳态温度比预混合粉轴承低。这可能是由于测定的 S2G 轴承的摩擦系数较小所致。如同金相检验(图 10-5-19 与图 10-5-20)和空气透气性测量(表 10-5-15)所表明的,这些轴承都具有较细小的孔隙结构。细小的孔隙可产生较大的毛细压力,从而可较有效地供给与保持轴承与轴界面间的油,致使摩擦系数减小。S2G 轴承还显示出油的损耗比预混合粉轴承小。这可能是因为 S2G 轴承产生的峰值与稳态温度较低。

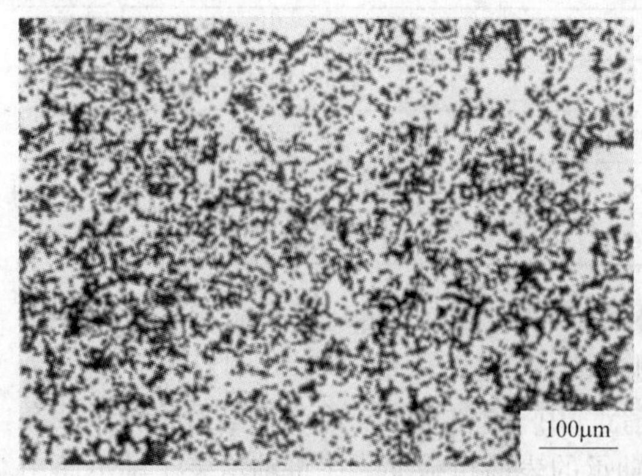

图 10-5-19　S2G 轴承的孔隙结构

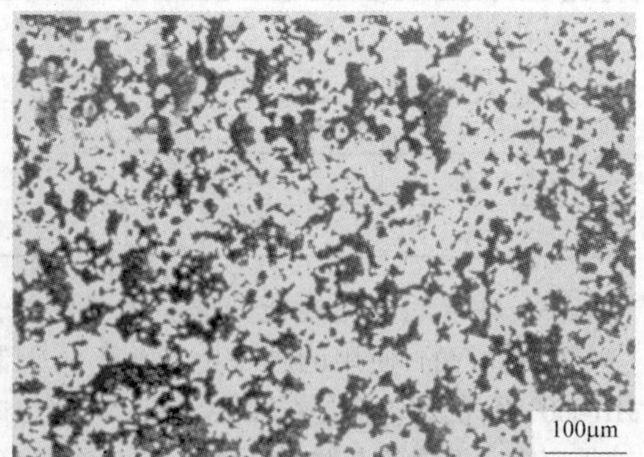

图 10-5-20　预混合粉轴承的孔隙结构

试验中记录的温度都比文献中报道的正常运行温度高。这在某种程度上可用设备产生的“寄生”热来说明。和大多数在空气中进行的轴承试验不同,这些轴承试验是在一封闭室内进行的。这可能是封闭室内存留的一些热所致。在未装试样时,轴承试验机在运转速度为1750 r/min时的温度为46℃。

使用性能试验后,S2G—100轴承的磨损量为0.008 mm。S2G—110与S2G—120的磨损量均为0.006 mm。预混合粉轴承的磨损量为0.008 mm。在轴承使用性能试验时测量的噪声结果是所有轴承都是85~87 dB。

另外,据相关文献报道,由于商品铜价格高(2006年超过了8.8美元/kg),在北美青铜含油轴承正在为铁-石墨含油轴承与铁青铜含油轴承(即上述的S2G类青铜粉)所替代。特别值得关注的是上述的HiPV材料,即铁-石墨含油轴承的研究与开发。

5.4　烧结金属含油轴承的应用

烧结金属含油轴承是汽车、家电、IT、电气机械等产业不可缺少的一类重要基础元件。另外,烧结金属含油轴承的主要市场也是汽车、摩托车等运输机械产业。图10-5-21为2008年日本烧结金属含油轴承在汽车等中应用的状况。

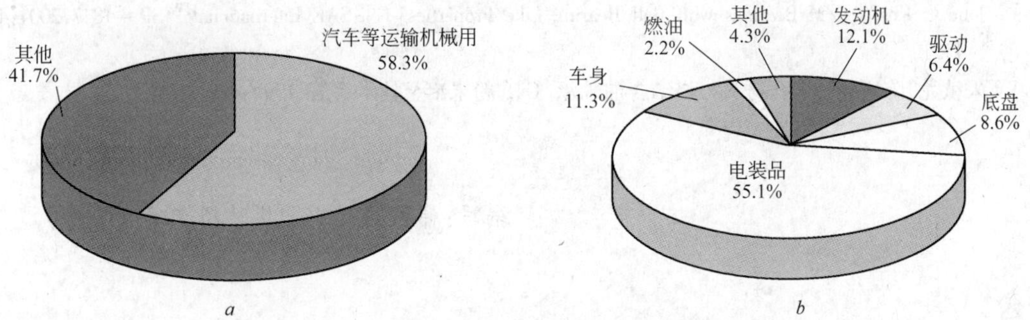

图10-5-21　日本烧结金属含油轴承在汽车等中应用的状况

a—2008年日本烧结金属含油轴承的市场构成(质量分数);

b—2008年日本烧结金属含油轴承在汽车各部位的应用构成比(质量分数)

烧结金属含油轴承的其他应用实例有:

(1) 音响机械。卡式录音机(电动机与绞盘)、轻便唱盘、激光盘图像机、录放机、录像机、数字式录音机、密纹音响(CD)、数字式卡式录放音响装置(DCC)、微型激光唱片系统(MD)及其他音像机器等。

(2) 家用电器。洗衣机、冰箱、定时器、干燥机、缝纫机电动机、除湿机、电扇、加温机、电子镜头、抽风机、果汁机、照相机自动镜头用电动机、自动对焦用电动机、空调器、吹风机、剃须器、电池式扫除机、电热扇、搅拌器、吸尘器、相机卷底片电动机、电刷及其他。

(3) 事务机器。电子计算机相关的事务机器(打印机等)、列表机用电动机和各部分的轴承、复印机用电动机与各部位的轴承、传真机用各部位轴承、磁盘机用电动机、轴扇、便携式闹钟用电动机及其他。

(4) 汽车等运输机械。汽车中有:雨刷电动机、电动窗用电动机、后视镜用电动机、洗窗器用电动机、燃料桶抽油用电动机、牵引器用电动机、水箱用清洗电动机、天线电动机、送风机用电动机、遮阳板用电动机、电动椅用电动机、引导皮带用电动机、调整车高用电动机、防抱死系统(ABS)、油泵等。摩托车中有:起动机、冷却用电动机。另外还有:自行车、电动自行车、铁路车辆(刹车组件)等。

(5)其他。农业机械、建筑机械、纺织机械、缝纫机、机器人、电动按摩器等。

特别是由于近年来粉末冶金生产技术的提高以及高特性材料的开发,含油轴承的应用领域已部分扩展到滚动轴承的应用范围内。

烧结金属含油轴承50年的生产发展表明,尽管其外形简单,但机理深奥,是值得深入研究、开发的一类重要机械基础元件。

参考文献

[1]　韩凤麟,贾成厂.烧结金属含油轴承[M].北京:化学工业出版社,2004.

[2]　渡边侊尚.粉末冶金[M].日本:技术书院,1967.

[3]　渡边侊尚.烧结含油轴承[J].粉末冶金技术,2002,20(3):121~128.

[4]　渡边侊尚.烧结含油轴承的運転特性[M].日本:株式会社技术书院,1997.

[5]　John C. Kosco, P/M Bearings with Ball Bearing Like Properties[C]. SAE International™ SP-1847,2004:41~45.

[6]　朱秋龙,陈增尧.多孔材料与烧结含油轴承[C].粉末冶金技术手册,1994:420~444.

编写:韩凤麟(中国机协粉末冶金分会)

第6章　粉末冶金齿轮

齿轮是机械传动系统中传递运动和动力的重要零部件,是使用最广泛的传动元件。

齿轮的种类很多,形状各有不同。常用的齿轮成形方法有机械加工方法成形,如滚、插、剃、磨、珩等,与模压成形,如铸、锻、注射成形及粉末冶金等两大类。其中,用粉末冶金制造齿轮具有节料、省能、适合大批量生产、批量一致性好、成本低、力学性能良好等优越性,在机械制造工业,特别是汽车、摩托车、农业机械、电动工具、办公机械、家用电器、电机和机床等行业得到了广泛的应用。

6.1　粉末冶金法制造齿轮的特点

在传统的制造方法中,齿轮首先通过铸造、锻造和冲压来获得毛坯,然后将这些毛坯通过滚齿、插齿等方法加工而成。为了能在精密和高速运转的情况下使用,齿轮还要经过剃齿、珩齿和磨齿这些二次加工来完成。按照这些方法来生产齿轮存在如下不足之处:

(1) 加工工序多、周期长,特别是对难加工的材料更是如此;

(2) 材料利用率低;

(3) 切削加工齿轮齿面会存在不良的刀痕,齿面粗糙度差。

粉末冶金法制造齿轮的工艺方法主要由模压成形、烧结、后续处理等工序组成,因而与传统的齿轮制造工艺相比,粉末冶金齿轮具有以下一系列优点:

(1) 当齿轮具有不规则曲线、偏心、径向突出部或凹窝,不规则的孔、键槽、扁平侧面、花键、方孔、锥孔,在轴向具有突出部、沟槽、盲孔及不同深度的凹窝等时,粉末冶金法易于制造,不需或只需少量切削加工。

(2) 由于采用合金粉末模压成形,粉末冶金法制造齿轮的材料利用率可高达95%以上。

(3) 粉末冶金齿轮的重复性和尺寸一致性非常好,避免了切削加工齿轮过程中,由于切削刀具的磨损、加工装置的刚性差、机床的精度不同和人为因素所造成的齿轮形状、尺寸和精度的不同。

(4) 粉末冶金法可将几个零件一体化制造,生产出多联齿轮或复合齿轮。

(5) 粉末冶金齿轮的密度可控。利用这一点可制造用于特殊场合的多孔性齿轮或将齿轮的不同部分做成不同密度,如齿毂部分具有较低的密度,可浸润滑油以增强自润滑,提高耐磨性,而齿部具有高密度,以提高韧性和冲击强度。

(6) 减少或消除了传统切削加工中不可避免的刀痕,改善了粉末冶金齿轮齿面的表面粗糙度。

(7) 与同等质量的切削加工齿轮相比,粉末冶金齿轮的多孔性结构的声音阻尼作用可以降低齿轮运转时的噪声。此外,粉末冶金齿轮的表面粗糙度较低和齿形一致性良好,也能使齿轮运转中的整体噪声减小。

由于各种制造上的考虑,粉末冶金法制造齿轮也存在以下不足:

(1) 中低产量生产时并不经济。与切削加工工艺相比,粉末冶金工艺制造齿轮的最小经济批量取决于零件的大小、复杂程度、精度以及其他性能要求。在很多小批量的场合，粉末冶金工艺的生产成本可能比传统制造方法要高。

（2）粉末冶金齿轮的尺寸大小受到压机压制能力的限制。

（3）由于压制和模具上的原因，一般不适宜大量生产涡轮、人字形齿轮、模数 0.2 以下的小模数齿轮和螺旋角大于 35°的斜齿轮。

（4）一般烧结铁基材料的冲击韧性较差；虽烧结锻造材料的冲击强度比一般烧结材料高得多，但仍不如相应成分的致密材料。

6.2　粉末冶金工艺制造的齿轮

在 1937 年，粉末冶金齿轮首先应用在齿轮油泵中。随着金属粉末材料的不断改进，粉末冶金成形技术与设备的快速发展，用粉末冶金工艺制造的齿轮质量不断提高，粉末冶金齿轮已能完全取代由传统的铸、锻钢材和切削加工的各种型号的机油泵齿轮。在不同使用条件下粉末冶金油泵齿轮使用的材料见表 10-6-1。齿轮品种也日渐增多。目前，用粉末冶金法制造的齿轮形状种类如图 10-6-1 所示，有直齿轮、斜齿轮（螺旋角小于 35°）、锥齿轮、端面齿轮、直齿锥齿轮、螺旋锥齿轮、准双曲面齿轮和各种复合齿轮等。

表 10-6-1　不同使用条件下粉末冶金油泵齿轮的材质要求

应用条件	使用材料的牌号	密度/g · cm^{-3}
输出压力小于 0.69 MPa 且轻负荷	FC-0208，烧结态	5.8 ~ 6.2
输出压力小于 6.9 MPa 但承受振动和重负荷	FC-0208 或 FN-0106	6.4 ~ 6.8
连续负荷达到 10.3 MPa 的普通液压泵	热处理硬化 FN-0106，热处理态	6.8 ~ 7.1
连续负荷达到 17.2 MPa 的普通液压泵	AISI-4630，热处理态	7.2 ~ 7.6

图 10-6-1　各种粉末冶金齿轮

6.2.1　粉末冶金制造齿轮的工艺方法

生产粉末冶金齿轮的工艺大体上可分为两类：常规压制 - 烧结工艺和全密实工艺。图 10-6-2 概括了齿轮生产中使用的各种粉末冶金制造方法[1]。选择哪种工艺方法取决于很多因素，如齿轮的尺寸、形状复杂程度、尺寸公差、材料系统、性能要求、数量与价格等。如符合国家标准 GB/T 10095—2001 标准级 8 ~9 的粉末冶金齿轮能通过传统的压制和烧结工艺来获得,更高等级的齿轮零件也可生产,但需要进行整形、磨削和抛光之类的二次加工。

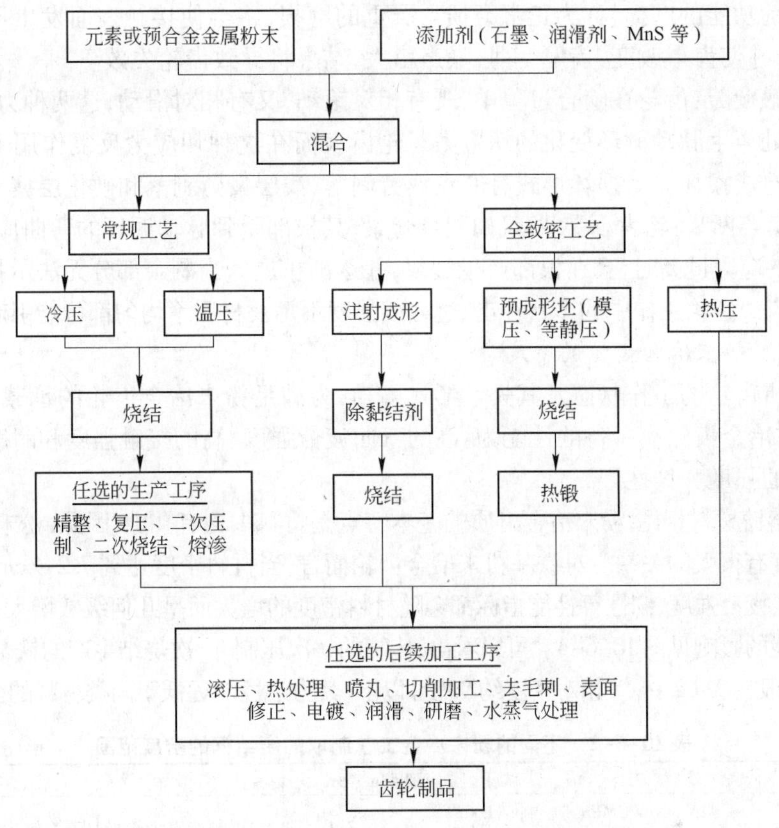

图 10-6-2　粉末冶金齿轮生产工艺流程

6.2.2　粉末冶金齿轮的性能

6.2.2.1　粉末冶金齿轮的失效形式

齿轮在运转过程中,轮齿受交变弯曲应力和接触应力的作用,有时还承受过载和冲击,加之齿轮由于制造不良或操作维护不善,会产生各种形式的失效。失效形式又随齿轮材料、热处理、安装和运转状态等因素的不同而不同,常见的齿轮失效形式[2] 有:齿面磨损、齿面接触疲劳、弯曲疲劳与断齿等,如图 10-6-3 所示。

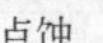
点蚀

剥落

疲劳断裂

图 10-6-3　常见粉末冶金齿轮失效形式

齿面磨损:齿轮在啮合过程中,往往在轮齿接触表面上出现材料摩擦损伤的现象。磨损失效形式可分为:磨粒磨损、腐蚀磨损和齿轮端面冲击磨损。凡磨损量不影响齿轮在预期寿命内应具备的功能的磨损,称为正常磨损。严重的磨损,将会使接触表面发生尺寸变化,齿轮重量损失,并使齿形改变,齿厚变薄,噪声增大,结果将导致齿轮失效。

齿面接触疲劳:齿轮在啮合过程中,既有相对滚动,又有相对滑动,这两种力的作用使齿轮表面层深处产生脉动循环变化的切应力。轮齿表面在这种切应力反复作用下,引起局部金属剥落而造成损坏。其损坏形式有麻点疲劳剥落、浅层疲劳剥落和硬化层疲劳剥落三种。

弯曲疲劳与断齿:轮齿承受载荷,如同悬臂梁,其根部受到脉动循环的弯曲应力作用。当这种周期性的应力过高时,会在根部产生裂纹,并逐渐扩展。当剩余部分无法承担外载荷时,就会发生断齿。齿轮工作中的严重冲击、过载或强度不足及材质不均匀都可能引起断齿。

6.2.2.2 粉末冶金齿轮的密度

通过分析齿轮的工作状态及其失效形式可知,为满足粉末冶金齿轮的承载和使用寿命的要求,粉末冶金齿轮应具备的性能为:高的弯曲疲劳强度、高的接触强度和耐磨性、轮齿心部要有足够的强度和韧性。

与普通熔铸材料相比,粉末冶金材质的基本特点是材料中含有孔隙,因此,粉末冶金齿轮的性能与其密度有很大的关系。对铁基粉末冶金齿轮而言,当材料密度达到 7.2 g/cm^3 以上时,硬度、抗拉强度、疲劳强度、韧性等性能指标都会随材料密度的增大而呈几何级数增大。例如,密度对烧结钢性能的影响见图 10-6-4。可以看出,传统的一次压制/一次烧结生产的铁基粉末冶金制品,其密度一般在 7.1 g/cm^3(相对密度约 90%)以下,其力学性能远低于同类材料的全致密件。

表 10-6-2 不同的粉末冶金工艺制取的烧结钢的密度范围

P/M 工艺	方 法	密度/g·cm^{-3}	备 注
压制烧结	415 ~ 690MPa 压制 1100 ~1120℃	6.8 ~ 7.1	可制造直齿轮、斜齿轮、锥齿轮、端面齿轮
烧结硬化	通过加入奥氏体稳定性及淬硬性合金元素,并保证有合适的冷却速度	6.8 ~ 7.1	可制造直齿轮、斜齿轮、锥齿轮、端面齿轮
高温烧结	温度高达 1250℃,产生烧结收缩,孔隙更加细小、圆滑	7.1 ~ 7.25	可制造直齿轮、斜齿轮、锥齿轮、端面齿轮
液相烧结	加入铜等熔点较低的金属,在烧结时产生少量液相	7.1 ~ 7.25	可制造直齿轮、斜齿轮、锥齿轮、端面齿轮
温压	混料中加聚合物黏结剂,大约在 150℃温度下模压	7.2 ~ 7.4	可制造直齿轮、斜齿轮、锥齿轮、端面齿轮
二次压制 二次烧结	初压密度为 6.2 ~ 6.5 g/cm^3,初烧温度为 780℃左右;再次压制密度≥7.2 g/cm^3,再次烧结温度≥1080℃	7.2 ~ 7.4	可制造直齿轮、锥齿轮、端面齿轮
熔渗铜	因毛细管作用,将铜熔渗到制品中	7.3 ~ 7.6	用于提高锥齿轮、端面齿轮的密度,改善强度
高速压制	压制压力为 600 ~ 1000 MPa,压制速度为 2 ~ 30 m/s	7.4 ~ 7.7	可制造直齿轮
注射成形	将粒度为 1 ~ 10 μm 粉末与黏结剂混合制粒,注射成形	7.5 ~ 7.6	可制造直齿轮、锥齿轮和端面齿轮
锻造	预成形坯在 760 ~ 980℃锻造	7.6 ~ 7.8	可制造直齿轮、锥齿轮和端面齿轮
滚压	模具与齿轮接触,加载至中心距要求,致密层深 0.5 mm 左右	7.6 ~ 7.8	可制造直齿轮、斜齿轮

为了扩大粉末冶金齿轮的应用范围，提高其材料的性能尤其是力学性能，最有效的方法就是提高制品致密化程度。采用的方法主要有高温烧结、温压、熔渗铜、二次压制二次烧结、粉末锻造、热等静压、高速压制等。表10-6-2总结了不同粉末冶金工艺所对应烧结钢的密度水平。高负荷下工作的齿轮，要求有高的力学性能，必须要有高的密度，同时这些齿轮还需要采用合金化及热处理等工艺措施。无疑这些都将增加生产成本，如高温烧结可能需要额外增加费用10%～20%，二次压制二次烧结可能增加生产成本40%，如图10-6-5所示。此外密度提高，齿轮的形状和精度将受到一定的限制。因此，设计齿轮的要点是设法做到在满足制品的技术性能要求的情况下保证经济合理性。

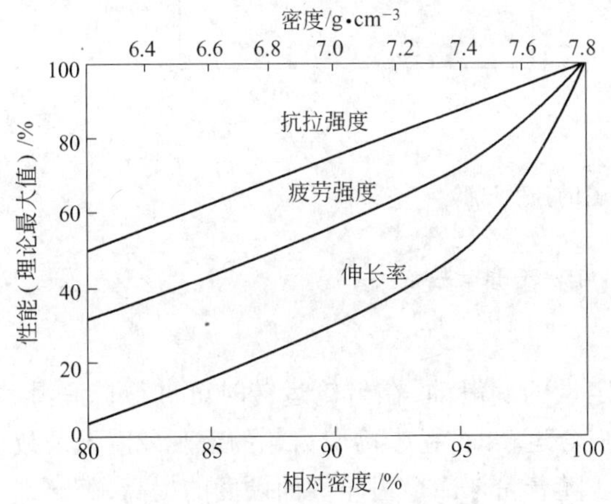

图10-6-4　烧结钢的主要性能与密度的关系

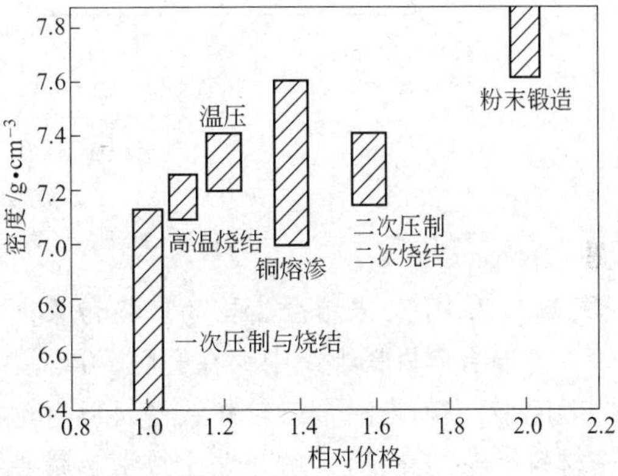

图10-6-5　几种粉末冶金工艺生产的铁基齿轮的密度与相对价格的关系

6.2.2.3　*粉末冶金齿轮的强度*

粉末冶金齿轮强度获得的方法有计算和实测两种。

粉末冶金齿轮的计算方法和计算铸、锻材料制齿轮的强度一样，用Lewis公式计算弯曲强度和用Hertz公式计算接触强度。计算是建立在一定的假设条件下的，如全部法线载荷都作用在一只齿轮的一个齿面上，齿轮的啮合状态看做两平行圆柱的接触等，且计算中的参数都是选用相同粉末冶金结构零件的材质、密度或热处理条件下的数据。由于粉末的特性、材料密度、压制—烧结条件及齿形形状的不同，粉末冶金齿轮的强度特性会有所不同。所以理论计算值不能完全反映实际生产齿轮产品的真实状况。

粉末冶金齿轮强度实测方法如图10-6-6*a*所示。它是一种快速而精确测量直齿轮齿强度的方法。将齿轮安放在固定支架上，然后施加垂直载荷，可以测得断齿强度。通过测试大量应用良好的齿轮的断齿强度，可以计算出断齿强度的统计限度，以作为材料可被接受的强度标准。对于斜齿轮和锥齿轮通常需要用扭矩式试验来衡量齿部强度，也可应用同样的统计分析方法来确定强度标准。

大多数粉末冶金齿轮的使用性能受到冲击和疲劳强度限制，而不是压缩屈服强度和表面硬度。在多数情况下，齿轮还需进行图10-6-6*b*所示的冲击破坏和弯曲疲劳等动态力学性能试验。最可靠的是做台架寿命测试或实际装机测试，以检验齿轮的功能。

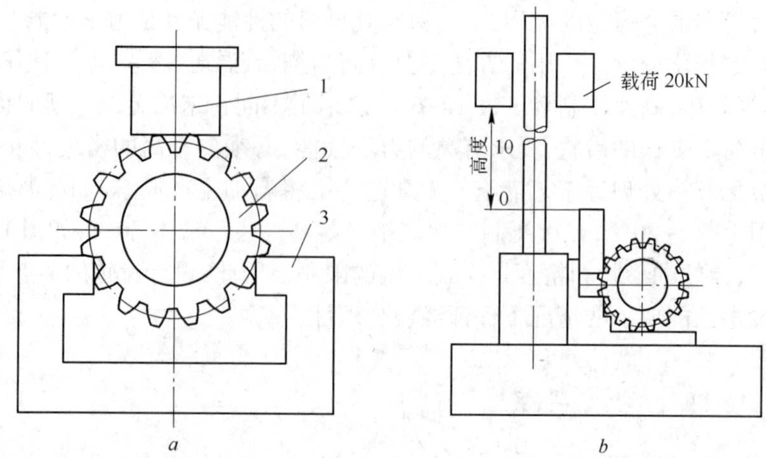

图 10-6-6　齿轮的强度试验

a—方法 1；*b*—方法 2

1—加载压头；2—试验齿轮；3—试验夹具

6.2.2.4　粉末冶金齿轮的磨损和噪声

粉末冶金材料组织中存在孔隙，可含浸一定量的润滑油，在齿轮运转时可进行自润滑。一般说来，当粉末冶金齿轮和致密材料齿轮相啮合运转时，粉末冶金齿轮的宏观硬度不及致密材料齿轮的高，但其耐磨性比致密金属要好。随着粉末冶金齿轮表面硬度的提高，其磨损量会减少。对于承受冲击载荷的粉末冶金齿轮，还需通过热处理提高齿轮表面硬度，以改善其耐磨性。

正是由于粉末冶金材料这种特殊的多孔性组织结构造成的衰减作用，以及粉末冶金齿轮表面粗糙度的影响，粉末冶金齿轮的噪声比致密材料制造的齿轮小。

6.2.3　粉末冶金齿轮的精度

目前，国内还没有专门的粉末冶金齿轮标准。但粉末冶金齿轮生产厂家通常结合粉末冶金结构零件的技术标准及两个机加工齿轮的 GB/T 10095.1—2001 及 GB/T 10095.2—2001 标准和四个技术文件，来制造粉末冶金齿轮。

6.2.3.1　齿轮精度检测项目

标准中将齿轮精度分成十多个等级，相关技术文件中规定了适合不同精度等级齿轮的精度评定和验收的检验项目。齿轮精度验收可采用两种不同的检验形式，一种是综合检验，另一种是单项检验，但两种检验形式不能同时采用。

综合检验的检验项目有：径向综合总公差 F_i''和一齿径向综合公差 f_i''。

单项检验的检验项目分成三个项目组，按照齿轮的使用要求，可选择其中的一组来评定和验收齿轮精度。每一组中的检验项目包括：齿距偏差、齿廓偏差、螺旋线偏差和径向跳动。

由于齿轮需要安装，工作时需要与其他齿轮配对，所以齿轮安装面的尺寸公差、形状公差及与工作面之间的位置公差需严格控制。以孔作为安装面的齿轮公差应用示例如图 10-6-7 所示。与配对齿轮的啮合情况由齿厚及侧隙决定，根据齿轮的使用要求（精度要求），查手册找具体数值或根据用户的要求来评定和验收齿厚及侧隙。

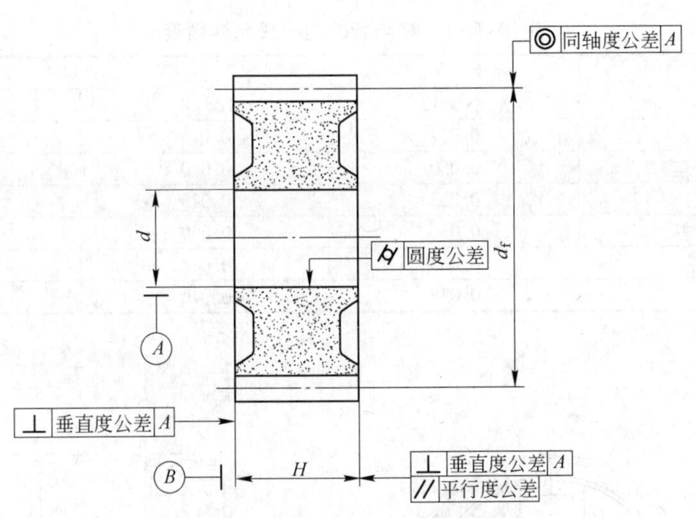

图 10-6-7　齿轮公差应用示例

6.2.3.2　粉末冶金齿轮精度

粉末冶金齿轮的精度是由模具精度、压制方式、烧结工艺和材料成分决定的。在粉末冶金工艺中存在大量的变数,确定绝对的尺寸公差范围是不可能的。用粉末冶金法制造齿轮时可能产生的尺寸偏差和造成每一偏差的原因示于表 10-6-3。可以看出,在材质选定的情况下,粉末冶金齿轮制造过程中,造成齿轮尺寸偏差的主要原因是模具精度、压制方式和烧结工艺。

表 10-6-3　粉末冶金齿轮制造中可能产生的尺寸偏差与常见原因

误　差	常 见 原 因
节径不同心	成形模具磨损(同心度超差)
节径太大	阴模磨损
齿距太大	阴模磨损
齿面有梢	阴模的顶部往往比底部磨损大
节径不圆(梨形)等	不对称压坯,收缩不均匀
齿槽不均一	装粉不均匀,密度不均匀,收缩不均匀
齿面与孔不平行	上述所有原因

采用传统粉末冶金工艺(一次压制和烧结)方法制造烧结齿轮,其一般允许精度列于表 10-6-4中。由表中的数据可以看出,齿形公差为 6 ~ 7 级,齿距公差、齿厚公差及外径公差为 8 ~ 9 级,而径向跳动公差低于 9 级。

在粉末冶金齿轮生产中,径向跳动公差是最难控制的,模具精度、模具的组装、装粉及成形、烧结变形等对它都有影响。在批量生产中,为提高粉末冶金齿轮的径向跳动公差,常用工装夹具夹住齿轮的节圆,精车或磨加工内孔,可以达到 7 级精度等级。特别是需要热处理的齿轮,这是提高径向跳动公差的唯一途径。如图 10-6-8 所示的 VE 泵传动齿轮就是采用精车或磨加工内孔的方法来满足精度要求的。仅通过精整,大量生产达到 8 级都有困难。

表 10-6-4 烧结齿轮的一般允许精度 (mm)

项 目	节 径		
	小于 12	12 ~ 30	30 ~ 60
单个齿距公差	0. 012	0. 015	0. 020
齿距累积公差	0. 050	0. 060	0. 070
齿形公差	0. 013	0. 015	0. 020
径向跳动公差	0. 050	0. 060	0. 070
齿厚公差	0. 035	0. 040	0. 050
外径公差	0. 035	0. 040	0. 050

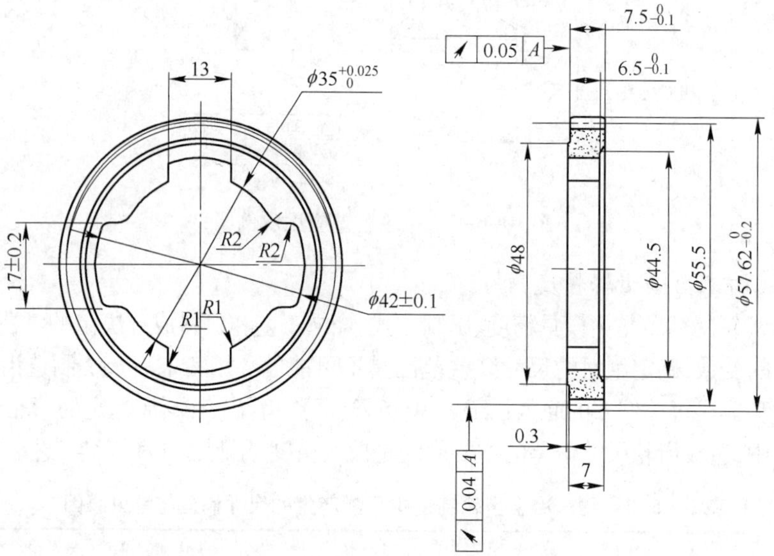

图 10-6-8 VE 泵传动齿轮

关于齿形公差，主要与模具齿形设计计算方法及制造精度有关，在大量生产条件下，精整时可达 6 级；齿厚公差或公法线长度公差或跨球(圆柱)公差、齿距公差及齿向公差主要与模具精度、压坯密度均匀性有关，在大量生产条件下，精整时可达 6 ~ 7 级。

粉末冶金齿轮典型产品的品质为 GB/T 10095—2001 标准级 8 ~ 9，更高等级的齿轮零件也可生产，但取决于压制齿轮的大小和辅助的二次加工工艺。一般来说，传统的压制—烧结工艺对达到 8 ~ 9 级是最经济的，仅仅通过压制—烧结工艺去生产高品质的齿轮产品是不明智的，因为高精度的设备和模具将大幅度提高制造成本。精整是提高齿轮尺寸精度的最实用的方法。对要求精度高的齿轮，应采用剃齿、珩齿、磨齿等二次加工来提高精度。

现以一实例测定结果说明烧结齿轮的精度[3]。被测齿轮的模数为 1，齿宽为 20 mm。图 10-6-9 为径向跳动误差。图 10-6-10 为齿向误差。图 10-6-11 为齿形误差。以上是单项检验结果。

采用啮合试验进行齿轮的综合测定，因其更为实用和方便而被广泛采用。图 10-6-12 为齿轮啮合试验结果。

用粉末冶金工艺制作的齿轮齿面的粗糙度值都很小，烧结态齿轮表面粗糙度值为 8 ~ 12. 5 μm，精整后齿轮表面粗糙度值为 3 ~ 8 μm。用硬质合金模压制和精整齿轮，其表面粗糙度值将更小。用探针法测定的粉末冶金齿轮齿面的粗糙度示于图 10-6-13。

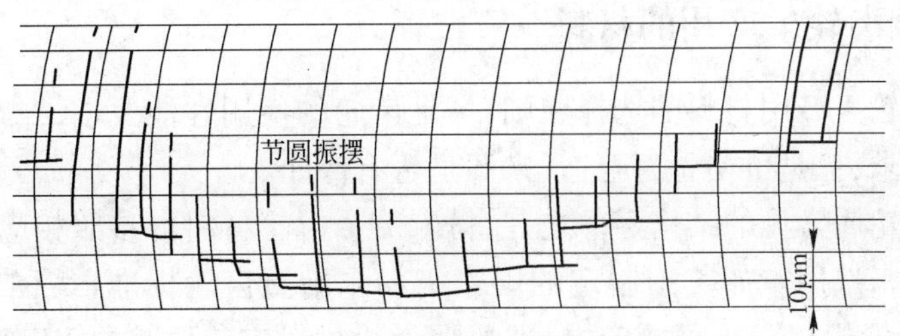

图 10-6-9　径向跳动误差(500 ×)

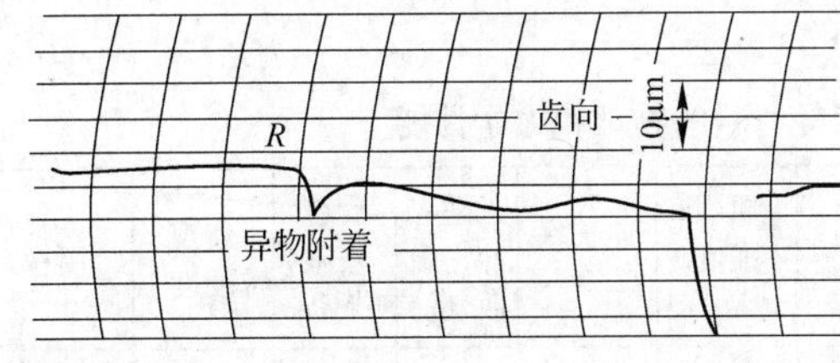

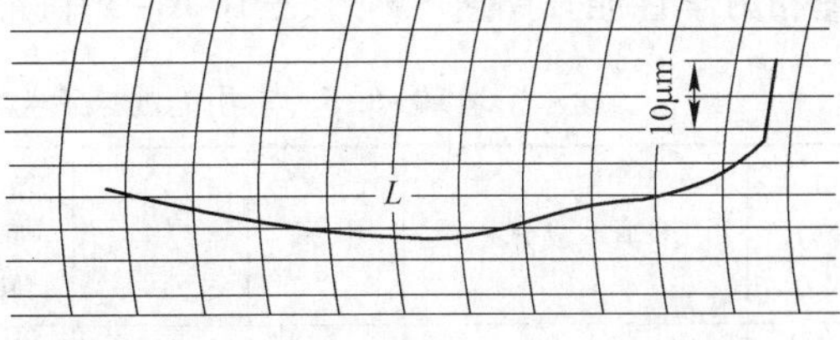

图 10-6-10　齿向误差(1000 ×)

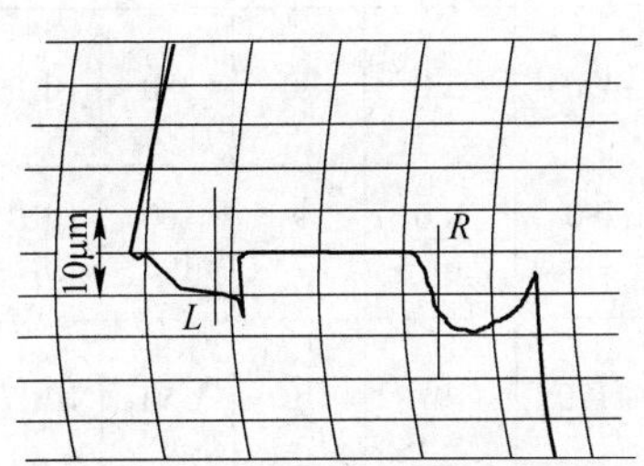

图 10-6-11　齿形误差(1000 ×)

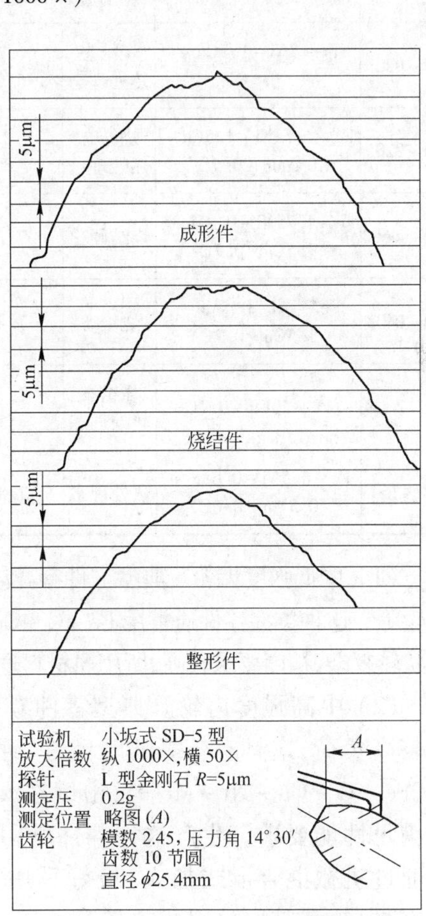

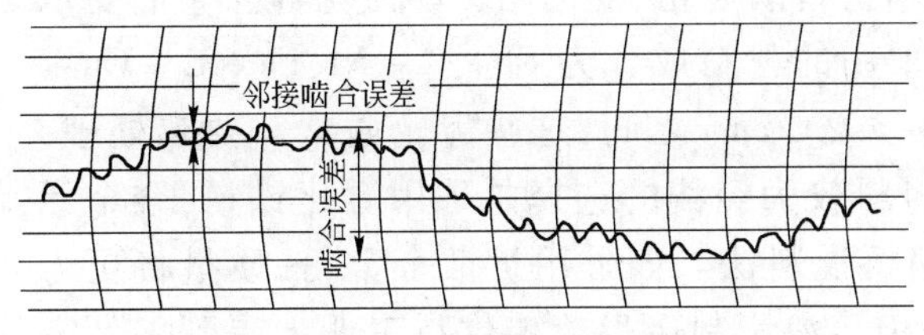

图 10-6-12　齿轮啮合试验结果

图 10-6-13　齿面粗糙度

6.3　粉末冶金齿轮生产用的材料

粉末冶金齿轮生产用材料的选择原则:一是齿轮的使用性能要求;二是成形、烧结及热处理等工艺性要求;三是价格是否合适,来源是否有保证。

粉末冶金齿轮属常见的结构零件之一,粉末冶金齿轮材料可参照相应的粉末冶金结构零件材料的标准来选用。如美国制定的国家级粉末冶金齿轮标准(美国国家标准 6008-A98《粉末冶金齿轮规范》)中就规定,粉末冶金齿轮材料应参照美国 MPIF 标准 35《粉末冶金结构零件材料标准》。摘录于美国 MPIF 标准 35 的几种常用粉末冶金齿轮生产用材料的物理和力学性能及用途[4]列于表 10-6-5 中。

表 10-6-5　常用的粉末冶金齿轮材料的物理和力学性能

牌号	典型成分	状态	密度 $/g \cdot cm^{-3}$	抗拉强度/MPa	屈服强度/MPa	伸长率/%	无缺口冲击吸收功/J	疲劳极限/MPa	表观硬度	用途
FC-0205	Fe-2.5Cu-0.7C	烧结态 烧结态	6.3 6.7	280 340	280 310	<1.0 <1.0	4 7	100 140	HRB48 HRB60	中低强度齿轮
FN-0205	Fe-2Ni-1.5Cu-0.5C	烧结态 热处理态	6.9 6.9	340 830	210 —	2.5 <0.5	16 6	120 240	HRB59 HRC29	中高强度齿轮
FD-0205	Fe-1.75Ni-1.5Cu-0.5Mo-0.5C	烧结态 热处理态	7.15 7.15	610 1030	420 —	2.0 <1.0	24 12	220 450	HRB80 HRC38	
FLC-4608	Fe-1.75Ni-0.8Mo-1.5Cu-0.7C	烧结硬化	7.2	830	—	<1.0	19	—	HRC37	高速高扭矩齿轮
FD-0408	Fe-4Ni-0.5Mo-1.5Cu-0.7C	烧结态	7.4	860	490	2.0	30	330	HRB95	高强度齿轮
FX-2008	Fe-20Cu-0.7C	烧结态 热处理态	7.3 7.3	550 690	480 —	1.0 <0.5	9 7	160 190	HRB90 HRC36	中速中高强度齿轮
P/F4260	Fe-0.5Ni-0.6Mo-0.3Mn-0.6C	热处理态	7.8	1310	1170	9	19	550	HRC38	粉末锻造齿轮

(1) 中低强度齿轮。典型零件有:发动机正时凸轮轴带轮、曲轴带轮、水泵带轮、中低压油泵齿轮等。这种类型零件通常用 Fe-C-Cu 类材料,密度在 6.4~6.8 g/cm^3 之间。上述零件往往形状较复杂,精度要求较高;所用原材料通常为还原铁粉;合金元素通过机械混合形式加入。

(2) 中高强度齿轮。典型零件有:发动机传动齿轮、变速箱传动齿轮等。它们要承受较高负荷,应具有较好的耐磨性,通常采用的材料成分为 Fe-C-Ni、Fe-C-Cu-Ni、Fe-C-Cu-Ni-Mo 等,密度在 6.8~7.2 g/cm^3 之间,这些齿轮通常需要热处理,以满足性能要求。生产这种零件所用原材料较为经济的选择是采用雾化铁粉,合金元素通过机械混合形式加入,最好采用无偏析混料法。如采用扩散合金粉,质量将更为可靠,但缺点是原材料成本较高。采用一步熔渗法制造齿轮零件在工业上得到了一定的应用,它更适用于形状复杂的齿轮零件。用渗铜法生产的典型零件有:汽车座椅调节齿轮、汽车车窗调节齿轮、电动工具高强度齿轮等。这是由于形状复杂的齿轮零件不容易保证压坯密度,可通过熔渗使材料密度(相对密度达 92% ~94%)得到提高,从而性能得到显著提高。同时渗铜烧结钢的生产费用比用二次压制二次烧结生产的烧结钢低。

(3) 高强度齿轮。典型零件有:变速箱同步器齿毂、同步器环等。这类齿轮件具有形状复杂、精度高、强度高、硬度高等特点。生产该类齿轮零件应选用扩散合金粉,如 DistaloyAE、DB - 48 等。需要进行热处理,以满足性能要求。对于电动工具中的高速高扭矩齿轮,可采用温压或烧结硬化等工艺方法,当然所用材料是原材料生产厂家专门配制的,虽然材料成本要高一些,但是工艺流程缩短,成本增加不多。

(4) 粉末锻造齿轮。典型零件有:变速箱齿环、差速器伞齿轮等。采用粉末锻造法生产,以达到全致密状态,如齿环的密度要求不低于 7.82 g/cm^3。生产该类零件的原材料通常采用预合金化的低合金钢粉。虽然这种粉末在常温下压缩性较差,但在热锻条件下,坯件可以达到全致密程度。此外,粉末锻造对粉末的清洁度有相当高的要求,非金属夹杂物将成为致密锻件的裂纹源,导致零件在工作中失效。

粉末冶金材料即使化学成分相同,也会由于粉末的制造方法、成形密度、烧结工艺和后续处理等的不同,力学性能会完全不同。材料标准中有确定的材料牌号,材料的选择基本上已形成固定的模式,一味地通过增加合金元素的含量来提高材料的性能是不科学的。也就是说,粉末冶金齿轮材料的选取是重要的,但是粉末冶金齿轮制造工艺的合理性及其稳定性才是生产合格齿轮的关键所在。

6.4　粉末冶金齿轮的设计与模具

粉末冶金齿轮成形的主要方法是单轴向刚性压模压制成形法。这种方法是将金属粉末或混合料(粉末体)装入钢制压模内,在模冲压力的作用下,对粉末体加压、保压,随后卸压,再将压坯从阴模中脱出的工艺过程,如图 10-6-14 所示为一直齿圆柱齿轮的压制过程示意图。因此压坯的形状和密度都会受到一定的限制。合理设计齿轮及其模具是保证粉末冶金齿轮质量稳定和低成本生产的重要因素。

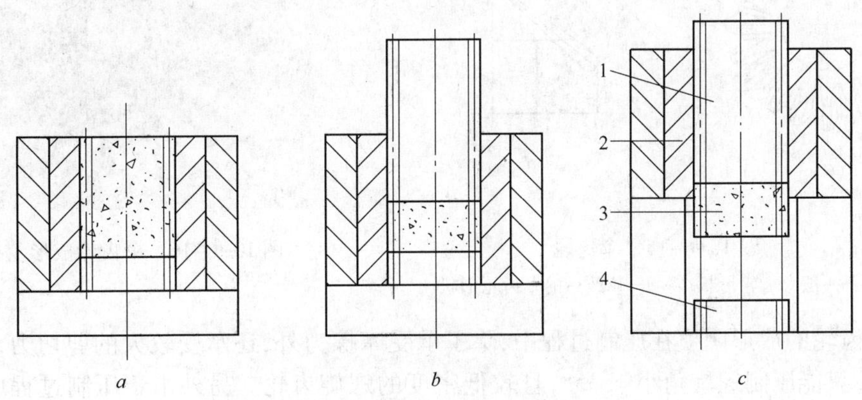

图 10-6-14　直齿圆柱齿轮的压制过程示意图

a—装粉;*b*—压制;*c*—脱模

1—上模冲;2—模腔;3—齿轮压坯;4—下模冲

6.4.1　粉末冶金齿轮形状设计

为了易于用粉末冶金方法压制，充分发挥粉末冶金技术的优势和保证产品的质量，应从压制过程（装粉、压制、脱模）、模具寿命、压坯质量等方面来考虑，对齿轮的形状进行设计。

6.4.1.1　满足压制过程的需要

齿轮的设计应该考虑在压制过程中粉末能够易于充填整个型腔。金属粉末不能像液体一样易于流动，因此，齿轮应该避免有极薄壁的截面、细窄凹槽、尖角和很深的沉孔，否则金属粉末将会装粉不足，影响成形。

齿轮成形一般都是在垂直方向进行的，所以与压制方向垂直的孔、槽、螺纹和倒锥等结构都会妨碍压坯从模具中脱模，必须对它们进行一些修改，修改成能够脱模的形状。

6.4.1.2　保证模具寿命

台阶齿轮的轮毂或双联齿轮可用粉末冶金法直接成形，一般铁基粉末冶金齿轮的单位压制压力为 600MPa 左右，因此在设计中要保证轮毂的外径和齿根径之间或双联齿轮上齿的根径与下齿的顶径之间有足够大的允许间隔，保证模冲的寿命。

如图 10-6-15*a* 所示的伞齿轮，为便于压坯的脱模，齿形应设计在上模冲上，为保证上模冲的寿命，伞齿轮的形状要作修改，图 10-6-15*b* ~ *d* 为修改后的伞齿轮。采用图 10-6-15*b* 形式，用带有齿形的台阶模腔结构，模具寿命才能满足成形的需要。采用图 10-6-15*c* 形式，模腔和模冲均有齿形。上述两种模具较为复杂，制造成本高。采用图 10-6-15*d* 形式，只有上模冲有齿形，如图 10-6-16 所示，模具简化，制作成本低，寿命长。

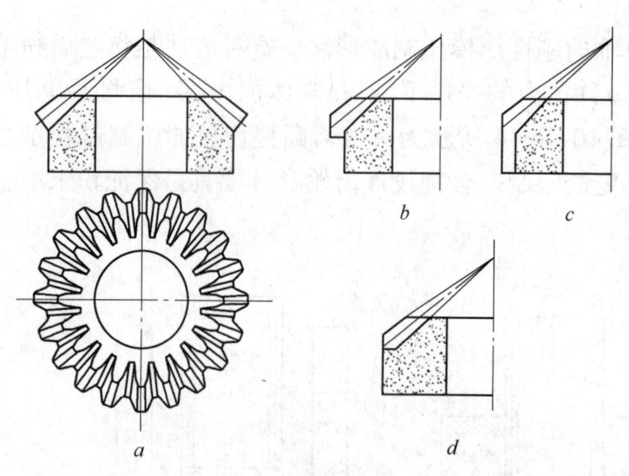

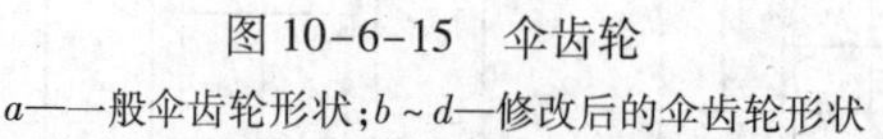
图 10-6-15　伞齿轮

a—一般伞齿轮形状；*b* ~ *d*—修改后的伞齿轮形状

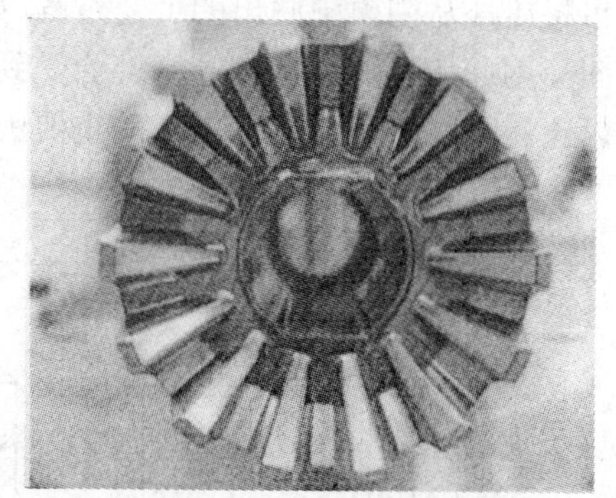
图 10-6-16　伞齿轮成形上模冲

螺旋齿轮的成形阴模在压制过程中，除了承受摩擦力外，还承受较大的剪切力，为保证模具寿命，只能压制螺旋角小于 35°，且较低密度的螺旋齿轮。另外由于压制过程中，模具要旋转及定位，为提高模具寿命，需简化模具结构，如图 10-6-17*a* 所示的螺旋齿轮压形模，采用上模冲不进入模腔的强制压制方式。用此方法压制的螺旋齿轮，其压坯密度和精度偏低。对于性能要求较高的螺旋齿轮，需采用如图 10-6-17*b* 所示的模具结构。

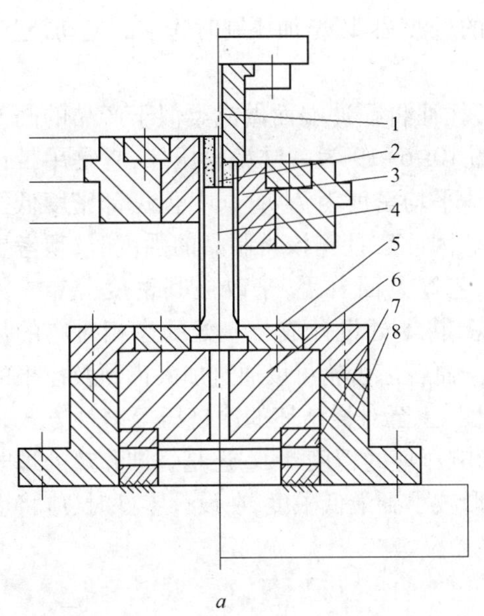

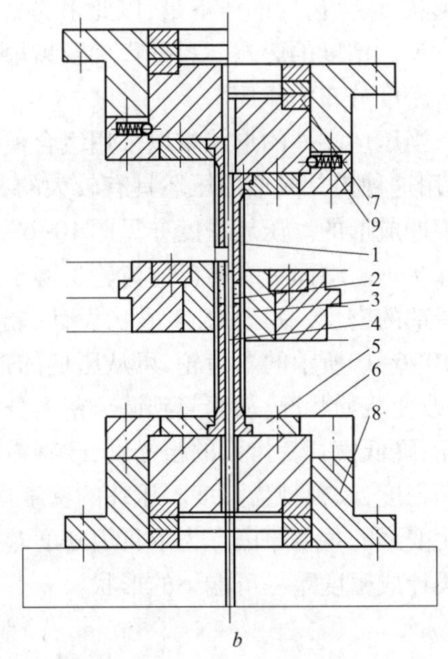

图 10-6-17　螺旋齿轮成形模

a—常规用螺旋齿轮成形模具；*b*—性能要求较高的螺旋齿轮成形模具

1—上模冲；2—芯棒；3—模腔；4—下模冲；5—下法兰；6—旋转压垫；7—平面轴承；8—轴承座；9—钢球弹簧

6.4.1.3　保证压坯的质量

保证压坯精度是保证齿轮成品精度的前提。而压坯的密度均一，是压坯精度得以保证的关键所在。

对于侧正面积比大的齿轮压坯来说，在压制过程中，齿面对粉末的摩擦阻力很大，即齿面处压制压力严重衰减使得齿面本身、齿面与心部之间都产生很大的密度差，对于小模数齿轮情况会更严重。所以齿轮类零件在生产过程中常出现齿面密度低、齿面易出现裂纹、烧结变形大，甚至烧结与热处理会产生裂纹等现象。用粉末冶金方法生产的齿轮，往往精度不易达到要求。因此在设计高精度齿轮零件时，应采取相应措施控制齿面的密度差。其中压坯的形状对密度均匀性影响很大。

将图 10-6-18*a* 所示的齿轮设计成如图 10-6-18*b* 所示的上下带有 0.2～0.3mm 的台

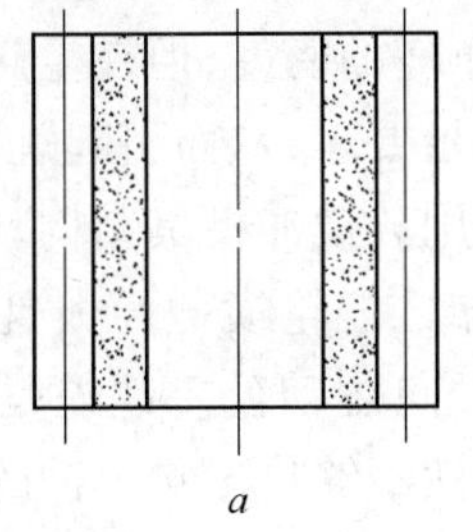

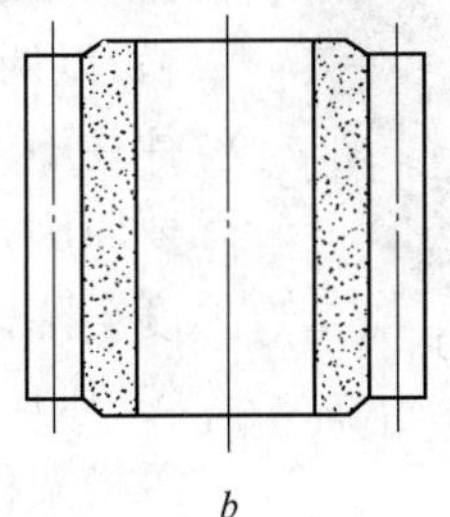

图 10-6-18　齿轮端面设计

a—常规齿轮端面；*b*—台阶形状齿轮端面

阶形状,增大齿部的压下量,以此来提高齿部密度。此结构形状还可以避免齿部端面毛边对高度尺寸精度的影响。另外齿尖及齿根应有一定的过渡圆,以增加压制时粉末的流动,起到改善密度分布的作用。

当压坯端面的形状难以采用组合模冲成形时,往往将模冲端面做成类似于产品的凸凹状,用这种模具成形的压坯具有较大的密度差。图 10-6-19 为一锥齿轮压坯,它是用带齿上模冲成形的。压坯密度亦见图 10-6-19。其整体平均密度为 7.0g/cm^3,但齿部密度低至 6.6g/cm^3。端面带有棘齿的齿轮也属于这类零件。因此在计算该类制品的强度时,须考虑到局部的密度。可从压坯形状设计、粉末冶金工艺等方面着手,来改进其密度分布。如图 10-6-19所示的伞齿轮,可从压坯的形状来考虑,将 b 处设计成与 a 处的齿相对应的齿形,改变装粉状况,从而起到调节密度分布的作用。而棘齿齿轮可以通过加大齿顶及齿根的圆角,降低模具棘齿面的粗糙度,改善粉料的流动性,甚至对烧结坯的冷挤压等多种方式来提高密度,改善棘齿强度。压坯的密度均匀性除影响压坯的精度外,它还是烧结和热处理时发生变形的主要原因。为了将因密度差引起的变形减小到最低限度,在设计零件时,应将压坯设计成密度差尽可能小的形状。

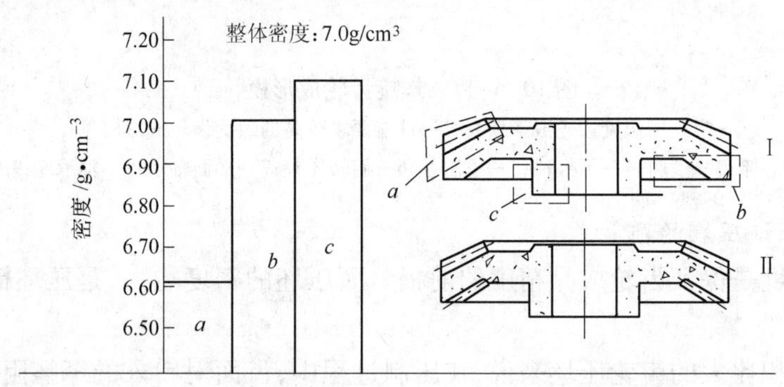

图 10-6-19　一锥齿轮的密度分布

图 10-6-20　摩托车从动齿轮

齿轮压坯的径向跳动公差是粉末冶金齿轮生产中重点检测的项目,这除了与装粉状态及压坯密度分布有关外,与齿轮形状也有很大关系。如图 10-6-20 所示的摩托车从动齿轮,精度要求 ISO7 级以上。作为台阶齿轮,按惯例采用一上二下模具结构,可以实现补偿装粉,以调节压坯的密度,但在生产过程中,发现密度调节往往不能满足要求,从而引起跳动和齿向的超差。其主要原因是采用分模冲模具结构,中心芯棒与阴模的同轴度会降低,加之齿轮横截面大且多孔,难以保证装粉均匀,压坯的径向跳动公差超差是难免的。严重的是,如果模架稳定性不够将影响模冲的运行速度,加之二下模冲压制后的弹性恢复不一致,导致压坯齿面裂纹。所以对于高精度的齿轮,有时不得不去掉台阶,采用整体模冲压形。

齿轮的用途很广,性能和精度要求不尽相同,形状各异,所以在粉末冶金齿轮设计时应根据具体要求,综合多方面因素进行设计,目的只有一个,就是经济地制造出符合用户要求的齿轮产品。

6.4.2　粉末冶金齿轮模具设计

粉末冶金齿轮的形状、尺寸及密度依赖于成形模具,而能否显示粉末冶金生产的少、无切削这一特点,关键在于成形模具。可以讲,模具设计将直接影响产品的质量和生产效率。设计粉末冶金齿轮模具时应注意以下几个方面。

6.4.2.1　正确选择工艺参数

在粉末冶金齿轮的生产过程中,从松装粉末到最终成品,经历了粉末的压缩、压坯的回弹、烧结的收缩、精整或复压时的弹塑性变形等一系列的尺寸和形状的变化。工艺过程是根据制品的尺寸精度、形状和性能要求确定的。例如,精度要求 IT9 级以下,力学强度要求不高的齿轮(密度要求 6.5 g/cm^3),一般采用常规的压制、烧结工艺。该齿轮在制作过程中,通常只存在粉末压缩、压坯回弹及烧结收缩等尺寸和形状的变化,也就是在设计计算模具零件尺寸时,只需要考虑粉末压缩率、压坯回弹率及烧结收缩率这几个工艺参数。

针对一齿轮产品,工艺过程是可以确定的,但在实际生产过程中,由于原辅材料、成分、密度、设备等诸多工艺因素的影响,工艺参数存在一个波动范围,在计算模具尺寸时,应将这些变化综合考虑进去。选择的工艺参数应尽可能与实际生产状况一致(或接近),当与实际参数有出入时,在不降低压坯性能的前提下,要有调节工艺规范使模具适用的措施。

6.4.2.2　模具齿形设计计算方法

模具的形状及精度直接影响产品的形状及精度。由于齿轮的轮廓是由渐开线组成的,形面较复杂,加之粉末冶金工艺过程的影响因素较多和齿轮模具制造方法的局限性,粉末冶金齿轮模具的设计计算方法,依赖于生产单位技术人员的经验,无统一规范。因设计误差引起的齿轮齿形误差,造成了齿轮传动误差,这是引起齿轮振动与噪声的主要原因。有用户反映粉末冶金齿轮的振动与噪声大于致密材料,其原因是粉末冶金齿轮的精度不够造成的。

目前,用于齿轮模具设计计算的方法有:变位系数法、模数法、压力角法和几种方法综合运用等。

变位系数法:假定齿轮在压制和烧结等过程中出现的齿形变化规律与改变变位系数引起的齿形变化相同。如图 10-6-21 所示,随着变位系数值改变,齿形几乎等距变大或变小。

模数法:假定齿轮在压制和烧结等过程中出现的齿形变化规律与改变模数引起的齿形变化相同。如图 10-6-22 所示,随着 m 值变大,齿顶部分厚度增加较多,齿根部分厚度增加较小;随着 m 值变小,齿顶部分厚度减小较多,齿根部分厚度减小较少。

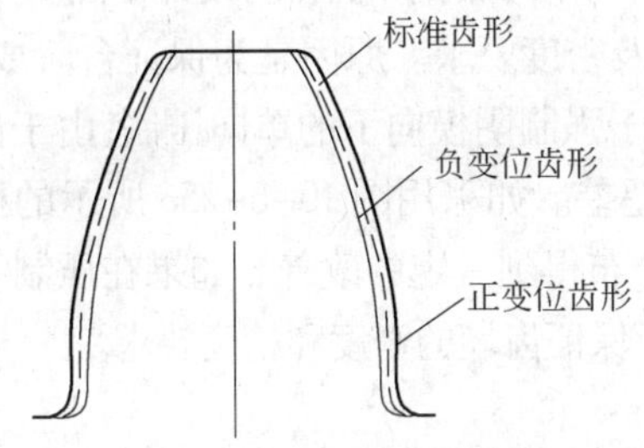

图 10-6-21　变位系数变化带来齿形变化示意图

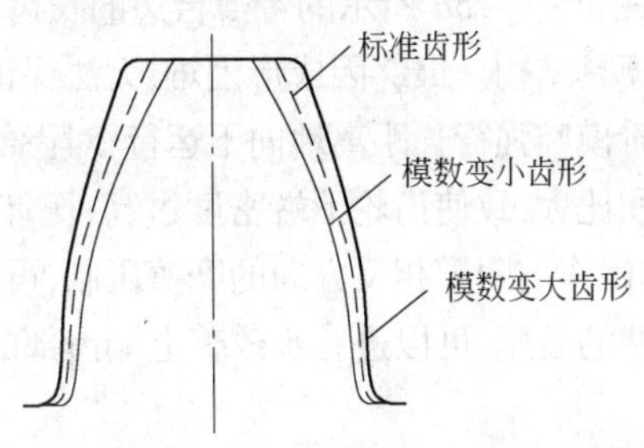

图 10-6-22　模数变化带来齿形变化示意图

压力角法:假定齿轮在压制和烧结等过程中出现的齿形变化规律与改变压力角引起的齿形变化相同。如图 10-6-23 所示,随着 α 角的增大,齿顶处齿厚变小,齿根处齿厚变大。随着 α 角的减小,齿形变化情况刚好相反。

那么粉末冶金齿轮在制造过程中,齿形的变化规律究竟是怎样的呢?有研究表明[5],将成品齿轮齿形与模具齿形进行比较,其变化情况如图 10-6-24 所示,图中虚线为模具齿形,粗实线为最终烧结齿轮的齿形,细实线为模具齿形等距离膨胀至成品齿形的分度圆上的齿形曲线。

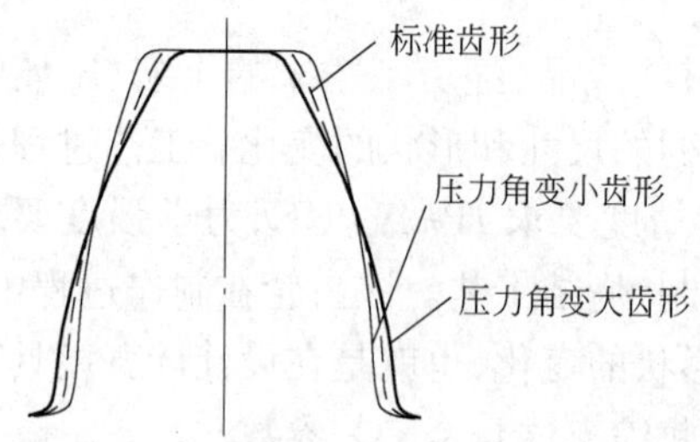

图 10-6-23　压力角变化带来齿形变化示意图

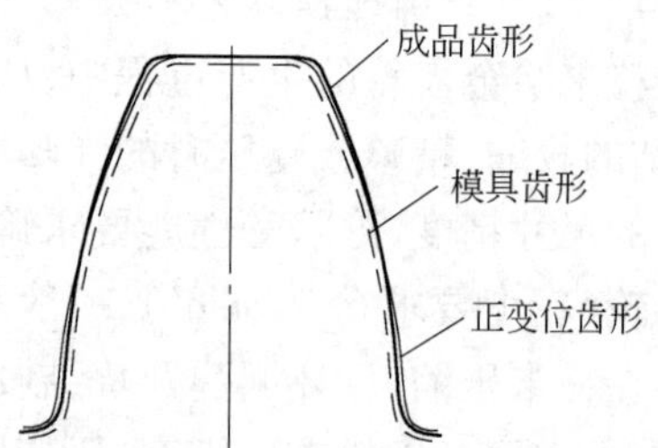

图 10-6-24　模具齿轮与成品齿轮齿形的变化情况

根据上述分析的三种计算法及粉末冶金齿轮齿形的变化规律,用变位系数法及适当修正压力角的方法进行粉末冶金齿轮模具设计较为合理。其设计计算步骤是:

(1) 根据具体齿轮在制造过程中出现的齿形变化情况正确选择工艺参数(压制、烧结、精整、热处理的变化率);

(2) 用选定的工艺参数计算齿顶圆直径、齿根圆直径和齿厚;

(3) 由齿厚尺寸推算出变位系数(模数及压力角不变);

(4) 根据齿轮的密度情况及模数的大小,适当修正压力角;

(5) 将计算出的变位系数和压力角输入线切割编程软件。

需要注意的是引起齿形变化的因素有很多,如粉料、齿轮形状、密度分布和烧结情况等,使得制造出来的齿轮与理论计算有一定的偏差。因此,很多粉末冶金齿轮制造厂家为简化设计计算仅用变位系数法。如要进一步提高齿轮精度,可设计与成品齿轮尺寸相近的精整模具进行精整加工,也可用尺寸与成品齿轮相同的标准齿轮进行滚压或挤压加工。

6.4.2.3　模具结构及模具精度

合理的模具结构和高的模具精度是保证制品质量的关键。

如图 10-6-25*a* 所示的带薄台边的长齿轮件,这是一个形状简单的齿轮,设计了图 10-6-25*b* 所示的模具结构。最终因成形困难,无法保证压坯精度及密度要求。原因是为保证台阶成形,成形时台阶模腔强行长距离地向下运行,对齿部来说近似于强制阴模向下的单向压制,由于齿轮坯侧正面积比大,致使齿轮下端密度过高,压坯精度严重超差。如采用图 10-6-25*c* 所示的模具结构,使芯棒作与阴模相反方向的摩擦压制,可以使密度分布得到一定的改善。如果在压制终了加上上模冲的后压,可以进一步改善上端齿部的密度,从而保证齿坯的密度和精度要求。

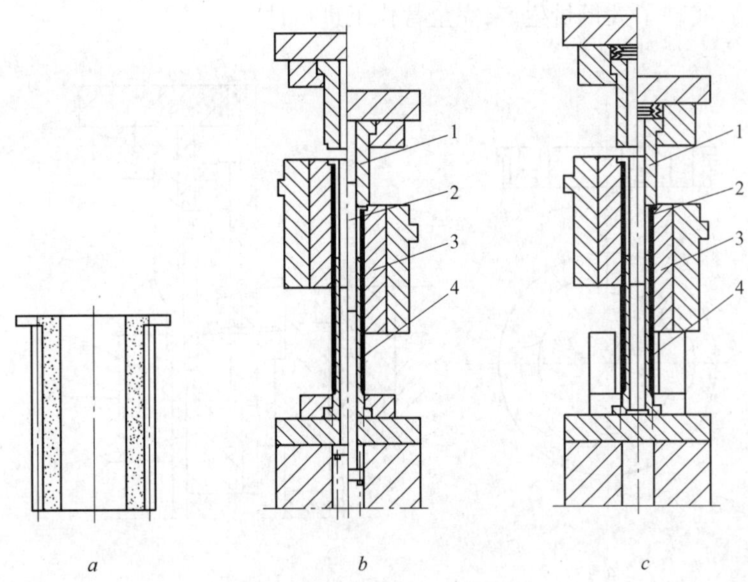

图 10-6-25　带边齿轮

a—带薄台边的齿轮；*b*，*c*—成形模具

1—上模冲；2—芯棒；3—模腔；4—下模冲

如图10-6-26所示的油泵外齿轮，齿轮精度要求高，生产批量大。从齿轮的形状来看，一端有一凸台，应采用上一下二的成形模具结构。在实际生产过程中，精度和批量一直无法满足用户要求，其原因是模具精度低、寿命短，不得不从模具结构上想办法。采用的模具结构有两种形式，一是采用内下模冲与芯棒合为一体的整体结构；二是采用上一下一模具结构，烧结整形后用切削加工的方法加工台阶。第一种方法，模具精度和寿命都得到了改善，但是台阶密度偏低，易出现掉边掉角，有一定的废品率。第二种方法，有大量的切削加工量，浪费材料，成本提高。近年来，由于压机功能增加、压机精度提高，以及模具精度的提高，可以采用上一下二的模具结构直接压制此类高精度的台阶齿轮，生产效率得到提高，成本大大降低。

图 10-6-26　油泵外齿轮

如图10-6-27*a*所示的离合器外齿轮[6]，有较高的性能要求和精度要求，因而压坯的密度为6.8 g/cm^3，密度差小于0.2 g/cm^3。此件的成形关键是内侧的三处螺旋凸轮台阶，成形的模具结构为上三下三结构。该模具结构理论上是可行的，但在实际生产中，模具结构稳定性差，无法满足制品的密度要求，最重要的是模具寿命极短，无法批量生产。为此对模具结构作了适当的修改，如用于成形三螺旋凸轮台阶的下浮动模冲与芯棒做成一体，而其上模冲则反其道而行之，采用分体结构，修改后的模具结构如图10-6-27*b*所示，通过移粉方法，实

现三螺旋凸轮台阶的成形。由于模具结构简化,下模部分结构稳定性好,上模可通过调节螺母来调节移送粉料的距离,而且分体的上内冲,不会因承受较大的弯曲应力而早期失效,模具寿命大大提高,实现了大批量生产,完全替代了进口件。

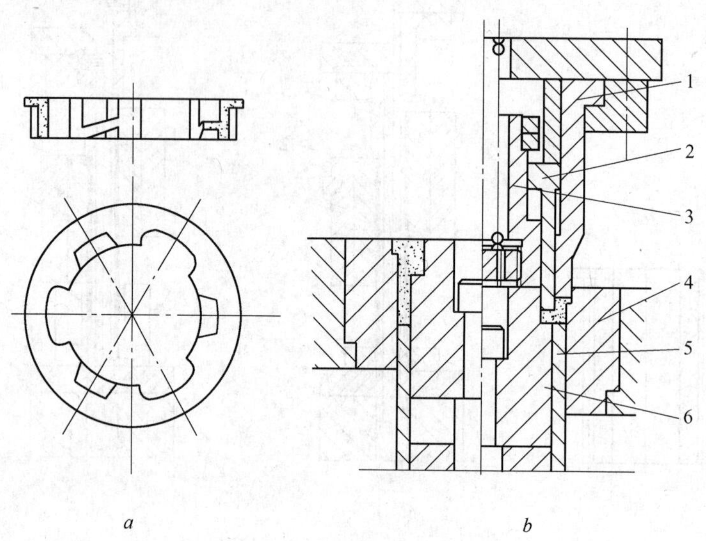

图 10-6-27　离合器外齿轮

a—离合器形状;*b*—成形离合器模具

1—上外冲;2—上内冲;3—上芯棒;4—模腔;5—下外冲;6—下芯棒及下内冲

现在的齿轮越做越复杂,模具结构也就越来越复杂,精度要求也越来越高。如图 10-6-28*a* 所示的齿毂,采用图 10-6-28*b* 所示的三上三下模具结构,上外冲和下外冲因外槽的原因,均分成三瓣,为保证强度和提高模具精度,可以做成整体结构,高度尽可能短,如图 10-6-28*c* 所示。如此复杂的模具,一旦模具结构设计不合理,将引起强度不足,寿命极短,加上如此多的模具零件,如果精度不够,会造成模具运行不畅,压坯成形困难,精度就更无从谈起了。

由上述几个例子可以看出,模具结构的选择应根据压坯的形状、压机所具有的动作(压制方式、脱模方式和移送装粉)及配备的模架结构来决定。更主要的是根据具体齿轮零件的使用要求来设计模具结构和选择模具精度,结合本单位的实际状况,生产合格的齿轮制品。

6.5　粉末冶金齿轮的应用与技术经济效果

例 1　油泵内齿圈(图 10-6-29)。

(1) 用途:汽车齿轮油泵。

(2) 材料与处理。

成分为:Fe - 1% ~3% Cu - 1% ~2% Ni - 0.6% ~0.8%C;

制造过程为:混料—成形—烧结—精整—加工端面及外圆—去毛刺—浸油—成品。

(3) 性能要求:密度　6.3 ~6.6 g/cm^3,抗拉强度 σ_b >250 MPa,硬度 HB80 ~100。

(4) 功能利弊:与切削加工件相比,提高了精度与耐磨性,与进口件相比,性能和精度完全达到,替代了进口件。

(5) 经济效果:生产成本降低了 33%。

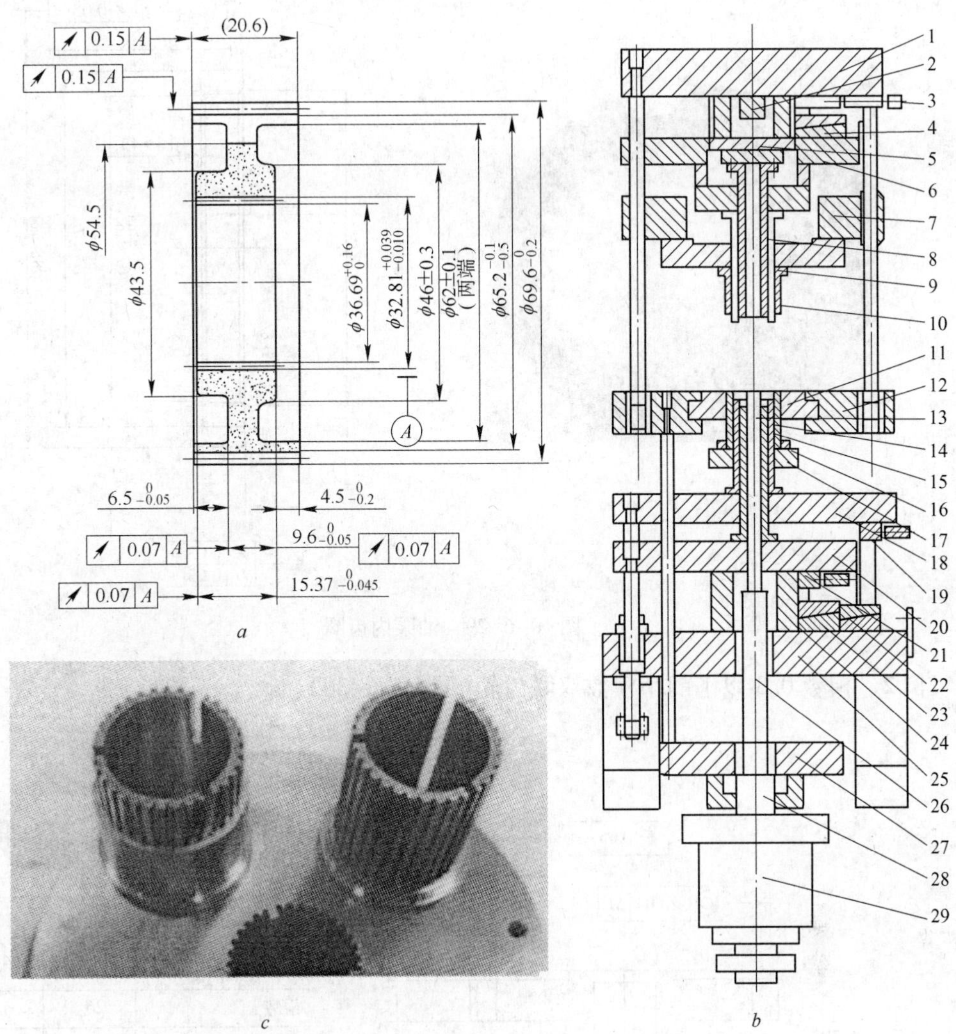

图10-6-28　齿毂

a—同步器齿毂；*b*—模具结构；*c*—成形齿毂用模具

1—上模板；2—内上缸浮动板；3—上侧缸限位装置；4—上微调装置；5—内上固定板；6—上浮动模板；7—上固定模板；8—内上冲；9—中上浮动冲；10—外上固定冲；11—阴模；12—阴模板；13—芯棒；14—内下冲；15—中下浮动冲；16—外下固定冲；17—中固定模板；18—下浮动模板Ⅰ；19—下侧缸限位装置Ⅰ；20—下浮动模板Ⅱ；21—下侧缸限位装置Ⅱ；22—下微调装置Ⅰ；23—下微调装置Ⅱ；24—下模垫；25—下固定模板；26—芯棒接杆；27—下模板；28—下中心缸；29—顶缸

（6）用粉末冶金法制造油泵内齿圈的注意事项：油泵内齿圈直径大，壁薄，成形时密度均匀性差，烧结收缩大，易发生翘曲、椭圆等情况，精整后虽有所改善，但仍难以保证尺寸精度，特别是精整方式或精整余量不合适时，易出现开裂，废品率会很高。为此需采用下列措施：

1）采用合适的装粉方式，如吸入、过量及振动等方式，保证装粉均匀，密度分布合理，同时保证压坯精度。

2）烧结前，注意压坯的清洁和装舟排列整齐。

3）根据工艺试验结果，选择模具设计参数，特别是精整余量的大小。

4）原材料的成分配比合理和精确，减小烧结收缩，控制烧结件的精度。

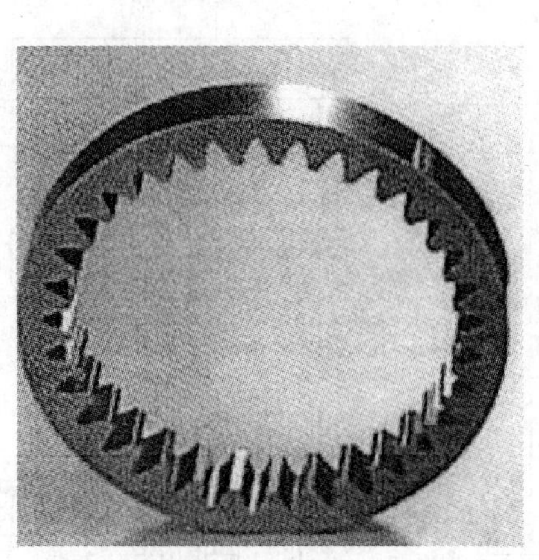

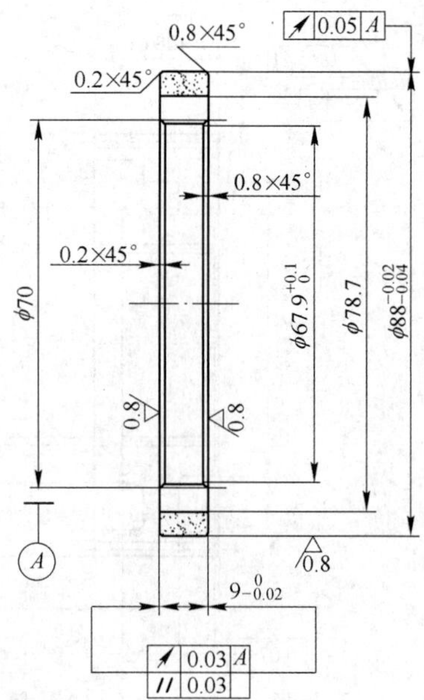

图 10-6-29　油泵内齿圈

例 2　模数 0.3 以下的小模数双联齿轮(图 10-6-30)。

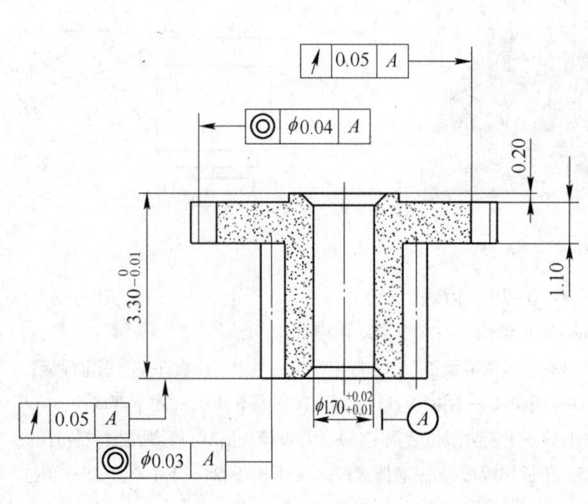

a

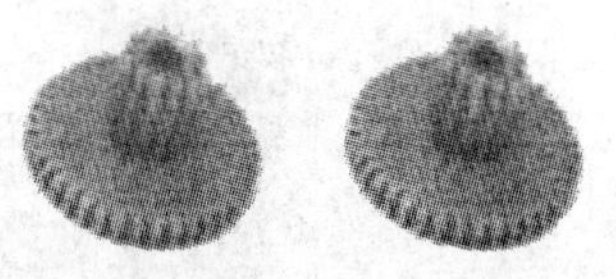

参数表

	大齿轮	小齿轮
齿数 z	26	13
模数 m	0.3	0.3
压力角 α/(°)	20	20
齿顶圆直径 d_a	$\phi 8.1^{0}_{-0.14}$	$\phi 4.5^{0}_{-0.02}$
齿根圆直径 d_f	$\phi 6.8^{0}_{-0.04}$	$\phi 3.2^{0}_{-0.02}$
跨齿数 k	3	2
公法线长度 W_k	$2.2^{0}_{-0.03}$	$1.36^{0}_{-0.02}$

b

图 10-6-30　小模数双联齿轮

a—双联齿轮零件图;*b*—双联齿轮示意图

(1) 用途:微电机、微型减速器。

(2) 材料与工艺过程。

材料成分为:Fe - 1% ~3%　Cu - 0.3% ~0.8%　Mo - 0.6% ~0.8%C;

工艺过程为:混料—压制—烧结—热处理—光饰—检验—浸油—成品。

（3）性能要求：密度　6.9～7.0g/cm^3，硬度 HRA65～70，抗拉强度 $\sigma_b \geqslant 860$ MPa。

（4）功能利弊：与切削加工件相比，降低了材料成本，提高了效率、精度与耐磨性。

（5）经济效果：过去此类双联小齿轮只能用铜材分开加工，再压配组合，材料成本高，设备投资大，效率低，用粉末冶金方法一次成形，生产成本降低了 60%。

（6）用粉末冶金法制造小模数双联齿轮的注意事项：

1）由于齿轮模数小，装粉时齿形部分装粉困难，应使用流动性好的黏结混合粉料。

2）压制成形过程中，采用吸入法装粉，装粉时芯棒上端面处于下二冲上端面以下，粉盒到达模腔口上方，模腔复位后，下一冲再复位，粉盒离开前芯棒再复位，以保证小齿轮的装粉充分（芯棒上端面加工成尖锥形）。

3）烧结时，先将压坯上的浮粉吹干净，再将大齿轮朝下整齐摆放在陶瓷板上置于网带上烧结，轻拿轻放，齿轮与齿轮之间不准接触，以免烧结后粘到一起。

4）热处理时，因齿轮模数小，在保证热处理硬度的前提下，适当降低热处理温度和碳势，缩短渗碳时间，避免齿形部分完全渗透。

例 3　异形齿轮（图 10-6-31）。

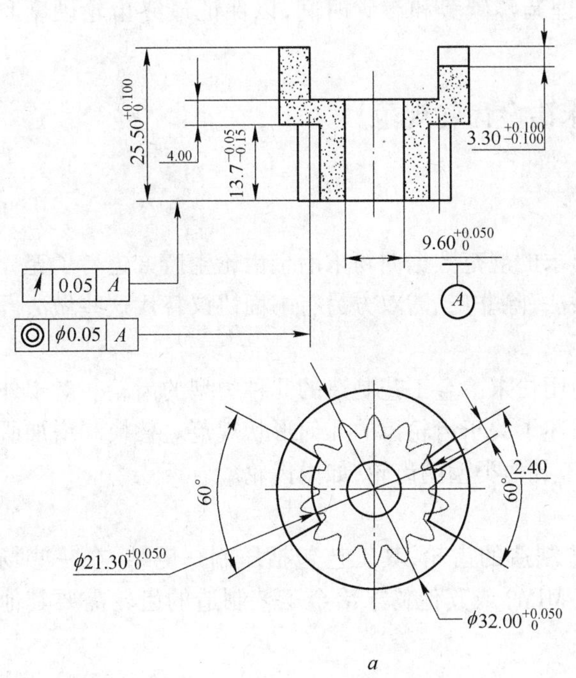

a

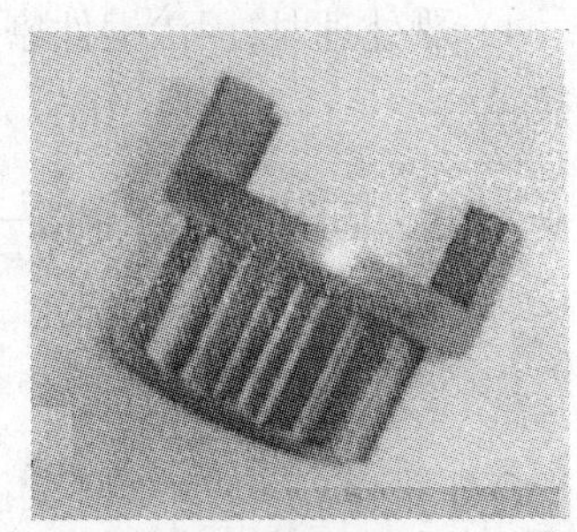

参数表

齿数 z	14
模数 m	1.5
压力角 α/(°)	20
齿顶圆直径 d_a	$\phi 25.30^{0}_{-0.1}$
齿根圆直径 d_f	$\phi 18.24^{0}_{-0.1}$
跨齿数 k	2
公法线长度 W_k	$7.28^{0}_{-0.04}$

b

图 10-6-31　异形齿轮

a—异形齿轮零件图；*b*—异形齿轮照片

（1）用途：电动工具。

（2）材料与工艺过程。

材料成分为：Fe－12%～15% Cu－1.5%～2.0% Ni－0.3%～0.8% Mo－0.6%～0.9% C；

工艺过程为:混料—压制—渗铜烧结—热处理—光饰—检验—浸油—成品。

(3) 性能要求:密度 6.9 ~ 7.0g/cm^3,硬度 HRA68 ~ 73,抗拉强度 σ_b > 1100 MPa,单齿断齿负荷(按图 10-6-6*a* 所示方法测定)≥26kN。

(4) 功能利弊:与切削加工件相比,大大降低了材料成本和加工成本,大大提高了生产效率,有效地保证了零件的精度和批量一致性。

(5) 经济效果:此类异形齿轮只能分开加工,再压配组合,加工工序多且难度大,材料利用率低,生产效率低,用粉末冶金方法一次成形,生产成本降低了 75%。

(6) 用粉末冶金法制造异形齿轮的注意事项:

1) 为了保证齿轮的精度,必须严格控制压坯的密度和渗铜环的重量。

2) 采用上二下一(模腔带台)模具结构,模腔非成形上凸台部分加工跑粉槽,装粉时控制下冲的浮动量,以调节齿轮部分的装粉量,控制芯棒上端面和模腔上端面的高度差,以调节从上内冲内孔的跑粉量,从而调节齿轮上部圆台的密度。压制时调整移粉缸强制下冲下移的先后时间差,以调节齿轮部分的密度。

3) 烧结时,将齿轮朝下整齐摆放在陶瓷板上加上渗铜环置于网带上烧结,齿轮与齿轮之间不准接触,渗铜环摆放要注意,避开内孔口,以免铜从孔口流失,影响渗铜量。

4) 热处理时,因渗铜件密度高,应合理调整碳势和渗碳时间,以保证最终齿轮硬度和强度。

6.6 美国国家标准 6008—A98《粉末冶金齿轮规范》

6.6.1 范围

这个标准将买方关于齿轮设计特性要求的规范数据向粉末冶金齿轮生产方进行了充分说明。描述了相关工业通常采用的一些做法,除非产、需双方另有书面协议替代这些做法。

6.6.1.1 齿轮类型

这个标准的通用规范适用于所选择的用粉末冶金工艺制造的几种类型的齿轮。对于外正齿轮与螺旋齿轮和直齿锥齿轮都详细描述了关于齿轮齿的几何形状规范。替换和增加所需齿轮特性的数据时,同样的规范也适用于其他类型的齿轮,如内齿轮。

6.6.1.2 粉末冶金工艺类别

这个标准适用于由传统粉末冶金工艺制造的齿轮,其工艺包括压制—烧结,在一些场合,烧结后还经过处理。用金属注射成形(MIM)或其他粉末冶金工艺制造的齿轮需要其他规范或做法。

6.6.2 标准的参考文献

这个标准版本自始至终参考了下列标准的一些规定。在发布时,指明的版本都是有效的。所有标准都要修订,鼓励同意采用这个美国国家标准的各方,研究采用下列标准最新版次的可能性。

所用齿轮术语在下列标准中有详细说明:

AGMA 390.03a, Gear Handbook-Gear Classification, Materials and Measuring Methods for Bevel, Hypoid, Fine Pitch Wormgearing and Rack only as Unassembled Gears.

AGMA 910—C90,Formats for Fine-Pitch Gear Specification Data.

ANSI/AGMA 1003—G93,Tooth Proportions for Fine-Pitch Spur and Helical Gearing.

ANSI/AGMA 2000—A88, Gear Classification and Inspection Handbook-Tolerances and Measuring Methods for Unassembled Spur and Helical Gears(including Metric Equivalents).

ANSI/AGMA 2002—B88,Tooth Thickness Specification and Measurement.

ANSI/ASME Y14.5M(1994),Dimensioning and Tolerancing.

MPIF Standard 35(1997),Materials Standards for P/M Structural Parts.

6.6.3　术语与定义

一般粉末冶金术语在MPIF出版的粉末冶金设计手册的术语汇编中都可以查到。粉末冶金材料的力学性能见MPIF标准35。

下面列出了这个标准中使用的粉末冶金术语及其定义。

整形(coining):为增高密度或为在齿轮端面增添精细构型或为二者进行的复压作业。

压坯(compact):一般指将添加或不添加非金属组分的金属粉末装于压模中并压缩成形的制品。

压制(compaction):制取压坯的工艺过程。

密度(density):粉末冶金零件单位容积的质量。密度(干)适用于未经浸渍处理的零件。密度(湿)适用于用油或其他非金属材料浸渍处理过的零件。

模具(die):粉末压制成形用型腔的一种零件或多种零件。

锻造,也称为粉末锻造(P/F)(forging,also powder forging):将未烧结的、预烧结的或烧结的预成形件在封闭模具中热成形的一种工艺方法。

表观硬度(hardness,apparent):用标准硬度计测定烧结材料获得的硬度值。因为读数是孔隙与实体材料的综合值,通常其值比组成与条件相同的实体材料的硬度值低一些。

颗粒硬度(hardness,particle):由于消除了孔隙度的影响,测定的是真正冶金组织的硬度值。

浸渍(impregnation):以非金属材料(诸如油、蜡或树脂)充填烧结件中的孔隙的工艺方法。

熔渗(infiltration):以熔点较低的金属或合金充填烧结的或未烧结的粉末冶金压坯中的孔隙的工艺方法。

金属注射成形(MIM)(metal injection molding):以混合黏结剂的金属粉末为原料,与塑料注射成形相似的一种工艺方法。一般说来,MIM之后要进行脱除黏结剂与烧结。这种工艺用于成形用常规粉末冶金压制成形工艺不能成形的形状复杂的零件。

孔隙(pore):颗粒中或物体内固有的或诱发的空穴。

预成形坯(preform):为进行锻造或复压,起始压制与烧结的压坯。

粉末冶金(P/M)(powder metallurgy):生产金属粉末和将之固结成异形制品的工艺方法。

复压(repressing):粉末预成形坯于成套模具中进行变形,诸如整形与精整。

烧结(sintering):在低于主要组分熔点的温度下进行热处理使压坯中的颗粒进行冶金结合的工艺过程。

精整(sizing):用于改进尺寸精度的作业。

6.6.4　齿轮齿几何形状的数据

确定齿轮齿几何形状的最佳方法是直接列出全部详细数据。遗漏了买方技术条件中任何重要项目都可能对交付、价格或齿轮使用性能产生不良影响。确定齿轮几何形状的一般方法使用了齿轮工艺特有的数据项目。在一般工程制图中,复杂轮廓通常都是由直线与弧线组合的,有时是用以一系列数据点坐标描述的特殊曲线直接确定的。与此相反,齿轮轮廓的尺寸与形状都是用间接法描述的。这些间接规范都是以传统的齿轮制造与检验方法为基础,作了一些与粉末冶金制造工艺有关的改变与补充。

这类数据在齿轮图上往往以专门的表或规格明细提供(在 AGMA 910 - C90 中可找到这类规格明细的例子。这些规格明细适用于小周节齿轮,特别适用于切削加工的齿轮)。为了较好地表述数据的不同功用,往往将这种规格明细中的项目分为几组。这个标准中设定的以下几组和分配在每一组的数据项目,都代表一般使用的技术规范的一种规格明细。只要提供的技术规范能满足要求,则对于遵守这些规格明细是随意的。

(1) 基本数据;

(2) 检验数据;

(3) 计算与工艺试验数据;

(4) 基准数据。

6.6.4.1　基本数据

这些数据概括地描述了齿轮。它们包括适用于制造与检验模具的项目,因此,仅仅间接地描述了齿轮本身。项目中都没有容许偏差。对描述的几何形状的任何容许偏差,都另外以规格明细单项表示。

表 10-6-6 中列出了这个标准中涉及的三种齿轮的基本数据。全部规格明细的一部分见图 10-6-32 ~ 图 10-6-36。

表 10-6-6　基本数据

技术规格	齿轮类型		
	正齿轮	螺旋齿轮	直齿锥齿轮
齿数	×	×	×
模数(径节)	×		×
法向模数(法向径节)		×	
压力角	×		×
法向压力角		×	
螺旋角		×①	
螺旋方向		×	
节锥半角		×	×
齿面角②			×
齿根锥角②			×
后视角②③			×
齿形	×④	×④	×

① 当根据其他数据规范计算时,由于修整,螺旋角的值可能接近。

② 这些数据项目可代之以在齿轮坯轮廓图上表明。

③ 粉末冶金齿轮的外部形状一般为圆柱状,在这种场合,后视角为零度,因此,这个项目可以省略,见图 10-6-32。

④ 当齿廓全部由其他数据确定时,齿形可以略去,见本节 A。

A　齿形

在假定用一个虚拟滚铣机床制造齿廓，特别是圆角部分时，这一齿形规范包括在基本数据中。可以认为齿形规范等同于这种虚拟工具的轮廓。一般使用的齿形种类在增多，这不仅来源于过去与现在的 AGMA 标准，而且来源于国际的与外国的标准或原来的设计。齿形数据项目一般包括标准依据或参照的补充详图。

关于粉末冶金齿轮，包括圆角在内的齿廓，有时完全由其他数据确定，见图 10-6-33。在这种场合，可省掉齿形规范。

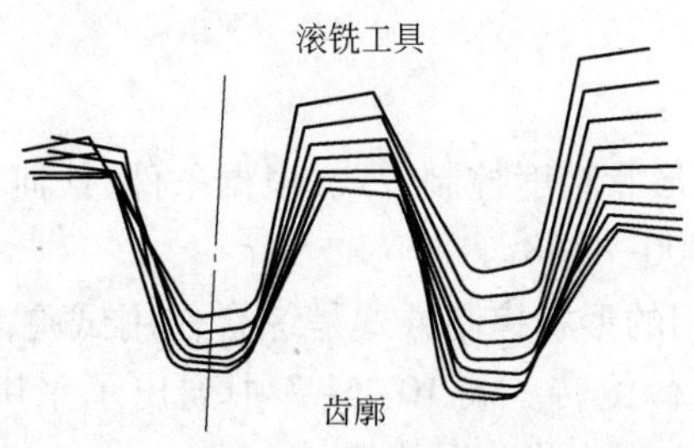

图 10-6-32　滚铣的齿廓

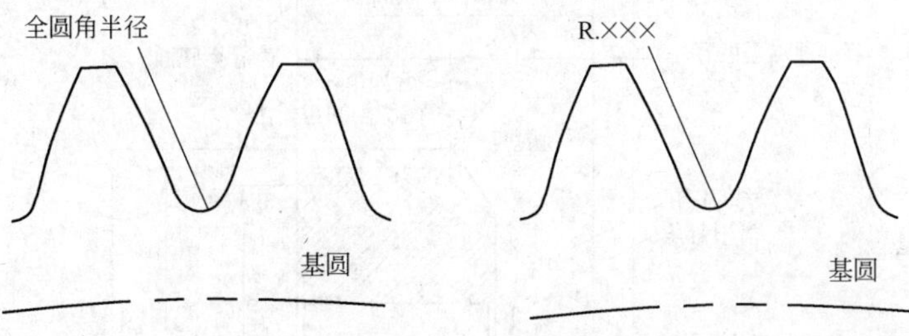

图 10-6-33　圆弧圆角形状

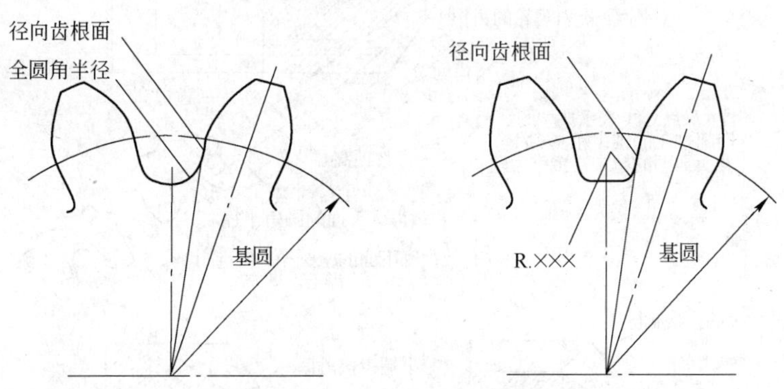

图 10-6-34　粉末冶金齿轮圆角形状

B　锥齿轮

图 10-6-35 与图 10-6-36 表明典型的粉末冶金锥齿轮与其轮廓和典型的切削加工的

锥齿轮不同之处。这两个图上还表明了锥齿轮的一些基本数据。

6.6.4.2　检验数据

这些数据项目由带公差的尺寸组成,用作确定齿轮品质的基础,包括齿轮齿的形状与尺寸以及某些其他齿廓特征的标记。倘若一些项目是以使用基准齿轮或其他检验仪器为基础,则要包括仪器基准。

注:一些数据项目仅用于进行首件检验或工具验收,其他项目也都是用于工艺过程控制的周期检验。

依据专门的统计要求评价的任何检验数据项目,都应该认为是齿轮规范的一部分。

A　齿轮齿形精度

a　正齿轮与螺旋齿轮

AGMA 认可两种独立的形状精度控制方式,根据条件,任何一组齿轮规范只能采用一种方式检验,见 ANSI/AGMA2000—A88。

最简单、最经济与最常用的形状控制方式是综合作用试验,测量时,试验的齿轮在与基准齿轮紧紧啮合的状态下进行旋转。表 10-6-7 中列出了采用这种测量方法时检验的数据。表 10-6-9 ~ 表 10-6-11 为这些数据的例子。

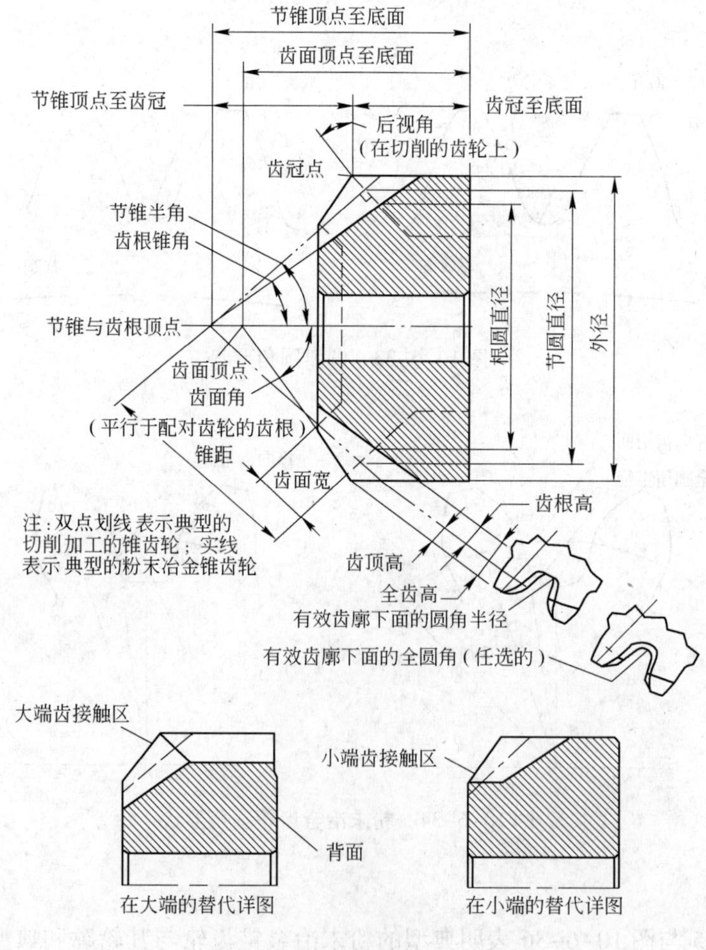

图 10-6-35　粉末冶金锥齿轮

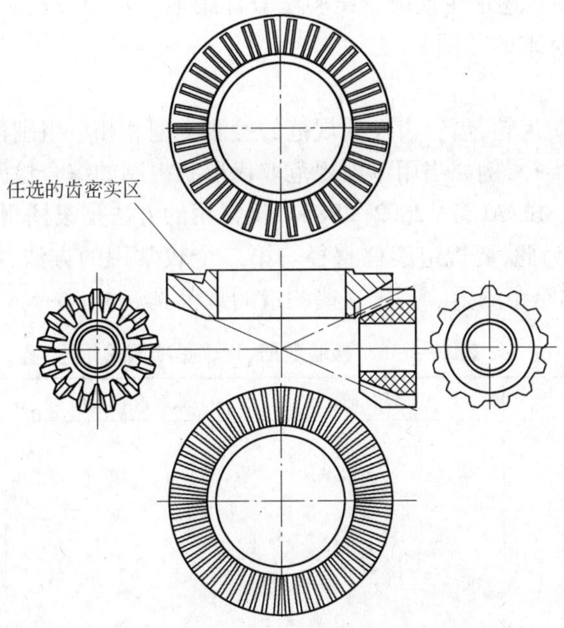

图 10-6-36　粉末冶金替代设计方案

另外一组形状控制规范是基于单项测量。这些都是用专用检验仪器或在以专用软件操作的计算机控制的测量仪器上进行的。一般说来,这类检验比综合作用试验费用高得多。因此,只有当特种齿轮的工作要求证明较高的费用合算时,才采用这些规范(列于表 10-6-8 中)。表 10-6-10 为这类数据的一例。

b　直齿锥齿轮

关于锥齿轮齿的形状,AGMA 认可两种同样的独立控制形式,见 AGMA 390. 03a。相应的规范列于表 10-6-7 与表 10-6-8 中。表 10-6-12 为一般使用的综合作用控制的一例。

表 10-6-7　检验数据(综合作用试验用)

技术规格	正齿轮(外)	螺旋齿轮(外)	直齿锥齿轮①
外径	×②	×②	×②
根径	×③	×③	
齿顶倒圆	×②	×②	×②
圆角形状④	×		
基准齿轮(技术规范或数据)	×	×	×
节锥顶点至底面			×
总的综合公差	×	×	×⑤
齿对齿综合公差	×	×	×⑤
试验半径	×②	×②	

① 补充的检验数据项目可在齿轮坯轮廓图上表明。

② 以上限与下限表示或以带 +、- 公差的名义值的形式表示。

③ 可像注②一样规定,但往往规定为一最大值而没有下限。

④ 当圆角形状的形成和切削加工齿轮的滚铣工具的作用无关时,需要技术规范,见 6.6.4.2　C 小节中的“b　圆角形状”部分。当形状由一条圆弧组成时,规范需要半径有最大与最小极限。较复杂的形状需要有详图。

⑤ 按照 AGMA 390. 03a,只用于小周节锥齿轮。

AGMA 390. 03a 还描述了用接触型试验法较详细地测定锥齿轮品质。关于这种形状检验的规范超出了这个标准的范围。

B　齿轮齿尺寸

关于正齿轮与螺旋齿轮，齿轮齿尺寸规范的检测类型和相应组别都和锥齿轮不同。

若没有规定试验半径，例如当用单项规范取代形状控制的综合检验时，就必须使用齿厚的其他间接标记，见 ANSI/AGMA 2002—B88。最常用的方法是滚柱测量(measurement-over-wires)(或 over-pins)，为此，要规定滚柱直径。第二个较常用的方法，特别是对于较大的齿轮，是跨过规定齿数的跨距测量。关于这些测量的规范见表 10-6-8。

表 10-6-8　检验数据(用于单项测量)

技术规格	正齿轮(外)	螺旋齿轮(外)	直齿锥齿轮①
外径	×②	×②	×②
根径	×③	×③	
齿圈径向跳动	×④	×④	
容许的周节变动	×④	×④	×⑤
轮廓⑥	×④	×④	
齿向⑥	×④	×④	
滚柱直径⑦	×	×	
滚柱数⑦	×	×	
滚柱测量⑦	×②	×②	
齿数⑦	×	×	
跨距大小⑦	×②	×②	
齿顶倒圆	×③	×③	×③
圆角形状⑧	×		

① 补充的检验数据项目可在齿轮坯轮廓图上表明。

② 以上限与下限表示或以带 +、- 公差的名义值的形式表示。

③ 可像注②一样规定，但往往规定为一最大值而没有下限。

④ 按照 ANSI/AGMA 2000—A88，只用于大周节齿轮。

⑤ 按照 AGMA 390. 03a，只用于大节锥锥齿轮。

⑥ 可能需要补充表明公差带的图。

⑦ 一般说来，规定的不是滚柱测量就是跨距大小测量；倘若二者都给出的话，由检验人员自行选择。

⑧ 当圆角形状的形成和任何齿轮齿形的滚铣作业无关时，需要技术规范，见 6. 6. 4. 2　C 小节中的"b　圆角形状"部分。当圆角形状由一条圆弧组成时，规范需要半径有最大与最小极限。较复杂的圆角形状需要有详图。

a　正齿轮与螺旋齿轮

齿的尺寸受控于齿顶直径(外齿轮的外径与内齿轮的内径)、齿根直径及齿厚的一些标记。因为一般不能直接测量齿厚，需要通过间接测量来规定其极限值。当利用综合作用试验规范来控制齿轮形状时，最好用间接齿厚规范的试验半径。表 10-6-7 为这些规范。

b　锥齿轮

标准粉末冶金锥齿轮的外径，如图 10-6-35 所示，可用一般方法测量与规定。可是，鉴于锥齿轮齿的锥形，需要采用专用方法来测量齿轮齿尺寸的其他特征。这些专用方法可能是一些实用测量类型的。一种专用测量方法是，试验齿轮与配对的基准锥齿轮正常安装时检测它们之间的齿侧隙来确定齿的厚度（见 AGMA 390.03a）。这种专用测量方法的规范超出了这个标准的范围。

C　齿廓的其他特征

齿轮齿廓的全面描述包括齿顶倒圆与圆角形状。

a　齿顶倒圆

在粉末冶金齿轮制造中，一般最好在齿顶部不采用小半径转角。同时，限制这个角的半径尺寸可能是重要的。在小周节齿轮中，大的齿顶倒圆可能大大减小齿的有效齿廓。对于一些应用，诸如泵的齿轮，为了使用性能最好，需要小半径转角。在这种场合，应该考虑齿顶倒圆的规范。这个规范可用最大值或规定公差下限的值来表示。

注意：在对齿顶倒圆规定特殊要求之前，建议和零件制造方磋商。

b　圆角形状

在一些粉末冶金正齿轮和大多数粉末冶金螺旋齿轮与锥齿轮中，圆角形状是由在粉末冶金压模制作过程中某些阶段所用齿轮切削工具的滚铣作业决定的。当基本数据中包括齿形规范时，也就确定了齿轮切削工具的轮廓，从而就间接确定了圆角形状（见 6.6.4.1 的 A 小节）。当用一般齿轮切削加工机床滚铣 EDM（电火花加工）电极时，通常不增加其轮廓的圆角规范检验。

表 10-6-9　正齿轮规格明细示例（采用综合公差）

正齿轮齿数据	公　制	英　制
基本规范		
齿数	42	42
模数/径节	1.25	20
压力角	20°	20°
齿形	ISO 53	AGMA 小周节
检验数据		
外径	55.00 +0.00/ -0. ××	2.200 +0.000/ -0. ×××
根径（最大）	49.132	1.9663
齿顶倒圆	0.25 +/ -0. ××	0.010 +/ -0.00 ××
圆角形状①	制成状态	制成状态
基准/控制齿轮：齿数或仪器号	60	60
总的综合公差	0.0 ××	0.00 ××
齿对齿的综合公差	0.0 ××	0.00 ××
试验半径	26.128 +/ -0.0 ××	1.0451 +/ -0.00 ××
计算与工艺试验数据		
在标准节径的弧齿厚	1.875 +/ -0.0 ××	0.0750 +/ -0.00 ××
滚柱直径（滚柱数）	2.400(2)	0.0960(2)
滚柱测量	56.172 +/ -0.0 ××	2.2469 +/ -0.00 ××
跨齿数	5	5
跨距大小	17.258 +/ -0.0 ××	0.6903 +/ -0.00 ××

续表 10-6-9

正齿轮齿数据	公 制	英 制
基准数据		
标准节径	52.500	2.100
齿顶高	1.250	0.0500
全齿高	2.934	0.1169
AGMA 品质数②	Q×或混合的	Q×或混合的
配对齿轮		
零件名称	马达小齿轮	马达小齿轮
零件号码	21B-00159	21A-00159
名义中心距	37.500	1.5000

注:公制与英制数据不完全等同。

① 见 6.6.4.2 C 小节中"b 圆角形状"部分的注意注解。

② 见 6.6.4.4 中 A 小节。

表 10-6-10 正齿轮规格明细示例(采用单项公差)

正齿轮齿数据	公 制	英 制
基本规范		
齿数	42	42
模数/径节	1.25	20
压力角	20°	20°
齿形	ISO 53	AGMA 小周节
检验数据		
外径	55.00 +0.00/-0.××	2.200 +0.000/-0.×××
根径(最大)	49.132	1.9663
齿顶倒圆	0.25 +/-0.××	0.010 +/-0.00××
圆角形状①	制成状态	制成状态
齿圈径间跳动公差②	0.0××	0.00××
容许的周节变动②	0.0××	0.00××
轮廓(渐开线)公差②	0.0××或 K-圈	0.00××或 K-圈
齿向公差②	0.0××或图表	0.00××或图表
滚柱直径(滚柱数)	2.400(2)	0.0960(2)
滚柱测量	56.172 +/-0.0××	2.2469 +/-0.00××
计算与工艺试验数据		
在标准节径的弧齿厚	1.875 +/-0.0××	0.0750 +/-0.00××
跨齿数	5	5
跨距大小	17.258 +/-0.0××	0.6903 +/-0.00××
基准数据		
标准节径	52.500	2.1000
齿顶高	1.250	0.0500
全齿高	2.934	0.1169
AGMA 品质数③	Q×或混合的	Q×或混合的
配对齿轮		
零件名称	马达小齿轮	马达小齿轮
零件号码	21B-00159	21A-00159
名义中心距	37.500	1.500

注:公制与英制数据不完全等同。

① 见 6.6.4.2 C 小节中"b 圆角形状"部分的注意注解。

② 参考 ANSI/AGMA 2000-A88。

③ 见 6.6.4.4 中 A 小节。

表 10-6-11　螺旋齿轮规格明细示例(采用综合公差)

螺旋齿轮齿数据	公　制	英　制
基本规范		
齿数	42	42
法向模数/法向径节	1.25	20
法向压力角	20°	20°
螺旋角与方向	18.0°RH	18.0°RH
齿形	ISO 53	AGMA 小周节
检验数据		
外径	57.70 +0.00/ -0. ××	2.308 +0.000/ -0. ×××
根径(最大)	51.834	2.0826
齿顶倒圆	0.25 +/ -0. ××	0.010 +/ -0.00 ××
圆角形状	制成状态	制成状态
基准/控制齿轮:齿数、螺旋角与方向或刻度数量	57 18.0°LH	57 18.0°LH
总的综合公差	0.0 ××	0.00 ××
齿对齿的综合公差	0.0 ××	0.00 ××
试验半径	27.4798 +/ -0.0 ××	1.0451 +/ -0.00 ××
计算与工艺试验数据		
在标准节径下的弧齿厚	1.875 +/ -0.0 ××	0.0750 +/ -0.00 ××
滚柱直径(滚柱数)	2.400(2)	0.0960(2)
滚柱测量	58.886 +/ -0.0 ××	2.3554 +/ -0.00 ××
跨齿数	6	6
跨距大小	21.061 +/ -0.0 ××	0.8424 +/ -0.00 ××
基准数据		
标准节径	55.202	2.2081
齿顶高	1.249	0.0500
全齿高	2.933	0.1127
导程	533.7364	21.34945
AGMA 品质数①	Q ×或混合的	Q ×或混合的
配对齿轮		
零件名称	马达小齿轮	马达小齿轮
零件号码	21B -00159	21A -00159
名义中心距	39.430	1.5770

注:公制与英制数据不完全等同。

① 见6.6.4.4 中 A 小节。

表 10-6-12　直齿锥齿轮规格明细示例(采用综合公差)

直齿锥齿轮齿数据	公　制	英　制
基本规范		
齿数	27	27
模数/径节	4.469	5.684
压力角	21°00′	21°00′
节锥半角	59°21′	59°21′
齿面角	63°28′ +/ - ××′	63°28′ +/ - ××′
齿根锥角	51°28′ +/ - ××′	51°28′ +/ - ××′
后视角	62°00′ +/ - ××′	62°00′ +/ - ××′
齿形	See summary No. ×××①	See summary No. ×××①
安装距离	63.50 +/ -0. ××	2.500 +/ -0. ×××

续表 10-6-12

直齿锥齿轮齿数据	公 制	英 制
检验数据		
外径	124.28 +0.00/ -0. ××	4.893 +0.000/ -0. ×××
齿顶倒圆	0.20 +/ -0. ××	0.008 +/ -0. ×××
基准/控制齿轮测量信号	A327	A327
总的综合公差	0.0××	0.00××
齿对齿的综合公差	0.0××	0.00××
于×. ×××安装下和基准/控制齿轮啮合的间隙	0.0× +/ -0.0×	0.00× +/ -0. ×××
与配对齿轮接触斑点的位置	见6.6.4.2 A中的“b 直齿锥齿轮”部分	见6.6.4.2 A中的“b 直齿锥齿轮”部分
计算与工艺试验数据		
测量位置	外部	外部
于节径下的弧齿厚	5.664 +/ -0.0××	0.2230 +/ -0.00××
弦齿高	3.632	0.143
弦齿厚	5.461 +/ -0.0××	0.2150 +/ -0.00××
基准数据		
外锥距下的节径	120.65	4.7500
外锥距下的齿顶高	3.556	0.1400
外锥距下的全齿高	11.379	0.4480
外锥距	70.129	2.7610
节锥顶点至齿冠	32.690	1.2870
AGMA 品质数②	Q×或混合的	Q×或混合的
配对齿轮		
零件名称	小齿轮	小齿轮
零件号码	×3254 - A	×3254 - A
齿数	16	16

注:公制与英制数据不完全等同。

① 原文如此。

② 见6.6.4.4中A小节。

倘若粉末冶金零件制造厂方利用计算机辅助设计,以虚拟滚切工具间接制取齿形,则轮廓应该相互一致,见图10-6-32。这种间接方法使用的工艺可能会使圆角轮廓产生微小差异。

可是,大部分粉末冶金正齿轮的压制成形模具,并不是由用齿轮切削加工制作的电极制造的。模具通常是用线切割工艺制作的。在这些场合,是将圆角形状制成规定的圆弧状而不是滚铣的圆角,见图10-6-33。如果没有规定的话,当基圆大于齿根圆时,大部分粉末冶金生产厂方将采用径向齿根面,见图10-6-34。弧或规定的其他几何形状的任何组合都是可能的。

注意:如果没有规定齿根形状,则可能设计成径向齿根圆角。径向齿根圆角的设计应考虑齿顶/齿根与匹配齿轮可能的过盈。为了确定齿根圆角设计,对齿顶/齿根过盈应进行计算。

当正齿轮设计需要根切圆角时,如齿较少的一些小齿轮,需要形状更复杂的圆角。在所有这样的条件下,除圆角形状规范外,还应包括适当的形状公差。

6.6.4.3 计算与工艺试验数据

对于齿轮规范,这些数据项目一般并不重要,可以省略。可是,这些数据可供备用,往往将它们添加于齿轮规格明细中。表 10-6-13 列出了这三种类型齿轮的计算与工艺试验数据。示例见表 10-6-9 ~ 表 10-6-12。

表 10-6-13　计算与工艺试验数据

技术规格	正齿轮（外）	螺旋齿轮（外）	直齿锥齿轮①
弧齿厚	×①		×①
法向齿厚		×①	
滚柱直径	×	×	
滚柱数	×	×	
滚柱测量②	×①	×①	
齿数②	×	×	
跨距大小②	×①	×①	
弦齿高			×
弦齿厚			×②

① 规定以上限与下限表示或以带 +、- 公差的名义值的形式表示。

② 只有检验数据中省略它们时，才包括滚柱测量与跨距大小。

齿厚是齿轮设计作业的一个主要因素。与其公差极限一道，允许校验在检验数据中使用的计算间接值。作为起始工艺试验的一部分，有时便于使用齿厚测量法而不用检验数据中给出的方法。对于这种替代的方法可增加以限制。

6.6.4.4　基准数据

这些数据项目也不重要，可以省略。可是，它们可能有助于考虑齿轮设计的某些方面，可用作其他相关信息的来源。给出的齿轮尺寸皆来源于基本规范与检验数据中的项目。表 10-6-14 列出了这三种类型齿轮最常用的基准数据。示例见表 10-6-9 ~ 表 10-6-12。

表 10-6-14　基准数据

技术规格	正齿轮	螺旋齿轮	直齿锥齿轮
标准节径	×	×	×
齿顶高	×	×	×
全齿高	×	×	×
导程		×	
中心距	×	×	
锥距①			×
节锥顶点至齿冠①			×
AGMA 品质数	×	×	×
配对齿轮图号	×	×	×

① 这些数据项目可代之以在齿轮坯轮廓图上表明。

利用品质数将齿轮品质进行分级的 AGMA 系统广泛用于齿轮工业的所有零件，可用于齿轮品质期望值的简明标志。这些品质项目通常包括：

（1）表 10-6-7 中总公差和齿对齿的综合公差；

（2）表 10-6-8 中齿圈径向跳动、允许的周节变动、轮廓与齿向。

当这些检验数据项目的每一公差值都符合 AGMA 标准对单一 AGMA 品质数规定的值时，则可将品质数用作基准数据的一部分。有时选择的公差值不都符合单一品质数，而是要符合两个或多个品质数。在这种场合，基准数据就应列出所有品质数，指明和每一品质数相关的数据项目，见 ANSI/AGMA 2000 - A88 和 AGMA 390.03a。在表 10-6-9 ~ 表 10-6-12

所列的规格明细示例中,这种多品质数是用标志“混合的”来表示的。

6.6.4.5 齿轮制图规范

应该将与齿轮相关的其他特征作为粉末冶金齿轮全部规范的一部分予以规定。这些特征可作为齿轮图中尺寸图的一部分予以表明,按照一般绘图的惯例与做法来理解。

注意:几何形状的尺寸与公差标注最好按照 ANSI/ASME Y14.5M 的方法标注图。

A 孔或其他中心基准的特征

每一齿轮都有决定齿轮中心轴的特征或特征组合。这种特征只能用齿轮几何形状的关系来表示,例如,位于其中心的直通孔。即使这个例子的中心基准特征比较简单,但最好还是增加诸如“基准表面”或“安装表面”之类的引出特征。当安装特征较复杂时,例如位于齿轮两端的短轴或带定位台阶齿轮的一个端面,对于清楚规定检验时如何规定齿轮的位置,这种引出特征是重要的。在实际可行的场合,检验基准应和齿轮在应用中定位的基准相同。

B 端面宽度与垂直度

正齿轮与螺旋齿轮的端面宽度一般表示在图上,而不是在齿轮的数据规格明细中表明。一个或两个端面的垂直度规范可限制烧结或其后的热加工可能产生的变形。

C 毛刺

齿面的毛刺是压制成形时产生的。这种从齿轮端面向外突出的原状毛刺并不妨碍沿齿轮齿根面的接触,见图 10-6-37。可是,毛刺足够大时,在生产过程中搬运时,可能会强制使其进入齿槽中。倘若有毛刺的端面对总成中的邻接零件旋转时,特别是齿轮在加工过程中硬化的话,就连原状毛刺都可能是个问题。在齿轮端面沿着齿进行倒角,如下面 E 小节中所描述的,往往可减小或消除这种毛刺的不良影响。

限制关键部位毛刺高度的规范可能会要求经常地进行模具维护。但对于毛刺限制过严可能会大幅度增加制造成本。

D 表面缺陷

在粉末冶金齿轮生产过程中可能会产生一些表面缺陷,诸如:

(1) 烧结时黏附在齿表面的松散粉末颗粒;

(2) 烧结前后,由于齿轮之间或与搬运装置碰撞而造成的小坑与周围突起。

这些缺陷在齿轮的初始操作时都可以排除,特别是工艺过程中没有硬化时。在目测或综合齿轮测量中发现这些缺陷时,检验方法应对这种不重要的暂时的表面缺陷予以承认和容许。

规范一般采用注解的形式来限制较大的缺陷。这种规范可包括各个缺陷的尺寸极限或在各个试样中它们出现的频率极限。

E 齿轮齿的倒角

沿正齿轮与螺旋齿轮的齿端面往往规定一小的倒角(见图 10-6-37*b*、*c*)。倒角一般限于一个端面,但模具维护条件允许时,也可采用两端面倒角。这种倒角的用途如下:

(1) 通过为上述 C 小节中描述的毛刺类型提供间隙,将搬运零件时毛刺被挤压到齿槽中的机会减少到最低限度,防止突出的毛刺在邻接零件上摩擦(通过在齿轮端面增加一短小凸台也可用于上述的后一种用途)。端面的倒角与凸台见图 10-6-38。

(2) 可增大对粉末的压缩,从而导致齿轮的密度与强度较高,见图 10-6-38。

倒角的设计与比率应考虑到模具寿命的要求和便于模具维护。

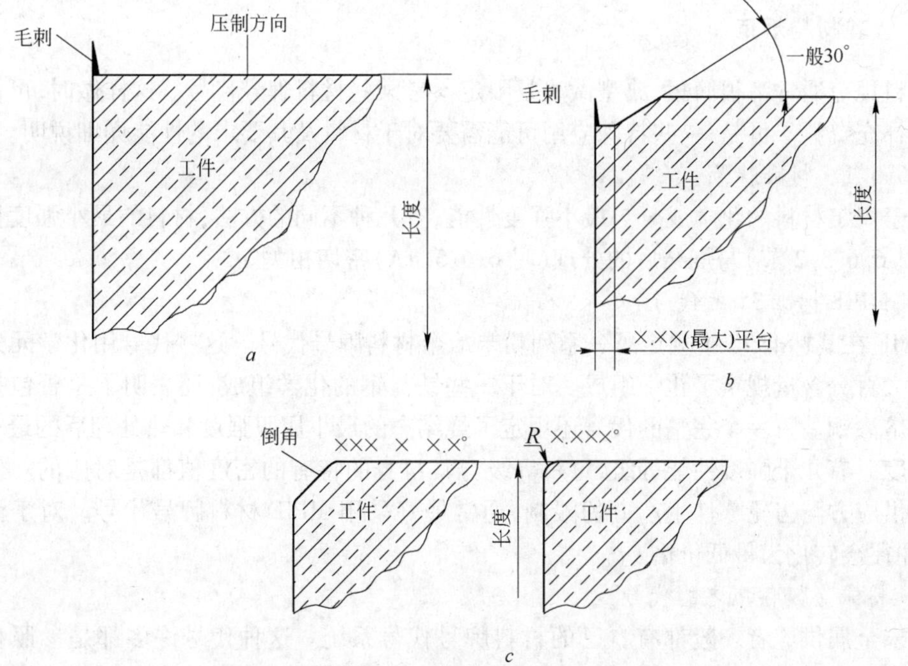

图 10-6-37　与规范有关的毛刺类型

a—1 类:由于正常的模具间隙而形成的标准粉末金属压制毛刺,在去毛刺作业中可以轧到或减小到最小限度,可以超过规定的长度,测量长度尺寸时要避开毛刺;

b—2 类:采用平台与倒角隐藏的标准粉末金属压制毛刺,在去毛刺作业中可以轧到或减小到最小限度,不能违反规定的长度,测量长度尺寸时要避开毛刺;

c—3 类:在不容许有毛刺的场合,形成的毛刺实际上已用后续作业除去

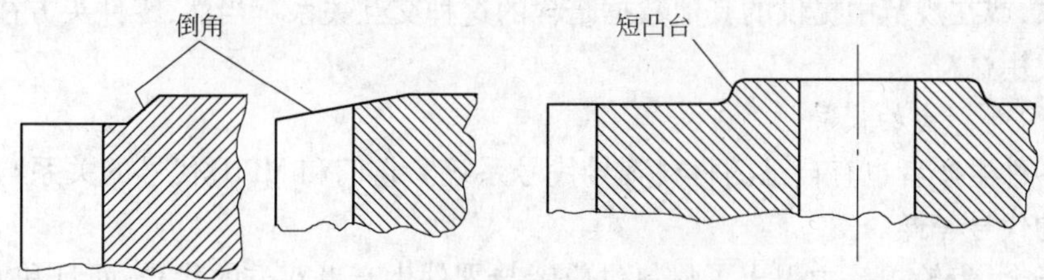

图 10-6-38　毛刺阱:倒角或凸台

F　齿面的表面粗糙度

用粉末冶金工艺制作的齿轮齿面的粗糙度都是好的,没有通常切削加工的齿轮表面的各种形式的凹凸不平。可是,一些特殊应用可能会要求控制齿面的表面粗糙度。通过选择材料与工艺条件可以实现这种控制,或者如 6.6.5.4B 与 6.6.5.4C 中所指出的,它可能需要一些烧结后的后续作业。表面粗糙度的规范必须考虑到粉末冶金表面固有的孔隙度。例如,应该要求用跨过颗粒间孔隙的錾型测头进行测量,而不是采用会陷入颗粒间孔隙中的锥型测头。通常,在正齿轮中,顶端半径合适的錾型测头以平行于齿轮轴线的直线路径,而不是沿着弯曲的齿廓跨过齿进行测量。在涉及测头选择与结果整理的试验细节方面,都需要生产方与购买方双方同意。

6.6.5 齿轮材料规范

材料规范通常都很简短,典型做法是限定参考某些材料牌号代号。这样做时,可增加信息用作补充资料。可是,一些特殊应用可能需要对于材料及其要求的性能详细说明。

6.6.5.1 材料牌号

关于规定材料的化学成分与最小强度性能,有几种不同的方法;材料的最小强度性能和密度(见6.6.5.2节)与烧结后的处理(见6.6.5.4A)密切相关。

A MPIF标准35的代号

MPIF在其标准35中规定了一系列粉末冶金材料牌号代号。这些代号用化学元素的最小与最大百分含量规定了化学组成。对于一些铁与钢的化学组成,还表明了是否包括热处理或者熔渗铜。每一个完整的代号还规定了烧结态的最小屈服强度和热处理后的最小极限抗拉强度。有几个强度性能等级,每一等级与其自身的特有的密度值都是对应的。作为排除材料供应方与齿轮零件生产方的限制,通常最好采用MPIF材料牌号代号。对于齿轮买方,这往往会转化为最低价格。

B 粉末金属供应者的代号

粉末金属供应者一般都有自己的材料牌号代号系统。这种代号许多都是参照相应的MPIF代号。当同一组齿轮规范中引出两个代号时,除非二者之间有矛盾,应符合两种材料牌号。任何矛盾都要通过生产方与购买方双方协商来解决。

一些材料供应者表示材料牌号的代号没有包括在MPIF标准之中。在选用这些特殊材料的那些应用中,可能和MPIF的代号没有交叉关系。

有材料供应者代号而没有MPIF代号的齿轮规范,要求齿轮零件生产者只能使用来自这个供应者的指定材料。无论如何,这限制了材料供应者在别处提供的一些和MPIF代号的交互关系,或在规范中提供的其他数据暗含的这种交互关系。当然,零件买方往往可以认可推荐的代用材料。

C 零件生产者的代号

一些零件生产者也有自己的材料牌号代号系统。它们和MPIF代号的关系与上述的材料供应者的代号一样。

有的场合,齿轮规范中引出了材料供应者与零件生产者双方的代号,而且和MPIF代号没有任何关系,或没有指明二者中哪一个是事实上的规范与哪一个仅仅是参考数据。在这种场合,材料供应者的代号实际上是规范。

D 材料的化学组成

齿轮规范也可能含有关于制造齿轮的材料的化学组成的资料。当这种资料附有规定的材料牌号代号时,以化学组成的数据作为基准数据,因此应该标明。在这种场合,齿轮买方有责任检查两组数据是否相符。没有规定代号时,化学组成的资料应充分完整并适于商业上正确引导选择适用的材料。

6.6.5.2 密度

密度是粉末冶金齿轮的一个重要特性,但往往不一定将之列为一个独立的规范。例如,以MPIF代号与其最小强度要求表示的材料规范就间接控制了密度。

在因特殊需要必须控制密度的场合,规范应确定密度的最小值或一个容许的范围。除非密度规范指的是齿轮的限定部分，诸如一般齿的部分，否则都将密度值理解为表示整个粉末冶金零件的平均密度。在制定密度规范时，应该记住复杂与极端的密度要求可能会大大加大齿轮的成本。

6.6.5.3　物理性能与试验要求

和齿轮材料规范一起列出的物理性能一般是作为基准数据处理的。列出的值一般都来源于 MPIF 或卖方文献提供的典型数据。就连 6.6.5.1A 中描述的，来源于 MPIF 标准 35 的最小强度值都是来源于在标准条件下加工的标准试样在实验室试验的数据。这些值不一定适用于在工业条件下加工的具体的齿轮零件。

一些特殊应用可能要求严格控制一项或多项力学性能。有几种方法可将这种控制包括在齿轮的材料规范中。每一种方法都需要一些类型试验来确定达到的最小性能值。

A　粉末金属卖方的检验合格证

在将控制局限于用于制造齿轮的粉末材料的场合，可能要求材料卖方证明供给的材料符合标准试样在标准试验中的最小强度要求。

B　功能齿轮强度试验

为了直接控制粉末冶金齿轮的材料强度性能，可采用功能齿轮强度试验。因此，齿轮材料规范应补充必须满足的最低要求，按生产批量或周期选取齿轮样品进行试验。设计的这种试验既要便于试验又要和齿轮在应用中承受的荷载条件相似。关于这类规范进一步的资料超出了这个标准的范围。

C　其他要求

涉及冶金控制的其他要求都应基于零件生产方与买方间的协议。

6.6.5.4　粉末冶金齿轮的特殊作业

A　材料处理

一些应用要求进行特殊处理以改进材料性能。关于这些处理的规范可能仅仅是确定工艺方法的形式。在一些场合，规范也可能要求进行定量测量来验证处理效果。

a　热处理

最简单的热处理规范是依据 MPIF 材料牌号代号与其最小极限强度的范围。一些特殊热处理是：氮化、渗碳及感应淬火硬化。倘若硬度规范是采用表观硬度或颗粒硬度，它就应该包括测量技术的适当标志。有关内容可参见 MPIF 标准 43、50 及 51，SAE 标准 J864。

b　铜熔渗

往往将铜添加于基本组成中，以增高粉末冶金材料的极限抗拉强度。这种工艺也可用 MPIF 材料牌号来规定，材料牌号都附有要求的最小强度。

c　复压、滚压成形或锻造

关于这些工艺方法的规范，可作为密度或强度要求的一部分来表示。在作业的目的是提高精度、改善表面粗糙度或对几何形状进行一些改变的场合，规范应反映出预期的结果。

B　齿轮精加工作业

正齿轮与螺旋齿轮的精加工作业一般都涉及用刮、磨或其他工艺方法从齿轮齿面轻微地切除材料。用这些工艺方法可改善烧结状态齿轮的精度。用于作业结果的规范表现为表 10-6-8 中列出的齿轮数据的一部分。

C 除去毛刺与表面修正

可用振动光饰与类似加工来磨光(由于封闭表面的孔隙)、清理或齿顶倒圆。规范一般采用规定采用的具体方法与材料的形式。最终外观也可能是规范的一部分。

D 电镀

粉末冶金齿轮很少电镀。需要时,必须先进行封闭孔隙作业。电镀的规范都是非标准的。

E 润滑

含浸以润滑流体可减小粉末冶金齿轮的摩擦与磨损。流体保有的限度和润滑的长期有效性受孔隙度的限制与特性及工作条件的影响。规范可用来规定润滑剂种类与用某些测量方法测定的残留润滑剂的最低数量。

另外一种方法是采用有益的表面涂层,诸如 PTFE 或磷化处理。这种涂层实际上一般都是有专利权的,而且需要加工者制定规范。

F 浸渍树脂

这种工艺可用来改进后续加工时粉末冶金材料的切削性,也可用于封闭孔隙以改善耐蚀性。

G 水蒸气氧化处理

这种工艺可用来改善外观或耐磨性,或进行封闭孔隙与提供耐蚀性。可是,这种处理可能会降低冲击强度与抗弯强度。

参考文献

[1] 韩凤麟,等. 中国材料大典[M]. 北京:化学工业出版社,2006.

[2] Development and Fatigue Testing of a Powder Forged Pignon Gear for a Passenger Car Gear Box. Hoganas Iron Powder Information PM 84 – 5.

[3] 韩凤麟. 粉末冶金机械零件[M]. 北京:机械工业出版社,1987.

[4] 倪冠曹. 汽车用粉末冶金件对铁粉的需求[J]. 粉末冶金工业,2003,4:26 ~ 28.

[5] 李辉隆,等. 粉末冶金齿轮制品精度探讨[J]. 粉末冶金技术,2005,6:190 ~ 194.

[6] 周作平,申小平. 粉末冶金结构零件实用技术[M]. 北京:化学工业出版社,2006.

[7] ANSI/AGMA 6008 – A98. American National Standard. Specifications for Powder Metallurgy Gears,1998.

编写:申小平(南京理工大学)

王世平(华东粉末冶金厂)

韩凤麟(中国机协粉末冶金分会)

第7章　粉末冶金摩擦材料

7.1　粉末冶金摩擦材料的发展与分类

7.1.1　粉末冶金摩擦材料的发展

摩擦材料是指积极利用其摩擦特性,以提高摩擦磨损性能为目的,在摩擦过程中将吸收的动能转化为热能并散发出去,而本身没有毁坏性磨损的一种材料。从广义来讲,摩擦材料可定义为一种制品,这种制品被设计和制造用来控制它和与之贴合的另一表面间所发生的滑动状态,而使之在有控制的方式下进行。因此,摩擦材料是被广泛应用于各种运输工具(如汽车、火车、舰船等)及各种机器的摩擦离合器与摩擦制动器摩擦部分,实现动力的传递、阻断,达到使运动物体减速、停止或协同运动等行为目的。

20世纪20年代初,主要应用的摩擦材料为石棉树脂基摩擦材料,随着机械设备功率的不断提高,使用的石棉摩擦材料虽然具有高而稳定的摩擦因数,但其导热性差,摩擦时表面及内部温度急剧升高,材料中的橡胶、甲醛等黏结剂碳化,致使石棉摩擦材料摩擦因数不稳定、高温时易黏结而不能满足使用要求。因此开始了粉末冶金摩擦材料的研究。

粉末冶金摩擦材料是指以金属及其合金为基体,添加摩擦组元和润滑组元等,采用粉末冶金工艺制造的金属和非金属多组元复合材料,其组织结构为具有特殊性能的各种质点均匀分布在各种金属相中,又称为金属陶瓷摩擦材料、烧结金属摩擦材料等。该材料可以在相当大的范围内调整材料成分,以适应各种不同的制动要求。粉末冶金摩擦材料是在创制和工业应用烧结减摩材料的多孔轴承所取得的成就基础上发展起来的。

粉末冶金摩擦材料最早是1929年提出的,材料是含少量铅、锡和石墨的铜基合金,这种合金中能加入氧化镁、滑石和白垩等添加剂。美国通用金属粉末公司首先于1932年组织生产了用于离合器的粉末冶金摩擦材料,航空工业是粉末冶金摩擦材料的第一个用户。第二次世界大战期间,军用车辆和飞机对重载荷摩擦材料的大量需求,极大地促进了粉末冶金摩擦材料工业的发展,生产总值由1939年的200万美元增加到1944年的2000万美元。1950年以前,粉末冶金摩擦材料主要在干摩擦条件下工作,起制动作用。从1950年开始,粉末冶金摩擦材料在汽车的传动中得到应用。目前,大约75%以上的粉末冶金摩擦材料均应用在离合或含油条件下的制动。第二次世界大战后,粉末冶金摩擦材料在英、法、德、日等国开始急速发展起来,在不同工况下得到应用,先后发展了船舶及工程机械用粉末冶金摩擦材料、列车用粉末冶金摩擦材料和航空用摩擦材料,以及其他特殊条件如航天用摩擦材料等。

在中国,特别是在1965年后,粉末冶金摩擦材料的科研、生产得到迅速发展,目前中国已有数十个具有一定生产规模的生产企业,年产摩擦制品约850万件,广泛应用于飞机、船舶、工程机械、农业机械、重型车辆等领域,基本满足了中国主要主机配套和引进设备摩擦片的备件供应和使用要求。

在中国生产的粉末冶金摩擦材料按基体来划分主要包括铁基、铜基及其他金属基体材料。通常对粉末冶金摩擦材料产量的统计以铜基和铁基为主体,其产量约占粉末冶金摩擦材料总量的 90% 以上。近年来中国的粉末冶金摩擦材料的年度产量见表 10-7-1。

粉末冶金摩擦材料于 20 世纪 90 年代在中国的发展不稳定,主要原因是其他品种如半金属、纸基、碳基等摩擦材料的迅速发展,挤占了部分粉末冶金摩擦材料的市场。在中国,铜基粉末冶金摩擦材料的产量略低于铁基粉末冶金摩擦材料,但从发展趋势来看,铜基粉末冶金摩擦材料产量一直呈稳步增长的趋势,2001 年开始,铜基摩擦材料在粉末冶金摩擦材料的使用中开始占主导地位,2004 年达到了创纪录的 2013 t,占摩擦材料总产量的 92.5%。

表 10-7-1　1997 ~ 2004 年中国粉末冶金摩擦材料的年度产量

年　份	1997	1998	1999	2000	2001	2002	2003	2004
粉末冶金零件/t	16495	17366	20661	29835	31207	39025	48597	62768
摩擦材料总量/t	1762	1507	1748	1663	1099	1427	1940	2176
铁基粉末冶金零件/t	15092	15876	18976	26501	27484	34684	44240	56166
铁基粉末冶金摩擦材料/t	1209	809	888	979	259	275	258	163
铁基摩擦材料在总铁基中的百分比/%	8	5.1	4.7	3.7	0.9	0.8	0.6	0.3
铁基摩擦材料在总摩擦材料中的百分比/%	68.6	53.7	50.8	58.8	23.6	19.3	13.2	7.5
铜基粉末冶金零件/t	1403	1490	1685	3334	3723	4341	4357	6502
铜基粉末冶金摩擦材料/t	553	698	860	684	840	1152	1682	2013
铜基摩擦材料在总铜基中的百分比/%	39.4	46.8	51	20.5	22.6	26.5	38.6	31.0
铜基摩擦材料在总摩擦材料中的百分比/%	31.4	46.3	49.2	41.2	76.4	80.7	86.8	92.5

7.1.2　粉末冶金摩擦材料的分类

粉末冶金摩擦材料的分类方法很多,通常按以下几种方式划分:

(1) 按材料使用环境存在的介质划分为干式粉末冶金摩擦材料和湿式粉末冶金摩擦材料等;

(2) 按摩擦材料制品的使用功能可划分为制动用粉末冶金摩擦材料、离合用粉末冶金摩擦材料、安全保护用粉末冶金摩擦材料等;

(3) 按材料基体划分为铜基、铁基、铁铜基以及其他基体如镍基、铝基等粉末冶金摩擦材料。

在粉末冶金摩擦材料的种类划分中,通常按第三种方式划分,如上一节中我国粉末冶金摩擦材料的统计也主要是以铁基和铜基为主要的统计对象。

7.1.2.1　铁基粉末冶金摩擦材料

铁基粉末冶金摩擦材料是以铁为主要成分,添加铜或镍等金属粉末和石墨、二氧化硅等粉末组成。铁的熔点较高，其强度、硬度、塑性、耐热强度和抗氧化性等可通过添加合金元素加以调整。铁基摩擦材料比铜基摩擦材料较容易与钢铁对偶黏合，摩擦因数的变动较大。此外，导热性较差，滑动面温度容易上升，对对偶件的损伤也较大。但铁基摩擦材料成本较低，经济性较好。其主要应用于干式条件下，在俄罗斯、美国等国家的军、民用飞机上已广泛使用。表10-7-2为国外几种广泛应用的铁基摩擦材料的物理－力学性能。

表10-7-2　国外典型铁基摩擦材料的物理－力学性能

性　能	ФМК－11	МКВ－50А	СМК－80
密度/t·m^{-3}	6.0	5.0	5.7
抗拉强度/MPa	49.0～68.6	29.4～39.2	—
剪切强度/MPa	78.4～98.0	65.7～83.3	63.7～78.4
压溃强度/MPa	294～343	147～206	196～245
硬度HB	80～100	80～100	80～100
热导率/W·$(m·K)^{-1}$	19.26～46.05	18.84～27.21	20.90～29.31

7.1.2.2　铜基粉末冶金摩擦材料

铜基粉末冶金摩擦材料是以铜及铜合金为主要成分，此外含有润滑组元石墨和摩擦组元陶瓷颗粒以及强化铜基体的合金元素等多种组分。铜基摩擦材料最早出现于1929年，材料是含少量的铅、锡和石墨的铜基合金。苏联于1941年后成功地研制了一批铜基摩擦材料，广泛应用于汽车和拖拉机上。美国对铜基摩擦材料的研究也较多，主要是致力于基体强化，从而提高材料的高温强度和耐磨性。20世纪初，铜基摩擦材料大多用在干摩擦条件下工作，50年代以后，大约75%的铜基摩擦材料，均在润滑条件下工作。这些摩擦材料都是以青铜为基体，以锌、铝、镍、铁等元素强化基体。铜基粉末冶金摩擦材料在飞机、汽车、船舶、工程机械等刹车和离合装置上的应用发展较快，使用较成熟是在20世纪70年代之后。表10-7-3为国外广泛使用于干摩擦条件下的铜基摩擦材料，其中绝大多数材料为典型的锡青铜基摩擦材料。

表10-7-3　干摩擦条件下使用的铜基摩擦材料成分（质量分数，%）

序号	Cu	Sn	Pb	Fe	石墨	SiO_2	其他成分	国　别
1	61～62	6	—	7～8	6	—	Zn－5，莫来石－7	美国
2	75	8	5	4	1～20	—	SiC－0.75，Zn－6	美国
3	70.9	6.3	10.9	—	7.4	4.5		美国
4	62	12	7		8	4		美国
5	70	7	8	—	8	7	TiO_2－10	日本
6	62～72	6～10	6～12	4～6	5～9	4.5～8		日本
7	62～71	6～10	6～2	4.5～8	5～9		Si－4.0～6.0	日本
8	60～90	～10	～10	～18	～10	2		日本
9	25	3	—	—	—	5	玻璃料－40，石棉－30	德国
10	50～70	—	—	5～15	～25		Sb－4～8	德国
11	67～80	5～12	7～11	～8	6～7	～4.5		前苏联

续表 10-7-3

序号	Cu	Sn	Pb	Fe	石墨	SiO_2	其他成分	国　别
12	68 ~ 76	8 ~ 10	7 ~ 9	3 ~ 5	6 ~ 8	—		前苏联
13	72	5	9	4	7	—	SiC - 3	前苏联
14	86	10	—	~4	—	—	Zn - 约 2	前苏联
15	67.26	5.31	9.3	6.62	7.08	4.43		英国
16	68	8	7	7	6	4		英国

7.1.2.3　铁铜基粉末冶金摩擦材料

铁铜基粉末冶金摩擦材料中铁和铜的含量基本相当，兼有铁、铜优异的力学、电学、导热性能和耐磨性能，既具有铁基材料的高摩擦因数，又具有铜基摩擦材料耐磨性好的优点，在湿式和干式条件下都能应用。

7.1.2.4　其他金属基粉末冶金摩擦材料

A　铝基粉末冶金摩擦材料

铝基摩擦材料重量轻，耐腐蚀，不导磁，具有高导电和导热性，比强度高，而且可以采用弥散强化手段来强化基体，因此对其研发工作备受关注。例如由铝合金雾化粉末快速固化发展出的新型高温、高强摩擦材料具有热稳定弥散相，比传统时效硬化材料更优越，可在较高温度下使用，另外通过 Al_3Zr 和 Al_6Mn 弥散相和晶粒细化还可进一步提高力学性能。所有这些特点，赋予铝基摩擦材料广阔的发展前景。目前 AlSi 基高级铝合金摩擦材料也已经问世。但铝基摩擦材料因制造工艺复杂，费用昂贵，未能普遍推广应用，这种材料主要用于航空、宇航的摩擦材料部件。

B　镍基粉末冶金摩擦材料

镍是一种耐高温的金属，能在高于一般金属熔点的温度中工作。镍基摩擦材料具有良好的滑动特性，可压制得到较高的密度，加入特种添加剂烧结时不产生裂纹。曾有学者研究过一种摩擦材料，材料成分及组成如下：Ni47%，$Al_2O_3$20%，石墨 28%，$PbWO_4$5%。这种材料具有较好的高温摩擦磨损特性，$PbWO_4$ 与 Ni 的比例为 0.015 时，摩擦因数能保持在 0.3 的水平。对镍基摩擦材料来说，石墨是最理想的润滑添加剂，$PbWO_4$ 是高温工况下良好的添加剂。

C　钼基粉末冶金摩擦材料

有学者研究过一种包含 50% 的金属间化合物（钴 - 钼 - 硅）的钼基材料，这种材料显示出良好的摩擦磨损性能，该材料一般具有较低的摩擦因数，在高载荷下（3.77 MPa）具有较小的磨损（ <0.005 g），因此材料必须在较高的压力、载荷下制动才能得到相同的刹车力矩。这种材料低的磨损性能和该金属间化合物相对高的成本阻碍了其应用。

D　铍基粉末冶金摩擦材料

铍基粉末冶金摩擦材料曾在美国大型军用运输机上应用，该材料以铍为基体，添加 B、Mg、Ti 及它们的氧化物或碳化物组成。铍的密度小，比热容大[2.14 J/(g · ℃)]，单位重量吸收的热为钢的 4 ~ 5 倍。但因成本高且氧化铍有毒，其应用也受到了限制。

7.2　粉末冶金摩擦材料的主要组成及制备工艺

7.2.1　粉末冶金摩擦材料的主要组成

粉末冶金摩擦材料是一种含有金属和非金属多种组分的假合金。在一定程度上可将这些组分分成三类:

(1) 基体组元。形成材料基体并促进形成具有一定物理 - 力学性能的组元,粉末冶金摩擦材料中的基体组元具有金属属性,一般为金属(铜、铁、镍)及其合金。

(2) 润滑组元。调节黏结程度的组元,它们能减小或完全消除黏结和卡滞,促使材料摩擦平稳,减小表面磨损。因此,通常称其为抗卡滞剂或固体(干)润滑剂或摩擦稳定剂。这类组元有:石墨,钼、铜、锌、钡、铁等的硫化物,氮化物及低熔点纯金属(铅、锡、铋等)。

(3) 摩擦组元。调节机械相互作用大小的组元,通常称它们为摩擦剂。摩擦剂的作用在于补偿固体润滑剂对材料的影响,以及在不损害摩擦表面的前提下增加滑动阻力,提高摩擦因数。此外,这类组元通常具有非金属特性,能促进形成多相组织,减少表面黏结和卡滞。这类组元有硅、铝、铬等的氧化物,碳化硅和碳化硼,矿物性的复杂化合物(石棉、莫来石、蓝晶石、硅灰石等)。

7.2.1.1　基体组元

粉末冶金摩擦材料基体具有金属特性,其组织结构、物理和化学性能在很大程度上决定了摩擦材料的力学性能、摩擦磨损性能、热稳定性和导热性等整体性能的发挥。金属基体的主要作用是以机械结合方式将摩擦颗粒和润滑剂保持于其中,形成具有一定力学性能的整体。基体不仅作为载体,将互相分离的各种添加物与自身结为一体,使它们各自发挥作用,而且是承受载荷和热传导的主体,是摩擦热逸散的主要通道,具有足够的抗磨、耐热能力。

粉末冶金摩擦材料的基体可以是单一金属,也可以是它们与其他元素形成的合金,如 Cu、Fe、Ni、Mn、Ti、Sn 等及其合金。基体强度是材料承载能力的反映,而基体强度在很大程度上取决于基体成分、结构和力学物理性能。改善材料基体结构和强度主要从两个方面入手,一是用合金元素固溶强化基体。对于铁基材料,通常以加入 Ni、Cr、Mo、W、Mn 来强化基体或活化烧结过程,加入 W、Ni、Cr、Mo 对提高材料的高温性能也有利。对于铜基材料,则以 Sn、Al、Ni 等合金元素强化为主。另一项强化手段是纤维强化,如在较软的基体中加入具有较高强度的金属纤维或炭素纤维,加入钢纤维后使材料强度和塑性大大提高,炭素纤维对材料比强度、比模量、耐热性和抗疲劳性能有利,但因成本高、制造工艺复杂,目前应用仅限于航空航天等尖端领域。此外对以铝青铜为基体的摩擦材料也有较多的研究,前苏联通常以 Al、Zn、Ni、Ti、Si、V 等作为辅助强化组元;而美国、日本则常以 Zn、Si、Ti 作为辅助强化组元。铜基摩擦材料导热性好,摩擦性能稳定且磨损小;铁基摩擦材料则有较好的高温强度、耐热性、热稳定性和经济性,但摩擦性能不如前者,且易与对偶件黏着,但加入 Sn 和石墨可改善其摩擦性能,加入 Mn、Al、Co 及 Cr 可减轻与偶件的黏着。

基体的组织结构、物理和化学性质决定了粉末冶金摩擦材料的强度、耐磨性、耐热性。而在研究摩擦材料基体时除基体本身的组织结构及性能外还要注意下述一些问题:

(1) 基体是否能形成连续而牢固的金属连接,这是评价粉末冶金摩擦材料组织结构优劣的首要因素。因为粉末冶金摩擦材料中含有大量的非金属颗粒,它们与金属的相互作用很小,润湿性很差,结合强度不高,它们的存在分隔开了基体金属之间的连接,只有当基体之间形成连续而牢固的金属连接时,基体乃至整个材料才是完整的有机统一体,才能保证足够的强度而使其发挥应有的功能。因此在成分设计时要考虑好主体金属的用量和工艺的准确性以保证基体形成整体金属连接。

(2)基体与陶瓷粒子的润湿性及结合强度如何。金属与陶瓷粒子的结合强度也直接影响着摩擦材料的使用性能,在摩擦过程中,如果硬质的陶瓷颗粒和金属基体结合力不足,颗粒会从表面脱落,从而加剧材料磨粒磨损。

部分合金元素对铜基摩擦材料性能的影响见表 10–7–4。

表 10–7–4　合金元素对铜基摩擦材料性能的影响

添加元素	基体显微硬度 HV	抗弯强度 /MPa	平均摩擦因数	材料磨损量 /mm·(次·面)$^{-1}$
—	99.9	82.62	0.355	0.0163
Sn	119.4	139.14	0.290	0.0060
Al	130.4	89.54	0.346	0.0047
SnAl	112.3	115.30	0.300	0.0027

合金元素对铁基摩擦材料性能的影响见表 10–7–5。

表 10–7–5　合金元素对铁基摩擦材料性能的影响

合金元素	摩擦因数		单次制动线磨损/μm	
	f(平均)	*f*(最大)	摩擦材料	铸铁
—	0.28	0.39	12.0	5.5
铜	0.29	0.37	12.0	2.5
锰	0.30	0.37	10.0	4.0
铝	0.24	0.36	3.5	4.5
钴	0.25	0.31	8.5	3.0
钼	0.27	0.33	11.5	3.0

7.2.1.2　摩擦组元

摩擦组元亦称增摩剂,由多种固态陶瓷粉末颗粒或高熔点金属及其化合物组成,它们均匀地分布在基体中,起着摩擦、抗磨、耐热、耐蚀等作用,既可提高摩擦因数,弥补润滑组元造成的材料摩擦因数的降低,又可去除低熔点金属的黏附,消除与对偶之间的材料转移,使摩擦副工作表面具有最佳啮合状态。增摩剂应具有高硬度和良好的高温稳定性,且对摩擦表面擦伤要小。其含量和粒度对材料的摩擦磨损性能有很大的影响,含量过多就会成为磨粒而加剧磨损,造成对偶材料的严重磨损。

常用的增摩剂有高熔点的金属(Fe、Cr 及 Mo)粉末、金属氧化物(Fe_2O_3、Al_2O_3、Cr_2O_3、MgO、TiO_2及 ZrO_2)、氮化物(TiN 和 ZrN)、碳化物(TiC 和 ZrC)、硼化物以及石棉、SiO_2和 SiC 等,在粉末冶金摩擦材料中通常采用多种增摩剂加以组合来满足其综合性能。如同时添加 SiO_2、SiC、B_4C 作为摩擦剂的材料比单独添加 SiO_2、SiC 或 SiO_2 + SiC 的材料综合性能要优越得多。

对于摩擦组元应满足以下要求:具有较高的熔点和离解热,以及足够高的机械强度和硬度;从室温到烧结或使用温度区间不发生晶型转变;不与其他组分及烧结中的保护气氛起反应;与基体具有良好的润湿性和牢固的结合性。摩擦组元的选择要考虑材料的使用条件及粒度组成等因素。一般轻载和中等载荷工作条件下,可选用 SiO_2、石棉和 Al_2O_3,重载下则可使用 SiC 和 B_4C。添加 SiO_2 的材料,烧结过程中不易出现塌陷缺陷,质量稳定。Al_2O_3 熔点高、热强性高、硬度高、热稳定性和化学稳定性良好。SiC 是一种硬度很高的碳化物,常用作摩擦剂。SiC 含量增加,材料的摩擦因数增加,加入适量 SiC 可降低材料的磨损,但过量则会加剧材料的磨损。

7.2.1.3　润滑组元

润滑组元又称作减摩剂,主要起固体润滑作用,它能提高摩擦材料的工作稳定性、抗擦伤性、抗咬合性、抗黏结性和耐磨性,特别有利于降低对偶材料的磨损,并使摩擦副工作平稳。润滑组元的含量对材料的摩擦磨损性能影响较大,含量越多,材料的耐磨性能越好,摩擦因数也越小,但过量的润滑组元会使材料的摩擦因数和机械强度降低。

粉末冶金摩擦材料中通常使用的润滑组元有低熔点金属(如 Pb、Sn、Bi 等)、固体润滑剂(如石墨、MoS_2、云母、SbS、WS_2 和 CuS),以及金属(Fe、Ni 及 Co)的磷化物、氮化硼、某些氧化物,铁基中还有硫酸钡、硫酸亚铁等。在所有的润滑组元中,以层片状石墨和 MoS_2 的应用最广,二者都是由许多层或片所组成的,层内原子间结合力都很强,而层与层之间的结合则很弱,因此抗压能力很强,抗剪切能力都较弱,适宜用作固体润滑剂。尽管二者结构相似,但它们的摩擦机理不同,一般认为石墨能减小摩擦是因为石墨晶体各层之间结合较弱,层与层之间很容易相互滑动,从而减小了摩擦。但也有研究表明,摩擦之所以小,一部分原因是片晶棱边上吸附有很薄的氧气和水蒸气层,如果去掉这些吸附膜,摩擦因数就会提高。因此在这些吸附膜易去除的工况下,需考虑掺入其他润滑材料。MoS_2 也是一种具有层片状结构的材料,它与石墨相比,优点是在摩擦因数低时与有无吸附膜无关。MoS_2 在高温下易被还原成钼粉而变成磨粒,从而加剧磨损。易熔金属一般以游离态存在于材料中,在干摩擦条件下,当摩擦表面温度超过易熔金属的熔点时,易熔金属将发生熔化,在干摩擦表面生成润滑膜。润滑膜降低了摩擦因数,同时也降低了表面温度。而随着摩擦表面温度的降低,熔融的金属又会凝固,从而使摩擦因数又恢复到原来水平。表面液体润滑膜的形成促使摩擦平稳,这一点可用于减轻高温下金属基体的黏结和卡滞倾向。材料中加入硫酸亚铁,在高温时被分解成为氧化铁和二氧化硫,二氧化硫与材料中的铁和铜发生反应生成相应的硫化物。硫酸钡则在烧结过程中被碳全部还原成硫化钡,从而起到减小摩擦的作用。

7.2.2　粉末冶金摩擦材料制作工艺进展

目前,国内外粉末冶金摩擦材料的生产仍主要沿用 1937 年美国 S. K. Wellman 等人创造的钟罩炉加压烧结法,该方法的基本工序是:钢背板加工→去油、电镀铜层(或铜锡层);配方料混合→压制成薄片→与钢背板烧结成一体→加工沟槽及平面。

由于传统的压烧法存在着能耗大、生产效率相对低、原材料粉末利用率低、成本高等缺点,因此一些国家对传统工艺作了一些改进,同时十分注重新工艺的研究,在改善或保证产品性能前提下探索和寻求提高经济效益的途径。

(1) 喷撒工艺法(sprinkling powder procedure)。用喷撒工艺法规模生产粉末冶金摩擦材料始于20世纪70年代。喷撒工艺的基本流程是:钢背板在溶剂(如四氯化碳)中脱脂处理(或钢背板电镀)→在钢背板上喷撒混合材料→预烧→压沟槽→终烧→精整。

与传统的压烧法相比,喷撒工艺主要有下列一些优点:

1) 实现了无加压连续烧结,耗能低。

2) 采用松散烧结,粉末还原充分,可获得高孔隙度的摩擦衬层,对提高摩擦因数极为有利。

3) 用冷压方法替代切削加工制取油槽,经济而又高效。

4) 采用精整平面取代切削加工,材料利用率高,产品厚度和平行度精度高。

5) 可以根据要求制取摩擦衬层极薄的摩擦片(0.2~0.35mm)。

目前喷撒工艺法主要用于制造厚度较薄的铜基摩擦材料,较少用于制取铁基摩擦材料。

(2) 冲切法。根据冲切与烧结的工艺顺序,冲切法可以分为两类:一类是先冲后烧,混好的配方粉料进入定量斗,自动送入压力机压成薄片,然后冲切成所需形状,烧结后即为成品。该工艺连续加压,不需压模,粉层密度、强度均匀一致,粉层厚度调节方便。另一类是先烧后冲,即在钢带上撒粉后先松散烧结,然后冲切成形。其缺点是钢带进炉烧结易变形,引起粉末层振动移位,造成粉层厚薄不匀。为克服这一缺点,可以在钢带背面涂上炭黑,先进入预氧化烧结炉,以15℃/s的加热速度快速升温到400℃(铜基),然后再进入慢升温加热炉(5℃/s),在还原气氛中烧结,可得到均匀的摩擦衬层。

(3) 等离子喷涂法。等离子喷涂法适用于喷涂耐高温的摩擦材料,如Co、Mg、Ti、W、Cr以及碳化物、氧化物的混合物。保护气氛为含20%氢气和80%氩气的混合气体,喷涂温度高达1500~2000℃,喷涂速度500~1000g/h,所得喷涂层硬度达1000HV。该法特别适用于制取电磁离合器与制动装置摩擦片。对于需要轻的摩擦组件,往往以铝来替代钢,但铝不耐磨,在其表面喷涂一层金属陶瓷耐磨层,可获得陶瓷的硬而耐磨特性与金属的延展性好及耐冲击相结合的优点。只要确保在热喷涂中金属与摩擦层的结合面能完全熔化,但不能超过金属的气化点,就可以保证质量。

(4) 电解沉积充填法。先在金属或石墨处理过的多孔材料上用电解沉积法形成金属骨架。多孔材料一般用凝聚纤维,如海绵、泡沫材料。金属骨架形成后,多孔材料可以留在内部,也可以通过加热熔化或烧除,再用摩擦材料填充金属骨架间隙。填充的摩擦材料可以是金属,如Pb、Sn等,也可用热固性树脂。金属骨架只占整个体积的10%~30%。填充好摩擦材料后成为摩擦衬,可采用锡焊或铜焊将其焊接到钢背上,也可用环氧树脂等黏结剂粘贴到钢背上。

(5) 电阻烧结法。将钢背板镀上一层焊料(Cu、Cu-Sn、Cu-Zn、Sn或Ni),再将已压制成形的摩擦衬放置到钢背板预定的位置上,送入加压机,一边加压,一边输入大电流进行烧结。此法的优点是钢背板不受高温影响,花键与齿形部位强度不会降低。也可在压模中设计有电极,装足粉后,放上经过电镀的钢背板,然后一边加压,一边通电烧结而成。

(6) 感应加热冲击法。将摩擦材料衬的预烧结坯放入承受盘中,在保护气氛中感应加热,然后取出进行单向冲击,使摩擦层与承受盘形成连接。

(7) 超声波振动法。该法是将钢背安放在模架上,模子与模架间形成模腔,将材料粉末装入模腔内,启动超声波发生器对材料粉末施加超声波振动,同时使之软化,通过模子与模架的运动进行压制,将摩擦材料与钢背压在一起,最终摩擦材料牢固地黏结在钢背上,具有简单、省时的优点。

上述这些方法尽管各有其特点,但都是在压烧法的基础上发展而来,采取其他的方法来代替或改进压制和烧结工艺。除这些方法外,人们还对一些具体工艺进行了改进,也取得了有效的成果。如在粉料预处理方面,可将细颗粒的石墨粉与铜、铅、锡、铝等软金属粉末混合然后压制成坯,随后再破碎成粗颗粒粉末,再进行混粉。也可在石墨粉表面化学镀铜,提高石墨与金属基体的黏结强度。材料中的各种纤维也可通过涂上一层熔化的金属来强化结合强度。在压制工艺方面,有采用热压的方法制取摩擦片的,也有采用粉末轧制法直接轧制成很薄的制品的。在烧结工艺方面,主要是加热方式的多样性,有加压和无压烧结的区别。另外在提高性能方面也有所发展,如生产具有减振层的摩擦材料,在铜基摩擦面与钢背之间,夹有一层减振层,能消除噪声。

7.3 粉末冶金摩擦材料摩擦磨损特性

粉末冶金摩擦材料是由金属和非金属组成的一种假合金体,材料基体内存在大量孔隙,因此其摩擦磨损过程极其复杂。摩擦过程中,除了材料的复杂相、孔隙、填充物以及偶件材料等制动器件自身的因素外,材料还经受诸如压力、温度、速度、运动形式、运动过程、制动时间以及外部环境等因素的共同作用,发生了一系列物理的、机械的和化学的变化。材料的这些变化表现为弹性和塑性变形、相变、自扩散和互扩散、材料晶体结构缺陷的积聚,以及成分、晶体结构复杂的表面膜的形成与发展、表面层的分散、材料成分选择性转移等。因此,对于粉末冶金摩擦材料来说,摩擦磨损过程的变化包括宏观变化和微观变化。宏观变化包括相互作用的摩擦表面宏观形貌的变化,磨粒的形状变化,摩擦材料表面膜的破坏、剥落等。而微观变化包括材料组织和亚组织的变化。这些变化或多或少地反映在摩擦偶工作的总体行为上,并决定着摩擦材料的摩擦磨损性能。

摩擦部件材料工作的独特点在于,摩擦过程中摩擦表面原子动能增加。这是由于表面突起互相接触和沉陷于配对材料表面以及因弹性变形而引起的原子间相互作用力脱离的结果。因此对摩擦材料表面层发展、变化的认识是研究摩擦材料摩擦磨损机理的关键所在。

摩擦过程中表面层的变化中有利的方面有:加工硬化、出现高强度组织和相、产生在摩擦条件下稳定的新化合物、在摩擦表面出现所谓稳定的活性工作层;摩擦时不希望发生下列现象,因为它们会引起摩擦表面的破坏:硬度和强度的同时下降、大的塑性变形、疲劳裂纹的出现、黏结等。

7.3.1 摩擦表面接触的机械和物理特征

要充分了解摩擦时表面层的变化,首先要了解摩擦表面接触的机械、物理特征。下面对这一点略加描述:

(1) 接触的不连续性:由于粉末冶金摩擦材料实际表面存在的波纹度和粗糙度,当摩擦材料和偶件物体接触时,总是不连续的。根据接触情况,接触面可分为三种不同的形式:名义接触面、轮廓接触面和实际接触面。实际接触面积的大小对于评定应力和变形以及摩擦热源的尺寸很重要。也就是说,通过这些参数可确定摩擦表面的变化与破坏。

(2) 接触点的尺寸:单个接触点的直径取决于接触面的个别不平度的几何形状,它与载荷无关。

(3) 实际压力:由于摩擦时的外加载荷是分布在实际接触面上的,因此接触点的实际压力可能达到很大值。

(4) 残余变形:摩擦表面在摩擦时承受着正应力和切应力的同时作用,使表面处于极其复杂的应力状态。此时塑性变形可能达到很大的值,因此在材料表层或次表层发生残余变形。

(5) 变形特征:摩擦接触作用的特征在于摩擦副元件间的多次重复加载。在每经过一次摩擦加载作用后,每一个不平表面的微峰都是追赶着前一次材料变形的波浪,使前面的被压缩,后面的被拉伸,也就是在接触区其变形会发生变化。

(6) 塑性变形沿深度的分布:无论摩擦表面层的组织状态如何,摩擦表面层中塑性变形的分布都有两种情况。一种是在摩擦表面上塑性变形程度最严重,随距表面距离的增加,塑性变形程度下降,最后是无形变区;另一种是在次表层中某一深度处塑性变形最严重。图 10-7-1 示出了这两种塑性变形沿深度分布的规律。

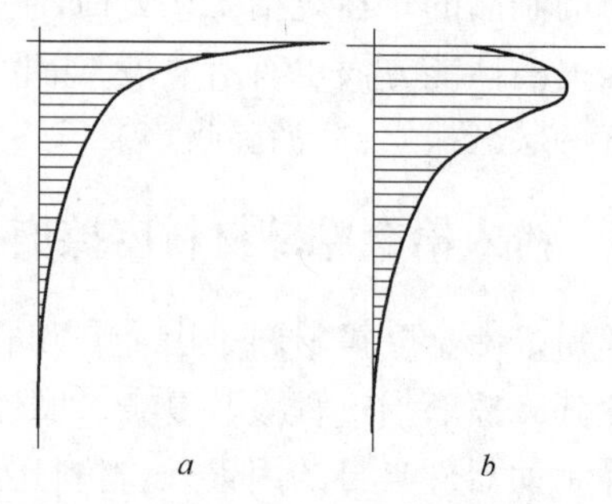

图 10-7-1　塑性变形沿深度分布的规律

a—塑性变形情况 1;*b*—塑性变形情况 2

7.3.2　摩擦过程中摩擦表面状态

在了解材料摩擦表面接触的机械、物理特征后,由此而产生的摩擦表面的特殊状态引起了人们的重视。摩擦材料表面特殊的机械、物理特征导致了摩擦表面层独特的表面状态:

(1) 表面不是绝对光滑的,摩擦时表面为微凸体的点接触,这些相互接触的微峰将发生弹性和塑性变形。而且材料的局部受力,将导致摩擦表面局部变形程度明显增大,表面的这种局部变形以及与此相关的强化效果将比整体的大。由此可见,随着摩擦过程中变形的不断发展,摩擦表层产生了加工硬化,而且由于表层应力分布状态很不均匀,造成材料表面产生巨大的微观应力。

(2) 摩擦表层的位错密度大,比一般应力变形时高 1 ~ 2 个数量级,且存在的缺陷多。但是,磨损时材料极表层中的位错因“露头”而消失,那里的位错可能被拉出表面,因此极表面层中的位错密度较材料表层来说不是很高,由此在材料极表面层形成一个软薄层(厚度小于 1 μm),其位错密度低于亚表层,冷作硬化小,所以此层可以承受很大的塑性变形而不会断裂。

(3) 摩擦的近表层(10 ~ 100 nm),塑性变形使组织呈现强烈的方向性,产生表面织构。

(4) 氧化:氧化过程在温度为 100 ~ 200℃时开始,并且随着摩擦温度的升高而加剧,铁基和铜基摩擦材料氧化膜位置的顺序符合普通铁和铜在空气中加热时氧化物产生的顺序。材料中其他合金元素也会发生氧化。对偶材料表面也生成了类似的氧化膜。

(5) 摩擦使表层产生很大的温升,甚至局部达到几百摄氏度的高温,因此在高温下变形层发生回复、再结晶、二次回火等现象。温度超过相变点时,还会发生重结晶、二次淬火,更高温度时材料表面甚至会产生微熔现象。反复相变与形变使表层晶粒剧烈细化,甚至形成非晶态,同时亚晶粒尺寸减小。

(6) 黏结:摩擦表面氧化膜破坏后会产生金属和金属的直接接触,并随着压力、温度和变形程度的提高,摩擦表面将产生损坏性破坏。防止黏结的主要方法是减小塑性变形的可能性,防止金属间的直接接触。

(7)"白层"的形成:铁 - 石墨基粉末冶金摩擦材料在高温高压等苛刻条件下使用后,表面会出现一种力学性能与原始结构大不相同的二次组织。这种组织难以腐蚀,在金相显微镜和扫描电镜下呈白亮色,故称为"白层"。"白层"硬度通常为 800 ~ 1200 HV,远高于基体组织的硬度。"白层"在很大程度上是由奥氏体组成的,奥氏体数量在摩擦表面达 60%,在深度为 60 μm 处降到 30%,在深度为 120 μm 处降到 0% ~5%。因为它含碳和碳化物多,内应力大,所以与一般加热形成的奥氏体不同,具有高的硬度和脆性,点阵参数大,较为稳定。研究表明,"白层"对后续摩擦磨损行为的影响有两方面:一是"白层"的硬度相当高,因此可提高摩擦材料的抗磨能力;二是"白层"的脆性很大易形成裂纹,所以会导致材料大块剥落或成为疲劳源,对材料产生不利的影响。

7.4　粉末冶金摩擦材料的应用

7.4.1　粉末冶金摩擦材料的特性

粉末冶金摩擦材料虽具有类似于金属的物理力学性能,但含有较多的非金属颗粒,由于其分散隔离作用,其量值要远低于致密金属。尽管如此,和其他摩擦材料相比,它仍具有一系列优异的使用特性:

(1) 高的机械强度。在工作温度下,适应拉、挤、弯、剪等不同性质载荷,其他材料不能同时都具备这一特性,特别是在重载和冲击载荷条件下。

(2) 高的使用温度。基体金属熔点高,使材料在较高的温度下使用仍能保持稳定的强度和摩擦磨损性能。

(3) 大的热容量。材料的比热容和密度大,单位体积内能吸收较多的摩擦热量,这对易产生"尖峰负荷"的运行工况来说是相当重要的。因为尖峰负荷产生的巨大热量不可能在短时间内导出、散发,如果材料自身能将摩擦表面的热量较多地吸收,则表面温度将迅速降低,不会导致摩擦面的材质和性能变坏,甚至烧损失效。

(4) 优良的导热性能。铜、铁等金属具有良好的导热能力,摩擦表面的热量,一方面很快地传向对偶钢片,被其吸收和散发;另一方面向内传导进入摩擦层和钢质芯板并被其吸收、散发,摩擦面温度能始终保持在允许的范围内,使材料长期稳定地工作,这对重载工况尤其重要。

(5) 高的抗腐蚀能力。在油和水中不易破坏,这种对环境介质的强适应能力,使其唯一能胜任在湿、干及二者混合型工况下工作。

(6) 优良的抗磨损性能。

(7) 稳定的摩擦特性。由于材料的稳定性好,当摩擦面的温度升高时,摩擦因数和耐磨性能不会明显下降,冷却后再使用时的回复能力强。

(8) 可以制成薄型摩擦材料,减小材料体积。

7.4.2　使用要求

粉末冶金摩擦材料的主要性能包括摩擦因数的稳定性、摩擦因数的大小、高温下的耐磨性、摩擦副表面质量及其抗咬死能力等。这些性能因使用条件的不同而发生变化。因此对粉末冶金摩擦材料的基本使用要求为：

(1) 较高而稳定的摩擦因数。条件的变化如湿气、油和其他物质的污染、滑动速度、压力的变化、使用温度的变化等，都应当保证摩擦因数在一定的范围内。

(2) 磨合快。摩擦副零件表面的宏观与微观不平度是造成真实面积远远小于名义接触面积的根源。经过跑合或磨合后，表面真实接触面积增加，在摩擦力矩不变的情况下，摩擦表面的温度会有所下降，因此摩擦材料要求能够尽快磨合。

(3) 耐磨性好。耐磨性是决定摩擦材料工作质量的重要指标。可以根据整台机器的技术经济要求、摩擦副的基本结构和工作条件确定耐磨性。

(4) 热物理性能好。粉末冶金摩擦材料耐热疲劳性很重要，摩擦时巨大的热冲击使表层产生温度梯度和热应力，摩擦表面产生的热量要迅速传出去以免摩擦零件过热产生变形。因此摩擦材料要有高的导热性、大的热容量和尽可能小的线膨胀系数。在制动过程中与制动过程后，摩擦材料与其磨损产物不应燃烧、冒烟、放出难闻的气味。摩擦材料应有高的化学稳定性，耐湿气、抗腐蚀能力。

(5) 足够的机械强度。摩擦零件一般受离心力、剪切力、刹车压力及安装使用中各种应力的作用，要保证材料在这些力作用下有效工作而不发生破坏，必须要求具有足够的机械强度。摩擦材料不得开裂、分层、从钢背上脱落及产生其他形式的机械破坏，不允许严重损伤对偶件，保证后者的磨损率应在规定的范围内，啮合平稳、无振动啸叫。

7.4.3　粉末冶金摩擦材料的典型应用

7.4.3.1　粉末冶金摩擦材料在航空上的应用

航空刹车材料是飞机制动器中用来保证飞机安全着陆的一种关键耗损组件（见图10-7-2）。其作用在于将飞机着陆时的大部分动能，通过刹车材料吸收与消散，转换成热能，从而起到制动的作用。现代航空用刹车材料均是采用粉末冶金制成的金属陶瓷材料，它具有耐磨性、磨合性、抗黏性和导热性好，使用负荷高，工作可靠等优点。对于飞机刹车用摩擦材料所需性能要求如下：在不同温度、载荷和速度下，具有足够的摩擦因数和良好的摩擦稳定性；良好的耐磨性；足够的机械强度；良好的热物理性能，即高的热导率、尽可能大的比热容、尽可能小的线膨胀系数和良好的抗热震性，良好的抗黏着和抗卡滞性能，良好的磨合性和工作平稳性等。

图10-7-2　典型粉末冶金航空刹车盘

粉末冶金摩擦材料从20世纪50年代开始应用于航空飞机上，但其研究则从40年代开始。早期应用的粉末冶金航空刹车材料采用典型的粉末冶金工艺制造，主要为铁基材料，至今仍广泛使用在各种飞机上。铁基刹车材料的优点是耐高温、承受负荷大、价格便宜。但与钢铁对偶材料配对使用时,由于具有亲和性,易发生黏结。采用加入其他元素的方法,使铁合金化以降低铁的塑性,提高其强度、屈服极限和硬度,在很大程度上可以克服这一缺陷。此外还发展了以粉末冶金材料作为对偶的新型刹车组件。铜基刹车材料由于其良好的导热性,与钢对偶材料作用时摩擦因数高,耐磨性好,也被广泛应用于各种飞机制动装置中,前苏联研制开发的飞机多采用这类材料。为了综合利用铁、铜基材料的优异性能,又发展了铁、铜比例几乎相等的铁-铜基刹车材料。英国邓录普(Dunlop)公司在发展粉末冶金航空刹车材料方面一直引人注目。从50年代起,主要采用以铁为主的铁基粉末冶金刹车材料,应用在三叉戟和肖特飞机上。与此同时,前苏联的研究也以铁基为主,主要应用于安-24、伊尔-62和图-154飞机上。美国在铜基和铁-铜基摩擦材料的研究上较为突出,1962年,奔迪克斯公司(Bendex)开发出了铁-铜基粉末冶金刹车材料,这种材料目前还广泛应用在Boeing-737及DC-9等先进的民航飞机上。国内粉末冶金航空刹车材料的研究起步于60年代。在短短的几十年的发展中,不仅先后装配在多种国产军民用飞机上,而且为进口飞机如安-24、伊尔-64和图-154以及英美的三叉戟、Boeing-737和MD-82等飞机刹车组件的国产化作出了贡献。

为适应各类飞机发展的需要,目前粉末冶金航空刹车材料的研究工作应着重解决以下几方面的问题:

(1) 高速高能制动条件下的摩擦磨损机理。需要研究的内容主要有:表面层破损的机理;抗卡滞剂作用机理;各种摩擦剂的作用机理及综合应用;摩擦过程中磨损产物的物理状态及行为等。

(2) 材料的优化设计。摩擦材料的组元种类较多,其含量也不尽相同,为保证材料在飞机刹车时具有高速滑动速度及高温、高压复杂恶劣条件下的良好综合性能,必须运用最优化原理和计算机技术进行材料的优化设计,从而得到最佳性能的成分配比。

(3) 制造工艺的创新设计。为了进一步提高航空刹车材料的竞争力,降低生产成本,必须在现有的制造工艺上有所创新。

7.4.3.2　粉末冶金摩擦材料在铁道车辆上的应用

随着国民经济的快速发展,铁路客货运输量迅速增加,铁路运输的高速化已成为必然的发展趋势。20世纪90年代初,日、法、德等铁路运输发达国家就已开通了时速300 km以上的高速列车,而我国在“八五”期间才开通了时速160 km的准高速列车,“九五”期间已研制出时速达200 km的高速列车,“十一五”末期已完成时速达300 km高速动车组的研究工作。列车高速化对制动摩擦材料提出了更高的要求,发达国家对列车制动摩擦材料的研制经历了铸铁、合成闸片/瓦、铁基和铜基烧结闸片/瓦阶段,并已向铝合金基复合材料及C/C复合材料闸片/瓦阶段发展,其中技术最成熟、应用最广泛的是粉末冶金制动闸片/瓦。在我国,高速列车制动闸片材料的研究起步较晚,对高速列车用粉末冶金摩擦材料的研究仍处于较低水平。

用于高速列车制动的摩擦材料应满足下列要求:

(1) 应具有高而稳定的摩擦因数,即使受雨雪或酷热条件的影响,摩擦因数也不降低。

(2) 增黏效果好,难以发生滑移。

(3) 抗热裂性和耐磨性好,以延长使用寿命。

(4) 对车轮踏面不产生异常磨损和其他形式的损伤。

(5) 制动火花少,以防发生火灾事故。

(6) 价格便宜。

粉末冶金闸片/瓦由原料粉末经混合、压制、烧结而成。它具有摩擦因数不受天气气候影响的优点,并且耐磨性和导热性都好。列车在制动时其制动组件的体积温度将达到500℃以上,闪点温度甚至可达1000℃,在这种情况下,粉末冶金制动闸片/瓦仍能保持良好的摩擦性能。瑞典、加拿大等国的高速列车、大功率机车,日本的新干线,德国ICE2高速列车和法国TGV - A高速列车等均使用这种闸瓦,且都取得了优异的制动效果。目前,用于制备粉末冶金闸片/瓦的材质主要有铁基与铜基两大体系。铁基材料的选择是在Fe - C系成分的基础上,添加对铁具有良好强韧化效果的镍基合金元素,从而形成Fe - Ni - C系合金基体,通过控制镍基合金元素的质量分数和改善烧结工艺获得所需组织和性能。铜基材料虽然较贵,但铜基粉末冶金闸片比铁基具有更好的综合性能。日本高速列车所采用的铜基粉末冶金闸片成分为:Cu60% ~70%,Sn5% ~15%,另加入少量摩擦稳定剂。先将它们搅拌均匀,后高压成形,再与镀银的补强板黏合在一起进行烧结。用低合金铸铁、低合金锻钢及铝基复合材料制备出的制动圆盘都可配用铜基、铜 - 铁基粉末冶金闸片。最近,日本开发了一种新的铜基粉末冶金闸片。其主要成分为:铜40% ~60%,铁 + 镍2% ~20%,陶瓷8% ~15%,石墨15% ~16%,锡2% ~7%。该合金以铜、铁、镍为基体,大大提高了耐热温度,增加陶瓷与石墨的添加量,可进一步提高耐磨性、耐热性和润滑性,可用于350 km/h的列车上,其摩擦因数相当稳定。但粉末冶金闸瓦对车轮的磨损较为严重,成本比铸铁及有机合成闸瓦高,这些方面尚有待进一步研究与改进。

目前在我国的高速动车组的盘形制动装置中,主要采用粉末冶金闸片,如图10-7-3所示。

a

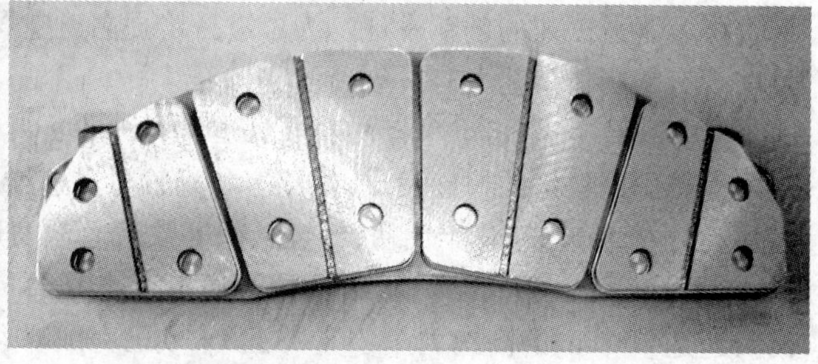

b

图 10-7-3　典型高速动车组用粉末冶金闸片

a—粉末冶金材料;*b*—粉末冶金闸片

7.4.3.3　粉末冶金摩擦材料在汽车及工程机械方面的应用

汽车用摩擦材料是汽车制动器、离合器和摩擦传动装置中的关键材料,它的性能好坏直接关系着系统运行的可靠性和稳定性。随着各个发达国家汽车工业的发展和现代社会环保意识的提高,摩擦材料的运行条件越来越苛刻,对它的性能要求也越来越高。我国汽车用粉末冶金摩擦材料的开发研究始于20世纪70年代末期,主要应用于沙漠车、重型载货车、公共汽车、矿山运输工具和一些军用车上。粉末冶金摩擦片的使用寿命长,工作可靠性高。

但由于其生产成本高,以及与对偶的兼容性(匹配性)不理想,因而未能获得大规模生产和应用。

汽车用摩擦材料必须具备下列性能:

(1) 具有足够高而稳定的摩擦因数,其静摩擦因数和动摩擦因数之差要小,且摩擦因数基本上不随外界条件而变化。

(2) 具有良好的导热性、较大的热容量和一定的高温力学强度。

(3) 具有良好的耐磨性和抗黏着性,且不易擦伤对偶件表面,无噪声,对环境无污染。

(4) 原材料来源充足,制造工艺较简单易行,造价较低。

粉末冶金摩擦材料在工程机械上的应用也很广泛(见图 10-7-4),如机械压力机、锻压机、矿山机械以及重型建筑机械用的离合器和刹车装置上。工程机械大都是在野外或露天作业,恶劣的工作条件以及笨重的作业对象,要求工程机械的离合器与制动器能传递很大的力矩,并具有良好的制动力矩,因此所采用的摩擦材料必须具有足够的摩擦因数。从工程机械的使用条件和功能要求来看,摩擦材料应具有以下功能:

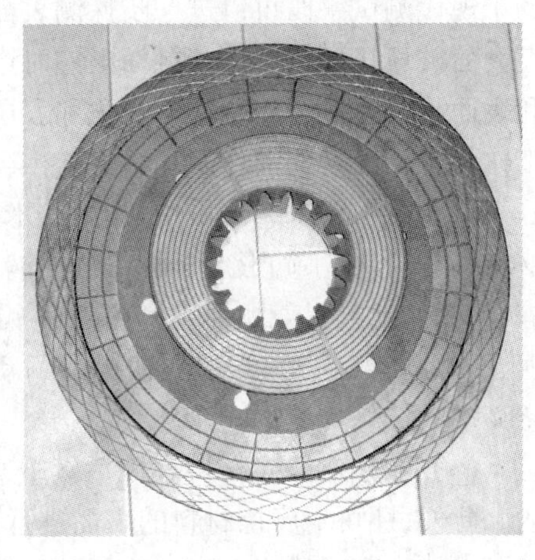

图 10-7-4　典型工程机械用粉末冶金摩擦盘

(1) 高而稳定的摩擦因数;

(2) 高的导热性;

(3) 高的耐磨性;

(4) 具有较大的比热容和密度;

(5) 较高的工作温度,有足够的强度;

(6) 较低的线膨胀系数;

(7) 不易燃烧;

(8) 良好的抗油、水和热腐蚀能力;

(9) 较高负荷作用时,不论冷态还是热态均具有良好的抗黏着性,不会与对偶件发生黏结和涂抹现象;

(10) 良好的阻尼性,保证在工作频率范围内不出现共振;

(11) 良好的制造工艺,成本较低。

7.5　粉末冶金摩擦材料未来发展趋势

现代科学技术和工业的迅速发展对摩擦材料提出了越来越高的要求,为了适应这种需要,完善和探索新的摩擦材料的研究工作着重在以下各个方面:提高决定制动装置能载大小的材料耐热性,提高决定制动装置使用寿命的材料耐磨性,获得足够高而稳定的摩擦因数,以保证制动和传动装置工作的可靠性和平稳性。摩擦材料的耐热性基本上可用高温抗氧化性和金属基体的高温强度两个性能指标来表征。而摩擦材料耐磨性的问题,同样可以采用更复杂合金化提高摩擦材料金属基体的强度以及探讨新的摩擦、润滑组元来解决。为达到更高的工作温度,摩擦材料正向更难熔的金属、更复杂的合金化方向发展。

近年来，国内外对粉末冶金摩擦材料及制造工艺进行了大量的研究工作，并研制了不少新的材料及制造工艺，对新型摩擦材料的研究将是今后摩擦材料发展的重点。未来发展的探讨目前主要集中在以下一些方面：

（1）加强摩擦磨损基础理论研究。摩擦与磨损是摩擦学研究的两个中心问题，学派甚多。当前较为广泛流行的摩擦理论是分子－机械理论。近年来，对摩擦过程中摩擦表面的破坏也颇有研究，证明磨损的产生是氧化、磨粒磨损和层面疲劳的综合作用，只是在一定条件下，某一因素突出成为磨损的主要原因。摩擦发生在两个接触表面，接触表面的“膜”的力学性能、物理化学性能，特别是与基体的黏结强度等都决定着摩擦偶的摩擦磨损性能。借助于现代测试手段可以进一步探测表面层的组织与结构，观测其形成与破坏，可以系统地研究表面破坏机理和摩擦接触面上同时产生的三种相互关联过程，即表面相互作用、固体表层和表面膜在摩擦力作用下的变化和表层破坏对摩擦副性能的影响、周围介质的性质和实际工作状态相互之间的作用和影响。

（2）改善粉末制备质量，利用纳米技术制备纳米摩擦材料。纳米摩擦材料是选用纳米材料，通过控制不同形态多相组分的纳米效应，使纳米摩擦材料获得比现有摩擦材料更好的综合性能，能同时兼顾强度和韧性、高温摩擦与磨损等。这对改善和提高摩擦材料的热性能、摩擦磨损性能和结构强度提供了新的技术途径，具有特别重要的科学意义和技术经济意义。

（3）加强对摩擦材料表面后续处理的研究。可通过表面渗氮、渗硼、硼铬共渗达到目的。此外，还可对摩擦材料的表面进行处理以形成氧化膜，例如，在铜基材料摩擦片的表面通过气体烧嘴或感应电流加热，使温度高于800℃（但低于基体金属的熔点），保温10 min，则在摩擦片的外表形成厚度大于200 μm的氧化膜。

（4）探索新工艺，利用多层烧结摩擦材料的工艺，研究功能梯度摩擦材料。通过提高粉末层与骨架的黏结强度来提高制品的质量，在钢骨架上，通过气热喷涂制取粉末涂层，涂层由85%～90% Cu和10%～15%碱金属卤化物基熔剂组成。然后在钢背上压上粉末混合物，将摩擦片在保护气氛中加压烧结。对钢背采用气热镀铜，同时采用铜粉和熔剂混合物，这样可以显著提高粉末层与铜基体的黏着强度。根据这一思路，可以结合摩擦材料的不同用途来研制梯度功能摩擦材料。

（5）制取多孔弹性摩擦材料。用金属粉末、碳和有机黏结剂的混合物制备成生坯，加热坯件以清除黏结剂同时使粉末部分熔融，形成多孔中间体，然后渗入熔点比中间体低的金属蒸气并形成合金，从而得到多孔弹性摩擦材料。这种材料适宜于重载运输工具的离合器片和刹车带，能量吸收能力高。

（6）研制动、静摩擦因数接近的湿式铜基摩擦材料和高速列车制动用铜基摩擦材料。

（7）其他摩擦材料的研制。其中包括：

1）发展用金属纤维强化的复合材料。用金属纤维强化，大大提高了基体的强度，改善了基体的导热性能，对阻止表面裂纹的扩展起到了很好的作用。用耐高温并且有高摩擦因数的金属陶瓷作复合相，或用难熔化合物粉末作复合相，两者均可满足一些特殊工况的应用。另外，通过在碳纤维或其他纤维上涂一层熔化的金属来强化复合物以制取摩擦材料也是一种很好的发展方向。

2）发展铝基摩擦材料和镍基摩擦材料。铝基摩擦材料发展缓慢是有它的一些特殊原因的,但铝重量轻、耐腐蚀、不导磁、高导电导热性、比强度高,而且可以采用弥散强化手段来强化基体,所以其研发工作备受关注。由雾化粉末快速固化铝合金发展出的新型高温、高强摩擦材料具有热稳定弥散相,比传统时效硬化材料更优越,可在350℃以上使用,通过Al_3Zr和Al_6Mn弥散相和晶粒细化还可进一步提高力学性能。所有这些特点,赋予铝基摩擦材料广阔的发展前景。镍是一种耐高温的金属,能在高于一般金属熔点的温度中工作。镍基摩擦材料具有良好的滑动特性,可压制得到较高的密度,加入特种添加剂烧结时不产生裂纹,主要用于高温工况,如原子反应堆内。

(8) 利用无压烧结制取摩擦材料。如等离子喷涂法、雾化喷流共沉积法、电镀法、粉末轧制法等,用这几种方法制造的制品,其使用性能不亚于用加压烧结生产的制品性能,且可获得稳定的摩擦因数。与传统的加压烧结相比,这种方法生产的材料孔隙率高,摩擦因数较低。

(9) 采用模制摩擦材料。将钢背安放在模架上,模子与模架间形成模腔,将材料粉末装入模腔内,启动超声波发生器对材料粉末施加超声波振动,同时使之软化,通过模子与模架的运动进行压制,将摩擦材料与钢背压在一起,最终摩擦材料牢固地黏结在钢背上,具有简单、省时的优点。

(10) 制备具有减振层的摩擦材料。在铜基摩擦面与钢背之间,夹有一层减振层,厚度为1~5 cm,这种材料用于盘式制动片,能消除噪声。

目前,尽管粉末冶金摩擦材料领域已取得了很大的成就,但还有很多重要的问题没有研究透彻,进一步完善和创新粉末冶金摩擦材料就必须探明表面层破损的真实机理、材料性能及决定摩擦因数大小和稳定性的因素,材料物理力学性能在摩擦磨损过程中的作用,摩擦过程中磨损产物的物理状态和行为等问题。

参考文献

[1] 费多尔钦科 N M,等. 现代摩擦材料[M]. 徐润泽等译. 北京:冶金工业出版社,1983.

[2] 莱内尔 F V. 粉末冶金原理及应用[M]. 北京:冶金工业出版社,1989.

[3] 张明喆,刘勇兵,杨晓红. 车用摩擦材料的摩擦学研究进展[J]. 摩擦学学报, 1999,19(4):379~384.

[4] 陈志刚,陈晓虎,刘军. Al_2O_3基陶瓷摩阻材料的摩擦磨损特性[J]. 摩擦学学报, 1997,17(3):267~269.

[5] 鲁乃光. 烧结金属摩擦材料现状与发展动态[J]. 粉末冶金技术,2002, 20(5):294~298.

[6] 朱铁宏,高诚辉. 摩阻材料的发展历程与展望[J]. 福州大学学报,2001, 29(6):52~55.

[7] 姚萍屏. Fe及SiO_2对铜基刹车材料摩擦磨损性能的影响机制[J]. 摩擦学学报,2006,26(5).

[8] 王秀飞,李东生. 航空用铁基金属陶瓷摩擦材料[J]. 材料工程,1998,(8):27~29.

[9] 周宏军. 国内外摩擦制动材料的进展[J]. 铁道物资科学与管理,1997, 15(3):32~33.

[10] 美国润滑工程协会会员:霍汀龙,马歇尔 B. 彼得森. 飞机刹车材料的研制[D].

[11] 任志俊. 粉末冶金摩擦材料的研究发展概况. 机车车辆工艺,2001,(6):1~5.

[12] 白新桂,李明,许明,等. 金属陶瓷成分对其摩擦磨损性能影响研究[J]. 机械工程材料,1997,21(4):13~15.

[13] Chandrasekaran Margan, Singh Paramanand. Sintered iron - copper - tin - lead antifriction materials - effect of temperature[J]. Materials Science and Engineering A, 2000,292(1):23~26.

[14] 杨永莲. 烧结金属摩擦材料[J]. 机械工程材料,1995,19(6):18~21.

[15] Yi Mingpan, Morris E F. Wear mechanism of Aluminum – based metal matrix composites under rolling and sliding contacts[C]. In: Pro. of a conference on tri. of composite materials, 1990:93 ~ 101.

[16] Rajendran G, Patzer G. Morphology and wear of single and multi carbide composite alloy[C]. In: Pro. of a conference on tri. of composite materials, 1990:169 ~ 180.

[17] 李祥明,刘德浚,戴振东,等. 金属陶瓷摩擦材料中的润湿性问题[J]. 机械工程材料,1999,23(1):36 ~ 38.

[18] 姚萍屏. 碳对铜基粉末冶金摩擦材料性能的影响[J]. 热加工工艺,2006(7).

[19] 樊毅,张金生,刘伯威,等. 一种高性能烧结摩擦材料摩擦剂的选择[J]. 中南工业大学学报,2001,32(4):25 ~ 28.

[20] Satoshi Ohkawa. Elasticity – An Important Factor of Wet Friction Material. SAEpaper. 911775.

[21] Ho Sin wei, Ho David, Wukun Fong. Friction properties of copper – based and iron – based friction materials[J]. Adv. Powder Metallurgy, 1991,5: 229 ~ 236.

[22] Tsukamoto Yuji, Takanashi Tatsuhisa. Friction and wear properties of copper – based sintered materials containing various intermetallic compounds[J]. Fuutaioyobi Funmatsu Yakin, 1984,31(8):290 ~ 297.

[23] Straffelini G, Molinari A. Dry sliding wear of ferrous PM materials[J]. Powder Metallurgy, 2001,44(3):248 ~ 252.

[24] 赵田臣,樊云昌. 高速列车铜基复合材料闸片研制方案研究[J]. 石家庄铁道学院学报,2001,14(4):11 ~ 13.

[25] 钟志刚,邓海金,李明,李东生. Fe 含量对 Cu 基金属陶瓷摩擦材料摩擦磨损性能的影响[J]. 材料工程,2002,(8):17 ~ 20.

[26] 姚萍屏,熊翔. 合金元素锌/镍对铜基粉末冶金刹车材料的影响[J]. 润滑与密封,2006,4.

[27] 白燕麟,熊翔,刘强,黄伯云. 航空用粉末冶金刹车副磨损及变形的分析[J]. 湖南冶金,1996,3.

[28] 谭明福,王建业. 飞机粉末冶金刹车材料的试制与应用[J]. 中南矿冶学院学报,1994,25(4):490 ~ 493.

[29] 姚萍屏,熊翔,黄伯云. 粉末冶金航空刹车材料的应用现状与发展[J]. 粉末冶金工艺,2000,10(6):34 ~ 38.

[30] 石宗利,李重庵,杜心康,等. 高速列车粉末冶金制动闸片材料研究[J]. 机械工程学报,2002,38(6):120 ~ 124.

[31] 杜心康,石宗利,李重庵,等. 高速列车铁基烧结闸片材料的摩擦磨损性能研究[J]. 摩擦学学报,2001,21(4):256 ~ 259.

[32] 周继承,黄伯云. 列车制动摩擦材料研究进展[J]. 材料科学与工程,1998, 17(2):91 ~ 93.

[33] 齐海,樊云昌,籍凤秋. 高速列车制动盘材料的研究、现状与发展趋势[J]. 石家庄铁道学院学报,2001,14(1):52 ~ 57.

[34] Jacques Raison. 制动材料[J]. 国外机车车辆工艺,1992(4):32 ~ 35.

[35] Weibelhaus W. 铁道车辆制动技术的新发展[J]. 国外机车车辆工艺,1993(2):1 ~ 10.

[36] 吴云兴. 日本德国法国高速列车用盘型制动组件的材料及工艺[J]. 机车车辆与工艺,1996,(2):1 ~ 8.

[37] 戴雅康. 高速列车摩擦制动材料的现状与发展[J]. 机车车辆工艺,1994,(2):1 ~ 8.

[38] 杜心康. 金属陶瓷复合材料制动闸片研制及其摩擦磨损性能研究[J]. 兰州铁道学院,1997:51 ~ 58.

[39] Dolbear K D. Friction materials in rail transportation[J]. Powder Metallurgy, 1992, 35(4): 258 ~ 259.

[40] 李绍忠,等. 汽车制动摩擦材料的现状与发展趋势[J]. 汽车研究与开发, 1995,(2):28 ~ 31.

[41] 贺奉嘉,黄伯云. 汽车制动摩擦材料的发展[J]. 粉末冶金技术,1995, 11(8): 213 ~ 220.

[42] 沈容. 粉末冶金汽车制动摩擦材料的研究[D]. 西南交通大学,1996.

[43] 沈容,周芸. 粉末冶金汽车制动摩擦材料[J]. 昆明理工大学学报,1997, 22(1):124 ~ 128.

[44] Jacko M G, Tsand PHs. Autometive friction materials evolution during the past decade[J]. Wear, 1984, 100:503 ~ 515.

[45] 王忠伟,刘长生. 摩擦离合器与制动器的摩擦材料分析[J]. 中国公路学报, 2001,14(4):114 ~ 117.

[46] 陈如操,陈英军,张淑莲. 机械压力机离合器 - 制动器摩擦材料的研究[J]. 重型机械,1989,(3):47 ~ 51.

[47] 曲在纲. 粉末冶金摩擦材料[M]. 北京:冶金工业出版社,2006.

[48] 蒋永才. 粉末冶金摩擦材料在锻压机床上的应用[J]. 机械工程材料,1995, 19(1):42 ~ 46.

[49] Dunlop Holdings Ltd. , Friction pads. 英国专利,1284225[P]. 1972. 06. 21.

[50] Girling Ltd. , Method of manufacturing a friction disc. 英国专利, 1460592[P]. 1976. 11. 24.

[51] 黄瑞芬,刘淑英. 烧结金属摩擦材料及其工艺研究的发展[J]. 兵器材料科学与工程,1999,22(1).

[52] 杨永连. 烧结金属摩擦材料[J]. 机械工程材料,1995,(12):1 ~ 6.

[53] 姚萍屏. 烧结温度对铜基粉末冶金航空刹车材料摩擦磨损行为的影响[J]. 非金属矿,2006,(1).

[54] 姚萍屏 ,张忠义,汪琳. 铁基粉末冶金刹车材料烧结压力的研究[J]. 润滑与密封,2009,34(1):1 ~ 5.

[55] 盛洪超,熊翔,姚萍屏. 烧结温度对铁基粉末冶金航空刹车材料摩擦磨损性能的影响[J]. 润滑与密封,2007,32(6):1 ~ 5.

[56] Bendix Corporation. Method of welding a sintered friction material toaretainer and method of manufraturing a friction pad. 英国专利,1528716[P]. 1978. 09. 06.

[57] Tarr Walter R. Method of Attaching a Friction linging to a Reinforcing Cup. 美国专利, 4050619[P]. 1977. 09. 27.

[58] 鲁乃光. 烧结金属摩擦材料现状与发展动态[J]. 粉末冶金技术,2002,20(5):294 ~298.

[59] 古里亚耶夫 A Л. 金属学[M]. 赵振果主译. 北京:机械工业出版社,1986.

[60] Taga Y, Isogai A, Nakajimak. The role of alloying elements in the friction and wear of copper alloys[J]. Wear, 1977,4:377 ~ 391.

[61] Tjong S C, Lau K C. Tribological behaviour of SiC particle - reinforced copper matrix composites[J]. Materials Letters,2000,5:274 ~ 280.

[62] 袁国洲,姚萍屏,樊毅. SiO_2 和 B_4C 组合对铁铜基摩擦材料性能的影响[J]. 非金属矿,1999,22(4):47 ~ 49.

[63] 邵荷生,曲敬信,许小棣,等. 摩擦与磨损[M]. 北京:煤炭工业出版社, 1992:120 ~ 122.

[64] 邵荷生,张清. 金属的磨料磨损与耐磨材料[M]. 北京:机械工业出版社, 1988:29 ~ 45.

[65] 《有色金属及其热处理》编写组. 有色金属及其热处理[M]. 北京:国防工业出版社,1981:278 ~ 288.

[66] 白同庆,李东生. 添加微量锡对铜基摩擦材料性能的影响[J]. 材料工程, 1998,(10):30 ~ 33.

[67] Blau Peter J. Microstructure and detachment mechanism of friction layers on the surface of brake shoes[J]. Journal of Materials Engineering and Performance, 2003,12(1):56 ~ 60.

[68] Taga Y. Role of Surface and transfered layers in dry friction[J]. Tribol. Ser. ,1982, 7:553 ~ 567.

[69] Doris Kuhlmann - wilsdkrf. What role for contact spots and dislocation in friction and wear[J]. Wear, 1996,200:8 ~ 28.

[70] 浩宏奇,丁华东,李雅文,等. 石墨含量对铜基材料摩擦磨损性能的影响[J]. 中国有色金属学报,1997,7(3):120 ~ 123.

[71] 刘伯威,樊毅,张金生,等. SiO_2 和 SiC 对 Cu - Fe 基烧结摩擦材料性能的影响[J]. 中国有色金属学报,2001,11(1):110 ~ 113.

[72] 邵荷生,曲敬信,许小棣,等. 摩擦与磨损[M]. 北京:煤炭工业出版社,1992:120 ~ 122.

[73] 刘伯威,张金生,樊毅,等. 非金属颗粒镀铜及对烧结摩擦材料强度的影响[J]. 材料保护,2001,34(2):24～25.

[74] Tage Y, Nakajima K. Friction and wear of Cu－Zn alloys against stainless steel[J]. Wear,1976,37:365～375.

编写：姚萍屏（中南大学）

第 8 章　粉末冶金零件在农业、草地与园艺机械中的应用

农业机械、草地与园艺机械的产量小，因此，一直在寻找降低生产成本或简化零件制造的方法，否则，生产将难以继续。

在较早期的农业机械的运行机构中的许多零件，诸如正齿轮、伞齿轮、链轮等都是用灰铸铁件制造的。因此，根据文献[1]可知，这些灰铸铁零件，早在 1965 年，就开始改用粉末冶金零件了。在美国农业机械中的灰铸铁件之所以改用粉末冶金件，主要是经济原因，即降低生产成本。其次是逐步改变灰铸铁铸造工厂的环境，提升技术发展水平和提高经济效益。到 20 世纪七八十年代，在美国农机产业的设计工程师们对粉末冶金技术已有了较深刻的认识，在开始设计粉末冶金零件时，已不再仅仅考虑降低生产成本，还要设法改进零件的使用功能或可靠性。

在我国，在 20 世纪 60 年代末和 70 年代，曾大力推广过采用粉末冶金零件，当时除推广铁基含油轴承外，还在单缸柴油机中使用过不少粉末冶金零件，诸如气门导管、挺柱体、曲轴正时齿轮、平衡轴齿轮等。遗憾的是，这些工作都没有继续深入下去。

在下面，主要介绍美国农业机械和草地与园艺机械中应用的一些典型粉末冶金结构零件，供我国农机与相关企业参考。

8.1　农业机械中使用的粉末冶金零件

在农机产业中，设计工程师在开始设计阶段，就在考虑如何设计粉末冶金零件了，这既有利于降低生产成本，又可考虑如何改进零件的功能或可靠性。在这一节分别介绍拖拉机、摘棉机、播种机、谷物条播机及联合收割机中使用的一些典型粉末冶金零件[2]。

8.1.1　拖拉机

现在，两轮与四轮驱动的拖拉机中使用了各种各样的粉末冶金材料。

8.1.1.1　动力转向计量式泵

在带机械前轮驱动助推器的两轮驱动的中耕拖拉机中，采用的是全静液压转向装置，就是说，在转向轮和前轮之间没有机械连接。驾驶员是利用动力转向计量式泵来控制高压油柱使拖拉机进行转向的。计量式泵启动转向阀，阀操纵转向马达。实际上，使拖拉机转向的是转向马达。

动力转向计量式泵是由盖、底座、泵体及两个齿轮组成。这些零件都是用粉末冶金工艺制造的，见图 10-8-1 和表 10-8-1。这些粉末冶金零件的切削加工量极小，仅仅需要研磨和钻横向孔。为了防止泄漏，盖、底座及泵体都要含浸以环氧树脂。按照规定，对底座与泵体都要进行氮气加压泄漏检验，对齿轮要进行压溃试验。

图 10-8-1　动力转向计量式泵用粉末冶金零件

表 10-8-1　动力转向计量式泵用粉末冶金零件成分与性能

项　目	盖	底　座	泵　体	齿　轮	齿　轮
MPIF 材料	FC－0408－P	FC－0408－P		FC－0408－P	FC－0408－P
碳含量/%	0.60～1.00	0.60～1.00	0.8	0.60～1.00	0.60～1.00
铜含量/%	2.00～6.00	2.00～6.00	2.0	2.00～6.00	2.00～6.00
镍含量/%			0.40～0.50		
锰含量/%			0.25～0.35		
钼含量/%			0.55～0.65		
铁含量/%	91.00①	91.00①		91.00①	91.00①
密度①/g · cm^{-3}	6.4	6.4	6.4	6.4	6.4
表观硬度	55HRB	55HRB		25HRC	25HRC
显微硬度① HRC			55	55	55
抗压强度/MPa			515	515	515
压溃强度/kN				26.7	26.7
浸渍	环氧树脂	环氧树脂	环氧树脂		
成品重量/kg	1.400	1.460	0.460	0.125	0.159
泄漏检验	必须经受住 690 kPa		氮的压力 5 min 而无泄漏		

① 最小。

8.1.1.2　摇摆轴伺服凸轮与挺杆

可用耕作农具的检测负载与深度的三点联结器来控制嵌入土地的深度。否则，可用检测装置来控制中耕拖拉机的牵引负载。可用摇摆轴伺服凸轮与挺杆（图 10-8-2 和表 10-8-2）来执行这种功能。这些零件一开始设计的就是粉末冶金零件，之所以采用粉末冶金零件是因为其耐磨性好和切削加工量极少。

图 10-8-2　摇摆轴伺服凸轮和挺杆

表 10-8-2　摇摆轴伺服凸轮和挺杆的成分和力学性能

项　目	凸　轮	挺　杆
MPIF 材料	FC－0408－P	FC－0408－P
碳含量/%	0.60～1.00	0.60～1.00
铜含量/%	2.00～6.00	2.00～6.00
铁含量（最小值）/%	91.00	91.00
密度（最小值）/g · cm^{-3}	6.4	6.4
熔渗铜	孔区至 7.2 g/cm^3	
显微硬度 HRC	凸轮表面 52	52
表观硬度 HRB	孔区 80～100	
热处理	凸轮表面感应淬火	淬火和回火
成品重量/kg	0.735	0.136

凸轮工作面要感应淬火到显微硬度不低于 52HRC。后续作业是钻横向孔与攻丝。检测时,发现横向孔中的螺纹会引起脆性断裂。为此,在螺纹部位进行了熔渗铜,以改进韧性。

挺杆的材料和凸轮相同,但要用热处理淬硬到硬度不低于 52HRC。

8.1.1.3　油泵齿轮

油泵齿轮[1]之所以采用粉末冶金齿轮是为了降低生产成本。变速器的油泵齿轮(图 10-8-3 和表 10-8-3)原先设计的就是粉末冶金齿轮。发动机的油泵齿轮起初采用的是钢的,于 1965 年才改变为粉末冶金齿轮。发动机齿轮的额定压力一般为 0.4 MPa,变速器油泵齿轮的额定压力为 1.38 MPa。

图 10-8-3　变速器油泵齿轮

表 10-8-3　变速器油泵齿轮成分和性能

项　目	惰　轮	从动齿轮
MPIF 材料	FC-0408-P	FC-0408-P
碳含量/%	0.60~1.00	0.60~1.00
铜含量/%	2.00~6.00	2.00~6.00
铁含量(最小值)/%	91.00	91.00
密度(最小值)/g·cm^{-3}	6.35	6.35
显微硬度 HRC	55	55
热处理	淬火和回火	淬火和回火
成品重量/kg	0.181	0.318

8.1.2　摘棉机

通常,摘棉机都是用一些不同的零件来进行摘棉作业的。尽管摘棉机一年的产量不大,但某些零件的产量可能数以百万件计。现在摘棉机上使用的两个粉末冶金零件是摘棉机杆驱动齿轮和摘棉机杆枢轴指销。图 10-8-4 是一台四行摘棉机,每台都使用了这两种零件,每种 96 件。

8.1.2.1　摘棉机杆驱动齿轮

摘棉机杆驱动齿轮(图 10-8-5 和表 10-8-4)驱动一支撑着 20 个摘棉柱的杆。这个齿轮一开始设计的就是粉末冶金齿轮,采用复压将其密度增高到 7.2 g/cm^3。烧结后,进行热处理,淬火硬化。用静负载齿强度检测的方法对成批零件进行检验。对工业应用曾考虑过采用感应淬火。因为这时可采用较低的整体密度(7.1 g/cm^3)。感应淬火时会产生压缩应力,以补偿密度的变化。

8.1.2.2　摘棉机杆枢轴指销

摘棉机杆枢轴指销见图 10-8-6 和表 10-8-5。这种粉末冶金指销支撑着摘棉机的下端。要将这个零件淬硬到表观硬度不低于 25HRC(密度为 7.0 g/cm^3)。对于批量生产的零件,用扭转试验进行考核。

图 10-8-4　四行摘棉机

表 10-8-4　摘棉机杆驱动齿轮成分与性能

项　目	1 型	2 型
MPIF 材料	FN - 0405 - T	FL - 4605 - S
碳含量/%	0.3 ~ 0.6	0.35 ~ 0.65
镍含量/%	3.0 ~ 5.5	1.80 ~ 2.20
钼含量/%		0.30 ~ 0.70
锰含量/%		0.25 ~ 0.45
铜含量(最大值)/%	2.0	0.50
铁含量/%	89.9 ~ 96.7	95.00(最小值)
密度/g · cm^{-3}	7.2 ~ 7.6	7.1(最小值)
表观硬度 HRC	40 ~ 52	35(最小值)
显微硬度 HRC		50(最小值)
热处理	淬火和回火	感应淬火
渗碳深度/mm		0.5(最小值在根部)
成品重量/kg	0.180	0.178

图 10-8-5　摘棉机杆驱动齿轮

表 10-8-5　摘棉机杆枢轴指销成分与性能

项　目	性　能
MPIF 材料	FN - 0405 - S
碳含量/%	0.3 ~ 0.6
镍含量/%	3.0 ~ 5.5
铜含量(最大值)/%	2.0
铁含量(最小值)/%	89.9
密度(最小值)/g · cm^{-3}	7.0
表观硬度 HRC(最小值)	25
热处理	淬火和回火
成品重量/kg	0.310

8.1.3　播种机

现在使用的播种机,除播种外,还有一些辅助功能。这些零件可施撒液体或干肥料、除莠剂及农药。在设计上做了多方面努力,以保证在播种时能恰当地控制撒下的种子、肥料、除莠剂及农药的数量。虽然,在播种机中使用了许多粉末冶金零件,下面仅介绍几个播种机中在物料数量控制方面用的一些典型粉末冶金零件。

8.1.3.1　浮动凸轮

使用如图 10-8-7 所示的指型拾取器种子计量系统的播种机(见表 10-8-6),原来是为播种谷物设计的,但也适用于播种生产糖果点心之类用的向日葵种子。拾取器的特点是,在一粒粒种子周围有 12 个装有弹簧的指型物不断地开和关。粉末冶金凸轮(图 10-8-8)控制指型器的动作。凸轮必须耐磨,因为压在凸轮上的指型器都是经过渗碳淬火与镀铬的。要将凸轮淬硬与回火到表观硬度不低于 58HRA 和平均硬度为 60HRA,以使之具有足够高的耐磨性。

图 10-8-6　摘棉机杆枢轴指销

表 10-8-6　用于指型物拾取机构的浮动凸轮成分及性能

项　目	性　能
MPIF 材料	FN-0208-R
碳含量/%	0.60~1.00
铜含量/%	1.90~2.00
镍含量/%	1.65~1.90
钼含量/%	0.50~0.65
铁含量/%	其余
密度(最小值)/g·cm^{-3}	6.6
表观硬度 HRA	58(最小值),60(平均)
热处理	淬火和回火
成品重量/kg	0.225

图 10-8-7　指型物拾取机构的横截面图

图 10-8-8　用于指型物拾取机构的浮动凸轮

图 10-8-9 所示为无离合器盘播种机中使用的一种浮动凸轮。这个凸轮是由 3 个粉末冶金零件、2 个销子和 1 个凸轮盘组成。将这 3 个零件压制成形后,于生坯状态下进行组合,通过烧结结合在一起。其技术要求说明如表 10-8-7 所示。

表 10-8-7　浮动凸轮的技术要求

项　目	凸 轮 盘	销　子
密度/g·cm^{-3}	6.6	6.6
碳含量/%	0.6~1.0	0.6~1.0
铜含量/%	1.9~2.0	2.75~3.0
镍含量/%	1.65~1.9	1.0~1.2
钼含量/%	0.5~0.65	—
重量/g	228~232	17~18
组件总重量/g	263~267	—
硬度 HRC	60(锉刀测试)	

图10-8-9　无离合器盘播种机中用的浮动凸轮[2]

8.1.3.2　双联链轮组件

双联链轮组件(图10-8-10和表10-8-8)是一个用加桩连接在一起的2个粉末冶金链轮制成的组件。这使得可用一对单片链轮得到不同的传动比,而不必为所需要的每一转动比制造一套双联链轮。加桩连接的粉末冶金齿轮组件取代了由切削加工与焊接制成的相应零件,从而节约了大量费用。将双联链轮装在固定种子计量装置的轴上。传动链条驱动双联链轮中的一个链轮,使链轮组件进行转动,同时驱动种子计量装置。

8.1.3.3　链轮组件

这个链轮组件(图10-8-11和表10-8-9)是在烧结时,将压制成形的链轮生坯钎焊在金属板制挡板上制成的,其装在播种机的除莠剂/农药计量器上。图10-8-10为双联链轮中的另一链轮通过一辅助链条驱动这个链轮组件。

图10-8-10　双联链轮组件

图10-8-11　链轮组合件(链轮加挡板)

表10-8-8　双联链轮组件的成分与性能

项　目	11齿链轮	19齿链轮
MPIF材料	F-0005-S	F-0005-S
碳含量/%	0.26~0.60	0.26~0.60
铁含量(最小值)/%	97.40	97.40
密度/g·cm^{-3}	6.9~7.3	6.9~7.3
成品重量/kg	0.227	0.680
附加要求	加桩连接在一起的链轮	

表10-8-9　链轮组合件(链轮加挡板)的成分与性能

项　目	链　轮	钢　板
MPIF材料	FC-0208-P	钢板
碳含量/%	0.60~1.00	
铜含量/%	1.00~2.50	
铁含量(最小值)/%	94.5	
密度/g·cm^{-3}	6.1~6.5	
成品重量/kg	0.091	

注:烧结前组装,在烧结过程中钎焊在一起。

8.1.3.4　空转臂

这个粉末冶金零件是用将两个压制成形的粉末冶金零件生坯组装在一起，在烧结时连接成一体制成的（见图 10-8-12 和表 10-8-10）。其用于通过一尼龙托轮张紧链条，从而驱动上述的双联链轮组件。

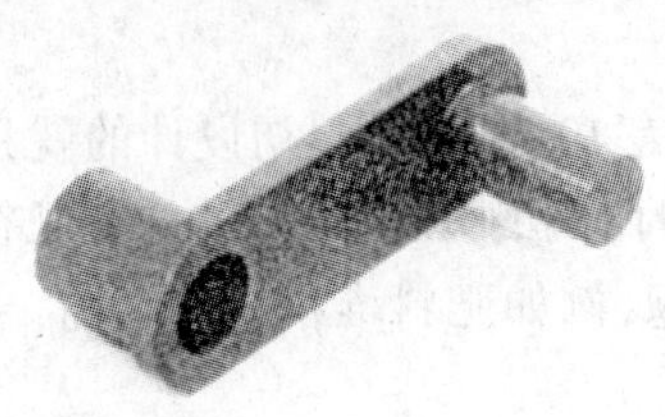

图 10-8-12　空转臂

表 10-8-10　空转臂的成分与性能

项　目	臂	柄
MPIF 材料	F－0008－P	FC－0408－P
碳含量/%	0.61～1.00	0.60～1.00
铜含量/%		2.00～6.00
铁含量（最小值）/%	97.00	91.00
密度/g·cm^{-3}	6.1～6.5	6.1～6.4
热处理	烧结后蒸汽法兰	
成品重量/kg	0.132	0.132

8.1.4　谷物条播机

谷物条播机用于播种小粒的谷粒、大豆及草籽。其中使用的两个典型粉末冶金零件是用于槽式进料室中的送料辊与关闭器，以及驱动肥料计量装置的行星齿轮组件。

8.1.4.1　送料辊和关闭器

将送料辊（图 10-8-13 和表 10-8-11）先分别压制成形为带槽件与杆件生坯，再将它们组装进行烧结，使之一体化。这些组件原来是灰铸铁件，而且，是以铸造件使用的，槽的激冷表面具有耐磨性。这些零件之所以改用粉末冶金零件，是因为难以买到价格合适的优质灰口铸铁。粉末冶金零件可用碳－氮共渗处理将表面的表观硬度增高到不低于 55HRA，从而具有较好的耐磨性。

图 10-8-13　送料辊与关闭器

表 10-8-11　送料辊与关闭器的成分与性能

项　目	送料辊		关闭器
	凹　槽	杆	
MPIF 材料	F－0005－N	FC－0400－N	FC－0208－P
碳含量/%	0.26～0.60	0.30（最大值）	0.60～1.00
铜含量/%		2.00～6.00	2.00～6.00
铁含量（最小值）/%	97.40	90.70	91.00
密度/g·cm^{-3}	5.7～6.1	5.8～6.2	6.1～6.5
表观硬度 HRA（最小值）	55①		
热处理	碳氮共渗	碳氮共渗	蒸汽处理
附加要求			浸油
成品重量/kg	0.455	0.455	0.255

① 凹槽的顶部和底部。

图 10-8-14 为安装在槽式进料室内组装好的送料辊与关闭器系统。槽式进料室控制着分配给谷物条播机的种子数量，这种容器计量装置可用于播种几乎任何一种种子。

播种作业时，送料辊旋转，同时关闭器静止不动，从而可用关闭器伸入进料室内的距离来控制分配的种子数量。

8. 1. 4. 2　行星齿轮组件

这种用于谷物条播机的行星齿轮组件（图 10-8-15 和表 10-8-12）起初设计的就是粉末冶金件。在研制出粉末冶金行星齿轮组件之前，是用一滑门阀的开/闭来调节施加肥料的效率的，用滑门阀来控制肥料重力流。这种方法有许多问题，例如肥料堆积在滑门前，土地坡度的变化与湿度都会影响重力流的性状。

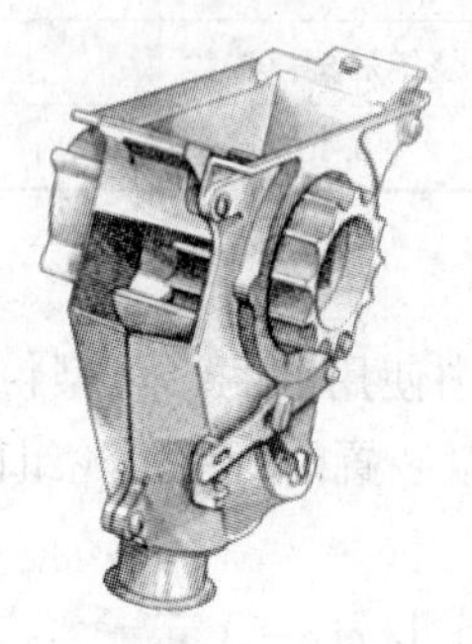

图 10-8-14　进料室内的送料辊和关闭器

图 10-8-15　行星齿轮组件

表 10-8-12　行星齿轮组件成分与性能

项　目	内接齿轮	行星齿轮	中心齿轮
MPIF 材料	FC－0208－P	FC－0208－P	FC－0208－P
碳含量/%	0. 60～1. 00	0. 60～1. 00	0. 60～1. 00
铜含量/%	1. 00～2. 50	1. 00～2. 50	1. 00～2. 50
铁含量（最小值）/%	94. 50	94. 50	94. 50
密度/g · cm^{-3}	6. 1～6. 5	6. 1（最小值）	6. 1～6. 5
抗拉强度（最小值）/MPa	345	345	345
成品重量/kg	0. 509	0. 100	0. 055

行星齿轮组件是对这个系统改进的一部分，它使得利用随动进料轮可实现肥料的强制供料。进料轮装在进料轴上，借改变进料轴的速度可调节施加肥料的速率。

8. 1. 5　联合收割机

联合收割机一般是由材料装卸机具组成的小巧联合机械。联合收割机可收割、运送、脱粒及临时储存谷物。联合收割机中使用一些粉末冶金零件，其中有凸轮、齿轮及油路板。

8.1.5.1　内/外45°凸轮

内/外45°凸轮外形及成分与性能如图10-8-16和表10-8-13所示。它们像扭矩传感元件一样工作，用于改变驱动可逆、可变速进料器室的V形皮带的张力。它们都要进行碳氮共渗，以提高凸轮作用面与内、外径的耐磨性。外凸轮对半个皮带轮还起着轴套的作用，因此这种处理是必要的。热处理后，凸轮的内、外径都要精磨。

图10-8-16　内/外45°凸轮

表10-8-13　内/外45°凸轮成分与性能

项　目	内　凸　轮	外　凸　轮
MPIF材料	FC-0205-R①	FC-0205-R①
碳含量/%	0.3~0.6	0.3~0.6
镍含量/%	1.0~3.0	1.0~3.0
铜含量(最大值)/%	2.5	2.5
铁含量/%	91.9~98.7	91.9~98.7
热处理	碳氮共渗	碳氮共渗
渗碳深度/mm	0.51精磨后	0.51精磨后
成品重量/kg	1.415	2.041

① 密度为6.4~6.8g/cm^3。

8.1.5.2　螺旋伞齿轮

这种螺旋伞齿轮(图10-8-17和表10-8-14)是成对使用，用于将动力从驱动轴传递给一个角度为90°的螺旋推进器。螺旋推进器的长度延伸到几乎和整个联合收割机的长度相等，用于将脱好的谷粒输送到净化系统的前部。

图10-8-17　螺旋伞齿轮

表10-8-14　螺旋伞齿轮成分与性能

项　目	性　能
MPIF材料	FX-2008-T
碳含量/%	0.61~1.00
铜含量/%	15.00~25.00
铁含量/%	69.00~84.39
熔渗	铜
密度/g·cm^{-3}	7.1~7.6
热处理	碳氮共渗
颗粒硬度HRC(最小值)	58
表观硬度HRB(最小值)	95
成品重量/kg	0.340

8.1.5.3　液压式轮马达油路板

在四轮驱动的联合收割机中，两个轮子是由液压凸轮凸角马达驱动的。马达内正中装有一个大型粉末冶金零件，这个零件起油路板的作用(图10-8-18和表10-8-15)。这个油路板重约15kg，其特征是有30个公差精密的径向油路。图10-8-19为这个零件位于液压式轮马达内的位置。

图10-8-18　液压式轮马达油路板

之所以将油路板设计为粉末冶金件,是由于用其他工艺制造时切削加工费用过高。采用粉末冶金工艺制作时,也不易制造。首先,模具很复杂。为成形 30 个径向油路,必须采用复合动作的上模冲,用两个下模冲和一个带台芯棒成形油路板的拔销。

表 10-8-15　液压式轮马达油路板成分与性能

MPIF 材料	FX - 2008 - T
碳含量/%	0.61 ~ 1.00
铜含量/%	15.00 ~ 25.00
铁含量/%	69.00 ~ 84.39
密度/g · cm^{-3}	7.1 ~ 7.6
熔渗铜	2.7 kg 熔渗片
成品重量/kg	12.973
泄漏检测	高压油孔在 415kPa 氮气压力下,泄漏不得超过 75L/min

油路板是在 8.9MN 压机上压制成形的。为保证在高压下的密封性,在烧结时进行了熔渗铜,这还可使之在运转时具有润滑性。零件的最终密度为 7.1 ~ 7.6 g/cm^3。

图 10-8-19　凸轮凸角液压式轮马达的部件分解图

油路板在使用之前,需要进行一些切削加工。然而,这仅限于车内、外径和钻一些孔。鉴于这个零件形状十分复杂,即使数量不多(5000 ~ 10000 件),节约的生产费用也很多。

8.2　草地与园艺机械中的粉末冶金零件

鉴于草地与园艺机械的零件比农业机械的尺寸小,比较适于采用传统粉末冶金工艺,即压制 - 烧结工艺生产。草地与园艺拖拉机中使用了许多粉末冶金零件,其优势是公差精密,形状接近最终形状及使用性能对成本之比(即性能/价格之比)高。下面分别介绍两家美国公司生产的草地与园艺拖拉机中使用的粉末冶金零件。

8.2.1　Deere & Co 生产的草地与园艺拖拉机中使用的粉末冶金零件[1]

8.2.1.1　焊接的取力器(PTO)手柄

焊接的取力器手柄见图 10-8-20 和表 10-8-16。其为一用于启动开关的粉末冶金凸轮,当将取力器手柄接合时,凸轮位于启动系统的空挡位置。这个粉末冶金凸轮的特点是侧壁笔直、公差小和能执行多种功能，并且不需要切削加工。将凸轮焊接在手柄上，为保证焊接顺利，粉末冶金凸轮在焊接之前不得含浸油。

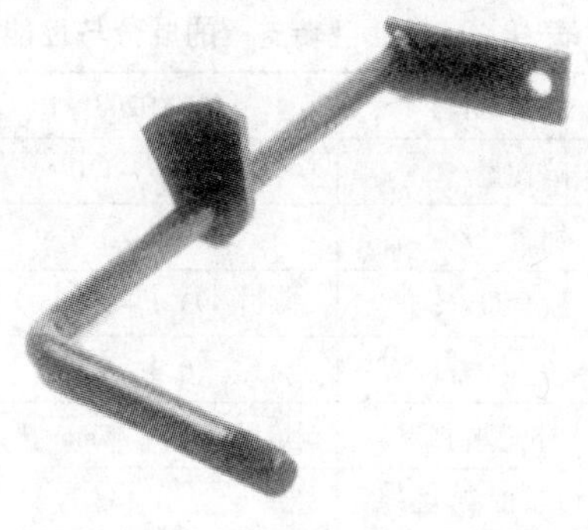

图 10-8-20　焊接的取力器手柄

表 10-8-16　焊接的取力器手柄的成分与性能

项　目	性　能
MPIF 材料	F－0008－P
碳含量/%	0.6～1.0
铁含量/%	97.0～99.1
密度/g·cm^{-3}	6.4～6.8
成品重量/kg	0.055

8.2.1.2　取力器凸轮与从动件

取力器凸轮与从动件（见图 10-8-21 和表 10-8-17）用于使取力器接合，取力器一般用于驱动割草机上承。当从动件转动 30°弧度时，凸轮沿螺旋斜面移动，从而使运动发生 90°变化，变成轴向驱动轴。轴在轴向运动接合与脱开取力器。这个组件设计利用这两个粉末冶金零件，显著降低了生产成本。这两个粉末冶金零件不但取代了铆接的组件，而且使其周围的零件较容易制造。

图 10-8-21　取力器凸轮与从动件

表 10-8-17　取力器凸轮与从动件的成分与性能

项　目	凸　轮	从　动　件
MPIF 材料	FC－0208－P	FC－0208－R
碳含量/%	0.6～1.0	0.6～1.0
铜含量/%	1.5～3.9	1.5～3.9
铁含量/%	93.1～97.9	93.1～97.9
密度/g·cm^{-3}	6.0～6.4	6.4～6.8
补充要求	蒸汽处理，浸油	蒸汽处理，浸油
成品重量/kg	0.209	0.168

8.2.1.3　空转支枢

空转支枢（见图 10-8-22 和表 10-8-18）是一个在草地与园艺拖拉机上张紧皮带离合器的零件。鉴于这个零件选用了粉末冶金件，从而可将某些零件进行一体化设计，因此，也就不再需要采用两个定位销了。为改进韧性，在定位销的部位进行了局部铜熔渗处理。为提高耐腐蚀性，将零件进行了含浸油处理。

8.2.1.4　割草机毂

小型草地与园艺拖拉机和某些割草机上都使用毂。这种毂（见图 10-8-23 和表 10-8-19）是经过改进设计，用以取代焊接的毂/轴组件，以降低生产成本。新设计的特点是，把粉末冶金毂用螺纹连接在锻轧钢轴上。原来规定制造毂的材料是 MPIF FC－0208－R。后来,为了提高冲击性能,将材料的技术条件改成了 MPIF FN－0400－R。

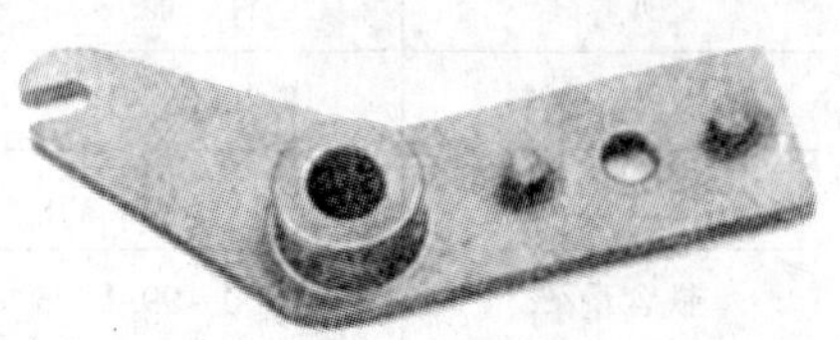

图 10-8-22　空转支枢

表 10-8-18　空转支枢的成分与性能

MPIF 材料	FC－0208－R
碳含量/%	0.6～1.0
铜含量/%	1.5～3.9
铁含量/%	93.1～97.9
密度/g · cm^{-3}	6.4～6.8
补充要求	铜熔浸两个 6.35mm 孔,浸油
成品重量/kg	0.164

图 10-8-23　割草机毂

表 10-8-19　割草机毂的成分与性能

MPIF 材料	FN－0400－R
碳含量/%	0.15～0.30
铜含量(最大值)/%	2.0
镍含量/%	3.0～5.5
铁含量(最小值)/%	90.2
密度/g · cm^{-3}	6.4～6.8
表观硬度 HRB	30～50
成品重量/kg	0.318

8.2.1.5　前装割草机空挡臂

前装割草机用于大型场地,高尔夫球场与墓地,在这些地方可利用割草机的高度灵活性。空挡臂(见图 10-8-24 和表 10-8-20)用于控制前装割草机的液压驱动的空挡回位联动装置。粉末冶金空挡臂形状比较简单,但公差精密,三个孔不等距,并在一个方位装配。为保证空挡臂的放置方位正确,臂端部的缺口起装配定位器的作用。

图10-8-24　前装割草机的空挡臂

表 10-8-20　前装割草机的空挡臂成分与性能

MPIF 材料	FN－0205－S
碳含量/%	0.3～0.6
镍含量/%	1.0～3.0
铜含量(最大值)/%	2.5
铁含量/%	91.9～98.7
密度/g · cm^{-3}	6.8～7.2
补充要求	浸油
成品重量/kg	0.090

8.2.1.6　第 4 挡减速齿轮

草地与园艺拖拉机都需要能承受极强烈磨损与重负载的齿轮。如图 10-8-25 和表 10-8-21所示的第 4 挡减速齿轮就是六挡变速器中的一个驱动齿轮。其技术规范规定单齿压溃负荷为 4000 kg。粉末冶金齿轮的齿部需要密度高。为此,解决的办法是需要将零件复压到密度为 7.3～7.5 g/cm^3。可是,零件太大,用 500 t 压机无法压制。为此,将零件压制成了 3 种密度：毂部密度为 6.4 ~ 6.6 g/cm³，内凸缘密度为 6.6 ~ 6.8 g/cm³，齿部密度为 6.9 ~ 7.0 g/cm³。

预烧结后，只将齿轮齿部复压至密度 7.3 ~ 7.5 g/cm³。为改进复压时的压缩性，采用了碳含量低的原料粉末，复压后，再将齿部进行渗碳。

图 10-8-25　第 4 挡减速齿轮

表 10-8-21　第 4 挡减速齿轮的成分与性能

MPIF 材料	FN - 0205
碳含量/%	0.5
镍含量/%	2
钼含量/%	0.5
密度/g · cm^{-3}	
齿	7.3 ~ 7.5
内凸缘	6.6 ~ 6.8
毂部	6.4 ~ 6.6
齿的表观硬度 HRC	50 ~ 56
齿的压溃强度/kN	40
成品重量/kg	1.042

8.2.1.7　转轴式松土机齿轮组件

转轴式松土机齿轮组件（见图 10-8-26 和表 10-8-22）用于从变速器将动力传递给链条，以驱动土地耕作机构。这个齿轮组件是由单个压制 - 烧结的齿轮与链轮组成。烧结后，将齿轮与链轮压装在一起，并用附加烧结时，通过局部熔渗铜进行原位铜焊。切削加工作业只有珩磨孔与压入滚针轴承。

图 10-8-26　转轴式松土机齿轮组件

表 10-8-22　转轴式松土机齿轮组件的成分与性能

项　目	齿轮	链轮
MPIF 材料	FN - 0205 - T	FN - 0208 - R
碳含量/%	0.5	0.6 ~ 0.9
镍含量/%	2.0	1.0 ~ 3.0
铜含量（最大值）/%		2.5
钼含量/%	0.5	
铁含量/%		91.6 ~ 98.4
密度/g · cm^{-3}	7.2 ~ 7.4	6.6 ~ 6.8
推出力/kN	67	
成品重量/kg	0.485	
补充要求	充分烧结后压装在一起，用局部熔渗铜进行铜焊	

8.2.2　粉末冶金零件在 Amsted Industries, Inc. 的 Burgess-Norton Mfg. Co. Div. 生产的园艺机械中的应用[3]

这家公司生产的 8 种园艺机械中都采用了粉末冶金零件。这 8 种园艺机械是：园艺拖拉机、行驶割草机、手扶割草机、转轴式松土机、草地清扫机、切碎机/掘沟机、链锯及吹雪机。

8.2.2.1　园艺拖拉机中使用的粉末冶金零件

（1）在园艺拖拉机的功率小于 11768W 的齿轮箱中使用粉末冶金齿轮，如图 10-8-27 所示，这些齿轮都是粉末冶金镍钢制造的，而且将齿轮齿端面压制成形了楔形，见图 10-8-28。这不但可消除后续切削加工，形成较好的粗糙度，而且使相互的撞击较平稳。粗糙度较好和齿轮间均一性的改进相结合,使齿轮箱的运行噪声降低很多。

图 10-8-27　齿轮箱中使用的典型粉末冶金齿轮组合

图 10-8-28　齿轮齿端面的楔形

（2）换挡拨叉(见图 10-8-29)。齿轮箱中的换挡拨叉大部分是由铜熔渗钢制造的,在大多数场合,需要后续加工。依照生产成本,这种构型的零件最适于用粉末冶金工艺制造。

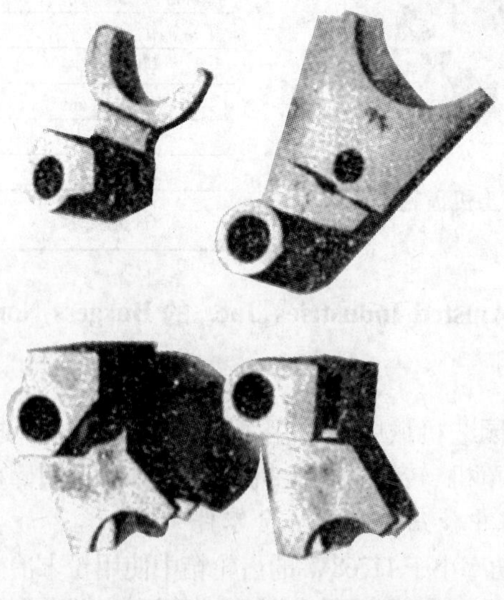

图 10-8-29　一组典型的粉末冶金拨叉

(3) 防滑差速器(见图 10-8-30)。这种装置中的零件,不只有齿轮,就连端盖及其他零件,诸如衬垫与机身芯子,都是用粉末冶金工艺,由高强度粉末冶金材料制造的。

图 10-8-30　使用粉末冶金齿轮、垫圈及托架端盖板的防滑差速器

(4) 许多园艺拖拉机转向机构中使用的扇形斜齿轮与斜齿轮小齿轮是用粉末冶金工艺生产的,见图 10-8-31。

(5) 在制动器与离合器机构中使用的粉末冶金零件有制动器鼓、衬垫及支架,见图 10-8-32。

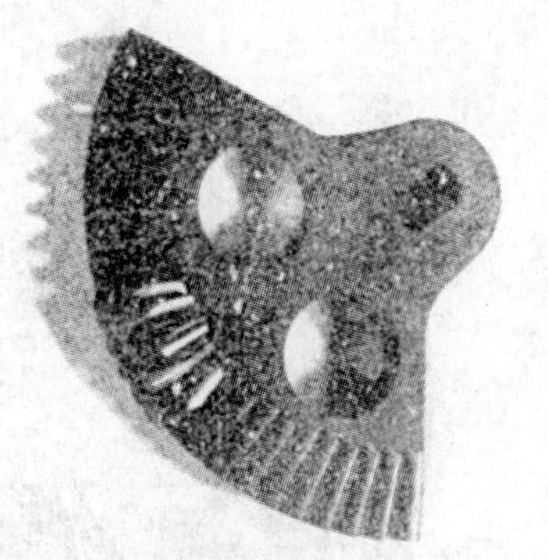

图 10-8-31　转向装置的粉末冶金扇形齿轮与小齿轮

图 10-8-32　典型的粉末冶金支架与衬垫

粉末冶金的另外一项应用是花键轮毂(见图 10-8-33)。花键轮毂用粉末冶金工艺制造后,将其压铸于轮中,从而将轮制成了具有耐磨的精密花键内径。

大部分园艺拖拉机都备有割草机配件。在配件中,粉末冶金零件是显而易见的。具有代表性的配件是,刀片架和刀片剪断衬垫(图 10-8-34)。这些零件都是用粉末冶金工艺特制的,以使其在遭受某一载荷冲击时产生破裂,从而防止刀片碰到障碍物时装置损坏。

8.2.2.2　粉末冶金零件在行驶割草机中的应用

在行驶割草机中使用齿轮箱,几乎全部齿轮都是用粉末冶金工艺生产的,在大多数场合,都是将整装齿轮箱(图 10-8-35)用螺栓固定在割草机上。小马力齿轮箱的齿轮是用一般粉末冶金 Fe - C 合金材料和马力较大的齿轮箱中的齿轮是用铜熔渗的镍钢,用粉末冶金工艺生产的,为了增高强度与耐磨性,齿轮还要进行热处理。齿轮箱中使用的换挡拨叉也是用粉末冶金制造的。

图 10-8-33　粉末冶金轮毂,示出了花键内径、法兰及固定在压铸轮中的外径花键

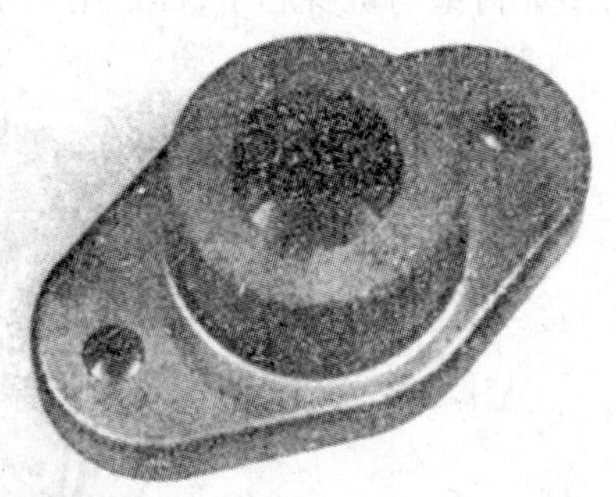

图 10-8-34　粉末冶金割草机刀片架

行驶割草机差速器中使用的等径伞齿轮(图 10-8-36)和垫圈也都是用粉末冶金工艺生产的,使用的材料和齿轮箱中齿轮用的材料相同。有一些使用防滑差速器的行驶割草机,其使用的全部是粉末冶金齿轮而不是伞齿轮。这是因为这些差速器的负载比用于园艺拖拉机中者小,所需齿轮材料的强度也较低。

行驶割草机转向机构中使用的扇形齿轮与小齿轮(图 10-8-37)也都是用粉末冶金工艺生产的。

图 10-8-35　使用粉末冶金齿轮的典型齿轮箱

图 10-8-36　显示粉末冶金伞齿轮的剖面图

图 10-8-37　行驶割草机转向装置的粉末冶金扇形齿轮与小齿轮

8.2.2.3　其他园艺机械中用的粉末冶金零件

(1) 手扶割草机。这种割草机的一些自走装置中有二速传动的小齿轮箱。在直接传动装置中有一些粉末冶金零件,诸如链轮、直角伞齿轮驱动机构和防止轮胎移动的毂。手扶割草机和园艺拖拉机与行走割草机一样,也使用刀片架与衬垫。

(2) 转轴式松土机。在转轴式松土机变速器中使用的粉末冶金齿轮示于图 10-8-38。这些粉末冶金齿轮的特性和园艺拖拉机齿轮箱中使用的基本一样。另外,变速器中使用的换挡拨叉和换挡杆导向球也都是用粉末冶金工艺生产的。

图 10-8-38　松土机变速器中使用的全套粉末冶金齿轮

(3) 草地清扫机。这种清扫机中最常用的粉末冶金零件是刷子装置端部两个止动器棘轮。这种装置使刷子只能正向旋转。

(4) 切碎机/掘沟机。在这种装置中粉末冶金零件应用最多的是刀片衬垫,其和草地割草机刀片架相似。

(5) 链锯。在链锯中,驱动切割链条的链轮是用粉末冶金工艺制造的。最常用的是,将粉末冶金链轮钎焊在碳钢离合器鼓上。另外一种是用于电动链锯,作为电动机传动机构,在这种场合是将经热处理的粉末冶金链轮和未经热处理的有内齿的粉末冶金罩组装在一起使用(图 10-8-39)。

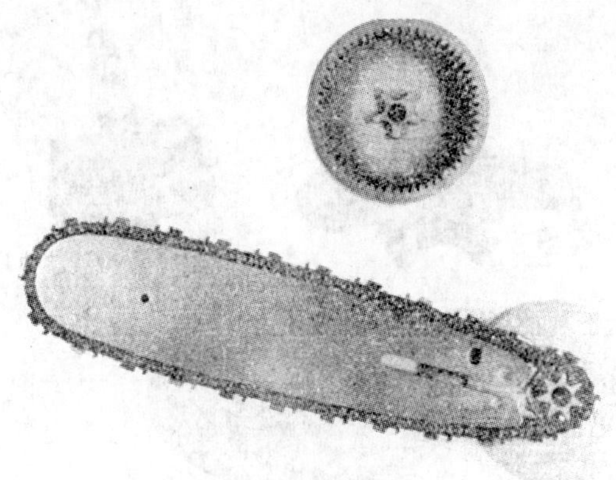

图 10-8-39　用链条与导板展示的粉末冶金链轮和罩的组件

这个系统还将粉末冶金齿轮连接在电动机轴上使用。将经过热处理的粉末冶金链轮成形在和粉末冶金罩相似的塑料罩中,用于价格较便宜的电动链锯中。

离心离合器传动机构广泛使用了粉末冶金零件。通常中心毂与两只蹄片都是用粉末冶金工艺生产的,见图 10-8-40。

(6) 吹雪机。吹雪机传动机构中的前进与倒退齿轮都是用粉末冶金工艺制造的。

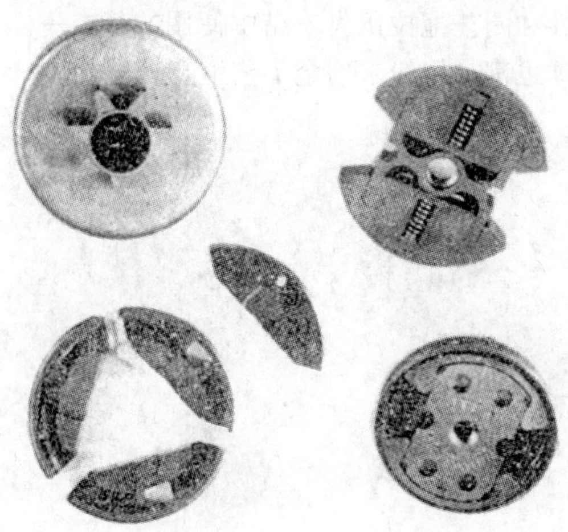

图 10-8-40　展示粉末冶金毂与蹄片的典型离心离合器传动零件

8.2.3　割草机用粉末冶金零件的进展[4,5]

以上介绍的都是 20 世纪 70 年代草地与园艺机械中应用的粉末冶金零件。近 30 年来,粉末冶金工艺与材料都取得了长足进展,下面介绍在美国 MPIF 举办的粉末冶金设计竞赛中获奖的几个割草机用的粉末冶金零件。

(1) 草地割草机刀片制动器 - 离合器输出毂,如图 10-8-41 和表 10-8-23 所示。这些粉末冶金零件的密度为 6.7 g/cm^3。其性能为,极限抗拉强度 414 MPa,屈服强度 380 MPa,疲劳强度 345 MPa 及硬度不低于 60HRB。这些粉末冶金零件可降低 55% 的生产成本。

图 10-8-41　草地割草机刀片制动器 - 离合器输出毂

表 10-8-23　草地割草机刀片制动器－离合器输出毂获奖情况

零件名称	用途	生产厂商	最终用户
草地割草机刀片制动器－离合器输出毂	割草机	Fansteel American Sintered Technologies	Warner Electric
获奖年份	2006	奖项	优秀

（2）草地割草机刀片过载装置见图 10-8-42 和表 10-8-24。这些粉末冶金钢零件是用于高级电动草地割草机刀片过载装置中的鼓和两个带轮。零件的成形密度为 6.9 g/cm^3。其性能为：极限抗拉强度 276 MPa，硬度为 50～80 HRB。粉末冶金工艺使着可成形出带轮的键和安装草地割草机刀片螺栓的鼓上的六角凹窝。将大带轮与小带轮通过烧结一体化为一个零件。和以前竞争的，由切削加工、铸造及冲压零件的组件相比，粉末冶金零件可节省成本 20%。粉末冶金零件的年产量不低于 30 万件。

图 10-8-42　草地割草机刀片过载装置

表 10-8-24　草地割草机刀片过载装置获奖情况

零件名称	用途	生产厂商	最终用户
草地割草机刀片过载装置	割草机	Burgess-Norton Mfg. Co.	未泄露
获奖年份	2006	奖项	大奖

（3）差速器壳齿轮，见图 10-8-43 和表 10-8-25。这种新差速器壳齿轮用于 8.5 马力❶与更高的吹雪机的 Ariens 专业抛雪（Snothro）生产线的变速器。新设计通过加速小齿轮和变速器摩擦片后的传动比，改进了装置的驱动扭矩输出功率。齿轮能够远距离关闭与启动差速器。压制成形为最终形状，密度为 6.8 g/cm^3。这个形状复杂的 5 个台面的零件，抗拉强度不小于 520 MPa，横向断裂强度为 900 MPa，屈服强度为 620 MPa 及疲劳极限为 234 MPa。零件的后续加工只有淬火与回火。

表 10-8-25　差速器壳齿轮的获奖情况

零件名称	用途	生产厂商	最终用户
差速器壳齿轮	吹雪机	NetShape Technologies, Inc.	Arienc Company
获奖年份	2007	奖项	优秀

❶　1 马力 = 735.499 W。

图 10-8-43　差速器壳齿轮

（4）制动器臂，见图 10-8-44 和表 10-8-26。这个零件用于高端工业与住宅行驶割草机的零转弯半径控制装置。这种创新粉末冶金零件替代了两个由 6 个零件组成的组件，节省了 12 个零件和相关劳动力与组装费用。粉末冶金杠杆臂包括一个伞齿轮和引入控制液压装置的杠杆挡块。这个零件分为左手与右手用的，由 MPIF FC0208 材料制造。制动器臂的密度为 6.7 g/cm^3，抗拉强度为 345 MPa 和硬度为 75 ~ 100HRB，耐磨性能好。零件年产量不少于 20 万件。

图 10-8-44　制动器臂

表 10-8-26　制动器臂获奖情况

零件名称	用途	生产厂商	最终用户
制动器臂	行驶割草机	Burgess-Norton Mfg. Co.	未泄露
获奖年份	2007	奖项	优秀

（5）前进/返回制动器组件，见图 10-8-45 和表 10-8-27。这些零件是组装高尔夫球

车变速器中的前进/返回制动器组件的 6 种精密最终形粉末冶金零件。通过改变电气开关,组件开动变速器,使之连接前进或返回齿轮装置。零件的密度一般都是 6.9 g/cm³。大多数零件需要热处理到抗拉强度为 830 MPa,屈服强度不低于 760 MPa,疲劳强度 300 MPa 及硬度一般为 HRC 35。零件不需要切削加工,后续加工为镀锌与真空浸油。用户估计粉末冶金和其下的最具竞争力的制造工艺相比,可节约生产成本 50%。

图 10-8-45　前进/返回制动器组件

表 10-8-27　前进/返回制动器组件获奖情况

零件名称	用途	生产厂商	最终用户
前进/返回制动器组件	高尔夫球车	FMS Corporation	Team Industries
获奖年份	2007	奖项	大奖

参 考 文 献

[1] John R Howell. 农场、草场和园艺设备中的粉末冶金零件[M]. 美国金属学会主编,金属手册,第 9 版,第 7 卷,粉末冶金. 韩凤麟主译,赖和怡主审. 北京:机械工业出版社,1994:905 ~ 916.

[2] Burkland T L. Use of P/M Parts in the farm equipment Industry[J]. Modern Developments in Powder Metallurgy, Vol. 6, Application & Processes. 1974:37 ~ 57.

[3] Ward N L. P/M Application in Garden Equipment[J]. Modern Developments in Powder Metallurgy, Vol. 11. P/M Principles and Production Processes, 1997:197 ~ 209.

[4] Peter K Johnson. 2006 PM Design Excellence Awards Competition Winners[J]. International Journal of Powder Metallurgy, Vol. 42, Issue 4, 2006:17 ~ 20.

[5] Peter K Johnson. 2007 PM Design Excellence Awards Competition Winners[J]. International Journal of Powder Metallurgy. Vol. 43, Issue 4, 2007:17 ~ 24.

编写:韩凤麟(中国机协粉末冶金分会)

第9章　粉末冶金零件在液压系统中的应用

在机械零件生产中，特别是在金属材料与能源价格剧烈波动的年代，生产成本是生产企业必须考虑的首要问题。粉末冶金工艺和其他金属零件成形工艺相比，在降低生产成本与改进零件质量方面，具有特殊优势。由于用粉末冶金工艺可制造最终形或近终形零件，从而消除了由铸件、锻件、冲裁件及用棒料切削加工制造零件时必然存在的大部分废料，与之同时也就降低了能源消耗。图10-9-1为粉末冶金和其他金属成形方法的材料利用率与能耗。由图10-9-1可看出，粉末冶金工艺的材料利用率最高和能耗最小。鉴于粉末冶金零件具有最终形或近终形，可取消其他金属加工工艺所需要的切削加工工序，例如制造齿轮时的滚齿、键槽与花键的拉削等。减少生产工序，就意味着减少劳动力和/或设备投资，从而降低生产成本。

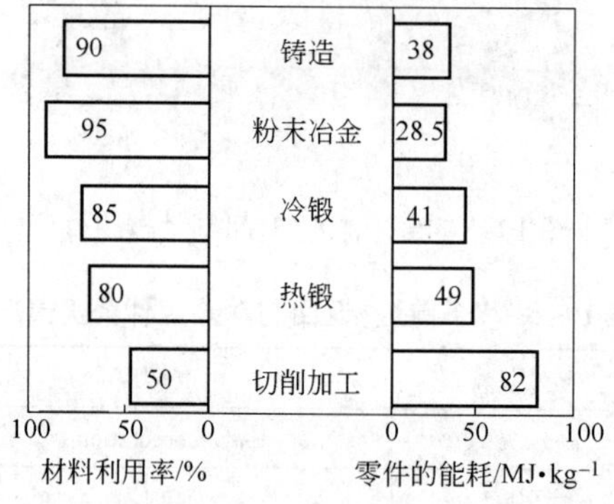

图10-9-1　各种金属成形方法的材料利用率与能耗

另外，20世纪后半叶，由于工业技术水平与经济的发展，铸铁件生产与锻钢材料一直在发生变化。在工业发达地区，例如北美、西欧及日本，由于工艺改变、政府对环境保护的要求及经济发展，许多铸铁厂被关闭，存留下来的铸造厂都已高度自动化，而老式铸造厂中生产的精密铸件或者不再适用或者价格太高，即使是在过渡期间，在设计与使用上，对零件公差的要求都比较精密。在这种状况下，为替代用切削加工由铸、锻件生产昂贵的零件，粉末冶金提供了一种富有竞争力的工艺。

经过几十年的发展，设计工程师们现在考虑采用粉末冶金工艺时，不再仅仅是为了降低生产成本，还要考虑到如何改进零件的功能与可靠性。

液压件为利用粉末冶金工艺，挖掘节约潜力提供了一个实例，见图10-9-2。在考虑用粉末冶金生产液压件时，除商业上的考虑外，设计时还需要考虑到下列事项：

(1) 年产量与批量大小；

(2) 设计；

(3) 公差；

(4) 材料与材料密度；

(5) 尺寸限制。

图 10-9-2　用粉末冶金工艺制造的液压件

如图 10-9-2 所示的零件包括了液压应用的整个范围。用粉末冶金工艺生产的典型零件重量为从 20 g 到 6.35 kg,其中包括多件结构。就设计与生产成本而言,和其他动力传输方法相比,液压有许多优势。设备与系统可灵活利用,而且可创造许多泵与马达的组合。液压系统的优势是:

(1) 设计比较简便。在大多数场合下,用几个预先设计的零件就能替代复杂的机械拉杆传动机构。

(2) 灵活性。液压元件设计相当灵活。管道与软管就可替代机械零件,这实质上取消了配置问题。

(3) 平稳性。液压系统运行平稳、无声,振动极小。

(4) 控制。容易在大范围内控制速度与力。

(5) 成本。效率高与摩擦损失极小,从而可使动力传输的成本保持在最小值。

(6) 过载保护。自动阀可防止系统因过载而运转失灵。

通用的液压泵与马达有多种设计与结构形式,见表 10-9-1。每一种都有其优势与局限性。要不考虑工作参数、成本及部件的差异,通常同一类泵的用途相似。

下面就粉末冶金零件在各种液压装置中的应用予以扼要说明。

表 10-9-1　液压泵与马达设计的工作特性与局限性(重量对功率比是成本的合理指标[1]筛分出的液压系统)

	参　数	齿轮上齿轮	齿轮中齿轮	差动齿轮	月牙形齿轮	径向叶片①	旋转叶片	径向活塞(旋转缸体)	轴向活塞
液压马达的性能	连续压力最大值/MPa	20.7	13.8	10.3	3.45	17.2	13.8	20.7	17.2 ~ 34.5
	排量/$m^3 \cdot r^{-1}$	32.8 × 10^{-5}	8.2 × 10^{-5}	24.6 × 10^{-5}	—	19.7 × 10^{-5}	16.4 × 10^{-5}	160.6 × 10^{-5}	72.1 × 10^{-5}
	最大扭矩/N · m	678	169.5	418.1	—	452	361.6	5198	1977.5
	转矩(理论值)/%	90	87	85	95	90	95	95	93
	连续速度范围/$r \cdot min^{-1}$	100 ~ 3000	100 ~ 5000	12 ~ 1000	20 ~ 5000	80 ~ 4000	5 ~ 1500	1 ~ 2000	50 ~ 4500
	连续功率最大值/kW	149	74.6	23.9	—	104.3	52.2	186.4	230
	重量对功率比/$kg \cdot kW^{-1}$	0.12	0.12	0.91	0.49	0.18	0.67	1.2	0.43

① 给出的是 4 斜面(ramp)型的数据。

9.1　齿轮泵

9.1.1　概况

齿轮泵是最常用的一类液压部件,通常用作泵与马达。齿轮泵中有两种粉末冶金零件:一种为齿轮;另一种为浮动端板,其是为高效率设计的,见图 10-9-3。齿轮的关键尺寸是长度、同心度、孔的尺寸、平行度及对孔的垂直度。这些尺寸都是用后续切削加工实现的。用粉末冶金工艺生产时,皆采用导程与渐开线形状。防磨耗板的关键尺寸是密封直径、平直度及密封圈槽。

在汽车发动机润滑用与自动变速器低压用的齿轮泵中,粉末冶金零件通常是由 Fe - C 或 Fe - Cu - C 材料制造的,材料密度为 6.0 ~ 6.8 g/cm^3。在压力高于 6.90 ~ 20.7 MPa 的齿轮泵中,粉末冶金零件的材料皆为添加有合金元素钼与锰的 Fe - Ni 材料,材料密度为 7.1 ~ 7.6 g/cm^3。添加合金元素是为了改进材料的热处理性能,见表 10-9-2。

图 10-9-3　齿轮上齿轮组合,包括壳体与挠性传动板[1]

表 10-9-2　粉末冶金的泵齿轮——按材料性能分类[1]

应　用	使用的材料
输出压力小于 0.7 MPa 和负载轻	FC-0208 材料 烧结态 5.8~6.2 g/cm³
输出压力小于 7 MPa,但承受高振动与重负载——用热处理淬火硬化	FC-0208 或 FN-0106 材料 6.4~6.8 g/cm³
短时间中等高压(7~8.75 MPa)——用热处理淬火硬化	FC-0208 材料 6.2~6.5 g/cm³
连续运转的,压力低于 10.5 MPa 的通用液压泵	FN-0106 材料 热处理态 6.8~7.1 g/cm³
连续运转的,压力低于 17.5 MPa 的通用液压泵	4630 材料 热处理态 7.2~7.6 g/cm³

当使用泵的作用压力高于 14 MPa 和更高时,传输的功率变得重要,轴的尺寸增大和承受的应力较高。通常的做法是,将键槽端部加工成大半径圆角。

实践表明,半圆键槽可降低在较高压力下齿轮产生的失效率。用粉末冶金工艺制作半圆键槽很容易或花费不多。

9.1.2　创新

对于汽车工业中使用的粉末冶金齿轮泵,效率/价格比是一个关键因素。GKN Sinter Metals[2] 在如何增高粉末冶金齿轮泵的效率方面进行了一些研究。

9.1.2.1　改变齿轮齿的形状

提高齿轮泵效率的方法之一是,使外齿轮齿形最佳化。为研究齿形对齿轮泵效率的影响,将现有的齿形为渐开线形状的 7 齿外齿轮泵和齿形为摆线形状的 7 齿与 9 齿的同样齿轮进行了对比。不同的齿形示于图 10-9-4。试样都是由耐磨铝合金和现在成批生产用的钢合金制作的。

渐开线齿形（7 齿）　摆线齿形（7 齿）　摆线齿形（9 齿）

图 10-9-4　齿形与齿数不同的泵齿轮[2]

对这些齿形不同的齿轮,在泵的试验装置上,于不同的温度、压力水平及旋转速度下进行了试验研究。为模拟发动机的工作条件,开发了一种标准试验程序。其包括使用室温油和在转速 500 r/min 下进行短时间耐久试验,然后在高油温(80℃)下进行附加试验,最后在 2000~5000 r/min 间的转速下进行几项较长时间的耐久试验。在 0.1 kPa 与 0.6 kPa 之间的 6 个压力水平下,测定了容积效率、扭矩及噪声级。

图 10-9-5 示于关键工作点(怠速 500 r/min 与油温 80℃)下,使用由一种材料制作的不

同齿形的齿轮泵的扭矩特性。

由图 10-9-5 可明显看出，在所有研究的压力下，渐开线齿形的机械效率最低，从而导致扭矩最大。容积效率与空气噪声的测量都清楚表明，不同齿形具有同样趋向。这项研究结果示于表 10-9-3。

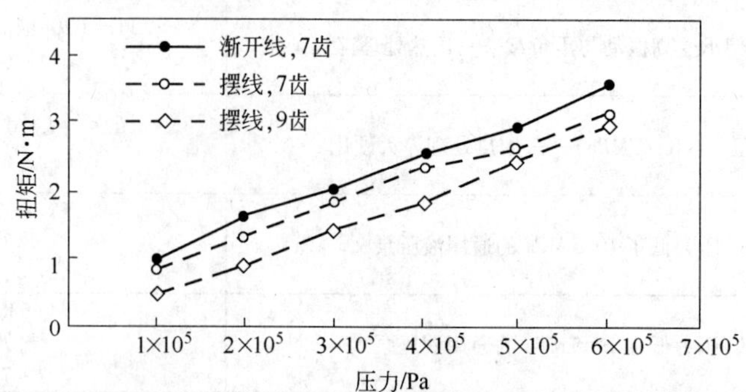

图 10-9-5　齿形不同的泵的扭矩特性[2]

表 10-9-3　油泵试验的一些结果[2]

项　目	渐开线（7 齿）	摆线（7 齿）	摆线（9 齿）
容积效率/%	24.1	24.4	28.6
扭矩/N · m	3.5	3.1	2.9
噪声级/dB	83.5	82.0	80.0

注：参数：$T = 80℃$；$p = 0.6\,\mathrm{kPa}$；$\omega = 500\,\mathrm{min}^{-1}$（于 $4000\,\mathrm{min}^{-1}$ 下测量的噪声级）。

可认为，从现在的泵设计（7 齿渐开线齿形）改成摆线形齿 9 齿可改进泵的使用性能。这种齿形最佳化的一项重要利益是，可将容积流量相同的泵，设计成较小的泵。

9.1.2.2　改变生产工艺

除了改进齿形外，还可通过改进泵齿轮的生产工艺，使泵的效率与组件最佳化。油泵齿轮的常规粉末冶金生产工艺路线几乎都有最终精整工序，见图 10-9-6。这种精整作业的特点是压机与模具加工同样费用高。轴向精整会导致齿轮表面密实与尺寸精度增高。然而，开发了一种可改进整个泵系统效率的最佳精整方法，即可替代轴向精整的横向齿轮碾压法，见图 10-9-7。

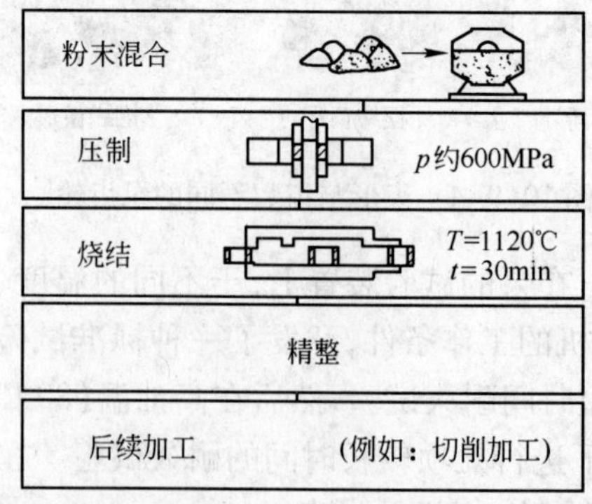

图 10-9-6　粉末冶金油泵齿轮的常规生产工艺路线[2]

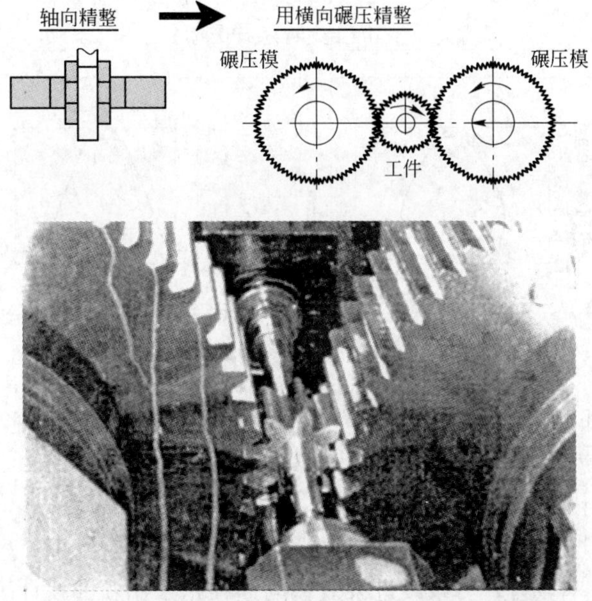

图 10-9-7　油泵齿轮的另外一种精整方法[2]

为研究碾压工艺,采用了 CNC 控制的碾压机。机器的结构包括 2 个可动的碾压模和 1 个固定在中心之间的或装在轴上的中心工件(例如,油泵齿轮)。在直接从动心轴与马达之间的小间隙变速器便于碾压高精度齿轮。

为说明碾压的正面效果,图 10-9-8 示出碾压前后的表面粗糙度。鉴于使用性能要求(即硬度、耐磨性、尺寸精度)增高,故选择碾压工艺。

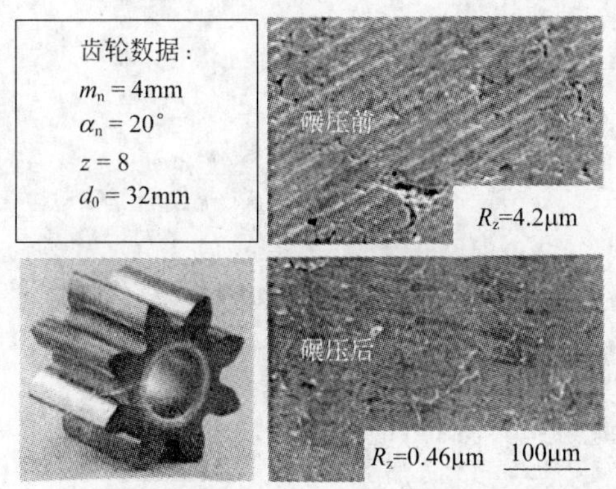

图 10-9-8　碾压的油泵齿轮与关键齿形的表面形貌[2]

SEM 照片清楚表明了碾压后齿轮表面的形貌,将其用 R_z 值(粗糙度测量法)量化时,R_z 值减小到原值的约 1/10。泵的试验表明,碾压齿轮的齿面磨损减小。

除耐磨性增强外,还需要保证碾压齿轮的尺寸精度。因此,必须精心设计预成形齿与碾压模的齿形(图 10-9-9)。

依据双方的齿形和泵齿轮的齿轮数据,可以制出其齿轮廓的齿槽。之后,就可进行碾压模拟,并可计算出碾压模的齿轮廓。

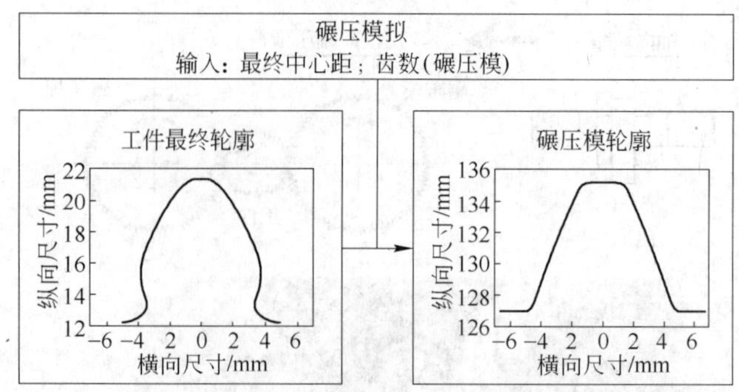

图 10-9-9　碾压模设计原理[2]

然后,就可用制作的齿轮廓制造碾压模。改变输入的齿轮数据时,会导致碾压模的齿轮廓不同,从而可用来使碾压的泵齿轮的尺寸精度最佳化。

9.1.2.3　采用新设计理念

上面说明了在不增高生产成本的前提下,通过使齿形最佳化和改变精整工艺(例如,改用碾压),提高泵的效率。另外一条改进泵效率的途径是采用新的设计理念。

GKN 开发的行星齿轮转子泵(图 10-9-10)是设计新颖的高效率泵的一个杰出例子。这种泵可用于压力水平高达 16 kPa 的应用,而且具有组件很小的特点。这类泵很容易和叶片泵与月牙泵之类泵进行竞争,而且,依据效率,甚至可胜过活塞泵之类。行星齿轮转子泵的另外一项利益是脉动较小,从而工作平静得多。

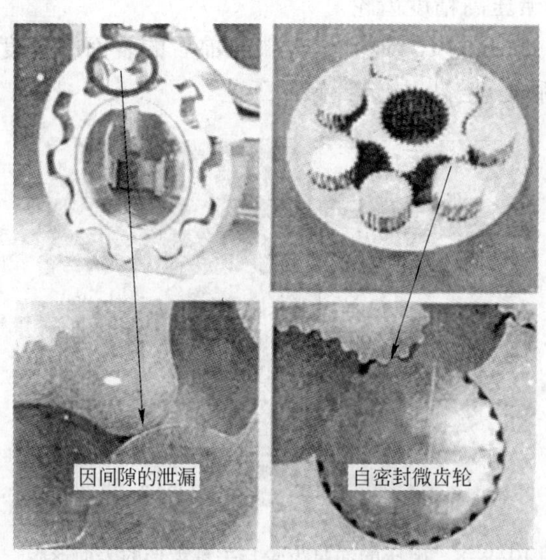

图 10-9-10　传统的摆线转子和行星齿轮转子(P-转子)的比较[2]

行星齿轮转子泵的主要几何形状是根据常规转子泵。它们的主要差异是,在外转子中设置了小行星齿轮。这些小行星齿轮都是为产生同步的,自密封宏观/微观齿轮面接而设计的。这项设计使齿顶(转子泵中泄漏最大的地方)密封优异,所以只有少量损耗,而容积效率主要决定于轴向间隙。粉末冶金行星齿轮转子泵的试验证明,工作后一开始就可利用自密封的特性。

和工业月牙泵(为在压力高达25 kPa下工作设计的,并且有轴向间隙压力补偿)相比,在压力高达12 kPa的范围内,容积效率增高约1.5%,而且还没有轴向间隙压力补偿。这种容积效率非常高的潜力是行星齿轮转子泵实用原理的直接结果。行星齿轮转子泵的优异性能,使之在汽车工业中可找到许多应用,例如,自动变速齿轮箱(AMT)、双离合器变速器、无级变速器(CVT)、4WD中锁止式差速器的滑配连接点或需要高效率和小组件的其他应用。

9.1.2.4　选用适配材料

油泵设计的另外一个关键问题是,转子副与泵壳体间的轴向间隙导致的内部泄漏。对于高压应用,在高压力水平下,一般采用泵的压力补偿。这涉及用机械方法减小泵端盖处的间隙,从而限制泄漏量。可是,在汽车工业中的许多应用,在低-中等压力水平下,在宽的温度范围内,都需要费用可行的间隙补偿。在这些压力水平下,费用昂贵的机械压力补偿法,对效率的改进有限。

鉴于轴向间隙更多的是取决于温度,而不是压力水平。因此,以适配材料的热膨胀为依据来补偿轴向间隙是一个合适的解决途径。于是,对粉末冶金钢转子副和不同壳体材料进行了研究,研究结果示于图10-9-11。

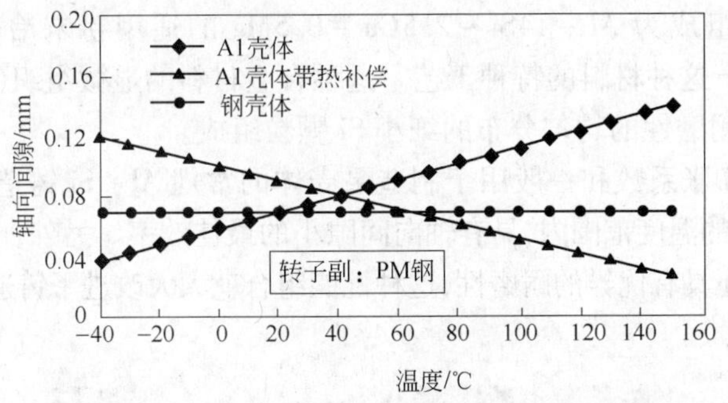

图10-9-11　因热膨胀轴向间隙的补偿[2]

在钢壳体的场合,在列举出的温度范围内,粉末冶金钢转子副和壳体间的轴向间隙是常数。对于铝壳体中的粉末冶金钢转子副,轴向间隙因温度升高而增大。

热轴向间隙补偿包括增加由替代铝泵壳体或盖的材料制作的衬套。用于制造这些衬套的材料,其*CTE*(线膨胀系数)必须比泵转子副的*CTE*约小一个数量级。由图10-9-11可以看出,随着温度升高,泵转子副和泵盖间的热补偿轴向间隙减小。图10-9-12示出附带测量的一个泵的容积效率。

图10-9-12的结果清楚表明,采用和材料相关的热补偿时,效率几乎没有减小。

克服铸铝泵壳体和一般用粉末冶金钢转子副之间轴向失配的另外一种方法是,采用*CTE*和铝一样的材料。一个可能的解决办法是采用不锈钢(例如,316不锈钢:$CTE = 1.8 \times 10^{-5}℃^{-1}$)转子副。在这种场合,转子副材料和壳体材料(Al铸件:$CTE = 1.8 \times 10^{-5}℃^{-1}$)之间的*CTE*相差约10%。

另外一种办法是开发粉末冶金铝合金作为泵的转子副材料。GKN Sinter Metals开发了承载用新铝合金和烧结特种铝合金的新生产工艺。

已知将Si添加于铸铝合金中可改进耐磨性。粉末冶金的一个重要优势在于,可任意选择具有独特显微组织的过共晶Al-Si合金。因此,用粉末冶金制作的高Si铝合金产品是非常重要的。

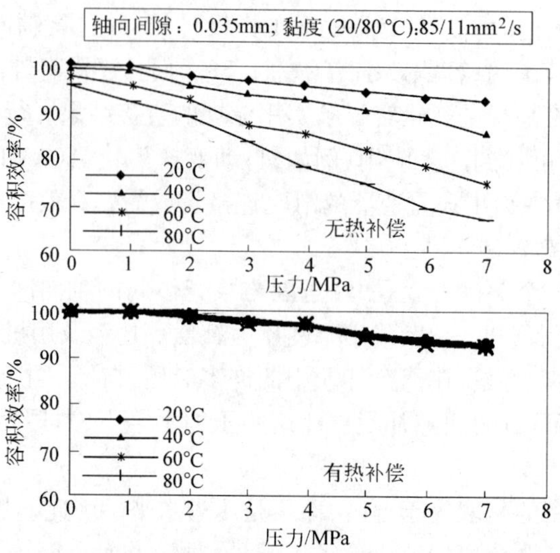

图 10-9-12　有与无热补偿的容积效率(粉末冶金钢转子副/铝壳体)[2]

开发出了化学组成为 Al－14Si－2.5Cu－0.5Mg 的适用粉末冶金合金。GKN Sinter Metals 开发出了生产这种材料的特种工艺。这种合金材料的显微组织(图 10-9-13)是由铝合金基体和可改进耐磨性的均匀分布的细小 Si 颗粒组成。

这种含金的线膨胀系数和一般用于制造泵壳体的常规 Al－Si 铸造合金接近一模一样。从而,就保证了在宽的温度范围内,具有轴向间隙小的最佳效率。另外,由于用粉末冶金 Al－Si 合金制作的转子还具有优异的耐磨性,这种性能组合就大大改进了铸造 Al 合金壳体中转子的使用性能。

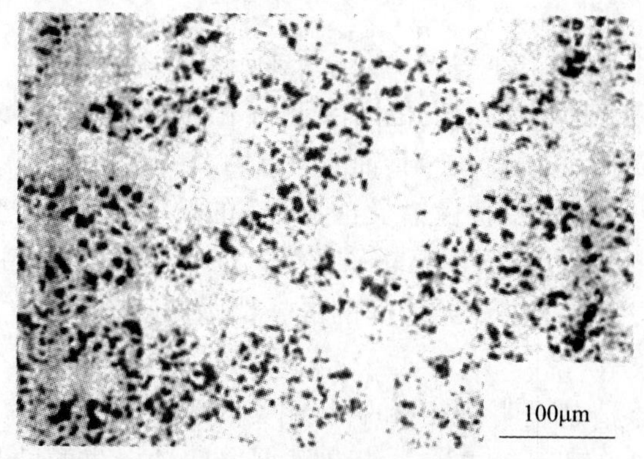

图 10-9-13　烧结合金 Alumix 231 的光学显微照片[2]

以上从改进齿轮泵齿轮的齿形、采用精整新工艺－碾压、选用适配材料及改变设计理念四个方面探索了提高泵效率的途径。

9.1.3　使用的粉末冶金零件实例

9.1.3.1　油泵齿轮一

油泵齿轮一见图 10-9-14 和表 10-9-4。

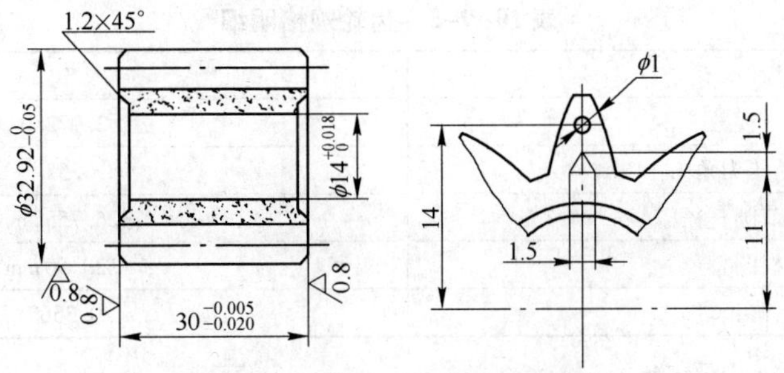

图 10-9-14　油泵齿轮一零件图[3]

（齿轮精度 ISO 6 级；齿轮端面除去毛刺）

表 10-9-4　齿轮参数

齿　　数	9
模数	2.9728
压力角	25°
移距量	0.3569
节圆直径	ϕ26.7552 mm
根圆直径	ϕ20.75 mm
2 齿公法线长度	$13.725^{-0.02}$

（1）用途：桑塔纳轿车发动机机油泵。

（2）材料与处理：

材料组成：Cu1% ~5%，C 含量不大于 0.3%，Fe 余量；

密度：6.4 ~6.8 g/cm^3；

烧结条件：1150℃，60 min；

后续加工：图中加符号处磨加工；

力学性能：抗拉强度≥230 MPa，硬度≥65HB。

（3）机能利弊：耐磨性好，噪声低。

（4）经济效果：齿形是直接成形的，成本低。

（5）生产厂：上海粉末冶金厂。

9.1.3.2　油泵齿轮二

油泵齿轮二见图 10-9-15 和表 10-9-5。

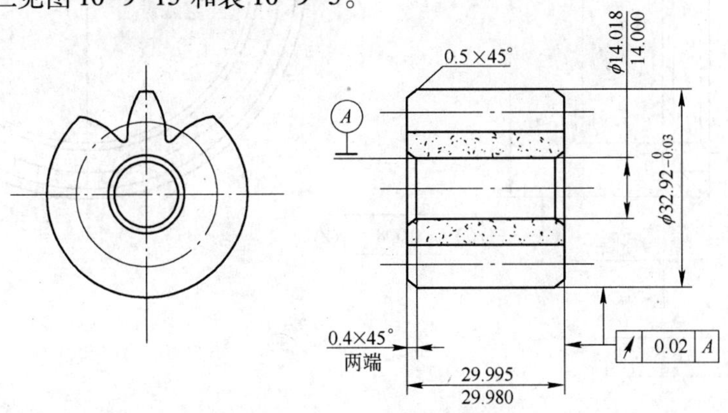

图 10-9-15　油泵齿轮二零件图[3]

表 10-9-5　齿轮规格明细

齿　　数	9
模数	2. 97280
压力角	25°
节圆直径	ϕ26. 7552 mm
根圆直径	ϕ20. 50 mm
修正量	0. 3569

（1）用途：汽车用齿轮泵。

（2）材料与处理：

材料组成：Fe－C－S；

密度：6. 3 ~6. 5 g/cm^3；

烧结条件：1150℃，60 min；

后续加工：镗内孔；

力学性能：单齿弯断负荷不小于 14709 N，硬度 70 ~100HB。

（3）机能利弊：耐磨性好，噪声低。

（4）经济效果：生产成本显著降低。

（5）生产厂：长春第一汽车制造厂散热器厂。

9. 1. 3. 3　油泵齿圈

油泵齿圈见图 10-9-16。

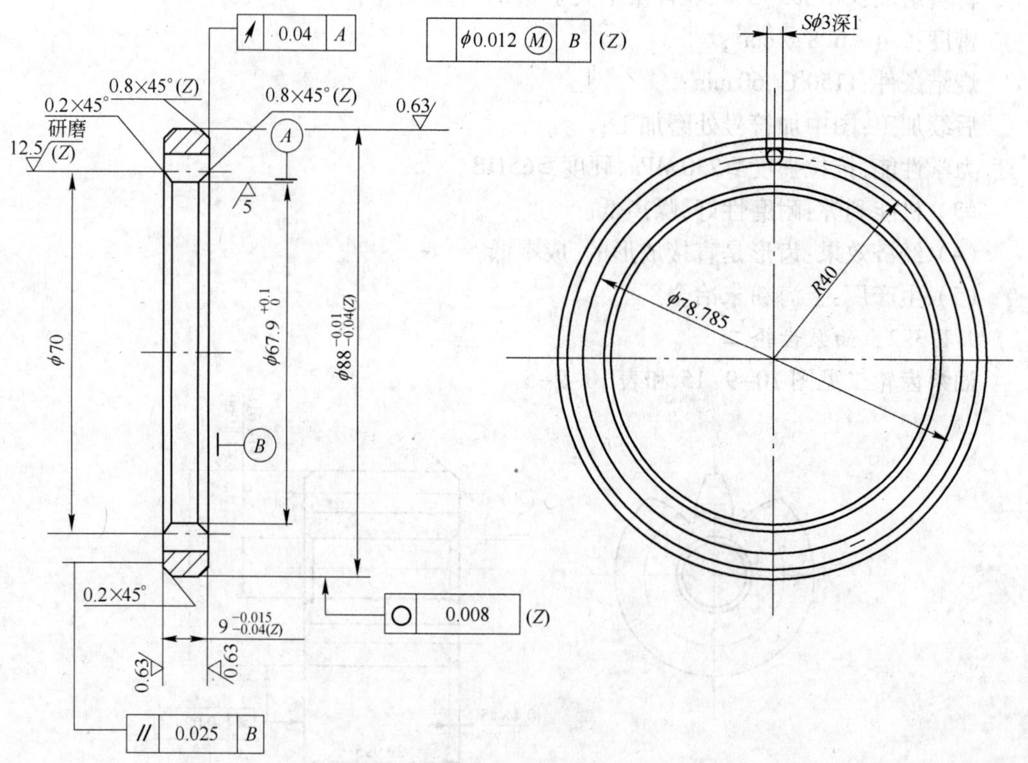

图 10-9-16　油泵齿圈零件图[3]

(1) 用途:汽车机油泵。

(2) 材料与处理:

材料组成:Cu 1% ~3%,C 0.4% ~0.8%,Ni 1% ~2%,Fe 余量;

密度:齿部 >6.8 g/cm³,其余相差 <0.2 g/cm³;

力学性能:>60HRB。径向施加 931.5N 负荷时,不得产生裂纹;

后续加工:磨二平面及外圆。

(3) 机能利弊:与钢切削加工件相比,由于粗糙度低,可含浸油,故具有耐磨性好与噪声低的特点。

(4) 经济效果:节材,工时少,成本低。

(5) 生产厂:重庆华孚粉末冶金厂。

9.1.3.4　油泵从动齿轮

油泵从动齿轮见图 10-9-17 和表 10-9-6。

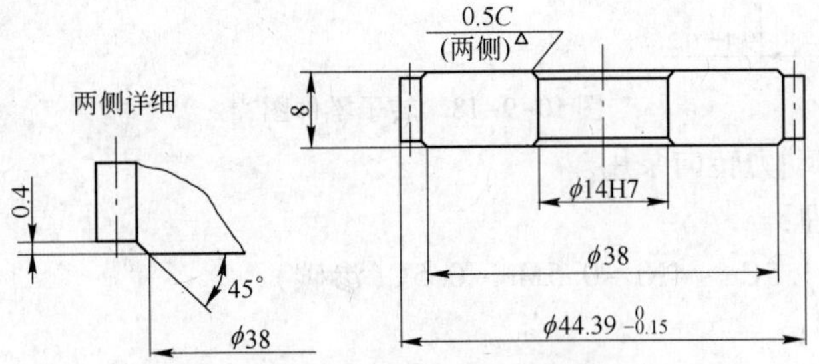

图 10-9-17　油泵从动齿轮零件图[3]

表 10-9-6　齿轮参数

<table>
<tr><td colspan="2">齿轮齿形</td><td>移距</td><td rowspan="3">齿厚</td><td>滚柱径</td><td>$44.26^{0.02}$</td></tr>
<tr><td colspan="2">齿形基准断面</td><td>法向</td><td>销径</td><td>1/16in</td></tr>
<tr><td rowspan="3">工具</td><td>齿形</td><td>标准齿</td><td>公法线齿厚</td><td></td></tr>
<tr><td>模数</td><td>1</td><td colspan="2">修正系数</td><td>0.1244</td></tr>
<tr><td>压力角</td><td>20°</td><td colspan="2">标准切槽深度</td><td>2.25 mm</td></tr>
<tr><td colspan="2">齿数</td><td>42</td><td colspan="3" rowspan="3">注:1. 两侧面对 φ14 mm 的振摆小于 0.1。
2. 齿面对 φ14 mm 的振摆小于 0.1。
3. 1in = 25.4 mm。</td></tr>
<tr><td colspan="2">螺旋角与方向</td><td>4°30′左</td></tr>
<tr><td colspan="2">基准节圆直径</td><td>42.13 mm</td></tr>
</table>

(1) 用途:汽车油泵的从动齿轮。

(2) 材质与处理:

成分:Cu 1% ~3%,Ni 1% ~3%,C 0.6% ~0.85%,其他小于 1%,Fe 余量;

密度:大于 6.7 g/cm³;

制品单件质量:约 67 g;

热处理:渗碳淬火,回火;

切削加工:图中有▽处。

(3) 力学性能:硬度 HRA 大于 60,硬化深度大于 0.4。

(4) 机能利弊:由于因浸油而具有自润滑性,耐磨耗与噪声低,回转也平稳。

(5) 经济效果:因不需要切齿加工,价格可大幅度地减低。

9.1.3.5　转子

转子零件图见图 10-9-18。

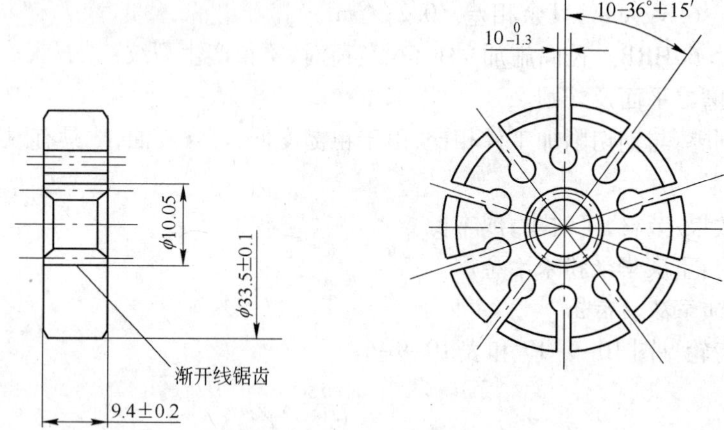

图 10-9-18　转子零件图[3]

(1) 用途:轿车动力转向泵用。

(2) 材料与处理:

材料组成:Fe - 1.5Cu - 4Ni - 0.5Mo - 0.5C(渗碳);

密度:7.3 g/cm^3;

制造过程:成形 - 烧结 - 渗碳淬火、回火。

(3) 特征:由于采用抗拉强度大于 980.6 MPa 的高强度粉末冶金材料,才从熔铸合金转为粉末冶金材料。对于高密度粉末冶金零件,必须在 10 个 1.3 mm 宽微小缝隙的模具结构和成形方法上多想办法。

9.1.3.6　变速器油泵[4]

Stackpole Ltd. (加拿大)和其客户 GM Powertrain 的变速器油泵在 MPIF 举办的 2003 国际粉末冶金设计竞赛中荣获创新功能组件类大奖。这种油泵(见图 10-9-19)是由 GM Powertrain

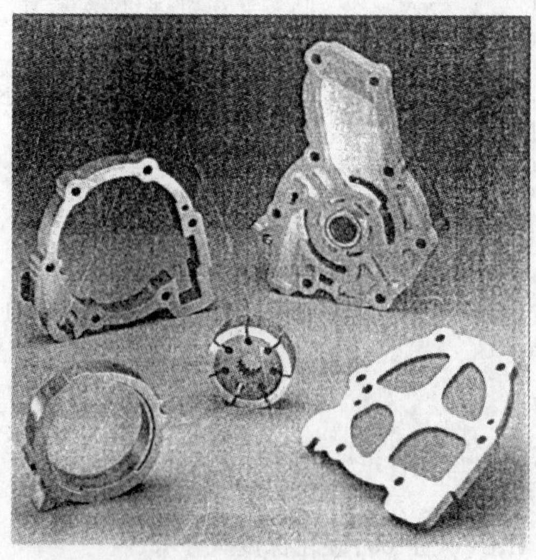

图 10-9-19　变速器油泵[4]

设计与生产的，Stackpole 是一家合作者。这种油泵系由泵体与铝底座组成。使用了4个粉末冶金零件——滑板，转子，泵体及盖。总重量为1.46 kg。粉末冶金盖和铝底座都要磨加工到平直度0.01 mm。为符合泵的使用性能规范和配合变速器阀体，将底座设计成了铝铸件。除了产品设计，Stackpole 进行了使用性能试验——热试验、冷试验、声学试验及1000 h耐久试验。粉末冶金可节约成本不低于20%。这种泵的排量可变，具有根据需要可改变流量与压力的特点。与流量固定的泵相比，这种泵可显著改进机械效率。粉末冶金零件的后续作业有水蒸气处理，高频淬火及双面磨削加工。

这种油泵用于 GM 4T40E/45E 4 速自动变速器中。

9.2　转子泵

内齿轮设计(图10-9-20)一般用于泵作用压力为2.4 MPa的润滑系统，但是经过改进，可将作用压力增高到16 MPa。鉴于这种设计的零件必须是圆形、对称的，同时材料承受的赫兹应力很高，生产有一定难度。这类泵的尺寸与压力范围受到一定限制，这主要和材料承受的表面应力相关。这类泵也有端板或油口板(porting plates)，它们一般都是用粉末冶金工艺生产的。

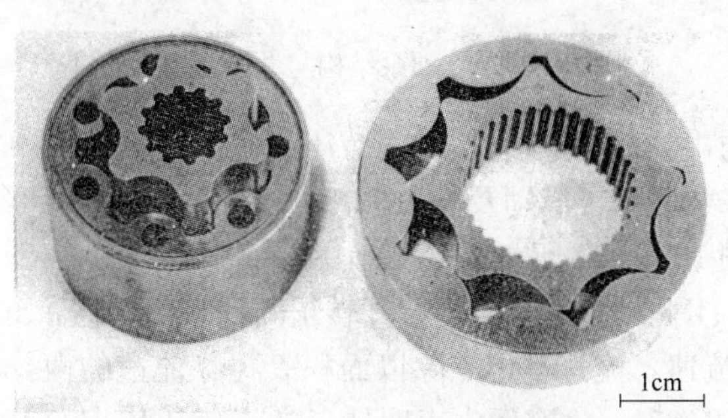

图10-9-20　转子泵

(由于作业时产生高表面应力，因此要求密度大于7.0 g/cm^3[1])

由于转子元件以较低速度旋转的方向和内转子每一转仅只前进一个齿隙的方向相同，因此材料问题就简单了。在某些场合下，表面间的相对速度可能只有轴的转速的1/7。用圆滚柱替代外转子中的实齿，可进一步改进材料的适应性。而且，这些滚柱的自由旋转可减小滑动。

9.2.1　日本三菱材料公司[5]开发的一种新齿形高效油泵转子

这种齿形设计也叫做智慧齿形转子(IPR：Intelligent Profile Rotor)。这种转子的特点如下：

(1) 流量大。为减小液流脉动，通过模拟分析进行了最佳化。

(2) 减小摩擦。由于内、外转子间的接触表面都垂直于旋转方向，摩擦减小。

(3) 噪声低，通过减小间隙，齿的啮合几乎不或不再产生噪声，同时扭矩保持恒定。

下面用主要剖面图来说明上述特点。

(1) 流量大。图10-9-21 示出油泵结构与多齿转子的齿形。内转子旋转时，进口侧的有效容积增大和出口侧的减小。从而，在进口侧形成真空，而在出口侧产生压力。通过这种运动，转子可以泵送油。如图 10-9-21 所示，内转子是反时针方向旋转，油通过进油孔从进口侧经出油口移动到出油口一侧。

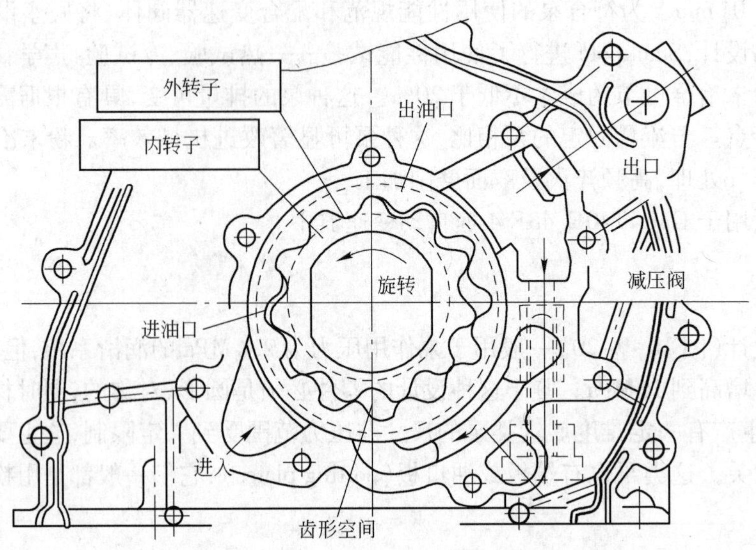

图 10-9-21　油泵结构与转子齿形[5]

为防止转子系统与出油口超过油压，有一减压阀。将注意力集中在了转子系统的最大流速处，因为这是产生气蚀、压力脉动及压力损耗处。发现转子的齿形和流速变化之间有特殊关系。这种关系如图 10-9-22 所示。

在图 10-9-22*a* 中，V 是角度为 θ 时，内、外转子间的容积。在图 10-9-22*b* 中，X 轴是内转子的旋转轴，Y 轴是流速。流速是用 θ 除以面积 S 再除流速的微分。标准的和 IPR 的转子的数据皆示于图 10-9-22*b*。这个图中表明转子的峰值比均衡的 IPR 转子高得多。通过采用 IPR 齿形，可使进口与出口的液流变得平稳，从而导致出口的效能高。由于弄清楚了转子齿形和液流脉动间的关系，进而将 IPR 进行了最佳化。图 10-9-23 为 IPR 与标准转子设计的相对脉动的结果。

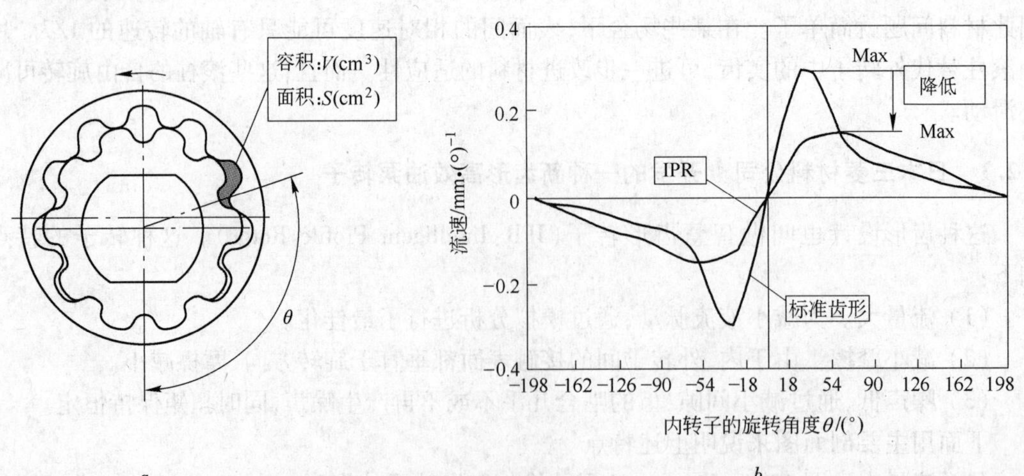

图 10-9-22　面积、容积及转子角度(*a*)和 IPR 的最大流速[$dV/(d\theta \cdot s)$](*b*)[5]

IPR 的液流脉动比标准转子设计减小了 22%。图 10-9-24 示出标准转子和 IPR 设计的相对流率。IPR 设计的流率比标准转子的增大了 7%。

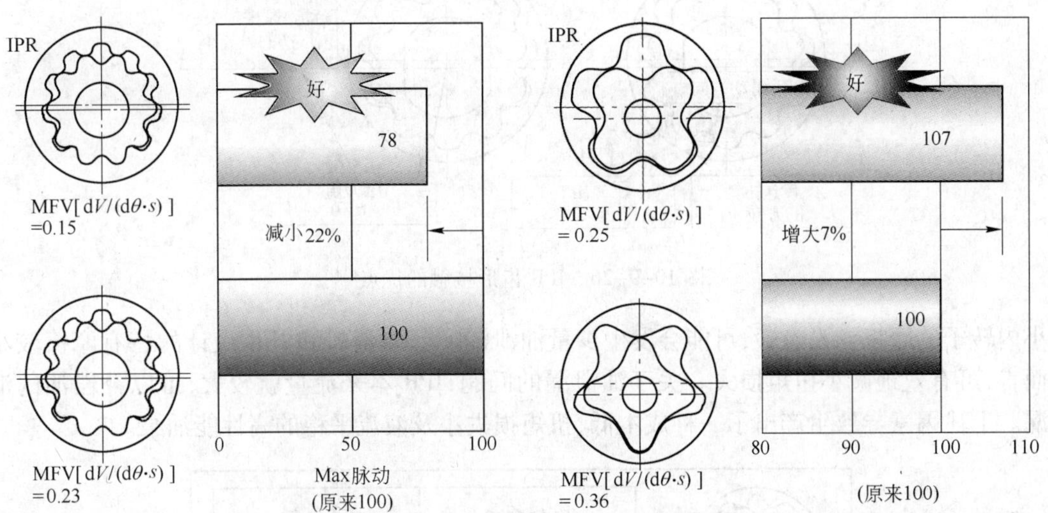

图 10-9-23　IPR 的最大流速[dV/(dθ·s)][5]

图 10-9-24　流量比较[5]

(2) 摩擦小。图 10-9-25 为内、外转子间的接触面。

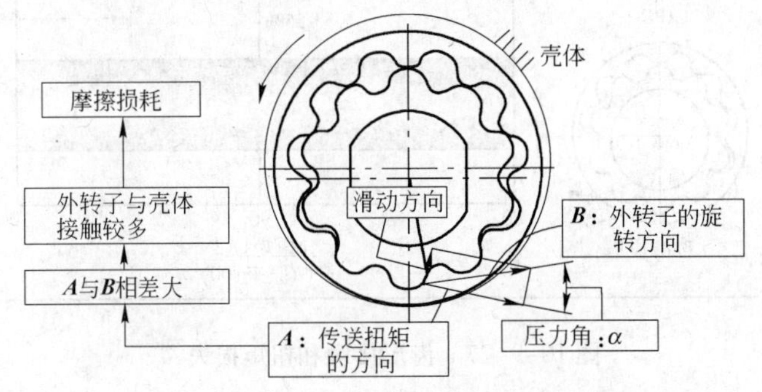

图 10-9-25　齿形接触[5]

内、外转子间的接触点是位于旋转从内转子转变为外转子处,表明了外转子从接触点处运动的矢量,同时将之分成了 2 个分量。一个分量是对表面的切向矢量;另外一个是对表面的垂直矢量。旋转方向矢量和垂直接触表面的矢量间的角度是压力角(α)。垂直方向矢量是扭矩传递分量。切向矢量代表滑动。垂直矢量和外转子运动方向的矢量间的差异愈大,摩擦(切向)分量就愈大。这就是摩擦(扭矩)损失。图 10-9-26 示出 IPR 齿形设计的优势。图中表明了标准转子和 IPR 齿形间的差异。标准设计的齿形有一压力角,但是,IPR 齿形的压力角 $\alpha=0$。通过使矢量 $\boldsymbol{A}$ 与 $\boldsymbol{B}$ 相等,可消除滑动分量,这意味着减小滑动摩擦。图 10-9-27为 IPR 与标准转子设计间扭矩损失的差异。

IPR 转子的扭矩损失比标准转子设计小 5%。图 10-9-28 为 IPR 无毂转子设计的优点。

设计的有毂内转子的优点是,可吸收曲轴的振动和减小油泄漏。通常毂与壳体密封,从而可消除油泄漏。毂设计需要进行切削加工,因此,成本较高。通过取消内转子的毂,可减

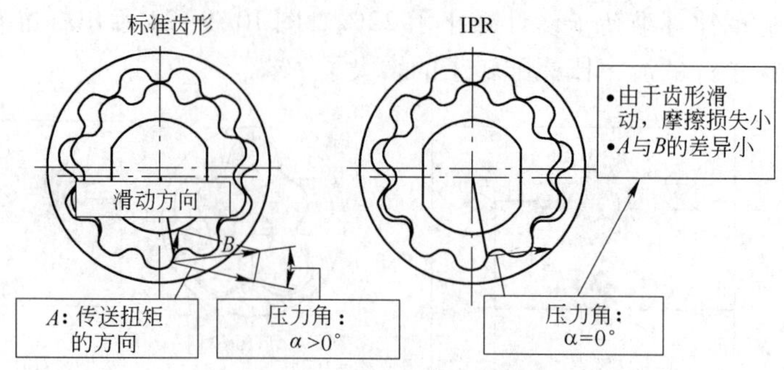

图 10-9-26　IPR 齿形接触的优点[5]

小内转子的摩擦。没有毂,可能会发生少量油泄漏。就取消毂和 IPR 设计的特有摩擦较小而言,可有效地减小扭矩损失。关于油泄漏的问题,IPR 本来流量就较大,可以补偿油的泄漏。上述因素导致生产出了一种成本低、扭矩损失小及液流平稳的高性能油泵。

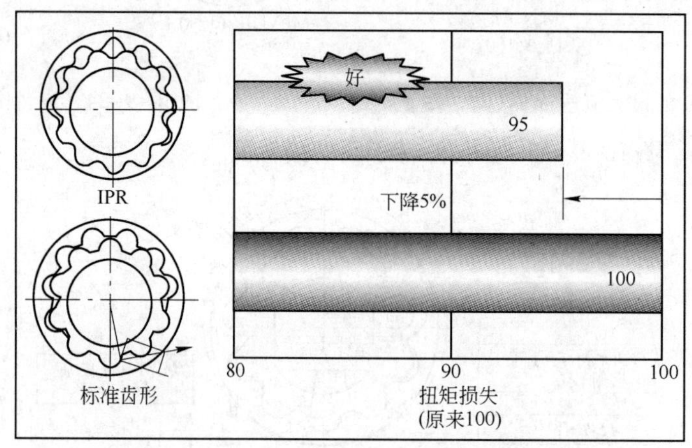

图 10-9-27　齿形接触和扭矩损失[5]

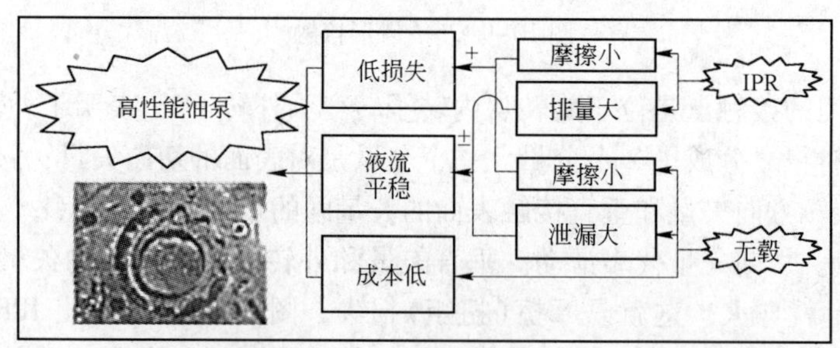

图 10-9-28　无毂转子的优点[5]

(3) 噪声小。图 10-9-29 示出油泵噪声与发动机 RPM 间的关系。

在标准转子设计中,有低 RPM 产生的噪声和高 RPM 气蚀噪声。通过使泵的间隙最佳化和减小油压脉动,可消除低 RPM 产生的噪声。IPR 转子间隙最小化的功能就是降低 RPM 噪声。IPR 设计,借助其间隙小与摩擦小,还可消除动态干扰的可能性。减小高 RPM 转子噪声的方法有 3 个:(1)将进口设计成低吸入压力;(2)将出口设计成低气蚀;(3)稳定泵的最大流速,从而可消除高 RPM 气蚀噪声。在 IPR 设计中采用了所有这些方法。图 10-9-30 为内、外转子在 3 个区域齿形(或齿顶)的间隙。

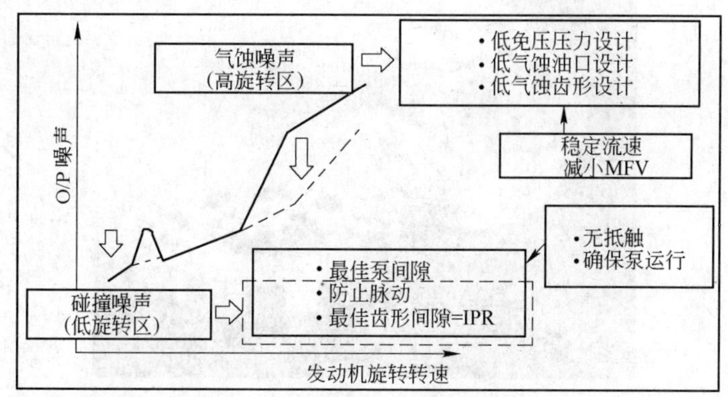

图 10-9-29　低噪声油泵的技术要点[5]

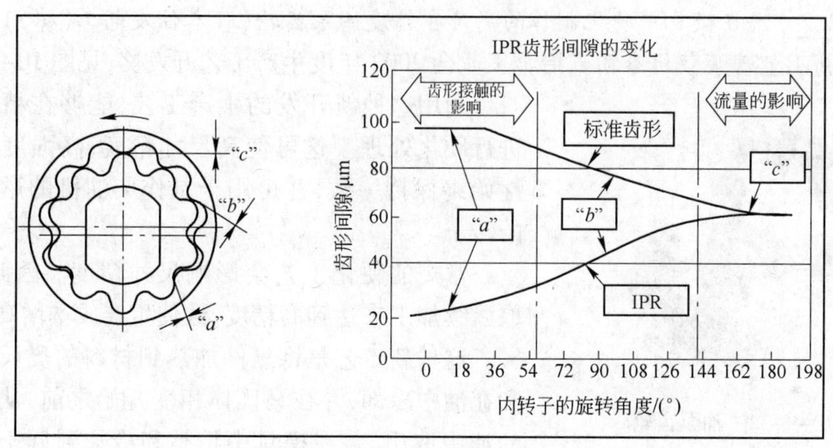

图 10-9-30　齿形间隙[5]

在标准设计中,在驱动齿位置"a",齿顶间隙最大,和减小到密封齿的位置"c"。在 IPR 设计中,正好相反,总体间隙较小,决不会大于标准设计。

9.2.2　转子泵的改进与创新

9.2.2.1　汽车 CVT 用高性能油泵齿轮(日本住友电工(株))

这种汽车 CVT(连续可变变速器)用的油泵转子,曾荣获日本粉末冶金工业会 1999 年度新设计奖,见图 10-9-31。

汽车的 AT(自动变速器)或 CVT 都装备有油泵。但是,由于泵的齿轮与泵壳体间的摩擦力,所以存在能量损耗的问题;而且,CVT 油泵齿轮的使用工况压力比 AT 高。因此,能量损耗是一个大问题。

虽然,月牙形齿轮迄今是主流,但存在以下问题:(1)难以小型化;(2)需要用加工来保证精度。

而无月牙形齿轮,齿轮具有次摆线曲线。可通过下列措施来改进排油性能与防止齿轮损伤:(1)将顶部间隙的绝对值减小到以前 AT 用齿轮的 2/3;(2) 通过热处理来提高强度。

结果，减小了 CVT 泵的能量损耗，并为改进汽车的燃料消耗作出了贡献。

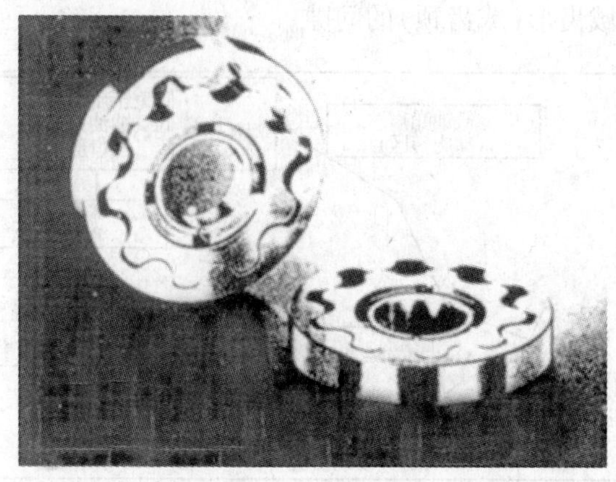

图 10-9-31 油泵齿轮[6]

9.2.2.2 用在模具中硬化制作的高尺寸精度油泵齿轮（日本住友电工（株））

这种新工艺曾荣获日本粉末冶金工业会 2002 年度生产工艺开发奖，见图 10-9-32。

图 10-9-32 油泵齿轮[7]

利用这种新开发的生产工艺，能够在精整的同时进行硬化处理。这可使高尺寸精度、高强度及高耐磨性始终保持一致，并可用于制作柴油机的燃料供给泵的转子。

常规的硬化工艺会影响尺寸精度。因此，需要采取后续加工来达到高精度，致使生产成本增高。

这种新工艺是将零件加热到材料的奥氏体化温度和在油中冷却，并在马氏体相变开始之前，从温度较高的油中取出，装在模具中精整和冷却到低于马氏体相变温度，从而使零件达到高的尺寸精度与硬度。

结果，使泵转子达到了要求的耐磨性与高的齿形精度，并使生产成本降低 50%。

9.2.2.3 低摩擦油泵转子（日本三菱材料 Corp.）

零件是直接和汽车发动机曲轴相连接的油泵转子（见图 10-9-33），该零件曾荣获日本粉末冶金工业会 2002 年度新设计奖。

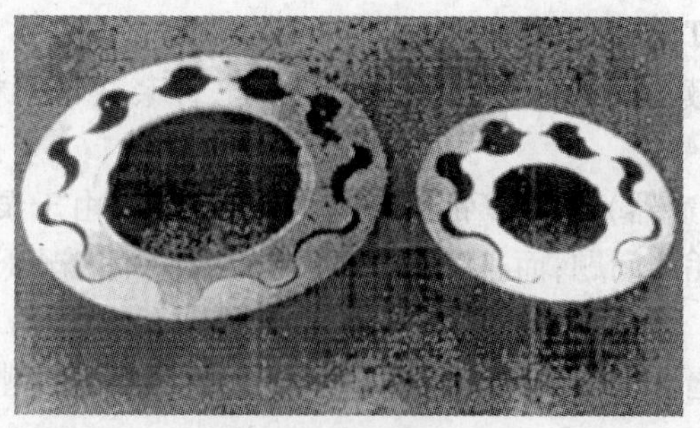

图 10-9-33 油泵转子[7]

目前,依据生态学需求,发展高燃料效率汽车已成为必然趋势。因此,三菱材料 Corp. 与客户合作,为通过减小摩擦而改进机械效率,开发了这种零件。

常规油泵直接和曲轴连接,内转子的"进入—低点",其功能是维持发动机的速度。但是,减小摩擦面积对减小摩擦是有效的。因此,三菱材料 Corp. 把去掉"进入—低点"作为目标。去掉"进入—低点"会增大内转子的负荷。为解决这个问题,三菱材料 Corp. 采取的措施为:(1)提高材料强度;(2)提高内转子内径精度(高于65%);(3)开发了一种新齿形,以导致滑动(runout)吸油和低噪声。

另外,为减小摩擦面积,三菱材料 Corp. 开发了较窄小的外转子(3.3 mm,达到强度要求时的最大宽度)。较窄小的外转子可减小摩擦(12.5%),同时还可减小零件重量(约30%),从而使三菱材料 Corp. 能够大幅度地降低生产成本。

9.2.2.4　具有新研发齿形的高效率粉末冶金内齿轮泵转子的开发(日本住友电工(株))

这种内齿轮泵转子曾荣获日本粉末冶金工业会2007年度新设计奖,见图10-9-34。

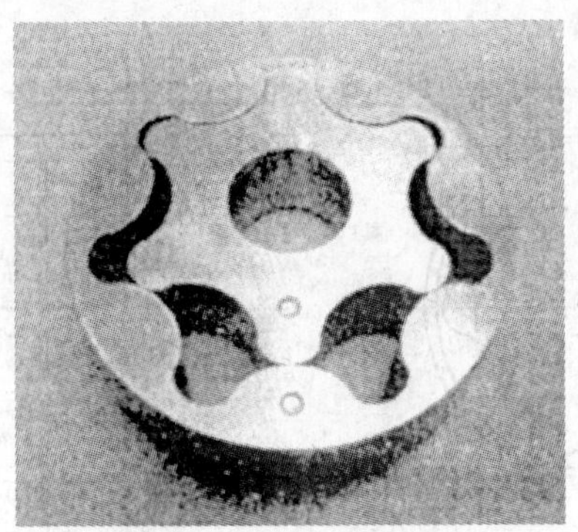

图10-9-34　内齿轮泵转子[8]

这是一种用于汽车发动机、自动变速器与无级变速器(CVT),以及柴油发动机燃油泵的粉末冶金内齿轮泵转子。

尽管近年来强烈要求汽车减低油耗,但油泵的能耗仍如此之大,约占发动机油泵能耗的10%和约占自动变速器油泵能耗的20%～30%。因此,用户强烈要求高效率油泵,以改进油耗率。

齿轮油泵的能耗决定于受转子侧面和外转子外表面影响的摩擦损失。因此,为减小摩擦损失,开发了新齿形,以增大来自同样外径的外转子的理论排量。

内转子的常规齿形有一基圆,和排量相关的移动距离是由基圆与齿数决定的。鉴于理论排量决定于移动距离与一个基圆,因此,为增大移动距离,新开发的内转子齿形有两个基圆,和这两个基圆间的齿形为渐开线曲线。外转子的齿形是依照内转子的齿形制出的。通过理论计算和试样试验测定,对设计参数进行了最佳化。如上所述,新齿形的内齿轮转子具有大的移动距离。

因此,新开发的内齿轮转子的理论排量比同样大小的常规转子大12%(实际排量约大10%)。所以,只要需要的实际排量保持恒定,就可以减小转子的尺寸和降低能耗。同时,这种尺寸减小能够使新开发的油泵的驱动扭矩比常规油泵减小约10%。

9.2.3　粉末冶金零件使用实例

9.2.3.1　次摆线转子

次摆线转子见图 10-9-35。

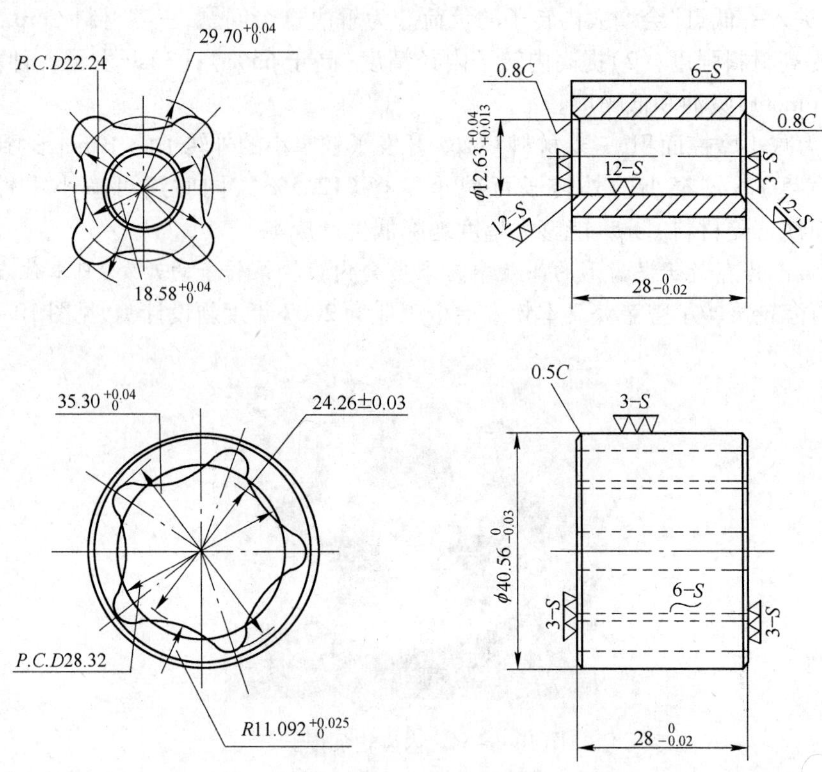

图 10-9-35　次摆线转子[3]

端面振摆 <0.03；拔销 <0.02/20；外周振摆 <0.03(T. I. R)；外转子和内转子组合时：配合间隙 <0.12，转动圆滑(内、外转子都一样)

(1) 用途：汽车用次摆线泵。

(2) 材料与处理：

成分：Cu 3% ~7%，C 0.6% ~1.0%，Fe 余量；

密度：6.3 ~6.5 g/cm^3；

烧结条件：1200℃，60 min；

切削加工：图中有▽处车削加工。

(3) 力学性能：抗拉强度 >245.3 MPa，硬度 >40HRB。

(4) 机能利弊：因形状复杂，故与其他加工方法相比非常有利。

(5) 经济效果：几乎没有用其他方法生产，故无所需之比较资料。

(6) 生产厂：日本住友特殊金属株式会社。

9.2.3.2　油泵转子

油泵转子见图 10-9-36。

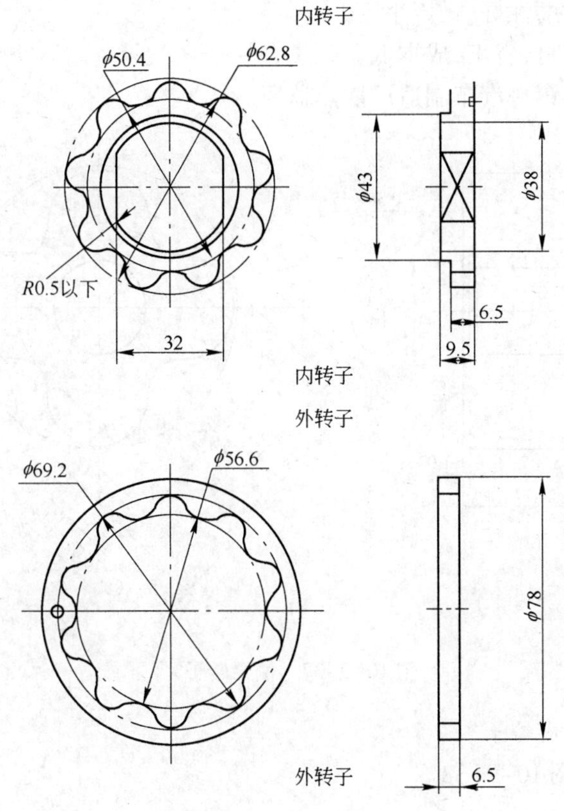

图 10-9-36　油泵转子[3]

(1) 用途:发动机润滑,动力转向。

(2) 材料与处理:

材料组成:Cu1% ~5% ,C0.2% ~1.0% ,Fe 余量;

密度:6.8 g/cm^3;

力学性能:抗拉强度 >490.3 MPa,伸长率 >1% ,夏比冲击值 >4.9 J/cm^2;

制造过程:成形—烧结—精整—切削加工。

(3) 特征:具有次摆线齿形,适于泵的小型、轻量化。用粉末冶金法可制造价廉、质优的制品。采用高强度烧结材料或烧结不锈钢制造时,用途可进一步扩大。

(4) 生产厂:日本住友电气工业(株)。

9.2.3.3　油泵转子

油泵转子见图 10-9-37。

(1) 用途:汽车用齿轮泵。

(2) 材料与处理:

材料组成:Fe - C - S;

密度:6.3 ~6.5 g/cm^3;

烧结条件:1150℃ ,60 min;

后续加工:镗内孔;

力学性能:硬度 60 ~100HB。

(3) 机能利弊:耐磨性好,噪声小。
(4) 经济效果:节材,省工,成本低。
(5) 生产厂:长春第一汽车制造厂散热器厂。

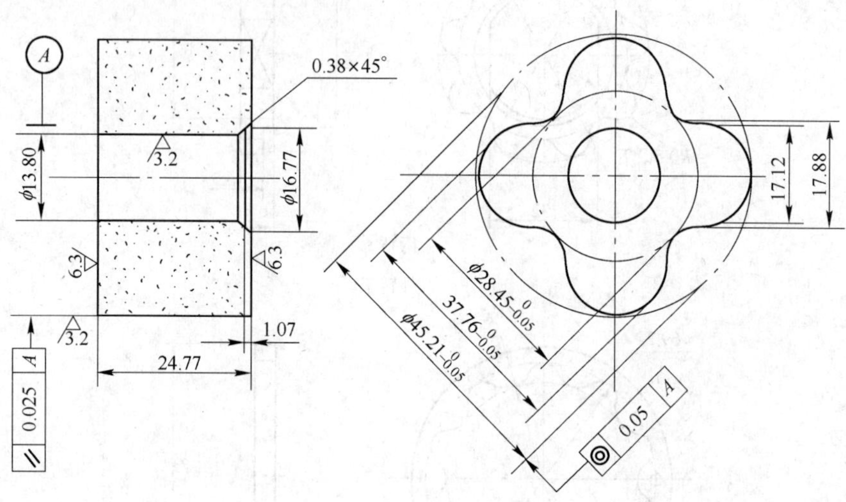

图 10-9-37　油泵转子[3]

9.2.3.4　柴油泵内转子

柴油泵内转子见图 10-9-38。

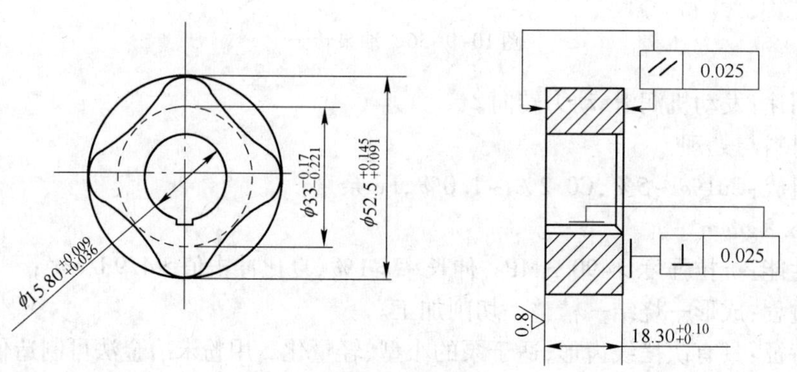

图 10-9-38　柴油泵内转子[3]

(1) 用途:8 t 载重车柴油发动机。
(2) 材料与处理:
材料组成:Fe－3Cu－1C－0.3S;
密度:≥6.4 g/cm³;
后续处理:振动光饰;
力学性能:硬度 70～120HB。
(3) 机能利弊:耐磨性好,噪声小,油压稳定。
(4) 经济效果:成本低。
(5) 生产厂:东风汽车公司粉末冶金厂。

9.2.3.5　柴油泵外转子

柴油泵外转子见图 10-9-39。

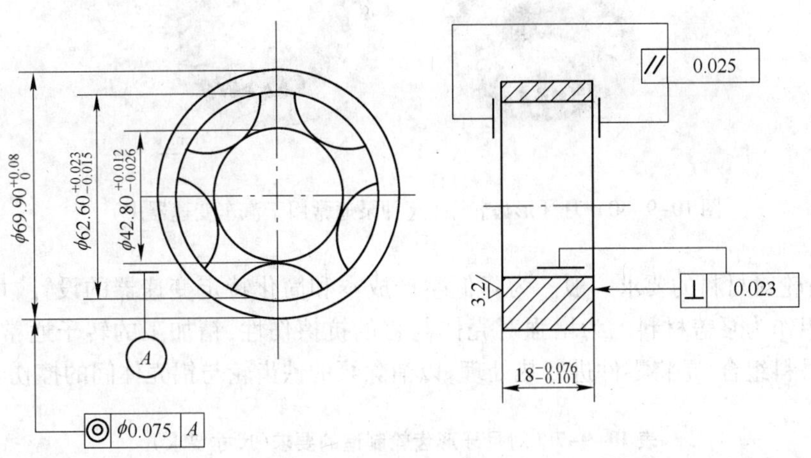

图 10-9-39　柴油泵外转子[3]

（1）用途：8 t 载重车柴油发动机。

（2）材料与处理：

材料组成：Fe－3Cu－1C－0.3S；

密度：≥6.4 g/cm^3；

后续处理：振动光饰；

力学性能：硬度 70～120HB。

（3）机能利弊：耐磨性好，噪声小，油压稳定。

（4）经济效果：生产成本低。

（5）生产厂：东风汽车公司粉末冶金厂。

9.3　月牙形齿轮泵

这种齿轮泵最常用于汽车变速器中。乍一看，泵的齿轮好像是一对很平常的大节距齿轮。选择月牙形齿轮设计（图 10-9-40）是为了适应容积输出小、速度高、噪声级最小及价格最低的要求。可是，当和变速器的动力传动系齿轮进行比较时，它们在许多方面都是异乎寻常的。选择大节距齿轮是基于泵的排量需要，而不是强度。鉴于负载轻、耐磨及成本低是一项重要考虑，齿轮最常用粉末冶金材料制造。为降低生产成本，首先将内齿轮改成了粉末冶金件，而外齿轮仍由管材拉削生产。后来，考虑到成本和材料利用率较高，外齿轮也改成了粉末冶金件。

鉴于泵特有的内部密封要求，必须将内齿轮外径与外齿轮内径切削加工到精密公差（表 10-9-7）。同时，泵壳体内 2 个齿轮的适当对中取决于内齿轮内径和外齿轮外径的切削加工皆位于精密公差之内。在这种情况下，要想使 2 个齿轮之间正常运转，就必须将 2 个齿轮的内、外径对各自的分度线切削加工到同心度的精密公差。最后，需要将 2 个齿轮的宽度、平行度及平直度精加工到精密公差，以使泵具有令人满意的密封与适当的运转间隙。

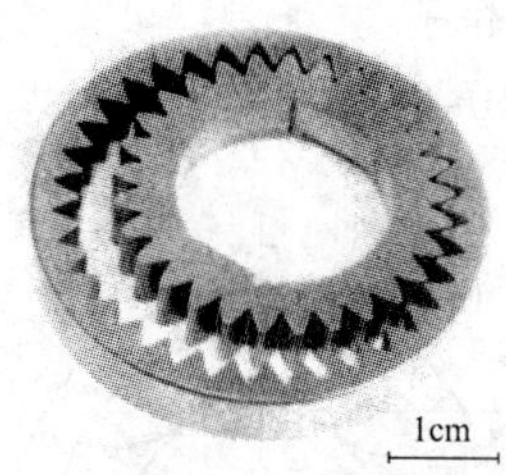

图 10-9-40　月牙形齿轮泵(这种泵通常用于汽车变速器中)[1]

2 种齿轮对材料的要求一般。为降低生产成本和简化特定变速器的设计,可用钢或阳极化压铸铝作为泵盖材料。为增强对壳体与盖的抗擦伤性,精加工的转子通常都要镀锡。另外一种材料组合,是将零件进行热处理,以消除泵的铁齿轮与铝壳体间的擦伤。

表 10-9-7　对月牙形齿轮制造的要求(尺寸要求)

泵的特性		前油泵
表面粗糙度	内转子端面	发动机批准—20 ~ 50 RMS
	外转子端面	20 ~ 50 RMS
	外转子外径	无—20 ~ 30 RMS
平直度	内转子	0. 00762 ~ 0. 0127 mm
	外转子	0. 00762 ~ 0. 0127 mm
侧隙	内转子	0. 0127 ~ 0. 0635 mm
	外转子	0. 0127 ~ 0. 0635 mm
同心度	内转子—外径对内径	无—0. 0508 ~ 0. 125 mm
	内转子—外径对节圆直径	无—0. 0508 ~ 0. 1 mm
	外转子—外径对内径	0. 0254 ~ 0. 0762 mm
	外转子—外径对节圆直径	0. 0381 ~ 0. 0762 mm
	内转子—内径对节圆直径	无—0. 1016 mm

注:表中的值是不同齿轮泵生产厂商使用的技术规范的综合值。

9.4　直列活塞泵

在所有液压马达中,直列活塞泵是最先进的,因为其对压力与排量的选择没有限制。这种泵产生的压力虽可高达 34. 5 MPa,但最复杂和最昂贵。这种泵通常用于高效率机动应用。直列活塞泵中,现在使用的粉末冶金零件有 4 种,即缸体、活塞靴、靴板或压紧板及球面垫圈(图 10-9-41)。粉末冶金工艺是生产这些零件的最经济的方法。可是,缸体大小超过了 $3.3\times10^{-5}m^3$ 与重量约 2. 3 kg,就没有竞争优势了。

关于用熔渗铜粉末冶金钢作为缸体材料的生产研究[1]称,用粉末冶金工艺生产的缸体可取消下列切削加工作业,而且不需要增加作业:

(1) 开槽,这样可增高零件的粗车速度,粗车的速率可抵消表面开槽所需之作业时间与工具加工;

（2）粗钻活塞孔；
（3）钻削卵形槽；
（4）热处理；
（5）精车。

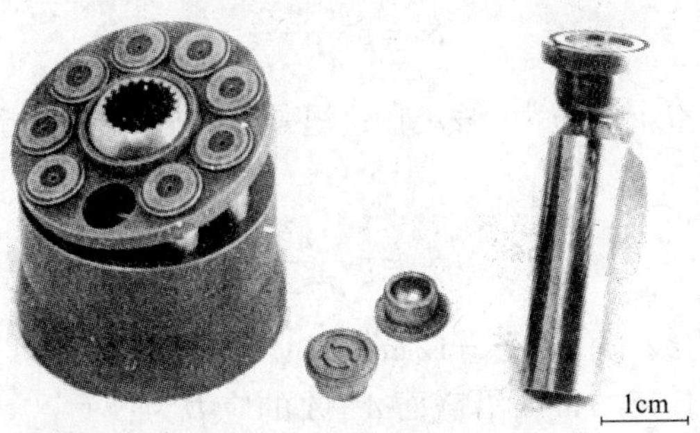

图 10-9-41　在直列活塞泵的旋转部分有 4 个零件可能采用粉末冶金零件：缸体、压紧板、球面垫圈及活塞靴[1]

粉末冶金零件的成本虽比铸铁坯高一倍，但可通过减少切削加工的时间和人员降低生产成本来补偿。用户可取消 3 个切削加工工位；而且，在技术上可满足增高卵形槽对活塞孔位置的技术要求，这是一个可实现的特点。

鉴于直列活塞泵可用于压力高达 34.5 MPa 或更高的高压应用，因此，首先应考虑的是作用于零件的应力。所以，考察了高负载零件的强度与耐久性。

缸体通常都是因活塞孔而失效，因此，为确定所选择材料的最高应力水平，依据几个不同的准则，计算分析了应力水平。要记住，疲劳寿命是应力水平的 2.5 倍。

下面计算活塞缸体孔的应力。

用 3 种方法分析了活塞缸体孔附近的强度（图 10-9-42）。

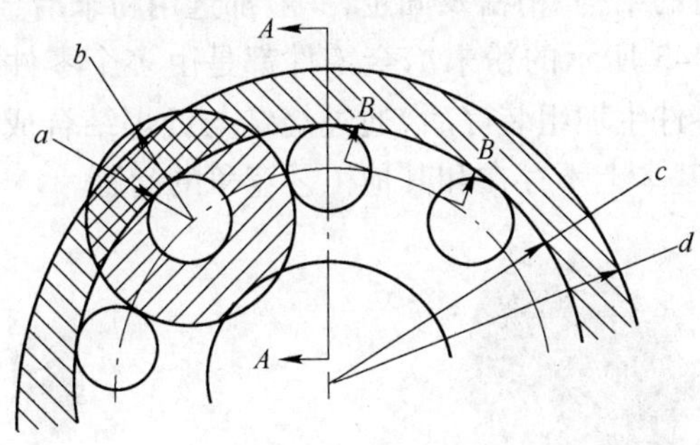

图 10-9-42　活塞缸体孔附近的强度分析图[1]

方法 1　最大圆周应力（S_2）：

$$S_2 = p\,\frac{b^2 + a^2}{b^2 - a^2}$$

式中，p 为活塞顶内压力室中的压力。

最大径向应力（S_3）：

$$S_3 = p\,\frac{b^2}{b^2 - a^2}$$

假定最大压力为 23.7 MPa，$a = 6.0$ mm，$b = 8.9$ mm，则 $S_2 = 62.9$ MPa，$S_3 = 43.2$ MPa。

方法 2 最大圆周应力（S_2）：

$$S_2 = p\,\frac{d^2 + c^2}{d^2 - c^2}$$

式中，p 为活塞顶内工作室中的压力，假定在这里是压力施加于所指压力室的整个内表面。

最大径向应力（S_3）：

$$S_3 = p\,\frac{d^2}{d^2 - c^2}$$

方法 3 画出的压力线 = 孔直径 = 12 mm。

应力面积的长度等于 15.3 mm，沿截面 $A—A$ 的应力为：

$$应力(A—A) = \frac{12}{15.3}p = \frac{12}{15.3} \times 23.7 = 18.6\ \text{MPa}$$

应力面积长度等于 2.93 mm，沿截面 $B—B$ 的应力为：

$$应力(B—B) = \frac{12}{2.93} \times 23.7 = 97.1\ \text{MPa}$$

9.5 阀门与阀板

从设计的观点来看，液压泵与马达中的阀系是一类较重要的零件。在许多场合，阀系只能用粉末冶金工艺制作，而且，为了包括通道与出口的所有详情细节，需要将多件进行组合。现在，阀门都是为转子类扭矩马达、径向活塞马达及转向系换向阀制作的。

鉴于阀通常都是需要严格控制孔隙度的外部零件，因此，阀都需要熔渗铜或含浸树脂。较长一段时间，都是用熔渗铜的方法密封零件，但是由于材料价格波动，现在普遍已改用含浸聚酯树脂。为了油通道的结构、精密及固定，一般都选用粉末冶金阀门。组装是用后续切削加工完成的。图 10-9-43 所示的粉末冶金零件都是由多个零件组合成的典型零件。其中每个零件都是由 3 个零件生坯组装好后，通过烧结与钎焊结合成一体的。这些零件都是用粉末冶金工艺生产的，基本上不存在和其他工艺竞争的问题。

图 10-9-43 典型粉末冶金阀门与阀板[1]

下面列举几个应用粉末冶金零件实例。

9.5.1　阀板

阀板见图10-9-44。

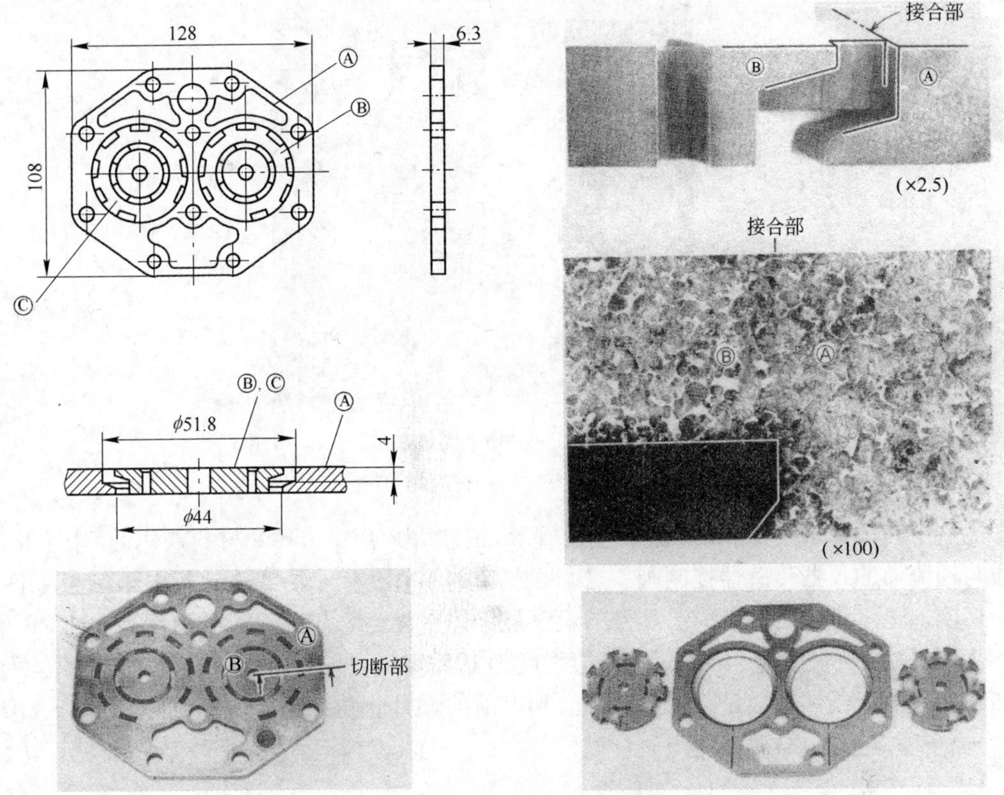

图10-9-44　阀板(熔渗接合示例)[3]

(1) 用途:汽车冷气机用压缩机。

(2) 材料与制造方法。

材料组成:

Ⓐ Fe-(0.4~0.1)C,6.2 g/cm^3;

Ⓑ Fe-(4~6)Cu-(0.2~0.6)C,6.4 g/cm^3;

Ⓒ Fe-(4~6)Cu-(0.2~0.6)C,6.4 g/cm^3。

以上都是接合前的材料。

制造方法:熔渗接合。

(3) 说明。

1) 将与Ⓐ尺寸变化率不同的材料Ⓑ与Ⓒ组装于Ⓐ中,一旦烧结(1130℃,15 min)接合后,用熔渗(1130℃,30 min)铜进行完全封孔和实现高强度接合。

2) 成形时,各部分都压印有使相位一致所需之标记。接合后,须用磨削加工将这些标记除掉。

3) 接合强度是用将Ⓐ固定脱出Ⓑ、Ⓒ的方法进行评定的,脱出负荷应大于22.56×10^{3}N。

9.5.2　阀体总成

这个零件曾荣获美国MPIF粉末冶金设计竞赛2000年度大奖，见图10-9-45。

图10-9-45　阀体总成

（生产厂商：Advanced Materials Technology；最终用户：未说明）

这个阀体总成是用MIM（金属注射成形）工艺，由50Ni－50Fe材料制作的，用于化学物质与油流通的仪器传感器控制阀。这个很复杂的零件替代了由2个常规粉末冶金零件和2个切削加工零件组装的总成。零件的最终烧结体密度为8.05 g/cm³和硬度为55 HRB，伸长率为25%，抗拉强度为515 MPa及屈服强度为195 MPa。通过组装在控制阀内的阀体总成施加磁通。由于阀体总成是一体的，因此，和以前的设计相比，磁路的磁阻要小得多。MIM设计，由于磁滞损失小，故性能与质量优异。

9.5.3　压缩机阀板

这个零件曾荣获美国MPIF粉末冶金设计竞赛大奖，见图10-9-46。

图10-9-46　压缩机阀板

（生产厂商：Metal Powder Products，MPS Division；最终用户：Blissfield Manufacturing Company）

这个零件是铜熔渗钢压缩机阀板，用于替代材料利用率只有65%的，由切削加工制造的4件铜钎焊的冲压件。为了制造出以前只能由4件的组合件才能制成的很独特的几何形状，生产厂商设计与开发出了3个零件（板体与2个镶嵌式阀座）的形状复杂的烧结－结合组合件。最终零件必须平直、平行及表面粗糙度很好。成形的零件典型密度为7.3 g/cm^3。其抗拉强度为632MPa与屈服强度为474 MPa，抗压屈服强度为553 MPa。破坏强度确认了烧结－结合的强度。镶嵌件要能承受压力15.8 MPa而不会失效。压缩机阀板用于经UL－认证的压缩机，而且必须通过使用性能和漏泄检验，诸如在2 MPa压缩空气的压力下无损耗。阀板用于柴油货车空调系统和固定式制冷应用的压缩机。粉末冶金使其可节约成本约30%。

9.6　叶片泵

大量叶片泵最常用于汽车转向机构。这些泵的工作压力高达11.84 MPa和速度高达7000 rpm。依照惯例，鉴于对于大量生产的零件粉末冶金工艺最经济，叶片泵侧板（图10-9-47）和压力盘与油出口盘（图10-9-48）都是用粉末冶金工艺生产的。现在，工业类叶片泵生产厂商都已转为用粉末冶金工艺生产。叶片泵的产量对于粉末冶金生产企业有吸引力，而粉末冶金零件由于具有最终形状的特点，对于汽车设计人员有吸引力。

（1）用途：汽车动力转向用。

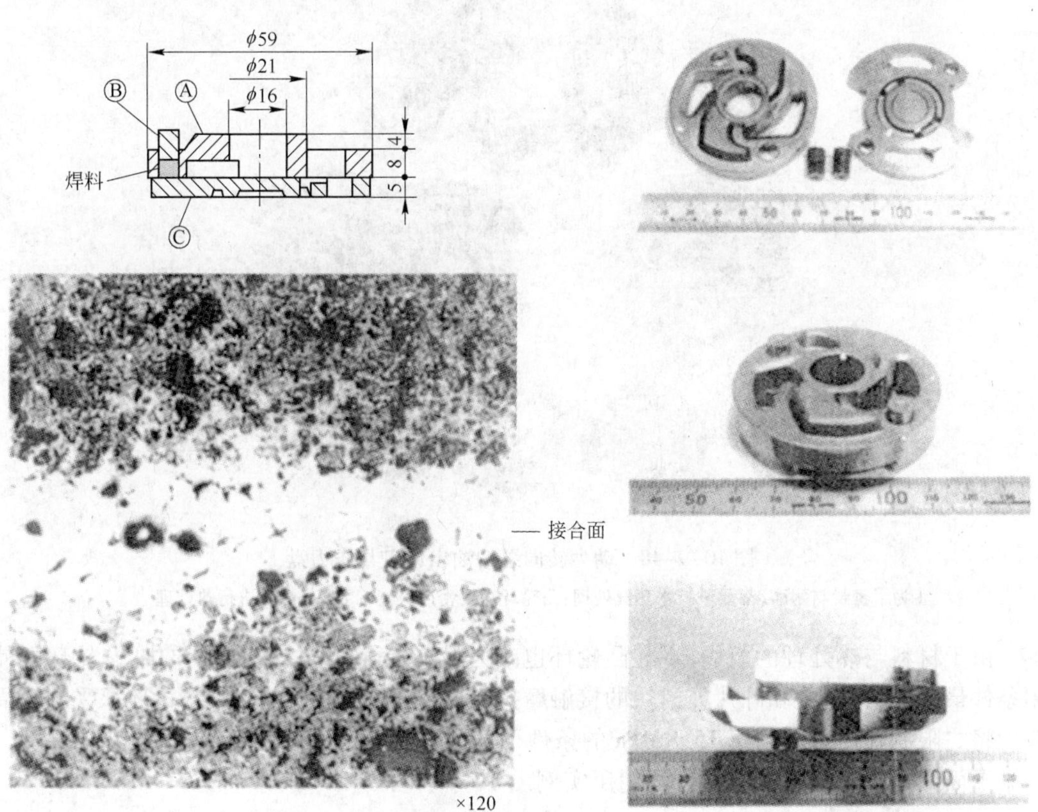

图10-9-47　叶片泵侧板（钎焊接合示例）[3]

(2) 材料与处理。

材料组成:

Ⓐ Fe－2Cu－0.8C,6.6 g/cm³。

Ⓑ Fe－2Cu－0.8C,6.6 g/cm³(与钎焊材料分两层成形)。

Ⓒ Fe－2Cu－0.8C,6.6 g/cm³。

制造方法:钎焊接合。

(3) 说明。

1) 将ⒶⒷⒸ 3 部分分别压制成形后,将它们的压坯组装好进行烧结。烧结(1130℃,30 min)的同时对各个界面进行钎焊,从而制成内部有通道的零件。

2) Ⓑ是一双层压坯,一层为 Fe－2Cu－0.8C 材料,一层为接合所需之钎焊材料量(2 个接合)。如图 10-9-47 所示装好后,送到烧结工序。烧结时,钎焊材料熔化后,一部分上升至Ⓐ/Ⓑ界面处,其余的流布于Ⓐ/Ⓒ界面。

3) 如接合部的显微组织照片所示,钎焊材料仅有很薄的一层渗入接合面,极大地减低了钎焊材料的消耗。

4) Ⓑ的上端部的突出部分,在后续加工中车削掉。

5) 可确保接合强度和材料自身的强度相同。

图 10-9-48　动力转向泵的油出口盘与压力盘

(为了密封与耐磨,都要进行水蒸气处理;凸轮环需要密度大于 6.8 g/cm³ 和进行热处理[1])

由于材料与热处理的发展,现在凸轮环也改为粉末冶金件了。在这种泵中,凸轮环的使用条件最严酷,为承受和叶片或滑块的接触摩擦,其表面需要很硬。这些凸轮环承受的圆周应力将之限制在压力不高于 15.8 MPa 的条件下,因此,用于汽车转向系统。

下面介绍 2 个粉末冶金零件的使用实例。

9.6.1　侧板

侧板零件图见图 10-9-49。

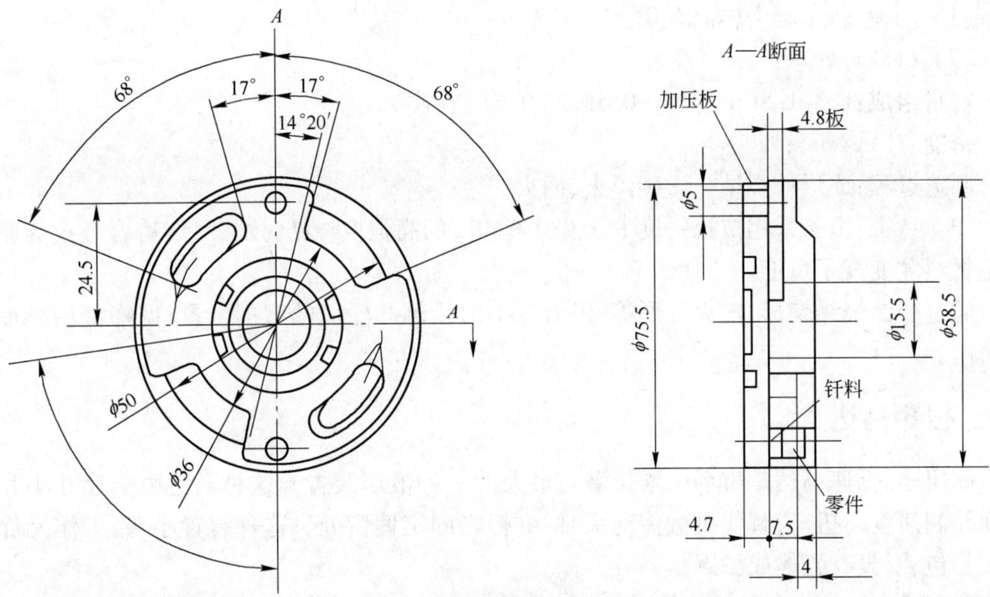

图 10-9-49　侧板零件图[3]

（1）用途：汽车动力转向泵。

（2）材料与处理：

材料组成：Cu 1%～5%，C 0.2%～1.0%，Fe 余量；

密度：6.5 g/cm^3；

力学性能：抗拉强度 >392.3 MPa，伸长率 >1%，夏比冲击值 >4.9 J/cm^2；

制造过程：成形—烧结—组合烧结—切削加工。

（3）特征：这是一个内部有隧道状通道的零件。它是先将制品分割为两件，经压制—烧结后，再将两者用钎焊焊接起来制成的。在一次烧结过程中同时进行了烧结与钎焊。

9.6.2　凸轮环

凸轮环零件图见图 10-9-50。

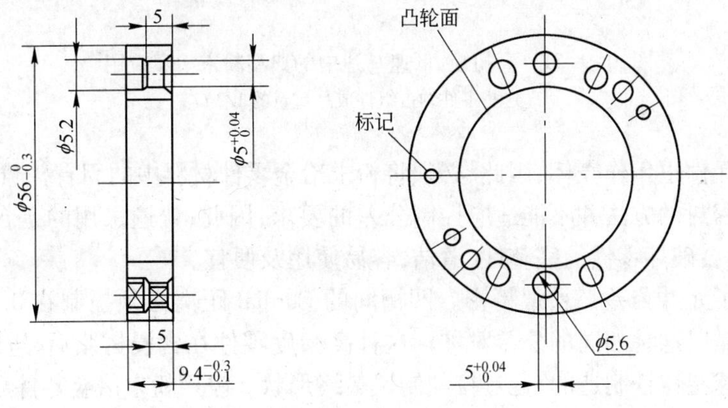

图 10-9-50　凸轮环零件图[3]

(1) 用途:轿车动力转向泵用。

(2) 材料与处理:

材料组成:Fe－1.5Cu－4Ni－0.5Mo－0.6C(渗碳);

密度:7.1 g/cm³;

制造过程:成形—烧结—渗碳淬火、回火。

(3) 特征:由于采用抗拉强度大于980.6 MPa的高强度烧结材料,从熔铸合金改为粉末冶金材料才变成了可能。

通过控制烧结变形、淬火变形等,极力减小内径侧凸轮面的磨削余量,可降低后续加工的费用。

9.7　扭矩马达

高扭矩、低速马达是市场中增长潜力最大的一种液压装置。这种马达由于尺寸小和可全面控制速度与扭矩,替代机械传动系时,可将之固定偏僻处。这种装置小巧,工作元件外部就是包装,没有壳体或护罩。

鉴于粉末冶金工艺能够成形精密、复杂的形状,而且再现性好,因此,图10-9-51中的许多工作零件和阀装置与油通道中的零件都是用粉末冶金工艺生产的。现在市场中一种扭矩马达中使用的粉末冶金零件重约4.6 kg,约占马达总重量的1/3。

图10-9-51　高扭矩、低速马达中的典型粉末冶金应用[1]

(这些零件约占组件成品重量的1/3)

由于工作元件也用作壳体,因此,必须将粉末冶金零件材料中的固有孔隙予以密封。传统的用熔渗铜密封的方法并不能适应控制公差的要求,因此,普遍采用的是含浸聚酯树脂。其好处在于,不会破坏零件的完整性,清洁,容易使用及便宜。

制造的转子元件公差必须很精密。凹槽间的Cordial距离必须控制在0.038 mm以内,而且零件必须是以这种相同的公差对称。这种高精度零件在含浸树脂后,进行精整。这种零件以前是由球墨铸铁制造的,通过拉削制成最终形状。改用粉末冶金零件后,成本可降低70%,节约材料0.68 kg。

对成本与材料节约精确计算如表10-9-8所示。

表10-9-8　成本与材料

项　目	粉末冶金零件	球墨铸铁件
购买价格/美元	1.76	2.48
精加工的劳动费用/美元	0.36	0.73
精加工的生产费用/美元	1.45	2.88
合计/美元	3.57	6.09
重量/kg	0.95	1.63

9.8　结束语

由上述不难看出,对于液压件生产而言,粉末冶金不但是一种节材、省能的零件生产工艺,而且是一种增高液压泵的效率、降低生产成本的有效途径。因此,加强液压件行业和粉末冶金零件行业的技术交流与合作是十分重要的。

参考文献

[1] Stanley L Altemeyer. P/M Parts Applications in Fluid Power Transmission [J]. Modern Developments in Powder Metallurgy, H. H. Hausner and P. V. Taubenblat ed. MPIF and APMI Princeton, N. J. Vol. 11 (1977):221 ~ 227.

[2] Josef Bachmann, Harald Balzer, et al. Innovation in PM-Pump Developments [C]. SAE International, SP – 1847, 2004 SAE International:61 ~ 66.

[3] 韩凤麟. 粉末冶金零件实用手册:汽车、摩托车零件[M]. 北京:兵器工业出版社,1996:279 ~ 384.

[4] Peter K Johnson. 2003 P/M Design Competition Awards [J]. The International Journal of Powder Metallurgy, Vol. 39, No. 5, 2003:21 ~ 28.

[5] Shinichi Fujiwara. High Efficiency Oil Pump Rotor with New Tooth Profile [C]. SAE International, SP – 1847, 2004 SAE International:67 ~ 70.

[6] JPMA. Japan Powder Metallurgy Association 1999 Report, May 31 2000.

[7] JPMA. Japan Powder Metallurgy Association 2002 Report, April 30 2003.

[8] JPMA. Japan Powder Metallurgy Association 2007 Report, May 15 2008.

编写:韩凤麟（中国机协粉末冶金分会）

第 10 章　粉末冶金在航空、航天中的应用

10.1　粉末冶金高温结构材料

10.1.1　粉末冶金 Ni 基高温合金[1~20]

粉末高温合金是 20 世纪 60 年代诞生的新一代高温合金,由于用精细的金属粉末作为成形材料,经过热加工处理得到的合金组织均匀,无宏观偏析,而且具有屈服强度高和疲劳性能好等一系列优点,因此,很快成为高推重比航空发动机涡轮盘等关键部件的首选材料。经过近 40 年的发展,目前已经历第一代、第二代和第三代的研制历程。其中以第一代高强型 Rene95 和第二代损伤容限型 Rene88DT 为代表的粉末高温合金最为引人注目,第三代所追求的性能指标是强度在第一代与第二代之间,裂纹扩展速率比第二代更低,且使用温度高于前两代。近年来,随着热等静压、挤压和等温锻造等成形工艺的逐渐成熟以及计算机模拟技术的发展,粉末高温合金的研制周期明显缩短,手段更为先进,性能不断提高。但由于粉末高温合金的研制技术难度高、投资大、涉及的学科领域广,世界上能独立进行研制的国家也仅有美国、俄罗斯、英国和法国等少数几个国家[1~2]。

美国的粉末冶金高温合金研究在世界范围内处于领先地位。1971 年,由美国普惠(Pratt-Whitney)飞机公司将铸造合金 In－100 制成合金粉末,经挤压加塑性等温锻造工艺制成涡轮盘、压气机转子等 19 个零件,总重 450 kg,装在 F100－PW－100 发动机上,仅盘件就使每台发动机减轻 58.5 kg,成本降低 15%。1972 年,该公司又将其制造 F－100 发动机使用的压气机盘和涡轮盘,装在 F15、F16 飞机上。1976 年和 1979 年,该公司研制成功性能更好的合金 L C Astroloy 和 MERL76,并投入应用。P&W 公司仅以粉末冶金涡轮盘和凝固涡轮叶片两项重大革新,就使 F－100 发动机的推重比达到 8 的当时世界先进水平。至 1984 年,该公司使用粉末高温合金盘已超过 30000 件。美国通用(General Electric)公司于 1972 年采用热等静压研制成功粉末 Rene 95 盘件,1973 年首先用于军用直升机的 T－700 发动机上。1978 年研制出压气机盘、涡轮盘和鼓筒轴,装在 F/A218 歼击机的 F404 发动机上。该公司还用粉末 Rene 95 合金制造 CF6 发动机的压气涡轮轴套,以及 CFM256 涡轮风扇发动机的压气机盘,开创了在民航飞机上使用粉末冶金高温结构件的历史。1988 年,GE-AE 公司研制出第 2 代粉末冶金高温合金 Rene88DT,此后在美国军用及民用飞机上,均使用 Rene 88DT 粉末盘。1997 年,普惠公司以 DT-PIN100 合金制造双性能粉末盘,装在第 4 代战斗机 F22 的 F119 发动机上。这种盘的轮缘部分具有良好的高温性能,而盘毂部分具有很高的屈服强度。弥散强化镍基合金是已应用在航空领域的另一类高温合金。1962 年,美国杜邦(Dupont)公司生产了氧化钍弥散强化 TD-Ni 合金,以后又生产了 TD-NiCr 合金,用于制作航天飞机防热瓦。弥散强化合金能在接近绝对熔化温度时保持较好的强度,弥散质点在 927℃尚有显著的强化效果,是制作发动机耐高温零件的理想材料。GE 公司从 1980 年起在 F404 发动机上使用氧化物强化合金导向叶片[3~8]。

目前,美国、法国和英国等都相继开发出了第三代粉末高温合金,如美国的 Alloy10,

ME3 和 LSHR(Low Solvus, High Refractory) 等合金以及法国的 NR3、NR6 等合金。美国还利用 NASA 格伦研究中心发明的 DMHT (Dual Microstructure Heat Treatment) 工艺在第三代粉末高温合金中成功实现了双晶粒组织,为高推重比航空发动机用双性能涡轮盘的制造打下了坚实基础。表 10-10-1 为第三代典型粉末高温合金的成分。从表 10-10-1 可知,第三代粉末高温合金在合金成分上进行了优化,Alloy10 合金加入了更高含量的 W 是为了提高其强度,ME3 和 LSHR 合金加入了更多的 Co 元素,是为了提高合金的抗蠕变性能;LSHR 和 NF3 合金强调 Al 和 Ti 含量平衡,而 NRx 系列合金则加入了适量的 Hf 以全面提高合金性能。由于第三代粉末高温合金的合金化程度提高,并且采用了合适的冶金工艺,因此获得的合金组织较前两代更为理想,使其具备了强度和损伤容限兼优的性能特点,而且可以在更高的温度下使用,为研制更高推重比的航空发动机打下了良好的基础。

表 10-10-1　第三代典型粉末高温合金的成分(质量分数,%)[2]

合金	Cr	Co	Mo	W	Al	Ti	Nb	Ta	C	B	Zr	Hf	Ni
CH98	11.6	17.9	2.9		3.9	4.0		2.9	0.049	0.030	0.050		Bal
KM4	12.0	18.3	4.0		3.8	3.9	1.9		0.030	0.030	0.040		Bal
SR3	13.2	11.8	5.1		2.4	4.9	1.6		0.030	0.016	0.040	0.23	Bal
Alloy10	10.2	15.0	2.8	6.2	3.7	3.8	1.9	0.9	0.03	0.03	0.1		Bal
ME3	13.0	20.6	3.8	2.1	3.4	3.7	0.9	2.4	0.05	0.025	0.050		Bal
LSHR	12.7	20.8	2.74	4.37	3.48	3.47	1.45	1.65	0.024	0.028	0.049		Bal
NF3	10.5	18.0	2.9	3.0	3.6	3.6	2.0	2.5	0.030	0.030	0.050		Bal
NR3	11.8	14.65	3.3		3.65	5.5			0.024	0.013	0.052	0.33	Bal
NR6	14.1	15.3	2.32	4.43	3.18	4.49			0.023	0.030	0.074	0.38	Bal

Alloy10 合金是美国霍尼韦尔(Honeywell)公司在原来的 AF115 合金基础上通过调整成分研制的高强型镍基粉末高温合金。Honeywell 公司将其应用在微型喷气式发动机上。NASA 与威尔高登(Wyman Gordon)公司展开合作,设计了适合 Alloy10 合金的双组织热处理(DMHT)工艺,制备双性能 Alloy10 合金涡轮盘。通过特殊热处理实现盘心细晶组织,盘缘粗晶组织,以便于满足涡轮盘实际工况需要。图 10-10-1 为采用 DMHT 工艺制备的Alloy10 双性能涡轮盘。双性能粉末涡轮盘的特点是具有剪裁结构的双重组织,可以满足涡轮盘实际工况需要,大大提高涡轮盘使用寿命。因此,制备双性能涡轮盘对研制高推重比先进航空发动机是非常重要的。

NF3 是美国开发的可以用于 760℃以上工作温度的一种镍基高温合金。由于在更高温度下使用,对合金的抗蠕变性能要求更为苛刻。与第二代的 Rene 88DT 相比,NF3 合金的裂纹扩展抗力虽然较差,但蠕变寿命有了很大提高。与 CH98 合金相比,NF3 合金的裂纹扩展抗力略好,而蠕变寿命是 CH98 合金的 4 倍。可见,NF3 合金是制造航空发动机高压涡轮盘的极佳材料。先进的 LSHR 镍基超合金是 NASA 格伦研究中心在 Alloy10 和 ME3 合金基础上,优化合金成分而开发出来的[2]。

前苏联对 PM 高温合金的研究工作始于 20 世纪 60 年代末。1974 ~ 1975 年间, 制造出第一批用于 МиГ - 29 和 МиГ - 31 歼击机发动机 РД - 33 的粉末冶金高温合金盘件,1978 年正式在军用航空发动机上使用。从 1980 年开始, 采用牌号为 ЭП741НП 的粉末冶金高

图 10-10-1　双性能 Alloy10 涡轮盘[2]

温合金批量生产航空发动机涡轮盘。表 10-10-2 为俄罗斯粉末冶金高温合金的主要牌号及相应的力学性能,其中 ЭП741НП 是用于制造航空发动机重要部件用得最多的粉末冶金高温合金,主要用于制造发动机 РД-33 压气机的轴和 ϕ850 mm 的盘件；大型远程客机 Ил-96-300、Ту-204、运输机 Ил-76МФ、Ил-76、Ил-75МФ 的发动机 ПС-90А 的盘件；短程客机 Ил-114 和直升机 О Доротелъ 发动机 ТВ7-117С 的盘件。而 ЭП975П 合金主要用于制造发动机 НК-44 的 ϕ1150～1200 mm 盘件。ЭИ698П 合金比锻造 ЭИ698 合金的强度提高 15%～18%、塑性提高 40%～60%、持久强度提高 5 倍，而其成本降低 22%～30%。用 ЭИ698П 合金生产的 ПС90ГП 发动机的 ϕ1150～1250 mm 涡轮盘，于 1995 年底完成了台架试车，1996 年 2 月获得批量生产许可证。ЭИ698МП 和 АЖК 粉末冶金高温合金主要用于航空发动机焊接部件[13]。ЭП962НП 是新一代粉末冶金高温合金,其室温抗拉强度达 1550 MPa 以上,750℃、100 h 持久强度达 750 MPa,已列入美国航空材料手册。据统计,至 1993 年俄罗斯已累计生产用于军用及民用飞机上的各类粉末冶金高温合金盘件约 25000 个,至 1995 年装机使用的盘、轴类件总数已超过 40000 件。主要生产单位为全俄轻合金研究院和斯图宾斯克冶金联合体,分别具有年产 20000 件和 40000 件粉末涡轮盘的生产能力。截至 2000 年,俄罗斯生产提供了约 500 种规格、近 50000 件粉末盘和轴,未发生任何使用事故[2]。

表 10-10-2　俄罗斯粉末冶金高温合金牌号及力学性能[13～16]

合　金	σ_b/MPa	$\sigma_{0.2}$/MPa	δ/%	ψ/%	σ_{100}^{650}/MPa	σ_{100}^{750}/MPa
ЭП741П	1250	800	13	15	900	600
ЭП741НП	1300	850	13	15	950	650
ЭП741НПУ	1400	950	13	15	1000	700
ЭП962П	1500	1100	10	12	1050	650
ЭП975П	1300	900	13	15	1050	720
ЭИ698П	1250	800	15	20	720	

续表 10-10-2

合　金	σ_b/MPa	$\sigma_{0.2}$/MPa	δ/%	ψ/%	σ_{100}^{650}/MPa	σ_{100}^{750}/MPa
ЭИ698МП	1300	880	26	26		
АЖК	1356	865	11	13	780	
ЭП962НП	1550	1150	10	12	1100	750

目前,俄罗斯粉末高温合金发展已由最初的军用逐渐向民用转变。为了降低成本，扩大民用市场的需求，俄罗斯几年前已开始注重研究成本较低的 ЭИ698BD 镍基粉末高温合金。现在已开始用其研制和生产大型的燃气轮机和烟气轮机用的涡轮盘[12]。

中国粉末高温合金的研究始于 1977 年,当时的冶金工业部、航空部组织联合攻关组,对 FGH95（相当于 P/M Rene95）合金盘件进行研制,经过几十年的努力,取得了一定进展。1984 年用氩气雾化粉末通过热等静压＋ 包套模锻工艺制成 ϕ420 mm 的某发动机二级盘。经性能测试,盘件基本性能接近或达到美国 GE 公司标准。1990 年后,北京的钢铁研究总院与俄罗斯轻合金研究院签订了引进设备和技术合作协议,这对我国粉末高温合金涡轮盘研制起到了很大促进作用。1997 年上半年在引进的粉末生产线上自行制粉,并进行了某发动机用 FGH 95 粉末涡轮盘坯的研制,取得了很大的进展,力学性能有较大提高。北京航空材料研究院采用氩气雾化和等离子旋转电极雾化两种制粉工艺制备了 FHG95 粉末,并通过双韧化(颗粒界面韧化＋热处理强韧化）热等静压近终形盘件制备工艺,制备了粉末涡轮盘,性能达到国外同类合金的 A 级水平,并装机通过了某发动机的盘件结构试验与试车。我国目前已研制了以 FGH95 合金为代表的使用温度为 650℃的第一代高强型粉末高温合金和以 FGH96 合金为代表的使用温度为 750℃的第二代损伤容限型粉末高温合金。图 10-10-2 为 FGH95 和 FGH96 粉末高温合金涡轮盘件。目前,第三代 800℃以上粉末高温合金的预研已经立项。但是,我国在涡轮盘材料和结构设计方面与国外的差距依然很大[17~20]。

a

b

图 10-10-2　粉末高温合金涡轮盘件[19]

a—先进涡轮轴航空发动机 FGH95 涡轮盘及叶片;*b*—高推重比涡扇航空发动机 FGH96 高压涡轮盘

10.1.2　粉末冶金钛、铝合金

10.1.2.1　粉末冶金钛合金[21~28]

粉末冶金制备钛合金具有组织细小、成分可控、近终形成形等一系列特点,是制造低成本钛合金的理想工艺之一。目前,国外高性能钛合金粉末冶金技术已发展到较高水平,在航

空航天等诸多领域已开始得到应用。国内在钛合金粉末冶金技术方面也开展了很多工作，应用的部件包括压缩机转子、压缩机筒管、风扇盘等。

粉末冶金钛合金的制造工艺通常包括混合元素法（BE法）和预合金化法（PA法）。BE法是将原料钛粉与母合金粉或其他需要添加的元素粉混合后进行模压或冷等静压成形，于真空中烧结。BE法钛合金产品包括Ti－6Al－4V零部件，如F－18战机枢轴配件。BE法颗粒增强钛基复合材料的应用包括航天飞行器与防御导弹的结构件。PA法是将预合金化的粉末采用陶瓷或金属包套封装后热等静压成形。PA法产品在航空航天工业中应用广泛，如F－100发动机的连接臂、F－14飞机机身壳体的支撑装置、F－18飞机发动机安装座支撑装配件和F－107飞机发动机的径流压气机叶轮。另外，粉末冶金钛合金还用于制造整体叶盘。目前，美国已经生产出Ti－6Al－4V、Ti_3Al等合金的P/M盘－片整体结构，俄罗斯采用粉末盘成形与叶片“嵌入”连接技术完成了钛合金盘－片整体结构制造，采用VT25Y粉末制成了伊尔114飞机发动机高压压气机离心叶轮和发动机轴支撑件[22~25]。

除此之外，美国Aeromet公司还采用激光近终成形技术生产F－22飞机支架，F/A－18E/F飞机机翼连接板的翼根加强筋以及下落连杆件等部件，这些部件均可满足飞机性能的要求。在Aeromet工艺中，计算机CAD程序控制高能激光束沉积钛粉制成近终形部件，这些激光成形钛合金部件不但比传统加工件的性能优越，而且能将交货周期缩短80%，成本降低20%～40%。F－22的两个原尺寸支架使用Ti－6Al－4V合金激光成形，切削加工后测试其加工态和热处理态性能，结果表明两种状态的试样经过两个寿命周期的广谱疲劳试验均无损坏，可满足航空应用的性能要求。波音飞机的翼根加强筋也是Ti－6Al－4V合金激光成形件，它是F/A－18E/F飞机机翼连接板的全尺寸附属部件。经过4个寿命周期的广谱疲劳测试未损坏，随后过载到其静态加载极限的225%也未失效。Northrop下落连杆件同样使用Ti－6Al－4V合金激光成形[28]。

10.1.2.2 粉末冶金铝合金[29~35]

粉末冶金法是开发新型铝合金的一个重要途径，它是通过预合金化熔体快速凝固工艺制粉或者用高能球磨机金属机械合金化工艺制粉，冷等静压制团，脱气，热压，车皮，热加工（挤压、锻造、压延）成材。由于晶粒和金属间化合物质点细小，化学成分均匀，弥散强化、固溶强化和时效强化作用得到综合利用，因而粉末冶金铝合金有很高的强度、很好的耐腐蚀性能，断裂韧性和疲劳性能也较好。图10-10-3为快速凝固－粉末冶金工艺制备铝合金的工艺流程图。

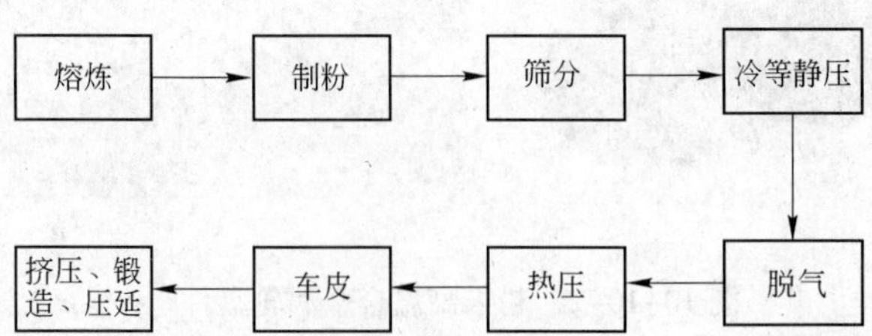

图10-10-3 快速凝固－粉末冶金工艺制备铝合金的工艺流程图[29]

国外已开发出多种粉末冶金铝合金，诸如Al－Zn－Mg－Cu－Co系和Al－Cu－Mg系的高强度粉末冶金合金，Al－Mg－Li系高弹性模量低密度合金，Al－Mg－Si－Cu系中强度粉末冶金合金，Al－Fe－X系耐热粉末冶金合金。现在美国可生产直径达330 mm，长度达635 mm，重量达158 kg的7090（Al－8.0Zn－2.5Mg－1.0Cu－1.5Co）、7091（Al－6.5Zn－

2.5Mg－1.5Cu－0.4Co）合金坯锭，可以加工成各种挤压件和模锻件。由于粉末冶金铝合金的生产工艺比较复杂，成本比较高，主要用于飞机、航天器具、导弹结构和兵器上。8××× 系粉末冶金铝合金的热强度高于 IM2219 合金，可以取代钛合金制造喷气发动机的涡轮。高强铝合金中的 7090 已经用作 B777 的起落架接头，高温铝合金在飞机（如马赫数大于 2.5 的超音速飞机的通用结构、发动机支撑结构件、热空气机和飞机机轮），发动机（如低温风扇和压缩机壳体叶片和风扇）、导弹（如外壳和支撑结构）等方面应用潜力较大。阻尼铝合金主要用于飞机、卫星等领域需要减振的场合。例如在飞机（如机尾翼、起落架梁、空速管等），导弹（如惯性平台、弹体、导航仪和发动机罩等），火箭和卫星（如控制盘、导航仪和发动机罩等）等方面应用潜力较大。美国快速凝固铝合金 7090 和 7091 已商品化，用于制造波音 757 飞机上主起落架的支撑架和起落架传动件。Lockhead 公司的 S－3 飞机机翼使用 7091 合金后质量减轻了 116 kg。美铝（Alcoa）公司将快速凝固 7090 合金用于制造波音 757－200 飞机主起落架梁撑杆和主起落架舱门的铰链、底座、齿轮等传动装置，使其质量减少约 15%。以粉末冶金高温铝合金 RSP Al－8Fe－4Ce 制造某些军用飞机辅助动力装置中的零件，如 F－18 飞机的离心式压气机叶轮，质量减少 15%，并能在某些部位代替钛合金零件。此外，Kaiser 公司将其机械合金化 MR61 合金用于制造波音 727 飞机的座椅导轨。国际镍公司采用机械合金化 In9021 合金制造了 C－130 运输机机身底部纵梁末端横拉撑件。我国东北轻合金加工厂科研所在 60 年代中期研制成烧结铝，定型牌号为 LT71 和 LT72，挤压成棒条材，是热强性铝材，已用于军事工业。近些年来，一些科研单位和高等院校，例如中科院沈阳金属研究所、北京有色金属研究总院、中南大学以及航天三院等，都对耐热性和高强性粉末冶金铝合金进行了研究。采用快速凝固制粉－冷等静压成坯－真空脱气－热挤压成管坯或板坯－旋压或轧制成材工艺，以及采用喷射沉积制坯－挤压、旋压成管材或轧制成板材工艺，都成功地制成了管材和板材，挤压成的管材外径可达 170 mm。

除此之外，粉末冶金铝基复合材料也颇受关注，其具有良好的比强度、比刚度和高温性能，可用于飞机、发动机等要求耐热和稳定性的场合。采用粉末冶金制备的 SiC 晶须或颗粒增强 Al 基复合材料可以部分替代钛合金和钢制取航空航天飞行器的零部件，以实现一定程度的减重和降低成本。普基（Pechiney）公司和美铝（Alcoa）公司已出售喷射沉积法生产的碳化硅颗粒增强铝合金锭，质量可达 240 kg。

10.1.2.3　TiAl 系金属间化合物合金[36~40]

TiAl 系金属间化合物合金的比强度和比刚度高，且具有良好的高温抗蠕变和抗氧化性能，是航空航天发动机零部件、航天飞机机架和蒙皮等部件的理想轻质高温结构材料。经过世界各国科学家广泛和深入的研究，TiAl 系金属间化合物的性能不断提高。TiAl 系金属间化合物主要包括 TiAl、Ti_3Al 和 $TiAl_3$ 等[36]。

目前生产 TiAl 系合金的典型工艺有挤压＋锻造方法、等温锻造方法、常规铸造法和粉末冶金法等。粉末冶金法在消除成分偏析，制备组织均匀、细小的材料及近终形成形方面具有明显优势。从原料来分，TiAl 系合金的粉末冶金可分为预合金化粉末法和元素粉末法。粉末冶金 TiAl 系合金通常要进行热等静压，再进行热挤压及热处理等[37]。美国陆军采用 Ti－25Al－10Nb－3V－1Mo 金属间化合物合金制造发动机零件，采用快速定向压实粉末的方法，得到的室温抗拉强度为 1175 MPa，425℃的抗拉强度达到 1140 MPa，相应的伸长率分别为 2% 及 6.7%，此外该材料还具有良好的持久强度[40]。

10. 2　粉末冶金刹车材料[41~49]

航空刹车材料是飞机制动器中用以保证飞机安全着陆的一种关键耗损材料。其作用在于将飞机着陆时的大部分动能,通过刹车材料吸收与消散,转换成热能,从而起到制动的作用。随着飞行速度与载荷的迅速增长,对刹车材料制动性能的要求越来越苛刻。因此,航空刹车材料相继从石棉树脂材料、致密金属材料发展到粉末冶金材料和当前正在逐步推广应用的碳/碳复合材料。前两种材料由于无法满足现代飞机的需求而基本被淘汰。由于粉末冶金刹车材料的价格低且技术成熟,因此在频繁起落的飞机中得到广泛的应用,尤其在国产飞机上,基本都采用了粉末冶金刹车材料。目前应用于先进飞机上的还有 C/C 刹车材料,其优点是吸热性能好、耐磨、使用寿命可达 3000 次起落,但它的抗拉强度低、冲击韧性差、体积大、存在各向异性,尤其是制造工艺复杂、生产周期长、成本高。而粉末冶金航空刹车材料工艺很成熟,已在飞机上使用几十年,经受了长期考验,工作可靠,经过不断改进,产品价格降低,刹车效率不断增长,单次起落成本不断下降。因此,C/C 刹车材料要完全取代粉末冶金航空刹车材料还需一段很长时间,粉末冶金航空刹车材料以其许多独特之处仍具有巨大的市场。

粉末冶金刹车材料从 20 世纪 50 年代开始应用在飞机上,而其研究则从 40 年代开始。40 年代末至 50 年代初,随着喷气式飞机的出现,飞机的重量和速度迅速提高了一倍以上,因此其制动时的动能转换大大增加,刹车材料工作时因摩擦而使温度提高 3 ~ 4 倍,其表面瞬时温度达到 1000℃以上。在这种情况下,石棉树脂基刹车材料已无法胜任。因此人们把注意力转向能够承受较高温度而且具有合适刹车性能的粉末冶金材料,并立即将其装配在当时最先进的喷气式飞机上使用。目前,粉末冶金材料被广泛应用在飞机刹车制动系统上,如波音飞机系列的 737 - 200/300/400/500/600/700/800/900、B767 - 200、B747 - SP 等,麦道系列的 MD82、MD83 等,空中客车系列的 A319/320、A321 等,原苏制飞机伊尔 18、伊尔 86、伊尔 76、图 154M 等。图 10-10-4 为 Boeing 747 飞机上采用的粉末冶金刹车盘中的动盘和静盘。

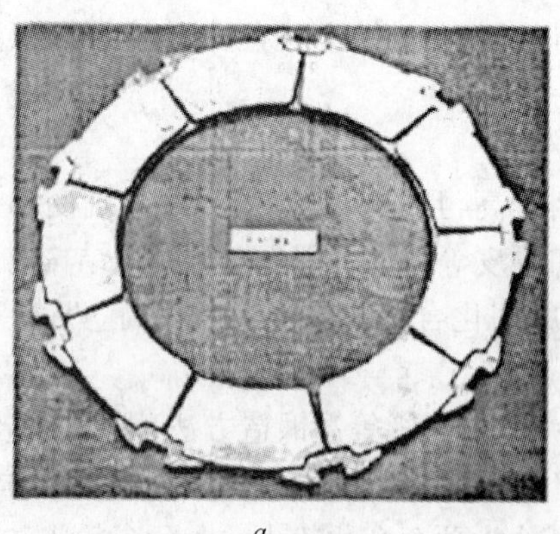

a

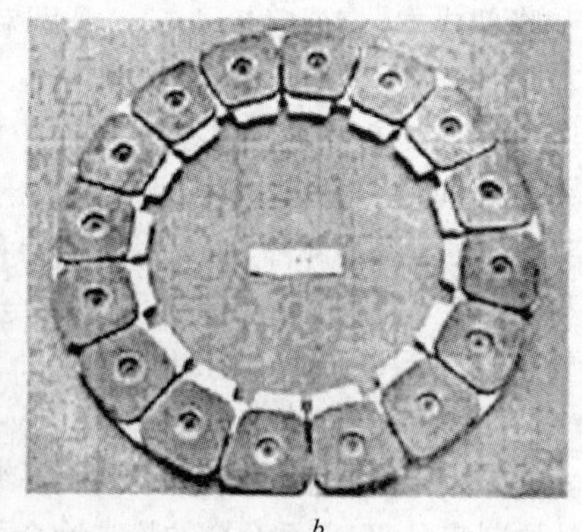

b

图 10-10-4　Boeing 747 粉末冶金刹车盘[44]

a—B747 粉末冶金刹车动盘;*b*—B747 粉末冶金刹车静盘

粉末冶金刹车材料主要由金属或合金基体、摩擦组元和润滑组元组成。按材料基体可分为铁基、铜基和铁 - 铜基 3 种。早期应用的粉末冶金航空刹车材料主要为铁基材料,至今仍广泛使用在各种飞机上。铁基刹车材料的优点是耐高温、承受负荷大、价格便宜,但与钢铁对偶材料配对使用时,由于具有亲和性,因而易发生黏结。采用加入其他元素的方法,使铁合金化以降低铁的塑性,提高其强度、屈服极限和硬度,在很大程度上可以克服这一缺陷。铜基刹车材料由于其良好的导热性,与钢铁对偶材料配对使用时摩擦系数高,耐磨性好,也被广泛应用于各种飞机制动装置中。为了综合利用铁、铜基材料的优异性能,克服其各自的缺点,在它们的基础上又发展了铁、铜质量分数几乎相等的铁－铜基刹车材料,目前在美制飞机上多采用铁－铜基刹车材料。粉末冶金航空刹车材料具有如下特点:(1)摩擦系数易调整,可通过改变其组成调整摩擦系数,在高温下使用摩擦性能较稳定;(2)耐磨性好,使用寿命长;(3)导热性好,易磨合;(4)工作可靠性好[46]。

英国邓录普(Dunlop)公司在发展粉末冶金航空刹车材料方面一直引人注目。从50年代起,主要采用以铁为主的铁基粉末冶金刹车材料,应用在三叉戟和肖特飞机上。与此同时,前苏联先后开发了MK211、MKB250A以及CMK系列铁基刹车材料,并应用于安224、伊尔262和图2154飞机上[47]。美国则在铜基和铁－铜基的研究上较为突出,1962年,奔迪克斯公司(Bendex)公开了铁－铜基粉末冶金刹车材料的成分,这种材料目前还广泛应用在Boeing－737、Boeing－747以及DC－9等先进的民航飞机上。在美国联邦宇航局的赞助下,美国仁斯利尔理工学院(Rensselaer Polytechnic Institute)对粉末冶金刹车材料及其在飞机刹车系统中的应用进行了系统的研究[48]。

我国粉末冶金航空刹车材料的研究起步于20世纪60年代。在短短的几十年的发展中,不仅先后装配在多种国产军、民用飞机上,促进了我国航空事业的迅速发展,而且为进口飞机刹车组件的国产化作出了贡献,例如苏制安－24、伊尔－64和图－154以及英美的三叉戟、Boeing－737和MD－82等飞机的刹车组件。经使用证明,国产化的刹车组件多种使用性能超越了进口件,部分产品还返销国外市场。此外,在材料设计和粉末冶金工艺以及基体的研究方面也取得了长足进步[49]。

10.3　粉末冶金特殊功能材料[50,51]

10.3.1　减磨材料

减磨材料要求具有低的摩擦系数和高的耐磨性。在航空机械和仪表中常用的减磨零件有含油轴承、轴瓦、轴套等。利用粉末冶金工艺制备减磨材料可以在大范围内调整成分和孔隙,填满润滑油的孔隙起到储油器的作用,获得自润滑效果。

粉末冶金含油轴承由铜或铁基材料制成。该轴承具有特殊的多孔性结构和连通孔,孔隙中含有足够量的润滑油,保证润滑油能自动循环和调节,因而具有自润滑性、寿命长、噪声低等优点。铁基含油轴承比铜基的力学性能高,成本低,主要用于中、低负荷的微型电机,比如用作导弹发电机上及航空用微型电机上的轴承等。铜基含油轴承则适用于精度要求更高、噪声要求更低的各类轻负荷微型电机及其他机构。已用作强击机等升压机上和导弹上的微型电机轴承。另外,还用于直升机的电绞车及用作歼击机、运输机、直升机等各种飞机的电动机和其他电动装置上的各种含油衬套。

粉末冶金油泵齿轮具有较好的耐磨性和抗卡性,传动平稳,噪声低,工艺简单且成本低,另外,由于其本身含有一定的润滑油,工作时在表面形成油膜起润滑作用,因此,可大量用于各种润滑油泵中的主、从动齿轮。目前,已在涡轮喷气发动机的润滑油泵上使用。

航空用小模数粉末冶金含油齿轮具有自润滑性,已用于民用飞机和军用直升机的燃油电动活门和防冰电动机构中。采用含油齿轮可使燃油电动活门及防冰电动机构动作平稳,噪声低,磨损小,工作可靠。

10.3.2　封严材料

航空发动机密封装置中所需的封严材料要求在高温、高速和大负荷下具有低的摩擦系数、高的耐磨性、低密度、低热导性、抗氧化、抗腐蚀和抗热震等性能。封严材料主要用于航空燃气涡轮发动机气体流路的级间、叶尖密封和轴承腔的密封装置。

粉末冶金镍基可磨蚀封严材料,适用于航空燃气涡轮发动机主要气体流路的级间、叶尖密封。具有良好的抗氧化、可磨蚀、抗燃气烧蚀及抗热震等性能。粉末冶金 FY02－04 型镍基高温封严材料已用于新型涡轮喷气发动机,其工作温度可到 750℃。经长期使用效果良好。

碳基接触式动密封具有良好的摩擦磨损性能及低密度、高导热性、耐油、抗腐蚀、低线膨胀系数、耐高温、良好的热稳定性等特点,可在燃气、燃油、润滑油等环境下工作,通常用于发动机主轴承腔的密封装置和放气活门、附件泵用密封装置等,例如作为端面密封的密封头、圆周密封装置中的主密封环和胀圈等零件。

铜基封严材料由一定强度的金属基体和起减磨作用的固体润滑剂所组成。减磨润滑剂包括软金属铅、石墨和铁、钼、钨及锌的硫化物、硒化物以及氟塑料、玻璃等。该材料的特点是摩擦系数低、具有高的耐磨性和足够的强度,主要是作为减磨材料应用于一些在特殊环境中工作的摩擦组件中,这些特殊环境包括高温(包括因滑动摩擦产生的摩擦热所导致的高温)、低温、真空、水及蒸汽、化学液体、惰性介质、液氢、液氧、油等环境。已成功应用于高性能发动机气芯泵轴承,液氧、煤油高压补燃发动机主液氧泵用的端面密封摩擦静环,平衡活塞摩擦副等,使用效果良好。

10.3.3　过滤材料

粉末冶金多孔性材料不仅具有金属材料的优良性能,而且可以在很宽的范围内调整控制孔隙度、孔径大小和分布。可制成过滤器用于航空发动机润滑系统、飞机液压操纵系统的油路以及某些仪器、仪表动力设备的气路装置,滤除各类固体颗粒,防止微粒堵塞。

烧结金属过滤材料含有一定数量连通孔,可以净化燃油、滑油、燃气,滤除各类液体和气体中的固体颗粒。其强度和塑性较好,制造工艺简单,并具有再生特点,使用寿命长。不锈钢烧结过滤材料还具有较好的抗腐蚀性和抗氧化性,可以过滤有机溶剂和多种酸、碱、盐等溶液,能在 300℃以下长时间工作,也可以在 800℃短时间工作。烧结金属过滤材料广泛用于航空、航天飞行器的仪器、仪表、动力设备的气路和油路过滤装置。

10.3.4　重合金

钨基合金具有密度大、弹性模量高、线膨胀系数小、导热导电性良好等特点。钨的熔点很高,用一般熔铸工艺无法制备,只能采用粉末冶金工艺来制取。钨基重合金主要包括W－Ni－Cu 系和 W－Ni－Fe 系,其中,W－Ni－Cu 系合金具有高密度、高强度及对射线有较好的吸收能力等特点，主要用于自动驾驶仪陀螺转子材料、平衡配重材料以及屏蔽材料等。而 W－Ni－Fe 系合金具有弱磁性，力学性能较高，塑性好（断后伸长率一般在 10% 左右，而 W－Ni－Cu 系合金约为 5%），并可以进行冷应变加工。W－Ni－Fe 系合金主要用于飞机控制静态和动态平衡的配重、惯性元件、减震阻尼块、射线屏蔽材料等。

10.3.5　电磁材料

采用粉末冶金工艺生产磁性材料与熔铸法相比具有以下特点：可以制造熔铸工艺无法生产的特种功能材料如铁氧体、磁介质，材料的晶粒细小，组织均匀，无缩孔偏析等缺点，成本低，适于生产体积小、形状复杂的小型磁体。粉末冶金电磁材料主要用于航空各机种滤波器、电机控制装置等电器。

粉末冶金烧结磁钢具有晶粒细小、组织均匀、无铸造缺陷、材料消耗小、成本低等特点，是航空电器、仪表、自动控制设备上重要的永磁材料，广泛应用于航空发动机的温度表及压力表上，另外也用于雷达、导弹等系统中。

粉末冶金环形磁粉芯具有较大的电阻率，对磁场、温度及应力等具有较高的稳定性，具有较宽的频率适用范围。目前已成熟应用于航空各机种变流机控制盒的滤波器及其他电机控制装置等。粉末冶金 FC00－03 整体磁极已在航空驱动电机、吹风机电机上成熟使用多年，工艺稳定，性能可靠。

10.3.6　电接触材料

为了保证工作稳定可靠，电接触材料应具有抗电弧、电阻率低、不熔焊、不受化学侵蚀、不变形、抗磨损等性能。粉末冶金工艺可以生产组元间不能互溶的“假合金”、金属－氧化物复合材料，如 Ag－CdO、Ag－W、Ag－石墨等，适于用作电接触材料。这类材料在航空工业中主要用在各机种的直流接触器、启动器、断路器、多速电机等部件上。

Ag－W 触头材料具有较高的导电、导热性及易加工性，以及高熔点、高硬度、耐电弧侵蚀、抗熔焊及较好的热稳定性等特点。如 FD03－12 型 Ag－W 触头材料可用作军用飞机驱动瞄准器的二极串激电动机触头。

Ag－石墨材料具有较好的导电、导热性能和化学稳定性，同时具有抗腐蚀、抗熔焊、耐磨、润滑等特性，可用作电负荷较低的航空电机等电器的滑动触头和电刷。如 FD03－23 型 Ag－石墨材料可用作无人机和飞行模拟机用的低转速测速发电机、力矩电机的滑动触头和电刷等。

参 考 文 献

[1]　美国金属学会．金属手册．9 版．第七卷：粉末冶金[M]．韩凤麟主译，赖和怡主审．北京：机械工业出版社，1994.

[2]　胡本芙，刘国权，贾成厂，等．新型高性能粉末高温合金的研究与发展[J]．材料工程，2007（2）：49～53.

[3]　李祖德，李松林，赵慕岳．20 世纪中、后期的粉末冶金新技术和新材料（2）——新材料开发的沿革与评价[J]．粉末冶金材料科学与工程，2006，11（6）：315～322.

[4]　周光垓，俞克兰. 粉末冶金结构材料在航空工业中的应用[J]. 粉末冶金技术，1989，7 (3)：172 ~ 176.

[5]　Rabin B H, Wright R N. Microstructure and tensile properties of Fe_3Al Produced by combustion synthesis/Hot isostatic pressing[J]. Metallurgical Transactions, 1992，23A(1)：35 ~ 40.

[6]　Anon. Spray forming poised to enter mainstream[J]. Powder Metallurgy, 1997, 40 (1):23 ~ 26.

[7]　师昌绪，仲增墉. 中国高温合金 40 年[J]. 金属学报，1997，33 (1):1 ~ 8.

[8]　Huda Z. Development of heat – treatment process for a P/M superalloy for turbine blades[J]. Materials and Design, 2007, 28(5)：1664 ~ 1667.

[9]　Johnson, Peter K. P/M industry trends：new technologies propel P/M growth[J]. Materials Technology, 1996, 11(3)：112 ~ 114.

[10]　Radavich J. Furrer D. Assessment of Russian P/M superalloy EP741NP[C]. In：Proceedings of the International Symposium on Superalloys, SUPERALLOYS 2004 – Proceedings of the Tenth International Symposium on Superalloys, 2004:381 ~ 390.

[11]　Chang K M. Critical issues of powder metallurgy turbine disks. Acta Metallurgical Sinica (English Edition)[J]. Series A：Physical Metallurgy & Materials Science, 1996, 9(6)：467 ~ 471.

[12]　国为民，冯涤. 俄罗斯粉末高温合金工艺的研究和发展[J]. 粉末冶金工业，2000，10 (1):20 ~ 27.

[13]　张义文. 俄罗斯粉末冶金高温合金[J]. 钢铁研究学报，1998，10(3):74 ~ 76.

[14]　Фаткуллин О X, Буславский Л С. Технология Лёгких Сплавов[J]. 1995, (7 ~ 8):19.

[15]　АношкинНФидр. Разработка Процессов Получения Изделийиз Гранулируемых Жаропрочных Сплавовна Основе Никеля Горячим Изостатическим Прессованием. См：Металловедениеи Обработка Титановыхи ЖаропрочныхСплавов [Сб. Статей]. М.：ВИЛС，1991. 31.

[16]　КистзНВидр. Технология Лёгких Сплаво[J]. 1995, (6)：27.

[17]　Liu F J, Zhang M C, Dong J X, et al. High – temperature oxidation of FGH96P/M superalloy[J]. Acta Metallurgica Sinica (English Letters), 2007, 20(2)：102 ~ 110.

[18]　张义文，杨士仲，李力，等. 我国粉末高温合金的研究现状[J]. 材料导报，2002，16(5):1 ~ 4.

[19]　邹金文，汪武祥. 粉末高温合金研究进展与应用[J]. 航空材料学报，2006，26(3):244 ~ 249.

[20]　李园春，王淑云. 国内粉末高温合金涡轮盘件制造技术的发展现状[J]. 稀有金属，2001，25(3)：226 ~ 228.

[21]　中国机械工程学会，中国材料研究学会，中国材料工程大典编委会. 中国材料工程大典：第 14 卷：粉末冶金材料工程[M]. 韩凤麟，马福康，曹勇家主编. 北京:化学工业出版社，2006.

[22]　王亮，史鸿培. 高性能钛合金粉末冶金技术研究[J]. 宇航材料工艺，2003(3):42 ~ 44.

[23]　Eylon D, Froes F H, Parsons L D. Titanium PM components for advanced aerospace applications[J]. Met. Powder Rep.，1983，38 (10):567 ~ 571.

[24]　Froes F H, Hebeisen J. Emerging and future applications for HIP of titanium based materials[C]. In：Li C, Chen H, Ma F. eds. Hot isostatic pressing conference proceedings, HIP'99，Beijing：International academic publishers, 1999:1 ~ 24.

[25]　Sheinker A A, Chananic G R, Bohlen J W. Evaluation and application of prealloyed titanium P/M parts for airframe structures[J]. International Journal of Powder Metallurgy, 1987, 23(3)：171 ~ 179.

[26]　Parsons L, Bruce J, Lane J, et al. Titanium P/M comes of age[J]. Metal Progress, 1984, 126(4)：83 ~ 94.

[27]　Hagiwara M, Emura S. Blended elemental P/M synthesis of titanium alloys and titanium alloy – based particulate composites[C]. Materials Science Forum, 534 – 536, PART 1, Progress in Powder Metallurgy – Proceedings of the 2006 Powder Metallurgy World Congress and Exhibition (PM 2006), 2007:777 ~ 780.

[28]　激光成型钛合金件通过航空认证[J]. 钛工业进展，2004(4):9.

[29]　张君尧. 铝合金材料的新进展(2)[J]. 轻合金加工技术，1998，26(6):1 ~ 8.

[30] 潘明祥．快速凝固粉末铝合金的研究现状和发展趋势[J]．粉末冶金技术，1987，5（1）：40～46.

[31] Kim Y W, Griffith W M, Froes F H. Surface oxides in P/ M aluminum alloys[J]. Journal of Metal, 1985, 37 (8) : 27 ~ 33.

[32] Skinner D J, Chipko P A, Okaza K I K. An apparatus for forming aluminum transition metal alloys having high strength at elevated temperatures[P]. US Pat 4805686. 1989.

[33] 沈军，谢壮德，董寅生，等．快速凝固铝硅合金的性能、应用及发展方向[J]．粉末冶金技术，2000，18(3)：208～213.

[34] Quist, W E, LaSalle J C, Das S K. Recent developments in powder metallurgy aluminum & magnesium alloys[J]. 1991 P/M in Aerospace and Defense Technologies, 1991:359 ~ 364.

[35] Tokuoka T, Kaji T, Nishioka, T. Development of P/M aluminum alloy with fine microstructure. In: Materials Science Forum, v 534 - 536, n PART 1[C]. Progress in Powder Metallurgy - Proceedings of the 2006 Powder Metallurgy World Congress and Exhibition (PM 2006), 2007:781 ~ 784.

[36] 周科朝,黄伯云,曲选辉,等．TiAl基金属间化合物的近终形成形技术和实用化研究进展[J]．材料导报,1999,13(3):10～12.

[37] 张永刚，韩雅芳，陈国良，等.金属间化合物结构材料[J]．北京：国防工业出版社,2001.

[38] Moll J H, McTiernan B J. PM TiAl alloys: The sky's the limit[J]. Metal Powder Report, 2000,55(1): 18 ~ 22.

[39] Moll J H, Yolton C F, McTiernan B J. P/M processing of titanium aluminides[J]. International Journal of Powder Metallurgy, 1990, 26(2): 149 ~ 155.

[40] 石文．先进粉末轻合金的应用研究情况[J]．航空制造工程,1994,7:15～16.

[41] 姚萍屏,熊翔,黄伯云．粉末冶金航空刹车材料的应用现状与发展[J]．粉末冶金工业,2000,10(6):34～38.

[42] Boz M, Kurt V A. Wear properties of the bronze brake lining produced with powder metallurgy[J]. National Powder Metallurgy Conference: Second National Powder Metallurgy Conference, 1999:467 ~ 474 .

[43] Xiong X, Sheng H, Chen J, et al. Effects of sintering pressure and temperature on microstructure and tribological characteristic of Cu - based aircraft brake material[J]. Transactions of Nonferrous Metals Society of China (English Edition), 2007, 17(4): 669 ~ 675.

[44] 韩娟,熊翔．航空摩擦材料的发展[C]．见:第五届海峡两岸粉末冶金技术研讨会论文集,2004: 67～73.

[45] 谭明福．飞机刹车材料的现状及其发展[J]．粉末冶金材料科学与工程,1999,4(2):126～130.

[46] 姚萍屏,熊翔,彭剑昕．粉末冶金航空刹车材料的选择[J]．中国机械工程,2002,13（12）:1067～1068.

[47] 费多尔钦科 N M,等．现代摩擦材料[M]．北京:冶金工业出版社,1983.

[48] Ho T P L. Development of Aircraft Brake Materials. NASA Technical Rept. CR - 134663,1973.

[49] 吕海波,张兆森．我国粉末冶金摩擦材料工业的发展[J]．粉末冶金工业，1997,7 (Suppl)：20～24.

[50] 《中国航空材料手册》编辑委员会．中国航空材料手册(第二版)．第5卷:粉末冶金材料精密合金与功能材料[M]．北京:中国标准出版社,2002.

[51] Morgan V T. Copper powder metallurgy for bearing[J]. International Journal of Powder Metallurgy and Powder Technology, 1979, 15(4): 279 ~ 297.

编写：李树杰　毛祥武（北京航空航天大学）

第 11 章　粉末冶金在核能技术中的应用

核能技术中使用的核燃料、结构材料、反射材料、控制材料、屏蔽材料等的制造几乎都涉及粉末冶金技术。其中,在核能发展早期,用粉末冶金技术制造的两种最关键的材料是,分离 U^{235} 与 U^{238} 的气体分离膜和核燃料。下面对这两种材料的制造与应用予以简要说明。

11.1　气体扩散分离膜的制造与应用

11.1.1　核动力对铀的需求情况和扩散分离膜的发展

根据有关资料报道,20 世纪 80 年代末核动力将需要浓缩铀达到 7 万 ~ 10 万吨分离功/年,这些浓缩铀绝大部分都是通过气体扩散分离膜来生产的,美国、西欧和法国都将自己的扩散分离工厂进行改建和扩建来满足世界的需求量;离心法浓缩铀的工厂,在 80 年代末只能达到 2.5 万吨分离功/年;有人预计到 1989 年世界生产 29.4 万吨分离功/年,这里并不包括特殊用铀。为了满足这一要求,各国多投入了大量的人力、物力、财力进行扩散分离工厂的改进,主要包括分离膜、压缩机、阀门等的改进,从而提高扩散分离工厂铀的产量,如美国当时研制成功一种将生产能力提高 22 倍的扩散分离膜,使铀同位素的分离系数非常接近理论值,这就大大减少了单位耗电量和投资。在 1982 年,美国的气体扩散分离工厂的总生产能力比原来提高了 60%;当时的法国也大幅度改进了扩散分离膜的参数,使浓缩系数提高 10%;意大利对扩散分离膜金属底材的改进和日本采用聚四氟乙烯粉制造扩散分离膜都取得了可喜的效果。

11.1.2　对制造扩散分离膜材料的要求

无论金属膜、陶瓷膜还是聚四氟乙烯膜,要满足气体扩散分离法浓缩铀(U^{235})的分离要求,在选材和制造上都应满足以下要求:

(1) 鉴于 UF_6 是一种强腐蚀性气体,分离膜本身必须具有耐蚀性。

(2) 由于膜管(片)在安装和运转中,都要承受一定的振动和压差,因此,分离膜本身必须具有一定的力学强度性能。

(3) 为保证一定量气体通过,分离膜须具有一定的孔隙度和渗透性。

(4) 分离膜中孔隙的孔径直接影响分离效率,一般要求孔隙的平均孔径越小,分布越窄,对分离有利,但孔径过分缩小不但制造困难,而且气体通过膜时,会发生凝聚现象,反而对分离没有好处。有人建议最好在 1 cm^2 的几何面积上大约有 100 亿个孔隙较为恰当。

(5) 要考虑制膜成本及大量工业生产容易实现。

在 20 世纪七八十年代,世界几个国家都在寻找耐 UF_6 腐蚀的材料,据文献报道,制造分离膜的材料有以下几种:

(1) 镍及镍铜合金;

(2) 铝及铝合金;

(3) 氧化铝及陶瓷;

(4) 高分子材料及聚四氟乙烯。

有的资料介绍过用金属粉末与聚四氟乙烯的粉末混合物制膜,据说这种膜的性能优于由单一材料制造的膜的性能。有的国家还用氧化铝和聚四氟乙烯两种粉末材料制造分离膜,据说分离性能也不错。

由上述几种材料制造的分离膜,聚四氟乙烯和氧化铝及铝合金本身具有耐 UF_6 气体腐蚀的能力。但用镍制造的分离膜,则必须将膜预先进行氟化处理,在镍表面上生成一层氟化膜,使其具有抗 UF_6 气体腐蚀的能力。也有的国家直接把分离膜的管(片),在装机前预先进行电化学钝化处理,装机后再进行氟化处理,这样可大大延长分离膜使用寿命。

11.1.3　制膜工艺

用于铀同位素分离膜的制造方法大体有以下几种:

(1) 粉末冶金法。将金属粉末成形为所需形状的生坯,经在适当温度下烧结后,制成单层膜和双层膜(先用压制成形制取支撑层,然后再用上粉方式将分离层粉末成形在支撑层上,然后经低温烧结而成)。用粉末冶金法可制造片状或管状分离膜,分离膜的孔隙是由粉末颗粒形成的,粉末颗粒的形状和大小直接影响膜的分离性能(如图 10–11–1 所示);也有人采用直接松装烧结来制取分离膜,用这种方法制取的膜,孔隙度和渗透率都比较高,但膜壁较厚。

图 10–11–1 为分离孔隙形成示意图,其中 $d=0.155D$;D 为单个粉末颗粒直径;d 为分离孔隙直径。

从图 10–11–1 可看出,粉末颗粒越小,则分离膜孔隙的孔径就越小。据有关资料报道,分离膜所用粉末的粒度,一般在 10 ~ 30 nm,但也有人选用 100 nm 的粉末,这主要决定于制膜方法。

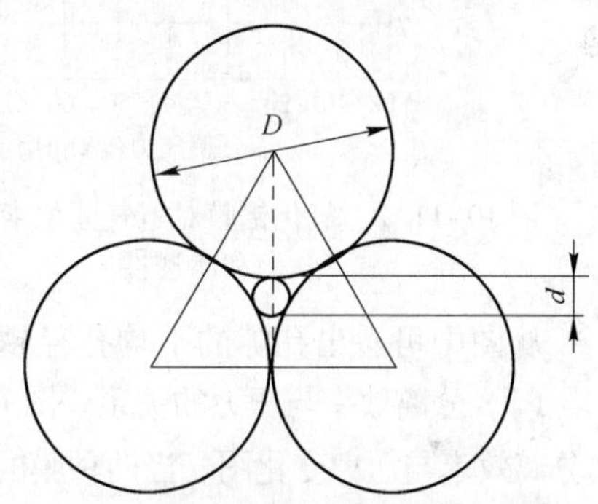

图 10–11–1　分离孔隙形成示意图

(2) 聚四氟乙烯粉末制膜。鉴于聚四氟乙烯耐 UF_6 腐蚀性能较好,所以有的国家将聚四氟乙烯粉末与凝聚剂(如乙醇、甲醇、异丙醇等)搅拌(或用球磨法)制成粉浆,然后将粉浆挂在金属网上或采用上粉方法将粉上在支撑层上,经烧结制成分离膜。

(3) 陶瓷粉末挤压法:主要是将氟化钙细粉加入黏合剂中,热解后挤压成分离膜,这种膜有一定脆性,安装时要特别小心。

(4) 无孔致密金属薄片穿孔法:主要有化学腐蚀法,这种方法是利用致密合金薄片中不同组分金属,在酸溶液中溶解性的差异,溶掉合金中较为活泼的某一组分,如金 – 银合金薄片,不锈铜薄片都可以采用这种方法制得分离膜;此外,还有化学阴极处理法、真空蒸熔法(将致密合金薄片在真空中加热,使低熔点金属挥发后获得分离膜,如 Zn – Cu 合金);高能量重离子打击法(用加速的高能量重离子打击金属薄片以获得相当微细片的分离膜),以及激光穿孔法等。

综上所述,用扩散法分离铀同位素的分离膜,大部分还是用粉末冶金法制造的。

11.1.4　分离膜性能的提高

众所周知,在物理性能方面,对分离膜有两个要求,即分离效率与渗透率,而这两个性能又主要与膜本身孔隙的平均孔径、孔径分布、孔隙度、膜的厚度以及曲折因子等有关。

(1) 孔隙孔径对分离效率的影响。有关文献报道:用由氧化铝粉成形、烧结制成的直径为 52 mm，厚度 0 ~ 1 mm 的圆片试验分离膜进行过试验，其有效面积为 13 cm^2，其孔隙的平均孔径为 30 ~ 40 nm。在进行铀同位素分离试验之前，先进行分离膜动态试验。试验温度为 65℃，压力 500 mmHg，经过 26 天，膜的渗透率没有发生变化，测得渗透率为 2.1×10^{-6} mol UF_6/(cm^2 · min · cmHg)（折合为无量纲的渗透率为 2.1×10^{-5}）。然后进行同位素的分离试验，试验压力为 50 ~ 500 mmHg❶，试验结果见图 10-11-2。图 10-11-3 为平均孔隙孔径为 20 ~ 40 nm 的聚四氟乙烯分离膜试验结果。

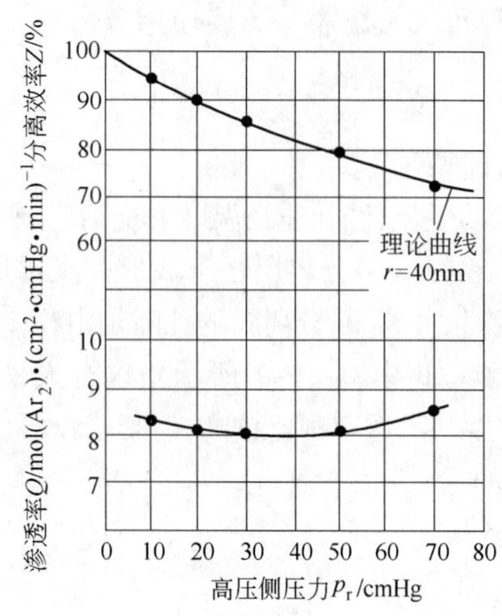

图 10-11-2　氧化铝膜对氩气同位素的分离效率和渗透性

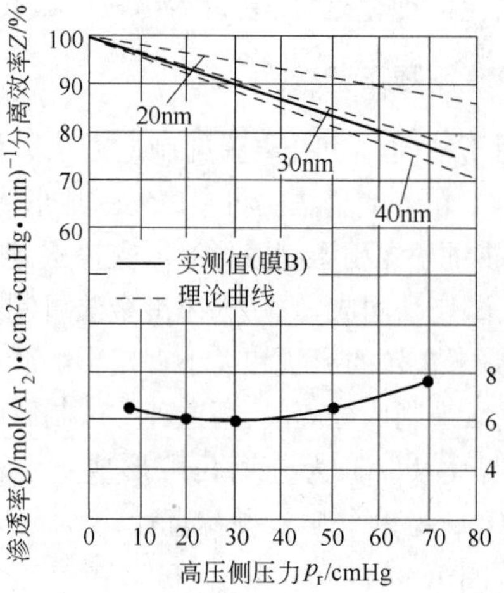

图 10-11-3　聚四氟乙烯膜对氩气同位素的分离效率和渗透性

从图中可看出孔隙的平均孔径越小，分离效率越高。

（2）分离效率与压力的关系。图 10-11-4 和图 10-11-5 为氧化铝膜和聚四氟乙烯对 UF_6 气体分离效率与压力变化图。当两种膜的孔隙平均孔径为 30 ~ 40 nm，渗透率为$(2\sim5)\times10^{-5}$，膜的分离效率为 70%，分离系数为 1.0027 ~ 1.0033，如果将膜前压力增大到 700 mmHg，那么膜的效率仅为 40% ~ 50%，在这种大的压力下，要想达到 70% 的分离效率，就只有把膜的孔隙的平均孔径减小到 10 nm，所以在工作压力提高的情况下，为了保证一定的分离效率，就必须减小膜的孔隙的平均孔径，这是改进分离膜品质的重要一环。

有人曾将具有两种孔隙的孔径的分离膜管，分别装在两台机组上进行试验，一台装的是孔隙的平均孔径为 10 nm 的，另一台装的是孔隙的平均孔径为 50 nm 的，在其他条件基本相同的状况下，试验结果表明装孔径小的膜浓缩系数为 0.00179，而平均孔径大的膜浓缩系数则为 0.00169。据报道，浓缩铀分离膜的孔径最佳值范围为 5 ~ 10 nm，有些国家已达到了这个水平。

（3）厚度与分离膜的关系。鉴于减小分离膜的孔径的同时，又要保持具有一定的渗透性，则膜的厚度势必减薄。可是减小膜厚，膜的力学强度将减低，这样膜管容易破裂。为解决这一问题，可采用双层膜，即选用 20 ~ 40 μm 粉末制作支撑层，其厚度约 45 μm，支撑层孔隙的平均孔径宜在 80 ~ 100 nm，这既增强膜本身的力学强度，又与分离层形成喇叭孔。由于这种双层膜的分离层厚度只有 10 μm 左右，有利于铀同位素的分离。据有关资料报道，美国和法国的双层膜，在气体扩散厂使用的情况较好。

---

❶　1 mmHg = 133.322 Pa。

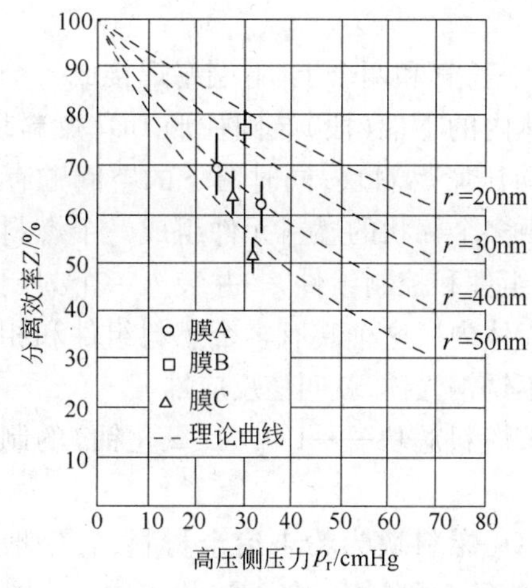

图 10-11-4　氧化铝膜对铀同位素的分离效率

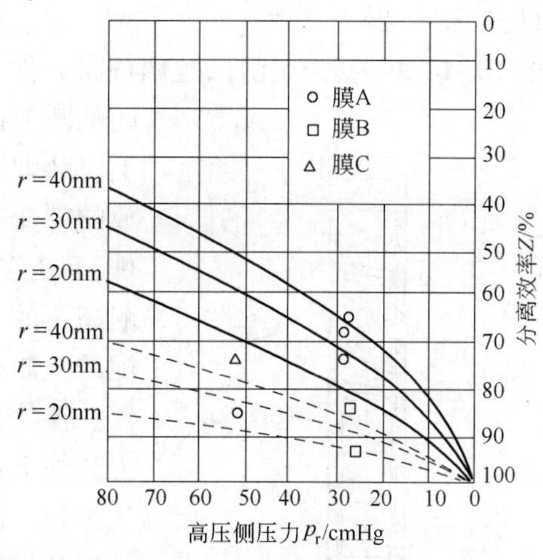

图 10-11-5　聚四氟乙烯膜对铀和锰同位素的分离效率

双层膜的厚度对铀分离效率有直接影响。如果膜太厚,则膜管的曲折因素增大,虽然膜的强度增加了,但是分离效率下降了,所以在决定膜的厚度时,一定要兼顾两个方面。

(4) 孔隙度与膜的关系。为了提高膜的分离效率,多孔性膜就应尽量增高渗透性。要增大渗透性值,就必须增大膜的孔隙度和尽量减薄膜的厚度。

综上所述,国内外分离膜所使用的材料主要是镍、铝、氧化铝及聚四氟乙烯,就膜的分离性能而言,这几种材料生产的分离膜均能达到要求;从化学稳定性来说,聚四氟乙烯较为优越;对镍膜在使用前要做钝化处理;关于膜的制备,采用粉末冶金法是可行的。关于膜的结构,双层膜较为理想。关于膜的性能,要适于大量生产,要能承受一定的工作温度和工作压力;对膜的品质要求,是渗透性高,孔径小且分布均匀(平均孔径约为 5 ~ 10 nm)为好;膜的厚度在保证强度的前提下,越薄越好,一般希望在 45 ~ 50 μm 左右,分离层要求在 10 μm 左右。

11.2　核燃料的制造与应用

11.2.1　原材料制备

核反应堆的堆芯燃料,即裂变材料,主要有金属铀、二氧化铀、碳化铀、氮化铀等,这些都属于粉体型燃料。如 UO_2 是由 UF_6 经水解、沉淀、烘干制得 U_3O_8,再通过氢气还原,得到 UO_2 粉末,经筛分到小于 44 μm(325 目)的细粉。UO_2 的化学稳定性极好,但技术要求的含氧量极微,氧对铀之比 = 2.00,很严格。如美国标准规定氧对铀之比要控制在 1.99 ~ 2.02 范围之内。

金属铀粉是在真空中将铀锭熔炼后铸成小块(ϕ20 mm × 5 mm),这种小铀块性脆,易破碎,经过筛,制成小于 44 μm(325 目)的铀粉待用。

11.2.2　核粉体燃料的应用

各类反应堆的实用核燃料,都是密度高、强度高、耐温高的柱状或板状的固态燃料。如当今世界用得较多的压水反应堆,沸腾水反应堆,重水慢化反应堆的燃料元件,多数是圆柱形的,少数是板形的。

11.2.2.1　棒状元件

图10-11-6为棒状元件，也叫柱状元件，它是由一长管和两个上、下端塞焊接成一个封闭的圆形棒体。体内的下端（段）装圆柱形 UO_2 燃料块，上段装弹簧在纵向压紧燃料块，同时留下的空间贮存释放的裂变气体。由多个棒状的燃料元件组成一个燃料组件，又由多个燃料组件和控制组件，一并装入一个封闭的耐高压的不锈钢壳体内。这个装有多个燃料组件和相匹配的控制组件的不锈钢壳体，就叫核反应堆。

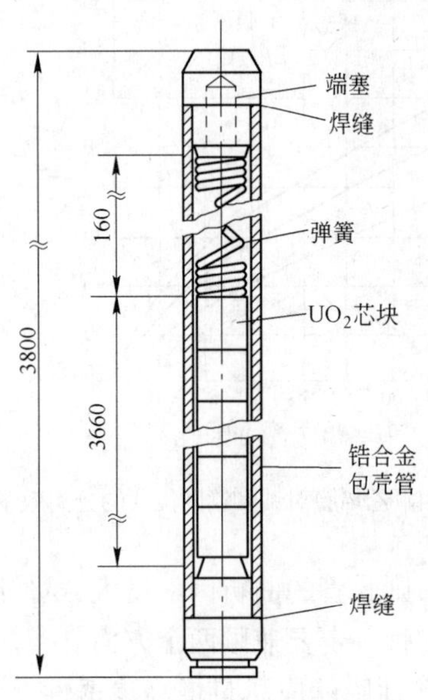

图10-11-6　UO_2 燃料元件棒

棒状元件中核燃料芯块——UO_2（二氧化铀）的制造工艺如下：

（1）混料。UO_2 燃料块为粉末冶金材料，它一般都是用常规粉末冶金工艺制造的。在 UO_2 粉末中加入黏结剂聚乙烯、润滑剂硬脂酸锌、孔径控制剂等，在混料器中充分混合均匀。

（2）制粒。为了增加燃料颗粒的密度，提高粉体颗粒在模腔里的流动性，一般都要将混合后的粉体实行预压和预烧结。预压到生坯密度为理论密度的40%～60%，预烧结温度一般控制在800℃以下。预烧结温度过高，会加大破碎难度。预烧结块经破碎、筛分制成小于841 μm（20目）至大于74 μm（200目）左右的颗粒，叫制粒。

（3）成形、烧结。将制备的燃料颗粒置于金属模中，在约350 MPa的压力下，冷压成形，然后在推杆高温保护气氛炉中，于1550～1800℃的温度下烧结3～8 h，使燃料块的烧结体密度达到理论密度的93%～96%。添加剂在升温过程中被脱出。

（4）燃料元件的组装。如图10-11-6所示，燃料元件的外包层管是由锆锡合金，即ZY-4合金或304不锈钢制作的。这是因为这几种合金具有两大特点：

1）中子吸附横截面小，中子利用率高；

2）它们与 UO_2 的相容性极好。

因此，一般压水反应堆都选用这两种合金做包层管。

UO_2 燃料块的特点为：

（1）化学稳定性极好；（2）熔点高（约2800℃）；（3）耐辐照损伤（强度高）；（4）与锆锡合金和304不锈钢的相容性极好。

将 UO_2 燃料块装入合金包壳管中时，对燃料块与包壳管内壁之间的间隙要求很严，偏小会影响裂变气体释放，偏大会影响热传导。因此对燃料块的几何尺寸要求很严，必须经无心磨和烘干后，才能装入包壳管中。燃料块的几何尺寸由 ϕ7～15 mm，高8 mm，高径比一般为0.5～1.5。

11.2.2.2　板状元件——密度型

板状元件也叫板型元件，长度在300～1300 mm上下，而厚度却严格控制在2 mm上下，它的生产制造方法，也是用粉末冶金工艺，然后由轧制来完成的。板状元件与棒状燃料元件相比，其主要特点是中心温度低，热效率高，功率损失小。原因是板状芯体比较薄，中心离表面的距离短，中心温度与表面温度差很小，元件中心所发出的热量，很快就被元件表面的冷却剂带走利用。而棒状元件的芯体为 UO_2，属于金属陶瓷，热导率小，中心温度很高，与元件表面温度差很大，因此板状元件比棒状元件先进、优越。但生产板状元件的工艺难度大，所以这两种元件目前在国内外都在生产使用，棒状用得较多。

板状元件的制造工艺如下所述。

(1) 混料。板状燃料元件的芯体，为金属铀粉末弥散在金属粉末中，称弥散型燃料元件，其中金属铀粉是将外购的铀锭（含 1% ~5% 的 U^{235}），经真空熔炼，铸造成纽扣状小块（$\phi25\times5$），然后在密封的不锈钢手套箱中破碎（有毒），筛分至 45 ~105 μm。将不锈钢粉或 Zr－4 合金粉（44 μm）与铀粉混合，用于动力反应堆；将铀粉与工业铝粉相混合用于实验堆或供热反应堆。

(2) 成形。将混合均匀的粉体装入金属模中，在 350 MPa 的压力下冷压成 U－Al 合金长方块。以铝基为例（其中 Al 含量为 70% 左右），如图 10-11-7 所示。

(3) 轧制。将上述 U－Al 合金压坯，装入加工好的铝合金方框中（配合紧密），然后盖上底盖铝板，并将底盖铝板与装好燃料芯块的铝框架，沿周边进行真空满焊，保证不泄漏，如图 10-11-8 所示。再将这种复合燃料块在 590℃温度下，经多道轧制制成最终所需尺寸，厚度约在 4 mm 以下，长度在 300 ~1300 mm 上下，成为长条状夹心单板。

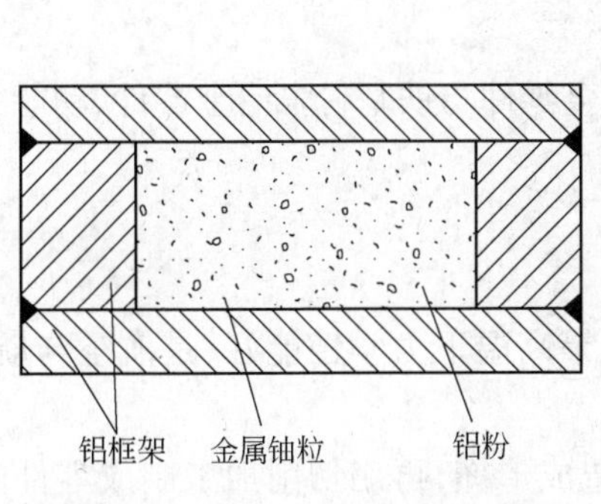

图 10-11-7　轧制前的坯件示意图

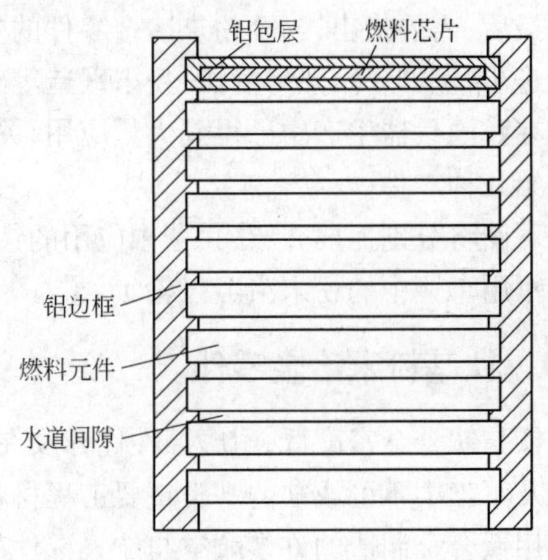

图 10-11-8　燃料组件横断面示意图

(4) 板状元件组的组装。装入反应堆的燃料组件，由带燃料芯片的单板组合而成，多块单板经滚压组装在两块开好槽的边板上。单板与单板间留有一定间隙，叫水道间隙，其作用是使带有压力的水，流过水道间隙，带走单板内中子裂变时所产生的热量。

在一个反应堆内装有几十个燃料组件和相匹配的控制板组件。

控制板组件的结构尺寸与燃料板的形状尺寸相同，只是单板的芯片不是铀－铝弥散型，而是碳化硼（B_4C），或氧化铀（U_2O_3）弥散在铝粉中（低温反应堆），或弥散在铜、不锈钢粉中（动力反应堆）。控制板的制作工艺，也是粉末冶金工艺，和燃料单板的生产工艺完全一样。

编写：侯开太　向兴碧（江洲粉末冶金公司）

第12章 粉末冶金零件在兵器中的应用

粉末冶金零件在兵器中有广泛应用,一类类似工业性应用;一类为有严格特殊性能的应用。前者都是用常规压制-烧结工艺生产零件,主要目的在于,例如取代铸铁—切削加工零件,只要能达到规定的尺寸精度与使用性能,尽量降低生产成本,获得经济效益。后者是指需要采用粉末冶金新技术、新工艺及新材料,诸如冷、热等静压、粉末锻造、粉末注射成形和钛合金、高比重钨合金、不锈钢等制造的,具有严格特殊性能的一类零件。

一些具有特种用途的兵器零件,通常需要量也就几千件,因此,生产成本可能较高。但是,由于模具费用可以分期折旧,并且通过增高材料利用率和减少切削加工费用,从而可将粉末冶金零件的生产成本降低到低于由铸、锻、切削加工制造的相应零件的水平。

在这一部分介绍的兵器用粉末冶金零件实例,都是来源于20世纪七八十年代美国发表的资料,对我国兵器部门可能仍有一定参考价值。主要目的,希望抛砖引玉,通过这些粉末冶金零件应用实例,引起兵器设计人员对粉末冶金技术的兴趣,在兵器设计中能逐步扩大粉末冶金零件的应用,从而提高我国兵器的生产技术水平。

最后,需要指出,当今粉末冶金零件的生产技术水平,和20世纪七八十年代相比,已有长足进步,例如,冷、热等静压、粉末锻造等工艺都已普及。粉末冶金新工艺,诸如粉末注射成形在我国兵器生产中已得到大量应用,关于粉末注射成形在兵器中的应用,在本章最后,将介绍几种零件。

下面将分别扼要介绍,兵器中应用的钛基粉末冶金零件与铁基粉末冶金零件、动能穿甲弹及军用车辆中的粉末冶金齿轮。

12.1 钛基粉末冶金零件[1]

钛与钛合金密度低,耐腐蚀性优异及在室温和中等高温下力学性能好,是航空与航天、舰船及军工中不可或缺的一类重要工程材料。

用钛合金制造的许多航空与航天零件都是先锻造成形坯,再用切削加工制成零件的最终形状,材料利用率往往只有16%左右。表10-12-1对试验的粉末冶金钛合金飞机机体和发动机零件的重量进行了比较。由表10-12-1可看出,用粉末冶金热等静压制造飞机零件时,节材、省能,经济效益十分显著。

表10-12-1 试验的粉末冶金钛合金飞机机体与发动机零件的重量比较

零件	零件重量/kg		
	锻坯料	热等静压件	最终零件
波音747平衡梁	25	14	9.5
General Dynamics F16旋转轴	67	24	14.5
General Electric TF34压缩机短管	66	29	6.8
McDonnell Aircraft F-15落下连杆	52	25.5	6.4
McDonnell Aircraft F-15龙骨接头	3	0.4	0.2

续表 10-12-1

零　件	零件重量/kg		
	锻坯料	热等静压件	最终零件
Northrop F-18 制动装置箍	82	25	13
Pratt & Whitney Aircraft F-100 风扇盘	120	65	27
William International F-107 压缩机转子	32	6.2	3.6

航空与航天用的螺栓起初是由高强度塑料制造的。但是,塑料螺栓不能用于高温环境。可是,起初设计时,螺栓选用的材料是塑料,因此,螺栓不但质量要轻,而且高温强度又不能降低。为此,设计制造了一种头部为六角形和其余部分为圆形通孔的粉末冶金钛中空螺栓,见图 10-12-1。这种中空螺栓是用冷等静压—烧结后,经精车外径与加工螺纹制成的。

图 10-12-2 为响尾蛇导弹穹顶罩,从前是由重 2.2 kg 的钛合金坯料,用切削加工制成公差精密与壁薄 0.635 mm 的穹顶罩成品的。用粉末冶金冷等静压—烧结工艺制成的预成形坯重量只有 0.56 kg,从而仅只预成坯,就比从前采用的锻轧钛合金坯料,节省了 60% 费用。同时,还节省了大量切削加工费用与能源,这是显而易见的。

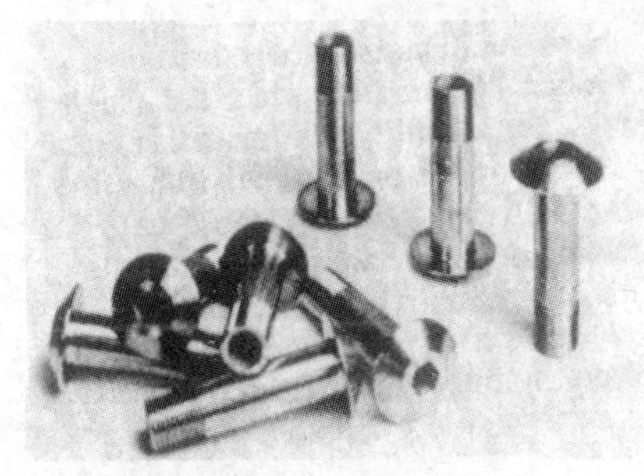

图 10-12-1　空心螺栓

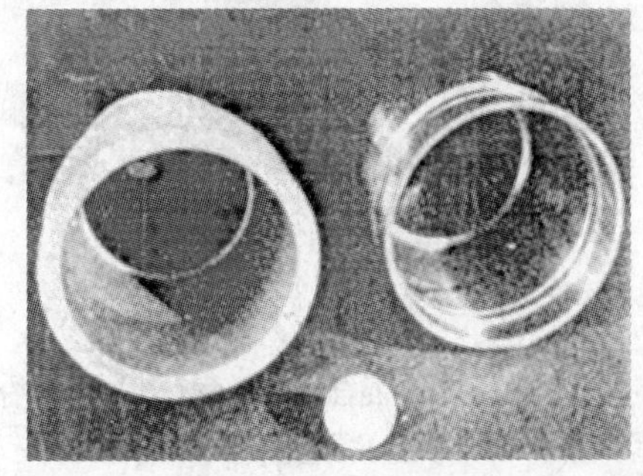

图 10-12-2　响尾蛇导弹的粉末冶金钛合金穹顶罩
左—等静压 - 烧结的预成形坯;右—切削加工的成品零件

图 10-12-3 为由钛粉末冶金材料制造的 Maverick 导弹镜头座。这个零件从前是由坯料,用切削加工制成的,其投料重量和成品零件重量之比为 15:1;改用钛粉末冶金材料制造后,投料重量和成品零件重量之比减小到了 3:1,节约材料约 80%,当然也会大大降低切削加工费用与消耗的能源。

有些粉末冶金钛合金零件,是用粉末锻造工艺生产的。用常规的锻造工艺制造零件时,不但锻件的重量大,并且需要使用几副锻造模具。采用粉末锻造时,是先用冷等静压(或常规压制成形)工艺,将元素粉混合粉(或预合金化钛合金粉)和烧结制成预成形坯(密度 95% 左右),然后,经一次锻打,即可制成全密度锻件。图 10-12-4 所示的辅助驱动涡轮的锻造压缩机静叶片就是一个实例。

图 10-12-5 所示的压缩机叶片和图 10-12-6 所示的导弹翼都是由元素粉混合粉,用冷等静压—烧结后,经锻造制成的。

图 10-12-7 所示的飞机用钛龙骨接头是由钛合金粉,用热等静压制成的。由图 10-12-7 可看出,用粉末冶金热等静压制造时,比普通锻件,每个零件可节约钛合金 1.65 kg,节材约

78.6%，另外还可节省大量切削加工费用和能源。

图 10-12-3　Maverick 导弹镜头座
左—预成形坯；右—零件成品

图 10-12-4　由元素粉混合的钛合金粉制造的压缩机静叶片

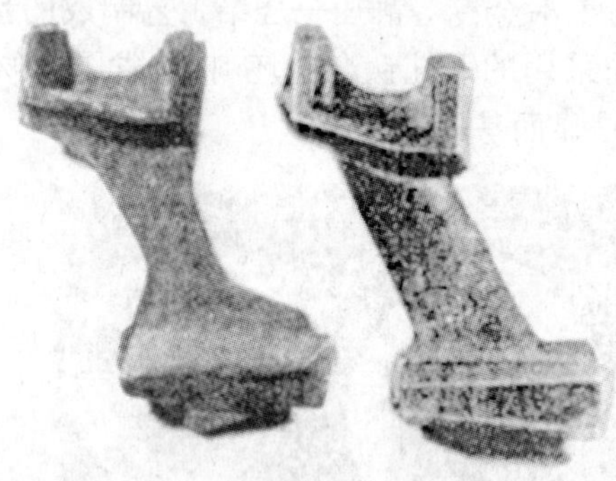

图 10-12-5　由元素粉混合的 Ti-6Al-4V 合金粉，用冷等静压-烧结和锻造制造的压缩机叶片

图 10-12-6　用冷等静压-烧结和锻造制造的导弹翼

图 10-12-8 所示的用粉末冶金生产的工业纯钛螺母。用粉末冶金工艺制造紧固件可节省大量费用，这种粉末冶金钛螺母占钛六角螺母市场的大部分，好像已用于军工。

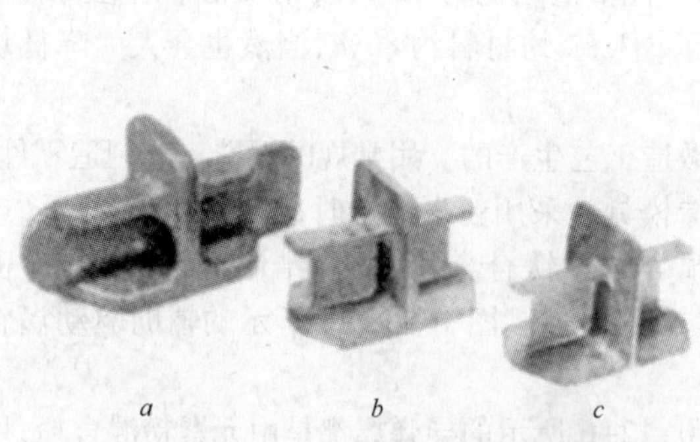

图 10-12-7　钛龙骨接头
a—普通锻件 2.1 kg；*b*—热等静压件 0.45 kg；*c*—成品零件 0.18 kg

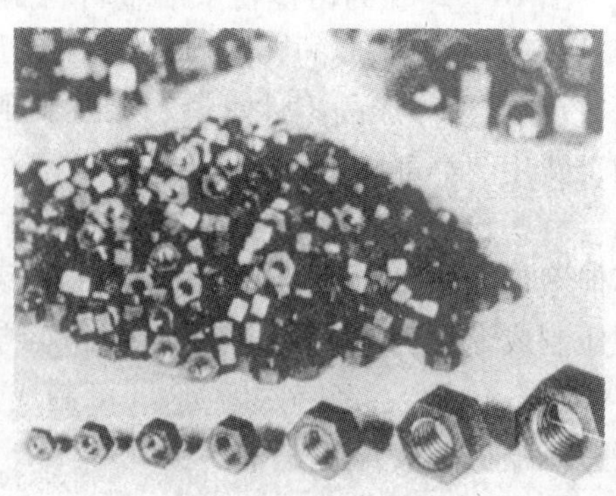

图 10-12-8　工业纯钛六角螺母

据文献报道,钛耐海水的腐蚀性非常好,是舰船武器的选材理想对象。在 Wrightsvill Beach 于海水中和在 North Carolina 的 Kure Beach 于海洋气氛中对钛粉末冶金试样进行过试验。在海水中暴露 15 年后,钛粉末冶金试验板表明耐腐蚀性非常好。图 10-12-9 所示为由粉末冶金钛合金制造的美国海军用的声呐反射板。这个产品以前是由锻轧钛合金用切削加工制造的,早在 20 世纪 70 年代,就改用粉末冶金钛合金生产了。

图 10-12-9　声呐反射板

美国海军完成的另外一个研究项目是,研究一种将粉末冶金钛坯料挤压成 20 mm 弹壳的方法。这是由于暴露在自然环境中的贮存在甲板上的待发射导轨中的弹药,很快就腐蚀了。研究出的初始生产工艺共有 7 道工序,见图 10-12-10。生产出了粉末冶金钛弹壳,并成功地完成了试验射击。后来,由于采用了塑料与涂敷黄铜的弹壳,就没有采用粉末冶金钛弹壳。

图 10-12-11 所示为导弹鼻锥,从前也是用锻轧的钛合金坯料,经切削加工制成的,早在 20 世纪 70 年代就改用冷等静压—烧结生产了。早期生产的几百个粉末冶金钛合金导弹鼻锥都通过了验收试验。

图 10-12-10　20 mm 粉末冶金钛弹壳

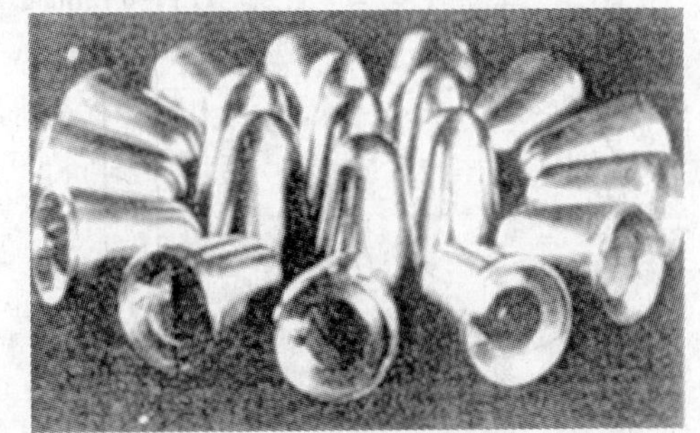

图 10-12-11　导弹鼻锥

钛粉的另外一种特殊用途是用作生产燃烧弹的材料。在历史上,锆与铈合金都曾用于这些用途。然而,如表 10-12-2 所示,钛用作生产燃烧弹的材料有一些优势,诸如每千克或每立方米产生的能量较高,而费用较低。

表 10-12-2　燃烧弹的材料比较

材　料	热　容		密度/g·cm^{-3}
	kJ/kg	GJ/m^3	
钛	19000	85.8	4.5
锆	12000	77.6	6.5
铈合金	7000	51.1	6.6

12.2　铁基粉末冶金零件[2]

兵器中的各种弹药零件许多都在用铁基粉末冶金材料制造,最有名的实例是烧结铁弹带。这个零件是第二次世界大战期间,原德国由于缺铜而研制出的一种替代铜弹带的铁基粉末冶金零件。在我国,笔者于1957年曾研制过烧结铁弹带,并进行了射击试验,但未能投入生产。美国于20世纪60年代对烧结铁弹带进行了改进,并纳入了美国军用技术规范(U. S. millitary specification:MIL – R – 11073)。用铁基粉末冶金材料制造的弹药零件的成功实例还有弹药壳体(ammunition cases)、燃烧弹(frangible ammunition)、迫击炮弹弹体与弹壳。

用铁基粉末冶金材料还成功地制造了一些兵器零件,主要是小型枪械,特别是机枪零件。一个典型的铁基粉末冶金零件是0.5 mm口径的M – 85机枪的加速器。在20世纪70年代,这个零件是用粉末冶金钢锻造生产的。在20世纪80年代初在研究用粉末锻造制造较大的枪械零件。初步工作表明,用热等静压可制造175 mm榴弹炮炮栓。

下面介绍在兵器中使用的典型铁基粉末冶金零件。

12.2.1 弹带

弹带是使炮弹稳定旋转的一个重要零件。发射时,炮弹上的弹带的作用如下:

(1) 咬入炮膛的螺旋形来复线,同时赋予炮弹以自旋运动,以提高炮弹飞行的稳定性。

(2) 将气体推进剂产物的泄漏减小到极微。

(3) 干净地咬入炮管来复线,使管的磨损最小,不产生弄脏炮管的碎片或残留物。

(4) 与在飞行的炮弹相连接。

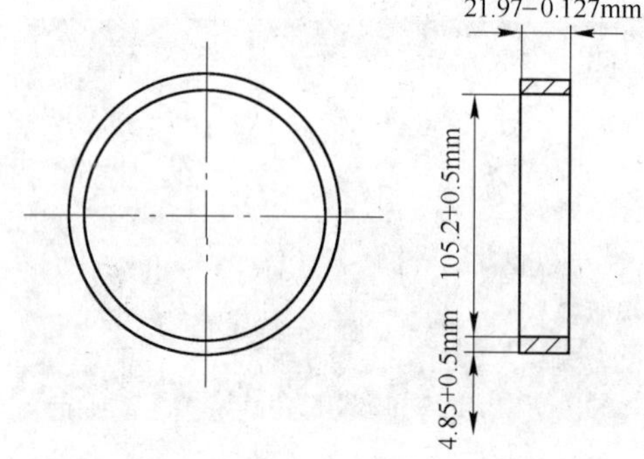

图10–12–12 105 mm的烧结铁弹带毛坯

烧结铁弹带的毛坯形状简单,是一具有规定的内径、宽度和壁厚的环。除尺寸外,所有弹带毛坯的形状都与图10–12–12所示的105 mm的弹带毛坯相似。

12.2.1.1 制造

烧结铁弹带是以铁粉为基本原料制造。原德国在第二次世界大战时生产的烧结铁弹带使用的铁粉是用Hametag磨粉机粉碎工业纯铁线段的方法生产的。笔者试制烧结铁弹带时,使用的也是这种铁粉。美国在20世纪60年代生产烧结铁弹带时,采用的是用氢还原轧钢铁鳞生产的铁粉,例如Pyron 100(其化学组成见表10–12–3)。将铁粉(例如Pyron 100)与约1%标准润滑剂相混合。然后,用双向浮动模具压制粉末。将压坯在空气中于430 ~ 650℃下预烧结30 min,以烧除润滑剂。随后,在分解氨中,于1120 ~ 1150℃下烧结60 min。将烧结坯浸入熔融的微晶石蜡中浸渍1 ~ 5 h。

表10–12–3 美国制造兵器零件使用的铁基粉末的化学组成

牌号或商品名称	化学组成(质量分数)/%									
	Fe	Ni	Mo	Mn	Cu	Cr	P	S	Si	C
Pyron 100	97.5 ~ 98.5			0.45 ~ 0.65			0.012	0.005		0.015 ~ 0.022
Ancorsteel 101	98.8							0.01		0.20
Ancorsteel 1000	99.2			0.20						0.02
Ancorsteel 1000B	99.3							0.016	0.01	0.01
Ancorsteel 4600	97.2	1.77	0.48	0.23	0.05	0.05	<0.01	0.02	0.07	

12.2.1.2　性能

表 10-12-4 列出了军用技术规范中所包括的四种密度级弹带毛坯的性能和石蜡含量。密度是根据 ASTM B 328 测定的,其中包括检验沿弹带毛坯宽度切割的各部分的密度,以保证密度的公差位于 ±0.2 g/cm^3 以内。

表 10-12-4　MIL-R-11073C 中规定的各种弹带毛坯的性能和石蜡含量

级　别	密度/g·cm^{-3}	强度①/MPa	延性②/%	石蜡含量①(质量分数)/%
1	5.30~5.99	76	3	3.25
2	5.60~5.89	90	4	2.50
3	5.90~6.19	110	5	1.75
4	6.20~6.49	141	6.5	1.00

①最小;

②弹带周围的最小张大值。

抗拉强度是用“鞍形夹具”张开试验测定的,如图 10-12-13 所示。试验是在 0.635 cm/min 的速度下进行的。抗拉强度是根据断裂时的负荷除以 2 倍的弹带毛坯的横截面面积算出的。

延性是用“心轴”张开试验测定的,如图 10-12-14 所示。将弹带装于一有拔销的心轴上,然后用手压下,一直到弹带楔牢在心轴的拔销上。弹带前缘处的心轴直径等于弹带的内径。然后,将弹带沿心轴推进足够距离而不产生断裂,以测定用对特定密度级所规定的最小张大量来表示的可塑性。

图 10-12-13　105 mm 烧结铁弹带的对开鞍形拉伸试验

图 10-12-14　105 mm 烧结铁弹带的心轴张开试验

12.2.1.3　优点

对于制造炮弹上的弹带,烧结铁比铜基合金有一定的优点。铁特别适用于低速的榴弹炮炮弹,因为它旋入的压力较低。烧结铁也适用于高速炮弹,因为铁的熔点较高。当速度超过 760 m/s 时,由于摩擦热,弹带的表面温度升高。铜基合金趋于熔化,并涂覆于炮管内壁。另外,烧结铁弹带的成本比铜合金弹带低得多,同时,铁较容易用于这种应用。

12.2.2　迫击炮弹弹体

军队对付人员、吉普车和卡车之类的“软目标”使用的迫击炮弹弹体是一种杀伤性弹药。为使杀伤性弹药有效，材料须能承受较低的发射应力，并具有能产生最佳碎片尺寸的碎裂花纹。过去制造60 mm和81 mm迫击炮弹弹体使用的材料是低合金锰钢，诸如AISI 1340。

12.2.2.1　制造

由烧结的粉末冶金预成形坯制造60 mm M－49迫击炮弹弹体的典型工艺工序示于图10-12-15。将雾化铁粉(Ancorsteel 1000)、0.4%石墨粉和0.75%石蜡相混合。用双向模压制装置将粉末混合物压制到86%理论密度。随后，在540℃下预烧结1 h，以烧除润滑剂。将预成形坯在分解氨中于900℃下烧结1 h。

图10-12-15　粉末冶金60 mm M－49迫击炮弹弹体的冷挤压工序

用磷酸锌皂涂料润滑压坯。将预成形坯用机械压机精压到约96%理论密度。在分解氨中，于1120℃下重烧结1 h，而后用磷酸锌皂涂料润滑，在机械压力机上将精压的预成形坯反向挤压至约98%理论密度。在分解氨中，于700℃下退火1 h，随后用磷酸锌皂涂料润滑。

在机械压机上正向挤压迫击炮弹弹体壁，随后用磷酸锌皂涂料润滑，在机械压机上冷挤出带拔销的尾部，最后用磷酸锌皂涂料进行润滑，最后，用在机械压机上复压成形出迫击炮弹弹体的鼻锥部分。最后，在分解氨中，于430℃下进行消除应力退火。可能需要机械加工成最终形状。

12.2.2.2　优点

与标准锻轧钢相比，用粉末冶金钢作为普通冷成形弹体的预成形坯有许多优点。粉末冶金钢预成形坯容易设计和加工成最佳形状和重量，从而使最终机械加工时废料损失最小。

用传统方法制造迫击炮弹弹体时，需要的原材料非常多，因为由棒料切削和剪切制成的挤压用毛坯间的尺寸和重量变化很大。挤压用毛坯的起始重量和弹体成品重量间的总废料损失可高达15%～20%。使用锻轧材料时，经常会遇到夹杂、发裂、搭折，它们都可能使成形的弹体中发生断裂和缺陷。

用粉末冶金钢预成形坯可改进冶金性能的控制。由于粉末冶金预成形坯是在冷加工的某一中间阶段引入的，所以可减少成形迫击炮弹弹体所需要的冷加工工序数。用在铁粉中加入元素粉末很容易调整粉末冶金材料的组成。

12.2.2.3　性能

迫击炮弹弹体的验收标准是基于最低性能水平(屈服强度310 MPa和伸长率12%)和

碎裂性能。力学性能是按照 ASTM E8"金属材料的拉伸试验",用 R－5 拉伸棒测定的。碎裂是基于地坑爆破试验测定的,弹体爆炸碎裂后,将碎片复原、计算和称重。根据这些数据,计算称重 0.03 g 或更重的碎片的总数和以克计的平均碎片质量,然后与标准迫击炮弹弹体的碎裂性状进行比较。

12.2.3　机枪加速器

加速器是用于机枪发射机构的高性能武器零件。图 10－12－16 示出 0.5 口径 M－85 机枪用的典型加速器。发射速率和负载都使加速器受到高应力冲击负荷。过去的材料要求规定为锻造和热处理状态的中碳合金钢(AISI 4340)。常规制造工艺是,通过一系列模具将材料进行加工,将金属塑性成形为所要求的形状(见图 10－12－16)。为充满全部模具所需要的过量材料形成了飞边,必须将之修剪掉。接着将锻件进行大量的机械加工,以制成所要求的零件。

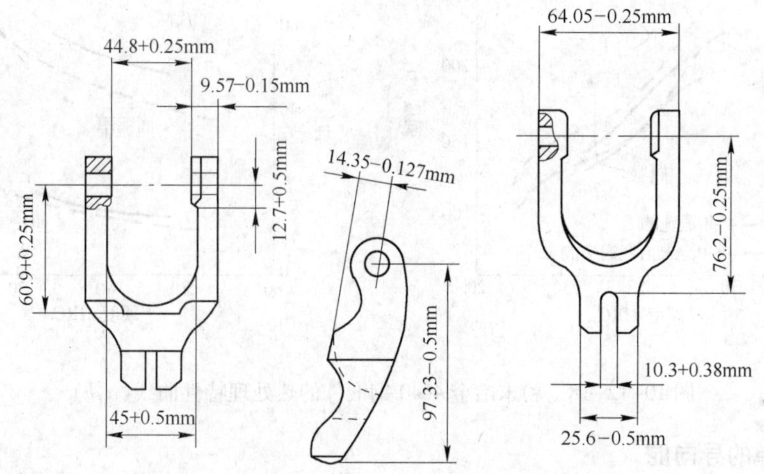

图 10－12－16　0.5 口径 M－85 机枪的加速器

12.2.3.1　制造

粉末冶金钢锻造法是一种费用较低的制造加速器的方法。与传统方法相反,粉末冶金锻造工艺利用的是一次无飞边锻造作业(图 10－12－17)。经济方面的主要好处得自材料利用率较高和机械加工工序减少。

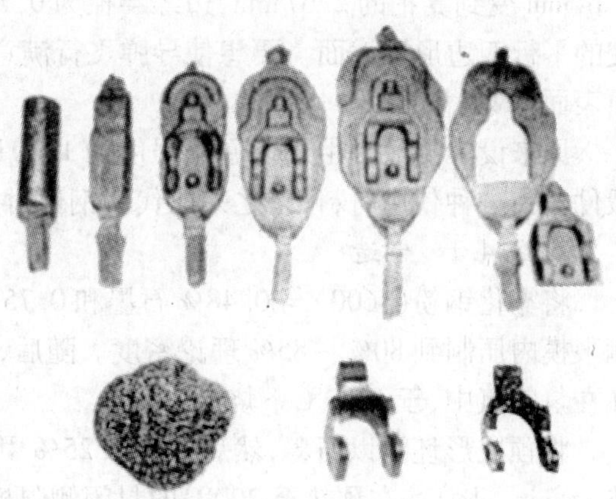

图 10－12－17　生产 0.5 口径 M－85 机枪加速器用的传统锻造与粉末冶金锻造工艺的比较
上部—传统工艺;下部—粉末冶金工艺

制造工艺首先是将 4600 预合金粉末与 0.48% 石墨和 0.50% 硬脂酸锌相混合。将粉末混合物用双向浮动模压制到 85% 理论密度。随后,在还原性气氛中,于 540℃ 下进行预烧结,以烧除润滑剂。

将压坯在含 1%(体积分数)甲烷的氢气氛中,于 1200℃ 下烧结 1 h。在预热前,将预成形坯涂以石墨。随后，在含 1%（体积分数）甲烷的氢气氛中，于 1200℃ 下预热 15 min。将预成形坯在 550 MPa，于预热到 200℃ 的封闭、侧限模具内进行锻造。

锻造的加速器的精加工工序有，热处理到 HRC46 ~ 51、机械加工、镀铬和最终保护性光饰。

12.2.3.2　性能

用于以粉末冶金锻造生产的 M – 85 加速器的军工材料的验收要求（MIL – F – 45961）是有条件的，就是要达到与锻轧 4640（AMS 技术规范 6317B）相同的拉伸性能。粉末冶金 4640 锻件的典型拉伸值与热处理的关系示于图 10–12–18。为了比较，还给出了锻轧 4640 的拉伸值。除了要满足拉伸性能要求外，还要求最终锻造零件于 HRC32 下的最低冲击强度为 34 J 和氧化物含量要小于 300×10^{-4}%。

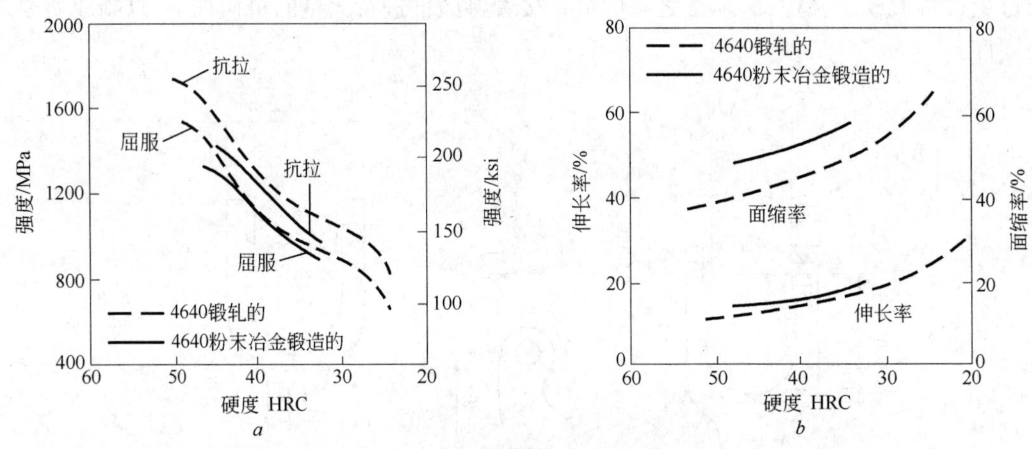

图 10–12–18　粉末冶金 4640 钢锻件的热处理特性曲线（*a*，*b*）

12.2.4　导弹的导向舵

海军导弹的尾舵示于图 10–12–19。总长度约 198 mm，翼面宽 58 mm，厚度从连接区的 9.14 mm 变到翼梢的 2.67 mm，边缘半径为 0.74 mm。翼剖面基本上是一个带平台的厚度递变的平行四边形横截面。要想使导弹飞行满意，必须使导弹保持非常精密的公差，特别是翼面表面。

原来设计的舵是由最低屈服强度为 1170 MPa 的 17 – 4 PH 钢铸件制造的。粉末冶金钢锻件作为一种代用材料，以之来取代铸钢件时，由于材料利用率较高，可节省费用。

12.2.4.1　制造

将雾化钢粉（4600）与 0.48% 石墨和 0.75% 硬脂酸锌相混合。将粉末混合物在封闭的侧限模内压制到 80% ~85% 理论密度。随后，在 540℃ 下进行预烧结，以烧除润滑剂。将压坯在氢气氛中，于 1200℃ 下烧结 1 h。

将预成形坯涂以石墨，然后在加 0.25% 甲烷（体积分数）的氢气氛炉内，于 1200℃ 下预热 15 min。随后，在预热至 200℃ 的封闭侧限模内，于 550 MPa 下进行锻造。

将预成形坯进行油淬和于 930℃ 下奥氏体化 30 min。随后，在封闭的侧限模内于 540℃ 和 275 MPa 压力下精压 10 s，然后将压坯再次进行油淬。随后，在加 0.25（容积）% 甲烷的氢气氛中，于 500℃ 下预热 15 min。将压坯再次在封闭的侧限模内，于 500℃ 和 275 MPa 压力

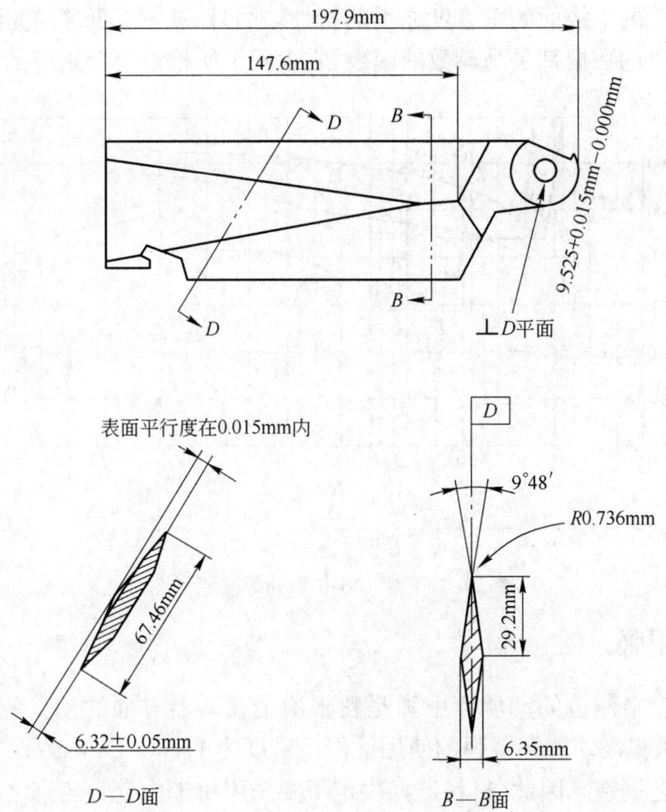

图 10-12-19　导弹导向舵的要求

下，精压 1 min，而后于硅砖中缓冷。

锻造后精压可将热应力和残余应力减至极小。用这种方法取代传统的油淬火，可大大改进舵的平行度和平直度。在 540℃下精压时，平直度的偏差可能为 0. 061 mm，平行度的偏差可能为 0. 081 mm。

12. 2. 4. 2　性能

技术规范要求进行拉伸试验和对全部性能 100% 进行检查。用规定的方法制造的舵，其硬度为 HRC 36. 5 ~ 37. 5，拉伸性能如表 10-12-5 所示。

表 10-12-5　拉伸性能表

抗拉强度/MPa	1132
屈服强度(0. 2%)/MPa	1019
伸长率/%	11. 5
面缩率/%	37. 1

屈服强度 1019 MPa 低于对成品舵所要求的 1170 MPa。然而，奥氏体化后，于 650℃下精压时，由于延长了在较高温度下的相变时间，从而达到了所要求的最低屈服强度 1170 MPa（见图 10-12-20）。

可将 100% 检查的判据组合成一坐标测量法和分析图表。用专用卡具测量平直度、平行度和孔对通过舵的中线面的垂直度之类的特性。另外,要在坐标测量机上和用微型计算机来检查舵。输出的数据都是马赫数的函数,它表明了所检查的个别舵的性能水平。

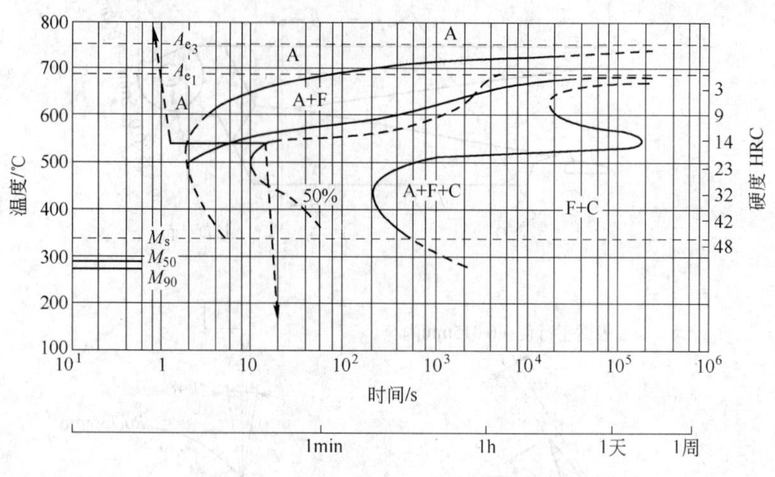

图 10-12-20　4640 钢的等温相变图

12.3　动能穿甲弹

由高密度钨合金制造的动能穿甲弹是粉末冶金在武器方面的主要应用[3]。钨的高密度(19.3 g/cm³)可提高动能穿甲弹的使用性能。密度为 17.0 ~ 19.0 g/cm³ 的钨合金几乎只能用粉末冶金工艺制造。因此,材料选择决定了要采用粉末冶金工艺。

动能穿甲弹是由于加农炮内的发射火药燃烧而加速到高速的金属弹心。射向目标,将储存的能量用于穿透和击毁目标。在机动性,弹药装载、发射速度和费用影响的限度以内,实用口径或炮膛尺寸与长度最大的加农炮最为有效。当采用高能发射火药时,可获得较大的初始能量。工作压力为 690 MPa 的、120 mm,50 mm 口径的反坦克加农炮,用 9.8 MJ 能量可将 7 kg 的炮弹加速到速度为 1650 m/s。

由于空气动力学阻力过大,与整个口径尺寸相同的炮弹在飞行中很快地失去能量。发射后,用抛弃炮弹"软壳"外部零件可将这种损失减小至最小值。剩下的小炮弹直径约为整个口径的 25%,其横截面比原来的 10% 还小。这种结构不仅可减小飞行中的能量损失,而且可将高能量密度射向目标。因此,小炮弹实际上是穿甲弹,其形状为长棒状,长径比为10:1 ~ 20:1。

增加重量轻的鼻锥罩,可进一步将空气动力学损失减小至最小值,尾翼可稳定飞行弹道,因为长径比大于约 4 ~ 1 时,已不能稳定旋转。通常,在 2000 m 射程内,考虑到抛弃零件的质量损失和速度减低,击中目标时,就仅有最初能量的 55% 了。在这种情况下,撞击在7 cm² 面积上的能量为 5.4 MJ。图 10-12-21 所示为 105 mm 炮弹的零件。

三段炮弹软罩
弹带
稳定舵
钨合金穿甲弹
铝风挡

图 10-12-21　105 mm 炮弹的零件

理论密度为 19.3 g/cm³ 的纯钨是这种应用的理想选材对象。用冷压制、在 2500 ~ 2800℃下直接电阻烧结的传统粉末冶金工艺制造的和旋锻到面缩率约为 50% 的 30 mm 直径的棒材，其密度可达到 19.1 g/cm³。然而，钨的延性极差，极难机械加工，同时制造费用昂贵。

12.3.1　制造工艺

有另外一种方法可将钨用于这种应用。第二次世界大战时，本来是用 9% ~13%（质量分数）镍或钴黏结的碳化钨作为动能穿甲弹。用冷压液相烧结粉末冶金工艺制造时，得到的典型性能如表 10-12-6 所示。

表 10-12-6　典型性能

性能	数值
密度/g · cm⁻³	14.2 ~ 14.4
抗弯强度/MPa	2750
硬度 HRA	89.5

材料性能足以提供在接近垂直的中弹角下射穿单层钢板靶子所需要的良好使用性能。碳化钨/钴硬质合金仍用于制造旋转稳定的小型到中等直径的穿甲弹（直径 5.62 ~20 mm），如图 10-12-22 所示。

目前，穿甲弹都是由钨－镍－铜或钨－镍－铁合金制造的。一般都爱用含镍－铁的合金，因为它们的力学性能极好。可将钨含量为 90% ~97% 的合金制造成接近理论密度（17.0 ~ 18.5 g/cm³）。合金的镍铁比不是关键，通常为 7∶3。图 10-12-23 为钨合金穿甲弹的生产流程图。

将粒度为 3 ~5 μm 的氢还原钨粉和羰基镍粉与铁粉（粒度 3 ~ 10 μm）相混合。用球磨机或混料机混合这些材料。加工这些合金时，球磨或碾磨都会使粉末加工硬化或产生新的表面。所以不一定能得

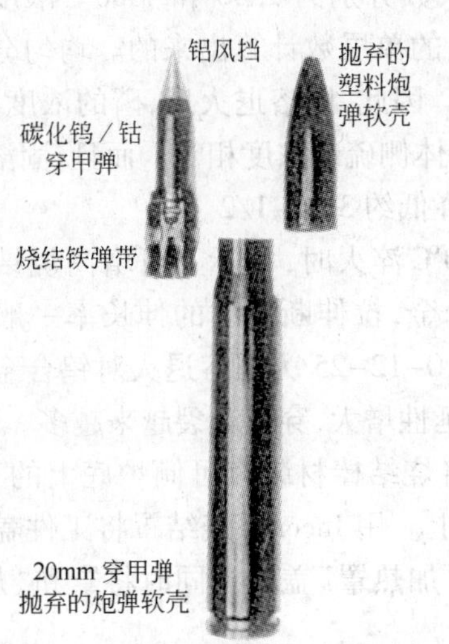

图 10-12-22　旋转稳定的中等口径炮弹的零件

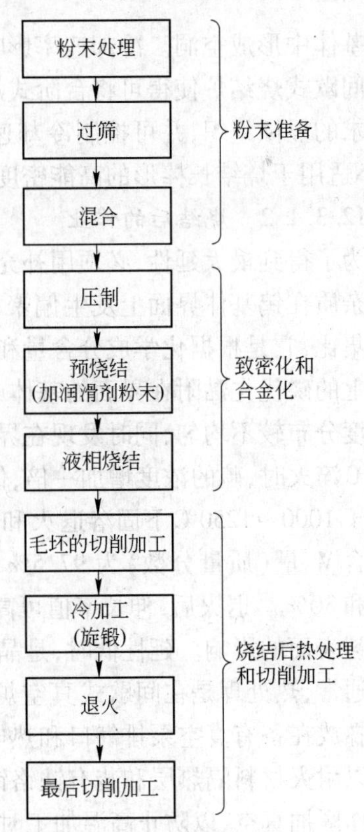

图 10-12-23　钨合金穿甲弹的生产流程

到好结果。

不加黏结剂或润滑剂进行压制时,金属粉末混合物可达到较高的生坯强度。于200 MPa压力下等静压制时,压坯的生坯强度完全能满足烧结前的搬运和成形要求。预烧结时,黏结剂分解,这可能会留下残余炭,从而会降低烧结材料的力学性能。

12.3.1.1　烧结

几乎只能在氢或氮氢气氛下,于钼加热元件电阻电炉内进行烧结。致密化迅速,但继续烧结时,可促使晶粒长大,从而可获得良好的力学性能。3 ~ 5 μm 的钨晶粒可长大到 50 ~ 90 μm。

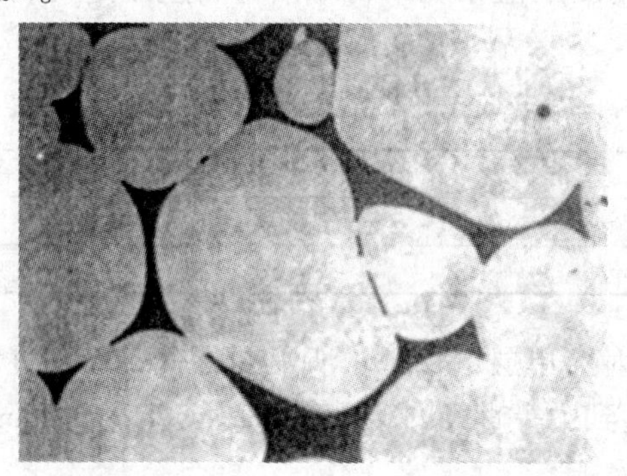

图 10-12-24　W - Ni - Cu - Fe 液相烧结合金的典型显微组织(放大:250 ×)

图 10-12-24 为典型的液相烧结钨合金的显微组织。晶粒长大显然是由于一晶粒优先溶解,然后沉积在跨过相邻颗粒间基体薄膜的另外一个晶粒上所致。很可能是晶粒长大决定于与晶面的结晶取向有关的能量级。

冷却时,钨中仅仅残留有微量镍和铁。然而,基体中有大量钨残留在固溶体中(高达25%(质量分数)),这可用添加其他合金元素来控制,特别是对镍铁合金应添加铜。在从烧结温度快速冷却时,镍 - 铜合金倾向于在基体中形成空洞。冷却速率影响两种合金系统的延性。缓慢冷却可提高延性。

间歇式烧结炉使得可将台阶式加热速率与保温进行多次组合,从而达到完全致密化和所要求的显微组织,并可控制冷却速率,从而控制延性。但是,间歇式烧结炉作业昂贵,因此,不适用于烧结长棒形的高能密度穿甲弹。

12.3.1.2　烧结后的作业

为了得到最大延性,必须用补充热处理来减小制造工艺对烧结冷却速率的依赖性。磷和硫杂质在钨基体界面上发生偏聚,它们的浓度系数分别为 1500 和 4000。浓度系数是偏聚富集比,它是根据化学成分含量和实测的晶界上的单层数计算出来的。均匀分布在界面边界上的磷优先黏附在界面的基体或黏结相一侧。因此,固溶退火后,磷的浓度降低,而硫的浓度分布较不均匀,同时发现在界面的钨侧和基体侧硫的浓度相等。而且,固溶退火和由1350℃淬火时,硫的浓度增加一倍,但使磷的浓度降低约 3/4 ~ 1/2。

于 1000 ~ 1250℃ 下固溶退火和从 1100 ~ 1150℃ 淬火时,实际上可增高烧结零件的延性。含 W 量(质量分数)为 97.5% 和 90.0% 的合金,拉伸断裂时的伸长率一般相应地为 13% 和 30%。退火后,伸长率值可高达 50%。图 10-12-25 为固溶退火对钨合金穿甲弹材料断裂表面的影响。延性低时,是晶间断裂,随着延性增大,穿晶断裂越来越多。

通常,热处理是在间歇式真空炉内进行的。将烧结棒材装在可倾炉底上的工作筐内。将筐摞放在备有真空泵排气口和热电偶孔的底板上。用 Inconel 烧结罩将工件盖好,然后,用砌以耐火材料隔热层和装有铁铬铝加热元件的"加热罩"盖好。同时将罩和"加热罩"内的工作区抽真空,以防止高温加工时罩塌陷。

加热和冷却时,必须用气体来帮助传导热。在 1000℃ 下,泵吸氩时需采用冷却器来保

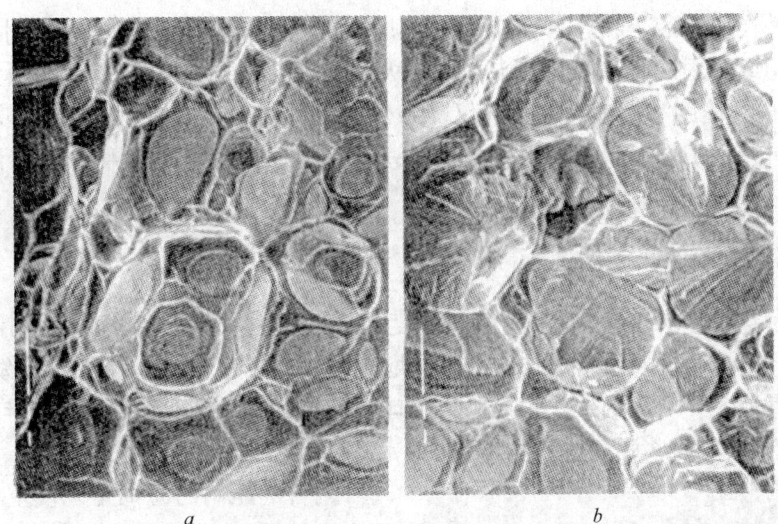

图 10-12-25　固溶退火对 90W－7Ni－3Fe 合金断裂表面的影响

a—断裂表面为低延性材料的晶间断裂特征；*b*—为改进延性，固溶退火后，主要为穿晶断裂的断裂表面

护泵。冷却至800℃左右后，移去“加热罩”，可加速冷却。8t 材料的典型加热周期约为32h，包括在 1050℃保持 10h。

硬度约为 HRC30，退火时硬度几乎无变化。然而，抗拉强度稍有增高，约为 900 MPa。这个硬度太低，以致认为不能有效地穿透淬硬的装甲钢板。然而，这些合金对变形速度敏感，在冲击速度下，它们好像具有较高的硬度和强度，同时延性相应地降低。

合金很容易进行冷加工，例如用旋锻加工，以增高强度和硬度。典型值是，极限抗拉强度为 1300 MPa 和硬度为 HRC 43。冷加工后，延性随之相应地减低。用改变合金的组成和冷加工可达到的性能范围示于图 10-12-26。

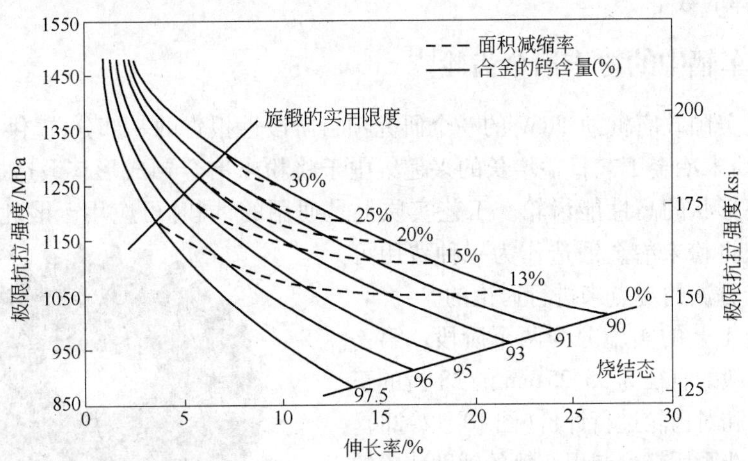

图 10-12-26　旋锻冷加工量和钨含量不同的合金的强度与延性的关系

也可用镦锻来进行冷加工。一般讲来，压缩 50% 以上而无裂纹是可能的。冷加工后，用时效可进一步改变性能。冷加工到面缩率为 25%，在 500℃下时效 1 h 的 93% 钨合金穿甲弹，当以速率 30 MPa/s 测试时，其极限抗拉强度为 1500 MPa，硬度为 HRC47。

这些合金在所有冶金状态下都易于进行机械加工。只有延性极好的材料才会生成连续切屑。可在用或不用冷却剂的条件下，用二级硬质合金进行机械加工。一般切削速度为150 m/min。进刀速度和切削深度都仅仅受到表面粗糙度、零件的刚性和有效功率的限制。可将干净的机械加工切屑收集起来，用粉碎或氧化还原法，在费用低廉的条件下，再加工成粉末，而不采用较昂贵的化学回收法。

12.3.2　杀伤弹

上述的对穿甲弹的密度、能量密度和速度降低等的要求和准则同样也适用于杀伤弹。典型的杀伤弹包括用近发引信爆炸的高射炮炮弹和用火箭或飞机从释放容器发射的导弹。碎片可能是直径3～4 mm的碳化钨或钨合金球或断裂的、有预刻痕的钨合金半球。由于采用高密度钨合金，将这些弹药的效力增高了1倍。

图10-12-27　装有锆丸的杀伤弹的发射试验

内含的压制的海绵锆丸使空对地导弹成了有效的燃烧弹。图10-12-27所示为这种杀伤弹的一次发射试验，在这一试验中，在爆炸的外边缘处，燃烧的锆碎片很快就引燃了位于最显著地位的容器中的燃料。

动能穿甲弹的训练弹药必须能模拟实弹的飞行特性，但为了安全，应能彻底自毁。对于这类弹药，研制出了若干解决办法。例如，将部分密实的铁粉零件装在低强度的、可热致破坏的塑料容器内。轻微冲撞时或飞行几秒钟后，外壳就发热到足以使之失效时，则铁粉压坯就在安全要求范围允许的距离内进行粉碎 。采购的这种训练弹药的数量，一般说来，要多于实弹的数量。

12.4　军用车辆中的粉末冶金齿轮[4]

这一节是美国政府资助TRW的一个研究项目阶段性报告的一部分，仅供参考。

最近，对粉末冶金工艺日益增长的兴趣集中于将粉末冶金预成形坯锻造成具有最终形状和接近最终形状的高性能齿轮。工艺实质上是通用的，同时可应用于锻轧材料的锻件。制造工艺是从将粉末冶金锻造作为一种费用可行的齿轮生产方法的观点来进行讨论的。

粉末冶金工艺的实施分为两个阶段。第一阶段是对带小毂的直径为95.25 mm的28齿的正齿轮进行锻造和对齿轮进行评价(图10-12-28)。第二阶段是锻造军用轻型装甲车辆的辅助装置的齿轮和最终驱动输入小齿轮。

图10-12-28　由4600系列粉末制造的直径为95.25 mm 28齿的锻造正齿轮

为了不用费用昂贵的逐次逼近法来设计适用的预成形坯和预成形模具，研制出了用于AISI4600系列粉末的计算机辅助设计程序。建立了可互换成套镶件与模冲的模具组件，从而可用同样的模架与脱模系统来锻造直径小于150 mm 左右的一系列尺寸不同的齿轮。

齿轮检测适于在 NASA - Lewis 齿轮试验设备上进行。AISI 4600 钢粉和石墨的混合物制成的预成形坯是在 1334 kN(150 t)的压力下压制的。用硬脂酸锌作为润滑剂。

为得到所要求的最终齿轮尺寸，控制某些锻造变量十分重要，其中包括预成形坯的预热温度、阴模温度、由烧结炉传送到模具的时间、润滑和变形负荷。将烧结的预成形坯从1200℃(2200℉)下的分解氨气氛炉中于 4 s 内传送到锻模。零件在 6225 kN(700 t)的曲柄压力机上用一次锻打进行锻造。将模具的预烧温度保持在 180℃与 220℃(335℉和 385℉)之间。将水性石墨悬浮液——Deltaforge 31 润滑剂喷涂在上模冲、下模冲及预成形坯上。烧结30 min(最少)，作为锻造前的预热。

为了进行评价，生产了 60 个粉末冶金齿轮。将 20 个尺寸加大的 4620 锻件进行了渗碳，然后磨削至最终齿的尺寸；20 个是具有最终形状的渗碳的 4620 锻件；20 个是具有最终形状的淬透的 4640 锻件。在生产中，用冷却模具来控制模具的工作温度。然而，由于在这种生产应用中锻造的齿轮数量有限，所以，在模具内镶了 4 个筒式加热器，并用煤气燃烧器增强加热。

NASA - Lewis 研究中心报道过，磨削的齿部渗碳的 4620 齿轮的 B - 10 使用寿命为13×10^6 循环，和具有最终形状的齿部渗碳的 4620 齿轮为 5×10^6 循环。写本文时，NASA 关于4640 锻件还没有得出结果。所有试验都是在 1000 r/min 和 1710 MPa(248 ksi)最大节距线赫兹应力下进行的。

这些试验结果表明，可设计在中等至繁重负荷条件下工作的高度可靠的粉末冶金齿轮。用粉末冶金锻造工艺生产的零件与成分相同的锻轧材料制造者性能相同。然而，具有最终形状的锻件，其尺寸很小的变化都会引起某些偏差。对于轻或中等负荷的汽车级齿轮，具有最终形状的锻造粉末冶金齿轮，在费用最低的条件下，其性能是令人满意的。对于高负荷的或航空级齿轮，可能需要磨加工。

为了有助于实行粉末冶金工艺，将实际生产的齿轮进行了锻造作为计划的第二阶段的零件。选择了 M - 1 Abrams 坦克 AGT 1500 发动机的 6 号辅助装置的齿轮和 M - 2/M - 3 战车的最终驱动输入小齿轮作为原型。将这些齿轮设计成了可与现有齿轮进行互换的，同时它们的性能与现有的齿轮相同或更好。

6 号辅助装置的齿轮(图 10-12-29)是一个直径 114.2 mm、61 个齿、厚 25 mm 的正齿轮，它们原来是由 AMS 6414(AISI 4340)钢制造的，同时热处理至淬透硬度为 HRC34 ~ 37。由 AISI 4640 钢制造的和热处理至淬透硬度为HRC 34 ~ 37 的粉末冶金辅助装置齿轮，都是用与 NASA 试验齿轮相同的工艺烧结和锻造至最终形状的。

图 10-12-29　M - 1 Abrams 坦克 AGT1500 发动机的辅助装置的齿轮

最终驱动输入小齿轮是一个直径 154 mm、19 个齿的正齿轮。它们的直径尺寸接近所用模腔的最大值。齿轮厚 114 mm，包括一整体轴和一个 1.4 ~ 1.8 mm 的内花键。现在对 AISI 4320H、AISI 4815 至 AISI 4820H 和 AISI 9310H 的材料要求是，表面渗碳淬硬层的硬度为 HRC 58 ~ 62 和渗碳层深度为 1.397 ~ 1.778 mm。在齿的中心线上的芯部硬度为 HRC 28 ~ 42。

由 AISI 4620 制造的粉末冶金最终驱动输入小齿轮，它们都是用于其他齿轮相同的工艺烧结和锻造的。将这些齿轮锻造至接近最终形状，并进行渗碳淬火，以得到表面硬度 HRC 58 ~ 62。不是将花键锻至最终形状，而是锻成一个光滑的尺寸较小的孔，只有花键需要机械加工。

用锻造烧结的粉末冶金预成形坯制造的齿轮之类的零件，其性能可与锻轧材料相同。粉末冶金齿轮与一般制造的齿轮之间的费用差别取决于零件的形状、尺寸公差、材料和使用要求。若可将零件锻造成最终形状，则可省掉昂贵的机械加工作业。

12.5　用 MIM 工艺生产的兵器零件[5]

MIM（Metal Injection Moulding）工艺，译为中文叫做金属注射成形工艺。这是现代塑料注射成形工艺和粉末冶金相结合形成的一门新型金属零件成形工艺。这项新工艺出现于 20 世纪 70 年代末期，最初主要用于制造轻武器零件，下面介绍近几年在欧洲开发的几种兵器用的 MIM 零件。

12.5.1　电子封装

电子封装见图 10-12-30。这个零件是用 MIM（金属注射成形）工艺，由 F15 牌号的组成（Ni - Co - Fe）成形的；孔的公差为 +/ - 0.2 mm。这个 MIM 零件用于 Opto - 电子封装，要求之一是材料的膨胀曲线必须和密封连接的玻璃相似。

客户的关键因素是检验零件遭受热震后 MIM 电子外壳的密封性。这个零件替代的是用切削加工与钎焊制造的产品。MIM 零件比用切削加工制造者，可大大降低生产成本。

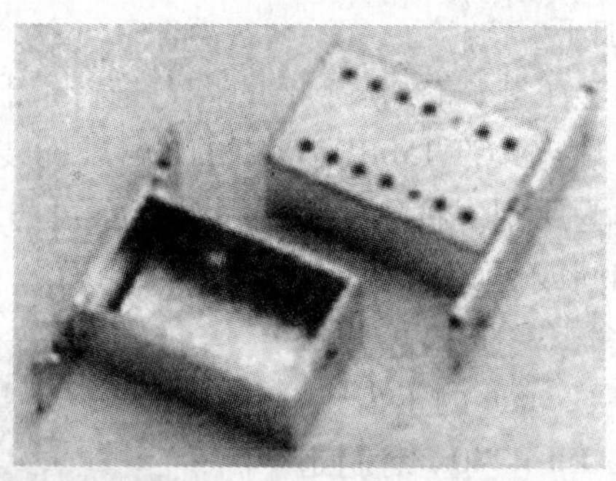

图 10-12-30　电子封装

（零件成品重量：10 g；密度：8.00 g/cm³；生产厂商：法国 Impac Technologies）

12.5.2　步枪后夜视装置

步枪后夜视装置见图 10-12-31。尺寸公差 0.5%，采用的注射料是热塑性黏结剂与铁 -7% 镍合金，烧结体密度达到 7.82 g/cm³。技术条件规定的力学性能为：抗拉强度 430 MPa，屈服强度 295 MPa，硬度 HRC55（渗碳淬火后）及弹性模量 203 GPa。

用 MIM 工艺制造的这个零件替代的零件先前是用切削加工生产的。鉴于零件的形状

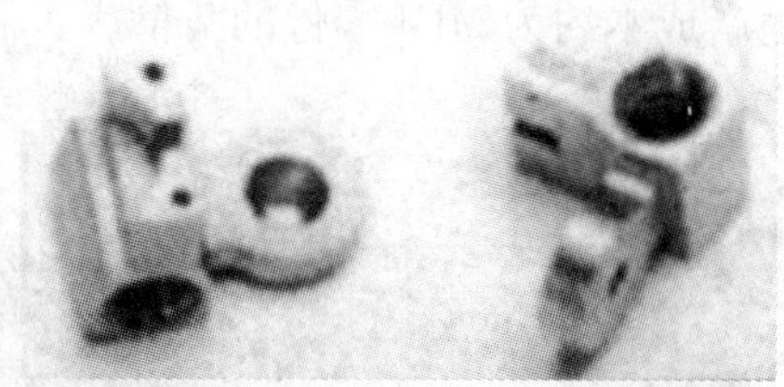

图 10-12-31　步枪后夜视装置

（密度:7.82 g/cm³;抗拉强度:430 MPa;屈服强度(0.2%):295 MPa;硬度:HRC 55;处理:渗碳淬火;生产厂商:以色列 Metalor)

复杂和位于不同方向的孔,切削加工是昂贵的。夜视用于 M－6 步枪。由于使用 MIM 工艺,采用 G.T.L.S.(氚 T 光源)的后夜视,零件价格可降低 60%。除渗碳淬火外,不需要进行表面处理。

12.5.3　步枪的夹箍

步枪的夹箍见图 10-12-32。这个 MIM 零件用于步枪,而且是具有附加功能的新零件。零件与在用 MIM 生产中使用的模型的几何形状都是用计算机制出的。最初,打算用冷成形由板材制造夹箍(carrier),但没有成功。

图 10-12-32　步枪的夹箍

(零件成品重量:21 g(Fe－7%Ni 粉);密度:7.70 g/cm³;硬度:HV700;处理:热处理;生产厂商:法国 Impac Technologies)

12.5.4　枪产业的安全杆

枪产业的安全杆见图 10-12-33。这个零件重 3.5 g,是用 MIM 工艺由 Fe－7%Ni 粉末制作的,烧结到密度 7.70 g/cm³。这个 MIM 零件是枪的零件,鉴于 MIM 的经济效益,因此,用 MIM 零件替代了用精密铸造由合金钢生产的零件。

安全杆中 2 个孔附近的壁厚为 0.3 mm。用 MIM 杆进行的射击试验表明,枪射击 50000 次后尺寸没有变化。

12.5.5　导弹弹头安全装置中的转子

导弹弹头安全装置中的转子见图 10-12-34。这个零件是用 MIM 工艺,由 316L 不锈钢制造的。这个零件是导弹弹头的“safe and arm”装置中的转子,在弹头中,转子将信号链的敏感的起爆剂和主炸药分隔开。

与转子接合的机械计时器,使其旋转延迟,从而使之达到安全距离。这种转子是一种全新的 MIM 零件,其超循环齿轮(hypercycling gear)齿用任何标准切削刀具都加工不出来。如同所看到的,这个零件形状很复杂,而且在不同的方向上有几个孔与凸起。估计用常规金属材料切削加工这个零件,其生产成本约为 MIM 零件的 7 倍。

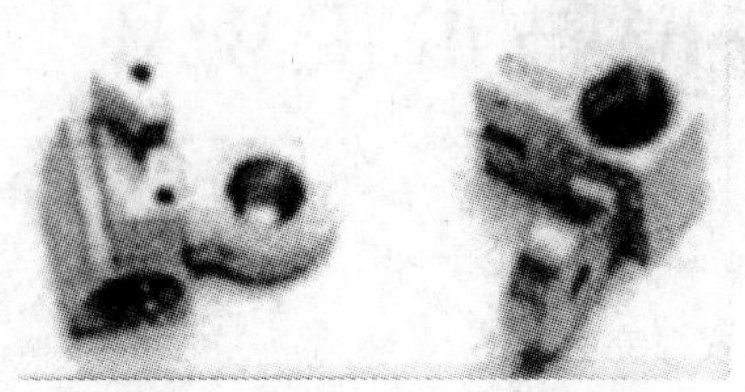

图 10-12-33　枪产业的安全杆

(零件成品重量:3.5 g(Fe-7% Ni 粉);密度:7.70 g/cm³;处理:烧结后将零件进行碳-氮共渗,以改进力学性能;生产厂商:法国 Impac Technologies)

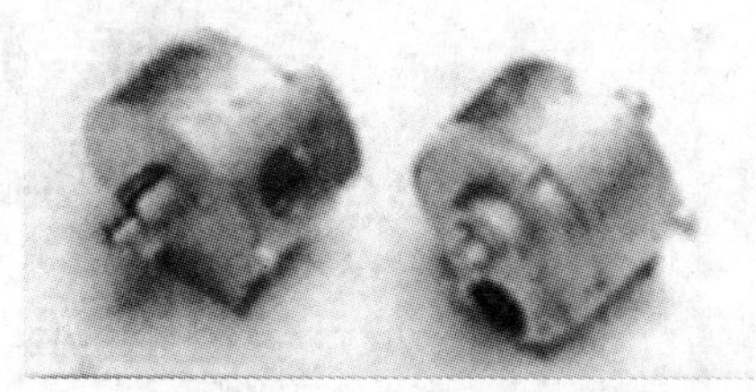

图 10-12-34　导弹弹头安全装置中的转子

(密度:7.7 g/cm³;抗拉强度:503 MPa;屈服强度(0.2%):290 MPa;硬度:HRB 67;生产厂商:以色列 Metalor)

参 考 文 献

[1] Thellmann E L. 钛粉末冶金零件[M]. 美国金属学会. 金属手册. 9 版. 第 7 卷:粉末冶金. 韩凤麟主译,赖和怡主审. 北京:机械工业出版社,1994:919～922.

[2] Crowson A. 粉末冶金铁基材料[M]. 美国金属学会. 金属手册. 9 版. 第 7 卷:粉末冶金. 韩凤麟主译,赖和怡主审. 北京:机械工业出版社,1994:923～929.

[3] Penrice T W. 动能穿甲弹[M]. 美国金属学会. 金属手册. 9 版. 第 7 卷:粉末冶金. 韩凤麟主译,赖和怡主审. 北京:机械工业出版社,1994:932～936.

[4] Osberg D T. 军用车辆中的粉末冶金齿轮[M]. 美国金属学会. 金属手册. 9 版. 第 7 卷:粉末冶金. 韩凤麟主译,赖和怡主审. 北京:机械工业出版社,1994:930～931.

[5] http://www. epma. com/about pm.

编写:韩凤麟(中国机协粉末冶金分会)

第 13 章　金属注射成形技术(MIM)在军工行业的应用

13.1　引言

在工业产品零部件制造行业,不断简化生产工艺、节约资源、降低成本始终是产品设计人员追求的目标,特别是当代各种商业产品竞争日趋激烈,其关键性零组件的设计日趋小(微)型化、高性能化和结构功能的多用途化。传统的制造工艺,如切削加工、精密铸造、压铸、冲压及常规的粉末冶金工艺等虽各有特点,但仍难以全面达成设计目标,金属注射成形工艺的问世与不断发展正在使这一愿望变成现实。

金属注射成形工艺(简称 MIM)是近年发展起来的一项新型零件制造工艺,它由粉末冶金工艺与塑料注射成形工艺结合而成,其基本工艺过程是:将各种微细金属粉末按一定比例与黏结剂混合均匀,制成具有流变特性的注射料,用注射机注射成形为零件生坯,生坯经脱黏和高温烧结后,即制成高密度的金属零件。

MIM 工艺的主要特点是:

(1) 适用材料范围宽,合金设计灵活,烧结制品的材料密度接近理论密度,物理－力学性能较高,原材料利用率高。

(2) 产品形状设计的自由度大,密度分布较均匀,尺寸精度较高,重复性良好。

(3) 生产过程自动化程度高,生产效率高,节材、节能、成本低廉,可实现无污染环保生产,易于实现大批量生产。

(4) 产品质量稳定,不需要或只需少量精加工,根据需要可进行各种形式的热处理和外饰表面处理等。

(5) 应用范围广,市场发展空间大,目前已大量应用于汽车、摩托车、家用电器、工器具、医疗器械、常规兵器、消费类电子产品等。

MIM 与其他加工方法的比较见表 10-13-1。

表 10-13-1　MIM 与其他加工方法的比较

比较项目	MIM	精密铸造	传统粉末冶金	冷锻	切削加工	压铸
形状自由度	4	5	2	2	4	4
形状精巧度	5	4	4	5	5	4
精度	4	3	4	5	5	3
力学强度	4	4	2	5	5	1
材质适用自由度	5	4	5	2	3	2
模具费	3	4	3	1	5	3
量产性	5	2	5	5	3	5
产品价格	3	2	4	5	2	4

注:比较的点数以 5 为最高,1 为最低。

综上所述,MIM 已发展成为一项集材料改性与制品工艺创新研究于一体的复合型先进制造工艺,MIM 技术的推广应用不仅促进工业零部件实现了结构设计的多用途化、产品高性能化和生产能力规模化的目标,而且也最大限度地实现了各种金属材料资源的有效利用。国际上普遍认为 MIM 工艺的发展将导致高端零部件成形与加工技术的革命,并将之誉为“当今最热门的零部件成形工艺”。

13.2　MIM 技术的国内外发展概况

MIM 工艺出现始于 20 世纪 70 年代末期。美国首先研制成功,并获得专利保护。据有关资料报道,到目前为止,全球大约有超过 500 家公司和机构从事 MIM 工艺研究与产品的开发和生产,其中欧洲和日本最为突出,已成为他们提高其商业产品国际市场竞争能力的重要技术手段之一,美国政府也已将该技术列入对美国经济繁荣和国家技术安全起至关重要作用的“国家关键技术”,并且为了保持美国在该技术研究与开发方面的优势,1999 年美国国家自然科学基金会新成立了烧结材料工程研究中心,MIM 技术是其重点研究领域之一。

众所周知,在我国高端零部件制造技术的落后,一直是制约工业经济发展的“瓶颈”之一,我国政府和产业界十分重视先进制造技术的发展并给予了很多政策上的支持,许多有识之士和广大科技工作者也都立志扭转制造业被动落后的局面,为此,自 MIM 技术问世以来,很快就受到我国政府及有关专业技术人员的高度关注。早在 20 世纪 90 年代前后,我国有关科研单位和高等院校就相继申请立项科研,开始了 MIM 技术的开发研究。20 多年以来,我国科研人员独立自主开发技术,白手起家创造条件,先后经过了基础技术研究、工程化开发研究和产业化发展三个不同的阶段,陆续攻克了黏结剂体系的制备与脱黏技术、注射料流动特性与注射成形技术、材料烧结理论与工艺控制技术、不同产品的设计与开发技术、产品性能与工艺特性的表征技术等一系列关键技术,与此同时,在有关单位的支持下,与 MIM 技术发展配套的金属粉末生产技术、高精度模具设计与加工技术、专用设备制造技术以及各种零部件的表面处理技术等也都不断取得新的突破与发展。这些成果的取得不仅及时填补了我国 MIM 制造技术的空白,而且也有力推动了国内 MIM 产业的迅猛发展。据不完全统计,目前我国专业从事 MIM 技术研究与生产的企业已有几十家之多,其产品已广泛应用于机械、电子、汽车、家电、工具制造、医疗器械和国防军工等各个领域。

13.3　MIM 技术在军工行业的应用研究

现代战争使武器装备日趋向机、电、光一体化和高性能、低成本的方向发展,因此,也就对其零部件行业的材料创新、工艺革新提出了更加迫切的要求,MIM 技术集材料改性与产品制造技术于一体,为研制生产各种军用零部件提供了一条崭新的有效途径。中国兵器工业第五三研究所及其合作创办的山东金珠粉末注射制造有限公司,多年来坚持应用 MIM 技术开发军用零部件,先后配合轻武器、箭弹武器、引信等行业研制成功各种军事用途的零部件 140 余个品种,现将有关研制工作介绍如下。

13.3.1　轻武器 MIM 零部件的开发研究

轻武器是指机械以及各种由单兵携行战斗的武器。要求整个武器系统要小型化、轻量化、多功能化,其对零部件的要求是尺寸精度高、动作安全可靠、功能齐全、外形美观。轻武器是各种小型、复杂结构零部件比较集中的行业,传统加工方法大都采用切削加工制造,存在的主要问题是：加工周期长、生产效率低、材料利用率低，制品尺寸精度难保证、一致性不好、外观手感均不理想，而且很难完成复杂结构件的加工，这在很大程度上既影响了企业的生产与成本，也严重制约了轻武器系统先进性能的进一步提高。

制造 MIM 枪件必须首先解决可靠性问题，它包括材料的高强度和尺寸的高精度。

在验证 MIM 枪用零部件材料的过程中，技术人员克服了没有参考资料、没有相关理论数据的困难，敢于创新，在初期选材的过程中，为了满足材料的强度要求，选择了高强度钢(马氏体时效钢)作为 MIM 枪件的基本材料。经过反复的实验和验证，通过对合金成分的不断调整，终于在材料的性能上满足了零件的需要；在铁镍合金材料的选用上，解决了铁镍合金碳含量控制方面的技术难题，能够有效地把碳含量控制在 0.3% ~1.0% 的范围之内，使铁镍合金材料性能得到整体性改善，在军用、民用方面得到了快速推广和应用。表 10-13-2 为近年研制成功的两种 MIM 枪件材料。

表 10-13-2　近年研制成功的两种 MIM 枪件材料

材料品名	硬度 HRC	伸长率 (不小于)/%	抗拉强度 (不小于) /MPa	冲击韧性 (不小于) /J·cm^{-2}	密度 /g·cm^{-3}	用途
MIM 时效钢	45 ~50	4	1600	45	7.8	受力结构件
MIM 铁镍合金	37 ~44	2	1400	35	7.6	通用结构件

为了有效地控制制件的尺寸精度，科研人员充分利用三维造型、CAM、CAD 等计算机辅助技术，不断改进成形模具的精度和结构，开发出了具有低收缩率和高效脱黏的新型黏结剂体系，以及控碳烧结和限位干涉烧结等新技术，从而有效保证了各种枪件制品的力学性能、尺寸精度和良好的一致性。

在 MIM 技术应用不断取得成功的启发下，许多零部件设计人员主动拓展新的设计思路，使制件的单一功能设计变为多功能复杂结构设计成为现实，在有关轻武器制造厂与驻厂军代表的支持配合下，历经十年的不懈努力，现已成功开发出发射机构、动作控制机构、供弹系统和观瞄系统等百余种枪用零部件，经有关武器系统定型试验严格考核，不仅满足了各项战技指标的要求，降低了生产成本，而且对全面提升武器系统的综合性能也产生了非常积极的推进作用。

用 MIM 工艺生产的部分轻武器产品的图片如图 10-13-1 所示。

13.3.2　箭弹武器 MIM 零件的开发研究

箭弹武器是实现远程打击、充分发挥作战效能的关键，其中高效能的毁伤战斗部材料是提高其战斗威力的物质基础，近年来山东金珠公司配合有关武器型号的研制生产单位，积极开展战斗部材料与产品的研究工作。

例如，针对具有穿甲毁伤能力的钨合金材料，开展了高强韧钨合金成分选择及性能优化设计、预制破片与弹体结构的匹配研究、预制槽成形工艺与装填技术等项研究。

期间利用 MIM 合金化灵活的特点，试制成功了新型钨合金材料，性能如表 10-13-3 所示。

表 10-13-3　用 MIM 试制的钨合金材料性能

钨合金	抗拉强度/MPa	伸长率/%	冲击能/J·cm^{-2}	硬度 HRC	密度/g·cm^{-3}
MIM -95W	950 ±20	≥12	≥30	28 ~32	≥18.0

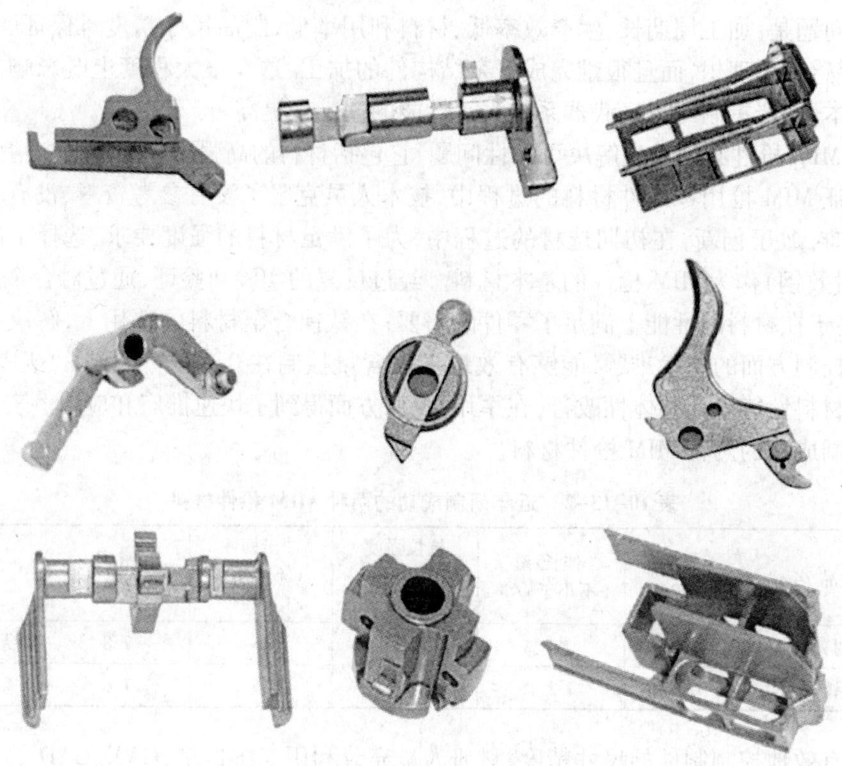

图 10-13-1　用 MIM 工艺生产的部分轻武器产品图片

数据表明 MIM 钨合金材料的抗拉强度、冲击性能均有明显提高，而且由于采用注射充模成形制品，保证了弹丸在成形过程中各向受力均匀，克服了传统工艺造成的密度梯度效应（蛋壳效应），从而使压馈强度提高，穿甲性能改善。

同时，采用 MIM 工艺可以很方便地成形不同弹体的预制槽和各种形状的预制弹丸，如球形、圆柱形、环形组合弹体以及集束箭形弹、水陆两用枪弹和小口径脱壳穿甲弹等。其优势是解决了难加工材料和结构多功能产品的加工与制造，不仅生产效率高，制造成本低，而且对提高装填密度和散布密集度等作战效能都有好处。

另外，MIM 技术应用于破甲弹精密药型罩的选材与成形，箭弹增程用钨合金喉衬等也都取得一定的技术进步，其中 MIM 药型罩经静破甲试验证明，其破甲性能比纯铜药型罩提高 15% 左右，火箭喉衬也为实现大口径弹的增程目标作出了积极的贡献。

用 MIM 工艺生产的部分箭弹武器产品图片如图 10-13-2 所示。

13.3.3　MIM 技术在引信产品上的应用研究

引信是通过感觉目标或按照预定条件来控制弹药适时爆炸的系统，一般引信在发射环境下工作时过载系数可高达 100000，即一个 10 g 的零件在发射环境下需要承受 1 t 的力，在这种工作环境下不仅零件不能损坏，还要保持正常的功能动作不受影响；同时，引信装备量大，耐高、低温、耐腐蚀等长贮性能要求高，所以它对零部件的要求有三大特点：(1)材料高强度；(2)制品小体积；(3)生产低成本。根据有关资料报道，国外早已应用 MIM 技术研制出各种用途的引信零部件，有效促进了引信机械机构的不断小型化，并在此基础上与集成电

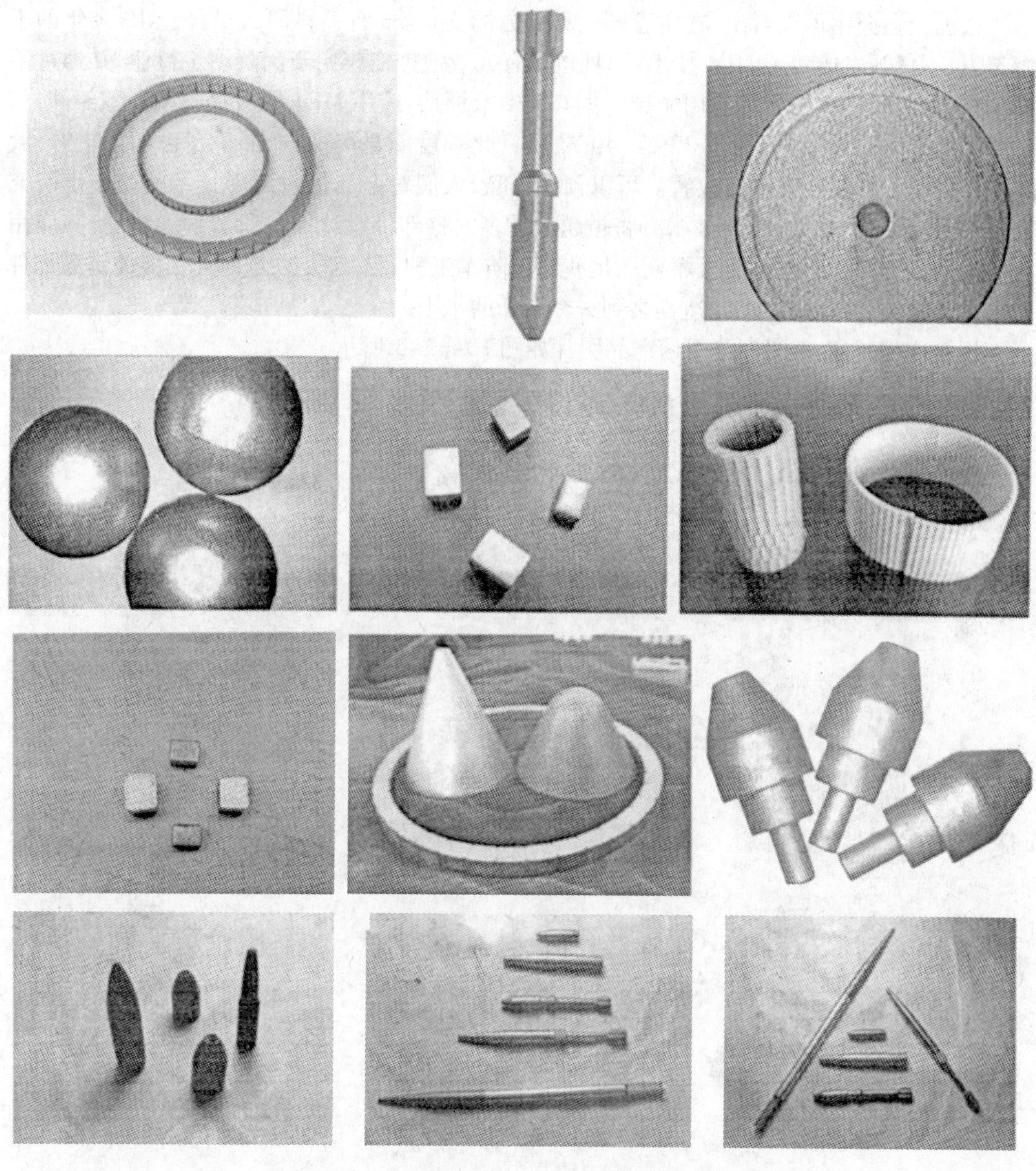

图 10-13-2　用 MIM 工艺生产的部分箭弹武器产品

路结合产生了微机械与电子技术结合做成了微型传感器，而且由于体积缩小，重量减轻，也成为提高其高过载能力的手段之一。

山东金珠公司紧紧围绕引信产品的创新需求，先后开发成功了高密度钨合金材料、低成本铁镍合金材料和耐腐蚀性较强的不锈钢材料，采用 MIM 工艺试制成功了配重块、配重子、座销、滑座、离心爪、活击体、惯性筒等 10 余种零部件。这些零部件大部分为小型、微型产品(0.2～10g)，且结构设计复杂，功能用途多样，尺寸精度高，稳定性要求严，给产品试制和批量生产造成很大困难。为此，科研人员积极改进粉末掺混工艺，通过测定熔融指数较好地控制了注射料的均匀性与流动特性；为了提高制件生产过程的保型性，创新了无溶剂脱黏技术和串联烧结技术，比较好地开创出了微型高性能零部件的生产新技术。

根据以上介绍可以看出,在主管部门和军方的支持下,有关科研人员经过10余年的不懈努力,不仅开发成功了MIM技术,而且也卓有成效地推广应用于国防军工行业,并通过不断的技术创新,迅速拓展了应用领域。据有关专家评估:应用MIM技术制造军工零部件,节约原材料60%左右,降低成本30%~40%,精密化程度明显提高,产品质量大幅度上升,武器系统的综合性能得到整体改善。可以预见,随着人们对金属注射成形技术的进一步研究和应用,在不远的将来,MIM技术必将被越来越多的零部件设计人员所了解和接受,其应用会更加广泛,产品会更加先进,不断满足我国国防军工和商品工业领域对高性能关键零部件的需求,将我国零部件加工制造提高到一个崭新的水平。

用MIM工艺生产的部分引信产品图片如图10-13-3所示。

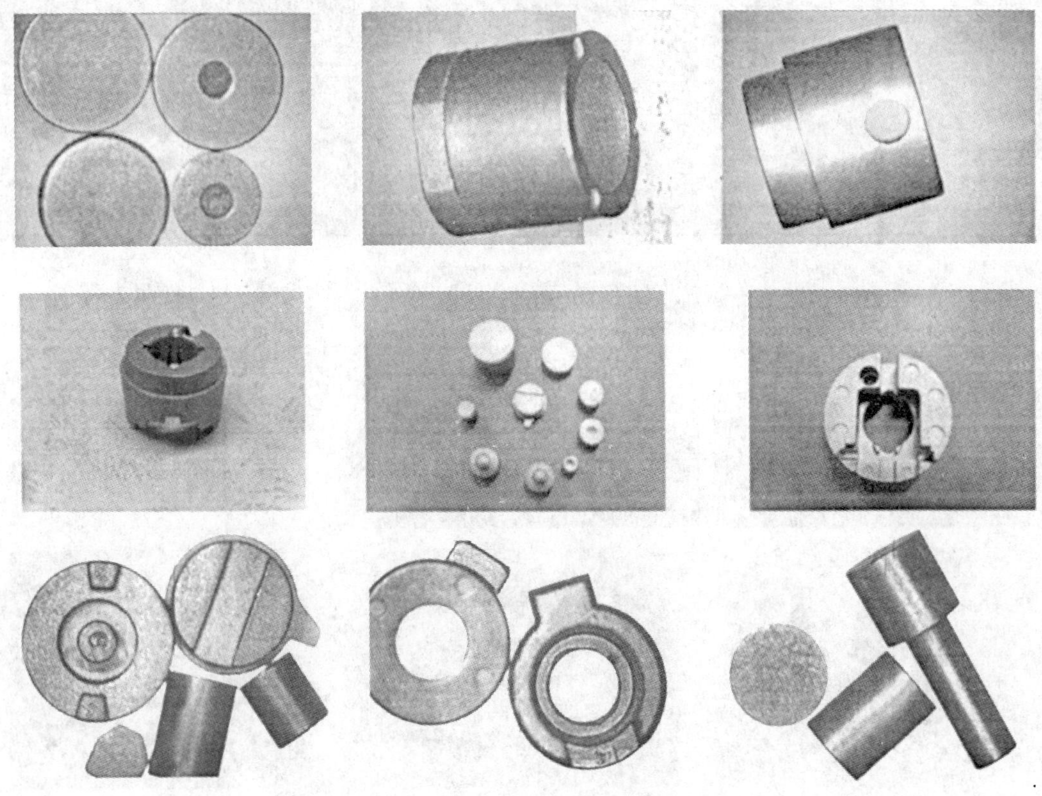

图10-13-3　用MIM工艺生产的部分引信产品

13.4　我国MIM行业现状及存在的主要问题

经过20多年的努力,我国MIM从业人员不仅成功突破了国外的重重技术封锁,迅速发展了MIM技术,并且研制开发了大量的MIM产品,拓展了市场,推动了产业化发展的进程。特别是进入新世纪以来,伴随着国内制造业的迅速发展,MIM产品市场需求日趋旺盛,MIM企业如雨后春笋般的成长,充满了勃勃生机与活力,呈现出了更加广阔的前景和良好的发展潜力。

但从行业总体情况来看,我国现阶段的MIM技术与国外先进水平相比,在许多方面都还存在着不小的差距。如果仔细分析起来,国内MIM行业发展的前景固然喜人,但存在的问题较多,绝不能盲目乐观,掉以轻心。

(1) 行业发展欠规范,产品品种少、质量差、市场竞争能力不强。国外 MIM 行业经过多年的发展与整合,技术工艺日趋规范,产品材料标准统一,专业化、规范化的生产布局基本形成,各生产厂家分工明确,逐渐形成了各具特色的优势系列产品,规模经济效益十分明显。

我国 MIM 生产厂点多,技术不规范,产品欠标准,质量与可靠性难保证。据了解目前国内 MIM 产品品种与规格尚不及工业发达国家的 1/10,而且中低档产品多,高档产品少,各生产厂家低水平重复生产,低价位恶性竞争现象日益突出。由于模具、技术方面的原因,目前国内大尺寸、复杂结构零部件和微型精密零件的开发生产还很困难,某些特种材料制品和高性能关键零部件仍需要进口,这在很大程度上影响了我国优势系列产品的发展,国际市场竞争能力难以提升。

(2) 企业规模小,工艺装备水平落后,质量效益难提高。MIM 技术应用范围广,产品种类多,制造工艺不尽相同,工装设备也不尽一致,而且大批量、多品种生产要求设备功能先进、自动化程度与生产效率高。目前,国外有名的 MIM 企业规模大,专业化生产能力强,已普遍采用高标准的计算机控制设备和先进的在线检测设备。

我国大部分 MIM 生产型企业规模小,工艺装备落后,检测手段不全,与国外先进水平相比在生产装备方面的差距可归纳为"四多四少",即:1)通用设备多,专用设备少;2)非标设备多,标准设备少;3)经验控制多,计算机控制少;4)手工操作多,机械操作少。

近几年有些企业为了改变这种落后状况,开始花高价进口了一些诸如脱黏、烧结等关键设备,但也只是解决了部分关键工序的问题,自动化控制的流水作业仍难以实现,使先进设备无法发挥应有的效用。

(3) 专业人才少,科研开发能力差,持续发展后劲不足。在工业发达国家,对先进制造技术非常重视,尤其重视各项新技术成果转化于生产。例如:美国、西欧为了解决工业用精密零部件的制造问题,都曾专项投入大量资金用于 MIM 技术开发与应用研究,日本更是将 MIM 作为国家重点扶持振兴的产业,其共同的特点就是重视人才培养,依靠一批批优秀的专家持续不断地开展 MIM 技术与产品的创新性研究。

在我国 MIM 行业,除外商直接提供技术支持的合资、独资企业外,只有少部分高等院校和专业研究所及其所属企业拥有一定的技术力量和试验研究手段,大多数小型企业都存在着专业人才少、科技力量薄弱的问题,而且由于重视不够,资金缺乏,先进的试验、试制手段匮乏,因此,国内 MIM 行业无论是新材料开发、新产品研制还是新技术、新装备的创新研究都受到很大的影响。

13.5　改进措施与建议

世界工业发达国家在 20 世纪 90 年代初基本完成了 MIM 技术向 MIM 产业发展的转变,我国 MIM 行业与国外总体水平差距大概在 10 ~ 15 年,值得庆幸的是,目前我国时逢制造业大发展的有利时期,MIM 技术应用空间大,产品市场发展前景更加广阔,这无疑为我国加快 MIM 行业的发展提供了难得的战略好机遇。为此,我们就如何推动 MIM 行业的健康发展提出如下措施与建议:

(1) 建立产学研与科工贸一体化发展的新机制。严格来讲,MIM 不同于通常意义上的一般加工工艺技术,它实质上是一项多学科互相渗透、多专业融合发展而成的复合型先进制造技术。由于涉及专业面广、技术复杂程度相对较高,例如:黏结剂的开发与脱黏技术属于高分子材料学,注射成形技术属于塑料工艺学,材料合金化与性能表征属于金属材料学,烧结理论与烧结工艺又大都参照粉末冶金学,还有模具设计与加工、专用设备、自动化控制及热处理、表面处理等相关技术,而且具体到每一种新产品的开发都需要采取不同的技术应对措施,所以发展 MIM 技术要求基础研究功底要扎实,应用研究经验要丰富,它需要多学科与多专业人才的密切配合。因此,发展 MIM 项目既要看到它的技术先进性,更要充分认识到它的技术复杂性和持续创新的必要性。经验告诉我们,在发展 MIM 项目的过程中,坚持建立产学研与科工贸一体化运营的新机制是保证其健康快速发展的正确途径,对此,希望行业内部能及早达成共识,避免出现 MIM 项目盲目上马、盲目下马带来的各种不利影响。

(2) 加强对行业发展的规划研究与科学指导。国内 MIM 项目起步晚,发展速度较快,但与国外相比较为“散乱”,难以集中发展形成优势,长期下去恐对行业发展带来越来越不利的影响,要改变这种状况,当然,首先要依靠资源的合理整合与市场的有效调节,但也不应该忽视对行业发展的规划研究与科学指导,建议中国机协粉末冶金协会加强这方面的协调作用,组织专家论证,搞好规划研究,及时向政府有关部门提出促进行业发展的指导性意见。要充分发挥现有高校、研究所在 MIM 技术等方面的优势,与开发能力较强的企业联合组成科研生产联合体,或组建类似国外高技术公司那样的科技先导型企业,同时,还应鼓励科技人员积极创办各类小型的具有不同产品特色的高技术公司,共同推动我国 MIM 技术与各种 MIM 产品的开发与生产。

(3) 实行高技术产业的发展政策。发展 MIM 技术,推动 MIM 产业的快速扩大,必须承认它属于高技术产业(发达国家均列为高技术产业),国家的重视与支持是新兴行业发展的关键。

鉴于国内 MIM 行业厂家多,投资少,技术力量分散,难以形成与国外企业的竞争优势,建议对其采取“区别对待,分类指导”的原则,其中应该重点支持那些集产学研与科工贸一体化发展的创新型企业,以点带面,促进行业总体技术水平的不断提高,努力提升我国 MIM 产品在国际市场上的竞争能力,而对于那些刚刚起步短时间内难以体现出经济效益的小型特色企业,则尤其需要在政策上给予积极的扶持,以利于发展国内外市场需要的特色优势系列产品。

(4) 积极寻求国际技术合作。MIM 作为先进制造技术产业,通用性强、创新能力要求高,国际市场空间大,其发展必然走国际化道路,特别是目前,在我国 MIM 技术总体水平偏低,而市场潜力越来越大的情况下,更应该通过国际技术合作引进嫁接新技术,快速提升行业技术水平,努力提高产品创新能力,建议选择重点企业以高端零部件制造技术和先进的专用设备为重点,申请列入国家技术引进计划,争取通过单项产品制造技术的引进,跟踪并逐步掌握国外先进技术。有条件的企业也可以针对某些国内外共用的关键零部件组织定牌生产,实现合作经营,同时,也应该鼓励有条件的企业走出去,到国外设厂办点,这样把优势企业置身于国际大环境中,必将对于国内 MIM 行业的发展起到更为积极的促进作用。

编写:金华涛　曾凡同　孙宗君　李振强　胡治国(山东金珠粉末注射制造有限公司)

第 14 章　粉末冶金在医疗与牙科中的应用

G. V. Black 于 1896 年发现了几种牙科用的银－锡汞剂,这是金属粉末在医学和牙科中应用的开始。现在,每年用汞齐补牙的次数超过了一亿六千多万次。像组成、形状及粒度之类的粉末参数对补牙的性能都有显著影响。

也在用粉末冶金技术制造矫形植入物。为了使材料具有优异的力学性能,全致密植入物都是由预合金粉用热等静压制造的。使用烧结技术将粗大的粉末颗粒黏结在其他植入物表面,以为骨质长入提供一多孔性表面,从而将植入物固定牢。

这一部分讲的矫形植入物,是用来取代人体中有毛病的关节的。患风湿性关节炎的病人可能需要更换关节,这种病非常痛苦和活动不方便。图 10-14-1 为髋部和膝部关节,它们都是最常见的全部更换的关节。矫形植入物还使用在人工手指、肩、肘和踝关节等。

植入物失效时必须重新进行手术,所以这些部件长期可靠最为重要。使用的材料必须具有良好的力学性能、耐腐蚀性、与人体的相容性及优异的摩擦磨损特性。重要的力学性能有极限抗拉强度和屈服强度、延性、弹性模量和疲劳强度。这些部件可能要经受数百万次负荷循环,所以疲劳强度特别重要。

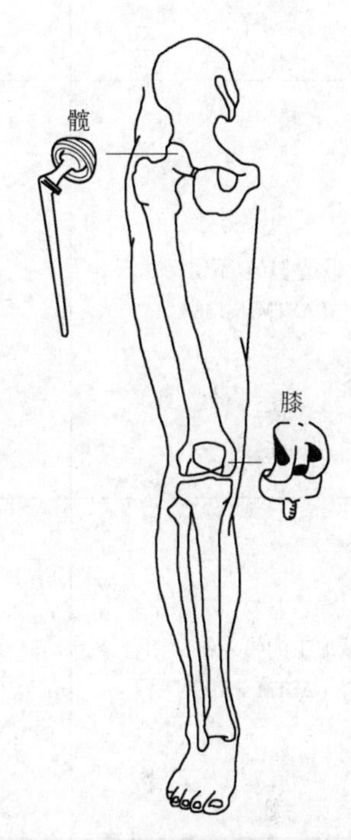

图 10-14-1　全部髋部和膝部置换物

人体内部环境是一种含朊的饱和以氧的盐性溶液,所以需要植入材料具有长期耐腐蚀性。另外,植入材料不得产生任何有害的细胞组织反应。因此,与细胞组织起反应的材料不能采用。活节接合关节的摩擦和磨损特性最重要。大多数植入物都有一个由超大分子量聚乙烯制造的表面和另外一个由高度抛光的金属制造的表面。工业上适用的金属材料有美国材料试验学会(ASTM)的 F 138 合金(316 型号之类的不锈钢)、钴－铬合金(ASTM F 75 与 F 799),和超低间隙型牌号 Ti－6Al－4V(ASTM F 136)之类的钛基合金。这些材料的化学组成列于表 10-14-1。

表 10-14-1　矫形植入物合金[1]

元素		最低含量/%	最高含量/%
精铸钴－铬－钼合金(ASTM F 75)	铬	27.0	30.0
	钼	5.0	7.0
	镍		1.0
	硅		1.0
	锰		1.0
	铁		0.75
	碳		0.35
	钴	其余	

续表 10-14-1

元　素		最低含量/%	最高含量/%
锻造超低间隙 Ti - 6Al - 4V (ASTM F 136)	铝	5. 5	6. 50
	钒	3. 5	4. 5
	铁		0. 25
	氧		0. 13
	碳		0. 08
	氮		0. 05
	氢		0. 0125
	钛	其余	
锻造 316L 不锈钢 (ASTM F 138)	铬	17. 00	19. 00
	镍	12. 00	14. 00
	钼	2. 00	3. 00
	锰		2. 00
	硅		0. 75
	铜		0. 50
	氮		0. 10
	碳		0. 030
	磷		0. 025
	硫		0. 010
	铁	其余	
热机械加工的钴 - 铬 - 钼合金 (ASTM F 799)	铬	26. 0	30. 0
	钼	5	7
	铁		1. 5
	镍		1. 0
	硅		1. 0
	锰		1. 0
	碳		0. 35
	氮		0. 25
	钴		其余

14. 1　多孔性矫形植入物[1]

用热等静压生产的主要植入物都是由钴 - 铬 - 钼合金制造的整体髋置换体,合金要符合 ASTM F - 799 的成分要求。将来,也可用同样工艺制造钛基合金植入物。利用粉末冶金工艺可细化晶粒,改善材料的均匀性,并能制成接近最终形状,因此制造的植入物质量高、成本低。

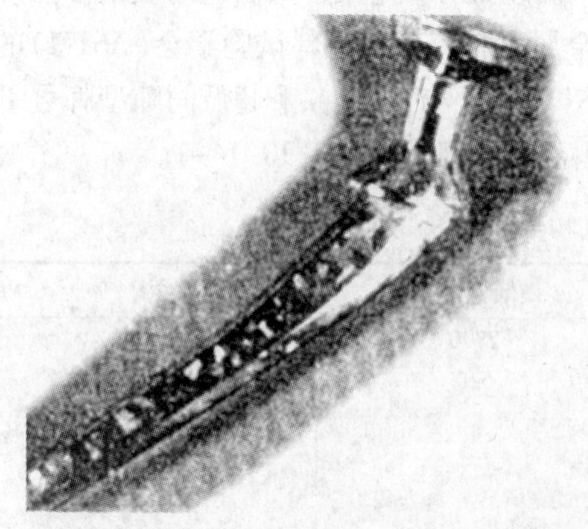

图 10-14-2　宏观腐蚀的晶粒粗大的精密铸造钴 - 铬合金髋部

起初,只能用失蜡精密铸造技术制造钴基植入物。这些合金铸造时,得到的晶粒非常粗大(图 10-14-2)。铸造材料中的碳化物也很粗大,还可能有用 X 光检验探测不出来的收缩孔。典型的铸造显微结构示于图 10-14-3。

用预合金粉热等静压生产的材料显微结构要细得多。用热等静压生产的典型钴 -

铬 - 钼合金的结构示于图 10-14-4。实际上每一个粉末颗粒就是雾化合金的一个小锭坯，所以材料结构特性的尺度小得多。碳化物非常细，没有孔隙，晶粒度大大减小。这些变化对力学性能的影响将在这一部分后面讨论。

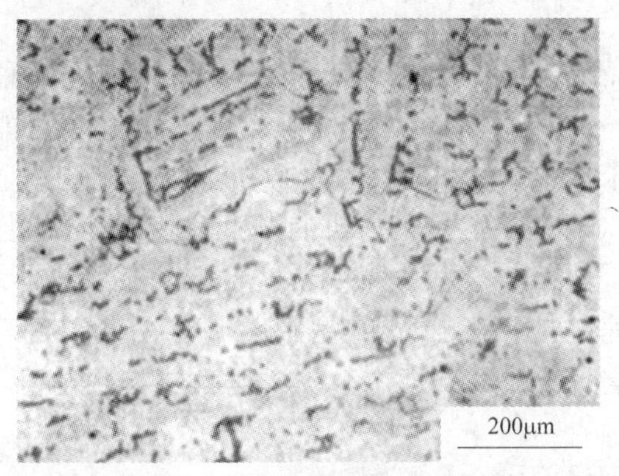

图 10-14-3　精密铸造的钴 - 铬合金的显微结构
（结构系由钴 - 铬 - 钼固溶体和粗大碳化物所组成，粗大晶粒的尺寸为 ASTM 7.5）

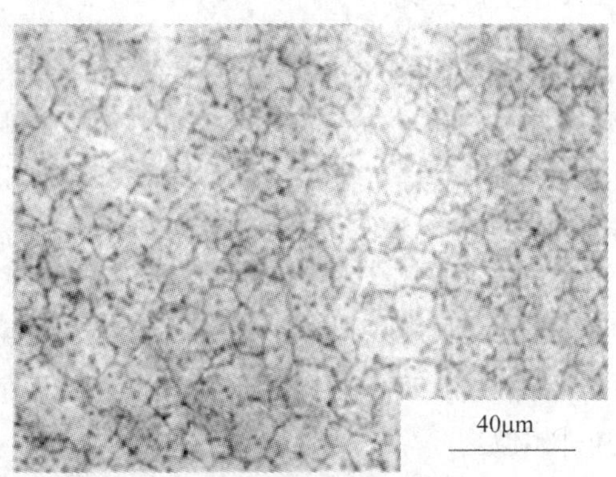

图 10-14-4　用热等静压由预合金钴 - 铬 - 钼粉生产的钴 - 铬 - 钼合金的显微结构
（与图 10-14-3 比较，碳化物细和晶粒度大大减小；宏观晶粒度为 ASTM 12 - 14）

粉末冶金工艺能制成接近最终形状。矫形用的钴基合金都难以机械加工，所以希望能制成接近最终形状。

14.1.1　粉末

对植入物生产中使用的粉末的要求是，控制成分、振实密度一致（为了在模腔尺寸固定时，保证成品零件尺寸的一致性），粉末纯度高。

现在，所有粉末冶金制造的矫形植入物都是用惰性气体雾化生产的粉末制造的（关于这种方法的较详细情况见第 2 篇第 1 章）。粉末供应者要遵守和用于航空与航天应用者相同的预防措施，并要与之采用相同的储运方法。典型的惰性气体雾化钴 - 铬 - 钼粉末示于图 10-14-5。颗粒形状趋于球形，很明显，有一些较小的颗粒像卫星一样黏附在大颗粒上。

另外一种粉末生产方法是等离子旋转电极法（在第 2 篇第 1 章已讲过）。与惰性气体雾化的粉末颗粒比较，用这种工艺生产的粉末颗粒更趋于球形和更光滑（图 10-14-6）。已

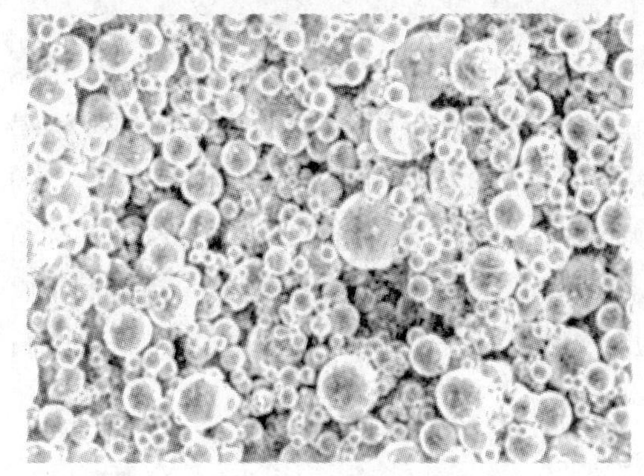

图 10-14-5　用于生产致密植入物的惰性气体雾化粉末的扫描电镜显微照片（180 ×）

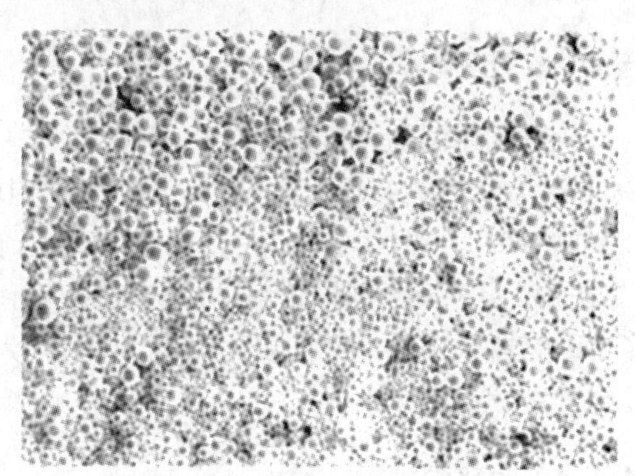

图 10-14-6　由等离子旋转电极法生产的粉末制造的钴 - 铬 - 钼合金的扫描电镜显微照片（20 ×）

在考虑用以等离子旋转电极法生产的粉末来制造现在用的植入物。然而，用于这项用途的数量归根结底决定于粉末的价格。

14.1.2　生产工艺

迄今，所有的致密粉末冶金髋柱，都是用等静压制造的。一直认为快速全向压制是一种可取代热等静压的方法。快速全向压制是利用一具有预成形型腔的厚金属包套（包套可能是由钢铁或有色金属制造的）。将包套装满粉末、密封、加热和在普通压机上进行压制。金属包套以准等静压的方式压制粉末。这种方法对于拥有合适的压机能力而无热等静压设备的生产者是有吸引力的。关于快速全向压制工艺见第 4 篇第 1 章中特种成形工艺部分。

这种工艺起初用于钴基合金获得成功，用快速全向压制得到的典型显微结构（图 10-14-7）与用热等静压生产的材料相似。因此，用快速全向压制生产的材料，其力学性能与热等静压的材料相似。

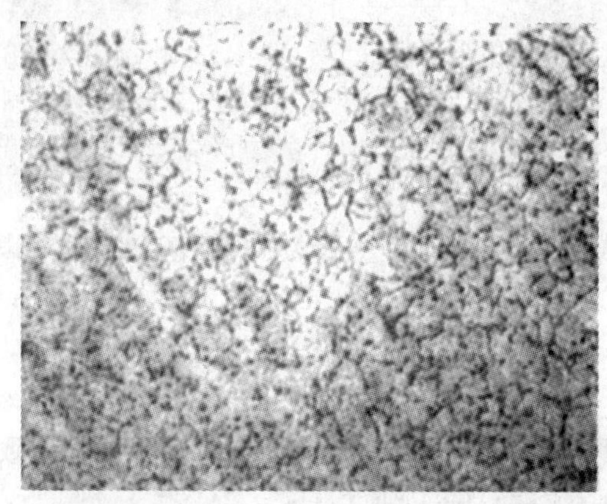

图 10-14-7　用快速全向压制制造的钴 - 铬 - 钼合金的显微结构
（与热等静压的钴 - 铬 - 钼合金相似，材料的晶粒度细和碳化物细小（250 ×））

用于生产植入物的工艺十分类似于用于航空与航天应用的镍基高温合金的热等静压。将在惰性气体中贮存的惰性气体雾化粉末装于金属包套中，而后将之抽真空和焊封。用热等静压加工装于包套中的粉末。除去包套，将预成形坯锻至最终尺寸。典型制造工艺参数是 1100℃和 100 MPa，保温保压 1 h。

14.1.3　力学性能

与组成相同的铸造钴基合金相比，用粉末冶金工艺生产的钴基合金，其显微组织要细得多，同时力学性能有很大改进。图 10-14-8 比较了用铸造、热等静压、快速全向压制生产的 ASTM F 75 钴 - 铬 - 钼合金的拉伸性能。所有静态性能都是粉末冶金零件高得多。

图 10-14-9 为同样材料的旋转杆疲劳性能。粉末冶金零件的持久强度比铸造材料高 2 倍。医疗器具中的零件需要寿命长，所以疲劳强度极为重要，粉末冶金材料疲劳性能的增高具有重大效益。

14.1.4　耐腐蚀性

ASTM F 75 钴基合金的腐蚀性状主要决定于基体的组成。因此，不同的显微结构具有

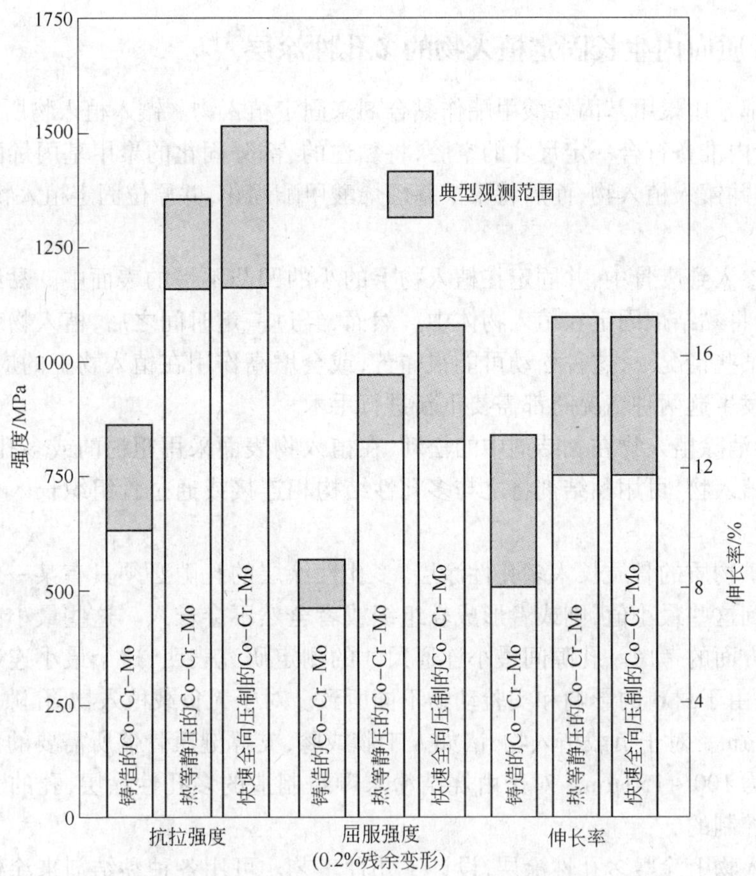

图 10-14-8　钴－铬－钼合金的拉伸性能

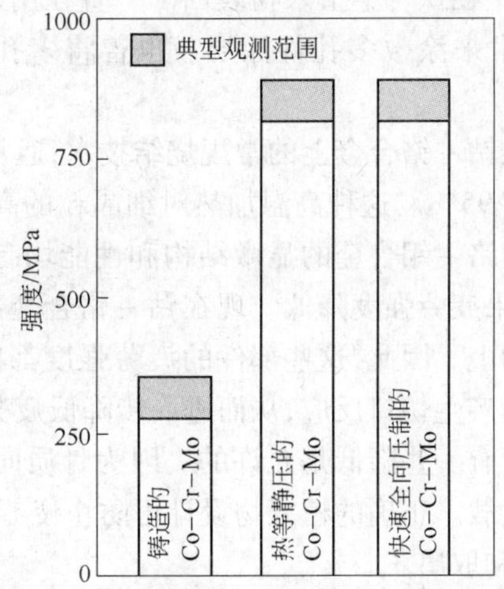

图 10-14-9　钴－铬－钼合金的 10^7 循环旋转杆疲劳持久极限

类似的耐腐蚀性。铸造和粉末冶金钴－铬－钼合金的静电电位腐蚀曲线具有相同的休止电位、钝化性状和点蚀电位。不论是精密铸造的还是用粉末冶金工艺生产的钴－铬－钼合金，已证实钴－铬－钼组成在人体内都具有良好的耐腐蚀性。

14.2　用骨质向内生长固定植入物的多孔性涂层[1]

传统的都是用聚甲基丙烯酸甲酯作黏合剂来固定植入物。镶入植入物所需要的外科手术包括，在骨内准备符合一定尺寸的空腔，将黏性的、部分固化的聚甲基丙烯酸甲酯置于准备好的部位，并镶入植入物，而后将聚甲基丙烯酸甲酯固化，并原位固定植入物，这基本上是机械固定。

黏结剂渗入到废骨中，并固定在植入物上的小的凹凸不平的表面中。黏结剂在固化时收缩，这也会将黏结剂固定在植入物体中。然而，经过一定时间之后，植入物就在黏结剂内松动了。在某些情况下，这种松动可能很痛苦，或会增高作用在植入物上的应力，从而使植入物失效。发生这两种情况时都需要重新进行手术。

现在，为消除植入物在黏结剂中的松动，在植入物表面采用粗糙的或多孔性涂层，带多孔性涂层的植入物，可用黏结剂将之与多孔性结构相连接或通过骨组织长入多孔性涂层来增强固定。

要使含矿物质的骨质长入多孔性涂层，多孔性涂层的孔隙必须具有某一最小尺寸。倘若孔隙达不到这些最小值，则或者形成软组织或者全然不会长入。这些最小的孔隙尺寸反映了生物学方面的考虑。孔隙间最小连通尺寸的测定研究表明，这个最小连通尺寸有些变化，这显然是由于材料的影响和实验动物不同所致。对于无负载植入物，孔隙间的最小连通尺寸约为 50 μm。对于负载植入物，诸如人工髋或膝，支撑健康骨骼所需要的孔隙间的最小连通尺寸约为 100 ~ 150 μm。对于由烧结粉末颗粒制造的多孔性涂层，孔的大小是用选择粉末粒度来控制的。

为在植入物上涂敷多孔性涂层，设计了几种工艺。可用各种黏结剂来涂敷钴 - 铬合金粉或钛粉，而后将它们烧结在钴 - 铬合金或铬合金/钛植入物表面上。可将线材或纤维成形为多孔性衬垫，然后扩散焊接在钛合金植入物表面。一直在用短效造孔剂制取多孔性金属材料。可用等离子喷涂技术来涂敷多孔性涂层。也曾将多孔性聚合物涂层涂敷在植入物上。

将粗大粉末颗粒黏结在钴 - 铬合金上的常规烧结技术，通常都与烧结温度相关，烧结温度为基体金属熔点的 90% ~ 95%。这种高温加热对细晶粒的高强度植入物材料，诸如热等静压的金属粉末或锻轧钴 - 铬 - 钼合金的显微结构和性能均有重大影响。通常，这些材料都会产生严重晶粒长大，结果疲劳强度降低。现在钴 - 铬合金部件是采用将烧结粉末涂层涂敷在粗晶粒的铸造植入物上。因此，这些部件的疲劳强度都比热等静压的钴 - 铬 - 钼合金粉末低。多孔性层还可能产生切口反应，从而进一步降低疲劳强度。

这些植入物的疲劳强度有一些降低是允许的。因为骨质向内长入会发生良好固定，从而使植入物和骨骼间分担负载。正确的植入物设计可防止疲劳强度降低。设计考虑的其他事项是临床要求，诸如镶入和取出。

正在研究用改进成分或用同时采用温度和压力来降低烧结温度的方法。可在比一般重力烧结低得多的温度下，将多孔性钛丝衬垫扩散焊接在钛合金植入物上。

图 10-14-10 为烧结钴 - 铬 - 钼合金颗粒（ -841 μm +325 μm，-20 +45 目）的扫描电镜显微照片和横断面图。注意颗粒间形成的颈。在横截面图上也可明显看出颗粒与颗粒的黏结。

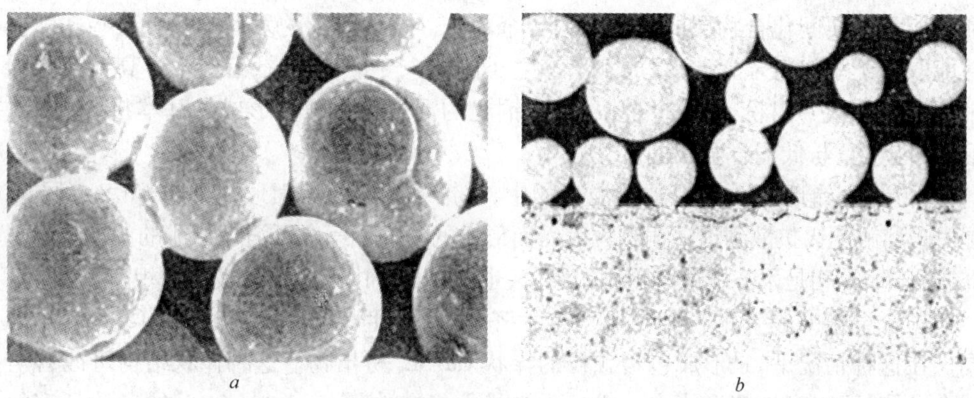

图 10-14-10　用重力烧结制造的多孔性钴－铬－钼涂层
a—扫描电镜显微照片；b—横截面金相图

图 10-14-11 为带钴－铬粉涂层的犬股骨膝植入物。植入 9 个月后的截面。孔隙已为生长良好的骨质填满。这种固定方式优于用聚甲基丙烯酸甲酯黏结剂进行的机械固定。

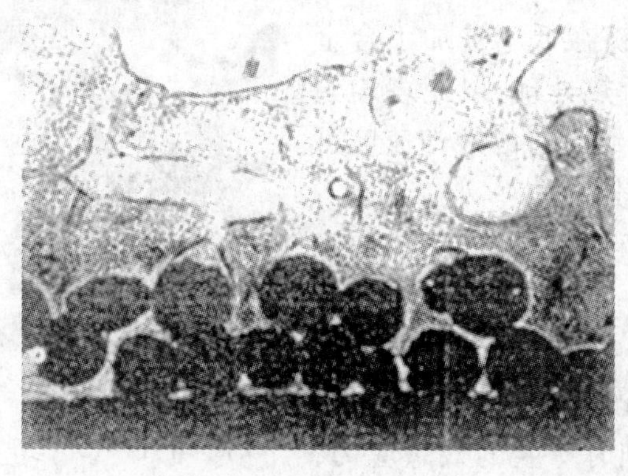

图 10-14-11　带多孔性涂层的犬股骨膝元件移植 9 个月后的组织结构截面
（观察到孔隙中有良好生长的骨质）

尽管带多孔性涂层的髋和膝植入物受到最大关注，其他植入物也可受益于多孔性涂层工艺。例如，可用多孔性涂层将心脏起搏器固定在适当位置。在这种情况下，植入物是用长入软组织来固定的。

14.3　牙科用汞齐合金

牙科用汞齐合金[1]是由液态汞与银基合金粉末反应形成的。可将粉末的组成分为两大类：铜含量低的和高的。低铜合金的组成是银含量大于 65%，锡含量为 29% 和含铜量不高于 6%。高铜合金是在 20 世纪 60 年代和 70 年代研制出来的，它们的含铜量较高（直到 30% 左右）。

当银－锡合金粉末与汞相接触时，银和锡就溶解在汞中，同时汞扩散到粉末中。银和锡在汞中的溶解度都有限，所以形成析出物：叫做 γ_1 的 Ag_2Hg_3，而锡相，大体上形成叫做 γ_2 的 Sn_8Hg。这些反应一直继续到汞被耗尽为止。最终生成一种复合物，它们是外包以银－

汞和锡－汞金属间化合物层的未反应的合金粉末。最终生成的汞齐中也有某些孔隙。汞齐的性能取决于汞对粉末之比、组成和形态之类的粉末变量，以及补齿技术。高铜合金粉可能是银－铜粉和银－锡粉，或预合金银、锡和铜粉的混合物。汞齐形成的基本机理（相互扩散和形成析出物）与低铜合金相同。

在二元银－铜和银－锡粉末的混合物中，在银－铜颗粒表面形成外包 Cu_6Sn_5 层，Cu_6Sn_5 相是由于溶解的锡扩散到银－铜颗粒表面而形成的。这个反应可消除形成的 γ_2（Sn_8Hg）相的大部或全部，γ_2 相是汞齐中最不耐用的组分，也是在口腔中耐腐蚀性最差的相。

当预合金银－锡－铜合金与汞发生汞齐化时，发生相似的反应，可是 Cu_6Sn_5 相的形态不同。在这种情况下，是形成包覆颗粒的棒状 Cu_6Sn_5 析出物。这种棒状结构可改善与基体的结合，同时可提高抗变形能力。成品汞齐是由包在被覆有一层 Cu_6Sn_5 的未消耗完的合金颗粒外层的 γ_1（Ag_2Hg_3）基体所组成。从而，可减少或消除形成不良的 γ_2 相。

14.3.1　粉末

最初用于补齿的粉末叫做切削粉末，它们是由铸锭切削加工制成的。用这种工艺生产的是致密的、有点细长的切屑（图 10－14－12）。切削加工之前，要将铸锭在低于被加工合金的初熔点的温度下进行热处理，以使之均匀化。用控制均匀化过程结束时的冷却速度可改变均匀化锭坯内的相分布。

图 10－14－12　切削的牙科用汞齐粉末的扫描电镜显微照片（250×）

均匀化和切削加工之后，再进一步加工成粉末。例如，为了进一步减小粒度，可将切削加工的粉末进行球磨。可用有专利权的酸处理方法洗涤粉末，以改变粉末在汞齐化时的性状。为了消除切削时产生的残余应力，也可将粉末进行消除应力处理。

用普通雾化工艺制造的雾化粉末，其颗粒形状略呈不规则状（图 10－14－13）。较小的颗粒趋向于球形。雾化粉末也要进行热处理，以增大粉末颗粒中的晶粒度。这可降低与汞的反应速率。雾化粉末常常用酸进行清洗。也在使用切屑和雾化粉末的混合粉（图 10－14－14）。

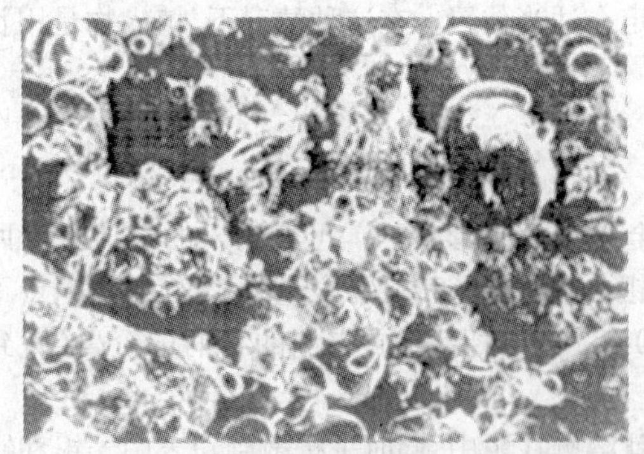

图 10－14－13　雾化的补齿用汞齐粉末的扫描电镜显微照片（250×）

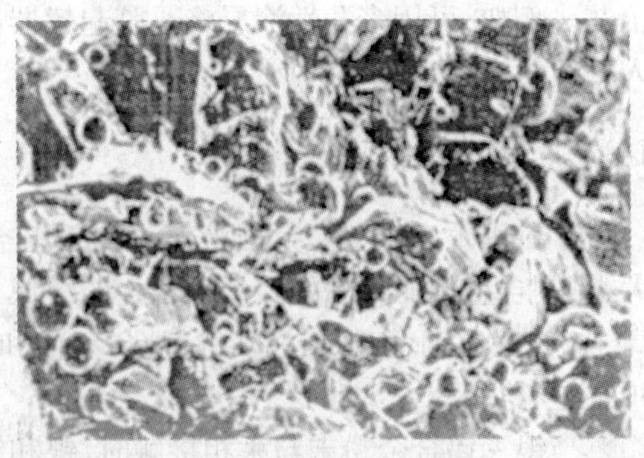

图 10－14－14　切屑和雾化的补齿用汞齐粉末的混合粉的扫描电镜显微照片（球形的是雾化粉末（250×））

14.3.2　力学性能和粉末变量

补齿汞齐的重要性能是压缩和拉伸强度、耐腐蚀性和尺寸稳定性。像颗粒形状、粒度分布、表面面积和组成之类的粉末变量对上述的一些性能都有重大影响。大量生产的粉末的粒度约为小于 44 μm（-325 目），平均粒度约为 30 μm。与颗粒较大的粉末相比，这些粉末倾向于使汞齐较快硬化，和在早期具有较高的强度水平。然而，这种作用也可能过分。粉末很细的粒度级（3 μm 或更细）含量太多时，表面面积很大，因此制取可使用的汞齐时，需要增加汞的数量。

颗粒形状对汞齐的性能有一些影响。当粒度一定时，球形粉末的表面面积比车屑粉末小，从而使用的汞较少（从力学性能观点看来，是理想的）。表 10-14-2 为切屑粉末汞齐的压缩强度与汞含量的关系。这些结果表明，汞含量过高时，压缩强度明显降低。

表 10-14-2　汞齐的压缩强度

剩余汞/%	压缩强度	
	MPa	psi
52	57	8300
54	54	7800
56	43	6300
58	36	5200

用球形粉末制取的汞齐，其塑性比由切屑粉末制造者好。牙科医生压实（凝聚）这些粉末时，用较低的压力即可得到较高的强度。然而，由于塑性增大，要修补成合适的形状，就必须当心。

如上所述，高铜汞齐中不含或只含少量的 γ_2 相。γ_2 比 γ_1 的强度、抗蠕变力和耐腐蚀性都低，所以好像不含 γ_2 有利。对低铜和高铜汞齐的检验表明，初始和老化的高铜材料的压缩强度较高，但抗蠕变力较低。

在一些合金中添加有锌，以在熔炼时起脱氧剂的作用。虽然这可改善合金的延性，但在汞齐进行混合和凝聚时，若有水分存在将会使汞齐过分膨胀。这种膨胀与产生氢有关，而且在将汞齐装入后的 4 ~ 5 天开始产生膨胀。膨胀可能引起疼痛，采用低锌、高铜合金粉末时，不会发生这个问题。

14.4　通过长入固定植入物的多孔性涂层[1]

多孔性涂层广泛用于补齿植入物。一直在生产一些设计和材料不同的无涂层补齿植入物。基本上，这些部件都是镶入下腭或上腭骨，而不使用聚甲基丙烯酸甲酯。一般说来，植入物是用来支撑口腔中的各种补齿用具的。图 10-14-15 为此设计的一些叶片形植入物。补齿植入物的成果是各式各样的。最近曾试图用烧结在金属底材上的多孔性粉末和纤维涂层将补齿部件与骨骼间结合起来。

和用于矫形术者一样，钛和钴 - 铬 - 钼合金都是比较爱用的材料。图 10-14-16 为带钴 - 铬 - 钼粉末涂层的植入物和带钛纤维涂层的植入物的实例。这些涂层的结构和上面所讲的矫形植入物的结构相同。带钛纤维涂层的植入物，其早期临床试验表明，成功率大于

90%。因此,看来带多孔性涂层的植入物,将来是有前途的。

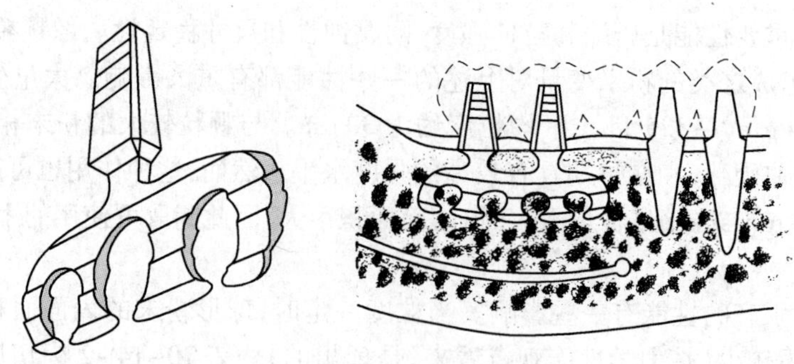

图 10-14-15 无涂层的补齿植入物

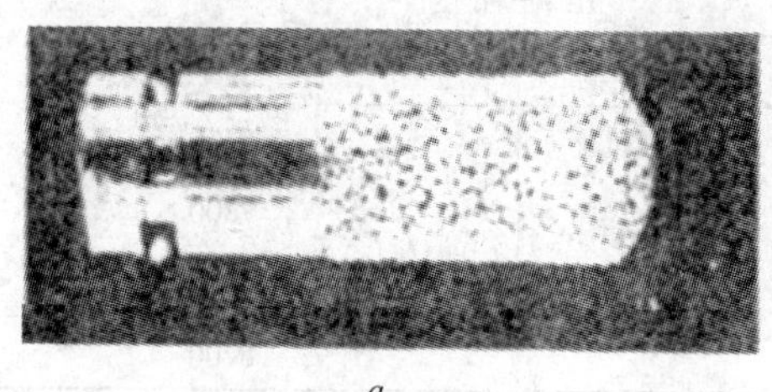

a

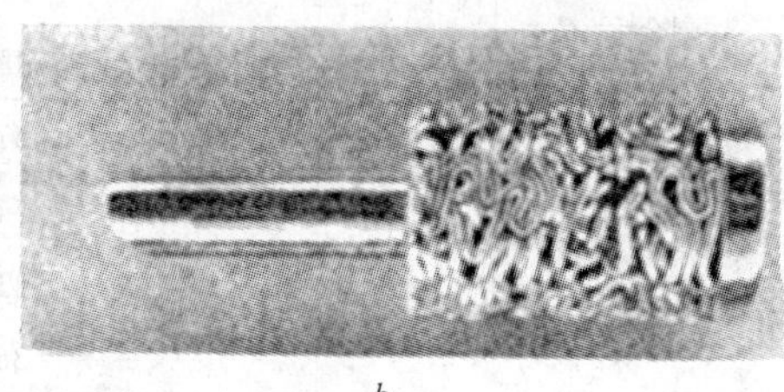

b

图 10-14-16 典型的补齿植入物

a—带钴-铬-钼粉末涂层的补齿植入物;*b*—带钛纤维涂层的补齿植入物

对于热等静压之类已知的高温固结工艺来说,普通补齿部件稍微小一些。然而,在用注射成形制造小型的不锈钢矫形托架方面,金属注射成形工艺很适合于生产这类零件。

14.5 金属注射成形(MIM)零件在医疗与牙科中的应用[2]

金属注射成形(MIM,metal injection moulding)是以金属粉末为原料,借助塑料注射成形工艺,制造金属零件的一门技术。最早是用氧化物粉末(诸如 Al_2O_3 粉)制造陶瓷零件,所以也叫做 CIM(ceramic injection moulding),鉴于 MIM 与 CIM 皆以粉末为原料,所以也统称为粉末注射成形(PIM,powder injection moulding)。

金属注射成形(MIM)是粉末冶金与现代塑料注射成形工艺相结合形成的一门新型金属零件成形工艺。出现于 20 世纪 70 年代末期,最初主要用于制造轻武器零件。在 20 世纪 80 年代,这项新工艺就引起了美国医疗器械制造业的关注,因此,在 MIM 零件的美国市场中,医疗与牙科市场占有较大份额。在美国 MPIF(金属粉末工业联合会)从 1998 年开始每年举办的粉末冶金设计竞赛中,在 1998 ~ 2008 年 11 年间,获奖的粉末冶金医疗与牙科零件共有 14 项,其中 12 项是用 MIM 零件。这表明 MIM 零件在美国医疗与牙科业已获得了广泛应用,而且生产技术已发展到了相当高水平。下面逐一介绍 1998 ~ 2008 年在 MPIF 粉末冶金设计竞赛中获奖的这 14 种产品。

14.5.1　腹腔镜外科手术剪刀

这种用 MIM 工艺，由 17－4PH 不锈钢粉制造的，具有烧灼能力的“枢轴”腹腔镜外科手术剪刀（见图 10-14-17 与表 10-14-3）是由螺旋齿轮和两个单个剪刀刀片组成，它们的密度为 7.5 g/cm^3。20 齿小螺旋齿轮是用独特的“浮动型腔”模生产的，可像常规一样脱出螺旋齿轮。用一次注射成形制成一对平直刀片，并将它们进行精整，再经校准预负载，后角度与曲度，制成配套的刀片。刀片要进行热处理与时效处理。由客户将刀片进行开刃。和切削加工制造的螺旋齿轮相比，MIM 螺旋齿轮的成本可降低 80%。

图 10-14-17　腹腔镜外科手术剪刀

表 10-14-3　腹腔镜外科手术剪刀获奖情况

零 件 名 称	用途	生产厂商	最终用户
腹腔镜外科手术剪刀（Laparoscopic Surgical Scissors）	医疗	FloMet, Inc.	Imagyn Surgical
获奖年份	1998	奖项	大奖

14.5.2　Metzebaum 内窥镜剪刀

这种由剪刀刀片、吊钩及制动器组成的随意处理装置用于 Metzebaum 内窥镜外科手术剪刀（见图 10-14-18 与表 10-14-4）。在微创心脏外科手术、一般外科手术及整复与修复外科手术时，这种剪刀可用于切割、烧灼及凝结。这些零件都是用 MIM 工艺由 17－4 PH 不锈钢粉制作的，密度不低于 7.5 g/cm^3。屈服强度不小于 966 MPa，极限抗拉强度不小于 1069 MPa。成

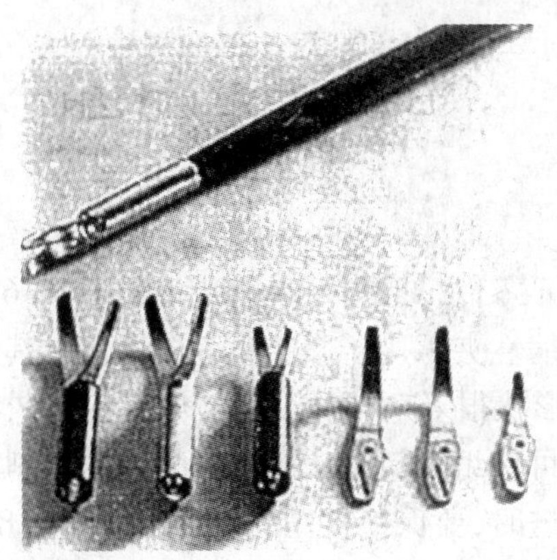

图 10-14-18　Metzebaum 内窥镜剪刀

表 10-14-4　Metzebaum 内窥镜剪刀获奖情况

零 件 名 称	用途	生产厂商	最终用户
Metzebaum 内窥镜剪刀（Endoscopic Metzebaum Scissors）	医疗	FloMet LLC	Genzyme Corp.
获奖年份	2000	奖项	优秀奖

形-烧结的刀片是平直的，然后，客户将之用肘杆压机成形为所要求的曲度。制动器与吊钩都需要进行一次精整，以调整支架的宽度。刀片的成对弯曲与刃磨都由客户进行。吊钩上的两个螺纹都是成形的。以前这些零件都是由303不锈钢用切削加工生产的。

14.5.3 针推进器与末端吊钩

这些零件（见图10-14-19与表10-14-5）是用MIM工艺，由17-4PH不锈钢粉制造的，其密度为7.68～7.72g/cm³。末端吊钩的硬度为35～38 HRC，伸长率为10%，拉伸屈服强度为1100 MPa。针驱动器的硬度为38～42 HRC，伸长率为8%，拉伸屈服强度为1070 MPa。这些MIM零件用于微小创窥镜的daVinci机械手外科手术装置。由于动力控制的活接头可使器械端部像人手腕一样灵巧，故用这种高精度机械手装置可实施复杂的外科手术。在一般腹腔外科手术时，针驱动器缝合切开的伤口。用户将坯件的两个半边夹紧使之相连接，然后切削加工成要求的形状。将驱动电缆通过针枢轴处的孔插入。末端吊钩以未进行光饰的最终形状交付客户的。和由棒料、用CNC切削加工制成的零件相比，MIM零件可减小生产成本90%。

图10-14-19 针推进器与末端吊钩

表10-14-5 针推进器与末端吊钩获奖情况

零件名称	用途	生产厂商	最终用户
针推进器与末端吊钩（Needle Driver & Distal Clevis）	医疗	Smith Metal Products	Intuitive Surgical
获奖年份	2001	奖项	大奖

14.5.4 腹腔镜夹爪

这种用MIM工艺，由17-4 PH不锈钢粉制造的夹爪零件（见图10-14-20和表10-14-6），系由上、下夹片、固定器及一根工字梁组成。这种高压缩性夹爪用于腹腔镜容器熔化。其烧结件密度为7.6g/cm³。这些零件壁都很薄，而且几何形状很复杂，因此，用其他任何工艺都很难经济地生产。把上、下夹爪装在凸起部的枢轴上，可使组件转动。腹腔镜装置的切割机制在于工字梁的形状。当刀片从近侧向夹爪的远处前进时，要保持很高的压缩性。Surg Rx系统在高压缩性夹爪设计中综合了创造性的电工技术，从而使容器可快速熔化，而不会产生热效应。

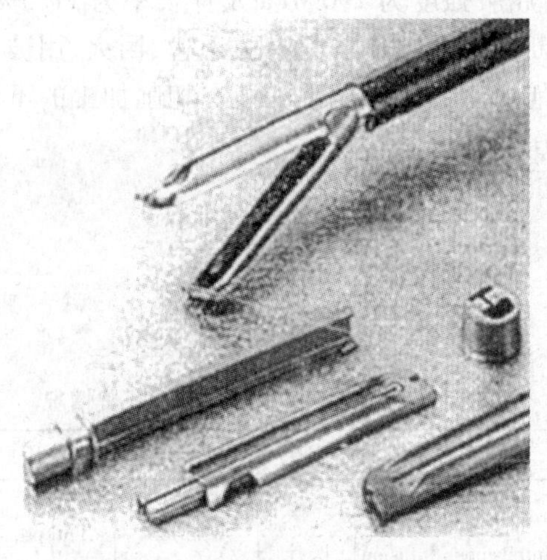

图 10-14-20　腹腔镜夹爪

表 10-14-6　腹腔镜夹爪获奖情况

零件名称	用途	生产厂商	最终用户
腹腔镜夹爪（Laparoscopic Jaws）	医疗	Parmatic Corp.	SurgRx, Inc.
获奖年份	2004	奖项	大奖

14.5.5　缝合夹爪

这个零件是用于医疗缝合装置的下夹爪（见图 10-14-21 和表 10-14-7），其是用 MIM 工艺，由 17-4 PH 不锈钢粉制作的一个形状复杂的零件。下夹爪是缝合中的一个关键零件，其使得用一只手就能固紧与缝合，而且缝合的动关节唇针脚均一。这种 MIM 零件的密度为 7.7 g/cm^3，典型抗拉强度为 897 MPa，屈服强度为 731 MPa。后续作业是，铰 3 个孔、整形及精整。

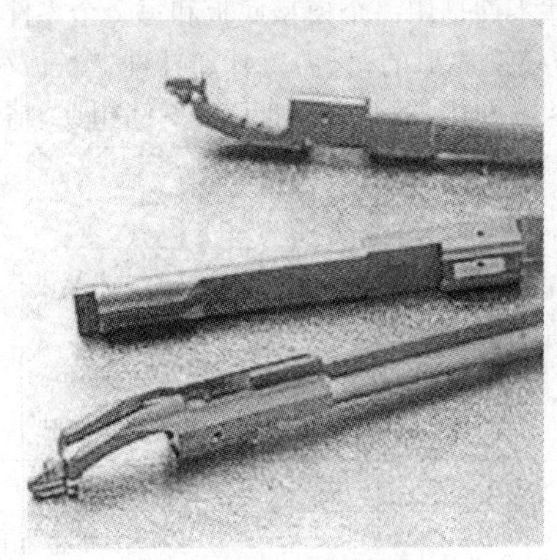

图 10-14-21　缝合夹爪

表 10-14-7　缝合夹爪获奖情况

零件名称	用途	生产厂商	最终用户
缝合夹爪（Suturing Jaw）	医疗	Kinetics, Inc.	Opus Medical. Inc.
获奖年份	2004	奖项	优秀奖

14.5.6　静脉注射泵活门

这个形状复杂的零件是用粉末冶金工艺，由 316 不锈钢粉制造的静脉注射泵活门（见图 10-14-22 和表 10-14-8），其用于注射静脉溶液的医用注射泵门把手顶端。粉末冶金零件的密度为 6.7 g/cm^3，极限抗拉强度为 448 MPa，屈服强度为 290 MPa 及伸长率为 11.5%。活门必须能承受高负荷，并且重复操作不磨损或断裂。后续作业只有去毛边、回火、用玻璃珠光饰及钻一个孔。从前，是用暗销与螺钉将切削加工的压铸把手安装在切削加工的不锈钢活门上。改用粉末冶金活门一年可节约成本 10 万美元。

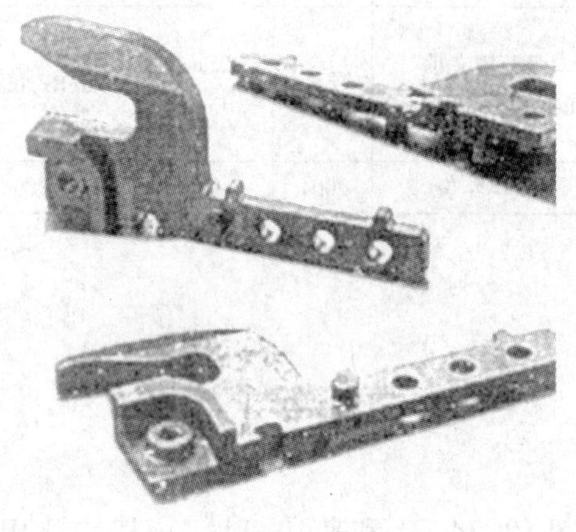

图 10-14-22　静脉注射泵活门

表 10-14-8　静脉注射泵活门获奖情况

零件名称	用途	生产厂商	最终用户
静脉注射泵活门（Intravenous Infusion Pump Latch）	医疗	Webster-Hoff Corp.	Philips Plastics Corp.
获奖年份	2004	奖项	大奖

14.5.7　活体组织检查仪

活体组织检查仪（见图 10-14-23 和表 10-14-9）的这 11 个零件都是用 MIM 工艺，由 316L 双相不锈钢制造的，其密度不小于 7.52 g/cm^3，极限抗拉强度 503 MPa，屈服强度 296 MPa，伸长率 40% 及硬度为 70 ~ 80 HRB。这些零件是用一个模型底板和每 2 个零件的 5 个可拆卸模件，再加上安放这 11 个零件的整个模型成形的，只需要外加杆件、螺钉及弹簧。这种仪器是借助超声制导程序，用一只手容易操作。和切削加工的零件相比，估计 MIM 零件可降低成本 50% 以上。

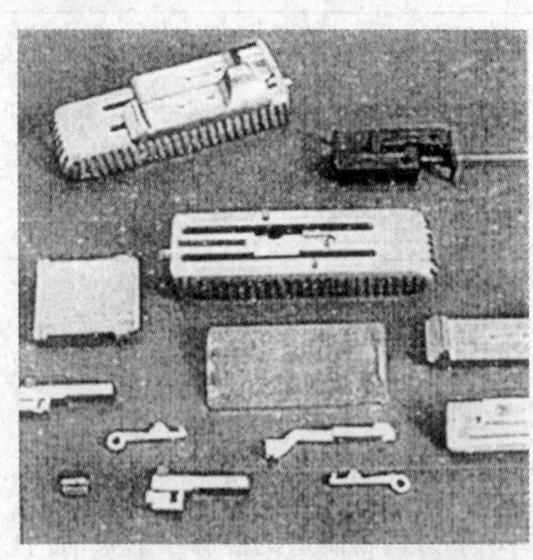

图 10-14-23　活体组织检查仪

表 10-14-9　活体组织检查仪获奖情况

零件名称	用途	生产厂商	最终用户
活体组织检查仪（Biopsy Instrument）	医疗	FloMet LLC	Medical Device Technologies
获奖年份	2001	奖项	优秀奖

14.5.8　伞齿轮

用粉末冶金，由 304 不锈钢粉制造的伞齿轮/回转棘轮用于外科手术纤维切断机的驱动机构(见图 10-14-24 和表 10-14-10)。其典型密度为 6.6 g/cm^3，屈服强度为 207 MPa 及典型硬度为 63 HRB。从前这个零件是由 2 个切削加工的零件焊接在一起制成的，粉末冶金伞齿轮比之可降低成本 70%。

图 10-14-24　伞齿轮

表 10-14-10　伞齿轮获奖情况

零件名称	用途	生产厂商	最终用户
伞齿轮 (Bevel Gear)	医疗	Allied Sinterings, Inc.	未泄露
获奖年份	2001	奖项	优秀奖

14.5.9　口腔正畸颊系带系列

这个零件系列用于口腔正畸托架的 Damon 3 臼齿颊系带系列(见图 10-14-25 和表 10-14-11)。这个系列是由多个用 MIM 工艺制造的 17-4 PH 不锈钢零件组成。零件热处理后的极限抗拉强度为 1276 MPa 和屈服强度为 1103 MPa，伸长率为 7% 及硬度为 HRC 38 ~ 42。这个系列系由 32 个 MIM 托架和 2 个 MIM 滑块组成。在全部金属的 Damon 自-结扎口腔正畸器具中，这是第一次采用这种颊系带系列。全部生产时，这项应用一年零件的总产量有 1200 多万件。

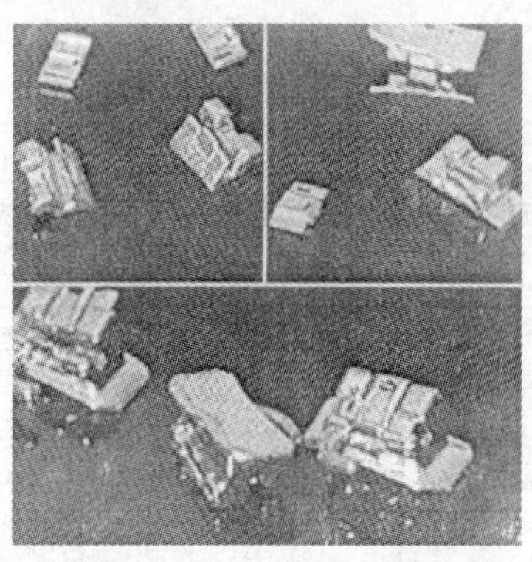

图 10-14-25　口腔正畸颊系带系列

表 10-14-11　口腔正畸颊系带系列获奖情况

零件名称	用途	生产厂商	最终用户
口腔正畸颊系带系列(Orthodontic Buccal Tube System)	医疗	Flomet LLC	SDS Omco
获奖年份	2005	奖项	优秀奖

14.5.10　牙科修复支架

这个零件(见图 10-14-26 和表 10-14-12)用于供给空气、水及同时用纤维-光导照明口腔内的，手动纤维-光导旋转牙科装置。这是一个用 MIM 工艺，由 17-4 PH 不锈钢粉制造的，形状很复杂的零件，密度为 6.7 g/cm^3。这个零件有 19 个关键尺寸的 Callout，它们的尺寸公差为 ±0.076 mm 或更小。5 个 Callout 的尺寸公差只有 ±0.0254 mm。零件有 7 个中心部位，0.584 mm 的中心部位是对零件中心线的复合平面，而且，由于钻头直径小，在烧结后不能用钻头钻孔。因此，这个零件是在 MIM 成形的生坯状态下进行钻孔的。从前，这个零件是用切削加工生产的，成品率只有 60%，现已改用 MIM 工艺生产。

图 10-14-26　牙科修复支架

表 10-14-12　牙科修复支架获奖情况

零件名称	用途	生产厂商	最终用户
牙科修复支架（Dental Manifold）	医疗	MIMflow Technologies LLC	Star Dental Division of Dental EZ Corp.
获奖年份	2005	奖项	优秀奖

14.5.11　口腔正畸装置托架、滑块及吊钩

用 MIM 工艺，由 17-4 PH 不锈钢粉制造的这 3 个零件——托架、滑块及可拆卸落入吊钩——都用于 Damon 3MX 自连接（self-ligation）口腔正畸齿定位装置（见图 10-14-27 和表 10-14-13）。用吊钩使一个托架与一个滑块将每一个齿和任选的 5% 齿连接在一起。这些形状复杂的微小的具有最终形状的 MIM 零件，密度为 7.5 g/cm^3，抗拉强度为 1186 MPa，屈服强度为 1090 MPa。托架与滑块都要进行热处理。客户在组装前，要进行滚磨光饰和进行钎焊。

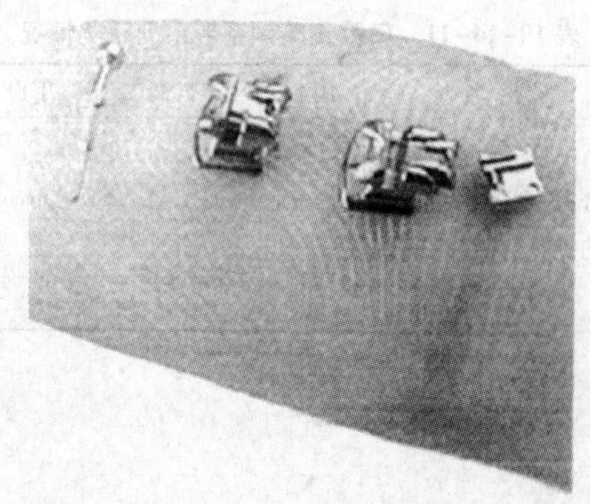

图 10-14-27　口腔正畸装置托架、滑块及吊钩

表 10-14-13　口腔正畸装置托架、滑块及吊钩获奖情况

零件名称	用途	生产厂商	最终用户
口腔正畸装置托架、滑块及吊钩（Orthodontic System Bracket, Slide and Hook）	医疗/牙科	Flomet LLC	Ormco Sybron Dental Specialties.
获奖年份	2007	奖项	大奖

14.5.12　Carrière Distalizers 矫治器

这种设计复杂的 Carrière Distalizers 矫治器(见图 10-14-28 和表 10-14-14)是由 2 部分组成,一为一端有球内杆与有插座的后面的衬垫(pad)和一个是在另外一端顶部有吊钩的衬垫。将 MIM 成形件烧结与抛光后,将球压入后面衬垫的插座中制成成品组件。这种组件有 3 种尺寸,每一种尺寸都有左手与右手型号。这种零件是用 MIM 工艺,由无镍不锈钢制作的,零件的成形密度为 7.6 g/cm^3,屈服强度为 552 MPa,极限抗拉强度为 659 MPa 及伸长率为 22%。和竞争的工艺,诸如精密铸造相比,MIM Carrière Distalizers 矫治器可大大降低生产成本。

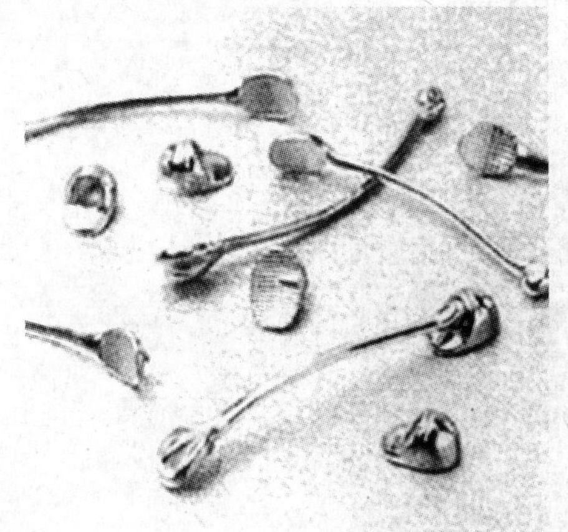

图 10-14-28　Carrière Distalizers 矫治器

表 10-14-14　Carrière Distalizers 获奖情况

零件名称	用途	生产厂商	最终用户
Carrière® Distalizers™ 矫治器	医疗	World Class Technologies	Class One Orthodontics
获奖年份	2004	奖项	优秀奖

14.5.13　连接装置

这种用 MIM 工艺,由 17－4 PH 不锈钢粉制造的连接装置用于外科手术钩环装置(见图 10-14-29 和表 10-14-15)。其密度大于 7.65 g/cm^3,极限抗拉强度为 900 MPa,屈服强度为 730 MPa 及硬度为 25 HRC。这个零件形状复杂,公差紧密,可直接成形为最终形状,不需要后续加工。和由棒料切削加工的产品相比,MIM 制造的连接装置可降低成本约 70%。

图 10-14-29　连接装置

表 10-14-15　连接装置获奖情况

零件名称	用途	生产厂商	最终用户
连接装置 (Articulation Gear)	医疗/牙科	Parmatech Corporation	未泄露
获奖年份	2008	奖项	大奖

14.5.14　销管套

这种销管套(见图 10-14-30 和表 10-14-16)是用 MIM 工艺,由 316 不锈钢粉生产的,其用于骨关节镜外科手术治疗动关节辱撕裂的 Opus Magnum Knotless 植入物部件。将销管套植入患者体内,用植入物部件将缝合的腱固定在肩骨架上。其是动关节唇外科手术的关键。用 MIM 工艺,可将销套管制成接近最终形状,其典型密度为 7.85 g/cm^3,抗拉强度为 538 MPa,屈服强度为 200 MPa,典型的表观硬度为 69.4 HRB。这种组件从前是将由线切割制作的 3 个零件,用激光焊接连接在一起制成的。改用一个 MIM 零件后,可使客户制造每个部件的最终组装时间减少 2/3,即从 15 min 缩短为 5 min。

图 10-14-30　销管套

表 10-14-16　销管套获奖情况

零件名称	用　途	生产厂商	最终用户
销管套(Pin Shroud)	医疗/牙科	Kinetics, a Climax Engineered Materials Corp.	ArthroCart Corp.
获奖年份	2007	奖项	优秀奖

参考文献

[1] Phillip J Anderson. 医学与牙科方面的应用[M]. 美国金属学会. 金属手册. 第 9 版. 第 7 卷:粉末冶金. 韩凤麟主译,赖和怡主审. 北京:机械工业出版社,1994:887 ~ 894.

[2] Peter K Johnson. International Journal of Powder Metallurgy 34/5(1998),36/5(2000),37/4(2001),40/4(2004),41/4(2005),43/4(2007),44/4(2008).

编写:韩凤麟(中国机协粉末冶金分会)

第 15 章　日用电器与机具中的粉末冶金零件

在这一章中主要介绍日用电器与机具中应用的粉末冶金零件，鉴于日用电器与机具种类多，品种繁杂，主要介绍具有代表性的家用电器、电动工具及缝纫机中用的粉末冶金零件。在这三类产品中，重点说明自动洗衣机、电扇、电动工具及缝纫机中的粉末冶金零件。这是因为 2008 年中国家用电冰箱与家用洗衣机的产量分别为 4754 万台与 4230 万台，2007 年电扇产量为 1.4 亿台，缝纫机 2004 年产量为 1573 万台，约占世界总产量的 71.8%。因此，若能在这些产品中推广应用粉末冶金零件，其技术 - 经济效益将是十分巨大的。

15.1　家用电器中的粉末冶金零件

家用电器，顾名思义，应是和人类居家生活息息相关的电器，诸如家用冰箱、空调器、电扇、换气扇、洗衣机、吸尘器、食物加工机、电动剃须刀、电吹风、电动按摩器、录音机、录像机、组合音响等。在家用电器中应用最广的，不可或缺的粉末冶金零件是烧结金属含油轴承。关于烧结金属含油轴承的生产、性能及应用详见本篇第 5 章。在这一章仅对洗衣机、家用冰箱的致冷压缩机、电扇等几种代表性产品中用的粉末冶金零件予以扼要说明。

15.1.1　自动洗衣机中的粉末冶金零件

现在市场上出售的全自动洗衣机大体上分为三类：欧洲发明的前置式侧开门滚筒式洗衣机，亚洲人发明的波轮上开门洗衣机及北美发明的“搅拌式”洗衣机。

早在 20 世纪 70 年代初，美国通用电气公司就将“搅拌式”自动洗衣机的变速器中的 2 个切削加工的钢件改为了重新设计的粉末冶金零件。这 2 个零件是锁住管与自旋管，见图 10-15-1 与图 10-15-2。

图 10-15-3 为锁住管与自旋管的切削加工设计和粉末冶金设计。由图 10-15-3 可看出，切削加工的自旋管是一个组合件，其是由 1 个切削加工的钢管和在两端压入的烧结金属含油轴承三件组成。重新设计的粉末冶金自旋管是单个零件，其下端的总壁厚虽减小了，但其厚度仍具有足够高的实用强度，并易于制造。

自旋管总壁厚减小，使得锁住管的壁厚增大，这就使粉末冶金锁住管具有所需要的实用强度。可是，这种壁厚调整与配合的零件无关。

单件的粉末冶金自旋管是由粉末冶金钢 F - 0008 - 20 制造的，密度为 5.9 ~ 6.1 g/cm^3。这种密度的粉末冶金钢，其结构强度已足够高，对于将润滑油虹吸到轴与轴承界面其密度已足够低。粉末冶金工艺的固有特点是，生产的零件具有轴承表面所需要的尺寸与粗糙度精度，同时可为驱动轴与锁住管提供适当的结构支撑强度。其唯一的后续加工是在大外径上切削加工一个小倒角，为压入组合件进行“导引”。

粉末冶金锁住管是由粉末冶金铜钢 FC - 0205 - 40 制造的，材料密度为 6.8 ~ 7.2 g/cm^3。添加铜和密度较高是为了使切口区具有足够高的冲击强度与对弹簧离合器具有耐磨性。粉

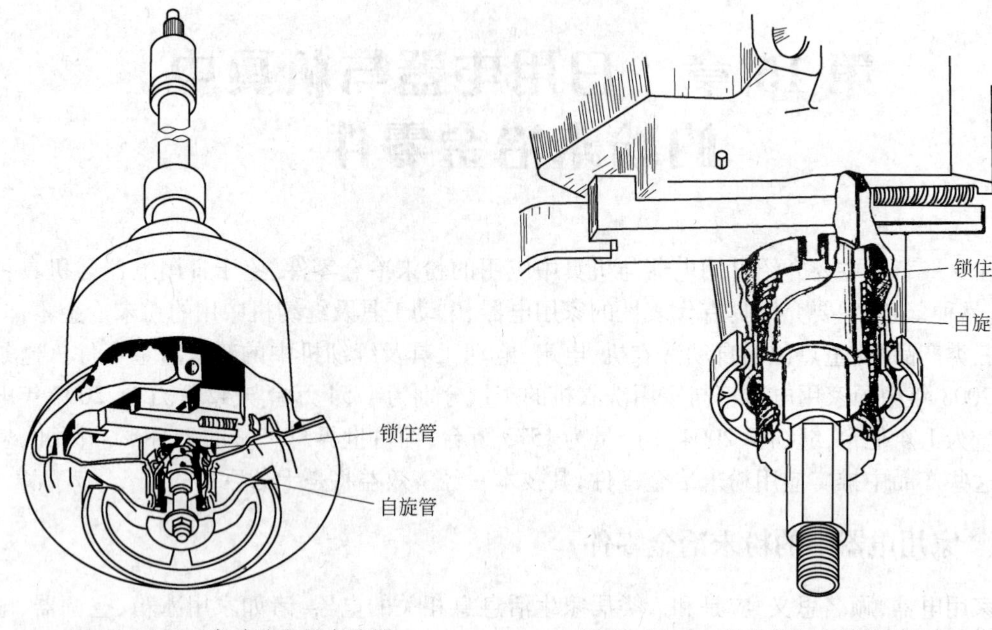

图 10-15-1　自动洗衣机变速器　　图 10-15-2　锁住管与自旋管的配置

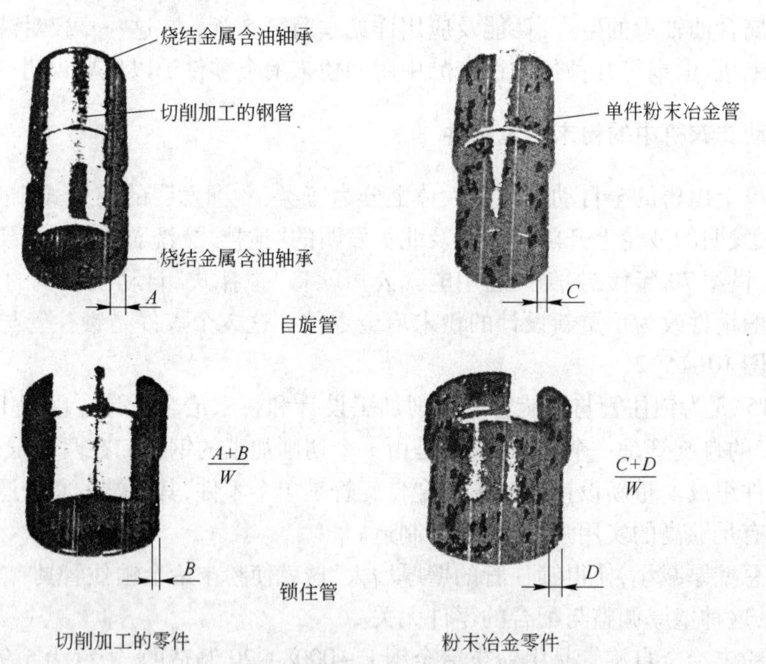

图 10-15-3　切削加工件和粉末冶金件设计的比较

末冶金工艺的特点是，尺寸公差精密，零件表面平整，并可压制成形出法兰切口。不需要后续加工。

重新设计的粉末冶金锁住管与自旋管，使生产成本与产品质量都得到了改善，材料、劳动力、管理费用及废料损耗的生产成本都有所降低，年度总节约超过了 25 万美元。粉末冶金零件的设计比较“宽松”，容许较大的尺寸公差，可显著全面提升变速器的质量水平。

另外，洗衣机电动机中基本上都是采用烧结金属含油轴承，表 10-15-1 为洗衣机电动机用烧结金属含油轴承的试验结果。

表 10-15-1　洗衣机电动机用烧结金属含油轴承的试验结果

项目	启动电压 /V	温升 /℃	噪声 /dB	振动 /mm	轴套磨损量 /mm	轴磨损量 /mm	间隙 /mm
试验前	23.8	（室温 30℃）	35	纵 0.01 横 0.005			0.027
							0.023
试验后	27.8	46.0	35.5	纵 0.01 横 0.005	0.009	0.002	0.038
					0.003	0.001	0.028

注：试验运转时间 3000 h；周数；50 周/s；数值是 5 台的平均值。试验方法和普通洗涤状态相同，每 30 s 改变一次回转方向。磨损量、间隙栏中，上一格是皮带轮一侧，下一格是无皮带轮一侧。

图 10-15-4 所示为欧洲粉末冶金协会（EPMA）网站 2009 年登录的一个洗衣机变速器零件。这个零件是洗衣机变速器用的节约生产成本的粉末冶金零件。

图 10-15-4　偏心齿轮

15.1.2　电扇中的粉末冶金零件

电扇是家用电器中用量最大的产品之一，中国现在电扇的年产量数以 1000 万台计。在电扇中最关键的零件是烧结金属含油轴承。

15.1.2.1　*电扇用烧结金属含油轴承*

电扇对轴套的要求是自润滑性、清洁性、回转噪声低及耐磨性好，价格低廉。

依据电扇耐久试验的结果，在轴套安装后不补充润滑油的条件下，其使用寿命都超过了 30000 h，这时启动电压、电流、温升等运转特性没有异状，轴套和轴的磨损都非常小。电扇中装的含油轴承示于图 10-15-5。

要使含油轴承使用寿命长，最重要的因素是，所用润滑油的油种和含浸润滑油量的保持性。对于前者适于采用氧化安定性和耐蚀性高的加有添加剂的透平油；对于后者如图 10-15-6 所示，

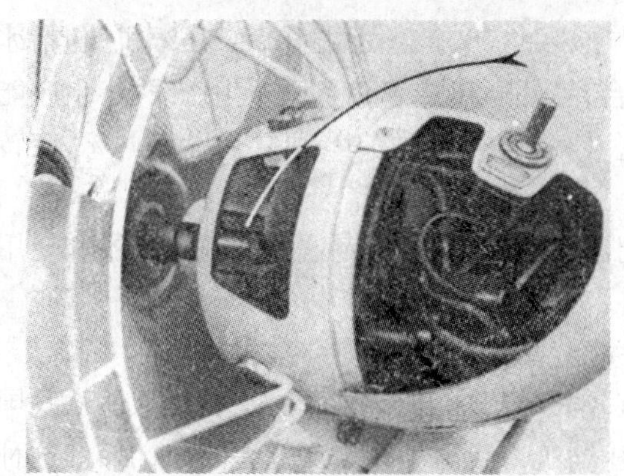

图 10-15-5　装烧结含油轴承的电扇

图 10-15-6　烧结含油轴承润滑油补给部分示例

使含油毛毡与烧结轴承外周部或端面部相接触，借毛细管现象将润滑油补给轴承内部，同时，将从轴承滑动面漏出的润滑油回收循环的方法也是有效果的。另外，轴承部的防尘结构对延长轴承的使用寿命也是有效的。

15.1.2.2　电扇摇头机构中的烧结零件

就家用电器零件而言，它们对材料强度要求不高，多数属于轻负荷零件，烧结材料完全可以满足需要。图10-15-7为电扇摇头机构中的烧结零件。照片中上排是将马达的回转运动转换为往复运动（摇摆）的曲轴齿轮，其模数为0.5，齿轮精度为JIS 5级。烧结齿轮齿的弯断强度为35～45 kgf（包括安全系数在内）。装于齿轮中心孔中的轴部要滚花，以免其在齿轮孔中滑动。烧结齿轮由于啮合面平滑，初期磨损很小，而且噪声小。图右下方是调节摇头速度与角度的齿轮－离合器复合零件。这个复合零件齿轮的齿数不同，齿轮一面同心圆上设计有凹状凹陷部，以之作为与连接体端面凸状突起相啮合的机构。这些零件从一开始设计的就是烧结零件，其形状用一般切削加工很难制作，是充分发挥粉末冶金特点的零件实例。

图10-15-7　电扇摇头机构中的粉末冶金零件

15.1.3　小型制冷压缩机中的粉末冶金零件

我国在20世纪90年代，先后从8个国家与地区的20个公司引进25条压缩机（包括冰箱与房间空调器）生产线，年生产能力1412万台，另外还建造了2条国产生产线，年生产能力达80万台。依据压缩机的结构形式，在年总生产能力（台数）中，往复式占55.4%，旋转式占23.8%，滑管式占20.8%。

若说小型制冷压缩机是电冰箱与房间空调器的“心脏”，则决定这个“心脏”质量和使用寿命的是粉末冶金零件。

15.1.3.1　小型制冷压缩机粉末冶金零件的发展概况

小型制冷压缩机生产在工业发达国家已有较长的历史，但结构形式变化不大。从我国引进和自行建造的压缩机生产线来看，往复式压缩机占我国年总生产能力的55.4%。这种压缩机中使用的主要零件，诸如连杆、活塞、阀板、轴承座、端盖等，一向采用铸铁－切削加工制造。

进入 20 世纪 60 年代以后,鉴于粉末冶金技术迅速发展,为了节能节材降低生产成本,以及消除环境污染等原因,美国、意大利、日本等国的压缩机生产厂家开始用粉末冶金零件取代铸铁 - 切削加工零件。表 10-15-2 所示为意大利 Merisinter 公司生产的往复式压缩机用粉末冶金零件的技术性能。意大利生产往复式压缩机的扎努西公司与尼基公司使用的粉末冶金零件就是由这家公司生产供应的。

表 10-15-2　Merisinter 公司生产的往复式压缩机用粉末冶金零件的技术性能

零件名称	重量/g	密度/g·cm^{-3}	后续处理	性能要求
连杆	17.7	6.9	蒸汽处理	尺寸精度很高,耐磨性好
活塞	23.8	≥6.5	蒸汽处理	气密性,切削加工性好
轴套	13.9	7.0	蒸汽处理	尺寸精度很高,耐磨性好
阀板	4.6	≥6.9	蒸汽处理	气密性,平直度精度高

根据对美国怀特公司往复式压缩机零件的分析,其连杆、活塞、轴套都是粉末冶金制品,而且都进行过水蒸气处理。这些零件的化学组成为 Fe - Cu - C,密度为 7 ~ 7.2 g/cm^3。表观硬度分别为:活塞 HB100 ~ 120;连杆 HB70 ~ 100;轴套 HB70 ~ 100。金相组织为铁素体与珠光体。

往复式压缩机(房间空调器)的排气阀导管、进气阀导管及缸套分别见图 10-15-8 ~ 图 10-15-10 和表 10-15-3。

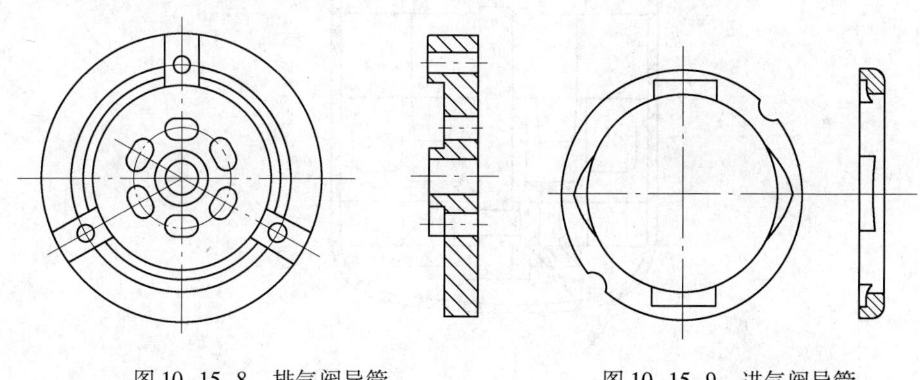

图 10-15-8　排气阀导管　　图 10-15-9　进气阀导管

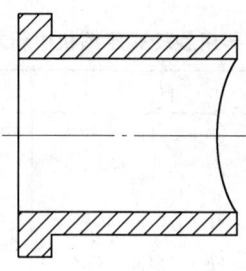

图 10-15-10　缸套

表 10-15-3 房间空调器用往复式压缩机中的粉末冶金零件

零件名称	密度/g·cm^{-3}	材质	要求特征
排气阀导管	6.7~7.0	Fe-1.5Cu-0.4C	耐磨性
进气阀导管	6.7~7.0	Fe-1.5Cu-0.4C	耐磨性
缸套	6.2~6.6	Fe-1.5Cu-0.4C	耐磨性,切削性能

旋转式压缩机比往复式压缩机制冷系数(COP)高,体积小,零件少,重量轻,节电10%~15%,因此,是压缩机中的一类重要品种。图 10-15-11 所示为旋转式压缩机简图。由图 10-15-11 可以看出,其主要零件有:上轴承、下轴承、缸体、转子、偏心轴等。现在这些零件都是用粉末冶金方法生产的。表 10-15-4 为日本住友电气工业公司生产的旋转式压缩机用粉末冶金零件的技术性能。图 10-15-12 为旋转式压缩机主要零件示意图,图 10-15-13~图 10-15-16 为各个粉末冶金零件的示意图。

旋转式压缩机的核心零件是缸体、转子及叶片。它们之间的相互关系见图 10-15-12。这种压缩机的工作原理是,电动机驱动偏心轴旋转,偏心轴使转子在叶片端部顶压下沿缸体内表面进行转动,从而对吸入的氟利昂产生压缩作用。叶片是借助弹簧顶压住转子外表面的。

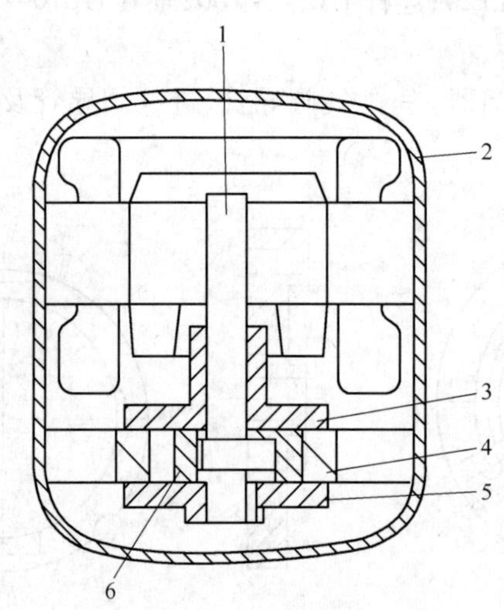

图 10-15-11 旋转式压缩机简图

1—偏心轴;2—外壳;3—上轴承;4—缸体;5—下轴承;6—转子

表 10-15-4 房间空调器用旋转式压缩机中粉末冶金零件的技术性能

零件名称	密度/g·cm^{-3}	材质	后续处理	要求特性
上轴承	6.4~6.8	Fe	水蒸气处理	耐磨性、气密性
下轴承	6.4~6.8	Fe	水蒸气处理	耐磨性
平衡块	6.2~6.8	Fe-1.5Cu-0.4C	水蒸气处理	重量
缸体	6.2~6.6	Fe-1.5Cu-0.4C	—	耐磨性、切削性能
叶片	6.7~7.0	6I(铜熔渗材料)	—	耐磨性

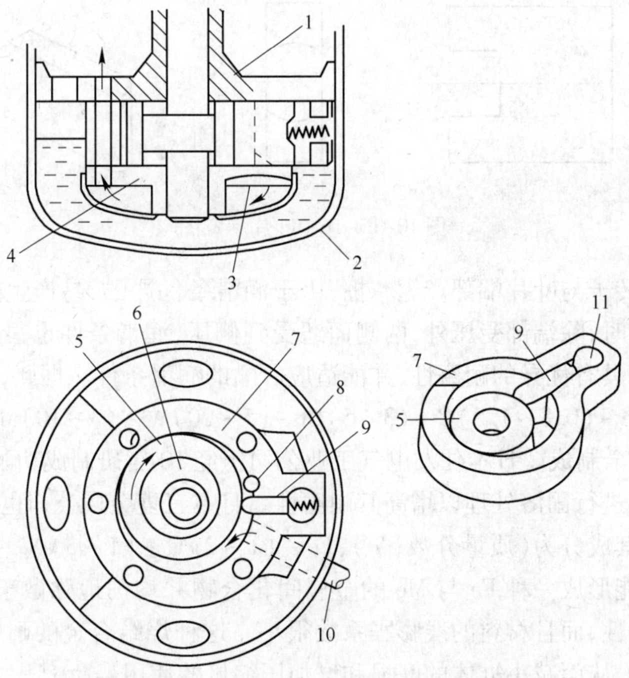

图 10-15-12　旋转式压缩机主要零件示意图

1—上轴承；2—外壳；3—排气阀；4—下轴承；5—转子；6—轴偏心部；
7—缸体；8—排气孔；9—叶片；10—吸入管；11—叶片槽

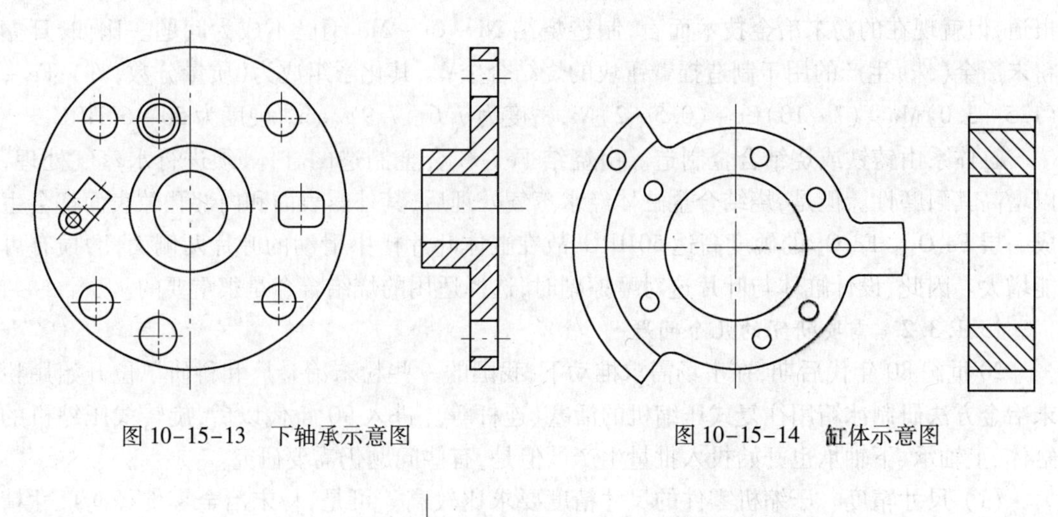

图 10-15-13　下轴承示意图　　图 10-15-14　缸体示意图

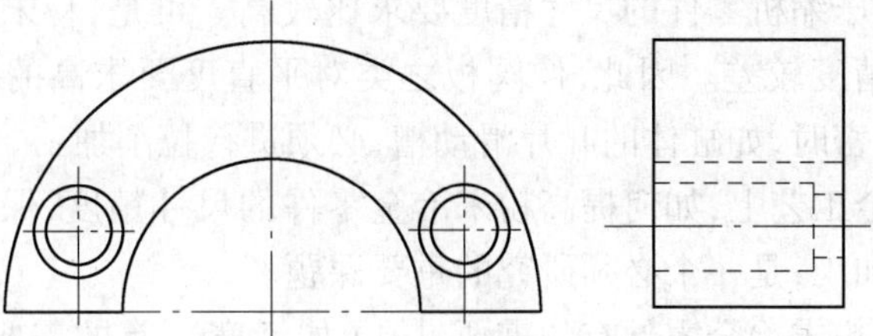

图 10-15-15　平衡块示意图

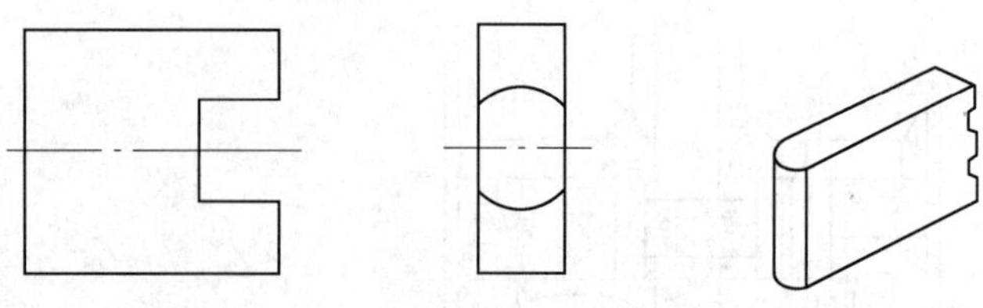

图 10-15-16　叶片示意图

转子旋转时,转子与叶片端部产生摩擦,由于润滑条件严酷,易产生金属接触。叶片在缸体叶片槽中滑动时,除端部受压外,两侧面还受到侧压,润滑条件也很恶劣。所以,叶片、转子及缸体都必须具有优异的耐磨性,并能适应严酷的润滑条件。据此,通常叶片由高速钢(质量分数,%):Fe-(0.8~1.5)C-(3~5)Cr-(5~20)W-(3~10)Mo-(1~5)V(有时含有 Co)或烧结合金制成。日本住友电气工业公司历经 10 年研制成功了烧结 Fe-Cu 合金叶片。这种叶片需进行固溶处理以增高其耐磨性。日本三菱金属公司也研制成功一种制造叶片的烧结合金,其成分为(质量分数,%):Fe-(1~2)C-(1~3)Ni-(4~6)Mo[1]。这种合金热处理时,能形成一种 Fe 与 Mo 的金属间化合物并均匀地弥散于材料之中,这不但可增高材料的耐磨性,而且材料的线膨胀系数很小。这种烧结合金的耐磨性为普通高速钢或特种铸铁的 2 倍,从而减小缸体的磨损和增加压缩机的使用寿命[2]。

转子与叶片是一对摩擦条件十分恶劣的摩擦副。转子可由 Ni-Cr-Mo 钢或 Ni-Cr-Mo 铸铁或含 B 的钢与铸铁或经过热处理的可锻铸铁与蠕墨铸铁制成。日本住友电气工业公司早在 20 世纪 70 年代末期就研究用烧结合金制造转子。进入 80 年代以后,未见进一步报道,但就现在的粉末冶金技术而言,制造烧结 Ni-Cr-Mo 钢已不成为问题。比如,日立粉末冶金(株)生产的用于制造摇臂镶块的烧结合金[3],其化学组成为(质量分数,%):Fe-(1.5~3.0)Mo-(7~10)Cr-(0.5~2)Ni,密度为 7.6~7.9 g/cm^3,硬度为 50~60HRC。

缸体系由铸铁或烧结合金制造。由烧结 Fe-C 合金制造的缸体,须进行水蒸气处理,以增高其耐磨性。但是,烧结合金缸体经水蒸气处理后,其外露表面和内部孔隙表面都会生成一层 Fe_3O_4。Fe_3O_4 的硬度高达 50HRC,故在缸体叶片槽中滑动的叶片两侧面,磨损有可能增大。因此,设计缸体与叶片这对摩擦副时,选择适用的烧结合金是很重要的。

15.1.3.2　需要研究的几个问题

20 世纪 80 年代后期,在市场需求推动下,我国的一些粉末冶金厂和科研单位开始用粉末冶金方法研制冰箱用往复式压缩机的活塞、连杆等。进入 90 年代以后,旋转式压缩机的缸体、上轴承、下轴承也开始投入批量生产。但是,有些问题仍需要研究。

(1) 尺寸精度。压缩机零件的尺寸精度要求比较高。可是,粉末冶金零件径向尺寸精度较高,但轴向尺寸精度较差。因此,像阀板之类对平直度要求高的零件,就需要磨平面。径向尺寸公差特别精密时,如缸体的叶片滑动槽,必须进行拉削加工。

因此,在粉末冶金工艺上,如何提高粉末冶金零件的尺寸精度,保持其尺寸精度的一致性,以减小后续切削加工,是一个必须研究的重要课题。

(2) 切削性能。粉末冶金零件有的需要钻孔(如活塞),有的需要拉削(如缸体),切削加工等。粉末冶金材料中含有众多的微小孔隙,致使切削加工时产生断续切削,加剧刀具磨损。因此,需要研究易切削烧结合金。现在,我国为解决压缩机零件的切削加工问题,大多采用日本神户制钢公司生产的 600MS 粉末作为原料粉末。

为改善铁基粉末冶金材料的切削性能，国际上普遍采用在原料粉末中掺以添加剂 MnS、BN（六方）等。瑞典 Höganās 公司最近又提出添加 MnX。

（3）耐磨性。压缩机零件的一项基本性能要求是耐磨性好。这项性能主要通过后续处理，诸如水蒸气处理、固溶处理及热处理来达到。其中应用较广的是水蒸气处理。水蒸气处理除增加耐磨性外，还有一定的封孔作用。

（4）气密性。压缩机的活塞、阀板、缸体等要求具有一项特殊性能，那就是在一定压力下不得漏气，也就是要求气密性好。例如，要求活塞在 1.5 MPa 压力下至少要保证 3 min 内不漏气。水蒸气处理虽有一定的封孔作用，但并不十分可靠。根据用厌氧胶进行的封孔试验来看，在压力 2.5 MPa 下，保压时间都大于 3 min。近年来，英国 Ultraseal International Limited 开发了一种丙烯酸酯封孔技术，其特点是在一次处理中可密封粉末冶金零件的整个表面。

（5）新品开发。叶片与转子是旋转式压缩机中的两个关键零件，迄今还没有看到过关于国内研制开发这两个粉末冶金零件的报道。

15.2　电动工具中的粉末冶金零件

电动工具是以电动机或电磁铁为动力，通过传动机构驱动工作头的一种机械化工具。

电动工具从 1895 年德国制造出世界上第一台直流电钻，迄今已有约 115 年的历史，现在电动工具的种类主要有金属切削电动工具、研磨电动工具、装配电动工具及铁道用电动工具。常用的电动工具有电钻、电动砂轮机、电动扳手与电动螺丝刀、电锤与冲击电钻、混凝土振动器、电刨。2008 年中国电动工具的产量约为 4000 万台。粉末冶金结构零件在电动工具得到了广泛应用。表 10-15-5 示出一些粉末冶金零件在几种电动工具中的应用实例。

表 10-15-5　电动工具中的粉末冶金零件实例

电动工具名称	零件名称	材　料	特　点
手电钻	轴承	Cu - Sn, 6.6 ~ 7.2 g/cm^3	自润滑
	轴套	Fe, 5.6 ~ 6.2 g/cm^3	自润滑
	联轴节	Fe - 2Cu - 0.7C, 6.7 ~ 7.0 g/cm^3，高频淬火	耐磨性（螺纹部）
	正齿轮	Fe - 2Cu - 0.7C, 6.7 ~ 7.0 g/cm^3	耐磨性
	斜齿圆柱齿轮	Fe - 2Cu - 0.7C, 6.7 ~ 7.0 g/cm^3	耐磨性
	斜齿圆柱齿轮 -（A）	Fe - 2Cu - 0.7C, 6.7 ~ 7.0 g/cm^3，嵌于树脂中	耐磨性、绝缘性
	螺母	Fe - 2Cu - 0.7C, 6.8 ~ 7.18/cm^3，渗碳淬火	耐磨性
振动钻	变换器	Fe - 1.5Cu - 0.4C, 6.2 ~ 6.6 g/cm^3，渗碳淬火	耐磨性
	棘轮	Fe - 2Cu, 7.0 ~ 7.4 g/cm^3，渗碳淬火	耐磨性，棘轮强度
	止动件	Fe - 1.5Cu - 0.4C, 6.2 ~ 6.6 g/cm^3，水蒸气处理	
	轴套	Cu - Sn, 6.6 ~ 7.0 g/cm^3	自润滑
	轴套	Fe, 5.6 ~ 6.2 g/cm^3	自润滑
电刨	轴套	Cu - Sn, 6.6 ~ 7.2 g/cm^3	自润滑
	轴套	Fe, 5.6 ~ 6.2 g/cm^3	自润滑
	皮带轮 - C	Fe - 1.5Cu - 0.4C, 6.2 ~ 6.6 g/cm^3，水蒸气处理	耐磨性
	皮带轮 - B	Fe - 1.5Cu - 0.4C, 6.2 ~ 6.6 g/cm^3，水蒸气处理	耐磨性
	皮带轮 - A	Fe - 1.5Cu - 0.4C, 6.2 ~ 6.6 g/cm^3，水蒸气处理	耐磨性

续表 10-15-5

电动工具名称	零件名称	材　料	特　点
电圆锯	垫圈	Fe-1.5Cu-0.4C,6.7~7.0g/cm³,水蒸气处理	抗压强度
	垫圈	Fe-2Cu-0.7C,6.7~7.0g/cm³,水蒸气处理	抗压强度
电坐标锯	齿轮	Fe-2Cu-0.7C,6.7~7.0g/cm³	耐磨性
	平衡锤	Fe-2Cu,7.0~7.4g/cm³,渗碳淬火	耐磨性,重量
	齿轮座	Fe-1.5Cu-0.4C,6.2~6.6g/cm³	
台钻	齿轮	Fe-2Cu-0.7C,6.7~7.0g/cm³	耐磨性
	斜齿圆柱齿轮	Fe-2Cu-0.7C,6.7~7.0g/cm³	耐磨性

电动工具生产企业为了通过应用粉末冶金零件获得最高效率与最低生产成本,首先需要确定下列各项的参数:

(1) 制造什么零件?

(2) 这些零件的各种功能是什么?

(3) 它们的重要力学性能是什么?

(4) 和它们竞争的生产工艺有哪些?生产成本如何?

电动工具中使用的齿轮有,正齿轮、锥齿轮、端面齿轮、小齿轮、斜齿圆锥齿轮、齿轮组、棘轮,每一种齿轮都有其特殊要求。

电动工具中还使用有,凸轮、杆件、配重、轴承、轴承座、电刷架、离合器、转子、缸体、端盖、叶片及卡盘爪。对于各种不同的工具,在某种程度上,所有这些零件都在用粉末冶金工艺生产。这些零件对力学性能的要求有相当大差异。下面讨论几个用粉末冶金工艺制造的代表性零件和与之相关的问题。

粉末冶金结构零件材料的物理-力学性能是因密度、烧结条件及后续处理而异的,详细数据见 ISO 5755:2001(E)(GB/T 19076—2003)《烧结金属材料规范》和 MPIF 标准 35《粉末冶金结构零件材料标准》(2007 版)。关于具体零件的性能,现举例说明如下。

15.2.1　手电钻

6.35mm 手电钻(图 10-15-17)是一种最常用电动工具,值得进行详细分析。

要制造这种手电钻,首先需要设定一些基本设计参数,诸如功率输出,电钻的最低使用寿命及其一般的价格范围。一旦这些基本要素确定之后,下一步就是确定齿轮系的设计。将电动机固定为 2.3A,于 22000r/min 下功率为 0.1865kW 及钻头速度为 2000r/min 时,现在就能确定每一个齿轮齿实际吸收的扭矩了。这要和电动机小齿轮的强度与硬度,及要求的安全系数相匹配,给出正确选择齿轮系所用材料与密度所需要的全部数据。实际上,密度为 6.4~6.8g/cm³ 的碳氮共渗的碳钢是能够承受这种工具设计寿命所需要的磨损率的。可是,这种材料既不耐冲击,又不能吸收撞击到节疤或钉子或钢毛刺产生的振动。采用二次压制—二次烧结工艺,即将这种材料通过精整,将密度增高到 7.3g/

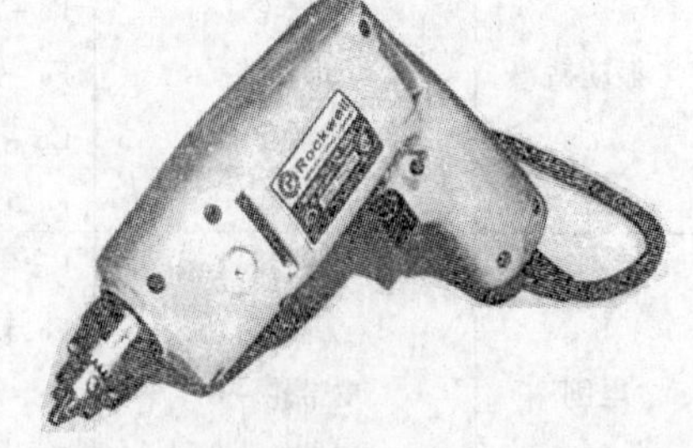

图 10-15-17　6.35mm 手电钻

cm^3,然后进行第二次烧结可以解决这个问题。但是,其生产成本比改用低合金钢粉要高得多。镍钢与铜钢的强度与耐磨性都适合这项应用,而且使用令人满意。大多数人在遭遇高冲击负载的应用中采用镍钢,而在振动负载较小的场合,则采用铜钢。在这种特殊的电钻中,由于这种设计的强度较高,将主齿轮设计成了斜齿圆柱齿轮。其他两个齿轮设计成了正齿轮。他们使用的材料都是 MPIF 标准 35 中的 FN－0205－25 与 FN－0205－30(密度 6.9～7.2 g/cm^3)。图 10-15-18 为电钻中使用的粉末冶金零件。斜齿圆柱齿轮要达到 AGMA 6 级,而其他两个正齿轮要达到 AGMA8 级。

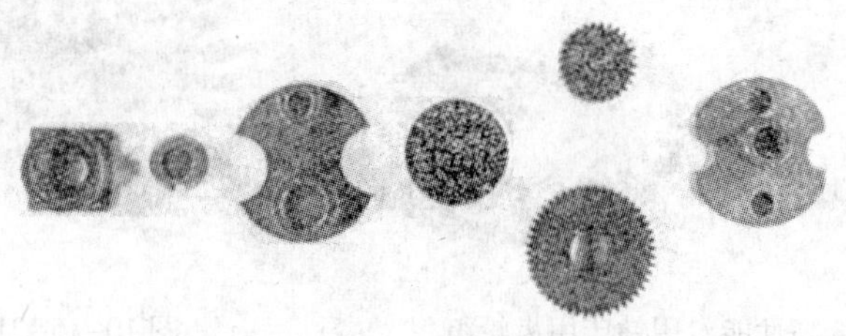

图 10-15-18　手电钻中的粉末冶金零件

齿轮的硬度很重要,斜齿圆柱齿轮的硬度范围为 25～35HRC,而其他两个齿轮的硬度范围为 30～38HRC。齿轮的硬度较高时会磨损轴上的小齿轮,而齿轮的硬度较低时,其自身就磨损得较快。

所有齿轮在烧结后经检验合格才能进行热处理。所有齿轮都要进行精度检验。所有齿轮在组装前都要进行含浸油处理。粉末冶金齿轮约比切削加工的齿轮节约成本 45%。

下面介绍几个粉末冶金零件实例。

15.2.1.1　棘齿组件

这是一个用于电池式电钻齿轮箱的棘轮组件(见图 10－15－19),这个零件荣获过 2001 年美国 MPIF 粉末冶金设计竞赛优秀奖。这个零件是中国台湾 Porite Ltd. 生产的,最终用户是中国台湾的 Jenn Feng Industrial。这个棘轮组件是由毂、法兰及棘轮组成,这些零件原来是由锻件生产的,改为粉末冶金零件后,生产成本降低了 30%。粉末冶金法兰与棘轮的密度为 7.1 g/cm^3,抗拉强度为 1000 MPa,疲劳强度为 379 MPa。毂的密度为 7.0 g/cm^3,抗拉强度为 689 MPa,疲劳强度为 290 MPa。

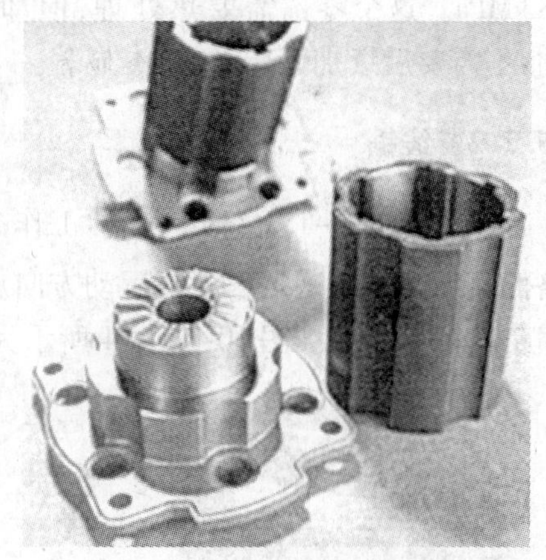

图 10-15-19　棘轮组件

15.2.1.2　齿轮组

这个齿轮组(见图 10-15-20)是意大利的 Mini Gears 公司第一次生产的用于高性能专用钻床的粉末冶金齿轮。齿轮的密度为 7.2 g/cm^3,抗拉强度为 1100 MPa,屈服强度(0.2%)800 MPa,硬度 72HRA。需要进行热处理。

15.2.1.3　Cylkro 齿轮组

这是一个用于电动工具的 Cylkro 齿轮组(见图 10-15-21),曾荣获美国 MPIF 2002 年粉末冶金设计竞赛的优秀奖,其生产企业是意大利的 Mini Gear 公司。这个零件的成形密度为

7.0 g/cm³,抗拉强度为 950 MPa。设计的这个齿轮与螺旋小齿轮相啮合,而轴的角度为 90°。这是粉末冶金螺旋齿轮和端面齿轮啮合的第 1 个实例。使用粉末冶金齿轮时,可降低生产成本 50% 。

图 10-15-20 高性能专用钻床用齿轮组

图 10-15-21 Cylkro 齿轮组

15.2.1.4 锥齿轮

这是一个大角度研磨机用锥齿轮(图 10-15-22)。这种锥齿轮是意大利的 Mini Gear 公司生产的,最终用户是德国的 Metabowerke 公司。这个零件曾荣获 2000 年美国 MPIF 粉末冶金设计竞赛优秀奖。锥齿轮的密度为 7.25 ~ 7.35 g/cm³,抗拉强度为 1138 MPa,屈服强度为 483 MPa。这个零件需要热处理,但却是以最终形供应的,不需要后续加工,节约成本显著。

图 10-15-22 锥齿轮

15.2.2 线锯

线锯(图 10-15-23)是一种工作条件较严酷,但价格低廉的工具。这是因为其运动方向从旋转变成了脉动,并有若干振动产生,而且冲击与磨损负载都相当高。图 10-15-24 所示为线锯中使用的粉末冶金零件的示意图。

图 10-15-23 线锯

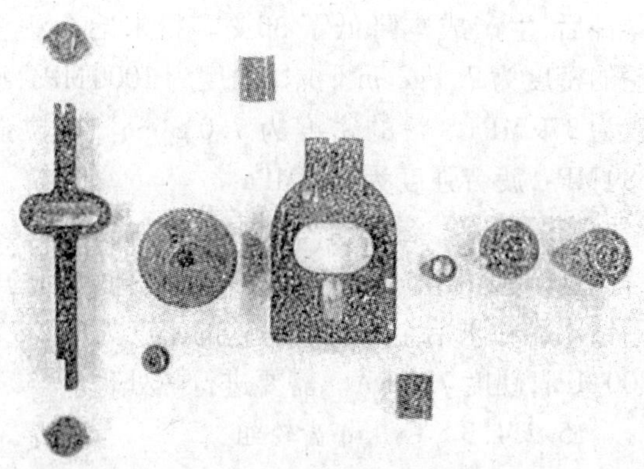

图 10-15-24 线锯中的粉末冶金零件

在线锯中只有一个斜齿圆柱齿轮，其在一个端面有一偏心凸轮。鉴于振动负载高与磨损因素，将这个齿轮设计成了由密度不小于 $7.3g/cm^3$ 的铜熔渗高碳钢制造。齿轮与凸轮之间的密度均衡非常重要。另外，硬度、扭矩及强度都要符合技术要求。

配重是由密度为 $6.9g/cm^3$ 的镍钢制造的，要将其热处理到硬度为 15 ~ 25HRC。对这个零件要进行横向断裂试验。线锯的寿命取决于齿轮凸轮和配重负载表面间硬度与强度的均衡。

锯条的夹具也是由密度不小于 $6.9g/cm^3$ 的镍钢制造的。特别是当线锯开始切入内部的孔洞时，夹具承受的振动负载很高。在使用时，还要承受弯曲与扭转应力。因此，对这个零件的完整性(integrity)与强度要很小心地进行检验，而且对热处理要进行严格控制，以免脆化。

倘若所有这些零件都采用棒料切削加工的话，线锯的总价格将高于市场行情，而无法生产。

下面介绍几种粉末冶金零件应用实例。

15.2.2.1　线锯组件

这个组件是便携式变速线锯驱动机构中使用的可拆开曲柄、配重及偏心齿轮组成的组件(见图 10-15-25)，曾荣获 1999 年美国 MPIF 粉末冶金设计竞赛优秀奖。这个组件是意大利 Mini Gear 公司生产的，最终用户是 Porter Cable Professional Power Tools。这些形状复杂的零件都是由扩散合金化钢(MPIF 材料标准 FD - 0205 - 120HT)生产的。零件密度为 6.85 ~ $6.95g/cm^3$，最小极限抗拉强度为 830MPa。线锯的专用型号 9543，用于切割金属、木料及塑料。用粉末冶金零件替代切削加工的零件，可降低生产成本 50% 以上，而且可消除偏心齿轮与螺钉及销子 3 个零件。

15.2.2.2　线锯组件

线锯组件(见图 10-15-26)的密度为 6.85 ~ $6.9g/cm^3$。生产过程为烧结、切削加工及热处理。

图 10-15-25　线锯组件

图 10-15-26　线锯组件(正齿轮与板件)

15.2.2.3　螺旋锥齿轮

这个零件是往复式电动线锯中用的螺旋锥齿轮(见图 10-15-27)。其是用温压成形的，成形密度为 7.2 ~ $7.3g/cm^3$。这个零件是中国台湾 Porite 公司生产的，最终用户是中国

Techtronic Industries Co. ,Ltd. ,于 2003 年曾荣获美国 MPIF 粉末冶金设计竞赛大奖。通过选择温压工艺,消除了近终形设计的锻造、切削加工及齿轮加工。为增高偏心振动力,在零件中设计了两个不规则孔。成形的螺旋齿轮齿,在烧结与热处理后,AGMA 精度为 7 级。零件的抗拉强度为 1103 MPa 和硬度为 43HRC。粉末冶金工艺比替代的生产工艺,可降低生产成本 55%。

15.2.2.4 MIM 锯条夹具

这是一个用于 DeWalt DW303 MK 专用往复锯的低合金钢 MIM 锯条夹具(见图 10-15-28),生产厂商是 Kinetics Inc. ,最终用户为 Black & Decker Inc. 。这个零件曾于 2003 年荣获美国 MPIF 粉末冶金设计竞赛大奖。无键锯条夹具将锯条固定就位,可保证固定在动力头上。这个形状很复杂的最终形零件,是用多型腔注射模具成形的,注射模具有 4 个滑块,3 个型芯,每个型腔有 15 个密封表面。实际上,这个设计将以前的 2 个 MIM 零件组合成了 1 个零件。鉴于其中装有 2 个运动零件与 1 个弹簧,零件精度是个关键。最终组装包括将 1 个磨加工的销子,通过零件端部的 2 个孔,用压装将锯条夹具连接在往复锯轴上。压配合需要每个孔的公差为 ±0.03 mm 和 CPK(工序能力指数)最小 1.33,其将把公差减小为 ±0.023。这个零件的性能为,极限抗拉强度 1655 MPa,屈服强度 1483 MPa 及硬度 48 ~ 51HRC。采用粉末冶金零件时,生产成本可降低 27%,并可消除切削加工、组装及减少使用故障。

图 10-15-27 螺旋锥齿轮

图 10-15-28 MIM 锯条夹具

图 10-15-29 锯条固定器

15.2.2.5 锯条固定器

这个零件是用 MIM 工艺,由 316 不锈钢粉(Cr 16.7%,Ni 13%,Mo 2.3%)制造的(图 10-15-29)。零件密度在棕色状态为 4.7 g/cm^3,烧结后密度为 7.75 g/cm^3。抗拉强度为 500 MPa,屈服强度(0.2%)为 290 MPa,硬度为 170HV$_{10}$。这个 MIM 零件用于固定手持电钢丝锯和将锯条与振动驱动装置相连接。为保证模型充填好,在成形时使用了两个浇口。

15.2.3　修枝剪

在电动工具中，修枝剪（图 10-15-30）中的粉末冶金零件的使用条件最严酷。在这种工具中，要将旋转运动转换成双向往复动作。和其他工具相比，振动强烈，负载很重，减速快得多，而且在家庭用户手中会滥用严酷的振动负载。修枝剪用于修整树枝，修剪灌木丛，设计根雕，甚至用于破坏铁丝网。实际上，有时也用于修剪树篱。

图 10-15-31 为修枝剪中使用的粉末冶金零件。主驱动齿轮是由密度不小于 7.3g/cm^3 的铜熔渗钢制造的。齿轮单个齿的扭矩不小于 61N·m。凸轮的硬度与密度和齿轮相同。锯片驱动臂是由镍钢制造的，而且其使用性能特别关键。这是因为驱动臂必须承受全部切割的振动和突然中止时产生的全面冲击。这些零件在进行组装验收之前，必须进行韧性与冲击试验。

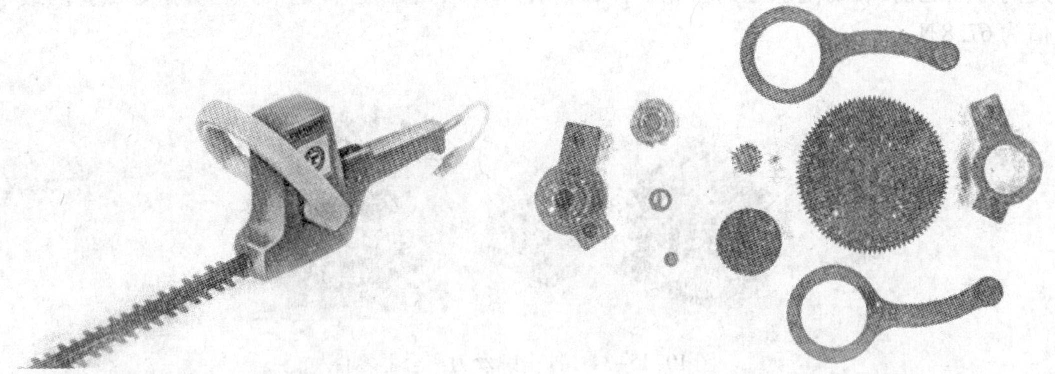

图 10-15-30　修枝剪　　图 10-15-31　修枝剪中用的粉末冶金零件

粉末冶金青铜含油轴承、铁垫圈或铁的轴承座，这些虽然都不是高强度结构零件，可是每一种零件至少都要进行一项力学性能检验，诸如横向断裂强度、径向压溃强度或锥销挤坏试验，另外，对于交付的任何产品，验收时都要检验硬度。除上述的力学性能试验外，所有零件都要进行例行的化学分析，而齿轮要用红线记录仪对照基准齿轮进行检验。

下面介绍修枝剪中应用粉末冶金零件的 1 个实例。

篱笆修枝剪变速器如图 10-15-32 与图 10-15-33 所示。这是一种用于便携式篱笆修

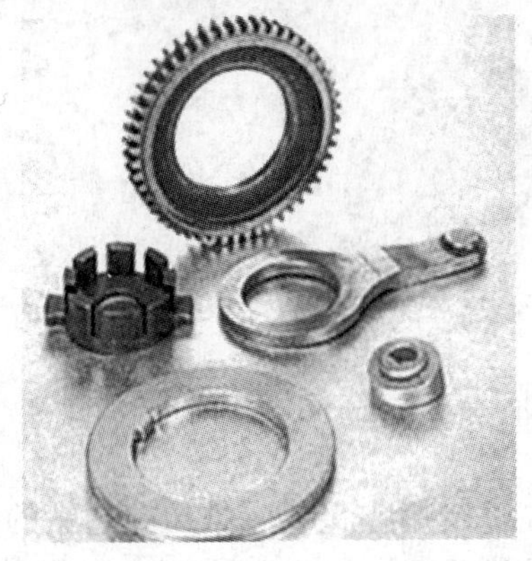

图 10-15-32　篱笆修枝剪变速器零件

图 10-15-33　由图 10-15-32 中所示粉末冶金零件组装的变速器

枝剪的变速器,于2004年在美国MPIF粉末冶金设计竞赛中曾荣获大奖。这种零件是意大利的Gino Olivares公司生产的,最终用户是奥地利的Viking公司。Gino Olivares公司生产了6个粉末冶金零件:51个齿的主齿轮,2个连接杆,1个内部零件,一个垫圈及一个阀。粉末冶金钢零件的密度范围为6.6～7.0 g/m^3,抗拉强度为510～600 MPa。粉末冶金零件和替代的生产方法相比,可显著降低生产成本。

15.2.4　冲击螺丝刀

这种工具的离合器机构示于图10-15-34。图10-15-34中所示的三种多台面零件原来都是由8620含铅钢制造的,经渗碳淬火后,硬度为50～55HRC。转换成密度不低于7.2 g/cm^{3}的粉末冶金镍钢时,生产成本降低约80%。在找到增高棘轮齿端部的密度与强度的方法之前,和切削加工的齿轮一样,棘轮齿端部的磨损一直是个问题。扭矩试验的最小值为67.8 N·m。

图10-15-34　冲击螺丝刀离合器零件

15.2.5　冲击锤

冲击锤的缸体与活塞顶示于图10-15-35。缸体是由密度不小于6.8 g/cm^{3}的镍钢制造的,而活塞顶的最小密度为7.0 g/cm^3。活塞顶还需要进一步精切削加工与攻丝,即使是在这种情况下,其切削加工的零件相比节约成本都已大于70%。

图10-15-35　冲击锤的缸体与活塞顶

缸体的径向压溃强度不小于13.35 kN,而活塞顶在进行用将5°锥销推压穿过钻的横向孔试验时,强度不小于4 kN。两个零件都要进行碳氮共渗处理。

15.2.6　气动马达

图 10-15-36 为由棒料切削加工的气动马达的转子、缸体及端盖。图 10-15-37 所示为用粉末冶金压制成形的同样零件。将这 4 个零件转换成粉末冶金零件时,实际生产成本节约略大于 60%。由于零件的设计改变,消除了外壳的一些铣削加工作业,因此,在组装中的总节约实际上要多得多。这些零件都不进行热处理,和在安装之前,仅只需要进行少量切削加工。为保证零件的完整性,端盖要横过毂进行径向压溃试验,而为保证缸体与转子具有适当强度,这两个零件也要进行压溃强度试验。

图 10-15-36　切削加工的气动马达零件

图 10-15-37　粉末冶金的气动马达零件

15.2.7　小结

电动工具应用粉末冶金结构零件大体上起始于 20 世纪 70 年代,随着粉末冶金技术与材料的快速发展,现在已在大量采用高密度、高强度、形状复杂的粉末冶金结构零件了。粉末冶金工艺的发展,不但为电动工具生产提供了一条降低生产成本、节材、省能的途径,而且为电动工具的设计创新开辟了一种可能性。

15.3　缝纫机中的粉末冶金零件

15.3.1　引言

我国粉末冶金机械零件行业,由于历史的局限性,长期以来,关注生产,轻视技术,忽视新品开发,质量意识淡薄,缺少市场观念。进入 20 世纪 90 年代以来,一些粉末冶金厂由于技术改造力度加大,生产技术装备与粉末冶金产品的技术水平、生产率、新品开发速度、产品质量都有所提高。行业内的市场竞争也随之日渐加剧。实际上,就我国粉末冶金机械零件行业的生产能力来看,还远远满足不了市场需求。问题在于能否不断地提高生产技术与管理水平,加大市场开发力度,敢闯无人问津之市场,生产无人能生产之产品。

当前,很多粉末冶金厂在争夺汽车、摩托车零件市场,而且是争夺已有生产零件的市场,而较少竞相开发新产品市场,其实粉末冶金汽车零件市场早已饱和。在家电市场,宁波东睦粉末冶金公司已成龙头老大。电动工具也是粉末冶金零件的一个重要市场。至于缝纫机,1995 年我国产量约为 970 万架,其中家用缝纫机约为 617 万架。这可能是一个还没有受到粉末冶金行业重视的市场。

15.3.2　中国台湾粉末冶金零件市场的启示

中国台湾 1997 年共有粉末冶金厂 48 家,1996 年营业额为 1.2 亿美元(合人民币 9.96 亿元),其中五家主要厂 1997 年的经营业绩见表 10-15-6。

表 10-15-6　中国台湾五家主要粉末冶金厂 1997 年营业额　　(新台币元)

公　司	1997 年	1998 年目标	备　注
中国台湾保来得公司	17.5 亿	18.5 亿	
青志金属工业公司	2 亿	2.5 亿	汽车、摩托车零件占 50%
虹铭公司	2.1 亿	2.2 亿	汽车、摩托车零件占 30% 和缝纫机零件占 40%
承化公司	0.9 亿	1.1 亿	
鸿才公司	0.6 亿	0.7 亿	

1997 年中国台湾粉末冶金零件市场分布见表 10-15-7。根据文献,1997 年中国台湾铁基粉末冶金零件产量为 14700 t,铜基零件为 1800 t,两项合计为 16500 t。由表 10-15-7 中数据,不难算出,中国台湾 1997 年缝纫机制造业使用的(含出口的)粉末冶金零件约为 2145 t。

表 10-15-7　1997 年中国台湾粉末冶金零件的市场分布

产 业 类 别	百分比/%
汽车、摩托车	19
电动工具	23
家电	27
五金机械	18
缝纫机	13
合计	100

中国台湾 1996 年铁基粉末冶金零件产量 12000 t,铜基零件为 1800 t,两项合计 13800 t,和 1996 年粉末冶金行业营业额为 1.2 亿美元。这就是说,1996 年中国台湾粉末冶金零件的平均销售价格约为 8.7 美元/kg(合人民币 72.2 元/kg)。由此,大体上可推算出,中国台湾 1997 年粉末冶金缝纫机零件的营业额约为 1866 万美元(合人民币约 1.5 亿元)。当然,中国台湾生产的这些缝纫机用粉末冶金零件也许有相当一大部分是出口的。

由表 10-15-6 知,虹铭公司的营业额中缝纫机零件占 40%,也就是约为新台币 0.84 亿元,相当 270 万美元左右。这个数字表明,在台湾除虹铭公司,还有一些公司也在大量生产缝纫机用的粉末冶金零件。

从国内数以百万计的缝纫机产量来看,缝纫机的粉末冶金零件市场应是十分诱人的。

15.3.3　缝纫机中的粉末冶金零件

在粉末冶金机械零件发展初期,也就是在 20 世纪 50 年代,缝纫机零件曾是粉末冶金零件的一个重要市场,因为缝纫机零件批量较大,承受的负荷小,不需要高的耐冲击性,零件尺寸较小。20 世纪 60 年代日本生产的大多数品牌的缝纫机中都采用了 20 ~ 40 种粉末冶金零件。图 10-15-38 为日本在 20 世纪 60 年代在缝纫机中采用的粉末冶金零件。现对图中零件说明如下：

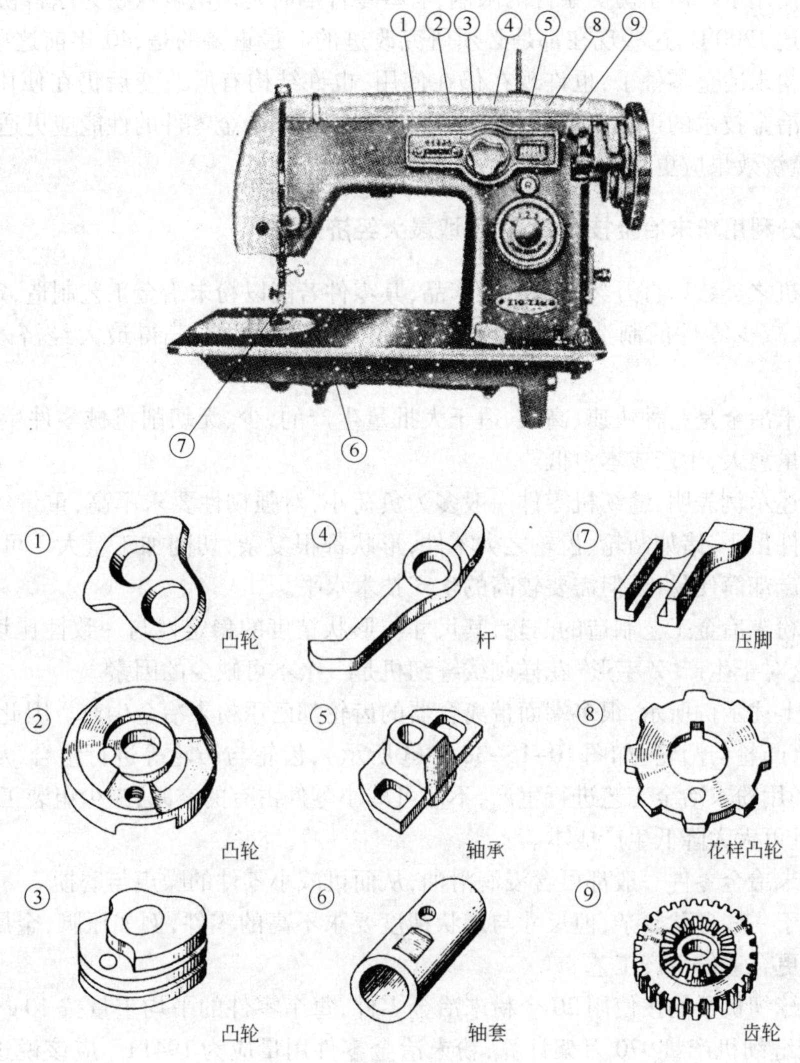

图10-15-38 日本缝纫机中装用的粉末冶金零件

(1) ①~③是锁扣眼用的凸轮。根据纽扣眼大小,将凸轮①~③进行组合与锁眼。

(2) ④~⑥为杆与轴承、轴套。杆需要耐冲击性,故须采用高密度材料制造。轴承与轴套须含浸以油,以利于自润滑和改进耐磨性。

(3) ⑦为压脚,这个零件需镀铬,在欧洲也有进行水蒸气处理的。

(4) ⑧为Z字形花样刺绣用凸轮。这是一种板状凸轮,在花样刺绣机构中装有十几个这种凸轮,借助于对这些凸轮组合来刺绣各种花样。这些凸轮外周部的精度、平滑度及耐磨性特别重要,故需进行浸油处理。两侧端面要进行平磨。以内径的键槽或压制成形时压制的2~3个小孔作为组装的基准。

(5) ⑨为一端面带离合器的齿轮,这是一个充分利用粉末冶金工艺特点的典型范例。

为了进一步说明典型粉末冶金缝纫机零件的材质、性能及经济效果,对13种典型零件的详细说明见图10-15-39~图10-15-51。这些零件大多早在20世纪50年代在欧洲就已开始生产与使用了。由于历史条件的限制,有些零件当时是用电解铁粉为原料粉,有些零件烧结温度高达 1200℃,这些现在都是必须研究改进的。最重要的是,40 年前这些零件就已成功地改用粉末冶金零件了,也许现在仍在使用,也许结构有所改变后仍在使用。鉴于 40 多年来粉末冶金技术的迅猛发展,当今这些或类似的粉末冶金零件的性能应更适用,生产成本应更低,经济效果应更显著。

15.3.4　充分利用粉末冶金技术特点,获取最大经济效益

像缝纫机之类数以百万架计的机电产品,其零件若能以粉末冶金工艺制造,定能提高缝纫机的质量,减少零件的制造工时,提高生产效率,节材省能,获得最大经济效益。这是因为:

(1) 粉末冶金是一种快速、高效、适于大批量生产的,少、无切削机械零件生产技术,零件的生产批量愈大,生产成本愈低。

(2) 上述示例表明,缝纫机零件一般多为负荷小,对强韧性要求不高,重量约为 10 g 的小零件。零件虽小,诸如凸轮、齿轮之类零件,形状都很复杂,切削加工量大。可是,用粉末冶金工艺生产却简便易行,但需要较高的生产技术水平。

(3) 用粉末冶金工艺制造的凸轮,其尺寸与形状精度的稳定性与一致性比切削加工者要好得多,这对于生产"Z 字形"花样刺绣缝纫机是一个不可缺少的因素。

(4) 如上述示例所示,很多端面带离合器的齿轮都已用粉末冶金生产。因此,若能将齿轮与小齿轮,凸轮与凸轮(如图 10-15-38 中③所示),齿轮与凸轮等进行组合,从设计上使之一体化,和用粉末冶金工艺进行生产,不但可减小零件占有的空间,减少组装工时,提高产品质量,而且可大大降低生产成本。

(5) 粉末冶金零件一般都可含浸润滑油,从而可减小零件的噪声与磨损。

(6) 对于一些形状复杂,但尺寸与形状精度要求不高的零件,例如压脚,金属注射成形也许是一种更合适的生产工艺。

若每架缝纫机平均按使用 20 个粉末冶金零件,每个零件的平均重量按 10 g 计算,根据 1995 年我国缝纫机产量 970 万架计算,粉末冶金零件用量应为 1941 t。应该说这是一个成熟的,但未充分开发的不算小的市场。

15.3.5　典型零件

15.3.5.1　移动装置离合器

移动装置离合器见图 10-15-39。

(1) 用途:缝纫机针脚扩展器移动装置离合器。

(2) 材质与处理:

化学成分(混合粉):Fe - 3% Cu - 1% C;

密度:$(6.5 \pm 0.1)\,g/cm^3$;

单件重量:8 g;

烧结条件:1200℃,60 min;

切削加工:ϕ12 mm 的凸槽部是切削加工的;

后处理:水蒸气处理和浸油处理。

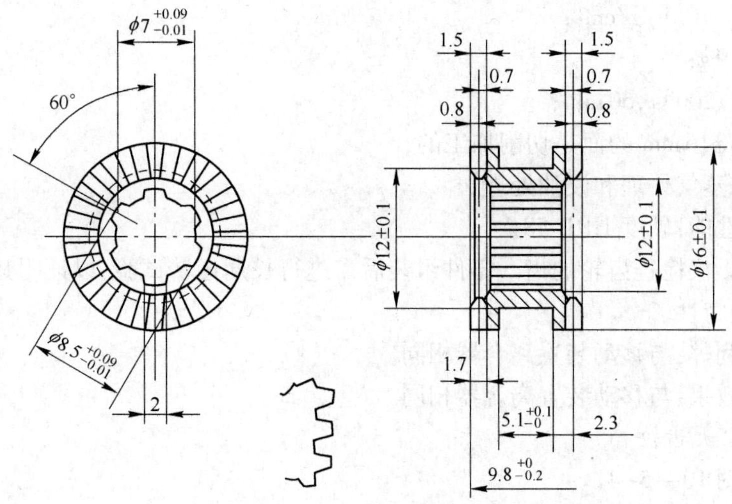

图 10-15-39　移动装置离合器

（3）力学性能:HRB 58。

（4）功能利弊:这个零件起初设计的是尼龙的,但当为了成形出模,而将齿轮的齿做成有拔销时,齿的精度与齿的接触都不符合要求。改用粉末冶金件后,精度、润滑、噪声及耐磨性都十分令人满意。

（5）经济效果:估计粉末冶金件的成本和尼龙件大体上相同。

（6）专门试验:零件需组装和进行广泛的运转试验,以证明其精度、润滑效率、噪声及耐磨性。

15.3.5.2　小齿轮

小齿轮见图 10-15-40。

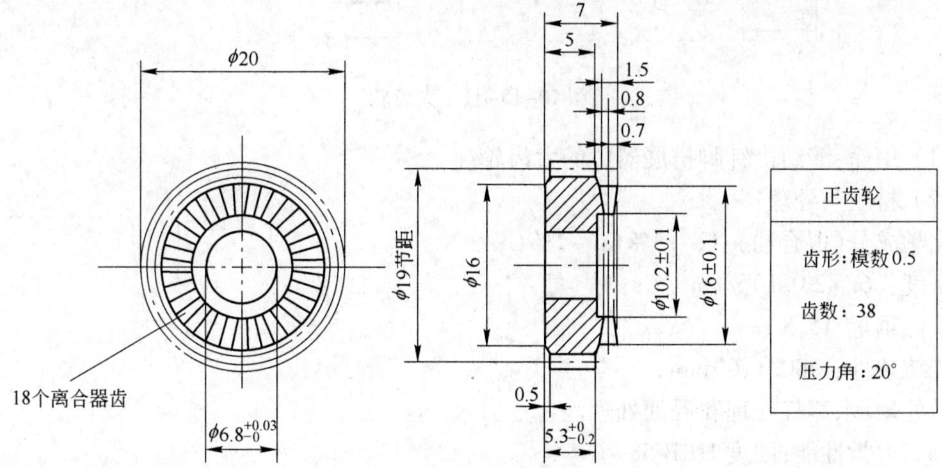

图 10-15-40　小齿轮

（1）用途:缝纫机针脚扩展器中的小齿轮。

（2）材质与处理:

化学成分(混合粉):Fe－3% Cu－1% C;

密度：(6.5 ±0.1) g/cm³；

单件重量：9 g；

烧结条件：1200℃，60 min；

切削加工：φ16 mm 的面是切削加工的；

后处理：水蒸气处理和浸油处理。

（3）力学性能：硬度 HRB 58。

用光学投影仪检查齿轮的齿。零件组装后需进行长期运转试验，以证明其精度、润滑效果、噪声及磨损特性。

（4）功能利弊：与移动装置离合器相同。

（5）经济效果：与移动装置离合器相同。

15.3.5.3　大齿轮

大齿轮见图 10-15-41。

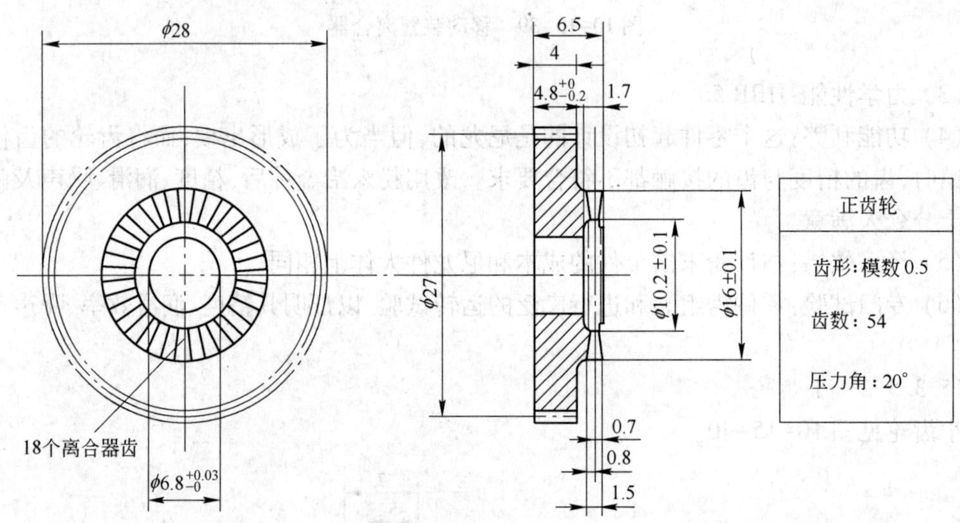

图 10-15-41　大齿轮

（1）用途：缝纫机针脚扩展器中的大齿轮。

（2）材质与处理：

化学成分（混合粉）：Fe-3% Cu-1% C；

密度：(6.5 ±0.1) g/cm³；

单件重量：15.5 g；

烧结条件：1200℃，60 min；

后处理：水蒸气处理和浸油处理。

（3）力学性能：硬度 HRB 58。

齿轮的齿用光学投影仪进行检验，同时零件组装后需广泛地进行运转试验，以证明其精度、润滑效果、噪声及磨损特性。

（4）功能利弊：与移动装置离合器相同。

15.3.5.4　离合器臂

离合器臂见图 10-15-42。

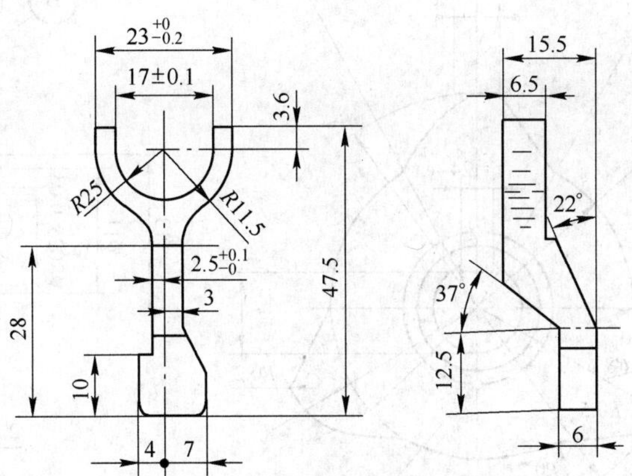

图 10-15-42　离合器臂

(1) 用途：缝纫机针脚扩展器中的离合器臂。

(2) 材质与处理：

化学成分(混合粉)：Fe－3% Cu－1% C；

密度：(6.5±0.1)g/cm^3；

单件重量：17 g；

烧结条件：1200℃，60 min；

后处理：水蒸气处理。

(3) 力学性能：材料强度按附图所示的方法检验。在离合器臂上钻一支撑轴孔，按图 10-15-43 所示将离合器臂放置于两种不同位置，对之施加垂直负荷，直至零件断裂。其破坏负荷应为 1029～1666 N。

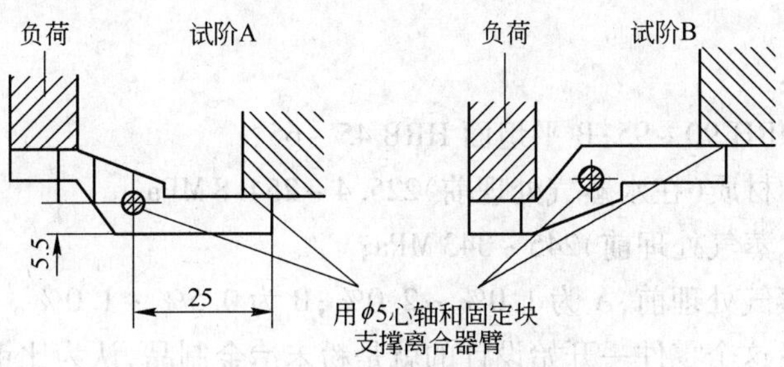

图 10-15-43　烧结离合器臂的材料强度试验

(4) 功能利弊：起初由铸件切削加工制成，改为粉末冶金后成本大大降低了，品质一致性好了，同时外观较好。

(5) 经济效果：切削加工工时节省 96.1%，生产成本降低 53.0%。

15.3.5.5　百叶窗凸轮

百叶窗凸轮见图 10-15-44。

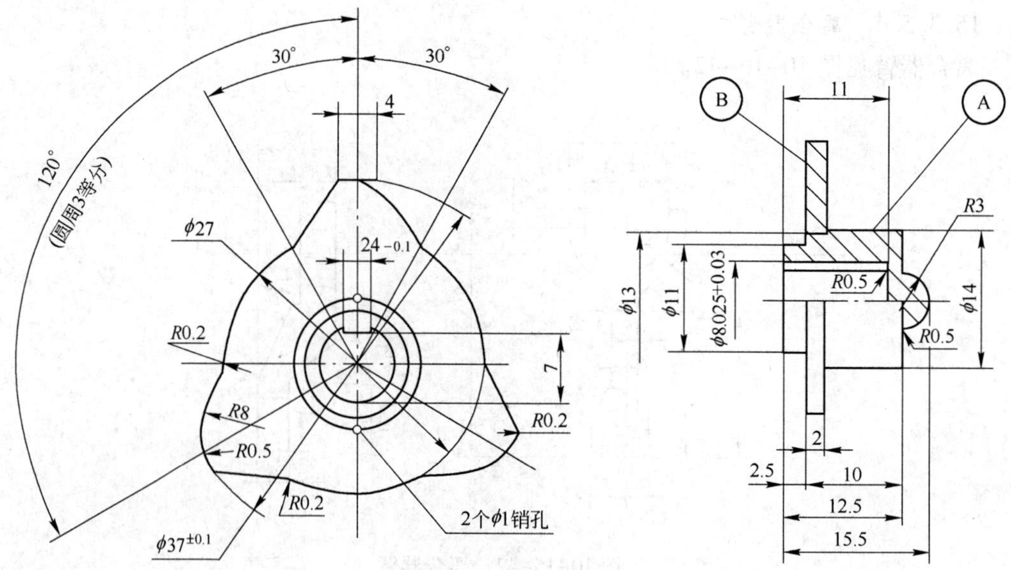

图 10-15-44　百叶窗凸轮(锐角除去 R0.2)

(1) 用途:缝纫机零件,花样刺绣用凸轮。

(2) 材质与处理:

化学成分(混合粉):A:Fe-(1.5~2.5)Cu;B:Fe-(2.5~3.5)Cu-(0.3~0.7)%C;

密度:A 与 B 都是(6.5±0.1)g/cm^3;

单件重量:A 约 8.5 g;B 约 9.0 g;

烧结条件:A、B 都是在分解氨气气氛中,于 1130~1180℃烧结 45 min;

切削加工:A:因成形困难 ϕ11 mm 与 ϕ13mm 处需切削加工;

B:无;

后处理:A、B 都要进行水蒸气处理,然后将 A 装于 B 中,根据情况,用 ϕ1 的销子在两处销住,并进行凿密。

(3) 力学性能:

硬度:A 底面 HRH 90~95;B 平坦面 HRB 45~65;

抗拉强度:A 的材质(在水蒸气处理前)225.4~254.8 MPa;

B 的材质(在水蒸气处理前)245~343 MPa;

伸长率:在水蒸气处理前,A 为 1.0%~2.0%;B 为 0.5%~1.0%。

(4) 功能利弊:这个零件一开始设计的就是粉末冶金制品,认为比钢板冲压件尺寸精度高,比塑料件耐磨性好。

(5) 经济效果:认为在寿命与尺寸精度方面,比钢板冲压件和塑料件远为有利。

15.3.5.6　控制凸轮

控制凸轮见图 10-15-45。

(1) 用途:缝纫机用控制凸轮。

(2) 材质与处理:

材质:铁基材料;

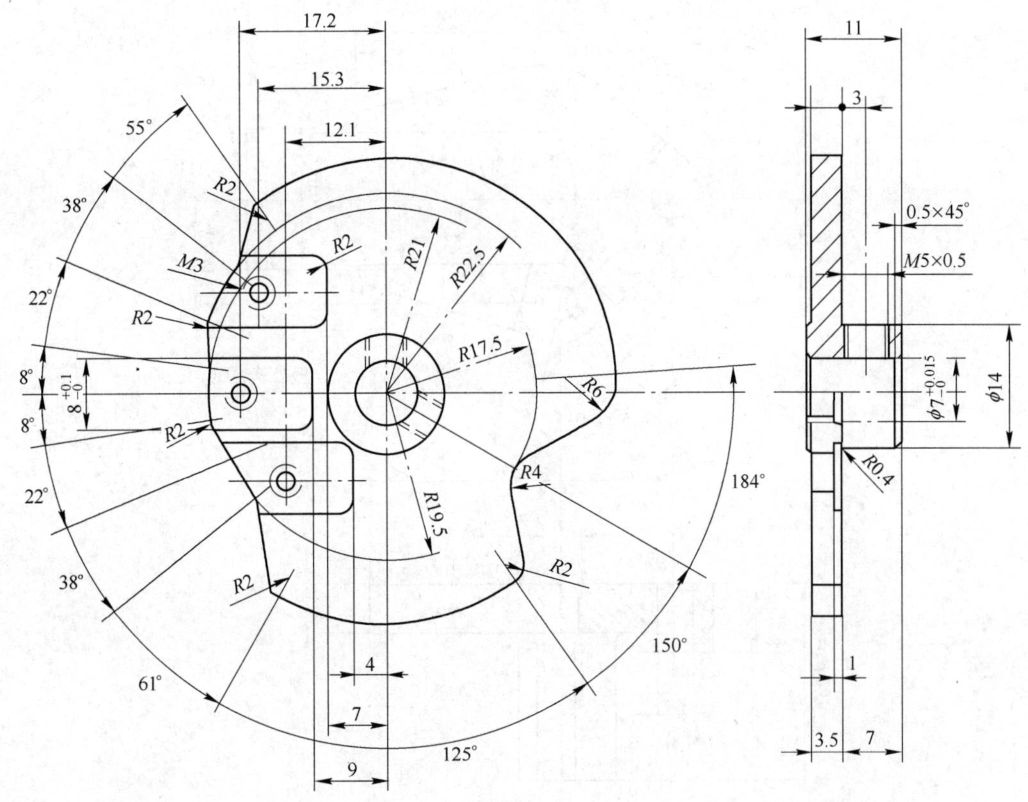

图 10-15-45　控制凸轮

密度：(6.5 ±0.1)g/cm³；

烧结条件：这个零件是用压制成形 - 预烧结 - 复压 - 烧结工艺制造的。预烧结温度900℃，保温 80 min；烧结温度 1150℃，150 min；

切削加工：钻横向孔，和 3 个小孔攻螺纹。

(3) 功能利弊：最初为了节省材料和降低成本，是将轮毂用楔住的方法固定于凸轮中的孔内；凸轮轮廓和 3 个可调凸轮扇形体的凹槽是分别切削加工的。改为粉末冶金件后，只钻一个横向孔和攻 3 个小孔的螺纹，从而大大减少了切削加工工作量。

(4) 经济效益：生产成本大大降低。

15.3.5.7　小叉

小叉见图 10-15-46。

(1) 用途：缝纫机小叉。

(2) 材质与处理：

化学成分(混合粉)：Fe - 2% Cu；

密度：(6.05 ±0.15) g/cm³；

单件重量：25.8 g；

烧结条件：1200℃，90 min；

制造过程：压制 - 烧结 - 滚磨 - 退火 - 精整铰孔 φ4.8 - 铣 8 - 磨加工 22.8 - 检验

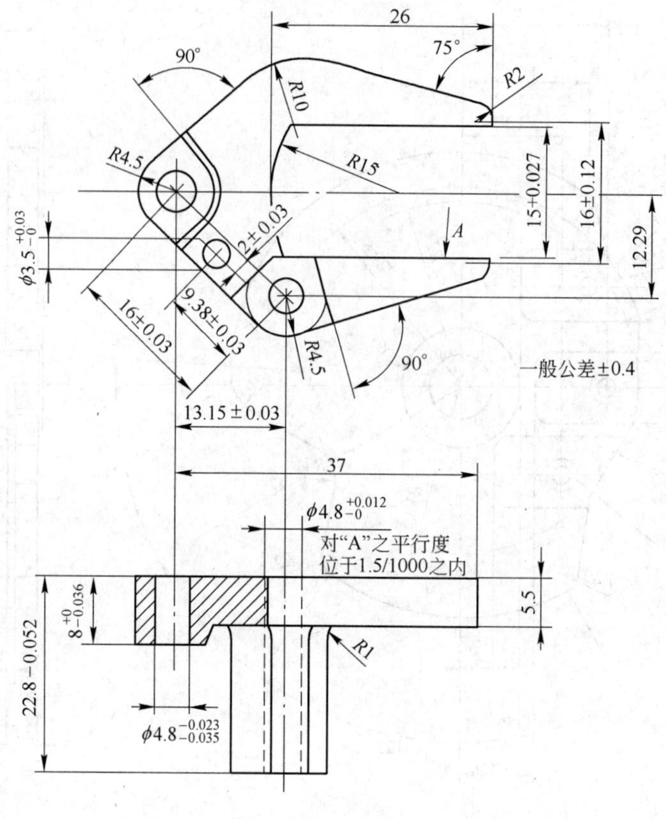

图 10-15-46　小叉

浸油；

退火 800℃，45 min。

(3) 功能利弊：起初是由铝青铜铸件切削加工制成，改为粉末冶金件后，仅有两个小平面进行切削加工和长孔铰孔。浸油处理后润滑性能好，并且耐磨性较铸件好。

(4) 经济效果：工时节省 23.61%，成本降低 22.82%。

15.3.5.8　指针

指针见图 10-15-47。

(1) 用途：缝纫机的指针。

(2) 材质与处理：

化学成分(混合粉)：100% 的电解铁粉；

密度：(7.1 ±0.1) g/cm^3；

单件重量：12.4 g；

制造过程：压制 - 烧结 - 滚磨 - 退火 - 复压 - 检验 - 切削加工 $\phi10^{+0}_{-0.09}$ - 检验；

烧结条件：烧结 1200℃，120 min；

退火 780℃，45 min。

(3) 功能利弊：起初是由精铸件毛坯，经三次切削加工制成。改为粉末冶金件后，只有 $\phi10^{+0}_{-0.09}$ 孔进行切削加工。

(4) 经济效果：工时节省 37.64%，成本降低 35.94%。

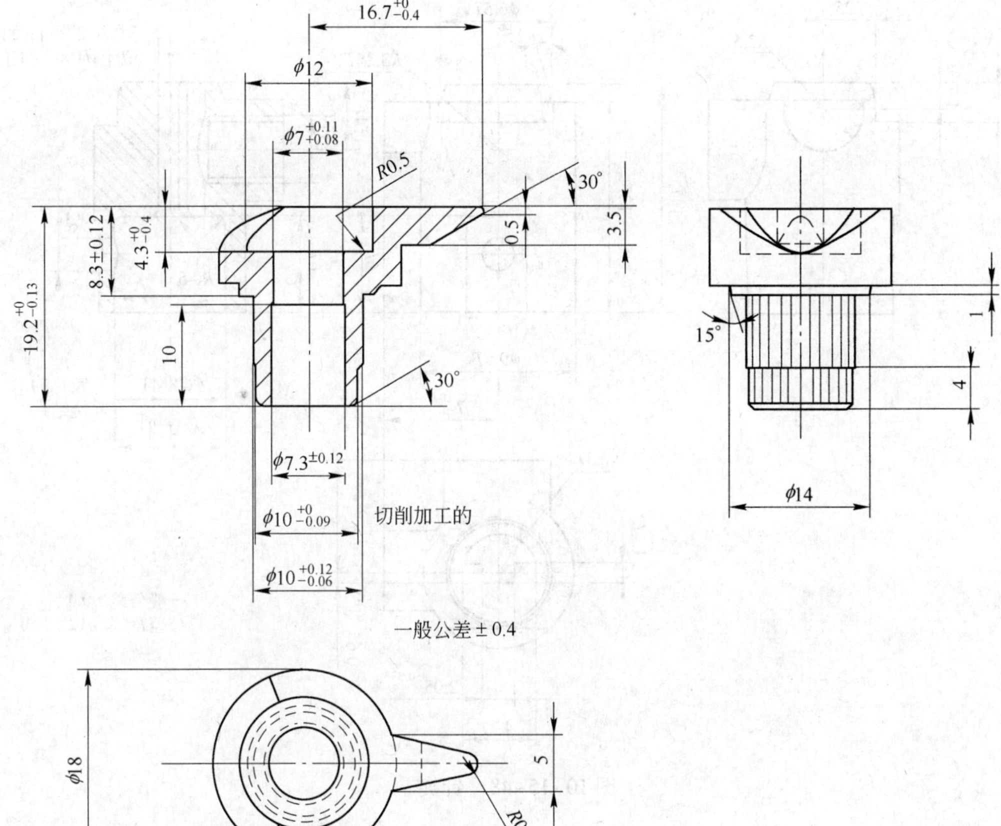

图 10-15-47　指针

15.3.5.9　针夹

针夹见图 10-15-48。

(1) 用途:缝纫机针夹。

(2) 材质与处理:

化学成分(混合粉):100% 的电解铁粉;

密度:(7.1 ±0.1) g/cm^3;

单件重量:6.5 g;

烧结条件:烧结 1200℃,120 min;

切削加工:铰 ϕ6.8 mm 平底孔,钻 ϕ2 mm 孔,钻攻螺纹的孔,攻螺纹 4 × M8;

后处理:水蒸气处理。

(3) 功能利弊:起初是用精铸件经多次切削加工制成,改为粉末冶金件后,仅只公差小的平底孔进行铰削,横向孔进行钻孔和攻螺纹。

(4) 经济效果:工时节省 40.92%,成本降低 38.25%。

15.3.5.10　压杆导架

压杆导架见图 10-15-49。

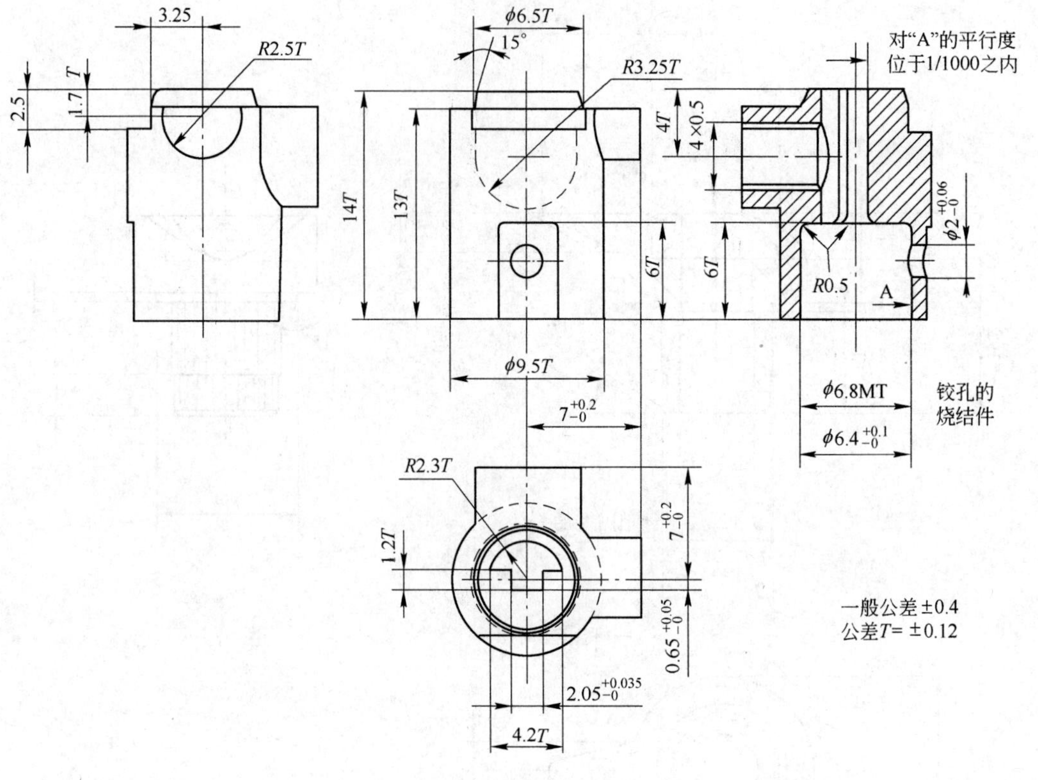

图 10-15-48　针夹

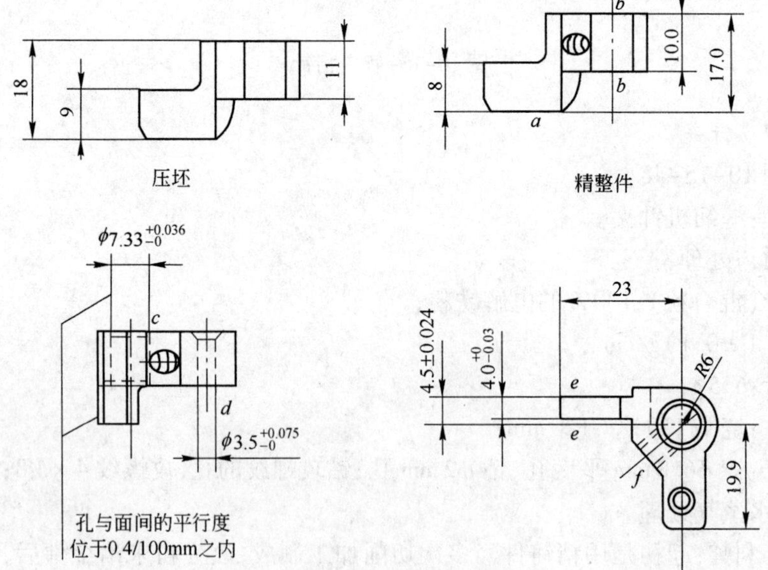

图 10-15-49　压杆导架

（1）用途：缝纫机压杆导架。

（2）材质与处理：

化学成分(混合粉):Fe－2% Cu,铁粉是电解铁粉;

密度:(7.2±0.15)g/cm³;

单件重量:22 g;

制造过程:压制－预烧结(1000℃,60 min)－复压－烧结(1200℃,90 min)－滚磨－钻孔和攻螺纹－清理。

(3) 力学性能:每 1000 件选取一件进行材料强度试验。将零件固定于图 10-15-50 所示之位置,在伸出部施加负荷 1800 N,并检查其有无任何破坏迹象。

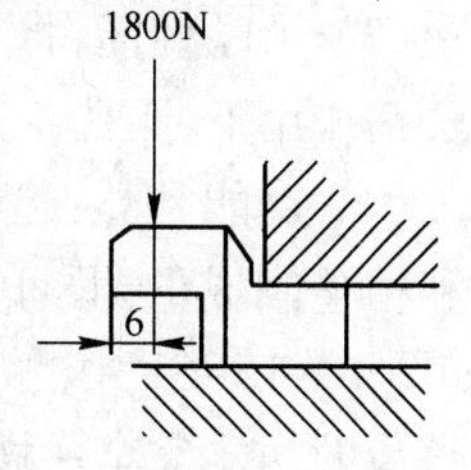

图 10-15-50　压杆导架材料强度试验

(4) 功能利弊:起初是由铸件切削加工制成的。改为粉末冶金件后,仅只需要钻横向孔和功螺纹。同时,烧结零件表面粗糙度小和轮廓较精确。

(5) 经济效果:工时节省 44.05%,成本降低 15.26%。

15.3.5.11　送布牙

送布牙见图 10-15-51。

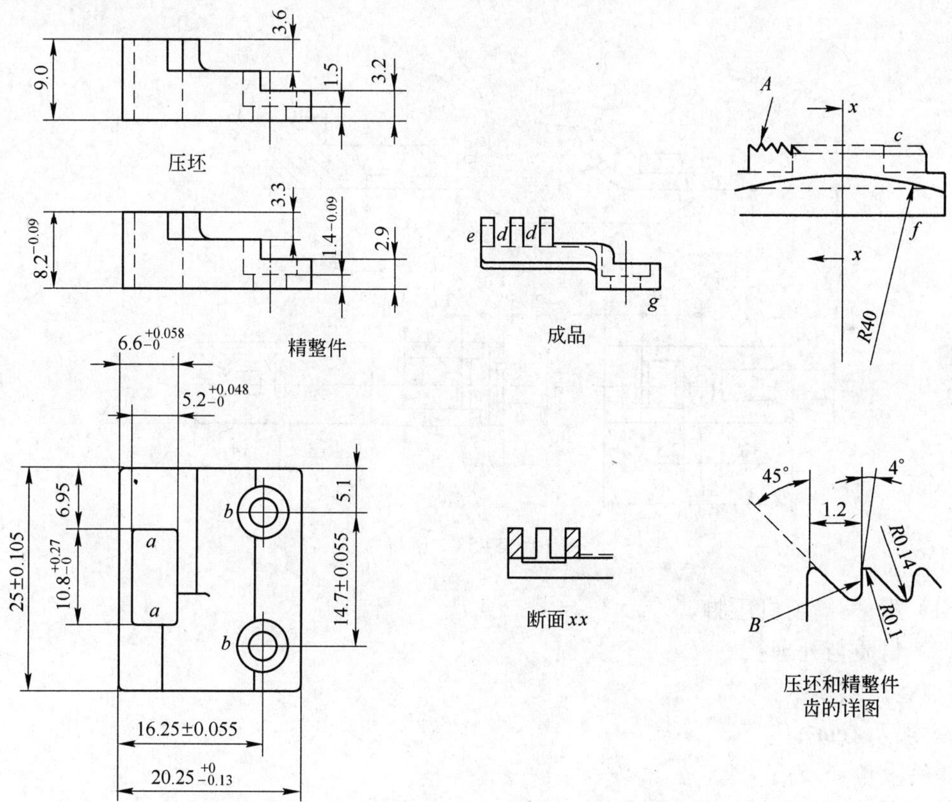

图 10-15-51　送布牙

(1) 用途:缝纫机送布牙。

(2) 材质与处理:

化学成分(混合粉):Fe－2% Cu,铁粉是电解铁粉。

密度：(7.25 ±0.1) g/cm³；

单件重量：16 g；

烧结条件：烧结 1220℃，120 min；

切削加工：铣削 *c*、*d*、*f* 处去毛边，去齿毛边，磨平面 *g*；

后处理：滚磨、氰化、淬火、水漂洗、刷净、水蒸气处理及浸油处理。

(3) 力学性能：将零件如图 10-15-52 所示固定，在中间一排齿上施加负荷 150 N。在此负荷作用下，歪曲不得超过 0.02 mm。

(4) 功能利弊：起初由型钢制作。改为粉末冶金件后，齿是压制成形和精整制成的（图 10-15-51 中的 *A*），从而齿前面需留 -4°的正角（如图 10-15-51 中的 *B* 所示）。试验证明，这种形状的齿和切削加工的直齿的功能完全一样。

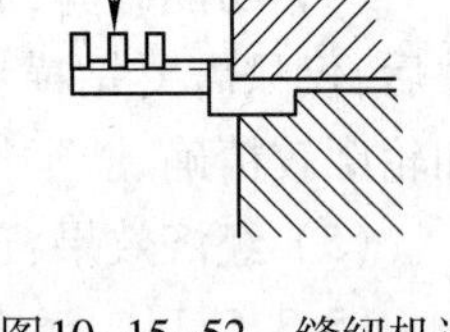

图10-15-52　缝纫机送布牙的材料强度试验

(5) 经济效果：工时节省 27.6%，成本降低 10.67%。

15.3.5.12　压脚

压脚见图 10-15-53。

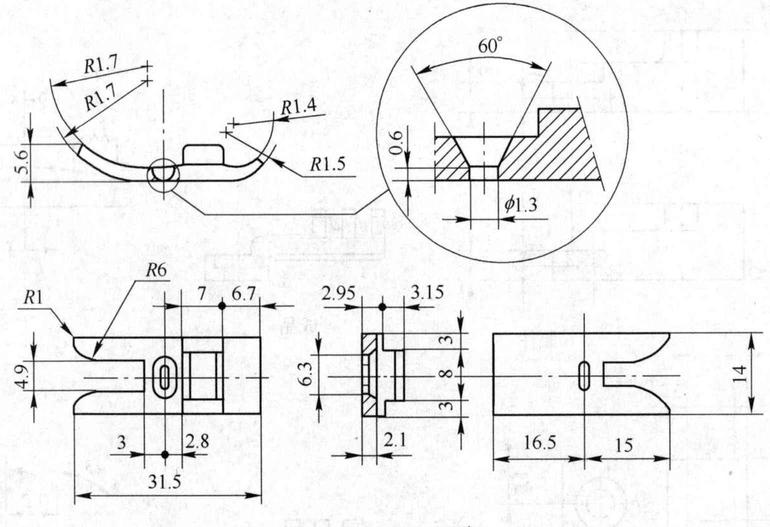

图 10-15-53　压脚

(1) 用途：缝纫机压脚。

(2) 材质与处理：

材料：烧结铜钢；

密度：7 g/cm³；

单件重量：6.5 g；

制造过程：压制 - 烧结 - 滚磨 - 水蒸气处理。

(3) 尺寸公差：ISO IT11。

(4) 力学性能：抗拉强度 240 ~ 280 MPa；伸长率 3% ~ 6%；HB≥160。

(5) 功能：压布。

15.3.5.13　针脚变动轮

针脚变动轮见图 10-15-54。

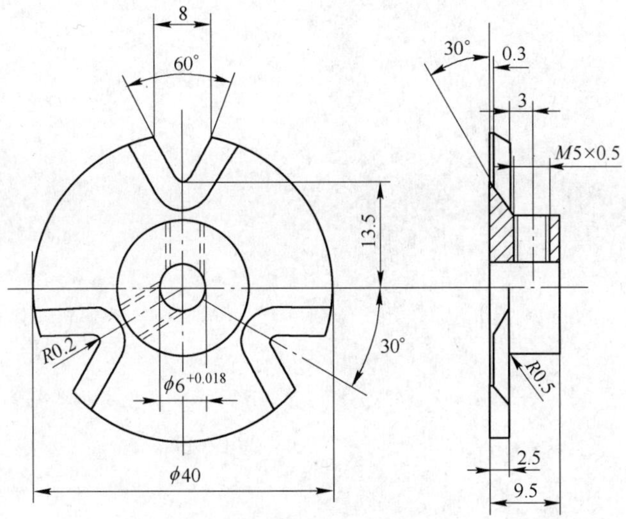

图 10-15-54　针脚变动轮

(1) 用途:缝纫机。

(2) 材质与处理:

材质:青铜;

切削加工:两个横向孔是钻削的。

(3) 功能利弊:粉末冶金特有的自润滑性能有助于减小缝纫机机构的磨损。

参 考 文 献

[1] Arnett J J. Use of P/M Parts to Replace Screw Machine Parts in An Automatic Washer Transmission[J]. Modern Developments in Powder Metallurgy, Vol. 6(1974), MPIF:27 ~ 36.

[2] 粉体粉末冶金协会．烧结机械部品の设计要览[M].[日]技术书院,昭和 42 年 6 月出版:83 ~ 84.

[3] Powder Metall Int. ,1990(3):67.

[4] Metal Powder Report,1989(2):76.

[5] 哀藤弘之．粉体粉末冶金讲演概要集．平成元年度秋季大会:62 ~ 63.

[6] Marvin Feir. The use of structural Metal Parts in Power Tools[J]. Modern Developments in Powder Metallurgy, Vol. 6(1974), MPIF:59 ~ 69.

[7] Peter K Johnson. International Journal of Powder Metallurgy, Vol. 35, No. 4(1999), Vol. 36, No. 5(2000), Vol. 37, No. 4(2001), Vol. 38, No. 5(2002), Vol. 39, No. 5(2003), Vol. 40, Issue 4(2004).

[8] Höganäs Iron Powder Handbook, 1962, Section F Chapter:30 ~ 70.

[9] Enrico Mosca. Powder Metallurgy (Criteria for design and inspection)[J]. AMMA, 1984, 28.

编写:韩凤麟(中国机协粉末冶金分会)

附 录

附录1 法定计量单位、元素物理性能及常用工程数据与资料

附录1-1 中华人民共和国法定计量单位

我国的法定计量单位(以下简称法定单位)包括:

(1) 国际单位制(SI)的基本单位,见附表1-1-1。

(2) 国际单位制的辅助单位,见附表1-1-2。

(3) 国际单位制中具有专门名称的导出单位,见附表1-1-3。

(4) 国家选定的非国际单位制单位,见附表1-1-4。

(5) 由以上单位构成的组合形式的单位。

(6) 由词头和以上单位所构成的十进倍数和分数单位。词头见附表1-1-5。

法定单位的定义、使用方法等,由国家计量局另行规定。

附表1-1-1 国际单位制的基本单位

量的名称	单位名称	单位符号
长度	米	m
质量	千克(公斤)	kg
时间	秒	s
电流	安[培]	A
热力学温度	开[尔文]	K
物质的量	摩[尔]	mol
发光强度	坎[德拉]	cd

附表1-1-2 国际单位制的辅助单位

量的名称	单位名称	单位符号
[平面]角	弧度	rad
立体角	球面度	sr

附表 1-1-3　国际单位制中具有专门名称的导出单位

量的名称	单位名称	单位符号	其他表示示例
频率	赫[兹]	Hz	s^{-1}
力;重力	牛[顿]	N	$kg \cdot m/s^2$
压力,压强;应力	帕[斯卡]	Pa	N/m^2
能[量];功;热量	焦[耳]	J	$N \cdot m$
功率;辐[射能]通量	瓦[特]	W	J/s
电荷[量]	库[仑]	C	$A \cdot s$
电位;电压;电动热,[电势]	伏[特]	V	W/A
电容	法[拉]	F	C/V
电阻	欧[姆]	Ω	V/A
电导	西[门子]	S	A/V
磁通[量]	韦[伯]	Wb	$V \cdot s$
磁通[量]密度,磁感应强度	特[斯拉]	T	Wb/m^2
电感	亨[利]	H	Wb/A
摄氏温度	摄氏度	℃	
光通量	流[明]	lm	$cd \cdot sr$
[光]照度	勒[克斯]	lx	lm/m^2
[放射性]活度	贝可[勒尔]	Bq	s^{-1}
吸收剂量,比授[予]能,比释动能	戈[瑞]	Gy	J/kg
剂量当量	希[沃特]	Sv	J/kg

附表 1-1-4　国家选定的非国际单位制单位

量的名称	单位名称	单位符号	换算关系和说明
时间	分 [小]时 天(日)	min h d	1 min = 60 s 1 h = 60 min = 3600 s 1 d = 24 h = 86400 s
[平面]角	[角]秒 [角]分 度	(″) (′) (°)	1″ = (π/648000) rad(π 为圆周率) 1′ = 60″ = (π/10800) rad 1° = 60′ = (π/180) rad
旋转速度	转每分	r/min	$1\ r/min = (1/60)\ s^{-1}$
长度	海里	nmile	1 nmile = 1852 m(只用于航程)
速度	节	kn	1 kn = 1 nmile/h = (1852/3600) m/s (只用于航行)
质量	吨 原子质量单位	t u	$1\ t = 10^3\ kg$ $1\ u \approx 1.6605655 \times 10^{-27}\ kg$
体积	升	L,(l)	$1\ L = 1\ dm^3 = 10^{-3}\ m^3$
能	电子伏	eV	$1\ ev \approx 1.6021892 \times 10^{-19}\ J$
级差	分贝	dB	
线密度	特[克斯]	tex	1 tex = 1 g/km
面积	公顷	hm^2	$1\ hm^2 = 10^4\ m^2$

附表 1-1-5　用于构成十进倍数和分数单位的词头

所表示的因数	词头名称	词头符号
10^{18}	艾[可萨]	E
10^{15}	拍[它]	P
10^{12}	太[拉]	T
10^{9}	吉[咖]	G
10^{6}	兆	M
10^{3}	千	k
10^{2}	百	h
10^{1}	十	da
10^{-1}	分	d
10^{-2}	厘	c
10^{-3}	毫	m
10^{-6}	微	μ
10^{-9}	纳[诺]	n
10^{-12}	皮[可]	p
10^{-15}	飞[母托]	f
10^{-18}	阿[托]	a

注：1. 周、月、年(年的符号为 a)为一般常用时间单位。

2. [ ]内的字，是在不致混淆的情况下，可以省略的字。

3. ( )内的名称为前者的同义语。

4. 角度单位度分秒的符号不处于数字后时，用括弧。

5. 升的符号中，小写字母 l 为备用符号。

6. r 为"转"的符号。

7. 人民生活和贸易中，质量习惯称为重量。

8. 公里为千米的俗称，符号为 km。

9. 10^4 称为万，10^8 称为亿，10^{12} 称为万亿，这类数词的使用不受词头名称的影响，但不应与词头混淆。

常用法定计量单位及其换算见附表 1-1-6。

附表 1-1-6　常用法定计量单位及其换算

物理量名称	法定计量单位		非法定计量单位		单位换算
	单位名称	单位符号	单位名称	单位符号	
长度	米	m	公里		1 公里 = 10^3 m
	海里	n mile	费密		1 费密 = 1 fm = 10^{-15} m
			埃	Å	1Å = 0. 1 nm = 10^{-10} m
			英尺	ft	1 ft = 0. 3048 m
			英寸	in	1 in = 0. 0254 m
			英里	mile	1 mile = 1609. 344 m
			密耳	mil	1 mil = 25. 4 × 10^{-6} m
面积	平方米	m^2	公亩	a	1 a = 10^2 m^2
			平方英尺	ft^2	1 ft^2 = 0. 09290030 m^2
			平方英寸	in^2	1 in^2 = 6. 4516 × 10^{-4} m^2
			平方英里	$mile^2$	1 $mile^2$ = 2. 58999 × 10^6 m^2
体积、容积	立方米	m^3	立方英尺	ft^3	1 ft^3 = 0. 0283168 m^3
	升	L, (l)	立方英寸	in^3	1 in^3 = 1. 63871 × 10^{-5} m^3
			英加仑	UKgal	1 UKgal = 4. 54609 dm^3
			美加仑	USgal	1 USgal = 3. 78541 dm^3

续附表 1-1-6

物理量名称	法定计量单位		非法定计量单位		单位换算
	单位名称	单位符号	单位名称	单位符号	
质量	千克(公斤) 吨 原子质量单位	kg t u	磅 英担 英吨 短吨(美吨) 盎司 格令 夸特 米制克拉	lb cwt ton sh ton oz gr, gn qr, qtr	1 lb = 0.45359237 kg 1 cwt = 50.8023 kg 1 ton = 1016.05 kg 1 sh ton = 907.185 kg 1 oz = 28.3495 g 1 gr = 0.06479891 g 1 qr = 12.7006 kg 1 米制克拉 = 2×10^{-4} kg
热力学温度 摄氏温度	开[尔文] 摄氏度	K ℃			表示温度差和温度间隔时： 1℃ = 1 K 表示温度的数值时：摄氏温度值℃ = 热力学温度值 K − 273.15
			华氏度	℉	表示温度差和间隔时： $1℉ = \frac{5}{9}℃$ 表示温度数值时： $K = \frac{5}{9}(℉ + 459.67)℃$ $= \frac{5}{9}(℉ - 32)$
			兰氏度	°R	表示温度数值时： $℃ = \frac{5}{9}°R - 273.15$ $K = \frac{5}{9}°R$
旋转速度	每秒 转每分	s^{-1} r/min	转每秒	r/s, rev/s rpm	1 rpm = 1 r/min = (1/60) s^{-1}
力，重力	牛[顿]	N	达因 千克力 磅力 吨力	dyn kgf lbf tf	1 dyn = 10^{-5} N 1 kgf = 9.80665 N 1 lbf = 4.44822 N 1 tf = 9.8065×10^{3} N
压力，压强； 应力	帕[斯卡]	Pa	巴 千克力每平方厘米 毫米水柱 毫米汞柱 托 工程大气压 标准大气压 磅力每平方英尺 磅力每平方英寸	bar kgf/cm^2 mmH_2O mmHg Torr at atm lbf/ft^2 lbf/in^2	1 bar = 10^5 Pa 1 kgf/cm^2 = 0.0980665 MPa 1 mmH_2O = 9.80665 Pa 1 mmHg = 133.322 Pa 1 Torr = 133.322 Pa 1 at = 98066.5 Pa = 98.0665 kPa 1 atm = 101325 Pa = 101.325 kPa 1 lbf/ft^2 = 47.8803 Pa 1 lbf/in^2 = 6894.76 Pa = 6.89476 kPa
能量，功，热	焦[耳] 电子伏 千瓦小时	J eV kW · h	尔格 千克力米 英马力小时	erg kgf · m hp · h	1 erg = 10^{-7} J 1 kW · h = 3.6 MJ 1 kgf · m = 9.80665 J 1 hp · h = 2.68452 MJ

续附表1-1-6

物理量名称	法定计量单位		非法定计量单位		单位换算
	单位名称	单位符号	单位名称	单位符号	
能量，功，热			卡	cal	1 cal = 4. 1868 J
			热化学卡	cal_{th}	1 cal_{th} = 4. 1840 J
			马力小时		1 马力小时 = 2. 64779 MJ
			电工马力小时		1 电工马力小时 = 2. 68560 MJ
			英热单位	Btu	1 Btu = 1055. 06 J = 1. 05506 kJ
功率，辐射通量	瓦[特]	W	千克力米每秒	kgf · m/s	1 kgf · m/s = 9. 80665 W
			马力，米制马力	法 ch，CV；德 PS	1 ch = 735. 499 W
			英马力	hp	1 hp = 745. 700 W
			电工马力		1 电工马力 = 746 W
			卡每秒	cal/s	1 cal/s = 4. 1868 W
			千卡每小时	kcal/h	1 kcal/h = 1. 163 W
			热化学卡每秒	cal_{th}/s	1 cal_{th}/s = 4. 184 W
			乏	var	1 var = 1 W
			英热单位每小时	Btu/h	1 Btu/h = 0. 293071 W
电导	西[门子]	S	姆欧	Ω	1 Ω = 1 S
磁通量	韦[伯]	Wb	麦克斯韦	Mx	1 Mx = 10^{-8} Wb
磁通量密度，磁感应强度	特[斯拉]	T	高斯	Gs，G	1 Gs = 10^{-4} T
光照度	勒[克斯]	lx	英尺烛光	lm/ft^2	1 lm/ft^2 = 10. 76 lx
速度	米每秒	m/s	英尺每秒	ft/s	1 ft/s = 0. 3048 m/s
	节	kn	英寸每秒	in/s	1 in/s = 0. 0254 m/s
			英里每小时	mile/h	1 mile/h = 0. 44704 m/s
	千米每小时	km/h			1 km/h = 0. 277778 m/s
	米每分	m/min			1 m/min = 0. 0166667 m/s
加速度	米每二次方秒	m/s^2	标准重力加速度	gn	1 gn = 9. 80665 m/s^2
			英尺每二次方秒	ft/s^2	1 ft/s^2 = 0. 3048 m/s^2
			伽	Gal	1 Gal = 10^{-2} m/s^2
线密度、纤度	千克每米	kg/m	旦[尼尔]		1 旦 = 0. 111112 × 10^{-6} kg/m
	特[克斯]	tex			1 tex = 10^{-8} kg/m
			磅每英尺	lb/gf	1 lb/gf = 1. 48836 kg/m
			磅每英寸	lb/in	1 lb/in = 17. 858 kg/m
密度	千克每立方米	kg/m^3	磅每立方英尺 磅每立方英寸	lb/ft^3 lb/in^3	1 lb/ft^3 = 16. 0185 kg/m^3 1 lb/in^3 = 37979. 9 kg/m^3
比容（比体积）	立方米每千克	m^3/kg	立方英尺每磅 立方英寸每磅	ft^3/lb in^3/lb	1 ft^3/lb = 0. 0624280 m^3/kg 1 in^3/lb = 3. 61273 × 10^{-5} m^3/kg
质量流率	千克每秒	kg/s	磅每秒 磅每小时	lb/s lb/h	1 lb/s = 0. 453592 kg/s 1 lb/h = 1. 25998 × 10^{-4} kg/s
体积流率	立方米每秒	m^3/s	立方英尺每秒 立方英寸每小时	ft^3/s in^3/h	1 ft^3/s = 0. 0283168 m^3/s 1 in^3/h = 4. 55196 × 10^{-9} m^3/s
转动惯量	千克二次方米	$kg \cdot m^2$	磅二次方英尺 磅二次方英寸	$lb \cdot ft^2$ $lb \cdot in^2$	1 $lb \cdot ft^2$ = 0. 0421401 $kg \cdot m^2$ 1 $lb \cdot in^2$ = 2. 92640 × 10^{-4} $kg \cdot m^2$

续附表 1-1-6

物理量名称	法定计量单位		非法定计量单位		单位换算
	单位名称	单位符号	单位名称	单位符号	
动量	千克米每秒	kg · m/s	磅英尺每秒	lb · ft/s	1 lb · ft/s = 0. 138255 kg · m/s
角动量	千克二次方米每秒	kg · m^2/s	磅二次方英尺每秒	lb · ft^2/s	1 lb · ft^2/s = 0. 0421401 kg · m^2/s
力矩	牛[顿]米	N · m	千克力米	kgf · m	1 kgf · m = 9. 80665 N · m
			磅力英尺	lbf, ft	1 lbf · ft = 1. 35582 N · m
			磅力英寸	lbf, in	1 lbf · in = 0. 112985 N · m
动力黏度	帕[斯卡]秒	Pa · s	泊	P, P_0	1 P = 10^{-1} Pa · s
			厘泊	cP	1 cP = 10^{-3} Pa · s
			千克力秒每平方米	kgf · s/m^2	1 kgf · s/m^2 = 9. 80665 Pa · s
			磅力秒每平方英尺	lbf · s/ft^2	1 lbf · s/ft^2 = 47. 8803 Pa · s
			磅力秒每平方英寸	lbf · s/in^2	1 lbf · s/in^2 = 6894. 76 Pa · s
运动黏度，热扩散率	二次方米每秒	m^2/s	斯托克斯	St	1 St = 10^{-4} m^2/s
			厘斯托克斯	cSt	1 cSt = 10^{-6} m^2/s
			二次方英尺每秒	ft^2/s	1 ft^2/s = 9. 29030 × 10^{-2} m^2/s
			二次方英寸每秒	in^2/s	1 in^2/s = 6. 4516 × 10^{-4} m^2/s
比能	焦[耳]每千克	J/kg	千卡每千克	kcal/kg	1 kcal/kg = 4186. 8 J/kg
			热化学千卡每千克	$kcal_{th}$/kg	1 $kcal_{th}$/kg = 4184 J/kg
			英热单位每磅	Btu/lb	1 Btu/lb = 2326 J/kg
比热容，比熵	焦[耳]每千克开[尔文]	J/(kg · K)	千卡每千克开尔文	kcal/(kg · K)	1 kcal/(kg · K) = 4186. 8 J/(kg · K)
			热化学千卡每千克开尔文	$kcal_{th}$(kg · K)	1 $kcal_{th}$/(kg · K) = 4184 J/(kg · K)
			英热单位每磅华氏度	Btu/(lb · ℉)	1 Btu/(lb · ℉) = 4186. 8 J/(kg · K)
传热系数	瓦[特]每平方米开[尔文]	W/(m^2 · K)	卡每平方厘米秒开尔文	cal/(cm^2 · s · K)	1 cal/(cm^2 · s · K) = 41868 W/(m^2 · K)
			千卡每平方米小时开尔文	kcal/(m^2 · h · K)	1 kcal/(m^2 · h · K) = 1. 163 W/(m^2 · K)
			英热单位每平方英尺小时华氏度	Btu/(ft^2 · h · ℉)	1 Btu/(ft^2 · h · ℉) = 5. 67826 W/(m^2 · K)
热导率	瓦[特]每米开[尔文]	W/(m · K)	卡每厘米秒开尔文	cal/(cm · s · K)	1 cal/(cm · s · K) = 418. 68 W/(m · K)
			千卡每米小时开尔文	kcal/(m · h · K)	1 kcal/(m · h · K) = 1. 163 W/(m · K)
			英热单位每英尺小时华氏度	Btu/(ft · h · ℉)	1 Btu/(ft · h · ℉) = 1. 73073 W/(m · K)

附录 1–2　元素物理性能及元素周期表

附表 1–2–1　元素的物理性能

符号	名称	原子序数	密度 ρ(20℃) /g · cm^{-3}	熔点 (1.013×10^{5}Pa) /℃	沸点 (1.013×10^{5}Pa) /℃	比热容 c (20℃)/cal · (g · ℃)$^{-1}$	比潜热 l /cal · g^{-1}	热导率 λ (20℃)/cal · (cm · s · ℃)$^{-1}$	线膨胀系数 α (0~100℃) /℃$^{-1}$	电阻率 ρ(0℃) /Ω · mm^2 · m^{-1}	电阻温度系数 (0℃)/℃$^{-1}$
Ac	锕	89	10.07	1050	3200						4.23×10^{-3}
Ag	银	47	10.49	960.8	2210	0.0559	25	1.0	19.7×10^{-6}	1.59×10^{-2}	4.29×10^{-3}
Al	铝	13	2.6984	660.1	2500	0.215	94.6	0.53	23.6×10^{-6}	2.655×10^{-2}	4.23×10^{-3}
Am	镅	95	11.7	≈1200	≈2500				50.8×10^{-6}	145×10^{-2}	
Ar	氩	18	1.784×10^{-3}	−189.2	−185.7	0.125	6.7	0.406×10^{-4}			
As	砷	33	5.73	814(36 atm)	613(升华)	0.082	88.5		4.7×10^{-6}	35.0×10^{-2}	3.9×10^{-3}
Au	金	79	19.32	1063	2966	0.0312	16.1	0.71	14.2×10^{-6}	2.065×10^{-2}	3.5×10^{-3}
B	硼	5	2.34	2300	3675	0.309			8.3×10^{-6} (40℃)	1.8×10^{12}×10^{-2}	
Ba	钡	56	3.5	710	1640	0.068			19.0×10^{-6}	50×10^{-2}	
Be	铍	4	1.84	1283	2970	0.45	260	0.35	11.6×10^{-6} (20~60)℃	6.6×10^{-2}	6.7×10^{-3}
Bi	铋	83	9.80	271.2	1420	0.0294	12.5	0.020	13.4×10^{-6}	106.8×10^{-2}	4.2×10^{-3}
Br	溴	35	3.12(液态)	−7.1	58.4	0.070	16.2			6.7×10^{7}×10^{-2}	
C	碳	6	2.25(石墨)	3727(高纯度)	4830	0.165		0.057	(0.6~4.3)×10^{-6}	1375×10^{-2}	(0.6~1.2)×10^{-3}
Ca	钙	20	1.55	850	1440	0.155	52	0.3	22.3×10^{-6}	3.6×10^{-2}	3.33×10^{-3}
Cd	镉	48	8.65	321.03	765	0.055	13.2	0.22	31.0×10^{-6}	7.51×10^{-2}	4.24×10^{-3}
Ce	铈	58	6.77	804	3468	0.042	8.5	0.026	8.0×10^{-6}	75.3×10^{-2} (25℃)	0.87×10^{-3}
Cl	氯	17	3.214×10^{-3}	−101	−33.9	0.116	21.6	0.172×10^{-4}		10×10^{9}×10^{-2}	
Co	钴	27	8.9	1492	2870	0.099	58.4	0.165	12.4×10^{-6}	5.06×10^{-2}(α)	6.6×10^{-3}
Cr	铬	24	7.19	1903	2642	0.11	96	0.16	6.2×10^{-6}	12.9×10^{-2}	2.5×10^{-3}
Cs	铯	55	1.90	28.6	685	0.052	3.8		97×10^{-6}	19.0×10^{-2}	4.96×10^{-3}
Cu	铜	29	8.96	1083	2580	0.092	50.6	0.94	17.0×10^{-6}	(1.67~1.68)×10^{-2}(20℃)	4.3×10^{-3}
Dy	镝	66	8.56	1407	2300	0.041	25.2	0.024	7.7×10^{-6}	56.0×10^{-2}	1.19×10^{-3}

续附表 1-2-1

符号	名称	原子序数	密度 ρ(20℃) /g·cm^{-3}	熔点 (1.013×10^5Pa) /℃	沸点 (1.013×10^5Pa) /℃	比热容 c (20℃)/cal·(g·℃)$^{-1}$	比潜热 l /cal·g^{-1}	热导率 λ (20℃)/cal·(cm·s·℃)$^{-1}$	线膨胀系数 α (0~100℃) /℃$^{-1}$	电阻率 ρ(0℃) /Ω·mm^2·m^{-1}	电阻温度系数 (0℃)/℃$^{-1}$
Er	铒	68	9.16	1500	≈2600	0.04	24.5	0.023	10.0×10^{-6}	107×10^{-2}	2.01×10^{-3}
Eu	铕	63	5.30	≈830	≈1430	0.039	16.5			81.3×10^{-2}	4.30×10^{-3}
F	氟	9	1.696×10^{-3}	−219.6	−188.2	0.18	10.1				
Fe	铁	26	7.87	1537	2930	0.11	65.5	0.18	11.76×10^{-6}	9.7×10^{-2} (20℃)	6.0×10^{-3}
Ga	镓	31	5.91	29.8	2260	0.079	19.16	0.07	18.3×10^{-6}	13.7×10^{-2}	3.9×10^{-3}
Gd	钆	64	7.87	1312	≈2700	0.0574	23.5	0.021	$(0.0\sim10.0)\times10^{-6}$	134.5×10^{-2}	1.76×10^{-3}
Ge	锗	32	5.323	958	2880	0.073	7.3	0.14	5.92×10^{-6}	$(0.86\sim52)\times10^6\times10^{-2}$	1.4×10^{-3}
H	氢	1	0.0899	−259.04	−252.61	3.45	15.0	4.06×10^{-4}			
He	氦	2	0.1785×10^{-3}	−269.5 (103 atm)	−268.9	1.25	0.825	3.32×10^{-4}			$10^{21}\times10^{-3}$(20℃)
Hf	铪	72	13.28	2225	5400	0.0351		0.223	5.9×10^{-6}	$(32.7\sim43.9)\times10^{-2}$	4.43×10^{-3}
Hg	汞	80	13.546(液态)	≈38.87	356.58	0.033	2.8	0.0196	182×10^{-6}	94.07×10^{-2}	0.99×10^{-3}
Ho	钬	67	8.8	1461	≈2300	0.039	24.9			87.0×10^{-2}	1.71×10^{-3}
I	碘	53	4.93	113.8	183	0.052	14.2	10.4×10^{-4}	93×10^{-6}	$1.3\times10^{15}\times10^{-2}$	
In	铟	49	7.31	156.61	2050	0.057	6.8	0.057	33.0×10^{-6}	8.2×10^{-2}	4.9×10^{-3}
Ir	铱	77	22.4	2454	5300	0.0323		0.14	6.5×10^{-6}	4.85×10^{-2}	4.1×10^{-3}
K	钾	19	0.87	63.2	765	0.177	14.5	0.24	83×10^{-6}	6.55×10^{-2}	5.4×10^{-3}
Kr	氪	36	3.743×10^{-3}	≈157.1	−153.25			0.21×10^{-4}			-0.39×10^{-3}
La	镧	57	6.18	920	3470	0.048	17.3	0.033	5.1×10^{-6}	56.8×10^{-2} (20℃)	2.18×10^{-3}
Li	锂	3	0.531	180	1347	0.79	104.2	0.17	56×10^{-6}	8.55×10^{-2}	4.6×10^{-3}
Lu	镥	71	9.74	1730	1930	0.037	26.29			79.0×10^{-2}	2.40×10^{-3}
Mg	镁	12	1.74	650	1108	0.245	88±2	0.367	24.3×10^{-6}	4.47×10^{-2}	4.1×10^{-3}
Mn	锰	25	7.43	1244	2150	0.115	63.7	0.0119(192℃)	37×10^{-6}	185×10^{-2}(20℃)	1.7×10^{-3}
Mo	钼	42	10.22	2625	4800	0.066	≈69.8	0.34	4.9×10^{-6}	5.17×10^{-2}	4.71×10^{-3}
N	氮	7	1.25×10^{-3}	210	−195.8	0.247	6.2	6×10^{-5}			
Na	钠	11	0.9712	97.8	892	0.295	27.5	0.32	71×10^{-6}	4.27×10^{-2}	5.47×10^{-3}

续附表 1-2-1

符号	名称	原子序数	密度 ρ(20℃) /g·cm^{-3}	熔点 (1.013×10^{5}Pa) /℃	沸点 (1.013×10^{5}Pa) /℃	比热容 c (20℃)/cal·(g·℃)$^{-1}$	比潜热 l /cal·g^{-1}	热导率 λ (20℃)/cal·(cm·s·℃)$^{-1}$	线膨胀系数 α (0~100℃) /℃$^{-1}$	电阻率 ρ(0℃) /Ω·mm^2·m^{-1}	电阻温度系数 (0℃)/℃$^{-1}$
Nb	铌	41	8.57	2468	5136	0.065	69	0.125~0.13	7.1×10^{-6}	$(13.1\sim15.22)\times10^{-2}$	3.95×10^{-3}
Nd	钕	60	7.00	1024	3180	0.045	11.78	0.031	7.4×10^{-6}	64.3×10^{-2} (25℃)	1.64×10^{-3}
Ne	氖	10	0.8999×10^{-3}	248.6	−246.0			0.00011			
Ni	镍	28	8.90	1453	2732	0.105	73.8	0.22	13.4×10^{-6}	6.84×10^{-2}	$(5.0\sim6.0)\times10^{-3}$
Np	镎	93	20.25	637					50.8×10^{-6}	145×10^{-2}(20℃)	
O	氧	8	1.429×10^{-3}	218.83	182.97	0.218	3.3	59×10^{-8}			
Os	锇	76	22.5	2700	5500	0.031			$(5.7\sim6.57)\times10^{-6}$	9.66×10^{-2}	4.2×10^{-3}
P	磷(白)	15	1.83	44.1	280	0.177	5.0		125×10^{-6}	$1\times10^{17}\times10^{-2}$	-0.456×10^{-3}
Pa	镤	91	15.4	≈1230	≈4000						
Pb	铅	82	11.34	327.3	1750	0.0306	6.26	0.083	29.3×10^{-6}	18.8×10^{-2}	4.2×10^{-3}
Pd	钯	46	12.16	1552	≈3980	0.0584	34.2	0.168	11.8×10^{-6}	9.1×10^{-2}	3.79×10^{-3}
Pm	钷	61		≈1000	≈2700						
Po	钋	84	9.4	≈254	960				24.4×10^{-6}	$(42\pm10)\times10^{-2}$(α) $(44\pm10)\times10^{-2}$(β)	4.6×10^{-3}(α) 7.0×10^{-3}(β)
Pr	镨	59	6.77	≈935	3020	0.045	11.71	0.028	5.4×10^{-6}	68×10^{-2}(25℃)	1.71×10^{-3}
Pt	铂	78	21.45	1769	4530	0.0324	26.9	0.165	8.9×10^{-6}	$(9.2\sim9.6)\times10^{-2}$	3.99×10^{-3}
Pu	钚	94	19.0~19.8	639.5	3235	0.032		0.020	50.8×10^{-6}	145×10^{-2}(28℃)	-0.21×10^{-3}
Ra	镭	88	5.0	700	1500						
Rb	铷	37	1.53	38.8	680	0.080	9.3		90.0×10^{-6}	11×10^{-2}	4.81×10^{-3}
Re	铼	75	21.03	3108	5900	0.033		0.17	6.7×10^{-6}	19.5×10^{-2}	1.73×10^{-3}
Rh	铑	45	12.44	1960	4500	0.059(0℃)		0.21	8.3×10^{-6}	$\approx6.02\times10^{-2}$	4.35×10^{-3}
Rn	氡	86	9.960×10^{-3}	−71	−61.8						
Ru	钌	44	12.2	2400	4900	0.057			9.1×10^{-6}	7.157×10^{-2}	4.49×10^{-3}
S	硫	16	2.07	115	444.6	0.175	9.3	6.31×10^{-4}	64×10^{-6}	$2\times10^{23}\times10^{-2}$ (20℃)	

续附表 1-2-1

符号	名称	原子序数	密度 ρ(20℃) /g·cm^{-3}	熔点 (1.013×10^{5}Pa) /℃	沸点 (1.013×10^{5}Pa) /℃	比热容 c (20℃)/cal·(g·℃)$^{-1}$	比潜热 l /cal·g^{-1}	热导率 λ (20℃)/cal·(cm·s·℃)$^{-1}$	线膨胀系数 α (0~100℃) /℃$^{-1}$	电阻率 ρ(0℃) /Ω·mm^2·m^{-1}	电阻温度系数 (0℃)/℃$^{-1}$
Sb	锑	51	6.68	630.5	1440	0.049	38.3	0.045	(8.5~10.8)×10^{-6}	39.0×10^{-2}	5.1×10^{-3}
Sc	钪	21	2.992	1539	2730	0.134	84.52			61×10^{-2}(22℃)	
Se	硒	34	4.808	220	685	0.077	16.4	(7~18.3)×10^{-4}	37×10^{-6}	12×10^{-2}	4.45×10^{-3}
Si	硅	14	2.329	1412	3310	0.162(0℃)	432	0.20	(2.8~7.2)×10^{-6}	10×10^{-2}	(0.8~1.8)×10^{-3}
Sm	钐	62	7.53	1052	1630	0.042	17.29			88.0×10^{-2}	1.48×10^{-3}
Sn	锡	50	7.298	231.91	2690	0.054	14.5	0.150	23×10^{-6}	11.5×10^{-2}	4.4×10^{-3}
Sr	锶	38	2.60	770	1460	0.176	25			30.7×10^{-2}	3.83×10^{-3}
Ta	钽	73	16.67	2980	5400	0.034	38	0.130	6.55×10^{-6}	13.1×10^{-2}	3.85×10^{-3}
Tb	铽	65	8.267	1356	2530	0.044	24.54				
Tc	锝	43	11.46	≈2100	4600						
Te	碲	52	6.24	450	990	0.047	32	0.014	17.0×10^{-6}	(1~2)×10^5×10^{-2}	
Th	钍	90	11.724	1695	4200	0.034	<19.82	0.090	(11.3~11.6)×10^{-6}	19.1×10^{-2}	2.26×10^{-3}
Ti	钛	22	4.508	1677	3260	0.124	104	0.036(α)	8.2×10^{-6}	(42.1~47.8)×10^{-2}	3.97×10^{-3}
Tl	铊	81	11.85	≈304	1457	0.031	5.04	0.093	28.0×10^{-6}	(15~18.1)×10^{-2}	5.2×10^{-3}
Tm	铥	69	9.325	1545	1700	0.038	26.04			79.0×10^{-2}	195×10^{-3}
U	铀	92	19.05	1132	3930	0.0275		0.071	(6.8~14.1)×10^{-6}	29.0×10^{-2}	(2.18~2.76)×10^{-3}
V	钒	23	6.1	1910	3400	0.127		0.074	8.3×10^{-6}	(24.8~26)×10^{-2}	2.8×10^{-3}
W	钨	74	19.3	3880	5900	0.034	44	0.397	4.6×10^{-6}(20℃)	5.1×10^{-2}	4.82×10^{-3}
Xe	氙	54	5.495×10^{-3}	-112	-108						
Y	钇	39	4.475	1509	≈3200	0.071	46	1.24×10^{-4}			
Yb	镱	70	6.966	824	1530	0.035	12.71	0.035	25×10^{-6}	30.3×10^{-2}	1.30×10^{-3}
Zn	锌	30	7.134(25℃)	419.505	907	0.0925	24.09	0.27	39.5×10^{-6}	5.75×10^{-2}	4.2×10^{-3}
Zr	锆	40	6.507	1852±2	3580	0.068	≈60	0.211(25℃)	5.85×10^{-6}	(39.7~40.5)×10^{-2}	4.35×10^{-3}

注：1. 原子量参考元素周期表。
2. 数据旁括号内的温度指该数据的特定温度。
3. 对液体元素，线膨胀系数栏的数据为体膨胀系数。
4. 1 cal＝4.1868 J。
5. 1 atm＝101325 Pa。

附表 1–2–2 元素周期表

原子序数 →19 K ← 元素符号
元素名称 →钾
39.0983(1) ← 相对原子质量
注＊的是人造元素

注：
1. 相对原子质量录自1993 年国际相对原子质量表，以 $^{12}C=12$ 为基准。相对原子质量末位数的准确度加注在其后括号内。
2. 下方加括号的数字是最稳定同位素的质量数。

周期＼族	ⅠA	ⅡA	ⅢB	ⅣB	ⅤB	ⅥB	ⅦB	Ⅷ			ⅠB	ⅡB	ⅢA	ⅣA	ⅤA	ⅥA	ⅦA	0	电子层	0族电子数
1	1 H 氢 1.00794(7)																	2 He 氦 4.002602(2)	K	2
2	3 Li 锂 6.941(2)	4 Be 铍 9.012182(3)											5 B 硼 10.811(5)	6 C 碳 12.011(1)	7 N 氮 14.00674(7)	8 O 氧 15.9994(3)	9 F 氟 18.9984032(9)	10 Ne 氖 20.1797(6)	L K	8 2
3	11 Na 钠 22.989768(6)	12 Mg 镁 24.3050(6)											13 Al 铝 26.981539(5)	14 Si 硅 28.0855(3)	15 P 磷 30.973762(4)	16 S 硫 32.066(6)	17 Cl 氯 35.4520(9)	18 Ar 氩 39.948(1)	M L K	8 8 2
4	19 K 钾 39.0983(1)	20 Ca 钙 40.078(4)	21 Sc 钪 44.955910(9)	22 Ti 钛 47.867(1)	23 V 钒 50.9415(1)	24 Cr 铬 51.9961(6)	25 Mn 锰 54.93805(1)	26 Fe 铁 55.845(2)	27 Co 钴 58.83320(1)	28 Ni 镍 58.6934(2)	29 Cu 铜 63.546(3)	30 Zn 锌 65.39(2)	31 Ga 镓 69.723(1)	32 Ge 锗 72.61(2)	33 As 砷 74.92159(2)	34 Se 硒 78.96(3)	35 Br 溴 79.904(1)	36 Kr 氪 83.80(1)	N M L K	8 18 8 2
5	37 Rb 铷 85.4678(3)	38 Sr 锶 84.62(1)	39 Y 钇 88.90585(2)	40 Zr 锆 91.224(2)	41 Nb 铌 92.90638(2)	42 Mo 钼 95.94(1)	43 Tc 锝 (99)	44 Ru 钌 101.07(2)	45 Rh 铑 102.90550(3)	46 Pd 钯 106.42(1)	47 Ag 银 107.8682(2)	48 Cd 镉 112.411(8)	49 In 铟 114.818(3)	50 Sn 锡 118.710(7)	51 Sb 锑 121.760(1)	52 Te 碲 127.60(3)	53 I 碘 126.90447(3)	54 Xe 氙 131.29(2)	O N M L K	8 18 18 8 2
6	55 Cs 铯 132.90543(5)	56 Ba 钡 137.327(7)	57—71 La—Lu 镧系	72 Hf 铪 178.49(2)	73 Ta 钽 180.9479(1)	74 W 钨 183.84(1)	75 Re 铼 186.207(1)	76 Os 锇 190.23(3)	77 Ir 铱 192.217(3)	78 Pt 铂 195.08(3)	79 Au 金 196.96654(3)	80 Hg 汞 200.59(2)	81 Tl 铊 204.3833(2)	82 Pb 铅 207.2(1)	83 Bi 铋 208.98037(3)	84 Po 钋 (209)	85 At 砹 (210)	86 Rn 氡 (222)	P O N M L K	8 18 32 18 8 2
7	87 Fr 钫 (223)	88 Ra 镭 (226)	89—103 Ac—Lr 锕系	104 Rf 𬬻* (261)	105 Ha 钅罕* (262)	106 Unh* (263)	107 Uns* (264)	108 Uno* (265)	109 Une* (266)											

镧系	57 La 镧 138.9055(2)	58 Ce 铈 140.115(4)	59 Pr 镨 140.90765(3)	60 Nd 钕 144.24(3)	61 Pm 钷* (147)	62 Sm 钐 150.36(3)	63 Eu 铕 151.965(9)	64 Gd 钆 157.25(3)	65 Tb 铽 158.92534(3)	66 Dy 镝 162.50(3)	67 Ho 钬 164.93032(3)	68 Er 铒 167.26(3)	69 Tm 铥 168.93421(3)	70 Yb 镱 173.04(3)	71 Lu 镥 174.967(1)
锕系	89 Ac 锕 (227)	90 Th 钍 232.0381(1)	91 Pa 镤 231.03588(2)	92 U 铀 238.0289(1)	93 Np 镎 (237)	94 Pu 钚 (244)	95 Am 镅* (243)	96 Cm 锔* (247)	97 Bk 锫* (247)	98 Cf 锎* (251)	99 Es 锿* (252)	100 Fm 镄* (257)	101 Md 钔* (258)	102 No 锘* (259)	103 Lr 铹* (260)

附录 1–3　常用工程数据与资料

附表 1–3–1　铁基烧结材料密度、孔隙度对照表①

密度/$g \cdot cm^{-3}$	孔隙度/%	密度/$g \cdot cm^{-3}$	孔隙度/%
5.00	36.47	6.50	17.41
5.05	35.83	6.55	16.77
5.10	35.20	6.60	16.14
5.15	34.56	6.65	15.50
5.20	33.93	6.70	14.87
5.25	33.29	6.75	14.23
5.30	32.66	6.80	13.60
5.35	32.02	6.85	12.96
5.40	31.39	6.90	12.33
5.45	30.75	6.95	11.69
5.50	30.11	7.00	11.05
5.55	29.48	7.05	10.42
5.60	28.84	7.10	9.78
5.65	28.21	7.15	9.15
5.70	27.57	7.20	8.51
5.75	26.94	7.25	7.88
5.80	26.30	7.30	7.24
5.85	25.67	7.35	6.61
5.90	25.03	7.40	5.97
5.95	24.40	7.45	5.34
6.00	23.76	7.50	4.70
6.05	23.13	7.55	4.07
6.10	22.49	7.60	3.47
6.15	21.86	7.65	2.80
6.20	21.22	7.70	2.16
6.25	20.58	7.75	1.52
6.30	19.95	7.80	0.89
6.35	19.31	7.85	0.25
6.40	18.68	7.87	0.00
6.45	18.04		

① 孔隙度是根据理论上的最高密度 7.87 g/cm^3 算出的。

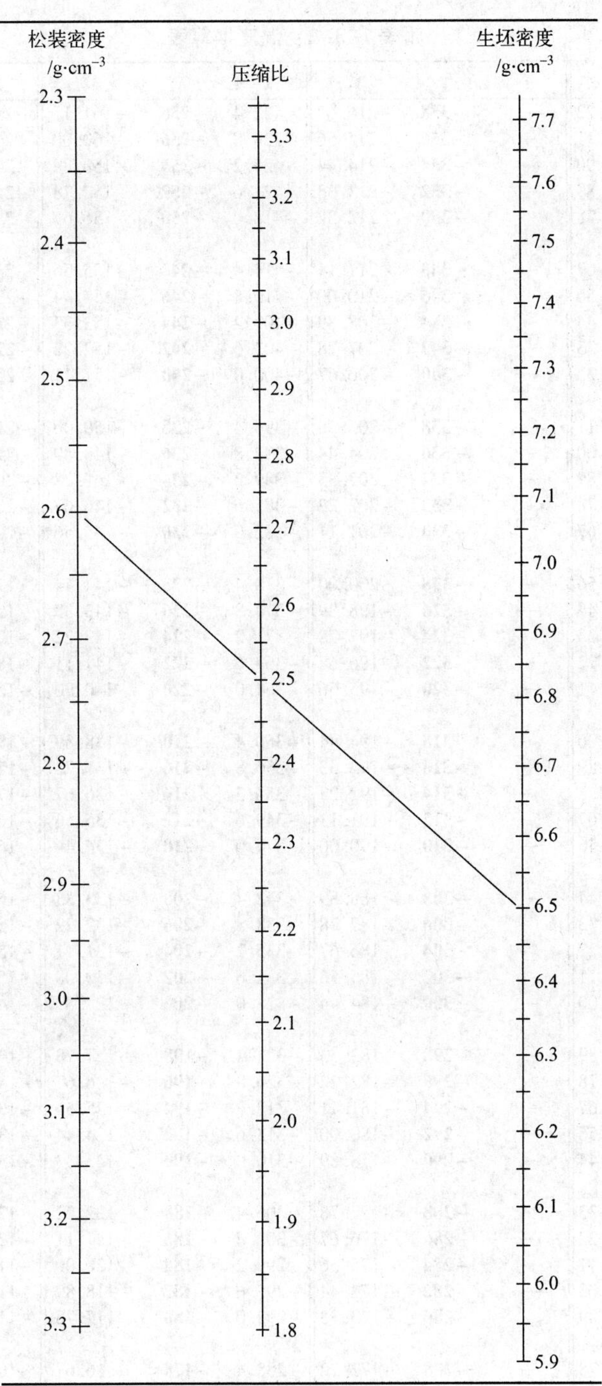

附图1-3-1　压缩比计算图

举例：松装密度为2.60g/cm^{3}和生坯密度为6.5g/cm^{3}时，压缩比为2.50。

附表 1-3-2　温度换算表

℉		℃	℉		℃	℉		℃	℉		℃
—	**-458**	-272.22	—	**-358**	-216.67	-432.4	**-258**	-161.11	-252.4	**-158**	-105.56
—	**-456**	-271.11	—	**-356**	-215.56	-428.8	**-256**	-160.00	-248.8	**-156**	-104.44
—	**-454**	-270.00	—	**-354**	-214.44	-425.2	**-254**	-158.89	-245.2	**-154**	-103.33
—	**-452**	-268.89	—	**-352**	-213.33	-421.6	**-252**	-157.78	-241.6	**-152**	-102.22
—	**-450**	-267.78	—	**-350**	-212.32	-418.0	**-250**	-156.67	-238.0	**-150**	-101.11
—	**-448**	-266.67	—	**-348**	-211.11	-414.4	**-248**	-155.56	-234.4	**-148**	-100.00
—	**-446**	-265.56	—	**-346**	-210.00	-410.8	**-246**	-154.44	-230.8	**-146**	-98.89
—	**-444**	-264.44	—	**-344**	-208.89	-407.2	**-244**	-153.33	-227.2	**-144**	-97.78
—	**-442**	-263.33	—	**-342**	-207.78	-403.6	**-242**	-152.22	-223.6	**-142**	-96.67
—	**-440**	-262.22	—	**-340**	-206.67	-400.0	**-240**	-151.11	-220.0	**-140**	-95.56
—	**-438**	-261.11	—	**-338**	-205.56	-396.4	**-238**	-150.00	-216.4	**-138**	-94.44
—	**-436**	-260.00	—	**-336**	-204.44	-392.8	**-236**	-148.89	-212.8	**-136**	-93.33
—	**-434**	-258.89	—	**-334**	-203.33	-389.2	**-234**	-147.78	-209.2	**-134**	-92.22
—	**-432**	-257.78	—	**-332**	-202.22	-385.6	**-232**	-146.67	-205.6	**-132**	-91.11
—	**-430**	-256.67	—	**-330**	-201.11	-382.0	**-230**	-145.56	-202.0	**-130**	-90.00
—	**-428**	-255.56	—	**-328**	-200.00	-378.4	**-228**	-144.44	-198.4	**-128**	-88.89
—	**-426**	-254.44	—	**-326**	-198.89	-374.8	**-226**	-143.33	-194.8	**-126**	-87.78
—	**-424**	-253.33	—	**-324**	-197.78	-371.2	**-224**	-142.22	-191.2	**-124**	-86.67
—	**-422**	-252.22	—	**-322**	-196.67	-367.6	**-222**	-141.11	-187.6	**-122**	-85.56
—	**-420**	-251.11	—	**-320**	-195.56	-364.0	**-220**	-140.00	-184.0	**-120**	-84.44
—	**-418**	-250.00	—	**-318**	-194.44	-360.4	**-210**	-138.89	-180.4	**-118**	-83.33
—	**-416**	-248.89	—	**-316**	-193.33	-356.8	**-216**	-137.78	-176.8	**-116**	-82.22
—	**-414**	-247.78	—	**-314**	-192.22	-353.2	**-214**	-136.67	-173.2	**-114**	-81.11
—	**-412**	-246.67	—	**-312**	-191.11	-349.6	**-212**	-135.56	-169.6	**-112**	-80.00
—	**-410**	-245.56	—	**-310**	-190.00	-346.0	**-210**	-134.44	-166.0	**-110**	-78.89
—	**-408**	-244.44	—	**-308**	-188.89	-342.4	**-208**	-133.33	-162.4	**-108**	-77.78
—	**-406**	-243.33	—	**-306**	-187.78	-338.8	**-206**	-132.22	-158.8	**-106**	-76.67
—	**-404**	-242.22	—	**-304**	-186.67	-335.2	**-204**	-131.11	-155.2	**-104**	-75.56
—	**-402**	-241.11	—	**-302**	-185.56	-331.6	**-202**	-130.00	-151.6	**-102**	-74.44
—	**-400**	-240.00	—	**-300**	-184.44	-328.0	**-200**	-128.89	-148.0	**-100**	-73.33
—	**-398**	-238.89	—	**-298**	-183.33	-324.4	**-198**	-127.78	-144.4	**-98**	-72.22
—	**-396**	-237.78	—	**-296**	-182.22	-320.8	**-196**	-126.67	-140.8	**-96**	-71.11
—	**-394**	-236.67	—	**-294**	-181.11	-317.2	**-194**	-125.56	-137.2	**-94**	-70.00
—	**-392**	-235.56	—	**-292**	-180.00	-313.6	**-192**	-124.44	-133.6	**-92**	-68.89
—	**-390**	-234.44	—	**-290**	-178.89	-310.0	**-190**	-123.33	-130.0	**-90**	-67.78
—	**-388**	-233.33	—	**-288**	-177.78	-306.4	**-188**	-122.22	-126.4	**-88**	-66.67
—	**-386**	-232.22	—	**-286**	-176.67	-302.8	**-186**	-121.11	-122.8	**-86**	-65.56
—	**-384**	-231.11	—	**-284**	-175.56	-299.2	**-184**	-120.00	-119.2	**-84**	-64.44
—	**-382**	-230.00	—	**-282**	-174.44	-295.6	**-182**	-118.89	-115.6	**-82**	-63.33
—	**-380**	-228.89	—	**-280**	-173.33	-292.0	**-180**	-117.78	-112.0	**-80**	-62.22
—	**-378**	-227.78	—	**-278**	-172.22	-288.4	**-178**	-116.67	-108.4	**-78**	-61.11
—	**-376**	-226.67	—	**-276**	-171.11	-284.8	**-176**	-115.56	-104.8	**-76**	-60.00
—	**-374**	-225.56	—	**-274**	-170.00	-281.2	**-174**	-114.44	-101.2	**-74**	-58.89
—	**-372**	-224.44	-457.6	**-272**	-168.89	-277.6	**-172**	-113.33	-97.6	**-72**	-57.78
—	**-370**	-223.33	-454.0	**-270**	-167.78	-274.0	**-170**	-112.22	-94.0	**-70**	-56.67
—	**-368**	-222.22	-450.4	**-268**	-166.67	-270.4	**-168**	-111.11	-90.4	**-68**	-55.56
—	**-366**	-221.11	-446.8	**-266**	-165.56	-266.8	**-166**	-110.00	-86.8	**-66**	-54.44
—	**-364**	-220.00	-443.2	**-264**	-164.44	-263.2	**-164**	-108.89	-83.2	**-64**	-53.33
—	**-362**	-218.89	-439.6	**-262**	-163.33	-259.6	**-162**	-107.78	-79.6	**-62**	-52.22
—	**-360**	-217.78	-436.0	**-260**	-162.22	-256.0	**-160**	-106.67	-76.0	**-60**	-51.11

续附表1-3-2

℉		℃	℉		℃	℉		℃	℉		℃
-72.4	**-58**	-50.00	107.6	**42**	5.56	287.6	**142**	61.11	467.6	**242**	116.67
-68.8	**-56**	-48.89	111.2	**44**	6.67	291.2	**144**	62.22	471.2	**244**	117.78
-65.2	**-54**	-47.78	114.8	**46**	7.78	294.8	**146**	63.33	474.8	**246**	118.89
-61.6	**-52**	-46.67	118.4	**48**	8.89	298.4	**148**	64.44	478.4	**248**	120.00
-58.0	**-50**	-45.56	122.0	**50**	10.00	302.0	**150**	65.56	482.0	**250**	121.11
-54.4	**-48**	-44.44	125.6	**52**	11.11	305.6	**152**	66.67	485.6	**252**	122.22
-50.8	**-46**	-43.33	129.2	**54**	12.22	309.2	**154**	67.78	489.2	**254**	123.33
-47.2	**-44**	-42.22	132.8	**56**	13.33	312.8	**156**	68.89	492.8	**256**	124.44
-43.6	**-42**	-41.11	136.4	**58**	14.44	316.4	**158**	70.00	496.4	**258**	125.56
-40.0	**-40**	-40.00	140.0	**60**	15.56	320.0	**160**	71.11	500.0	**260**	126.67
-36.4	**-38**	-38.89	143.6	**62**	16.67	323.6	**162**	72.22	503.6	**262**	127.78
-32.8	**-36**	-37.78	147.2	**64**	17.78	327.2	**164**	73.33	507.2	**264**	128.89
-29.2	**-34**	-36.67	150.8	**66**	18.89	330.8	**166**	74.44	510.8	**266**	130.00
-25.6	**-32**	-35.56	154.4	**68**	20.00	334.4	**168**	75.56	514.4	**268**	131.11
-22.0	**-30**	-34.44	158.0	**70**	21.11	338.0	**170**	76.67	518.0	**270**	132.22
-18.4	**-28**	-33.33	161.6	**72**	22.22	341.6	**172**	77.78	521.6	**272**	133.33
-14.8	**-26**	-32.22	165.2	**74**	23.33	345.2	**174**	78.89	525.2	**274**	134.44
-11.2	**-24**	-31.11	168.8	**76**	24.44	348.8	**176**	80.00	528.8	**276**	135.56
-7.6	**-22**	-30.00	172.4	**78**	25.56	352.4	**178**	81.11	532.4	**278**	136.67
-4.0	**-20**	-38.89	176.0	**80**	26.67	356.0	**180**	82.22	536.0	**280**	137.78
-0.4	**-18**	-27.78	179.6	**82**	27.78	359.6	**182**	83.33	539.6	**282**	138.89
+3.2	**-16**	-26.67	183.2	**84**	28.89	363.2	**184**	84.44	543.2	**284**	140.00
+6.8	**-14**	-25.56	186.8	**86**	30.00	366.8	**186**	85.56	546.8	**286**	141.11
+10.4	**-12**	-24.44	190.4	**88**	31.11	370.4	**188**	86.67	550.4	**288**	142.22
+14.0	**-10**	-23.33	194.0	**90**	32.22	374.0	**190**	87.78	554.0	**290**	143.33
+17.6	**-8**	-22.22	197.6	**94**	33.33	377.6	**192**	88.89	557.6	**292**	144.44
+21.2	**-6**	-21.11	201.2	**92**	34.44	381.2	**194**	90.00	561.2	**294**	145.56
+24.8	**-4**	-20.00	204.8	**96**	35.56	384.8	**196**	91.11	564.8	**296**	146.67
+28.4	**-2**	-18.89	208.4	**98**	36.67	388.4	**198**	92.22	568.4	**298**	147.78
+32.0	**±0**	-17.78	212.0	**100**	37.78	392.0	**200**	93.33	572.0	**300**	148.89
+35.6	**+2**	-16.67	215.6	**102**	38.89	395.6	**202**	94.44	575.6	**302**	150.00
+39.2	**+4**	-15.56	219.2	**104**	40.00	399.2	**204**	95.56	579.2	**304**	151.11
+42.8	**+6**	-14.44	222.8	**106**	41.11	402.8	**206**	96.67	582.8	**306**	152.22
+46.4	**+8**	-13.33	226.4	**108**	42.22	406.4	**208**	97.78	586.4	**308**	153.33
+50.0	**+10**	-12.22	230.0	**110**	43.33	410.0	**210**	98.89	590.0	**310**	154.44
+53.6	**+12**	-11.11	233.6	**112**	44.44	413.6	**212**	100.00	593.6	**312**	155.56
+57.2	**+14**	-10.00	237.2	**114**	45.56	417.2	**214**	101.11	597.2	**314**	156.67
+60.8	**+16**	-8.89	240.8	**116**	46.67	420.8	**216**	102.22	600.8	**316**	157.78
+64.4	**+18**	-7.78	244.4	**118**	47.78	424.4	**218**	103.33	604.4	**318**	158.89
+68.0	**+20**	-6.67	248.0	**120**	48.89	428.0	**220**	104.44	608.0	**320**	160.00
+71.6	**+22**	-5.56	251.6	**122**	50.00	431.6	**222**	105.56	611.6	**322**	161.11
+75.2	**+24**	-4.44	255.2	**126**	51.11	435.2	**224**	106.67	615.2	**324**	162.22
+78.8	**+26**	-3.33	258.4	**126**	52.22	438.8	**226**	107.78	618.8	**326**	163.33
+82.4	**+28**	-2.22	262.8	**128**	53.33	442.4	**228**	108.89	622.4	**328**	164.44
+86.0	**+30**	-1.11	266.0	**130**	54.44	446.0	**230**	110.00	626.0	**330**	165.56
+89.6	**+32**	±0.00	269.6	**132**	55.56	449.6	**232**	111.11	629.6	**332**	166.67
+93.2	**+34**	+1.11	273.2	**134**	56.67	453.2	**234**	112.22	633.2	**334**	167.78
+96.8	**+36**	+2.22	276.8	**136**	57.78	456.8	**236**	113.33	636.8	**336**	168.89
+100.4	**+38**	+3.33	280.4	**138**	58.89	460.4	**238**	114.44	640.4	**338**	170.00
+104.0	**+40**	+4.44	284.0	**140**	60.00	464.0	**240**	115.56	644.0	**340**	171.11

续附表 1-3-2

℉		℃	℉		℃	℉		℃	℉		℃
647. 6	**342**	172. 22	827. 6	**442**	227. 78	1007. 6	**542**	283. 33	1850. 0	**1010**	543. 33
651. 2	**344**	173. 33	831. 2	**444**	228. 89	1011. 2	**544**	284. 44	1868. 0	**1020**	548. 89
654. 8	**346**	174. 44	834. 8	**446**	230. 00	1014. 8	**546**	285. 56	1886. 0	**1030**	554. 44
658. 4	**348**	175. 56	838. 4	**448**	231. 11	1018. 4	**546**	286. 67	1904. 0	**1040**	560. 00
662. 0	**350**	176. 67	842. 0	**450**	232. 22	1022. 0	**550**	287. 78	1922. 0	**1050**	565. 56
665. 6	**352**	177. 78	845. 6	**452**	233. 33	1040. 0	**560**	293. 33	1940. 0	**1060**	571. 11
669. 2	**354**	178. 89	849. 2	**454**	234. 44	1058. 0	**570**	298. 89	1958. 0	**1070**	576. 67
672. 8	**356**	180. 00	852. 8	**456**	235. 56	1076. 0	**580**	304. 44	1976. 0	**1080**	582. 22
676. 4	**358**	181. 11	856. 4	**458**	236. 67	1094. 0	**590**	310. 00	1994. 0	**1090**	587. 78
680. 0	**360**	182. 22	860. 0	**460**	237. 78	1112. 0	**600**	315. 56	2012. 0	**1100**	593. 33
683. 6	**362**	183. 33	863. 6	**462**	238. 89	1130. 0	**610**	321. 11	2030. 0	**1110**	598. 89
687. 2	**364**	184. 44	867. 2	**464**	240. 00	1148. 0	**620**	326. 67	2048. 0	**1120**	604. 44
690. 8	**368**	185. 56	870. 8	**466**	241. 11	1166. 0	**630**	332. 22	2066. 0	**1130**	610. 00
694. 4	**366**	186. 67	874. 4	**468**	242. 22	1184. 0	**640**	337. 78	2084. 0	**1140**	615. 56
698. 0	**370**	187. 78	878. 0	**470**	243. 33	1202. 0	**650**	343. 33	2102. 0	**1150**	621. 11
701. 6	**372**	188. 89	881. 6	**472**	244. 44	1220. 0	**660**	348. 89	2120. 0	**1160**	626. 67
705. 2	**374**	190. 00	885. 2	**474**	245. 56	1238. 0	**670**	354. 44	2138. 0	**1170**	632. 22
708. 8	**376**	191. 11	888. 8	**476**	246. 67	1256. 0	**680**	360. 00	2156. 0	**1180**	637. 78
712. 4	**378**	192. 22	892. 4	**478**	247. 78	1274. 0	**690**	365. 56	2174. 0	**1190**	643. 33
716. 0	**380**	193. 33	896. 0	**480**	248. 89	1292. 0	**700**	371. 11	2192. 0	**1200**	648. 89
719. 6	**382**	194. 44	899. 6	**482**	250. 00	1310. 0	**710**	376. 67	2210. 0	**1210**	654. 44
723. 2	**384**	195. 56	903. 2	**484**	251. 11	1328. 0	**720**	382. 22	2228. 0	**1220**	660. 00
726. 8	**386**	196. 67	906. 8	**486**	252. 22	1346. 0	**730**	387. 78	2246. 0	**1230**	665. 56
730. 4	**388**	197. 78	910. 4	**488**	253. 33	1364. 0	**740**	393. 33	2264. 0	**1240**	671. 11
734. 0	**390**	198. 89	914. 0	**490**	254. 44	1382. 0	**750**	398. 89	2282. 0	**1250**	676. 67
737. 6	**392**	200. 00	917. 6	**492**	255. 56	1400. 0	**760**	404. 44	2300. 0	**1260**	682. 22
741. 2	**394**	201. 11	921. 2	**494**	256. 67	1418. 0	**770**	410. 00	2318. 0	**1270**	687. 78
744. 8	**396**	202. 22	924. 8	**496**	257. 78	1436. 0	**780**	415. 56	2336. 0	**1280**	693. 33
748. 4	**398**	203. 33	928. 4	**498**	258. 89	1454. 0	**790**	421. 11	2354. 0	**1290**	698. 89
752. 0	**400**	204. 44	932. 0	**500**	260. 00	1472. 0	**800**	426. 67	2372. 0	**1300**	704. 44
755. 6	**402**	205. 56	935. 6	**502**	261. 11	1490. 0	**810**	432. 22	2390. 0	**1310**	710. 00
759. 2	**404**	206. 67	939. 2	**504**	262. 22	1508. 0	**820**	437. 78	2408. 0	**1320**	715. 56
762. 8	**406**	207. 78	942. 8	**506**	263. 33	1526. 0	**830**	443. 33	2426. 0	**1330**	721. 11
766. 4	**408**	208. 89	946. 4	**508**	264. 44	1544. 0	**840**	448. 89	2444. 0	**1340**	726. 67
770. 0	**410**	210. 00	950. 0	**510**	265. 56	1562. 0	**850**	454. 44	2462. 0	**1350**	732. 22
773. 6	**412**	211. 11	953. 6	**512**	266. 67	1580. 0	**860**	460. 00	2480. 0	**1360**	737. 78
777. 2	**414**	212. 22	957. 2	**514**	267. 78	1598. 0	**870**	465. 56	2498. 0	**1370**	743. 33
780. 8	**416**	213. 33	960. 8	**516**	268. 89	1616. 0	**880**	471. 11	2516. 0	**1380**	748. 89
784. 4	**418**	214. 44	964. 4	**518**	270. 00	1634. 0	**890**	476. 67	2534. 0	**1390**	754. 44
788. 0	**420**	215. 56	968. 0	**520**	271. 11	1652. 0	**900**	482. 22	2552. 0	**1400**	760. 00
791. 6	**422**	216. 67	971. 6	**522**	272. 22	1670. 0	**910**	487. 78	2570. 0	**1410**	765. 56
795. 2	**424**	217. 78	975. 2	**524**	273. 33	1688. 0	**920**	493. 33	2588. 0	**1420**	771. 11
798. 8	**426**	218. 89	978. 8	**526**	274. 44	1706. 0	**930**	498. 89	2606. 0	**1430**	776. 67
802. 4	**428**	220. 00	987. 4	**528**	275. 56	1724. 0	**940**	504. 44	2624. 0	**1440**	782. 22
806. 0	**430**	221. 11	986. 0	**530**	276. 67	1742. 0	**950**	510. 00	2642. 0	**1450**	787. 78
809. 6	**432**	222. 22	989. 6	**532**	277. 78	1760. 0	**960**	515. 56	2660. 0	**1460**	793. 33
813. 2	**434**	223. 33	993. 2	**534**	278. 89	1778. 0	**970**	521. 11	2678. 0	**1470**	798. 89
816. 8	**436**	224. 44	996. 8	**536**	280. 00	1796. 0	**980**	526. 67	2696. 0	**1480**	804. 44
820. 4	**438**	225. 56	1000. 4	**538**	281. 11	1814. 0	**990**	532. 22	2714. 0	**1490**	810. 00
824. 0	**440**	226. 67	1004. 0	**540**	282. 22	1832. 0	**1000**	537. 78	2732. 0	**1500**	815. 56

续附表 1-3-2

℉		℃	℉		℃	℉		℃	℉		℃
2750.0	**1510**	821.11	3740.0	**2060**	1126.7	4730.0	**2610**	1432.2	5702.0	**3150**	1732.2
2768.0	**1520**	826.67	3758.0	**2070**	1132.2	4748.0	**2620**	1437.8	5792.0	**3200**	1760.0
2786.0	**1530**	832.22	3776.0	**2080**	1137.8	4766.0	**2630**	1443.3	5882.0	**3250**	1787.7
2804.0	**1540**	837.78	3794.0	**2090**	1143.3	4784.0	**2640**	1448.9	5972.0	**3300**	1815.5
2822.0	**1550**	843.35	3812.0	**2100**	1148.9	4802.0	**2650**	1454.4	6062.0	**3350**	1843.3
2840.0	**1560**	848.89	3830.0	**2110**	1154.4	4820.0	**2660**	1460.0	6152.0	**3400**	1871.1
2858.0	**1570**	854.44	3848.0	**2120**	1160.0	4838.0	**2670**	1465.6	6242.0	**3450**	1898.8
2876.0	**1580**	860.00	3866.0	**2130**	1165.6	4856.0	**2680**	1471.1	6332.0	**3500**	1926.6
2894.0	**1590**	865.56	3884.0	**2140**	1171.1	4874.0	**2690**	1476.7	6422.0	**3550**	1954.4
2912.0	**1600**	871.11	3902.0	**2150**	1176.7	4892.0	**2700**	1482.2	6512.0	**3600**	1982.2
2930.0	**1610**	876.67	3920.0	**2160**	1182.2	4910.0	**2710**	1487.8	6602.0	**3650**	2010.0
2948.0	**1620**	882.22	3938.0	**2170**	1187.3	4928.0	**2720**	1493.3	6692.0	**3700**	2037.7
2966.0	**1630**	887.78	3956.0	**2180**	1193.3	4946.0	**2730**	1498.9	6782.0	**3750**	2065.5
2984.0	**1640**	893.33	3974.0	**2190**	1198.9	4964.0	**2740**	1504.4	6872.0	**3800**	2093.3
3002.0	**1650**	898.89	3992.0	**2200**	1204.4	4982.0	**2750**	1510.0	6962.0	**3850**	2121.1
3020.0	**1660**	904.44	4010.0	**2210**	1210.0	5000.0	**2760**	1515.6	7052.0	**3900**	2148.8
3038.0	**1670**	910.00	4028.0	**2220**	1215.6	5018.0	**2770**	1521.1	7142.0	**3950**	2176.6
3056.0	**1680**	915.56	4046.0	**2230**	1221.1	5036.0	**2780**	1526.7	7232.0	**4000**	2204.4
3074.0	**1690**	921.11	4064.0	**2240**	1226.7	5054.0	**2790**	1532.2	7322.0	**4050**	2232.2
3092.0	**1700**	926.67	4082.0	**2250**	1232.2	5072.0	**2800**	1537.8	7412.0	**4100**	2260.0
3110.0	**1710**	932.22	4100.0	**2260**	1237.8	5090.0	**2810**	1543.3	7502.0	**4150**	2287.7
3128.0	**1720**	937.78	4118.0	**2270**	1243.3	5108.0	**2820**	1548.9	7592.0	**4200**	2315.5
3146.0	**1730**	943.33	4136.0	**2280**	1248.9	5126.0	**2830**	1554.4	7682.0	**4250**	2343.3
3164.0	**1740**	948.89	4154.0	**2290**	1254.4	5144.0	**2840**	1560.0	7772.0	**4300**	2371.1
3182.0	**1750**	954.44	4172.0	**2300**	1260.0	5162.0	**2850**	1565.6	7862.0	**4350**	2398.8
3200.0	**1760**	960.00	4190.0	**2310**	1265.6	5180.0	**2860**	1571.1	7952.0	**4400**	2426.6
3218.0	**1770**	965.56	4208.0	**2320**	1271.1	5198.0	**2870**	1576.7	8042.0	**4450**	2454.4
3236.0	**1780**	971.11	4226.0	**2330**	1276.7	5216.0	**2880**	1582.2	8132.0	**4500**	2482.2
3254.0	**1790**	976.67	4244.0	**2340**	1282.2	5234.0	**2890**	1587.8	8222.0	**4550**	2510.0
3272.0	**1800**	982.22	4262.0	**2350**	1287.8	5252.0	**2900**	1593.3	8312.0	**4600**	2537.7
3290.0	**1810**	987.78	4280.0	**2360**	1293.3	5270.0	**2910**	1598.9	8402.0	**4650**	2565.5
3308.0	**1820**	993.33	4298.0	**2370**	1298.9	5288.0	**2920**	1604.4	8492.0	**4700**	2593.3
3326.0	**1830**	998.89	4316.0	**2380**	1304.4	5306.0	**2930**	1610.0	8582.0	**4750**	2621.1
3344.0	**1840**	1004.4	4334.0	**2390**	1310.0	5324.0	**2940**	1615.6	8672.0	**4800**	2648.8
3362.0	**1850**	1010.0	4352.0	**2400**	1315.6	5342.0	**2950**	1621.1	8762.0	**4850**	2676.6
3380.0	**1860**	1015.6	4370.0	**2410**	1321.1	5360.0	**2960**	1626.7	8852.0	**4900**	2704.4
3398.0	**1870**	1021.1	4388.0	**2420**	1326.7	5378.0	**2970**	1632.2	8942.0	**4950**	2732.2
3416.0	**1880**	1026.7	4406.0	**2430**	1332.2	5396.0	**2980**	1637.8	9032.0	**5000**	2760.0
3434.0	**1890**	1032.2	4424.0	**2440**	1337.8	5414.0	**2990**	1643.3	9122.0	**5050**	2787.7
3452.0	**1900**	1037.8	4442.0	**2450**	1343.3	5432.0	**3000**	1648.9	9212.0	**5100**	2815.5
3470.0	**1910**	1043.3	4460.0	**2460**	1348.9	5450.0	**3010**	1654.4	9302.0	**5150**	2843.3
3488.0	**1920**	1048.9	4478.0	**2470**	1354.4	5468.0	**3020**	1660.0	9392.0	**5200**	2871.1
3506.0	**1930**	1054.4	4496.0	**2480**	1360.0	5486.0	**3030**	1665.6	9482.0	**5250**	2898.8
3524.0	**1940**	1060.0	4514.0	**2490**	1365.6	5504.0	**3040**	1671.1	9572.0	**5300**	2926.6
3542.0	**1950**	1065.6	4532.0	**2500**	1371.1	5522.0	**3050**	1676.7	9662.0	**5350**	2954.4
3560.0	**1960**	1071.1	4550.0	**2510**	1376.7	5540.0	**3060**	1682.2	9752.0	**5400**	2932.2
3578.0	**1970**	1076.7	4568.0	**2520**	1382.2	5558.0	**3070**	1687.8	9842.0	**5450**	3010.0
3596.0	**1980**	1082.2	4586.0	**2530**	1387.8	5576.0	**3080**	1693.3	9932.0	**5500**	3637.7
3614.0	**1990**	1087.8	4604.0	**2540**	1393.3	5594.0	**3090**	1698.9	10022.0	**5550**	3065.5
3632.0	**2000**	1093.3	4622.0	**2550**	1398.9	5612.0	**3100**	1704.4	10112.0	**5600**	3093.3
3650.0	**2010**	1098.9	4640.0	**2560**	1404.4						
3668.0	**2020**	1104.4	4658.0	**2570**	1410.0						
3686.0	**2030**	1110.0	4676.0	**2580**	1415.6						
3704.0	**2040**	1115.6	4694.0	**2590**	1421.1						
3722.0	**2050**	1121.1	4712.0	**2600**	1426.7						

注：本换算表的总体布局是由 Sauveur 和 Boylston 设计的。中间一行黑体字的数字是被换算的℉或℃温度读数。由华氏换算为摄氏时，摄氏的读数等于中间行读数指向的“℃”的读数。当由摄氏换算为华氏时，华氏的读数等于中间行读数指向的“℉”的读数。

附表 1-3-3　能量换算表

ft · lb		J	ft · lb		J	ft · lb		J	ft · lb		J
0.7376	**1**	1.3558	28.7649	**39**	52.8769	56.7923	**77**	104.3980	125.3856	**170**	230.4890
1.4751	**2**	2.7116	29.5025	**40**	54.2327	57.5298	**78**	105.7538	129.0734	**175**	237.2681
2.2127	**3**	4.0675	30.2400	**41**	55.5885	58.2674	**79**	107.1096	132.7612	**180**	244.0472
2.9502	**4**	5.4233	30.9776	**42**	56.9444	59.0050	**80**	108.4654	136.4490	**185**	250.8263
3.6878	**5**	6.7791	31.7152	**43**	58.3002	59.7425	**81**	109.8212	140.1368	**190**	257.6054
4.4254	**6**	8.1349	32.4527	**44**	59.6560	60.4801	**82**	111.1771	143.8246	**195**	264.3845
5.1629	**7**	9.4907	33.1903	**45**	61.0118	61.2177	**83**	112.5329	147.5124	**200**	271.1636
5.9005	**8**	10.8465	33.9279	**46**	62.3676	61.9552	**84**	113.8887	154.8880	**210**	284.7218
6.6381	**9**	12.2024	34.6654	**47**	63.7234	62.6928	**85**	115.2445	162.2637	**220**	298.2799
7.3756	**10**	13.5582	35.4030	**48**	65.0793	63.4303	**86**	116.6003	169.6393	**230**	311.8381
8.1132	**11**	14.9140	36.1405	**49**	66.4351	64.1679	**87**	117.9562	177.0149	**240**	325.3963
8.8507	**12**	16.2698	36.8781	**50**	67.7909	64.9055	**88**	119.3120	184.3905	**250**	338.9545
9.5883	**13**	17.6256	37.6157	**51**	69.1467	65.6430	**89**	120.6678	191.7661	**260**	352.5126
10.3259	**14**	18.9815	38.3532	**52**	70.5025	66.3806	**90**	122.0236	199.1418	**270**	366.0708
11.0634	**15**	20.3373	39.0908	**53**	71.8583	67.1182	**91**	123.3794	206.5174	**280**	379.6290
11.8010	**16**	21.6931	39.8284	**54**	73.2142	67.8557	**92**	124.7452	213.8930	**290**	393.1872
12.5386	**17**	23.0489	40.5659	**55**	74.5700	68.5933	**93**	126.0911	221.2686	**300**	406.7454
13.2761	**18**	24.4047	41.3035	**56**	75.9258	69.3308	**94**	127.4469	228.6442	**310**	420.3036
14.0137	**19**	25.7605	42.0410	**57**	77.2816	70.0684	**95**	128.8027	236.0199	**320**	433.8617
14.7512	**20**	27.1164	42.7786	**58**	78.6374	70.8060	**96**	130.1585	243.3955	**330**	447.4199
15.4888	**21**	28.4722	43.5162	**59**	79.9933	71.5435	**97**	131.5143	250.7711	**340**	460.9781
16.2264	**22**	29.8280	44.2537	**60**	81.3491	72.2811	**98**	132.8702	258.1467	**350**	474.5363
16.9639	**23**	31.1838	44.9913	**61**	82.7049	73.0186	**99**	134.2260	265.5224	**360**	488.0944
17.7015	**24**	32.5396	45.7288	**62**	84.0607	73.7562	**100**	135.5818	272.8980	**370**	501.6526
18.4390	**25**	33.8954	46.4664	**63**	85.4165	77.4440	**105**	142.3609	208.2736	**380**	515.2108
19.1766	**26**	35.2513	47.2040	**64**	86.7723	81.1318	**110**	149.1400	287.6492	**390**	528.7690
19.9142	**27**	36.6071	47.9415	**65**	88.1282	84.8196	**115**	155.9191	295.0248	**400**	542.3272
20.6517	**28**	37.9629	48.6791	**66**	89.4840	88.5075	**120**	162.6982	302.4005	**410**	555.8854
21.3893	**29**	39.3187	49.4167	**67**	90.8398	92.1953	**125**	169.4772	309.7761	**420**	569.4435
22.1269	**30**	40.6745	50.1542	**68**	92.1956	95.8831	**130**	176.2563	317.1517	**430**	583.0017
22.8644	**31**	42.0304	50.8918	**69**	93.5514	99.5709	**135**	183.0354	324.5273	**440**	596.5599
23.6020	**32**	43.3862	51.6293	**70**	94.9073	103.2587	**140**	189.8145	331.9029	**450**	610.1181
24.3395	**33**	44.7420	52.3669	**71**	96.2631	106.9465	**145**	196.5936	339.2786	**460**	623.6762
25.0771	**34**	46.0978	53.1045	**72**	97.6189	110.6343	**150**	203.3727	346.6542	**470**	637.2344
25.8147	**35**	47.4536	53.8420	**73**	98.9747	114.3221	**155**	210.1518	354.0298	**480**	650.7926
26.5522	**36**	48.8094	54.5796	**74**	100.3305	118.0099	**160**	216.9308	361.4054	**490**	664.3508
27.2898	**37**	50.1653	55.3172	**75**	101.6863	121.6977	**165**	223.7099	368.7811	**500**	677.9090
28.0274	**38**	51.5211	56.0547	**76**	103.0422						

注：中间一行的黑体字是被转换的读数（J 或 ft · lb），如果从 ft · lb 转换到 J，那么 J 的读数等于中间读数指向 J 的读数；由 J 转换成 ft · lb 的读数等于中间读数指向"ft · lb"的读数（1ft · lb = 1.355818J）。

附表 1–3–4 应力或压强换算表

klb/in^2		MPa	klb/in^2		MPa	klb/in^2		MPa	klb/in^2		MPa
0. 14504	**1**	6. 895	5. 5114	**38**	262. 00	10. 878	**75**	517. 11	31. 908	**220**	1516. 8
0. 29008	**2**	13. 790	5. 6565	**39**	268. 90	11. 023	**76**	524. 00	33. 359	**230**	1585. 8
0. 43511	**3**	20. 684	5. 8015	**40**	275. 79	11. 168	**77**	530. 90	34. 809	**240**	1654. 7
0. 58015	**4**	27. 579	5. 9465	**41**	282. 69	11. 313	**78**	537. 79	36. 259	**250**	1723. 7
0. 72519	**5**	34. 474	6. 0916	**42**	289. 58	11. 458	**79**	544. 69	37. 710	**260**	1792. 6
0. 87023	**6**	41. 369	6. 2366	**43**	296. 47	11. 603	**80**	551. 58	39. 160	**270**	1861. 6
1. 0153	**7**	48. 263	6. 3817	**44**	303. 37	11. 748	**81**	558. 48	40. 611	**280**	1930. 5
1. 1603	**8**	55. 158	6. 5267	**45**	310. 26	11. 893	**82**	565. 37	42. 061	**290**	1999. 5
1. 3053	**9**	62. 053	6. 6717	**46**	317. 16	12. 038	**83**	572. 26	43. 511	**300**	2068. 4
1. 4504	**10**	68. 948	6. 8168	**47**	324. 05	12. 183	**84**	579. 16	44. 962	**310**	2137. 4
1. 5954	**11**	75. 842	6. 9618	**48**	330. 95	12. 328	**85**	586. 05	46. 412	**320**	2206. 3
1. 7405	**12**	82. 737	7. 1068	**49**	337. 84	12. 473	**86**	592. 95	47. 862	**330**	2275. 3
1. 8855	**13**	89. 632	7. 2519	**50**	344. 74	12. 618	**87**	599. 84	49. 313	**340**	2344. 2
2. 0305	**14**	96. 527	7. 3969	**51**	351. 63	12. 763	**88**	606. 74	50. 763	**350**	2413. 2
2. 1756	**15**	103. 42	7. 5420	**52**	358. 53	12. 909	**89**	613. 63	52. 214	**360**	2482. 1
2. 3206	**16**	110. 32	7. 6870	**53**	365. 42	13. 053	**90**	620. 53	53. 664	**370**	2551. 1
2. 4656	**17**	117. 21	7. 8320	**54**	372. 32	13. 198	**91**	627. 42	55. 114	**380**	2620. 0
2. 6107	**18**	124. 11	7. 9771	**55**	379. 21	13. 343	**92**	634. 32	56. 565	**390**	2689. 0
2. 7557	**19**	13. 100	8. 1221	**56**	386. 11	13. 489	**93**	641. 21	58. 015	**400**	2757. 9
2. 9008	**20**	137. 90	8. 2672	**57**	393. 00	13. 634	**94**	648. 11	59. 465	**410**	2826. 9
3. 0458	**21**	144. 79	8. 4122	**58**	399. 90	13. 779	**95**	655. 00	60. 916	**420**	2895. 8
3. 1908	**22**	151. 68	8. 5572	**59**	406. 79	13. 924	**96**	661. 90	62. 366	**430**	2964. 7
3. 3359	**23**	158. 58	8. 7023	**60**	413. 69	14. 069	**97**	668. 79	63. 817	**440**	3033. 7
3. 4809	**24**	165. 47	8. 8473	**61**	420. 58	14. 214	**98**	675. 69	65. 267	**450**	3102. 6
3. 6259	**25**	172. 37	8. 9923	**62**	427. 47	14. 359	**99**	68. 258	66. 717	**460**	3171. 6
3. 7710	**26**	179. 26	9. 1374	**63**	434. 37	14. 504	**100**	689. 48	66. 168	**470**	3240. 5
3. 9160	**27**	186. 16	9. 2824	**64**	441. 26	15. 954	**110**	758. 42	69. 618	**480**	3309. 5
4. 0611	**28**	193. 05	9. 4275	**65**	448. 16	17. 405	**120**	827. 37	71. 068	**490**	3378. 4
4. 2061	**29**	199. 95	9. 5725	**66**	455. 05	18. 855	**130**	896. 32	72. 519	**500**	3447. 4
4. 3511	**30**	206. 84	9. 7175	**67**	461. 95	20. 305	**140**	965. 27	73. 969	**510**	—
4. 4962	**31**	213. 74	9. 8626	**68**	468. 84	21. 756	**150**	1034. 2	75. 420	**520**	—
4. 6412	**32**	220. 63	10. 008	**69**	475. 74	23. 206	**160**	1103. 2	76. 870	**530**	—
4. 7862	**33**	227. 53	10. 153	**70**	482. 63	24. 656	**170**	1172. 1	78. 320	**540**	—
4. 9393	**34**	234. 42	10. 298	**71**	489. 53	26. 107	**180**	1241. 1	79. 771	**550**	—
5. 0763	**35**	241. 32	10. 443	**72**	496. 42	27. 557	**190**	1310. 0	81. 221	**560**	—
5. 2214	**36**	248. 21	10. 588	**73**	503. 32	29. 008	**200**	1379. 0	82. 672	**570**	—
5. 3662	**37**	255. 11	10. 733	**74**	510. 21	30. 458	**210**	1447. 9	84. 122	**580**	—

续附表 1-3-4

klb/in^2		MPa	klb/in^2		MPa	klb/in^2		MPa	klb/in^2		MPa
85.572	**590**	—	129.08	**890**	—	200.15	**1380**	—	287.17	**1980**	—
87.023	**600**	—	130.53	**900**	—	203.05	**1400**	—	290.08	**2000**	—
88.473	**610**	—	131.98	**910**	—	205.95	**1420**	—	292.98	**2020**	—
89.923	**620**	—	133.43	**920**	—	208.85	**1440**	—	295.88	**2040**	—
91.374	**630**	—	134.89	**930**	—	211.76	**1460**	—	298.78	**2060**	—
92.824	**640**	—	136.34	**940**	—	214.66	**1480**	—	301.68	**2080**	—
94.275	**650**	—	137.79	**950**	—	217.56	**1500**	—	304.58	**2100**	—
95.725	**660**	—	139.24	**960**	—	220.46	**1520**	—	307.48	**2120**	—
97.175	**670**	—	140.69	**970**	—	223.36	**1540**	—	310.38	**2140**	—
98.626	**680**	—	142.14	**980**	—	226.26	**1560**	—	313.28	**2160**	—
100.08	**690**	—	143.59	**990**	—	229.16	**1580**	—	316.18	**2180**	—
101.53	**700**	—	145.04	**1000**	—	232.06	**1600**	—	319.08	**2200**	—
102.98	**710**	—	147.94	**1020**	—	234.96	**1620**	—	321.98	**2220**	—
104.43	**720**	—	150.84	**1040**	—	237.86	**1640**	—	324.88	**2240**	—
105.88	**730**	—	153.74	**1060**	—	240.76	**1660**	—	327.79	**2260**	—
107.33	**740**	—	156.64	**1080**	—	243.66	**1680**	—	330.69	**2280**	—
108.78	**750**	—	159.54	**1100**	—	246.56	**1700**	—	333.59	**2300**	—
110.23	**760**	—	162.44	**1120**	—	249.46	**1720**	—	336.49	**2320**	—
111.68	**770**	—	165.34	**1140**	—	252.37	**1740**	—	339.39	**2340**	—
113.13	**780**	—	168.24	**1160**	—	255.27	**1760**	—	342.29	**2360**	—
114.58	**790**	—	171.14	**1180**	—	258.17	**1780**	—	345.19	**2380**	—
116.03	**800**	—	174.05	**1200**	—	261.07	**1800**	—	348.09	**2400**	—
117.48	**810**	—	176.95	**1220**	—	263.97	**1820**	—	350.99	**2420**	—
118.93	**820**	—	179.85	**1240**	—	266.87	**1840**	—	353.89	**2440**	—
120.38	**830**	—	182.75	**1260**	—	269.77	**1860**	—	356.79	**2460**	—
121.83	**840**	—	185.65	**1280**	—	272.67	**1880**	—	359.69	**2480**	—
123.28	**850**	—	188.55	**1300**	—	275.57	**1900**	—	362.59	**2500**	—
124.73	**860**	—	191.45	**1320**	—	278.47	**1920**	—			
126.18	**870**	—	194.35	**1340**	—	281.37	**1940**	—			
127.63	**880**	—	197.25	**1360**	—	284.27	**1960**	—			

注：中间一行的黑体字是被转换单位的读数（MPa 或 klb/in^2），如果从 klb/in^2 转换到 MPa，那么 MPa 的读数等于中间读数指向 MPa 的读数；如果从 MPa 转换到 klb/in^2，klb/in^2 的读数等于中间读数指向“klb/in^2”的读数。$1klb/in^2 = 6.894757MPa$，$1lb/in^2 = 6.894757kPa$。

附表 1-3-5　与钢的维氏硬度值近似等效的各种硬度值[①]

维氏硬度HV	布氏硬度HB（载荷30kN，钢球直径10mm）		洛氏硬度HR				洛氏表面硬度（金刚石压头）			努氏硬度HK（载荷5000N或稍大）	肖氏硬度HS
	标准球	碳化钨球	HRA（载荷600N，金刚石压头）	HRB（载荷1000N，钢球球径1.6mm）	HRC（载荷1500N，金刚石压头）	HRD（载荷1000N，金刚石压头）	15N载荷150N	30N载荷300N	45N载荷450N		
940	—	—	85.6	—	68.0	76.9	93.2	84.4	75.4	920	97
920	—	—	85.3	—	67.5	76.5	93.0	84.0	74.8	908	96
900	—	—	85.0	—	67.0	76.1	92.9	83.6	74.2	895	95
880	—	(767)	84.7	—	66.4	75.7	92.7	83.1	73.6	882	93
860	—	(757)	84.4	—	65.9	75.3	92.5	82.7	73.1	867	92
840	—	(745)	84.1	—	65.3	74.8	92.3	82.2	72.2	852	91
820	—	(733)	83.8	—	64.7	74.3	92.1	81.7	71.8	837	90
800	—	(722)	83.4	—	64.0	73.8	91.8	81.1	71.0	822	88
780	—	(710)	83.0	—	63.3	73.3	91.5	80.4	70.2	806	87
760	—	(698)	82.6	—	62.5	72.6	91.2	79.7	69.4	788	86
740	—	(684)	82.2	—	61.8	72.1	91.0	79.1	68.6	772	84
720	—	(670)	81.8	—	61.0	71.5	90.7	78.4	67.7	754	83
700	—	(656)	81.3	—	60.1	70.8	90.3	77.6	66.7	735	81
690	—	(647)	81.1	—	59.7	70.5	90.1	77.2	66.2	725	—
680	—	(638)	80.8	—	59.2	70.1	89.8	76.8	65.7	716	80
670	—	(630)	80.6	—	58.8	69.8	89.7	76.4	65.3	706	—
660	—	620	80.3	—	58.3	69.4	89.5	75.9	64.7	697	79
650	—	611	80.0	—	57.8	69.0	89.2	75.5	64.1	687	78
640	—	601	79.8	—	57.3	68.7	89.0	75.1	63.5	677	77
630	—	591	79.5	—	56.8	68.3	88.8	74.6	63.0	667	76
620	—	582	79.2	—	56.3	67.9	88.5	74.2	62.4	657	75
610	—	573	78.9	—	55.7	67.5	88.2	73.6	61.7	646	—
600	—	564	78.6	—	55.2	67.0	88.0	73.2	61.2	636	74
590	—	554	78.4	—	54.7	66.7	87.8	72.7	60.5	625	73
580	—	545	78.0	—	54.1	66.2	87.5	72.1	59.9	615	72
570	—	535	77.8	—	53.6	65.8	87.2	71.7	59.3	604	—
560	—	525	77.4	—	53.0	65.4	86.9	71.2	58.6	594	71
550	(506)	517	77.0	—	52.3	64.8	86.6	70.5	57.8	583	70
540	(496)	507	76.7	—	51.7	64.4	86.3	70.0	57.0	572	69
530	(488)	497	76.4	—	51.1	63.9	86.0	69.5	56.2	561	68
520	(480)	498	76.1	—	50.5	63.5	85.7	69.0	55.6	550	67
510	(473)	479	75.7	—	49.8	62.9	85.4	68.3	54.7	539	—
500	(465)	471	75.3	—	49.1	62.2	85.0	67.7	53.9	528	66

续附表 1-3-5

维氏硬度HV	布氏硬度 HB（载荷 30 kN，钢球直径 10 mm）		洛氏硬度 HR				洛氏表面硬度（金刚石压头）			努氏硬度 HK（载荷 5000N 或稍大）	肖氏硬度 HS
	标准球	碳化钨球	HRA（载荷 600N，金刚石压头）	HRB（载荷 1000N，钢球球径 1.6 mm）	HRC（载荷 1500N，金刚石压头）	HRD（载荷 1000N，金刚石压头）	15N 载荷 150N	30N 载荷 300N	45N 载荷 450N		
490	(456)	460	74.9	—	48.4	61.6	84.7	67.1	53.1	517	65
480	(448)	452	74.5	—	47.7	61.3	84.3	66.4	52.2	505	64
470	441	442	74.1	—	46.9	60.7	83.9	65.7	51.3	494	—
460	433	433	73.6	—	46.1	60.1	83.6	64.9	50.4	482	62
450	425	425	73.3	—	45.3	59.4	83.2	64.3	49.4	471	—
440	415	415	72.8	—	44.5	58.8	82.8	63.5	48.4	459	59
430	405	405	72.3	—	43.6	58.2	82.3	62.7	47.4	447	58
420	397	397	71.8	—	42.7	57.5	81.8	61.9	46.4	435	57
410	388	388	71.4	—	41.8	56.8	81.4	61.1	45.3	423	56
400	379	379	70.8	—	40.8	56.0	80.8	60.2	44.1	412	55
390	369	369	70.3	—	39.8	55.2	80.3	59.3	42.9	400	—
380	360	360	69.8	(110.0)	38.8	54.4	79.8	58.4	41.7	389	52
370	350	350	69.2	—	37.7	53.6	79.2	57.4	40.4	378	51
360	341	341	68.7	(109.0)	36.6	52.8	78.6	56.4	39.1	367	50
350	331	331	68.1	—	35.5	51.9	78.0	55.4	37.8	356	48
340	322	322	67.6	(108.0)	34.4	51.1	77.4	54.4	36.5	346	47
330	313	313	67.0	—	33.3	50.2	76.8	53.6	35.2	337	46
320	303	303	66.4	(107.0)	32.2	49.4	76.2	52.3	33.9	328	45
310	294	294	65.8	—	31.0	48.4	75.6	51.3	32.5	318	—
300	284	284	65.2	(105.5)	29.8	47.5	74.9	50.2	31.1	309	42
295	280	280	64.8	—	29.2	47.1	74.6	49.7	30.4	305	—
290	275	275	64.5	(104.5)	28.5	46.5	74.2	49.0	29.5	300	41
285	270	270	64.2	—	27.8	46.0	73.8	48.4	28.7	296	—
280	265	265	63.8	(103.5)	27.1	45.3	73.4	47.8	27.9	291	40
275	261	261	63.5	—	26.4	44.9	73.0	47.2	27.1	286	39
270	256	256	63.1	(102.0)	25.6	44.3	72.6	46.4	26.2	282	38
265	252	252	62.7	—	24.8	43.7	72.1	45.7	25.2	277	—
260	247	247	62.4	(101.0)	24.0	43.1	71.6	45.0	24.3	272	37
255	243	243	62.0	—	23.1	42.2	71.1	44.2	23.2	267	—
250	238	238	61.6	99.5	22.2	41.7	70.6	43.4	22.2	262	36
245	233	233	61.2	—	21.3	41.1	70.1	42.5	21.1	258	35
240	228	228	60.7	98.1	20.3	40.3	69.6	41.7	19.9	253	34
230	219	219	—	96.7	(18.0)	—	—	—	—	243	33

续附表 1-3-5

维氏硬度 HV	布氏硬度 HB（载荷 30 kN，钢球直径 10 mm）		洛氏硬度 HR				洛氏表面硬度（金刚石压头）			努氏硬度 HK（载荷 5000N 或稍大）	肖氏硬度 HS
	标准球	碳化钨球	HRA（载荷 600N，金刚石压头）	HRB（载荷 1000N，钢球球径 1.6 mm）	HRC（载荷 1500N，金刚石压头）	HRD（载荷 1000N，金刚石压头）	15N 载荷 150N	30N 载荷 300N	45N 载荷 450N		
220	209	209	—	95.0	(15.7)	—	—	—	—	234	32
210	200	200	—	93.4	(13.4)	—	—	—	—	226	30
200	190	190	—	91.5	(11.0)	—	—	—	—	216	29
190	181	181	—	89.5	(8.5)	—	—	—	—	206	28
180	171	171	—	87.1	(6.0)	—	—	—	—	196	26
170	162	162	—	85.0	(3.0)	—	—	—	—	185	25
160	152	152	—	81.7	(0.0)	—	—	—	—	175	23
150	143	143	—	78.7	—	—	—	—	—	164	22
140	133	133	—	75.0	—	—	—	—	—	154	21
130	124	124	—	71.2	—	—	—	—	—	143	20
120	114	114	—	66.7	—	—	—	—	—	133	18
110	105	105	—	62.3	—	—	—	—	—	123	—
100	95	95	—	56.2	—	—	—	—	—	112	—
95	90	90	—	52.0	—	—	—	—	—	107	—
90	86	86	—	48.0	—	—	—	—	—	102	—
85	81	81	—	41.0	—	—	—	—	—	97	—

① 适合退火、正火和淬、回火态的碳钢和合金钢；冷作态和奥氏体钢精度较低。黑框内数值相应于在 ASTM E140 表 1 中给出的 SAE－ASM－ASTM 硬度转换值。括号中的值超出了正常范围，仅供参考。

附表 1-3-6　与钢的布氏硬度值近似等效的各种硬度值①

布氏压痕直径 /mm	布氏硬度 HB②（载荷 30 kN，钢球直径 10 mm）		维氏硬度 HV	洛氏硬度 HR				洛氏表面硬度（金刚石压头）			努氏硬度 HK（载荷 5000N 或稍大）	肖氏硬度 HS
	标准球	碳化钨球		HRA（载荷 600N，金刚石压头）	HRB（载荷 1000N，钢球球径 1.6 mm）	HRC（载荷 1500N，金刚石压头）	HRD（载荷 1000N，金刚石压头）	15N 载荷 150N	30N 载荷 300N	45N 载荷 450N		
2.25	—	(745)	840	84.1	—	65.3	74.8	92.3	82.2	72.2	852	91
2.30	—	(712)	783	83.1	—	63.4	73.4	91.6	80.5	70.4	808	—
2.35	—	(682)	737	82.2	—	61.7	72.0	91.0	79.0	68.5	768	84
2.40	—	(653)	697	81.2	—	60.0	70.7	90.2	77.5	66.5	732	81
2.45	—	627	667	80.5	—	58.7	69.7	89.6	76.3	65.1	703	79
2.50	—	601	640	79.8	—	57.3	68.7	89.0	75.1	63.5	677	77
2.55	—	578	615	79.1	—	56.0	67.7	88.4	73.9	62.1	652	75
2.60	—	555	591	78.4	—	54.7	66.7	87.8	72.7	60.6	626	73
2.65	—	534	569	77.8	—	53.5	65.8	87.2	71.6	59.2	604	71

续附表 1-3-6

布氏压痕直径/mm	布氏硬度 HB②（载荷 30 kN,钢球直径 10 mm）		维氏硬度 HV	洛氏硬度 HR				洛氏表面硬度（金刚石压头）			努氏硬度 HK（载荷 5000N 或稍大）	肖氏硬度 HS
	标准球	碳化钨球		HRA（载荷 600N，金刚石压头）	HRB（载荷 1000N，钢球球径 1.6 mm）	HRC（载荷 1500N，金刚石压头）	HRD（载荷 1000N，金刚石压头）	15N 载荷 150N	30N 载荷 300N	45N 载荷 450N		
2.70	—	514	547	76.9	—	52.1	64.7	86.5	70.3	57.6	578	70
2.75	(495)	—	539	76.7	—	51.6	64.3	86.3	69.9	56.9	571	—
	—	495	528	76.3	—	51.0	63.8	85.9	69.4	56.1	558	68
2.80	(477)	—	516	75.9	—	50.3	63.2	85.6	68.7	55.2	545	—
	—	477	508	75.6	—	49.6	62.7	85.3	68.2	54.5	537	66
2.85	(461)	—	495	75.1	—	48.8	61.9	84.9	67.4	53.5	523	—
	—	461	491	74.9	—	48.5	61.7	84.7	67.2	53.2	518	65
2.90	444	—	474	74.3	—	47.2	61.0	84.1	66.0	51.7	499	—
	—	444	472	74.2	—	47.1	60.8	84.0	65.8	51.5	496	63
2.95	429	429	455	73.4	—	45.7	59.7	83.4	64.6	49.9	476	61
3.00	415	415	440	72.8	—	44.5	58.8	82.8	63.5	48.4	459	59
3.05	401	401	425	72.0	—	43.1	57.8	82.0	62.3	46.9	441	58
3.10	388	388	410	71.4	—	41.8	56.8	81.4	61.1	45.3	423	56
3.15	375	375	396	70.6	—	40.4	55.7	80.6	59.9	43.6	407	54
3.20	363	363	383	70.0	—	39.1	54.6	80.0	58.7	42.0	392	52
3.25	352	352	372	69.3	(110.0)	37.9	53.8	79.3	57.6	40.5	379	51
3.30	341	341	360	68.7	(109.0)	36.6	52.8	78.6	56.4	39.1	367	60
3.35	331	331	350	68.1	(108.5)	35.5	51.9	78.0	55.4	37.8	356	48
3.40	321	321	339	67.5	(108.0)	34.3	51.0	77.3	54.3	36.4	345	47
3.45	311	311	328	66.9	(107.5)	33.1	50.0	76.7	53.3	34.4	336	46
3.50	302	302	319	66.3	(107.0)	32.1	49.3	76.1	52.2	33.8	327	45
3.55	293	293	309	65.7	(106.0)	30.9	48.3	75.5	51.2	32.4	318	43
3.60	285	285	301	65.3	(105.5)	29.9	47.6	75.0	50.3	31.2	310	42
3.65	277	277	292	64.6	(104.5)	28.8	46.7	74.4	49.3	29.9	302	41
3.70	269	269	284	64.1	(104.0)	27.6	45.9	73.7	48.3	28.5	294	40
3.75	262	262	276	63.6	(103.0)	26.6	45.0	73.1	47.3	27.3	286	39
3.80	255	255	269	63.0	(1002.0)	25.4	44.2	72.5	46.2	26.0	279	38
3.85	248	248	261	62.5	(1001.0)	24.2	43.2	71.7	45.1	24.5	272	37
3.90	241	241	253	61.8	100.0	22.8	42.0	70.9	43.9	22.8	265	36
3.95	235	235	247	61.4	99.0	21.7	41.4	70.3	42.9	21.5	259	35
4.00	229	229	241	60.8	98.2	20.5	40.5	69.7	41.9	20.1	253	34
4.05	223	223	234	—	97.3	(19.0)	—	—	—	—	247	—
4.10	217	217	228	—	96.4	(17.7)	—	—	—	—	242	33

续附表 1-3-6

布氏压痕直径/mm	布氏硬度 HB②（载荷 30 kN，钢球直径 10 mm）		维氏硬度 HV	洛氏硬度 HR				洛氏表面硬度（金刚石压头）			努氏硬度 HK（载荷 5000N 或稍大）	肖氏硬度 HS
	标准球	碳化钨球		HRA（载荷 600N，金刚石压头）	HRB（载荷 1000N，钢球球径 1.6 mm）	HRC（载荷 1500N，金刚石压头）	HRD（载荷 1000N，金刚石压头）	15N 载荷 150N	30N 载荷 300N	45N 载荷 450N		
4.15	212	212	222	—	95.5	(16.4)	—	—	—	—	237	32
4.20	207	207	218	—	94.6	(15.2)	—	—	—	—	232	31
4.25	201	201	212	—	93.7	(13.8)	—	—	—	—	227	—
4.30	197	197	207	—	92.8	(12.7)	—	—	—	—	222	30
4.35	192	192	202	—	91.9	(11.5)	—	—	—	—	217	29
4.40	187	187	196	—	90.9	(10.2)	—	—	—	—	212	—
4.45	183	183	192	—	90.0	(9.0)	—	—	—	—	207	28
4.50	179	179	188	—	89.0	(8.0)	—	—	—	—	202	27
4.55	174	174	182	—	88.0	(6.7)	—	—	—	—	198	—
4.60	170	170	178	—	87.0	(5.4)	—	—	—	—	194	26
4.65	167	167	175	—	86.0	(4.4)	—	—	—	—	190	—
4.70	163	163	171	—	85.0	(3.3)	—	—	—	—	186	25
4.75	159	159	167	—	83.9	(2.0)	—	—	—	—	182	—
4.80	166	156	163	—	82.9	(0.9)	—	—	—	—	178	24
4.85	152	152	159	—	81.9	—	—	—	—	—	174	—
4.90	149	149	156	—	80.8	—	—	—	—	—	170	23
4.95	146	146	153	—	79.7	—	—	—	—	—	166	—
5.00	143	143	150	—	78.6	—	—	—	—	—	163	22
5.10	137	137	143	—	76.4	—	—	—	—	—	157	21
5.20	131	131	137	—	74.2	—	—	—	—	—	151	—
5.30	126	126	132	—	72.0	—	—	—	—	—	145	20
5.40	121	121	127	—	69.8	—	—	—	—	—	140	19
5.50	116	116	122	—	67.6	—	—	—	—	—	135	18
5.60	111	111	117	—	65.4	—	—	—	—	—	137	17

① 适用于退火、正火和回火态的碳钢和合金钢；冷作钢和奥氏体钢精度较低。黑框内数值相应于在 ASTM E 140 表 3 中给出的 SAE－ASM－ASTM 硬度转换值，括号中的值超出正常范围，仅供参考。

② 布氏硬度数值系基于压痕直径，如钢球在试验时变形（变扁平），布氏读数与用维氏金刚石角锥测得的硬度的差别将随变形度增加而增大。洛氏 B 或其他压头对变形不敏感。因此，在高硬度区，在布氏和维氏或洛氏硬度刻度之间的关系，将受所用球的种类的影响。标准钢球，不像碳化钨球将趋向稍微扁平。因此，标准钢球在 539～547HV 的试样上的压痕为 2.75 mm（495HB），而碳化钨压痕直径是 2.75 mm（495HB）。用标准钢球试验的试样，其维氏硬度为 539，但用碳化钨球试验的试样，其维氏硬度值为 528。

附表 1-3-7 与钢的洛氏硬度值近似等效的各种硬度值①

洛氏硬度HRC	维氏硬度HV	布氏硬度HB（载荷30 kN，球径10 mm）		洛氏硬度HR			洛氏表面硬度（金刚石压头）			努氏硬度HK（载荷5000N或稍大）	肖氏硬度HS
		标准球	碳化钨球	HRA（载荷600N，金刚石压头）	HRB（载荷1000N，钢球球径1.6 mm）	HRD（载荷1000N，金刚石压头）	15N载荷150N	30N载荷300N	45N载荷450N		
洛氏硬度HRC											
68	940	—	—	85.6	—	76.9	93.2	84.4	75.4	920	97
67	900	—	—	85.0	—	76.1	92.9	83.6	74.2	895	95
66	865	—	—	84.5	—	75.4	92.5	82.8	73.3	870	92
65	832	—	(739)	83.9	—	74.5	92.2	81.9	72.0	846	91
64	800	—	(722)	83.4	—	73.8	91.8	81.1	71.0	822	88
63	772	—	(705)	82.8	—	73.0	91.4	80.1	69.9	799	87
62	746	—	(688)	82.3	—	72.2	91.1	79.3	68.8	776	85
61	720	—	(670)	81.8	—	71.5	90.7	78.4	67.7	754	83
60	697	—	(654)	81.2	—	70.7	90.2	77.5	66.6	732	81
59	674	—	(634)	80.7	—	69.9	89.8	76.6	65.5	710	80
58	653	—	615	80.1	—	69.2	89.3	75.7	64.3	690	78
57	633	—	595	79.6	—	68.5	88.9	74.8	63.2	670	76
56	613	—	577	79.0	—	67.7	88.3	73.9	62.0	650	75
55	595	—	560	78.5	—	66.9	87.9	73.0	60.9	630	74
54	577	—	543	78.0	—	66.1	87.4	72.0	59.8	612	72
53	560	—	525	77.4	—	65.4	86.9	71.2	58.6	594	71
52	544	(500)	512	76.8	—	64.6	86.4	70.2	57.4	576	69
51	528	(487)	496	76.3	—	63.8	85.9	69.4	56.1	558	68
50	513	(475)	481	75.9	—	63.1	85.5	68.5	55.0	542	67
49	498	(464)	469	75.2	—	62.1	85.0	67.6	53.8	526	66
48	484	(451)	455	74.7	—	61.4	84.5	66.7	52.5	510	64
47	471	442	443	74.1	—	60.8	83.9	65.8	51.4	495	63
46	458	432	432	73.6	—	60.0	83.5	64.8	50.3	480	62
45	446	421	421	73.1	—	59.2	83.0	64.0	49.0	466	60
44	434	409	409	72.5	—	58.5	82.5	63.1	47.8	452	58
43	423	400	400	72.0	—	57.7	82.0	62.2	46.7	438	57
42	412	390	390	71.5	—	56.9	81.5	61.3	45.5	426	56
41	402	381	381	70.9	—	56.2	80.9	60.4	44.3	414	55
40	392	371	371	70.4	—	55.4	80.4	59.5	43.1	402	54
39	382	362	362	69.9	—	54.6	79.9	58.6	41.9	391	52
38	372	353	353	69.4	—	53.8	79.4	57.7	40.8	380	51
37	363	344	344	68.9	—	53.1	78.8	56.8	39.6	370	50

续附表1-3-7

洛氏硬度HRC	维氏硬度HV	布氏硬度HB（载荷30kN,球径10mm）		洛氏硬度HR			洛氏表面硬度（金刚石压头）			努氏硬度HK（载荷5000N或稍大）	肖氏硬度HS
		标准球	碳化钨球	HRA（载荷600N,金刚石压头）	HRB（载荷1000N,钢球球径1.6mm）	HRD（载荷1000N,金刚石压头）	15N载荷150N	30N载荷300N	45N载荷450N		
36	354	336	336	68.4	(109.0)	52.3	78.3	55.9	38.4	360	49
35	345	327	327	67.9	(108.5)	51.5	77.7	55.0	37.2	351	48
34	336	319	319	67.4	(108.0)	50.8	77.2	54.2	36.1	342	47
33	327	311	311	66.8	(107.5)	50.0	76.6	53.3	34.9	334	46
32	318	301	301	66.3	(107.0)	49.2	76.1	52.1	33.7	326	44
31	310	294	294	65.8	(106.0)	48.4	75.6	51.3	32.5	318	43
30	302	286	286	65.3	(105.5)	47.7	75.0	50.4	31.3	311	42
29	294	279	279	64.7	(104.5)	47.0	74.5	49.5	30.1	304	41
28	286	271	271	64.3	(104.0)	46.1	73.9	48.6	28.9	297	40
27	279	264	264	63.8	(103.0)	45.2	73.3	47.7	27.8	290	39
26	272	258	258	63.3	(102.5)	44.6	72.8	46.8	26.7	284	38
25	266	253	253	62.8	(101.5)	43.8	72.2	45.9	25.5	278	38
24	260	247	247	62.4	(101.0)	43.1	71.6	45.0	24.3	272	37
23	254	243	243	62.0	100.0	42.1	71.0	44.0	23.1	266	36
22	248	237	237	61.5	99.0	41.6	70.5	43.2	22.0	261	35
21	243	231	231	61.0	98.5	40.9	69.9	42.3	20.7	256	35

洛氏硬度HRB	维氏硬度HV	布氏硬度HB（球径10mm）		洛氏硬度HR			洛氏表面硬度（球径1.6mm）			努氏硬度HK（载荷5000N或稍大）	肖氏硬度HS
		载荷5kW	载荷30kW	HRA（载荷600N,金刚石压头）	HRC（载荷1500N,金刚石压头）	HRF（载荷600N,钢球球径1.6mm）	15T载荷150T	30T载荷300N	45N载荷450N		
洛氏硬度HRB											
98	228	189	228	60.2	(19.9)	—	92.5	81.8	70.9	241	34
97	222	184	222	59.5	(18.6)	—	92.1	81.1	69.9	236	33
96	216	179	216	58.9	(17.2)	—	91.8	80.4	68.9	231	32
95	210	175	210	58.3	(15.7)	—	91.5	79.8	67.9	226	—
94	205	171	205	57.6	(14.3)	—	91.2	79.1	66.9	221	31
93	200	167	200	57.0	(13.0)	—	90.8	78.4	65.9	216	30
92	195	163	195	56.4	(11.7)	—	90.5	77.8	64.8	211	—
91	190	160	190	55.8	(10.4)	—	90.2	77.1	63.8	206	29
90	185	157	185	55.2	(9.2)	—	89.9	76.4	62.8	201	28
89	180	154	180	54.6	(8.0)	—	89.5	75.8	61.8	196	27
88	176	151	176	54.0	(6.9)	—	89.2	75.1	60.8	192	—
87	172	148	172	53.4	(5.8)	—	88.9	74.4	59.8	188	26
86	169	145	169	52.8	(4.7)	—	88.6	73.8	58.8	184	26
85	165	142	165	52.3	(3.6)	—	88.2	73.1	57.8	180	25
84	162	140	162	51.7	(2.5)	—	87.9	72.4	56.8	176	—
83	159	137	159	51.1	(1.4)	—	87.6	71.8	55.8	173	24

续附表 1-3-7

洛氏硬度HRB	维氏硬度HV	布氏硬度HB（球径10mm）		洛氏硬度HR			洛氏表面硬度（球径1.6mm）			努氏硬度HK（载荷5000N或稍大）	肖氏硬度HS
		载荷5kW	载荷30kW	HRA（载荷600N，金刚石压头）	HRC（载荷1500N，金刚石压头）	HRF（载荷600N，钢球球径1.6mm）	15T载荷150T	30T载荷300N	45N载荷450N		
82	156	135	156	50.6	(0.3)	—	87.3	71.1	54.8	170	24
81	153	133	153	50.0	—	—	86.9	70.4	53.8	167	—
80	150	130	150	49.5	—	—	86.6	69.7	52.8	164	22
79	147	128	147	48.9	—	—	86.3	69.1	51.8	161	—
78	144	126	144	48.4	—	—	86.0	68.4	50.8	158	22
77	141	124	141	47.9	—	—	85.6	67.7	49.8	155	22
76	139	122	139	47.3	—	—	85.3	67.1	48.8	152	—
75	137	120	137	46.8	—	99.6	85.0	66.4	47.8	150	21
74	135	118	135	46.3	—	99.1	84.7	65.7	46.8	148	21
73	132	116	132	45.8	—	98.5	84.3	65.1	45.8	145	—
72	130	114	130	45.3	—	98.0	84.0	64.4	44.8	143	20
71	127	112	127	44.8	—	97.4	83.7	63.7	43.8	141	20
70	125	110	125	44.3	—	96.8	83.4	63.1	42.8	139	—
69	123	109	123	43.8	—	96.2	83.0	62.4	41.8	137	19
68	121	107	121	43.3	—	95.6	82.7	61.7	40.8	135	19
67	119	106	119	42.8	—	95.1	82.4	61.0	39.8	133	19
66	117	104	117	42.3	—	94.5	82.1	60.4	38.7	131	—
65	116	102	116	41.8	—	93.9	81.8	59.7	37.7	129	18
64	114	101	114	41.4	—	93.4	81.4	59.0	36.7	127	18
63	112	99	112	40.9	—	92.8	81.1	58.4	35.7	125	18
62	110	98	110	40.4	—	92.2	80.8	57.7	34.7	124	—
61	108	96	108	40.0	—	91.7	80.5	57.0	33.7	122	17
60	107	95	107	39.5	—	91.1	80.1	56.4	32.7	120	—
59	106	94	106	39.0	—	90.5	79.8	55.7	31.7	118	—
58	104	92	104	38.6	—	90.0	79.5	55.0	30.7	117	—
57	103	91	103	38.1	—	89.4	79.2	54.4	29.7	115	—
56	101	90	101	37.7	—	88.8	78.8	53.7	28.7	114	—
55	100	89	100	37.2	—	88.2	78.5	53.0	27.7	112	—

① 适合退火、正火和淬、回火态的碳钢和合金钢；冷作钢和奥氏体钢精度较低。黑框内数值相应于在 ASTM E 140 表2中给出的 SAE - ASM - ASTM 硬度转换值。括号中的值超出正常范围，仅供参考。

附录 2　粉末冶金术语及超硬磨料制品标准

附录 2-1　GB/T 3500—1998(idt ISO 3252:1996)《粉末冶金术语》[1]

范围

本标准适用于有关粉末冶金的术语。粉末冶金系冶金和材料科学的一个分支,它涉及到金属粉末制取,以及通过成形和烧结将金属粉末与(或不与)非金属粉末添加剂的混合物制成制品;它也包括金属与非金属粉末合成制造零件。

术语按下列主要标题分类:

(1) 粉末;
(2) 成形;
(3) 烧结;
(4) 后烧结处理;
(5) 粉末冶金材料。

术语和定义

1　粉末

1001　粉末　powder

通常指尺寸小于 1 mm 的离散颗粒的集合体。

1002　颗粒　particle

不易用普通分离方法再分的、组成粉末的单个体。

注:晶粒和颗粒在冶金学定义上是不相同的(见附图 2-1-1)。

1003　团粒　agglomerate

由若干个颗粒黏结在一起而构成的聚合体(见附图 2-1-1)。

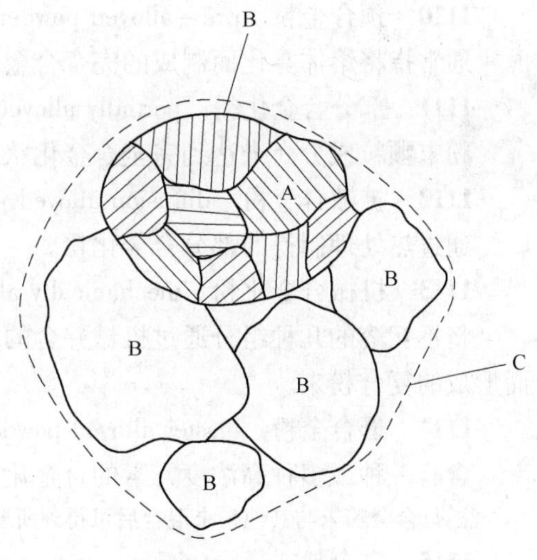

附图 2-1-1　团粒
A—晶粒;B—颗粒;C—团粒

1004　粉浆　slurry

粉末在液体中形成的可浇注的黏性分散体系。

1005　粉块　cake

金属粉末未经成形而黏结在一起的块状物。

1006　注射(或挤压)料　feedstock

用作注射成形或粉末挤压原料的塑化粉末。

[1] 本标准用于代替 GB 3500—1983。英文名称为 Power Metallurgy - Vocabulary。

1.1　粉末类型

1101　雾化粉　atomized　powder

熔融金属或合金分散成液滴并凝固成单个颗粒的粉末。

注:分散介质通常是高速气流或液流。

1102　羰基粉　carbonyl powder

热离解金属羰基化合物而制得的粉末。

1103　粉碎粉　comminuted powder

机械粉碎固态金属而制成的粉末。

1104　电解粉　electrolytic powder

用电解沉积法制成的粉末。

1105　沉淀粉　precipitated powder

由溶液通过化学沉淀而制成的粉末。

1106　还原粉　reduced powder

用化学还原法还原金属化合物而制成的粉末。

1107　海绵粉　sponge powder

将还原法制得的高度多孔性金属海绵体粉碎而制成的多孔性还原粉末。

1108　合金粉　alloyed powder

由两种或多种组元部分或完全合金化而制成的金属粉末。

1109　完全合金化粉　completely alloyed powder

每一粉末颗粒具有与整体粉末相同的化学成分的合金粉末。

1110　预合金粉　pre – alloyed powder

通常指将熔体雾化而制成的完全合金化的粉末。

1111　部分合金化粉　partially alloyed powder

粉末颗粒成分尚未达到完全合金化状态的合金粉末。

1112　扩散合金粉　diffusion alloyed powder

通过热处理制得的部分合金化粉。

1113　机械合金化粉　mechanically alloyed powder

将不互溶的几种组分通过机械并合的方法使硬质相弥散于较软的基体金属粉末颗粒中而形成的复合粉末。

1114　母合金粉　master alloyed powder

含有一种或多种高浓度元素的合金化粉末,这些元素难于以纯金属状态加入。

注:母合金粉末与其他粉末混合后可得到所要求的最终成分。

1115　复合粉　composite powder

每一颗粒由两种或多种不同成分组成的粉末。

1116　包覆粉　coated powder

由一层异种成分包覆在颗粒表面而形成的复合粉。

1117　合批粉　blended powder

由名义成分相同的不同批次粉末混合而成的粉末。

1118　混合粉　mixed powder

由不同化学成分的粉末混合而成的粉末。

1119 预混合粉 press - ready mix, pre - mix

准备用于压制的粉末与有其他添加剂的混合粉。

1120 氢化-脱氢粉 dehydride powder

将金属氢化物去氢而制成的粉末。

1121 快速冷凝粉 rapidly solidified powder

直接或间接通过高冷凝速率制得的粉末,其颗粒具有改进的或亚稳的微观结构。

1122 捣碎粉 chopped powder

将薄板、薄带、纤维或丝材捣碎而制成的粉末。

1123 超声震荡气体雾化粉 ultrasonically gas - atomized powder

在气体雾化制粉过程中,在喷嘴处采用了超声振动而制成的粉末。

1.2 粉末添加剂

1201 黏结剂 binder

为了提高压坯的强度或防止粉末偏析而添加到粉末中的可在烧结前或烧结过程中除掉的物质。

1202 掺杂剂 dopant

为了防止或控制烧结体在烧结过程中或使用过程中的再结晶或晶粒长大而在金属粉末中加入的少量物质。

注:该术语主要用于钨粉末冶金。

1203 润滑剂 lubricant

为了减少颗粒之间及压坯与模壁表面之间的摩擦而加入粉末中的物质。

1204 增塑剂 plasticizer

用作黏结剂,旨在提高粉末成形性的热塑性材料。

1.3 粉末预处理

1301 合批 blending

名义成分相同的粉末均匀掺和的过程。

1302 混合 mixing

两种或两种以上不同成分的粉末均匀掺和的过程。

1303 研磨 milling

粉末机械处理的一般术语,其目的在于:

(1) 改变粒度或形状(粉碎、团粒化等);

(2) 充分混合;

(3) 一种组分的颗粒被另一种组分包覆。

1304 制粒 granulation

为改善粉末流动性而使较细颗粒团聚成粗粉团粒的工艺。

1305 喷雾干燥 spray drying

使粉浆液滴中的液体快速蒸发制粒的工艺过程。

1306 超声雾化 ultrasonic gas - atomizing

在气体喷嘴中安装了超声振动装置的雾化工艺。

1307　快速冷凝　chill－block cooling

在固体基底上将薄层熔融金属快速凝固成粉末的过程。

1308　反应研磨　reaction milling

机械合金化过程,在其过程中金属与添加剂或与气氛或与二者发生反应。

1309　机械合金化　mechanical alloying

用高能研磨机或球磨机实现固态合金化的过程。

1.4　粉末颗粒形状

1401　颗粒形状　particle shape

粉末颗粒的外观几何形状。

1402　针状　acicular

粉末颗粒似针状(见附图 2-1-2)

1403　角状　angular

粉末颗粒呈多边形或多角状(见附图 2-1-3)。

1404　树枝状　dendritic

粉末具有典型树枝状结构(见附图 2-1-4)。

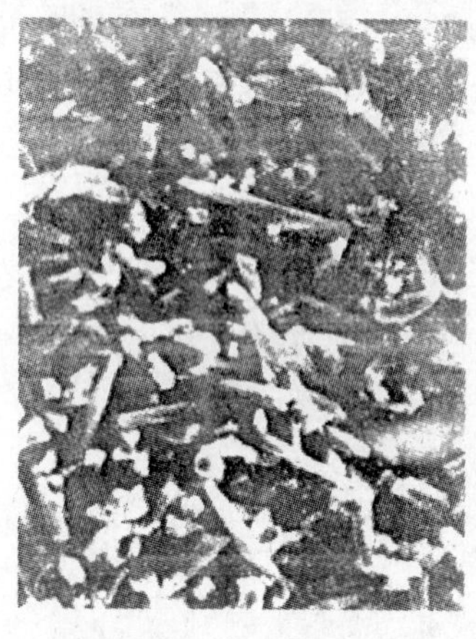

附图 2-1-2　针状粉

附图 2-1-3　角状粉

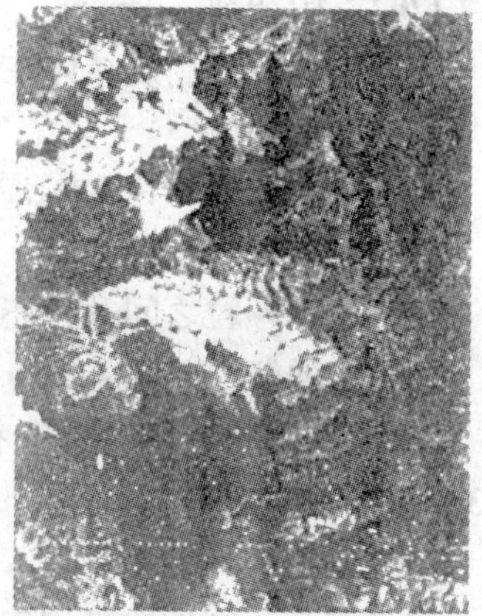

附图 2-1-4　树枝状粉

1405　纤维状　fibrous

粉末具有规则或不规则细长纤维形貌(见附图 2-1-5)。

1406　片状　flaky, flaked

粉末颗粒形状为扁平状(见附图 2-1-6)。

1407　粒状　granular

粉末颗粒接近等轴,但形状不规则(见附图 2-1-7)。

1408　不规则状　irregular

粉末颗粒形状不对称(见附图 2-1-8)。

1409　瘤状　nodular

粉末颗粒表面圆滑,形状不规则(见附图 2-1-9)。

1410　球状　spheroidal

粉末颗粒形状接近球形(见附图 2-1-10)。

附图 2-1-5　纤维状粉

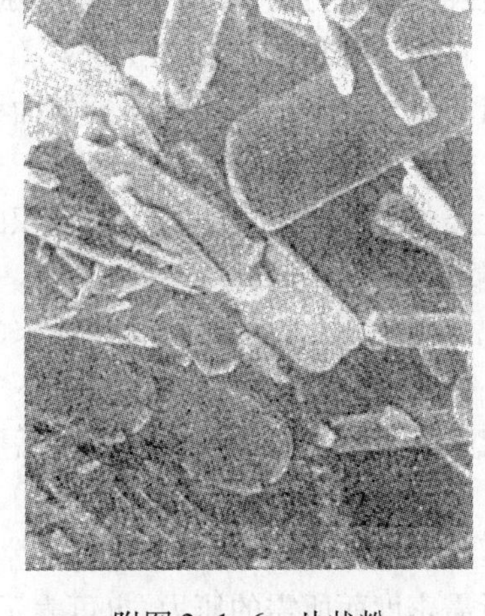

附图 2-1-6　片状粉

附图 2-1-7　粒状粉

附图 2-1-8　不规则状粉

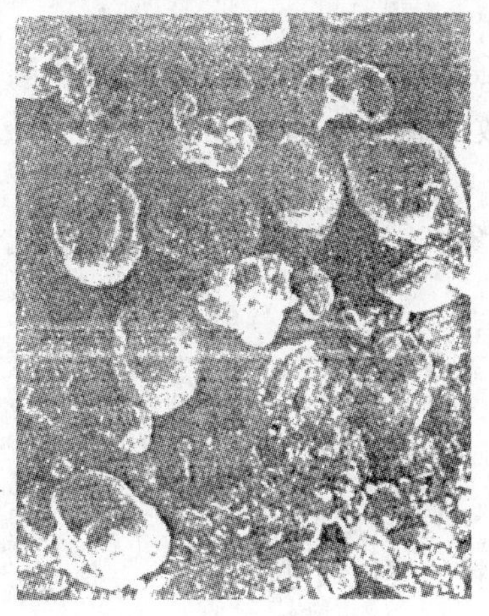

附图 2-1-9　瘤状粉

附图 2-1-10　球状粉

1.5　粉末性能、测试方法、测试设备和测试结果

1501　自然坡度角　angle of repose

粉末自然堆积时形成的角锥体的斜面与水平面之间的夹角。

1502　松装密度　apparent density

在规定条件下粉末自由填充单位容积的质量。

1503　散装密度　bulk density

在非规定条件下测得的单位容积粉末的质量。

1504　振实密度　tap density

在规定条件下容器中的粉末经振实后所测得的单位容积的质量(见 GB/T 5162)。

1505　压缩性　compressibility

在加压条件下粉末被压缩的程度,通常是在封闭模中的单轴向压制。它既可以表示为为了达到所需密度而所需的压力,也可表示为在已知压力下得到的密度值(见 GB/T 1481)。

1506　成形性　compactibility

粉末被压缩成一定形状并在后续加工过程中保持这种形状的能力,它是粉末流动性、压缩性和压坯强度的函数。

1507　压缩比　compression ratio

加压前粉末的体积与脱模后压坯的体积之比(参考 1508)。

1508　装填系数　fill factor

粉末充填模具的高度与脱模后压坯高度之比。

1509　流动性　flowability

描述粉末流过一个限定孔的定性术语(见 GB/T 1482)。

1510　流动时间　flow time

一定质量的粉末在规定条件下从标准漏斗中流出所需的时间(见 GB/T 1482)。

1511　氢损　hydrogen loss

金属粉末或压坯在规定的条件下在纯氢中加热所引起的相对质量损失(见 GB/T 5158)。

1512　氢可还原氧　hydrogen - reducible oxygen

在标准状况下,粉末含氧组分被氢还原所释放的氧含量。

1513　离析　demixing, segregation

粉末混合料中一种或几种组分的不良分离现象。

1514　比表面积　specific surface area

单位质量粉末的总表面积。

1515　分级　classification

将粉末按粒度分成若干级。

1516　粒度　particle size

通过筛分或其他合适方法测得的单个粉末颗粒的线性尺寸。

1517　粒度分布　particle size distribution

将粉末试样按粒度不同分为若干级,每一级粉末(按质量、按数量或按体积)所占的百分率。

1518 淘析 elutriation

粉末颗粒通过在流体介质中运动而分级。

例如:气体分级和液体分级。

1519 粒度级 cut

分级后介于两种名义粒度界限内的粉末部分。

1520 筛分析 sieve analysis, screen analysis, screen classification

用筛测定粉末粒度分布(也用于描述测试结果)(见 GB/T 1480)。

1521 沉降 sedimentation

悬浮在液体中的粉末颗粒受外力(重力或离心力)作用而发生的降落过程。

1522 取样器 sample thief

从大量粉末中采取代表性试样的装置(见 GB/T 5134)。

1523 分样器 sample splitter

把所得的粉末试样分成具有代表性的若干份的装置(见 GB/T 5134)。

1524 套筛 sieve set

经过校正的无磁性的金属丝网筛系列。

1525 流速计 flowmeter

用于测量松装密度和流动性的标准漏斗和圆柱形杯(分别见 1502 和 GB/T 1479、GB/T 5060、GB/T 1509 及 GB/T 1482)。

1526 振实密度仪 tapping apparatus

用于测量振实密度的仪器(见 1504)。

1527 筛上物 oversize

颗粒大于规定的上限尺寸的粉末部分。

1528 筛下物 undersize

颗粒小于规定的下限尺寸的粉末部分。

1529 细粉 fines

在筛分过程中通过最细筛的粉末部分。

1530 筛上颗粒 oversize particle

大于规定的上限尺寸的颗粒。

1531 筛下颗粒 undersize particle

小于规定的下限尺寸的颗粒。

1532 拱桥效应 bridging

在粉末体中形成的拱桥孔洞。

2 成形

2001 成形 forming

将粉末转变成具有所需形状的凝聚体的过程。

2002 固结 consolidation

将粉末或压坯密实的过程。

2003 压制 pressing

在模具或其他容器中,在外力作用下,将粉末密实成具有预定形状和尺寸的工艺过程。

2004　压制成形　compacting

制造压坯的过程(见 2005)。

2005　压坯　compact,green compact

将粉末通过冷压或注射成形而制成的坯件。

2006　毛坯　blank

没有达到最终尺寸和形状的压坯、预烧结坯或烧结坯。

2007　复合压坯　composite compact,compound compact

由两层或多层环状或其他形状的相互连接的不同金属或合金组成的金属粉末压坯,其中每种材料都保有原来的性质。

2008　预成形坯　preform

需经变形和致密化的坯件,包括形状改变的坯件。

2009　骨架　skeleton

为熔渗用的多孔性压坯或烧结体。

2.1　粉末压制工艺

2101　冷压　cold pressing

粉末在室温下的单轴向压制。

2102　温压　warm pressing

通常在环境温度和可能发生扩散的温度之间的温度下所进行的单轴向粉末压制,旨在增强致密化。

2103　热压　hot pressing

粉末或压坯在高温下的单轴向压制,从而激活扩散和蠕变现象(对比 3105)。

2104　单轴向压制　uniaxial pressing

对粉末从单一轴向施加压力的压制成形方法。

2105　单向压制　single – action pressing

固定阴模中的粉末在一个运动模冲和一个固定模冲之间进行压制的方法。

2106　双向压制　double – action pressing

阴模中的粉末在相向运动的模冲之间进行压制的方法。

2107　多件压制　multiple pressing

在单独的阴模型腔中同时压制两个或多个压坯的方法。

2108　等静压制　isostatic pressing

对粉末(或压坯)表面或对装粉末(或压坯)的软模零件表面施以各向大致相等压力的压制。

2109　冷等静压制　cold isostatic pressing(CIP)

在室温下的等静压制,压力传递媒介通常为液体。

2110　湿袋等静压制　wet – bag isostatic pressing

装粉末(或压坯)的柔性模浸没在压力传递介质中的一种冷等静压制方法。

2111　干袋等静压制　dry – bag isostatic pressing

将装粉末(或压坯)的柔性模进行刚性固定的一种冷等静压制方法。

2112　热等静压制　hot isostatic pressing(HIP)

在高温下的等静压制,从而可激活扩散和蠕变现象发生。压力传递介质通常为气体。

2113　装套　encapsulation

把粉末或压坯封装在薄壁容器中。

2114　封装　canning

把粉末或压坯装在金属容器中,通常在密封之前抽真空。

2115　金属粉末注射成形　metal injection moulding(MIM)

将金属粉末与其黏结剂的增塑混合料注射于模型中的成形方法。

2116　粉末轧制　powder rolling

将粉末引入一对旋转轧辊之间使其压实成黏聚的连续带坯的方法。

2117　振动压制　vibration - assisted compaction

通过振动一个或几个模冲对粉末进行压制。

2118　爆炸成形　explosive compaction

借助爆炸波的高能使粉末固结。

2119　连续喷雾沉积　continuous - spray deposition

利用雾化熔融或部分熔融的液流在凝固前先冲击在基板上,然后发生凝固来制造固态制品的一种方法。

2120　修形　shaping

在最终烧结之前对压坯几何形状进行修整(在硬质合金工业中)。

2121　增塑粉末挤压　plasticized - powder extrusion

通过粉末挤压对粉末与黏结剂的增塑混合物成形的一种方法。

2.2　成形条件

2201　装粉量　fill(n.)

装入阴模所需粉末量。

2202　容积装粉法　volume filling

通过设定装粉深度来计量装入阴模中的粉末的方法。

2203　重量装粉法　weight filling

通过称取粉末重量来计量装入阴模中的粉末的方法。

2204　(辅助)振动装粉法　vibration - assisted filling

将粉末装入受振动的模型或阴模中的一种装粉方法。

2205　过量装粉法　overfill system

见附图2-1-11。

2206　欠量装粉法　underfill system

见附图2-1-12。

2207　装粉位置　fill position

阴模型腔内装入所需粉末后压模所处的位置。

2208　装粉高度　fill height

当压机模架处于装粉位置时,下模冲端面与阴模顶面间的距离。

2209　装粉体积　fill volume

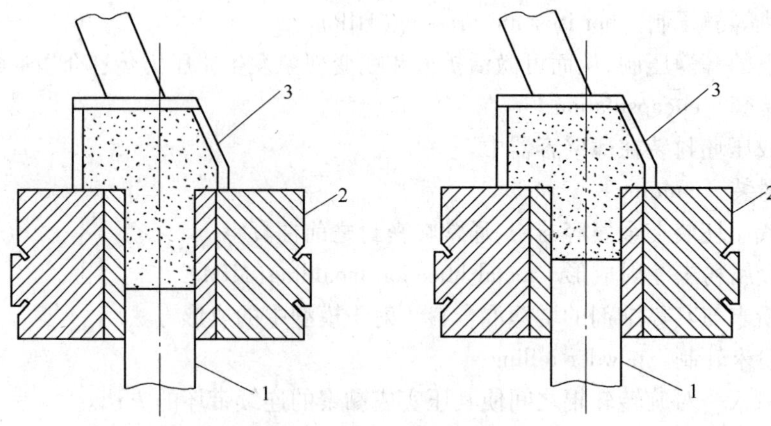

附图 2-1-11　过量装粉法

1—模冲;2—阴模;3—装粉靴

(装粉前,下模冲处于允许进入阴模的粉末过量的位置。装粉靴移开前,下模冲(或芯棒)运动而强迫多余的粉末返回装粉靴,以保证装粉质量)

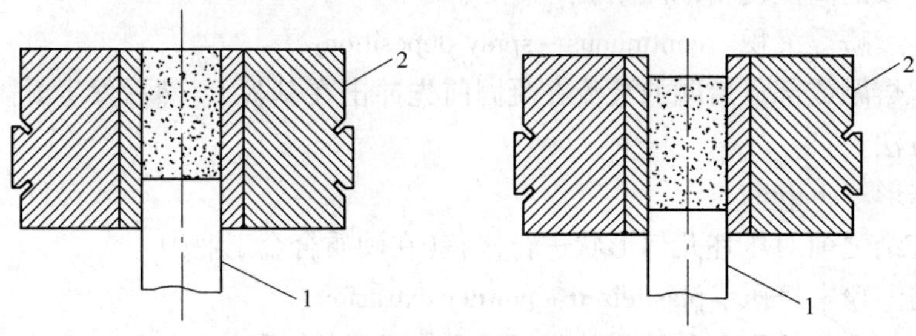

附图 2-1-12　欠量装粉法

1—模冲;2—阴模

(阴模装粉和装粉靴移开后,下模冲缩回让粉末下移至阴模内稍低的平面上,以免压制开始时粉末溢出)

在装粉位置处阴模型腔的容积。

2210　压制压力　compacting pressure

与压机模冲相接触的投影面积相关的单位压制压力。

2211　保压时间　dwell time

成形时压坯于恒定压力下保持的时间。

2212　脱模操作　ejection process

压制完成后,压坯从阴模内脱出的操作。

2213　拉下脱模法　withdrawal process

阴模相对于固定的下模冲下降,以脱出压坯的操作。

2214　拉下位置　withdrawal position

拉下作业终了时模架的位置。

2215　平衡压力　counter - pressure

在拉下或脱模过程中,压坯保持在上下模冲之间的压力。

2216　上模冲压紧压力　top - punch hold - down pressure

在拉下或脱模过程中,压坯保持在上下模冲之间的压力。

2.3 模具和模架

2301 模架 tool set

利用压制或复压生产特定粉末制品用的整套模具(见附图2-1-13)。

注:模架可包括阴模、模冲、芯棒,但不包括用于多种产品的通用压机附件。

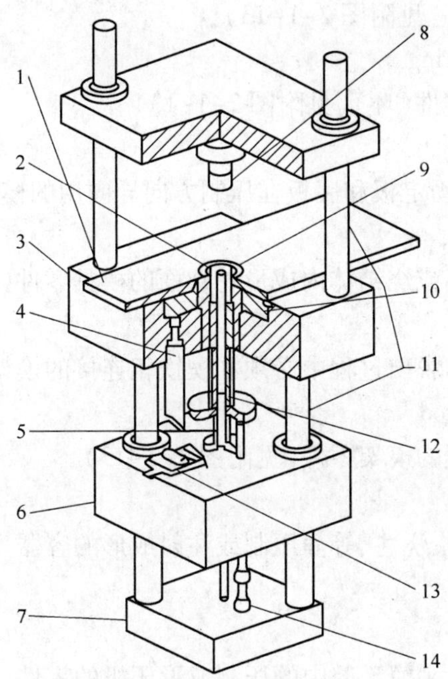

附图2-1-13 模具和模架

1—模架台板(2303);2—阴模(2304);3—阴模固定板(2305);4—楔铁(2306);5—下模冲(2307);6—模冲固定板(2308);7—底板(2309);8—上模冲(2310);9—模套(2311);10—压紧环(2312);11—柱(2313);12—芯棒(2314);13—拨叉(2315);14—调节杆(2316)

2302 模架 adaptor

在压机外部将压制模具装于其中的装置。

2303 模架台板 adaptor table

用以支持模套的模架部件(见附图2-1-13)。

2304 阴模 die

于其中压制粉末或复压烧结件而形成型腔的压模零件(见附图2-1-13)。

2305 阴模固定板 die plate

模架的上板,用于支持压紧环、模套和阴模(见附图2-1-13)。

2306 楔铁 wedge

在多台面压坯的压制和脱出过程中必须和拨叉相连接的模架零件(见附图2-1-13)。

2307 下模冲 lower punches, inner and outer

压模中用以从下部密闭阴模自下向上给粉末或烧结件传递压力的零件(见附图2-1-13)。

2308 模冲固定板 punch plate, upper and lower

支撑模冲的模架零件(见附图2-1-13)。

2309 底板 base plate, lower coupler plate

将压机下压头的运动传递给模架的零件（见附图 2-1-13）。

2310　上模冲　upper punch

压模中用以从上部密闭阴模从上向下给粉末或烧结体传递压力的零件（见附图 2-1-13）。

2311　模套　bolster

用于固紧阴模的热装套（见附图 2-1-13）。

2312　压紧环　clamp ring

用来压紧模套的模架零件（环）（见附图 2-1-13）。

2313　柱　column

模架的活动零件，阴模固定板和底板在压制方向导向用的模架零件（见附图 2-1-13）。

2314　芯棒　core rod

用于在压制方向在压坯或烧结体内成形轮廓面的模具零件（见附图 2-1-13）。

2315　拨叉　fork

在多台面压坯的压制和脱出过程中必须和楔铁相连接的模架零件（见附图 2-1-13）。

2316　调节杆　lifting rod

使下模冲进入装粉位置的模架零件（见附图 2-1-13）。

2317　模具　mould

用于粉末松装烧结、粉浆浇注、等静压制或注射成形的容器。冷等静压的模具至少部分是柔性的。

2318　装粉靴　feed shoe

模架中用于将粉末送入阴模型腔中的压制成形压机的零件（见附图 2-1-11）。

2319　下压头　lower ram

从下部作用于压制模具的压机压头。

2320　上压头　upper ram

从上部作用于压制模具的压机压头。

2321　模冲　punch

对粉末或物体施压的模具零件。

2322　组合模冲　segmented punch

当压制两台面或多台面压坯时，用来控制不同装粉与压制高度的一组模冲。

2323　脱模器　ejector

用来使压坯从阴模中脱出的一种模架零件。

2324　多模具模架　multiple – tool adaptor

具有两个或多个可独立调节的支承拼合下模冲的模具模架。

2325　倒锥　back relief

阴模在脱模方向出现的不良尺寸减小。

2326　多工件模架　multiple – die set

每个压制周期中可压制两个或多个压坯的模架。

2327　浮动阴模　floating die

为产生双向压制的效果可在压制方向自由移动的阴模（参考 2105）。

注：浮动阴模通常由弹簧支撑。

2328　可拆阴模　split die

由两个或多个部分组合而成的阴模,压制后将其拆开以取出压坯。

2329　复合阴模　sandwich die

由垂直于压制方向的几个盘状阴模组合成的可拆阴模。

2330　拼合阴模　segmented die

将几个阴模拼块组装于紧固套或收缩环中制成的阴模。

2.4　压坯性能

2401　生坯　green

压制或注射成形但未烧结的压坯。

2402　生坯密度　green density

压坯单位体积的质量。

2403　生坯强度　green strength

压坯的力学强度(见 GB/T 6804 和 GB/T 5160)。

2404　棱边强度　edge strength

压坯边缘抗破损的能力。

2405　中和区　neutral zone

压坯中由相向模冲施加的应力处于平衡的区域。

2406　压制裂纹　pressing crack

压制时压坯中形成的裂纹。

2407　分层　lamination

在压坯或烧结体中形成层状结构缺陷或指缺陷本身。

2408　弹性后效　spring back

压坯脱模后尺寸增大的现象(见 GB/T 5159)。

3　烧结

3001　烧结　sintering

粉末或压坯在低于主要组分熔点的温度下的热处理,目的在于通过颗粒间的冶金结合来提高其强度。

3002　填料　packing material

在预烧结或烧结过程中为了起分隔和保护作用而将压坯埋入其中的一种材料。

3003　吸气剂　getter

在烧结过程中吸收或化合烧结气氛中对最终产品有害物质的材料。

3004　造孔剂　pore - forming material

添加于粉末混合料中的一种物质,烧结时依靠其挥发而在最终产品中形成所需类型和数量的孔隙。

3005　黏结相　binder phase

在多相烧结材料中,将其他相黏结在一起的相。

3006　黏结金属　binder metal

起黏结相作用的金属,其熔点低于多相烧结材料中的其他相。

3.1　烧结工艺

3101　预烧结　presintering

在低于最终烧结温度的温度下对压坯的加热处理。

3102　连续烧结　continuous sintering

使烧结材料连续地或平稳地通过具有脱蜡、预热、烧结和冷却区段的烧结炉进行烧结。

3103　间歇烧结　batch sintering

分批在炉内烧结零件。置于炉内的一批零件是静止不动的，通过对炉温控制而进行所需要的预热、加热及冷却循环。

3104　活化烧结　activated sintering

提高烧结速度的一种烧结过程。例如，往粉末中添加某种物质或在一定烧结气氛的影响下的烧结。

3105　加压烧结　pressure sintering

在烧结同时施加单轴向压力的烧结工艺。

3106　气压烧结　gas pressure sintering

烧结和随后的热等静压在同一炉膛中进行的制造粉末冶金制品的方法，其目的是为了消除残余孔隙度。

3107　松装烧结　loose - powder sintering, gravity sintering

粉末未经压制直接进行的烧结。

3108　反应烧结　reaction sintering

烧结时，粉末混合料中至少有两种组分相互发生反应的烧结过程。

3109　液相烧结　liquid - phase sintering

至少具有两种组分的粉末或压坯在形成一种液相的状态下烧结。

3110　固相烧结　solid - state sintering

粉末或压坯在无液相形成的状态下烧结。

3111　过烧　oversintering

烧结温度过高和(或)烧结时间过长致使产品最终性能恶化的烧结。

3112　欠烧　undersintering

烧结温度过低和(或)烧结时间过短致使产品未达到所需性能的烧结。

3113　熔渗　infiltration

用熔点比制品熔点低的金属或合金在熔融状态下充填未烧结的或烧结的制品内的孔隙的工艺方法。

3114　黏结剂脱除　binder removal

通过热或化学的方法脱除注射成形或挤压成形零件中黏结剂的工艺。

3115　脱蜡　dewaxing, burn - off

用加热排出压坯中的有机添加剂(黏结剂或润滑剂)。

3116　快速烧除　rapid burn - off

在烧结炉的单独区段内加速除去有机添加剂，通常在氧化性气氛中进行。

3117　碳化　carburizing

(硬质合金工业)通过碳与金属或金属氧化物间反应制取碳化物的过程。

3.2　烧结条件和烧结炉

3201　烧结温度　sintering temperature

进行烧结的温度。

3202　烧结时间　sintering time

粉末或压坯在烧结温度下保持的时间。

3203　烧结气氛　sintering atmosphere

烧结炉中的气氛。

注:为了保护或与被烧结的材料发生反应,气氛是可以控制的。

3204　烧结炉　sintering furnace

用于烧结粉末冶金零件的炉子连同烧结气氛的总称。

3205　真空炉　vacuum furnace

烧结气氛为低真空或高真空的炉子。

3206　连续炉　continuous furnace

使压坯连续通过炉子传送的炉子。

3207　间歇炉　batch furnace

不能连续传送的分批进行烧结的炉子,如钟罩炉或箱式炉。

3208　网带炉　mesh belt furnace

一般由马弗保护的网带将零件实现炉内连续输送的烧结炉。

3209　步进梁式炉　walking - beam furnace

通过步进梁系统将放置于烧结盘中的零件在炉内进行传送的烧结炉。

3210　推杆式炉　pusher furnace

将零件装入烧舟中,通过推进系统将零件在炉内进行传送的烧结炉。

3.3　烧结现象

3301　烧结颈形成　neck formation

烧结时在颗粒间形成颈状的联结。

3302　起泡　blistering

由于气体剧烈排出,在烧结件表面形成鼓泡的现象。

3303　发汗　sweating

压坯加热处理时液相渗出的现象。

3304　胀大　growth

压坯由于烧结而发生的尺寸增大现象(见 GB/T 5159)。

3305　收缩　shrinkage

压坯由于烧结而发生的尺寸缩小现象(见 GB/T 5159)。

3306　烧结壳　sinter skin

烧结时,烧结件上形成的一种表面层,其性能不同于产品内部。

3.4　烧结零件性能

3401　密度　density

单位体积的质量,其体积也包括材料中孔隙的体积。

3402 相对密度 relative density

多孔性体的密度与无孔状态下同一成分材料的密度之比,以百分率表示。

3403 实体密度 solid density

无孔隙状态下材料的密度。

3404 密度分布 density distribution

在压坯或烧结体内密度差别的定量描述。

3405 径向压溃强度 radial crushing strength

通过施加径向压力测定的烧结圆筒试样的破裂强度(见 GB/T 6804)。

3406 孔隙 pore

颗粒内或制品内原有的或形成的孔洞。

3407 开孔 open pore

与表面相通的孔隙。

3408 闭孔 closed pore

与表面不相通的孔隙。

3409 孔隙度 porosity

多孔性体中所有孔隙的体积与总体积之比。

3410 开孔孔隙度 open porosity

多孔性体中开孔的体积与总体积之比(见 GB/T 5164)。

3411 闭孔孔隙度 closed porosity

多孔性体中闭孔的体积与总体积之比。

3412 连通孔隙 interconnected porosity

多孔性体中相互连通的孔隙系统。

3413 扩散孔隙 diffusion porosity

由于柯肯达尔(Kirkendall)效应导致的一种组元物质扩散到另一组元中形成的孔隙。

3414 孔隙结构 porosity structure

用孔隙的形状、大小及分布表征材料中孔隙的构成情况。

3415 孔径 pore size

通过几何分析或物理测试测定的单个孔的线性尺寸。

3416 孔径分布 pore size distribution

材料中存在的各级孔径按数量或体积计算的百分率。

3417 A 类孔 A - pores

(硬质合金)尺寸小于 10 μm 的孔隙(见 GB/T 3489)。

3418 B 类孔 B - pores

(硬质合金)尺寸介于 10 ~ 25 μm 之间的孔隙(见 GB/T 3489)。

3419 C 类非化合碳孔隙 C - uncombined carbon porosity

(硬质合金)在材料的金相制备过程中由于石墨脱落造成的簇状孔隙。

3420 起泡压力 bubble - point pressure

迫使气体通过液体浸渍的制品产生第一个气泡所需的最小压力。

注:起泡压力主要是制品中最大孔径的函数。

3421　含油量　oil content

含浸油的制品(如含油自润滑轴承)中油的含量(见 GB/T 5165)。

3422　流体透过性　fluid permeability

在规定条件下测定的在单位时间内液体或气体通过多孔性体的数量。

3423　表观硬度　apparent hardness

在规定条件下测定的烧结材料的硬度,它包括了孔隙的影响(见 GB/T 9097.1)。

3424　实体硬度　solid hardness

在规定条件下测定的烧结材料的某一相或颗粒或某一区域的硬度,它排除了孔隙的影响,例如用显微硬度测量。

3425　网状氧化物　oxide network

沿着原颗粒界生成的连续或不连续氧化物。

3426　表层指形氧化物　surface finger oxide

从表面沿原颗粒界伸展到零件内部的不能用物理方法(诸如旋转滚磨)去除的氧化物。

4　烧结后处理

4001　复压　re - pressing

为了提高物理和(或)力学性能,通常对烧结制品施加压力(见 4002、4003)

4002　精整　sizing

为了达到所需尺寸而进行的复压。

4003　整形　coining

为了达到特定的表面形貌而进行的复压。

4004　粉末锻造　powder forging

由粉末制造的未烧结的、预烧结的或烧结的预成形坯用锻造进行热致密化,同时伴随着形状的改变。

4005　烧结锻造　sinter forging

用烧结的预成形坯进行粉末锻造。

4006　热复压　hot re - pressing

用压制的方法,使压坯、预烧结件或烧结件进行热致密化,主要伴随着在压制方向尺寸发生改变。

4007　浸渍　impregnation

用非金属物质(如油、石蜡或树脂)填充烧结件的连通开孔孔隙的方法。

4008　水蒸气处理　steam treatment

将烧结铁基制品在过热水蒸气中加热,使表层形成四氧化三铁保护膜,从而提高某些性能。

5　粉末冶金材料

5.1　与材料有关的术语

5101　烧结材料　sintered material

用粉末冶金法制得的材料。

5102　烧结铁　sintered iron

烧结铁,除杂质外其中既不含碳也不含其他合金元素。

5103　烧结钢　sintered steel

添加合金元素的铁基烧结材料。

5104　硬质合金　hardmetal;cemented carbide

由作为主要组元的一种或几种难熔金属碳化物和金属黏结剂相组成的烧结材料,其特点是具有高强度和高耐磨性。

5105　重合金　heavy metal

密度不低于16.5g/cm^{3}的烧结材料。例如:含镍和铜的钨合金。

5106　弥散强化材料　dispersion - strengthened material

金属基复合材料,其中的第二相(或其他相)呈微细弥散状,弥散相用于提高材料的强度。

5107　金属陶瓷　cermet

由至少一种金属相和至少一种通常具有陶瓷性质的非金属相组成的烧结材料。

5108　烧结金属基复合材料　sintered metal - matrix composite(MMC)

由金属基体和基本上不溶于基体的弥散第二相(可能加上其他弥散相)组成的烧结材料。

5.2　与应用有关的术语

5201　烧结零件　sintered part

由粉末成形并经烧结强化的烧结制品,零件通常都具有精密的公差和便于安装的特点。

5202　烧结结构零件　sintered structural part

通常用于机械制造的烧结零件,不包括轴承、过滤器和摩擦材料。

5203　含油轴承　oil - retaining bearing

其中的开孔含浸以润滑油的烧结轴承。

5204　烧结金属过滤器　sintered metal filter

通常用于固液或固气分离的透过性烧结金属零件。

5205　烧结磁性零件　sintered magnetic part

可满足磁性要求的烧结零件。

5206　烧结摩擦材料　sintered friction material

这种烧结材料是一种由金属基与金属的或非金属的添加剂组成的复合材料,添加剂用于改变材料的摩擦与磨损特性。

5207　烧结电触头材料　sintered electrical contact material

具有高电导率和抗弧腐蚀的烧结材料,例如钨 - 铜、钨 - 银、银 - 石墨和银 - 氧化镉复合材料。

附录2-2　日本粉末冶金工业会团体标准 JPMA G 02—1996《MIM 用语》

1　适用范围

这个标准规定了关于 MIM(金属注射成形、金属粉末注射成形)的主要用语。

2　分类

MIM 用语分为以下 11 个类别:

(1) 一般用语;

(2) 金属粉末;

(3) 黏结剂与添加剂;

(4) 混练与造粒;

(5) 注射成形;

(6) 注射成形机与模具;

(7) 脱黏;

(8) 烧结;

(9) 后处理;

(10) 材料与试验;

(11) 制品品质。

3　用语与定义

用语与定义见附表 2-2-1 ~ 附表 2-2-11。为了参考,除日文外,还给出了对应的英文。编译者注:这个标准是日本粉末冶金工业会(JPMA)组织编制的,标准代号为 JPMA G 02—1996。金属注射成形(MIM)是粉末冶金零件生产中的一种发展迅速、用途广泛的新工艺,迄今这个标准仍然是全世界唯一的一份关于"MIM 用语"的标准。鉴于名词与术语标准是技术标准中的基础标准,为此将这个标准译为中文,供相关业者参考。原标准中的"MIM 用语　解说"在这里没有译出,需要了解者,请查阅原文标准。

附表 2-2-1　一般用语

编号	用　语	定　义	参　考	
			日文	英文
0101	粉末冶金	制造金属粉末和用压制成形与烧结将金属粉末(包括含有非金属粉末的场合)制造成材料或制品的技术	粉末冶金	powder metallurgy
0102	MIM(金属粉末注射成形、金属注射成形)	将金属粉末与黏结剂的混练物注射成形,脱黏后烧结的技术。可大量生产密度大于 95% 的三维形状制品	MIM(金属粉末射出成形、金属射出成形)	metal injection molding
0103	密度	质量除以体积得到的值。通常,在其体积中含有材料内部的孔隙体积	密度	density
0104	相对密度(密度比)	多孔性体的密度和同样组成材料于无孔隙状态下的密度之比(通常为百分率)	相对密度(密度比)	relative density

续附表 2-2-1

编号	用　语	定　义	参　考	
			日文	英文
0105	生坯密度	成形体的密度	グリーン密度 (成形密度)	green density
0106	烧结体密度	烧结体的密度	烧结密度	sintered density
0107	密度分布	用数值表示的成形体或烧结体内部的密度不同的部分	密度分布	density distribution
0108	孔隙	材料内部本来存在的空隙或在生产过程中产生的空隙。在 MIM 材料中通常是封闭孔隙	气孔(ボア)	pore
0109	最终形	具有最终产品尺寸的形状	ネットシエイブ	net shape
0110	近终形	接近最终制品尺寸的形状	ニアネットシエイブ	near net shape

附表 2-2-2　金属粉末

编号	用　语	定　义	参　考	
			日文	英文
0201	粉末	尺寸不大于 1 mm 的颗粒集合体	粉末	powder
0202	雾化粉	将熔融金属用液体或气体高压雾化制成的粉末。有水雾化粉与气雾化粉	喷雾粉 (ァトマイズ粉)	atomized powder
0203	电解粉	用电解析出制造的粉末	电解粉	electrolytic powder
0204	羰基粉	由金属羰基化物热分解制造的粉末	カルボニル粉 (カーボニル粉)	carbonyl powder
0205	粉碎粉	用机械方法粉碎原料制造的粉末	粉碎粉	pulverized powder
0206	金属粉末	金属的粉末。广义上含合金粉末。在 MIM 的场合,通常使用平均粒径小于 10 μm 的微粉	金属粉	metal powder
0207	合金粉	由合金化颗粒组成的粉末	合金粉	alloyed powder
0208	复合粉	由两种以上不同成分的颗粒组成的粉末	复合粉	composite powder
0209	混合粉	将组成不同的两种以上粉末尽量混合均一的粉末	混合粉	mixed powder
0210	颗粒	用通常的分离方法组成不能再细分的粉末的单一个体	粒子	particle
0211	颗粒形状	颗粒的形状。有球形粉与不规则形状粉等	粒形	particle shape
0212	粒度	用筛分或其他方法确定的一个个粉末颗粒的大小	粒度	particle size
0213	粒度分布	将粉末试样进行分级,将各级粉末用其质量、个数或体积所占的百分率来表示	粒度分布	particle size distribution
0214	微粉	由小于 45 μm 的颗粒组成的粉末	微粉(サブシーブ粉)	fine powder
0215	超微粉	由小于 1 μm 的颗粒组成的粉末	超微粉	ultra fine powder
0216	分级	将粉末按粒度分为若干级。分级方法有筛分分级与空气分级	分级	classification
0217	粒径	单一颗粒的大小	粒径(粒子径)	particle diameter
0218	平均粒径	由颗粒形状不同的多数颗粒组成的颗粒群的代表性粒径	平均粒径	mean particle diameter
0219	松装密度	用一定方法测定的单位体积粉末的质量	見掛密度	apparent density

续附表 2-2-2

编号	用　语	定　义	参　考	
			日文	英文
0220	振实密度	使容器中的粉末在规定的条件下振实后单位体积的质量	タッブ密度	tap density
0221	氧含量	粉末中含有的全部氧的量	酸素量	oxygen contents

附表 2-2-3　黏结剂与添加剂

编号	用　语	定　义	参　考	
			日文	英文
0301	黏结剂	将金属粉末原料相互结合在一起，保持成形坯强度并赋予成形性的材料。例如，使用高分子的聚乙烯与聚酰胺等	ハインダ	binder
0302	添加剂	添加于黏结剂中，改进混练或成形的必要性质的物质	添加剂	additive
0303	脱模剂	为使成形体易于从模具中脱出的物质	离型剂	mold release agent
0304	润滑剂	用于改进颗粒间滑移和改进注射料滑动的物质。主要使用石蜡、黄蜡及聚乙烯蜡	润滑剂（ワックス）	lubricant(wax)
0305	稳定剂	防止注射成形时黏结剂劣化的物质	安定剂	stabilizer
0306	增塑剂	降低黏结剂软化点，便于注射成形的物质	可塑剂	plasticizer
0307	黏结剂混合比	两种以上组成不同的黏结剂的混合比率。主要以体积分数表示的场合居多	バインダー混合比	binder mixing rate
0308	相容性	两种或多种物质具有相互亲和力，形成混合物的性质	相溶性	compatibity
0309	软化点	施加一定负载，在规定的升温速度下加热时开始变形的温度		

附表 2-2-4　混练与造粒

编号	用　语	定　义	参　考	
			日文	英文
0401	混练	将金属粉末与黏结剂混合均一	混練	mixing
0402	混练料（注射料）	由金属粉末与黏结剂混合制成的注射料	混練物（コンバウンド）	compound, feed stock
0403	新注射料	未经注射成形使用过的注射料	ハージン材	virgin compound, virgin feed stock
0404	再生料	将注射成形体的浇口与横浇口粉碎，调整成的可再用于注射成形状态的注射料	再生材（リターン材）	recyle compound recyle feed stock
0405	再生料配合比	添加于注射料中的再生料的比率	リターン配合比	return mixing rate
0406	粉碎	为了再利用浇口与横浇口，用机械方法将它们进行细粉碎	粉砕	pulverization, milling
0407	混练装置（捏合机）	将金属粉末与黏结剂进行混练的装置	混練装置（ニーダー）	kneading machine, kneader
0408	成形性	在注射成形中必要的流动性、脱模性、保形性等综合性质	成形性	

续附表 2-2-4

编号	用 语	定 义	参 考	
			日文	英文
0409	流动性	将成形材料在某一定温度下加热，于一定压力下挤压时的易流出性	流动性	flowability
0410	造粒	将注射料制成丸粒	造粒	pelletizing
0411	制成丸粒	成形为直径或一边为 2～5 mm 左右的球形、圆柱形及角柱形的，尺寸较均一的成形材料。在注射成形中作为供给的原料使用	ベレツト	pellet
0412	制粒机	制造丸粒的机械	ベレタイザー	pelletizer

附表 2-2-5 注射成形

编号	用 语	定 义	参 考	
			日文	英文
0501	注射成形	用注射成形机将模具中的成形材料射出，成形为既定形状的技术。还有真空注射成形、低压注射成形	射出成形	injection molding
0502	成形温度	在注射成形时，为赋予成形材料可塑性所必需的温度	成形温度	molding temperature
0503	成形压力	在注射成形时，将位于模具中的成形材料加压成形所必需的压力	成形压力	molding pressure
0504	注射速度	射出成形时，每单位时间射出的模腔中成形材料的质量	射出速度	molding speed injection velocity
0505	注射率	注射成形单位时间成形材料的理论注射量	射出率	injection rate
0506	成形时间	注射成形需要的时间	成形时间	molding time
0507	保压	在注射成形中，包括将成形材料充填完了后的冷却过程都继续施加压力	保压	holding pressure
0508	反压力	注射成形机圆筒出口侧成形材料的压力	背压	back pressure
0509	成形循环	为完成一次成形所需要的一连串成形操作，或这个操作所需要的时间	成形サイクル	molding cycle
0510	模具控温	调整模具温度，使之适合成形材料的特性	金型温调	mold temperature control
0511	模具内压力	在成形过程中，充填成形材料时在模具内产生的压力	型内压力	(internal) cavity pressure
0512	成形坯 （生坯）	用注射成形的坯体	成形体 （グリーンボデイ）	green part green body
0513	分型线	组合模具的分割线	パーテイングライン （合ねせすじ）	parting line
0514	生坯强度	成形坯的强度。进行弯曲试验时，一般用破断时单位面积的负载进行评价	グリーン强度	green strength
0515	脱出斜梢	为了使成形坯易于从模具中脱出，在模具型腔与型芯上都带有的斜梢大小	抜き勾配	draft
0516	逃避厚度	在成形坯中存在厚度不同的部分时，在厚的部分会产生缩孔；从经济方面，对工件不应增加不必要的厚度	肉逃げ	core-out

续附表 2-2-5

编号	用　语	定　义	参　考	
			日文	英文
0517	凹割	在成形坯从模具中脱出时,使成形坯变形或不采用特殊的模具结构就不能从模具中脱离的成形坯部分	アンダーカット	under cut
0518	成形收缩	成形坯脱模后,于室温下冷却时的收缩	成形收缩	mold shrinkage
0519	固化	成形的注射料在模具内的冷却硬化	固化	solidification

附表 2-2-6　注射成形机与模具

编号	用　语	定　义	参　考	
			日文	英文
0601	注射成形机	用于注射成形材料的机械,由可塑化机构、注射机构、合模机构及驱动机构等构成。驱动机构有油压式与电动式	射出成形机	injection molding machine
0602	可塑化能力	是成形机能力的表示方式之一,在单位时间内可塑化材料的最大质量	可塑化能力	plasticizing capacity
0603	压缩比	在注射成形机螺旋供给部的一个螺纹槽构成的空间容积(V_2)和计量部的一个螺纹槽构成的空间容积(V_1)之比(V_2/V_1)	压缩比	compression ratio
0604	L/D	注射成形机内螺旋的有效长度(L)和外径(D)之比	L/D	L/D ratio, length/diameter ratio
0605	合模力	为对抗充填成形材料的压力,锁紧模具对模具施加的力	型缔力	(mold) clamping force, (mold) locking force
0606	模具	为将成形材料成形为一定形状用的金属制造的模具	金型（モールド）	mold, die
0607	一个模具的型腔数	一个模具内的型腔数	取り個数	number of cavity per one mold
0608	一个型腔的模具	具有一个型腔的模具	一個取り金型	single impression mold single cavity mold
0609	多型腔模具	具有多个同样型腔的模具	多数個取り金型	multi-cavity mold
0610	浇口	模具中将成形材料注射到型腔内的入口	グート	gat
0611	流道	模具中,在成形材料流经的路径内,从喷口到横浇口到浇口的部分;或者是因此固化者	スプルー	sprue
0612	横浇口	模具中,在成形材料流经的路径内,从流道到浇口的部分;或者是因此固化者	ランナー	runner
0613	型腔	(1) 在模具中成形时成形坯的阴模与阳模间的空间。(2) 阴模的雕刻面	キヤビテイ	cavity
0614	排气口	成形时,为排出模具内的空气与成形材料产生的水分、气体而制作的缝隙	エアベント	air vent
0615	顶出	将成形坯从模具中顶出的操作	突出し	ejection

附表 2-2-7 脱黏

编号	用 语	定 义	参 考	
			日文	英文
0701	脱黏	除去成形坯中的黏结剂	脱脂（脱バインダー）	debinding
0702	加热脱黏	通过加热使黏结剂分解、挥发。作为加热气氛的压力，加压、常压及减压都适用	加熱脱脂（热脱脂）	thermal debinding
0703	萃取脱黏	将黏结剂的成分中某种成分在溶媒中溶出，其后将残留成分通过加热脱脂进行脱黏。溶媒可用有机溶剂、水等	抽出脱脂	solvent debinding
0704	光分解脱黏	用紫外线，可将热塑性树脂进行低分子化脱黏	光分解脱脂	photolysis debinding
0705	脱黏性	指的是脱黏时间短、保形性良好、无缺陷发生、残留的黏结剂少等诸特性	脱脂性	debindability
0706	保形性	保持成形坯形状的程度	保形性	shape retention
0707	脱黏率	通过脱黏，将成形坯中黏结剂除去的比率	脱脂率	debinding ratio
0708	残留黏结剂	残留于脱黏体中的黏结剂	残留バインダー	retained binder
0709	脱黏件	脱黏的成形坯	脱脂体（フラウンボデイ）	brown part, brown body, debound part

附表 2-2-8 烧结

编号	用 语	定 义	参 考	
			日文	英文
0801	烧结	将脱黏件加热时，使金属粉末颗粒产生结合，并使粉末颗粒间的孔隙进一步减小，从而使之收缩致密化	烧结	sintering
0802	预烧结	在最终烧结之前，为了使脱黏件容易处理与加工，于低温下进行的预备烧结	預備烧结	presintering
0803	气氛气体烧结	在气氛气体中烧结	雰囲気烧结	atmosphere sintering
0804	真空烧结	在真空中或减压下的气氛气体中烧结	真空烧结	vacuum sintering
0805	加热图	依据升温速度、保持温度、保温时间、降温速度的组合构成的条件	ヒートパターン	heat pattern
0806	气氛气体	在烧结脱黏件时，以还原颗粒表面氧化物与防止形成氧化物、防止脱碳等为目的使用的气体	雰囲気ガス	sintering atmosphere
0807	露点	冷却气体时结露的温度。已成为气氛气体中水分含量的指标	露点	dew point
0808	烧结件	由脱黏件烧结的产品	烧结体	sintered part, sintered compact
0809	烧结收缩	脱黏体的大小因烧结而减小	烧结收缩	shrinkage
0810	残留碳	无意残留于烧结件中的碳。主要是脱黏不当产生的。另外也是使含有既定碳含量的碳得到控制的技术	残留碳	retained carbon

续附表 2-2-8

编号	用　语	定　义	参　考	
			日文	英文
0811	残留氧	无意残留于烧结件中的氧。残留的没有还原的金属粉末原料中含有的氧	残留酸素	retained oxygen
0812	烧结件强度	表示烧结件的强度	烧结体烧度	strength of sintered compact
0813	固相硬度（基体硬度）	在不受孔隙影响的条件下测定的烧结件的硬度	固相硬さ（マトリックス硬さ）	solid hardness
0814	基体金属相	烧结件中,将孔隙或其他成分颗粒包含于其中形成基体的连续金属相	マトリックス金属相	metallic matrix phase
0815	烧结炉	烧结脱黏件的炉子。在构造上分为间歇式与连续式,依据氛围气体分为真空炉、气氛气体炉	烧结炉	sintering furnace
0816	烧结舟	烧结时承载脱黏件的皿状容器	トレイ	tray
0817	垫板	烧结时承载脱黏件的板。用于防止炉内构造材料与制品等发生反应的场合等	セッター	setter

附表 2-2-9　后处理

编号	用　语	定　义	参　考	
			日文	英文
0901	后处理	烧结后,为改进烧结件的品质进行的处理的总称	後処理	after treatment
0902	表面处理	以防蚀、改善外观、着色、表面硬化为目的,对制品表面实施的处理	表面処理	surface treatment
0903	滚光处理	将研磨助剂与石英砂等和制品一起装入滚筒中,使滚筒进行旋转研磨	バレル(研磨)処理	barrel polishing
0904	电镀	在金属与非金属表面形成金属保护膜的方法。目的是防锈、耐磨、装饰等	メッキ処理	plating
0905	发黑处理	用于铁基 MIM 零件,使零件表面形成 Fe_3O_4 保护膜的处理	黒染処理	black coating
0906	化学抛光	在以 H_3PO_4、HNO_3、H_2SO_4 为主要组成的酸溶液中,将表面进行化学研磨	化学研磨	chemical polishing
0907	热处理	为赋予金属材料以希望的性质而进行的加热与冷却。有退火、正火、淬火、回火,另外还有析出硬化、表面硬化等	熱処理	heat treatment
0908	HIP(处理)	全方向大体上等压力热成形。在 MIM 制品的场合,为使制品致密化而进行的	HIP(処理)	hot isostatic pressing (HIP)
0909	精整	为得到既定形状与尺寸而施行的处理方法。为达到尺寸又改正弯曲,用压机进行矫正	サイジング	sizing
0910	精加工	制品的去毛边、抛光等,提高外观上的商品价值的操作	仕とげ	finishing

附表 2-2-10　材料与试验

编号	用　语	定　义	参　考	
			日文	英文
1001	MIM 材料	应用 MIM 制造工艺制造的金属材料	MIM 材料	metal injection molding material
1002	结构材料	具有一定强度、用于机械等结构零件的材料。例如，Fe、Fe－2% Ni、SCM415	構造材料	structural material
1003	耐蚀材料	在某种环境中耐腐蚀的材料。例如，不锈钢、钛	耐食材料	corrosin resisting material
1004	耐热材料	在各种高温条件下耐氧化、耐高温腐蚀或具有高温强度的材料	耐熱材料	heat resisting material
1005	耐磨材料	对滑动磨耗与冲击磨耗具有抵抗力的材料	耐磨耗材料	wear resisting material
1006	磁性材料	在磁场作用下，显示出优良磁性的材料。例如，Fe－Si 合金、Fe－Ni 合金、Fe－Co 合金	磁性材料	magnetic material
1007	低膨胀材料	在低温附近或升温时，热膨胀小的材料。例如，Fe－36% Ni、Fe－29% Ni－17% Co	低膨胀材料	low expansion material
1008	重合金	密度大于 16.5 g/cm^3 的粉末冶金材料。例如，含镍、铜的钨合金	重合金	heavy metal
1009	烧结体密度试验	检查烧结密度的试验	烧结密度试验	determination of sintered density
1010	拉伸试验	用拉伸试验机，拉伸试样或制品，测定屈服点、弹性极限应力、抗拉强度、伸长率、断面收缩率等的试验	引张试验	tensile test
1011	硬度试验	用硬度试验机，在试样或制品的表面，于一定载荷下将一定形状的硬质压头压入等方法测定硬度的试验	硬さ试验	hardness test

附表 2-2-11　制品品质

编号	用　语	定　义	参　考	
			日文	英文
1101	尺寸精度	表示制品的形状、姿态、位置等尺寸的精度。通常，要达到 JIS B 0405 的精度	寸法精度	dimension accuracy
1102	表面粗糙度	制品表面的粗糙度。用算术平均粗糙度(R_a)、10 点平均粗糙度(R_z)等表示	表面粗度	surface roughness
1103	几何偏差	对制品的理论上正确的形状、姿态或位置的偏差。有平面度、真圆度、垂直度等	幾何偏差	geometical deviation
1104	毛边	在制品表面形成的微小凸起。在模具分型处产生的	ばり	burr,flash,fin
1105	缩孔	在制品表面产生的坑洼	ひけ	shink
1106	焊	在成形时，两种以上成形材料的流动不完全融合时，在产生的接合部形成的线痕迹	ウエルドライン	weld line
1107	流动痕迹	成形材料在模具型腔内流动的痕迹，残留在制品上，形成的外观缺陷	フローマーク	flow mark

续附表2-2-11

编号	用　语	定　　义	参　　考	
			日文	英文
1108	顶出杆痕迹	制品上的顶出杆痕迹。通常呈凹状	突出しピン跡	knock out pin mark, ejector pin mark
1109	浇口痕迹	残留在制品上的浇口处的痕迹	ゲート痕	gate mark

编译：韩凤麟（中国机协粉末冶金分会）

附录2-3　美国金属粉末工业联合会(MPIF)标准31《金属粉末成形压机与模具的术语定义》❶

这个标准用图解法(附图2-3-1)定义与说明了金属粉末成形压机与模具中直接和粉末冶金压坯相关的部分。目的是为这些设备的制造厂商和使用者提供统一的、普遍接受的术语汇编。

(1) 成形模具(Compacting Tool Set)：构成将粉末压制成形的封闭形状的零件或一些零件。模具的零件可能是下列零件的几个或全部：阴模、模冲或芯棒。

(2) 芯棒(Core Rod)：模具中成形压坯中的通孔的零件。

(3) 芯棒接合器(Core Rod Adapter)：用于连接芯棒和芯棒底座的压机零件。

(4) 芯棒底座(Core Rod Support)：支承芯棒的压机零件，其可能是活动的或固定不动的。

(5) 阴模(Die)：成形制造的零件的外周形状的模具零件。

(6) 阴模接合器(Die Adapter)：用于连接阴模和阴模台板孔的套筒或零件。

(7) 阴模外套(Die Case)：箍紧或支承阴模镶嵌件的零件。

(8) 阴模镶嵌件(Die Insert)：有时为了延长阴模寿命用于阴模外套内部的零件。

(9) 模架(Die Set)：用于固定模具和使模具与压机对中的压机零件(有时是可拆卸的)。

(10) 阴模工作台(Die Table)：固定阴模的压机或模架的零件。

(11) 阴模工作台孔(Die Table Bore)：为装配阴模或其接合器的外径而用的阴模工作台中的孔。

(12) 阴模工作台通孔(Die Table Clearance Hole)：当使用两个埋头孔时，为使下模冲通过所需要的阴模工作台孔中的孔。

(13) 阴模工作台埋头孔(Die Table Counterbore)：为将阴模紧固就位使用的有螺纹孔的阴模工作台中的孔。

(14) 下模冲(Lower Punch)：是决定粉末充填量和成形制造的零件底面的模具零件。为了便于装粉、成形及脱出多台面零件可需要第2个下模冲。

(15) 下模冲接合器(Lower Punch Adapter)：为使下模冲和下模冲支座相连接可能需要的套筒或零件。

---

❶ 本标准1959年发布，1992年修订，此为2002年版。

(16) 下模冲支座(Lower Punch Holder):压机中固定在下压头上的一个零件。

(17) 上模冲(Upper Punch):封闭阴模和成形制造的零件顶面的模具零件。对于多台面零件,可使用多模冲。

(18) 上模冲接合器(Upper Punch Adapters):为连接上模冲和上模冲支座可能需要的套筒或零件。

(19) 上模冲支座(Upper Punch Holder):固定在上压头上的模具零件。

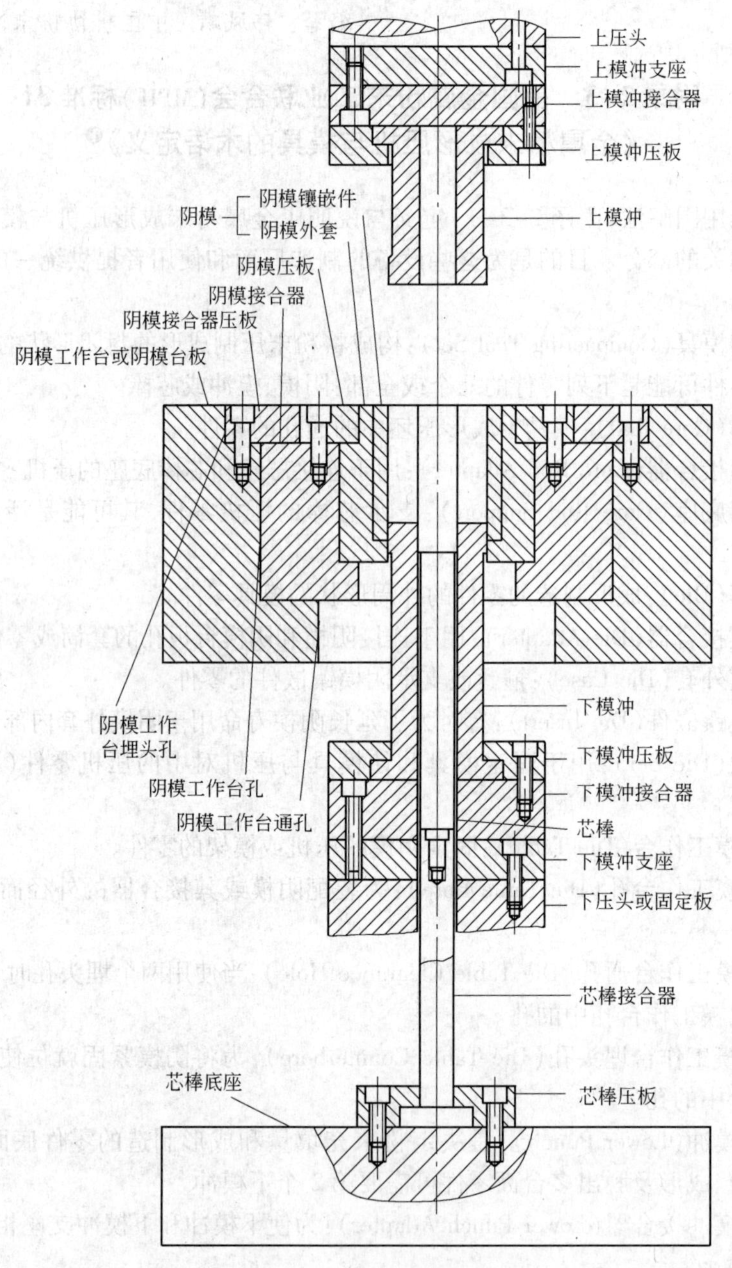

附图 2-3-1　成形压机与模具示意图

编译:韩凤麟(中国机协粉末冶金分会)

附录 2-4　GB/T 16457—1996（idt ISO 6105:1988）《超硬磨料制品　切割石材和建筑物用锯片　钢基体尺寸》

1　范围

本标准规定了金刚石或立方氮化硼锯用钢基体的尺寸。

本标准适用于切割石材和砖石建筑物及构件用锯片基体。

2　引用标准

下列标准所包含的条文，通过在本标准中引用而构成本标准的条文。本标准出版时，所示版本均为有效。所有标准都会被修订，使用本标准的各方应探讨使用下列标准最新版本的可能性。

GB/T 6406—1996　超硬磨料　金刚石或立方氮化硼颗粒尺寸；

GB/T 6409.1—1994　超硬磨具和锯——形状总览、标记。

3　尺寸

3.1　主要用于切割石材的锯

附图 2-4-1 和附表 2-4-1 给出了主要用于切割石材的锯尺寸标记和规格尺寸。

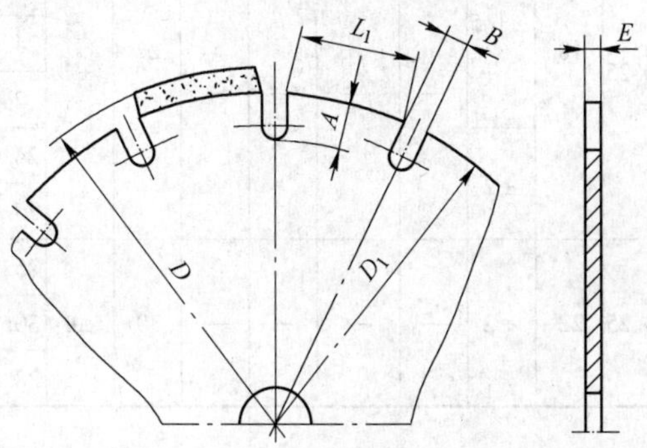

附图 2-4-1　用于切割石材的锯尺寸标记

附表 2-4-1　切割石材锯规格尺寸　　(mm)

<table>
<tr><th rowspan="3">编号</th><th rowspan="3">D</th><th colspan="2">D_1</th><th colspan="2">E</th><th colspan="2">A</th><th colspan="4">窄槽</th><th colspan="4">宽槽</th><th colspan="4">窄槽加长齿形</th></tr>
<tr><th rowspan="2"></th><th rowspan="2">偏差</th><th rowspan="2"></th><th rowspan="2">偏差</th><th rowspan="2"></th><th rowspan="2">偏差</th><th colspan="2">B</th><th rowspan="2">L_1</th><th rowspan="2">齿数</th><th colspan="2">B</th><th rowspan="2">L_1</th><th rowspan="2">齿数</th><th colspan="2">B</th><th rowspan="2">L_1</th><th rowspan="2">齿数</th></tr>
<tr><th></th><th>偏差</th><th></th><th>偏差</th><th></th><th>偏差</th></tr>
<tr><td>1</td><td>200</td><td>190</td><td rowspan="6">±0.3</td><td>1.3</td><td>±0.05</td><td rowspan="6">14</td><td rowspan="6">±1</td><td rowspan="6">3</td><td rowspan="6">±0.5</td><td rowspan="2">42.9</td><td rowspan="2">13</td><td>8</td><td>±0.5</td><td>41.7</td><td>12</td><td>3</td><td>±0.5</td><td>46.7</td><td>12</td></tr>
<tr><td>2</td><td>200</td><td>190</td><td>1.8</td><td>±0.07</td><td>—</td><td>—</td><td>—</td><td>—</td><td>—</td><td>—</td><td>—</td><td>—</td></tr>
<tr><td>3</td><td>250</td><td>240</td><td>1.5</td><td>±0.05</td><td>41.3</td><td>17</td><td rowspan="4">10</td><td rowspan="4">±0.5</td><td>40.2</td><td>15</td><td rowspan="4">3</td><td rowspan="4">±0.5</td><td>47.2</td><td>15</td></tr>
<tr><td>4</td><td>300</td><td>290</td><td>1.8</td><td rowspan="3">±0.07</td><td>40.4</td><td>21</td><td>40.6</td><td>18</td><td>47.6</td><td>18</td></tr>
<tr><td>5</td><td>350</td><td>340</td><td>2.2</td><td>39.7</td><td>25</td><td>40.8</td><td>21</td><td>47.8</td><td>21</td></tr>
<tr><td>6</td><td>400</td><td>390</td><td>2.5</td><td>40.7</td><td>28</td><td>41.1</td><td>24</td><td>48</td><td>24</td></tr>
</table>

续附表 2-4-1

编号	D	D_1		E		A		窄槽				宽槽				窄槽加长齿形			
			偏差		偏差		偏差	B	偏差	L_1	齿数	B	偏差	L_1	齿数	B	偏差	L_1	齿数
7	450	440	±0.5	2.8	±0.1	14	±1	3	±0.5	40.2	32	12	±0.5	41.2	26	3	±0.5	50.1	26
8	500	490		2.8						39.7	36	10			30			48.3	30
9	550	490		3						39.7	36							48.3	
10	600	590		3.5						41.1	42			41.5	36			48.5	36
11	600	590		3.8						41.1	42			41.5				48.5	
12	625	615		3.5						43	42	12		41.6				50.6	
13	700	690	±0.7	4	±0.1	14	±1	3	±0.5	40.3	50	12	±0.5	42.2	40	3	±0.5	51.2	40
14	725	715								41.9	50			44.2		—	—	—	—
15	750	740								40	54	10		40.6	46	3	±0.5	47.5	46
16	800	790		4.5						40.5	57	12		42				50.9	
17	900	884		5		18		7		25.3	86	18		25.3	64	—	—	—	—
18	1000	984								25.2	96	20		24.1	70				
19	1100	1084	±1	5	±0.1	18	±1	7	±0.5	27.9	98	22	±0.5	24	74	—	—	—	—
20	1200	1184		5.5	±0.25		±1.5		±1	25.6	114		±1	24.5	80				
21	1350	1332		6				—	—	—	—			25.6	88				
22	1500	1482		6.5										24.6	100				
23	1600	1582		6.75										24	108				
24	1800	1782		7			±2							24.6	120				
25	2000	1982		7.5										25.2	132				
26	2500	2482	±2	9	±0.25	22	±2	—	—	—	—	30	±1	25.7	140	—	—	—	—
27	2700	2682		10										30.2					
28	3000	2982		11.5										28.5	160				

3.2 主要用于切割建筑物的锯

附图 2-4-2 和附表 2-4-2 给出了主要用于切割建筑物的锯尺寸标记和规格尺寸。

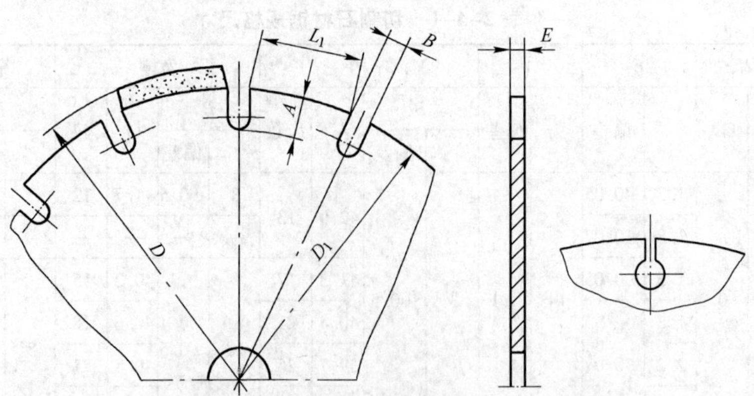

附图 2-4-2 用于切割建筑物的锯尺寸标记

附表 2-4-2　用于切割建筑物的锯规格尺寸　　(mm)

编号	D	D_1		E		A		窄槽加长齿型			
			偏差		偏差		偏差	B	偏差	L_1	齿数
01				1.65							
02	203.2	196.85		1.9						52.32	11
03			±0.3	2.36	±0.05	15.88	±0.12	3.18	±0.12		
04				1.65							
05	254	247.65		1.9						52.07	14
06				2.36							
07				1.65							
08				1.9							
09	304.8	298.45	±0.3	2.36	±0.05	15.88	±0.12	3.18	±0.12	51.56	17
10				2.67							
11				1.65							
12				1.9							
13	355.6	349.25	±0.3	2.36	±0.05	15.88	±0.12	3.18	±0.12	51.56	20
14				2.67							
15				3.05							
16				2.36							
17	406.4	400.05	±0.3	2.67	±0.05	15.88	±0.12	3.18	±0.12	51.31	23
18				3.05							
19				2.36							
20	457.2	450.85	±0.3	2.67	±0.05	15.88	±0.12	3.18	±0.12	51.31	26
21				3.05							
22				2.36							
23	508	501.65	±0.3	2.67	±0.05	15.88	±0.12	3.18	±0.12	51.05	29
24				3.05							
25				2.67							
26	558.8	552.45	±0.3	3.05	±0.05	15.88	±0.12	3.18	±0.12	51.05	32
27				3.43							
28				2.67							
29				3.05							
30	609.6	603.25	±0.3	3.43	±0.05	15.88	±0.12	3.18	±0.12	50.8	35
31				3.81							
32				3.05							
33	660.4	654.05	±0.3	3.43	±0.05	15.88	±0.12	3.18	±0.12	50.8	38
34				3.81							

续附表 2-4-2

编号	D	D_1		E		A		窄槽加长齿型			
			偏差		偏差		偏差	B	偏差	L_1	齿数
35				3.05							
36	711.2	704.85	±0.3	3.43	±0.05	15.88	±0.12	3.18	±0.12	52.07	40
37				3.81							
38											
39	762	755.65	±0.4		±0.12	15.88	±0.12	3.18	±0.12	52.07	43
40											
41	812.8	806.45	±0.4		±0.12	15.88	±0.12	3.18	±0.12	51.82	46
42											
43	914.4	908.05	±0.4		±0.12	15.88	±0.12	3.18	±0.12	51.56	52
44											
45	1016	1009.65	±0.4		±0.12	15.88	±0.12	3.18	±0.12	51.05	59
46											
47	1066.8	1060.45	±0.4		±0.12	15.88	±0.12	3.18	±0.12	50.8	62
48											
49	1219.2	1212.85	±0.4		±0.12	15.88	±0.12	3.18	±0.12	51.05	71

附录 2-5　GB/T 11270.1—2002
《超硬磨料制品　金刚石圆锯片　第 1 部分:焊接锯片》❶

1　范围

本部分规定了金刚石焊接圆锯片的名称、代号、产品分类、技术要求、试验方法、检验规则和标志、包装、运输及贮存。

本部分适用于石材、混凝土、耐火材料、玻璃、陶瓷、沥青路面、摩擦材料和炭素等非金属材料切割加工用的金刚石焊接圆锯片。

2　规范性引用文件

下列文件中的条款通过 GB/T 11270 的本部分的引用而成为本部分的条款。凡是注日期的引用文件,其随后所有的修改单(不包括勘误的内容)或修订版均不适用于本部分,然而,鼓励根据本部分达成协议的各方研究是否可使用这些文件的最新版本。凡是不注日期的引用文件,其最新版本适用于本部分。

GB/T 1222　弹簧钢;

GB/T 6405　金刚石和立方氮化硼　品种;

❶　代替 GB/T 11270—1989。

GB/T 11270.2—2002　超硬磨料制品　金刚石圆锯片　第2部分:烧结锯片;
GB/T 16457　超硬磨料制品　切割石材和建材用锯　钢基体尺寸(idt ISO 6105);
JB/T 7989　超硬磨料　人造金刚石　技术条件;
JC/T 220　天然金刚石。

3　名称代号

3.1　磨料代号

磨料代号见附表2-5-1。

附表2-5-1　磨料代号

人造金刚石	代号	SD			
	牌号	MBD6	MBD8	MBD10	SMD
		SMD25	SMD30	SMD35	SMD40
天然金刚石	代号	ND			

3.2　磨料粒度

磨料粒度范围见附表2-5-2。

附表2-5-2　磨料粒度

粒度范围	粒　度					
窄范围	16/18	18/20	20/25	25/30	30/35	35/40
	40/45	45/50	50/60	60/70	70/80	
宽范围	16/20	20/30	30/40	40/50	60/80	

3.3　浓度代号

浓度代号见附表2-5-3。

附表2-5-3　浓度代号

浓度代号	金刚石含量/g·cm^{-3}	浓度/%
25	0.22	25
50	0.44	50
75	0.66	75
100	0.88	100

注:其他浓度均按此表比例计算。

3.4　结合剂代号

结合剂代号为M。

3.5　形状代号

3.5.1　焊接圆锯片形状代号见附表2-5-4。

附表 2-5-4 焊接圆锯片形状代号

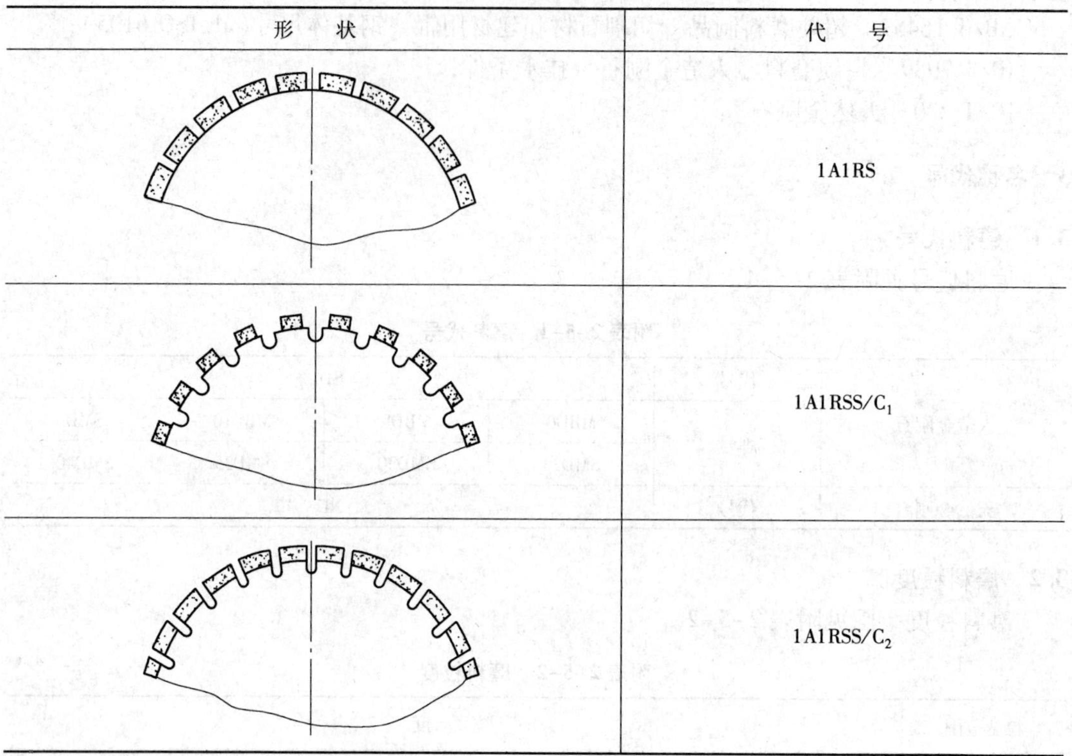

形 状	代 号
	1A1RS
	1A1RSS/C_1
	1A1RSS/C_2

3.5.2 形状代号说明见附表 2-5-5。

附表 2-5-5 形状代号说明

名 称	代 号	名 称	代 号
基体基本形状	1	锯片基体无水槽	S
金刚石层端面形状	A	锯片基体有水槽	SS
金刚石层在基体上的位置	1	锯片基体宽水槽	C_1
锯片基体双面减薄	R	锯片基体窄水槽	C_2

3.5.3 锯片形状代号示例见附图 2-5-1。

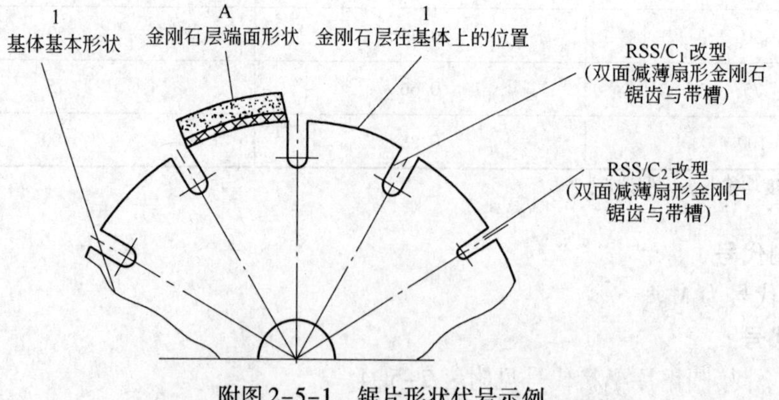

附图 2-5-1 锯片形状代号示例

3.6　尺寸代号

尺寸代号见附表2-5-6和附图2-5-2。

附表2-5-6　尺寸代号

代　号	名　称	代　号	名　称
A	槽深	L_1	基体齿长度
B	槽宽	L_2	锯齿长度
C	槽孔直径	S	侧隙（$T-E$）/2
D	直径	T	金刚石锯齿厚度
E	基体厚度	X	金刚石层深度
H	孔径	X_1	锯齿总深度

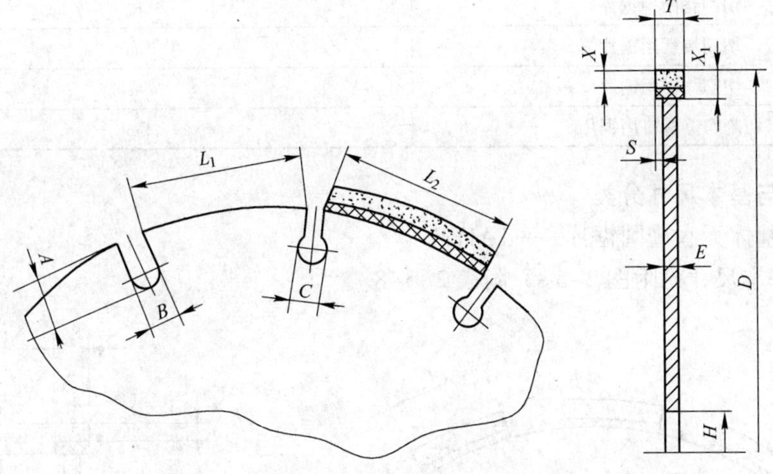

附图2-5-2　尺寸代号图示

3.7　标记及示例

标记及示例如下：

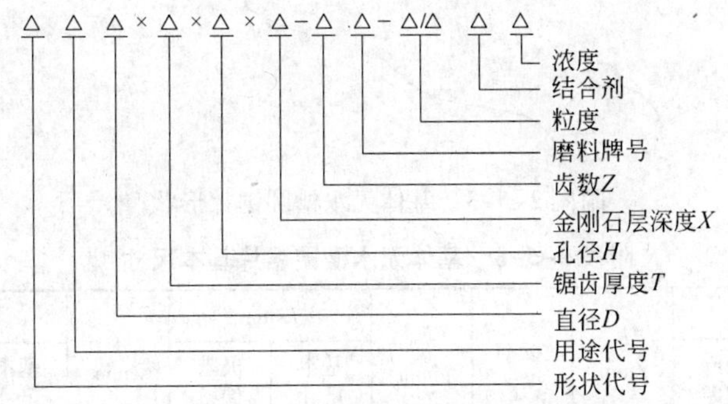

示例：

形状为1A1RSS/C_1、切割花岗岩用 $D=1600$ mm、$T=10$ mm、$H=100$ mm、$X=5$ mm、$Z=108$、磨料牌号为SMD、粒度为16/18、结合剂为M、浓度为25的圆锯片标记为：

1A1RSS/C_1　G　$1600\times10\times100\times5-108$　SMD－16/18　M 25

4　产品分类

4.1　按用途分类

按用途分类见附表 2-5-7。

附表 2-5-7　按用途分类

用　途	代　号
切割大理石用锯片	Ma
切割花岗岩用锯片	G
切割混凝土用锯片	Con
切割耐火材料用锯片	Re
切割砂石用锯片	S
切割路面用锯片	R
切割炭素用锯片	Car
切割陶瓷用锯片	V
切割摩擦材料用锯片	Fm

4.2　按形状与基本尺寸分类

4.2.1　基体无水槽圆锯片——1A1RS

形状与基本尺寸见附图 2-5-3、附表 2-5-8。

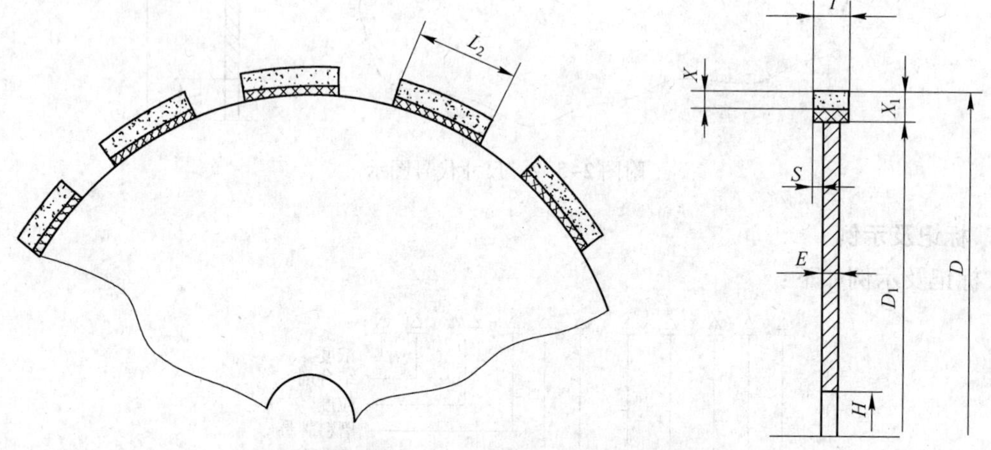

附图 2-5-3　基体无水槽圆锯片形状

附表 2-5-8　基体无水槽圆锯片基本尺寸

D/mm	H/mm 基本尺寸	H/mm 极限偏差	E/mm	Z/个	L_2/mm	T/mm 基本尺寸	T/mm 极限偏差	X/mm	X_1/mm 基本尺寸	X_1/mm 极限偏差	S/mm
180	70	H8	2.8	17	20	4	+0.20 -0.10	5	7	+0.30 -0.10	0.6
			3			6					0.5
250	50		5	20		8					0.5
											1.5

4.2.2　宽水槽圆锯片——1A1RSS/C_1

形状与基本尺寸见附图2-5-4、附表2-5-9。

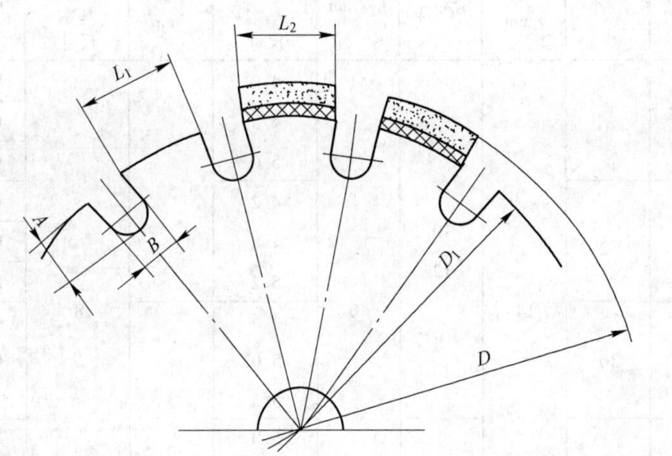

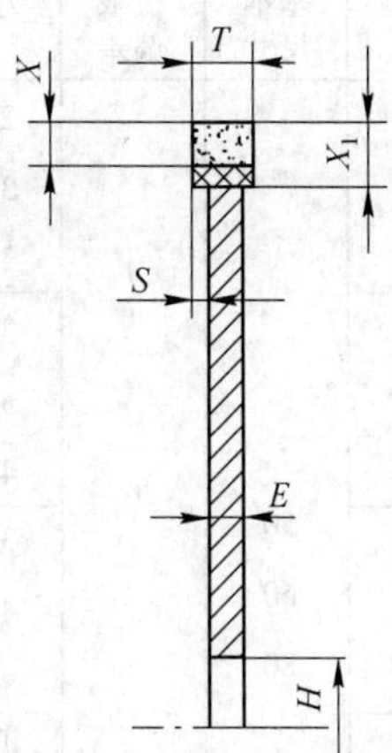

附图2-5-4　宽水槽圆锯片形状

附表2-5-9　宽水槽圆锯片基本尺寸

$D(\geqslant)$/mm	H/mm 基本尺寸	H/mm 极限偏差	$E(\leqslant)$/mm	Z/个	A/mm	B/mm	L_2/mm	$T(\leqslant)$/mm 基本尺寸	$X(\geqslant)$/mm	$X_1(\geqslant)$/mm 基本尺寸	S/mm
105	根据用户要求而定	H8	1.2	8	6.5	3	32.4	1.7	5	7	0.25
110			1.2	8 9	6.5	3	34.3 30.3	1.8			0.30
115			1.2	8 9	8.5	4	35.3 31.1	1.8			0.30
125			1.2	9 10	8.5	4	34.5 30.8	1.8 2.0			0.30
150			1.4	12	8.5	4	31.6				0.30
178			1.4 1.6	14	8.5	4	32.8	2.0			0.30 0.20
200	16		1.2 1.3	15	12	6	25	2.5			0.65 0.60
250			1.5 1.6	18		8		2.8			0.65 0.60
300	22		1.8	18	14	10	40	3.0		8	0.60
350	50		2.2	21				3.5			0.65
400			2.5	24				4.0			0.75
450	60		2.8 3.0	26		12		4.0 4.5			0.60 0.75

续附表 2-5-9

$D(\geqslant)$/mm	H/mm		$E(\leqslant)$/mm	Z/个	A/mm	B/mm	L_2/mm	$T(\leqslant)$/mm	$X(\geqslant)$/mm	$X_1(\geqslant)$/mm	S/mm
	基本尺寸	极限偏差						基本尺寸		基本尺寸	
500	50 60 80	H8	2.3	30	14	10 12	40	4.0	5	8	0.60
			3.0					4.5			0.75
			3.5					5.0			0.75
550			3.0	32				4.2			0.60
			3.5					4.8			0.65
			4.0					5.2			0.60
600			3.5	36				4.5	6		0.50
			4.0					5.0			
			4.5					5.5			
700			4.0	40		12		5.0			0.50
			4.5					5.5			
			5.0					6.0			
800			4.5	45				5.5			0.50
900	80 100		5	64	18	18	24	6.5		10	0.75
1000				70		20		7.0			1.00
1200			5.5	80		22		7.5			1.00
								8.0			1.25
								8.5			1.50
1300			6	88				8.0			1.00
1350								8.5			1.25
1400			6.5	92				8.5			1.00
											1.25
1500	80 100 120		6.5	100				8.5			0.75
			7.0								
1600			7.0	104		24	24	9			1.00
				108							
1800				118							
				120							
2000	根据用户要求而定		8.0	128				10.5	8	12	1.25
								11.5			1.75
2200			8.0	132	22			10.5			1.25
			9.0					12			1.50
2500			9.0	140		25		12			1.50
2700			9.0					13			2.00
			10								1.50

续附表 2-5-9

$D(\geqslant)$/mm	H/mm		$E(\leqslant)$/mm	Z/个	A/mm	B/mm	L_2/mm	$T(\leqslant)$/mm	$X(\geqslant)$/mm	$X_1(\geqslant)$/mm	S/mm
	基本尺寸	极限偏差						基本尺寸		基本尺寸	
3000	根据用户要求而定	H8	11.5	160		30	24	14.5	8	12	1.50
			12								1.25
3500			12	180	30			15			1.50

4.2.3　窄水槽圆锯片——$1A1RSS/C_2$

形状与基本尺寸见附图 2-5-5、附表 2-5-10。

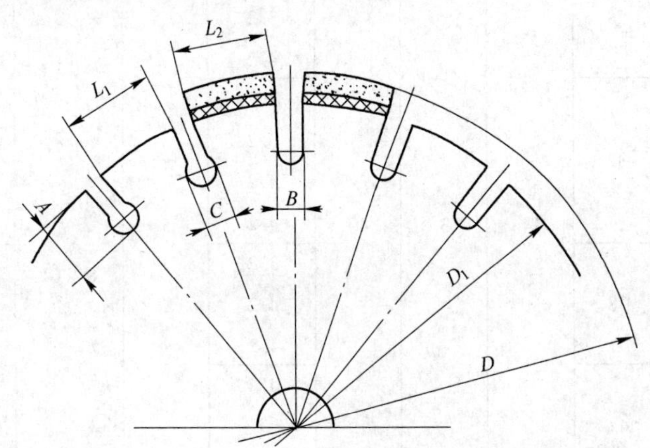

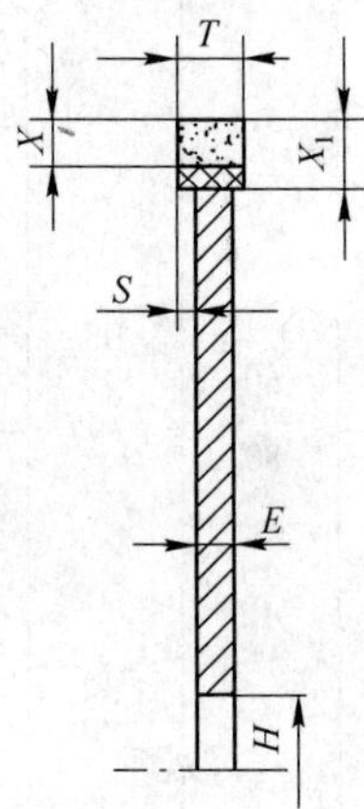

附图 2-5-5　窄水槽圆锯片形状

附表 2-5-10　窄水槽圆锯片基本尺寸

$D(\geqslant)$/mm	H/mm		$E(\leqslant)$/mm	Z/个	A/mm	B/mm	L_2/mm	$T(\leqslant)$/mm	$X(\geqslant)$/mm	$X_1(\geqslant)$/mm	S/mm
	基本尺寸	极限偏差						基本尺寸		基本尺寸	
100	根据用户要求而定	H8	1.2	7	8	2	35.9	1.7	5	7	0.25
105			1.2	8	10	2	33.4	1.8			0.30
110			1.2	8	10	2	35.5	1.8			0.30
			1.4	9			31.3	2.0			
115			1.2	8	10	2	37.2	1.8			0.30
			1.4	9			33.0	2.0			
125			1.2	9	10	2	36.4	1.8			0.30
			1.4	10			32.7	2.0			
150			1.4	12	10	2	33.5	2.0			0.30
180			1.6	13	10	2	38.0	2.2			0.30
				14			35.2	2.4			0.40
200	16 22		1.2	13	14	3	40	2			0.40
			1.3					2			0.35
			1.6					2.5			0.45
250			1.5	17				2.5			0.50
			1.6					2.8			0.60

续附表 2-5-10

$D(\geqslant)$/mm	H/mm		$E(\leqslant)$ /mm	Z/个	A /mm	B/mm	L_2/mm	$T(\leqslant)$/mm	$X(\geqslant)$ /mm	$X_1(\geqslant)$/mm	S/mm
	基本尺寸	极限偏差						基本尺寸		基本尺寸	
			1.8					2.8			0.50
300	22 50		2.2	21				3.2		7	0.50
			2.5					3.2			0.35
350	50		2.2	24				3.2			0.50
	60		2.8	25				4.2			0.70
			2.2					3.2			0.50
400			2.5	28				3.2			0.35
			2.8					4.2			0.70
			2.2					3.2			0.50
			2.5					3.2			0.35
450	50	H8	2.8	32				4.2			0.70
	60		3.2		14	3	40	4.2	5		0.50
	80		2.5					3.2		8 ~ 10	0.35
500			2.8	38				4.2			0.70
			3.2					4.2			0.50
			3.2					4.2			0.50
600			3.6	42				5			0.70
			4.0					5			0.50
			3.2					4.2			0.50
700	50 60		3.6	50				5			0.70
			4.0					5			0.50
800	80 100		4.0	57				5			0.50
			4.5					6			0.75

5　技术要求

5.1　锯齿

5.1.1　每个锯齿表面不得有裂纹及两个以上、宽度大于 1 mm 的崩刃。

5.1.2　所用人造金刚石的品种与质量应符合 GB/T 6405、JB/T 7989 的规定。常用浓度应符合 3.3 规定。

5.1.3　所用天然金刚石的质量应符合 JC/T 220 的规定。

5.2　基体的技术要求

基体的技术要求应符合 GB/T 16457 和附录 A 的要求。

5.3　焊接

5.3.1　焊缝应饱满，不得有裂纹和孔洞，焊料堆积不得高于锯齿的断面。

5.3.2　锯齿焊在基体上的端向对称度为 0.25 mm，如附图 2-5-6 所示。

5.4　锯片的端面跳动公差

锯片的端面跳动公差应符合附表 2-5-11 规定，如附图 2-5-7 所示。

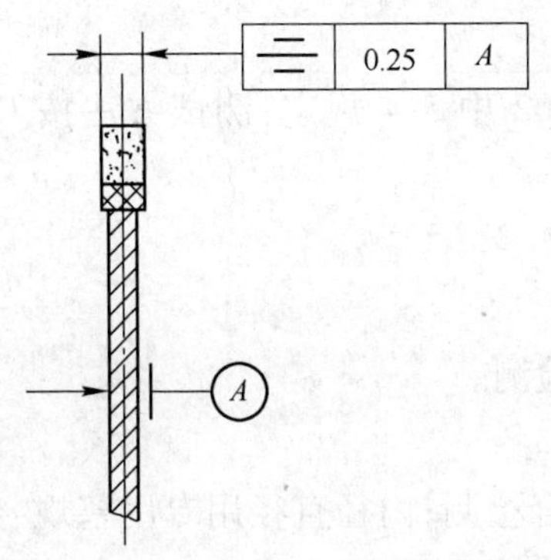

附图 2-5-6　锯齿焊在基体上的端向对称度

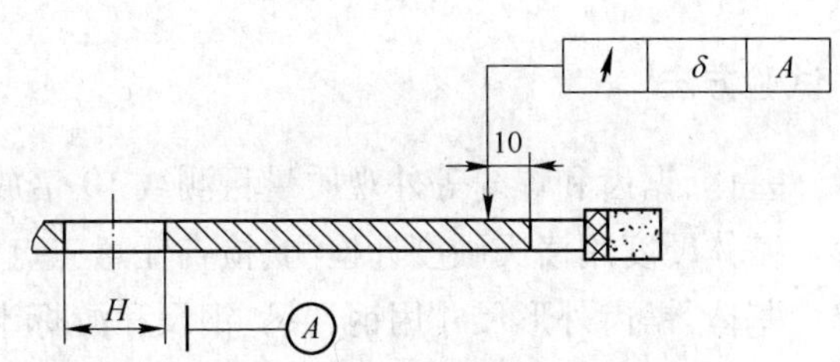

附图 2-5-7　锯片的端面跳动公差

附表 2-5-11　锯片的端面跳动公差　（mm）

<table>
<tr><th>D</th><th>端面跳动 δ</th></tr>
<tr><td>180</td><td rowspan="3">0.18</td></tr>
<tr><td>200</td></tr>
<tr><td>250</td></tr>
<tr><td>300</td><td rowspan="3">0.25</td></tr>
<tr><td>350</td></tr>
<tr><td>400</td></tr>
<tr><td>450</td><td rowspan="4">0.40</td></tr>
<tr><td>500</td></tr>
<tr><td>550</td></tr>
<tr><td>600</td></tr>
<tr><td>650</td><td rowspan="6">0.65</td></tr>
<tr><td>700</td></tr>
<tr><td>750</td></tr>
<tr><td>800</td></tr>
<tr><td>900</td></tr>
<tr><td>1000</td></tr>
<tr><td>1100</td><td rowspan="6">1.00</td></tr>
<tr><td>1200</td></tr>
<tr><td>1300</td></tr>
<tr><td>1350</td></tr>
<tr><td>1400</td></tr>
<tr><td>1500</td></tr>
<tr><td>1600</td><td>1.30</td></tr>
<tr><td>1800</td><td rowspan="3">1.50</td></tr>
<tr><td>2000</td></tr>
<tr><td>2200</td></tr>
<tr><td>2500</td><td>1.70</td></tr>
<tr><td>2700</td><td>1.80</td></tr>
<tr><td>3000</td><td rowspan="2">2.00</td></tr>
<tr><td>3500</td></tr>
</table>

5.5　安全性能要求

$D \leqslant 355$ mm 的锯片安全性能按 GB/T 11270.2—2002 中 5.4 规定；测试方法按 GB/T 11270.2—2002 附录 B、附录 C 规定。

6　试验方法

6.1　基体、锯齿和焊缝等外观质量目测或 10 倍放大镜检测。

6.2　基体硬度用洛氏硬度计检测、检查任意三点平均值。

6.3　基体、锯齿外形尺寸用钢卷尺、钢尺和游标卡尺配合检测；内径直径用专用塞规、分度值为 0.02 mm 的游标卡尺或内径千分尺检测。

6.4　锯齿崩刃用样板和游标卡尺配合检测。

6.5　锯齿在基体上焊接的对称度检测，端面用带百分表的专用工具检测（见附图 2-5-6）。

6.6　基体平面度用 500∶0.02 的平尺和塞尺配合检测。

6.7　锯片的端面跳动检测。

6.7.1　检测仪器：圆跳动仪，其芯轴径向跳动不得大于 0.01 mm，法兰盘端面跳动公差不得大于被测锯片端面跳动公差值的 1/10，法兰盘直径不得大于被测锯片的 1/3。

6.7.2　检查方法：

（1）用法兰盘将锯片固定在芯轴上。

（2）将百分表触头置于锯片基体侧面距槽底部 10 mm 处；无水槽锯片距基体外圆 10 mm 处。

（3）缓缓旋转锯片，读出百分表上的数值，即为锯片端面跳动值（见附图 2-5-7）。

7　检验规则

7.1　产品出厂前必须经过技术检验，合格后方能出厂。

7.2　使用单位收到产品后按本标准和相关标准检验。

7.3　库存产品定期进行自检，每年不得少于两次，一次性抽取数量每种不得少于 5 片。具体要求按 GB/T 11270.2—2002 附录 D 规定。

8　标志、包装、运输和贮存

8.1　在锯片基体上距中心三分之一半径处做到下列标志：

（1）制造厂厂标或厂名；（2）用途代号；（3）产品编号或批号。

8.2　以箭头表示锯片旋转方向，其位置与厂标相对应，距中心二分之一半径处。

8.3　标志应清晰、牢固。

8.4　锯片应附有合格证及使用说明书，合格证上应注明制造日期、检验员印章。

8.5　锯片包装前应做防锈处理，用油纸包好，放入箱内应平整、稳固，两片之间必须用软质材料隔开，严防锯齿接触和窜动；外包装表面应标印“轻放”、“防震”、“防潮”及“立放”等标志，并符合运输方面的有关规定。

附　录　A

（规范性附录）

焊接金刚石圆锯片基体技术要求

A.1　基体材料应符合 GB/T 1222 规定的65Mn 钢或力学性能不低于65Mn 的钢材。

A.2　基体不得有裂纹、毛刺及锈蚀痕迹，基体允许有工艺孔。

A.3　表面粗糙度最大允许值为 R_a 3.6 μm。

A.4　硬度为37～45HRC。

A.5　基体平面度按附表2-5-12 规定。

附表 2-5-12　基体平面度　（mm）

D_1	平面度	D_1	平面度
≤250	0.10	>1000～1500	0.45
>250～400	0.15	>1500～1600	0.60
>400～630	0.20	>1600～2500	0.70
>630～1000	0.30	>2500～3500	0.80

A.6　基体外圆对于内径孔跳动应符合附表2-5-13 规定。

附表 2-5-13　基体外圆对于内径孔跳动　（mm）

D_1	径向跳动	D_1	径向跳动
50～120	0.08	>800～1250	0.20
>120～250	0.10	>1250～2000	0.25
>250～500	0.12	>2000～3150	0.30
>500～800	0.15	>3150～5000	0.40

A.7　基体两侧面对内孔 H 轴线的端面跳动极限偏差应符合附表2-5-14 规定。

附表 2-5-14　基体两侧面对内孔 H 轴线的端面跳动极限偏差　（mm）

D_1	端面跳动	D_1	端面跳动
90～250	0.18	>1500～1700	1.20
>250～400	0.25	>1700～2200	1.50
>400～630	0.40	>2200～2500	1.70
>630～1000	0.70	>2500～3500	2.00
>1000～1500	1.00		

附录 2-6　GB/T 11270.2—2002《超硬磨料制品　金刚石圆锯片　第 2 部分：烧结锯片》❶

1　范围

本部分规定了烧结金刚石圆锯片的名称、代号、产品分类、技术要求、试验方法、检验规则和标志、包装、运输及贮存。

本部分适用于直径 35 mm 以下，用于石材、混凝土、耐火材料、玻璃、陶瓷、炭素等非金属硬脆材料切割加工的整体烧结金属结合剂金刚石圆锯片。

2　规范性引用文件

下列文件中的条款通过 GB/T 11270 的本部分的引用而成为本部分的条款。凡是注日期的引用文件，其随后所有的修改单(不包括勘误的内容)或修订版均不适用本部分，然而，鼓励根据本部分达成协议的各方研究是否可使用这些文件的最新版本。凡是不注日期的引用文件，其最新版本是用于本部分。

GB/T 230　金属洛氏硬度试验方法(neq ISO 6508)；

GB/T 1222　弹簧钢；

GB/T 1804　一般公差　线性尺寸的未注公差(eqv ISO 2768)；

GB/T 2829　周期检查计数抽样程序及抽样表(适用于生产过程稳定性的检查)；

GB/T 6405　人造金刚石或立方氮化硼品种；

GB/T 11270.1—2002　超硬磨料制品　金刚石圆锯片　第 1 部分：焊接锯片；

JB/T 7989　超硬磨料　人造金刚石　技术条件；

JB/T 220　天然金刚石。

3　名称、代号

3.1　磨料代号见附录 2-5 中附表 2-5-1。

3.2　磨料粒度范围见附录 2-5 中附表 2-5-2。

3.3　浓度代号见附录 2-5 中附表 2-5-3。

3.4　结合剂代号为 M。

3.5　形状代号

锯片形状代号按下列方法编制：

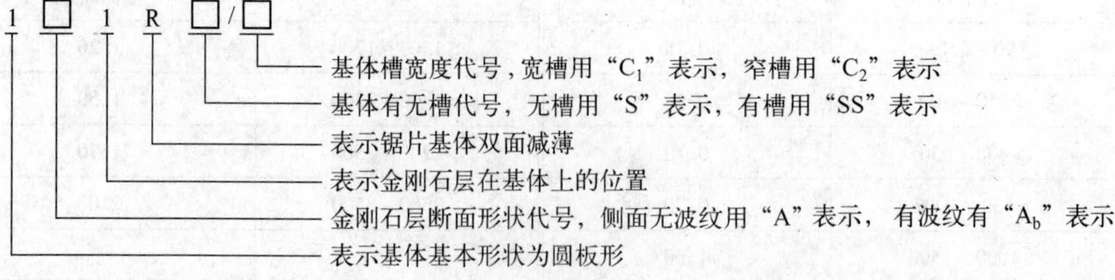
1 □ 1 R □/□
基体槽宽度代号，宽槽用“C_1”表示，窄槽用“C_2”表示
基体有无槽代号，无槽用“S”表示，有槽用“SS”表示
表示锯片基体双面减薄
表示金刚石层在基体上的位置
金刚石层断面形状代号，侧面无波纹用“A”表示，有波纹有“A_b”表示
表示基体基本形状为圆板形

---

❶ 代替 GB/T 11270—1989。

示例：圆板形基体，金刚石层侧面有波纹，其位置在基体外缘，锯片基体双面减薄，有窄槽，其代号为：$1A_b1RSS/C_2$。

3.6　尺寸代号见附录2–5中的3.6。

3.7　标记及示例见附录2–5中的3.7。

4　产品分类

4.1　按用途分类，见附录2–5中的4.1。

4.2　按形状与基本尺寸分类

4.2.1　宽槽干切型圆锯片 $1A1RSS/C_1$（锯齿无波纹）、$1A_bRSS/C_1$（锯齿有波纹），见附图2–6–1、附表2–6–1。

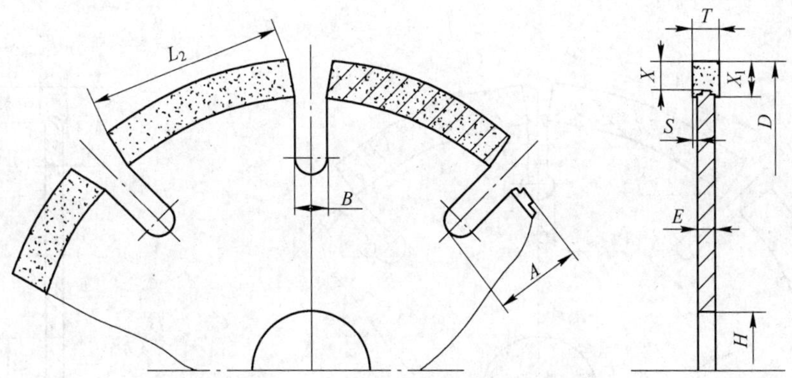

附图2–6–1　宽槽干切型圆锯片形状

附表2–6–1　宽槽干切型圆锯片基本尺寸

D/mm	Z/个	E/mm	A/mm	B/mm	L_2/mm	$T_1^{+0.20}$/mm	X/mm	$X_1^{+0.20}$/mm	S/mm
105	8	1.2	6.5	3	32.4	1.7	6.0	7.0	0.25
110	8	1.2	6.5	3	34.3	1.8			0.30
	9				30.3				
115	8	1.2	8.5	4	35.3	1.8			0.30
	9				31.1				
125	9	1.2	8.5	4	34.5	1.8			0.30
	10				30.8				
150	12	1.4	8.5	4	31.6	2.0			0.30
(178)	14	1.4	8.5	4	32.8	2.0			0.3
		1.6							0.2
200	14	1.4	11	5	36.7	2.0			0.3
		1.6							0.2

续附表 2-6-1

D/mm	Z/个	E/mm	A/mm	B/mm	L_2/mm	$T^{+0.20}$/mm	X/mm	$X_1^{+0.20}$/mm	S/mm
230	16	1.6	11	5	37.4	2.2	6.0	7.0	0.30
250	18	1.6	11	5	36.2	2.5			0.45
300	22	1.6	14	8	32.9	2.5			0.45
		2.0							0.25
(355)	22	2.2	14	8	48.2	3.2	6.5	7.5	0.50

注：H 根据用户要求而定，其极限偏差为 H8。

4.2.2　窄槽干切型圆锯片 1A1RSS/C_2（锯齿无波纹）、1A_b1RSS/C_2（锯齿有波纹），见附图 2-6-2、附表 2-6-2。

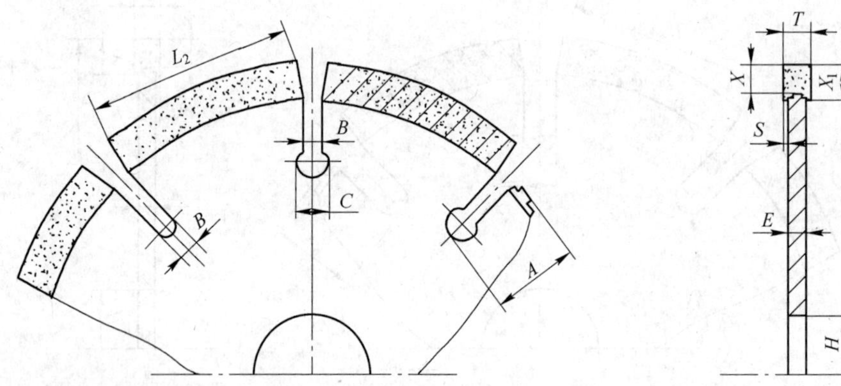

附图 2-6-2　窄槽干切型圆锯片形状

附表 2-6-2　窄槽干切型圆锯片基本尺寸

D/mm	Z/个	L_2/mm	A/mm	B/mm	C/mm	E/mm	$T^{+0.20}$/mm	X/mm	$X_1^{+0.20}$/mm	S/mm
(100)	7	35.9	8	2	5	1.2	1.7	7.0	8.0	0.25
105	8	33.4	10	2	5	1.2	1.8	6.0	7.0	0.30
110	8	35.5	10	2	5	1.2	1.8			0.30
	9	31.3				1.4	2.0			
115	8	37.2	10	2	5	1.2	1.8			0.30
	9	33.0				1.4	2.0			
125	9	36.4	10	2	5	1.2	1.8			0.30
	10	32.7				1.4	2.0			
150	12	33.5	10	2	5	1.4	2.0			0.30
180	13	38.0	10	2	5	1.6	2.2			0.30
	14	35.2					2.4			0.40
200	14	39.2	11.5	2.5	6	1.4	2.0			0.30
	15	36.4				1.6				0.20
						1.8				0.30

续附表 2-6-2

D/mm	Z/个	L_2/mm	A/mm	B/mm	C/mm	E/mm	$T^{+0.20}$/mm	X/mm	$X_1^{+0.20}$/mm	S/mm
230	16	39.9	11.5	2.5	6	1.6	2.2	6.0	7.0	0.30
	18	35.2				1.8	2.4			0.40
250	17	41.1	12	2.5	6	1.6	2.5			0.45
	18	38.7				2.0	3.0			0.50
						2.2				0.40
300	20	42.4	13	2.5	6	1.6	2.5			0.45
	21	40.3				2.0				0.25
	22	38.4				2.2	3.0			0.40
							3.4			0.60
350	24	41.0	14	3.0	6	2.2	3.2			0.50
							3.6			0.70
(355)	19	53.3	19	3.0	6	2.2	3.2			0.50

注:H 根据用户要求而定,其极限偏差为 H8。

4.2.3 连续边无波纹湿切型圆锯片 1A1RS,见附图 2-6-3、附表 2-6-3。

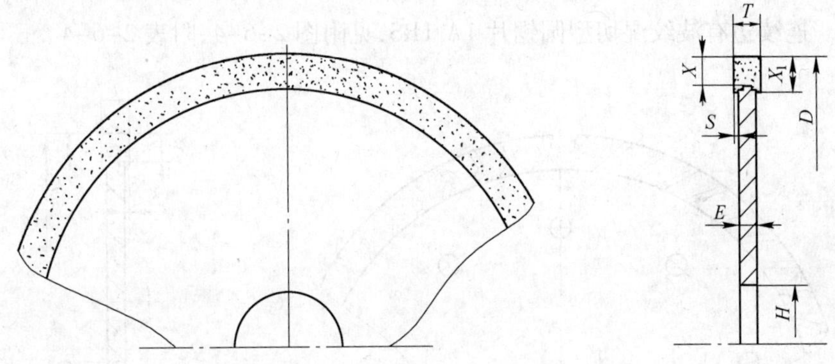

图 2-6-3 连续边无波纹湿切型圆锯片形状

附表 2-6-3 连续边无波纹湿切型圆锯片基本尺寸 (mm)

D	E	$T^{+0.20}$	X	$X_1^{+0.20}$	S
60	1.0	1.6	4.0	5.0	0.30
80	1.0	1.5			0.25
	1.2	1.7			
85	1.2	1.7			0.25
100	1.2	1.7			0.25
105	1.2	1.7			0.25
110	1.2	1.7			0.25
	1.4	1.9			

续附表 2-6-3

D	E	$T^{+0.20}$	X	$X_1^{+0.20}$	S
115	1.2	1.7	4.0	5.0	0.25
	1.4	1.9			
125	1.2	1.7			0.25
	1.4	1.9			
150	1.4	1.9			0.25
180	1.4	1.9			0.25
	1.6	2.1			
200	1.6	2.1			0.25
	1.8	2.3			
230	1.6	2.1			0.25
	1.8	2.3			
250	2.0	2.8			0.40
300	2.2	3.2			0.50
350	2.2	3.4			0.60

注：H 根据用户要求而定，其极限偏差为 H8。

4.2.4 连续边有波纹湿切型圆锯片 $1A_b1RS$，见附图 2-6-4、附表 2-6-4。

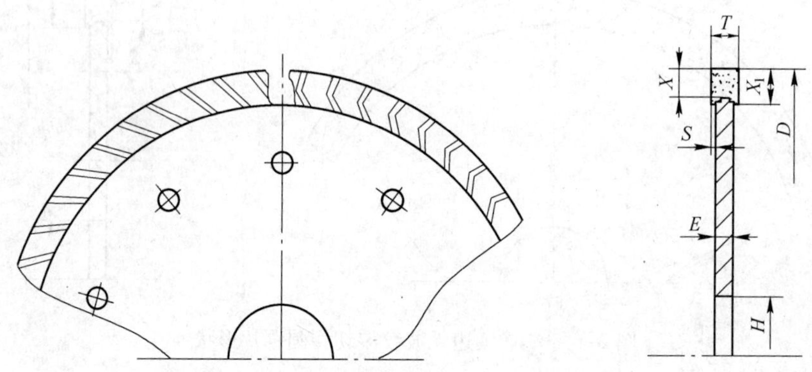

附图 2-6-4　连续边有波纹湿切型圆锯片形状

附表 2-6-4　连续边有波纹湿切型圆锯片基本尺寸　(mm)

D	E	$T^{+0.20}$	X	$X_1^{+0.20}$	S
80	1.0	2.2	7.5	8.5	0.60
100	1.2	2.2			0.50
105	1.2	2.2	6.0	7.0	0.50
110	1.2	2.2			0.50
115	1.2	2.2			0.50
	1.4	2.4			

续附表 2-6-4

<table>
<tr><th>D</th><th>E</th><th>$T^{+0.20}$</th><th>X</th><th>$X_1^{+0.20}$</th><th>S</th></tr>
<tr><td rowspan="2">125</td><td>1.2</td><td>2.2</td><td rowspan="18">6.0</td><td rowspan="18">7.0</td><td rowspan="2">0.50</td></tr>
<tr><td>1.4</td><td>2.4</td></tr>
<tr><td>150</td><td>1.4</td><td>2.4</td><td>0.50</td></tr>
<tr><td>180</td><td>1.6</td><td>2.8</td><td>0.60</td></tr>
<tr><td rowspan="3">200</td><td>1.4</td><td rowspan="2">2.5</td><td>0.55</td></tr>
<tr><td>1.6</td><td>0.45</td></tr>
<tr><td>1.8</td><td>3.0</td><td>0.60</td></tr>
<tr><td rowspan="2">230</td><td>1.6</td><td>2.5</td><td>0.45</td></tr>
<tr><td>1.8</td><td>3.0</td><td>0.60</td></tr>
<tr><td rowspan="3">250</td><td>1.6</td><td>2.6</td><td>0.50</td></tr>
<tr><td>2.0</td><td rowspan="2">3.4</td><td>0.70</td></tr>
<tr><td>2.2</td><td>0.60</td></tr>
<tr><td rowspan="3">300</td><td>1.6</td><td rowspan="2">2.6</td><td>0.50</td></tr>
<tr><td>2.0</td><td>0.30</td></tr>
<tr><td>2.2</td><td>3.6</td><td>0.70</td></tr>
<tr><td rowspan="2">350</td><td rowspan="2">2.2</td><td>3.4</td><td>0.60</td></tr>
<tr><td>3.8</td><td>0.80</td></tr>
<tr><td>(355)</td><td>2.2</td><td>3.2</td><td>0.50</td></tr>
</table>

注：H 根据用户要求而定，其极限偏差为 H8。

5　技术要求

5.1　外观

5.1.1　锯齿表面不得有裂纹、哑声及两个以上的长、宽大于 1 mm 的崩刃。

5.1.2　锯齿工作面的磨料颗粒应出露且分布均匀。基体若喷漆，涂层应均匀、平整，无斑点及划伤。

5.2　磨料

5.2.1　所用人造金刚石品种与质量应符合 GB/T 6405、JB/T 7989 规定。常用浓度应符合本标准 3.3 规定。

5.2.2　所用天然金刚石品种与质量应符合 JC/T220 的规定。

5.3　外形尺寸及形位公差要求。

5.3.1　外形尺寸公差应符合附表 2-6-1 ~ 附表 2-6-4 规定要求。

5.3.2　锯片的端面跳动公差应符合附表 2-6-5 规定。

附表 2-6-5　锯片的端面跳动公差　　(mm)

D	端面跳动 σ
60 ~ 115	0.15

续附表 2-6-5

D	端面跳动 σ
>115～180	0.20
>180～250	0.25
>250～355	0.30

5.3.3　开刃后锯片基体平面度应符合附表 2-6-6 规定。

附表 2-6-6　开刃后锯片基体平面度

D	平面度
60～200	0.10
>200～355	0.18

5.3.4　其他尺寸：未注公差尺寸的公差等级按 GB/T 1804 公差带 Js15(js15)要求。

5.4　安全性能要求

5.4.1　回转试验以锯片上标志的最高工作线速度的 1.87 倍进行回转，达到最高速度时维持 30 s，基体不得破裂，锯齿不得松脱，其外径增量不应大于附表 2-6-7 的规定。

附表 2-6-7　外径增量

公称尺寸/mm	外径增量/μm
≤120	220
>120～180	250
>180～250	290
>250～355	320

5.4.2　回转试验后，进行锯齿结合强度测试，测试齿数大于总齿数的 1/2，小于总齿数的 3/4，且均分为正反两个方面测试。锯齿结合强度应大于附表 2-6-8 的规定。

附表 2-6-8　锯齿结合强度

锯片类型	锯片用途	
	固定式切割机	手提式切割机
分齿式锯片	450 MPa	600 MPa
连续式锯片	90D/2N · m	125D/2N · m

注：1. 抗弯截面模量由锯齿与基体结合处长度 L_v 和锯片基体厚度 E 确定。
2. D 为锯片直径，mm。

6　试验方法

6.1　外观质量用目测；崩刃用样板或分度值为 0.02 mm 的游标卡尺配合检测。

6.2　基体、锯齿、锯片外形尺寸用分度值为 0.02 mm 的游标卡尺检测；孔径用光滑孔径塞规或内径千分尺检测。

6.3　平面度用 50～300 mm 刀口尺和塞尺配合检测。

6.4　锯片的端面跳动检测

6.4.1　检测仪器:圆跳动仪,其芯轴径向圆跳动不得大于0.01 mm,法兰盘端面跳动不得大于被测锯片端面跳动允许值的1/10;法兰盘直径不得大于被测锯片直径的1/2。

6.4.2　检查方法:

(1) 用法兰盘将锯片固定在芯轴上;

(2) 将百分表触头置于锯片基体侧面距槽底部10 mm处,对于连续式锯片为距工作层10 mm处,见附图2-6-5;

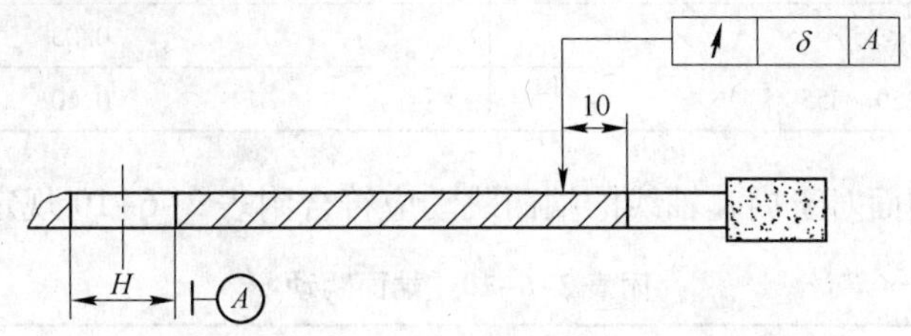

附图2-6-5　锯片端面跳动检测示意图

(3) 缓慢转动锯片,读出百分表指示的最大值和最小值,两值之差即为端面跳动值。

6.5　回转试验用高速回转机检测,检测方法见附录B。

6.6　锯齿与基体结合强度检测,用ZMC－A型金刚石锯片锯齿结合强度测定仪或性能不低于该仪器的其他测试仪器,检测方法见附录C。

7　检测规则

7.1　产品出厂前必须经过检验,并符合技术要求的各项规定,合格者应附上合格证。

7.2　产品抽检或验收按附录D规定。

8　标志、包装、运输和贮存

8.1　在锯片基体上应做出如下标志,且清晰、牢固:

(1) 制造厂厂名或商标;

(2) 用途代号及规格型号;

(3) 产品编号或批号;

(4) 锯片最高工作线速度及旋转方向指示箭头。

8.2　锯片应附有合格证及使用说明书,合格证上应注明批号或制造日期及检验员印章。

8.3　锯片包装前对基体应进行防锈处理,放入包装箱应平整、稳固,两片之间必须用软质材料隔开,严防锯齿接触和窜动;外包装表面应标印“轻放”、“防潮”、“防震”等标志,并符合运输方面的有关规定。

附　录　A

(规范性附录)

烧结金刚石圆锯片基体技术要求

A.1　基体材料应符合GB/T 1222规定的65Mn钢或力学性能不低于65Mn的钢材。

A.2　基体不得有裂纹、毛刺及锈蚀痕迹，基体上允许有工艺孔。

A.3　表面粗糙度最大允许值为 R_a3.2 μm。

A.4　硬度为 HRC37～42，按 GB/T 230 规定的方法检测，检测任意三点，取平均值。

A.5　基体平面度按附表 2-6-9 规定。

附表 2-6-9　基体平面度　(mm)

基体外径 D_1	平　面　度
≤250	0.03
>250～355	0.10

A.6　基体两侧面对于内孔轴线的端面跳动应符合附表 2-6-10 规定。

附表 2-6-10　端面跳动　(mm)

基体外径 D_1	端　面　跳　动
60～115	0.10
>115～180	0.15
>180～250	0.20
>250～355	0.25

附　录　B

（规范性附录）

金刚石圆锯片回转试验方法

B.1　试验设备

B.1.1　回转试验按锯片的直径、质量和最高工作速度的不同，在专用回转试验机上进行。

B.1.2　回转试验机的主轴转速误差小于 ±3%；径向圆跳动小于 0.07 mm，测量位置为芯轴中部。

B.1.3　回转试验机应定期校验。

B.2　试验条件及方法

B.2.1　回转试验以锯片标志的最高工作线速度的 1.87 倍进行回转试验，达到最高速度时维持 30 s。

B.2.2　安装在回转试验机上的锯片，两端应用卡盘紧固，允许安装多片锯片，锯片间用隔板隔开，隔板外径及压紧面宽度与卡盘相同。锯片孔径大于主轴外径时，允许使用轴套。轴套外径极限偏差为 h8，内径为 H8。

B.2.3　锯片卡盘、隔板

B.2.3.1　卡盘与隔板的抗拉强度不低于 411 MPa。

B.2.3.2　锯片卡盘与隔板的形状、尺寸见附图 2-6-6、附表 2-6-11。

B.2.3.3　外径、孔径尺寸未列入附表 2-6-11 的锯片，其卡盘外径应符合：

$$0.1D+0.9H<D_f<0.2D+0.8H \tag{2-6-1}$$

式中,D_f为卡盘外径,mm;D 为锯片外径,mm;H 为锯片孔径,mm。

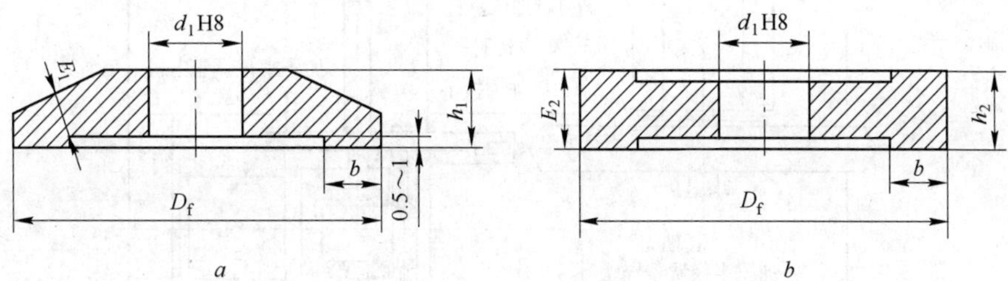

附图 2-6-6　锯片卡盘(a)与隔板(b)

附表 2-6-11　回转试验机用卡盘和隔板尺寸　(mm)

锯片外径	卡盘外径 D_f(最大)	压紧面的环宽 b		卡盘和隔板的厚度 h、E(不小于)			
		最小	最大	h_1	E_1	h_2	E_2
≤100	19	1.5	3.5	4	2.5	2	2
>100~230	41	5	7	5	3	3	2
>230~300	100	8	16	10	6	4	3
>300~355	117	10	18	10	6	5	4

附　录　C

(规范性附录)

金刚石圆锯片锯齿结合强度测定方法

C.1　测试范围

用相应的法兰盘夹紧锯片固定在装置芯轴上,用专用卡具夹持锯齿,在卡具臂长 100 mm 处垂直于锯片施力,以 3 mm/s 的速度推动卡具,使锯齿与基体结合部位发生弯曲,记录推力的最大值,并计算出该锯齿与基体的抗弯强度,以其抗弯强度表征锯齿与基体的结合强度。

C.2　测试装置与工具

C.2.1　ZMC-A 型金刚石锯片锯齿结合强度测定仪(见附图 2-6-7)或性能不低于该仪器的其他测试仪器。

C.2.2　法兰盘:外径为锯片锯齿根部圆直径减 4 mm 的法兰盘一套,内径与锯片孔径相当。

C.2.3　卡具:用于烧结分齿锯片卡具其圆弧半径与锯片基体半径相当;用于烧结连续式锯片卡具其头部为直形,用于焊接锯片卡具其圆弧半径与锯片非工作层外缘半径相当。

C.3　测试方法

C.3.1　测试部位

C.3.1.1　对焊接锯片,卡具应夹持在锯片锯齿非工作层边缘,即锯齿金刚石层深度 X 处(见附图 2-6-8a)。卡具圆弧半径与锯片锯齿非工作层外缘半径相当。

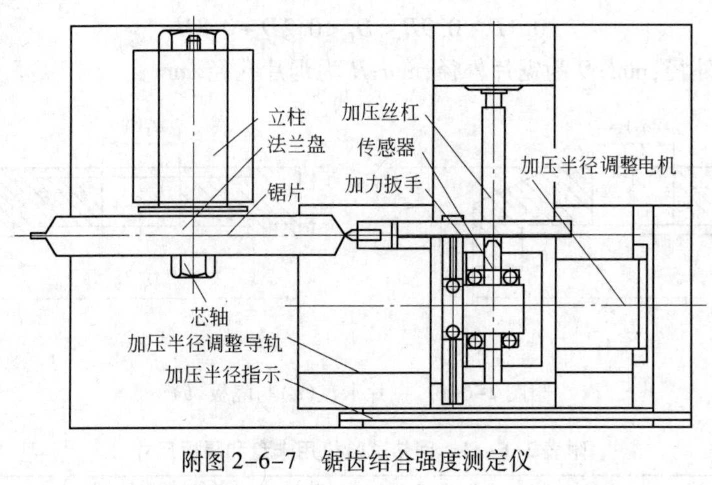

附图 2-6-7 锯齿结合强度测定仪

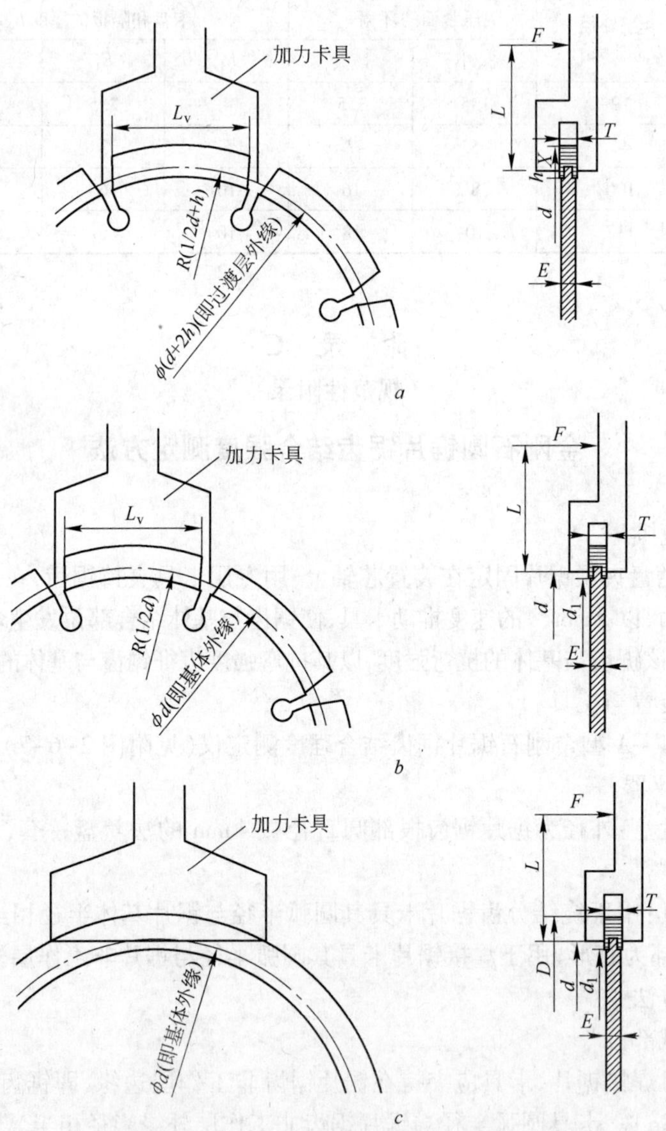

附图 2-6-8 测试部位示意图

C.3.1.2　对冷压烧结分齿式锯片,卡具应夹持在锯片基体外圆顶部(见附图2-6-8*b*)。卡具圆弧半径与基体外圆半径相当。

C.3.1.3　对冷压烧结连续式锯片,卡具应夹持基体外圆顶部(见附图2-6-8*c*)。卡具前缘部位采用平直夹持,卡具前缘平直部分要等于或略大于被卡部位的弦长。

C.3.2　操作方法(ZMC－A 型金刚石锯片锯齿结合强度测定仪)

C.3.2.1　将电源插头插入220V电源插座,按下仪器电源开关,仪器显示888.8、E－01,锁存指示灯亮。

C.3.2.2　连续按压"清零"键,使锁存指示灯灭,显示器显示0.00。若非零,可调"调零"旋钮。此时应使仪器稳定2min。

C.3.2.3　根据被测锯片外径和孔径选择合适的芯轴和法兰盘。按下"锁轴"键,将法兰盘和锯片装上后用螺母压紧,松开"锁轴"键。

C.3.2.4　根据法兰盘外径调整施压力臂。按下"调整"键,上滑板右行,调整定位卡指示基体半径值后锁紧,松开"调整"键,上滑板左行,直至自动停止,此时施压力臂为100mm。

C.3.2.5　根据锯片类型、锯齿厚度和长度,按C.2.3规定选择适当的卡具夹住锯齿,将卡具旋转放到垫板上。

C.3.2.6　按"加压"键,加压指示灯亮,传感器以3mm/s的速度缓缓压向把手,显示器上强度值不断上升,若出现异常,按"卸压"或"急停"键,排除故障后仪器自动复位,清零后重新开始。

C.3.2.7　被检锯齿发生塑性变形的瞬间,峰值检索电路迅速将其值锁存显示,即为被测锯齿最大抗弯力 F_{max}。

C.3.2.8　按"贮存"键,数据读入计算机。按"清零"和按"加压"键,测试下一个锯齿。

C.3.2.9　重复以上操作,直至所需测试的齿数。

C.4　计算

C.4.1　对于连续式锯片,按下式计算抗弯力矩:

$$M_{max} = F_{max} \times L \qquad (2\text{-}6\text{-}2)$$

C.4.2　对于分齿式锯片,按下式计算抗弯力矩:

$$\sigma_{bB} = (6 \times F_{max} \times L)/(L_v \times E^2) \qquad (2\text{-}6\text{-}3)$$

式中,M_{max} 为锯齿抗弯力矩,N·m;F_{max} 为锯齿发生塑性变形时所受的最大力,N;L 为加压力臂长度,mm;σ_{bB} 为抗弯强度,即锯齿与基体结合强度,MPa;L_v 为锯齿与基体结合处长度,mm;E 为基体厚度,mm。

附　录　D

(规范性附录)

产品质量抽查办法及评定规定

D.1　检查批

在同一提交批中可有一种或多种规格且为同一品种的产品组成一个检查批。

D. 2　抽样

D. 2. 1　抽样依据 GB/T 2829 标准。

D. 2. 2　抽样方法，每一个检查批中可以从每四种规格抽取其中一种规格为该批的代表性样本。抽样采用随机抽样。

D. 3　缺陷分类

缺陷分类按附表 2–6–12 规定。

附表 2–6–12　缺陷分类

类　别	项　目
致命缺陷	回转试验、锯齿结合强度
重缺陷	孔径、裂纹、哑声、标志错误、焊缝开裂
轻缺陷	外形尺寸、形位公差、外观、标志不清或不全

D. 4　判别参数的确定

实施一次性抽样方案，采用判别水平Ⅲ，样本数量 $n = 10$，不合格质量水平（RQL）按附表 2–6–13 规定。

附表 2–6–13　不合格质量水平

致命缺陷	重缺陷	轻缺陷
1.0	40	100

D. 5　判定

判别组数的确定按附表 2–6–14 规定。

附表 2–6–14　判别组数

样本大小	判别水平	抽样方案类型	致命缺陷（片）		重缺陷（片）		轻缺陷（片）	
			A_c	R_e	A_c	R_e	A_c	R_e
10	Ⅲ	一次	0	1	0	1	0	1

D. 6　抽样检验的判定

按本规定抽取样本后，实施全数检查。当样本不合格数不大于 A_c 时判为合格接收。对于各类缺陷应分别做出检查结论，当各类全部判为合格接收时，整批产品才能最终判为合格予以接收。若各类缺陷中有任意一类为不合格拒收时，则最终判为整批产品不合格拒收。

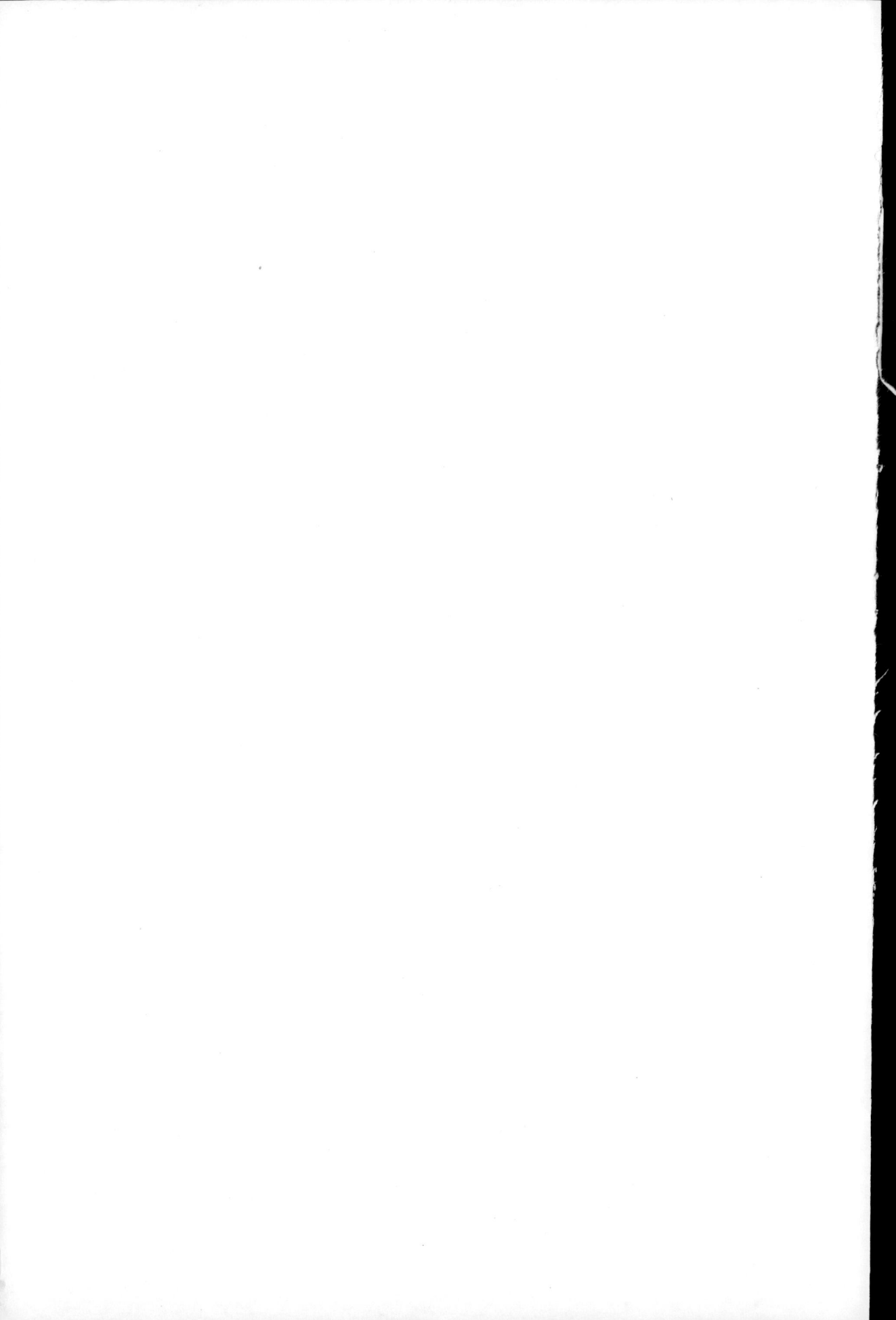